T.W. GRAHAM SOLOMONS
University of South Florida

CRAIG B. FRYHLE
Pacific Lutheran University

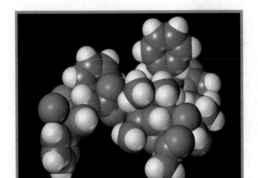

Chimie organique

ADAPTATION DE NORMAND VOYER
Université Laval

TRADUCTION
Thérèse Joubarne
Nathalie Liao
André Royal

MODULO

Chimie organique est la traduction de la 7ᵉ édition de *Organic Chemistry* de Graham Solomons et Craig Fryhle. © 2000, John Wiley & Sons, Inc. Tous droits réservés. Traduit de l'anglais avec la permission de John Wiley & Sons, Inc.

Nous reconnaissons l'aide financière du gouvernement du Canada par l'entremise du Programme d'Aide au Développement de l'Industrie de l'Édition (PADIE) pour nos activités d'édition.

Données de catalogage avant publication (Canada)

Solomons, T. W. Graham

Chimie organique

Traduction de la 7e éd. de: Organic chemistry.
Comprend un index.

ISBN 2-89113-798-1

1. Chimie organique. 2. Chimie organique - Problèmes et exercices. I. Fryhle, Craig B. II. Titre.

QD253.S6514 2000   547   C00-941381-2

Équipe de production
Chargée de projet : Annick Morin
Révision : René Dionne, Annick Morin, Serge Paquin
Correction d'épreuves : Nicole Demers, Corinne Kraschewski, Serge Paquin, Kathleen Beaumont, Renée Léo Guimont, Manon Lewis
Typographie : Suzanne L'Heureux
Montage : Nathalie Ménard, Suzanne Gouin
Recherche photo : Kathleen Beaumont
Maquette et couverture : Marguerite Gouin

Chimie organique
© Modulo Éditeur, 2000
233, av. Dunbar
Mont-Royal (Québec)
Canada H3P 2H4
Téléphone (514) 738-9818 / 1-888-738-9818
Télécopieur (514) 738-5838 / 1-888-273-5247
Site Internet : www.groupemodulo.com

Dépôt légal — Bibliothèque nationale du Québec, 2000
Bibliothèque nationale du Canada, 2000
ISBN 2-89113-798-1

Imprimé au Canada
4 5 6 12 11 10

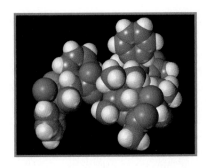

AVANT-PROPOS

Si nous avons choisi d'adapter en français cette septième édition de *Organic Chemistry* de Graham Solomons et Craig Fryhle, c'est que nous voulions offrir à ceux et celles qui entament leurs études postsecondaires en chimie organique un manuel de qualité qui puisse les accompagner durant leurs études de baccalauréat en Sciences ou de licence et de DEA.

Nous avons conservé tous les chapitres de l'édition américaine et les avons adaptés sans déroger aux désirs des auteurs de créer pour les étudiants, à qui l'on doit bien cela, un livre compréhensible qui rende justice à la chimie organique. Nous avons bien sûr saisi l'occasion que nous offrait cette adaptation pour mettre à jour certains contenus. Nous soulignons ainsi, au chapitre 25, la réalisation du séquençage du génome humain et nous avons, au chapitre 24, actualisé les différents groupes protecteurs en synthèse peptidique et les mécanismes de réaction inhérents à leur introduction et à leur déprotection. Par ailleurs, nous avons soigneusement traduit et révisé le texte et uniformisé la nomenclature de l'UICPA, ce qui n'est pas facile et implique des choix. Par souci d'uniformité, nous avons utilisé principalement les ouvrages de référence suivants :

- Henri FAVRE. *Les fondements de la nomenclature de la chimie organique,* Montréal, Ordre des Chimistes du Québec, 1996.

- Jean-Claude RICHER. *Dictionnaire chimique et technologique des sciences biologiques,* Paris, Édition technique et documentation, 1996.

- *Compendium de terminologie chimique et lexique anglais/français* (basé sur les recommandations de l'UICPA), Ottawa, Secrétariat d'État du Canada, 1993.

La plupart des unités de mesure sont conformes au système SI. Cependant, certaines unités couramment utilisées en chimie, telles que les angströms, ont été conservées par commodité (il est plus simple et concret pour les étudiants de savoir qu'une liaison carbone –carbone de l'éthane vaut 1,5 Å que 0,15 nm).

Avons-nous réussi à réaliser pour les étudiants un livre complet, agréable et compréhensible ? Nous osons le croire : *Chimie organique* est un manuel attrayant, la présentation des contenus est dynamique et intéressante, le style, simple et direct.

ORGANISATION DE LA MATIÈRE

C'est en mettant en valeur le rapport entre la structure des molécules et leur réactivité que *Chimie organique* approche son objet d'étude. Les auteurs ont ainsi choisi de combiner les éléments explicatifs les plus utiles de l'approche traditionnelle (basée sur les groupes fonctionnels) et les mécanismes réactionnels. Il est donc possible d'étudier les différents mécanismes en faisant ressortir leurs points communs tout en présentant la matière de la plupart des chapitres selon l'ordre des groupes fonctionnels. En examinant la structure des molécules, les étudiants contemplent la chimie organique telle qu'elle est, tandis qu'ils en saisissent le fonctionnement en étudiant les mécanismes réactionnels. Par ailleurs, parce qu'on leur présente autant que possible la structure ou le mécanisme des molécules dans un contexte biologique, ils sont mieux à même de constater la place essentielle de la chimie organique dans la vie courante.

Il est très important que les étudiants aient une solide compréhension des aspects liés à la structure, tels l'hybridation et la géométrie, l'encombrement stérique, l'électronégativité, la polarité et les charges formelles, car ils peuvent alors saisir les mécanismes intuitivement. D'ailleurs, le chapitre 1 commence par une révision de ces aspects. Au chapitre 2, on présente tous les groupes fonctionnels importants, puis on aborde la spectroscopie infrarouge. Au fil du manuel, les structures dérivées de calculs théoriques et les représentations de potentiel électrostatique permettent à l'étudiant de bien comprendre la structure des molécules.

L'étude des mécanismes réactionnels débute, au chapitre 3, par un exposé sur la chimie des acides et des bases. En effet, les réactions acide-base sont fondamentales car, selon la théorie de Lewis, les étapes de la plupart des mécanismes réactionnels peuvent être considérées comme des réactions de ce type. Relativement simples en outre, elles sont familières aux étudiants et conduisent à des notions de chimie qui doivent être maîtrisées au début du cours : 1) la notation à l'aide de flèches incurvées, 2) le lien entre les variations d'énergie libre et les constantes d'équilibre, 3) l'effet des variations d'enthalpie et d'entropie sur l'équilibre de la réaction et 4) l'importance qu'ont les effets électroattracteur et électrorépulseur, l'effet de résonance et la nature d'un solvant. C'est aussi dans ce chapitre qu'apparaissent les premiers encadrés intitulés **Mécanisme de la réaction** qui, tout au long du manuel, présentent en détail les mécanismes réactionnels importants.

Le souci constant des auteurs de rendre accessibles aux étudiants les notions et les concepts les a amenés à faire certains choix pédagogiques dont voici quelques exemples.

REPRÉSENTATIONS DE POTENTIEL ÉLECTROSTATIQUE

Les représentations de potentiel électrostatique sont utilisées pour illustrer les principes sous-jacents à la structure et à la réactivité des molécules. L'attraction entre les charges opposées et le fait que la délocalisation de la charge est un facteur de stabilisation sont deux des concepts les plus utiles en chimie organique. Ainsi, de nombreuses réactions se produisent parce que des molécules de charges opposées s'attirent. De même, les molécules emprunteront un chemin réactionnel plutôt qu'un autre selon la stabilité relative des intermédiaires chargés qui se forment. Ces concepts importants sont mis en lumière à l'aide des représentations illustrant le potentiel électrostatique à la surface de Van der Waals des molécules, dans lesquelles les couleurs indiquent la distribution de la charge dans les différentes parties d'une molécule ou d'un ion.

Comme la chimie acide-base, selon les théories de Brønsted-Lowry et de Lewis, est essentielle à la compréhension du principe de réactivité, il était pertinent de donner au chapitre 3 plusieurs représentations de potentiel électrostatique, de façon à illustrer comment la distribution de la charge détermine l'acidité relative d'un acide et la stabilité relative d'une base conjuguée.

Ces illustrations permettent aux étudiants de visualiser la séparation des charges, leur localisation et leur répartition. Parmi les autres exemples illustrés, mentionnons l'acidité des alcynes terminaux, la délocalisation de la charge dans l'anion acétate comparée à celle de l'anion éthoxyde et la réaction acide-base de Lewis du trifluorure de bore avec l'ammoniac.

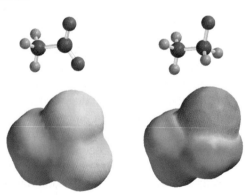

Figure 3.9 Anion acétate et anion éthoxyde.

Les représentations de potentiel électrostatique servent également à mettre en évidence les charges complémentaires entre nucléophiles et électrophiles, à montrer la distribution de la charge dans les ions bromonium et dans les époxydes protonés dissymétriques, à comparer la stabilité relative des ions arénium dans les substitutions aromatiques électrophiles et à illustrer la nature électrophile des groupes carbonyle. En particulier, dans un des premiers encadrés du livre, on explique comment la LUMO d'un réactif et l'HOMO d'un autre interagissent dans les réactions.

Les surfaces de densité électronique et les représentations de potentiel électrostatique de ce manuel ont été générées à l'aide du logiciel Spartan® et de calculs dérivés de la mécanique quantique. Les molécules que l'on doit comparer sont illustrées à l'aide de la même échelle de charge (couleurs) afin que les comparaisons soient justes et significatives. Ce sont celles qui présentent l'énergie la plus basse, à moins qu'une conformation de plus haute énergie soit requise.

Les données de toutes les structures calculées du manuel se retrouvent sur le cédérom. On peut visualiser ces structures en trois dimensions à l'aide du logiciel Spartan®. De nombreuses structures moléculaires sont aussi fournies en format .pdb. On peut accéder à ces fichiers en utilisant les logiciels Rasmol ou Chime, offerts gratuitement dans Internet. L'icone du cédérom en marge indique que la structure se trouve sur le cédérom.

HYBRIDATION DES ORBITALES ET STRUCTURE DES MOLÉCULES ORGANIQUES

La matière concernant l'hybridation des orbitales est présentée à l'aide de molécules organiques. Ainsi, on utilise le méthane pour rendre compte de l'hybridation sp^3, l'éthène pour l'hybridation sp^2 et l'éthyne pour l'hybridation sp. Cela permet d'introduire parallèlement les notions d'hybridation des orbitales et de structure moléculaire. Les exemples de BF_3 et de BeH_2 servent à exposer la théorie RPECV portant sur la structure tridimensionnelle des molécules, ce qui amène les étudiants à comprendre en quoi la géométrie des molécules est liée à l'hybridation des orbitales. La densité électronique des régions liantes et la géométrie moléculaire (surface de Van der Waals) de molécules représentatives sont illustrées à l'aide de surfaces de densité électronique calculées.

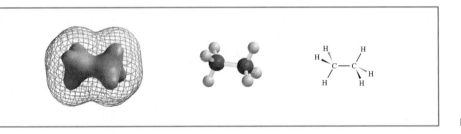

Figure 1.18 Structure de l'éthane.

INTRODUCTION À L'ANALYSE RÉTROSYNTHÉTIQUE ET À LA SYNTHÈSE ORGANIQUE

L'alkylation des anions alcynure est la réaction de base qui sert à introduire la synthèse organique et l'analyse rétrosynthétique (chapitre 4). Les auteurs l'ont choisie pour sa simplicité et parce que les étudiants sont assez outillés pour en saisir intuitivement les concepts sous-jacents. Puisque la synthèse organique fait appel à des notions déjà étudiées, ces derniers y trouvent l'occasion de consolider leur connaissance des concepts fondamentaux des premiers chapitres. Ainsi, il leur faut se rappeler la théorie acide-base de Brønsted-Lowry pour proposer une synthèse d'anion alcynure à partir d'alcynes. Ils doivent également faire appel à leurs notions de chimie acide-base selon Lewis et revoir l'interaction de molécules portant des charges opposées quand ils étudient l'interaction entre un anion alcynure et un halogénoalcane.

Puisque la synthèse organique repose principalement sur les réactions par lesquelles se forment les liaisons carbone–carbone, le choix de l'alkylation d'un anion alcynure comme exemple permet d'initier les étudiants à la synthèse très tôt dans leur étude de la chimie organique. Et comme le produit de l'alkylation d'ions alcynure contient un groupe fonctionnel et sert de réactif de départ dans la synthèse d'autres composés, les étudiants pourront tirer avantage de cet aspect particulier de la synthèse lorsqu'ils seront mieux aguerris. Enfin, puisque le rendement des voies rétrosynthétiques faisant appel à l'alkylation de l'anion alcynure dépend de la molécule visée par la synthèse, cette réaction demeure un exemple tout à fait réaliste pour enseigner la logique de l'analyse rétrosynthétique.

RÉACTIONS DE SUBSTITUTION ET D'ÉLIMINATION

En observant les réactions de substitution et d'élimination, les étudiants constatent que les réactions ne suivent généralement pas un chemin unique, même si on le souhaiterait parfois. En effet, certaines réactions font concurrence à d'autres et cela complique les stratégies de synthèse.

Amener les étudiants à proposer des stratégies de synthèse utilisant les réactions de substitution ou d'élimination requiert donc une présentation parfaitement orchestrée des sujets. Le chapitre 6 traite principalement des réactions de substitution, mais aborde aussi brièvement les réactions d'élimination. Les auteurs ont choisi cette présentation, car ces deux types de réactions sont presque toujours concurrentes, et il est primordial que les étudiants le conçoivent. L'exposé du chapitre 7 approfondit les réactions d'élimination.

Afin de faciliter l'assimilation de la matière et assurer la transition entre l'introduction aux réactions E2 et E1 de la fin du chapitre 6 et l'exposé sur la stéréochimie du produit et le rendement des réactions d'élimination au chapitre 7, les auteurs ont choisi d'expliquer les réactions d'élimination très tôt dans le chapitre 7. Ce chapitre prolonge donc l'exposé entamé au chapitre 6, tout en procurant aux étudiants le bagage nécessaire à la compréhension de la stabilité relative des alcènes.

SPECTROSCOPIE

Les méthodes instrumentales modernes sont essentielles à l'élucidation de la structure moléculaire, et la RMN, la spectrométrie de masse et la spectroscopie IR constituent les principaux outils du chimiste d'aujourd'hui. La spectroscopie infrarouge est donc abordée dès le chapitre 2, immédiatement après la présentation des groupes fonctionnels. Les professeurs qui le désirent peuvent ainsi l'enseigner très tôt et permettre du même coup aux étudiants d'obtenir les preuves de la présence des groupes fonctionnels sur les molécules. Et comme ce chapitre présente aussi la théorie nécessaire aux expériences de spectroscopie IR en laboratoire, les étudiants découvrent le meilleur moyen de détecter les groupes fonctionnels dans une molécule juste après les avoir étudiés. Pour sa part, la spectrométrie de masse (SM) est présentée dans le chapitre traitant de RMN qui contient également un bref exposé sur la chromatographie en phase gazeuse (CPG); cela permet de décrire la CPG-SM comme étant un outil d'élucidation de la structure des composés formant un mélange.

SPECTRES RMN CONVIVIAUX

Toutes les données des spectres RMN à une dimension (signal de précession libre, FID) sont disponibles sur le site Internet en format JCAMP et NUTS (un programme de RMN de la compagnie Acorn NMR, Inc.). Le format JCAMP permet de visualiser le spectre RMN directement à l'aide d'un fureteur, mais pas de modifier les données. Par contre, on peut manipuler les données en format NUTS à sa guise et s'en servir pour une présentation.

Les figures de RMN qui servent à l'interprétation des spectres comportent un code de couleur qui permet d'attribuer un signal à un atome particulier dans une formule structurale. Pour plus de précision, des agrandissements des signaux importants sont présentés dans tous les spectres RMN ^{1}H. L'intégration est également affichée. Les données de RMN ^{13}C sont aussi présentées parallèlement à l'information tirée des spectres DEPT pour indiquer le nombre d'hydrogènes fixés à chaque carbone.

CARACTÉRISTIQUES PÉDAGOGIQUES

Au fil de leur exposé, dans les préambules aux chapitres et dans les capsules chimiques, les auteurs se sont efforcés de faire comprendre que la chimie organique fait partie intégrante des processus biologiques et du monde environnant et que ses applications et ses possibilités d'applications sont extraordinaires.

Préambules des chapitres

Un étudiant apprendra d'autant plus qu'il trouvera la matière intéressante et que les sujets piqueront sa curiosité. C'est la raison d'être des préambules aux chapitres qui l'entretiennent des applications concrètes de la matière reliées à la biochimie, à la médecine ou à l'environnement. Ainsi, le chapitre 2 portant sur les différents groupes fonctionnels commence par l'exposition du rôle des groupes fonctionnels dans le mécanisme d'action du Crixivan®, un inhibiteur de la protéase du VIH. Au chapitre 3, qui traite de chimie acide-base, le mécanisme de l'anhydrase carbonique, une enzyme contrôlant l'acidité sanguine, a été choisie à titre d'exemple de réaction acide-base. Quant au préambule du chapitre 4, portant sur le phénomène de la contraction musculaire qui se produit notamment grâce à des rotations autour des liaisons simples carbone–carbone, il prépare aussi l'étudiant à l'analyse conformationnelle que développe le chapitre suivant.

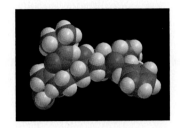

BIOSYNTHÈSE ET CHIMIE ORGANIQUE

Autant que possible, lorsqu'un aspect de la chimie organique peut être relié à une biosynthèse, il est présenté dans un encadré. La biosynthèse du lanostérol effectuée à partir du 2,3-oxidosqualène, une des étapes de la synthèse du cholestérol, en constitue un exemple. Cette biosynthèse illustre parfaitement une ouverture du cycle d'un époxyde, des additions sur les alcènes et des réarrangements.

► CAPSULE CHIMIQUE

EXEMPLE : LA BIOSYNTHÈSE DU CHOLESTÉROL

Dans la plupart des chapitres, les encadrés intitulés *Capsule chimique* approfondissent un sujet particulier en décrivant une application biologique, un aspect environnemental ou industriel, ou encore reprennent le sujet du préambule. En voici quelques exemples :

- Les radicaux en biologie, en médecine et dans l'industrie
- Époxydation asymétrique de Sharpless
- Époxydes, carcinogènes et oxydation biologique
- Nanotubes
- Écrans solaires (ils captent les rayons solaires et ensuite…)
- Activation de la calichéamycine $\gamma_1^{\,\prime}$ pour la scission de l'ADN

- Condensations aldoliques catalysées par un anticorps
- Un inhibiteur « suicide » destructeur d'enzyme
- Édulcorants de synthèse (ou comment sucrer sans sucre…)
- Phosphate de pyridoxal
- Thiamine
- Les méthylations biologiques

On a placé au chapitre 8 la capsule chimique intitulée *Biosynthèse du cholestérol* pour qu'elle soit directement reliée aux réactions d'addition aux alcènes, car les étudiants la voient peu après avoir abordé les migrations d'hydrure et de méthanure. La capsule chimique *Biosynthèse de polycétides antibiotiques ou anticancéreux* présentée au chapitre 21 fait appel aux notions sur les phénols de ce chapitre et à celles de la synthèse d'ester malonique et de la condensation de Claisen vues au chapitre 19. En mettant en lumière l'harmonieuse élégance des réactions chimiques ayant cours dans la nature, ces capsules chimiques suscitent et nourrissent l'enthousiasme des étudiants envers la chimie organique.

MÉCANISME DE LA RÉACTION

Ces encadrés expliquent chaque mécanisme réactionnel en détail. Les flèches incurvées indiquent de manière précise le mouvement des électrons à chacune des étapes. Les annotations expliquent les étapes de chacune des transformations. Résumés en fin de chapitre en un sommaire des réactions, ces encadrés aident les étudiants à se donner une vue d'ensemble.

AUTRES CARACTÉRISTIQUES PÉDAGOGIQUES

Les éléments importants d'un sujet sont signalés en marge du texte à l'aide d'icones. On trouvera également en marge des stratégies d'étude, des conseils et des renseignements de nature historique ou pratique.

Cédérom

Cet icone renvoie à l'une ou l'autre des parties du cédérom : leçons interactives, représentations moléculaires animées, modèles tridimensionnels, exercices interactifs.

Stratégie d'étude

Cet icone souligne les passages particulièrement importants. Par exemple, on mentionne dans la section 1.7 traitant des charges formelles que ces charges permettent de suivre l'évolution des réactions et la formation des produits. Dans la section suivante, un autre icone **Stratégie d'étude** attire l'attention de l'étudiant sur les conventions auxquelles les chimistes ont recours pour représenter le mouvement des électrons.

Boîte à outils

Cet icone marque les passages portant sur des concepts fondamentaux en chimie organique. Au chapitre 1, par exemple, il marque le traitement des états d'hybridation du carbone et l'introduction à la théorie RPECV. Cet icone signale aussi les réactions ou procédés clés, tels que l'annellation de Robinson pour la synthèse de cycles carbonylés.

LES SECTIONS TRAVAIL COOPÉRATIF

Intégration active des concepts

Pour faciliter la collaboration entre étudiants, favoriser l'assimilation de la matière du chapitre et son intégration à celle des chapitres précédents, on a prévu à la fin de chaque chapitre des problèmes spécialement conçus pour le travail coopératif. Ces problèmes peuvent être faits en classe ou donnés en devoir. Il est recommandé de regrouper les étudiants par groupes de quatre ou de six.

Enseignement par les pairs

Les problèmes de la section **Travail coopératif** sont par nature tout désignés pour l'enseignement par les pairs. Et parce qu'il faut recourir à plusieurs concepts importants du chapitre pour les résoudre, il est extraordinairement formateur pour les étudiants d'en expliquer la résolution devant la classe. Ces derniers expérimentent ainsi le mode d'apprentissage — si familier aux professeurs — de l'enseignement. En supervisant la présentation des étudiants, le professeur s'assurera que toutes les idées importantes ont été soulevées.

MODÈLES MOLÉCULAIRES DE TYPE BOULES ET TIGES ET MODÈLES CALCULÉS PAR ORDINATEUR

Même pour les adeptes de l'introduction de la technologie dans l'enseignement, les modèles moléculaires de type boules et tiges demeurent un complément essentiel aux modèles moléculaires informatisés. En fait, certains aspects de la structure des molécules sont davantage concrets lorsque des modèles boules et tiges les illustrent. À certains endroits, une note placée en marge invite les étudiants à utiliser ce genre de modèles pour mieux comprendre un point particulier de la matière, tout comme l'icone du cédérom leur signale que la structure calculée par ordinateur se trouve sur le disque.

CARACTÉRISTIQUES SUPPLÉMENTAIRES

Voici quelques-unes des caractéristiques pédagogiques supplémentaires :

Questions types

Les **questions types** sont des problèmes grâce auxquels les étudiants apprennent à résoudre les problèmes de chimie organique. Tous les chapitres présentent, au fil du texte, de ces problèmes dont la solution est donnée.

Problèmes

Les **problèmes du chapitre** permettent de consolider immédiatement l'apprentissage. Dans la section des problèmes supplémentaires de chaque chapitre, on trouve des **problèmes présentant une difficulté particulière**. La résolution de ces problèmes (marqués d'un astérisque) est généralement plus ardue et plus complexe, car elle nécessite une intégration de plusieurs concepts.

Termes et concepts clés

Présentée à la fin de chaque chapitre, la liste des **termes et concepts clés** permet à l'étudiant de revoir les concepts étudiés précédemment et de revenir en arrière s'il le désire grâce au renvoi à la section où chaque concept ou terme est traité. Les termes et les concepts clés sont également définis dans le glossaire, qui se trouve à la fin du manuel.

Soutien visuel

Pour aider les étudiants à visualiser les structures et les mécanismes, les auteurs ont fait appel à deux aides didactiques.

Modèles générés par ordinateur Presque tous les modèles moléculaires tridimensionnels ou de type boules et tiges ont été générés à l'aide de structures infographiques obtenues par modélisation moléculaire. La plupart de ces structures sont fournies sur le cédérom dans une banque de molécules en 3D en format Spartan ou en format .pdb (Protein Data Bank).

Usage cohérent de la couleur On a toujours utilisé le même code de couleur dans les schémas afin de mettre en relief les modifications qui ont cours dans les liaisons chimiques lorsque les réactifs se transforment en produits.

DOCUMENTS ANNEXES

CÉDÉROM *ORGANIC VIEW* — *SOLUTIONS MANUAL*

Chaque exemplaire du manuel contient un cédérom intitulé *Organic View — Solutions Manual*. *Organic View* est un logiciel interactif mettant en vedette les représentations infographiques pédagogiques de Woodman Graphics telles que les leçons interactives et les animations. Il contient aussi le didacticiel *IR Tutor*, une banque de modèles moléculaires Spartan auxquels on renvoie tout au long de l'exposé, des modèles moléculaires en format .pdb que l'on peut visualiser à l'aide de Rasmol (également sur le cédérom). Les icones placés dans les marges du manuel indiquent les notions et les structures abordées dans le cédérom.

La version originale anglaise du *Solutions Manual*, extraite du *Study Guide* de la 7ᵉ édition du manuel, est aussi incluse sur le cédérom.

SITE INTERNET

Le site fournit un soutien supplémentaire aux professeurs et aux étudiants. La section *Problem Assist!* donne aux étudiants l'occasion de résoudre d'autres problèmes présentant des difficultés particulières. Le site Internet inclut également la collection complète de spectres RMN que vous trouverez dans le manuel. Ces spectres sont disponibles en format JCAMP et les données le sont en format brut. On suggère également des liens Internet intéressants pour chacun des chapitres. On accède au site Internet par www.modulo.ca en choisissant la page du manuel.

Table des matières

Avant-propos III
Les auteurs XXIII
Message aux étudiants XXV

_____

Chapitre 1 Composés du carbone et liaisons chimiques 1
La vie repose sur la chimie organique 1

▲ (En vignette : La glycine, une molécule organique de l'espace interstellaire.)

1.1 Introduction 2
1.2 La chimie organique au rang de science 3
1.3 Théorie structurale de la chimie organique 4
1.4 Liaisons chimiques : la règle de l'octet 6
1.5 Structures de Lewis 8
1.6 Exceptions à la règle de l'octet 9
1.7 Charges formelles 11
1.8 Résonance 13
1.9 Mécanique quantique 15
1.10 Orbitales atomiques 17
1.11 Orbitales moléculaires 18
1.12 Structure du méthane et de l'éthane : exemples d'hybridation sp^3 21
1.13 Structure de l'éthène (éthylène) : exemple d'hybridation sp^2 25
1.14 Structure de l'éthyne (acétylène) : exemple d'hybridation sp 29
1.15 Résumé des principaux concepts dérivés de la mécanique quantique 31
1.16 Géométrie moléculaire : le modèle de la répulsion des paires d'électrons de la couche de valence (RPECV) 33
1.17 Notation des formules structurales 36

_____

Chapitre 2 Composés carbonés typiques : groupes fonctionnels, forces intermoléculaires et spectroscopie infrarouge (IR) 43
Importance de la structure 43

▲ (En vignette : Le Crixivan, un médicament s'attaquant au VIH.)

2.1 Liaisons covalentes carbone–carbone 44
2.2 Hydrocarbures : alcanes, alcènes, alcynes et composés aromatiques 44
2.3 Liaisons covalentes polaires 47
2.4 Molécules polaires et non polaires 49
2.5 Groupes fonctionnels 51
2.6 Halogénoalcanes ou halogénures d'alkyle 52
2.7 Alcools 53
2.8 Éthers 54
2.9 Amines 55
2.10 Aldéhydes et cétones 56
2.11 Acides carboxyliques, amides et esters 57
2.12 Nitriles 58
2.13 Résumé des principales classes de composés organiques 58
2.14 Propriétés physiques et structure moléculaire 59
2.15 Résumé des forces d'attraction coulombiennes 66
2.16 Spectroscopie infrarouge : une méthode de détection des groupes fonctionnels 66

Chapitre 3 Introduction aux réactions organiques : les acides et les bases 79

Le déplacement des protons 79

▲ (En vignette : Le Diamox : un médicament contre le mal des montagnes.)

3.1 Réactions et mécanismes 80
3.2 Réactions acide-base 81

Capsule chimique **Rôle des orbitales LUMO et HOMO dans les réactions 86**

3.3 Rupture hétérolytique des liaisons incluant le carbone : carbocations et carbanions 86
3.4 Les flèches incurvées : des outils pour illustrer les réactions 87
3.5 Force relative des acides et des bases : K_a et pK_a 88
3.6 Prédire le cours d'une réaction acide-base 92
3.7 Relation entre structure et acidité 93
3.8 Variations d'énergie 97
3.9 Relation entre la constante d'équilibre et la variation standard de l'énergie libre, $\Delta G°$ 98
3.10 Acidité des acides carboxyliques 99
3.11 Effet du solvant sur l'acidité 103
3.12 Caractère basique des composés organiques 104
3.13 Exemple de mécanisme réactionnel 105
3.14 Acides et bases en solution non aqueuse 107

Capsule chimique **L'anhydrase carbonique 108**

3.15 Réactions acide-base et synthèse de composés marqués au deutérium et au tritium 109

Chapitre 4 Alcanes : nomenclature, analyse conformationnelle et introduction à la synthèse organique 115

La structure moléculaire détermine la rigidité des molécules organiques 115

▲ (En vignette : Structure partielle du diamant, une molécule exceptionnellement rigide.)

4.1 Introduction aux alcanes et aux cycloalcanes 116
4.2 Géométrie des alcanes 118
4.3 Nomenclature des alcanes, des halogénoalcanes et des alcools selon l'UICPA 120
4.4 Nomenclature des cycloalcanes 127
4.5 Nomenclature des alcènes et des cycloalcènes 129
4.6 Nomenclature des alcynes 131
4.7 Propriétés physiques des alcanes et des cycloalcanes 132
4.8 Liaisons sigma et rotation autour des liaisons simples 133
4.9 Analyse conformationnelle du butane 135
4.10 Stabilité relative des cycloalcanes : la tension de cycle 137
4.11 Déformation des angles de liaison et tension de torsion : causes de la tension de cycle du cyclopropane et du cyclobutane 139
4.12 Conformations du cyclohexane 141
4.13 Cyclohexanes substitués : atomes d'hydrogène équatoriaux et axiaux 143
4.14 Cycloalcanes disubstitués : isomérie *cis-trans* 146
4.15 Alcanes bicycliques et polycycliques 150
4.16 Phéromones : un moyen de communication chimique 152
4.17 Réactions chimiques des alcanes 152
4.18 Synthèse des alcanes et des cycloalcanes 152
4.19 Quelques principes généraux régissant la structure et la réactivité : une première approche de la synthèse 155
4.20 Introduction à la synthèse organique 156

Capsule chimique **De l'inorganique à l'organique 159**

Chapitre 5 Stéréochimie : les molécules chirales 165

La « chiralité » de la vie 165

▲ (En vignette : Les stéréo-isomères de l'alanine, un acide aminé chiral.)

5.1 Isomérie : isomères de constitution et stéréo-isomères 166
5.2 Énantiomères et molécules chirales 167
5.3 Importance biologique de la chiralité 172
5.4 Historique de la stéréochimie 173
5.5 Test de chiralité : les plans de symétrie 174
5.6 Nomenclature des énantiomères : le système *R-S* 175
5.7 Propriétés des énantiomères : l'activité optique 179
5.8 Origine de l'activité optique 183
5.9 Synthèse des molécules chirales 185
5.10 Médicaments chiraux 187

Capsule chimique Les protéines artificielles énantiomèrement pures 188

5.11 Molécules possédant plus d'un stéréocentre 188
5.12 Projections de Fischer 193
5.13 Stéréo-isomérie des composés cycliques 194
5.14 Attribution de la configuration à l'aide de réactions n'entraînant pas de rupture de liaison au stéréocentre 196
5.15 Séparation des énantiomères : la résolution 199
5.16 Composés ayant un stéréocentre autre que le carbone 200
5.17 Molécules chirales sans stéréocentre tétraédrique 201

Chapitre 6 Réactions ioniques : substitutions nucléophiles et réactions d'élimination des halogénoalcanes 205

Rompre les membranes bactériennes à l'aide de la chimie organique 205

▲ (En vignette : L'état de transition S_N2 découlant de la collision de l'anion hydroxyde avec le chlorométhane.)

6.1 Introduction 206
6.2 Propriétés physiques des composés organohalogénés 206
6.3 Réactions de substitution nucléophile 207
6.4 Nucléophiles 208
6.5 Groupes sortants 209
6.6 Cinétique des réactions de substitution nucléophile : la réaction S_N2 210
6.7 Mécanisme des réactions S_N2 211
6.8 Théorie de l'état de transition : les diagrammes d'énergie libre 212
6.9 Stéréochimie des réactions S_N2 215
6.10 Réaction du 2-chloro-2-méthylpropane avec l'ion hydroxyde : une réaction S_N1 217
6.11 Mécanisme des réactions S_N1 219
6.12 Carbocations 220
6.13 Stéréochimie des réactions S_N1 222
6.14 Facteurs influant sur la vitesse des réactions S_N1 et S_N2 224
6.15 Synthèse organique : interconversion des groupes fonctionnels par des réactions S_N2 233

Capsule chimique Les méthylations biologiques : des réactions de substitution nucléophile 234

6.16 Réactions d'élimination des halogénoalcanes 236
6.17 Réactions E2 238
6.18 Réactions E1 239
6.19 Substitution ou élimination 240
6.20 Résumé 242

Chapitre 7 Alcènes et alcynes I : propriétés et synthèse
Réactions d'élimination des halogénoalcanes   249

Fluidité des membranes cellulaires   249

▲ (En vignette : L'acide *cis*-9-octadécènoïque, un acide gras insaturé, composant des phospholipides membranaires.)

7.1   Introduction   250
7.2   Système de nomenclature *E-Z* des alcènes diastéréo-isomères   250
7.3   Stabilité relative des alcènes   251
7.4   Cycloalcènes   254
7.5   Synthèse des alcènes par réaction d'élimination   255
7.6   Déshydrohalogénation des halogénoalcanes   256
7.7   Déshydratation des alcools   260
7.8   Stabilité du carbocation et réarrangement moléculaire   265
7.9   Préparation d'alcènes par débromation des dibromoalcanes vicinaux   269
7.10 Synthèse des alcynes par réactions d'élimination   270
7.11 Acidité des alcynes terminaux   271
7.12 Substitution de l'atome d'hydrogène acétylénique des alcynes terminaux   272
7.13 Hydrogénation des alcènes   273
7.14 Fonction du catalyseur dans les hydrogénations   273

Capsule chimique   L'hydrogénation dans l'industrie alimentaire   274

7.15 Hydrogénation des alcynes   275
7.16 Formules moléculaires des hydrocarbures : le degré d'insaturation   277

Chapitre 8 Alcènes et alcynes II : réactions d'addition   285

La mer recèle un trésor de produits naturels biologiquement actifs   285

▲ (En vignette : La dactylyne, un produit marin naturel halogéné.)

8.1   Introduction : additions aux alcènes   286
8.2   Addition d'halogénures d'hydrogène aux alcènes : la règle de Markovnikov   288
8.3   Stéréochimie de l'addition ionique aux alcènes   293
8.4   Addition de l'acide sulfurique aux alcènes   294
8.5   Addition d'eau aux alcènes : hydratation par catalyse acide   294
8.6   Addition du brome et du chlore aux alcènes   297
8.7   Stéréochimie de l'addition des halogènes aux alcènes   298
8.8   Formation d'halogénoalcools vicinaux   301

Capsule chimique   Régiospécificité de l'ouverture des ions bromonium substitués de manière dissymétrique dans le cas de l'éthène, du propène et du 2-méthylpropène   303

8.9   Composés carbonés divalents : les carbènes   305
8.10 Oxydation des alcènes : dihydroxylation *syn*   307
8.11 Clivage oxydatif des alcènes   308
8.12 Addition du brome et du chlore aux alcynes   311
8.13 Addition d'halogénures d'hydrogène aux alcynes   311
8.14 Clivage oxydatif des alcynes   312
8.15 Retour sur les stratégies de synthèse   312

Capsule chimique   La biosynthèse du cholestérol : des réactions élégantes et bien connues dans la nature   316

Chapitre 9 Résonance magnétique nucléaire et spectrométrie de masse : des outils pour déterminer la structure des molécules 325

Un thermos d'hélium liquide 325

▲ (En vignette : Le 1-chloropropan-2-ol.)

9.1 Introduction 326
9.2 Spectre électromagnétique 327
9.3 Spectroscopie de résonance magnétique nucléaire 329
9.4 Spin nucléaire : origine du signal 333
9.5 Blindage et déblindage des protons 334
9.6 Déplacement chimique 336
9.7 Protons équivalents et non équivalents 338
9.8 Fragmentation du signal : couplage spin-spin 340
9.9 Spectres RMN ^{1}H et processus dynamiques 348
9.10 Spectroscopie RMN du carbone 13 350
9.11 Techniques de RMN bidimensionnelle (2D) 354

Capsule chimique Imagerie médicale obtenue par résonance magnétique 357

9.12 Introduction à la spectrométrie de masse 359
9.13 Spectromètre de masse 360
9.14 Spectre de masse 362
9.15 Détermination de la formule moléculaire et de la masse moléculaire 364
9.16 Fragmentation 369
9.17 Analyse par CPG/SM 374
9.18 Spectrométrie de masse des biomolécules 375

Chapitre 10 Réactions radicalaires 383

Calichéamycine γ_1^I : un moyen « radical » pour briser la chaîne de l'ADN 383

▲ (En vignette : La calichéamycine γ_1^I, une molécule liée à l'ADN, capable de cliver son double brin.)

10.1 Introduction 384

Capsule chimique Les radicaux en biologie, en médecine et dans l'industrie 386

10.2 Énergies de dissociation homolytique 386
10.3 Réactions des alcanes avec les halogènes 390
10.4 Chloration du méthane : mécanisme de réaction 391
10.5 Chloration du méthane : variation d'énergie 394
10.6 Halogénation des alcanes supérieurs 401
10.7 Géométrie des radicaux alkyle 404
10.8 Réactions créant des centres stéréogéniques 404
10.9 Addition radicalaire sur les alcènes : addition anti-Markovnikov du bromure d'hydrogène 406
10.10 Polymérisation radicalaire des alcènes : polymères à croissance en chaîne 408
10.11 Autres réactions radicalaires importantes 410

Annexe A Polymères à croissance en chaîne 417

Chapitre 11 Alcools et éthers 423

Les hôtes moléculaires 423

▲ (En vignette : Sous la forme d'un sel de sodium, la monensine, un antibiotique qui transporte les ions de part et d'autre de la membrane cellulaire.)

11.1 Structure et nomenclature 424
11.2 Propriétés physiques des alcools et des éthers 427

11.3   Alcools et éthers importants   **428**
11.4   Synthèse des alcools à partir des alcènes   **430**
11.5   Alcools formés par l'oxymercuration-démercuration des alcènes   **431**
11.6   Hydroboration : synthèse des organoboranes   **434**
11.7   Alcools formés par l'hydroboration-oxydation des alcènes   **436**
11.8   Réactions des alcools   **439**
11.9   Comportement acide des alcools   **440**
11.10   Conversion des alcools en mésylates et en tosylates   **441**
11.11   Mésylates et tosylates dans les réactions S_N2 **442**

Capsule chimique   Phosphates d'alkyle   443

11.12   Conversion des alcools en halogénoalcanes   **444**
11.13   Préparation d'halogénoalcanes par réaction des alcools avec les halogénures d'hydrogène   **444**
11.14   Préparation d'halogénoalcanes par réaction des alcools avec PBr_3 ou $SOCl_2$ **447**
11.15   Synthèse des éthers   **448**
11.16   Réactions des éthers   **452**
11.17   Époxydes   **453**

Capsule chimique   Époxydation asymétrique de Sharpless   454

11.18   Réactions des époxydes   **456**

Capsule chimique   Époxydes, carcinogènes et oxydation biologique   458

11.19   Dihydroxylation *anti* des alcènes à l'aide des époxydes   **459**
11.20   Les éthers-couronne : réactions de substitution nucléophile avec catalyse par transfert de phase dans des solvants aprotiques relativement peu polaires   **462**
11.21   Sommaire des réactions des alcènes, des alcools et des éthers   **465**

Chapitre 12   Alcools dérivés de composés carbonylés Oxydation-réduction et composés organométalliques   471
Les deux aspects de la coenzyme NADH   471
▲ (En vignette : Le nicotinamide ou niacine.)

12.1   Introduction   **472**
12.2   Réactions d'oxydation et de réduction en chimie organique   **473**
12.3   Synthèse d'alcools par réduction de composés carbonylés   **475**

Capsules chimiques   L'alcool déshydrogénase   477
Réductions stéréosélectives des groupes carbonyle   478

12.4   Oxydation des alcools   **479**
12.5   Composés organométalliques   **483**
12.6   Préparation des composés organolithiens et organomagnésiens   **484**
12.7   Réactions des organolithiens et des organomagnésiens   **486**
12.8   Préparation d'alcools à l'aide de réactifs de Grignard   **488**
12.9   Dialkylcuprates de lithium : synthèse de Corey-Posner, Whitesides-House   **495**
12.10   Groupes protecteurs   **497**

Première série de problèmes de révision   503

Chapitre 13   Systèmes insaturés conjugués   507
Molécules dont la synthèse a été nobélisée   507
▲ (En vignette : La morphine dont la synthèse fait intervenir une réaction de Diels-Alder.)

13.1   Introduction   **508**
13.2   Substitution allylique et radicaux allyle   **508**

13.3 **Stabilité du radical allyle** 512
13.4 **Cation allyle** 515
13.5 **Sommaire des règles de résonance** 517
13.6 **Alcadiènes et hydrocarbures polyinsaturés** 520
13.7 **Buta-1,3-diène : délocalisation des électrons** 522
13.8 **Stabilité des diènes conjugués** 524
13.9 **Spectroscopie dans l'ultraviolet et le visible** 525

Capsule chimique Photochimie de la vision 530

13.10 **Attaque électrophile sur des diènes conjugués : addition-1,4** 532
13.11 **Réaction de Diels-Alder : réaction de cycloaddition-1,4 sur des diènes** 536

Chapitre 14 Composés aromatiques 549
Chimie verte 549

▲ (En vignette : Le benzène, une molécule de laquelle dérivent de nombreux composés aromatiques.)

14.1 **Introduction** 550
14.2 **Nomenclature des dérivés du benzène** 551
14.3 **Réactions du benzène** 553
14.4 **Structure de Kekulé du benzène** 554
14.5 **Stabilité du benzène** 555
14.6 **Théories modernes de la structure du benzène** 556
14.7 **Règle de Hückel : règle de $(4n + 2)$ électrons π** 559
14.8 **Autres composés aromatiques** 566

Capsule chimique Nanotubes 569

14.9 **Composés aromatiques hétérocycliques** 570
14.10 **Composés aromatiques en biochimie** 571
14.11 **Spectroscopie de composés aromatiques** 573

Capsule chimique Écrans solaires (ils captent les rayons solaires et ensuite...) 577

Chapitre 15 Réactions des composés aromatiques 587
Biosynthèse de la thyroxine : iodation par substitution aromatique 587

▲ (En vignette : Constituée d'iode et de cycles benzéniques, la thyroxine est une hormone associée à la régulation du métabolisme.)

15.1 **Réactions de substitution électrophile aromatique** 588
15.2 **Mécanisme général de la substitution électrophile aromatique : ions arénium** 589
15.3 **Halogénation du benzène** 591
15.4 **Nitration du benzène** 592
15.5 **Sulfonation du benzène** 593
15.6 **Alkylation de Friedel-Crafts** 594
15.7 **Alcanoylation de Friedel-Crafts** 596
15.8 **Limitations des réactions de Friedel-Crafts** 598
15.9 **Applications des alcanoylations de Friedel-Crafts en synthèse : la réduction de Clemmensen** 599
15.10 **Effet des substituants sur la réactivité et l'orientation** 601
15.11 **Théorie des effets des substituants sur la substitution électrophile aromatique** 603

Capsule chimique Biosynthèse de la thyroxine 612

15.12 Réactions de la chaîne latérale des alkylbenzènes **614**

Capsule chimique Synthèse industrielle du styrène **615**

15.13 Alcénylbenzènes **618**
15.14 Applications en synthèse **620**
15.15 Halogénures allyliques et benzyliques dans les réactions de substitution nucléophile **623**
15.16 Réduction des composés aromatiques **625**

Chapitre 16 Aldéhydes et cétones I : addition nucléophile
au groupe carbonyle **633**
Une vitamine polyvalente, la pyridoxine (vitamine B_6) **633**
▲ (En vignette : Le phosphate de pyridoxal ou vitamine B_6.)

16.1 Introduction **634**
16.2 Nomenclature des aldéhydes et des cétones **634**
16.3 Propriétés physiques **636**
16.4 Synthèse des aldéhydes **637**
16.5 Synthèse des cétones **641**
16.6 Addition nucléophile à la double liaison carbone–oxygène **644**
16.7 Addition des alcools : hémiacétals et acétals **647**
16.8 Addition de dérivés de l'ammoniac **654**

Capsule chimique Phosphate de pyridoxal **658**

16.9 Addition du cyanure d'hydrogène **659**
16.10 Addition des ylures : réaction de Wittig **660**
16.11 Addition de réactifs organométalliques : réaction de Reformatsky **664**
16.12 Oxydation des aldéhydes et des cétones **665**
16.13 Analyse qualitative des aldéhydes et des cétones **667**
16.14 Propriétés spectroscopiques des aldéhydes et des cétones **668**

Chapitre 17 Aldéhydes et cétones II : réactions aldoliques **679**
La triose phosphate isomérase (TPI) recycle le carbone par l'intermédiaire d'un énol **679**
▲ (En vignette : Le glycéraldéhyde triphosphate, un intermédiaire important dans le métabolisme de production d'énergie.)

17.1 Acidité des hydrogènes α des composés carbonylés : anions énolate **680**
17.2 Tautomères céto et énol **682**
17.3 Réactions où interviennent les énols et les énolates **683**
17.4 Réactions aldoliques : addition d'énolates aux aldéhydes et aux cétones **688**
17.5 Réactions aldoliques croisées **692**
17.6 Cyclisations par condensation aldolique **697**
17.7 Énolates de lithium **698**

Capsule chimique Éthers d'énols silylés **702**

17.8 α-Sélénation : synthèse de composés carbonylés α,β-insaturés **703**
17.9 Additions sur les aldéhydes et les cétones α,β-insaturés **704**

Capsule chimique Activation de la calichéamycine γ_1^{I} pour la scission de l'ADN **708**

Chapitre 18 Acides carboxyliques et dérivés : réactions d'addition-élimination sur le groupe carbonyle 717

Un lien commun 717

▲ (En vignette : Structure partielle du nylon-6,6, un polyamide.)

18.1 Introduction 718
18.2 Nomenclature et propriétés physiques 718
18.3 Préparation des acides carboxyliques 726
18.4 Réactions d'addition-élimination sur le carbone acyle 728
18.5 Chlorures d'alcanoyle 731
18.6 Anhydrides d'acides carboxyliques 732
18.7 Esters 734
18.8 Amides 741

Capsule chimique Pénicillines 748

18.9 Acides α-halogénés : réaction de Hell-Volhard-Zelinski 749
18.10 Dérivés de l'acide carbonique 750
18.11 Décarboxylation des acides carboxyliques 752

Capsule chimique Thiamine 754

18.12 Tests qualitatifs de caractérisation des composés acyle 755

Annexe B : Polymères de polycondensation 769

Chapitre 19 Synthèse et réactions des composés β-dicarbonylés : autres aspects de la chimie des énolates 777

Imposteurs 777

▲ (En vignette : Le 5-fluoro-uracile, ou quand un inhibiteur d'enzyme prend l'apparence d'un substrat naturel pour combattre le cancer.)

19.1 Introduction 778
19.2 Condensation de Claisen : synthèse de β-cétoesters 779
19.3 Synthèse acétoacétique : synthèse des méthylcétones (acétones substituées) 784
19.4 Synthèse malonique : synthèse d'acides acétiques substitués 790
19.5 Autres réactions des composés à méthylène actif 793
19.6 Alkylation directe des esters et des nitriles 794
19.7 Alkylation des 1,3-dithianes 795
19.8 Condensation de Knoevenagel 796
19.9 Additions de Michael 797
19.10 Réaction de Mannich 798

Capsule chimique Un inhibiteur « suicide » destructeur d'enzyme 798

19.11 Synthèse et réactions des énamines 800
19.12 Barbituriques 803

Capsule chimique Condensations aldoliques catalysées par un anticorps 804

Annexe C : Thiols, ylures de soufre et disulfures 814

Annexe D : Thioesters et biosynthèse des lipides 819

Chapitre 20 Amines 831

Neurotoxines et neurotransmetteurs 831

▲ (En vignette : Sécrétée par une grenouille, l'histrionicotoxine est une neurotoxine paralysant les muscles.)

20.1 Nomenclature 832
20.2 Propriétés physiques et structure des amines 834
20.3 Basicité des amines : les sels d'amines 835

Capsule chimique **Résolution des énantiomères par CLHP 840**

20.4 Quelques amines d'importance biologique 842
20.5 Préparation des amines 844
20.6 Réactions des amines 851
20.7 Réactions des amines avec l'acide nitreux 853

Capsule chimique **N-Nitrosamines 855**

20.8 Réactions de substitution des sels d'arènediazonium 855
20.9 Couplage diazoïque 858
20.10 Réactions des amines avec les chlorures de sulfonyle 861
20.11 Médicaments à base de sulfamides : le sulfanilamide 862
20.12 Analyse des amines 866
20.13 Éliminations dans lesquelles interviennent des ammoniums quaternaires 867

Annexe E : Réactions et synthèse des amines hétérocycliques 879

Annexe F : Alcaloïdes 888

Chapitre 21 Phénols et halogénoarènes : substitution aromatique nucléophile 893

Une coupe en argent 893

▲ (En vignette : Le 4-*tert*-butylcalix[4]arène, une molécule dont la forme rappelle celle d'une coupe.)

21.1 Structure et nomenclature des phénols 894
21.2 Phénols naturels 895
21.3 Propriétés physiques des phénols 896

Capsule chimique **Biosynthèse de polycétides antibiotiques ou anticancéreux 897**

21.4 Synthèse des phénols 898
21.5 Réactions des phénols en tant qu'acides 901
21.6 Autres réactions du groupe O—H des phénols 903
21.7 Clivage des éthers aromatiques 904
21.8 Réactions du noyau benzénique des phénols 904
21.9 Réarrangement de Claisen 906
21.10 Quinones 908
21.11 Halogénoarènes et substitution aromatique nucléophile 909

Capsule chimique **Déshalogénation bactérienne d'un dérivé des BPC 913**

21.12 Analyse spectroscopique des phénols et des halogénoarènes 915

Deuxième série de problèmes de révision 923

Annexe G : Réactions électrocycliques et cycloadditions 928

Annexe H : Composés organohalogénés et organométalliques dans l'environnement 940

Annexe I : Composés organométalliques des métaux de transition 946

Chapitre 22 Glucides 957

Les glucides et la reconnaissance intercellulaire dans les maladies et le processus de guérison 957

▲ (En vignette : L'antigène de Lewis[x] sialylé, un glucide jouant un rôle dans la reconnaissance intercellulaire dans les maladies et le processus de guérison.)

22.1 Introduction 958
22.2 Monosaccharides 961
22.3 Mutarotation 965
22.4 Formation des glycosides 967
22.5 Autres réactions des monosaccharides 969
22.6 Réactions d'oxydation des monosaccharides 971
22.7 Réduction des monosaccharides : les alditols 976
22.8 Réactions des monosaccharides avec la phénylhydrazine : les osazones 977
22.9 Synthèse et dégradation des monosaccharides 978
22.10 Famille des D-aldoses 980
22.11 Démonstration apportée par Fischer de la conformation du D-(+)-glucose 980
22.12 Disaccharides 983

Capsule chimique Édulcorants de synthèse (ou comment sucrer sans sucre...) 986

22.13 Polysaccharides 988
22.14 Autres glucides importants en biologie 992
22.15 Glucides contenant de l'azote 993
22.16 Glycolipides et glycoprotéines de la surface cellulaire 994
22.17 Antibiotiques glucidiques 996

Chapitre 23 Lipides 1003

Un isolant pour les nerfs 1003

▲ (En vignette : La sphingomyéline, un composant lipidique de la gaine de myéline.)

23.1 Introduction 1004
23.2 Acides gras et triacylglycérols 1005

Capsule chimique L'Olestra et d'autres substituts de matière grasse 1008

23.3 Terpènes et composés terpéniques 1012
23.4 Stéroïdes 1015
23.5 Prostaglandines 1023
23.6 Phospholipides et membranes cellulaires 1024
23.7 Cires 1027

Chapitre 24 Acides aminés et protéines 1033

Anticorps catalytiques : catalyseurs sur mesure 1033

▲ (En vignette : Un anticorps catalytique résultant d'une réaction de Diels-Alder et lié à un haptène.)

24.1 Introduction 1034
24.2 Acides aminés 1035
24.3 Synthèse des acides α-aminés en laboratoire 1039
24.4 Analyse des polypeptides et des protéines 1042
24.5 Séquence des polypeptides et des protéines 1044

24.6 Structure primaire des polypeptides et des protéines **1048**

Capsule chimique L'anémie à hématies falciformes **1050**

24.7 Synthèse des polypeptides et des protéines **1052**
24.8 Structures secondaire, tertiaire et quaternaire des protéines **1056**
24.9 Introduction aux enzymes **1061**
24.10 Lysozyme : mécanisme d'action d'une enzyme **1063**
24.11 Protéases à sérine **1066**

Capsule chimique Quelques anticorps catalytiques **1068**

24.12 Hémoglobine : une protéine conjuguée **1070**

Chapitre 25 Acides nucléiques et synthèse de protéines **1075**
Des outils pour l'identification des familles **1075**
▲ (En vignette : Surface de Van der Waals d'une paire de base formée d'une cytosine et d'une guanine.)

25.1 Introduction **1076**
25.2 Nucléotides et nucléosides **1076**
25.3 Synthèse de nucléosides et de nucléotides en laboratoire **1079**
25.4 Acide désoxyribonucléique : ADN **1082**
25.5 ARN et synthèse de protéines **1088**
25.6 Détermination de la séquence de bases de l'ADN **1094**
25.7 Synthèse d'oligonucléotides en laboratoire **1096**
25.8 Réaction en chaîne de la polymérase **1098**

Corrigé **1101**
Glossaire **1109**
Sources des photographies et des illustrations **1125**
Index **1129**

LES AUTEURS

T.W. GRAHAM SOLOMONS

T.W. Graham Solomons a fait ses études universitaires de premier cycle à The Citadel et, en 1959, a obtenu un doctorat en chimie organique de l'Université Duke, où il a œuvré dans le laboratoire de C.K. Bradsher. Récipiendaire d'une bourse postdoctorale de la Fondation Sloan, il a travaillé à l'Université de Rochester auprès de V. Boekelheide. En 1960, il a participé à la création de la faculté des Sciences de l'Université de la Floride du Sud, avant de devenir professeur de chimie en 1973, professeur émérite en 1992 et en 1994, professeur invité à la faculté des Sciences pharmaceutiques et biologiques de l'Université René-Descartes (Paris V). Il est membre des associations Sigma Xi, Phi Lambda Upsilon et Sigma Pi Sigma. Il a reçu des bourses de recherche de la Research Corporation et de l'American Chemical Society Petroleum Research Fund. Il a longtemps dirigé un programme d'encouragement à la recherche pour les étudiants du premier cycle parrainé par la National Science Foundation. Ses travaux de recherche portent surtout sur la chimie hétérocyclique et les composés aromatiques inusités. Il a publié de nombreux articles dans le *Journal of the American Chemical Society*, le *Journal of Organic Chemistry* et le *Journal of Heterocyclic Chemistry*, et a reçu plusieurs prix d'excellence en enseignement. Ses manuels de chimie organique dont la renommée n'est plus à faire ont été traduits en neuf langues. Judith, son épouse, et lui ont une fille, géologue, et deux jeunes garçons.

CRAIG BARTON FRYHLE

Craig Barton Fryhle est professeur associé et directeur d'une chaire au département de chimie de l'Université Pacific Lutheran. Il a fait ses études universitaires au Gettysburg College et a obtenu un doctorat de l'Université Brown. Le professeur Fryhle s'intéresse aux enzymes et aux métabolites associés à la voie métabolique de l'acide shikimique. Ses projets de recherche actuels portent sur l'étude de la conformation par modélisation moléculaire et par spectrométrie RMN des substrats qui interviennent dans le métabolisme de l'acide shikimique et de leurs analogues. Il mène également des recherches sur la structure et la réactivité des enzymes de cette voie métabolique. Il a reçu de nombreuses subventions de recherche et d'équipement octroyées par la National Science Foundation, le M.J. Murdock Charitable Trust et d'autres organismes privés. Le professeur Fryhle contribue à l'enseignement de la chimie organique en développant des stratégies pédagogiques ayant recours à l'informatique, en créant de nouvelles expériences pour les cours d'analyse instrumentale de premier cycle et en ayant collaboré à une édition anglaise antérieure de ce manuel. Il participe bénévolement à un programme de vulgarisation scientifique intitulé " Hands-on Science " qui vise à promouvoir la science dans les écoles publiques de Seattle. En 1999, il était directeur de la section " Puget Sound " de la Société américaine de chimie. Il vit à Seattle avec sa femme Deanna et leurs filles, Lauren et Heather.

L'ADAPTATEUR NORMAND VOYER

Normand Voyer a fait ses études de B.Sc. et de Ph.D. en chimie organique à l'Université Laval, puis a effectué un stage postdoctoral auprès de Donald J. Cram à l'UCLA. Il a ensuite fait partie du groupe de William F. DeGrado chez E.I. DuPont de Nemours & Co. (Wilmington, Delaware) en tant que visiteur scientifique.

Il a débuté sa carrière dans l'enseignement à l'Université de Sherbrooke à titre de professeur adjoint. Et c'est là que son intérêt pour la recherche en chimie bio-organique et supramoléculaire lui a fait se découvrir une passion pour l'enseignement de la chimie organique. Désormais agrégé et professeur titulaire à l'Université Laval, il agit aussi en tant que directeur d'un centre de recherche multidisciplinaire sur la science des protéines. Reconnu pour ses travaux en chimie bio-organique et supramoléculaire, en particulier pour sa contribution au développement de canaux ioniques artificiels, le professeur Voyer a publié ses travaux dans des revues prestigieuses, et est un conférencier recherché tant en Amérique qu'en Europe. En 1992, l'Université de Sherbrooke lui décernait le prix de l'AGES pour la qualité de son enseignement, et il a été nommé Fellow de l'Institut de chimie du Canada en 1999.

Le professeur Voyer est un passionné qui cherche à promouvoir la chimie. C'est dans ce but qu'il a fondé le Colloque annuel des étudiants du Québec, et qu'il participe activement à la Semaine nationale de la chimie, au Comité de l'enseignement de la chimie de l'Ordre des chimistes du Québec, aux Olympiades de la chimie et à la réalisation d'une exposition scientifique itinérante sur Lavoisier et Pasteur.

En dehors de ses activités professionnelles, il se consacre à son épouse, Maryse, et à leurs enfants, Jasmin, Étienne, Laurence et Miguel et il s'adonne à la recherche de minéraux.

MESSAGE AUX ÉTUDIANTS

Non, un cours de chimie organique n'est pas nécessairement une détestable corvée. C'est un cours difficile et passionnant duquel vous retirerez plus que de tout autre cours. Et ce que vous y apprendrez changera votre vision du monde, car la chimie organique est intimement liée à la nature même de la vie et au monde qui nous entoure. Mais pour réussir en chimie organique, il vous faudra procéder logiquement et systématiquement. En adoptant de saines habitudes d'étude, vous parviendrez à maîtriser les rouages de cette science et vous retirerez de cette nouvelle connaissance une profonde satisfaction personnelle. Voici donc quelques suggestions utiles :

1. Tenez-vous à jour dans votre étude et n'accumulez pas de retard.

En chimie organique, vous devrez maîtriser chaque notion, car chacune est essentielle à la compréhension de celles qui suivent. Il est donc primordial de les assimiler au fur et à mesure ou, mieux encore, d'être légèrement en avance par rapport au professeur. En fait, l'idéal est d'étudier la matière le jour précédant l'exposé de votre professeur, car ayant déjà un aperçu du sujet, vous comprendrez mieux ses propos et pourrez approfondir la théorie ou demander des clarifications utiles.

2. Divisez la matière en courtes sections et assurez-vous d'avoir bien compris chacune avant de passer à la suivante.

La chimie organique reposant sur la construction d'un savoir, votre étude sera d'autant plus efficace si vous étudiez les concepts un à la fois et que vous assimilez clairement chacun avant d'entreprendre le suivant. Les nombreux concepts clés sont indiqués dans la marge par l'icone *de la boîte à outils*. Ces concepts sont les outils de base essentiels à votre apprentissage. De même, les conseils et suggestions d'apprentissage sont indiqués par l'*icone de l'œil*. Cependant, que le concept soit signalé ou pas à l'aide d'un icone, assurez-vous de l'avoir bien assimilé avant de poursuivre votre étude.

3. Résolvez tous les problèmes de tous les chapitres et ceux qu'on vous donnera à faire en classe.

Pour vérifier la progression de votre apprentissage et vous assurer que vous avez compris la matière, résolvez tous les problèmes des chapitres. Ils ont été conçus pour cela. N'allez de l'avant que si vous avez résolu le problème; si vous n'y parvenez pas, révisez la matière que vous venez d'étudier. Tâchez de résoudre aussi les problèmes supplémentaires de fin de chapitre que votre professeur vous indiquera. Inscrivez dans un cahier les solutions que vous avez trouvées et apportez ce cahier lorsque vous irez solliciter l'aide de votre professeur.

4. Prenez des notes lorsque vous étudiez.

Consignez par écrit les réactions, les mécanismes, les structures, etc., et ce de façon répétée. La chimie organique s'apprend par l'écriture et non par la seule lecture, le surlignage au crayon fluorescent ou le renvoi à des notes abrégées. La raison en est simple : les structures, mécanismes et réactions organiques sont complexes. En vous contentant de les regarder, vous pourriez croire faussement que vous en maîtrisez toutes les subtilités. Il se peut que le mécanisme d'une réaction vous semble clair, mais vous devez en acquérir une compréhension beaucoup plus profonde. Vous devez avoir assimilé la matière de façon à pouvoir l'expliquer à un interlocuteur, ce qui n'est possible qu'au moyen de l'écriture (sauf peut-être pour les étudiants possédant une mémoire photographique exceptionnelle). Ce n'est qu'en écrivant le mécanisme d'une réaction que vous en noterez tous les détails, comme la dénomination des atomes liés les uns aux autres, l'identité des liaisons rompues et des liaisons formées, de même que la géométrie tridimensionnelle des structures. Lorsque vous écrivez les réactions et les mécanismes, votre mémoire à long terme établit entre eux des liens nécessaires au succès de votre apprentissage. Nous pouvons vous assurer que la note que vous obtiendrez dans ce cours sera proportionnelle au nombre de pages de notes que vous aurez remplies en étudiant.

5. Apprenez en étudiant la matière avec des camarades de classe.

Étudiez avec des camarades de classe et expliquez-vous mutuellement les concepts et les mécanismes en jeu. Les problèmes formulés dans la section *Travail coopératif* et ceux que vous donnera le professeur pourront servir de base à un enseignement et à un apprentissage interactifs avec vos pairs.

6. Faites un usage judicieux des réponses aux problèmes du *Solutions Manual*.

Ne consultez les réponses figurant dans le *Solutions Manual* que pour vérifier si la réponse que vous avez trouvée est bonne ou, après vous être véritablement escrimé sur un problème, pour obtenir un élément de réponse qui vous permettra de retourner résoudre le problème. Pour tirer profit d'un problème, il faut vraiment tenter de le résoudre. Si vous vous contentez de lire les problèmes et d'aller immédiatement voir la réponse, vous vous privez d'un outil d'apprentissage essentiel.

7. **Prenez connaissance de la section du** *Guide d'étude* **intitulée** *Solving the Puzzle* **ou** *Structure is everything (Almost).*

Cette section fait le pont entre les conclusions de la chimie générale et l'introduction à la chimie organique. Vous constaterez que certaines notions de chimie générale comportent des applications très utiles en chimie organique et pourrez saisir l'occasion de les réviser. Vous pourrez alors vous attaquer à l'étude de la chimie organique. Cette section vous aidera également à comprendre qu'en maîtrisant certains principes fondamentaux, surtout en ce qui concerne les structures, vous vous éviterez de puissants casse-tête. En fait, une fois que vous aurez acquis une solide compréhension des caractéristiques d'une structure, la chimie organique vous apparaîtra beaucoup plus simple et tout tombera en place.

8. **Faites appel aux modèles moléculaires.**

Vu la nature tridimensionnelle de la plupart des molécules organiques, les modèles moléculaires sont tout indiqués pour qui cherche à en saisir la structure. Procurez-vous une trousse de boules et tiges et construisez les structures lorsque vous ressentez le besoin de voir les molécules en trois dimensions. Une annexe du *Guide d'étude* vous propose un ensemble d'exercices à effectuer avec les modèles moléculaires.

COMPOSÉS DU CARBONE ET LIAISONS CHIMIQUES

La vie repose sur la chimie organique

Les scientifiques s'interrogent depuis longtemps sur l'origine de la vie sur la Terre et l'existence possible de vie ailleurs dans l'Univers. Selon certains indices, au début de l'histoire de la Terre, des éclairs traversant l'atmosphère terrestre auraient engendré la plupart des composés organiques nécessaires à l'émergence de la vie. D'autres pistes suggèrent que la vie émanerait des profondeurs de l'océan, où les cheminées des sources hydrothermales auraient fourni l'énergie requise aux réactions chimiques des matériaux de base donnant naissance aux molécules à chaînes carbonées. Enfin, d'autres signes portent à croire que les sédiments argileux auraient procuré les éléments nécessaires aux réactions fabriquant les molécules organiques de la vie.

Récemment, l'émoi mondial suscité par la découverte de molécules organiques dans l'espace interstellaire et dans les météorites provenant de Mars a stimulé un intérêt pour la vie potentiellement présente au-delà de l'incubateur bleu et vert qu'est la Terre. Des molécules organiques auraient-elles émergé ailleurs dans l'Univers par le même processus laborieux que sur la Terre ? Les simples briques organiques de l'édifice de la vie ont-elles pu parvenir sur la Terre, enchâssées dans des météorites provenant des confins de l'espace ?

Parmi les types de molécules organiques découvertes dans les météorites, il y a des acides aminés, constituants des protéines, et des lipides, molécules pouvant former des compartiments moléculaires, ou vésicules. Dans certains de ces

SOMMAIRE

1.1 Introduction

1.2 La chimie organique au rang de science

1.3 Théorie structurale de la chimie organique

1.4 Liaisons chimiques : la règle de l'octet

1.5 Structures de Lewis

1.6 Exceptions à la règle de l'octet

1.7 Charges formelles

1.8 Résonance

1.9 Mécanique quantique

1.10 Orbitales atomiques

1.11 Orbitales moléculaires

1.12 Structure du méthane et de l'éthane : exemples d'hybridation sp^3

1.13 Structure de l'éthène (éthylène) : exemple d'hybridation sp^2

1.14 Structure de l'éthyne (acétylène) : exemple d'hybridation sp

1.15 Résumé des principaux concepts dérivés de la mécanique quantique

1.16 Géométrie moléculaire : le modèle de la répulsion des paires d'électrons de la couche de valence (RPECV)

1.17 Notation des formules structurales

Méthane

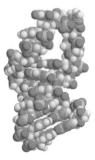

Molécule d'ARN

météorites, la matière organique représentait, en moyenne, 7 % de la masse. Selon les estimations, il y a 300 millions d'années, la Terre aurait reçu 10^{20} g de matière organique provenant des météorites carbonés, soit plus que la quantité actuellement contenue dans la biomasse (10^{18} g). Ces météorites auraient donc fourni davantage de matériel organique brut qu'il n'en fallait pour déclencher la vie.

Enfin, au cœur de toutes ces théories réside l'idée que les molécules organiques sont l'essence même de la vie, à la fois source de vie sur la Terre et origine d'une vie extraterrestre possible.

1.1 INTRODUCTION

La chimie organique étudie les composés du carbone, origine de toute vie sur la Terre. Parmi les composés carbonés, on trouve l'acide désoxyribonucléique (ADN), molécule en forme d'hélice qui contient toute notre information génétique; on trouve également les protéines, catalyseurs de toutes les réactions chimiques du corps humain et constituants du sang, des muscles ainsi que de la peau. Conjointement avec l'oxygène de l'air que nous respirons, les composés du carbone fournissent toute l'énergie nécessaire au maintien de la vie.

Selon une théorie de l'origine de la vie, les atomes de carbone auraient été présents sous forme de méthane (CH_4) tôt dans l'histoire de la Terre. On suppose que l'atmosphère primitive de notre planète était constituée de ce composé organique simple, de gaz carbonique, d'eau, d'ammoniac et d'hydrogène. Des expériences ont démontré que les décharges électriques — les éclairs, par exemple — et les autres formes de radiations hautement énergétiques fragmentent ces composés simples en traversant ce type d'atmosphère. Les nouveaux composés ainsi formés, très réactifs, se combinent alors pour donner naissance à des composés plus complexes tels que les acides aminés, la formaldéhyde, le cyanure d'hydrogène, les purines et les pyrimidines. Une fois formés dans l'atmosphère primitive, ces composés et bien d'autres auraient été transportés par la pluie, puis auraient ruisselé vers la mer pour faire de celle-ci un vaste incubateur renfermant tous les réactifs nécessaires à l'émergence de la vie. Ainsi, les acides aminés auraient réagi les uns avec les autres pour constituer des protéines. En entrant en réaction ensemble, des molécules de formaldéhyde auraient produit des glucides qui, à leur tour, se seraient combinés avec des phosphates inorganiques, des purines et des pyrimidines pour donner naissance à des molécules simples d'acide ribonucléique (ARN) et d'ADN. Par leur capacité à conserver l'information génétique et leur habileté à catalyser des réactions, les molécules d'ARN auraient contribué à la formation des premiers systèmes capables d'autoréplication. Par un mécanisme encore très loin d'être élucidé, la transformation de ces premiers systèmes par un long processus de sélection naturelle aurait généré toutes les formes vivantes que nous connaissons aujourd'hui.

Certes, nous sommes largement composés de molécules organiques, nous en dérivons et nous nous en nourrissons, mais il est bon de rappeler que nous vivons également à l'ère de la chimie organique. Les vêtements que nous portons, qu'ils soient fabriqués à partir de fibres naturelles comme la laine ou le coton, ou synthétiques comme le nylon ou le polyester, sont constitués de composés carbonés. Des matériaux utilisés pour construire les maisons qui nous abritent, beaucoup sont organiques. L'essence qui sert à propulser nos voitures, le caoutchouc de leurs pneus et le plastique composant leur habitacle, de même que la plupart des médicaments, sont aussi d'origine organique.

Bien qu'ils soient en général bénéfiques, les composés organiques sont parfois source de maux. Certains composés organiques introduits dans l'environnement ont eu des conséquences fâcheuses insoupçonnées. Heureusement, dans bon nombre de ces cas, des procédés plus respectueux de l'environnement ont été développés. Par exemple, plutôt que de vaporiser des pesticides, on piège les insectes à l'aide de phéromones, sortes d'hormones naturelles qui les attirent. Les pourparlers internationaux en matière de protection de la couche d'ozone — utilisation de réfrigérants organiques moins réactifs et d'aérosols moins nocifs — démontrent également le souci, partagé par tous, de préserver l'intégrité de l'atmosphère. Par ailleurs, les voitures équipées de moteurs à combustion plus efficaces requièrent moins d'essence et contribuent à réduire la quantité de polluants atmosphériques qui causent l'effet de serre.

Non seulement sommes-nous à l'ère de la chimie organique, mais aussi vivons-nous à une époque où on prône la réduction, la réutilisation et le recyclage. Les composés organiques n'échappent pas à cette tendance. En effet, les plastiques des bouteilles de boissons gazeuses et de lait sont aujourd'hui recyclés en tissu et en tapis. Le recyclage du papier fait diminuer la demande de pulpe de papier et, par conséquent, réduit la coupe d'arbres. Les huiles à moteur, les peintures et les solvants sont récupérés par des organismes environnementaux qui les recyclent. Les laboratoires de chimie effectuent des expériences à des échelles de plus en plus réduites, ce qui diminue leurs besoins en matières premières et génère moins de déchets. Pour le bien de l'humanité, les chimistes développent maintenant des procédés tenant compte de l'environnement. Conscients de ces efforts, plusieurs gouvernements encouragent ces initiatives et récompensent les procédés les plus innovateurs.

De toute évidence, la chimie organique est étroitement associée à presque toutes les facettes de notre vie, et c'est pourquoi on gagne à mieux la connaître.

1.2 LA CHIMIE ORGANIQUE AU RANG DE SCIENCE

Depuis des milliers d'années, les êtres humains se servent des composés organiques et de leurs réactions. La découverte du feu représente probablement la première réaction organique délibérée. Les Égyptiens de l'Antiquité teignaient leurs tissus à l'aide de composés tels que l'indigo et l'alizarine. Les Phéniciens extrayaient la célèbre pourpre royale, une autre substance organique, d'un mollusque. La fermentation du raisin en alcool éthylique et les propriétés acides du vin qui a tourné ont été décrites dans la Bible, et on soupçonne que ces processus étaient connus bien avant.

Par contre, on considère la chimie organique comme une science depuis moins de deux cents ans. La plupart des historiens de la science s'accordent à dire qu'elle date du début du XIXe siècle, au moment même où l'on cessa de croire en la théorie vitaliste.

1.2A VITALISME

Au cours des années 1780, les scientifiques commencèrent à faire une distinction entre les **composés organiques** et les **composés inorganiques.** Les premiers furent définis comme étant ceux provenant d'organismes vivants, et les seconds, comme ceux découlant de matière inanimée. Parallèlement à cette distinction naquit la théorie du *vitalisme,* selon laquelle la synthèse d'un composé organique nécessiterait l'intervention d'une « force vitale ». Les chimistes de l'époque croyaient donc que de telles réactions ne pouvaient s'opérer que dans un organisme vivant; il était impensable pour eux qu'elles puissent s'effectuer en laboratoire, dans des éprouvettes.

Entre 1828 et 1850, bon nombre de composés pourtant organiques furent synthétisés de sources inorganiques. En 1828, Friedrich Wöhler réalisa la première de ces synthèses : il produisit de l'urée (un composant de l'urine) en faisant évaporer une solution aqueuse contenant du cyanate d'ammonium inorganique.

$$NH_4^+NCO^- \xrightarrow{\Delta} \overset{\displaystyle O}{\overset{\displaystyle \|}{H_2N-C-NH_2}}$$

Cyanate d'ammonium   **Urée**

Après l'expérience de Wöhler, la théorie vitaliste eut de moins en moins d'adeptes, ce qui contribua à l'essor de la chimie organique dès 1850.

Vitamine C

Malgré la disparition de la théorie du vitalisme en science, on utilise encore aujourd'hui le mot « organique » pour désigner ce qui provient d'organismes vivants, comme les « vitamines organiques » ou les « engrais organiques ». Les « vitamines organiques » ont été isolées de sources naturelles plutôt que synthétisées en laboratoire par des chimistes. Bien qu'il existe des avantages pour l'environnement à pratiquer la culture biologique et que les vitamines « naturelles » puissent contenir des substances bénéfiques non présentes dans les vitamines synthétiques, il est faux de prétendre que la vitamine C pure « naturelle » est meilleure pour la santé que la vitamine C pure synthétique. Ces deux substances sont identiques en tout point. Aujourd'hui, on appelle chimie des produits naturels l'étude de composés dérivés d'organismes vivants.

1.2B FORMULES EMPIRIQUES ET FORMULES MOLÉCULAIRES

Aux XVIIIᵉ et XIXᵉ siècles, le développement de méthodes qualitatives et quantitatives d'analyse des substances organiques permit d'importantes percées. En 1784, Antoine de Lavoisier fut le premier scientifique à montrer que les composés organiques sont constitués principalement de carbone, d'hydrogène et d'oxygène. Entre 1811 et 1831, Justus Liebig, J.J. Berzelius et J.B.A. Dumas mirent au point des méthodes *quantitatives* pour déterminer la composition des composés organiques.

En 1860, Stanislao Cannizzaro apporta un élément capital en démontrant qu'il était possible de différencier les **formules empiriques** des **formules moléculaires** grâce à l'hypothèse d'Amedeo Avogadro (1811). Par la suite, on se rendit compte que plusieurs molécules partageant la même formule étaient, en fait, composées d'un nombre différent d'atomes. Par exemple, l'éthylène (éthène), le cyclopentane et le cyclohexane partagent la même formule empirique, CH_2, mais ont des formules moléculaires différentes : C_2H_4, C_5H_{10} et C_6H_{12}, respectivement.

1.3 THÉORIE STRUCTURALE DE LA CHIMIE ORGANIQUE

De 1858 à 1861, chacun de leur côté, August Kekulé, Archibald Scott Couper et Alexander M. Butlerov jetèrent les bases de l'une des théories les plus fondamentales en chimie : **la théorie structurale.** Cette théorie repose sur deux prémisses :

1. Dans les composés organiques, les atomes des éléments peuvent former un nombre déterminé de liens. L'unité de mesure de cette capacité de réaliser des liaisons est appelée **valence.** Ainsi, le carbone est *tétravalent,* ce qui signifie qu'il peut former quatre liaisons. L'oxygène est *divalent,* et l'hydrogène ainsi que les halogènes (habituellement) sont *monovalents.*

$$-\overset{\mid}{\underset{\mid}{C}}- \qquad -O- \qquad H- \quad Cl-$$

| L'atome de carbone est tétravalent. | L'atome d'oxygène est divalent. | Les atomes d'hydrogène sont monovalents. |

2. L'atome de carbone peut employer une ou plusieurs de ses valences pour former des liaisons avec un ou plusieurs autres atomes de carbone.

Liaisons carbone–carbone

$$-\overset{\mid}{\underset{\mid}{C}}-\overset{\mid}{\underset{\mid}{C}}- \qquad \overset{}{\underset{}{C}}=\overset{}{\underset{}{C} } \qquad -C\equiv C-$$

Simple liaison **Double liaison** **Triple liaison**

Dans son article original, Couper représenta ces liaisons par des traits semblables à ceux utilisés dans les formules présentées dans cet ouvrage. Dans son manuel publié en 1861, Kekulé donna à la chimie organique sa définition courante : ***l'étude des composés du carbone.***

Connaître le nombre de liaisons que peut réaliser un atome est fondamental dans l'apprentissage de la chimie organique.

1.3A ISOMÉRIE : L'IMPORTANCE DES FORMULES STRUCTURALES

Les premiers chimistes organiciens firent appel à la théorie structurale pour résoudre le problème de l'**isomérie**. En effet, ces chimistes rencontraient souvent des **composés bien distincts partageant pourtant la même formule moléculaire.** De tels composés sont appelés isomères.

Prenons l'exemple suivant. Deux composés dont la formule moléculaire correspond à C_2H_6O ont des propriétés différentes (voir tableau 1.1) qui en font deux composés bien distincts. Par conséquent, on dit de ces composés qu'ils sont **isomères.** Notez que ces deux isomères ont des points d'ébullition et de fusion différents, et que l'un, l'*oxyde de diméthyle,* est un gaz à la température ambiante alors que l'autre, l'*alcool éthylique,* y est à l'état liquide.

Il est impossible de différencier ces deux composés par leur formule moléculaire (C_2H_6O), puisque c'est la même. C'est alors qu'intervient la théorie structurale en donnant différentes **structures** (figure 1.1) et différentes formules structurales pour ces deux composés.

Les termes et les concepts importants à retenir sont en **vert**. Essayez de les assimiler à mesure qu'ils se présentent. Ces termes sont également définis dans le glossaire.

```
    H   H              H        H
    |   |              |        |
H—C—C—O—H          H—C—O—C—H
    |   |              |        |
    H   H              H        H
```

Alcool éthylique   **Oxyde de diméthyle**

Un bref coup d'œil sur les formules structurales de ces deux composés suffit à les distinguer, car ils diffèrent par leur connectivité ; les atomes de chacun sont rattachés différemment entre eux. Dans l'alcool éthylique, il s'agit d'un enchaînement C—C—O, alors que dans l'oxyde de diméthyle c'est plutôt un enchaînement C—O—C. L'alcool éthylique possède un atome d'hydrogène attaché à l'oxygène, tandis que dans l'oxyde de diméthyle tous les atomes d'hydrogène sont liés aux carbones. L'atome d'hydrogène lié de façon covalente à l'oxygène est responsable de l'état liquide de l'alcool éthylique à la température ambiante. Comme nous le verrons à la section 2.14C, cet atome d'hydrogène permet aux molécules d'alcool éthylique de former des liaisons hydrogène entre elles, d'où un point d'ébullition plus élevé que celui de l'oxyde de diméthyle.

L'alcool éthylique et l'oxyde de diméthyle sont des exemples d'isomères de constitution*. *Les isomères de constitution sont des composés différents partageant la même formule moléculaire et se distinguant par leur connectivité, c'est-à-dire par*

Tableau 1.1   Propriétés de l'alcool éthylique et de l'oxyde de diméthyle.

	Alcool éthylique C_2H_6O	Oxyde de diméthyle C_2H_6O
Point d'ébullition (°C)	78,5	−24,9
Point de fusion (°C)	−117,3	−138

Cette icône attire votre attention sur les structures moléculaires et d'autres informations présentées dans le cédérom fourni avec le manuel.

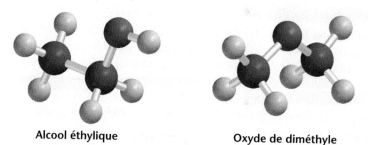

Alcool éthylique   **Oxyde de diméthyle**

Figure 1.1   Modèles boules et tiges représentant les structures de l'alcool éthylique et de l'oxyde de diméthyle.

---

* Jadis, ces isomères étaient appelés **isomères de structure.** L'Union internationale de chimie pure et appliquée (UICPA) recommande de ne plus employer ce terme pour décrire de tels isomères.

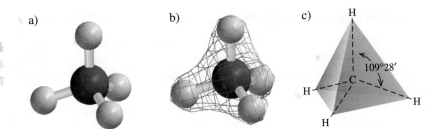

Figure 1.2 Structure tétraédrique du méthane. Les électrons liants du méthane se retrouvent principalement dans l'espace délimité par le maillage.

Leçon interactive : modèles du méthane

Isomères de constitution

la séquence de l'enchaînement de leurs atomes constitutifs. Les isomères de constitution diffèrent habituellement par leurs propriétés physiques (point de fusion, point d'ébullition et densité, notamment) et leurs propriétés chimiques. Ces différences ne sont cependant pas aussi marquées que dans le cas de l'alcool éthylique et de l'oxyde de diméthyle.

1.3B LE MÉTHANE, UN EXEMPLE DE COMPOSÉ TÉTRAÉDRIQUE

En 1874, J.H. Van't Hoff et J.A. Le Bel raffinèrent les formules proposées par Kekulé, Couper et Butlerov en leur donnant une représentation tridimensionnelle. Ils proposèrent un modèle dans lequel les quatre atomes d'hydrogène du méthane se trouvent aux sommets d'un tétraèdre, l'atome de carbone occupant une position centrale (figure 1.2). Afin de bien maîtriser la chimie organique, il importe de connaître la disposition des atomes dans l'espace de même que la séquence dans laquelle ils sont liés. Nous approfondirons davantage ces aspects aux chapitres 4 et 5.

1.4 LIAISONS CHIMIQUES : LA RÈGLE DE L'OCTET

En 1916, G.N. Lewis de l'université de Californie à Berkeley et W. Kössel de l'université de Munich furent les premiers à percer la nature des liaisons chimiques. Ils les divisèrent en deux classes :

1. Les liaisons **ioniques,** qui sont formées par le transfert d'un ou de plusieurs électrons d'un atome à un autre, créant ainsi des ions.

2. Les liaisons **covalentes,** qui résultent d'un partage d'électrons par les atomes concernés.

Selon l'idée qui sous-tendait leurs travaux, les atomes cherchent à accéder à la configuration électronique stable des gaz nobles.

Les concepts et les explications découlant des postulats initiaux de Lewis et de Kössel sont encore employés aujourd'hui pour expliquer de nombreux phénomènes de la chimie organique. C'est pourquoi il est important de revoir ces deux types de liaisons en des termes plus modernes.

G.N. Lewis

1.4A LIAISONS IONIQUES

En gagnant ou en perdant des électrons, les atomes se transforment en particules chargées, appelées *ions*. La liaison ionique découle de la force d'attraction entre des ions de charges opposées et se forme entre des atomes présentant une grande différence d'électronégativité (tableau 1.2). *L'électronégativité mesure la tendance d'un atome à attirer des électrons.* En observant le tableau 1.2, vous remarquerez que l'électronégativité des éléments augmente à mesure que l'on se déplace horizontalement de gauche à droite dans le tableau périodique :

Nous ferons fréquemment appel à la notion d'électronégativité pour comprendre les propriétés et la réactivité des molécules organiques.

Li Be B C N O F

Électronégativité croissante →

Tableau 1.2 Électronégativité de certains éléments.

				H 2,1			
Li 1,0	**Be** 1,5	**B** 2,0	**C** 2,5		**N** 3,0	**O** 3,5	**F** 4,0
Na 0,9	**Mg** 1,2	**Al** 1,5	**Si** 1,8		**P** 2,1	**S** 2,5	**Cl** 3,0
K 0,8							**Br** 2,8

et qu'elle augmente lorsqu'on parcourt une colonne de bas en haut :

F
Cl
Br
I

Électronégativité croissante

Lorsqu'un atome de lithium réagit avec un atome de fluor, une liaison ionique se forme.

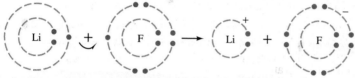

Comme la plupart des métaux, le lithium possède une faible électronégativité. En revanche, le fluor, élément non métallique, est l'atome le plus électronégatif. En cédant son électron (particule chargée négativement), le lithium devient un cation (Li⁺). En gagnant cet électron, le fluor devient un anion (F⁻). Maintenant, il y a lieu de se demander pourquoi de tels ions se forment. En utilisant les termes employés dans la théorie de Lewis-Kössel, on pourrait dire qu'en devenant des ions ces deux atomes atteignent une configuration électronique se rapprochant de celle des gaz nobles. Muni de ses deux électrons, le lithium cationique s'apparente à un atome d'hélium, un gaz noble, et l'anion fluorure, avec ses huit électrons de valence, se rapproche du néon, un autre gaz noble. De plus, les ions fluorure et lithium se combinent pour former du fluorure de lithium cristallin, dans lequel les ions négatifs de fluor sont entourés d'ions positifs de lithium et vice versa. Dans cette structure cristalline, les ions possèdent une énergie plus faible que dans leurs atomes respectifs pris séparément. Par conséquent, la formation de fluorure de lithium cristallin produit un arrangement plus stable pour ces éléments.

Le fluorure de lithium est représenté par le symbole LiF, puisqu'il s'agit de la notation la plus simplifiée de ce composé.

Généralement, en raison des importantes forces électrostatiques présentes, les substances ioniques ont un point de fusion élevé, qui dépasse souvent 1000 °C. Dans les solvants polaires, l'eau notamment, les ions sont solvatés (section 2.14E) et ces solutions sont habituellement conductrices.

Soulignons que les composés ioniques se forment à condition qu'il y ait transfert d'électrons entre atomes présentant une grande différence d'électronégativité.

1.4B LIAISONS COVALENTES

Lorsqu'il y a réaction entre deux atomes ou plus présentant une électronégativité similaire, aucun transfert d'électrons ne se produit; les atomes atteignent alors la configuration des gaz nobles en *partageant des électrons*. Les *liaisons covalentes* entre les atomes donnent lieu à la formation de produits appelés *molécules,* lesquelles peuvent être représentées de deux façons : par des formules dans lesquelles les électrons sont symbolisés par des points ou, mieux, par des formules développées dans

Leçon interactive : liaisons ioniques et covalentes

lesquelles chaque trait représente une paire d'électrons que partagent deux atomes. En voici quelques exemples :

$$H_2 \qquad H\cdot + \cdot H \longrightarrow H\!:\!H \qquad \text{ou} \qquad H\!-\!H$$

$$Cl_2 \qquad :\!\ddot{C}l\cdot + \cdot\ddot{C}l\!: \longrightarrow :\!\ddot{C}l\!:\!\ddot{C}l\!: \qquad \text{ou} \qquad :\!\ddot{C}l\!-\!\ddot{C}l\!:$$

$$CH_4 \qquad \cdot\dot{\underset{\cdot}{C}}\cdot + 4\,H\cdot \longrightarrow \overset{\displaystyle H}{\underset{\displaystyle \ddot{H}}{H\!:\!\ddot{C}\!:\!H}} \qquad \text{ou} \qquad \overset{\displaystyle H}{\underset{\displaystyle H}{H\!-\!\overset{|}{\underset{|}{C}}\!-\!H}}$$

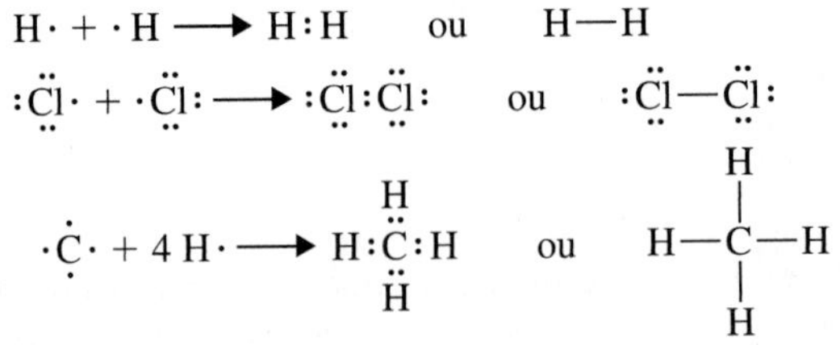

Ces représentations sont souvent appelées **structures de Lewis**. Seuls les électrons de valence sont dessinés dans ce type de notation.

Dans certains cas, des liaisons covalentes multiples sont formées :

$$N_2 \qquad :\!N\!:\!:\!N\!: \quad \text{ou} \quad :\!N\!\equiv\!N\!:$$

Les ions peuvent aussi réaliser des liaisons covalentes :

$$\overset{+}{N}H_4 \qquad \overset{\displaystyle H}{\underset{\displaystyle \ddot{H}}{H\!:\!\overset{+}{\ddot{N}}\!:\!H}} \quad \text{ou} \quad \overset{\displaystyle H}{\underset{\displaystyle H}{H\!-\!\overset{|}{\underset{|}{\overset{+}{N}}}\!-\!H}}$$

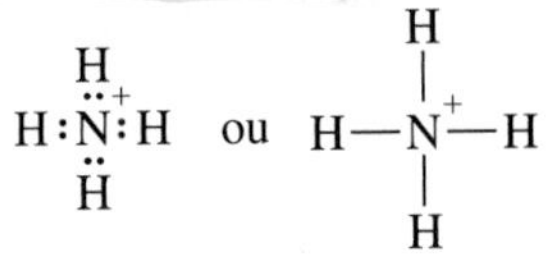

1.5 STRUCTURES DE LEWIS

Les structures de Lewis sont des formules dans lesquelles les électrons sont symbolisés par des points. L'espèce (molécule ou ion) y est représentée par ses atomes constitutifs entourés des électrons de valence (c'est-à-dire les électrons de la couche externe). Par un partage ou un transfert des électrons, les atomes acquièrent la configuration électronique du gaz noble situé sur la même période du tableau périodique. Par exemple, on attribue deux électrons à l'atome d'hydrogène pour que sa structure se rapproche de celle de l'hélium. On attribue huit électrons au carbone, à l'azote, à l'oxygène et au fluor pour que ces atomes atteignent la configuration électronique du néon. **Le nombre d'électrons de valence d'un atome correspond à son numéro de groupe indiqué dans le tableau périodique.** (Vous trouverez le tableau périodique à la fin du volume.) Par exemple, le carbone fait partie du groupe **4A** et dispose par conséquent de quatre électrons de valence. Le fluor, du groupe **7A**, en possède sept et l'hydrogène, du groupe **1A**, en possède un. **Dans le cas d'un ion, il faut additionner ou soustraire un ou plusieurs électrons afin d'obtenir sa charge correspondante.**

Savoir écrire correctement les structures de Lewis favorisera votre apprentissage de la chimie organique.

QUESTION TYPE

Écrivez la structure de Lewis de CH_3F.

Réponse

1. Le nombre total d'électrons de valence se calcule comme suit :

$$\underset{\underset{\displaystyle C}{\uparrow}\quad\underset{\displaystyle 3\,H}{\uparrow}\quad\underset{\displaystyle F}{\uparrow}}{4 + 3(1) + 7 = 14}$$

2. Chacune des liaisons entre les atomes requiert une paire d'électrons. On représente ces liaisons par des traits. Dans cet exemple, les liaisons mettent en jeu quatre paires d'électrons (soit 8 des 14 électrons de valence calculés ci-dessus).

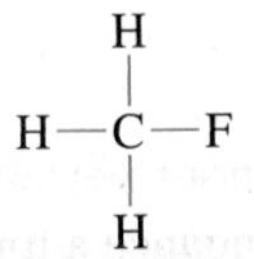

$$\overset{\displaystyle H}{\underset{\displaystyle H}{H\!-\!\overset{|}{\underset{|}{C}}\!-\!F}}$$

3. On attribue les électrons de valence par paires, de sorte que chaque hydrogène ait deux électrons (un doublet) et que chacun des autres atomes en ait

huit (un octet). Ici, on attribue les six électrons de valence restants à l'atome de fluor sous la forme de trois paires d'électrons non liants.

$$
\begin{array}{c}
H \\
| \\
H - C - \ddot{\underset{\cdot\cdot}{F}}\!: \\
| \\
H
\end{array}
$$

Lorsque c'est nécessaire, on utilise des liaisons multiples pour illustrer une configuration électronique de gaz noble. L'ion carbonate (CO_3^{2-}) en constitue un exemple :

$$
\left[
\begin{array}{c}
\ddot{\underset{\cdot\cdot}{O}} \\
\| \\
C \\
\diagup \;\;\; \diagdown \\
:\!\ddot{\underset{\cdot\cdot}{O}} \qquad \ddot{\underset{\cdot\cdot}{O}}\!:
\end{array}
\right]^{2-}
$$

Pour répondre à la règle de l'octet, les molécules de l'éthylène (C_2H_4) et de l'acétylène (C_2H_2) se dotent respectivement d'une liaison double et d'une liaison triple :

$$
\begin{array}{ccc}
H & & H \\
\diagdown & & \diagup \\
& C = C & \\
\diagup & & \diagdown \\
H & & H
\end{array}
\qquad \text{et} \qquad H - C \equiv C - H
$$

QUESTION TYPE

Écrivez la structure de Lewis de l'ion chlorate (ClO_3^-). (Notez que les trois atomes d'oxygène forment une liaison avec l'atome de chlore.)

Réponse

1. On calcule le nombre total d'électrons de valence de tous les atomes constitutifs, incluant l'électron supplémentaire de la charge négative.

$$
7 + 3(6) + 1 = 26
$$

$$
\underset{Cl}{\uparrow} \quad \underset{3\,O}{\uparrow} \quad \underset{e^-}{\uparrow}
$$

2. On indique les liaisons, formées par trois paires d'électrons, entre l'atome de chlore et les trois atomes d'oxygène.

$$
\begin{array}{c}
O \\
| \\
O - Cl - O
\end{array}
$$

3. On attribue les 20 électrons restants en paires, afin que chaque atome possède son octet d'électrons.

$$
\left[
\begin{array}{c}
:\!\ddot{\underset{\cdot\cdot}{O}}\!: \\
| \\
:\!\ddot{\underset{\cdot\cdot}{O}} - Cl - \ddot{\underset{\cdot\cdot}{O}}\!:
\end{array}
\right]^{-}
$$

1.6 EXCEPTIONS À LA RÈGLE DE L'OCTET

Non seulement les atomes partagent-ils des électrons pour acquérir la configuration des gaz inertes, mais encore le font-ils pour augmenter la densité électronique entre les noyaux atomiques positifs. Les forces d'attraction entre les électrons et les noyaux des atomes agissent donc comme une « colle » qui les maintient ensemble (voir section 1.10). Les éléments de la deuxième période du tableau périodique ne peuvent réaliser qu'un maximum de quatre liaisons (engageant huit électrons au total), car ils ne disposent que d'une orbitale 2s et de trois orbitales 2p pour réaliser des liaisons. L'ensemble de ces orbitales, dont chacune contient un maximum de deux électrons, ne peut inclure plus de huit électrons (section 1.10). Par conséquent, la règle de l'octet ne s'applique qu'à ces éléments; nous verrons qu'il existe même des exceptions puisque le béryllium et le bore ont tendance à former des composés dans lesquels ils possèdent moins de huit électrons. Les éléments de la troisième période et des suivantes réalisent des liaisons par les orbitales d. Ces éléments peuvent alors contenir plus de huit électrons dans leur couche de valence et sont par conséquent susceptibles de réaliser plus de quatre liaisons covalentes, comme c'est le cas des composés tels que PCl_5 et SF_6.

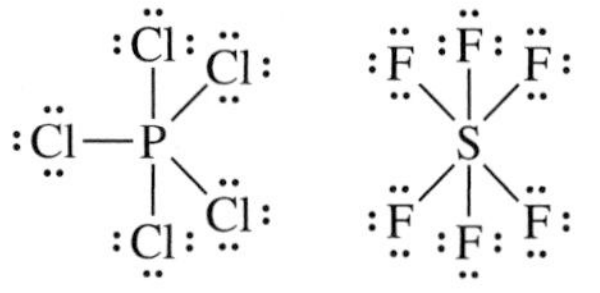

QUESTION TYPE

Dessinez la structure de Lewis de l'ion sulfate (SO_4^{2-}). Notez que l'atome de soufre se lie aux quatre atomes d'oxygène.

Réponse

1. On calcule le nombre d'électrons de valence, incluant les deux électrons de la charge négative.

$$6 + 4(6) + 2 = 32$$
$$\uparrow \qquad \uparrow \qquad \uparrow$$
$$S \quad 4\,O \quad e^-$$

2. On indique les liaisons, formées par quatre paires d'électrons, entre le soufre et les quatre atomes d'oxygène.

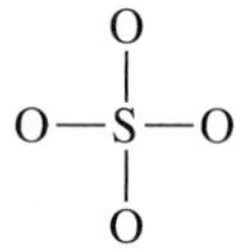

3. On distribue les 24 électrons restants en paires non partagées sur les atomes d'oxygène et en doubles liaisons entre le soufre et deux atomes d'oxygène. L'oxygène dispose donc de 8 électrons autour de lui, et le soufre, de 12 électrons.

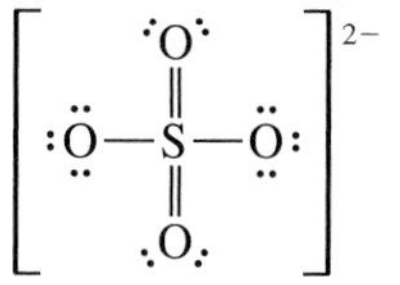

Certaines espèces (molécules ou ions) hautement réactives ont des atomes disposant de moins de huit électrons dans leur couche de valence. Par exemple, dans le trifluorure de bore (BF_3), l'atome de bore central est entouré de six électrons.

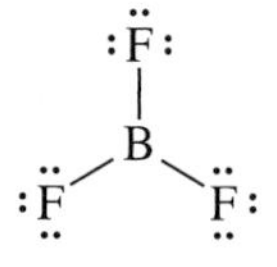

Pour terminer, il est important de souligner ceci : *l'écriture d'une structure de Lewis exige que l'on sache comment les atomes sont liés les uns aux autres.* Par exemple, même si la formule de l'acide nitrique est souvent écrite HNO_3, l'hydrogène forme en fait une liaison avec l'oxygène et non avec l'azote. La formule doit donc s'écrire $HONO_2$ et non HNO_3. La structure de Lewis correcte qui en découle est la suivante :

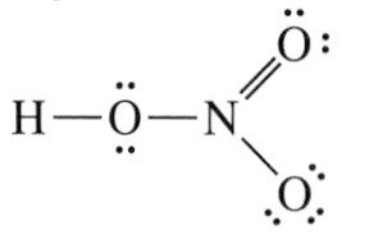

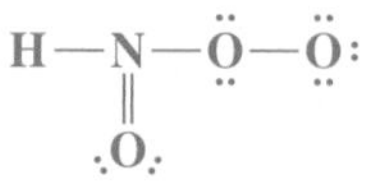

Malheureusement, cette connaissance ne s'acquiert que par l'expérience. Si vous pensez avoir oublié la structure des molécules inorganiques les plus communes telles que celles listées au problème 1.1, il serait sage de prendre quelques minutes pour revoir les notions pertinentes de chimie générale.

PROBLÈME 1.1

Écrivez les structures de Lewis pour chacun des composés suivants :

a) HF   c) CH_3F e) H_2SO_3 g) H_3PO_4 i) HCN

b) F_2 d) HNO_2 f) BH_4^- h) H_2CO_3

1.7 CHARGES FORMELLES

En écrivant les structures de Lewis, il est parfois utile d'attribuer une charge positive ou négative aux atomes des molécules ou des ions. Cette charge, appelée **charge formelle,** tient surtout lieu de rappel de la charge des atomes constitutifs, puisque *la charge totale portée par une molécule ou un ion équivaut à la somme de toutes les charges formelles.*

Le calcul de la charge formelle d'un atome consiste à **soustraire le nombre d'électrons de valence d'un atome engagé dans une liaison du nombre d'électrons de valence que porte cet atome lorsqu'il est neutre et à l'état libre.** Rappelez-vous que le nombre d'électrons de valence d'un atome libre et neutre équivaut à son **numéro de groupe** dans le tableau périodique.

Les électrons de valence sont répartis entre les atomes engagés dans une liaison. **Dans une liaison covalente, les électrons de valence sont répartis également entre les atomes constitutifs, et les électrons libres demeurent avec l'atome auquel ils appartiennent.**

Par exemple, examinons l'ion ammonium, un ion ne possédant pas de paires d'électrons non partagées. Les électrons y sont partagés également entre les atomes engagés dans chacune des liaisons. Ainsi, chaque hydrogène partage *un électron (e⁻)* avec l'azote. Cet électron est soustrait du nombre d'électrons de valence de l'atome d'hydrogène neutre, soit *un*, ce qui donne une charge formelle de 0. Quant à l'atome d'azote, il partage *quatre électrons* avec les atomes d'hydrogène (un pour chaque liaison). Si l'on soustrait ces quatre électrons des *cinq électrons* de valence de l'atome d'azote neutre, on obtient une charge formelle +1*. Cette charge positive s'explique par l'absence d'un électron dans l'atome d'azote de l'ion ammonium, contrairement à l'atome d'azote neutre (où le nombre de protons est égal au nombre d'électrons).

Savoir attribuer adéquatement les charges formelles aux atomes vous sera profitable dans l'apprentissage de la chimie organique.

	Pour l'hydrogène	Nombre d'électrons de valence de l'atome libre	=	1
		moins le nombre d'électrons partagés	=	−1
		Charge formelle	=	0
	Pour l'azote	Nombre d'électrons de valence de l'atome libre	=	5
		moins le nombre d'électrons partagés	=	−4
		Charge formelle	=	+1

Charge formelle de l'ion = 4(0) + 1 = +1

Voyons maintenant l'exemple de l'ion nitrate (NO_3^-), dans lequel les atomes d'oxygène possèdent des paires d'électrons non partagées. Dans ce cas-ci, l'azote porte une charge formelle de +1, deux des atomes d'oxygène possèdent une charge de −1 et le troisième atome d'oxygène a une charge nulle.

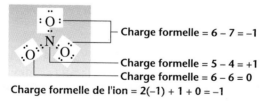

Charge formelle = 6 − 7 = −1
Charge formelle = 5 − 4 = +1
Charge formelle = 6 − 6 = 0

Charge formelle de l'ion = 2(−1) + 1 + 0 = −1

Les *molécules* ne sont pas chargées électriquement : elles sont neutres par définition. Par conséquent, la somme des charges formelles des atomes constitutifs d'une molécule doit être égale à zéro. Voyons deux exemples.

Ammoniac

H——N̈——H   ou   H:N̈:H

Charge formelle = 5 − 5 = 0
Charge formelle = 1 − 1 = 0

Charge formelle de la molécule = 0 + 3(0) = 0

---

* Une autre façon de calculer la charge formelle consiste à utiliser l'équation $F = Z - S/2 - U$, où F représente la charge formelle, Z le numéro du groupe auquel appartient l'élément, S le nombre d'électrons partagés, et U le nombre d'électrons non partagés.

Eau

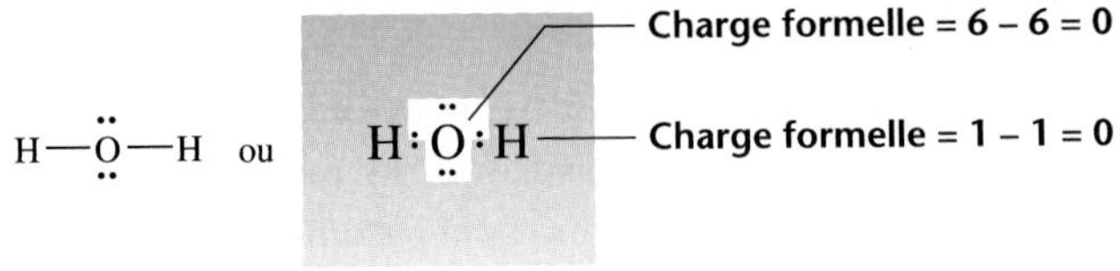

$$\text{Charge formelle} = 6 - 6 = 0$$

H—Ö—H ou H:Ö:H

$$\text{Charge formelle} = 1 - 1 = 0$$

$$\text{Charge formelle de la molécule} = 0 + 2(0) = 0$$

PROBLÈME 1.2

Écrivez la structure de Lewis de chacun des ions négatifs qui suivent en attribuant la charge formelle négative au bon atome.

a) NO_2^- c) CN^- e) HCO_3^-

b) NH_2^- d) HSO_4^- f) HC_2^-

1.7A RÉSUMÉ DE LA THÉORIE DES CHARGES FORMELLES

Vous êtes maintenant à même de déterminer que, dans un ion ou une molécule, la charge formelle de l'atome d'oxygène présentant une liaison de type —Ö: sera de –1, et que dans une liaison de type =Ö: ou —Ö—, l'atome portera une charge formelle nulle. De même, la charge de l'atome d'azote dans —N̶— sera de +1, et dans —N̈— elle sera de zéro. Vous trouverez au tableau 1.3 un résumé des charges des structures fréquentes.

PROBLÈME 1.3

Déterminez la charge formelle de l'atome marqué en couleur dans les structures suivantes :

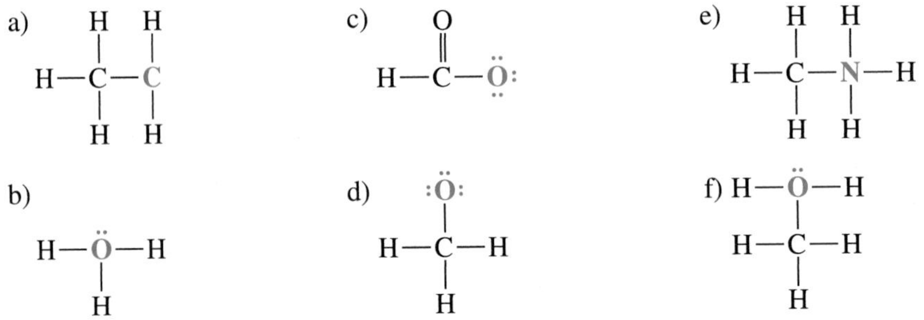

a)
```
      H   H
      |   |
  H — C — C
      |   |
      H   H
```

b)
```
  H — Ö — H
      |
      H
```

c)
```
        O
        ‖
  H — C — Ö:
```

d)
```
      :Ö:
       |
  H — C — H
       |
       H
```

e)
```
      H   H
      |   |
  H — C — N — H
      |   |
      H   H
```

f) H — Ö — H
```
       |
  H — C — H
       |
       H
```

Dans les prochains chapitres, les charges formelles vous permettront de suivre l'évolution des réactions et la formation des produits.

Tableau 1.3   Charges formelles.

Groupe	Charge formelle de +1	Charge formelle nulle	Charge formelle de –1
3A		＼B／	—B̶—
4A	＼C̟⁺／ =C̟⁺— ≡C⁺	—C̟— =C̟＼ ≡C—	—C̈⁻— =C̈⁻＼ ≡C:⁻
5A	—N̶⁺— =N̶⁺＼ ≡N⁺—	—N̈— ＝N̈＼ ≡N:	—N̈⁻— =N̈⁻:
6A	—Ö⁺— ＝Ö⁺＼	—Ö— =Ö:	—Ö:⁻
7A	—Ẍ⁺—	—Ẍ: (X = F, Cl, Br ou I)	:Ẍ:⁻

1.8 RÉSONANCE

Dans l'écriture des structures de Lewis, **l'attribution** *arbitraire* des électrons aux atomes d'une molécule pose un problème, car il existe ainsi plusieurs structures de Lewis possibles pour une même molécule ou un même ion. Prenons l'exemple de l'ion carbonate (CO_3^{2-}). Trois structures de Lewis *différentes* mais *équivalentes* peuvent être écrites :

Signalons deux caractéristiques importantes de ces structures. Premièrement, chaque atome possède la configuration électronique d'un gaz noble. Deuxièmement — *cette remarque est particulièrement importante* —, il est possible de convertir chacune des structures en une autre par un simple *réarrangement des électrons*. Cela n'implique aucune modification de la position de l'atome central. Par exemple, si dans la structure **1** les électrons sont déplacés dans le sens des flèches, on obtiendra la structure **2** :

se transforme en

Par le même procédé, il est possible de transformer la structure **2** pour qu'elle devienne la structure **3** :

se transforme en

Bien que n'étant pas identiques, les structures **1** à **3** sont *équivalentes*. Cependant, aucune d'elles ne représente réellement l'ion carbonate.

Des études réalisées à l'aide des rayons X ont démontré que les doubles liaisons carbone–oxygène sont plus courtes que les liaisons simples. Or, par des études similaires, on a montré expérimentalement que, dans l'ion carbonate, toutes les liaisons carbone–oxygène *sont de même longueur*. Contrairement à ce que l'on avait déduit des structures **1**, **2** et **3**, la liaison carbone–oxygène double n'est pas plus courte que les autres. Il est donc évident qu'aucune de ces structures ne représente convenablement la réalité. Alors, comment représenter adéquatement l'ion carbonate ?

La **théorie de la résonance** contribue à résoudre ce problème. Selon cette théorie, lorsqu'une molécule ou un ion peuvent être représentés par deux structures de Lewis ou plus *se distinguant seulement par la position de leurs électrons*, deux choses doivent être prises en considération :

1. Aucune de ces structures, dites **structures de résonance** ou **formes limites de résonance,** ne sera une représentation exacte de la molécule ou de l'ion. Aucune d'elles ne concordera parfaitement avec les propriétés physico-chimiques de cette substance.

2. La molécule ou l'ion seront plus adéquatement représentés par un *hybride de ces structures.*

   Les structures de résonance ne représentent pas la structure de la molécule ou de l'ion; elles n'existent qu'en théorie. C'est pourquoi il ne sera jamais possible de les isoler. Évidemment, l'ion carbonate est bel et bien réel et, conformément à la théorie de la résonance, sa structure sera un **hybride** des trois structures de résonance **hypothétiques**.

À quoi ressemble un hybride des structures **1**, **2** et **3** ? Observez ces structures attentivement et concentrez-vous sur la liaison carbone–oxygène du haut. Cette liaison

Les flèches incurvées (voir section 3.4) indiquent le mouvement des électrons et *non celui des atomes*. La *queue* de la flèche part de la paire d'électrons, et la *tête* de la flèche pointe vers la position qu'auront les électrons dans la structure suivante. Comme vous le constaterez en étudiant les réactions organiques, les flèches sont très utiles pour indiquer le mouvement des électrons.

Les structures de résonance vous permettront de mieux saisir les notions de structure et de réactivité.

est double dans le cas de la structure **1,** et simple dans les cas **2** et **3.** Dans la forme hybride, cette liaison devrait être un mélange de liaisons double et simple. Par-tant du fait qu'elle est simple dans deux des trois structures et qu'elle est double dans l'autre, cette liaison hybride devrait se rapprocher davantage d'une liaison simple que d'une liaison double. On pourrait la qualifier de liaison double partielle. Il est évident que cette supposition s'applique également aux autres liaisons carbone–oxygène de l'ion. Donc, il est juste de croire que toutes les liaisons carbone–oxygène de l'ion carbo-nate sont des liaisons doubles partielles *équivalentes* et qu'elles *devraient* être de même longueur, comme le démontrent les résultats expérimentaux. Chacune des liaisons mesure 1,28 Å, soit une valeur intermédiaire entre la longueur d'une liaison simple carbone–oxygène (1,43 Å) et celle d'une liaison double carbone–oxygène (1,20 Å). Un Å (angström) représente 1×10^{-10} mètre.

Point important à retenir : par convention, lors de la représentation de structures de résonance, des flèches à doubles pointes lient les formes limites de résonance les unes aux autres pour indiquer clairement qu'il s'agit de structures hypothétiques. Ainsi, dans le cas de l'ion carbonate, le phénomène de résonance est décrit comme suit :

Il est important de ne pas se laisser induire en erreur par ces flèches ou le mot *résonance*. L'ion carbonate ne se convertit jamais d'une forme limite à l'autre, car c'est un hybride de ces formes. Les structures de résonance ne sont que des schémas sur papier. Il est également nécessaire de faire la distinction entre résonance et **équi-libre**. Lorsqu'il y a équilibre chimique entre deux ou plusieurs espèces, il est juste d'imaginer une coexistence de plusieurs espèces. *Ce n'est cependant pas le cas du phénomène de résonance* (comme nous l'avons vu avec l'ion carbonate), où les diffé-rentes structures n'existent que sur papier. **L'équilibre est indiqué par ⇌ et le phénomène de résonance par ↔.**

Comment alors écrire correctement la structure de l'ion carbonate ? Il y a deux façons possibles : écrire toutes les structures de résonance comme cela a été fait pré-cédemment et laisser au lecteur le loisir de s'imaginer l'hybride, ou encore représen-ter ce dernier par une structure ne répondant pas aux lois des structures de Lewis. Dans le cas de l'ion carbonate, on aurait ceci :

On a représenté les liaisons de la structure de gauche par un trait plein et un trait pointillé pour indiquer qu'elles ne sont ni simples ni doubles. Il est de règle de repré-senter la liaison par un trait plein lorsque celle-ci est présente dans toutes les formes limites, alors qu'un pointillé indique que la liaison n'est présente que dans certaines formes limites et non toutes. Un δ– (delta moins) est aussi placé à côté de chacun des oxygènes pour signifier que cet atome ne porte pas une charge négative complète. Dans ce cas-ci, chaque oxygène porte les deux tiers de sa charge négative.

En chimie organique, chaque type de flèche (notamment ↷, ⇌ et ↔) a une signification propre, d'où l'importance de les utiliser judicieusement.

Les représentations infogra-phiques de potentiel électro-statique sont pratiques pour visualiser la distribution des charges dans les molécules.

Figure 1.3 Selon la représenta-tion du potentiel électrostatique de l'ion carbonate, les trois atomes d'oxygène portent une charge identique. Dans ce type de représentation, les couleurs tirant vers le rouge indiquent une concentration de la charge négative, alors que les couleurs tirant vers le bleu indiquent une charge moins négative (ou plus positive).

Théoriquement, la charge de chacun des oxygènes de l'anion carbonate est identique. À la figure 1.3, on voit la représentation du potentiel électrostatique de l'ion carbonate dérivée de calculs théoriques. La densité électronique est indiquée par un dégradé de couleurs dans lequel les régions les plus négatives sont en rouge et les régions les plus positives (c'est-à-dire les moins négatives) se dégradent vers le bleu. Ce modèle montre également que les liaisons de l'ion carbonate sont de même longueur (comme c'est le cas des liaisons doubles partielles de l'hybride de résonance que nous avons étudié précédemment).

Dans ce manuel, nous utilisons les représentations infographiques de potentiel électrostatique et les structures dérivées de calculs théoriques pour expliquer les propriétés et la réactivité des molécules. Les structures dérivées de calculs seront davantage approfondies à la section 1.12.

QUESTION TYPE

L'ion nitrate peut être représenté par la structure suivante :

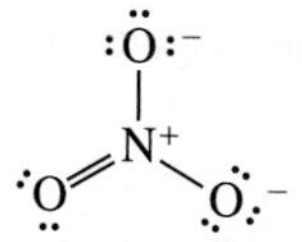

Cependant, il a été établi expérimentalement que les liaisons azote–oxygène sont équivalentes et ont la même longueur, soit une valeur entre la longueur prévue de la liaison simple et la longueur prévue de la liaison double. Expliquez ce phénomène à l'aide de la théorie de la résonance.

Réponse

En déplaçant les électrons de la façon suivante, il est possible d'écrire trois structures *différentes* mais *équivalentes* de l'ion nitrate :

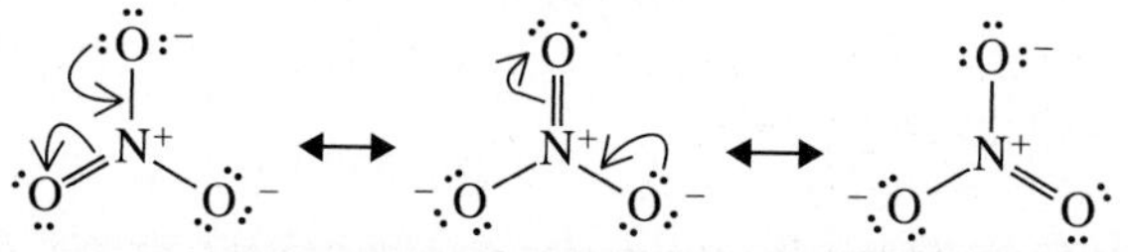

Étant donné que ces structures se différencient seulement par la position de leurs électrons, elles sont dites *de résonance* ou *formes limites de résonance*. L'ion nitrate ne ressemble à aucune d'elles : la représentation la plus exacte de cette molécule est *un hybride des trois structures (forme hybride)*. L'écriture de cet hybride devrait indiquer que toutes ses liaisons sont équivalentes et à mi-chemin entre une liaison simple et une liaison double. Chaque oxygène doit aussi porter une charge partielle négative identique. Cette distribution des charges correspond à celle mesurée expérimentalement.

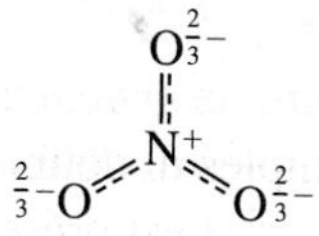

Structure hybride de l'ion nitrate

PROBLÈME 1.4

a) Écrivez deux structures de résonance de l'ion formate HCO_2^-. Notez que l'hydrogène et les oxygènes sont liés à l'atome de carbone. b) Expliquez comment ces structures peuvent rendre compte de la longueur de la liaison carbone–oxygène dans l'ion formate. c) Expliquez comment elles peuvent rendre compte de la charge électrique des atomes d'oxygène.

1.9 MÉCANIQUE QUANTIQUE

En 1926, une nouvelle théorie de la structure atomique et moléculaire fut développée indépendamment et presque simultanément par trois scientifiques : Erwin Schrödinger,

Werner Heisenberg et Paul Dirac. C'est sur cette théorie, appelée **mécanique ondulatoire** par Schrödinger et **mécanique quantique** par Heisenberg, que repose notre compréhension des liaisons dans les molécules.

De nos jours, les chimistes font souvent appel à la théorie de la mécanique quantique telle que la formula Schrödinger. Dans sa publication, celui-ci décrit le mouvement des électrons en tenant compte de leur nature ondulatoire*. Il a mis au point une façon de transformer la relation mathématique décrivant l'énergie totale de l'atome d'hydrogène (qui consiste en un proton et un électron) en une relation appelée **équation d'onde.** Cette équation peut être résolue en une série de solutions appelées fonctions d'onde.

Les fonctions d'onde sont généralement représentées par la lettre grecque psi (ψ). À chaque fonction d'onde correspond un état différent d'un électron. L'énergie d'une particule dans un état donné se calcule à l'aide de l'équation d'onde correspondant à cet état.

Chaque état correspond à un niveau comportant un ou deux électrons. *En les modifiant adéquatement, on peut appliquer les solutions des équations d'onde de l'hydrogène aux autres éléments afin d'attribuer leurs électrons à d'autres niveaux.*

L'équation d'onde est simplement un outil servant à calculer deux importantes propriétés des électrons : a) l'énergie associée à un état particulier de l'électron et b) la probabilité de présence de l'électron à un niveau donné (section 1.10). Lorsqu'on applique l'équation d'onde à un point particulier de l'espace par rapport au noyau, le résultat peut prendre une valeur positive, négative ou nulle. Ces signes, parfois appelés signes de phase, caractérisent toutes les équations décrivant des ondes. Nous ne pousserons pas plus loin l'étude de la mathématique ondulatoire dans ce manuel, mais l'utilisation d'une analogie simple nous permettra de mieux saisir la nature de ces signes.

Imaginez une vague à la surface d'un lac. Elle présente tantôt des sommets, tantôt des creux, et se situe au-dessus ou en dessous du niveau du lac, selon le cas (figure 1.4). Si on avait à écrire une équation pour représenter cette vague, la fonction d'onde (ψ) serait positive (+) aux endroits où la vague est au-dessus du niveau du lac (c'est-à-dire dans les sommets) et elle serait négative (−) aux endroits où la vague est en dessous du niveau moyen du lac (c'est-à-dire dans les creux). La magnitude relative de ψ (appelée amplitude) correspond à la distance entre les sommets, ou les creux, et le niveau du lac. Aux endroits où la vague coïncide avec le niveau moyen du lac, la fonction d'onde sera nulle. On qualifie cet endroit de **nœud.**

Les vagues peuvent également se renforcer ou interférer les unes avec les autres. Imaginons que deux vagues d'un lac s'approchent l'une de l'autre. Si elles s'additionnent par leurs sommets, cela signifie que *des ondes de même signe de phase se sont rencontrées* : elles se **renforcent** alors l'une l'autre et il en résulte une vague plus importante que chacune des deux premières vagues. À l'opposé, si le sommet de la vague rencontre un creux, deux ondes de signes opposés se heurtent et **interfèrent** l'une avec l'autre pour se soustraire l'une de l'autre. Cette interférence produira des ondes de plus faible amplitude que celle des ondes prises séparément. (Deux ondes de signe de phase opposé peuvent s'annuler complètement, à condition qu'elles se rencontrent d'une façon bien précise.)

Les fonctions d'onde utilisées pour décrire le mouvement d'un électron dans un atome ou une molécule sont évidemment différentes de celles qui décrivent le mouvement des vagues d'un lac. Et, dans le cas de l'électron, il ne faudrait pas prendre

Figure 1.4 Représentation transversale d'une vague se déplaçant sur un lac. Dans ce cas-ci, la fonction d'onde ψ des crêtes est positive (+) et celle des creux est négative (−). Au niveau moyen du lac, cette fonction est nulle. Ces endroits sont appelés nœuds.

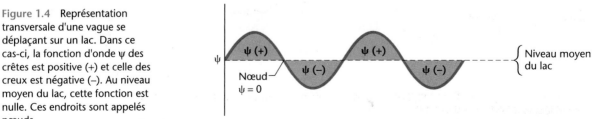

_____

* La théorie selon laquelle l'électron se comporte à la fois comme une onde et une particule avait été proposée par Louis de Broglie en 1923.

cette analogie au pied de la lettre. Néanmoins, les fonctions d'onde de l'électron ressemblent aux équations décrivant le mouvement des vagues en ce qui a trait aux signes de phase, aux nœuds et, à l'instar des vagues, *elles peuvent interagir de façon à se renforcer ou à s'annihiler.*

1.10 ORBITALES ATOMIQUES

Peu de temps après la publication de l'article de Schrödinger en 1926, les premiers tenants de la mécanique quantique s'aperçurent de l'absence d'une interprétation physique précise pour la fonction d'onde. Quelques mois plus tard, il revint à Max Born d'élucider la nature physique du carré de ψ. Selon Born, pour un point donné de l'espace (x, y, z), ψ^2 représente la **probabilité** d'y trouver un électron. Ainsi, si la valeur de ψ^2 est importante pour un espace donné, la probabilité d'y trouver l'électron, ou densité de probabilité de l'électron, sera élevée. Inversement, pour de faibles valeurs de ψ^2, la probabilité de trouver un électron est faible*. **Le tracé tridimensionnel de ψ^2 se traduit par les formes familières des orbitales atomiques s, p et d que nous utilisons pour représenter les modèles de structure atomique.**

Les orbitales f ne sont presque jamais utilisées en chimie organique : c'est pourquoi nous ne les évoquerons pas dans ce manuel. Nous discuterons brièvement des orbitales d lorsque nous rencontrerons des composés dans lesquels les interactions de ces orbitales sont importantes, mais nous étudierons surtout les orbitales s et p, car elles sont de loin les plus communes dans la formation des composés organiques.

Une orbitale **est une région de l'espace où la probabilité de trouver un électron est élevée.** La forme géométrique des orbitales s et p est illustrée à la figure 1.5. À des distances plus éloignées du noyau, la probabilité de trouver un électron est très faible. Le volume illustré par l'orbitale contient l'électron dans 90 à 95 % des cas.

Les orbitales $1s$ et $2s$ ont l'apparence de sphères, comme toutes les orbitales s de plus haut niveau. L'orbitale $2s$ contient un nœud à la surface duquel $\psi = 0$. À l'intérieur du nœud de l'orbitale $2s$, ψ_{2s} est négatif.

Les orbitales $2p$ sont formées de deux sphères se touchant presque. Le signe de phase de la fonction d'onde pour $2p$, ψ_{2p}, est positif pour un lobe (ou sphère) et négatif pour l'autre. Un plan nodal sépare les lobes des orbitales p et, dans le cas d'un arrangement de trois orbitales p, leurs axes respectifs sont mutuellement perpendiculaires.

Notez que le signe de la fonction d'onde ne reflète en rien la charge électrique. Comme nous l'avons déjà mentionné, les signes + et – de la fonction d'onde ψ ne représentent que les signes mathématiques de cette fonction dans un espace donné. Ces signes **ne constituent pas** non plus des indices d'une probabilité plus élevée ou plus faible de rencontrer un électron. La probabilité de trouver un électron est décrite par ψ^2, et ψ^2 est toujours positif (rappelez-vous que le carré d'un chiffre négatif donne toujours une valeur positive). Par conséquent, la probabilité de trouver un électron

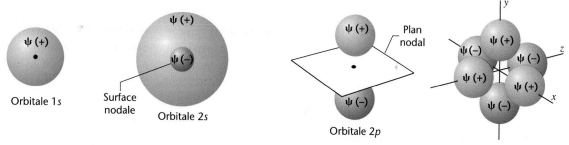

Figure 1.5 Formes de quelques orbitales s et p. Les orbitales p pures non hybridées sont des sphères se touchant presque, alors que les orbitales p hybridées sont lobées (section 1.14).

---

* L'intégration de ψ^2 dans tout l'espace est égale à 1, ce qui signifie que la probabilité de trouver un électron dans tout l'espace est de 100 %.

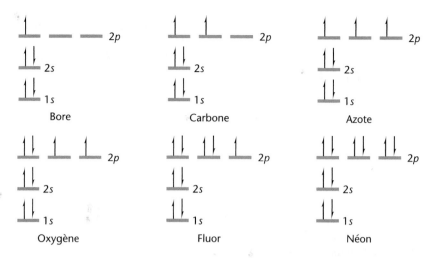

Figure 1.6 Configuration électronique de quelques éléments de la deuxième période du tableau périodique.

dans le lobe positif et le lobe négatif est la même. Vous comprendrez mieux ces signes lorsque nous aborderons la formation des orbitales moléculaires et celle des liaisons covalentes.

> Il existe un lien entre le nombre de nœuds d'une orbitale et son énergie : ***plus le nombre de nœuds est élevé, plus l'énergie de l'orbitale est importante.*** Par exemple, les orbitales $2s$ et $2p$ qui contiennent un nœud possèdent une plus grande énergie que les orbitales $1s$ qui ne contiennent pas de nœuds.

Les niveaux des énergies relatives des orbitales atomiques de faible énergie sont les suivants. Les électrons des orbitales $1s$ possèdent l'énergie la plus faible en raison de leur proximité par rapport au noyau (qui est positif). Suivent les électrons des orbitales $2s$. Les électrons situés dans les trois orbitales $2p$ possèdent la même énergie, qui est cependant plus élevée que celle des orbitales $1s$ et $2s$. Les orbitales de même énergie sont dites **dégénérées.**

Nous pouvons maintenant déterminer aisément la configuration électronique de tous les atomes des deux premières périodes du tableau périodique, à condition de suivre les quelques règles qui suivent.

1. **Le principe aufbau**   Les orbitales de plus faible énergie sont remplies avant celles de plus haute énergie. (*Aufbau,* de l'allemand, signifie « construction ».)

2. **Le principe d'exclusion de Pauli**   Chacune des orbitales peut contenir au maximum deux électrons, *mais seulement si leur spin est opposé.* Un électron tourne autour de son axe. Pour des raisons que nous ne pourrons pas décrire en détail ici, deux directions sont possibles pour le spin de l'électron. Elles sont habituellement représentées par des flèches verticales pointant dans des directions opposées (↑ ou ↓). Pour une paire d'électrons, les deux spins sont opposés et dénotés ↑↓. Par contre, les électrons non appariés, qui ne doivent en aucun cas se retrouver dans la même orbitale, sont représentés par deux flèches pointant dans le même sens (↑↑ ou ↓↓).

3. **La règle de Hund**   Chacune des orbitales de même énergie (orbitales dégénérées), telles les trois orbitales $p,$ doit d'abord être occupée par un électron de même spin. Cela permet aux électrons, qui se repoussent naturellement, de se distancer les uns des autres. On ajoute ensuite un second électron de spin différent à chacune des orbitales de façon que les spins soient appariés.

L'application de ces règles à certains éléments de la deuxième période du tableau périodique est illustrée à la figure 1.6.

▮▮ 1.11 ▮▮ ORBITALES MOLÉCULAIRES

Le chimiste organicien s'intéresse aux orbitales atomiques, car elles lui servent de modèles pour mieux comprendre comment les atomes se combinent pour former des molécules. Puisque les liaisons covalentes sont au cœur de la chimie organique, nous

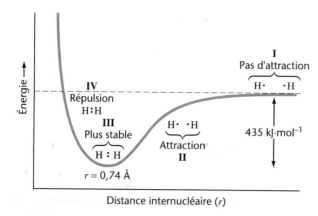

Figure 1.7 Énergie potentielle de la molécule d'hydrogène en fonction de la distance internucléaire.

en approfondirons l'étude dans les chapitres qui suivent. Mais d'abord, étudions le cas très simple de la liaison covalente entre deux atomes d'hydrogène dans la formation de la molécule d'hydrogène. Nous verrons que la formation de cette liaison est identique, sinon similaire, à celle qui se produit dans des molécules plus complexes.

Dans un premier temps, voyons comment évolue l'énergie totale de la molécule lorsqu'on rapproche deux atomes d'hydrogène ayant des électrons de spin opposés. La figure 1.7 illustre ce processus.

Lorsque les atomes d'hydrogène sont relativement éloignés l'un de l'autre (**I**), l'énergie totale de la molécule est égale à la somme des énergies des deux atomes pris séparément. À mesure que les atomes d'hydrogène se rapprochent (**II**), le noyau de l'un exerce une attraction sur l'électron de l'autre. Cette force d'attraction compense la force de répulsion qui existe entre les deux noyaux ou les deux électrons et se traduit par une *baisse de l'énergie totale* du système. Lorsque la distance entre les deux noyaux est de 0,74 Å (**III**), l'état le plus stable (le plus faible en énergie) est atteint. Cette distance correspond à la *longueur de la liaison* de la molécule d'hydrogène. Si les noyaux se rapprochent davantage (**IV**), la force de répulsion prédomine et l'énergie du système augmente.

Ce modèle de liaison comporte cependant une lacune : on suppose que les électrons ne se déplacent pas et qu'ils se maintiendront dans la région comprise entre les deux noyaux, malgré le rapprochement de ces derniers. Pourtant, les électrons ne se comportent pas de cette façon. On sait qu'ils se déplacent et, selon le **principe d'incertitude d'Heisenberg,** on ne peut en connaître simultanément la position et la vitesse. Voilà pourquoi il est impossible de déterminer précisément la position d'un électron comme nous l'avions supposé.

Il est possible de contourner ce problème en faisant appel à la mécanique quantique et à la notion d'*orbitales*. En décrivant la position de l'électron par la probabilité (ψ^2) de le retrouver dans un espace donné, on ne viole pas le principe d'incertitude, car ce faisant on évite de situer précisément cet électron. On parle plutôt de *densité de probabilité de l'électron*.

On peut alors expliquer la formation de la molécule d'hydrogène en faisant appel à la notion d'orbitale : lorsque deux atomes d'hydrogène se rapprochent, leurs **orbitales atomiques (OA)** $1s$ (ψ_{1s}) se recouvrent jusqu'à former des **orbitales moléculaires (OM)**. Ces dernières contiennent les deux noyaux autour desquels les électrons peuvent se déplacer librement. Les électrons ne se comportent pas comme s'ils étaient dans des orbitales atomiques séparées et ne se limitent donc pas au voisinage d'un même noyau. N'oubliez pas que les orbitales moléculaires, tout comme les orbitales atomiques, *ne peuvent contenir au maximum que deux électrons appariés*.

Quand des orbitales atomiques se combinent pour former des orbitales moléculaires, *le nombre d'orbitales moléculaires créées est égal au nombre d'orbitales atomiques qui se sont combinées.* Dans le cas de la molécule d'hydrogène, la combinaison des *deux* orbitales atomiques produit *deux* orbitales moléculaires, car les propriétés mathématiques des fonctions d'onde permettent une *addition* ou une *soustraction* selon que les orbitales se combinent *en phase* ou *de façon déphasée*. Attardons-nous

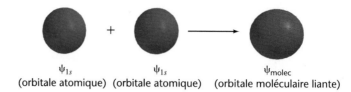

ψ_{1s}
(orbitale atomique)

ψ_{1s}
(orbitale atomique)

ψ_{molec}
(orbitale moléculaire liante)

maintenant à la nature de ces nouveaux types d'orbitales. Nous décrirons l'orbitale moléculaire liante, puis l'orbitale moléculaire antiliante.

L'orbitale moléculaire liante (ψ_{molec}) contient les deux électrons à l'état *fondamental* de la molécule d'hydrogène, état où l'énergie est la plus faible. Elle est formée par le recouvrement de deux orbitales atomiques, illustré à la figure 1.8. Dans le cas présent, les orbitales atomiques s'*additionnent parce qu'elles ont le même signe de phase*. Ce recouvrement correspond à un *renforcement* de la fonction d'onde dans l'espace internucléaire, ce qui implique non seulement que la valeur de ψ est plus importante dans cet espace, mais que ψ^2 l'est également. Puisque ψ^2 représente la probabilité de présence d'un électron, il est maintenant possible de comprendre comment le recouvrement des orbitales donne naissance à une liaison : la densité électronique élevée agit comme une sorte de « colle » qui maintient ensemble les deux atomes, la force d'attraction entre les électrons de l'espace internucléaire et les noyaux compensant pour la force de répulsion entre les deux noyaux et entre les deux électrons.

À l'état fondamental de la molécule, **l'orbitale moléculaire antiliante** (ψ^*_{molec}) ne contient pas d'électrons. Cette orbitale se forme par soustraction, illustrée à la figure 1.9, ce qui signifie que le signe d'une phase a été changé de (+) à (−). *Le recouvrement d'orbitales de signe opposé* correspond à une *annihilation* des fonctions d'onde dans l'espace internucléaire. Il en résulte un nœud ($\psi = 0$), et, de part et d'autre de ce nœud, ψ correspond à une petite valeur. Cela implique que dans la région internucléaire ψ^2 est également faible. Ainsi, dans une orbitale antiliante, les électrons — s'il y en a — auront tendance à éviter l'espace internucléaire, et la force d'attraction entre le noyau et les électrons sera faible. Les forces de répulsion entre les deux noyaux et les deux électrons seront donc plus importantes que les forces d'attraction, d'où la propension des atomes à se repousser lorsque les électrons se retrouvent dans des orbitales antiliantes.

Il existe un équivalent mathématique pour ce que nous venons de décrire : la combinaison linéaire des orbitales atomiques (CLOA). Cette méthode combine de façon linéaire les fonctions d'onde des orbitales atomiques (en les additionnant ou en les soustrayant) pour conduire à de nouvelles fonctions d'onde représentant les orbitales moléculaires.

Tout comme les orbitales atomiques, les orbitales moléculaires correspondent à un niveau d'énergie particulier de l'électron. Par calcul, on a démontré que l'énergie relative d'un électron occupant une orbitale moléculaire liante de l'hydrogène est substantiellement moindre que celle d'un électron occupant une orbitale atomique ψ_{1s}. Ces calculs ont également démontré que l'énergie d'un électron occupant une orbitale moléculaire antiliante est substantiellement plus importante que celle qu'il aurait dans une orbitale atomique ψ_{1s}.

Un diagramme d'énergie des orbitales moléculaires de la molécule d'hydrogène est présenté à la figure 1.10. Notez que les électrons sont attribués aux orbitales moléculaires de la même façon qu'ils le sont dans les orbitales atomiques. L'énergie totale des deux électrons de spins opposés qui occupent une orbitale moléculaire liante est moindre que celle d'électrons occupant des orbitales atomiques séparées. Il s'agit

Leçon interactive : orbitales moléculaires

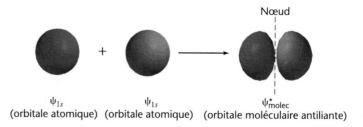

Figure 1.9 Formation d'une orbitale moléculaire antiliante par le recouvrement de deux orbitales atomiques 1*s* de l'hydrogène partageant des signes de phase opposés (indiqués par des couleurs différentes).

Nœud

ψ_{1s}
(orbitale atomique)

ψ_{1s}
(orbitale atomique)

ψ^*_{molec}
(orbitale moléculaire antiliante)

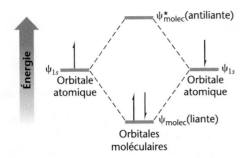

Figure 1.10 Diagramme d'énergie de la molécule d'hydrogène. L'addition de deux orbitales atomiques ψ_{1s} produit deux orbitales moléculaires ψ_{molec} et ψ^*_{molec}. L'énergie de ψ_{molec} est inférieure à celle des orbitales atomiques séparées et, dans l'état énergétique le plus bas de la molécule, ψ_{molec} est occupée par deux électrons.

du *plus bas niveau d'énergie électronique* ou *état fondamental* de la molécule d'hydrogène. Lorsque la molécule d'hydrogène est dans un *état excité*, c'est-à-dire quand la molécule à l'état fondamental absorbe un photon de lumière d'une énergie donnée, un électron peut occuper l'orbitale moléculaire antiliante.

1.12 STRUCTURE DU MÉTHANE ET DE L'ÉTHANE : EXEMPLES D'HYBRIDATION sp^3

À la section 1.10, les orbitales *s* et *p* utilisées pour rendre compte de l'atome de carbone selon la mécanique quantique étaient fondées sur les calculs faits pour l'atome d'hydrogène. Prises séparément, ces orbitales *s* et *p* ne représentent pas adéquatement la structure *tétraédrique* du carbone tétravalent du méthane (voir problème 1.5). Cependant, toujours en se référant à la mécanique quantique, il est *possible* de construire un modèle adéquat du méthane en faisant appel à l'hybridation des orbitales. En termes simples, l'hybridation des orbitales n'est ni plus ni moins qu'une approche mathématique combinant les fonctions d'onde des orbitales *s* et *p* pour donner de nouvelles fonctions d'onde correspondant elles-mêmes à de nouvelles orbitales. Ces dernières présentent, *en proportions variables,* les mêmes propriétés que les orbitales d'origine prises séparément. On les appelle orbitales atomiques hybrides.

Selon la mécanique quantique, la configuration électronique de l'atome de carbone dans son état d'énergie le plus bas (*état fondamental*) est le suivant :

$$C \quad \underline{\uparrow\downarrow} \quad \underline{\uparrow\downarrow} \quad \underline{\uparrow} \quad \underline{\uparrow}$$
$$ \quad 1s \quad\;\; 2s \quad\; 2p_x \;\; 2p_y \;\; 2p_z$$

État fondamental de l'atome de carbone

Les électrons de valence de l'atome de carbone (ceux qui pourraient être engagés dans une liaison) sont ceux de la *couche externe,* soit les électrons $2s$ et $2p$.

1.12A STRUCTURE DU MÉTHANE

En additionnant les fonctions d'onde de l'orbitale $2s$ et des trois orbitales $2p$, on obtient les orbitales atomiques hybrides expliquant la structure du méthane. Ce calcul mathématique est schématisé à la figure 1.11.

Hybridation sp^3

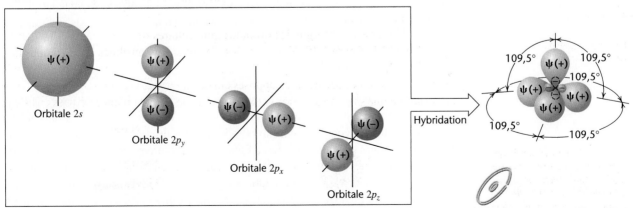

Figure 1.11 Formation d'orbitales hybrides sp^3 par l'hybridation des orbitales atomiques pures du carbone.

Leçon interactive : hybridation sp^3

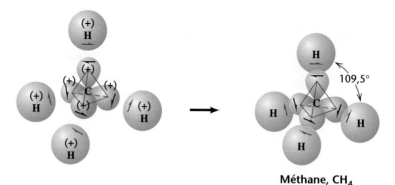

Méthane, CH₄

Figure 1.12 Formation théorique du méthane à partir d'un carbone hybridé sp^3. Dans une hybridation, ce sont les orbitales qui se combinent, et non les électrons. Lors de la formation d'une liaison, les électrons sont, au besoin, attribués aux orbitales hybrides, toujours selon le principe de Pauli (pas plus de deux électrons de spins opposés dans chaque orbitale). Dans ce schéma, un électron a été attribué à chaque orbitale hybride du carbone; l'autre électron des liaisons est fourni par les atomes d'hydrogène. Par ailleurs, nous nous sommes limités à montrer les orbitales moléculaires liantes des liaisons C—H, car ce sont elles qui contiennent les électrons à l'état énergétique le plus bas de la molécule.

Dans ce modèle, on a formé un mélange, ou hybridation, de quatre orbitales pour produire quatre nouvelles orbitales hybrides. Ces orbitales hybrides sont appelées sp^3, car elles possèdent des caractéristiques des orbitales s pour une partie et des caractéristiques des orbitales p pour trois parties. Les résultats des calculs mathématiques de cette hybridation montrent également que *les quatre orbitales sp^3 doivent présenter des angles de 109,5° les unes par rapport aux autres*, ce qui correspond précisément à l'orientation spatiale des quatre atomes d'hydrogène du méthane.

Si nous devions visualiser mentalement la formation du méthane à partir des orbitales d'un atome de carbone hybridé sp^3, nous imaginerions probablement un processus similaire à celui présenté à la figure 1.12. Pour simplifier les choses, nous ne montrons que la formation des *orbitales moléculaires liantes* pour chacune des liaisons carbone–hydrogène. Comme vous pouvez le constater, un carbone hybridé sp^3 rend compte de la *structure tétraédrique du méthane où toutes les liaisons C—H sont équivalentes*.

PROBLÈME 1.5

a) Observez l'atome de carbone à l'état fondamental. Cet atome pourrait-il servir à construire un modèle adéquat du méthane ? Sinon, expliquez pourquoi. (Aide : déterminez la valence du carbone à l'état fondamental et trouvez les angles de liaison qui résulteraient de la combinaison de cet atome à deux atomes d'hydrogène.)

b) Examinez maintenant l'atome de carbone à l'état excité.

$$\text{C} \quad \underset{1s}{\uparrow\downarrow} \quad \underset{2s}{\uparrow} \quad \underset{2p_x}{\uparrow} \quad \underset{2p_y}{\uparrow} \quad \underset{2p_z}{\uparrow}$$

État excité d'un atome de carbone

Pourrait-on utiliser cet atome pour expliquer la structure du méthane ? Sinon, dites pourquoi.

En plus de rendre compte de la structure tridimensionnelle du méthane, la théorie de l'hybridation des orbitales explique la solidité de la liaison entre les atomes de carbone et d'hydrogène. Pour comprendre les raisons de cette force de liaison, observez la forme des orbitales sp^3 de la figure 1.13. Comme l'orbitale sp^3 partage les caractéristiques des orbitales p, le lobe positif de l'orbitale sp^3 est grand et allongé. Dans une liaison carbone–hydrogène, le lobe positif de l'orbitale sp^3 du carbone recouvre l'orbitale positive $1s$ de l'hydrogène pour former l'orbitale moléculaire liante (figure 1.14). Étant donné la taille et la forme allongée du lobe positif de l'orbitale sp^3, il y a un recouvrement efficace de l'orbitale $1s$ de l'hydrogène, et l'orbitale moléculaire

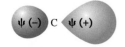

Figure 1.13 Forme d'une orbitale sp^3.

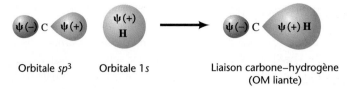

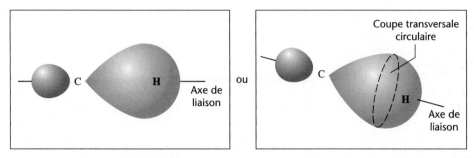

Orbitale sp^3 Orbitale $1s$ Liaison carbone–hydrogène
(OM liante)

Figure 1.14   Formation d'une liaison C—H.

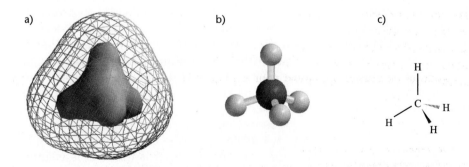

Figure 1.15   Une liaison sigma (σ).

ainsi créée est elle-même volumineuse. Cela explique la solidité de la liaison carbone–hydrogène.

Le recouvrement des orbitales $1s$ et sp^3 forme une **liaison sigma (σ)** (figure 1.15). Ce terme désigne les liaisons qui sont formées par un recouvrement d'orbitales et qui sont *circulairement symétriques autour de leur axe*. ***Toutes les liaisons simples sont des liaisons sigma.***

Dorénavant, seules les orbitales moléculaires liantes seront illustrées, car ce sont celles qui prévalent lorsque la molécule est dans son état le moins énergétique. Les orbitales antiliantes ne sont importantes que dans le cas où la molécule absorbe de la lumière ou pour expliquer certaines réactions. Nous y reviendrons plus tard.

La figure 1.16 illustre une structure calculée du méthane, dont on reconnaît aisément la forme tétraédrique résultant de l'hybridation des orbitales.

1.12B STRUCTURE DE L'ÉTHANE

Les angles de liaison des atomes de carbone de l'éthane, comme ceux des autres alcanes, sont similaires à ceux du méthane et créent des formes tétraédriques. Il est possible de construire un modèle adéquat de la structure de l'éthane à l'aide des carbones

Figure 1.16   a) Dans cette structure du méthane calculée à l'aide de la mécanique quantique, la forme pleine représente une région de forte densité électronique. Cette densité élevée se retrouve dans les liaisons. Le maillage montre la zone limite dans laquelle il est possible de rencontrer un électron. b) Ce modèle ressemble à celui que vous auriez vous-même construit à l'aide d'un ensemble de tiges et de boules. c) Cette structure du méthane est telle que vous l'auriez dessinée sur papier. Les traits pleins sont situés dans le plan de la page, le trait en biseau plein se dirige vers l'avant du plan de la feuille, et le biseau hachuré se dirige vers l'arrière.

Leçon interactive :
modèles moléculaires

hybridés sp^3. La figure 1.17 illustre la formation des orbitales moléculaires de l'éthane à partir de deux carbones hybridés sp^3 et de six atomes d'hydrogène.

La liaison carbone–carbone de l'éthane est une *liaison sigma* résultant du recouvrement d'orbitales sp^3. (Les liaisons carbone–hydrogène sont également des liaisons sigma dans lesquelles une orbitale sp^3 du carbone recouvre une orbitale s d'un hydrogène.)

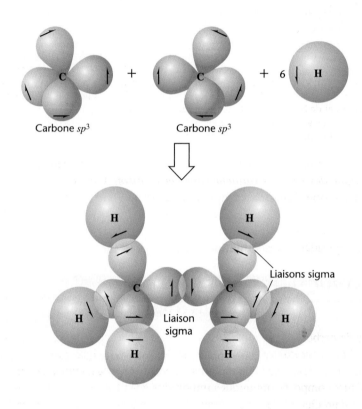

Figure 1.17 Formation théorique des orbitales moléculaires de l'éthane à partir de deux carbones hybrides sp^3 et de six atomes d'hydrogène. Toutes les liaisons formées sont de type sigma. (Les orbitales moléculaires antiliantes sigma (σ^*), également formées, ont été omises pour alléger le schéma.)

Modèles moléculaires

MODÈLES MOLÉCULAIRES DÉRIVÉS DES CALCULS : LA SURFACE DE DENSITÉ ÉLECTRONIQUE

Dans ce manuel, nous utiliserons diverses représentations de structures chimiques dérivant de calculs fondés sur la théorie de la mécanique quantique. Puisque ces structures sont le fruit de calculs et non de mesures expérimentales, nous les appellerons « modèles ». Ce sont des outils fort utiles pour expliquer les propriétés et la réactivité des molécules. Parmi ces modèles, il y a la **surface de densité électronique,** qui représente des points de l'espace où la densité électronique est la même. À toute valeur de densité électronique correspond une surface de densité électronique. Le continuum de toutes les sur-faces de densité électronique différentes de l'extérieur vers l'intérieur d'une molécule permet de visualiser la forme de son nuage électronique.

Les régions dans lesquelles les atomes voisins partagent les électrons et où les liaisons covalentes se forment sont des zones de densité électronique élevée (aussi appelées surfaces de densité électronique de liaison). Des exemples de ces zones à forte densité électronique sont illustrés par la forme pleine des modèles du méthane, de l'éthane (figures 1.16a et 1.18a) et de l'oxyde de diméthyle (figure ci-contre).

Une surface de densité électronique faible est présente aux *limites* du nuage électronique. Cette surface, qui nous renseigne sur la forme et le volume d'une molécule, correspond habituellement au modèle de Van der Waals de cette molécule. Dans les figures mentionnées plus haut, représentant respectivement le méthane, l'éthane et l'oxyde de diméthyle, l'espace délimité par un maillage représente la forme générale de ces molécules.

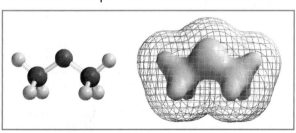

Oxyde de diméthyle

a) 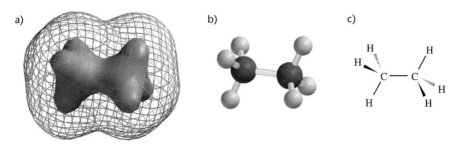 b) c)

Figure 1.18 a) Dans cette structure de l'éthane calculée à l'aide de la mécanique quantique, la forme pleine représente une région de forte densité électronique, densité que l'on retrouve principalement dans les zones où se forment les liaisons. Le maillage délimite la région où il est possible de rencontrer un électron. b) Ce modèle ressemble à celui que vous auriez construit à l'aide d'un ensemble de tiges et de boules. c) Cette structure de l'éthane est telle que vous l'auriez dessinée sur papier. Les traits pleins sont situés dans le plan de la page, le biseau plein se dirige vers l'avant du plan de la feuille, et le biseau hachuré se dirige vers l'arrière.

La symétrie cylindrique autour de l'axe de la liaison sigma permet une *rotation peu énergétique des groupes rattachés par cette liaison*. C'est pourquoi les groupes joints par une liaison simple tournent librement les uns par rapport aux autres. (Nous étudierons ces rotations en profondeur à la section 4.8). La figure 1.18 présente une structure calculée de l'éthane dont vous reconnaîtrez facilement la forme tétraédrique résultant de l'hybridation des orbitales.

1.13 STRUCTURE DE L'ÉTHÈNE (ÉTHYLÈNE) : EXEMPLE D'HYBRIDATION sp^2

Les atomes de carbone présents dans les molécules que nous avons étudiées jusqu'à maintenant formaient quatre liaisons covalentes (liaisons sigma) avec quatre autres atomes à l'aide de leurs quatre électrons de valence. Nous savons cependant qu'il existe plusieurs composés organiques importants dans lesquels un atome de carbone partage plus d'un électron avec un autre atome. Cela conduit à des molécules ayant une ou plusieurs liaisons multiples. Par exemple, lorsque deux atomes de carbone partagent deux paires d'électrons, une double liaison carbone–carbone se forme.

$$\ddot{\textrm{C}} : : \ddot{\textrm{C}} \quad \textrm{ou} \quad \diagdown \textrm{C} = \textrm{C} \diagup$$

Les hydrocarbures présentant une ou plusieurs liaisons doubles carbone–carbone sont appelés **alcènes.** L'éthène (C_2H_4) et le propène (C_3H_6) en sont des exemples. (L'éthène est aussi appelé éthylène; et le propène, propylène.)

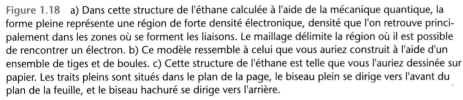

L'éthène contient une liaison double carbone–carbone, alors que le propène présente une liaison double et une liaison simple.

L'arrangement spatial des atomes des alcènes diffère de celui des alcanes. Les six atomes de l'éthène sont coplanaires, et l'arrangement des atomes autour de chacun des carbones forme un triangle (figure 1.19).

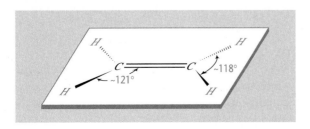

Figure 1.19 Structure et angles de liaison de l'éthène. Le plan dans lequel se trouvent les atomes est perpendiculaire à la page. Les liaisons représentées par le biseau hachuré se projettent derrière la page, et les liaisons symbolisées par le biseau plein se dirigent vers l'avant.

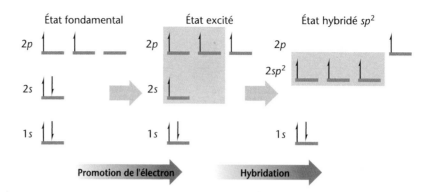

État fondamental   État excité   État hybridé sp^2

Figure 1.20 Processus permettant d'obtenir les atomes de carbone hybridés sp^2.

La double liaison carbone–carbone peut être illustrée de façon satisfaisante par un modèle qui prend en compte les carbones hybridés sp^{2*}. À la figure 1.20, on peut voir la façon dont les orbitales sont combinées mathématiquement pour donner des orbitales sp^2. L'orbitale $2s$ est mathématiquement combinée (ou hybridée) avec deux orbitales $2p$. (Notez que l'hybridation ne s'applique qu'aux orbitales et non aux électrons.) Dans cet exemple, une orbitale $2p$ demeure non hybridée. Par la suite, un électron est attribué à chacune des orbitales sp^2, et un électron résiduel demeure dans l'orbitale $2p$.

Les trois orbitales sp^2 résultant de l'hybridation pointent vers les sommets d'un triangle régulier (dont les angles sont de 120°), et l'orbitale non hybridée p est perpendiculaire au plan formé par ce triangle (figure 1.21).

Dans le modèle de l'éthène (figure 1.22), lors du recouvrement d'une orbitale sp^2 provenant de chacun des deux carbones hybridés sp^2, il se forme une liaison sigma. Les orbitales sp^2 restantes forment des liaisons σ avec les quatre atomes d'hydrogène par un recouvrement de leur orbitale $1s$. Ces cinq liaisons dans lesquelles sont engagés 10 des 12 électrons de l'éthène constituent le **réseau de liaison σ.** Les angles de liaison que l'on peut estimer à l'aide de calculs fondés sur l'hybridation sp^2 de l'atome de carbone sont d'environ 120°, valeur que confirme l'expérimentation (figure 1.19).

Dans le modèle de l'éthène, les électrons résiduels se trouvent dans les orbitales p de chaque atome de carbone. Un schéma du recouvrement de ces orbitales p est présenté à la figure 1.22. Il vous sera plus facile de visualiser l'interaction entre ces deux

Leçon interactive :
hybridation sp^2

Figure 1.21 Atome de carbone hybridé sp^2.

Leçon interactive :
éthène

Figure 1.22 Modèle des orbitales moléculaires liantes de l'éthène à partir de deux carbones hybridés sp^2 et de quatre atomes d'hydrogène.

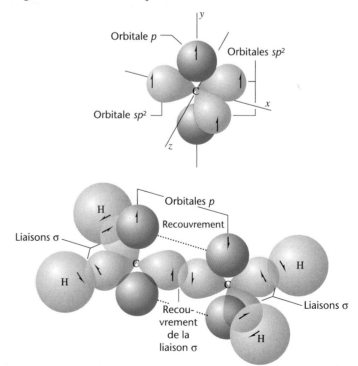

* Un autre modèle de la double liaison carbone–carbone est présenté dans un article de W.E. Palke dans *J. Am. Chem. Soc.*, vol. 108, 1986, p. 6543-6544.

a)

b)

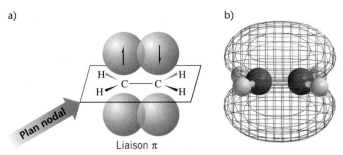

Liaison π

Modèles moléculaires

Figure 1.23 a) Modèle de l'éthène dans lequel les traits représentent des liaisons σ et où la liaison π est illustrée par le recouvrement d'orbitales *p* perpendiculaires au plan de la molécule. b) Modèle de l'éthène dérivé de calculs théoriques. Les couleurs bleue et rouge représentent les signes de phase opposés de chaque lobe de l'orbitale moléculaire π. Un modèle boules et tiges montre les liaisons sigma au travers du maillage représentant la liaison π.

orbitales à la figure 1.23, où l'on a représenté les orbitales moléculaires calculées de l'éthène. Dans ce schéma, *le recouvrement des orbitales* p *s'effectue de part et d'autre du plan des liaisons* σ. Ce recouvrement latéral donne lieu à un nouveau type de liaison covalente, appelée **liaison pi (π).** Constatez les formes différentes que prennent les orbitales moléculaires liantes π et σ. La liaison σ présente une symétrie cylindrique autour de la ligne imaginaire reliant les deux noyaux des atomes engagés dans la liaison, alors que dans le cas de la liaison π le plan nodal traverse les deux noyaux et les lobes des deux orbitales moléculaires π.

Selon la théorie des orbitales moléculaires, les orbitales moléculaires liantes π et antiliantes π* se forment lorsque les orbitales *p* interagissent de façon à produire une liaison π. Nous sommes en présence d'orbitales π liantes quand des lobes d'orbitales *p* de même signe se recouvrent, tandis que les orbitales antiliantes π* résultent d'un recouvrement des lobes d'orbitales *p* de signes opposés (figure 1.24).

Lorsque la molécule se trouve à l'état fondamental, l'orbitale liante π, celle de plus faible énergie, contient les deux électrons π (de spins opposés). Dans les orbitales liantes π, il est plus probable de rencontrer les électrons dans les régions situées de part et d'autre du plan du réseau de liaison σ, entre les deux atomes de carbone. Les orbitales antiliantes π* ne sont pas occupées par des électrons lorsque la molécule est à l'état fondamental. Cependant, si cette dernière absorbe de la lumière à une fréquence précise et qu'un électron de plus basse énergie passe à un niveau d'énergie supérieur (état excité), cet électron occupera l'orbitale antiliante. Le plan nodal des orbitales antiliantes π* se situe entre les deux atomes de carbone.

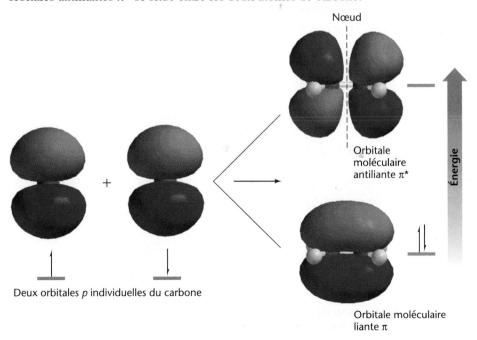

Figure 1.24 Formation de deux orbitales moléculaires π (pi) à partir de deux orbitales *p* individuelles du carbone. L'énergie des OM liantes est la plus faible. Les OM antiliantes qui sont de plus haute énergie contiennent un nœud additionnel. (Notez que les deux types d'orbitales moléculaires possèdent un nœud dans le plan englobant les atomes de C et de H.)

En résumé, dans un modèle prenant en compte l'hybridation des orbitales, la liaison double carbone−carbone consiste en deux types de liaisons, à savoir la *liaison σ* et la *liaison π*. Une liaison σ est produite lorsque deux orbitales sp^2 se retrouvent bout à bout. Cette liaison est symétrique autour de l'axe reliant les deux atomes de carbone. La liaison π résulte d'un recouvrement latéral de deux orbitales p et a un plan nodal comme ces dernières. Lorsque la molécule repose à l'état fondamental, les électrons de la liaison π sont situés de part et d'autre des deux atomes de carbone, c'est-à-dire au-dessus et en dessous du plan du réseau des liaisons σ.

Les électrons d'une liaison π renferment une énergie plus importante que ceux d'une liaison σ. La figure qui suit illustre les énergies relatives des orbitales moléculaires σ et π, dans lesquelles les électrons sont positionnés pour décrire l'état fondamental de la molécule. (L'orbitale sigma antiliante est représentée par le symbole σ*.)

Hybridation sp^2

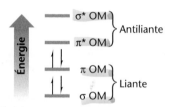

1.13A ROTATION RESTREINTE DE LA DOUBLE LIAISON

Le modèle des liaisons σ et π représentant la liaison double carbone−carbone illustre une propriété importante de cette liaison : *la rotation des groupes joints par la double liaison se heurte à une barrière énergétique très importante*. Dans une liaison π, un recouvrement maximal des orbitales p se produit lorsque leurs axes sont parfaitement alignés. Si l'un des carbones de la double liaison effectue une rotation de 90°, la liaison π se brise. Les orbitales p se retrouvent alors perpendiculaires l'une par rapport à l'autre et leur recouvrement n'est plus possible (figure 1.25). Des calculs effectués à l'aide de la thermochimie ont permis d'estimer la force de la liaison π à 264 kJ·mol⁻¹, ce qui constitue la barrière énergétique pour la rotation d'une liaison double. Cette énergie est de loin supérieure à celle requise pour effectuer la rotation des groupes rattachés par une liaison simple (13 à 26 kJ·mol⁻¹). En somme, si la rotation s'effectue assez librement à la température ambiante autour des liaisons simples, il n'y a pas de rotation possible autour des liaisons doubles.

1.13B ISOMÉRIE *CIS-TRANS*

Cette restriction quant à la rotation des groupes rattachés par une liaison double engendre un nouveau type d'isomérie, illustré par les deux dichloroéthènes suivants :

cis-1,2-Dichloroéthène   *trans*-1,2-Dichloroéthène

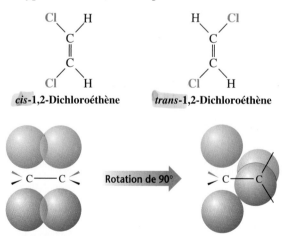

Leçon interactive : obstacle à la rotation avec l'éthène

Figure 1.25 Représentation du bris de la liaison π qui se produit lorsqu'un atome de carbone d'une double liaison effectue une rotation de 90°.

Ces deux composés sont des isomères : ils sont différents même s'ils partagent la même formule moléculaire. En superposant les deux structures, on peut constater qu'il s'agit bel et bien de molécules différentes, car il est impossible *de les faire coïncider en tout point.*

Cette différence est signalée par les préfixes *cis* et *trans* que l'on ajoute aux noms des molécules (*cis,* du latin, signifie « du même côté » et *trans,* du latin également, signifie « de part et d'autre »). Le *cis*-1,2-dichloroéthène et le *trans*-1,2-dichloroéthène ne sont pas des isomères de constitution, leur connectivité étant la même. Ils se distinguent uniquement par l'***orientation de leurs atomes dans l'espace.*** Les isomères de ce type sont dits stéréo-isomères ou, plus communément, isomères *cis-trans.* (Vous aurez l'occasion d'approfondir la stéréo-isomérie dans les chapitres 4 et 5.)

En étudiant d'autres exemples d'isomères *cis-trans,* vous serez à même d'en reconnaître facilement les caractéristiques structurales. Le 1,1-dichloroéthène et le 1,1,2-trichloroéthène illustrés ci-dessous ne sont pas des isomères *cis-trans.*

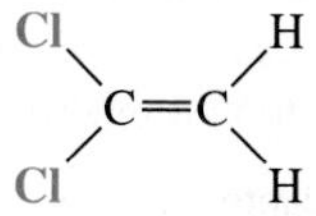

1,1-Dichloroéthène
(pas d'isomérie *cis-trans*)

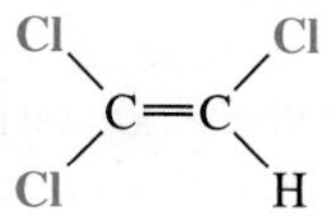

1,1,2-Trichloroéthène
(pas d'isomérie *cis-trans*)

Le 1,2-difluoroéthène et le 1,2-dichloro-1,2-difluoroéthène existent à l'état d'isomères *cis-trans.* Notez que l'isomère est dit *cis* lorsque deux groupes identiques sont situés du même côté.

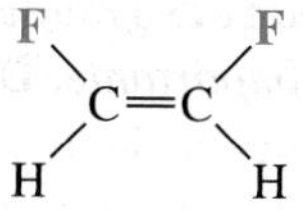

cis-1,2-Difluoroéthène

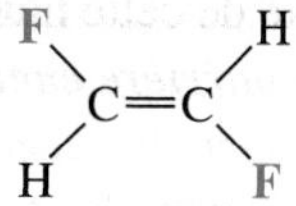

trans-1,2-Difluoroéthène

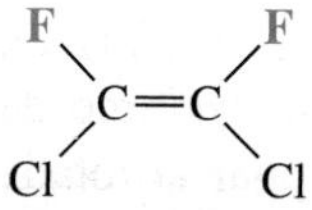

cis-1,2-Dichloro-1,2-difluoroéthène

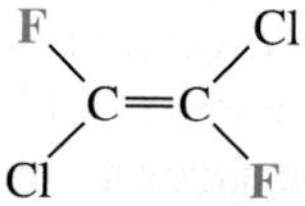

trans-1,2-Dichloro-1,2-difluoroéthène

Si un des deux carbones de la double liaison porte deux groupes identiques, l'isomérie* cis-trans *est impossible.

PROBLÈME 1.6

Lesquels de ces alcènes existent à l'état d'isomères *cis-trans* ? Écrivez leurs structures.

a) $CH_2\!=\!CHCH_2CH_3$

b) $CH_3CH\!=\!CHCH_3$

c) $CH_2\!=\!C(CH_3)_2$

d) $CH_3CH_2CH\!=\!CHCl$

1.14 STRUCTURE DE L'ÉTHYNE (ACÉTYLÈNE) : EXEMPLE D'HYBRIDATION *sp*

Les hydrocarbures dans lesquels les deux atomes de carbone partagent trois paires d'électrons et sont donc rattachés par une liaison triple sont appelés **alcynes**. Les alcynes les plus simples sont l'éthyne et le propyne.

$$H\!-\!C\!\equiv\!C\!-\!H \qquad CH_3\!-\!C\!\equiv\!C\!-\!H$$

Éthyne
(acétylène)
(C_2H_2)

Propyne
(C_3H_4)

L'éthyne, aussi appelé acétylène, est une molécule linéaire dont les angles de liaison $H\!-\!C\!\equiv\!C$ sont de 180°.

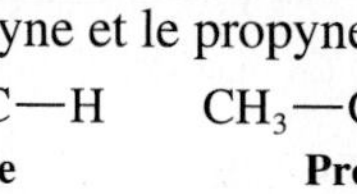

$$H\!-\!C\!\equiv\!C\!-\!H$$
180° 180°

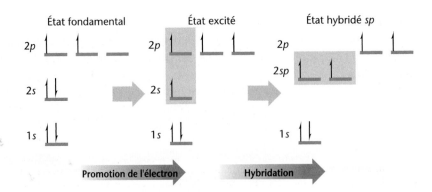

Figure 1.26 Formation d'un atome de carbone hybridé *sp*.

Liaisons σ et π

Hybridation *sp*

Comme nous l'avons fait pour l'éthane et l'éthène, il est possible de rendre compte de la structure de l'éthyne en faisant appel à la théorie de l'hybridation des orbitales. Lors de notre étude des structures de l'éthane et de l'éthène (sections 1.12B et 1.13), nous avons vu que les orbitales du carbone sont hybridées *sp³* dans le cas de l'éthane, et *sp²* dans le cas de l'éthène. Quant à la structure de l'éthyne, elle requiert une *hybridation sp* des atomes de carbone.

La figure 1.26 illustre le processus mathématique par lequel on peut obtenir les orbitales hybrides *sp* de l'éthyne. L'orbitale 2*s* et une orbitale 2*p* du carbone sont hybridées pour former deux orbitales *sp*. Les deux orbitales *p* restantes ne sont pas hybridées. Par calcul, on a démontré que les lobes positifs des orbitales hybrides *sp* sont à 180° l'un par rapport à l'autre, tandis que les deux orbitales 2*p* non hybridées sont perpendiculaires à l'axe qui traverse le centre des deux orbitales *sp* (figure 1.27).

La formation des orbitales moléculaires liantes de l'éthyne est illustrée à la figure 1.28. Deux orbitales *sp* provenant chacune d'un atome de carbone se recouvrent pour donner naissance à une liaison sigma, générant ainsi une des trois liaisons du triple lien. Les deux autres orbitales *sp,* qui proviennent des deux atomes de carbone, vont se combiner chacune avec une orbitale *s* d'un atome d'hydrogène pour réaliser deux liaisons σ carbone–hydrogène. Les deux orbitales *p* de chacun des carbones se recouvrent latéralement pour constituer deux liaisons π, soit les deux autres liaisons du triple lien. Ainsi, **la liaison triple carbone–carbone consiste en deux liaisons π et une liaison σ.**

La figure 1.29 présente des modèles de l'éthyne fondés sur des orbitales moléculaires calculées avec la densité électronique correspondante. La symétrie circulaire autour de la triple liaison (figure 1.29b) permet une rotation libre des groupes rattachés par cette liaison (ce qui n'est pas le cas des alcènes). Par contre, aucun nouveau composé ne sera formé par cette rotation à cause de la géométrie linéaire.

Leçon interactive : hybridation *sp*

Figure 1.27 Atome de carbone hybridé *sp*.

Leçon interactive : Éthyne

Figure 1.28 Formation des orbitales moléculaire liantes de l'éthyne à partir de deux atomes de carbone hybridés *sp* et de deux atomes d'hydrogène. (Afin d'alléger le schéma, nous n'avons pas représenté les orbitales antiliantes.)

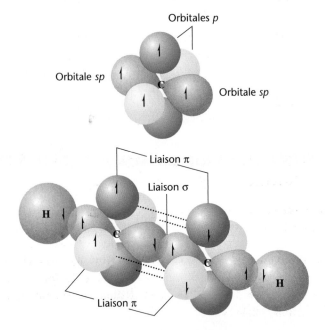

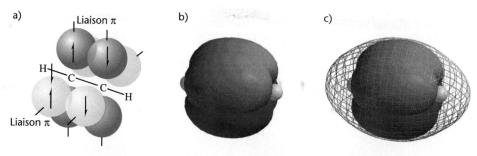

a)

Liaison π

H—C≡C—H

Liaison π

b)

c)

Modèles moléculaires

Figure 1.29 a) Structure de l'éthyne (ou acétylène) montrant le réseau de liaison σ et la représentation schématique du recouvrement de deux paires d'orbitales *p* qui donne naissance à deux liaisons π. b) Modèle de l'éthyne fait d'orbitales moléculaires calculées. Deux paires de lobes d'orbitales moléculaires π sont présentes, soit une paire par liaison π. Les lobes de chacune des liaisons π sont colorés différemment pour représenter les signes de phase opposés. On peut apercevoir les atomes d'hydrogène de l'éthyne (sphères blanches) aux deux extrémités de la structure. Les atomes de carbone sont dissimulés par les orbitales moléculaires. c) Le maillage délimite la région où il est possible de rencontrer un électron dans l'éthyne. Notez que la densité électronique s'étend au-delà des atomes d'hydrogène mais se confine aux zones des liaisons π.

1.14A LONGUEURS DES LIAISONS DANS L'ÉTHANE, L'ÉTHÈNE ET L'ÉTHYNE

La triple liaison carbone–carbone est plus courte que la liaison double carbone–carbone, qui est elle-même plus courte que la liaison simple carbone–carbone. La liaison carbone–hydrogène de l'éthyne est plus courte que la liaison C—H de l'éthène, qui est elle-même plus courte que celle de l'éthane. Ces longueurs illustrent le principe général suivant : *la liaison C—H la plus courte est associée au carbone dont les orbitales présentent le caractère* s *le plus important.* Ainsi, la liaison C—H la plus courte se trouve dans l'éthyne, molécule dans laquelle les orbitales *sp* possèdent 50 % de caractère *s* et 50 % de caractère *p*. En revanche, l'éthane comporte la liaison C—H la plus longue, car les orbitales *sp*³ du carbone possèdent 25 % de caractère *s* et 75 % de caractère *p*. Ces différences de longueurs et d'angles de liaison entre l'éthyne, l'éthène et l'éthane sont résumées à la figure 1.30.

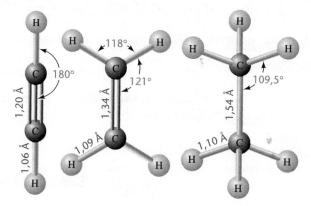

Figure 1.30 Angles et longueurs des liaisons de l'éthyne, de l'éthène et de l'éthane.

1.15 RÉSUMÉ DES PRINCIPAUX CONCEPTS DÉRIVÉS DE LA MÉCANIQUE QUANTIQUE

1. Une **orbitale atomique (OA)** est une région de l'espace entourant le noyau d'un atome où la probabilité de rencontrer un électron est élevée. Les orbitales atomiques *s* sont sphériques; les orbitales *p* ressemblent à deux sphères se touchant presque. Les orbitales contiennent au maximum deux électrons dont les spins sont appariés. On les décrit mathématiquement à l'aide de fonctions d'onde (ψ). Chaque orbitale possède une énergie caractéristique et est associée à un signe de phase positif (+) ou négatif (–).

2. Deux orbitales atomiques qui se recouvrent forment des **orbitales moléculaires (OM).** Ce type d'orbitale englobe deux noyaux ou plus et représente une région de l'espace où l'on trouve les électrons. Comme les orbitales atomiques, les orbitales moléculaires comptent deux électrons dont les spins sont appariés.

3. Deux orbitales atomiques de même signe qui interagissent forment une **orbitale moléculaire liante.**

Orbitale moléculaire liante

Dans une orbitale moléculaire liante, la région internucléaire présente la densité électronique la plus importante, et les électrons qui s'y trouvent maintiennent les noyaux positifs ensemble.

4. Une **orbitale moléculaire antiliante** se forme lors du recouvrement de deux orbitales de signe opposé.

Nœud

Une orbitale moléculaire antiliante possède une énergie plus importante qu'une orbitale liante. La probabilité de présence d'un électron entre les deux noyaux est faible, et un **nœud** — une région où $\psi = 0$ — s'y trouve. Par conséquent, les électrons contenus dans une orbitale antiliante ne parviennent pas à rapprocher les noyaux, la répulsion entre ces derniers contribuant à les séparer.

5. **L'énergie que possèdent les électrons** d'une orbitale moléculaire liante est moindre que celle des électrons provenant d'orbitales atomiques séparées. Dans une orbitale moléculaire antiliante, les électrons possèdent une énergie plus élevée que dans des orbitales atomiques séparées.

6. Le **nombre d'orbitales moléculaires** est toujours égal au nombre d'orbitales atomiques dont elles sont formées. La combinaison de deux orbitales atomiques donnera toujours naissance à deux orbitales moléculaires, une liante et une antiliante.

7. Pour un même atome, les **orbitales atomiques hybrides** sont obtenues par une combinaison (hybridation) des fonctions d'onde des différents types d'orbitales (s et p).

8. Les **orbitales sp^3** résultent de l'hybridation de trois orbitales p avec une orbitale s. Dans un atome hybridé sp^3, les axes des quatre orbitales pointent vers les sommets d'un tétraèdre. Dans le méthane, le carbone de géométrie **tétraédrique** est hybridé sp^3.

9. L'hybridation de deux orbitales p avec une orbitale s produit une **orbitale sp^2.** Les atomes hybridés sp^2 voient leurs orbitales se diriger vers les sommets d'un triangle équilatéral. Les atomes de carbone de l'éthène sont hybridés sp^2 et forment avec leurs substituants une géométrie **trigonale plane.**

10. Les **orbitales sp** sont formées par l'hybridation d'une orbitale s et d'une orbitale p. Les atomes hybridés sp orientent les axes de leurs deux orbitales sp dans des directions opposées, formant ainsi un angle de 180°. L'éthyne est une molécule **linéaire** dont les atomes de carbone sont hybridés sp.

11. Dans une **liaison sigma** (un type de liaison simple), les électrons présentent une symétrie circulaire autour de l'axe de liaison. En général, le squelette des molécules organiques se compose d'atomes rattachés entre eux par des liaisons sigma.

Résumé de la géométrie des orbitales hybrides sp, sp^2 et sp^3.

12. Les liaisons doubles et triples sont constituées de **liaisons pi,** en plus des liaisons sigma. La formation d'une orbitale moléculaire π liante implique le recouvrement latéral de deux orbitales *p* adjacentes et parallèles.

1.16 GÉOMÉTRIE MOLÉCULAIRE : LE MODÈLE DE LA RÉPULSION DES PAIRES D'ÉLECTRONS DE LA COUCHE DE VALENCE (RPECV)

Jusqu'à maintenant, nous avons abordé la géométrie des molécules sous l'angle de la mécanique quantique. Il est également possible de prédire l'arrangement des atomes d'une molécule ou d'un ion à l'aide d'une autre théorie, la **théorie de la répulsion des paires d'électrons de la couche de valence (RPECV).** Dans les exemples qui serviront à étudier cette théorie, nous appliquerons les principes suivants :

1. Seules les espèces (molécules ou ions) dont l'atome central est lié de façon covalente à deux atomes (ou groupes) ou plus seront considérées.

2. Nous tiendrons compte de toutes les paires d'électrons de valence, incluant celles qui sont partagées dans les liaisons covalentes — appelées **doublets d'électrons liants** — et celles qui ne le sont pas — nommées **doublets d'électrons non liants** ou **libres.**

3. En raison de leur répulsion, les paires d'électrons de la couche de valence ont tendance à s'éloigner les unes des autres le plus possible. La répulsion entre doublets d'électrons libres est généralement plus forte que celle entre doublets d'électrons liants.

4. En observant toutes les paires d'électrons, liantes et libres, il est possible d'établir la *géométrie* d'une molécule. C'est la position des noyaux (ou des atomes), et non la position des paires d'électrons, qui détermine la *forme* générale d'une molécule ou d'un ion.

La théorie RPECV est utile dans la prédiction de la géométrie approximative des molécules.

1.16A CAS DU MÉTHANE

La couche de valence du méthane contient quatre paires d'électrons liants. Dans une telle molécule, seul un agencement tétraédrique permettra aux quatre doublets d'atteindre l'éloignement maximal (figure 1.31). Tout autre arrangement, une structure plane carrée par exemple, rapprochera les paires d'électrons.

Le modèle du méthane tiré de la théorie RPECV concorde très bien avec celui proposé par Van't Hoff et Le Bel (section 1.3B) puisque, dans les deux cas, le méthane possède une structure tétraédrique.

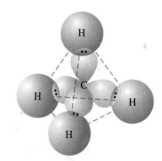

Figure 1.31 Forme tétraédrique du méthane qui permet aux quatre paires d'électrons liantes d'atteindre l'éloignement maximal.

PROBLÈME 1.7

Une partie du raisonnement qui a amené Van't Hoff et Le Bel à proposer le modèle tétraédrique du méthane repose sur l'existence d'un nombre limité d'isomères possibles pour les dérivés de ce composé. Par exemple, il n'existe pas d'isomères correspondant à la formule CH_2Cl_2, car un seul composé fut trouvé dans la nature. Représentez-vous CH_2Cl_2 selon une structure plane carrée puis selon une structure tétraédrique et expliquez pourquoi l'hypothèse de la structure tétraédrique a été retenue.

Les angles de liaison de tout atome présentant une structure tétraédrique régulière sont de 109,5°. Une représentation de ces angles dans le méthane est donnée à la figure 1.32.

1.16B CAS DE L'AMMONIAC

La géométrie d'une molécule d'ammoniac (NH_3) correspond à une **pyramide à base trigonale** dans laquelle on trouve trois doublets d'électrons liants et un doublet

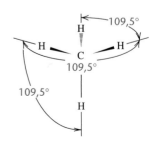

Figure 1.32 Les angles de liaison dans le méthane sont de 109,5°.

Figure 1.33 Disposition tétraédrique des doublets d'électrons de la molécule d'ammoniac, dans laquelle le doublet libre occupe un sommet. Cet arrangement des doublets d'électrons explique la forme pyramidale de cette molécule.

Figure 1.34 Disposition tétraédrique des doublets d'électrons de la molécule d'eau, dans laquelle les doublets libres occupent des sommets. Cet arrangement des doublets d'électrons explique la forme angulaire de la molécule.

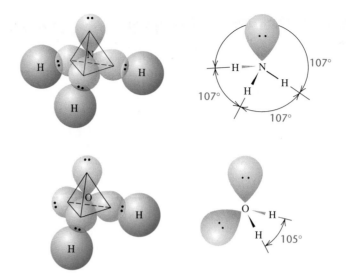

d'électrons libres. Dans cette molécule, les angles de liaison sont de 107°, une valeur voisine de celle des angles d'un tétraèdre, qui est 109,5°. On peut établir une structure tétraédrique des doublets de l'ammoniac en plaçant la paire d'électrons libres à un sommet (figure 1.33). Cet *arrangement tétraédrique* des doublets explique la *structure pyramidale à base trigonale* des quatre atomes; les angles de liaison y sont légèrement inférieurs à 109,5° en raison de l'espace plus important occupé par le doublet d'électrons libres.

1.16C CAS DE L'EAU

La molécule d'eau est **angulaire** ou **de structure repliée.** Les angles formés par les liaisons H—O—H de la molécule sont de 105°, une valeur également voisine de celle des angles de liaison du méthane (109,5°).

Les doublets d'électrons de la molécule d'eau peuvent adopter une structure tétraédrique *si les deux doublets d'électrons libres et les deux doublets d'électrons liants sont disposés aux sommets d'un tétraèdre* (figure 1.34). Cette *disposition tétraédrique* des doublets d'électrons rend compte de la *disposition angulaire* des trois atomes. Dans le cas de l'eau, l'angle de liaison est inférieur à 109,5°, car les doublets d'électrons libres occupent plus d'espace que les doublets d'électrons liants. La structure ne peut donc pas correspondre parfaitement à un tétraèdre.

1.16D CAS DU TRIFLUORURE DE BORE

Le bore, élément du groupe 3A, possède seulement trois électrons dans sa couche externe. Dans le fluorure de bore (BF_3), ces trois électrons sont partagés avec les atomes de fluor. L'atome de bore est alors entouré de six électrons au total (trois doublets d'électrons liants). Ces paires atteignent l'éloignement maximal lorsqu'elles occupent les sommets d'un triangle équilatéral. C'est pourquoi les trois atomes de fluor de la molécule reposent à plat aux sommets d'un triangle équilatéral (figure 1.35). On dit de la structure du trifluorure de bore qu'elle est *trigonale plane* avec des angles de liaison de 120°.

Figure 1.35 Structure trigonale plane du trifluorure de bore, dans laquelle les doublets d'électrons liants sont éloignés au maximum.

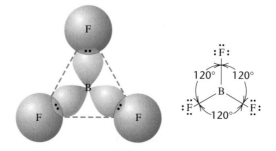

1.16E CAS DE L'HYDRURE DE BÉRYLLIUM

Dans la molécule d'hydrure de béryllium BeH_2, l'atome de béryllium est entouré de deux doublets d'électrons liants. L'éloignement de ces deux doublets est à son maximum lorsqu'ils sont situés de part et d'autre de l'atome central, comme l'illustre la structure qui suit. Dans BeH_2, cette disposition des doublets d'électrons engendre une molécule de *géométrie linéaire* dont les angles de liaison sont de 180°.

$$H{:}Be{:}H \quad ou \quad H{-}Be{-}H$$
$$\overset{180°}{\frown}$$
Géométrie linéaire de BeH₂

PROBLÈME 1.8

À l'aide de la théorie RPECV, dites quelle sera la géométrie de chacune des molécules et des ions suivants :

a) BH_4^- c) NH_4^+ e) BH_3 g) SiF_4
b) BeF_2 d) H_2S f) CF_4 h) $:CCl_3^-$

1.16F CAS DU DIOXYDE DE CARBONE

La théorie RPECV peut également servir à prédire la géométrie des molécules contenant des liaisons multiples. Il est cependant nécessaire de considérer les électrons d'une liaison multiple, c'est-à-dire ceux qui sont situés entre les deux atomes, *comme formant un ensemble*.

Voyons comment ce principe s'applique à la molécule de dioxyde de carbone (CO_2), dans laquelle le carbone central est lié à deux atomes d'oxygène par des liaisons doubles. Il a été démontré que le dioxyde de carbone possède une structure linéaire dont l'angle de liaison est de 180°.

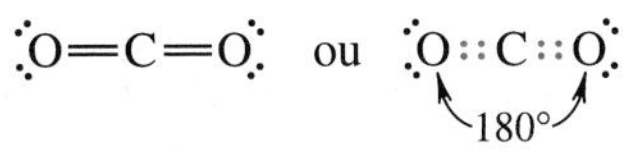

$$:O{=}C{=}O: \quad ou \quad :O{::}C{::}O:$$

Les quatre électrons de chaque liaison double sont considérés comme formant un ensemble et sont disposés de sorte que leur éloignement soit maximal.

Cette structure est conforme à la règle de l'éloignement maximal des deux ensembles de quatre électrons liants. (Les doublets libres de l'atome d'oxygène n'influent en rien sur la géométrie de la molécule.)

PROBLÈME 1.9

Déterminez les angles de liaison des structures suivantes :

a) $F_2C{=}CF_2$ b) $CH_3C{\equiv}CCH_3$ c) $HC{\equiv}N$

Le tableau 1.4 donne la configuration de plusieurs molécules et ions simples selon la théorie RPECV. Vous y trouverez également l'état d'hybridation de l'atome central.

Tableau 1.4 Géométrie des molécules et des ions fondée sur la théorie RPECV.

Nombre de paires d'électrons de l'atome central			État d'hybridation de l'atome central	Géométrie de la molécule ou de l'ion[a]	Exemples
Liantes	Libre(s)	Total			
2	0	2	sp	Linéaire	BeH_2
3	0	3	sp^2	Trigonale plane	BF_3, CH_3^+
4	0	4	sp^3	Tétraédrique	CH_4, NH_4^+
3	1	4	$\sim sp^3$	Pyramide trigonale	NH_3, CH_3^-
2	2	4	$\sim sp^3$	Angulaire	H_2O

[a] Se rapporte à la disposition des atomes et ne tient pas compte des doublets d'électrons libres.

1.17 NOTATION DES FORMULES STRUCTURALES

Les chimistes organiciens écrivent les formules structurales de différentes façons. À la figure 1.36, vous trouverez les notations les plus communes. L'écriture à l'aide de la **notation par points** (structures de Lewis), par laquelle on représente tous les électrons de valence, est longue et fastidieuse. Les autres représentations sont plus commodes et, par conséquent, plus fréquemment utilisées.

Il arrive même que les doublets d'électrons libres soient omis. Cependant, dans l'écriture de réactions chimiques, il est préférable d'inclure ces électrons lorsqu'ils participent directement à la réaction. C'est pourquoi nous vous recommandons fortement de prendre l'habitude de dessiner les électrons libres (non liants) dans les structures que vous écrivez.

a)

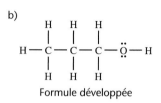

Modèle boules et tiges

b)

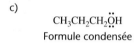

Formule développée

c)

$$CH_3CH_2CH_2\ddot{O}H$$

Formule condensée

d)

Formule abrégée

Figure 1.36 Formules structurales de l'alcool propylique.

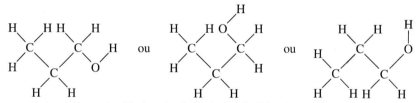

| Notation par points | Formule développée | Formule condensée |

1.17A FORMULES STRUCTURALES DÉVELOPPÉES

Examinons le modèle de l'alcool propylique de la figure 1.36a et comparons-le avec sa formule développée et sa formule condensée (figures 1.36b et 1.36c). Dans ces dernières, la chaîne d'atomes forme une ligne droite, contrairement à celle du modèle illustré en *a*, qui représente le plus fidèlement la molécule. N'oublions pas que *les atomes liés par des liaisons simples effectuent une rotation libre les uns par rapport aux autres* (voir section 1.12B). Dans l'alcool propylique, cette rotation libre se traduit par des arrangements aussi variables que les suivants :

Formules développées équivalentes de l'alcool propylique

Toutes ces structures développées sont *équivalentes* et représentent l'alcool propylique. (Notez que, dans ces formules, nous avons représenté des angles de liaison de 90° au lieu de 109,5° pour des raisons d'espace.)

Ces formules structurales indiquent la séquence d'enchaînement des atomes, et non pas la structure tridimensionnelle des molécules. Elles montrent la **connectivité** des atomes. *Les isomères de constitution (section 1.3A) diffèrent par leur connectivité et, par conséquent, présentent des formules structurales différentes.*

Examinons le composé appelé alcool isopropylique, dont la formule peut s'écrire de différentes façons :

Formules développées équivalentes de l'alcool isopropylique

L'alcool isopropylique est un isomère de constitution de l'alcool propylique, puisque tous deux partagent la même formule moléculaire, soit C_3H_8O, et que leurs atomes sont reliés dans une séquence différente. Dans le cas de l'alcool isopropylique,

Il est important de distinguer les formules structurales qui présentent la même connectivité de celles qui représentent des isomères de constitution.

le groupe OH est rattaché à l'atome central, alors que dans l'alcool propylique il est lié au carbone situé à l'extrémité de la molécule.

Dans les problèmes, on vous demandera souvent d'écrire les formules structurales des différents isomères correspondant à une formule moléculaire donnée. Ne faites pas l'erreur d'écrire plusieurs formules équivalentes (comme celles des exemples précédents) en pensant représenter différents isomères de constitution.

PROBLÈME 1.10

Trois isomères de constitution correspondent à la formule moléculaire C_3H_8O. Nous en avons décrit deux (alcool propylique et alcool isopropylique). Trouvez le troisième isomère et écrivez-en la formule développée.

1.17B FORMULES STRUCTURALES CONDENSÉES

Les formules structurales condensées sont plus faciles à écrire que les formules développées; vous en retirerez la même information une fois que vous en maîtriserez la lecture. Dans les formules condensées, tous les atomes liés à un carbone sont notés immédiatement à la suite de ce carbone, les atomes d'hydrogène en tête de liste. Par exemple,

Les formules structurales condensées sont des outils importants à maîtriser dans l'apprentissage de la chimie organique.

$$H-\overset{\overset{\displaystyle H}{|}}{\underset{\underset{\displaystyle H}{|}}{C}}-\overset{\overset{\displaystyle H}{|}}{\underset{\underset{\displaystyle Cl}{|}}{C}}-\overset{\overset{\displaystyle H}{|}}{\underset{\underset{\displaystyle H}{|}}{C}}-\overset{\overset{\displaystyle H}{|}}{\underset{\underset{\displaystyle H}{|}}{C}}-H \qquad \underset{\overset{\displaystyle |}{Cl}}{CH_3CHCH_2CH_3} \text{ ou } CH_3CHClCH_2CH_3$$

Formule développée   **Formules condensées**

Les formules condensées de l'alcool isopropylique peuvent s'écrire de différentes façons :

$$H-\overset{\overset{\displaystyle H}{|}}{\underset{\underset{\displaystyle H}{|}}{C}}-\overset{\overset{\displaystyle H}{|}}{\underset{\underset{\displaystyle O}{|}}{C}}-\overset{\overset{\displaystyle H}{|}}{\underset{\underset{\displaystyle H}{|}}{C}}-H \qquad \underset{\displaystyle OH}{CH_3CHCH_3} \qquad CH_3CH(OH)CH_3$$
$$\underset{\displaystyle H}{}$$

$$CH_3CHOHCH_3 \text{ ou } (CH_3)_2CHOH$$

Formule développée   **Formules condensées**

QUESTION TYPE

Écrivez les formules structurales condensées du composé suivant :

$$H-\overset{\overset{\displaystyle H}{|}}{\underset{\underset{\displaystyle H}{|}}{C}}-\overset{\overset{\displaystyle H}{|}}{\underset{\underset{\displaystyle C}{|}}{C}}-\overset{\overset{\displaystyle H}{|}}{\underset{\underset{\displaystyle H}{|}}{C}}-\overset{\overset{\displaystyle H}{|}}{\underset{\underset{\displaystyle H}{|}}{C}}-H$$
$$H-\overset{}{\underset{\underset{\displaystyle H}{|}}{C}}-H$$

Réponse

$$\underset{\displaystyle CH_3}{CH_3CHCH_2CH_3} \text{ ou } CH_3CH(CH_3)CH_2CH_3 \text{ ou } (CH_3)_2CHCH_2CH_3$$

$$\text{ou } CH_3CH_2CH(CH_3)_2 \text{ ou } \underset{\displaystyle CH_3}{CH_3CH_2CHCH_3}$$

1.17C MOLÉCULES CYCLIQUES

Les atomes de carbone des composés organiques peuvent être rattachés sous la forme d'une chaîne, mais également dans un arrangement cyclique. Dans le cyclopropane, les carbones sont disposés de telle sorte qu'ils constituent un cycle de trois éléments.

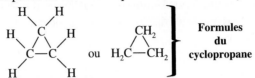

1.17D FORMULES STRUCTURALES ABRÉGÉES

À mesure que vous vous familiariserez avec les molécules organiques, vous trouverez la notation abrégée fort utile pour représenter les structures.

De nombreux chimistes organiciens utilisent les **formules structurales abrégées,** une notation très simplifiée, pour représenter les molécules. Comme elle ne représente que le squelette carboné, cette notation est celle qui s'écrit le plus rapidement. On suppose que les atomes d'hydrogène complétant la valence des carbones sont présents, mais on ne les indique pas. Par contre, on note les autres atomes (notamment O, Cl, N). À moins que le symbole d'un atome y soit indiqué, l'intersection de deux lignes, tout comme l'extrémité d'une ligne, représente un carbone.

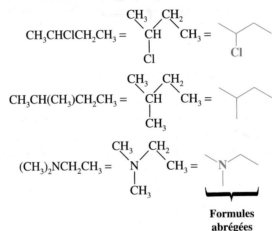

Leçon interactive :
formules structurales abrégées

On utilise souvent les formules abrégées pour symboliser les composés cycliques :

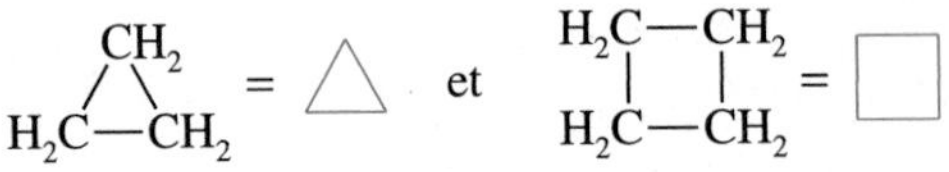

Dans cette notation, les liaisons multiples sont également représentées. Exemple :

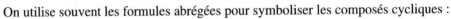

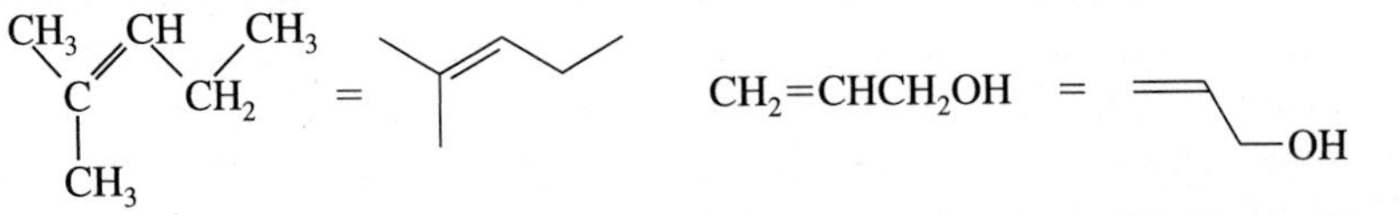

QUESTION TYPE

Écrivez la formule abrégée de la molécule suivante :

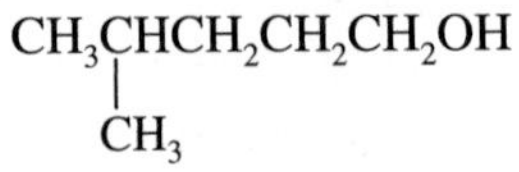

$$CH_3CHCH_2CH_2CH_2OH$$
$$|$$
$$CH_3$$

Réponse

D'abord, il convient de dessiner la chaîne carbonée en incluant le groupe OH :

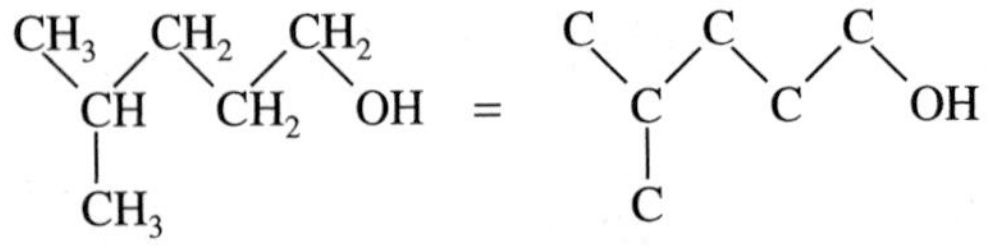

La formule abrégée sera :

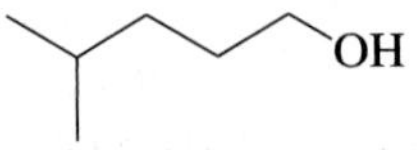

PROBLÈME 1.11

Écrivez la chaîne carbonée des formules condensées suivantes et proposez la formule abrégée correspondante.

a) $(CH_3)_2CHCH_2CH_3$

b) $(CH_3)_2CHCH_2CH_2OH$

c) $(CH_3)_2C=CHCH_2CH_3$

d) $CH_3CH_2CH_2CH_2CH_3$

e) $CH_3CH_2CH(OH)CH_2CH_3$

f) $CH_2=C(CH_2CH_3)_2$

g) $CH_3\overset{\overset{\displaystyle O}{\|}}{C}CH_2CH_2CH_2CH_3$

h) $CH_3CHClCH_2CH(CH_3)_2$

PROBLÈME 1.12

Quelles molécules du problème 1.11 sont des isomères de constitution ?

PROBLÈME 1.13

Écrivez les formules développées pour chacune des formules abrégées suivantes :

a)

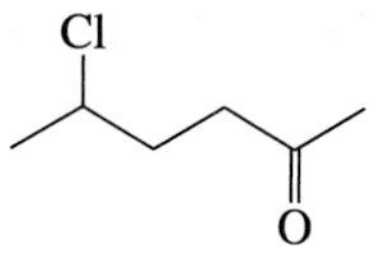

b)

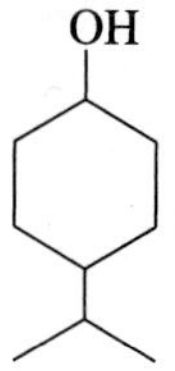

c)

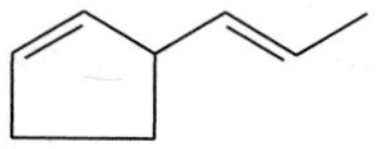

1.17E FORMULES STRUCTURALES TRIDIMENSIONNELLES

Aucune des notations que nous avons examinées jusqu'à maintenant n'apporte d'information sur l'orientation des atomes d'une molécule dans l'espace. Il existe cependant plusieurs types de représentations qui remédient à ce problème. Celui que nous utiliserons est présenté à la figure 1.37. Selon ce système, les liaisons pointant devant le plan de la page sont représentées par un biseau plein (◄), et celles qui pointent derrière le plan de la page sont indiquées par un biseau hachuré (⋯Ɱ). Les liaisons situées dans le plan de la page sont dessinées à l'aide d'un trait (—). La représentation tridimensionnelle d'un atome tétraédrique implique que les deux liaisons se trouvant dans le plan de la page soient séparées par un angle de 109° et que, dans le but d'obtenir une perspective, on indique les deux autres liaisons à l'aide d'un biseau plein et d'un biseau hachuré presque côte à côte (afin de montrer que l'atome situé devant éclipse presque l'atome situé derrière). Les atomes de structure trigonale plane peuvent être représentés soit avec toutes les liaisons situées dans le même plan à des angles de 120°, soit avec une liaison située dans le plan de la page, une pointant derrière et une pointant devant (figure 1.19). Il est toutefois préférable de dessiner dans le plan de la page les liaisons des atomes de géométrie linéaire. En principe, on utilise la notation tridimensionnelle lorsqu'il est nécessaire de spécifier la configuration d'une molécule.

Les formules écrites à l'aide de biseaux pleins et hachurés représentent la structure tridimensionnelle des molécules de façon non équivoque.

PROBLÈME 1.14

Écrivez les représentations tridimensionnelles (à l'aide de biseaux pleins et de biseaux hachurés) de chacune des molécules suivantes :

a) CH_3Cl b) CH_2Cl_2 c) CH_2BrCl d) CH_3CH_2Cl

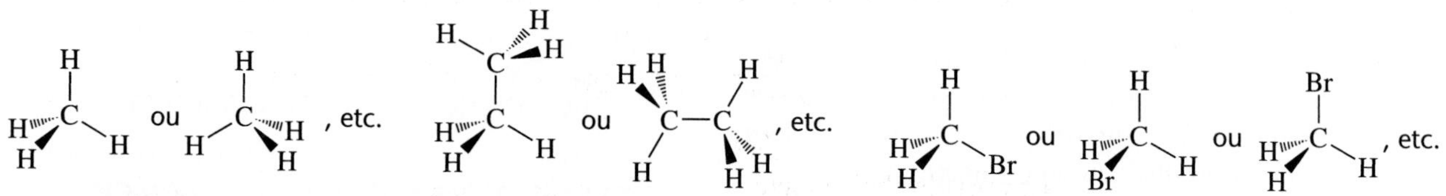

Méthane

Éthane

Bromométhane

Figure 1.37 Formules tridimensionnelles symbolisées à l'aide de biseaux pleins et de biseaux hachurés.

TERMES ET CONCEPTS CLÉS

Formules structurales	Sections 1.3A et 1.17
Isomères	Section 1.3A
Isomères de constitution	Section 1.3A
Connectivité	Sections 1.3A et 1.17A
Électronégativité	Section 1.4A
Liaison ionique	Section 1.4A
Liaison covalente	Section 1.4B
Liaison simple	Sections 1.3 et 1.12
Liaison double	Sections 1.3 et 1.13
Liaison triple	Sections 1.3 et 1.14
Structures de Lewis	Section 1.5
Charge formelle	Sections 1.3 et 1.7
Formules structurales développées	Section 1.17A

Formules structurales condensées	Section 1.17B
Formules structurales abrégées	Section 1.17D
Stéréo-isomérie	Section 1.13B
Structures de résonance	Section 1.8
Fonction d'onde (ψ)	Section 1.9
Densité de probabilité de l'électron	Section 1.10
Orbitale	Section 1.10
Orbitale atomique	Sections 1.10 et 1.15
Orbitale atomique hybride	Sections 1.12 et 1.15
Orbitale moléculaire	Sections 1.11 et 1.15
Surface de densité électronique	Section 1.12B
Théorie RPECV	Section 1.16

PROBLÈMES SUPPLÉMENTAIRES

1.15 Parmi les ions suivants, lesquels ont une configuration d'un gaz noble ?

a) Na^+ c) F^+ e) Ca^{2+} g) O^{2-}

b) Cl^- d) H^- f) S^{2-} h) Br^+

1.16 Écrivez la structure de Lewis de chacune des espèces suivantes :

a) $SOCl_2$ c) PCl_5

b) $POCl_3$ d) $HONO_2$ (HNO_3)

1.17 Donnez la charge formelle des atomes contenus dans les espèces suivantes :

a) $CH_3-\overset{\cdot\cdot}{\underset{\cdot\cdot}{O}}-\overset{\overset{\cdot\cdot}{O}\cdot}{\underset{\cdot\overset{\cdot\cdot}{O}\cdot}{S}}-\overset{\cdot\cdot}{\underset{\cdot\cdot}{O}}:$

b) $CH_3-\overset{:\overset{\cdot\cdot}{O}:}{\underset{\cdot\cdot}{S}}-CH_3$

c) $:\overset{\cdot\cdot}{\underset{\cdot\cdot}{O}}-\overset{\overset{\cdot\cdot}{O}\cdot}{\underset{\cdot\overset{\cdot\cdot}{O}\cdot}{S}}-\overset{\cdot\cdot}{\underset{\cdot\cdot}{O}}:$

d) $CH_3-\overset{\overset{\cdot\cdot}{O}}{\underset{\cdot\overset{\cdot\cdot}{O}\cdot}{S}}-\overset{\cdot\cdot}{\underset{\cdot\cdot}{O}}:$

1.18 Écrivez la formule condensée de chacun des composés suivants :

a) 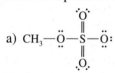 OH

b) (structure) O

c) (carré)

d) (structure) OH

1.19 Donnez la formule moléculaire des composés du problème 1.18.

1.20 Pour chacune des paires de molécules suivantes, dites s'il s'agit du même composé, de composés différents mais isomères par leur constitution ou de composés distincts non isomères.

a) Cl $\diagup\!\!\!\diagdown$ Br   et   Cl $\diagup\!\!\diagdown\!\!\diagup$ Br

b) $CH_3CH_2CH_2$ et $ClCH_2CH(CH_3)_2$
   $\quad\quad |$
   $\quad CH_2Cl$

c) $H-\overset{H}{\underset{Cl}{C}}-Cl$ et $Cl-\overset{H}{\underset{H}{C}}-Cl$

d) $F-\overset{H}{\underset{H}{C}}-\overset{H}{\underset{H}{C}}-\overset{H}{C}-H$ et $CH_2FCH_2CH_2CH_2F$
   $\quad\quad\quad\quad\quad |$
   $\quad\quad\quad H-\overset{}{\underset{H}{C}}-F$

e) $CH_3-\overset{CH_3}{\underset{CH_3}{C}}-CH_3$ et $(CH_3)_3C-CH_3$

f) $CH_2=CHCH_2CH_3$ et $\overset{CH_3}{\underset{H_2C-CH_2}{\overset{|}{CH}}}$

g) $CH_3OCH_2CH_3$ et $CH_3-\overset{O}{\overset{||}{C}}-CH_3$

h) CH_3CH_2 et $CH_3CH_2CH_2CH_3$
   $\quad |$
   $\quad CH_2CH_3$

i) $CH_3OCH_2CH_3$ et $\overset{O}{\underset{H_2C-CH_2}{\overset{||}{C}}}$

j) $CH_2ClCHClCH_3$ et $CH_3CHClCH_2Cl$

k) $CH_3CH_2CHClCH_2Cl$ et CH_3CHCH_2Cl
   $\quad\quad\quad\quad\quad\quad\quad\quad |$
   $\quad\quad\quad\quad\quad\quad\quad CH_2Cl$

l) $CH_3\overset{\overset{O}{\|}}{C}CH_3$ et $\overset{\overset{O}{\|}}{C}$ H_2C—CH_2

m) $H—\overset{\overset{Cl}{|}}{\underset{|}{C}}—Br$ et $Cl—\overset{\overset{H}{|}}{\underset{|}{C}}—Br$
avec H en bas et H en bas

n) $CH_3—\overset{\overset{CH_3}{|}}{\underset{|}{C}}—H$ et $CH_3—\overset{\overset{H}{|}}{\underset{|}{C}}—CH_3$
avec H en bas et H en bas

o) configurations stéréochimiques avec C—C, H, F et F, H, C—C

p) configurations stéréochimiques avec C—C, H, F et F, H, C—C

1.21 Convertissez les formules suivantes en formules abrégées.

a) $CH_3CH_2CH_2\overset{\overset{O}{\|}}{C}CH_3$

b) $CH_3CHCH_2CH_2CHCH_2CH_3$
avec CH_3 et CH_3

c) $(CH_3)_3CCH_2CH_2CH_2OH$

d) $CH_3CH_2CHCH_2\overset{\overset{O}{\|}}{C}OH$
avec CH_3

e) $CH_2{=}CHCH_2CH_2CH{=}CHCH_3$

f) structure cyclique avec C=O, HC, CH_2, HC, C, CH_2, H_2

1.22 Écrivez la formule développée des composés suivants en utilisant des points pour représenter les paires d'électrons libres.

a)

b) structure cyclique avec N

c) $(CH_3)_2NCH_2CH_3$

d) structure cyclique avec O

1.23 À l'aide de la notation de votre choix, écrivez les formules des isomères de constitution de C_4H_8.

1.24 Construisez au moins trois isomères de constitution de la molécule CH_3NO_2 à l'aide des formules structurales. (Assurez-vous d'attribuer adéquatement la charge formelle à chacun des atomes.)

1.25* Bien que leur structure diffère par la position de leurs électrons, l'acide cyanique ($H—O—C{\equiv}N$) et l'acide isocyanique ($H—N{=}C{=}O$) ne sont pas des structures de résonance. a) Expliquez pourquoi. b) Donnez la raison pour laquelle la perte d'un proton par l'acide cyanique produit le même ion que la perte d'un proton par l'acide isocyanique.

1.26 Imaginez une espèce chimique (ion ou molécule) dont l'atome de carbone forme trois liaisons simples avec trois atomes d'hydrogène et ne possède aucune paire d'électrons libres. a) Calculez la charge formelle de l'atome de carbone. b) Calculez la charge totale de l'espèce. c) Donnez la géométrie de l'espèce. d) Prédisez l'état d'hybridation de l'atome de carbone.

1.27 Imaginez un cas similaire à celui du problème précédent. Cette fois-ci, l'atome de carbone forme trois liaisons simples avec trois atomes d'hydrogène et possède un doublet d'électrons libres. a) Calculez la charge formelle de l'atome de carbone. b) Donnez la charge totale de l'espèce. c) Déduisez la structure géométrique de l'espèce. d) Prédisez l'état d'hybridation du carbone.

1.28 Imaginez maintenant un cas similaire à celui du problème 1.26, dans lequel l'atome de carbone forme trois liaisons simples avec trois atomes d'hydrogène et possède un électron libre. a) Calculez la charge formelle de l'atome de carbone. b) Donnez la charge totale de l'espèce. c) En supposant que la géométrie de cette molécule soit trigonale plane, prédisez l'état d'hybridation de l'atome de carbone.

1.29 On trouve l'ozone (O_3) dans les couches supérieures de l'atmosphère où il absorbe les radiations ultraviolettes (UV), très énergétiques. Il protège ainsi la Terre en créant un écran (section 10.11E). Voici une structure de résonance possible pour l'ozone :

$$:\ddot{O}—\overset{..}{O}{=}\ddot{O}:$$

a) Calculez les charges formelles de chacun des atomes. b) Écrivez les autres structures de résonance possibles. c) Comment les structures de résonance rendent-elles compte des longueurs des liaisons oxygène–oxygène de l'ozone ? d) La structure schématisée précédemment et celles que vous avez écrites illustrent la structure angulaire de cette molécule. Cette géométrie est-elle conforme à la théorie RPECV ? Expliquez votre réponse.

1.30 Écrivez les structures de résonance de l'ion azoture N_3^-. En tenant compte de ces structures, expliquez pourquoi les deux liaisons de l'ion azoture sont de même longueur.

1.31 Écrivez la formule structurale des espèces suivantes à l'aide de la notation précisée : a) sept isomères de constitution de $C_4H_{10}O$ en notation abrégée; b) deux isomères de constitution de C_2H_7N en notation condensée; c) quatre isomères de constitution de C_3H_9N en notation condensée; d) trois isomères de constitution de C_5H_{12} en notation abrégée.

1.32* Quel type de relation les membres des paires suivantes partagent-ils ? Ces molécules sont-elles des isomères de constitution, des molécules identiques ou autre chose ? Précisez.

a)

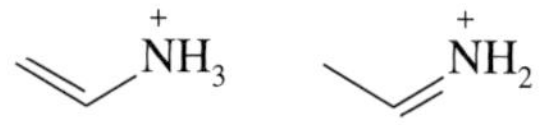

b)

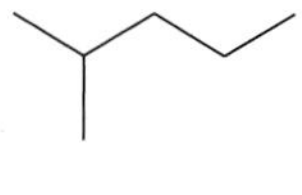

c)

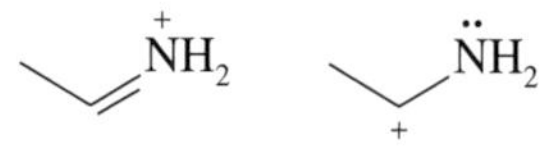

d)

e)

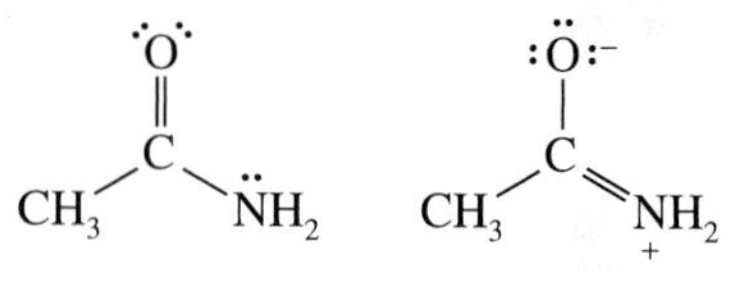

f)

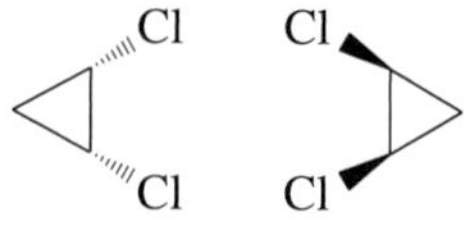

1.33* Au chapitre 15, nous apprendrons comment se forme l'ion nitronium (NO_2^+) par un mélange d'acides concentrés nitrique et sulfurique. a) Écrivez la structure de Lewis de l'ion nitronium. b) Prédisez la géométrie de l'ion NO_2^+ selon la théorie RPECV. c) Donnez une autre espèce qui possède le même nombre d'électrons que NO_2^+.

1.34* Pour les espèces composées des atomes ci-dessous, écrivez les formules abrégées de tous les isomères de constitution des composés ou ions possibles. S'il y a lieu, indiquez les charges formelles et les paires d'électrons libres.

Composé	Nombre de carbones	Nombre d'hydrogènes	Autres
A	3	6	2 atomes de Br
B	3	9	1 atome de N et 1 atome de O (situés sur des carbones différents)
C	3	4	1 atome de O
D	2	7	1 atome de N et 1 proton
E	3	7	1 électron supplémentaire

TRAVAIL COOPÉRATIF*

Soit le composé dont la formule condensée est la suivante :

$$CH_3CHOHCH=CH_2$$

1. Écrivez-en la formule structurale développée.

2. Indiquez dans votre formule toutes les paires d'électrons libres.

3. Calculez et indiquez les charges formelles.

4. Indiquez les états d'hybridation des atomes de carbone.

5. Faites une représentation tridimensionnelle du composé en indiquant les angles de liaison. Utilisez des traits pour les liaisons situées dans le plan de la page, des biseaux pleins pour les liaisons sortant du plan de la page, et des biseaux hachurés pour les liaisons situées derrière le plan de la page.

6. Dans votre structure tridimensionnelle, indiquez les angles de liaison.

7. Écrivez une formule abrégée du composé.

8. Pour un composé ayant la formule moléculaire C_4H_6O, trouvez deux structures dans lesquelles deux carbones sont hybridés *sp*. Une des deux structures doit comporter une chaîne carbonée linéaire. Pour chacune des structures, effectuez les étapes 1 à 7 ci-dessus.

---

* Votre professeur vous donnera des indications sur la manière de résoudre ce problème en groupe.

Chapitre 2

COMPOSÉS CARBONÉS TYPIQUES :
groupes fonctionnels, forces intermoléculaires et spectroscopie infrarouge (IR)

Importance de la structure

La fonction biologique des molécules organiques est déterminée par leur structure tridimensionnelle et les groupes fonctionnels qu'elles possèdent. Prenons l'exemple du Crixivan, un médicament communément employé dans le traitement du sida (syndrome d'immunodéficience acquise).

Le Crixivan agit en inhibant une enzyme (un catalyseur biologique) essentielle au virus du sida, que l'on appelle protéase du VIH (virus de l'immunodéficience humaine). Contrairement à la pénicilline, le Crixivan ne provient pas directement d'une source naturelle; des chimistes l'ont synthétisé. À l'aide d'ordinateurs et d'une approche rationnelle appliquée à la recherche de molécules aux fonctions nouvelles, ils ont mis au point la structure de base à partir de laquelle ils allaient fabriquer de nombreux composés jusqu'à ce qu'ils en découvrent un doté d'un potentiel thérapeutique réel.

SOMMAIRE

2.1 Liaisons covalentes carbone–carbone

2.2 Hydrocarbures : alcanes, alcènes, alcynes et composés aromatiques

2.3 Liaisons covalentes polaires

2.4 Molécules polaires et non polaires

2.5 Groupes fonctionnels

2.6 Halogénoalcanes ou halogénures d'alkyle

2.7 Alcools

2.8 Éthers

2.9 Amines

2.10 Aldéhydes et cétones

2.11 Acides carboxyliques, amides et esters

2.12 Nitriles

2.13 Résumé des principales classes de composés organiques

2.14 Propriétés physiques et structure moléculaire

2.15 Résumé des forces coulombiennes d'attraction

2.16 Spectroscopie infrarouge : une méthode de détection des groupes fonctionnels

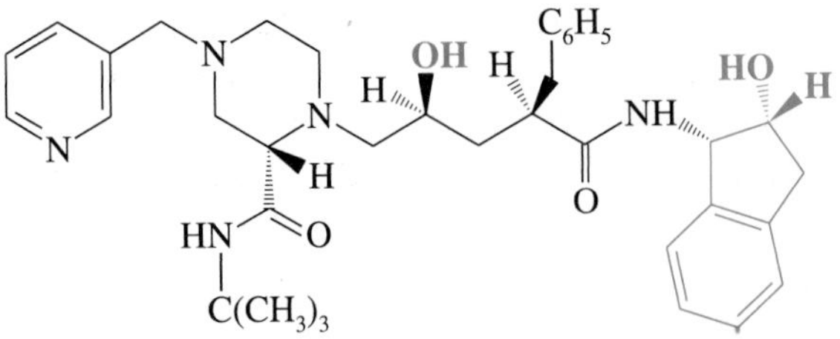

Crixivan (inhibiteur de la protéase du VIH)

Pour jouer son rôle thérapeutique, le Crixivan doit interagir d'une façon très précise avec la structure tridimensionnelle de la protéase du VIH. Par la présence du groupe hydroxyle (OH) situé en son centre (marqué en rouge dans le schéma ci-dessus), le Crixivan entre dans la classe des alcools, que nous présenterons dans ce chapitre. Grâce à ce groupe essentiel à son activité biologique, le Crixivan imite le véritable intermédiaire chimique qui se forme lorsque la protéase du VIH remplit sa fonction. Ce composé possède une plus grande affinité pour la protéase que son substrat naturel et s'y lie de façon irréversible, empêchant ainsi le virus de se reproduire dans les cellules infectées.

Lors de la création du Crixivan, les chimistes ont dû prendre en considération les caractéristiques des nouvelles molécules qu'ils synthétisaient et testaient, notamment de leur solubilité dans l'eau. Les tests effectués sur les premiers composés synthétisés ont révélé que leur faible solubilité dans l'environnement aqueux du corps humain les empêchait d'être efficaces. Les chimistes ont alors modifié la structure des molécules en y ajoutant une chaîne latérale (montrée en bleu) qui augmente la solubilité du Crixivan.

2.1 LIAISONS COVALENTES CARBONE–CARBONE

La chimie organique est l'étude des liaisons covalentes qu'engage le carbone avec d'autres atomes de carbone ainsi qu'avec des atomes d'hydrogène, d'oxygène, de soufre et d'azote. Cette propriété du carbone, sa tétravalence et la solidité de ses liaisons expliquent qu'il soit à la base des molécules constituant les organismes vivants. Dans ce chapitre, nous verrons que les composés organiques sont divisés en différentes classes selon les groupes d'atomes que contiennent leurs molécules. Ces groupes d'atomes, que les chimistes organiciens nomment *groupes fonctionnels*, déterminent la plupart des propriétés physiques et chimiques des classes de composés.

Nous étudierons aussi une technique appelée *spectroscopie infrarouge*, employée pour déterminer la présence de groupes fonctionnels dans les molécules d'un composé.

2.2 HYDROCARBURES : ALCANES, ALCÈNES, ALCYNES ET COMPOSÉS AROMATIQUES

Les **hydrocarbures,** comme leur nom l'indique, sont des composés dont les molécules comportent seulement des atomes de carbone et d'hydrogène. Le méthane (CH_4) et l'éthane (C_2H_6), deux hydrocarbures, appartiennent également à une sous-classe appelée **alcanes.** Ces derniers se distinguent par l'absence de liaisons multiples entre les atomes de carbone. *Les hydrocarbures dont les molécules présentent une liaison double carbone–carbone* sont nommés **alcènes,** et *ceux qui renferment une liaison triple* sont appelés **alcynes.** Enfin, les hydrocarbures dont les carbones forment un certain type de cycle sont appelés **hydrocarbures aromatiques.** Ils seront présentés à la section 2.2D.

En général, les composés qui tels les alcanes ne contiennent que des liaisons simples sont appelés **composés saturés,** car ils forment le nombre maximal de liaisons possibles avec des atomes d'hydrogène. Ceux qui comportent des liaisons multiples, tels les alcènes, les alcynes et les hydrocarbures aromatiques, sont nommés **composés insaturés** en raison du nombre plus restreint de liaisons qu'ils forment avec les atomes d'hydrogène et de leur capacité à réagir avec l'hydrogène dans certaines conditions. Nous y reviendrons au chapitre 7.

2.2A ALCANES

Le gaz naturel et le pétrole sont les principales sources d'alcanes. Les plus petits alcanes (du méthane au butane) existent sous forme gazeuse dans les conditions ambiantes, tandis que les alcanes de masse moléculaire élevé sont obtenus par raffinage du pétrole. Le méthane, le plus simple des alcanes, composait majoritairement l'atmosphère primitive de notre planète. On le retrouve toujours dans l'atmosphère terrestre, mais en quantité plus restreinte. En revanche, c'est un des principaux composants de l'atmosphère de Jupiter, de Saturne, d'Uranus et de Neptune. Récemment, on a aussi décelé des traces de méthane dans l'espace interstellaire, à 10^{16} km de la Terre, dans un astre émettant des ondes radio dans la constellation d'Orion.

Méthane

Sur la Terre, le gaz naturel est majoritairement composé de méthane. La demande mondiale pour ce combustible et ses dérivés croît d'année en année, mais il ne faut pas oublier que nous puisons à même les réserves d'une ressource non renouvelable. D'ailleurs, en raison de l'importance des composants du gaz naturel pour l'industrie, on s'efforce de développer des procédés de transformation du charbon dans le but de diversifier les sources.

Certains organismes vivants produisent du méthane à partir de dioxyde de carbone et d'hydrogène. Ces créatures très primitives, que l'on considère comme appartenant à un règne distinct et dont on croit qu'ils sont les organismes les plus anciens de la Terre, sont appelées bactéries *méthanogènes*. Elles ne survivent que dans un environnement anaérobique (c'est-à-dire sans oxygène) et ont été retrouvées dans les couches profondes des océans, la boue, les eaux usées et l'estomac des vaches.

2.2B ALCÈNES

L'éthène est le produit pétrochimique industriel de base fabriqué en plus grande quantité. Il sert de produit de départ pour la préparation de plusieurs composés industriels, dont l'éthanol, l'oxyde d'éthylène, l'éthanal et le polymère polyéthylène (section 10.10). Le propène, un autre alcène, entre notamment dans la fabrication du polypropylène (section 10.10 et annexe A); il sert également de précurseur dans la synthèse de l'acétone et du cumène (section 21.4).

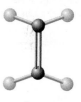

Éthène

On retrouve également l'éthène dans la nature sous la forme d'une hormone végétale. Produite naturellement par certains fruits dont les tomates et les bananes, cette hormone joue un rôle dans leur mûrissement. L'éthène est d'ailleurs utilisé dans l'industrie fruitière pour provoquer le mûrissement des tomates et des bananes, que l'on cueille vertes pour éviter de les abîmer durant le transport.

Il existe de nombreux alcènes naturels. En voici deux exemples :

 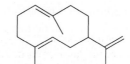

β-Pinène
(un composant de la térébenthine)   **Phéromone du puceron signalant le danger**

2.2C ALCYNES

L'éthyne, aussi nommé acétylène, est l'alcyne le plus simple. On trouve les alcynes dans la nature, mais il est aussi possible de les synthétiser en laboratoire. Friedrich Wöhler synthétisa l'éthyne pour la première fois en 1862 en faisant réagir du carbure

Éthyne

de calcium et de l'eau. À cette époque, l'éthyne ainsi produit servait à alimenter les lampes au carbure comme celles que les mineurs portaient sur la tête. En raison de sa haute température de combustion, l'éthyne sert également à faire fonctionner les chalumeaux.

On a trouvé des alcynes ayant plusieurs liaisons triples dans l'atmosphère des planètes situées aux confins de notre système solaire. H.W. Kroto, de l'université du Sussex, en Angleterre, a identifié des composés appelés cyanopolyynes dans l'espace interstellaire. (En 1996, Kroto a reçu le prix Nobel de chimie pour la découverte des buckminsterfullerènes; voir section 14.8C.)

Parmi les milliers d'alcynes d'origine biosynthétique, on compte la capilline, un agent antifongique, la dactylyne, un produit naturel marin inhibiteur du métabolisme du pentobarbital, et l'éthynylestradiol, qui est employé dans les contraceptifs oraux pour ses propriétés hormonales proches de l'œstrogène.

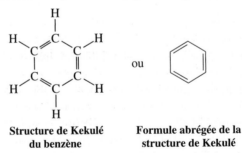

Capilline

Dactylyne

Éthynylestradiol
[17α-éthynyl-1,3,5(10)-estradiène-3,17 β-diol]

2.2D LE BENZÈNE : UN HYDROCARBURE AROMATIQUE TYPIQUE

Au chapitre 14, nous étudierons en détail une classe d'hydrocarbures cycliques insaturés qu'on appelle composés aromatiques. Le **benzène** est le composé aromatique le plus représentatif; on le symbolise par un cycle composé de six carbones où alternent les liaisons simples et doubles. Cette représentation est appelée structure de Kekulé en l'honneur d'August Kekulé (section 1.3) qui fut le premier à la dessiner.

Structure de Kekulé
du benzène

ou

Formule abrégée de la
structure de Kekulé

Bien que la structure de Kekulé soit fréquemment dessinée pour représenter les composés aromatiques, plusieurs indices suggèrent qu'elle est inadéquate et fausse. En effet, si le benzène était composé d'une alternance de liaisons simples et doubles comme le montre cette structure, les longueurs des liaisons carbone—carbone du cycle devraient être alternativement longues et courtes comme le sont les liaisons simples et doubles carbone—carbone (voir figure 1.30). À vrai dire, les liaisons carbone—carbone du benzène sont de même longueur, à savoir 1,39 Å, une valeur se situant entre la longueur de la liaison simple carbone—carbone et celle de la liaison double. Ce phénomène s'explique en faisant appel à deux théories : la théorie de la résonance et la théorie des orbitales moléculaires.

La théorie de la résonance suppose que l'on représente les formes limites du benzène par l'une ou l'autre des structures de Kekulé suivantes, lesquelles sont équivalentes.

Deux formes limites de la
structure de Kekulé du benzène

Représentation de
l'hybride de résonance

Selon la théorie de la résonance (section 1.8), nous convenons que le benzène ne peut être correctement représenté par une structure ou l'autre. En revanche, *un hybride des deux structures,* représenté par un hexagone muni d'un cercle au centre, le décrit adéquatement. Cette théorie explique que la longueur des liaisons carbone–carbone du benzène soit identique. Les liaisons ne sont pas des liaisons simples et doubles qui alternent, mais un hybride de résonance des deux types de liaisons. Chaque liaison simple dans la première forme limite est une liaison double dans la deuxième, et vice versa. Il est donc logique de s'attendre à ce que *toutes les liaisons carbone–carbone soient de même longueur,* c'est-à-dire égales à une liaison et demie ou à une longueur à mi-chemin entre la liaison simple et la liaison double. Cette longueur correspond à ce qui a été mesuré expérimentalement.

Selon l'explication découlant de la théorie des orbitales moléculaires (que nous approfondirons au chapitre 14), il faut d'abord reconnaître que les atomes de carbone sont hybridés sp^2 dans le cycle. En conséquence, chaque carbone possède une orbitale p dont les lobes se situent de part et d'autre du plan du cycle.

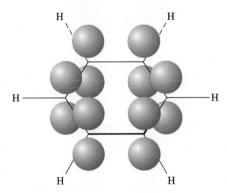

**Représentation schématique
des orbitales p du benzène**

Même si la représentation des orbitales p de l'illustration ci-dessus ne le montre pas clairement, les lobes de chacune des orbitales $p,$ l'une située au-dessus et l'autre, en dessous du cycle, recouvrent ceux des orbitales p immédiatement voisines. Ce recouvrement engendre un ensemble d'orbitales moléculaires, lequel inclut tous les atomes de carbone du cycle. Par conséquent, les six électrons de ces orbitales p (un électron par orbitale) sont dits **délocalisés,** car ils sont partagés par les six carbones. Comme l'hybride de résonance, cette délocalisation explique que les liaisons carbone–carbone soient de longueur identique. Lors de l'étude de la spectroscopie par résonance magnétique nucléaire (section 14.7B), nous présenterons des preuves physiques de cette délocalisation des électrons.

2.3 LIAISONS COVALENTES POLAIRES

Jusqu'à présent, nous avons principalement étudié des molécules qui ont des liaisons carbone–carbone et carbone–hydrogène dans lesquelles la différence d'électronégativité entre les atomes liés est faible ou inexistante. (La notion d'électronégativité a été présentée à la section 1.4.) Nous aborderons bientôt les regroupements d'atomes appelés groupes fonctionnels (section 2.5), qui contiennent des atomes d'électronégativité différente. Mais auparavant, étudions les propriétés des liaisons réalisées entre les atomes présentant une différence d'électronégativité.

Dans une liaison covalente formée par des atomes présentant une différence d'électronégativité, les électrons ne sont pas partagés également entre les deux atomes. L'atome le plus électronégatif attire la paire d'électrons vers lui, créant ainsi une **liaison covalente polaire.** (On définit l'**électronégativité** comme *la tendance relative d'un élément à attirer vers lui les électrons partagés d'une liaison covalente*; voir section 1.4A.) Le chlorure d'hydrogène constitue un exemple de liaison covalente

Les notions d'électronégativité et de polarité des liaisons vous aideront à comprendre les propriétés et la réactivité des molécules.

polaire. L'atome de chlore, très électronégatif, attire les électrons vers lui et, ce faisant, crée une déficience en électrons autour de l'atome d'hydrogène. L'atome de chlore devient légèrement négatif et porte alors une charge négative *partielle* (δ−) alors que l'atome d'hydrogène présente une charge positive *partielle* (δ+).

La séparation des charges de la molécule de chlorure d'hydrogène présentant une charge positive partielle à une extrémité et une charge négative partielle à l'autre extrémité constitue un **dipôle.** On dit de cette molécule qu'elle possède un **moment dipolaire.**

La figure 2.1 illustre un modèle boules et tiges du chlorure d'hydrogène, ainsi qu'une représentation du potentiel électrostatique montrant la densité électronique présente à la surface de la molécule.

Dipôle

Le moment dipolaire (μ) est une propriété physique des molécules qu'il est possible de mesurer expérimentalement. Il est égal au produit de la charge en unités électrostatiques (ués) par la distance en centimètres séparant les charges.

Moment dipolaire charge (ués) × distance (cm)

$$\mu = e \times d$$

Les charges sont normalement de l'ordre de 10^{-10} ués, et la distance, de 10^{-8} cm. Par conséquent, on évalue les moments dipolaires à environ 10^{-18} ués·cm. Pour des raisons pratiques, l'unité valant 1×10^{-18} ués·cm est appelée **debye** (D). Elle fut nommée en l'honneur de Peter J.W. Debye, un chimiste originaire des Pays-Bas qui a enseigné à l'université Cornell de 1936 à 1966 et a reçu le prix Nobel en 1936.

L'orientation de la polarité d'une liaison est symbolisée par un vecteur dont la pointe représente l'extrémité négative et les ailerons, l'extrémité positive.

(extrémité positive) ⊢→ (extrémité négative)

Dans le cas de HCl, par exemple, on signale l'orientation du dipôle de la façon suivante :

H—Cl
⊢→

La longueur de la flèche peut servir à indiquer l'ampleur du moment dipolaire. Comme nous le verrons à la section 2.4, les moments dipolaires sont très utiles pour rendre compte des propriétés physiques des composés.

a)   b)

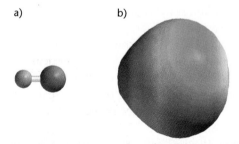

Figure 2.1 a) Modèle boules et tiges du chlorure d'hydrogène (HCl). b) Représentation du potentiel électrostatique calculé du chlorure d'hydrogène, dans laquelle les régions de charge plus négative sont en rouge, et les régions de charge plus positive, en bleu. La charge négative est située nettement du côté du chlore, ce qui crée un moment dipolaire important dans la molécule.

Tableau 2.1 Moments dipolaires de quelques molécules simples.

Formule	μ (D)	Formule	μ (D)
H_2	0	CH_4	0
Cl_2	0	CH_3Cl	1,87
HF	1,91	CH_2Cl_2	1,55
HCl	1,08	$CHCl_3$	1,02
HBr	0,80	CCl_4	0
HI	0,42	NH_3	1,47
BF_3	0	NF_3	0,24
CO_2	0	H_2O	1,85

PROBLÈME 2.1

Donnez, s'il y a lieu, l'orientation du moment dipolaire de chacune des molécules suivantes.

a) HF   b) IBr   c) Br_2 d) F_2

2.4 MOLÉCULES POLAIRES ET NON POLAIRES

Dans notre étude des moments dipolaires (à la section précédente), nous nous sommes limités aux molécules diatomiques simples. Toute molécule *diatomique* dont les atomes sont *différents* (et par conséquent d'électronégativité différente) possédera nécessairement un moment dipolaire. Cependant, il existe de nombreuses molécules de plus de deux atomes et munies de liaisons *polaires,* notamment CCl_4 et CO_2, qui *ne possèdent pas de moment dipolaire.* Le tableau 2.1 en présente quelques exemples. En tenant compte des notions de structure moléculaire abordées aux sections 1.12 à 1.16, nous pouvons expliquer ce phénomène.

Prenons par exemple une molécule de tétrachlorure de carbone (CCl_4). La liaison carbone–chlore de CCl_4 est polaire, étant donné l'électronégativité supérieure du chlore par rapport à celle du carbone. L'atome de chlore porte une charge négative partielle, tandis que l'atome de carbone est fortement positif. Toutefois, en raison de la forme tétraédrique de la molécule, *le centre de la charge positive coïncide avec le centre de la charge négative, et il en résulte un moment dipolaire net égal à zéro* (figure 2.2).

On peut aussi illustrer ce phénomène d'une façon légèrement différente : en utilisant des vecteurs ($\longmapsto$) pour représenter l'orientation de la polarité de chaque

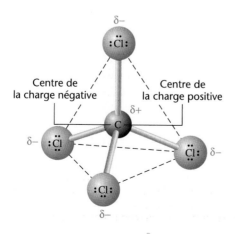

Figure 2.2 Répartition des charges dans le tétrachlorure de carbone.

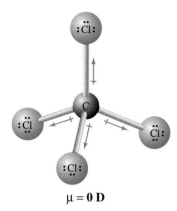

$\mu = 0$ D

Figure 2.3 La disposition tétraédrique des moments dipolaires des liaisons en annule les effets.

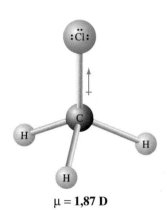

$\mu = 1,87$ D

Figure 2.4 Le moment dipolaire du chlorométhane résulte principalement de la forte polarité de la liaison carbone–chlore.

liaison, on obtient l'arrangement des moments dipolaires présenté à la figure 2.3. Puisque les moments dipolaires des liaisons sont des vecteurs de même grandeur et qu'ils sont disposés dans un arrangement tétraédrique, leurs effets s'annulent. En d'autres termes, la somme des vecteurs est égale à zéro. La molécule *ne possède donc pas de moment dipolaire net*.

Le chlorométhane (CH_3Cl) possède un moment dipolaire net de 1,87 D. Vu que l'électronégativité du carbone est la même que celle de l'hydrogène (tableau 1.2), la contribution des trois liaisons C—H au dipôle net est négligeable. Par contre, la différence d'électronégativité entre le carbone et le chlore étant importante, la liaison C—Cl est fortement polarisée et contribue majoritairement au moment dipolaire de CH_3Cl (figure 2.4).

PROBLÈME 2.2

Le trifluorure de bore (BF_3) ne possède pas de moment dipolaire ($\mu = 0$). Expliquez en quoi cette observation vérifie la structure de cette molécule établie à l'aide de la théorie RPECV.

PROBLÈME 2.3

Le tétrachloroéthène ($CCl_2\!=\!CCl_2$) ne possède pas de moment dipolaire. En vous fondant sur la géométrie de la molécule, expliquez ce phénomène.

PROBLÈME 2.4

Le dioxyde de soufre (SO_2) a un moment dipolaire égal à 1,63 D, tandis que le dioxyde de carbone (CO_2) n'en a pas. En quoi les valeurs des moments dipolaires nous informent-elles sur la géométrie de ces deux molécules ?

Les paires d'électrons libres influent beaucoup sur les moments dipolaires de l'eau et de l'ammoniac. En effet, comme leur charge ne peut être partiellement neutralisée par d'autres atomes, leur polarité détermine le moment dipolaire net, lequel s'éloigne de l'atome central (figure 2.5). (Notez que les moments dipolaires des liaisons O—H et N—H contribuent aussi de façon importante au moment dipolaire net.)

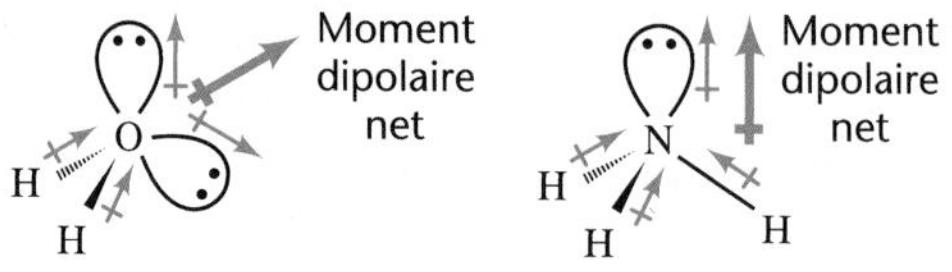

Figure 2.5 Polarité des liaisons dans l'eau et l'ammoniac, et moment dipolaire net en résultant.

PROBLÈME 2.5

À l'aide d'une représentation tridimensionnelle, montrez l'orientation du moment dipolaire de la molécule CH_3OH.

PROBLÈME 2.6

Le trichlorométhane ($CHCl_3$, qu'on appelle aussi *chloroforme*) possède un moment dipolaire plus important que $CFCl_3$. En faisant appel aux structures tridimensionnelles des molécules et à leur polarité de liaison, expliquez ce phénomène.

2.4A MOMENTS DIPOLAIRES DES ALCÈNES

Les isomères *cis-trans* des alcènes (section 1.13B) présentent des propriétés physiques différentes : ils n'ont pas les mêmes points d'ébullition et de fusion, et l'ampleur de leur moment dipolaire diffère souvent. Le tableau 2.2 présente quelques propriétés physiques de deux paires d'isomères *cis-trans*.

Tableau 2.2 Propriétés physiques de quelques isomères *cis-trans*.

Composé	Point de fusion (°C)	Point d'ébullition (°C)	Moment dipolaire (D)
cis-1,2-Dichloroéthène	−80	60	1,90
trans-1,2-Dichloroéthène	−50	48	0
cis-1,2-Dibromoéthène	−53	112,5	1,35
trans-1,2-Dibromoéthène	−6	108	0

PROBLÈME 2.7

Indiquez l'orientation de la polarité des liaisons de chacun des composés suivants (ne tenez pas compte des liaisons C—H). Donnez également l'orientation du moment dipolaire net de la molécule. (S'il est nul, écrivez $\mu = 0$.)

a) *cis*-CHF=CHF   b) *trans*-CHF=CHF   c) CH_2=CF_2 d) CF_2=CF_2

PROBLÈME 2.8

Écrivez toutes les formules structurales des alcènes a) de formule $C_2H_2Br_2$; b) de formule $C_2Br_2Cl_2$. Dans les deux cas, indiquez les isomères *cis-trans* et déterminez le moment dipolaire de chacun d'eux.

2.5 GROUPES FONCTIONNELS

La théorie structurale permet de diviser la multitude de composés organiques en un nombre relativement restreint de classes sur la base de leur structure. (Vous trouverez un tableau des classes les plus importantes à la fin du livre.) Les molécules caractérisant une classe en particulier se démarquent par un certain arrangement d'atomes appelé **groupe fonctionnel.**

Les groupes fonctionnels vous seront utiles pour l'étude des propriétés et de la réactivité des molécules organiques.

Le groupe fonctionnel détermine les propriétés chimiques du composé ainsi que certaines de ses propriétés physiques. De plus, il constitue la partie de la molécule où se produisent la plupart des réactions chimiques. Par exemple, le groupe fonctionnel d'un alcène est sa liaison double carbone–carbone. Au chapitre 8, nous verrons que cette double liaison joue un rôle important dans les réactions chimiques des alcènes.

Le groupe fonctionnel des alcynes est constitué de la triple liaison carbone–carbone. Quant aux alcanes, ils n'ont pas de groupe fonctionnel; ces molécules sont formées de liaisons simples carbone–carbone et carbone–hydrogène, des liaisons présentes dans presque toutes les molécules organiques et qui sont généralement moins réactives que les groupes fonctionnels courants.

2.5A GROUPES ALKYLE ET SYMBOLE R

Les **groupes alkyle** sont des groupes que l'on identifie surtout pour des besoins de nomenclature. Ils résultent de l'enlèvement d'un hydrogène à un alcane.

ALCANE	GROUPE ALKYLE	ABRÉVIATION
CH_4 **Méthane**	CH_3— **Méthyle**	Me—
CH_3CH_3 **Éthane**	CH_3CH_2— ou C_2H_5— **Éthyle**	Et—
$CH_3CH_2CH_3$ **Propane**	$CH_3CH_2CH_2$— **Propyle**	Pr—
$CH_3CH_2CH_3$ **Propane**	CH_3CHCH_3 ou $CH_3\overset{\underset{\mid}{CH_3}}{CH}$— **Isopropyle**	*i*-Pr—

Leçon interactive : groupes alkyle

Alors que le méthane et l'éthane ne produisent qu'un seul groupe alkyle (respectivement les groupes **méthyle** et **éthyle**), deux groupes viennent du propane. L'arrachement d'un hydrogène au carbone situé à l'une des deux extrémités donne un groupe appelé **propyle** et l'enlèvement d'un hydrogène au carbone central donne le groupe **isopropyle.** Il est profitable d'apprendre les noms et les structures de ces groupes étant donné leur usage fréquent en chimie organique. La section 4.3C donne les noms et les structures de groupes alkyle ramifiés dérivant du butane et des autres hydrocarbures.

Pour simplifier la notation, nous utiliserons dorénavant le symbole R, qui désigne couramment une portion générale d'une molécule organique. **R *est le symbole général utilisé pour représenter tout groupe alkyle.*** Par exemple, R pourrait représenter un groupe méthyle, éthyle, propyle ou isopropyle.

$$CH_3—$$ Méthyle
$$CH_3CH_2—$$ Éthyle
$$CH_3CH_2CH_2—$$ Propyle
$$CH_3CHCH_3$$ Isopropyle

Tous ces groupes peuvent être représentés par R.

On désigne donc les alcanes par la formule générale R—H.

2.5B GROUPES PHÉNYLE ET BENZYLE

Lorsqu'un cycle benzénique est relié au groupe d'atomes formant une molécule, il est appelé **groupe phényle.** On peut le symboliser de plusieurs manières :

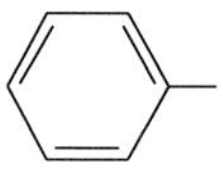

ou 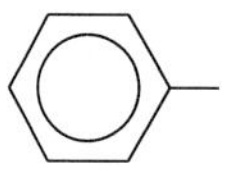 ou $C_6H_5—$ ou Ph— ou ϕ— ou Ar—(si des substituants sont présents dans le cycle)

Diverses représentations du groupe phényle

La combinaison d'un groupe phényle et d'un groupe —CH_2— donne le **groupe benzyle.**

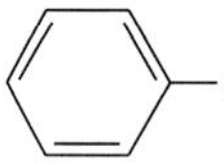

—CH_2— ou 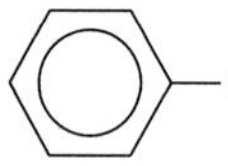 —CH_2— ou $C_6H_5CH_2$— ou Bn—

Diverses représentations du groupe benzyle

2.6 HALOGÉNOALCANES OU HALOGÉNURES D'ALKYLE

Les halogénoalcanes sont des composés dans lesquels au moins un atome d'halogène (fluor, chlore, brome ou iode) remplace un des atomes d'hydrogène de l'alcane. CH_3Cl et CH_3CH_2Br constituent des exemples d'halogénoalcanes, que l'on appelle aussi halogénures d'alkyle.

Les halogénoalcanes sont classifiés comme étant primaires, secondaires ou tertiaires. ***Cette classification repose sur l'atome de carbone auquel est rattaché l'halogène.*** Si l'*atome* de carbone qui porte l'halogène n'est lié qu'à un seul autre carbone, il est appelé **carbone primaire** et l'halogénoalcane est nommé **halogénoalcane primaire.** Lorsque le carbone portant l'halogène est lié à deux autres atomes de carbones, il est appelé **carbone secondaire** et produit l'**halogénoalcane secondaire.** Enfin, quand le carbone lie à la fois un halogène et trois autres carbones, il est nommé **carbone tertiaire** et l'halogénoalcane qui en résulte est un **halogénoalcane tertiaire.** Voici des exemples d'halogénoalcanes primaire, secondaire et tertiaire :

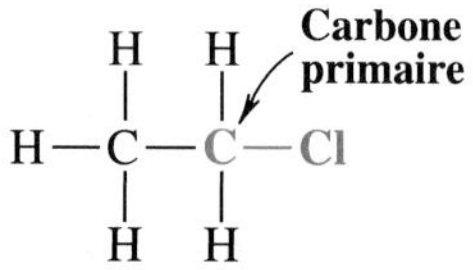

Chlorure d'alkyle primaire 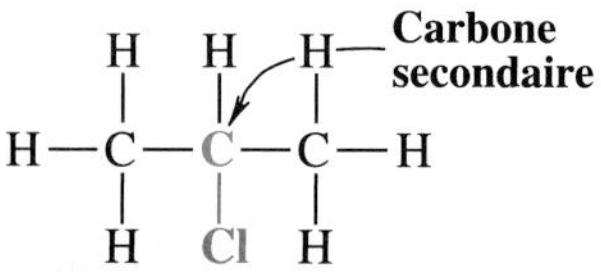   **Chlorure d'alkyle secondaire** 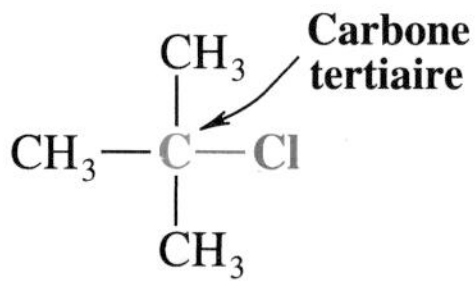   **Chlorure d'alkyle tertiaire**

PROBLÈME 2.9

À partir de la formule C_4H_9Br, écrivez les formules structurales a) de deux isomères de constitution d'un bromoalcane primaire; b) d'un bromoalcane secondaire; c) d'un bromoalcane tertiaire.

PROBLÈME 2.10

Nous examinerons en détail la nomenclature des composés organiques selon leur classe dans les chapitres à venir. Toutefois, pour nommer les halogénoalcanes communs, il existe une façon très simple, que voici : on utilise les mots *fluorure, chlorure, bromure* ou *iodure* pour désigner l'halogène, et on le fait suivre du nom du groupe alkyle auquel il est lié.

Écrivez les formules a) du fluorure d'éthyle; b) du chlorure d'isopropyle. Nommez les composés suivants à l'aide de cette nomenclature simplifiée : c) $CH_3CH_2CH_2Br$; d) CH_3CHFCH_3; e) C_6H_5I.

2.7 ALCOOLS

L'alcool méthylique (couramment appelé méthanol) est représenté par la formule structurale CH_3OH. C'est le membre le plus simple de la classe des composés organiques appelés **alcools.** Les membres de cette classe se caractérisent par la présence d'un groupe fonctionnel OH appelé groupe hydroxyle, lié à un atome de carbone hybridé sp^3. L'alcool éthylique, CH_3CH_2OH (aussi appelé éthanol) en est un autre exemple.

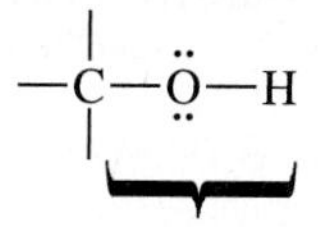

Groupe hydroxyle
des alcools

Sur la base de leur structure, les alcools peuvent être considérés soit comme des alcanes hydroxylés, soit comme des dérivés alkyles de l'eau. L'alcool éthylique, par exemple, peut être comparé à une molécule d'éthane dans laquelle un hydrogène a été remplacé par un groupe hydroxyle ou à une molécule d'eau dans laquelle un des hydrogènes a été remplacé par un groupe éthyle.

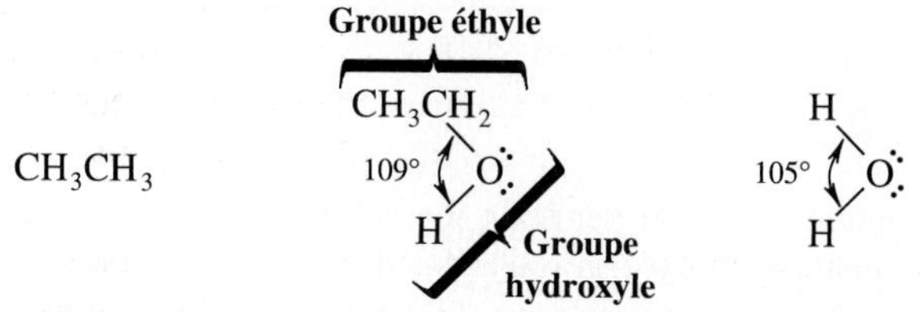

Éthane **Alcool éthylique (éthanol)** **Eau**

Comme les halogénoalcanes, les alcools peuvent être subdivisés en alcools primaires, secondaires et tertiaires. ***Cette classification se fonde sur le nombre de substituants que porte le carbone auquel le groupe hydroxyle est directement attaché.*** Si le carbone n'est lié qu'à un seul autre carbone, il est dit **carbone primaire,** et un groupe hydroxyle lié à ce carbone forme un **alcool primaire.**

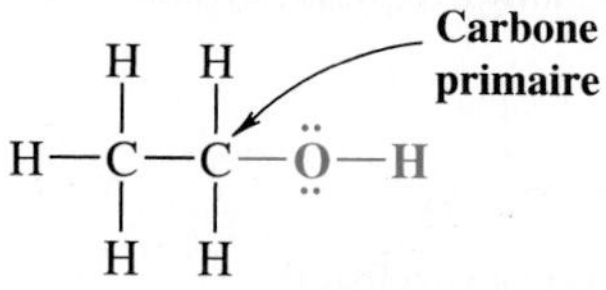

Alcool éthylique
(un alcool primaire)

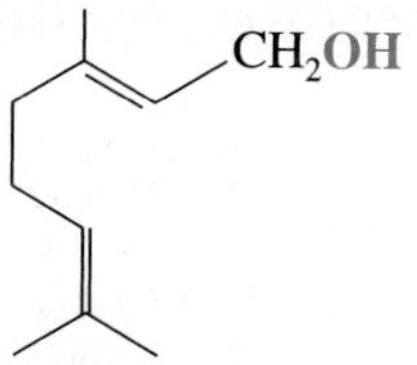

Géraniol (un alcool
primaire à l'odeur de rose)

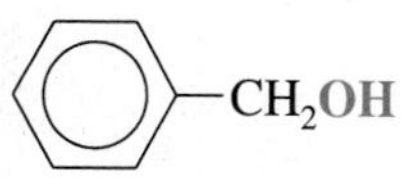

Alcool benzylique
(un alcool primaire)

Un atome de carbone qui porte un groupe hydroxyle et lie deux autres carbones est appelé carbone secondaire, et l'alcool qui en résulte est un alcool secondaire.

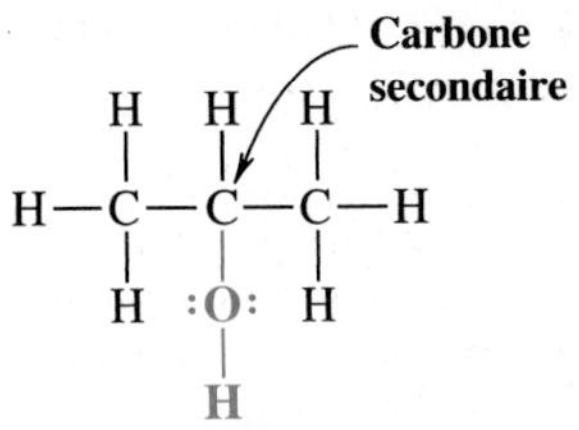

Alcool isopropylique
(un alcool secondaire)

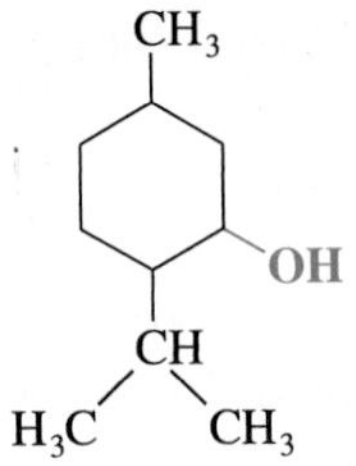

Menthol
(un alcool secondaire constitutif de l'essence de menthe poivrée)

Un atome de carbone rattaché à trois autres carbones et à un groupe hydroxyle est un carbone tertiaire, et l'alcool correspondant est un alcool tertiaire.

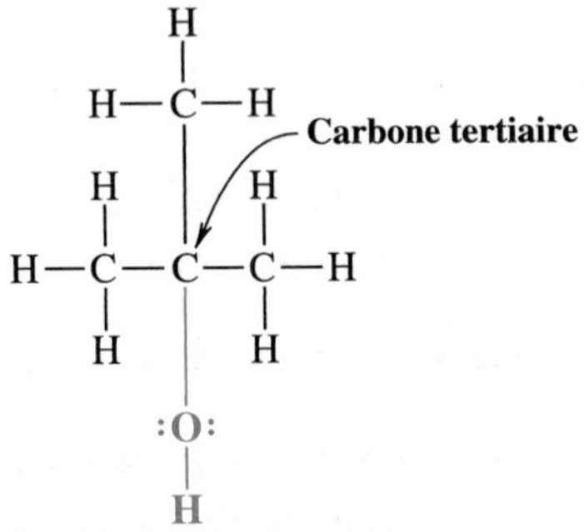

Alcool *tert*-butylique
(un alcool tertiaire)

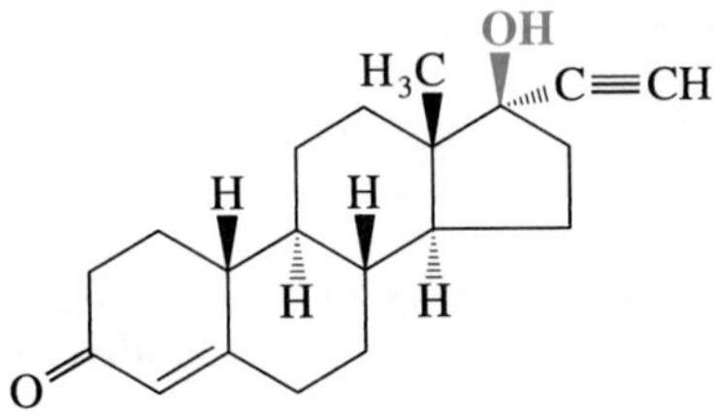

Norethindrone
(un contraceptif oral contenant un groupe hydroxyle tertiaire, un groupe cétone et des liaisons carbone–carbone double et triple)

PROBLÈME 2.11

Écrivez la formule structurale de a) deux alcools primaires; b) un alcool secondaire; c) un alcool tertiaire. Tous les alcools doivent avoir la formule moléculaire $C_4H_{10}O$.

PROBLÈME 2.12

Il est possible de nommer les alcools en faisant suivre le mot *alcool* du nom du groupe alkyle auquel est attaché le groupe hydroxyle —OH et du suffixe -ique. Écrivez les structures a) de l'alcool propylique; b) de l'alcool isopropylique.

2.8 ÉTHERS

Les éthers partagent la formule générale R—O—R ou R—O—R′, dans laquelle R′ représente un groupe alkyle (ou phényle) différent de R. On peut considérer les éthers comme des dérivés de l'eau dans lesquels les deux atomes d'hydrogène ont été remplacés par des groupes alkyle. L'angle de liaison formé par l'atome d'oxygène est légèrement plus grand que dans la molécule d'eau.

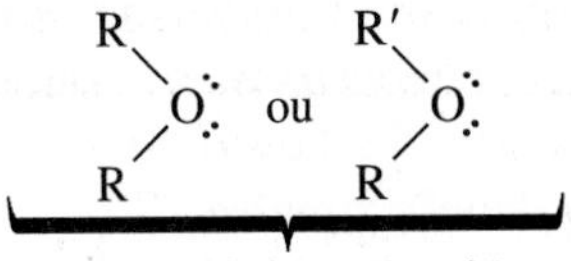

Formule générale d'un éther

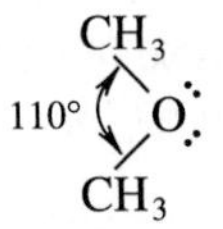

Oxyde de diméthyle (un éther typique)

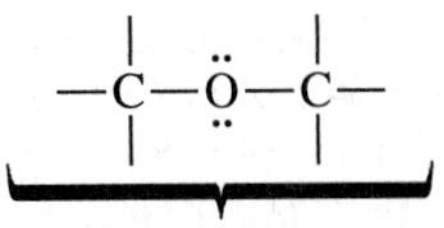

Groupe fonctionnel d'un éther

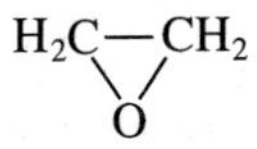

Oxyde d'éthylène

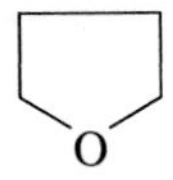

Tétrahydrofurane (THF)

Deux éthers cycliques

PROBLÈME 2.13

Il existe plusieurs façons de nommer les éthers. Lorsque les deux groupes alkyle sont identiques, on fait suivre le mot *éther* de l'adjectif en *-ique* formé à partir du nom des groupes alkyle et on ajoute le préfixe *di-*. Par contre, lorsque les groupes alkyle sont différents, on utilise le terme *oxyde* suivi des noms des groupes alkyle.

Écrivez les formules structurales a) de l'oxyde diéthylique; b) de l'oxyde d'éthyle et de propyle; c) de l'oxyde d'éthyle et d'isopropyle. Nommez les molécules suivantes : d) $CH_3OCH_2CH_2CH_3$; e) $(CH_3)_2CHOCH(CH_3)_2$; f) $CH_3OC_6H_5$.

2.9 AMINES

Autant les alcools et les éthers peuvent être considérés comme des dérivés organiques de l'eau, autant les amines peuvent être vues comme des dérivés organiques de l'ammoniac.

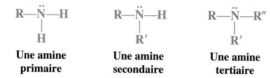

Ammoniac **Une amine** **Amphétamine**
(un stimulant dangereux) **Putrescine (trouvée dans la viande en décomposition)**

Les amines sont également classifiées en amines primaires, secondaires et tertiaires. ***Cette classification s'appuie sur le nombre de groupes organiques attachés à l'atome d'azote.***

Une amine primaire **Une amine secondaire** **Une amine tertiaire**

Notez que cette classification se distingue de celle des alcools et des halogénoalcanes. Ainsi, l'isopropylamine est une amine primaire même si le groupe —NH_2 est attaché à un carbone secondaire, car un seul groupe organique est lié à l'atome d'azote.

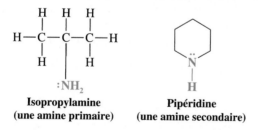

Isopropylamine
(une amine primaire) **Pipéridine**
(une amine secondaire)

PROBLÈME 2.14

Une façon de nommer les amines consiste à ajouter le suffixe *-amine* aux noms des groupes alkyle attachés à l'atome d'azote. Ces noms doivent être en ordre alphabétique; si les groupes sont identiques, on ajoute les préfixes *di-* ou *tri-*, selon le cas. Par exemple, la molécule $(CH_3)_2CHNH_2$ est appelée *isopropylamine*.

Écrivez les formules correspondant aux noms suivants : a) propylamine; b) triméthylamine; c) éthylisopropylméthylamine. Nommez les molécules suivantes : d) $CH_3CH_2CH_2NHCH(CH_3)_2$; e) $(CH_3CH_2CH_2)_3N$; f) $C_6H_5NHCH_3$; g) $C_6H_5N(CH_3)_2$.

PROBLÈME 2.15

Quelles amines du problème 2.14 sont a) des amines primaires; b) des amines secondaires; c) des amines tertiaires ?

Comme l'ammoniac (section 1.16B), les amines présentent une structure pyramidale à base triangulaire. L'angle des liaisons C—N—C est de 108,7°, une valeur proche de celle de l'angle des liaisons H—C—H du méthane. Pour des raisons pratiques, on considère l'atome d'azote d'une amine comme étant hybridé sp^3. La paire d'électrons libres occupe donc une orbitale sp^3 et s'étend considérablement dans l'espace. Cette observation est importante car, comme nous le verrons plus tard, ce doublet d'électrons libres joue un rôle dans presque toutes les réactions des amines.

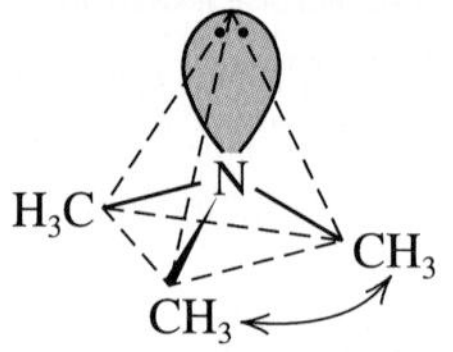

Angle de liaison = 108,7°

PROBLÈME 2.16

À l'instar de l'ammoniac, les amines sont de faibles bases. L'acceptation d'un proton par la paire d'électrons libres explique cette caractéristique.

a) Montrez la réaction qui aurait lieu entre la triméthylamine et HCl.

b) Quel serait l'état d'hybridation de l'atome d'azote contenu dans le produit de cette réaction ?

2.10 ALDÉHYDES ET CÉTONES

Les aldéhydes et les cétones renferment un **groupe carbonyle** dans lequel un carbone partage une double liaison avec un oxygène.

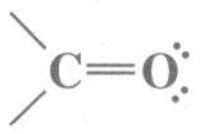

$$\diagup C = \overset{..}{O} \diagdown$$

Groupe carbonyle

Le groupe carbonyle des aldéhydes doit lier au moins *un atome d'hydrogène* et, dans le cas des cétones, il est attaché à *deux atomes de carbone*. Les aldéhydes sont désignés par la formule générale suivante :

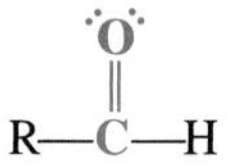

$$\overset{\overset{..}{O}}{\underset{}{R—\overset{\|}{C}—H}} \qquad \text{R peut aussi être H.}$$

et la formule générale d'une cétone est symbolisée par :

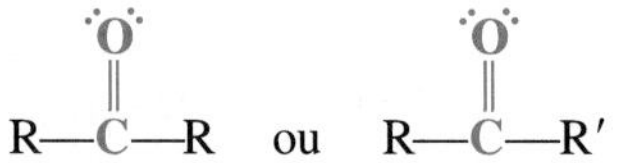

$$\overset{\overset{..}{O}}{\underset{}{R—\overset{\|}{C}—R}} \quad \text{ou} \quad \overset{\overset{..}{O}}{\underset{}{R—\overset{\|}{C}—R'}}$$

(où R' représente une groupe différent de R).

Voici quelques exemples d'aldéhydes et de cétones :

ALDÉHYDES

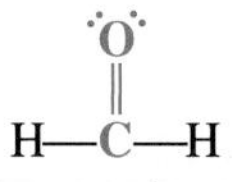

H—C—H	CH₃—C—H	C₆H₅—C—H	trans-Cinnamaldéhyde
Formaldéhyde	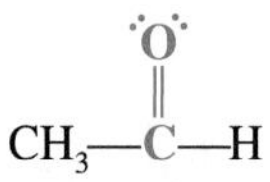 **Acétaldéhyde**	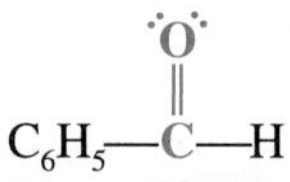 **Benzaldéhyde**	

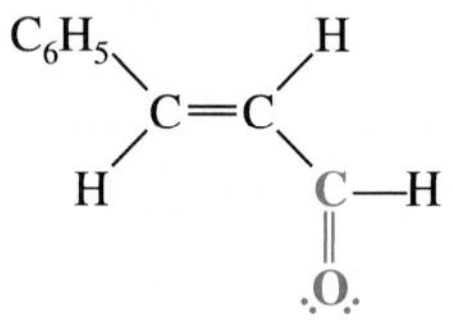

trans-Cinnamaldéhyde
(présent dans la cannelle)

CÉTONES

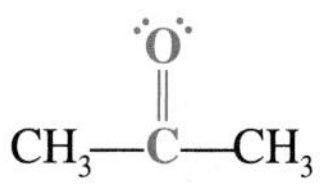

CH₃—C—CH₃
Acétone

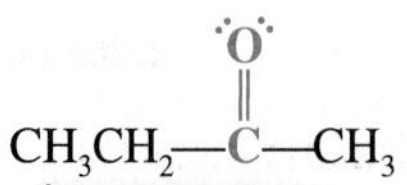

CH₃CH₂—C—CH₃
Éthylméthylcétone

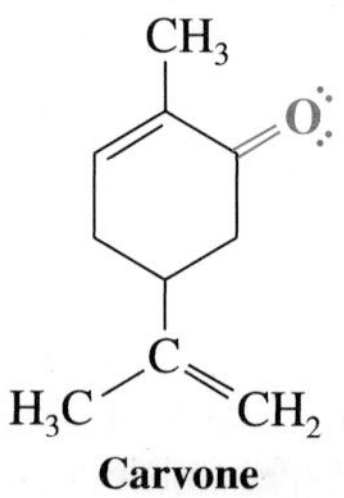

Carvone
(composant de la menthe verte)

Les groupes liés au carbone du groupe carbonyle des aldéhydes et des cétones présentent un arrangement trigonal plan. Cet atome de carbone est hybridé sp^2. Dans le formaldéhyde, les angles de liaison sont les suivants.

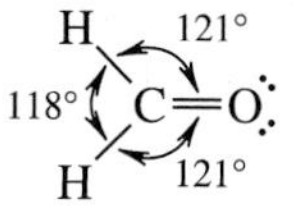

2.11 ACIDES CARBOXYLIQUES, AMIDES ET ESTERS

2.11A ACIDES CARBOXYLIQUES

Les acides carboxyliques partagent la formule générale R—C(=O)—O—H. Le groupe fonctionnel caractéristique —C(=O)—O—H, de cette classe est appelé **groupe carboxyle** (**car**bonyle + hydro**xyle**).

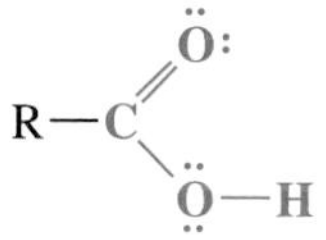 ou RCO_2H ou RCOOH

Un acide carboxylique

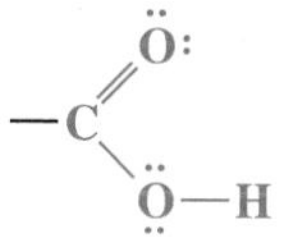 ou $—CO_2H$ ou —COOH

Groupe carboxyle

L'acide formique, l'acide acétique et l'acide benzoïque sont des acides carboxyliques.

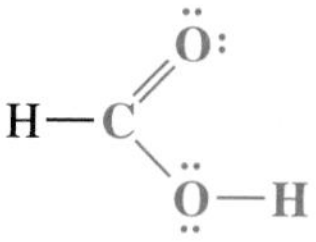 ou HCO_2H ou HCOOH

Acide formique

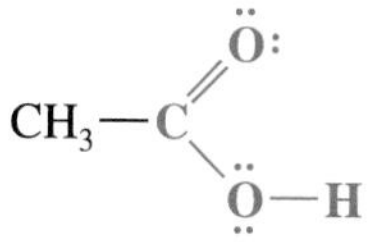 ou CH_3CO_2H ou CH_3COOH

Acide acétique

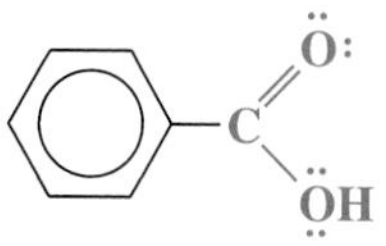 ou $C_6H_5CO_2H$ ou C_6H_5COOH

Acide benzoïque

L'acide formique est un liquide irritant, sécrété par les fourmis. (La brûlure des piqûres de fourmi est en partie provoquée par l'injection de cet acide dans la peau.) L'acide acétique, la substance responsable du goût acide du vinaigre, est produite par une bactérie qui transforme l'alcool éthylique du vin et provoque son oxydation par l'air.

2.11B AMIDES

On reconnaît les amides à leur formule générale : $RCONH_2$, RCONHR′ ou RCONR′R″. En voici quelques exemples :

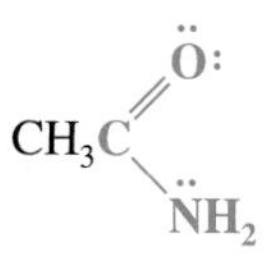

Acétamide

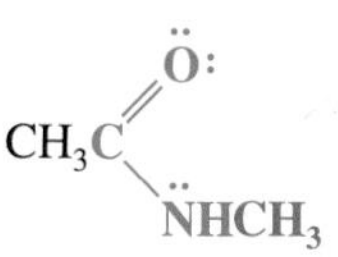

N-Méthyl**acétamide**

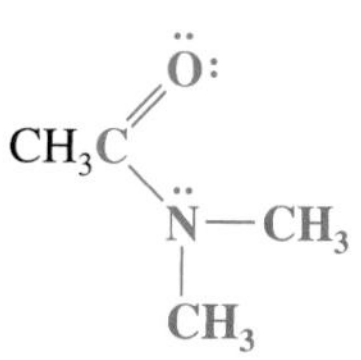

N,N-Diméthyl**acétamide**

Les symboles *N*- et *N,N*- signalent que les substituants sont attachés à l'atome d'azote.

2.11C ESTERS

Les esters partagent la formule générale RCO_2R' (ou RCOOR′).

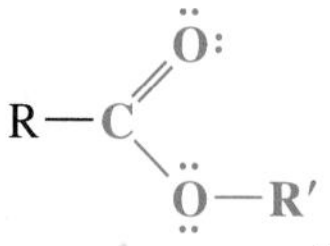 ou RCO_2R' ou RCOOR′

Formule générale d'un ester

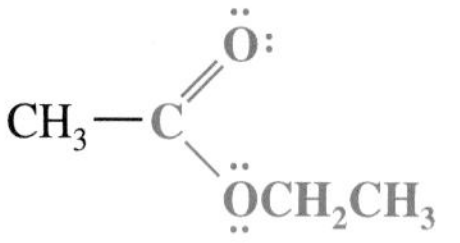 ou $CH_3CO_2CH_2CH_3$ ou $CH_3COOCH_2CH_3$

Un ester appelé acétate d'éthyle

Les esters dérivent d'une réaction dans laquelle un acide et un alcool réagissent en perdant une molécule d'eau.

Exemple :

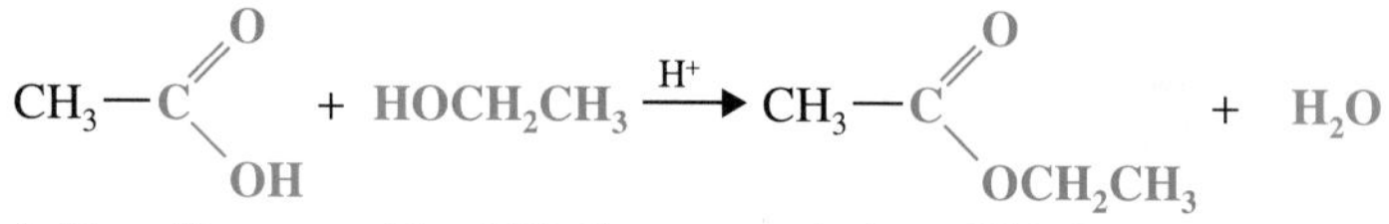

Acide acétique **Alcool éthylique** **Acétate d'éthyle**

2.12 NITRILES

Les nitriles possèdent la structure générale R—C≡N∶ (ou R—CN). Le carbone et l'azote qui les composent sont hybridés *sp*. Selon la nomenclature systématique de l'UICPA, on nomme les nitriles non cycliques en ajoutant le suffixe *-nitrile* au nom de l'hydrocarbure contenu dans la molécule. L'atome de carbone du groupe —C≡N est numéroté carbone 1. Acétonitrile et acrylonitrile sont des appellations courantes acceptées pour désigner respectivement CH_3CN et $CH_2{=}CHCN$.

$\overset{2}{CH_3}—\overset{1}{C}{\equiv}N\colon$
Éthanenitrile (acétonitrile)

$\overset{4}{C}H_3\overset{3}{C}H_2\overset{2}{C}H_2—\overset{1}{C}{\equiv}N\colon$
Butanenitrile

$\overset{3}{C}H_2{=}\overset{2}{C}H—\overset{1}{C}{\equiv}N\colon$
Propènenitrile (acrylonitrile)

$\overset{5}{C}H_2{=}\overset{4}{C}H\overset{3}{C}H_2\overset{2}{C}H_2—\overset{1}{C}{\equiv}N\colon$
4-Pentènenitrile

La nomenclature des nitriles cycliques est construite par l'ajout du suffixe *-carbonitrile* au nom du cycle auquel est attaché le groupe —CN. La molécule C_6H_5CN est couramment appelée benzonitrile.

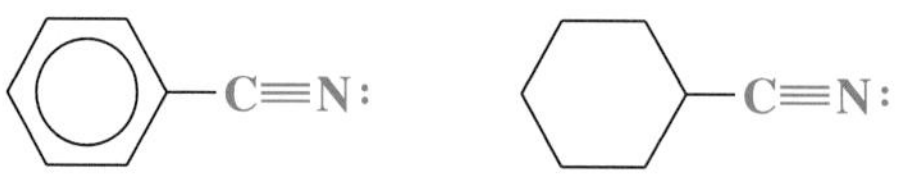

Benzènecarbonitrile (benzonitrile) **Cyclohexanecarbonitrile**

Le groupe fonctionnel —C≡N se nomme *cyano* lorsque c'est un substituant dans les molécules complexes.

2.13 RÉSUMÉ DES PRINCIPALES CLASSES DE COMPOSÉS ORGANIQUES

Leçon interactive : groupes fonctionnels

Au tableau 2.3, vous trouverez un résumé des principales classes de composés organiques. Il est important de savoir reconnaître ces groupes fonctionnels courants dans les molécules plus complexes.

Tableau 2.3 Principales classes de composés organiques.

	CLASSES						
	Alcane	**Alcène**	**Alcyne**	**Composé aromatique**	**Halogénoalcane**	**Alcool**	**Éther**
Exemple	CH_3CH_3	$CH_2{=}CH_2$	$HC{\equiv}CH$	⬡	CH_3CH_2Cl	CH_3CH_2OH	CH_3OCH_3
Nomenclature de l'UICPA	Éthane	Éthène	Éthyne	Benzène	Chloroéthane	Éthanol	Méthoxyméthane
Nomenclature courante[a]	Éthane	Éthylène	Acétylène	Benzène	Chlorure d'éthyle	Alcool éthylique	Oxyde de diméthyle
Structure générale	RH	$RCH{=}CH_2$ $RCH{=}CHR$ $R_2C{=}CHR$ $R_2C{=}CR_2$	$RC{\equiv}CH$ $RC{\equiv}CR$	ArH	RX	ROH	ROR
Groupe fonctionnel	Liaisons C—H et C—C	$\diagdown$C=C$\diagup$	—C≡C—	Cycle aromatique	—C—Ẍ:	—C—ÖH	—C—Ö—C—

	Amine	**Aldéhyde**	**Cétone**	**Acide carboxylique**	**Ester**	**Amide**	**Nitrile**
Exemple	CH_3NH_2	$\overset{O}{\overset{\|}{CH_3CH}}$	$\overset{O}{\overset{\|}{CH_3CCH_3}}$	$\overset{O}{\overset{\|}{CH_3COH}}$	$\overset{O}{\overset{\|}{CH_3COCH_3}}$	$\overset{O}{\overset{\|}{CH_3CNH_2}}$	$CH_3C{\equiv}N$
Nomenclature de l'UICPA	Méthanamine	Éthanal	Propanone	Acide éthanoïque	Éthanoate de méthyle	Éthanamide	Éthanenitrile
Nomenclature courante[a]	Méthylamine	Acétaldéhyde	Acétone	Acide acétique	Acétate de méthyle	Acétamide	Acétonitrile
Structure générale	RNH_2 R_2NH R_3N	$\overset{O}{\overset{\|}{RCH}}$	$\overset{O}{\overset{\|}{RCR'}}$	$\overset{O}{\overset{\|}{RCOH}}$	$\overset{O}{\overset{\|}{RCOR'}}$	$\overset{O}{\overset{\|}{RCNH_2}}$ $\overset{O}{\overset{\|}{RCNHR'}}$ $\overset{O}{\overset{\|}{RCNR'R''}}$	RCN
Groupe fonctionnel	—C—N—	Ö⃛ —C—H	Ö⃛ —C—C—C—	Ö⃛ —C—ÖH	Ö⃛ —C—Ö—C—	Ö⃛ —C—N—	—C≡N:

[a] Ces noms ont aussi été acceptés par l'UICPA.

2.14 PROPRIÉTÉS PHYSIQUES ET STRUCTURE MOLÉCULAIRE

Jusqu'à maintenant, nous n'avons que très peu abordé l'une des principales caractéristiques des composés organiques, soit leur *état physique,* ou *phase.* Pourtant, lors d'une expérience, l'une des premières observations consiste généralement à noter si une substance est solide, liquide ou gazeuse. Parmi les **propriétés physiques** les plus facilement mesurables, il y a également les points de fusion et d'ébullition, températures correspondant aux changements de phase. Les points de fusion et d'ébullition facilitent l'identification et l'isolement des composés organiques.

Supposons que nous venons de synthétiser un composé organique qui se présente à l'état liquide à la température ambiante et sous une pression atmosphérique de 1 atm. C'est en connaissant le point d'ébullition du produit désiré ainsi que ceux des

Tableau 2.4   Propriétés physiques de composés typiques.

Composé	Structure	p. f. (°C)	p. é. (°C)
Méthane	CH_4	−182,6	−162
Éthane	CH_3CH_3	−183	−88,2
Éthène	$CH_2{=}CH_2$	−169	−102
Éthyne	$HC{\equiv}CH$	−82	−84 subl.[a]
Chlorométhane	CH_3Cl	−97	−23,7
Chloroéthane	CH_3CH_2Cl	−138,7	13,1
Alcool éthylique	CH_3CH_2OH	−115	78,5
Acétaldéhyde	CH_3CHO	−121	20
Acide acétique	CH_3CO_2H	16,6	118
Acétate de sodium	CH_3CO_2Na	324	déc.[a]
Éthylamine	$CH_3CH_2NH_2$	−80	17
Oxyde de diéthyle	$(CH_3CH_2)_2O$	−116	34,6
Acétate d'éthyle	$CH_3CO_2CH_2CH_3$	−84	77

[a] Dans ce tableau, *déc.* signifie « se décompose » et *subl.* signifie « sublime ».

Appareil servant à la mesure du point de fusion

Comprendre l'influence de la structure moléculaire sur les propriétés physiques vous sera d'une grande utilité dans vos travaux pratiques.

sous-produits et des solvants présents dans le mélange de départ que nous pourrons déterminer si la distillation est la méthode adéquate pour isoler le produit désiré.

Si ce composé est un solide, il faut en connaître le point de fusion et la solubilité dans divers solvants pour l'isoler par cristallisation.

On trouve facilement les constantes physiques de toutes les substances organiques connues dans les ouvrages de référence et dans les manuels*. Le tableau 2.4 donne les points de fusion et d'ébullition de quelques composés que nous avons étudiés dans ce chapitre.

Il arrive, surtout en recherche, que le produit d'une synthèse soit un nouveau composé, c'est-à-dire un composé qui n'a jamais été décrit auparavant. Dans un tel cas, il est important d'estimer, le plus précisément possible, les points de fusion et d'ébullition ainsi que la solubilité, car la réussite de l'isolement du composé en dépend. Cette estimation des propriétés physiques macroscopiques se fonde sur la structure la plus probable du produit et sur les forces agissant entre les molécules et les ions. Les températures auxquelles se produisent les changements de phase sont des indices de l'importance de ces forces intermoléculaires.

2.14A FORCES ÉLECTROSTATIQUES

Le **point de fusion** d'une substance est la température à laquelle un équilibre est atteint entre l'état cristallin, de structure ordonnée, et l'état liquide, de structure désordonnée. Dans un composé ionique tel que l'acétate de sodium (voir tableau 2.4), les forces qui maintiennent les ions ensemble dans l'état cristallin sont engendrées par un réseau de forces électrostatiques importantes créé par les ions positifs et négatifs dans la structure cristalline ordonnée. À la figure 2.6, chaque ion positif de sodium est entouré d'ions acétate négatifs, et vice versa. Ce cristal à structure ordonnée requiert une quantité considérable d'énergie thermique pour se transformer en un liquide à structure désordonnée. Ainsi, la température à laquelle l'acétate de sodium fond est relativement élevée, soit 324 °C. Le **point d'ébullition** des composés ioniques est plus élevé, au point que la plupart des composés organiques ioniques se décomposent avant même de bouillir. L'acétate de sodium en est un exemple.

---

* Voici deux manuels particulièrement pratiques : *Handbook of Chemistry* (sous la direction de N.A. Lange), McGraw-Hill, et *CRC Handbook of Chemistry and Physics,* CRC, Boca Raton.

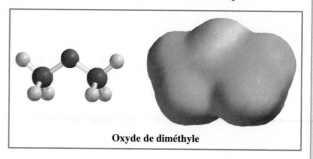
Surface de densité électronique et représentation de potentiel électrostatique

MODÈLES MOLÉCULAIRES DÉRIVÉS DE CALCULS THÉORIQUES : LES REPRÉSENTATIONS INFOGRAPHIQUES DE POTENTIEL ÉLECTROSTATIQUE

Nous avons fait appel aux représentations infographiques de potentiel électrostatique pour illustrer les surfaces de densité électronique de l'ion carbonate (figure 1.3), du chlorure d'hydrogène (figure 2.1) et, plus loin, de l'acétone (figure 2.7). Dans ces représentations, *un code de couleur* symbolise les différentes surfaces de densité électronique calculées (section 1.12). La plupart des modèles de potentiel électrostatique que nous étudierons dans ce manuel montrent la surface de *faible* densité électronique des molécules (section 1.12), c'est-à-dire l'endroit limite de l'espace où il est possible de rencontrer un électron (aussi appelée surface de Van der Waals). La représentation du potentiel électrostatique de l'oxyde de diméthyle est illustrée ci-contre.

Dans les représentations de potentiel électrostatique, les régions d'une molécule qui attirent le plus les électrons d'une autre molécule sont en bleu. Ce sont habituellement les régions de la molécule les plus chargées positivement. (Les charges positives attirent les électrons des autres molécules.) Les régions de la molécule qui repoussent fortement les électrons des autres molécules sont en rouge et représentent habituellement les régions de charge négative. Les couleurs sont codées du bleu (régions qui attirent les électrons des autres molécules) au rouge (régions qui attirent le moins les élec-

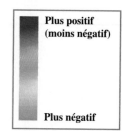
Oxyde de diméthyle

trons des autres molécules ou les repoussent le plus).

La représentation du potentiel électrostatique représentant la surface de faible densité électronique d'une molécule permet d'illustrer non seulement la forme générale de cette molécule, mais aussi la distribution des charges à sa surface. Ainsi, les modèles dérivés des calculs de potentiel électrostatique permettent de comparer la distribution électronique de différentes molécules et de prévoir l'interaction d'une molécule avec les électrons d'une autre. L'exemple de l'acétone (figure 2.7) illustre la pertinence de ces modèles.

Plus positif
(moins négatif)

Plus négatif

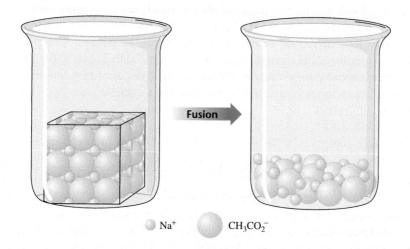

Na$^+$ CH$_3$CO$_2^-$

Leçon interactive : forces électrostatiques

Figure 2.6 Fusion de l'acétate de sodium.

2.14B INTERACTIONS DIPÔLE-DIPÔLE

La plupart des molécules organiques ne sont pas ioniques dans le vrai sens du terme, mais possèdent plutôt un *moment dipolaire permanent* qui résulte de la distribution non uniforme des électrons des liaisons (section 2.4). L'acétone et l'acétaldéhyde sont des molécules possédant des dipôles permanents, car les groupes carbonyle qu'ils contiennent sont très polarisés. Dans ces composés, il est facile d'imaginer les forces d'attraction qui s'exercent entre les molécules, comme le montre la figure qui suit. À l'état liquide ou solide, les interactions **dipôle-dipôle** forcent les molécules à s'orienter

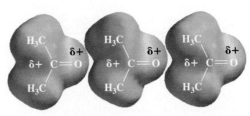

Figure 2.7 Molécules d'acétone représentées par des modèles de potentiel électrostatique : l'alignement résulte de l'attraction des extrémités positives par les extrémités négatives (interactions dipôle-dipôle).

de telle façon que leur extrémité positive rencontre l'extrémité négative d'une autre molécule (figure 2.7).

2.14C LIAISONS HYDROGÈNE

De très fortes interactions dipôle-dipôle s'exercent entre les atomes d'hydrogène liés à des atomes présentant une électronégativité élevée (O, N ou F) et les paires d'électrons libres de ces derniers. Ce type de force intermoléculaire est appelé **liaison hydrogène.** La liaison hydrogène (dont l'énergie de dissociation est de 4 à 38 kJ·mol^{-1}) est plus faible qu'une liaison covalente courante, mais beaucoup plus forte que les interactions dipôle-dipôle qui ont lieu dans l'acétone, par exemple.

$$\overset{\delta-}{:Z}\!\!-\!\!\overset{\delta+}{H}\cdots\overset{\delta-}{:Z}\!\!-\!\!\overset{\delta+}{H}$$

Une liaison hydrogène (représentée par les points rouges)
Z symbolise un élément fortement électronégatif, généralement l'oxygène, l'azote ou le fluor.

Les liaisons hydrogène expliquent pourquoi l'alcool éthylique a un point d'ébullition beaucoup plus élevé que l'oxyde de diméthyle (78,5 °C comparativement à −24,9 °C), tout en ayant la même masse moléculaire. Grâce à la présence de la liaison covalente oxygène–hydrogène, les molécules d'alcool éthylique peuvent former de solides liaisons hydrogène entre elles.

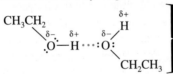

La ligne pointillée représente la liaison hydrogène. Seules les molécules comportant un atome d'hydrogène lié à un atome d'oxygène, d'azote ou de fluor formeront de solides liaisons hydrogène.

Les molécules d'oxyde de diméthyle, par contre, ne peuvent former de liaisons hydrogène entre elles, ne disposant pas d'atome d'hydrogène lié à un atome d'électronégativité élevée. Dans l'oxyde de diméthyle, les forces intermoléculaires présentes sont principalement des interactions dipôle-dipôle.

PROBLÈME 2.17

Les paires de composés ci-dessous ont environ la même masse moléculaire. Dites quel membre de chaque paire aura le point d'ébullition le plus élevé. Expliquez votre réponse. a) $CH_3CH_2CH_2CH_2OH$ ou $CH_3CH_2OCH_2CH_3$; b) $(CH_3)_3N$ ou $CH_3CH_2NHCH_3$; c) $CH_3CH_2CH_2CH_2OH$ ou $HOCH_2CH_2CH_2OH$.

Outre la polarité et la présence de liaisons hydrogène, la rigidité et la structure des molécules influent sur le *point de fusion* de nombreux composés organiques. Ainsi, les molécules symétriques ont généralement un point de fusion élevé à cause de leur empilement très compact à l'état solide. Par exemple, le point de fusion de l'alcool *tert*-butylique est beaucoup plus élevé que celui de ses isomères, présentés ci-dessous.

$$CH_3\!-\!\underset{\underset{CH_3}{|}}{\overset{\overset{CH_3}{|}}{C}}\!-\!OH$$

Alcool *tert*-butylique
(p.f. : 25 °C)

$$CH_3CH_2CH_2CH_2OH$$

Alcool butylique
(p.f. : −90 °C)

$$\underset{}{\overset{\overset{CH_3}{|}}{CH_3CHCH_2OH}}$$

Alcool isobutylique
(p.f. : −108 °C)

$$\underset{}{\overset{\overset{CH_3}{|}}{CH_3CH_2CHOH}}$$

Alcool *sec*-butylique
(p.f. : −114 °C)

Leçon interactive : liaisons hydrogène et attractions dipôle-dipôle

PROBLÈME 2.18

Selon vous, du propane ou du cyclopropane, quel composé aura le point de fusion le plus élevé ? Expliquez votre réponse.

2.14D FORCES DE VAN DER WAALS

Les points de fusion et d'ébullition de molécules non polaires telles que le méthane sont très bas : −182,6 °C et −162 °C respectivement. D'emblée, on se demande pourquoi le méthane bout et fond à des températures aussi basses. Or, on devrait se poser la question suivante : « Comment se fait-il que le méthane, une substance non ionique et non polaire, puisse se trouver à l'état liquide ou solide ? » La réponse réside dans les forces intermoléculaires que l'on appelle **forces de Van der Waals** (ou **forces de London** ou **forces de dispersion**).

Leçon interactive : forces de Van der Waals (forces de London)

Pour rendre compte de la nature des forces de Van der Waals de la manière la plus juste possible, il faudrait faire appel à la mécanique quantique. Il est cependant plus simple de comprendre l'origine de ces forces avec l'explication qui suit. Dans une molécule non polaire, pendant une période donnée, on peut affirmer que la distribution moyenne de la charge est uniforme. Toutefois, à n'importe quel moment, *en raison du mouvement des électrons,* ces derniers et les charges qu'ils portent pourraient ne pas être distribués uniformément. Il arrive en effet que les électrons s'accumulent légèrement d'un côté de la molécule et *qu'un petit dipôle temporaire en résulte* (figure 2.8). Ce dipôle peut alors induire des dipôles semblables dans les molécules voisines. Le foyer négatif (ou positif) situé à une extrémité de la molécule provoquera la distorsion du nuage électronique de la molécule adjacente, faisant apparaître un foyer de signe opposé dans cette portion de la molécule. Bien que ces dipôles temporaires se modifient continuellement, leur existence permet la création, entre les molécules non polaires, de forces d'attraction suffisamment importantes pour donner naissance aux états liquides et solides des composés non polaires.

Les forces de Van der Waals sont régies par un facteur important : la **polarisabilité** relative des électrons des atomes. La polarisabilité, qui est la *capacité des électrons à répondre à une modification de champ électrique,* dépend de la force relative avec laquelle les électrons sont retenus à leur noyau. Par exemple, dans la famille des halogènes, la polarisabilité augmente dans l'ordre suivant : F < Cl < Br < I. Les atomes de fluor sont très peu polarisables, leurs électrons étant fortement retenus près du noyau. Par contre, les atomes d'iode, de taille plus grande, sont plus facilement polarisables, car leurs électrons de valence sont plus éloignés du noyau. En général, les atomes munis de paires d'électrons libres sont plus polarisables que ceux dont les paires d'électrons sont partagées dans les liaisons. Un substituant halogéné est donc plus polarisable qu'un groupe alkyle de taille comparable. Vous trouverez au tableau 2.5 l'amplitude

Figure 2.8 Dipôles temporaires de molécules non polaires induits par la distribution non uniforme des électrons à un instant donné.

Tableau 2.5 Propriétés physiques et énergie d'attraction de certains composés covalents simples.

Molécule	Moment dipolaire (D)	Énergie d'attraction (kJ·mol^{-1})		Point de fusion (°C)	Point d'ébullition (°C)
		Dipôle-dipôle	Van der Waals		
H_2O	1,85	36^a	8,8	0	100
NH_3	1,47	14^a	15	−78	−33
HCl	1,08	3^a	17	−115	−85
HBr	0,80	0,8	22	−88	−67
HI	0,42	0,03	28	−51	−35

^{a} Ces interactions dipôle-dipôle sont appelées liaisons hydrogène.

relative des forces et des interactions dipôle-dipôle de quelques composés simples. Il est à noter qu'à l'exception des liaisons hydrogène les forces les plus importantes entre les molécules sont les forces de Van der Waals, loin devant les interactions dipôle-dipôle.

Le *point d'ébullition* d'un liquide est la température à laquelle sa pression de vapeur équivaut à la pression atmosphérique. C'est pour cela que les points d'ébullition des liquides *dépendent de la pression atmosphérique* et que l'on spécifie toujours la pression à laquelle ils ont été mesurés, à 1 atm (ou 760 torr), par exemple. Une substance qui bout à 150 °C à une pression de 1 atm bouillira à une température beaucoup plus basse si la pression est réduite, par exemple, à 0,01 torr (cette pression peut être obtenue à l'aide d'une pompe à vide). Le point d'ébullition normal d'un liquide donné représente habituellement son point d'ébullition à 1 atm.

Pour passer de l'état liquide à l'état gazeux, les molécules individuelles (ou les ions) d'une substance doivent se séparer considérablement les unes des autres. Ce phénomène nous permet de comprendre pourquoi il arrive souvent qu'un composé organique ionique se décompose bien avant de bouillir. L'énergie thermique requise pour la séparation complète (volatilisation) des ions est si importante que des réactions chimiques (décomposition) se produisent bien avant.

Les composés non polaires, dans lesquels les forces d'attraction intermoléculaires sont faibles, bouillent habituellement à de basses températures, même sous une pression de 1 atm. Ce n'est cependant pas toujours le cas, car d'autres facteurs, que nous n'avons pas encore mentionnés, entrent également en jeu : la masse moléculaire et la dimension de la molécule. Les molécules lourdes nécessitent davantage d'énergie thermique pour atteindre la vitesse requise pour s'échapper de la surface du liquide. De plus, elles présentent une surface relativement grande et, conséquemment, les interactions de Van der Waals entre les molécules sont plus grandes. Ces facteurs expliquent donc que le point d'ébullition de l'éthane (−88,2 °C) soit plus élevé que celui du méthane (−162 °C) à une pression de 1 atm. C'est la même chose pour le point d'ébullition élevé du décane (174 °C), une molécule non polaire encore plus volumineuse et plus lourde.

Un appareil de distillation à l'échelle micro

Les fluorocarbones (composés contenant seulement du carbone et du fluor) ont des points d'ébullition exceptionnellement bas comparativement aux hydrocarbures de même masse moléculaire. Le fluorocarbone C_5F_{12}, par exemple, bout à une température légèrement plus basse que le pentane (C_5H_{12}) malgré sa masse moléculaire plus élevée. Deux facteurs importants expliquent ce phénomène : la très faible polarisabilité des atomes de fluor et les très faibles forces de Van der Waals qui en résultent. Le polymère fluorocarboné appelé *téflon* [$+CF_2CF_2)_n$, voir section 10.10] possède des propriétés de lubrification importantes. Cette caractéristique est mise à profit dans les poêles à revêtement anti-adhésif et les roulements à billes.

2.14E SOLUBILITÉ

La capacité de faire certaines prédictions qualitatives quant à la solubilité d'une substance vous aidera à mener à bien vos expériences de chimie organique.

Les forces intermoléculaires influent de façon importante sur la **solubilité** des substances. À plusieurs égards, la dissolution d'un solide dans un liquide ressemble à la fusion d'un solide : la structure cristalline ordonnée du solide se défait pour donner une solution dans laquelle l'arrangement des molécules (ou ions) est désordonné. Comme dans le cas de l'ébullition, les molécules ou les ions doivent être séparés les uns des autres par un processus qui demande de l'énergie. L'énergie requise pour vaincre les forces d'attraction intermoléculaires et les forces électrostatiques, ainsi que la stabilité du réseau cristallin, provient de la création de nouvelles forces d'attraction entre le solvant et le soluté.

Prenons l'exemple de la dissolution d'une substance ionique, dans laquelle l'énergie maintenant les atomes en réseau cristallin et les attractions entre ions sont importantes. Seuls l'eau et quelques autres solvants polaires sont capables de dissoudre des composés ioniques, car ils agissent en **hydratant** ou en **solvatant** les ions (figure 2.9).

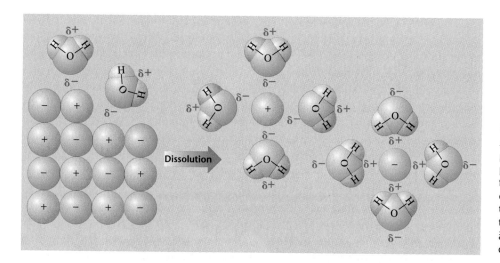

Figure 2.9 Dissolution d'un solide ionique dans l'eau. On peut voir l'hydratation des ions positifs et négatifs induite par la forte polarité des molécules d'eau. En réalité, les ions s'entourent de molécules d'eau sur toute leur surface, contrairement à ce qui est montré ici en deux dimensions.

Grâce à leur forte polarité et à leur taille compacte, les molécules d'eau entourent très efficacement les ions à mesure qu'ils se libèrent de la surface des cristaux. Ainsi, les ions positifs sont entourés par les extrémités négatives du dipôle de l'eau, et l'inverse se produit dans le cas des ions négatifs. Vu la polarité élevée de l'eau et sa capacité à former de fortes liaisons hydrogène, les forces d'attraction dipôle-ions découlant de la solvatation sont importantes. La quantité d'énergie provenant de la création de ces forces d'attraction est suffisante pour vaincre à la fois l'énergie qui maintient le réseau cristallin et les forces électrostatiques.

Les composés se dissolvent généralement dans des solvants qui leur ressemblent. Ainsi, les composés polaires et ioniques ont tendance à se dissoudre dans des solvants polaires; les liquides polaires sont généralement miscibles entre eux; les solides peu polaires se dissolvent généralement dans des solvants peu polaires, mais sont insolubles dans les solvants polaires. Les liquides peu polaires, habituellement miscibles entre eux, ne se mélangent pas avec les liquides polaires, à l'instar de l'eau et de l'huile.

Le méthanol et l'eau sont miscibles dans toutes les proportions. Il en va de même pour l'éthanol et l'eau, ainsi que pour les mélanges d'alcool propylique et d'eau. En raison de la faible taille de leurs groupes alkyle, ces petites molécules d'alcool tiennent davantage de l'eau que des alcanes. Cette solubilité s'explique également par la capacité de ces molécules à former des liaisons hydrogène entre elles.

Leçon interactive : l'eau et l'huile

$$CH_3CH_2 \overset{\delta+}{\underset{\delta-}{\overset{H}{\cdots}}} O \cdots \text{Liaison hydrogène}$$

$$H^{\delta+} \quad H^{\delta+}$$
$$O_{\delta-}$$

Toutefois, plus la chaîne carbonée d'un alcool est longue, moins cet alcool est soluble dans l'eau. L'alcool décylique, dont la structure est illustrée ci-dessous et qui possède une chaîne de 10 atomes de carbone, ne se dissout que très peu dans l'eau. Cet alcool tient davantage d'un alcane que de l'eau. On dit de sa chaîne carbonée qu'elle est **hydrophobe** (« qui craint l'eau », de *hydro*, « eau », et de *photos*, « crainte »). Seul le groupe OH, une partie plutôt petite de la molécule, est **hydrophile** (« ami de l'eau »; *philos* signifie « ami »). Par contre, l'alcool décylique est soluble dans des solvants moins polaires, dont le chloroforme.

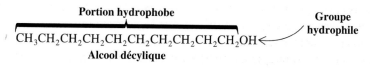

Portion hydrophobe

Groupe hydrophile

$$CH_3CH_2CH_2CH_2CH_2CH_2CH_2CH_2CH_2CH_2OH$$

Alcool décylique

Le phénomène par lequel les groupes non polaires tels que les longues chaînes des alcanes évitent les environnements aqueux est appelé **effet hydrophobe,** et son explication est complexe. L'effet hydrophobe provoque une **variation d'entropie défavorable.** Les variations d'entropie (section 3.9) sont liées au passage d'un état d'ordre relatif à un état de désordre ou l'inverse. La transition de l'ordre vers le désordre est favorable, tandis que celle du désordre vers l'ordre est défavorable. Dans le cas qui nous concerne, pour que l'eau puisse « accommoder » une chaîne carbonée, les molécules d'eau doivent former une structure plus ordonnée autour de la chaîne, ce qui est défavorable sur le plan entropique.

2.14F RÈGLES D'HYDROSOLUBILITÉ

Selon la définition donnée par les chimistes organiciens, un composé est hydrosoluble lorsqu'un minimum de 3 g de ce composé se dissout dans 100 mL d'eau. Pour les composés ayant un groupe hydrophile et, par conséquent, capables de former de fortes liaisons hydrogène, les règles suivantes s'appliquent : les composés contenant un à trois atomes de carbone sont hydrosolubles, les composés de quatre ou cinq carbones se trouvent à la limite de la solubilité, et les composés formés de six carbones et plus ne se dissolvent pas.

Lorsqu'un composé renferme plus d'un groupe hydrophile, ces règles ne s'appliquent plus. De ce fait, les polysaccharides (chapitre 22), les protéines (chapitre 24) et les acides nucléiques (chapitre 25), qui contiennent des milliers d'atomes de carbone, sont *pour la plupart hydrosolubles,* car ils possèdent également des milliers de groupes hydrophiles.

2.14G FORCES INTERMOLÉCULAIRES EN BIOCHIMIE

Lorsque nous aurons examiné en détail les propriétés des molécules composant les organismes vivants, nous découvrirons à quel point les **forces intermoléculaires** sont importantes dans le fonctionnement des cellules. La formation de **liaisons hydrogène,** l'hydratation de groupes polaires et la tendance des groupes peu polaires à éviter les environnements polaires sont autant de raisons qui forcent les molécules de protéines complexes à se replier de manière bien précise. C'est ce reploiement qui leur permet d'assurer très efficacement leur tâche de catalyseurs biologiques. Ces facteurs confèrent également aux molécules d'hémoglobine la structure particulière qui les rend aptes à transporter l'oxygène et permettent aux protéines et aux lipides de constituer les membranes cellulaires. Les liaisons hydrogène sont responsables de la forme globulaire de certains glucides et transforment ces molécules en une réserve de nutriments très efficace chez les animaux. Chez les plantes, elles stabilisent la forme rigide linéaire de certains oligosaccharides, leur permettant de jouer un rôle structural.

Liaisons hydrogène (lignes pointillées rouges) dans une structure d'hélice-α d'une protéine

[Figure : © Irving Geis. Tirée de D. VOET et J.G. VOET., *Biochemistry,* 2e éd., New York, Wiley, 1995, p. 146. Reproduit avec autorisation.]

Leçon interactive : forces d'attraction intermoléculaires

2.15 RÉSUMÉ DES FORCES D'ATTRACTION COULOMBIENNES

Vous trouverez au tableau 2.6 un résumé de toutes les forces d'attraction s'exerçant entre les molécules et les ions, telles que nous venons de les étudier.

2.16 SPECTROSCOPIE INFRAROUGE : UNE MÉTHODE DE DÉTECTION DES GROUPES FONCTIONNELS

La **spectroscopie infrarouge (IR)** est une technique analytique simple et rapide permettant de déterminer la présence de divers groupes fonctionnels. À l'instar de tous les autres types de spectroscopie, la spectroscopie IR se fonde sur les interactions des radiations électromagnétiques avec les molécules ou les atomes. Nous discuterons davantage des propriétés des radiations électromagnétiques au chapitre 9; les explications qui suivent suffiront à décrire l'interaction des radiations infrarouges avec les molécules organiques.

Tableau 2.6 Forces d'attraction coulombiennes.

Type de force d'attraction	Force relative de l'interaction	Nature de la force	Exemple
Cation-anion (dans un cristal)	Très forte	$(+) \quad (-)$	Fluorure de lithium dans un réseau cristallin
Liaison covalente	Forte (140 à 523 kJ·mol⁻¹)	Paires d'électrons partagées	H—H (435 kJ·mol⁻¹) CH₃—CH₃ (370 kJ·mol⁻¹) I—I (150 kJ·mol⁻¹)
Ion-dipôle	Modérée	(voir schéma)	Na⁺ dans l'eau (voir figure 2.9)
Dipôle-dipôle (incluant les liaisons hydrogène)	Modérée à faible (4 à 38 kJ·mol⁻¹)	$\overset{\delta-}{-Z} : \cdots \overset{\delta+}{H}-$	(voir schéma) et CH₃—Cl CH₃—Cl
Van der Waals	Variable	Dipôle temporaire	Interactions entre les molécules de méthane

Les radiations infrarouges provoquent la vibration des atomes ou des groupes d'atomes formant les composés organiques. L'amplitude de cette vibration varie selon le type de liaison covalente unissant les atomes. (Les radiations infrarouges ne sont pas assez énergétiques pour exciter les électrons comme le font les rayons du visible ou de l'ultraviolet de plus haute énergie.) Étant donné que les atomes de chaque molécule organique sont liés entre eux dans un arrangement particulier caractéristique des groupes fonctionnels, l'absorption de l'énergie infrarouge dépendra des différentes liaisons et atomes présents dans la molécule. Ces vibrations sont *quantifiées* et surviennent à mesure que le composé absorbe l'énergie dans certaines régions de la portion infrarouge du spectre électromagnétique.

L'appareil qui mesure ces vibrations, le spectrophotomètre infrarouge (figure 2.10), émet un faisceau de radiations IR qui traverse l'échantillon. Par la suite, l'appareil

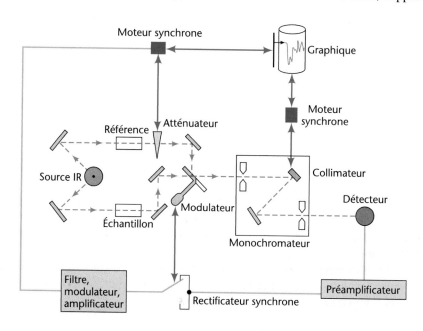

Figure 2.10 Schéma d'un spectrophotomètre infrarouge à double faisceau. [Tiré de D.A. SKOOG, F.J. HOLLER et T.A. NIEMAN, *Principles of Instrumental Analysis*, 5ᵉ éd., New York, Saunders, 1998, p. 398.]

compare le faisceau transmis (qui « sort de l'échantillon ») à un faisceau de référence. L'absence de chaque fréquence absorbée par l'échantillon est révélée par la comparaison des deux faisceaux. Le spectrophotomètre trace alors un graphique de l'absorbance en fonction de la fréquence ou de la longueur d'onde, couramment appelé spectre JR.

La position des bandes (ou pics) d'absorption est décrite en **unités de fréquence** soit par le **nombre d'ondes** ($\bar{v}$), mesuré en centimètres réciproques (cm^{-1}), soit par la **longueur d'onde** (λ), mesurée en micromètres (μm, ou anciennement micron, μ). Le nombre d'ondes représente le nombre de cycles de l'onde par centimètre de faisceau, et la longueur d'onde représente la distance d'une crête à l'autre de l'onde.

$$\bar{v} = \frac{1}{\lambda} \ (\lambda \text{ est en cm}) \qquad \text{ou} \qquad \bar{v} = \frac{10\ 000}{\lambda} \ (\lambda \text{ est en } \mu m)$$

On peut comparer les liaisons covalentes à de petits ressorts qui relient les atomes entre eux : ceux-ci vibrent à une fréquence particulière déterminée par le type de liaison qu'ils forment. Ainsi, les atomes engagés dans des liaisons vibrent à des niveaux d'énergie particuliers qui sont quantifiés. La transition d'une molécule d'un niveau d'énergie de vibration à un autre aura lieu si le composé absorbe une radiation IR d'une énergie particulière, autrement dit d'une longueur d'onde ou d'une fréquence donnée (puisque $\Delta E = hv$).

Les molécules vibrent selon divers modes. Deux atomes reliés par une liaison covalente peuvent effectuer une vibration d'élongation en se déplaçant de façon à tendre et à détendre la liaison le long de son axe comme s'il s'agissait d'un ressort.

Trois atomes reliés ensemble peuvent aussi vibrer selon une variété d'élongations et de déformations.

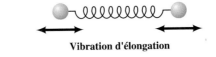

Vibration d'élongation

Élongation symétrique

Élongation asymétrique

**Vibration de déformation
symétrique dans le plan
(cisaillement)**

**Vibration de déformation
hors du plan
(torsion)**

La *fréquence* d'une vibration d'élongation donnée *dans un spectre IR* dépend de deux facteurs : *la masse des atomes* engagés dans la liaison et la *rigidité relative de la liaison*. Les liaisons triples sont plus rigides que les liaisons doubles, et ces dernières sont plus rigides que les liaisons simples. Et, plus la liaison est rigide, plus la fréquence de vibration sera élevée. Et, plus l'atome est léger, plus la fréquence de vibration sera élevée. On peut observer l'application de ces principes dans le tableau 2.7. Remarquez que les fréquences d'élongation des groupes ou des liaisons contenant un hydrogène (un atome léger) tels que C—H, N—H et O—H se produisent à des fréquences plutôt élevées.

Tableau 2.7   Absorption infrarouge caractéristique des groupes fonctionnels ou des liaisons.

Liaison ou groupe fonctionnel	Plage des fréquences (cm⁻¹)		Intensité[a]
A) Alcanes			
C—H (élongation)		2853 à 2962	(m–F)
Isopropyle, —CH(CH₃)₂		1380 à 1385	(F)
	et	1365 à 1370	(F)
tert-Butyle, —C(CH₃)₃		1385 à 1395	(m)
	et	~1365	(F)
B) Alcènes			
C—H (élongation)		3010 à 3095	(m)
C=C (élongation)		1620 à 1680	(v)
R—CH=CH₂		985 à 1000	(F)
	et	905 à 920	(F)
R₂C=CH₂	Déformation C—H hors du plan	880 à 900	(F)
cis-RCH=CHR		675 à 730	(F)
trans-RCH=CHR		960 à 975	(F)
C) Alcynes			
≡C—H (élongation)		~3300	(F)
C≡C (élongation)		2100 à 2260	(v)
D) Aromatiques			
Ar—H (élongation)		~3030	(v)
Type de substitution aromatique (déformation C—H hors du plan)			
Monosubstitué		690 à 710	(très F)
o-Disubstitué	et	730 à 770	(très F)
m-Disubstitué		735 à 770	(F)
		680 à 725	(F)
	et	750 à 810	(très F)
p-Disubstitué		800 à 860	(très F)
E) Alcools, phénols et acides carboxyliques			
O—H (élongation)			
Alcool, phénols (en solution diluée)		3590 à 3650	(étroit, v)
Alcool, phénols (présence de liaisons hydrogène)		3200 à 3550	(large, F)
Acides carboxyliques (présence de liaisons hydrogène)		2500 à 3000	(large, v)
F) Aldéhydes, cétones, esters et acides carboxyliques			
C=O (élongation)		1630 à 1780	(F)
Aldéhydes		1690 à 1740	(F)
Cétones		1680 à 1750	(F)
Esters		1735 à 1750	(F)
Acides carboxyliques		1710 à 1780	(F)
Amides		1630 à 1690	(F)
G) Amines			
N—H		3300 à 3500	(m)
H) Nitriles			
C≡N		2220 à 2260	(m)

[a] Abréviations : F = forte, m = moyenne, f = faible, v = variable, ~ = approximativement

GROUPE	LIAISON	PLAGE DES FRÉQUENCES (cm^{-1})
Alkyle	C—H	2853 à 2962
Alcool	O—H	3590 à 3650
Amine	N—H	3300 à 3500

Notez que les liaisons triples vibrent à des fréquences plus élevées que les liaisons doubles.

LIAISON	PLAGE DES FRÉQUENCES (cm^{-1})
C≡C	2100 à 2260
C≡N	2220 à 2260
C=C	1620 à 1680
C=O	1630 à 1780

Le spectre IR d'un composé, même simple, affichera plusieurs pics d'absorption. Cependant, toutes les vibrations moléculaires ne se traduisent pas nécessairement par une absorption d'énergie IR. ***Pour que cela se produise, le moment dipolaire de la molécule doit varier lors de la vibration.*** En conséquence, la vibration symétrique des quatre atomes d'hydrogène du méthane n'absorbe pas d'énergie IR. De même, les vibrations symétriques des liaisons carbone–carbone doubles et triples de l'éthène et de l'éthyne ne se traduisent pas non plus par une absorption de radiation IR.

Il arrive que l'absorption de certaines vibrations se produise en dehors de la région mesurée par un spectrophotomètre ou que l'absorption de deux vibrations soit si proche dans le spectre que les pics se superposent.

D'autres facteurs peuvent provoquer l'apparition de pics d'absorption supplémentaires. Des harmoniques des fréquences fondamentales d'absorption peuvent apparaître dans un spectre IR même si leur intensité est plus faible. Des bandes appelées « bandes de combinaison » et « bandes de différence » peuvent aussi apparaître dans le spectre IR.

Comme un spectre IR présente un nombre important de pics, il est quasi impossible de rencontrer deux composés partageant le même spectre. C'est pourquoi on le considère comme une « empreinte digitale » de la molécule. Ainsi, dans le cas de composés organiques, si deux échantillons purs présentent différents spectres IR, il est certain que nous sommes en présence de deux composés différents. Par contre, s'ils donnent le même spectre, il s'agit du même composé.

Pour ceux qui en maîtrisent la lecture, les spectres IR constituent une mine d'informations sur la structure des composés. Dans les figures 2.11 et 2.12, nous montrons les renseignements qu'il est possible de tirer des spectres de l'octane et du méthylbenzène (communément appelé toluène). Bien que nous manquions d'espace dans ce manuel pour étudier en détail la façon d'interpréter les spectres IR, nous

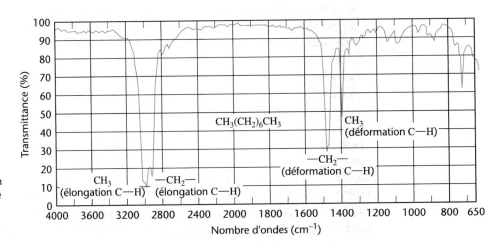

Figure 2.11 Spectre IR de l'octane. [Notez qu'en spectroscopie IR, les pics sont mesurés en pourcentage de transmittance. Le pic situé à 2900 cm^{-1} correspond à une transmittance de 10 % ou à une absorbance (A) de 0,90.]

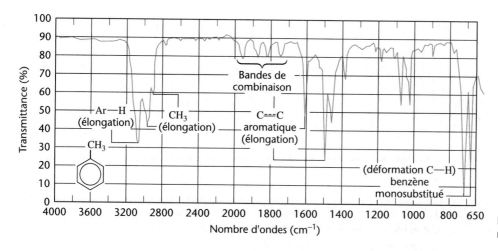

Figure 2.12 Spectre IR du méthylbenzène (toluène).

pouvons apprendre à reconnaître la présence des bandes ou des pics d'absorption caractéristiques des groupes fonctionnels d'un composé. Ce faisant, nous devrions être capables d'utiliser efficacement l'information tirée des spectres IR, particulièrement lorsque nous l'associerons — au chapitre 9 — à celle provenant des spectres RMN (résonance magnétique nucléaire) et des spectres de masse. Voyons comment interpréter les spectres IR à l'aide des données du tableau 2.7.

2.16A HYDROCARBURES

Les spectres de tous les hydrocarbures présentent des pics d'absorption entre 2800 et 3300 cm^{-1}, traduisant les vibrations d'élongation carbone–hydrogène. Il est possible d'interpréter un spectre IR à l'aide de ces pics, car leur emplacement exact dépend de la force (et de la rigidité) de la liaison C—H qui, à son tour, dépend de l'état d'hybridation du carbone portant l'hydrogène. Les liaisons C—H constituées d'un carbone hybridé *sp* sont les plus fortes, et celles qui contiennent des carbones hybridés *sp*^{3} sont les plus faibles. En ordre décroissant de solidité de la liaison, nous avons :

$$sp > sp^2 > sp^3$$

La rigidité des liaisons suit le même ordre.

Les bandes d'élongation des liaisons par lesquelles des atomes d'hydrogène sont liés à des carbones hybridés *sp* apparaissent à de hautes fréquences, soit autour de 3300 cm^{-1}. Par conséquent, les vibrations des liaisons C—H de type ≡C—H apparaissent dans cette région. À la figure 2.13, on peut observer la bande d'absorption de la liaison C—H du groupe éthynyle du hex-1-yne à 3320 cm^{-1}.

L'absorption d'élongation de la liaison C—H dans laquelle des atomes d'hydrogène sont reliés à un carbone hybridé *sp*^{2} se situe entre 3000 et 3100 cm^{-1}. Ainsi, les liaisons C—H de type vinylique et les liaisons C—H des cycles aromatiques voient

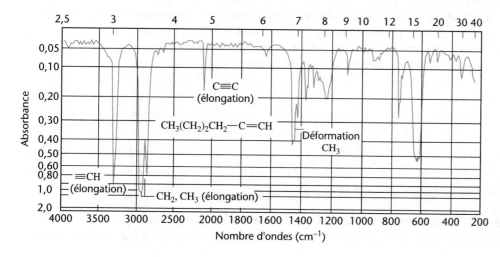

Figure 2.13 Spectre IR du hex-1-yne. (Reproduit avec la permission de Sadler Research Laboratories Inc., Philadelphie.)

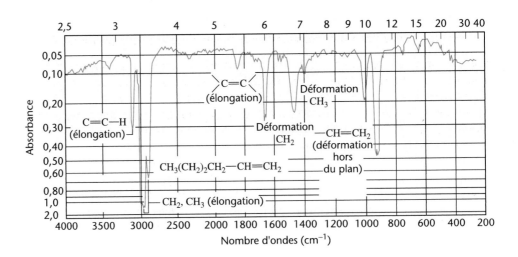

Figure 2.14 Spectre IR du hex-1-ène. (Reproduit avec la permission de Sadler Research Laboratories Inc., Philadelphie.)

leur pic apparaître dans cette région. Dans le spectre du hex-1-ène, on aperçoit un pic d'absorption du C—H vinylique à 3080 cm^{-1} (figure 2.14) et, dans le spectre du méthylbenzène (figure 2.12), une bande d'absorption C—H des hydrogènes attachés au noyau aromatique se trouve à 3090 cm^{-1}.

L'absorption d'élongation de la liaison C—H dans laquelle des atomes d'hydrogène sont liés à des carbones hybridés sp^3 donne lieu à des pics de plus basse fréquence, soit entre 2800 et 3000 cm^{-1}. Les pics d'absorption du méthyle et des méthylènes dans le spectre de l'octane, du méthylbenzène, du 1-hexyne et du hex-1-yne sont montrés respectivement dans les figures 2.11, 2.12, 2.13 et 2.14.

Les spectres des hydrocarbures présentent également des pics d'absorption caractéristiques des élongations des liaisons carbone–carbone. Les liaisons simples carbone–carbone donnent lieu à des bandes de très faible intensité, peu utiles pour déterminer la structure du composé. Les bandes les plus significatives proviennent des liaisons carbone–carbone multiples. Les pics d'absorption des liaisons doubles carbone–carbone apparaissent entre 1620 et 1680 cm^{-1}, et ceux des liaisons triples se situent entre 2100 et 2260 cm^{-1}. Ces absorptions, habituellement de faible intensité, sont parfois même absentes lorsque la liaison triple ou double est symétriquement substituée (car aucune variation du moment dipolaire ne résultera de cette liaison). La région comprise entre 1450 et 1600 cm^{-1} contient les bandes d'élongation des liaisons carbone–carbone du benzène, qui se caractérisent par un ou plusieurs pics étroits.

Les absorptions découlant de vibrations de déformation des liaisons C—H des alcènes se produisent dans les zones entre 600 et 1000 cm^{-1}. L'emplacement exact de ces pics sert souvent à établir la *substitution de la double liaison et sa configuration (cis ou trans)*.

Les alcènes monosubstitués présentent deux pics intenses, dont l'un se situe entre 905 et 920 cm^{-1} et l'autre, entre 985 cm^{-1} et 1000 cm^{-1}. Quant aux alcènes disubstitués de type R$_2$C=CH$_2$, leurs pics se situent dans la région comprise entre 880 et 900 cm^{-1}. De plus, les absorptions des alcènes *cis* apparaissent entre 675 et 730 cm^{-1} alors que celles des alcènes *trans* possèdent une bande entre 960 et 975 cm^{-1}. Ces zones de vibration de déformation C—H sont relativement caractéristiques des alcènes ne possédant pas de substituant donneur ou attracteur d'électrons (un substituant autre qu'un groupe alkyle) sur les atomes de carbone de la double liaison. La présence d'un substituant attracteur ou donneur d'électrons peut déplacer les bandes de déformation hors des régions que nous venons de mentionner.

2.16B AUTRES GROUPES FONCTIONNELS

La spectroscopie infrarouge est une méthode efficace, simple et rapide pour déterminer la présence de groupes fonctionnels dans une molécule. Le **groupe carbonyle**

$\diagdown$C$=$O induit une bande d'absorption très caractéristique dans un spectre IR. Il est
notamment présent dans les aldéhydes, les cétones, les esters, les acides carboxyliques et les amides. La fréquence d'élongation de liaison double carbone–oxygène de tous ces groupes se traduit par un pic intense entre 1630 et 1780 cm^{-1}. L'emplacement exact du pic dépend de la nature même du groupe (aldéhyde, cétone, ester, acide carboxylique ou amide). Nous donnerons plus de détails sur l'absorption du groupe carbonyle lorsque nous aborderons ces composés.

La spectroscopie IR est d'une grande utilité pour détecter la présence de groupes fonctionnels.

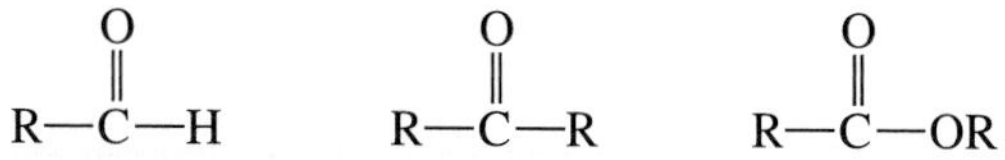

$$
\begin{array}{ccc}
\overset{\overset{\textstyle O}{\|}}{R-C-H} & \overset{\overset{\textstyle O}{\|}}{R-C-R} & \overset{\overset{\textstyle O}{\|}}{R-C-OR} \\
\textbf{Aldéhyde} & \textbf{Cétone} & \textbf{Ester} \\
\textbf{1690 à 1740 cm}^{-1} & \textbf{1680 à 1750 cm}^{-1} & \textbf{1735 à 1750 cm}^{-1}
\end{array}
$$

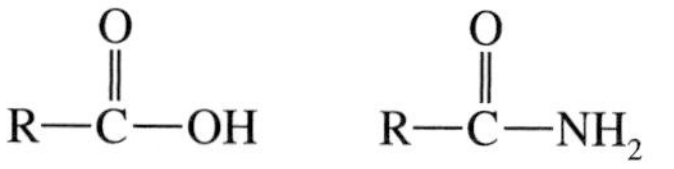

$$
\begin{array}{cc}
\overset{\overset{\textstyle O}{\|}}{R-C-OH} & \overset{\overset{\textstyle O}{\|}}{R-C-NH_2} \\
\textbf{Acide carboxylique} & \textbf{Amide} \\
\textbf{1710 à 1780 cm}^{-1} & \textbf{1630 à 1690 cm}^{-1}
\end{array}
$$

Dans les spectres IR, l'absorption due à l'élongation des liaisons O—H des **groupes hydroxyle** des alcools et des phénols est également facile à distinguer. Or, la présence de ces groupes rend possible la formation de liaisons hydrogène (section 2.14C) et fait varier la position et la forme de la bande correspondante. Dans une solution très diluée de CCl$_4$, l'élongation de la liaison O—H des alcools ou des phénols donne un pic très étroit entre 3590 et 3650 cm^{-1}. Dans les solutions très diluées ou à l'état gazeux, la formation de liaisons hydrogène entre les molécules est très peu probable, car les molécules sont trop éloignées les unes des autres. Le pic étroit des alcools et des phénols dilués dans du CCl$_4$ dans les zones que nous venons de nommer est donc imputable aux groupes hydroxyle « libres » ou non associés. En revanche, l'augmentation de la concentration de l'alcool ou du phénol fait disparaître le pic étroit pour le remplacer par une large bande dans la région comprise entre 3200 et 3550 cm^{-1}. Cette absorption découle de la vibration des groupes O—H engagés dans des liaisons hydrogène. Ce phénomène est illustré à la figure 2.15, où l'on montre l'absorption du groupe hydroxyle du cyclohexanol dans une solution diluée et dans une solution concentrée.

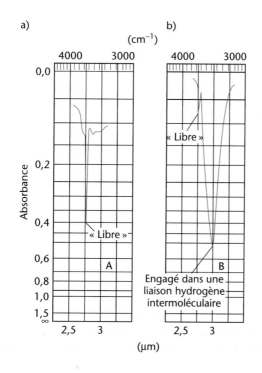

Figure 2.15   a) Spectre IR du cyclohexanol en solution diluée, où l'absorption du groupe hydroxyle « libre » (c'est-à-dire non engagé dans une liaison hydrogène) se traduit par un pic fin à 3600 cm^{-1}. b) Spectre IR du cyclohexanol en solution concentrée, dans lequel la large bande d'absorption du groupe hydroxyle à 3300 cm^{-1} est due à la présence de liaisons hydrogène. (Tirée de R.M. Silverstein et F.X. Webster, *Spectroscopic Identification of Organic Compounds*, 6ᵉ éd., New York, Wiley, 1998, p. 89.)

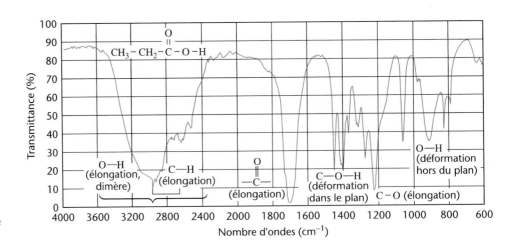

Figure 2.16 Spectre infrarouge de l'acide propanoïque.

Le **groupe fonctionnel COOH des acides carboxyliques** se détecte également par spectroscopie infrarouge. La figure 2.16 présente le spectre d'absorption de l'acide propanoïque.

Les **amines** primaires et secondaires en solution fortement diluée provoquent l'apparition de bandes étroites entre 3300 et 3500 cm^{-1} qui traduisent les vibrations d'élongation des liaisons N—H. Les amines primaires donnent lieu à deux pics étroits, les amines secondaires, à un seulement. Les amines tertiaires, en raison de l'absence de liaison N—H, n'absorbent tout simplement pas la radiation IR dans cette région.

<table>
<tr><td align="center">RNH$_2$
Amine primaire
Deux pics dans la région comprise
entre 3300 et 3500 cm^{-1}</td><td align="center">R$_2$NH
Amine secondaire
Un pic dans la région comprise
entre 3300 et 3500 cm^{-1}</td></tr>
</table>

Les liaisons hydrogène provoquent l'élargissement des bandes d'élongation N—H des amines primaires et secondaires. Les groupes N—H des **amides** donnent des pics d'absorption similaires.

TERMES ET CONCEPTS CLÉS

Hydrocarbures	Section 2.2	**Forces électrostatiques**	Section 2.14A
Alcanes	Sections 2.2A et 2.4A	**Interactions dipôle-dipôle**	Section 2.14B
Alcènes	Section 2.2B	**Liaison hydrogène**	Sections 2.14C,
Alcynes	Section 2.2C		2.14F et 2.14G
Hydrocarbures aromatiques	Section 2.2D	**Forces de Van der Waals**	Section 2.14D
Composés saturés et insaturés	Section 2.2	**Groupe hydrophile**	Section 2.14E
Groupe alkyle	Section 2.5	**Groupe hydrophobe**	Section 2.14E
Électronégativité	Sections 1.4 et 2.3	**Solubilité**	Sections 2.14E
Liaison covalente polaire	Section 2.3		et 2.14F
Moment dipolaire	Section 2.3	**Point de fusion**	Section 2.14A
Groupes fonctionnels	Section 2.5	**Point d'ébullition**	Sections 2.14A
Propriétés physiques	Section 2.14		et 2.14D
Forces intermoléculaires	Section 2.14G	**Spectroscopie infrarouge**	Section 2.16

PROBLÈMES SUPPLÉMENTAIRES

2.19 Déterminez la classe à laquelle appartient chacun des composés suivants (alcane, alcène, alcool, aldéhyde, amine, etc.).

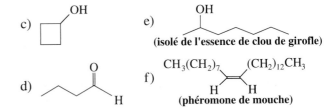

a) [structure]

b) CH$_3$—C≡CH

c) [structure] OH

d) [structure] O, H

e) [structure] OH **(isolé de l'essence de clou de girofle)**

f) CH$_3$(CH$_2$)$_7$ (CH$_2$)$_{12}$CH$_3$ H H **(phéromone de mouche)**

2.20 Identifiez tous les groupes fonctionnels de chacun des composés suivants :

a)

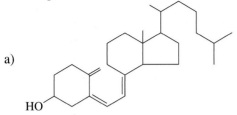

Vitamine D₃

b)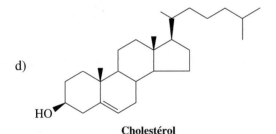

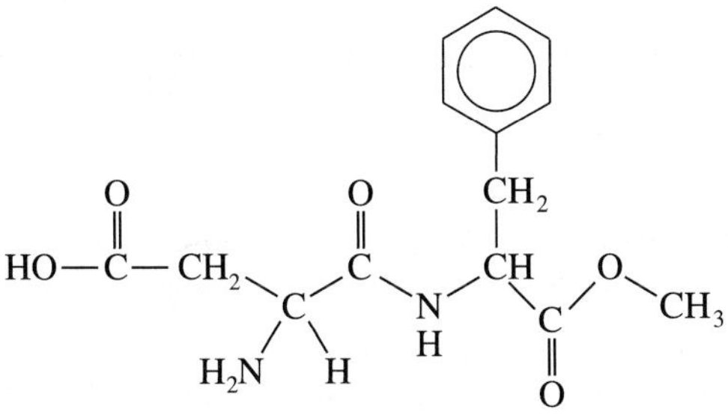

Aspartame

c)

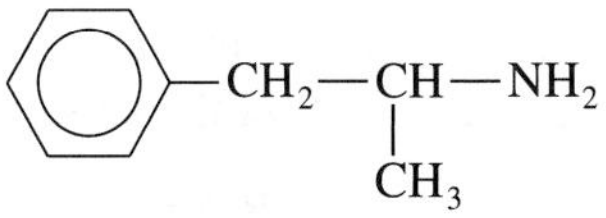

Amphétamine

d)

Cholestérol

e)

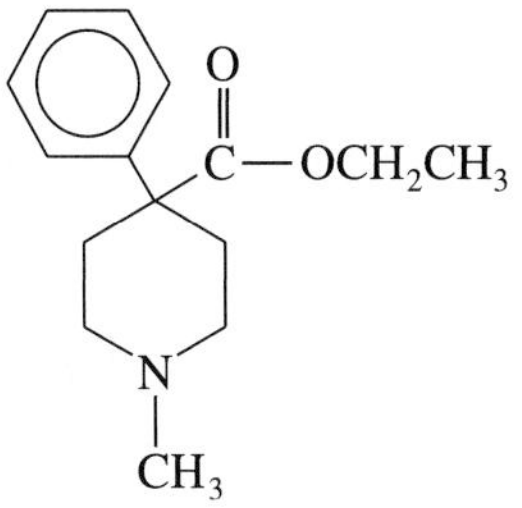

Demerol

f)

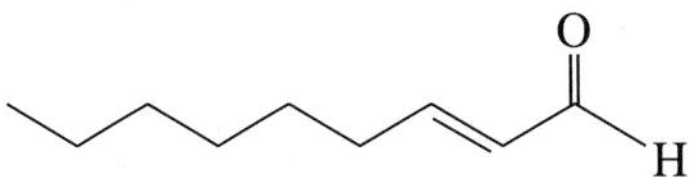

Un composé isolé du concombre éloignant les blattes

g)

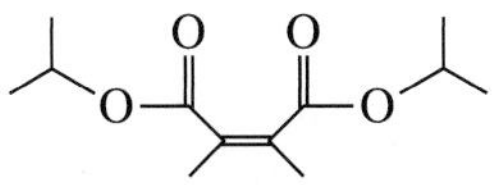

Un composé synthétique qui éloigne les blattes

2.21 Quatre bromoalcanes partagent la formule C_4H_9Br. Écrivez la formule structurale de chacun et dites s'il s'agit d'un bromoalcane primaire, secondaire ou tertiaire.

2.22 Sept composés isomères peuvent présenter la formule $C_4H_{10}O$. Donnez-en la structure et dites à quelle classe de composés ils appartiennent, selon le groupe fonctionnel qu'ils possèdent.

2.23 Donnez la formule structurale de quatre composés dont la formule est C_3H_6O et classez-les selon le groupe fonctionnel qu'ils possèdent.

2.24 Dites si les alcools suivants sont primaires, secondaires ou tertiaires :

a) $(CH_3)_3CCH_2OH$

b) $CH_3CH(OH)CH(CH_3)_2$

c) $(CH_3)_2C(OH)CH_2CH_3$

d)

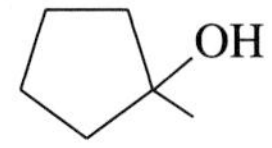

e)

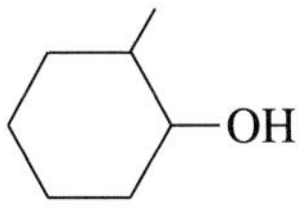

2.25 Classez les amines suivantes selon qu'elles sont primaires, secondaires ou tertiaires :

a) $CH_3NHCH(CH_3)_2$

b) $CH_3CH_2CH(CH_3)CH_2NH_2$

c) $(CH_3CH_2)_3N$

d) $(C_6H_5)_2CHCH_2NHCH_3$

e)  HN⟨⟩

f)

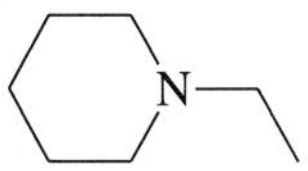

2.26 Écrivez la formule structurale des composés suivants :

a) Trois éthers de formule $C_4H_{10}O$

b) Trois alcools primaires de formule C_4H_8O

c) Un alcool secondaire de formule C_3H_6O

d) Un alcool tertiaire de formule C_4H_8O

e) Deux esters de formule $C_3H_6O_2$

f) Quatre halogénoalcanes primaires de formule $C_5H_{11}Br$

g) Trois halogénoalcanes secondaires de formule $C_5H_{11}Br$

h) Un halogénoalcane tertiaire de formule $C_5H_{11}Br$

i) Trois aldéhydes de formule $C_5H_{10}O$

j) Trois cétones de formule $C_5H_{10}O$

k) Deux amines primaires de formule C_3H_9N

l) Une amine secondaire de formule C_3H_9N

m) Une amine tertiaire de formule C_3H_9N

n) Deux amides de formule C_2H_5NO

2.27 Quel membre de chacune des paires suivantes présentera le point d'ébullition le plus élevé ? Justifiez vos réponses.

a) $CH_3CH_2CH_2OH$ ou $CH_3CH_2OCH_3$

b) $CH_3CH_2CH_2OH$ ou $HOCH_2CH_2OH$

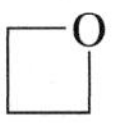

c)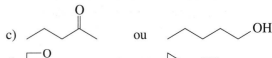

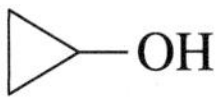

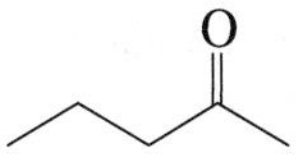

e) 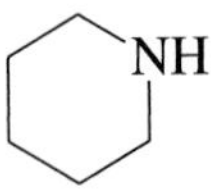 ou

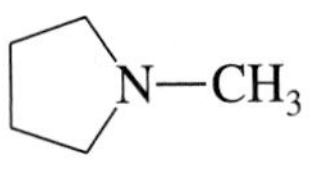

f) 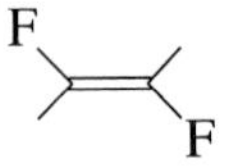 ou

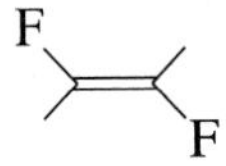

g) 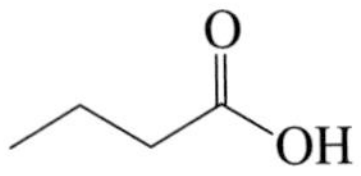 ou

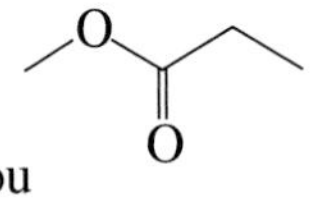

h) Hexane $CH_3(CH_2)_4CH_3$ ou nonane $CH_3(CH_2)_7CH_3$

i) 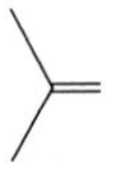 ou

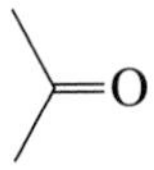

2.28 Donnez la position des bandes d'absorption IR différenciant chacun des composés des paires a, c, d, e, g et i du problème 2.27.

2.29 Quatre amides partagent la formule C_3H_7NO.
   a) Écrivez la structure des quatre composés.
   b) Parmi les quatre amides, identifiez celui dont les points de fusion et d'ébullition sont les plus bas et expliquez pourquoi il en est ainsi.

2.30 Les composés cycliques dont la structure générale s'apparente à celle illustrée ci-dessous sont appelés lactones. Quel groupe fonctionnel contiennent-ils ?

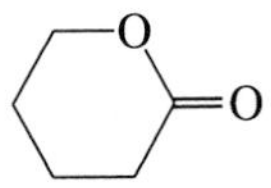

2.31 Le fluorure d'hydrogène a un moment dipolaire de 1,82 D et un point d'ébullition de 19,34 °C. Le fluorure d'éthyle (CH_3CH_2F), qui possède un moment dipolaire presque identique et une masse moléculaire plus élevée, bout à −37,7 °C. Dites pourquoi il en est ainsi.

2.32 Lesquels de ces solvants sont en mesure de dissoudre des composés ioniques ?
   a) SO_2 liquide   c) Benzène
   b) NH_3 liquide   d) CCl_4

2.33 Représentez la formule tridimensionnelle de chacune des molécules suivantes à l'aide de traits et de biseaux pleins et hachurés. Si la molécule possède un moment dipolaire, indiquez-le à l'aide d'un vecteur ⊢▸; si elle n'en a pas, indiquez-le également. (Ne tenez pas compte de la faible polarité des liaisons C—H dans ce problème, ni dans les problèmes similaires que vous rencontrerez.)
   a) CH_3F f) BCl_3
   b) CH_2F_2 g) BeF_2
   c) CHF_3 h) CH_3OCH_3
   d) CF_4 i) CH_3OH
   e) CH_2FCl j) CH_2O

2.34 Pour chacune des molécules qui suivent, prédisez l'état d'hybridation de l'atome central (c'est-à-dire O, N, B ou Be), donnez l'angle des liaisons dans lesquelles est engagé cet atome et dites si la molécule possède un moment dipolaire.
   a) Oxyde de diméthyle $(CH_3)_2O$
   b) Triméthylamine $(CH_3)_3N$
   c) Triméthylborane $(CH_3)_3B$
   d) Diméthyle de béryllium $(CH_3)_2Be$

2.35 La polarité d'une molécule ne s'explique pas seulement par la présence de liaisons polaires. Que penser de cette affirmation ?

2.36 Identifiez tous les groupes fonctionnels présents dans le Crixivan (la structure du Crixivan est donnée dans le préambule, page 43).

2.37 Le spectre IR de l'acide propanoïque (figure 2.16) indique par la position de l'absorption d'élongation que la liaison O—H du groupe carboxylique forme des liaisons hydrogène. Dessinez la structure de deux molécules d'acide propanoïque et montrez comment elles peuvent se dimériser par l'intermédiaire de liaisons hydrogène.

2.38* Deux isomères partagent la formule C_4H_6O. Les spectres IR de ces isomères dilués dans une solution de CCl_4 (utilisée pour ses propriétés non polaires) ne montrent pas d'absorption dans la région située autour de 3600 cm^{-1}. Les pics d'absorption de l'isomère A apparaissent à 3080, 1620 et 700 cm^{-1} et ceux de l'isomère B, vers 2900 et 1780 cm^{-1}. Trouvez la structure de A et proposez deux structures possibles pour B.

2.39* Lorsque deux substituants sont du même côté d'un cycle, on dit qu'ils sont *cis* et, lorsqu'ils sont de part et d'autre du plan d'un cycle, on dit qu'ils sont *trans* (cette appellation est similaire à celle employée pour les isomères d'alcènes 1,2-disubstitués). Considérons les isomères *cis-trans* du cyclopentane-1,2-diol (composés ayant un cycle formé de cinq carbones qui porte des groupes hydroxyle sur deux carbones adjacents). Fortement dilués dans du CCl_4, ces isomères donnent un spectre IR dont les bandes apparaissent à environ 3626 cm^{-1}, mais dont un seul possède une bande d'absorption à 3572 cm^{-1}.
   a) Supposons que le cycle de la molécule se situe dans un plan (nous verrons ce qu'il en est vraiment dans les chapitres à venir). Dessinez les deux isomères en trois dimensions en représentant la position des groupes OH à l'aide de biseaux pleins et hachurés et dites de quel type d'isomérie il s'agit (*cis* ou *trans*).
   b) Quel isomère aura une bande à 3572 cm^{-1} ? Expliquez son origine.

---
* Les problèmes marqués d'un astérisque présentent une difficulté particulière.

2.40* Le composé C est asymétrique, possède la formule moléculaire $C_5H_{10}O$ et contient deux groupes méthyle et un groupe fonctionnel tertiaire. Dans son spectre IR, un large pic d'absorption apparaît entre 3200 et 3550 cm^{-1}, mais aucune absorption n'a lieu entre 1620 et 1680 cm^{-1}.

a) Trouvez la structure de C.
b) Cette structure donne-t-elle lieu à des stéréoisomères ? Si c'est le cas, dessinez les stéréoisomères possibles à l'aide de biseaux pleins et hachurés.

TRAVAIL COOPÉRATIF

Les questions suivantes portent sur des composés ayant la formule moléculaire $C_4H_8O_2$.

1. Écrivez la formule structurale d'au moins 15 composés différents dérivés de cette formule moléculaire.

2. Pour représenter chacun de ces 15 composés, employez la notation de votre choix. Vous devrez cependant utiliser au moins une formule développée, une formule condensée, une formule abrégée et une formule tridimensionnelle.

3. Trouvez quatre groupes fonctionnels différents parmi les 15 composés que vous avez dessinés. Entourez-les et nommez-les.

4. Trouvez les fréquences d'absorption approximatives qui pourraient différencier quatre composés ayant ces différents groupes fonctionnels.

5. Si certains de ces 15 composés possèdent des atomes dont la charge formelle est différente de zéro, calculez et indiquez cette charge formelle ainsi que la charge totale de la molécule.

6. Identifiez le type de forces d'attraction intermoléculaires présentes dans des échantillons purs de chacun de ces composés.

7. Choisissez cinq structures et classez les composés en ordre croissant selon leur point d'ébullition.

8. Expliquez cet ordre en fonction de la polarité et des forces d'attraction intermoléculaires.

INTRODUCTION AUX RÉACTIONS ORGANIQUES :
les acides et les bases

Le déplacement des protons

L'anhydrase carbonique, qui est une enzyme (catalyseur biologique), contrôle l'acidité (ou pH) du sang et les fonctions physiologiques qui y sont liées. La réaction catalysée par l'anhydrase carbonique est la suivante :

$$HCO_3^- + H^+ \rightleftharpoons H_2CO_3 \overset{\text{anhydrase}}{\underset{\text{carbonique}}{\rightleftharpoons}} H_2O + CO_2$$

Notre rythme respiratoire, par exemple, est déterminé par l'acidité relative de notre sang. En altitude, certains alpinistes prennent du Diamox ou acétazolamide, médicament dont la structure est montrée ci-dessus, pour contrer l'anoxie, ou mal des montagnes. En effet, le Diamox inhibe l'anhydrase carbonique, provoquant une augmentation de l'acidité sanguine. Cette acidité stimule la fréquence respiratoire et, par conséquent, réduit les effets de l'altitude.

De toute évidence, la réaction vue précédemment est une réaction acide-base, car des acides et des bases y prennent part. La manière dont l'anhydrase carbonique catalyse la réaction (le mécanisme réactionnel) nécessite également le concours de réactions acide-base qui se produisent en plusieurs étapes à l'intérieur de l'enzyme même. Plus loin dans ce chapitre, la Capsule chimique sur

Anhydrase carbonique

SOMMAIRE

3.1 Réactions et mécanismes

3.2 Réactions acide-base

3.3 Rupture hétérolytique des liaisons incluant le carbone : carbocations et carbanions

3.4 Les flèches incurvées : des outils pour illustrer les réactions

3.5 Force relative des acides et des bases : K_a et pK_a

3.6 Prédire le cours d'une réaction acide-base

3.7 Relation entre structure et acidité

3.8 Variations d'énergie

3.9 Relation entre la constante d'équilibre et la variation standard de l'énergie libre, $\Delta G°$

3.10 Acidité des acides carboxyliques

3.11 Effet du solvant sur l'acidité

3.12 Caractère basique des composés organiques

3.13 Exemple de mécanisme réactionnel

3.14 Acides et bases en solution non aqueuse

3.15 Réactions acide-base et synthèse de composés marqués au deutérium et au tritium

l'anhydrase carbonique vous expliquera les détails de ces réactions. Pour l'instant, il suffit de savoir que les étapes du mécanisme réactionnel font appel à deux définitions techniques de la chimie acido-basique : la définition des acides et des bases selon Brønsted-Lowry et la définition selon Lewis. Dans ce chapitre, nous présenterons ces deux définitions, tout aussi essentielles l'une que l'autre à la compréhension de la chimie organique et des réactions biologiques.

3.1 RÉACTIONS ET MÉCANISMES

Toutes les réactions organiques peuvent être classées dans l'une des quatre catégories suivantes : les *substitutions*, les *additions*, les *éliminations* et les *réarrangements*.

Les **substitutions** sont les réactions caractéristiques des composés saturés tels les alcanes et les halogénoalcanes, ainsi que des composés aromatiques (lesquels sont insaturés). Au cours d'une substitution, *un groupe en remplace un autre.* Par exemple, le chlorométhane réagit avec l'hydroxyde de sodium pour donner de l'alcool méthylique et du chlorure de sodium selon l'équation suivante :

$$H_3C—Cl + Na^+OH^- \xrightarrow{H_2O} H_3C—OH + Na^+Cl^-$$
Une réaction de substitution

Dans cette réaction, l'ion hydroxyde provenant de l'hydroxyde de sodium remplace le chlorure du chlorométhane. Nous examinerons cette réaction en détail au chapitre 6.

Les **additions** caractérisent les composés ayant des liaisons multiples. Ainsi, l'éthène réagit avec le brome par addition. Dans une telle réaction, *toutes les parties du réactif qui s'additionne se retrouvent dans le produit. En somme, deux molécules se combinent en une seule.*

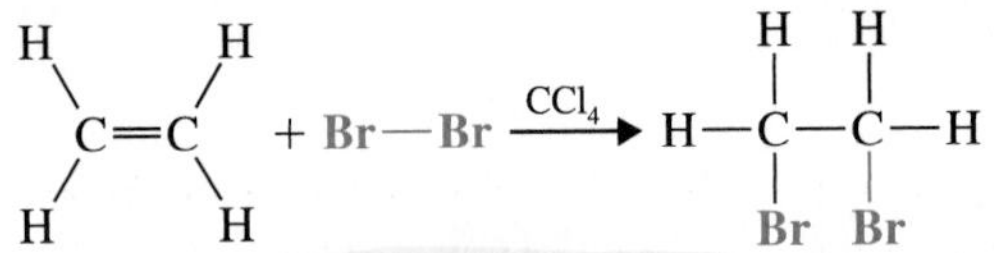

Une réaction d'addition

Les **éliminations** sont l'inverse des additions. *Dans une élimination, la molécule perd les éléments d'une plus petite molécule*, et c'est à partir des réactions d'élimination qu'on peut synthétiser des composés à liaisons doubles ou triples. Par exemple, au chapitre 7, nous aborderons l'étude de la *déshydrohalogénation*, une importante réaction d'élimination utilisée dans la préparation d'alcènes. Comme son nom l'indique, la déshydrohalogénation consiste à éliminer les éléments d'un halogénure d'hydrogène. Un halogénoalcane devient un alcène :

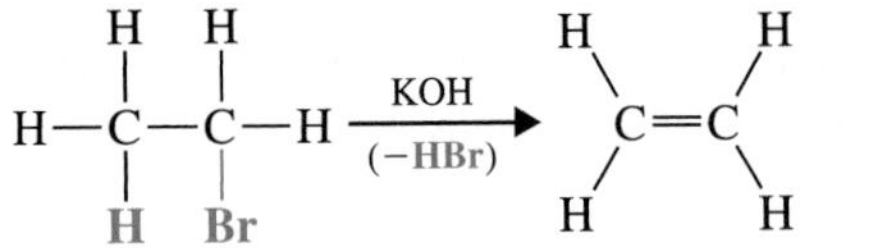

Une réaction d'élimination

Lors d'un **réarrangement**, *une molécule subit une réorganisation de ses parties constituantes.* Par exemple, le chauffage de l'alcène montré ci-dessous, en présence d'un acide fort, conduit à la formation d'un autre isomère de cet alcène.

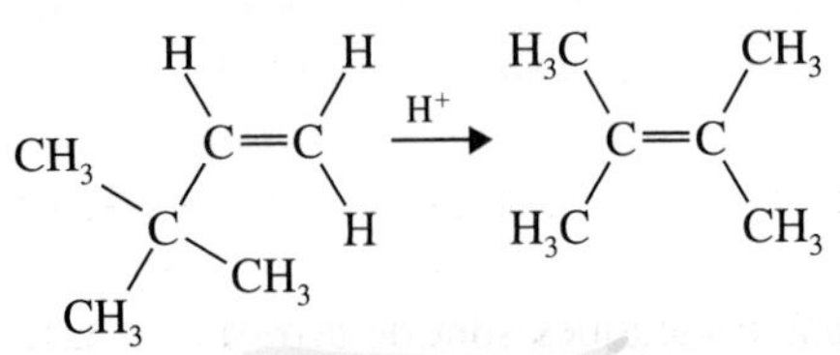

Un réarrangement

Dans cette réaction, non seulement la double liaison et les atomes d'hydrogène changent-ils de position, mais un groupe méthyle est aussi déplacé d'un carbone à un autre.

Dans les prochaines sections, nous aborderons les notions qui permettent de comprendre comment et pourquoi se déroulent ces réactions.

3.1A HOMOLYSE ET HÉTÉROLYSE DES LIAISONS COVALENTES

En chimie organique, les réactions donnent toujours lieu à la formation et à la rupture de liaisons covalentes. La rupture peut se faire de deux façons complètement différentes. Les deux électrons de la liaison peuvent être transférés à un des deux fragments, et l'orbitale de l'autre fragment reste vide. Ce type de rupture, nommé **hétérolyse** (du grec *hétéros,* différent, et *lysis,* qui signifie *rompre* ou *cliver*), produit des fragments chargés, ou **ions.** On dit que la liaison a été rompue de manière *hétérogène*.

$$A : B \longrightarrow \underbrace{A^+ + :B^-}_{\text{Ions}} \quad \text{Rupture hétérolytique de la liaison}$$

Dans les équations ci-contre, nous avons utilisé les flèches incurvées pour illustrer le déplacement des électrons. Ce code sera expliqué plus en détail à la section 3.4; pour l'instant, remarquez seulement que l'on emploie une flèche à pointe pour montrer le déplacement d'une paire d'électrons et une flèche à demi-pointe pour montrer le déplacement d'un électron.

L'autre possibilité est que les fragments formés se partagent les électrons de la liaison. Ce processus, appelé **homolyse** (du grec *homos,* le même), produit des fragments munis d'électrons non appariés nommés **radicaux**.

$$A : B \longrightarrow \underbrace{A\cdot + \cdot B}_{\text{Radicaux}} \quad \text{Rupture homolytique de la liaison}$$

Nous n'aborderons pas les réactions concernant les radicaux et les ruptures homolytiques avant le chapitre 10. Pour l'instant, portons notre attention sur les réactions au cours desquelles se produisent la rupture hétérolytique de liaisons et la formation d'ions. Normalement, pour qu'il y ait rupture hétérolytique, la liaison doit être polarisée.

$$^{\delta+}A : B^{\delta-} \longrightarrow A^+ + :B^-$$

La polarisation d'une liaison résulte habituellement d'une différence d'électronégativité (section 2.3) entre les atomes formant la liaison. Plus cette différence est élevée, plus la polarisation est importante. Dans l'exemple que nous venons de présenter, l'atome B est plus électronégatif que l'atome A.

Même lorsque les liaisons sont fortement polarisées, l'hétérolyse se produit rarement spontanément, *car elle requiert la séparation d'ions de signe opposé.* Or, comme les ions de signe opposé s'attirent, leur séparation nécessite une quantité considérable d'énergie. C'est pourquoi l'hétérolyse se fait souvent à l'aide d'une molécule intermédiaire liant un des deux atomes grâce à sa paire d'électrons libres :

$$Y: + {}^{\delta+}A : B^{\delta-} \longrightarrow \overset{+}{Y}:A + :B^-$$

ou

$$Y: + {}^{\delta+}A - B^{\delta-} \longrightarrow \overset{+}{Y} - A + :B^-$$

La formation de la nouvelle liaison fournit l'énergie nécessaire pour réaliser l'hétérolyse.

3.2 RÉACTIONS ACIDE-BASE

Nous abordons l'étude des réactions chimiques en considérant quelques notions fondamentales de la chimie des acides et des bases, et ce, pour plusieurs raisons. D'abord, de nombreuses réactions organiques sont de type acide-base ou incluent ce type de réactions à une étape ou à une autre. De plus, ces réactions simples vous permettront de voir comment les chimistes emploient les flèches incurvées pour représenter les mécanismes de réaction et comment ils symbolisent la rupture et la formation de

MÉCANISMES RÉACTIONNELS

Pour les non-initiés, les réactions chimiques ressemblent à de la magie : un chimiste verse un ou deux réactifs dans un ballon, les chauffe pendant un moment et en ressort un ou plusieurs composés complètement différents. Tant que l'on n'a pas compris la réaction d'un point de vue chimique, on imagine que le chimiste est un magicien qui place des pommes et des oranges dans un chapeau, le secoue un peu et en retire des lapins et des perruches.

L'un des buts de la chimie organique est de comprendre comment survient cette « magie chimique ». Nous souhaitons pouvoir expliquer *comment se forment les produits d'une réaction*. Cette

explication fera appel à un **mécanisme réactionnel,** à savoir une **description des événements se déroulant, à l'échelle moléculaire, lors de la transformation des réactifs en produits**. Si la réaction comporte plus d'une étape, comme c'est souvent le cas, nous voudrons connaître les espèces chimiques, appelées **intermédiaires**, intervenant à chacune de ces étapes.

En proposant un mécanisme réactionnel, nous

éliminerons la magie pour faire place à la rationalité. Tout mécanisme proposé doit être conforme à ce que nous connaissons de la réaction et de la réactivité des composés organiques. Dans les prochains chapitres, nous verrons comment il est possible d'étayer ou d'éliminer un mécanisme sur la base d'indices comme la vitesse de réaction, l'isolement de certains intermédiaires et l'information tirée de la spectroscopie. Nous ne pouvons pas visualiser les réactions chimiques, car elles se produisent à l'échelle moléculaire. Cependant, grâce à des preuves solides et à une bonne connaissance fondamentale de la chimie, il est possible de proposer des mécanismes plausibles. Si, par la suite, un résultat expérimental contredit le mécanisme proposé, ce dernier devra être modifié, le mécanisme et les observations expérimentales devant toujours être concordants.

Visualiser les réactions chimiques à l'aide de leur mécanisme permet de simplifier un savoir complexe et vaste pour le rendre plus facile à assimiler. Il existe des millions de composés organiques connus à ce jour qui, en réagissant entre eux, provoquent des millions de réactions. Si nous avions à les mémoriser, la tâche phénoménale que cela représenterait nous découragerait rapidement. Fort heureusement, cela n'est pas nécessaire puisque, à l'instar des groupes fonctionnels, qui nous ont aidés à classifier les composés organiques, les mécanismes nous permettront de subdiviser les réactions. Qui plus est, il existe un nombre relativement restreint de mécanismes réactionnels de base.

liaisons lorsque les molécules réagissent entre elles. Elles permettent également d'étudier la relation entre la structure des molécules et leur réactivité et de prédire, en fonction de paramètres thermodynamiques, la quantité de produit qui sera formée lorsqu'une réaction atteindra l'équilibre. Ces réactions mettent aussi en évidence l'importance du rôle des solvants dans les réactions chimiques et nous permettent d'aborder la synthèse organique. Enfin, la chimie des acides et des bases ne vous est pas étrangère, puisque vous en avez acquis des notions en chimie générale. Commençons donc par une brève révision.

3.2A DÉFINITION DES ACIDES ET DES BASES SELON BRØNSTED-LOWRY

Selon la théorie de Brønsted-Lowry, **un acide est une substance qui fournit (ou perd) un proton, et une base, une substance qui accepte (ou arrache) un proton.** Examinons, par exemple, la réaction du chlorure d'hydrogène qui se dissout dans l'eau.

$$H-\ddot{O}: + H-\ddot{C}l: \longrightarrow H-\overset{+}{\underset{|}{\ddot{O}}}-H + :\ddot{C}l:^-$$
$$\underset{H}{|} \qquad\qquad\qquad \underset{H}{|}$$

Base	**Acide**	**Acide**	**Base**
(accepteur de protons)	(donneur de protons)	conjugué de H_2O	conjuguée de HCl

Le chlorure d'hydrogène, un acide très fort, cède son proton à l'eau qui, agissant comme une base, l'accapare. Les produits résultant de cette réaction sont l'ion hydronium (H_3O^+) et l'ion chlorure (Cl^-).

La molécule ou l'ion qui se forme après que l'acide a perdu son proton est appelé **base conjuguée** de cet acide. Ainsi, l'ion chlorure est la base conjuguée de HCl. Parallèlement, l'**acide conjugué** est la molécule ou l'ion qui résulte de l'acceptation du proton par la base. Dans cet exemple, l'ion hydronium est l'acide conjugué de l'eau.

À l'instar du chlorure d'hydrogène, d'autres acides forts transfèrent complètement leurs protons à l'eau lors de leur dissolution. Parmi eux, on trouve l'iodure d'hydrogène, le bromure d'hydrogène et l'acide sulfurique.

$$HI + H_2O \longrightarrow H_3O^+ + I^-$$
$$HBr + H_2O \longrightarrow H_3O^+ + Br^-$$
$$H_2SO_4 + H_2O \longrightarrow H_3O^+ + HSO_4^-$$
$$HSO_4^- + H_2O \rightleftharpoons H_3O^+ + SO_4^{2-}$$

L'acide sulfurique possède deux protons pouvant être cédés à une base. En raison de cette propriété, on dit que cet acide est diprotique (ou dibasique). Ce transfert de protons s'effectue par étapes; le premier proton est transféré complètement, alors que le deuxième ne l'est qu'à environ 10 %.

L'ion hydronium et l'ion hydroxyde sont respectivement l'acide le plus fort et la base la plus forte pouvant exister à l'état aqueux en quantités appréciables. La dissolution de l'hydroxyde de sodium (un composé solide fait d'ions sodium et d'ions hydroxyde) produit une solution contenant des ions sodium et des ions hydroxyde solvatés.

$$Na^+OH^-_{(solide)} \longrightarrow Na_{(aq)}^+ + OH_{(aq)}^-$$

Les ions sodium (et les cations similaires) deviennent solvatés lorsque les molécules d'eau partagent leurs paires d'électrons libres avec l'orbitale ou les orbitales vacantes des cations. Les ions hydroxyde (et tous les anions possédant des paires d'électrons libres) deviennent quant à eux solvatés en réalisant des liaisons hydrogène avec les molécules d'eau.

La compréhension des notions entourant les acides et les bases conjugués vous aidera à évaluer la force relative des acides et des bases.

La force d'un acide correspond à la facilité avec laquelle il transfère son ou ses protons à une base telle que l'eau. Il s'agit donc de la mesure du pourcentage de dissociation et *non* d'une concentration.

Ion sodium solvaté   **Ion hydroxyde solvaté**

Lorsqu'une solution aqueuse d'hydroxyde de sodium se mélange à une solution aqueuse de chlorure d'hydrogène (acide chlorhydrique), les ions hydronium et les ions hydroxyde réagissent ensemble. Cependant, les ions sodium et les ions chlorure ne participent pas à cette réaction. Ils sont d'ailleurs appelés **ions spectateurs.**

Réaction ionique totale

Ions spectateurs

Réaction nette

Ce que nous venons de mentionner à propos de l'acide chlorhydrique et de l'hydroxyde de sodium aqueux est valable pour tout mélange d'acides et de bases forts en solution aqueuse. L'équation ionique nette se résume à :

$$H_3O^+ + OH^- \longrightarrow 2\,H_2O$$

3.2B DÉFINITION DES ACIDES ET DES BASES SELON LEWIS

La plupart des réactions que nous étudierons concernent des interactions acides-bases comme les a décrites Lewis. Une compréhension approfondie de la chimie acido-basique sera très utile pour votre apprentissage de la chimie organique.

Grâce à G.N. Lewis, la théorie des acides et des bases s'est grandement développée depuis 1923. Décrivant ce qu'il a appelé « le culte du proton », Lewis a proposé que **les acides soient définis comme des accepteurs de paires d'électrons,** et **les bases, comme des donneurs de paires d'électrons.** Dans la théorie acide-base de Lewis, la définition d'un acide ne se limite pas au proton, car bien d'autres espèces peuvent agir comme acides. Le chlorure d'aluminium, par exemple, réagit avec l'ammoniac de la même manière qu'un proton. En utilisant une flèche incurvée pour symboliser le partage de la paire d'électrons de l'ammoniac (base de Lewis), on obtient les réactions suivantes :

Vérifiez que vous savez bien calculer les charges formelles des espèces ci-contre.

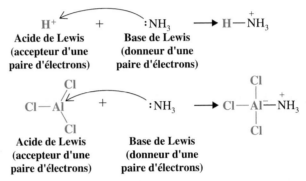

Dans cet exemple, le chlorure d'aluminium accepte la paire d'électrons de l'ammoniac comme l'aurait fait un proton, c'est-à-dire en l'employant pour réaliser une liaison covalente avec l'atome d'azote. Cette acceptation est possible en raison de la déficience en électrons de l'atome d'aluminium, qui ne possède que six électrons de valence. Quand le chlorure d'aluminium accepte la paire d'électrons, selon Lewis, on dit que cette molécule *se comporte comme un acide.*

Les bases sont considérées de la même façon dans la théorie de Lewis et dans celle de Brønsted-Lowry : dans les deux cas, elles doivent donner une paire d'électrons. Selon Brønsted-Lowry, la base donne une paire d'électrons pour accepter un proton.

Par sa large définition des acides, la théorie acide-base de Lewis inclut toutes les réactions de Brønsted-Lowry et de nombreuses autres, comme nous l'étudierons plus tard.

Comme nous venons de l'apprendre, tout *atome déficient en électrons* peut agir comme un acide de Lewis. Plusieurs éléments du groupe 3A tels le bore et l'aluminium sont des acides de Lewis, car les atomes de ce groupe n'ont que six électrons dans leur couche externe. En fait, tout composé dont les atomes possèdent des orbitales vacantes peut jouer le rôle d'acide de Lewis. Les halogénures de zinc et de fer (III) (halogénures ferreux) sont fréquemment employés comme acides de Lewis dans des réactions organiques. En voici deux exemples, que nous reprendrons d'ailleurs plus loin :

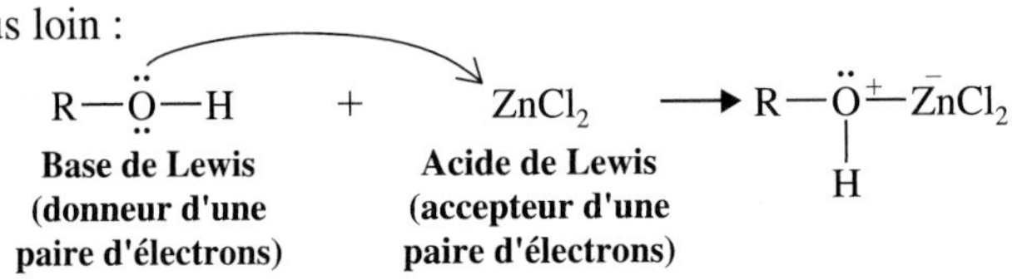

L'ion de zinc agit comme un acide de Lewis dans le mécanisme de l'enzyme appelée anhydrase carbonique (voir la Capsule chimique traitant de l'anhydrase carbonique plus loin dans ce chapitre).

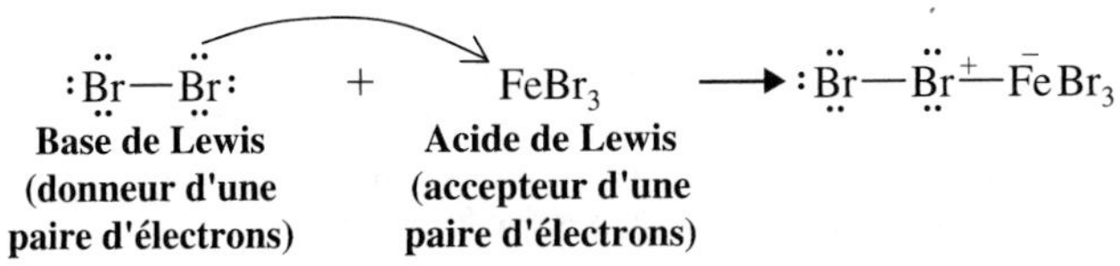

3.2C ATTRACTION DES CHARGES DE SIGNE OPPOSÉ

Dans la théorie acide-base de Lewis, comme dans bien des réactions organiques, la réactivité repose fondamentalement sur l'attraction entre les espèces de signe opposé. Prenons l'exemple de la réaction du trifluorure de bore, un acide de Lewis plus fort que le chlorure d'aluminium, avec l'ammoniac. La représentation du trifluorure de bore de la figure 3.1 montre le potentiel électrostatique à la surface de la molécule (il s'agit d'une représentation du potentiel électrostatique du type de celle que nous avons étudiée à la section 2.3 pour HCl). Si l'on observe cette figure, il est évident (et vous devriez être en mesure de le prédire vous-même) que BF_3 possède une charge positive importante centrée sur l'atome de bore et une charge négative localisée sur les trois atomes de fluor. Par convention, dans ce type de modèle, on représente en bleu les régions relativement positives et en rouge les régions relativement négatives. Par contre, la représentation du potentiel électrostatique de l'ammoniac montre (comme vous l'auriez prédit vous-même) que la région dans laquelle est situé le doublet libre porte une charge fortement négative. De fait, les propriétés électrostatiques de ces deux molécules conviennent parfaitement à la réalisation d'une réaction acide-base selon Lewis. Lorsque celle-ci a lieu, le doublet libre de l'ammoniac attaque l'atome de bore du trifluorure de bore et en complète la couche de valence. Le bore porte alors une charge négative formelle, et l'azote, une charge positive formelle. Cette séparation des charges est illustrée dans le modèle du potentiel électrostatique du produit (figure 3.1, à droite). Notez que la forte charge négative se trouve du côté de la molécule BF_3 et que la charge positive se trouve près de l'azote.

Bien que les représentations infographiques de potentiel électrostatique comme celles-ci illustrent clairement la répartition des charges et la forme tridimensionnelle des molécules, il serait important que vous arriviez aux mêmes conclusions en calculant les structures de BF_3, de NH_3 et de leur produit à l'aide de la théorie de l'hybridation des orbitales (sections 1.12 à 1.14), des modèles tirés de la théorie RPECV (section 1.16) et en considérant les charges formelles (section 1.7) et l'électronégativité (section 2.3) des espèces concernées.

On n'insistera jamais assez sur la nécessité de bien maîtriser les notions de structure, de charge formelle et d'électronégativité pour avoir de solides connaissances de base en chimie organique.

PROBLÈME 3.1

Écrivez les équations montrant une réaction acide-base de Lewis entre

a) l'alcool méthylique et BF_3;

b) le chlorométhane et $AlCl_3$;

c) l'oxyde de diméthyle et BF_3.

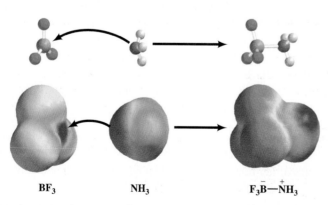

$$BF_3 \qquad NH_3 \qquad F_3\overset{-}{B}—\overset{+}{N}H_3$$

Figure 3.1 Représentation du potentiel électrostatique des molécules BF_3, NH_3 et du produit de leur réaction. L'attraction de la portion fortement positive de BF_3 pour la portion négative de NH_3 provoque la réaction des molécules. La représentation du potentiel électrostatique du produit montre que les atomes de fluor attirent les électrons de la charge négative formelle et que l'atome d'azote, avec ses hydrogènes, porte la charge positive formelle.

▶ CAPSULE CHIMIQUE

RÔLE DES ORBITALES LUMO ET HOMO DANS LES RÉACTIONS

L'orbitale moléculaire vacante de plus basse énergie (LUMO, de l'anglais *lowest unoccupied molecular orbital*) de BF_3 est représentée ci-contre par les lobes rouges et bleus. La LUMO représente le volume (perpendiculaire au plan des atomes) correspondant à l'orbitale *p* vacante du BF_3 lorsqu'il est hybridé *sp²*. Cette orbitale se remplit d'électrons lors de la formation de la liaison, soit au moment où BF_3 réagit avec NH_3. Le maillage représente la densité électronique correspondant à la surface

de Van der Waals. Comme on le voit, la LUMO se prolonge en dehors de la surface de densité électronique, ce qui la rend plus apte à effectuer une réaction.

L'orbitale moléculaire occupée de plus haute énergie (HOMO, de l'anglais *highest occupied molecular orbital*) de l'ammoniac, dans laquelle réside le doublet libre, est représentée par les lobes rouge et bleu dans le modèle de droite. Lors de la réaction, les électrons de la HOMO de l'ammoniac sont transférés à la LUMO du trifluorure de

bore. Ainsi, c'est par l'interaction entre la HOMO d'une molécule et la LUMO d'une autre que la réaction se produit.

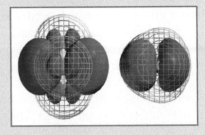

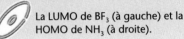 La LUMO de BF_3 (à gauche) et la HOMO de NH_3 (à droite).

PROBLÈME 3.2

Quelles structures correspondent à des acides et à des bases de Lewis potentiels ?

a) $CH_3CH_2—\overset{\displaystyle ..}{\underset{\displaystyle |}{N}}—CH_3$
$\quad\quad\quad\quad CH_3$

b) 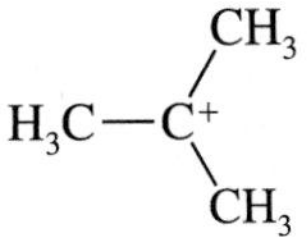 $\quad\quad\quad CH_3$
$\quad H_3C—\overset{|}{\underset{|}{C}}{}^+$
$\quad\quad\quad\quad CH_3$

c) $(C_6H_5)_3P:$

d) $:\overset{\displaystyle ..}{Br}:^-$

e) $(CH_3)_3B$

f) $H:^-$

3.3 RUPTURE HÉTÉROLYTIQUE DES LIAISONS INCLUANT LE CARBONE : CARBOCATIONS ET CARBANIONS

La rupture hétérolytique d'une liaison réalisée avec un atome de carbone donne naissance soit à un ion dont l'atome de carbone porte une charge positive, qu'on appelle **carbocation***, soit à un ion dont l'atome de carbone porte une charge négative, nommé **carbanion**.

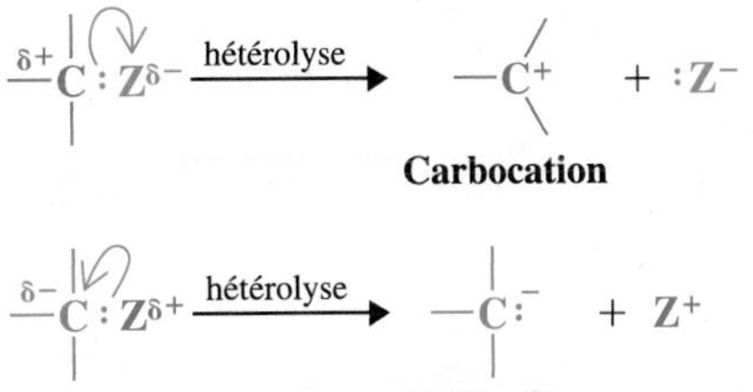

$$\overset{\delta+}{—C}:Z^{\delta-} \xrightarrow{\text{hétérolyse}} —C^+ \quad + \quad :Z^-$$
$$\textbf{Carbocation}$$

$$\overset{\delta-}{—C}:Z^{\delta+} \xrightarrow{\text{hétérolyse}} —\overset{..}{C}:^- \quad + \quad Z^+$$
$$\textbf{Carbanion}$$

Les carbocations sont des espèces déficientes en électrons : ils ne disposent que de six électrons dans leur couche de valence. Ce sont donc des acides de Lewis. À cet égard, les carbocations ressemblent aux molécules BF_3 et $AlCl_3$. La plupart sont très réactifs et ont une durée de vie très courte. Ils sont formés comme intermédiaires dans des réactions organiques. Les carbocations réagissent rapidement avec les bases de Lewis, c'est-à-dire avec les molécules ou les ions qui donnent leur

---

* Certains chimistes appellent les carbocations des **ions carbonium.** Cependant, ce terme ne fait plus partie de l'usage courant. On lui préfère le nom *carbocation* pour sa signification claire et non équivoque.

doublet d'électrons pour accéder à la stabilité que leur confère l'octet (c'est-à-dire la configuration d'un gaz noble).

$$-\overset{|}{\underset{|}{C}}{}^{+} \quad + \quad :B^{-} \quad \longrightarrow \quad -\overset{|}{\underset{|}{C}}-B$$

Carbocation   **Anion**
(un acide de Lewis)   **(une base de Lewis)**

$$-\overset{|}{\underset{|}{C}}{}^{+} \quad + \quad :\overset{..}{\underset{\underset{H}{|}}{O}}-H \quad \longrightarrow \quad -\overset{|}{\underset{|}{C}}-\overset{..}{\underset{\underset{H}{|}}{O}}{}^{+}-H$$

Carbocation   **Eau**
(un acide de Lewis)   **(une base de Lewis)**

Comme les carbocations attirent les électrons, les chimistes les qualifient d'électrophiles. *Les réactifs électrophiles recherchent les électrons qui leur manquent pour combler leur couche de valence et ainsi atteindre un état de stabilité.* Par conséquent, tous les acides de Lewis, incluant les protons, sont électrophiles. Lorsqu'un proton accepte un doublet, il acquiert la configuration électronique de l'hélium dans sa couche de valence. Les carbocations, quant à eux, cherchent à acquérir ainsi la configuration du néon.

Les carbanions sont des bases de Lewis. Ils réagissent en cherchant un proton ou une autre espèce positive à qui donner leur doublet et ainsi neutraliser leur charge négative. *Les réactifs qui, tels les carbanions, recherchent un proton ou une espèce positive sont appelés nucléophiles* (puisque le noyau est la partie positive d'un atome).

$$-\overset{|}{\underset{|}{C}}:^{-} \quad + \quad \overset{\delta^{+}}{H}-A^{\delta^{-}} \quad \longrightarrow \quad -\overset{|}{\underset{|}{C}}-H \;+\; :A^{-}$$

Carbanion   **Acide de Lewis**

$$-\overset{|}{\underset{|}{C}}:^{-} \quad + \quad -\overset{|}{\underset{|}{C}}{}^{\delta^{+}}-L^{\delta^{-}} \quad \longrightarrow \quad -\overset{|}{\underset{|}{C}}-\overset{|}{\underset{|}{C}}- \;+\; :L^{-}$$

Carbanion   **Acide de Lewis**

3.4 LES FLÈCHES INCURVÉES : DES OUTILS POUR ILLUSTRER LES RÉACTIONS

Dans les sections précédentes, nous avons illustré le déplacement de doublets d'électrons à l'aide de flèches incurvées. Les chimistes organiciens emploient couramment ce type de notation pour montrer *la direction du flux électronique dans une réaction.* Notez cependant que *les flèches incurvées n'indiquent pas le déplacement des atomes.* On suppose que les atomes suivent automatiquement le flux électronique. Examinons, par exemple, la réaction du chlorure d'hydrogène avec l'eau.

Les flèches incurvées sont parmi les outils les plus importants utilisés en chimie organique.

MÉCANISME DE LA RÉACTION

Réaction $H_2O + HCl \qquad \longrightarrow \qquad H_3O^{+} + Cl^{-}$

Mécanisme

$$H-\overset{..}{\underset{\underset{H}{|}}{O}}: \;+\; \overset{\delta^{+}}{H}-\overset{..}{\underset{..}{Cl}}{}^{\delta^{-}} \quad \longrightarrow \quad H-\overset{..}{\underset{\underset{H}{|}}{O}}{}^{+}-H \;+\; :\overset{..}{\underset{..}{Cl}}{}^{-}$$

La molécule d'eau emploie un de ses doublets d'électrons pour former une liaison avec du HCl. La liaison entre l'hydrogène et le chlore se rompt et l'atome de chlore se libère en emportant le doublet de la liaison.

Cette réaction mène à la formation de l'ion hydronium et de l'ion chlorure.

Les flèches incurvées pointent dans la direction de l'atome qui attire les électrons.

Sir Robert Robinson

Sir Robert Robinson (1886-1975) est célèbre pour avoir publié le premier article faisant appel aux flèches incurvées pour indiquer le flux des électrons (*J. Chem. Soc.,* vol. 121, 1922, p. 427-440). Sir Robert reçut le prix Nobel de chimie en 1947 pour ses travaux sur la synthèse et la biogenèse des produits naturels. Parmi ses autres réalisations, mentionnons la détermination de la structure de la strychnine (annexe F).

La flèche incurvée part d'une liaison covalente ou d'une paire d'électrons libres (un site de haute densité électronique) et pointe vers un site déficient en électrons. Lorsque la molécule d'eau entre en collision avec la molécule de chlorure d'hydrogène, un de ses doublets (montré en bleu) forme une liaison avec le proton du HCl. Cette liaison se réalise parce que les électrons chargés négativement de l'atome d'oxygène sont attirés par les protons chargés positivement. À mesure que se concrétise la liaison entre l'oxygène et le proton, la liaison hydrogène–chlore se rompt, laissant le chlore de la molécule HCl seul avec le doublet qu'il partageait avec le proton. Si cette étape ne se produisait pas, le proton formerait deux liaisons covalentes, ce qui est impossible. Une flèche incurvée est alors utilisée pour montrer la rupture de la liaison. En pointant vers le chlore, cette flèche indique que l'ion chlorure se libère en emportant le doublet avec lui.

Les réactions acide-base qui suivent sont d'autres exemples dans lesquels on emploie des flèches incurvées.

$$H-\overset{+}{\underset{H}{\overset{\cdot\cdot}{O}}}-H \;+\; \overset{\cdot\cdot}{:}\overset{\cdot\cdot}{O}-H \longrightarrow H-\overset{\cdot\cdot}{O}: \;+\; H-\overset{\cdot\cdot}{\underset{H}{O}}-H$$

Acide **Base**

$$CH_3-\overset{\overset{\cdot\cdot}{O}\cdot}{\underset{}{C}}-\overset{\cdot\cdot}{O}-H \;+\; \overset{\cdot\cdot}{:}\overset{\cdot\cdot}{\underset{H}{O}}-H \rightleftarrows CH_3-\overset{\overset{\cdot\cdot}{O}\cdot}{\underset{}{C}}-\overset{\cdot\cdot}{O}:^- \;+\; H-\overset{+}{\underset{H}{\overset{\cdot\cdot}{O}}}-H$$

Acide **Base**

$$CH_3-\overset{\overset{\cdot\cdot}{O}\cdot}{\underset{}{C}}-\overset{\cdot\cdot}{O}-H \;+\; \overset{\cdot\cdot}{:}\overset{\cdot\cdot}{O}-H \longrightarrow CH_3-\overset{\overset{\cdot\cdot}{O}\cdot}{\underset{}{C}}-\overset{\cdot\cdot}{O}:^- \;+\; H-\overset{\cdot\cdot}{O}-H$$

Acide **Base**

PROBLÈME 3.3

À l'aide de flèches incurvées, écrivez la réaction qui se produit entre la diméthylamine et le trifluorure de bore. Identifiez l'acide et la base de Lewis et déterminez les charges formelles des espèces concernées.

3.5 FORCE RELATIVE DES ACIDES ET DES BASES : K_a ET pK_a

Comparativement aux acides forts tels HCl et H_2SO_4, l'acide acétique est beaucoup plus faible : lorsqu'il est dissous dans l'eau, la réaction suivante ne se réalise pas complètement.

$$CH_3-\overset{\overset{O}{\|}}{C}-OH + H_2O \rightleftarrows CH_3-\overset{\overset{O}{\|}}{C}-O^- + H_3O^+$$

En effet, des expériences ont démontré que, dans une solution à 0,1 *M* d'acide acétique à 25 °C, seulement 1 % environ des molécules d'acide acétique se dissocient en transférant leur proton à l'eau.

3.5A LA CONSTANTE D'ACIDITÉ, K_a

L'équilibre qui s'établit lors de la réaction de l'acide acétique avec l'eau peut se décrire à l'aide de l'expression de la constante d'équilibre.

$$K_{éq} = \frac{[H_3O^+]\,[CH_3CO_2^-]}{[CH_3CO_2H]\,[H_2O]}$$

Comme la concentration de l'eau est presque constante ($\sim 55,5\ M$) en solution aqueuse diluée, on peut récrire l'expression de la constante d'équilibre pour obtenir une nouvelle constante appelée **constante d'acidité** (K_a).

$$K_a = K_{éq}\,[H_2O] = \frac{[H_3O^+]\,[CH_3CO_2^-]}{[CH_3CO_2H]}$$

À 25 °C, la constante d'acidité de l'acide acétique est de $1,76 \times 10^{-5}$.

Tout phénomène par lequel un acide faible se dissout dans l'eau peut être décrit par une expression similaire. La réaction de la dissolution dans l'eau d'un acide hypothétique typique symbolisé par HA ressemblerait à :

$$HA + H_2O \rightleftharpoons H_3O^+ + A^-$$

et l'expression de sa constante d'acidité serait :

$$K_a = \frac{[H_3O^+]\,[A^-]}{[HA]}$$

Comme les concentrations des produits de la réaction se trouvent au numérateur et que la concentration de l'acide non dissocié est au dénominateur, on en déduit qu'**à une valeur élevée de K_a correspond un acide fort et qu'à une faible valeur de K_a correspond un acide faible**. En fait, si K_a est plus grand que 10, on considère que l'acide sera complètement dissocié.

La valeur de K_a est une indication de la force d'un acide.

PROBLÈME 3.4

La constante d'acidité (K_a) de l'acide formique (HCO_2H) est de $1,77 \times 10^{-4}$. a) Quelles sont les concentrations molaires de l'ion hydronium et de l'ion formate (HCO_2^-) dans une solution aqueuse d'acide formique de $0,1\ M$? b) Quel pourcentage de l'acide formique est dissocié ?

3.5B ACIDITÉ ET pK_a

Habituellement, les chimistes expriment la constante d'acidité, K_a, sous sa forme logarithmique négative, pK_a.

$$pK_a = -\log K_a$$

Cette expression est semblable à celle du calcul de la concentration d'ions hydronium (pH).

$$pH = -\log[H_3O^+]$$

Le pK_a de l'acide acétique est de 4,75 :

$$pK_a = -\log(1,76 \times 10^{-5}) = -(-4,75) = 4,75$$

Remarquez qu'il existe une relation inverse entre la valeur du pK_a et la force d'un acide. **Plus le pK_a est élevé, plus l'acide est faible**. Par exemple, l'acide acétique, qui présente un pK_a de 4,75, est un acide plus faible que l'acide trifluoroacétique, dont le pK_a est égal à zéro ($K_a = 1$). L'acide chlorhydrique, dont le pK_a est de -7 ($K_a = 10^7$), est un acide beaucoup plus fort que l'acide trifluoroacétique. Notez qu'un pK_a positif est plus élevé qu'un pK_a négatif.

La valeur de pK_a indique la force d'un acide.

$$CH_3CO_2H \quad < \quad CF_3CO_2H \quad < \quad HCl$$

$pK_a = 4,75$	$pK_a = 0$	$pK_a = -7$
Acide faible		**Acide très fort**

Augmentation de la force de l'acide →

Tableau 3.1 Force relative de quelques acides et de leurs bases conjuguées.

	Acide	pK_a approximatif	Base conjuguée	
Acide le plus fort	$HSbF_6$	< -12	SbF_6^-	Base la plus faible
	HI	-10	I^-	
	H_2SO_4	-9	HSO_4^-	
	HBr	-9	Br^-	
	HCl	-7	Cl^-	
	$C_6H_5SO_3H$	$-6,5$	$C_6H_5SO_3^-$	
	$(CH_3)_2\overset{+}{O}H$	$-3,8$	$(CH_3)_2O$	
	$(CH_3)_2C=\overset{+}{O}H$	$-2,9$	$(CH_3)_2C=O$	
	$CH_3\overset{+}{O}H_2$	$-2,5$	CH_3OH	
	H_3O^+	$-1,74$	H_2O	
	HNO_3	$-1,4$	NO_3^-	
	CF_3CO_2H	$0,18$	$CF_3CO_2^-$	
	HF	$3,2$	F^-	
	H_2CO_3	$3,7$	HCO_3^-	
	CH_3CO_2H	$4,75$	$CH_3CO_2^-$	
	$CH_3COCH_2COCH_3$	$9,0$	$CH_3CO\overset{-}{C}HCOCH_3$	
	NH_4^+	$9,2$	NH_3	
	C_6H_5OH	$9,9$	$C_6H_5O^-$	
	HCO_3^-	$10,2$	CO_3^{2-}	
	$CH_3NH_3^+$	$10,6$	CH_3NH_2	
	H_2O	$15,7$	OH^-	
	CH_3CH_2OH	16	$CH_3CH_2O^-$	
	$(CH_3)_3COH$	18	$(CH_3)_3CO^-$	
	CH_3COCH_3	$19,2$	$^-CH_2COCH_3$	
	$HC\equiv CH$	25	$HC\equiv C^-$	
	H_2	35	H^-	
	NH_3	38	NH_2^-	
	$CH_2=CH_2$	44	$CH_2=CH^-$	
Acide le plus faible	CH_3CH_3	50	$CH_3CH_2^-$	Base la plus forte

Augmentation de l'acidité (flèche vers le haut, à gauche) — *Augmentation de la basicité* (flèche vers le bas, à droite)

Le tableau 3.1 dresse la liste des valeurs relatives de pK_a pour toute une gamme d'acides dans l'eau. Les valeurs situées au centre de la plage de pK_a sont les plus justes, car elles peuvent être mesurées expérimentalement dans des solutions aqueuses. Des méthodes particulières doivent être employées pour estimer les valeurs de pK_a des acides très forts situés dans le haut du tableau et des acides très faibles dans le bas du tableau*. Les valeurs de pK_a pour ces acides très forts ou très faibles sont donc approximatives. Dans ce manuel, la force des acides que nous examinerons sera située entre celle de l'éthane (un acide extrêmement faible) et celle de $HSbF_6$ (un acide tellement fort qu'on le surnomme « superacide »). Notez la gamme étendue de l'acidité représentée par ce tableau (un facteur de 10^{62}).

PROBLÈME 3.5

a) Un acide (HA) possède un K_a de 10^{-7}. Quel est son pK_a ? b) Un autre acide (HB) présente un K_a de 5. Quel est son pK_a ? c) Lequel de ces acides est le plus fort ?

L'eau est un acide très faible qui s'ionise même en l'absence d'acide ou de base.

$$H-\overset{..}{\underset{H}{O}}: + H-\overset{..}{\underset{H}{O}}: \rightleftarrows H-\overset{\pm}{\underset{H}{O}}-H + {}^-:\overset{..}{\underset{}{O}}-H$$

---

* Les acides plus forts que l'ion hydronium et les bases plus fortes que l'ion hydroxyde se dissocient complètement dans l'eau (voir les sections 3.2A et 3.14). C'est pourquoi il n'est pas possible de mesurer les constantes d'acidité de ces acides dans l'eau pure. Il faut faire appel à des solvants et à des techniques particulières que nous ne pouvons décrire ici, faute d'espace.

Dans l'eau pure à 25 °C, les concentrations des ions hydronium et hydroxyde sont égales à 10^{-7} M. Puisque dans une solution d'eau pure la concentration de l'eau est de 55,5 M, il est possible de calculer le K_a de l'eau.

$$K_a = \frac{[H_3O^+]\,[OH^-]}{[H_2O]} \qquad K_a = \frac{(10^{-7})\,(10^{-7})}{(55,5)} = 1,8 \times 10^{-16} \qquad pK_a = 15,7$$

PROBLÈME 3.6

Prouvez par des calculs que la valeur du pK_a de l'ion hydronium (H_3O^+) est bien de $-1,74$, comme l'indique le tableau 3.1.

3.5C PRÉDIRE LA FORCE DES BASES

La relation entre un acide et sa base conjuguée permet de prédire la force relative d'une base.

Jusqu'à présent, nous n'avons abordé que la force relative des acides. Le corollaire obligé qui suit est un principe permettant d'estimer la force relative des bases et pouvant être simplement exprimé ainsi : **plus un acide est fort, plus sa base conjuguée est faible**.

Nous pouvons maintenant **établir une relation entre la force d'une base et le pK_a de son acide conjugué. À une valeur élevée de pK_a d'un acide conjugué correspond une base forte**. Étudions les exemples suivants.

	Augmentation de la force de la base $\longrightarrow$	
Cl^-	$CH_3CO_2^-$	OH^-
Base très faible		**Base forte**
pK_a de l'acide conjugué	pK_a de l'acide conjugué	pK_a de l'acide conjugué
$(HCl) = -7$	$(CH_3CO_2H) = 4,75$	$(H_2O) = 15,7$

On constate que l'ion hydroxyde est la base la plus forte, car son acide conjugué, l'eau, est l'acide le plus faible. On sait que l'eau est l'acide le plus faible des trois parce que la valeur de son pK_a est la plus élevée.

Comme l'ammoniac, les amines sont des bases faibles. La dissolution de l'ammoniac dans l'eau conduit à l'équilibre suivant :

$$\overset{..}{N}H_3 \;+\; H-\overset{..}{\underset{..}{O}}-H \;\rightleftharpoons\; H-\overset{\overset{H}{|}}{\underset{\underset{H}{|}}{N^\pm}}-H \;+\; {}^-{:}\overset{..}{O}-H$$

Base	**Acide**	**Acide conjugué** $pK_a = 9,2$	**Base conjuguée**

La dissolution de la méthylamine dans l'eau produit une réaction d'équilibre semblable.

$$CH_3\overset{..}{N}H_2 \;+\; H-\overset{..}{\underset{..}{O}}-H \;\rightleftharpoons\; CH_3-\overset{\overset{H}{|}}{\underset{\underset{H}{|}}{N^\pm}}-H \;+\; {}^-{:}\overset{..}{O}-H$$

Base	**Acide**	**Acide conjugué** $pK_a = 10,6$	**Base conjuguée**

Une fois de plus, il est possible d'établir une relation entre la basicité de ces substances et la force de leur acide conjugué. L'acide conjugué de l'ammoniac est l'ion ammonium (NH_4^+), dont le pK_a est de 9,2. L'acide conjugué de la méthylamine est l'ion $CH_3NH_3^+$, qu'on appelle ion méthylaminium. Son pK_a est de 10,6. Puisque l'acide conjugué de la méthylamine est un acide plus faible que l'acide conjugué de l'ammoniac, on peut conclure que la méthylamine est une base plus forte que l'ammoniac.

PROBLÈME 3.7

Le pK_a de l'ion anilinium (C$_6$H$_5$$\overset{+}{N}H_3$) est égal à 4,6. En vous basant sur cette donnée, dites si l'aniline (C$_6$H$_5$NH$_2$) est une base plus forte ou plus faible que la méthylamine.

3.6 PRÉDIRE LE COURS D'UNE RÉACTION ACIDE-BASE

Le tableau 3.1 donne les valeurs approximatives du pK_a d'une variété de composés. Même si ces valeurs ne sont pas à mémoriser, il serait bon de connaître la basicité et l'acidité relatives des acides et des bases les plus courants. Les composés qui se trouvent dans le tableau sont typiques de leur classe ou du groupe fonctionnel qu'ils portent. Ainsi, l'acide acétique présente un pK_a de 4,75, et les acides carboxyliques ont généralement un pK_a approchant cette valeur (c'est-à-dire entre 3 et 5). La valeur du pK_a des alcools est habituellement voisine de celle de l'alcool éthylique (voir le tableau), à savoir entre 15 et 18, et ainsi de suite. Il y a bien sûr des exceptions à cette règle, mais nous y reviendrons en temps utile.

Principe général permettant de prédire le cours d'une réaction acide-base.

En retenant dès maintenant l'acidité relative des acides les plus communs, vous serez à même de prédire le cours d'une réaction acide-base. Le principe général qui sous-tend ce type de réaction est le suivant : **les réactions acide-base se produisent en favorisant toujours la formation de l'acide le plus faible et de la base la plus faible,** parce que le résultat d'une réaction acide-base est déterminé par la position d'équilibre qu'atteint le système. On dit d'ailleurs que les réactions acide-base sont **des processus à l'équilibre,** cet état favorisant toujours la formation des espèces les plus stables (dont l'énergie potentielle est la plus faible). Or, les acides et les bases faibles sont plus stables (ils possèdent une énergie potentielle plus faible) que les acides et les bases forts.

Partant de ce principe, on peut prédire qu'un acide carboxylique (RCO$_2$H) réagira avec une solution de NaOH aqueuse de la manière décrite ci-dessous, car la réaction conduira à la formation d'un acide faible (H$_2$O) et d'une base faible (RCO$_2^-$).

$$R-\overset{\overset{\displaystyle \cdot\cdot O \cdot\cdot}{\|}}{C}-\overset{\cdot\cdot}{\underset{\cdot\cdot}{O}}-H + Na^+ \ ^-:\overset{\cdot\cdot}{O}-H \longrightarrow R-\overset{\overset{\displaystyle \cdot\cdot O \cdot\cdot}{\|}}{C}-\overset{\cdot\cdot}{\underset{\cdot\cdot}{O}}:^-Na^+ + H-\overset{\cdot\cdot}{\underset{}{O}}-H$$

| Acide plus fort | Base plus forte | Base plus faible | Acide plus faible |
| pK_a = 3–5 | | | pK_a = 15,7 |

Vu la grande différence entre les valeurs de pK_a des deux acides, l'équilibre favorise énormément la formation des produits. Normalement, en pareille circonstance, on utilise une flèche simple dans l'équation, même s'il s'agit d'une réaction d'équilibre.

Bien que l'acide acétique et les acides carboxyliques de moins de cinq atomes de carbone soient hydrosolubles, beaucoup d'autres acides carboxyliques de masse moléculaire plus élevée ne le sont pas particulièrement. Cependant, étant donné leur acidité, *ces acides carboxyliques insolubles dans l'eau se dissolvent dans des solutions aqueuses d'hydroxyde de sodium.* En réagissant avec l'hydroxyde de sodium, ils forment des sels de sodium hydrosolubles.

$$\text{(C}_6\text{H}_5\text{)}-\overset{\overset{\displaystyle \cdot\cdot O \cdot\cdot}{\|}}{C}-\overset{\cdot\cdot}{\underset{\cdot\cdot}{O}}-H + Na^+ \ ^-:\overset{\cdot\cdot}{O}-H \longrightarrow \text{(C}_6\text{H}_5\text{)}-\overset{\overset{\displaystyle \cdot\cdot O \cdot\cdot}{\|}}{C}-\overset{\cdot\cdot}{\underset{\cdot\cdot}{O}}:^-Na^+ + H-\overset{\cdot\cdot}{\underset{}{O}}-H$$

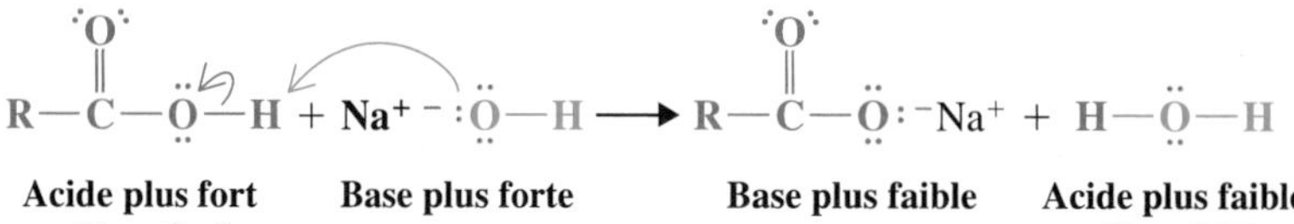

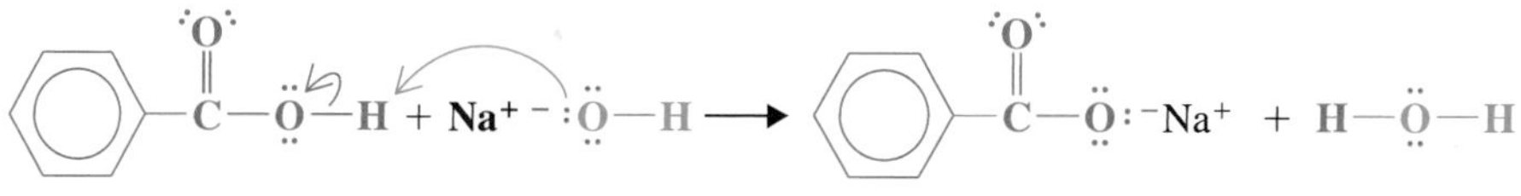

Insoluble dans l'eau   **Soluble dans l'eau**
(en raison de la polarité de sa forme ionique)

On peut aussi prédire qu'une amine réagira avec un acide chlorhydrique en solution aqueuse de la façon suivante.

$$R-\overset{..}{N}H_2 \quad + \quad H-\overset{..}{\underset{H}{\overset{\pm}{O}}}-H \quad Cl^- \longrightarrow R-\overset{H}{\underset{H}{\overset{|}{N^{\pm}}}}-H \quad Cl^- \quad + \quad \overset{..}{:\underset{H}{\overset{|}{O}}}-H$$

Base plus forte   **Acide plus fort** $pK_a = -1,74$ **Acide plus faible** $pK_a = 9{-}10$ **Base plus faible**

Tandis que la méthylamine et la plupart des amines de faible masse moléculaire sont très solubles dans l'eau, les amines de masse moléculaire plus élevée, telle que l'aniline ($C_6H_5NH_2$), s'y dissolvent très peu. Toutefois, *ces amines insolubles dans l'eau se dissolvent aisément dans l'acide chlorhydrique* grâce à la réaction acide-base qui les convertit en sels solubles.

$$C_6H_5-\overset{..}{N}H_2 \quad + \quad H-\overset{..}{\underset{H}{\overset{\pm}{O}}}-H \quad Cl^- \longrightarrow C_6H_5-\overset{H}{\underset{H}{\overset{|}{N^{\pm}}}}-H \quad Cl^- \quad + \quad :\overset{..}{\underset{H}{\overset{|}{O}}}-H$$

Insoluble dans l'eau   **Sel hydrosoluble**

3.7   RELATION ENTRE STRUCTURE ET ACIDITÉ

La force d'un acide dépend de la facilité avec laquelle il cède son proton à une base. La cession d'un proton se fait en plusieurs étapes. D'une part, la liaison avec le proton doit être rompue et, d'autre part, la base conjuguée qui en résulte devient plus négative d'un point de vue électrique. *En comparant les composés faisant partie d'une même colonne du tableau périodique, on se rend compte que la force de la liaison avec le proton est le principal facteur régissant l'acidité.* L'acidité des halogénures d'hydrogène en fournit un bon exemple :

→ Augmentation de l'acidité →

H—F	H—Cl	H—Br	H—I
$pK_a = 3,2$	$pK_a = -7$	$pK_a = -9$	$pK_a = -10$

À mesure que l'on descend dans une colonne, l'acidité augmente : H—F est l'acide le plus faible et H—I est le plus fort. Cette acidité dépend effectivement d'un facteur important, soit la force de la liaison H—X. Plus la liaison est *solide,* plus l'acide est *faible.* La liaison H—F est de loin la plus solide et la liaison H—I est la plus faible.

HI, HBr et HCl étant des acides forts, *leurs bases conjuguées (I^-, Br^-, Cl^-) sont des bases très faibles.* En revanche, l'ion fluorure est considérablement plus basique. En général, la basicité des ions halogénés augmente de la façon suivante :

← Augmentation de la basicité

$$F^- \quad\quad Cl^- \quad\quad Br^- \quad\quad I^-$$

On observe la même tendance quant à l'acidité et à la basicité des autres groupes du tableau périodique. Prenons l'exemple de la colonne débutant par l'oxygène.

→ Augmentation de l'acidité →

$$H_2O \quad\quad H_2S \quad\quad H_2Se$$

et

← Augmentation de la basicité

$$OH^- \quad\quad SH^- \quad\quad SeH^-$$

Dans ce cas-ci, la liaison la plus solide est la liaison O—H, et il en résulte que H_2O est l'acide le plus faible. La liaison la plus faible est Se—H et, par conséquent, H_2Se est l'acide le plus fort.

De plus, **l'acidité augmente de gauche à droite quand on compare des composés situés sur une même ligne du tableau périodique**. Dans ce cas-ci, la force de la liaison étant environ la même, *le facteur prépondérant* sur lequel repose l'acidité (ou la basicité) *devient l'électronégativité de l'atome relié à l'hydrogène.* Cette électronégativité influe sur l'acidité de deux façons : elle joue un rôle dans la polarité de la liaison avec le proton et a un effet sur la stabilité relative de l'anion (base conjuguée) résultant de la perte du proton. Comparons deux acides hypothétiques, H—A et H—B.

$$\overset{\delta+}{H} - \overset{\delta-}{A} \quad et \quad \overset{\delta+}{H} - \overset{\delta-}{B}$$

Si A est plus électronégatif que B, l'hydrogène (proton) de H—A sera plus positif que celui de H—B. Étant moins retenu, le proton de H—A se libérera et sera plus aisément transféré à une base. En étant plus électronégatif, l'atome A aura également tendance à acquérir une charge négative plus facilement que B, de sorte que l'anion A$^-$ sera plus stable que l'anion B$^-$. H—A est donc l'acide le plus fort.

On peut observer un exemple de cet effet en comparant les acidités des composés CH_4, NH_3, H_2O et HF. Ces composés sont tous des hydrogénures d'éléments de la première ligne du tableau périodique. Leur électronégativité augmente à mesure que l'on parcourt la ligne de gauche à droite (voir le tableau 1.2).

> Augmentation de l'électronégativité →

C   N   O   F

Le fluor étant l'élément le plus électronégatif, la liaison H—F est la plus polarisée et le proton qui s'y trouve est le plus positif. Il s'ensuit que H—F cédera son proton le plus facilement et que cette molécule présentera le caractère le plus acide :

> Augmentation de l'acidité →

$\overset{\delta-}{H_3C} - \overset{\delta+}{H}$	$\overset{\delta-}{H_2N} - \overset{\delta+}{H}$	$\overset{\delta-}{HO} - \overset{\delta+}{H}$	$\overset{\delta-}{F} - \overset{\delta+}{H}$
$pK_a = 48$	$pK_a = 38$	$pK_a = 15{,}7$	$pK_a = 3{,}2$

Leçon interactive :
pK_a et réaction acide-base

Les représentations du potentiel électrostatique de ces composés illustrent directement la tendance à céder un proton qu'engendrent l'électronégativité et l'augmentation de la polarisation des liaisons avec l'hydrogène (figure 3.2). Les hydrogènes du méthane ne portent presque pas de charge positive (indiquée par la couleur tirant vers le bleu) et ceux de l'ammoniac présentent une très faible charge positive. Ces observations concordent avec la faible électronégativité du carbone et de l'azote. Elles expliquent également le caractère faiblement acide du méthane et de l'ammoniac (pK_a respectivement de 48 et de 38). En revanche, l'eau montre clairement des charges positives à l'extrémité des hydrogènes (pK_a de 20 unités de moins que celui de l'ammoniac) et le fluorure d'hydrogène présente une importante charge positive située du même côté que son hydrogène (pK_a de 3,2), ce qui se traduit par une plus forte acidité.

Comme H—F est l'acide le plus fort, sa base conjuguée, l'ion fluorure (F$^-$), est la base la plus faible. Étant le plus électronégatif des atomes, le fluor accepte plus facilement une charge négative.

Figure 3.2 Les représentations du potentiel électrostatique du méthane, de l'ammoniac, de l'eau et du fluorure d'hydrogène mettent en évidence l'électronégativité croissante des éléments de la première ligne du tableau périodique (de gauche à droite).

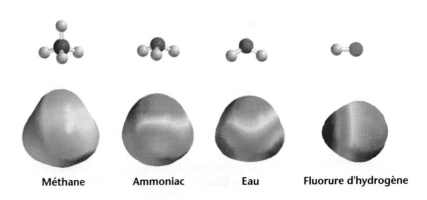

Méthane   **Ammoniac**   **Eau**   **Fluorure d'hydrogène**

Augmentation de la basicité

$$CH_3^- \quad H_2N^- \quad HO^- \quad F^-$$

L'ion méthanure (CH_3^-) est l'anion le moins stable des quatre, car le carbone est l'élément le moins électronégatif et par conséquent le moins susceptible d'accepter une charge négative. C'est donc la base la plus forte. L'ion méthanure, un **carbanion,** et l'ion amidure (NH_2^-) sont des bases extrêmement fortes, car elles sont les bases conjuguées d'acides extrêmement faibles. Nous traiterons de l'utilisation de ces très fortes bases dans la section 3.14.

3.7A CONSÉQUENCES DE L'HYBRIDATION

Les protons de l'éthyne ont une acidité plus prononcée que ceux de l'éthène, qui sont quant à eux plus acides que les protons de l'éthane.

$$H-C\equiv C-H$$

Éthyne
$pK_a = 25$

Éthène
$pK_a = 44$

Éthane
$pK_a = 50$

On peut expliquer l'acidité de ces composés par l'état d'hybridation du carbone qui porte l'hydrogène. Nous avons vu précédemment que les électrons des orbitales $2s$ possèdent moins d'énergie que ceux des orbitales $2p$ car, en moyenne, *les électrons des orbitales 2s sont situés plus près du noyau que ne le sont ceux des orbitales 2p*. Pensez aux formes des orbitales : les orbitales $2s$ sont sphériques et symétriques autour du noyau, alors que les orbitales $2p$ sont étirées et ont des lobes situés de part et d'autre du noyau. En transposant ces principes aux orbitales hybrides, on peut affirmer que, en moyenne, **plus le caractère s est important, plus faible est l'énergie des électrons d'un anion, et plus l'anion est stable.** Les orbitales sp engagées dans les liaisons C—H de l'éthyne ont un caractère s à 50 % (car elles découlent de la combinaison d'une orbitale s et d'une orbitale p), les orbitales sp^2 de l'éthène présentent un caractère s égal à 33,3 %, et les orbitales sp^3 de l'éthane, à 25 %. Dans les faits, cela signifie que les atomes de carbone hybridés sp de l'éthyne agissent comme s'ils étaient plus électronégatifs que les atomes de carbone hybridés sp^2 de l'éthène et les carbones sp^3 de l'éthane (souvenez-vous : l'électronégativité mesure la tendance d'un atome à attirer les électrons de la liaison vers son noyau, ce qui stabilise les électrons).

Cet effet de l'hybridation sur l'acidité de l'éthyne, de l'éthène et de l'éthane est illustré dans la figure 3.3 par les représentations infographiques de potentiel électrostatique tirées de calculs théoriques. Une région de charge positive (marquée en bleu) sur les hydrogènes de l'éthyne est évidente ($pK_a = 25$). Par contre, il n'existe presque pas de régions de charge positive sur les hydrogènes de l'éthène et de l'éthane (les deux composés présentent un pK_a supérieur de 20 unités à celui de l'éthyne). En effet, les orbitales sp de l'éthyne sont les plus électronégatives et possèdent un caractère s

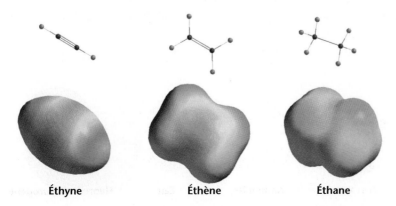

Éthyne **Éthène** **Éthane**

Figure 3.3 Représentation du potentiel électrostatique de l'éthyne, de l'éthène et de l'éthane.

plus important, si on les compare aux orbitales sp^2 de l'éthène et sp^3 de l'éthane. La figure 3.3 nous montre également la charge négative autour des liaisons π de l'éthyne et de l'éthène (symbolisée par le rouge qui indique l'emplacement de leurs liaisons π). Remarquez la symétrie cylindrique des électrons autour des liaisons π de la liaison triple de l'éthyne. En ce qui concerne la liaison π de l'éthène, il existe une région de forte densité électronique située en dessous de la molécule, complémentaire de celle que l'on aperçoit au-dessus de la liaison double.

Nous pouvons maintenant établir que l'acidité relative de l'éthyne, de l'éthène et de l'éthane concorde avec l'électronégativité du carbone présent dans la molécule et porteur de l'hydrogène.

Acidité relative des hydrocarbures

$$HC\equiv CH > H_2C=CH_2 > H_3C—CH_3$$

Étant le plus électronégatif, le carbone hybridé sp de l'éthyne rend la liaison C—H très polaire et crée ainsi des hydrogènes plus positifs. En conséquence, l'éthyne aura plus facilement tendance à céder son proton. Parallèlement, l'ion éthynure sera la base la plus faible parce que l'électronégativité plus prononcée de son carbone le rend plus apte à stabiliser une charge négative.

Basicité relative des carbanions

$$H_3C—CH_2{:}^- > H_2C=CH{:}^- > HC\equiv C{:}^-$$

Notez que cette explication est similaire à celle qui a été fournie pour rendre compte de l'acidité relative de HF, de H_2O, de NH_3 et de CH_4.

3.7B EFFET INDUCTIF

La liaison carbone–carbone de l'éthane est non polaire, puisque deux groupes méthyle équivalents se retrouvent à chacune de ses extrémités.

$$CH_3—CH_3$$
Éthane
La liaison C—C est non polaire.

Ce n'est toutefois pas le cas de la liaison carbone–carbone du fluoroéthane.

$$\overset{\delta+}{C\,H_3}\!\!\longrightarrow\!\!\overset{\delta+}{CH_2}\!\!\longrightarrow\!\!\overset{\delta-}{F}$$
2　　**1**

L'extrémité la plus proche de l'atome de fluor est plus positive que l'autre. Cette polarisation de la liaison carbone–carbone résulte de la capacité intrinsèque du fluor à attirer les électrons (grâce à son électronégativité). Cet effet se propage *à travers l'espace* et *le long des liaisons de la molécule*. Les chimistes qualifient ce phénomène d'**effet inductif**. Dans le cas qui nous concerne, l'effet inductif est **attracteur d'électrons** (ou **électroattracteur**), mais nous verrons plus loin qu'il peut aussi être **répulsif**. *L'effet inductif diminue à mesure que la distance séparant les substituants augmente.* Dans le fluoroéthane, le fluor induit une charge partielle positive plus importante sur **C1** que sur **C2**, car il se trouve plus près de **C1**.

La figure 3.4 montre le moment dipolaire du fluoroéthane. Dans la représentation du potentiel électrostatique, à droite, on peut voir la répartition de la charge négative autour de l'atome de fluor (en rouge).

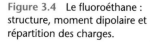

Figure 3.4 Le fluoroéthane : structure, moment dipolaire et répartition des charges.

3.8 VARIATIONS D'ÉNERGIE

Puisqu'il sera fréquemment question de l'énergie des systèmes chimiques et de la stabilité relative des molécules, prenons un moment pour réviser ces notions. On définit l'*énergie* comme étant la capacité d'effectuer un travail. Les deux types fondamentaux d'énergie sont l'**énergie cinétique** et l'**énergie potentielle.**

L'énergie cinétique correspond à l'énergie d'un objet en mouvement. Elle est égale au produit de la masse de cet objet et du carré de sa vitesse, divisé par 2 ($\frac{1}{2}mv^2$).

L'énergie potentielle est l'énergie emmagasinée. Elle n'existe que lorsque des forces d'attraction et de répulsion s'exercent entre des objets. Si deux sphères sont attachées ensemble par un ressort (une analogie de la liaison covalente que nous avons déjà employée pour étudier la spectroscopie infrarouge dans la section 2.16), leur énergie potentielle augmente lorsque le ressort est étiré ou comprimé (figure 3.5). Si le ressort est étiré, une force d'attraction naîtra entre les deux sphères. S'il est comprimé, une force de répulsion en résultera. Dans les deux cas, le fait de relâcher les sphères conduit à une transformation de leur énergie potentielle (énergie emmagasinée) en énergie cinétique (énergie du mouvement).

L'énergie chimique est une forme d'énergie potentielle. Elle doit son existence aux forces électriques d'attraction et de répulsion qui s'exercent entre les différentes parties des molécules. Ainsi, les noyaux attirent les électrons et repoussent les autres noyaux, et les électrons se repoussent entre eux.

Il est souvent difficile, voire impossible, d'évaluer la quantité *absolue* d'énergie potentielle que contient une substance. C'est pourquoi on parle souvent d'*énergie potentielle relative*. On dit, par exemple, qu'un système possède *plus* ou *moins* d'énergie potentielle qu'un autre.

Pour désigner l'énergie potentielle, les chimistes emploient souvent les termes **stabilité** ou **stabilité relative.** *La stabilité relative d'un système est inversement proportionnelle à son énergie potentielle relative.* ***Plus*** **un objet possède d'énergie potentielle,** ***moins*** **il est stable.** Prenons le cas de la neige tombée sur les flancs d'une montagne et de celle qui se trouve au fond d'une vallée. L'énergie potentielle élevée de la première peut être transformée en une quantité considérable d'énergie cinétique lors d'une avalanche. À l'inverse, la seconde, qui possède une énergie potentielle faible et une stabilité plus importante, ne peut libérer une telle quantité d'énergie.

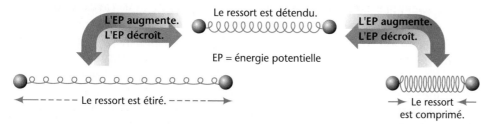

Figure 3.5 L'énergie potentielle (EP) existe entre les objets qui s'attirent ou se repoussent mutuellement. L'élongation ou la compression d'un ressort augmente l'EP des deux sphères. Adaptation autorisée de J.E. BRADY et G.E. HUMISTON, *General Chemistry: Principles and Structure*, New York, Wiley, 1975, p. 18.

3.8A ÉNERGIE POTENTIELLE ET LIAISONS COVALENTES

Les atomes et les molécules possèdent une énergie potentielle — qu'on appelle également énergie chimique — pouvant être libérée sous forme de chaleur lorsqu'ils réagissent entre eux. En raison du lien étroit entre chaleur et mouvement moléculaire, la transformation de l'énergie potentielle en énergie cinétique libère de la chaleur.

Du point de vue des liaisons covalentes, ce sont les atomes libres, c'est-à-dire ceux qui ne sont pas liés les uns aux autres, qui possèdent l'énergie potentielle la plus élevée. Cette affirmation s'appuie sur le fait que la formation d'une liaison chimique

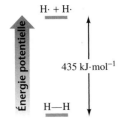

Figure 3.6 Énergie potentielle relative des atomes d'hydrogène libres et de la molécule d'hydrogène.

s'accompagne toujours d'une baisse de l'énergie potentielle des atomes (voir la figure 1.7). Prenons l'exemple de la formation de molécules d'hydrogène à partir d'atomes d'hydrogène libres :

$$\text{H}\cdot + \text{H}\cdot \longrightarrow \text{H—H} \quad \Delta H° = -435 \text{ kJ·mol}^{-1}$$

Lors de la formation d'une liaison covalente, l'énergie potentielle des atomes diminue de 435 kJ·mol^{-1}. Cette variation d'énergie potentielle est illustrée graphiquement par la figure 3.6.

Pour exprimer de façon commode l'énergie potentielle relative des molécules, on mesure leur **enthalpie** relative, ou **contenu en chaleur**, *H* (*enthalpie* est formé du préfixe *en-* auquel on ajoute le mot grec *thalpein,* qui signifie « chaleur »). Dans une réaction chimique, la différence entre les enthalpies relatives des réactifs et des produits est une variation d'enthalpie et est symbolisée par $\Delta H°$. Le symbole Δ (delta) placé devant une quantité signifie « différence » ou « variation » de cette quantité, et le symbole de degré (°) indique que les mesures ont été effectuées dans des conditions standard.

Par convention, le signe négatif devant $\Delta H°$ signifie qu'une réaction est **exothermique** (elle libère de la chaleur). Une réaction **endothermique** (elle absorbe de l'énergie) présente un $\Delta H°$ positif. La chaleur de réaction, $\Delta H°$, mesure la variation d'enthalpie des atomes constituant les réactifs lorsque ceux-ci se transforment en produits. Dans les réactions exothermiques, les atomes des produits présentent une enthalpie moindre que ceux des réactifs. L'inverse s'applique pour les réactions endothermiques.

3.9 RELATION ENTRE LA CONSTANTE D'ÉQUILIBRE ET LA VARIATION STANDARD DE L'ÉNERGIE LIBRE, $\Delta G°$

Il existe une **relation importante entre la constante d'équilibre et la variation standard de l'énergie libre*** ($\Delta G°$) qui accompagne une réaction.

$$\Delta G° = -2{,}303 \ RT \log K_{éq}$$

R est la constante des gaz et équivaut à 8,314 J·K^{-1}·mol^{-1}; *T* est la température absolue en degrés kelvin (K).

Cette équation permet de distinguer aisément qu'à une **valeur négative de $\Delta G°$ correspond une réaction qui favorise la formation de produits lorsque l'équilibre est atteint** et dont la constante d'équilibre ($K_{éq}$) est supérieure à 1. Les réactions présentant un $\Delta G°$ inférieur à −13 kJ·mol^{-1} sont dites *quantitatives,* c'est-à-dire que presque tous les réactifs (> 99 %) sont transformés en produits à l'équilibre. Inversement, **une valeur positive de $\Delta G°$ reflète des réactions d'équilibre dans lesquelles la formation de produits n'est pas favorisée** et pour lesquelles la constante d'équilibre est inférieure à 1. Étant donné le lien étroit entre K_a et la constante d'équilibre $K_{éq}$, K_a est reliée au $\Delta G°$ par la même relation.

La variation standard de l'énergie libre ($\Delta G°$) est déterminée par la variation d'enthalpie ($\Delta H°$) et la variation d'entropie ($\Delta S°$). On exprime la relation entre ces trois paramètres thermodynamiques comme suit :

$$\Delta G° = \Delta H° - T\Delta S°$$

Nous avons vu à la section 3.8 que $\Delta H°$ est associé aux modifications survenant dans les liaisons au cours d'une réaction. Si, de façon globale, les nouvelles liaisons

---

* On entend par « variation standard de l'énergie libre ($\Delta G°$) » que les produits et les réactifs ont été mesurés dans leur état standard (une pression de 1 atm pour un gaz et une concentration de 1 *M* pour une solution). La variation standard de l'énergie libre est aussi parfois appelée **variation standard de l'énergie libre de Gibbs,** en l'honneur de J. Willard Gibbs, un professeur de physique mathématique ayant enseigné à l'université Yale vers la fin du XIXe siècle. Gibbs est l'un des plus grands scientifiques américains.

formées dans les produits sont plus fortes que celles qui existaient dans les réactifs de départ, $\Delta H°$ sera négatif (ce qui signifie que la réaction est *exothermique*). Dans le cas inverse, $\Delta H°$ sera positif (la réaction est alors *endothermique*). Une valeur négative de $\Delta H°$ entraînera une valeur négative de $\Delta G°$, ce qui favorisera la formation de produits. Dans le cas de la dissociation d'un acide, plus la valeur de $\Delta H°$ est négative ou moins elle est positive, plus l'acide est fort.

La variation d'entropie mesure les *modifications que subit l'ordre d'un système*. **Plus un système est désordonné, plus l'entropie est grande.** En conséquence, à une variation positive d'entropie $(+\Delta S°)$ correspond toujours un passage de l'ordre au désordre, alors que le passage inverse contribue à une variation négative d'entropie $(-\Delta S°)$. Dans l'équation $\Delta G° = \Delta H° - T\Delta S°$, le produit de la variation d'entropie par T est précédé du signe négatif. Cela signifie qu'une *variation positive d'entropie (passage de l'ordre au désordre) apporte une contribution négative à $\Delta G°$, ce qui est favorable, sur le plan énergétique, à la formation de produits.*

Dans les réactions où la quantité de molécules de produits équivaut à la quantité de molécules de réactifs (par exemple lorsque deux molécules réagissent pour donner deux molécules de produit), la variation d'entropie est minime. Sauf si une réaction se fait à haute température (où $T\Delta S°$ est élevé même si $\Delta S°$ est faible), la valeur de $\Delta H°$ influera grandement sur la formation des produits. Si $\Delta H°$ est élevé et négatif (si la réaction est exothermique), les produits seront formés lorsque l'équilibre sera atteint. Par contre, si $\Delta H°$ est positif (si la réaction est endothermique), la formation de produits ne sera pas favorisée.

PROBLÈME 3.8

Dites si la variation d'entropie $(\Delta S°)$ sera positive, négative ou à peu près nulle pour chacune des réactions suivantes (supposez que les réactions se produisent en phase gazeuse).

a) $A + B \longrightarrow C$ b) $A + B \longrightarrow C + D$ c) $A \longrightarrow B + C$

PROBLÈME 3.9

a) Quelle est la valeur de $\Delta G°$ pour une réaction dont $K_{éq} = 1$? b) Et si $K_{éq} = 10$? (Il est utile de connaître la variation de $\Delta G°$ requise pour produire une augmentation de la constante d'équilibre d'un facteur de 10.) c) Supposons que la variation d'entropie de cette réaction est négligeable (ou égale à zéro). Quelle variation de la valeur de $\Delta H°$ sera requise pour que la valeur de la constante d'équilibre augmente d'un facteur de 10 ?

3.10 ACIDITÉ DES ACIDES CARBOXYLIQUES

Les acides carboxyliques et les alcools sont des acides faibles. Toutefois, *les acides carboxyliques ont un caractère acide beaucoup plus prononcé que les alcools correspondants*. Les acides carboxyliques non substitués ont un pK_a entre 3 et 5, alors que les alcools présentent un pK_a entre 15 et 18. Examinons l'exemple de deux composés dont les dimensions moléculaires sont à peu près les mêmes mais qui diffèrent par leur acidité, soit l'acide acétique et l'éthanol.

$$CH_3 - \overset{\overset{\textstyle O}{\|}}{C} - OH \qquad\qquad CH_3 - CH_2 - OH$$

Acide acétique   **Éthanol**
$pK_a = 4{,}75$ $pK_a = 16$
$\Delta G° = 27$ kJ·mol^{-1} $\Delta G° = 90{,}8$ kJ·mol^{-1}

À partir du pK_a de l'acide acétique $(pK_a = 4{,}75)$, on peut calculer (section 3.9) la variation d'énergie libre correspondant à sa dissociation. Cette valeur est positive et équivaut à 27 kJ·mol^{-1}. La variation d'énergie libre associée à la dissociation de l'éthanol $(pK_a = 16)$ est beaucoup plus grande (90,8 kJ·mol^{-1}). Ces valeurs (voir la figure 3.7)

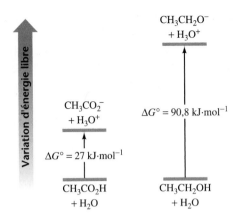

Figure 3.7 Diagramme comparant la variation d'énergie libre associée à la dissociation de l'acide acétique et de l'éthanol. L'éthanol présente la variation d'énergie libre positive la plus élevée; c'est un acide plus faible, car sa dissociation est moins favorisée.

montrent que, même si les deux substances sont de faibles acides, l'éthanol est un acide beaucoup plus faible que l'acide acétique.

Comment expliquer que l'acidité des acides carboxyliques soit plus prononcée que celle des alcools ? Deux explications ont été proposées, l'une reposant sur un effet qui découle de la théorie de la résonance (appelé **effet de résonance**) et l'autre fondée sur l'**effet inductif** (section 3.7B). Bien que les deux effets contribuent à l'acidité des acides carboxyliques, une question demeure : lequel des effets l'emporte sur l'autre ?

3.10A EXPLICATION FONDÉE SUR L'EFFET DE RÉSONANCE

Pendant de nombreuses années, on a attribué la grande acidité des acides carboxyliques à la **stabilisation par résonance de l'ion carboxylate.** Cette explication fait appel à un principe de la théorie de la résonance (section 1.8), selon lequel les molécules et les ions sont *stabilisés par résonance,* surtout *lorsque la molécule ou l'ion sont représentés par plus de deux structures de résonance* **équivalentes** *(c'est-à-dire par des structures de résonance d'égale stabilité).*

On peut écrire deux structures de résonance pour représenter l'acide carboxylique et deux pour représenter son anion (figure 3.8). *La stabilisation par résonance de l'anion est plus importante* parce que, d'une part, des structures de résonance équivalentes en découlent et que, d'autre part, des charges de signe opposé ne sont pas séparées, comme c'est le cas avec l'acide. La séparation des charges opposées nécessite de l'énergie, et les structures de résonance présentant des charges séparées apportent moins de stabilité à un composé (section 13.5). La plus grande stabilité de l'anion dérivé de l'acide carboxylique (comparativement à l'acide lui-même) entraîne une

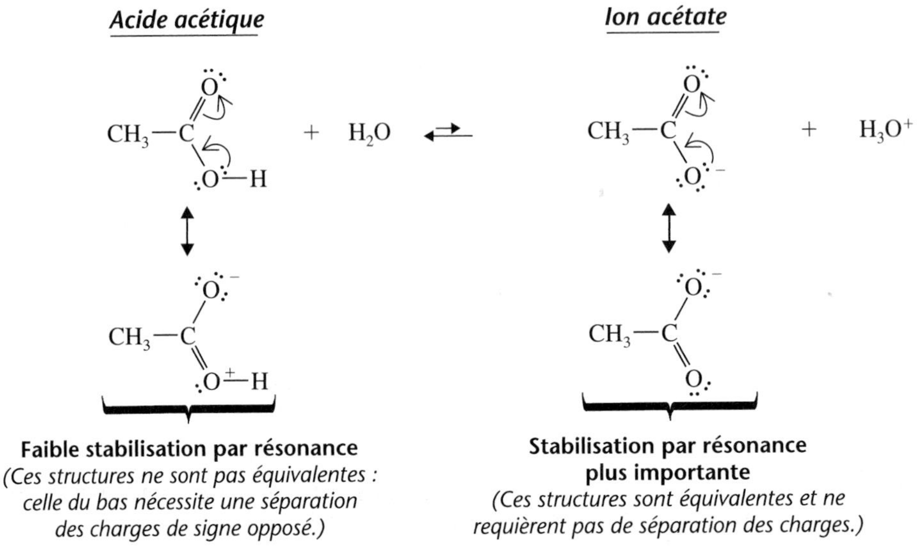

Figure 3.8 Deux structures de résonance de l'acide acétique et de l'ion acétate. Les formes limites de résonance équivalentes de l'ion acétate confèrent une plus grande stabilisation et diminuent la variation d'énergie libre positive associée à la dissociation. Cette explication fondée sur la résonance explique en partie la plus grande acidité de l'acide acétique.

diminution de son énergie libre et, de ce fait, diminue la variation d'énergie libre positive nécessaire à la dissociation de l'acide carboxylique. Souvenez-vous : *tout facteur qui contribue à rendre moins positive (ou plus négative) la variation d'énergie libre correspondant à la dissociation d'un acide en augmente l'acidité* (section 3.9).

Pour l'éthanol et son anion correspondant, la stabilisation par résonance n'est pas possible :

$$CH_3-CH_2-\ddot{O}-H + H_2O \;\rightleftharpoons\; CH_3-CH_2-\ddot{O}:^- + H_3O^+$$

Pas de stabilisation par résonance   **Pas de stabilisation par résonance**

La variation d'énergie libre positive nécessaire à la dissociation de l'alcool ne peut être diminuée par une stabilisation par résonance, ce qui explique que sa valeur soit plus grande que celle de l'acide carboxylique. Un alcool est donc moins acide qu'un acide carboxylique.

3.10B   EXPLICATION FONDÉE SUR L'EFFET INDUCTIF

En 1986, une autre explication a été avancée pour rendre compte de la plus grande acidité des acides carboxyliques, minimisant ainsi la contribution de l'effet de stabilisation par résonance. Cependant, la résonance explique d'autres propriétés des acides (voir le problème 3.10), ce qui n'a pas été remis en cause. Vu sous cet angle, le facteur contribuant davantage à l'acidité des acides carboxyliques est ***l'effet inductif de leur groupe carbonyle****. Pour bien comprendre l'apport de l'effet inductif, prenons l'exemple de deux composés.

$$\overset{\overset{\displaystyle O}{\|}}{CH_3-C}\!\leftarrow\!O\!\leftarrow\!H \qquad CH_3-CH_2-O\!\leftarrow\!H$$

Acide acétique   **Éthanol**
(acide plus fort)   (acide plus faible)

Dans les deux composés, la liaison O—H est très polarisée en raison de la forte électronégativité de l'atome d'oxygène. La plus forte acidité de l'acide acétique s'explique par le puissant effet inductif attracteur du groupe carbonyle (groupe $C\equiv O$), lequel est remplacé par un groupe CH_2 dans le cas de l'éthanol. Comme il fait partie d'un groupe fortement polarisé et que *la deuxième structure de résonance (montrée ci-dessous) contribue grandement à l'hybride de résonance,* le carbone de ce groupe est positif.

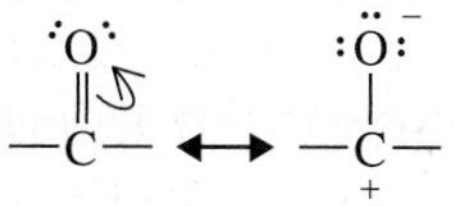

$$\underset{\displaystyle -C-}{\overset{\displaystyle \ddot{O}}{\|}} \;\longleftrightarrow\; \underset{\displaystyle -\overset{+}{C}-}{\overset{\displaystyle :\ddot{O}:^-}{|}}$$

Structures de résonance du groupe carbonyle

Ainsi, l'effet de la charge positive portée par le carbone du groupe carbonyle de l'acide acétique et l'effet inductif attracteur de l'atome d'oxygène du groupe hydroxyle s'additionnent, *renforçant le caractère positif du proton du groupe hydroxyle, alors que rien de tel ne se produit dans l'alcool.* Voilà ce qui explique que le proton de l'acide carboxylique se libère plus facilement.

L'effet inductif attracteur du groupe carbonyle confère aussi un effet stabilisateur à l'ion acétate formé à partir de l'acide acétique. Par conséquent, l'ion acétate est une base plus faible que l'ion éthoxyde.

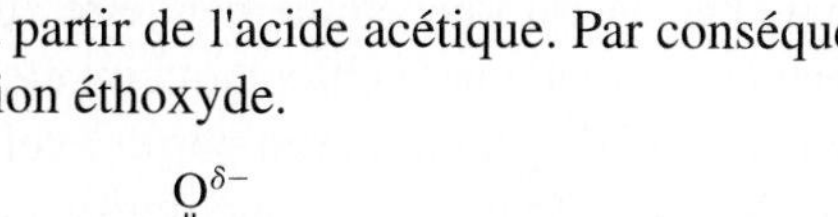

$$\overset{\overset{\displaystyle O^{\delta-}}{\|}}{CH_3-C}\!\leftarrow\!O^{\delta-} \qquad CH_3-CH_2\!\leftarrow\!O^-$$

Anion acétate   **Anion éthoxyde**
Base plus faible   **Base plus forte**

---

* Voir M.R. Siggel et T.D. Thomas, dans *J. Am. Chem. Soc.*, vol. 108, 1986, p. 4360-4362, et M.R. Siggel, A.R. Streitwieser Jr. et T.D. Thomas, dans *J. Am. Chem. Soc.,* vol. 110, 1988, p. 8022-8028.

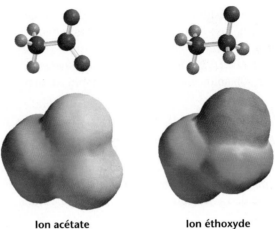

Figure 3.9 Représentation du potentiel électrostatique calculée de l'anion acétate et de l'anion éthoxyde. Même si les deux molécules portent une charge négative nette (–1), l'ion acétate stabilise mieux sa charge en la répartissant également sur ses deux oxygènes.

Ion acétate   **Ion éthoxyde**

La représentation du potentiel électrostatique des deux anions illustre de manière évidente la capacité qu'a l'ion acétate de stabiliser sa charge négative (figure 3.9). La charge négative de l'ion acétate est répartie uniformément sur les deux oxygènes, alors que dans l'ion éthoxyde la charge négative est clairement située sur l'oxygène (région colorée en rouge). C'est cette capacité de bien stabiliser sa charge négative qui rend l'ion acétate plus faiblement basique par rapport à l'ion éthoxyde (et qui rend son acide conjugué plus fort que l'éthanol).

G.W. Wheland, qui fit appel il y a plusieurs années à la théorie de la résonance pour expliquer l'acidité des acides carboxyliques, reconnut la portée de l'effet inductif mais trouva difficile de déterminer lequel des effets — stabilité par résonance ou effet inductif — est le plus important. Aujourd'hui encore, cette question demeurée sans réponse nourrit un débat vigoureux et captivant*.

PROBLÈME 3.10

On ignore si la théorie de la résonance est la meilleure hypothèse pour expliquer l'acidité des acides carboxyliques. Toutefois, cette théorie rend bien compte de deux observations : la longueur des liaisons carbone–oxygène de l'ion acétate est la même, et les deux oxygènes portent des charges négatives équivalentes. Expliquez ces faits à l'aide de la théorie de la résonance.

3.10C EFFET INDUCTIF D'AUTRES SUBSTITUANTS

D'autres substituants électroattracteurs (autres que le groupe carbonyle) peuvent augmenter l'acidité d'une molécule. Nous étudierons cet effet en comparant l'acide acétique et l'acide chloroacétique.

$$CH_3 - C \overset{O}{\underset{}{\|}} \leftarrow O \leftarrow H \qquad Cl \leftarrow CH_2 \leftarrow C \overset{O}{\underset{}{\|}} \leftarrow O \leftarrow H$$

$$pK_a = 4{,}75 \qquad\qquad pK_a = 2{,}86$$

La très forte acidité de l'acide chloroacétique peut être attribuée, entre autres, à l'effet attracteur supplémentaire induit par le chlore, qui est électronégatif. L'addition de l'effet inductif du chlore à celui du groupe carbonyle et à celui de l'oxygène rend le proton du groupe hydroxyle encore plus positif que dans l'acide acétique. Cet effet inductif confère également un effet stabilisateur à l'ion chloroacétate (formé par la libération d'un proton) par *une dispersion plus importante de sa charge négative* (figure 3.10).

---

* On a mis en doute l'explication fondée sur l'apport déterminant de l'effet inductif. Ceux qui s'intéressent au débat peuvent consulter l'article de F.G. BORDWELL et A.V. SATISH, dans *J. Am. Chem. Soc.*, vol. 116, 1994, p. 8885-8889.

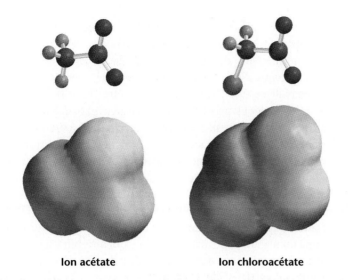

Ion acétate   **Ion chloroacétate**

Figure 3.10 Les représentations du potentiel électrostatique des ions acétate et chloroacétate montrent une meilleure répartition de la charge négative dans l'ion chloroacétate.

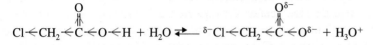

La dispersion d'une charge augmente toujours la stabilité d'une espèce chargée. Comme nous l'avons mentionné à plusieurs reprises, **tout facteur qui stabilise la base conjuguée d'un acide en augmente la force.** Dans la section 3.11, nous verrons que la variation d'entropie du solvant est aussi un facteur important pour expliquer l'acidité de l'acide chloroacétique.

Connaître les propriétés de la base conjuguée d'un acide permet de prédire la force de cet acide.

PROBLÈME 3.11

Dites lequel des membres de chaque paire est l'acide le plus fort. Justifiez chacune de vos réponses.

a) CH_2ClCO_2H ou $CHCl_2CO_2H$ c) CH_2FCO_2H ou CH_2BrCO_2H

b) CCl_3CO_2H ou $CHCl_2CO_2H$ d) CH_2FCO_2H ou $CH_2FCH_2CO_2H$

3.11 EFFET DU SOLVANT SUR L'ACIDITÉ

En l'absence de solvant (c'est-à-dire en phase gazeuse), la plupart des acides sont beaucoup plus faibles que lorsqu'ils se retrouvent en solution. Par exemple, sous forme gazeuse, l'acide acétique a un pK_a d'environ 130 (un K_a de $\sim 10^{-130}$) ! Ce pK_a élevé s'explique comme suit : en phase gazeuse, le transfert d'un proton de l'acide acétique à une molécule d'eau donne naissance à des ions de charge opposée qui doivent absolument être séparés les uns des autres.

$$CH_3-\overset{\overset{\textstyle O}{\|}}{C}-OH + H_2O \rightleftarrows CH_3-\overset{\overset{\textstyle O}{\|}}{C}-O^- + H_3O^+$$

Or, cette séparation est plus ardue en l'absence de solvant. En effet, en solution, les molécules de solvant isolent les ions les uns des autres en les entourant sur toute leur surface, ce qui leur confère une certaine stabilité.

Dans un solvant comme l'eau, qu'on appelle **solvant protique,** la solvatation à l'aide de liaisons hydrogène est importante (section 2.14C). **Un solvant protique est un solvant dont les molécules contiennent un atome d'hydrogène attaché à un élément fortement électronégatif tel que l'oxygène ou l'azote.** Par conséquent, les molécules d'un solvant protique peuvent former des liaisons hydrogène avec les doublets libres des oxygènes (ou des azotes) d'un acide et de sa base conjuguée. Notez toutefois que ces molécules de solvant ne stabilisent pas les deux espèces de manière égale.

Prenons l'exemple de la dissociation de l'acide acétique en solution aqueuse. Les molécules d'eau solvatent à la fois l'acide non dissocié (CH_3CO_2H) et son anion ($CH_3CO_2^-$) par l'intermédiaire de liaisons hydrogène qu'elles forment avec ces espèces (comme nous l'avons illustré pour l'ion hydroxyde, section 3.2A). Cependant, la liaison hydrogène réalisée avec $CH_3CO_2^-$ est beaucoup plus forte qu'avec CH_3CO_2H, du fait de l'affinité des molécules d'eau pour la charge négative. En outre, cette différence de solvatation influe fortement sur la variation d'entropie accompagnant la réaction. Généralement, la solvatation de toute espèce fait décroître l'entropie du solvant, car les molécules de solvant forment un système plus ordonné alors qu'elles entourent les molécules de soluté. Étant donné la meilleure solvatation de $CH_3CO_2^-$, les molécules de solvant auront tendance à former un système plus ordonné autour de ces ions. Cette dissociation de l'acide acétique se traduit alors par une variation d'entropie ($\Delta S°$) négative. Cela signifie que la portion $-T\Delta S°$ de l'équation $\Delta G° = \Delta H° - T\Delta S°$ apporte une contribution positive à $\Delta G°$, ce qui affaiblit l'acidité du composé. Le tableau 3.2 montre l'importance de la contribution de $-T\Delta S°$ au $\Delta G°$ comparativement au $\Delta H°$. Cette valeur de $-T\Delta S°$ est en grande partie responsable de la valeur positive de la variation d'énergie libre associée à la dissociation de l'acide acétique (dissociation non favorable).

Dans la section 3.10C, nous avons vu que l'acide chloroacétique est un acide plus fort que l'acide acétique, et nous avons expliqué ce phénomène par la présence de l'atome de chlore électroattracteur. Le tableau 3.2 indique que les valeurs de $\Delta H°$ et de $-T\Delta S°$ reflètent une dissociation plus favorable de cet acide ($\Delta H°$ est plus négatif de 4,2 kJ·mol^{-1} et $-T\Delta S°$ est moins positif de 7 kJ·mol^{-1}). Le terme contribuant le plus à l'énergie du système est clairement l'entropie. En stabilisant l'anion chloracétate, l'atome de chlore rend cet ion moins susceptible de former un système ordonné avec le solvant, car il nécessite moins de stabilisation par solvatation.

Tableau 3.2 Paramètres thermodynamiques de la dissociation des acides acétique et chloroacétique dans l'eau à 25 °C^a.

Acide	pK_a	$\Delta G°$ (kJ·mol^{-1})	$\Delta H°$ (kJ·mol^{-1})	$-T\Delta S°$ (kJ·mol^{-1})
CH_3CO_2H	4,75	+27	−0,4	+28
$ClCH_2CO_2H$	2,86	+16	−4,6	+21

^{a} Tableau adapté de J. March, *Advanced Organic Chemistry*, 3e éd., New York, Wiley, 1985, p. 236.

3.12 CARACTÈRE BASIQUE DES COMPOSÉS ORGANIQUES

Si un composé organique contient un atome muni d'une paire d'électrons libres, il est susceptible d'être une base. Nous avons vu dans la section 3.5C que les composés formés d'un atome d'azote disposant d'un doublet libre (c'est-à-dire les amines) peuvent agir en tant que bases. Voyons maintenant quelques exemples de composés organiques qui ont un atome d'oxygène, qui disposent de doublets libres et qui se comportent comme des bases.

La dissolution de HCl sous forme gazeuse dans le méthanol déclenche une réaction acide-base comparable à celle qui se produit dans l'eau (section 3.2A).

Méthanol   **Ion méthyloxonium**
(un alcool protoné)

L'acide conjugué de l'alcool est souvent appelé **alcool protoné**, même si sa dénomination exacte est **ion alkyloxonium.**

En général, les alcools réagissent de la même manière s'ils se retrouvent dans des solutions d'acides forts tels que HCl, HBr, HI et H_2SO_4.

$$R-\ddot{O}: \ + \ H-A \longrightarrow R-\overset{+}{\ddot{O}}-H \ + \ :A^-$$
$$\quad \ | \qquad\qquad\qquad\qquad\quad |$$
$$\quad \ H \qquad\qquad\qquad\qquad\quad H$$

| **Alcool** | **Acide fort** | **Ion alkyloxonium** | **Base faible** |

La même réaction se produit avec les éthers :

$$R-\ddot{O}: \ + \ H-A \longrightarrow R-\overset{+}{\ddot{O}}-H \ + \ :A^-$$
$$\quad \ | \qquad\qquad\qquad\qquad\quad |$$
$$\quad \ R \qquad\qquad\qquad\qquad\quad R$$

| **Éther** | **Acide fort** | **Ion dialkyloxonium (éther protoné)** | **Base faible** |

Les composés qui possèdent un groupe carbonyle agissent également comme des bases en présence d'un acide fort.

$$\overset{R}{\underset{R}{\diagdown\diagup}}C=\ddot{O}: \ + \ H-A \ \rightleftharpoons \ \overset{R}{\underset{R}{\diagdown\diagup}}C=\overset{+}{\ddot{O}}-H \ + \ :A^-$$

| **Cétone** | **Acide fort** | **Cétone protonée** | **Base faible** |

Les réactions de transfert de protons comme celles-ci constituent souvent la première étape de réactions qu'effectuent les alcools, les éthers, les aldéhydes, les cétones, les esters, les amides et les acides carboxyliques. Les pK_a de quelques-uns de ces intermédiaires protonés sont donnés au tableau 3.1.

Les atomes munis d'une paire d'électrons libres ne sont pas les seuls attributs conférant le caractère basique aux composés organiques : la liaison π d'un alcène peut produire le même effet. Plus loin, nous examinerons différentes réactions dans lesquelles les alcènes réagissent avec des acides forts en acceptant un proton de la façon suivante.

Rupture de la liaison π

Rupture de cette liaison

Formation de cette liaison

$$\overset{\diagup}{\diagdown}C=C\overset{\diagdown}{\diagup} \ + \ H-A \ \rightleftharpoons \ \overset{+}{\diagdown}C-C-H \ + \ :A^-$$

| **Alcène** | **Acide fort** | **Carbocation** | **Base faible** |

Dans cette réaction, la paire d'électrons de la liaison π de l'alcène sert à former une liaison entre un carbone de l'alcène et le proton libéré par l'acide fort. Notez que deux liaisons sont rompues dans ce processus : la liaison π de la double liaison et la liaison entre le proton de l'acide et sa base conjuguée. Il en résulte une nouvelle liaison entre un carbone de l'alcène et le proton. Cette réaction engendre une trivalence et une déficience en électrons sur l'autre carbone, qui porte alors une charge positive formelle. Un composé renfermant un carbone de ce type est appelé **carbocation** (section 3.3).

PROBLÈME 3.12

En règle générale, tout composé organique contenant un oxygène, un azote ou une liaison multiple se dissout dans l'acide sulfurique concentré. Expliquez le fondement de cette règle.

3.13 EXEMPLE DE MÉCANISME RÉACTIONNEL

Au chapitre 6, nous nous pencherons sérieusement sur les mécanismes des réactions organiques. Pour l'instant, examinons un exemple de mécanisme qui nous permettra d'appliquer les notions apprises dans ce chapitre et de voir comment on utilise les flèches incurvées pour illustrer les mécanismes.

La dissolution du *tert*-butanol dans une solution aqueuse concentrée (conc.) d'acide chlorhydrique produit du chlorure de *tert*-butyle (2-chloro-2-méthylpropane). Cette réaction est une substitution :

$$H_3C\!-\!\underset{\underset{CH_3}{|}}{\overset{\overset{CH_3}{|}}{C}}\!-\!OH \; + \; H\!-\!\overset{+}{\underset{\underset{H}{|}}{\ddot{O}}}\!-\!H \; + \; :\!\ddot{\underset{\cdot\cdot}{Cl}}\!:^{-} \xrightarrow{\;H_2O\;} H_3C\!-\!\underset{\underset{CH_3}{|}}{\overset{\overset{CH_3}{|}}{C}}\!-\!Cl \; + \; 2\,H_2O$$

tert-Butanol (soluble dans H₂O)	**HCl conc.**	**Chlorure de tert-butyle** (insoluble dans H₂O)

La réaction qui se produit est évidente pour la personne qui mène l'expérience. En effet, le *tert*-butanol est soluble en milieu aqueux, alors que le chlorure de *tert*-butyle ne l'est pas. Cette insolubilité se manifeste donc dans le ballon par une séparation de phase. Il est aisé de retirer la phase non aqueuse, de la purifier par distillation et, ainsi, d'obtenir le chlorure de *tert*-butyle.

Un ensemble de données, que nous décrirons plus tard, indiquent que cette réaction se produit comme suit.

MÉCANISME DE LA RÉACTION

Réaction du *tert*-butanol avec HCl concentré en solution aqueuse

Étape 1

$$H_3C\!-\!\underset{\underset{CH_3}{|}}{\overset{\overset{CH_3}{|}}{C}}\!-\!\ddot{O}\!-\!H \; + \; H\!-\!\overset{+}{\underset{\underset{H}{|}}{\ddot{O}}}\!-\!H \; \rightleftharpoons \; H_3C\!-\!\underset{\underset{CH_3}{|}}{\overset{\overset{CH_3}{|}}{C}}\!-\!\overset{+}{\underset{\underset{H}{|}}{O}}\!-\!H \; + \; :\!\ddot{O}\!-\!H$$

Ion *tert*-butyloxonium

Le *tert*-butanol agit comme une base et capte le proton donné par l'ion hydronium.

Les produits de la réaction sont l'alcool protoné et l'eau (l'acide et la base conjuguée).

Étape 2

$$H_3C\!-\!\underset{\underset{CH_3}{|}}{\overset{\overset{CH_3}{|}}{C}}\!-\!\overset{+}{\underset{\underset{H}{|}}{O}}\!-\!H \; \rightleftharpoons \; H_3C\!-\!\underset{\underset{CH_3}{|}}{\overset{\overset{CH_3}{|}}{\overset{+}{C}}} \; + \; :\!\underset{\underset{H}{|}}{O}\!-\!H$$

Carbocation

La liaison entre le carbone et l'oxygène de l'ion *tert*-butyloxonium se rompt hétérolytiquement, ce qui conduit à la formation d'un carbocation et d'une molécule d'eau.

Étape 3

$$H_3C\!-\!\underset{\underset{CH_3}{|}}{\overset{\overset{CH_3}{|}}{\overset{+}{C}}} \; + \; :\!\ddot{\underset{\cdot\cdot}{Cl}}\!:^{-} \; \rightleftharpoons \; H_3C\!-\!\underset{\underset{CH_3}{|}}{\overset{\overset{CH_3}{|}}{C}}\!-\!\ddot{\underset{\cdot\cdot}{Cl}}\!:$$

Chlorure de *tert*-butyl (2-chloro-2-méthylpropane)

Dans la formation du produit, le carbocation agit comme une base de Lewis et accepte le doublet cédé par l'ion chlorure.

Notez que des réactions acide-base se produisent à toutes les étapes. À l'étape 1, il s'agit d'une réaction acide-base de Brønsted courante, dans laquelle l'oxygène de l'alcool arrache le proton de l'ion hydronium. L'étape 2 est l'inverse d'une réaction acide-base de Lewis : la liaison carbone–oxygène de l'alcool protoné se rompt de façon hétérolytique, et une molécule d'eau se libère, emportant les électrons de la liaison. Cela se produit, entre autres, à cause de la protonation de la fonction hydroxyle. En effet, la présence d'une charge positive formelle sur l'oxygène de l'alcool affaiblit la liaison carbone−oxygène, car l'oxygène attire les électrons vers lui. L'étape 3 est une réaction acide-base de Lewis dans laquelle l'ion chlorure (une base de Lewis) réagit avec le carbocation (un acide de Lewis) pour former le produit.

> Une question peut se poser : pourquoi la molécule d'eau (également une base de Lewis), au lieu de l'ion chlorure, ne réagirait-elle pas avec le carbocation ? Après tout, l'eau étant le solvant, beaucoup de molécules d'eau se retrouvent dans le système. Effectivement, cette réaction se produit, mais elle n'est ni plus ni moins que la réaction inverse de l'étape 2. Cela dit, tous les carbocations ne se transforment pas nécessairement en produits. Quelques-uns réagissent avec l'eau pour redonner des alcools protonés, lesquels se dissocieront à nouveau pour devenir des carbocations (même si certains perdent un proton pour redevenir un alcool). Néanmoins, la plupart d'entre eux finiront par se convertir en produits car, dans les conditions réactionnelles, la dernière étape est un équilibre chimique fortement déplacé du côté des produits.

3.14 ACIDES ET BASES EN SOLUTION NON AQUEUSE

Si l'on ajoutait de l'amidure de sodium dans l'eau pour réaliser une réaction avec une base très forte, l'ion amidure (NH_2^-), la réaction suivante aurait immédiatement lieu.

$$H-\overset{..}{\underset{..}{O}}-H \;+\; :\overset{..}{N}H_2^- \;\longrightarrow\; H-\overset{..}{\underset{..}{O}}:^- \;+\; \overset{..}{N}H_3$$

Acide le plus fort	**Base la**	**Base la**	**Acide le plus faible**
$pK_a = 15,7$	**plus forte**	**plus faible**	$pK_a = 38$

L'ion amidure réagirait avec l'eau pour donner une solution contenant des ions hydroxyde (une base plus faible que l'ion amidure) et de l'ammoniac. Cet exemple illustre ce que l'on appelle l'**effet de nivellement** du solvant. Le solvant, en l'occurrence *l'eau, cède un proton à toute base plus forte que l'ion hydroxyde.* Par conséquent, *en solution aqueuse, il n'est pas possible d'employer une base plus forte que l'ion hydroxyde.*

On peut toutefois faire réagir des bases plus fortes que l'ion hydroxyde en employant des solvants dont l'acidité est plus faible que celle de l'eau. Ainsi, il est possible de faire réagir l'ion amidure (provenant de $NaNH_2$, par exemple) dans un solvant tel que l'hexane, l'oxyde de diéthyle ou le NH_3 liquide (un gaz liquéfié dont le point d'ébullition est de −33 °C, et non la solution aqueuse généralement utilisée en laboratoire). Tous ces solvants sont des acides très faibles et, par conséquent, ne céderont pas leur proton, même à une base forte comme NH_2^-.

On peut par exemple convertir l'éthyne en sa base conjuguée, un carbanion, en le faisant réagir avec de l'amidure de sodium dans l'ammoniac liquide.

$$H-C\equiv C-H \;+\; :\overset{..}{N}H_2^- \;\xrightarrow[\text{liquide}]{NH_3}\; H-C\equiv C:^- \;+\; :NH_3$$

Acide le plus fort	**Base la**	**Base la**	**Acide le**
$pK_a = 25$	**plus forte**	**plus faible**	**plus faible**
	(de $NaNH_2$)		$pK_a = 38$

La plupart des alcynes dont le proton est attaché au carbone de la liaison triple (appelés **alcynes terminaux**) possèdent un pK_a d'environ 25. Ces alcynes réagissent avec l'amidure de sodium dans l'ammoniac liquide à la manière de l'éthyne. La réaction générale est la suivante.

$$R-C\equiv C-H \;+\; :\overset{..}{N}H_2^- \;\xrightarrow[\text{liquide}]{NH_3}\; R-C\equiv C:^- \;+\; :NH_3$$

Acide le plus fort	**Base la**	**Base la**	**Acide le**
$pK_a \cong 25$	**plus forte**	**plus faible**	**plus faible**
			$pK_a = 38$

Au chapitre 4, dans l'introduction à la synthèse organique, nous utiliserons à nouveau cette réaction.

▶ CAPSULE CHIMIQUE

L'ANHYDRASE CARBONIQUE

L'anhydrase carbonique est une enzyme (un catalyseur biologique) qui contribue à contrôler l'acidité du sang. Comme nous l'avons mentionné dans le préambule du présent chapitre, la fréquence respiratoire est l'une des fonctions physiologiques gouvernées par l'acidité sanguine. Cette enzyme catalyse une réaction à l'équilibre qui convertit l'eau et le gaz carbonique en acide carbonique (H_2CO_3).

$$H_2O + CO_2 \xrightleftharpoons[\text{carbonique}]{\text{anhydrase}} H_2CO_3 \rightleftharpoons HCO_3^- + H^+$$

L'anhydrase carbonique est une protéine qui consiste en une chaîne de 260 maillons (acides aminés) et qui se replie naturellement en une conformation globulaire bien précise. Dans cette structure se trouve une poche ou un creux, appelé site actif, dans lequel les réactifs sont transformés en produits. La chaîne protéique de l'anhydrase carbonique est représentée ci-contre par un long ruban bleu.

Au site actif de l'anhydrase carbonique, une molécule d'eau perd un proton pour devenir un ion hydroxyde (^-OH). Ce proton est arraché par la portion de l'anhydrase carbonique qui agit comme une base. En temps normal, le proton de la molécule d'eau n'est pas très acide, mais l'interaction acide-base de Lewis entre le zinc cationique situé au site actif de l'enzyme et l'atome d'oxygène de l'eau engendre une charge positive sur ce dernier. Les protons de la molécule d'eau sont alors plus acides. La perte d'un proton par la molécule d'eau entraîne la formation

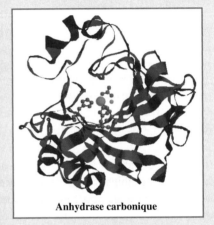

Anhydrase carbonique

d'un ion hydroxyde qui réagit avec le dioxyde de carbone au site actif. Il en résulte une molécule de HCO_3^- (hydrogénocarbonate ou bicarbonate). Dans le modèle de l'anhydrase carbonique que nous observons ici (fondé sur des données de cristallographie aux rayons X), l'ion bicarbonate au site actif est illustré en rouge, le zinc cationique est en vert, la molécule d'eau est en bleu, et les sites qui interagissent avec le zinc (en tant que bases de Lewis) ou qui arrachent le proton de l'eau (en tant que bases de Brønsted-Lowry) pour former l'ion hydroxyde sont en violet (ces sites sont les atomes d'azote du cycle imidazole des histidines). Les atomes d'hydrogène ne sont pas représentés. Comme vous pouvez le constater, l'anhydrase carbonique catalyse une série de réactions acide-base de Lewis et de Brønsted-Lowry de façon remarquable.

Les alcools sont souvent utilisés comme solvants dans les réactions organiques en raison de leur plus faible polarité. Contrairement à l'eau, ils peuvent dissoudre des composés moins polaires. Ils présentent également l'avantage d'agir en tant que bases dans certaines réactions par l'intermédiaire de leurs ions RO^- (appelés ions alkoxyde). Les ions alkoxyde sont des bases plus fortes que les ions hydroxyde, puisque les alcools sont des acides plus faibles que l'eau. Par exemple, en ajoutant de l'hydrure de sodium (NaH) à l'éthanol, il est possible de créer une solution d'éthoxyde de sodium (CH_3CH_2ONa). L'éthanol peut être ajouté en excès, car il s'agit du solvant de la réaction. Étant une base très forte, l'ion hydrure réagit immédiatement avec l'éthanol.

$$CH_3CH_2\ddot{O} - H + \quad :H^- \xrightarrow{\text{éthanol}} CH_3CH_2\ddot{O}:^- + \quad H_2$$

Acide le plus fort	**Base la plus forte**	**Base la plus faible**	**Acide le plus faible**
$pK_a = 16$	(de NaH)		$pK_a = 35$

L'ion *tert*-butoxyde ($(CH_3)_3CO^-$, du *tert*-butanol ($(CH_3)_3COH$), est une base plus forte comparativement à l'ion éthoxyde de l'éthanol et peut être produit de la façon suivante.

$$(CH_3)_3C\ddot{O} - H + \quad :H^- \xrightarrow{\text{éthanol}} (CH_3)_3C\ddot{O}:^- + \quad H_2$$

Acide le plus fort	**Base la plus forte**	**Base la plus faible**	**Acide le plus faible**
$pK_a = 18$	(de NaH)		$pK_a = 35$

En dépit du caractère covalent de la liaison carbone–lithium des alkyllithiums, la liaison est polarisée de façon à rendre négative la charge du carbone.

$$\overset{\delta-}{R} \longleftarrow \overset{\delta+}{Li}$$

Les alkyllithiums sont les bases les plus fortes que l'on peut utiliser en chimie organique, car ils sont constitués d'ions alcanures ($R:^-$, des carbanions), soit les bases conjuguées des alcanes. L'éthyllithium (CH_3CH_2Li), par exemple, agit par l'intermédiaire de son carbanion éthanure ($CH_3CH_2:^-$), qui réagit avec l'éthyne de la manière suivante.

$$H-C\equiv C-H \; + \quad :CH_2CH_3 \xrightarrow{\text{hexane}} H-C\equiv C:^- + \; CH_3CH_3$$

Acide le plus fort
$pK_a = 25$

Base la plus forte
(de CH_3CH_2Li)

Base la plus faible

Acide le plus faible
$pK_a = 50$

Les alkyllithiums se préparent facilement par l'action du lithium sur un bromoalcane dans un solvant éthéré (l'oxyde de diéthyle, par exemple). Reportez-vous à la section 12.6.

PROBLÈME 3.13

Écrivez les équations des réactions acide-base qui surviennent lorsque les composés suivants se combinent dans le solvant mentionné. Dans chacun des cas, identifiez l'acide et la base les plus forts ainsi que l'acide et la base les plus faibles à l'aide des pK_a fournis au tableau 3.1. Si aucune réaction acide-base ne se produit, indiquez-le.

a) NaH additionné à CH_3OH

b) $NaNH_2$ additionné à CH_3CH_2OH

c) NH_3 gazeux additionné à l'éthyllithium dans l'hexane

d) NH_4Cl additionné à un amidure de sodium dans l'ammoniac liquide

e) $(CH_3)CONa$ additionné à H_2O

f) NaOH additionné à $(CH_3)_3COH$

3.15 RÉACTIONS ACIDE-BASE ET SYNTHÈSE DE COMPOSÉS MARQUÉS AU DEUTÉRIUM ET AU TRITIUM

Les chimistes emploient souvent des composés dans lesquels un ou plusieurs atomes d'hydrogène ont été remplacés par des atomes de deutérium (D) ou de tritium (T), lesquels marquent ou identifient des atomes d'hydrogène en particulier. Le deutérium (^2H) et le tritium (^3H) sont des isotopes de l'hydrogène et possèdent respectivement des masses atomiques de 2 et de 3 unités (uma).

Pour la plupart des processus chimiques, les atomes de deutérium et de tritium d'une molécule se comportent sensiblement de la même manière que les atomes d'hydrogène ordinaires. Leur masse atomique plus importante et leurs neutrons supplémentaires en font des marqueurs de position faciles à repérer dans les molécules, grâce à des méthodes spectroscopiques que nous étudierons plus loin. Le tritium est également radioactif, ce qui le rend très facile à repérer. À cause de leur surplus de masse, les composés qui renferment ces atomes réagissent plus lentement que ceux qui contiennent des atomes d'hydrogène ordinaires. Ce phénomène, appelé « effet isotopique », a été d'une grande utilité pour étudier les mécanismes réactionnels.

Il est possible d'intégrer un atome de deutérium ou de tritium à un endroit précis d'une molécule, lors d'une réaction acide-base dans laquelle on fait réagir une base très forte avec D_2O ou T_2O (de l'eau dans laquelle le deutérium ou le tritium a remplacé les hydrogènes). Par exemple, la réaction d'une solution de $(CH_3)_2CHLi$

(isopropyllithium) avec D_2O entraîne la formation de propane dans lequel le carbone central est marqué au deutérium :

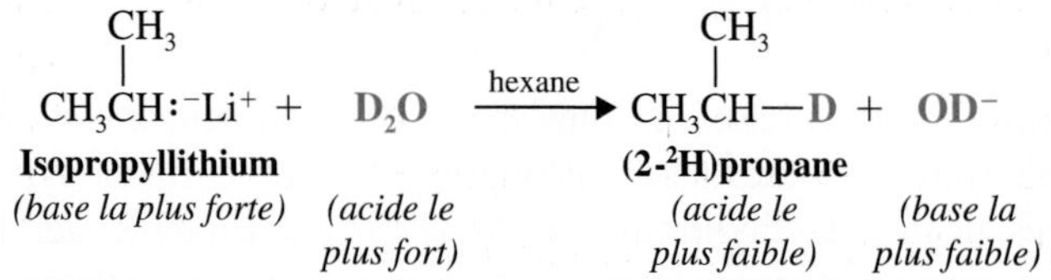

$$CH_3CH{:}^-Li^+ \ + \ D_2O \xrightarrow{\text{hexane}} CH_3CH{-}D \ + \ OD^-$$

avec groupes CH_3 sur les carbones centraux.

Isopropyllithium   **(2-²H)propane**
(base la plus forte)   *(acide le*   *(acide le*   *(base la*
                 plus fort)   *plus faible)*   *plus faible)*

EXEMPLE

Vous disposez de propyne, d'une solution d'amidure de sodium dans l'ammoniac liquide et d'une solution de T_2O. Expliquez comment vous prépareriez le composé marqué au tritium $CH_3C \equiv CT$.

Réponse

On mélange d'abord le propyne à la solution d'amidure de sodium et d'ammoniac liquide. La réaction acide-base suivante aura lieu :

$$CH_3C{\equiv}CH \ + \ NH_2^- \xrightarrow[\text{liquide}]{\text{ammoniac}} CH_3C{\equiv}C{:}^- \ + \ NH_3$$

Acide le   **Base la**   **Base la**   **Acide le**
plus fort   **plus forte**   **plus faible**   **plus faible**

On ajoute ensuite T_2O (un acide beaucoup plus fort que NH_3) à la solution, ce qui produira $CH_3C \equiv CT$.

$$CH_3C{\equiv}C{:}^- \ + \ T_2O \xrightarrow[\text{liquide}]{\text{ammoniac}} CH_3C{\equiv}CT \ + \ OT^-$$

Base la   **Acide le**   **Acide le**   **Base la**
plus forte   **plus fort**   **plus faible**   **plus faible**

PROBLÈME 3.14

Complétez les réactions acide-base suivantes.

a) $HC{\equiv}CH + NaH \xrightarrow{\text{hexane}}$

b) La solution obtenue en a) + $D_2O \longrightarrow$

c) $CH_3CH_2Li + D_2O \xrightarrow{\text{hexane}}$

d) $CH_3CH_2OH + NaH \xrightarrow{\text{hexane}}$

e) La solution produite en d) + $T_2O \longrightarrow$

f) $CH_3CH_2CH_2Li + D_2O \xrightarrow{\text{hexane}}$

TERMES ET CONCEPTS CLÉS

Mécanismes réactionnels	Sections 3.1 et 3.13	Prédire le cours d'une réaction acide-base	Section 3.6
Théorie acide-base de Brønsted-Lowry	Section 3.2A	Effet inductif	Sections 3.7B et 3.10
Théorie acide-base de Lewis	Section 3.2B	Réaction à l'équilibre et variation standard d'énergie libre ($\Delta G°$)	Section 3.9
Acides et bases conjugués	Sections 3.2A et 3.5C		
Carbocations et carbanions	Section 3.3		
Nucléophiles et électrophiles	Section 3.3	Solvant protique	Section 3.11
Notation à l'aide de flèches incurvées ($\curvearrowright$)	Section 3.4	Effet de nivellement	Section 3.14
Force des acides et des bases, K_a et pK_a	Section 3.5		

PROBLÈMES SUPPLÉMENTAIRES

3.15 Quelle est la base conjuguée de chacun des acides suivants ?

a) NH_3 c) H_2 e) CH_3OH

b) H_2O d) $HC\equiv CH$ f) H_3O^+

3.16 Placez les bases données en réponse au problème 3.15 en ordre décroissant de basicité.

3.17 Quel est l'acide conjugué de chacune des bases suivantes ?

a) HSO_4^- c) CH_3NH_2 e) $CH_3CH_2^-$

b) H_2O d) NH_2^- f) $CH_3CO_2^-$

3.18 Placez les acides donnés en réponse au problème 3.17 en ordre décroissant d'acidité.

3.19 Identifiez les acides et les bases de Lewis de chacune des réactions suivantes.

a) $CH_3CH_2-Cl + AlCl_3 \longrightarrow$

$$CH_3CH_2-Cl^{\pm}Al^{-}Cl$$ avec Cl en haut et Cl en bas

b) $CH_3-OH + BF_3 \longrightarrow CH_3-O^{\pm}B^{-}F$ (avec H et F)

c) $CH_3-C^+ + H_2O \longrightarrow CH_3-C-OH_2^+$ (avec CH_3 en haut et en bas)

3.20 Écrivez de nouveau les réactions suivantes en utilisant la notation à l'aide de flèches incurvées et indiquez les paires d'électrons libres.

a) $CH_3OH + HI \longrightarrow CH_3OH_2^+ + I^-$

b) $CH_3NH_2 + HCl \longrightarrow CH_3NH_3^+ + Cl^-$

c) $H_2C=CH_2 + HF \longrightarrow H-CH_2-CH_2^+ -H + F^-$

3.21 En faisant réagir le méthanol avec NaH, on obtient $CH_3O^-Na^+$ et non $Na^+{}^-CH_2OH$ (et H_2). Expliquez pourquoi il en est ainsi.

3.22 Quelle réaction se produira si de l'éthanol est combiné à une solution de $HC\equiv C{:}^-Na^+$ dans l'ammoniac liquide ?

3.23 a) Sachant que le K_a de l'acide formique (HCO_2H) est de $1,77 \times 10^{-4}$, donnez son pK_a. b) Quel est le K_a d'un acide dont le pK_a est de 13 ?

3.24 L'acide HA possède un pK_a de 20, et l'acide HB, un pK_a de 10. a) Lequel de ces acides est le plus fort ? b) Si, dans la réaction acide-base qui aurait lieu, Na^+A^- était ajouté à HB, l'équilibre serait-il déplacé vers la droite ? Expliquez votre réponse.

3.25 À l'aide de flèches incurvées, écrivez l'équation représentant la réaction acide-base du mélange des espèces suivantes. Si la réaction n'a pas lieu en raison d'un équilibre non favorable, indiquez-le.

a) NaOH aqueux et $CH_3CH_2CO_2H$

b) NaOH aqueux et $C_6H_5SO_3H$

c) CH_3CH_2ONa dans l'éthanol et l'éthyne

d) CH_3CH_2Li dans l'hexane et l'éthyne

e) CH_3CH_2Li dans l'hexane et l'éthanol

3.26 Présentez une méthode de synthèse de chacun des produits suivants à partir de composés organiques non marqués.

a) $C_6H_5-C\equiv C-T$ c) $CH_3CH_2CH_2OD$

b) $CH_3-CH-O-D$ (avec CH_3 en bas)

3.27 a) Classez les composés $CH_3CH_2NH_2$, CH_3CH_2OH et $CH_3CH_2CH_3$ par ordre décroissant d'acidité et expliquez votre réponse. b) Classez les bases conjuguées des acides mentionnés en a) par ordre croissant de basicité et expliquez votre réponse.

3.28 Triez les composés suivants par ordre décroissant d'acidité.

a) $CH_3CH=CH_2$, $CH_3CH_2CH_3$, $CH_3C\equiv CH$

b) $CH_3CH_2CH_2OH$, $CH_3CH_2CO_2H$, $CH_3CHClCO_2H$

c) CH_3CH_2OH, $CH_3CH_2OH_2^+$, CH_3OCH_3

3.29 Classez les composés suivants par ordre croissant de basicité.

a) CH_3NH_2, $CH_3NH_3^+$, CH_3NH^-

b) CH_3O^-, CH_3NH^-, $CH_3CH_2^-$

c) $CH_3CH=CH^-$, $CH_3CH_2CH_2^-$, $CH_3C\equiv C^-$

3.30 H_3PO_4 est un acide triprotique, alors que H_3PO_3 est un acide diprotique. Écrivez, pour chacun des deux acides, une structure expliquant cette différence.

3.31 Dans les réactions suivantes, dessinez les flèches incurvées requises pour illustrer le flux des électrons.

a)

$$H-C(=O)(O^-H) + {:}\ddot{O}-H \longrightarrow H-C(=O)(O^-) + H-\ddot{O}-H$$

b)

$$H-C(=O)(O^-CH_3) + {:}\ddot{O}-H \longrightarrow H-C(O^-H)(\ddot{O}-CH_3)$$

c)

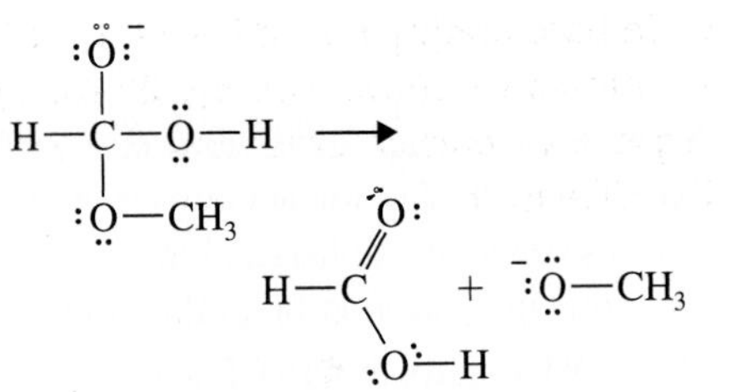

$$H-\overset{\overset{\displaystyle ..}{\overset{\displaystyle .\bar{.}}{O}}}{\underset{\underset{\displaystyle :O-CH_3}{|}}{C}}-\ddot{O}-H \longrightarrow$$

$$H-\overset{\overset{\displaystyle \overset{..}{O}:}{\|}}{C}-\overset{..}{O}-H \quad + \quad \bar{.}\overset{..}{O}-CH_3$$

d) 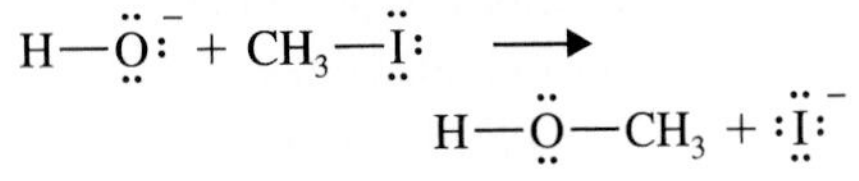 $H-\overset{..}{\underset{..}{O}}\!\bar{.} + CH_3-\overset{..}{\underset{..}{I}}\!: \longrightarrow$

$$H-\overset{..}{\underset{..}{O}}-CH_3 + :\overset{..}{\underset{..}{I}}:\bar{.}$$

e) 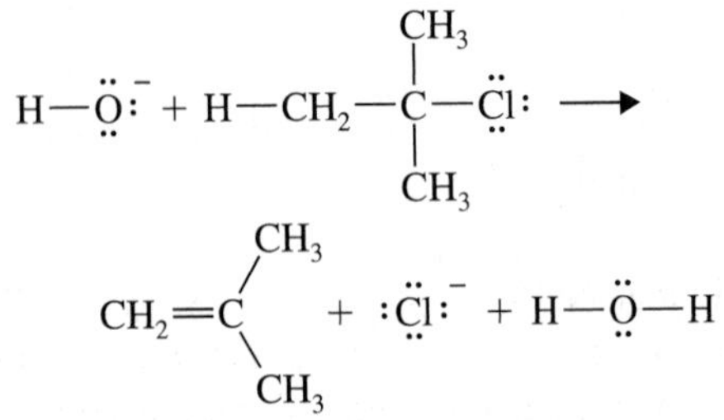 $H-\overset{..}{\underset{..}{O}}\!\bar{.} + H-CH_2-\overset{\overset{\displaystyle CH_3}{|}}{\underset{\underset{\displaystyle CH_3}{|}}{C}}-\overset{..}{\underset{..}{C}}\overset{..}{l}: \longrightarrow$

$$CH_2=\overset{\overset{\displaystyle CH_3}{|}}{\underset{\underset{\displaystyle CH_3}{|}}{C}} + :\overset{..}{\underset{..}{C}}l:\bar{.} + H-\overset{..}{\underset{..}{O}}-H$$

3.32 La glycine est un acide aminé qui peut être isolé à partir de la plupart des protéines. En solution, deux formes de la glycine existent à l'équilibre :

$$H_2NCH_2CO_2H \rightleftharpoons H_3\overset{+}{N}CH_2CO_2^-$$

a) Consultez le tableau 3.1 et déterminez la forme qui sera favorisée à l'équilibre. b) Selon un manuel, le point de fusion de la glycine est de 262 °C (elle se décompose). Donc, quelle structure représente le plus adéquatement la glycine ?

3.33 L'acide malonique, $HO_2CCH_2CO_2H$, est un acide diprotique. Le pK_a associé à la perte du premier proton est de 2,83, et le pK_a associé à la perte du deuxième est de 5,69. a) Dites pourquoi l'acide malonique est un acide plus fort que l'acide acétique ($pK_a = 4,75$). b) Expliquez pourquoi l'anion $^-O_2CCH_2CO_2H$ est un acide beaucoup plus faible que l'acide malonique.

3.34 La variation d'énergie libre, $\Delta G°$, associée à la dissociation d'un acide HA est de 21 kJ·mol⁻¹, et celle d'un acide HB est de −21 kJ·mol⁻¹. Quel acide est le plus fort ?

3.35 À 25 °C, la variation d'enthalpie ($\Delta H°$) associée à la dissociation de l'acide trichloroacétique est de +6,3 kJ·mol⁻¹ et la variation d'entropie ($\Delta S°$) est de 0,0084 kJ·mol⁻¹. Quel est le pK_a de l'acide trichloroacétique ?

3.36 Le composé présenté ci-dessous est couramment appelé (pour des raisons évidentes) **acide squarique.** L'acide squarique est un acide diprotique dont les deux protons sont plus acides que celui de l'acide acétique. Dans le dianion issu de la perte des deux protons, toutes les liaisons carbone−carbone sont de même longueur, de même que les liaisons carbone−oxygène. Expliquez ce phénomène en faisant appel à la théorie de la résonance.

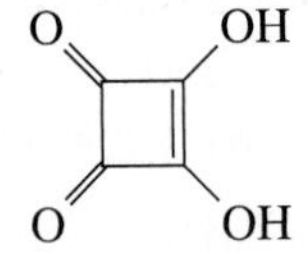

Acide squarique

3.37* $CH_3CH_2SH + CH_3O^- \longrightarrow$ A (contient S) + B

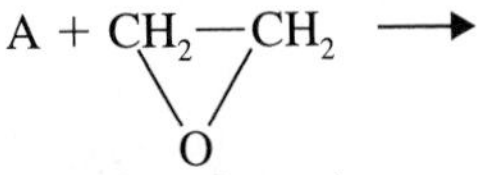

$$A + \overset{\overset{\displaystyle CH_2-CH_2}{\diagdown\,\diagup}}{\underset{\displaystyle O}{}} \longrightarrow$$

C (qui renferme la structure $A-CH_2CH_2O$)

$C + H_2O \longrightarrow$ D + E (qui est inorganique)

a) En tenant compte de la séquence des réactions, écrivez la structure des espèces A à E.

b) Écrivez de nouveau la séquence des réactions en montrant les doublets libres et en utilisant des flèches incurvées pour représenter le déplacement des électrons.

3.38* Complétez et équilibrez les équations données ci-dessous. Choisissez ensuite, parmi l'éthanol, l'hexane et l'ammoniac liquide, le ou les solvants les plus appropriés pour chacune des réactions. Ne tenez pas compte des contraintes habituelles et fondez plutôt vos réponses sur l'acidité relative des substances.

a) $CH_3(CH_2)_8OD + CH_3(CH_2)_8Li \longrightarrow$

b) $NaNH_2 + CH_3C\equiv CH \longrightarrow$

c) 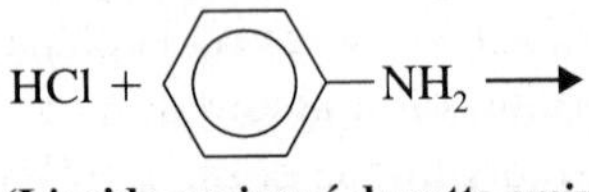 HCl + ⟨benzène⟩−$NH_2 \longrightarrow$

(L'acide conjugué de cette amine, l'aniline, a un pK_a de 4,6.)

3.39* Le diméthylformamide (DMF), $HCON(CH_3)_2$, est un exemple de solvant aprotique polaire (aprotique : qui ne possède pas d'atomes d'hydrogène reliés à un atome fortement électronégatif).

a) Dessinez la formule développée de ce composé en montrant les doublets d'électrons libres.

b) Dessinez ce que vous croyez en être les structures de résonance principales (l'une des structures est votre réponse en a).

c) En tant que solvant, le DMF augmente grandement la réactivité des nucléophiles (CN⁻ du cyanure de sodium, par exemple) dans des réactions comme celle-ci :

$$NaCN + CH_3CH_2Br \longrightarrow CH_3CH_2C\equiv N + NaBr$$

Expliquez ce phénomène en recourant à la théorie acide-base de Lewis. (Aide : contrairement à l'eau ou à l'alcool, qui dissolvent les anions et les cations, le DMF ne solvate que les cations.)

---

* Les problèmes marqués d'un astérisque présentent une difficulté particulière.

3.40* Comme on le voit au tableau 3.1, le pK_a de l'acétone, CH_3COCH_3, est de 19,2. a) Dessinez la formule abrégée de l'acétone et toutes les structures de résonance possibles. b) Dessinez la structure de la base conjuguée de l'acétone et toutes ses structures de résonance possibles. c) Écrivez l'équation représentant la méthode de synthèse du CH_3COCH_2D.

TRAVAIL COOPÉRATIF

Supposons que vous ayez synthétisé l'éthanoate de 3-méthylbutyle (acétate d'isoamyle) :

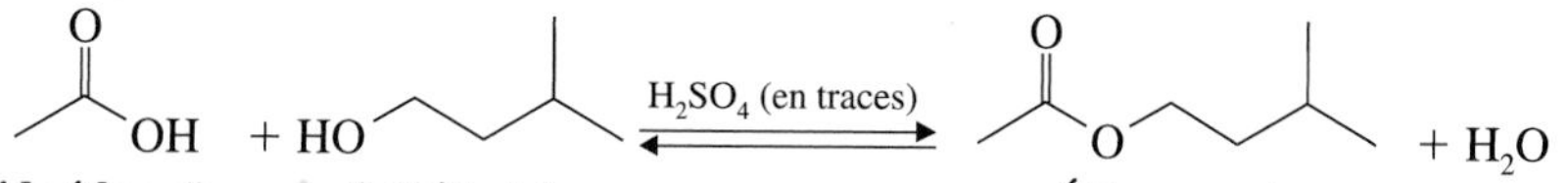

| Acide éthanoïque (en excès) | + | 3-Méthyl-1-butanol | | Éthanoate de 3-méthylbutyle | + H₂O |

Comme le montre l'équation chimique, le 3-méthyl-1-butanol (aussi appelé alcool isoamylique ou alcool isopentylique) a été combiné à de l'acide acétique (dont le nom exact est acide éthanoïque) ajouté en excès et à des traces d'acide sulfurique (qui sert de catalyseur). Puisque cette réaction est un processus à l'équilibre, tous les réactifs de départ n'ont pas été transformés en produits. Même si l'équilibre a été déplacé vers la droite en raison de l'excès d'acide acétique ajouté, la réaction n'est pas complète.

Après un certain laps de temps, on a amorcé l'isolement du produit désiré en ajoutant un volume d'une solution aqueuse de bicarbonate de sodium (5 % $NaHCO_3$, une solution basique) égal au volume du mélange réactionnel. Après bouillonnement, le mélange s'est séparé en deux phases, l'une aqueuse, l'autre organique. Les phases ont été isolées et la phase aqueuse a été retirée. Par la suite, on a ajouté de la solution de bicarbonate à la phase organique et on a prélevé à nouveau la phase aqueuse. Cette étape a été répétée deux fois. Chaque fois, la phase aqueuse a été combinée aux précédentes. Après les trois extractions au bicarbonate de sodium, la phase organique résiduelle a été séchée et distillée pour obtenir de l'éthanoate de 3-méthylbutyle (acétate d'isoamyle).

1. Dressez la liste des espèces chimiques susceptibles d'être présentes à la fin de la réaction chimique (avant l'ajout de $NaHCO_3$ aqueux). Notez que H_2SO_4 n'a pas été consommé (puisqu'il ne sert que de catalyseur) et qu'il peut donc toujours céder un proton.

2. À l'aide d'un tableau de pK_a tel que le tableau 3.1, estimez le pK_a de tout hydrogène potentiellement acide dans chacune des espèces que vous avez identifiées en 1 (tenez compte également des acides conjugués).

3. En vous fondant sur les valeurs de pK_a obtenues en 2, écrivez les équations des réactions acide-base qui surviennent lorsque les espèces mentionnées ci-dessus réagissent avec la solution de bicarbonate. (Aide : demandez-vous si les espèces sont des acides qui pourraient réagir avec $NaHCO_3$.)

4. a) En vous fondant sur la solubilité et la polarité, expliquez pourquoi les phases se séparent lorsque la solution aqueuse de bicarbonate est ajoutée au mélange réactionnel. (Aide : la plupart des sels de sodium sont des acides organiques solubles dans l'eau. Généralement, les composés organiques de quatre carbones ou moins qui contiennent un oxygène neutre le sont également.) b) Dressez la liste des espèces chimiques susceptibles d'être présentes après la réaction avec $NaHCO_3$ dans i) la phase organique, ii) la phase aqueuse. c) Pourquoi l'extraction à l'aide de la solution aqueuse de bicarbonate a-t-elle été effectuée trois fois ?

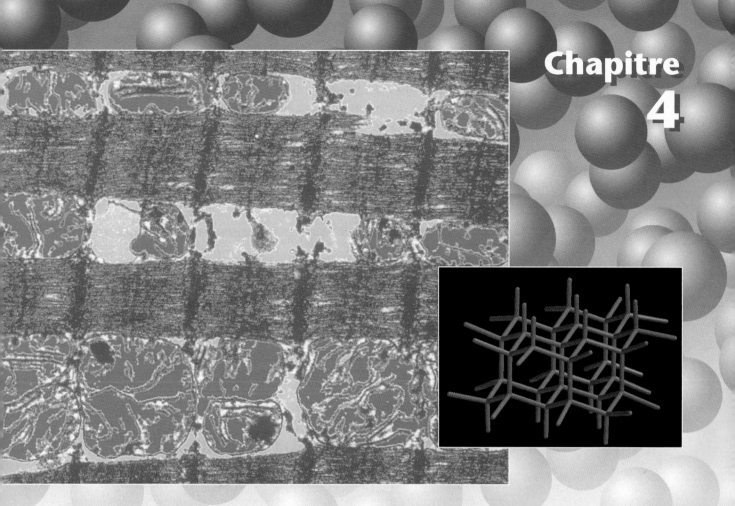

ALCANES : nomenclature, analyse conformationnelle et introduction à la synthèse organique

La structure moléculaire détermine la rigidité des molécules organiques

Que se produit-il quand les muscles se contractent ? Principalement une rotation (changement de conformation) des liaisons sigma carbone–carbone (liaisons simples) à l'intérieur d'une protéine musculaire appelée myosine (voir la micrographie électronique ci-dessus). Par contre, si l'on entaille une vitre à l'aide d'un diamant, les liaisons simples carbone–carbone qui le caractérisent résistent à toutes les forces qui s'exercent sur elles, de sorte que c'est le verre, et non le diamant, qui est entaillé (une partie de la structure moléculaire du diamant est montrée ci-dessus). Les nanotubes, une nouvelle classe de matériaux à base de carbone environ 100 fois plus robustes que l'acier, présentent aussi une solidité exceptionnelle. Les nanotubes sont des composés apparentés aux buckminsterfullerènes, ou fullerènes, dont la découverte a valu aux professeurs H.W. Kroto, R.E. Smalley et R.F. Curl le prix Nobel de chimie en 1996 (voir section 14.8). Les propriétés de ces composés, qu'il s'agisse d'une protéine musculaire, d'un diamant ou de nanotubes, dépendent de bien des facteurs, dont le principal est la possibilité (ou l'impossibilité) d'exécuter une rotation autour des liaisons carbone–carbone.

Essentiellement, les protéines musculaires sont de très longues molécules li-néaires dont les atomes sont rattachés par des liaisons simples à la manière d'une chaîne (les protéines se replient en une conformation très compacte). Comme nous l'étudierons dans le présent chapitre, les atomes reliés par une liaison sim-ple peuvent exécuter une rotation relativement libre autour de cette liaison. Dans les muscles, l'effet cumulatif des rotations autour des liaisons simples engendre un glissement de la queue de chaque molécule de myosine sur une distance de 60 Å le long de la protéine adjacente (appelée actine). Cette étape produit une « force mécanique contractile ». Lors d'un mouvement musculaire, ce glissement entre les molécules d'actine et de myosine se répète de nombreuses fois à la manière d'un « cric » moléculaire.

Les molécules du diamant et des nanotubes comportent un réseau de cycles carbonés inter-connectés plutôt que de longues chaînes carbo-nées. La structure moléculaire de ces deux com-posés est telle que seule une très faible rotation autour des liaisons carbone–carbone est possible sans que ces liaisons ne se rompent. De telles ro-tations se réalisant très peu facilement, on com-prend pourquoi ces molécules sont si solides et si dures.

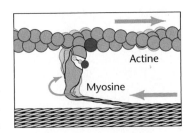

Force mécanique contractile dans un muscle

Cyclohexane

4.1 INTRODUCTION AUX ALCANES ET AUX CYCLOALCANES

Nous avons vu précédemment que la classe des composés organiques appelés hydro-carbures se subdivise en plusieurs sous-classes, selon le type de liaison qui relie les atomes de carbone. Les hydrocarbures dont toutes les liaisons carbone–carbone sont simples sont appelés **alcanes**, ceux qui renferment une liaison double sont des **alcè-nes** et ceux qui présentent une liaison triple sont des **alcynes**.

Les **cycloalcanes** sont des alcanes dont une partie ou l'ensemble des atomes de carbone se retrouvent dans un arrangement cyclique. Les alcanes partagent la for-mule générale C_nH_{2n+2}. Les cycloalcanes comportant un seul cycle carboné portent deux atomes d'hydrogène de moins, et leur formule générale est donc C_nH_{2n}.

Les propriétés des alcanes et des cycloalcanes sont à ce point similaires qu'on les étudie généralement en parallèle. Il existe bien sûr quelques différences, dont cer-taines caractéristiques structurales imputables aux cycles des cycloalcanes, que nous examinerons séparément pour des raisons pratiques. À mesure que nous avancerons dans ce chapitre, nous relèverons les similarités chimiques et physiques des alcanes et des cycloalcanes.

4.1A LE PÉTROLE : UNE SOURCE D'ALCANES

Le pétrole est la principale source d'alcanes. Mélange complexe de composés organiques parmi lesquels on trouve notamment des alcanes et des hydrocarbures aromatiques (voir chapitre 14), le pétrole contient également de petites quantités de composés renfermant de l'oxygène, de l'azote et du soufre.

4.1B LE RAFFINAGE DU PÉTROLE

La distillation est la première étape du raffinage du pétrole. Lors de cette opération, les composantes du pétrole sont fractionnées en fonction de leur volatilité. Cepen-dant, une séparation complète des fractions en leurs composantes individuelles est irréalisable techniquement et ne serait pas rentable. En effet, le distillat de pétrole, dont le point d'ébullition est inférieur à 200 °C, renferme plus de 500 composés

Le pétrole est une ressource non renouvelable qui dérive princi-palement de la décomposition des matières organiques. À la « fosse à goudron » de La Brea à Los Angeles, de nombreux ani-maux préhistoriques sont morts dans un bassin naturel d'hydro-carbures.

Une raffinerie de pétrole. Les hautes tours sont en fait les colonnes de fractionnement qui permettent la séparation des composantes du pétrole brut selon leur point d'ébullition.

SOMMAIRE

4.1 Introduction aux alcanes et aux cycloalcanes

4.2 Géométrie des alcanes

4.3 Nomenclature des alcanes, des halogéno-alcanes et des alcools selon l'UICPA

4.4 Nomenclature des cycloalcanes

4.5 Nomenclature des alcènes et des cycloalcènes

4.6 Nomenclature des alcynes

4.7 Propriétés physiques des alcanes et des cycloalcanes

4.8 Liaisons sigma et rotation autour des liaisons simples

4.9 Analyse conformation-nelle du butane

4.10 Stabilité relative des cycloalcanes : la tension de cycle

4.11 Déformation des angles de liaison et tension de torsion : causes de la tension de cycle du cyclopropane et du cyclobutane

4.12 Conformations du cyclohexane

4.13 Cyclohexanes substitués : atomes d'hydrogène équatoriaux et axiaux

4.14 Cycloalcanes disubstitués : isomérie *cis-trans*

4.15 Alcanes bicycliques et polycycliques

4.16 Phéromones : un moyen de communication chimique

4.17 Réactions chimiques des alcanes

4.18 Synthèse des alcanes et des cycloalcanes

4.19 Quelques principes généraux régissant la structure et la réactivité : une première approche de la synthèse

4.20 Introduction à la synthèse organique

différents, et les points d'ébullition de bon nombre de ces composés sont similaires. Les fractions contiennent donc des mélanges d'alcanes dont les points d'ébullition sont semblables (voir tableau 4.1). Ces mélanges, fort heureusement, se prêtent parfaitement à la préparation des produits du pétrole les plus courants, à savoir les carburants, les solvants et les huiles lubrifiantes respectif.

4.1C LE CRAQUAGE

La quantité d'essence qui provient directement du fractionnement du pétrole est trop faible pour répondre à la demande. C'est pourquoi l'industrie pétrolière consacre une grande partie de ses opérations à convertir en essence les hydrocarbures des autres fractions. Lorsqu'un mélange d'alcanes (C_{12} ou plus) provenant de la fraction gazole est chauffé à des températures très élevées (~500 °C) en présence d'une panoplie de catalyseurs, les molécules se fragmentent et se réarrangent en alcanes plus petits et plus ramifiés munis de 5 à 10 carbones (voir tableau 4.1). Ce procédé est appelé **craquage catalytique**. Le craquage peut également être effectué sans l'ajout de catalyseurs (**craquage thermique**), mais ce procédé tend à fournir des alcanes non ramifiés possédant un faible « indice d'octane ».

Tableau 4.1 Fractions typiques obtenues par distillation du pétrole.

Point d'ébullition des fractions (°C)	Nombre d'atomes de carbone par molécule	Produits
Inférieur à 20	$C-C_4$	Gaz naturel, gaz en bouteille, composés pétrochimiques
20–60	C_5-C_6	Éther de pétrole, solvants
60–100	C_6-C_7	Ligroïne, solvants
40–200	C_5-C_{10}	Essence (de distillation directe)
175–325	$C_{12}-C_{18}$	Kérosène et carburéacteur
250–400	C_{12} ou plus	Gazole, mazout et diesel
Liquides non volatils	C_{20} ou plus	Huile minérale raffinée, huile lubrifiante, graisses
Solides non volatils	C_{20} ou plus	Cires (paraffines), asphalte et goudron

Adapté avec la permission de J.R. HOLUM, *Elements of General, Organic, and Biological Chemistry*, 9ᵉ éd., New York, Wiley, 1995, p. 213.

Le 2,2,4-triméthylpentane, un composé très ramifié (appelé isooctane dans l'industrie pétrolière), se consume en douceur (sans cognement des pistons) dans les moteurs à combustion interne et constitue une des références utilisées pour la détermination de l'indice d'octane des essences.

$$CH_3-\underset{\underset{CH_3}{\overset{\overset{CH_3}{|}}{|}}}{\overset{}{C}}-CH_2-\underset{\overset{CH_3}{|}}{CH}-CH_3$$

2,2,4-Triméthylpentane
(isooctane)

Selon l'échelle des indices d'octane, le 2,2,4-triméthylpentane présente un indice de 100, alors que l'heptane, $CH_3(CH_2)_5CH_3$, un composé qui cause beaucoup de cognements dans un moteur à combustion interne, a un indice de 0. Les mélanges de 2,2,4-triméthylpentane et d'heptane selon diverses proportions sont employés pour établir les indices d'octane entre 0 et 100. Par exemple, une essence qui présenterait les mêmes caractéristiques qu'un mélange composé à 87 % de 2,2,4-triméthylpentane et à 13 % d'heptane aurait un indice d'octane de 87.

4.2 GÉOMÉTRIE DES ALCANES

En général, les alcanes et les cycloalcanes se distinguent par la configuration tétraédrique de leurs atomes et l'hybridation sp^3 de leurs atomes de carbone. La figure 4.1 illustre une manière de représenter la géométrie des alcanes.

Le butane et le pentane sont des exemples d'alcanes que l'on appelle parfois alcanes à « chaîne linéaire ». En jetant un coup d'œil à leur modèle tridimensionnel, on remarque que les atomes de carbone sont tétraédriques et qu'en conséquence les chaînes carbonées adoptent une conformation en zigzag plutôt que linéaire. De fait, les structures illustrées par la figure 4.1 sont placées selon l'arrangement le plus linéaire possible de la chaîne. Toute rotation autour des liaisons simples carbone–carbone donnerait un arrangement moins linéaire. De tels alcanes sont dits **non ramifiés**. Cela signifie que chaque atome de carbone de la chaîne est lié à un maximum de deux autres carbones et que les alcanes non ramifiés renferment seulement des atomes de carbone primaires et secondaires. Nous avons défini les carbones primaire,

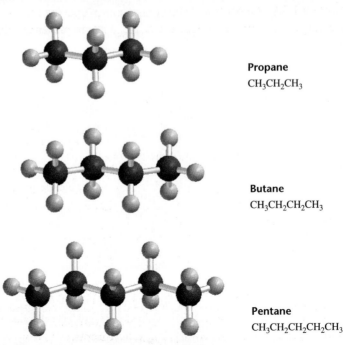

Propane
$CH_3CH_2CH_3$

Butane
$CH_3CH_2CH_2CH_3$

Pentane
$CH_3CH_2CH_2CH_2CH_3$

Figure 4.1 Modèles boules et tiges de trois alcanes simples.

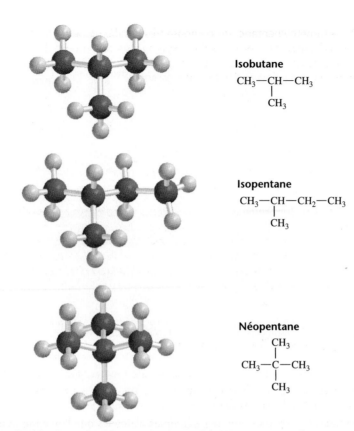

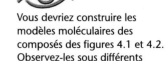
Vous devriez construire les modèles moléculaires des composés des figures 4.1 et 4.2. Observez-les sous différents angles et voyez comment la géométrie varie lorsque vous effectuez une rotation des liaisons. Dessinez également les structures sur papier.

Figure 4.2 Modèles boules et tiges de trois alcanes ramifiés. Chaque composé contient un atome de carbone rattaché à plus de deux autres atomes de carbone.

secondaire et tertiaire à la section 2.6. Les alcanes non ramifiés ont longtemps été nommés alcanes « normaux » ou *n*-alcanes, mais cette appellation désuète ne doit plus être employée aujourd'hui.

L'isobutane, l'isopentane et le néopentane (figure 4.2) sont des exemples d'alcanes ramifiés. Le carbone central du néopentane est lié à quatre autres atomes de carbone.

Le butane et l'isobutane ont la même formule moléculaire, soit C_4H_{10}, mais leurs atomes sont reliés selon une séquence différente. Ce sont donc des **isomères de constitution** (section 1.3A). Le pentane, l'isopentane et le néopentane en sont également, puisqu'ils partagent la formule moléculaire C_5H_{12} tout en présentant des structures différentes.

PROBLÈME 4.1

Écrivez les formules abrégées de tous les isomères de constitution partageant la formule moléculaire C_7H_{16} (il en existe neuf).

Comme nous l'avons mentionné précédemment, les isomères de constitution ont des propriétés physiques différentes. Bien que cela ne soit pas toujours évident, ces isomères ont notamment des points de fusion, des points d'ébullition, des densités et des indices de réfraction différents. Le tableau 4.2 donne quelques propriétés physiques des isomères ayant la formule $C_6H_{14.}$

Comme on le voit au tableau 4.3, le nombre d'isomères de constitution augmente considérablement à mesure que le nombre d'atomes de carbone constituant l'alcane augmente.

Les grands nombres indiqués au tableau 4.3 proviennent de calculs effectués à l'aide d'ordinateurs. Selon des calculs similaires, qui tiennent compte autant des stéréo-isomères (chapitre 5) que des isomères de constitution, il existerait théoriquement, pour l'alcane de formule $C_{167}H_{336}$, plus d'isomères qu'il n'y a de particules dans l'univers observable !

Tableau 4.2 Propriétés physiques des isomères de l'hexane.

Formule moléculaire	Formule structurale	Point de fusion (°C)	Point d'ébullition (°C)[a]	Densité[b] (g·mL^{-1})	Indice de réfraction[c] (n_D 20 °C)
C_6H_{14}	$CH_3CH_2CH_2CH_2CH_2CH_3$	−95	68,7	0,6594[20]	1,3748
C_6H_{14}	$CH_3CHCH_2CH_2CH_3$ $\quad\vert$ $\quad CH_3$	−153,7	60,3	0,6532[20]	1,3714
C_6H_{14}	$CH_3CH_2CHCH_2CH_3$ $\qquad\vert$ $\qquad CH_3$	−118	63,3	0,6643[20]	1,3765
C_6H_{14}	$CH_3CH-CHCH_3$ $\quad\vert\qquad\vert$ $\quad CH_3\quad CH_3$	−128,8	58	0,6616[20]	1,3750
C_6H_{14}	$\qquad CH_3$ $\qquad\vert$ $CH_3-C-CH_2CH_3$ $\qquad\vert$ $\qquad CH_3$	−98	49,7	0,6492[20]	1,3688

a À moins d'indication contraire, tous les points d'ébullition ont été mesurés à une pression de 1 atm ou 760 torr.
b Le chiffre en exposant indique la température à laquelle la densité a été mesurée.
c L'indice de réfraction est une mesure de la capacité de l'alcane à dévier (à réfracter) les rayons lumineux. Les valeurs mentionnées dans le tableau (n_D) ont été mesurées à la longueur d'onde correspondant à la raie D du spectre du sodium.

Tableau 4.3 Nombre d'isomères de l'alcane.

Formule moléculaire	Nombre d'isomères de constitution possibles	Formule moléculaire	Nombre d'isomères de constitution possibles
C_4H_{10}	2	$C_{10}H_{22}$	75
C_5H_{12}	3	$C_{15}H_{32}$	4 347
C_6H_{14}	5	$C_{20}H_{42}$	366 319
C_7H_{16}	9	$C_{30}H_{62}$	4 111 846 763
C_8H_{18}	18	$C_{40}H_{82}$	62 481 801 147 341
C_9H_{20}	35		

4.3 NOMENCLATURE DES ALCANES, DES HALOGÉNOALCANES ET DES ALCOOLS SELON L'UICPA

L'élaboration d'une nomenclature systématique des composés organiques ne s'est faite que vers la fin du XIXe siècle. De nombreux composés organiques avaient déjà été découverts auparavant, mais on leur avait attribué des noms indiquant leur source. L'acide acétique, par exemple, obtenu à partir du vinaigre, tire son nom du latin *acetum,* qui signifie vinaigre. L'acide formique, qui provient des fourmis, tire son nom du mot latin *formicae,* qui signifie fourmi. On a longtemps nommé l'éthanol (ou alcool éthylique) « alcool de grain », car cet alcool résulte de la fermentation des grains.

Ces appellations plus anciennes des composés organiques sont considérées comme des noms courants ou usuels. Cette nomenclature courante est encore largement utilisée par les chimistes et les biochimistes, et dans le milieu du commerce. Certains de ces noms sont même mentionnés dans des textes de loi. C'est pourquoi il est nécessaire d'apprendre cette nomenclature pour les composés les plus courants. Nous signalerons les noms courants des composés à mesure que nous les rencontrerons, et nous utiliserons cette nomenclature à l'occasion. Cependant, dans la majorité des cas, nous privilégierons la nomenclature de l'Union internationale de chimie pure et appliquée (UICPA).

La nomenclature systématique en usage aujourd'hui fut proposée par l'UICPA. Élaboré en 1892 et mis à jour à intervalles réguliers par la suite, ce système part du principe fondamental que ***tout composé doit avoir un nom unique.*** À l'aide d'un ensemble de règles systématiques, **le système de nomenclature de l'UICPA** fournit un nom différent à plus de 7 millions de composés organiques connus et peut en attribuer un à tout nouveau composé obtenu par synthèse. En outre, la simplicité du système de l'UICPA permet à tout chimiste qui en connaît les règles (ou ayant une liste des règles en main) d'écrire le nom de tous les composés qu'il rencontre et, inversement, de déterminer la structure de n'importe quel composé à partir du nom attribué par l'UICPA.

La nomenclature de l'UICPA pour les alcanes n'est pas difficile à apprendre, et les principes demeurent les mêmes pour les autres classes de composés. C'est pourquoi nous commencerons notre étude de la nomenclature de l'UICPA en nommant les alcanes selon des règles bien précises; nous passerons ensuite à la nomenclature des halogénoalcanes et des alcools.

Les noms de plusieurs alcanes non ramifiés sont présentés au tableau 4.4. Tous les noms des alcanes se terminent par le suffixe *-ane*. Les racines de la plupart de ces noms (C_5 ou plus) sont latines ou grecques. En chimie organique, l'apprentissage de ces préfixes s'apparente à l'apprentissage des nombres : un, deux, trois, quatre et cinq deviennent méth-, éth-, prop-, but- et pent-.

Système de nomenclature de l'UICPA

4.3A NOMENCLATURE DES GROUPES ALKYLE NON RAMIFIÉS

Si l'on retire un atome d'hydrogène à un alcane, on obtient ce que l'on appelle un **groupe alkyle**. Les noms de ces groupes se terminent en **-yle**. Dans le cas des alcanes **non ramifiés** dont on a retiré un atome d'hydrogène **terminal**, les noms suivent une nomenclature simple :

Leçon interactive : groupes alkyle

Alcane		Groupe alkyle	Abréviation
CH_3-H **Méthane**	devient	CH_3- **Méthyle**	$Me-$
CH_3CH_2-H **Éthane**	devient	CH_3CH_2- **Éthyle**	$Et-$
$CH_3CH_2CH_2-H$ **Propane**	devient	$CH_3CH_2CH_2-$ **Propyle**	$Pr-$
$CH_3CH_2CH_2CH_2-H$ **Butane**	devient	$CH_3CH_2CH_2CH_2-$ **Butyle**	$Bu-$

Tableau 4.4 Les alcanes non ramifiés.

Nom	Nombre de carbones	Structure	Nom	Nombre de carbones	Structure
Méthane	1	CH_4	Heptadécane	17	$CH_3(CH_2)_{15}CH_3$
Éthane	2	CH_3CH_3	Octadécane	18	$CH_3(CH_2)_{16}CH_3$
Propane	3	$CH_3CH_2CH_3$	Nonadécane	19	$CH_3(CH_2)_{17}CH_3$
Butane	4	$CH_3(CH_2)_2CH_3$	Icosane	20	$CH_3(CH_2)_{18}CH_3$
Pentane	5	$CH_3(CH_2)_3CH_3$	Henicosane	21	$CH_3(CH_2)_{19}CH_3$
Hexane	6	$CH_3(CH_2)_4CH_3$	Docosane	22	$CH_3(CH_2)_{20}CH_3$
Heptane	7	$CH_3(CH_2)_5CH_3$	Tricosane	23	$CH_3(CH_2)_{21}CH_3$
Octane	8	$CH_3(CH_2)_6CH_3$	Triacontane	30	$CH_3(CH_2)_{28}CH_3$
Nonane	9	$CH_3(CH_2)_7CH_3$	Hentriacontane	31	$CH_3(CH_2)_{29}CH_3$
Décane	10	$CH_3(CH_2)_8CH_3$	Tétracontane	40	$CH_3(CH_2)_{38}CH_3$
Undécane	11	$CH_3(CH_2)_9CH_3$	Pentacontane	50	$CH_3(CH_2)_{48}CH_3$
Dodécane	12	$CH_3(CH_2)_{10}CH_3$	Hexacontane	60	$CH_3(CH_2)_{58}CH_3$
Tridécane	13	$CH_3(CH_2)_{11}CH_3$	Heptacontane	70	$CH_3(CH_2)_{68}CH_3$
Tétradécane	14	$CH_3(CH_2)_{12}CH_3$	Octacontane	80	$CH_3(CH_2)_{78}CH_3$
Pentadécane	15	$CH_3(CH_2)_{13}CH_3$	Nonacontane	90	$CH_3(CH_2)_{88}CH_3$
Hexadécane	16	$CH_3(CH_2)_{14}CH_3$	Hectane	100	$CH_3(CH_2)_{98}CH_3$

4.3B NOMENCLATURE DES ALCANES RAMIFIÉS

Les alcanes ramifiés sont nommés selon les règles suivantes :

1. **On repère la chaîne continue d'atomes de carbone la plus longue (chaîne parentale) de l'alcane. C'est cette chaîne qui détermine l'appellation.** Par exemple, le composé ci-dessous est nommé *hexane,* car la chaîne continue la plus longue renferme six atomes de carbone.

$$CH_3CH_2CH_2CH_2CHCH_3$$
$$|$$
$$CH_3$$

La chaîne de carbone continue la plus longue n'est pas toujours évidente au premier coup d'œil. Par exemple, l'alcane qui suit est appelé *heptane,* parce que la chaîne la plus longue contient sept carbones.

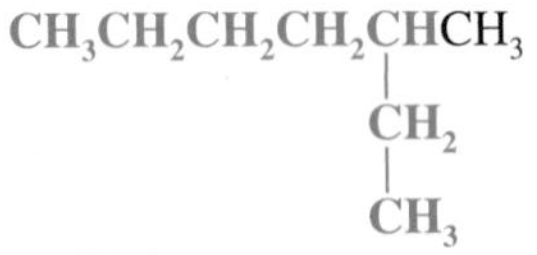

$$CH_3CH_2CH_2CH_2CHCH_3$$
$$|$$
$$CH_2$$
$$|$$
$$CH_3$$

2. **On numérote la chaîne la plus longue en commençant par l'extrémité la plus proche d'un substituant.** Les deux alcanes étudiés précédemment sont donc numérotés de la manière suivante :

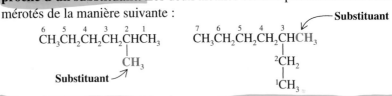

Substituant

$$\overset{6}{C}H_3\overset{5}{C}H_2\overset{4}{C}H_2\overset{3}{C}H_2\overset{2}{C}HCH_3^{1}$$
$$|$$
$$CH_3$$

Substituant

$$\overset{7}{C}H_3\overset{6}{C}H_2\overset{5}{C}H_2\overset{4}{C}H_2\overset{3}{C}HCH_3$$
$$|$$
$$^{2}CH_2$$
$$|$$
$$^{1}CH_3$$

3. **À l'aide de la numérotation établie à l'étape 2, on trouve l'indice de position du substituant.** Le numéro indiquant la position du substituant s'écrit en premier, suivi du nom du groupe substituant puis du nom de l'alcane. L'indice de position du substituant est séparé du nom du substituant par un trait d'union. Voyons deux exemples, le 2-méthylhexane et le 3-méthylheptane.

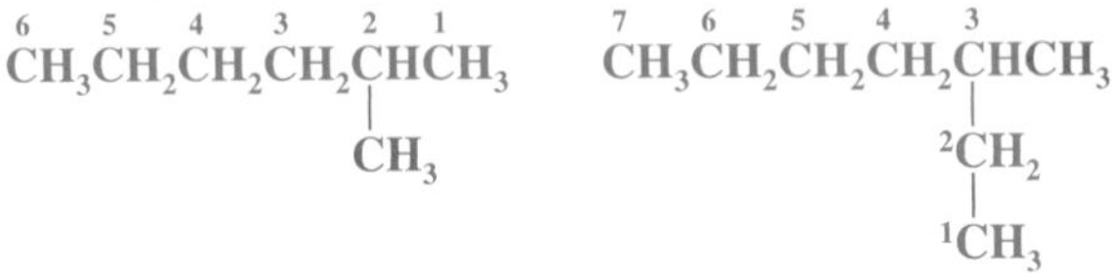

$$\overset{6}{C}H_3\overset{5}{C}H_2\overset{4}{C}H_2\overset{3}{C}H_2\overset{2}{C}HCH_3^{1}$$
$$|$$
$$CH_3$$

2-Méthylhexane

$$\overset{7}{C}H_3\overset{6}{C}H_2\overset{5}{C}H_2\overset{4}{C}H_2\overset{3}{C}HCH_3$$
$$|$$
$$^{2}CH_2$$
$$|$$
$$^{1}CH_3$$

3-Méthylheptane

4. **Lorsqu'il y a deux substituants ou plus, l'indice de position de ces derniers est déterminé en fonction de la chaîne la plus longue.** Par exemple, le composé ci-dessous se nomme 4-éthyl-2-méthylhexane.

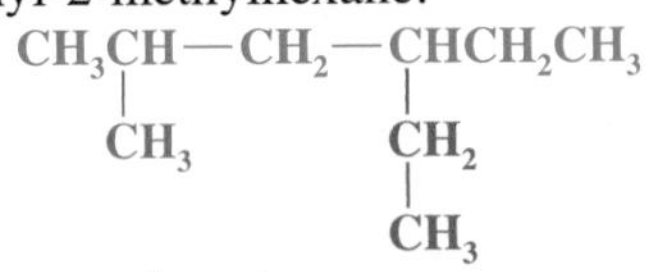

$$CH_3CH-CH_2-CHCH_2CH_3$$
$$|\qquad\qquad|$$
$$CH_3\qquad CH_2$$
$$|$$
$$CH_3$$

4-Éthyl-2-méthylhexane

Les substituants s'énoncent en ordre *alphabétique* (c'est-à-dire « éthyl » avant « méthyl »*). On ne tient pas compte des préfixes tels que di- ou tri- dans l'établissement de cet ordre.

5. **Si deux substituants sont présents sur le même carbone, on indique leur position par le même indice que l'on répète.**

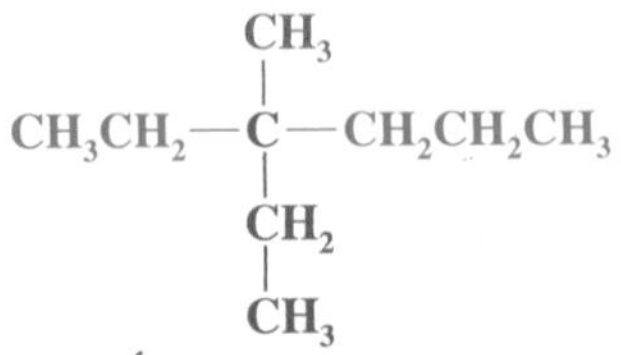

$$CH_3$$
$$|$$
$$CH_3CH_2-C-CH_2CH_2CH_3$$
$$|$$
$$CH_2$$
$$|$$
$$CH_3$$

3-Éthyl-3-méthylhexane

---

* Dans certains ouvrages de référence, on présente les groupes en ordre croissant de complexité (c'est-à-dire « méthyl » avant « éthyl »). Cependant, l'ordre alphabétique est maintenant beaucoup plus répandu.

* substituant ne fait pas partie de la plus longue chaîne de carbone

6. **Si au moins deux substituants identiques sont présents, on en fait précéder le nom par un préfixe tel que di-, tri- ou tétra-** et on s'assure d'indiquer la position de chacun des substituants. On utilise des virgules pour séparer les indices de position.

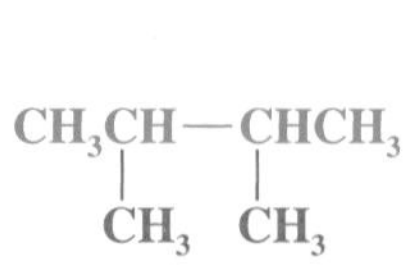

$$CH_3CH—CHCH_3$$
$$\underset{CH_3}{|} \quad \underset{CH_3}{|}$$

$$CH_3CHCHCHCH_3$$
$$\underset{CH_3}{|} \quad \underset{CH_3}{|}$$

$$CH_3CCH_2CCH_3$$
$$\underset{CH_3}{|} \quad \underset{CH_3}{|}$$

2,3-Diméthylbutane 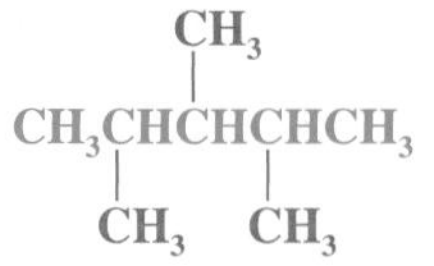   **2,3,4-**Triméthylpentane 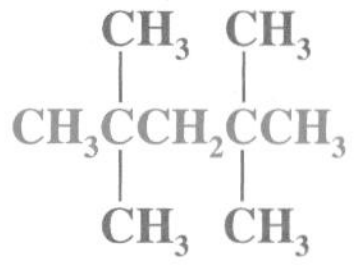   **2,2,4,4-**Tétraméthylpentane

L'application de ces six règles permet de nommer la plupart des alcanes que nous rencontrerons. Cependant, nous devrons parfois utiliser deux autres règles.

7. **Pour déterminer laquelle de deux chaînes d'égale longueur est la chaîne parentale, on choisit celle qui comporte le plus grand nombre de substituants.**

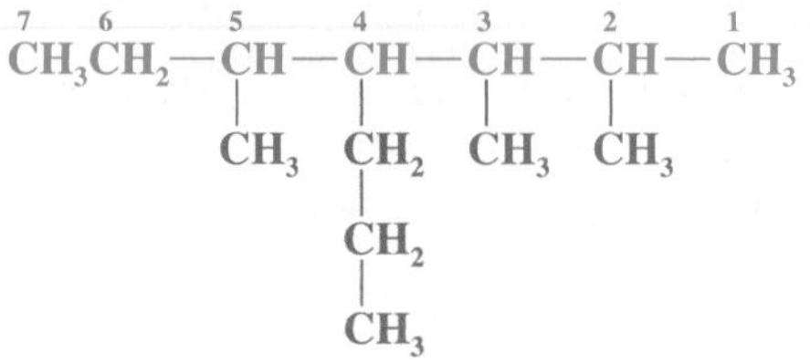

$$\overset{7}{CH_3}\overset{6}{CH_2}—\overset{5}{CH}—\overset{4}{CH}—\overset{3}{CH}—\overset{2}{CH}—\overset{1}{CH_3}$$

with substituents: CH₃, CH₂ (CH₂ CH₃), CH₃, CH₃

2,3,5-Triméthyl**-4-propyl**heptane
(quatre substituants)

8. **Si deux substituants sont à égale distance des deux extrémités de la chaîne la plus longue, on choisit le nom de façon que le substituant suivant ait le plus petit indice de position possible.**

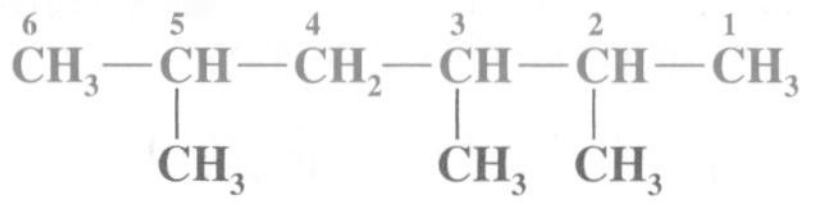

$$\overset{6}{CH_3}—\overset{5}{CH}—\overset{4}{CH_2}—\overset{3}{CH}—\overset{2}{CH}—\overset{1}{CH_3}$$
with CH₃, CH₃, CH₃

2,3,5-Triméthylhexane
(*non pas* **2,4,5-**triméthylhexane)

4.3C NOMENCLATURE DES GROUPES ALKYLE RAMIFIÉS

À la section 4.3A, vous avez appris la nomenclature des groupes alkyle non ramifiés qui résultent de l'enlèvement d'un atome d'hydrogène aux alcanes correspondants (méthyle, éthyle, propyle, butyle, etc.). Dans le cas des alcanes comportant plus de deux atomes de carbone, plus d'un groupe substituant peut être créé. Par exemple, le propane peut engendrer deux groupes : le **groupe propyle**, qui résulte de l'enlèvement d'un hydrogène terminal, et le groupe **1-méthyléthyle** ou **groupe isopropyle**, qui découle de l'enlèvement d'un hydrogène au carbone central.

Groupes à trois carbones

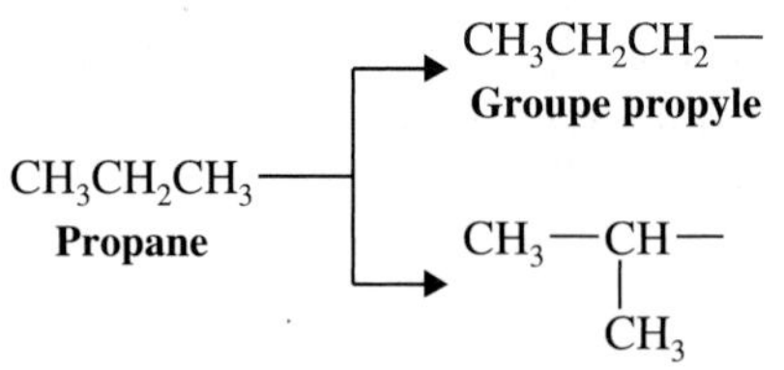

$$CH_3CH_2CH_3 \longrightarrow$$
Propane

$$CH_3CH_2CH_2—$$
Groupe propyle

$$CH_3—CH—$$
$$\underset{CH_3}{|}$$
1-Méthyléthyle ou groupe isopropyle

1-Méthyléthyle est le nom systématique de ce groupe, alors qu'isopropyle en est le nom courant. La nomenclature systématique des groupes alkyle est similaire à celle des alcanes à chaîne ramifiée, sauf que *la numérotation des carbones commence à* *celui qui est rattaché à la chaîne parentale.* Il existe quatre groupes possibles en C_4, dont deux dérivent du butane et deux de l'isobutane*.

Groupes à quatre carbones

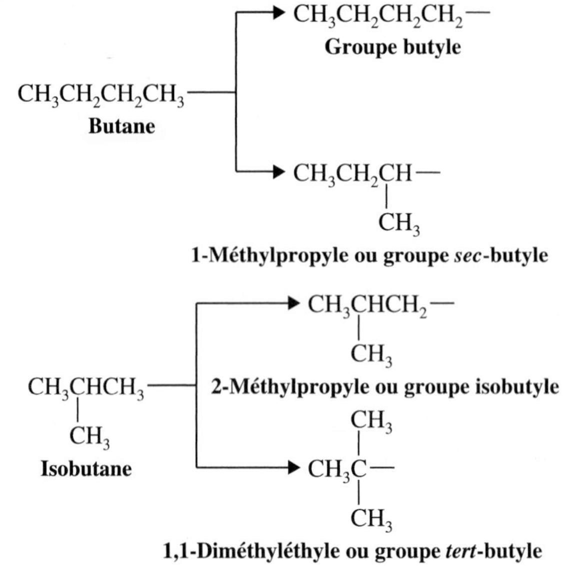

$$CH_3CH_2CH_2CH_3 \longrightarrow$$
Butane

$$\longrightarrow CH_3CH_2CH_2CH_2 —$$
Groupe butyle

$$\longrightarrow CH_3CH_2CH —$$
$$| $$
$$CH_3$$
1-Méthylpropyle ou groupe *sec*-butyle

$$CH_3CHCH_3 \longrightarrow$$
$$|$$
$$CH_3$$
Isobutane

$$\longrightarrow CH_3CHCH_2 —$$
$$|$$
$$CH_3$$
2-Méthylpropyle ou groupe isobutyle

$$CH_3$$
$$|$$
$$\longrightarrow CH_3C —$$
$$|$$
$$CH_3$$
1,1-Diméthyléthyle ou groupe *tert*-butyle

Les exemples qui suivent montrent la façon dont on doit nommer ces groupes.

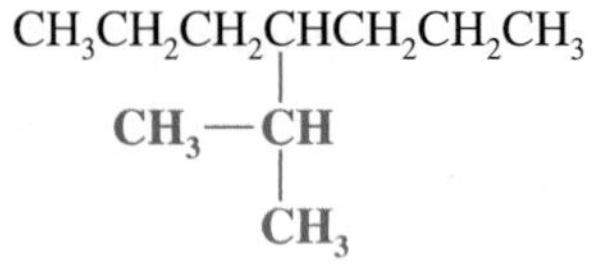

$$CH_3CH_2CH_2CH_2CHCH_2CH_2CH_3$$
$$|$$
$$CH_3—CH$$
$$|$$
$$CH_3$$
4-(1-Méthyléthyl)heptane ou 4-isopropylheptane

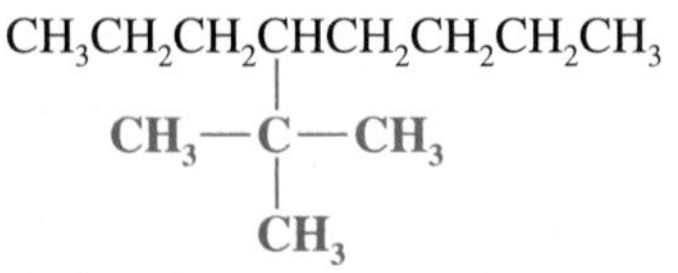

$$CH_3CH_2CH_2CHCH_2CH_2CH_2CH_3$$
$$|$$
$$CH_3—C—CH_3$$
$$|$$
$$CH_3$$
4-(1,1-Diméthyléthyl)octane ou 4-*tert*-butyloctane

Les noms courants des groupes non substitués **isopropyle, isobutyle, *sec*-butyle** et ***tert*-butyle** ont été approuvés par l'UICPA et sont d'ailleurs très fréquemment employés. Vous devriez apprendre à les reconnaître rapidement, peu importe leur notation. Pour ces groupes, on établit l'ordre alphabétique sans tenir compte des préfixes en italique associés à la structure et séparés du nom par un trait d'union. Ainsi, *tert*-butyle précède éthyle, et éthyle précède isobutyle**.

L'UICPA a également approuvé le nom courant d'un groupe à cinq carbones que vous devriez aussi apprendre : le groupe 2,2-diméthylpropyle est appelé communément **groupe néopentyle**.

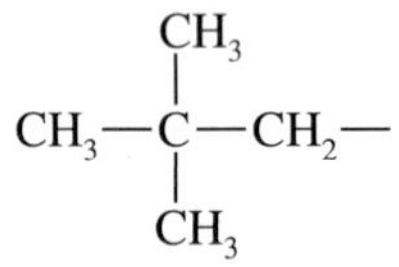

$$CH_3$$
$$|$$
$$CH_3—C—CH_2 —$$
$$|$$
$$CH_3$$
2,2-Diméthylpropyle ou groupe néopentyle

PROBLÈME 4.2

a) Il existe sept groupes à cinq carbones autres que le 2,2-diméthylpropyle (ou néopentyle). Écrivez la structure de ces groupes et nommez-les selon la nomencla-

---

* Isobutane est le nom courant du 2-méthylpropane. Il est cependant approuvé par l'UICPA.

** On utilise parfois les abréviations *i, s* et *t* pour iso-, *sec*- et *tert*- respectivement.

ture systématique. b) Donnez les noms systématiques des neuf isomères de formule C_7H_{16} identifiés au problème 4.1.

4.3D CLASSIFICATION DES ATOMES D'HYDROGÈNE

On classifie les atomes d'hydrogène d'un alcane en fonction de l'atome de carbone auquel ils sont rattachés. Un atome d'hydrogène lié à un carbone primaire est un atome d'hydrogène primaire, et ainsi de suite. Le composé qui suit, 2-méthylbutane, contient des atomes d'hydrogène primaires, secondaires et tertiaire.

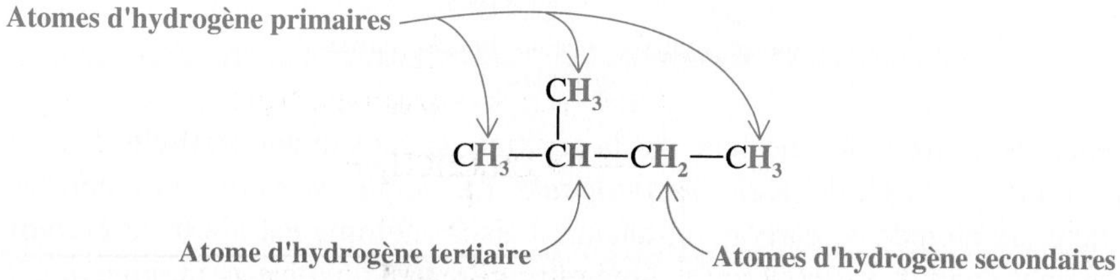

Atomes d'hydrogène primaires

$$CH_3$$
$$CH_3-CH-CH_2-CH_3$$

Atome d'hydrogène tertiaire   Atomes d'hydrogène secondaires

Le 2,2-diméthylpropane, un composé parfois appelé **néopentane,** possède seulement des atomes d'hydrogène primaires.

$$CH_3$$
$$CH_3-C-CH_3$$
$$CH_3$$

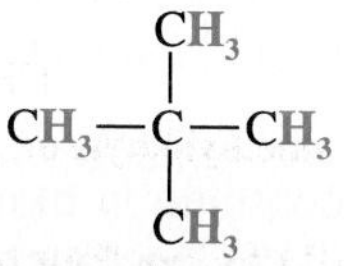

2,2-Diméthylpropane
(néopentane)

4.3E NOMENCLATURE DES HALOGÉNOALCANES

Selon la nomenclature substitutive de l'UICPA, les alcanes qui portent des substituants halogénés sont appelés halogénoalcanes.

CH_3CH_2Cl $CH_3CH_2CH_2F$ $CH_3CHBrCH_3$
Chloroéthane   **1-Fluoropropane**   **2-Bromopropane**

Si la chaîne parentale porte à la fois un substituant halogéné et un alkyle, on numérote la chaîne à partir de l'extrémité la plus proche du premier substituant, sans tenir compte de sa nature. Si deux substituants sont à égale distance des extrémités, on numérote la chaîne en tenant compte de l'ordre alphabétique des substituants.

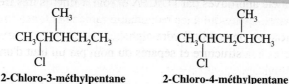

2-Chloro-3-méthylpentane   **2-Chloro-4-méthylpentane**

Les noms courants des halogénoalcanes sont encore très largement employés aujourd'hui. Dans ce type de nomenclature courante, appelée *nomenclature par classes fonctionnelles*, les halogénoalcanes sont nommés halogénoalcanes. Les noms qui suivent ont été acceptés par l'UICPA.

CH_3CH_2Cl CH_3CHCH_3 $(CH_3)_3CBr$ CH_3CHCH_2Cl CH_3CCH_2Br
Br CH_3 CH_3, CH_3

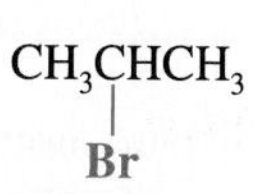

Chlorure   **Bromure**   **Bromure de**   **Chlorure**   **Bromure de**
d'éthyle   **d'isopropyle**   ***tert*-butyle**   **d'isobutyle**   **néopentyle**

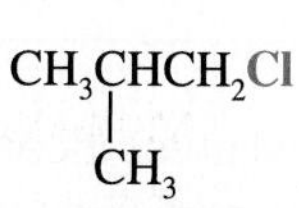

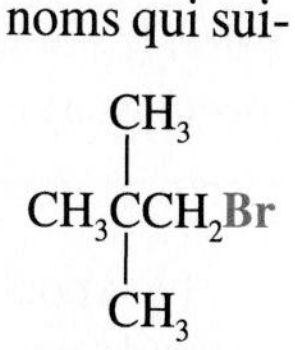

PROBLÈME 4.3

Donnez les noms dérivés de la nomenclature substitutive de l'UICPA aux isomères des formules suivantes : a) C_4H_9Cl; b) $C_5H_{11}Br$.

4.3F NOMENCLATURE DES ALCOOLS

Selon la **nomenclature substitutive** de l'UICPA, un nom peut comporter jusqu'à quatre éléments : un ou des **indice(s),** un ou des **préfixe(s),** la **chaîne parentale** du composé et un **suffixe.** Sans tenir compte de la façon dont ses éléments ont été déterminés, voyez comment le composé suivant illustre ce type de nomenclature.

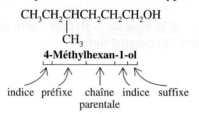

L'*indice de position* **4-** renseigne sur la position du substituant **méthyle** (le *préfixe*) qui est attaché au C_4 de la *chaîne parentale*. La *chaîne parentale* du composé qui contient six atomes de carbone et aucune liaison multiple est nommée **hexane** et, parce qu'il s'agit d'un alcool, on y ajoute le *suffixe* **-ol.** L'indice **1-** indique que le C_1 porte le groupe hydroxyle. **En général, la numérotation de la chaîne commence par l'extrémité la plus proche du groupe dont on tire le suffixe.**

Lorsqu'on nomme les alcools selon la nomenclature substitutive de l'UICPA, on doit suivre les principes suivants :

1. On repère la chaîne carbonée continue la plus longue *à laquelle le groupe hydroxyle est directement rattaché.* On modifie le nom de l'alcane correspondant à cette chaîne en enlevant le *e* final et en y adjoignant le suffixe *-ol.*

2. On numérote la chaîne carbonée continue en attribuant le plus petit indice possible à l'atome de carbone auquel est rattaché le groupe hydroxyle. Cet indice, placé tout juste devant le suffixe, sert à indiquer la position du hydroxyle dans le nom. On indique la position des autres substituants (les préfixes) à l'aide des indices qui signalent leur position le long de la chaîne carbonée.

Les exemples suivants montrent l'application de ces principes.

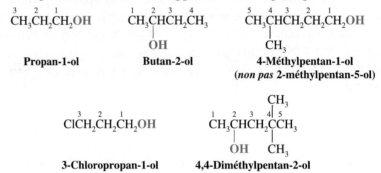

PROBLÈME 4.4

Selon la nomenclature substitutive de l'UICPA, nommez tous les alcools isomères de formules a) $C_4H_{10}O$ et b) $C_5H_{12}O$.

On appelle souvent les alcools de formule simple par leurs noms *communs* dérivés de la nomenclature radicofonctionnelle et acceptés par l'UICPA. Nous en avons déjà vu plusieurs exemples à la section 2.7. Outre l'*alcool méthylique,* l'*alcool éthylique* et l'*alcool isopropylique,* il en existe de nombreux autres, dont :

$$CH_3CH_2CH_2OH \qquad CH_3CH_2CH_2CH_2OH \qquad CH_3CH_2CHCH_3$$
$$\qquad\qquad\qquad\qquad\qquad\qquad\qquad\qquad\qquad\qquad\qquad | \\ \qquad\qquad\qquad\qquad\qquad\qquad\qquad\qquad\qquad\qquad\qquad OH$$

Alcool propylique   **Alcool butylique**   **Alcool *sec*-butylique**
(propan-1-ol)   **(butan-1-ol)**   **(butan-2-ol)**

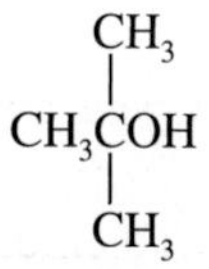

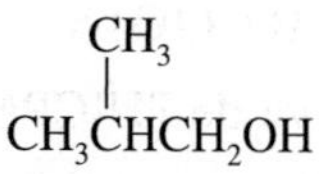

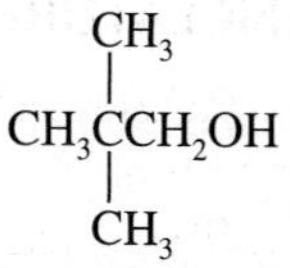

$$CH_3\overset{\overset{\displaystyle CH_3}{|}}{\underset{\underset{\displaystyle CH_3}{|}}{C}}OH$$

Alcool *tert*-butylique
(*tert*-butanol)

$$CH_3\overset{\overset{\displaystyle CH_3}{|}}{CH}CH_2OH$$

Alcool isobutylique
(isobutanol)

$$CH_3\overset{\overset{\displaystyle CH_3}{|}}{\underset{\underset{\displaystyle CH_3}{|}}{C}}CH_2OH$$

Alcool néopentylique
(néopentanol)

On donne couramment le nom de « glycols » aux alcools renfermant deux groupes hydroxyle. Selon la nomenclature substitutive de l'UICPA, ces alcools sont des **diols**.

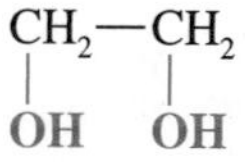

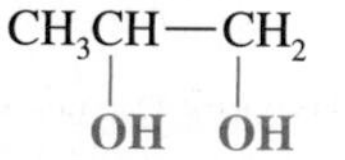

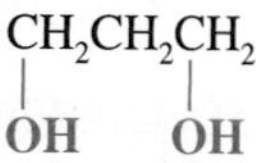

$$\underset{\underset{\displaystyle OH}{|}}{CH_2}-\underset{\underset{\displaystyle OH}{|}}{CH_2}$$

$$CH_3\underset{\underset{\displaystyle OH}{|}}{CH}-\underset{\underset{\displaystyle OH}{|}}{CH_2}$$

$$\underset{\underset{\displaystyle OH}{|}}{CH_2}CH_2\underset{\underset{\displaystyle OH}{|}}{CH_2}$$

Courante   Éthylène glycol   Propylène glycol   Triméthylène glycol

Substitutive   **Éthane-1,2-diol**   **Propane-1,2-diol**   **Propane-1,3-diol**

4.4 NOMENCLATURE DES CYCLOALCANES

4.4A COMPOSÉS MONOCYCLIQUES

On nomme les cycloalcanes munis d'un seul cycle en adjoignant le préfixe cyclo- au nom de l'alcane analogue qui possède le même nombre de carbones. Par exemple,

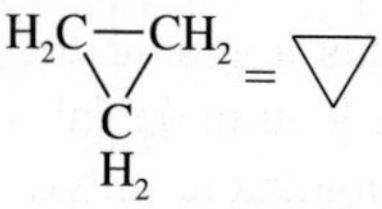

Cyclopropane 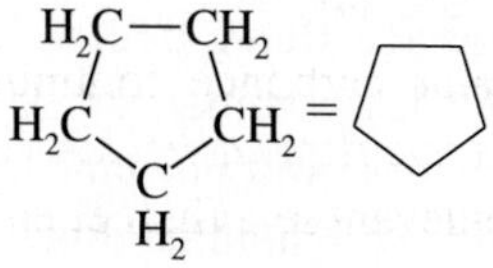   **Cyclopentane**

La nomenclature des cycloalcanes substitués est relativement simple : on les nomme en tant que *cycloalcanes alkylés, cycloalcanes halogénés, cycloalcanols alkylés* et ainsi de suite. Si un seul substituant est présent sur le cycle, il n'est pas nécessaire d'en indiquer la position. S'il y en a deux, on numérote le cycle *en commençant par le carbone portant le substituant* qui vient en premier dans l'alphabet, puis on attribue au carbone de l'autre substituant le plus petit indice possible. Dans les cas où plus de trois substituants sont présents, il faut veiller à ce que la séquence de numérotation soit la plus faible possible.

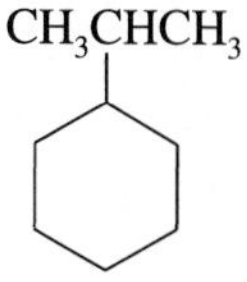

Isopropylcyclohexane 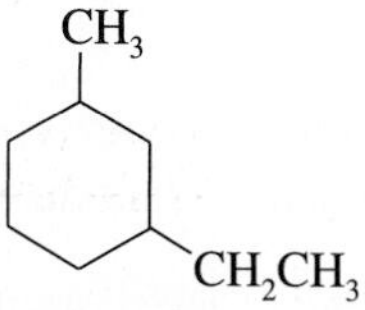   **1-Éthyl-3-méthylcyclohexane**   **4-Chloro-2-éthyl-1-méthylcyclohexane**
                       (*non pas* **1-éthyl-5-méthylcyclohexane**)   (*non pas* **1-chloro-3-éthyl-4-méthylcyclohexane**)

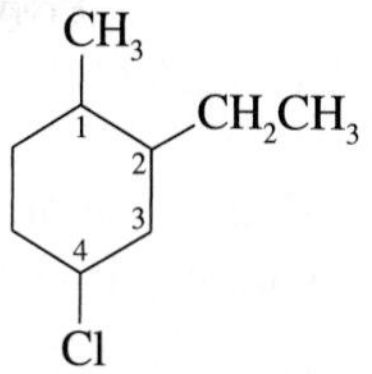

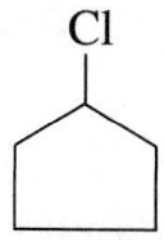

Chlorocyclopentane 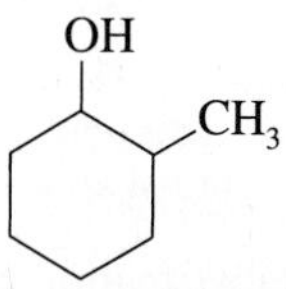   **2-Méthylcyclohexanol**

Si un cycle est lié à une chaîne simple contenant un plus grand nombre de carbones ou si plus d'un cycle est joint par une simple chaîne carbonée, on donne au composé le nom de *cycloalkylalcane*. Par exemple :

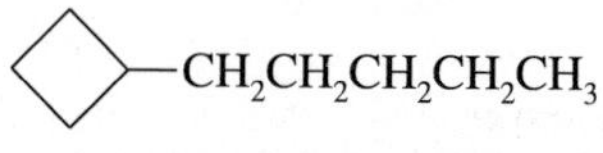

1-Cyclobutylpentane 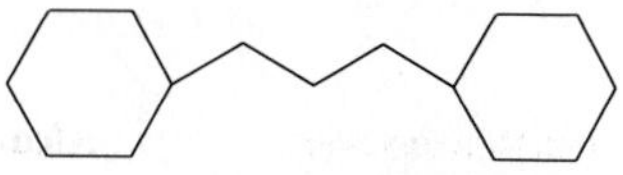   **1,3-Dicyclohexylpropane**

PROBLÈME 4.5

Nommez les alcanes substitués suivants :

a) 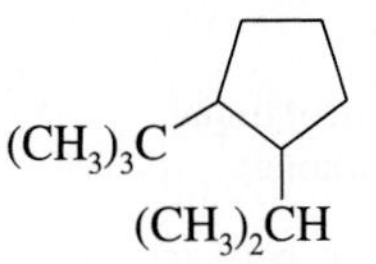 $(CH_3)_3C$ — cyclopentane avec $(CH_3)_2CH$

d) 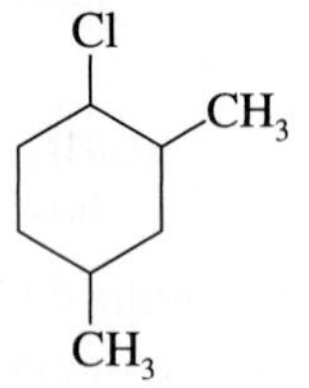 cyclohexane avec Cl, CH_3, CH_3

b) 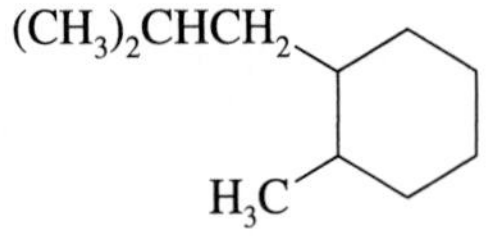 $(CH_3)_2CHCH_2$ — cyclohexane avec H_3C

e) 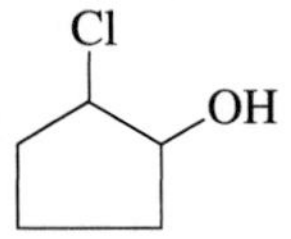 cyclopentane avec Cl et OH

c) 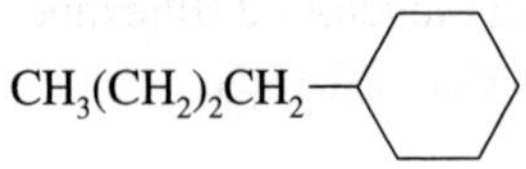 $CH_3(CH_2)_2CH_2$ — cyclohexane

f) 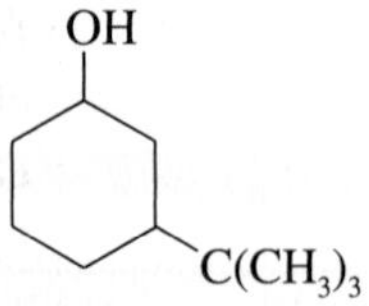 cyclohexane avec OH et $C(CH_3)_3$

4.4B COMPOSÉS BICYCLIQUES

Les composés dont les deux cycles sont fusionnés ou pontés sont appelés **bicycloalcanes**. Pour les nommer, on se sert du nom de l'alcane correspondant au nombre total de carbones présents dans les cycles. Par exemple, le composé qui suit contient sept carbones et se nomme donc « bicycloheptane ». Les atomes de carbone partagés par les deux cycles sont appelés « têtes de pont » et on définit un pont comme étant la liaison ou la chaîne d'atomes reliant les atomes têtes de pont.

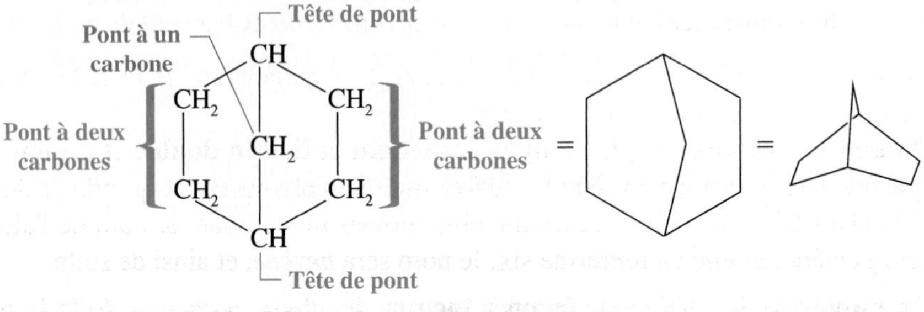

Un bicycloheptane

Dans les noms des bicycloalcanes, on indique entre crochets le nombre d'atomes de carbone de chacun des ponts (en ordre décroissant de longueur). Par exemple,

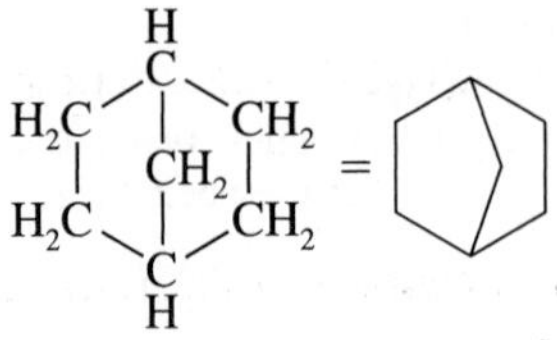

Bicyclo[2.2.1]heptane
(aussi appelé *norbornane*)

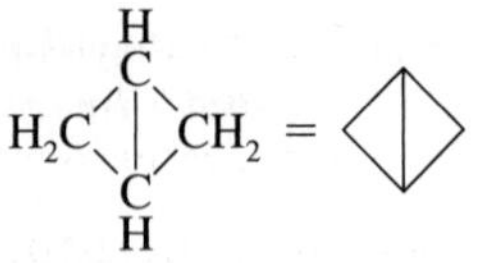

Bicyclo[1.1.0]butane

S'il y a des substituants, on commence la numérotation à une tête de pont et on suit la chaîne la plus longue jusqu'à la seconde tête de pont. Puis on suit la chaîne non numérotée la plus longue, jusqu'à la première tête de pont. Le pont le plus court est le dernier à être numéroté.

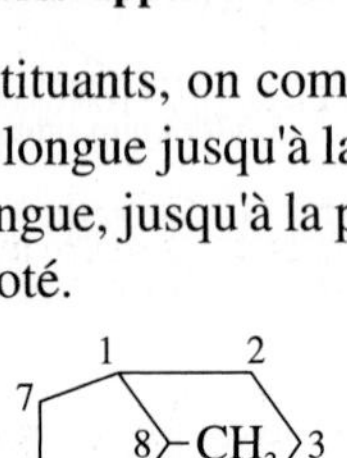

8-Méthylbicyclo[3.2.1]octane

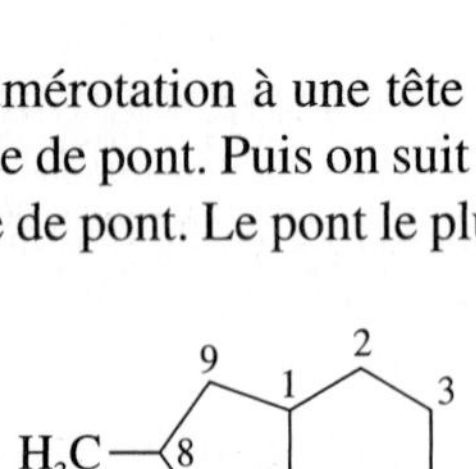

8-Méthylbicyclo[4.3.0]nonane

PROBLÈME 4.6

Nommez les alcanes bicycliques suivants :

a)

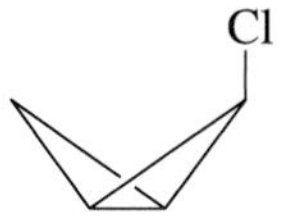

d)

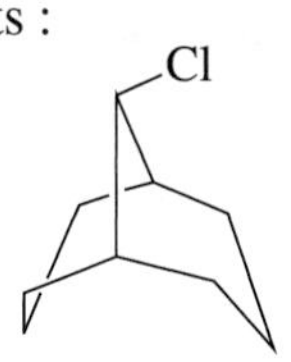

b)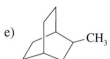

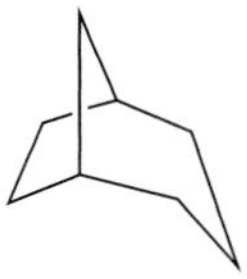

e)

c)

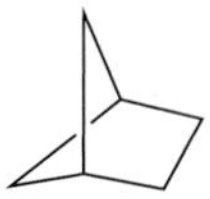

f) Écrivez la structure d'un composé bicyclique isomère du bicyclo[2.2.0]hexane et nommez-le.

4.5 NOMENCLATURE DES ALCÈNES ET DES CYCLOALCÈNES

De nombreux noms courants d'alcènes sont encore en usage. Le propène est souvent appelé « propylène » et le 2-méthylpropène porte le nom courant d'« isobutylène ».

$$CH_3$$
$$|$$
$$CH_2{=}CH_2 \qquad CH_3CH{=}CH_2 \qquad CH_3{-}C{=}CH_2$$

UICPA :	**Éthène**	**Propène**	**2-Méthylpropène**
Nom courant :	**Éthylène**	**Propylène**	**Isobutylène**

À bien des égards, les règles systématiques de nomenclature de l'UICPA des alcènes sont similaires à celles des alcanes.

1. **On repère la chaîne la plus longue contenant la liaison double et on nomme l'alcène en changeant en -ène le suffixe -ane de l'alcane correspondant.** Ainsi, si la chaîne la plus longue renferme cinq atomes de carbone, le nom de l'alcène sera *pentène*. Si elle en renferme six, le nom sera *hexène*, et ainsi de suite.

2. **On numérote la chaîne de façon à inclure les deux carbones de la liaison double, en commençant par l'extrémité la plus proche de cette liaison. On indique la position de la liaison double en utilisant l'indice de son premier carbone, placé tout juste devant le suffixe.**

$$\overset{1}{C}H_2{=}\overset{2}{C}H\overset{3}{C}H_2\overset{4}{C}H_3 \qquad CH_3CH{=}CHCH_2CH_2CH_3$$

But-1-ène   **Hex-2-ène**
(*non pas* but-3-ène)   (*non pas* hex-4-ène)

3. **On signale la position des groupes substituants en indiquant celle des atomes de carbone auxquels ils sont rattachés.**

$$CH_3 \qquad\qquad\qquad CH_3 \qquad\quad CH_3$$
$$| \qquad\qquad\qquad\quad | \qquad\qquad | $$
$$CH_3\underset{1}{C}{=}\underset{2}{C}H\underset{3}{C}H\underset{4}{}_3 \qquad CH_3\underset{1}{C}{=}\underset{2}{C}H\underset{3}{C}H_2\underset{4}{C}H\underset{5}{C}H_3$$

2-Méthylbut-2-ène   **2,5-Diméthylhex-2-ène**
(*non pas* 3-méthylbut-2-ène)   (*non pas* 2,5-diméthylhex-4-ène)

$$CH_3$$
$$|$$
$$\underset{1}{C}H_3\underset{2}{C}H{=}\underset{3}{C}HCH_2\underset{4}{C}\underset{5}{}{-}CH_3 \qquad \overset{4}{C}H_3\overset{3}{C}H{=}\overset{2}{C}HCH_2\overset{1}{C}l$$
$$| $$
$$CH_3$$

5,5-Diméthylhex-2-ène   **1-Chlorobut-2-ène**

4. **Dans le cas des cycloalcènes substitués, on attribue les positions 1 et 2 aux atomes de carbone de la liaison double et on s'assure que les groupes substituants présentent les plus petits indices possibles.** Il n'est pas nécessaire de spécifier la position de la liaison double, car elle se trouve toujours entre C1 et C2. Les deux exemples suivants illustrent l'application de ces règles.

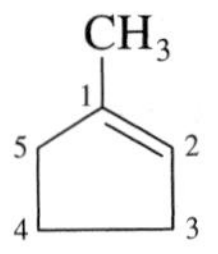

1-Méthylcyclopentène
(*non pas* **2-méthylcyclopentène**)

3,5-Diméthylcyclohexène
(*non pas* **4,6-diméthylcyclohexène**)

5. On donne aux composés renfermant une liaison double et un groupe hydroxyle le nom d'« alcénols » (ou « cycloalcénols ») et on attribue le plus petit indice à l'atome de carbone portant l'hydroxyle.

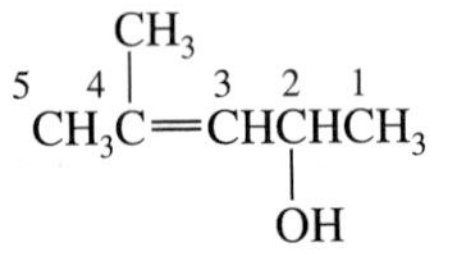

$$\overset{5}{C}H_3\overset{4}{C}=\overset{3}{C}H\overset{2}{C}H\overset{1}{C}H_3$$

4-Méthylpent-3-én-2-ol

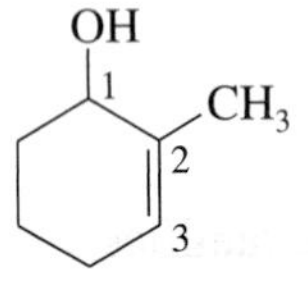

2-Méthylcyclohex-2-én-1-ol

6. Les groupes *vinylique* et *allylique* sont deux groupes alcéniques que l'on rencontre fréquemment.

$$CH_2=CH-$$
Groupe vinyle

$$CH_2=CHCH_2-$$
Groupe allyle

Voici deux exemples d'utilisation de ces noms.

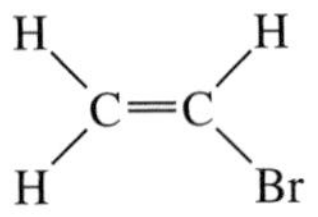

Bromoéthène
ou
bromure de vinyle
(nom courant)

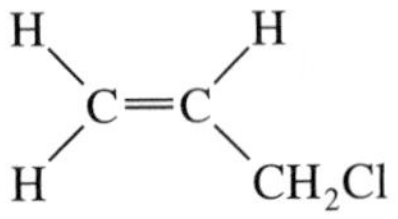

3-Chloropropène
ou
chlorure d'allyle
(nom courant)

7. Si deux groupes identiques sont du même côté de la liaison double, le composé est dit *cis*. Si les groupes se retrouvent de part et d'autre de cette liaison, on le dit *trans*.

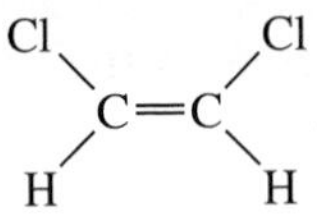

***cis*-1,2-Dichloroéthène**

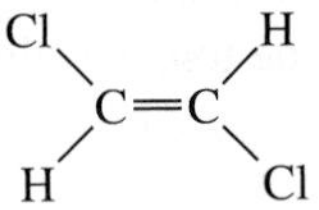

***trans*-1,2-Dichloroéthène**

À la section 7.2, nous verrons une autre façon de désigner la géométrie de la liaison double.

PROBLÈME 4.7

Nommez les alcènes suivants selon la nomenclature de l'UICPA.

a)

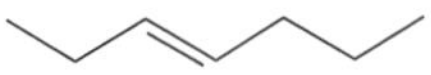

c)

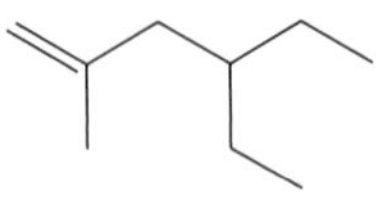

e)

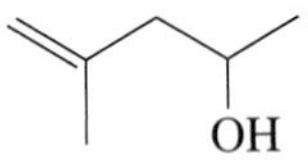

b)

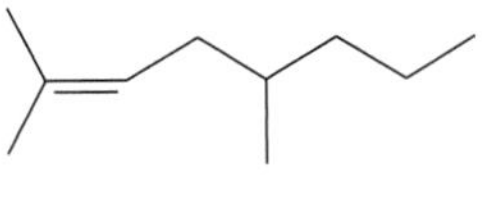

d)

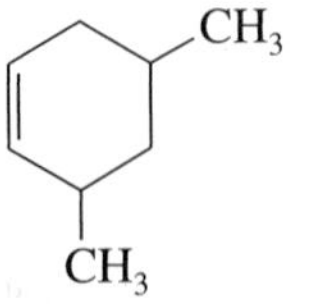

f)

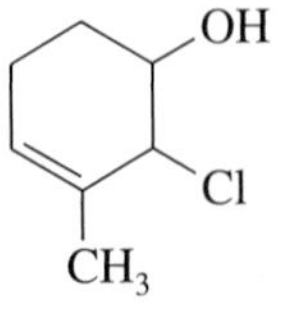

PROBLÈME 4.8

Écrivez la formule structurale des composés suivants :

a) *cis*-Oct-3-ène

b) *trans*-Hex-2-ène

c) 2,4-Diméthylpent-2-ène

d) *trans*-1-Chlorobut-2-ène

e) 4,5-Dibromopent-1-ène

f) 1,3-Diméthylcyclohexène

g) 3,4-Diméthylcyclopentène

h) Vinylcyclopentane

i) 1,2-Dichlorocyclohexène

j) *trans*-1,4-Dichloropent-2-ène

4.6 NOMENCLATURE DES ALCYNES

La nomenclature des alcynes s'apparente à celle des alcènes. Par exemple, on nomme les alcynes non ramifiés en remplaçant le suffixe **-ane** de l'alcane correspondant par la terminaison **-yne.** La chaîne est numérotée de façon que les atomes de carbone de la liaison triple portent les plus petits indices possibles. Le plus petit de ces deux indices donne la position de la liaison triple. Voici les noms systématiques de l'UICPA de trois alcynes non ramifiés.

$$H-C\equiv C-H \qquad CH_3CH_2C\equiv CCH_3 \qquad H-C\equiv CCH_2CH=CH_2$$

Éthyne ou acétylène*   **Pent-2-yne**   **Pent-1-én-4-yne****

La position des groupes substituants des alcynes ramifiés et des alcynes substitués est aussi donnée par des indices. Lors de la numérotation de la chaîne carbonée d'un alcynol, le groupe —OH a priorité sur la liaison triple.

$$\overset{3}{Cl}-\overset{2}{CH_2}\overset{1}{C}\equiv \overset{}{CH} \qquad \overset{4}{CH_3}\overset{3}{C}\equiv \overset{2}{C}\overset{1}{CH_2}Cl \qquad \overset{4}{HC}\equiv \overset{3}{C}\overset{2}{CH_2}\overset{1}{CH_2}OH$$

3-Chloropropyne   **1-Chlorobut-2-yne**   **But-3-yn-1-ol**

$$\overset{6}{CH_3}\overset{5}{CH}\overset{4}{CH_2}\overset{3}{CH_2}\overset{2}{C}\equiv \overset{1}{CH}$$
$$|$$
$$CH_3$$

5-Méthylhex-1-yne

$$\begin{array}{c} CH_3 \\ | \\ \overset{5}{CH_3}\overset{4}{C}\overset{3}{CH_2}\overset{2}{C}\equiv \overset{1}{CH} \\ | \\ CH_3 \end{array}$$

4,4-Diméthylpent-1-yne

$$\begin{array}{c} OH \\ | \\ \overset{1}{CH_3}\overset{2}{C}\overset{3}{CH_2}\overset{4}{C}\equiv \overset{5}{CH} \\ | \\ CH_3 \end{array}$$

2-Méthylpent-4-yn-2-ol

PROBLÈME 4.9

Donnez la structure de tous les alcynes possibles de formule C_6H_{10} et nommez-les.

Les acétylènes monosubstitués, ou 1-alcynes, sont appelés **alcynes terminaux**. Les atomes d'hydrogène liés au carbone de la liaison triple portent le nom d'« hydrogènes acétyléniques ».

$$R-C\equiv C-H \qquad \text{— Hydrogène acétylénique}$$

Un alcyne terminal

L'enlèvement d'un hydrogène acétylénique donne un anion connu sous le nom d'*ion alcynure* ou ion acétylure. Comme nous le verrons à la section 4.18C, ces ions sont très utiles en synthèse.

$$R-C\equiv C:^- \qquad CH_3C\equiv C:^-$$

Un ion alcynure (ion acétylure)   **Ion propynure**

---

* Le nom « acétylène », fréquemment utilisé, a été retenu par l'UICPA pour identifier le composé $HC\equiv CH$.

**Lorsqu'il y a une liaison double, c'est elle qui porte le plus petit indice.

4.7 PROPRIÉTÉS PHYSIQUES DES ALCANES ET DES CYCLOALCANES

En observant les alcanes non ramifiés au tableau 4.4, on remarque que la structure de chaque alcane diffère de celle du précédent par un groupe —CH_2—. Par exemple, la formule du butane est $CH_3(CH_2)_2CH_3$, alors que celle du pentane est $CH_3(CH_2)_3CH_3$. Une telle série de composés, dans laquelle chaque membre diffère du membre suivant par un incrément, est appelée **série homologue.** Les membres d'une série homologue sont appelés **homologues.**

À la température ambiante (25 °C) et à une pression de 1 atm, les quatre premiers membres de la série homologue des alcanes non ramifiés sont à l'état gazeux (figure 4.3). Les alcanes non ramifiés C_5 à C_{17} (du pentane à l'heptadécane) sont liquides, et ceux de 18 carbones ou plus sont à l'état solide.

Leçon interactive : ramification des chaînes carbonées et forces intermoléculaires

Points d'ébullition Les points d'ébullition des alcanes non ramifiés augmentent en fonction de la masse moléculaire (figure 4.3). Cependant, une ramification de la chaîne des alcanes entraîne une baisse du point d'ébullition. À titre d'exemples, prenons les isomères de formule C_6H_{14} au tableau 4.2. L'hexane bout à 68,7 °C, tandis que le 2-méthylpentane et le 3-méthylpentane, qui possèdent une ramification, bouillent à des températures plus basses, soit 60,3 °C et 63,3 °C respectivement. Le 2,3-diméthylbutane et le 2,2-diméthylbutane, qui portent deux groupes chacun, bouillent à des températures encore plus basses, soit 58 °C et 49,7 °C respectivement.

L'explication de ce phénomène est fondée en partie sur les forces de Van der Waals étudiées à la section 2.14D. Dans le cas des alcanes non ramifiés, la masse moléculaire augmente en fonction de la taille des molécules, mais surtout en fonction de leur surface. Plus cette dernière est grande, plus les forces de Van der Waals s'exerçant entre les molécules sont importantes. Par conséquent, la séparation des molécules les unes des autres et donc l'ébullition nécessitent davantage d'énergie (une température plus élevée). Inversement, la ramification d'une chaîne carbonée rend la molécule plus compacte, en réduit la surface et entraîne par le fait même une diminution des forces de Van der Waals entre les molécules adjacentes ainsi qu'une baisse du point d'ébullition.

Points de fusion Dans le cas des alcanes non ramifiés, la température de fusion n'augmente pas aussi régulièrement en fonction de la masse moléculaire que ne le fait le point d'ébullition (ligne bleue de la figure 4.4). Chaque fois que l'on passe d'un alcane non ramifié ayant un nombre pair d'atomes de carbone à l'alcane suivant qui en possède un nombre impair, on remarque que les points de fusion progressent « en escalier ». Par exemple, le point de fusion du propane (−188 °C) est inférieur à ceux de l'éthane (−183 °C) et du méthane (−182 °C). Le point de fusion du butane (−138 °C) est de 50 °C plus élevé que celui du propane, mais de seulement 8 °C

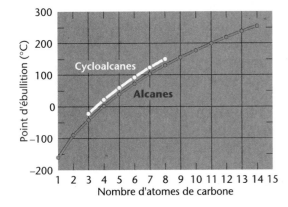

Figure 4.3 Points d'ébullition des alcanes non ramifiés (en rouge) et des cycloalcanes (en blanc).

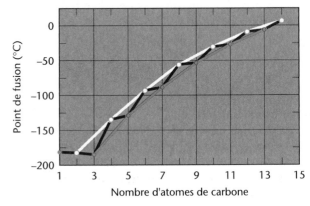

Figure 4.4 Points de fusion des alcanes non ramifiés.

Tableau 4.5 Propriétés physiques des cycloalcanes.

Nombre de carbones	Nom	Point d'ébullition (°C) (1 atm)	Point de fusion (°C)	Densité d^{20} (g·mL^{-1})	Indice de réfraction (n_D^{20})
3	Cyclopropane	−33	−126,6	—	—
4	Cyclobutane	13	−90	—	1,4260
5	Cyclopentane	49	−94	0,751	1,4064
6	Cyclohexane	81	6,5	0,779	1,4266
7	Cycloheptane	118,5	−12	0,811	1,4449
8	Cyclooctane	149	13,5	0,834	—

inférieur à celui du pentane (−130 °C). En traçant des courbes *distinctes* pour les alcanes pairs et les alcanes impairs (les lignes blanche et rouge de la figure 4.4), on constate que le point de fusion augmente de façon régulière en fonction de la masse moléculaire.

Des études de diffraction des rayons X, qui renseignent sur la structure moléculaire, ont permis d'expliquer cette anomalie apparente. En effet, à l'état cristallin, les chaînes des alcanes ayant un nombre pair de carbones présentent un arrangement plus compact. Il s'ensuit que les forces d'attraction entre les chaînes individuelles sont plus importantes, et par conséquent le point de fusion s'élève.

Le lien entre la ramification de la chaîne et le point de fusion des alcanes est plus difficile à établir. En général, cependant, on peut dire que les alcanes ramifiés ayant une structure très symétrique ont un point de fusion anormalement élevé. Le 2,2,3,3-tétraméthylbutane, par exemple, fond à 100,7 °C, alors que son point d'ébullition n'est que de 6° plus élevé, soit 106,3 °C.

$$CH_3 \quad CH_3$$
$$| \qquad |$$
$$CH_3 - C - C - CH_3$$
$$| \qquad |$$
$$CH_3 \quad CH_3$$

2,2,3,3-Tétraméthylbutane

Les cycloalcanes ont un point de fusion beaucoup plus élevé que leurs équivalents à chaîne ouverte (tableau 4.5).

Densité   De toutes les classes de composés organiques, les alcanes et les cycloalcanes constituent celle dont les densités sont les plus faibles. Tous les alcanes et cycloalcanes ont une densité considérablement inférieure à 1 g·mL^{-1} (la densité de l'eau à 4 °C). C'est pourquoi le pétrole (un mélange d'hydrocarbures riche en alcanes) flotte sur l'eau.

Solubilité   En raison de leur très faible polarité et de leur incapacité à former des liaisons hydrogène, les alcanes et les cycloalcanes sont quasi insolubles dans l'eau. Ces composés sont cependant miscibles les uns dans les autres et ils se dissolvent généralement dans des solvants de faible polarité, notamment le benzène, le tétrachlorure de carbone, le chloroforme ainsi que d'autres hydrocarbures.

4.8 LIAISONS SIGMA ET ROTATION AUTOUR DES LIAISONS SIMPLES

Analyse conformationnelle

Les atomes ou les groupes d'atomes reliés par une liaison sigma (c'est-à-dire par une liaison simple) peuvent effectuer une rotation l'un par rapport à l'autre autour de cette liaison. Les géométries moléculaires temporaires résultant des rotations de ces groupes sont appelées **conformations.** On définit l'**analyse conformationnelle** comme étant l'étude de la variation d'énergie liée à la rotation des groupes autour des liaisons sigma d'une molécule.

Prenons la molécule d'éthane à titre d'exemple. De toute évidence, un nombre infini de conformations différentes peuvent découler de la rotation des

a)

b)

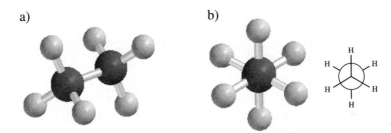

Figure 4.5   a) Conformation décalée de l'éthane. b) Projection de Newman de la conformation décalée.

Melvin S. Newman

Projection de Newman et formule chevalet

groupes CH_3 autour de la liaison carbone–carbone. Cependant, toutes ces conformations n'auront pas la même stabilité. La conformation *la plus stable* (c'est-à-dire celle dont *l'énergie potentielle est la plus faible*) est celle dans laquelle les atomes d'hydrogène attachés à chaque atome de carbone semblent parfaitement décalés lorsqu'on les observe depuis une extrémité de la molécule dans l'axe carbone–carbone (figure 4.5). Cette stabilité s'explique facilement par les forces de répulsion qui existent entre les paires d'électrons liants des liaisons C—H. Comme elle permet un arrangement dans lequel la distance entre les paires d'électrons des liaisons C—H est maximale, la conformation décalée est de plus faible énergie.

À la figure 4.5b, nous avons dessiné ce que l'on appelle la **projection de Newman** de l'éthane. L'écriture d'une telle projection exige que l'on s'imagine regardant la molécule à partir d'une de ses extrémités, le long de l'axe carbone–carbone. Les liaisons du carbone frontal sont représentées par $\curlyvee$, et celles du carbone arrière par $\curlywedge$.

Un autre type de représentation est parfois employé pour montrer différentes conformations : la **formule chevalet.**

Projection de Newman   **Formule chevalet**

Cette représentation illustre la conformation telle qu'on la voit à la figure 4.5a. Pour simplifier le dessin, nous avons omis les atomes situés aux extrémités des liaisons.

La conformation la moins stable de l'éthane est la **conformation éclipsée** (figure 4.6). Si on regarde la molécule depuis l'une de ses extrémités selon l'axe de la liaison carbone–carbone, les atomes d'hydrogène liés au premier carbone se trouvent vis-à-vis de ceux du second carbone. Dans cette conformation, les électrons des six liaisons carbone–hydrogène subissent une répulsion maximale. La conformation éclipsée possède donc l'énergie la plus élevée et la stabilité la plus faible de l'éthane.

On peut illustrer cette situation à l'aide d'un graphique de l'énergie de la molécule d'éthane en fonction de la rotation autour de la liaison carbone–carbone. La figure 4.7 montre la variation d'énergie accompagnant cette rotation.

a)

b)

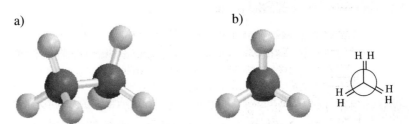

Figure 4.6   a) Conformation éclipsée de l'éthane. b) Projection de Newman de la conformation éclipsée.

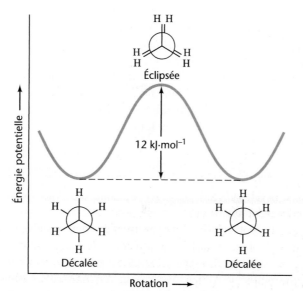

Figure 4.7 Variation de l'énergie potentielle accompagnant la rotation des groupes autour de la liaison carbone–carbone de l'éthane.

J.H. Van't Hoff

Par ses travaux, J.H. Van't Hoff mit en lumière la prépondérance de certaines conformations moléculaires. Il reçut le premier prix Nobel de chimie en 1901 pour ses études de cinétique chimique.

Dans le cas de l'éthane, la différence d'énergie entre les conformations décalée et éclipsée est de 12 kJ·mol⁻¹. Cette modification du contenu énergétique constitue en quelque sorte un obstacle à la rotation et est appelée **énergie rotationnelle ou de torsion** de la liaison simple. À moins que la température soit extrêmement basse (−250 °C), de nombreuses molécules d'éthane (à tout moment) absorberont assez d'énergie pour surmonter cette barrière énergétique. Quelques molécules passeront d'un arrangement presque décalé à une conformation complètement décalée et vice versa. Quant aux molécules plus énergétiques, elles passeront d'une conformation décalée à une autre, par l'intermédiaire d'une conformation éclipsée.

Que peut-on conclure à propos de l'éthane ? Nous pouvons répondre à cette question de deux manières différentes. Si l'on considère une seule molécule d'éthane, on peut affirmer, par exemple, qu'elle sera la plupart du temps dans l'état d'énergie le plus faible, donc en conformation décalée ou presque décalée, mais que plusieurs fois par seconde, en entrant en collision avec d'autres molécules, elle aura assez d'énergie pour franchir la barrière de l'énergie de torsion et effectuera une rotation de manière à passer par une conformation éclipsée. Cependant, si l'on considère un plus grand nombre de molécules d'éthane (une situation plus conforme à la réalité), on peut affirmer qu'à tout moment la plupart des molécules seront en conformation décalée ou presque complètement décalée.

Leçon interactive : analyse conformationnelle de l'éthane

Dans le cas des éthanes substitués tels que GCH₂CH₂G (où G représente un groupe ou un atome autre que l'hydrogène), l'énergie de torsion est un peu plus élevée, mais encore trop faible pour permettre l'isolement des différentes conformations décalées ou conformères. Même à des températures considérablement inférieures à la température ambiante, cet isolement est impossible.

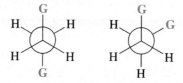

L'isolement de ces conformères n'est possible qu'à des températures extrêmement basses.

Leçon interactive : analyse conformationnelle du propane

4.9 ANALYSE CONFORMATIONNELLE DU BUTANE

En examinant *l'aspect tridimensionnel de la structure moléculaire*, nous avons abordé l'étude de la **stéréochimie**. Vous vous êtes déjà quelque peu familiarisés avec la stéréochimie en étudiant la géométrie des molécules (chapitre 1). Dans les pages qui suivent, nous approfondirons ce sujet par un examen détaillé des *conformations* des alcanes et des cycloalcanes. Dans les prochains chapitres, nous observerons les effets de la stéréochimie lors des réactions de ces composés. Au chapitre 5, nous aborderons de nouvelles notions de stéréochimie en étudiant une propriété découlant de la structure des molécules, à savoir la **chiralité**. Commençons par une molécule relativement simple, le butane, et observons-en les conformations et l'énergie relative qui leur est associée.

4.9A UNE ANALYSE CONFORMATIONNELLE DU BUTANE

L'*analyse conformationnelle* est l'étude des variations d'énergie associées à la rotation des groupes autour d'une liaison simple. Nous avons effectué une étude de ce type pour l'éthane à la section 4.8. L'énergie de la barrière rotationnelle de l'éthane autour de la liaison carbone–carbone est relativement faible (12 kJ·mol^{-1}). Lorsque la rotation amène les atomes d'hydrogène à adopter une conformation éclipsée, l'énergie potentielle de la molécule d'éthane augmente vers une valeur maximale. L'énergie de cette barrière rotationnelle de l'éthane est engendrée par une **tension de torsion**, imputable à cette conformation de la molécule.

Si l'on observe la rotation autour de la liaison C2—C3 du butane, on constate que la tension y joue également un rôle. Cependant, d'autres facteurs entrent aussi en ligne de compte. Examinons les conformations du butane **I** à **VI** pour comprendre la nature de ces facteurs.

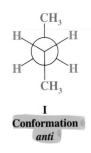

I	**II**	**III**	**IV**	**V**	**VI**
Conformation *anti*	**Conformation** éclipsée	**Conformation** gauche	**Conformation** éclipsée	**Conformation** gauche	**Conformation** éclipsée

Butane

La construction d'un modèle moléculaire du butane vous permettra d'en examiner les différentes conformations et de suivre les explications portant sur leurs énergies potentielles relatives.

La **conformation** *anti* (**I**) ne subit pas de tension de torsion, puisque les groupes sont décalés et que les groupes méthyle sont éloignés. Cette conformation est donc la plus stable. Les groupes méthyle des **conformations gauches III et V**, par contre, sont assez proches l'un de l'autre pour engendrer des forces de *répulsion* de type Van der Waals. Les nuages électroniques des deux groupes sont si près qu'ils se repoussent. Conséquence : l'énergie de ces conformations est de 3,8 kJ·mol^{-1} plus élevée que celle de la conformation *anti*.

Aux conformations éclipsées (**II, IV et VI**) sont associés les pics d'énergie maximale du diagramme d'énergie potentielle (figure 4.8). Non seulement les conformations éclipsées **II** et **VI** subissent une tension de torsion, mais leurs groupes méthyle et leurs hydrogènes présentent également des forces de répulsion de type Van der Waals. La conformation éclipsée **IV** possède l'énergie la plus élevée car, outre la tension de torsion, il y a une très grande force de répulsion entre les groupes méthyle.

Bien que plus élevée que celle de l'éthane, l'énergie de la barrière rotationnelle du butane demeure trop faible pour permettre l'isolement des conformations gauche et *anti* à des températures normales. L'isolement ne sera possible qu'à des températures extrêmement basses, car dans ces conditions les molécules n'auront pas suffisamment d'énergie pour franchir cette barrière.

Nous avons vu précédemment que les forces de Van der Waals peuvent être *attractives*. Cependant, comme c'est le cas ici, elles peuvent aussi être *répulsives*. Cette attraction ou cette répulsion provoquée par les interactions de Van der Waals dépend de la distance séparant les groupes. Si deux groupes non polaires se rapprochent de plus en plus, une répartition asymétrique et momentanée des électrons d'un groupe induit une polarité opposée dans l'autre. Les groupes s'attirent grâce aux charges opposées induites dans leurs extrémités. À mesure que

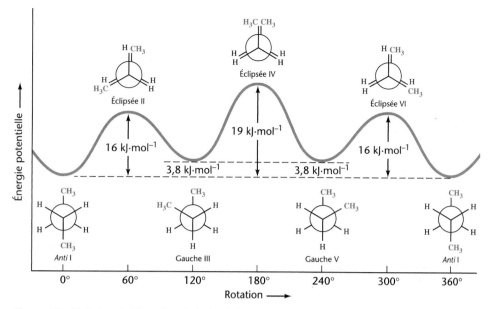

Figure 4.8 Variation de l'énergie qui résulte de la rotation autour de la liaison C2—C3 du butane.

la distance internucléaire des deux groupes diminue, cette attraction augmente jusqu'à atteindre un maximum. La distance internucléaire caractérisée par une force d'attraction maximale est égale à la somme de ce que l'on appelle les *rayons de Van der Waals* des deux groupes. En fait, le rayon de Van der Waals d'un groupe est une mesure de sa taille. Si les deux groupes se rapprochent et que la distance les séparant est plus petite que la somme de leurs rayons de Van der Waals, l'inter-action devient répulsive. Leurs nuages électroniques s'interpénètrent et de fortes interactions entre les électrons se produisent. On parle alors d'interactions stériques défavorables.

PROBLÈME 4.10

Dessinez un graphique similaire à celui de la figure 4.8 et montrez la variation d'énergie associée à la rotation des groupes du 2-méthylbutane autour de la liaison C2—C3. Ne vous préoccupez pas des valeurs numériques des variations d'énergie, mais associez les maximums et les minimums aux conformations adéquates.

4.10 STABILITÉ RELATIVE DES CYCLOALCANES : LA TENSION DE CYCLE

Les cycloalcanes n'ont pas tous la même stabilité relative. Leurs chaleurs de com-bustion (section 4.10A) révèlent que le cyclohexane est le plus stable des cycloalcanes et que le cyclopropane et le cyclobutane sont les moins stables. L'instabilité relative du cyclopropane et du cyclobutane est une conséquence di-recte de leur structure cyclique : ces molécules subissent ce que l'on appelle une tension de cycle. Afin de comprendre comment l'instabilité peut être mesurée expérimentalement, voyons quelles sont les chaleurs de combustion relatives des cycloalcanes.

4.10A CHALEUR DE COMBUSTION

La **chaleur de combustion** d'un composé correspond à la variation d'enthalpie né-cessaire à son oxydation complète.

L'oxydation complète d'un hydrocarbure équivaut à sa conversion en dioxyde de carbone et en eau. Cette opération peut s'effectuer expérimentalement, et la quantité de chaleur libérée par la réaction peut être mesurée de manière très précise à l'aide

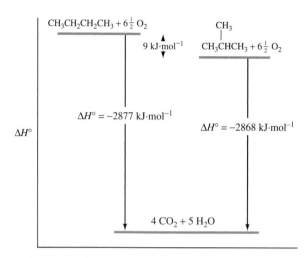

Figure 4.9 Les chaleurs de combustion indiquent que l'isobutane est plus stable que le butane et que l'écart entre les deux est de 9 kJ·mol^{-1}.

d'un appareil appelé calorimètre. Par exemple, la chaleur de combustion du méthane est de −803 kJ·mol^{-1}.

$$CH_4 + 2\,O_2 \longrightarrow CO_2 + 2\,H_2O \qquad \Delta H° = -803 \text{ kJ·mol}^{-1}$$

Dans le cas d'isomères d'hydrocarbures, la combustion complète d'une mole de chacun nécessite la même quantité d'oxygène et produit le même nombre de moles de dioxyde de carbone et d'eau. Leur stabilité relative peut donc être déterminée à partir de leur chaleur de combustion. Examinons l'exemple de la combustion du butane et de l'isobutane.

$$CH_3CH_2CH_2CH_3 + 6\tfrac{1}{2}\,O_2 \longrightarrow 4\,CO_2 + 5\,H_2O \qquad \Delta H° = -2877 \text{ kJ·mol}^{-1}$$
$$(\mathbf{C_4H_{10}})$$

$$\underset{\underset{\displaystyle(\mathbf{C_4H_{10}})}{\displaystyle CH_3}}{CH_3CHCH_3} \quad + 6\tfrac{1}{2}\,O_2 \longrightarrow 4\,CO_2 + 5\,H_2O \qquad \Delta H° = -2868 \text{ kJ·mol}^{-1}$$

Puisque le butane libère plus de chaleur de combustion que l'isobutane, il doit contenir plus d'énergie potentielle. En revanche, l'isobutane est *plus stable*. La figure 4.9 offre une comparaison entre ces deux composés.

4.10B CHALEUR DE COMBUSTION DES CYCLOALCANES

Les cycloalcanes forment une *série homologue,* car chaque membre de la série diffère du précédent par un groupe —CH$_2$—. En tenant compte de cette caractéristique, on peut formuler ainsi l'équation générale de la combustion d'un cycloalcane :

$$(CH_2)_n + \tfrac{3}{2}n\,O_2 \longrightarrow n\,CO_2 + n\,H_2O + \Delta$$

Comme les cycloalcanes ne peuvent exister à l'état d'isomères, on ne peut pas les comparer sur la base de leurs chaleurs de combustion. Cependant, il est possible de calculer la quantité de chaleur libérée *par chaque groupe CH$_2$* et, de ce fait, on peut directement comparer les cycloalcanes entre eux. Le tableau 4.6 donne les résultats d'une telle étude. Plusieurs observations s'imposent.

1. Le cyclohexane possède la plus faible chaleur de combustion par groupe CH$_2$ (658,7 kJ·mol^{-1}). Cette valeur ne diffère pas de celle des alcanes linéaires, qui, ne possédant pas de cycle, ne subissent aucune tension de cycle. On peut en conclure que le cyclohexane ne subit pas de tension de cycle et peut donc servir de base pour la comparaison des cycloalcanes. Il est alors facile de calculer la tension de cycle de tous les autres cycloalcanes (tableau 4.6) en multipliant 658,7 kJ·mol^{-1} par n et en soustrayant ce résultat de la chaleur de combustion du cycloalcane.

Tableau 4.6 Chaleurs de combustion et tension de cycle des cycloalcanes.

Cycloalcane (CH$_2$)$_n$	n	Chaleur de combustion (kJ·mol^{-1})	Chaleur de combustion par groupe CH$_2$ (kJ·mol^{-1})	Tension de cycle (kJ·mol^{-1})
Cyclopropane	3	2091	697,0	115
Cyclobutane	4	2744	686,0	109
Cyclopentane	5	3320	664,0	27
Cyclohexane	6	3952	658,7	0
Cycloheptane	7	4637	662,4	27
Cyclooctane	8	5310	663,8	42
Cyclononane	9	5981	664,6	54
Cyclodécane	10	6636	663,6	50
Cyclopentadécane	15	9885	659,0	6
Alcane non ramifié			658,6	—

2. La combustion du cyclopropane libère la quantité de chaleur de combustion par groupe CH$_2$ la plus élevée. Par conséquent, les molécules de cyclopropane subissent la tension de cycle la plus forte (115 kJ·mol^{-1}, tableau 4.6), et elles doivent contenir la plus grande quantité d'énergie potentielle par groupe CH$_2$. Ce que nous appelons tension de cycle est en réalité une forme d'énergie potentielle que renferme le cycle d'une molécule. Plus la molécule subit une tension de cycle élevée, plus elle possède d'énergie potentielle, et moins elle sera stable comparativement à ses homologues cycliques.

3. Après le cyclopropane, c'est le cyclobutane qui libère le plus de chaleur de combustion par groupe CH$_2$; la tension de cycle de ce composé est donc la deuxième en importance (109 kJ·mol^{-1}).

4. Bien que les autres cycloalcanes subissent des tensions de cycle à divers degrés, leur quantité relative d'énergie n'est pas élevée. Le cyclopentane et le cycloheptane présentent le même niveau de tension de cycle, qui est modeste. L'énergie de tension des cycles de 8, 9 et 10 carbones est légèrement plus élevée, mais elle devient négligeable dans le cas des cycles plus volumineux. Ainsi, un cycle de 15 carbones ne subit qu'une très légère tension.

4.11 DÉFORMATION DES ANGLES DE LIAISON ET TENSION DE TORSION : CAUSES DE LA TENSION DE CYCLE DU CYCLOPROPANE ET DU CYCLOBUTANE

Les atomes de carbone des alcanes sont hybridés sp^3. Normalement, les angles de liaison tétraédriques d'un atome hybridé sp^3 sont de 109,5°. Or, dans le cas du cyclopropane (une molécule dont la structure s'apparente à un triangle équilatéral), les angles internes sont de 60° et dévient donc de 49,5° par rapport à leur valeur tétraédrique idéale, ce qui est considérable.

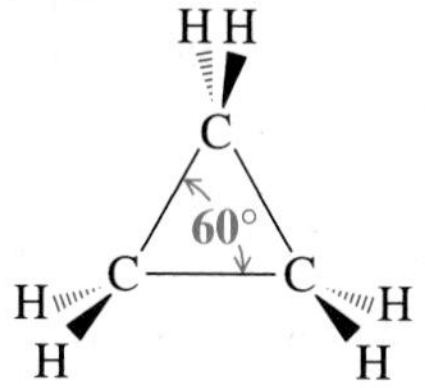

Cette compression des angles de liaison internes provoque ce que les chimistes appellent la **tension angulaire**. Cette tension existe dans le cycle, car les orbitales sp^3 des atomes de carbone ne peuvent se recouvrir aussi efficacement (figure 4.10a) que

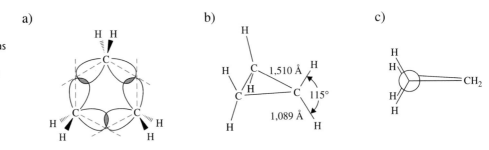

Figure 4.10 a) Les orbitales des liaisons carbone–carbone du cyclopropane ne se recouvrent pas parfaitement sur un axe linéaire. Les liaisons sont donc plus faibles et il y a une importante tension angulaire. b) Longueur et angles des liaisons du cyclopropane. c) La projection de Newman vue dans l'axe d'une liaison carbone–carbone montre les hydrogènes éclipsés. (À l'une ou l'autre des extrémités de la molécule la projection serait la même.)

dans le cas des alcanes acycliques (où un recouvrement presque parfait est possible). On dit souvent des liaisons carbone–carbone du cyclopropane qu'elles sont « courbées ». Dans un tel cas, on comprend pourquoi le recouvrement des orbitales s'effectue moins efficacement. (Les orbitales de ces liaisons ne sont pas purement sp^3; elles contiennent un plus grand caractère p.) Il en résulte des liaisons carbone–carbone plus faibles et, par conséquent, l'énergie potentielle de la molécule de cyclopropane est plus élevée.

Même si la tension angulaire explique en grande partie la tension de cycle du cyclopropane, elle n'est pas le seul facteur en cause. Ainsi, parce que le cycle est plan (nécessairement), tous les atomes d'hydrogène du cycle sont en position *éclipsée* (figures 4.10b et 4.10c), et la molécule subit aussi des tensions de torsion.

Le cyclobutane subit également une tension angulaire considérable. Les angles internes sont de 88°, soit une déviation de plus de 21° par rapport à l'angle tétraédrique normal. Le cycle du cyclobutane n'est pas plan, mais légèrement « plié » (figure 4.11a). S'il avait été plan, la tension angulaire aurait été moindre (les angles internes auraient été de 90° au lieu de 88°), mais les tensions de torsion auraient été bien plus importantes, vu la position éclipsée qu'auraient adoptée les huit atomes d'hydrogène. En pliant ou en courbant légèrement le cycle, on augmente légèrement la tension angulaire, mais on relâche amplement les tensions de torsion.

4.11A CYCLOPENTANE

Les angles internes d'un pentagone régulier sont de 108°, une valeur très proche des angles tétraédriques normaux (109,5°). Donc, si la molécule de cyclopentane était plane, il y aurait peu de tension angulaire. Cependant, la structure plane provoquerait des tensions de torsion considérables, car les dix atomes d'hydrogène seraient en conformation éclipsée. Par conséquent, tout comme le cyclobutane, le cyclopentane adopte une conformation légèrement repliée dans laquelle un ou deux des atomes du cycle s'échappent du plan des autres atomes (figure 4.11b). Cette conformation permet de réduire quelque peu les tensions de torsion. Il est possible qu'une légère rotation des liaisons carbone–carbone survienne sans variation importante d'énergie, et que cette rotation fasse en sorte que certains atomes situés en dehors du plan le réintègrent alors que d'autres en sortent. Ces rotations se traduisent par une flexibilité de la molécule, qui passe d'une conformation à une autre. Avec une plus faible tension de torsion et une faible tension angulaire, le cyclopentane est presque aussi stable que le cyclohexane.

L'utilisation de modèles moléculaires facilitera beaucoup votre compréhension de ces explications et des analyses conformationnelles subséquentes. C'est pourquoi nous vous suggérons de lire les sections 4.12 à 4.14 en ayant vos modèles à portée de la main.

Figure 4.11 a) Conformation « pliée » ou « courbée » du cyclobutane. b) Conformation « enveloppe » ou « courbée » du cyclopentane. Dans cette structure, l'atome de carbone situé à l'avant pointe vers le haut. Cette molécule flexible passe constamment d'une conformation à l'autre.

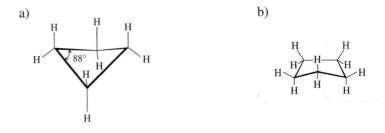

a)

b)

c)
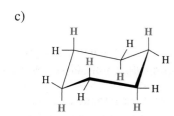

d)
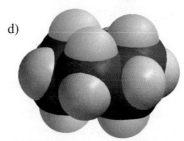

Figure 4.12 Diverses représentations de la conformation chaise du cyclohexane : a) squelette carboné; b) modèle boules et tiges; c) formule structurale abrégée; d) modèle en dimension réelle. Remarquez la présence de deux types de substituant : les hydrogènes qui pointent vers le haut ou vers le bas (en rouge) et ceux qui se retrouvent environ dans le plan du cycle (en noir ou en gris). Nous approfondirons cette observation à la section 4.13.

4.12 CONFORMATIONS DU CYCLOHEXANE

La conformation la plus stable du cyclohexane est la conformation « chaise » (figure 4.12). Dans cette structure non plane, tous les angles de liaison carbone–carbone sont de 109,5° et n'offrent donc aucune tension angulaire. Cette conformation est également exempte de tension de torsion. Si on regarde la molécule depuis l'une de ses extrémités, le long des axes des liaisons carbone–carbone parallèles (figure 4.13), on remarque que tous les atomes sont parfaitement décalés. De plus, à chacune des extrémités du cycle, les atomes d'hydrogène sont séparés par une distance maximale (figure 4.13b).

Une rotation partielle autour des liaisons simples carbone–carbone du cycle en conformation chaise peut donner une autre conformation appelée conformation « bateau » (figure 4.14). Comme la conformation chaise, la conformation bateau est exempte de toute tension angulaire.

Leçon interactive : conformation chaise du cyclohexane

a)
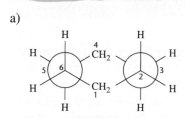

b)
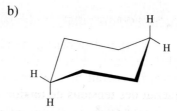

Figure 4.13 a) Projection de Newman de la conformation chaise du cyclohexane. Cette représentation sera plus évidente si vous la comparez avec un modèle moléculaire que vous aurez construit. Vous verrez que, peu importe l'axe de liaison choisi pour l'observation, le même arrangement décalé sera visible. b) Illustration de la distance séparant les hydrogènes portés par les carbones situés aux extrémités opposées du cycle (C1 et C4) dans une conformation chaise.

a)
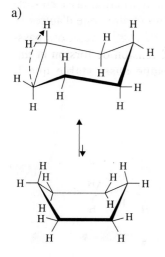

b)
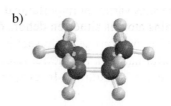

c)
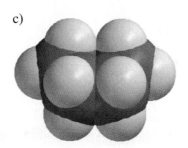

Figure 4.14 a) La conformation bateau du cyclohexane résulte d'un basculement vers le haut (ou vers le bas) de l'une des extrémités du cycle. Ce basculement s'effectue par des rotations autour des liaisons simples carbone–carbone. b) Modèle boules et tiges de la conformation bateau. c) Modèle en dimension réelle.

Figure 4.15 a) Illustration des formes éclipsées de la conformation bateau du cyclohexane. b) Interaction des atomes d'hydrogène portés par les carbones C1 et C4 de la conformation bateau.

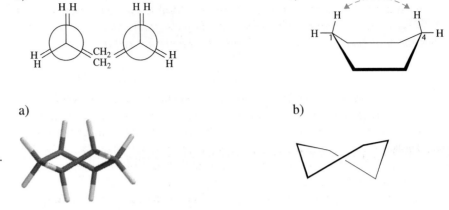

a)

b)

Figure 4.16 a) Squelette carboné. b) Formule abrégée de la conformation bateau-croisé du cyclohexane.

a)

b)

En construisant vos propres modèles moléculaires et en les manipulant, vous serez à même de constater les différences entre les formes chaise et bateau du cyclohexane.

Leçon interactive : interconversion des conformères du cyclohexane

Par contre, la conformation bateau présente une tension de torsion. Si l'on observe le modèle de cette conformation le long de l'axe de la liaison carbone–carbone, peu importe l'extrémité (figure 4.15a), on remarque que les hydrogènes s'éclipsent. De plus, deux des hydrogènes du C1 et du C4 sont assez proches l'un de l'autre pour provoquer une répulsion de Van der Waals (figure 4.15b). Cette interaction entre les protons « intérieurs » du cyclohexane sous la conformation bateau engendre donc une répulsion stérique. À cause des tensions de torsion et de cette interaction stérique, la conformation bateau possède considérablement plus d'énergie que la conformation chaise.

La conformation chaise est plus stable mais beaucoup plus rigide que la conformation bateau. En fait, cette dernière est relativement flexible. Par des rotations de liaison, la conformation bateau adopte une nouvelle conformation, appelée bateau-croisé (figure 4.16), qui supprime une partie de la tension de torsion et, par la même occasion, réduit les répulsions stériques entre les atomes d'hydrogène des C1 et C4. La conformation bateau-croisé possède donc une énergie plus faible que la conformation bateau. *Cependant, ce gain de stabilité de la conformation bateau-croisé est insuffisant pour atteindre la stabilité de la conformation chaise.* On estime que l'énergie de la conformation chaise est de 21 kJ·mol⁻¹ inférieure à celle de la conformation bateau-croisé.

La barrière énergétique entre les conformations chaise, bateau et bateau-croisé du cyclohexane est si faible (figure 4.17) qu'elle ne permet pas la séparation des

Figure 4.17 Énergie relative des différentes conformations du cyclohexane. La forme qui possède le plus d'énergie est la conformation nommée demi-chaise, dans laquelle les carbones d'une portion du cycle sont coplanaires.

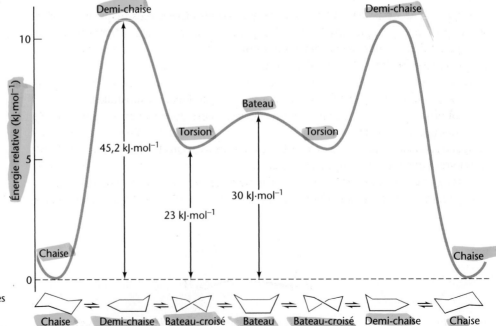

conformères à la température ambiante. À cette température, l'énergie thermique des molécules est assez élevée pour provoquer environ 1 million d'interconversions par seconde. ***Parce que la conformation chaise est la plus stable, on estime qu'à tout moment plus de 99 % des molécules présentent cette conformation.***

4.12A CONFORMATIONS DES CYCLOALCANES SUPÉRIEURS

Le cycloheptane, le cyclooctane, le cyclononane et les autres cycloalcanes supérieurs adoptent aussi des conformations non planes. La légère instabilité de ces molécules (tableau 4.6, p. 139) semble être causée par la tension de torsion et les répulsions de Van der Waals qui s'exercent entre les atomes d'hydrogène au travers du cycle. Cet effet est appelé *tension transannulaire*. La conformation non plane de ces cycles est exempte de toute tension angulaire.

Des études cristallographiques aux rayons X du cyclodécane ont révélé que la conformation la plus stable est assortie d'angles de liaison carbone–carbone de 117°, ce qui indique la présence d'une certaine tension angulaire. Ces angles obtus permettraient à la molécule de s'étendre dans l'espace, et les répulsions défavorables entre les atomes d'hydrogène transannulaires seraient ainsi réduites.

Il y a très peu d'espace à l'intérieur d'un cycloalcane, à moins que le cycle soit très grand. Des calculs ont permis d'établir que le cyclooctadécane est le plus petit cycle à travers lequel peut passer une chaîne —$CH_2CH_2CH_2$—. On a ainsi synthétisé des molécules dont les composantes sont de grands cycles assemblés comme les maillons d'une chaîne. Ces molécules sont appelées **caténanes**.

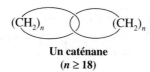

Un caténane
($n \geq 18$)

En 1994, J.F. Stoddart et ses collaborateurs, alors à l'université de Birmingham (Angleterre), ont synthétisé un caténane tout à fait remarquable qui contient cinq anneaux enchaînés les uns dans les autres. Puisque la structure de ce composé s'apparente à celle des anneaux olympiques, ils l'ont nommé **olympiadane**.

4.13 CYCLOHEXANES SUBSTITUÉS : ATOMES D'HYDROGÈNE ÉQUATORIAUX ET AXIAUX

Les cycles à six carbones sont parmi ceux que l'on retrouve le plus fréquemment dans les molécules organiques naturelles. C'est pourquoi nous leur accorderons une attention particulière. Nous savons déjà que la conformation chaise du cyclohexane est la conformation la plus stable et qu'elle sera la forme dominante d'un mélange de molécules de cyclohexane. En gardant cela en tête, nous sommes en mesure d'entreprendre une première analyse des conformations des cyclohexanes substitués.

En observant attentivement la conformation chaise du cyclohexane (figure 4.18), on remarque qu'il existe seulement deux types d'atome d'hydrogène. Un atome d'hydrogène rattaché à chacun des six carbones se retrouve dans le plan du cycle carboné. Ces hydrogènes sont dits **équatoriaux**, par analogie avec l'équateur de notre planète. Les six autres atomes d'hydrogène, un par carbone, sont disposés selon une orientation généralement perpendiculaire au plan moyen du cycle. Ces hydrogènes, encore

Derek H.R. Barton

Odd Hassel

Derek H.R. Barton (1918-1998, professeur émérite de chimie, Texas A&M University) et Odd Hassel (1897-1981, titulaire de la chaire de physicochimie de l'université d'Oslo) ont obtenu le prix Nobel en 1969 pour avoir développé et appliqué le principe de conformation en chimie. Non seulement leurs travaux ouvrirent la voie à une compréhension des conformations du cyclohexane, mais ils élucidèrent également la structure des stéroïdes (section 23.4) et d'autres composés contenant des cycles à six membres, tel le cyclohexane.

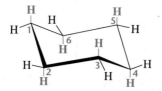

Figure 4.18   Conformation chaise du cyclohexane. Les hydrogènes axiaux sont en couleur.

a)

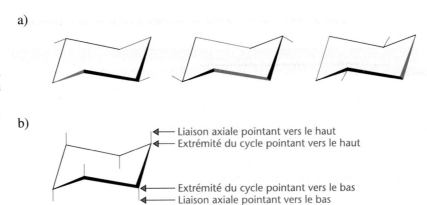

b)

Liaison axiale pointant vers le haut
Extrémité du cycle pointant vers le haut

Extrémité du cycle pointant vers le bas
Liaison axiale pointant vers le bas

Figure 4.19 a) Ensemble de lignes parallèles représentant les liaisons du cycle et les liaisons C—H équatoriales de la conformation chaise. b) Toutes les liaisons axiales sont verticales. Lorsque l'extrémité du cycle pointe vers le haut, la liaison axiale pointe également vers le haut, et vice versa.

une fois par analogie avec la Terre, sont dits **axiaux**. Il y a trois hydrogènes axiaux sur chacune des faces du cycle, et leur orientation (pointant vers le haut ou vers le bas) alterne d'un carbone à l'autre.

Nous avons vu, à la section 4.12 (et à la figure 4.17), qu'à la température ambiante le cycle du cyclohexane oscille entre deux conformations chaise *équivalentes*. Notez que *cet équilibre conformationnel convertit les liaisons axiales en liaisons équatoriales et vice versa*.

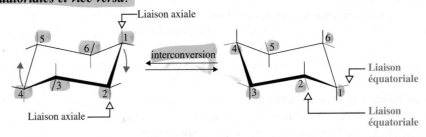

Liaison axiale

interconversion

Liaison axiale

Liaison équatoriale

Liaison équatoriale

On pourrait se demander quelle sera la conformation la plus stable d'un dérivé du cyclohexane dans lequel *on a remplacé un hydrogène par un substituant alkyle*. Autrement dit, quelle est la conformation la plus stable d'un cyclohexane monosubstitué ? Pour répondre à cette question, examinons le cas du méthylcyclohexane.

Le méthylcyclohexane adopte l'une ou l'autre des deux conformations chaise possibles (figure 4.20), qui s'interconvertissent par une inversion du cycle attribuable aux rotations partielles des liaisons sigma. Dans l'une de ces conformations (figure 4.20a), le groupe méthyle occupe une position *axiale*, et dans l'autre, une position *équatoriale*. Il a été démontré que la conformation dans laquelle le groupe méthyle est en

a)

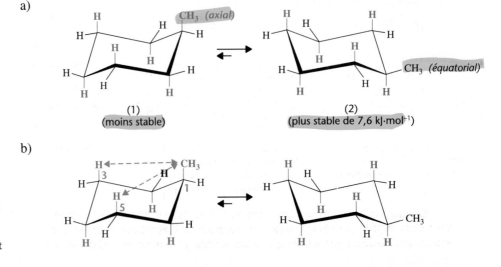

(1)
(moins stable)

(2)
(plus stable de 7,6 kJ·mol⁻¹)

Figure 4.20 a) Conformations du méthylcyclohexane avec le groupe méthyle en position axiale (1) et en position équatoriale (2). b) Les interactions 1,3-diaxiales entre les deux atomes d'hydrogène et le groupe méthyle au sein de la conformation axiale du méthylcyclohexane sont représentées par les flèches bleues. On n'observe pas ces interactions lorsque le méthyle est en position équatoriale.

b)

Tableau 4.7 Relation entre la différence d'énergie libre et le pourcentage d'isomères à l'équilibre à 25 °C.

Différence d'énergie libre, $\Delta G°$ (kJ·mol^{-1})	Isomères plus stables (%)	Isomères moins stables (%)
0	50	50
1,7	67	33
2,7	75	25
3,4	80	20
4,0	83	17
5,9	91	9
7,5	95	5
11	99	1
17	99,9	0,1
23	99,99	0,01

position équatoriale est plus stable que celle dans laquelle le méthyle est en position axiale, avec un écart d'environ 7,6 kJ·mol^{-1}. Donc, à l'équilibre, la conformation qui prédominera sera celle dans laquelle le groupe méthyle sera équatorial. De fait, des calculs indiquent que cette conformation représente 95 % du mélange à l'équilibre (voir le tableau 4.7).

En observant les deux formes illustrées à la figure 4.20, on comprend la plus grande stabilité du méthylcyclohexane ayant un groupe méthyle équatorial.

Des études effectuées avec des modèles des deux conformations ont montré qu'un groupe méthyle en position axiale est très près des deux hydrogènes axiaux situés du même côté de la molécule (rattachés au C3 et au C5) et que cette proximité crée des forces de répulsion de Van der Waals. Ce type d'encombrement stérique est appelé **interaction 1,3-diaxiale,** à cause de l'interaction qui existe entre les groupes axiaux des carbones 1 et 3 (ou 5). Des études similaires effectuées avec d'autres substituants ont indiqué que, *généralement, il y a moins d'interactions stériques défavorables lorsque les groupes sont équatoriaux plutôt qu'axiaux.*

La tension causée par l'interaction 1,3-diaxiale au sein du méthylcyclohexane est du même type que celle provoquée par la proximité des hydrogènes des groupes méthyle de la conformation gauche du butane (section 4.9A). Rappelez-vous que la tension dans le butane gauche (appelée, pour des raisons pratiques, *interaction gauche*) diminue la stabilité de cette forme de 3,8 kJ·mol^{-1} (comparativement au butane de forme *anti*). Les projections de Newman qui suivent vous permettront de constater que le même type d'interactions stériques prévaut dans les deux cas. Dans la deuxième projection, qui représente le méthylcyclohexane axial dans l'axe de la liaison C1—C2, on remarque que ce que l'on appelle interaction 1,3-diaxiale n'est qu'une simple interaction gauche entre l'hydrogène du C3 et les hydrogènes du groupe méthyle.

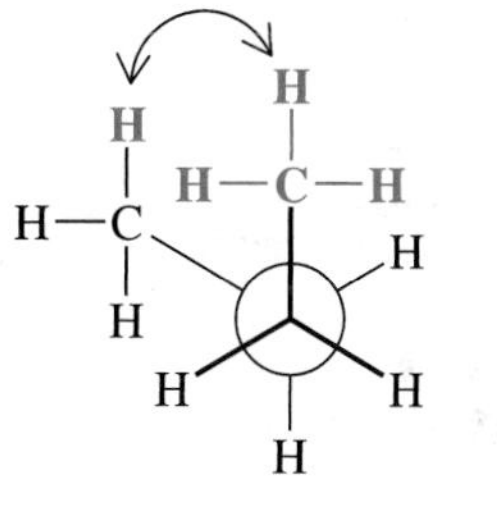

Butane *gauche*
(tension de 3,8 kJ·mol^{-1} due à l'encombrement stérique)

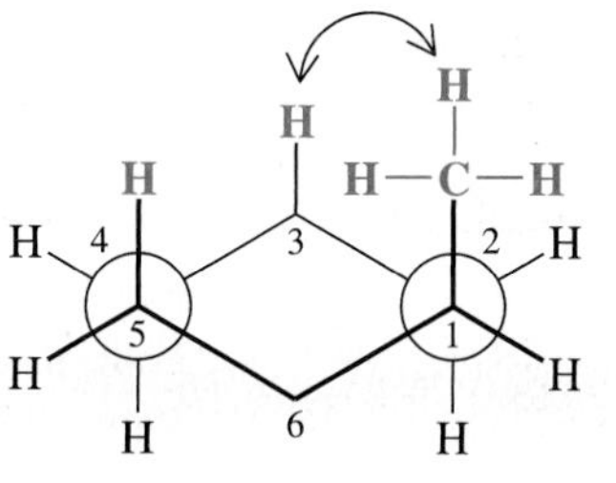

Méthylcyclohexane axial
(deux interactions gauche = tension de 7,6 kJ·mol^{-1} due à l'encombrement stérique)

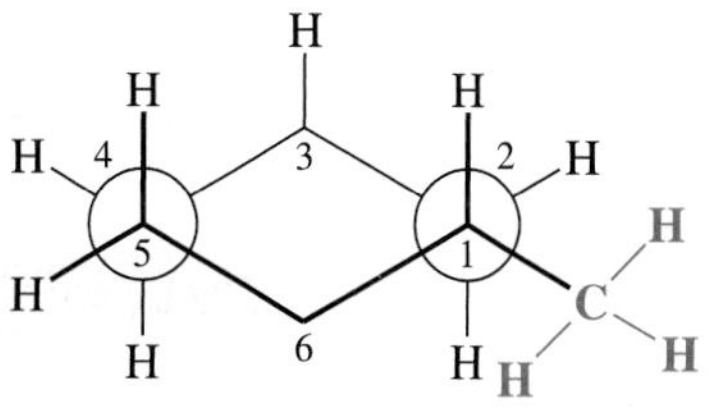

Méthylcyclohexane équatorial

En observant le méthylcyclohexane dans l'axe de la liaison C1—C6 (servez-vous d'un modèle pour le visualiser), on constate qu'il existe une seconde interaction gauche identique à celle que nous venons de mentionner. Cette fois-ci,

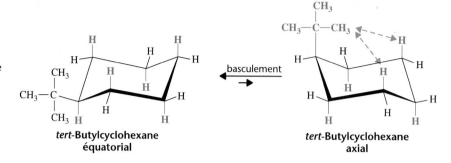

Figure 4.21 L'interaction diaxiale du volumineux groupe *tert*-butyle déstabilise la forme axiale. En conséquence, le conformère dans lequel le groupe *tert*-butyle se retrouve en position équatoriale est prépondérant à 99,99 %.

tert-**Butylcyclohexane équatorial** ← basculement → *tert*-**Butylcyclohexane axial**

l'interaction a lieu entre les hydrogènes du groupe méthyle et l'hydrogène rattaché au C5. Donc, le conformère ayant le groupe méthyle en axial présente deux interactions gauche et possède en conséquence une tension de cycle égale à 7,6 kJ·mol⁻¹. Par contre, le groupe méthyle de la molécule équatoriale ne subit pas d'interaction gauche, car il constitue une conformation *anti* avec les atomes portés par C3 et C5.

PROBLÈME 4.11

À l'aide de calculs (utilisez la formule $\Delta G° = -2{,}303\ RT \log k_{éq}$), montrez que la différence d'énergie libre de 7,6 kJ·mol⁻¹ entre les formes axiale et équatoriale du méthylcyclohexane à 25 °C correspond à une prépondérance de la forme équatoriale de 95 % à l'équilibre. Notez que la forme équatoriale est la plus stable.

Pour les dérivés du cyclohexane munis de substituants plus importants, la tension causée par les interactions 1,3-diaxiales est plus prononcée. On estime que la conformation du *tert*-butylcyclohexane dans laquelle le groupe *tert*-butyle est équatorial est plus stable de 21 kJ·mol⁻¹ comparativement à la forme axiale (figure 4.21). Cette grande différence d'énergie entre les deux conformations signifie qu'à la température ambiante le groupe *tert*-butyle de 99,99 % des molécules de *tert*-butylcyclohexane sera en position équatoriale. (La conformation de la molécule n'est pas figée; elle oscille quand même entre les deux conformations chaise.)

4.14 CYCLOALCANES DISUBSTITUÉS : ISOMÉRIE *CIS-TRANS*

La présence de deux substituants sur le cycle de tout cycloalcane rend possible l'isomérie *cis-trans*. Commençons par examiner les dérivés substitués du cyclopentane, dont le cycle essentiellement plan nous permettra de comprendre plus aisément cette notion d'isomérie. Bien que le cycle du cyclopentane soit légèrement plié, nous savons que les diverses conformations pliées s'interconvertissent rapidement. Sur une longue période, la conformation moyenne de cette molécule est plane. Nous utiliserons la représentation plane pour illustrer l'isomérie *cis-trans* des cycloalcanes, car elle est de loin la plus pratique.

Prenons le 1,2-diméthylcyclopentane à titre d'exemple. Les structures de la figure 4.22 représentent deux isomères. Dans la première structure, les groupes méthyle sont du même côté du cycle et sont par conséquent *cis*; dans la deuxième, les groupes sont de part et d'autre du cycle et sont donc *trans*.

Figure 4.22 Les *cis*- et *trans*-1,2-diméthylcyclopentanes.

cis-**1,2-Diméthylcyclopentane** point d'ébullition : 99,5 °C

trans-**1,2-Diméthylcyclopentane** point d'ébullition : 91,9 °C

Le *cis*- et le *trans*-1,2-diméthylcyclopentanes sont des stéréo-isomères, puisqu'ils diffèrent par la disposition de leurs atomes dans l'espace. Ces deux formes ne peuvent s'interconvertir à moins que l'on en rompe les liaisons carbone−carbone. On peut donc séparer les formes *cis* et *trans*, les mettre en bouteille et les garder indéfiniment.

Le 1,3-diméthylcyclopentane se présente également sous la forme d'isomères *cis-trans* :

 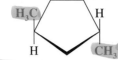

cis-**1,3-Diméthylcyclopentane**   *trans*-**1,3-Diméthylcyclopentane**

Les propriétés physiques des isomères *cis-trans* (point de fusion, point d'ébullition, etc.) sont différentes. Le tableau 4.8 donne la liste des constantes physiques des isomères du diméthylcyclohexane.

PROBLÈME 4.12

Écrivez la structure des isomères *cis* et *trans* a) du 1,2-dichlorocyclopropane; b) du 1,3-dibromocyclobutane.

De toute évidence, le cycle du cyclohexane n'est pas plan. Cependant, en effectuant une moyenne dans le temps des différentes conformations chaise qui s'interconvertissent, on aurait une molécule de forme plane. Comme pour le cyclopentane, nous opterons pour cette représentation afin de faciliter notre étude de l'isomérie *cis-trans* des dérivés du cyclohexane. Les représentations planes des isomères 1,2-, 1,3- et 1,4-diméthylcyclohexane sont données ci-dessous.

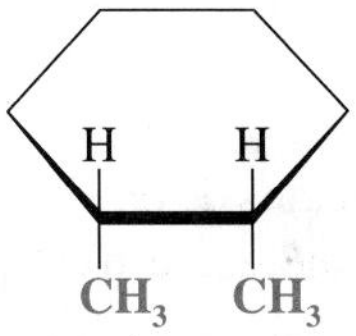

cis-**1,2-Diméthylcyclohexane** 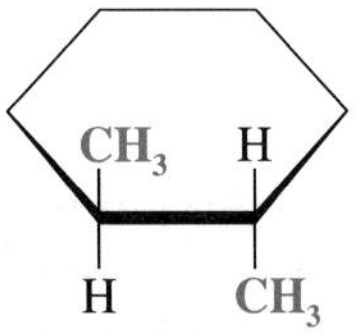   *trans*-**1,2-Diméthylcyclohexane**

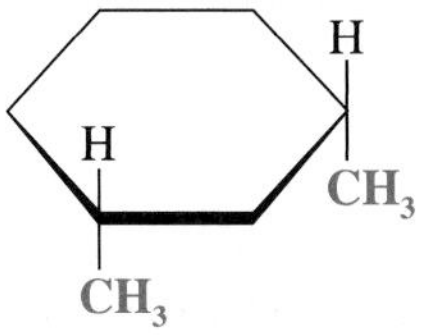

cis-**1,3-Diméthylcyclohexane** 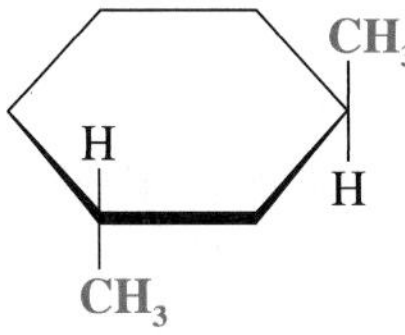   *trans*-**1,3-Diméthylcyclohexane**

cis-**1,4-Diméthylcyclohexane**   *trans*-**1,4-Diméthylcyclohexane**

Tableau 4.8 Propriétés physiques d'isomères *cis*- et *trans*- disubstitués du cyclohexane.

Substituants	Type d'isomérie	Point de fusion (°C)	Point d'ébullition (°C)[a]
1,2-Diméthyl-	*cis*	− 50,1	130,04[760]
1,2-Diméthyl-	*trans*	− 89,4	123,7[760]
1,3-Diméthyl-	*cis*	− 75,6	120,1[760]
1,3-Diméthyl-	*trans*	− 90,1	123,5[760]
1,2-Dichloro-	*cis*	− 6	93,5[22]
1,2-Dichloro-	*trans*	− 7	74,7[16]

[a] L'exposant indique la pression (en torr) à laquelle le point d'ébullition a été mesuré.

4.14A ISOMÉRIE *CIS-TRANS* ET CONFORMATION

Si l'on considère la *véritable* conformation de ces isomères, les structures sont beaucoup plus complexes. Commençons par le *trans*-1,4-diméthylcyclohexane, parce qu'il est facile à imaginer. Cette molécule peut adopter deux conformations chaise différentes (figure 4.23). Dans l'une, les deux groupes méthyle sont axiaux, et dans l'autre, ils sont équatoriaux. Comme on pouvait s'y attendre, la conformation diéquatoriale est la plus stable et, à l'équilibre, au moins 99 % des molécules se présentent sous cette conformation.

Il est clair que la forme diaxiale du *trans*-1,4-diméthylcyclohexane est un isomère *trans* : les deux groupes méthyle sont clairement de part et d'autre du cycle. Par contre, la relation *trans* des groupes méthyle de la forme diéquatoriale est moins évidente. Il faut imaginer qu'on « aplatit » la molécule en basculant vers le haut le carbone situé à l'extrémité pointant vers le bas, et vice versa.

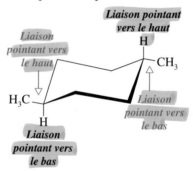

Il existe une deuxième manière, *plus générale,* de distinguer la forme *trans* d'un cyclohexane : dans un tel arrangement, la liaison à laquelle est fixé un des groupes méthyle pointe *vers le bas,* alors que l'autre pointe *vers le haut*.

Liaison pointant vers le haut

Liaison pointant vers le haut

Liaison pointant vers le bas

Liaison pointant vers le bas

trans-1,4-Diméthylcyclohexane

Dans un cyclohexane disubstitué *cis*, les liaisons auxquelles sont fixés les deux groupes méthyle (ou autres substituants) pointent toutes deux soit vers le haut, soit vers le bas. Par exemple :

Liaison pointant vers le haut

Liaison pointant vers le haut

cis-1,4-Diméthylcyclohexane

Notez que le *cis*-1,4-diméthylcyclohexane existe sous deux conformations chaise *équivalentes* (figure 4.24). L'arrangement *cis* des deux groupes méthyle exclut la

Figure 4.23 Deux conformations chaise du *trans*-1,4-diméthylcyclohexane. Notez que des liaisons C—H ont été omises pour simplifier les représentations.

inversion

Position diaxiale

Position diéquatoriale

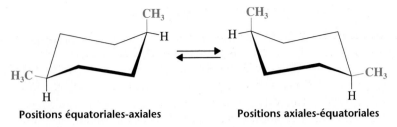

Figure 4.24 Conformations équivalentes du *cis*-1,4-diméthylcyclohexane.

possibilité d'une structure dans laquelle ils se trouveraient en position équatoriale. En effet, sous la forme *cis*, un substituant se retrouve toujours en position axiale quand l'autre est en position équatoriale, ce qui explique leur équivalence.

QUESTION TYPE

Observez la conformation des molécules suivantes et déterminez si elles sont *cis* ou *trans*.

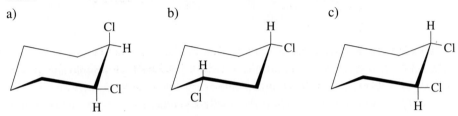

a)   b)   c)

Réponse

a) Chaque atome de chlore est fixé par une liaison pointant vers le haut. Par conséquent, les deux chlores sont du même côté de la molécule et il s'agit d'un isomère *cis*. Cette molécule est le *cis*-1,2-dichlorocyclohexane. b) Dans cette structure, les deux liaisons retenant les atomes de chlore pointent vers le bas; donc, les deux chlores sont du même côté de la molécule et il s'agit encore une fois d'un isomère *cis*. Cette molécule s'appelle *cis*-1,3-dichlorocyclohexane. c) Dans cette conformation, une des liaisons à laquelle est rattaché un chlore pointe vers le haut, tandis que l'autre pointe vers le bas. Les atomes de chlore sont donc de part et d'autre du cycle, formant un isomère *trans*. Il s'agit du *trans*-1,2-dichlorocyclohexane.

PROBLÈME 4.13

a) Écrivez les formules développées des deux conformations chaise du *cis*-1-isopropyl-4-méthylcyclohexane. b) Ces deux conformations sont-elles équivalentes ? c) Si elles ne le sont pas, quelle conformation serait la plus stable ? d) Quelle conformation serait favorisée à l'équilibre ?

La conformation chaise dans laquelle les deux groupes méthyle sont placés en position équatoriale (forme la plus stable) n'est possible ni pour le *trans*-1,3-diméthylcyclohexane, ni pour son analogue *cis*-1,4. Le *trans*-1,3-diméthylcyclohexane se présente plutôt sous les deux conformations suivantes, qui sont de même énergie et en proportions égales à l'équilibre.

trans-**1,3-Diméthylcyclohexane**

Tableau 4.9 Position des substituants dans les isomères *cis* et *trans* du diméthylcyclohexane.

Composé	Isomère *cis*	Isomère *trans*
1,2-Diméthyl-	*a,e* ou *e,a*	**e,e** ou *a,a*
1,3-Diméthyl-	**e,e** ou *a,a*	*a,e* ou *e,a*
1,4-Diméthyl-	*a,e* ou *e,a*	**e,e** ou *a,a*

Examinons le cas d'un autre cyclohexane disubstitué en position 1,3 et d'isomérie *trans*, dans lequel un des groupes alkyle est plus volumineux que l'autre. La conformation de plus faible énergie serait celle dans laquelle le groupe le plus important serait en position équatoriale. Par exemple, sous la conformation la plus stable du *trans*-1-*tert*-butyl-3-méthylcyclohexane que l'on aperçoit ci-dessous, le groupe *tert*-butyle occupe une position équatoriale.

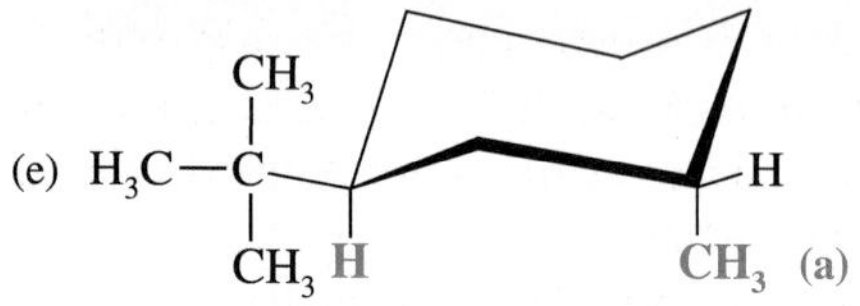

(e) H₃C—C— ... —H (a)
CH₃ CH₃ H CH₃

PROBLÈME 4.14

a) Dessinez les deux conformations chaise du *cis*-1,2-diméthylcyclohexane. b) Ces deux conformations possèdent-elles la même énergie potentielle ? c) Qu'en est-il des deux conformations du *cis*-1-*tert*-butyl-2-méthylcyclohexane ? d) Les deux conformations du *trans*-1,2-diméthylcyclohexane ont-elles la même énergie potentielle ?

Le tableau 4.9 dresse la liste des différentes positions occupées par les substituants des diméthylcyclohexanes. La conformation chaise la plus stable, s'il y en a une, est indiquée en caractères gras.

4.15 ALCANES BICYCLIQUES ET POLYCYCLIQUES

Bon nombre des molécules que l'on étudie en chimie organique comportent plus d'un cycle (section 4.4B). Parmi les principales molécules bicycliques figure le bicyclo[4.4.0]décane, un composé que l'on nomme couramment *décaline*.

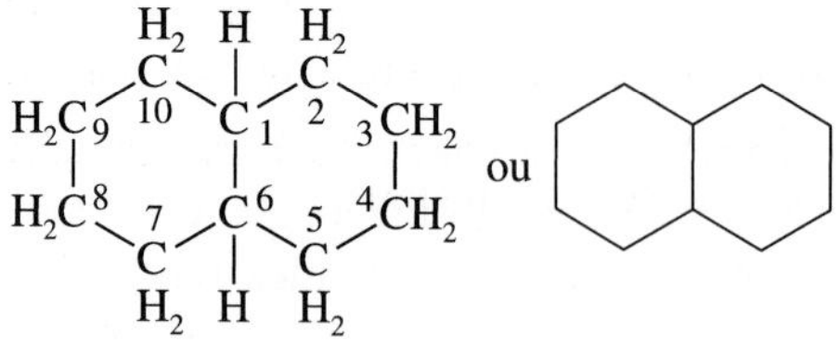

Décaline (bicyclo[4,4,0]décane)
(les atomes de carbone 1 et 6 sont les carbones têtes de pont)

La décaline se présente sous forme d'isomères *cis-trans*.

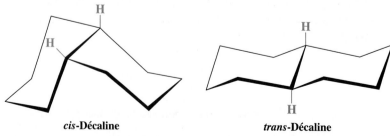

cis-**Décaline**   *trans*-**Décaline**

Dans la forme *cis*, les deux atomes d'hydrogène liés aux atomes têtes de pont se retrouvent du même côté du cycle, alors que dans la forme *trans* ils se situent de part

Le Chemical Abstracts Service (CAS) calcule le nombre de cycles à l'aide de la formule $S - A + 1 = N$, où S représente le nombre de liaisons simples dans les cycles, A est le nombre d'atomes dans le système cyclique et N est le nombre total de cycles (voir problème 4.32).

et d'autre du plan du cycle. On signale souvent cette isomérie en dessinant les structures de la façon suivante :

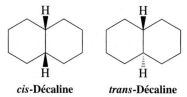

cis-**Décaline**   *trans*-**Décaline**

La rotation des groupes autour des liaisons carbone–carbone n'entraîne pas l'interconversion des décalines *cis* et *trans*. À cet égard, ces molécules s'apparentent aux isomères disubstitués *cis* et *trans* du cyclohexane. En fait, on peut les considérer comme des isomères *cis-trans* de cyclohexanes 1,2-disubstitués dans lesquels les substituants se retrouvent aux extrémités d'un pont à quatre carbones (—CH₂CH₂CH₂CH₂—).

Les décalines *cis* et *trans* peuvent être isolées car, à 760 torr, la *cis*-décaline bout à 195 °C, et la *trans*-décaline, à 185,5 °C.

L'adamantane (ci-dessous) est un système tricyclique qui déploie un arrangement tridimensionnel de cyclohexanes, tous en conformation chaise. Un prolongement tridimensionnel de la structure de l'adamantane donne naissance à une structure de type diamant. D'ailleurs, la dureté du diamant résulte de sa structure même, qui est composée de millions de solides liaisons covalentes*. Ainsi, on peut considérer le réseau cristallin du diamant comme étant celui d'une molécule gigantesque.

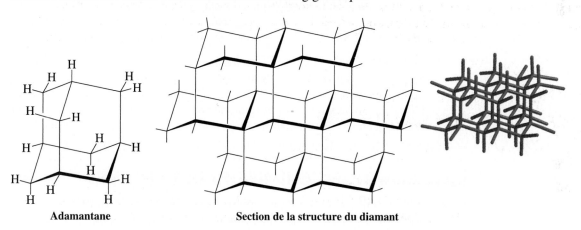

Adamantane   **Section de la structure du diamant**

Un des objectifs des travaux de recherche actuels en chimie organique est de synthétiser des hydrocarbures cycliques inusités, parfois même très tendus. Entre autres, on a synthétisé les molécules suivantes :

Bicyclo[1.1.0]butane   **Cubane**   **Prismane**

En 1982, Léo A. Paquette et ses collaborateurs (The Ohio State University) ont réalisé la synthèse d'une molécule « complexe, symétrique et esthétique » appelée dodécahèdrane.

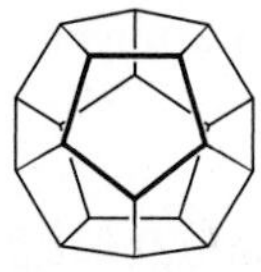

Dodécahèdrane

---

* Le carbone existe sous d'autres formes allotropiques : le graphite, le carbone Wurzite [dont la structure est similaire à celle du Wurzite (ZnS)] et un nouveau groupe de composés appelés fullerènes (voir section 14.8C).

4.16 PHÉROMONES : UN MOYEN DE COMMUNICATION CHIMIQUE

De nombreux animaux, et *particulièrement les insectes,* communiquent avec les autres membres de leur espèce à l'aide d'un « langage » fondé ni sur les sons ni sur les signaux visuels, mais plutôt sur les odeurs des substances chimiques qu'ils libèrent, à savoir les **phéromones**. Chez les insectes, ces substances semblent constituer le moyen de communication par excellence. Même sécrétées en quantités infimes, elles provoquent des réactions biologiques à la fois variées et prononcées. Les insectes les emploient pour attirer le sexe opposé pendant la période de reproduction. D'autres animaux en font un signal de danger ou de rassemblement. Les phéromones sont souvent des molécules relativement simples, et plusieurs sont des hydrocarbures. Par exemple, une espèce de blatte sécrète l'undécane, une phéromone qui suscite le rassemblement.

$CH_3(CH_2)_9CH_3$

Undécane
(phéromone de blatte signalant le rassemblement)

$(CH_3)_2CH(CH_2)_{14}CH_3$

2-Méthylheptadécane
(substance sécrétée par le papillon *Arctia caja americana* pour attirer le sexe opposé)

Lorsque la femelle du papillon *Arctia caja americana* désire s'accoupler, elle sécrète du 2-méthylheptadécane, un parfum que son mâle trouve irrésistible.

La mouche commune (*Musca domestica*) attire le sexe opposé en libérant un alcène à 23 carbones, appelé muscalure, dans lequel la liaison double se situe entre les C9 et C10.

$CH_3(CH_2)_7$ $(CH_2)_{12}CH_3$
$C=C$
H H

Muscalure
(substance sécrétée par la mouche commune pour attirer le sexe opposé)

Aux fins de la limitation des populations, de nombreuses phéromones sexuelles ont été synthétisées et employées pour attirer les insectes dans des pièges. Cette méthode est de loin préférable à l'épandage d'insecticides, car elle respecte l'environnement.

4.17 RÉACTIONS CHIMIQUES DES ALCANES

Les alcanes, en tant que classe de composés, sont généralement inertes, en ce sens qu'ils ne réagissent pas avec de nombreux réactifs. Les liaisons carbone–carbone et carbone–hydrogène qu'ils renferment sont très solides et ne se rompent qu'à des températures très élevées. Comme l'atome de carbone et l'atome d'hydrogène ont sensiblement la même électronégativité, les liaisons carbone–hydrogène des alcanes ne sont que très peu polarisées. En conséquence, ces composés ne réagissent généralement pas avec les bases. Leurs molécules n'ont pas non plus d'électrons libres que les acides pourraient attaquer. Cette faible réactivité des alcanes envers de nombreux réactifs explique pourquoi on les a d'abord baptisés *paraffines* (du latin *parum affinis,* qui signifie faible affinité).

Cependant, nous savons tous que les alcanes réagissent vivement avec l'oxygène lorsqu'on allume un mélange contenant les bonnes proportions de chaque réactif. Cette combustion se produit d'ailleurs dans les cylindres des moteurs d'automobiles et dans les chaudières à mazout. Lorsqu'ils sont chauffés, les alcanes réagissent avec le chlore et le brome, et ils provoquent une explosion en réagissant avec le fluor. Nous verrons tout cela au chapitre 10.

4.18 SYNTHÈSE DES ALCANES ET DES CYCLOALCANES

Les mélanges d'alcanes dérivés du pétrole peuvent être employés tels quels comme carburants. Cependant, lors d'expériences en laboratoire, il est souvent nécessaire de disposer d'échantillons purs d'un alcane en particulier. La préparation chimique, ou synthèse, est généralement la façon la plus simple d'obtenir cet alcane. La méthode de préparation choisie doit permettre d'obtenir uniquement le produit désiré ou, du moins, des produits qui s'isolent facilement et efficacement.

Plusieurs méthodes de synthèse d'alcanes sont possibles; nous en décrirons trois ici et étudierons les autres dans les chapitres à venir.

4.18A HYDROGÉNATION DES ALCÈNES ET DES ALCYNES

Les alcanes sont produits lorsque les alcènes et les alcynes réagissent avec l'hydrogène en présence d'un catalyseur métallique tel que le nickel, le palladium ou le platine. Suivant la réaction générale, une molécule d'hydrogène s'additionne à chaque atome de la liaison carbone–carbone double ou triple de l'alcène ou de l'alcyne. C'est par cette réaction que l'alcène ou l'alcyne se convertit en alcane.

Réaction générale

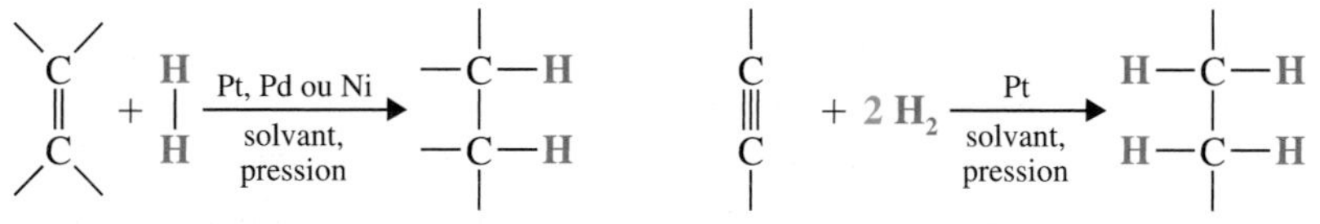

Alcène   **Alcane**   **Alcyne**   **Alcane**

On procède généralement en dissolvant l'alcène ou l'alcyne dans un solvant comme l'éthanol (C_2H_5OH), en ajoutant un catalyseur métallique et en soumettant le mélange à de l'hydrogène gazeux maintenu sous pression dans un appareil prévu à cette fin. Deux équivalents molaires d'hydrogène sont requis pour transformer un alcyne en alcane. Nous traiterons du mécanisme de cette réaction appelée **hydrogénation** au chapitre 7.

Exemples

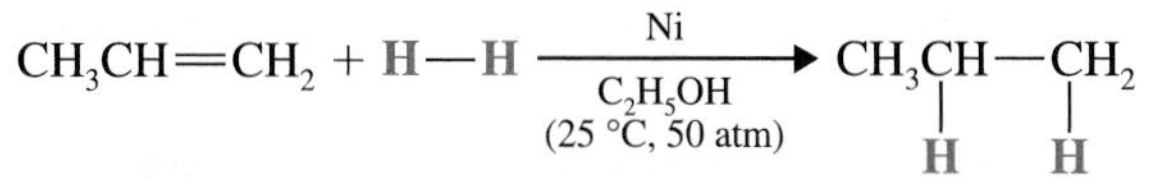

Propène   **Propane**

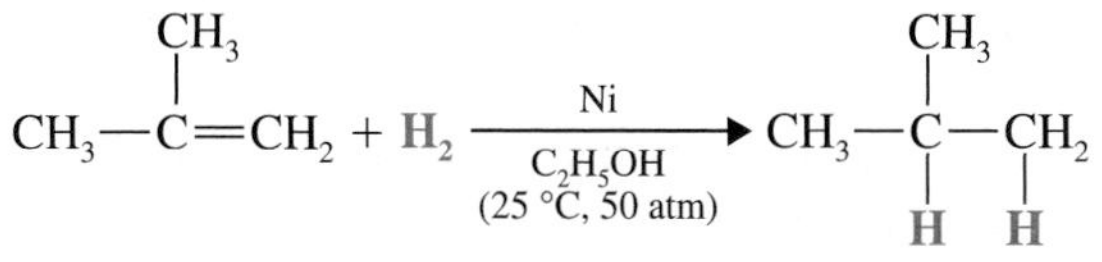

2-Méthylpropène   **Isobutane**

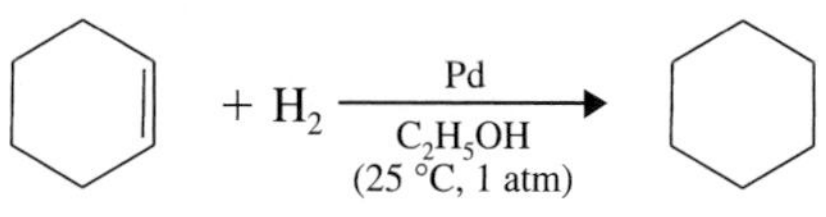

Cyclohexène   **Cyclohexane**

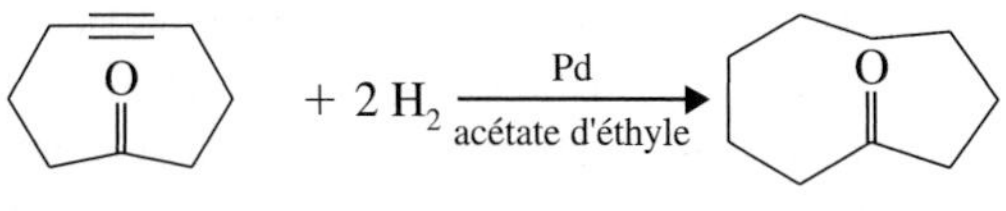

Cyclonon-5-ynone   **Cyclononanone**

PROBLÈME 4.15

Écrivez les équations de tous les alcènes et les alcynes possibles dont l'hydrogénation produit le 2-méthylbutane.

4.18B RÉDUCTION DES HALOGÉNOALCANES

La plupart des halogénoalcanes réagissent avec le zinc en solution aqueuse acide pour produire des alcanes. La réaction générale décrivant cette synthèse est la suivante :

Réaction générale

$$R—X + Zn + HX \longrightarrow R—H + ZnX_2$$

$$\text{ou*} \qquad R—X \xrightarrow[(-ZnX_2)]{Zn,\ HX} R—H$$

Exemples

$$2\ CH_3CH_2CHCH_3 \xrightarrow[Zn]{HBr} 2\ CH_3CH_2CHCH_3 + ZnBr_2$$

Br	**H**
Bromure de *sec*-butyle	**Butane**
(2-bromobutane)	

$$\underset{\substack{\text{**Bromure d'isopentyle**}\\ \text{**(1-bromo-3-méthylbutane)**}}}{2\ CH_3CHCH_2CH_2—Br} \xrightarrow[Zn]{HBr} \underset{\substack{\text{**Isopentane**}\\ \text{**(2-méthylbutane)**}}}{2\ CH_3CHCH_2CH_2—H} + ZnBr_2$$

(avec CH₃ sur chaque carbone secondaire)

Lors de cette réaction, l'atome de zinc transfère des électrons à l'atome de carbone de l'halogénoalcane. Il s'agit donc d'une réaction de **réduction** de l'halogénoalcane. Le zinc est un bon agent réducteur puisqu'il possède deux électrons dans une orbitale située loin du noyau (ces électrons se donnent aisément à un accepteur d'électrons). Le mécanisme de cette réaction est complexe, car elle a lieu dans la phase située à la surface du zinc ou près de sa surface. Il est possible qu'un halogénure d'alkylzinc se forme d'abord et qu'il réagisse par la suite avec l'acide pour produire l'alcane.

$$Zn: \quad + \quad \overset{\delta+}{R}—\overset{\delta-}{\ddot{\underset{\cdot\cdot}{X}}}: \quad \longrightarrow \quad \left[R\!:\!Zn^{2+}\!:\!\ddot{\underset{\cdot\cdot}{X}}\!: \right]^{-} \quad \xrightarrow{HX} \quad R—H + Zn^{2+} + 2\ :\ddot{\underset{\cdot\cdot}{X}}:^{-}$$

Agent réducteur	**Halogénure d'alkylzinc**	**Alcane**

PROBLÈME 4.16

Vous désirez synthétiser du 2,3-diméthylbutane en faisant réagir un halogénoalcane avec du zinc en solution acide. Décrivez deux méthodes de synthèse qui font chacune appel à un halogénoalcane différent.

4.18C ALKYLATION DES ALCYNES TERMINAUX

L'hydrogène lié à un carbone d'une liaison triple d'un alcyne terminal (appelé **hydrogène acétylénique**) peut être remplacé par un groupe alkyle. Ce type de réaction, nommé **alkylation**, est d'une grande utilité en synthèse. L'hydrogène acétylénique est faiblement acide — comme nous l'avons vu à la section 3.14 — et peut donc être arraché par une base forte telle que l'amidure de sodium. L'arrachement de cet hydrogène terminal produit un anion (appelé anion alcynure) qui peut alors être traité

---

* Cette équation illustre la façon dont les chimistes organiciens procèdent pour abréger les équations des réactions chimiques. Le réactif de départ est inscrit à gauche de la flèche et le produit de la réaction se trouve à droite. Les réactifs nécessaires à la réaction sont écrits sur (ou sous) la flèche. Les équations sont souvent non équilibrées, et parfois les sous-produits (dans ce cas-ci, ZnX_2) sont soit omis, soit précédés du signe moins, mis entre parenthèses et écrits sous la flèche, par exemple ($-ZnX_2$).

avec un halogénoalcane adéquat. Les équations suivantes résument la séquence des réactions :

$$R-C\equiv C-H \xrightarrow[(-NH_3)]{NaNH_2} R-C\equiv C:^- Na^+ \xrightarrow[(-NaX)]{R'-X} R-C\equiv C-R'$$

Un alcyne   **Amidure de sodium**   **Un anion alcynure**   **R′ doit être un méthyl ou un alkyle primaire et ne pas être ramifié sur le second carbone**

La synthèse de propyne à partir de l'acétylène (éthyne) et du bromométhane constitue un bon exemple de ce genre de réaction.

$$H-C\equiv C-H \xrightarrow[(-NH_3)]{NaNH_2} H-C\equiv C:^- Na^+ \xrightarrow[(-NaX)]{CH_3-Br} H-C\equiv C-CH_3$$

Éthyne (acétylène)   **Anion éthynure (anion acétylure)**   **84 % Propyne**

Il est à noter que l'halogénoalcane qui réagit avec un anion alcynure doit être un groupe méthyle ou un halogénure primaire, mais ne doit pas présenter de ramification sur le second carbone (en beta). Une réaction avec des halogénoalcanes secondaires ou tertiaires, ou encore avec des halogénures primaires présentant une ramification au carbone beta, conduit à d'autres produits, principalement par un mécanisme d'élimination (nous y reviendrons en détail au chapitre 7).

La formation d'une nouvelle liaison carbone–carbone par alkylation d'un anion alcynure est une réaction importante en elle-même, mais la liaison triple de l'alcyne peut aussi être utilisée à d'autres fins. Par exemple, l'hydrogénation d'un alcyne nouvellement synthétisé conduit à la synthèse d'un alcane. Ainsi, à partir du 3-méthylbut-1-yne et du bromométhane, il est possible de synthétiser du 2-méthylpentane de la façon suivante :

$$CH_3CHC\equiv CH \xrightarrow[(-NH_3)]{NaNH_2} CH_3CHC\equiv C:^-Na^+ \xrightarrow[(-NaBr)]{CH_3Br} CH_3CHC\equiv C-CH_3$$

(avec CH_3 en substituant sur chaque structure)

$$\xrightarrow[\substack{H_2\ en\ excès,\\ Pt,\\ pression}]{} CH_3CHCH_2CH_2CH_3$$

(avec CH_3 en substituant)

Notez que cette synthèse n'aurait pas été possible si l'on avait utilisé du propyne et du 2-bromopropane à l'étape de l'alkylation, car l'halogénoalcane aurait été secondaire et la réaction d'élimination aurait prévalu.

Nous verrons aux chapitres 7 et 8 que les réactions utilisant la liaison triple des alcynes peuvent servir à incorporer de nombreux groupes fonctionnels. Toutes ces réactions, ainsi que l'alkylation des alcynes terminaux, démontrent que les composés munis d'une liaison triple sont très utiles en tant qu'intermédiaires de réaction en synthèse organique.

4.19 QUELQUES PRINCIPES GÉNÉRAUX RÉGISSANT LA STRUCTURE ET LA RÉACTIVITÉ : UNE PREMIÈRE APPROCHE DE LA SYNTHÈSE

L'alkylation des anions alcynure illustre plusieurs notions essentielles qui ont trait à la structure et à la réactivité, et que nous avons abordées précédemment. D'abord, la préparation de l'anion alcynure fait appel à des principes de la chimie acide-base selon Brønsted-Lowry. Comme vous l'avez observé, l'hydrogène de l'alcyne terminal est faiblement acide ($pK_a \sim 25$) et peut être arraché à l'aide d'une base forte comme l'amidure de sodium. Nous avons expliqué les raisons de cette acidité à la section 3.7A. Une fois formé, l'anion alcynure devient une base de Lewis (section 3.2B) avec laquelle l'halogénoalcane réagit en tant qu'accepteur de doublet d'électrons (un acide

Vous devriez compter les électrons de valence et les charges formelles des composés de la figure 4.25, comme vous devez le faire pour toute réaction en chimie organique.

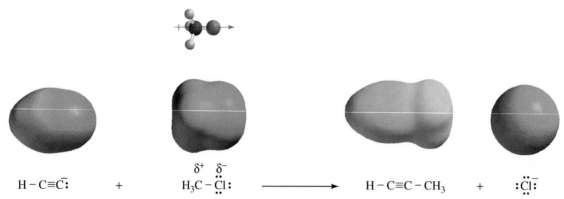

$$\text{H}-\text{C}{\equiv}\bar{\text{C}}{:} \quad + \quad \overset{\delta^+ \;\; \delta^-}{\text{H}_3\text{C}-\ddot{\underset{\cdot\cdot}{\text{C}}}\text{l}{:}} \quad \longrightarrow \quad \text{H}-\text{C}{\equiv}\text{C}-\text{CH}_3 \quad + \quad {:}\ddot{\underset{\cdot\cdot}{\text{C}}}\text{l}{:}^-$$

Figure 4.25 Réaction entre l'anion éthynure (acétylure) et le chlorométhane. Les représentations infographiques du potentiel électrostatique illustrent la complémentarité entre le caractère nucléophile de l'anion alcynure et le caractère électrophile de l'halogénoalcane.

de Lewis). Ainsi, on peut qualifier l'anion alcynure de *nucléophile* (sections 3.3 et 6.4), car la charge négative concentrée du côté du carbone terminal en fait un réactif qui recherche les charges positives. Inversement, l'halogénoalcane est dit *électrophile* (sections 3.3 et 8.1), car la charge positive partielle située sur le carbone rattaché à l'halogène en fait un réactif qui recherche les charges négatives. La polarité de l'halogénoalcane est une conséquence directe de la différence d'électronégativité entre l'atome d'halogène et l'atome de carbone.

Les représentations infographiques du potentiel électrostatique de l'anion éthynure (acétylure) et du chlorométhane de la figure 4.25 illustrent la complémentarité des caractères électrophile et nucléophile d'un halogénoalcane et d'un anion alcynure typiques. L'anion éthynure présente une forte charge négative située à l'endroit de son carbone terminal (indiqué en rouge à la figure 4.25). Inversement, le chlorométhane porte une charge positive partielle au carbone qui lie le chlore, lequel est électronégatif. Le moment dipolaire du chlorométhane s'oriente selon l'axe de la liaison carbone–chlore. Donc, agissant comme une base de Lewis, l'anion alcynure est attiré par la charge positive partielle portée par le carbone primaire de l'halogénoalcane. Si une collision se produit entre les deux composés et que ces derniers ont l'orientation adéquate et l'énergie cinétique suffisante, le transfert de deux électrons de l'anion alcynure à l'halogénoalcane engendrera une nouvelle liaison et déplacera l'halogène. Ainsi, l'halogène se libérera sous forme d'anion en emportant le doublet d'électrons qu'il partageait avec le carbone. Nous traiterons en détail de ce type de mécanisme au chapitre 6. Pour l'instant, il suffit de savoir que bon nombre de réactions étudiées en chimie organique comprennent des transformations acide-base (interactions de type Brønsted-Lowry et de Lewis) et des interactions entre les réactifs de charge complémentaire.

4.20 INTRODUCTION À LA SYNTHÈSE ORGANIQUE

La synthèse organique est un procédé de préparation de molécules organiques à partir de précurseurs simples. On effectue la synthèse de composés organiques pour bien des raisons. Les chimistes qui élaborent de nouveaux médicaments réalisent des synthèses organiques dans le but de découvrir des molécules dotées d'attributs structuraux particuliers leur conférant un effet médicinal distinct ou permettant d'atténuer un effet secondaire. Par exemple, le Crixivan (voir le préambule du chapitre 2) a d'abord été conçu et fabriqué à petite échelle dans un laboratoire de recherche; toutefois, lorsque ce médicament a été approuvé par les autorités, on a rapidement entrepris sa synthèse à grande échelle. Dans d'autres cas, un composé particulier peut avoir été synthétisé afin de vérifier l'hypothèse d'un mécanisme réactionnel ou d'observer la façon dont un organisme donné métabolise une substance. Dans de telles circonstances, on a souvent besoin de synthétiser un composé particulier « marqué » (par exemple avec du deutérium, du tritium ou un isotope du carbone) à une certaine position.

Les synthèses organiques les plus simples ne font intervenir qu'une réaction chimique. Les autres, selon leur complexité, peuvent comporter quelques étapes et même parfois plus de vingt. La synthèse de la vitamine B_{12} en constitue un exemple frappant : R.B. Woodward (université Harvard) et A. Eschenmoser (Institut fédéral suisse de technologie) ont annoncé en 1972 la réussite de cette synthèse, qui aura nécessité 11 années de travail, plus de 90 étapes et la collaboration de près de 100 personnes. Les exemples présentés dans ce manuel sont cependant beaucoup moins complexes.

Vitamine B_{12}

Une synthèse organique typique comprend deux types de transformation : les réactions qui convertissent les groupes fonctionnels et celles qui créent de nouvelles liaisons carbone–carbone. Nous avons vu des exemples de ces deux types de réactions, soit l'hydrogénation des alcènes et des alcynes en alcanes (transformation de la liaison carbone–carbone double ou triple en liaison simple par la modification d'un groupe fonctionnel) et la formation de nouvelles liaisons carbone–carbone par l'alkylation des anions alcynure. En définitive, on peut affirmer que l'essence de la synthèse organique repose sur l'orchestration des interconversions des groupes fonctionnels et des étapes de formation des liaisons carbone–carbone. Il existe plusieurs méthodes pour réaliser ces deux types de transformation.

4.20A ANALYSE RÉTROSYNTHÉTIQUE — PLANIFICATION DE LA SYNTHÈSE ORGANIQUE

Il est parfois possible de prévoir dès le début quelles seront les étapes requises pour effectuer la synthèse de la molécule désirée (but) à partir de précurseurs bien connus. Toutefois, il arrive souvent que la séquence des transformations menant au produit désiré semble si complexe que l'on ne puisse imaginer un chemin réactionnel. Dans ce cas, puisque l'on connaît le but (la molécule désirée) mais pas la réaction initiale, on aborde la synthèse à rebours en remontant, étape par étape, jusqu'à la réaction de départ. On identifie d'abord les précurseurs immédiats possibles qui aboutissent à la molécule désirée par des processus chimiques connus. Une fois sélectionnées, ces molécules deviennent à leur tour les molécules visées; on tente de nouveau d'identifier les précurseurs susceptibles de les former, et ainsi de suite. On répète ce processus jusqu'à ce que l'on obtienne des composés suffisamment simples pour être disponibles en laboratoire.

Analyse rétrosynthétique

Molécule désirée $\Longrightarrow$ **1er précurseur** $\Longrightarrow$ **2e précurseur** $\Longrightarrow$ $\Longrightarrow$ **Composé de départ**

E.J. Corey

Ses travaux, entamés dans les années soixante, ont jeté les bases d'une approche méthodique de la synthèse organique complexe qui permet l'utilisation des ordinateurs à cette fin. Nous vous suggérons de consulter cet ouvrage : E.J. Corey et X.-M. Cheng, *The Logic of Chemical Synthesis*, New York, Wiley, 1989.

```
                                              ⟹ 2ᵉˢ précurseurs a
                        1ᵉʳˢ précurseurs A ⟺
                                              ⟹ 2ᵉˢ précurseurs b
                                              ⟹ 2ᵉˢ précurseurs c
Molécule désirée ⟹ 1ᵉʳˢ précurseurs B ⟺
                                              ⟹ 2ᵉˢ précurseurs d
                                              ⟹ 2ᵉˢ précurseurs e
                        1ᵉʳˢ précurseurs C ⟺
                                              ⟹ 2ᵉˢ précurseurs f
```

Figure 4.26   L'analyse rétrosynthétique révèle souvent plusieurs voies possibles pour préparer la molécule désirée à partir de différents précurseurs.

Le processus que nous venons de décrire s'appelle **analyse rétrosynthétique.** La flèche à deux traits de l'exemple précédent est une **flèche rétrosynthétique,** un symbole qui relie la molécule désirée à son précurseur immédiat. Elle renvoie donc à l'étape **précédente.** Bien que les chimistes organiciens se servent de l'analyse rétrosynthétique de manière intuitive depuis de nombreuses années, c'est E.J. Corey (prix Nobel de chimie en 1990) qui a nommé cette méthode « analyse rétrosynthétique » et qui a été le premier à en énoncer formellement les principes. Une fois l'analyse rétrosynthétique terminée, on amorce la synthèse en faisant réagir les composés simples de la réaction de départ, puis on procède par étapes jusqu'à ce que l'on obtienne la molécule désirée.

Lors d'une analyse rétrosynthétique, il est nécessaire de générer le plus grand nombre possible de précurseurs et d'évaluer différentes possibilités de synthèse (figure 4.26). Ainsi, on peut comparer les avantages et les désavantages de chaque voie avant de choisir celle qui permettra la synthèse la plus efficace. Habituellement, on tiendra compte de facteurs tels que les contraintes spécifiques aux réactions, les limites de certaines réactions de la séquence, la disponibilité des substances, etc. Nous étudierons un exemple d'analyse rétrosynthétique à la section 4.20B. Il arrive que plus d'une voie soit efficace, mais il arrive également que l'on doive essayer plusieurs approches en laboratoire pour déterminer celle qui sera fructueuse.

4.20B IDENTIFICATION DES PRÉCURSEURS

Lors d'une analyse rétrosynthétique, comment identifie-t-on les précurseurs immédiats d'un composé donné ? En ce qui concerne les groupes fonctionnels, on fait appel à ses connaissances des réactions organiques pour déterminer celles qui convertissent un groupe fonctionnel en un autre. À mesure que vous avancerez dans votre apprentissage de la chimie organique, vous approfondirez ces connaissances et pourrez ainsi choisir parmi un grand nombre de réactions. Il en sera de même pour les réactions formant des liaisons carbone–carbone en synthèse. Toutefois, il vous faudra immanquablement revenir aux notions de structure et de réactivité lorsque vous sélectionnerez la réaction correspondant au but que vous visez.

Comme nous l'avons mentionné aux sections 3.2C et 4.19, de nombreuses réactions organiques dépendent des interactions qui s'exercent entre les molécules ayant des charges partielles ou formelles complémentaires. En analyse rétrosynthétique, il est important de pouvoir déterminer quels atomes de la molécule désirée peuvent comporter des charges complémentaires par rapport à celles des précurseurs. Prenons l'exemple de la synthèse du 1-cyclohexylbut-1-yne. À la lumière de ce que vous avez appris dans le présent chapitre, vous pouvez considérer un anion alcynure et un halogénoalcane comme des précurseurs de polarités complémentaires dont la réaction mène à la molécule cible.

Analyse rétrosynthétique

$$\text{Cy}-C{\equiv}C-CH_2CH_3 \implies \text{Cy}-C{\equiv}C{:}^- \implies \text{Cy}-C{\equiv}C-H$$

$$+ \overset{\delta-}{Br}-\overset{\delta+}{CH_2CH_3}$$

Synthèse

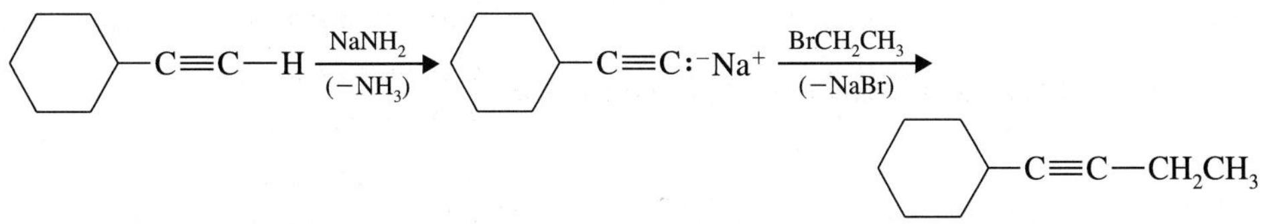

Il n'est pas toujours facile, cependant, de déterminer quelle liaison doit être rompue (déconnexion rétrosynthétique) et quels seront les précurseurs complémentaires (c'est-à-dire ceux portant des charges opposées) dont la réaction produira la molécule désirée. Prenons, par exemple, la synthèse d'un alcane. Un alcane ne contient pas d'atomes de carbone qui peuvent être des précurseurs chargés de signes opposés. Cependant, si on suppose que des liaisons simples carbone–carbone des alcanes peuvent être produites par l'hydrogénation de l'alcyne correspondant, alors cet alcyne pourrait provenir de la connexion (liaison) d'atomes de carbone de deux précurseurs complémentaires en charge (c'est-à-dire un anion alcynure et un halogénoalcane). Effectuons l'analyse rétrosynthétique du 2-méthylhexane.

Analyse rétrosynthétique

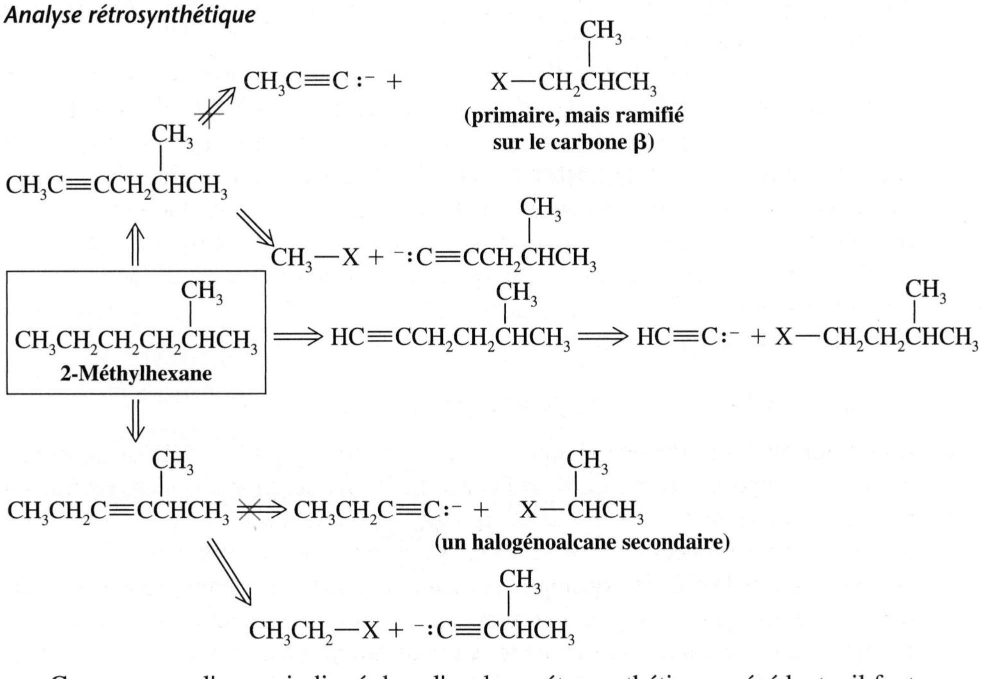

Comme nous l'avons indiqué dans l'analyse rétrosynthétique précédente, il faut garder à l'esprit les restrictions qui s'appliquent aux réactions que l'on prévoit d'utiliser

> ► **CAPSULE CHIMIQUE**
>
> ### DE L'INORGANIQUE À L'ORGANIQUE
>
> En 1862, Friedrich Wöhler découvrit l'existence du carbure de calcium (CaC_2) en chauffant du carbone avec un alliage de zinc et de calcium. Par la suite, il synthétisa l'acétylène en faisant réagir le carbure de calcium avec de l'eau.
>
> $$C \xrightarrow{\text{alliage zinc–calcium, } \Delta} CaC_2 \xrightarrow{2\ H_2O} HC\equiv CH + Ca(OH)_2$$
>
> En théorie, en prenant l'acétylène comme produit de départ et à l'aide des réactions qui intègrent des groupes fonctionnels aux alcynes (comme celles que vous étudierez plus loin), on peut synthétiser presque *n'importe quoi*. La découverte du carbure de calcium par Wöhler nous permet donc de croire que toute synthèse de composés organiques peut découler de substances inorganiques. La réaction du carbure de calcium avec l'eau et la combustion de l'acétylène qui en résulte produisaient la lumière des lampes au carbure que les mineurs d'antan portaient sur la tête.

en synthèse. Ainsi, dans l'exemple précédent, nous avons éliminé deux voies, car elles comportaient un halogénoalcane secondaire ou un halogénoalcane primaire dont le carbone β est ramifié (section 4.18 C).

PROBLÈME 4.17

En vous fondant sur l'analyse rétrosynthétique du 2-méthylhexane de cette section, écrivez les réactions des voies de synthèse réalisables.

PROBLÈME 4.18

a) Concevez toutes les stratégies possibles menant à la synthèse des phéromones undécane et 2-méthylheptadécane par l'alkylation d'un anion alcynure (section 4.16).

b) Écrivez les réactions de deux voies de synthèse possibles pour chacune des phéromones.

4.20C L'ART DE LA SYNTHÈSE ORGANIQUE

Élaborer la synthèse d'une molécule complexe à l'aide d'une analyse rétrosynthétique est l'un des aspects les plus stimulants de la chimie organique. Ce processus requiert non seulement une bonne connaissance des réactions organiques, mais aussi une certaine forme d'art. Au fil des ans, plusieurs chimistes ont concentré leurs efforts sur la synthèse organique et, grâce à eux, nous en tirons tous profit aujourd'hui.

TERMES ET CONCEPTS CLÉS

Alcanes	Sections 2.2A, 4.1, 4.2, 4.3, 4.7 et 4.17	**Projections de Newman**	Section 4.8
Cycloalcanes	Sections 4.1, 4.4, 4.7, 4.10 et 4.17	**Formules chevalet**	Section 4.8
		Tension de torsion	Sections 4.8 et 4.9
Isomères de constitution	Sections 1.3A et 4.2	**Forces de Van der Waals**	Sections 2.14D et 4.11
Système de nomenclature de l'UICPA	Section 4.3	**Tension de cycle**	Sections 4.10 et 4.11
Conformation	Section 4.8	**Tension angulaire**	Section 4.11
Conformères	Section 4.8	**Isomérie *cis-trans***	Sections 1.13B et 4.14
Analyse conformationnelle	Sections 4.8, 4.9, 4.12 et 4.13	**Conformations du cyclohexane**	Sections 4.12 et 4.13
		Analyse rétrosynthétique	Section 4.20A
		Flèches rétrosynthétiques	Section 4.20A

PROBLÈMES SUPPLÉMENTAIRES

4.19 Écrivez la formule développée de chacun des composés suivants :

a) 1,4-Dichloropentane

b) Bromure de *sec*-butyle

c) 4-Isopropylheptane

d) 2,2,3-Triméthylpentane

e) 3-Éthyl-2-méthylhexane

f) 1,1-Dichlorocyclopentane

g) *cis*-1,2-Diméthylcyclopropane

h) *trans*-1,2-Diméthylcyclopropane

i) 4-Méthylpentan-2-ol

j) *trans*-4-Isobutylcyclohexanol

k) 1,4-Dicyclopropylhexane

l) Alcool néopentylique

m) Bicyclo[2.2.2]octane

n) Bicyclo[3.1.1]heptane

o) Cyclopentylcyclopentane

4.20 Nommez les composés suivants selon la nomenclature systématique de l'UICPA :

a) $CH_3CH_2C(CH_3)_2CH(CH_2CH_3)CH_3$

b) $CH_3CH_2C(CH_3)_2CH_2OH$

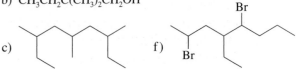

c)

f)

d)

g)

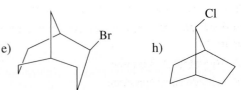

e)

h)

4.21 Pourquoi le nom alcool *sec*-butylique est-il associé à une structure bien précise, tandis que le nom alcool *sec*-pentylique porte à confusion ?

4.22 Donnez la structure et le nom, selon le système de nomenclature de l'UICPA, de l'alcane ou du cycloalcane de formule a) C_8H_{18} et dont tous les atomes d'hydrogène sont primaires; b) C_6H_{12} et dont tous les atomes d'hydrogène sont secondaires; c) C_6H_{12} et qui ne comporte que des hydrogènes primaires et secondaires; d) C_8H_{14} et qui contient 12 hydrogènes secondaires et 2 hydrogènes tertiaires.

4.23 Trois alcènes différents donnent naissance au 2-méthylbutane lorsqu'ils sont hydrogénés en présence d'un catalyseur métallique. Représentez leur structure et écrivez les équations des réactions auxquelles ils prennent part.

4.24 Il est possible de préparer un alcane de formule C_6H_{14} en traitant (dans des réactions séparées) cinq chloroalcanes ($C_6H_{13}Cl$) différents avec du zinc en solution aqueuse acide. Donnez la structure de cet alcane ainsi que celles des chloroalcanes.

4.25 On peut préparer un alcane de formule C_6H_{14} par réduction (à l'aide de Zn et de HCl) de seulement deux chloroalcanes ($C_6H_{13}Cl$) et par l'hydrogénation de seulement deux alcènes (C_6H_{12}). Écrivez la structure de cet alcane, nommez-le selon la nomenclature établie par l'UICPA et écrivez les réactions correspondant aux deux préparations.

4.26 Quatre cycloalcènes différents se transforment en méthylcyclopentane lorsqu'ils sont soumis à une hydrogénation catalytique. Quelle est leur structure ? Écrivez les réactions menant au produit.

4.27 Les chaleurs de combustion de trois isomères du pentane (C_5H_{12}) sont les suivantes : 3536 kJ·mol⁻¹ pour $CH_3(CH_2)_3CH_3$, 3529 kJ·mol⁻¹ pour $CH_3CH(CH_3)CH_2CH_3$ et 3515 kJ·mol⁻¹ pour $(CH_3)_3CCH_3$. Quel isomère est le plus stable ? Construisez un diagramme comme celui de la figure 4.9 montrant les énergies potentielles relatives des trois composés.

4.28 Expliquez ce que l'on entend par série homologue et illustrez votre explication à l'aide d'un exemple dans lequel vous écrirez les structures d'une série homologue d'halogénoalcanes.

4.29 Écrivez les structures de deux conformations chaise du 1-*tert*-butyl-1-méthylcyclohexane. Quelle conformation est la plus stable ? Expliquez.

4.30 Nommez tous les isomères de formule C_5H_{10} et écrivez leurs formules développées. (Ne tenez pas compte des composés munis de liaisons doubles.)

4.31 Écrivez les structures des alcanes bicycliques suivants :

a) Bicyclo[1.1.0]butane

b) Bicyclo[2.1.0]pentane

c) 2-Chlorobicyclo[3.2.0]heptane

d) 7-Méthylbicyclo[2.2.1]heptane

4.32 À l'aide de la formule $S - A + 1 = N$ (stratégie d'étude, section 4.15), calculez le nombre de cycles que comporte le cubane.

4.33 Classez les composés suivants a) en ordre croissant de chaleur de combustion; b) en ordre croissant de stabilité.

4.34 Dessinez un graphique similaire à celui de la figure 4.8 montrant la variation d'énergie associée à la rotation autour de la liaison C2—C3 a) du 2,3-diméthylbutane; b) du 2,2,3,3-tétraméthylbutane. Ne vous préoccupez pas des valeurs numériques liées à la variation d'énergie. Associez les conformations adéquates aux maximums et aux minimums du graphique.

4.35 Sans vous reporter aux tableaux, dites quel membre de chacune des paires suivantes présentera le point d'ébullition le plus élevé. Justifiez vos réponses.

a) Pentane ou 2-méthylbutane

b) Heptane ou pentane

c) Propane ou 2-chloropropane

d) Butane ou propan-1-ol

e) Butane ou CH_3COCH_3

4.36 Un composé de formule moléculaire C_4H_6 est un composé bicyclique. Un autre composé de même formule présente une absorption infrarouge à environ 2250 cm⁻¹, ce qui n'est pas le cas du composé bicyclique. Dessinez les structures de ces deux composés et expliquez comment l'absorption IR permet de les différencier.

4.37 Lequel des composés suivants est le plus stable : *cis*-1,2-diméthylcyclopropane ou *trans*-1,2-diméthylcyclopropane ? Expliquez.

4.38 Selon vous, quel membre des paires suivantes aura la chaleur de combustion la plus élevée ? a) *cis*- ou *trans*-1,2-diméthylcyclohexane; b) *cis*- ou *trans*-1,3-diméthylcyclohexane; c) *cis*- ou *trans*-1,4-diméthylcyclohexane. Justifiez vos réponses.

4.39 Pour chacun des composés suivants, écrivez les deux conformations chaise possibles et dites laquelle des deux est la plus stable. a) *cis*-1-*tert*-butyl-3-méthylcyclohexane; b) *trans*-1-*tert*-butyl-3-méthylcyclohexane; c) *trans*-1-*tert*-butyl-4-méthylcyclohexane; d) *cis*-1-*tert*-butyl-4-méthylcyclohexane.

4.40 Le *trans*-1,3-dibromocyclobutane possède un moment dipolaire mesurable. Expliquez en quoi cela révèle que le cycle du cyclobutane n'est pas plan.

4.41 Indiquez quels composés ou réactifs manquent à chacune des synthèses suivantes. (Dans certains cas, la synthèse peut nécessiter plus d'une étape.)

a) *trans*-5-Méthylhex-2-ène $\xrightarrow{?}$ 2-méthylhexane

b) 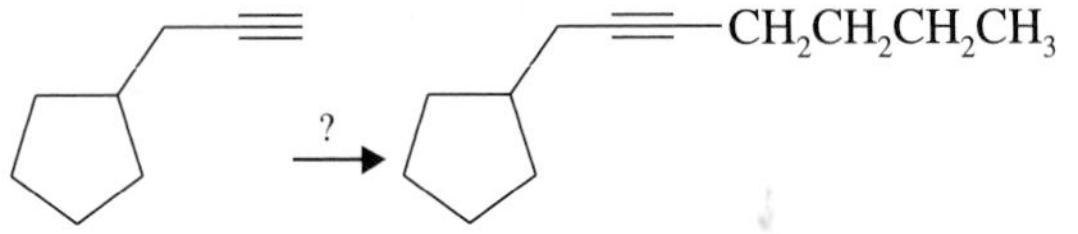 $\xrightarrow{?}$ —CH$_2$CH$_2$CH$_2$CH$_3$

c) CH$_3$CH$_2$CH$_2$Br $\xrightarrow{?}$

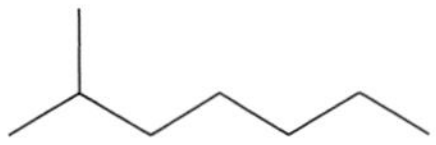

d) 4-Bromo-3,4-diéthylheptane $\xrightarrow{\text{Zn, HBr}}$?

e) 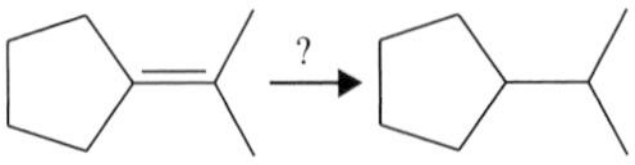 $\xrightarrow{?}$

f) ? $\xrightarrow{\text{Zn, HX}}$ 2,2-diméthylpropane

4.42* Lorsque le 1,2-diméthylcyclohexène (montré ci-dessous) réagit avec de l'hydrogène en présence d'un catalyseur de platine, on obtient comme produit de réaction un cycloalcane dont la température de fusion est de −50 °C et dont le point d'ébullition est de 130 °C (à 760 torr). a) Quelle est la structure du produit de réaction ? b) En consultant le tableau approprié, dites de quel stéréo-isomère il s'agit. c) Que suggère cette expérience à propos du mode d'addition des hydrogènes à la liaison double ?

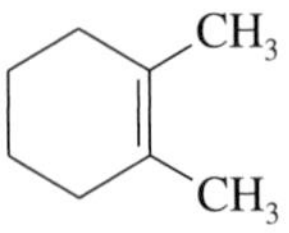

1,2-Diméthylcyclohexène

4.43* Lorsque le cyclohexène est dissous dans un solvant approprié et qu'on le fait réagir avec du chlore, le produit de la réaction, C$_6$H$_{10}$Cl$_2$, présente un point de fusion de −7 °C et un point d'ébullition de 74 °C (à 16 torr). a) De quel stéréo-isomère s'agit-il ? b) Que suggère cette expérience à propos du mode d'addition du chlore à la liaison double ?

4.44 Examinez les isomères *cis* et *trans* du 1,3-di-*tert*-butylcyclohexane (la construction d'un modèle moléculaire vous aidera). Quelle caractéristique inusitée explique le fait qu'un des isomères semble exister sous une conformation bateau-croisé plutôt que chaise ?

4.45* À l'aide des règles présentées dans ce chapitre, donnez le nom systématique des molécules suivantes. S'il y a lieu, indiquez si d'autres règles sont nécessaires.

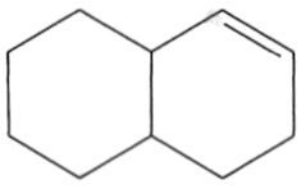

a) 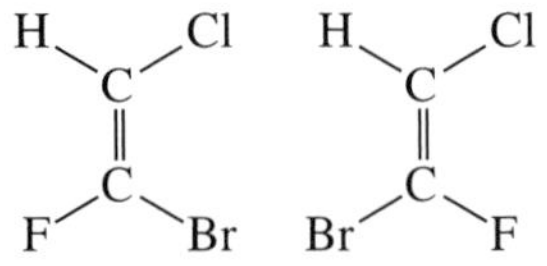   b) 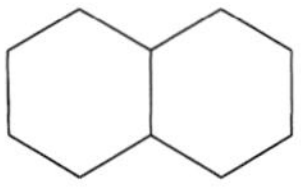   c)   d)

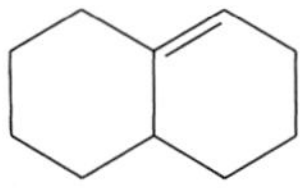

4.46* Voici la conformation prédominante du *D*-glucose.

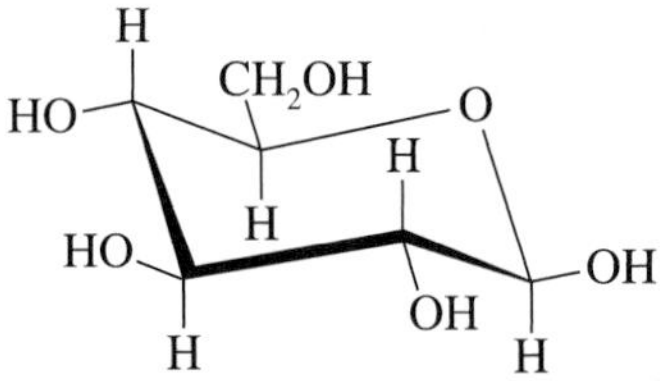

Pourquoi n'est-il pas surprenant que le *D*-glucose soit le glucide le plus répandu dans la nature ? (Aide : observez la structure des glucides tels que le *D*-galactose et le *D*-mannose, et comparez ces derniers avec le *D*-glucose.)

4.47* À l'aide des projections de Newman, indiquez les positions relatives des substituants portés par les atomes têtes de pont de la *cis*- et de la *trans*-décaline. Lequel de ces isomères serait le plus stable, et pourquoi ?

4.48* À partir de deux composés de votre choix comportant quatre carbones au maximum, écrivez les équations de la synthèse du dodécane, CH$_3$(CH$_2$)$_{10}$CH$_3$.

TRAVAIL COOPÉRATIF

Examinez le composé suivant :

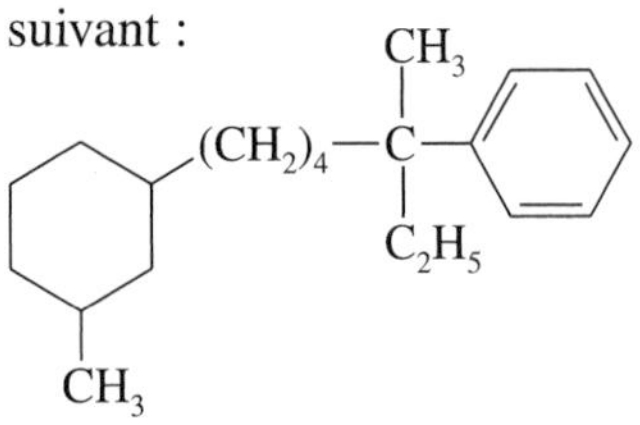

1. Dessinez la formule abrégée de ce composé (ne tenez pas compte de l'isomérie *cis-trans* du cycle).

2. Présentez toute analyse rétrosynthétique raisonnable qui comprendra, à l'une de ses étapes, la formation d'une liaison carbone–carbone par une alkylation d'ion alcynure.

3. En indiquant les réactifs et les conditions nécessaires, écrivez les réactions des synthèses correspondant aux analyses rétrosynthétiques données en réponse au problème précédent.

---

* Les problèmes marqués d'un astérisque présentent une difficulté particulière.

4. À l'aide de la nomenclature établie par l'UICPA, nommez la molécule visée et les intermédiaires non chargés de vos synthèses.

5. La spectroscopie infrarouge pourrait être employée pour détecter la présence de certaines impuretés dans le produit final. Ces impuretés sont probablement des résidus des intermédiaires qui ont été utilisés à différentes étapes de la synthèse. Quels intermédiaires présenteront des absorptions infrarouges distinctes de celle du produit final et dans quelles régions du spectre ces absorptions apparaîtront-elles ?

6. À partir de vos synthèses, choisissez un composé comportant un noyau cyclohexane.

   a) Quel isomère de ce composé (*cis* ou *trans*) en serait la forme la plus stable ?

   b) Dessinez la conformation chaise de ce composé ayant la plus faible énergie.

   c) Dessinez la conformation chaise de ce composé ayant l'énergie la plus élevée.

   d) Dessinez les conformations chaise de deux isomères *cis-trans* autres que ceux que vous avez illustrés précédemment (en a, en b et en c).

7. Choisissez une liaison carbone–carbone d'un intermédiaire *acyclique* dans l'une de vos synthèses et dessinez la projection de Newman qui, dans l'axe de cette liaison, montrera la conformation la plus stable.

8. Dessinez la structure tridimensionnelle de la forme *cis* ou *trans* de la molécule visée par la synthèse. À l'aide de biseaux hachurés et pleins, illustrez adéquatement la chaîne alkyle. Employez la conformation chaise pour représenter les cycles. (Aide : dessinez la structure de façon que la chaîne carbonée du substituant le plus complexe situé sur l'anneau cyclohexane et que le cycle carboné auquel elle est rattachée se retrouvent dans le plan de la feuille. En général, pour représenter sur papier une molécule en trois dimensions, il est préférable de choisir une orientation dans laquelle un maximum de carbones se situent dans le plan de la feuille.)

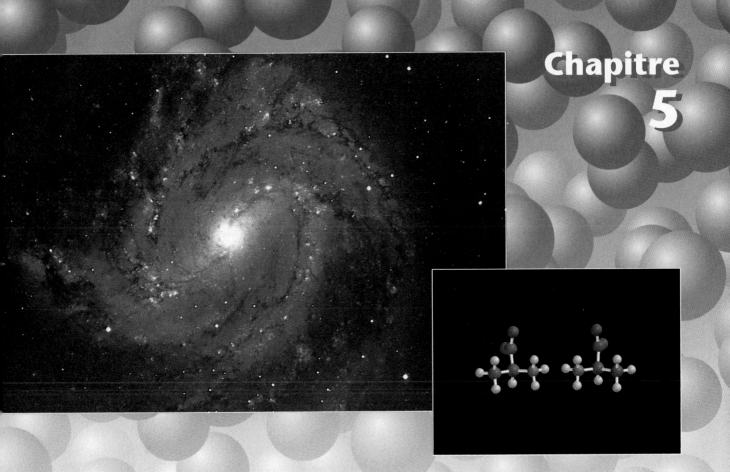

STÉRÉOCHIMIE :
les molécules chirales

La « chiralité » de la vie

Les molécules d'acides aminés formant les protéines sont chirales : elles ne peuvent être superposées à leur image spéculaire. Bien que les deux formes spéculaires des acides aminés soient théoriquement possibles — celles de l'alanine sont illustrées ci-dessus —, la vie sur Terre a évolué de façon à favoriser la forme « gauche » (ou forme L). On est incapable d'expliquer la prépondérance de cette forme. En l'absence d'une influence chirale telle que celle d'un système biologique, les réactions chimiques produisent une quantité égale des deux formes spéculaires d'un composé. Comme presque toutes les théories sur l'origine de la vie postulent que les acides aminés et les autres molécules nécessaires à l'émergence de la vie étaient présents avant le développement d'organismes capables d'auto-réplication, les deux formes spéculaires de ces molécules auraient été présentes en quantités égales dans la soupe primitive. Comment alors expliquer la prépondérance de l'une des formes dans l'évolution ? Ces molécules auraient-elles pu être présentes en quantités inégales avant l'apparition de la vie ? Une météorite découverte en 1970, appelée météorite Murchison, a alimenté les discussions à ce sujet. Une analyse de cette météorite a révélé la présence d'acides aminés et d'autres molécules biologiques complexes, prouvant que les molécules nécessaires à l'apparition de la vie ont pu provenir de l'extérieur de la Terre. Fait intéressant, de récentes expériences ont indiqué que la météorite Murchison renfermait un excès de 7 % à 9 % de la forme L de quatre acides aminés. L'origine de cette répartition inégale n'est pas connue, mais des scientifiques avancent que le rayon-

SOMMAIRE

5.1 Isomérie : isomères de constitution et stéréo-isomères

5.2 Énantiomères et molécules chirales

5.3 Importance biologique de la chiralité

5.4 Historique de la stéréochimie

5.5 Test de chiralité : les plans de symétrie

5.6 Nomenclature des énantiomères : le système *R-S*

5.7 Propriétés des énantiomères : l'activité optique

5.8 Origine de l'activité optique

5.9 Synthèse des molécules chirales

5.10 Médicaments chiraux

5.11 Molécules possédant plus d'un stéréocentre

5.12 Projections de Fischer

5.13 Stéréo-isomérie des composés cycliques

5.14 Attribution de la configuration à l'aide de réactions n'entraînant pas de rupture de liaison au stéréocentre

5.15 Séparation des énantiomères : la résolution

5.16 Composés ayant un stéréocentre autre que le carbone

5.17 Molécules chirales sans stéréocentre tétraédrique

rayonnement électromagnétique « en tire-bouchon » émis par les étoiles à neutrons, qui tournent autour de leur pôle, pourrait avoir favorisé une forme au détriment de l'autre dans l'espace interstellaire.

5.1 ISOMÉRIE : ISOMÈRES DE CONSTITUTION ET STÉRÉO-ISOMÈRES

Les **isomères** *sont des composés différents qui partagent la même formule moléculaire.* Jusqu'à maintenant, dans notre étude des composés carbonés, nous n'avons porté notre attention que sur ceux que nous appelons isomères de constitution.

Les **isomères de constitution** *sont des isomères qui diffèrent par la séquence d'enchaînement de leurs atomes.* Ils possèdent donc une connectivité différente. Voici quelques exemples d'isomères de constitution.

FORMULE MOLÉCULAIRE	ISOMÈRES DE CONSTITUTION		
C_4H_{10}	$CH_3CH_2CH_2CH_3$ **Butane**	et	CH_3CHCH_3 avec CH_3 **Isobutane**
C_3H_7Cl	$CH_3CH_2CH_2Cl$ **1-Chloropropane**	et	CH_3CHCH_3 avec Cl **2-Chloropropane**
C_2H_6O	CH_3CH_2OH **Éthanol**	et	CH_3OCH_3 **Oxyde de diméthyle**

Les stéréo-isomères ne sont pas des isomères de constitution, car la séquence d'enchaînement de leurs atomes est la même. Les **stéréo-isomères** *diffèrent uniquement par la disposition de leurs atomes dans l'espace.* Les isomères *cis* et *trans* des alcènes sont des stéréo-isomères (section 1.13B). Observons le *cis*- et le *trans*-1,2-dichloroéthène.

cis-**1,2-Dichloroéthène**
$(C_2H_2Cl_2)$

trans-**1,2-Dichloroéthène**
$(C_2H_2Cl_2)$

Le *cis*-1,2-dichloroéthène et le *trans*-1,2-dichloroéthène sont des isomères, car ils ont la même formule moléculaire ($C_2H_2Cl_2$) tout en étant *des molécules distinctes*. Ils ne peuvent s'interconvertir, vu la barrière énergétique élevée associée à la rotation autour de la double liaison carbone–carbone. Comme la séquence d'enchaînement de leurs atomes est la même, les stéréo-isomères *ne* sont *pas* des isomères de constitution. Le *cis*-1,2-dichloroéthène et le *trans*-1,2-dichloroéthène sont formés de deux atomes de carbone reliés par une liaison double et portant chacun un atome de chlore et un atome d'hydrogène. Ces isomères ne diffèrent que par la disposition de leurs atomes dans l'espace. Dans le *cis*-1,2-dichloroéthène, les deux atomes d'hydrogène sont situés du même côté de la molécule, alors que, dans le *trans*-1,2-dichloroéthène, les hydrogènes sont situés de part et d'autre de la liaison double. Ces deux composés sont donc des stéréo-isomères (voir section 1.13B).

On peut classer les stéréo-isomères en deux catégories : les énantiomères et les diastéréo-isomères. Les **énantiomères** *sont des stéréo-isomères dont les molécules possèdent des images spéculaires non superposables,* et les **diastéréo-isomères** *sont des stéréo-isomères dont les molécules ne sont pas des images spéculaires.*

Les molécules de *cis*-1,2-dichloroéthène et de *trans*-1,2-dichloroéthène *ne* sont *pas* des images spéculaires l'une de l'autre. Si on plaçait le *cis*-1,2-dichloroéthène devant un miroir, l'image reflétée ne correspondrait pas au *trans*-1,2-dichloroéthène. Toutefois, ces deux composés *sont* des stéréo-isomères et, comme ils n'ont pas de relation spéculaire, ils sont des diastéréo-isomères.

Les isomères *cis* et *trans* des cycloalcanes constituent d'autres exemples de diastéréo-isomères. Observons les deux composés suivants :

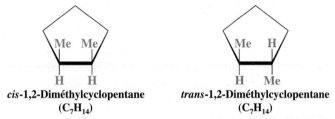

cis-**1,2-Diméthylcyclopentane**   *trans*-**1,2-Diméthylcyclopentane**
(C_7H_{14})   (C_7H_{14})

Ces deux composés sont isomères pour les raisons suivantes : *ce sont des composés distincts incapables de s'interconvertir, et leur formule moléculaire est la même* (C_7H_{14}). Ce ne sont pas des isomères de constitution, car la séquence d'enchaînement de leurs atomes est la même. Ce sont donc des *stéréo-isomères qui ne diffèrent que par l'arrangement de leurs atomes dans l'espace*. Par ailleurs, comme ils ne sont pas l'image spéculaire l'un de l'autre, ces composés ne sont pas des énantiomères, mais des *diastéréo-isomères*. À la section 5.13, nous verrons qu'il existe deux énantiomères du *trans*-1,2-diméthylcyclopentane.

Les isomères *cis-trans* ne sont pas les seuls types de diastéréo-isomères que l'on peut rencontrer; nous en verrons d'autres à la section 5.11. Pour que deux composés soient des diastéréo-isomères, ils doivent nécessairement être des stéréo-isomères et ne pas être l'image spéculaire l'un de l'autre.

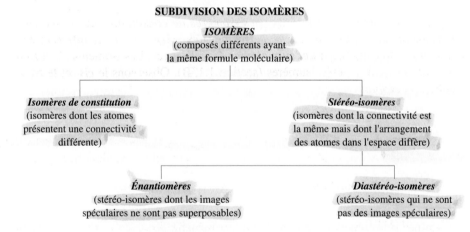

SUBDIVISION DES ISOMÈRES

ISOMÈRES
(composés différents ayant la même formule moléculaire)

Isomères de constitution
(isomères dont les atomes présentent une connectivité différente)

Stéréo-isomères
(isomères dont la connectivité est la même mais dont l'arrangement des atomes dans l'espace diffère)

Énantiomères
(stéréo-isomères dont les images spéculaires ne sont pas superposables)

Diastéréo-isomères
(stéréo-isomères qui ne sont pas des images spéculaires)

5.2   ÉNANTIOMÈRES ET MOLÉCULES CHIRALES

Les composés existent sous forme d'énantiomères à condition que leurs molécules soient *chirales*. Une **molécule chirale** *est une molécule distincte de son image spéculaire*. Une molécule chirale et son image spéculaire sont des énantiomères.

Le terme *chiral* est dérivé du grec *cheir*, qui signifie « main ». Les objets chiraux (incluant les molécules) sont en relation spéculaire de la même manière que les mains humaines. Les molécules d'une paire d'énantiomères sont dites chirales, car elles ont le même type de relation entre elles que la main droite et la main gauche. Si vous observez votre main gauche dans un miroir, l'image spéculaire que vous voyez correspond à votre main droite (figure 5.1). N'étant pas identiques, vos deux mains ne peuvent se superposer* (figure 5.2).

---

* Deux objets sont *superposables* s'ils coïncident en tout point lorsqu'ils sont placés l'un par-dessus l'autre (voir section 1.13B).

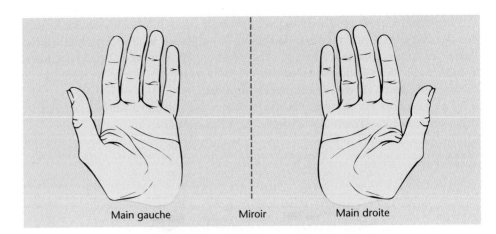

Figure 5.1 La main droite représente l'image spéculaire de la main gauche.

Main gauche   Miroir   Main droite

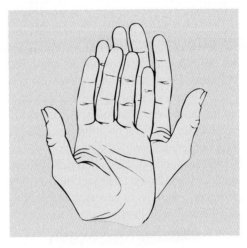

Figure 5.2 La main droite et la main gauche ne sont pas superposables.

De nombreux objets familiers sont chiraux et, lorsque nous parlons de l'un d'eux, nous devons spécifier s'il s'agit de l'objet droit ou gauche. Par exemple, nous devons spécifier si le pas des vis, des écrous ou des hélices tourne vers la droite ou vers la gauche. La chiralité des objets n'est pas nécessairement évidente au premier coup d'œil, mais il suffit de vérifier si l'objet et son image spéculaire sont superposables pour le déterminer.

Les objets (et les molécules) qui *sont* superposables sur leur image spéculaire sont **achiraux.** Ainsi, la plupart des chaussettes sont achirales, alors que les gants sont chiraux.

PROBLÈME 5.1

Déterminez si les objets suivants sont chiraux ou achiraux.

a) Un tournevis   e) Une oreille

b) Un bâton de baseball   f) Une vis à bois

c) Un bâton de golf   g) Une voiture

d) Une chaussure de tennis   h) Un marteau

La chiralité peut être illustrée à l'aide de composés relativement simples. Prenons le butan-2-ol à titre d'exemple.

$$CH_3CHCH_2CH_3$$
$$|$$
$$OH$$

Butan-2-ol

Jusqu'ici, nous avons représenté le composé par une seule formule ne tenant pas compte de l'existence possible d'autres formes et nous n'avons pas traité de la chiralité de la molécule de butan-2-ol. Pourtant, il y a deux formes différentes du

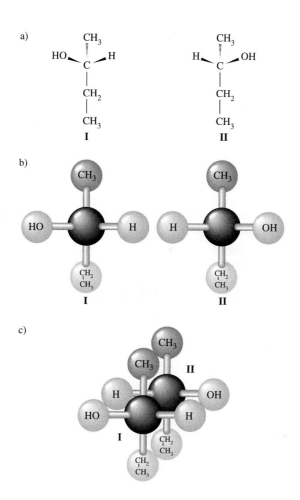

Figure 5.3 a) Représentations tridimensionnelles des énantiomères I et II du butan-2-ol. b) Modèles moléculaires des énantiomères du butan-2-ol. c) Tentative ratée de superposition des modèles I et II.

butan-2-ol et ces deux formes sont des énantiomères. Examinons les illustrations et les modèles moléculaires de la figure 5.3 pour mieux comprendre le phénomène.

Si on place le modèle **I** devant un miroir, l'image reflétée sera le modèle **II,** et vice versa. Comme leurs images spéculaires ne sont pas superposables, les modèles **I** et **II** représentent des molécules différentes, qui *sont donc des énantiomères.*

PROBLÈME 5.2

Construisez les modèles moléculaires du butan-2-ol représentés à la figure 5.3 et vérifiez qu'ils ne sont pas superposables. a) Construisez les modèles moléculaires du 2-bromopropane. Sont-ils superposables ? b) Une molécule de 2-bromopropane est-elle chirale ? c) Selon vous, le 2-bromopropane existe-t-il sous forme d'énantiomères ?

Comment savoir si une molécule existe sous forme d'énantiomères ? Un des moyens de déceler cette propriété repose sur le principe suivant : **les molécules qui contiennent un atome tétraédrique portant quatre groupes différents existent toujours sous forme d'énantiomères*.** Dans le cas du butan-2-ol (figure 5.4), cet atome est le C2. Les quatre groupes distincts reliés au C2 sont le groupe hydroxyle, l'atome d'hydrogène, le groupe méthyle et le groupe éthyle.

Parmi les autres propriétés importantes des énantiomères, mentionnons celle-ci : *dès qu'il y a permutation de deux des quatre groupes portés par l'atome tétraédrique, un énantiomère se convertit en son image spéculaire.* À la figure 5.3b, il est clair que la permutation du groupe hydroxyle et de l'atome d'hydrogène convertit l'énantiomère en son image spéculaire. Pour vous en convaincre, effectuez cette permutation sur vos modèles moléculaires.

Il peut être utile d'intervertir deux groupes dans un modèle moléculaire ou une formule structurale tridimensionnelle pour déterminer si les structures de deux molécules chirales sont les mêmes.

---

* Nous verrons plus tard que certaines molécules qui contiennent plus d'un atome tétraédrique portant quatre groupes différents peuvent aussi exister sous forme d'énantiomères (section 5.11A).

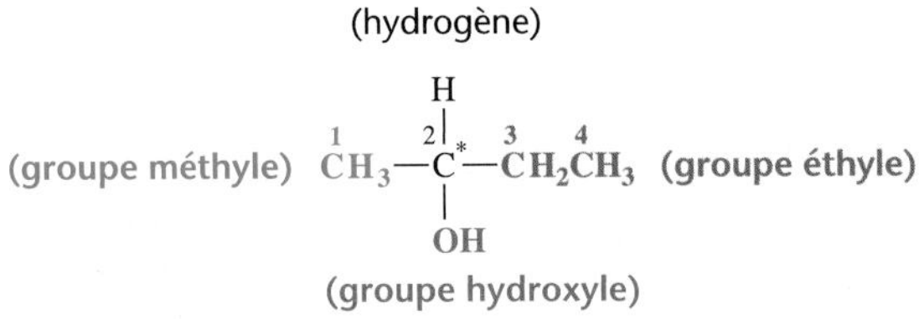

(hydrogène)

$$\overset{\text{(groupe méthyle)}}{\underset{}{\overset{1}{C}H_3}} - \overset{\overset{\text{H}}{\underset{}{|}}}{\underset{\underset{\text{(groupe hydroxyle)}}{OH}}{\overset{2}{\underset{}{C}^*}}} - \overset{3}{C}H_2\overset{4}{C}H_3 \quad \text{(groupe éthyle)}$$

Figure 5.4 L'atome de carbone tétraédrique du butan-2-ol porte quatre groupes différents. [Par convention, ces atomes sont identifiés à l'aide d'un astérisque (*).]

Comme la permutation des deux groupes du C2 convertit un stéréo-isomère en son image spéculaire, le C2 constitue un exemple de ce qu'on appelle un *stéréocentre*. Un ***stéréocentre*** est un ***atome portant des groupes dont la permutation entre eux produit un nouveau stéréo-isomère***. Le carbone 2 du butan-2-ol est un exemple de ***stéréocentre tétraédrique***. Notez que tous les stéréocentres ne sont pas nécessairement tétraédriques. Les atomes de carbone du *cis*-1,2-dichloroéthène et du *trans*-1,2-dichloroéthène (section 5.1) sont des *stéréocentres trigonaux plans*, car une permutation des groupes sur l'un ou l'autre des carbones conduit à un stéréo-isomère (plus précisément un diastéréo-isomère). En général, dans le cas des composés organiques, le terme « stéréocentre » sous-entend toujours un stéréocentre de nature tétraédrique, à moins d'indication contraire. Un atome de carbone qui est un stéréocentre est aussi appelé **carbone ou centre stéréogénique**.

Il est important de souligner que les permutations de substituants dont il est question ici ne s'effectuent *qu'avec les modèles moléculaires ou les structures sur papier.* Lorsqu'une permutation de groupes se produit sur une « vraie » molécule, des liaisons covalentes doivent être rompues, et ce processus requiert une quantité d'énergie substantielle. Par conséquent, les énantiomères tels que ceux du butan-2-ol ***ne s'interconvertissent pas*** spontanément.

> Il fut un temps où les *atomes tétraédriques* munis de quatre groupes distincts étaient appelés *atomes chiraux* ou *atomes asymétriques*. Cependant, en 1984, K. Mislow (de l'université de Princeton) et J. Siegel (aujourd'hui à l'université de la Californie à San Diego) signalèrent que ces termes étaient, depuis l'époque de Van't Hoff (section 5.4), une source de confusion en stéréochimie. En effet, la chiralité est une propriété géométrique qui s'applique à une molécule dans son ensemble. Ainsi, dans le butan-2-ol, tous les atomes sont « dans un environnement chiral », et on dit d'ailleurs qu'ils sont *chirotopiques*. Il serait donc plus convenable d'appeler, par exemple, le C2 du butan-2-ol *stéréocentre* plutôt qu'*atome chiral*. Nous ne nous attarderons pas davantage sur ce sujet, car il dépasse le cadre de ce manuel. Ceux qui désirent en savoir plus peuvent consulter l'article de K. Mislow et de J. Siegel dans *J. Am. Chem. Soc.*, vol. 106, 1984, p. 3319-3328.

La figure 5.5 illustre le principe toujours valide selon lequel toute molécule ayant un seul stéréocentre tétraédrique se retrouve sous forme d'énantiomères.

PROBLÈME 5.3

À l'aide de modèles moléculaires que vous aurez construits, vérifiez le principe illustré à la figure 5.5. Montrez que les modèles **III** et **IV** sont en relation spéculaire et qu'ils ne sont pas superposables (c'est-à-dire que **III** et **IV** sont à la fois des molécules chirales et des énantiomères). a) Prenez le modèle **IV** et permutez-y deux groupes. Quelle est la nouvelle relation entre les deux molécules ? b) Prenez n'importe quel modèle moléculaire et permutez-y deux groupes. Que devient la relation entre les deux molécules ?

Lorsque vous étudierez la structure tridimensionnelle des molécules, les modèles moléculaires vous seront d'une grande utilité.

Si tous les atomes tétraédriques d'une molécule portent plus de deux groupes *identiques,* la molécule ne possède pas de stéréocentre. La molécule et son image

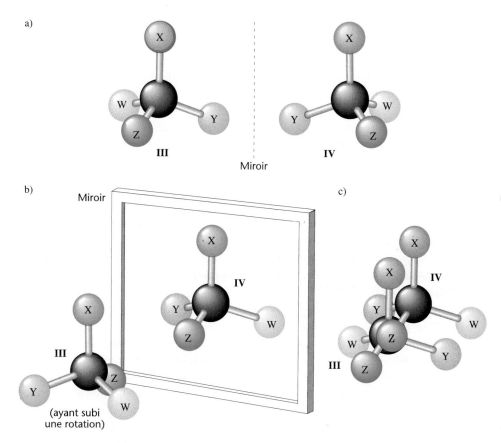

Figure 5.5 Démonstration de la chiralité d'une molécule typique renfermant un stéréocentre tétraédrique. a) Les quatre groupes différents portés par le carbone en III et en IV sont placés arbitrairement. b) La molécule III a subi une rotation et a été placée devant un miroir. Les molécules III et IV sont en relation spéculaire. c) Les molécules III et IV ne sont pas superposables. Par conséquent, elles sont chirales et constituent des énantiomères.

spéculaire sont alors superposables et, par conséquent, **achirales.** Le propan-2-ol est un exemple de ce type de molécule. Les carbones 1 et 3 portent chacun trois atomes d'hydrogène identiques et l'atome central porte deux groupes méthyle identiques. La notation tridimensionnelle des formules du propan-2-ol donne deux structures qui se superposent (figure 5.6).

On peut donc affirmer que le propan-2-ol n'existe pas sous forme d'énantiomères. D'ailleurs, les expériences ont prouvé l'existence d'une seule forme du propan-2-ol.

PROBLÈME 5.4

Certaines des molécules énumérées ci-dessous possèdent un centre stéréogénique, d'autres n'en ont pas. Écrivez, pour chacune des molécules ayant un stéréocentre, les structures tridimensionnelles des deux énantiomères.

a) 2-Fluoropropane

b) 2-Méthylbutane

c) 2-Chlorobutane

d) 2-Méthylbutan-1-ol

e) 2-Bromopentane

f) 3-Méthylpentane

g) 3-Méthylhexane

h) 1-Chloro-2-méthylbutane

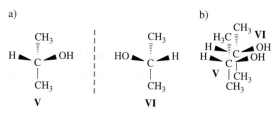

Figure 5.6 a) Le propan-2-ol (V) et son image spéculaire (VI). b) Lorsqu'une des deux molécules a subi une rotation, il est possible de la superposer à son image spéculaire. Ces structures ne sont pas des énantiomères et représentent deux molécules du même composé. Le propan-2-ol ne possède pas de stéréocentre.

5.3 IMPORTANCE BIOLOGIQUE DE LA CHIRALITÉ

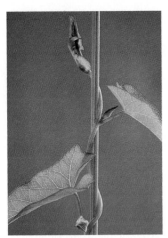

Le liseron des haies (*Convolvulus sepium*) s'enroule vers la droite, tout comme l'hélice de l'ADN.

La chiralité est un phénomène que l'on retrouve partout dans l'Univers. Le corps humain est structuralement chiral, le cœur se trouvant du côté gauche, et le foie, du côté droit. Pour des raisons encore mal comprises et liées à l'évolution, la plupart des gens sont droitiers. Les spirales des coquillages sont également chirales, et la plupart des objets en spirale tournent vers la droite. De nombreuses plantes présentent une chiralité dans leur façon de s'accrocher et de grimper. Le chèvrefeuille, *Lonicera sempervirens*, s'enroule à la manière d'une hélice gauche, alors que le liseron des haies, *Convolvulus sepium*, s'enroule vers la droite. La plupart des molécules végétales et animales sont chirales, et, habituellement, une seule forme prédomine dans une espèce donnée. Tous les acides aminés composant les protéines de la nature, à l'exception d'un seul, sont chiraux et tous sont classés « gauches ». Les molécules des glucides naturels sont presque toutes « droites », et c'est aussi le cas du glucide contenu dans l'ADN*. L'ADN lui-même est une structure hélicoïdale et, dans la nature, l'hélice de l'ADN tourne vers la droite.

On recourt souvent à l'analogie des mains et de leurs gants respectifs pour expliquer l'origine des réponses biologiques. La liaison spécifique d'une molécule chirale (la main) au site de son récepteur chiral (le gant) ne peut s'effectuer que selon une orientation précise. Si la molécule ou le site du récepteur biologique ne présentent pas la bonne chiralité, la réponse physiologique naturelle (par exemple : l'influx nerveux, la catalyse d'une réaction) n'aura pas lieu. À la figure 5.7, on peut observer de quelle façon un seul énantiomère d'une paire peut interagir de manière optimale avec un site de liaison théorique (par exemple, dans une enzyme). Étant donné la disposition tétraédrique du stéréocentre de l'acide aminé, un seul des deux énantiomères peut s'attacher aux trois points de liaison.

Les molécules chirales révèlent leur chiralité de plusieurs manières, dont l'une nous touche directement. Un composé appelé limonène présente une forme énantiomère qui a une odeur d'orange, alors que l'autre énantiomère exhale un parfum de citron.

Énantiomères du limonène

Un des énantiomères du composé appelé carvone (problème 5.14) compose l'essence du carvi, alors que l'autre constitue l'essence de la menthe verte.

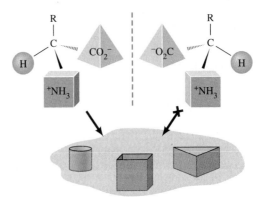

Figure 5.7 Seul un des deux énantiomères de l'acide aminé peut se lier en trois points au site de liaison hypothétique (d'une enzyme, par exemple).

---

* Lectures suggérées : R.A. HEGSTRUM et D.K. KONDEPUDI, « The Handedness of the Universe » dans *Sci. Am.*, vol. 262, nº 1, 1990, p. 98-105, et J. HORGAN, « The Sinister Cosmos » dans *Sci. Am.*, vol. 276, nº 5, 1997, p. 18-19.

D'une manière similaire, l'action des médicaments dont les molécules possèdent un stéréocentre varie suivant l'énantiomère, allant jusqu'à provoquer des réactions graves, voire tragiques. Pendant plusieurs années, la thalidomide fut prescrite aux femmes enceintes afin de soulager leurs nausées matinales. Or, en 1963, on découvrit que la thalidomide provoquait de terribles malformations congénitales chez les bébés de ces femmes.

Thalidomide (Thalomid®)

Quelques années plus tard, on présenta des travaux dont les résultats indiquaient qu'un des deux énantiomères de la thalidomide (la molécule « droite ») soulageait effectivement les nausées matinales, mais que l'autre énantiomère, lui aussi présent dans le médicament en quantité égale, pouvait être la cause des malformations. La mesure des effets des deux énantiomères est plus complexe du fait que, dans des conditions physiologiques, les énantiomères s'interconvertissent. De nos jours, l'utilisation de la thalidomide est permise mais strictement réglementée, notamment pour traiter de graves complications liées à la lèpre. On mène aussi des études sur l'efficacité potentielle de ce médicament pour traiter le sida, le cancer du cerveau et l'arthrite rhumatoïde. Nous étudierons d'autres aspects des médicaments chiraux à la section 5.10.

PROBLÈME 5.5

Quel atome est le stéréocentre a) du limonène et b) de la thalidomide ? À l'aide de biseaux pleins et de biseaux hachurés, dessinez les formules abrégées des énantiomères du limonène et de la thalidomide et indiquez-y le stéréocentre (section 1.17E).

5.4 HISTORIQUE DE LA STÉRÉOCHIMIE

En 1877, Hermann Kolbe (de l'université de Leipzig), un des chimistes organiciens les plus éminents de l'époque, écrivait ceci :

> Il n'y a pas longtemps, je me désolais que l'état déplorable dans lequel se trouve la recherche en chimie aujourd'hui en Allemagne ait comme source les lacunes de l'enseignement de la chimie et la formation générale déficiente. [...] Je prie ceux à qui mes propos semblent outranciers de lire les récentes divagations d'un certain Van't Hoff intitulées *L'Arrangement des atomes dans l'espace*. [...] Ce J.H. Van't Hoff, à l'emploi du collège vétérinaire d'Utrecht, ne fait preuve à mon avis d'aucun sens de la rigueur en recherche. Il préfère monter son Pégase (provenant de toute évidence des étables de son collège vétérinaire) et, sur sa lancée impudente vers le mont Parnasse, déclarer qu'il a vu l'arrangement des atomes dans l'espace.

C'est ainsi que Kolbe, qui était à la fin de sa carrière, réagissait aux propos d'un jeune scientifique hollandais de 22 ans. Dans un mémoire publié quelques années auparavant, en septembre 1874, Van't Hoff discutait de l'arrangement tétraédrique des groupes autour de l'atome de carbone central. De façon indépendante, un jeune scientifique français du nom de J.A. Le Bel avança la même idée dans un écrit paru en novembre 1874. Dans les 10 années qui suivirent la sortie de Kolbe, de nombreuses preuves nourrirent substantiellement les « divagations » de Van't Hoff. Plus tard au cours de sa carrière et pour d'autres travaux, Van't Hoff fut le premier récipiendaire du prix Nobel de chimie (1901).

Les publications de Van't Hoff et de Le Bel marquèrent un tournant dans l'étude des structures tridimensionnelles des molécules, c'est-à-dire la *stéréochimie*. Nous verrons à la section 5.15 que les premières bases de la stéréochimie avaient été jetées quelques années plus tôt par Louis Pasteur.

Pour en arriver à conclure à l'orientation tétraédrique des groupes autour de l'atome de carbone, Van't Hoff et Le Bel ont fondé leur raisonnement sur de nombreuses observations, comme celles que nous avons présentées auparavant dans ce chapitre. Voici les données dont ils disposaient à l'époque :

1. Pour les composés de formule générale CH_3X, une seule forme est toujours retrouvée.

2. Pour les composés de formule CH_2X_2 ou CH_2XY, une seule forme est toujours retrouvée.

3. Pour les composés de formule CHXYZ, deux énantiomères sont toujours retrouvés.

En résolvant le problème 5.6, vous comprendrez davantage le raisonnement de Van't Hoff et de Le Bel.

PROBLÈME 5.6

Prenez CH_2Cl_2 et CH_2BrCl comme des exemples de méthanes disubstitués et montrez pourquoi il est impossible que ces composés adoptent une structure plane carrée.

a) Combien d'isomères de ces composés sont possibles lorsque le carbone présente une structure plane carrée ? b) Combien d'isomères sont possibles lorsque le carbone présente une structure tétraédrique ? Prenons l'exemple du CHBrClF à titre de méthane trisubstitué. c) Combien d'isomères sont possibles lorsque l'atome de carbone est disposé dans un plan carré ? d) Combien d'isomères sont possibles pour cette molécule lorsque le carbone est tétraédrique ?

5.5 TEST DE CHIRALITÉ : LES PLANS DE SYMÉTRIE

Le meilleur moyen de vérifier la chiralité d'une molécule est de construire un modèle de cette molécule et de son image spéculaire, et de tenter de les superposer. Si les deux modèles sont superposables, la molécule qu'ils représentent est achirale; s'ils ne sont pas superposables, les molécules qu'ils représentent sont chirales. On peut effectuer ce test avec des modèles moléculaires de la façon que nous venons de décrire ou on peut dessiner les structures tridimensionnelles et tenter d'en imaginer la superposition.

Il existe d'autres moyens de distinguer les molécules chirales de celles qui ne le sont pas. Nous en avons déjà mentionné un, soit **déceler la présence d'un *seul* stéréocentre tétraédrique.** Les autres se fondent sur l'absence d'éléments de symétrie au sein d'une molécule. Par exemple, une molécule **n'est pas chirale** si elle possède un **plan de symétrie.**

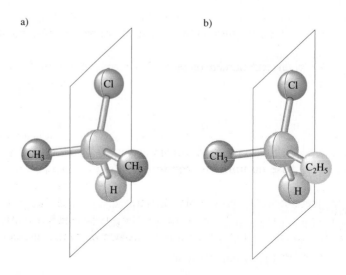

a)   b)

Figure 5.8 a) Le 2-chloropropane possède un plan de symétrie; c'est donc une molécule achirale. b) Le 2-chlorobutane ne possède pas de plan de symétrie et est donc une molécule chirale.

Un **plan de symétrie** (aussi appelé **plan miroir**) est un *plan imaginaire qui divise une molécule en deux parties qui sont en relation spéculaire.* Le plan peut traverser les atomes, passer entre eux ou faire les deux à la fois. Ainsi, le 2-chloropropane possède un plan de symétrie (figure 5.8a), alors que le 2-chlorobutane n'en a pas (figure 5.8b). **Toute molécule munie d'un plan de symétrie est achirale.**

PROBLÈME 5.7

Parmi les objets énumérés au problème 5.1, lesquels possèdent un plan de symétrie et sont par conséquent achiraux ?

PROBLÈME 5.8

Écrivez la formule tridimensionnelle et indiquez le plan de symétrie des molécules achirales du problème 5.4. (Il est possible que vous ayez à dessiner les molécules dans une conformation adéquate avant d'en déterminer le plan de symétrie. Toutes ces molécules ne comportent que des liaisons simples et, par conséquent, la rotation libre des groupes autour des liaisons peut engendrer plusieurs conformations. Nous approfondirons cet aspect à la section 5.11.)

5.6 NOMENCLATURE DES ÉNANTIOMÈRES : LE SYSTÈME *R-S*

Voici les deux énantiomères du butan-2-ol :

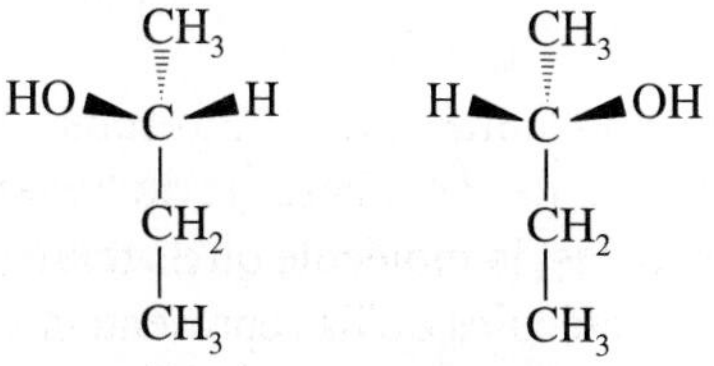

$$
\begin{array}{ccc}
\text{CH}_3 & & \text{CH}_3 \\
| & & | \\
\text{HO}—\text{C}—\text{H} & \quad & \text{H}—\text{C}—\text{OH} \\
| & & | \\
\text{CH}_2 & & \text{CH}_2 \\
| & & | \\
\text{CH}_3 & & \text{CH}_3 \\
\mathbf{I} & & \mathbf{II}
\end{array}
$$

Si l'on suit la nomenclature établie par l'UICPA, on obtient le même nom pour ces deux énantiomères, soit butan-2-ol (ou alcool *sec*-butylique) (section 4.3F). Cette nomenclature n'est pas adéquate, car *chaque composé doit porter un nom distinct.* De plus, à partir du nom d'un composé, un chimiste qui maîtrise les règles de nomenclature doit pouvoir en écrire la structure. Or, dans le cas du butan-2-ol, le chimiste pourrait écrire soit la structure **I**, soit la structure **II**.

Trois chimistes, R.S. Cahn (Angleterre), C.K. Ingold (Angleterre) et V. Prelog (Suisse), ont donc établi un système de nomenclature qui, combiné au système de l'UICPA, résout ce problème. Ce système, appelé système *R-S* ou système de Cahn-Ingold-Prelog, est maintenant couramment utilisé et fait partie intégrante des règles de l'UICPA.

Selon ce système, un énantiomère du butan-2-ol devrait être désigné (*R*)-butan-2-ol et l'autre devrait être nommé (*S*)-butan-2-ol [(*R*) et (*S*) proviennent des mots latins *rectus* et *sinister,* qui signifient respectivement « droit » et « gauche »]. On dit que ces molécules possèdent une **configuration** opposée au carbone C2.

L'attribution de la configuration *R* ou *S* est fondée sur les règles suivantes :

1. On attribue une **priorité** à chacun des quatre groupes rattachés au stéréocentre, *a*, *b*, *c* ou *d*, sur la base du **numéro atomique** de l'atome directement attaché au stéréocentre. Ainsi, un groupe de numéro atomique plus élevé a préséance sur un groupe de numéro atomique plus faible. On attribue la priorité *d* au groupe dont le numéro atomique est le plus faible et la priorité *a* au groupe dont le numéro atomique est le plus élevé. Dans le cas des isotopes, l'isotope de masse atomique la plus élevée aura préséance.

Cahn, Ingold et Prelog (de gauche à droite), photographiés en 1966 lors d'un congrès. Ces trois hommes ont mis au point une série de règles pour désigner la configuration des atomes de carbone chiraux.

L'énantiomère **I** du butan-2-ol illustre l'application de cette règle.

$$\text{a)} \quad \underset{\overset{\overset{\displaystyle CH_3 \;\;(b \text{ ou } c)}{|}}{\underset{\overset{|}{\underset{\overset{\displaystyle CH_2 \;\;(b \text{ ou } c)}{|}}{\displaystyle CH_3}}}{HO \diagdown \; \underset{C}{\overset{\;}{\cdots}} \; \diagup H \quad d)}}{}$$

I

L'oxygène a le numéro atomique le plus élevé des quatre atomes rattachés au stéréocentre; par conséquent, on lui attribue la priorité la plus élevée, *a*. L'hydrogène possède le numéro atomique le moins élevé et on lui attribue donc la priorité la moins élevée, soit *d*. En revanche, on ne peut attribuer une priorité aux groupes méthyle et éthyle de cette façon, car, dans les deux cas, le même atome — le carbone — est relié au stéréocentre.

2. Lorsque la priorité ne peut être attribuée sur la base du numéro atomique des atomes directement attachés au stéréocentre, on considère les autres éléments dans les chaînes substitutives *jusqu'à ce qu'un atome permette une distinction de priorité**.

   Dans le groupe méthyle de l'énantiomère **I**, après l'atome de carbone directement attaché au stéréocentre, on trouve trois atomes d'hydrogène (**H, H, H**). Dans le groupe éthyle, les éléments qui suivent le carbone directement attaché au stéréocentre consistent en un atome de carbone et deux atomes d'hydrogène (**C, H, H**). Comme le carbone a un numéro atomique plus élevé que l'hydrogène, on attribue la priorité la plus élevée au groupe éthyle, soit *b*, puis la priorité *c* au groupe méthyle (**C, H, H**) > (**H, H, H**).

$$\begin{array}{c}
H \\
| \\
H - C - H \quad c) \;\; (H, H, H) \\
| \\
a) \quad HO \diagdown \overset{\cdots}{\underset{C}{}} \diagup H \quad d) \\
| \\
H - C - H \\
| \\
H - C - H \quad b) \;\; (C, H, H) \\
| \\
H \\
\mathbf{I}
\end{array}$$

3. On effectue alors une rotation de la formule (ou du modèle) de façon que le groupe ayant la priorité la plus faible (*d*) se dirige vers l'arrière.

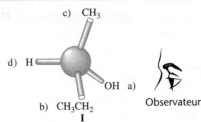

I

Puis, on trace un trajet imaginaire (à l'aide d'un doigt ou d'un crayon) allant de *a* à *c*. Si on effectue une rotation dans le *sens horaire*, l'énantiomère est dit *R*. Par contre, si on tourne dans le sens *antihoraire*, l'énantiomère est dit *S*. Selon cette convention, on conclut que l'énantiomère **I** est un (*R*)butan-2-ol.

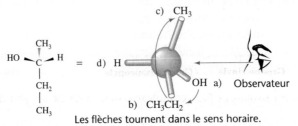

Les flèches tournent dans le sens horaire.

---

* Dans le cas des chaînes ramifiées, c'est celle dont les atomes ont la priorité la plus élevée qui a préséance.

PROBLÈME 5.9

Dessinez les structures correspondant aux énantiomères du bromochlorofluorométhane et attribuez à chaque énantiomère la configuration *R* ou *S*.

PROBLÈME 5.10

Attribuez la configuration *R* ou *S* à chacun des énantiomères donnés en réponse au problème 5.4.

Les trois premières règles du système Cahn-Ingold-Prelog permettent d'attribuer correctement la configuration *R* ou *S* à la plupart des composés comportant des liaisons simples. Cependant, pour les composés contenant des liaisons multiples, une règle supplémentaire est nécessaire.

4. On traite les liaisons doubles ou triples comme si chacune était simple, c'est-à-dire comme si leurs atomes avaient été dupliqués ou tripliqués.

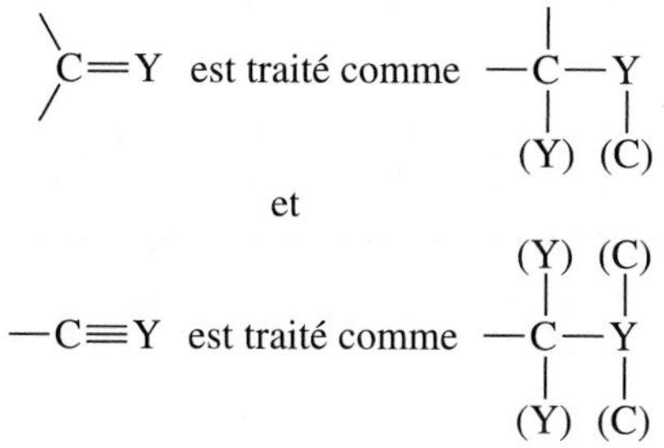

Les symboles entre parenthèses représentent les atomes dupliqués ou tripliqués aux extrémités de la liaison multiple.

Par conséquent, on donne la priorité au groupe vinyle —CH═CH$_2$, par rapport au groupe isopropyle —CH(CH$_3$)$_2$:

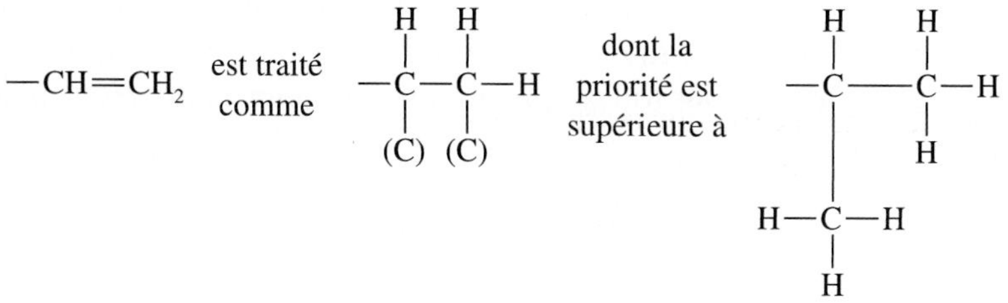

parce que les atomes rattachés au deuxième carbone de la chaîne du groupe vinyle sont les atomes **C, H, H** (voir la structure ci-dessous), alors que dans le cas du groupe isopropyle les atomes sont **H, H, H.** Les atomes attachés au carbone directement lié au stéréocentre sont les mêmes : **C, C, H.**

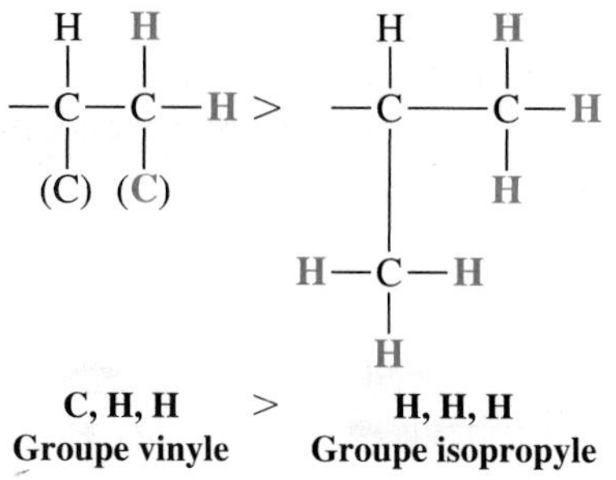

C, H, H > **H, H, H**
Groupe vinyle **Groupe isopropyle**

D'autres règles régissent les structures plus complexes, mais nous ne les aborderons pas dans ce manuel*.

---

* Pour en savoir plus, consultez l'index du *Chemical Abstracts Service*.

PROBLÈME 5.11

Classez les substituants suivants en ordre décroissant de priorité.

a) — Cl, — OH, — SH, — H

b) — CH$_3$, — CH$_2$Br, — CH$_2$Cl, — CH$_2$OH

c) — H, — OH, — CHO, — CH$_3$

d) — CH(CH$_3$)$_2$, — C(CH$_3$)$_3$, — H, — CH=CH$_2$

e) — H, — N(CH$_3$)$_2$, — OCH$_3$, — CH$_3$

PROBLÈME 5.12

Attribuez la configuration *R* ou *S* à chacun des composés suivants :

a) 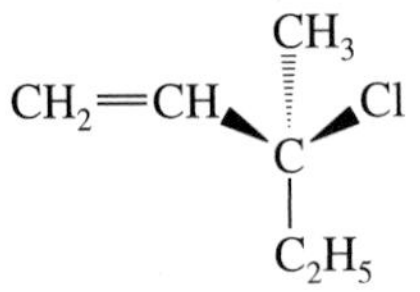 CH$_2$=CH, CH$_3$, Cl, C$_2$H$_5$ sur C

b) 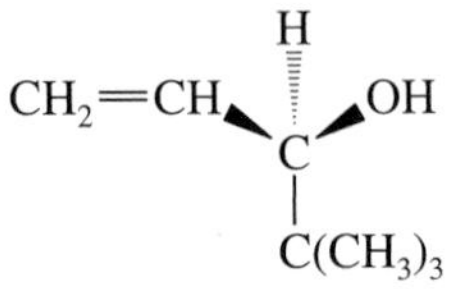 CH$_2$=CH, H, OH, C(CH$_3$)$_3$ sur C

c) H—C≡C, CH$_3$, C(CH$_3$)$_3$, H sur C

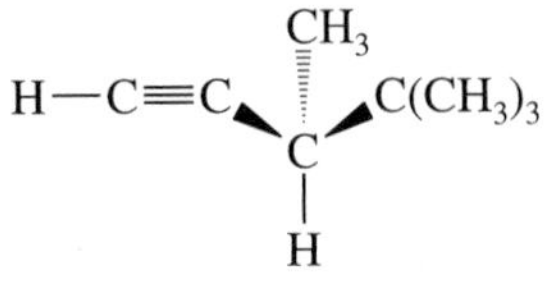

QUESTION TYPE

Observez la paire de molécules suivante et dites s'il s'agit d'énantiomères ou de deux molécules du même composé illustrées selon une orientation différente.

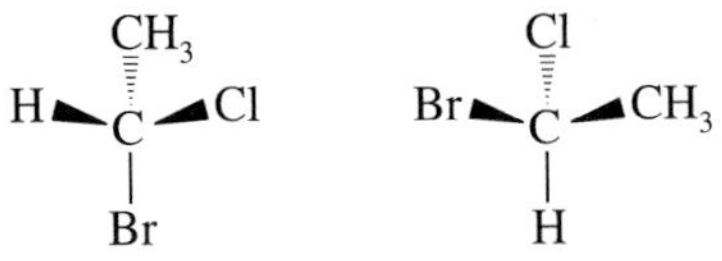

Réponse

Un des moyens de résoudre ce problème consiste à choisir une des deux molécules et à s'imaginer qu'on la tient par un de ses groupes. Puis, on fait subir une rotation aux autres groupes de sorte qu'au moins l'un d'eux occupe la même position que dans l'autre molécule (tant que vous n'aurez pas acquis suffisamment d'habileté pour imaginer les molécules, utilisez des modèles moléculaires). Ces rotations vous permettront de voir si la molécule que vous manipulez est identique à l'autre ou si elle en est l'image spéculaire. Par exemple, choisissez **B** et manipulez la molécule par l'atome Cl. Faites subir une rotation aux groupes autour de la liaison C*—Cl jusqu'à ce que le brome se retrouve en bas (comme dans la molécule en **A**). Puis, saisissez la molécule par le Br et faites subir une rotation aux groupes autour de la liaison C*—Br. Ces manipulations devraient rendre la molécule **B** identique à **A**.

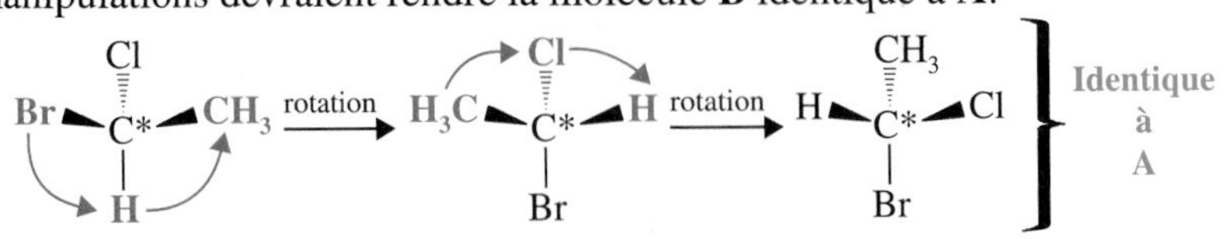

Une autre façon de faire consiste à permuter deux groupes. En effet, la permutation de deux groupes liés à un stéréocentre *intervertit la configuration* d'une molécule lorsque celle-ci n'a qu'un centre stéréogénique. Une deuxième permutation rétablit la configuration. En procédant ainsi, on détermine le nombre de permutations nécessaire pour convertir **B** en **A**. Dans ce cas-ci, comme **A** et **B** sont intervertis après deux permutations, on peut conclure qu'ils sont identiques.

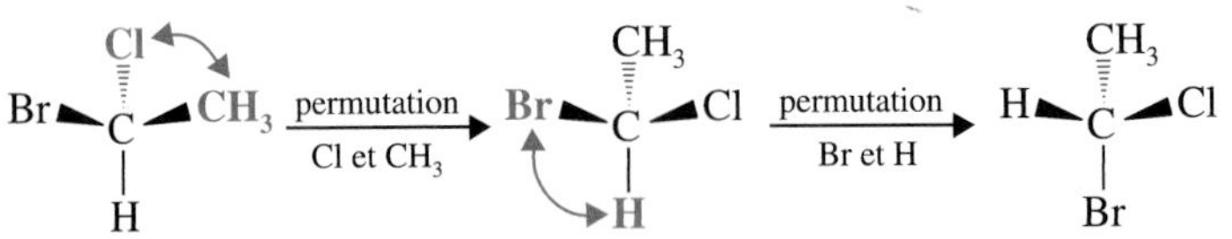

L'attribution de la configuration *R-S* constitue un autre bon moyen de vérifier si on a affaire à deux molécules identiques. Si les désignations sont les mêmes, les molécules sont les mêmes. Dans le cas qui nous concerne, les deux molécules correspondent au (*R*)-1-bromo-1-chloroéthane.

Une autre façon d'attribuer la configuration *R* et *S* aux molécules consiste à se servir d'une main pour représenter la molécule chirale (J.E. HUHEEY, *J. Chem. Educ.*, vol. 63, 1986, p. 598-600). Cette méthode associe au poignet, au pouce, à l'index et au majeur la priorité des groupes liés au stéréocentre (de la plus faible à la plus élevée). On compare alors la configuration de la molécule à la géométrie de la main. L'annulaire et l'auriculaire sont repliés vers la paume, les autres doigts étant pointés vers soi. Si la configuration de la molécule s'apparente à celle de la main gauche, alors la molécule sera *S*, si elle s'apparente à celle de la main droite, la molécule sera *R*.

PROBLÈME 5.13

Dites si les structures de chacune des paires suivantes représentent des énantiomères ou deux molécules du même composé orientées différemment.

a) $Br{-}\underset{Cl}{\overset{H}{C}}{-}F$ et $Br{-}\underset{F}{\overset{H}{C}}{-}Cl$

c) $H{-}\underset{\underset{CH_3}{CH_2}}{\overset{CH_3}{C}}{-}OH$ et $HO{-}\underset{CH_3}{\overset{H}{C}}{-}CH_2{-}CH_3$

b) $F{-}\underset{Cl}{\overset{H}{C}}{-}CH_3$ et $H{-}\underset{CH_3}{\overset{F}{C}}{-}Cl$

5.7 PROPRIÉTÉS DES ÉNANTIOMÈRES : L'ACTIVITÉ OPTIQUE

Comme les molécules d'énantiomères ne sont pas superposables, nous avons conclu qu'il s'agit de composés différents. Comment cette différence s'exprime-t-elle ? Les énantiomères ont-ils des points de fusion et d'ébullition différents, tout comme les isomères de constitution et les diastéréo-isomères ? La réponse est *non*. Les énantiomères ont des points de fusion et d'ébullition *identiques*. Présentent-ils une solubilité différente dans les solvants les plus courants, se distinguent-ils par leurs indices de réfraction ou leurs spectres infrarouges, réagissent-ils avec des réactifs achiraux à des vitesses différentes ? La réponse, encore une fois, est *non*.

Nombre de ces propriétés (le point de fusion, le point d'ébullition et la solubilité, par exemple) sont déterminées par l'amplitude des forces intermoléculaires (section 2.14). Or, dans le cas d'une molécule et de son image spéculaire, ces forces sont identiques. Au tableau 5.1, on présente quelques propriétés physiques des énantiomères du butan-2-ol.

Les énantiomères se comportent différemment lorsqu'ils interagissent avec d'autres substances chirales. Ainsi, leur vitesse de réaction change lorsqu'ils réagissent avec d'autres molécules chirales, c'est-à-dire avec des réactifs constitués d'un énantiomère unique ou présentant un excès de l'un des énantiomères. Ce comportement est aussi

Tableau 5.1 Propriétés physiques du (*R*)-butan-2-ol et du (*S*)-butan-2-ol.

Propriété physique	(*R*)-Butan-2-ol	(*S*)-Butan-2-ol
Point d'ébullition (1 atm)	99,5 °C	99,5 °C
Densité (g·mL⁻¹ à 20 °C)	0,808	0,808
Indice de réfraction (20 °C)	1,397	1,397

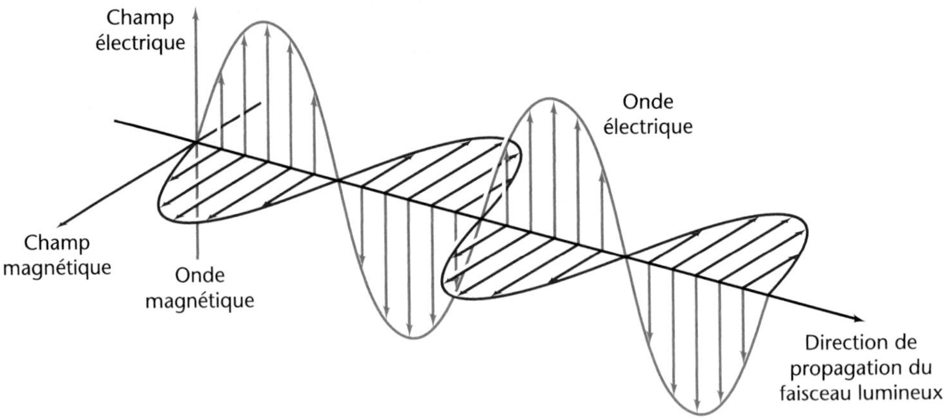

Champ électrique

Onde électrique

Champ magnétique

Onde magnétique

Direction de propagation du faisceau lumineux

Figure 5.9 Les champs magnétique et électrique d'un faisceau de lumière ordinaire oscillant dans un plan. Dans le cas de la lumière ordinaire, les ondes oscillent dans tous les plans possibles.

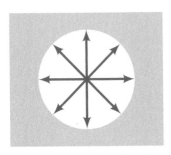

Figure 5.10 Le champ électrique d'un faisceau de lumière ordinaire oscille dans tous les plans possibles, perpendiculairement à la direction de propagation.

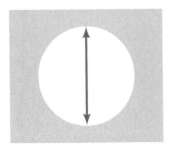

Figure 5.11 Plan d'oscillation du champ électrique de la lumière polarisée. Dans cet exemple, le plan de polarisation est vertical.

vérifié pour la dissolution d'énantiomères dans des solvants qui sont eux-mêmes énantiomères (excès ou un seul énantiomère pur).

Un des moyens de différencier les énantiomères consiste à en mesurer *l'interaction avec un plan de lumière polarisée.* Lorsque le faisceau d'un plan de lumière polarisée traverse un énantiomère, le plan de polarisation subit une **rotation.** S'il traverse l'image spéculaire de l'énantiomère, son plan de polarisation subira une rotation de même ampleur, mais dans la *direction opposée.* En raison de leur effet sur la lumière polarisée, les énantiomères sont des composés dits **optiquement actifs.**

Pour saisir ce phénomène, on doit d'abord comprendre la nature de la lumière polarisée et le fonctionnement d'un appareil appelé **polarimètre.**

5.7A PLAN DE LUMIÈRE POLARISÉE

La lumière est un phénomène d'ordre électromagnétique. Un faisceau lumineux consiste en deux champs oscillants, perpendiculaires l'un par rapport à l'autre : un champ électrique et un champ magnétique (figure 5.9).

Si l'on pouvait observer un faisceau de lumière ordinaire à l'une de ses extrémités et qu'on pouvait voir les plans dans lesquels oscillent les ondes électriques, on constaterait que les oscillations se déploient dans tous les plans possibles, perpendiculairement à la direction de propagation (figure 5.10). Il en va de même pour le champ magnétique.

Lorsqu'un faisceau de lumière traverse un polariseur, ce dernier interagit avec le champ électrique (et le champ magnétique qui lui est perpendiculaire), de sorte que le champ électrique de la lumière émergeant du polariseur oscille dans un seul plan. Une telle lumière est dite polarisée (figure 5.11).

Les verres des lunettes Polaroid produisent cet effet. Pour polariser la lumière, vous pouvez effectuer une expérience à l'aide de deux paires de ces lunettes. Si deux verres sont placés l'un devant l'autre selon une orientation qui fait coïncider leur axe de polarisation, la lumière les traversera normalement. Cependant, si un des deux verres subit une rotation de 90° par rapport à l'autre, la lumière ne pourra pas traverser les verres.

5.7B LE POLARIMÈTRE

L'appareil dont on se sert pour mesurer l'effet de la lumière polarisée sur les composés optiquement actifs s'appelle polarimètre. Le schéma d'un polarimètre est présenté à la figure 5.12. Le polarimètre comporte plusieurs pièces dont : 1) une source lumineuse (habituellement une lampe au sodium), 2) un polariseur, 3) un tube maintenant la substance (ou solution) optiquement active dans le trajet du faisceau, 4) un analyseur et 5) une échelle mesurant le nombre de degrés de rotation du plan de la lumière polarisée.

L'analyseur du polarimètre (figure 5.12) n'est ni plus ni moins qu'un autre polariseur. Si le tube est vide ou si la substance à analyser est optiquement *inactive,* l'axe du plan de la lumière polarisée et celui de l'analyseur seront exactement parallèles

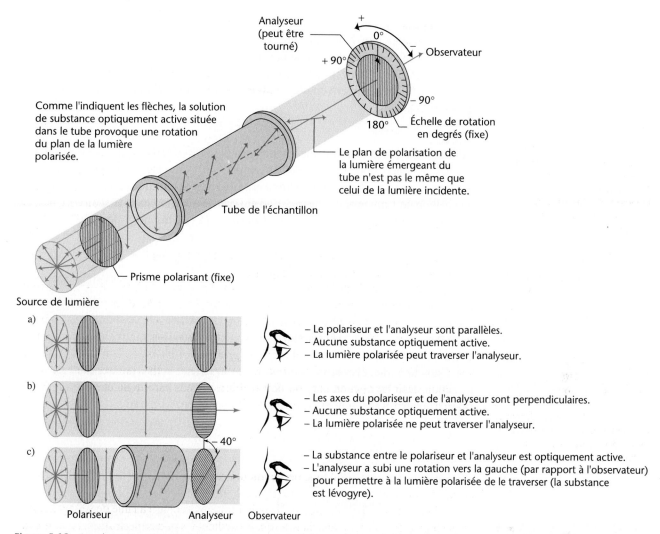

Figure 5.12 Représentation des principales pièces d'un polarimètre et mesure de la rotation optique (tiré de J.R. Holum, *Organic Chemistry : A Brief Course*, New York, Wiley, 1975, p. 316).

quand l'appareil affichera 0° de rotation. L'observateur détectera alors la quantité maximale de lumière qui traverse l'appareil. Par contre, si le tube contient une substance optiquement active, une solution d'un énantiomère, par exemple, le plan de la lumière polarisée subira une rotation à mesure qu'il traversera le tube. Si l'observateur désire détecter le maximum de lumière, il devra tourner l'analyseur dans un sens ou dans l'autre. Si l'analyseur est tourné dans le sens horaire, la rotation, α (mesurée en degrés), est dite positive (+). Si la rotation est antihoraire, on dit qu'elle est négative (−). Une substance qui fait subir une rotation horaire à la lumière polarisée est dite **dextrogyre,** et celle qui lui fait subir une rotation antihoraire est dite **lévogyre** (du latin *dexter,* « droit », et *lævus,* « gauche »).

5.7C POUVOIR ROTATOIRE SPÉCIFIQUE

Lorsqu'un plan de lumière polarisée traverse une solution d'un énantiomère, le nombre de molécules chirales qu'il rencontre détermine son degré de rotation. Bien sûr, cela dépend de la longueur du tube et de la concentration de l'énantiomère. Afin de normaliser les mesures de rotation, les chimistes calculent une valeur appelée **pouvoir rotatoire spécifique** $[\alpha]$ à l'aide de l'équation suivante :

$$[\alpha] = \frac{\alpha}{c \cdot l}$$

où $[\alpha]$ = pouvoir rotatoire spécifique
    α = rotation observée

c = concentration de la solution en grammes par millilitre de solution (ou densité en g·mL^{-1} dans le cas de liquides purs)

l = longueur du tube (ou de la cellule) en décimètres (1 dm = 10 cm)

Le pouvoir rotatoire spécifique dépend également de la température et de la longueur d'onde de la lumière employée. C'est pourquoi il est exprimé de façon à indiquer ces facteurs :

$$[\alpha]_D^{25} = +3,12°$$

Cela signifie que la raie D d'une lampe au sodium ($\lambda = 589,6$ nm) a été utilisée pour émettre la lumière polarisée, qu'une température de 25 °C a été maintenue pendant l'expérience et qu'une substance optiquement active à une concentration de 1 g·mL^{-1} dans une cellule de 1 dm produit une rotation équivalente à 3,12° dans le sens horaire*. Le pouvoir rotatoire spécifique du butan-2-ol (R) et (S) est donné ci-dessous.

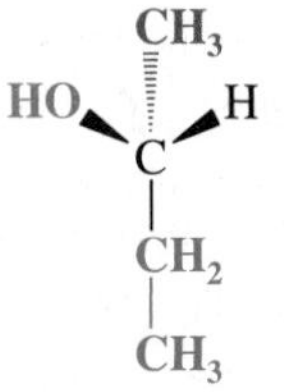

(R)-Butan-2-ol
$[\alpha]_D^{25} = -13,52°$

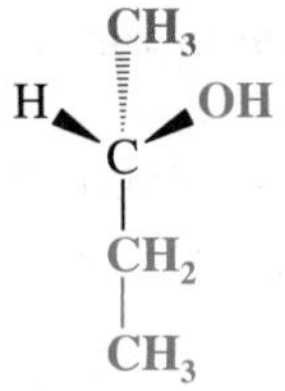

(S)-Butan-2-ol
$[\alpha]_D^{25} = +13,52°$

Dans la nomenclature des composés optiquement actifs, on indique souvent la direction dans laquelle le plan de la lumière polarisée est dévié, comme on l'a fait pour les paires d'énantiomères suivantes.

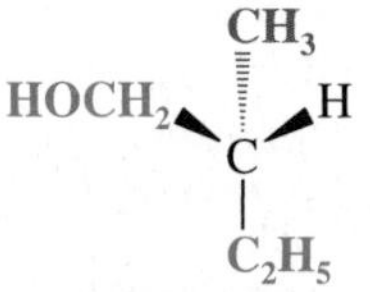

(R)-(+)-2-Méthylbutan-1-ol
$[\alpha]_D^{25} = +5,756°$

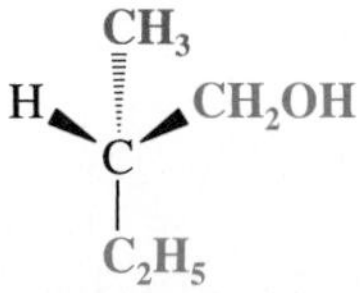

(S)-(−)-2-Méthylbutan-1-ol
$[\alpha]_D^{25} = -5,756°$

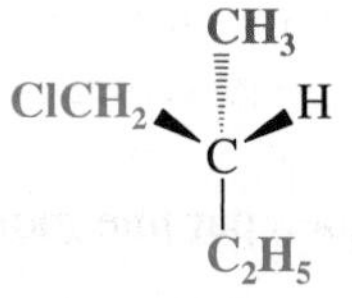

(R)-(−)-1-Chloro-2-méthylbutane
$[\alpha]_D^{25} = -1,64°$

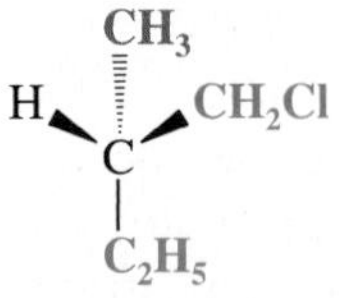

(S)-(+)-1-Chloro-2-méthylbutane
$[\alpha]_D^{25} = +1,64°$

Les composés précédents illustrent un principe important : *il n'y a pas de corrélation entre la configuration des énantiomères et le sens [(+) ou (−)] dans lequel ils dévient un plan de lumière polarisée.*

Le (R)-(+)-2-méthylbutan-1-ol et le (R)-(−)-1-chloro-2-méthylbutane ont la même configuration, c'est-à-dire que leurs atomes présentent le même arrangement dans l'espace. Cependant, ils diffèrent par le sens de la rotation qu'ils font subir à un plan de lumière polarisée.

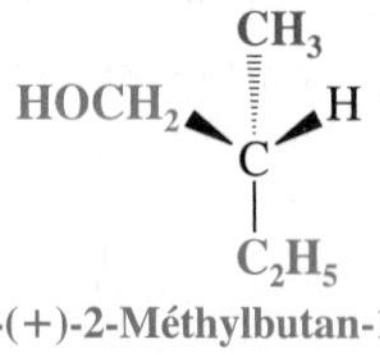

Même configuration

(R)-(+)-2-Méthylbutan-1-ol

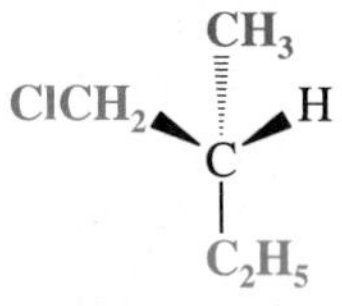

(R)-(−)-1-Chloro-2-méthylbutane

Ces mêmes composés illustrent un autre principe important : *il n'y a pas de corrélation entre les configurations R et S et le sens de rotation du plan de la lumière polarisée.*

---

* L'amplitude de la rotation dépend du solvant. C'est pourquoi, lorsqu'une rotation optique est mentionnée dans un ouvrage de chimie, le solvant est toujours identifié.

Le (*R*)-2-méthylbutan-1-ol est dextrogyre (+) et le (*R*)-1-chloro-2-méthylbutane est lévogyre (−).

> Une méthode fondée sur la mesure de la rotation optique à différentes longueurs d'onde, appelée dispersion optique rotatoire, a été utilisée pour établir une corrélation entre les configurations des molécules chirales et leur rotation optique. Nous n'aborderons pas ce sujet, car il dépasse le cadre de ce manuel.

PROBLÈME 5.14

La configuration de la (+)-carvone est illustrée ci-dessous. La (+)-carvone, principal composant de l'essence de carvi, est responsable de son arôme caractéristique. Son énantiomère, la (−)-carvone, est responsable de l'odeur caractéristique de l'essence de menthe verte, dont il est le principal constituant. Le fait que les énantiomères de la carvone ne dégagent pas le même arôme indique que les sites des récepteurs nasaux de ces molécules sont chiraux. Cela signifie qu'un énantiomère se liera à un site de récepteur particulier (tout comme une main requiert un gant de la bonne « chiralité »). Attribuez la configuration correcte (*R* ou *S*) à la (+)-carvone et à la (−)-carvone.

(+)-Carvone

5.8 ORIGINE DE L'ACTIVITÉ OPTIQUE

Il est difficile de fournir une explication complète et condensée de l'origine de l'activité optique des énantiomères. On peut néanmoins avoir un aperçu de la source de ce phénomène en observant ce qu'il advient d'un plan de lumière polarisée qui traverse une solution de molécules *achirales* et une autre de molécules *chirales*.

Presque toutes les molécules *individuelles,* qu'elles soient chirales ou achirales, sont théoriquement capables de provoquer une légère rotation du plan de la lumière polarisée. Le sens et l'amplitude de la déviation provoquée par une molécule dépendent notamment de son orientation au moment où le faisceau de lumière la rencontre. Dans une solution, bien sûr, plusieurs milliards de molécules se retrouvent sur le chemin parcouru par le faisceau de lumière et, à tout moment, ces molécules présentent toutes les orientations possibles. Si le faisceau de lumière polarisée traverse une solution d'un composé achiral, par exemple le propan-2-ol, il devrait rencontrer au moins deux molécules offrant les orientations illustrées à la figure 5.13. La première pourrait faire dévier légèrement vers la droite le plan de polarisation du faisceau incident. Cependant, avant d'émerger complètement de la solution, le faisceau rencontrera au moins une autre molécule de propan-2-ol qui sera l'image spéculaire de la première

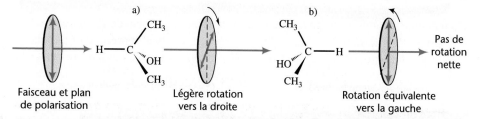

Figure 5.13 Un faisceau de lumière polarisée rencontre a) une molécule de propan-2-ol (une molécule achirale) selon une certaine orientation et b) une deuxième molécule qui possède une orientation similaire à l'image spéculaire de la première. Le faisceau de lumière traversant ces deux molécules ne présentera pas de rotation nette associée à son plan de polarisation.

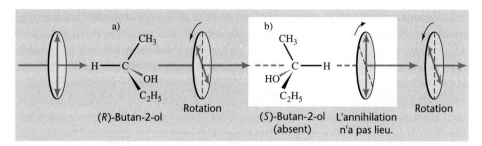

Figure 5.14 a) Un faisceau de lumière polarisée rencontre une molécule de (*R*)-butan-2-ol (une molécule chirale) présentant une orientation particulière. Cette rencontre provoque une rotation légère du plan de polarisation. b) Pour que cet effet s'annule, le faisceau doit rencontrer une deuxième molécule qui est l'image spéculaire de la première [(*S*)-butan-2-ol]. Or, cette molécule étant absente de la solution, le plan de polarisation subit une rotation nette.

molécule. Le plan de la lumière polarisée sera alors dévié d'un angle exactement égal, mais dans une direction opposée, à celui de la première molécule, annihilant l'effet de cette molécule. Il en résultera une rotation nette nulle du plan de polarisation du faisceau.

Ce que nous venons de décrire pour les deux molécules de la figure 5.13 s'applique à toutes les molécules du propan-2-ol. Statistiquement, vu le très grand nombre de molécules présentes dans la solution, il est certain que, *pour chaque molécule d'une orientation particulière qu'il rencontrera, le faisceau incident rencontrera une deuxième molécule qui en sera l'image spéculaire.* Ainsi, les déviations provoquées par les molécules individuelles seront annulées. Le propan-2-ol est donc **optiquement inactif.**

Que se passe-t-il lorsqu'un faisceau de lumière polarisée traverse une solution composée d'un seul énantiomère d'un composé chiral ? Pour répondre à cette question, prenons l'exemple du (*R*)-butan-2-ol. La figure 5.14 illustre le trajet d'un faisceau de lumière polarisée rencontrant une molécule de (*R*)-butan-2-ol.

En traversant la solution de (*R*)-butan-2-ol, le faisceau *ne rencontrera jamais de molécule dont l'orientation est l'image spéculaire d'une molécule rencontrée précédemment.* Les seules molécules qui pourraient annuler l'effet rotatoire du (*R*)-butan-2-ol seraient les molécules (*S*)-butan-2-ol, et elles sont absentes de la solution. Il en résulte une rotation nette du plan de la lumière polarisée. Le (*R*)-butan-2-ol est donc *optiquement actif.*

5.8A MÉLANGES RACÉMIQUES

Si on faisait passer le faisceau de lumière polarisée à travers une solution équimolaire de (*R*)-butan-2-ol et de (*S*)-butan-2-ol, la rotation nette du plan de polarisation que l'on observe dans une solution composée uniquement de (*R*)-butan-2-ol disparaîtrait. En raison de leur présence en quantité égales, on peut affirmer qu'à chaque orientation d'un énantiomère correspond un énantiomère d'orientation inverse. L'annihilation de l'effet rotatoire se produit; par conséquent, un mélange équimolaire d'une paire d'énantiomères sera toujours *optiquement inactif.*

Un mélange équimolaire de deux énantiomères est appelé mélange racémique. Un mélange racémique ne provoque jamais de rotation du plan de la lumière polarisée. On le désigne souvent à l'aide du symbole (±). On peut représenter un mélange racémique de (*R*)-(−)-butan-2-ol et de (*S*)-(+)-butan-2-ol de la manière suivante :

$$(\pm)\text{-butan-2-ol ou } (\pm)\text{-CH}_3\text{CH}_2\text{CHOHCH}_3$$

5.8B MÉLANGES RACÉMIQUES ET EXCÈS ÉNANTIOMÈRES

Un échantillon d'une substance optiquement active contenant un seul énantiomère est dit **énantiomèrement pur** ou présentant un **excès énantiomère** de 100 %. Un échantillon énantiomèrement pur de (*S*)-(+)-butan-2-ol a un pouvoir rotatoire spécifique de

+ 13,52° ($[\alpha]_D^{25} = +\,13,52°$), tandis qu'un échantillon de (*S*)-(+)-butan-2-ol contenant moins qu'une quantité équimolaire de (*R*)-(−)-butan-2-ol a un pouvoir rotatoire spécifique inférieur à + 13,52° mais supérieur à zéro. On dit qu'un tel échantillon possède un *excès énantiomère* inférieur à 100 %. On définit l'**excès énantiomère (ee)** comme suit :

$$\text{\% d'excès énantiomère} = \frac{\text{nombre de moles d'un énantiomère} - \text{nombre de moles de l'autre énantiomère}}{\text{nombre total de moles des deux énantiomères}} \times 100$$

L'excès énantiomère peut aussi être calculé à partir des valeurs des pouvoirs rotatoires spécifiques :

$$\text{\% d'excès énantiomère*} = \frac{\text{pouvoir rotatoire spécifique observé}}{\text{pouvoir rotatoire spécifique de l'énantiomère pur}} \times 100$$

Supposons, par exemple, qu'un mélange d'énantiomères du butan-2-ol présente un pouvoir rotatoire spécifique de + 6,76°. Nous pourrions alors affirmer que l'excès énantiomère du (*S*)-(+)-butan-2-ol est de 50 %.

$$\text{Excès énantiomère (ee)} = \frac{+\,6,76°}{+\,13,52°} \times 100 = 50\ \%$$

Lorsqu'on dit que l'excès énantiomère d'un mélange est de 50 %, cela signifie que 50 % du mélange est composé de l'énantiomère (+) (l'excès) et que 50 % est formé du mélange racémique. Puisque la moitié du mélange est racémique, la rotation optique d'un énantiomère annule l'effet du second. Ainsi, seule l'autre proportion de 50 % [portion formée de l'énantiomère (+)] contribuera à la rotation optique observée. Le pouvoir rotatoire spécifique sera donc égal à la moitié de la valeur de celui d'un mélange consistant en 100 % d'énantiomères (+).

QUESTION TYPE

Quelle est la composition stéréo-isomère du mélange mentionné ci-dessus ?

Réponse

La moitié du mélange est un mélange racémique composé d'une quantité égale des deux énantiomères. Par conséquent, 25 % du mélange (la moitié de 50 %) est composé de l'énantiomère (−), et 25 %, de l'énantiomère (+). L'autre moitié du mélange (l'excès) est aussi composé de l'énantiomère (+). Le mélange consiste donc en 75 % de l'énantiomère (+) et 25 % de l'énantiomère (−).

PROBLÈME 5.15

Un échantillon de 2-méthylbutan-1-ol (voir la section 5.7C) présente un pouvoir rotatoire spécifique, $[\alpha]_D^{25}$, de + 1,151°. a) Quel est le pourcentage d'excès énantiomère de l'échantillon ? b) Quel est l'énantiomère en excès, *R* ou *S* ?

5.9 SYNTHÈSE DES MOLÉCULES CHIRALES

5.9A MÉLANGES RACÉMIQUES

Lors d'une expérience de chimie organique, il arrive qu'une réaction dont les réactifs sont des molécules achirales donne lieu à des produits dont les molécules sont chirales. Sans l'influence d'une source de chiralité (solvant, réactif ou catalyseur), une réaction conduit habituellement à la formation d'un mélange racémique. En d'autres

---

* Cette équation n'est utile que dans le cas des solutions composées d'un seul énantiomère ou des mélanges contenant uniquement des énantiomères. Elle ne s'applique pas aux mélanges comprenant d'autres composés.

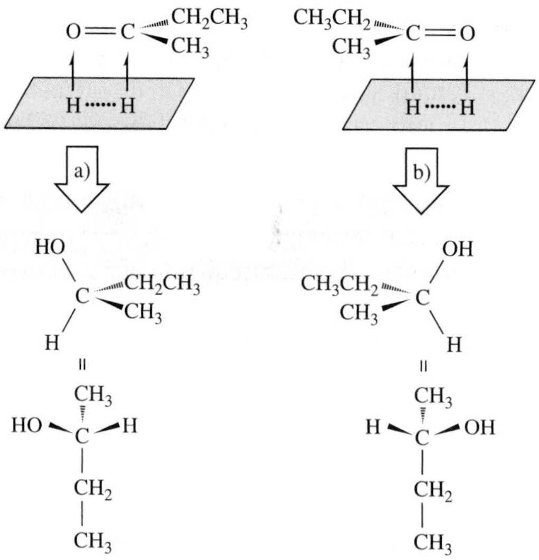

Figure 5.15 Réaction de la butan-2-one avec l'hydrogène en présence de nickel (le catalyseur). La vitesse de réaction en a est égale à celle en b. Le (*R*)-(–)-butan-2-ol et le (*S*)-(+)-butan-2-ol sont produits en quantité égale, donc sous forme d'un mélange racémique.

(*R*)-(–)-Butan-2-ol   (*S*)-(+)-Butan-2-ol

termes, les molécules chirales du produit sont des énantiomères présents en proportions égales.

Prenons l'exemple de la synthèse du butan-2-ol, qui nécessite une hydrogénation de la butan-2-one catalysée par le nickel. Dans cette réaction, une molécule d'hydrogène s'additionne à la liaison double carbone–oxygène de la même manière qu'à une liaison double carbone–carbone (section 4.18A).

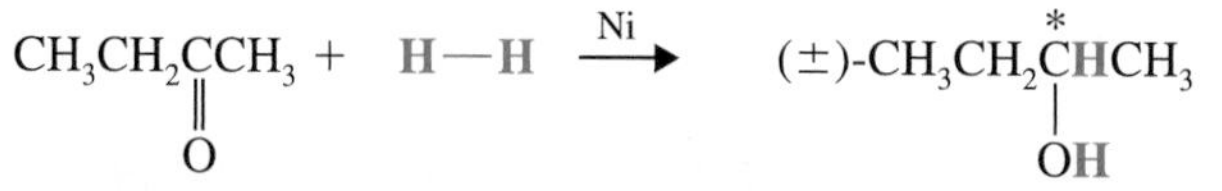

$$CH_3CH_2CCH_3 + H—H \xrightarrow{Ni} (\pm)\text{-}CH_3CH_2\overset{*}{C}HCH_3$$

$$\underset{O}{\|} \qquad\qquad\qquad\qquad\qquad\qquad \underset{OH}{|}$$

Butan-2-one   **Hydrogène**   **(±)-Butan-2-ol**
(molécules   (molécules   (molécules chirales mais mélange
achirales)   achirales)   moitié-moitié de *R* et de *S*)

Les molécules des réactifs butan-2-one et hydrogène ne sont pas chirales. Par contre, les molécules du produit (butan-2-ol) le sont. Le produit obtenu est un mélange racémique, car les deux énantiomères, le (*R*)-(–)-butan-2-ol et le (*S*)-(+)-butan-2-ol, sont présents en quantités égales.

> Lorsque les réactifs subissent une influence chirale, par exemple celle d'un solvant optiquement actif ou, comme nous le verrons plus loin, celle d'une enzyme, leur réaction donne des produits énantiomèrement enrichis. Le nickel qui agit ici à titre de catalyseur dans cette réaction n'exerce aucune influence sur la chiralité.

La figure 5.15 illustre pourquoi on obtient un mélange racémique de butan-2-ol. L'hydrogène, adsorbé à la surface du nickel, s'additionne avec la même facilité à l'une ou à l'autre des faces de la butan-2-one. La réaction se produisant sur l'une des faces donne un énantiomère et celle se produisant sur l'autre face engendre l'autre énantiomère; les deux réactions se font à la même vitesse.

5.9B SYNTHÈSES ÉNANTIOSÉLECTIVES

Si une réaction conduisant à la formation d'énantiomères produit une plus grande quantité d'un énantiomère que de l'autre, on dit d'elle qu'elle est **énantiosélective.** Pour être énantiosélective, une réaction doit subir l'influence d'un réactif, d'un solvant ou d'un catalyseur chiral.

Dans la nature, la chiralité provient en grande partie de protéines appelées **enzymes** et la plupart des réactions sont énantiosélectives. Les enzymes sont des catalyseurs biologiques d'une efficacité remarquable : non seulement accélèrent-elles les réactions, mais elles ont également une influence importante sur la chiralité de ces dernières.

Les enzymes influent sur les réactions parce qu'elles sont elles-mêmes chirales. En effet, elles possèdent un site actif sur lequel les molécules de leurs substrats se lient momentanément, le temps de la réaction. Ce site actif est chiral, et c'est pourquoi seul un des deux énantiomères du substrat chiral s'y lie adéquatement et réagit avec l'enzyme.

Dans les laboratoires de chimie organique, on utilise de nombreuses enzymes. Les chimistes organiciens tirent avantage de leurs propriétés pour réaliser des réactions énantiosélectives. Parmi les enzymes fréquemment employées, mentionnons les **lipases.** Ces enzymes catalysent une réaction appelée **hydrolyse,** dans laquelle les esters (section 2.11C) réagissent avec une molécule d'eau pour se convertir en acide carboxylique et en alcool. Cette réaction constitue la réaction inverse de la synthèse des esters.

$$R-\overset{\overset{\displaystyle O}{\|}}{C}-O-R' + H-OH \xrightarrow{\text{hydrolyse}} R-\overset{\overset{\displaystyle O}{\|}}{C}-O-H + H-O-R'$$

| **Ester** | **Eau** | | **Acide** | **Alcool** |
| | | | **carboxylique** | |

En laboratoire, on procède à des réactions d'hydrolyse (ce mot signifie littéralement *lyse par l'eau*) de plusieurs manières, lesquelles ne font pas nécessairement intervenir des enzymes. Toutefois, l'utilisation de la lipase permet de préparer des énantiomères presque purs. L'exemple suivant illustre ce type de réaction.

(±)-2-Fluorohexanoate d'éthyle
(ester sous forme de
mélange racémique)

(R)-(+)-2-Fluorohexanoate d'éthyle
(> **99 %** excès énantiomère)

Acide (S)-(−)-2-Fluorohexanoïque
(> **69 %** excès énantiomère)

L'énantiomère R de cet ester ne peut se lier au site actif de l'enzyme et demeure donc intact. Cependant, l'énantiomère S de l'ester possède la configuration adéquate pour se lier au site actif et subit alors une hydrolyse. Une fois la réaction terminée, on peut isoler l'ester R inchangé, dont l'excès énantiomère est de 99 %. Cette méthode a aussi l'avantage de produire l'acide (S)-(−) avec une pureté énantiomère d'au moins 69 %. D'autres enzymes, appelées deshydrogénases, sont aussi employées dans les réactions énantiosélectives de réduction des groupes carbonyle comme celle décrite à la section 5.9A. Nous approfondirons cet aspect au chapitre 12.

5.10 MÉDICAMENTS CHIRAUX

L'industrie pharmaceutique et la *Food and Drug Administration* s'intéressent depuis peu à la production et à la vente de médicaments chiraux, c'est-à-dire de médicaments ne contenant qu'un seul énantiomère plutôt qu'un mélange racémique*. Encore aujourd'hui, plusieurs médicaments sont vendus sous forme de mélanges racémiques, même si le principe actif réside dans un seul des deux énantiomères. C'est le cas de l'agent anti-inflammatoire appelé **ibuprofène** (Advil, Motrin, Nuprin). Seul l'isomère S possède une action thérapeutique. L'isomère R n'a pas de propriétés anti-inflammatoires. Même si l'isomère R s'interconvertit lentement en isomère S dans le corps, un

---

* Voir « Counting on Chiral Drugs », *Chem. Eng. News*, vol. 76, 1998, p. 83-104.

CAPSULE CHIMIQUE

LES PROTÉINES ARTIFICIELLES ÉNANTIOMÈREMENT PURES

Certains chimistes synthétisent délibérément les énantiomères de certaines protéines qui ne se retrouvent pas dans la nature. On les appelle protéines D, car elles sont composées d'acides aminés D, l'autre forme énantiomère des acides aminés L présents dans la nature. Les protéines D résistent à l'action des enzymes protéolytiques (protéolyse : digestion des protéines), car, ne présentant pas la bonne chiralité, elles ne peuvent se lier au site actif des enzymes naturelles. Cette propriété ouvre la voie à une nouvelle classe de médicaments à base de protéines dont la durée de vie dans le sang serait beaucoup plus longue. L'efficacité d'une dose de médicament constitué de protéines D serait donc prolongée. Actuellement, on explore la possibilité d'utiliser des protéines D, dont l'effet ne dépend pas de la chiralité, mais dont la forme énantiomère D devrait se dégrader plus lentement dans le corps. Par exemple, on tente de synthétiser un superoxyde dismutase de configuration D, une enzyme qui élimine les radicaux superoxydes dangereux (O_2^-).

médicament composé uniquement d'énantiomère S agira plus rapidement que le mélange racémique.

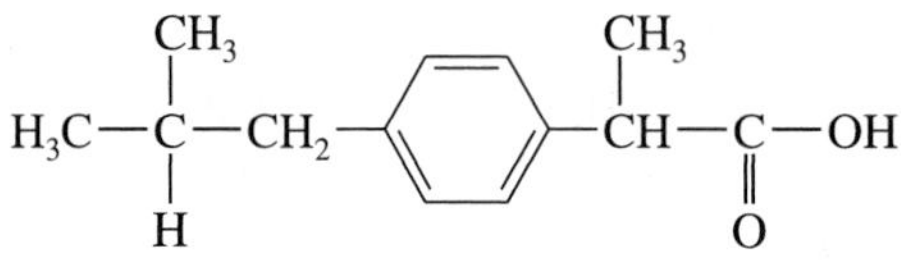

Ibuprofène

Le médicament anti-hypertenseur **méthyldopa** (Aldomet) doit aussi son effet thérapeutique à un seul isomère (S).

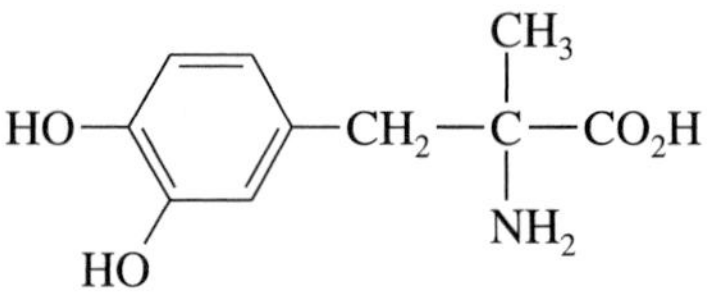

Méthyldopa 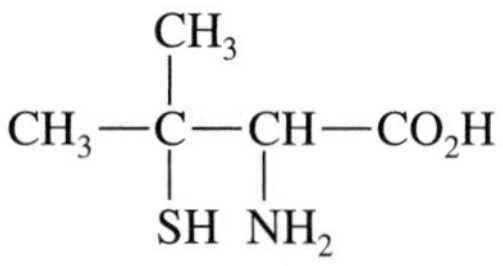   **Pénicillamine**

Dans le cas de la pénicillamine, l'isomère S est un médicament très efficace pour soulager l'arthrite chronique, alors que l'isomère R, qui n'a aucune action thérapeutique, est même extrêmement toxique.

PROBLÈME 5.16

Écrivez la formule tridimensionnelle de l'isomère S a) de l'ibuprofène; b) du méthyldopa; c) de la pénicillamine.

Il existe beaucoup d'autres médicaments comme ceux que nous venons d'étudier, et dans bien des cas les deux énantiomères ont des effets distincts. D'ailleurs, la préparation de médicaments énantiomèrement purs par synthèse énantiosélective (section 5.9B) et la résolution de médicaments racémiques (séparation en énantiomères purs, section 5.15) font actuellement l'objet de nombreuses recherches.

5.11 MOLÉCULES POSSÉDANT PLUS D'UN STÉRÉOCENTRE

Toutes les molécules chirales que nous avons étudiées jusqu'à présent comportaient un seul centre stéréogénique. Pourtant, de nombreuses molécules organiques, plus particulièrement celles qui jouent un rôle important en biologie, ont plus d'un stéréocentre. Ainsi, le cholestérol (section 23.4B) en a huit (pouvez-vous les repérer ?).

Toutefois, nous aborderons le sujet des stéréocentres multiples en étudiant des molécules plus simples. Observons le 2,3-dibromopentane, dont la structure comporte deux stéréocentres.

2,3-Dibromopentane

Il existe une règle très utile pour déterminer le nombre maximal de stéréo-isomères : dans les composés dont la stéréo-isomérie est attribuable à la présence de stéréocentres tétraédriques, *le nombre total de stéréo-isomères n'excédera pas 2^n, où n correspond au nombre de stéréocentres tétraédriques.* Dans le cas du 2,3-dibromopentane, nous devons nous attendre à trouver un maximum de 4 stéréo-isomères ($2^2 = 4$).

L'étape suivante consiste à dessiner les formules tridimensionnelles de tous les stéréo-isomères d'un composé. On dessine la formule d'un premier stéréo-isomère, puis on dessine celle de son image spéculaire.

1   **2**

Lorsqu'on écrit des formules tridimensionnelles, il est préférable de suivre certaines règles. Par exemple, on dessine habituellement ces structures dans la conformation éclipsée. Cela ne signifie pas que cette conformation est la plus stable, loin de là. Par contre, comme nous le verrons plus loin, elle permet d'identifier aisément les plans de symétrie. On dessine aussi la plus longue chaîne carbonée à la verticale, ce qui facilite la comparaison des structures. Il faut cependant garder en tête que *ces molécules peuvent effectuer des rotations librement et qu'à la température ambiante les rotations autour des liaisons simples sont également possibles*. S'il est possible, par rotation de la structure ou de certains groupes rattachés par les liaisons simples, de rendre une molécule superposable sur une autre, alors *ces deux structures ne représentent pas des composés différents*. Ils représentent plutôt des orientations ou des conformations différentes de deux molécules du même composé.

Puisque les structures **1** et **2** ne sont pas superposables, elles représentent des composés différents. Étant donné qu'elles ne diffèrent *que* par l'arrangement de leurs atomes dans l'espace, elles représentent également des stéréo-isomères; de plus, comme les structures sont l'image spéculaire l'une de l'autre, on peut affirmer que **1** et **2** sont des énantiomères.

Les structures **1** et **2** ne sont pas les seules structures possibles du composé. On peut aussi dessiner la structure **3**, qui est différente de **1** et **2**, et la structure **4**, qui est l'image spéculaire non superposable de la structure **3**.

3   **4**

Les structures **3** et **4** forment une autre paire d'énantiomères. Les structures **1** à **4**, qui sont toutes différentes, représentent quatre stéréo-isomères du 2,3-dibromopentane. Pour l'essentiel, ce que nous venons de faire revient à dessiner toutes les structures possibles du composé qui résultent de la permutation de deux groupes liés aux stéréocentres. À ce stade-ci, vous devriez être convaincu qu'il n'existe pas d'autres stéréo-isomères possibles pour le 2,3-dibromopentane. Toute rotation de la structure

Le cholestérol, qui possède huit stéréocentres, pourrait en théorie exister sous 2^8 (256) formes énantiomères. Cependant, les enzymes ne synthétisent *qu'un seul* stéréo-isomère.

Règles à suivre pour l'écriture des formules tridimensionnelles.

entière ou toute rotation des groupes autour des liaisons simples effectuée sur la structure aboutira à une structure superposable sur l'une ou l'autre des quatre structures que nous venons d'écrire. En utilisant des boules de différentes couleurs pour représenter les groupes, construisez des modèles moléculaires qui vous aideront à bien comprendre cela.

Les composés représentés par les structures **1** à **4** sont tous optiquement actifs. Placées séparément dans un polarimètre, toutes ces structures montreront une activité optique.

Les composés représentés par les structures **1** et **2** sont des énantiomères, de même que ceux représentés par les structures **3** et **4**. Mais quelle est la relation isomère entre les structures **1** et **3** ?

En réponse à cette question, on peut affirmer que ces structures sont des *stéréo-isomères* mais qu'elles *n'ont pas de relation spéculaire*. Ce sont donc des *diastéréo-isomères*. **Les diastéréo-isomères ont des propriétés physiques différentes** (différents points de fusion et d'ébullition, différentes solubilités, etc.). En ce sens, les diastéréo-isomères ressemblent aux alcènes diastéréo-isomères tels le *cis-* et le *trans*-but-2-ène.

$$
\begin{array}{cccc}
\text{CH}_3 & \text{CH}_3 & \text{CH}_3 & \text{CH}_3 \\
\text{H}\!-\!\text{C}\!-\!\text{Br} & \text{Br}\!-\!\text{C}\!-\!\text{H} & \text{Br}\!-\!\text{C}\!-\!\text{H} & \text{H}\!-\!\text{C}\!-\!\text{Br} \\
\text{H}\!-\!\text{C}\!-\!\text{Br} & \text{Br}\!-\!\text{C}\!-\!\text{H} & \text{H}\!-\!\text{C}\!-\!\text{Br} & \text{Br}\!-\!\text{C}\!-\!\text{H} \\
\text{C}_2\text{H}_5 & \text{C}_2\text{H}_5 & \text{C}_2\text{H}_5 & \text{C}_2\text{H}_5 \\
\mathbf{1} & \mathbf{2} & \mathbf{3} & \mathbf{4}
\end{array}
$$

PROBLÈME 5.17

a) Si **3** et **4** sont des énantiomères, que sont **1** et **4** ? b) Quelle est la relation entre **2** et **3**, et entre **2** et **4** ? c) Peut-on s'attendre à ce que **1** et **3** possèdent le même point de fusion ? d) le même point d'ébullition ? e) la même pression de vapeur ?

5.11A COMPOSÉS *MÉSO*

Une structure possédant deux stéréocentres n'a pas toujours quatre stéréo-isomères possibles. Parfois, on n'en compte que *trois*, car certaines molécules *sont achirales même si elles ont des stéréocentres*.

Pour bien comprendre ce phénomène, dessinons les formules stéréochimiques du 2,3-dibromobutane.

$$
\begin{array}{c}
\text{CH}_3 \\
| \\
*\text{CHBr} \\
| \\
*\text{CHBr} \\
| \\
\text{CH}_3
\end{array}
$$

2,3-Dibromobutane

On procède comme on l'a fait précédemment : on écrit la formule d'un premier stéréo-isomère, puis on dessine son image spéculaire.

$$
\begin{array}{cc}
\text{CH}_3 & \text{CH}_3 \\
\text{Br}\!-\!\text{C}\!-\!\text{H} & \text{H}\!-\!\text{C}\!-\!\text{Br} \\
\text{H}\!-\!\text{C}\!-\!\text{Br} & \text{Br}\!-\!\text{C}\!-\!\text{H} \\
\text{CH}_3 & \text{CH}_3 \\
\mathbf{A} & \mathbf{B}
\end{array}
$$

Les structures **A** et **B**, qui représentent une paire d'énantiomères, ne sont pas superposables.

Lorsqu'on dessine la structure de **C** (voir ci-dessous) et son image spéculaire, **D**, la situation change. *Ces deux structures sont superposables.* Cela signifie que **C** et **D** ne représentent pas une paire d'énantiomères mais deux orientations du même composé.

CH₃   CH₃

H ◄─ C ─► Br   Br ─ C ─ H

H ─ C ─► Br   Br ◄─ C ─ H

CH₃   CH₃

C   **D**

> Lorsque cette structure subit une rotation de 180° dans le plan de la page, elle devient superposable sur **C**.

La molécule représentée par la structure **C** (ou **D**) n'est pas chirale, bien qu'elle porte des atomes tétraédriques ayant quatre groupes différents. De telles molécules sont appelées *composés méso*. Étant *achiraux*, les composés *méso* sont optiquement inactifs.

Un moyen tout à fait sûr pour déterminer si une molécule est chirale consiste à en construire le modèle moléculaire (ou à en écrire la structure), puis à le superposer sur l'image spéculaire de la molécule. Si le modèle (ou la structure) est superposable, la molécule est achirale. *Sinon*, la molécule est chirale.

Nous avons déjà effectué ce test avec la structure **C** et nous en avons déduit qu'elle était achirale. Il existe cependant une autre manière de prouver que **C** est achirale. À la figure 5.16, on voit que la structure **C** *présente un plan de symétrie* (section 5.5).

Les deux problèmes suivants se rapportent aux composés **A** à **D** des paragraphes précédents.

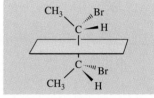

Figure 5.16 Plan de symétrie du *méso*-2,3-dibromobutane. Ce plan divise la molécule en deux parties dont l'une est l'image spéculaire de l'autre.

PROBLÈME 5.18

Lesquels de ces composés sont optiquement actifs ?

a) Un échantillon pur de **A**   c) Un échantillon pur de **C**

b) Un échantillon pur de **B**   d) Un mélange équimolaire de **A** et de **B**

PROBLÈME 5.19

Les formules suivantes représentent trois composés dans leur conformation décalée. Dans chacun des cas, identifiez le composé (**A**, **B** ou **C**) qui est symbolisé par la formule tridimensionnelle.

a)   H

H₃C ─ Br

H ─ Br   CH₃

b)   CH₃

Br ─ H

H₃C ─ Br   H

c)   Br

H₃C ─ H

Br ─ CH₃   H

PROBLÈME 5.20

Écrivez la formule tridimensionelle de tous les stéréo-isomères de chacun des composés suivants. Identifiez les paires d'énantiomères et les composés *méso*.

a) $CH_3CHClCHClCH_3$ d) $CH_3CHOHCH_2CHClCH_3$

b) $CH_3CHOHCH_2CHOHCH_3$ e) $CH_3CHBrCHFCH_3$

c) $CH_2ClCHFCHFCH_2Cl$

5.11B NOMENCLATURE DES COMPOSÉS AYANT PLUS D'UN STÉRÉOCENTRE

Pour nommer un composé comportant plus d'un stéréocentre tétraédrique, on analyse séparément chaque stéréocentre pour déterminer si sa configuration est *R* ou *S*. Puis, à l'aide d'un chiffre, on identifie le stéréocentre et on lui attribue sa configuration.

Prenons l'exemple du stéréo-isomère **A** du 2,3-dibromobutane.

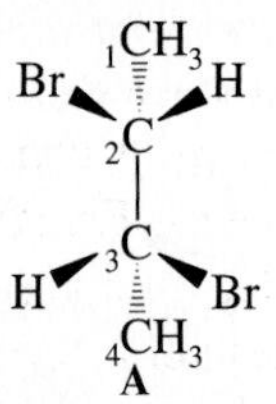

$$Br\underset{2}{\overset{1 \ CH_3}{C}}H$$

$$H\underset{4 \ CH_3}{\overset{3}{C}}Br$$

A

2,3-Dibromobutane

Lorsque la partie de la molécule contenant le C2 est placée de telle sorte que le groupe de plus faible priorité attaché au C2 s'éloigne de l'observateur, on obtient ceci.

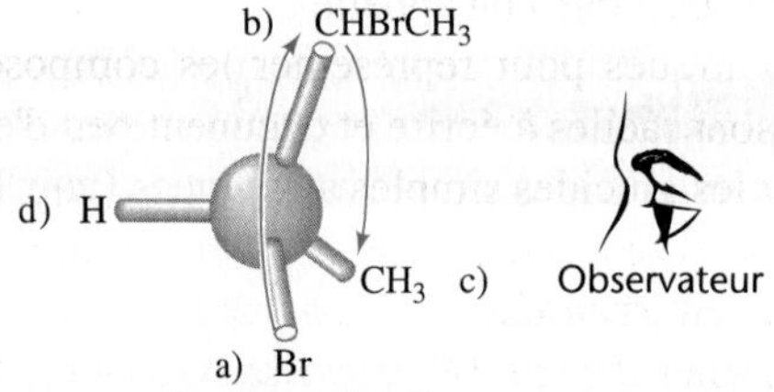

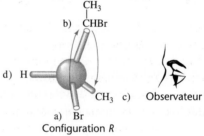

Configuration *R*

La rotation allant du groupe ayant la priorité la plus élevée au groupe ayant la priorité la moins élevée s'effectue dans le sens horaire (de —Br à —CHBrCH$_3$ et à —CH$_3$). Le C2 est donc de configuration *R*.

Lorsqu'on répète ces étapes pour le C3, on constate qu'il présente également une configuration *R*.

Configuration *R*

Le composé **A** est donc le (2*R*,3*R*)-2,3-dibromobutane.

PROBLÈME 5.21

Nommez les composés **B** et **C** de la section 5.11A en leur attribuant la configuration *R* ou *S*.

PROBLÈME 5.22

Nommez les molécules données en réponse au problème 5.20 en leur attribuant la configuration *R* ou *S*.

PROBLÈME 5.23

Le chloramphénicol (montré ci-dessous), isolé à partir de *Streptomyces venezuelæ*, est un puissant antibiotique contre la fièvre typhoïde. Ce composé fut la première substance retrouvée dans la nature à posséder un groupe nitro (—NO$_2$) rattaché à un cycle aromatique. Les deux stéréocentres du chloramphénicol sont de configuration *R*; identifiez-les et écrivez la formule tridimensionnelle de la molécule.

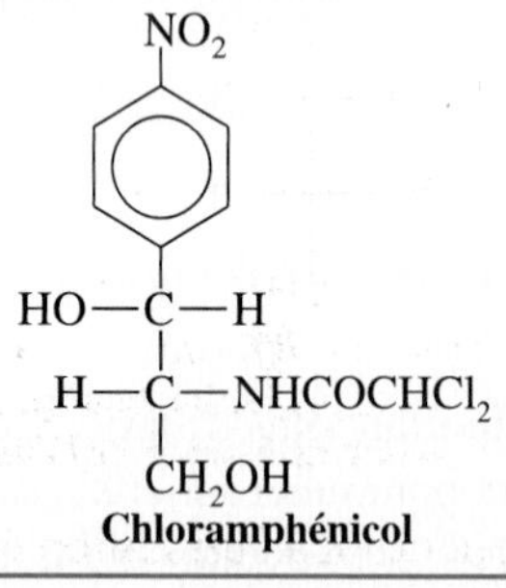

HO—C—H

H—C—NHCOCHCl$_2$

CH$_2$OH

Chloramphénicol

5.12 PROJECTIONS DE FISCHER

Pour représenter les molécules chirales, nous nous sommes limités jusqu'à maintenant aux formules tridimensionnelles; nous continuerons ainsi jusqu'au chapitre 22, où nous aborderons l'étude des glucides. En effet, les formules tridimensionnelles sont univoques et faciles à « manipuler » sur papier, pour autant que nous ne brisions aucune liaison. En outre, ces formules permettent de visualiser mentalement les molécules en trois dimensions; l'acquisition de cette habileté vous aidera grandement dans votre apprentissage de la chimie.

Les chimistes représentent parfois les structures des molécules chirales à l'aide de *formules à deux dimensions* que l'on appelle **projections de Fischer.** Ces formules sont particulièrement pratiques pour représenter les composés munis de plusieurs stéréocentres, car elles sont faciles à écrire et occupent peu d'espace. On y a souvent recours pour symboliser les glucides simples acycliques (voir Travail coopératif, partie 2). Cependant, on doit alors respecter à la lettre certaines règles, **faute de quoi les conclusions risquent d'être erronées.**

La projection de Fischer du (2*R*,3*R*)-2,3-dibromobutane s'écrit de la façon suivante :

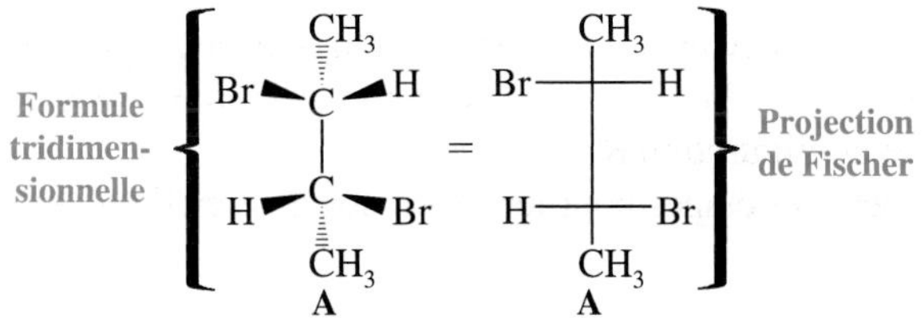

Par convention, on dessine la chaîne carbonée à la verticale, et les groupes qui s'y rattachent, dans la conformation éclipsée. ***Les lignes verticales représentent les liaisons qui se projettent vers l'arrière du plan de la feuille (ou qui reposent sur ce plan). Les lignes horizontales représentent les liaisons qui se projettent hors du plan de la feuille.*** Les atomes de carbone (habituellement les stéréocentres) se retrouvent à l'intersection des lignes verticales et horizontales. L'**omission** des carbones aux intersections indique qu'il s'agit d'une projection de Fischer et que l'on peut interpréter la géométrie tridimensionnelle de la molécule qu'elle symbolise. Si l'on avait montré les carbones (comme au problème 5.23), la formule n'aurait pas été une projection de Fischer et nous n'aurions pas pu déterminer la stéréochimie de la molécule.

Lorsqu'on vérifie, à l'aide de projections de Fischer, si deux structures sont superposables, on peut leur faire subir une rotation de 180° dans le plan de la feuille, *mais aucun autre angle de rotation n'est permis*. Il faut toujours garder les structures dans le plan de la feuille, et ***il n'est pas permis de les retourner sur elles-mêmes.***

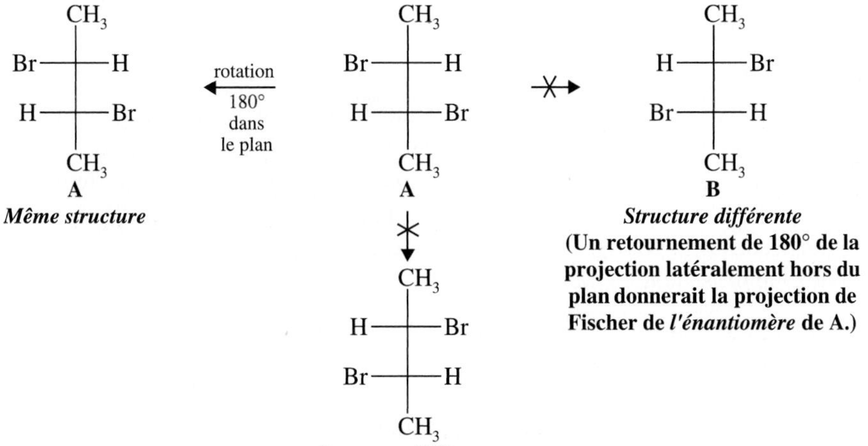

Structure différente
(Une rotation de 180° de la projection bout pour bout hors du plan donnerait la projection de Fischer de *l'énantiomère* de A.)

Votre professeur vous conseillera quant à l'utilisation des projections de Fischer.

5.13 STÉRÉO-ISOMÉRIE DES COMPOSÉS CYCLIQUES

Comme le cycle du cyclopentane est presque plan, ses dérivés sont les composés tout indiqués pour commencer notre étude de la stéréo-isomérie des composés cycliques. Examinons par exemple le 1,2-diméthylcyclopentane, qui possède deux stéréocentres et existe sous forme de trois stéréo-isomères (**5**, **6** et **7**).

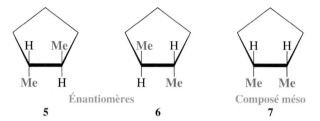

Le composé *trans* existe sous forme d'énantiomères (**5** et **6**). Le *cis*-1,2-diméthylcyclopentane (**7**) est un composé *méso* dont le plan de symétrie est perpendiculaire au plan du cycle.

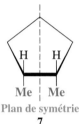

PROBLÈME 5.24

a) Le *trans*-1,2-diméthylcyclopentane (**5**) est-il superposable sur son image spéculaire (c'est-à-dire sur le composé **6**) ? b) Le *cis*-1,2-diméthylcyclopentane (**7**) est-il superposable sur son image spéculaire ? c) Le *cis*-1,2-diméthylcyclopentane est-il une molécule chirale ? d) Ce composé peut-il présenter une activité optique ? e) Quelle relation stéréo-isomère existe-t-il entre **5** et **7** ? f) Entre **6** et **7** ?

PROBLÈME 5.25

Écrivez les formules développées de tous les stéréo-isomères du 1,3-diméthylcyclopentane. Identifiez les paires d'énantiomères et les composés *méso*, s'il y a lieu.

5.13A DÉRIVÉS DU CYCLOHEXANE

1,4-Diméthylcyclohexanes   En examinant la formule du 1,4-diméthylcyclohexane, on remarque que ce composé ne contient aucun atome tétraédrique portant quatre groupes différents. Cependant, nous avons vu à la section 4.12 que le 1,4-diméthylcyclohexane existe sous forme d'isomères *cis-trans*. Les formes *cis* et *trans* (figure 5.17) sont des *diastéréo-isomères*. Aucun de ces isomères n'est chiral et, par conséquent, ne présente d'activité optique. Notez que les isomères *cis* et *trans* du 1,4-diméthylcyclohexane possèdent un plan de symétrie.

1,3-Diméthylcyclohexanes   Le 1,3-diméthylcyclohexane a deux stéréocentres; on peut donc s'attendre à ce qu'il comporte un maximum de quatre stéréo-isomères ($2^2 = 4$). En fait, il n'en existe que trois. Le *cis*-1,3-diméthylcyclohexane possède un plan de symétrie (figure 5.18) et est achiral. Quant au *trans*-1,3-diméthylcyclohexane, il n'a pas de plan de symétrie et existe sous forme d'énantiomères (figure 5.19). Si vous construisez les modèles moléculaires des énantiomères du *trans*-1,3-diméthyl-cyclohexane, vous verrez qu'ils ne sont pas superposables, même si vous faites subir une interconversion des formes chaise à l'un des énantiomères.

1,2-diméthylcyclohexanes Le 1,2-diméthylcyclohexane possède aussi deux stéréo-centres et, encore une fois, on peut s'attendre à ce qu'il comporte quatre stéréo-isomères au maximum. *Quatre stéréo-isomères se retrouvent bien dans la nature*, mais nous ne pouvons en *isoler* que trois. Le *trans*-1,2-diméthylcyclohexane (figure 5.20) existe sous forme d'énantiomères qui ne présentent pas de plan de symétrie.

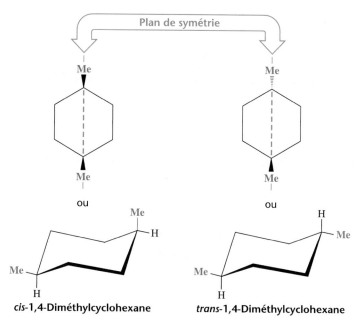

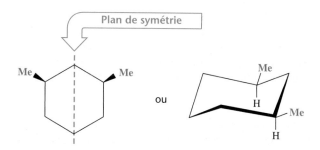

cis-1,4-Diméthylcyclohexane   trans-1,4-Diméthylcyclohexane

Figure 5.17 Les formes *cis* et *trans* du 1,4-diméthylcyclohexane sont des diastéréo-isomères. Les deux formes sont achirales.

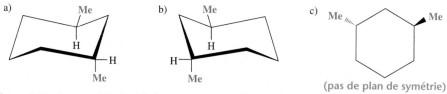

Figure 5.18 Le *cis*-1,3-diméthylcyclohexane possède un plan de symétrie et est donc achiral.

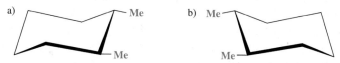

Figure 5.19 Le *trans*-1,3-diméthylcyclohexane n'a pas de plan de symétrie et existe sous la forme d'une paire d'énantiomères. Les deux structures (a et b) ne sont pas superposables, même si on leur fait subir une interconversion de leurs formes chaise. c) Une représentation simplifiée de b.

Figure 5.20 Le *trans*-1,2-diméthylcyclohexane n'a pas de plan de symétrie et existe sous la forme d'une paire d'énantiomères (a et b). (Notez que nous avons illustré les conformations les plus stables de a et de b. Une interconversion de a ou de b provoquerait une inversion des groupes méthyle, de la position équatoriale à la position axiale.)

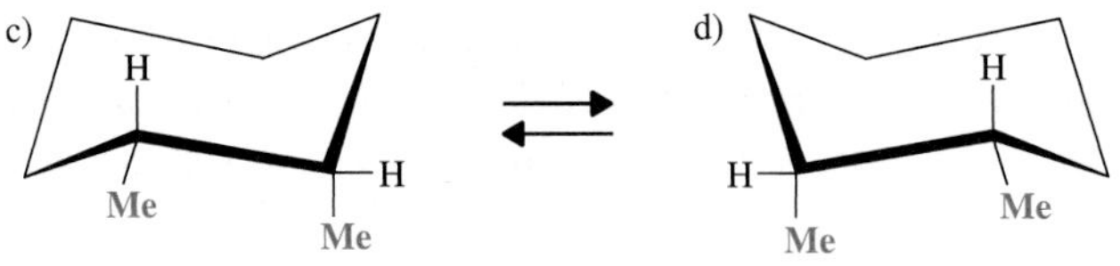

c) d)

Figure 5.21 Le *cis*-1,2-diméthylcyclohexane existe sous deux conformations chaise qui s'interconvertissent rapidement (c et d).

Le cas du *cis*-1,2-diméthylcyclohexane est plus complexe. Si l'on observe les deux structures conformationnelles montrées à la figure 5.21, on remarque que ces structures, qui sont l'image spéculaire l'une de l'autre, ne sont pas identiques. Ne possédant pas de plan de symétrie, ces molécules sont chirales. Cependant, *elles peuvent s'interconvertir par une inversion de leurs formes chaise.* Par conséquent, même si les deux structures représentent des énantiomères, elles *ne peuvent être isolées,* car elles s'interconvertissent rapidement, et ce, même à des températures considérablement inférieures à la température ambiante. Elles représentent *différentes conformations du même composé* et constituent donc un mélange racémique dont les formes s'interconvertissent. Il est important de souligner que c et d ne sont pas des stéréo-isomères de configuration mais des *stéréo-isomères conformationnels.* Cela explique qu'à des températures normales on ne puisse isoler que trois stéréo-isomères du 1,2-diméthylcyclohexane.

Construisez un modèle pour vous en convaincre.

PROBLÈME 5.26

Écrivez les formules de tous les isomères de chacun des composés suivants. Identifiez les paires d'énantiomères et les composés achiraux, s'il y a lieu.

a) 1-Bromo-2-chlorocyclohexane

b) 1-Bromo-3-chlorocyclohexane

c) 1-Bromo-4-chlorocyclohexane

PROBLÈME 5.27

Attribuez la configuration *R* ou *S* aux molécules données en réponse au problème 5.26.

5.14 ATTRIBUTION DE LA CONFIGURATION À L'AIDE DE RÉACTIONS N'ENTRAÎNANT PAS DE RUPTURE DE LIAISON AU STÉRÉOCENTRE

Si, lors d'une réaction, aucune liaison au stéréocentre n'est rompue, la configuration relative des groupes rattachés au stéréocentre du produit sera nécessairement identique à celle des groupes liés au stéréocentre du réactif. Dans une telle réaction, on dit qu'il y a **rétention de la configuration.** Observons, par exemple, la réaction qui se produit lorsque le (*S*)-(−)-2-méthylbutan-1-ol est chauffé en présence d'acide chlorhydrique.

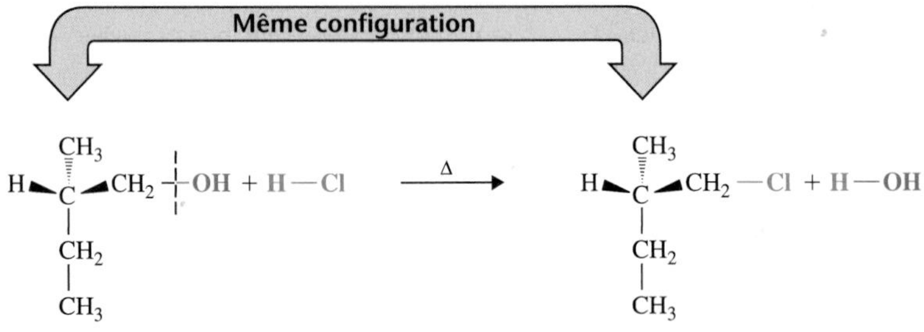

Même configuration

(*S*)-(−)-2-Méthylbutan-1-ol
$[\alpha]_D^{25} = -5,756°$

(*S*)-(+)-1-Chloro-2-méthylbutane
$[\alpha]_D^{25} = +1,64°$

Il n'est pas nécessaire de comprendre parfaitement comment se produit la réaction pour constater que la liaison CH_2—OH de l'alcool se brise parce que le groupe —OH est remplacé par un —Cl. Tout porte à croire qu'aucune autre liaison ne se rompt (nous aborderons le mécanisme de ce type de réaction à la section 11.13). Comme aucune liaison au stéréocentre n'est rompue, la réaction donne lieu à une rétention de la configuration. De fait, dans le produit de la réaction, *les groupes présentent la même configuration autour du stéréocentre que dans le réactif.* Par « même configuration », on entend que les groupes comparables ou identiques dans les deux composés occupent les mêmes positions relatives autour du stéréocentre. Dans le cas qui nous concerne, les groupes —CH_2OH et —CH_2Cl sont comparables et occupent la même position relative dans les deux composés. Tous les autres groupes, qui sont identiques, occupent également les mêmes positions que dans le réactif.

Notez dans cet exemple que la configuration *R-S demeure identique* [le produit et le réactif sont tous deux (S)]. Cependant, la rotation optique *est modifiée* [le réactif est $(-)$ alors que le produit est $(+)$]. Dans une réaction qui donne lieu à une rétention de la configuration, le produit n'a pas nécessairement la même configuration *R-S* que le produit de départ, ni une rotation optique opposée. Dans la prochaine section, nous verrons des exemples de réactions dans lesquelles les configurations et les rotations optiques sont conservées. La réaction suivante, qui donne lieu à une rétention de la configuration, illustre un cas dans lequel la configuration *R-S* est modifiée.

(R)-1-Bromobutan-2-ol $\qquad\qquad$ (S)-Butan-2-ol

Dans cet exemple, la configuration *R-S* change, car le groupe —CH_2Br du réactif se transforme en un —CH_3 dans le produit (—CH_2Br a une priorité plus élevée que —CH_2CH_3, et —CH_3 a une priorité plus faible que —CH_2CH_3).

5.14A CONFIGURATIONS ABSOLUE ET RELATIVE

Les réactions au cours desquelles aucune liaison au stéréocentre n'est rompue sont utiles pour attribuer les configurations des molécules chirales. Elles permettent de démontrer que certains composés présentent la même **configuration relative.** Dans chacun des exemples que nous venons d'étudier, les produits des réactions ont la même *configuration relative* que les réactifs.

Avant 1951, seules les configurations relatives des molécules chirales étaient connues, car personne n'avait encore pu démontrer avec certitude l'arrangement spatial réel des groupes dans une molécule chirale. Autrement dit, personne ne pouvait déterminer la **configuration absolue** d'un composé optiquement actif.

À l'aide de réactions dont la stéréochimie est connue, on pouvait établir la configuration relative des molécules chirales. On a aussi tenté de déterminer la configuration des molécules en les comparant à un composé unique choisi arbitrairement, le glycéraldéhyde.

Glycéraldéhyde

Comme la molécule de glycéraldéhyde possède un stéréocentre tétraédrique, elle existe sous forme d'énantiomères.

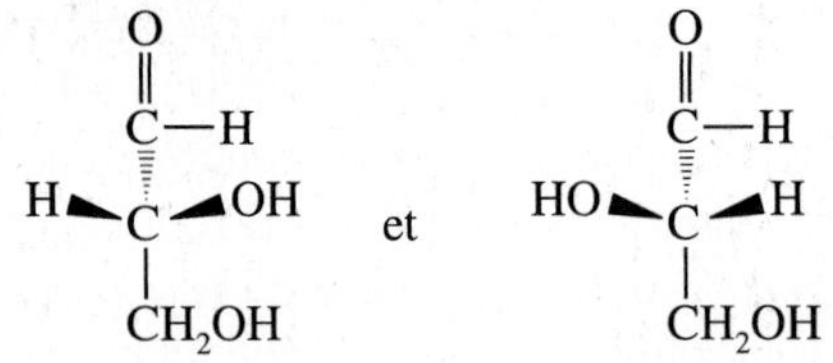

(R)-Glycéraldéhyde   (S)-Glycéraldéhyde

Dans l'ancien système de désignation, le (R)-glycéraldéhyde était nommé D-glycéraldéhyde et le (S)-glycéraldéhyde était appelé L-glycéraldéhyde. Cette nomenclature est toujours employée en biochimie.

L'un des énantiomères du glycéraldéhyde est dextrogyre (+), alors que l'autre est, bien sûr, lévogyre (−). Avant 1951, personne ne connaissait la configuration de chacun des énantiomères. Les chimistes ont donc attribué, de façon arbitraire, la configuration *R* à l'énantiomère (+). Ils pouvaient ainsi déterminer la configuration relative d'autres molécules en les comparant à des composés de configuration connue, dérivés de l'un ou l'autre des énantiomères du glycéraldéhyde préparés par des réactions dont la stéréochimie était connue.

Par exemple, la séquence de réactions suivante permet d'établir une relation entre la configuration du (+)-glycéraldéhyde et celle de l'acide (−)-lactique, puisque la stéréochimie de toutes ces réactions est connue.

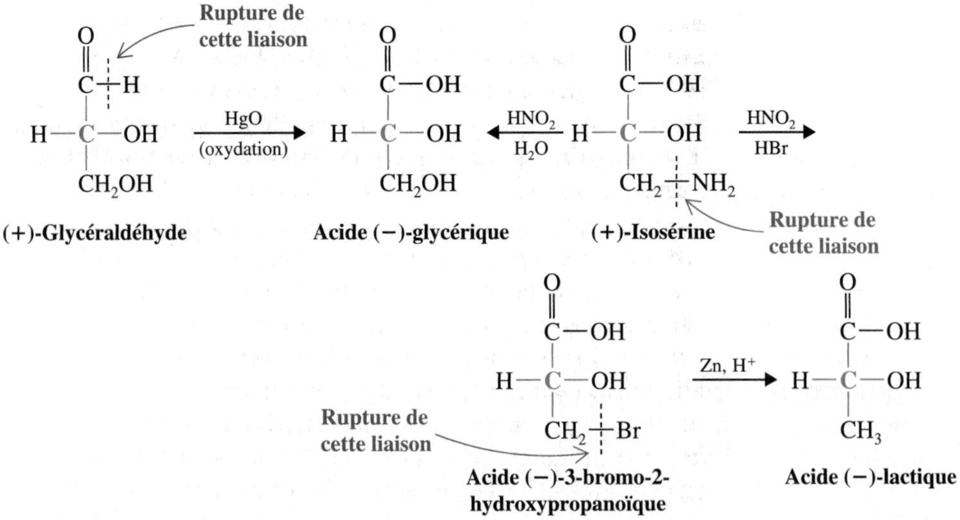

(+)-Glycéraldéhyde   Acide (−)-glycérique   (+)-Isosérine

Acide (−)-3-bromo-2-hydroxypropanoïque   Acide (−)-lactique

Puisque aucune des liaisons au stéréocentre (montrées en rouge) n'a été rompue lors de ces réactions, celles-ci donnent lieu à une rétention de la configuration des groupes autour du stéréocentre. Si l'on suppose que la configuration du (+)-glycéraldéhyde est la suivante :

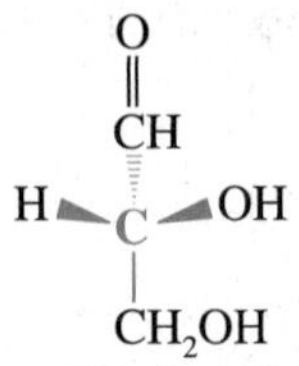

(R)-(+)-Glycéraldéhyde

alors la configuration de l'acide lactique sera :

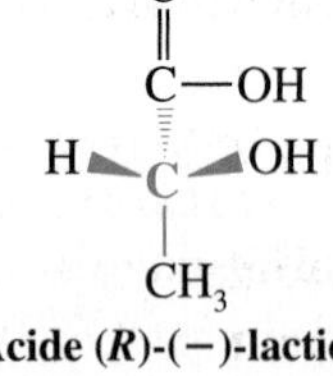

Acide (R)-(−)-lactique

PROBLÈME 5.28

Dessinez les formules tridimensionnelles des réactifs de départ, des produits et de tous les intermédiaires d'une synthèse faisant intervenir le (−)-glycéraldéhyde et aboutissant à la formation de l'acide (+)-lactique. Cette synthèse est semblable à celle que nous venons d'étudier. Attribuez la configuration *R-S* et la rotation optique (−) (+) appropriées à chaque composé.

Les chimistes ont aussi corrélé la configuration du (−)-glycéraldéhyde et celle de l'acide (+)-tartrique à l'aide d'une série de réactions dont la stéréochimie était connue.

$$CO_2H$$
$$H \blacktriangleright C \blacktriangleleft OH$$
$$|$$
$$HO \blacktriangleright C \blacktriangleleft H$$
$$CO_2H$$

Acide (+)-tartrique

En 1951, grâce à une technique particulière de diffraction des rayons X, J.M. Bijvoet, directeur du laboratoire Van't Hoff de l'université d'Utrecht, aux Pays-Bas, démontra que la configuration absolue de l'acide (+)-tartrique correspondait bien à celle qui lui avait été attribuée. De plus, il s'avéra que l'attribution arbitraire des configurations (+) et (−) du glycéraldéhyde et que les configurations de tous les composés qui avaient été corrélés à l'un ou l'autre de ces énantiomères étaient aussi exactes. Ces configurations sont donc bel et bien des **configurations absolues.**

PROBLÈME 5.29

Comment synthétiseriez-vous le (*R*)-1-deutério-2-méthylbutane ? (Aide : choisissez l'un des deux énantiomères du 1-chloro-2-méthylbutane de la section 5.7C comme réactif de départ.)

5.15 SÉPARATION DES ÉNANTIOMÈRES : LA RÉSOLUTION

Jusqu'à maintenant, il n'a pas encore été question d'un aspect très important des composés optiquement actifs et des mélanges racémiques, soit la séparation des énantiomères. Comment y parvient-on ? On sait que les énantiomères ont la même solubilité dans les solvants courants et qu'ils ont un point d'ébullition identique. Par conséquent, les méthodes traditionnelles de séparation des composés organiques, telles que la cristallisation et la distillation, ne peuvent s'appliquer aux mélanges racémiques.

5.15A MÉTHODE DE PASTEUR

Louis Pasteur sépara un mélange racémique de sels d'acide tartrique, une expérience qui le conduisit à la découverte d'un nouveau phénomène chimique : l'énantiomérie. D'ailleurs, on considère souvent Pasteur comme le père de la stéréochimie.

L'acide (+)-tartrique est l'un des sous-produits de la fabrication du vin (dans la nature, on trouve habituellement un seul des énantiomères d'une molécule chirale). Le propriétaire d'une usine chimique donna à Pasteur un échantillon d'un mélange racémique d'acide tartrique. Au cours de ses recherches, Pasteur examina la structure cristalline du disel de sodium et d'ammonium de l'acide tartrique racémique et remarqua la présence de deux types de cristaux. L'un d'eux était identique aux cristaux du même sel de l'acide (+)-tartrique découverts auparavant et dont le pouvoir rotatoire était dextrogyre; l'autre type de cristaux correspondait à l'image spéculaire *non* superposable du premier stéréo-isomère. Autrement dit, les deux types de cristaux étaient chiraux. Pasteur les sépara à l'aide de pinces et d'une loupe, puis, après les avoir dissous dans l'eau, il mesura le pouvoir rotatoire des solutions à l'aide d'un polarimètre. La solution du premier type de cristaux était dextrogyre, preuve que ceux-ci étaient identiques au disel de sodium et d'ammonium de l'acide (+)-tartrique déjà connu. L'autre solution était lévogyre, car elle déviait le plan de la lumière polarisée selon le même angle mais dans une direction opposée à celle de la première solution. Le deuxième type de cristaux était donc composé d'un sel identique de l'acide (+)-tartrique. Bien que la chiralité des cristaux eût disparu lors de leur dissolution, *leur activité optique* demeurait. De toutes ces observations, Pasteur déduisit que les molécules devaient être chirales.

La découverte par Pasteur de l'énantiomérie et la démonstration que l'activité optique des deux formes de l'acide tartrique était une propriété des molécules elles-mêmes amenèrent, en 1874, Van't Hoff et Le Bel à formuler l'hypothèse d'une géométrie tétraédrique du carbone.

Malheureusement, peu de composés organiques engendrent des cristaux chiraux comme le font les sels de l'acide tartrique. De même, peu de composés organiques forment des cristaux d'un énantiomère spécifique dont la chiralité est « visible ». La méthode de séparation de Pasteur ne peut donc pas être appliquée d'une façon générale à la séparation des énantiomères.

5.15B MÉTHODES COURANTES DE RÉSOLUTION DES ÉNANTIOMÈRES

Pour séparer les énantiomères, un des procédés les plus courants consiste à faire réagir un mélange racémique avec un des énantiomères d'un autre composé. Le *mélange racémique se transforme alors en un mélange de diastéréo-isomères.* **Comme les diastéréo-isomères diffèrent par leurs points d'ébullition et de fusion ainsi que par leur solubilité, ils peuvent être séparés par des méthodes traditionnelles.** Une de ces méthodes est la cristallisation; nous verrons à la section 20.3E comment elle s'effectue. La **résolution** à l'aide d'enzymes est une autre façon de procéder à la séparation des énantiomères d'un mélange racémique : les enzymes convertissent sélectivement un des deux énantiomères en un autre composé, duquel on sépare l'énantiomère qui n'a pas réagi. La réaction de la section 5.9B, qui requiert une lipase, est un exemple de ce type de résolution. La chromatographie effectuée à l'aide d'une phase stationnaire chirale est aussi une méthode fréquemment employée pour séparer des énantiomères; cette approche est appliquée à la chromatographie liquide haute performance (CLHP) ainsi qu'à d'autres méthodes chromatographiques. L'isolement est possible en raison des interactions *diastéréo-isomères* entre les molécules d'un mélange racémique et la phase chirale, qui engendrent une adsorption plus ou moins forte des énantiomères du mélange racémique dans l'appareil chromatographique. Les énantiomères sont alors récoltés séparément à mesure qu'ils sont élués de l'appareil. (Voir la Capsule chimique traitant de la résolution d'énantiomères par CLHP, page 840.)

5.16 COMPOSÉS AYANT UN STÉRÉOCENTRE AUTRE QUE LE CARBONE

Tout atome tétraédrique auquel quatre groupes différents sont rattachés est un stéréocentre. Les molécules des formules générales de composés présentées à la page suivante comportent des centres stéréogéniques autres qu'un atome de carbone. Dans le tableau périodique, le silicium et le germanium sont dans la même famille que le carbone et, comme ce dernier, ils forment des composés de géométrie tétraédrique. Lorsque quatre groupes sont situés autour d'un atome central dans des composés contenant du silicium, du germanium et de l'azote, les molécules ainsi formées sont chirales et leurs énantiomères peuvent, en principe, être séparés. Comme d'autres groupes fonctionnels dans lesquels un des quatre groupes est une paire d'électrons libres, les sulfoxydes sont chiraux. Ce n'est toutefois pas le cas des amines (section 20.2B).

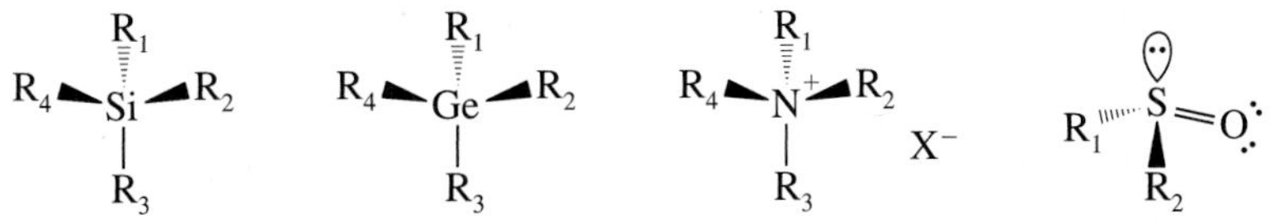

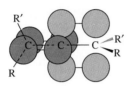

5.17 MOLÉCULES CHIRALES SANS STÉRÉOCENTRE TÉTRAÉDRIQUE

Une molécule est chirale si elle n'est pas superposable sur son image spéculaire. La présence d'un atome tétraédrique auquel quatre groupes différents sont rattachés n'est qu'un des facteurs pouvant faire qu'une molécule est chirale. La plupart des molécules chirales que nous verrons possèdent de tels stéréocentres. Cependant, il existe des molécules chirales qui n'en ont pas, le 1,3-dichloroallène (figure 5.22), par exemple.

Les allènes sont des composés dont les molécules contiennent la séquence de liaisons doubles suivante :

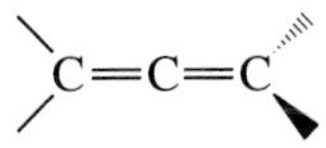

Les plans des liaisons π des allènes sont perpendiculaires les uns par rapport aux autres.

En raison de cette géométrie, les groupes rattachés aux extrémités de la molécule se retrouvent dans des plans perpendiculaires. Par conséquent, les allènes munis de différents substituants situés aux extrémités de la molécule sont chiraux (figure 5.22) (les allènes ne se retrouvent pas sous forme d'isomères *cis-trans*).

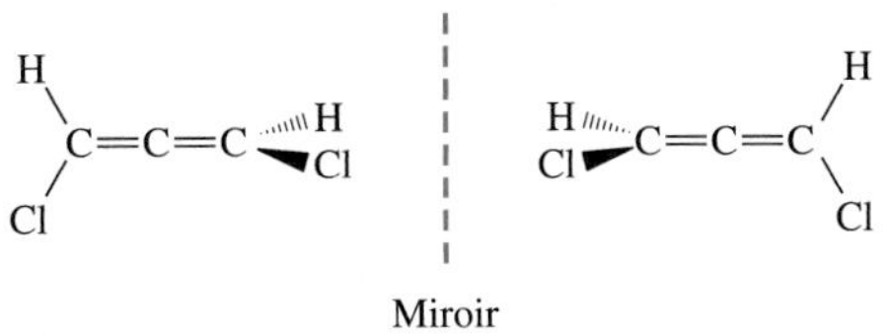

Miroir

Figure 5.22 Les formes énantiomères du 1,3-dichloroallène. Ces deux molécules sont les images spéculaires non superposables l'une de l'autre et sont, par conséquent, chirales. Notez qu'elles ne possèdent pas d'atome tétraédrique muni de quatre groupes différents.

TERMES ET CONCEPTS CLÉS

Stéréochimie	Sections 5.1 et 5.4	**Molécule achirale**	Sections 5.2 et 5.11
Isomères	Sections 1.13B et 5.1	**Stéréocentre**	Sections 5.2, 5.11 et 5.16
Isomères de constitution	Sections 1.3A, 4.2 et 5.1	**Plan de symétrie**	Sections 5.5 et 5.11A
Stéréo-isomères	Sections 5.1 et 5.13	**Configuration**	Sections 5.6 et 5.14
Chiralité	Sections 5.2, 5.3 et 5.5	**Mélange racémique**	Sections 5.8A et B
Molécule chirale	Section 5.2	**Composé *méso***	Section 5.11A
Énantiomères	Sections 5.1, 5.2, 5.6, 5.7 et 5.15	**Projection de Fischer**	Section 5.12
		Réaction énantiosélective	Section 5.9B
Diastéréo-isomères	Section 5.1	**Résolution**	Section 5.15

PROBLÈMES SUPPLÉMENTAIRES

 Le cédérom accompagnant ce manuel comprend une série d'exercices informatisés sur la stéréochimie qui font appel à des modèles moléculaires. Ces exercices sont répartis dans le chapitre.

5.30 Parmi les composés suivants, lesquels sont chiraux et peuvent par conséquent exister sous forme d'énantiomères ?
  a) 1,3-Dichlorobutane
  b) 1,2-Dibromopropane
  c) 1,5-Dichloropentane
  d) 3-Éthylpentane
  e) 2-Bromobicyclo[1.1.0]butane
  f) 2-Fluorobicyclo[2.2.2]octane
  g) 2-Chlorobicyclo[2.1.1]hexane
  h) 5-Chlorobicyclo[2.1.1]hexane

5.31 a) Combien d'atomes de carbone un alcane (hormis les cycloalcanes) doit-il comporter pour exister sous forme d'énantiomères ? b) Nommez deux paires d'énantiomères formés de ce nombre minimal d'atomes de carbone.

5.32 a) Écrivez la structure du 2,2-dichlorobicyclo-[2.2.1]heptane. b) Combien de stéréocentres cette molécule contient-elle ? c) En appliquant la règle 2^n, dites combien de stéréo-isomères sont théoriquement possibles pour cette molécule. d) Expliquez pourquoi il existe une seule paire d'énantiomères pour cette molécule.

5.33 Les projections de Newman du (R,R)-2,3-dichlorobutane, du (S,S)-2,3-dichlorobutane et du (R,S)-2,3-dichlorobutane sont montrées ci-dessous. a) Identifiez les structures. b) Quelle projection correspond à un composé *méso* ?

     A   **B**   **C**

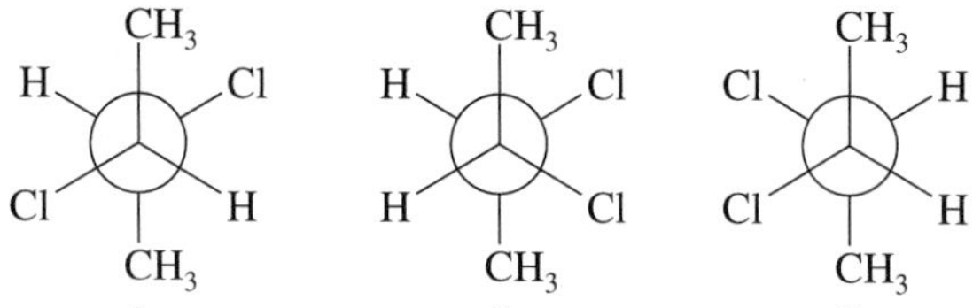

5.34 Écrivez les formules structurales a) d'une molécule cyclique qui est un isomère de constitution du cyclohexane; b) d'une paire d'énantiomères de formule C_6H_{12} renfermant un cycle; c) d'une paire de diastéréo-isomères de formule C_6H_{12} renfermant un cycle; d) d'une paire d'énantiomères acycliques de formule C_6H_{12}; e) d'une paire de diastéréo-isomères acycliques de formule C_6H_{12}.

5.35 Examinez les paires de molécules suivantes. Identifiez la relation qui existe entre les membres de chaque paire. Sont-ils des énantiomères, des diastéréo-isomères, des isomères de constitution ou deux molécules (représentations) du même composé ?

a) 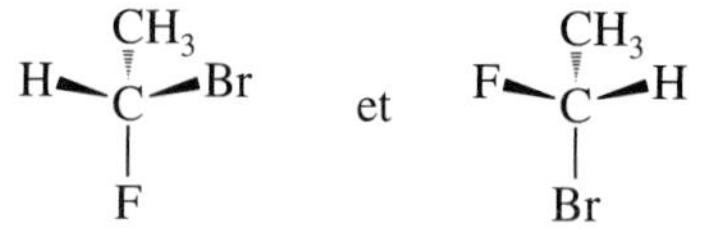
b) 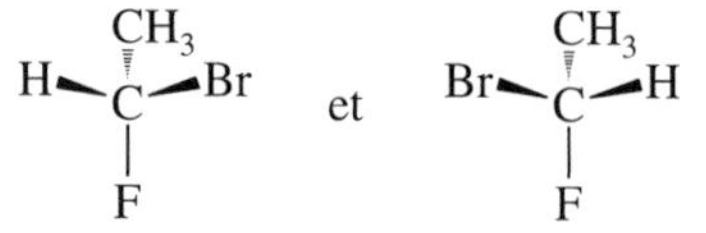
c) 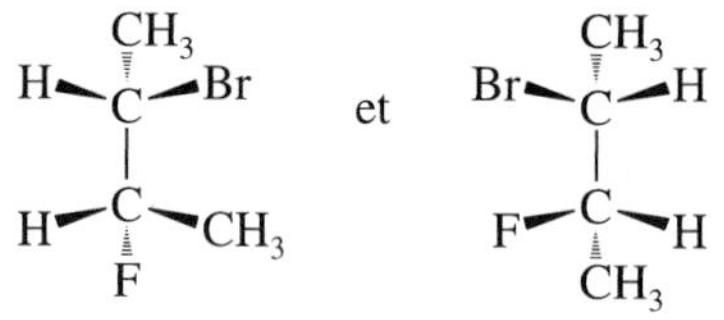
d) 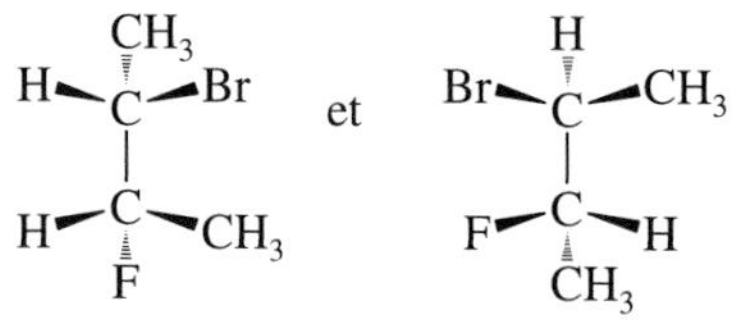
e) 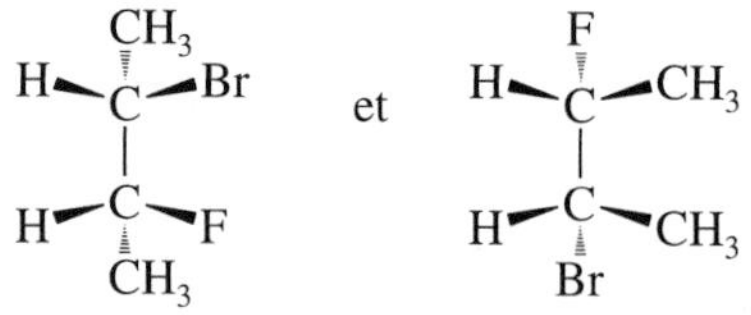
f) 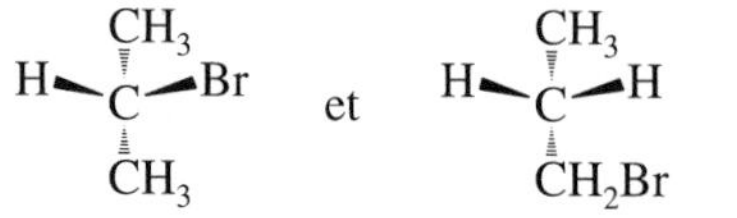
g) 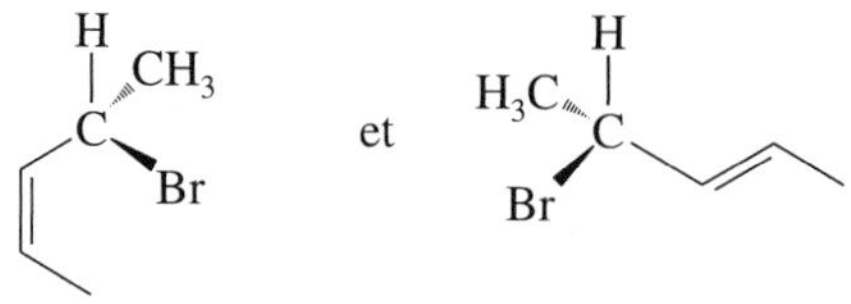
h) 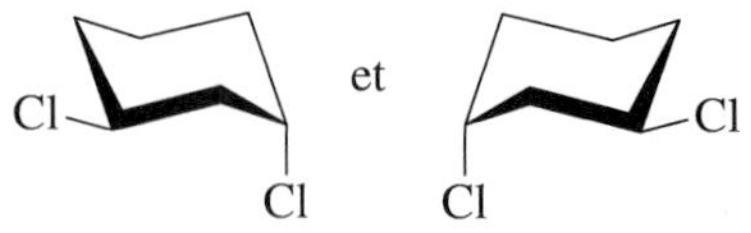
i) 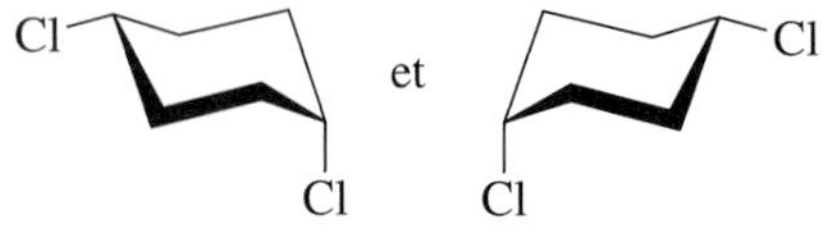
j) 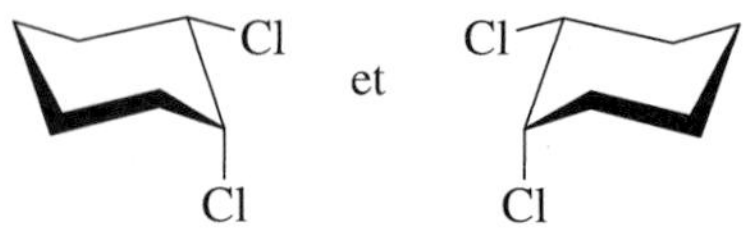
k)

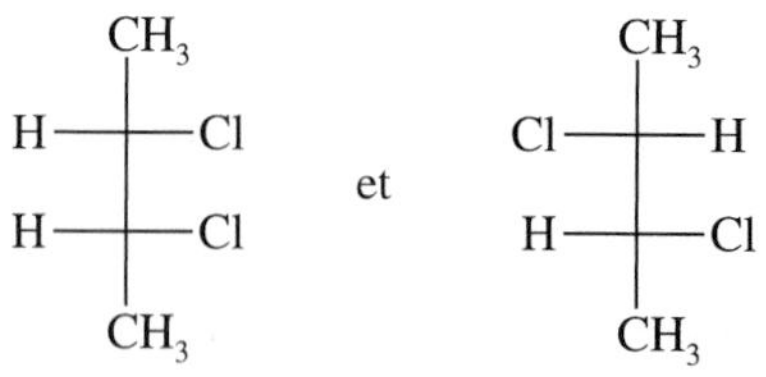

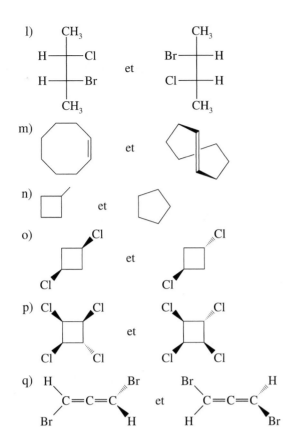

5.36 Dites quelle est, selon vous, la stéréochimie des composés suivants.
   a) ClCH=C=C=CHCl
   b) CH₂=C=C=CHCl
   c) ClCH=C=C=CCl₂

5.37 Il existe quatre isomères du diméthylcyclopropane. a) Dessinez la formule tridimensionnelle de ces isomères. b) Lesquels de ces isomères sont chiraux ? c) Si un mélange comportant 1 mole de chacun des isomères était purifié par chromatographie gazeuse, combien de fractions seraient obtenues et quels composés ces fractions contiendraient-elles ? d) Combien de ces fractions seraient optiquement actives ?

5.38 (Résolvez ce problème à l'aide de modèles moléculaires.) a) Dessinez la structure de la conformation la plus stable du *trans*-1,2-diéthylcyclohexane et de son image spéculaire. b) Ces deux molécules sont-elles superposables ? c) Peuvent-elles s'interconvertir par inversion de leurs formes chaise ? d) Dessinez la structure de la conformation la plus stable du *cis*-1,2-diéthylcyclohexane et de son image spéculaire. e) Ces structures sont-elles superposables ? f) Peuvent-elles s'interconvertir ?

5.39 (Résolvez ce problème à l'aide de modèles moléculaires.) a) Dessinez la structure de la conformation la plus stable du *trans*-1,4-diéthylcyclohexane et de son image spéculaire. b) Ces deux molécules sont-elles superposables ? c) Représentent-elles des énantiomères ? d) Le *trans*-1,4-diéthylcyclohexane a-t-il un stéréo-isomère ? S'il y a lieu, quel est-il ? e) Ce stéréo-isomère est-il chiral ?

5.40 (Résolvez ce problème à l'aide de modèles moléculaires.) Dessinez les structures conformationnelles de tous les stéréo-isomères possibles du 1,3-diéthylcyclohexane. Identifiez les paires d'énantiomères et les composés *méso*, s'il y a lieu.

5.41* L'acide tartrique [HO₂CCH(OH)CH(OH)CO₂H] est un composé qui a joué un rôle important dans l'histoire de la stéréochimie. Deux formes optiquement actives de ce composé se retrouvent dans la nature; l'une d'elles a un point de fusion de 206 °C, et l'autre, un point de fusion de 140 °C. L'acide tartrique optiquement inactif et possédant un point de fusion de 206 °C peut être séparé en deux formes optiquement actives ayant chacune le même point de fusion (170 °C). Une des deux formes a un $[\alpha]_D^{25} = +12°$, et l'autre, un $[\alpha]_D^{25} = -12°$. On a tenté sans succès de séparer en composés optiquement actifs l'acide tartrique dont le point de fusion est de 140 °C. a) Dessinez la structure tridimensionnelle de l'acide tartrique dont le point de fusion est de 140 °C. b) Quelles sont les structures possibles pour les deux formes d'acide tartrique optiquement actives dont le point de fusion est de 170 °C ? c) Pouvez-vous déterminer laquelle des formes données en *b* présente une rotation optique positive et laquelle présente une rotation optique négative ? d) Quelle est la nature de l'acide tartrique dont le point de fusion est de 206 °C ?

5.42* a) L'indice de rotation d'une solution aqueuse d'un stéréo-isomère pur X de concentration 0,10 g/mL est de −30° lorsque la mesure est effectuée dans une cellule de 1,0 dm à 589,6 nm (la raie D du sodium) et à 25 °C. Quel est son $[\alpha]_D$ à cette température ?

   b) Dans des conditions identiques mais à une concentration de 0,050 g/mL, une solution de X a un indice de rotation de + 165°. Expliquez ce phénomène et recalculez $[\alpha]_D$.

   c) Si la rotation optique de la substance étudiée à une concentration donnée était de 0°, pourriez-vous conclure que le composé est achiral ou qu'il est racémique ?

5.43* Si un échantillon d'une substance pure composée d'un minimum de deux stéréocentres manifeste une rotation optique égale à 0°, il peut s'agir d'un mélange racémique. Cette substance peut-elle être un stéréo-isomère pur ? Un énantiomère pur ?

---

* Les problèmes marqués d'un astérisque présentent une difficulté particulière.

5.44* Un composé Y de formule $C_3H_6O_2$ contient un groupe fonctionnel qui absorbe les rayons infrarouges entre 3200 et 3550 cm^{-1} (sous forme d'un liquide pur) et ne présente pas de bande d'absorption dans la région comprise entre 1620 et 1780 cm^{-1}. Aucun atome de carbone de Y n'est relié à plus d'un atome d'oxygène, et Y ne peut exister que sous la forme de deux stéréo-isomères. Quelles sont les structures de ces formes de Y ?

TRAVAIL COOPÉRATIF

1. La streptomycine est un antibiotique particulièrement efficace contre les bactéries résistantes à la pénicilline. La structure de la streptomycine est montrée à la section 22.17.

   a) Identifiez tous les stéréocentres de la structure.

   b) Attribuez la configuration R ou S à chacun des stéréocentres de la molécule.

2. La galactosémie est une maladie génétique caractérisée par la formation de composés toxiques dont le D-galactitol. Une accumulation importante de ce composé provoque la formation de cataractes. La projection de Fischer du D-galactitol est illustrée ci-contre.

   a) Dessinez la structure tridimensionnelle de la molécule.

   b) Dessinez son image spéculaire et la projection de Fischer qui y correspond.

   c) Quelle relation stéréochimique existe-t-il entre le D-galactitol et son image spéculaire ?

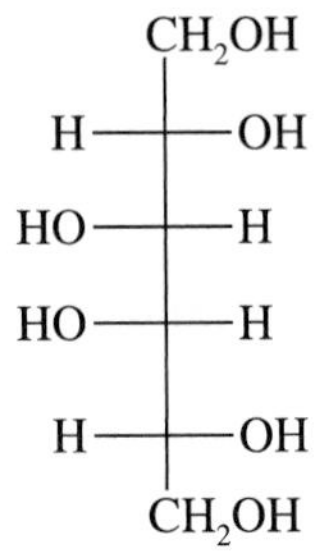

3. La cortisone est un stéroïde naturel que l'on peut isoler à partir du cortex surrénal. On a mis à profit ses propriétés anti-inflammatoires pour traiter une panoplie de maladies (par exemple, en application topique dans les cas de maladies de peau communes). La structure de la cortisone est montrée à la section 23.4D.

   a) Identifiez tous les stéréocentres présents dans la cortisone.

   b) Attribuez la conformation appropriée (R ou S) à chacun des stéréocentres de la molécule.

<pre>
           CH₂OH
        H ——— OH
       HO ——— H
       HO ——— H
        H ——— OH
           CH₂OH
</pre>

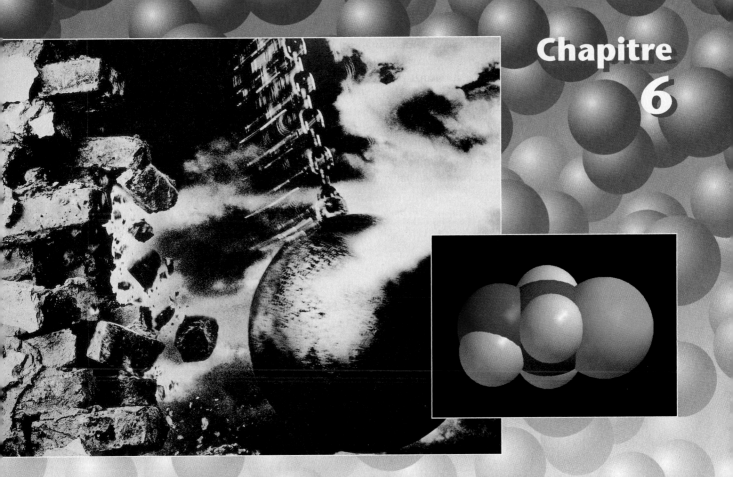

RÉACTIONS IONIQUES :
substitutions nucléophiles et réactions d'élimination des halogénoalcanes

Rompre les membranes bactériennes à l'aide de la chimie organique

Les enzymes sont les catalyseurs naturels grâce auxquels s'effectuent la plupart des réactions chimiques de la vie. Ainsi, elles contribuent au métabolisme, organisent l'information génétique, synthétisent les molécules qui sont à la base de la structure des êtres vivants et participent à la défense de notre corps contre les infections et les maladies. Bien que l'on connaisse les mécanismes d'action de nombreuses enzymes, celles dont on a percé le secret ne représentent qu'une infime portion de toutes les enzymes qui interviennent dans les processus biologiques. On s'accorde cependant à dire qu'elles catalysent des réactions dont la réactivité chimique est prévisible. De fait, les mécanismes qu'elles empruntent sont généralement ceux que l'on étudie en chimie organique. Le mécanisme du lysozyme en constitue un exemple.

Le lysozyme, une enzyme qui se retrouve dans le mucus nasal, combat les infections en dégradant les parois des bactéries. Le mécanisme par lequel cette enzyme entre en action fait intervenir un intermédiaire instable ayant un carbone (appelé carbocation) chargé positivement qui se trouve à l'intérieur de

SOMMAIRE

6.1 Introduction

6.2 Propriétés physiques des composés organo-halogénés

6.3 Réactions de substitution nucléophile

6.4 Nucléophiles

6.5 Groupes sortants

6.6 Cinétique des réactions de substitution nucléophile : la réaction S_N2

6.7 Mécanisme des réactions S_N2

6.8 Théorie de l'état de transition : les diagrammes d'énergie libre

6.9 Stéréochimie des réactions S_N2

6.10 Réaction du 2-chloro-2-méthylpropane avec l'ion hydroxyde : une réaction S_N1

6.11 Mécanisme des réactions S_N1

6.12 Carbocations

6.13 Stéréochimie des réactions S_N1

6.14 Facteurs influant sur la vitesse des réactions S_N1 et S_N2

6.15 Synthèse organique : interconversion des groupes fonctionnels par des réactions S_N2

6.16 Réactions d'élimination des halogénoalcanes

6.17 Réactions E2

6.18 Réactions E1

6.19 Substitution ou élimination

6.20 Résumé

Tableau 6.1 Longueurs des liaisons carbone–halogène.

Nature de la liaison	Longueur de la liaison (Å)
CH_3—F	1,39
CH_3—Cl	1,78
CH_3—Br	1,93
CH_3—I	2,14

l'architecture moléculaire de la paroi des bactéries. Grâce au site chargé négativement qui provient de sa structure même, le lysozyme stabilise élégamment le carbocation. Au cours de ce mécanisme facilitant la scission des molécules de la paroi bactérienne, l'enzyme ne se lie pas directement au carbocation dans la paroi cellulaire. Les intermédiaires carbocationiques jouent un rôle fondamental dans bon nombre de réactions organiques. Dans ce chapitre, nous étudierons le mécanisme de l'une de ces réactions, appelée substitution nucléophile unimoléculaire (S_N1). À la section 24.10, nous examinerons en détail le mécanisme du lysozyme.

6.1 INTRODUCTION

L'atome d'halogène d'un halogénoalcane est rattaché à un carbone hybridé sp^3. Par conséquent, l'arrangement des groupes autour de l'atome de carbone est tétraédrique. En raison de l'électronégativité plus élevée de l'halogène, la liaison carbone–halogène de l'halogénoalcane est *polarisée,* c'est-à-dire que l'atome de carbone porte une charge positive partielle et l'atome d'halogène, une charge négative partielle.

$$\overset{\delta+}{C} \longrightarrow \overset{\delta-}{X}$$

Dans le tableau périodique, en parcourant le groupe des halogènes de haut en bas, on constate que la taille des atomes d'halogène augmente. Ainsi, l'atome de fluor est le plus petit des halogènes et l'atome d'iode est le plus gros. Conséquemment, la longueur de la liaison carbone–halogène augmente à mesure que l'on descend dans le tableau périodique (voir tableau 6.1).

En laboratoire et dans l'industrie, les halogénoalcanes sont employés comme solvants pour dissoudre les composés relativement non polaires et tiennent lieu de réactifs de départ dans la synthèse de nombreux composés. Comme nous le verrons dans ce chapitre, l'atome d'halogène d'un halogénoalcane peut être aisément remplacé par d'autres groupes; de plus, il permet d'introduire une liaison multiple dans la molécule.

Les composés dans lesquels les atomes d'halogène sont liés à un carbone hybridé sp^2 sont des **halogénures vinyliques** ou des **halogénures aromatiques.** Selon la nomenclature courante, le composé CH_2=CHCl est nommé **chlorure de vinyle** et le groupe CH_2=CH— est appelé **groupe vinyle.** Un *halogénure vinylique* est donc un composé dans lequel l'halogène est lié à un atome de carbone engagé dans une liaison double avec un autre atome de carbone. Lorsque l'halogène est attaché à un cycle benzénique (section 2.5B), on a affaire à un *halogénure aromatique*. Ce dernier appartient aussi à une plus grande classe de composés, les **halogénoarènes,** que nous étudierons plus tard.

Halogénure vinylique **Halogénure aromatique ou halogénoarène**

Avec les halogénoalcanes, ces composés font partie d'un groupe de composés plus vaste que l'on appelle tout simplement **halogénures organiques** ou **composés organohalogénés.** Comme nous le verrons plus loin, les réactions des halogénures vinyliques et aromatiques diffèrent passablement de celles des halogénoalcanes. Dans ce chapitre, nous nous intéresserons particulièrement aux halogénoalcanes.

6.2 PROPRIÉTÉS PHYSIQUES DES COMPOSÉS ORGANOHALOGÉNÉS

La plupart des halogénoalcanes et des halogénoarènes se dissolvent très peu dans l'eau; toutefois, comme on peut s'y attendre, ils sont miscibles l'un dans l'autre, de même que dans d'autres solvants relativement non polaires. Le dichlorométhane

(CH$_2$Cl$_2$, aussi appelé *chlorure de méthylène*), le trichlorométhane (CHCl$_3$, aussi appelé *chloroforme*) et le tétrachlorométhane (CCl$_4$, aussi nommé *tétrachlorure de carbone*) sont souvent employés pour dissoudre les composés non polaires et modérément polaires. De nombreux chloroalcanes, dont CHCl$_3$ et CCl$_4$, ont des effets toxiques et cancérigènes cumulatifs. Il faut donc les manipuler avec soin sous une hotte chimique.

L'iodométhane (point d'ébullition : 42 °C) est le seul monohalométhane qui se présente à l'état liquide à la température ambiante et à une pression de 1 atm. Le bromoéthane (point d'ébullition : 38 °C) et l'iodure d'éthyle (point d'ébullition : 72 °C) sont tous deux des liquides, mais le chloroéthane (point d'ébullition : 13 °C) se présente sous la forme d'un gaz. Les chloropropane, bromopropane et iodopropane sont tous liquides. En général, les chloroalcanes, bromoalcanes et iodoalcanes supérieurs sont liquides et ont des points d'ébullition proches de ceux des alcanes de masses moléculaires similaires.

Le polyfluoroalcanes, cependant, ont généralement des points d'ébullition peu élevés (section 2.14D). Par exemple, l'hexafluoroéthane bout à −79 °C, même si sa masse moléculaire (MM = 138) est proche de celle du décane (MM = 144, point d'ébullition : 174 °C). Le tableau 6.2 présente la liste des propriétés physiques de quelques organohalogénés courants.

6.3 RÉACTIONS DE SUBSTITUTION NUCLÉOPHILE

De nombreuses réactions chimiques se décrivent par l'équation générale suivante.

$$\text{Nu}\!:^- \ + \ \text{R}\!-\!\ddot{\text{X}}\!: \ \longrightarrow \ \text{R}\!-\!\text{Nu} \ + \ :\!\ddot{\text{X}}\!:^-$$

Nucléophile Halogénoalcane   Produit   Halogénure
(substrat)

Voici quelques exemples de ce type de réaction :

$$\text{H}\ddot{\text{O}}\!:^- + \text{CH}_3\!-\!\ddot{\text{Cl}}\!: \longrightarrow \text{CH}_3\!-\!\ddot{\text{O}}\text{H} + :\!\ddot{\text{Cl}}\!:^-$$

$$\text{CH}_3\ddot{\text{O}}\!:^- + \text{CH}_3\text{CH}_2\!-\!\ddot{\text{Br}}\!: \longrightarrow \text{CH}_3\text{CH}_2\!-\!\ddot{\text{O}}\text{CH}_3 + :\!\ddot{\text{Br}}\!:^-$$

$$:\!\ddot{\text{I}}\!:^- + \text{CH}_3\text{CH}_2\text{CH}_2\!-\!\ddot{\text{Cl}}\!: \longrightarrow \text{CH}_3\text{CH}_2\text{CH}_2\!-\!\ddot{\text{I}}\!: + :\!\ddot{\text{Cl}}\!:^-$$

Dans ce type de réaction, un **nucléophile**, *une espèce munie d'une paire d'électrons libres,* réagit avec un halogénoalcane (qui sert de **substrat**) afin de remplacer le

Nous verrons des exemples de substitutions nucléophiles biologiques à la section 6.15.

Tableau 6.2 Composés organohalogénés courants.

Groupe	Fluorure		Chlorure		Bromure		Iodure	
	p. é. (°C)	Densité (g·mL^{-1})	p. é. (°C)	Densité (g·mL^{-1})	p. é. (°C)	Densité (g·mL^{-1})	p. é. (°C)	Densité (g·mL^{-1})
Méthyle	−78,4	0,84[−60]	−23,8	0,92[20]	3,6	1,73[0]	42,5	2,28[20]
Éthyle	−37,7	0,72[20]	13,1	0,91[15]	38,4	1,46[20]	72	1,95[20]
Propyle	−2,5	0,78[−3]	46,6	0,89[20]	70,8	1,35[20]	102	1,74[20]
Isopropyle	−9,4	0,72[20]	34	0,86[20]	59,4	1,31[20]	89,4	1,70[20]
Butyle	32	0,78[20]	78,4	0,89[20]	101	1,27[20]	130	1,61[20]
sec-Butyle			68	0,87[20]	91,2	1,26[20]	120	1,60[20]
Isobutyle			69	0,87[20]	91	1,26[20]	119	1,60[20]
tert-Butyle	12	0,75[12]	51	0,84[20]	73,3	1,22[20]	100 déc[a]	1,57[0]
Pentyle	62	0,79[20]	108,2	0,88[20]	129,6	1,22[20]	155[740]	1,52[20]
Néopentyle			84,4	0,87[20]	105	1,20[20]	127déc[a]	1,53[13]
CH$_2$=CH—	−72	0,68[26]	−13,9	0,91[20]	16	1,52[14]	56	2,04[20]
CH$_2$=CHCH$_2$—	−3		45	0,94[20]	70	1,40[20]	102−103	1,84[22]
C$_6$H$_5$—	85	1,02[20]	132	1,10[20]	155	1,52[20]	189	1,82[20]
C$_6$H$_5$CH$_2$—	140	1,02[25]	179	1,10[25]	201	1,44[22]	93[10]	1,73[25]

[a] L'abréviation *déc* signifie « se décompose ».

substituant halogéné. Une *réaction de substitution* se produit alors, car le substituant halogéné, qui tient lieu de **groupe sortant,** est libéré sous forme d'ion halogénure. Comme cette réaction de substitution débute par l'attaque du nucléophile, on l'appelle **réaction de substitution nucléophile.**

Dans les réactions de substitution nucléophile, la liaison carbone–halogène du substrat subit une *hétérolyse* et la paire d'électrons libres du nucléophile s'engage dans une nouvelle liaison avec un atome de carbone.

Dans les réactions de ce chapitre, le rouge représente le nucléophile, et le bleu, le groupe sortant.

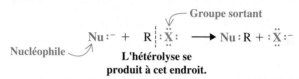

Plus avant dans ce chapitre, nous évoquerons plusieurs points. À quel moment la liaison carbone–halogène se rompt-elle ? Cela se produit-il pendant que la nouvelle liaison entre le nucléophile et le carbone se réalise ?

$$Nu:^- + R:\ddot{X}: \longrightarrow \overset{\delta-}{Nu}\text{---}R\text{---}\overset{\delta-}{\ddot{X}:} \longrightarrow Nu:R + :\ddot{X}:^-$$

Ou est-ce la liaison carbone–halogène qui se brise la première ?

$$R:\ddot{X}: \longrightarrow R^+ + :\ddot{X}:^-$$

Avant la liaison suivante ?

$$Nu:^- + R^+ \longrightarrow Nu:R$$

Nous découvrirons que la réponse à ces questions dépend principalement de la structure de l'halogénoalcane.

6.4 NUCLÉOPHILES

Un nucléophile est un réactif qui recherche les centres chargés positivement (*nucléophile* provient du mot *nucleus,* la portion positive d'un atome, suivi de -*phile,* du grec *philos* qui signifie « qui aime »). Lorsqu'un nucléophile réagit avec un halogénoalcane, il recherche le site chargé positivement qu'est l'atome de carbone portant l'atome d'halogène. Cet atome de carbone présente une charge positive partielle, car l'halogène électronégatif attire les électrons de la liaison carbone–halogène (section 2.4).

Nous vous suggérons de revoir la section 3.2C, intitulée *Attraction des charges de signes opposés.*

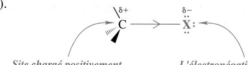

Site chargé positivement recherché par le nucléophile   *L'électronégativité de l'halogène polarise la liaison C — X.*

Un nucléophile est un ion négatif ou une molécule neutre, munis d'au moins une paire d'électrons libres. Par exemple, l'ion hydroxyde et la molécule d'eau peuvent tous deux agir en tant que nucléophiles avec les halogénoalcanes pour produire des alcools.

Réaction générale de la substitution nucléophile sur un halogénoalcane par un ion hydroxyde

$$H\text{—}\ddot{O}:^- + R\text{—}\ddot{X}: \longrightarrow H\text{—}\ddot{O}\text{—}R + :\ddot{X}:^-$$
Nucléophile   **Halogénoalcane**   **Alcool**   **Groupe sortant**

Réaction générale de la substitution nucléophile sur un halogénoalcane par l'eau

$$H\text{—}\underset{\underset{H}{|}}{\ddot{O}}: + R\text{—}\ddot{X}: \longrightarrow H\text{—}\underset{\underset{H}{|}}{\overset{+}{\ddot{O}}}\text{—}R + :\ddot{X}:^-$$
Nucléophile   **Halogénoalcane**   **Ion alkyloxonium**

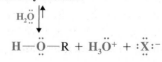

$$H\text{—}\ddot{O}\text{—}R + H_3\ddot{O}^+ + :\ddot{X}:^-$$

Dans la seconde réaction, le premier produit formé est un ion alkyloxonium, R—$\overset{+}{\underset{|}{\overset{\cdot\cdot}{O}}}$—H, qui cède alors un proton à la molécule d'eau pour conduire à un alcool.

PROBLÈME 6.1

Écrivez les réactions suivantes *sous forme d'équations ioniques nettes* et identifiez le nucléophile, le substrat et le groupe sortant de chacune des réactions.

a) $CH_3I + CH_3CH_2ONa \longrightarrow CH_3OCH_2CH_3 + NaI$

b) $NaI + CH_3CH_2Br \longrightarrow CH_3CH_2I + NaBr$

c) $2\ CH_3OH + (CH_3)_3CCl \longrightarrow (CH_3)_3COCH_3 + CH_3OH_2^+ + Cl^-$

d) $CH_3CH_2CH_2Br + NaCN \longrightarrow CH_3CH_2CH_2CN + NaBr$

e) $C_6H_5CH_2Br + 2\ NH_3 \longrightarrow C_6H_5CH_2NH_2 + NH_4Br$

6.5 GROUPES SORTANTS

Les halogénoalcanes ne sont pas les seules substances à tenir lieu de substrat dans les réactions de substitution nucléophile. Nous verrons plus loin que d'autres composés peuvent aussi jouer ce rôle. En fait, pour être réactif, c'est-à-dire pour être capable d'agir en tant que substrat dans les réactions de substitution nucléophile, une molécule doit posséder un bon **groupe sortant.** Dans le cas des halogénoalcanes, le groupe sortant est l'halogène libéré sous forme d'ion halogénure. *Un bon groupe sortant est un substituant pouvant se libérer sous la forme d'une molécule ou d'un ion faiblement basique et relativement stable* (une explication détaillée en est donnée à la section 6.14E). Vu leur stabilité relative et leur faible basicité, les ions halogénure sont de bons groupes sortants. D'autres groupes peuvent aussi constituer de bons groupes sortants. Si l'on écrit les équations générales des réactions de substitution nucléophile en utilisant **L** pour représenter le groupe sortant, on obtient :

$$Nu\!:^- + R—L \longrightarrow R—Nu + :L^-$$

ou

$$Nu\!: + R—L \longrightarrow R—Nu^+ + :L^-$$

Exemples

$$H\overset{\cdot\cdot}{\underset{\cdot\cdot}{O}}\!:^- + CH_3—\overset{\cdot\cdot}{\underset{\cdot\cdot}{Cl}}\!: \longrightarrow CH_3—\overset{\cdot\cdot}{\underset{\cdot\cdot}{O}}H + :\overset{\cdot\cdot}{\underset{\cdot\cdot}{Cl}}\!:^-$$

$$H_3N\!: + CH_3—\overset{\cdot\cdot}{\underset{\cdot\cdot}{Br}}\!: \longrightarrow CH_3—NH_3^+ + :\overset{\cdot\cdot}{\underset{\cdot\cdot}{Br}}\!:^-$$

Plus tard, nous étudierons aussi les réactions dans lesquelles le substrat porte une charge positive formelle. Ces réactions se décrivent par l'équation générale suivante.

$$Nu\!: + R—L^+ \longrightarrow R—Nu^+ + :L$$

Dans ce type de réaction, lorsque le groupe sortant quitte avec la paire d'électrons, sa charge formelle s'annule.

Exemple

$$CH_3—\overset{\cdot\cdot}{\underset{|}{O}}\!: + CH_3—\overset{+}{\underset{|}{\overset{\cdot\cdot}{O}}}—H \longrightarrow CH_3—\overset{+}{\underset{|}{\overset{\cdot\cdot}{O}}}—CH_3 + :\overset{\cdot\cdot}{O}—H$$
$$\quad\ \ H \qquad\qquad\quad H \qquad\qquad\qquad\quad H \qquad\qquad H$$

On comprend mieux les réactions de substitution nucléophile et leur utilité si on en connaît le mécanisme. Comment le nucléophile remplace-t-il le groupe sortant ? La réaction a-t-elle lieu en une ou en plusieurs étapes ? Si la réaction se produit en plusieurs étapes, quels intermédiaires sont formés ? Quelles étapes sont rapides et lesquelles sont lentes ? Pour répondre à ces questions, il faut acquérir des notions relatives à la vitesse des réactions chimiques.

Tableau 6.3 Étude de la vitesse de réaction du CH_3Cl avec ^-OH à 60 °C.

Numéro de l'expérience	Concentration initiale de [CH₃Cl]	Concentration initiale de [⁻OH]	Vitesse initiale (mol·L⁻¹·s⁻¹)
1	0,0010	1,0	$4,9 \times 10^{-7}$
2	0,0020	1,0	$9,8 \times 10^{-7}$
3	0,0010	2,0	$9,8 \times 10^{-7}$
4	0,0020	2,0	$19,6 \times 10^{-7}$

6.6 CINÉTIQUE DES RÉACTIONS DE SUBSTITUTION NUCLÉOPHILE : LA RÉACTION S_N2

Afin de comprendre comment on mesure la vitesse d'une réaction, examinons un exemple réel, à savoir la réaction entre le chlorométhane et l'ion hydroxyde en solution aqueuse.

$$CH_3-Cl + OH^- \xrightarrow[H_2O]{60\,°C} CH_3-OH + Cl^-$$

Même si le chlorométhane n'est pas très soluble dans l'eau, il l'est suffisamment pour que l'on puisse étudier sa cinétique. L'ajout d'hydroxyde de sodium assure la présence d'ions hydroxyde dans la solution aqueuse. Puisque, comme on le sait, les vitesses de réaction dépendent de la température, cette réaction doit être réalisée à une température précise (section 6.8).

Pour déterminer expérimentalement la vitesse de réaction, on mesure la vitesse à laquelle le chlorométhane ou les ions hydroxyde *disparaissent* de la solution, ou la vitesse à laquelle le méthanol ou les ions chlorure *apparaissent* dans la solution. En prélevant un petit échantillon du mélange réactionnel juste après le début de la réaction, on peut mesurer les concentrations de CH_3Cl ou de ^-OH et de CH_3OH ou de Cl^-. On s'intéresse particulièrement aux *vitesses initiales,* car les concentrations des réactifs se modifient avec le temps. Puisqu'on connaît les concentrations initiales des réactifs (on les a mesurées en préparant les solutions), il est facile de calculer la vitesse à laquelle chacun disparaît de la solution ou celle à laquelle apparaît chacun des produits.

En effectuant l'expérience plusieurs fois à la même température, mais en variant la concentration initiale des réactifs, on obtient des résultats semblables à ceux présentés au tableau 6.3.

Notez que la vitesse dépend à la fois de la concentration du chlorométhane *et* de celle des ions hydroxyde. Lorsqu'on double la concentration du chlorométhane dans l'expérience 2, la vitesse *double*. C'est également ce qui se produit quand, dans l'expérience 3, on *double* la concentration des ions hydroxyde. Si l'on double la concentration des deux réactifs (expérience 4), la vitesse de réaction *quadruple*. On peut donc exprimer cette relation par un rapport de proportionnalité,

$$\text{Vitesse} \infty [CH_3Cl][^-OH]$$

et ce rapport peut être intégré à une équation comprenant une constante de proportionnalité (k) que l'on appelle constante de vitesse :

$$\text{Vitesse} = k[CH_3Cl][^-OH]$$

Si cette réaction s'effectue à 60 °C, on calcule que $k = 4,9 \times 10^{-4}$ mol·L⁻¹·s⁻¹. Vous pouvez vérifier ce résultat en faisant le calcul vous-même.

On dit que cette réaction est **globalement d'ordre deux***. On peut donc raisonnablement conclure que, *pour que la réaction ait lieu, un ion hydroxyde doit entrer*

---

* En général, l'ordre de la réaction globale est égal à la somme des exposants a et b d'une équation de vitesse

$$\text{Vitesse} = k[A]^a[B]^b$$

Cependant, si dans certaines réactions,

$$\text{Vitesse} = k[A]^2[B]$$

on dit alors que cette réaction est d'ordre deux par rapport à [A], d'ordre un par rapport à [B] et d'ordre trois globalement.

en collision avec une molécule de chlorométhane. On dit aussi de cette réaction qu'elle est **bimoléculaire,** ce qui signifie que deux espèces sont présentes à l'étape dont la vitesse de réaction a été mesurée. Ce type de réaction correspond à une réaction S_N2, abréviation de **substitution nucléophile bimoléculaire.**

6.7 MÉCANISME DES RÉACTIONS S_N2

En 1937, Edward D. Hughes et Sir Christopher Ingold proposèrent un mécanisme pour expliquer la réaction S_N2. Ce mécanisme, aujourd'hui accepté, est présenté ci-dessous :

Dans ce mécanisme, le nucléophile attaque le carbone portant le groupe sortant **par derrière,** c'est-à-dire par le côté directement opposé au groupe sortant. L'orbitale renfermant le doublet d'électrons du nucléophile recouvre peu à peu l'orbitale antiliante vide de l'atome de carbone qui porte le groupe sortant. À mesure que la réaction progresse, la liaison entre le nucléophile et l'atome de carbone se renforce, alors que celle entre l'atome de carbone et le groupe sortant s'affaiblit. Simultanément, l'atome de carbone subit une *inversion** de sa configuration et le groupe sortant se libère. La formation de la liaison entre le nucléophile et l'atome de carbone fournit la majeure partie de l'énergie nécessaire à la rupture de la liaison entre l'atome de carbone et le groupe sortant. Dans l'encadré ci-dessous, nous présentons le mécanisme de la réaction entre le chlorométhane et l'ion hydroxyde.

Le mécanisme de Hughes-Ingold de la réaction S_N2 ne comporte qu'une étape, c'est-à-dire qu'il n'y a pas d'intermédiaires. Néanmoins, la réaction fait intervenir un arrangement d'atomes instable appelé **état de transition.**

Cet arrangement d'atomes est un complexe éphémère formé à partir du nucléophile et du groupe sortant, tous deux partiellement liés à l'atome de carbone qui subit l'attaque. Comme cet état de transition concerne à la fois le nucléophile (c'est-à-dire l'ion hydroxyde) et le substrat (c'est-à-dire le chlorométhane), la cinétique de cette réaction est d'ordre deux. Étant donné que la formation et la rupture des liaisons de l'état de transition sont simultanées, la réaction S_N2 est dite *concertée.*

Ingold (en haut) et Hughes (en bas), du University College de Londres, ont été des pionniers dans le domaine des mécanismes réactionnels. Notre compréhension des réactions de substitution nucléophile et d'élimination se fonde directement sur leurs travaux.

Rôle des orbitales dans les réactions S_N2

Leçon interactive : mécanisme S_N2

MÉCANISME DE LA RÉACTION S_N2

Réaction

$$HO^- + CH_3Cl \longrightarrow CH_3OH + Cl^-$$

Mécanisme

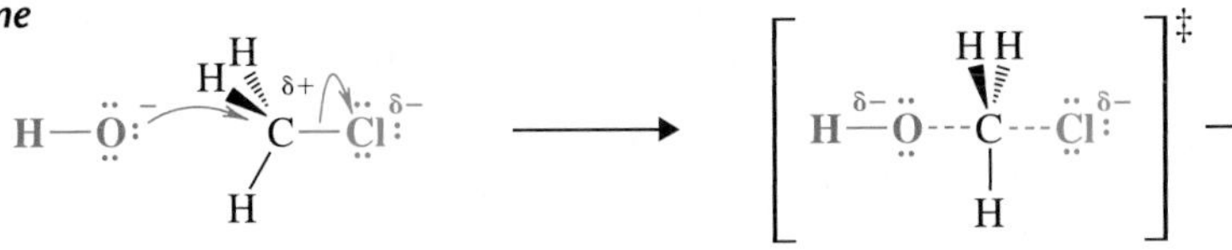

État de transition

| Par une attaque sur le côté opposé au chlore, l'ion hydroxyde négatif fournit une paire d'électrons à l'atome de carbone portant une charge positive partielle. Le chlorure commence à se libérer du substrat en emportant la paire d'électrons de sa liaison avec le carbone. | Dans l'état de transition, la liaison entre l'oxygène et le carbone se réalise à mesure que celle entre le carbone et le chlore se rompt. La configuration de l'atome de carbone s'inverse. | La liaison entre l'oxygène et le carbone est complètement formée, et l'ion chlorure est libéré; la configuration du carbone est inversée. |

---

* Avant la publication des résultats de Hughes et de Ingold en 1937, on avait de nombreuses preuves qu'une inversion de la configuration du carbone portant le groupe sortant a lieu dans les réactions de ce type. En 1896, Paul Walden, chimiste letton, fut le premier à observer ce phénomène; c'est pourquoi on a nommé ces inversions **inversions de Walden.** Nous étudierons la stéréochimie des réactions S_N2 à la section 6.9.

L'état de transition a une durée de vie extrêmement courte, laquelle correspond au temps d'une vibration moléculaire, soit environ 10^{-12} s. La structure et l'énergie de l'état de transition sont des aspects très importants des réactions chimiques. Nous étudierons donc ce sujet en détail à la section 6.8.

6.8 THÉORIE DE L'ÉTAT DE TRANSITION : LES DIAGRAMMES D'ÉNERGIE LIBRE

Une réaction au cours de laquelle la variation d'énergie libre est négative est dite **exergonique,** et celle au cours de laquelle la variation est positive est dite **endergonique.** La réaction entre le chlorométhane et l'ion hydroxyde en solution aqueuse est fortement exergonique : à 60 °C (333 K), $\Delta G° = -100$ kJ·mol^{-1}. Elle est aussi exothermique, $\Delta H = -75$ kJ·mol^{-1}.

$$CH_3—Cl + {}^-OH \longrightarrow CH_3—{}^-OH + Cl \qquad \Delta G° = -100 \text{ kJ·mol}^{-1}$$

La valeur de la constante d'équilibre de la réaction est extrêmement élevée :

$$\Delta G° = -2{,}303 \, RT \log K_{\text{éq}}$$

$$\log K_{\text{éq}} = \frac{-\Delta G°}{2{,}303 \, RT}$$

$$\log K_{\text{eq}} = \frac{-(-100 \text{ kJ·mol}^{-1})}{2{,}303 \times 0{,}00831 \text{ kJ K}^{-1}\text{mol}^{-1} \times 333 \text{ K}}$$

$$\log K_{\text{éq}} = 15{,}7$$

$$K_{\text{éq}} = 5{,}0 \times 10^{15}$$

Lorsque la constante d'équilibre est aussi élevée, cela signifie que la réaction se réalise complètement.

Comme la variation d'énergie libre est négative, on peut affirmer que la réaction est **« descendante »** en ce qui a trait à l'énergie : le niveau d'énergie libre des produits de la réaction est inférieur à celui des réactifs.

Cependant, de nombreuses expériences ont prouvé que **si des liaisons covalentes sont rompues pendant une réaction, les réactifs devront d'abord « subir une augmentation »,** avant de « diminuer » d'énergie. Cela se produit même lorsque la réaction est exergonique.

On peut représenter graphiquement ce phénomène en traçant la courbe de l'énergie libre des molécules réactives en fonction des coordonnées de la réaction. Un tel graphique représentant une réaction S_N2 générale est illustré à la figure 6.1.

Les coordonnées de la réaction constituent une mesure de sa progression. Elles représentent les variations de l'agencement et des longueurs des liaisons qui ont lieu quand les réactifs sont convertis en produits. Dans cet exemple, on pourrait considérer la longueur de liaison entre Y et Z comme une des coordonnées de la réaction, car la longueur de la liaison Y—Z augmente à mesure que la réaction progresse.

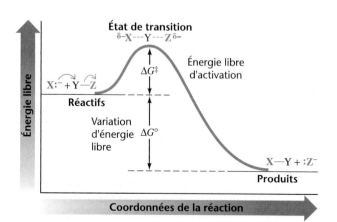

Figure 6.1 Diagramme d'énergie libre d'une réaction S_N2 hypothétique dont le $\Delta G°$ est négatif.

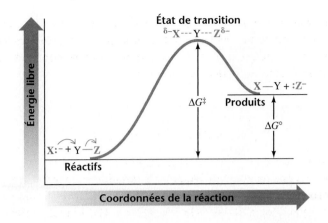

Figure 6.2 Diagramme d'énergie libre d'une réaction S_N2 hypothétique dont la variation d'énergie libre est positive.

À la figure 6.1, on peut voir qu'il existe une **barrière énergétique** entre les réactifs et les produits. Cette barrière (en kilojoules par mole), représentée par la hauteur de la courbe située au-dessus du niveau énergétique des réactifs, est appelée **énergie libre d'activation, $\Delta G^{\ddagger}$**.

Le haut de la courbe correspond à l'état de transition. *La différence d'énergie libre entre les réactifs au début de la réaction et à l'état de transition représente l'énergie libre d'activation, $\Delta G^{\ddagger}$. Quant à la différence d'énergie libre entre les réactifs et les produits, elle représente la variation d'énergie libre de la réaction, $\Delta G°$.* Dans notre exemple, le niveau d'énergie libre des produits est plus bas que celui des réactifs. Pour faire une analogie, on pourrait dire que, à la manière des alpinistes, les réactifs, situés dans la première vallée, doivent grimper jusqu'au sommet de la montagne énergétique (l'état de transition) pour atteindre la vallée des produits qui est d'énergie plus faible.

Une réaction au cours de laquelle des liaisons covalentes sont rompues et dont la variation d'énergie libre est positive (figure 6.2) présente aussi une énergie libre d'activation. En effet, si l'énergie libre des produits est supérieure à celle des réactifs, celle de l'état de transition sera encore plus élevée ($\Delta G^{\ddagger}$ sera plus élevé que $\Delta G°$). Autrement dit, dans une réaction « **ascendante** » (endergonique), la vallée des réactifs est séparée de celle des produits (d'énergie plus élevée) par une montagne énergétique beaucoup plus importante.

Nous avons vu à la section 3.9 que les paramètres du calcul de la variation d'énergie libre globale sont l'enthalpie et l'entropie.

$$\Delta G° = \Delta H° - T\Delta S°$$

Il en va de même pour le calcul de l'énergie libre d'activation :

$$\Delta G^{\ddagger} = \Delta H^{\ddagger} - T\Delta S^{\ddagger}$$

L'enthalpie d'activation ($\Delta H^{\ddagger}$) représente la différence entre l'énergie associée aux liaisons des réactifs et l'énergie associée aux liaisons de l'état de transition. En fait, c'est l'énergie nécessaire pour rapprocher les réactifs et briser partiellement les liaisons de la molécule à l'état de transition. Cette énergie peut notamment être fournie par les liaisons partiellement réalisées. L'entropie d'activation ($\Delta S^{\ddagger}$) est la différence entre l'entropie associée aux réactifs et celle qui est associée à l'état de transition. La plupart du temps, pour qu'une réaction se produise, les réactifs doivent entrer en collision selon une orientation particulière (c'est le cas, par exemple, des réactions S_N2). Cela signifie que l'état de transition doit être plus ordonné que les réactifs et engendrer un $\Delta S^{\ddagger}$ négatif. Plus l'état de transition est ordonné, plus $\Delta S^{\ddagger}$ sera négatif. En traçant une représentation tridimensionnelle de l'énergie libre en fonction des coordonnées de la réaction, on constate que l'état de transition s'apparente davantage à un col (voir figure 6.3) qu'au sommet des montagnes que montraient les figures 6.1 et 6.2. On peut considérer les graphiques des figures 6.1 et 6.2 comme des coupes transversales d'une aire tridimensionnelle correspondant à l'énergie de la réaction. Ainsi, si les réactifs et les produits (situés dans des vallées distinctes) sont séparés par une barrière éner-

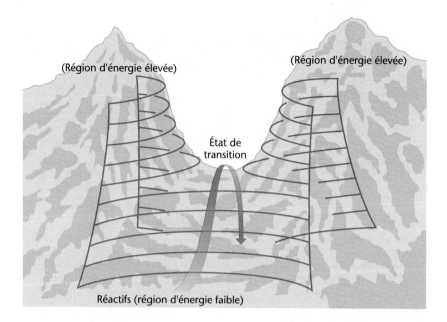

Figure 6.3 Analogie entre un col et l'état de transition d'une réaction (adaptation autorisée par J.E. Leffler, et E. Grunwald, *Rates and Equilibria of Organic Reactions*, New York, Wiley, 1963, p. 65).

(Région d'énergie élevée)

(Région d'énergie élevée)

État de transition

Réactifs (région d'énergie faible)

gétique que l'on pourrait comparer à une chaîne de montagnes, il existe plusieurs chemins permettant de passer de la vallée des réactifs à celle des produits. L'état de transition s'apparente au passage qui nécessite le moins d'énergie. La largeur du passage dépend de $\Delta S^{\ddagger}$. Un passage large signifie que la réaction pourra se produire avec des réactifs présentant différentes orientations, alors qu'un passage étroit signifie que les réactifs ne peuvent avoir qu'un nombre restreint d'orientations.

L'énergie d'activation ($\Delta G^{\ddagger}$) permet de comprendre pourquoi les réactions chimiques se réalisent plus rapidement à des températures élevées. En effet, *une augmentation de 10 °C de la température doublera la vitesse de la plupart des réactions qui s'effectuent à la température ambiante.*

Cette importante augmentation de la vitesse de réaction résulte de la hausse du nombre de collisions entre les réactifs qui, globalement et à des températures plus élevées, possèdent l'énergie nécessaire pour franchir la barrière énergétique. Notez que l'énergie cinétique des molécules à une température donnée n'est pas la même pour toutes les molécules. La figure 6.4 illustre la distribution de l'énergie associée aux collisions, mesurée aux températures T_1 et T_2 (qui diffèrent peu). Vu que l'énergie des collisions est distribuée différemment selon la température (comme le suggèrent les formes des courbes), on peut déduire qu'une petite augmentation de la température engendrera une hausse substantielle du nombre de collisions et de leur énergie. À la figure 6.4, nous avons indiqué la quantité minimale d'énergie libre requise pour provoquer une réaction entre des molécules qui se heurtent. Le nombre de collisions qui s'effectuent avec l'énergie suffisante pour provoquer la réaction à une température donnée est proportionnel à la surface située sous la partie de la courbe représentant un niveau d'énergie libre égal ou supérieur à $\Delta G^{\ddagger}$. À une température plus basse (T_1),

Leçon interactive : collisions S_N2

Figure 6.4 Distribution des énergies à deux températures différentes, T_1 et T_2 ($T_2 > T_1$). Le nombre de collisions présentant une énergie plus élevée que l'énergie libre d'activation est représenté par la région ombrée de chacune des courbes.

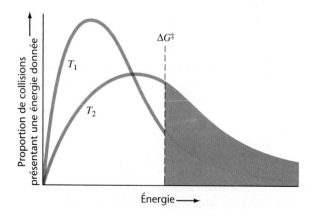

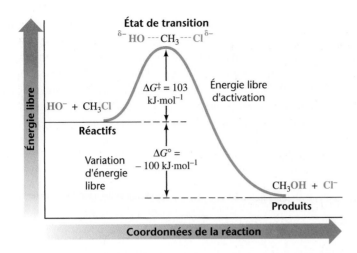

Figure 6.5 Diagramme d'énergie libre de la réaction entre le chlorométhane et l'ion hydroxyde à 60 °C.

ce nombre est relativement petit, mais à une température plus élevée, il augmente considérablement. Il suffit donc d'une augmentation modeste de la température pour accroître le nombre de collisions qui s'effectuent avec l'énergie requise pour qu'ait lieu la réaction.

Il existe également une relation importante entre la vitesse de réaction et la valeur de l'énergie libre d'activation. La constante de vitesse (k) et $\Delta G^{\ddagger}$ sont reliés par une équation *exponentielle*.

$$k = k_0\, e^{-\Delta G^{\ddagger}/RT}$$

Dans cette équation, e correspond à 2,718, la valeur de la base du logarithme naturel, et k_0 représente la constante de vitesse absolue, qui équivaut à la vitesse à laquelle tous les états de transition se transforment en produits. À 25 °C, k_0 est égal à $6,2 \times 10^{12}\ s^{-1}$. Vu cette relation exponentielle, **une réaction associée à une faible énergie d'activation se produira beaucoup plus rapidement qu'une réaction associée à une énergie élevée.**

En général, si une réaction présente un $\Delta G^{\ddagger}$ inférieur à 84 kJ·mol^{-1}, elle pourra se réaliser aisément à la température ambiante ou même à une température inférieure. Par contre, si le $\Delta G^{\ddagger}$ est supérieur à 84 kJ·mol^{-1}, il faudra chauffer les réactifs pour que la réaction puisse se produire à une vitesse raisonnable.

Un diagramme de l'énergie libre de la réaction du chlorométhane et de l'ion hydroxyde est illustré à la figure 6.5. À 60 °C, $\Delta G^{\ddagger}$ équivaut à 103 kJ·mol^{-1}, ce qui signifie qu'à cette température la réaction se réalise complètement en quelques heures.

6.9 STÉRÉOCHIMIE DES RÉACTIONS S$_N$2

Stéréochimie S$_N$2

Comme nous l'avons vu à la section 6.7, lors d'une réaction S$_N$2, le **nucléophile attaque par derrière, c'est-à-dire du côté opposé au groupe sortant.** Cette attaque (voir l'illustration ci-dessous) entraîne un **changement de la configuration** de l'atome de carbone visé par l'attaque nucléophile (on définit la configuration d'un atome comme *l'arrangement particulier dans l'espace des groupes autour d'un atome*; voir la section 5.6). À mesure que le groupe sortant est remplacé par le nucléophile, la configuration de l'atome de carbone qui subit l'attaque **s'inverse,** c'est-à-dire que l'arrangement des liaisons est retourné comme l'est un parapluie lors d'un coup de vent.

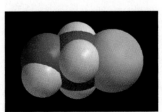

État de transition d'une réaction S$_N$2

Pour certaines molécules, cependant, il est impossible de démontrer que l'inversion se produit; c'est le cas du chlorométhane, dont la configuration est identique à celle de la forme qui a subi l'inversion. Par contre, dans le cas d'une molécule cyclique comme le *cis*-1-chloro-3-méthylcyclopentane, il y a *inversion de la configuration*. Lors d'une réaction S$_N$2, le *cis*-1-chloro-3-méthylcyclopentane réagit avec l'ion hydroxyde pour donner le *trans*-3-méthylcyclopentanol. *L'ion hydroxyde se retrouve lié à la face opposée du cycle portant l'atome de chlore qu'il remplace.*

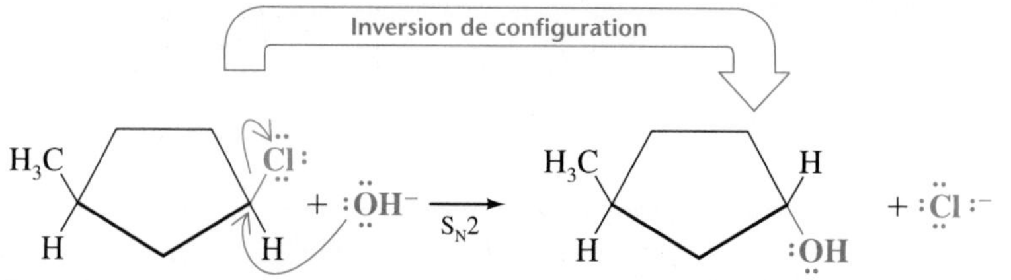

Inversion de configuration

cis-1-Chloro-3-
méthylcyclopentane

trans-3-Méthylcyclopentanol

L'état de transition ressemble fort probablement à la structure illustrée ci-dessous.

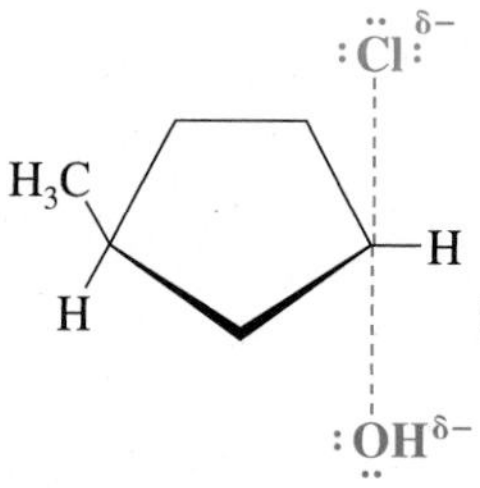

Le groupe sortant se
libère par le dessus.

Le nucléophile attaque
par le dessous.

PROBLÈME 6.2

À l'aide de structures dessinées en conformation chaise (section 4.12), montrez la réaction de substitution nucléophile qui a lieu entre le *trans*-1-bromo-4-*tert*-butyl-cyclohexane et l'ion iodure. Dessinez la conformation la plus stable pour le réactif et pour le produit.

Leçon interactive : inversion de configuration dans les réactions S$_N$2

Il y a également inversion de la configuration *lorsque la réaction S$_N$2 se produit au centre stéréogénique* d'une molécule acyclique. Ainsi, on peut affirmer que ***toute réaction S$_N$2 entraîne une inversion de configuration.***

Prenons l'exemple du 2-bromooctane, un composé comportant un stéréocentre et existant sous forme d'énantiomères. On a isolé chacun de ces énantiomères et on a démontré qu'ils présentent la configuration et le pouvoir rotatoire suivants.

(*R*)-(−)-2-Bromooctane
$[\alpha]_D^{25} = -34,25°$

(*S*)-(+)-2-Bromooctane
$[\alpha]_D^{25} = +34,25°$

Le pouvoir rotatoire et la configuration des énantiomères du octan-2-ol, qui est aussi chiral, ont également été déterminés :

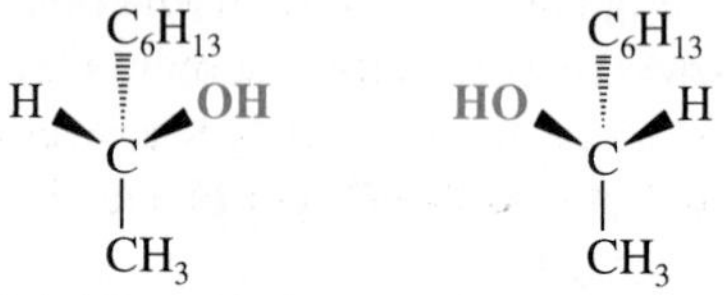

(*R*)-(−)Octan-2-ol
$[\alpha]_D^{25} = -9,90°$

(*S*)-(+)Octan-2-ol
$[\alpha]_D^{25} = +9,90°$

Lorsque le (*R*)-(−)-2-bromooctane réagit avec l'hydroxyde de sodium, le (*S*)-(+)-octan-2-ol est le seul produit de la réaction de substitution.

STÉRÉOCHIMIE D'UNE RÉACTION S$_N$2

Lors de cette réaction S$_N$2, il y a *inversion complète de la configuration*.

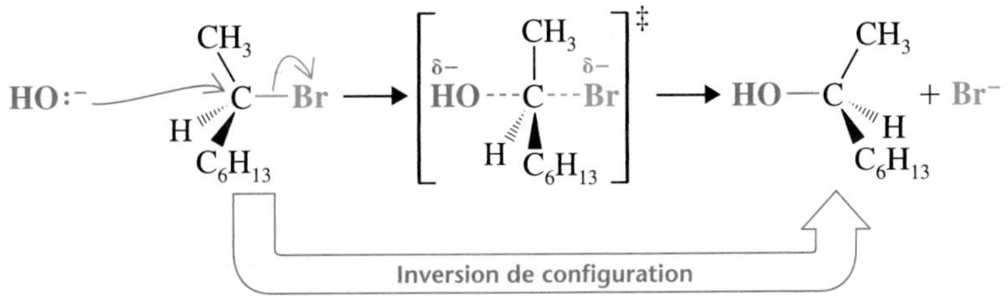

Inversion de configuration

(*R*)-(−)-2-Bromooctane
$[\alpha]_D^{25} = -34,25°$
Pureté énantiomère = 100 %

(*S*)-(+)-2-Octanol
$[\alpha]_D^{25} = +9,90°$
Pureté énantiomère = 100 %

PROBLÈME 6.3

Une réaction S$_N$2 au cours de laquelle une liaison à un centre stéréogénique est rompue peut servir à déterminer la configuration des molécules, à condition que la *stéréochimie* de la réaction soit connue. a) Illustrez ce phénomène en attribuant une configuration aux énantiomères du 2-chlorobutane et en vous fondant sur les données qui suivent. [La configuration du (−)-butan-2-ol est donnée à la section 5.7C.]

(+)-2-Chlorobutane $\xrightarrow[\text{S}_N2]{^-\text{OH}}$ (−)Butan-2-ol
$[\alpha]_D^{25} = +36,00°$ $[\alpha]_D^{25} = -13,52°$
Énantiomèrement pur   **Énantiomèrement pur**

b) Lorsque le (+)-2-chlorobutane optiquement pur réagit avec de l'iodure de potassium dans l'acétone, la réaction S$_N$2 aboutit à la formation du 2-iodobutane lévogyre. Quelle est la configuration du (−)-2-iodobutane ? Quelle est celle du (+)-2-iodobutane ?

6.10 RÉACTION DU 2-CHLORO-2-MÉTHYLPROPANE AVEC L'ION HYDROXYDE : UNE RÉACTION S$_N$1

Lorsque le 2-chloro-2-méthylpropane (chlorure de *tert*-butyle) réagit avec l'hydroxyde de sodium dans un mélange d'eau et d'acétone, la cinétique de la réaction diffère de ce que nous avons observé précédemment. La vitesse de formation du *tert*-butanol dépend de la concentration du 2-chloro-2-méthylpropane, mais elle est *indépendante de la concentration de l'ion hydroxyde*. Le fait de doubler la concentration du 2-chloro-2-méthylpropane multiplie par *deux* la vitesse de réaction; par contre, une variation de la concentration des ions hydroxyde (jusqu'à un certain point) ne produit aucun effet. Que ce soit dans l'eau pure (dans laquelle la concentration des ions hydroxyde est de 10^{-7} *M*) ou dans une solution d'hydroxyde de sodium à 0,05 *M* (dans laquelle la concentration des ions hydroxyde est 500 000 fois plus élevée), la réaction de substitution du 2-chloro-2-méthylpropane se produit presque à la même vitesse. Nous verrons à la section 6.11 que l'eau est le nucléophile prédominant de cette réaction.

Par conséquent, l'équation de la vitesse de cette réaction de substitution est de premier ordre par rapport au 2-chloro-2-méthylpropane, et cette réaction est *globalement de premier ordre ou d'ordre 1*.

$$(CH_3)_3C—Cl + {}^-OH \xrightarrow[H_2O]{\text{acétone}} (CH_3)_3C—OH + Cl^-$$

$$\text{Vitesse} \propto [(CH_3)_3CCl]$$

$$\text{Vitesse} = k[(CH_3)_3CCl]$$

On peut donc conclure que les ions hydroxyde ne participent pas à la formation de l'état de transition de l'étape déterminant la vitesse de cette réaction. Seules les molécules de 2-chloro-2-méthylpropane entrent en ligne de compte. Ce type de réaction est dit **unimoléculaire** et est désigné S_N1 (pour **substitution nucléophile unimoléculaire**).

Par quel mécanisme une réaction S_N1 se produit-elle ? Pour l'expliquer, on doit considérer un processus comportant plusieurs étapes. À quelle cinétique de réaction peut-on s'attendre dans un tel cas ? Examinons cela de plus près.

6.10A RÉACTIONS À ÉTAPES ET ÉTAPE DÉTERMINANTE DE LA VITESSE

Dans le cas d'une réaction comprenant plusieurs étapes, la vitesse de la réaction globale sera déterminée par la vitesse de l'étape la plus lente de la séquence. On qualifie cette étape d'**étape déterminante de la vitesse** ou d'**étape cinétiquement déterminante.** Examinons par exemple la réaction suivante :

Étape 1	Réactif $\xrightarrow{\text{lente}}$ intermédiaire 1
Étape 2	Intermédiaire 1 $\xrightarrow{\text{rapide}}$ intermédiaire 2
Étape 3	Intermédiaire 2 $\xrightarrow{\text{rapide}}$ produit

La première étape de cet exemple est dite intrinsèquement lente; cela signifie que la constante de vitesse de l'étape 1 est beaucoup plus faible que celle des étapes 2 et 3.

Étape 1	Vitesse $= k_1[\text{réactif}]$
Étape 2	Vitesse $= k_2[\text{intermédiaire 1}]$
Étape 3	Vitesse $= k_3[\text{intermédiaire 2}]$

$$k_1 << k_2 \text{ ou } k_3$$

Les étapes 2 et 3 sont *rapides*, c'est-à-dire qu'en raison de leurs constantes de vitesse plus élevées, ces réactions pourraient (en théorie) se produire plus rapidement si les concentrations des deux intermédiaires augmentaient. En réalité, cependant, les concentrations des intermédiaires sont toujours très faibles, car la lenteur de l'étape 1 limite la vitesse des étapes 2 et 3, laquelle est comparable à celle de l'étape 1.

Pour bien comprendre ce qui se passe, imaginez un sablier qui a subi les modifications illustrées à la figure 6.6. L'étranglement du haut est beaucoup plus étroit que les deux autres. La vitesse globale à laquelle le sable s'écoule est limitée par la vitesse à laquelle il passe par l'étranglement le plus étroit. Cette étape est analogue à l'étape déterminante de la vitesse d'une réaction comportant plusieurs étapes.

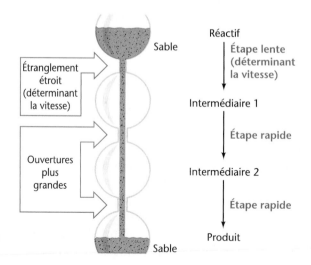

Figure 6.6 Analogie entre un sablier modifié pour les besoins de la cause et une séquence de réactions. La vitesse globale de la réaction est déterminée par la vitesse de l'étape la plus lente.

6.11 MÉCANISME DES RÉACTIONS S$_N$1

Le mécanisme de la réaction du 2-chloro-2-méthylpropane avec l'eau (section 6.10) comporte trois étapes. Deux **intermédiaires** distincts sont alors formés. La première étape, la plus lente, est l'étape déterminante de la vitesse. Au cours de cette étape, l'ionisation de la molécule de 2-chloro-2-méthylpropane résulte en un cation *tert*-butyle et un ion chlorure. En général, les carbocations se forment lentement, car il s'agit d'un processus très endothermique. Sur le plan de l'énergie libre, cette réaction est ascendante.

MÉCANISME DE LA RÉACTION S$_N$1

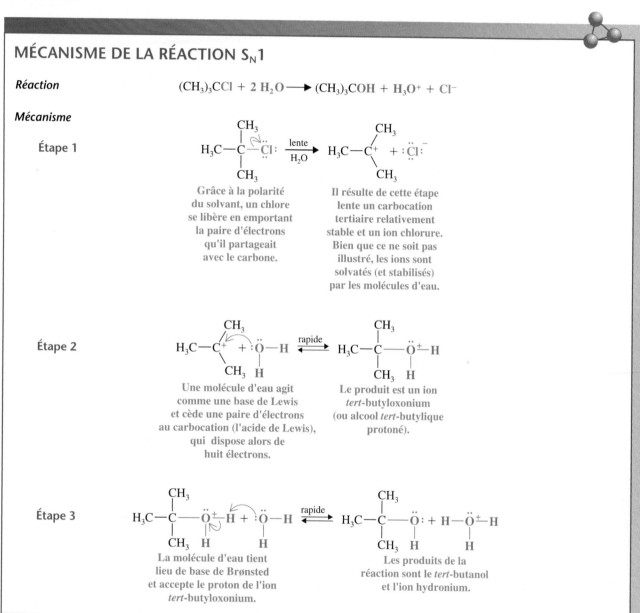

Réaction

$$(CH_3)_3CCl + 2\ H_2O \longrightarrow (CH_3)_3COH + H_3O^+ + Cl^-$$

Mécanisme

Étape 1

Grâce à la polarité du solvant, un chlore se libère en emportant la paire d'électrons qu'il partageait avec le carbone.

Il résulte de cette étape lente un carbocation tertiaire relativement stable et un ion chlorure. Bien que ce ne soit pas illustré, les ions sont solvatés (et stabilisés) par les molécules d'eau.

Étape 2

Une molécule d'eau agit comme une base de Lewis et cède une paire d'électrons au carbocation (l'acide de Lewis), qui dispose alors de huit électrons.

Le produit est un ion *tert*-butyloxonium (ou alcool *tert*-butylique protoné).

Étape 3

La molécule d'eau tient lieu de base de Brønsted et accepte le proton de l'ion *tert*-butyloxonium.

Les produits de la réaction sont le *tert*-butanol et l'ion hydronium.

À la deuxième étape, le cation *tert*-butyle réagit rapidement avec l'eau pour former un ion *tert*-butyloxonium (un autre intermédiaire). Ce dernier, à la troisième étape, transfère rapidement son proton à une molécule d'eau et conduit au *tert*-butanol.

La première étape requiert une rupture hétérolytique de la liaison carbone-chlore. Comme aucune autre liaison n'est alors réalisée, cette réaction est très endothermique et devrait présenter une énergie libre d'activation élevée. Cette étape a lieu surtout en raison de la capacité d'ionisation du solvant, en l'occurrence l'eau. Des expériences ont démontré que, en phase gazeuse (c'est-à-dire en l'absence d'un solvant), l'énergie libre d'activation est d'environ 630 kJ·mol^{-1} ! En solution aqueuse, elle est bien plus

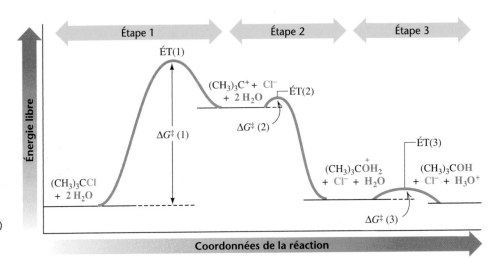

Figure 6.7 Diagramme d'énergie libre de la réaction S_N1 du 2-chloro-2-méthylpropane avec l'eau. L'énergie libre d'activation de la première étape, $\Delta G^{\ddagger}$ (1), est beaucoup plus élevée que $\Delta G^{\ddagger}$ (2) et $\Delta G^{\ddagger}$ (3). *ÉT* représente l'état de transition à chacune des étapes.

Leçon interactive : mécanisme des réactions S_N1

faible, soit d'environ 84 kJ·mol^{-1}, car les molécules d'eau entourent et stabilisent à la fois le cation et l'anion produits pendant la réaction (voir section 2.14E).

Même si le cation *tert*-butyle résultant de l'étape 1 est stabilisé par solvatation, il demeure une espèce très réactive. Presque immédiatement après sa formation, il réagit avec une des molécules d'eau du milieu environnant pour produire l'ion *tert*-butyloxonium, $(CH_3)_3COH_2^+$. À l'occasion, il peut réagir avec l'ion hydroxyde, mais les molécules d'eau sont présentes en quantité beaucoup plus grande.

Un diagramme de l'énergie libre pour la réaction S_N1 entre le 2-chloro-2-méthylpropane et l'eau est montré à la figure 6.7.

L'état de transition le plus important de la réaction S_N1 correspond à celui de l'étape déterminante de la vitesse [ÉT(1)]. Dans cet état de transition, la liaison carbone-chlore du 2-chloro-2-méthylpropane est majoritairement rompue, et les ions se forment peu à peu :

$$CH_3-\underset{\underset{CH_3}{|}}{\overset{\overset{CH_3}{|}}{C}}\overset{\delta+}{\cdots}Cl^{\delta-}$$

Le solvant (l'eau) stabilise ces ions par un processus de solvatation.

6.12 CARBOCATIONS

Au début des années 1920, on obtint de nombreux résultats démontrant que les cations alkyle simples tenaient lieu d'intermédiaires dans de multiples réactions ioniques. Cependant, ces cations étant très instables et très réactifs, on ne put les observer directement avant 1962*. Cette année-là, George A. Olah (aujourd'hui à l'University of Southern California) et ses collaborateurs publièrent une série d'articles décrivant des expériences au cours desquelles des cations alkyle avaient été préparés dans un environnement leur conférant une certaine stabilité et dans lequel on pouvait les observer à l'aide de techniques spectroscopiques.

6.12A STRUCTURE DES CARBOCATIONS

De nombreuses expériences permettent de conclure que la structure des **carbocations**, tel le BF$_3$, est de géométrie **trigonale plane** (section 1.16D). Comme on le voit à la figure 6.8, l'hybridation sp^2 explique la structure trigonale plane des carbocations.

George A. Olah reçut le prix Nobel de chimie en 1994.

---

* Comme nous le verrons plus loin, les carbocations portant des groupes aromatiques sont beaucoup plus stables. On a d'ailleurs pu étudier l'un d'eux dès 1901.

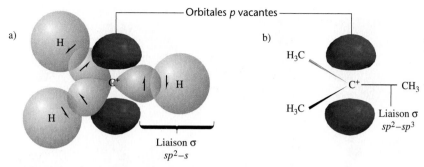

Figure 6.8   a) Représentation stylisée des orbitales du cation méthyle. Les trois orbitales sp^2 de l'atome de carbone et les orbitales $1s$ des atomes d'hydrogène se recouvrent pour former des liaisons sigma (σ), et l'orbitale p est vacante. b) Représentation en biseaux hachurés et pleins du cation *tert*-butyle. Les liaisons entre les atomes de carbone sont formées par le recouvrement des orbitales sp^3 des groupes méthyle avec les orbitales sp^2 de l'atome de carbone central.

L'atome central des carbocations est déficient en électrons : sa dernière couche de valence n'en comporte que six. Dans notre modèle (figure 6.8), ces six électrons sont engagés dans des liaisons covalentes sigma (σ) avec les atomes d'hydrogène (ou avec les groupes alkyle); l'orbitale p ne contient pas d'électrons.

La connaissance de la structure des carbocations vous aidera grandement à comprendre plusieurs mécanismes de réaction.

6.12B STABILITÉ RELATIVE DES CARBOCATIONS

Il a été largement démontré que la stabilité relative des carbocations est liée au nombre de groupes alkyle qui sont attachés à l'atome de carbone trivalent positivement chargé. Ainsi, les carbocations tertiaires sont les plus stables, et le cation méthyle est le moins stable. L'ordre de stabilité des carbocations est le suivant :

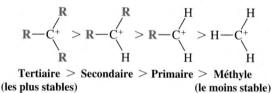

Tertiaire > **Secondaire** > **Primaire** > **Méthyle**
(les plus stables)   **(le moins stable)**

Cet ordre s'explique par une loi de la physique, selon laquelle un *système portant une charge est stabilisé lorsque celle-ci est répartie ou délocalisée.* Comparativement aux atomes d'hydrogène, les groupes alkyle sont **électrorépulseurs,** c'est-à-dire qu'ils repoussent une partie de leur densité électronique vers une charge positive. Par cet effet répulseur, les *groupes alkyle* rattachés à l'atome de carbone chargé positivement du carbocation **délocalisent** (dispersent) la charge positive. Ce faisant, ils assument cette charge en partie et *stabilisent* de ce fait le carbocation. On peut voir un exemple de ce phénomène à la figure 6.9.

Stabilité relative des carbocations

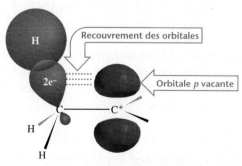

Figure 6.9   *Stabilisation de la charge positive d'un carbocation par un groupe méthyle.* À cause d'un recouvrement partiel des orbitales, la densité électronique de l'une des liaisons sigma du groupe méthyle se délocalise dans l'orbitale p vacante du carbocation. Cette répartition de la densité électronique rend le carbone hybridé sp^2 du carbocation moins positif, car les hydrogènes du groupe méthyle assument une partie de la charge positive. La délocalisation (dispersion) de la charge confère au carbocation une plus grande stabilité. L'interaction entre une orbitale liante et une orbitale p est appelée hyperconjugaison.

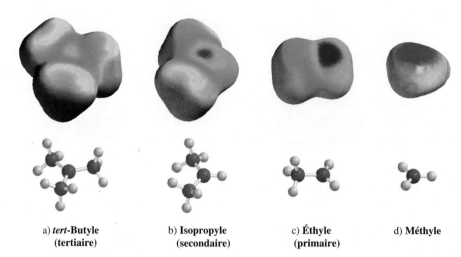

a) *tert*-Butyle
(tertiaire)

b) **Isopropyle**
(secondaire)

c) **Éthyle**
(primaire)

d) **Méthyle**

Figure 6.10 Les représentations du potentiel électrostatique à la surface des carbocations a) *tert*-butyle (tertiaire), b) isopropyle (secondaire), c) éthyle (primaire) et d) méthyle illustrent la délocalisation (stabilisation) de la charge positive dans ces structures. Les couleurs chaudes indiquent une délocalisation plus importante de la charge positive (nous avons représenté les structures à l'aide de la même échelle de potentiel électrostatique afin de permettre une comparaison directe).

Dans le cation *tert*-butyle (voir ci-dessous), trois groupes méthyle électrorépulseurs entourent l'atome de carbone central et aident à délocaliser la charge positive. Dans le cation isopropyle, seulement deux de ces groupes sont présents. Dans le cation éthyle, il n'y en a qu'un, et dans le cation méthyle, aucun groupe n'a cet effet. Par conséquent, *la délocalisation de la charge et l'ordre de stabilité des carbocations sont directement liés au nombre de groupes méthyle substituants.*

Cation *tert*-butyle
(tertiaire; le plus stable)

est plus stable que

Cation isopropyle
(secondaire)

est plus stable que

Cation éthyle
(primaire)

est plus stable que

Cation méthyle
(le moins stable)

La stabilité relative des carbocations est donc la suivante : tertiaire > secondaire > primaire > méthyle. Cette tendance se reflète aussi dans les représentations du potentiel électrostatique de ces carbocations (figure 6.10).

6.13 STÉRÉOCHIMIE DES RÉACTIONS S_N1

Puisque le carbocation résultant de la première étape d'une réaction S_N1 présente une structure trigonale plane (section 6.12A), un nucléophile peut l'attaquer soit par l'avant, soit par l'arrière (voir ci-dessous). Dans le cas du cation *tert*-butyle, le mode d'attaque importe peu, car, dans un cas comme dans l'autre, le même produit est formé.

attaque dorsale

attaque frontale

Même produit

Toutefois, pour certains cations, des produits différents peuvent être formés par ces deux modes d'attaque. C'est ce que nous verrons dans la présente section.

6.13A RÉACTIONS DONNANT LIEU À UNE RACÉMISATION

Lorsqu'une réaction transforme un composé optiquement actif en un mélange racémique, on dit qu'il y a **racémisation.** Si le composé d'origine perd totalement son activité optique au cours de la réaction, les chimistes disent que cette réaction donne lieu à une racémisation *complète*. En revanche, si le composé ne perd qu'une partie de son activité optique, comme ce serait le cas d'un énantiomère partiellement converti en mélange racémique, on dit que la réaction conduit à une racémisation *partielle*.

Lorsqu'une réaction convertit une molécule chirale en un intermédiaire achiral, il se produit toujours une racémisation.

Les réactions S_N1 au cours desquelles un groupe sortant quitte un centre stéréogénique constituent des exemples de ce type de réaction. Elles donnent presque toujours lieu à une racémisation importante, parfois même complète. Par exemple, en chauffant du (S)-3-bromo-3-méthylhexane optiquement actif en présence d'acétone en solution aqueuse, on obtient du 3-méthylhexan-3-ol sous forme d'un mélange racémique.

Leçon interactive : stéréochimie des réactions S_N1

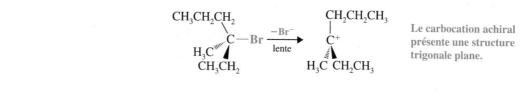

(S)-3-Bromo-3-méthylhexane (optiquement actif)   **(S)-3-Méthyl-hexan-3-ol**   **(R)-3-Méthyl-hexan-3-ol**   **(mélange racémique optiquement inactif)**

L'explication en est simple : la réaction S_N1 conduit à la formation d'un carbocation intermédiaire *achiral* en raison de sa structure trigonale plane. À vitesse égale, l'eau attaque le carbocation par l'avant et par l'arrière à la même vitesse pour produire les énantiomères du 3-méthylhexan-3-ol en quantités égales.

STÉRÉOCHIMIE D'UNE RÉACTION S_N1

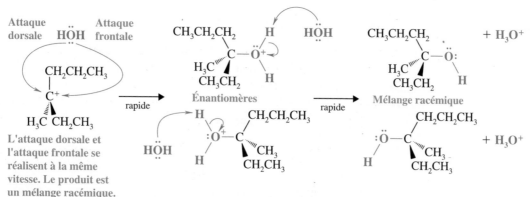

La réaction S_N1 du (S)-3-bromo-3-méthylhexane mène à un mélange racémique, car le nucléophile peut attaquer le carbocation intermédiaire achiral par un côté ou l'autre.

PROBLÈME 6.4

Sachant que les carbocations ont une structure trigonale plane, écrivez a) la structure du carbocation intermédiaire; b) la structure de l'alcool (ou des alcools) dérivant de la réaction suivante :

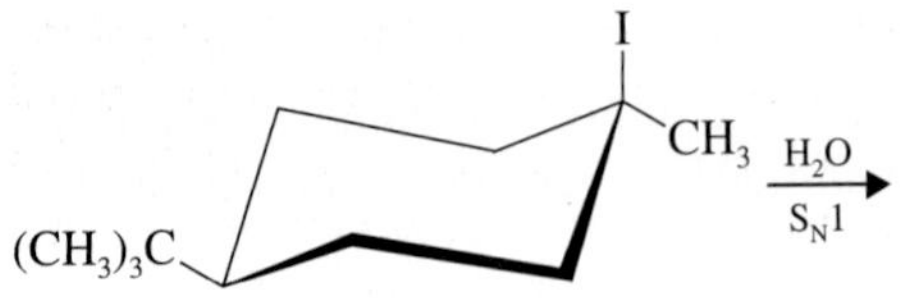

6.13B SOLVOLYSE

La réaction S_N1 d'un halogénoalcane avec l'eau est un exemple de **solvolyse**. La solvolyse est une réaction de substitution nucléophile dans laquelle *le nucléophile est une molécule provenant du solvant* (*solvant + lyse* : rupture par le solvant). Dans ce cas-ci, comme c'est l'eau qui sert de solvant, on peut aussi nommer cette réaction **hydrolyse**. Si la réaction s'était produite dans le méthanol, on l'aurait appelée **méthanolyse**.

Exemples de solvolyse

$$(CH_3)_3C—Br + H_2O \longrightarrow (CH_3)_3C—OH + HBr$$

$$(CH_3)_3C—Cl + CH_3OH \longrightarrow (CH_3)_3C—OCH_3 + HCl$$

Ce type de réaction comprend, d'une part, la formation d'un carbocation et, d'autre part, la réaction de ce dernier avec une molécule du solvant. Dans la réaction qui suit, l'acide formique (HCO_2H) tient lieu de solvant.

Étape 1

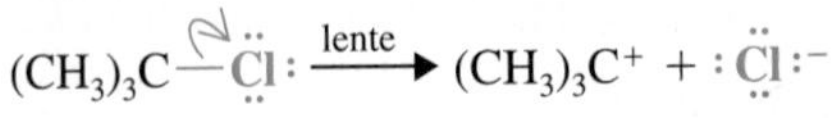

Étape 2

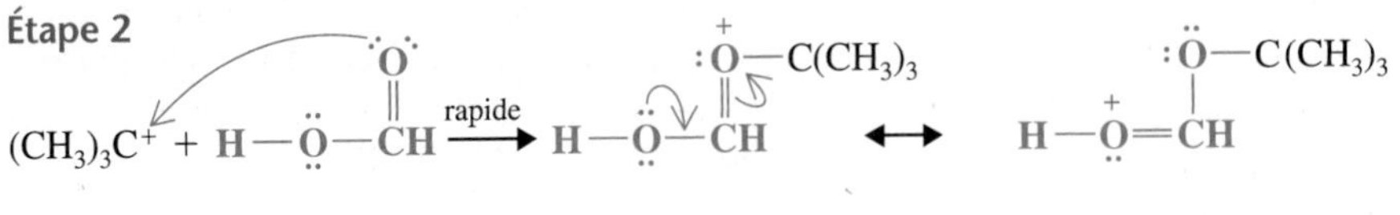

Étape 3

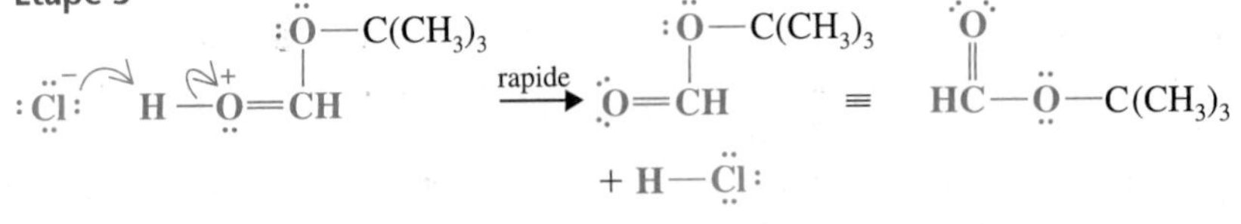

PROBLÈME 6.5

Quel(s) produit(s) devrait donner la méthanolyse du réactif figurant au problème 6.4 (dérivé du cyclohexane) ?

6.14 FACTEURS INFLUANT SUR LA VITESSE DES RÉACTIONS S_N1 ET S_N2

Après avoir étudié les mécanismes des réactions S_N1 et S_N2, il nous faut comprendre pourquoi le chlorométhane réagit selon un mécanisme S_N2, et le 2-chloro-2-méthylpropane, selon un mécanisme S_N1. Il serait aussi commode de pouvoir prédire par quel mécanisme, S_N1 ou S_N2, procèdent les halogénoalcanes qui réagissent avec des nucléophiles dans des conditions données.

La réponse à ces questions réside dans les *vitesses relatives de ces réactions*. Si un halogénoalcane et un nucléophile réagissent *rapidement* selon un mécanisme S_N2, mais *lentement* selon un mécanisme S_N1 dans des conditions données, alors la majorité des molécules emprunteront la voie S_N2. À l'inverse, s'ils réagissent très lentement ensemble (ou pas du tout) selon un mécanisme S_N2, mais rapidement selon un mécanisme S_N1, ils emprunteront cette dernière voie.

Des expériences ont prouvé que de nombreux facteurs influent sur la vitesse relative des réactions S_N1 et S_N2. Les principaux sont les suivants :

1. La structure du substrat.
2. La concentration et la réactivité du nucléophile (dans les réactions bimoléculaires seulement).
3. L'effet du solvant.
4. La nature du groupe sortant.

6.14A INFLUENCE DE LA STRUCTURE DU SUBSTRAT

Réactions S_N2   Lors de réactions S_N2, l'ordre de réactivité des halogénoalcanes simples est le suivant :

Ordre de réactivité lors des réactions S_N2

méthyle > primaire > secondaire >> (tertiaire — inerte)

Lors d'une réaction S_N2, ce sont les halogénométhanes qui réagissent le plus rapidement, tandis que les halogénoalcanes tertiaires sont si lents qu'on peut les qualifier d'inertes. Le tableau 6.4 présente la vitesse relative de réactions S_N2 typiques. Bien qu'ils soient primaires, les halogénoalcanes néopentyliques sont inertes.

$$CH_3 - \underset{\underset{CH_3}{|}}{\overset{\overset{CH_3}{|}}{C}} - CH_2 - X$$

Un halogénoalcane néopentylique

Le facteur expliquant cet ordre de réactivité relève d'un **effet stérique.** Cet effet influe sur la vitesse de réaction. Il dépend du volume des substituants directement rattachés au site réactif ou situés à proximité. Le type d'effet stérique en cause ici est appelé **encombrement stérique,** c'est-à-dire que *l'arrangement spatial des atomes ou des groupes se trouvant au site réactif d'une molécule ou à proximité empêche ou retarde la réaction.*

Pour que deux particules (molécules ou ions) puissent réagir, leur centre réactif doit se rapprocher dans une certaine mesure pour permettre la liaison. Même si la plupart des molécules sont assez flexibles, les groupes volumineux retardent ou empêchent la formation de l'état de transition.

Lors d'une réaction S_N2, le nucléophile doit se rapprocher de l'atome de carbone portant le groupe sortant à une distance permettant leur liaison. En raison de leur encombrement stérique, les substituants volumineux rattachés à cet atome de

Tableau 6.4   Vitesse de réaction relative des halogénoalcanes lors de réactions S_N2.

Substituant	Composé	Vitesse relative
Méthyle	CH_3X	30
Primaire	CH_3CH_2X	1
Secondaire	$(CH_3)_2CHX$	0,02
Néopentyle	$(CH_3)_3CCH_2X$	0,00001
Tertiaire	$(CH_3)_3CX$	~0

Les effets stériques de ces structures vous sembleront plus évidents si vous en construisez des modèles moléculaires.

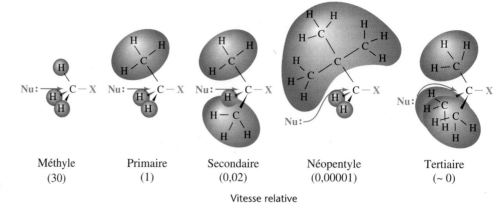

| Méthyle | Primaire | Secondaire | Néopentyle | Tertiaire |
| (30) | (1) | (0,02) | (0,00001) | (~ 0) |

Vitesse relative

Figure 6.11 Influence de l'effet stérique lors de réactions S_N2.

Leçon interactive : encombrement stérique lors de réactions S_N2

Réactivité et stabilité des carbocations dans les réactions S_N1

carbone *ou situés à proximité* ont un effet inhibiteur considérable (figure 6.11). Ils entraînent un accroissement de l'énergie libre de l'état de transition et, de ce fait, ils augmentent l'énergie libre d'activation de la réaction. De tous les halogénoalcanes simples, les halogénométhanes sont ceux qui réagissent le plus rapidement parce que les trois atomes d'hydrogène n'interagissent que très peu avec le nucléophile qui s'approche. En revanche, les halogénoalcanes néopentyliques et tertiaires sont les moins réactifs, car les groupes volumineux qu'ils portent créent un encombrement stérique. En pratique, les substrats tertiaires ne réagissent pas selon un mécanisme S_N2.

Réactions S_N1 *Lors d'une réaction S_N1, la stabilité relative du carbocation formé est le principal facteur déterminant la réactivité du substrat organique.*

Dans toutes les réactions autres que celles se produisant dans les acides forts (que nous étudierons plus tard), les composés organiques qui empruntent la voie S_N1 à une vitesse raisonnable sont *ceux qui sont aptes à former des carbocations relativement stables.* De tous les halogénoalcanes que nous avons étudiés jusqu'à maintenant, seuls les halogénoalcanes tertiaires, en pratique, réagiront selon un mécanisme S_N1. Nous verrons plus tard que certains halogénures organiques, appelés *halogénures d'allyle* et *de benzyle,* réagissent aussi selon ce mécanisme, car ils forment des carbocations relativement stables; voir sections 13.4 et 15.15.

La stabilisation des carbocations tertiaires est possible en raison de l'effet électrorépulseur des trois groupes alkyle vis-à-vis de l'atome de carbone positif, dont la charge se trouve ainsi dispersée (voir section 6.12B).

La formation d'un carbocation relativement stable est importante dans les réactions S_N1, car l'énergie libre d'activation de l'étape la plus lente (c'est-à-dire R—X $\longrightarrow$ R$^+$ + X) est suffisamment faible pour que la réaction globale se réalise à une vitesse raisonnable. En examinant à nouveau la figure 6.7, vous remarquerez que cette étape (l'étape 1) *est ascendante en ce qui a trait à l'énergie libre* ($\Delta G°$ est positif). La variation d'enthalpie associée à cette étape est également ascendante ($\Delta H°$ est aussi positif), et c'est pourquoi cette étape est *endothermique.* Selon un postulat posé par G.S. Hammond (alors au California Institute of Technology) et J.E. Leffler (Florida State University), **l'état de transition d'une étape où l'énergie est ascendante ressemble beaucoup au produit formé au terme de cette étape.** Puisque le produit de l'étape en question est un carbocation (un intermédiaire de la réaction globale), tout facteur contribuant à le stabiliser — comme une dispersion de la charge positive par des groupes électrorépulseurs — stabilisera également l'état de transition dans lequel la charge positive se forme.

Étape 1

$$CH_3-\underset{\underset{CH_3}{|}}{\overset{\overset{CH_3}{|}}{C}}-Cl \xrightarrow{H_2O} \left[CH_3\rightarrow\underset{\uparrow}{\overset{\uparrow}{\underset{CH_3}{C^{\delta+}}}}-Cl^{\delta-} \right]^{\ddagger} \xrightarrow{H_2O} CH_3\rightarrow\underset{\underset{CH_3}{\uparrow}}{\overset{\overset{CH_3}{\uparrow}}{C^+}} + Cl^-$$

Réactif

État de transition
Sa structure s'apparente à celle du produit de cette étape, car $\Delta G°$ est positif.

Produit de cette étape de réaction
Stabilisé par trois groupes électrorépulseurs.

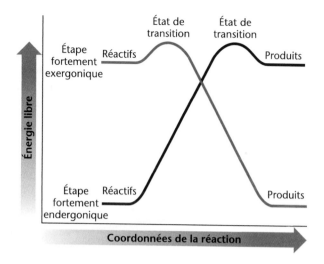

Figure 6.12 Diagramme d'énergie pour les étapes de réaction fortement exergoniques et fortement endergoniques. (Adaptée avec la permission de PRIOR, W. A., *Free Radicals*, New York, McGraw-Hill, 1966, p. 156.)

Pour emprunter la voie S_N1, un halogénoalcane primaire, secondaire ou méthylique doit s'ioniser en un carbocation primaire, secondaire ou méthyle. Or, ces carbocations sont beaucoup plus énergétiques que les carbocations tertiaires, et leur état de transition l'est encore davantage. En pratique, donc, l'énergie d'activation que requiert une réaction S_N1 faisant intervenir un halogénoalcane primaire, secondaire ou méthylique est tellement élevée (autrement dit, la réaction est tellement lente) que le mécanisme S_N2 l'emporte.

Le **postulat de Hammond-Leffler** est un principe général qui se saisit plus aisément à l'aide de la figure 6.12. On pourrait le reformuler ainsi : *la structure de l'état de transition ressemble à celle de l'espèce la plus stable dont l'énergie libre est équivalente à la sienne.* Par exemple, lors d'une étape fortement **endergonique** (courbe bleue), l'énergie libre de l'état de transition est comparable à celle des produits. On suppose donc **que l'état de transition s'apparente, en termes de structure, aux produits de cette étape de réaction.** Inversement, lors d'une étape fortement exergonique (courbe rouge), l'énergie libre de l'état de transition s'apparente à celle des réactifs. Ainsi, on peut présumer que **la structure de l'état de transition est semblable à celle des réactifs.** Le mérite du postulat de Hammond-Leffler est de donner une idée intuitive de la structure des espèces importantes mais éphémères que sont les états de transition. Nous appliquerons ce principe à bon nombre des questions abordées ultérieurement.

PROBLÈME 6.6

Les vitesses relatives associées à l'éthanolyse de quatre halogénoalcanes primaires sont les suivantes : CH_3CH_2Br, 1,0; $CH_3CH_2CH_2Br$, 0,28; $(CH_3)_2CHCH_2Br$, 0,030; $(CH_3)_3CCH_2Br$, 0,00000042.

a) Déterminez le mécanisme le plus plausible de chacune des réactions (S_N1 ou S_N2).

b) Expliquez les réactivités relatives que vous observez.

6.14B INFLUENCE DE LA CONCENTRATION ET DE LA RÉACTIVITÉ DU NUCLÉOPHILE

Puisque le nucléophile ne participe pas à l'étape qui détermine la vitesse d'une réaction S_N1, ni sa concentration ni sa nature n'influent sur la vitesse des réactions S_N1. Toutefois, dans le cas des réactions S_N2, la vitesse dépend *à la fois* de la concentration *et* de la nature du nucléophile. Nous avons mentionné à la section 6.6 qu'une augmentation de la concentration du nucléophile élève la vitesse d'une réaction S_N2; voyons maintenant l'effet qu'a la nature du nucléophile.

Le caractère nucléophile est habituellement décrit comme « *bon* » ou « *mauvais* ». Traiter de la nucléophilie revient à discuter de la réactivité relative des nucléophiles. Un bon nucléophile est une espèce qui réagit rapidement avec un substrat donné. À l'opposé, une espèce dont la nucléophilie est faible (mauvais nucléophile) réagit lentement avec le même substrat dans les mêmes conditions de réaction.

Par exemple, l'ion méthoxyde, un bon nucléophile, réagit relativement vite avec l'iodométhane pour former l'oxyde de diméthyle.

$$CH_3O^- + CH_3I \xrightarrow{\text{rapide}} CH_3OCH_3 + I^-$$

Le méthanol, lui, est un mauvais nucléophile. Dans les mêmes conditions, il réagit très lentement avec l'iodométhane.

$$CH_3OH + CH_3I \xrightarrow{\text{très lente}} CH_3\overset{+}{\underset{|}{O}}CH_3 + I^-$$
$$\phantom{CH_3OH + CH_3I \xrightarrow{\text{très lente}} CH_3O}H$$

Force relative des nucléophiles

On peut établir une corrélation entre la force relative des nucléophiles et deux de leurs propriétés structurales :

1. **Un nucléophile chargé négativement est toujours plus réactif que son acide conjugué.** Par conséquent, ^-OH est un meilleur nucléophile que H_2O, et RO^- est meilleur que ROH.

2. **Lorsque plusieurs nucléophiles ont le même atome nucléophile, la nucléophilie de ces espèces correspond à leur basicité.** La réactivité des composés oxygénés, par exemple, suit cet ordre :

$$RO^- > HO^- \gg RCO_2^- > ROH > H_2O$$

Leur basicité suit le même ordre. Ainsi, l'ion alkoxyde (RO^-) est une base légèrement plus forte que l'ion hydroxyde (^-OH); l'ion hydroxyde, une base beaucoup plus forte que l'ion carboxylate (RCO_2^-), et ainsi de suite.

6.14C INFLUENCE DES SOLVANTS PROTIQUES ET APROTIQUES SUR LES RÉACTIONS S$_N$2

La force relative des nucléophiles *dont les atomes nucléophiles sont différents ne peut pas toujours être mise en relation avec leur basicité.* En examinant le caractère nucléophile des composés ou des ions situés dans un même groupe (colonne) du tableau périodique, on constate que, *dans les solvants hydroxyliques tels les alcools et l'eau, la nucléophilie augmente avec la taille de l'atome nucléophile.* Les thiols (R—SH) sont de meilleurs nucléophiles que les alcools (ROH); les ions RS^- sont meilleurs que les ions RO^-, et les ions halogénures présentent un caractère nucléophile qui suit cet ordre :

$$I^- > Br^- > Cl^- > F^-$$

Cet effet est causé par la force des interactions entre le nucléophile et les molécules du solvant qui l'entourent. Dans une molécule d'un solvant tel que l'eau ou un alcool — appelé **solvant protique** (section 3.11) — *un atome d'hydrogène est lié à un atome de forte électronégativité.* Les molécules des solvants protiques peuvent donc former des liaisons hydrogène avec les nucléophiles de la manière suivante :

> Les molécules du solvant protique, à savoir l'eau, solvatent un ion halogénure en formant des liaisons hydrogène.

Un petit nucléophile, comme l'ion fluorure, est solvaté plus fortement qu'un nucléophile plus volumineux, car sa charge est plus concentrée. De fait, plus l'atome est petit, plus les liaisons hydrogène sont solides. Pour entrer en réaction, un nucléophile doit se débarrasser de quelques-unes des molécules de solvant qui l'entourent pour pouvoir se rapprocher suffisamment du carbone porteur du groupe sortant. Un ion volumineux pourra se départir plus aisément des molécules de solvant, car leurs liaisons hydrogène sont faibles; il est donc plus nucléophile.

La grande réactivité des nucléophiles munis d'atomes nucléophiles volumineux n'est pas attribuable uniquement à la solvatation. En effet, les atomes plus volumineux sont plus **polarisables** (leur nuage électronique se déforme plus facilement). Ils peuvent ainsi partager une plus grande densité électronique avec le substrat, contrairement aux plus petits atomes nucléophiles dont les électrons sont retenus plus fermement.

Même s'il existe un parallélisme entre la nucléophilie et la basicité, on ne mesure pas ces deux propriétés de la même manière. La basicité, exprimée en pK_a, est une mesure de la *position d'un équilibre* établi par un donneur de paires d'électrons (base), un proton, un acide conjugué et une base conjuguée. Quant à la nucléophilie, c'est une mesure de la *vitesse relative de réaction*, ou plus précisément une mesure de la vitesse à laquelle un donneur de paires d'électrons réagit avec un atome (généralement un carbone) porteur d'un groupe sortant. Par exemple, l'ion hydroxyde ($^-$OH) est une base plus forte que l'ion cyanure ($^-$CN). À l'équilibre, $^-$OH présente une affinité plus grande pour le proton (le pK_a de H_2O est d'environ 16 alors que celui de HCN est d'environ 10). Pourtant, l'ion cyanure est un meilleur nucléophile : il réagit plus rapidement que l'ion hydroxyde avec un carbone qui porte un groupe sortant.

La nucléophilie de quelques nucléophiles que l'on utilise couramment dans les solvants protiques suit cet ordre :

Nucléophilie relative dans les solvants protiques

$$^-SH > {}^-CN > I^- > {}^-OH > N_3^- > Br^- > CH_3CO_2^- > Cl^- > F^- > H_2O$$

Solvants aprotiques polaires *Les solvants aprotiques sont des solvants dont les molécules ne présentent pas d'atome d'hydrogène lié à un atome fortement électronégatif.* La plupart des solvants les plus aprotiques (benzène, alcanes, etc.) sont relativement non polaires et ne dissolvent pas la plupart des composés ioniques (à la section 11.21, nous verrons cependant qu'il est possible de forcer cette dissolution). Depuis quelques années, les chimistes utilisent couramment les **solvants aprotiques polaires,** *qui jouent un rôle très utile dans les réactions S_N2.* Parmi ces solvants, voici les plus utilisés.

N,N-Diméthylformamide (DMF) **Diméthylsulfoxyde (DMSO)** **Diméthylacétamide (DMA)** **Hexaméthylphosphoramide (HMPA)**

Tous ces solvants (DMF, DMSO, DMA et HMPA) dissolvent les composés ioniques. Comme les solvants protiques, ils solvatent très bien les cations en orientant autour d'eux la partie négative de leur molécule, partageant ainsi leurs paires d'électrons libres avec les orbitales vides de ces cations.

Ion sodium solvaté par les molécules d'un solvant protique (eau) **Ion sodium solvaté par les molécules d'un solvant aprotique (diméthylsulfoxyde)**

Comme ils ne peuvent former de liaisons hydrogène et que leur centre positivement chargé est protégé contre toute interaction avec les anions, *les solvants aprotiques ne solvatent presque pas les anions*. Dans un tel environnement, les anions ne s'entourent pas d'une couche de molécules de solvant et sont alors faiblement solvatés. Ainsi, ces anions « dénudés » ou « libres » sont fortement réactifs et réagissent autant comme *bases* que comme *nucléophiles*. Dans le DMSO, par exemple, l'ordre relatif de la réactivité des ions halogénure est le même que celui de leur basicité relative :

$$F^- > Cl^- > Br^- > I^-$$

Dans l'eau ou l'alcool, ces ions présentent un caractère nucléophile dont l'ordre est contraire à celui que nous venons de présenter.

$$I^- > Br^- > Cl^- > F^-$$

Solvants aprotiques polaires et vitesse des réactions S$_N$2

La vitesse des réactions S$_N$2 augmente généralement de façon considérable lorsque ces réactions ont lieu dans des solvants aprotiques polaires. Dans ces conditions, l'accroissement de la vitesse peut même atteindre un facteur de un million.

PROBLÈME 6.7

Dites si les solvants suivants sont protiques ou aprotiques : l'acide formique, $HC\overset{\overset{\displaystyle O}{\|}}{}OH$;

l'acétone, $CH_3\overset{\overset{\displaystyle O}{\|}}{C}CH_3$; l'acétonitrile, $CH_3C \equiv N$; le formamide, $HC\overset{\overset{\displaystyle O}{\|}}{}NH_2$; le dioxyde de soufre, SO_2; l'ammoniac, NH_3; le triméthylamine, $N(CH_3)_3$; l'éthylène glycol, $HOCH_2CH_2OH$.

PROBLÈME 6.8

La réaction du 1-bromopropane avec le cyanure de sodium (NaCN),

$$CH_3CH_2CH_2Br + NaCN \longrightarrow CH_3CH_2CH_2CN + NaBr$$

se produit-elle plus rapidement dans le DMF ou dans l'éthanol ? Expliquez.

PROBLÈME 6.9

Quel membre de chacune des paires suivantes est le meilleur nucléophile dans un solvant protique :

a) $CH_3CO_2^-$ ou CH_3O^- ?   b) H_2O ou H_2S ?   c) $(CH_3)_3P$ ou $(CH_3)_3N$?

6.14D INFLUENCE DU SOLVANT SUR LES RÉACTIONS S$_N$1 : LA CAPACITÉ D'IONISATION DU SOLVANT

Solvants protiques polaires et vitesse des réactions S$_N$1

Étant donné leur capacité à solvater efficacement les cations *et* les anions, les **solvants protiques polaires** augmentent considérablement la vitesse d'ionisation des halogénoalcanes dans *toute réaction S$_N$1*. Cette augmentation de la vitesse s'explique par le fait que la solvatation stabilise davantage l'état de transition, qui mène à la formation du carbocation intermédiaire et de l'ion halogénure, que les réactifs. L'énergie libre d'activation est donc plus faible. L'état de transition associé à cette étape endothermique est un stade où la séparation des charges se développe; par conséquent, il ressemble structuralement aux ions qui sont formés.

$$(CH_3)_3C-Cl \longrightarrow \left[(CH_3)_3\overset{\delta+}{C}\cdots\overset{\delta-}{Cl}\right]^{\ddagger} \longrightarrow (CH_3)_3C^+ + Cl^-$$

Réactif   **État de transition**   **Produits**
                     La séparation des
                     charges se développe.

La **constante diélectrique** donne une idée approximative de la polarité d'un solvant. Elle mesure la capacité de ce dernier à isoler l'une de l'autre les charges opposées. Ainsi, dans les solvants ayant une constante diélectrique élevée, l'attraction et la répulsion électrostatiques entre les ions sont moindres. Le tableau 6.5 présente les constantes diélectriques de quelques solvants courants.

Tableau 6.5 Constantes diélectriques de solvants courants.

Solvant	Formule	Constante diélectrique
Eau	H_2O	80
Acide formique	$\overset{\displaystyle O}{\overset{\|}{HCOH}}$	59
Diméthylsulfoxyde (DMSO)	$\overset{\displaystyle O}{\overset{\|}{CH_3SCH_3}}$	49
N,N-Diméthylformamide (DMF)	$\overset{\displaystyle O}{\overset{\|}{HCN(CH_3)_2}}$	37
Acétonitrile	$CH_3C\equiv N$	36
Méthanol	CH_3OH	33
Hexaméthylphosphoramide (HMPA)	$[(CH_3)_2N]_3P=O$	30
Éthanol	CH_3CH_2OH	24
Acétone	$\overset{\displaystyle O}{\overset{\|}{CH_3CCH_3}}$	21
Acide acétique	$\overset{\displaystyle O}{\overset{\|}{CH_3COH}}$	6

La polarité du solvant augmente.

L'eau est le solvant qui favorise le plus l'ionisation, mais la plupart des composés organiques s'y dissolvent mal. Ces derniers se dissolvent habituellement dans les alcools et les mélanges de solvants. Par exemple, dans les réactions de substitution nucléophile, on emploie couramment des mélanges méthanol-eau ou éthanol-eau.

PROBLÈME 6.10

Lors de la solvolyse du 2-bromo-2-méthylpropane (bromure de *tert*-butyle) dans un mélange de méthanol et d'eau, la vitesse de la réaction (qui correspond à la vitesse de la formation de l'ion bromure) *augmente* avec le pourcentage d'eau du mélange réactionnel. a) Expliquez ce phénomène. b) Dites pourquoi la vitesse de la réaction S_N2 du chloroéthane avec l'iodure de potassium dans le méthanol et l'eau *décroît* lorsque le pourcentage d'eau augmente dans le mélange.

6.14E NATURE DU GROUPE SORTANT

Les meilleurs groupes sortants sont les ions qui présentent la meilleure stabilité après s'être libérés du substrat. Comme la plupart des groupes sortants se retrouvent à l'état d'ions négatifs, les meilleurs sont les plus aptes à stabiliser leur charge négative. Or, ce sont les bases faibles qui ont cette aptitude nucléofuge et qui accommodent le mieux cette charge. On peut comprendre l'importance de la stabilisation de la charge négative en observant la structure des états de transition. Dans les réactions S_N1 ou S_N2, le groupe sortant commence à acquérir une charge négative à l'état de transition.

Les bons groupes sortants sont des bases faibles.

Réaction S_N1 (étape déterminante de la vitesse)

$$\overset{\diagdown}{C}-X \longrightarrow \left[\overset{\delta+}{C}\cdots\overset{\delta-}{X}\right]^{\ddagger} \longrightarrow C^+ + X^-$$

État de transition

Réaction S_N2

$$Nu:^- \quad \overset{\diagdown}{C}-X \longrightarrow \left[\overset{\delta-}{Nu}\cdots C\cdots\overset{\delta-}{X}\right]^{\ddagger} \longrightarrow Nu-C + X^-$$

État de transition

La stabilisation de cette charge négative qui se développe dans le groupe sortant stabilise du même coup l'état de transition (diminue son énergie libre), diminue l'énergie libre d'activation et augmente alors la vitesse de réaction. De tous les halogènes, l'ion iodure est celui qui possède la plus grande aptitude nucléofuge et qui est le meilleur groupe sortant, alors que l'ion fluorure est le plus mauvais :

$$I^- > Br^- > Cl^- \gg F^-$$

La basicité suit l'ordre inverse :

$$F^- \gg Cl^- > Br^- > I^-$$

Parmi les autres bases faibles qui sont de bons groupes sortants, on compte les ions alcanesulfonate, les ions alkylsulfate et l'ion *p*-toluènesulfonate.

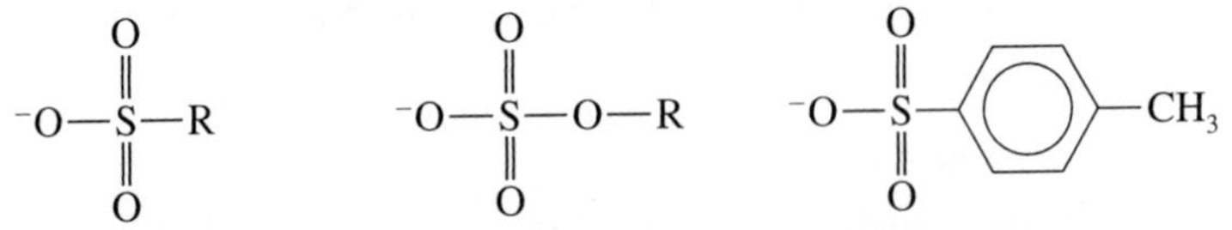

Ion alcanesulfonate   **Ion alkylsulfate**   **Ion *p*-toluènesulfonate (ion tosylate)**

Ces anions sont tous des bases conjuguées d'acides très forts.

L'ion trifluorométhanesulfonate ($CF_3SO_3^-$, couramment appelé **ion triflate**), qui est l'anion de CF_3SO_3H, est l'un des meilleurs groupes sortants connus. Il faut dire que CF_3SO_3H est un acide extrêmement fort, beaucoup plus fort que l'acide sulfurique.

$$CF_3SO_3^-$$
Ion triflate
(un excellent groupe sortant)

Les groupes sortants sont rarement des ions très fortement basiques. L'ion hydroxyde, par exemple, est une base forte, et c'est pourquoi la réaction suivante n'a pas lieu :

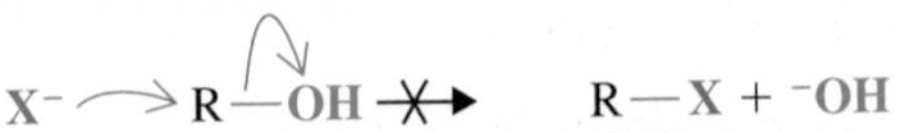

Cette réaction n'a pas lieu, car le groupe sortant (l'hydroxyde) est un ion fortement basique.

Cependant, lorsqu'un alcool est dissous dans un acide fort, il peut réagir avec un ion halogénure. Comme l'acide protone le groupe —OH de l'alcool, l'ion hydroxyde ne joue plus le rôle de groupe sortant. C'est une molécule d'eau — une base beaucoup plus faible que l'ion hydroxyde — qui remplit cette fonction.

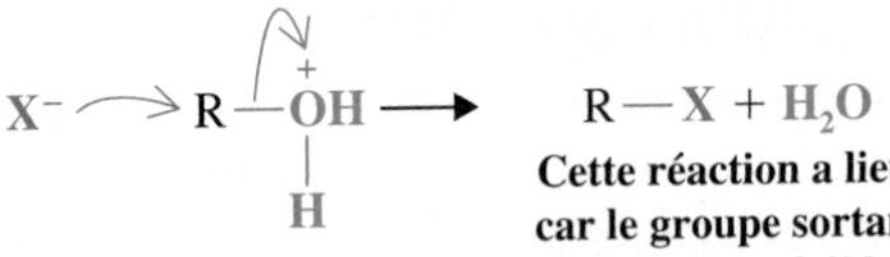

Cette réaction a lieu, car le groupe sortant est une base faible.

PROBLÈME 6.11

Classez les composés suivants en ordre décroissant de leur réactivité envers CH_3O^- dans une réaction S_N2 réalisée dans le CH_3OH : CH_3F, CH_3Cl, CH_3Br, CH_3I, $CH_3OSO_2CF_3$, $^{14}CH_3OH$.

Les bases extrêmement fortes telles que les ions hydride ($H^{-}{:}$) ne tiennent jamais lieu de groupes sortants. Par conséquent, **les réactions suivantes ne sont pas possibles** :

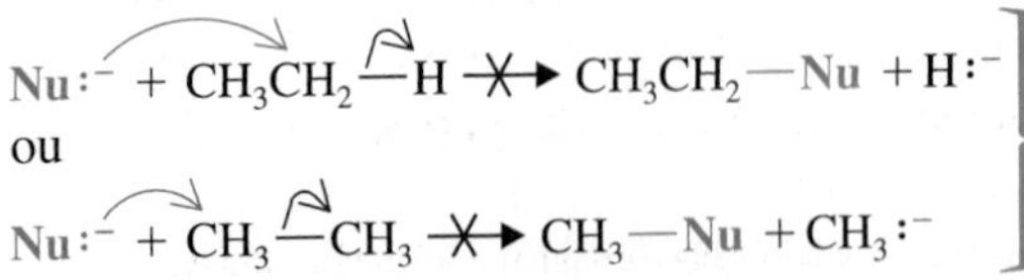

Ces anions ne sont pas des groupes sortants.

Tableau 6.6   Facteurs favorisant les réactions S_N1 et les réactions S_N2.

Facteur	S_N1	S_N2
Substrat	Tertiaire (requiert la formation d'un carbocation relativement stable)	Méthyle > primaire > secondaire (requiert un substrat peu encombré)
Nucléophile	Base de Lewis faible, molécule neutre, le solvant peut jouer le rôle de nucléophile (solvolyse)	Base de Lewis forte, vitesse favorisée par une concentration élevée du nucléophile
Solvant	Protique polaire (alcools, eau, par exemple)	Aprotique polaire (DMF, DMSO, par exemple)
Groupe sortant	I > Br > Cl > F pour S_N1 et S_N2 (plus la basicité est faible, meilleur est le groupe sortant)	

Il est utile de mémoriser les facteurs influant sur les réactions S_N1 et S_N2.

6.14F   RÉSUMÉ : RÉACTIONS S_N1 ET S_N2

Si l'on emploie des substrats qui génèrent des carbocations relativement stables, de faibles nucléophiles et des solvants qui favorisent fortement l'ionisation, les halogénoalcanes emprunteront majoritairement un mécanisme S_N1. En conséquence, la solvolyse des halogénoalcanes tertiaires se produira selon un mécanisme S_N1, surtout dans un solvant fortement polaire. Dans une solvolyse, le nucléophile est faible, car c'est une molécule neutre provenant du solvant et non un anion.

Si l'on veut favoriser la réaction d'un halogénoalcane selon un mécanisme S_N2, on doit employer un halogénoalcane stériquement peu encombré, un nucléophile fort à concentration élevée ainsi qu'un solvant aprotique polaire. Dans une réaction S_N2, l'ordre de réactivité des substrats est le suivant :

$$CH_3-X > R-CH_2-X > R-\overset{\overset{\displaystyle R}{|}}{CH}-X$$

$$\textbf{méthyle} > \quad \textbf{primaire} \quad > \quad \textbf{secondaire}$$

Les halogénoalcanes tertiaires n'empruntent pas la voie S_N2.

Que ce soit dans les réactions S_N1 ou S_N2, la nature du groupe sortant produit le même effet. Ainsi, les iodoalcanes réagissent le plus rapidement et les fluoroalcanes, le plus lentement (étant donné la lenteur de leurs réactions, on utilise rarement les fluoroalcanes dans des réactions de substitution nucléophile).

$$R-I > R-Br > R-Cl \quad \textbf{S}_N\textbf{1} \quad \textbf{ou} \quad \textbf{S}_N\textbf{2}$$

Les facteurs favorisant l'une ou l'autre substitution sont résumés au tableau 6.6.

6.15 SYNTHÈSE ORGANIQUE : INTERCONVERSION DES GROUPES FONCTIONNELS PAR DES RÉACTIONS S_N2

Au chapitre 4, nous avions abordé la synthèse des molécules organiques et l'analyse rétrosynthétique. Puisque nous venons d'étudier les réactions de substitution nucléophile, nous disposons maintenant d'un outil supplémentaire.

Interconversion des groupes fonctionnels

Les réactions S_N2 sont très utiles en synthèse organique : elles permettent de convertir un groupe fonctionnel en un autre selon un processus appelé **transformation** ou **interconversion de groupes fonctionnels***. À la figure 6.13, on voit qu'il est possible, à l'aide de ce type de réaction, de transformer le groupe fonctionnel d'un halogénoalcane primaire ou secondaire en alcool, en éther, en thiol, en thioéther, en nitrile, en ester, et ainsi de suite (note : le préfixe *thio-* désigne les composés dans lesquels un atome de soufre a remplacé un atome d'oxygène). À la section 4.18C, l'alkylation d'un anion alcynure qui donnait lieu à la formation d'une nouvelle liaison carbone–carbone était également une réaction de type S_N2.

---

* L'expression « manipulation de groupes fonctionnels » est aussi quelquefois utilisée.

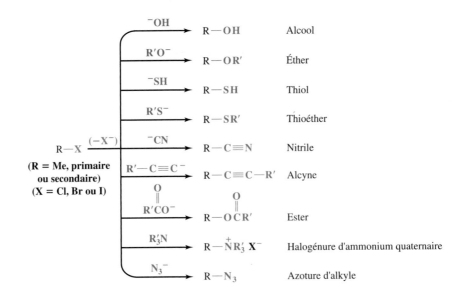

Figure 6.13 Interconversion des groupes fonctionnels des halogénoalcanes méthyliques, primaires et secondaires à l'aide de réactions S_N2.

On convertit aussi aisément les bromoalcanes et les chloroalcanes en iodoalcanes par substitution nucléophile.

$$R—Cl \atop R—Br \quad \xrightarrow{I^-} \quad R—I \; (+ \; Cl^- \; \text{ou} \; Br^-)$$

▶ **CAPSULE CHIMIQUE**

LES MÉTHYLATIONS BIOLOGIQUES : DES RÉACTIONS DE SUBSTITUTION NUCLÉOPHILE

Les cellules des organismes vivants synthétisent, à partir de molécules plus petites, bon nombre des composés dont elles ont besoin. Ces biosynthèses ressemblent souvent aux synthèses organiques que les chimistes réalisent en laboratoire. Examinons dès maintenant un exemple de réaction biologique.

Dans les cellules animales et végétales, de nombreuses réactions entraînent le transfert d'un groupe méthyle à partir d'un acide aminé, appelé méthionine, vers un autre composé. On peut le démontrer à l'aide d'une expérience consistant à nourrir un animal ou une plante avec de la méthionine dont le groupe méthyle contient un carbone radioactif (^{14}C); puis, on isole les composés portant ce groupe méthyle marqué. Parmi ces composés, on retrouve les suivants (les atomes de carbone marqués sont en vert).

$$^-O_2CCHCH_2CH_2SCH_3$$
$$\overset{|}{NH_3^+}$$
Méthionine

Nicotine   **Adrénaline**   **Choline**

La choline est un intermédiaire important dans la transmission de l'influx nerveux, l'adrénaline augmente la tension artérielle et la nicotine est le composant du tabac qui rend les fumeurs dépendants (à forte dose, la nicotine est un poison).

Le transfert du groupe méthyle de la méthionine aux autres composés ne s'effectue pas directement. L'agent méthylant n'est pas la méthionine, mais la *S*-adénosylméthionine*, un composé résultant de la réaction entre la méthionine et l'adénosine triphosphate (ATP) :

---

* Le préfixe *S* signifie « sur l'atome de soufre » et ne doit pas être confondu avec le (*S*) qui désigne la configuration absolue. Le préfixe *N* (« sur l'atome d'azote ») constitue un autre exemple de ce type de désignation.

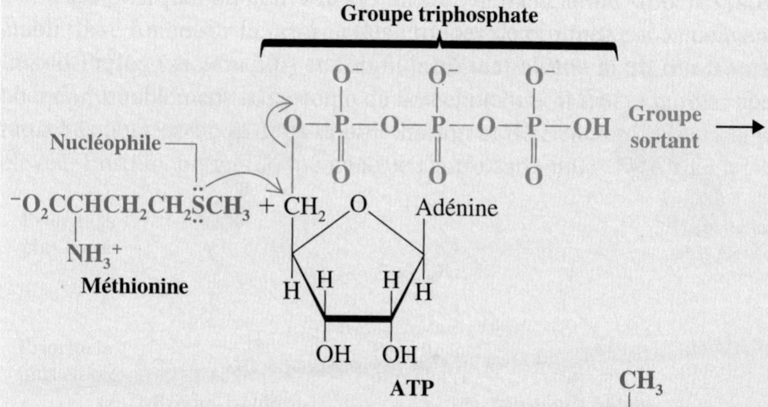

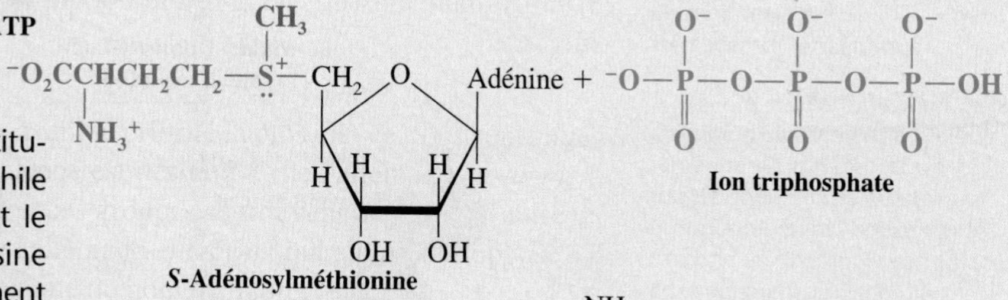

Groupe triphosphate

Nucléophile

$^-O_2CCHCH_2CH_2\overset{\cdot\cdot}{\underset{\cdot\cdot}{S}}CH_3$ + CH_2 O Adénine

NH_3^+

Méthionine

ATP

Groupe sortant →

$^-O_2CCHCH_2CH_2\overset{CH_3}{\underset{\underset{NH_3^+}{\cdot\cdot}}{\overset{+}{S}}}CH_2$ O Adénine + $^-O-P-O-P-O-P-OH$

Ion triphosphate

S-Adénosylméthionine

Adénine =

Cette réaction procède par substitution nucléophile. L'atome nucléophile est le soufre de la méthionine, et le groupe triphosphate de l'adénosine triphosphate (ATP), qui est faiblement basique, joue le rôle de groupe sortant. Le produit, la S-adénosylméthionine, contient un groupe méthylsulfonium,

$CH_3-\overset{\cdot\cdot}{\underset{\mid}{S}}\overset{+}{-}$.

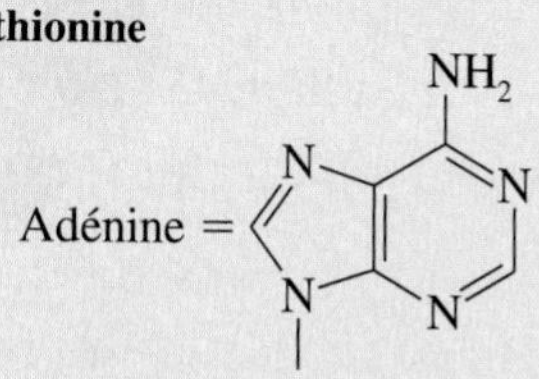

La S-adénosylméthionine agit alors comme substrat dans les autres réactions de substitution nucléophile. Par exemple, dans la biosynthèse de la choline, le groupe méthyle de ce composé est transféré à l'atome d'azote nucléophile du 2-(N,N-diméthylamino)éthanol :

$CH_3-\overset{\cdot\cdot}{\underset{\underset{CH_3}{\mid}}{N}}-CH_2CH_2OH$ + $^-O_2CCHCH_2CH_2-\overset{CH_3}{\underset{\underset{NH_3^+}{\cdot\cdot}}{\overset{+}{S}}}-CH_2$ O Adénine →

2-(N,N-Diméthyl-amino)éthanol

$CH_3-\overset{CH_3}{\underset{\underset{CH_3}{\mid}}{N^+}}-CH_2CH_2OH$ + $^-O_2CCHCH_2CH_2-\overset{\cdot\cdot}{\underset{\underset{NH_3^+}{\cdot\cdot}}{S}}-CH_2$ O Adénine

Choline

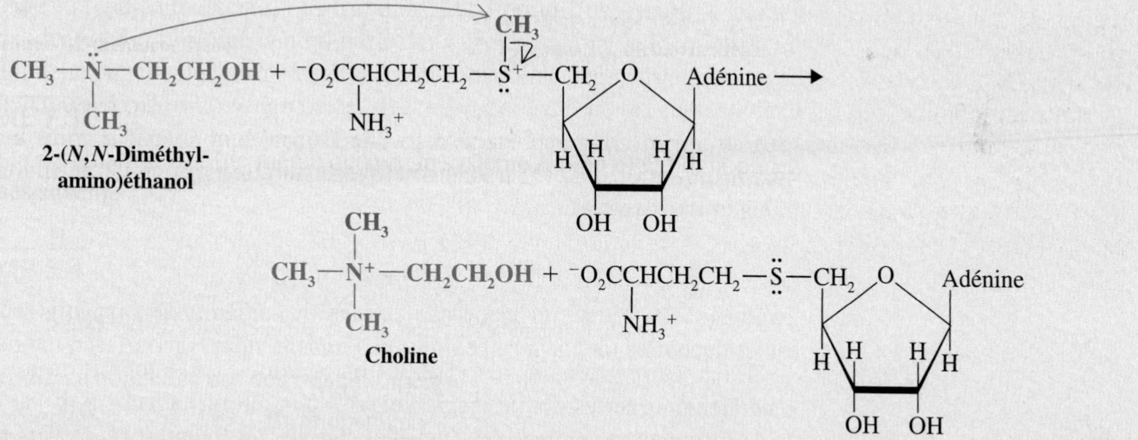

À première vue, ces réactions semblent obscures en raison de la complexité des structures des nucléophiles et des substrats. Elles relèvent cependant de concepts simples et illustrent bon nombre des principes que nous avons abordés jusqu'à présent. Dans ces réactions, en effet, on voit comment la nature tire parti de la nucléophilie des atomes de soufre. On constate également la faible basicité du groupe sortant (le groupe triphosphate de l'ATP). Dans le 2-(N,N-diméthylamino)éthanol, on observe que c'est le groupe le plus basique, $(CH_3)_2N-$, qui agit comme nucléophile plutôt que le groupe le moins basique, $-OH$. Enfin, on remarque que, dans la S-adénosylméthionine, le nucléophile attaque le groupe CH_3-, qui est moins encombré que les groupes $-CH_2-$.

PROBLÈME D'APPROFONDISSEMENT

a) Quel est le groupe sortant de la réaction entre le 2-(N,N-diméthylamino)éthanol et la S-adénosylméthionine ? b) Quel serait le groupe sortant si la méthionine réagissait avec le 2-(N,N-diméthylamino)éthanol ? c) Expliquez les conséquences de la réaction en b) sur la formation de la choline, en les comparant à celles de la réaction biologique en a).

La **stéréochimie** (section 6.9) est un autre aspect très important des réactions S_N2 dont il faut tenir compte en synthèse organique. Les réactions S_N2 entraînent toujours **une inversion de la configuration** de l'atome qui porte le groupe sortant. Cela signifie que l'on peut prédire la configuration du produit d'une réaction S_N2 si on connaît la configuration du réactif. Par exemple, supposons que nous ayons besoin d'un échantillon du nitrile de configuration S suivant :

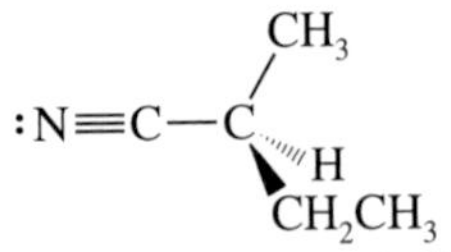

(S)-2-Méthylbutanenitrile

Si nous disposons de (R)-2-bromobutane, nous pouvons procéder à la synthèse suivante.

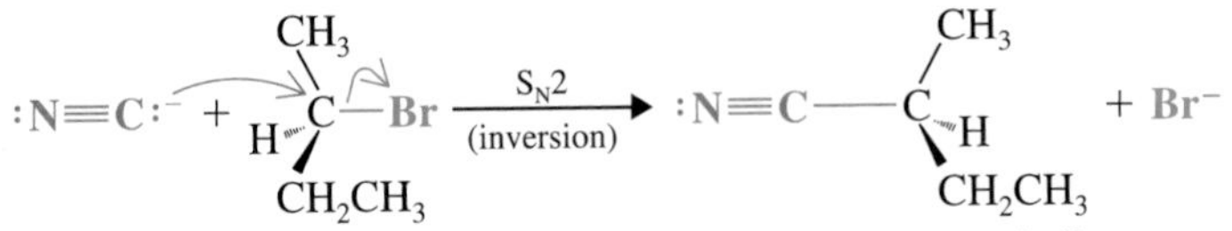

(R)-2-Bromobutane　　　　　**(S)-2-Méthylbutanenitrile**

PROBLÈME 6.12

À partir du (S)-2-bromobutane, faites la synthèse de chacun des composés suivants :

a) 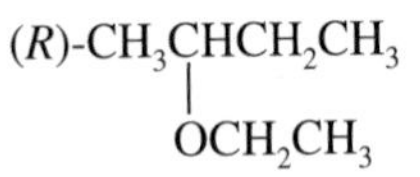 (R)-CH$_3$CHCH$_2$CH$_3$
　　|
　　OCH$_2$CH$_3$

b) 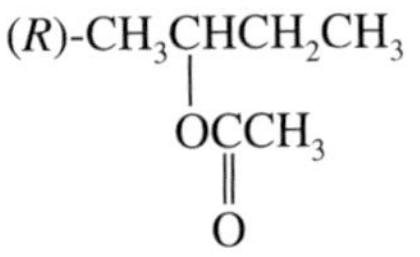 (R)-CH$_3$CHCH$_2$CH$_3$
　　|
　　OCCH$_3$
　　‖
　　O

c) 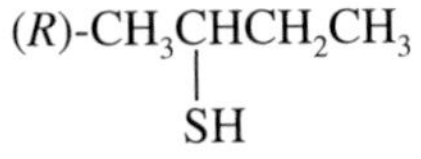 (R)-CH$_3$CHCH$_2$CH$_3$
　　|
　　SH

d) 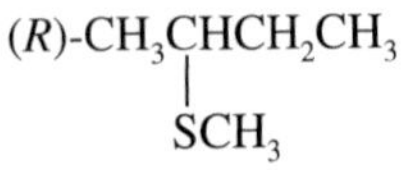 (R)-CH$_3$CHCH$_2$CH$_3$
　　|
　　SCH$_3$

6.15A ABSENCE DE RÉACTIVITÉ DES HALOGÉNURES VINYLIQUES ET AROMATIQUES

Comme nous l'avons vu à la section 6.1, les composés dont l'atome d'halogène est lié à un atome de carbone engagé dans une liaison double sont appelés **halogénures vinyliques,** et ceux dont l'atome d'halogène est attaché à un benzène sont nommés **halogénures aromatiques.**

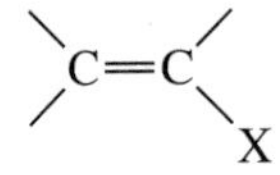

Un halogénure vinylique 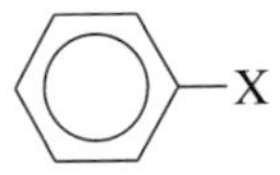　　　**Un halogénure aromatique**

Dans les réactions S_N1 et S_N2, les halogénures vinyliques et aromatiques sont généralement inertes. Ils ne réagissent pas selon un mécanisme S_N1, car les cations qu'ils formeraient seraient très instables. Ils n'empruntent pas non plus la voie S_N2 car, d'une part, la liaison carbone–halogène de ces composés est plus forte que celle d'un autre halogénoalcane (nous en donnerons les raisons plus loin) et, d'autre part, les électrons de la liaison double ou du noyau aromatique repoussent le nucléophile approchant par le carbone qui porte l'halogène.

6.16 RÉACTIONS D'ÉLIMINATION DES HALOGÉNOALCANES

Les halogénoalcanes présentent un autre mode de réactivité : la réaction d'élimination. Lors d'une telle **réaction d'élimination,** un halogénoalcane perd une molécule (YZ), laquelle est éliminée. Cette élimination conduit à la formation d'une liaison multiple :

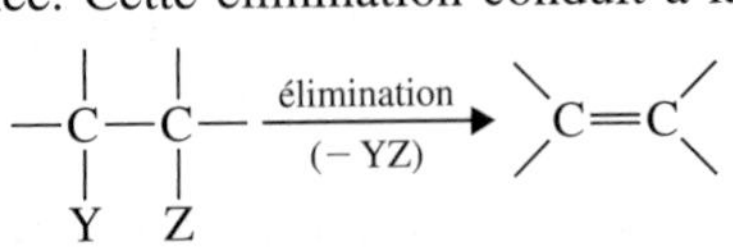

6.16A DÉSHYDROHALOGÉNATION

L'élimination d'une molécule HX provenant de deux atomes adjacents d'un halogéno-alcane est une méthode courante de synthèse des alcènes. Cette réaction se produit lorsqu'un halogénoalcane est chauffé en présence d'une base forte. En voici deux exemples :

$$CH_3\underset{\underset{Br}{|}}{C}HCH_3 \xrightarrow[\text{C}_2\text{H}_5\text{OH, 55 °C}]{\text{C}_2\text{H}_5\text{ONa}} CH_2{=}CH{-}CH_3 + NaBr + C_2H_5OH$$
$$\textbf{(79 \%)}$$

$$CH_3\underset{\underset{CH_3}{|}}{\overset{\overset{CH_3}{|}}{C}}{-}Br \xrightarrow[\text{C}_2\text{H}_5\text{OH, 55 °C}]{\text{C}_2\text{H}_5\text{ONa}} CH_3\underset{}{\overset{\overset{CH_3}{|}}{C}}{=}CH_2 + NaBr + C_2H_5OH$$
$$\textbf{(91 \%)}$$

Ce type de réaction ne se résume pas à l'élimination de bromure d'hydrogène. Les chloroalcanes subissent une élimination de chlorure d'hydrogène, et les iodoalcanes, une élimination d'iodure d'hydrogène. Dans tous les cas, des alcènes sont produits. La réaction au cours de laquelle un halogénoalcane perd ainsi les éléments d'un halogénure d'hydrogène est souvent appelée **déshydrohalogénation.**

$$-\underset{\underset{X}{|}}{\overset{\overset{H}{|}}{C}}{}^\beta{-}\underset{|}{\overset{|}{C}}{}^\alpha{-} + \ :B^- \longrightarrow \ \overset{}{\underset{}{}}C{=}C\overset{}{\underset{}{}} + H{:}B + \ :X^-$$

Une base

Déshydrohalogénation

À l'instar des réactions S_N1 et S_N2, ces éliminations font intervenir un groupe sortant et une base munie d'une paire d'électrons.

Les chimistes désignent souvent l'atome de carbone portant le groupe substituant (par exemple, l'atome d'halogène dans la réaction précédente) par la lettre grecque **alpha (α)**, et tout atome de carbone adjacent à cet atome est dit **bêta (β)**. L'atome d'hydrogène attaché au carbone β est un **atome d'hydrogène β.** Puisque l'atome d'hydrogène éliminé lors d'une déshydrohalogénation est porté par le carbone β, on appelle souvent ces réactions **éliminations β.** Elles portent également le nom d'**éliminations-1,2.**

Même si nous étudierons la déshydrohalogénation en détail au chapitre 7, nous allons examiner dès maintenant quelques aspects importants de ce type de réaction.

La désignation α et β est utile en chimie organique.

6.16B BASES EMPLOYÉES POUR LES DÉSHYDROHALOGÉNATIONS

On peut employer une variété de bases fortes dans les réactions de déshydrohalogénation. On utilise parfois l'hydroxyde de potassium dissous dans l'éthanol, mais les alkoxydes de sodium, notamment l'éthoxyde de sodium, offrent des avantages certains.

On prépare le sel de sodium d'un alcool (un alkoxyde de sodium) en traitant cet alcool avec du sodium métallique :

$$2\ R{-}\overset{..}{\underset{..}{O}}H + 2\ Na \longrightarrow 2\ R{-}\overset{..}{\underset{..}{O}}{:}^-Na^+ + H_2$$

Alcool   **Alkoxyde de sodium**

Cette réaction, au cours de laquelle un atome d'hydrogène de l'alcool est éliminé, est **une réaction d'oxydoréduction.** Le sodium, un métal alcalin, est un agent réducteur très puissant; il déplace toujours les atomes d'hydrogène liés aux atomes d'oxygène. La réaction vigoureuse (parfois même explosive) du sodium dans l'eau est du même type.

$$2\ H\overset{..}{\underset{..}{O}}H + 2\ Na \longrightarrow 2\ H\overset{..}{\underset{..}{O}}{:}^-Na^+ + H_2$$

Hydroxyde de sodium

On peut aussi préparer les alkoxydes de sodium en faisant réagir un alcool avec de l'hydrure de sodium (NaH), car l'ion hydrure ($H:^-$) est une base très forte.

$$R\overset{..}{\underset{..}{O}}H + Na^+:H^- \longrightarrow R\overset{..}{\underset{..}{O}}:^-Na^+ + H-H$$

On synthétise habituellement les alkoxydes de sodium (et de potassium) dans un excès d'alcool qui devient le solvant de la réaction. On emploie fréquemment l'éthoxyde de sodium à cette fin.

$$2\ CH_3CH_2\overset{..}{\underset{..}{O}}H + 2\ Na \longrightarrow 2\ CH_3CH_2\overset{..}{\underset{..}{O}}:^-Na^+ + H_2$$

Éthanol (en excès)   **Éthoxyde de sodium**

Le *tert*-butoxyde de potassium est un autre réactif très efficace dans les réactions de déshydrohalogénation.

$$2\ CH_3\overset{\displaystyle CH_3}{\underset{\displaystyle CH_3}{C}}\!\!-\!\!\overset{..}{\underset{..}{O}}H + 2\ K \longrightarrow 2\ CH_3\overset{\displaystyle CH_3}{\underset{\displaystyle CH_3}{C}}\!\!-\!\!\overset{..}{\underset{..}{O}}:^-K^+ + H_2$$

tert-Butanol (en excès)   **tert-Butoxyde de potassium**

6.16C MÉCANISMES DES DÉSHYDROHALOGÉNATIONS

Les réactions d'élimination procèdent selon une variété de mécanismes. Dans le cas des halogénoalcanes, deux mécanismes sont particulièrement importants, car ils sont étroitement liés aux réactions S_N1 et S_N2. Il s'agit du mécanisme bimoléculaire **E2** et du mécanisme unimoléculaire **E1.**

6.17 RÉACTIONS E2

Lorsque du 2-bromopropane (bromure d'isopropyle) est chauffé en présence d'éthoxyde de sodium dans l'éthanol pour donner lieu au propène, la vitesse de la réaction dépend de la concentration du 2-bromopropane et de celle de l'ion éthoxyde. La vitesse de réaction est donc d'ordre un pour chacun des réactifs et d'ordre deux pour la réaction globale.

$$\text{Vitesse} \propto [CH_3CHBrCH_3]\ [C_2H_5O^-]$$
$$\text{Vitesse} = k[CH_3CHBrCH_3]\ [C_2H_5O^-]$$

De cette équation, on déduit que l'état de transition de l'étape déterminante de la vitesse doit toucher à la fois l'halogénoalcane et l'ion alkoxyde. La réaction est donc bimoléculaire. Des expériences ont démontré qu'elle se produit de la manière suivante.

MÉCANISME DE LA RÉACTION E2

Réaction $C_2H_5O^- + CH_3CHBrCH_3 \longrightarrow CH_2{=}CHCH_3 + C_2H_5OH + Br^-$

Leçon interactive : mécanisme de l'élimination E2

Mécanisme

L'ion éthoxyde basique commence à déprotoner le carbone à l'aide de sa paire d'électrons. Au même moment, la paire d'électrons de la liaison $C\beta-H$ se déplace pour amorcer la formation de la liaison π de la double liaison, et le brome prépare son départ avec les électrons qu'il partage avec le carbone α.

État de transition

Des liaisons partielles sont formées entre l'oxygène et l'hydrogène β, et entre le carbone α et le brome. La liaison carbone–carbone possède un caractère de double liaison.

L'alcène possède maintenant une double liaison complètement formée et présente une géométrie trigonale plane à chacun des carbones sp^2. Les autres produits de la réaction comprennent une molécule d'éthanol et l'ion bromure.

Lorsque nous approfondirons l'étude des réactions E2 à la section 7.6C, nous verrons que l'orientation de l'atome d'hydrogène éliminé et celle du groupe sortant ne sont pas arbitraires. Comme nous venons de le montrer, l'hydrogène et le groupe sortant doivent se retrouver dans un même plan.

6.18 RÉACTIONS E1

Les éliminations peuvent emprunter une voie différente de celle étudiée à la section 6.17. Par exemple, lorsque du 2-chloro-2-méthylpropane (chlorure de *tert*-butyle) est traité avec de l'éthanol aqueux à 80 % à 25 °C, on obtient 83 % de *produits de substitution* et 17 % d'un produit d'élimination (2-méthylpropène).

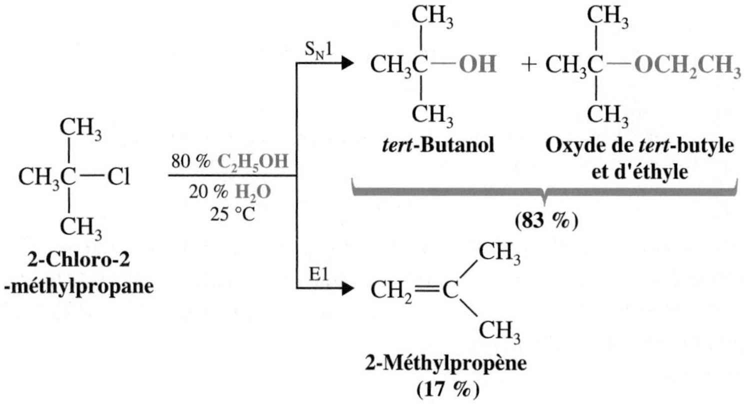

Nous conviendrons que l'étape initiale des deux réactions est la formation du cation *tert*-butyle. Cette étape est également l'étape déterminante de la vitesse des deux réactions, qui sont toutes deux unimoléculaires.

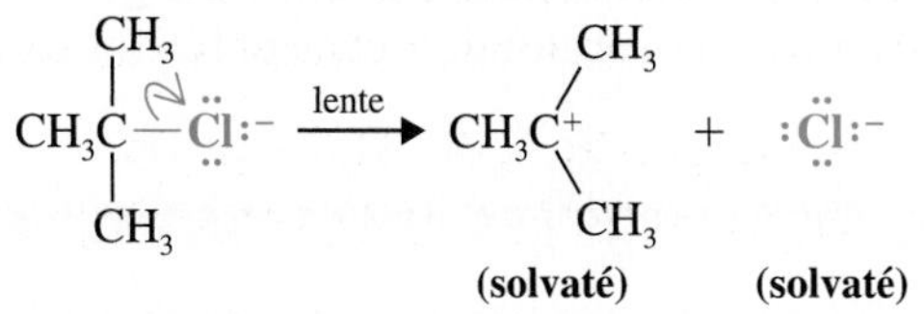

C'est l'étape subséquente (l'étape rapide) qui détermine si c'est la substitution ou l'élimination qui prédominera. Si une molécule de solvant tient lieu de nucléophile et attaque l'atome de carbone positif du cation *tert*-butyle, le produit sera le *tert*-butanol ou l'oxyde de *tert*-butyle et d'éthyle. Cette réaction est une réaction de type S_N1.

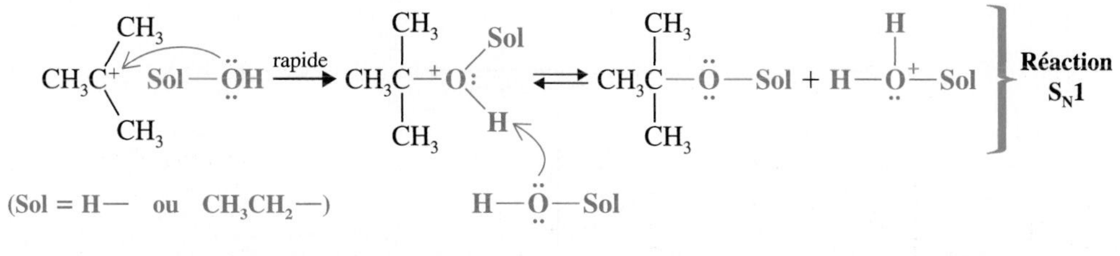

En revanche, si une molécule de solvant agit comme une base et arrache un des atomes d'hydrogène β, le produit de la réaction sera le 2-méthylpropène, et cette réaction procédera selon un mécanisme E1. Les réactions E1 accompagnent presque toujours les réactions S_N1.

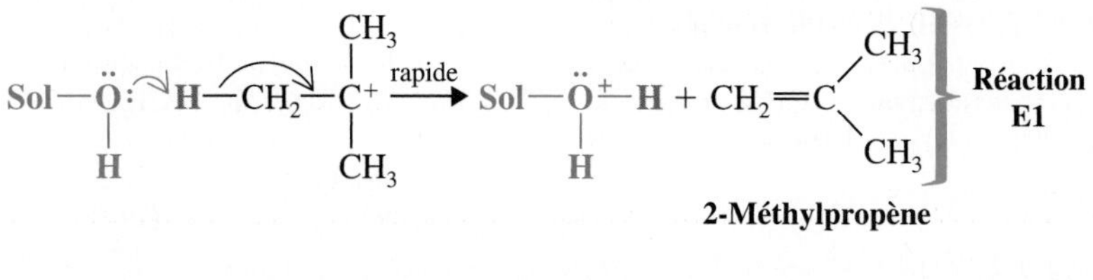

MÉCANISME DE LA RÉACTION E1

Réaction

$$(CH_3)_3CCl + H_2O \longrightarrow CH_2{=}C(CH_3)_2 + H_3O^+ + Cl^-$$

Mécanisme

Étape 1

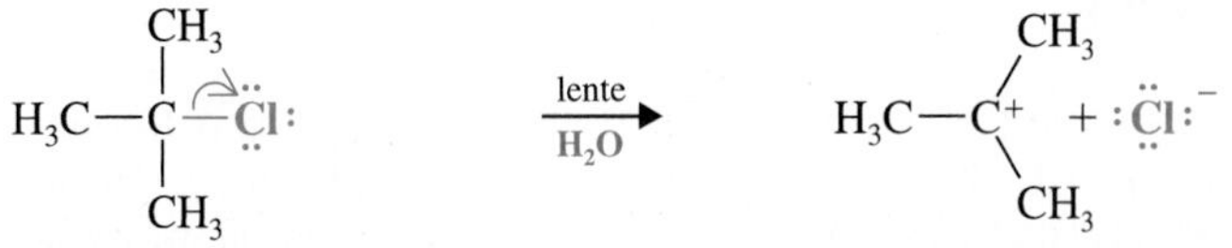

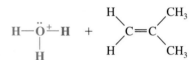

Grâce à la présence d'un solvant polaire, le chlore s'élimine en emportant la paire d'électrons qu'il partageait avec le carbone.

Cette étape lente crée un carbocation tertiaire relativement stable et un ion chlorure. Les ions sont solvatés (et stabilisés) par les molécules d'eau environnantes.

Étape 2

Une molécule d'eau arrache l'un des protons du carbone β du carbocation. Une paire d'électrons se déplace pour réaliser une double liaison entre les atomes de carbone α et β.

Cette étape donne un alcène et un ion hydronium.

Cette section met en lumière les différents facteurs influant sur la concurrence qui a lieu entre les réactions de substitution et d'élimination.

6.19 SUBSTITUTION OU ÉLIMINATION

Vu la présence de leur paire d'électrons libres réactive, tous les nucléophiles sont des bases potentielles et toutes les bases sont des nucléphiles potentiels. Il n'est donc pas surprenant que les réactions de substitution nucléophile et d'élimination rivalisent entre elles.

6.19A CONCURRENCE ENTRE LES RÉACTIONS S$_N$2 ET E2

Puisque les réactions d'élimination caractérisées par une concentration élevée de base forte (et par conséquent une concentration élevée d'un nucléophile fort) empruntent généralement la voie E2, il y a concurrence entre les réactions de substitution S$_N$2 et les réactions d'élimination. Lorsque le nucléophile (base) attaque un atome d'hydrogène β, l'élimination se produit. Par contre, quand le nucléophile attaque l'atome de carbone portant le groupe sortant, il en résulte une substitution.

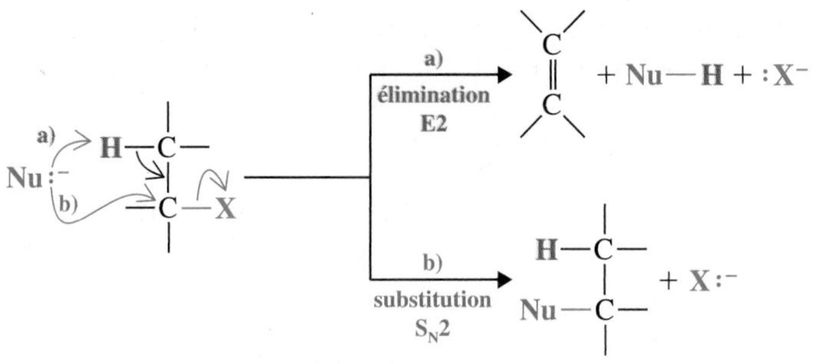

Dans les cas où le substrat est un halogénoalcane *primaire,* et la base, un ion éthoxyde, la substitution est très favorisée parce que la base peut aisément approcher le carbone porteur du groupe sortant.

$$CH_3CH_2O^-Na^+ + CH_3CH_2Br \xrightarrow[\substack{(-NaBr)}]{\substack{C_2H_5OH \\ 55\ °C}} CH_3CH_2OCH_2CH_3 + CH_2{=}CH_2$$

S$_N$2   E2
(90 %)   (10 %)

Par contre, avec les halogénoalcanes *secondaires,* la réaction d'élimination est favorisée en raison de l'encombrement stérique qui rend la substitution plus difficile.

$$C_2H_5O^-Na^+ + CH_3\underset{\underset{Br}{|}}{CH}CH_3 \xrightarrow[\substack{55\ °C \\ (-NaBr)}]{C_2H_5OH} CH_3\underset{\underset{\underset{C_2H_5}{|}}{O}}{CH}CH_3 + CH_2{=}CHCH_3$$

$$\underset{\substack{S_N2 \\ (21\ \%)}}{} \qquad \underset{\substack{E2 \\ (79\ \%)}}{}$$

Les halogénoalcanes *tertiaires* ne peuvent réagir selon un mécanisme S_N2. Par conséquent, avec ces molécules, l'élimination prédomine, surtout lorsque la réaction se produit à haute température. Toutes les réactions de substitution concomitantes empruntent la voie S_N1.

$$C_2H_5O^-Na^+ + CH_3\underset{\underset{Br}{|}}{\overset{\overset{CH_3}{|}}{C}}CH_3 \xrightarrow[\substack{25\ °C \\ (-NaBr)}]{C_2H_5OH} CH_3\underset{\underset{\underset{C_2H_5}{|}}{O}}{\overset{\overset{CH_3}{|}}{C}}CH_3 + CH_2{=}\overset{\overset{CH_3}{|}}{C}CH_3$$

$$\underset{\substack{S_N1 \\ (9\ \%)}}{} \qquad \underset{\substack{\text{Principalement E2} \\ (91\ \%)}}{}$$

$$C_2H_5O^-Na^+ + CH_3\underset{\underset{Br}{|}}{\overset{\overset{CH_3}{|}}{C}}CH_3 \xrightarrow[\substack{55\ °C \\ (-NaBr)}]{C_2H_5OH} CH_2{=}\overset{\overset{CH_3}{|}}{C}CH_3 + C_2H_5OH$$

$$\underset{\substack{E2 + E1 \\ (100\ \%)}}{}$$

En augmentant la température de réaction, on favorise les éliminations (E1 et E2) au détriment des substitutions, car les éliminations possèdent des énergies libres d'activation plus élevées que les substitutions. En effet, plus de liaisons sont brisées ou réalisées lors d'une réaction d'élimination. En permettant à un plus grand nombre de molécules de franchir les barrières énergétiques, l'augmentation de température accroît les vitesses des réactions de substitution et d'élimination. Cependant, comme la barrière énergétique associée aux éliminations est plus élevée, la proportion de molécules capables de la franchir est considérablement supérieure.

Augmenter la température de réaction est l'une des manières d'influer favorablement sur les réactions d'élimination des halogénoalcanes. On peut aussi faire intervenir une **base forte stériquement encombrée,** tel l'ion *tert*-butoxyde. Les groupes méthyle de l'ion *tert*-butoxyde vont inhiber la substitution, favorisant ainsi l'élimination. Les deux réactions suivantes illustrent cet effet. L'ion méthoxyde, relativement peu encombré, réagit avec le 1-bromooctadécane, majoritairement par *substitution,* à l'opposé de l'ion *tert*-butoxyde qui, plus encombré, favorise plutôt l'*élimination*.

$$CH_3O^- + CH_3(CH_2)_{15}CH_2CH_2{-}Br \xrightarrow[\substack{65\ °C}]{CH_3OH}$$

$$CH_3(CH_2)_{15}CH{=}CH_2 + CH_3(CH_2)_{15}CH_2CH_2OCH_3$$

$$\underset{\substack{E2 \\ (1\ \%)}}{} \qquad \underset{\substack{S_N2 \\ (99\ \%)}}{}$$

$$CH_3{-}\underset{\underset{CH_3}{|}}{\overset{\overset{CH_3}{|}}{C}}{-}O^- + CH_3(CH_2)_{15}CH_2CH_2{-}Br \xrightarrow[\substack{40\ °C}]{(CH_3)_3COH}$$

$$CH_3(CH_2)_{15}CH{=}CH_2 + CH_3(CH_2)_{15}CH_2CH_2{-}O{-}\underset{\underset{CH_3}{|}}{\overset{\overset{CH_3}{|}}{C}}{-}CH_3$$

$$\underset{\substack{E2 \\ (85\ \%)}}{} \qquad \underset{\substack{S_N2 \\ (15\ \%)}}{}$$

Parmi les facteurs influant sur les vitesses des réactions E2 et S_N2, il y a également la basicité relative et la polarisabilité du nucléophile (ou de la base). L'emploi d'une base forte légèrement polarisable telle que l'ion amidure (NH_2^-) ou l'ion alkoxyde (particulièrement s'il est encombré) favorise l'élimination (E2). En revanche, l'utilisation d'une base faible, telle que l'ion chlorure (Cl^-) ou l'ion acétate ($CH_3CO_2^-$), ou d'un ion faiblement basique et fortement polarisable, tel que Br^-, I^- ou RS^-, donne plutôt lieu à des réactions de substitution (S_N2). Par exemple, l'ion acétate réagit avec le 2-bromopropane presque exclusivement selon un mécanisme S_N2 :

$$CH_3\overset{\overset{O}{\|}}{C}-O^- + \underset{\underset{CH_3}{|}}{CH_3CH}-Br \xrightarrow[(\sim 100\,\%)]{S_N2} CH_3\overset{\overset{O}{\|}}{C}-O-\underset{\underset{CH_3}{|}}{CHCH_3} + Br^-$$

À l'inverse, l'ion éthoxyde, plus fortement basique (section 6.16B), réagit avec le même composé selon un mécanisme E2.

6.19B HALOGÉNOALCANES TERTIAIRES : RÉACTIONS S_N1 ET E1

Étant donné que les réactions E1 et S_N1 conduisent à la formation d'un intermédiaire commun, elles réagissent de la même manière aux facteurs influant sur leur réactivité. L'emploi de substrats qui forment des carbocations stables (c'est-à-dire les halogénoalcanes tertiaires), de nucléophiles faibles (bases faibles) et de solvants polaires favorise généralement les réactions E1.

Il est habituellement difficile de modifier le rapport des produits S_N1 et E1, car la différence d'énergie libre d'activation associée à l'une ou l'autre des réactions auxquelles prend part le carbocation (perte d'un proton ou combinaison avec une molécule du solvant) est très faible.

Dans la plupart des réactions unimoléculaires, la réaction S_N1 est favorisée par rapport à la réaction E1, particulièrement à basse température. *Cependant, en général, les réactions de substitution des halogénoalcanes tertiaires ne sont pas d'usage courant en synthèse organique, car ces composés halogénés empruntent la voie de l'élimination beaucoup trop facilement.*

Par contre, une augmentation de la température favorise un mécanisme E1 aux dépens d'un mécanisme S_N1. ***Toutefois, si l'on veut obtenir un produit d'élimination, il est préférable d'utiliser une base forte qui provoquera une réaction E2.***

6.20 RÉSUMÉ

Les principales voies de substitution ou d'élimination empruntées par les halogénoalcanes sont résumées au tableau 6.7. Pour comprendre comment utiliser cette information, examinons une question type.

Résumé

Tableau 6.7 Résumé des réactions S_N1, S_N2, E1 et E2.

CH_3X	RCH_2X	$\overset{\overset{R}{\|}}{RCHX}$	$\overset{\overset{R}{\|}}{\underset{\underset{R}{\|}}{R-C-X}}$
Méthyle	**Primaire**	**Secondaire**	**Tertiaire**
Réactions bimoléculaires seulement			**S_N1/E1 ou E2**
Procède par réaction S_N2.	Procède principalement par S_N2, sauf si la base forte est encombrée stériquement [ex. : $(CH_3)_3CO^-$]. Dans ce cas, la réaction E2 est habituellement favorisée.	Procède principalement par S_N2 en présence de bases faibles (ex. : I^-, ^-CN, RCO_2^-) et par E2 en présence de bases fortes (ex. : RO^-).	Pas de réaction S_N2. Lors d'une solvolyse, procède par S_N1/E1 et, à basse température, S_N1 est favorisée. En présence d'une base forte (par exemple RO^-), E2 prédomine.

QUESTION TYPE

Identifiez le ou les produits formés par les réactions suivantes. Pour chacune des réactions, donnez le mécanisme (S_N1, S_N2, E1 ou E2) selon lequel les produits sont formés et déterminez les proportions relatives de chacun (dites s'il s'agit du produit principal, d'un produit secondaire ou du seul produit observé).

a) $CH_3CH_2CH_2Br + CH_3O^- \xrightarrow[CH_3OH]{50\ °C}$

d) $(CH_3CH_2)_3CBr + {}^-OH \xrightarrow[CH_3OH]{50\ °C}$

b) $CH_3CH_2CH_2Br + (CH_3)_3CO^- \xrightarrow[(CH_3)_3COH]{50\ °C}$

e) $(CH_3CH_2)_3CBr \xrightarrow[CH_3OH]{25\ °C}$

c) $\underset{CH_3CH_2}{\overset{CH_3}{\diagdown}} \overset{\diagup}{C} - Br + HS^- \xrightarrow[CH_3OH]{50\ °C}$

Réponse

a) Le substrat est un halogénoalcane primaire. Le nucléophile (également la base) est CH_3O^-, une base forte (non encombrée cependant) et un bon nucléophile. Selon le tableau 6.7, on doit s'attendre à ce que la réaction procède selon un mécanisme S_N2. Le produit principal devrait être le $CH_3CH_2CH_2OCH_3$, et un produit secondaire ($CH_3CH{=}CH_2$) serait formé selon un mécanisme E2.

b) Cette fois-ci, le substrat est encore un halogénoalcane primaire, mais la base (également le nucléophile) est très encombrée. On doit donc s'attendre à ce que le produit principal soit $CH_3CH{=}CH_2$, obtenu par la voie E2, et à ce que le produit secondaire soit $CH_3CH_2CH_2OC(CH_3)_3$, obtenu selon un mécanisme S_N2.

c) Le réactif est le (S)-2-bromobutane, un halogénoalcane secondaire dont le groupe sortant est lié à un centre stéréogénique. HS^- est un bon nucléophile, mais une base faible. Une réaction S_N2 devrait donc avoir lieu, provoquer ainsi une inversion de la configuration du centre stéréogénique et produire le stéréo-isomère R :

$$HS - \underset{H}{\overset{CH_3}{\diagup}}\overset{|}{C}{\cdots}CH_2CH_3$$

d) ^-OH est une base forte et un nucléophile fort. Cependant, le substrat est un halogénoalcane tertiaire. Par conséquent, on ne peut pas s'attendre à une réaction S_N2. On obtient le produit principal, $CH_3CH{=}C(CH_2CH_3)_2$, par réaction E2. À cette température élevée et en présence d'une base forte, on ne devrait pas obtenir une quantité appréciable du produit S_N1, soit $CH_3OC(CH_2CH_3)_3$.

e) Il s'agit ici d'une réaction de solvolyse, c'est-à-dire que le solvant CH_3OH fournit la base (et le nucléophile). C'est une base faible (donc pas de E2) et un mauvais nucléophile. Le substrat est tertiaire (par conséquent, pas de S_N2). À basse température, la réaction S_N1 est favorisée et mène à la formation de $CH_3OC(CH_2CH_3)_3$. Le produit secondaire dérivant d'une réaction E1 devrait être $CH_3CH{=}C(CH_2CH_3)_2$.

TERMES ET CONCEPTS CLÉS

Réaction de substitution nucléophile	Section 6.3	**Réaction S_N1**	Sections 6.10, 6.11, 6.13, 6.14 et 6.19B
Nucléophile	Sections 6.3, 6.4 et 6.14B	**Carbocation**	Sections 6.11 et 6.12
		Solvolyse	Section 6.13B
Substrat	Section 6.3	**Effet stérique**	Section 6.14A
Groupe sortant	Sections 6.5 et 6.14E	**Encombrement stérique**	Section 6.14A
		Solvant aprotique	Section 6.14C
Réaction S_N2	Sections 6.6 à 6.9, 6.14 et 6.19A	**Solvant protique polaire**	Section 6.14D
		Réaction d'élimination	Section 6.16
État de transition	Section 6.7	**Réaction E1**	Sections 6.18 et 6.19B
Inversion de configuration	Section 6.9	**Réaction E2**	Sections 6.17 et 6.19A

PROBLÈMES SUPPLÉMENTAIRES

6.13 À l'aide d'un mécanisme de substitution nucléophile, proposez une synthèse pour chacun des composés suivants avec le 1-bromopropane comme réactif de départ (vous pouvez utiliser des composés supplémentaires au besoin).

a) $CH_3CH_2CH_2OH$

b) $CH_3CH_2CH_2I$

c) $CH_3CH_2OCH_2CH_2CH_3$

d) $CH_3CH_2CH_2—S—CH_3$

e)
$$CH_3\overset{\overset{O}{\|}}{C}OCH_2CH_2CH_3$$

f) $CH_3CH_2CH_2N_3$

g)
$$CH_3—\overset{\overset{CH_3}{|}}{\underset{\underset{CH_3}{|}}{N^+}}—CH_2CH_2CH_3 \quad Br^-$$

h) $CH_3CH_2CH_2CN$

i) $CH_3CH_2CH_2SH$

6.14 Dites, pour chacune des paires, lequel des halogénoalcanes réagira le plus rapidement selon un mécanisme S_N2. Expliquez.

a) $CH_3CH_2CH_2Br$ ou $(CH_3)_2CHBr$

b) $CH_3CH_2CH_2CH_2Cl$ ou $CH_3CH_2CH_2CH_2I$

c) $(CH_3)_2CHCH_2Cl$ ou $CH_3CH_2CH_2CH_2Cl$

d) $(CH_3)_2CHCH_2CH_2Cl$ ou $CH_3CH_2CH(CH_3)CH_2Cl$

e) C_6H_5Br ou $CH_3CH_2CH_2CH_2CH_2CH_2Cl$

6.15 Quelle réaction S_N2 de chacune des paires se produira le plus rapidement dans un solvant protique ?

a) (1) $CH_3CH_2CH_2Cl + CH_3CH_2O^- \longrightarrow CH_3CH_2CH_2OCH_2CH_3 + Cl^-$

ou

(2) $CH_3CH_2CH_2Cl + CH_3CH_2OH \longrightarrow CH_3CH_2CH_2OCH_2CH_3 + HCl$

b) (1) $CH_3CH_2CH_2Cl + CH_3CH_2O^- \longrightarrow CH_3CH_2CH_2OCH_2CH_3 + Cl^-$

ou

(2) $CH_3CH_2CH_2Cl + CH_3CH_2S^- \longrightarrow CH_3CH_2CH_2SCH_2CH_3 + Cl^-$

c) (1) $CH_3CH_2CH_2Br + (C_6H_5)_3N \longrightarrow CH_3CH_2CH_2N(C_6H_5)_3^+ + Br^-$

ou

(2) $CH_3CH_2CH_2Br + (C_6H_5)_3P \longrightarrow CH_3CH_2CH_2P(C_6H_5)_3^+ + Br^-$

d) (1) $CH_3CH_2CH_2Br (1,0\ M) + CH_3O^- (1,0\ M) \longrightarrow CH_3CH_2CH_2OCH_3 + Br^-$

ou

(2) $CH_3CH_2CH_2Br (1,0\ M) + CH_3O^- (2,0\ M) \longrightarrow CH_3CH_2CH_2OCH_3 + Br^-$

6.16 Quelle réaction S_N1 de chacune des paires se produira le plus rapidement ? Expliquez.

a) (1) $(CH_3)_3CCl + H_2O \longrightarrow (CH_3)_3COH + HCl$

ou

(2) $(CH_3)_3CBr + H_2O \longrightarrow (CH_3)_3COH + HBr$

b) (1) $(CH_3)_3CCl + H_2O \longrightarrow (CH_3)_3COH + HCl$

ou

(2) $(CH_3)_3CCl + CH_3OH \longrightarrow (CH_3)_3COCH_3 + HCl$

c) (1) $(CH_3)_3CCl (1,0\ M) + CH_3CH_2O^- (1,0\ M) \xrightarrow{EtOH} (CH_3)_3COCH_2CH_3 + Cl^-$

ou

(2) $(CH_3)_3CCl (2,0\ M) + CH_3CH_2O^- (1,0\ M) \xrightarrow{EtOH} (CH_3)_3COCH_2CH_3 + Cl^-$

d) (1) $(CH_3)_3CCl (1,0\ M) + CH_3CH_2O^- (1,0\ M) \xrightarrow{EtOH} (CH_3)_3COCH_2CH_3 + Cl^-$

ou

(2) $(CH_3)_3CCl (1,0\ M) + CH_3CH_2O^- (2,0\ M) \xrightarrow{EtOH} (CH_3)_3COCH_2CH_3 + Cl^-$

e) (1) $(CH_3)_3CCl + H_2O \longrightarrow (CH_3)_3COH + HCl$

ou

(2) $C_6H_5Cl + H_2O \longrightarrow C_6H_5OH + HCl$

6.17 En utilisant un halogénométhane, un halogénoéthane ou un halogénure cyclopentylique comme substrat de départ ainsi que tout solvant ou réactif inorganique que vous jugez nécessaire, proposez une synthèse pour chacun des composés suivants. La réaction pourrait requérir plus d'une étape; vous n'avez pas à répéter les étapes que vous avez déjà décrites.

a) CH_3I

b) CH_3CH_2I

c) CH_3OH

d) CH_3CH_2OH

e) CH_3SH

f) CH_3CH_2SH

g) CH_3CN

h) CH_3CH_2CN

i) CH_3OCH_3

j) $CH_3OCH_2CH_3$

k) Cyclopentène

6.18 Les réactions suivantes sont des substitutions nucléophiles théoriques. Aucune d'elles n'est utile en synthèse, car le produit de réaction se forme beaucoup trop lentement. Pour chacun des cas, expliquez pourquoi la réaction ne peut pas se produire.

a) $CH_3CH_2CH_3 + {}^-OH \not\longrightarrow CH_3CH_2OH + CH_3{}^-$

b) $CH_3CH_2CH_3 + {}^-OH \not\longrightarrow CH_3CH_2CH_2OH + H^-$

c) $\square + {}^-OH \not\longrightarrow {}^-CH_2CH_2CH_2CH_2OH$

d) $CH_3CH_2-\underset{\underset{CH_3}{|}}{\overset{\overset{CH_3}{|}}{C}}-Br + {}^-CN \not\longrightarrow CH_3CH_2-\underset{\underset{CH_3}{|}}{\overset{\overset{CH_3}{|}}{C}}-CN + Br^-$

e) $NH_3 + CH_3OCH_3 \not\longrightarrow CH_3NH_2 + CH_3OH$

f) $NH_3 + CH_3OH_2{}^+ \not\longrightarrow CH_3NH_3{}^+ + H_2O$

6.19 Vous devez synthétiser du styrène ($C_6H_5CH{=}CH_2$) par déshydrohalogénation du 1-bromo-2-phényléthane ou du 1-bromo-1-phényléthane dans une solution de KOH dilué dans l'éthanol. Quel halogénure choisirez-vous comme réactif de départ si vous visez le meilleur rendement d'alcène ? Expliquez votre réponse.

6.20 Vous devez préparer de l'oxyde de méthyle et d'isopropyle, $CH_3OCH(CH_3)_2$, par l'une ou l'autre des réactions suivantes. Quelle réaction vous permettra d'atteindre un meilleur rendement ? Expliquez votre choix.

(1) $CH_3ONa + (CH_3)_2CHI \longrightarrow CH_3OCH(CH_3)_2$

(2) $(CH_3)_2CHONa + CH_3I \longrightarrow CH_3OCH(CH_3)_2$

6.21 Quel(s) produit(s) obtiendrez-vous de chacune des réactions suivantes ? Indiquez le mécanisme (S_N1, S_N2, E1 ou E2) selon lequel le produit est formé et déterminez la quantité relative de ce dernier (dites s'il s'agit du produit principal, d'un produit secondaire ou du seul produit obtenu).

a) $CH_3CH_2CH_2CH_2CH_2Br + CH_3CH_2O^- \xrightarrow[CH_3CH_2OH]{50\ °C}$

b) $CH_3CH_2CH_2CH_2CH_2Br + (CH_3)_3CO^- \xrightarrow[(CH_3)_3COH]{50\ °C}$

c) $(CH_3)_3CBr + CH_3O^- \xrightarrow[CH_3OH]{50\ °C}$

d) $(CH_3)_3CBr + (CH_3)_3CO^- \xrightarrow[(CH_3)_3COH]{50\ °C}$

e) 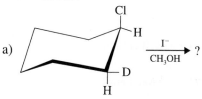 $+ I^- \xrightarrow[acétone]{50\ °C}$

f) 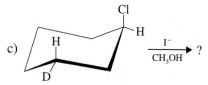 $\xrightarrow[CH_3OH]{25\ °C}$

g) 3-Chloropentane $+ CH_3O^- \xrightarrow[CH_3OH]{50\ °C}$

h) 3-Chloropentane $+ CH_3CO_2^- \xrightarrow[CH_3CO_2H]{50\ °C}$

i) $HO^- + (R)$-2-bromobutane $\xrightarrow{25\ °C}$

j) (S)-3-Bromo-3-méthylhexane $\xrightarrow[CH_3OH]{25\ °C}$

k) (S)-2-Bromooctane $+ I^- \xrightarrow[CH_3OH]{50\ °C}$

6.22 Dessinez la conformation des produits de substitution dérivés des composés suivants, lesquels ont été marqués au deutérium :

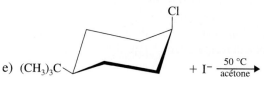

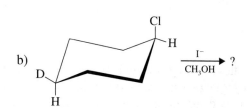

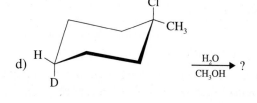

6.23 Même si le bromoéthane et le 1-bromo-2-méthylpropane sont tous deux des halogénoalcanes primaires, le premier de ces produits réagit selon un mécanisme S_N2 10 fois plus rapidement que le deuxième. Lorsque chacun des composés est traité avec du $CH_3CH_2O^-$, une base forte (aussi nucléophile), le 1-bromo-2-méthylpropane donne un meilleur rendement en produits d'élimination par rapport aux produits de substitution, alors que, dans le cas du bromoéthane, c'est l'inverse que l'on observe. Quel facteur explique ce phénomène ?

6.24 Supposons que l'on fasse réagir I^- avec CH_3CH_2Cl. a) Quelle voie empruntera la réaction, S_N1 ou S_N2 ? La constante de vitesse de la réaction à 60 °C est égale à 5×10^{-5} L·mol^{-1}. b) Quelle sera la vitesse de réaction si $[I^-] = 0,1$ mol·L^{-1} et $[CH_3CH_2Cl] = 0,1$ mol·L^{-1} ? c) Si $[I^-] = 0,1$ mol·L^{-1} et $[CH_3CH_2Cl] = 0,2$ mol·L^{-1} ? d) Si $[I^-] = 0,2$ mol·L^{-1} et $[CH_3CH_2Cl] = 0,1$ mol·L^{-1} ? e) Si $[I^-] = 0,2$ mol·L^{-1} et $[CH_3CH_2Cl] = 0,2$ mol·L^{-1} ?

6.25 Quel composé de chacune des paires suivantes sera le nucléophile le plus réactif dans un solvant protique ?

a) CH_3NH^- ou CH_3NH_2

b)
$$CH_3O^- \quad \text{ou} \quad CH_3\overset{\displaystyle O}{\overset{\displaystyle \|}{C}}O^-$$

c) CH_3SH ou CH_3OH

d) $(C_6H_5)_3N$ ou $(C_6H_5)_3P$

e) H_2O ou H_3O^+

f) NH_3 ou NH_4^+

g) H_2S ou HS^-

h)
$$CH_3\overset{\displaystyle O}{\overset{\displaystyle \|}{C}}O^- \quad \text{ou} \quad {}^-OH$$

6.26 Écrivez le mécanisme de la formation du produit des réactions présentées ci-dessous.

a) 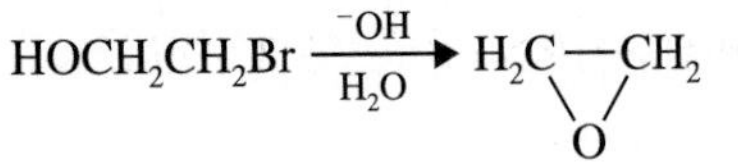 $HOCH_2CH_2Br \xrightarrow[H_2O]{{}^-OH} H_2C\overset{\displaystyle}{\underset{\displaystyle O}{-}}CH_2$

b) 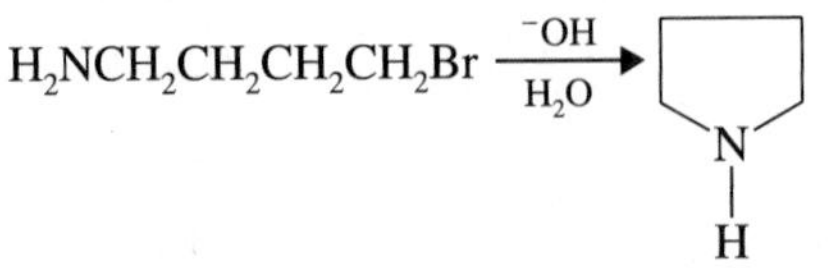 $H_2NCH_2CH_2CH_2CH_2Br \xrightarrow[H_2O]{{}^-OH}$ (pyrrolidine, N–H)

6.27 De nombreuses réactions S_N2 des chloroalcanes et des bromoalcanes sont catalysées par l'ajout d'iodure de sodium ou de potassium. Par exemple, l'hydrolyse du bromométhane se réalise beaucoup plus rapidement en présence d'iodure de sodium. Expliquez ce phénomène.

6.28 Expliquez les observations suivantes. Quand le 2-bromo-2-méthylpropane est traité avec du méthoxyde de sodium dans un mélange de méthanol et d'eau, la vitesse de formation du *tert*-butanol et de l'oxyde de *tert*-butyle et de méthyle demeure sensiblement la même malgré une augmentation de la concentration de méthoxyde de sodium. Toutefois, cette augmentation accélère la disparition du 2-bromo-2-méthylpropane du mélange.

6.29 a) Vous désirez convertir un halogénoalcane tertiaire en alcène, par exemple, le 2-chloro-2-méthylpropane en 2-méthylpropène. Quelles conditions expérimentales devrez-vous choisir pour favoriser l'élimination aux dépens de la substitution ? b) Considérez le problème inverse : supposez que vous désirez transformer un halogénoalcane tertiaire par substitution. Prenez l'exemple de la conversion du 2-chloro-2-méthylpropane en oxyde de *tert*-butyle et d'éthyle. Quelles conditions expérimentales vous permettront d'obtenir le meilleur rendement en éther ?

6.30 Le 1-bromobicyclo[2.2.1]heptane ne réagit pas du tout, que ce soit par la voie S_N1 ou S_N2. Expliquez pourquoi.

6.31 En réagissant avec le cyanure de potassium dans le méthanol, le bromoéthane forme le produit principal CH_3CH_2CN. Cependant, cette réaction conduit également à la formation du CH_3CH_2NC. Écrivez la structure de Lewis de l'ion cyanure et des deux produits de la réaction et, à l'aide d'un mécanisme, expliquez le déroulement de la réaction.

6.32 En utilisant un halogénoalcane approprié comme substrat de départ et tout autre réactif ou solvant que vous jugez nécessaire, proposez une synthèse pour chacun des composés suivants. Si plusieurs voies de synthèse mènent au produit, choisissez celle qui donne le meilleur rendement.

a) Oxyde de butyle et de *sec*-butyle

b) $CH_3CH_2SC(CH_3)_3$

c) Oxyde de méthyle et de néopentyle

d) Oxyde de méthyle et de phényle

e) $C_6H_5CH_2CN$

f) $CH_3CO_2CH_2C_6H_5$

g) (*S*)-Pentan-2-ol

h) (*R*)-2-Iodo-4-méthylpentane

i) $(CH_3)_3CCH{=}CH_2$

j) *cis*-4-Isopropylcyclohexanol

k) (*R*)-$CH_3CH(CN)CH_2CH_3$

l) *trans*-1-Iodo-4-méthylcyclohexane

6.33 Dessinez la structure des produits de chacune des réactions suivantes :

a) 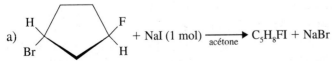 $+ NaI$ (1 mol) $\xrightarrow{\text{acétone}} C_5H_8FI + NaBr$

b) 1,4-Dichlorohexane (1 mol) $+ NaI$ (1 mol) $\xrightarrow{\text{acétone}} C_6H_{12}ClI + NaCl$

c) 1,2-Dibromoéthane (1 mol) $+ NaSCH_2CH_2SNa \longrightarrow C_4H_8S_2 + 2\,NaBr$

d) 4-Chlorobutan-1-ol $+ NaH \xrightarrow[Et_2O]{(-H_2)} C_4H_8ClONa \xrightarrow[Et_2O]{\Delta} C_4H_8O + NaCl$

e) Propyne $+ NaNH_2 \xrightarrow[NH_3 \text{ liq.}]{(-NH_3)} C_3H_3Na \xrightarrow{CH_3I} C_4H_6 + NaI$

6.34 Durant l'hydrolyse S_N1 du 2-bromo-2-méthylpropane, l'ajout d'un « ion commun » (NaBr, par exemple) à la solution aqueuse n'a aucune incidence sur la vitesse de réaction. Cependant, cet ajout retarde l'hydrolyse S_N1 de $(C_6H_5)_2CHBr$. En tenant compte du fait que le cation $(C_6H_5)_2CH^+$ est beaucoup plus stable que le cation $(CH_3)_3C^+$ (vous en comprendrez les raisons à la section 15.12A), expliquez pourquoi les deux composés se comportent différemment.

6.35 L'hydrolyse des bromoalcanes mentionnés ci-dessous dans un mélange d'éthanol et d'eau (C_2H_5OH à 80 % et H_2O à 20 %) à 55 °C donne lieu à des réactions dont les vitesses suivent cet ordre :

$$(CH_3)_3CBr > CH_3Br > CH_3CH_2Br > (CH_3)_2CHBr$$

Expliquez cet ordre de réactivité.

6.36 La réaction des halogénoalcanes primaires avec des sels de nitrite ($M^+NO_2^-$) produit du RNO_2 et du $RONO$. Expliquez.

6.37 Quel effet aurait une augmentation de la polarité du solvant sur la vitesse de chacune des réactions de substitution nucléophile suivantes ?

a) $Nu\text{:} + R\text{—}L \longrightarrow R\text{—}Nu^+ + \text{:}L^-$
b) $R\text{—}L^+ \longrightarrow R^+ + \text{:}L$

6.38 Une expérience de concurrence est une expérience consistant à faire réagir deux substrats à concentration égale (ou un réactif muni de deux sites réactifs) qui rivalisent pour le même réactif. Dites quel sera le produit principal de chacune des expériences de concurrence suivantes.

a) 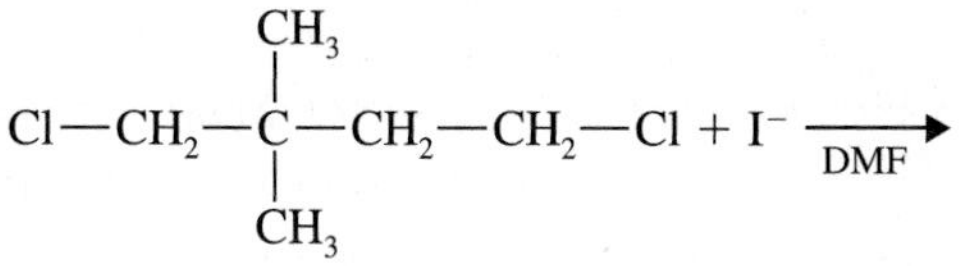
$$Cl\text{—}CH_2\text{—}\underset{\underset{CH_3}{|}}{\overset{\overset{CH_3}{|}}{C}}\text{—}CH_2\text{—}CH_2\text{—}Cl + I^- \xrightarrow{DMF}$$

b) 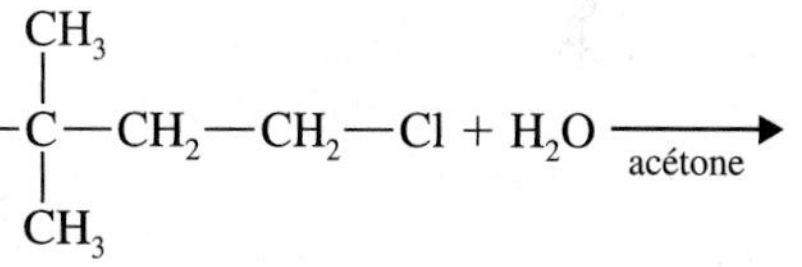
$$Cl\text{—}\underset{\underset{CH_3}{|}}{\overset{\overset{CH_3}{|}}{C}}\text{—}CH_2\text{—}CH_2\text{—}Cl + H_2O \xrightarrow{acétone}$$

6.39 La nucléophilie importe peu dans les réactions S_N1; par contre, elle a une forte incidence sur les réactions S_N2. Ainsi, lorsque plusieurs nucléophiles sont présents dans le mélange réactionnel, on observe peu de discrimination lors des réactions S_N1 et plusieurs espèces jouent le rôle de nucléophile, aussi bien les faibles que les fortes. Cependant, dans des processus S_N2, la discrimination est prononcée entre les nucléophiles faibles et forts. a) Expliquez cette différence. b) En quoi l'explication que vous avez fournie en a) peut-elle rendre compte du fait que $CH_3CH_2CH_2CH_2Cl$ réagit avec NaCN à 0,01 M dans l'éthanol pour donner du $CH_3CH_2CH_2CH_2CN$, alors que dans les mêmes conditions le substrat $(CH_3)_3CCl$ produit principalement du $(CH_3)_3COCH_2CH_3$?

6.40* En phase gazeuse, l'énergie de dissociation homolytique (section 10.2A) de la liaison carbone-chlore du 2-chloro-2-méthylpropane est de + 328 kJ·mol^{-1}, le potentiel d'ionisation du radical *tert*-butyle est de + 715 kJ·mol^{-1} et l'affinité électronique du chlore est de −330 kJ·mol^{-1}. À l'aide de ces données, calculez la variation d'enthalpie de l'ionisation du 2-chloro-2-méthylpropane en cation *tert*-butyle et en ion chlorure en phase gazeuse (cette énergie correspond à l'énergie de dissociation hétérolytique de la liaison carbone-chlore).

6.41* La réaction du chloroéthane avec l'eau *en phase gazeuse* produit de l'éthanol et du chlorure d'hydrogène. À 25 °C, le $\Delta H°$ de cette réaction est de + 26,6 kJ·mol^{-1} et son $\Delta S°$ est de + 4,81 kJ·mol^{-1}. a) Lequel de ces paramètres (le cas échéant) favorise une réaction complète des réactifs ? b) Calculez le $\Delta G°$ de la réaction. c) Calculez la constante d'équilibre de la réaction. d) En solution aqueuse, la constante d'équilibre est beaucoup plus élevée que celle que vous venez de calculer. Dites pourquoi.

6.42* La réaction de l'acide (S)-2-bromopropanoïque [(S)-$CH_3CHBrCO_2H$] avec de l'hydroxyde de sodium concentré résulte en un produit qui, une fois acidifié, est l'acide (R)-2-hydroxypropanoïque [(R)-$CH_3CHOHCO_2H$], que l'on appelle communément acide (R)-lactique]. Ce composé représente le produit attendu d'une réaction stéréochimique S_N2. Cependant, lorsque la même réaction est réalisée avec une faible concentration d'ion hydroxyde et en présence de Ag_2O (Ag^+ agit en tant qu'acide de Lewis), elle donne lieu à une réaction avec *rétention de configuration* par laquelle l'acide (S)-2-hydroxypropanoïque est produit. Le mécanisme de cette réaction fait intervenir un phénomène appelé *participation d'un groupe voisin*. Écrivez le mécanisme détaillé de cette réaction en tenant compte de la rétention de configuration, de la présence de Ag^+ et de la faible concentration d'hydroxyde employée.

---

* Les problèmes marqués d'un astérisque présentent une difficulté particulière.

6.43* Paul Walden (section 6.7) a découvert le phénomène de l'inversion de configuration en 1896. Pour le démontrer, il s'est fondé sur le cycle réactionnel suivant.

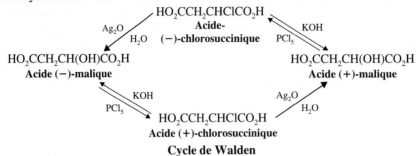

Cycle de Walden

a) En vous reportant au problème précédent, identifiez les réactions du cycle de Walden au cours desquelles se produit une inversion de configuration et celles qui donnent plutôt lieu à une rétention de configuration. b) L'acide malique dont la rotation optique est lévogyre présente la configuration *S*. Quelles sont les configurations des autres composés du cycle ? c) Walden a également démontré que la réaction de l'acide (+)-malique avec le chlorure de thionyle (plutôt qu'avec du PCl₅) donne de l'acide (+)-chlorosuccinique. Comment expliquez-vous ce résultat ? d) En supposant que la réaction de l'acide (−)-malique et du chlorure de thionyle procède par la même stéréochimie, dessinez un cycle de Walden dont les réactions s'effectuent avec le chlorure de thionyle au lieu du PCl₅.

6.44* Le (*R*)-3-chloro-1-méthoxy-2-méthylpropane (**A**) réagit avec l'ion azoture (N_3^-) dans l'éthanol aqueux pour donner du (*S*)-3-azido-1-méthoxy-2-méthylpropane (**B**). Le composé **A** présente la structure $ClCH_2CH(CH_3)CH_2OCH_3$.

a) À l'aide de biseaux et de traits, dessinez la formule tridimensionnelle des composés **A** et **B**.

b) Y a-t-il inversion de la configuration au cours de cette réaction ?

6.45* Déterminez le produit qui résultera de la réaction suivante :

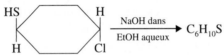

Le produit n'absorbe pas les radiations infrarouges entre 1620 et 1680 cm⁻¹.

6.46*

$$cis\text{-4-Bromocyclohexanol} \xrightarrow[\text{tert-BuOH}]{\text{tert-BuO}^-} \text{mélange racémique } C_6H_{10}O \text{ (composé } \mathbf{C})$$

Le composé **C** absorbe les radiations infrarouges dans les régions comprises entre 1620 et 1680 cm⁻¹ et entre 3590 et 3650 cm⁻¹. Dessinez les énantiomères du produit **C** et dites s'ils sont *R* ou *S*.

TRAVAIL COOPÉRATIF

1. Étudiez le cas de la solvolyse du (1*S*,2*R*)-1-bromo-1,2-diméthylcyclohexane dans un mélange à 80 % d'eau et à 20 % de CH_3CH_2OH à la température ambiante.

   a) Dessinez la structure de tous les produits pouvant résulter de cette réaction et déterminez lequel sera le produit principal.

   b) Écrivez le mécanisme détaillé de la formation du produit principal.

   c) Dessinez la structure de tous les états de transition menant à la formation du produit principal.

2. La séquence de réactions suivante décrit partiellement, à partir de la première étape, la synthèse de l'acide ω-fluorooléique, un composé naturel toxique dérivé d'un arbuste africain. Ce composé, que l'on appelle également mort-aux-rats, est un raticide bien connu. Certaines tribus s'en servent pour enduire la pointe de leurs flèches. Deux étapes supplémentaires sont nécessaires pour réaliser la synthèse complète du composé.

   i) 1-Bromo-8-fluorooctane + acétylure de sodium (sel de sodium de l'éthyne) ⟶ composé **A** ($C_{10}H_{17}F$)

   ii) Composé **A** + $NaNH_2$ ⟶ composé **B** ($C_{10}H_{16}FNa$)

   iii) Composé **B** + I — $(CH_2)_7$ — Cl ⟶ composé **C** ($C_{17}H_{30}ClF$)

   iv) Composé **C** + NaCN ⟶ composé **D** ($C_{18}H_{30}NF$)

   a) Représentez la structure des composés **A**, **B**, **C** et **D**.

   b) Écrivez le mécanisme de chacune des réactions présentées ci-dessus.

   c) Dessinez la structure de l'état de transition pour chacune de ces réactions.

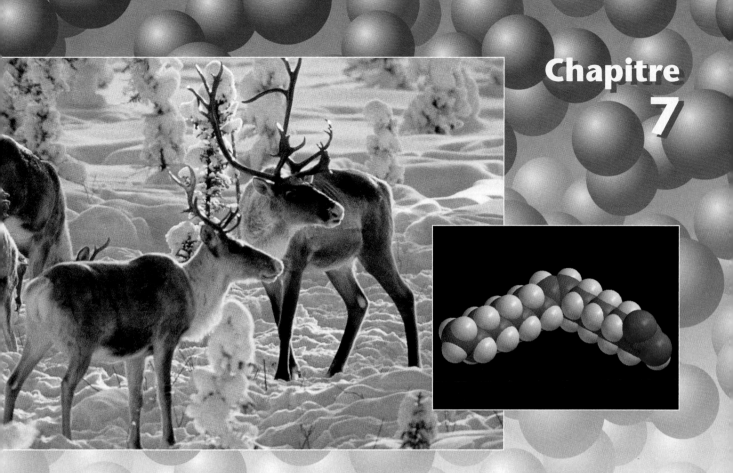

ALCÈNES ET ALCYNES I :
PROPRIÉTÉS ET SYNTHÈSE
Réactions d'élimination
des halogénoalcanes

Fluidité des membranes cellulaires

Pour fonctionner adéquatement comme barrière sélective entre l'intérieur de la cellule et son environnement externe, la membrane cellulaire doit demeurer fluide. Cette fluidité est déterminée par la proportion d'acides gras saturés et insaturés composant la membrane. En modifiant le rapport de ces acides, les animaux à sang froid tels les poissons adaptent la fluidité de leurs membranes cellulaires à la température de leur environnement. De même, les rennes, qui vivent dans des conditions de froid intense, ont une proportion plus élevée d'acides gras insaturés dans les membranes des cellules de leurs pattes que dans le reste de leur corps, ce qui maintient la fluidité des membranes des cellules de leurs extrémités. Ces exemples illustrent bien la relation importante qui existe entre la structure moléculaire, les propriétés physiques et la fonction biologique. Examinons donc la structure des acides gras saturés et insaturés.

   Les acides gras sont des acides carboxyliques munis de longues chaînes carbonées qui s'étendent à partir du groupe carboxylique. (La plupart des acides gras des animaux supérieurs possèdent 16 à 18 carbones.) Un acide gras saturé est un acide dont la chaîne carbonée ne comporte pas de liaisons doubles (on dit qu'elle est « saturée » d'hydrogènes). Un acide gras insaturé, par contre,

SOMMAIRE

7.1 Introduction

7.2 Système de nomenclature *E-Z* des alcènes diastéréo-isomères

7.3 Stabilité relative des alcènes

7.4 Cycloalcènes

7.5 Synthèse des alcènes par réaction d'élimination

7.6 Déshydrohalogénation des halogénoalcanes

7.7 Déshydratation des alcools

7.8 Stabilité du carbocation et réarrangement moléculaire

7.9 Préparation d'alcènes par débromation des dibromoalcanes vicinaux

7.10 Synthèse des alcynes par réactions d'élimination

7.11 Acidité des alcynes terminaux

7.12 Substitution de l'atome d'hydrogène acétylénique des alcynes terminaux

7.13 Hydrogénation des alcènes

7.14 Fonction du catalyseur dans les hydrogénations

7.15 Hydrogénation des alcynes

7.16 Formules moléculaires des hydrocarbures : le degré d'insaturation

comprend au moins une liaison double. Mais en quoi les liaisons doubles modifient-elles la fluidité de la membrane ? Pour comprendre ce phénomène, prenons l'exemple du beurre et de l'huile d'olive. Le beurre contient principalement des acides gras saturés. En raison de l'agencement régulier et ordonné des chaînes carbonées de ses acides gras saturés, le beurre se présente sous forme de solide à la température ambiante. Par contre, l'huile d'olive présente un pourcentage élevé d'acides gras insaturés dont les liaisons doubles, de configuration *cis* pour la plupart, causent des repliements dans les chaînes carbonées. Ces acides gras ne peuvent former facilement un arrangement ordonné; c'est pourquoi leur point de fusion est inférieur à celui des acides gras saturés correspondants. De fait, plus la proportion d'acides gras saturés est élevée, moins la membrane est fluide, et vice versa.

7.1 INTRODUCTION

Les alcènes sont des hydrocarbures dont les molécules contiennent une liaison double carbone–carbone. Anciennement, on appelait cette classe de composés *oléfines*. Cette dénomination, encore parfois utilisée, dérive du fait que de nombreux alcènes gazeux se transforment en huile : l'éthène (éthylène), l'oléfine (alcène) la plus simple, était appelé gaz oléfiant (du latin *oleum,* qui signifie « huile », et *facere,* qui signifie « faire »), car il réagissait avec le chlore pour former $C_2H_4Cl_2$, un liquide (une huile).

Les hydrocarbures comportant une liaison triple carbone–carbone sont des alcynes. Les composés de cette classe sont communément appelés *acétylènes* d'après le premier membre de cette classe, HC≡CH.

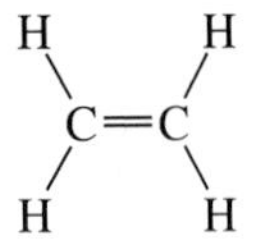

Éthène 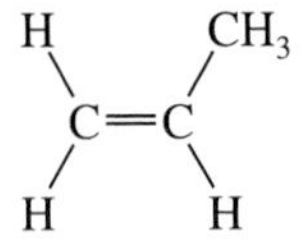   **Propène** 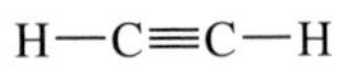   **Éthyne**

7.1A PROPRIÉTÉS PHYSIQUES DES ALCÈNES ET DES ALCYNES

Les propriétés physiques des alcènes et des alcynes sont semblables à celles des alcanes correspondants. Les alcènes et les alcynes de quatre carbones ou moins (à l'exception du but-2-yne) se présentent sous forme gazeuse à la température ambiante. Étant relativement non polaires, ces deux classes de composés se dissolvent dans des solvants non polaires ou dans des solvants de faible polarité, mais sont *très peu solubles* dans l'eau (les alcynes le sont légèrement plus que les alcènes). La densité des alcènes et des alcynes est inférieure à celle de l'eau.

7.2 SYSTÈME DE NOMENCLATURE *E-Z* DES ALCÈNES DIASTÉRÉO-ISOMÈRES

À la section 4.5, nous avons appris à représenter la stéréochimie des alcènes diastéréo-isomères par la dénomination *cis* et *trans*. Or, ces préfixes ne conviennent qu'aux alcènes disubstitués, car ils sont équivoques dans le cas des alcènes trisubstitués et tétrasubstitués. Examinons l'exemple de l'alcène suivant :

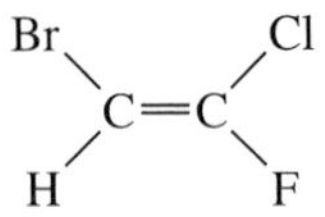

A

Il est impossible de déterminer si cet alcène **A** est *cis* ou *trans,* car la molécule ne présente pas deux groupes identiques.

C'est pourquoi un nouveau système de nomenclature, appelé **système *E-Z*,** a été établi. Il se fonde sur la priorité des groupes déterminée par la convention de Cahn-Ingold-Prelog (section 5.6) et s'applique à tout alcène diastéréo-isomère. Pour attribuer convenablement ce système de nomenclature, il faut examiner les deux groupes rattachés à un carbone de la double liaison et déterminer lequel a la priorité la plus élevée. Ensuite, on fait de même avec l'autre carbone.

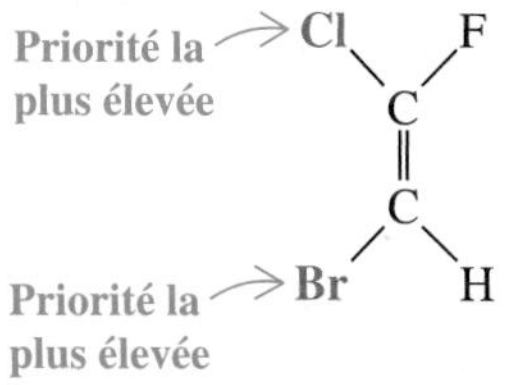

Priorité la plus élevée $\rightarrow$ Cl   F

Priorité la plus élevée $\rightarrow$ Br   H

(Z)-2-Bromo-1-chloro-1-fluoroéthène

F   Cl $\leftarrow$ Priorité la plus élevée

Priorité la plus élevée $\rightarrow$ Br   H

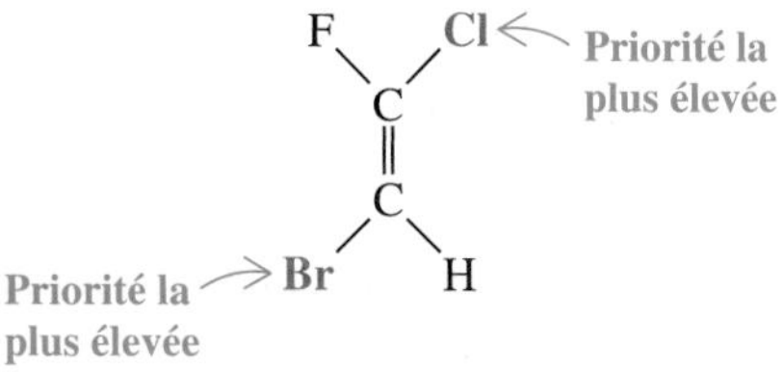

(E)-2-Bromo-1-chloro-1-fluoroéthène

Cl > F

Br > H

Puis on compare les deux groupes ayant la priorité la plus élevée. S'ils sont situés du même côté de la double liaison, l'alcène est désigné *Z* (de l'allemand *zusammen*, qui signifie « ensemble »). Par contre, si ces groupes se trouvent de part et d'autre de la double liaison, l'alcène est dit *E* (de l'allemand *entgegen*, qui signifie, « opposé »). Les exemples suivants illustrent ce système de nomenclature.

H_3C CH_3
  $C=C$
H H

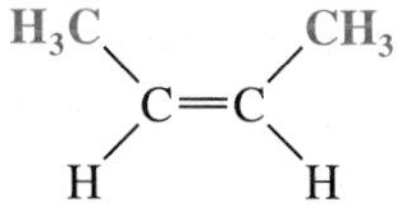

(Z)-But-2-ène
(***cis*-But-2-ène**)

$CH_3 > H$

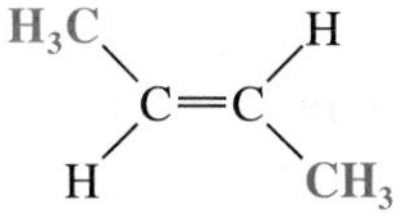

H_3C H
  $C=C$
H CH_3

(E)-But-2-ène
(***trans*-But-2-ène**)

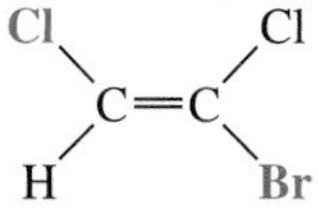

Cl   Cl
  $C=C$
H Br

(E)-1-Bromo-1,2-dichloroéthène

$Cl > H$
$Br > Cl$

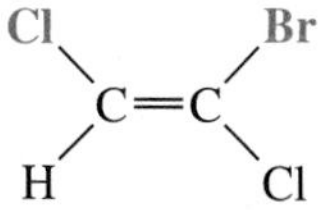

Cl   Br
  $C=C$
H Cl

(Z)-1-Bromo-1,2-dichloroéthène

PROBLÈME 7.1

À l'aide de la désignation *E-Z* [de même qu'avec le système *R-S* en e) et f)], nommez les composés suivants.

a) 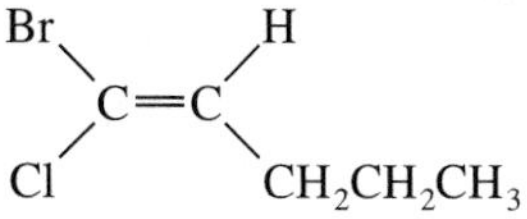
Br   H
  $C=C$
Cl $CH_2CH_2CH_3$

b)
Cl   Br
  $C=C$
I CH_2CH_3

c)
H_3C $CH_2CH(CH_3)_2$
  $C=C$
H CH_3

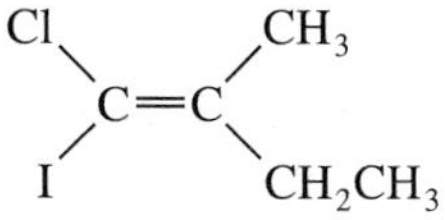

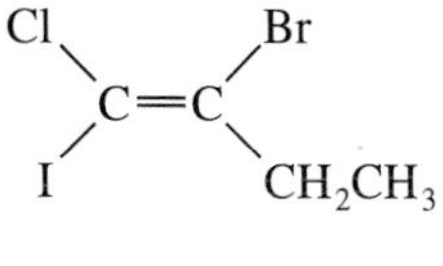

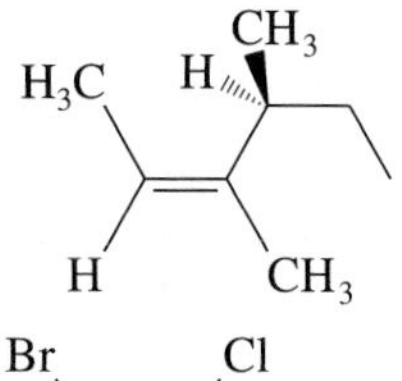

d)
Cl CH_3
  $C=C$
I CH_2CH_3

e)
H_3C H CH_3
            C
H CH_3

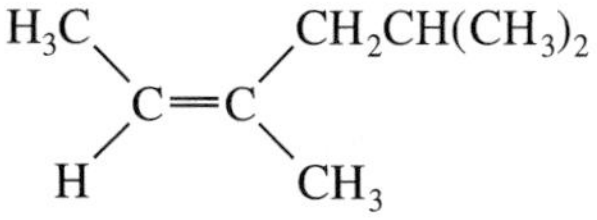

f) 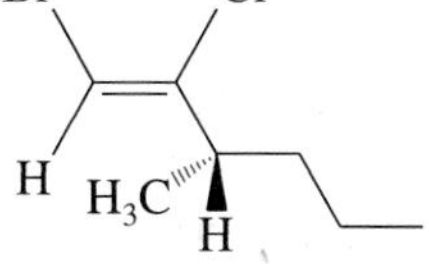
Br   Cl
H H_3C H

▮7.3▮ STABILITÉ RELATIVE DES ALCÈNES

7.3A CHALEURS D'HYDROGÉNATION

Les alcènes isomères *cis* et *trans* n'ont pas la même stabilité. Pour mesurer leur stabilité relative, nous comparerons les données liées à l'hydrogénation et à la combustion d'autres alcènes isomères. À la section 4.18A, nous avons traité de l'hydrogénation des alcènes et des alcynes. La réaction d'un alcène avec de l'hydrogène est exothermique, et la variation d'enthalpie qui se produit est appelée **chaleur d'hydrogénation.** En général, les chaleurs d'hydrogénation des alcènes sont d'environ -120 kJ·mol^{-1}. Pour certains alcènes, toutefois, la chaleur d'hydrogénation diffère de cette valeur par plus de 8 kJ·mol^{-1}.

$$\text{C}=\text{C} + \text{H}-\text{H} \xrightarrow{\text{Pt}} -\overset{|}{\underset{|}{\text{C}}}-\overset{|}{\underset{|}{\text{C}}}- \qquad \Delta H° \cong -120 \text{ kJ·mol}^{-1}$$

Ce sont ces différences quant à la chaleur d'hydrogénation qui permettent de mesurer la stabilité relative des alcènes isomères. La comparaison ne peut cependant s'effectuer *que si l'hydrogénation conduit au même produit*. À titre d'exemples, examinons les trois butènes suivants.

$$\text{CH}_3\text{CH}_2\text{CH}=\text{CH}_2 + \text{H}_2 \xrightarrow{\text{Pt}} \text{CH}_3\text{CH}_2\text{CH}_2\text{CH}_3 \qquad \Delta H° = -127 \text{ kJ·mol}^{-1}$$

But-1-ène
(C$_4$H$_8$)   **Butane**

$$\text{cis-But-2-ène} + \text{H}_2 \xrightarrow{\text{Pt}} \text{CH}_3\text{CH}_2\text{CH}_2\text{CH}_3 \qquad \Delta H° = -120 \text{ kJ·mol}^{-1}$$

***cis*-But-2-ène**
(C$_4$H$_8$)   **Butane**

$$\text{trans-But-2-ène} + \text{H}_2 \xrightarrow{\text{Pt}} \text{CH}_3\text{CH}_2\text{CH}_2\text{CH}_3 \qquad \Delta H° = -115 \text{ kJ·mol}^{-1}$$

***trans*-But-2-ène**
(C$_4$H$_8$)   **Butane**

Dans chacune des réactions précédentes, le produit, en l'occurrence le butane, est le même, et l'un des réactifs est l'hydrogène. Cependant, une quantité différente de *chaleur* est dégagée de chacune d'elles, car la chaleur de réaction est fonction de la stabilité énergétique des alcènes et constitue par conséquent une indication de leur stabilité relative. Le but-1-ène libère la plus grande quantité de chaleur d'hydrogénation, alors que le *trans*-but-2-ène en libère la plus faible quantité. On peut donc affirmer que le but-1-ène possède l'énergie (ou l'enthalpie) la plus élevée et qu'il est l'isomère le moins stable. De même, le *trans*-but-2-ène doit avoir la plus faible énergie et est par conséquent le plus stable. L'énergie et, du même coup, la stabilité du *cis*-but-2-ène sont intermédiaires entre les deux. Pour bien saisir cet ordre de stabilité, observons le diagramme d'énergie présenté à la figure 7.1.

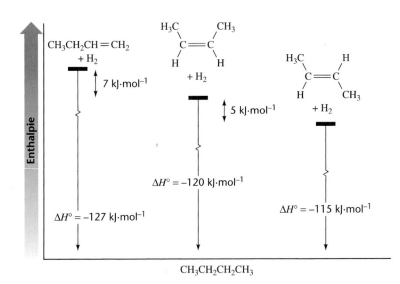

Figure 7.1 Diagramme d'énergie des trois isomères du butène. L'ordre de stabilité des molécules est le suivant : *trans*-but-2-ène > *cis*-but-2-ène > but-1-ène.

La grande stabilité du *trans*-but-2-ène, comparée à celle du *cis*-but-2-ène, illustre une tendance générale suivie par les paires d'alcènes *cis-trans*. Les isomères du pent-2-ène suivent également cet ordre de stabilité : **isomère *trans* > isomère *cis***.

$$CH_3CH_2\underset{H}{\overset{}{C}}=\underset{H}{\overset{CH_3}{C}} + H_2 \xrightarrow{Pt} CH_3CH_2CH_2CH_2CH_3 \qquad \Delta H^\circ = -120 \text{ kJ·mol}^{-1}$$

cis-Pent-2-ène **Pentane**

$$CH_3CH_2\underset{H}{\overset{}{C}}=\underset{CH_3}{\overset{H}{C}} + H_2 \xrightarrow{Pt} CH_3CH_2CH_2CH_2CH_3 \qquad \Delta H^\circ = -115 \text{ kJ·mol}^{-1}$$

trans-Pent-2-ène **Pentane**

L'enthalpie plus élevée des isomères *cis* est attribuable à la tension résultant de l'encombrement stérique causé par les deux groupes alkyle situés du même côté de la double liaison (figure 7.2).

7.3B CHALEURS DE COMBUSTION ET STABILITÉ RELATIVE

Lorsque l'hydrogénation des alcènes isomères ne donne pas le même alcane, *les chaleurs de combustion peuvent servir à déterminer leur stabilité relative*. Ainsi, l'hydrogénation ne permet pas de comparer le 2-méthylpropène directement aux autres isomères du butène (but-1-ène, *cis*- et *trans*-but-2-ène), car elle produit de l'isobutane, et non du butane.

$$CH_3\overset{CH_3}{\overset{|}{C}}=CH_2 + H_2 \xrightarrow{Pt} CH_3\overset{CH_3}{\overset{|}{C}}HCH_3$$

2-Méthylpropène **Isobutane**

L'isobutane et le butane n'ayant pas la même enthalpie, la comparaison directe de leur chaleur d'hydrogénation est impossible.

Par contre, lorsque le 2-méthylpropène subit une combustion complète, les produits sont les mêmes que ceux engendrés par les autres isomères du butène. Chaque isomère consume six équivalents molaires d'oxygène et *produit quatre équivalents molaires de CO₂ ainsi que quatre équivalents molaires de H₂O*. Ainsi, on peut conclure que le 2-méthylpropène est le plus stable des quatre isomères, puisque sa chaleur de combustion est la plus faible.

$$CH_3CH_2CH=CH_2 + 6 O_2 \longrightarrow 4 CO_2 + 4 H_2O \qquad \Delta H^\circ = -2719 \text{ kJ·mol}^{-1}$$

$$\underset{H}{\overset{H_3C}{C}}=\underset{H}{\overset{CH_3}{C}} + 6 O_2 \longrightarrow 4 CO_2 + 4 H_2O \qquad \Delta H^\circ = -2712 \text{ kJ·mol}^{-1}$$

$$\underset{H}{\overset{H_3C}{C}}=\underset{CH_3}{\overset{H}{C}} + 6 O_2 \longrightarrow 4 CO_2 + 4 H_2O \qquad \Delta H^\circ = -2707 \text{ kJ·mol}^{-1}$$

$$CH_3\overset{CH_3}{\overset{|}{C}}=CH_2 + 6 O_2 \longrightarrow 4 CO_2 + 4 H_2O \qquad \Delta H^\circ = -2703 \text{ kJ·mol}^{-1}$$

En outre, la chaleur dégagée par chacun des trois autres isomères confirme l'ordre de stabilité mesurée par les chaleurs d'hydrogénation. La stabilité des isomères du butène suit donc cet ordre.

$$CH_3\overset{CH_3}{\overset{|}{C}}=CH_2 > trans\text{-}CH_3CH=CHCH_3 > cis\text{-}CH_3CH=CHCH_3 > CH_3CH_2CH=CH_2$$

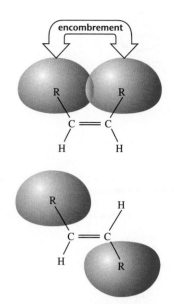

Figure 7.2 Isomères d'alcènes *cis* et *trans*. L'isomère *cis*, le moins stable, présente la tension la plus élevée à cause des effets stériques défavorables.

Stabilité relative des alcènes.

7.3C STABILITÉ RELATIVE DES ALCÈNES

L'étude de nombreux alcènes a révélé que leur stabilité suit une tendance directement liée au nombre de groupes alkyle rattachés aux atomes de carbone de la double liaison. **La stabilité d'un alcène augmente avec le nombre de groupes alkyle rattachés à ses carbones (c'est-à-dire avec le degré de substitution des carbones de la double liaison).** Cet ordre de stabilité est représenté par les formules générales suivantes.*

Stabilité relative des alcènes

R₂C=CR₂ > R₂C=CRH > RₓC=CHR ... Disubstitué ... > R₂C=CH₂ > RHC=CH₂ > H₂C=CH₂

Tétrasubstitué   **Trisubstitué**   ◄——— **Disubstitué** ———►   **Monosubstitué**   **Non substitué**

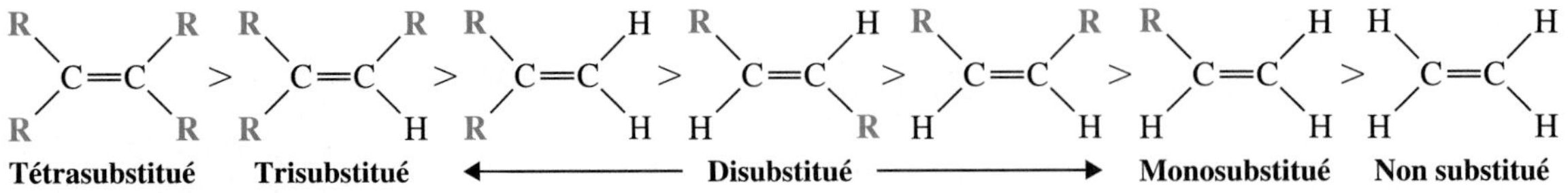

PROBLÈME 7.2

Voici les chaleurs d'hydrogénation de trois alcènes :

2-méthylbut-1-ène (-119 kJ·mol^{-1})
3-méthylbut-1-ène (-127 kJ·mol^{-1})
2-méthylbut-2-ène (-113 kJ·mol^{-1})

a) Dessinez la structure de chacun de ces alcènes et dites s'ils sont monosubtitués, disubstitués, trisubstitués ou tétrasubstitués. b) Dessinez la structure du produit formé par l'hydrogénation des alcènes. c) Les chaleurs d'hydrogénation permettent-elles de déterminer la stabilité relative de ces trois alcènes ? d) Si oui, quel est cet ordre de stabilité ? Si non, expliquez pourquoi ce n'est pas possible. e) Quels autres alcènes isomères complètent ces trois alcènes ? Dessinez leur structure. f) De quelles données devez-vous disposer pour établir la stabilité relative de tous ces isomères ?

PROBLÈME 7.3

Dites quel est l'alcène le plus stable de chacune des paires suivantes : a) 2-méthylpent-2-ène ou 2,3-diméthylbut-2-ène; b) *cis*-hex-3-ène ou *trans*-hex-3-ène; c) hex-1-ène ou *cis*-hex-3-ène; d) *trans*-hex-2-ène ou 2-méthylpent-2-ène.

PROBLÈME 7.4

Dites pour quelles paires d'alcènes du problème 7.3 il est possible de déterminer la stabilité relative à l'aide de la chaleur d'hydrogénation et pour lesquelles on doit utiliser les chaleurs de combustion.

7.4 CYCLOALCÈNES

La double liaison des cycloalcènes qui contiennent cinq atomes de carbone ou moins existe seulement dans la forme *cis* (figure 7.3). L'introduction d'une double liaison

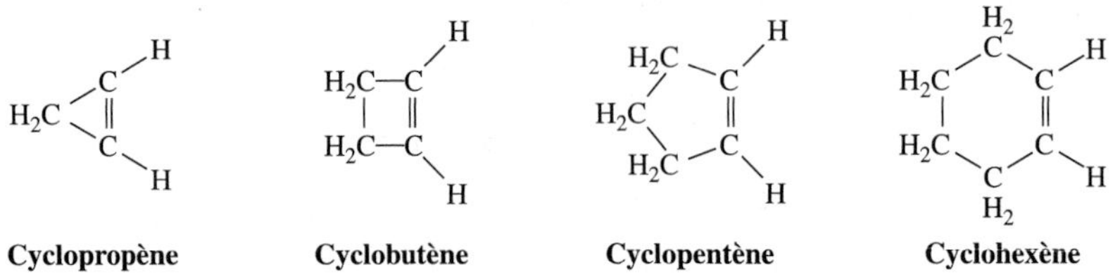

Cyclopropène   **Cyclobutène**   **Cyclopentène**   **Cyclohexène**

Figure 7.3   *cis*-Cycloalcènes.

---

* Cet ordre de stabilité peut sembler contredire l'explication que nous avons donnée de la stabilité plus grande des isomères *trans* par rapport à celle des isomères *cis* (figure 7.2). Même si une explication détaillée de l'ordre de stabilité présenté ici dépasse le cadre de ce manuel, il est possible de le justifier d'une manière logique. L'explication tient en partie de l'effet électrorépulseur des groupes alkyle qui compensent le caractère électroattracteur des carbones sp^2 de la double liaison.

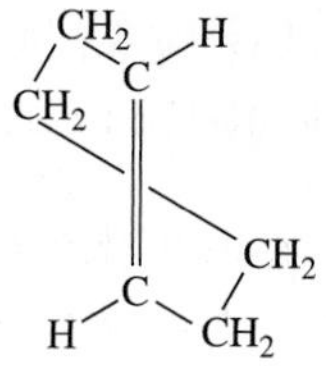

Figure 7.4   *trans*-Cyclohexène hypothétique. Cette molécule subit beaucoup trop de tension pour exister à la température ambiante.

Figure 7.5   Conformation *cis* et *trans* du cyclooctène.

Les modèles moléculaires de ces composés, incluant les énantiomères du *trans*-cyclooctène, pourraient vous aider à en saisir les différences structurales.

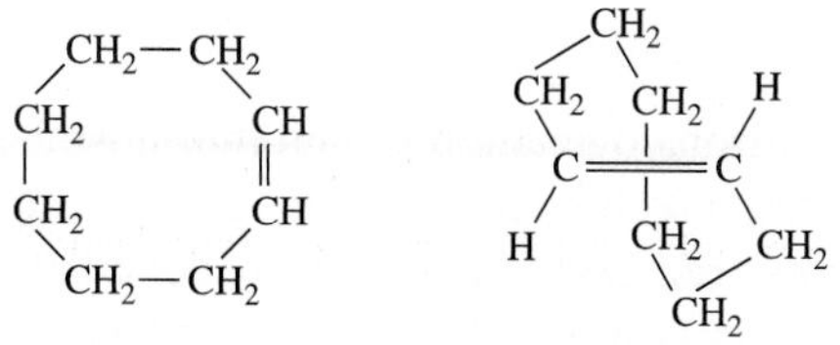

cis-**Cyclooctène**   *trans*-**Cyclooctène**

trans dans un cycle aussi petit, si c'était possible, aurait pour effet d'engendrer une tension plus élevée que celle que peuvent subir les liaisons du cycle. Le *trans*-cyclohexène pourrait ressembler à la structure illustrée à la figure 7.4. Des études ont démontré que cette structure n'existe qu'à l'état d'un intermédiaire éphémère très réactif dans certaines réactions chimiques.

Le *trans*-cycloheptène a été observé par spectroscopie. Toutefois, cette substance a une durée de vie tellement courte qu'il est impossible de l'isoler.

Par contre, le *trans*-cyclooctène (figure 7.5) a été isolé. Son cycle est suffisamment grand pour adopter la géométrie requise par une double liaison *trans* et pour être stable à la température ambiante. Ce composé est chiral et existe donc sous forme d'énantiomères.

7.5   SYNTHÈSE DES ALCÈNES PAR RÉACTION D'ÉLIMINATION

Puisque les réactions d'élimination mènent à la formation d'une double liaison dans une molécule, on les utilise généralement pour préparer des alcènes. Dans ce chapitre, nous étudierons trois méthodes de préparation fondées sur les éliminations. Les exemples suivants, qui font intervenir un réactif de départ simple à deux carbones, illustrent chacune de ces méthodes.

Synthèse de quelques alcènes

Déshydrohalogénation des halogénoalcanes (sections 6.16, 6.17 et 7.6)

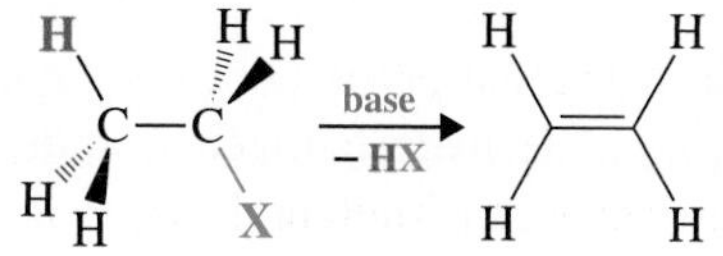

$$\underset{\text{base}}{\overset{-\ HX}{\longrightarrow}}$$

Déshydratation des alcools (sections 7.7 et 7.8)

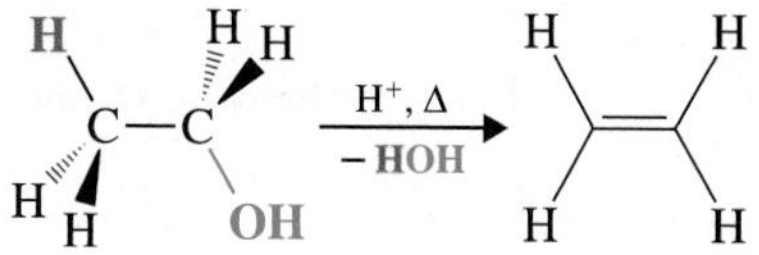

$$\underset{-\ HOH}{\overset{H^+,\ \Delta}{\longrightarrow}}$$

Débromation des dibromures vicinaux (section 7.9)

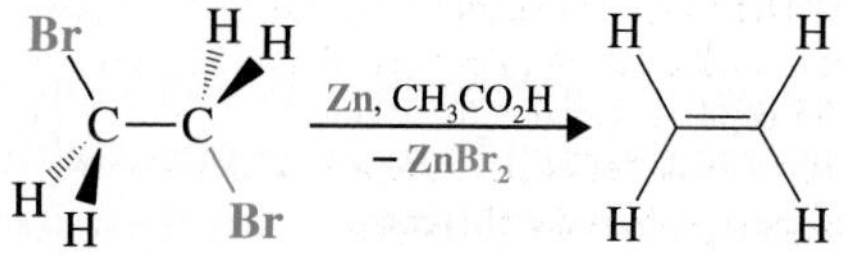

$$\underset{-\ ZnBr_2}{\overset{Zn,\ CH_3CO_2H}{\longrightarrow}}$$

Leçon interactive : mécanisme d'élimination E2

Conditions favorisant l'élimination E2

7.6 DÉSHYDROHALOGÉNATION DES HALOGÉNOALCANES

Il est toujours préférable de synthétiser un alcène par une déshydrohalogénation de type E2.

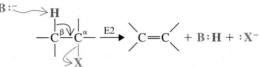

En effet, lors d'une déshydrohalogénation par un mécanisme E1, il y a trop de réactions secondaires possibles, notamment des réarrangements du squelette carboné (section 7.8). Pour favoriser une réaction E2, on utilisera de préférence un halogénoalcane secondaire ou tertiaire. Si la synthèse débute avec un halogénure primaire, l'utilisation d'une base encombrée s'impose. Afin d'éviter une réaction E1, on aura recours à une concentration élevée d'une base forte et relativement non polarisable, telle que les ions alkoxyde, et à un solvant relativement non polaire comme un alcool. Généralement, on doit chauffer le mélange à une température assez élevée pour favoriser l'élimination. Les réactifs typiques que requiert une déshydrohalogénation sont l'éthoxyde de sodium dissous dans l'éthanol ou le *tert*-butoxyde de potassium dissous dans le *tert*-butanol. Parfois, on recourt à l'hydroxyde de potassium dissous dans l'éthanol. Dans ce réactif, l'ion éthoxyde, formé par la réaction suivante, tient également lieu de base réactive.

$$^-OH + C_2H_5OH \;\rightleftharpoons\; H_2O + C_2H_5O^-$$

7.6A REGIOSÉLECTIVITÉ DES RÉACTIONS E2 : LA RÈGLE DE ZAITSEV

Dans les exemples de déshydrohalogénation étudiés aux sections 6.16 à 6.18, un seul produit d'élimination était possible. Par exemple :

$$CH_3CHCH_3 \underset{Br}{|} \xrightarrow[\substack{C_2H_5OH \\ 55\,°C}]{C_2H_5O^-Na^+} CH_2=CHCH_3$$
$$\textbf{(79 \%)}$$

$$CH_3CCH_3 \overset{CH_3}{\underset{Br}{|}} \xrightarrow[\substack{C_2H_5OH \\ 55\,°C}]{C_2H_5O^-Na^+} CH_2=\overset{CH_3}{\underset{}{C}}-CH_3$$
$$\textbf{(100 \%)}$$

$$CH_3(CH_2)_{15}CH_2CH_2Br \xrightarrow[\substack{(CH_3)_3COH \\ 40\,°C}]{(CH_3)_3CO^-K^+} CH_3(CH_2)_{15}CH=CH_2$$
$$\textbf{(85 \%)}$$

Cependant, la déshydrohalogénation de nombreux halogénoalcanes donne plusieurs produits. Par exemple, la déshydrohalogénation du 2-bromo-2-méthylbutane produit le 2-méthylbut-2-ène et le 2-méthylbut-1-ène.

2-Bromo-2-méthylbutane **2-Méthylbut-2-ène** **2-Méthylbut-1-ène**

Si l'on utilise une base peu encombrée telle que l'ion éthoxyde ou l'ion hydroxyde, le produit principal de la réaction sera **l'alcène le plus stable.** Comme nous l'avons vu à la section 7.3, plus un alcène est substitué, plus il est stable.

$$CH_3CH_2O^- + CH_3CH_2\underset{\underset{Br}{|}}{\overset{\overset{CH_3}{|}}{C}}{-}CH_3 \xrightarrow[CH_3CH_2OH]{70\ ^\circ C} CH_3CH{=}C\overset{CH_3}{\underset{CH_3}{\diagdown}} + CH_3CH_2C\overset{CH_2}{\underset{CH_3}{\diagdown}}$$

2-Méthylbut-2-ène   **2-Méthylbut-1-ène**
(69 %)   (31 %)
(plus stable)   (moins stable)

Le 2-méthylbut-2-ène est un alcène trisubstitué (au total, trois groupes méthyle sont rattachés aux carbones de la double liaison), alors que le 2-méthylbut-1-ène est seulement disubstitué. Le 2-méthylbut-2-ène est donc le produit majoritaire.

Ce phénomène s'explique par la double liaison qui se forme à l'état de transition (voir section 6.17) de chacune des réactions.

$$C_2H_5O^- + \ -\overset{|}{C}{-}\overset{|}{C}{-} \ \longrightarrow \ \left[\begin{array}{c} C_2H_5O^{\delta-}\text{---}H \\ -C{=}C- \\ Br^{\delta-} \end{array} \right]^{\ddagger} \longrightarrow \ C_2H_5OH + \ \diagup\diagdown C{=}C\diagup\diagdown \ + Br^-$$

État de transition d'une réaction E2
*La liaison double carbone–carbone
se forme peu à peu.*

L'état de transition de la réaction qui produit le 2-méthylbut-2-ène (figure 7.6) possède une liaison C—C similaire à la double liaison d'un alcène trisubstitué. Par contre, dans celui qui mène au 2-méthylbut-1-ène, la même liaison ressemble à la double liaison d'un alcène disubstitué. Comme l'état de transition qui donne le 2-méthylbut-2-ène s'apparente à un alcène plus stable, il est, par conséquent, plus stable, et son niveau d'énergie libre est plus faible. Vu cette stabilité, l'énergie libre d'activation de la réaction est plus faible. Par conséquent, le 2-méthylbut-2-ène est formé plus rapidement et constitue le produit majoritaire. Cette réaction est donc sous contrôle cinétique (voir section 13.10A).

Les chimistes disent d'une élimination produisant l'alcène le plus stable et le plus substitué qu'elle suit la **règle de Zaitsev,** formulée par le chimiste russe A.N. Zaitsev (1841-1910). (On trouve différentes graphies de ce nom : Zaitsev, Saytzeff, Saytseff, Saytzev.)

Le produit de Zaitsev est le produit le plus stable.

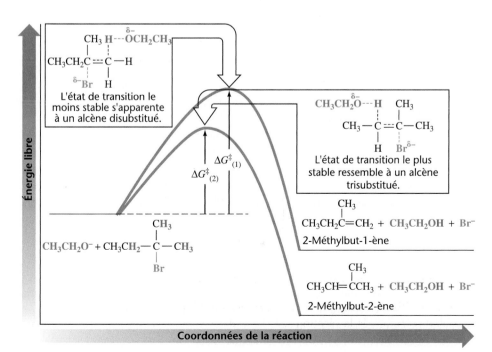

Figure 7.6 La réaction aboutissant à l'alcène le plus stable (2) se produit plus rapidement que celle qui mène à l'alcène le moins stable (1). $\Delta G^{\ddagger}_{(2)}$ est plus petit que $\Delta G^{\ddagger}_{(1)}$.

PROBLÈME 7.5

Dressez la liste des alcènes qui se formeraient par la déshydrohalogénation des halogénoalcanes suivants avec l'éthoxyde de potassium dissous dans l'éthanol et, à l'aide de la règle de Zaitsev, déterminez quel serait le produit principal de la réaction. a) 2-Bromo-3-méthylbutane; b) 2-bromo-2,3-diméthylbutane.

7.6B EXCEPTION À LA RÈGLE DE ZAITSEV

Synthèse de l'alcène le moins substitué

Si l'on réalise une déshydrohalogénation avec une base encombrée comme le *tert*-butoxyde de potassium dans le *tert*-butanol, c'est la formation de **l'alcène le moins substitué** qui est favorisée.

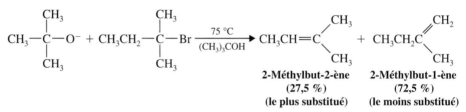

2-Méthylbut-2-ène
(27,5 %)
(le plus substitué)

2-Méthylbut-1-ène
(72,5 %)
(le moins substitué)

Les raisons de ce phénomène sont complexes, mais elles semblent partiellement liées à l'encombrement stérique de la base et au fait que la taille de cette dernière est augmentée par les molécules de *tert*-butanol qui l'entourent. L'arrachement de l'un des atomes d'hydrogène (secondaires) par l'ion *tert*-butoxyde est difficile étant donné les contraintes stériques qui se manifestent à l'état de transition. Par conséquent, les atomes d'hydrogène les plus exposés (primaires) des groupes méthyle sont arrachés les premiers. Lorsqu'une élimination produit l'alcène le moins substitué, on dit qu'elle suit la **règle de Hofmann** (voir section 20.13A).

7.6C STÉRÉOCHIMIE DES RÉACTIONS E2 : ORIENTATION DES GROUPES À L'ÉTAT DE TRANSITION

Stéréochimie de l'état de transition d'une réaction E2

De nombreuses preuves expérimentales ont indiqué qu'à l'état de transition (incluant la base) d'une réaction E2 les cinq atomes en jeu doivent être dans un même plan. Pour que les orbitales de la liaison π en développement réalisent un recouvrement adéquat, l'arrangement des atomes H—C—C—L doit être coplanaire. Cela peut se produire de deux façons.

État de transition
anti-périplanaire (favorisé)

État de transition *syn*-périplanaire
(seulement dans le cas de certaines molécules rigides)

Il existe également des indices que, de ces deux arrangements de l'état de transition, c'est l'arrangement *anti*-**périplanaire** qui est favorisé. L'état de transition de l'orientation *syn*-**périplanaire** ne se réalise que lorsque la rigidité des molécules empêche l'arrangement *anti*. Pourquoi en est-il ainsi ? L'état de transition *anti*-périplanaire est sous une conformation décalée (et par conséquent, d'énergie plus faible), alors que l'état de transition sous une conformation *syn*-périplanaire existe dans une conformation éclipsée beaucoup plus énergétique.

PROBLÈME 7.6

Considérez une molécule simple telle que le bromoéthane et, à l'aide d'une projection de Newman, montrez pourquoi l'état de transition *anti*-périplanaire est favorisé au détriment de l'arrangement *syn*.

Des expériences effectuées avec des molécules cycliques ont aussi contribué à établir la preuve de la prépondérance de l'élimination *anti*-périplanaire. Examinons, par exemple, deux dérivés du cyclohexane, le *chlorure de néomenthyle* et le *chlorure de menthyle* subissant une réaction E2 de manière différente.

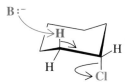

Chlorure de néomenthyle   **Chlorure de menthyle**

L'hydrogène β et le groupe sortant du cycle cyclohexane adoptent une orientation *anti* **seulement lorsqu'ils sont tous deux en position axiale.**

**L'hydrogène β et le chlore sont
tous deux en position axiale,
ce qui permet un état de
transition *anti*-périplanaire.**

**La projection de Newman
montre que les positions axiales de
l'hydrogène β et du chlore engendre
une orientation *anti*-périplanaire.**

Ni les positions axiales-équatoriales, ni les positions équatoriales-équatoriales des groupes ne conduit à la formation d'un état de transition *anti*.

Dans la conformation la plus stable du chlorure de néomenthyle (voir le mécanisme qui suit), les groupes alkyle sont tous deux en position équatoriale, tandis que le chlore et les atomes d'hydrogène du C1 et du C3 sont en position axiale. La base peut alors attaquer l'un ou l'autre de ces hydrogènes pour former l'état de transition *anti*-périplanaire. Par la suite, les produits correspondant à chacun de ces états de transition (menth-2-ène et menth-1-ène) sont rapidement formés. Selon la règle de Zaitsev, le menth-1-ène (celui dont les carbones de la double liaison sont le plus fortement substitués) est le produit principal.

MÉCANISME DE LA RÉACTION

Élimination E2 dans laquelle les deux hydrogènes β du cyclohexane se trouvent en position axiale dans le conformère le plus stable

Chlorure de néomenthyle

Dans cette conformation stable, les
hydrogènes colorés en vert sont en
position *anti* par rapport au chlore,
le groupe sortant. L'élimination par la voie a)
mène à la formation du menth-1-ène,
alors que la voie b) aboutit au menth-2-ène.

Menth-1-ène (78 %)
(alcène le plus stable)

Menth-2-ène (22 %)
(alcène le moins stable)

Dans la conformation la plus stable du chlorure de menthyle, les trois groupes (dont le chlore) sont en position équatoriale. Pour que le chlore se retrouve en position axiale, la molécule doit adopter une conformation dans laquelle le volumineux groupe isopropyle et le groupe méthyle sont aussi en position axiale. Or, comme cette conformation présente l'énergie la plus élevée, l'énergie libre d'activation associée à la réaction est également élevée, car elle comprend l'énergie nécessaire au changement de conformation. En conséquence, le chlorure de menthyle ne réagit que très lentement par mécanisme E2 et cette réaction produit uniquement du menth-2-ène (elle ne suit donc pas la règle de Zaitsev). On nomme parfois ce produit (ou tout produit résultant d'une élimination qui donne un alcène moins substitué) *produit de Hofmann* (section 20.13A).

MÉCANISME DE LA RÉACTION

L'élimination E2 dans laquelle un hydrogène β du cyclohexane est axial seulement dans un conformère moins stable.

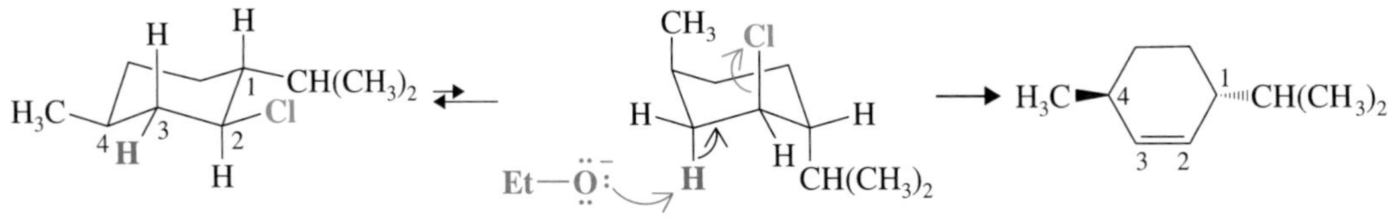

Chlorure de menthyle
(conformation la plus stable)
L'élimination n'est pas possible pour ce conformère, car aucun hydrogène n'est en position *anti* par rapport au groupe sortant.

Chlorure de menthyle
(conformation la moins stable)
L'élimination est possible pour ce conformère en raison de la position *anti* de l'hydrogène (en vert) par rapport au chlore (en bleu).

Menth-2-ène (100 %)

PROBLÈME 7.7

Lorsqu'on traite du *cis*-1-bromo-4-*tert*-butylcyclohexane avec de l'éthoxyde de sodium dans l'éthanol, la réaction produit rapidement du 4-*tert*-butylcyclohexène. Dans les mêmes conditions, le *trans*-1-bromo-4-*tert*-butylcyclohexane ne réagit que très lentement. Dessinez la structure de ces isomères *cis* et *trans* en tenant compte de leur conformation et expliquez pourquoi ils réagissent différemment.

PROBLÈME 7.8

a) Lorsque le *cis*-1-bromo-2-méthylcyclohexane subit une réaction E2, deux produits (des cycloalcènes) sont formés. Identifiez ces deux cycloalcènes et déterminez lequel sera le produit principal. Dessinez la conformation des substrats et des produits et illustrez le mécanisme de la réaction. b) Lorsque le *trans*-1-bromo-2-méthylcyclohexane réagit par un mécanisme E2, un seul cycloalcène est formé. Identifiez le produit. Dessinez sa conformation et expliquez pourquoi c'est l'unique produit de cette réaction.

7.7 DÉSHYDRATATION DES ALCOOLS

Lorsqu'on chauffe la plupart des alcools en présence d'un acide fort, la réaction donne un alcène et entraîne la perte d'une molécule d'eau (**déshydratation**).

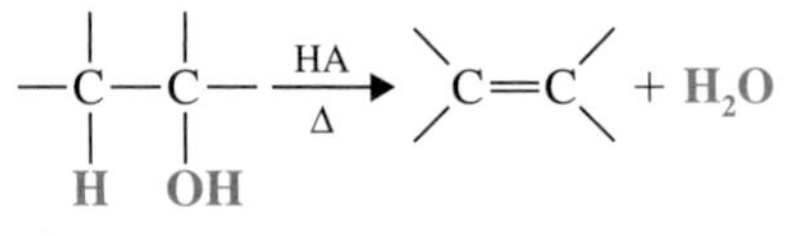

$$-\overset{|}{\underset{H}{C}}-\overset{|}{\underset{OH}{C}}- \xrightarrow[\Delta]{HA} \quad \text{\textbackslash}C{=}C{/} + H_2O$$

Cette réaction, une **élimination,** est favorisée à des températures élevées (section 6.19). Habituellement, les acides le plus couramment employés en laboratoire sont les acides de Brønsted, c'est-à-dire des donneurs de protons comme l'acide sulfurique et l'acide phosphorique. Quant aux acides de Lewis comme l'oxyde d'aluminium ou alumine

(Al$_2$O$_3$), ils sont surtout utilisés dans l'industrie pour les réactions de déshydratation en phase gazeuse.

Les réactions de déshydratation des alcools présentent plusieurs caractéristiques importantes, que nous aborderons une à une.

1. **La structure de l'alcool détermine les conditions expérimentales — température et concentration de l'acide — requises par la déshydratation.** Les alcools dans lesquels le groupe hydroxyle est rattaché à un carbone primaire (alcool primaire) sont les plus difficiles à déshydrater. Par exemple, la déshydratation de l'éthanol requiert de l'acide sulfurique concentré et une température de 180 °C.

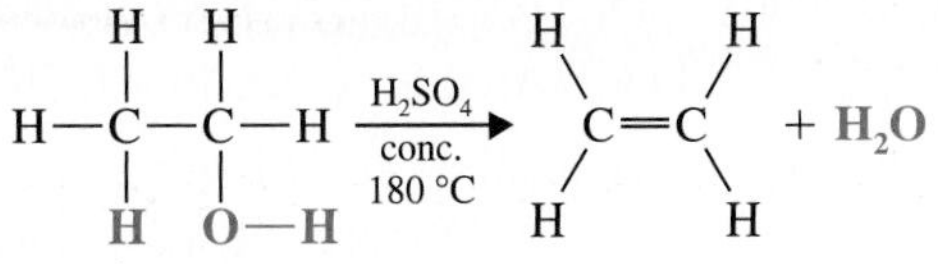

Éthanol
(un alcool primaire)

Les alcools secondaires se déshydratent habituellement dans des conditions plus douces. Par exemple, on déshydrate le cyclohexanol avec l'acide phosphorique à 165–170 °C.

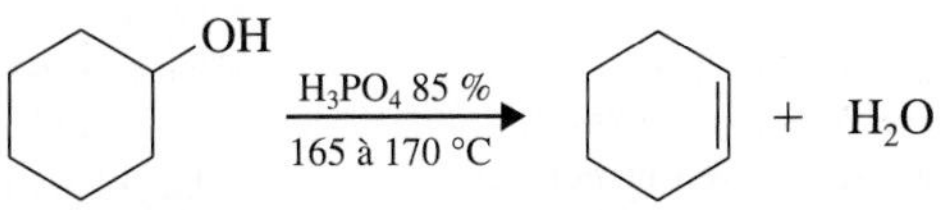

Cyclohexanol　　　　　**Cyclohexène**
(80 %)

Généralement, les alcools tertiaires sont très faciles à déshydrater. En effet, même dans des conditions réactionnelles très douces, la déshydratation a lieu et donne de bons rendements. Par exemple, le *tert*-butanol se déshydrate dans l'acide sulfurique aqueux à 20 % et à 85 °C.

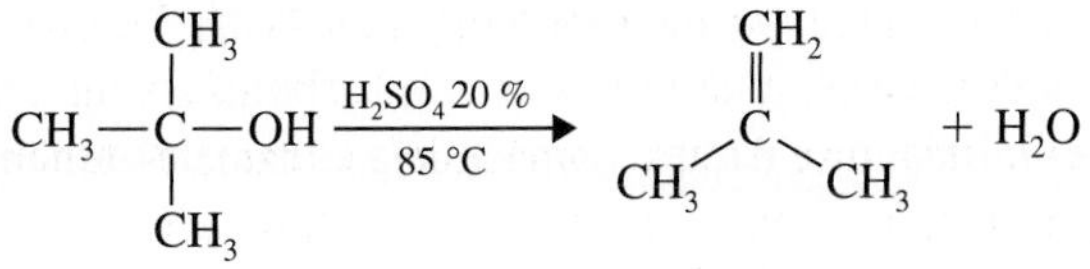

***tert*-Butanol**　　　　**2-Méthylpropène**
(84 %)

On peut donc affirmer que, globalement, pour ce qui est de la facilité avec laquelle ils se déshydratent, les alcools se classent de la manière suivante.

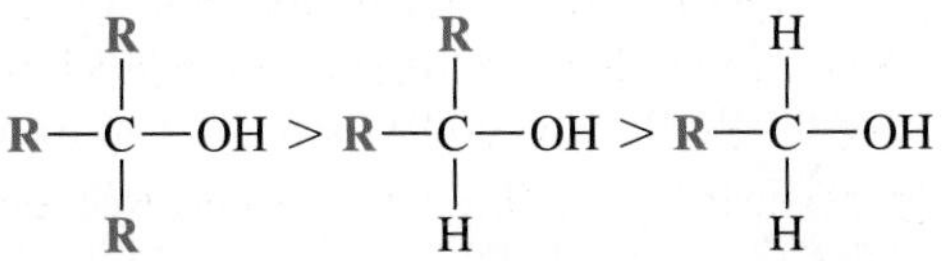

Alcool　　　　**Alcool**　　　　**Alcool**
tertiaire　　　**secondaire**　　　**primaire**

Comme nous le verrons à la section 7.7B, ce comportement des alcools est lié à la stabilité relative des carbocations.

2. **Durant la déshydratation, certains alcools primaires et secondaires subissent un réarrangement de leur squelette carboné.** Par exemple, un tel réarrangement se produit lors de la déshydratation du 3,3-diméthylbutan-2-ol.

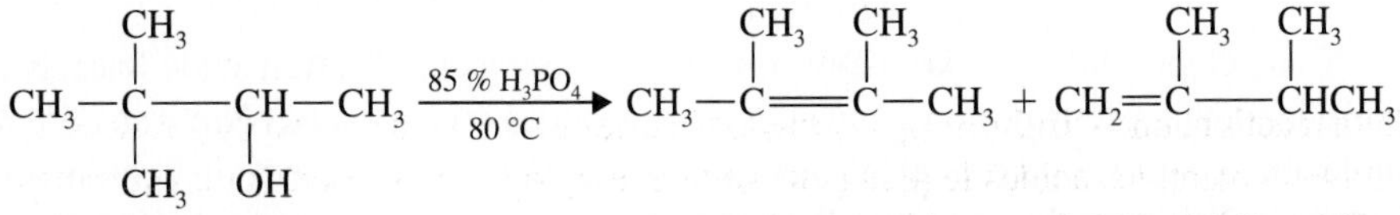

3,3-Diméthylbutan-2-ol　　　　　**2,3-Diméthylbut-2-ène**　　**2,3-Diméthylbut-1-ène**
(80 %)　　　　　　　　　**(20 %)**

Remarquez que le squelette carboné du réactif est

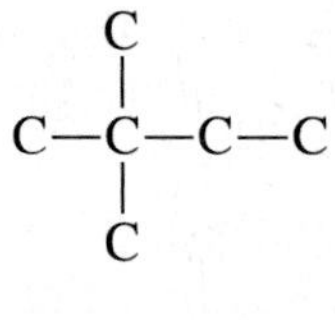

$$
\begin{array}{c}
C \\
| \\
C-C-C-C \\
| \\
C
\end{array}
\text{ alors que celui du produit est }
\begin{array}{c}
CC \\
|| \\
C-C-C-C.
\end{array}
$$

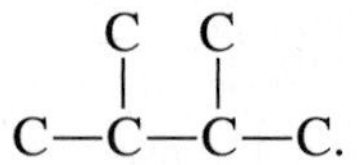

À la section 7.8, nous verrons que cette réaction entraîne la migration d'un groupe méthyle de sa position d'origine à un autre carbone.

7.7A MÉCANISME DE LA DÉSHYDRATATION DES ALCOOLS SECONDAIRES ET TERTIAIRES : UNE RÉACTION E1

La déshydratation des alcools secondaires et tertiaires se réalise par un mécanisme séquentiel proposé à l'origine par F. Whitmore (Pennsylvania State University). Ce mécanisme *est une réaction E1 dans laquelle un alcool protoné (ou un ion alkyloxonium, voir section 6.14E) tient lieu de substrat.* À titre d'exemple, examinons le cas de la déshydratation du *tert*-butanol.

Étape 1

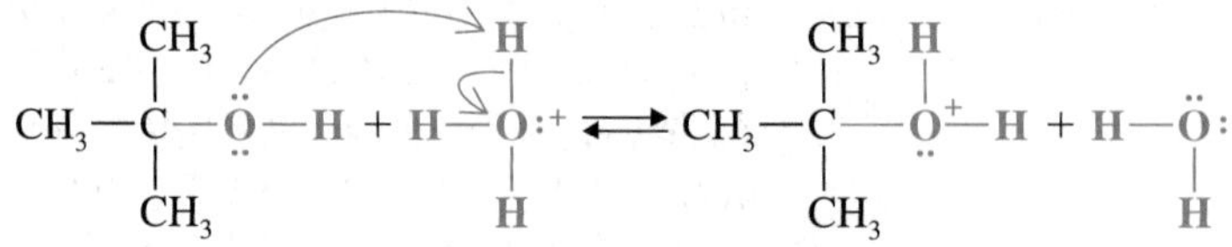

Alcool protoné ou ion alkyloxonium

Durant cette étape, qui constitue une réaction acide-base, l'acide transfère rapidement un proton à l'une des paires d'électrons libres de l'alcool. Dans l'acide sulfurique dilué, l'acide est l'ion hydronium, alors que dans l'acide sulfurique concentré le donneur de proton est l'acide sulfurique lui-même. Cette étape est caractéristique de toutes les réactions faisant intervenir un alcool et un acide fort.

La présence de la charge positive de l'oxygène dans l'alcool protoné affaiblit toutes les liaisons à l'oxygène, incluant la liaison carbone–oxygène. C'est pourquoi, durant l'étape 2, cette liaison se rompt, libérant le groupe sortant, en l'occurrence une molécule d'eau.

Étape 2

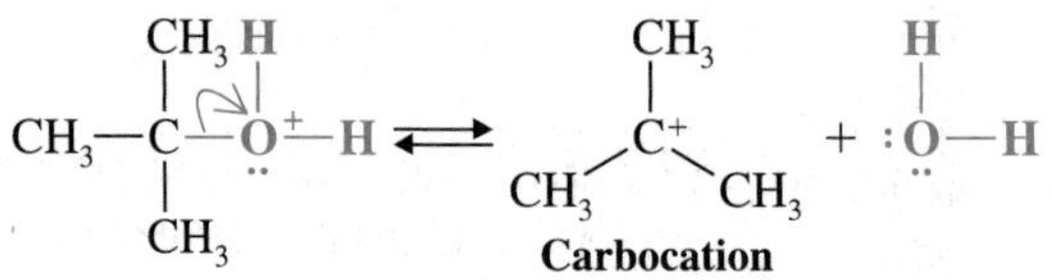

Carbocation

Cette liaison carbone–oxygène se rompt de manière **hétérolytique.** Ainsi, la molécule d'eau emporte les électrons de la liaison, laissant derrière elle un carbocation. Ce dernier est, de toute évidence, hautement réactif, car son atome de carbone central ne porte que six électrons dans sa couche de valence au lieu de huit.

Enfin, durant l'étape 3, une molécule d'eau agit comme base et arrache un proton au carbocation, ce qui entraîne la formation d'un ion hydronium et d'un alcène.

Étape 3

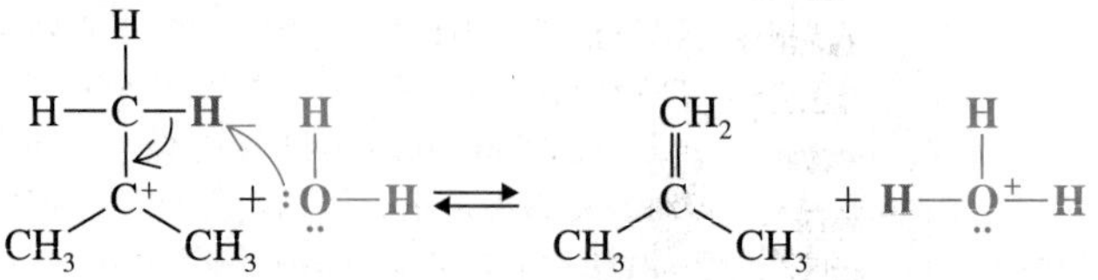

2-Méthylpropène

Cette étape peut donc aussi être considérée comme une réaction acide-base. N'importe lequel des neuf protons issus des trois groupes méthyle peut être transféré à la molécule d'eau. La paire d'électrons qui reste après l'arrachement du proton sert à former la liaison π de la double liaison de l'alcène. Notez que cette étape permet à l'atome de carbone central de retrouver son octet d'électrons.

PROBLÈME 7.9

Le 2-propanol se déshydrate dans du H_2SO_4 à 75 % à 100 °C. a) À l'aide de flèches incurvées, écrivez les étapes du mécanisme de la déshydratation. b) Expliquez le rôle important que joue le catalyseur acide dans les réactions de déshydratation des alcools. (*Aide :* pensez à ce qui se produirait si l'acide était absent du mélange réactionnel.)

Cependant, le mécanisme proposé par Whitmore n'explique pas l'ordre de réactivité des alcools : **tertiaire > secondaire > primaire.** Il n'explique pas non plus pourquoi certains alcools donnent plusieurs produits, ni pourquoi le squelette carboné de certains autres alcools subit un réarrangement lors de la déshydratation. Toutefois, lorsqu'il est couplé à la notion de *stabilité des carbocations,* ce mécanisme *rend compte* de tous les phénomènes observés lors de la déshydratation des alcools secondaires et tertiaires.

7.7B STABILITÉ DU CARBOCATION ET ÉTAT DE TRANSITION

Nous avons appris à la section 6.12 que la stabilité des carbocations suit la séquence tertiaire > secondaire > primaire > méthyle.

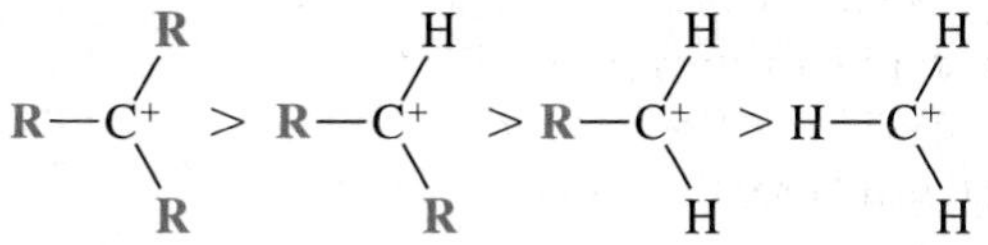

Tertiaire > Secondaire > Primaire > Méthyle

Durant la déshydratation des alcools secondaires et tertiaires (suivant les étapes 1 à 3 du mécanisme, dans l'ordre), l'étape 2 est l'étape la plus lente, car la formation du carbocation à partir de l'alcool protoné est *une étape fortement endergonique* (section 6.8). La première et la troisième étapes sont des réactions acide-base relativement simples au cours desquelles le proton est transféré très rapidement.

MÉCANISME DE LA RÉACTION

Déshydratation d'un alcool secondaire ou tertiaire par catalyse acide : une réaction E1

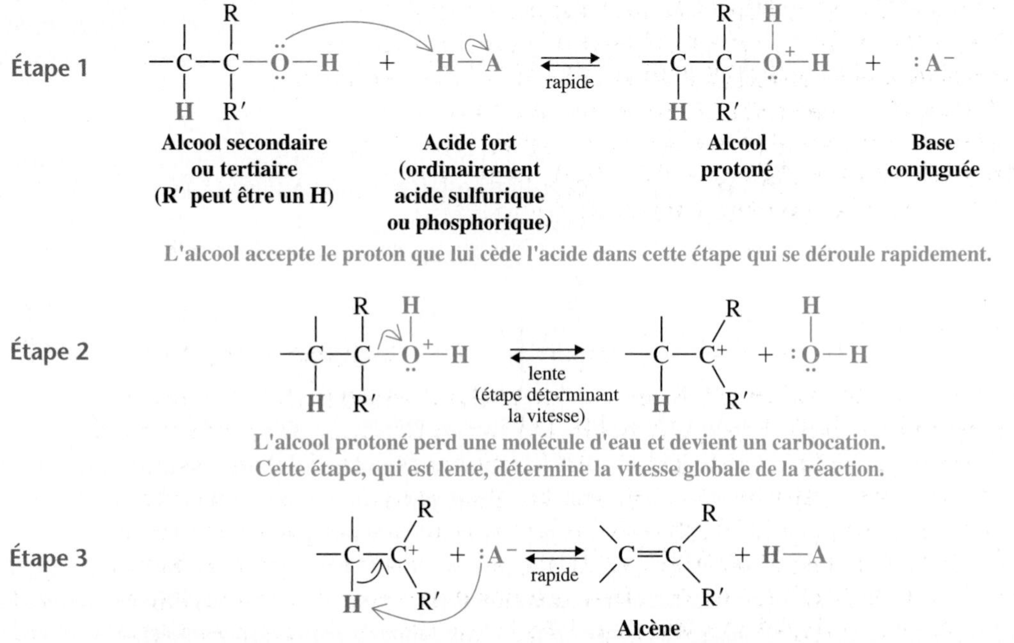

Étape 1

| Alcool secondaire ou tertiaire (R′ peut être un H) | Acide fort (ordinairement acide sulfurique ou phosphorique) | Alcool protoné | Base conjuguée |

L'alcool accepte le proton que lui cède l'acide dans cette étape qui se déroule rapidement.

Étape 2

L'alcool protoné perd une molécule d'eau et devient un carbocation. Cette étape, qui est lente, détermine la vitesse globale de la réaction.

Étape 3

Alcène

Le carbocation perd un proton au profit d'une base. Dans cette étape, une autre molécule d'alcool, une molécule d'eau ou la base conjuguée d'un acide peut tenir lieu de base. Le transfert du proton mène à la formation de l'alcène. Notez que l'acide joue un rôle catalytique (il est consommé en début de réaction puis est regénéré à la fin).

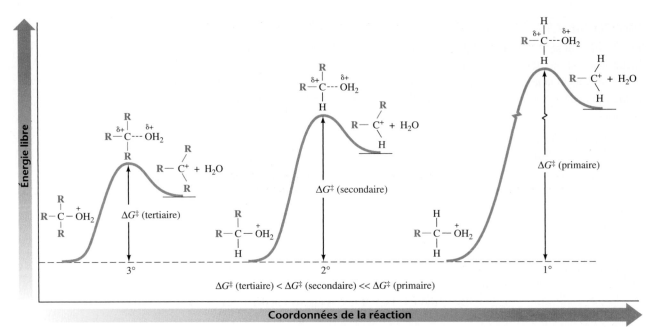

Figure 7.7 Diagramme d'énergie libre de la formation des carbocations à partir d'alcools protonés tertiaire, secondaire et primaire. L'énergie libre d'activation de ces processus en fonction des alcools de départ suit l'ordre suivant : tertiaire < secondaire << primaire.

La réactivité des alcools s'établit à l'étape 2, car c'est l'étape déterminant la vitesse. En ayant cela en tête, on peut comprendre pourquoi les alcools tertiaires se déshydratent le plus aisément. En effet, puisque l'énergie libre d'activation associée à l'étape aboutissant au carbocation tertiaire (étape 2) est la plus faible, ce dernier est produit plus facilement (voir figure 7.7). Les alcools secondaires ne se déshydratent pas aussi aisément, car l'énergie libre d'activation associée à cette réaction est plus élevée (le carbocation secondaire est moins stable). Pour ce qui est des alcools primaires, l'énergie libre d'activation associée à la déshydratation par l'intermédiaire d'un carbocation est si élevée qu'ils se déshydratent par un autre mécanisme (section 7.7C).

Les réactions par lesquelles des alcools protonés forment des carbocations sont fortement *endergoniques*. Selon le postulat de Hammond-Leffler (section 6.14A), pour les trois types d'alcools, l'état de transition de la réaction devrait ressembler aux produits. Des trois états de transition, ***celui qui aboutit au carbocation tertiaire présente l'énergie libre la plus faible, car il ressemble au produit le plus stable.*** En revanche, celui qui mène à la formation d'un carbocation primaire se produit au niveau d'énergie libre le plus élevé, car il s'apparente au produit le moins stable. En outre, dans chacun des cas, un facteur supplémentaire stabilise l'état de transition et le carbocation, à savoir la **délocalisation de la charge.** Nous serons à même de comprendre la nature de ce phénomène en examinant le processus par lequel se forme l'état de transition.

Alcool protoné   **État de transition**   **Carbocation**

L'atome d'oxygène de l'alcool protoné porte une charge positive formelle. À mesure que l'état de transition se forme, cet atome d'oxygène se sépare de l'atome de carbone auquel il est rattaché. En perdant les électrons qu'il partageait avec l'oxygène, l'atome de carbone acquiert une charge positive partielle. Or, ***l'effet électrorépulseur des trois groupes alkyle permet de mieux stabiliser (« délocaliser ») la charge positive en formation dans l'état de transition menant à un carbocation tertiaire.*** L'état de transition produisant un carbocation secondaire est moins stabilisé puisqu'il n'y a que deux groupes électrorépulseurs, et c'est encore plus vrai durant l'état de transition formant un carbocation primaire, où il n'y a qu'un seul groupe électrorépulseur. Voilà pourquoi les alcools primaires se déshydratent par un mécanisme différent, le mécanisme E2.

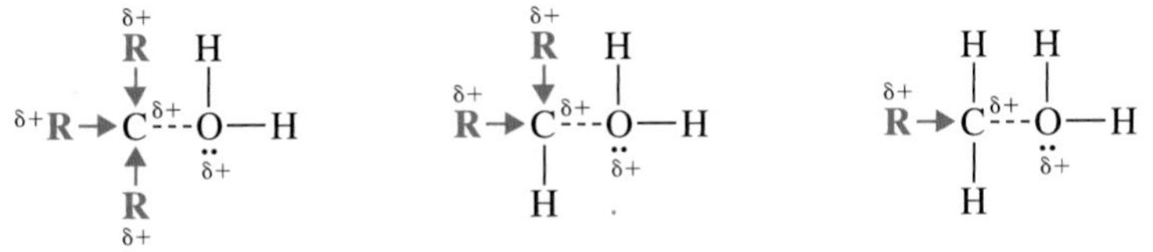

État de transition menant à la formation d'un carbocation tertiaire (le plus stable)

État de transition engendrant un carbocation secondaire

État de transition menant à un carbocation primaire (le moins stable)

7.7C MÉCANISME DE LA DÉSHYDRATATION DES ALCOOLS PRIMAIRES : UNE RÉACTION E2

Il semble que la déshydratation des alcools primaires s'effectue par un mécanisme E2 parce que le carbocation primaire formé par une déshydratation E1 serait beaucoup trop instable. Comme dans le mécanisme E1, la première étape de la déshydratation d'un alcool primaire est une protonation. Puis, simultanément, une base de Lewis du mélange réactionnel arrache un hydrogène β, une double liaison se forme et le groupe hydroxyle protoné, un bon groupe sortant, se libère.

MÉCANISME DE LA RÉACTION

Déshydratation d'un alcool primaire : une réaction E2

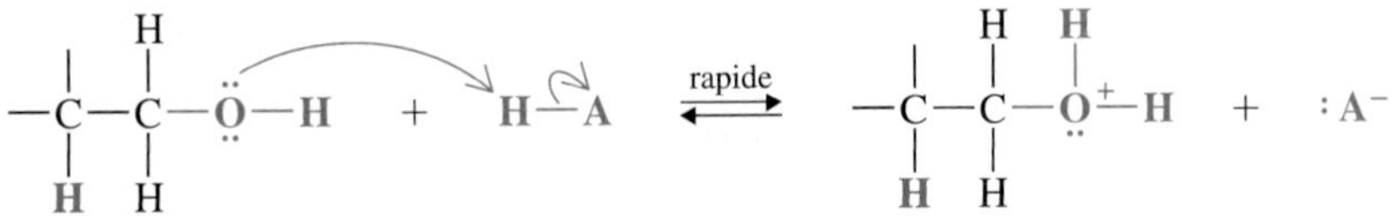

Alcool primaire   **Acide fort (habituellement sulfurique ou phosphorique)**   **Alcool protoné**   **Base conjuguée**

Durant l'étape rapide, un alcool accepte un proton cédé par l'acide.

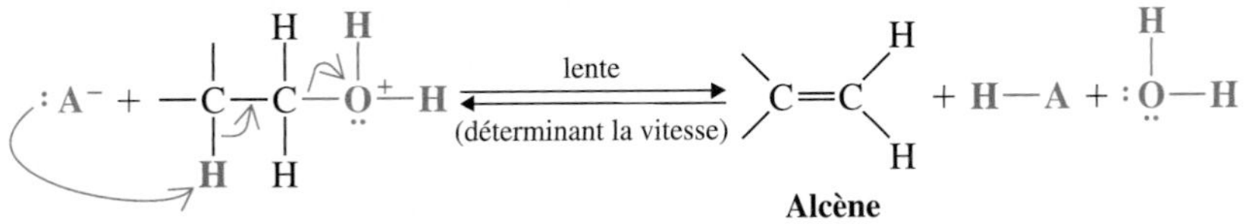

Alcène

Une base arrache un hydrogène du carbone β à mesure que la double liaison se forme et que le groupe hydroxyle protoné se libère. (Une autre molécule d'alcool ou la base conjuguée de l'acide peut agir comme base.)

7.8 STABILITÉ DU CARBOCATION ET RÉARRANGEMENT MOLÉCULAIRE

Connaissant la stabilité des carbocations et son effet sur l'état de transition, nous pouvons maintenant comprendre comment survient le réarrangement des squelettes carbonés lors de la déshydratation de certains alcools.

7.8A RÉARRANGEMENTS LORS DE LA DÉSHYDRATATION DES ALCOOLS SECONDAIRES

Observons à nouveau la déshydratation du 3,3-diméthylbutan-2-ol et étudions le réarrangement qui s'y produit.

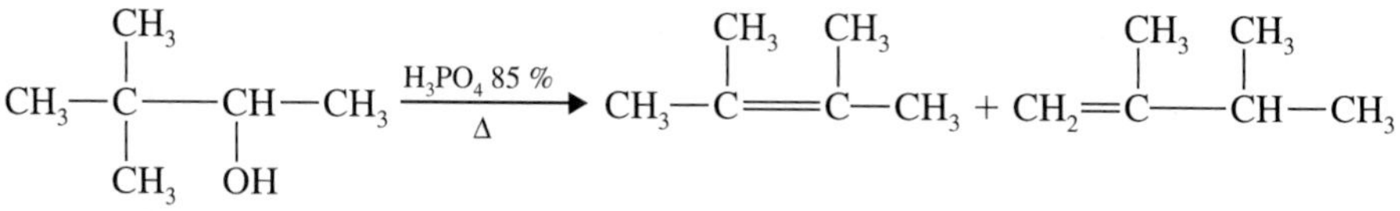

3,3-Diméthylbutan-2-ol **2,3-Diméthylbut-2-ène** **2,3-Diméthylbut-1-ène**
(produit majoritaire) (produit minoritaire)

À la première étape, un alcool protoné est formé selon le processus habituel.

Étape 1

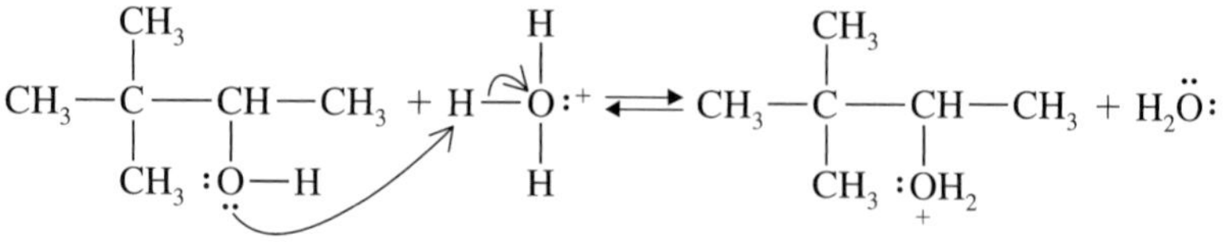

Alcool protoné

À la deuxième étape, l'alcool protoné perd une molécule d'eau pour donner un carbocation secondaire.

Étape 2

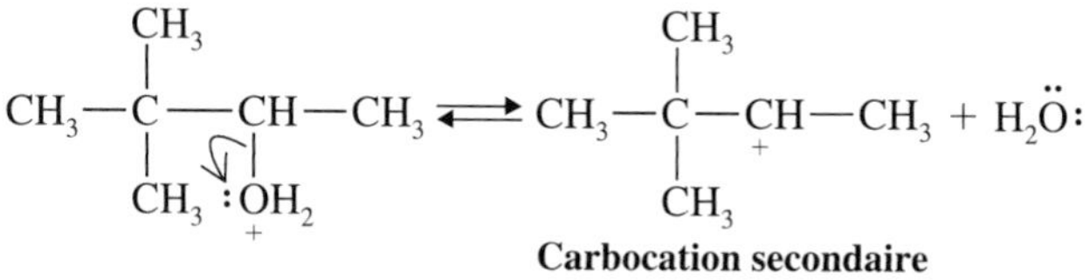

Carbocation secondaire

C'est alors que survient le réarrangement. Le carbocation secondaire, moins stable, se réarrange en un carbocation tertiaire, plus stable.

Étape 3

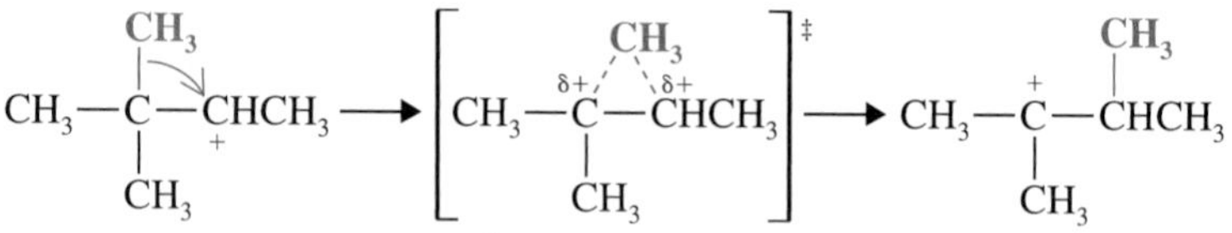

Carbocation secondaire **État de transition** **Carbocation tertiaire**
(moins stable) (plus stable)

Ce réarrangement se traduit par la migration d'un groupe alkyle (méthyle), de l'atome de carbone auquel il est rattaché à un carbone voisin chargé positivement. Le groupe méthyle se déplace **avec sa paire d'électrons,** c'est-à-dire sous la forme d'un anion méthyle $^-CH_3$ (aussi appelé ion **méthanure**). L'atome de carbone que l'anion méthyle a quitté devient un carbocation, et la charge positive de l'atome de carbone sur lequel a migré l'anion s'annule. On appelle souvent ce type de réarrangement **migration-1,2,** car le groupe migre de sa position originale au carbone adjacent.

À l'état de transition, le groupe méthyle migrant réalise une liaison partielle avec les deux atomes de carbone à l'aide de sa paire d'électrons. Il est à noter que ce groupe ne se libère jamais du squelette carboné.

À l'étape finale de la réaction, une base de Lewis provenant du mélange réactionnel arrache un proton β au carbocation nouvellement formé pour produire un alcène. Cette étape peut se dérouler de deux manières.

Étape 4

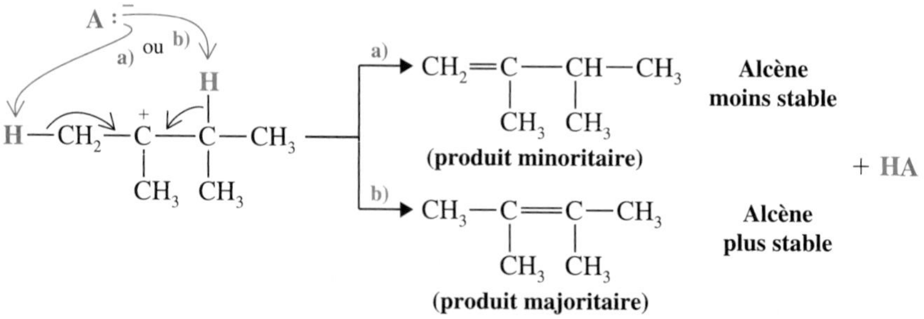

a) → **Alcène moins stable**
(produit minoritaire)

+ HA

b) → **Alcène plus stable**
(produit majoritaire)

C'est le type d'alcène formé qui détermine la voie prédominante. La voie b), qui donne naissance à un alcène tétrasubstitué très stable, est celle qu'emprunteront la plupart des carbocations. La voie a) mène à un alcène disubstitué moins stable qui représente le produit secondaire de la réaction. ***La formation de l'alcène le plus stable est une règle générale (règle de Zaitsev) suivie par tout alcool qui subit une déshydratation par catalyse acide.***

L'étude de milliers de réactions qui font intervenir un réarrangement comme celui que nous venons de décrire a permis de conclure qu'il s'agit là d'un phénomène courant. ***Ces réarrangements surviennent presque invariablement lorsque la migration d'un ion alcanure ou d'un ion hydrure conduit à la formation d'un carbocation plus stable.***

Carbocation secondaire **Carbocation tertiaire**

Carbocation secondaire **Carbocation tertiaire**

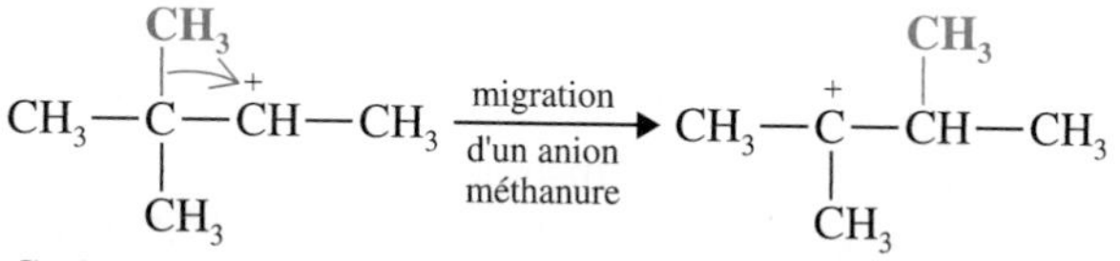

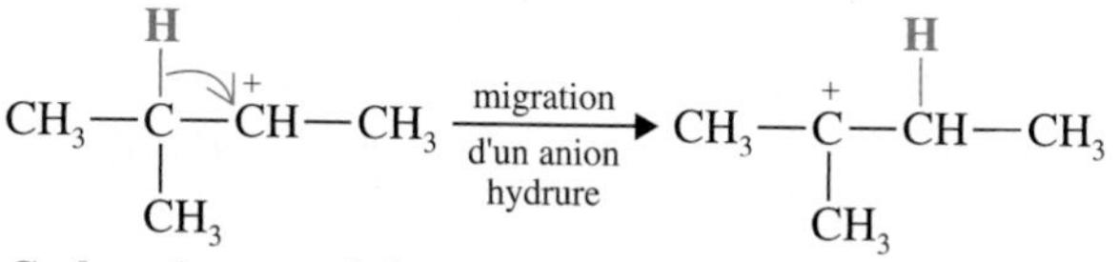

Le réarrangement d'un carbocation peut aussi modifier la taille d'un cycle, comme l'illustre l'exemple suivant.

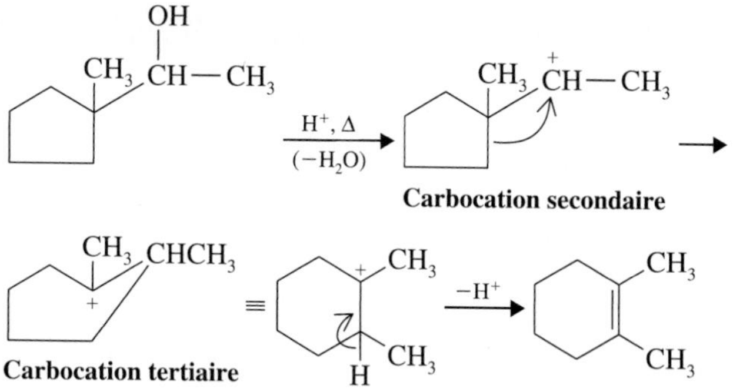

Ce processus est particulièrement favorisé lorsqu'il réduit la tension de cycle.

PROBLÈME 7.10

La déshydratation par catalyse acide du 2,2-diméthylpropan-1-ol $(CH_3)_3CCH_2OH$ donne principalement du but-2-ène. Proposez un mécanisme qui tienne compte de toutes les étapes de la formation de ce produit.

PROBLÈME 7.11

La déshydratation par catalyse acide du 2-méthylbutan-1-ol ou du 3-méthylbutan-1-ol produit surtout du 2-méthylbut-2-ène. Écrivez un mécanisme expliquant ce résultat.

PROBLÈME 7.12

Lorsqu'un composé appelé isobornéol est chauffé en présence d'acide sulfurique à 50 %, la réaction produit du camphène et non le bornylène auquel on s'attendrait. En vous aidant de modèles moléculaires, suggérez un mécanisme qui montre, étape par étape, la formation du camphène.

Isobornéol **Camphène** **Bornylène**

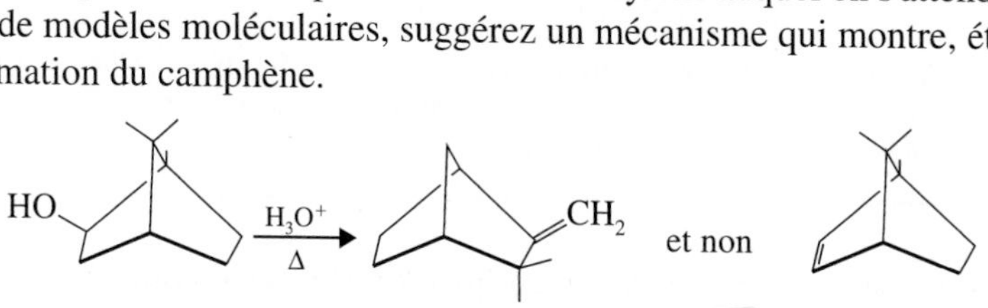

7.8B RÉARRANGEMENT APRÈS DÉSHYDRATATION D'UN ALCOOL PRIMAIRE

La déshydratation des alcools primaires s'accompagne parfois d'un réarrangement. Comme il est peu probable qu'un carbocation primaire se forme durant la déshydratation d'un alcool primaire, l'alcène dérivé d'un alcool primaire provient habituellement d'un mécanisme E2 (voir section 7.7C). Cependant, il arrive qu'un alcène accepte un proton pour *produire* un carbocation dans un processus qui est essentiellement l'inverse de l'étape de *déprotonation* du mécanisme E1 de déshydratation des alcools secondaires et tertiaires (section 7.7A). Ainsi, lorsqu'un alcène terminal utilise ses électrons π pour lier un proton à son carbone terminal, le second carbone de la chaîne carbonée devient un carbocation*. Puisque ce dernier est situé à l'intérieur de la chaîne, il sera secondaire ou tertiaire selon le substrat employé. Les différentes réactions que vous avez déjà étudiées peuvent alors se réaliser à partir de ce carbocation : 1) un autre hydrogène β peut être arraché et ainsi produire un alcène plus stable que l'alcène terminal préalablement formé; 2) un réarrangement comprenant la migration d'un ion alcanure ou hydrure peut survenir et conduire à la formation d'un carbocation encore plus stable (un carbocation tertiaire au lieu d'un carbocation secondaire, par exemple), à partir duquel l'élimination peut être achevée; 3) un nucléophile peut attaquer n'importe lequel de ces carbocations pour donner un produit dérivé d'une substitution. Il faut cependant noter que, lors de la déshydratation d'un alcool à des températures élevées, les produits principaux seront des alcènes et non des produits de substitution.

MÉCANISME DE LA RÉACTION

Formation d'un alcène réarrangé durant la déshydratation d'un alcool primaire

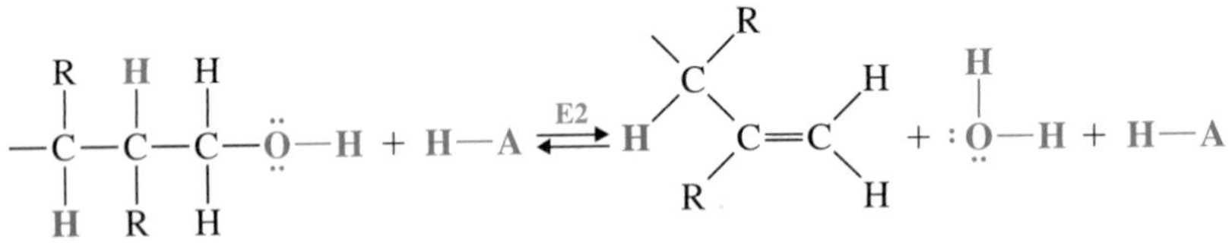

Alcool primaire
(R peut être un H)

Alcène initial

L'alcool primaire subit initialement une déshydratation par catalyse acide
en empruntant un mécanisme E2 (section 7.7C)

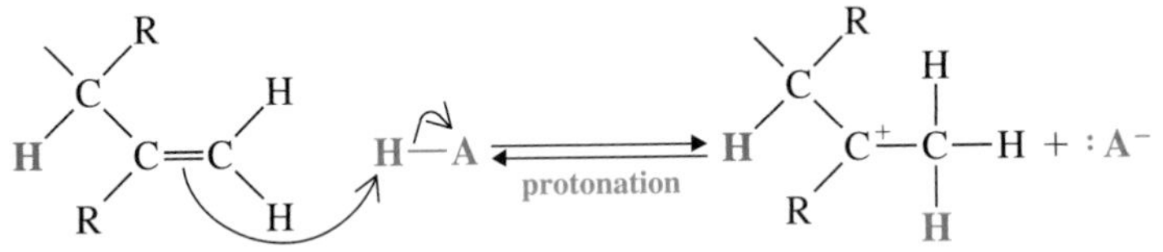

Les électrons π de l'alcène initial forment une liaison au carbone
terminal avec un proton, et il en résulte un carbocation secondaire ou tertiaire.

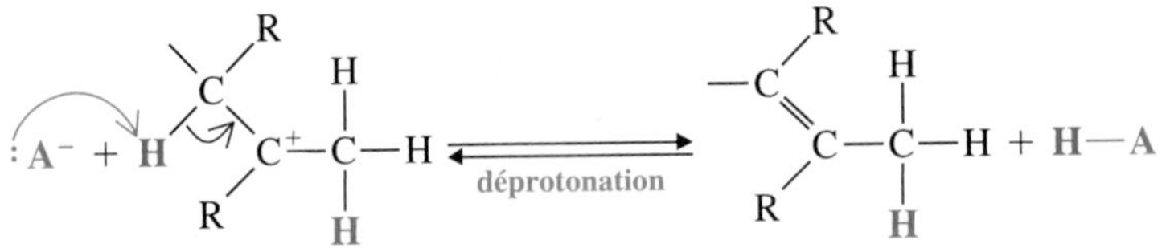

Alcène final

Un autre hydrogène β peut être arraché au carbocation pour former un alcène plus fortement
substitué que l'alcène initial. Cette étape de déprotonation est identique à celle qui a lieu durant une élimination E1.
(Ce carbocation peut également connaître un autre sort, par exemple un réarrangement avant
l'élimination ou la substitution par un mécanisme S_N1).

---

* Le carbocation peut aussi être formé directement à partir de l'alcool primaire par un transfert d'hydrure de son carbone β au carbone terminal à mesure que le groupe hydroxyle protoné se libère.

7.9 PRÉPARATION D'ALCÈNES PAR DÉBROMATION DES DIBROMOALCANES VICINAUX

Les dihalogénoalcanes **vicinaux,** ou *vic,* sont des composés dihalogénés dont les halogènes sont situés sur des carbones voisins. L'adjectif **géminé,** ou *gem,* est utilisé pour décrire les dihalogéoalcanes dont les deux atomes d'halogène sont rattachés au même atome de carbone.

Un dihalogénoalcane *vic*   **Un dihalogénoalcane *gem***

Les dibromoalcanes *vic* subissent une **débromation** lorsqu'ils sont traités avec une solution d'iodure de sodium dans l'acétone ou avec un mélange de poussière de zinc dans l'acide acétique (ou l'éthanol).

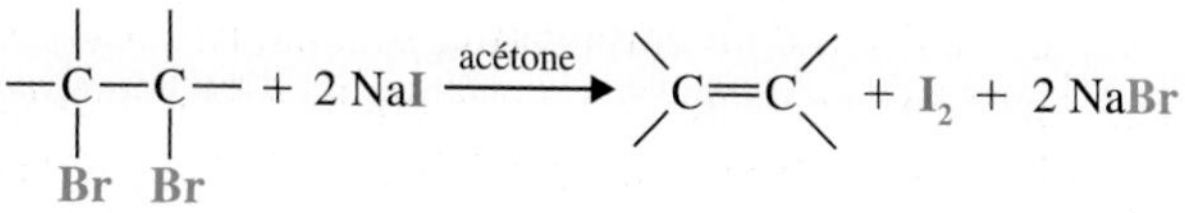

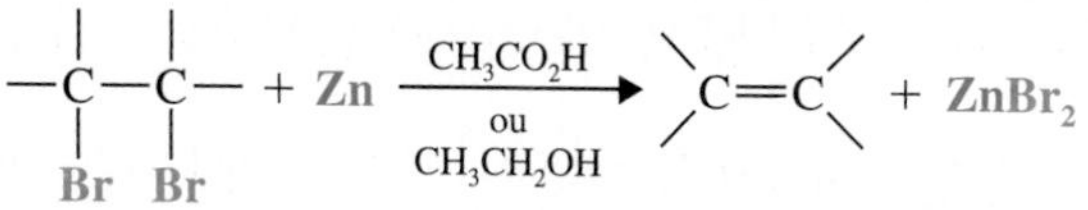

La débromation par l'iodure de sodium procède par un mécanisme E2 similaire à celui de la déshydrohalogénation.

MÉCANISME DE LA RÉACTION

Débromation des dibromoalcanes *vic*

Étape 1

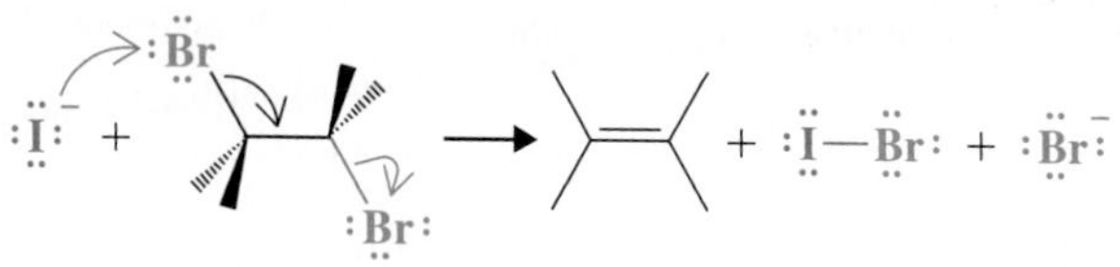

Un ion iodure se lie à l'atome de brome par une attaque nucléophile de type S_N2 sur ce dernier. Le départ du deuxième atome de brome complète l'élimination E2, et une double liaison se forme.

Étape 2

Ici, l'ion iodure attaque le composé IBr par une réaction S_N2 et forme le composé I_2 ainsi qu'un ion bromure.

La réaction de débromation par le zinc se produit à la surface du métal, mais le mécanisme qui lui est associé demeure flou. D'autres métaux électropositifs (Na, Ca et Mg, par exemple) provoquent également la débromation des dibromoalcanes vicinaux.

On prépare habituellement ces composés en additionnant du brome à un alcène (section 8.6). La déshalogénation d'un dibromoalcane vicinal n'est donc pas très utile en synthèse. Cependant, la bromation suivie d'une débromation est commode pour purifier les alcènes (voir problème 7.39) et pour « protéger » temporairement une double liaison. Nous verrons un exemple de ces réactions plus loin.

7.10 SYNTHÈSE DES ALCYNES PAR RÉACTIONS D'ÉLIMINATION

Les alcynes peuvent être synthétisés à partir des alcènes. Ce mode de préparation consiste d'abord à traiter un alcène avec du brome afin d'obtenir un dibromoalcane vicinal.

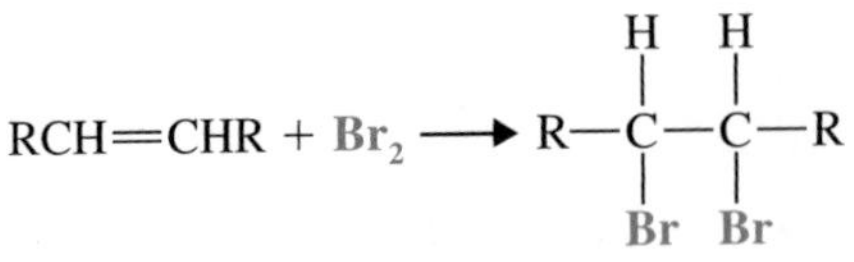

$$RCH{=}CHR + Br_2 \longrightarrow R{-}\underset{Br}{\overset{H}{C}}{-}\underset{Br}{\overset{H}{C}}{-}R$$

Dibromoalcane vicinal

Par la suite, ce dibromure subit une déshydrohalogénation par l'attaque d'une base forte. Cette réaction comporte deux étapes. La première conduit à la formation d'un bromoalcène.

MÉCANISME DE LA RÉACTION

Déshydrohalogénation des dibromoalcanes vicinaux pour obtenir des alcynes

Réaction

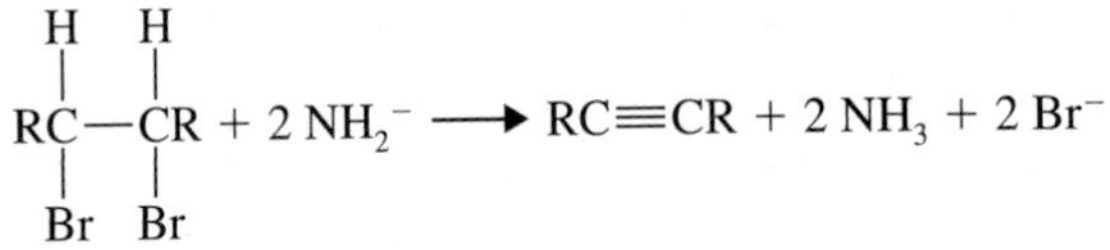

$$RC{-}CR + 2\,NH_2^- \longrightarrow RC{\equiv}CR + 2\,NH_3 + 2\,Br^-$$

Mécanisme

Étape 1

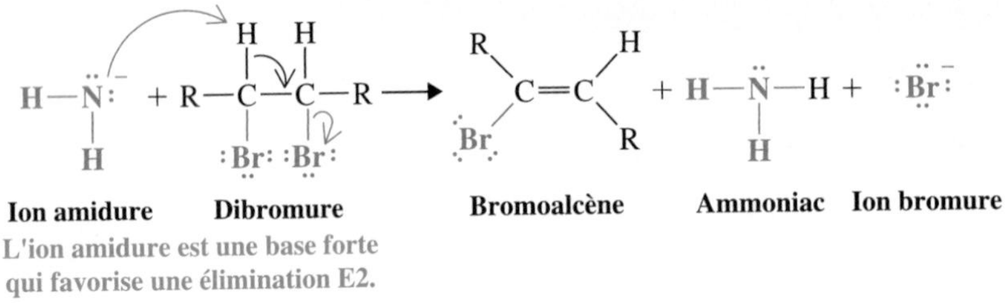

Ion amidure **Dibromure** **Bromoalcène** **Ammoniac** **Ion bromure**

L'ion amidure est une base forte qui favorise une élimination E2.

Étape 2

Bromoalcène **Ion amidure** **Alcyne** **Ammoniac** **Ion bromure**

Une deuxième réaction E2 conduit à un alcyne.

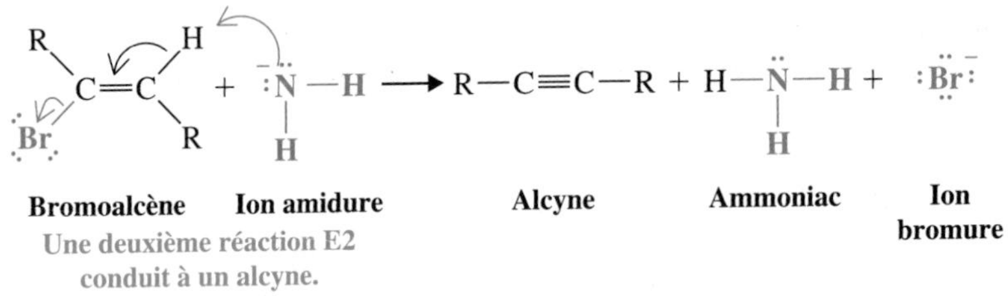

Selon les conditions, on peut effectuer ces deux déshydrohalogénations à l'aide de réactions différentes ou consécutives, à partir du même mélange réactionnel. La base forte, l'amidure de sodium, a la capacité d'effectuer les deux déshydrohalogénations dans le même mélange réactionnel. (Toutefois, au moins deux équivalents molaires d'amidure de sodium par mole de dihalogénoalcane doivent alors être employés. Si le produit est un alcyne terminal, il faut utiliser trois équivalents molaires, car l'alcyne terminal est déprotoné par l'amidure de sodium à mesure qu'il est formé dans le mélange.) On réalise habituellement les déshydrohalogénations faisant intervenir l'amidure de sodium dans de l'ammoniac liquide ou dans un environnement inerte tel que l'huile minérale. L'exemple suivant illustre ce mode de préparation.

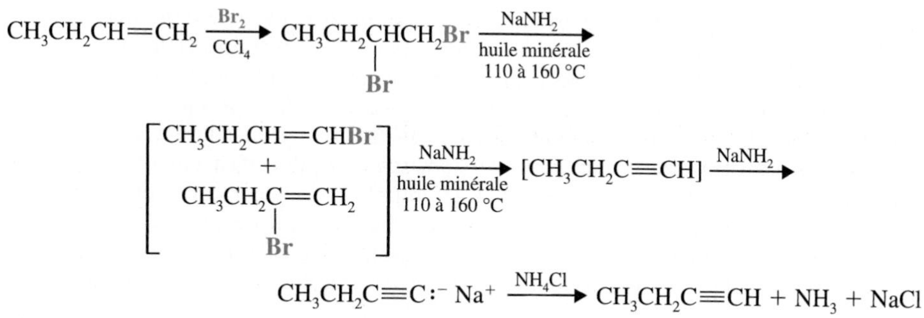

$$CH_3CH_2CH{=}CH_2 \xrightarrow[CCl_4]{Br_2} CH_3CH_2CHCH_2Br \xrightarrow[\substack{\text{huile minérale} \\ 110 \text{ à } 160 \text{ °C}}]{NaNH_2}$$

$$\begin{bmatrix} CH_3CH_2CH{=}CHBr \\ + \\ CH_3CH_2C{=}CH_2 \\ \;\;\;\;\;\;\;| \\ \;\;\;\;\;\;\;Br \end{bmatrix} \xrightarrow[\substack{\text{huile minérale} \\ 110 \text{ à } 160 \text{ °C}}]{NaNH_2} [CH_3CH_2C{\equiv}CH] \xrightarrow{NaNH_2}$$

$$CH_3CH_2C{\equiv}C{:}^- \; Na^+ \xrightarrow{NH_4Cl} CH_3CH_2C{\equiv}CH + NH_3 + NaCl$$

On peut convertir les cétones en dichloroalcanes géminés en les faisant réagir avec le pentachlorure de phosphore et employer les produits ainsi obtenus pour synthétiser des alcynes.

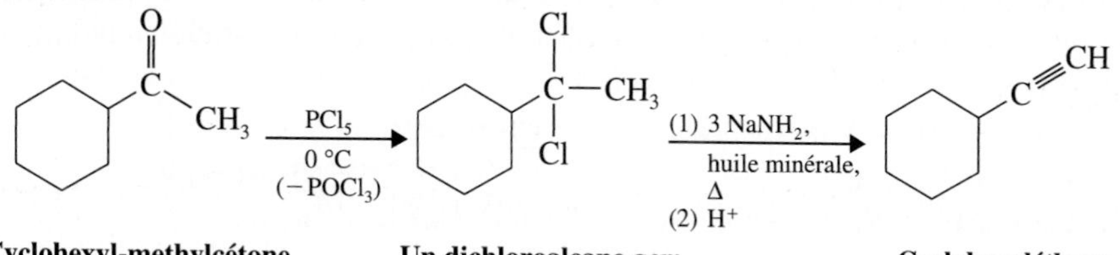

Cyclohexyl-methylcétone
Un dichloroalcane *gem*
(70 à 80 %)
Cyclohexyléthyne
(46 %)

PROBLÈME 7.13

Écrivez toutes les étapes de synthèse du propyne à partir des composés suivants :

a) CH_3COCH_3

b) $CH_3CH_2CHBr_2$

c) $CH_3CHBrCH_2Br$

d) $CH_3CH{=}CH_2$

7.11 ACIDITÉ DES ALCYNES TERMINAUX

Les atomes d'hydrogène de l'éthyne sont beaucoup plus acides que ceux de l'éthène ou de l'éthane (voir section 3.7)

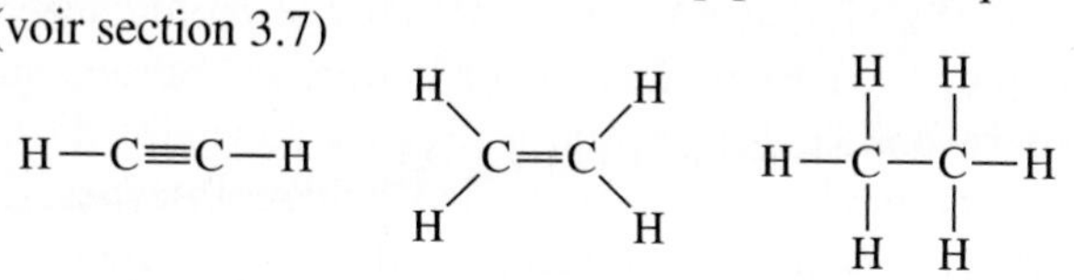

$$H{-}C{\equiv}C{-}H \qquad \qquad \qquad$$

$$pK_a = 25 \qquad\qquad pK_a = 44 \qquad\qquad pK_a = 50$$

La basicité des anions suit l'ordre inverse de celui de l'acidité relative des hydrocarbures. Ainsi, l'ion éthanure est le plus basique, alors que l'ion éthynure est le moins basique.

Basicité relative

$$CH_3CH_2{:}^- > CH_2{=}CH{:}^- > HC{\equiv}C{:}^-$$

Ce que nous venons de mentionner pour l'éthyne et l'ion éthynure vaut également pour tout alcyne terminal ($RC{\equiv}CH$) et tout ion alcynure ($RC{\equiv}C{:}^-$). En incluant d'autres composés hydrogénés d'éléments de la première période du tableau périodique, on obtient les ordres de basicité et d'acidité suivants :

Acidité relative

$$H{-}\ddot{O}H > H{-}\ddot{O}R > H{-}C{\equiv}CR > H{-}\ddot{N}H_2 > H{-}CH{=}CH_2 > H{-}CH_2CH_3$$

pK_a 15,7   16–17   25   38   44   50

Basicité relative

$${}^-{:}\ddot{O}H < {}^-{:}\ddot{O}R < {}^-{:}C{\equiv}CR < {}^-{:}\ddot{N}H_2 < {}^-{:}CH{=}CH_2 < {}^-{:}CH_2CH_3$$

On constate donc que les alcynes terminaux sont plus acides que l'ammoniac mais moins acides que les alcools et l'eau.

Ce dont nous venons de discuter ne s'applique qu'aux réactions acide-base en solution. En phase gazeuse, l'acidité et la basicité des composés diffèrent : par exemple, l'ion hydroxyde est alors une base beaucoup plus forte que l'ion éthynure. L'explication de ce phénomène démontre à nouveau le rôle important que jouent les solvants dans les réactions ioniques (voir section 6.14). En solution, les petits ions (les ions hydroxyle, par exemple) sont solvatés plus efficacement que les ions volumineux (notamment les ions éthynure). Ils sont par conséquent plus stables et moins basiques. En phase gazeuse, les gros ions sont stabilisés par la polarisation engendrée par leurs électrons de liaison. Donc, un groupe sera d'autant plus polarisable qu'il sera volumineux. Il s'ensuit que les gros ions sont moins basiques en phase gazeuse.

PROBLÈME 7.14

Dites quels produits seront formés par les réactions acide-base suivantes. Si l'équilibre ne donne pas lieu à la formation d'une quantité appréciable de produits, indiquez-le. Pour chacun des cas, identifiez l'acide fort, la base forte, l'acide faible et la base faible.

a) $CH_3CH{=}CH_2 + NaNH_2 \longrightarrow$

b) $CH_3C{\equiv}CH + NaNH_2 \longrightarrow$

c) $CH_3CH_2CH_3 + NaNH_2 \longrightarrow$

d) $CH_3C{\equiv}C{:}^- + CH_3CH_2OH \longrightarrow$

e) $CH_3C{\equiv}C{:}^- + NH_4Cl \longrightarrow$

7.12 SUBSTITUTION DE L'ATOME D'HYDROGÈNE ACÉTYLÉNIQUE DES ALCYNES TERMINAUX

On prépare l'éthylure de sodium et les autres alcynures de sodium en traitant les alcynes terminaux avec de l'amidure de sodium dissous dans l'ammoniac liquide.

$$H{-}C{\equiv}C{-}H + NaNH_2 \xrightarrow{NH_3 \text{ liq.}} H{-}C{\equiv}C{:}^- \, Na^+ + NH_3$$

$$CH_3C{\equiv}C{-}H + NaNH_2 \xrightarrow{NH_3 \text{ liq.}} CH_3C{\equiv}C{:}^- \, Na^+ + NH_3$$

Ces réactions sont des réactions acide-base. Étant l'anion d'un acide très faible, à savoir l'ammoniac ($pK_a = 38$), l'ion amidure peut arracher le proton acétylénique des alcynes terminaux ($pK_a = 25$). En pratique, ces réactions se réalisent quantitativement.

Comme nous l'avons vu à la section 4.18C, les alcynures de sodium sont des intermédiaires très commodes pour effectuer la synthèse d'alcynes. En effet, on peut traiter un alcynure de sodium avec un halogénoalcane primaire pour obtenir un alcyne mono- ou disubstitué.

$$\underset{\substack{\text{Alcynure} \\ \text{de sodium}}}{R{-}C{\equiv}C{:}^- \, Na^+} + \underset{\substack{\text{Halogénoalcane} \\ \text{primaire}}}{R'CH_2{-}Br} \longrightarrow \underset{\substack{\text{Alcyne} \\ \text{mono- ou disubstitué}}}{R{-}C{\equiv}C{-}CH_2R'} + NaBr$$

(R ou R′ peuvent être des atomes d'hydrogène.)

Voici un exemple concret de synthèse d'un alcyne :

$$CH_3CH_2C{\equiv}C{:}^- \, Na^+ + CH_3CH_2{-}Br \xrightarrow[6\,h]{NH_3 \text{ liq.}} \underset{\substack{\textbf{Hex-3-yne} \\ \textbf{(75 \%)}}}{CH_3CH_2C{\equiv}CCH_2CH_3} + NaBr$$

Dans cet exemple et à d'autres reprises, nous avons vu que l'ion alcynure agit à titre de nucléophile et déplace un ion halogénure de l'halogénoalcane primaire. Nous constatons qu'il s'agit d'**une réaction S_N2** (section 6.6).

$$\underset{\substack{\textbf{Alcynure} \\ \textbf{de sodium}}}{RC{\equiv}C{:}^-} \quad \underset{\substack{\textbf{Halogénoalcane} \\ \textbf{primaire}}}{\overset{R'}{\underset{H}{\overset{|}{C}}}{-}\overset{..}{\underset{..}{Br}}{:}} \xrightarrow[S_N2]{\substack{\text{substitution} \\ \text{nucléophile}}} RC{\equiv}C{-}CH_2R' + NaBr$$

La paire d'électrons libres de l'ion alcynure attaque l'arrière de l'atome de carbone portant l'atome d'halogène et réalise une liaison. Au même moment, l'atome d'halogène se libère sous la forme d'un ion halogénure et il y a inversion de la configuration du C.

Cependant, on ne peut réaliser cette synthèse en employant des halogénoalcanes secondaires et tertiaires, car l'ion alcynure tient alors lieu de base plutôt que de nucléophile. La réaction prépondérante qui s'ensuit est donc une **élimination E2** (section 6.17) dont les produits sont un alcène et un alcyne (à partir duquel l'alcynure de sodium a été formé).

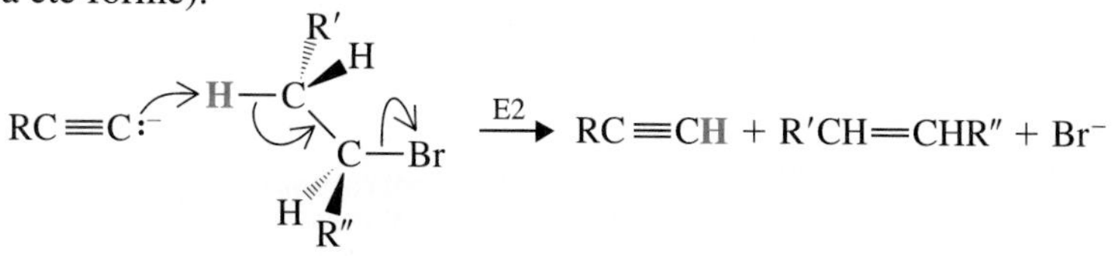

$$RC{\equiv}C:^- \quad H{-}C \quad \xrightarrow{\text{E2}} \quad RC{\equiv}CH + R'CH{=}CHR'' + Br^-$$

**Halogénoalcane
secondaire**

PROBLÈME 7.15

Vous voulez synthétiser du 4,4-diméthylpent-2-yne. Pour commencer, vous avez le choix parmi les réactifs suivants.

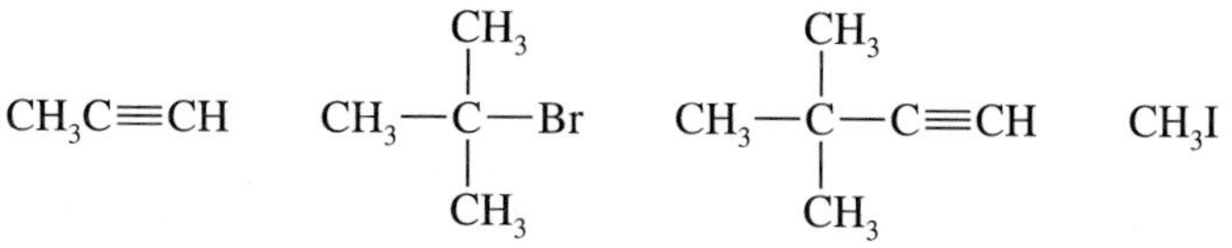

$$CH_3C{\equiv}CH \qquad CH_3{-}\underset{\underset{CH_3}{|}}{\overset{\overset{CH_3}{|}}{C}}{-}Br \qquad CH_3{-}\underset{\underset{CH_3}{|}}{\overset{\overset{CH_3}{|}}{C}}{-}C{\equiv}CH \qquad CH_3I$$

En supposant que vous ayez aussi de l'amidure de sodium et de l'ammoniac liquide à votre disposition, proposez une synthèse qui vous permettra d'atteindre votre objectif.

7.13 HYDROGÉNATION DES ALCÈNES

Les alcènes réagissent avec l'hydrogène en présence d'une variété de catalyseurs métalliques finement dispersés (voir section 4.18A) par **réaction d'addition.** Dans ce type de réaction, un atome d'hydrogène s'additionne à chacun des atomes de carbone de la double liaison. Sans catalyseur, cette réaction ne se produirait pas à une vitesse raisonnable. (À la section 7.14, nous verrons comment agissent les catalyseurs.)

$$CH_2{=}CH_2 + H_2 \xrightarrow[\substack{\text{ou Pt} \\ 25\,°C}]{\text{Ni, Pd}} CH_3{-}CH_3$$

$$CH_3CH{=}CH_2 + H_2 \xrightarrow[\substack{\text{ou Pt} \\ 25\,°C}]{\text{Ni, Pd}} CH_3CH_2{-}CH_3$$

En additionnant de l'hydrogène à un alcène, on obtient un alcane. Les alcanes n'ont que des liaisons simples et comportent le nombre maximal d'atomes d'hydrogène que peuvent avoir les hydrocarbures. Pour cette raison, on dit que les alcanes sont des **composés saturés.** Comme les alcènes contiennent une ou plusieurs doubles liaisons, ils n'ont pas le nombre maximal d'atomes d'hydrogène, et on peut donc leur en ajouter. Ces composés sont dits **insaturés.** Parfois, l'addition d'hydrogène à un alcène est appelée **réduction,** mais le terme le plus couramment employé pour désigner cette addition est **hydrogénation catalytique.**

7.14 FONCTION DU CATALYSEUR DANS LES HYDROGÉNATIONS

L'hydrogénation des alcènes est un processus exothermique ($\Delta H° = -120$ kJ·mol^{-1}).

$$R{-}CH{=}CH{-}R + H_2 \xrightarrow{\text{hydrogénation}} R{-}CH_2{-}CH_2{-}R + \Delta$$

CAPSULE CHIMIQUE

L'HYDROGÉNATION DANS L'INDUSTRIE ALIMENTAIRE

Un produit de cuisson qui contient des huiles, des mono- et des diacylglycérols partiellement hydrogénés.

Dans l'industrie alimentaire, on utilise l'hydrogénation catalytique pour convertir les huiles végétales liquides en graisses semi-solides dans la préparation des margarines et d'autres graisses de cuisson. En examinant les étiquettes de quelques aliments préparés, vous verrez qu'ils contiennent des « huiles végétales partiellement hydrogénées ». Il y a plusieurs raisons à cela, l'une d'elles étant la durée de conservation de ces huiles.

Les graisses et les huiles (section 23.2) sont des esters du glycérol, et les acides utilisés sont munis de longues chaînes carbonées. On les appelle « acides gras ». Les acides gras sont saturés (aucune liaison double), mono-insaturés (une liaison double) ou polyinsaturés (plusieurs liaisons doubles). Les huiles contiennent habituellement une plus forte proportion d'acides gras comportant une ou plusieurs liaisons doubles que les graisses. L'hydrogénation d'une huile a pour effet de convertir certaines de ces liaisons doubles en liaisons simples, ce qui donne une graisse ayant la consistance de la margarine ou une graisse de cuisson à texture semi-solide.

Notre corps ne peut fabriquer de graisses polyinsaturées. Par conséquent, de telles graisses doivent provenir de notre alimentation en quantité raisonnable si nous voulons rester en bonne santé. Les cellules de notre corps peuvent produire des graisses saturées à partir d'autres sources alimentaires comme les glucides (c'est-à-dire les sucres et les féculents); c'est pour cette raison que les acides gras saturés ne sont pas essentiels à notre alimentation et que leur surconsommation favorise les maladies cardiovasculaires.

En industrie, l'emploi de catalyseurs pour l'hydrogénation catalytique des huiles végétales pose le problème de l'isomérisation de certaines liaisons doubles des acides gras (celles qui ne sont pas hydrogénées). Dans la plupart des huiles et des graisses naturelles, les doubles liaisons des acides gras présentent la configuration *cis*. Or, les catalyseurs ajoutés convertissent certaines de ces doubles liaisons *cis* en liaisons *trans*, lesquelles n'existent pas dans la nature. L'effet de ces acides gras *trans* sur la santé n'a pas encore été déterminé, mais certaines expériences semblent indiquer qu'ils entraînent l'augmentation du niveau de cholestérol et de triacylglycérols sériques, ce qui accentue le risque de maladies cardiovasculaires.

L'énergie libre d'activation des réactions d'hydrogénation est habituellement élevée. C'est pourquoi la réaction d'un alcène avec l'hydrogène ne peut se produire à la température ambiante sans catalyseur métallique, car ce dernier *abaisse l'énergie libre d'activation de la réaction* (figure 7.8).

La plupart des catalyseurs couramment utilisés en hydrogénation (platine, nickel, palladium, rhodium et ruthénium finement dispersés) semblent adsorber les

Leçon interactive : hydrogénation

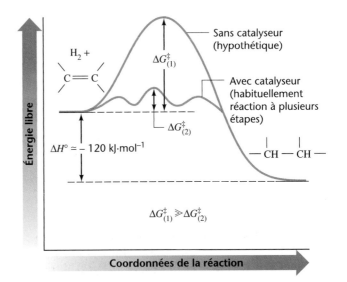

Figure 7.8 Diagramme d'énergie libre de l'hydrogénation d'un alcène en la présence et en l'absence d'un catalyseur (réaction hypothétique). L'énergie libre d'activation de la réaction sans catalyseur [$\Delta G^{\ddagger}_{(1)}$] est beaucoup plus élevée que celle de la réaction avec catalyseur [$\Delta G^{\ddagger}_{(2)}$].

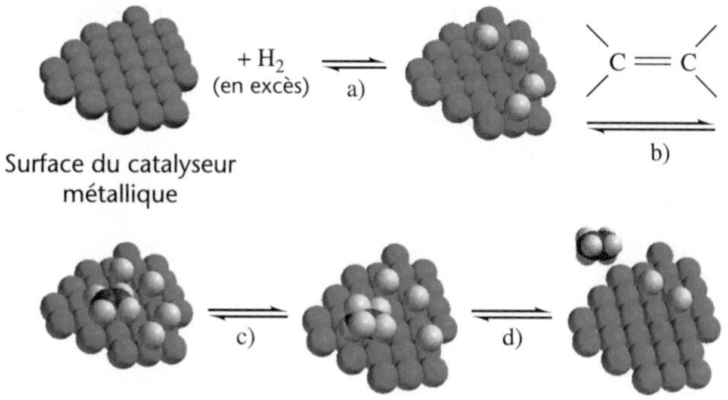

Figure 7.9 Mécanisme de l'hydrogénation d'un alcène catalysée par du platine métallique finement dispersé. a) Adsorption de l'hydrogène; b) adsorption de l'alcène; c) et d) transfert séquentiel de deux atomes d'hydrogène à l'alcène du même côté de la double liaison (addition *syn*).

molécules d'hydrogène. Cette adsorption est essentiellement une réaction chimique par laquelle les électrons non appariés se trouvant à la surface du métal *s'apparient* aux électrons de l'hydrogène (figure 7.9a). Lorsqu'un alcène entre en collision avec la surface sur laquelle l'hydrogène est adsorbé, il subit également une adsorption (figure 7.9b). Par la suite, les atomes d'hydrogène lui sont transférés séquentiellement pour donner un alcane qui se libère alors de la surface du catalyseur (figure 7.9c et d). Généralement, *les deux atomes d'hydrogène sont additionnés du même côté de la double liaison.* Ce mode d'addition est appelé addition **syn** (section 7.14A).

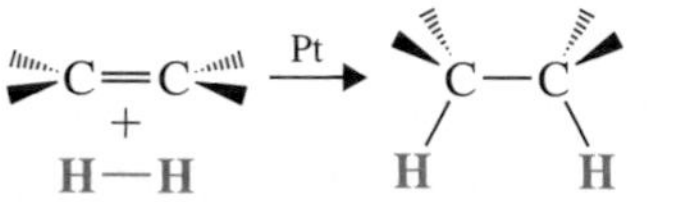

L'hydrogénation catalytique est une addition *syn*.

7.14A ADDITIONS *SYN* ET *ANTI*

Une **addition *syn*** est une réaction au cours de laquelle le réactif s'additionne d'un seul côté d'une double liaison. La réaction d'addition d'hydrogène ($X = Y = H$) catalysée par le platine que nous venons d'examiner est de ce type.

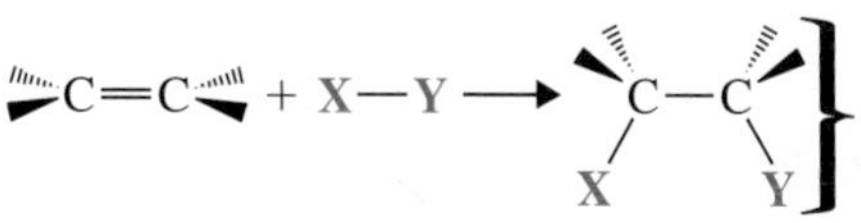

À l'opposé, une **addition *anti*** est une réaction au cours de laquelle le réactif s'additionne sur les côtés opposés de la double liaison.

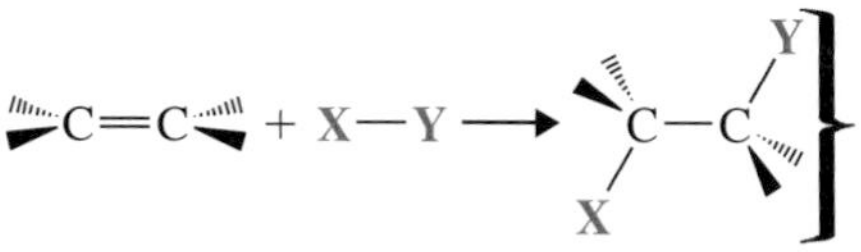

Nous étudierons en détail d'importantes additions *syn* et *anti* au chapitre 8.

7.15 HYDROGÉNATION DES ALCYNES

Selon les conditions et le catalyseur employé, un ou deux équivalents molaires d'hydrogène seront additionnés à la liaison triple carbone–carbone. Par exemple, en présence d'un catalyseur de platine, un alcyne réagit habituellement avec deux équivalents molaires d'hydrogène pour donner un alcane.

$$CH_3C \equiv CCH_3 \xrightarrow[H_2]{Pt} [CH_3CH = CHCH_3] \xrightarrow[H_2]{Pt} CH_3CH_2CH_2CH_3$$

Cependant, on doit employer des réactifs et des catalyseurs spéciaux pour réaliser l'hydrogénation d'un alcyne en alcène. Ces méthodes de synthèse permettent de préparer des alcènes-(E) ou des alcènes-(Z) à partir d'alcynes disubstitués.

7.15A SYNTHÈSE DES ALCÈNES *CIS* PAR ADDITION *SYN* D'HYDROGÈNE

Le borure de nickel appelé catalyseur P-2 permet d'effectuer l'hydrogénation des alcynes pour obtenir des alcènes. On prépare ce catalyseur en réduisant l'acétate de nickel avec le borohydrure de sodium.

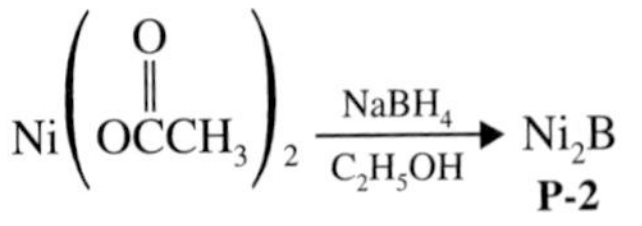

$$Ni\left(\overset{\overset{\displaystyle O}{\|}}{OCCH_3}\right)_2 \xrightarrow[C_2H_5OH]{NaBH_4} \underset{\textbf{P-2}}{Ni_2B}$$

L'hydrogénation des alcynes possédant une liaison triple interne en présence du catalyseur P-2 provoque une **addition d'hydrogène *syn*,** qui donne un alcène de configuration (Z) ou *cis*. Observons l'hydrogénation de l'hex-3-yne, dont l'addition *syn* résulte d'une réaction se produisant à la surface du catalyseur (section 7.14).

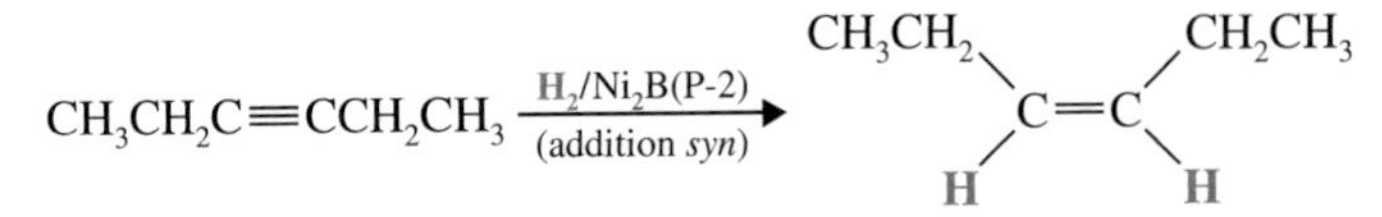

$$CH_3CH_2C\equiv CCH_2CH_3 \xrightarrow[\text{(addition syn)}]{H_2/Ni_2B(P\text{-}2)}$$

Hex-3-yne

(Z)-Hex-3-ène
(***cis*-hex-3-ène**)
(97 %)

On peut préparer des alcènes *cis* à partir d'alcynes disubstitués à l'aide d'autres catalyseurs ayant subi une modification. On peut employer le palladium métallique précipité sur du carbonate de calcium après l'avoir traité avec de l'acétate de plomb et de la quinoléine (section 20.1B). Ce catalyseur est appelé catalyseur de Lindlar.

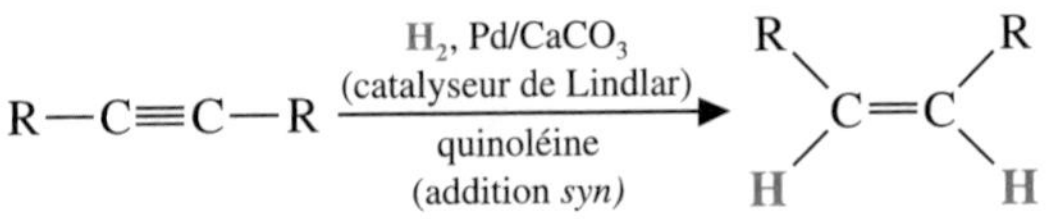

$$R-C\equiv C-R \xrightarrow[\substack{\text{quinoléine}\\ \text{(addition syn)}}]{\substack{H_2,\ Pd/CaCO_3\\ \text{(catalyseur de Lindlar)}}}$$

7.15B SYNTHÈSE DES ALCÈNES *TRANS* PAR ADDITION *ANTI* D'HYDROGÈNE

Lorsque les alcynes sont réduits par le lithium ou le sodium métallique dissous dans l'ammoniac ou l'éthylamine à basse température, il se produit une **addition *anti*** d'atomes d'hydrogène à une triple liaison. Cette réaction, appelée réduction effectuée par un métal dissous, produit un alcène (*E*) ou *trans*.

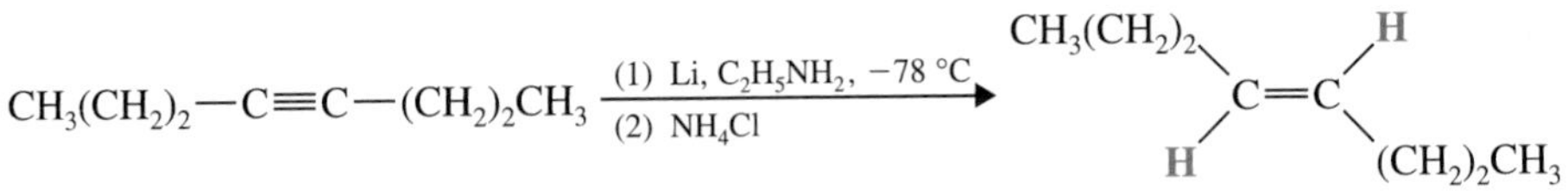

$$CH_3(CH_2)_2-C\equiv C-(CH_2)_2CH_3 \xrightarrow[\text{(2) NH}_4Cl]{\text{(1) Li, C}_2H_5NH_2,\ -78\ ^\circ C}$$

Oct-4-yne

(*E*)-Oct-4-ène
(***trans*-oct-4-ène**)
(52 %)

Dans le mécanisme que nous venons de voir, les atomes de lithium (ou de sodium) cèdent des électrons séquentiellement, et les amines (ou l'ammoniac) cèdent des protons. À la première étape, un atome de lithium transfère un électron à l'alcyne pour donner un intermédiaire de charge négative muni d'un électron non apparié, appelé **anion radicalaire** ou **radical anion.** À la deuxième étape, une amine transfère un proton pour produire un **radical vinyle.** Par la suite, le transfert d'un autre électron à ce radical donne un **anion vinyle.** Cette étape détermine la stéréochimie de la réaction. L'anion vinyle *trans* est formé préférentiellement en raison de sa stabilité : les groupes alkyle volumineux sont éloignés les uns des autres. Finalement, la protonation de cet anion mène à la formation de l'alcène *trans*.

MÉCANISME DE LA RÉACTION

Réduction d'un alcyne effectuée par un métal dissous

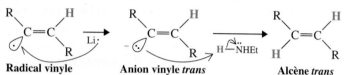

Anion radicalaire **Radical vinyle**

Un atome de lithium cède un électron à la liaison π de l'alcyne. Une paire d'électrons se déplace sur l'autre carbone de la liaison à mesure que l'état d'hybridation devient sp^2.

L'anion radicalaire tient lieu de base et arrache un proton à une molécule d'éthylamine.

Radical vinyle **Anion vinyle *trans*** **Alcène *trans***

Un deuxième atome de lithium cède un électron au radical vinyle.

L'anion tient lieu de base et arrache un proton à une autre molécule d'éthylamine.

7.16 FORMULES MOLÉCULAIRES DES HYDRO-CARBURES : LE DEGRÉ D'INSATURATION

La formule générale des alcènes dont les molécules comportent une seule double liaison est C_nH_{2n}. Ces composés et les cycloalcanes sont des isomères. Par exemple, l'hex-1-ène et le cyclohexane ont la même formule moléculaire, soit C_6H_{12}.

$$CH_2=CHCH_2CH_2CH_2CH_3$$

Hex-1-ène **Cyclohexane**
(C_6H_{12}) **(C_6H_{12})**

Le cyclohexane et l'hex-1-ène sont des isomères de constitution.

Les alcynes et les alcènes munis de deux doubles liaisons (alcadiènes) se décrivent par la formule générale C_nH_{2n-2}. Quant aux hydrocarbures possédant une liaison triple et une liaison double (alcénynes) et les alcènes munis de trois liaisons doubles (alcatriènes), ils partagent la formule générale C_nH_{2n-4}, et ainsi de suite.

$$CH_2=CH-CH=CH_2 \qquad CH_2=CH-CH=CH-CH=CH_2$$
Buta-1,3-diène **Hexa-1,3,5-triène**
(C_4H_6) **(C_6H_8)**

On peut obtenir un grand nombre d'informations sur la structure d'un hydrocarbure inconnu en étudiant sa formule moléculaire et en déterminant son **degré d'insaturation.** On définit le degré d'insaturation comme étant le nombre de *paires* d'atomes d'hydrogène qu'il faut soustraire de la formule moléculaire de l'alcane correspondant au composé à l'étude pour obtenir la formule de ce dernier*.

Par exemple, le degré d'insaturation du cyclohexane et de l'hex-1-ène est égal à 1 (c'est-à-dire une *paire* d'atomes d'hydrogène). L'alcane correspondant (celui qui possède le même nombre d'atomes de carbone) est l'hexane.

---

* Certains chimistes appellent le degré d'insaturation « indice de déficience en hydrogène » (*index of hydrogen deficiency*) ou « nombre d'équivalents en doubles liaisons » (*number of double-bond equivalencies*).

C_6H_{14} = formule de l'alcane correspondant (hexane)

C_6H_{12} = formule du composé (hex-1-ène ou cyclohexane)

$\overline{H_2}$ = différence = 1 paire d'atomes d'hydrogène

Degré d'insaturation = 1

Le degré d'insaturation de l'éthyne (acétylène) ou du buta-1,3-diène équivaut à 2. Celui de l'hexa-1,3,5-triène est de 3. (Faites-en le calcul vous-même.)

Il est facile de déterminer expérimentalement le nombre de cycles d'un composé donné. Les molécules munies de liaisons doubles ou triples additionnent aisément l'hydrogène à la température ambiante en présence d'un catalyseur de platine. **Chaque liaison double requiert un équivalent molaire d'hydrogène, et chaque liaison triple en demande deux, mais les cycles ne subissent pas d'hydrogénation à la température ambiante.** Ainsi, l'hydrogénation permet de distinguer les cycles des liaisons doubles ou triples. Pour bien saisir ce concept, prenons l'exemple de deux composés dont la formule moléculaire est C_6H_{12}, soit l'hex-1-ène et le cyclohexane. L'hex-1-ène réagit avec un équivalent molaire d'hydrogène pour donner de l'hexane. Par contre, dans les mêmes conditions, le cyclohexane ne réagit pas.

$$CH_2{=}CH(CH_2)_3CH_3 + H_2 \xrightarrow[\text{25 °C}]{\text{Pt}} CH_3(CH_2)_4CH_3$$

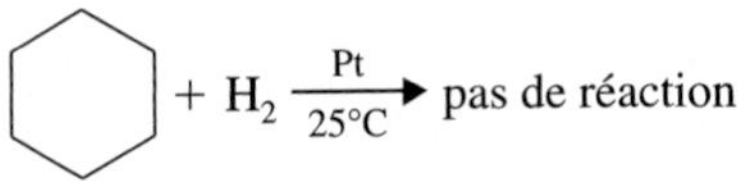

$+ \; H_2 \xrightarrow[\text{25°C}]{\text{Pt}}$ pas de réaction

Voyons un autre exemple, celui du cyclohexène et de l'hexa-1,3-diène, tous deux de formule C_6H_{10}. Ces deux composés réagissent avec l'hydrogène en présence d'un catalyseur mais, en raison de sa nature cyclique et de sa double liaison unique, le cyclohexène réagit avec un équivalent molaire d'hydrogène, alors que l'hexa-1,3-diène requiert deux équivalents molaires.

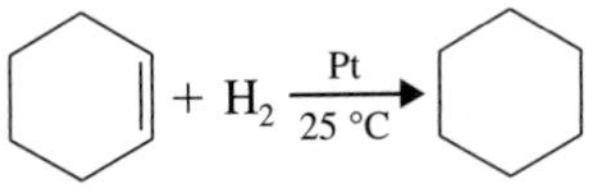

$+ \; H_2 \xrightarrow[\text{25 °C}]{\text{Pt}}$

Cyclohexène

$$CH_2{=}CHCH{=}CHCH_2CH_3 + 2\,H_2 \xrightarrow[\text{25 °C}]{\text{Pt}} CH_3(CH_2)_4CH_3$$

Hexa-1,3-diène

PROBLÈME 7.16

a) Quel est le degré d'insaturation de l'hex-2-ène ? b) Du méthylcyclopentane ? c) Que révèle le degré d'insaturation quant à l'emplacement de la double liaison dans la chaîne carbonée ? d) Quant à la taille du cycle ? e) Quel est le degré d'insaturation de l'hex-2-yne ? f) Combien de structures un composé de formule moléculaire $C_{10}H_{16}$ peut-il avoir ?

PROBLÈME 7.17

Le zingibérène, composé odoriférant isolé à partir du gingembre, possède la formule moléculaire $C_{15}H_{24}$ et n'a pas de liaisons triples. a) Quel est son degré d'insaturation ? b) Par une hydrogénation catalytique réalisée avec un excès d'hydrogène, 1 mole de ce composé consomme 3 moles d'hydrogène pour donner un composé de formule $C_{15}H_{30}$. Combien de liaisons doubles sont présentes dans ce composé ? c) Combien de cycles ce composé possède-t-il ?

ENRICHISSEMENT

Approfondissement de la notion de degré d'insaturation

Calculer le degré d'insaturation de composés organiques autres que les hydrocarbures est relativement facile.

Pour les composés comportant des atomes d'halogène, on considère tout simplement ces atomes comme s'ils étaient des atomes d'hydrogène. Prenons l'exemple d'un composé de formule $C_4H_6C_2$. Pour calculer le degré d'insaturation, on considère les atomes de chlore comme des atomes d'hydrogène. On part donc de la formule C_4H_8. Comme cette formule présente deux atomes d'hydrogène de moins que celle de l'alcane saturé correspondant (C_4H_{10}), le degré d'insaturation est de 1. La structure de ce composé peut donc être formée d'un cycle ou comporter une double liaison. [On peut vérifier ces possibilités en procédant à une expérience d'hydrogénation : si le composé additionne un équivalent molaire d'hydrogène (H_2) par hydrogénation catalytique à la température ambiante, il comporte une double liaison. Si l'addition d'hydrogène n'a pas lieu, ce composé est cyclique.]

Pour les composés contenant de l'oxygène, on ne tient pas compte de ces atomes et on calcule le degré d'insaturation à l'aide de la formule des hydrocarbures. Prenons l'exemple d'un composé de formule C_4H_8O. Pour les besoins du calcul, on suppose que la formule est C_4H_8, ce qui donne un degré d'insaturation de 1. Une fois de plus, cela signifie que le composé contient soit un cycle, soit une double liaison. Ci-dessous, nous donnons un aperçu des structures que peut adopter ce composé. Notez que la double liaison peut se présenter sous la forme d'une double liaison carbone–oxygène.

$$CH_2\!\!=\!\!CHCH_2CH_2OH \qquad CH_3CH\!\!=\!\!CHCH_2OH \qquad CH_3CH_2\overset{\displaystyle O}{\overset{\displaystyle \|}{C}}CH_3$$

$$CH_3CH_2CH_2\overset{\displaystyle O}{\overset{\displaystyle \|}{C}}H$$

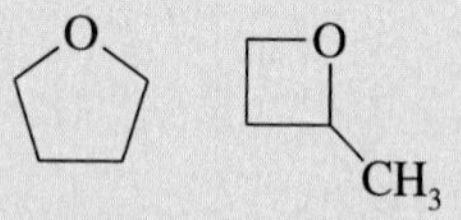

, et ainsi de suite

Pour les composés contenant des atomes d'azote, on soustrait un hydrogène pour chaque atome d'azote de la formule et on ne tient pas compte des atomes d'azote dans le calcul. Par exemple, on suppose que le composé C_4H_9N est de formule C_4H_8. Le degré d'insaturation est donc égal à 1. Voici les structures possibles pour ce composé.

$$CH_2\!\!=\!\!CHCH_2CH_2NH_2 \qquad CH_3CH\!\!=\!\!CHCH_2NH_2 \qquad CH_3CH_2\overset{\displaystyle NH}{\overset{\displaystyle \|}{C}}CH_3$$

$$CH_3CH_2CH_2CH\!\!=\!\!NH$$

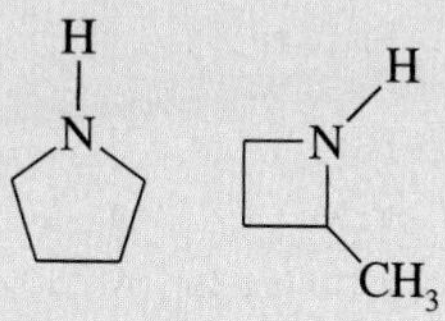

, et ainsi de suite

RÉSUMÉ DES MÉTHODES DE SYNTHÈSE DES ALCÈNES ET DES ALCYNES

Dans ce chapitre, nous avons décrit quatre méthodes générales de préparation des alcènes.

1. Déshydrohalogénation des halogénoalcanes (section 7.6)

Réaction générale

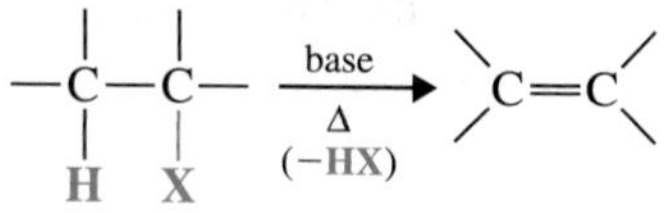

$$-\overset{|}{\underset{H}{C}}-\overset{|}{\underset{X}{C}}- \xrightarrow[\ (-HX)\ ]{\text{base } \Delta} \ \ \diagdown\!C\!\!=\!\!C\!\diagup$$

Exemples

$$CH_3CH_2\underset{\underset{Br}{|}}{CH}CH_3 \xrightarrow[C_2H_5OH]{C_2H_5ONa} CH_3CH\!\!=\!\!CHCH_3 + CH_3CH_2CH\!\!=\!\!CH_2$$

$$\qquad\qquad\qquad\qquad\quad\ (\textit{cis} \text{ et } \textit{trans}, \textbf{81 \%}) \qquad\quad (\textbf{19 \%})$$

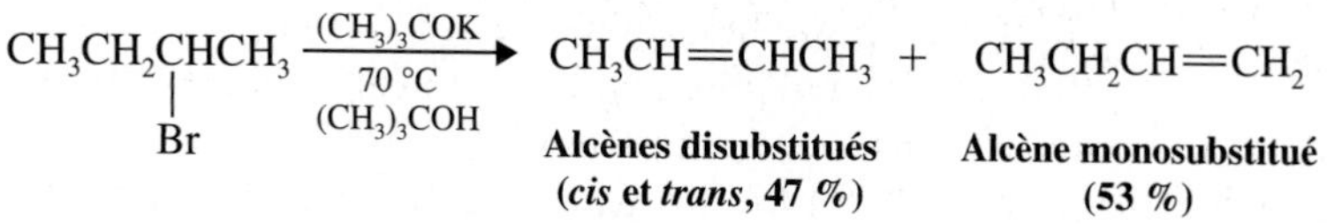

$$CH_3CH_2\underset{\underset{Br}{|}}{CH}CH_3 \xrightarrow[\substack{70\ ^\circ C \\ (CH_3)_3COH}]{(CH_3)_3COK} CH_3CH\!\!=\!\!CHCH_3 \ + \ CH_3CH_2CH\!\!=\!\!CH_2$$

$$\qquad\qquad\qquad\qquad\quad \textbf{Alcènes disubstitués} \qquad \textbf{Alcène monosubstitué}$$
$$\qquad\qquad\qquad\qquad\quad (\textit{cis} \text{ et } \textit{trans}, \textbf{47 \%}) \qquad\qquad (\textbf{53 \%})$$

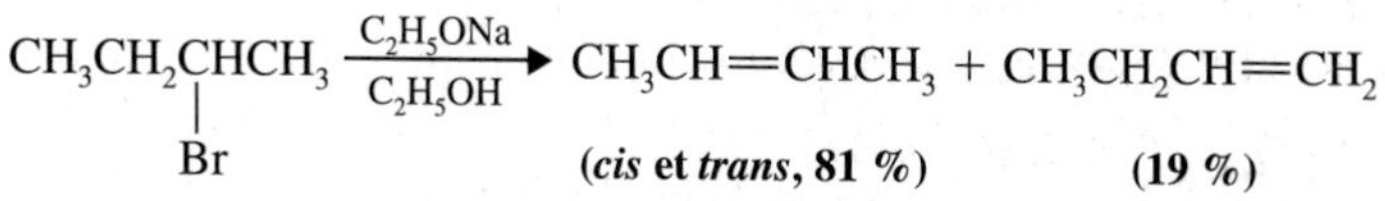

2. Déshydratation des alcools (sections 7.7 et 7.8)

Réaction générale

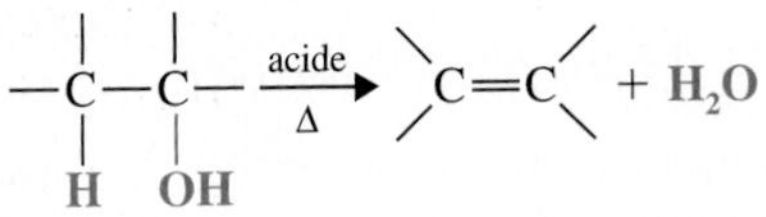

$$-\overset{\displaystyle |}{\underset{\displaystyle H}{C}}-\overset{\displaystyle |}{\underset{\displaystyle OH}{C}}- \quad \xrightarrow[\Delta]{\text{acide}} \quad \overset{\diagdown}{\diagup}C=C\overset{\diagup}{\diagdown} \quad + \text{ H}_2\text{O}$$

Exemples

$$\text{CH}_3\text{CH}_2\text{OH} \xrightarrow[180\,°\text{C}]{\text{H}_2\text{SO}_4 \text{ conc.}} \text{CH}_2{=}\text{CH}_2 + \text{H}_2\text{O}$$

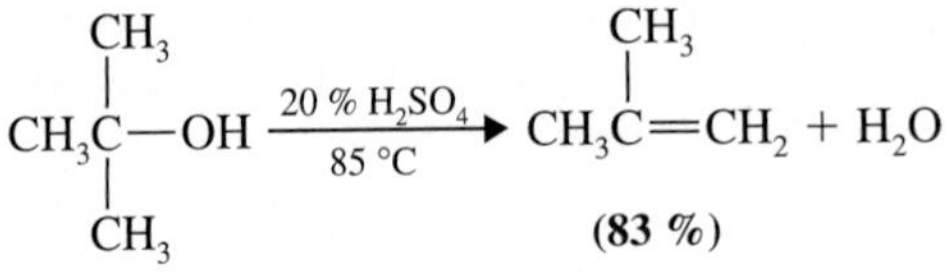

$$\underset{\underset{\displaystyle \text{CH}_3}{|}}{\overset{\overset{\displaystyle \text{CH}_3}{|}}{\text{CH}_3\text{C}}}{-}\text{OH} \xrightarrow[85\,°\text{C}]{20\,\% \text{ H}_2\text{SO}_4} \underset{}{\overset{\overset{\displaystyle \text{CH}_3}{|}}{\text{CH}_3\text{C}}}{=}\text{CH}_2 + \text{H}_2\text{O}$$

$$\textbf{(83 \%)}$$

3. Débromation des dibromoalcanes vicinaux (section 7.9)

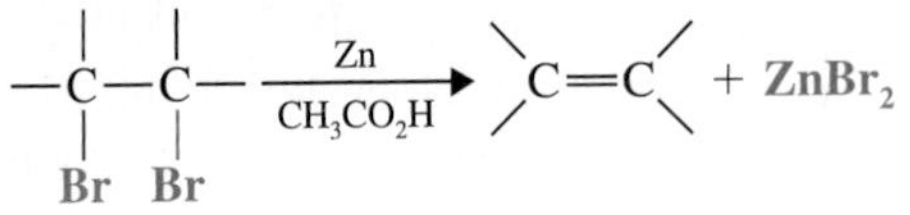

$$-\overset{\displaystyle |}{\underset{\displaystyle Br}{C}}-\overset{\displaystyle |}{\underset{\displaystyle Br}{C}}- \quad \xrightarrow[\text{CH}_3\text{CO}_2\text{H}]{\text{Zn}} \quad \overset{\diagdown}{\diagup}C=C\overset{\diagup}{\diagdown} \quad + \text{ ZnBr}_2$$

4. Hydrogénation des alcynes (section 7.15)

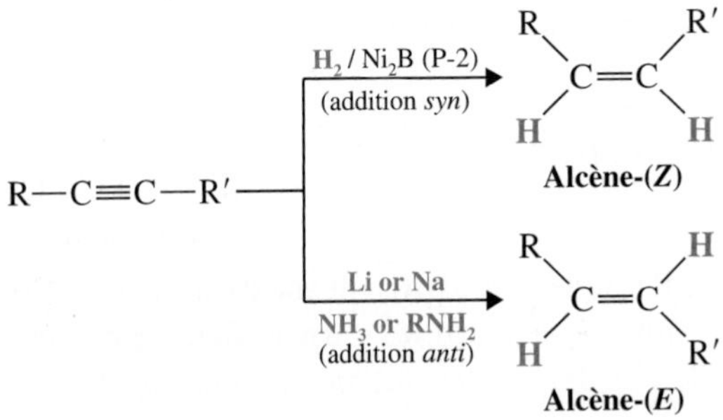

$$\text{R}{-}\text{C}{\equiv}\text{C}{-}\text{R}'$$

$$\xrightarrow[\text{(addition } syn)]{\text{H}_2 / \text{Ni}_2\text{B (P-2)}} \quad \underset{\text{H}}{\overset{\text{R}}{}}C=C\underset{\text{H}}{\overset{\text{R}'}{}}$$

Alcène-(Z)

$$\xrightarrow[\substack{\text{NH}_3 \text{ or RNH}_2 \\ \text{(addition } anti)}]{\text{Li or Na}} \quad \underset{\text{H}}{\overset{\text{R}}{}}C=C\underset{\text{R}'}{\overset{\text{H}}{}}$$

Alcène-(E)

Dans les chapitres à venir, nous étudierons d'autres méthodes de synthèse des alcènes.

TERMES ET CONCEPTS CLÉS

Système *E-Z*	Section 7.2C	Réarrangements faisant	Section 7.8
Stabilité relative des alcènes	Section 7.3C	intervenir la migration d'un	
Déshydrohalogénation	Section 7.6	ion hydrure, méthanure	
Règle de Zaitsev	Sections 7.6A, 7.6B	ou alcanure	
	et 7.8	Dihalogénoalcane vicinal	Section 7.9
		Dihalogénoalcane géminé	Section 7.9
Conformation *syn-* et *anti-*		Débromation	Section 7.9
périplanaire	Section 7.6C	Additions *syn* et *anti*	Section 7.14A
		Hydrogénation	Sections 7.3A et
Règle de Hofmann	Section 7.7		7.13 à 7.15
Déshydratation	Section 7.7		
Migration-1,2 et	Section 7.8	Composés saturés et insaturés	Section 7.13
réarrangements moléculaires		Degré d'insaturation	Section 7.16

PROBLÈMES SUPPLÉMENTAIRES

7.18 La nomenclature ci-dessous est incorrecte. Nommez correctement chaque composé et expliquez votre raisonnement.

a) *trans*-3-Pentène

b) 1,1-Diméthyléthène

c) 2-Méthylcyclohexène

d) 4-Méthylcyclobutène

e) (*Z*)-3-Chlorobut-2-ène

f) 5,6-Dichlorocyclohexène

7.19 Écrivez la formule structurale de chacun des composés suivants :

a) 3-Méthylcyclobut-1-ène

b) 1-Méthylcyclopent-1-ène

c) 2,3-Diméthylpent-2-ène

d) (*Z*)-Hex-3-ène

e) (*E*)-Pent-2-ène

f) 3,3,3-Tribromopropène

g) (*Z*,4*R*)-4-Méthylhex-2-ène

h) (*E*,4*S*)-4-Chloropent-2-ène

i) (*Z*)-1-Cyclopropylpent-1-ène

j) 5-Cyclobutylpent-1-ène

k) (*R*)-4-Chloropent-2-yne

l) (*E*)-4-Méthylhex-4-èn-1-yne

7.20 Dessinez la formule structurale tridimensionnelle des isomères des composés suivants. Nommez-les à l'aide des désignations *R-S* et *E-Z*.

a) 4-Bromohex-2-ène

b) 3-Chlorohexa-1,4-diène

c) 2,4-Dichloropent-2-ène

d) 2-Bromo-4-chlorohex-2-ène-5-yne

7.21 Donnez la nomenclature de chacun des composés suivants selon l'UICPA.

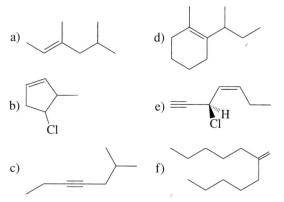

7.22 Proposez une méthode de synthèse du propène à partir de chacun des composés suivants.

a) 1-Chloropropane

b) 2-Chloropropane

c) Propan-1-ol

d) Propan-2-ol

e) 1,2-Dibromopropane

f) Propyne

7.23 Proposez une méthode de synthèse du cyclopentène à partir de chacun des composés suivants.

a) Bromocyclopentane

b) 1,2-Dichlorocyclopentane

c) Cyclopentanol

7.24 En prenant l'éthyne comme composé de départ, proposez une synthèse pour chacun des composés suivants. Vous pouvez utiliser tous les réactifs que vous jugerez nécessaire. Vous n'avez pas à répéter les étapes de synthèse que vous avez déjà décrites au cours de la résolution du problème.

a) Propyne   d) *cis*-But-2-ène

b) But-1-yne   e) *trans*-But-2-ène

c) But-2-yne   f) Pent-1-yne

g) Hex-2-yne   k) CH₃CH₂C≡CD

h) (*Z*)-Hex-2-ène

i) (*E*)-Hex-2-ène

j) Hex-3-yne

l) 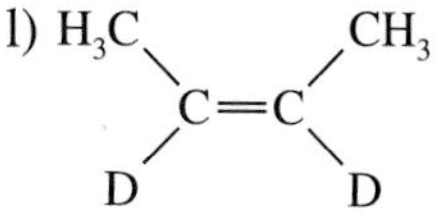 H₃C, CH₃ / C=C / D, D

7.25 En commençant votre synthèse par le 1-méthylcyclohexène et en utilisant tout autre réactif que vous jugez nécessaire, proposez une méthode de préparation du composé suivant marqué au deutérium.

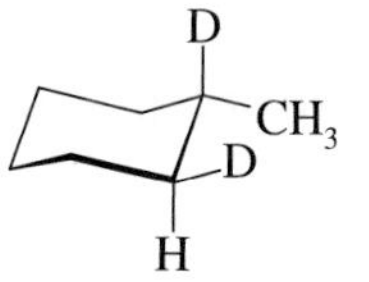

7.26 La déshydratation par catalyse acide du *trans*-2-méthylcyclohexanol (voir la réaction ci-dessous) produit principalement du 1-méthylcyclohexène.

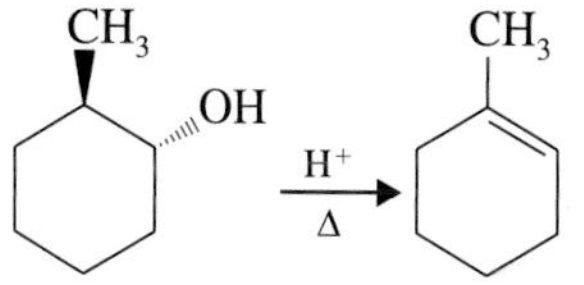

Cependant, la déshydrohalogénation du *trans*-1-bromo-2-méthylcyclohexane donne comme produit principal le 3-méthylcyclohexane.

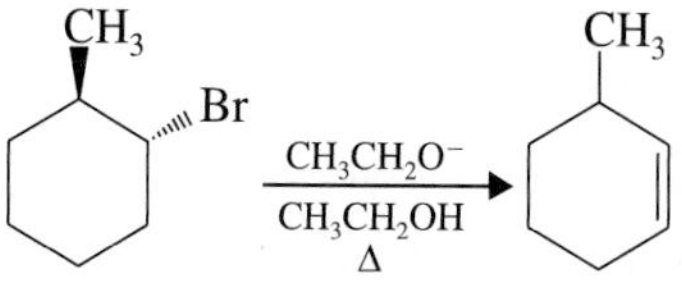

Expliquez pourquoi les produits de ces deux réactions sont différents.

7.27 Proposez une méthode de synthèse du phényléthyne à partir de chacun des composés suivants.

a) 1,1-Dibromo-1-phényléthane

b) 1,1-Dibromo-2-phényléthane

c) Phényléthène (styrène)

d) Acétophénone (C₆H₅COCH₃)

7.28 La chaleur de combustion du cyclobutane est de 2744 kJ·mol⁻¹. Qu'indique cette valeur quant à la stabilité relative du cyclobutane comparativement aux isomères du butène (section 7.3B) ?

7.29 Associez ces chaleurs de combustion (3375 kJ·mol⁻¹, 3369 kJ·mol⁻¹, 3365 kJ·mol⁻¹, 3361 kJ·mol⁻¹, 3355 kJ·mol⁻¹) aux alcènes suivants : *cis*-pent-2-ène, *trans*-pent-2-ène, 2-méthylbut-2-ène, pent-1-ène, 2-méthylbut-1-ène.

7.30 Sans consulter quelque tableau que ce soit, classez les composés suivants par ordre d'acidité.

Pentane, pent-1-ène, pent-1-yne, pentan-1-ol.

7.31 Écrivez la formule structurale des produits obtenus lorsque chacun des halogénoalcanes suivants est chauffé en présence d'éthoxyde de sodium dans l'éthanol. Si la réaction donne plusieurs produits, identifiez les produits principal et secondaires. Ne tenez pas compte de l'isomérie *cis-trans*.

a) 2-Bromo-3-méthylbutane
b) 3-Bromo-2,2-diméthylbutane
c) 3-Bromo-3-méthylpentane
d) 1-Bromo-1-méthylcyclohexane
e) *cis*-1-Bromo-2-éthylcyclohexane
f) *trans*-1-Bromo-2-éthylcyclohexane

7.32 Écrivez la formule structurale de tous les produits formés par la réaction de chacun des halogénoalcanes suivants chauffés avec le *tert*-butoxyde de potassium dans le *tert*-butanol. Si la réaction donne plusieurs produits, identifiez les produits principal et secondaires. Ne tenez pas compte de l'isomérie *cis-trans*.

a) 2-Bromo-2-méthylbutane
b) 4-Bromo-2,2-diméthylbutane
c) 3-Bromo-3-méthylpentane
d) 4-Bromo-2,2-diméthylpentane
e) 1-Bromo-1-méthylcyclohexane

7.33 En commençant la réaction avec un halogénoalcanes et une base appropriés, proposez une méthode de synthèse qui donnerait principalement (ou uniquement) chacun des produits suivants.

a) Pent-1-ène
b) 3-Méthylbut-1-ène
c) 2,3-Diméthylbut-1-ène
d) 4-Méthylcyclohexène
e) 1-Méthylcyclopentène

7.34 Classez les alcools suivants selon leur réactivité lors d'une déshydratation par catalyse acide (commencez par le composé le plus réactif) :

pentan-1-ol
2-méthylbutan-2-ol
3-méthylbutan-2-ol

7.35 Identifiez les produits formés lors de la déshydratation par catalyse acide des alcools suivants. S'il y en a plusieurs, identifiez l'alcène principal. (Ne tenez pas compte de l'isomérie *cis-trans*.)

a) 2-Méthylpropan-2-ol
b) 3-Méthylbutan-2-ol
c) 3-Méthylpentan-3-ol
d) 2,2-Diméthylpropan-1-ol
e) 1,4-Diméthylcyclohexanol

7.36 Le 1-bromobicyclo[2.2.1]heptane chauffé en présence d'une base ne subit pas d'élimination. Expliquez pourquoi. (Construisez un modèle moléculaire pour vous aider.)

7.37 Lorsque le composé suivant marqué au deutérium subit une déshydrohalogénation en réagissant avec

l'éthoxyde de sodium dissous dans l'éthanol, le 3-méthylcyclohexène est le seul alcène produit (il ne contient pas de deutérium). Expliquez.

7.38 Expliquez chacune des réactions suivantes à l'aide d'un mécanisme.

a) La déshydratation par catalyse acide du butan-1-ol donne principalement du *trans*-but-2-ène.
b) La déshydratation par catalyse acide du 2,2-diméthylcyclohexanol produit principalement du 1,2-diméthylcyclohexène.
c) Le 2,3-diméthylbut-2-ène est le produit principal de la réaction du 3-iodo-2,2-diméthylbutane avec le nitrate d'argent dans l'éthanol.
d) Le (*E*)-1,2-diphénylpropène est le seul produit formé par la déshydrohalogénation du (1*S*,2*R*)-1-bromo-1,2-diphénylpropane.

7.39 Le cholestérol est un stéroïde important que l'on retrouve dans presque tous les tissus. Les calculs biliaires en sont principalement constitués. On peut d'ailleurs l'extraire de ces derniers à l'aide de solvants organiques. La solution brute de cholestérol obtenue peut alors être purifiée par a) traitement par Br_2 dans CCl_4, b) cristallisation du produit de a), c) traitement du produit obtenu en b) avec du zinc dans l'éthanol. Quelles réactions interviennent durant ce processus ?

Cholestérol

7.40 Le caryophyllène, un composé isolé à partir de l'essence de clou de girofle, possède la formule moléculaire $C_{15}H_{24}$ et ne comporte pas de liaisons triples. En excès d'hydrogène, la réaction de ce composé en présence d'un catalyseur platine donne un composé de formule $C_{15}H_{28}$. a) Combien de doubles liaisons cette molécule contient-elle ? b) Combien a-t-elle de cycles ?

7.41 Le squalène, un intermédiaire important de la biosynthèse des stéroïdes, a la formule moléculaire $C_{30}H_{50}$ et ne contient aucune liaison triple. a) Quel est son degré d'insaturation ? b) Ce composé subit une hydrogénation catalytique pour aboutir à un composé de formule $C_{30}H_{62}$. Combien de doubles liaisons sa structure comporte-t-elle ? c) Combien a-t-elle de cycles ?

7.42 Considérez l'interconversion du *cis*-but-2-ène et du *trans*-but-2-ène. a) Quelle est la valeur du $\Delta H°$ de la réaction : *cis*-but-2-ène $\longrightarrow$ *trans*-but-2-ène ? b) Supposez que $\Delta H° \cong \Delta G°$. À quelle valeur minimale de $\Delta G^{\ddagger}$ peut-on s'attendre pour cette réaction ? c) Esquissez un diagramme d'énergie libre pour cette réaction et identifiez $\Delta G°$ et $\Delta G^{\ddagger}$.

7.43 Trouvez la structure des composés **E** à **H**. La formule moléculaire du composé **E**, optiquement actif, est C_5H_8. L'hydrogénation catalytique de **E** donne **F**. La formule moléculaire de **F** est C_5H_{10}. Ce dernier est optiquement inactif et ne peut être séparé en énantiomères. Le composé **G**, optiquement actif, possède la formule moléculaire C_6H_{10} et ne contient pas de liaisons triples. Son hydrogénation catalytique donne le composé **H**. De formule moléculaire C_6H_{14}, ce dernier est optiquement inactif et ne peut être séparé en énantiomères.

7.44 Les composés **I** et **J** partagent la formule moléculaire C_7H_{14}, sont optiquement actifs et dévient la lumière polarisée dans la même direction. L'hydrogénation catalytique de **I** et **J** donne **K** (C_7H_{16}), un composé optiquement actif. Quelle est la structure de **I**, de **J** et de **K** ?

7.45 Les composés **L** et **M** partagent la formule moléculaire C_7H_{14}, sont tous deux optiquement inactifs, ne peuvent être séparés en énantiomères et sont des diastéréo-isomères l'un de l'autre. L'hydrogénation catalytique de **L** ou de **M** donne **N**. Le composé **N** est optiquement inactif, mais la séparation de ses énantiomères est possible. Quelle est la structure de **L**, de **M** et de **N** ?

7.46 a) La déshydrohalogénation partielle de chacun des énantiomères (1*R*,2*R*)-1,2-dibromo-1,2-diphényléthane ou (1*S*,2*S*)-1,2-dibromo-1,2-diphényléthane (ou d'un mélange racémique des deux) produit du (*Z*)-1-bromo-1,2-diphényléthène alors que b) la déshydrohalogénation partielle du (1*R*,2*S*)-1,2-dibromo-1,2-diphényléthane (un composé *méso*) donne uniquement du (*E*)-1-bromo-1,2-diphényléthène. c) Le traitement du (1*R*,2*S*)-1,2-dibromo-1,2-diphényléthane avec de l'iodure de sodium dans l'acétone aboutit au produit unique (*E*)-1,2-diphényléthène. Expliquez ces résultats.

7.47* a) À l'aide des réactions que vous avez étudiées dans ce chapitre, montrez les étapes par lesquelles l'alcyne suivant peut être converti en un homologue cyclique à sept membres du produit du problème 7.38 b). b) Les produits homologues obtenus dans chacun de ces cas peuvent-ils absorber les radiations infrarouges dans la région comprise entre 1620 et 1680 cm^{-1} ?

7.48* Écrivez la structure des composés **A**, **B** et **C**.

A est un alcyne C_6 non ramifié qui est aussi un alcool primaire.

B est obtenu à partir de **A** dans une réaction qui emploie l'hydrogène et le borure de nickel comme catalyseurs ou par une réaction de réduction par les métaux dissous.

C est formé à partir de **B** par un traitement dans une solution acide aqueuse à la température ambiante. Ce composé n'absorbe pas les rayons infrarouges dans la zone comprise entre 1620 et 1680 cm^{-1}, ni entre 3590 et 3650 cm^{-1}. Son degré d'insaturation est égal à 1. Il comporte un stéréocentre mais est produit sous la forme d'un mélange racémique.

7.49* Quel est le degré d'insaturation des composés suivants ?

a) $C_7H_{10}O_2$ b) $C_5H_4N_4$

TRAVAIL COOPÉRATIF

1. Écrivez la structure du ou des produits qu'on obtiendrait en faisant réagir le 2-chloro-2,3-diméthylbutane avec a) l'éthoxyde de sodium (NaOEt) dans l'éthanol (EtOH) à 80 °C ou (dans une réaction séparée) b) le *tert*-butoxyde de potassium [KOC(CH$_3$)$_3$] dans le *tert*-butanol [HOC(CH$_3$)$_3$] à 80 °C. Si plusieurs produits sont formés, identifiez le principal. Proposez un mécanisme détaillé de la formation du produit principal de chacune des réactions en incluant les états de transition.

2. Donnez un mécanisme expliquant pourquoi la réaction du (2*S*)-2-bromo-1,2-diphénylpropane avec l'éthoxyde de sodium (NaOEt) dans l'éthanol (EtOH) à 80 °C produit du (*Z*)-1,2-diphénylpropène (aucun diastéréo-isomère *E* n'est formé).

3. Écrivez la structure du ou des produits formés lors de la réaction du 1-méthylcyclohexanol avec du H$_3$PO$_4$ à 85 % à 150 °C. Écrivez le mécanisme détaillé de la réaction.

4. Considérez la réaction du 1-cyclobutyléthanol (1-hydroxyéthylcyclobutane) avec du H$_2$SO$_4$ concentré à 120 °C. Donnez la structure de tout produit possible. En supposant que le méthylcyclopentène est l'un des produits, dites quel mécanisme explique sa formation. Proposez également un mécanisme qui rende compte de la formation de tous les autres produits.

---

* Les problèmes marqués d'un astérisque présentent une difficulté particulière.

ALCÈNES ET ALCYNES II :
réactions d'addition

La mer recèle un trésor de produits naturels biologiquement actifs

Les océans constituent un vaste bassin d'ions halogénure en solution dont la concentration est d'environ 0,5 M en chlorure, de 1 mM en bromure et de 1 µM en iodure. Il n'est donc pas surprenant de constater la présence d'atomes d'halogène dans la structure de nombreux métabolites des organismes marins. On y retrouve d'ailleurs des composés polyhalogénés insolites tels que l'halomon, la dactylyne (voir ci-dessus), le tétrachloromertensène, le (3E)-lauréatine, le (3R)- et le (3S)-cyclocymopol (voir page 286). En fait, le grand nombre d'atomes d'halogène présents dans ces métabolites est tout simplement remarquable. Certaines des molécules que synthétisent les organismes marins font partie de leurs mécanismes de défense et contribuent à dissuader les prédateurs ou à inhiber la croissance d'espèces rivales. En ce qui concerne l'espèce humaine, les énormes ressources naturelles marines lui offrent des possibilités toujours croissantes d'y trouver de nouveaux agents thérapeutiques. À titre d'exemple, on procède actuellement à une évaluation préclinique de l'action cytotoxique potentielle de l'halomon contre certains types de cellules tumorales. De même, la dactylyne exerce un effet inhibiteur sur le métabolisme du pentobarbital, alors que les énantiomères du cyclocymopol jouent un rôle agoniste ou antagoniste sur le récepteur de la progestérone humaine.

   La biosynthèse de certains produits naturels marins halogénés a un caractère assez singulier. Quelques-uns de ces halogènes semblent avoir été introduits en tant qu'*électrophiles* plutôt qu'en tant que bases de Lewis ou nucléophiles, formes sous lesquelles ils se retrouvent généralement dans l'eau de mer. Comment

SOMMAIRE

8.1 Introduction : additions aux alcènes

8.2 Addition d'halogénures d'hydrogène aux alcènes : la règle de Markovnikov

8.3 Stéréochimie de l'addition ionique aux alcènes

8.4 Addition de l'acide sulfurique aux alcènes

8.5 Addition d'eau aux alcènes : hydratation par catalyse acide

8.6 Addition du brome et du chlore aux alcènes

8.7 Stéréochimie de l'addition des halogènes aux alcènes

8.8 Formation d'halogénoalcools vicinaux

8.9 Composés carbonés divalents : les carbènes

8.10 Oxydation des alcènes : dihydroxylation *syn*

8.11 Clivage oxydatif des alcènes

8.12 Addition du brome et du chlore aux alcynes

8.13 Addition d'halogénures d'hydrogène aux alcynes

8.14 Clivage oxydatif des alcynes

8.15 Retour sur les stratégies de synthèse

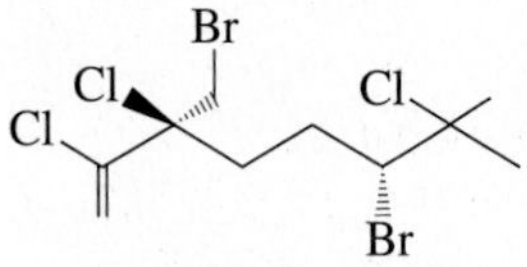

Halomon 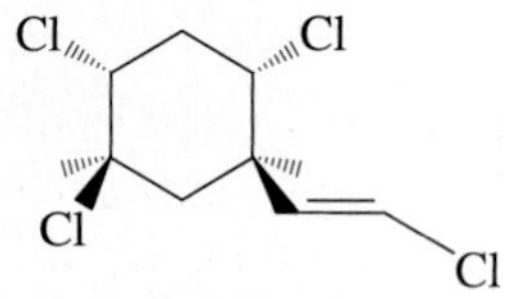 **Tétrachloromertensène** 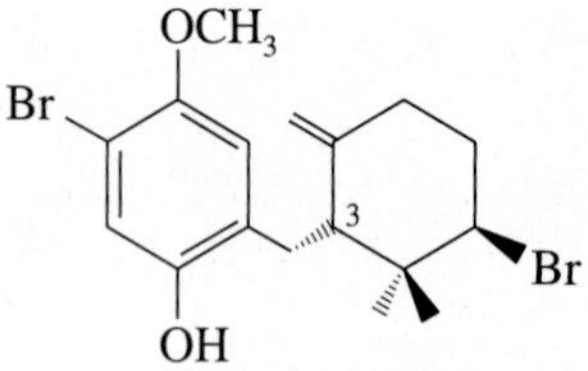 **O-Méthylcyclocymopol**

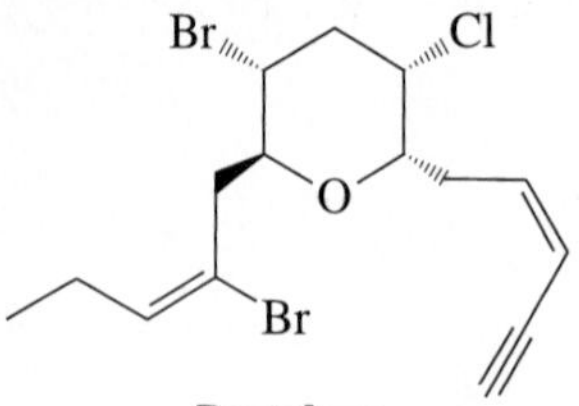

Dactylyne 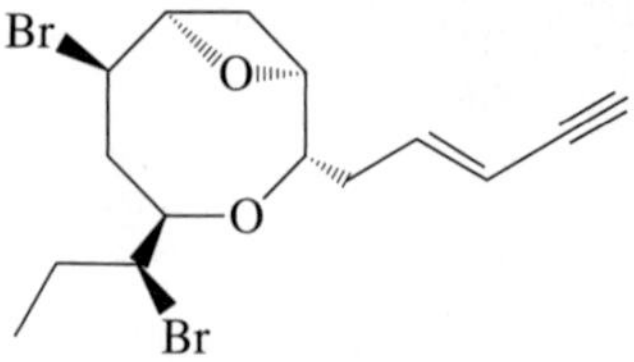 **(3*E*)-Lauréatine**

les organismes marins parviennent-ils à transformer des anions halogénés nucléophiles en espèces *électrophiles* avant de les intégrer dans leurs métabolites ? Il faut savoir que de nombreux organismes marins sont dotés d'enzymes appelées halopéroxydases qui convertissent des anions iodure, bromure ou chlorure nucléophiles en espèces électrophiles réagissant comme des ions I$^+$, Br$^+$ ou Cl$^+$. Dans les voies de biosynthèse proposées pour certains produits naturels halogénés, des électrons de la liaison π d'un alcène ou d'un alcyne attaquent des intermédiaires halogénés positifs dans le cadre d'une réaction dite d'addition.

Si vous n'aviez pas encore envisagé la possibilité que des halogènes constituent des réactifs électrophiles, le présent chapitre vous montrera que des molécules d'halogène réagissent souvent ainsi avec des alcènes et des alcynes. En outre, il comporte un problème de groupe invitant les étudiants à proposer une voie pour la biosynthèse d'un produit naturel marin, le kumépaloxane, par addition électrophile d'halogène. Le kumépaloxane est synthétisé par un céphalopode, *Haminœa cymbalum*, et semble lui servir de moyen de défense pour éloigner les poissons prédateurs. Les chapitres ultérieurs offriront d'autres exemples de produits naturels marins remarquables, tels que la brévetoxine B, associée aux marées rouges mortelles, et l'éleuthérobine, un agent anticancéreux prometteur.

8.1 INTRODUCTION : ADDITIONS AUX ALCÈNES

La réaction d'**addition,** dont l'équation générale est schématisée ci-dessous, est une réaction caractéristique des composés munis d'une double liaison carbone–carbone.

Nous avons vu à la section 7.13 que les alcènes peuvent subir une addition d'hydrogène. Le présent chapitre offre d'autres exemples d'addition à la double liaison des alcènes. Nous nous arrêterons d'abord à l'addition d'halogénures d'hydrogène, de l'acide sulfurique, de l'eau (en présence d'un catalyseur acide) et des halogènes.

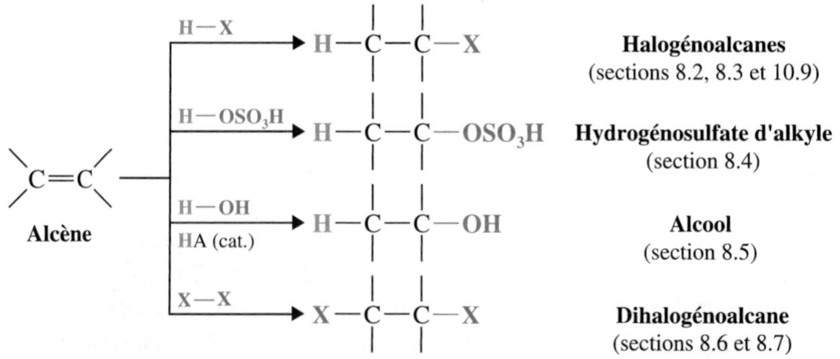

Halogénoalcanes
(sections 8.2, 8.3 et 10.9)

Hydrogénosulfate d'alkyle
(section 8.4)

Alcool
(section 8.5)

Dihalogénoalcane
(sections 8.6 et 8.7)

Les réactions d'addition résultent de deux caractéristiques propres à la double liaison.

1. Une réaction d'addition entraîne la conversion d'une liaison π (section 1.13) et d'une liaison σ en deux liaisons σ. En général, cette conversion est favorisée en termes d'énergie. En effet, l'énergie nécessaire à la formation de deux liaisons σ excède l'énergie requise pour briser une liaison σ et une liaison π, car cette dernière est plus faible. Par conséquent, les réactions d'addition sont souvent exothermiques.

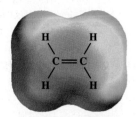

Liaison π Liaison σ ⟶ 2 liaisons σ

Liaisons rompues   **Liaisons formées**

2. Les électrons de la liaison π sont accessibles. Puisque la liaison π découle du recouvrement d'orbitales p, les électrons π se situent au-dessus et au-dessous du plan de la double liaison.

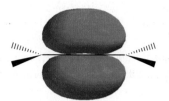

La présentation du potentiel électrostatique de l'éthène illustre la densité plus élevée de charge négative près de la liaison π.

La paire d'électrons de la liaison π est distribuée également dans les deux lobes de l'orbitale moléculaire π.

En raison de sa géométrie, la liaison π est particulièrement sensible à l'attaque des réactifs recherchant des électrons. De tels réactifs sont dits **électrophiles** (qui recherchent des électrons). Le groupe des électrophiles comprend des réactifs à charge positive comme les protons (H^+), des réactifs neutres comme le brome (puisqu'il peut être polarisé de sorte qu'une de ses extrémités devienne positive) ainsi que les acides de Lewis BF_3 et $AlCl_3$. Les ions métalliques qui possèdent des orbitales vacantes, dont l'ion argent (Ag^+), l'ion mercurique (Hg^{2+}) et l'ion platine (Pt^{2+}), se comportent aussi comme des électrophiles.

Les halogénures d'hydrogène, par exemple, réagissent avec des alcènes et cèdent un proton à la double liaison π. Le proton mobilise les deux électrons de la liaison π pour former une liaison σ avec l'un des atomes de carbone. L'autre carbone se retrouve alors avec une orbitale p vacante et porte une charge positive. Ainsi, à partir d'un alcène et d'un HX, cette réaction produit un carbocation et un ion halogénure.

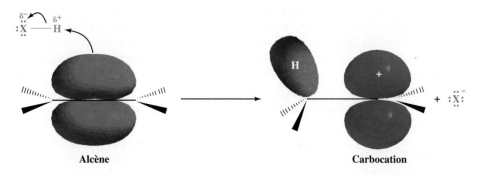

Alcène   **Carbocation**

Étant fortement réactif, le carbocation s'associe alors avec l'ion halogénure en acceptant une des paires d'électrons de ce dernier.

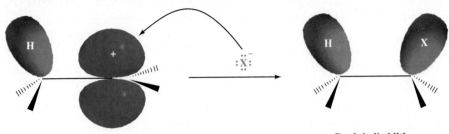

Carbocation   Produit d'addition

Propriétés fondamentales
des électrophiles

Les électrophiles sont des acides de Lewis Les électrophiles sont des molécules ou des ions qui acceptent une paire d'électrons, tandis que les nucléophiles sont des molécules ou des ions qui cèdent une paire d'électrons (c'est-à-dire des bases de Lewis). Toute réaction dans laquelle est engagé un électrophile exige la présence et la réaction d'un nucléophile. Lors de la protonation d'un alcène, le proton cédé par l'acide joue le rôle d'électrophile, alors que l'alcène tient lieu de nucléophile.

$$:\ddot{X}-H \;+\; \diagdown C = C \diagup \;\longrightarrow\; -\overset{H}{\underset{|}{C}}-\overset{+}{C} \;+\; :\ddot{X}:^-$$

Électrophile   Nucléophile

À l'étape suivante, le carbocation qui réagit avec l'ion halogénure joue le rôle d'électrophile et l'ion halogénure tient lieu de nucléophile.

$$-\overset{H}{\underset{|}{C}}-\overset{+}{C}\diagdown \;+\; :\ddot{X}:^- \;\longrightarrow\; -\overset{H}{\underset{|}{C}}-\overset{:\ddot{X}:}{\underset{|}{C}}-$$

Électrophile   Nucléophile

8.2 ADDITION D'HALOGÉNURES D'HYDROGÈNE AUX ALCÈNES : LA RÈGLE DE MARKOVNIKOV

Les halogénures d'hydrogène (HI, HBr, HCl et HF) peuvent s'additionner à la double liaison des alcènes selon l'équation générale :

$$\diagup C = C\diagdown \;+\; HX \;\longrightarrow\; -\overset{|}{\underset{H}{C}}-\overset{|}{\underset{X}{C}}-$$

Auparavant, on effectuait ces additions en plaçant les halogénures d'hydrogène dans un solvant, tel que l'acide acétique ou le CH_2Cl_2, ou en faisant barboter de l'halogénure d'hydrogène gazeux directement dans de l'alcène, qui jouait alors le rôle de solvant. Le HF est utilisé sous forme d'un dérivé du fluorure d'hydrogène dans la pyridine. L'ordre de réactivité des halogénures d'hydrogène s'établit comme suit : HI > HBr > HCl > HF. Sauf dans les cas où un alcène est fortement substitué, la réaction d'addition avec HCl est si lente qu'elle n'est pas très employée en synthèse organique. HBr s'additionne plus rapidement, mais nous verrons à la section 10.9 que cette réaction peut emprunter une autre voie si certaines précautions ne sont pas prises. Heureusement, des chercheurs ont récemment découvert que l'ajout de gel de silice ou d'alumine dans le mélange d'alcène et de HCl ou de HBr dissous dans du CH_2Cl_2 se traduit par une accélération sensible des additions et facilite la mise en œuvre de la réaction*.

---

* Voir P. J. KROPP et coll., *J. Am. Chem. Soc.*, vol. 112, 1990, p. 7433-7434.

L'addition de HX à un alcène dissymétrique peut se dérouler de deux manières. En pratique, toutefois, un seul produit prédomine. Par exemple, l'addition de HBr au propène peut théoriquement donner du 1-bromopropane ou du 2-bromopropane. Le produit principal demeure néanmoins le 2-bromopropane.

$$CH_2\!=\!CHCH_3 + HBr \longrightarrow \underset{\underset{\displaystyle Br}{|}}{CH_3CHCH_3} \qquad (\textit{très petite quantité de } BrCH_2CH_2CH_3)$$

2-Bromopropane   **1-Bromopropane**

La réaction entre du 2-méthylpropène et du HBr donne surtout du 2-bromo-2-méthylpropane et non du 1-bromo-2-méthylpropane.

$$\underset{H_3C}{\overset{H_3C}{>}}\!C\!=\!CH_2 + HBr \longrightarrow CH_3\!-\!\underset{\underset{\displaystyle Br}{|}}{\overset{\overset{\displaystyle CH_3}{|}}{C}}\!-\!CH_3 \quad \left(\textit{très petite quantité de } CH_3\!-\!\underset{\overset{\displaystyle |}{\displaystyle CH_3}}{\overset{\displaystyle CH_3}{|}}CH\!-\!CH_2\!-\!Br\right)$$

2-Méthylpropène   **2-Bromo-2-méthylpropane**   **1-Bromo-2-méthylpropane**
(isobutylène)   **(bromure de *tert*-butyle)**   **(bromure d'isobutyle)**

L'observation de nombreux cas analogues a amené le chimiste russe Vladimir Markovnikov à formuler, en 1870, ce qu'on appelle aujourd'hui la **règle de Markovnikov.** Cette règle peut s'énoncer de la façon suivante : ***lors de l'addition de HX à un alcène, l'atome d'hydrogène s'additionne à l'atome de carbone de la double liaison auquel sont rattachés le plus grand nombre d'atomes d'hydrogène*** * . L'addition de HBr au propène viendra illustrer cette règle.

Atome de carbone muni du plus grand nombre d'atomes d'hydrogène

$$CH_2\!=\!CHCH_3 \longrightarrow \underset{\underset{\displaystyle H \quad Br}{|\quad\;\;|}}{CH_2\!-\!CHCH_3}$$

H   Br

Produit d'une addition Markovnikov

Les réactions qui se déroulent conformément à la règle de Markovnikov portent le nom d'*additions Markovnikov*.

Le mécanisme d'addition d'un halogénure d'hydrogène à un alcène se fait en deux étapes.

MÉCANISME DE LA RÉACTION

Addition d'un halogénure d'hydrogène à un alcène

Étape 1

$$\overset{/}{\underset{/}{C}}\!=\!\overset{\backslash}{\underset{\backslash}{C}} + H\!-\!\ddot{\underset{\cdot\cdot}{X}}\!: \xrightarrow{\text{lente}} \overset{+}{\underset{/}{C}}\!-\!\overset{H}{\underset{\backslash}{C}}\!-\! + :\ddot{\underset{\cdot\cdot}{X}}\!:^{-}$$

Les électrons π de l'alcène forment une liaison avec le proton de la molécule HX pour conduire à un carbocation et à un ion halogénure.

Étape 2

$$:\ddot{\underset{\cdot\cdot}{X}}\!:^{-} + \overset{+}{\underset{/}{C}}\!-\!\overset{H}{\underset{\backslash}{C}}\!-\! \xrightarrow{\text{rapide}} -\!\overset{}{\underset{\underset{\displaystyle :\ddot{X}:}{|}}{C}}\!-\!\overset{H}{\underset{|}{C}}\!-\!$$

L'ion halogénure réagit avec le carbocation en lui cédant une paire d'électrons. Il en résulte un halogénoalcane.

---

* Dans le premier article qu'il a publié à ce sujet, Markovnikov a formulé sa règle en se fondant sur le point de rattachement de l'atome d'halogène. Il y affirmait que, « lors de la réaction entre un alcène dissymétrique et un halogénure d'hydrogène, l'ion halogénure se fixe à l'atome de carbone qui porte le plus faible nombre d'atomes d'hydrogène ».

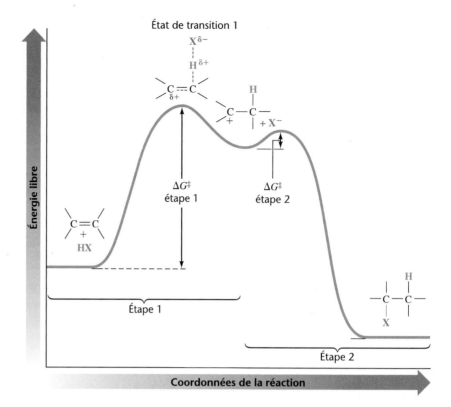

Figure 8.1 Diagramme d'énergie libre relatif à l'addition d'une molécule de HX à un alcène. L'énergie libre d'activation de l'étape 1 est beaucoup plus élevée que celle de l'étape 2.

C'est la première étape qui est la plus importante, car elle **est l'étape déterminante de la vitesse** de la réaction. L'alcène accepte d'abord un proton cédé par l'halogénure d'hydrogène et devient un carbocation. Cette étape (figure 8.1) est fortement endothermique et se caractérise par une énergie libre d'activation élevée. Par conséquent, elle se déroule lentement.

Lors de la deuxième étape, le carbocation hautement réactif se stabilise en se combinant à un ion halogénure. Cette étape exothermique est marquée par une énergie libre d'activation très faible et se déroule donc très rapidement.

8.2A EXPLICATION THÉORIQUE DE LA RÈGLE DE MARKOVNIKOV

Lorsque l'alcène auquel s'additionne un halogénure d'hydrogène est dissymétrique, comme dans le cas du propène, la première étape peut donner lieu à deux carbocations distincts.

$$X-H + CH_3CH=CH_2 \longrightarrow CH_3\overset{H}{\overset{|}{CH}}-\overset{+}{CH_2} + X^-$$

**Carbocation primaire
(moins stable)**

$$CH_3CH=CH_2 + H-X^- \longrightarrow CH_3\overset{+}{CH}-CH_2-H + X^-$$

**Carbocation secondaire
(plus stable)**

Toutefois, le degré de stabilité de ces deux carbocations n'est pas le même. Le carbocation secondaire est *plus stable,* et c'est cette stabilité accrue qui explique que la règle de Markovnikov permet de prévoir la régiosélectivité des additions. Par exemple, l'addition de HBr au propène se déroule comme suit :

$$CH_3CH=CH_2 \xrightarrow[\text{lente}]{HBr}$$

$$\nrightarrow CH_3CH_2\overset{+}{CH_2} \xrightarrow{Br^-} CH_3CH_2CH_2Br$$

**Carbocation
primaire**

**1-Bromopropane
(formé en *très petite quantité*)**

$$\longrightarrow CH_3\overset{+}{CH}CH_3 \xrightarrow[\text{rapide}]{Br^-} CH_3\overset{|}{\underset{Br}{CH}}CH_3$$

**Carbocation
secondaire**

**2-Bromopropane
(produit principal)**

$$\vdash\!\!-\!\!-\text{Étape 1}\!-\!\!-\!\dashv\!\!-\!\!-\text{Étape 2}\!-\!\!-\!\dashv$$

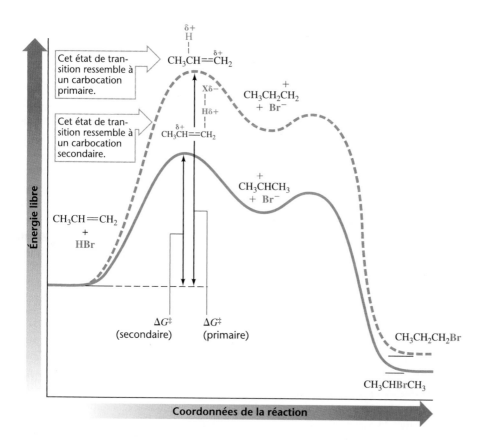

Figure 8.2 Diagrammes d'énergie libre relatifs à l'addition de HBr au propène. $\Delta G^{\ddagger}$ (secondaire) est moins élevé que $\Delta G^{\ddagger}$ (primaire).

Le 2-bromopropane est le produit principal de la réaction, car c'est la formation du carbocation secondaire plus stable qui prédomine lors de la première étape.

La prédominance du carbocation le plus stable s'explique par sa plus grande vitesse de formation. L'examen des diagrammes d'énergie libre à la figure 8.2 permet de mieux comprendre le phénomène.

La réaction (figure 8.2) produisant le carbocation secondaire puis le 2-bromopropane se caractérise par la plus faible énergie libre d'activation, ce qui est plausible car l'état de transition de cette réaction ressemble à un carbocation secondaire plus stable. En revanche, la réaction menant au carbocation primaire puis au 1-bromopropane se

MÉCANISME DE LA RÉACTION

Addition de HBr au 2-méthylpropène

Habituellement, la réaction suivante a lieu :

$$H_3C-\underset{\underset{H-Br:}{}}{\overset{CH_3}{C}}=CH_2 \longrightarrow \underset{\underset{CH_3}{}}{\overset{CH_3}{C}}-CH_2-H \longrightarrow H_3C-\underset{\underset{:Br:}{}}{\overset{CH_3}{C}}-CH_3$$

Carbocation tertiaire (plus stable)   **2-Bromo-2-méthylpropane**   **Produit formé**

La réaction suivante *ne se produit pas* de manière appréciable :

$$H_3C-\overset{CH_3}{C}=CH_2 \;\cancel{\longrightarrow}\; H_3C-\overset{CH_3}{\underset{H}{C}}-\overset{+}{C}H_2 \;\cancel{\longrightarrow}\; H_3C-\overset{CH_3}{C}H-CH_2-\ddot{B}r:$$

Carbocation primaire (moins stable)   **1-Bromo-2-méthylpropane**   **Non formé**

caractérise par une énergie libre d'activation plus élevée, puisque son état de transition s'apparente à un carbocation primaire moins stable. Cette deuxième réaction est beaucoup plus lente et ne rivalise donc pas avec la première.

Quant à la réaction du 2-méthylpropène avec du HBr, elle ne produit que du 2-bromo-2-méthylpropane, et ce, pour la même raison. Dans cet exemple, la différence entre les deux carbocations est encore plus prononcée lors de la première étape, qui est celle de la liaison du proton. La réaction peut faire intervenir un carbocation tertiaire ou un carbocation primaire.

Ainsi, cette réaction *ne produit pas* de 1-bromo-2-méthylpropane, car ce dernier devrait être précédé de la formation d'un carbocation primaire. Une telle réaction exigerait alors une énergie libre d'activation qui serait beaucoup plus élevée que celle donnant lieu à un carbocation tertiaire.

Lors de l'addition d'un HX à un alcène, il survient toujours un réarrangement du carbocation initial lorsque ce dernier peut se réarranger en un carbocation plus stable (voir problème 8.3).

Règle de Markovnikov

8.2B FORMULATION MODERNE DE LA RÈGLE DE MARKOVNIKOV

Maintenant que nous avons bien assimilé le mécanisme de l'addition électrophile des halogénures d'hydrogène aux alcènes, nous sommes en mesure d'énoncer une **formulation moderne de la règle de Markovnikov**. *Lors de l'addition électrophile d'un réactif dissymétrique à une double liaison, la partie positive du réactif ajouté se fixe sur un atome de carbone de la double liaison de façon que soit formé le carbocation intermédiaire le plus stable.* Puisqu'il s'agit de l'étape initiale (précédant l'addition de la partie négative du réactif ajouté), c'est elle qui détermine la régiochimie de la réaction.

Il est à noter que cette reformulation de la règle de Markovnikov permet de prédire le résultat de l'addition d'un réactif tel que ICl. En raison de l'électronégativité accrue du chlore, la partie positive de cette molécule est du côté de l'iode. Ainsi, l'addition de ICl au 2-méthylpropène, qui donne du 2-chloro-1-iodo-2-méthylpropane, se déroule comme suit :

$$
\begin{array}{ccc}
\underset{\text{2-Méthylpropène}}{\chemfig{H_3C-C(=CH_2)-CH_3}} + \overset{\delta+}{:\ddot{I}}\!-\!\overset{\delta-}{\ddot{C}l:} & \longrightarrow & \underset{}{\chemfig{H_3C-C(+)-CH_2-\ddot{I}:}} \\
& & :\ddot{C}l:^- \\
& \longrightarrow & \underset{\text{2-Chloro-1-iodo-2-méthylpropane}}{CH_3-\overset{CH_3}{\underset{:\ddot{C}l:}{C}}-CH_2-\ddot{I}:}
\end{array}
$$

PROBLÈME 8.1

Donnez la structure et le nom du produit qui résulte de l'addition ionique de IBr à du propène.

PROBLÈME 8.2

Proposez un mécanisme pour les additions ioniques suivantes : a) HBr au 2-méthyl-but-1-ène, b) ICl au 2-méthylbut-2-ène, et c) HI au 1-méthylcyclopentène.

PROBLÈME 8.3

Expliquez les mécanismes sous-jacents aux observations suivantes : a) l'addition de chlorure d'hydrogène au 3-méthylbut-1-ène donne deux produits, le 2-chloro-3-méthylbutane et le 2-chloro-2-méthylbutane; b) l'addition de chlorure d'hydrogène au 3,3-diméthylbut-1-ène donne deux produits, le 3-chloro-2,2-diméthylbutane et le 2-chloro-2,3-diméthylbutane (F. Whitmore a été le premier à expliquer le déroulement de ces deux réactions; voir section 7.7A).

Régiosélectivité

8.2C RÉACTIONS RÉGIOSÉLECTIVES

Les chimistes qualifient de **régiosélectives** des réactions telles que les additions de Markovnikov d'halogénures d'hydrogène aux alcènes. *Regio* vient du latin *regionem* et signifie « direction ». ***Lorsqu'une réaction pouvant donner plusieurs isomères de constitution n'en donne concrètement qu'un seul (ou favorise la prédominance de l'un d'eux), la réaction est dite régiosélective.*** Par exemple, l'addition d'un HX à un alcène dissymétrique tel que le propène peut produire deux isomères de constitution. Cependant, nous avons vu précédemment que cette réaction n'engendre qu'un seul isomère : elle est donc régiosélective.

8.2D EXCEPTION À LA RÈGLE DE MARKOVNIKOV

Nous présenterons à la section 10.9 une exception à la règle de Markovnikov, qui survient ***lorsque l'addition de HBr aux alcènes est effectuée en présence de peroxydes,*** c'est-à-dire de composés dont la formule générale est ROOR. Lorsque les alcènes sont traités avec du HBr en présence de peroxydes, l'addition se déroule d'une façon contraire à la règle de Markovnikov, c'est-à-dire que l'atome d'hydrogène se fixe sur l'atome de carbone qui porte le plus petit nombre d'atomes d'hydrogène. Avec le propène, cette addition se déroule comme suit :

$$CH_3CH=CH_2 + HBr \xrightarrow{ROOR} CH_3CH_2CH_2Br$$

Nous verrons à la section 10.9 que cette addition procède conformément à un *mécanisme radicalaire* plutôt que selon le mécanisme ionique énoncé au début de la section 8.2. Cette addition anti-Markovnikov ne se produit que ***lorsque du HBr est employé en présence de peroxydes.*** Elle n'a généralement pas lieu avec HF, HCl ou HI, même en présence de peroxydes.

8.3 STÉRÉOCHIMIE DE L'ADDITION IONIQUE AUX ALCÈNES

Examinez l'exemple d'addition de HX au but-1-ène donné ci-dessous : la réaction conduit à la formation d'un 2-halogénobutane qui contient un stéréocentre.

$$CH_3CH_2CH=CH_2 + HX \longrightarrow CH_3CH_2\overset{*}{C}HCH_3$$
$$|$$
$$X$$

Le produit peut donc exister sous la forme d'une paire d'énantiomères. Il importe alors de comprendre la façon dont ces énantiomères sont formés. Un énantiomère sera-t-il formé de manière prédominante ? La réponse est *non*. Le carbocation produit lors de la première étape de l'addition (voir schéma ci-dessous) est trigonal plan et ***achiral*** (un modèle moléculaire illustrera son plan de symétrie). À la deuxième étape, l'ion halogénure ***peut réagir sur l'une ou l'autre des faces*** de ce carbocation achiral; ces deux réactions se déroulent à la même vitesse. Par conséquent, les deux énantiomères sont produits en quantité égale sous la forme ***d'un mélange racémique.***

STÉRÉOCHIMIE DE LA RÉACTION

Addition ionique à un alcène

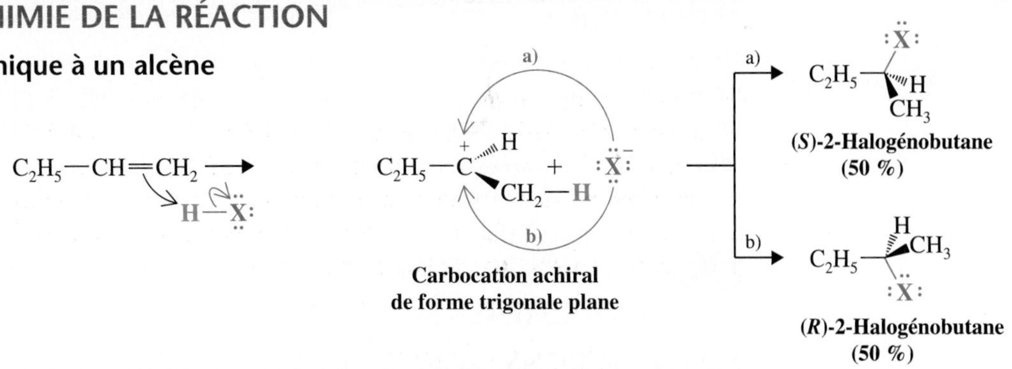

Carbocation achiral de forme trigonale plane

(S)-2-Halogénobutane (50 %)

(R)-2-Halogénobutane (50 %)

Le 1-butène accepte un proton cédé par HX pour former un carbocation achiral.

Le carbocation réagit avec l'ion halogénure en empruntant la voie a) ou b) à la même vitesse. Il en résulte un mélange racémique.

8.4 ADDITION DE L'ACIDE SULFURIQUE AUX ALCÈNES

Le traitement des alcènes avec de l'acide sulfurique concentré **à froid** provoque leur *dissolution,* car ils réagissent par addition pour donner des hydrogénosulfates d'alkyle. Cette réaction obéit à un mécanisme globalement similaire à celui de l'addition de HX aux alcènes. Ainsi, à la première étape de cette réaction, l'alcène accepte un proton cédé par l'acide sulfurique pour former un carbocation.

À la seconde étape, ce carbocation réagit avec l'ion hydrogénosulfate pour donner lieu à un hydrogénosulfate d'alkyle :

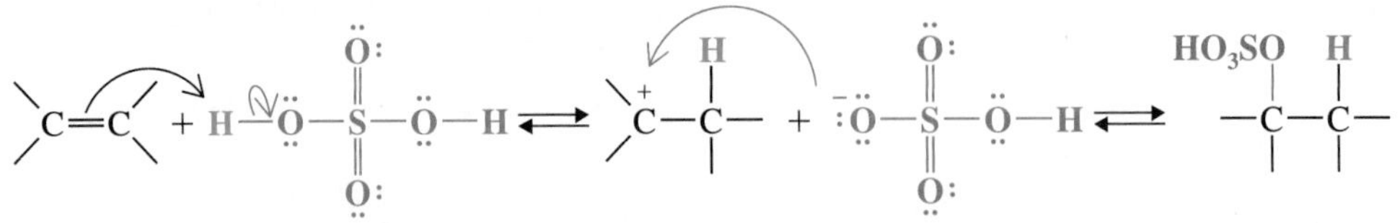

Alcène **Acide sulfurique** **Carbocation** **Ion hydrogénosulfate** **Hydrogénosulfate d'alkyle**

Soluble dans l'acide sulfurique

L'addition d'acide sulfurique constitue également une réaction régiosélective conforme à la règle de Markovnikov. À titre d'exemple, voyons comment une telle addition au propène aboutit à la formation d'hydrogénosulfate d'isopropyle plutôt que d'hydrogénosulfate de propyle.

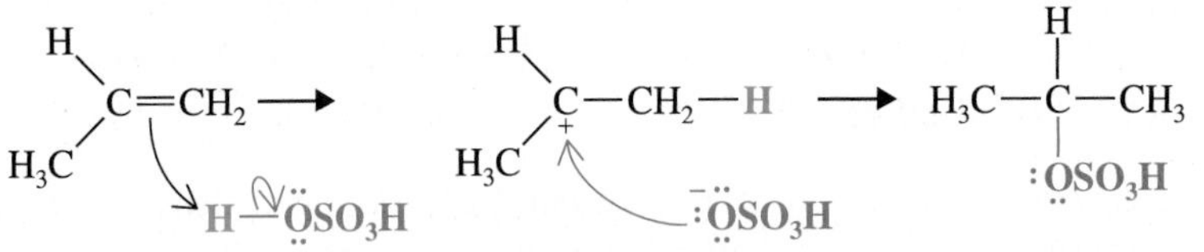

Carbocation secondaire (le plus stable) **Hydrogénosulfate d'isopropyle**

8.4A SYNTHÈSE D'ALCOOLS À PARTIR D'HYDROGÉNOSULFATES D'ALKYLE

Les hydrogénosulfates d'alkyle peuvent aisément être hydrolysés en alcools lorsqu'ils sont **chauffés** en présence d'eau. Globalement, l'addition d'acide sulfurique à un alcène suivie d'une hydrolyse donne lieu à une addition de H— et de —OH selon la règle de Markovnikov.

$$CH_3CH{=}CH_2 \xrightarrow[H_2SO_4]{\text{à froid}} \underset{\displaystyle OSO_3H}{CH_3CHCH_3} \xrightarrow{H_2O,\ \Delta} \underset{\displaystyle OH}{CH_3CHCH_3} + H_2SO_4$$

PROBLÈME 8.4

Un des procédés industriels de synthèse de l'éthanol fait intervenir une dissolution d'éthène dans de l'acide sulfurique à 95 %. À l'étape suivante du procédé, on ajoute de l'eau et on chauffe le mélange. Décrivez les réactions qui surviennent lors de cette synthèse.

8.5 ADDITION D'EAU AUX ALCÈNES : HYDRATATION PAR CATALYSE ACIDE

L'addition d'eau, catalysée par un acide, à la double liaison d'un alcène (hydratation d'un alcène) représente un procédé industriel de préparation d'alcools de faible masse moléculaire qui est très utile dans des applications à grande échelle. Les solutions diluées d'acide sulfurique et d'acide phosphorique sont les acides les plus couramment employés pour catalyser l'hydratation des alcènes. De telles réactions sont généralement régiosélectives et se conforment à la règle de Markovnikov. La réaction se déroule généralement comme suit :

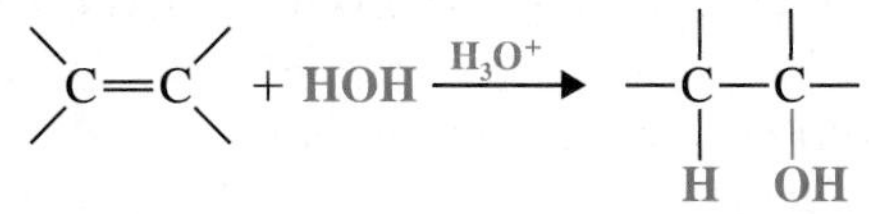

$$\text{\Large$\diagdown$}C{=}C\text{\Large$\diagup$} + HOH \xrightarrow{\text{H}_3\text{O}^+} \quad {-}\underset{\underset{\text{H}}{|}}{\overset{|}{C}}{-}\underset{\underset{\text{OH}}{|}}{\overset{|}{C}}{-}$$

L'hydratation du 2-méthylpropène constitue un exemple de ce type de réaction :

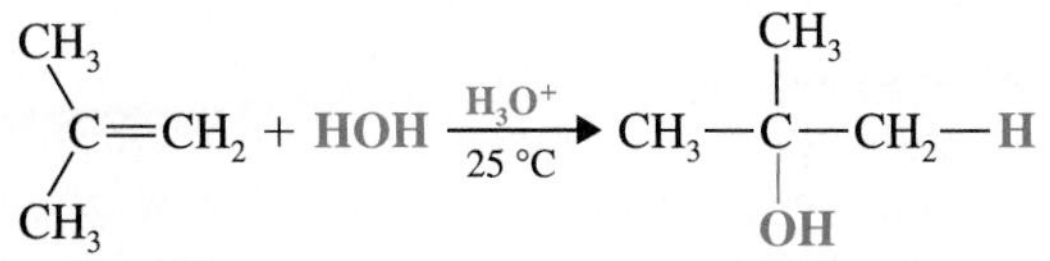

$$\underset{\underset{\text{CH}_3}{|}}{\overset{\overset{\text{CH}_3}{|}}{C}}{=}CH_2 + HOH \xrightarrow[\text{25 °C}]{\text{H}_3\text{O}^+} CH_3{-}\underset{\underset{\text{OH}}{|}}{\overset{\overset{\text{CH}_3}{|}}{C}}{-}CH_2{-}H$$

2-Méthylpropène   **2-Méthylpropan-2-ol**
(isobutylène)   (***tert*-butanol**)

Puisque les alcènes s'hydratent par catalyse acide selon la règle de Markovnikov, il n'en résulte habituellement pas d'alcools primaires, sauf dans le cas particulier de l'hydratation de l'éthène.

$$CH_2{=}CH_2 + HOH \xrightarrow[\text{300 °C}]{\text{H}_3\text{PO}_4} CH_3CH_2OH$$

Le mécanisme propre à l'hydratation des alcènes est simplement l'inverse du mécanisme de la déshydratation d'un alcool. Un tel phénomène peut être illustré au moyen de la description du mécanisme d'**hydratation** du 2-méthylpropène et de sa comparaison avec le mécanisme de **déshydratation** du *tert*-butanol présenté à la section 7.7A.

La première étape, qui est celle de la formation du carbocation, détermine la vitesse de ce mécanisme d'*hydratation*. Cette étape rend également compte de l'addition d'eau à la double liaison selon la règle de Markovnikov. En effet, la réaction

---

MÉCANISME DE LA RÉACTION

Hydratation d'un alcène par catalyse acide

Étape 1

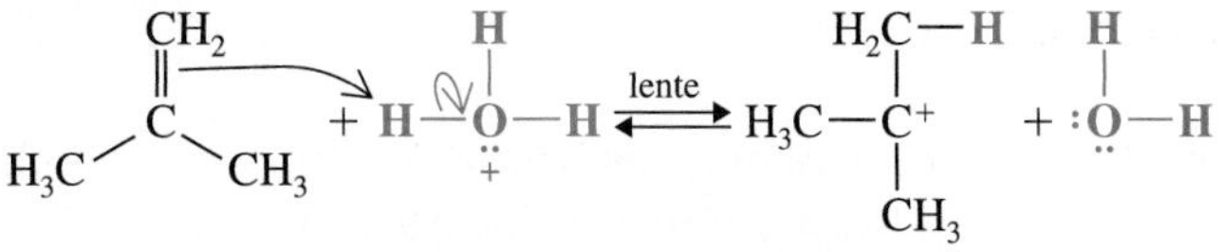

L'alcène accepte un proton pour former
un carbocation tertiaire plus stable.

Étape 2

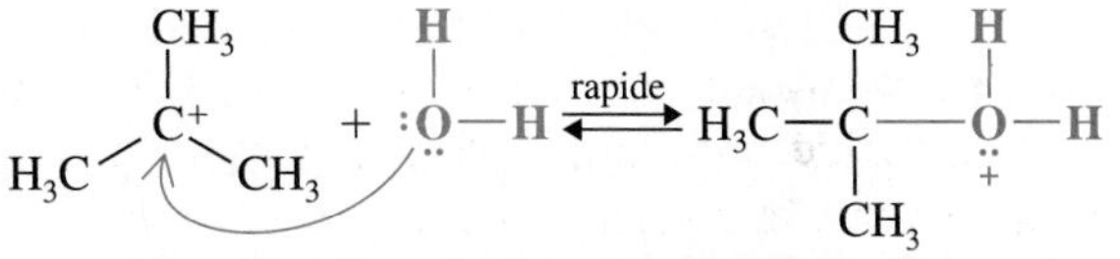

Le carbocation réagit avec une molécule d'eau
pour former un alcool protoné.

Étape 3

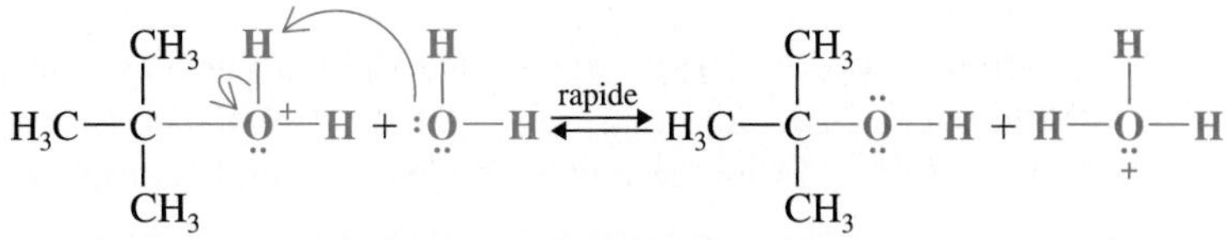

Le transfert d'un proton à une molécule d'eau
conduit à la formation du produit.

donne du *tert*-butanol parce que la première étape conduit à la formation d'un cation *tert*-butyle, qui est beaucoup plus stable que le cation isobutyle primaire.

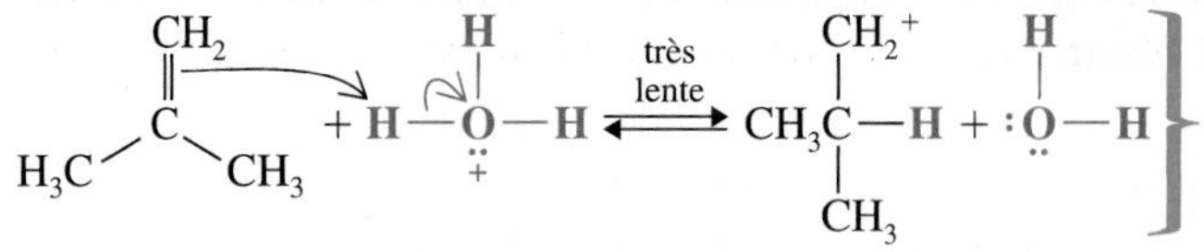

En pratique, cette réaction n'a pas lieu, car elle engendre un carbocation primaire.

Dans le cas des réactions au cours desquelles *des alcènes sont hydratés ou des alcools sont déshydratés*, la formation du produit final est régie par la position de l'équilibre. Ainsi, en matière de *déshydratation d'un alcool*, il est préférable d'employer un acide concentré afin que la concentration de l'eau soit peu élevée. L'eau peut être enlevée à mesure qu'elle se forme, et il est recommandé de chauffer le mélange. En revanche, pour ce qui est de l'*hydratation d'un alcène*, l'utilisation d'un acide dilué est conseillée afin que la concentration de l'eau demeure élevée. Il est par ailleurs recommandé de procéder à basse température.

PROBLÈME 8.5

a) Décrivez toutes les étapes de l'hydratation du cyclohexène catalysée par un acide pour la production de cyclohexanol et précisez les conditions générales propices à un bon rendement du produit. b) Énoncez les conditions générales qui favoriseraient la réaction inverse, c'est-à-dire la déshydratation du cyclohexanol et la formation de cyclohexène. c) Quel produit devrait résulter de l'hydratation par catalyse acide du 1-méthyl-cyclohexène ? Expliquez votre réponse.

La possibilité de **réarrangements** représente un inconvénient associé à l'hydratation des alcènes. Puisque la première étape de la réaction amène la formation d'un carbocation, ce dernier se réarrange invariablement en un carbocation plus stable lorsque cette possibilité existe. La formation du 2,3-diméthylbutan-2-ol comme produit principal de l'hydratation du 3,3-diméthylbut-1-ène servira ici à illustrer un tel phénomène.

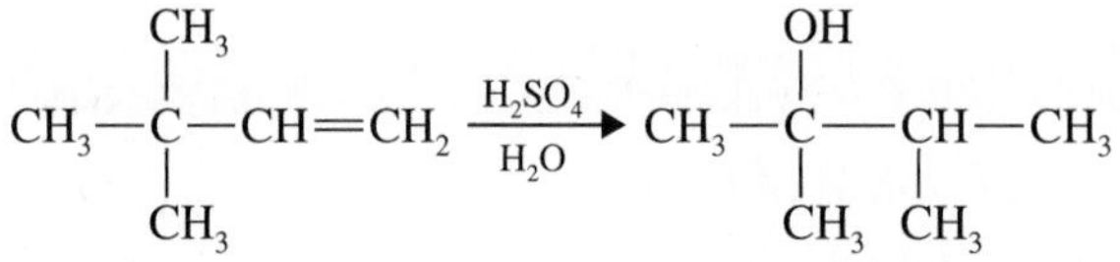

3,3-Diméthylbut-1-ène   **2,3-Diméthylbutan-2-ol**
                                    (produit principal)

PROBLÈME 8.6

Décrivez toutes les étapes d'un mécanisme montrant comment le 2,3-diméthylbutan-2-ol est formé à l'issue de l'hydratation par catalyse acide du 3,3-diméthylbut-1-ène.

PROBLÈME 8.7

L'hydratation par catalyse acide des alcènes indiqués ci-dessous se caractérise par l'ordre de réactivité suivant :

$$(CH_3)_2C\!=\!CH_2 > CH_3CH\!=\!CH_2 > CH_2\!=\!CH_2$$

Expliquez cet ordre de réactivité.

PROBLÈME 8.8

La dissolution du 2-méthylpropène (isobutylène) dans une solution contenant du méthanol et un acide fort entraîne la formation d'oxyde de *tert*-butyle et de méthyle, $CH_3OC(CH_3)_3$. Proposez un mécanisme qui rende compte de cette réaction.

Les réarrangements que subissent les carbocations lors de l'hydratation des alcènes restreignent l'utilité de ce processus pour la synthèse d'alcools. Nous verrons au chapitre 11 qu'il existe deux méthodes de synthèse des alcools fort pratiques. L'une d'elles, appelée **oxymercuration-démercuration,** rend possible une addition de H— et de —OH conforme à la règle de Markovnikov et *sans réarrangements*. L'autre, appelée **hydroboration-oxydation,** donne lieu à une *addition syn et anti-Markovnikov* de H— et de —OH.

8.6 ADDITION DU BROME ET DU CHLORE AUX ALCÈNES

Les alcènes réagissent rapidement avec du chlore et du brome dans des solvants non nucléophiles pour former des dihalogénoalcanes vicinaux. Voici quelques exemples précis de ce type de réaction :

$$CH_3CH\!=\!CHCH_3 + Cl_2 \xrightarrow[-9\ °C]{} CH_3CH\!-\!CHCH_3 \ (\textbf{100 \%})$$
$$\underset{\displaystyle Cl \quad\ Cl}{}$$

$$CH_3CH_2CH\!=\!CH_2 + Cl_2 \xrightarrow[-9\ °C]{} CH_3CH_2CH\!-\!CH_2 \ (\textbf{97 \%})$$
$$\underset{\displaystyle Cl \quad\ Cl}{}$$

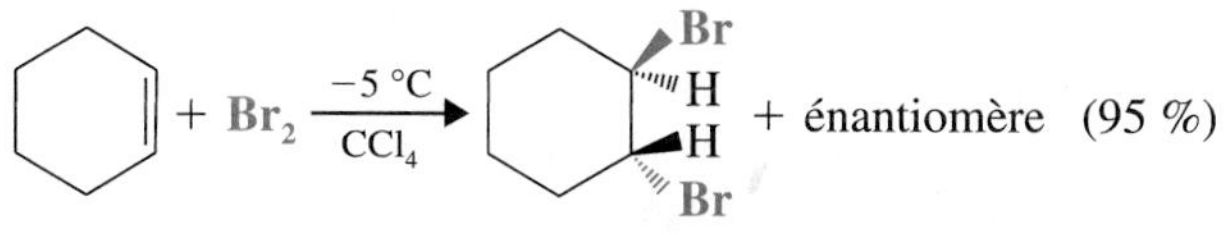

trans-**1,2-Dibromocyclohexane**
(mélange racémique)

Signalons que, lorsque le brome est utilisé, ce type de réaction constitue un test qualitatif utile pour détecter la présence de liaisons multiples dans un composé. Ainsi, lorsque du brome est ajouté à une solution contenant un alcène (ou un alcyne; voir section 8.12), la coloration rougeâtre de la solution de brome disparaît presque instantanément tant que l'alcène (ou l'alcyne) est présent en excès.

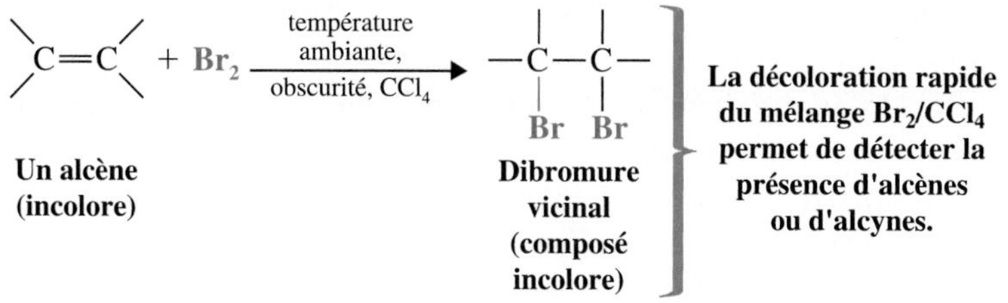

Un alcène
(incolore)

Dibromure
vicinal
(composé
incolore)

La décoloration rapide du mélange Br$_2$/CCl$_4$ permet de détecter la présence d'alcènes ou d'alcynes.

Par contre, la présence d'**alcanes** se traduit par un phénomène très différent. Les alcanes ne réagissent pas fortement avec le brome ni avec le chlore à température ambiante et en l'absence de lumière. Lorsque les alcanes réagissent *tout de même* dans de telles conditions, ils le font par substitution plutôt que par addition en empruntant un mécanisme faisant intervenir des radicaux. Nous y reviendrons au chapitre 10.

$$R\!-\!H + Br_2 \xrightarrow[\text{obscurité, CCl}_4]{\substack{\text{température}\\\text{ambiante,}}} \text{pas de réaction}$$

Alcane   **Brome**
(incolore) **(rougeâtre)**

8.6A MÉCANISME DE L'ADDITION D'HALOGÈNE

Il a été proposé que l'addition d'halogène sur les alcènes se produit par un **mécanisme ionique***. Dans une première étape, les électrons accessibles de la liaison π de l'alcène attaquent l'halogène de la manière illustrée à la page suivante.

---

* Tout indique que, en l'absence d'oxygène, les alcènes réagissent parfois avec le chlore par un mécanisme radicalaire. Nous ne traiterons cependant pas de ce mécanisme dans la présente section.

MÉCANISME DE LA RÉACTION

Addition du brome à un alcène

Étape 1

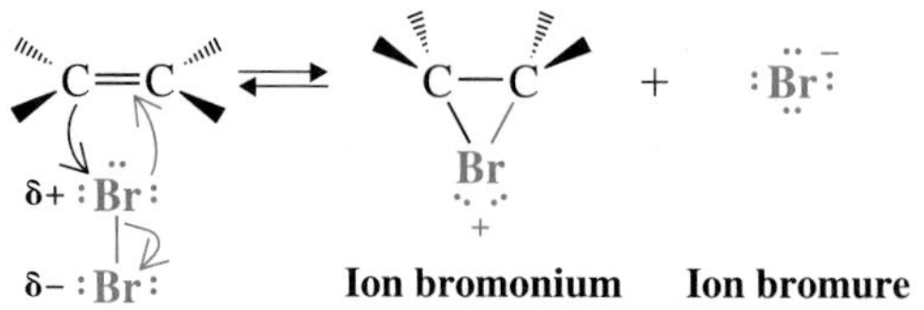

Une molécule de brome se polarise à l'approche d'un alcène, puis lui transfère un atome de brome positif muni de six électrons dans sa couche de valence. Un ion bromonium est formé.

Ion bromonium   **Ion bromure**

Étape 2

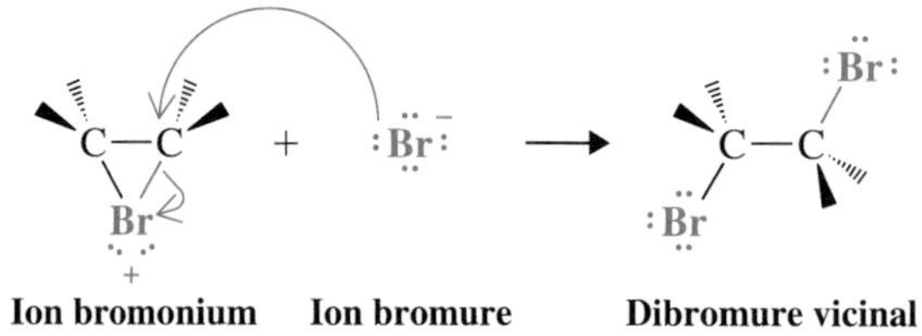

Un ion bromure attaque l'un des deux atomes de carbone situés sur le côté opposé à l'atome de brome de l'ion bromonium par une réaction de type S_N2. Il en résulte l'ouverture du cycle et la formation d'un dibromure vicinal.

Ion bromonium   **Ion bromure**   **Dibromure vicinal**

Lorsque les électrons π de l'alcène s'approchent de la molécule de brome, les électrons formant la liaison brome–brome se déplacent en direction de l'atome de brome le plus éloigné de l'alcène. Il en résulte une *polarisation* de la molécule de brome. L'atome de brome le plus éloigné acquiert alors une charge négative partielle, et le plus rapproché de l'alcène devient partiellement positif. La polarisation suscite un affaiblissement de la liaison brome–brome et provoque sa *rupture hétérolytique*. Un ion bromure se libère ensuite et un *ion bromonium* se forme. Ce dernier comporte un atome de brome à charge positive lié à deux atomes de carbone par *deux paires d'électrons,* dont l'une provient de la liaison π de l'alcène et l'autre, d'une des paires d'électrons libres de l'atome de brome. Il s'ensuit que tous les atomes formant l'ion bromonium possèdent un octet d'électrons (bien que l'atome de brome porte une charge positive formelle).

À la seconde étape, l'un des ions bromure produits lors de la première étape attaque l'un des atomes de carbone situés sur le côté opposé au brome chargé positivement de l'ion bromonium. Une telle attaque nucléophile ouvre le cycle à trois membres et conduit à la formation d'un dibromure vicinal.

L'ouverture du cycle (voir le mécanisme précédent) se produit par une réaction S_N2. L'ion bromure, qui tient lieu de nucléophile, utilise une paire d'électrons pour former une liaison avec l'un des atomes de carbone de l'ion bromonium, tandis que le brome positif de l'ion bromonium joue un rôle de groupe sortant.

8.7 STÉRÉOCHIMIE DE L'ADDITION DES HALOGÈNES AUX ALCÈNES

L'exemple de l'addition de brome au cyclopentène vient confirmer le rôle d'intermédiaire que remplit l'ion bromonium dans ce type de réaction.

Lorsque du cyclopentène réagit avec le brome dans du tétrachorure de carbone, il se produit une **addition** *anti* qui donne un mélange racémique des énantiomères du *trans*-1,2-dibromocyclopentane.

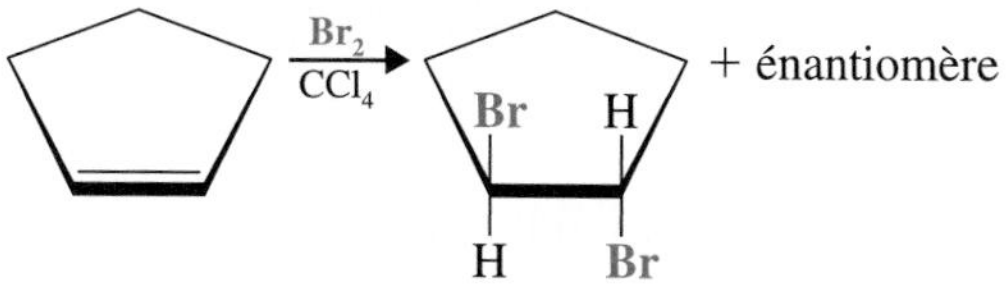

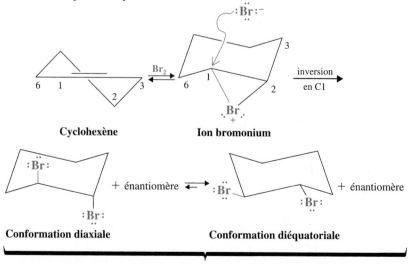

trans-**1,2-Dibromocyclopentane**

Cette addition *anti* du brome au cyclopentène s'explique par un mécanisme faisant intervenir la formation d'un ion bromonium à la première étape. À l'étape suivante, un ion bromure attaque un des atomes de carbone du cycle situé sur le côté opposé à celui de l'ion bromonium. La réaction est de type S_N2. L'attaque nucléophile de l'ion bromure provoque une ***inversion de la configuration du carbone attaqué*** (section 6.9), qui mène à la formation de l'un des énantiomères du *trans*-1,2-dibromo-cyclopentane. Parallèlement, l'autre énantiomère résulte de l'attaque de l'ion bromure sur l'autre atome de carbone de l'ion bromonium.

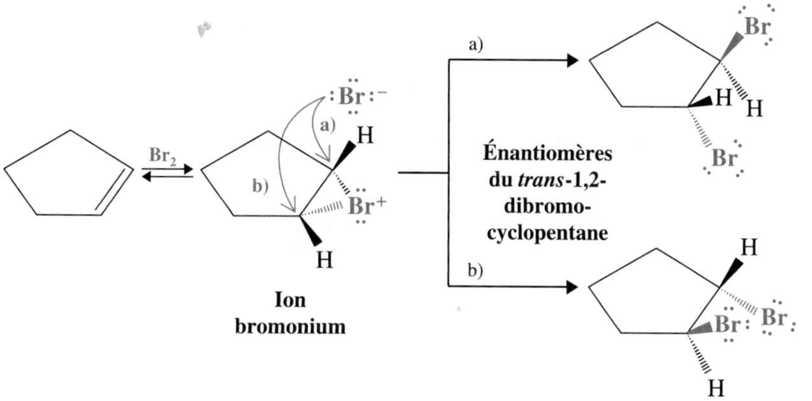

La construction de modèles moléculaires des structures engagées dans cette réaction vous aidera à en saisir la stéréochimie.

L'addition de brome au cyclohexène donne également lieu à un mélange racémique qui se compose, dans ce cas-ci, d'énantiomères du *trans*-1,2-dibromocyclo-hexane (section 8.6). Cette addition *anti* est aussi le fruit d'une attaque S_N2 de l'ion bromure précédée par la formation d'un ion bromonium. La réaction ci-dessous illustre la formation de l'un des deux énantiomères, l'autre étant formé lorsque l'ion bromure attaque l'autre carbone de l'ion bromonium ou que l'ion bromonium se forme de l'autre côté du plan du cycle.

Cyclohexène **Ion bromonium**

Conformation diaxiale **Conformation diéquatoriale**

trans-**1,2-Dibromocyclohexane**

Notez bien que le produit initial de cette réaction est un *conformère diaxial*, qui se convertit rapidement en sa forme diéquatoriale. Cette dernière forme est celle qui prédomine à l'équilibre. Nous avons vu précédemment (section 7.6C) que les réactions d'élimination des dérivés du cyclohexane requièrent une conformation diaxiale. Dans le cas de l'addition à un cyclohexène (qui est le cas contraire d'une élimination), le produit initialement formé est également diaxial.

Stéréospécificité

8.7A RÉACTIONS STÉRÉOSPÉCIFIQUES

L'addition *anti* d'un halogène à un alcène nous offre un exemple de **réaction stéréospécifique.**

Une réaction est dite ***stéréospécifique*** lorsqu'***un stéréo-isomère bien défini d'un substrat réagit de façon telle qu'il forme spécifiquement un des autres stéréo-isomères d'un produit.*** Ce phénomène se produit parce que le mécanisme de la réaction entraîne une modification caractéristique de la configuration des atomes.

Examinons les réactions du *cis-* et du *trans-*but-2-ène avec le brome telles qu'elles sont illustrées ci-dessous. L'addition de brome au *trans-*but-2-ène donne un composé *méso*, le (2R,3S)-2,3-dibromobutane. Par contre, l'addition de brome au *cis-*but-2-ène produit un *mélange racémique* de (2R,3R)-2,3-dibromobutane et de (2S,3S)-2,3-dibromobutane.

Réaction 1

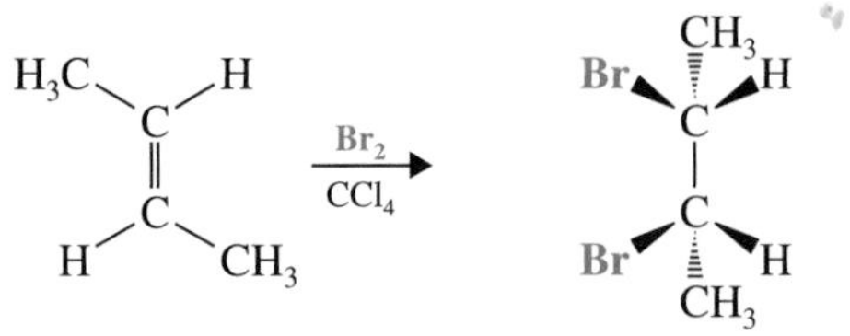

H₃C ... H / C=C / H ... CH₃ $\xrightarrow[\text{CCl}_4]{\text{Br}_2}$ produit

***trans-*But-2-ène**   **(2R,3S)-2,3-Dibromobutane (un composé *méso*)**

Réaction 2

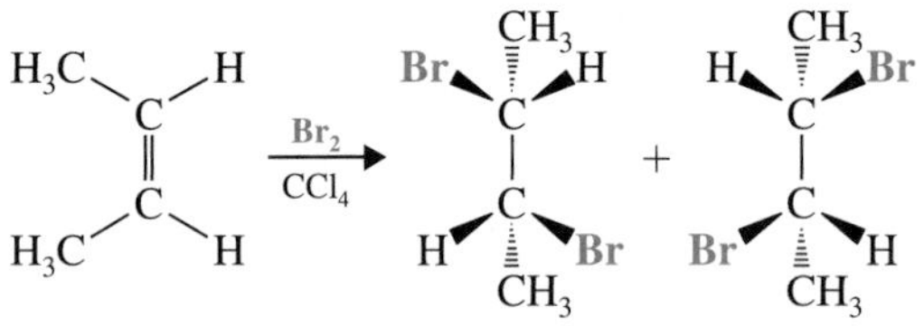

H₃C ... H / C=C / H₃C ... H $\xrightarrow[\text{CCl}_4]{\text{Br}_2}$ **(2R,3R)** + **(2S,3S)**

***cis-*But-2-ène**

Les réactifs *cis-*but-2-ène et *trans-*but-2-ène sont des stéréo-isomères, plus précisément des *diastéréo-isomères*. Le produit de la réaction 1, soit le (2R,3S)-2,3-dibromobutane, est un composé *méso* et un stéréo-isomère des deux produits de la réaction 2, à savoir les énantiomères du 2,3-dibromobutane. On peut donc dire que, par définition, les deux réactions sont stéréospécifiques. Un stéréo-isomère du réactif (par exemple, le *trans-*but-2-ène) donne un produit (le composé *méso*), alors que l'autre stéréo-isomère du réactif (le *cis-*but-2-ène) donne deux produits stéréo-isomères distincts, soit des énantiomères.

Afin de bien comprendre la formation des produits de ces deux réactions, examinons leur mécanisme respectif.

Le premier mécanisme décrit dans l'encadré de la page suivante révèle comment le brome s'additionne sur le *cis-*but-2-ène pour fournir des ions bromonium intermédiaires achiraux. (Sauriez-vous identifier le plan de symétrie des ions bromonium ?) Les ions bromonium réagissent ensuite avec des ions bromure selon les voies a) ou b). La voie a) mène à la formation d'un énantiomère du 2,3-dibromobutane, la voie b), à l'autre énantiomère. La réaction se déroule à la même vitesse selon les deux voies, ce qui explique que les deux énantiomères soient produits en quantité égale, sous forme d'un mélange racémique.

Le deuxième mécanisme décrit dans l'encadré illustre comment le *trans-*but-2-ène réagit avec le brome sur la face inférieure de la double liaison pour donner un ion bromonium intermédiaire chiral. La même réaction ayant lieu sur l'autre face engendre l'autre énantiomère de l'ion bromonium. La réaction entre l'ion brominium chiral (ou son énantiomère) et un ion bromure, que ce soit selon la voie a) ou b), aboutit au même composé, le *méso-*2,3-dibromobutane.

STÉRÉOCHIMIE DE LA RÉACTION

Addition de brome au *cis-* et au *trans*-but-2-ène

Le *cis*-but-2-ène réagit avec le brome pour donner les énantiomères du 2,3-dibromobutane par le mécanisme suivant :

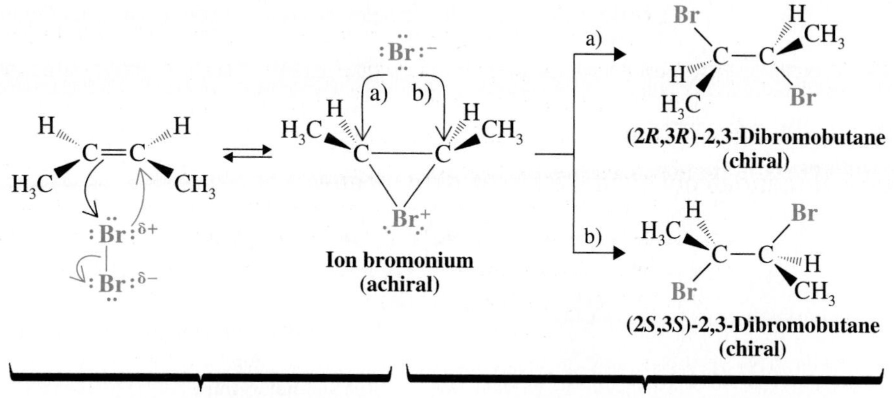

(2R,3R)-2,3-Dibromobutane
(chiral)

(2S,3S)-2,3-Dibromobutane
(chiral)

Ion bromonium
(achiral)

Le *cis*-but-2-ène réagit avec le brome pour former un ion bromonium achiral et un ion bromure. La réaction ayant lieu sur l'autre face de l'alcène donne le même ion bromonium.

L'ion bromonium réagit avec un ion bromure en empruntant la voie a) ou b) à une vitesse équivalente. Cette réaction fournit les deux énantiomères en quantité égale (mélange racémique).

La réaction entre le *trans*-but-2-ène et le brome produit le *méso*-2,3-dibromobutane.

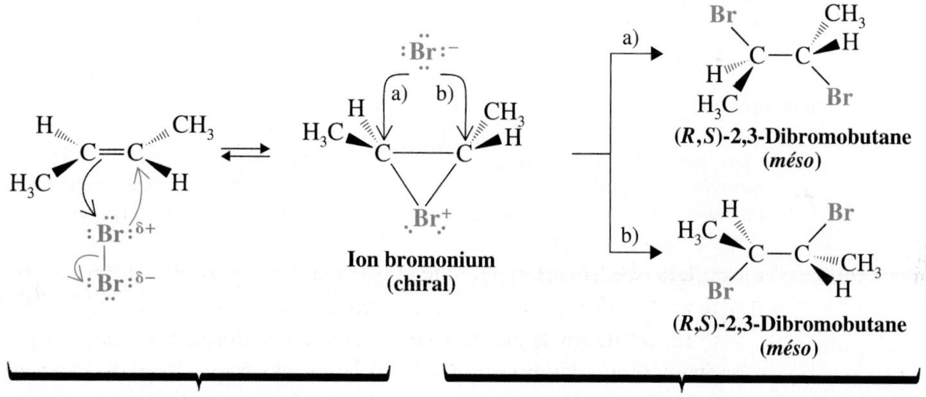

Ion bromonium
(chiral)

(R,S)-2,3-Dibromobutane
(*méso*)

(R,S)-2,3-Dibromobutane
(*méso*)

Le *trans*-but-2-ène réagit avec le brome pour donner un ion bromonium chiral et un ion bromure. La réaction ayant lieu sur l'autre face de la double liaison donne l'énantiomère de l'ion bromonium illustré ci-dessus.

Que l'attaque de l'ion bromure emprunte la voie a) ou b), la réaction aboutit au même composé achiral *méso*. La réaction avec l'énantiomère de l'ion bromonium intermédiaire mènerait au même produit.

PROBLÈME 8.9

À la section 8.7, vous avez étudié le mécanisme de formation d'un énantiomère du *trans*-1,2-dibromocyclopentane résultant de l'addition de brome au cyclopentène. Proposez un mécanisme qui préside à la formation de l'autre énantiomère.

8.8 FORMATION D'HALOGÉNOALCOOLS VICINAUX

Lorsque l'halogénation d'un alcène est réalisée en solution aqueuse plutôt que dans le tétrachlorure de carbone, le produit principal de la réaction n'est pas un dihalogénure (dihalogénoalcane) vicinal, mais bien un **halogénoalcool vicinal** qu'on appelle aussi **halogénohydrine.** Dans ce type de réaction, les molécules du solvant deviennent également des réactifs.

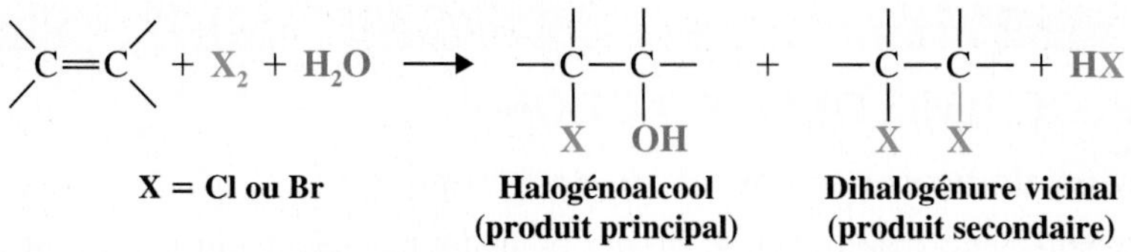

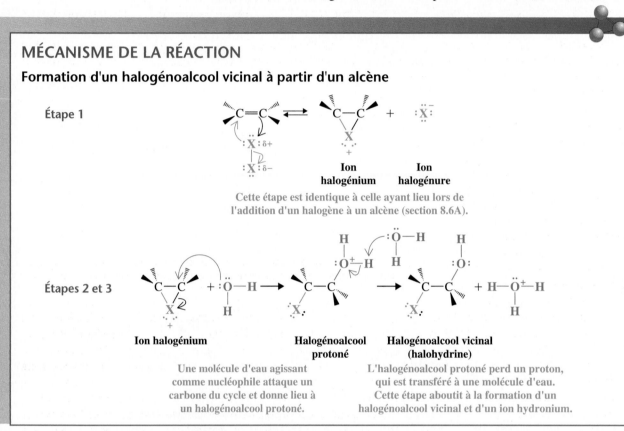

La formation d'un halogénoalcool vicinal procède du mécanisme suivant :

MÉCANISME DE LA RÉACTION

Formation d'un halogénoalcool vicinal à partir d'un alcène

Étape 1

Ion halogénium   **Ion halogénure**

Cette étape est identique à celle ayant lieu lors de l'addition d'un halogène à un alcène (section 8.6A).

Étapes 2 et 3

Ion halogénium   **Halogénoalcool protoné**   **Halogénoalcool vicinal (halohydrine)**

Une molécule d'eau agissant comme nucléophile attaque un carbone du cycle et donne lieu à un halogénoalcool protoné.

L'halogénoalcool protoné perd un proton, qui est transféré à une molécule d'eau. Cette étape aboutit à la formation d'un halogénoalcool vicinal et d'un ion hydronium.

La première étape de la réaction est commune à toute addition d'halogène. Les mécanismes diffèrent toutefois à la seconde étape. Lors de la formation de l'halogénoalcool, l'eau joue le rôle de nucléophile et attaque un atome de carbone de l'ion halogénium. Le cycle à trois membres s'ouvre alors et un halogénoalcool protoné se forme. La perte d'un proton que subit ce dernier conduit à la formation de l'halogénoalcool vicinal lui-même.

En raison des paires d'électrons libres qu'elle porte, l'eau sert de nucléophile dans cette réaction, de même que dans maintes autres réactions. Dans le cas présent, les molécules d'eau sont beaucoup plus nombreuses que les ions halogénure dans le mélange réactionnel, car l'eau tient lieu de solvant. C'est ce qui explique que l'halogénoalcool soit le produit principal.

PROBLÈME 8.10

Proposez un mécanisme qui rende compte de la formation des énantiomères du *trans*-2-bromocyclopentanol lorsque le cyclopentène est traité avec une solution aqueuse de brome.

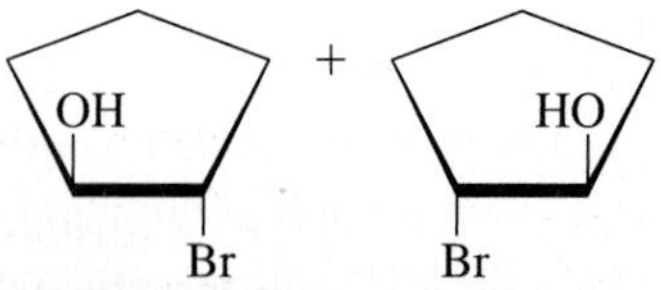

Énantiomères du *trans*-2-bromocyclopentanol

CAPSULE CHIMIQUE

RÉGIOSPÉCIFICITÉ DE L'OUVERTURE DES IONS BROMONIUM SUBSTITUÉS DE MANIÈRE DISSYMÉTRIQUE DANS LE CAS DE L'ÉTHÈNE, DU PROPÈNE ET DU 2-MÉTHYLPROPÈNE

Lorsqu'un nucléophile attaque un ion bromonium, l'addition qui en résulte s'effectue selon une régiochimie suivant la règle de Markovnikov. Par exemple, dans la formation de bromoalcools, le brome se lie au carbone le moins substitué, et le groupe hydroxyle (qui provient de l'attaque nucléophile par l'eau) se lie au carbone le plus fortement substitué (c'est-à-dire le carbone accommodant le mieux une partie de la charge positive de l'ion bromonium). Un examen attentif des ions bromonium issus de l'éthène, du propène et du 2-méthylpropène en regard de facteurs comme la répartition de la charge, la longueur des liaisons et la forme des orbitales moléculaires vacantes de plus basse énergie (LUMO) appuie les résultats expérimentaux des additions de Markovnikov.

La répartition de la densité électronique des ions bromonium de l'éthène, du propène et du 2-méthylpropène est illustrée par les représentations du potentiel électrostatique calculées (figure 8.A). Tout comme dans les représentations de potentiel électrostatique précédentes, les régions à charge relativement négative sont indiquées en rouge, les régions à charge relativement positive

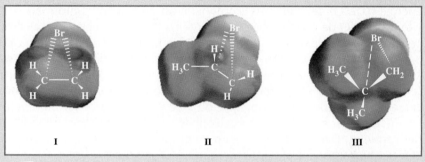

Figure 8.A L'augmentation du degré de substitution du carbone par des groupes alkyle le rend apte à accommoder une portion plus importante de la charge positive d'un ion bromonium.

(ou moins négative), en bleu. Une même échelle de couleur a été employée pour schématiser la répartition des charges dans ces trois structures, car elle rend possible une comparaison directe entre celles-ci. Il ressort de ces représentations de densité de charges que, à mesure que le degré de substitution de l'ion bromonium augmente, le carbone le plus substitué requiert une plus faible contribution électronique du brome comme stabilisation. Par exemple, dans l'ion bromonium de l'éthène (**I**), l'atome de brome contribue beaucoup à la densité électronique. Dans la représentation du potentiel électrostatique, cela se traduit par une région plus verte et plus jaune (et donc moins rouge) près du brome. À l'opposé, dans l'ion bromonium du 2-méthylpropène (**III**), le carbone tertiaire peut accommoder une charge partielle positive importante, et la majeure partie de la charge positive de l'ion est effectivement localisée à cet endroit, comme le montre le bleu qui colore le carbone tertiaire dans la représentation du potentiel électrostatique. Le brome, quant à lui, retient la majeure partie de ses électrons (comme l'indique la couleur rouge près de l'atome de brome). Cette structure montre que l'ion bromonium du 2-méthylpropène possède une répartition de charge presque équivalente à celle d'un carbocation tertiaire sur ses atomes de carbone. En revanche, l'ion bromonium issu du propène (**II**), qui renferme un carbone secondaire, nécessite une partie de la densité électronique du brome pour sa stabilisation. Cependant, cette contribution du brome est moindre que dans le cas de l'éthène (**I**), à en juger par l'ampleur de la couleur jaune située près du brome dans la structure **II**. En général, lorsqu'un nucléophile réagit avec un ion bromonium substitué tel que **II** ou **III**, il attaque le carbone ayant la charge partielle positive la plus forte, conformément à la régiochimie de la règle de Markovnikov. Cela signifie que, si l'eau (qui agit comme nucléophile) attaque l'ion bromonium **II**, il en résulte du $CH_3CHOHCH_2Br$, et que, si elle attaque la structure **III**, il en résulte du $(CH_3)_2CHOHCH_2Br$ (voir page 304).

La longueur de la liaison C—Br dans ces trois ions bromonium (figure 8.B), confirme la régiochimie de type Markovnikov observée. Dans

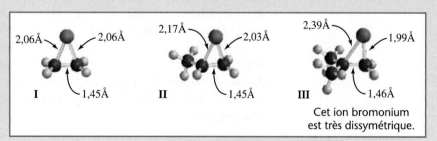

Figure 8.B La longueur de la liaison carbone–brome (mesurée en angströms) dans laquelle intervient l'atome de carbone central augmente lorsque la densité électronique fournie par le brome pour stabiliser la charge positive diminue. Une densité électronique moins forte est requise du brome parce que des groupes alkyle additionnels aident le carbone à stabiliser sa charge partielle positive.

l'ion bromonium de l'éthène (**I**), la longueur des liaisons C—Br est identique en raison de la symétrie de l'ion. Ces deux liaisons mesurent 2,06 Å. Dans l'ion bromonium du propène (**II**), la liaison C—Br propre au carbone secondaire mesure 2,17 Å, alors que celle qui engage le carbone primaire est de 2,03 Å. Ainsi, la longueur de la liaison au carbone secondaire correspond bien avec la contribution électronique moindre du brome, car le carbone secondaire peut accommoder une charge positive plus importante que le carbone primaire. Dans l'ion bromonium du 2-méthylpropène (**III**), la liaison C—Br du carbone tertiaire est encore plus longue : elle mesure 2,39 Å. Par ailleurs, la liaison C—Br que réalise le carbone primaire est de 1,99 Å. Cela signifie donc que le carbone tertiaire nécessite une plus faible contribution électronique de la part du brome pour stabiliser sa charge, car il s'apparente essentiellement à un carbocation tertiaire. Par contre, la liaison C—Br du carbone primaire est similaire à celle que l'on retrouve dans un bromoalcane courant.

Enfin, des calculs ont montré que le volume occupé par l'orbitale moléculaire vacante de plus basse énergie (LUMO) des trois ions bromonium est également conforme à la régiochimie associée à leur réactivité. La LUMO de l'électrophile représente l'orbitale qui recevra les électrons cédés par le nucléophile pour constituer une liaison. La figure 8.C montre la forme complète de la LUMO pour chacun des trois ions bromonium (les deux couleurs employées indiquent les différents signes de phase des lobes). Les lobes de la LUMO devant être examinés en priorité sont situés à l'opposé de la portion de l'ion bromonium cyclique (c'est-à-dire « sous » les carbones de l'ion). Le lobe de la LUMO de l'ion bromonium dérivé de l'éthène (**I**) se caractérise par une répartition égale du lobe près des deux carbones, en raison de la symétrie de la molécule. C'est à cet endroit que le nucléophile peut attaquer l'ion, en se liant aussi facilement à l'un ou l'autre des carbones. Dans l'ion bromonium du propène (**II**), la majeure partie du volume du lobe de la LUMO est associée au carbone le plus fortement substitué, ce qui indique que la densité électronique du nucléophile y sera la mieux accommodée.

Cela correspond aux observations tirées des additions effectuées selon la règle de Markovnikov. Finalement, la quasi-totalité du volume du lobe de la LUMO de l'ion bromonium du 2-méthylpropène (**III**) est associée au carbone tertiaire; il ne se retrouve à peu près pas du tout associé au carbone primaire. Cela est également en accord avec les observations de la régiochimie des additions sur les alcènes.

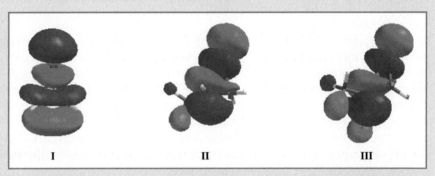

Figure 8.C À mesure que la substitution de l'ion bromonium par des groupes alkyle croît, le lobe de la LUMO, représentant l'orbitale qui recevra les électrons cédés par le nucléophile, se situe davantage du côté du carbone le plus substitué.

Si l'alcène subissant l'addition est dissymétrique, l'halogène s'ajoute à l'atome de carbone qui porte le plus grand nombre d'atomes d'hydrogène. Les liaisons que réalisent les atomes de l'ion bromonium intermédiaire sont *dissymétriques* (voir la capsule chimique précédente). L'atome de carbone le plus fortement substitué porte la charge positive la plus élevée, car il ressemble au carbocation le plus stable. Par conséquent, l'eau attaquera cet atome de carbone de manière prédominante. La charge positive plus élevée du carbone tertiaire fait en sorte que la réaction emprunte une voie dont l'énergie libre d'activation est plus faible, même si l'attaque à l'atome de carbone primaire pourrait s'effectuer dans des conditions stériques plus favorables.

(73 %)

PROBLÈME 8.11

En faisant passer de l'éthène gazeux dans une solution aqueuse contenant du brome et du chlorure de sodium, on obtient du $BrCH_2CH_2Br$, du $BrCH_2CH_2OH$ *et* du $BrCH_2CH_2Cl$. Décrivez le mécanisme de formation de chacun de ces produits.

8.9 COMPOSÉS CARBONÉS DIVALENTS : LES CARBÈNES

Il existe un groupe de composés dont les atomes de carbone ne réalisent que *deux liaisons*. Ces composés carbonés divalents neutres portent le nom de *carbènes*. La plupart des carbènes sont très instables et plutôt éphémères. Ils réagissent habituellement avec une autre molécule peu après s'être formés. Les réactions des carbènes sont particulièrement intéressantes, car elles se caractérisent souvent par une stéréospécificité remarquable. Elles sont également d'une grande utilité synthétique pour la préparation de composés cycliques à trois membres.

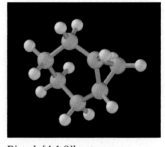

Bicyclo[4.1.0]heptane

8.9A STRUCTURE ET RÉACTIONS DU MÉTHYLÈNE

Le plus simple des carbènes est le composé appelé méthylène (CH_2). Le méthylène se prépare notamment par décomposition du diazométhane (CH_2N_2), un gaz très toxique de couleur jaune. Le diazométhane se décompose lorsqu'il est chauffé (thermolyse) ou qu'il absorbe un rayonnement lumineux d'une longueur d'onde spécifique (photolyse).

$$:\overset{-}{C}H_2\!-\!\overset{+}{N}\!\equiv\!N: \xrightarrow[\text{ou } h\nu]{\Delta} :CH_2 + :N\equiv N:$$

$$\textbf{Diazométhane} \qquad \textbf{Méthylène} \quad \textbf{Azote}$$

Le diazométhane est en fait une forme hybride de trois structures limites de résonance.

$$\underset{\textbf{I}}{:\overset{-}{C}H_2\!-\!\overset{+}{N}\!\equiv\!N:} \longleftrightarrow \underset{\textbf{II}}{CH_2\!=\!\overset{+}{N}\!=\!\overset{-}{\underset{..}{N}}:} \longleftrightarrow \underset{\textbf{III}}{:\overset{-}{C}H_2\!-\!\overset{..}{N}\!=\!\overset{+}{N}:}$$

La structure **I** sert également à illustrer comment le diazométhane se décompose, car elle montre clairement que la rupture hétérolytique de la liaison carbone–azote débouche sur la formation de méthylène et d'azote.

Le méthylène s'additionne à la double liaison des alcènes pour former des cyclopropanes.

$$\overset{\diagdown}{\diagup}C\!=\!C\overset{\diagup}{\diagdown} + :CH_2 \longrightarrow \overset{\diagdown}{\diagup}C\!-\!C\overset{\diagup}{\diagdown}$$

$$\textbf{Alcène} \qquad \textbf{Méthylène} \qquad \textbf{Cyclopropane}$$

8.9B RÉACTIONS D'AUTRES CARBÈNES : LES DIHALOGÉNOCARBÈNES

Les dihalogénocarbènes aussi sont fréquemment employés pour synthétiser des dérivés du cyclopropane à partir d'alcènes. La plupart des réactions avec des dihalogénocarbènes sont stéréospécifiques.

$$\underset{H}{\overset{R}{\diagdown}}C\!=\!C\underset{R}{\overset{H}{\diagup}} + :CCl_2 \longrightarrow$$

L'addition de :CX_2 est stéréospécifique. La géométrie des groupes R de l'alcène (*cis* ou *trans*) est conservée dans le produit.

Le dichlorocarbène peut être préparé à partir du chloroforme par une ***élimination* α** des éléments du chlorure d'hydrogène. Cette réaction s'apparente à la réaction d'élimination β dans laquelle les alcènes sont synthétisés à partir d'halogénoalcanes (section 6.16).

$$R-\ddot{\underset{..}{O}}:^-K^+ + H:CCl_3 \xrightleftharpoons R-\ddot{\underset{..}{O}}:H + {}^-:CCl_3 + K^+ \xrightarrow[\text{lente}]{} \quad :CCl_2 \quad + :\ddot{\underset{..}{Cl}}:^-$$

Dichlorocarbène

Les composés *munis d'un hydrogène* β réagissent surtout par élimination β, alors que ceux qui portent un hydrogène α (le chloroforme, par exemple) le font évidemment par élimination α.

Divers dérivés du cyclopropane ont été préparés par la production de dichlorocarbène en présence d'alcènes. Ainsi, le cyclohexène réagit avec le dichlorocarbène produit par le traitement du chloroforme avec du *tert*-butoxyde de potassium et donne un produit bicyclique.

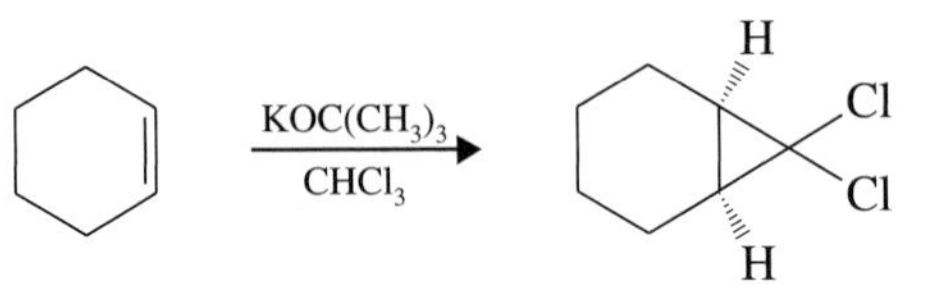

7,7-Dichlorobicyclo[4.1.0]heptane
(59 %)

8.9C CARBÉNOÏDES : SYNTHÈSE DE CYCLOPROPANES À L'AIDE DU RÉACTIF DE SIMMONS-SMITH

H.E. Simmons et R.D. Smith, de la société DuPont, ont mis au point une méthode de synthèse fort pratique de cyclopropanes. Dans cette synthèse, du diiodométhane et de la poudre de zinc activée par le cuivre sont mélangés à un alcène. Le diiodométhane et le zinc réagissent alors pour former un produit analogue à un carbène, appelé *carbénoïde*.

$$CH_2I_2 + Zn(Cu) \longrightarrow ICH_2ZnI$$
Un carbénoïde

Le carbénoïde participe ensuite à l'addition stéréospécifique d'un groupe CH_2 directement à la double liaison.

PROBLÈME 8.12

Quels produits devrait donner chacune des réactions suivantes ?

a) *trans*-But-2-ène $\xrightarrow[\text{CHCl}_3]{\text{KOC(CH}_3)_3}$

b) Cyclopentène $\xrightarrow[\text{CHBr}_3]{\text{KOC(CH}_3)_3}$

c) *cis*-But-2-ène $\xrightarrow[\text{oxyde de diéthyle}]{\text{CH}_2\text{I}_2/\text{Zn(Cu)}}$

PROBLÈME 8.13

À partir du cyclohexène et à l'aide de tout réactif jugé nécessaire, proposez une synthèse du 7,7-dibromobicyclo[4.1.0]heptane.

PROBLÈME 8.14

En traitant du cyclohexène avec du 1,1-diiodoéthane et de la poudre de zinc activée par le cuivre, vous obtenez deux produits isomères. Quelle est leur structure respective ?

8.10 OXYDATION DES ALCÈNES : DIHYDROXYLATION *SYN*

Les alcènes subissent diverses réactions au cours desquelles leur double liaison carbone–carbone est oxydée. On peut utiliser le permanganate de potassium ou le tétroxyde d'osmium pour oxyder les alcènes en **diols-1,2**, appelés **glycols.**

$$CH_2{=}CH_2 + KMnO_4 \xrightarrow[\text{-OH, }H_2O]{\text{à froid}} \underset{\underset{\text{OH OH}}{|\quad|}}{H_2C{-}CH_2}$$

Éthène

Éthane-1,2-diol
(éthylène glycol)

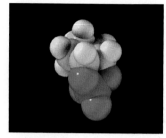

Produit d'addition du tétroxyde d'osmium au cyclopentène

$$CH_3CH{=}CH_2 \xrightarrow[\text{2) }Na_2SO_3/H_2O \text{ ou } NaHSO_3/H_2O]{\text{1) }OsO_4\text{, pyridine}} \underset{\underset{\text{OH \quad OH}}{|\qquad|}}{CH_3CH{-}CH_2}$$

Propène

Propane-1,2-diol
(propylène glycol)

8.10A MÉCANISMES DE LA DIHYDROXYLATION *SYN* DES ALCÈNES

La formation des glycols par des agents d'oxydation tels que l'ion permanganate ou le tétroxyde d'osmium relève d'un mécanisme suscitant d'abord la production d'un intermédiaire cyclique. Puis, les liaisons oxygène–métal se rompent de manière séquentielle (que représentent les lignes pointillées dans les équations suivantes), ce qui conduit à un glycol et à du MnO_2 ou à de l'osmium métallique.

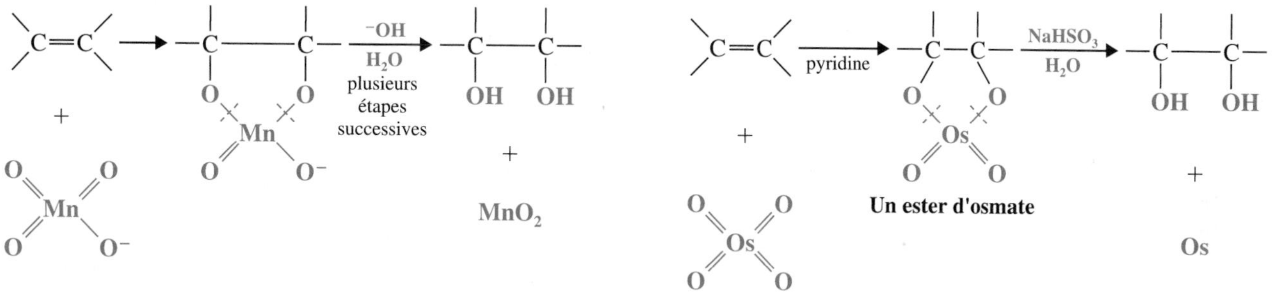

Ces réactions se traduisent par une **dihydroxylation *syn*.** Ce phénomène est observé lors de la réaction à froid du cyclopentène avec du permanganate de potassium dilué dans une base ou avec du tétroxyde d'osmium, suivie d'un traitement avec du $NaHSO_3$ ou du Na_2SO_3. Dans les deux cas, le produit obtenu est le *cis*-cyclopentane-1,2-diol, qui est un composé *méso*.

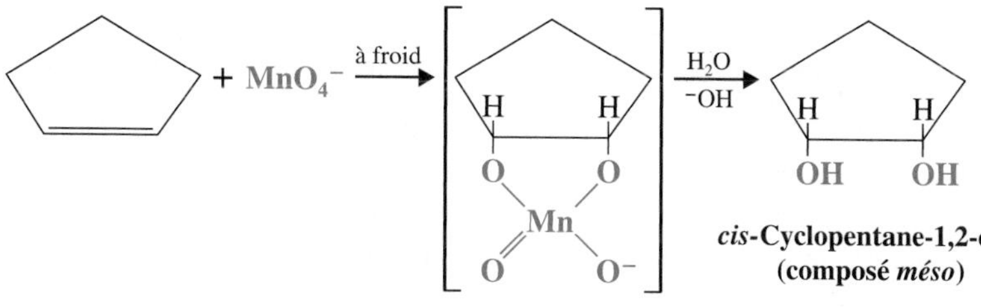

cis-Cyclopentane-1,2-diol
(composé *méso*)

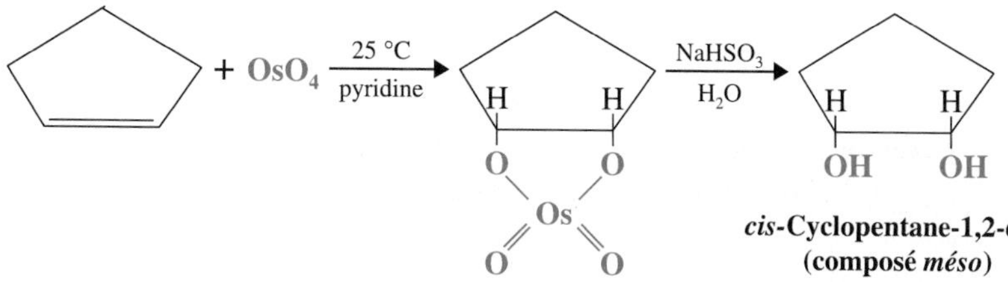

cis-Cyclopentane-1,2-diol
(composé *méso*)

Des deux réactifs utilisés pour la dihydroxylation *syn,* le tétroxyde d'osmium offre les meilleurs rendements. Cependant, ce composé est extrêmement toxique et très coûteux. C'est pourquoi ont été élaborées certaines méthodes permettant son utilisation en quantité catalytique et en conjonction avec un cooxydant*. Le permanganate de potassium est un agent oxydant très puissant et, comme nous le verrons à la section 8.11, *il peut facilement provoquer une oxydation additionnelle du glycol.* Il est donc difficile de restreindre la réaction à la seule dihydroxylation. En conséquence, on emploie des solutions basiques diluées de permanganate de potassium et on effectue la réaction à froid. Même ainsi, le rendement demeure parfois très faible.

PROBLÈME 8.15

En utilisant un alcène comme réactif de départ, décrivez la synthèse de chacune des molécules suivantes :

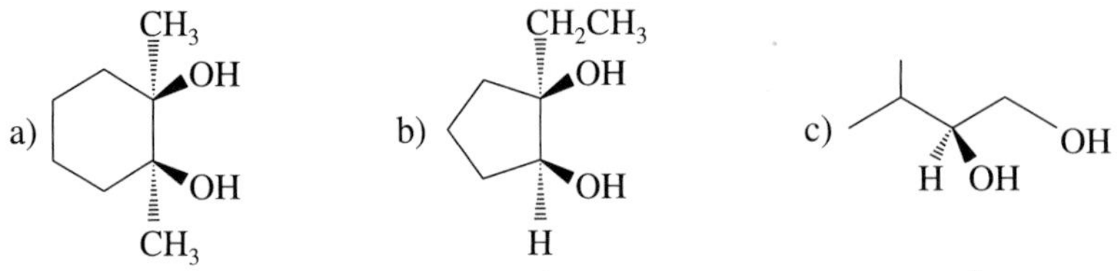

\+ **énantiomère** (b) ; \+ **énantiomère** (c)

PROBLÈME 8.16

Expliquez les observations suivantes : a) le traitement du (*Z*)-but-2-ène avec du OsO_4 dans la pyridine puis avec du $NaHSO_3$ dans l'eau donne un diol optiquement inactif qu'on ne peut résoudre; b) le traitement du (*E*)-but-2-ène avec du OsO_4 puis avec du $NaHSO_3$ donne un diol optiquement inactif mais dont la résolution des énantiomères est possible.

8.11 CLIVAGE OXYDATIF DES ALCÈNES

Les alcènes munis d'atomes de carbone monosubstitués peuvent être clivés de manière oxydative en sels d'acides carboxyliques *à chaud par l'action de solutions basiques de permanganate*. Cette réaction peut être illustrée au moyen du clivage oxydatif du *cis*- ou *trans*-but-2-ène, qui fournit deux équivalents molaires d'ion acétate. Un glycol qui s'oxyde davantage et dont la liaison carbone–carbone se rompt joue le rôle d'intermédiaire dans cette réaction.

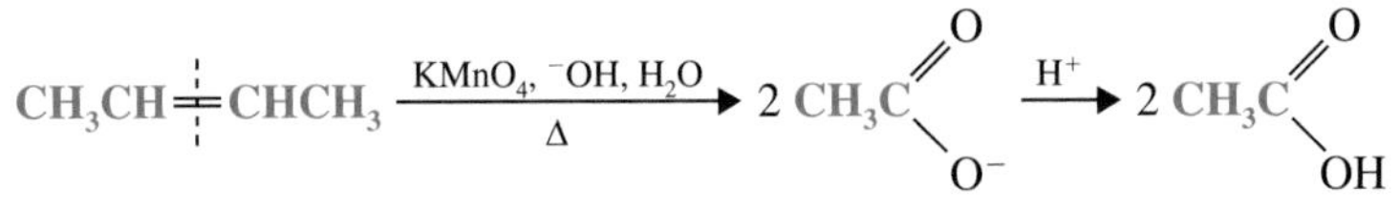

(*cis* ou *trans*) **Ion acétate** **Acide acétique**

Une acidification du mélange à la fin de l'oxydation produit deux moles d'acide acétique pour chaque mole de but-2-ène.

Le groupe CH_2 d'un alcène terminal est complètement oxydé en dioxyde de carbone et en eau par le permanganate à chaud. Un atome de carbone disubstitué de la double liaison devient un groupe >C=O d'une cétone (section 2.10).

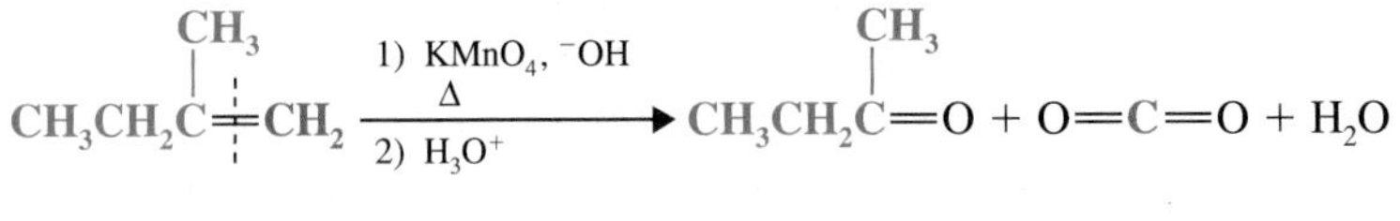

* La formation de diol-1,2 par un procédé catalytique énantiosélectif faisant appel à du tétroxyde d'osmium et à des ligands chiraux a été rapportée dans E.J. COREY et coll., *J. Am. Chem. Soc.*, vol. 118, 1996, p. 319-329; et D.W. NELSON et coll., *J. Am. Chem. Soc.*, vol. 119, 1997, p. 1840-1858.

Le clivage oxydatif des alcènes rend souvent possible la localisation de la double liaison d'un alcène linéaire ou cyclique. Un tel processus nous oblige à raisonner à rebours, un peu comme lors d'une analyse rétrosynthétique. Nous devons partir des produits et remonter aux réactifs qui en sont à l'origine. Voici quelques questions dont la réponse exige un raisonnement à rebours.

QUESTION TYPE

Un alcène inconnu de formule C_8H_{16} est oxydé par une solution chaude de permanganate basique et donne un acide carboxylique à trois carbones (l'acide propanoïque) et un autre à cinq carbones (l'acide pentanoïque). Quelle est la structure de cet alcène ?

$$C_8H_{16} \xrightarrow[\text{2) } H_3O^+]{\substack{\text{1) } KMnO_4,\ H_2O, \\ {}^-OH,\ \Delta}} CH_3CH_2\overset{O}{\overset{\|}{C}}{-}OH + HO{-}\overset{O}{\overset{\|}{C}}CH_2CH_2CH_2CH_3$$

Acide propanoïque   **Acide pentanoïque**

Réponse

Cet alcène doit être le *cis-* ou le *trans*-oct-3-ène, et son clivage oxydatif se déroule comme suit :

Endroit du clivage

$$CH_3CH_2CH{=}CHCH_2CH_2CH_2CH_3 \xrightarrow[\text{2) } H_3O^+]{\substack{\text{1) } KMnO_4,\ H_2O, \\ {}^-OH,\ \Delta}} CH_3CH_2\overset{O}{\overset{\|}{C}}{-}OH + HO{-}\overset{O}{\overset{\|}{C}}CH_2CH_2CH_2CH_3$$

Alcène inconnu
(*cis-* ou *trans*-oct-3-ène)

QUESTION TYPE

Un alcène inconnu de formule C_7H_{12} est oxydé par une solution chaude et basique de $KMnO_4$ et donne lieu, après acidification, à *un produit unique.* Expliquez pourquoi.

$$C_7H_{12} \xrightarrow[\text{2) } H_3O^+]{\substack{\text{1) } KMnO_4,\ H_2O, \\ {}^-OH,\ \Delta}} CH_3\overset{O}{\overset{\|}{C}}CH_2CH_2CH_2CH_2\overset{O}{\overset{\|}{C}}{-}OH$$

Réponse

Puisque le produit unique contient le même nombre d'atomes de carbone que le réactif, la seule explication possible est que le réactif renferme une double liaison cyclique. Le clivage oxydatif de cette double liaison amène l'ouverture du cycle.

$$\xrightarrow[\text{2) } H_3O^+]{\substack{\text{1) } KMnO_4,\ H_2O, \\ {}^-OH,\ \Delta}} CH_3\overset{O}{\overset{\|}{C}}CH_2CH_2CH_2CH_2\overset{O}{\overset{\|}{C}}{-}OH$$

Alcène inconnu
(**1-méthylcyclohexène**)

8.11A OZONOLYSE DES ALCÈNES

La localisation des doubles liaisons des alcènes à l'aide d'ozone (O_3) constitue une méthode encore plus répandue pour élucider la position d'une double liaison dans un composé. L'ozone réagit violemment avec les alcènes pour former des composés instables appelés *ozonides initiaux,* qui se réarrangent de manière spontanée (et souvent bruyante) pour donner des composés appelés **ozonides.**

Ce réarrangement semble prendre la forme d'une dissociation de l'ozonide initial en fragments réactifs qui se recombinent ensuite pour donner l'ozonide.

Les ozonides sont des composés très instables qui souvent explosent violemment, surtout lorsque leur masse moléculaire est faible. En raison de cette propriété, on ne procède généralement pas à leur isolement, mais on les réduit

MÉCANISME DE LA RÉACTION

Formation d'un ozonide à partir d'un alcène

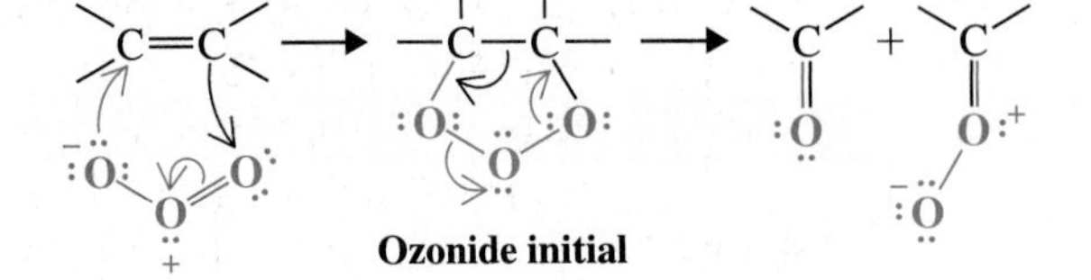

Ozonide initial

Une molécule d'ozone s'additionne
à l'alcène pour former l'ozonide initial.

Fragments de l'ozonide initial

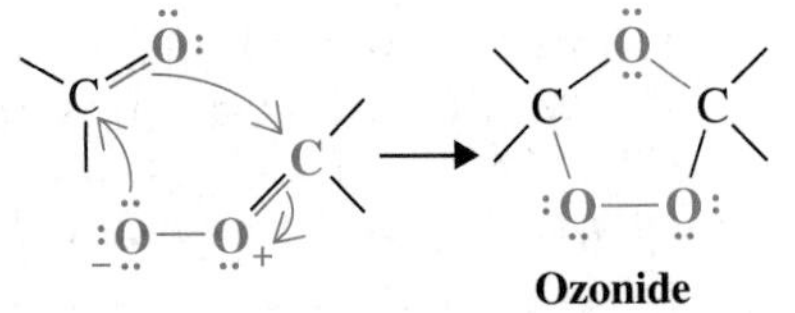

Ozonide

Les fragments se recombinent pour donner lieu à l'ozonide.

plutôt directement par traitement au zinc dans l'acide acétique (HOAc) ou à l'aide de sulfure de diméthyle (CH_3—S—CH_3). Cette réduction donne des composés carbonylés, soit des aldéhydes ou des cétones (voir section 2.10), qui sont aisément isolés et identifiés sans danger.

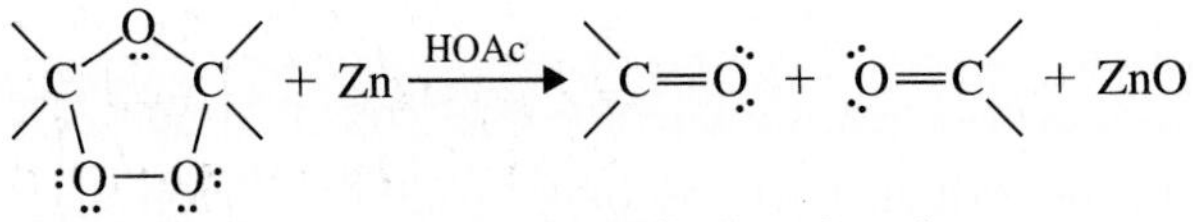

Ozonide   **Aldéhydes et/ou cétones**

Dans son ensemble, le processus d'ozonolyse et de réduction équivaut à une rupture de la double liaison carbone–carbone se produisant ainsi :

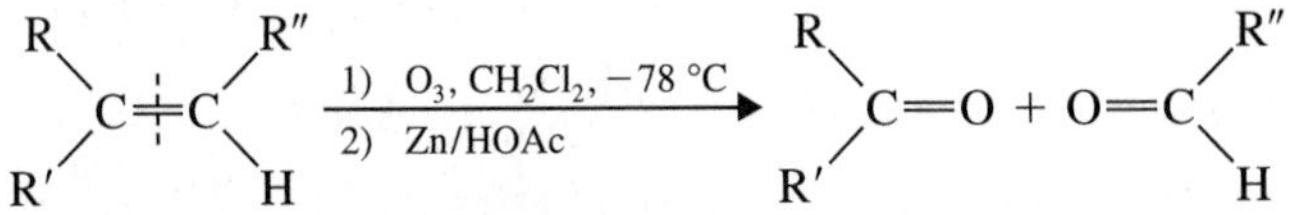

Il est à noter que le —H rattaché à la double liaison n'est pas oxydé en —OH, contrairement aux oxydations avec le permanganate. Les exemples suivants illustrent l'ensemble du processus d'ozonolyse des alcènes.

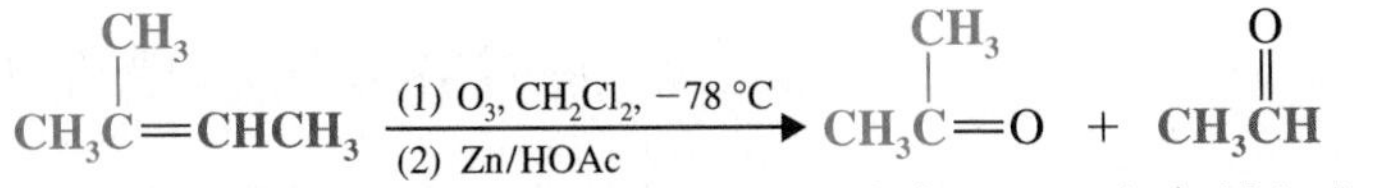

2-Méthylbut-2-ène   **Acétone**   **Acétaldehyde**

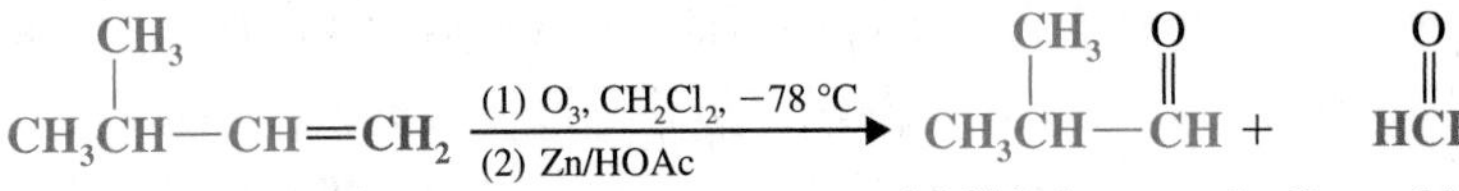

3-Méthylbut-1-ène   **2-Méthylpropanol**   **Formaldehyde**
                              (Isobutyraldehyde)

PROBLÈME 8.17

Dessinez la structure des alcènes qui donneraient les produits suivants lors d'un traitement avec de l'ozone, suivi d'une réduction effectuée avec du zinc dans l'acide acétique.

a) CH_3COCH_3 et $CH_3CH(CH_3)CHO$

b) CH_3CH_2CHO uniquement (deux moles produites à partir d'une mole d'alcène)

c) 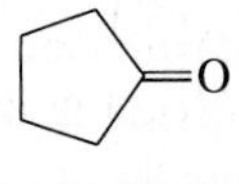   et   HCHO

8.12 ADDITION DU BROME ET DU CHLORE AUX ALCYNES

Les alcynes réagissent de la même manière que les alcènes en présence de chlore et de brome, soit *par addition.* Cependant, les alcynes peuvent subir une ou deux additions, selon le nombre d'équivalents molaires d'halogène qui sont présents dans le mélange réactionnel.

$$-C \equiv C- \xrightarrow[CCl_4]{Br_2} \quad \underset{Br}{\overset{Br}{>}}C=C< \quad \xrightarrow[CCl_4]{Br_2} \quad -\underset{Br}{\overset{Br}{\underset{|}{\overset{|}{C}}}}-\underset{Br}{\overset{Br}{\underset{|}{\overset{|}{C}}}}-$$

Dibromoalcène   **Tétrabromoalcane**

$$-C \equiv C- \xrightarrow[CCl_4]{Cl_2} \quad \underset{Cl}{\overset{Cl}{>}}C=C< \quad \xrightarrow[CCl_4]{Cl_2} \quad -\underset{Cl}{\overset{Cl}{\underset{|}{\overset{|}{C}}}}-\underset{Cl}{\overset{Cl}{\underset{|}{\overset{|}{C}}}}-$$

Dichloroalcène   **Tétrachloroalcane**

Il est généralement possible de préparer un dihalogénoalcène par simple addition d'un équivalent molaire d'halogène à l'alcyne.

$$CH_3CH_2CH_2CH_2C \equiv CCH_2OH \xrightarrow[\substack{CCl_4 \\ 0\ °C}]{Br_2\ (1\ éq)} CH_3CH_2CH_2CH_2CBr = CBrCH_2OH$$
(80 %)

La plupart des additions de chlore et de brome s'effectuent en position *anti* et aboutissent à des *trans*-dihalogénoalcènes. Par exemple, l'addition du brome à l'acide but-2-yne-1,4-dicarboxylique donne lieu à l'isomère *trans* avec un rendement de 70 %.

$$HO_2C-C \equiv C-CO_2H \xrightarrow{Br_2} \quad \underset{Br}{\overset{HO_2C}{>}}C=C\underset{CO_2H}{\overset{Br}{<}}$$

Acide but-2-yne-1,4-dicarboxylique   **(70 %)**
(acide acétylènedicarboxylique)

PROBLÈME 8.18

Les alcènes réagissent davantage que les alcynes lors de l'addition de réactifs électrophiles (comme Br_2, Cl_2 ou HCl). Cependant, lorsque les alcynes sont traités avec un équivalent molaire de ces mêmes réactifs électrophiles, il est aisé d'arrêter la réaction à l'étape de l'alcène. Expliquez ce phénomène apparemment contradictoire.

8.13 ADDITION D'HALOGÉNURES D'HYDROGÈNE AUX ALCYNES

Les alcynes réagissent également avec le chlorure d'hydrogène et le bromure d'hydrogène pour donner des halogénoalcènes ou des dihalogénoalcanes géminés. Encore une fois, la formation de l'un ou l'autre produit repose sur l'utilisation d'un ou de deux équivalents molaires d'halogénure d'hydrogène. **Ces deux additions sont régiosélectives et conformes à la règle de Markovnikov :**

$$-C \equiv C- \xrightarrow{HX} \quad \underset{X}{\overset{H}{>}}C=C< \quad \xrightarrow{HX} \quad -\underset{H}{\overset{H}{\underset{|}{\overset{|}{C}}}}-\underset{X}{\overset{X}{\underset{|}{\overset{|}{C}}}}-$$

Halogénoalcène   **Dihalogénoalcane géminé**

L'atome d'hydrogène de l'halogénure d'hydrogène se fixe à l'atome de carbone qui porte le plus grand nombre d'atomes d'hydrogène. Par exemple, l'hex-1-yne réagit lentement avec un équivalent molaire de bromure d'hydrogène et donne du 2-bromohex-1-ène, tandis qu'en présence de deux équivalents molaires il en résulte du 2,2-dibromohexane.

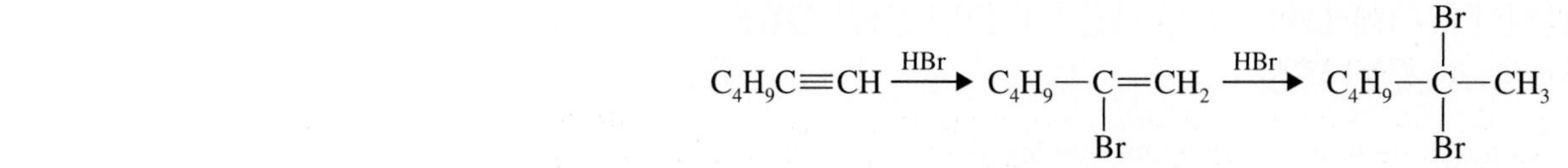

$$C_4H_9C \equiv CH \xrightarrow{HBr} C_4H_9 - \underset{\underset{Br}{|}}{C} = CH_2 \xrightarrow{HBr} C_4H_9 - \underset{\underset{Br}{|}}{\overset{\overset{Br}{|}}{C}} - CH_3$$

2-Bromohex-1-ène   **2,2-Dibromohexane**

L'addition de HBr à un alcyne est facilitée par l'emploi de bromure d'acétyle (CH_3COBr) et d'alumine, comparativement à la réaction qui se produit avec du HBr aqueux. Le bromure d'acétyle tient lieu de précurseur du HBr : il réagit avec l'alumine et produit du HBr. La vitesse de la réaction augmente en raison de la présence d'alumine (section 8.2). Par exemple, l'hept-1-yne peut être converti en 2-bromohept-1-ène selon cette méthode, qui donne un bon rendement.

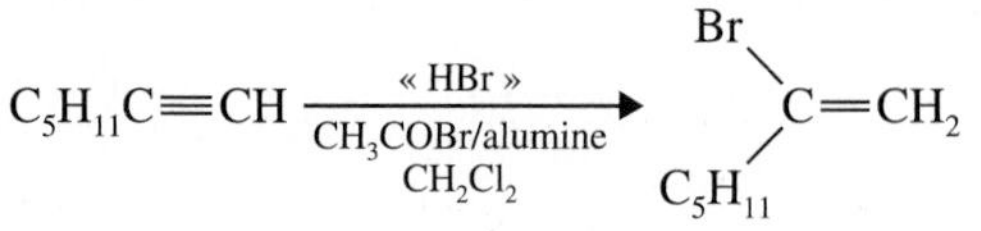

$$C_5H_{11}C \equiv CH \xrightarrow[\substack{CH_3COBr/alumine \\ CH_2Cl_2}]{\text{« HBr »}} \underset{C_5H_{11}}{\overset{Br}{C}} = CH_2$$

(82 %)

L'addition anti-Markovnikov de bromure d'hydrogène aux alcynes s'observe lorsque le mélange réactionnel contient des peroxydes. Ces réactions se déroulent par un mécanisme qui fait intervenir des radicaux libres (section 10.9).

$$CH_3CH_2CH_2CH_2C \equiv CH \xrightarrow{\substack{HBr \\ peroxydes}} CH_3CH_2CH_2CH_2CH = CHBr$$

(74 %)

L'addition d'eau aux alcynes constitue une méthode de synthèse des cétones qui sera abordée à la section 16.5.

8.14 CLIVAGE OXYDATIF DES ALCYNES

Le traitement des alcynes avec l'ozone ou avec une solution basique de permanganate de potassium mène au clivage de la triple liaison carbone–carbone et produit des acides carboxyliques :

$$R - C \equiv C - R' \xrightarrow[\text{2) HOAc}]{\text{1) O}_3} RCO_2H + R'CO_2H$$

ou

$$R - C \equiv C - R' \xrightarrow[\text{2) H}^+]{\text{1) KMnO}_4, OH^-} RCO_2H + R'CO_2H$$

PROBLÈME 8.19

Les alcynes **A** et **B** partagent la formule moléculaire C_8H_{14}. Le traitement de l'un ou l'autre alcyne avec un excès d'hydrogène en présence d'un catalyseur métallique conduit à la formation d'octane. Lorsque le composé **C** (C_8H_{12}) subit le même traitement, il donne lieu à un produit de formule C_8H_{16}. Le traitement de l'alcyne **A** avec de l'ozone puis avec de l'acide acétique donne un seul produit, le $CH_3CH_2CH_2CO_2H$. En soumettant l'alcyne **C** à l'ozone puis à l'eau, on obtient un seul produit, de formule $HO_2C(CH_2)_6CO_2H$. Le composé **B** absorbe les rayons infrarouges vers ~3300 cm^{-1}. Identifiez les composés **A**, **B** et **C**.

8.15 RETOUR SUR LES STRATÉGIES DE SYNTHÈSE

Lors de la planification d'une synthèse, nous devons prendre en considération quatre aspects interreliés :

1. La construction du squelette carboné.
2. L'interconversion des groupes fonctionnels.

3. Le contrôle de la régiochimie.

4. Le contrôle de la stéréochimie.

Vous avez déjà abordé les deux premiers aspects dans des sections précédentes. La section 4.20 vous a initiés à l'*analyse rétrosynthétique* et à l'utilisation de cette méthode d'analyse pour imaginer la construction du squelette carboné des alcanes et des cycloalcanes. À la section 6.15, vous avez étudié la notion d'*interconversion des groupes fonctionnels* et appris que les réactions de substitution nucléophile pouvaient servir à cette fin. Au fil des autres sections, vous avez continué à enrichir votre répertoire de méthodes de construction de squelettes carbonés et de transformation des groupes fonctionnels. Le moment est venu de classifier adéquatement toutes les réactions que vous avez apprises ainsi que leurs applications en synthèse organique. Le résultat de cette classification deviendra votre **boîte à outils pour la synthèse organique.**

Étudions maintenant quelques nouveaux exemples qui montreront comment les quatre aspects précédents s'intègrent à la planification d'une synthèse.

Examinons un problème dans lequel nous devons proposer une méthode de synthèse du 2-bromobutane à partir de composés de deux atomes de carbone ou moins. Comme nous le verrons, cette synthèse fait intervenir la construction d'un squelette carboné, l'interconversion de groupes fonctionnels et le contrôle de la régiochimie.

Commençons par employer une analyse rétrosynthétique. Il est possible d'obtenir du 2-bromobutane par addition de bromure d'hydrogène au but-1-ène. La régiochimie de cette interconversion de groupes fonctionnels doit être une addition conforme à la règle de Markovnikov.

Analyse rétrosynthétique

$$CH_3CH_2CHCH_3 \Longrightarrow CH_3CH_2CH{=}CH_2 + H{-}Br \quad \textbf{Addition Markovnikov}$$
$$\quad\quad\; |$$
$$\quad\quad Br$$

Synthèse

$$CH_3CH_2CH{=}CH_2 + HBr \xrightarrow[\text{peroxydes}]{\text{sans}} CH_3CH_2CHCH_3$$
$$\quad\quad\quad\quad\quad\quad\quad\quad\quad\quad\quad\quad\quad\quad\quad |$$
$$\quad\quad\quad\quad\quad\quad\quad\quad\quad\quad\quad\quad\quad\quad Br$$

Rappel : la flèche à deux traits symbolise un lien entre la molécule visée et ses précurseurs lors d'une analyse rétrosynthétique.

$$\text{Molécule visée} \Longrightarrow \text{précurseurs}$$

Par la suite, nous devons trouver une façon de synthétiser le but-1-ène, compte tenu de la nécessité de construire le squelette carboné de la molécule visée à partir de composés munis de deux atomes de carbone ou moins.

Analyse rétrosynthétique

$$CH_3CH_2CH{=}CH_2 \Longrightarrow CH_3CH_2C{\equiv}CH + H_2$$
$$CH_3CH_2C{\equiv}CH \Longrightarrow CH_3CH_2Br + NaC{\equiv}CH$$
$$NaC{\equiv}CH \Longrightarrow HC{\equiv}CH + NaNH_2$$

Synthèse

$$HC{\equiv}C{-}H + Na^+\,{}^-NH_2 \xrightarrow[-33\,°C]{NH_3\ \text{liq.}} HC{\equiv}C{:}^-Na^+$$

$$CH_3CH_2{-}Br + Na^+\,{}^-{:}C{\equiv}CH \xrightarrow[-33\,°C]{NH_3\ \text{liq.}} CH_3CH_2C{\equiv}CH$$

$$CH_3CH_2C{\equiv}CH + H_2 \xrightarrow{Ni_2B\ (P\text{-}2)} CH_3CH_2CH{=}CH_2$$

Une des méthodes de rétrosynthèse consiste à envisager chaque étape comme une « déconnexion » d'une des liaisons (section 4.20A)*. Par exemple, une des étapes importantes de la synthèse que nous venons d'énoncer réside dans la formation de la nouvelle liaison carbone – carbone. La rétrosynthèse de cette étape pourrait s'illustrer comme suit :

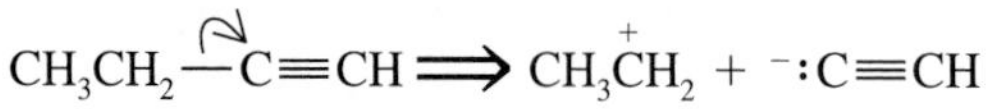

$$CH_3CH_2 \overset{\frown}{-} C \equiv CH \Longrightarrow CH_3\overset{+}{CH_2} + \ ^-{:}C \equiv CH$$

Les fragments dérivés de cette déconnexion sont un cation éthyle et un anion éthynure. Ces fragments sont aussi appelés **synthons**. Ces synthons nous permettent de formuler le raisonnement suivant : « En théorie, nous pouvons synthétiser une molécule de but-1-yne en combinant un cation éthyle et un anion éthynure. » Cependant, ces cations et ces anions n'existent pas sous cette forme en laboratoire. Nous devons donc compter sur des **équivalents synthétiques** de ces synthons, qui sont l'éthynure de sodium pour l'ion éthynure, et le bromoéthane pour le cation éthyle. L'éthynure de sodium renferme en effet un ion éthynure et un cation sodium. Vérifions le tout grâce au raisonnement suivant : si le bromoéthane réagissait selon un mécanisme de type S_N1, il produirait un cation éthyle et un ion bromure. Cependant, nous savons que, étant un halogénoalcane primaire, le bromoéthane n'est pas susceptible de réagir ainsi. En revanche, il peut réagir aisément avec un nucléophile fort comme l'éthynure de sodium, selon un mécanisme de type S_N2, et donner un produit identique à celui qui serait issu d'une réaction entre le cation éthyle et l'éthynure de sodium. Par conséquent, dans cette réaction, le bromoéthane joue le rôle d'un équivalent de synthèse du cation éthyle.

Étudions maintenant un exemple qui fait appel à un contrôle stéréochimique : la synthèse des énantiomères du butane-2,3-diol, soit le (2R,3R)-butane-2,3-diol et le (2S,3S)-butane-2,3-diol, à partir de composés munis de deux atomes de carbone ou moins.

Ici (voir problème 8.16), l'étape finale menant aux énantiomères pourrait être une dihydroxylation *syn* du *trans*-but-2-ène.

Analyse rétrosynthétique

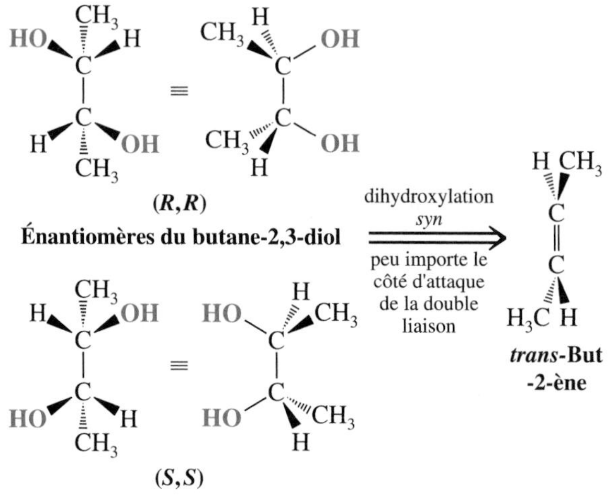

Synthèse

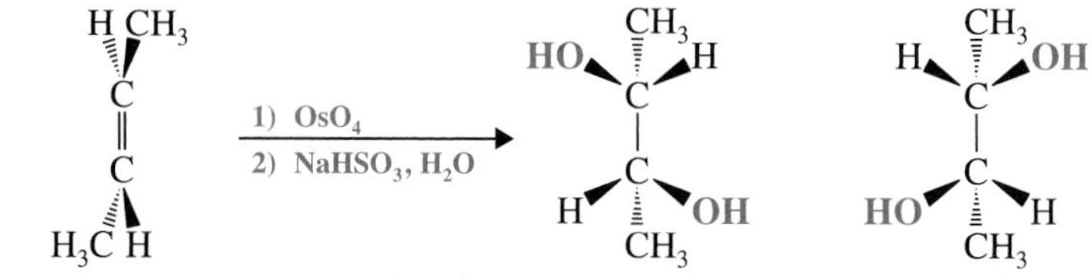

---

* D'excellents ouvrages décrivent en détail cette approche de l'analyse rétrosynthétique : S. WARREN, *Organic Synthesis, The Disconnection Approach*, New York, Wiley, 1982; et S. WARREN, *Workbook for Organic Synthesis, The Disconnection Approach*, New York, Wiley, 1982.

Cette réaction est stéréospécifique et conduit à un mélange racémique des énantiomères du butane-2,3-diol.

Ensuite, il est possible de synthétiser le *trans*-but-2-ène grâce au traitement du but-2-yne avec du lithium dissous dans l'ammoniac liquide. L'addition *anti* de l'hydrogène donne le produit *trans* visé. Nous avons ici un exemple de **réaction stéréosélective,** c'est-à-dire une réaction qui donne lieu de manière prédominante ou exclusive à une forme stéréo-isomère du produit (ou à un certain sous-ensemble de stéréo-isomères parmi tous ceux qui sont possibles) et dont le réactif n'est pas nécessairement chiral (comme dans le cas d'un alcyne). Notez bien la différence entre « stéréosélective » et « stéréospécifique ». Une réaction est stéréospécifique lorsqu'elle produit de manière prédominante ou exclusive un stéréo-isomère d'un produit à partir d'un stéréo-isomère spécifique d'un réactif de départ. Toutes les réactions stéréospécifiques sont stéréosélectives, mais l'inverse n'est pas toujours vrai.

Analyse rétrosynthétique

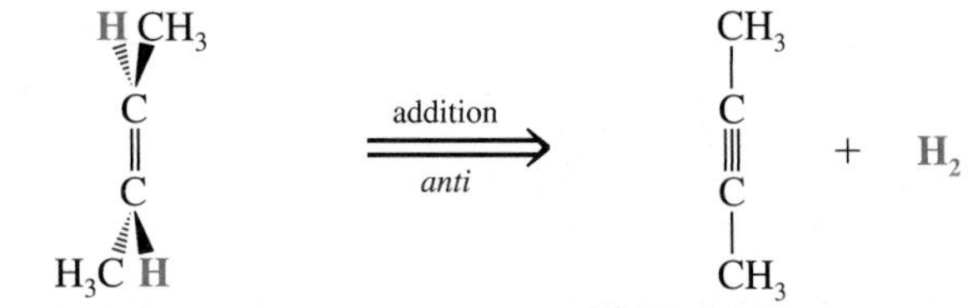

$$\text{trans-But-2-ène} \quad \xrightarrow[\textit{anti}]{\text{addition}} \quad \text{But-2-yne} \quad + \quad H_2$$

Synthèse

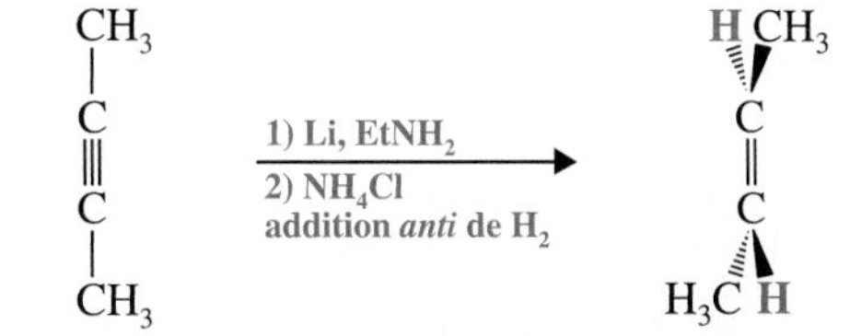

$$\text{But-2-yne} \quad \xrightarrow[\substack{\text{2) NH}_4\text{Cl} \\ \text{addition } \textit{anti} \text{ de H}_2}]{\text{1) Li, EtNH}_2} \quad \text{trans-But-2-ène}$$

Ensuite, nous pouvons synthétiser le but-2-yne à partir du propyne en le transformant d'abord en propynure de sodium, puis en alkylant ce dernier avec de l'iodométhane.

Analyse rétrosynthétique

$$CH_3-C\equiv C \overset{\text{\scriptsize /}}{-} CH_3 \Longrightarrow CH_3-C\equiv C{:}^-Na^+ + CH_3-I$$

$$CH_3-C\equiv C{:}^-Na^+ \Longrightarrow CH_3-C\equiv C-H + NaNH_2$$

Synthèse

$$CH_3-C\equiv C-H \xrightarrow[\text{2) CH}_3\text{I}]{\text{1) NaNH}_2/\text{NH}_3 \text{ liq.}} CH_3-C\equiv C-CH_3$$

Enfin, nous pouvons synthétiser le propyne à partir d'éthyne.

Analyse rétrosynthétique

$$H-C\equiv C \overset{\text{\scriptsize /}}{-} CH_3 \Longrightarrow H-C\equiv C{:}^-Na^+ + CH_3-I$$

Synthèse

$$H-C\equiv C-H \xrightarrow[\text{2) CH}_3\text{I}]{\text{1) NaNH}_2/\text{NH}_3 \text{ liq.}} CH_3-C\equiv C-H$$

► CAPSULE CHIMIQUE

LA BIOSYNTHÈSE DU CHOLESTÉROL : DES RÉACTIONS ÉLÉGANTES ET BIEN CONNUES DANS LA NATURE

Le cholestérol est le précurseur biochimique de la cortisone, de l'estradiol et de la testostérone. En fait, toutes les hormones stéroïdiennes et tous les acides biliaires de l'organisme humain proviennent de cette molécule (section 23.4). La biosynthèse du cholestérol compte parmi les plus belles et les plus extraordinaires transformations métaboliques connues en biochimie. Cet exemple illustre parfaitement les prouesses qu'accomplissent les enzymes en matière de synthèse et il mérite d'être examiné de plus près.

Notre étude de cette biosynthèse débute avec le dernier précurseur acyclique, soit le squalène. Le squalène, qui consiste en une chaîne linéaire polyinsaturée de 30 carbones, produit le lanostérol, premier précurseur cyclique. Ce dernier se forme à la suite d'un remarquable ensemble de réactions d'addition et de réarrangements catalysés par des enzymes qui conduisent à la formation de quatre cycles fusionnés partageant sept stéréocentres. En théorie, une structure comme celle du lanostérol peut avoir 2^7 (ou 128) stéréo-isomères; pourtant, cette série de réactions enzymatiques ne produit qu'un seul stéréo-isomère. Examinons en détail ces réactions. En dépit de la complexité des molécules en présence, vous identifierez sans peine les principes de chimie associés à cette biosynthèse, car ils figurent parmi ceux que vous avez déjà étudiés.

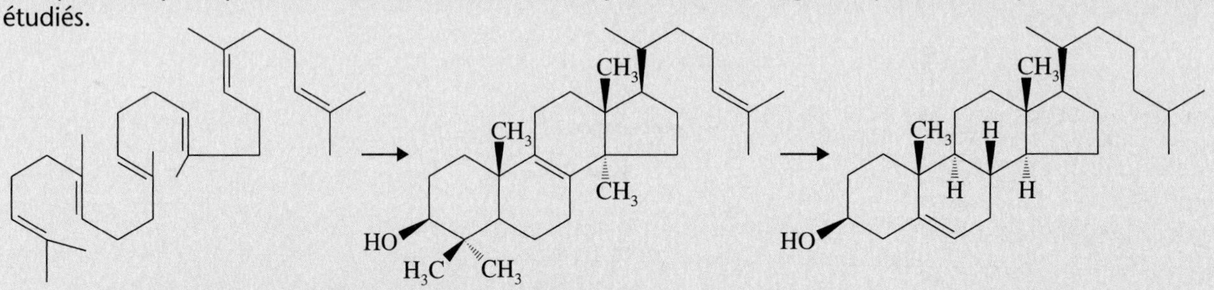

Squalène   Lanostérol   Cholestérol

Polycyclisation du squalène en lanostérol

La suite remarquable de transformations par laquelle le squalène devient le lanostérol s'amorce avec une oxydation enzymatique de la double liaison en positions 2,3 du squalène qui aboutit au (3S)-2,3-oxydosqualène [aussi appelé époxyde-2,3 du squalène (un époxyde est un éther cyclique à trois membres soit un oxacyclopropane; voir section 11.18)]. À cette étape, une succession de réactions d'addition aux alcènes se déclenche dans la molécule, en conformation dite chaise-bateau-chaise (voir le schéma ci-dessous).

La protonation du (3S)-2,3-oxydosqualène par la squalène oxydocyclase donne à l'oxygène une charge positive formelle et le convertit en un bon groupe sortant. L'époxyde protoné rend le carbone tertiaire (C2) déficient en électrons (il ressemble ainsi à un carbocation tertiaire), et celui-ci agit alors comme électrophile dans une réaction d'addition qui a lieu sur la double liaison entre les C6 et C7 de la chaîne du squalène. Lorsque cet alcène attaque le carbone tertiaire de l'époxyde, un autre carbocation tertiaire se forme au C6 avant d'être à son tour attaqué par la double liaison suivante. Deux autres carbones subissent une réaction d'addition similaire (voir schéma), ce qui génère le carbocation tertiaire exocyclique illustré ci-contre. Cet intermédiaire porte le nom de cation protostéryle.

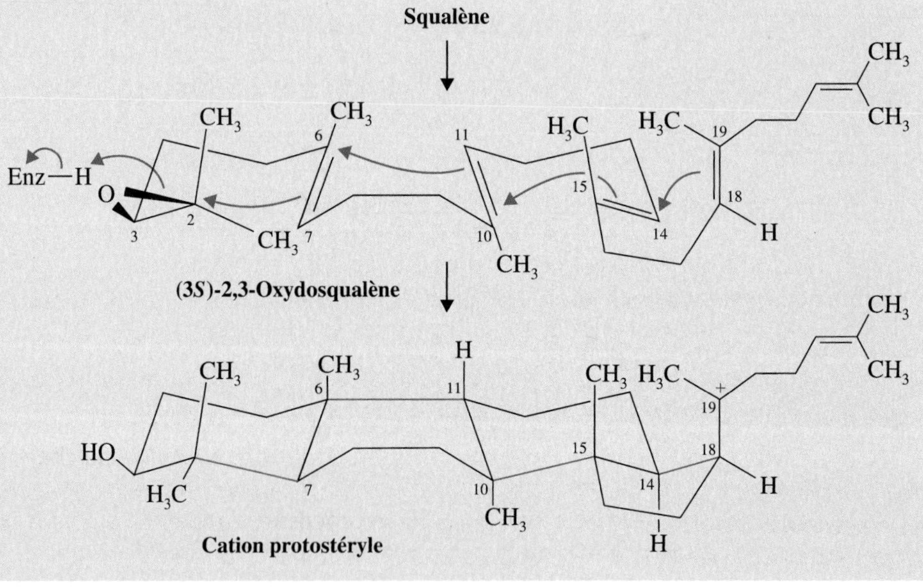

Squalène

(3S)-2,3-Oxydosqualène

Cation protostéryle

PROBLÈME D'APPROFONDISSEMENT

Lors de la polycyclisation du squalène menant à la formation du lanostérol, toutes les additions que subissent les alcènes, sauf une, s'effectuent conformément à la règle de Markovnikov. Durant cette polycyclisation, quelle addition se déroule de manière anti-Markovnikov (vous devez identifiez l'alcène et le carbone électrophile selon la numérotation des carbones de la chaîne du 2,3-oxydosqualène) ? Quelle structure cyclique finale, au lieu du cation protostéryle, résulterait de la cyclisation du 2,3-oxydosqualène si l'addition anti-Markovnikov qui la caractérise s'y déroulait conformément à la règle de Markovnikov ? Montrez la structure de ce produit en en dessinant la conformation ou en la représentant à l'aide d'une formule structurale abrégée.

Une réaction d'élimination résultant d'une suite de réarrangements de méthanure et d'hydrure

La phase suivante de la biosynthèse du lanostérol, qui demeure déterminée par la squalène-oxydocyclase, est tout aussi remarquable que la précédente, mais reste conforme aux principes de la chimie. Les transformations subséquentes font intervenir une série de migrations (des réarrangements de carbocations) et une déprotonation pour aboutir à un alcène. Ce processus commence par la migration-1,2 d'un hydrure allant du C17 au C18 (le système standard de numérotation des stéroïdes est utilisé ici; voir section 23.4). Une charge positive se développe alors au C17, ce qui facilite la migration d'un autre hydrure, du C13 au C17.

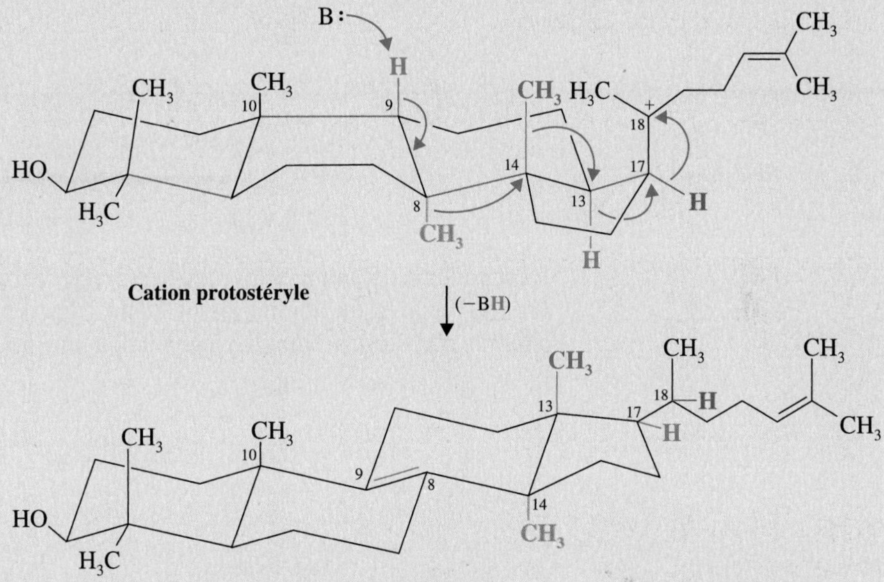

Parallèlement, des migrations d'ions méthanure ont également lieu, du C14 au C13 et du C8 au C14. Finalement, l'arrachement enzymatique d'un proton au C9 mène à la formation d'une double liaison entre le C8 et

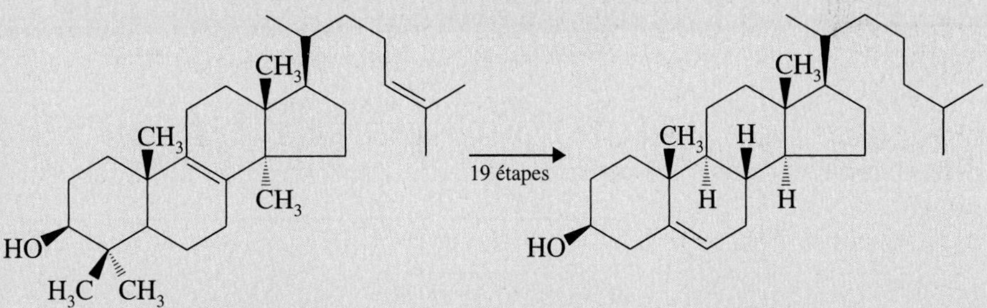

Cation protostéryle

Lanostérol

Lanostérol

19 étapes

Cholestérol

le C9 et du produit de la réaction de la squalène-oxydocyclase, c'est-à-dire le lanostérol. Ces étapes sont illustrées ci-dessus.

La production de cholestérol s'achève par l'enlèvement de trois carbones en 19 étapes d'oxydoréduction, que nous n'aborderons pas ici.

Ces transformations élégantes illustrent la beauté de la chimie organique réalisée dans la nature. Comme vous l'avez observé, les réactions de biosynthèse se déroulent selon les mêmes principes fondamentaux et les mêmes voies réactionnelles qui sont enseignés en chimie organique. Dans les réactions biologiques, on retrouve des réactions acido-basiques, des nucléophiles, des électrophiles, des groupes sortants, des réarrangements, etc. Dans la Capsule chimique intitulée « Les méthylations biologiques » (section 6.15), nous avons examiné un exemple de substitution nucléophile appliquée à une biosynthèse faisant intervenir des amines biologiques et le S-adénosylméthionine. Dans le cas de la biosynthèse du cholestérol, nous avons constaté que la nature met à profit les carbocations, les électrophiles, les réactions d'addition aux alcènes et les réarrangements du squelette carboné. Tous ces processus s'apparentent aux réactions que vous avez étudiées jusqu'à maintenant.

Illustration d'une synthèse stéréospécifique à plusieurs étapes

En commençant par des composés ayant deux atomes de carbone ou moins, proposez une méthode de synthèse stéréospécifique du *méso*-3,4-dibromohexane.

Réponse

Nous allons procéder à une rétrosynthèse à partir du produit. Le brome s'additionne *anti* à un alcène de manière stéréospécifique. Par conséquent, l'addition du brome au *trans*-hex-3-ène donnera le *méso*-3,4-dibromohexane désiré.

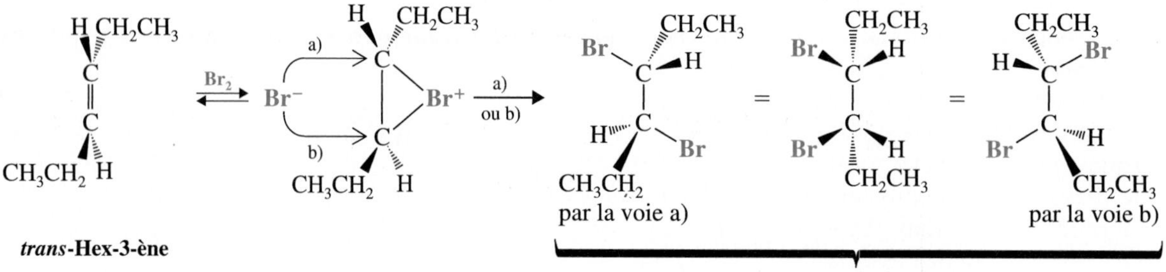

trans-Hex-3-ène

méso-3,4-Dibromohexane

Il est possible de préparer le *trans*-hex-3-ène de manière stéréosélective en réduisant l'hex-3-yne avec du lithium dissous dans l'ammoniac liquide (section 7.15B). Cette addition d'hydrogène aura lieu en position *anti* sur la triple liaison.

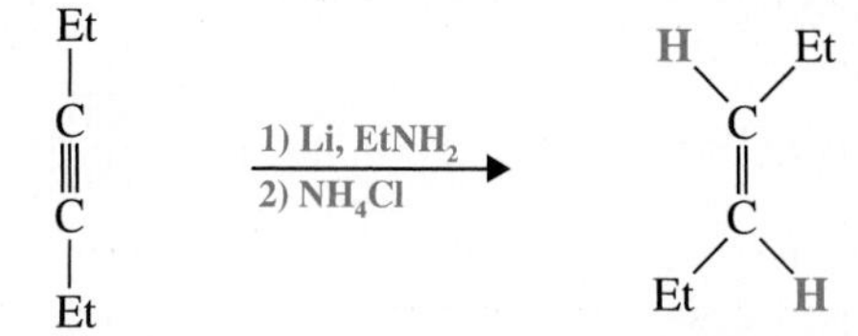

Hex-3-yne   **trans-Hex-3-ène**

Quant à l'hex-3-yne, on peut le synthétiser à partir d'acétylène et de bromoéthane par des alkylations successives effectuées à l'aide d'une base, c'est-à-dire l'amidure de sodium.

$$H-C\equiv C-H \xrightarrow[\text{2) } CH_3CH_2Br]{\text{1) } NaNH_2,\ NH_3\ \text{liq.}} CH_3CH_2C\equiv CH \xrightarrow[\text{2) } CH_3CH_2Br]{\text{1) } NaNH_2,\ NH_3\ \text{liq.}}$$

$$CH_3CH_2C\equiv CCH_2CH_3$$

PROBLÈME 8.20

Quelle modification apporteriez-vous à la méthode de synthèse utilisée dans l'exemple précédent si vous deviez préparer un mélange racémique de (3*R*,4*R*)- et (3*S*,4*S*)-3,4-dibromohexane ?

TERMES ET CONCEPTS CLÉS

Électrophile	Section 8.1	**Réaction stéréospécifique**	Section 8.7A
Réaction d'addition	Sections 8.1-8.9,	**Réaction stéréosélective**	Section 8.15
	8.12 et 8.13	**Halogénoalcool vicinal**	Section 8.8
Règle de Markovnikov	Sections 8.2 et 8.13	**Carbènes**	Section 8.9
Addition anti-Markovnikov	Sections 8.2D et 8.13	**Dihydroxylation *syn***	Section 8.10A
Réaction régiosélective	Sections 8.2C et 8.13	**Ozonolyse**	Sections 8.11A et 8.14
Hydratation	Section 8.5	**Clivage oxydatif**	Sections 8.11 et 8.14
Ion bromonium	Section 8.6A		

SOMMAIRE DES RÉACTIONS

Sommaire des réactions d'addition aux alcènes

La stéréochimie et la régiospécificité (le cas échéant) des réactions d'addition aux alcènes que nous avons étudiées jusqu'ici sont résumées dans la figure qui suit. L'alcène de départ est le 1-méthylcyclopentène.

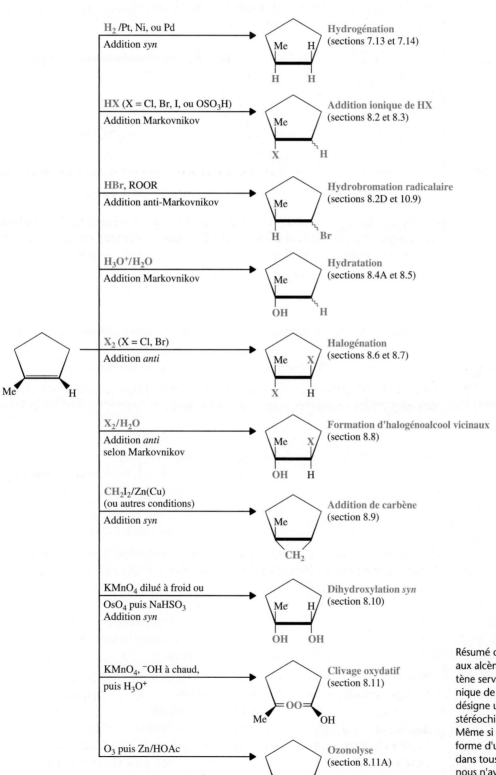

Résumé des réactions d'addition aux alcènes, le 1-méthylcyclopentène servant de substrat organique de départ. Le symbole ~~~ désigne une liaison dont la stéréochimie n'est pas spécifiée. Même si le produit existe sous la forme d'un mélange racémique dans tous les cas où il est chiral, nous n'avons illustré, par souci de concision, qu'un seul de ses énantiomères.

Sommaire des réactions d'addition aux alcynes

Les réactions d'addition aux alcynes sont résumées ci-dessous.

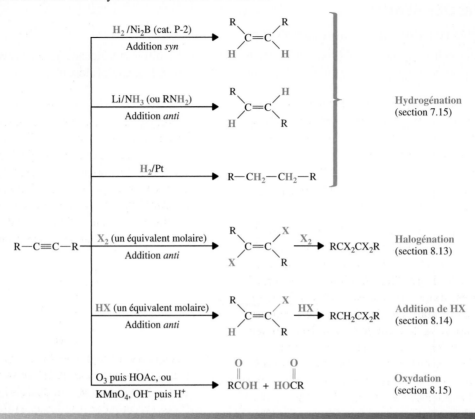

PROBLÈMES SUPPLÉMENTAIRES

8.21 Donnez la formule développée des produits formés par la réaction du but-1-ène avec chacun des réactifs suivants :

a) HI

b) H_2, Pt

c) H_2SO_4 dilué, à température modérée

d) H_2SO_4 concentré à froid

e) H_2SO_4 concentré à froid, puis H_2O et chauffage

f) HBr en présence d'alumine

g) Br_2 dans CCl_4

h) Br_2 dans CCl_4, puis KI dans l'acétone

i) Br_2 dans l'eau

j) HCl en présence d'alumine

k) $KMnO_4$ dilué à froid, ^-OH

l) O_3, puis Zn, HOAc

m) OsO_4, puis $NaHSO_3/H_2O$

n) $KMnO_4$, ^-OH, chauffage, puis H_3O^+

8.22 Refaites le problème 8.21 en employant du cyclohexène au lieu du but-1-ène.

8.23 Dessinez la structure du produit formé par la réaction du but-1-yne avec :

a) Un équivalent molaire de Br_2

b) Un équivalent molaire de HBr en présence d'alumine

c) Deux équivalents molaire de HBr en présence d'alumine

d) H_2 (en excès)/Pt

e) H_2, Ni_2B (P-2)

f) $NaNH_2$ dans NH_3 liquide, puis CH_3I

g) $NaNH_2$ dans NH_3 liquide, puis $(CH_3)_3CBr$

8.24 Écrivez la structure du produit résultant de la réaction (si elle a lieu) du but-2-yne avec :

a) Un équivalent molaire de HBr en présence d'alumine

b) Deux équivalents molaires de HBr en présence d'alumine

c) Un équivalent molaire de Br_2

d) Deux équivalents molaires de Br_2

e) H_2, Ni_2B (P-2)

f) Un équivalent molaire de HCl en présence d'alumine

g) Li/NH_3 liquide

h) H_2 (en excès)/Pt

i) Deux équivalents molaires de H_2, Pt

j) $KMnO_4$, ^-OH, puis H_3O^+

k) O_3, HOAc

l) $NaNH_2$, NH_3 liquide

8.25 Montrez comment le but-1-yne peut être préparé à partir de chacun des réactifs suivants :

a) But-1-ène

b) 1-Chlorobutane

c) 1-Chlorobut-1-ène

d) 1,1-Dichlorobutane

e) Éthyne et bromoéthane

8.26 En commençant votre préparation par le 2-méthyl-propène (isobutylène) et en utilisant tout autre réactif nécessaire, proposez une méthode de synthèse pour chacun des produits suivants :

a) $(CH_3)_3COH$

b) $(CH_3)_3CCl$

c) $(CH_3)_3CBr$

d) $(CH_3)_3CF$

e) $(CH_3)_2C(OH)CH_2Cl$

8.27 Le myrcène, un composé odoriférant dérivé de la cire des baies de la plante *myrica cerifera,* possède la formule $C_{10}H_{16}$ et ne contient pas de triples liaisons. a) Quel est le degré d'insaturation du myrcène ? Lorsqu'il est traité avec un excès d'hydrogène en présence d'un catalyseur de platine, il est converti en un composé **A** de formule $C_{10}H_{22}$. b) Combien de cycles renferme le myrcène ? c) Combien de liaisons doubles contient-il ? Le composé **A** est le 2,6-diméthyloctane. L'ozonolyse du myrcène suivie d'un traitement avec du zinc dans l'acide acétique produit 2 moles de formaldéhyde (HCHO), 1 mole d'acétone (CH_3COCH_3) et un troisième composé **B** de formule $C_5H_6O_3$. d) Quelle est la structure du myrcène ? e) Quelle est la structure du composé **B** ?

8.28 Le traitement du propène avec du chlorure d'hydrogène dans l'éthanol donne, entre autres produits, de l'oxyde d'éthyle et d'isopropyle. Proposez un mécanisme qui rende compte de la formation de ce produit.

8.29 Lorsque le 2-méthylpropène, le propène et l'éthène réagissent séparément avec HI dans les mêmes conditions, c'est-à-dire à concentration et à température identiques, il s'avère que le 2-méthylpropène réagit le plus rapidement, et l'éthène le plus lentement. Expliquez pourquoi.

8.30 Le farnésène (ci-dessous) est un composé trouvé dans la cire de la pelure de pomme. Donnez la structure et le nom selon l'UICPA du produit formé par la réaction du farnésène avec un excès d'hydrogène en présence d'un catalyseur de platine.

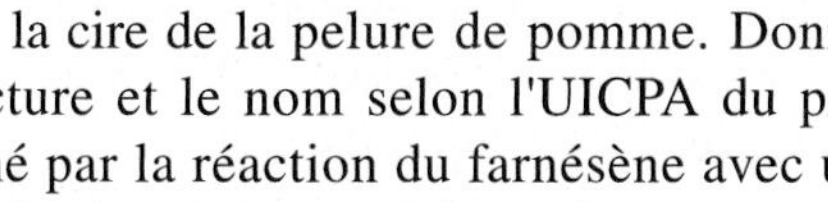

Farnésène

8.31 Écrivez la formule développée des produits que donnerait le traitement du géranial, un composé de l'essence de citronnelle, avec de l'ozone, puis avec du zinc et de l'eau.

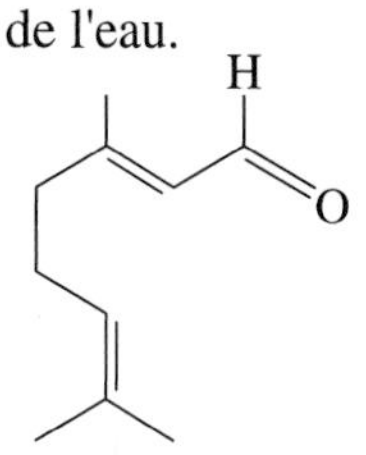

Géranial

8.32 Le limonène est un composé présent dans les essences d'orange et de citron. Lorsque le limonène est soumis à un excès d'hydrogène en présence d'un catalyseur de platine, il se transforme en 1-isopropyle-4-méthylcyclohexane. Cependant, lorsqu'il est traité avec de l'ozone, puis mis en contact avec du zinc et de l'eau, il donne du HCHO et le composé ci-dessous. Quelle est la formule développée du limonène ?

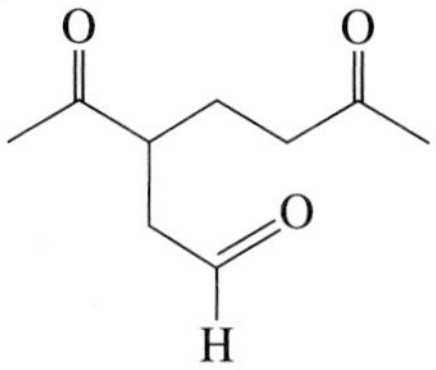

8.33 Lorsque le 2,2-diphényléthan-1-ol est traité avec une solution aqueuse de HI, le produit principal de la réaction est le 1-iodo-1,1-diphényléthane. Proposez un mécanisme pour la formation de ce produit qui soit plausible.

8.34 Le traitement du 3,3-diméthylbutan-2-ol avec une solution concentrée de HI donne lieu à un réarrangement. Quel iodoalcane cette réaction devrait-elle produire ? Indiquez le mécanisme pour la formation du produit.

8.35 Les phéromones (section 4.16) sont des substances sécrétées par les animaux (notamment les insectes) qui induisent un certain comportement chez les autres membres de la même espèce. Elles sont efficaces à des concentrations très faibles. Il existe des phéromones sexuelles, d'alarme et de « rassemblement ». La phéromone attirant le sexe opposé que produit le carpocapse des pommes, un papillon, possède la formule moléculaire $C_{13}H_{24}O$. L'hydrogénation catalytique de cette phéromone nécessite 2 équivalents molaires d'hydrogène et aboutit au 3-éthyl-7-méthyldécan-1-ol. Après un traitement avec de l'ozone suivi d'un traitement avec du zinc et de l'eau, cette phéromone produit du $CH_3CH_2CH_2COCH_3$, du $CH_3CH_2COCH_2CH_2CHO$ et du $OHCCH_2OH$. a) En ne tenant pas compte de la stéréochimie des doubles liaisons, donnez la structure générale de cette phéromone. b) Des expériences ont révélé que les doubles liaisons présentent la configuration ($2Z,6E$). Donnez une formule développée de cette phéromone qui rende compte de sa stéréochimie.

8.36 La molécule attirant le sexe opposé chez la mouche commune (*Musca domestica*) se nomme muscalure. La formule de la muscalure est (Z)-$CH_3(CH_2)_{12}CH{=}CH(CH_2)_7CH_3$. En commençant la synthèse avec de l'éthyne et tout autre réactif jugé nécessaire, proposez une méthode de préparation de la muscalure.

8.37* Avec l'éthyne et le 1-bromopentane comme seuls réactifs de départ (à l'exception des solvants) et avec tout autre réactif inorganique jugé nécessaire, proposez une méthode de synthèse du composé ci-dessous.

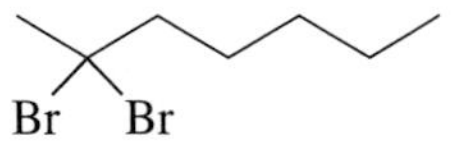

8.38 L'équation montrée ci-dessous illustre la dernière étape de la synthèse d'un important constituant des parfums, la *cis*-jasmone. Quels réactifs utiliseriez-vous lors de cette dernière étape ?

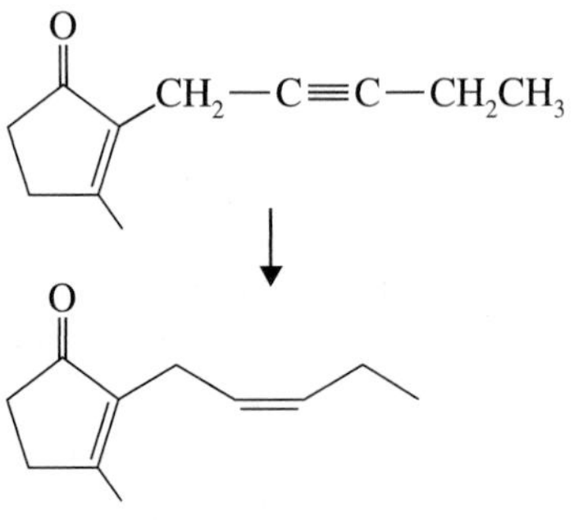

***cis*-Jasmone**

8.39 Écrivez la formule du produit que devrait donner chacune des réactions suivantes, compte tenu de sa stéréochimie (les modèles moléculaires pourraient vous être utiles).

a) 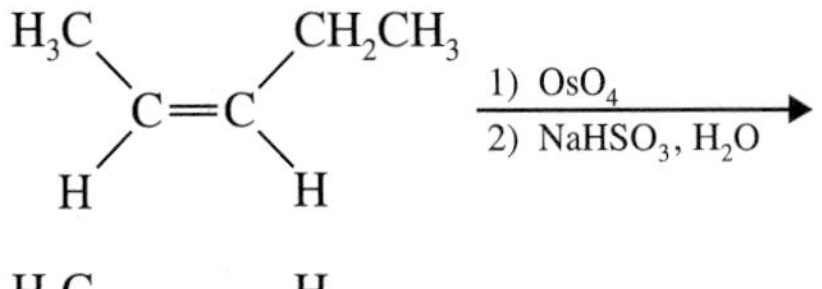

b) 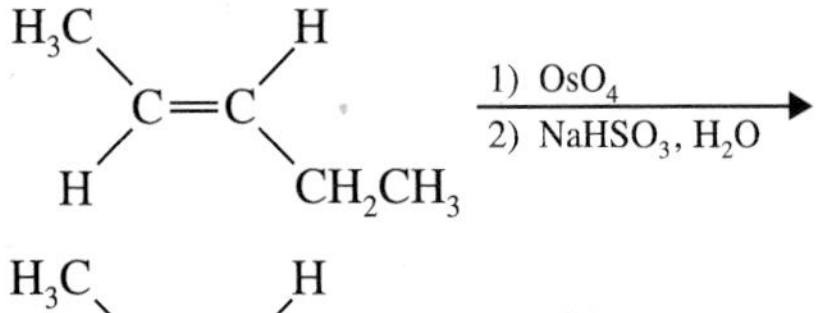

c) 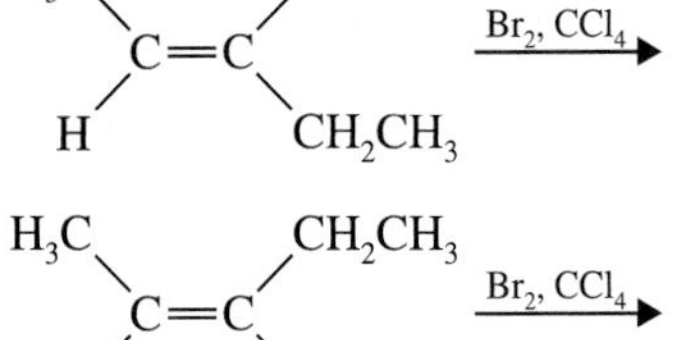

d) 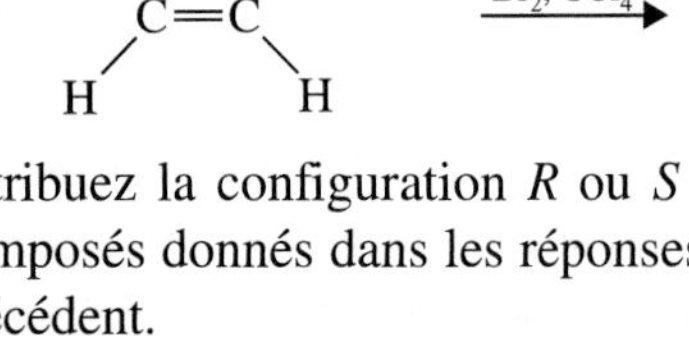

8.40 Attribuez la configuration R ou S à chacun des composés donnés dans les réponses au problème précédent.

* Les problèmes marqués d'un astérisque présentent une difficulté particulière.

8.41 La réaction du cyclohexène avec du brome en solution aqueuse de chlorure de sodium aboutit au *trans*-1,2-dibromocyclohexane, au *trans*-2-bromocyclohexanol et au *trans*-1-bromo-2-chlorocyclohexane. Proposez un mécanisme plausible qui rende compte de la formation du dernier produit.

8.42 Précisez les caractéristiques du spectre IR qui vous permettraient de distinguer chacun des composés des paires suivantes :

a) Pentane et pent-1-yne
b) Pentane et pent-1-ène
c) Pent-1-ène et pent-1-yne
d) Pentane et 1-bromopentane
e) Pent-2-yne et pent-1-yne
f) Pent-1-ène et pentan-1-ol
g) Pentane et pentan-1-ol
h) 1-Bromopent-2-ène et 1-bromopentane
i) Pentan-1-ol et pent-2-èn-1-ol

8.43 La présence de la double liaison du tétrachloroéthène ne peut être détectée au moyen du test qualitatif faisant intervenir le brome dans le tétrachlorure de carbone. Expliquez pourquoi.

8.44* Trois composés, **A, B** et **C,** partagent la formule moléculaire C_6H_{10}. Les trois composés décolorent rapidement une solution de brome dans du CCl_4 et sont solubles à froid dans de l'acide sulfurique concentré. Le composé **A** absorbe les rayons **IR** à environ 3 300 cm^{-1}, mais pas les composés **B** et **C.** Les composés **A** et **B** donnent de l'hexane lorsqu'on les traite avec un excès d'hydrogène en présence d'un catalyseur de platine. Dans les mêmes conditions, le composé **C** n'absorbe qu'un équivalent molaire d'hydrogène pour donner un produit de formule C_6H_{12}.

Lorsque **A** est oxydé à chaud par une solution basique de permanganate de potassium et que le tout est ensuite acidifié, le seul produit organique pouvant être isolé est le $CH_3(CH_2)_3CO_2H$. Une oxydation similaire de **B** ne donne que du $CH_3CH_2CO_2H$; le même traitement appliqué à **C** ne produit que du $HO_2C(CH_2)_4CO_2H$. Quelles sont les structures de **A, B** et **C** ?

8.45 L'acide ricinoléique, un constituant de l'huile de castor, possède la formule $CH_3(CH_2)_5CHOHCH_2CH{=}CH(CH_2)_7CO_2H$. a) Combien de stéréo-isomères de cette molécule sont possibles ? b) Écrivez leurs structures.

8.46 Deux acides carboxyliques partagent la formule générale $HO_2CCH{=}CHCO_2H$. L'un des acides carboxyliques est l'acide maléique, alors que l'autre se nomme acide fumarique. En 1880, Kekulé a découvert que le traitement de l'acide maléique à froid avec une solution de $KMnO_4$ diluée donne de l'acide *méso*-tartrique et que le même traitement appliqué à l'acide fumarique aboutit à l'acide (±)-tartrique. Montrez qu'il est possible de déduire la stéréochimie de l'acide maléique et de l'acide fumarique à partir des données fournies ici.

8.47 Servez-vous des réponses données au problème précédent pour prédire le résultat de l'addition du brome aux acides maléique et fumarique en termes de stéréochimie. a) Quel acide dicarboxylique additionnera le brome pour fournir un composé *méso* ? b) Lequel des composés donnera lieu à un mélange racémique ?

8.48* Le composé **A** optiquement actif (dextrogyre) possède la formule moléculaire $C_7H_{11}Br$. En l'absence de peroxydes, **A** réagit avec le bromure d'hydrogène pour donner des produits isomères, soit **B** et **C,** de formule moléculaire $C_7H_{12}Br_2$. Le composé **B** est optiquement actif, tandis que **C** ne l'est pas. Le traitement de **B** avec 1 mole de *tert*-butoxyde de potassium résulte en du (+)-**A**. Le traitement de **C** avec 1 mole de *tert*-butoxyde de potassium engendre du (±)-**A**. Le même traitement appliqué à **A** donne le composé **D** (C_7H_{10}). Lorsque 1 mole de **D** fait l'objet d'une ozonolyse, puis d'un traitement avec du zinc dans l'acide acétique, il en résulte 2 moles de formaldéhyde et 1 mole de cyclopentane-1,3-dione.

Cyclopentane-1,3-dione

Proposez des structures pour **A**, **B**, **C** et **D** en illustrant la stéréochimie et présentez les réactions en cause dans ces transformations.

8.49 Un antibiotique naturel appelé mycomycine présente la structure illustrée ci-dessous. Ce composé est optiquement actif. Expliquez ce phénomène en écrivant les structures des énantiomères de ce composé.

$$HC{\equiv}C{-}C{\equiv}C{-}CH{=}C{=}CH$$
$$|$$
$$(CH{=}CH)_2CH_2CO_2H$$
Mycomycine

8.50 Un composé optiquement actif, **D,** possède la formule moléculaire C_6H_{10} et présente un pic à environ 3300 cm^{-1} dans son spectre IR. L'hydrogénation catalytique de **D** donne **E** (C_6H_{14}). On ne peut effectuer la résolution de **E,** qui est optiquement inactif. Représentez les structures de **D** et **E.**

8.51* a) En vous inspirant du mécanisme de l'addition du brome aux alcènes, dessinez la structure tridimensionnelle la plus probable de **A**, **B** et **C** à partir des observations suivantes :

La réaction du cyclopentène avec le brome dans l'eau donne **A.**

La réaction à froid de **A** avec 1 équivalent molaire de NaOH aqueux donne **B,** dont la formule est C_5H_8O. **B** n'absorbe pas les rayons IR entre 3590 et 3650 cm^{-1} (reportez-vous aux explications portant sur la cyclisation du squalène).

En chauffant **B** dans une solution de méthanol contenant un acide fort en quantité catalytique, on obtient **C,** $C_6H_{12}O_2$, qui présente des pics d'absorption IR dans la région comprise entre 3590 et 3650 cm^{-1}.

b) Représentez la structure de **C** en spécifiant la configuration *R-S* de ses stéréocentres. **C** sera-t-il produit sous forme d'un stéréo-isomère unique ou d'un mélange racémique ?

c) Quelle expérience vous permettrait de confirmer votre prédiction de la stéréochimie de **C** ?

8.52* Comme toutes les amines, la triéthylamine, $(C_2H_5)_3N$, possède un atome d'azote muni d'une paire d'électrons libres. Le dichlorocarbène possède également une paire d'électrons libres. Les formules des deux composés sont représentées dans la première équation. Dessinez la structure des composés **D, E** et **F.**

$$(C_2H_5)_3N{:} + {:}CCl_2 \longrightarrow D \text{ (un produit instable)}$$

$$D \longrightarrow E + C_2H_4 \text{ (par une réaction E}_2 \text{ intramoléculaire)}$$

$$E \xrightarrow{H_2O} F \text{ (L'eau agit à l'inverse de la réaction qui aboutit aux dichlorures géminés.)}$$

TRAVAIL COOPÉRATIF

1. a) Planifiez la synthèse du (3*S*,4*R*)-3,4-dibromo-1-cyclohexylpentane et de son énantiomère (puisqu'un mélange racémique se formera) à partir de l'éthyne, du 1-chloro-2-cyclohexyléthane, du bromométhane et de tout autre réactif jugé nécessaire. Ces trois composés seront vos seules sources de carbone. Amorcez la résolution du problème au moyen d'une analyse rétrosynthétique. Identifiez l'atome des réactifs de départ d'où provient chaque atome de la molécule visée. Aussi, tenez compte de la façon dont la stéréospécificité des réactions que vous choisirez permet la formation d'un produit final présentant la stéréochimie adéquate.

b) Expliquez pourquoi un mélange racémique résulte de cette synthèse.

c) Quelles modifications faudrait-il apporter à votre synthèse pour obtenir un mélange racémique d'isomères (3*R*,4*R*) et (3*S*,4*S*) ?

2. Proposez un mécanisme détaillé rendant compte de la transformation suivante :

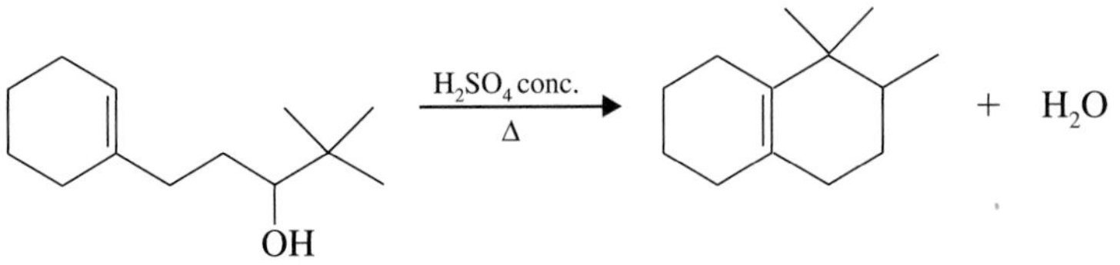

3. Déduisez la structure des composés **A** à **D**. Dessinez leur structure en tenant compte de leur stéréochimie.

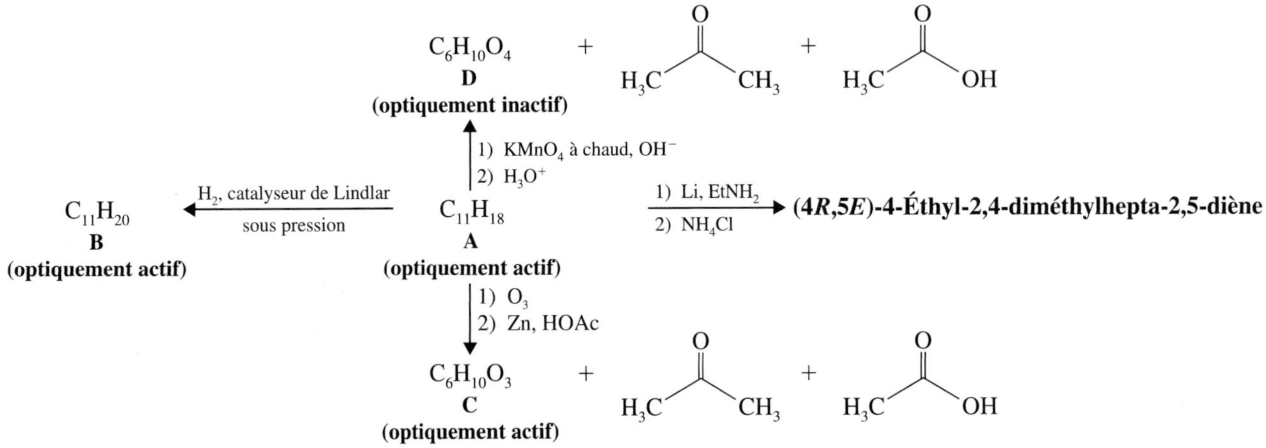

4. Le céphalopode *Haminœa cymbalum* secrète du kumépaloxane (illustré ci-dessous), un signal chimique libéré lorsqu'il est attaqué par un poisson carnivore prédateur. La biosynthèse de bromoéthers comme le kumépaloxane semble s'effectuer à l'aide d'enzymes et fait intervenir l'espèce Br^+. Dessinez la structure d'un précurseur biosynthétique possible du kumépaloxane (aide : c'est un alcool alcénique) et proposez un mécanisme plausible et détaillé en vertu duquel ce précurseur peut être converti en kumépaloxane en utilisant Br^+ et un accepteur générique de protons Y^-.

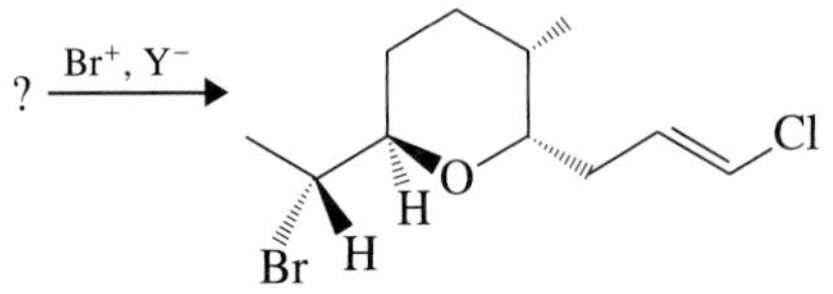

Kumépaloxane

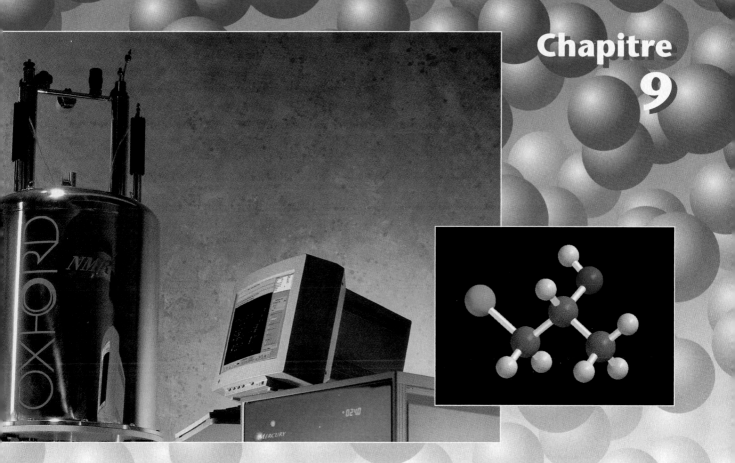

RÉSONANCE MAGNÉTIQUE NUCLÉAIRE ET SPECTROMÉTRIE DE MASSE : des outils pour déterminer la structure des molécules

Un thermos d'hélium liquide

Certains des plus importants appareils utilisés en chimie et en médecine sont dotés de puissants aimants immergés dans un bain d'hélium liquide. Dans de tels appareils, un champ magnétique intense est généré par un électroaimant supraconducteur, qui tire son nom du fait que sa bobine conduit l'électricité en lui opposant une résistance presque nulle. Parmi les appareils employant ces aimants supraconducteurs, on retrouve les appareils de résonance magnétique nucléaire (RMN) à transformée de Fourier (TF), certains spectromètres de masse et certains appareils servant à l'imagerie par résonance magnétique (IRM). Les spectres de résonance magnétique nucléaire présentés dans ce manuel proviennent d'un appareil à transformée de Fourier doté d'un aimant supraconducteur. Lorsqu'une bobine supraconductrice est alimentée en électricité et que le circuit est fermé, le courant présent dans le circuit peut, en théorie, circuler indéfiniment. Toutefois, les propriétés supraconductrices n'apparaîtront que si la bobine est maintenue dans un milieu extrêmement froid, c'est-à-dire à la température de l'hélium liquide. Si la température de la bobine dépasse le point d'ébullition de l'hélium

SOMMAIRE

9.1 Introduction

9.2 Spectre électromagnétique

9.3 Spectroscopie de résonance magnétique nucléaire

9.4 Spin nucléaire : origine du signal

9.5 Blindage et déblindage des protons

9.6 Déplacement chimique

9.7 Protons équivalents et non équivalents

9.8 Fragmentation du signal : couplage spin-spin

9.9 Spectres RMN ^{1}H et processus dynamiques

9.10 Spectroscopie RMN du carbone 13

9.11 Techniques de RMN bidimensionnelle (2D)

9.12 Introduction à la spectrométrie de masse

9.13 Spectromètre de masse

9.14 Spectre de masse

9.15 Détermination de la formule moléculaire et de la masse moléculaire

9.16 Fragmentation

9.17 Analyse par CPG/SM

9.18 Spectrométrie de masse des biomolécules

liquide (4,3 K, soit 4,3 degrés au-dessus du zéro absolu), il s'ensuit la formation d'une résistance dans la bobine et une libération de chaleur. L'hélium s'évapore rapidement et le champ magnétique disparaît.

Afin de maintenir la bobine supraconductrice immergée dans de l'hélium liquide, l'aimant doit être enfermé dans ce qu'on appelle une chambre de Dewar (qui tire son nom de James Dewar, chimiste écossais ayant mis au point le premier thermos à vide). La chambre de Dewar est essentiellement un cryostat géant, c'est-à-dire une grosse bouteille thermos. La bobine de l'aimant supraconducteur est logée dans le noyau de la chambre de Dewar, où se trouve l'hélium liquide. Ce noyau est entouré d'une section en forme d'anneau remplie d'azote liquide (dont le point d'ébullition est de 77,4 K), qui est elle-même plongée dans une autre chambre à vide. S'il est vrai que les bouteilles thermos à usage domestique n'utilisent pas d'hélium ou d'azote liquides, il n'en demeure pas moins que leur efficacité découle des mêmes propriétés isolantes du vide. Quant aux aimants supraconducteurs, l'azote et l'hélium liquides servant à les refroidir doivent être renouvelés à intervalles réguliers.

Bon nombre de spectromètres RMN à transformée de Fourier (RMN-TF) utilisés à des fins de recherche sont munis d'un aimant supraconducteur pouvant induire un champ magnétique de 14 tesla, ce qui représente une intensité quelque 140 000 fois supérieure à celle du champ magnétique terrestre. Dans le cas de ces spectromètres, plus l'aimant est puissant, plus l'appareil est efficace et plus il est coûteux. La puissance accrue d'un aimant accentue la sensibilité de détection et facilite l'interprétation des spectres plus complexes. En ce qui concerne les spectromètres de masse, les appareils les plus courants peuvent comporter des électroaimants, des aimants permanents ou des quadrupôles. Par ailleurs, les spectromètres de masse à résonance cyclotronique ionique (ICR) sont équipés d'aimants supraconducteurs. Ces appareils offrent, grâce à l'application des principes sous-tendant la résonance cyclotronique ionique, une capacité de détermination des masses moléculaires extrêmement élevée et assortie d'une haute précision. Pour leur part, les appareils produisant des images par résonance magnétique nucléaire, issus de l'application des principes sous-tendant la spectroscopie RMN, sont généralement dotés d'aimants supraconducteurs dont l'intensité varie de 1 à 2 tesla, soit de 10 000 à 20 000 fois plus élevée que celle du champ magnétique de la Terre. Il est rassurant de savoir que l'« échantillon » examiné (un sujet humain) dans les appareils d'IRM utilisés à des fins médicales n'est *pas* placé dans une chambre où la température est de 4,3 degrés au-dessus du zéro absolu, mais qu'il est couché en tout confort, à température ambiante. En effet, tout comme dans le spectromètre RMN-TF classique, la partie de l'appareil visée par le champ magnétique se trouve à température ambiante (sauf lors d'expériences particulières menées en RMN).

9.1 INTRODUCTION

La structure d'une molécule détermine ses propriétés physiques, sa réactivité et son activité biologique. Au fil de ce manuel, nous portons une attention toute particulière à la structure moléculaire, car elle nous permet de comprendre les mécanismes réactionnels et de prédire les propriétés physiques et la réactivité des molécules. Comment peut-on déterminer la structure moléculaire ? Parmi les moyens disponibles, il y a les techniques spectroscopiques. Bien qu'il existe d'autres démarches, comme la confirmation d'une structure par synthèse chimique ou la mise en relation d'une structure avec celle de composés déjà connus, les outils spectroscopiques demeurent les plus indiqués.

La **spectroscopie** est l'étude de l'interaction entre matière et énergie. Lorsque de la matière reçoit de l'énergie, cette dernière peut être absorbée, émise ou transmise, ou encore provoquer une transformation chimique. Le présent chapitre montrera en quoi l'interprétation de données résultant de l'interaction entre de l'énergie et des molécules nous renseigne sur la structure moléculaire. Lors de l'étude de la spectroscopie de résonance magnétique nucléaire (RMN), nous nous pencherons sur la capacité d'absorption d'énergie que possèdent des molécules placées dans un champ magnétique intense. Puis, lorsque nous aborderons la spectrométrie de masse (SM), nous apprendrons à déduire la structure de certaines molécules à la suite de leur bombardement avec un faisceau d'électrons de haute énergie.

La mise en commun des techniques de RMN et de SM nous offre un moyen extrêmement efficace d'élucider la structure des molécules organiques. Associées à la spectroscopie infrarouge (IR, section 2.16), ces méthodes forment la gamme des outils spectroscopiques auxquels les chimistes organiciens font généralement appel en laboratoire. Plus loin, nous traiterons brièvement du couplage de la chromatographie en phase gazeuse (CG) et de la spectrométrie de masse, qui permet aux appareils CG/SM de fournir des données spectroscopiques relatives à la masse de chaque composé d'un mélange.

9.2 SPECTRE ÉLECTROMAGNÉTIQUE

La radiation électromagnétique constitue un type particulier d'énergie. La dénomination de la plupart des formes d'énergie électromagnétique nous est familière. Les *rayons X* utilisés en médecine, la *lumière* visible, les rayons *ultraviolets* à l'origine des coups de soleil et les ondes *radio* et *radar* utilisées dans le domaine des communications sont tous des manifestations d'un seul et même phénomène : la radiation électromagnétique.

Selon la mécanique quantique, la radiation électromagnétique possède une double nature qui semble contradictoire. Elle présente en même temps les propriétés d'une onde et d'une particule. Elle peut d'abord être décrite comme une onde existant simultanément dans des champs électrique et magnétique. Elle peut aussi être décrite sous forme de particules appelées quanta ou photons. Plusieurs expériences ont confirmé que la radiation électromagnétique possédait cette double nature d'onde et de particule, qui ne peut toutefois être observée simultanément au cours d'une même expérience.

On fait généralement appel à la mesure de la **longueur d'onde** (λ) ou de la **fréquence** (ν) d'une onde pour la caractériser. La figure 9.1 illustre une onde simple. La distance entre deux crêtes (ou deux creux) consécutives représente la longueur d'onde. Lorsqu'une onde se déplace dans l'espace, le nombre de cycles complets de cette onde passant en un point donné chaque seconde correspond à la *fréquence,* qui se mesure en cycles par seconde, c'est-à-dire en **hertz***.

Toute radiation électromagnétique voyage dans le vide à la même vitesse, c, qui est la vitesse de la lumière, de l'ordre de $2{,}99792458 \times 10^8$ m·s^{-1}, et qui est symbolisée par l'équation $c = \lambda\nu$. La longueur d'onde de la radiation électromagnétique peut être exprimée en mètres (m), en millimètres (1 mm = 10^{-3} m), en micromètres (1 μm = 10^{-6} m) ou en nanomètres (1 nm = 10^{-9} m). Autrefois, le micromètre portait le nom de *micron* (symbolisé par μ), et le nanomètre, celui de *millimicron*.

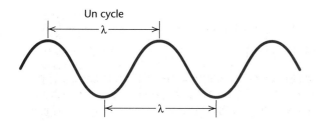

Figure 9.1 Une onde simple et sa longueur d'onde, λ.

---

* L'unité nommée hertz (du nom du physicien allemand H.R. Hertz), symbolisée par Hz, a remplacé l'unité appelée *cycles par seconde* (cps). La fréquence de la radiation électromagnétique est parfois exprimée en termes de *nombre d'ondes,* qui représente le nombre d'ondes par centimètre.

L'énergie d'un quantum d'énergie électromagnétique est directement proportionnelle à sa fréquence :

$$E = h\nu$$

où h = la constante de Planck, soit $6,63 \times 10^{-34}$ J·s

ν = la fréquence (Hz)

Il s'ensuit que la fréquence d'une radiation est directement proportionnelle à son énergie. Par exemple, les rayons X, dont la fréquence est de l'ordre de 10^{19} Hz, possèdent beaucoup plus d'énergie que la lumière visible, dont la fréquence avoisine les 10^{15} Hz.

Puisque $\nu = c/\lambda$, l'énergie d'une radiation électromagnétique est alors inversement proportionnelle à sa longueur d'onde :

$$E = \frac{hc}{\lambda}$$

où c = vitesse de la lumière

Par conséquent, une radiation électromagnétique de grande longueur d'onde possède une faible énergie par quantum, alors qu'une radiation de plus petite longueur d'onde a davantage d'énergie. Ainsi, la longueur d'onde des rayons X est de l'ordre de 0,1 nm, tandis que celle la lumière visible varie de 400 à 750 nm*.

Il est utile de souligner ici que, dans le cas de la lumière visible, les longueurs d'onde, comme les fréquences, sont associées aux couleurs que nous percevons. La lumière dite rouge se caractérise par une longueur d'onde d'environ 750 nm, qui n'est plus que de quelque 400 nm dans le cas de la lumière dite violette. La longueur d'onde de toutes les autres couleurs du spectre visible (c'est-à-dire les couleurs d'un arc-en-ciel) se situe entre ces deux valeurs.

La figure 9.2 illustre les différentes régions du spectre électromagnétique. Presque toutes les parties du spectre électromagnétique, des rayons X aux micro-ondes et aux ondes radio, ont été mises à contribution dans l'identification de la structure des atomes et des molécules. Bien que les techniques employées diffèrent selon la partie du spectre concernée, les principes fondamentaux à l'œuvre se distinguent par leur caractère général et par leur constance.

Nous avons vu au chapitre 2 que la région infrarouge du spectre électromagnétique permet de mesurer les fréquences d'élongation et de déformation des liaisons covalentes et d'identifier ainsi les groupes fonctionnels présents au sein d'une molé-

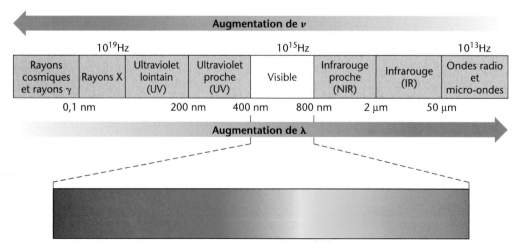

Figure 9.2 Spectre électromagnétique.

---

* Voici une formule pratique pour associer la longueur d'onde (en nm) et l'énergie d'une radiation électromagnétique :

$$E \text{ (en kJ·mol}^{-1}) = \frac{1,20 \times 10^{-9} \text{ kJ·mol}^{-1}}{\text{longueur d'onde en nm}}$$

cule. Nous amorcerons le présent chapitre avec l'étude de la résonance magnétique nucléaire : il s'agit d'un type de spectroscopie en vertu duquel l'absorption d'énergie de radiofréquence par des atomes de carbone et d'hydrogène soumis à un champ magnétique apporte des précisions sur leur environnement moléculaire. Ensuite, nous aborderons la spectrométrie de masse, grâce à laquelle il est possible de mesurer la masse d'ions et de fragments issus de la collision entre un faisceau d'électrons et un échantillon d'un composé organique, et de corréler leur masse à la structure du composé.

Nous verrons au chapitre 13 qu'il est possible d'en savoir davantage sur la structure moléculaire par l'emploi de techniques spectroscopiques faisant appel à la lumière visible et à la lumière ultraviolette.

9.3 SPECTROSCOPIE DE RÉSONANCE MAGNÉTIQUE NUCLÉAIRE

L'hydrogène ordinaire (^{1}H) et le carbone 13 (^{13}C) font partie des éléments et des isotopes dont le noyau se comporte comme le ferait un petit aimant en rotation sur un axe. En raison de cette propriété, les noyaux d'un composé contenant des atomes ^{1}H et ^{13}C peuvent, lorsqu'ils sont placés dans un champ magnétique très puissant et exposés à une radiation électromagnétique, absorber de l'énergie par un processus appelé résonance magnétique*. Cette énergie est absorbée d'une manière spécifique, ce qui produit un spectre caractéristique de ce composé. L'absorption d'énergie ne survient que si l'intensité du champ magnétique et la fréquence de la radiation électromagnétique prennent des valeurs précises.

Un spectromètre de résonance magnétique nucléaire (RMN) est un appareil qui mesure l'énergie absorbée par des noyaux de ^{1}H, de ^{13}C et d'autres éléments qui seront étudiés à la section 9.4. Muni d'un aimant très puissant, cet appareil soumet un échantillon à une radiation électromagnétique dont la fréquence correspond aux ondes radio, appelées radiofréquences (rf). En chimie organique, on se sert de deux types de spectromètre RMN assez différents : le spectromètre à balayage [ou à onde continue (OC)] et le spectromètre à transformée de Fourier (TF).

9.3A SPECTROMÈTRE RMN À BALAYAGE

Ce type de spectromètre de résonance magnétique nucléaire est conçu de manière à exposer un échantillon à une radiofréquence constante dans un champ magnétique d'intensité variable, appliqué par balayage (figure 9.3). Lorsque le champ magnétique atteint une intensité spécifique, certains noyaux absorbent de l'énergie et la

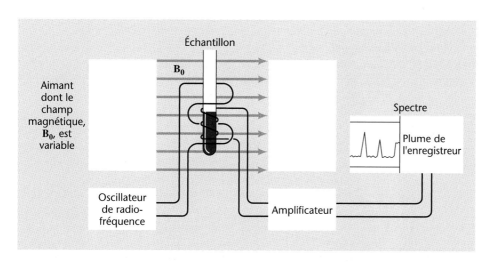

Figure 9.3 Schéma d'un spectromètre RMN à balayage ou à onde continue (OC).

---

* La résonance magnétique est un phénomène complètement distinct de celui relevant de la théorie de la résonance des structures chimiques qui a été traitée dans les chapitres précédents.

résonance se manifeste. L'absorption d'énergie induit un très faible courant électrique, qui circule dans la bobine réceptrice entourant l'échantillon. L'appareil amplifie alors ce courant et en révèle la présence sous la forme d'un signal (un pic ou une série de pics) apparaissant sur un papier millimétrique calibré en unités de fréquence (Hz). On obtient alors un spectre RMN.

9.3B SPECTROMÈTRE RMN À TRANSFORMÉE DE FOURIER (TF)

Les appareils RMN les plus récents sont munis d'aimants supraconducteurs induisant un champ magnétique beaucoup plus intense que celui de leurs prédécesseurs. Ils sont également couplés à un ordinateur qui établit une moyenne des signaux émis par l'échantillon et procède ensuite à un calcul mathématique appelé transformation de Fourier. En pratique, l'appareil accumule des données et en fait une moyenne pour éliminer le bruit de fond, ce qui améliore d'autant la netteté des signaux de RMN. Comparativement aux appareils à balayage, les appareils à transformée de Fourier (RMN-TF) (figure 9.4) offrent une résolution plus fine et une sensibilité beaucoup plus prononcée. Au lieu de balayer le champ magnétique pendant qu'il soumet l'échantillon à une radiation électromagnétique dans la région des radiofréquences (rf), l'appareil qui fonctionne en mode TF envoie sur l'échantillon une radiofréquence de très courte durée, soit ~10^{-5} s. Cette impulsion rf excite tous les noyaux en même temps plutôt qu'un seul à la fois. Il s'ensuit que les données résultant de l'excitation par impulsion diffèrent de celles obtenues par balayage. De même, le temps d'enregistrement du spectre varie : il faut de deux à cinq minutes pour obtenir un spectre complet par balayage et seulement cinq secondes avec la méthode par impulsion. En outre, la méthode par balayage fournit un spectre en fonction de la fréquence (exprimée en Hz), tandis que la méthode par impulsion donne un spectre en fonction du temps. Une fois l'impulsion émise, une sonde (la bobine réceptrice) détecte un signal qui renferme de l'information sur tous les pics simultanément et un ordinateur doit ensuite transformer ce signal en fonction de la fréquence pour que chaque pic puisse être identifié.

Pour convertir le signal en fonction du temps en signal en fonction de la fréquence, l'ordinateur effectue ce qu'on appelle une transformation de Fourier (TF). Il n'est pas nécessaire d'aborder ici le caractère mathématique de cette transformation, mais il faut savoir que les données sont recueillies et emmagasinées sous forme de points discrets, c'est-à-dire qu'elles sont *numérisées*. Ainsi, après l'excitation causée par une impulsion de rf, la sonde détecte le signal sous forme de voltage. Après amplification, le signal est converti en une série de points qui seront conservés dans la mémoire de l'ordinateur. Ce processus est répété jusqu'à ce que les données soient

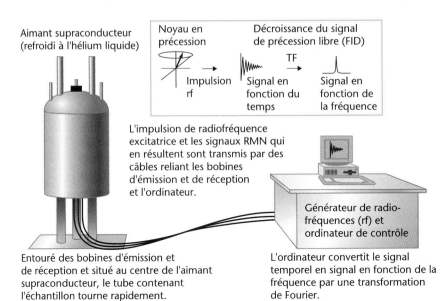

Figure 9.4 Schéma d'un spectromètre de résonance magnétique nucléaire à transformée de Fourier.

assez nombreuses pour que le calcul de la moyenne donne un signal fort. On applique ensuite une transformation de Fourier pour tirer de ces données un spectre en fonction de la fréquence.

Notre étude de la spectroscopie RMN commencera par un bref examen des principales caractéristiques des spectres que produit le noyau de l'hydrogène. Ces spectres sont souvent appelés *spectres de résonance magnétique du proton* ou **spectres RMN ^{1}H.** Dans le but de simplifier la présentation, nous traiterons de la spectroscopie RMN dans des termes qui ***s'appliquent aux seuls appareils à onde continue,*** dans lesquels le champ magnétique varie. La présentation des appareils à TF, dans lesquels le champ magnétique est constant et les données sont présentées comme si la fréquence variait, ferait appel à des explications équivalentes mais passablement plus complexes.

Nous procéderons d'abord à un bref aperçu de ce que sont le déplacement chimique, l'aire sous la courbe (intégration) et la fragmentation des signaux, puis nous leur consacrerons un examen plus détaillé, ainsi qu'à d'autres caractéristiques de la spectroscopie RMN.

Outils pour interpréter les spectres RMN

9.3C DÉPLACEMENT CHIMIQUE : LA POSITION DES PICS DANS UN SPECTRE RMN

Si des noyaux d'hydrogène (protons) étaient dépouillés de leurs électrons et complètement isolés, pour une radiofréquence donnée, ils absorberaient tous de l'énergie au même champ magnétique. Heureusement, ce n'est pas le cas. Dans une molécule, certains protons se situent dans des régions où la densité électronique est plus élevée, et c'est pourquoi l'intensité du champ magnétique à laquelle se produira l'absorption d'énergie sera *légèrement différente* pour certains noyaux par rapport à d'autres. Il s'ensuit que les signaux correspondant à ces protons apparaîtront à des positions différentes dans un spectre RMN. On dit de ces signaux qu'ils présentent un **déplacement chimique** différent. L'intensité du champ à laquelle l'absorption survient (le déplacement chimique) dépend beaucoup de l'environnement magnétique où se trouve chaque proton. Cet environnement résulte de l'interaction entre les champs magnétiques engendrés par les électrons en mouvement et les champs magnétiques induits par d'autres protons situés à proximité.

La figure 9.5 présente le spectre RMN ^{1}H du 1,4-diméthylbenzène (un composé aussi appelé *p*-xylène).

Le déplacement chimique, symbolisé par δ, indique la position des pics sur une échelle exprimée en parties par million (ppm). Nous préciserons davantage ces unités un peu plus loin. Pour le moment, signalons que l'intensité du champ magnétique appliqué augmente de la gauche vers la droite dans le spectre. Par conséquent, un

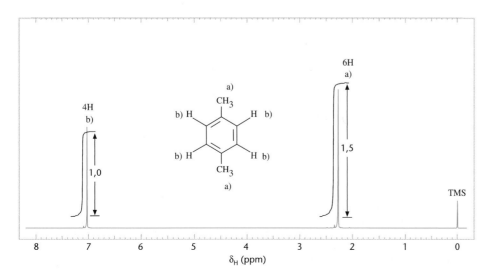

Figure 9.5 Spectre RMN ^{1}H à 300 MHz du 1,4-diméthylbenzène.

déplacement chimique qui survient à $\delta = 7$ ppm correspond à un champ magnétique d'intensité plus faible que dans le cas d'un déplacement chimique apparaissant à $\delta = 2$ ppm. Les signaux situés dans la partie gauche du spectre apparaissent « **vers les champs faibles** », tandis que ceux situés dans la partie droite apparaissent « **vers les champs forts** ».

Le spectre de la figure 9.5 comporte un petit signal situé à $\delta = 0$ ppm. Ce signal provient du tétraméthylsilane (TMS), un composé ajouté à l'échantillon pour calibrer l'échelle des déplacements chimiques.

Un premier examen de ces spectres révèle l'existence d'un **lien entre le nombre de signaux dans le spectre et le nombre des différents types d'hydrogène présents dans un composé.**

En raison de sa symétrie, le 1,4-diméthylbenzène ne possède que *deux* types d'hydrogène différents, soit les atomes d'hydrogène des groupes méthyle et les atomes d'hydrogène du cycle benzénique, et ne présente ainsi que *deux* signaux dans son spectre RMN. Il faut ajouter que les six hydrogènes méthyliques du 1,4-diméthylbenzène *sont tous équivalents* et que leur environnement est différent de celui où se trouvent les quatre hydrogènes *équivalents* situés sur le cycle. Les six hydrogènes méthyliques produisent un signal à $\delta = 2,30$ ppm, alors que les quatre hydrogènes portés par le cycle benzénique donnent un pic à $\delta = 7,05$ ppm.

9.3D INTÉGRATION DE L'AIRE SOUS LES PICS. LA COURBE D'INTÉGRATION

Tentons maintenant d'examiner l'intensité relative des pics, qui permet souvent d'attribuer chaque pic à un groupe spécifique d'atomes d'hydrogène. L'élément important ici n'est pas toujours la hauteur du pic, mais bien *l'aire sous ce pic*. Cette aire, mesurée avec précision, est directement proportionnelle au nombre d'atomes d'hydrogène produisant un signal. La figure 9.5 montre que l'aire sous le pic du signal relatif aux atomes d'hydrogène méthyliques du 1,4-diméthylbenzène (6 H) est plus grande que l'aire du signal correspondant aux atomes d'hydrogène rattachés au cycle (4 H). Pour chaque signal, le spectromètre mesure automatiquement l'aire sous le pic et trace une courbe dite d'intégration. La hauteur d'une courbe d'intégration est proportionnelle à l'aire sous les signaux. Dans le cas présent, le rapport des hauteurs est de 1,5:1 ou 6:4.

9.3E FRAGMENTATION DES SIGNAUX

Le spectre du 1,1,2-trichloroéthane apparaissant à la figure 9.6 illustre une troisième caractéristique des spectres RMN ^{1}H qui est utile pour établir la structure d'un composé.

La figure 9.6 offre un exemple de **fragmentation du signal.** Ce phénomène découle d'un effet magnétique que les atomes d'hydrogène exercent sur les atomes d'hydrogène voisins.

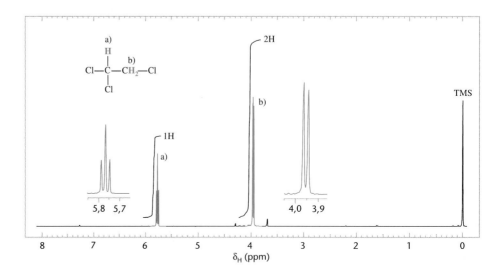

Figure 9.6 Spectre RMN ^{1}H à 300 MHz du 1,1,2-trichloroéthane. Les agrandissements des signaux apparaissent dans les tracés décalés.

Le signal en b) produit par les deux atomes d'hydrogène équivalents du groupe —CH_2Cl est scindé en deux pics (ou **doublet**) en raison de l'effet magnétique qu'exerce l'hydrogène du groupe —$CHCl_2$. Réciproquement, l'effet magnétique exercé par les deux hydrogènes équivalents du groupe —CH_2Cl induit une séparation en trois pics (ou **triplet**) du signal a) produit par l'hydrogène du groupe —$CHCl_2$.

De prime abord, la question de la fragmentation des signaux peut vous paraître nébuleuse. Cependant, à mesure que l'interprétation des spectres RMN ^1H deviendra plus facile, il apparaîtra évident que, étant donné son caractère prévisible, la fragmentation procure souvent des données importantes au sujet de la structure d'un composé.

Après ce premier aperçu des principales caractéristiques de la spectroscopie RMN ^1H, nous allons maintenant les examiner de façon plus détaillée.

9.4 SPIN NUCLÉAIRE : ORIGINE DU SIGNAL

Nous avons déjà explicité la nature du spin de l'électron et précisé que le nombre quantique du spin ne peut prendre que deux valeurs, soit $+\frac{1}{2}$ et $-\frac{1}{2}$. Le principe d'exclusion de Pauli, fondé sur la notion de spin de l'électron (section 1.10), nous permet de comprendre pourquoi deux électrons dont les spins sont appariés peuvent occuper la même orbitale atomique ou moléculaire.

Le noyau de certains isotopes possède aussi un spin et, de ce fait, un nombre quantique de spin, soit I. Le noyau d'un hydrogène ordinaire, ^1H (c'est-à-dire un proton), a en commun avec l'électron d'avoir un nombre quantique de spin I égal à $\frac{1}{2}$ et de se présenter dans un des deux états de spin possibles, à savoir $+\frac{1}{2}$ ou $-\frac{1}{2}$. Ces états de spin correspondent aux moments magnétiques possibles pour $I = \frac{1}{2}$, soit $m = +\frac{1}{2}$ ou $-\frac{1}{2}$. D'autres noyaux, comme ^{13}C, ^{19}F et ^{31}P, ont également un nombre quantique de spin $I = \frac{1}{2}$. Certains noyaux, tels que ^{12}C, ^{16}O et ^{35}S, ne possèdent pas de spin ($I = 0$) et ne produisent donc pas de spectre RMN. Il y a aussi des noyaux qui présentent un nombre quantique de spin plus grand que $\frac{1}{2}$. Cependant, dans le cadre de ce manuel, nous mettrons surtout l'accent sur les spectres du proton et du ^{13}C, dont la valeur de I est égale à $\frac{1}{2}$. Examinons d'abord les spectres RMN du proton.

Puisqu'il possède une charge électrique, le proton en rotation engendre un faible moment magnétique qui coïncide avec l'axe de rotation (figure 9.7). Ce faible moment magnétique confère au proton les propriétés d'un petit aimant.

En l'absence d'un champ magnétique (figure 9.8a), les moments magnétiques des protons d'un échantillon donné s'orientent de manière aléatoire. Toutefois, lorsqu'un composé contenant de l'hydrogène (c'est-à-dire des protons) est soumis à l'action d'un champ magnétique d'origine externe, les protons ne peuvent alors prendre que l'une ou l'autre de deux orientations possibles par rapport à ce champ : le moment magnétique d'un proton peut être orienté « avec » ou « contre » le champ (figure 9.8b). Ces deux orientations correspondent aux deux états de spin décrits précédemment.

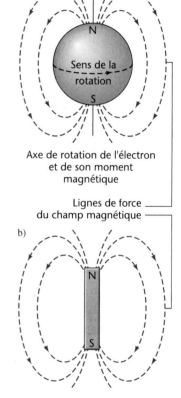

Axe de rotation de l'électron et de son moment magnétique

Lignes de force du champ magnétique

Figure 9.7 a) Champ magnétique associé à un proton en rotation. b) Le proton en rotation s'apparente à un petit barreau magnétique.

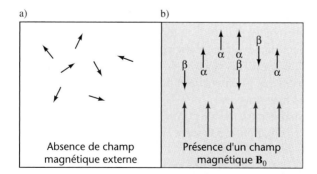

Absence de champ magnétique externe

Présence d'un champ magnétique B_0

Figure 9.8 a) En l'absence de champ magnétique, les moments magnétiques des protons (représentés par des flèches) s'orientent dans toutes les directions. b) Lorsque les protons sont soumis à l'action d'un champ magnétique appliqué (B_0), ils s'orientent parallèlement au champ appliqué (spin nucléaire α) ou antiparallèlement (spin nucléaire β).

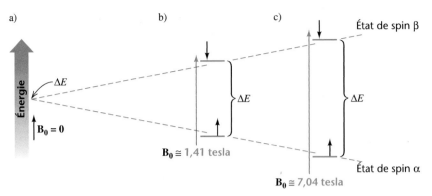

Figure 9.9 La différence d'énergie entre les deux états de spin d'un proton dépend de l'intensité du champ magnétique appliqué, B_0. a) Il n'y a pas de différence d'énergie entre les deux états en l'absence de champ extérieur ($B_0 = 0$). b) Si $B_0 \cong 1,41$ tesla, la différence d'énergie est équivalente à celle d'une radiation électromagnétique de 60×10^6 Hz (60 MHz). c) Dans un champ magnétique d'environ 7,04 tesla, la différence d'énergie correspond à une radiation électromagnétique de 300×10^6 Hz (300 MHz). Il existe des appareils qui peuvent fonctionner à des fréquences encore plus élevées (de 800 MHz à 1 gigahertz).

Comme prévu, les deux orientations possibles du proton dans le champ magnétique appliqué ne sont pas d'égale énergie. Le proton orienté parallèlement au champ appliqué possède une énergie plus faible que celui orienté antiparallèlement.

Lorsqu'un proton est soumis à un champ externe, un apport d'énergie est nécessaire pour le faire passer de son niveau d'énergie plus bas (orientation parallèle) à son niveau plus élevé (orientation antiparallèle). En spectroscopie RMN, cette énergie est fournie par une radiation électromagnétique située dans la région des radiofréquences (rf). Lors d'une telle absorption d'énergie, le noyau est dit *en résonance* avec la radiofréquence, et l'énergie requise est proportionnelle à l'intensité du champ magnétique (figure 9.9). Ainsi, des calculs assez simples démontrent que, dans un champ magnétique d'environ 7,04 tesla, une radiation électromagnétique de 300×10^6 cycles par seconde (cps), soit 300 MHz, apporte la quantité d'énergie requise pour les protons*. Les spectres RMN illustrés dans le présent chapitre ont été obtenus à l'aide d'une rf de 300 MHz.

9.5 BLINDAGE ET DÉBLINDAGE DES PROTONS

Nous avons déjà dit que les protons n'absorbent pas tous de l'énergie à une même intensité de champ magnétique appliqué. Les deux spectres examinés précédemment nous le démontrent. Les protons aromatiques du 1,4-diméthylbenzène absorbent de l'énergie dans un champ de faible intensité (δ 7,05), alors que les divers protons alkyle de ce composé et du 1,1,2-trichloroéthane absorbent tous dans un champ d'intensité plus élevée.

Dans un spectre RMN, la position générale du signal, c'est-à-dire l'intensité du champ magnétique requise pour provoquer une absorption d'énergie, peut être corrélée avec la densité électronique et le mouvement des électrons dans le composé. En présence d'un champ externe, les électrons se déplacent selon certaines voies prédominantes et, en raison de ce phénomène et du fait qu'ils possèdent une charge, génèrent de faibles champs magnétiques.

Examinons maintenant des électrons gravitant autour d'un proton engagé dans une liaison σ C—H pour voir comment ces champs sont créés. Pour simplifier notre

---

* La relation entre la fréquence de la radiation (ν) et l'intensité du champ magnétique ($\mathbf{B}_0$) s'exprime comme suit :

$$\nu = \frac{\gamma \mathbf{B}_0}{2\pi}$$

où γ représente le rapport magnétogyrique (ou gyromagnétique). Dans le cas d'un proton, $\gamma = 26,753$ rad·s^{-1} h·tesla^{-1}.

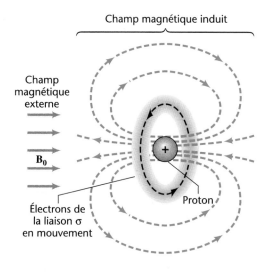

Figure 9.10 Déplacement des électrons engagés dans une liaison C—H sous l'influence d'un champ magnétique extérieur. Le déplacement des électrons engendre un faible champ magnétique (un champ induit) qui blinde le proton contre les effets du champ extérieur.

propos, nous partirons de l'hypothèse que les électrons σ adoptent un mouvement généralement circulaire. La figure 9.10 illustre le champ magnétique induit par ces électrons.

Le faible champ magnétique créé par ces électrons est appelé **champ induit**. ***Dans le cas du proton, ce champ magnétique induit s'oppose au champ magnétique externe.*** Il s'ensuit que l'intensité nette du champ magnétique s'exerçant sur le proton est légèrement plus faible que celle du champ appliqué. En d'autres termes, les électrons provoquent le *blindage* du proton.

Un proton fortement blindé par des électrons absorbe de l'énergie à une intensité de champ extérieur qui diffère de l'intensité associée à un proton plus faiblement blindé. En effet, un proton blindé absorbera l'énergie *à une intensité plus élevée de champ extérieur* (ou à une *fréquence plus élevée* dans le cas des appareils TF). Le champ extérieur devra être plus intense pour annuler l'effet du faible champ induit (figure 9.11).

L'ampleur du blindage créé par le mouvement des électrons σ varie selon la densité relative des électrons autour du proton, qui elle-même dépend beaucoup de la présence ou non de groupes électronégatifs. Les groupes ou atomes électronégatifs exercent un effet électroattracteur sur la liaison C—H, plus particulièrement si ces substituants sont rattachés au même carbone. Le spectre du 1,1,2-trichloroéthane nous offre un exemple illustrant cet effet (figure 9.6). Le proton du C1 absorbe de l'énergie à une intensité de champ magnétique plus faible ($\delta = 5{,}77$) que ne le font les protons du C2 (δ 3,95). Le carbone 1 porte deux chlores qui sont fortement électronégatifs, alors que le C2 n'en porte qu'un. Par conséquent, les protons du C2 seront plus fortement blindés en raison de la densité électronique σ plus élevée qui les caractérise.

Le mouvement des électrons π qui sont délocalisés engendre également un champ magnétique qui **blinde** ou **déblinde** les protons adjacents. C'est la localisation du proton dans le champ *induit* qui détermine s'il y aura blindage ou déblindage. Ainsi, les protons aromatiques des dérivés du benzène (section 14.7B) sont *déblindés,* car leur localisation est telle que le champ magnétique induit s'ajoute au champ magnétique appliqué.

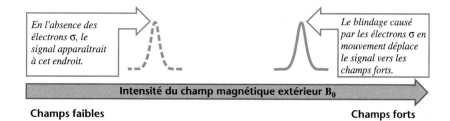

Figure 9.11 L'effet de blindage causé par les électrons σ déplace les absorptions RMN ^{1}H vers les champs forts.

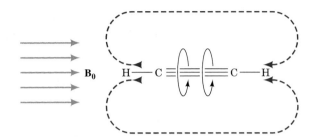

Figure 9.12 Blindage des protons de l'éthyne créé par le mouvement des électrons π. Le blindage déplace le signal des protons rattachés aux carbones *sp* vers des champs plus hauts que ceux des protons vinyliques.

En raison de cet effet de déblindage, les protons aromatiques absorbent de l'énergie à des champs d'intensité relativement plus faible. Nous pouvons d'ailleurs constater que les protons du benzène absorbent à $\delta = 7{,}27$, tandis que les protons aromatiques du 1,4-diméthylbenzène (figure 9.5) donnent lieu à un signal apparaissant à $\delta = 7{,}05$.

Les champs magnétiques induits par le mouvement des électrons π blindent également les protons de l'éthyne et ceux des autres alcynes terminaux, ce qui explique que ces protons absorbent à des champs d'une intensité plus élevée que prévu. Compte tenu *uniquement* de l'électronégativité relative du carbone en relation avec ses trois états d'hybridation, l'absorption par les protons rattachés aux différents carbones hybridés se ferait selon cet ordre :

(intensité de champ faible) $sp < sp^2 < sp^3$ (intensité de champ élevée)

En fait, les protons des alcynes terminaux absorbent à des δ se situant entre 2 et 3, et l'ordre général observé est le suivant :

(intensité de champ faible) $sp^2 < sp < sp^3$ (intensité de champ élevée)

Ce déplacement de l'absorption par les protons des alcynes terminaux vers les hauts champs résulte de l'effet de blindage causé par les électrons π en mouvement de la triple liaison. La figure 9.12 illustre l'origine de cet effet de blindage.

9.6 DÉPLACEMENT CHIMIQUE

Nous venons de voir que l'effet de blindage et de déblindage déplace la position des pics d'absorption des protons par rapport à la position qu'ils occuperaient si les protons étaient dépourvus d'électrons. Puisqu'un tel déplacement découle du mouvement des électrons dans les liaisons *chimiques,* on le nomme **déplacement chimique.**

Le déplacement chimique est mesuré par comparaison avec l'absorption d'énergie par des protons d'un composé de référence. La mesure par comparaison a été adoptée parce qu'il est peu pratique de mesurer la valeur effective de l'intensité du champ magnétique à laquelle une absorption survient. Le composé de référence le plus communément employé est le tétraméthylsilane (TMS), dont on ajoute généralement une petite quantité à l'échantillon à analyser. Le signal qui découle de l'absorption par les douze protons équivalents du TMS sert à établir le point zéro de l'échelle des déplacements chimiques (δ).

$$Si(CH_3)_4$$
Tétraméthylsilane (TMS)

Le choix du tétraméthylsilane s'explique pour plusieurs raisons. D'abord, puisque ce composé possède douze atomes d'hydrogène, une très petite quantité de TMS donnera lieu à un signal relativement fort. Par ailleurs, ses atomes d'hydrogène sont tous équivalents et produisent un *seul signal*. En outre, la densité électronique autour des protons du TMS est élevée en raison de la présence du silicium, qui est moins électronégatif que le carbone. Il en résulte donc un effet de blindage particulièrement prononcé, et le signal du TMS apparaît ainsi dans une région du spectre où peu d'autres atomes d'hydrogène vont absorber. Par conséquent, il est rare que son signal interfère avec celui d'autres atomes d'hydrogène. Enfin, tout comme les alcanes, le TMS est relativement inerte. Il est également volatil, et son point d'ébullition se situe à 27 °C, ce qui facilite son élimination par évaporation après l'enregistrement du spectre.

Le déplacement chimique se mesure en hertz (cps), comme s'il variait selon la fréquence de la radiation électromagnétique. En fait, pendant l'enregistrement du spectre, c'est l'intensité du champ magnétique de l'appareil à onde continue qui varie. Comme la fréquence de résonance et l'intensité du champ magnétique sont mathématiquement proportionnelles, le déplacement chimique peut être exprimé en unités de fréquence (Hz).

Exprimé en hertz, le déplacement chimique d'un proton est donc proportionnel à l'intensité du champ magnétique appliqué. Étant donné que les spectromètres communément employés n'ont pas tous le même champ, il est préférable d'exprimer le déplacement chimique à l'aide d'une valeur indépendante de l'intensité du champ appliqué. Il suffit simplement de diviser le déplacement chimique par la fréquence du spectromètre, exprimés tous deux en unités de fréquence (Hz). Le résultat de cette division est habituellement exprimé en *parties par million* (ppm), car la valeur du déplacement chimique est toujours très faible (souvent inférieure à 5000 Hz) par rapport à l'intensité totale du champ (de l'ordre de 60, 300 ou 600 *million*s de Hz). C'est ainsi qu'a été établie l'échelle delta (δ) du déplacement chimique relative au TMS.

$$\delta = \frac{\text{(distance en hertz du pic par rapport à celui du TMS)} \times 10^6}{\text{(fréquence de fonctionnement du spectromètre en hertz)}}$$

Par exemple, le déplacement chimique des protons du benzène est de 2181 Hz lorsqu'un appareil enregistre à 300 MHz. Par conséquent, son déplacement chimique est de :

$$\delta = \frac{2181\ \text{Hz} \times 10^6}{300 \times 10^6\ \text{Hz}} = 7,27$$

Le tableau 9.1 dresse une liste des valeurs *approximatives* des déplacements chimiques du proton de quelques groupes fonctionnels bien connus.

Tableau 9.1 Valeurs approximatives du déplacement chimique de certains types de protons.

Type de proton	Déplacement chimique (δ, ppm)	Type de proton	Déplacement chimique (δ, ppm)
Alkyle primaire, RCH_3	0,8 à 1,0	Chloroalcane, RCH_2Cl	3,6 à 3,8
Alkyle secondaire, RCH_2R	1,2 à 1,4	Vinylique, $R_2C{=}CH_2$	4,6 à 5,0
Alkyle tertiaire, R_3CH	1,4 à 1,7	Vinylique, $R_2C{=}CH$ | R	5,2 à 5,7
Allylique, $R_2C{=}C{-}CH_3$ | R	1,6 à 1,9	Aromatique, ArH	6,0 à 9,5
Cétone, $RCCH_3$ ‖ O	2,1 à 2,6	Aldéhyde, RCH ‖ O	9,5 à 10,5
Benzylique, $ArCH_3$	2,2 à 2,5	Hydroxyle, ROH	0,5 à 6,0[a]
Acétylénique, $RC{\equiv}CH$	2,5 à 3,1	Amino, $R{-}NH_2$	1,0 à 5,0[a]
Iodoalcane, RCH_2I	3,1 à 3,3	Phénolique, $ArOH$	4,5 à 7,7[a]
Éther, $ROCH_2R$	3,3 à 3,9	Carboxylique, $RCOH$ ‖ O	10 à 13[a]
Alcool, $HOCH_2R$	3,3 à 4,0		
Bromoalcane, RCH_2Br	3,4 à 3,6		

[a] Le déplacement chimique de ces protons varie en fonction du solvant employé, de la température et de la concentration de l'échantillon.

9.7 PROTONS ÉQUIVALENTS ET NON ÉQUIVALENTS

Les protons situés dans un milieu identique présenteront le même déplacement chimique et produiront ainsi un seul signal en RMN ^{1}H. Mais comment savoir si plusieurs protons se trouvent dans un environnement identique ? Dans la plupart des composés, les protons situés dans le même environnement sont équivalents en termes de réactions chimiques. C'est pourquoi des protons **chimiquement équivalents** auront un **déplacement chimique équivalent** dans un spectre RMN ^{1}H.

9.7A ATOMES D'HYDROGÈNE HOMOTOPIQUES

Lorsqu'il s'agit de déterminer si plusieurs protons d'un composé donné possèdent un déplacement chimique équivalent, il suffit simplement de remplacer successivement chaque hydrogène par un autre groupe, réel ou imaginaire. Si le même composé est obtenu à l'issue de ces remplacements, on pose alors que les hydrogènes remplacés sont chimiquement équivalents ou homotopiques. Or, **les atomes ou groupes homotopiques ont un déplacement chimique équivalent.** Examinons le cas du 2-méthylpropène :

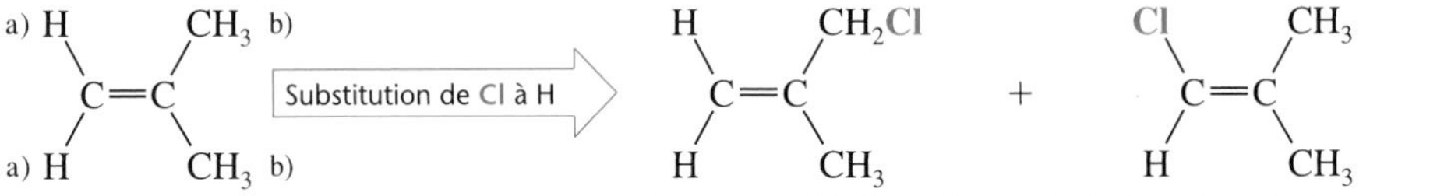

Nous sommes ici en présence de deux ensembles d'hydrogènes homotopiques. Les six hydrogènes méthyliques en b) forment un ensemble, et la substitution d'un atome de chlore à n'importe lequel de ces hydrogènes débouchera sur la formation du même composé, soit le 3-chloro-2-méthylpropène. Les deux hydrogènes vinyliques en a) constituent un autre ensemble de protons, et le remplacement de l'un d'eux par un atome de chlore amène la formation de 1-chloro-2-méthylpropène. Il s'ensuit que le 2-méthylpropène donne lieu à deux pics en RMN ^{1}H.

PROBLÈME 9.1

Procédez à une analyse similaire du 1,4-diméthylbenzène (section 9.3C) et montrez que ce composé possède deux ensembles de protons à déplacement chimique équivalent, ce qui explique la présence de seulement deux pics dans son spectre (figure 9.5).

PROBLÈME 9.2

Combien de signaux devrait-on observer dans le spectre RMN ^{1}H de chacun des composés suivants ?

a) Éthane

b) Propane

c) Oxyde de *tert*-butyle et de méthyle

d) 2,3-Diméthylbut-2-ène

e) (*Z*)-But-2-ène

f) (*E*)-But-2-ène

9.7B ATOMES D'HYDROGÈNE ÉNANTIOTOPIQUES ET DIASTÉRÉOTOPIQUES

Lorsque le remplacement de l'un ou l'autre des deux atomes d'hydrogène par un même groupe donne des composés énantiomères, ces deux hydrogènes sont dits **énantiotopiques**. *Les atomes d'hydrogène énantiotopiques présentent le même déplacement chimique et donnent lieu à un seul signal d'absorption**.

---

* Lorsqu'un composé est dissous dans un solvant chiral, ses atomes d'hydrogène énantiotopiques ne présentent pas nécessairement le même déplacement chimique. Cependant, la plupart des spectres RMN ^{1}H sont issus de composés dissous dans des solvants achiraux et les protons énantiotopiques présentent alors le même déplacement chimique.

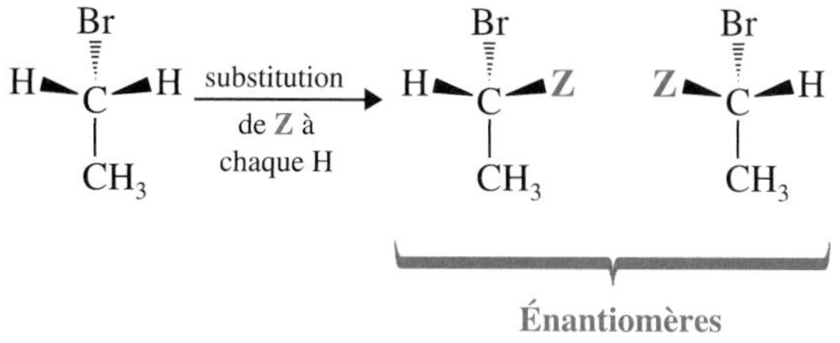

Énantiomères

Les deux atomes d'hydrogène du groupe —CH_2Br du bromoéthane sont énantiotopiques. Par conséquent, le bromoéthane présente deux signaux d'absorption dans son spectre RMN ^1H : l'un provient des trois protons chimiquement équivalents du groupe —CH_3, et l'autre, des deux protons énantiotopiques du groupe —CH_2Br. Nous verrons plus loin que le spectre RMN ^1H du bromoéthane comporte en fait sept pics, dont trois dans un premier signal et quatre dans l'autre. Ce phénomène découle d'un couplage des signaux, qui est décrit à la section 9.8.

Lorsque le remplacement de chacun des deux atomes d'hydrogène par un groupe — dans ce cas-ci, **Z** — donne lieu à des composés diastéréo-isomères, les deux hydrogènes sont dits **diastéréotopiques.** À moins d'une coïncidence, *les protons diastéréotopiques n'ont pas le même déplacement chimique et produisent des signaux RMN ^1H différents.* Les deux protons du groupe =CH_2 du chloroéthène sont diastéréotopiques.

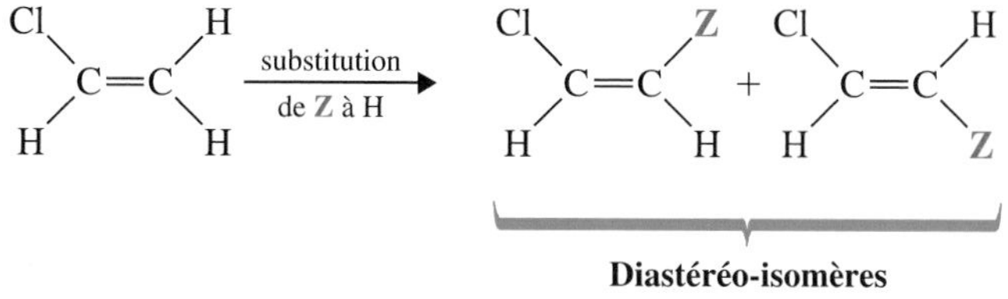

Diastéréo-isomères

Les trois protons non équivalents du chloroéthène sont donc à l'origine de trois signaux : l'un provient du proton du groupe ClCH=, et les deux autres, de chacun des deux protons diastéréotopiques du groupe =CH_2.

Les deux protons du groupe méthylène (—CH_2—) du butan-2-ol sont également diastéréotopiques, ce que nous pouvons illustrer ainsi à l'aide d'un énantiomère de cet alcool :

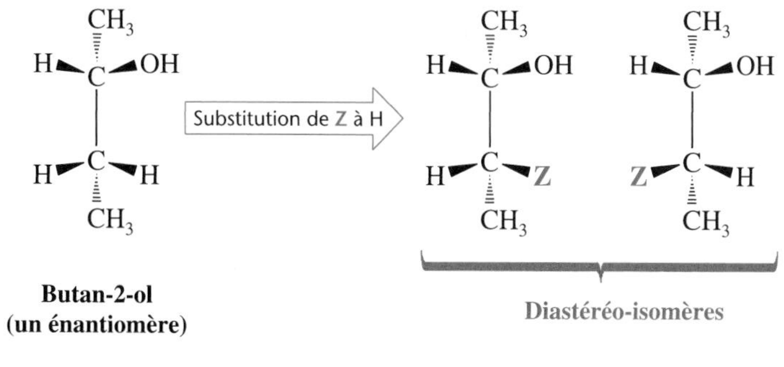

Butan-2-ol
(un énantiomère)

Diastéréo-isomères

Ces deux protons présentent des déplacements chimiques distincts et donnent lieu à deux signaux dans le spectre RMN ^1H du composé. Il se peut toutefois que ces deux signaux se superposent en raison de leur proximité.

PROBLÈME 9.3

a) Montrez que la substitution de **Z** à chacun des deux protons du méthylène de l'autre énantiomère du butan-2-ol entraîne aussi la formation d'une paire de diastéréo-isomères. b) Combien de protons chimiquement différents cet alcool contient-il ? c) Combien de signaux devraient être présents dans le spectre de cet alcool ?

PROBLÈME 9.4

Combien de signaux en RMN ^{1}H chacun des composés suivants devrait-il donner ?

a) $CH_3CH_2CH_2CH_3$

b) CH_3CH_2OH

c) CH_3CH=CH_2

d) *trans*-But-2-ène

e) 1,2-Dibromopropane

f) 1,1-Diméthylcyclopropane

g) *trans*-1,2-Diméthylcyclopropane

h) *cis*-1,2-Diméthylcyclopropane

i) Pent-1-ène

j) 1-Chloropropan-2-ol

9.8 FRAGMENTATION DU SIGNAL : COUPLAGE SPIN-SPIN

La fragmentation ou multiplicité d'un signal résulte de l'effet exercé par les champs magnétiques des protons sur les atomes adjacents. Nous avons déjà vu un exemple de fragmentation des signaux dans le spectre du 1,1,2-trichloroéthane (figure 9.6). Le signal provenant des deux protons équivalents du groupe —CH_2Cl de ce composé est scindé en deux pics en raison de la présence du proton du groupe $CHCl_2$—. Réciproquement, le signal provenant du proton du groupe $CHCl_2$— est fragmenté en trois pics à cause de l'influence exercée par les deux protons du groupe —CH_2Cl. La figure 9.13 en offre une illustration éloquente.

La fragmentation du signal relève d'un phénomène connu sous le nom de **couplage spin-spin,** que nous examinerons incessamment. Les effets du couplage spin-spin sont transmis via les électrons des liaisons et *ne se manifestent habituellement pas lorsque des protons sont séparés par plus de trois liaisons σ**. Comme nous pouvons l'observer dans le cas du 1,1,2-trichloroéthane (figure 9.6), les pics des protons rattachés à des atomes voisins réalisant une liaison σ sont fragmentés. Cependant, nous n'observerons pas une fragmentation des signaux dans le spectre de l'oxyde de *tert*-butyle et de méthyle (voir la structure qui suit), car les protons b) sont séparés des protons a) par plus de trois liaisons σ. Les deux signaux provenant de l'oxyde de *tert*-butyle et de méthyle sont donc des singulets.

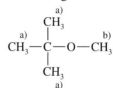

Oxyde de *tert*-butyle et de méthyle
(pas de fragmentation des signaux)

Le signal des protons chimiquement équivalents (homotopiques) ou énantiotopiques n'est pas fragmenté, car des protons qui possèdent *exactement le même déplacement chimique* ne provoquent pas une scission du signal. Par conséquent, il ne faut pas s'attendre à observer une fragmentation du pic des six atomes d'hydrogène équivalents de l'éthane, ce que confirme l'expérimentation.

CH_3CH_3 (pas de fragmentation du signal)

De même, nous n'observerons pas une scission du signal des protons énantiotopiques du méthoxyacétonitrile (figure 9.14).

Il existe une distinction subtile entre *couplage spin-spin* et fragmentation du signal. Le couplage spin-spin survient souvent entre des ensembles de protons présentant le même déplacement chimique (ce couplage est détecté par des méthodes que nous n'aborderons pas ici). En revanche, le couplage spin-spin *ne*

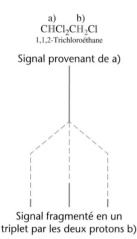

Signal provenant de a)

Signal fragmenté en un triplet par les deux protons b)

Signal provenant de b)

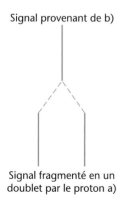

Signal fragmenté en un doublet par le proton a)

Figure 9.13 Profil de fragmentation du 1,1,2-trichloroéthane.

a) b)
$CHCl_2CH_2Cl$
1,1,2-Trichloroéthane

---

* Dans certaines molécules dont la conformation est rigide ou dans des systèmes faisant intervenir des liaisons π, un couplage à longue distance peut être observé même lorsque les noyaux sont séparés par plus de trois liaisons.

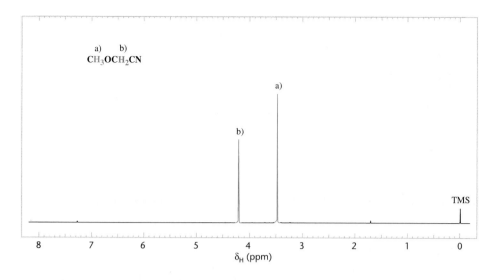

conduit à une fragmentation du signal que lorsque les ensembles de protons présentent des déplacements chimiques différents.

Voyons maintenant pourquoi des ensembles de protons couplés ayant des déplacements chimiques différents donnent lieu à une fragmentation du signal.

Nous avons vu que les protons peuvent s'orienter de deux manières dans un champ magnétique externe, soit parallèlement ou antiparallèlement au champ. Par conséquent, le moment magnétique d'un proton situé sur un atome adjacent peut affecter de seulement deux façons le champ magnétique où se trouve le proton dont le signal est observé. Le léger effet de renforcement ou de perturbation des spins des protons voisins provoque donc l'apparition d'un pic plus petit vers les champs forts et d'un autre vers les champs faibles (cette apparition vers les champs forts ou faibles s'effectue par rapport à la fréquence à laquelle le signal aurait dû normalement apparaître). En spectroscopie RMN, on dit qu'il y a couplage entre deux protons.

La figure 9.15 montre que les deux orientations possibles du spin d'un proton voisin, H_b, occasionne une fragmentation du signal provenant du proton H_a (H_b et H_a ne sont pas équivalents).

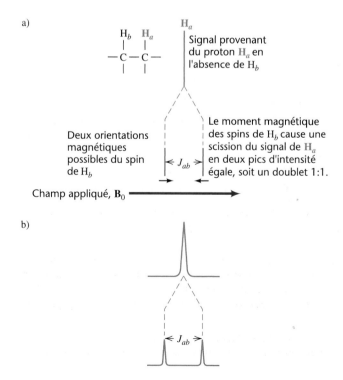

Figure 9.15 Fragmentation du signal causé par le couplage spin-spin entre un proton non équivalent d'un atome d'hydrogène voisin (H_b) et le proton H_a dont on trouve une analyse théorique en a) et le spectre en b). La distance entre le centre des pics constituant le doublet porte le nom de constante de couplage, J_{ab}, et est exprimée en hertz. La valeur de la constante de couplage ne dépend *pas* de l'intensité du champ extérieur et demeure la même (en Hz), peu importe la fréquence du spectromètre.

La distance qui sépare ces pics, symbolisée par J_{ab}, est appelée **constante de couplage.** Les constantes de couplage sont généralement exprimées en unités de fréquence (hertz). Puisque le couplage résulte exclusivement de forces internes, la valeur des constantes de couplage *ne dépend pas* de l'intensité du champ appliqué. Ainsi, les constantes de couplage mesurées (en Hz) par un appareil fonctionnant à 60 MHz seront identiques à celles mesurées par un appareil œuvrant à 300 MHz ou à toute autre intensité de champ magnétique.

Lorsque nous enregistrons le spectre RMN ^{1}H d'un produit, nous mesurons l'effet produit par des milliards de molécules. Étant donné que la différence d'énergie entre les deux orientations possibles du proton de H_b est minime, leurs populations seront approximativement (mais pas exactement) égales. Le signal du H_a observé est donc fragmenté en deux pics d'intensité relativement égale, soit un ***doublet*** dont le rapport intégré est de 1:1.

PROBLÈME 9.5

Dessinez le spectre RMN ^{1}H du $CHBr_2CHCl_2$. Quel signal devrait apparaître dans les régions du champ magnétique d'intensité plus faible : celui du proton du groupe $CHBr_2$— ou du groupe —$CHCl_2$? Pourquoi ?

Le signal d'un proton situé à proximité de deux protons équivalents se trouvant sur un atome de carbone adjacent ou sur des atomes de carbone adjacents et chimiquement équivalents se scinde en un ***triplet*** dont le rapport d'intensité est de 1:2:1. La figure 9.16 illustre ce profil de fragmentation.

Dans les deux types de composé montrés à la figure 9.16, les deux protons peuvent s'orienter parallèlement au champ appliqué, ce qui provoque l'apparition d'un pic à une intensité de champ appliqué qui est plus faible qu'elle ne le serait en l'absence des deux protons H_b. Par contre, l'alignement antiparallèle au champ appliqué de ces deux protons engendre l'apparition d'un pic à une intensité de champ appliqué plus élevée que celle à laquelle absorberait un H_a n'ayant pas de voisins perturbateurs. Enfin, les deux protons peuvent s'orienter de façon telle que l'effet de l'un s'oppose au champ appliqué et que l'effet de l'autre le renforce. Une telle orientation des protons n'induit aucun déplacement du signal. Puisque cette orientation peut prendre deux agencements possibles et que sa probabilité est donc deux fois plus élevée que celle de chacune des deux autres orientations, il s'ensuit que le pic au centre du triplet est deux fois plus intense.

Le proton du groupe $CHCl_2$— du 1,1,2-trichloroéthane constitue un exemple de proton situé à proximité de deux protons équivalents portés par un carbone adjacent. Le signal du proton du groupe $CHCl_2$— (figure 9.6) apparaît sous la forme d'un triplet d'intensité relative 1:2:1 et, tel que prévu, le signal des protons du groupe —CH_2Cl est scindé en un doublet d'intensité relative 1:1 en raison du couplage avec le proton du groupe $CHCl_2$—.

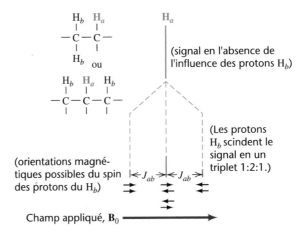

Figure 9.16 Deux protons équivalents (H_b) situés sur un ou des atomes de carbone voisins fragmentent le signal de H_a en un triplet 1:2:1.

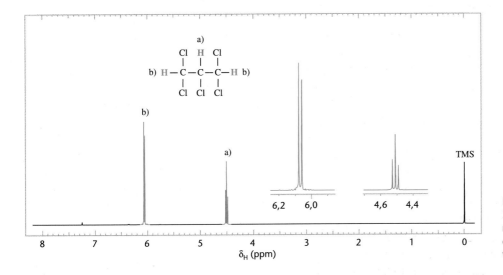

Figure 9.17 Spectre RMN ^{1}H à 300 MHz du 1,1,2,3,3-pentachloropropane. Un agrandissement des signaux apparaît dans les tracés décalés.

Le spectre du 1,1,2,3,3-pentachloropropane (figure 9.17) ressemble à celui du 1,1,2-trichloroéthane, car il consiste lui aussi en un triplet de rapport 1:2:1 et un doublet de rapport 1:1. Les deux atomes d'hydrogène H$_b$ de ce composé sont équivalents même s'ils sont portés par des atomes de carbone différents.

PROBLÈME 9.6

Les positions relatives du doublet et du triplet du 1,1,2-trichloroéthane (figure 9.6) et du 1,1,2,3,3-pentachloropropane (figure 9.17) sont inversées. Expliquez.

Quand trois protons équivalents (H$_b$) situés sur un carbone voisin sont couplés à H$_a$, ils fragmentent le signal de H$_a$ en un ***quadruplet*** de rapport 1:3:3:1. La figure 9.18 illustre ce profil.

Le signal de deux protons équivalents du groupe —CH$_2$Br du bromoéthane (figure 9.19) apparaît sous la forme d'un quadruplet 1:3:3:1 parce qu'il subit également le même type de fragmentation. Les trois protons équivalents du groupe CH$_3$— sont scindés en un triplet 1:2:1 par suite du couplage avec les deux protons du groupe —CH$_2$Br.

L'analyse que nous venons de présenter peut s'appliquer à des composés ayant un plus grand nombre de protons équivalents sur des atomes adjacents. Ces analyses des profils de fragmentation démontrent que ***la présence de n protons équivalents sur les atomes adjacents du proton étudié fragmente le signal de ce dernier en n + 1 pics.*** Il arrive cependant que certains pics ne soient pas visibles sur un spectre en raison de leur trop faible intensité.

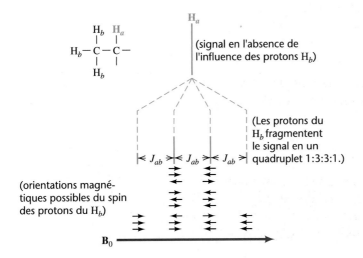

Figure 9.18 Les trois protons équivalents (H$_b$) situés sur le carbone voisin scindent le signal du H$_a$ en un quadruplet 1:3:3:1.

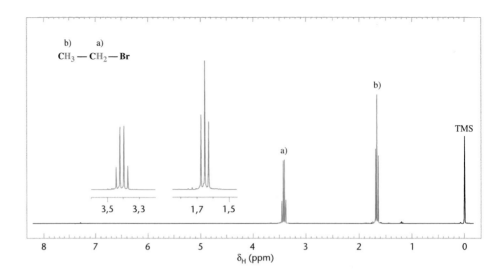

Figure 9.19 Le spectre RMN ^{1}H du bromoéthane. Un agrandissement des pics apparaît dans les tracés décalés.

PROBLÈME 9.7

Dessinez le spectre RMN ^{1}H du $(Cl_2CH)_3CH$ en indiquant la multiplicité des pics et la position relative de chacun des signaux.

PROBLÈME 9.8

Proposez une structure pour chacun des composés dont le spectre apparaît à la figure 9.20 et expliquez la multiplicité de chaque signal.

Réciprocité des constantes de couplage

Il est relativement aisé d'identifier les profils de fragmentation de la figure 9.20, car chaque composé ne contient que deux ensembles d'atomes d'hydrogène non équivalents. Ce n'est, bien sûr, pas toujours le cas. Ainsi, pour l'analyse de spectres plus complexes, il est parfois utile de recourir à la **réciprocité des constantes de couplage,** présente dans tous les spectres.

La distance entre les pics d'un multiplet, exprimée en hertz, donne la valeur de la constante de couplage. Par conséquent, lorsqu'on recherche des doublets, des triplets, des quadruplets, etc., qui ont *la même constante de couplage,* il est probable que ces multiplets soient couplés entre eux, car la fragmentation de leurs signaux est le fruit d'un couplage spin-spin réciproque.

Les deux ensembles de protons d'un groupe éthyle, par exemple, se présentent comme un triplet et un quadruplet si le groupe éthyle est rattaché à un atome qui ne porte aucun autre atome d'hydrogène. La distance entre les pics du triplet et entre ceux du quadruplet sera la même puisque les constantes de couplage (J_{ab}) sont les mêmes (figure 9.21).

D'autres moyens, liés à la RMN TF, facilitent l'identification de couplages plus complexes entre les protons. L'un de ces moyens est la spectroscopie de corrélation ^{1}H-^{1}H ou homonucléaire, appelée COSY (section 9.11).

Les spectres RMN du proton comportent également d'autres caractéristiques, qui ne sont toutefois d'aucune utilité pour déterminer la structure d'un composé.

1. Les signaux peuvent se superposer dans les cas où leur déplacement chimique est presque identique. Dans le spectre à 60 MHz du chloroacétate d'éthyle (figure 9.22a), le singulet du groupe —CH_2Cl se superpose sur le pic le plus à droite du quadruplet. Afin de séparer les signaux qui se superposeraient dans un champ magnétique d'intensité plus faible, on fait appel à des spectromètres RMN dotés de champs magnétiques plus intenses, correspondant à des fréquences de résonance du ^{1}H de l'ordre de 300, 500 ou même 800 MHz (la figure 9.22b en donne un exemple).

2. Un couplage spin-spin entre protons d'atomes non adjacents peut survenir. Ce couplage à longue distance est fréquemment observé dans des composés où les

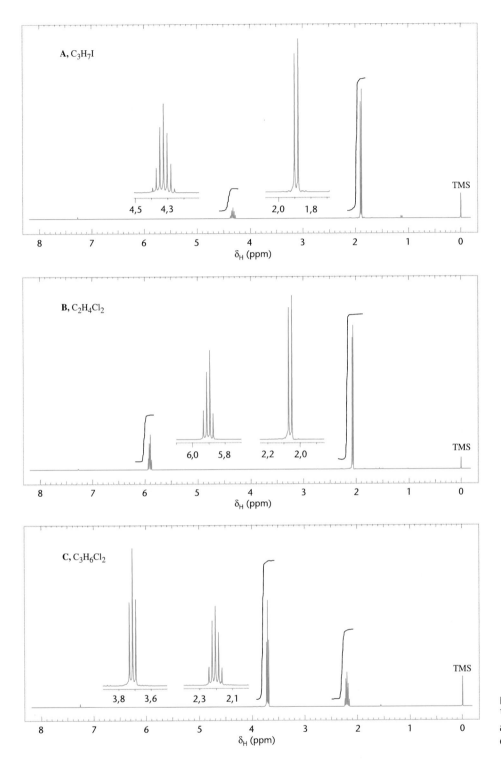

Figure 9.20 Les spectres RMN ¹H relatifs au problème 9.8. Un agrandissement des pics apparaît dans les tracés décalés.

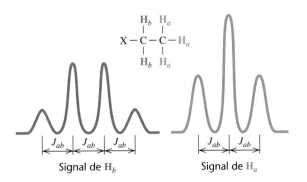

Figure 9.21 Profil de fragmentation théorique d'un groupe éthyle. Pour un exemple concret, voir le spectre du bromoéthane présenté à la figure 9.19.

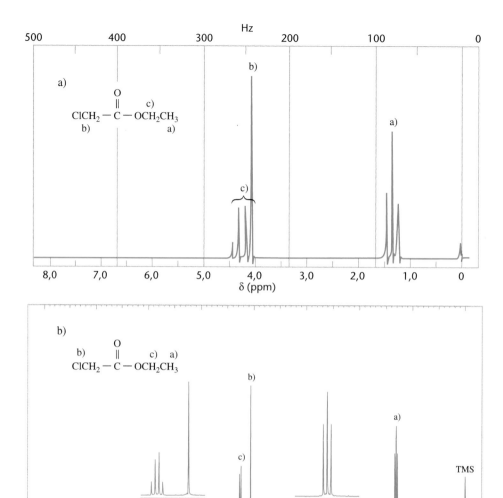

Figure 9.22 a) Spectre RMN ¹H à 60 MHz du chloroacétate d'éthyle. Observez la superposition des signaux à δ = 4. b) Spectre RMN ¹H à 300 MHz du chloroacétate d'éthyle. Une augmentation de l'intensité du champ magnétique permet une meilleure séparation des signaux qui se superposaient à 60 MHz. Un agrandissement des signaux apparaît dans les tracés décalés.

atomes portant les protons couplés sont engagés dans des liaisons π ou encore dans certaines molécules cycliques de structure rigide.

3. Le profil de fragmentation des groupes aromatiques est difficile à analyser. Un cycle benzénique monosubstitué (un groupe phényle) possède trois types de protons.

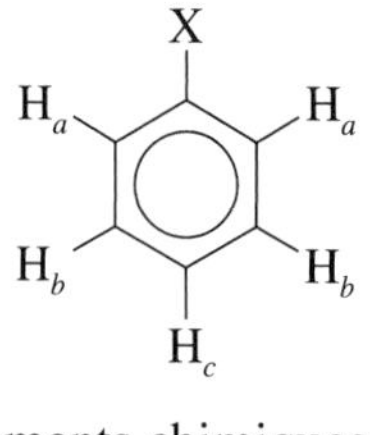

La différence entre les déplacements chimiques de ces protons est si ténue que le profil des pics ressemble à un singulet. Par ailleurs, lorsque les déplacements chimiques diffèrent, le couplage à longue distance fait apparaître le signal du groupe phényle sous la forme d'un multiplet assez complexe.

Jusqu'à maintenant, notre étude des spectres RMN ¹H n'a porté que sur la fragmentation du signal engendrée par les interactions entre seulement deux ensembles de protons équivalents portés par des atomes adjacents. Quel type de profil devraient donner des composés dans lesquels plus de deux ensembles de protons équivalents sont couplés ? Il serait trop long d'apporter une réponse exhaustive à cette question, mais un exemple pourra donner un aperçu du travail d'analyse qui serait nécessaire. Examinons le cas d'un propane monosubstitué en position 1.

$$\overset{a)}{CH_3}-\overset{b)}{CH_2}-\overset{c)}{CH_2}-Z$$

Ce composé contient trois ensembles de protons équivalents. La multiplicité du signal du groupe CH_3- et du groupe $-CH_2Z$ est assez facile à prévoir. Le groupe méthyle est couplé aux deux protons du groupe $-CH_2-$ interne, ce qui signifie que son signal devrait apparaître sous la forme d'un triplet. Les protons du groupe $-CH_2Z$ sont également couplés aux deux protons du groupe $-CH_2-$ interne. Par conséquent, le signal des protons du groupe $-CH_2Z$ devrait aussi se traduire par un triplet.

Mais qu'en est-il des protons du groupe $-CH_2-$ en b), qui sont couplés aux trois protons situés en a) et aux deux protons situés en c) ?

En outre, une autre difficulté s'ajoute : les protons en a) et en c) ne sont pas équivalents. Si les constantes de couplage J_{ab} et J_{bc} présentaient des valeurs assez différentes, alors le signal des protons en b) serait fragmenté en un quadruplet par les protons en a) et chaque pic du quadruplet se scinderait en un triplet en raison de l'effet des deux protons en c) (figure 9.23).

Il est néanmoins peu probable de pouvoir observer 12 pics dans le spectre, car les constantes de couplage sont telles que certains pics se superposent à d'autres pics. Le spectre RMN ^{1}H du 1-nitropropane (figure 9.24), composé représentatif des propanes substitués en position 1, montre que le signal des protons en b) est formé de six pics principaux semblant tous être fragmentés eux-mêmes.

PROBLÈME 9.9

Effectuez une analyse similaire à celle illustrée à la figure 9.23 et indiquez le nombre de pics qui résulteraient de la fragmentation du signal en b) si $J_{ab} = 2\,J_{bc}$ et si $J_{ab} = J_{bc}$. (Aide : dans les deux cas, certains pics se superposeront à d'autres et le nombre total de pics sera inférieur à 12.)

L'exposé que nous venons de faire ne s'applique qu'à ce qui est qualifié de *spectres de premier ordre*. Dans les spectres de premier ordre, la différence (exprimée en hertz, $\Delta\nu$) entre les déplacements chimiques des protons couplés est beaucoup plus importante que leur constante de couplage, J. Autrement dit, $\Delta\nu \gg J$. Dans les *spectres de second ordre* (que nous n'avons pas abordés), la valeur de $\Delta\nu$ se rapproche de celle de J, ce qui rend la situation beaucoup plus complexe. Le nombre de pics augmente et leur intensité n'est pas celle que donneraient sans doute des spectres de premier ordre.

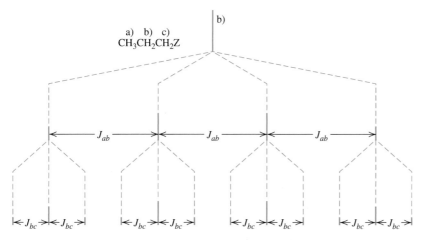

Figure 9.23 Profil de fragmentation des protons b) du $CH_3CH_2CH_2Z$ lorsque la valeur de J_{ab} est très supérieure à celle de J_{bc}. Ici, $J_{ab} = 3\,J_{bc}$.

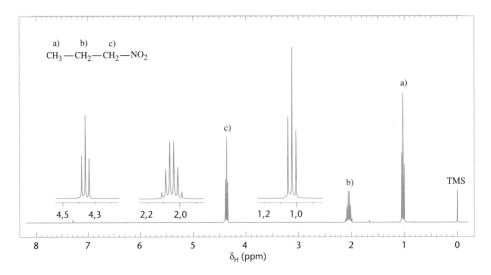

Figure 9.24 Spectre RMN ^{1}H à 300 MHz du 1-nitropropane. Un agrandissement des signaux apparaît dans les tracés décalés.

9.9 SPECTRES RMN ^{1}H ET PROCESSUS DYNAMIQUES

Pionnier de la spectroscopie RMN appliquée à la chimie organique, J.D. Roberts, du California Institute of Technology, a comparé le spectromètre RMN à un appareil photo dont la vitesse d'obturation est relativement lente. De la même façon qu'un tel appareil donne des images floues lorsque l'objet photographié se déplace rapidement, le spectromètre RMN « embrouille » le spectre d'une molécule qui subit des processus dynamiques rapides.

Quels sont les processus chimiques rapides qui se déroulent au sein des molécules organiques ?

À température ambiante, les groupes associés par des liaisons simples carbone–carbone se caractérisent par une rotation rapide autour de l'axe de ces liaisons, sauf si une contrainte structurale s'exerce (comme dans le cas d'un cycle rigide). Lorsqu'il s'agit de composés dotés de liaisons simples qui permettent une rotation libre, le spectromètre mesure le signal de chacun des atomes d'hydrogène dans leur environnement moyen, c'est-à-dire la moyenne de tous les milieux dans lesquels se trouvent ces atomes lorsque les groupes effectuent une rotation.

À titre d'exemple, prenons à nouveau le spectre du bromoéthane. Dans la conformation la plus stable de ce composé, les groupes sont parfaitement décalés. Dans un tel cas, un hydrogène du groupe méthyle (indiqué en rouge dans la structure qui suit) est dans un environnement différent de celui où se trouvent les deux autres atomes d'hydrogène méthyliques. S'il fallait détecter par RMN cette conformation du bromoéthane, le profil obtenu afficherait un *déplacement chimique différent* pour le proton de cet hydrogène. Nous savons toutefois que, dans le spectre du bromoéthane (figure 9.19), les trois protons du groupe méthyle donnent lieu à un *seul signal,* qui est fragmenté en un triplet par le couplage avec les deux protons portés par le carbone voisin.

La présence de ce signal unique tient au fait que, à température ambiante, les groupes associés par des liaisons simples carbone–carbone effectuent près d'un million de rotations par seconde. Le spectromètre RMN possède une « vitesse d'obturation » trop faible pour capter le signal de rotations si rapides. C'est pourquoi il enregistre plutôt un signal des atomes d'hydrogène méthyliques dans l'environnement moyen où se trouvent les protons de ces atomes. Il en résulte donc un profil quelque peu imprécis du groupe méthyle.

Par ailleurs, la vitesse de ces rotations diminue lorsqu'on abaisse la température du composé. Lorsqu'on détermine le spectre d'un composé à une température suffisamment basse, le ralentissement de la vitesse de rotation permet parfois de distinguer les différentes conformations des molécules.

Les spectres RMN ^{1}H du cyclohexane et de l'undécadeutériocyclohexane obtenus à basse température offrent un exemple de ce phénomène et nous démontrent également l'utilité du marquage au deutérium. De telles expériences ont été menées pour la première fois par F.A.L. Anet, de l'université de la Californie à Los Angeles, autre pionnier des applications de la spectroscopie RMN en chimie organique, notamment en analyse conformationnelle.

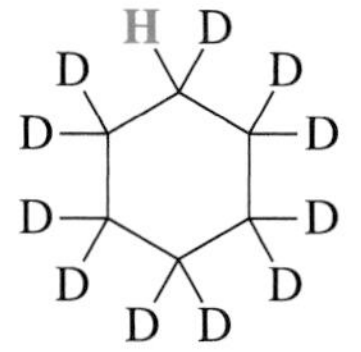

Undécadeutériocyclohexane

À température ambiante, le cyclohexane sans deutérium donne lieu à un seul signal en raison de l'interconversion très rapide entre les différentes conformations chaise. Cependant, à basse température, ce composé produit un spectre RMN ^{1}H beaucoup plus complexe. L'interconversion s'effectuant lentement, les protons axiaux et équatoriaux présentent des déplacements chimiques différents, en même temps que se manifestent les effets d'un couplage spin-spin plus complexe.

Toutefois, à $-100\ °C$, l'undécadeutériocyclohexane n'engendre que deux signaux de même intensité, qui correspondent aux atomes d'hydrogène axial et équatorial des conformations chaise ci-dessous. Des interconversions entre ces conformations se produisent à cette température, mais assez lentement pour que le spectromètre puisse détecter les deux conformations. Il est à noter que le noyau d'un atome de deutérium (un deutéron) possède un moment magnétique beaucoup plus faible que celui du proton et que l'absorption du deutéron n'est pas visible dans un spectre RMN ^{1}H.

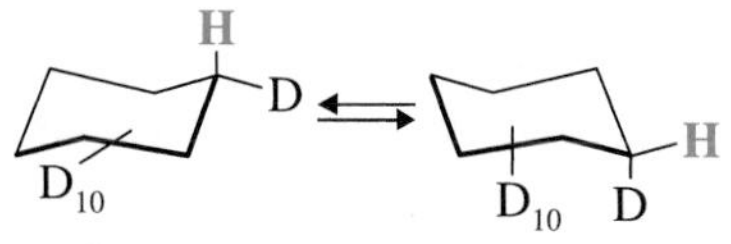

PROBLÈME 9.10

Quel type de spectre RMN ^{1}H l'undécadeutériocyclohexane devrait-il donner à température ambiante ?

Le spectre RMN ^{1}H de l'éthanol offre un autre exemple d'un processus dynamique observable en RMN, soit un échange chimique rapide. Le spectre de l'éthanol ordinaire révèle que le signal provenant du proton hydroxyle est un singulet et que le signal des protons du groupe —CH_2— est un quadruplet (figure 9.25). Dans le cas de l'éthanol ordinaire, *l'interaction entre le proton hydroxylique et les protons du groupe* —CH_2— *ne donne pas lieu à un couplage, même si les protons sont portés par des atomes adjacents.*

En revanche, l'examen du spectre d'un éthanol *très pur* montre que le signal du proton hydroxyle est scindé en un triplet et que le signal des protons du groupe —CH_2— est fragmenté en un multiplet de huit pics. Il est donc clair que, dans l'éthanol très pur, le spin du proton du groupe hydroxyle est couplé avec les spins des protons des groupes —CH_2—.

Le couplage entre les protons hydroxyliques et les protons méthyléniques dépend de la durée du rattachement d'un proton à une molécule d'éthanol donnée. En effet, il se produit un **échange chimique** rapide pour les protons qui sont rattachés aux atomes électronégatifs dotés de paires d'électrons libres, tels que l'oxygène ou

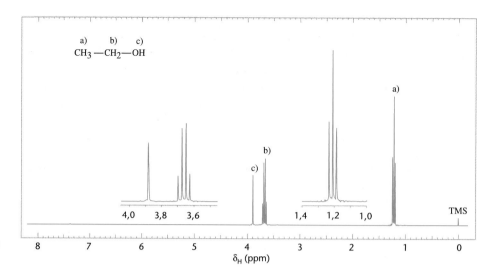

Figure 9.25 Spectre RMN ^1H de l'éthanol ordinaire. Un agrandissement des signaux apparaît dans les tracés décalés.

Échange chimique avec le deutérium

l'azote. En d'autres mots, ces protons peuvent se transférer rapidement d'une molécule à l'autre. Dans l'éthanol très pur, cet échange chimique se produit lentement, et c'est pourquoi on peut observer dans le spectre une fragmentation des signaux qui découle du couplage entre le proton hydroxylique et les protons voisins. Par contre, les impuretés acides et basiques présentes dans l'éthanol ordinaire catalysent le processus d'échange à une vitesse telle que le proton hydroxylique donne lieu à un signal sans couplage, soit un singulet, et que les protons du groupe méthylène génèrent un signal qui n'est scindé que par son couplage avec les protons du groupe méthyle. Il convient alors de dire que cet échange chimique rapide provoque un **découplage des spins.**

Le phénomène du découplage des spins se manifeste dans les spectres RMN ^1H des alcools, des amines et des acides carboxyliques; habituellement, les pics des protons des OH et des NH ne sont pas fragmentés.

Les échanges chimiques rapides auxquels donnent lieu les protons rattachés à un atome d'oxygène ou d'azote peuvent être facilement décelés si le composé est mis en présence de D_2O. Les deutérons se substituent rapidement aux protons et le signal de ces protons disparaît du spectre.

9.10 SPECTROSCOPIE RMN DU CARBONE 13

9.10A INTERPRÉTATION DES SPECTRES RMN ^{13}C

Nous allons aborder la **spectroscopie RMN ^{13}C** en passant brièvement en revue quelques caractéristiques importantes des spectres qui découlent de la résonance des noyaux du carbone 13, désignés spectres RMN ^{13}C. Bien que le carbone 13 ne représente que 1,1 % de tout le carbone d'origine naturelle, il génère un signal RMN d'une importance primordiale pour l'analyse des composés organiques. Malheureusement, l'isotope principal du carbone, soit le carbone 12 (^{12}C), qui constitue près de 99 % du carbone d'origine naturelle, ne présente aucun spin magnétique net et ne peut donc produire de signaux RMN. À bien des égards, les spectres ^{13}C sont généralement moins complexes et plus faciles à interpréter que les spectres RMN ^1H.

9.10B UN PIC POUR CHAQUE ATOME DE CARBONE

En spectroscopie RMN ^{13}C, **chaque atome de carbone d'une molécule organique typique ne donne lieu qu'à un seul pic dans le spectre,** ce qui en simplifie sensiblement l'interprétation. En outre, aucun couplage carbone–carbone n'entraîne une scission des signaux en pics multiples. Il faut se rappeler ici que, dans un spectre de RMN ^1H, les noyaux d'hydrogène adjacents ou séparés par moins de trois liaisons donnent un couplage et scindent le signal de chaque hydrogène en un multiplet de pics. Rien de tel ne survient dans le cas de carbones adjacents parce qu'un seul atome de carbone sur cent possède un noyau de carbone 13 (1,1 % de ^{13}C dans le carbone d'origine naturelle). Par conséquent, la probabilité que deux atomes de carbone 13 soient adjacents dans une molécule est d'environ 1:10 000 (soit 1,1 % × 1,1 %), ce qui rend extrêmement improbable toute fragmentation mutuelle du signal de deux atomes de carbone voisins en pics multiples. La rareté naturelle du ^{13}C et sa résonance magnétique moins prononcée ont également une autre répercussion : un spectre RMN ^{13}C ne peut être obtenu qu'à l'aide d'un spectromètre RMN-TF fonctionnant à impulsion, car il peut effectuer le calcul de la moyenne du signal.

Si la fragmentation spin-spin des carbones n'a pas lieu en spectroscopie RMN ^{13}C, les atomes d'hydrogène portés par le carbone peuvent, en revanche, scinder les signaux RMN ^{13}C en pics multiples.

Il est cependant possible d'éliminer la fragmentation issue du couplage ^{1}H-^{13}C en réglant certains paramètres du spectromètre RMN de façon que les interactions carbone–proton soient découplées. Un spectre RMN ^{13}C dans lequel les interactions avec les protons ont été supprimées est enregistré avec **découplage du proton en bande large,** puisque tous les types d'interactions proton-carbone ont été découplés du signal de l'atome de carbone. Ainsi, dans un spectre normal RMN ^{13}C avec découplage du proton en bande large, chaque type d'atome de carbone ne donnera lieu qu'à un seul pic. La plupart des spectres RMN ^{13}C sont obtenus par ce mode de découplage simple.

9.10C DÉPLACEMENTS CHIMIQUES EN RMN ^{13}C

Comme nous l'avons vu dans le cas des spectres ^{1}H, le déplacement chimique d'un noyau donné dépend de la densité électronique relative autour de cet atome. Une densité électronique plus faible autour d'un atome entraîne son **déblindage** par rapport au champ magnétique appliqué et un déplacement de son signal **vers les champs faibles** (vers la gauche, à des valeurs de δ plus élevées), tandis qu'une densité électronique plus élevée autour d'un atome a pour effet de le **blinder** par rapport aux effets du champ magnétique et de déplacer le signal **vers les champs forts** (vers la droite, à des valeurs de δ plus faibles). Par exemple, des atomes de carbone rattachés uniquement à des atomes de carbone et d'hydrogène sont relativement blindés par rapport à l'effet du champ magnétique en raison de la densité électronique qui les entoure. Ils sont donc à l'origine des pics RMN ^{13}C qui apparaissent vers les champs forts. À l'opposé, les atomes de carbone liés à des groupes électronégatifs sont déblindés par rapport au champ magnétique en raison des effets électroattracteurs de ces groupes et font donc apparaître des pics vers les champs faibles d'un spectre RMN.

Les groupes électronégatifs tels que les halogènes, les groupes hydroxyle et d'autres groupes fonctionnels électroattracteurs provoquent le déblindage des carbones auxquels ils sont rattachés et le déplacement de leurs pics vers des champs plus faibles que ceux des atomes de carbone non substitués par ces groupes. Le tableau 9.2 donne une liste des déplacements chimiques de carbones qui portent différents substituants. Le tétraméthylsilane (TMS), dont la formule est $(CH_3)_4Si$, sert également de référence en spectroscopie RMN ^{13}C.

Tentons maintenant d'interpréter le spectre RMN ^{13}C du 1-chloropropan-2-ol (figure 9.26 a) comme premier cas d'analyse.

$$\overset{a)}{Cl}-\overset{}{CH_2}-\overset{b)}{\underset{|}{CH}}-\overset{c)}{CH_3}$$
$$OH$$

1-Chloropropan-2-ol

Ce composé contient uniquement trois carbones et ne donne donc lieu qu'à trois pics dans son spectre RMN ^{13}C enregistré avec découplage du proton en bande large : à δ = 20, 51 et 67 ppm approximativement.

La figure 9.26 montre aussi un regroupement de trois pics à δ = 77. Ces pics proviennent du deutériochloroforme ($CDCl_3$) utilisé comme solvant pour dissoudre l'échantillon. Il s'avère d'ailleurs que de nombreux spectres RMN ^{13}C possèdent ces

Tableau 9.2 Déplacements chimiques approximatifs en RMN ^{13}C de certains groupes fonctionnels.

Type d'atome de carbone	Déplacement chimique (δ, ppm)
Alkyle primaire, RCH_3	0 à 40
Alkyle secondaire, RCH_2R	10 à 50
Alkyle tertiaire, $RCHR_2$	15 à 50
Halogénoalcane ou amine, $-\overset{\mid}{\underset{\mid}{C}}-X \left(X = Cl, Br, ou \overset{\mid}{N}- \right)$	10 à 65
Alcool ou éther, $-\overset{\mid}{\underset{\mid}{C}}-O$	50 à 90
Alcyne, $-C\equiv$	60 à 90
Alcène, $\diagdown C=$	100 à 170
Aryle, $\langle\bigcirc\rangle C-$	100 à 170
Nitriles, $-C\equiv N$	120 à 130
Amides, $-\overset{O}{\overset{\|}{C}}-\overset{\mid}{N}-$	150 à 180
Acides carboxyliques, esters, $-\overset{O}{\overset{\|}{C}}-O$	160 à 185
Aldéhydes, cétones, $-\overset{O}{\overset{\|}{C}}-$	182 à 215

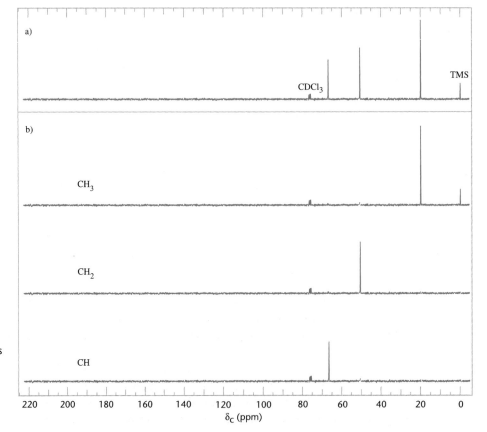

Figure 9.26 a) Spectre RMN ^{13}C avec découplage du proton en bande large du 1-chloropropan-2-ol. b) Ces trois spectres présentent les données tirées des spectres RMN ^{13}C DEPT du 1-chloropropan-2-ol (voir section 9.10E). Il s'agit du seul exemple dans lequel tous les spectres DEPT séparés sont illustrés dans le présent manuel. Les pics des autres spectres RMN ^{13}C montreront les données tirées des spectres DEPT et seront identifiés ainsi : C, CH, CH$_2$ ou CH$_3$.

pics. Bien que cela déborde de notre propos, mentionnons tout de même que le signal de l'unique carbone du deutériochloroforme est scindé en trois pics, car il est rattaché au deutérium. Il ne faut pas tenir compte des pics du $CDCl_3$ lors de l'interprétation des spectres du ^{13}C.

Nous pouvons observer que les déplacements chimiques des trois pics du 1-chloropropan-2-ol sont bien distincts les uns des autres. Ces déplacements chimiques distincts résultent des différences caractérisant le blindage effectué par les électrons en mouvement dans l'environnement immédiat des carbones. Rappelons que la diminution de la densité électronique autour d'un carbone entraîne un amoindrissement de son blindage et un déplacement du signal de ce carbone vers les champs faibles. Dans le cas envisagé ici, l'oxygène du groupe hydroxyle attirera très fortement à lui les électrons, car il constitue l'atome le plus électronégatif. En conséquence, c'est le carbone portant le groupe —OH qui sera le plus *déblindé* et qui donnera donc un signal situé vers les champs les plus faibles, soit à $\delta = 67$. Le chlore est moins électronégatif que l'oxygène et déplacera le pic du carbone auquel il est rattaché directement vers les champs plus forts, soit à $\delta = 51$. Aucun groupe électronégatif n'est rattaché directement au carbone portant le groupe méthyle, ce qui résulte en un signal vers les champs les plus forts, soit à $\delta = 20$. Ainsi, à l'aide des tableaux donnant les valeurs de déplacement chimique (tel le tableau 9.2) et à partir des groupes rattachés au carbone, il est possible d'identifier le signal RMN ^{13}C correspondant à chacun des carbones d'une molécule.

9.10D SPECTRES RMN^{13}C SANS DÉCOUPLAGE

Il arrive que la valeur du déplacement chimique prévu ne permette pas à elle seule l'identification d'un pic correspondant à un atome de carbone donné d'une molécule. Heureusement, les spectromètres RMN peuvent distinguer le type d'atomes de carbone selon le nombre d'atomes d'hydrogène qu'ils portent. Parmi les premiers procédés employés dans un tel cas, on retrouve la RMN 13C sans découplage. Dans un spectre RMN ^{13}C sans découplage, chaque signal du carbone est fragmenté en un multiplet de pics, suivant le nombre d'atomes d'hydrogène qui y sont rattachés; la règle de $n + 1$ s'applique, où n est le nombre d'atomes d'hydrogène portés par le carbone en question. Par conséquent, un carbone qui ne porte pas d'hydrogènes donne lieu à un singulet ($n = 0$), un carbone muni d'un hydrogène donne un doublet (deux pics), un carbone avec deux hydrogènes donne un signal représenté par un triplet (trois pics), et un carbone d'un groupe méthyle produit un quadruplet (quatre pics). Toutefois, l'interprétation des spectres RMN ^{13}C sans découplage est souvent ardue en raison de la superposition des pics des multiplets.

9.10E SPECTRE RMN ^{13}C DEPT

Il est maintenant possible d'obtenir des spectres RMN ^{13}C se prêtant à une interprétation beaucoup plus facile en ce qui a trait aux types de carbone présents dans une molécule. De tels spectres sont appelés spectres d'augmentation sans déformation par transfert de polarisation ou spectres DEPT (*distortionless enhanced polarization transfer*, en anglais). Un spectre DEPT consiste en fait en plusieurs spectres distincts dont chacun présente les données propres à un type de carbone donné. Les données relatives aux carbones CH, CH_2 et CH_3 font donc l'objet de spectres distincts (voir la figure 9.26b). Ces spectres permettent d'identifier précisément chacun des pics de l'échantillon. **À partir de maintenant, plutôt que de reproduire tous les spectres DEPT des composés qui seront étudiés, nous nous limiterons à montrer uniquement un spectre RMN ^{13}C avec découplage du proton en bande large dans lequel les pics seront identifiés grâce à l'information tirée des spectres DEPT.**

Le deuxième exemple d'interprétation d'un spectre RMN ^{13}C porte sur le spectre du 2-méthylprop-2-énoate de méthyle (méthacrylate de méthyle) (figure 9.27). Ce composé est le monomère de départ dans la préparation des polymères commerciaux Lucite et Plexiglas. Les cinq carbones de ce composé donnent lieu à des signaux

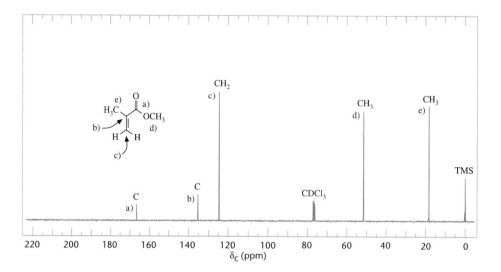

Figure 9.27 Spectre RMN ^{13}C avec découplage du proton en bande large du 2-méthylprop-2-ènoate de méthyle (méthacrylate de méthyle). Les données tirées des spectres RMN ^{13}C DEPT sont indiquées au-dessus de chacun des pics.

ayant des déplacements chimiques différents dans un spectre RMN ^{13}C. En raison de l'absence de symétrie dans la structure de cette molécule, tous ses atomes de carbone sont chimiquement uniques et engendrent donc cinq signaux RMN distincts. À l'aide du tableau des déplacements chimiques approximatifs du ^{13}C (tableau 9.2), on peut aisément déduire que le pic à $\delta = 167{,}3$ est associé au carbone carbonylé de l'ester, que le pic à $\delta = 51{,}5$ correspond au carbone méthylique directement rattaché à l'oxygène de l'ester, que le pic à $\delta = 18{,}3$ provient du méthyle rattaché au C2 et que les pics à $\delta = 136{,}9$ et $\delta = 124{,}7$ sont des carbones engagés dans une liaison double. En outre, l'information tirée des spectres DEPT permet d'attribuer avec certitude ces pics aux carbones de la double liaison. Le spectre indique clairement que deux hydrogènes sont attachés au carbone donnant le pic à $\delta = 124{,}7$, c'est-à-dire le C3, qui est le carbone terminal de la double liaison. Le carbone qui ne porte aucun hydrogène est, bien sûr, le C2.

PROBLÈME 9.11

Les composés **A, B** et **C** sont des isomères de formule $C_5H_{11}Br$. Leur spectre respectif RMN ^{13}C enregistré avec découplage du proton en bande large apparaît à la figure 9.28. Les données tirées des spectres RMN ^{13}C DEPT sont présentées près de chaque pic. Donnez la structure des composés **A, B** et **C**.

9.11 TECHNIQUES DE RMN BIDIMENSIONNELLE (2D)

Il existe à l'heure actuelle de nombreuses techniques RMN qui simplifient l'interprétation des spectres. En effet, les chimistes peuvent maintenant obtenir des données sur le couplage spin-spin et la connectivité exacte des atomes au sein d'une molécule à l'aide de techniques relevant de la **spectroscopie RMN multidimensionnelle** et exigeant l'emploi d'un spectromètre RMN-TF. Les techniques multidimensionnelles les plus courantes font appel à la RMN bidimensionnelle (RMN 2D) et sont identifiées par des acronymes tels que COSY, HETCOR et divers autres. Des techniques RMN à trois dimensions ou plus sont possibles, mais leur application et leur interprétation sont plus complexes. Le caractère bidimensionnel évoqué ne renvoie pas à l'apparence des pics sur papier, mais plutôt au fait que les données sont accumulées à l'aide de deux impulsions de radiofréquences à délai variable entre elles. La RMN 2D fait aussi intervenir des paramètres expérimentaux plus spécialisés qui ne seront pas abordés ici, pas plus que les principes physiques sous-tendant la RMN multidimensionnelle, qui débordent tous du cadre du présent manuel. Il faut toutefois comprendre que le spectre RMN obtenu comporte le spectre unidimensionnel (1D)

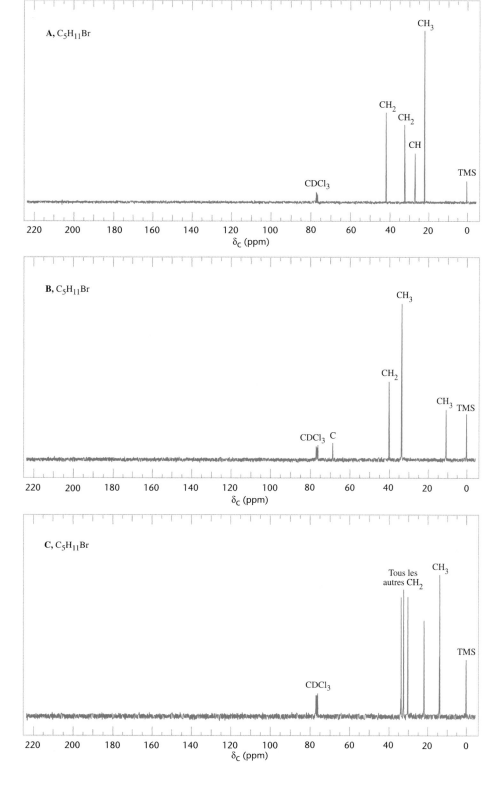

Figure 9.28 Spectres RMN ^{13}C avec découplage du proton en bande large des composés **A**, **B** et **C** relatifs au problème 9.11. Les données tirées des spectres RMN ^{13}C DEPT sont indiquées au-dessus de chacun des pics.

habituel sur les axes horizontal et vertical et que le champ $x-y$ du graphique contient un ensemble de pics de corrélation.

Lorsque la RMN 2D est utilisée dans le cas du ^{1}H, elle porte le nom de **spectroscopie de corrélation ^{1}H-^{1}H** (ou **COSY** en abrégé). Les spectres COSY sont particulièrement utiles lorsqu'il s'agit de déterminer le couplage proton-proton. Il est également possible d'obtenir des spectres RMN 2D pour l'étude du couplage entre les hydrogènes et les *carbones* auxquels ils sont rattachés. Dans ce cas précis, la technique est dénommée **spectroscopie de corrélation hétéronucléaire** (**HETCOR** ou

HETCOR C-H). Un spectre HETCOR peut aisément dissiper l'ambiguïté entourant les pics des spectres unidimensionnels ¹H et ¹³C, car il permet un appariement précis entre les atomes d'hydrogène et de carbone des divers pics obtenus.

9.11A PICS DE CORRÉLATION COSY

Le spectre COSY du 1-chloropropan-2-ol est présenté à la figure 9.29. Dans le cas d'un spectre COSY, le spectre ¹H unidimensionnel habituel apparaît le long des axes horizontal et vertical. Pour sa part, le champ $x-y$ d'un spectre COSY s'apparente à une carte topographique offrant une vue aérienne des courbes de niveau d'une chaîne de montagnes. La diagonale du spectre offre une représentation plongeante des pics du spectre unidimensionnel du 1-chloropropan-2-ol où, pour reprendre l'analogie, chaque pic correspond à une montagne. Vis-à-vis chaque pic de la diagonale se trouve un signal unidimensionnel situé sur chacun des axes. Les pics de la diagonale n'apportent pas de données nouvelles par rapport à celles tirées du spectre unidimensionnel sur chacun des axes.

En revanche, les pics de corrélation (« les montagnes ») qui apparaissent hors de la ligne diagonale (et qu'on appelle aussi « pics croisés ») sont importants, car ils sont à la source de toute la pertinence des spectres COSY. Si l'on trace deux lignes perpendiculaires (qui sont donc parallèles à l'un et à l'autre des axes du spectre) à partir d'un pic de corrélation donné vers la ligne diagonale, les pics de la diagonale à l'intersection de ces lignes perpendiculaires sont couplés l'un à l'autre. En conséquence, les pics du spectre unidimensionnel situés vis-à-vis des pics couplés de la diagonale sont également couplés entre eux. Il est à noter que les pics croisés situés au-dessus de la diagonale sont l'image spéculaire de ceux qui sont en dessous d'elle. Puisque l'infor-

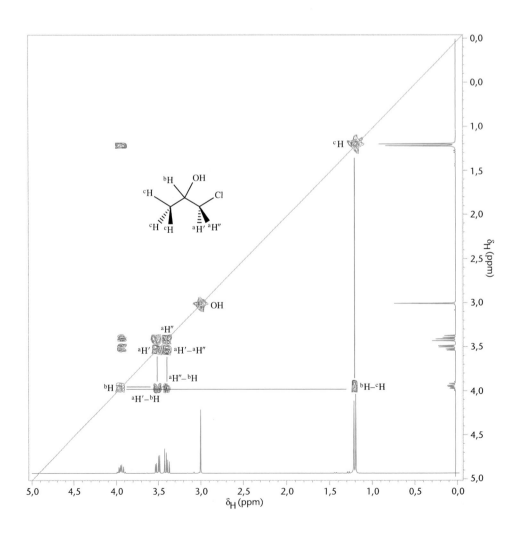

Figure 9.29 Spectre COSY du 1-chloropropan-2-ol.

▶ **CAPSULE CHIMIQUE**

IMAGERIE MÉDICALE OBTENUE PAR RÉSONANCE MAGNÉTIQUE

L'**imagerie par résonance magnétique** ou **IRM** est une technique médicale qui résulte d'une application importante de la spectroscopie RMN ^{1}H. Contrairement aux rayons X, l'IRM offre l'avantage de ne pas faire appel à une dangereuse radiation ionisante ni à l'injection d'un produit chimique potentiellement dangereux servant à créer un contraste, qu'on retrouve dans d'autres techniques d'imagerie médicale. En IRM, une partie du corps du patient est placée dans un champ magnétique intense et soumise à une radiation de rf.

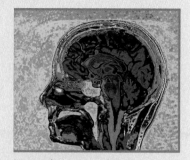

Image obtenue par IRM.

La figure ci-contre illustre le type d'image obtenue par IRM. Grâce à la méthode par impulsion (section 9.3), les appareils qui produisent de telles images excitent les parties du tissu visées, puis, au moyen d'une transformation de Fourier, convertissent les données en une image. La brillance de certaines régions de l'image dépend de deux facteurs.

Le premier facteur concerne le nombre de protons dans le tissu qui se retrouvent à un endroit donné. Le second facteur découle de ce qu'on appelle le **temps de relaxation** des protons. Lorsque les protons passent à un état d'énergie plus élevée à la suite d'une impulsion de rf, ils absorbent de l'énergie. Or, avant d'être excités de nouveau par une deuxième impulsion, les protons doivent perdre l'énergie absorbée pour retourner à leur état de spin de plus faible énergie. La **relaxation** désigne le phénomène de perte d'énergie et le temps de relaxation renvoie à la durée dudit phénomène.

La relaxation des protons se fait selon deux modes principaux. Dans le cas du premier mode, appelé *relaxation spin-réseau*, le surplus d'énergie est transféré aux molécules situées dans l'environnement immédiat (ou dans le réseau). La durée du transfert est appelée T_1 et correspond au temps nécessaire pour que le système de spin redevienne en équilibre thermodynamique avec son environnement. Dans les solides, T_1 peut se compter en heures, tandis qu'il ne dure que quelques secondes dans l'eau pure. L'autre mode de relaxation, appelé *relaxation spin-spin*, se caractérise par un transfert de l'énergie vers des atomes voisins. Le temps requis pour cette relaxation est symbolisé par T_2. Dans les liquides, T_2 est du même ordre que T_1, alors que, dans les solides, T_1 est beaucoup plus long.

Fondées sur le délai entre les impulsions de rf, diverses techniques mettent à contribution les différences entre les temps de relaxation dans le but de susciter des contrastes entre les différentes régions d'un tissu mou. Par rapport aux rayons X, le contraste produit dans les tissus mous est plus prononcé en IRM, ce qui en fait une méthode de choix pour déceler efficacement les tumeurs, les lésions et les œdèmes. En plein essor, l'emploi de cette technique ne se limite pas à l'observation des signaux du proton.

En effet, des recherches sont actuellement menées pour favoriser les applications médicales des signaux de résonance du ^{31}P. Les composés qui contiennent du phosphore sous forme d'esters de phosphate (section 11.12), tels que l'adénosine triphosphate (ATP) et l'adénosine diphosphate (ADP), jouent un rôle dans la plupart des réactions métaboliques, d'où l'importance de la résonance de cet élément. En utilisant des techniques basées sur la RMN, les chercheurs peuvent maintenant observer le métabolisme cellulaire de manière non invasive.

mation est redondante, on n'analyse que les pics croisés situés d'un côté de la diagonale. Les pics de corrélation situés dans le champ $x-y$ découlent des paramètres utilisés lors de l'enregistrement des données par le spectromètre.

Examinons les différents couplages ayant lieu au sein du 1-chloropropan-2-ol qui sont mis en évidence par le spectre COSY (figure 9.29). Bien qu'il soit relativement aisé de déduire ses couplages par le biais d'un spectre unidimensionnel, ce composé constitue un bon exemple pour amorcer notre analyse des spectres COSY. Choisissons d'abord un point à partir duquel nous tracerons les lignes qui serviront à établir un couplage. Un pic dont l'identification est relativement facile dans un spectre unidimensionnel représente un bon point de départ. Dans ce composé, le doublet du groupe méthyle à 1,2 ppm est assez évident et son identification est relativement aisée. Le pic sur la diagonale qui correspond au doublet est identifié par ^{c}H (voir figure 9.29) et se trouve vis-à-vis de chacun des doublets du méthyle du spectre unidimensionnel sur chacun des axes. Si on trace une ligne imaginaire parallèle à l'axe vertical en partant du pic ^{c}H, cette ligne croisera le pic de corrélation, appelé ^{b}H$-^c$H, quelque part dans le champ $x-y$ hors de la diagonale.

À partir de ce pic de corrélation, une ligne imaginaire perpendiculaire à l'axe vertical peut être tracée pour rejoindre la diagonale, à l'intersection de laquelle se trouve un pic situé directement au-dessus d'un pic du spectre unidimensionnel à $\delta = 3,9$. Ainsi, les hydrogènes méthyliques à $\delta = 1,2$ sont couplés à l'hydrogène dont le signal apparaît à $\delta = 3,9$. Les pics à $\delta = 3,9$ sont donc attribuables à la présence de l'hydrogène situé sur le carbone portant le groupe hydroxyle du 1-chloropropan-2-ol (^{b}H sur C2).

Retournons au pic de la diagonale situé au-dessus de $\delta = 3,9$ pour tracer une ligne parallèle à l'axe horizontal qui croisera une paire de pics croisés située entre $\delta = 3,4$ et 3,5. À partir de ces deux pics (soit ^{a}H$'-^b$H et ^{a}H$''-^b$H), la ligne verticale tracée vers la diagonale nous indique que l'hydrogène dont le signal est à $\delta = 3,9$ est couplé aux hydrogènes dont les signaux apparaissent à $\delta = 3,4$ et $\delta = 3,5$. Les hydrogènes à $\delta = 3,4$ et $\delta = 3,5$ sont donc ceux situés sur le carbone portant l'atome de chlore (^{a}H$'$ et ^{a}H$''$). On peut également voir que ^{a}H$'$ et ^{a}H$''$ sont mutuellement couplés par le pic croisé qu'ils partagent et qui se retrouve à la droite immédiate de leurs pics sur la diagonale. En résumé, les spectres COSY permettent de déterminer rapidement quels sont les hydrogènes couplés entre eux. Par ailleurs, il est possible, à partir d'un point de départ connu, de prédire la connectivité d'une molécule, en procédant « pas à pas » le long de son squelette carboné, par la détermination des différents couplages survenant entre les atomes.

9.11B PICS DE CORRÉLATION HETCOR

Un spectre HETCOR comprend un spectre RMN ^{13}C représenté le long d'un axe et un spectre ^{1}H le long de l'autre axe. Les pics croisés qui établissent une corrélation entre les deux types de spectre se retrouvent dans le champ $x-y$. De manière plus spécifique, on peut dire que les pics de corrélation d'un spectre HETCOR indiquent quels hydrogènes sont rattachés à des carbones donnés d'une molécule, et vice versa. Ces pics croisés de corrélation découlent des différents paramètres utilisés pour obtenir le spectre HETCOR, d'où est absente la ligne diagonale qui sépare le champ $x-y$ d'un spectre COSY. Si on trace des lignes imaginaires à partir d'un pic croisé donné vers chacun des axes, le pic croisé indique que l'hydrogène donnant lieu à un signal RMN ^{1}H sur un axe est couplé (et rattaché) au carbone produisant un signal RMN ^{13}C sur l'autre axe. De cette façon, il est possible de déterminer les hydrogènes qui sont rattachés à un carbone donné.

Examinons le spectre HETCOR du 1-chloropropan-2-ol (figure 9.30). Puisque le spectre COSY de la molécule a déjà été analysé, on sait précisément quels hydrogènes correspondent aux différents signaux du spectre RMN ^{1}H. Si on trace une ligne imaginaire à partir du doublet associé au groupe méthyle du spectre RMN ^{1}H à 1,2 ppm (sur l'axe vertical) jusqu'au pic de corrélation situé dans le champ $x-y$, puis, de là, une ligne verticale pour rejoindre l'axe du spectre RMN ^{13}C (l'axe horizontal), on s'aperçoit alors que le carbone du groupe méthyle (C3) est à l'origine du pic ^{13}C à 20 ppm. Après avoir attribué le pic en RMN ^{1}H situé à 3,9 ppm à l'hydrogène du carbone portant le groupe hydroxyle (C2) et tracé les lignes à partir du pic du corrélation vers les deux axes, on observe que le signal en RMN ^{13}C à 67 ppm correspond au carbone qui porte le groupe OH (C2). Finalement, après avoir tracé une ligne horizontale à partir des pics en RMN ^{1}H à 3,4 et 3,5 ppm (c'est-à-dire les pics des deux hydrogènes situés sur le carbone portant l'atome de chlore) vers le pic de corrélation, puis une ligne verticale vers l'axe horizontal, on rencontre le pic en RMN ^{13}C à 51 ppm (C1).

Ainsi, dans le cas du 1-chloropropan-2-ol, il est possible, par association des données tirées des spectres COSY et HETCOR, d'attribuer précisément tous les pics en RMN ^{13}C et ^{1}H à leurs atomes de carbone et d'hydrogène respectifs. Cet exemple peu complexe aurait pu être analysé sans recours aux spectres COSY et HETCOR.

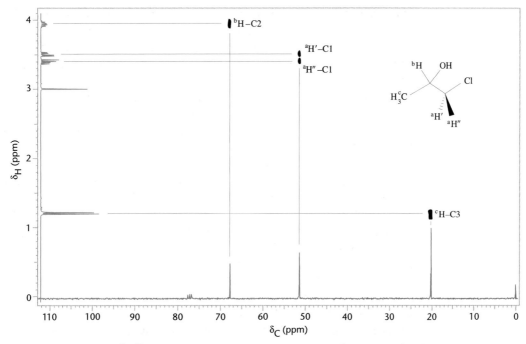

Figure 9.30 Spectre RMN HETCOR ^{1}H-^{13}C du 1-chloropropan-2-ol. Le spectre RMN ^{1}H est montré en bleu et le spectre RMN ^{13}C apparaît en vert. Les traits rouges indiquent le rapport des pics de corrélation ^{1}H−^{13}C avec chacun des spectres unidimensionnels.

Cependant, en ce qui concerne de nombreux composés, il est nécessaire de recourir aux techniques de RMN 2D, faute de quoi l'identification des pics et l'élucidation de la structure moléculaire seraient très difficiles.

9.12 INTRODUCTION À LA SPECTROMÉTRIE DE MASSE

Un spectromètre de masse produit des spectres à partir de la structure d'une molécule. La spectrométrie de masse n'est pas une technique spectroscopique au sens strict du terme, car aucune radiation électromagnétique n'est absorbée, contrairement à l'IR (section 2.16) ou à la RMN (sections 9.3 à 9.11). Il s'agit plutôt d'un spectre ou d'un graphique de la distribution des masses des ions qui correspond à la masse moléculaire d'une molécule, de fragments dérivés de cette molécule ou des deux. Un spectre de masse type est présenté à la figure 9.31. Les pics distribués le long de l'axe des x

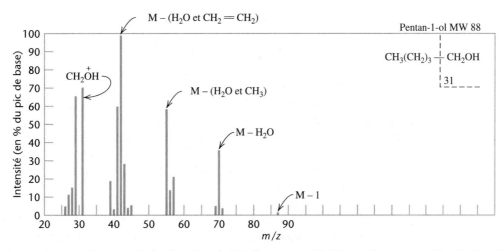

Figure 9.31 Spectre de masse du pentan-1-ol. Adaptation de R.M. Silverstein et F.X. Webster, *Spectrometric Identification of Organic Compounds*, 6e éd., New York, Wiley, 1998, p. 19.

du spectre de masse correspondent à la distribution des masses issues des molécules d'un composé lorsque ce dernier est placé dans un spectromètre de masse. La hauteur de chacun des pics sur l'axe des *y* indique la quantité relative de chacun des ions provenant de la molécule. Ensemble, la masse et l'abondance de chaque ion fournissent des données précieuses sur la structure d'une molécule. Dans la prochaine section, nous verrons comment ces ions moléculaires et ces fragments ioniques sont produits dans un spectromètre de masse classique à impact électronique (IE).

9.13 SPECTROMÈTRE DE MASSE

Dans un spectromètre de masse à impact électronique (figure 9.32), des molécules à l'état gazeux, dans un milieu à très basse pression, sont bombardées par un faisceau d'électrons à haute énergie, de l'ordre de 70 eV (électronvolts). Ce bombardement peut arracher un des électrons de la molécule et entraîne la formation d'un ion de charge positive appelé **ion moléculaire.**

$$M \quad + \quad e^- \quad \longrightarrow \quad M^{\ddagger} \quad + 2\,e^-$$

Molécule   **Électron à**   **Ion**
               haute énergie   **moléculaire**

Cet ion moléculaire est non seulement un cation, mais aussi un radical, car il renferme un nombre impair d'électrons. Les radicaux contiennent des électrons non appariés (section 3.1A) et appartiennent donc à un groupe d'ions portant le nom de *cations radicalaires ou radical cation*. Par exemple, le bombardement d'une molécule d'ammoniac déclencherait la réaction suivante :

$$H\!:\!\ddot{N}\!:\!H + e^- \longrightarrow \left[H\!:\!\dot{N}\!:\!H\right]^+ \quad + 2\,e^-$$

Ion moléculaire, M‡
(un cation radicalaire)

9.13A FRAGMENTATION

Non seulement un faisceau d'électrons de 70 eV (~6,7 x 10³ kJ·mol⁻¹) arrache des électrons appartenant à des molécules et engendre des ions moléculaires, mais il fournit

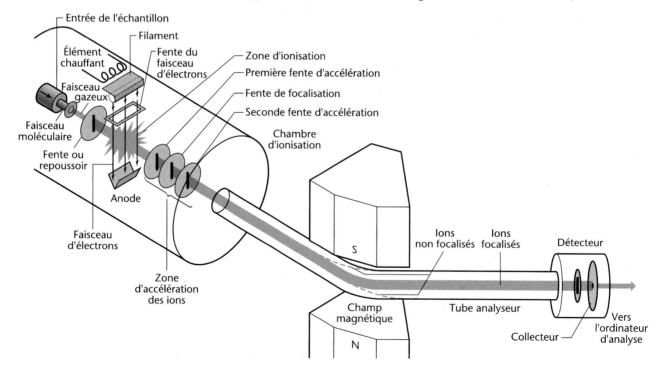

Figure 9.32 Spectromètre de masse. Schéma d'un appareil CEG, modèle 21-103. Le champ magnétique qui force la déviation des ions de rapport masse/charge (*m/z*) variable est orienté perpendiculairement à la page. Tiré de J.R. Holum, *Organic Chemistry : A Brief Course*, New York, Wiley, 1975. Reproduction autorisée.

également à ces derniers un surplus d'énergie considérable. Ce ne sont pas tous les ions moléculaires qui reçoivent le même surplus d'énergie, mais la plupart acquièrent un surplus excédant de loin l'énergie requise pour briser une liaison covalente (200 à 400 kJ·mol^{-1}). Il s'ensuit que, peu après leur formation, la plupart des ions moléculaires volent littéralement en éclats, c'est-à-dire qu'ils subissent une *fragmentation*. Cette fragmentation peut revêtir plusieurs formes, qui varient selon la nature de l'ion moléculaire. Nous verrons plus tard (section 9.16) que le mode de fragmentation peut nous en apprendre beaucoup sur la structure d'une molécule complexe. Une simple molécule d'ammoniac produit plusieurs nouveaux cations lors du bombardement. Sous l'action du faisceau, l'ion moléculaire peut ainsi se départir d'un atome d'hydrogène et donner un cation NH_2^+.

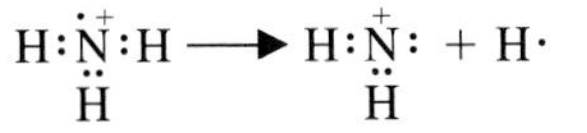

$$H \!:\! \overset{+}{\underset{H}{\overset{\cdot\cdot}{N}}} \!:\! H \longrightarrow H \!:\! \overset{+}{\underset{H}{\overset{\cdot\cdot}{N}}} \!:\! \; + \; H\cdot$$

Ce cation $\overset{+}{N}H_2$ peut ensuite perdre un atome d'hydrogène et se transformer en $\overset{+}{N}H\cdot$, qui, à son tour, peut donner un $\overset{+}{N}$.

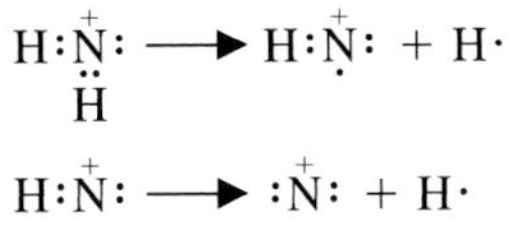

$$H \!:\! \overset{+}{\underset{H}{\overset{\cdot\cdot}{N}}} \!:\! \longrightarrow H \!:\! \overset{+}{\overset{\cdot\cdot}{N}} \!:\! \; + \; H\cdot$$

$$H \!:\! \overset{+}{\overset{\cdot\cdot}{N}} \!:\! \longrightarrow \; :\! \overset{+}{\overset{\cdot\cdot}{N}} \!:\! \; + \; H\cdot$$

9.13B TRI DES IONS

Par la suite, le spectromètre de masse *trie* les cations sur la base de leur rapport masse/charge ou *m/z*. Puisque, à toutes fins pratiques, la charge de tous les ions est de +1, une telle opération équivaut à un tri selon leur masse. Un spectromètre de masse classique sépare les ions en les accélérant à travers une série de fentes et dirige le faisceau ionique dans un tube incurvé (voir figure 9.32). Ce tube incurvé est placé dans un champ magnétique variable, qui exerce son action sur les ions en mouvement. Selon son intensité à un moment particulier, le champ magnétique peut amener les ions affichant une valeur de *m/z* spécifique à parcourir une trajectoire incurvée correspondant exactement à la courbure du tube. Ces ions sont donc déviés et sont dits focalisés. Lorsqu'ils sont bien focalisés, ils passent à travers la fente du détecteur et frappent un collecteur d'ions, qui effectue alors une mesure électronique de l'intensité du faisceau ionique. L'intensité du faisceau traduit l'abondance relative des ions se caractérisant par un rapport de *m/z* donné. Certains spectromètres de masse sont tellement sensibles qu'ils peuvent détecter l'arrivée d'un *seul ion*.

Le tri des ions se produit dans le champ magnétique; il s'explique par le fait que les lois de la physique régissent les trajectoires qu'empruntent les particules chargées lorsqu'elles se déplacent dans un champ magnétique. En général, les ions traversant un champ magnétique comme celui qui vient d'être décrit vont suivre une trajectoire qui constitue une portion d'un cercle. Le degré de courbure de la trajectoire varie en fonction du rapport *m/z* des ions, de l'intensité du champ magnétique ($\mathbf{B}_0$, en tesla) et du potentiel d'accélération.

Lorsque le potentiel d'accélération est constant et que l'intensité du champ magnétique s'accroît progressivement, les ions dont la valeur du rapport *m/z* augmente graduellement vont parcourir une trajectoire circulaire qui correspond exactement à la courbure du tube. Par conséquent, une hausse constante de la valeur de $\mathbf{B}_0$ amène les ions dont le rapport *m/z* augmente petit à petit à être focalisés et ainsi à être détectés par le collecteur d'ions. Puisque la quasi-totalité des ions possèdent une charge égale à 1, comme nous l'avons mentionné précédemment, il s'ensuit que *des ions dont la masse augmente régulièrement parviendront au collecteur et seront détectés*.

Un spectromètre de masse effectue automatiquement les opérations décrites ci-dessus, qui portent le nom de « focalisation magnétique » (ou « scanning magnétique »). Il affiche les résultats sous la forme d'un graphique rassemblant de nombreux pics d'intensité variable, dont chacun correspond à des ions présentant un certain rapport de *m/z*. Ce graphique (voir figure 9.31) constitue un *spectre de masse typique*.

Le tri des ions peut également être effectué par « focalisation électrique », auquel cas le champ magnétique demeure constant et le potentiel d'accélération varie. Les deux méthodes débouchent évidemment sur le même résultat. Certains spectromètres à haute résolution font d'ailleurs appel aux deux techniques de tri.

Récapitulons. Dans un spectromètre à impact électronique, les molécules organiques sont bombardées par un faisceau d'électrons de haute énergie. Elles s'ionisent et se fragmentent. Puis, le mélange d'ions qui en résulte est trié selon la valeur de leur rapport *m/z*. L'appareil enregistre l'abondance relative de chaque fragment ionique et présente ces données sous forme d'un graphique exprimant l'abondance des ions en fonction de *m/z*.

9.14 SPECTRE DE MASSE

Un spectre de masse est habituellement présenté sous la forme d'un graphique en histogrammes ou d'un tableau, comme le montre la figure 9.33 pour le spectre de masse de l'ammoniac. Quelle que soit la représentation adoptée, on attribue au pic le plus intense, appelé **pic de base,** une intensité de 100 %, puis la valeur de l'intensité de tous les autres pics est calculée en pourcentage de la valeur du pic de base.

La masse des ions présentée dans un spectre de masse est celle qui aurait été calculée par attribution aux atomes constitutifs de l'ion d'une masse atomique arrondie au nombre entier le plus proche. Voici les masses atomiques arrondies des atomes les plus couramment étudiés :

$$H = 1 \qquad O = 16$$
$$C = 12 \qquad F = 19$$
$$N = 14$$

Le spectre de masse de l'ammoniac révèle la présence de pics importants lorsque *m/z* vaut 14, 15, 16 et 17. Ces valeurs correspondent à la masse de l'ion moléculaire et à celle des fragments dont nous avons traité précédemment.

$$NH_3 \xrightarrow{-e^-} [NH_3]^{\ddagger} \xrightarrow{-H\cdot} [NH_2]^+ \xrightarrow{-H\cdot} [NH]^{\ddagger} \xrightarrow{-H\cdot} [N]^+$$
$$m/z = \quad\quad 17 \quad\quad\quad\quad 16 \quad\quad\quad\quad 15 \quad\quad\quad 14$$
$$\text{(ion moléculaire)}$$

Par convention, l'ion moléculaire et les fragments sont exprimés de la façon suivante :

$$\overset{..}{\underset{\overset{}{H}}{H:\overset{+}{N}:H}} \quad \text{par} \quad [NH_3]^{\ddagger}$$

$$\underset{\overset{}{H}}{H:\overset{+}{N}:} \quad \text{par} \quad [NH_2]^+$$

$$H:\overset{+}{N}: \quad \text{par} \quad [NH]^{\ddagger}$$

et

$$:\overset{+}{N}: \quad \text{par} \quad [N]^+$$

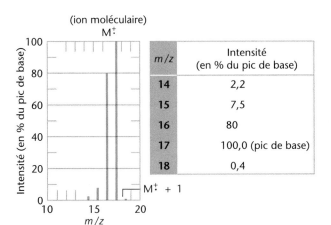

Figure 9.33 Spectre de masse du NH_3 présenté sous forme de graphique en histogrammes et de tableau.

m/z	Intensité (en % du pic de base)
14	2,2
15	7,5
16	80
17	100,0 (pic de base)
18	0,4

Tableau 9.3 Principaux isotopes stables d'éléments courants[a].

Élément	Isotope le plus courant		Abondance naturelle des autres isotopes (calculée pour 100 atomes de l'isotope le plus courant)			
Carbone	^{12}C	100	^{13}C	1,11		
Hydrogène	^{1}H	100	^{2}H	0,016		
Azote	^{14}N	100	^{15}N	0,38		
Oxygène	^{16}O	100	^{17}O	0,04	^{18}O	0,20
Fluor	^{19}F	100				
Silicium	^{28}Si	100	^{29}Si	5,10	^{30}Si	3,35
Phosphore	^{31}P	100				
Soufre	^{32}S	100	^{33}S	0,78	^{34}S	4,40
Chlore	^{35}Cl	100	^{37}Cl	32,5		
Brome	^{79}Br	100	^{81}Br	98,0		
Iode	^{127}I	100				

[a] Données tirées de R.M. Silverstein et F.X. Webster, *Spectrometric Identification of Organic Compounds*, 6e éd., New York, Wiley, 1998, p. 7.

Dans le cas de l'ammoniac, le pic de base est celui de l'ion moléculaire. Mais il n'en va pas toujours ainsi : dans bon nombre des spectres que nous allons examiner plus loin, le pic de base (le plus intense) correspond à une valeur de *m/z* différente de celle de l'ion moléculaire. L'explication réside dans le fait que, souvent, l'ion moléculaire se fragmente si rapidement qu'un autre ion de valeur *m/z* moindre engendre le pic le plus intense. Il arrive parfois que le pic de l'ion moléculaire est extrêmement faible, voire absent.

Une autre caractéristique du spectre de l'ammoniac doit être explicitée : la présence d'un pic faible à *m/z* = 18. Dans le graphique en histogrammes, ce pic a été appelé M^{+} + 1 car il correspond à une unité de masse de plus que celle de l'ion moléculaire. Le pic M^{+} + 1 apparaît dans le spectre parce que la plupart des éléments, tels l'azote et l'hydrogène, possèdent plus d'un isotope naturel (tableau 9.3). Si la plupart des molécules d'un échantillon d'ammoniac sont formées de $^{14}N^{1}H_3$, une certaine proportion, faible mais détectable, de ces molécules est composée de $^{15}N^{1}H_3$. Un très petit nombre de molécules sont composées de $^{14}N^{1}H_2{}^{2}H$. Les molécules $^{15}N^{1}H_3$ et $^{14}N^{1}H_2{}^{2}H$ donnent lieu à des ions moléculaires produisant le pic M^{+} + 1 à *m/z* = 18.

Le spectre de l'ammoniac est un exemple simple qui montre que la masse (ou la valeur de *m/z*) d'un ion donné nous renseigne sur sa composition, ce qui nous permet ensuite de proposer diverses structures possibles pour un composé. Les problèmes 9.12 à 9.14 visent à mieux faire comprendre une telle démarche.

PROBLÈME 9.12

Proposez une structure pour le composé dont le spectre de masse apparaît à la figure 9.34 et identifiez chacun des pics.

PROBLÈME 9.13

Proposez une structure pour le composé dont le spectre de masse apparaît à la figure 9.35 et identifiez chacun des pics.

PROBLÈME 9.14

Le composé dont le spectre de masse se trouve à la figure 9.36 contient trois éléments, dont le fluor. Proposez une structure pour ce composé et identifiez chacun des pics.

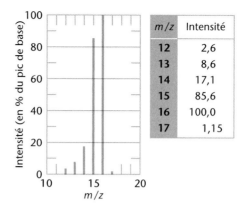

Figure 9.34 Spectre de masse relatif au problème 9.12.

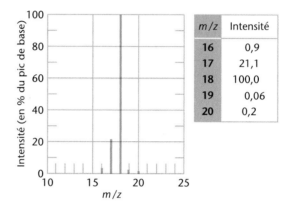

Figure 9.35 Spectre de masse relatif au problème 9.13.

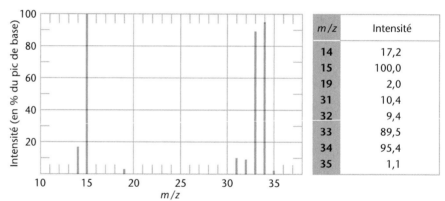

Figure 9.36 Spectre de masse relatif au problème 9.14.

9.15 DÉTERMINATION DE LA FORMULE MOLÉCULAIRE ET DE LA MASSE MOLÉCULAIRE

9.15A ION MOLÉCULAIRE ET PICS ISOTOPIQUES

Un examen attentif du tableau 9.3 révèle que la plupart des éléments courants présents dans les composés organiques possèdent des isotopes naturels plus *lourds*. En ce qui a trait au carbone, à l'hydrogène et à l'azote, le principal isotope plus lourd a une unité de masse de plus que l'isotope le plus abondant. La présence de ces éléments dans un composé se traduit par un petit pic isotopique correspondant à une unité de masse de plus que l'ion moléculaire, soit le pic $M^{+\cdot} + 1$. Dans le cas de l'oxygène, du soufre, du chlore et du brome, la masse du principal isotope plus lourd excède de deux unités celle de l'isotope le plus courant. La présence d'un de ces quatre éléments dans un composé donne lieu à un pic isotopique à $M^{+\cdot} + 2$.

Éléments générant un pic $M^{+\cdot} + 1$: C, H, N

Éléments générant un pic $M^{+\cdot} + 2$: O, S, Br, Cl

m/z	Intensité (en % du pic de base)	m/z		Intensité (en % de $M^{+\cdot}$)
27	59,0	72	$M^{+\cdot}$	100,0
28	15,0	73	$M^{+\cdot} + 1$	4,5
29	54,0	74	$M^{+\cdot} + 2$	0,3
39	23,0			
41	60,0		Valeurs recalculées par rapport à $M^{+\cdot}$	
42	12,0			
43	79,0			
44	100,0 (base)			
72	73,0 $M^{+\cdot}$			
73	3,3			
74	0,2			

Figure 9.37 Spectre de masse d'un composé inconnu.

Les pics isotopiques permettent la détermination des formules moléculaires. Pour y parvenir, commençons par observer que l'abondance naturelle des isotopes donnée au tableau 9.3 est exprimée pour 100 atomes de l'isotope normal des composés en question. Supposons maintenant que nous avons 100 molécules de méthane (CH_4). En moyenne, il y aura 1,11 molécule contenant du ^{13}C et $4 \times 0,016$ molécule contenant du ^2H. Ensemble, ces isotopes plus lourds donneraient un pic $M^{+\cdot} + 1$ dont l'intensité équivaudrait à 1,17 % de celle du pic de l'ion moléculaire.

$$1,11 + 4(0,016) \simeq 1,17\ \%$$

Ce résultat correspond bien à l'intensité observée du pic $M^{+\cdot} + 1$ dans le spectre du méthane, illustré à la figure 9.34.

En ce qui concerne les molécules possédant un petit nombre d'atomes, leur formule moléculaire est déterminée de la manière suivante : si le pic $M^{+\cdot}$ n'est pas le pic de base du spectre d'un composé inconnu, il faut d'abord recalculer l'intensité des pics $M^{+\cdot} + 1$ et $M^{+\cdot} + 2$ de façon à les exprimer en pourcentage de l'intensité de $M^{+\cdot}$. Examinons le spectre de masse de la figure 9.37. Le pic $M^{+\cdot}$ à $m/z = 72$ ne constitue pas le pic de base de ce spectre. Il faut donc recalculer l'intensité des pics à $m/z = 72$, 73 et 74 en termes de pourcentage du pic à $m/z = 72$.

Il s'agit ici de diviser l'intensité de chacun des pics par l'intensité du pic $M^{+\cdot}$, qui est de 73 %, et de multiplier le résultat par 100. Les résultats de ce calcul sont présentés ci-dessous et dans la deuxième colonne du tableau de la figure 9.37.

m/z	Intensité (en % de $M^{+\cdot}$)
72	$73,0/73 \times 100 = 100$
73	$3,3/73 \times 100 = 4,5$
74	$0,2/73 \times 100 = 0,3$

Puis, la formule moléculaire est déterminée à l'aide des paramètres suivants :

1. **$M^{+\cdot}$ est-il pair ou impair ? Selon la règle de l'azote, s'il est pair, le composé contient nécessairement un nombre pair d'atomes d'azote (ici, zéro est un nombre pair).** Dans le cas de notre inconnu, $M^{+\cdot}$ est pair. Le composé contient donc un nombre pair d'atomes d'azote.

2. **L'abondance relative du pic $M^{+\cdot} + 1$ offre une indication du nombre d'atomes de carbone présents dans le composé. Nombre d'atomes de C = abondance relative de $(M^{+\cdot} + 1)/1,1$.**

Outils servant à déterminer la formule moléculaire par SM

Pour ce qui est du composé inconnu utilisé à la figure 9.37, le nombre d'atomes de C $= \dfrac{4,5}{1,1} = 4$.

Le nombre d'atomes de C se calcule ainsi puisque c'est ^{13}C qui contribue le plus au pic de $M^{\ddagger} + 1$ et que son abondance naturelle est d'environ 1,1 %.

3. **L'abondance relative associée au pic $M^{\ddagger} + 2$ indique la présence ou l'absence de S (4,4 %), de Cl (33 %) ou de Br (98 %)** (voir tableau 9.3).

Dans le cas envisagé ici, $M^{\ddagger} + 2 = 0,3$ %, ce qui signifie vraisemblablement que S, Cl et Br ne sont pas présents dans le composé.

4. **La formule moléculaire peut ensuite être établie lorsque le nombre d'atomes d'hydrogène est déterminé et que le nombre approprié d'atomes d'oxygène est ajouté.**

Ici, le pic $M^{\ddagger}$ à $m/z = 72$ nous révèle la masse moléculaire du composé inconnu. Puisque sa valeur est paire, ce pic indique également qu'il n'y a pas d'azote, car un composé ayant quatre carbones (ce qui a été établi ci-dessus) et deux azotes (puisque la masse moléculaire est un nombre pair) aurait une masse moléculaire (76) supérieure à celle de notre composé inconnu.

Si une molécule est composée uniquement de C et de H, alors

$$H = 72 - (4 \times 12) = 24.$$

Or, la formule C_4H_{24} est impossible.

Si une molécule est composée de C, de H et d'un O, alors

$$H = 72 - (4 \times 12) - 16 = 8.$$

Par conséquent, la formule moléculaire du composé inconnu est C_4H_8O.

PROBLÈME 9.15

a) Écrivez la formule développée d'au moins 14 composés stables dont la formule est C_4H_8O. b) Le spectre IR du composé inconnu présente un pic intense près de 1730 cm^{-1}. Compte tenu de cette donnée, quelles sont les structures de ce composé qui demeurent plausibles ? (Ce composé sera repris au problème 9.25.)

PROBLÈME 9.16

Déterminez la formule moléculaire du composé dont les données du spectre de masse sont les suivantes :

m/z	Intensité (en % du pic de base)
86 $M^{\ddagger}$	10,00
87	0,56
88	0,04

PROBLÈME 9.17

a) Quelle devrait être l'intensité approximative des pics $M^{\ddagger}$ et $M^{\ddagger} + 2$ du CH_3Cl ? b) Quelle devrait être celle des pics $M^{\ddagger}$ et $M^{\ddagger} + 2$ du CH_3Br ? c) Un composé organique présente un pic de $M^{\ddagger}$ à $m/z = 122$ et un pic d'intensité presque égale à $m/z = 124$. Quelle est la formule moléculaire la plus probable de ce composé ?

PROBLÈME 9.18

À l'aide des données spectrales de la page suivante, déterminez la formule moléculaire du composé en question.

m/z	Intensité (en % du pic de base)
14	8,0
15	38,6
18	16,3
28	39,7
29	23,4
42	46,6
43	10,7
44	100,0 (pic de base)
73	86,1 M$^{+\cdot}$
74	3,2
75	0,2

PROBLÈME 9.19

a) Déterminez la formule moléculaire du composé dont le spectre de masse est donné sous la forme du tableau ci-dessous. b) Le spectre RMN ^{1}H de ce composé consiste uniquement en un large doublet et un petit septuplet. Quelle est la structure de ce composé ?

m/z	Intensité (en % du pic de base)
27	34
39	11
41	22
43	100 (pic de base)
63	26
65	8
78	24 M$^{+\cdot}$
79	0,8
80	8

Lorsque le nombre d'atomes d'une molécule augmente, les calculs de ce type deviennent de plus en plus longs et complexes. Fort heureusement, les ordinateurs ont pris la relève et fournissent maintenant des tableaux qui énumèrent la valeur relative des pics M$^{+\cdot}$ + 1 et M$^{+\cdot}$ + 2 pour toutes les combinaisons d'éléments courants dont la formule moléculaire correspond à une masse n'excédant pas 500. Le tableau 9.4 montre une partie des données tirées de ces tableaux et vous permet de vérifier les résultats obtenus dans l'exemple de la figure 9.37 ainsi que la réponse que vous avez apportée au problème 9.18.

9.15B SPECTROMÉTRIE DE MASSE À HAUTE RÉSOLUTION

Tous les spectres que nous avons examinés jusqu'à maintenant proviennent de spectromètres de masse dits « à basse résolution ». Rappelons que ces spectromètres donnent des valeurs de m/z arrondies au nombre entier le plus près. Certains laboratoires sont munis de tels spectromètres de masse.

Toutefois, un grand nombre de laboratoires sont aujourd'hui dotés de spectromètres de masse à haute résolution, qui sont plus onéreux. Ces spectromètres mesurent

Tableau 9.4 Intensité relative des pics M^{+} +1 et M^{+} + 2 pour diverses combinaisons de C, H, N et O et pour des masses moléculaires de 72 et 73[a].

M^{+}	Formule	Pourcentage de l'intensité de M^{+}		M^{+}	Formule	Pourcentage de l'intensité de M^{+}	
		M^{+} + 1	M^{+} + 2			M^{+} + 1	M^{+} + 2
72	CH_2N_3O	2,30	0,22	73	CHN_2O_2	1,94	0,41
	CH_4N_4	2,67	0,03		CH_3N_3O	2,31	0,22
	$C_2H_2NO_2$	2,65	0,42		CH_5N_4	2,69	0,03
	$C_2H_4N_2O$	3,03	0,23		C_2HO_3	2,30	0,62
	$C_2H_6N_3$	3,40	0,04		$C_2H_3NO_2$	2,67	0,42
	$C_3H_4O_2$	3,38	0,44		$C_2H_5N_2O$	3,04	0,23
	C_3H_6NO	3,76	0,25		$C_2H_7N_3$	3,42	0,04
	$C_3H_8N_2$	4,13	0,07		$C_3H_5O_2$	3,40	0,44
	C_4H_8O	4,49	0,28		C_3H_7NO	3,77	0,25
	$C_4H_{10}N$	4,86	0,09		$C_3H_9N_2$	4,15	0,07
	C_5H_{12}	5,60	0,13		C_4H_9O	4,51	0,28
					$C_4H_{11}N$	4,88	0,10
					C_6H	6,50	0,18

[a] Données tirées de J.H. Beynon, *Mass Spectrometry and its Applications to Organic Chemistry*, Amsterdam, Elsevier, 1960, p. 489.

les valeurs de m/z à trois ou quatre décimales près et offrent ainsi une très grande précision dans la détermination des masses moléculaires, ce qui permet alors d'établir la formule moléculaire des composés étudiés.

Il est possible de déterminer la formule moléculaire à partir d'une mesure très précise de la masse moléculaire, car la masse réelle des particules atomiques (des nucléides) ne correspond pas à un nombre entier (voir tableau 9.5). Examinons le cas des molécules O_2, N_2H_4 et CH_3OH. Ces molécules ont toutes une masse atomique réelle qui diffère l'une de l'autre (même si, sur papier, elles ont toutes une masse atomique de 32).

$$O_2 = 2(15{,}9949) = 31{,}9898$$
$$N_2H_4 = 2(14{,}0031) + 4(1{,}00783) = 32{,}0375$$
$$CH_4O = 12{,}00000 + 4(1{,}00783) + 15{,}9949 = 32{,}0262$$

Certains spectromètres de masse à haute résolution peuvent mesurer une masse avec une précision de l'ordre de 1:40 000 ou mieux. Ils sont donc en mesure de distinguer facilement ces trois molécules l'une de l'autre et permettent d'en identifier la formule moléculaire.

Tableau 9.5 Masse exacte de certains nucléides.

Isotope	Masse	Isotope	Masse
^1H	1,00783	^{19}F	18,9984
^2H	2,01410	^{32}S	31,9721
^{12}C	12,00000 (std)	^{33}S	32,9715
^{13}C	13,00336	^{34}S	33,9679
^{14}N	14,0031	^{35}Cl	34,9689
^{15}N	15,0001	^{37}Cl	36,9659
^{16}O	15,9949	^{79}Br	78,9183
^{17}O	16,9991	^{81}Br	80,9163
^{18}O	17,9992	^{127}I	126,9045

9.16 FRAGMENTATION

En général, un ion moléculaire est une espèce très énergétique, et, dans le cas d'une molécule complexe, les transformations qu'il peut subir sont fort nombreuses. L'ion moléculaire peut se scinder de différentes manières et donner des fragments susceptibles d'être scindés à leur tour. En un certain sens, la spectrométrie de masse constitue une technique de choc. Bombarder une molécule organique avec des électrons de 70 eV équivaut à tirer des obus sur une maison construite avec des allumettes. Cela dit, le fait que la fragmentation se fasse de façon prévisible est vraiment remarquable. Maints facteurs régissant les réactions chimiques simples semblent également entrer en jeu dans les processus de fragmentation, et nombreux sont les principes à l'œuvre dans la stabilité relative des carbocations, des radicaux et des molécules qui nous permettront de mieux comprendre la nature de ces processus. À mesure que seront davantage précisés les types de fragmentation susceptibles de se produire, nous serons mieux à même de tirer parti des spectres de masse pour déterminer la structure de molécules organiques.

Il est certain que des contraintes d'espace nous empêcheront d'examiner en détail tous les processus en jeu ici, mais nous nous arrêterons aux plus importants d'entre eux.

Il faut d'abord mettre en lumière deux principes importants. Premièrement, les réactions qui surviennent dans un spectromètre de masse sont généralement *unimoléculaires,* c'est-à-dire qu'elles ne concernent qu'un *seul* fragment moléculaire, puisque la pression du spectromètre ($\sim 10^{-6}$ torr) est tellement faible que les réactions à collisions bimoléculaires ne se produisent habituellement pas. Deuxièmement, l'abondance relative des ions, mesurée selon l'intensité du pic, est un facteur extrêmement important. Nous verrons plus loin que l'apparition de certains pics plus prononcés dans le spectre offre des données importantes sur la structure des fragments produits et sur leur emplacement initial au sein d'une molécule.

9.16A FRAGMENTATION PAR CLIVAGE DE LIAISON SIMPLE

Parmi les types de fragmentation les plus importants, on retrouve le clivage d'une liaison simple. Un cation radicalaire peut se scinder d'au moins deux manières différentes : chacune produit un *cation* et un *radical*. Seuls les cations seront détectés par un spectromètre de masse d'ions positifs. Ne possédant pas de charge, les radicaux ne seront pas déviés par le champ magnétique et ne pourront donc pas être détectés. Par exemple, l'ion moléculaire issu du propane donne lieu aux deux modes de clivage suivants :

$$CH_3CH_2 \overset{+}{}CH_3 \longrightarrow CH_3CH_2{}^+ + \cdot CH_3$$
$$m/z = 29$$

$$CH_3CH_2 \overset{+}{}CH_3 \longrightarrow CH_3CH_2\cdot + {}^+CH_3$$
$$m/z = 15$$

Ces deux modes de clivage ne se produisent pas à la même vitesse. Bien que l'abondance relative des cations découlant d'un tel clivage soit tributaire tant de la stabilité du carbocation que de la stabilité du radical, c'est la *stabilité du carbocation qui dictera le mode de clivage**. En ce qui a trait au spectre du propane, le pic à $m/z = 29$ ($CH_3CH_2{}^+$) est le plus intense, alors que le pic à $m/z = 15$ ($CH_3{}^+$) présente une intensité de 5,6 % seulement. De telles données reflètent bien la plus grande stabilité de $CH_3CH_2{}^+$ par rapport à $CH_3{}^+$.

9.16B ÉQUATIONS DE FRAGMENTATION

Avant de poursuivre, nous devons examiner quelques-unes des conventions régissant l'écriture des équations relatives aux réactions de fragmentation. Dans les deux

Rappel : les flèches incurvées à demi-pointe indiquent le mouvement d'un seul électron et non d'une paire d'électrons (section 3.1A).

---

* Cette plus grande stabilité peut être démontrée au moyen de calculs thermochimiques que nous n'aborderons pas ici. Les étudiants qui souhaitent en savoir davantage peuvent consulter F.W. McLafferty, *Interpretation of Mass Spectra*, 2e éd., Reading (Massachusetts), Benjamin, 1973, p. 41 et 210-211.

Tableau 9.6   Potentiel d'ionisation de quelques molécules.

Composé	Potentiel d'ionisation (en eV)
$CH_3(CH_2)_3NH_2$	8,7
C_6H_6 (benzène)	9,2
C_2H_4	10,5
CH_3OH	10,8
C_2H_6	11,5
CH_4	12,7

équations de la page précédente, qui décrivent le clivage d'une liaison simple du propane, nous avons attribué l'électron célibataire et la charge de l'une des liaisons sigma carbone–carbone de l'ion moléculaire au cation et au radical sans distinction. Lors de l'écriture des structures, il arrive parfois que l'attribution de l'électron non apparié et de la charge à un atome de carbone donné soit arbitraire. Cependant, dans la mesure du possible, il convient d'écrire la structure de l'ion moléculaire qui résulterait de l'enlèvement d'un des électrons les plus faiblement rattachés à la molécule initiale. Les potentiels d'ionisation présentés au tableau 9.6 peuvent servir à l'identification de ces électrons, car ils représentent la quantité d'énergie (en eV) requise pour arracher un électron d'une molécule donnée.

Tel que prévu, les potentiels d'ionisation indiquent que les électrons libres de l'azote et de l'oxygène ainsi que les électrons π des alcènes et des molécules aromatiques sont rattachés moins fortement que les électrons engagés dans les liaisons sigma carbone–carbone ou carbone–hydrogène. Par conséquent, la convention en vertu de laquelle l'électron non apparié et la charge sont attribués s'applique particulièrement aux molécules qui contiennent un oxygène, un azote, une double liaison ou un cycle aromatique.

Si la molécule ne renferme que des liaisons sigma carbone–carbone et carbone–hydrogène et que ces liaisons sont très nombreuses, l'attribution de l'électron non apparié et de la charge devient ainsi tellement arbitraire qu'elle perd toute pertinence. Il faut alors faire appel à une autre convention. La formule du cation radicalaire est placée entre parenthèses, que suivent l'électron non apparié et la charge. Dans le cadre de cette convention, les deux réactions de fragmentation du propane sont écrites ainsi :

$$[CH_3CH_2CH_3]^{+\cdot} \longrightarrow CH_3CH_2{}^+ + \cdot CH_3$$
$$[CH_3CH_2CH_3]^{+\cdot} \longrightarrow CH_3CH_2\cdot + {}^+CH_3$$

PROBLÈME 9.20

Le pic le plus intense du spectre de masse du 2,2-diméthylbutane apparaît à $m/z = 57$. a) Quel est le carbocation que ce pic représente ? b) À l'aide de la convention décrite ci-dessus, écrivez une équation expliquant comment ce carbocation a été formé à partir de l'ion moléculaire.

La figure 9.38 illustre le type de fragmentation que subit un alcane à longue chaîne, soit l'hexane dans le cas présent. Un ion moléculaire relativement abondant apparaît à $m/z = 86$, accompagné d'un petit pic $M^{+\cdot} + 1$. Il y a également un plus petit pic à $m/z = 71$ ($M^{+\cdot} - 15$), qui correspond à la perte de $\cdot CH_3$. Le pic de base se retrouve à $m/z = 57$ ($M^{+\cdot} - 29$) et correspond à la perte de $\cdot CH_2CH_3$. Les autres pics principaux se situent à $m/z = 43$ ($M^{+\cdot} - 43$) et à $m/z = 29$ ($M^{+\cdot} - 57$) et correspondent respectivement à la perte de $\cdot CH_2CH_2CH_3$ et de $\cdot CH_2CH_2CH_2CH_3$. Les fragmentations les plus importantes sont celles que l'on pouvait prévoir :

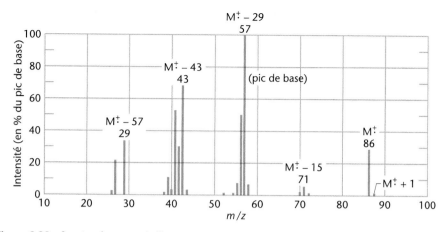

Figure 9.38 Spectre de masse de l'hexane.

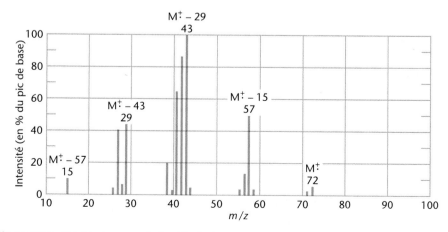

Lorsque la chaîne est ramifiée, la fragmentation est plus susceptible de se réaliser au point de ramification, car il en résulterait un carbocation plus stable. Comparativement à l'hexane, le spectre de masse du 2-méthylbutane (figure 9.39) comporte un pic beaucoup plus intense à $M^+ - 15$. La perte du radical méthyle de l'ion moléculaire du 2-méthylbutane se traduit par la formation d'un carbocation secondaire.

Dans le cas de l'hexane, la perte du radical méthyle suscite plutôt la formation d'un carbocation primaire.

Figure 9.39 Spectre de masse du 2-méthylbutane.

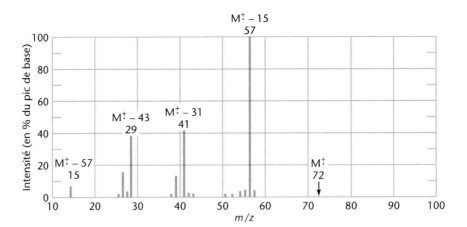

Figure 9.40 Spectre de masse du néopentane (2,2-diméthylpropane).

Dans le néopentane (figure 9.40), le phénomène est encore plus manifeste. La perte du radical méthyle de l'ion moléculaire aboutit à la formation d'un carbocation *tertiaire,* et la réaction se déroule si vite que pratiquement aucun ion moléculaire ne se maintient assez longtemps pour être détecté.

$$
\begin{bmatrix} CH_3 \\ | \\ CH_3-C-CH_3 \\ | \\ CH_3 \end{bmatrix}^{+\cdot} \longrightarrow CH_3-\overset{+}{C}\begin{matrix} CH_3 \\ \\ CH_3 \end{matrix} + \cdot CH_3
$$

m/z = 72   *m/z* = 57
M +·   **M +· − 15**

PROBLÈME 9.21

Contrairement au 2-méthylbutane et au néopentane (2,2-diméthylpropane), le spectre de masse du 3-méthylpentane (non illustré) présente un pic de très faible intensité à M +· − 15, mais un pic de très forte intensité à M +· − 29. Expliquez pourquoi.

Les carbocations stabilisés par résonance présentent généralement des pics saillants en spectrométrie de masse. Il existe plusieurs façons de produire des carbocations stabilisés par résonance. Examinons-les.

1. Les alcènes font fréquemment l'objet de fragmentations donnant des cations allyliques.

$$ CH_2 \overset{+\cdot}{=} CH - CH_2 \overset{\cdot}{\cdot} R \longrightarrow \overset{+}{C}H_2 - CH = CH_2 + \cdot R $$
$$ m/z = 41 $$

2. En général, les liaisons carbone–carbone voisines d'un atome muni d'une paire d'électrons libres se rompent aisément, car le carbocation qui en résulte est stabilisé par résonance.

$$ R - \overset{+}{Z} = CH_2 \overset{\cdot}{\cdot} CH_3 \longrightarrow R - \overset{+}{Z} = CH_2 + \cdot CH_3 $$
$$ R - \overset{\cdot\cdot}{Z} - \overset{+}{C}H_2 $$

Z = N, O ou S; R peut aussi être un H.

3. Les liaisons carbone–carbone voisines du groupe carbonyle d'un aldéhyde ou d'une cétone se brisent facilement, car il se produit alors des ions stabilisés par résonance, appelés ions acylium.

$$ \begin{matrix} R \\ \\ R' \end{matrix} C \overset{+\cdot}{=} \overset{\cdot\cdot}{O} \colon \longrightarrow R' - C \equiv \overset{+}{O} \colon + R \cdot \qquad \text{ou} \qquad \begin{matrix} R \\ \\ R' \end{matrix} C \overset{+\cdot}{=} \overset{\cdot\cdot}{O} \colon \longrightarrow R - C \equiv \overset{+}{O} \colon + R' \cdot $$

$$ R' - \overset{+}{C} = \overset{\cdot\cdot}{O} \colon \qquad\qquad\qquad\qquad\qquad R - \overset{+}{C} = \overset{\cdot\cdot}{O} \colon $$

Ion acylium   **Ion acylium**

4. Les benzènes substitués par des groupes alkyle perdent un atome d'hydrogène ou un groupe méthyle pour donner lieu à un ion tropylium relativement stable (voir section 14.7C). La présente fragmentation débouche sur un pic saillant (qui est parfois le pic de base) à $m/z = 91$.

$m/z = 91$ **Ion tropylium**

$m/z = 91$

5. Les benzènes monosubstitués perdent également leur substituant et fournissent un cation phényle à $m/z = 77$.

$m/z = 77$ $Y = $ halogène, $-NO_2$, $-\overset{\overset{\displaystyle O}{\|}}{C}R$, $-R$, etc.

PROBLÈME 9.22

Le spectre de masse du 4-méthylhex-1-ène (non illustré) présente des pics intenses à $m/z = 57$ et $m/z = 41$. Quelles réactions de fragmentation expliquent la présence de ces pics ?

PROBLÈME 9.23

Expliquez les observations suivantes au sujet du spectre de masse des alcools : a) le pic de l'ion moléculaire d'un alcool primaire ou secondaire est très faible et celui d'un alcool tertiaire est habituellement non détectable; b) les alcools primaires présentent un pic saillant à $m/z = 31$; c) les alcools secondaires donnent généralement lieu à des pics saillants à $m/z = 45, 59, 73$, etc.; d) les alcools tertiaires produisent des pics saillants à $m/z = 59, 87$, etc.

PROBLÈME 9.24

Les spectres de masse de l'oxyde de butyle et d'isopropyle et de l'oxyde de butyle et de propyle sont illustrés aux figures 9.41 et 9.42. a) Appariez chaque spectre à son éther correspondant. b) Motivez votre choix.

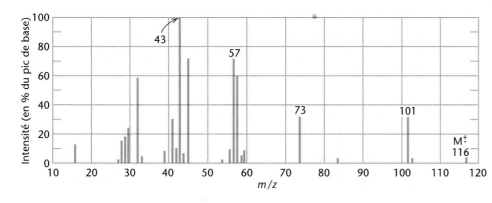

Figure 9.41 Spectre de masse relatif au problème 9.24.

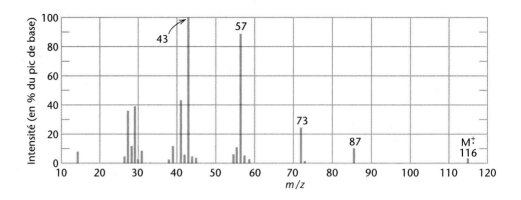

Figure 9.42 Spectre de masse relatif au problème 9.24.

9.16C FRAGMENTATION PAR CLIVAGE DE DEUX LIAISONS

En spectrométrie de masse, la présence de nombreux pics peut s'expliquer par les réactions de fragmentation qui font intervenir la rupture de deux liaisons covalentes. Lorsqu'un cation radicalaire subit ce type de fragmentation, il en résulte deux produits : un *nouveau cation radicalaire* et une *molécule neutre*. En voici quelques exemples importants :

1. Les alcools présentent fréquemment un pic saillant à $M^{\ddagger} - 18$, qui correspond à la perte d'une molécule d'eau :

$$R-\overset{\ddagger}{\underset{M^{\ddagger}}{CH}}-CH_2 \longrightarrow \underset{M^{\ddagger}-18}{R-CH\overset{\ddagger}{=}CH_2} + H-\ddot{O}-H$$

ou

$$\underset{M^{\ddagger}}{[R-CH_2-CH_2-OH]^{\ddagger}} \longrightarrow \underset{M^{\ddagger}-18}{[R-CH=CH_2]^{\ddagger}} + H_2O$$

2. Les cycloalcènes peuvent faire l'objet d'une réaction inverse de la cycloaddition de Diels-Alder (section 13.11), qui aboutit à la formation d'un alcène et d'un cation radicalaire alcadiényle.

$$\left[\right]^{\ddagger} \longrightarrow \left[\right]^{\ddagger} + \overset{CH_2}{\underset{CH_2}{\|}}$$

3. Les composés carbonylés assortis d'un hydrogène sur leur carbone γ subissent une fragmentation portant le nom de *réarrangement de McLafferty*.

$$\left[\underset{H_2C}{\overset{O}{\underset{\|}{\underset{C}{Y-C}}}} \overset{H}{\underset{CH_2}{\diagdown CHR}} \right]^{\ddagger} \longrightarrow \left[\underset{}{\overset{O}{\underset{\|}{Y-C}}} \overset{H}{\underset{CH_2}{\diagdown}} \right]^{\ddagger} + RCH=CH_2$$

Y peut être un R, un H, un OR, un OH, etc.

Outre ces réactions, des pics résultant de l'élimination d'autres petites molécules neutres stables, telles que H_2, NH_3, CO, HCN, H_2S, des alcools et des alcènes, sont fréquemment observés.

9.17 ANALYSE PAR CPG/SM

La chromatographie en phase gazeuse peut être couplée à la spectrométrie de masse dans le cadre d'une technique appelée **analyse par CPG/SM.** Le chromatographe en phase gazeuse (CPG) sépare les composants d'un mélange, alors que le spectromètre de masse (SM) apporte ensuite des données sur la structure de ces derniers (figure 9.43).

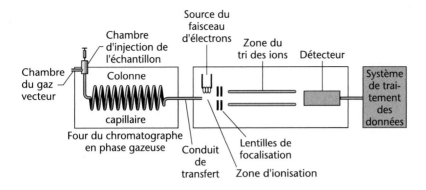

Figure 9.43 Schéma d'un spectromètre de masse couplé à un chromatographe en phase gazeuse courant.

Quant à l'analyse par CPG/SM, elle permet l'obtention de données quantitatives lorsque des standards de concentration connue sont utilisés pour déterminer la concentration des composés inconnus.

En analyse par CPG, on injecte, au moyen d'une seringue, une quantité infime, soit environ 0,001 mL (1,0 µL) ou moins, d'une solution diluée contenant l'échantillon à analyser dans la chambre d'injection chauffée. L'échantillon est alors vaporisé puis transporté jusque dans une colonne capillaire par un gaz inerte qui sert de vecteur. La colonne capillaire, qui est un tube fin d'une longueur de 10 à 30 mètres et d'un diamètre de 0,1 à 0,5 mm, se trouve dans une enceinte (appelée « four ») dont la température varie selon la volatilité de l'échantillon à analyser. L'intérieur de la colonne capillaire est généralement tapissé d'une « phase stationnaire » non polaire, c'est-à-dire un liquide très visqueux dont le point d'ébullition est élevé et qui est souvent un polymère de silicone non polaire. Transportées par le gaz inerte à l'intérieur de la colonne, les molécules du mélange se déplacent à une vitesse qui varie selon leur point d'ébullition et leur degré d'affinité pour la phase stationnaire. Celles dont le point d'ébullition est élevé ou dont l'affinité pour la phase stationnaire est prononcée mettent plus de temps à parcourir la colonne. Inversement, les molécules non polaires et celles ayant un point d'ébullition moins élevé se meuvent très rapidement. La durée du déplacement de chaque constituant dans la colonne correspond au temps de rétention. En général, le temps de rétention varie de 1 à 30 minutes, selon la nature de l'échantillon et le type de colonne utilisé.

À sa sortie de la colonne du chromatographe en phase gazeuse, chaque composant du mélange aboutit dans un spectromètre de masse, où il subit un bombardement d'électrons. Des ions et des fragments de molécule se forment et il en résulte un spectre de masse analogue aux spectres que nous avons déjà étudiés dans le présent chapitre. Ce qui distingue cet appareil du spectromètre de masse classique, c'est qu'il produit un spectre de masse pour *chacun* des composants du mélange initial. La capacité de séparer les composants d'un mélange et de fournir des données sur leur structure rend cet appareil indispensable dans les laboratoires d'analyse, de médecine légale et de synthèse organique.

9.18 SPECTROMÉTRIE DE MASSE DES BIOMOLÉCULES

Les récents progrès technologiques ont fait de la spectrométrie de masse un outil exceptionnellement prometteur dans l'analyse de biomolécules volumineuses. La spectrométrie de masse à impact électronique, que nous avons décrite précédemment, conserve toute son utilité pour l'analyse des composés volatils dont la masse moléculaire n'excède pas 1000 daltons (le dalton est une unité de masse atomique équivalant à 1 g). Par ailleurs, des méthodes d'ionisation plus douces sont maintenant employées pour l'étude de composés non volatils tels que les protéines, les acides nucléiques et d'autres composés biologiques dont la masse moléculaire s'élève à 100 000 daltons ou plus.

Voici un ouvrage de référence fort pratique en matière de SM et de spectroscopies RMN et IR : R.M. SILVERSTEIN et F.X. WEBSTER, *Spectrometric Identification of Organic Compounds,* 6e éd., New York, Wiley, 1998.

L'ionisation par nébulisation électrostatique (*electrospray ionization*, en anglais), par désorption laser assistée par matrice (*matrix-assisted laser desorption ionization*, en anglais) et par bombardement par des atomes rapides (*fast atom bombardment*, en anglais) constituent autant d'outils puissants ayant démontré leur utilité pour permettre la mesure de la masse moléculaire des protéines, l'analyse des complexes enzyme-substrat, des liaisons anticorps–antigène et des interactions entre les médicaments et leurs récepteurs, et pour l'identification de la séquence des oligonucléotides d'ADN par SM. Ces appareils peuvent être couplés à différentes méthodes de tri et de détection des ions, notamment des quadripôles, des analyseurs à pièges d'ions, des analyseurs de temps de vol (*time-of-flight*, en anglais) et des analyseurs à résonance ionique cyclotronique à transformée de Fourier (*Fourier transform-ion cyclotron resonance*, en anglais).

TERMES ET CONCEPTS CLÉS

Spectroscopie	Section 9.1	Couplage spin-spin	Section 9.8
Longueur d'onde	Section 9.2	Constante de couplage (J_{ab})	Section 9.8
Fréquence	Section 9.2	Spectroscopie RMN	Section 9.10
Hertz	Section 9.2	du carbone 13	
Déplacement chimique	Sections 9.3A, 9.6 et 9.10C	Découplage du proton en bande large	Section 9.10B
Intégration	Section 9.3B	RMN ^{13}C sans découplage	Section 9.10D
Fragmentation du signal	Sections 9.3C et 9.8	Spectre RMN ^{13}C DEPT	Section 9.10E
Blindage et déblindage du proton	Section 9.5	COSY	Section 9.11A
Champ fort/faible	Section 9.5	HETCOR	Section 9.11B
Atomes d'hydrogène homotopiques (chimiquement équivalents)	Section 9.7A	Imagerie par résonance magnétique	Section 9.11B
		Ion moléculaire	Section 9.13
Atomes d'hydrogène énantiotopiques	Section 9.7B	Tri des ions	Section 9.13B
		Pic de base	Section 9.14
Atomes d'hydrogène diastéréotopiques	Section 9.7B	Fragmentation	Sections 9.13A et 9.16
		Analyse par CPG/SM	Section 9.17

PROBLÈMES SUPPLÉMENTAIRES

9.25 Examinons à nouveau le problème 9.15 et le spectre de la figure 9.37. Les pics à $m/z = 44$ (pic de base) et $m/z = 29$ sont importants pour l'élucidation de la structure du composé. Proposez une structure pour ce composé et écrivez les équations de fragmentation qui expliquent la présence de ces pics.

9.26 Les membres de la série homologue des amines primaires de type $CH_3(CH_2)_nNH_2$, entre CH_3NH_2 et $CH_3(CH_2)_{13}NH_2$, présentent tous un pic de base (le plus intense) à $m/z = 30$. Quel ion ce pic représente-t-il et comment est-il formé ?

9.27 Le spectre de masse du composé **A** apparaît à la figure 9.44. Le spectre RMN ^1H de **A** consiste en deux singulets dont le rapport d'intégration est de 9:2. Le singulet le plus intense est à $\delta = 1,2$ et le plus faible est à $\delta = 1,3$. Proposez une structure pour le composé **A**.

9.28 La figure 9.45 illustre le spectre de masse du composé **B**. Le spectre d'IR de **B** présente un pic large entre 3200 et 3550 cm^{-1}. Dans le spectre RMN ^1H de **B** apparaissent les pics suivants : un triplet à $\delta = 0,9$, un singulet à $\delta = 1,1$ et un quadruplet à $\delta = 1,6$ dans un rapport de 3:7:2 respectivement. Proposez une structure pour **B**.

9.29 Voici une liste des pics d'absorption des spectres RMN ^1H de plusieurs composés. Proposez une structure qui reflète chaque ensemble de données. Dans certains cas, les absorptions de radiations IR sont également fournies.

    a) $C_4H_{10}O$ Spectre RMN ^1H
                                    singulet à $\delta = 1,28$ (9H)
                                    singulet à $\delta = 1,35$ (1H)

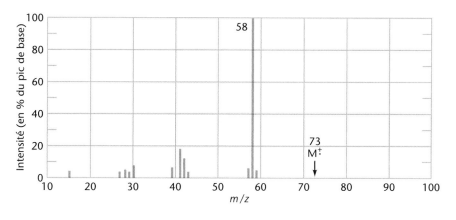

Figure 9.44 Spectre de masse du composé **A** (problème 9.27).

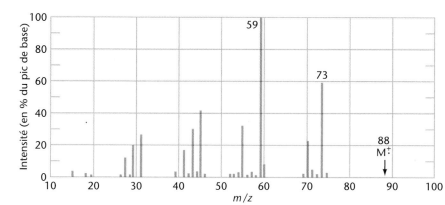

Figure 9.45 Spectre de masse du composé **B** (problème 9.28).

b) C_3H_7Br **Spectre RMN ^{1}H**
doublet à $\delta = 1,71$ (6H)
septuplet à $\delta = 4,32$ (1H)

c) C_4H_8O **Spectre RMN ^{1}H**   **Spectre IR**
triplet à $\delta = 1,05$ (3H)   Pic intense près de 1720 cm^{-1}
singulet à $\delta = 2,13$ (3H)
quadruplet à $\delta = 2,47$ (2H)

d) C_7H_8O **Spectre RMN ^{1}H**   **Spectre IR**
singulet à $\delta = 2,43$ (1H)   Pic large de 3200 à 3550 cm^{-1}
singulet à $\delta = 4,58$ (2H)
multiplet à $\delta = 7,28$ (5H)

e) C_4H_9Cl **Spectre RMN ^{1}H**
doublet à $\delta = 1,04$ (6H)
multiplet à $\delta = 1,95$ (1H)
doublet à $\delta = 3,35$ (2H)

f) $C_{15}H_{14}O$ **Spectre RMN ^{1}H**   **Spectre IR**
singulet à $\delta = 2,20$ (3H)   Pic intense près de 1720 cm^{-1}
singulet à $\delta = 5,08$ (1H)
multiplet à $\delta = 7,25$ (10H)

g) $C_4H_7BrO_2$ **Spectre RMN ^{1}H**   **Spectre IR**
triplet à $\delta = 1,08$ (3H)   Pic large de 2500 à 3000 cm^{-1}
multiplet à $\delta = 2,07$ (2H)   et pic à 1715 cm^{-1}
triplet à $\delta = 4,23$ (1H)
singulet à $\delta = 10,97$ (1H)

h) C_8H_{10} **Spectre RMN ^{1}H**
triplet à $\delta = 1,25$ (3H)
quadruplet à $\delta = 2,68$ (2H)
multiplet à $\delta = 7,23$ (5H)

i) $C_4H_8O_3$

Spectre RMN ¹H
triplet à $\delta = 1{,}27$ (3H)
quadruplet à $\delta = 3{,}66$ (2H)
singulet à $\delta = 4{,}13$ (2H)
singulet à $\delta = 10{,}95$ (1H)

Spectre IR
Pic large de 2500 à 3000 cm⁻¹
et pic à 1715 cm⁻¹

j) $C_3H_7NO_2$

Spectre RMN ¹H
doublet à $\delta = 1{,}55$ (6H)
septuplet à $\delta = 4{,}67$ (1H)

k) $C_4H_{10}O_2$

Spectre RMN ¹H
singulet à $\delta = 3{,}25$ (6H)
singulet à $\delta = 3{,}45$ (4H)

l) $C_5H_{10}O$

Spectre RMN ¹H
doublet à $\delta = 1{,}10$ (6H)
singulet à $\delta = 2{,}10$ (3H)
septuplet à $\delta = 2{,}50$ (1H)

Spectre IR
Pic intense près de 1720 cm⁻¹

m) C_8H_9Br

Spectre RMN ¹H
doublet à $\delta = 2{,}00$ (3H)
quadruplet à $\delta = 5{,}15$ (1H)
multiplet à $\delta = 7{,}35$ (5H)

9.30 Le spectre IR du composé **E** (C_8H_6) est présenté à la figure 9.46. **E** réagit avec le brome dans une solution de tétrachlorure de carbone et produit une bande d'absorption en IR à environ 3300 cm⁻¹. Quelle est la structure de **E** ?

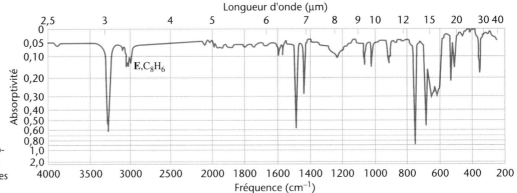

Figure 9.46 Spectre IR du composé **E** relatif au problème 9.30 (gracieuseté de Sadtler Research Laboratories Inc., Philadelphie).

9.31 Proposez une structure pour les composés **G** et **H** dont les spectres RMN ¹H se trouvent aux figures 9.47 et 9.48 respectivement.

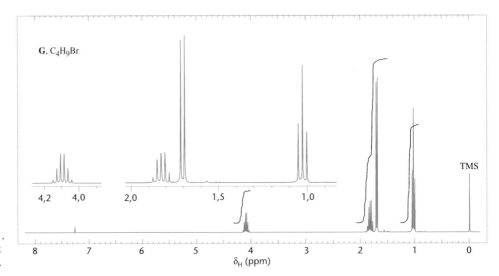

Figure 9.47 Spectre RMN ¹H à 300 MHz du composé **G** relatif au problème 9.31. Un agrandissement des signaux apparaît dans les tracés décalés.

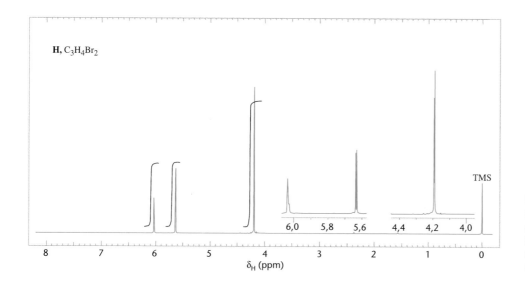

H, $C_3H_4Br_2$

Figure 9.48 Spectre RMN ^{1}H à 300 MHz du composé **H** relatif au problème 9.31. Un agrandissement des signaux apparaît dans les tracés décalés.

9.32 Un composé à deux carbones (**J**) ne contient que des atomes de carbone, d'hydrogène et de chlore. Son spectre IR est relativement simple et montre les pics d'absorption suivants : 3125 cm^{-1} (moyenne), 1625 cm^{-1} (moyenne), 1280 cm^{-1} (moyenne), 820 cm^{-1} (forte), 695 cm^{-1} (forte). Le spectre RMN ^{1}H de **J** montre un singulet à $\delta = 6,3$. À l'aide du tableau 2.4, identifiez les groupes fonctionnels et les liaisons présentes au sein du composé **J** et déduisez sa structure.

9.33 Lorsque le composé **K** de formule $C_4H_8O_2$ est dissous dans du CDCl$_3$, il est à l'origine d'un doublet à $\delta = 1,35$, d'un singulet à $\delta = 2,15$, d'un singulet large à $\delta = 3,75$ (1H) et d'un quadruplet à $\delta = 4,25$ (1H) dans son spectre RMN ^{1}H. Le composé donne un spectre RMN ^{1}H similaire lorsqu'il est dissous dans le D$_2$O, sauf que le signal à $\delta = 3,75$ disparaît. Son spectre IR montre un pic d'absorption intense près de 1720 cm^{-1}. a) Quelle est la structure du composé **K** ? b) Expliquez la disparition du signal à $\delta = 3,75$.

9.34* Supposons que le spectre RMN ^{1}H d'un certain composé présente deux pics d'intensité égale. Vous ignorez si les deux pics sont des *singulets* qui proviennent de protons non couplés présentant un déplacement chimique différent ou s'ils forment un *doublet* qui découle de la résonance de protons subissant un effet de couplage. Quelle expérience simple vous permettrait de trancher entre les deux possibilités ?

9.35 Le composé **O** (C_6H_8) réagit avec deux équivalents molaires d'hydrogène en présence d'un catalyseur pour donner **P** (C_6H_{12}). Le spectre RMN ^{13}C enregistré avec découplage du proton consiste en deux singulets, dont un à $\delta = 26,0$ et un autre à $\delta = 124,5$. Dans le spectre ^{13}C DEPT, le signal à $\delta = 26,0$ semble correspondre à un groupe CH$_2$, et celui à $\delta = 124,5$, à un groupe CH. Proposez une structure plausible pour **O** et **P**.

9.36 Le composé **Q** a la formule moléculaire C_7H_8. L'hydrogénation catalytique de **Q** aboutit au composé **R** (C_7H_{12}). À l'aide de son spectre RMN ^{13}C enregistré avec découplage du proton qui est présenté à la figure 9.49, proposez une structure pour **Q** et **R**.

9.37* Le composé **S** (C_8H_{16}) décolore une solution de brome dissous dans du tétrachlorure de carbone. La figure 9.50 illustre le spectre RMN ^{13}C enregistré avec découplage du proton en bande large de ce composé. Quelle est la structure de **S** ?

9.38 Le composé **T** (C_5H_8O) présente une intense bande d'absorption IR à 1745 cm^{-1}. Son spectre RMN ^{13}C enregistré avec découplage du proton se trouve à la figure 9.51. À partir de ces données, déduisez la structure de **T**.

9.39*

$$\overset{\displaystyle}{\underset{\text{OH}\quad\text{OH}}{\text{}}} \xrightarrow[\text{HBr à 60 \%}]{} \mathbf{X}$$

Le spectre infrarouge du produit **X** ne montre pas d'absorption entre 3590 et 3650 cm^{-1}, mais en montre une entre 1370 et 1380 cm^{-1}, ce qui caractérise les groupes méthyle géminés. Le spectre de masse de **X** contient les pics suivants :

Un groupe de pics à $m/z = 270$, 272 et 274 dont le rapport d'intensité relative est de 1:2:1 et un autre groupe à $m/z = 191$ et 193 dont l'intensité est à peu près la même.

---

* Les problèmes marqués d'un astérisque présentent une difficulté particulière.

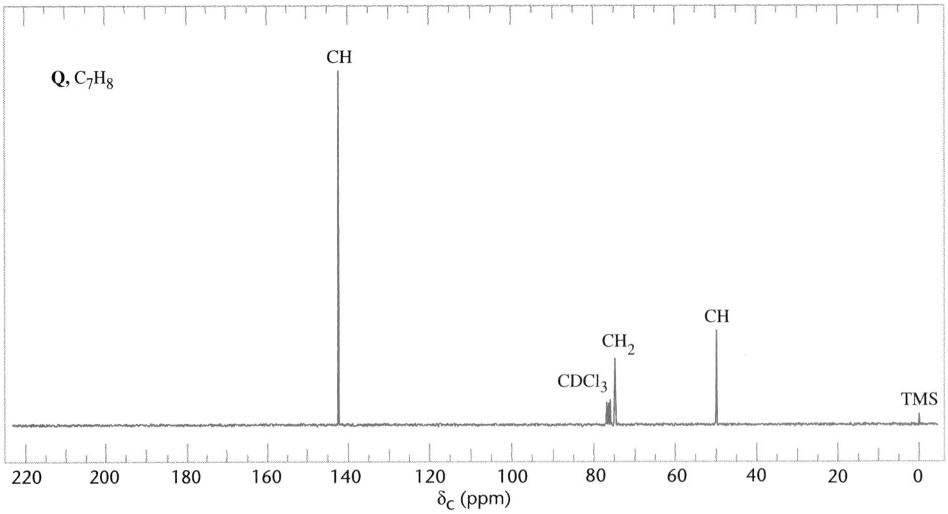

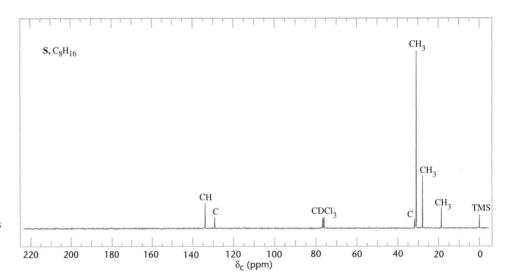

Figure 9.49 Spectre RMN ^{13}C avec découplage du proton en bande large du composé **Q** relatif au problème 9.36. Les données tirées des spectres RMN ^{13}C DEPT sont indiquées au-dessus de chacun des pics.

Q, C_7H_8

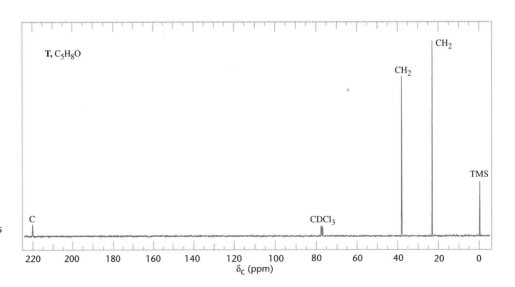

Figure 9.50 Spectre RMN ^{13}C avec découplage du proton en bande large du composé **S** relatif au problème 9.37. Les données tirées des spectres RMN ^{13}C DEPT sont indiquées au-dessus de chacun des pics.

S, C_8H_{16}

Figure 9.51 Spectre RMN ^{13}C avec découplage du proton en bande large du composé **T** relatif au problème 9.38. Les données tirées des spectres RMN ^{13}C DEPT sont indiquées au-dessus de chacun des pics.

T, C_5H_8O

a) Le spectre RMN ^1H présente des singulets à $\delta = 1,70$ et $1,80$ avec une intensité relative de 3:1.

b) Le spectre RMN ^{13}C présente des pics à 32 (CH_3), 40 (CH_2) et 54 (C quaternaire).

Quelle est la structure de **X** ? Par quel mécanisme se serait-il formé ?

9.40*

Cette réaction ne constitue pas une réaction typique du magnésium avec un halogénoalcane.

L'interprétation du spectre IR de **Y** n'apporte pas de résultats concluants.

Le pic le plus lourd et le plus intense du spectre de masse de **Y** se trouve à $m/z = 215$. Par analogie avec d'autres spectres, on peut déduire qu'il s'agit d'un pic $M - CH_3$.

Le spectre RMN ^1H de **Y** est presque identique à celui du composé de départ, sauf qu'un doublet à $\delta = 3,4$ (2H) est remplacé par un multiplet à $\delta = 1,64$ (4H).

Quelle est la structure de **Y** ?

TRAVAIL COOPÉRATIF

1. À la lumière des données qui suivent, élucidez la structure des composés **A** et **B.** Les deux composés sont solubles dans des solutions aqueuses de HCl et partagent la même formule moléculaire. Le spectre de masse de **A** présente un pic M^{+} à $m/z = 149$ dont l'intensité correspond à 37,1 % de celle du pic de base, et un pic $M^{+} + 1$ à $m/z = 150$ dont l'intensité correspond à 4,2 % de celle du pic de base. D'autres données spectrales de **A** et **B** sont présentées plus loin. Proposez une structure pour **A** et **B** en la justifiant à l'aide des données fournies précédemment. Esquissez leurs spectres RMN.

a) Le spectre IR du composé **A** montre deux bandes situées entre 3300 et 3500 cm^{-1}. L'enregistrement du spectre RMN ^{13}C avec découplage du proton en bande large conduit aux signaux suivants (l'information tirée du spectre ^{13}C DEPT est donnée entre parenthèses à côté de la valeur du déplacement chimique) :

RMN ^{13}C : $\delta = 140$ (C), 127 (C), 125 (CH), 118 (CH), 24 (CH_2), 13 (CH_3)

b) Le composé **B** n'absorbe pas de rayons IR dans la région de 3300 à 3500 cm^{-1}. Le spectre RMN ^{13}C avec découplage du proton en bande large fournit les données spectrales suivantes (l'information tirée du spectre ^{13}C DEPT est donnée entre parenthèses à côté de la valeur du déplacement chimique) :

RMN ^{13}C : $\delta = 147$ (C), 129 (CH), 115 (CH), 111 (CH), 44 (CH_2), 13 (CH_3)

2. Les données suivantes correspondent au spectre RMN ^{13}C de deux composés de formule moléculaire $C_5H_{10}O$. Les deux composés absorbent fortement en IR entre 1710 et 1740 cm^{-1}. Analysez leurs spectres et déduisez la structure de ces deux composés. Faites une esquisse de chacun des spectres RMN.

a) RMN ^1H : $\delta = 2,55$ (septuplet, 1H), 2,10 (singulet, 3H), 1,05 (doublet, 6H)

RMN ^{13}C :
$\delta = 212,6$, 41,5, 27,2, 17,8

b) RMN ^1H : $\delta = 2,38$ (triplet, 2H), 2,10 (singulet, 3H), 1,57 (sextuplet, 2H), 0,88 (triplet, 3H)

RMN ^{13}C :
$\delta = 209,0$, 45,5, 29,5, 17,0, 13,2

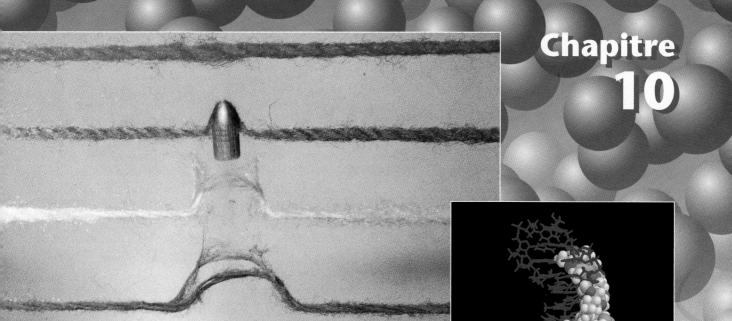

RÉACTIONS RADICALAIRES

Calichéamycine γ_1^I : un moyen « radical » pour briser la chaîne de l'ADN

La magnifique architecture de la calichéamycine γ_1^I cache une réactivité destructrice. La calichéamycine γ_1^I se fixe dans le petit sillon de l'ADN où sa portion ènediyne peu commune se transforme en une structure très réactive pour rompre le squelette de l'ADN. (La vignette ci-dessus montre la calichéamycine fixée à l'ADN.) C'est pourquoi la calichéamycine γ_1^I et ses analogues suscitent un grand intérêt clinique : elles détruisent efficacement les cellules tumorales. De plus, il a été démontré que ces substances provoquent l'apoptose (programmation de la mort des cellules). Une bactérie, *Micromonospora echinospora,* produit la calichéamycine γ_1^I naturellement, par métabolisme, probablement comme agent chimique de défense contre les autres organismes. Néanmoins, la synthèse totale de la calichéamycine γ_1^I par l'équipe de recherche de K.C. Nicolaou (The Scripps Research Institute, université de la Californie à San Diego) est un accomplissement extraordinaire dans le domaine de la chimie organique de synthèse. Ce

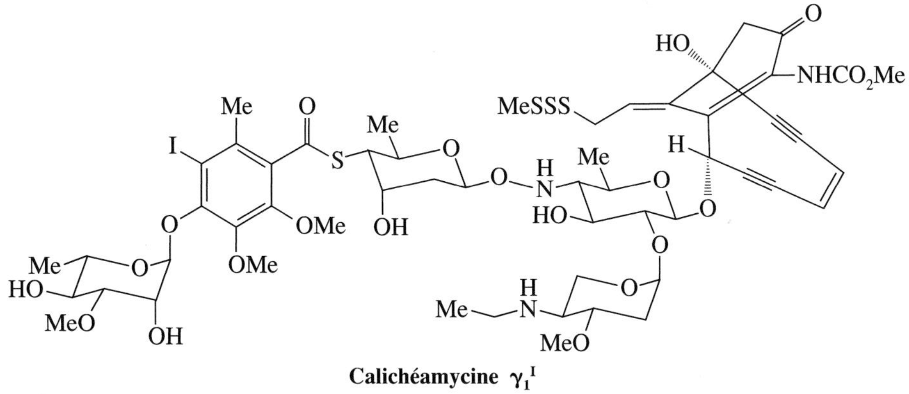

Calichéamycine γ_1^I

SOMMAIRE

10.1 Introduction

10.2 Énergies de dissociation homolytique

10.3 Réactions des alcanes avec les halogènes

10.4 Chloration du méthane : mécanisme de réaction

10.5 Chloration du méthane : variation d'énergie

10.6 Halogénation des alcanes supérieurs

10.7 Géométrie des radicaux alkyle

10.8 Réactions créant des centres stéréogéniques

10.9 Addition radicalaire sur les alcènes : addition anti-Markovnikov du bromure d'hydrogène

10.10 Polymérisation radicalaire des alcènes : polymères à croissance en chaîne

10.11 Autres réactions radicalaires importantes

travail sur la calichéamycine γ_1^I et ses analogues ainsi que les recherches de nombreux autres scientifiques ont révélé le monde fascinant des propriétés chimiques et biologiques de ces composés.

La calichéamycine γ_1^I a la propriété de scinder l'ADN parce qu'elle se comporte comme une machine moléculaire productrice de radicaux carbonés. Porteur d'un électron non apparié, le radical carboné est un intermédiaire instable et fortement réactif. Une fois formé, le radical carboné peut redevenir une molécule stable en enlevant un proton et un électron à une molécule voisine (c'est-à-dire, un atome d'hydrogène). Ainsi, l'électron non apparié forme une paire d'électrons liants. (Il existe aussi d'autres façons d'arriver à ce résultat.) Cependant, la molécule qui a perdu son hydrogène devient à son tour un radical réactif. Lorsque l'activité radicalaire de chaque molécule de calichéamycine γ_1^I est amorcée, le radical enlève un atome d'hydrogène au squelette de l'ADN, qui se change ainsi en un radical intermédiaire instable. Alors surviennent la coupure en deux de l'ADN et la mort de la cellule.

Dans la Capsule chimique traitant de l'activation de la calichéamycine γ_1^I pour la scission de l'ADN (page 708), nous étudierons les réactions qui transforment ce composé en un dispositif producteur de radicaux.

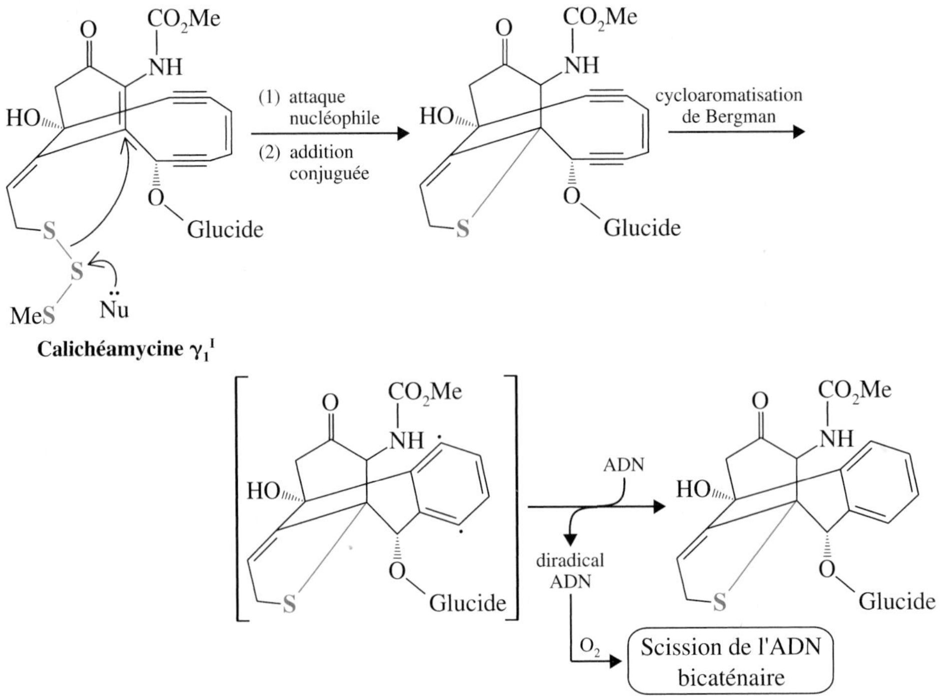

Calichéamycine γ_1^I

10.1 INTRODUCTION

Jusqu'à maintenant, nous n'avons étudié que les mécanismes de **réactions ioniques.** Rappelons que dans une réaction ionique il y a rupture **hétérolytique** de la liaison covalente. En plus, des ions interviennent comme réactifs, comme intermédiaires ou encore comme produits.

Cependant, il existe une autre grande catégorie de réactions dont le mécanisme implique l'**homolyse** de la liaison covalente. Cette rupture donne naissance à des intermédiaires possédant un électron non apparié et que l'on nomme **radicaux** ou **radicaux libres.**

$$A\!:\!B \xrightarrow{\text{homolyse}} A\cdot + \cdot B$$
$$\textbf{Radicaux}$$

Cet exemple simple illustre la façon dont on utilise les flèches incurvées pour décrire le mécanisme des réactions radicalaires. Ici, comme on indique le mouvement **d'un seul électron** (et non celui d'un doublet d'électrons, comme précédemment), on dessine une **demi-flèche**. Chaque groupe, A et B, se retrouve ainsi avec un électron de la liaison covalente qui les unissait.

10.1A FORMATION DES RADICAUX

La rupture homolytique d'une liaison covalente nécessite de l'énergie (section 10.2), qui est fournie de deux façons : par chauffage ou par irradiation lumineuse. C'est ce qui se produit par exemple sous l'effet de la chaleur avec les **peroxydes,** composés dont la liaison simple oxygène–oxygène est faible. Cette réaction donne naissance à deux radicaux appelés radicaux alkoxyle.

$$R-\overset{..}{\underset{..}{O}}:\overset{..}{\underset{..}{O}}-R \xrightarrow{\Delta} 2\,R-\overset{..}{\underset{..}{O}}\cdot$$

Peroxyde de dialkyle   **Radicaux alkoxyle**

Les molécules d'halogène (X_2) contiennent aussi une liaison modérément faible. On verra bientôt que ces molécules se divisent facilement par homolyse sous l'action de la chaleur ou de la lumière, dont elles peuvent absorber les longueurs d'onde.

$$:\overset{..}{\underset{..}{X}}:\overset{..}{\underset{..}{X}}: \xrightarrow[\Delta \text{ ou } h\nu]{\text{homolyse}} 2:\overset{..}{\underset{..}{X}}\cdot$$

L'homolyse produit deux atomes d'halogène; comme les atomes d'halogène ont un électron non apparié, ce sont des radicaux.

10.1B RÉACTIONS DES RADICAUX

Presque tous les petits radicaux sont des espèces très réactives qui ne subsistent pas longtemps. Lorsqu'ils entrent en collision avec d'autres molécules, ils réagissent et tendent à apparier leur électron célibataire, par exemple en enlevant un atome à une autre molécule. Ainsi, un halogène peut enlever un atome d'hydrogène à un alcane. **L'arrachement d'un hydrogène** permet à l'atome d'halogène d'apparier son électron célibataire. Cependant, on remarque que cet arrachement *génère un autre radical,* dans ce cas-ci un radical alkyle, **R˙**.

Réaction générale

$$:\overset{..}{\underset{..}{X}}\cdot + H:R \longrightarrow :\overset{..}{\underset{..}{X}}:H + R\cdot$$

Alcane   **Radical alkyle**

Exemple

$$:\overset{..}{\underset{..}{Cl}}\cdot + H:CH_3 \longrightarrow :\overset{..}{\underset{..}{Cl}}:H + CH_3\cdot$$

Méthane   **Radical méthyle**

Ce comportement est propre à la réaction radicalaire. Voyons un exemple qui illustre une autre façon qu'ont les radicaux de réagir. Ils peuvent se fixer sur un composé ayant une liaison multiple pour former un nouveau radical, plus volumineux. (Nous étudierons ce type de réactions à la section 10.10.)

$$R\cdot \quad \overset{}{\underset{}{C}}=\overset{}{\underset{}{C}} \longrightarrow -\overset{R}{\underset{}{C}}-\overset{}{\underset{}{C}}\cdot$$

Alcène   **Nouveau radical**

> ## CAPSULE CHIMIQUE

LES RADICAUX EN BIOLOGIE, EN MÉDECINE ET DANS L'INDUSTRIE

Les réactions radicalaires sont cruciales en biologie et en médecine. Elles sont omniprésentes dans les organismes vivants, car le fonctionnement métabolique normal produit des radicaux. De plus, nous sommes entourés de radicaux puisque l'oxygène moléculaire ($\cdot\ddot{O}$—$\ddot{O}\cdot$) est lui-même un diradical (section 10.11A). D'ailleurs, l'oxyde nitrique ($\cdot\ddot{N}$=$\ddot{O}$) est un autre radical dont on ne soupçonnait pas l'importance pour le fonctionnement normal des cellules. Or, bien qu'étant un gaz relativement instable et potentiellement toxique à l'état libre, ce radical intervient dans les fonctions biologiques telles la coagulation du sang, la neurotransmission, la régulation de la tension artérielle et la réponse immunitaire contre les cellules tumorales. Même s'il est omniprésent dans la nature, ce messager chimique est l'un des plus étonnants qui soient. (Les scientifiques R.F. Furchgott, L.J. Ignarro et F. Murad ont reçu le prix Nobel de médecine en 1998 pour avoir découvert que NO est une importante molécule de signalisation.)

Puisqu'ils sont hautement réactifs, les radicaux peuvent aussi endommager n'importe quel constituant de l'organisme; c'est pourquoi on leur attribue un rôle important dans le processus du vieillissement. En effet, ils constituent l'un des facteurs causant l'apparition de maladies chroniques qui réduisent l'espérance de vie. Par exemple, il est de plus en plus clair que les réactions radicalaires sont associées à la progression des cancers et de l'athérosclérose. Ainsi, le radical superoxyde O_2^{-}, qui se forme naturellement, est paradoxalement associé à la fois au mécanisme immunitaire contre les agents pathogènes et au développement de certaines maladies. L'enzyme superoxyde dismutase régule le niveau de superoxyde dans l'organisme (section 10.11A). Les radicaux que renferme la fumée de cigarette participent à l'inactivation d'une antiprotéase dans le poumon, inactivation qui entraîne l'apparition de l'emphysème. Nous avons également souligné, dans le préambule de ce chapitre, le potentiel clinique de la calichéamycine, produite naturellement par des bactéries, pour combattre les cellules tumorales en scindant l'ADN par réaction radicalaire.

Les réactions radicalaires sont tout aussi importantes dans de nombreux procédés industriels. Nous verrons à la section 10.10 que la production de toute une classe de plastiques ou de polymères utiles, tels le polypropylène, le téflon ou le polystyrène, est basée sur des réactions radicalaires. (L'annexe A, à la fin de ce chapitre, contient des informations supplémentaires.) Les réactions radicalaires sont aussi au cœur du « craquage », procédé par lequel on obtient l'essence et les autres carburants à partir du pétrole, et la combustion de ces substances, à l'origine de leur conversion en énergie, fait intervenir des réactions radicalaires (section 10.11B).

10.2 ÉNERGIES DE DISSOCIATION HOMOLYTIQUE

Lorsque les atomes se combinent pour constituer une molécule, la formation de la liaison covalente dégage de l'énergie, car l'enthalpie des molécules est inférieure à celle de leurs atomes isolés. Par exemple, lorsque les atomes d'hydrogène s'associent pour former les molécules d'hydrogène, la réaction est *exothermique*; 435 kJ se dégagent lors de la formation de chaque mole d'hydrogène. De même, la combinaison d'atomes de chlore dégage 243 kJ par mole de chlore produit.

$$H\cdot + H\cdot \longrightarrow H-H \qquad \Delta H° = -435 \text{ kJ·mol}^{-1}$$

$$Cl\cdot + Cl\cdot \longrightarrow Cl-Cl \qquad \Delta H° = -243 \text{ kJ·mol}^{-1}$$

La formation de liaisons est un processus exothermique.

On doit fournir de l'énergie pour rompre une liaison covalente. Par conséquent, les réactions où il n'y a que des ruptures de liaisons sont toujours endothermiques. L'énergie requise pour rompre par homolyse la liaison covalente dans les molécules d'hydrogène ou de chlore est exactement égale à celle dégagée lorsque les atomes se combinent pour former les molécules. Cependant, le $\Delta H°$ de la réaction de rupture de liaison est positif.

$$H-H \longrightarrow H\cdot + H\cdot \qquad \Delta H° = +435 \text{ kJ·mol}^{-1}$$

$$Cl-Cl \longrightarrow Cl\cdot + Cl\cdot \qquad \Delta H° = +243 \text{ kJ·mol}^{-1}$$

L'énergie requise pour rompre par homolyse les liaisons covalentes a été mesurée expérimentalement pour un grand nombre de liaisons covalentes. Ces énergies sont nommées **énergies de dissociation homolytique** et sont représentées par le symbole $DH°$. Par exemple, l'énergie de dissociation homolytique de la liaison dans l'hydrogène et dans le chlore devrait s'écrire comme suit :

$$H\text{—}H \qquad\qquad Cl\text{—}Cl$$
$$(DH° = 435 \text{ kJ·mol}^{-1}) \qquad (DH° = 243 \text{ kJ·mol}^{-1})$$

La liste des énergies de dissociation homolytique de diverses liaisons covalentes est présentée au tableau 10.1.

10.2A ÉNERGIE DE DISSOCIATION HOMOLYTIQUE ET CHALEUR DE RÉACTION

Comme nous le verrons, les énergies de dissociation homolytique ont de nombreuses applications. Elles servent notamment à calculer la variation d'enthalpie ($\Delta H°$) lors d'une réaction. Pour calculer cette énergie (voir la réaction suivante), il faut se rappeler que **lors de la rupture d'une liaison, le $\Delta H°$ est positif, tandis que lors de sa formation le $\Delta H°$ est négatif.** Examinons par exemple la réaction de la molécule d'hydrogène avec celle de chlore, dont on obtient deux molécules de chlorure d'hydrogène. En consultant le tableau 10.1, on trouve les valeurs suivantes de $DH°$.

$$H\text{—}H \quad + \quad Cl\text{—}Cl \quad\longrightarrow\quad 2\ H\text{—}Cl$$
$$(DH° = 435 \text{ kJ·mol}^{-1}) \quad (DH° = +243 \text{ kJ·mol}^{-1}) \qquad (DH° = 431 \text{ kJ·mol}^{-1}) \times 2$$
$$\text{678 kJ·mol}^{-1} \text{ sont nécessaires} \qquad\qquad \text{862 kJ·mol}^{-1} \text{ sont dégagées}$$
$$\text{pour briser les liaisons.} \qquad\qquad \text{lors de la formation des liaisons.}$$

En somme, la réaction est exothermique :

$$\Delta H° = (-862 \text{ kJ·mol}^{-1} + 678 \text{ kJ·mol}^{-1}) = -184 \text{ kJ·mol}^{-1}$$

Aux fins du calcul, nous avons supposé le cheminement particulier qui suit :

$$H\text{—}H \longrightarrow 2\ H\cdot$$

et

$$Cl\text{—}Cl \longrightarrow 2\ Cl\cdot$$

ensuite

$$2\ H\cdot + 2\ Cl\cdot \longrightarrow 2\ H\text{—}Cl$$

La réaction ne se produit pas de cette façon. Néanmoins, la chaleur de réaction, $\Delta H°$, est une quantité thermodynamique qui dépend *seulement* de l'état initial et de l'état final des substances. Puisqu'elle est indépendante du chemin parcouru, notre calcul est valable.

PROBLÈME 10.1

Calculez la chaleur de réaction, $\Delta H°$, pour les réactions suivantes :

a) $H_2 + F_2 \longrightarrow 2\ HF$

b) $CH_4 + F_2 \longrightarrow CH_3F + HF$

c) $CH_4 + Cl_2 \longrightarrow CH_3Cl + HCl$

d) $CH_4 + Br_2 \longrightarrow CH_3Br + HBr$

e) $CH_4 + I_2 \longrightarrow CH_3I + HI$

f) $CH_3CH_3 + Cl_2 \longrightarrow CH_3CH_2Cl + HCl$

g) $CH_3CH_2CH_3 + Cl_2 \longrightarrow CH_3CHClCH_3 + HCl$

h) $(CH_3)_3CH + Cl_2 \longrightarrow (CH_3)_3CCl + HCl$

10.2B ÉNERGIE DE DISSOCIATION HOMOLYTIQUE ET STABILITÉ DES RADICAUX

L'énergie de dissociation homolytique fournit aussi, d'un simple coup d'œil, un indice sur la stabilité des radicaux. En examinant les données du tableau 10.1, on relève les valeurs de $DH°$ pour la liaison $C\text{—}H$ des carbones primaire et secondaire du propane :

$$CH_3CH_2CH_2\text{—}H \qquad\qquad (CH_3)_2CH\text{—}H$$
$$(DH° = 410 \text{ kJ·mol}^{-1}) \qquad (DH° = 395 \text{ kJ·mol}^{-1})$$

Tableau 10.1 Énergie de dissociation homolytique d'une liaison simple $DH°$ à 25 °C.

A:B ⟶ A· + B·			
Liaison rompue (illustrée en rouge)	**kJ·mol⁻¹**	**Liaison rompue** (illustrée en rouge)	**kJ·mol⁻¹**
H—H	435	$(CH_3)_2CH$—Br	285
D—D	444	$(CH_3)_2CH$—I	222
F—F	159	$(CH_3)_2CH$—OH	385
Cl—Cl	243	$(CH_3)_2CH$—OCH_3	337
Br—Br	192	$(CH_3)_2CHCH_2$—H	410
I—I	151	$(CH_3)_3C$—H	381
H—F	569	$(CH_3)_3C$—Cl	328
H—Cl	431	$(CH_3)_3C$—Br	264
H—Br	366	$(CH_3)_3C$—I	207
H—I	297	$(CH_3)_3C$—OH	379
CH_3—H	435	$(CH_3)_3C$—OCH_3	326
CH_3—F	452	$C_6H_5CH_2$—H	356
CH_3—Cl	349	CH_2=$CHCH_2$—H	356
CH_3—Br	293	CH_2=CH—H	452
CH_3—I	234	C_6H_5—H	460
CH_3—OH	383	HC≡C—H	523
CH_3—OCH_3	335	CH_3—CH_3	368
CH_3CH_2—H	410	CH_3CH_2—CH_3	356
CH_3CH_2—F	444	$CH_3CH_2CH_2$—CH_3	356
CH_3CH_2—Cl	341	CH_3CH_2—CH_2CH_3	343
CH_3CH_2—Br	289	$(CH_3)_2CH$—CH_3	351
CH_3CH_2—I	224	$(CH_3)_3C$—CH_3	335
CH_3CH_2—OH	383	HO—H	498
CH_3CH_2—OCH_3	335	HOO—H	377
$CH_3CH_2CH_2$—H	410	HO—OH	213
$CH_3CH_2CH_2$—F	444	$(CH_3)_3CO$—$OC(CH_3)_3$	157
$CH_3CH_2CH_2$—Cl	341	$C_6H_5\overset{O}{\overset{\|}{C}}O$—$OCC_6H_5$	139
$CH_3CH_2CH_2$—Br	289	CH_3CH_2O—OCH_3	184
$CH_3CH_2CH_2$—I	224	CH_3CH_2O—H	431
$CH_3CH_2CH_2$—OH	383		
$CH_3CH_2CH_2$—OCH_3	335	$CH_3\overset{O}{\overset{\|}{C}}$—H	364
$(CH_3)_2CH$—H	395		
$(CH_3)_2CH$—F	439		
$(CH_3)_2CH$—Cl	339		

Cela signifie que, pour la réaction dans laquelle on indique une rupture homolytique de la liaison C—H, les valeurs de $\Delta H°$ seront les suivantes :

$$CH_3CH_2CH_2—H \longrightarrow CH_3CH_2CH_2· + H· \qquad \Delta H° = +410 \text{ kJ·mol}^{-1}$$

Radical propyle
(radical primaire)

$$CH_3\underset{|}{\overset{}{C}}HCH_3 \longrightarrow CH_3\dot{C}HCH_3 + H· \qquad \Delta H° = +395 \text{ kJ·mol}^{-1}$$
$$H$$

Radical isopropyle
(radical secondaire)

Ces réactions se ressemblent sous deux aspects : le réactif est le même alcane (propane), et toutes deux produisent un radical alkyle et un atome d'hydrogène. Par contre, elles diffèrent quant à l'énergie requise et au type de radical carboné produit. Ces deux différences sont liées.

On classe les radicaux alkyle en primaire, secondaire et tertiaire en fonction du carbone porteur de l'électron non apparié. En partant du propane, il faut fournir plus d'énergie pour obtenir un radical alkyle primaire (le radical propyle) qu'il n'en faut pour former le radical sur le carbone secondaire (le radical isopropyle). Cela signifie que le radical primaire a absorbé plus d'énergie et qu'il possède donc une plus grande *énergie potentielle*. Puisque la stabilité des espèces chimiques est inversement pro-

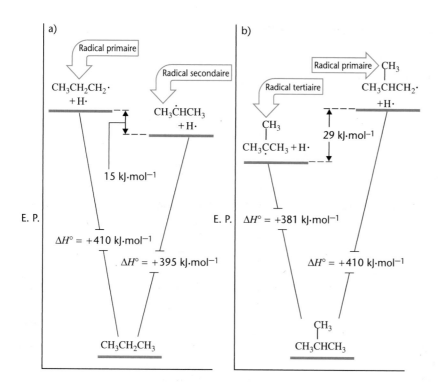

Figure 10.1 a) Comparaison des énergies potentielles du radical propyle (+H·) et du radical isopropyle (+H·) par rapport au propane. Le radical isopropyle — un radical secondaire — est plus stable que le radical primaire par 15 kJ·mol⁻¹. b) Comparaison des énergies potentielles du radical *tert*-butyle (+H·) et du radical isobutyle (+H·) par rapport à l'isobutane. Le radical tertiaire est plus stable que le radical primaire par 29 kJ·mol⁻¹.

portionnelle à leur énergie potentielle, le radical secondaire doit être le radical le *plus stable* (figure 10.1a). En réalité, le radical secondaire isopropyle est plus stable que le radical primaire propyle par 15 kJ·mol⁻¹.

On peut employer les données du tableau 10.1 pour établir une comparaison similaire entre le radical *tert*-butyle (radical tertiaire) et le radical isobutyle (radical primaire) à partir de l'isobutane.

$$CH_3-\underset{\underset{H}{|}}{\overset{\overset{CH_3}{|}}{C}}-CH_2-H \longrightarrow CH_3\overset{CH_3}{\underset{\cdot}{C}}CH_3 \;+\; H\cdot \qquad \Delta H^\circ = +381 \text{ kJ·mol}^{-1}$$

Radical
***tert*-butyle**
(radical tertiaire)

$$CH_3-\underset{\underset{H}{|}}{\overset{\overset{CH_3}{|}}{C}}-CH_2-H \longrightarrow CH_3\overset{CH_3}{\underset{H}{C}}CH_2\cdot \;+\; H\cdot \qquad \Delta H^\circ = +410 \text{ kJ·mol}^{-1}$$

Radical isobutyle
(radical primaire)

On voit que la différence de stabilité est encore plus grande entre ces deux radicaux (figure 10.1b) : le radical tertiaire est plus stable que le radical primaire par 29 kJ·mol⁻¹.

La tendance annoncée dans ces exemples s'applique généralement aux radicaux alkyle. Dans l'ensemble, les stabilités comparées sont les suivantes :

Stabilité comparée des radicaux

Tertiaire > Secondaire > Primaire > Méthyle

$$C-\overset{\overset{C}{|}}{\underset{\underset{C}{|}}{C}}\cdot \;>\; C-\overset{\overset{C}{|}}{\underset{\underset{H}{|}}{C}}\cdot \;>\; C-\overset{\overset{H}{|}}{\underset{\underset{H}{|}}{C}}\cdot \;>\; H-\overset{\overset{H}{|}}{\underset{\underset{H}{|}}{C}}\cdot$$

L'ordre de stabilité des radicaux alkyle est le même que celui des carbocations (section 6.12B), et ce, pour des raisons semblables. Même si les radicaux alkyle ne sont pas chargés, le carbone porteur d'un électron non apparié est *déficient en électrons*. Alors, les groupes alkyle électrorépulseurs fixés sur ce carbone ont un effet stabilisant, et plus il y a de groupes alkyle attachés au carbone, plus le radical est stable.

PROBLÈME 10.2

Classez les radicaux suivants par ordre de stabilité décroissante :

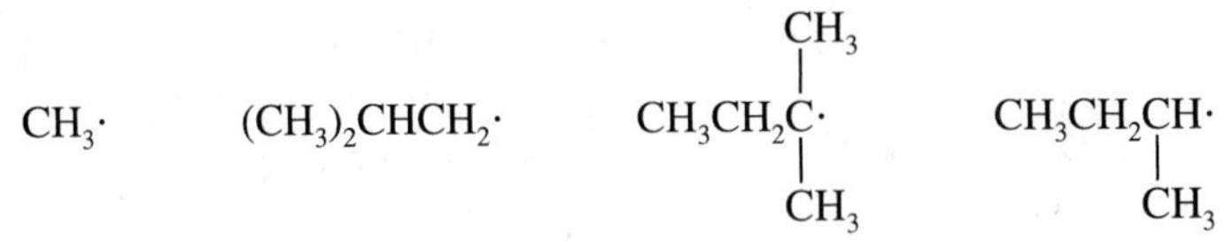

$$CH_3 \cdot \qquad (CH_3)_2CHCH_2 \cdot \qquad CH_3CH_2\overset{\overset{\displaystyle CH_3}{|}}{\underset{\underset{\displaystyle CH_3}{|}}{C}} \cdot \qquad CH_3CH_2\underset{\underset{\displaystyle CH_3}{|}}{CH} \cdot$$

10.3 RÉACTIONS DES ALCANES AVEC LES HALOGÈNES

Le méthane, l'éthane et les autres alcanes réagissent avec les trois premiers membres de la famille des halogènes : le fluor, le chlore et le brome. Ils ne réagissent pas notablement avec l'iode. Avec le méthane, la réaction produit un mélange d'halométhanes et un halogénure d'hydrogène.

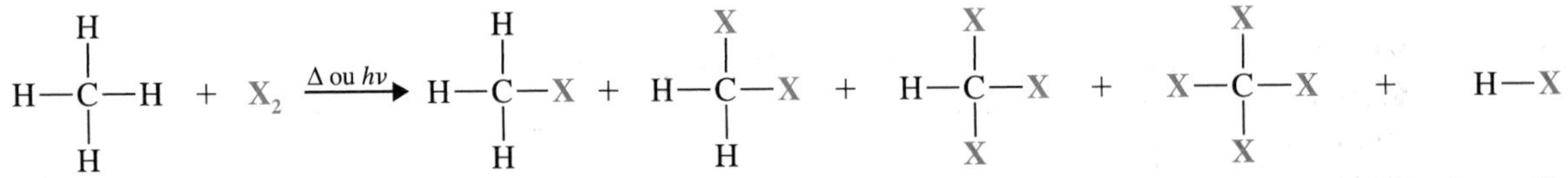

| Méthane | Halogène | Halométhane | Dihalométhane | Trihalométhane | Tétrahalométhane | Halogénure d'hydrogène |

X = F, Cl, ou Br

(Le nombre de moles de chaque type d'halogénure de méthane produites est égal au nombre de moles de méthane ayant réagi.)

La réaction d'un alcane avec un halogène est une **réaction de substitution** appelée **halogénation**. La réaction type qui produit un monohaloalcane peut s'écrire comme suit :

$$R—H + X_2 \longrightarrow R—X + HX$$

Au cours d'une telle réaction, un atome d'halogène remplace sur l'alcane un ou plusieurs atomes d'hydrogène.

10.3A SÉLECTIVITÉ ET RÉACTIONS DE SUBSTITUTIONS MULTIPLES

L'halogénation des alcanes conduit presque toujours à de multiples substitutions. Comme nous venons de le voir, l'halogénation du méthane engendre un mélange de monohalométhane, de dihalométhane, de trihalométhane et de tétrahalométhane parce que tous les hydrogènes fixés au carbone peuvent réagir avec le fluor, le chlore ou le brome.

Par exemple, si on mélange le méthane et le chlore (deux substances gazeuses à la température ambiante) et qu'on chauffe le mélange ou qu'on l'irradie à l'aide de lumière, la réaction démarre vigoureusement. Au début, les seuls composés présents dans le mélange sont le chlore et le méthane; donc, la seule réaction possible produit du chlorométhane et du chlorure d'hydrogène.

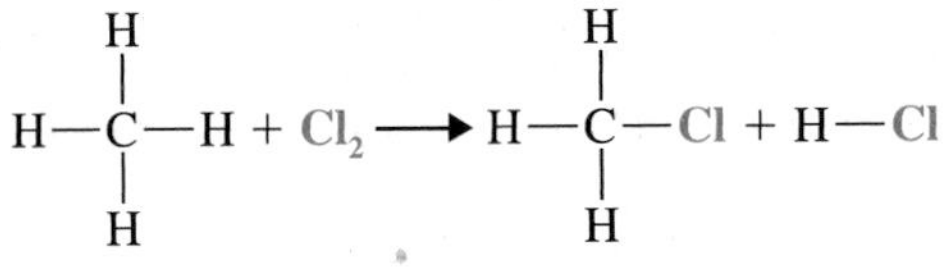

Cependant, au fur et à mesure que la réaction évolue, la concentration du chlorométhane augmente dans le mélange et une deuxième substitution se manifeste : le chlorométhane réagit avec le chlore pour générer le dichlorométhane.

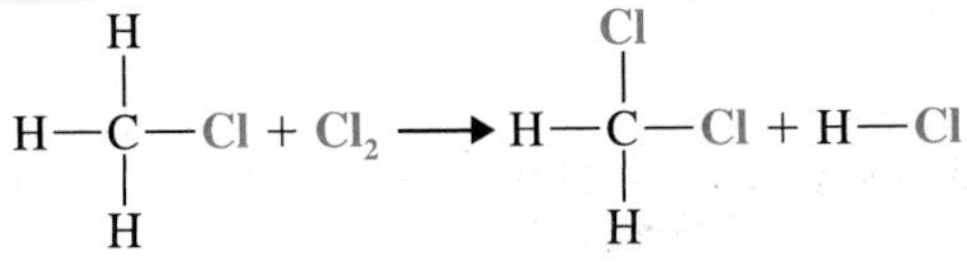

Par la suite, le dichlorométhane réagit pour donner le trichlorométhane qui, s'accumulant dans le milieu, peut réagir avec le chlore et former le tétrachlorométhane. Chaque fois que survient un remplacement de —H par —Cl, on obtient une molécule de H—Cl.

QUESTION TYPE

Si l'objectif d'une synthèse est de préparer le chlorométhane (CH_3Cl), on peut en accroître la formation tout en restreignant celle de CH_2Cl_2, de $CHCl_3$ et de CCl_4 en ajoutant un grand excès de méthane dans le mélange de départ. Expliquez comment cela est possible.

Réponse

Le grand excès de méthane augmente la probabilité que le chlore attaque les molécules de méthane, parce que la concentration de méthane dans le mélange demeurera toujours proportionnellement élevée. En contrepartie, il réduit la probabilité que le chlore attaque les molécules de CH_3Cl, de CH_2Cl_2 et de $CHCl_3$, car leur concentration sera toujours relativement faible. Lorsque la réaction est terminée, on peut récupérer le méthane excédentaire et le recycler.

La chloration des alcanes supérieurs donne un mélange d'isomères monochlorés ainsi que des composés beaucoup plus halogénés. Le chlore est *peu sélectif* : dans un alcane, il fait peu de distinction entre les différents types d'atomes d'hydrogène (primaires, secondaires et tertiaires). La chloration de l'isobutane sous l'action de la lumière en est un bon exemple.

$$CH_3CHCH_3 \xrightarrow[hv]{Cl_2} CH_3CHCH_2Cl + CH_3CCH_3 + \text{produits} + HCl$$

(schéma de structures :)

CH₃CHCH₃ (avec CH₃ au-dessus) → CH₃CHCH₂Cl (avec CH₃ au-dessus) + CH₃CCH₃ (avec CH₃ au-dessus et Cl en dessous) + produits polychlorés + HCl

Isobutane   **Chlorure d'isobutyle**   **Chlorure**   **(23 %)**
           (48 %)   **de *tert*-butyle**
                        (29 %)

Comme la chloration des alcanes conduit habituellement à un mélange complexe de produits, elle ne sera généralement pas utilisée comme méthode de synthèse si l'objectif est de préparer un chlorure d'alkyle précis. L'halogénation d'un alcane (ou d'un cycloalcane) dans lequel les atomes d'hydrogène *sont équivalents* fait exception à cette règle. [On appelle atomes d'hydrogène équivalents ceux dont le remplacement par un autre groupe (par exemple un chlore) forme le même composé.] Ainsi, le néopentane ne générera qu'un seul produit monohalogéné, et l'utilisation d'un grand excès de néopentane réduira la polychloration.

La chloration est peu sélective.

$$CH_3-\overset{\overset{\displaystyle CH_3}{|}}{\underset{\underset{\displaystyle CH_3}{|}}{C}}-CH_3 + Cl_2 \xrightarrow{\Delta \text{ ou } hv} CH_3-\overset{\overset{\displaystyle CH_3}{|}}{\underset{\underset{\displaystyle CH_3}{|}}{C}}-CH_2Cl + HCl$$

Néopentane   **Chlorure de néopentyle**
(excès)

En général, le brome est moins réactif que le chlore avec les alcanes, mais il est *plus sélectif* quant au site d'attaque lorsqu'il réagit. Nous aborderons ce sujet à la section 10.6A.

10.4 CHLORATION DU MÉTHANE : MÉCANISME DE RÉACTION

Les réactions *d'halogénation* des alcanes procèdent par un mécanisme radicalaire. Examinons d'abord un cas simple d'halogénation d'un alcane : la réaction, en phase

Rappel : les symboles suivants sont utilisés pour illustrer les mécanismes de réaction dans le texte.

1. Les flèches ⌒ ou ⌒ montrent toujours la direction du mouvement des électrons.
2. Les demi-flèches ⌒ montrent l'attaque (ou le mouvement) d'un électron non apparié.
3. Les flèches ⌒ montrent l'attaque (ou le mouvement) d'une paire d'électrons.

gazeuse, du méthane avec le chlore. On souligne plusieurs observations expérimentales au sujet de cette réaction :

$$CH_4 + Cl_2 \longrightarrow CH_3Cl + HCl\ (+CH_2Cl_2, CHCl_3\ \text{et}\ CCl_4)$$

1. **La réaction est amorcée par la chaleur ou la lumière.** À la température ambiante, tant que le mélange est à l'abri de la lumière, le méthane et le chlore ne réagissent pas à une vitesse perceptible. Cependant, dès qu'il est exposé aux rayons UV, le mélange réagit à la température ambiante. Il réagit aussi à l'abri de la lumière si on augmente la température à plus de 100 °C.

2. **L'activation de la réaction par la lumière est très efficace.** Un petit nombre de photons permet la formation d'une grande quantité de produits chlorés.

Les mécanismes vérifiant ces observations doivent comporter plusieurs étapes. D'abord, il y a fragmentation de la molécule de chlore, soit par la chaleur, soit par la lumière, en deux atomes de chlore. D'autres observations confirment que le chlore réagit ainsi. De plus, on peut démontrer que la fréquence de la lumière qui active la chloration du méthane est absorbée par la molécule de chlore et non par celle de méthane. Le mécanisme est décrit ci-dessous.

MÉCANISME DE LA RÉACTION

Chloration radicalaire du méthane

Réaction

$$CH_4 + Cl_2 \xrightarrow{\Delta\ \text{ou}\ h\nu} CH_3Cl + HCl$$

Mécanisme

Étape 1

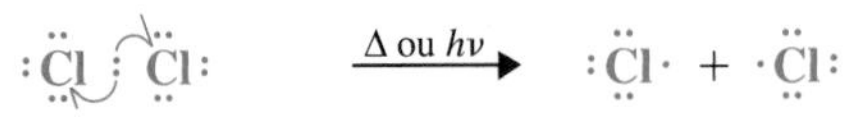

$$:\ddot{C}l\!:\!\ddot{C}l\!: \xrightarrow{\Delta\ \text{ou}\ h\nu} :\ddot{C}l\cdot + \cdot\ddot{C}l\!:$$

Sous l'influence de la chaleur ou de la lumière, une molécule de chlore se dissocie; chaque atome garde un électron de la liaison.

Cette étape produit deux atomes de chlore très réactifs.

Étape 2

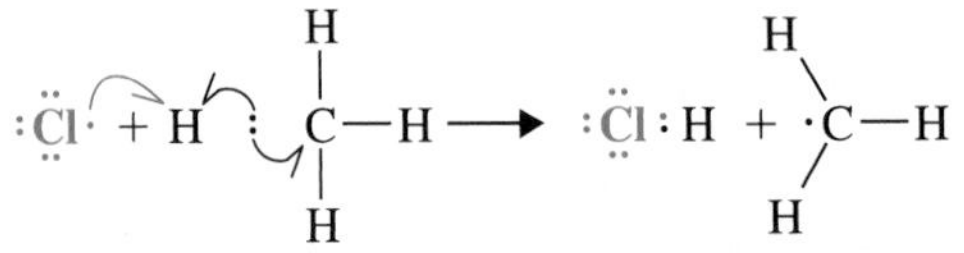

$$:\ddot{C}l\cdot + H\!-\!\underset{\underset{H}{|}}{\overset{\overset{H}{|}}{C}}\!-\!H \longrightarrow :\ddot{C}l\!:\!H + \cdot\underset{\underset{H}{|}}{\overset{\overset{H}{}}{C}}\!-\!H$$

Un atome de chlore arrache un atome d'hydrogène à la molécule de méthane.

Cette étape produit une molécule de chlorure d'hydrogène et un radical méthyle.

Étape 3

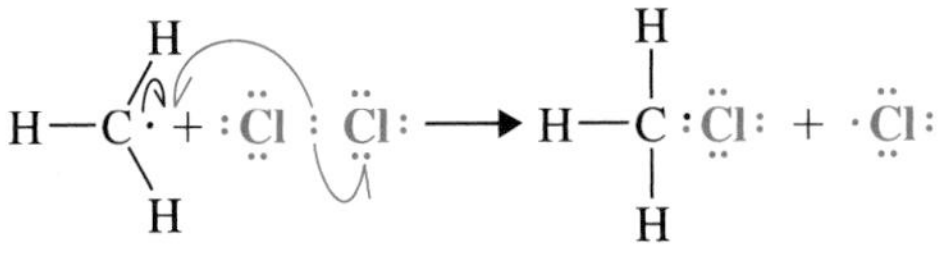

$$H\!-\!\underset{\underset{H}{|}}{\overset{\overset{H}{}}{C}}\!\cdot + :\ddot{C}l\!:\!\ddot{C}l\!: \longrightarrow H\!-\!\underset{\underset{H}{|}}{\overset{\overset{H}{|}}{C}}\!:\!\ddot{C}l\!: + \cdot\ddot{C}l\!:$$

Un radical méthyle arrache un atome à la molécule de chlore.

Durant cette étape se forment une molécule de chlorure de méthyle et un atome de chlore. L'atome de chlore peut maintenant entraîner la répétition de l'étape 2.

À l'étape 3, le radical méthyle, fortement réactif, attaque une molécule de chlore et lui arrache un atome de chlore. Il en résulte la formation d'une molécule de chlorométhane (un des produits de la réaction) et *d'un atome de chlore*. Ce dernier est particulièrement important, car il attaquera une autre molécule de méthane, entraînant la répétition de l'étape 2. Puis on repasse à l'étape 3, et ainsi de suite, des centaines ou des milliers de fois. (À chaque répétition de l'étape 3, on obtient une molécule de chlorométhane.) On nomme **réaction en chaîne** ce genre de mécanisme séquentiel où chaque étape engendre un réactif intermédiaire qui met en marche le cycle suivant.

À l'étape 1, appelée **amorçage,** *les radicaux sont créés.* Durant la **propagation,** c'est-à-dire les étapes 2 et 3, *un radical génère un autre radical.*

Amorçage

Étape 1 $\qquad\qquad\qquad\qquad Cl_2 \xrightarrow{\Delta \text{ ou } h\nu} 2\ Cl\cdot$

Propagation

Étape 2 $\qquad\qquad\qquad CH_4 + Cl\cdot \longrightarrow CH_3\cdot + H\!-\!Cl$

Étape 3 $\qquad\qquad\qquad CH_3\cdot + Cl_2 \longrightarrow CH_3Cl + Cl\cdot$

La nature caténaire de la réaction explique l'efficacité de la lumière au moment de l'amorçage. La présence de quelques atomes de chlore à un moment donné suffit pour que se forment quelques milliers de molécules de chlorométhane.

Qu'est-ce qui interrompt cette réaction en chaîne ? Pourquoi un photon de lumière n'amorce-t-il pas la chloration de toutes les molécules de méthane présentes ? On sait que cela ne se produit pas, car on a découvert qu'à basse température il faut une irradiation continue, sans quoi la réaction ralentit et s'arrête. L'existence des étapes dites de **terminaison** répond à ces questions. Bien que n'étant pas fréquentes, ces étapes se manifestent assez souvent pour *consommer un ou deux des réactifs intermédiaires.* Seule la radiation ininterrompue permet de remplacer continuellement les intermédiaires consommés lors de la terminaison. Des réactions de terminaison plausibles sont décrites ci-dessous.

Terminaison

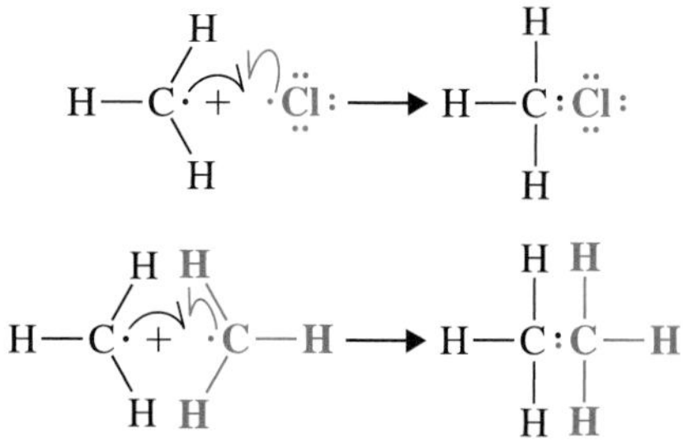

et

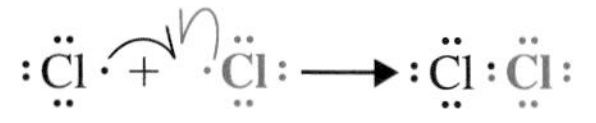

La dernière association est plus rare. Les deux atomes de chlore sont grandement énergétiques; de plus, comme elle est uniquement diatomique, la molécule de chlore qui se forme doit dissiper rapidement son excès d'énergie en entrant en collision avec une autre molécule ou les parois du récipient. Autrement elle se dissociera de nouveau. Au contraire, le chlorométhane et l'éthane, formés au cours des deux autres étapes de terminaison dissipent leur excès d'énergie par les vibrations de leurs liaisons C—H.

Ce mécanisme radicalaire explique aussi comment la réaction entre le méthane et le chlore engendre les produits plus halogénés, CH_2Cl_2, $CHCl_3$ et CCl_4 (de même que du HCl additionnel). À mesure que la réaction évolue, le chlorométhane (CH_3Cl) s'accumule dans le mélange et ses atomes d'hydrogène sont susceptibles, eux aussi, d'être arrachés par le chlore. Des radicaux chlorométhyle se forment ainsi pour conduire au dichlorométhane (CH_2Cl_2) après avoir réagi avec le chlore.

Étape 2a

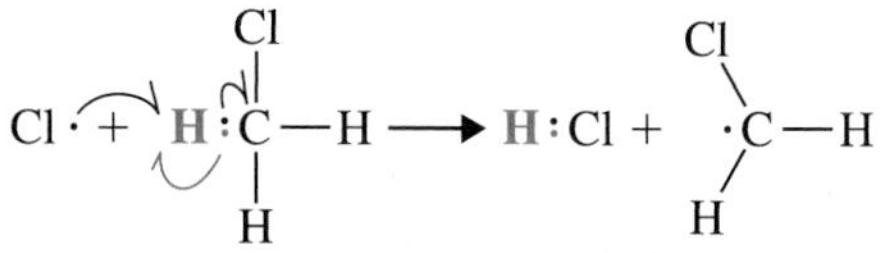

Étape 3a

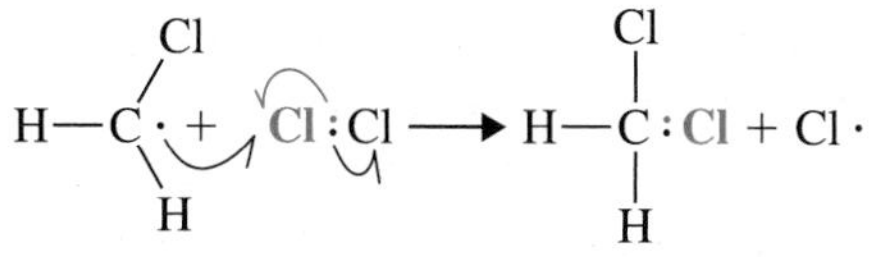

Alors, l'étape 2a se répète, de même que l'étape 3a, et le cycle recommence. Chaque répétition de l'étape 2a donne une molécule de HCl et chaque répétition de l'étape 3a produit une molécule de CH_2Cl_2.

PROBLÈME 10.3

Suggérez une méthode de séparation du mélange de CH_4, CH_3Cl, CH_2Cl_2, $CHCl_3$ et CCl_4 qui se forme au cours de la chloration du méthane. (Vous pouvez consulter un manuel.) Quelle méthode analytique s'appliquerait pour séparer le mélange et donner des informations sur la structure de chaque composé ? En fonction du nombre de chlores sur chaque molécule, quelles seront les différences des pics des ions moléculaires de leur spectre de masse respectif (rappelez-vous que les deux principaux isotopes du chlore sont ^{35}Cl et ^{37}Cl) ?

PROBLÈME 10.4

Parmi les produits obtenus lors de la chloration du méthane, on trouve des traces de chloroéthane. Comment peut-il se former ? Quelle en est l'importance en regard du mécanisme des réactions en chaîne ?

PROBLÈME 10.5

Si votre objectif est de synthétiser CCl_4 et d'obtenir un rendement maximum, vous pouvez réaliser la réaction en ajoutant un grand excès de chlore. Expliquez.

10.5 CHLORATION DU MÉTHANE : VARIATION D'ÉNERGIE

Nous avons vu à la section 10.2A qu'il est possible de calculer la chaleur globale de réaction à partir des énergies de dissociation des liaisons. On peut aussi calculer la chaleur de réaction de chaque étape d'un mécanisme.

Amorçage

Étape 1 $Cl{-}Cl \longrightarrow 2\,Cl\cdot$ $\Delta H° = +243$ kJ·mol^{-1}
       $(DH° = 243)$

Propagation

Étape 2 $CH_3{-}H + Cl\cdot \longrightarrow CH_3\cdot + H{-}Cl$ $\Delta H° = +4$ kJ·mol^{-1}
       $(DH° = 435)$ $(DH° = 431)$

Étape 3 $CH_3\cdot + Cl{-}Cl \longrightarrow CH_3{-}Cl + Cl\cdot$ $\Delta H° = -106$ kJ·mol^{-1}
       $(DH° = 243)$ $(DH° = 349)$

Terminaison

$CH_3\cdot + Cl\cdot \longrightarrow CH_3{-}Cl$ $\Delta H° = -349$ kJ·mol^{-1}
         $(DH° = 349)$

$CH_3\cdot + \cdot CH_3 \longrightarrow CH_3{-}CH_3$ $\Delta H° = -368$ kJ·mol^{-1}
         $(DH° = 368)$

$Cl\cdot + Cl\cdot \longrightarrow Cl{-}Cl$ $\Delta H° = -243$ kJ·mol^{-1}
         $(DH° = 243)$

Lors de l'amorçage, une seule liaison est rompue — la liaison entre les deux atomes de chlore — et aucune nouvelle liaison ne se crée. Fortement endothermique, la chaleur de réaction pour cette étape est simplement l'énergie de rupture de la molécule de chlore.

Au cours de la terminaison, des liaisons se forment, mais aucune n'est rompue. Cette phase est donc très exothermique.

Par contre, chaque étape de propagation implique la rupture d'une liaison et la formation d'une autre. La valeur de $\Delta H°$ pour chacune de ces étapes correspondra à la différence entre l'énergie de dissociation de la liaison rompue et l'énergie de dissociation de la liaison formée. La première étape de propagation est légèrement endothermique ($\Delta H° = +4$ kJ·mol^{-1}), mais la deuxième dégage une grande quantité de chaleur ($\Delta H° = -106$ kJ·mol^{-1}).

PROBLÈME 10.6

Calculez le $\Delta H°$ pour les étapes d'amorçage, de propagation et de terminaison de la fluoration du méthane. Présumez que le même mécanisme s'applique.

Calcul de la valeur globale de $\Delta H°$ pour une réaction en chaîne

La combinaison des étapes de propagation donne l'équation globale de la chloration du méthane :

$$Cl· + CH_3—H \longrightarrow CH_3· + H—Cl \qquad \Delta H° = +4 \text{ kJ·mol}^{-1}$$
$$CH_3· + Cl—Cl \longrightarrow CH_3—Cl + Cl· \qquad \Delta H° = -106 \text{ kJ·mol}^{-1}$$

$$CH_3—H + Cl—Cl \longrightarrow CH_3—Cl + H—Cl \qquad \Delta H° = -102 \text{ kJ·mol}^{-1}$$

De même, l'addition des valeurs de $\Delta H°$ obtenues à chacune des étapes de propagation donne la valeur globale de $\Delta H°$ pour la réaction.

PROBLÈME 10.7

Illustrez comment vous pourriez utiliser les étapes de propagation (voir problème 10.6) pour calculer la valeur globale de $\Delta H°$ pour la fluoration du méthane.

10.5A VARIATION GLOBALE DE L'ÉNERGIE LIBRE

Au cours de nombreuses réactions, la variation d'entropie est tellement faible que le terme $T\Delta S°$ dans l'expression

$$\Delta G° = \Delta H° - T\Delta S°$$

tend vers zéro; $\Delta G°$ est alors approximativement égal au $\Delta H°$. Cela se manifeste dans les réactions où l'ordre (c'est-à-dire l'entropie) des réactifs est semblable à celui des produits. Rappelez-vous (section 3.9) que l'entropie mesure le désordre ou le caractère aléatoire d'un système. Dans un système chimique, le désordre des molécules est lié au nombre de *degrés de liberté* disponibles pour les molécules et leurs atomes constitutifs. Les degrés de liberté sont associés aux processus *donnant naissance aux mouvements ou aux changements de positions relatives*. Les molécules ont trois types de degrés de liberté : le degré de liberté de translation, lié au déplacement de la molécule entière dans l'espace, le degré de liberté de rotation, et le degré de liberté de vibration, associé à l'étirement ou à la flexion des liaisons unissant les atomes (figure 10.2). Si les atomes des produits de la réaction possèdent plus de degrés de liberté qu'ils n'en avaient comme réactifs, la variation d'entropie ($\Delta S°$) sera positive pour la réaction. Si, au contraire, les atomes des produits sont plus contraints (ont moins de degrés de liberté) que dans leur état de réactifs, la valeur de $\Delta S°$ sera négative. Examinons la réaction du méthane et du chlore.

$$CH_4 + Cl_2 \longrightarrow CH_3Cl + HCl$$

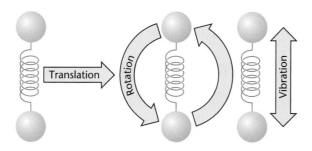

Figure 10.2 Degrés de liberté de translation, de rotation et de vibration pour une molécule simple diatomique.

Dans ce cas, deux moles de produits se forment à partir du même nombre de moles de réactifs. Le nombre de degrés de liberté de translation disponibles pour les produits est donc identique à celui des réactifs. De plus, CH_3Cl est une molécule tétraédrique comme CH_4, et HCl est diatomique comme Cl_2, ce qui signifie que les degrés de liberté de vibration et de rotation disponibles aux produits et aux réactifs sont presque les mêmes. En réalité, la variation d'entropie de cette réaction est vraiment petite, $\Delta S° = +2,8$ J K^{-1} mol^{-1}. Donc, à la température ambiante (298 K), le terme $T\Delta S°$ vaut 0,8 kJ·mol^{-1}. La variation d'enthalpie et la variation d'énergie libre sont par conséquent presque égales : $\Delta H° = -102,5$ kJ·mol^{-1} et $\Delta G° = -103,3$ kJ·mol^{-1}.

Dans de telles situations, il est souvent commode de prévoir la réussite d'une réaction à partir de la valeur de $\Delta H°$ plutôt que de celle de $\Delta G°$, puisqu'on peut rapidement déduire $\Delta H°$ des énergies de dissociation.

10.5B ÉNERGIES D'ACTIVATION

Pour de nombreuses réactions que nous étudierons, dans lesquelles la variation d'entropie est faible, il est également commode de fonder l'évaluation de la vitesse de certaines réactions sur ce que l'on nomme simplement l'**énergie d'activation, E_{act},** plutôt que sur l'énergie libre d'activation, $\Delta G^{\ddagger}$. Sans entrer dans les détails, retenons que ces deux quantités sont liées de près et que **toutes deux mesurent la différence entre l'énergie des réactifs et celle de l'état de transition.** Ainsi, une réaction se déroulera rapidement si l'énergie d'activation est faible; inversement, si l'énergie d'activation est élevée, la réaction sera lente.

Nous avons vu comment calculer le $\Delta H°$ pour chacune des étapes de la chloration du méthane; considérons maintenant l'énergie d'activation pour ces mêmes étapes. Les valeurs sont les suivantes :

Amorçage

| Étape 1 | $Cl_2 \longrightarrow 2\ Cl\cdot$ | $E_{act} = +243$ kJ·mol^{-1} |

Propagation

| Étape 2 | $Cl\cdot + CH_4 \longrightarrow HCl + CH_3\cdot$ | $E_{act} = +16$ kJ·mol^{-1} |
| Étape 3 | $CH_3\cdot + Cl_2 \longrightarrow CH_3Cl + Cl\cdot$ | $E_{act} = \sim 8$ kJ·mol^{-1} |

Comment peut-on savoir ce que sera l'énergie d'activation d'une réaction ? Par exemple, aurait-on pu prédire à l'aide des énergies de dissociation que l'énergie d'activation de la réaction $Cl\cdot + CH_4 \rightarrow HCl + CH_3\cdot$ serait précisément de 16 kJ·mol^{-1} ? La réponse est *non*. L'énergie d'activation est déterminée à partir d'autres données expérimentales. Elle ne peut être mesurée directement : elle est calculée. Cependant, certains principes ont été fixés pour permettre d'obtenir une valeur approximative des énergies d'activation :

1. **Toute réaction dans laquelle *des liaisons sont rompues* aura une énergie d'activation supérieure à zéro. Cette règle s'applique même si les liaisons formées sont plus fortes et que la réaction est exothermique. Explication : la rupture et la formation de liaison ne se produisent pas simultanément dans l'état de transition. La formation de la liaison survenant plus tard, son énergie n'est donc pas disponible pour briser la liaison existante.**

2. **L'énergie d'activation d'une *réaction endothermique qui met en jeu une rupture et une formation de liaison sera supérieure à la chaleur de réaction $\Delta H°$*.** Deux exemples illustrent ce principe : la première étape de propagation de la chloration du méthane et l'étape correspondante de la bromation du méthane.

$$Cl\cdot + CH_3\text{---}H \longrightarrow H\text{---}Cl + CH_3\cdot \qquad \Delta H° = +4 \text{ kJ·mol}^{-1}$$
$$\quad (DH° = 435) \quad (DH° = 431) \qquad\qquad E_{act} = +16 \text{ kJ·mol}^{-1}$$

$$Br\cdot + CH_3\text{---}H \longrightarrow H\text{---}Br + CH_3\cdot \qquad \Delta H° = +69 \text{ kJ·mol}^{-1}$$
$$\quad (DH° = 435) \quad (DH° = 366) \qquad\qquad E_{act} = +78 \text{ kJ·mol}^{-1}$$

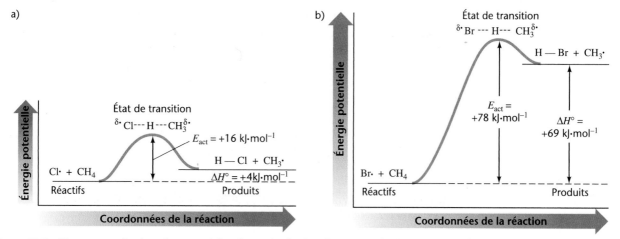

Figure 10.3 Diagrammes des énergies potentielles a) pour la réaction d'un atome de chlore avec le méthane et b) pour la réaction d'un atome de brome avec le méthane.

Dans ces deux réactions, l'énergie dégagée lors de la formation de la liaison est inférieure à celle requise pour la rupture; donc, les deux réactions sont endothermiques. En observant les diagrammes des énergies potentielles de la figure 10.3, on comprend aisément pourquoi l'énergie d'activation de chacune de ces réactions est plus grande que la chaleur de réaction. Dans chacun des cas, le chemin conduisant des réactifs aux produits va d'un plateau d'énergie inférieur à un plateau supérieur, en passant par un sommet énergétique encore plus élevé. Comme l'énergie d'activation est la hauteur (énergie) entre le plateau des réactifs et le sommet, elle est supérieure à la chaleur de réaction.

3. **L'énergie d'activation d'une réaction en phase gazeuse où il y a rupture homolytique de liaisons sans formation de nouvelles liaisons est égale au $\Delta H°$*.** Un exemple de ce type de réaction est l'amorçage de la chloration du méthane : la dissociation des molécules de chlore en ses atomes de chlore.

$$Cl—Cl \longrightarrow 2\ Cl·$$
$$\textbf{(}DH° = 243\textbf{)}$$
$$\Delta H° = +243\ \text{kJ·mol}^{-1}$$
$$E_{act} = +243\ \text{kJ·mol}^{-1}$$

Le diagramme de l'énergie potentielle de cette réaction est présenté à la figure 10.4.

4. L'énergie d'activation d'une réaction en phase gazeuse au cours de laquelle de petits radicaux se combinent pour donner une molécule est habituellement zéro. Dans ce type de réactions, le problème de décalage entre la rupture et la formation de la liaison ne se pose pas, car il n'y a que formation de liaison. Toutes les étapes de terminaison de la chloration du méthane correspondent à cette catégorie. La

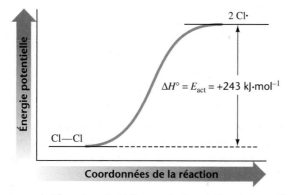

Figure 10.4 Diagramme de l'énergie potentielle pour la dissociation de la molécule de chlore en ses atomes de chlore.

---

* Cette règle s'applique seulement aux réactions radicalaires en phase gazeuse. Elle ne s'applique pas aux réactions en solution, particulièrement s'il y a présence d'ions, vu l'importance de l'énergie de solvatation.

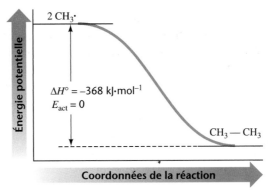

Figure 10.5 Diagramme de l'énergie potentielle pour la combinaison de deux radicaux méthyle pour former la molécule d'éthane.

combinaison de deux radicaux méthyle pour former une molécule d'éthane en est un exemple.

$$2\ CH_3 \cdot \longrightarrow CH_3{-}CH_3 \qquad \Delta H^\circ = -368\ kJ \cdot mol^{-1}$$
$$(DH^\circ = 368) \qquad E_{act} = 0$$

La figure 10.5 illustre la variation de l'énergie potentielle qui survient au cours de cette réaction.

PROBLÈME 10.8

Lorsqu'on chauffe le pentane à très haute température, des réactions radicalaires se produisent pour former, entre autres, le méthane, l'éthane, le propane et le butane. Ce type de transformation s'appelle le **craquage thermique.** Voici une liste partielle des réactions qui se produisent.

1. $CH_3CH_2CH_2CH_2CH_3 \longrightarrow CH_3 \cdot + CH_3CH_2CH_2CH_2 \cdot$
2. $CH_3CH_2CH_2CH_2CH_3 \longrightarrow CH_3CH_2 \cdot + CH_3CH_2CH_2 \cdot$
3. $CH_3 \cdot + CH_3 \cdot \longrightarrow CH_3CH_3$
4. $CH_3 \cdot + CH_3CH_2CH_2CH_2CH_3 \longrightarrow CH_4 + CH_3CH_2CH_2CH_2CH_2 \cdot$
5. $CH_3 \cdot + CH_3CH_2 \cdot \longrightarrow CH_3CH_2CH_3$
6. $CH_3CH_2 \cdot + CH_3CH_2 \cdot \longrightarrow CH_3CH_2CH_2CH_3$

Pour laquelle de ces réactions doit-on s'attendre à ce que E_{act}

a) soit égale à zéro ?

b) soit supérieure à zéro ?

c) soit égale à ΔH° ?

PROBLÈME 10.9

À la première étape de propagation de la fluoration du méthane (voir problème 10.6), l'énergie d'activation est de +5,0 kJ·mol⁻¹. Sachant que l'énergie d'activation de la deuxième étape de cette phase est très faible, attribuez-lui une valeur de +1,0 kJ·mol⁻¹.
a) et b) Esquissez le diagramme d'énergie potentielle pour ces deux étapes.
c) Esquissez le diagramme de l'énergie potentielle pour l'amorçage de la fluoration du méthane et d) pour la terminaison qui produit CH_3F. e) Esquissez le diagramme de l'énergie potentielle de la réaction suivante :

$$CH_3 \cdot + HF \longrightarrow CH_4 + F \cdot$$

10.5C RÉACTION DU MÉTHANE AVEC LES AUTRES HALOGÈNES

La *réactivité* entre deux composés se mesure à la *vitesse* à laquelle ils réagissent l'un avec l'autre. Un réactif qui réagit très rapidement avec une substance particulière est considéré comme fortement réactif avec cette substance. Par contre, un réactif qui ne réagit que lentement ou pas du tout avec cette même substance, sous les mêmes conditions expérimentales (par exemple concentrations, pression et température), est qualifié de peu ou pas réactif avec la substance. Les réactions des halogènes (fluor, chlore, brome et iode) avec le méthane présentent une vaste gamme de réactivités. Le fluor est extrêmement réactif avec le méthane — à tel point que, si on ne prend pas certaines précautions, le mélange de fluor et de méthane explose. Le chlore est deuxième quant à la réactivité avec le méthane. Cependant, on maîtrise la réaction de chloration du méthane par un contrôle judicieux de la chaleur et de la lumière. Le brome est beaucoup moins réactif avec le méthane que ne l'est le chlore, et l'iode est tellement peu réactif qu'en pratique on peut affirmer qu'aucune réaction ne se produit entre le méthane et l'iode.

Si les mécanismes de la fluoration, de la bromation et de l'iodation du méthane sont identiques à celui de la chloration, on peut expliquer ces grandes différences de réactivité en observant attentivement les $\Delta H°$ et les E_{act} à chacune des étapes.

FLUORATION

Amorçage

	$\Delta H°$ (kJ·mol^{-1})	E_{act} (kJ·mol^{-1})

Propagation

$F_2 \longrightarrow 2\,F\cdot$	$+159$	$+159$
$F\cdot + CH_4 \longrightarrow HF + CH_3\cdot$	-134	$+5{,}0$
$CH_3\cdot + F_2 \longrightarrow CH_3F + F\cdot$	-293	Petite
$\Delta H°$ global $= $	-427	

L'amorçage de la fluoration est fortement endothermique et présente donc une grande énergie d'activation.

Faute d'informations supplémentaires d'autres sources, on aurait pu conclure imprudemment, sur la base unique de l'énergie d'activation de la phase d'amorçage, que le fluor ne réagit pas avec le méthane. (Si on avait tenté cette réaction en se fondant sur cette conclusion, le résultat aurait été littéralement désastreux.) Toutefois, on sait que l'amorçage se produit rarement comparativement à la propagation. Une seule étape d'amorçage peut produire des milliers de réactions de fluoration. Donc, la valeur élevée de l'énergie d'activation de cette étape n'empêche pas la réaction.

Par contre, les étapes de propagation ne peuvent tolérer une grande énergie d'activation. Si cette énergie était élevée, les intermédiaires hautement réactifs seraient consommés lors de la terminaison avant que la réaction en chaîne ne progresse suffisamment. Les deux étapes de propagation de la fluoration ont une très faible énergie d'activation, ce qui donne lieu à un grand nombre de collisions dont l'énergie est favorable même à la température ambiante. De plus, la chaleur globale de la réaction ($\Delta H°$) est très élevée. Autrement dit, la réaction dégage une grande quantité de chaleur, et cette chaleur peut s'accumuler dans le mélange plus rapidement qu'elle ne se dissipe dans l'environnement. Il en découle une augmentation de la température et donc un accroissement rapide de la fréquence de l'étape d'amorçage, ce qui augmente le nombre de réactions de propagation. Les deux facteurs — la faible énergie d'activation des étapes de propagation et la chaleur globale élevée de la réaction — expliquent la grande réactivité du fluor avec le méthane. (La réaction de fluoration peut être contrôlée. Avant de mélanger l'alcane et le fluor, on les dilue chacun avec un gaz inerte, comme de l'hélium. De plus, on réalise la réaction dans un réacteur rempli de grenailles de cuivre. Le cuivre absorbe la chaleur dégagée et atténue la réaction.)

CHLORATION

	$\Delta H°$ (kJ·mol^{-1})	E_{act} (kJ·mol^{-1})

Amorçage

$$Cl_2 \longrightarrow 2\ Cl\cdot$$

| | +243 | +243 |

Propagation

$$Cl\cdot + CH_4 \longrightarrow HCl + CH_3\cdot$$
$$CH_3\cdot + Cl_2 \longrightarrow CH_3Cl + Cl\cdot$$

$Cl\cdot + CH_4 \longrightarrow HCl + CH_3\cdot$	+4	+16
$CH_3\cdot + Cl_2 \longrightarrow CH_3Cl + Cl\cdot$	-106	Petite
$\Delta H°$ global $= -102$		

La réactivité inférieure du chlore s'explique en partie par le fait que l'énergie d'activation de la première étape de propagation (étape de l'arrachement d'un atome d'hydrogène) de la chloration du méthane (+16 kJ·mol^{-1}) est plus élevée que celle de la fluoration (+5,0 kJ·mol^{-1}). La plus grande énergie requise pour rompre la liaison chlore–chlore lors de l'amorçage (243 kJ·mol^{-1} pour Cl_2 comparativement à 159 kJ·mol^{-1} pour F_2) influe elle aussi sur la réactivité. Mais c'est probablement la chaleur globale de réaction de la fluoration, beaucoup plus élevée, qui explique le mieux la réactivité supérieure du fluor.

BROMATION

	$\Delta H°$ (kJ·mol^{-1})	E_{act} (kJ·mol^{-1})

Amorçage

$$Br_2 \longrightarrow 2\ Br\cdot$$

| | +192 | +192 |

Propagation

$Br\cdot + CH_4 \longrightarrow HBr + CH_3\cdot$	+69	+78
$CH_3\cdot + Br_2 \longrightarrow CH_3Br + Br\cdot$	-100	Petite
$\Delta H°$ global $= -31$		

Contrairement à ce qui se produit lors de la chloration, l'étape de l'arrachement d'un atome d'hydrogène dans la bromation présente une très grande énergie d'activation ($E_{act} = 78$ kJ·mol^{-1}). Cela signifie que seule une petite partie de toutes les collisions entre les atomes de brome et les molécules de méthane auront une énergie suffisante pour que la réaction se produise, même à 300 °C. En conséquence, le brome est moins réactif avec le méthane que le chlore, même si la réaction nette est légèrement exothermique.

IODATION

	$\Delta H°$ (kJ·mol^{-1})	E_{act} (kJ·mol^{-1})

Amorçage

$$I_2 \longrightarrow 2\ I\cdot$$

| | +151 | +151 |

Propagation

$I\cdot + CH_4 \longrightarrow HI + CH_3\cdot$	+138	+140
$CH_3\cdot + I_2 \longrightarrow CH_3I + I\cdot$	-84	Petite
$\Delta H°$ global $= +54$		

Les données thermodynamiques pour la réaction d'iodation du méthane confirment le peu d'influence de la phase d'amorçage sur l'ordre de réactivité observé : $F_2 > Cl_2 > Br_2 > I_2$. La liaison iode−iode est même plus faible que la liaison fluor−fluor. Sur la foi de cette seule information, on pourrait prédire que l'iode est le plus réactif des halogènes, ce qui n'est évidemment pas le cas. Encore une fois, c'est l'étape de l'arrachement d'un atome d'hydrogène qui établit la corrélation avec l'ordre de réactivité déterminé expérimentalement. L'énergie d'activation de cette étape de la réaction avec l'iode (140 kJ·mol^{-1}) est si grande que seules deux collisions sur 10^{12} ont l'énergie suffisante pour permettre la réaction à 300 °C. Donc, l'iodation est impossible à réaliser expérimentalement.

Avant de passer à un autre sujet, nous devons apporter une précision. Nous avons comparé les réactivités des halogènes avec le méthane sur la seule base de l'énergie. Cela *n'est possible que parce que les réactions sont semblables et que les variations d'entropie sont similaires*. Si les réactions avaient été de types différents, cette analyse aurait conduit à des explications erronées.

10.6 HALOGÉNATION DES ALCANES SUPÉRIEURS

Les alcanes supérieurs réagissent avec les halogènes selon le mécanisme de réaction en chaîne que l'on vient d'étudier. L'éthane, par exemple, réagit avec le chlore pour engendrer le chloroéthane (chlorure d'éthyle). Le mécanisme de la réaction est le suivant :

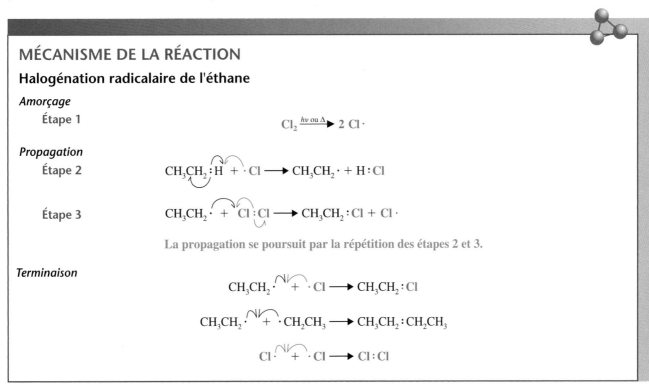

MÉCANISME DE LA RÉACTION

Halogénation radicalaire de l'éthane

Amorçage
    Étape 1

Propagation
    Étape 2

    Étape 3

La propagation se poursuit par la répétition des étapes 2 et 3.

Terminaison

PROBLÈME 10.10

Pour l'étape de l'arrachement d'un atome d'hydrogène dans la réaction de chloration de l'éthane, l'énergie d'activation est 4,2 kJ·mol^{-1}. a) En utilisant les énergies de dissociation homolytique du tableau 10.1, calculez le $\Delta H°$ pour cette étape. b) Pour cette étape, esquissez également le diagramme d'énergie potentielle similaire à celui de la chloration du méthane (voir figure 10.3a). c) La chloration d'un mélange équimolaire de méthane et d'éthane produit beaucoup plus de chlorure d'éthyle que de chlorure de méthyle (∼ 400 molécules de chlorure d'éthyle pour chaque molécule de chlorure de méthyle). Expliquez cet écart.

PROBLÈME 10.11

La chloration de l'éthane donne un mélange de 1,1-dichloroéthane, de 1,2-dichloro-éthane et d'autres chlorures d'éthane plus substitués (voir section 10.3A). Écrivez des mécanismes de réaction en chaîne illustrant la formation de 1,1-dichloroéthane et de 1,2-dichloroéthane.

La chloration de la majorité des alcanes dont les molécules contiennent plus de deux atomes de carbone donne naissance à un mélange d'isomères monochlorés (ainsi qu'à d'autres composés plus ou moins chlorés). Voici quelques exemples. (Les pourcentages sont évalués en fonction du nombre total de dérivés monochlorés obtenus lors de chaque réaction.)

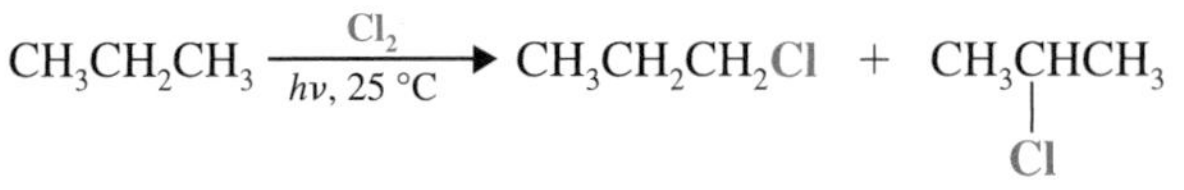

$$CH_3CH_2CH_3 \xrightarrow[hv,\ 25\ ^\circ C]{Cl_2} CH_3CH_2CH_2Cl + CH_3\underset{\underset{Cl}{|}}{C}HCH_3$$

Propane   **Chlorure de propyle**   **Chlorure d'isopropyle**
(45 %)   (55 %)

$$CH_3\underset{\underset{CH_3}{|}}{C}HCH_3 \xrightarrow[hv,\ 25\ ^\circ C]{Cl_2} CH_3\underset{\underset{CH_3}{|}}{C}HCH_2Cl + CH_3\underset{\underset{Cl}{|}}{\overset{\overset{CH_3}{|}}{C}}CH_3$$

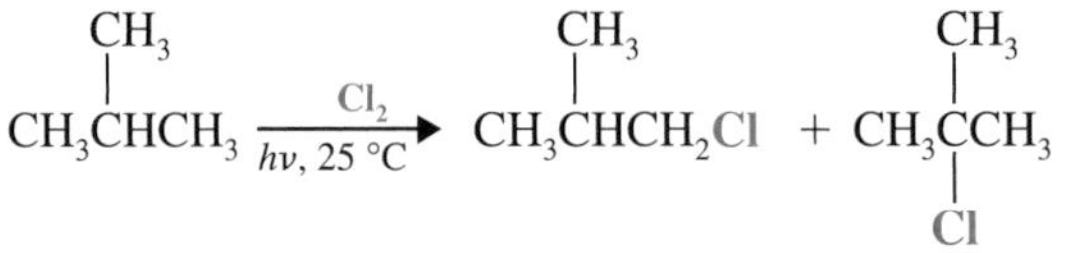

Isobutane   **Chlorure d'isobutyle**   **Chlorure de *tert*-butyle**
(63 %)   (37 %)

$$CH_3\underset{\underset{H}{|}}{\overset{\overset{CH_3}{|}}{C}}CH_2CH_3 \xrightarrow[300\ ^\circ C]{Cl_2} ClCH_2\underset{\underset{CH_3}{|}}{C}HCH_2CH_3 + CH_3\underset{\underset{Cl}{|}}{\overset{\overset{CH_3}{|}}{C}}CH_2CH_3$$

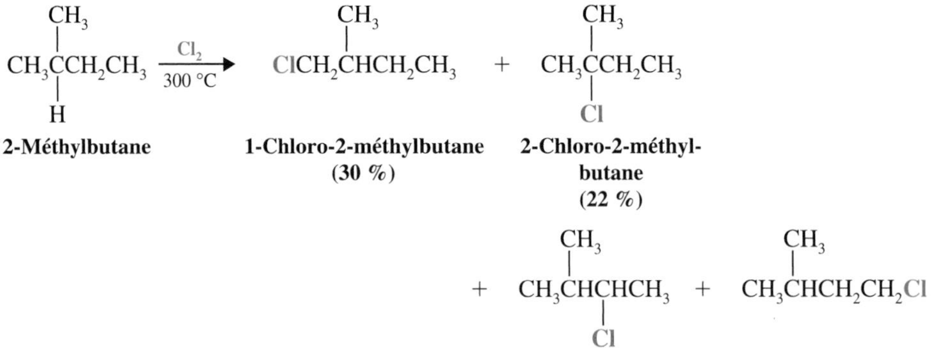

2-Méthylbutane   **1-Chloro-2-méthylbutane**   **2-Chloro-2-méthyl-butane**
(30 %)   (22 %)

$$+ CH_3\underset{\underset{Cl}{|}}{\overset{\overset{CH_3}{|}}{C}}HCHCH_3 + CH_3\underset{\underset{}{\overset{\overset{CH_3}{|}}{}}}{C}HCH_2CH_2Cl$$

2-Chloro-3-méthyl-butane   **1-Chloro-3-méthyl-butane**
(33 %)   (15 %)

Les proportions des produits obtenus lors de la chloration des alcanes supérieurs ne correspondent pas à ce à quoi on s'attendrait si tous les atomes d'hydrogène avaient la même réactivité. On trouve qu'il existe une relation entre la réactivité des différents atomes d'hydrogène et le type d'atome d'hydrogène (primaire, secondaire ou tertiaire) remplacé. Dans un alcane, les atomes tertiaires d'hydrogène sont les plus réactifs; suivent les atomes secondaires, puis les atomes primaires, qui sont les moins réactifs (voir problème 10.12).

PROBLÈME 10.12

a) Quel pourcentage de chlorure de propyle et de chlorure d'isopropyle peut-on espérer obtenir lors de la chloration du propane si les atomes d'hydrogène primaire et secondaire sont équivalents ? b) Quel pourcentage de chlorure d'isobutyle et de chlorure de *tert*-butyle peut-on espérer obtenir lors de la chloration de l'isobutane si les atomes d'hydrogène primaire et tertiaire sont équivalents ? c) Comparez vos résultats avec ceux des exemples cités ci-dessus et justifiez l'affirmation selon laquelle l'ordre de réactivité des atomes d'hydrogène est tertiaire > secondaire > primaire.

On peut expliquer les différences de réactivité entre les atomes d'hydrogène primaires, secondaires et tertiaires lors de la chloration en s'appuyant sur les énergies de dissociation homolytique vues précédemment (tableau 10.1). Parmi ces trois types, c'est la rupture d'une liaison tertiaire C—H qui exige le moins d'énergie, et c'est celle d'une liaison primaire C—H qui en demande le plus. Puisque l'étape de l'arrachement d'un atome d'hydrogène, au cours de laquelle la liaison C—H est brisée, détermine la position ou l'orientation de la chloration, on devrait pouvoir s'attendre à ce que E_{act} nécessaire pour enlever un atome tertiaire d'hydrogène soit la plus petite et que E_{act} requise pour enlever un atome primaire d'hydrogène soit la plus grande. L'atome tertiaire d'hydrogène serait donc le plus réactif, suivi de l'atome secondaire puis de l'atome primaire.

Cependant, les vitesses de substitution des atomes d'hydrogène primaires, secondaires ou tertiaires par un atome de chlore ne sont pas très différentes. En conséquence, le chlore ne discrimine pas les divers types d'hydrogène, de sorte que la chloration des alcanes supérieurs n'est pas une synthèse généralement utile en laboratoire. (La chloration des alcanes trouve par contre des applications industrielles, particulièrement dans les cas où des mélanges d'halogénoalcanes sont utilisés.)

PROBLÈME 10.13

La chloration de certains alcanes peut être utilisée dans des préparations en laboratoire. La préparation du chlorure de cyclopropyle à partir du cyclopropane ou encore du chlorure de cyclobutyle à partir du cyclobutane en sont des exemples. Quelles caractéristiques structurales de ces molécules permettent ces réactions ?

PROBLÈME 10.14

Chacun des alcanes suivants réagit avec le chlore et ne génère qu'un seul produit monochloré. En vous fondant sur cette information, déduisez la structure de chacun des alcanes.　a) C_5H_{10}　b) C_8H_{18}　c) C_5H_{12}

10.6A SÉLECTIVITÉ DU BROME

En général, le brome est moins réactif avec les alcanes que le chlore; par contre, il est plus **sélectif** quant au site d'attaque lorsqu'il réagit. Il a une meilleure habileté pour distinguer les différents types d'atomes d'hydrogène. Ainsi, la réaction entre l'isobutane et le brome provoque presque exclusivement le remplacement de l'atome tertiaire d'hydrogène.

La bromation est sélective.

$$
\underset{\overset{\displaystyle |}{H}}{\overset{\overset{\displaystyle CH_3}{|}}{CH_3-\underset{}{C}-CH_3}} \xrightarrow[hv,\ 127\ °C]{Br_2} \underset{\underset{(>99\ \%)}{\overset{\displaystyle |}{Br}}}{\overset{\overset{\displaystyle CH_3}{|}}{CH_3-\underset{}{C}-CH_3}} + \underset{\underset{(trace)}{\overset{\displaystyle |}{H}}}{\overset{\overset{\displaystyle CH_3}{|}}{CH_3-\underset{}{C}-CH_2Br}}
$$

Le résultat est très différent lorsque l'isobutane réagit avec le chlore.

$$
\underset{}{\overset{\overset{\displaystyle CH_3}{|}}{CH_3CHCH_3}} \xrightarrow[25\ °C]{Cl_2,\ hv} \underset{\underset{(37\ \%)}{\overset{\displaystyle |}{Cl}}}{\overset{\overset{\displaystyle CH_3}{|}}{CH_3CCH_3}} + \underset{(63\ \%)}{\overset{\overset{\displaystyle CH_3}{|}}{CH_3CHCH_2Cl}}
$$

Le fluor étant plus réactif que le chlore, *il est encore moins sélectif*. Comme l'énergie d'activation est faible lorsque le fluor enlève n'importe quel type d'hydrogène, les vitesses de réaction diffèrent peu, qu'il s'agisse d'un hydrogène primaire, secondaire ou tertiaire. Les réactions des alcanes avec le fluor donnent (à peu près) la répartition des produits que l'on prévoirait si tous les atomes d'hydrogène étaient équivalents.

PROBLÈME 10.15

Pourquoi la température est-elle une variable importante à considérer lorsqu'on utilise la répartition des isomères pour évaluer la réactivité des hydrogènes d'un alcane au cours d'une chloration radicalaire ?

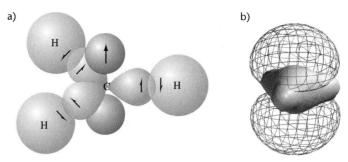

Figure 10.6 a) Représentation du radical méthyle où l'on voit, au centre, l'atome de carbone et ses orbitales hybrides sp^2, l'orbitale p (en vert) à demi remplie et son électron non apparié et, enfin, les trois paires d'électrons présents dans les liaisons covalentes. L'électron non apparié peut être représenté dans l'un ou l'autre des lobes. b) Structure du radical méthyle évaluée théoriquement : les régions en bleu et en rouge illustrent l'orbitale moléculaire occupée de plus haute énergie où se trouve l'électron non apparié. La région de densité électronique des liaisons carbone–hydrogène est représentée en gris.

10.7 GÉOMÉTRIE DES RADICAUX ALKYLE

Des preuves expérimentales indiquent que la structure géométrique de la plupart des radicaux alkyle sont des plans trigonaux centrés sur le carbone qui possède l'électron célibataire. Cela correspond à une hybridation sp^2 du carbone central. Dans un radical alkyle, l'orbitale p renferme l'électron non apparié (figure 10.6).

10.8 RÉACTIONS CRÉANT DES CENTRES STÉRÉOGÉNIQUES

Quand des molécules achirales réagissent pour produire un composé ayant un seul centre stéréogénique, le produit obtenu sera racémique. Cela est toujours vrai en l'absence d'un solvant chiral ou de toute influence chirale sur la réaction, comme celle d'une enzyme. La chloration radicalaire du pentane illustre ce principe.

$$\text{CH}_3\text{CH}_2\text{CH}_2\text{CH}_2\text{CH}_3 \xrightarrow[\text{(achiral)}]{\text{Cl}_2} \text{CH}_3\text{CH}_2\text{CH}_2\text{CH}_2\text{Cl} + \text{CH}_3\text{CH}_2\text{CH}_2\overset{*}{\text{C}}\text{HClCH}_3$$

Pentane   **1-Chloropentane**   **(±)-2-Chloropentane**
(achiral)   **(achiral)**   **(racémique)**

$$+ \text{CH}_3\text{CH}_2\text{CHClCH}_2\text{CH}_3$$
3-Chloropentane
(achiral)

    La réaction produira ces composés ainsi que des produits plus chlorés. (On peut utiliser un excès de pentane pour réduire la chloration multiple.) Ni le 1-chloropentane ni le 3-chloropentane ne possèdent un centre stéréogénique, mais le 2-chloropentane en contient un. Ce produit est obtenu *sous une forme racémique*. Pour trouver une explication, étudions le mécanisme de la chloration du C2 du pentane (page 405).

10.8A PRODUCTION D'UN DEUXIÈME CENTRE STÉRÉOGÉNIQUE LORS D'UNE HALOGÉNATION RADICALAIRE

Que se produit-il lorsqu'une molécule chirale (ayant un centre stéréogénique) réagit et fait naître un produit possédant un deuxième centre stéréogénique ? À titre d'exemple, voici ce qui se passe lorsque le (*S*)-2-chloropentane subit une chloration sur le carbone C3 (évidemment, d'autres produits se forment par chloration sur d'autres carbones). Les résultats de cette chloration apparaissent dans l'encadré ci-contre.

    Les produits de la réaction sont le (2*S*,3*S*)-2,3-dichloropentane et le (2*S*,3*R*)-2,3-dichloropentane. Ces deux composés sont des **diastéréo-isomères**. (Ce sont des stéréo-isomères, mais ils ne sont pas l'image miroir l'un de l'autre.) Ces deux stéréo-isomères *ne sont pas* produits en quantités égales. Puisque le radical intermédiaire est

MÉCANISME DE LA RÉACTION

La stéréochimie de la chloration du C2 du pentane

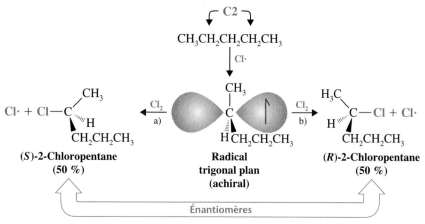

L'arrachement d'un atome d'hydrogène sur l'atome C2 produit un radical plan achiral. Ce radical peut ainsi réagir avec Cl_2 d'un côté ou de l'autre (attaque du côté a ou du côté b). Les probabilités d'attaque sont identiques d'un côté ou de l'autre parce que le radical est achiral. Il y a donc production des deux énantiomères en quantités égales, et il en découle un mélange racémique de 2-chloropentane.

MÉCANISME DE LA RÉACTION

La stéréochimie de la chloration sur C3 du (*S*)-2-chloropentane

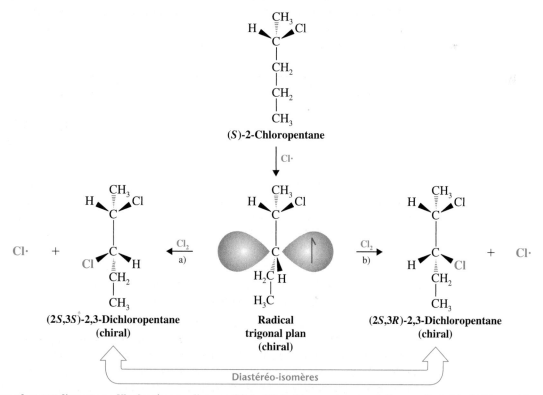

L'arrachement d'un atome d'hydrogène sur l'atome C3 du (*S*)-2-chloropentane produit un radical chiral (C2 en est le centre stéréogénique). Ce radical peut recevoir l'attaque du chlore d'un côté (côté a) pour produire le (2*S*,3*S*)-2,3-dichloropentane et de l'autre côté (côté b) pour former le (2*S*,3*R*)-2,3-dichloropentane. Ces deux composés sont des diastéréo-isomères et ne sont pas formés en quantités égales. Les deux produits sont chiraux et sont tous deux optiquement actifs.

lui-même chiral, les réactions ne sont pas équivalentes sur les deux côtés. Le chlore réagit plus facilement sur un des côtés du radical (même si on ne peut aisément prédire lequel). C'est la présence du centre stéréogénique dans le radical (sur C2) qui influe sur la réaction générant un nouveau centre stéréogénique (sur C3).

Les deux diastéréo-isomères du 2,3-dichloropentane sont chiraux et chacun démontre forcément une activité optique. De plus, étant *diastéréo-isomères,* ces deux composés possèdent des propriétés physiques différentes (par exemple des points de fusion et d'ébullition différents) et peuvent être isolés par des méthodes traditionnelles (par la chromatographie en phase gazeuse ou par une distillation fractionnée).

PROBLÈME 10.16

Étudiez la chloration du (*S*)-2-chloropentane sur le carbone C4. a) Écrivez les structures stéréochimiques des produits obtenus et attribuez-leur la bonne désignation (*R*–*S*). b) Quelle est la relation stéréochimique entre ces produits ? c) Les deux produits sont-ils chiraux ? d) Sont-ils tous deux optiquement actifs ? e) Peut-on séparer les deux produits par des méthodes traditionnelles ? f) Quels autres dichloropentanes obtiendrait-on par chloration du (*S*)-2-chloropentane ? g) Lequel serait optiquement actif ?

PROBLÈME 10.17

Supposons que vous effectuez la bromation du butane en utilisant suffisamment de brome pour causer la dibromation. Lorsque la réaction est terminée, vous isolez tous les isomères dibromés par chromatographie en phase gazeuse ou par distillation fractionnée. a) Combien de fractions obtenez-vous ? b) Quel(s) composé(s) chacune des fractions contient-elle ? c) Laquelle, s'il y a lieu, présente une activité optique ? d) Dans la nature, les isotopes ^{79}Br et ^{81}Br existent en abondance presque égale; donc, quels pics (masse/charge) prédomineraient dans le spectre de masse de ces isomères dibromés ?

PROBLÈME 10.18

La chloration du 2-méthylbutane produit le 1-chloro-2-méthylbutane, le 2-chloro-2-méthylbutane, le 2-chloro-3-méthylbutane et le 1-chloro-3-méthylbutane. a) En supposant que ces composés aient été séparés par distillation fractionnée après la fin de la réaction, dites si l'une ou l'autre des fractions est optiquement active. b) Pourrait-on séparer des énantiomères de certaines de ces fractions ? c) Quelle serait la différence entre les spectres RMN ^1H de ces composés à la position de la liaison du chlore ? Pourrait-on identifier chacune des fractions de la distillation à l'aide de la spectroscopie RMN ^1H ?

10.9 ADDITION RADICALAIRE SUR LES ALCÈNES : ADDITION ANTI-MARKOVNIKOV DU BROMURE D'HYDROGÈNE

Avant 1933, l'orientation de l'addition de bromure d'hydrogène sur les alcènes donnait lieu à un grande confusion. Tantôt les additions obéissaient à la règle de Markovnikov; tantôt elles réagissaient de façon totalement contraire. On a rapporté de nombreuses situations où l'on obtenait des additions Markovnikov dans un laboratoire tandis que, dans des conditions qui semblaient identiques, un autre laboratoire assistait à une addition anti-Markovnikov. À l'occasion, le même chimiste pouvait obtenir des résultats différents d'une fois à l'autre tout en respectant les mêmes conditions.

Les recherches de M.S. Kharasch et de F.R. Mayo (de l'université de Chicago) ont permis de résoudre le mystère en 1933. La clé de l'explication est la présence de peroxydes dans les alcènes (ces peroxydes se forment sous l'action de l'oxygène atmosphérique sur les alcènes; voir section 10.11C). Kharasch et Mayo ont trouvé que lorsque les alcènes contenant des peroxydes ou des hydroperoxydes réagissent avec le bromure d'hydrogène, c'est l'addition anti-Markovnikov du bromure d'hydrogène qui intervient.

$$R—\overset{..}{\underset{..}{O}}—\overset{..}{\underset{..}{O}}—R \qquad R—\overset{..}{\underset{..}{O}}—\overset{..}{\underset{..}{O}}—H$$
Peroxyde organique   **Hydroperoxyde organique**

Dans ces conditions, le propène produira le 1-bromopropane. En l'absence de peroxydes ou en présence de composés qui « piégeront » les radicaux, une addition normale Markovnikov se réalisera.

$$CH_3CH{=}CH_2 + HBr \xrightarrow{\text{ROOR}} CH_3CH_2CH_2Br \qquad \text{Addition anti-Markovnikov}$$

$$CH_3CH{=}CH_2 + HBr \xrightarrow[\text{peroxydes}]{\text{sans}} \underset{\underset{\textstyle Br}{|}}{CH_3CHCH_3} \qquad \text{Addition Markovnikov}$$
2-Bromopropane

Le fluorure d'hydrogène, le chlorure d'hydrogène et l'iodure d'hydrogène *ne donnent pas* d'addition anti-Markovnikov même en présence de peroxydes.

Selon Kharasch et Mayo, le mécanisme d'une addition anti-Markovnikov de bromure d'hydrogène est une **réaction radicalaire en chaîne** amorcée par les peroxydes.

L'étape 1 est la simple rupture homolytique de la molécule de peroxyde qui forme deux radicaux alkoxyle. Dans les peroxydes, la liaison oxygène–oxygène est faible, et on sait que de telles réactions se font facilement.

$$R—\overset{..}{\underset{..}{O}}{:}\overset{..}{\underset{..}{O}}—R \longrightarrow 2\,R—\overset{..}{\underset{..}{O}}{\cdot} \qquad \Delta H° \cong +150\ \text{kJ·mol}^{-1}$$
Peroxyde   **Radicaux alkoxyle**

MÉCANISME DE LA RÉACTION

Addition anti-Markovnikov

Étape 1

$$R—\overset{..}{\underset{..}{O}}{:}\overset{..}{\underset{..}{O}}—R \xrightarrow{\Delta} 2\,R—\overset{..}{\underset{..}{O}}{\cdot}$$

La chaleur provoque la rupture homolytique de la faible liaison oxygène–oxygène.

Étape 2

$$R—\overset{..}{\underset{..}{O}}{\cdot} + H{:}\overset{..}{\underset{..}{Br}}{:} \longrightarrow R—\overset{..}{\underset{..}{O}}{:}H + {:}\overset{..}{\underset{..}{Br}}{\cdot}$$

Le radical alkoxyle arrache un atome d'hydrogène au HBr, produisant un atome de brome.

Étape 3

$$:\overset{..}{\underset{..}{Br}}{\cdot} + H_2C{=}CH—CH_3 \longrightarrow :\overset{..}{\underset{..}{Br}}{:}CH_2—\overset{\cdot}{C}H—CH_3$$
                                                                      Radical secondaire

Un atome de brome se fixe sur la liaison double, ce qui génère un radical secondaire plus stable.

Étape 4

$$:\overset{..}{\underset{..}{Br}}—CH_2—\overset{\cdot}{C}H—CH_3 + H{:}\overset{..}{\underset{..}{Br}}{:} \longrightarrow :\overset{..}{\underset{..}{Br}}—CH_2—\underset{\underset{\textstyle H}{|}}{CH}—CH_3 + {\cdot}\overset{..}{\underset{..}{Br}}{:}$$
                                                                                                    1-Bromopropane

Le radical secondaire arrache un atome d'hydrogène au HBr, ce qui donne le produit de même qu'un atome de brome. Ainsi, la répétition des étapes 3 et 4 forme une réaction en chaîne.

L'étape 2 du mécanisme, l'arrachement de l'atome d'hydrogène par le radical, est exothermique et possède une faible énergie d'activation.

$$R-\ddot{\underset{..}{O}}\cdot \; + \; H\!:\!\ddot{\underset{..}{B}}r\!: \longrightarrow R-\ddot{\underset{..}{O}}\!:\!H \; + \; :\!\ddot{\underset{..}{B}}r\cdot \qquad \Delta H° \cong -96 \text{ kJ·mol}^{-1}$$
$$E_{act} \text{ est faible}$$

L'étape 3 du mécanisme détermine l'orientation finale du brome dans le produit, et ce, parce qu'il y a formation d'un *radical secondaire plus stable* et que l'attaque sur *le carbone primaire se fait plus facilement.* La formation d'un radical primaire moins stable aurait découlé de l'attaque du brome sur le carbone secondaire du propène, comme on le voit ci-dessous. De plus, l'attaque sur le carbone secondaire, plus encombré, se serait faite moins facilement.

$$\text{Br}\cdot + \; \text{CH}_2\!\!=\!\!\text{CHCH}_3 \xrightarrow{\;\;\;\times\;\;\;} \cdot \text{CH}_2\text{CHCH}_3$$
$$\underset{\substack{\text{Radical primaire} \\ \text{(moins stable)}}}{\overset{\displaystyle |}{\text{Br}}}$$

L'étape 4 du mécanisme est simplement l'arrachement d'un atome d'hydrogène au bromure d'hydrogène par le radical formé à l'étape 3, ce qui génère un atome de brome provoquant une nouvelle étape 3, suivie de l'étape 4, et ainsi de suite — une réaction en chaîne.

10.9A COMPARAISON ENTRE UNE ADDITION MARKOVNIKOV ET UNE ADDITION ANTI-MARKOVNIKOV DU BROMURE D'HYDROGÈNE SUR LES ALCÈNES

Conseil pour la synthèse d'halogénoalcanes

Nous sommes maintenant en mesure de comprendre la différence entre les deux façons employées par le HBr pour se fixer sur un alcène. En l'*absence* de peroxydes, le réactif qui attaque le premier la double liaison est un proton. Le proton étant petit, les effets stériques ont peu d'importance. Il se fixe à un atome de carbone par un mécanisme ionique afin de former le carbocation le plus stable. Le résultat est une addition Markovnikov.

Addition ionique

$$\text{CH}_3\text{CH}\!\!=\!\!\text{CH}_2 \xrightarrow{\;\;\text{H}-\text{Br}\;\;} \text{CH}_3\overset{+}{\text{CH}}\text{CH}_3 \xrightarrow{\;\;\text{Br}^-\;\;} \underset{\substack{\displaystyle | \\ \text{Br}}}{\text{CH}_3\text{CHCH}_3}$$
$$\underset{\substack{\text{Carbocation} \\ \text{le plus stable}}}{} \qquad \underset{\substack{\text{Produit} \\ \text{Markovnikov}}}{}$$

En *présence* de peroxydes, le réactif qui attaque le premier la double liaison est le gros atome de brome. Il s'attache au carbone le moins encombré par un mécanisme radicalaire pour former le radical intermédiaire le plus stable. Le résultat est une addition anti-Markovnikov.

Addition radicalaire

$$\text{CH}_3\text{CH}\!\!=\!\!\text{CH}_2 \xrightarrow{\;\;\text{Br}\cdot\;\;} \text{CH}_3\dot{\text{C}}\text{HCH}_2\text{Br} \xrightarrow{\;\;\text{HBr}\;\;} \text{CH}_3\text{CH}_2\text{CH}_2\text{Br} \; + \; \text{Br}\cdot$$
$$\underset{\substack{\text{Radical} \\ \text{le plus stable}}}{} \qquad \underset{\substack{\text{Produit} \\ \text{anti-Markovnikov}}}{}$$

10.10 POLYMÉRISATION RADICALAIRE DES ALCÈNES : POLYMÈRES À CROISSANCE EN CHAÎNE

Les polymères sont des substances constituées de très grosses molécules, appelées **macromolécules,** qui sont bâties par la répétition de motifs simples. Les motifs utilisés pour synthétiser les polymères se nomment **monomères,** et les réactions par lesquelles s'unissent les monomères sont des réactions de **polymérisation.** De nombreuses polymérisations peuvent être amorcées par des radicaux.

Par exemple, l'éthylène (éthène) est le monomère servant à synthétiser le polymère que l'on connaît sous le nom de *polyéthylène*.

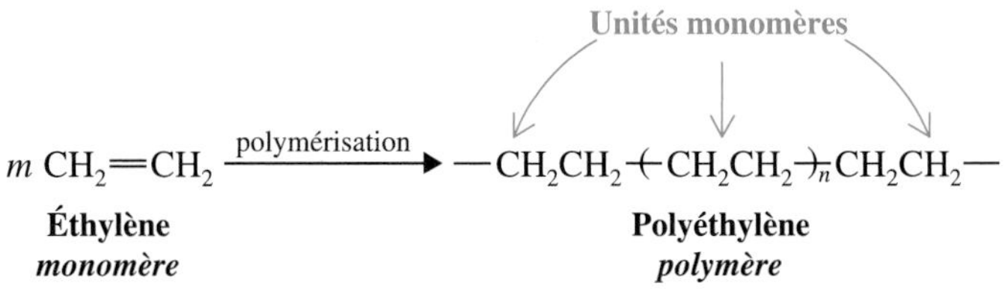

Unités monomères

$$m\ CH_2{=}CH_2 \xrightarrow{\text{polymérisation}} {-}CH_2CH_2{-}\!\!\!\!\left(CH_2CH_2\right)_{\!\!n}\!\!CH_2CH_2{-}$$

Éthylène *monomère*

Polyéthylène *polymère*

(*m* et *n* sont de très grands nombres.)

Étant donné que les polymères comme le polyéthylène proviennent de réactions d'addition, ils sont souvent identifiés comme des **polymères d'addition** ou des **polymères à croissance en chaîne.** Voyons comment se forme le polyéthylène.

L'éthylène polymérise par mécanisme radicalaire lorsqu'il est chauffé sous une pression de 1000 atm en présence d'une faible quantité d'un peroxyde organique (un peroxyde de diacyle).

MÉCANISME DE LA RÉACTION

Polymérisation radicalaire de l'éthène

Amorçage

Étape 1

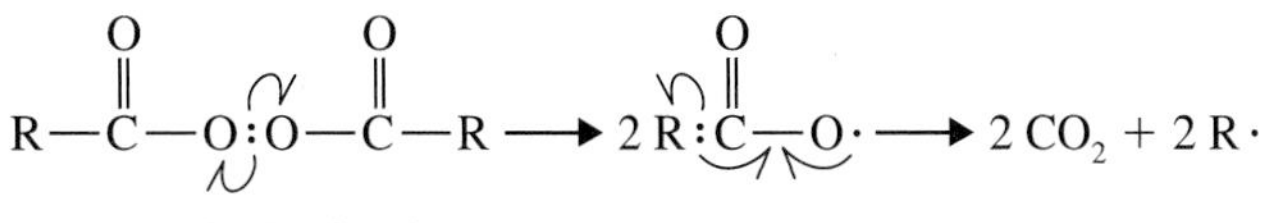

$$R{-}\overset{\displaystyle O}{\overset{\|}{C}}{-}O{:}O{-}\overset{\displaystyle O}{\overset{\|}{C}}{-}R \longrightarrow 2\,R{:}\overset{\displaystyle O}{\overset{\|}{C}}{-}O{\cdot} \longrightarrow 2\,CO_2 + 2\,R{\cdot}$$

Peroxyde de diacyle

Étape 2

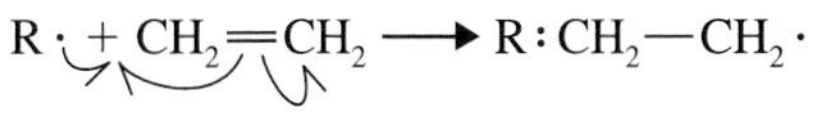

$$R{\cdot} + CH_2{=}CH_2 \longrightarrow R{:}CH_2{-}CH_2{\cdot}$$

Le peroxyde de diacyle se dissocie pour donner des radicaux qui, à leur tour, amorcent des réactions en chaîne.

Propagation

Étape 3

$$R{-}CH_2CH_2{\cdot} + n\ CH_2{=}CH_2 \longrightarrow R\!\left(CH_2CH_2\right)_{\!\!n}\!\!CH_2CH_2{\cdot}$$

La croissance de la chaîne se fait par additions successives d'unités d'éthylène jusqu'à ce qu'elle s'arrête à cause d'une combinaison ou d'une dismutation.

Terminaison

Étape 4

$$2\,R\!\left(CH_2CH_2\right)_{\!\!n}\!\!CH_2CH_2{\cdot}$$

combinaison $\longrightarrow \left[R\!\left(CH_2CH_2\right)_{\!\!n}\!\!CH_2CH_2{-}\right]_2$

dismutation $\longrightarrow R\!\left(CH_2CH_2\right)_{\!\!n}\!\!CH{=}CH_2 +$
$R\!\left(CH_2CH_2\right)_{\!\!n}\!\!CH_2CH_3$

Le radical en bout de chaîne du polymère en croissance peut aussi arracher un hydrogène sur sa propre chaîne. Nous appelons ce phénomène « attaque intramoléculaire ». Cela conduit à la ramification de la chaîne.

Ramification

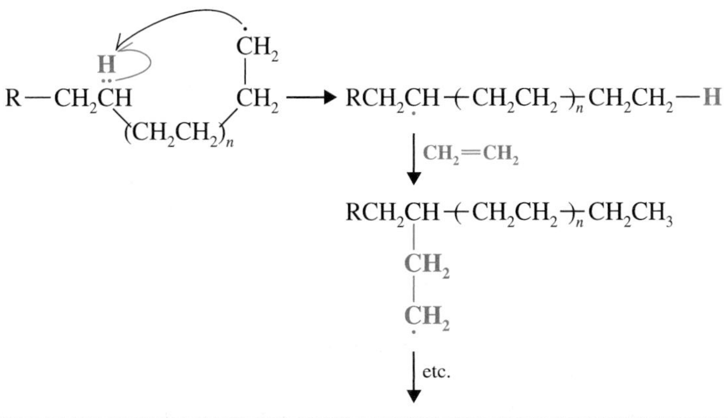

$$R{-}CH_2\overset{\displaystyle \overset{H}{\cdot\cdot}}{C}H \cdots \overset{\displaystyle \dot{C}H_2}{\underset{CH_2}{|}} \longrightarrow RCH_2\overset{\displaystyle \cdot}{C}H\!\left(CH_2CH_2\right)_{\!\!n}\!\!CH_2CH_2{-}H$$

$$(CH_2CH_2)_n$$

$\downarrow\ CH_2{=}CH_2$

$$RCH_2\overset{\displaystyle |}{C}H\!\left(CH_2CH_2\right)_{\!\!n}\!\!CH_2CH_3$$
$$\underset{CH_2}{\overset{|}{}}$$
$$\underset{\cdot}{\overset{|}{CH_2}}$$

$\downarrow$ etc.

Tableau 10.2 Autres polymères courants de croissance en chaîne.

Monomère	Polymère	Noms
$CH_2{=}CHCH_3$	$-(CH_2-CH)_n$ CH_3	Polypropylène
$CH_2{=}CHCl$	$-(CH_2-CH)_n$ Cl	Poly(chlorure de vinyle), PVC
$CH_2{=}CHCN$	$-(CH_2-CH)_n$ CN	Polyacrylonitrile, orlon
$CF_2{=}CF_2$	$-(CF_2-CF_2)_n$	Polytétrafluoroéthène, téflon
CH_3 $CH_2{=}CCO_2CH_3$	CH_3 $-(CH_2-C)_n$ CO_2CH_3	Poly(méthacrylate de méthyle), Lucite, plexiglas, Perspex

Le polyéthylène obtenu par polymérisation radicalaire n'est généralement pas utile à moins que sa masse moléculaire n'atteigne 1 000 000. On peut obtenir des masses très élevées en employant une faible concentration de l'amorceur. Ainsi, on amorce la croissance de quelques chaînes seulement et on s'assure que chacune de ces chaînes est en présence d'un grand excès de monomère. On peut ajouter de nouvelles quantités d'amorceur au fur et à mesure de l'avancement de la réaction pour contrer l'épuisement des chaînes et démarrer de nouvelles chaînes.

La production industrielle du polyéthylène a commencé en 1943. Le polymère est employé dans la fabrication de bouteilles souples, de films, de feuilles et d'isolant pour les fils électriques. Le polyéthylène obtenu par polymérisation radicalaire a un point d'amollissement de 110 °C.

On peut produire le polyéthylène d'une autre manière, en ayant recours à un catalyseur selon la **catalyse de Ziegler-Natta**. Ces catalyseurs sont des complexes organométalliques de métaux de transition. Dans ce procédé aucun radical n'est formé, aucune attaque intramoléculaire ne se produit, donc aucune ramification de la chaîne n'apparaît. Le polyéthylène ainsi produit a une densité plus forte, un plus haut point de fusion, et possède une plus grande résistance. (Nous aborderons la catalyse de Ziegler-Natta plus en détail à l'annexe A.)

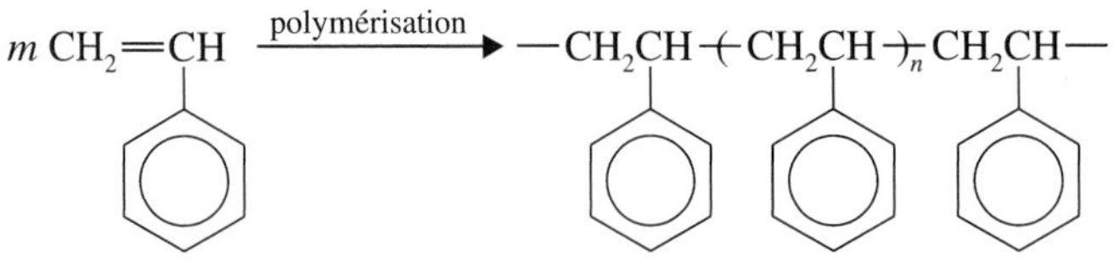

Styrène   **Polystyrène**

Un autre polymère connu est le *polystyrène*, que l'on fabrique à partir du monomère phényléthène, dont le nom usuel est *styrène*.

Le tableau 10.2 énumère plusieurs autres polymères courants de croissance en chaîne, sur lesquels l'annexe A donne des renseignements supplémentaires.

10.11 AUTRES RÉACTIONS RADICALAIRES IMPORTANTES

Les mécanismes radicalaires revêtent une grande importance pour la compréhension d'un grand nombre d'autres réactions organiques. Nous verrons de nouveaux exemples dans des chapitres ultérieurs. Pour l'instant, attardons-nous à quelques radicaux et réactions radicalaires importants : l'oxygène et le superoxyde, la combustion des alcanes, les antioxydants, l'autoxydation, et quelques réactions des chlorofluorométhanes qui menacent la couche protectrice d'ozone dans la stratosphère.

10.11A OXYGÈNE MOLÉCULAIRE ET SUPEROXYDE

L'un des plus importants radicaux (on le côtoie à chaque instant de la vie) est l'oxygène moléculaire. C'est un diradical à l'état fondamental, à cause de l'électron non apparié porté par chaque atome d'oxygène. Comme tous les autres radicaux que nous avons vus jusqu'ici, l'oxygène peut enlever des atomes d'hydrogène. C'est une des façons dont l'oxygène intervient dans une réaction de combustion (section 10.11B) et dans l'autoxydation (section 10.11C). Dans les systèmes biologiques, l'oxygène accepte un électron et devient ainsi un radical anion, le superoxyde ($O_2^{\cdot-}$). Le superoxyde joue des rôles physiologiques négatif et positif : le système immunitaire utilise les superoxydes pour se défendre contre les agents pathogènes, tandis qu'on soupçonne ces mêmes peroxydes d'être l'une des causes des maladies dégénératives associées au vieillissement et à l'oxydation nocive des cellules saines. L'enzyme superoxyde dismutase régule le niveau de superoxyde en catalysant sa transformation en peroxyde d'hydrogène et en oxygène moléculaire. Cependant, le peroxyde d'hydrogène est aussi dommageable parce qu'il peut donner des radicaux hydroxyle ($HO\cdot$). L'enzyme catalase aide à prévenir la formation de ces radicaux en convertissant le peroxyde d'hydrogène en eau et en oxygène moléculaire.

$$2\,O_2^{\cdot-} + 2\,H^+ \xrightarrow{\text{superoxyde dismutase}} H_2O_2 + O_2$$

$$2\,H_2O_2 \xrightarrow{\text{catalase}} 2\,H_2O + O_2$$

10.11B COMBUSTION DES ALCANES

Lorsque les alcanes réagissent avec l'oxygène (par exemple dans les chaudières au gaz et au mazout et dans les moteurs à combustion interne), ils sont convertis en dioxyde de carbone et en eau par une série de réactions complexes (section 4.10A). Même si l'on ne comprend pas encore parfaitement le mécanisme détaillé de la combustion, on sait que d'importantes réactions se déroulent conformément aux mécanismes de réactions en chaîne avec des étapes d'amorçage et de propagation comme celles qui suivent.

$$RH + O_2 \longrightarrow R\cdot + \cdot OOH \qquad \textbf{Amorçage}$$

$$R\cdot + O_2 \longrightarrow R{-}OO\cdot$$
$$R{-}OO\cdot + R{-}H \longrightarrow R{-}OOH + R\cdot \qquad \textbf{Propagation}$$

Un des produits de la deuxième étape de propagation est $R{-}OOH$, que l'on appelle hydroperoxyde d'alkyle. La liaison oxygène–oxygène dans cette substance est assez faible, elle peut se rompre et produire des radicaux qui amorceront d'autres chaînes de réactions :

$$RO{-}OH \longrightarrow RO\cdot + \cdot OH$$

10.11C AUTOXYDATION

L'acide linoléique est un exemple d'*acide gras polyinsaturé,* la sorte d'acide polyinsaturé qu'on trouve sous forme d'ester dans les **gras polyinsaturés** (voir la Capsule chimique de la section 7.13 et le chapitre 23). *Polyinsaturé* signifie que le composé contient deux doubles liaisons ou plus.

Acide linoléique (sous une forme ester)

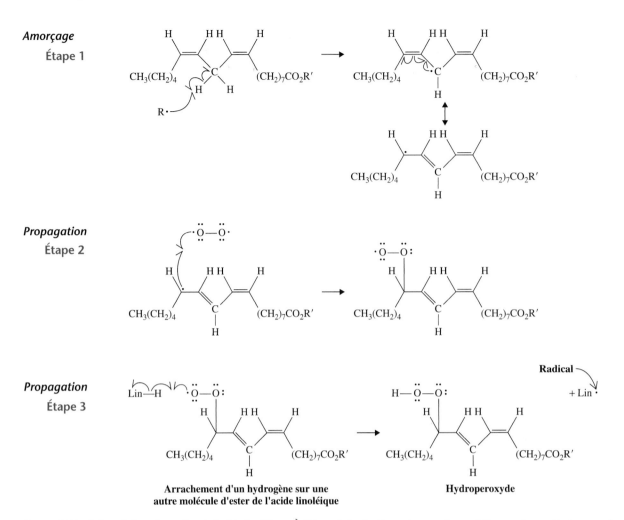

Figure 10.7 Autoxydation d'un ester de l'acide linoléique. À l'étape 1, la réaction est amorcée par l'attaque d'un radical sur un des atomes d'hydrogène du groupe —CH$_2$— entre les deux liaisons doubles. On obtient un radical qui est stabilisé par résonance. À l'étape 2, première des étapes de propagation, ce radical réagit avec l'oxygène pour former un autre radical qui contient une molécule d'oxygène. À l'étape 3, le nouveau radical arrache un atome d'hydrogène d'une autre molécule d'ester d'acide linoléique (Lin—H), formant un hydroperoxyde et un autre radical (Lin·), qui entraînera la répétition de l'étape 2.

Les gras polyinsaturés se retrouvent fréquemment dans les graisses et les huiles qui font partie de notre alimentation. Ils sont aussi très répandus dans les tissus du corps, où ils remplissent plusieurs fonctions vitales.

Les atomes d'hydrogène des groupes —CH$_2$—, situés entre les liaisons doubles de l'acide linoléique (Lin—H), sont particulièrement susceptibles d'être enlevés par des radicaux (nous verrons pourquoi au chapitre 13). L'arrachement d'un de ces atomes d'hydrogène engendre un nouveau radical (Lin·) qui peut réagir avec l'oxygène dans une réaction en chaîne appartenant à la catégorie de réactions appelée **autoxydation** (figure 10.7). Le résultat de l'autoxydation est la formation d'un hydroperoxyde. L'autoxydation touche de nombreuses substances; par exemple, elle cause le rancissement, dû à la détérioration des huiles et des graisses, et la combustion spontanée des chiffons huileux laissés à l'air libre. Elle survient aussi dans l'organisme, où elle peut causer des dommages irréversibles.

10.11D ANTIOXYDANTS

L'autoxydation est inhibée par la présence de composés appelés antioxydants qui peuvent rapidement piéger les radicaux peroxyle en réagissant avec eux pour former des radicaux stables qui arrêtent la chaîne de réactions.

La vitamine E (α-tocophérol) peut agir comme un piège à radicaux. Une de ses fonctions importantes dans l'organisme est sans doute l'inhibition des réactions radicalaires qui peuvent endommager les cellules. La vitamine C est aussi un antioxydant, mais des travaux récents indiquent qu'un apport quotidien de plus de 500 mg aurait des effets pro-oxydants. Des composés tels que le BHT, également reconnu comme un piège à radicaux, sont ajoutés aux aliments pour prévenir l'autoxydation.

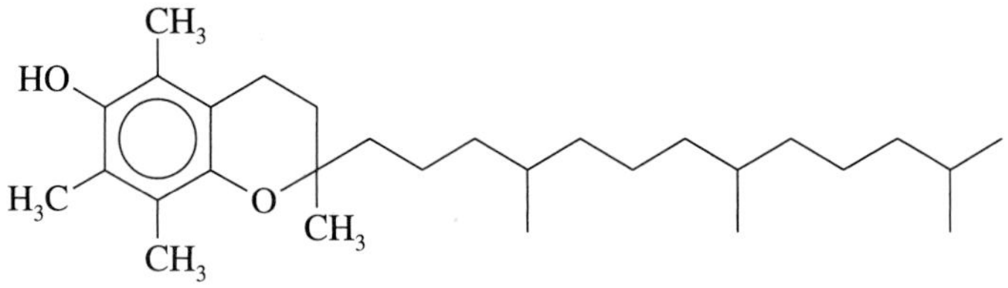

Vitamine E
(α-tocopherol)

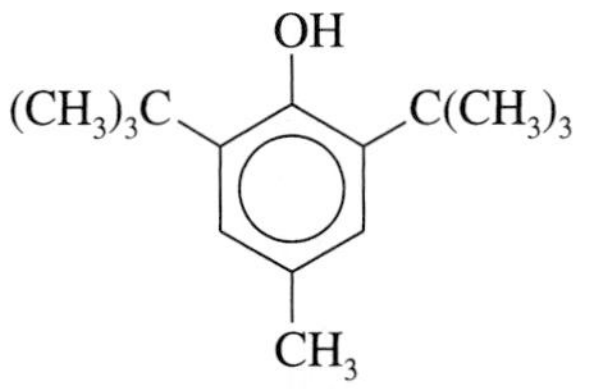

BHT
(hydroxytoluène butylé)

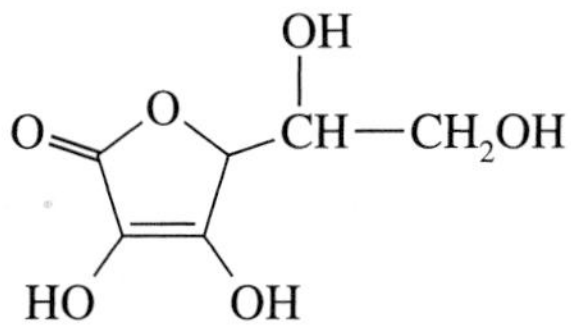

Vitamine C

10.11E ÉPUISEMENT DE L'OZONE ET CHLOROFLUORO-ALCANES (CFC)

Dans la stratosphère, à une altitude d'environ 25 km, des rayons UV de très grande énergie (longueurs d'ondes très courtes) convertissent l'oxygène diatomique (O_2) en ozone (O_3). Les réactions qui interviennent peuvent être représentées comme suit :

Étape 1 $\qquad\qquad O_2 + h\nu \longrightarrow O + O$

Étape 2 $\qquad\qquad O + O_2 + M \longrightarrow O_3 + M + \Delta$

où M est une particule quelconque pouvant absorber une partie de l'énergie dégagée à la deuxième étape.

L'ozone formé à la deuxième étape peut aussi réagir avec les rayons UV selon le processus suivant :

Étape 3 $\qquad\qquad O_3 + h\nu \longrightarrow O_2 + O + \Delta$

L'atome d'oxygène formé à la troisième étape entraîne la répétition de la deuxième, et la boucle recommence. En bout de ligne, ces deux étapes ont transformé en chaleur la grande énergie des rayons UV. Ce cycle est important puisqu'il protège la Terre contre les radiations qui ont un effet destructeur sur les organismes vivants. C'est d'ailleurs cette protection qui rend possible la vie sur la Terre. Même une faible augmentation du rayonnement UV de grande énergie à la surface de la Terre causerait un accroissement considérable des cancers de la peau.

La production des chlorofluorométhanes (et des chlorofluoroéthanes), aussi appelés chlorofluorocarbures (CFC) ou encore *fréons,* a commencé en 1930. Ces composés ont été utilisés comme réfrigérants, solvants et gaz de propulsion dans les bombes aérosol. Les fréons les plus courants sont le trichlorofluorométhane, $CFCl_3$ (fréon 11), et le dichlorodifluorométhane, CF_2Cl_2 (fréon 12).

En 1974, la production annuelle de fréons était d'environ 4,4 milliards de kilogrammes. La majeure partie des fréons, même celui employé en réfrigération, se retrouvaient dans l'atmosphère où ils diffusaient, inchangés, jusque dans la stratosphère. Un article publié en juin 1974 par F.S. Rowland et M.J. Molina fit état pour la première fois que, dans la stratosphère, les fréons sont capables d'amorcer des réactions radicalaires perturbant l'équilibre naturel de l'ozone. En 1995, le prix Nobel de chimie fut décerné à P.J. Crutzen, à M.J. Molina et à F.S. Rowland pour leurs recherches conjointes sur le sujet. Voici les réactions qui se produisent (le fréon 12 est la molécule de départ) :

Amorçage

Étape 1 $CF_2Cl_2 + h\nu \longrightarrow CF_2Cl\cdot + Cl\cdot$

Propagation

Étape 2 $Cl\cdot + O_3 \longrightarrow ClO\cdot + O_2$

Étape 3 $ClO\cdot + O \longrightarrow O_2 + Cl\cdot$

Lors de l'amorçage, le rayonnement UV provoque la rupture homolytique d'une liaison C—Cl du fréon. L'atome de chlore ainsi libéré peut déclencher une réaction en chaîne qui détruira des milliers de molécules d'ozone avant de diffuser hors de la stratosphère ou de réagir avec une autre substance.

Une étude réalisée en 1975 par la U.S. National Academy of Sciences confirma les prévisions de Rowland et de Molina et, depuis janvier 1978, l'emploi du fréon dans les bombes aérosol est interdit aux États-Unis.

En 1985, un trou fut découvert dans la couche d'ozone, au-dessus de l'Antarctique. Les études réalisées depuis suggèrent fortement que la réaction de destruction de l'ozone par les atomes de chlore est responsable de la formation du trou. Ce trou a continué de s'agrandir, et on en a également découvert un dans la couche d'ozone de l'Arctique. Si cette dernière disparaissait, davantage de rayons nuisibles du soleil parviendraient à la surface de la Terre.

Étant donné le caractère mondial du problème, on rédigea en 1987 le Protocole de Montréal, entente par laquelle les nations signataires s'engageaient à réduire leur production et leur consommation de chlorofluoroalcanes. Les pays industrialisés cessèrent la production des chlorofluoroalcanes le 1er janvier 1996 et, à ce jour, plus de 120 nations ont signé le protocole. Dans le monde entier, la compréhension de la destruction de l'ozone dans la stratosphère s'est accrue, ce qui a accéléré dans l'ensemble la disparition progressive des chlorofluoroalcanes.

SOMMAIRE DES RÉACTIONS

Halogénation radicalaire des alcanes

Si X = Br, l'arrachement de l'hydrogène est sélectif.
Si X = Cl, l'arrachement de l'hydrogène est non sélectif.

Addition anti-Markovnikov de HBr sur les alcènes

L'addition du radical bromure sur un alcène se fait de telle sorte qu'elle génère le radical intermédiaire carboné le plus stable. (Nous avons choisi comme réactif un alcène substitué pour souligner l'influence de la substitution alkyle sur le carbone porteur du radical.)

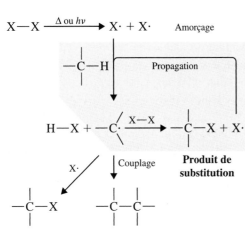

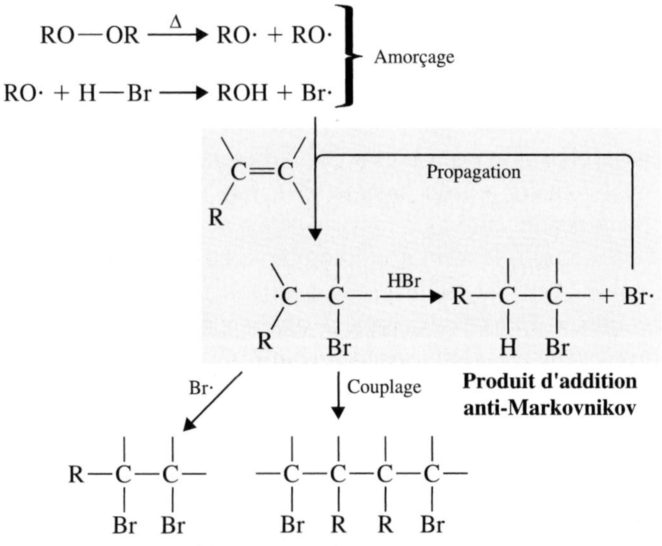

Quelques étapes de terminaison possibles

Polymérisation radicalaire

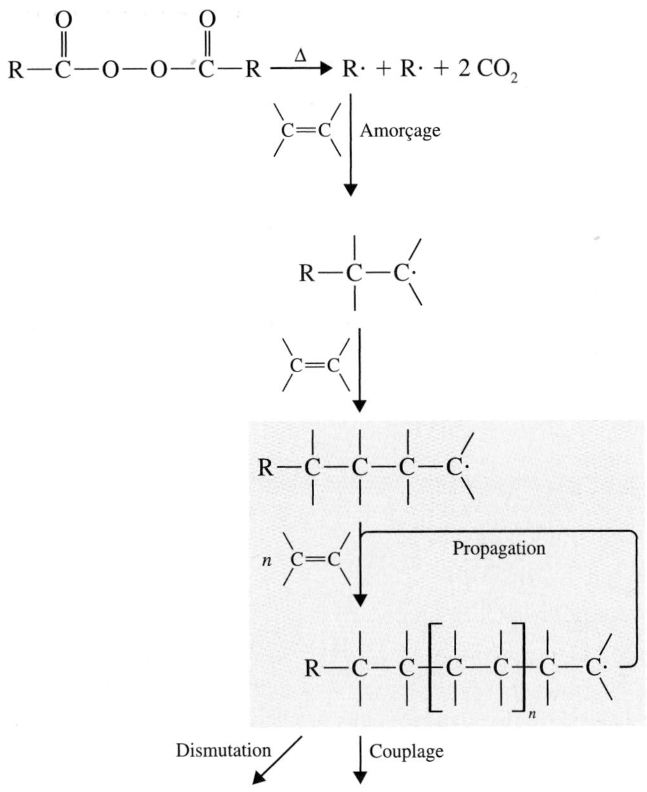

Quelques étapes de terminaison possibles

TERMES ET CONCEPTS CLÉS

Homolyse	Section 10.1	**Addition radicalaire sur les alcènes**	Section 10.9
Radicaux	Section 10.1	**Addition anti-Markovnikov du HBr**	Section 10.9
Arrachement d'un hydrogène	Section 10.1B	**Monomères**	Section 10.10
Énergie de dissociation homolytique d'une liaison ($DH°$)	Section 10.2	**Polymères**	Section 10.10
Halogénation des alcanes	Sections 10.3, 10.4, 10.5, 10.6 et 10.8	**Macromolécules**	Section 10.10
Réactions en chaîne	Sections 10.4, 10.5, 10.6 et 10.11	**Autoxydation**	Section 10.11C

PROBLÈMES SUPPLÉMENTAIRES

10.19 La réaction radicalaire du propane avec le chlore libère (outre des composés plus halogénés) le 1-chloropropane et le 2-chloropropane. Écrivez les étapes d'amorçage et de propagation illustrant la formation de chaque composé.

10.20* Outre les produits plus chlorés, la chloration du butane engendre un mélange de composés dont la formule est C_4H_9Cl. a) En tenant compte de la stéréoisomérie, évaluez le nombre d'isomères différents de C_4H_9Cl qui peuvent être formés. b) Si le mélange d'isomères C_4H_9Cl est soumis à une distillation fractionnée ou à une chromatographie en phase gazeuse, combien de fractions devrait-on obtenir ? c) Quelles fractions sont optiquement actives ? d) Dans quelles fractions pouvez-vous en séparer des énantiomères ? e) Prédisez les particularités des spectres RMN ^1H et ^{13}C (DEPT) qui permettront de différencier les isomères séparés par CPG ou distillation. f) Comment les processus de fragmentation en spectométrie de masse vous aideraient-ils à différencier les isomères obtenus ?

10.21 La chloration du (*R*)-2-chlorobutane génère un mélange d'isomères dont la formule est $C_4H_8Cl_2$.

* Les problèmes marqués d'un astérisque présentent une difficulté particulière.

a) Combien d'isomères différents sont alors produits ? Écrivez-en la structure. b) Si le mélange des isomères de $C_4H_8Cl_2$ était soumis à une distillation fractionnée, combien de fractions vous attendriez-vous à trouver ? c) Laquelle de ces fractions serait optiquement active ?

10.22 On utilise souvent les peroxydes pour amorcer des réactions radicalaires en chaîne telles les halogénations d'alcanes. a) Examinez le tableau 10.1 et dites pourquoi les peroxydes sont si efficaces en tant qu'amorceurs de réactions radicalaires. b) Illustrez votre réponse en décrivant un mécanisme d'amorçage de l'halogénation d'un alcane en présence du peroxyde de di-*tert*-butyle, $(CH_3)_3CO-OC(CH_3)_3$.

10.23 Dressez la liste, par ordre décroissant de stabilité, des radicaux qui se forment lorsqu'un atome d'hydrogène est arraché au 2-méthylbutane.

10.24 Voici un mécanisme différent pour la chloration du méthane :

1. $Cl_2 \longrightarrow 2\ Cl\cdot$
2. $Cl\cdot + CH_4 \longrightarrow CH_3Cl + H\cdot$
3. $H\cdot + Cl_2 \longrightarrow HCl + Cl\cdot$

Calculez $\Delta H°$ pour chaque étape et expliquez si ce mécanisme peut rivaliser avec celui décrit aux sections 10.4 et 10.5.

10.25 Ébauchez une synthèse de chacun des composés suivants en utilisant comme point de départ le ou les composés inscrits dans chacune des situations, et en y ajoutant, au besoin, d'autres réactifs. (Il n'est pas nécessaire de répéter les étapes décrites dans une partie antérieure de la solution.)

a) Iodoéthane à partir de l'éthane
b) Oxyde de diéthyle à partir de l'éthane

c) Cyclopentène à partir du cyclopentane
d) 2-Bromo-3-méthylbutane à partir du 2-méthylbutane
e) 2-Butyne à partir du méthane et de l'acétylène
f) 2-Butanol à partir de l'éthane et de l'acétylène
g) Azoture d'éthyle ($CH_3CH_2N_3$) à partir de l'éthane

10.26 Soit la comparaison des vitesses de la chloration aux diverses positions sur le 1-fluorobutane :

$$\underset{1,0}{H_3C}-\underset{3,7}{CH_2}-\underset{1,7}{CH_2}-\underset{0,9}{CH_2}-F$$

Expliquez cet ordre de réactivité.

10.27* Dans la chloration radicalaire du 2,2-diméthylhexane, le chlore remplace beaucoup plus rapidement un hydrogène du C5 qu'il ne le fait habituellement sur un carbone secondaire normal (par exemple C2 du butane). Révisez la discussion sur la polymérisation radicalaire, puis suggérez une explication de l'accroissement de la vitesse de substitution en C5 du 2,2-diméthylhexane.

10.28* En 1894, le chimiste anglais H.J.H. Fenton annonça que le peroxyde d'hydrogène et le sulfate ferreux réagissent pour produire le radical hydroxyle ($HO\cdot$). Si l'alcool *tert*-butyle est mis en présence de ce radical, on obtient un produit cristallisé **X**, p.f. 92°, dont les caractéristiques spectrales sont les suivantes.

SM : pic de la masse la plus élevée situé à $131 = m/z$

IR : 3620, 3350 (large), 2980, 2940, 1385, 1370 cm^{-1}

RMN ^{1}H : singulets à $\delta = 1,22$, $1,58$ et $2,95$ (rapport des intégrations, 6:2:1)

RMN ^{13}C : $\delta = 28$ (CH_3), 35 (CH_2), 68 (C)

Dessinez la structure de **X** et proposez un mécanisme pour sa formation.

TRAVAIL COOPÉRATIF

1. a) Dessinez les structures de tous les composés organiques qui découleront de la réaction du Br_2 avec un *excès* de *cis*-1,3-diméthylcyclohexane sous l'effet de la chaleur et de l'irradiation UV. Employez les formules tridimensionnelles pour illustrer la stéréochimie.

   b) Dessinez les structures de tous les produits organiques obtenus après la réaction du Cl_2 avec un *excès* de *cis*-1,3-diméthylcyclohexane sous l'effet de la chaleur et du rayonnement UV. Employez les formules tridimensionnelles pour illustrer la stéréochimie.

   c) Refaites les mêmes exercices en remplaçant le *cis*-1,3-diméthylcyclohexane par le *cis*-1,2-diméthylcyclohexane.

2. a) Proposez une méthode de synthèse du 2 méthoxypropène en prenant comme point de départ le propane et l'éthane pour seules sources d'atomes de carbone. Vous pouvez utiliser n'importe quel autre réactif nécessaire. Formulez d'abord une analyse rétrosynthétique.

   b) Le 2-méthoxypropène formera un polymère sous l'action d'un amorceur radicalaire. Écrivez la structure du polymère ainsi qu'un mécanisme de la réaction de polymérisation dans laquelle l'attaque radicalaire est amorcée par un peroxyde de diacyle.

POLYMÈRES À CROISSANCE EN CHAÎNE

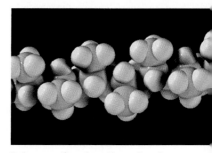

Polypropylène (syndiotactique)

Les noms *orlon, plexiglas, Lucite, polyéthylène* et *téflon* sont maintenant familiers à la plupart des gens. Ces « plastiques » ou polymères entrent dans la fabrication de nombreux objets du quotidien — des vêtements que l'on porte aux éléments de la maison que l'on habite. Il y a 70 ans, pourtant, on ne connaissait rien de ces composés. Plus que tout autre facteur, la mise au point des procédés de fabrication des polymères synthétiques est responsable de la croissance fulgurante de l'industrie chimique au XXᵉ siècle.

Cependant, certains scientifiques s'inquiètent de l'utilisation massive de ces matériaux synthétiques. Un grand nombre de ces substances peuvent difficilement être éliminées par la nature, puisqu'elles sont le fruit de synthèses en laboratoire ou de procédés industriels plutôt que de transformations naturelles. Même si des progrès ont été réalisés au cours des dernières années dans la mise au point de « plastiques biodégradables », de nombreux matériaux encore en usage ne sont pas biodégradables. Bien que la plupart de ces substances soient combustibles, l'incinération n'est pas toujours appropriée pour éliminer ces déchets, car elle entraîne une pollution de l'air.

Tous les polymères ne sont pas synthétiques : bon nombre de composés naturels le sont. La soie et la laine sont des polymères connus sous le nom de protéines. L'amidon faisant partie de notre alimentation est un polymère, tout comme la cellulose du coton et du bois.

Les polymères sont composés de grosses molécules édifiées par la répétition de motifs moléculaires appelés monomères. Ces derniers s'unissent par des réactions dites de polymérisation.

Ainsi, le propylène (propène) se polymérise pour donner le *polypropylène*. Comme c'est une réaction en chaîne qui provoque cette polymérisation, on dit que les polymères tel le polypropylène sont des ***polymères d'addition*** ou ***à croissance en chaîne***.

$$CH_2{=}CH \ \underset{}{\overset{\text{polymérisation}}{\longrightarrow}} \ -CH_2CH{-}\!\!\left(\!CH_2CH{-}\right)_n\!\!-CH_2CH-$$

Propylène   **Polypropylène**

Comme nous l'avons vu à la section 10.10, les alcènes sont des substances de départ bien commodes pour la préparation de polymères à croissance en chaîne. Les réactions d'addition se réalisent, selon les facteurs d'amorçage, par des mécanismes radicalaire, cationique ou anionique. Les exemples suivants illustrent ces mécanismes. Toutes ces réactions sont des réactions en chaîne.

Polymérisation radicalaire

Polymérisation cationique

Polymérisation anionique

La polymérisation radicalaire du chloroéthène (chlorure de vinyle) engendre un polymère, le poly(chlorure de vinyle), aussi appelé **PVC.**

$$n\,CH_2{=}CH \longrightarrow \left(CH_2{-}CH\right)_n$$
$$\qquad\qquad | \qquad\qquad\qquad |$$
$$\qquad\qquad Cl \qquad\qquad\qquad Cl$$

Chlorure de vinyle   **Polychlorure de vinyle (PVC)**

Cette réaction produit un matériau dur, cassant et rigide dont la masse moléculaire est d'environ 1 500 000. Sous cette forme, il est utilisé pour fabriquer des tuyaux, des tiges et des disques compacts. On peut le ramollir en le mélangeant avec des esters (appelés plastifiants). On l'emploie alors pour produire le vinyle, les imperméables de plastique, les rideaux de douche et les tuyaux d'arrosage.

En 1974 et 1975, on a établi le lien entre l'exposition au chlorure de vinyle et le développement d'une forme rare de cancer du foie, appelée angiocarcinome. Depuis ce temps, des normes ont été édictées pour limiter l'exposition des travailleurs de l'industrie du chlorure de vinyle à moins d'une partie par million en moyenne pendant une journée de travail de huit heures. La Food and Drug Administration des États-Unis (FDA) a banni l'utilisation du PVC dans les emballages pour aliments. [Il a été prouvé que le poly(chlorure de vinyle) renfermait des traces de chlorure de vinyle.]

L'acrylonitrile ($CH_2{=}CHCN$) polymérise pour former le polyacrylonitrile ou orlon. L'amorceur de la polymérisation est un mélange de sulfate ferreux et de peroxyde d'hydrogène. Ces deux composés réagissent pour produire des radicaux hydroxyle ($\cdot OH$), qui agissent comme amorceurs.

$$n\,CH_2{=}CH \xrightarrow[H{-}O{-}O{-}H]{FeSO_4} \left(CH_2{-}CH\right)_n$$
$$\qquad\qquad | \qquad\qquad\qquad\qquad\qquad |$$
$$\qquad\qquad CN \qquad\qquad\qquad\qquad\qquad CN$$

Acrylonitrile   **Polyacrylonitrile (orlon)**

Le polyacrilonitrile se décompose avant de fondre, de sorte que le filage par fusion ne peut pas être utilisé pour produire des fibres. Par contre, il est soluble dans le N,N-diméthylformamide, et les solutions ainsi obtenues peuvent servir au filage des fibres utilisées dans la confection de tapis et de vêtements.

Le téflon provient de la polymérisation du tétrafluoroéthène en suspension aqueuse.

$$n\,CF_2{=}CF_2 \xrightarrow[\substack{H_2O_2 \\ H_2O}]{Fe^{2+}} \left(CF_2{-}CF_2\right)_n$$

La réaction est fortement exothermique, et l'eau aide à dissiper la chaleur dégagée. Le point de fusion du téflon est 327 °C, ce qui est exceptionnellement élevé pour un polymère d'addition. Il est aussi très résistant aux produits chimiques corrosifs et possède un faible coefficient de friction. En raison de ces propriétés, le téflon est utilisé dans les roulements à billes sans graisse, dans le revêtement des casseroles et dans de nombreuses situations qui requièrent une substance offrant une grande résistance à la corrosion chimique.

L'alcool vinylique est instable et se réarrange spontanément en acétaldéhyde (section 17.2). En conséquence, l'alcool polyvinylique ne peut pas être produit directement.

$$CH_2{=}CH \rightleftharpoons CH_3{-}CH$$
$$\qquad | \qquad\qquad\qquad \|$$
$$\qquad OH \qquad\qquad\qquad O$$

Alcool vinylique   **Acétaldéhyde**

Cependant, on peut obtenir ce polymère par une méthode indirecte qui débute par la polymérisation de l'acétate de vinyle en acétate de polyvinyle, dont on fait ensuite l'hydrolyse pour donner l'alcool polyvinylique. Mais l'hydrolyse n'est jamais complète, car la présence de quelques fonctions ester contribue à rendre le produit soluble en milieu aqueux. Les fonctions ester aident apparemment à maintenir les chaînes isolées, ce qui facilite l'hydratation des fonctions hydroxyle. L'alcool polyvinylique qui contient 10 % de fonctions ester demeure en solution dans l'eau; il est utilisé pour confectionner des films solubles dans l'eau et des adhésifs. Quant à l'acétate de polyvinyle, il est utilisé comme émulsifiant dans les peintures à l'eau.

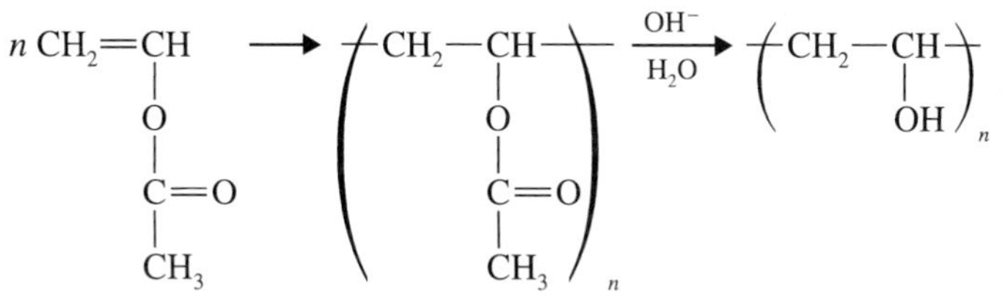

Acétate de vinyle   **Acétate de polyvinyle**   **Alcool polyvinylique**

On obtient un polymère aux excellentes propriétés optiques par la polymérisation radicalaire du méthacrylate de méthyle. Le poly(méthacrylate de méthyle) est commercialisé sous les noms de Lucite, de plexiglas et de Perspex.

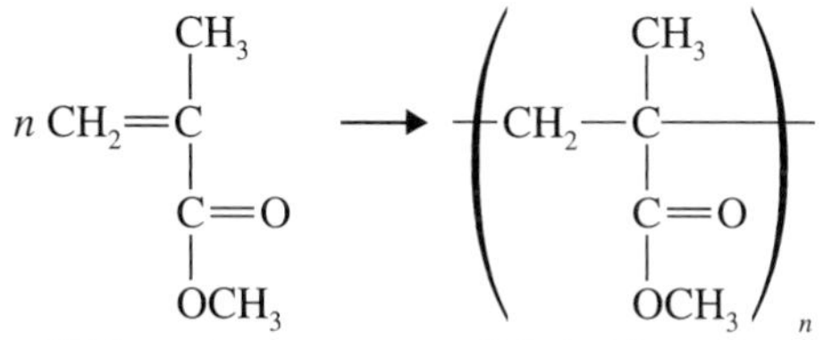

Méthacrylate de méthyle   **Poly(méthacrylate de méthyle)**

Un mélange de chlorure de vinyle et de chlorure de vinylidène polymérise pour engendrer ce qu'on appelle un *copolymère*. La pellicule transparente que l'on emploie pour emballer les aliments est le résultat de la polymérisation d'un mélange dans lequel le chlorure de vinylidène prédomine.

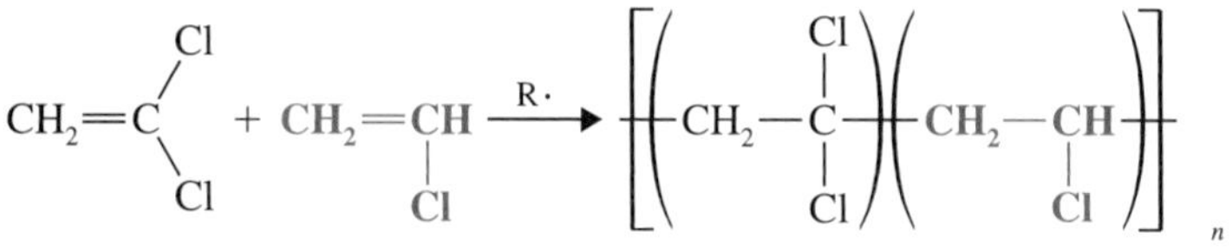

Chlorure de vinylidène (excès)   **Chlorure de vinyle**   **Pellicule transparente**

Les motifs n'alternent pas nécessairement de façon régulière tout au long de la chaîne.

PROBLÈME A.1

Pourriez-vous proposer une théorie pour expliquer que la polymérisation radicalaire du styrène ($C_6H_5CH = CH_2$), dont le produit est le polystyrène, présente une structure « tête-à-queue » plutôt qu'une structure « tête-à-tête » comme dans l'illustration suivante ?

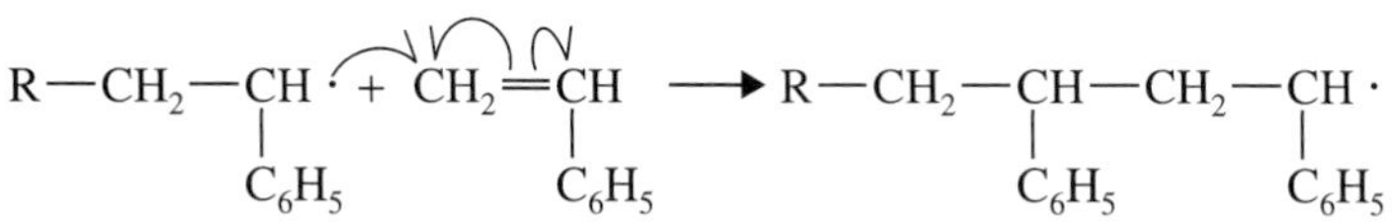

« Tête »   « Queue »   **Polystyrène**

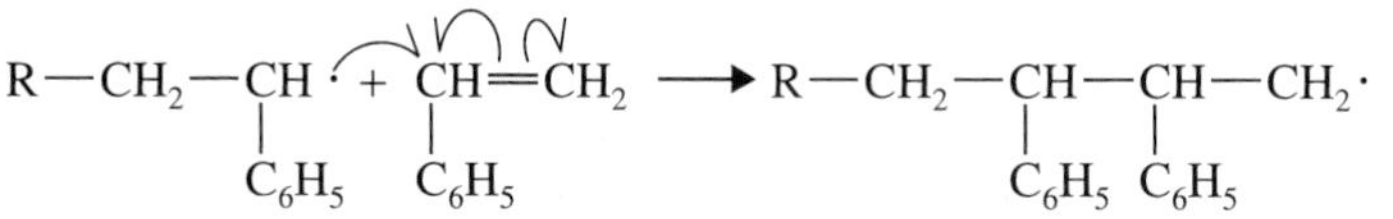

« Tête »   « Tête »

PROBLÈME A.2

Ébauchez une méthode générale pour effectuer la synthèse par polymérisation radicalaire de chacun des polymères suivants. Identifiez les monomères que vous devriez utiliser.

a)

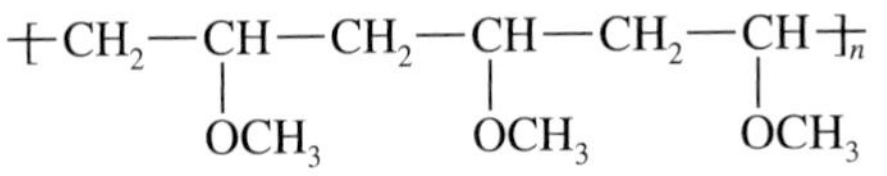

$$\left[CH_2-CH-CH_2-CH-CH_2-CH \right]_n$$
$$\qquad\quad OCH_3 \qquad\quad OCH_3 \qquad\quad OCH_3$$

b)

$$\left[CH_2-CCl_2-CH_2-CCl_2-CH_2-CCl_2 \right]_n$$

Les alcènes polymérisent aussi lorsqu'on les met en présence d'acides forts. Lors de la polymérisation catalysée par des acides, les chaînes croissantes sont des *cations* plutôt que des radicaux. Les réactions suivantes représentent la polymérisation cationique de l'isobutylène.

Étape 1

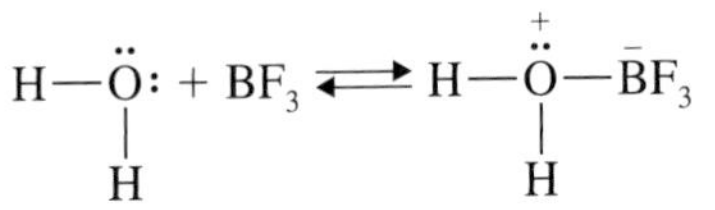

$$H-\ddot{O}: + BF_3 \rightleftharpoons H-\overset{+}{\underset{H}{\ddot{O}}}-\bar{B}F_3$$

Étape 2

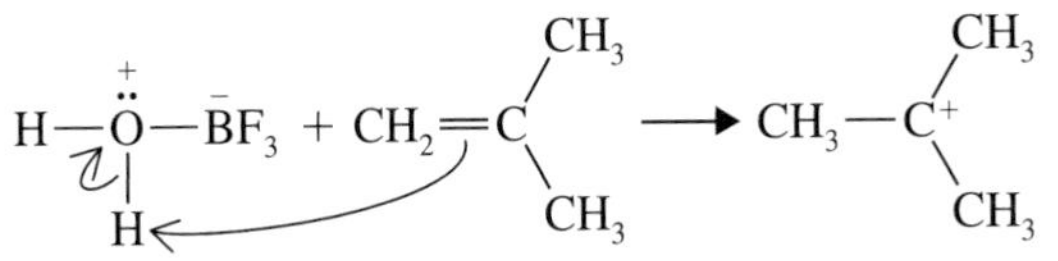

Étape 3

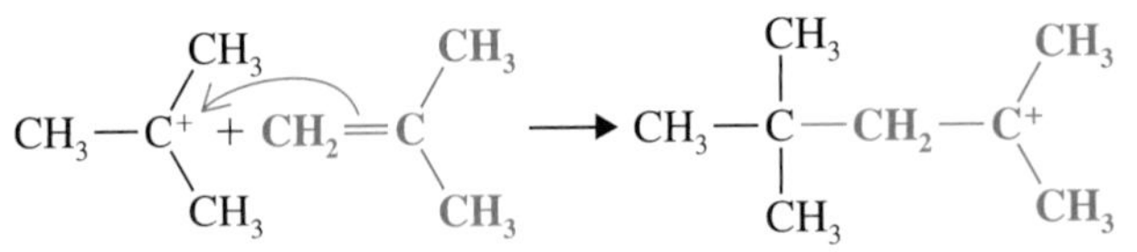

Étape 4

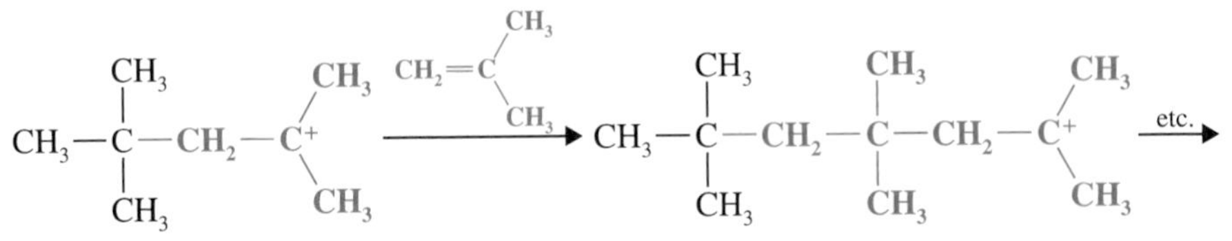

Les catalyseurs utilisés pour la polymérisation cationique sont généralement des acides de Lewis contenant une petite quantité d'eau. La polymérisation de l'isobutylène illustre comment le catalyseur (BF_3 et H_2O) agit pour produire la croissance en chaîne cationique.

PROBLÈME A.3

Les alcènes tels l'éthène, le chlorure de vinyle et l'acrylonitrile ne polymérisent pas très facilement par un mécanisme cationique, tandis que l'isobutylène polymérise rapidement par ce mécanisme. Donnez une explication de ce comportement.

Les alcènes contenant des groupes électroattracteurs polymérisent en présence de bases fortes. L'acrylonitrile, par exemple, polymérise lorsqu'on y ajoute de l'amidure de sodium ($NaNH_2$) en solution dans l'ammoniac liquide. Les chaînes croissantes de la polymérisation sont des anions.

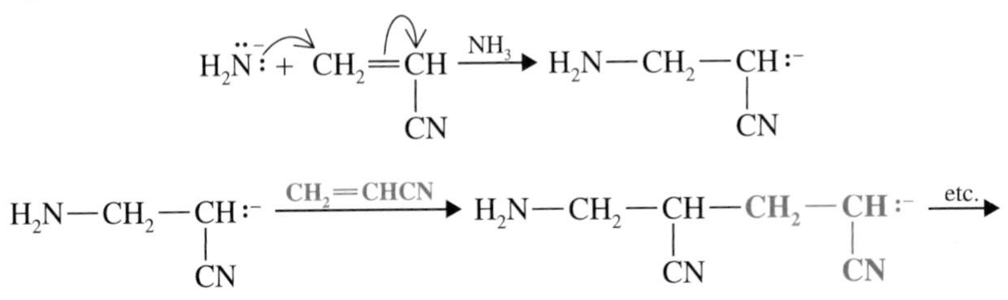

La polymérisation anionique de l'acrylonitrile est moins utilisée pour la production commerciale que le procédé radicalaire que nous avons vu précédemment.

PROBLÈME A.4

L'extraordinaire adhésif appelé « supercolle » est le résultat d'une polymérisation anionique. Il s'agit d'une solution de α-cyanoacrylate de méthyle :

$$CH_2 = C \begin{array}{c} CN \\ CO_2CH_3 \end{array}$$

α-Cyanoacrylate de méthyle

Le cyanoacrylate de méthyle peut être polymérisé par des anions tel un ion hydroxyde, mais il peut aussi l'être par des traces d'eau présentes à la surface des deux objets que l'on veut coller ensemble. (Malheureusement, les deux objets effectivement collés sont souvent les doigts de la personne qui utilise le produit.) Montrez comment l'α-cyanoacrylate de méthyle peut subir une polymérisation anionique.

A.1 STÉRÉOCHIMIE DE LA POLYMÉRISATION PAR CROISSANCE DE CHAÎNES

La polymérisation « tête-à-queue » du propylène produit un polymère où chaque atome est un centre stéréogénique. Plusieurs des propriétés du polypropylène obtenu de cette façon sont liées à la stéréochimie de ces centres.

$$CH_2 = CH \xrightarrow[\text{(tête-à-queue)}]{\text{polymérisation}} -CH_2\overset{*}{C}HCH_2\overset{*}{C}HCH_2\overset{*}{C}HCH_2\overset{*}{C}H-$$

avec CH₃ sous le premier monomère, et CH₃, CH₃, CH₃, CH₃ sous les centres du polymère.

Il y a trois arrangements possibles des fonctions méthyle et des atomes d'hydrogène le long de la chaîne. Ces arrangements sont décrits comme *atactique, syndiotactique* et *isotactique*.

Si la stéréochimie des centres stéréogéniques est aléatoire (figure A.1), on dit que le polymère est atactique.

Dans un polymère atactique, les groupes méthyle sont disposés aléatoirement de part et d'autre du squelette de la chaîne. Si on choisit arbitrairement d'accorder la priorité à une des extrémités de la chaîne, on peut attribuer les configurations (*R–S*) aux centres stéréogéniques (section 5.6). Dans le polypropylène de ce type, la séquence des configurations (*R–S*) le long de la chaîne est aléatoire.

Le polypropylène obtenu par polymérisation radicalaire sous pression élevée est atactique. À cause de cela, ce polymère atactique est non cristallin, possède une température d'amollissement basse et de piètres propriétés mécaniques.

Le polypropylène *syndiotactique* représente un deuxième arrangement possible des groupes le long de la chaîne. Dans ce polymère, les groupes méthyle sont placés en alternance de chaque côté du squelette de la chaîne (figure A.2). Si on choisit arbitrairement d'accorder la priorité à une extrémité de la chaîne, les configurations des centres stéréogéniques alterneront : (*R*), (*S*), (*R*), (*S*), (*R*), (*S*), (*R*), (*S*), et ainsi de suite.

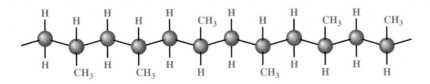

ou

Figure A.1 Polypropylène atactique. (Dans cette illustration, on utilise la formule développée pour la clarté du propos.)

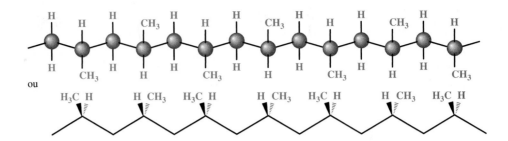

ou

Figure A.2 Polypropylène syndiotactique.

L'arrangement *isotactique* montré à la figure A.3 correspond au troisième agencement possible autour des centres stéréogéniques. Dans ce dernier cas, tous les groupes méthyle sont placés d'un même côté du squelette de la chaîne. La configuration de tous les centres stéréogéniques est soit (*R*), soit (*S*), selon l'extrémité de chaîne à laquelle on accorde le plus d'importance.

Les noms isotactique et syndiotactique viennent du grec *taktikos* « ordre » accolé à *iso* « même » ou à *syndio* « deux ensemble ».

Avant 1953, on ne connaissait pas de polymères isotactiques et syndiotactiques. Au cours de cette année-là, le chimiste allemand Karl Ziegler et le chimiste italien Giulio Natta annoncèrent, chacun de leur côté, la découverte d'un catalyseur permettant le contrôle de la stéréochimie de la polymérisation. Ces catalyseurs, maintenant appelés catalyseurs Ziegler-Natta, sont préparés à partir des halogénures de métaux de transition et d'un réducteur. Les catalyseurs les plus courants sont fabriqués à partir du tétrachlorure de titane ($TiCl_4$) et d'un trialkyle d'aluminium (R_3Al).

Les catalyseurs Ziegler-Natta sont généralement employés en suspension, et la polymérisation survient probablement sur l'atome métallique à la surface des particules. Le mécanisme de cette polymérisation est un mécanisme ionique dont on ne comprend pas très bien les détails. Toutefois, on a la preuve que la polymérisation se fait par l'insertion du monomère alcène entre le métal et la croissance en chaîne du polymère.

Les polypropylènes syndiotactique et isotactique ont été obtenus grâce aux catalyseurs Ziegler-Natta. Les polymérisations se font sous des pressions beaucoup plus basses, et les polymères produits dans ces conditions ont un point de fusion plus élevé que le polypropylène atactique. Le polypropylène isotactique, par exemple, fond à 175 °C. Les polymères syndiotactiques et isotactiques sont aussi beaucoup plus cristallins que les polymères atactiques. L'arrangement régulier des groupes le long de la chaîne permet un meilleur agencement dans la structure cristalline.

On connaît aussi les structures atactique, isotactique et syndiotactique du poly(méthacrylate de méthyle). La structure atactique est un verre organique amorphe. Les formes cristallines isotactique et syndiotactique fondent respectivement à 160 °C et à 200 °C.

En 1963, Karl Ziegler et Giulio Natta reçurent le prix Nobel de chimie pour leurs découvertes.

___

PROBLÈME A.5

a) Écrivez une formule développée de segments de chaîne des structures isotactique, atactique et syndiotactique du polystyrène (voir problème A.1). b) Si on mettait en solution chacun de ces types de polymères, quelles solutions, selon vous, présenteraient une activité optique ?

___

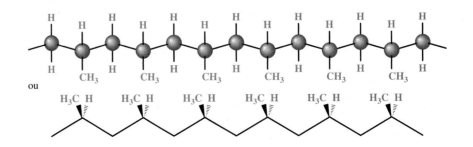

ou

Figure A.3 Polypropylène isotactique.

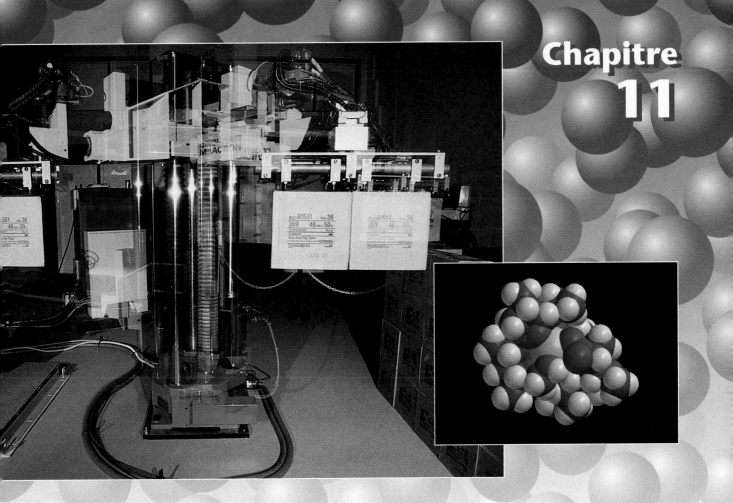

ALCOOLS ET ÉTHERS

Les hôtes moléculaires

La membrane cellulaire établit un gradient de concentration critique entre l'intérieur et l'extérieur de la cellule, comme la gerbeuse robotisée (illustrée ci-dessus) modifie la « concentration » des boîtes de part et d'autre d'un entrepôt. Ainsi, une différence de concentration du sodium et du potassium entre les liquides intracellulaire et extracellulaire est essentielle au fonctionnement des nerfs, au transport des nutriments dans la cellule et au maintien d'un volume cellulaire adéquat*. Il existe une famille d'antibiotiques qui tirent leur efficacité de la perturbation de ce gradient ionique crucial. Ces antibiotiques sont appelés ionophores. La monensine est un exemple d'antibiotique ionophore.

La monensine est un ionophore dit *transporteur* parce que c'est un composé qui fixe les ions sodium et les fait migrer à travers la membrane de la cellule. D'autres antibiotiques ionophores, comme la gramicidine et la valinomycine, sont des ionophores dits *de type canal* parce qu'ils ouvrent des pores à travers la membrane.

La capacité de transporter des ions que possède la monensine lui vient principalement de ses nombreux groupes fonctionnels éther. C'est donc un exemple

---

* En 1997, Jens Skou (université d'Aarhus, au Danemark) recevait le prix Nobel de chimie pour la découverte et la caractérisation de la pompe moléculaire qui établit le gradient de concentration du sodium et du potassium (Na+, K+ −ATPase). Il a partagé ce prix avec Paul D. Boyer (UCLA) et John E. Walker (Cambridge), découvreurs du mécanisme enzymatique responsable de la synthèse de l'ATP.

SOMMAIRE

11.1 Structure et nomenclature

11.2 Propriétés physiques des alcools et des éthers

11.3 Alcools et éthers importants

11.4 Synthèse des alcools à partir des alcènes

11.5 Alcools formés par l'oxymercuration-démercuration des alcènes

11.6 Hydroboration : synthèse des organoboranes

11.7 Alcools formés par l'hydroboration-oxydation des alcènes

11.8 Réactions des alcools

11.9 Comportement acide des alcools

11.10 Conversion des alcools en mésylates et en tosylates

11.11 Mésylates et tosylates dans les réactions S$_N$2

11.12 Conversion des alcools en halogénoalcanes

11.13 Préparation d'halogéno-alcanes par réaction des alcools avec les halogé-nures d'hydrogène

11.14 Préparation d'halogéno-alcanes par réaction des alcools avec PBr$_3$ ou SOCl$_2$

11.15 Synthèse des éthers

11.16 Réactions des éthers

11.17 Époxydes

11.18 Réactions des époxydes

11.19 Dihydroxylation *anti* des alcènes à l'aide des époxydes

11.20 Les éthers-couronne : réactions de substitution nucléophile avec cataly-seur de transfert de phase dans des solvants aprotiques relativement peu polaires

Monensine

d'antibiotique de type polyéther. Les atomes d'oxygène de ces molécules se fixent aux ions métalliques selon des interactions acide-base de Lewis. Chaque molécule de monensine forme un complexe octaédrique avec un ion de sodium (voir la représentation à la page 423 en vignette). La monensine est un « hôte » hydrophobe de l'ion, ce qui lui permet de transporter « l'invité » d'un côté à l'autre de la membrane non polaire d'une cellule. Ce processus de transport détruit le gradient de concentration critique du sodium qui est nécessaire au fonctionnement de la cellule.

**Différents types de transport des ions :
par le biais d'un transporteur (à gauche) et
par le biais d'un canal (à droite).**

Les molécules « hôtes » appelées éthers-couronne sont aussi des polyéthers ionophores. Les éthers-couronne ne sont pas des antibiotiques, mais en présence de solvants non polaires, on les utilise pour réaliser des réactions avec des réactifs ioniques. En 1987, le prix Nobel de chimie a été décerné à Charles J. Pedersen, Donald J. Cram et Jean-Marie Lehn pour leurs travaux sur les éthers-couronne et d'autres composés similaires. Ces travaux ont donné naissance à un nouveau champ d'études appelé chimie « hôtes-invités ». Nous traiterons plus amplement des éthers-couronne dans la section 11.20.

11.1 STRUCTURE ET NOMENCLATURE

Les alcools sont des composés dotés d'un groupe hydroxyle attaché à un atome de carbone *saturé**. L'atome de carbone saturé peut appartenir à un simple groupe alkyle, comme dans les exemples suivants.

Méthanol (alcool méthylique)

Éthanol (alcool éthylique) *un alcool primaire*

Propan-2-ol (alcool isopropylique) *un alcool secondaire*

2-Méthylpropan-2-ol (alcool *tert*-butylique) *un alcool tertiaire*

---

* Les composés dans lesquels le groupe hydroxyle est fixé à un atome de carbone insaturé d'une double liaison (c'est-à-dire C=C—OH) se nomment énols (voir la section 17.2).

L'atome porteur de la fonction alcool peut aussi être un atome de carbone saturé appartenant à un alcènyle ou à un alcanyle, ou encore un atome de carbone saturé fixé à un cycle de benzène.

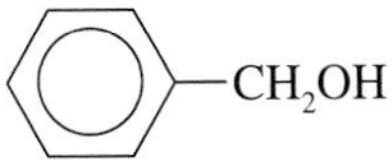

CH₂OH (cycle benzène) **Alcool benzylique** / *un alcool benzylique*

CH₂=CHCH₂OH **Prop-2-ènol** (alcool allylique) / *un alcool allylique*

H—C≡CCH₂OH **Prop-2-ynol** (alcool propargylique)

Les composés ayant un groupe hydroxyle fixé directement à un cycle benzénique sont appelés *phénols*. Les phénols sont étudiés en détail au chapitre 21.

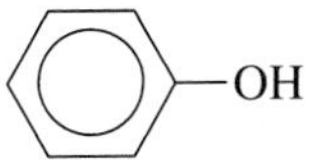

—OH **Phénol**   H₃C—◯—OH ***p*-Méthylphénol** / *un phénol substitué*   Ar—OH **Formule générale des phénols**

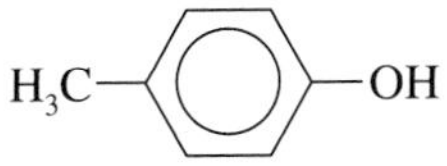

Ce qui différencie les éthers des alcools, c'est que l'atome d'oxygène d'un éther est lié à deux atomes de carbone. Les substituants carbonés peuvent être des alkyles, des alcènyles, des vinyles, des alcynyles ou des aryles. Voici quelques exemples.

CH₃CH₂—O—CH₂CH₃ **Oxyde de diéthyle** (éther diéthylique)

CH₂=CHCH₂—O—CH₃ **Oxyde d'allyle et de méthyle**

CH₂=CH—O—CH=CH₂ **Oxyde de divinyle**

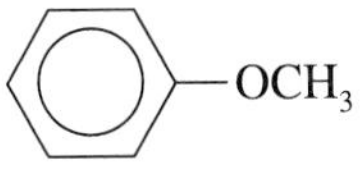

◯—OCH₃ **Anisole** (méthoxybenzène)

11.1A NOMENCLATURE DES ALCOOLS

Le système de nomenclature UICPA a été étudié dans la section 4.3F. Les exemples qui suivent vous aideront à vérifier vos connaissances.

QUESTION TYPE

Donnez les noms de substitution des alcools suivants selon les règles de l'UICPA.

a) 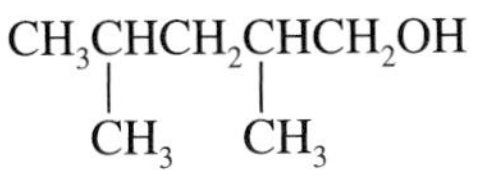 CH₃CHCH₂CHCH₂OH (CH₃, CH₃)

b) 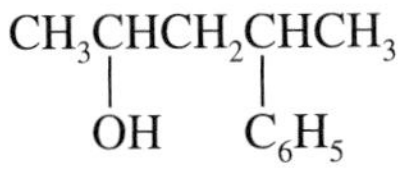 CH₃CHCH₂CHCH₃ (OH, C₆H₅)

c)  CH₃CHCH₂CH=CH₂ (OH)

Réponse

La chaîne la plus longue *à laquelle est attaché le groupe hydroxyle* détermine *le nom de base* de la molécule, et sa terminaison est en *-ol*. On numérote ensuite consécutivement *les carbones de la chaîne* de telle sorte que le *carbone porteur* du groupe hydroxyle présente le plus petit numéro. Nous obtenons ainsi les noms suivants.

a) 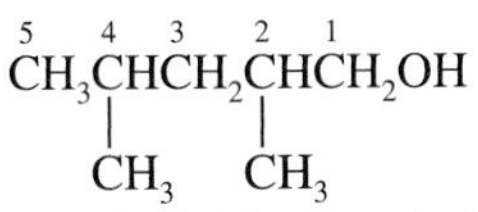 ⁵CH₃⁴CHCH₂²CHCH₂OH¹ (CH₃, CH₃) **2,4-Diméthylpentan-1-ol**

c) 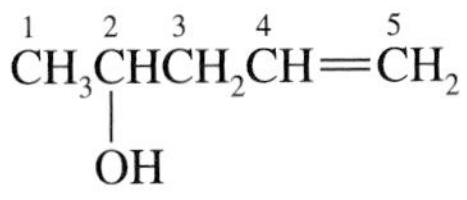 ¹CH₃²CHCH₂³CH=⁴CH₂⁵ (OH) **Pent-4-èn-2-ol**

b) ¹CH₃²CHCH₂³CHCH₃⁵ (OH, C₆H₅) **4-Phénylpentan-2-ol**

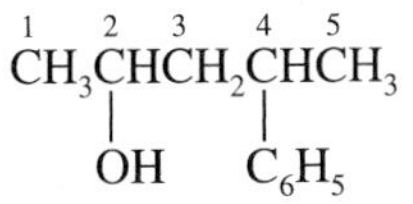

Le groupe fonctionnel hydroxyle a préséance sur les groupes alcène et alcyne lors de la désignation du suffixe d'une molécule (voir l'exemple C).

Dans la nomenclature usuelle (section 2.7), les alcools portent le nom d'**alcools alkyliques** : par exemple, alcool méthylique, alcool éthylique et ainsi de suite.

PROBLÈME 11.1

Qu'y a-t-il d'erroné à utiliser les noms « isopropanol » et « *tert*-butanol » ?

11.1B NOMENCLATURE DES ÉTHERS

Les éthers simples portent généralement des noms communs. On utilise ainsi « oxyde de di(R) » ou « éther di(R) » si les radicaux sont identiques. Autrement, on dira « oxyde de (R) et de (R1) » ou « éther de (R) et de (R1) », les radicaux étant présentés en ordre alphabétique. Notez que la nomenclature « oxyde de... » devrait être privilégiée.

$$CH_3OCH_2CH_3 \qquad CH_3CH_2OCH_2CH_3 \qquad C_6H_5O\overset{\overset{\displaystyle CH_3}{|}}{\underset{\underset{\displaystyle CH_3}{|}}{C}}\!-\!CH_3$$

Oxyde d'éthyle **Oxyde de diéthyle** **Oxyde de *tert*-butyle**
et de méthyle **(éther diéthylique)** **et de phényle**

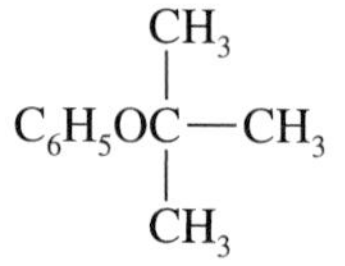

Cependant, les noms de substitution de l'UICPA doivent être employés pour les éthers plus complexes et les composés ayant plus d'une fonction éther. Dans ces cas, l'UICPA attribue aux éthers les noms d'alkoxyalcanes, d'alkoxyalcènes et d'alkoxy-arènes. Le groupe RO— est un groupe **alkoxy.**

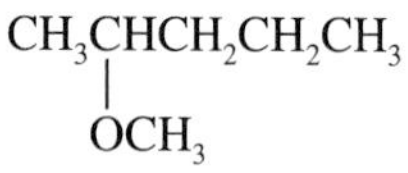

$$\underset{\underset{\displaystyle OCH_3}{|}}{CH_3CHCH_2CH_2CH_3} \qquad CH_3CH_2O\!-\!\!\bigcirc\!\!-\!CH_3 \qquad CH_3OCH_2CH_2OCH_3$$

2-Méthoxypentane 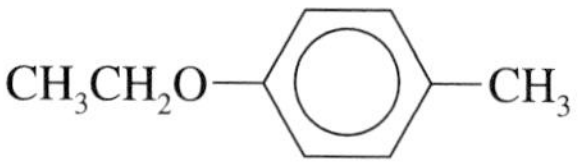 **1-Éthoxy-4-méthylbenzène** **1,2-Diméthoxyéthane**

Les éthers cycliques peuvent être nommés de différentes façons. La méthode la plus simple consiste à employer la **nomenclature de remplacement** : on associe le cycle éther au cycle carboné équivalent auquel on accole le préfixe **oxa-,** qui signifie qu'un oxygène a remplacé un groupe CH_2. Dans un autre système, un éther cyclique à trois atomes est un **oxirane,** tandis que celui qui en possède quatre est un **oxétane.** Plusieurs éthers cycliques simples portent des noms usuels. Dans les exemples suivants, les noms communs sont écrits entre parenthèses. Le tétrahydrofurane (THF) et le 1,4-dioxane sont des solvants très utiles.

Oxacyclopropane **Oxacyclobutane**
ou oxirane **ou oxétane**
(oxyde d'éthylène)

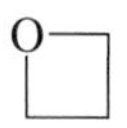

Oxacyclopentane **1,4-Dioxacyclohexane**
(tétrahydrofurane) **(1,4-dioxane)**

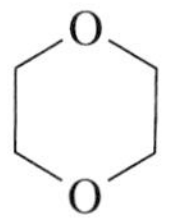

PROBLÈME 11.2

Écrivez les formules abrégées des alcools et des éthers suivants et donnez leur nom.
a) C_3H_8O b) $C_4H_{10}O$

11.2 PROPRIÉTÉS PHYSIQUES DES ALCOOLS ET DES ÉTHERS

Les tableaux 11.1 et 11.2 indiquent les principales propriétés physiques de certains alcools et éthers.

Tableau 11.1 Propriétés physiques des éthers.

Nom	Formule	Point de fusion (°C)	Point d'ébullition (°C)	Masse volumique d_4^{20} (g·mL^{-1})
Oxyde de diméthyle	CH_3OCH_3	– 138	– 24,9	0,661
Oxyde d'éthyle et de méthyle	$CH_3OCH_2CH_3$		10,8	0,697
Oxyde de diéthyle	$CH_3CH_2OCH_2CH_3$	– 116	34,6	0,714
Oxyde de dipropyle	$(CH_3CH_2CH_2)_2O$	– 122	90,5	0,736
Oxyde de diisopropyle	$(CH_3)_2CHOCH(CH_3)_2$	– 86	68	0,725
Oxyde de dibutyle	$(CH_3CH_2CH_2CH_2)_2O$	– 97,9	141	0,769
1,2-Diméthoxyéthane	$CH_3OCH_2CH_2OCH_3$	– 68	83	0,863
Tétrahydrofurane	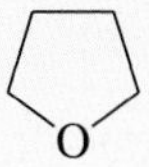	– 108	65,4	0,888
1,4-Dioxane	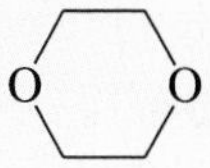	11	101	1,033
Anisole (méthoxybenzène)	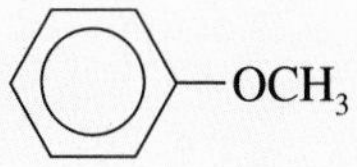 —OCH_3	– 37,3	158,3	0,994

Tableau 11.2 Propriétés physiques des alcools.

Composé	Nom	Point de fusion (°C)	Point d'ébullition (°C) (101,3 kPa)	Masse volumique d_4^{20} (g·mL^{-1})	Solubilité dans l'eau (g 100 mL^{-1} H$_2$O)
Mono-alcools					
CH_3OH	Méthanol	– 97	64,7	0,792	
CH_3CH_2OH	Éthanol	– 117	78,3	0,789	
$CH_3CH_2CH_2OH$	Alcool propylique	– 126	97,2	0,804	
$CH_3CH(OH)CH_3$	Alcool isopropylique	– 88	82,3	0,786	
$CH_3CH_2CH_2CH_2OH$	Alcool butylique	– 90	117,7	0,810	8,3
$CH_3CH(CH_3)CH_2OH$	Alcool isobutylique	– 108	108,0	0,802	10,0
$CH_3CH_2CH(OH)CH_3$	Alcool sec-butylique	– 114	99,5	0,808	26,0
$(CH_3)_3COH$	Alcool tert-butylique	25	82,5	0,789	
$CH_3(CH_2)_3CH_2OH$	Alcool pentylique	– 78,5	138,0	0,817	2,4
$CH_3(CH_2)_4CH_2OH$	Alcool hexylique	– 52	156,5	0,819	0,6
$CH_3(CH_2)_5CH_2OH$	Alcool heptylique	– 34	176	0,822	0,2
$CH_3(CH_2)_6CH_2OH$	Alcool octylique	– 15	195	0,825	0,05
$CH_3(CH_2)_7CH_2OH$	Alcool nonylique	– 5,5	212	0,827	
$CH_3(CH_2)_8CH_2OH$	Alcool décylique	6	228	0,829	
$CH_2{=}CHCH_2OH$	Alcool allylique	– 129	97	0,855	
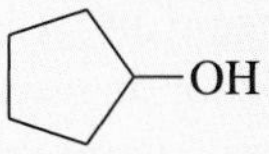 —OH	Cyclopentanol	– 19	140	0,949	
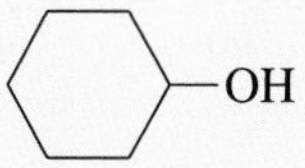 —OH	Cyclohexanol	24	161,5	0,962	3,6
$C_6H_5CH_2OH$	Alcool benzylique	– 15	205	1,046	4
Diols et triols					
CH_2OHCH_2OH	Éthylène glycol	– 12,6	197	1,113	
$CH_3CHOHCH_2OH$	Propylène glycol	– 59	187	1,040	
$CH_2OHCH_2CH_2OH$	Triméthylène glycol	– 30	215	1,060	
$CH_2OHCHOHCH_2OH$	Glycérol	18	290	1,261	

Le point d'ébullition des éthers est semblable à celui des hydrocarbures de même masse moléculaire. Ainsi, le point d'ébullition de l'éther diéthylique (MM = 74) est de 34,6 °C et celui du pentane (MM = 72), de 36 °C. Par contre, les alcools ont un point d'ébullition beaucoup plus élevé que celui des éthers ou des hydrocarbures comparables. Le point d'ébullition de l'alcool butylique (MM = 74) est de 117,7 °C. On a expliqué de tels écarts dans la section 2.14C. Les molécules des alcools peuvent s'associer les unes aux autres par des **liaisons hydrogène,** ce que ne font ni les éthers ni les hydrocarbures.

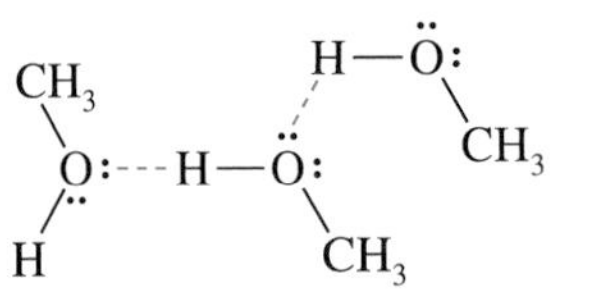

Liaisons hydrogène entre des molécules de méthanol

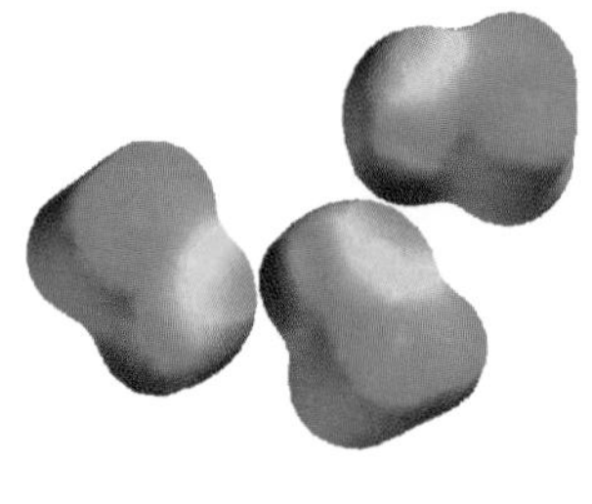

Cependant, les éthers *peuvent* former des liaisons hydrogène avec des composés comme l'eau. En conséquence, la solubilité des éthers dans l'eau est similaire à celle des alcools de masse moléculaire équivalente et très différente de celle des hydrocarbures.

Par exemple, l'éther diéthylique et le butan-1-ol ont la même solubilité dans l'eau, soit approximativement 8 g par 100 mL à la température ambiante. Le pentane, au contraire, est pratiquement insoluble dans l'eau.

Le méthanol, l'éthanol, les deux alcools propyliques et l'alcool *tert*-butylique sont entièrement miscibles dans l'eau (tableau 11.2). Les autres alcools butyliques ont une solubilité dans l'eau qui varie de 8,3 à 26,0 g par 100 ml. La solubilité des alcools dans l'eau décroît proportionnellement à l'allongement de la chaîne de carbones; les alcools à longue chaîne de carbones ressemblent davantage aux alcanes correspondants et sont donc moins solubles dans l'eau.

PROBLÈME 11.3

Le propane-1,2-diol et le propane-1,3-diol (respectivement le propylène glycol et le triméthylène glycol; voir le tableau 11.2) ont un point d'ébullition plus élevé que celui des alcools butyliques, même si ces composés ont des masses moléculaires voisines. Expliquez cette différence.

11.3 ALCOOLS ET ÉTHERS IMPORTANTS

11.3A MÉTHANOL

À une certaine époque, le méthanol était généralement produit par la distillation du bois (c'est-à-dire le chauffage du bois à haute température en l'absence d'air). C'est cette méthode de préparation qui a valu au méthanol le surnom d'« alcool de bois ». Aujourd'hui, le méthanol est plutôt produit par hydrogénation catalytique du monoxyde de carbone. Cette réaction s'effectue sous forte pression et à une température de 300 à 400 °C.

$$CO + 2\,H_2 \xrightarrow[\substack{200-300\ atm \\ ZnO-Cr_2O_3}]{300-400\ °C} CH_3OH$$

Le méthanol est très toxique : ingéré en petite quantité, il peut causer la cécité, et en grande quantité, il peut provoquer la mort. L'exposition prolongée de la peau au méthanol et l'inhalation de ses vapeurs peuvent causer un empoisonnement.

11.3B ÉTHANOL

La fermentation des glucides entraîne la formation d'éthanol, alcool présent dans toutes les boissons alcoolisées. La première synthèse organique d'origine humaine a sans doute été la production d'éthanol sous forme de vin, grâce à la fermentation des glucides des jus de fruits. Des glucides de diverses provenances peuvent être utilisés pour la confection de boissons alcoolisées. Ces glucides proviennent souvent de grains, d'où le surnom d'« alcool de grains ».

Habituellement, la fermentation est amorcée par l'addition de levure au mélange glucides-eau. Les levures contiennent des enzymes qui déclenchent une longue série de réactions finissant par convertir le glucose simple ($C_6H_{12}O_6$) en éthanol et en dioxyde de carbone.

$$C_6H_{12}O_6 \xrightarrow{\text{levure}} 2\ CH_3CH_2OH + 2\ CO_2$$
$$\textbf{(rendement : } \sim \textbf{95 \%)}$$

Fermentation de raisins dans une cuve de pierre

Une simple fermentation produit des boissons dont la teneur en alcool ne dépasse pas 12 à 15 %, car, à plus forte concentration, les enzymes de la levure sont désactivées. Pour obtenir des boissons à plus haute teneur en alcool, on doit distiller les solutions aqueuses, et c'est ainsi qu'on fabrique le brandy, le whisky et la vodka. Le degré d'alcool d'une boisson représente simplement le double du pourcentage d'éthanol qu'elle contient (% en volume) : un whisky qui titre 100° contient 50 % d'éthanol. Les saveurs des différentes boissons distillées proviennent des autres substances organiques ajoutées lors de la distillation de la solution aqueuse d'alcool.

La distillation d'une solution eau-éthanol n'aboutira jamais à une concentration en éthanol supérieure à 95 %. Le point d'ébullition d'un mélange contenant 95 % d'éthanol et 5 % d'eau est inférieur (78,15 °C) à celui de l'éthanol (78,3 °C) et de l'eau (100 °C). C'est un exemple d'**azéotrope.** Un azéotrope peut aussi avoir un point d'ébullition plus élevé que celui de l'un ou de l'autre de ses constituants purs. On fabrique l'éthanol pur en ajoutant du benzène à un mélange d'éthanol (95 %)/eau et en redistillant le mélange résultant. En présence d'un mélange contenant 7,5 % d'eau, le benzène forme un autre type d'azéotrope. L'ébullition de cet azéotrope survient à 64,9 °C et entraîne l'évaporation de l'eau (et d'une partie de l'éthanol). Enfin, on distille l'éthanol pur, aussi appelé **alcool absolu.**

L'éthanol est peu coûteux, mais lorsqu'il entre dans la fabrication de boissons alcoolisées, il est fortement taxé. Les lois exigent que l'éthanol utilisé à des fins scientifiques ou industrielles soit « dénaturé », afin de le rendre impropre à la consommation. Différents dénaturants, dont le méthanol, sont utilisés de cette façon.

L'éthanol est un produit chimique indispensable dans l'industrie. L'hydratation de l'éthène par catalyse acide constitue la principale méthode de production de l'éthanol employé à des fins industrielles.

$$CH_2{=}CH_2 + H_2O \xrightarrow{\text{acide}} CH_3CH_2OH$$

Même si on a l'impression que c'est un stimulant, l'éthanol est un *hypnotique* (déclencheur de sommeil) qui inhibe l'activité de la partie supérieure du cerveau. L'éthanol est aussi toxique, mais beaucoup moins que le méthanol. Chez les rats, la dose mortelle d'éthanol est de 13,7 g·kg^{-1} de masse corporelle. L'abus d'éthanol est l'un des problèmes de toxicomanie les plus répandus dans le monde.

11.3C ÉTHYLÈNE GLYCOL

L'éthylène glycol ($HOCH_2CH_2OH$) est miscible dans l'eau et possède une faible masse moléculaire et un point d'ébullition élevé. Ces caractéristiques en font un antigel idéal pour les automobiles. Ainsi, l'éthylène glycol est vendu en grande quantité sous différentes marques de commerce. Malheureusement, l'éthylène glycol est toxique.

11.3D OXYDE DE DIÉTHYLE (ÉTHER DIÉTHYLIQUE)

L'oxyde de diéthyle (ou éther diéthylique) bout à très basse température, ce qui en fait un liquide hautement inflammable. En laboratoire, il doit être utilisé avec précaution : une flamme nue ou la simple étincelle d'un interrupteur peuvent provoquer une combustion rapide et même une explosion si ses vapeurs sont mélangées à l'air.

Pour former des hydroperoxydes et des peroxydes, la plupart des éthers réagissent lentement avec l'oxygène selon un processus radicalaire appelé **autoxydation** (voir la section 10.11C).

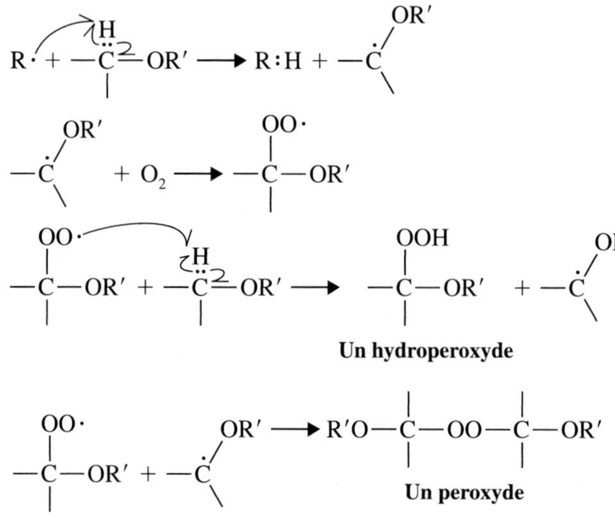

Étape 1

Étape 2

Étape 3a

Un hydroperoxyde

ou

Étape 3b

Un peroxyde

Ces hydroperoxydes et ces peroxydes qui s'accumulent souvent dans les éthers exposés à l'air pendant de longues périodes (y compris à l'air contenu dans une bouteille) sont hautement explosifs. Dans de nombreux cas, l'explosion se produit sans avertissement, lorsque les éthers sont distillés presque à sec. Comme les éthers entrent fréquemment dans les extractions, il faut vérifier la teneur en peroxydes et, s'il y a lieu, décomposer ces derniers avant de commencer la distillation. Vous trouverez la description de cette opération dans un manuel de laboratoire.

En 1842, l'éther diéthylique fut d'abord utilisé comme anesthésique lors d'une chirurgie pratiquée par C.W. Long, de Jefferson, en Georgie (É.-U.). Son expérience ne fut pas publiée, mais peu de temps après, le recours à l'éther diéthylique a été adopté en chirurgie par J.C. Warren, au *Massachusetts General Hospital* de Boston.

De nos jours, l'anesthésique le plus répandu est l'halothane ($CF_3CHBrCl$) qui, contrairement à l'éther diéthylique, est ininflammable.

11.4 SYNTHÈSE DES ALCOOLS À PARTIR DES ALCÈNES

Nous avons déjà étudié l'hydratation des alcènes par catalyse acide, en tant que méthode de synthèse des alcools (section 8.5). Vous trouverez ci-dessous un bref rappel de cette méthode et la présentation de deux nouveaux procédés. Ceux-ci seront étudiés plus en détail dans les sections 11.5 et 11.7.

1. **Hydratation des alcènes par catalyse acide**   Comme nous l'avons vu dans la section 8.5, les alcènes additionnent une molécule d'eau en présence d'un catalyseur acide. Ce processus **suit la règle de Markovnikov**; ainsi, hormis l'hydratation de l'éthène, la réaction produit des alcools secondaires et tertiaires. Cette réaction est cependant réversible, car le mécanisme d'hydratation d'un alcène correspond simplement à la réaction inverse de la déshydratation d'un alcool (section 7.7).

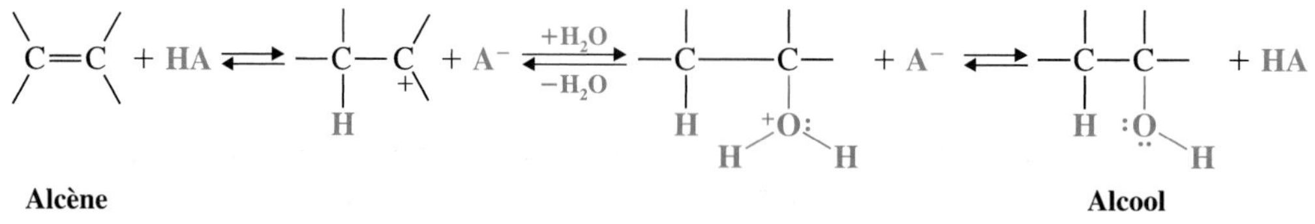

Alcène   **Alcool**

Comme des réarrangements se produisent fréquemment, l'hydratation des alcènes par catalyse acide est une méthode de laboratoire dont l'utilité est limitée. Rappel : les réarrangements surviennent lorsqu'un carbocation moins stable peut être transformé en un carbocation plus stable par migration d'un hydrure ou d'un groupe alkyle.

PROBLÈME 11.4

Nommez les produits obtenus par catalyse acide après l'hydratation des alcènes suivants.

a) Éthène
b) Propène
c) 2-Méthylpropène
d) 2-Méthylbut-1-ène

PROBLÈME 11.5

Traiter le 3,3-diméthylbut-1-ène avec de l'acide sulfurique dilué dans le but d'obtenir du 3,3-diméthylbutan-2-ol est inefficace, car le produit dominant est un isomère. Décrivez la structure de cet isomère et expliquez comment il se forme.

Les deux méthodes suivantes seront traitées en détail plus loin dans ce chapitre.

2. **Oxymercuration-démercuration**   Une séquence de réactions connue sous le nom d'oxymercuration-démercuration (section 11.5) peut remplacer l'hydratation par catalyse acide. C'est une autre façon d'additionner des groupes H— et —OH selon la règle de **Markovnikov, mais cette méthode ne s'accompagne pas de réarrangements.**

3. **Hydroboration-oxydation**   Une autre séquence de réactions appelée hydroboration-oxydation (section 11.7) vient compléter les deux méthodes précédentes, car elle nous permet d'additionner des groupes H— et —OH sur un alcène par une réaction **anti-Markovnikov.** Le résultat de cette méthode est une addition *syn* de H— et —OH.

11.5 ALCOOLS FORMÉS PAR L'OXYMERCURATION-DÉMERCURATION DES ALCÈNES

Pour réaliser la synthèse d'alcools à partir d'alcènes, nous disposons d'un procédé de laboratoire efficace appelé oxymercuration-démercuration, qui se déroule en deux étapes.

Dans un mélange de THF et d'eau, les alcènes réagissent avec l'acétate mercurique pour produire des composés de type hydroxyalkyle de mercure, qu'on peut ensuite réduire en alcool au moyen du borohydrure de sodium.

Oxymercuration

Étape 1

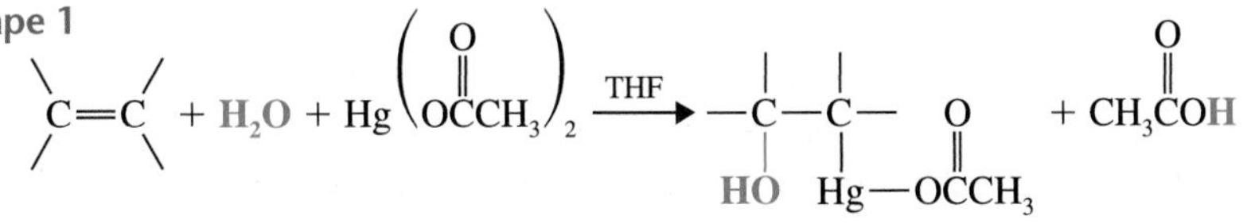

Démercuration

Étape 2

Les composés de mercure sont extrêmement dangereux. Avant de réaliser une réaction avec du mercure ou de l'un de ses composés, il faut s'informer sur les procédés sécuritaires d'utilisation et sur la façon de disposer des résidus.

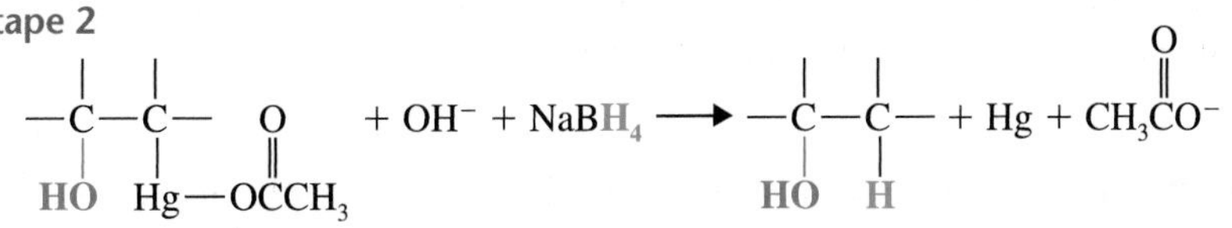

Durant la première étape de l'**oxymercuration,** l'eau et l'acétate mercurique se fixent sur la double liaison; durant la **démercuration**, la seconde étape, le borohydrure de sodium réduit le groupe acétoxymercure et le remplace par un hydrogène (le groupe acétate est souvent représenté par l'abréviation —OAc).

Les deux étapes peuvent être réalisées dans le même contenant, et les deux réactions se déroulent rapidement à la température ambiante ou à une température inférieure à celle-ci. La première étape — l'oxymercuration — dure habituellement entre 20 s et 10 min. La seconde étape — la démercuration — prend normalement moins d'une heure. La réaction globale donne un haut rendement en alcool, généralement supérieur à 90 %.

L'oxymercuration-démercuration est aussi hautement régiosélective. L'orientation nette de l'addition des groupes de l'eau, H— et —OH, se fait *selon la règle de Markovnikov.* Le H— se fixe sur l'atome de carbone de la double liaison qui porte le plus grand nombre d'atomes d'hydrogène.

Régiosélectivité de l'oxymercuration-démercuration

$$\underset{R}{\overset{H}{\underset{\displaystyle}{}}}C=C\overset{H}{\underset{H}{}} \xrightarrow[\text{(2) NaBH}_4,\ \text{OH}^-]{\text{(1) Hg(OAc)}_2/\text{THF}-\text{H}_2\text{O}} R-\overset{H}{\underset{HO}{C}}-\overset{H}{\underset{H}{C}}-H$$

$$+$$
$$HO-H$$

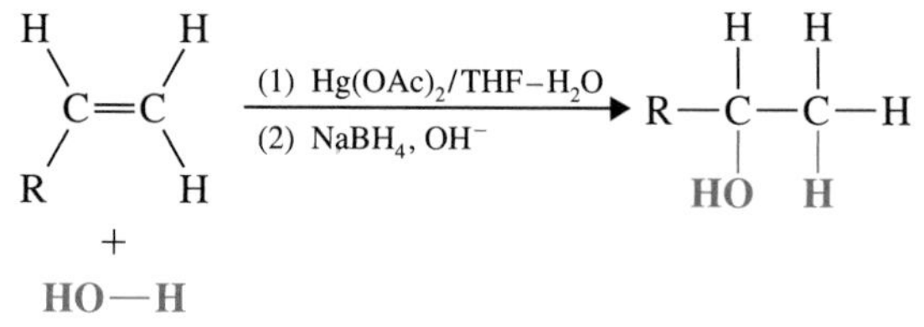

Les exemples suivants illustrent le phénomène.

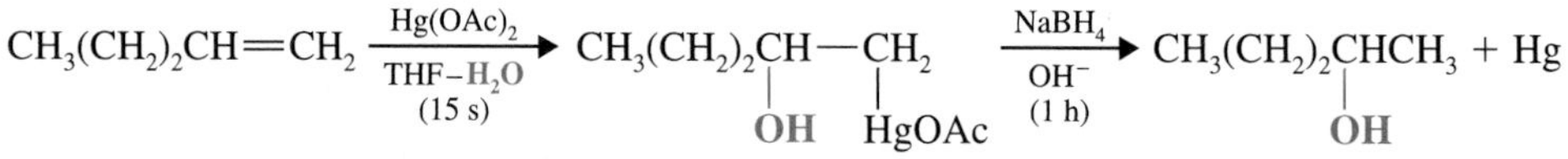

$$CH_3(CH_2)_2CH=CH_2 \xrightarrow[\substack{THF-H_2O \\ (15\ s)}]{Hg(OAc)_2} CH_3(CH_2)_2\underset{OH}{\overset{|}{CH}}-\underset{HgOAc}{\overset{|}{CH_2}} \xrightarrow[\substack{OH^- \\ (1\ h)}]{NaBH_4} CH_3(CH_2)_2\underset{OH}{\overset{|}{CH}}CH_3 + Hg$$

Pent-1-ène   **Pentan-2-ol**
     (93 %)

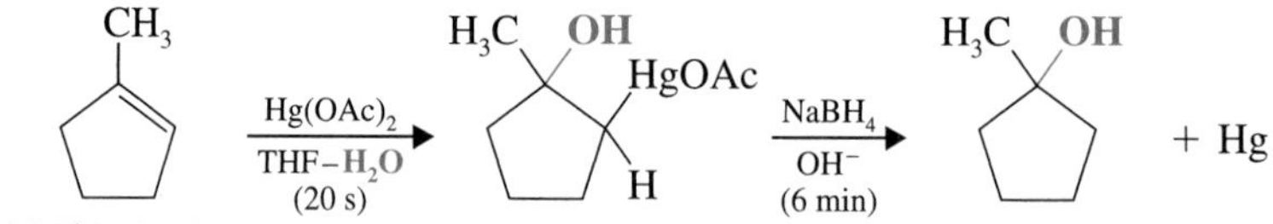

L'oxymercuration-démercuration ne favorise pas la migration d'un hydrure ou d'un groupe alkyle.

1-Méthylcyclo-
pentène $\xrightarrow[\substack{THF-H_2O \\ (20\ s)}]{Hg(OAc)_2}$ $\xrightarrow[\substack{OH^- \\ (6\ min)}]{NaBH_4}$ 1-Méthylcyclo-
pentanol   + Hg

Un réarrangement du squelette carboné survient rarement durant l'oxymercuration-démercuration. L'oxymercuration-démercuration du 3,3-diméthylbut-1-ène en est un bon exemple.

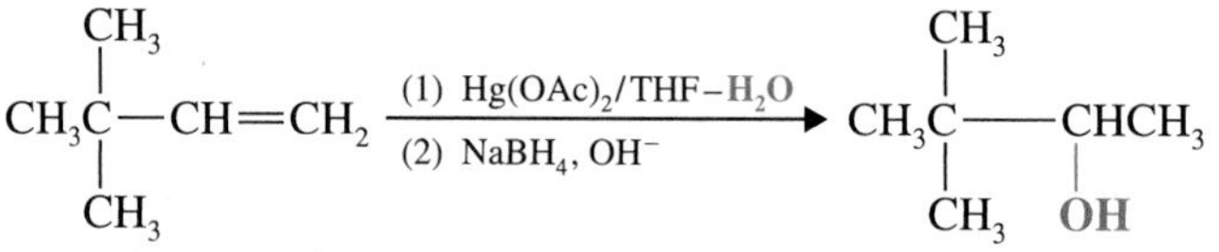

$$CH_3\underset{\underset{CH_3}{|}}{\overset{\overset{CH_3}{|}}{C}}-CH=CH_2 \xrightarrow[\text{(2) NaBH}_4,\ \text{OH}^-]{\text{(1) Hg(OAc)}_2/\text{THF}-\text{H}_2\text{O}} CH_3\underset{\underset{CH_3}{|}}{\overset{\overset{CH_3}{|}}{C}}-\underset{OH}{\overset{|}{CH}}CH_3$$

3,3-Diméthylbut-1-ène   **3,3-Diméthylbutan-2-ol**
           (94 %)

L'analyse par chromatographie en phase gazeuse du mélange des produits ne révèle aucune trace de 2,3-diméthylbutan-2-ol. Par contraste, l'hydratation par catalyse acide du même réactif conduit principalement au 2,3-diméthylbutan-2-ol (section 8.5).

L'encadré ci-contre présente le mécanisme responsable de l'orientation de l'addition lors de l'oxymercuration, lequel explique l'absence de réarrangements. Le point central de ce mécanisme est l'attaque électrophile de l'espèce mercurique $\overset{+}{H}gOAc$ sur le carbone le moins substitué de la double liaison (c'est-à-dire sur l'atome de carbone porteur du plus grand nombre d'atomes d'hydrogène). Nous illustrons ici le mécanisme de la réaction sur le 3,3-diméthylbut-1-ène.

MÉCANISME DE LA RÉACTION

Oxymercuration

Étape 1

$$Hg(OAc)_2 \rightleftharpoons \overset{+}{H}gOAc + OAc^-$$

L'acétate mercurique se dissocie pour former un ion HgOAc et un ion acétate.

Étape 2

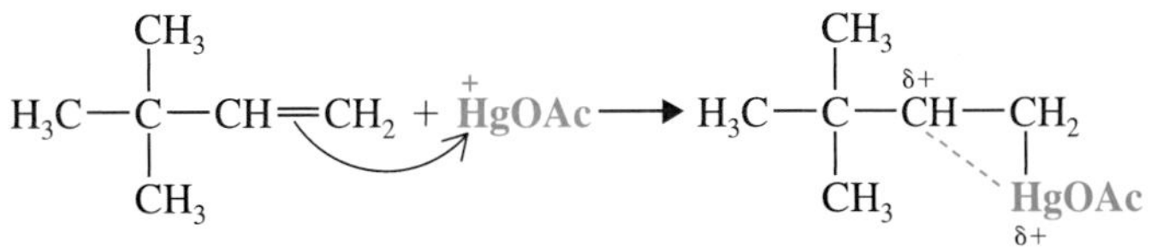

3,3-Diméthylbut-1-ène → Carbocation ponté au mercure

L'ion électrophile $\overset{+}{H}gOAc$ accepte une paire d'électrons de l'alcène pour former un carbocation dans lequel il y a un pont entre le Hg et le carbone. Dans ce carbocation, la charge positive est partagée entre l'atome de carbone secondaire et l'atome de mercure. La charge sur l'atome de carbone est suffisamment élevée pour orienter l'addition d'un nucléophile selon Markovnikov, mais trop faible pour permettre un réarrangement.

Étape 3

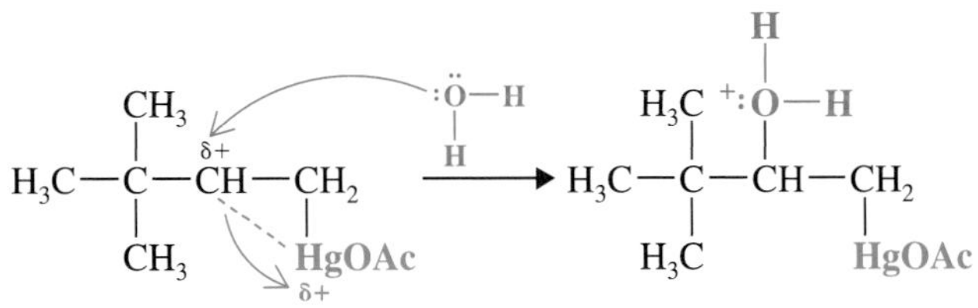

Une molécule d'eau attaque le carbone porteur d'une charge positive partielle.

Étape 4

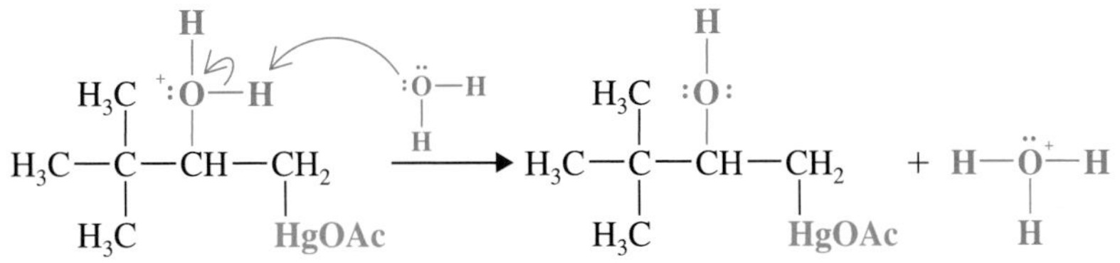

Composé de mercure hydroxyalkylé

Une réaction acide-base transfère un proton à une autre molécule d'eau (ou à un ion acétate). Cette étape mène au composé de mercure hydroxyalkylé.

Des calculs indiquent que dans les carbocations pontés au mercure, comme ceux qui se forment au cours de cette réaction, la charge positive réside majoritairement sur l'atome de mercure. Seule une faible partie de la charge positive demeure sur l'atome de carbone le plus substitué. Cette charge est suffisante pour induire une addition Markovnikov, mais trop faible pour provoquer le réarrangement rapide du squelette carboné tel qu'on l'observe, par exemple, lorsque les carbocations possèdent une charge positive plus marquée.

Le mécanisme responsable du remplacement du groupe acétoxymercure par l'hydrogène demeure incompris. On croit cependant que des radicaux y jouent un rôle.

PROBLÈME 11.6

Décrivez toutes les étapes de formation par oxymercuration-démercuration des alcools suivants, en commençant par l'alcène approprié :

a) Alcool *tert*-butylique

b) Alcool isopropylique

c) 2-Méthylbutan-2-ol

PROBLÈME 11.7

Lorsqu'un alcène est mis en présence de trifluoroacétate mercurique, $Hg(O_2CCF_3)_2$, dans du THF mélangé à un alcool, ROH, le produit de la réaction est un alkoxyalkyle de mercure. Si, par la suite, on fait réagir ce produit avec $NaBH_4/^-OH$, on obtient un éther. L'ensemble du procédé se nomme *solvomercuration-démercuration*.

$$\diagdown C=C\diagup \xrightarrow[\text{solvomercuration}]{Hg(O_2CCF_3)_2/\text{THF--ROH}} \quad \underset{\underset{HgO_2CCF_3}{|}}{\overset{\overset{RO}{|}}{-C}}-C- \quad \xrightarrow[\text{démercuration}]{NaBH_4, OH^-} \quad \underset{\underset{H}{|}}{\overset{\overset{RO}{|}}{-C}}-C-$$

Alcène   **Trifluoroacétate (d'alkoxyalkyle) mercurique**   **Éther**

a) Élaborez un mécanisme plausible pour expliquer la solvomercuration de la synthèse de cet éther. b) Indiquez comment vous utiliseriez la solvomercuration-démercuration pour préparer l'oxyde de *tert*-butyle et de méthyle.

11.6 HYDROBORATION : SYNTHÈSE DES ORGANOBORANES

L'addition d'un composé contenant une liaison hydrogène–bore, $H-B\diagup$ (appelé **hydrure de bore**), à un alcène est le point de départ de nombreux procédés de synthèse fort utiles. Cette addition, appelée **hydroboration**, a été découverte par Herbert C. Brown (université Purdue). On peut représenter sommairement l'hydroboration comme suit :

$$\diagdown C=C\diagup + H-B\diagup \xrightarrow{\text{hydroboration}} \underset{\underset{H}{|}\,\underset{B}{|}}{-C-C-}$$

Alcène   **Hydrure de bore**   **Organoborane**

L'hydrure de bore (B_2H_6), ou **diborane**, peut être employé pour réaliser l'hydroboration. Cependant, il est beaucoup plus simple d'utiliser le diborane en solution dans le THF. Dans cette solution, chaque B_2H_6 se sépare en deux BH_3, ou **borane**, et chaque partie forme un complexe avec le THF.

$$B_2H_6 + 2 \; :\!O\!: \longrightarrow 2 \quad :\!\overset{+}{O}\!:\!\overset{-}{B}H_3$$

Diborane   **THF**   **THF:BH_3**

> **BH_3 est un acide de Lewis (car le bore n'a que six électrons de valence). Il accepte une paire d'électrons en provenance de l'atome d'oxygène du THF.**

On peut se procurer des solutions contenant le complexe THF:BH_3 sur le marché. L'hydroboration se fait généralement en présence d'éthers tels que l'éther diéthylique $(C_2H_5)_2O$ ou un éther de masse moléculaire plus élevée comme le « diglyme » $[(CH_3OCH_2CH_2)_2O$, 1,2-diméthoxyéthane].

> *Le diborane et les alkylboranes doivent être manipulés avec précaution car ils s'enflamment spontanément à l'air (flamme verte). La solution de THF:BH_3 est considérablement moins inflammable, mais doit néanmoins être utilisée avec prudence en atmosphère inerte.*

11.6A MÉCANISME D'HYDROBORATION

Lorsqu'un alcène dont la double liaison se situe en bout de chaîne (un alcène terminal) est mis en présence d'une solution du complexe THF:BH_3, l'hydrure de bore

Régiochimie de l'hydroboration

s'additionne successivement sur la double liaison de trois molécules d'alcène pour former un trialkylborane.

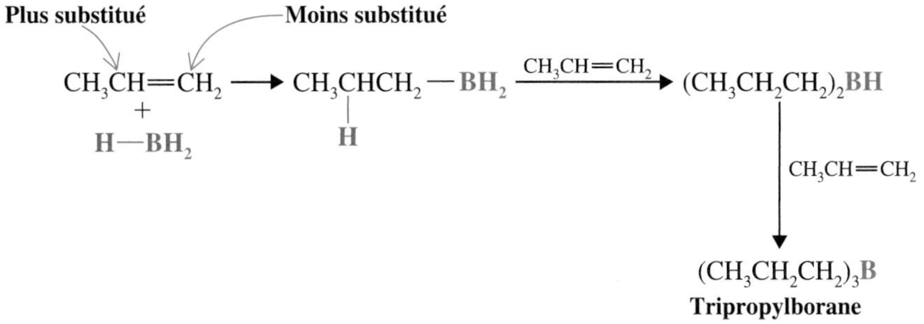

Plus substitué   **Moins substitué**

$$CH_3CH\!=\!CH_2 \longrightarrow CH_3CHCH_2\!-\!BH_2 \xrightarrow{CH_3CH=CH_2} (CH_3CH_2CH_2)_2BH$$
$$+\qquad\qquad\quad |$$
$$H\!-\!BH_2 \qquad\qquad\quad H$$

$$\downarrow CH_3CH\!=\!CH_2$$

$$(CH_3CH_2CH_2)_3B$$
Tripropylborane

À chacune des étapes de l'addition, ***l'atome de bore se fixe sur l'atome de carbone le moins substitué de la double liaison,*** et un atome d'hydrogène attaché au bore quitte l'atome de bore pour se fixer à l'autre atome de carbone de la double liaison. L'hydroboration est donc régiosélective et **anti-Markovnikov** (l'atome d'hydrogène se fixe à l'atome de carbone qui porte **moins** d'atomes d'hydrogène).

Voici d'autres exemples démontrant la tendance de l'atome de bore à se fixer sur l'atome de carbone le moins substitué. Les pourcentages indiquent à quelle fréquence le bore se fixe sur les atomes de carbone de la double liaison.

     CH_3 **Moins substitué** CH_3 **Moins substitué**
   | |
$CH_3CH_2C\!=\!CH_2$ $CH_3C\!=\!CHCH_3$
   1 %   99 %   2 %   98 %

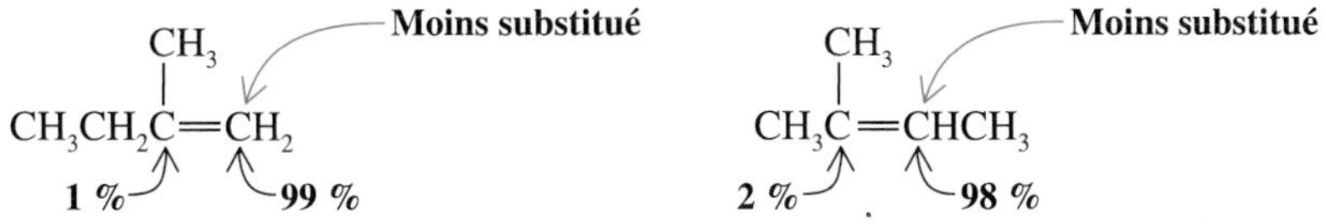

Le **facteur stérique** est l'une des causes du rattachement du bore à l'atome de carbone le moins substitué de la double liaison — le groupe volumineux contenant le bore s'approche plus facilement de l'atome de carbone le moins substitué, donc le moins encombré.

Un mécanisme a été proposé pour expliquer l'addition de BH_3 à une double liaison. Il débute par un transfert des électrons π de la double liaison sur l'orbitale p libre du BH_3 (voir le mécanisme ci-dessous). Au cours de l'étape suivante, il y a formation

---

MÉCANISME DE LA RÉACTION

Hydroboration

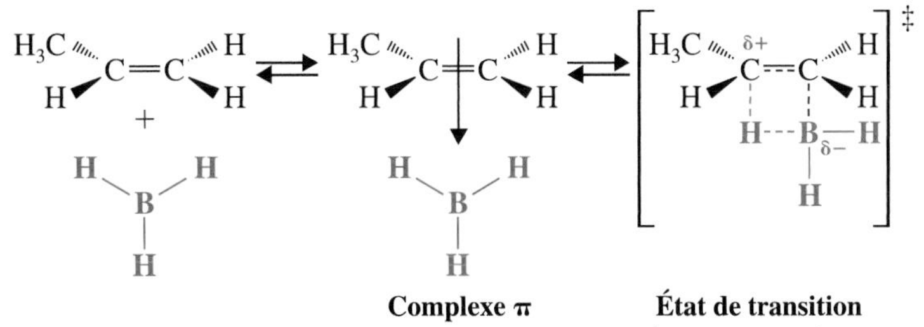

Complexe π   **État de transition à quatre membres**

L'addition débute par la formation d'un complexe π qui se transforme ensuite en un état de transition cyclique à quatre membres dans lequel l'atome de bore se fixe sur le carbone le moins encombré. Les pointillés, à l'intérieur de l'état de transition, représentent des liaisons partiellement formées ou partiellement rompues.

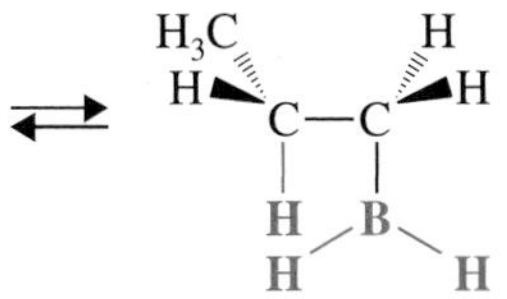

L'état de transition conduit à la formation d'un alkylborane. Les autres liaisons B—H de l'alkylborane peuvent subir des additions semblables, qui aboutiront à la formation d'un trialkylborane.

d'un état de transition à quatre membres du produit d'addition. L'atome de bore est alors partiellement lié à l'atome de carbone le moins substitué de la double liaison, tandis que l'un de ses hydrogènes est partiellement lié à l'autre atome de carbone. À l'approche de l'état de transition, les électrons se déplacent vers l'atome de bore, s'éloignant ainsi de l'atome de carbone le plus substitué. Ce mouvement des électrons engendre donc une charge positive partielle sur l'atome de carbone le plus substitué de la double liaison : *comme celui-ci est lié à un groupe alkyle électro-répulseur, il est plus apte à accommoder cette charge positive*. Ainsi, des facteurs *stérique* et *électronique* sont responsables de l'orientation anti-Markovnikov des hydroborations.

11.6B STÉRÉOCHIMIE DE L'HYDROBORATION

Stéréochimie de l'hydroboration

L'état de transition qui se crée durant l'hydroboration oblige *les atomes de bore et d'hydrogène à se fixer du même côté de la double liaison* (reportez-vous au mécanisme précédent). En conséquence, l'addition est **syn.**

Voici le résultat de l'addition **syn** accompagnant l'hydroboration du 1-méthylcyclopentène.

Il est à noter que l'attaque tout aussi favorable de l'hydrure de bore sur le dessus du 1-méthylcyclopentène conduit à la formation de l'autre énantiomère de l'alkylborane et donc à l'obtention d'un mélange racémique.

PROBLÈME 11.8

À partir de l'alcène approprié, proposez une stratégie de synthèse du : a) tributylborane, b) triisobutylborane et c) tri-*sec*-butylborane. d) Illustrez la stéréochimie en jeu dans l'hydroboration du 1-méthylcyclohexène.

PROBLÈME 11.9

Si on met le THF∶BH$_3$ en présence d'un alcène encombré tel que le 2-méthylbut-2-ène, on obtiendra du dialkylborane plutôt que du trialkylborane. Lorsque deux moles de 2-méthylbut-2-ène réagissent avec une mole de BH$_3$, le produit formé est surnommé « disiamylborane ». Écrivez sa structure. Le disiamylborane est un réactif utile dans les synthèses faisant appel à un borane encombré (le nom « disiamyle » vient de « *di*-secondaire-*isoamyle* », un nom inacceptable et non conforme à la nomenclature systématique; autrefois, le nom commun « amyle » désignait un groupe alkyle de 5 carbones).

11.7 ALCOOLS FORMÉS PAR L'HYDROBORATION-OXYDATION DES ALCÈNES

L'addition d'une molécule d'eau sur une double liaison peut aussi être réalisée en laboratoire au moyen du diborane ou du complexe THF∶BH$_3$. Dans ce cas, l'addition de l'eau est indirecte et se réalise en deux réactions. La première est l'addition du borane sur la double liaison, soit l'**hydroboration**; la seconde est l'**oxydation** et l'hydrolyse de l'intermédiaire organoboré, qui produisent un alcool et de l'acide borique. Voici, à titre d'exemple, les étapes de l'hydroboration-oxydation du propène.

$$3\ CH_3CH{=}CH_2 \xrightarrow{THF:BH_3} (CH_3CH_2CH_2)_3B \xrightarrow{H_2O_2/OH^-} 3\ CH_3CH_2CH_2OH$$

Propène   **Tripropylborane**   **Alcool propylique**

Hydroboration   Oxydation

Généralement, on n'isole pas les alkylboranes obtenus par hydroboration. L'oxydation et l'hydrolyse conduisant à la formation d'un alcool se font successivement dans le même contenant par addition de peroxyde d'hydrogène en solution aqueuse basique.

$$R_3B \xrightarrow[\text{NaOH, 25 °C}]{H_2O_2} 3\ R{-}OH + Na_3BO_3$$

oxydation

Le mécanisme de l'oxydation commence par l'attaque de l'ion hydroperoxyde (HOO^-) sur l'atome de bore déficient en électrons.

MÉCANISME DE LA RÉACTION

Oxydation des trialkylboranes

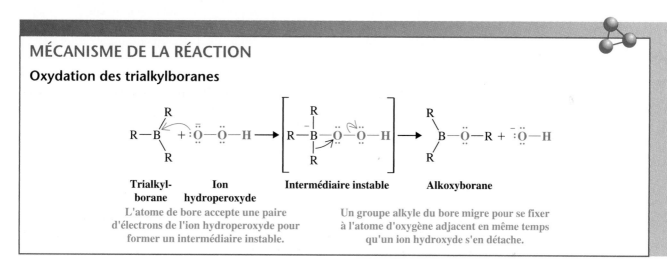

Trialkyl-   **Ion**   **Intermédiaire instable**   **Alkoxyborane**
borane   **hydroperoxyde**

L'atome de bore accepte une paire d'électrons de l'ion hydroperoxyde pour former un intermédiaire instable.

Un groupe alkyle du bore migre pour se fixer à l'atome d'oxygène adjacent en même temps qu'un ion hydroxyde s'en détache.

La migration de l'alkyle se caractérise par la rétention de sa configuration, car le groupe alkyle migre avec les électrons de la liaison. La répétition des deux étapes se poursuit jusqu'à ce que tous les groupes alkyle soient fixés sur les atomes d'oxygène. Le produit obtenu est alors un trialkylborate, c'est-à-dire un ester de l'acide borique $B(OR)_3$. Cet ester subit ensuite une hydrolyse en milieu basique et donne trois molécules d'alcool et un ion borate.

$$B(OR)_3 + 3\ OH^- \xrightarrow{H_2O} 3\ ROH + BO_3^{3-}$$

Les réactions d'hydroboration étant régiosélectives, le résultat final de l'hydroboration-oxydation ressemble à une **addition d'eau de type anti-Markovnikov sur un alcène.** Par conséquent, *l'hydroboration-oxydation devient une méthode de préparation d'alcools qu'on ne pourrait normalement pas obtenir par oxymercuration-démercuration, ni par catalyse acide de l'hydratation d'un alcène.* À titre d'exemple, l'hydratation par catalyse acide (ou l'oxymercuration-démercuration) du hex-1-ène produit du hexan-2-ol :

Régiochimie de l'hydroboration-oxydation

$$CH_3CH_2CH_2CH_2CH{=}CH_2 \xrightarrow{H_3O^+,\ H_2O} CH_3CH_2CH_2CH_2\underset{\underset{OH}{|}}{C}HCH_3$$

Hex-1-ène   **Hexan-2-ol**

Par contre, l'hydroboration-oxydation produit du hexan-1-ol.

$$CH_3CH_2CH_2CH_2CH{=}CH_2 \xrightarrow[\text{(2) } H_2O_2,\ OH^-]{\text{(1) } THF:BH_3} CH_3CH_2CH_2CH_2CH_2CH_2OH$$

Hex-1-ène   **Hexan-1-ol (90 %)**

Voici d'autres exemples d'hydroboration-oxydation.

$$CH_3-\underset{\underset{\displaystyle CH_3}{|}}{C}=CHCH_3 \xrightarrow[\text{(2) } H_2O_2,\, OH^-]{\text{(1) } THF\!:\!BH_3} CH_3-\underset{\underset{\displaystyle H}{|}}{\overset{\overset{\displaystyle CH_3}{|}}{C}}-\underset{\underset{\displaystyle OH}{|}}{C}HCH_3$$

2-Méthylbut-2-ène   **3-Méthylbutan-2-ol (59 %)**

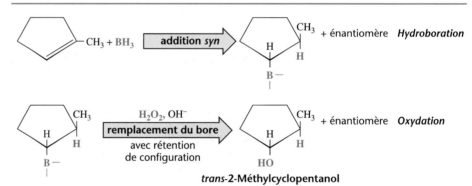

1-Méthylcyclopentène   ***trans*-2-Méthylcyclopentanol (86 %)**

11.7A STÉRÉOCHIMIE DE L'OXYDATION DES ORGANOBORANES

Stéréochimie globale de l'hydroboration-oxydation

Comme l'étape d'oxydation dans la synthèse des alcools par hydroboration-oxydation procède par rétention de la configuration, *le groupe hydroxyle remplace l'atome de bore à sa position d'attache dans l'organoborane.* Le résultat final de ces deux étapes (hydroboration et oxydation) est une *addition syn* de —H et —OH. L'hydroboration-oxydation du 1-méthylcyclopentène en offre un bel exemple (figure 11.1).

PROBLÈME 11.10

À partir de l'alcène approprié, illustrez en quoi l'hydroboration-oxydation sert à la préparation de chacun des alcools suivants.

a) Pentan-1-ol   d) 2-Méthylpentan-3-ol

b) 2-Méthylpentan-1-ol   e) *trans*-2-Méthylcyclobutanol

c) 3-Méthylpentan-2-ol

Figure 11.1 Hydroboration-oxydation du 1-méthylcyclopentène.
La première réaction est une addition *syn* du borane. Dans cette illustration, nous observons l'attaque du bore et de l'hydrogène par le dessous de la molécule de 1-méthylcyclopentène. Pour former l'autre énantiomère, la réaction peut également se faire par le dessus. Dans la seconde réaction, l'atome de bore est remplacé par un groupe hydroxyle, avec rétention de la configuration. Le produit est un composé *trans* (le *trans*-2-méthylcyclopentanol) et le résultat global est une addition *syn* de —H et —OH.

11.7B PROTONOLYSE DES ORGANOBORANES

Le fait de chauffer un organoborane en présence d'acide acétique provoque la rupture de la liaison carbone–bore. Cette rupture s'effectue de la manière suivante.

$$R-\underset{|}{B}- \xrightarrow[\Delta]{CH_3CO_2H} R-H \; + \; CH_3\underset{\underset{\displaystyle O}{\|}}{C}-O-B\Big\langle$$

Organoborane   **Alcane**

Cette réaction procède aussi par rétention de la configuration; par conséquent, l'hydrogène remplace le bore *là où il se trouve* dans l'organoborane. Ainsi, la stéréochimie de cette réaction ressemble à celle de l'oxydation des organoboranes et s'avère très utile lorsqu'on veut introduire un deutérium (D) ou un tritium (T) à un endroit particulier dans une molécule.

PROBLÈME 11.11

En utilisant l'alcène (ou le cycloalcène) approprié ainsi que de l'acide deutério-acétique (CH_3CO_2D) — en imaginant que vous en ayez à votre disposition, élaborez une méthode de synthèse pour les composés deutérés suivants.

a) $(CH_3)_2CHCH_2CH_2D$ b) $(CH_3)_2CHCHDCH_3$ c) [cyclobutane avec CH₃ en haut et D en bas] (+ énantiomère)

d) En admettant que vous disposiez aussi de THF : BD_3 et de CH_3CO_2T, proposez une synthèse pour le produit suivant.

[cyclohexane avec D et CH₃ en haut à droite, T et H en bas] (+ énantiomère)

11.8 RÉACTIONS DES ALCOOLS

Pour bien comprendre les réactions des alcools, il est pertinent d'examiner d'abord la distribution des électrons du groupe fonctionnel des alcools et l'influence qu'elle exerce sur la réactivité. L'atome d'oxygène d'un alcool en polarise les deux liaisons C—O et O—H.

Groupe fonctionnel d'un alcool

Illustration du potentiel électrostatique du méthanol

La polarisation de la liaison O—H rend l'hydrogène partiellement positif, ce qui explique pourquoi les alcools sont des acides faibles (section 11.9). La polarisation de la liaison C—O rend l'atome de carbone partiellement positif; si le ⁻OH n'était pas une base forte, et donc un mauvais groupe sortant, ce carbone s'exposerait à une attaque nucléophile.

D'autre part, les doublets d'électrons de l'atome d'oxygène lui confèrent un caractère à la fois ***basique*** et ***nucléophile.*** En présence d'acides forts, les alcools se comportent comme des bases et acceptent les protons selon le schéma suivant.

$$-\overset{|}{\underset{|}{C}}-\ddot{\underset{\cdot\cdot}{O}}-H \;+\; H-A \;\rightleftharpoons\; -\overset{|}{\underset{|}{C}}-\overset{H}{\underset{\cdot\cdot}{O^+}}-H \;+\; A^-$$

Alcool   **Acide fort**   **Alcool protoné (ion alkyloxonium)**

La protonation des alcools convertit un mauvais groupe sortant (⁻OH) en un bon (H_2O). Elle rend aussi le carbone plus positif (car —OH_2^+ est plus électroattracteur que —OH), donc plus susceptible de subir une attaque nucléophile. Des réactions de substitution deviennent alors possibles (S_N2 ou S_N1, selon la structure de l'alcool; voir la section 11.13).

$$Nu:^- \;+\; -\overset{|}{\underset{|}{C}}-\overset{H}{\underset{\cdot\cdot}{O^+}}-H \;\xrightarrow{S_N2}\; Nu-\overset{|}{\underset{|}{C}}- \;+\; :\underset{\cdot\cdot}{O}-H$$

Alcool protoné (ion alkyloxonium)

Puisque les alcools sont nucléophiles, ils peuvent, eux aussi, réagir avec les alcools protonés. Comme on le verra dans la section 11.15, c'est une étape importante dans la synthèse des éthers.

$$R-\overset{\cdot\cdot}{\underset{|}{O}}: + -\overset{|}{\underset{|}{C}}-\overset{\pm}{\underset{\cdot\cdot}{O}}-H \xrightarrow{S_N2} R-\overset{\cdot\cdot}{\underset{|}{\overset{\pm}{O}}}-\overset{|}{\underset{|}{C}}- + :\overset{\cdot\cdot}{O}-H$$

Éther protoné

À température suffisamment élevée et en l'absence d'un bon nucléophile, les alcools protonés peuvent subir des réactions E1 et E2. La déshydratation des alcools est un exemple de ce type de réactions (section 7.7).

Les alcools réagissent aussi avec du PBr_3 et du $SOCl_2$ pour donner des bromoalcanes et des chloroalcanes. Comme nous le verrons dans la section 11.14, ces réactions sont amorcées par l'alcool qui utilise ses doublets d'électrons libres pour agir comme nucléophile.

11.9 COMPORTEMENT ACIDE DES ALCOOLS

Comme il fallait s'y attendre, les alcools ont une acidité similaire à celle de l'eau. Le méthanol est un acide légèrement plus fort que l'eau ($pK_a = 15,7$), mais la majorité des alcools sont des acides plus faibles. La valeur du pK_a de quelques alcools est indiquée au tableau 11.3.

La plus faible acidité des alcools stériquement encombrés, comme l'alcool *tert*-butylique, est une conséquence de la solvatation. Dans le cas des alcools sans encombrement stérique, les molécules d'eau parviennent à entourer et à solvater l'oxygène négatif de l'ion alkoxyde qui se forme lorsque l'alcool cède un proton à une base forte. La solvatation stabilise l'ion alkoxyde et accroît l'acidité de l'alcool. Si le groupe R— de l'alcool est volumineux, la solvatation de l'ion alkoxyde est plus difficile et sa stabilisation n'est pas aussi prononcée. L'alcool est alors moins acide.

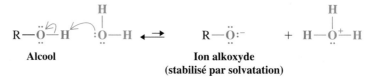

Alcool   **Ion alkoxyde**
(stabilisé par solvatation)

Cependant, tous les alcools sont des acides plus forts que les alcynes terminaux et beaucoup plus forts que l'hydrogène, l'ammoniac et les alcanes (voir le tableau 3.1).

Acidité relative $H_2O > ROH > RC\equiv CH > H_2 > NH_3 > RH$

Les bases conjuguées des alcools sont des **ions alkoxyde*.** Les alkoxydes de sodium et de potassium peuvent être préparés par traitement des alcools avec du sodium ou du potassium métalliques ou avec les hydrures de certains métaux (section 6.16B). Puisque la plupart des alcools sont des acides plus faibles que l'eau, la plupart des ions alkoxyde sont des bases plus fortes que l'ion hydroxyde.

Basicité relative $R^- > NH_2^- > H^- > RC\equiv C^- > RO^- > HO^-$

Rappel Tout facteur qui stabilise la base conjuguée d'un acide en augmente l'acidité.

Tableau 11.3   Valeurs du pK_a de certains acides faibles.

Acide	pK_a
CH_3OH	15,5
H_2O	15,74
CH_3CH_2OH	15,9
$(CH_3)_3COH$	18,0

PROBLÈME 11.12

Écrivez les équations des éventuelles réactions acide-base qui surviendraient si l'on ajoutait de l'éthanol à une solution de chacun des composés suivants. Pour chaque réaction, identifiez l'acide le plus fort, la base la plus forte et ainsi de suite. a) Amidure de sodium, b) éthynure de sodium et c) acétate de sodium (consultez le tableau 3.1).

---

* N. d. tr. : dans certains cas, on utilise alcoolate (ex. : méthylate ou méthanolate) pour désigner les ions alkoxyde d'alcools simples.

On se sert souvent des alkoxydes de sodium et de potassium comme bases en synthèse organique (voir la section 6.16B). On utilise des alkoxydes tels que l'éthoxyde et le *tert*-butoxyde pour réaliser des réactions exigeant des bases plus fortes que l'ion hydroxyde, mais pas aussi fortes que l'amidure ou l'anion d'un alcane. On emploie aussi les ions alkoxyde quand, pour des raisons de solubilité, une réaction doit avoir lieu dans un solvant à base d'alcool plutôt que dans l'eau.

11.10 CONVERSION DES ALCOOLS EN MÉSYLATES ET EN TOSYLATES

Les alcools réagissent avec les chlorures de sulfonyle pour former des esters appelés **sulfonates.** L'éthanol, par exemple, réagit avec le chlorure de méthanesulfonyle pour former du méthanesulfonate d'éthyle, et avec le chlorure de *p*-toluènesulfonyle pour former du *p*-toluènesulfonate d'éthyle. Ces réactions se caractérisent par une rupture de la liaison OH— de l'alcool et non de la liaison C—O. Si l'alcool était chiral, aucun changement de configuration ne se produirait (voir la section 11.11).

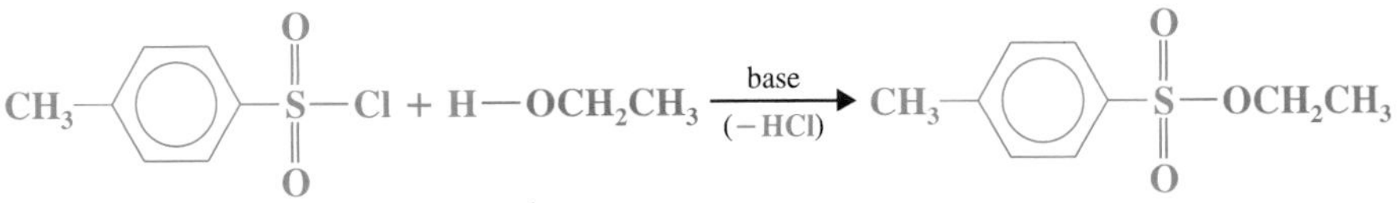

Comme nous le verrons dans la section 11.11, la formation d'un ester d'acide sulfonique est une bonne façon de convertir le groupe hydroxyle d'un alcool en un groupe sortant.

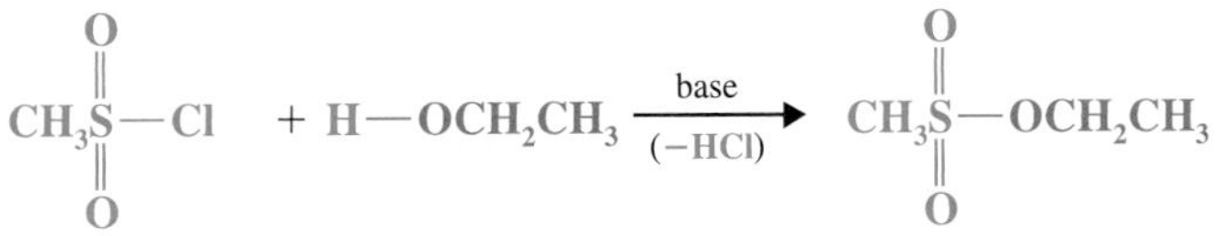

$$CH_3\overset{O}{\underset{O}{\overset{\|}{\underset{\|}{S}}}}\!-Cl \;+\; H\!-\!OCH_2CH_3 \xrightarrow[(-HCl)]{base} CH_3\overset{O}{\underset{O}{\overset{\|}{\underset{\|}{S}}}}\!-OCH_2CH_3$$

| **Chlorure de** | **Éthanol** | **Méthanesulfonate d'éthyle** |
| **méthanesulfonyle** | | **(mésylate d'éthyle)** |

$$CH_3\!-\!\langle\bigcirc\rangle\!-\!\overset{O}{\underset{O}{\overset{\|}{\underset{\|}{S}}}}\!-Cl + H\!-\!OCH_2CH_3 \xrightarrow[(-HCl)]{base} CH_3\!-\!\langle\bigcirc\rangle\!-\!\overset{O}{\underset{O}{\overset{\|}{\underset{\|}{S}}}}\!-OCH_2CH_3$$

| **Chlorure de** | **Éthanol** | **p-Toluènesulfonate d'éthyle** |
| **p-toluènesulfonyle** | | **(tosylate d'éthyle)** |

Le mécanisme présenté ci-dessous, dans lequel le réactif est le chlorure de méthanesulfonyle, démontre bien que la liaison C—O de l'alcool n'est pas rompue.

PROBLÈME 11.13

Dans le but de prouver que la formation d'un sulfonate d'alkyle ne provoque pas la rupture de la liaison C—O de l'alcool, proposez une expérience dans laquelle est utilisé un alcool marqué avec un isotope.

MÉCANISME DE LA RÉACTION

Conversion d'un alcool en méthanesulfonate d'alkyle

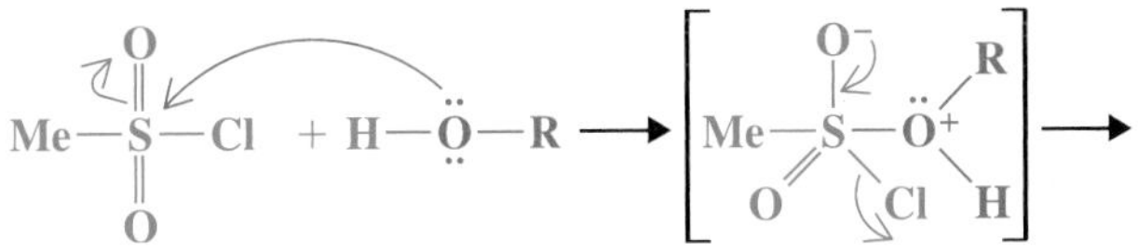

$$Me\!-\!\overset{O}{\underset{O}{\overset{\|}{\underset{\|}{S}}}}\!-Cl \;+\; H\!-\!\ddot{O}\!-\!R \longrightarrow \left[Me\!-\!\overset{O^-}{\underset{O}{\overset{|}{\underset{\|}{S}}}}\!-\!\overset{R}{\underset{(Cl\;H)}{\overset{|}{\ddot{O}^+}}} \right] \longrightarrow$$

| **Chlorure de** | **Alcool** |
| **méthanesulfonyle** | |

L'oxygène de l'alcool attaque l'atome de soufre du chlorure de sulfonyle.

L'intermédiaire perd un ion chlorure.

$$Me\!-\!\overset{O}{\underset{O}{\overset{\|}{\underset{\|}{S}}}}\!-\!\overset{R}{\underset{H}{\overset{|}{\ddot{O}^+}}}\quad{}^-\!:B \longrightarrow Me\!-\!\overset{O}{\underset{O}{\overset{\|}{\underset{\|}{S}}}}\!-\!\ddot{O}\!-\!R \;+\; H\!:\!B$$

(une base) **Méthanesulfonate d'alkyle**

La perte d'un proton conduit à la formation du produit.

Les chlorures de sulfonyle sont habituellement préparés par réaction entre les acides sulfoniques et le pentachlorure de phosphore. Nous étudierons les synthèses des acides sulfoniques au chapitre 15.

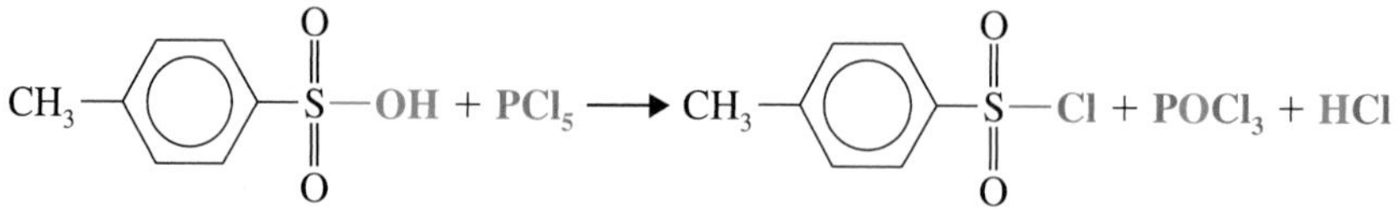

Acide p-toluènesulfonique → **Chlorure de p-toluènesulfonyle (chlorure de tosyle)**

L'utilisation de chlorure de méthanesulfonyle et de chlorure de p-toluènesulfonyle est tellement répandu que les organiciennes et les organiciens ont abrégé leur nom respectif en « chlorure de mésyle » et « chlorure de tosyle ». Le groupe méthanesulfonyle devient le groupe « mésyle », tandis que le groupe p-toluènesulfonyle est appelé groupe « tosyle ». Par conséquent, les méthanesulfonates sont des « mésylates » et les p-toluènesulfonates sont des « tosylates ».

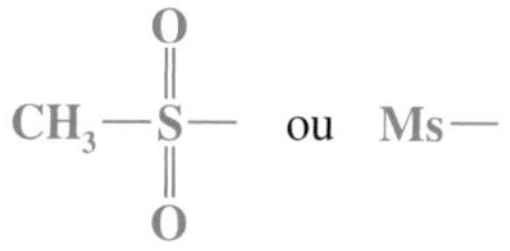

Le groupe mésyle 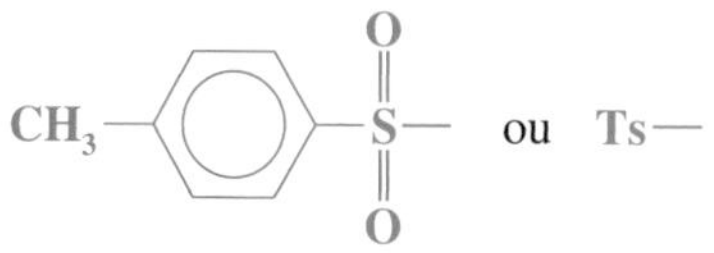   **Le groupe tosyle**

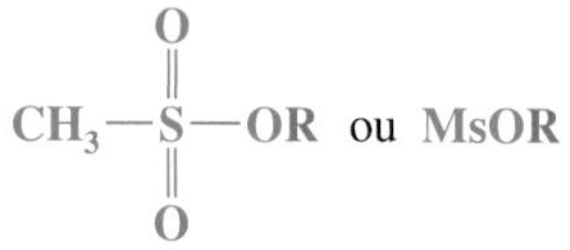

Un mésylate d'alkyle 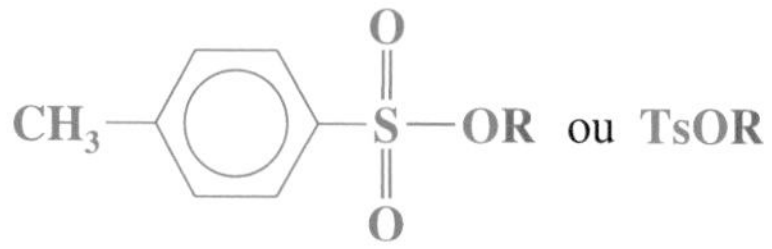   **Un tosylate d'alkyle**

PROBLÈME 11.14

À partir de l'acide sulfonique approprié et de PCl$_5$, ou du chlorure de sulfonyle approprié, expliquez comment vous prépareriez a) le p-toluènesulfonate de méthyle, b) le méthanesulfonate d'isobutyle et c) le méthanesulfonate de *tert*-butyle.

11.11   MÉSYLATES ET TOSYLATES DANS LES RÉACTIONS S$_N$2

Les ions sulfonate étant d'excellents groupes sortants, on utilise fréquemment les sulfonates d'alkyle comme substrats dans les réactions de substitution nucléophile.

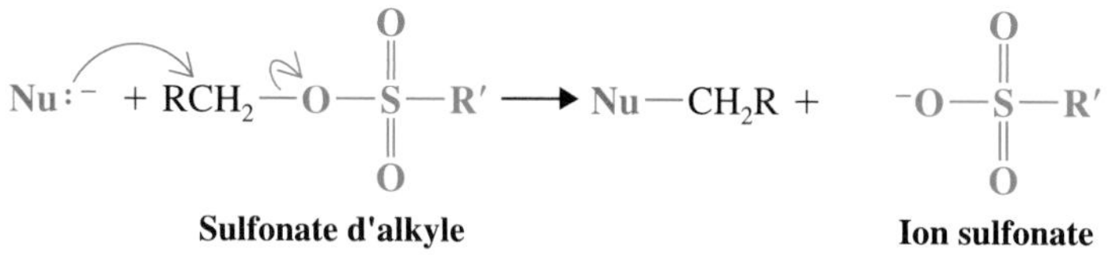

Sulfonate d'alkyle (tosylate, mésylate, etc.)   **Ion sulfonate (base très faible — un bon groupe sortant)**

L'ion trifluorométhanesulfonate (CF$_3$SO$_2$O$^-$) est l'un des meilleurs groupes sortants connus. Les trifluorométhanesulfonates d'alkyle — appelés *triflates d'alkyle* — réagissent très rapidement lors des réactions de substitution nucléophile. L'ion triflate est un groupe sortant tellement efficace que même les triflates de vinyle subissent des réactions S$_N$1 et forment des cations vinyliques.

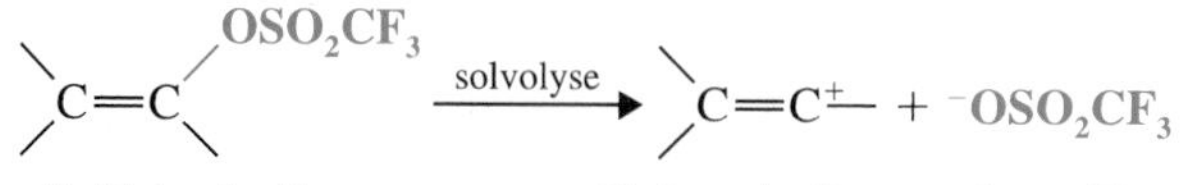

Triflate vinylique   **Cation vinylique**   **Ion triflate**

Les sulfonates d'alkyle offrent une façon indirecte de réaliser des réactions de substitution nucléophile sur des alcools. On convertit d'abord l'alcool en sulfonate d'alkyle, puis on laisse le sulfonate réagir avec un nucléophile. Lorsque l'atome de carbone porteur du —OH est un centre stéréogénique, la première étape — la formation du sulfonate — se caractérise par la **rétention de la configuration,** car aucune liaison du centre stéréogénique n'a été rompue. Seule la liaison O—H est brisée. La seconde étape — si c'est une réaction S_N2 — amène une *inversion de la configuration.*

Méthode pour transformer le groupe hydroxyle d'un alcool en groupe sortant.

Étape 1

$$\underset{\underset{R'}{|}}{\overset{\overset{R}{|}}{H^{\cdots}C}} - O - H + Cl - Ts \xrightarrow[-HCl]{\text{rétention}} \underset{\underset{R'}{|}}{\overset{\overset{R}{|}}{H^{\cdots}C}} - O - Ts$$

Étape 2

$$Nu:^- \ + \ \underset{\underset{R'}{|}}{\overset{\overset{R}{|}}{H^{\cdots}C}} - O - Ts \xrightarrow[S_N2]{\text{inversion}} Nu - \underset{\underset{R'}{|}}{\overset{\overset{R}{|}}{C}}^{\cdots}H \ + \ ^-O - Ts$$

Les sulfonates d'alkyle (les tosylates, etc.) subissent les mêmes réactions de substitution nucléophile que les halogénures d'alkyle.

CAPSULE CHIMIQUE

PHOSPHATES D'ALKYLE

Les alcools réagissent avec l'acide phosphorique pour donner des phosphates d'alkyle.

$$ROH + HO - \overset{\overset{O}{\|}}{\underset{\underset{OH}{|}}{P}} - OH \xrightarrow{(-H_2O)} RO - \overset{\overset{O}{\|}}{\underset{\underset{OH}{|}}{P}} - OH \xrightarrow[(-H_2O)]{ROH} RO - \overset{\overset{O}{\|}}{\underset{\underset{OR}{|}}{P}} - OH \xrightarrow[(-H_2O)]{ROH} RO - \overset{\overset{O}{\|}}{\underset{\underset{OR}{|}}{P}} - OR$$

Acide phosphorique	Dihydrogénophosphate d'alkyle	Hydrogénophosphate de dialkyle	Phosphate de trialkyle

Les esters de l'acide phosphorique, et notamment les triphosphates, jouent un rôle important dans les réactions biochimiques. Bien que l'hydrolyse du groupe ester ou d'une des liaisons de l'anhydride soit exothermique, ces réactions se déroulent très lentement en milieu aqueux. Lorsque le pH est près de 7, ces triphosphates existent sous forme d'ions négatifs et, par conséquent, sont moins sujets aux attaques nucléophiles. Les triphosphates d'alkyle sont donc des composés relativement stables dans le milieu aqueux d'une cellule vivante.

D'autre part, des enzymes peuvent catalyser les réactions de ces triphosphates. L'énergie dégagée par la rupture des liaisons anhydride fournit l'énergie nécessaire pour la formation d'autres liaisons chimiques dans la cellule. Nous approfondirons ce sujet au chapitre 22 lorsque nous étudierons un triphosphate essentiel : l'adénosine triphosphate (ou ATP).

PROBLÈME 11.15

Illustrez la configuration des produits obtenus a) au moment où le (*R*)-butan-2-ol est converti en tosylate et b) quand ce tosylate réagit avec l'ion hydroxyde par une réaction S_N2. c) Lorsqu'on transforme du *cis*-4-méthylcyclohexanol en tosylate et qu'on laisse réagir le tosylate avec du LiCl (dans un solvant adéquat), on obtient du *trans*-1-chloro-4-méthylcyclohexane. Indiquez la stéréochime de ces étapes.

11.12 CONVERSION DES ALCOOLS EN HALOGÉNOALCANES

Les alcools réagissent avec divers réactifs pour former des halogénoalcanes. Les réactifs les plus utilisés sont les halogénures d'hydrogène (HCl, HBr ou HI), le tribromure de phosphore (PBr_3) et le chlorure de thionyle ($SOCl_2$). Voici quelques exemples de réactions obtenues avec ces composés. Prenez note que toutes ces réactions amènent une rupture de la liaison C—O de l'alcool.

$$(CH_3)_3C{-}OH + HCl_{(conc.)} \xrightarrow{25\ °C} (CH_3)_3C{-}Cl + H_2O$$

(94 %)

$$CH_3CH_2CH_2CH_2OH + HBr_{(conc.)} \xrightarrow[\text{reflux}]{} CH_3CH_2CH_2CH_2Br$$

(95 %)

$$3\ (CH_3)_2CHCH_2OH + PBr_3 \xrightarrow[4\ h]{-10\ à\ 0\ °C} 3\ (CH_3)_2CHCH_2Br + H_3PO_3$$

(55 à 60 %)

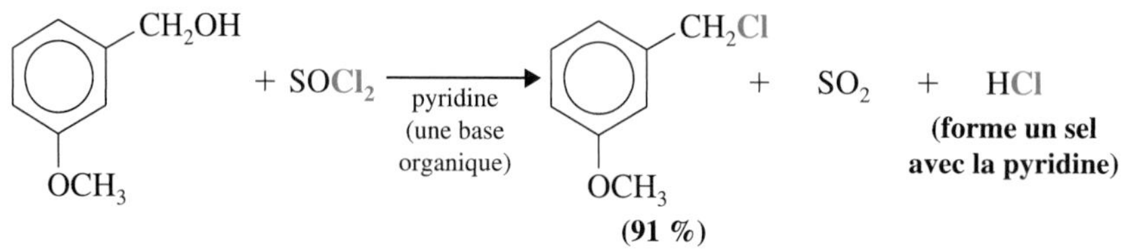

11.13 PRÉPARATION D'HALOGÉNOALCANES PAR RÉACTION DES ALCOOLS AVEC LES HALOGÉNURES D'HYDROGÈNE

Lorsqu'un alcool réagit avec un halogénure d'hydrogène, la substitution qui se produit donne lieu à un halogénoalcane et à de l'eau :

$$R{-}OH + HX \longrightarrow R{-}X + H_2O$$

L'ordre de réactivité des halogénures d'hydrogène est HI > HBr > HCl (HF est généralement non réactif) et l'ordre de réactivité des alcools est tertiaire > secondaire > primaire < méthyle.

La réaction procède par *catalyse acide.* Les alcools réagissent avec des halogénures d'hydrogène fortement acides tels que HCl, HBr et HI, mais ne réagissent pas avec des sels non acides tels que NaCl, NaBr et NaI. Par ailleurs, on peut transformer les alcools primaires et secondaires en chloroalcanes ou bromoalcanes en les faisant réagir avec un mélange d'halogénure de sodium et d'acide sulfurique.

$$ROH + NaX \xrightarrow{H_2SO_4} RX + NaHSO_4 + H_2O$$

11.13A MÉCANISMES DES RÉACTIONS DES ALCOOLS AVEC HX

Il semble que la réaction des alcools allyliques et benzyliques, secondaires et tertiaires, procède selon un mécanisme comportant la formation d'un carbocation — réaction étudiée dans la section 3.13. Nous pouvons maintenant préciser qu'*il s'agit d'une réaction S_N1 dans laquelle l'alcool protoné agit comme substrat.* La réaction entre l'alcool *tert*-butylique et l'acide chlorhydrique offre aussi un bon exemple de ce mécanisme.

Les deux premières étapes sont les mêmes que dans le mécanisme de déshydratation d'un alcool (section 7.7). L'alcool accepte un proton, et l'alcool ainsi protoné se dissocie pour former un carbocation et de l'eau.

Étape 1

$$CH_3-\underset{\underset{CH_3}{|}}{\overset{\overset{CH_3}{|}}{C}}-\overset{..}{\underset{..}{O}}-H + H-\overset{+}{\underset{\underset{H}{|}}{O}}-H \underset{}{\overset{\text{rapide}}{\rightleftharpoons}} CH_3-\underset{\underset{CH_3}{|}}{\overset{\overset{CH_3}{|}}{C}}-\overset{+}{\underset{..}{O}}\overset{H}{\underset{}{|}}-H + :\overset{}{\underset{\underset{H}{|}}{O}}-H$$

Étape 2

$$CH_3-\underset{\underset{CH_3}{|}}{\overset{\overset{CH_3}{|}}{C}}-\overset{+}{\underset{..}{O}}\overset{H}{\underset{}{|}}-H \underset{}{\overset{\text{lente}}{\rightleftharpoons}} CH_3-\overset{+}{\underset{\underset{CH_3}{|}}{\overset{\overset{CH_3}{|}}{C}}} + :\overset{H}{\underset{}{|}}O-H$$

C'est à la troisième étape que les mécanismes de déshydratation de l'alcool et de formation d'un halogénoalcane diffèrent. Dans le premier cas, le carbocation perd un proton lors d'une réaction E1 et forme un alcène; dans le deuxième cas, le carbocation réagit avec un nucléophile (ion halogénure) lors d'une réaction S_N1.

Étape 3

$$CH_3-\overset{+}{\underset{\underset{CH_3}{|}}{\overset{\overset{CH_3}{|}}{C}}} + :\overset{..}{\underset{..}{Cl}}:^- \underset{}{\overset{\text{rapide}}{\rightleftharpoons}} CH_3-\underset{\underset{CH_3}{|}}{\overset{\overset{CH_3}{|}}{C}}-\overset{..}{\underset{..}{Cl}}:$$

Comment explique-t-on cette différence ?

Habituellement, la déshydratation d'un alcool se fait en présence d'acide sulfurique concentré. Au cours de ce processus, les seuls nucléophiles présents dans le mélange réactionnel sont l'eau et les ions hydrogénosulfate (HSO_4^-), mais tous deux sont des nucléophiles faibles et n'existent qu'à faible concentration. Dans ces conditions, le carbocation hautement réactif se stabilise en perdant un proton et en devenant un alcène. Le résultat final est *une réaction E1.*

Dans la réaction inverse, soit celle de l'hydratation d'un alcène (section 8.5), le carbocation *réagit* avec un nucléophile, à savoir l'eau. Comme l'hydratation des alcènes a lieu en présence d'acide sulfurique dilué, la concentration en eau est élevée. Dans certains cas, le carbocation réagit aussi avec les ions HSO_4^- ou avec l'acide sulfurique lui-même. Le cas échéant, il se forme des hydrogénosulfates d'alkyle ($R-OSO_2OH$).

Lorsque l'on convertit un alcool en halogénoalcane, on le fait en présence d'acide et *d'ions halogénure.* Les ions halogénure sont de bons nucléophiles (beaucoup plus forts que l'eau), et leur concentration élevée amène la plupart des carbocations à se stabiliser en acceptant la paire d'électrons libres d'un ion halogénure. Le résultat global est une réaction S_N1.

Ces deux réactions, déshydratation et formation d'un halogénoalcane, sont un autre exemple de la rivalité entre l'élimination et la substitution nucléophile (voir la section 6.19). La conversion d'un alcool en halogénoalcane s'accompagne fréquemment de la formation d'un alcène (c'est-à-dire par élimination). Les énergies libres d'activation de ces deux réactions des carbocations sont assez semblables. Tous les carbocations ne réagissent donc pas uniquement avec les nucléophiles; certains se stabilisent en perdant un proton.

D'autre part, toutes les conversions d'alcools en halogénoalcanes effectuées en milieu acide ne forment pas forcément des carbocations. Les alcools primaires et le méthanol semblent réagir selon un mécanisme *de type S_N2*. Dans ces réactions, le rôle de l'acide est de former *un alcool protoné*. L'ion halogénure déplace ensuite une molécule d'eau (un bon groupe sortant) du carbone, et on obtient un halogénoalcane.

$$:\ddot{X}:^- + R-\overset{\overset{\displaystyle H}{|}}{\underset{\underset{\displaystyle H}{|}}{C}}-\overset{\overset{\displaystyle H}{|}}{\ddot{O}}{}^+\!\!-H \longrightarrow :\ddot{X}-\overset{\overset{\displaystyle H}{|}}{\underset{\underset{\displaystyle H}{|}}{C}}-R + :\overset{\overset{\displaystyle H}{|}}{O}-H$$

(alcool primaire protoné ou méthanol)   **(un bon groupe sortant)**

Même si les ions halogénure (particulièrement les ions bromure et iodure) sont de puissants nucléophiles, ils ne sont pas suffisamment forts pour entraîner une réaction de substitution avec l'alcool lui-même. Ainsi, des réactions comme celle-ci ne se produisent pas.

$$:\ddot{Br}:^- + -\overset{|}{\underset{|}{C}}-\ddot{O}H \xmapsto{\quad\times\quad} :\ddot{Br}-\overset{|}{\underset{|}{C}}- + {}^-\!:\ddot{O}H$$

Ce type de réaction ne se produit pas, car le groupe sortant serait un ion hydroxyde fortement basique.

On comprend maintenant pourquoi les réactions des alcools avec les halogénures d'hydrogène se font par catalyse acide. Dans le cas des alcools secondaires et tertiaires, l'acide contribue à la formation du carbocation. Avec le méthanol et les alcools primaires, le rôle de l'acide est de former un substrat dans lequel le groupe sortant est une molécule d'eau faiblement basique plutôt qu'une base forte, soit l'ion hydroxyde.

Comme on peut s'y attendre, maintes réactions des alcools avec les halogénures d'hydrogène, et notamment lorsqu'il y a formation de carbocations, *s'accompagnent de réarrangements*.

L'ion chlorure étant un nucléophile plus faible que les ions bromure et iodure, le chlorure d'hydrogène ne réagit donc pas avec les alcools primaires ou secondaires, à moins que du chlorure de zinc ou tout autre acide de Lewis similaire ne soit ajouté au mélange. Le chlorure de zinc, un bon acide de Lewis, forme un complexe avec l'alcool en se fixant à un doublet d'électrons libres de l'atome d'oxygène. Il en résulte un groupe sortant meilleur que H_2O pour la suite de la réaction.

$$R-\overset{\overset{\displaystyle}{|}}{\underset{\underset{\displaystyle H}{|}}{\ddot{O}}}: + ZnCl_2 \rightleftharpoons R-\overset{\overset{\displaystyle}{|}}{\underset{\underset{\displaystyle H}{|}}{\ddot{O}}}{}^+\!\!-\bar{Z}nCl_2$$

$$:\ddot{Cl}:^- + R-\overset{\overset{\displaystyle +}{|}}{\underset{\underset{\displaystyle H}{|}}{\ddot{O}}}-\bar{Z}nCl_2 \longrightarrow :\ddot{Cl}-R + [Zn(OH)Cl_2]^-$$

$$[Zn(OH)Cl_2]^- + H^+ \rightleftharpoons ZnCl_2 + H_2O$$

PROBLÈME 11.16

a) Nommez le facteur qui explique que les alcools tertiaires réagissent plus rapidement avec HX que ne le font les alcools secondaires et b) celui qui explique que le méthanol réagit plus rapidement avec HX que ne le fait un alcool primaire.

PROBLÈME 11.17

En faisant réagir du 3-méthylbutan-2-ol avec du HBr, on obtient un seul produit, soit le 2-bromo-2-méthylbutane.

Décrivez le mécanisme de cette réaction.

$$\underset{\text{3-Méthylbutan-2-ol}}{\overset{\displaystyle CH_3}{\underset{\displaystyle OH}{CH_3CHCHCH_3}}} \xrightarrow{\text{HBr}} \underset{\text{2-Bromo-2-méthylbutane}}{\overset{\displaystyle CH_3}{\underset{\displaystyle Br}{CH_3CCH_2CH_3}}}$$

Au chapitre 6, nous avons vu se produire la réaction inverse, c'est-à-dire la réaction d'un halogénoalcane avec un ion hydroxyde; cette réaction devient ainsi une méthode de synthèse des alcools.

11.14 PRÉPARATION D'HALOGÉNOALCANES PAR RÉACTION DES ALCOOLS AVEC PBr₃ OU SOCl₂

Les alcools primaires et secondaires réagissent avec le tribromure de phosphore pour former des bromoalcanes.

$$3\ R\!\!+\!\!OH + PBr_3 \longrightarrow 3\ R\!-\!Br + H_3PO_3$$
**(primaire
ou secondaire)**

Contrairement à la réaction d'un alcool avec du HBr, la réaction d'un alcool avec du PBr₃ n'entraîne pas la formation d'un carbocation et procède *habituellement sans réarrangement* du squelette carboné (en particulier si la température est maintenue sous 0 °C). C'est pourquoi le tribromure de phosphore est le réactif de choix dans la transformation d'un alcool en bromoalcane correspondant.

PBr₃ : réactif pour synthétiser des bromoalcanes primaires ou secondaires.

Le mécanisme de la réaction donne d'abord lieu à la formation d'un dibromo(alkoxy)phosphane protoné (voir la réaction suivante) par un déplacement nucléophile sur le phosphore; l'alcool agit ici comme nucléophile.

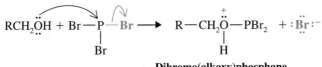

**Dibromo(alkoxy)phosphane
protoné**

Puis, l'ion bromure agit comme nucléophile et déplace le bon groupe sortant HOPBr₂.

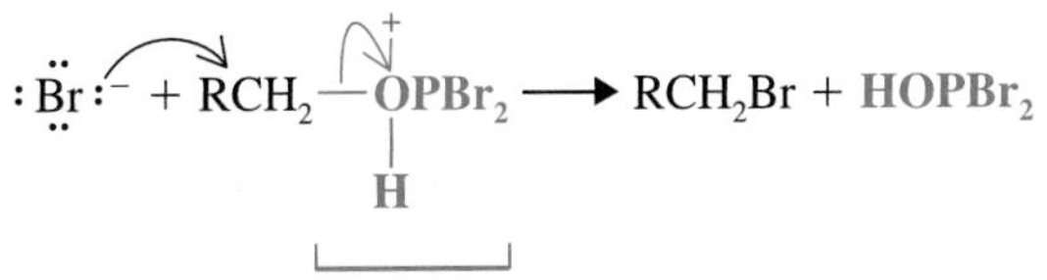

$$:\!\overset{..}{\underset{..}{Br}}\!:^- + RCH_2\!-\!\overset{+}{\underset{\underset{H}{|}}{O}}PBr_2 \longrightarrow RCH_2Br + HOPBr_2$$

Un bon groupe sortant

Le HOPBr₂ peut réagir avec d'autres molécules d'alcool; il en résulte ainsi une conversion de trois moles d'alcool en trois moles d'halogénoalcane à l'aide d'une mole de tribromure de phosphore.

Le chlorure de thionyle (SOCl₂) convertit les alcools primaires et secondaires en chloroalcanes (généralement sans réarrangement).

$$R\!-\!OH + SOCl_2 \xrightarrow{\text{reflux}} R\!-\!Cl + SO_2 + HCl$$
**(primaire ou
secondaire)**

SOCl₂ : réactif pour synthétiser des chloroalcanes primaires ou secondaires.

Pour amorcer la réaction, on ajoute souvent une amine tertiaire qui réagira avec le HCl.

$$R_3N\!: + HCl \longrightarrow R_3NH^+ + Cl^-$$

Le mécanisme de la réaction débute par la formation d'un chlorosulfite d'alkyle.

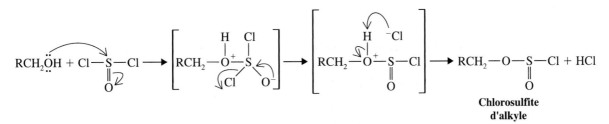

**Chlorosulfite
d'alkyle**

L'ion chlorure (qui vient de la réaction $R_3N + HCl \longrightarrow R_3NH^+ + Cl^-$) peut ensuite susciter un déplacement S_N2 du très bon groupe sortant $ClSO_2^-$ qui, en se décomposant (en SO_2 gazeux et en Cl^-), favorisera l'achèvement de la réaction jusqu'à épuisement d'un des réactifs.

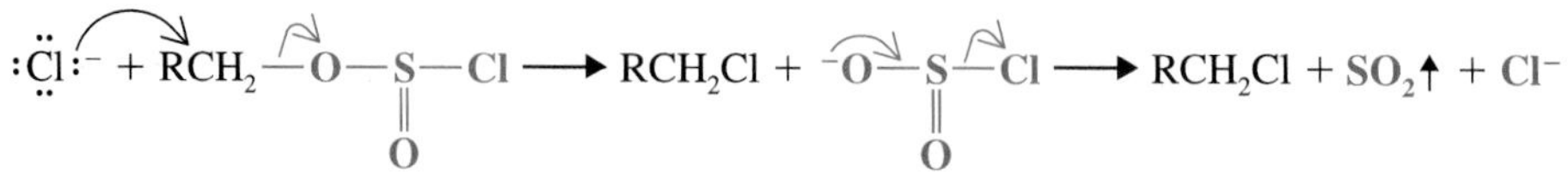

$$:\ddot{C}l^- + RCH_2-O-\underset{\underset{O}{\|}}{S}-Cl \longrightarrow RCH_2Cl + {}^-O-\underset{\underset{O}{\|}}{S}-Cl \longrightarrow RCH_2Cl + SO_2\uparrow + Cl^-$$

EXEMPLE

À partir d'alcools, proposez une synthèse pour chacun des composés suivants : a) bromure de benzyle, b) chlorocyclohexane et c) 1-bromobutane.

Réponse

a) $C_6H_5CH_2OH \xrightarrow{PBr_3} C_6H_5CH_2Br$

b) 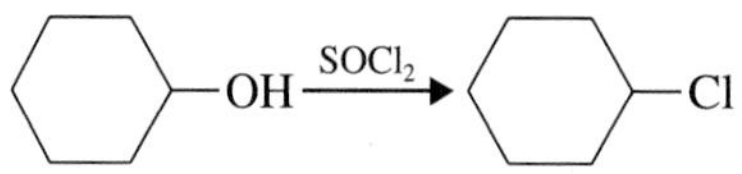 —OH $\xrightarrow{SOCl_2}$ —Cl

c) $CH_3CH_2CH_2CH_2OH \xrightarrow{PBr_3} CH_3CH_2CH_2CH_2Br$

11.15 SYNTHÈSE DES ÉTHERS

11.15A ÉTHERS OBTENUS PAR DÉSHYDRATATION INTERMOLÉCULAIRE D'ALCOOLS

Comme on l'a vu dans les sections 7.7 et 7.8, des alcènes peuvent être obtenus par déshydratation des alcools. Par ailleurs, la déshydratation des alcools primaires peut aussi conduire à la formation d'éthers.

$$R-OH + HO-R \xrightarrow[(-H_2O)]{H^+} R-O-R$$

La déshydratation menant à la formation d'un éther se fait habituellement à une température plus basse que celle conduisant à la formation d'un alcène. La distillation de l'éther, au fur et à mesure de sa formation, favorise la réaction de déshydratation. La fabrication industrielle de l'oxyde de diéthyle est réalisée par déshydratation de l'éthanol. À 140 °C, c'est surtout l'éther qui est produit, tandis qu'à 180 °C, l'éthène domine.

$$CH_3CH_2OH \begin{cases} \xrightarrow[180\,°C]{H_2SO_4} CH_2{=}CH_2 \quad \textbf{Éthène} \\ \\ \xrightarrow[140\,°C]{H_2SO_4} CH_3CH_2OCH_2CH_3 \end{cases}$$

Oxyde de diéthyle (éther diéthylique)

Les éthers se forment grâce à un mécanisme S_N2 dans lequel une molécule d'alcool joue le rôle de nuchéophile et une autre molécule d'alcool protoné sert de substrat (voir la section 11.8).

Cependant, cette méthode de préparation des éthers est assortie de restrictions. Les tentatives de synthèse d'éthers avec des groupes alkyle secondaires par déshydratation intermoléculaire d'alcools secondaires sont généralement infructueuses, car des alcènes se forment trop facilement. Les essais de synthèse d'éthers avec des groupes alkyle tertiaires ne produisent, quant à eux, que des alcènes. Enfin, cette méthode ne se prête pas à la synthèse d'éthers non symétriques à partir d'alcools primaires, parce que la réaction se solde par un mélange de produits.

MÉCANISME DE LA RÉACTION

Synthèse d'un éther par déshydratation intermoléculaire d'un alcool

Étape 1 CH_3CH_2—$\overset{..}{\underset{..}{O}}$—H + H—$OSO_3H$ ⇌ CH_3CH_2—$\overset{\overset{H}{|}}{\underset{..}{O}}{}^{+}$—H + $^-OSO_3H$

C'est une réaction acide–base dans laquelle l'alcool accepte
un proton de l'acide sulfurique.

Étape 2 CH_3CH_2—$\overset{..}{\underset{..}{O}}$—H + CH_3CH_2—$\overset{\overset{H}{|}}{\underset{..}{O}}{}^{+}$—H ⇌ CH_3CH_2—$\overset{\overset{H}{|}}{O}{}^{+}$—$CH_2CH_3$ + $:\overset{\overset{H}{|}}{\underset{..}{O}}$—H

Une autre molécule d'alcool agit comme nucléophile et attaque l'alcool
protoné lors d'une réaction S_N2.

Étape 3 CH_3CH_2—$\overset{\overset{H}{|}}{O}{}^{+}$—$CH_2CH_3$ + $:\overset{..}{\underset{..}{O}}$—H ⇌ CH_3CH_2—$\overset{..}{\underset{..}{O}}$—$CH_2CH_3$ + H—$\overset{\overset{H}{|}}{\underset{+}{O}}$—H

Une autre réaction acide–base convertit l'éther protoné en éther par transfert
d'un proton à une molécule d'eau (ou à une autre molécule de l'alcool).

$$\underbrace{ROH + R'OH}_{\text{alcools primaires}} \underset{H_2SO_4}{\overset{}{\rightleftharpoons}} \begin{array}{c} ROR \\ + \\ ROR' + H_2O \\ + \\ R'OR' \end{array}$$

PROBLÈME 11.18

La synthèse d'un éther non symétrique dans lequel un des groupes alkyle est un *tert*-butyle, et l'autre, un groupe primaire, est cependant possible. Cette synthèse peut être réalisée à température ambiante par l'addition d'alcool *tert*-butylique à un mélange d'alcool primaire et de H_2SO_4. Élaborez un mécanisme plausible pour cette réaction et expliquez pourquoi il serait efficace.

11.15B SYNTHÈSE DE WILLIAMSON DES ÉTHERS

La **synthèse de Williamson,** qui est une voie de synthèse importante menant à la formation d'éthers non symétriques, fait intervenir un mécanisme de substitution nucléophile. Cette synthèse consiste en une réaction S_N2 entre un alkoxyde de sodium et un halogénoalcane, un sulfonate d'alkyle ou un sulfate de dialkyle.

Alexander William Williamson, un chimiste anglais (1824-1904), mit au point une méthode particulièrement intéressante concernant la synthèse des éthers non symétriques.

MÉCANISME DE LA RÉACTION

La synthèse de Williamson d'un éther

$$R—\overset{..}{\underset{..}{O}}{:}\ Na^+ \quad + \quad R'—L \quad \longrightarrow \quad R—\overset{..}{\underset{..}{O}}—R' + Na^+ :L^-$$

Alkoxyde de   **Halogénoalcane,**   **Éther**
sodium   **sulfonate d'alkyle**
(ou de potassium)   **ou sulfate de dialkyle**

L'ion alkoxyde réagit avec le substrat au cours d'une réaction S_N2, ce qui entraîne la formation d'un éther. Le substrat doit porter un bon groupe sortant. Les substrats types sont des halogénoalcanes, des sulfonates d'alkyle et des sulfates de dialkyle. Exemple :

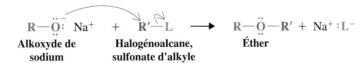

La réaction suivante est un exemple caractéristique de la synthèse de Williamson. L'alkoxyde de sodium peut être obtenu grâce à la réaction entre un alcool et du NaH ou du sodium métallique.

$$CH_3CH_2CH_2OH + NaH \longrightarrow CH_3CH_2CH_2\ddot{O}{:}^- Na^+ + H{-}H$$

Alcool propylique   **Propoxyde de sodium**

$$\downarrow CH_3CH_2I$$

$$CH_3CH_2OCH_2CH_2CH_3 + Na^+I^-$$

Oxyde d'éthyle et de propyle
(70 %)

Dans ce cas-ci, les limitations propres aux réactions S_N2 s'appliquent. De meilleurs résultats peuvent être obtenus si l'halogénoalcane, le sulfonate ou le sulfate sont des substrats primaires (ou méthyle). Si le substrat est tertiaire, il en résulte généralement une élimination. Mais, à température plus basse, la substitution l'emportera sur l'élimination.

Conditions favorisant une synthèse de Williamson.

PROBLÈME 11.19

a) Suggérez deux méthodes de préparation de l'oxyde d'isopropyle et de méthyle faisant appel à la synthèse de Williamson. b) L'une de ces méthodes offre un meilleur rendement en éther. Identifiez-la et expliquez pourquoi.

PROBLÈME 11.20

Les deux synthèses possibles du 2-éthoxy-1-phénylpropane décrites ci-dessous donnent des produits dont les pouvoirs rotatoires sont opposés.

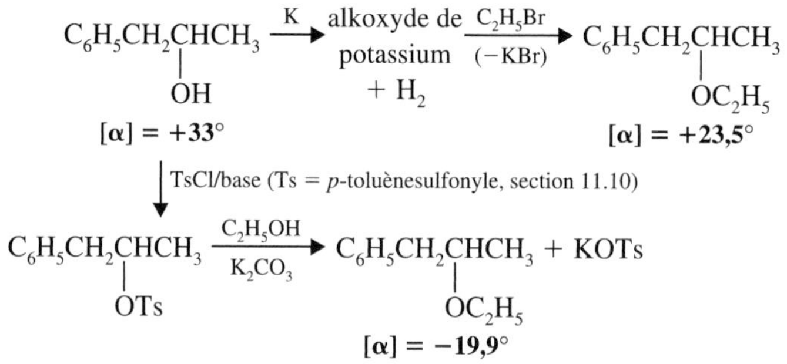

$$C_6H_5CH_2\underset{\underset{[\alpha] = +33°}{\overset{|}{OH}}}{CHCH_3} \xrightarrow[+ H_2]{\overset{K}{\text{alkoxyde de}}{\text{potassium}}} \xrightarrow[(-KBr)]{C_2H_5Br} C_6H_5CH_2\underset{\underset{[\alpha] = +23,5°}{\overset{|}{OC_2H_5}}}{CHCH_3}$$

$$\downarrow \text{TsCl/base (Ts = } p\text{-toluènesulfonyle, section 11.10)}$$

$$C_6H_5CH_2\underset{\overset{|}{OTs}}{CHCH_3} \xrightarrow[K_2CO_3]{C_2H_5OH} C_6H_5CH_2\underset{\underset{[\alpha] = -19,9°}{\overset{|}{OC_2H_5}}}{CHCH_3} + KOTs$$

Expliquez ce résultat.

PROBLÈME 11.21

Décrivez le mécanisme de formation du tétrahydrofurane (THF) après la réaction du 4-chlorobutan-1-ol avec une solution aqueuse d'hydroxyde de sodium.

PROBLÈME 11.22

Les époxydes peuvent être synthétisés par traitement des halohydrines (halogéno-alcools vicinaux) avec des bases aqueuses. Ainsi, la réaction entre $ClCH_2CH_2OH$ et une solution aqueuse d'hydroxyde de sodium produit de l'oxyde d'éthylène. a) Proposez un mécanisme pour cette réaction. b) Le *trans*-2-chlorocyclohexanol réagit spontanément avec l'hydroxyde de sodium pour former un oxyde de cyclohexène. Cependant, le *cis*-2-chlorocyclohexanol ne réagit pas de cette manière. Expliquez cette différence.

11.15C ALKYLATION DES ALCOOLS POUR FORMER DES ÉTHERS *TERT*-BUTYLIQUES; GROUPES PROTECTEURS

Les alcools primaires peuvent être convertis en éthers *tert*-butyliques par dissolution dans un acide fort, tel l'acide sulfurique, suivie de l'addition d'isobutylène.

Cette prodécure expérimentale réduit la dimérisation et la polymérisation de l'isobutylène.

$$RCH_2OH + CH_2{=}CCH_3 \xrightarrow{H_2SO_4} RCH_2O{-}CCH_3 \left.\begin{array}{c}\\ \\ \\ \end{array}\right\} \begin{array}{l}\textbf{Groupe}\\ \textbf{protecteur}\\ \textit{tert}\textbf{-butyle}\end{array}$$

Cette méthode est souvent utilisée pour « protéger » une fonction hydroxyle d'un alcool primaire lorsque des réactions chimiques ont lieu avec d'autres groupes fonctionnels de ce même alcool. Le groupe protecteur *tert*-butyle est facilement éliminé par traitement de l'éther avec une solution aqueuse d'acide dilué.

Prenons comme exemple la préparation du pent-4-yn-1-ol à partir du 3-bromopropan-1-ol et de l'acétylure de sodium. Si on les laisse réagir directement, l'acétylure de sodium, une base très forte, réagira d'abord avec le groupe hydroxyle.

$$HOCH_2CH_2CH_2Br + NaC{\equiv}CH \longrightarrow NaOCH_2CH_2CH_2Br + HC{\equiv}CH$$
3-Bromopropan-1-ol

Par contre, si on protège préalablement le groupe —OH, la synthèse devient réalisable.

$$HOCH_2CH_2CH_2Br \xrightarrow[\text{(2) } CH_2=C(CH_3)_2]{\text{(1) } H_2SO_4} (CH_3)_3COCH_2CH_2CH_2Br \xrightarrow{NaC{\equiv}CH}$$

$$(CH_3)_3COCH_2CH_2CH_2C{\equiv}CH \xrightarrow{H_3O^+/H_2O} HOCH_2CH_2CH_2C{\equiv}CH + (CH_3)_3COH$$
Pent-4-yn-1-ol

PROBLÈME 11.23

a) Le mécanisme de formation de l'éther de *tert*-butyle à partir d'un alcool primaire et de l'isobutylène est similaire à celui évoqué dans le problème 11.18. Proposez un mécanisme pour cette transformation. b) Identifiez le facteur faisant en sorte que le groupe protecteur *tert*-butyle peut être enlevé aussi facilement (on verra dans la section 11.16 qu'on recourt à des moyens plus radicaux pour scinder certains autres éthers). c) Proposez un mécanisme pour l'enlèvement du groupe protecteur *tert*-butyle.

11.15D ÉTHERS SILYLÉS COMME GROUPES PROTECTEURS

Un groupe hydroxyle peut aussi être protégé si on le convertit en un éther silylé. L'un des plus courants est l'éther du groupe *tert*-butyldiméthylsilyle [*tert*-butyl(CH₃)₂Si—O—R ou TBDMS—O—R], mais d'autres sont aussi utilisés, comme le triméthylsilyle, le triisopropylsilyle et le *tert*-butyldiphénylsilyle. La zone de stabilité de l'éther *tert*-butyldiméthylsilyle se situe entre un pH de 4 et de 12. Un groupe TBDMS peut être ajouté par réaction d'un alcool avec le *tert*-butylchlorodiméthylsilane, en présence d'une amine aromatique (une base) telle que l'imidazole ou la pyridine.

Groupe protecteur TBDMS

$$R{-}O{-}H + Cl{-}\underset{\underset{CH_3}{|}}{\overset{\overset{CH_3}{|}}{Si}}{-}C(CH_3)_3 \xrightarrow[\text{DMF}]{\text{imidazole}} R{-}O{-}\underset{\underset{CH_3}{|}}{\overset{\overset{CH_3}{|}}{Si}}{-}C(CH_3)_3$$
$$\qquad\qquad\qquad (-HCl)$$
tert-**Butylchlorodiméthylsilane** (**R—O—TBDMS**)
(TBDMSCl)

HN: N:
Imidazole

Par la suite, le groupe TBDMS peut être enlevé par l'action des ions fluorure (le fluorure de tétrabutylammonium est fréquemment utilisé).

$$R{-}O{-}\underset{\underset{CH_3}{|}}{\overset{\overset{CH_3}{|}}{Si}}{-}C(CH_3)_3 \xrightarrow[\text{THF}]{Bu_4N^+F^-} R{-}O{-}H + F{-}\underset{\underset{CH_3}{|}}{\overset{\overset{CH_3}{|}}{Si}}{-}C(CH_3)_3$$
(**R—O—TBDMS**)

Pyridine

La conversion d'un alcool en éther silylé en augmente la volatilité. Cette volatilité accrue de l'alcool (sous forme d'éther silylé) facilite beaucoup son analyse par chromatographie en phase gazeuse. Les éthers triméthylsilylés servent souvent à cette fin. Cependant, le groupe triméthylsilyle est trop labile pour servir de groupe protecteur lors de la plupart des réactions.

11.16 RÉACTIONS DES ÉTHERS

Les éthers sont très peu réactifs, sauf avec les acides. Les seuls sites réactifs sur les molécules d'éther sont les liaisons C—H des groupes alkyle et l'atome   de la liaison éther. Les éthers résistent aux attaques des nucléophiles (pourquoi ?) et des bases. Cette absence de réactivité, jumelée à la capacité de solvater des cations (en cédant une paire d'électrons de leur atome d'oxygène), fait des éthers d'excellents solvants pour de nombreuses réactions.

Tout comme les alcanes, les éthers subissent des réactions d'halogénation (chapitre 10), mais ces réactions présentent peu d'intérêt en synthèse organique.

L'oxygène de la liaison éther donne des propriétés basiques aux éthers. Les éthers peuvent donc réagir avec des donneurs de protons pour former des **ions oxonium.**

$$CH_3CH_2\overset{..}{\underset{..}{O}}CH_2CH_3 + HBr \rightleftharpoons CH_3CH_2-\overset{+}{\underset{|}{\overset{..}{O}}}-CH_2CH_3 \; Br^-$$
$$\underset{H}{}$$

Un ion oxonium

Le fait de chauffer un oxyde de dialkyle en présence d'un acide fort (HI, HBr ou H_2SO_4) provoque la rupture de la liaison carbone–oxygène. À titre d'exemple, si on chauffe de l'éther diéthylique en présence d'acide bromhydrique concentré, on obtiendra deux équivalents molaires de bromoéthane.

$$CH_3CH_2OCH_2CH_3 + 2\,HBr \longrightarrow 2\,CH_3CH_2Br + H_2O \qquad \textbf{Clivage}$$
$$\textbf{d'un éther}$$

Le mécanisme de cette réaction débute par la formation d'un ion oxonium. Puis, la réaction S_N2 avec l'ion bromure, qui agit comme nucléophile, produit de l'éthanol et du bromoéthane. Enfin, l'excès de HBr réagit avec l'éthanol pour donner une deuxième molécule de bromoéthane.

MÉCANISME DE LA RÉACTION

Clivage des éthers par des acides forts

Étape 1

$$CH_3CH_2\overset{..}{\underset{..}{O}}CH_2CH_3 + H\overset{..}{\underset{..}{Br}}: \rightleftharpoons CH_3CH_2\overset{+}{\underset{|}{\overset{..}{O}}}-CH_2CH_3 + :\overset{..}{\underset{..}{Br}}:^- \longrightarrow CH_3CH_2\overset{..}{\underset{|}{O}}: + CH_3CH_2Br$$
$$\qquad\qquad\qquad\qquad\qquad\qquad\qquad\qquad H \qquad\qquad\qquad\qquad\qquad\qquad\qquad\qquad H$$

Éthanol   **Bromoéthane**

Dans l'étape 2, l'éthanol (qui vient d'être formé) réagit avec HBr
(en excès) pour former un deuxième équivalent molaire de bromoéthane.

Étape 2

$$CH_3CH_2\overset{..}{\underset{..}{O}}H + H-\overset{..}{\underset{..}{Br}}: \rightleftharpoons :\overset{..}{\underset{..}{Br}}:^- + CH_3CH_2-\overset{+}{\underset{|}{O}}-H \longrightarrow CH_3CH_2-\overset{..}{\underset{..}{Br}}: + :\overset{..}{O}-H$$
$$\qquad\qquad\qquad\qquad\qquad\qquad\qquad\qquad\qquad\qquad H \qquad\qquad\qquad\qquad\qquad\qquad\qquad\qquad H$$

PROBLÈME 11.24

Lorsqu'un éther est traité avec du HI concentré à *froid,* le clivage de l'éther se fait de la façon suivante :

$$R—O—R + HI \longrightarrow ROH + RI$$

Quand des éthers mixtes sont employés, l'alcool et l'iodoalcane qui se forment varient en fonction de la nature des groupes alkyle. Justifiez les énoncés suivants. a) Quand le (*R*)-2-méthoxybutane réagit, les produits obtenus sont l'iodométhane et le (*R*)-butan-2-ol. b) Quand l'oxyde de *tert*-butyle et de méthyle réagit, les produits obtenus sont le méthanol et le 2-iodo-2-méthylpropane.

11.17 ÉPOXYDES

Les époxydes sont des éthers cycliques dont le cycle est constitué de trois atomes. Dans la nomenclature de l'UICPA, les époxydes sont appelés **oxiranes.** L'époxyde le plus simple est couramment dénommé « oxyde d'éthylène ».

Un époxyde　　**Nom selon l'UICPA : oxirane**
Nom courant : oxyde d'éthylène

La méthode de synthèse des époxydes la plus courante est celle dans laquelle un alcène réagit avec un **acide peroxycarboxylique** organique (aussi appelé **peracide**). Ce procédé se nomme **époxydation.**

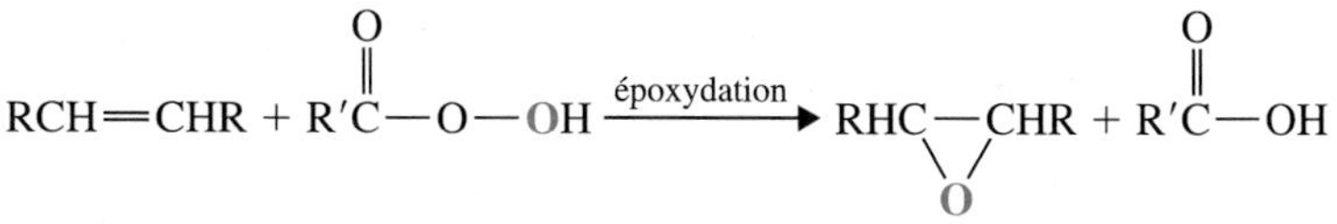

Un alcène　　**Un peracide**　　**Un époxyde**
(ou oxirane)

Au cours de cette réaction, le peracide transfère un atome d'oxygène à l'alcène. Pour expliquer cette réaction, on propose le mécanisme suivant.

MÉCANISME DE LA RÉACTION

Époxydation d'un alcène

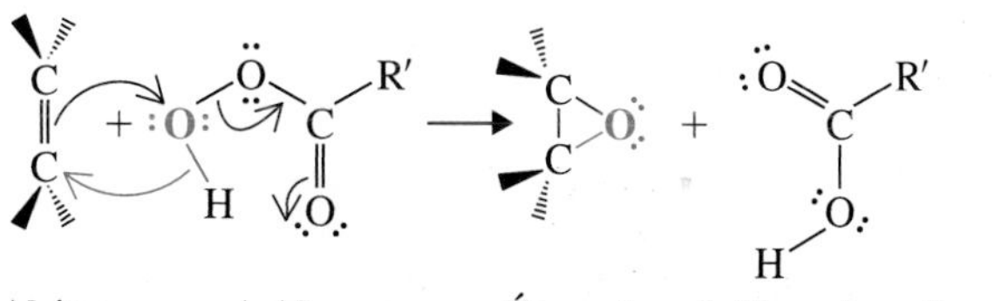

Alcène　　**Acide**　　　**Époxyde**　　**Acide carboxylique**
peroxycarboxylique

L'acide peroxycarboxylique transfère un atome d'oxygène à l'alcène par un mécanisme cyclique concerté. Le résultat est une addition *syn* de l'oxygène à l'alcène, avec formation d'un époxyde et d'un acide carboxylique.

Durant la réaction d'époxydation, l'addition de l'oxygène à la double liaison de l'alcène est nécessairement de type *syn*. Pour former un cycle à trois atomes, l'atome d'oxygène doit se fixer du même côté des deux atomes de carbone de la double liaison.

Certains acides peroxycarboxyliques employés dans le passé pour préparer des époxydes étaient instables et, par conséquent, probablement dangereux. Aujourd'hui, on utilise surtout le monoperoxyphtalate de magnésium (MMPP), un peracide plus stable.

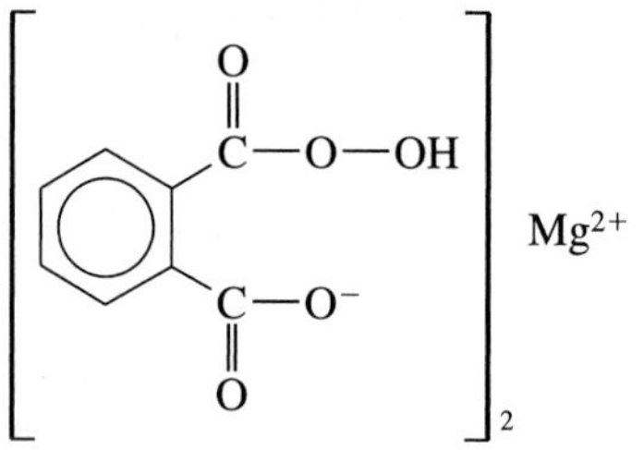

**Monoperoxyphthalate de magnésium
(MMPP)**

Par exemple, le cyclohexène réagit avec le monoperoxyphtalate de magnésium dans l'éthanol pour former du 1,2-époxycyclohexane.

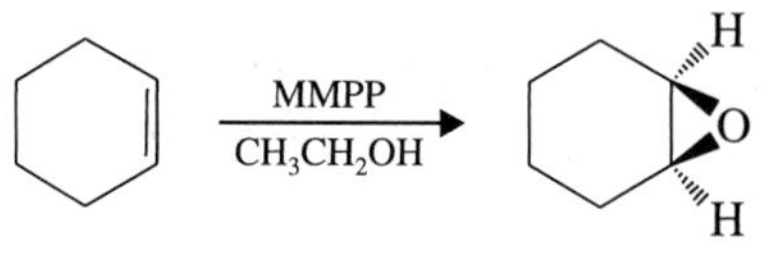

**1,2-Époxycyclohexane
(oxyde de cyclohexène)
(85 %)**

Avec les acides peroxycarboxyliques, la réaction des alcènes est stéréospécifique. Le *cis*-but-2-ène, par exemple, donnera uniquement du *cis*-2,3-diméthyloxirane, et le *trans*-but-2-ène ne formera que du *trans*-2,3-diméthyloxirane racémique.

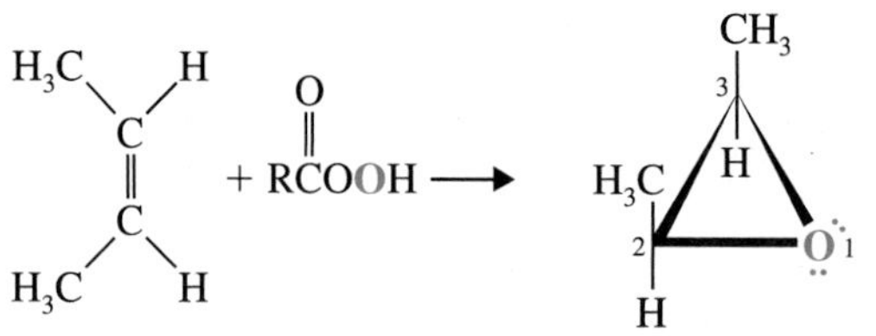

cis-But-2-ène

**cis-2,3-Diméthyloxirane
(un composé méso)**

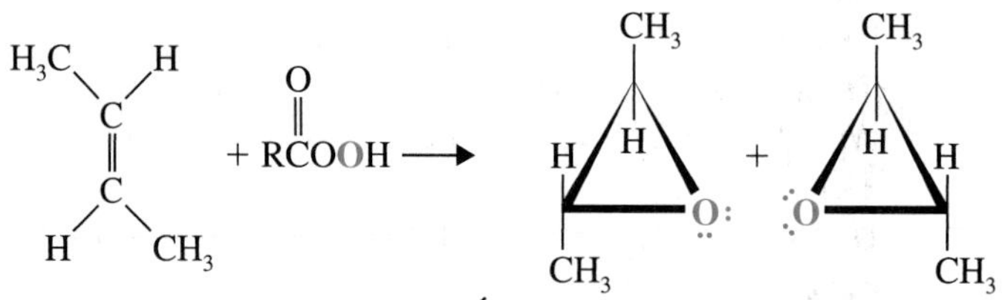

trans-But-2-ène

**Énantiomères du *trans*-2,3-diméthyloxirane
(mélange racémique)**

▶ CAPSULE CHIMIQUE

ÉPOXYDATION ASYMÉTRIQUE DE SHARPLESS

En 1980, K.B. Sharpless (alors au *Massachusetts Institute of Technology*, présentement au *Scripps Research Institute* et à l'Université de la Californie à San Diego) et son équipe ont découvert une méthode qui est devenue l'un des outils les plus précieux en synthèse chirale. L'époxydation asymétrique de Sharpless convertit les alcools allyliques (section 11.1) en époxydes d'alcool chiraux avec une très haute énantiosélectivité (c'est-à-dire avec une préférence marquée pour la formation d'un énantiomère plutôt que d'un mélange racémique). On traite l'alcool allylique avec de l'hydroperoxyde de *tert*-butyle, du tétra-isopropoxyde de

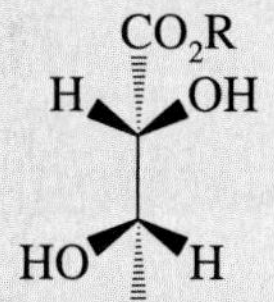

**Un ester du (+)-tartrate
de dialkyle**

titane (IV) [Ti(O—*i*Pr)₄] et un stéréo-isomère spécifique d'un ester de l'acide tartrique. Le choix du stéréo-isomère dépend du type d'énantiomère de l'époxyde que l'on désire obtenir. La réaction ci-contre est un exemple :

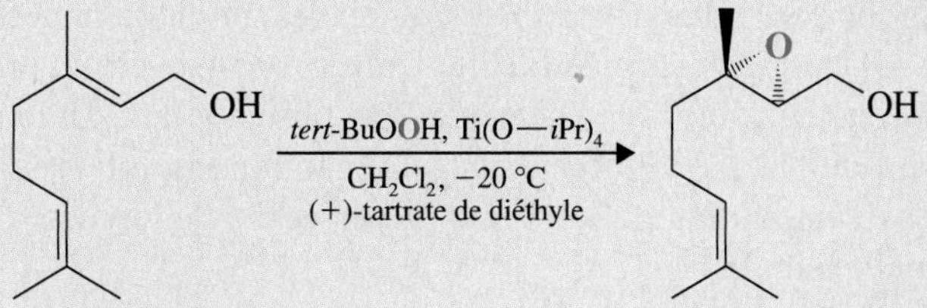

Géraniol

Rendement de 77 %
(excès énantiomère de 95 %)

L'oxygène transféré sur l'alcool allylique pour former l'époxyde provient de l'hydroperoxyde de *tert*-butyle. L'énantiosélectivité de la réaction découle de la présence d'un complexe entre le titane et les réactifs, dont un des ligands est l'énantiomère pur d'un ester de l'acide tartrique. Le choix de l'ester de tartrate (+)- ou (−)- pour contrôler la stéréochimie dépend de la chiralité de l'époxyde désiré. Les tartrates (+)- ou (−)- sont des esters diéthyliques ou diisopropyliques. Les orientations stéréochimiques de la réaction ayant été étudiées en profondeur, il est possible de préparer de grandes quantités de l'un ou l'autre des énantiomères d'un époxyde chiral en choisissant simplement comme ligand chiral le stéréo-isomère du tartrate (+)- ou (−)- approprié.

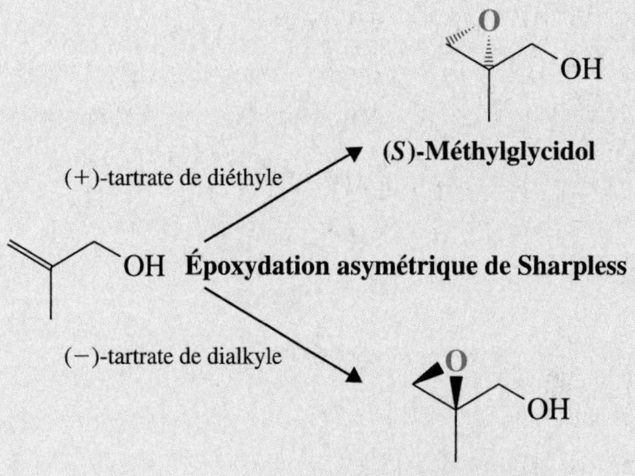

(S)-Méthylglycidol

(+)-tartrate de diéthyle

Époxydation asymétrique de Sharpless

(−)-tartrate de dialkyle

(R)-Méthylglycidol

Les composés obtenus par cette transformation sont des synthons extrêmement utiles et polyvalents puisqu'ils regroupent, en une molécule, un groupe fonctionnel époxyde (un site électrophile fortement réactif), un groupe fonctionnel alcool (un site potentiellement nucléophile) et au moins un centre stéréogénique énantiomèrement pur. Les synthons époxyalcool chiraux, obtenus par l'époxydation asymétrique de Sharpless, ont prouvé maintes fois leur utilité lors de synthèses énantiosélectives de nombreuses substances importantes. En voici quelques exemples : la synthèse de l'antibiotique de type polyéther X-206 par E.J. Corey (Harvard), la synthèse industrielle de la phéromone de la spongieuse (7*R*,8*S*)-disparlure par J.T. Baker et la synthèse de l'acide zaragozique A (aussi appelé squalestatine S1) par K.C. Nicolaou (de *Scripps Research Institute* et de l'Université de la Californie à San Diego), acide qui a démontré, sur des animaux, une capacité de réduire le taux de cholestérol sanguin par inhibition de la biosynthèse du squalène (voir la Capsule chimique intitulée « la biosynthèse du cholestérol », chapitre 8).

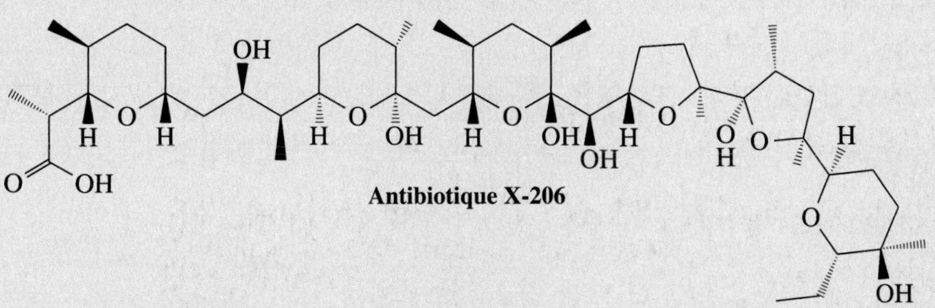

Antibiotique X-206

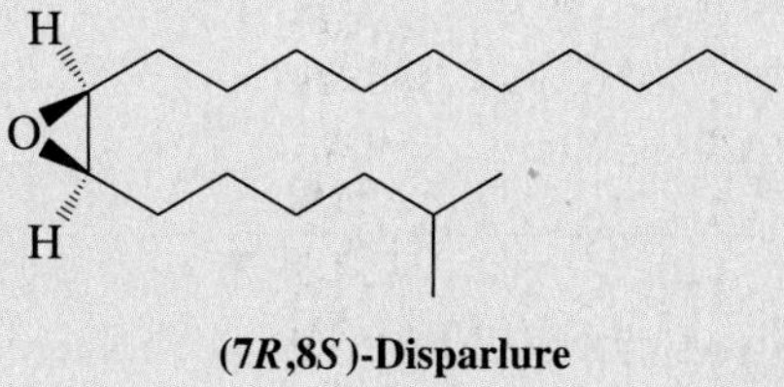

(7R,8S)-Disparlure

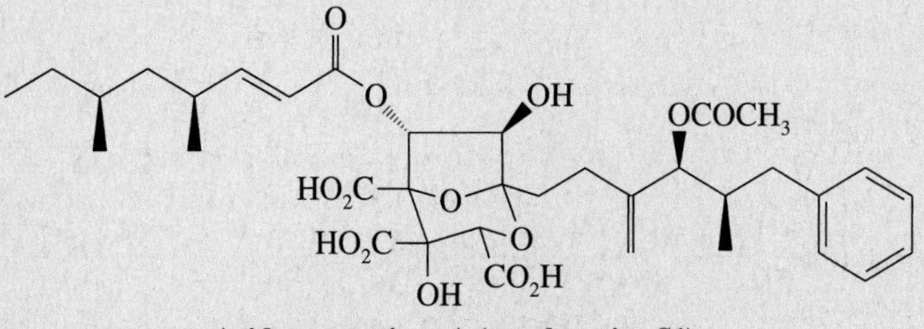

Acide zaragozique A (squalestatine S1)

11.18 RÉACTIONS DES ÉPOXYDES

Le cycle à trois atomes qui se trouve dans les époxydes est très tendu, ce qui rend ce type de composés plus susceptibles de subir des substitutions nucléophiles que d'autres éthers.

Une catalyse acide facilite l'ouverture du cycle en procurant un meilleur groupe sortant (un alcool) au carbone qui subira l'attaque nucléophile. Cette catalyse est particulièrement importante si la réaction fait intervenir un nucléophile faible tel que l'eau ou un alcool. La catalyse acide de l'hydrolyse d'un époxyde en est un bon exemple.

MÉCANISME DE LA RÉACTION

Ouverture d'un époxyde par catalyse acide

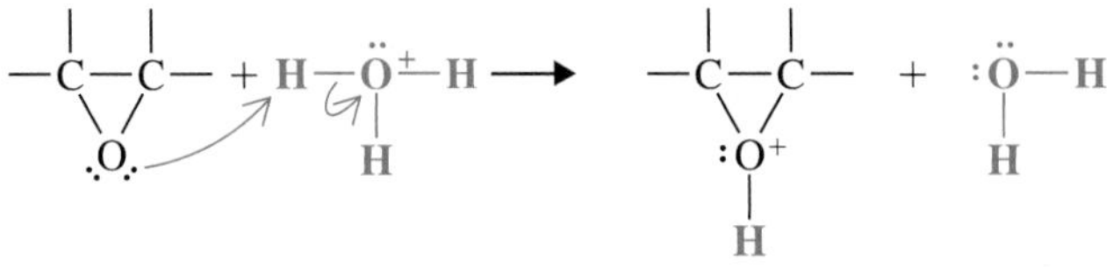

Époxyde   **Époxyde protoné**

L'acide réagit avec l'époxyde pour former un époxyde protoné.

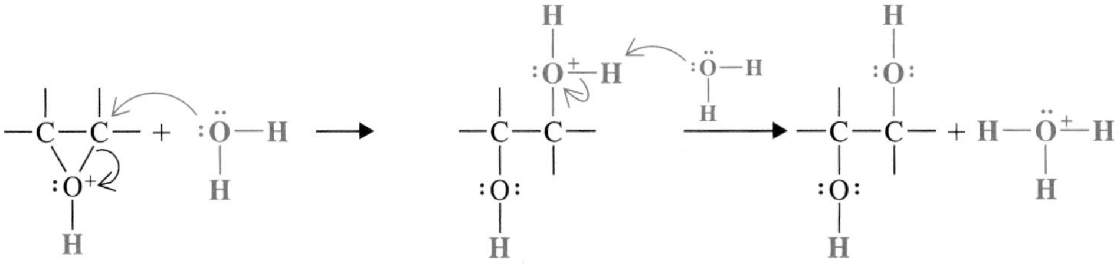

Époxyde   **Nucléophile**   **Diol vicinal (glycol)**   **Diol vicinal (glycol)**
protoné   **faible**   **protoné**

L'époxyde protoné réagit avec le nucléophile faible (eau) pour former un glycol protoné.
Celui-ci transfère ensuite un proton à une molécule d'eau pour engendrer le diol et un ion hydronium.

L'ouverture du cycle des époxydes peut aussi se faire par catalyse basique. De telles réactions ne se produisent pas avec les autres éthers, mais elles sont possibles avec les époxydes (en raison de la tension dans le cycle), à condition que le nucléophile soit aussi une base forte, comme un ion alkoxyde ou un ion hydroxyde.

MÉCANISME DE LA RÉACTION

Ouverture d'un époxyde par catalyse basique

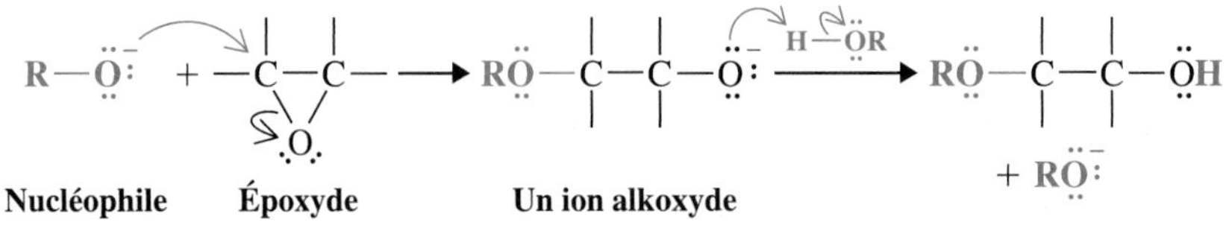

Nucléophile   **Époxyde**   **Un ion alkoxyde**
fort

Un nucléophile fort tel qu'un ion alkoxyde ou un ion hydroxyde
peut ouvrir le cycle tendu d'un époxyde par une réaction S_N2 directe.

Dans le cas de l'**ouverture du cycle par catalyse basique,** si l'époxyde est non symétrique, l'attaque par l'ion alkoxyde, le nucléophile, se fera ***sur l'atome de***

Régiosélectivité de
l'ouverture des époxydes
en milieu basique

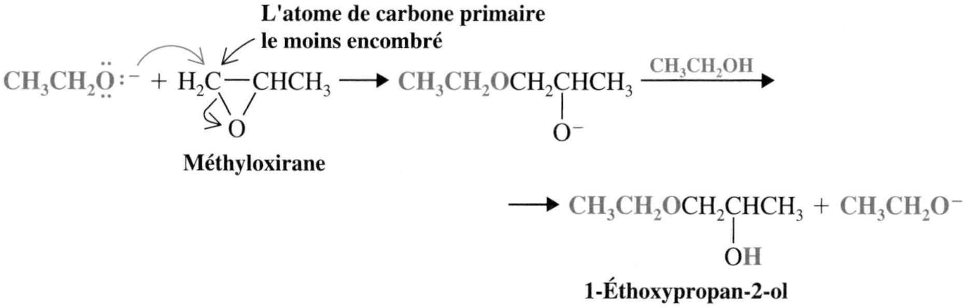

carbone le moins substitué. Par exemple, la réaction du méthyloxirane avec un ion alkoxyde se fait principalement sur le carbone primaire.

$$\overset{L'atome\ de\ carbone\ primaire}{\underset{le\ moins\ encombré}{}}$$

$$CH_3CH_2\ddot{\overset{..}{O}}:^- + H_2C\!-\!CHCH_3 \longrightarrow CH_3CH_2OCH_2CHCH_3 \xrightarrow{CH_3CH_2OH}$$
$$\underset{O}{\diagdown} \qquad\qquad\qquad\qquad \underset{O^-}{|}$$

Méthyloxirane

$$\longrightarrow CH_3CH_2OCH_2\underset{\underset{OH}{|}}{CHCH_3} + CH_3CH_2O^-$$

1-Éthoxypropan-2-ol

Le tout était prévisible car, comme nous l'avons vu précédemment (voir la section 6.14A), les réactions S_N2 se réalisent plus rapidement avec des substrats primaires puisque ceux-ci présentent un encombrement stérique moindre.

Dans le cas de **l'ouverture par catalyse acide,** le nucléophile attaque majoritairement *le carbone le plus substitué* d'un époxyde non symétrique. En voici un exemple :

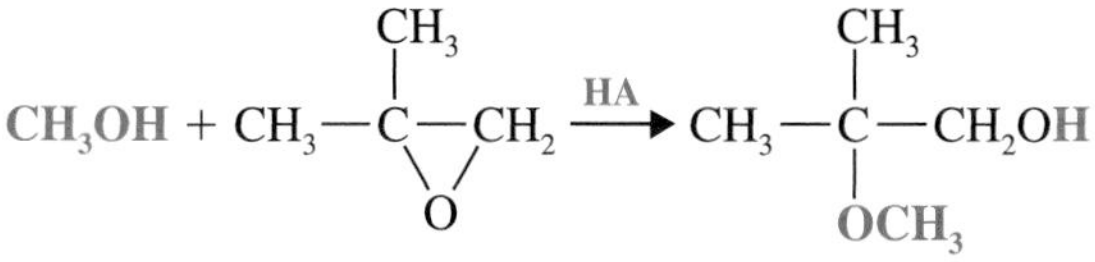

$$CH_3OH + CH_3\!-\!\overset{\overset{\textstyle CH_3}{|}}{C}\!-\!CH_2 \xrightarrow{HA} CH_3\!-\!\overset{\overset{\textstyle CH_3}{|}}{\underset{\underset{OCH_3}{|}}{C}}\!-\!CH_2OH$$
$$\underset{O}{\diagdown\diagup}$$

La cause de cette régiosélectivité est la suivante. Dans l'époxyde protoné (voir la réaction ci-dessous), les liaisons sont non symétriques et l'atome de carbone le plus substitué porte une charge positive partielle considérable; la réaction s'apparente donc à une réaction S_N1. Le nucléophile attaquera alors cet atome de carbone, même s'il est plus substitué.

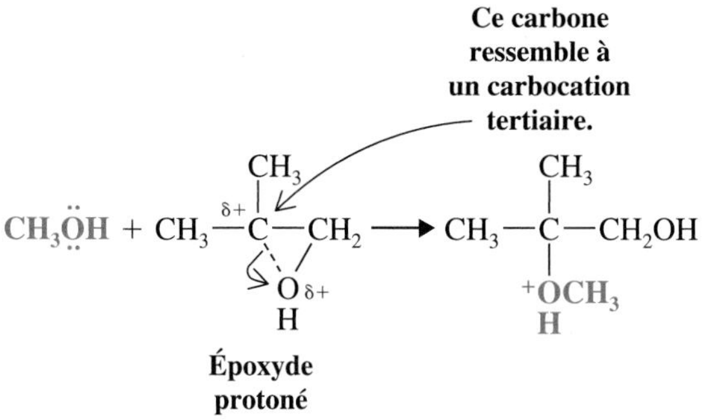

$$\overset{\substack{\text{Ce carbone}\\ \text{ressemble à}\\ \text{un carbocation}\\ \text{tertiaire.}}}{}$$

$$CH_3\ddot{\overset{..}{O}}H + CH_3\!-\!\overset{\overset{\textstyle CH_3}{|}}{\underset{\delta+}{C}}\!-\!CH_2 \longrightarrow CH_3\!-\!\overset{\overset{\textstyle CH_3}{|}}{\underset{\underset{\underset{H}{+OCH_3}}{|}}{C}}\!-\!CH_2OH$$
$$\underset{\underset{H}{O\,\delta+}}{\diagdown}$$

**Époxyde
protoné**

L'atome de carbone le plus substitué porte une charge positive partielle plus grande parce qu'il ressemble davantage à un carbocation tertiaire plus stable. Notez à quel point cette réaction ressemble à celle décrite pour la formation des halogénohydrines à partir d'alcènes non symétriques, dans la section 8.8.

PROBLÈME 11.25

Proposez une structure pour chacun des produits suivants :

a) Oxirane $\xrightarrow[CH_3OH]{HA}$ $C_3H_8O_2$ (solvant industriel appelé méthyl « Cellosolve »)

b) Oxirane $\xrightarrow[CH_3CH_2OH]{HA}$ $C_4H_{10}O_2$ (éthyle « Cellosolve »)

c) Oxirane $\xrightarrow[H_2O]{KI}$ C_2H_7IO

d) Oxirane $\xrightarrow{NH_3}$ C_2H_7NO

e) Oxirane $\xrightarrow[CH_3OH]{CH_3ONa}$ $C_3H_8O_2$

ÉPOXYDES, CARCINOGÈNES ET OXYDATION BIOLOGIQUE

Au cours des processus métaboliques qui précèdent l'élimination des déchets de notre organisme, certaines molécules présentes dans l'environnement subissent des modifications qui les rendent carcinogènes. C'est le cas de deux des composés les plus carcinogènes que nous connaissions : le dibenzo[*a,l*]pyrène, un hydrocarbure aromatique polycyclique, et l'aflatoxine B_1, un métabolite fongique. Durant la phase d'oxydation, ces molécules subissent dans le foie et les intestins une époxydation provoquée par les enzymes appelées cytochromes P450. Leurs produits époxyde, on le sait, sont des électrophiles exceptionnellement réactifs et, par conséquent, carcinogènes. Les époxydes du dibenzo[*a,l*]pyrène et de l'aflatoxine B_1 participent aisément à des réactions de substitution nucléophile avec l'ADN. Les sites nucléophiles de l'ADN réagissent, ouvrent le cycle des époxydes et provoquent l'alkylation de l'ADN par la formation d'une liaison covalente avec le carcinogène. Une telle modification de l'ADN marque le début d'une maladie.

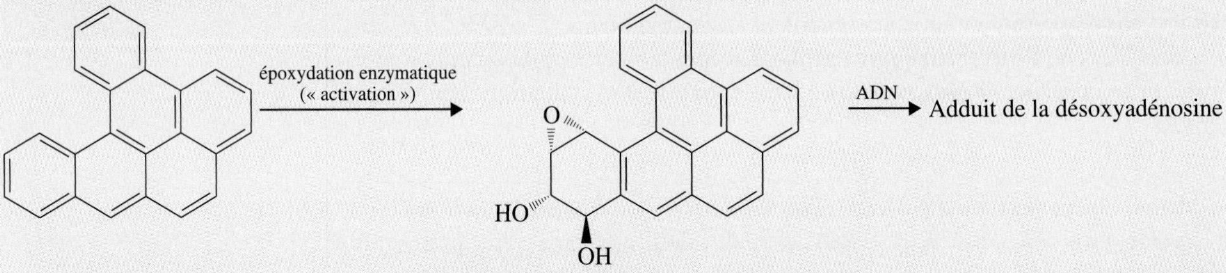

Dibenzo[*a,l*]pyrène — époxydation enzymatique (« activation ») → **Dibenzo[*a,l*]pyrène-11,12-diol-13,14-époxyde** — ADN → Adduit de la désoxyadénosine

Cependant, le processus normal menant à l'élimination de molécules « étrangères » telles que le dibenzo[*a,l*]pyrène et l'aflatoxine B_1 s'effectue notamment par des réactions de substitution nucléophile sur leurs époxydes. Ce processus comprend l'ouverture du cycle époxyde par une réaction de substitution nucléophile avec le glutathion, une molécule plutôt polaire qui est pourvue d'un groupe thiol (SH) fortement nucléophile. La réaction du groupe thiol avec l'époxyde donne lieu à un dérivé covalent. Beaucoup plus polaire que l'époxyde original, ce dérivé sera rapidement éliminé par voie aqueuse.

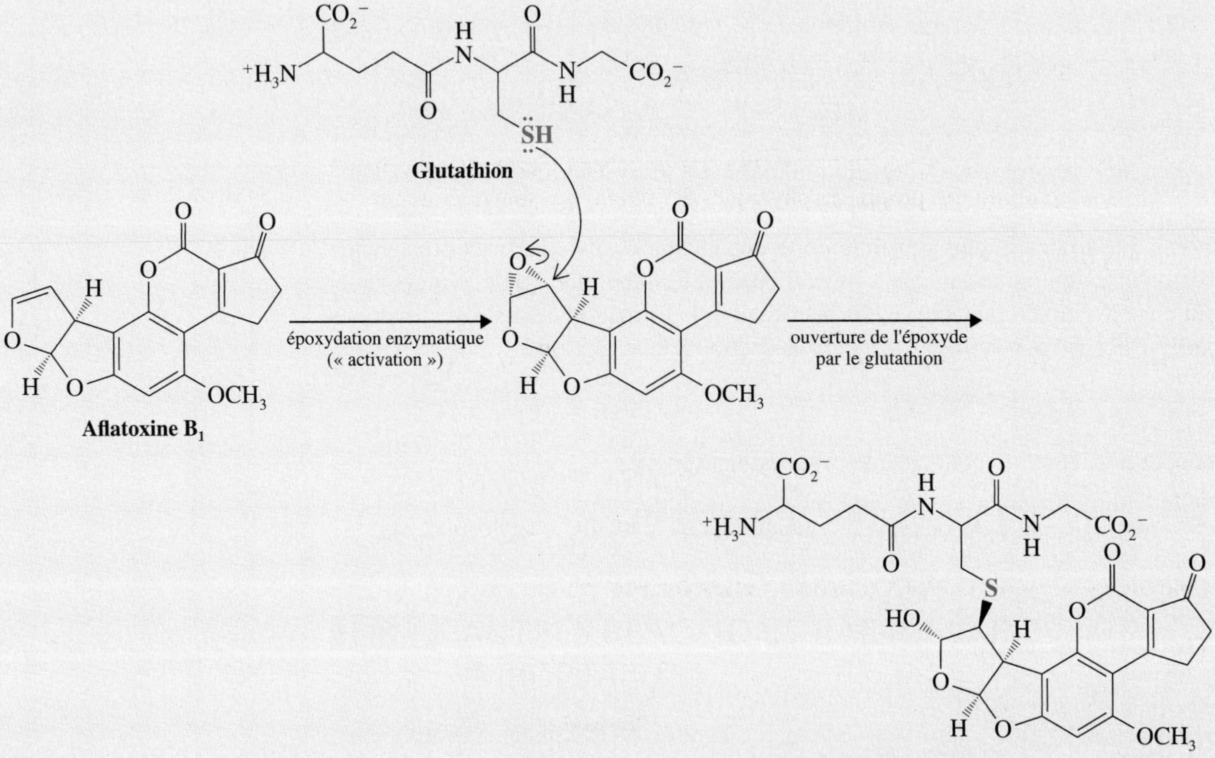

Glutathion

Aflatoxine B_1 — époxydation enzymatique (« activation ») → ouverture de l'époxyde par le glutathion →

Adduit de l'aflatoxine B_1 et du glutathion

PROBLÈME 11.26

En traitant du 2,2-diméthyloxirane, ($H_2C\!\!-\!\!C(CH_3)_2$), avec du méthoxyde de sodium

dans le méthanol, on obtient principalement du 1-méthoxy-2-méthylpropan-2-ol. Identifiez le facteur à l'origine de ce résultat.

PROBLÈME 11.27

Lorsque l'éthoxyde de sodium réagit avec le 1-(chlorométhyl)oxirane, (marqué au ^{14}C, tel que le montre l'astérisque dans la molécule **I**), le produit principal est un époxyde marqué au ^{14}C comme dans l'illustration **II**. Expliquez cette réaction.

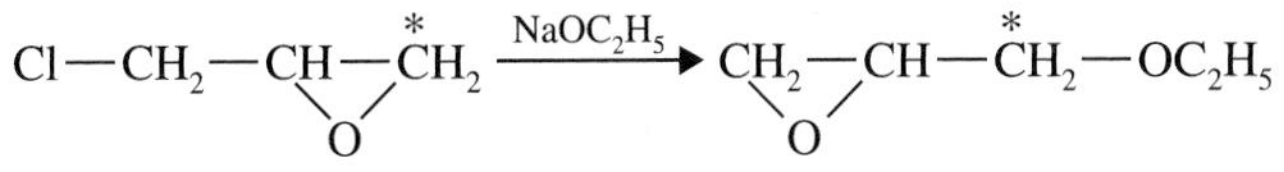

$$Cl\!-\!CH_2\!-\!CH\!-\!\overset{*}{C}H_2 \xrightarrow{\text{NaOC}_2\text{H}_5} CH_2\!-\!CH\!-\!\overset{*}{C}H_2\!-\!OC_2H_5$$

I
II
1-(Chlorométhyl)oxirane
(épichlorohydrine)

11.18A FORMATION DE POLYÉTHERS

En mettant de l'oxyde d'éthylène en présence de méthoxyde de sodium dans une petite quantité de méthanol, on obtient un **polyéther.**

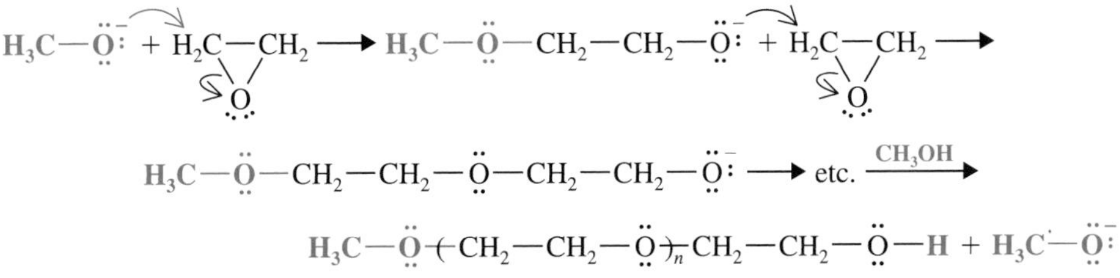

Poly(éthylène glycol)
(un polyéther)

Cette réaction est un exemple de **polymérisation anionique** (annexe A). Les chaînes de polymère continuent de croître jusqu'à ce que, à leur extrémité, le méthanol donne un proton au groupe alkoxyde. La longueur moyenne des chaînes en croissance et, par conséquent, la masse moléculaire moyenne du polymère varieront selon la quantité de méthanol présent. Les propriétés physiques des polymères sont liées à la masse moléculaire moyenne.

Les polyéthers sont très solubles dans l'eau, car ils peuvent former un grand nombre de liaisons hydrogène avec les molécules d'eau. Commercialisés sous le nom de **Carbowax,** ces polymères font l'objet d'applications très variées, et on les retrouve entre autres dans les cosmétiques et dans les colonnes de chromatographie en phase gazeuse.

11.19 DIHYDROXYLATION *ANTI* DES ALCÈNES À L'AIDE DES ÉPOXYDES

L'époxydation du cyclopentène produit du 1,2-époxycyclopentane.

(1)

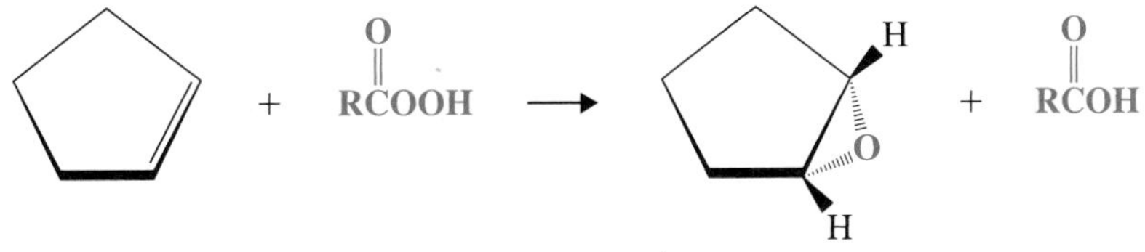

Cyclopentène
1,2-Époxycyclopentane

La catalyse acide de l'hydrolyse du 1,2-époxycyclopentane produit un diol *trans*, le *trans*-cyclopentane-1,2-diol. En agissant comme nucléophile, l'eau attaque l'époxyde protoné du côté opposé à l'époxyde, et la configuration de l'atome de carbone attaqué s'inverse. Dans l'illustration qui suit, un seul atome de carbone est attaqué. L'autre atome de carbone de ce système symétrique est tout aussi susceptible d'être attaqué, ce qui produirait l'autre énantiomère du *trans*-cyclopentane-1,2-diol.

(2)

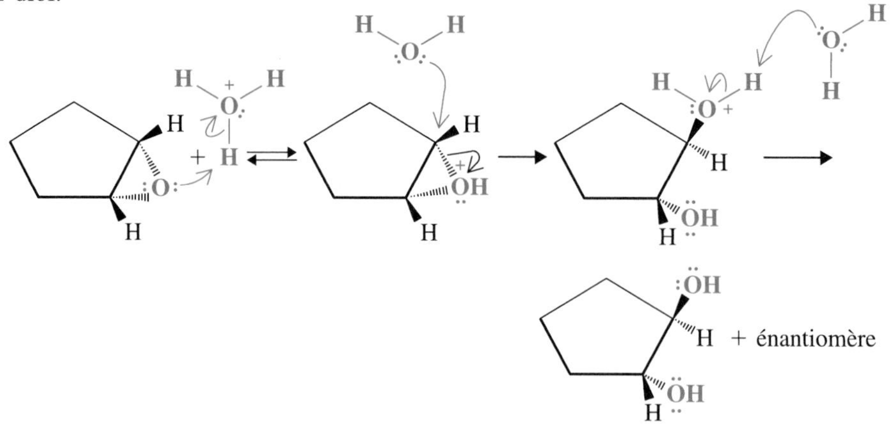

trans-**Cyclopentane-1,2-diol**

En conséquence, l'époxydation suivie d'une hydrolyse par catalyse acide procure une méthode de **dihydroxylation** *anti* d'une double liaison (par opposition à la dihydroxylation *syn* abordée dans la section 8.10). La stéréochimie de cette technique ressemble beaucoup à la stéréochimie de la bromation du cyclopentène étudiée dans la section 8.7.

PROBLÈME 11.28

Illustrez la formation de l'autre énantiomère du *trans*-cyclopentane-1,2-diol en formulant un mécanisme semblable à celui qui vient d'être décrit.

QUESTION TYPE

Dans la section 11.17, on a démontré, d'une part, que l'époxydation du *cis*-but-2-ène conduit à la formation du *cis*-2,3-diméthyloxirane et, d'autre part, que l'époxydation du *trans*-but-2-ène produit du *trans*-2,3-diméthyloxirane. a) Examinez l'hydrolyse par catalyse acide de ces deux époxydes et identifiez le ou les produits issus de ces réactions. b) Dites si ces réactions sont stéréospécifiques.

Réponse

L'hydrolyse par catalyse acide du composé *méso cis*-2,3-diméthyloxirane (figure 11.2) produit du (2*R*,3*R*)-butane-2,3-diol [voie a)] et du (2*S*,3*S*)-butane-2,3-diol [voie b)]. Ces produits sont des énantiomères. Puisque l'attaque par l'eau sur l'un ou l'autre des carbones [voie a) ou voie b) de la figure 11.2] survient à la même vitesse, il y a formation d'un mélange racémique.

Lorsque l'un ou l'autre des énantiomères *trans*-2,3-diméthyloxirane subit une hydrolyse par catalyse acide, le seul composé produit est le *méso* (2*R*,3*S*)-butane-2,3-diol. L'hydrolyse de l'un des énantiomères est illustrée dans la figure 11.3. Pour vous convaincre que l'hydrolyse de l'autre énantiomère donne le même produit, faites le diagramme correspondant.

Puisque les deux étapes (c'est-à-dire l'époxydation et l'hydrolyse par catalyse acide) de la conversion d'un alcène en diol vicinal (glycol) sont stéréospécifiques, le résultat final que donne cette méthode est une dihydroxylation *anti* stéréospécifique de la liaison double (figure 11.4).

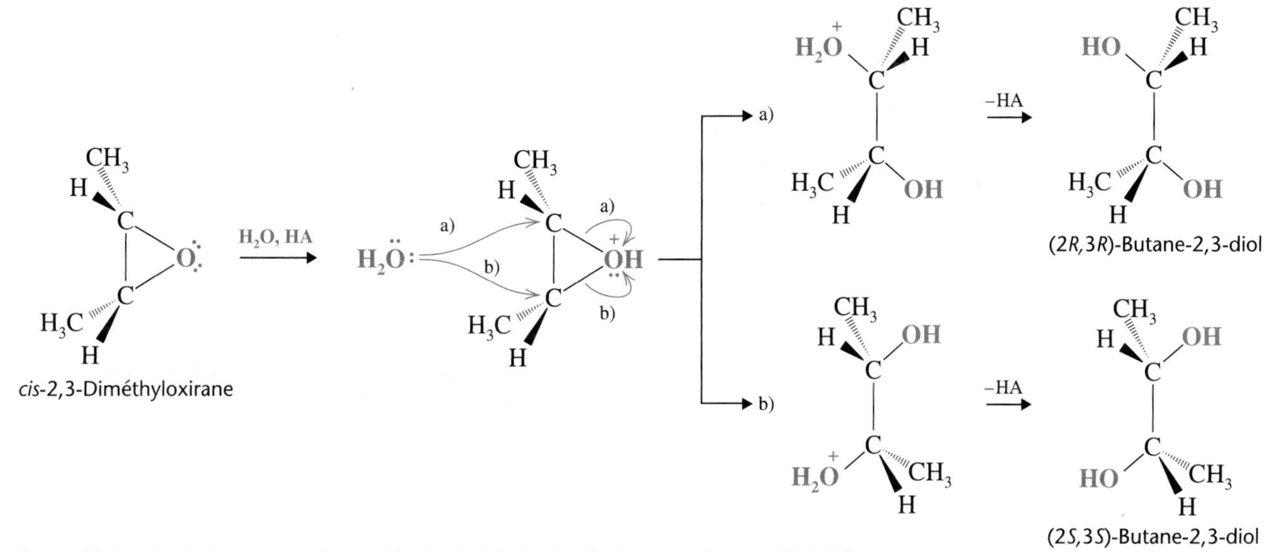

Figure 11.2 L'hydrolyse par catalyse acide du *cis*-2,3-diméthyloxirane conduit au (2*R*,3*R*)-butane-2,3-diol par la voie a) et au (2*S*,3*S*)-butan-2,3-diol par la voie b). Employez des modèles moléculaires pour en faire la démonstration.

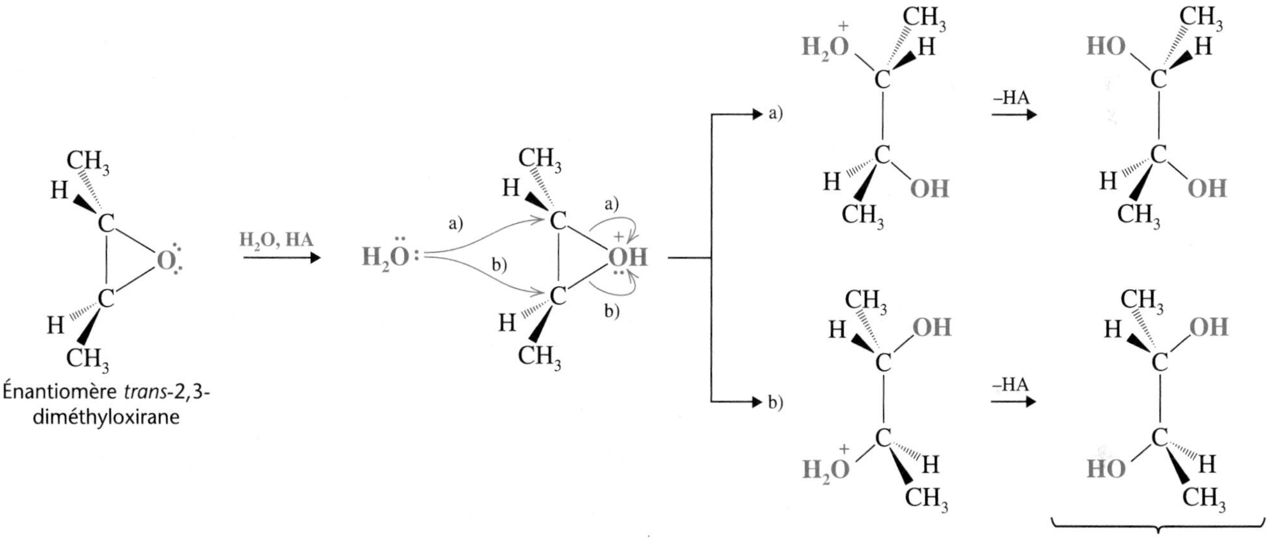

Figure 11.3 L'hydrolyse par catalyse acide d'un énantiomère *trans*-2,3-diméthyloxirane donne le composé *méso* (2*R*,3*S*)-butane-2,3-diol par les voies a) ou b). L'hydrolyse de l'autre énantiomère (ou du mélange racémique) forme le même produit. Servez-vous de modèles moléculaires pour démontrer que les structures des produits illustrées ci-dessus représentent bien le même composé.

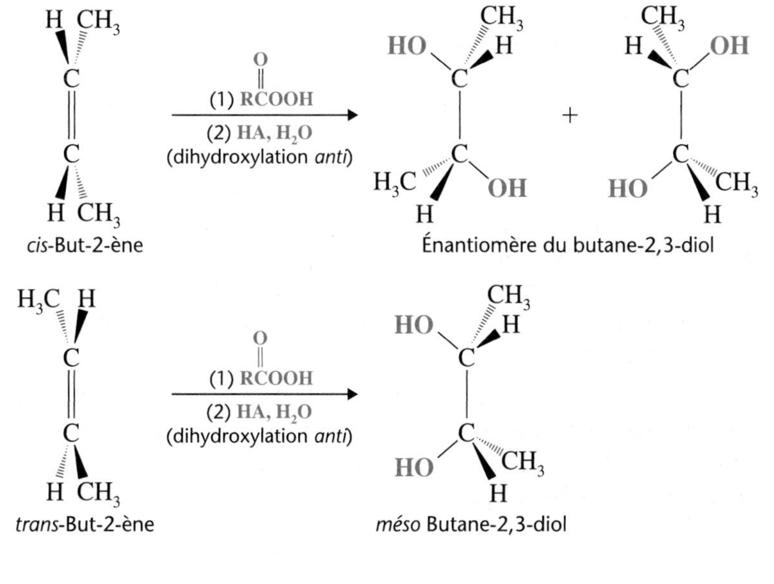

Figure 11.4 Le résultat final d'une époxydation suivie d'une hydrolyse par catalyse acide est une dihydroxylation *anti* stéréospécifique de la double liaison. Le *cis*-but-2-ène produit les énantiomères du butane-2,3-diol et le *trans*-but-2-ène forme le composé *méso*.

11.20 LES ÉTHERS-COURONNE : RÉACTIONS DE SUBSTITUTION NUCLÉOPHILE AVEC CATALYSE PAR TRANSFERT DE PHASE DANS DES SOLVANTS APROTIQUES RELATIVEMENT PEU POLAIRES

En étudiant l'effet du solvant sur les réactions de substitution nucléophile dans la section 6.14C, nous avons constaté que les réactions S_N2 se faisaient beaucoup plus rapidement dans des solvants aprotiques polaires comme le diméthylsulfoxyde et le *N,N*-diméthylformamide. Cela s'explique par le fait que *le nucléophile présent dans ces solvants aprotiques polaires est moins fortement solvaté, donc hautement réactif.*

Cette augmentation de réactivité des nucléophiles présente un avantage particulier. Les réactions qui se seraient échelonnées sur plusieurs heures, voire plusieurs jours, s'effectuent souvent en quelques minutes. Malheureusement, l'utilisation de solvants comme le DMSO et le DMF comporte aussi certains désavantages. Ces solvants ont un point d'ébullition très élevé et sont souvent difficiles à éliminer une fois la réaction terminée. De plus, ils sont coûteux, leur purification exige beaucoup de temps et certains d'entre eux se décomposent à température élevée.

Somme toute, le solvant idéal pour une réaction S_N2 serait un solvant aprotique *non polaire* tel qu'un hydrocarbure ou un hydrocarbure chloré relativement peu polaire. Ces derniers ont un point d'ébullition peu élevé, ils sont bon marché et relativement stables.

Jusqu'à tout récemment, les solvants aprotiques tels que les hydrocarbures et les halogénoalcanes étaient rarement utilisés dans les réactions de substitution nucléophile parce qu'ils sont inaptes à dissoudre les composés ioniques. Le développement du procédé appelé **catalyse par transfert de phase** a complètement modifié cette situation.

Dans la catalyse par transfert de phase, deux phases non miscibles sont mises en contact : la plupart du temps, il s'agit d'une phase aqueuse renfermant des réactifs ioniques et d'une phase organique (benzène, CH_2Cl_2, etc.) contenant un substrat organique. Normalement, la réaction entre les espèces n'a pas lieu car celles-ci sont prisonnières de chacune des phases et ne peuvent entrer en contact. L'ajout d'un catalyseur de transfert de phase résout ce problème en faisant passer le réactif ionique dans la phase organique. Comme le milieu réactionnel est aprotique, une réaction S_N2 survient rapidement.

La figure 11.5 présente un exemple de catalyse par transfert de phase. Le catalyseur de transfert de phase (Q^+X^-) est habituellement un halogénure d'un

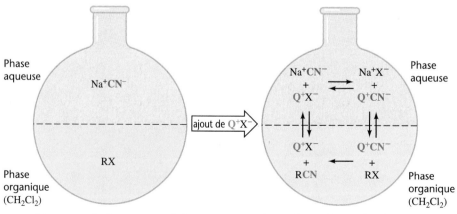

Figure 11.5 Catalyse par transfert de phase d'une réaction S_N2 entre du cyanure de sodium et un halogénoalcane.

Ici, aucune réaction ne se produit, car le nucléophile CN^- ne peut pénétrer la phase organique et réagir avec RX.

Le catalyseur de transfert de phase transporte ici l'ion cyanure (sous forme de Q^+CN^-) dans la phase organique, où la réaction $CN^- + RX \longrightarrow RCN + X^-$ se fait rapidement.

ammonium quaternaire $(R_4N^+X^-)$ tel qu'un halogénure de tétrabutylammonium $(CH_3CH_2CH_2CH_2)_4N^+X^-$. Il permet le transfert du nucléophile (par exemple, CN^-) sous forme de paire d'ions $[Q^+CN^-]$ dans la phase organique. Ce transfert est attribuable à la similitude entre le cation (Q^+ muni de quatre groupes alkyle) de la paire d'ions et le solvant; il s'opérerait donc malgré la charge positive de ce dernier. Ce cation est dit **lipophile** car il préfère un environnement non polaire à un milieu aqueux. Dans la phase organique, le nucléophile de la paire d'ions (CN^-) réagit avec le substrat organique RX. Le cation (Q^+) et l'anion (X^-) retournent alors à la phase aqueuse pour compléter le cycle. Ce processus continue jusqu'à ce que tous les substrats organiques ou les nucléophiles aient réagi.

La réaction entre le 1-chlorooctane (en solution dans le décane) et le cyanure de sodium (en solution dans l'eau) est un bon exemple de substitution nucléophile par catalyse de transfert de phase. La réaction qui survient à 105 °C s'effectue en moins de deux heures, avec un rendement de 95 % en produit de substitution.

$$CH_3(CH_2)_6CH_2Cl \text{ (dans le décane)} \xrightarrow[\text{NaCN aqueux, 105 °C}]{R_4N^+Br^-} CH_3(CH_2)_6CH_2CN$$
$$(95 \%)$$

De nombreuses autres réactions de substitution nucléophile ont été réalisées de façon similaire.

Cependant, la catalyse par transfert de phase ne se limite pas aux substitutions nucléophiles. De nombreux autres types de réactions peuvent être adaptés à la catalyse par transfert de phase. Ainsi, l'oxydation d'alcènes dissous dans le benzène donne un excellent rendement quand on utilise le permanganate de potassium (en solution aqueuse) en présence d'un sel d'ammonium quaternaire.

$$CH_3(CH_2)_5CH{=}CH_2 \text{ (dans le benzène)} \xrightarrow[\text{KMnO}_4 \text{ aqueux, 35 °C}]{R_4N^+X^-} CH_3(CH_2)_5CO_2H + HCO_2H$$
$$(99 \%)$$

Le permanganate de potassium peut aussi être transféré dans le benzène par des sels d'ammonium quaternaires, lors de tests de chimie analytique. La solution de « benzène violet » qui en résulte peut servir de réactif pour l'analyse des composés insaturés. Lorsqu'un composé insaturé est ajouté à la solution benzénique de $KMnO_4$, la couleur de la solution passe du violet au brun (à cause de la formation de MnO_2), ce qui signifie que le test est positif et qu'une liaison double ou triple est présente dans le composé étudié.

PROBLÈME 11.29

Ébauchez un schéma comme celui présenté dans la figure 11.5 pour montrer quel rôle joue la catalyse par transfert de phase dans la réaction de $CH_3(CH_2)_6CH_2Cl$ avec l'ion cyanure (représenté plus haut). Assurez-vous de bien indiquer quels sont les ions présents dans la phase organique et dans la phase aqueuse, et lesquels passent d'une phase à l'autre.

11.20A LES ÉTHERS-COURONNE

Les composés appelés **éthers-couronne** sont aussi des catalyseurs de transfert de phase et peuvent transporter des composés ioniques dans une phase organique. Les éthers-couronne, tel le 18-couronne-6, sont des polymères cycliques d'éthylène glycol :

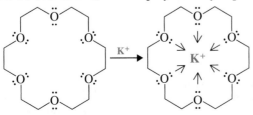

18-Couronne-6

On désigne les éthers-couronne par une notation spéciale, *x*-couronne-*y,* le *x* symbolisant le nombre total d'atomes dans le cycle et *y* le nombre d'atomes d'oxygène. La relation qui unit les éthers-couronne et les ions qu'ils transportent s'appelle **relation hôte-invité.** L'éther-couronne agit comme **hôte** et le cation de coordination est l'**invité.**

Le prix Nobel de chimie de 1987 a été attribué à Charles J. Pedersen (à l'époque, chimiste à l'emploi de la société DuPont), à Donald J. Cram (anciennement à l'Université de la Californie à Los Angeles) et à Jean-Marie Lehn (université Louis-Pasteur, à Strasbourg, en France) pour leurs travaux sur les éthers-couronne et sur d'autres molécules « dont la structure permet des interactions spécifiques avec une haute sélectivité ». La contribution de ces scientifiques à la compréhension de ce qu'on appelle maintenant la « reconnaissance moléculaire » a eu des incidences sur la façon dont on considère aujourd'hui de nombreux aspects de la biochimie tels que la reconnaissance des substrats par les enzymes, l'origine des effets des hormones, la reconnaissance des antigènes par les anticorps et la propagation des signaux émis par les neurotransmetteurs.

Lorsque les éthers-couronne forment des complexes avec les cations d'un métal, ils convertissent alors ces ions métalliques en des espèces dont l'extérieur ressemble à un hydrocarbure. L'éther-couronne 18-couronne-6, par exemple, s'allie très efficacement avec les ions potassium parce que la cavité est de dimensions appropriées et que les six atomes d'oxygène sont dans une position idéale pour partager leurs paires d'électrons avec l'ion métallique central.

Grâce aux éthers-couronne, de nombreux sels deviennent solubles dans des solvants non polaires. Par exemple, des sels tels que KF, KCN et CH_3CO_2K peuvent être transférés dans des solvants aprotiques à l'aide de quantités catalytiques du 18-couronne-6. Dans la phase organique, les anions relativement peu solvatés de ces sels peuvent effectuer efficacement une réaction de substitution nucléophile avec un substrat organique.

$$K^+CN^- + RCH_2X \xrightarrow[\text{benzène}]{\text{18-couronne-6}} RCH_2CN + K^+X^-$$

$$C_6H_5CH_2Cl + K^+F^- \xrightarrow[\text{acétonitrile}]{\text{18-couronne-6}} C_6H_5CH_2F + K^+Cl^-$$
$$\textbf{(100 \%)}$$

Les éthers-couronne peuvent aussi servir de catalyseur de transfert de phase dans de nombreux autres types de réactions. La réaction suivante illustre le rôle qu'ils jouent dans une oxydation.

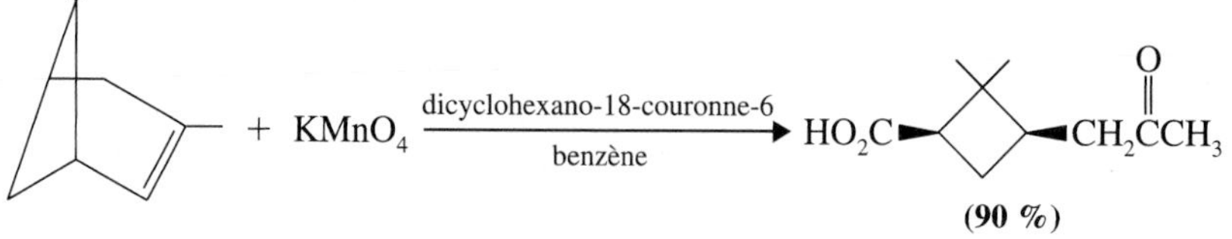

Le dicyclohexano-18-couronne-6 possède la structure suivante :

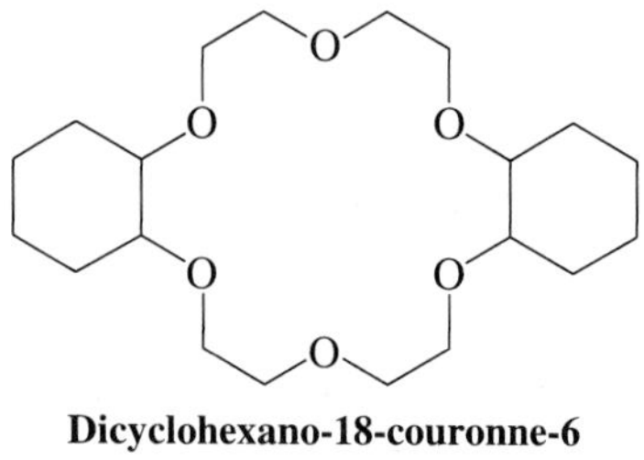

Dicyclohexano-18-couronne-6

PROBLÈME 11.30
Écrivez la structure du a) 15-couronne-5 et du b) 12-couronne-4.

11.20B ÉTHERS-COURONNE ET ANTIBIOTIQUES IONOPHORES

Plusieurs antibiotiques appelés ionophores (voir la vignette au début du chapitre), dont les plus connus sont la *nonactine* et la *valinomycine,* se combinent aux cations métalliques comme le font les éthers-couronne. Normalement, les cellules doivent maintenir un gradient entre les concentrations des ions sodium et des ions potassium, de part et d'autre de la membrane cellulaire. Les ions potassium sont « pompés » à l'intérieur tandis que les ions sodium sont évacués à l'extérieur. Sur sa portion interne, la membrane cellulaire est semblable à un hydrocarbure, car elle est essentiellement constituée par les segments hydrocarbonés des lipides (chapitre 23). Le passage des ions hydratés sodium et potassium à travers la membrane cellulaire se fait lentement et requiert une dépense énergétique de la cellule. La nonactine perturbe le gradient ionique cellulaire, car elle se combine mieux aux ions potassium qu'aux ions sodium. Les ions potassium étant fixés à l'intérieur de la nonactine, la surface de ce **complexe hôte-invité** devient semblable à celle d'un hydrocarbure et le complexe pénètre spontanément à l'intérieur de la membrane. La membrane cellulaire devient ainsi perméable aux ions potassium et le gradient de concentration essentiel à la survie de la cellule est détruit.

Nonactine

11.21 SOMMAIRE DES RÉACTIONS DES ALCÈNES, DES ALCOOLS ET DES ÉTHERS

Dans ce chapitre et dans le chapitre 8, nous avons étudié des réactions qui peuvent s'avérer d'une grande utilité dans l'élaboration de synthèses. La plupart des réactions effectuées avec des alcools et des éthers sont résumées dans la figure 11.6. On peut utiliser des alcools pour fabriquer des halogénoalcanes, des sulfonates d'ester, des éthers et des alcènes. L'oxydation des alcènes peut conduire à des époxydes, à des diols, à des aldéhydes, à des cétones et à des acides carboxyliques (selon les alcènes et les conditions). Les alcènes peuvent aussi servir à la préparation d'alcanes, d'alcools et d'halogénoalcanes. Si l'on dispose d'un alcyne terminal obtenu à partir d'un dihalogénure vicinal approprié, on peut se servir de son ion alcynure pour former des liaisons carbone–carbone par substitution nucléophile. En définitive, nous disposons d'un répertoire de réactions qui nous permet de transformer un groupe en un autre, directement ou indirectement, la plupart des groupes fonctionnels que nous avons étudiés. Dans la section 11.21A, nous ferons le résumé de certaines réactions des alcènes.

Des outils de synthèse

11.21A LES ALCÈNES DANS LES SYNTHÈSES

Les alcènes sont des composés clés qui permettent l'introduction de tous les groupes fonctionnels que nous avons vus jusqu'ici. Pour cette raison, et parce que bon nombre des réactions étudiées nous permettent d'avoir un certain contrôle sur la régiochimie ou la stéréochimie des produits, les alcènes sont des intermédiaires très polyvalents en synthèse organique. À titre d'exemple, lorsque nous voulons **hydrater une liaison double selon l'orientation Markovnikov,** nous disposons de trois méthodes : 1) l'*oxymercuration-démercuration* (section 11.5), 2) *l'hydratation par catalyse acide* (section 8.5) et 3) l'*addition d'acide sulfurique suivie d'une hydrolyse* (section 8.4). Parmi ces trois méthodes, l'oxymercuration-démercuration est de loin la plus utile en laboratoire car elle *ne s'accompagne pas de réarrangements.*

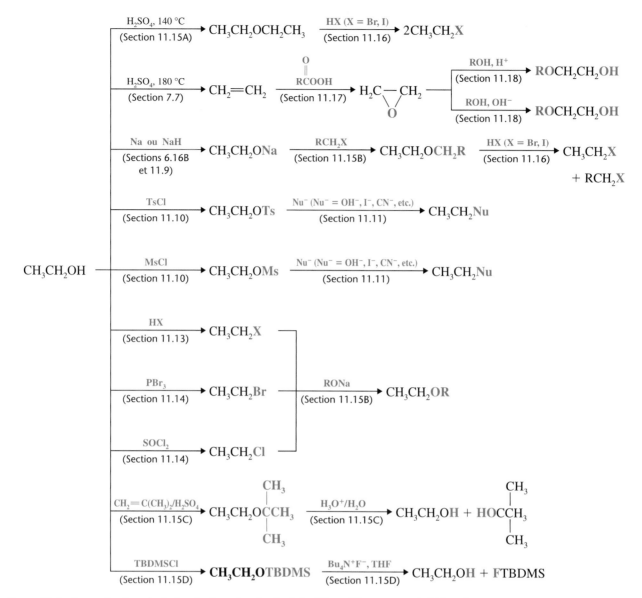

Figure 11.6 Sommaire des principales réactions des alcools et des éthers débutant avec de l'éthanol.

D'autre part, si nous voulons procéder à **l'hydratation d'une liaison double selon une orientation anti-Markovnikov,** nous disposons de l'*hydroboration-oxydation* (section 11.7). Cette réaction permet aussi d'accomplir une *addition syn des groupes* H— *et* —OH. Il est important de se rappeler que le **bore d'un organoborane peut être remplacé par un hydrogène, un deutérium ou un tritium** (section 11.7B) et que l'hydroboration comprend elle-même une *addition syn de* H— *et de* —B—.

Si nous voulons **additionner HX sur une liaison double selon la règle Markovnikov** (section 8.2), nous traitons l'alcène avec HF, HCl, HBr ou HI.

Par contre, si nous désirons **additionner HBr selon une orientation anti-Markovnikov** (section 10.9), nous devons mettre l'alcène en présence de HBr et *d'un peroxyde*. Les autres halogénures d'hydrogène ne donnent pas d'addition anti-Markovnikov en présence de peroxydes.

Nous pouvons également **ajouter du brome ou du chlore sur une liaison double** (section 8.6). Cette addition sera alors une *addition anti* (section 8.7). La chloration et la bromation en solution aqueuse permettent **l'addition de** X— **et de** —OH sur une liaison double (c'est-à-dire une synthèse d'halogénohydrine). C'est aussi une *addition anti*.

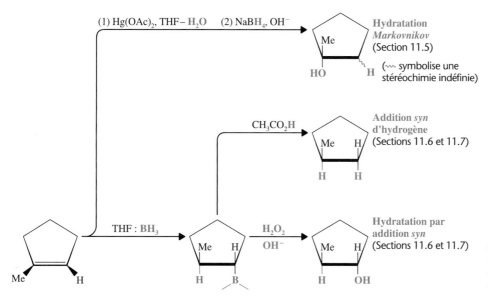

Figure 11.7 Réactions d'oxymercuration-démercuration et d'hydroboration du 1-méthyl-cyclopentène. La présente figure complète la figure 8.3.

Quant à la **dihydroxylation *syn* d'une liaison double,** elle s'effectuera par l'ajout d'une solution basique diluée et froide de $KMnO_4$ ou par l'emploi de OsO_4 suivi de $NaHSO_3$ (section 8.10). De ces deux méthodes, on privilégie la deuxième car le $KMnO_4$ a tendance à trop oxyder l'alcène et à susciter la rupture de la liaison double.

Enfin, la **dihydroxylation *anti* d'une liaison double** peut résulter de la conversion d'un alcène en *époxyde,* suivie d'une hydrolyse par catalyse acide (section 11.19).

On retrouve les équations de la plupart de ces réactions dans les figures 8.3 et 11.7.

TERMES ET CONCEPTS CLÉS

Hydratation des alcènes	Sections 8.5 et 11.4	Sels d'oxonium (ion oxonium)	Section 11.16
Oxymercuration-démercuration	Section 11.5	Oxiranes (époxydes)	Sections 11.17 et 11.18
Hydroboration-oxydation	Section 11.7		
Esters de sulfonate	Sections 11.10 et 11.11	Dihydroxylation des alcènes	Section 11.19
		Éthers-couronne	Section 11.21
Synthèse de Williamson des éthers	Section 11.15B	Catalyse par transfert de phase	Section 11.21
		Relation hôte-invité	Section 11.21
Groupes protecteurs	Sections 11.15C et 11.15D		

PROBLÈMES SUPPLÉMENTAIRES

11.31 Donnez le nom substitutif de l'UICPA pour chacun des alcools suivants :

a) $(CH_3)_3CCH_2CH_2OH$

b) $CH_2{=}CHCH_2\overset{\underset{\textstyle |}{CH_3}}{C}HOH$

c) $HOCH_2\overset{\underset{\textstyle |}{CH_3}}{C}HCH_2CH_2OH$

d) $C_6H_5CH_2CH_2OH$

e) [structure : cyclopentène avec OH et CH₃]

f) [structure : cyclohexane avec H, CH₃, H, OH]

11.32 Écrivez la formule développée de chacun des composés suivants :

a) (Z)-But-2-èn-1-ol

b) (*R*)-Butan-1,2,4-triol

c) (1*R*,2*R*)-Cyclopentan-1,2-diol

d) 1-Éthylcyclobutanol

e) 2-Chlorohex-3-yn-1-ol

f) Tétrahydrofurane

g) 2-Éthoxypentane

h) Oxyde d'éthyle et de phényle

i) Oxyde de diisopropyle

j) 2-Éthoxyéthanol

11.33 À partir de chacun des composés suivants, proposez une synthèse réalisable du butan-1-ol.

a) But-1-ène

b) 1-Chlorobutane

c) 2-Chlorobutane

d) But-1-yne

11.34 Illustrez la synthèse du 2-bromobutane à partir de chacun des composés suivants.
a) Butan-2-ol, $CH_3CH_2CHOHCH_3$
b) Butan-1-ol, $CH_3CH_2CH_2CH_2OH$
c) But-1-ène
d) But-1-yne

11.35 Indiquez quels processus permettent de réaliser les transformations suivantes.
a) Cyclohexanol ⟶ chlorocyclohexane
b) Cyclohexène ⟶ chlorocyclohexane
c) 1-Méthylcyclohexène ⟶ 1-bromo-1-méthylcyclohexane
d) 1-Méthylcyclohexène ⟶ *trans*-2-méthylcyclohexanol
e) 1-Bromo-1-méthylcyclohexane ⟶ cyclohexylméthanol

11.36 Écrivez la structure et les noms acceptables des composés obtenus par le traitement au butan-1-ol de chacun des réactifs suivants.
a) L'hydrure de sodium
b) L'hydrure de sodium, puis le 1-bromopropane
c) Le chlorure de méthanesulfonyle et une base
d) Le chlorure de *p*-toluènesulfonyle
e) Le produit de c), puis le méthoxyde de sodium
f) Le produit de d), puis KI
g) Le trichlorure de phosphore
h) Le chlorure de thionyle
i) L'acide sulfurique à 140 °C
j) Par un reflux dans du HBr concentré
k) Le *tert*-butylchlorodiméthylsilane
l) Le produit de k), puis les ions fluorure

11.37 Donnez la structure et les noms des composés formés lorsque le butan-2-ol est traité avec chacun des réactifs du problème 11.36.

11.38 Nommez les produits obtenus après un reflux des éthers suivants dans un excès d'acide bromhydrique concentré.
a) L'oxyde d'éthyle et de méthyle
b) L'oxyde de *tert*-butyle et d'éthyle
c) Le tétrahydrofurane
d) Le 1,4-dioxane

11.39 Élaborez un mécanisme qui explique la réaction suivante.

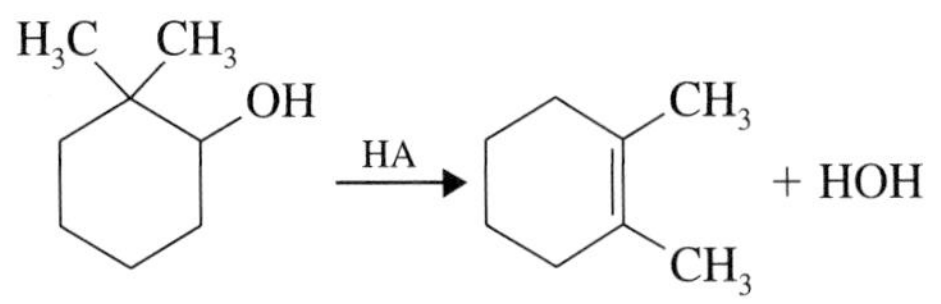

11.40 Montrez comment l'hydroboration-oxydation peut servir à préparer les alcools suivants.
a) Le 3,3-diméthylbutan-1-ol
b) L'hexan-1-ol
c) Le 2-phényléthanol
d) Le *trans*-2-méthylcyclopentanol

11.41 Écrivez la formule tridimensionnelle des produits formés par traitement du 1-méthylcyclohexène avec chacun des réactifs suivants. Dans chaque cas, indiquez la position des atomes de deutérium ou de tritium.
a) (1) $THF:BH_3$, (2) CH_3CO_2T
b) (1) $THF:BD_3$, (2) CH_3CO_2D
c) (1) $THF:BD_3$, (2) NaOH, H_2O_2, H_2O

11.42 À partir de l'isobutane, décrivez un procédé de synthèse pour chacune des substances ci-dessous (il n'est pas nécessaire de répéter la synthèse d'un produit obtenu précédemment).
a) Le bromure de *tert*-butyle (2-bromo-2-méthylpropane)
b) Le 2-méthylpropène
c) Le bromure d'isobutyle (2-bromobutane)
d) L'iodure d'isobutyle (2-iodobutane)
e) Le butan-2-ol (deux procédés)
f) Le *tert*-butanol
g) Le 2-méthoxybutane
h) $CH_3CH(CH_3)CH_2OC(=O)CH_3$
i) $CH_3CH(CH_3)CH_2CN$
j) $CH_3CH(CH_3)CH_2SCH_3$ (deux procédés)
k) $CH_3C(CH_3)(Br)CH_2CBr_3$

11.43 Les halogénoalcools vicinaux (halogénohydrines) peuvent être synthétisés par traitement des époxydes avec un acide HX. a) Montrez comment cette méthode pourrait servir à la synthèse du 2-chlorocyclopentanol à partir du cyclopentène. b) Indiquez si vous obtiendrez du *cis*-2-chlorocyclopentanol ou du *trans*-2-chlorocyclopentanol; en d'autres mots, dites si l'addition finale sera une addition *syn* ou une addition *anti* de —Cl et —OH. Expliquez votre réponse.

11.44 La synthèse du composé **E,** la phéromone de la spongieuse (voir la section 4.16), est illustrée ci-dessous. Écrivez les structures de **E** et des intermédiaires **A**—**D** de cette synthèse.

$$HC{\equiv}CNa \xrightarrow[\text{NH}_3\text{ liq.}]{\text{1-bromo-5-méthylhexane}} \mathbf{A}\ (C_9H_{16})$$
$$\xrightarrow[\text{NH}_3\text{ liq.}]{\text{NaNH}_2} \mathbf{B}\ (C_9H_{15}Na)$$
$$\xrightarrow{\text{1-bromodécane}} \mathbf{C}\ (C_{19}H_{36}) \xrightarrow[\text{Ni}_2\text{B(P-2)}]{H_2} \mathbf{D}\ (C_{19}H_{38})$$
$$\xrightarrow{C_6H_5CO_3H} \mathbf{E}\ (C_{19}H_{38}O)$$

11.45 Prenez d'abord du 2-méthylpropène (isobutène), utilisez tout autre réactif nécessaire et proposez une méthode de synthèse pour chacun des composés suivants.

a) $(CH_3)_2CHCH_2OH$

b) $(CH_3)_2CHCH_2T$

c) $(CH_3)_2CDCH_2T$

d) $(CH_3)_2CHCH_2OCH_2CH_3$

11.46 À partir de l'alcène approprié, décrivez le processus d'oxymercuration-démercuration qui conduit à la préparation de chacun des alcools suivants.

a) Le pentan-2-ol

b) Le 1-cyclopentyléthanol

c) Le 3-méthylpentan-3-ol

d) Le 1-éthylcyclopentanol

11.47* Donnez la structure tridimensionnelle de chacun des produits **A—L** et répondez aux questions b) et g).

a) 1-Méthylcyclobutène $\xrightarrow[\text{(2) } H_2O_2, OH^-]{\text{(1) THF:BH}_3}$ **A** $(C_5H_{10}O)$

$\xrightarrow[OH^-]{TsCl}$ **B** $(C_{12}H_{16}SO_3)$ $\xrightarrow{OH^-}$ **C** $(C_5H_{10}O)$

b) Quelle est la relation stéréo-isomérique entre **A** et **C** ?

c) **B** $(C_{12}H_{16}SO_3)$ $\xrightarrow{I^-}$ **D** (C_5H_9I)

d) *trans*-4-Méthylcyclohexanol $\xrightarrow{MsCl}$ **E** $(C_8H_{16}SO_3)$ $\xrightarrow{HC\equiv CNa}$ **F** (C_9H_{14})

e) (R)-Butan-2-ol $\xrightarrow{NaH}$ [**H** (C_4H_9ONa)] $\xrightarrow{CH_3I}$ **J** $(C_5H_{12}O)$

f) (R)-Butan-2-ol $\xrightarrow{MsCl}$ **K** $(C_5H_{12}SO_3)$ $\xrightarrow{CH_3ONa}$ **L** $(C_5H_{12}O)$

g) Quelle est la relation stéréo-isomérique entre **J** et **L** ?

11.48* Lorsque le stéréo-isomère **A** du 3-bromobutan-2-ol est traité avec du HBr concentré, on obtient le *méso*-2,3-dibromobutane; dans une réaction similaire, le 3-bromobutan-2-ol **B** donne du (±)-2,3-dibromobutane. Cette expérience classique, réalisée en 1939 par S. Winstein et H.J. Lucas, a été le point de départ d'une série d'études sur *la participation de groupes voisins (effet anchimérique)*. Proposez des mécanismes qui rendent compte de la stéréochimie de ces réactions.

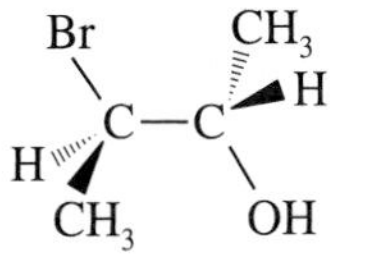

$$
\begin{array}{cc}
\underset{\mathbf{A}}{\overset{\displaystyle \underset{Br}{\overset{}{}}\quad \underset{CH_3}{\overset{}{}}}{\underset{H^{\sim}}{\overset{}{}C-C}\underset{CH_3}{\overset{H}{}}\underset{OH}{}}
&
\underset{\mathbf{B}}{\overset{\displaystyle \underset{Br}{\overset{}{}}\quad \underset{H}{\overset{}{}}}{\underset{H^{\sim}}{\overset{}{}C-C}\underset{CH_3}{\overset{CH_3}{}}\underset{OH}{}}
\end{array}
$$

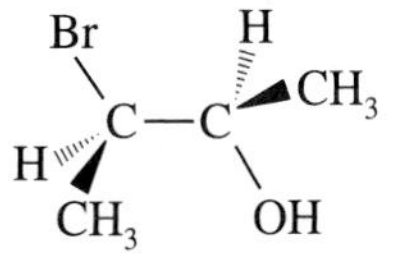

11.49* La réaction d'un alcool avec le chlorure de thionyle en présence d'une amine tertiaire (comme la pyridine) entraîne la substitution du Cl au groupe OH *avec une inversion de la configuration* (section 11.14). Cependant, si on omet l'amine, le résultat est habituellement une substitution avec rétention de la configuration. Le même intermédiaire de chlorosulfite intervient dans les deux cas. Suggérez un mécanisme qui permet à cet intermédiaire de former le produit halogéné sans inversion.

11.50* Dessinez les stéréo-isomères possibles pour le cyclopentane-1,2,3-triol. Identifiez leurs centres stéréogéniques et dites lesquels sont des énantiomères et lesquels sont des diastéréo-isomères. [Des isomères contiennent un « centre pseudo-asymétrique », qui peut avoir deux configurations, chacune donnant un stéréo-isomère différent qui correspond à son image spéculaire. De tels stéréo-isomères ne se différencient que par l'ordre de liaison par rapport au groupe *S* sur le centre prochiral. Dans ce contexte, le groupe *R* a priorité sur le groupe *S* ou *R,* ce qui permet d'attribuer les configurations *r* ou *s*, en minuscules servant à identifier la configuration des centres prochiraux.]

TRAVAIL COOPÉRATIF

1. Proposez deux synthèses décrivant la production du *méso*-butane-2,3-diol à partir de l'acétylène (éthyne) et du méthane. Vos deux cheminements doivent emprunter des approches différentes pour contrôler la stéréochimie du produit.

2. a) Écrivez toutes les synthèses chimiquement plausibles pour former le 3-éthoxy-2-méthylpropane (oxyde d'éthyle et d'isobutyle). Dans une ou plusieurs de vos synthèses, vous devez utiliser les réactifs suivants (pas tous dans la même synthèse, cependant) : PBr₃, SOCl₂, chlorure de *p*-toluènesulfonyle (chlorure de tosyle), NaH, éthanol, 2-méthylpropan-1-ol (alcool isobutylique), H₂SO₄ (conc.), Hg(OAc)₂, éthène (éthylène). b) Comparez les mérites respectifs de vos synthèses sur la base de leur sélectivité et de leur rendement. Choisissez celle qui semble la meilleure et celle qui semble la moins bonne.

3. Réalisez la synthèse du composé illustré ci-dessous en vous servant, d'une part, du méthylcyclopentane et du 2-méthylpropane comme sources d'atomes de carbone et, d'autre part, en utilisant tout autre réactif requis. Voici les outils de synthèse dont vous pourriez avoir besoin : l'hydratation Markovnikov ou anti-Markovnikov, l'hydrobromation Markovnikov ou anti-Markovnikov, l'halogénation radicalaire, l'élimination et les réactions de substitution nucléophile.

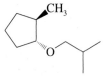

---

* Les problèmes marqués d'un astérisque présentent une difficulté particulière.

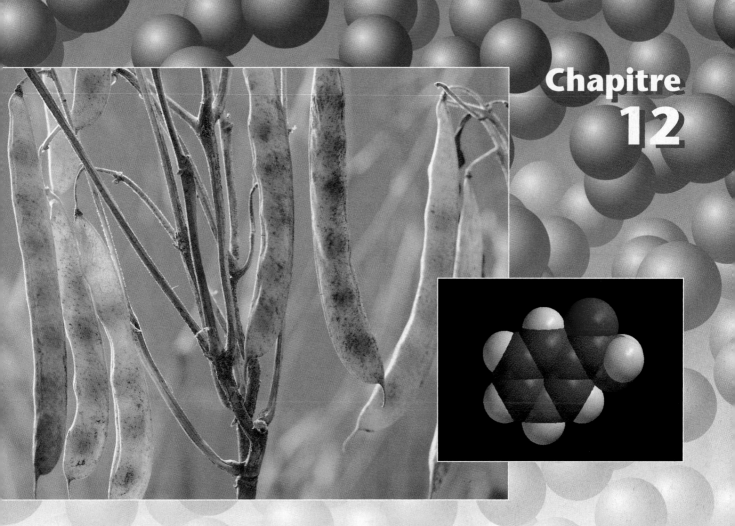

ALCOOLS DÉRIVÉS DE COMPOSÉS CARBONYLÉS
Oxydation-réduction et composés organométalliques

Les deux aspects de la coenzyme NADH

Plusieurs des vitamines que nous absorbons servent de coenzymes lors de réactions enzymatiques. Les mécanismes moléculaires employés par les enzymes pour catalyser des réactions incluent la participation de molécules de coenzymes. La vitamine niacine (acide nicotinique) et son amide, la niacinamide (ou nicotinamide), dont le modèle est illustré en vignette ci-dessus, sont des précurseurs de la coenzyme nicotinamide adénine dinucléotide. Les fèves de soya sont une source alimentaire de niacine.

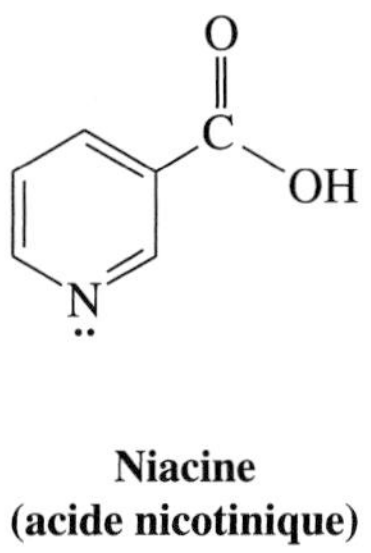

Niacine
(acide nicotinique)

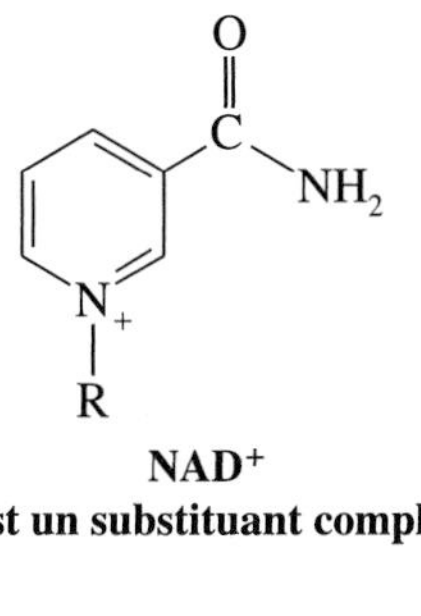

NAD$^+$
(R est un substituant complexe)

SOMMAIRE

12.1   Introduction

12.2   Réactions d'oxydation et de réduction en chimie organique

12.3   Synthèse d'alcools par réduction de composés carbonylés

12.4   Oxydation des alcools

12.5   Composés organométalliques

12.6   Préparation des composés organolithiens et organomagnésiens

12.7   Réactions des organolithiens et des organomagnésiens

12.8   Préparation d'alcools à l'aide de réactifs de Grignard

12.9   Dialkylcuprates de lithium : synthèse de Corey-Posner, Whitesides-House

12.10 Groupes protecteurs

Cette coenzyme a une double personnalité. On identifie sa forme oxydée par NAD⁺, mais sa forme réduite est connue comme NADH. La forme NAD⁺ sert d'oxydant pendant la glycolyse, le cycle de l'acide citrique et dans de nombreux autres processus biochimiques. Quant au réducteur NADH, son *alter ego*, il entre en jeu au cours du transport en chaîne des électrons et durant d'autres processus métaboliques comme donneur d'électrons, et il sert fréquemment de source biochimique d'hydrure « H⁻ ». Dans ce chapitre, nous étudierons les réactifs employés en laboratoire pour réaliser des oxydations et des réductions similaires à celles de NAD⁺ et de NADH. Dans la Capsule chimique traitant de l'alcool déshydrogénase (page 477), nous verrons comment la nature réussit l'interconversion de l'éthanol en acétaldéhyde (éthanal) en utilisant cette enzyme et le couple NAD⁺/NADH.

12.1 INTRODUCTION

Les composés carbonylés constituent un groupe important dans lequel on retrouve les aldéhydes, les cétones, les acides carboxyliques et les esters.

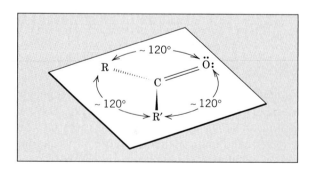

| Le groupe carbonyle | Un aldéhyde | Une cétone | Un acide carboxylique | Un ester |

Nous étudierons ces composés en détail dans les chapitres 16 à 19. Cependant, il est important de connaître dès maintenant les réactions par lesquelles ils se transforment en alcools. Voyons d'abord quelle est la relation entre la structure du groupe carbonyle et la réactivité des composés carbonylés.

12.1A   STRUCTURE DU GROUPE CARBONYLE

L'atome de carbone du groupe carbonyle est hybridé sp^2. Ce carbone et les groupes qui y sont fixés se trouvent donc dans un même plan. Comme prévu, les trois atomes seront dans un plan trigonal, avec des angles de liaison approximatifs de 120°.

Leçon interactive : groupe carbonyle

La double liaison carbone–oxygène est constituée d'une liaison σ et d'une liaison π de deux électrons chacune. La liaison π se forme par recouvrement des orbitales *p* du carbone et de l'oxygène. La paire d'électrons de la liaison π occupe les deux lobes (dessus et dessous du plan des liaisons σ).

L'atome d'oxygène étant plus électronégatif, il attire fortement les électrons des liaisons π et σ, ce qui crée une forte polarisation du groupe carbonyle; les atomes de carbone et d'oxygène portent des charges partielles importantes, positive dans le cas du carbone et négative dans le cas de l'oxygène. La polarisation de la liaison π du groupe carbonyle peut être représentée par les structures de résonance suivantes (voir aussi section 3.10).

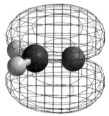

Orbitale moléculaire de la liaison π dans le formaldéhyde (HCHO). La paire d'électrons de la liaison *p* occupe les deux lobes.

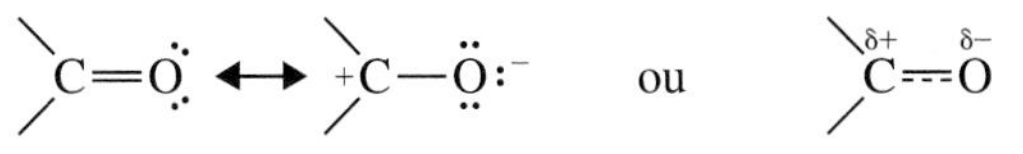

Formes limites de résonance
du groupe carbonyle

ou

Hybride
de résonance

La valeur élevée des moments dipolaires associés aux composés carbonylés est une preuve de la polarité de la liaison carbone–oxygène.

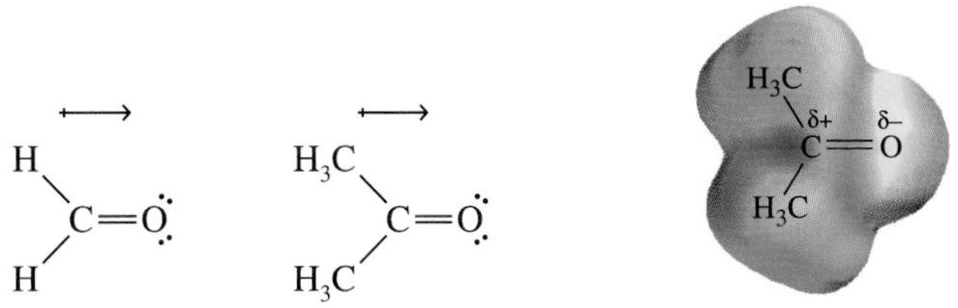

Formaldéhyde
$\mu = 2{,}27$ D

Acétone
$\mu = 2{,}88$ D

Illustration du potentiel
électrostatique de l'acétone

12.1B RÉACTIONS DES COMPOSÉS CARBONYLÉS AVEC LES NUCLÉOPHILES

Au regard de la synthèse organique, l'**addition nucléophile** sur les composés carbonylés est sans doute l'une des réactions les plus importantes. Comme on vient de le voir, le groupe carbonyle est porteur d'une charge positive partielle, ce qui expose le groupe carbonyle à une attaque nucléophile. Lorsqu'un nucléophile s'additionne au groupe carbonyle, il se fixe par son doublet d'électrons pour former une liaison σ avec l'atome de carbone. Ce dernier est en mesure de recevoir le doublet parce qu'une paire d'électrons de la liaison double carbone–oxygène se déplace sur l'oxygène.

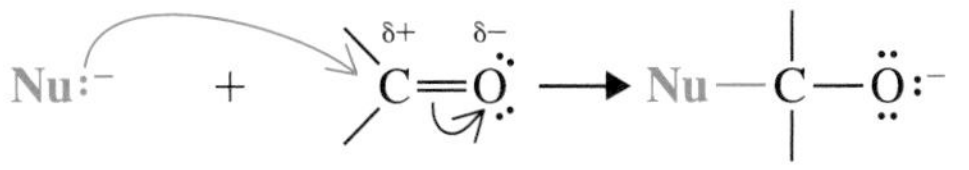

En cours de réaction, la géométrie et l'hybridation de l'atome de carbone se modifient : la géométrie trigonale plane devient tétraédrique et l'hybridation passe de sp^2 à sp^3.

Deux des nucléophiles les plus importants à s'additionner sur les composés carbonylés sont les **ions hydrure** provenant de composés comme $NaBH_4$ ou $LiAlH_4$ (section 12.3), et les **carbanions** issus de composés comme RLi ou RMgX (section 12.7C).

Les alcools et les composés carbonylés sont **oxydés** et **réduits** lors d'une autre série de réactions (sections 12.2 et 12.4). Par exemple, les alcools primaires peuvent être oxydés en aldéhydes, et les aldéhydes réduits en alcools.

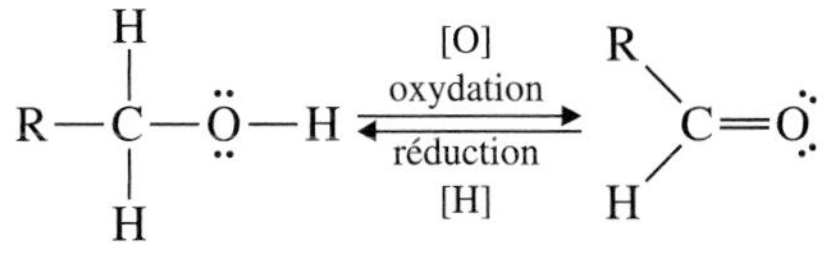

Leçon interactive : addition nucléophile sur un carbonyle

Un alcool primaire

Un aldéhyde

Dans un premier temps, voyons certains principes généraux de l'oxydation et de la réduction des composés organiques.

12.2 RÉACTIONS D'OXYDATION ET DE RÉDUCTION EN CHIMIE ORGANIQUE

Habituellement, la réduction d'une molécule organique correspond à une augmentation de sa teneur en atomes d'hydrogène ou à une diminution de son nombre d'atomes d'oxygène. Ainsi, la transformation d'un acide carboxylique en un aldéhyde est une réduction, car le nombre d'atomes d'oxygène est moins élevé.

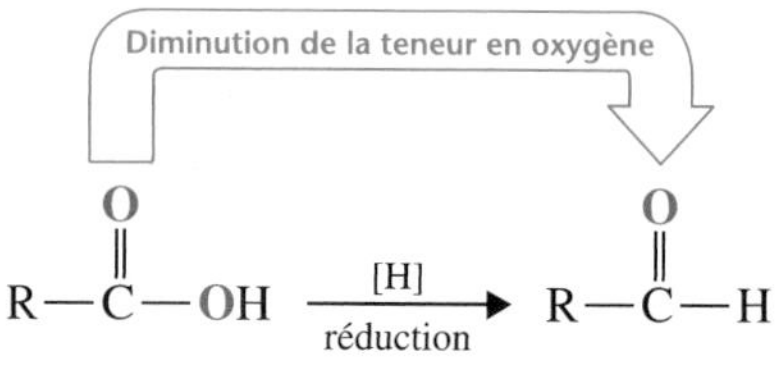

Diminution de la teneur en oxygène

$$R-\overset{\overset{\displaystyle O}{\|}}{C}-OH \xrightarrow[\text{réduction}]{[H]} R-\overset{\overset{\displaystyle O}{\|}}{C}-H$$

Acide carboxylique   **Aldéhyde**

L'aldéhyde qui devient un alcool est donc une réduction.

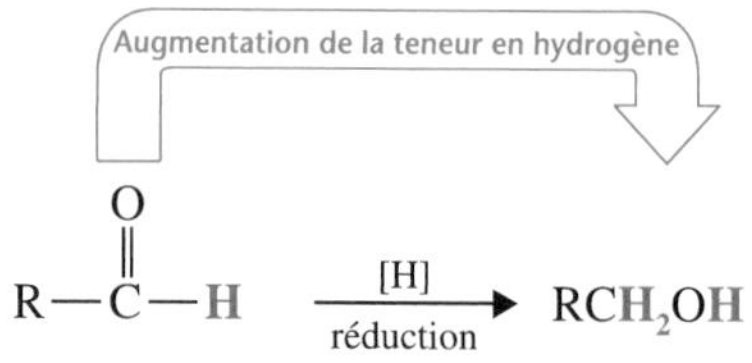

Augmentation de la teneur en hydrogène

$$R-\overset{\overset{\displaystyle O}{\|}}{C}-H \xrightarrow[\text{réduction}]{[H]} RCH_2OH$$

Une autre réduction se produit lorsque l'alcool se transforme en alcane.

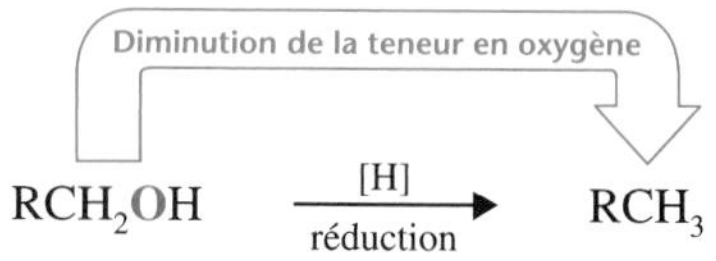

Diminution de la teneur en oxygène

$$RCH_2OH \xrightarrow[\text{réduction}]{[H]} RCH_3$$

Dans ces exemples, nous avons utilisé le symbole [H] pour représenter la réduction d'un composé organique. Ce symbole sert à décrire une réaction générale sans qu'il soit nécessaire de spécifier le réducteur.

La contrepartie de la réduction est l'**oxydation.** *Celle-ci représente l'augmentation de la quantité d'oxygène ou la diminution de la quantité d'hydrogène dans une molécule organique.* Les réactions inverses de celles énoncées ci-dessus sont des réactions d'oxydation. On peut donc résumer ces réactions d'oxydation et de réduction par les exemples suivants. Le symbole [O] indique l'oxydation d'une molécule organique.

$$RCH_3 \underset{[H]}{\overset{[O]}{\rightleftarrows}} RCH_2OH \underset{[H]}{\overset{[O]}{\rightleftarrows}} R\overset{\overset{\displaystyle O}{\|}}{C}H \underset{[H]}{\overset{[O]}{\rightleftarrows}} R\overset{\overset{\displaystyle O}{\|}}{C}OH$$

L'état d'oxydation le plus bas   **L'état d'oxydation le plus élevé**

Prenez note de la notion générale d'oxydation-réduction des composés organiques.

L'oxydation d'un composé organique se définit plus globalement comme une réaction qui ajoute dans une molécule n'importe quel élément plus électronégatif que le carbone. La substitution des atomes d'hydrogène par des atomes de chlore est une oxydation :

$$Ar-CH_3 \underset{[H]}{\overset{[O]}{\rightleftarrows}} Ar-CH_2Cl \underset{[H]}{\overset{[O]}{\rightleftarrows}} Ar-CHCl_2 \underset{[H]}{\overset{[O]}{\rightleftarrows}} Ar-CCl_3$$

Évidemment, si un composé est réduit, un autre — le **réducteur** — doit être oxydé. Par conséquent, lorsqu'un composé est oxydé, un autre — l'**oxydant** — est réduit. Ces oxydants et ces réducteurs sont souvent des composés inorganiques. Nous en étudierons quelques-uns dans les deux prochaines sections.

PROBLÈME 12.1

Une des méthodes utilisées pour déterminer l'état d'oxydation d'un atome de carbone dans un composé organique consiste à tenir compte des groupes attachés à cet atome de carbone; une liaison avec un atome d'hydrogène (ou tout autre groupe moins électronégatif que le carbone) donne une valeur de −1 au carbone; une liaison avec l'oxygène, l'azote ou un halogène (ou tout autre groupe plus électronégatif que le carbone) donne une valeur de +1; et une liaison avec un autre atome de carbone lui donne une valeur de 0. Ainsi, dans le méthane, l'atome de carbone a un état d'oxydation de −4, tandis qu'il a une valeur de +4 dans le dioxyde de carbone. a) Appliquez cette méthode pour déterminer l'état d'oxydation des atomes de carbone du méthanol

(CH₃OH), de l'acide formique $\left(\begin{matrix}O\\\parallel\\HCOH\end{matrix}\right)$ et du formaldéhyde $\left(\begin{matrix}O\\\parallel\\HCH\end{matrix}\right)$. b) En tenant compte de l'état d'oxydation du carbone, classez les composés suivants en ordre croissant : méthane, dioxyde de carbone, méthanol, acide formique et formaldéhyde. c) Indiquez le changement d'état d'oxydation qui accompagne la réaction méthanol ⟶ formaldéhyde. d) Dites s'il s'agit d'une oxydation ou d'une réduction. e) Lorsque H_2CrO_4 agit comme oxydant dans cette réaction, le chrome de H_2CrO_4 devient Cr^{3+}. Quel est le changement dans l'état d'oxydation du chrome ?

PROBLÈME 12.2

a) Appliquez la méthode précédente pour évaluer l'état d'oxydation de chacun des carbones de l'éthanol et de l'acétaldéhyde. b) Dites ce que révèlent les valeurs observées sur le site d'oxydation lorsque l'éthanol est oxydé en acétaldéhyde. c) Répétez la même analyse pour l'oxydation de l'acétaldéhyde en acide acétique.

PROBLÈME 12.3

a) Même si l'hydrogénation d'un alcène a déjà été décrite comme une réaction d'addition, les organiciens la considèrent souvent comme une réduction. Expliquez cette assertion en vous appuyant sur la méthode décrite au problème 12.1. b) Dans le même ordre d'idée, commentez la réaction suivante :

$$CH_3-\overset{\overset{\displaystyle O}{\parallel}}{C}-H + H_2 \xrightarrow{Ni} CH_3CH_2OH$$

12.3 SYNTHÈSE D'ALCOOLS PAR RÉDUCTION DE COMPOSÉS CARBONYLÉS

Des alcools primaires et secondaires peuvent être synthétisés par réduction d'une variété de composés qui contiennent le groupe carbonyle $\left(\diagdown C=O\right)$. Voici quelques exemples :

$$R-\overset{\overset{\displaystyle O}{\parallel}}{C}-OH \xrightarrow{[H]} R-CH_2OH$$
Acide carboxylique **Alcool primaire**

$$R-\overset{\overset{\displaystyle O}{\parallel}}{C}-OR' \xrightarrow{[H]} R-CH_2OH \ (+ \ R'OH)$$
Ester **Alcool primaire**

$$R-\overset{\overset{\displaystyle O}{\parallel}}{C}-H \xrightarrow{[H]} R-CH_2OH$$
Aldéhyde **Alcool primaire**

$$R-\overset{\overset{\displaystyle O}{\parallel}}{C}-R' \xrightarrow{[H]} R-\underset{\underset{\displaystyle OH}{\mid}}{CH}-R'$$
Cétone **Alcool secondaire**

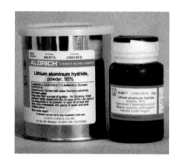

Si certaines précautions particulières ne sont pas prises, les réductions par l'hydrure de lithium et d'aluminium peuvent être très dangereuses. Vous devriez consulter un manuel de laboratoire approprié avant de procéder à de telles réductions. De plus, les réactions doivent se faire sur de petites quantités.

Les acides carboxyliques sont parmi les composés carbonylés les plus difficiles à réduire, mais on y parvient à l'aide de puissants réducteurs comme l'**hydrure de lithium et d'aluminium** ($LiAlH_4$ sous l'abréviation LAH). Celui-ci réduit les acides carboxyliques en alcools primaires avec un excellent rendement.

$$4\ RCO_2H + 3\ LiAlH_4 \xrightarrow{Et_2O} [(RCH_2O)_4Al]Li + 4\ H_2 + 2\ LiAlO_2$$

Hydrure de lithium et d'aluminium

$$\xrightarrow[H_2O/H_2SO_4]{} 4\ RCH_2OH + Al_2(SO_4)_3 + Li_2SO_4$$

La réduction de l'acide 2,2-diméthylpropanoïque par l'hydrure de lithium et d'aluminium en est un bel exemple.

$$CH_3-\underset{\underset{CH_3}{|}}{\overset{\overset{CH_3}{|}}{C}}-CO_2H \xrightarrow[\text{(2) } H_2O/H_2SO_4]{\text{(1) } LiAlH_4/Et_2O} CH_3-\underset{\underset{CH_3}{|}}{\overset{\overset{CH_3}{|}}{C}}-CH_2OH$$

Acide 2,2-diméthylpropanoïque **2,2-diméthylpropan-1-ol (92 %)**

Les esters peuvent être réduits par hydrogénation sous une forte pression (réaction utilisée dans les procédés industriels et souvent appelée « hydrogénolyse » parce qu'elle entraîne la rupture d'une liaison carbone–oxygène), ou encore par l'hydrure de lithium et d'aluminium.

$$R\overset{\overset{O}{\|}}{C}-OR' + H_2 \xrightarrow[\substack{175\ °C \\ 5000\ psi}]{CuO\cdot CuCr_2O_4} RCH_2OH + R'OH$$

$$R\overset{\overset{O}{\|}}{C}-OR' \xrightarrow[\text{(2) } H_2O/H_2SO_4]{\text{(1) } LiAlH_4/Et_2O} RCH_2OH + R'OH$$

La dernière méthode est la plus employée pour les synthèses de laboratoire à petite échelle.

Les cétones et les aldéhydes peuvent aussi être réduits en alcools par de l'hydrogène et un catalyseur métallique, par du sodium dans l'alcool et par de l'hydrure de lithium et d'aluminium. Cependant, le réducteur le plus fréquemment utilisé est le borohydrure de sodium ($NaBH_4$).

$$4\ R\overset{\overset{O}{\|}}{C}H + NaBH_4 + 3\ H_2O \longrightarrow 4\ RCH_2OH + NaH_2BO_3$$

$$CH_3CH_2CH_2\overset{\overset{O}{\|}}{C}H \xrightarrow[H_2O]{NaBH_4} CH_3CH_2CH_2CH_2OH$$

1-Butanal **Butan-1-ol (85 %)**

$$CH_3CH_2\overset{\overset{}{\underset{\underset{O}{\|}}{C}}}CH_3 \xrightarrow[H_2O]{NaBH_4} CH_3CH_2\underset{\underset{OH}{|}}{C}HCH_3$$

2-Butanone **Butan-2-ol (87 %)**

Le transfert de l'**ion hydrure** du métal à l'atome de carbone du groupe carbonyle est l'étape déterminante dans la réduction d'un composé carbonylé par l'hydrure de lithium et d'aluminium ou le borohydrure de sodium. Lors de ce transfert, l'ion hydrure se comporte comme le *nucléophile*. Le mécanisme suivant représente la réduction d'une cétone par le borohydrure de sodium.

MÉCANISME DE LA RÉACTION

Réduction d'un aldéhyde ou d'une cétone par transfert de l'hydrure

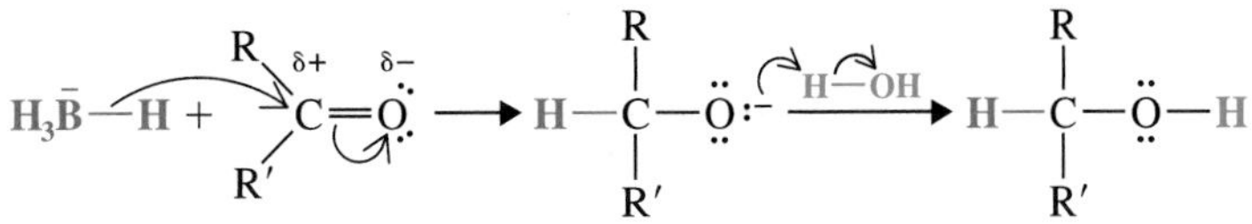

Transfert de l'hydrure **Ion alkoxyde** **Alcool**

Ces étapes se répètent tant et aussi longtemps que tous les atomes d'hydrogène fixés sur le bore n'ont pas été transférés.

Le borohydrure de sodium est un réducteur moins puissant que l'hydrure de lithium et d'aluminium. Ce dernier réduit à la fois les acides, les esters, les aldéhydes et les cétones, tandis que le borohydrure de sodium ne réduit que les aldéhydes et les cétones.

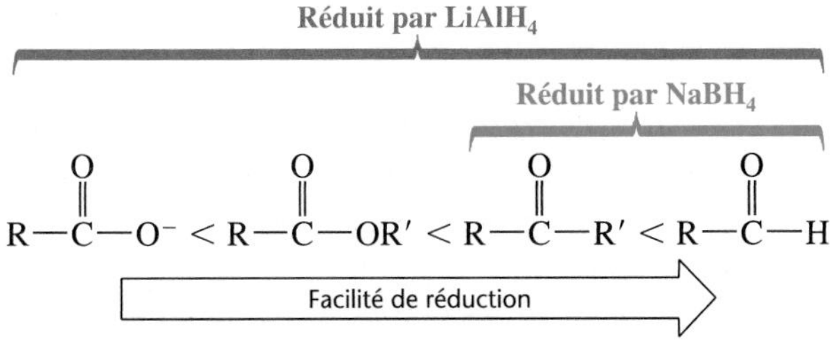

CAPSULE CHIMIQUE

L'ALCOOL DÉSHYDROGÉNASE

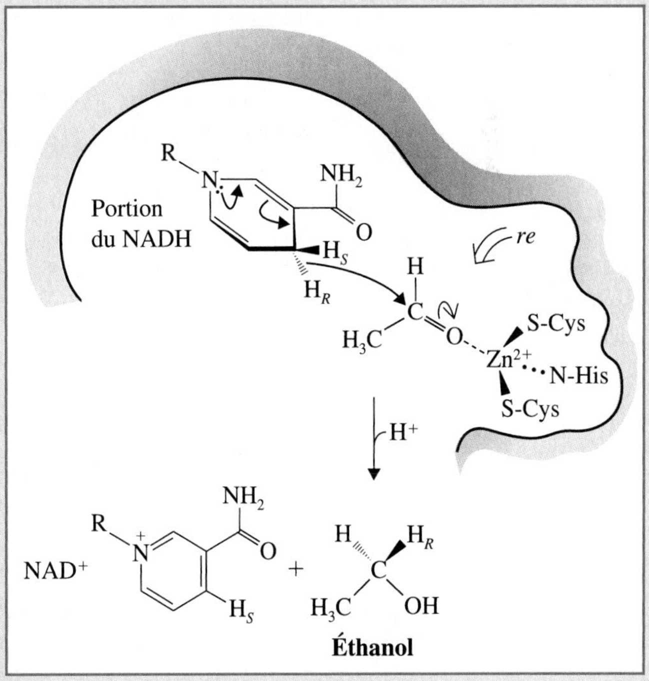

Lorsque l'enzyme alcool déshydrogénase convertit l'acétaldéhyde en alcool, le NADH agit comme réducteur en transférant un hydrure du C4 du cycle du nicotinamide au groupe carbonyle de l'acétaldéhyde. L'azote du cycle du nicotinamide favorise ce processus par la délocalisation de son doublet d'électrons libres sur le cycle. Cette délocalisation, conjuguée à la perte de l'hydrure, conduit à la formation d'un cycle plus stable du NAD^+ (nous verrons pourquoi au chapitre 14). L'anion éthoxyde, qui découle du transfert de l'hydrure sur l'acétaldéhyde, sera ensuite protoné par l'enzyme pour former l'éthanol.

Même si, dans l'acétaldéhyde, le carbone du groupe carbonyle qui accepte l'hydrure est un électrophile inhérent à cause de l'oxygène électronégatif, l'enzyme amplifie cette caractéristique en utilisant un acide de Lewis, un atome de zinc qui forme un lien de coordination avec l'oxygène du carbonyle. À l'état de transition, l'acide de Lewis stabilise la charge négative qui se développe sur l'oxygène. Ainsi, la fonction de la structure protéique de l'enzyme est de maintenir l'ion zinc, la coenzyme et le substrat dans un agencement tridimensionnel spécifique afin de réduire l'énergie de l'état de transition. Évidemment, la réaction est totalement réversible et, lorsque la concentration relative de l'alcool est élevée, l'alcool déshydrogénase oxyde l'alcool en éliminant un hydrure. L'alcool déshydrogénase est un facteur primordial en détoxication. Dans la Capsule chimique traitant des réductions stéréosélectives des groupes carbonyle (page 478), nous discuterons de l'aspect stéréochimique des réactions de l'alcool déshydrogénase.

CAPSULE CHIMIQUE

RÉDUCTIONS STÉRÉOSÉLECTIVES DES GROUPES CARBONYLE

Énantiosélectivité

La possibilité d'une réduction **stéréosélective** d'un groupe carbonyle est une considération importante dans de nombreuses synthèses. Selon la structure du groupe carbonyle qui subit la réduction, le carbone tétraédrique formé par le transfert d'un hydrure peut devenir un centre stéréogénique. Des réactifs achiraux, comme $NaBH_4$ et $LiAlH_4$, réagissent à des vitesses similaires, qu'ils soient d'un côté ou de l'autre du plan trigonal du substrat, conduisant ainsi à un produit racémique. Par contre, les enzymes sont chirales et les réactions auxquelles prennent part des réactifs chiraux mène généralement à la prédominance d'un des deux énantiomères d'un produit chiral. De telles réactions sont dites énantiosélectives. Ainsi, lorsque les enzymes comme l'alcool déshydrogénase réduisent les groupes carbonyle à l'aide de la coenzyme NADH (voir le préambule de ce chapitre), elles choisissent l'une ou l'autre des faces du plan trigonal du substrat carbonylé. *Un des deux stéréo-isomères prédomine* alors dans le produit tétraédrique résultant. (Si le substrat de départ est chiral, la création d'un nouveau centre stéréogénique favorise la formation d'un *diastéréo-isomère* du produit, et la réaction est dite diastéréosélective.)

Les bactéries thermophiles, comme celles qui se développent en eau chaude au parc national Yellowstone, produisent des enzymes résistantes à la chaleur appelées extrêmozymes qui ont déjà démontré leur utilité dans différents processus chimiques.

Selon la direction des priorités établie par Cahn-Ingold-Prelog (section 5.6), les deux faces d'un plan trigonal centré sont désignées par *re* et *si*, suivant que l'on observe l'ordre de priorité dans le sens horaire ou antihoraire.

On connaît la préférence de nombreuses enzymes utilisant le NADH pour l'une ou l'autre des faces *re* ou *si* de leurs substrats. C'est pourquoi certaines de ces enzymes constituent des réactifs stéréosélectifs exceptionnellement utiles en synthèse organique. L'enzyme la plus fréquemment employée est l'alcool déshydrogénase de la levure. De

face *re* (de cette face, on observe la séquence des priorités dans le sens des aiguilles d'une montre)

face *si* (de cette face, on observe la séquence des priorités dans le sens contraire des aiguilles d'une montre)

Les faces *re* et *si* d'un groupe carbonyle (où O > ¹R > ²R selon les priorités déterminées par Cahn-Ingold-Prelog).

plus, le rôle des enzymes des bactéries thermophiles (bactéries qui se développent à des températures élevées) a pris une ampleur considérable. Comme les réactions se réalisent plus rapidement à des températures élevées (au-delà de 100 °C dans certains cas), les enzymes résistantes à la chaleur (appelées **extrêmozymes**) permettent d'en augmenter la vitesse, quoique l'énantiosélectivité soit meilleure à des températures plus basses.

Thermoanærobium brockii

Excès énantiomère 96 %
Rendement de 85 %

Certains réactifs chimiques chiraux ont aussi été développés pour permettre la réduction stéréosélective des groupes carbonyle. La plupart sont des réducteurs dérivés d'hydrures d'aluminium ou de bore et comprennent un ou plusieurs ligands chiraux organiques. Le *S*-Alpine-Borane et le *R*-Alpine-Borane sont dérivés du diborane (B_2H_6) et, respectivement, du (–)-α-pinène ou du (+)-α-pinène (énantiomères purs

R-Alpine-Borane

(S)-(−)Alpine-Borane

Excès énantiomère 97 %
Rendement de 60 à 65 %

d'hydrocarbures naturels). On a aussi développé des réactifs dérivés de LiAlH$_4$ et d'amines chirales. Le degré de stéréosélectivité obtenu, soit par réduction enzymatique, soit par réduction à l'aide de réactifs chiraux, repose sur la structure spécifique du substrat. Il est souvent nécessaire de réaliser plusieurs essais pour déterminer les conditions des réactions qui aboutiront à la stéréosélectivité optimale.

Prochiralité

Un autre aspect de la stéréochimie des réactions de NADH découle du fait que deux atomes d'hydrogène sont fixés sur le C4. Chacun pourrait, en principe, être transféré sous forme d'hydrure dans un processus de réduction. Cependant, au cours d'une réaction enzymatique donnée, un seul hydrure spécifique du C4 de NADH est transféré. L'enzyme utilisée détermine lequel des hydrures est transféré; on identifie ce dernier par l'ajout d'un préfixe à la nomenclature stéréochimique. Les hydrogènes du C4 de NADH sont dits prochiraux : l'un est désigné pro-*R,* tandis que l'autre est désigné pro-*S* selon que la configuration est *R* ou *S* lorsque chacun est hypothétiquement remplacé par un groupe prioritaire à l'hydrogène. Si l'exercice produit la configuration *R*, l'hydrogène remplacé sera pro-*R* et, si on obtient une configuration *S*, l'hydrogène remplacé sera pro-*S*. En général, un centre prochiral est présent dans une molécule s'il y a formation d'un nouveau centre stéréogénique, à la suite de l'addition d'un groupe sur un atome trigonal plan (comme lors de la réduction d'une cétone) ou du remplacement sélectif d'un des deux groupes identiques d'un atome tétraédrique.

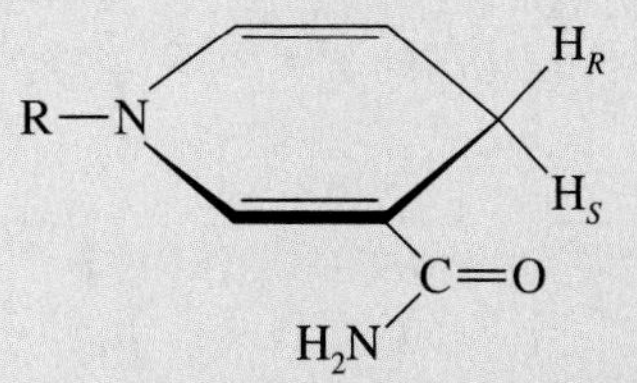

Cycle du nicotinamide du NADH, montrant les hydrogènes pro-*R* et pro-*S*

L'hydrure de lithium et d'aluminium réagit violemment avec l'eau. Les réductions utilisant ce composé doivent donc être réalisées en milieu anhydre, généralement dans un éther anhydre. (Lorsque la réaction est terminée, l'acétate d'éthyle est ajouté avec précaution pour décomposer l'excès de LiAlH$_4$ et le complexe d'aluminium est finalement détruit par addition d'eau.) À l'opposé, la réduction par le borohydrure se fait en solution aqueuse ou alcoolique.

PROBLÈME 12.4

Dites lequel des réducteurs LiAlH$_4$ ou NaBH$_4$ vous utiliseriez pour réaliser les réactions suivantes :

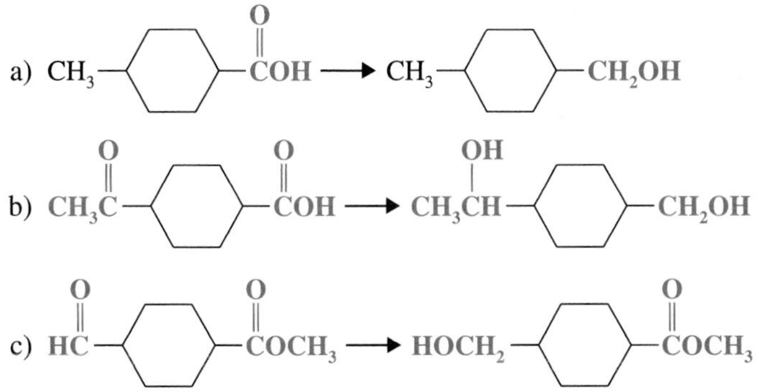

12.4 OXYDATION DES ALCOOLS

12.4A OXYDATION DES ALCOOLS PRIMAIRES EN ALDÉHYDES : RCH$_2$OH $\longrightarrow$ RCHO

Les alcools primaires peuvent être oxydés en aldéhydes et en acides carboxyliques.

En solution aqueuse, l'oxydation des aldéhydes en acides carboxyliques requiert habituellement des oxydants moins puissants que ceux nécessaires à l'oxydation des alcools primaires en aldéhydes; il est donc difficile d'arrêter l'oxydation à l'étape de l'aldéhyde. [Rappelez-vous que la déshydrogénation d'un composé organique correspond à une oxydation, alors que l'hydrogénation (voir problème 12.3) est une réduction.] Ainsi, pour la majorité des préparations en laboratoire, on doit compter sur des oxydants spéciaux pour préparer les aldéhydes à partir des alcools primaires. Il existe une variété de réactifs disponibles et l'objectif de cette section n'est pas d'en faire une étude exhaustive. Un excellent réactif permettant d'obtenir un aldéhyde est le résultat de la mise en solution de CrO_3 dans l'acide chlorhydrique, suivie d'une addition de pyridine.

$$CrO_3 + HCl + \langle\bigcirc\rangle N: \longrightarrow \langle\bigcirc\rangle N^+\!\!-\!H \quad CrO_3Cl^-$$

Pyridine   **Chlorochromate de pyridinium**
(C_5H_5N)   **(PCC)**

Lorsqu'il est dissous dans le CH_2Cl_2, ce produit, appelé **chlorochromate de pyridinium** (dont l'abréviation est PCC), oxyde un alcool primaire en aldéhyde et arrête la réaction à cette étape.

$$(C_2H_5)_2C\!-\!CH_2OH + PCC \xrightarrow[25\,°C]{CH_2Cl_2} (C_2H_5)_2C\!-\!CH$$

(avec CH_3 sur chaque carbone central, et O sur le groupe CH du produit)

2-Éthyl-2-méthylbutan-1-ol   **2-Éthyl-2-méthylbutanal**

Par ailleurs, le chlorochromate de pyridinium n'attaque pas les doubles liaisons.

Le succès de l'oxydation par le chlorochromate de pyridinium s'explique en partie par la solubilité du PCC dans le solvant CH_2Cl_2, dans lequel l'oxydation est réalisée. Cependant, les aldéhydes ne sont pas aussi facilement oxydés que les *hydrates d'aldéhyde, RCH(OH)$_2$*, qui se forment (section 16.7) lorsque les aldéhydes sont dissous dans l'eau, environnement habituel de l'oxydation par les composés du chrome.

$$RCHO + H_2O \rightleftharpoons RCH(OH)_2$$

Nous étudierons ce sujet en détail à la section 12.4D.

12.4B OXYDATION DES ALCOOLS PRIMAIRES EN ACIDES CARBOXYLIQUES : $RCH_2OH \longrightarrow RCO_2H$

Les alcools primaires peuvent être oxydés en **acides carboxyliques** par le permanganate de potassium. Ordinairement, la réaction se fait en solution aqueuse basique et un précipité de MnO_2 se forme au fur et à mesure que l'oxydation progresse. L'oxydation terminée, la filtration élimine le MnO_2 et l'acidification du filtrat génère l'acide carboxylique.

$$R\!-\!CH_2OH + KMnO_4 \xrightarrow[\substack{H_2O \\ \Delta}]{OH^-} RCO_2^-K^+ + MnO_2$$

$$\Big\downarrow H_3O^+$$

$$RCO_2H$$

12.4C OXYDATION DES ALCOOLS SECONDAIRES EN CÉTONES :

$$\underset{RCHR'}{\overset{OH}{|}} \longrightarrow \underset{RCR'}{\overset{O}{\|}}$$

Les alcools secondaires peuvent être oxydés en cétones. La réaction s'arrête normalement à ce niveau, car une oxydation plus poussée nécessite la rupture d'une liaison carbone–carbone.

$$R\!-\!\underset{\text{Alcool secondaire}}{\overset{\overset{OH}{|}}{CH}}\!-\!R' \xrightarrow{[O]} R\!-\!\underset{\text{Cétone}}{\overset{\overset{O}{\|}}{C}}\!-\!R'$$

Divers oxydants à base de chrome (VI) servent à l'oxydation des alcools secondaires en cétones. Le plus courant de ces oxydants est l'acide chromique (H_2CrO_4), que l'on prépare habituellement en ajoutant l'oxyde de chrome (VI) (CrO_3) ou le dichromate de sodium ($Na_2Cr_2O_7$) à une solution aqueuse d'acide sulfurique. Les oxydations des alcools secondaires se pratiquent généralement dans l'acétone ou l'acide acétique. L'équation équilibrée de cette transformation est illustrée ci-dessous.

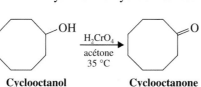

$$3 \underset{R'}{\overset{R}{\diagup}}CHOH + 2\,H_2CrO_4 + 6\,H^+ \longrightarrow 3 \underset{R'}{\overset{R}{\diagup}}C{=}O + 2\,Cr^{3+} + 8\,H_2O$$

Lors du changement de l'état d'oxydation du chrome, l'acide chromique passe d'orange à vert; c'est la raison pour laquelle il sert de réactif pour identifier les alcools primaires et secondaires (voir section 12.4E).

Au fur et à mesure que l'acide chromique oxyde l'alcool en cétone, le chrome est réduit de l'état d'oxydation de +6 (H_2CrO_4) à celui de +3 (Cr^{3+}). Si la température est bien contrôlée, l'oxydation des alcools secondaires par l'acide chromique donne un bon rendement de cétones. L'oxydation du cyclooctanol en cyclooctanone en constitue un bon exemple.

$$\text{Cyclooctanol} \xrightarrow[\substack{\text{acétone}\\35\ °C}]{H_2CrO_4} \text{Cyclooctanone}$$

Cyclooctanol   **Cyclooctanone**
(92 à 96 %)

L'utilisation de CrO_3 dans de l'acétone aqueuse est habituellement appelée **oxydation de Jones** (ou oxydation par le réactif de Jones). Cette réaction touche rarement les doubles liaisons d'une molécule.

12.4D MÉCANISME D'OXYDATION PAR LE CHROMATE

Le mécanisme d'oxydation des alcools par l'acide chromique a été examiné en profondeur. L'intérêt qu'il suscite vient des changements d'état d'oxydation observés lors d'une réaction entre un composé organique et un composé inorganique. La première étape est la formation d'un ester chromique avec l'alcool. Voici l'illustration de ce processus à partir d'un alcool secondaire.

MÉCANISME DE LA RÉACTION

Oxydation par le chromate : formation d'un d'ester chromique

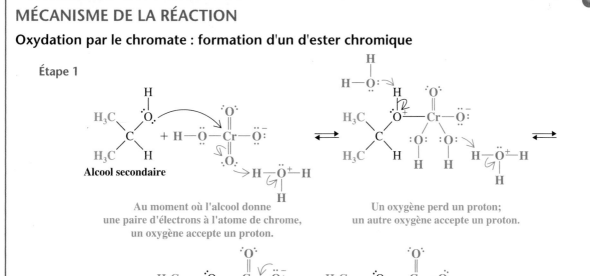

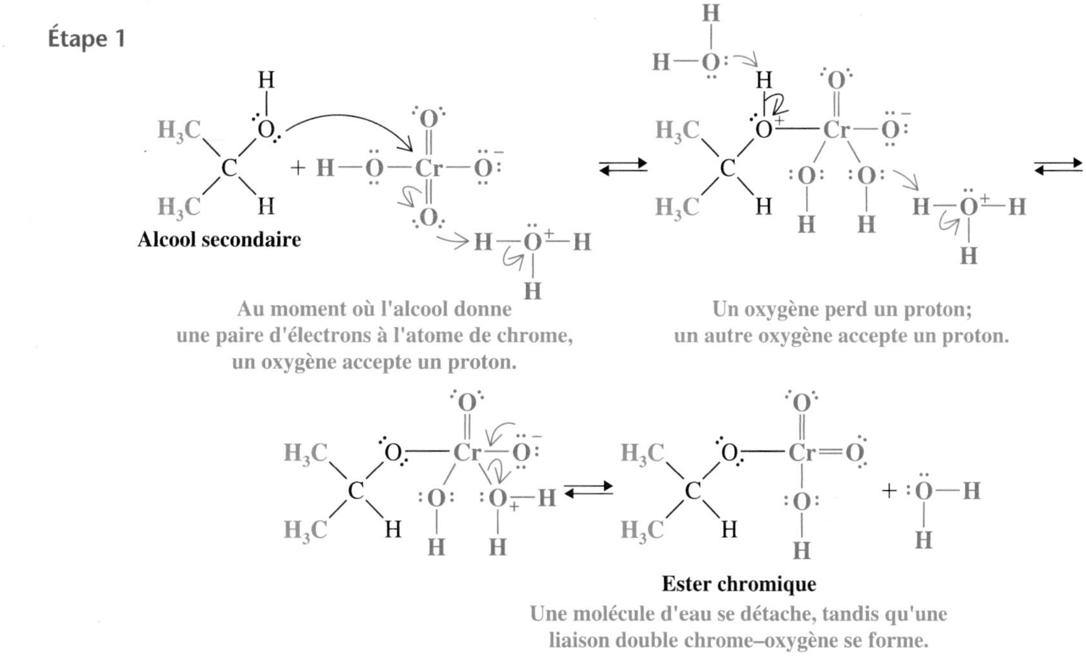

Étape 1

Au moment où l'alcool donne une paire d'électrons à l'atome de chrome, un oxygène accepte un proton.

Un oxygène perd un proton; un autre oxygène accepte un proton.

Ester chromique
Une molécule d'eau se détache, tandis qu'une liaison double chrome–oxygène se forme.

L'ester chromique est instable et ne peut être isolé. Il transfère un proton à une base (généralement l'eau) et élimine simultanément un ion $HCrO_3^-$.

MÉCANISME DE LA RÉACTION

Oxydation par le chromate : l'étape d'oxydation

Étape 2

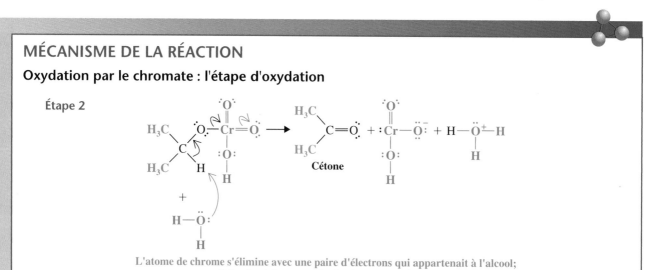

L'atome de chrome s'élimine avec une paire d'électrons qui appartenait à l'alcool; l'alcool est donc oxydé et le chrome est réduit.

Le résultat global de la deuxième étape est la réduction de $HCrO_4^-$ en $HCrO_3^-$, un changement de deux électrons ($2\,e^-$) dans l'état d'oxydation du chrome, qui passe de Cr(VI) à Cr(IV). Au même moment, l'alcool s'oxyde de $2\,e^-$ en cétone.

Les étapes ultérieures du mécanisme sont complexes et il n'est pas essentiel de les donner en détail. Mentionnons simplement que d'autres oxydations (et des dismutations) surviennent jusqu'à ce que le Cr(IV) soit transformé en ions Cr^{3+}.

À la première étape du mécanisme, les conditions requises pour la formation de l'ester chromique aident à comprendre pourquoi les alcools primaires en solution aqueuse sont facilement oxydés au-delà de l'aldéhyde (par ricochet, elles permettent de comprendre pourquoi l'oxydation du PCC dans du CH_2Cl_2 s'arrête à l'aldéhyde). L'aldéhyde initialement formé à partir d'un alcool primaire (produit selon un mécanisme similaire à celui décrit précédemment) réagit avec l'eau pour former un hydrate d'aldéhyde. Ce dernier réagit avec $HCrO_4^-$ (et H^+) pour former un ester chromique qui, à son tour, peut être oxydé en acide carboxylique. En l'absence d'eau (c'est-à-dire lorsqu'on utilise PCC dans CH_2Cl_2), l'hydrate d'aldéhyde ne peut pas se former; l'oxydation ne peut donc pas se poursuivre.

Au cours de la deuxième étape du mécanisme précédent, l'élimination qui survient aide à mieux comprendre pourquoi le chromate n'oxyde généralement pas les alcools tertiaires. Car même si les alcools tertiaires forment des esters chromiques sans difficulté, l'ester formé ne porte aucun atome d'hydrogène pouvant être éliminé; aucune oxydation ne peut donc avoir lieu.

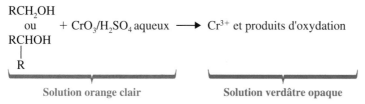

Alcool tertiaire   **Cet ester chromique
ne peut subir
l'élimination de H₂CrO₃.**

12.4E TEST CHIMIQUE POUR CARACTÉRISER LES ALCOOLS PRIMAIRES ET SECONDAIRES

Vu la difficulté d'oxyder des alcools tertiaires, l'oxydation relativement facile des alcools primaires et secondaires est à la base de tests chimiques pratiques. Dans l'acide sulfurique aqueux, les alcools primaires et secondaires sont rapidement oxydés par une solution de CrO_3. L'oxyde chromique (CrO_3) se dissout dans une solution aqueuse d'acide sulfurique et donne une solution orange clair contenant les ions $Cr_2O_7^{2-}$. Un test est positif lorsque la solution orange clair devient opaque et prend des reflets verdâtres en quelques secondes.

Ce changement de couleur, associé à la réduction de $Cr_2O_7^{2-}$ en Cr^{3+}, est le fondement des alcootests employés pour mesurer le taux d'alcool chez les automobilistes. Dans ces appareils, le sel de dichromate recouvre la surface de granules de gel de silice.

$$\begin{matrix} RCH_2OH \\ \text{ou} \\ RCHOH \\ | \\ R \end{matrix} \quad + CrO_3/H_2SO_4 \text{ aqueux} \longrightarrow Cr^{3+} \text{ et produits d'oxydation}$$

<u>Solution orange clair</u>   <u>Solution verdâtre opaque</u>

Ce test permet non seulement de distinguer les alcools primaires et secondaires des alcools tertiaires, mais également de les distinguer de la majorité des autres composés, à l'exception des aldéhydes.

PROBLÈME 12.5

Dites comment chacune des réactions suivantes peut être réalisée.

a) [cyclopentane-CH₂OH] $\xrightarrow{?}$ [cyclopentane-CHO]

b) [cyclopentane-CH₂OH] $\xrightarrow{?}$ [cyclopentane-COOH]

c) [cyclopentanol OH] $\xrightarrow{?}$ [cyclopentanone O]

d) [cyclopentène] $\xrightarrow{?}$ $HCCH_2CH_2CH_2CH$ (avec deux groupes O)

12.4F PARTICULARITÉS SPECTROSCOPIQUES DES ALCOOLS

Les alcools sont caractérisés par des absorptions dues à l'élongation du lien O—H de 3200 à 3600 cm⁻¹ dans un spectre infrarouge. Dans un spectre RMN ¹H, l'hydrogène de l'alcool produit généralement une large bande de déplacement chimique variable qui peut être éliminée par substitution avec le deutérium de D_2O. Le spectre RMN ¹³C d'un alcool montre un signal entre 50 et 90 ppm pour le carbone porteur de l'alcool. Sur le carbone des alcools primaires et secondaires, les atomes d'hydrogène produisent un signal dans le spectre RMN ¹H entre 3,3 et 4,0 ppm et dont l'intégration est proportionnelle à un ou deux atomes d'hydrogène.

12.5 COMPOSÉS ORGANOMÉTALLIQUES

Les composés qui contiennent des liaisons carbone–métal sont appelés **composés organométalliques.** La nature de cette liaison varie grandement, passant d'une liaison essentiellement ionique à des liaisons purement covalentes. Même si la structure de la portion organique du composé organométallique influe sur la nature de la liaison carbone−métal, l'identité du métal lui-même est beaucoup plus importante. Les liaisons carbone−sodium et carbone−potassium ont un caractère fortement ionique; les liaisons carbone−étain, carbone−plomb, carbone−thallium et carbone−mercure sont essentiellement covalentes. Les liaisons carbone−lithium et carbone−magnésium se situent entre ces extrêmes.

$$-\overset{|}{\underset{|}{C}}:^-M^+ \qquad -\overset{|}{\underset{|}{C}}\overset{\delta-\ \ \delta+}{:M} \qquad -\overset{|}{\underset{|}{C}}-M$$

Fortement ionique **Fortement covalent**
(M = Na⁺ ou K⁺) **(M = Mg ou Li)** **(M = Pb, Sn, Hg, ou Tl)**

La réactivité des composés organométalliques augmente avec le pourcentage de caractère ionique de la liaison carbone−métal. Les composés alkylsodium et alkyl-potassium sont hautement réactifs et sont parmi les bases les plus fortes. Ils réagissent de manière explosive avec l'eau et s'enflamment spontanément à l'air. Les composés organomercurés et organoplombés sont beaucoup moins réactifs; souvent volatils et stables à l'air, ils sont tous poisons et généralement solubles dans des solvants non polaires. Ainsi, le tétraéthylplumbane a été utilisé dans l'essence comme agent anticognement. Toutefois, vu sa toxicité, il a été remplacé par d'autres produits. On emploie maintenant l'oxyde de *tert*-butyle et de méthyle (MTBE).

Les composés organométalliques de lithium et de magnésium sont d'une importance majeure en synthèse organique. Ils sont relativement stables en solution dans l'éther, mais les liaisons carbone−métal ont un caractère fortement ionique. À cause de sa nature ionique, l'atome de carbone lié à l'atome de métal dans un composé organolithien ou organomagnésien est une base forte et un nucléophile puissant. Dans les prochaines sections, nous verrons des réactions illustrant ces deux propriétés.

Certains réactifs organométalliques sont très utiles dans les réactions de formation de liaisons carbone–carbone (voir sections 12.8 et 12.9).

12.6 PRÉPARATION DES COMPOSÉS ORGANOLITHIENS ET ORGANOMAGNÉSIENS

12.6A COMPOSÉS ORGANOLITHIENS

On prépare souvent les composés organolithiens par réduction des halogénoalcanes par le lithium métallique. Habituellement, ces réductions se font dans un solvant éthéré et, comme les organolithiens sont de fortes bases, il faut prendre des précautions pour éviter toute trace d'humidité. Les éthers les plus fréquemment utilisés sont l'oxyde diéthyle et le tétrahydrofurane (éther cyclique).

$$CH_3CH_2\overset{..}{\underset{..}{O}}CH_2CH_3$$

Oxyde diéthyle **Tétrahydrofurane**
(Et₂O) **(THF)**

Dans l'exemple suivant, le 1-bromobutane réagit avec le lithium métallique dans l'oxyde diéthyle pour donner une solution de *n*-butyllithium.

$$CH_3CH_2CH_2CH_2Br + 2\ Li \xrightarrow[Et_2O]{-10\ °C} CH_3CH_2CH_2CH_2Li + LiBr$$

1-Bromobutane **_n_-Butyllithium**
(80 à 90 %)

D'autres composés organolithiens comme le méthyllithium, l'éthyllithium et le phényllithium peuvent être préparés par le même procédé général.

$$R-X \ + 2\ Li \xrightarrow{Et_2O} RLi \ + LiX$$

(ou Ar—X) **(ou ArLi)**

L'ordre de réactivité des halogénures est RI > RBr > RCl. (Les fluoroalcanes abiphatiques et aromatiques entrent rarement dans la préparation des composés organolithiens.)

La plupart des composés organolithiens attaquent lentement les éthers en provoquant une réaction d'élimination.

$$\overset{\delta-}{R} : \overset{\delta+}{Li} + H-CH_2-CH_2-OCH_2CH_3 \longrightarrow RH + CH_2{=}CH_2 + \overset{+}{Li}\overset{-}{OCH_2CH_3}$$

Pour cette raison, de telles solutions ne sont habituellement pas entreposées, mais plutôt utilisées immédiatement après leur préparation. Les composés organolithiens sont cependant beaucoup plus stables dans les hydrocarbures. On trouve plusieurs réactifs alkyle et aryllithiens sur le marché, dans l'hexane ou d'autres solvants hydrocarbonés.

12.6B RÉACTIFS DE GRIGNARD

En 1900, le chimiste français Victor Grignard découvrit les halogénures d'organomagnésiens. Il reçut le prix Nobel pour cette découverte en 1912 et, depuis, ces halogénures se nomment **réactifs de Grignard** en son honneur. Ces réactifs sont d'une grande utilité en synthèse organique.

On prépare généralement les réactifs de Grignard en mettant en présence un halogénure organique et du magnésium métallique (des tournures) dans un solvant éthéré.

$$\left.\begin{array}{l} RX + Mg \xrightarrow{Et_2O} RMgX \\ ArX + Mg \xrightarrow{Et_2O} ArMgX \end{array}\right\} \begin{array}{l}\text{\textbf{Réactifs de}}\\\text{\textbf{Grignard}}\end{array}$$

Victor Grignard

L'ordre de réactivité des halogénures avec le magnésium est aussi RI > RBr > RCl. Très peu de fluorures d'organomagnésium ont été préparés. Les réactifs aryliques de Grignard se préparent plus facilement à partir de bromures ou d'iodures aromatiques qu'à l'aide de chlorures, car ces derniers réagissent médiocrement.

On isole rarement les réactifs de Grignard, et on les utilise directement dans des réactions en solution éthérée. Cependant, il est possible d'analyser ces solutions pour déterminer leur teneur en réactifs de Grignard. Ces réactions donnent généralement un très bon rendement, de l'ordre de 85 % à 95 %. Voici deux exemples.

$$CH_3I + Mg \xrightarrow[35\,°C]{Et_2O} \begin{array}{c} CH_3MgI \\ \textbf{Iodure de} \\ \textbf{méthylmagnésium} \\ \textbf{(95 \%)} \end{array}$$

$$C_6H_5Br + Mg \xrightarrow[35\,°C]{Et_2O} \begin{array}{c} C_6H_5MgBr \\ \textbf{Bromure de} \\ \textbf{phénylmagnésium} \\ \textbf{(95 \%)} \end{array}$$

La vraie structure d'un réactif de Grignard est beaucoup plus complexe que ne le laisse présager la formule RMgX. Des expériences réalisées avec du magnésium radioactif ont démontré que, pour la plupart des réactifs de Grignard, il y a équilibre entre un halogénure d'alkylmagnésium et de dialkylmagnésium.

$$\underset{\substack{\textbf{Halogénure}\\\textbf{d'alkylmagnésium}}}{2\,RMgX} \rightleftharpoons \underset{\textbf{Dialkylmagnésium}}{R_2Mg} + MgX_2$$

Pour des raisons de commodité, nous écrirons la formule d'un réactif de Grignard comme si c'était simplement RMgX.

Un réactif de Grignard forme un complexe avec les molécules des solvants éthérés. Voici à quoi ressemble la structure du complexe :

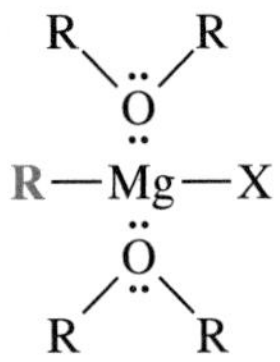

$$
\begin{array}{c}
R \quad\; R \\
\diagdown \;\; \diagup \\
\ddot{O} \\
\mid \\
R - Mg - X \\
\mid \\
\ddot{O} \\
\diagup \;\; \diagdown \\
R \quad\; R
\end{array}
$$

La formation d'un complexe avec les molécules de solvant est un facteur important pour la formation et la stabilité des réactifs de Grignard. Les organomagnésiens peuvent être préparés dans des solvants non éthérés, mais cela est plus difficile.

Le mécanisme de formation des réactifs de Grignard est compliqué et a fait l'objet de nombreux débats*. En général, on s'entend pour dire que des radicaux prennent part à la réaction et que le mécanisme ressemble à ce qui suit :

$$R - X + :Mg \longrightarrow R\cdot + \cdot MgX$$

$$R\cdot + \cdot MgX \longrightarrow RMgX$$

12.7 RÉACTIONS DES ORGANOLITHIENS ET DES ORGANOMAGNÉSIENS

12.7A RÉACTIONS AVEC DES COMPOSÉS CONTENANT DES ATOMES D'HYDROGÈNE ACIDES

Les réactifs de Grignard et les organolithiens sont des bases très fortes. Ils réagissent avec tout composé dans lequel un hydrogène est fixé à un atome électronégatif comme l'oxygène, l'azote et le soufre. Les représentations suivantes des réactifs de Grignard et des organolithiens permettent de comprendre comment surviennent ces réactions.

$$\overset{\delta-}{R} \overset{\delta+}{:} MgX \quad \text{et} \quad \overset{\delta-}{R} \overset{\delta+}{:} Li$$

On constate ici que les réactions des réactifs de Grignard avec l'eau et les alcools ne sont rien d'autre que des réactions acide-base conduisant à la formation de bases et d'acides conjugués plus faibles. Le réactif de Grignard se comporte comme s'il contenait l'anion d'un alcane, *comme s'il contenait un carbanion*.

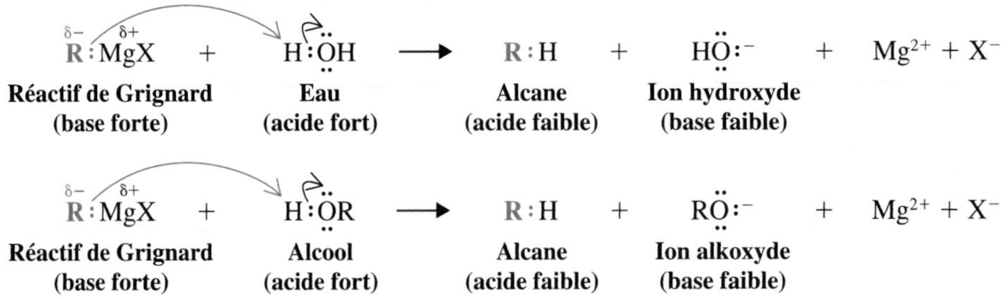

$$\overset{\delta-}{R} \overset{\delta+}{:} MgX \;+\; H:\ddot{O}H \;\longrightarrow\; R:H \;+\; H\ddot{O}:^- \;+\; Mg^{2+} + X^-$$

Réactif de Grignard (base forte)	**Eau** (acide fort)	**Alcane** (acide faible)	**Ion hydroxyde** (base faible)	

$$\overset{\delta-}{R} \overset{\delta+}{:} MgX \;+\; H:\ddot{O}R \;\longrightarrow\; R:H \;+\; R\ddot{O}:^- \;+\; Mg^{2+} + X^-$$

Réactif de Grignard (base forte)	**Alcool** (acide fort)	**Alcane** (acide faible)	**Ion alkoxyde** (base faible)	

PROBLÈME 12.6

Écrivez des réactions semblables à celles illustrées ci-dessus, au moment où les réactions se produisent entre le phényllithium et a) l'eau; b) l'éthanol. Identifiez les acides les plus forts et les plus faibles ainsi que les bases les plus fortes et les plus faibles.

---

* Ceux que cela intéresse peuvent lire les articles suivants : J.L. Garst et B.L. Swift, *J. Am. Chem. Soc.*, vol. 111, 1989, p. 241-250; H.M. Walborsky, *Acc. Chem. Res.*, vol. 23, 1990, p. 286-293; J.L. Garst, *Acc. Chem. Res.*, vol. 24, 1991, p. 95-97.

PROBLÈME 12.7

Vous disposez de bromobenzène (C_6H_5Br), de magnésium, d'oxyde de diéthyle anhydre et d'oxyde de deutérium (D_2O). Dites comment vous feriez la synthèse du produit suivant marqué au deutérium.

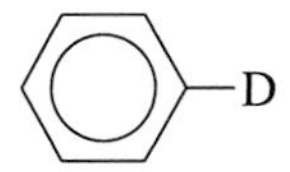

Les réactifs de Grignard et les organolithiens arrachent aussi les protons qui sont beaucoup moins acides que ceux de l'eau et des alcools. Par exemple, ils réagissent avec les atomes d'hydrogène terminaux des alc-1-ynes. Cela constitue d'ailleurs une méthode courante de préparation des halogénures d'alcynylmagnésium et d'alcynyllithium. Ces réactions sont également des réactions acide-base.

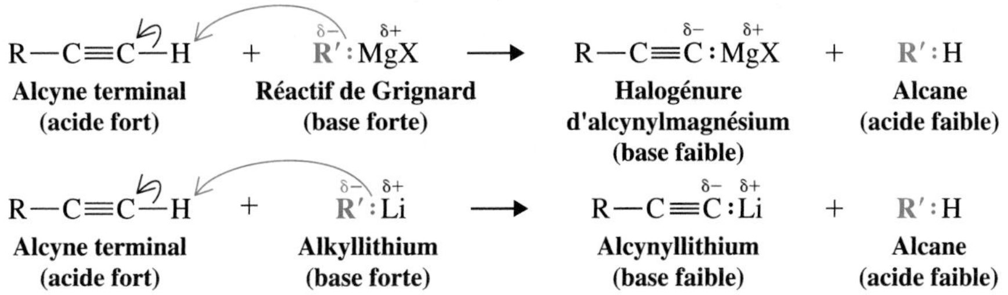

$$R-C\equiv C-H \quad + \quad R':MgX \longrightarrow R-C\equiv C:MgX \quad + \quad R':H$$

Alcyne terminal **Réactif de Grignard** **Halogénure** **Alcane**
(acide fort) **(base forte)** **d'alcynylmagnésium** **(acide faible)**
(base faible)

$$R-C\equiv C-H \quad + \quad R':Li \longrightarrow R-C\equiv C:Li \quad + \quad R':H$$

Alcyne terminal **Alkyllithium** **Alcynyllithium** **Alcane**
(acide fort) **(base forte)** **(base faible)** **(acide faible)**

Il n'est pas surprenant de voir que ces réactions se font complètement lorsqu'on se rappelle que le pK_a des alcanes est d'environ 50, tandis que celui des alcynes terminaux est d'environ 25 (tableau 3.1).

Non seulement les réactifs de Grignard sont des bases fortes, mais ils constituent aussi de *puissants nucléophiles*. Les réactions dans lesquelles ils agissent comme nucléophiles sont de loin les plus importantes. Examinons des exemples généraux illustrant la capacité des réactifs de Grignard d'agir comme nucléophiles, et d'attaquer des composés ayant des atomes de carbone saturés et insaturés.

12.7B RÉACTIONS DES RÉACTIFS DE GRIGNARD AVEC LES OXIRANES (LES ÉPOXYDES)

Lorsqu'ils réagissent avec les oxiranes, les réactifs de Grignard procèdent par une attaque nucléophile sur un carbone saturé. Les réactions se déroulent selon le schéma ci-dessous et constituent une méthode utile pour synthétiser des alcools primaires.

Le groupe alkyle nucléophile des réactifs de Grignard attaque la charge partielle positive du carbone du cycle de l'oxirane. À cause de la grande tension de cycle, ce dernier s'ouvre et la réaction conduit au sel de l'alcool primaire. L'alcool se forme par acidification subséquente. (Comparez cette réaction avec l'ouverture du cycle par catalyse basique étudiée à la section 11.18.)

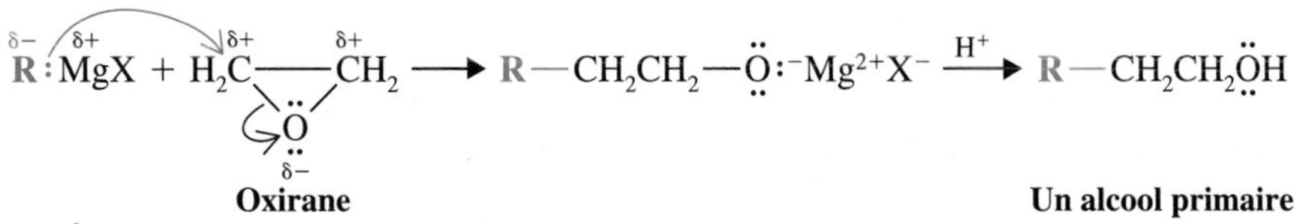

$$R:MgX + H_2C-CH_2 \longrightarrow R-CH_2CH_2-\ddot{O}:^-Mg^{2+}X^- \xrightarrow{H^+} R-CH_2CH_2\ddot{O}H$$

Oxirane **Un alcool primaire**

Exemple

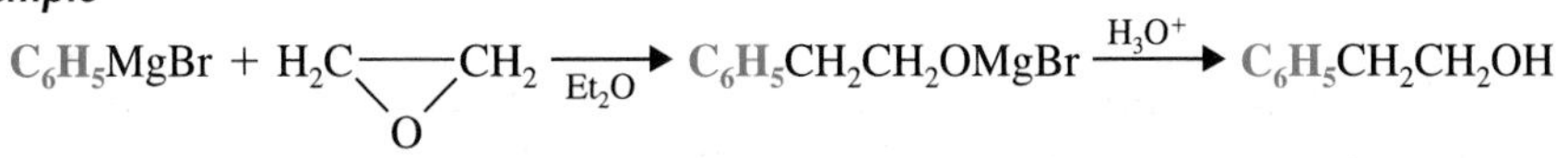

$$C_6H_5MgBr + H_2C-CH_2 \xrightarrow{Et_2O} C_6H_5CH_2CH_2OMgBr \xrightarrow{H_3O^+} C_6H_5CH_2CH_2OH$$

À cause du plus faible encombrement stérique, les réactifs de Grignard réagissent en premier lieu sur les atomes de carbone les moins substitués du cycle des oxiranes substitués.

Exemple

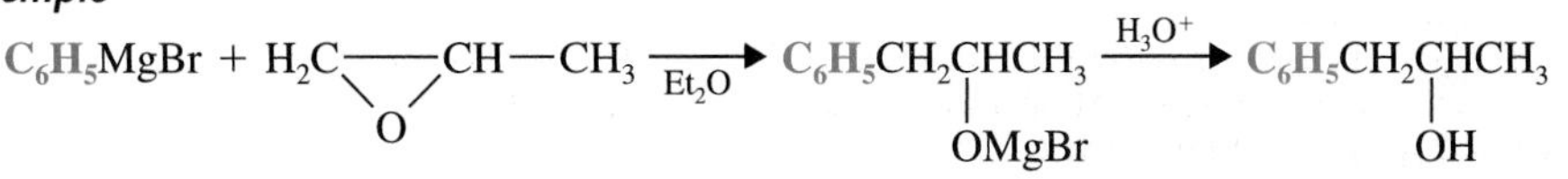

$$C_6H_5MgBr + H_2C-CH-CH_3 \xrightarrow{Et_2O} C_6H_5CH_2CHCH_3 \xrightarrow{H_3O^+} C_6H_5CH_2CHCH_3$$
$$\qquad\qquad\qquad\qquad\qquad\qquad\qquad | \qquad\qquad\qquad\qquad\qquad |$$
$$\qquad\qquad\qquad\qquad\qquad\qquad\qquad OMgBr \qquad\qquad\qquad\qquad OH$$

12.7C RÉACTIONS DES RÉACTIFS DE GRIGNARD AVEC LES COMPOSÉS CARBONYLÉS

Du point de vue synthétique, les réactions les plus importantes des réactifs de Grignard et des organolithiens sont celles dans lesquelles ils agissent comme nucléophiles et où ils attaquent un carbone insaturé — *spécialement le carbone d'un groupe carbonyle*.

Nous avons vu à la section 12.1B que les composés carbonylés sont grandement prédisposés aux attaques nucléophiles. La réaction entre les réactifs de Grignard et les composés carbonylés (aldéhydes et cétones) correspond au mécanisme ci-dessous.

MÉCANISME DE LA RÉACTION DE GRIGNARD

Réaction

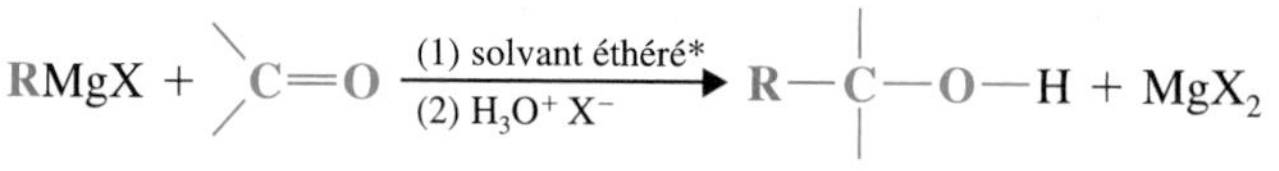

$$RMgX + \overset{\diagdown}{\underset{\diagup}{C}}=O \xrightarrow[\text{(2) } H_3O^+ \, X^-]{\text{(1) solvant éthéré*}} R-\overset{|}{\underset{|}{C}}-O-H + MgX_2$$

Mécanisme

Étape 1

$$\overset{\delta^-}{R} : \overset{\delta^+}{MgX} + \overset{\diagdown}{\underset{\diagup}{C}}=\overset{..}{\underset{..}{O}} \longrightarrow R-\overset{|}{\underset{|}{C}}-\overset{..}{\underset{..}{O}} : \; Mg^{2+} \, X^-$$

**Réactif de   Composé   Alkoxyde
Grignard   carbonylé   d'halogénomagnésium**

Le réactif de Grignard, fortement nucléophile, exploite sa paire d'électrons pour former une liaison avec l'atome de carbone. Un doublet d'électrons du groupe carbonyle se déplace sur l'atome d'oxygène. Cette réaction est une addition nucléophile sur le groupe carbonyle et produit un ion alkoxyde associé avec Mg^{2+} et X$^-$.

Étape 2

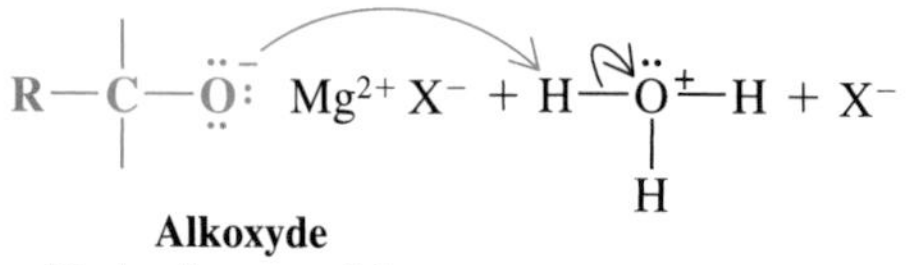

$$R-\overset{|}{\underset{|}{C}}-\overset{..}{\underset{..}{O}} : \; Mg^{2+} \, X^- + H-\overset{+}{\underset{\underset{H}{|}}{O}}-H + X^-$$

**Alkoxyde
d'halogénomagnésium**

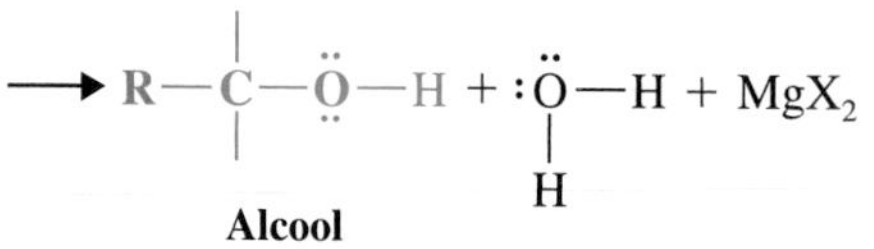

$$\longrightarrow R-\overset{|}{\underset{|}{C}}-\overset{..}{\underset{..}{O}}-H + : \overset{..}{\underset{\underset{H}{..}}{O}}-H + MgX_2$$

Alcool

Dans cette deuxième étape, l'addition de HX aqueux provoque la protonation de l'ion alkoxyde pour former l'alcool et le MgX$_2$.

---

* Les mentions « (1) solvant éthéré » au-dessus de la flèche et « (2) H$_3$O$^+$ X$^-$ » sous la flèche signifient qu'à la première étape le réactif de Grignard et le composé carbonylé réagissent en solvant éthéré, tandis qu'à la deuxième étape, lorsque la réaction entre le réactif de Grignard et le composé carbonylé est terminée, il y a addition d'une solution aqueuse d'acide (par exemple, HX dilué) pour convertir le sel de l'alcool (ROMgX) en alcool. Si l'alcool est tertiaire, il sera sujet à une déshydratation par catalyse acide. Dans de telles situations, on emploie souvent une solution aqueuse de NH$_4$Cl, car elle est suffisamment acide pour transformer le ROMgX en ROH mais pas assez pour causer la déshydratation.

12.8 PRÉPARATION D'ALCOOLS À L'AIDE DE RÉACTIFS DE GRIGNARD

Les additions de Grignard sont particulièrement utiles, car elles peuvent servir à préparer des alcools primaires, secondaires et tertiaires.

1. **Les réactifs de Grignard réagissent avec le formaldéhyde pour former des alcools primaires.**

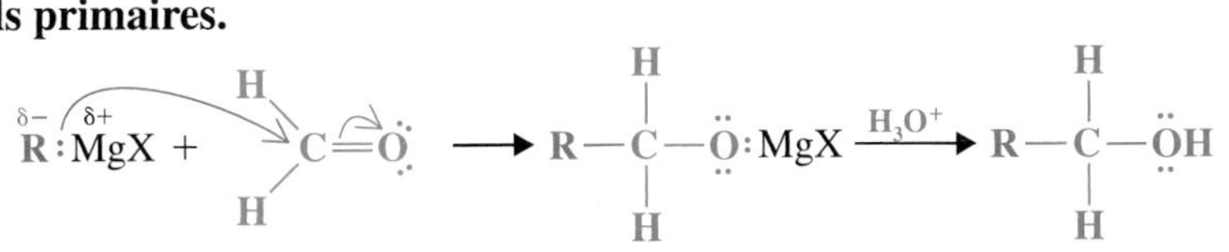

Formaldéhyde   Alcool primaire

2. **Les réactifs de Grignard réagissent avec tous les autres aldéhydes pour former des alcools secondaires.**

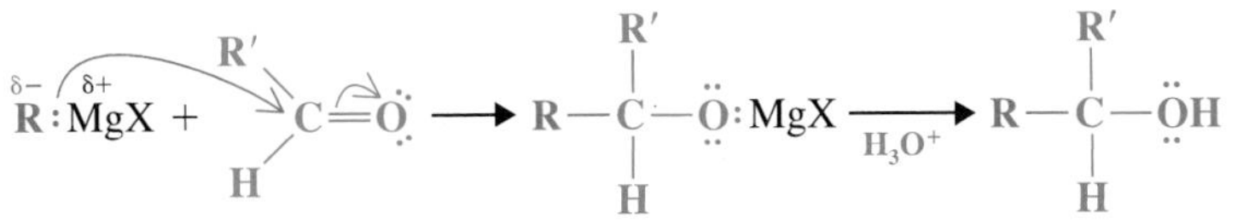

Aldéhyde   Alcool secondaire

3. **Les réactifs de Grignard réagissent avec les cétones pour former des alcools tertiaires.**

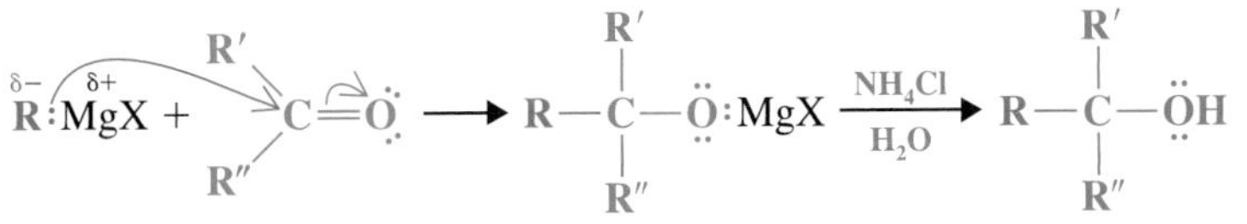

Cétone   Alcool tertiaire

4. **Les esters réagissent avec deux équivalents molaires d'un réactif de Grignard pour former des alcools tertiaires.** Lorsqu'un réactif de Grignard s'additionne à un groupe carbonyle d'un ester, le produit initial est instable et perd un alkoxyde de magnésium pour donner une cétone. Cependant, les cétones sont plus réactives en présence des réactifs de Grignard que les esters. Dès qu'une molécule de cétone apparaît dans le mélange, elle réagit avec une deuxième molécule du réactif de Grignard. Après l'hydrolyse, **le produit obtenu est un alcool tertiaire comportant deux groupes alkyle identiques,** lesquels correspondent à la portion alkyle du réactif de Grignard.

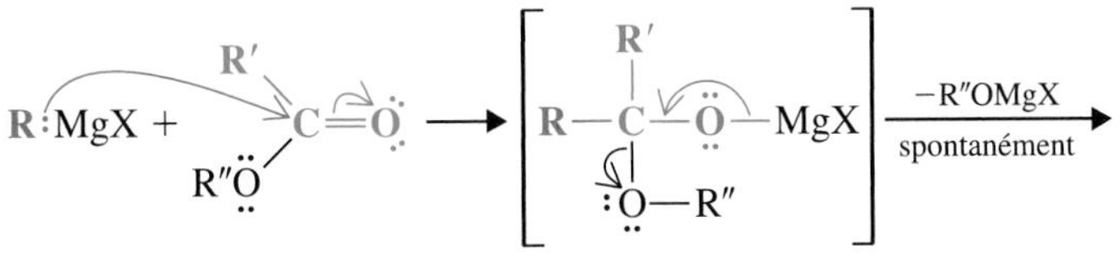

Ester   Produit initial
(instable)

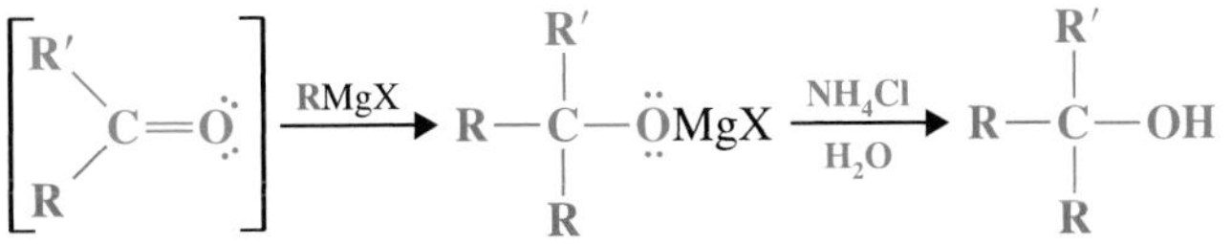

Cétone   Alkoxyde
d'halogénomagnésium
(non isolé)   Alcool tertiaire

Exemples des réactions précédentes

RÉACTIF DE GRIGNARD	SUBSTRAT CARBONYLÉ		PRODUIT FINAL

Réaction avec le formaldéhyde

C_6H_5MgBr +   Formaldéhyde $C_6H_5CH_2$—OMgBr $C_6H_5CH_2OH$

Bromure de phénylmagnésium   Formaldéhyde   Alcool benzylique
(90 %)

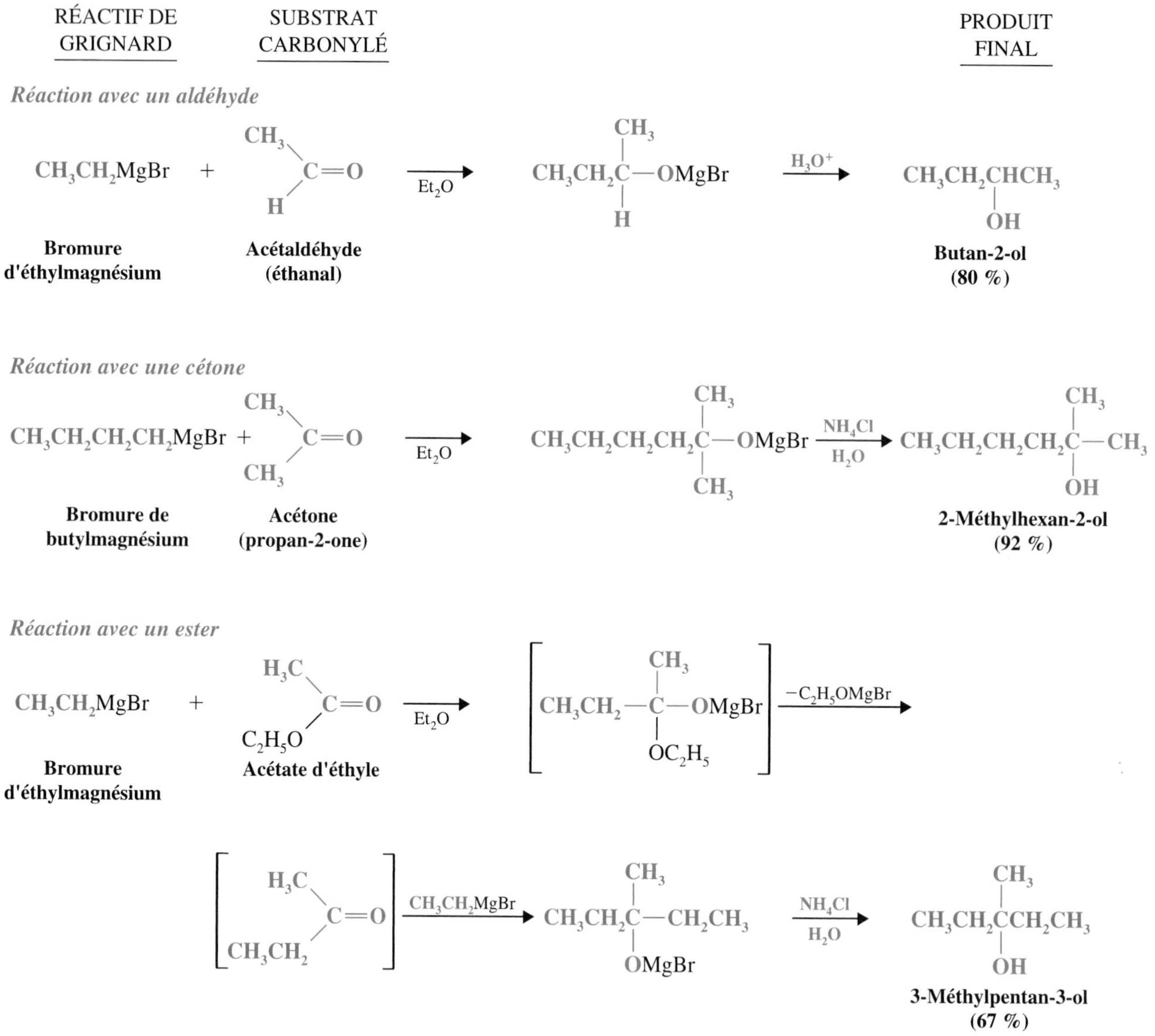

RÉACTIF DE GRIGNARD	SUBSTRAT CARBONYLÉ		PRODUIT FINAL

Réaction avec un aldéhyde

$$CH_3CH_2MgBr \quad + \quad \begin{array}{c} CH_3 \\ | \\ C=O \\ | \\ H \end{array} \quad \xrightarrow{Et_2O} \quad \begin{array}{c} CH_3 \\ | \\ CH_3CH_2C-OMgBr \\ | \\ H \end{array} \quad \xrightarrow{H_3O^+} \quad \begin{array}{c} CH_3CH_2CHCH_3 \\ | \\ OH \end{array}$$

Bromure d'éthylmagnésium

Acétaldéhyde (éthanal)

Butan-2-ol (80 %)

Réaction avec une cétone

$$CH_3CH_2CH_2CH_2MgBr \quad + \quad \begin{array}{c} CH_3 \\ | \\ C=O \\ | \\ CH_3 \end{array} \quad \xrightarrow{Et_2O} \quad \begin{array}{c} CH_3 \\ | \\ CH_3CH_2CH_2CH_2C-OMgBr \\ | \\ CH_3 \end{array} \quad \xrightarrow[H_2O]{NH_4Cl} \quad \begin{array}{c} CH_3 \\ | \\ CH_3CH_2CH_2CH_2C-CH_3 \\ | \\ OH \end{array}$$

Bromure de butylmagnésium

Acétone (propan-2-one)

2-Méthylhexan-2-ol (92 %)

Réaction avec un ester

$$CH_3CH_2MgBr \quad + \quad \begin{array}{c} H_3C \\ | \\ C=O \\ | \\ C_2H_5O \end{array} \quad \xrightarrow{Et_2O} \quad \left[\begin{array}{c} CH_3 \\ | \\ CH_3CH_2-C-OMgBr \\ | \\ OC_2H_5 \end{array} \right] \quad \xrightarrow{-C_2H_5OMgBr}$$

Bromure d'éthylmagnésium

Acétate d'éthyle

$$\left[\begin{array}{c} H_3C \\ | \\ C=O \\ | \\ CH_3CH_2 \end{array} \right] \quad \xrightarrow{CH_3CH_2MgBr} \quad \begin{array}{c} CH_3 \\ | \\ CH_3CH_2C-CH_2CH_3 \\ | \\ OMgBr \end{array} \quad \xrightarrow[H_2O]{NH_4Cl} \quad \begin{array}{c} CH_3 \\ | \\ CH_3CH_2CCH_2CH_3 \\ | \\ OH \end{array}$$

3-Méthylpentan-3-ol (67 %)

PROBLÈME 12.8

Le bromure de phénylmagnésium réagit avec le chlorure de benzoyle $C_6H_5\overset{\overset{\displaystyle O}{\|}}{C}Cl$, pour former le triphénylméthanol $(C_6H_5)_3COH$. Cette réaction est typique des réactions entre les réactifs de Grignard et les chlorures d'alcanoyle (acyle), et son mécanisme est similaire à celui de la réaction entre un réactif de Grignard et un ester. Illustrez les étapes menant à la formation du triphénylméthanol.

12.8A PLANIFICATION D'UNE SYNTHÈSE DE GRIGNARD

Bien utilisée, une réaction de Grignard permet généralement de préparer la plupart des alcools désirés. Il suffit, lors de la planification de la synthèse, de choisir le réactif de Grignard et l'aldéhyde, la cétone, l'ester ou l'époxyde appropriés. Il faut examiner l'alcool souhaité et identifier soigneusement les groupes attachés à l'atome de carbone porteur de la fonction —OH. Dans de nombreux cas, il peut y avoir plus d'une manière de réaliser la synthèse. Le choix final sera déterminé par les réactifs disponibles. Observons l'exemple suivant.

On désire préparer le 3-phénylpentan-3-ol. En examinant sa structure, on constate que les groupes attachés au carbone porteur du —OH sont *un groupe phényle* et *deux groupes éthyle*. On dispose donc de plusieurs moyens pour y arriver.

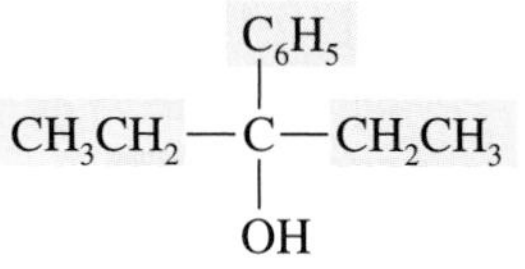

$$CH_3CH_2 - \underset{\underset{OH}{|}}{\overset{\overset{C_6H_5}{|}}{C}} - CH_2CH_3$$

3-Phénylpentan-3-ol

1. On pourrait utiliser une cétone comportant deux groupes éthyle (pentan-3-one) et la mettre en présence du bromure de phénylmagnésium :

Analyse

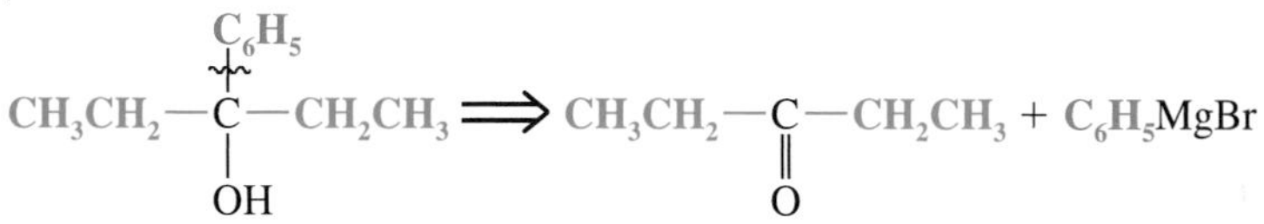

$$CH_3CH_2 - \underset{\underset{OH}{|}}{\overset{\overset{C_6H_5}{|}}{C}} - CH_2CH_3 \Longrightarrow CH_3CH_2 - \underset{\overset{\|}{O}}{C} - CH_2CH_3 + C_6H_5MgBr$$

Synthèse

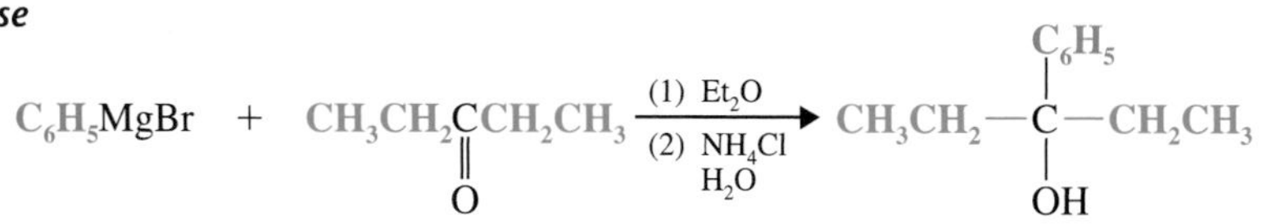

$$C_6H_5MgBr + CH_3CH_2\underset{\overset{\|}{O}}{C}CH_2CH_3 \xrightarrow[\substack{(2)\ NH_4Cl \\ H_2O}]{(1)\ Et_2O} CH_3CH_2 - \underset{\underset{OH}{|}}{\overset{\overset{C_6H_5}{|}}{C}} - CH_2CH_3$$

Bromure de   Pentan-3-one   3-Phénylpentan-3-ol
phénylmagnésium

2. On pourrait aussi utiliser une cétone contenant un groupe éthyle et un groupe phényle (l'éthylphénylcétone) en présence du bromure d'éthylmagnésium :

Analyse

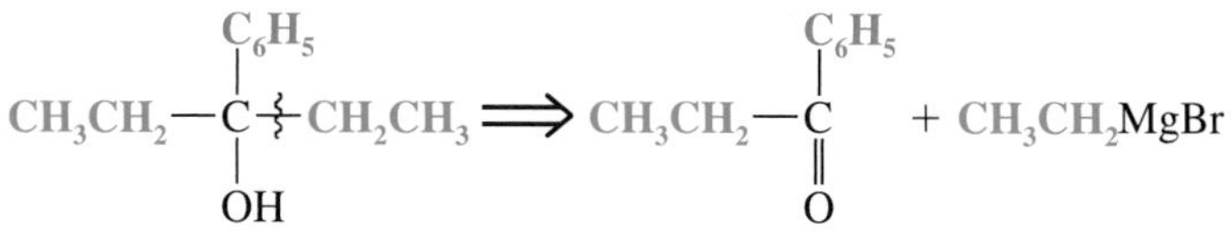

$$CH_3CH_2 - \underset{\underset{OH}{|}}{\overset{\overset{C_6H_5}{|}}{C}} + CH_2CH_3 \Longrightarrow CH_3CH_2 - \underset{\overset{\|}{O}}{\overset{\overset{C_6H_5}{|}}{C}} + CH_3CH_2MgBr$$

Synthèse

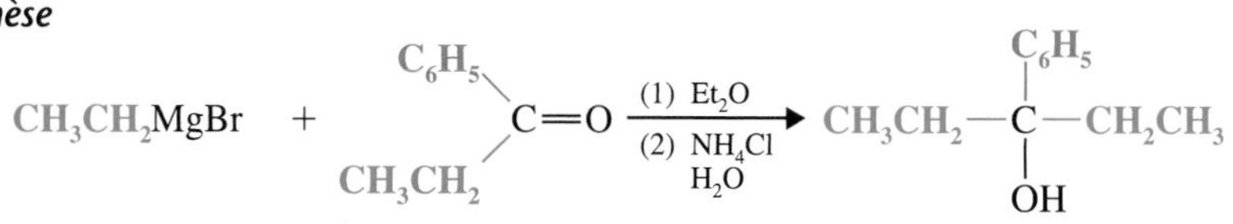

$$CH_3CH_2MgBr + \underset{CH_3CH_2}{\overset{C_6H_5}{\diagdown}}C{=}O \xrightarrow[\substack{(2)\ NH_4Cl \\ H_2O}]{(1)\ Et_2O} CH_3CH_2 - \underset{\underset{OH}{|}}{\overset{\overset{C_6H_5}{|}}{C}} - CH_2CH_3$$

Bromure   Éthylphényl-cétone   3-Phénylpentan-3-ol
d'éthylmagnésium   (1-phénylpropanone)

3. Enfin, il serait possible d'utiliser un ester d'acide benzoïque qui réagirait avec deux équivalents molaires de bromure d'éthylmagnésium :

Analyse

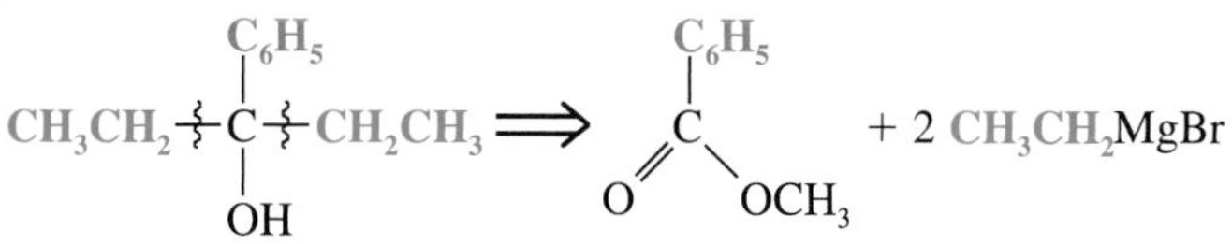

$$CH_3CH_2 + \underset{\underset{OH}{|}}{\overset{\overset{C_6H_5}{|}}{C}} + CH_2CH_3 \Longrightarrow \underset{O \diagup \quad \diagdown OCH_3}{\overset{C_6H_5}{\overset{|}{C}}} + 2\ CH_3CH_2MgBr$$

Synthèse

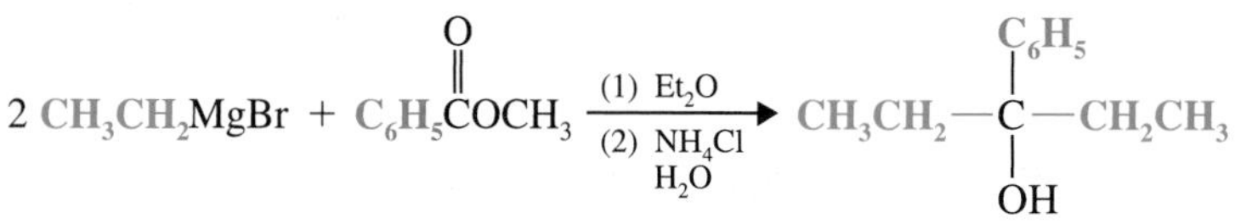

$$2\ CH_3CH_2MgBr + C_6H_5\underset{\overset{\|}{O}}{C}OCH_3 \xrightarrow[\substack{(2)\ NH_4Cl \\ H_2O}]{(1)\ Et_2O} CH_3CH_2 - \underset{\underset{OH}{|}}{\overset{\overset{C_6H_5}{|}}{C}} - CH_2CH_3$$

Bromure   Benzoate de   3-Phenylpentan-3-ol
d'éthylmagnésium   méthyle

Toutes ces méthodes sont équivalentes et permettent d'obtenir le composé désiré avec un rendement supérieur à 80 %.

QUESTION TYPE

Illustration d'une synthèse à étapes multiples

En prenant comme seul composé organique de départ un alcool ne contenant pas plus de quatre atomes de carbone, élaborez une synthèse de **A**.

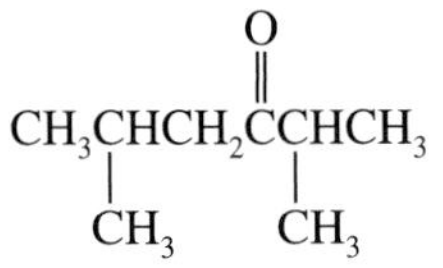

$$\underset{\underset{\substack{| \\ CH_3}}{}}{CH_3CHCH_2}\overset{\overset{O}{\|}}{C}\underset{\underset{\substack{| \\ CH_3}}{}}{CHCH_3}$$

A

Réponse

À l'aide d'une réaction de Grignard, on peut construire le squelette carboné à partir de deux composés de quatre atomes de carbone. L'oxydation de l'alcool obtenu produira alors la cétone désirée.

Analyse rétrosynthétique

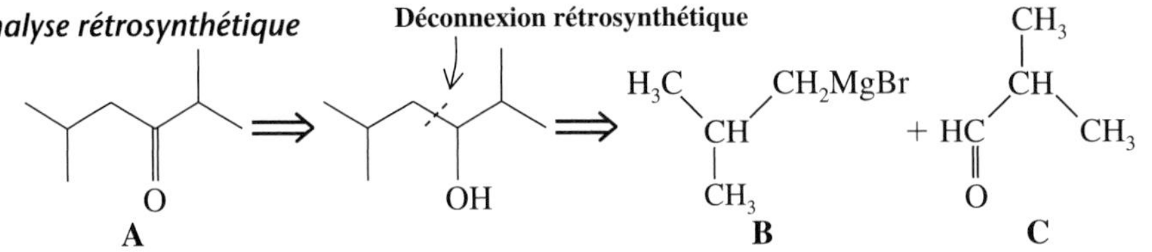

Synthèse

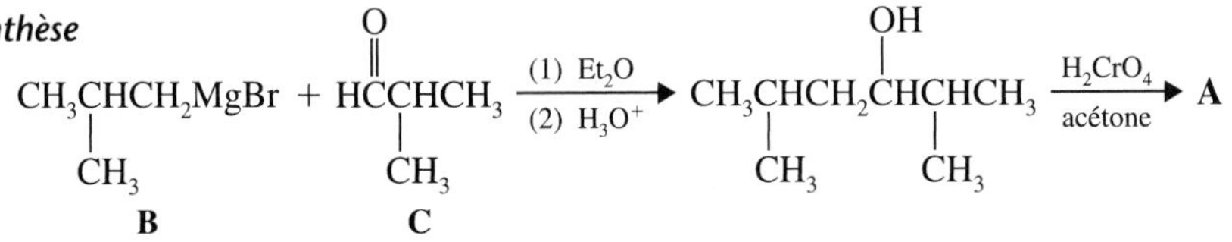

On peut synthétiser le réactif de Grignard (**B**) et l'aldéhyde (**C**) à partir de l'alcool isobutylique (2-méthylpropan-1-ol).

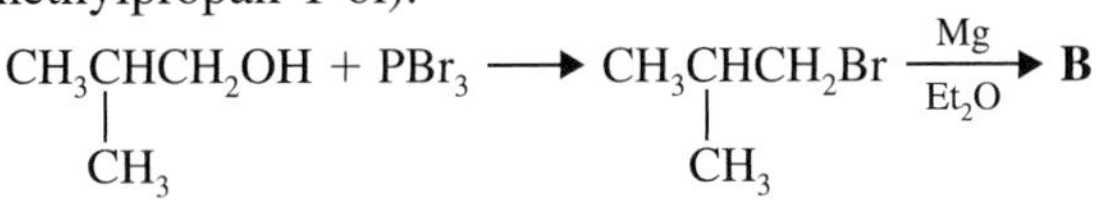

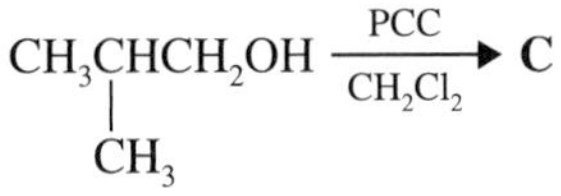

QUESTION TYPE

Illustration d'une synthèse à étapes multiples

Utilisez du bromobenzène et tout autre réactif nécessaire pour élaborer une synthèse de l'aldéhyde suivant :

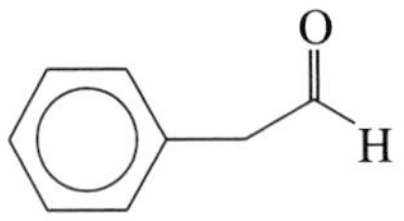

Réponse

En remontant au point de départ, on se rappelle qu'on peut synthétiser un aldéhyde par oxydation de l'alcool correspondant avec le PCC (section 12.4A). L'alcool peut être obtenu par une réaction entre l'oxirane et le bromure de phénylmagnésium. [L'addition de l'oxirane à un réactif de Grignard est une méthode très utile pour ajouter une unité —CH_2CH_2OH à une molécule organique (section 12.7B).] On prépare le bromure de phénylmagnésium comme d'habitude, en mettant le bromobenzène et le magnésium dans un solvant éthéré.

Analyse rétrosynthétique

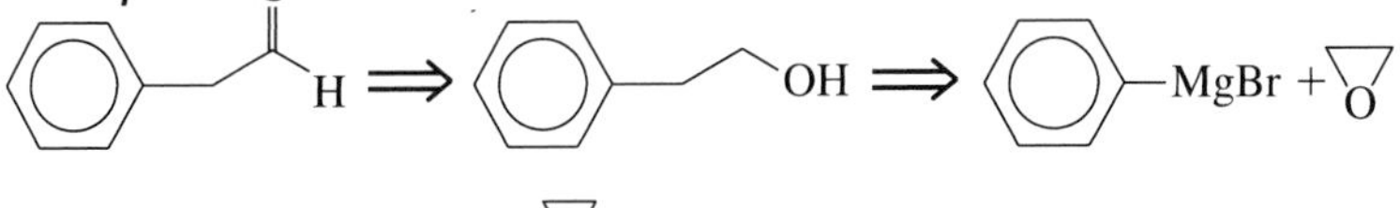

Synthèse $\qquad C_6H_5Br \xrightarrow[Et_2O]{Mg} C_6H_5MgBr \xrightarrow[(2)\ H_3O^+]{(1)\ \triangle O} C_6H_5CH_2CH_2OH \xrightarrow[CH_2Cl_2]{PCC} C_6H_5CH_2CHO$

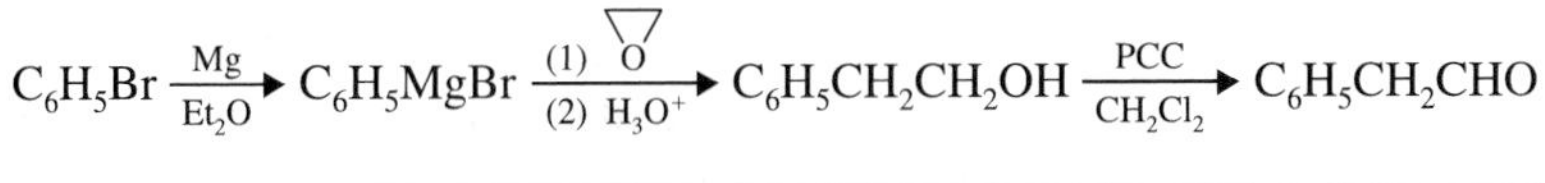

PROBLÈME 12.9

Montrez comment des réactions de Grignard peuvent servir à la synthèse de chacun des composés suivants. (Le point de départ doit être un halogénoalcane; tous les autres réactifs requis sont disponibles.)

a) 2-Méthylbutan-2-ol (trois façons)

b) 3-Méthylpentan-3-ol (trois façons)

c) 3-Éthylpentan-2-ol (deux façons)

d) 2-Phénylpentan-2-ol (trois façons)

e) Triphénylméthanol (deux façons)

PROBLÈME 12.10

Élaborez une synthèse pour chacun des produits suivants. Vous disposez de bromure de phénylmagnésium, d'oxirane, de formaldéhyde et d'alcools ou d'esters de quatre atomes de carbone ou moins. Vous pouvez employer n'importe quel réactif inorganique et oxydant comme le chlorochromate de pyridinium (PCC).

a) $C_6H_5\underset{\underset{\displaystyle OH}{|}}{C}HCH_2CH_3$

b) $C_6H_5\overset{\overset{\displaystyle O}{\|}}{C}H$

c) $C_6H_5\overset{\overset{\displaystyle OH}{|}}{\underset{\underset{\displaystyle C_6H_5}{|}}{C}}CH_2CH_3$

d) $C_6H_5\underset{\underset{\displaystyle OH}{|}}{C}H\underset{\underset{\displaystyle CH_3}{|}}{C}HCH_3$

12.8B RESTRICTIONS CONCERNANT L'UTILISATION DES RÉACTIFS DE GRIGNARD

Même si elle constitue l'une des méthodes de synthèse les plus polyvalentes, la réaction de Grignard a certaines limites, dont la plupart découlent des caractéristiques grâce auxquelles les réactifs de Grignard sont si utiles : *leur extraordinaire réactivité en tant que nucléophiles et bases.*

Les réactifs de Grignard sont des bases très fortes car ils contiennent un carbanion. Il n'est donc pas possible de préparer un réactif de Grignard à partir d'une molécule contenant un hydrogène acide; on parle ici d'atomes d'hydrogène plus acides que ceux des alcanes et des alcènes. Ainsi, on ne peut préparer un réactif de Grignard à partir de composés contenant un des groupes —OH, —NH—, —SH, —CO₂H ou —SO₃H. Toute tentative de former un réactif de Grignard à partir d'un halogénoalcane contenant un de ces groupes se solderait par un échec. (Même si le réactif de Grignard se formait, il réagirait aussitôt avec le proton acide.)

Puisque les réactifs de Grignard sont de puissants nucléophiles, on ne peut les préparer à l'aide d'halogénoalcanes ayant un groupe carbonyle, époxy, nitro ou cyano (—CN). Si l'on tentait de provoquer une telle réaction, le moindre réactif de Grignard obtenu réagirait immédiatement avec le produit de départ.

—OH, —NH₂, —NHR, —CO₂H, —SO₃H, —SH, —C≡C—H

$\overset{\overset{\displaystyle O}{\|}}{-CH}$, $\overset{\overset{\displaystyle O}{\|}}{-CR}$, $\overset{\overset{\displaystyle O}{\|}}{-COR}$, $\overset{\overset{\displaystyle O}{\|}}{-CNH_2}$, —NO₂, —C≡N, $-\overset{|}{C}\underset{\underset{\displaystyle O}{\diagdown\diagup}}{}\overset{|}{C}-$

Les réactifs de Grignard qui contiennent ces groupes fonctionnels ne peuvent être préparés.

Un groupe protecteur peut quelquefois être utilisé pour masquer la réactivité d'un groupe incompatible (voir les sections 11.15C, 11.15D et 12.10).

La préparation des réactifs de Grignard est donc limitée aux halogénoalcanes qui ne contiennent que des liaisons carbone–carbone simples, doubles ou triples, des liaisons éther et des groupes —NR₂.

Les réactions de Grignard sont donc sensibles aux composés acides, ce qui implique qu'à l'étape de leur préparation il faut veiller à éliminer toute trace d'humidité de l'appareillage et utiliser un solvant anhydre.

Comme nous l'avons vu précédemment, les hydrogènes acétyléniques sont suffisamment acides pour réagir avec les réactifs de Grignard. On peut tirer parti de cette caractéristique et obtenir un réactif de Grignard en favorisant la réaction entre des alcynes terminaux et des réactifs de Grignard (section 12.7A). On dispose alors d'un réactif de Grignard acétylénique pour réaliser d'autres synthèses. Par exemple,

$$C_6H_5C{\equiv}CH + C_2H_5MgBr \longrightarrow C_6H_5C{\equiv}CMgBr + C_2H_6\uparrow$$

$$C_6H_5C{\equiv}CMgBr + C_2H_5\overset{\overset{\displaystyle O}{\|}}{C}H \xrightarrow[\text{(2) } H_3O^+]{\text{(1) } Et_2O} C_6H_5C{\equiv}C-\underset{\underset{\displaystyle OH}{|}}{C}HC_2H_5$$

$$\text{(52 \%)}$$

Lorsqu'on planifie des réactions de Grignard, on doit aussi éviter que ne se produise une réaction dans laquelle un réactif de Grignard serait traité par un aldéhyde, une cétone, un époxyde ou un ester comportant un groupe acide (autre que celui désiré lors de la réaction avec un alcyne terminal). Si l'on ne prenait pas cette précaution, le réactif de Grignard réagirait tout simplement comme une base avec l'hydrogène acide au lieu de réagir comme nucléophile avec le carbone électrophile du carbonyle ou de l'époxyde. Tout comme lors de la réaction entre le 4-hydroxybutan-2-one et le bromure de méthylmagnésium, la réaction suivante se ferait en premier,

$$CH_3MgBr + HOCH_2CH_2\overset{\overset{\displaystyle O}{\|}}{C}CH_3 \longrightarrow CH_4\uparrow + BrMgOCH_2CH_2\overset{\overset{\displaystyle O}{\|}}{C}CH_3$$

4-Hydroxybutan-2-one

plutôt que

$$CH_3MgBr + HOCH_2CH_2\overset{\overset{\displaystyle O}{\|}}{C}CH_3 \xmapsto{\quad\times\quad} HOCH_2CH_2\overset{\overset{\displaystyle CH_3}{|}}{\underset{\underset{\displaystyle OMgBr}{|}}{C}}CH_3$$

Si l'on consent à perdre un équivalent molaire d'un réactif de Grignard, on peut faire réagir deux équivalents molaires de ce réactif sur le 4-hydroxybutan-2-one et obtenir ainsi l'addition sur le groupe carbonyle.

$$HOCH_2CH_2\overset{\overset{\displaystyle O}{\|}}{C}CH_3 \xrightarrow[-CH_4]{2\ CH_3MgBr} BrMgOCH_2CH_2\overset{\overset{\displaystyle CH_3}{|}}{\underset{\underset{\displaystyle OMgBr}{|}}{C}}CH_3 \xrightarrow[H_2O]{2\ NH_4Cl} HOCH_2CH_2\overset{\overset{\displaystyle CH_3}{|}}{\underset{\underset{\displaystyle OH}{|}}{C}}CH_3$$

On utilise parfois cette technique pour réaliser des réactions à petite échelle, lorsque le réactif de Grignard est peu coûteux alors que les autres réactifs sont chers.

12.8C UTILISATION DES RÉACTIFS DE LITHIUM

Les réactifs organolithiens (RLi) réagissent avec les composés carbonylés comme les réactifs de Grignard; ils offrent donc une alternative pour la préparation des alcools.

$$\overset{\delta-}{R}{:}\overset{\delta+}{Li} + {\overset{\displaystyle}{\underset{\displaystyle}{C}}}{=}\ddot{\overset{\displaystyle}{O}}{:} \longrightarrow R-\overset{|}{\underset{|}{C}}-\ddot{O}{:}Li \xrightarrow{H_3O^+} R-\overset{|}{\underset{|}{C}}-OH$$

| **Réactif organolithien** | **Aldéhyde ou cétone** | **Alkoxyde de lithium** | **Alcool** |

Les réactifs organolithiens ont l'avantage d'être plus réactifs que les réactifs de Grignard.

12.8D UTILISATION DES ALCYNURES DE SODIUM

Les alcynures de sodium réagissent aussi avec les cétones et les aldéhydes pour donner des alcools, comme dans l'exemple suivant :

$$CH_3C \equiv CH \xrightarrow[-NH_3]{NaNH_2} CH_3C \equiv CNa$$

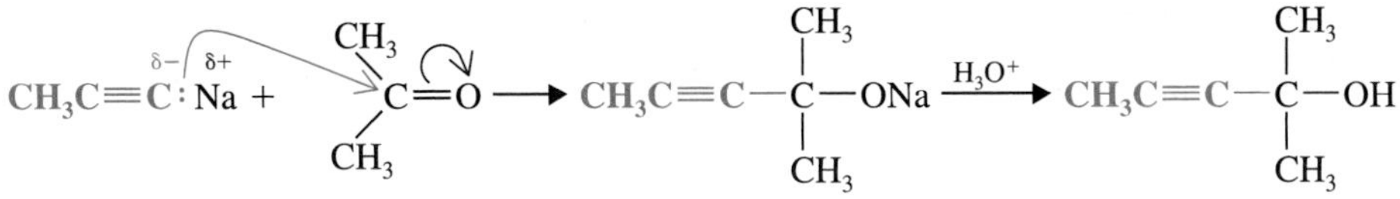

Illustration d'une synthèse à étapes multiples

Avec un produit de départ de six atomes de carbone ou moins, comme des hydrocarbures, des halogénoalcanes, des alcools, des aldéhydes, des cétones ou des esters et tout autre réactif requis, élaborez une synthèse pour chacun des composés suivants :

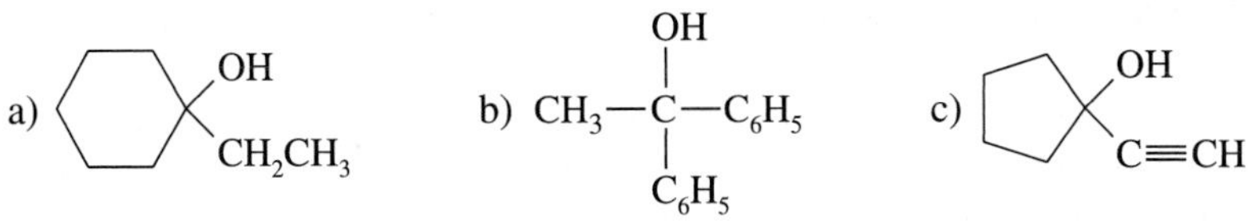

Réponses

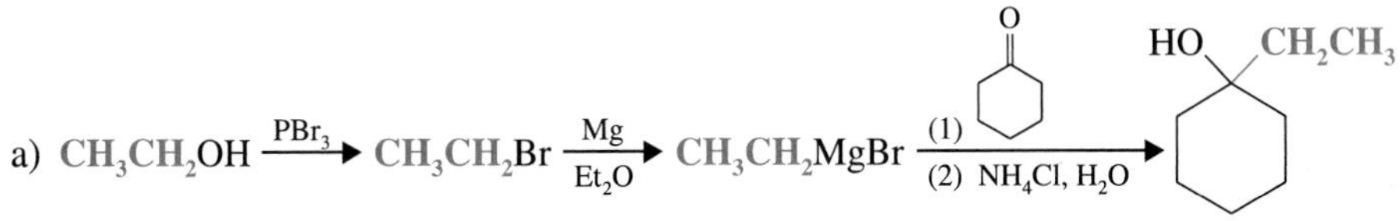

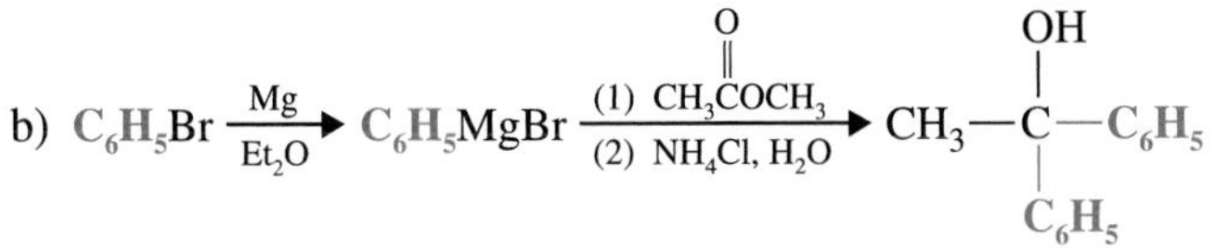

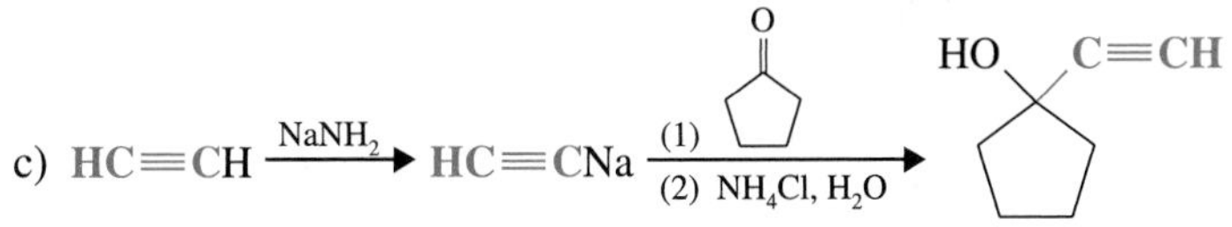

12.9 DIALKYLCUPRATES DE LITHIUM : SYNTHÈSE DE COREY-POSNER, WHITESIDES-HOUSE

E.J. Corey (Harvard), G.H. Posner (The Johns Hopkins University), G.M. Whitesides (Harvard) et H.O. House (Georgia Institute of Technology) ont mis au point une méthode polyvalente permettant de synthétiser les alcanes et les autres hydrocarbures à partir d'halogénoalcanes. Même si elle ne crée pas un nouveau groupe fonctionnel pouvant être utilisé dans d'autres réactions, comme le fait la réaction de Grignard et les autres réactions étudiées à la section 12.8, cette méthode fournit un moyen de coupler des groupes alkyle de deux halogénoalcanes pour produire un alcane :

$$R-X + R'-X \xrightarrow[(-2\,X)]{\text{plusieurs étapes}} R-R'$$

En 1990, E.J. Corey a reçu le prix Nobel de chimie pour avoir mis au point de nouvelles méthodes de synthèse de composés organiques, qui, selon les commentaires du comité Nobel, « ont contribué à hausser le niveau de vie et à améliorer la santé [...] en Occident ».

La transformation d'un halogénoalcane en dialkylcuprate de lithium (R_2CuLi) permet de réussir ce couplage. Cette transformation se réalise en deux étapes. On traite d'abord l'halogénoalcane avec le lithium métallique en solution dans l'éther pour obtenir un alkyllithium, RLi.

$$R—X + 2\ Li \xrightarrow[\text{diéthyle}]{\text{oxyde de}} \underset{\textbf{Alkyllithium}}{RLi} + LiX$$

Puis on traite l'alkyllithium à l'iodure cuivreux (CuI) afin d'obtenir le dialkylcuprate de lithium.

$$2\ \underset{\textbf{Alkyllithium}}{RLi} + CuI \longrightarrow \underset{\substack{\textbf{Dialkylcuprate} \\ \textbf{de lithium}}}{R_2CuLi} + LiI$$

Lorsque le dialkylcuprate de lithium est mis en présence du second halogénoalcane ($R'—X$), le couplage se produit entre le groupe alkyle du dialkylcuprate de lithium et le groupe alkyle de l'halogénoalcane, $R'—X$.

$$\underset{\substack{\textbf{Dialkylcuprate} \\ \textbf{de lithium}}}{R_2CuLi} + \underset{\substack{\textbf{Halogéno-} \\ \textbf{alcane}}}{R'—X} \longrightarrow \underset{\textbf{Alcane}}{R—R'} + RCu + LiX$$

Pour que la dernière étape puisse donner un bon rendement en alcane, l'halogénoalcane $R'—X$ doit être soit primaire, soit secondaire et cyclique, soit un halogénométhane. Les groupes alkyle du dialkylcuprate de lithium peuvent être des méthyles ou des groupes primaires, secondaires ou tertiaires*. Les deux groupes alkyle devant être couplés n'ont pas besoin d'être différents. Le schéma global de la synthèse d'un alcane est illustré ci-dessous.

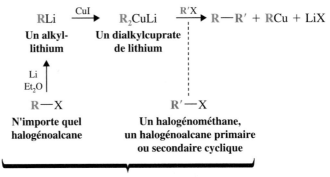

Composés organiques de départ. Les groupes R— et R'— peuvent ne pas être différents.

Voici deux autres exemples : la synthèse de l'hexane à partir de l'iodométhane et du 1-iodopentane, et la synthèse du nonane à partir du 1-iodobutane et du 1-bromopentane.

$$CH_3—I \xrightarrow[Et_2O]{Li} CH_3Li \xrightarrow{CuI} (CH_3)_2CuLi \xrightarrow{CH_3CH_2CH_2CH_2CH_2I} \underset{\substack{\textbf{Hexane} \\ \textbf{(98 \%)}}}{CH_3—CH_2CH_2CH_2CH_2CH_3}$$

$$CH_3CH_2CH_2CH_2Br \xrightarrow[Et_2O]{Li} CH_3CH_2CH_2CH_2Li \xrightarrow{CuI}$$

$$(CH_3CH_2CH_2CH_2)_2CuLi \xrightarrow{CH_3CH_2CH_2CH_2CH_2Br} \underset{\substack{\textbf{Nonane} \\ \textbf{(98 \%)}}}{CH_3CH_2CH_2CH_2—CH_2CH_2CH_2CH_2CH_3}$$

---

* Certaines techniques spéciales, que nous n'aborderons pas ici, doivent être appliquées lorsque R est tertiaire. Pour en savoir plus sur ces réactions, lisez l'excellent article-synthèse de G.H. POSNER, « Substitution Reactions Using Organocopper Reagents » dans *Organic Reactions*, New York, Wiley, 1975, vol. 22, p. 253-400.

On peut aussi coupler les dialkylcuprates de lithium à d'autres groupes organiques. Voici deux exemples de réactions de couplage d'un dialkylcuprate de lithium avec deux halogénocycloalcanes.

I
+ (CH3)2CuLi
Et2O
CH3
+ CH3Cu + LiI

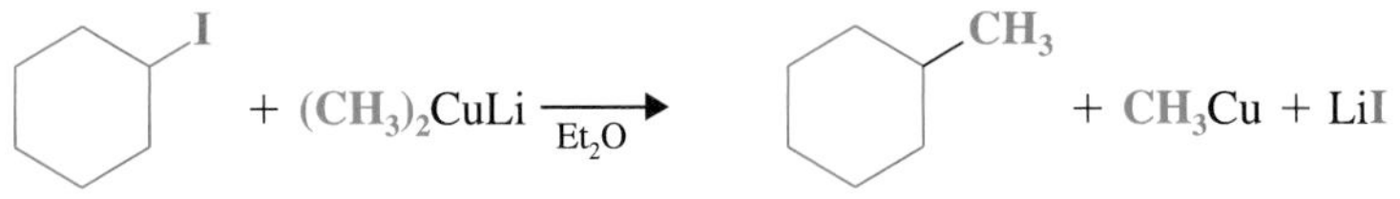

Méthylcyclohexane
(75 %)

Br
+ (CH3)2CuLi
Et2O
CH3
+ CH3Cu + LiBr

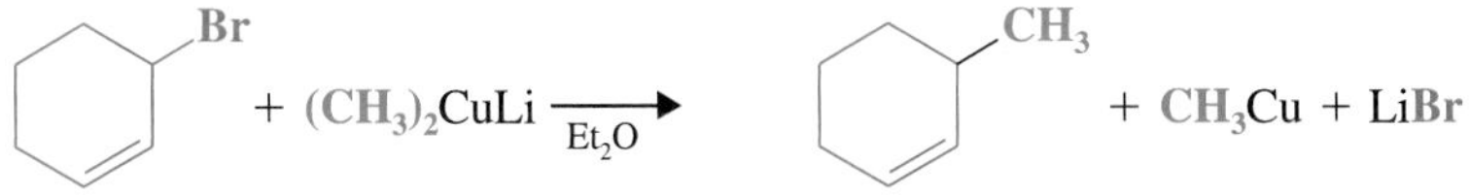

3-Méthylcyclohexène
(75 %)

Les dialkylcuprates de lithium se couplent aussi aux halogénures aromatiques et vinyliques. Voici un exemple d'utilisation d'un halogénobenzène dans la synthèse du butylbenzène.

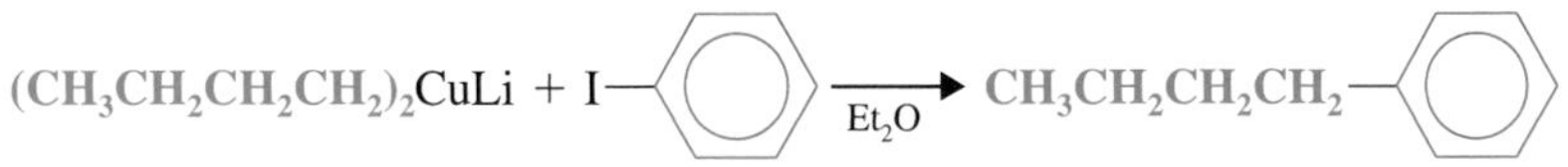

(CH3CH2CH2CH2)2CuLi + I
Et2O
CH3CH2CH2CH2

Butylbenzène
(75 %)

Le schéma suivant résume les réactions de couplage des dialkylcuprates de lithium.

CH3X ou R′CH2X
R—CH3
ou
R′CH2—R
R2CuLi
X
R
X
R
X
R

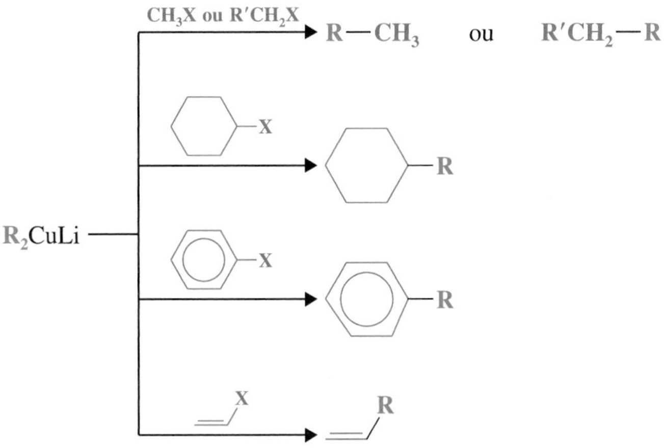

Le mécanisme de la synthèse de Corey-Posner, Whitesides-House dépasse les objectifs de cette section. Nous étudierons cependant un type de réaction semblable à l'annexe H.

12.10 GROUPES PROTECTEURS

Un **groupe protecteur** peut être utilisé dans certains cas, notamment quand un produit de départ contient un groupe fonctionnel incompatible avec les conditions de réactions requises pour une transformation donnée. C'est le cas lorsqu'on doit préparer un réactif de Grignard à partir d'un halogénoalcane qui contient déjà un groupe hydroxyle d'un alcool. Le réactif de Grignard pourra être préparé si l'alcool est d'abord protégé et converti en un groupe fonctionnel stable en présence d'un réactif de Grignard, comme un éther *tert*-butyldiméthylsilyle (section 11.15D). La réaction de Grignard pourra être réalisée et le groupe alcool sera libéré par rupture de l'éther silylé au moyen des ions fluorure (voir problème 12.25). La même stratégie s'applique lorsque les réactifs organolithiens et les ions alcynure doivent être préparés en présence de groupes incompatibles. Dans les prochains chapitres, nous prendrons connaissance des stratégies pouvant servir à protéger d'autres groupes fonctionnels durant différentes réactions (section 16.7D).

SOMMAIRE DES RÉACTIONS

Voici un résumé des réactions vues dans ce chapitre. Vous trouverez les conditions détaillées de ces réactions dans les sections où elles ont été abordées.

1. Sommaire des réactions de réduction (section 12.3)

		$NaBH_4$	$LiAlH_4$
Aldéhydes	R—C(=O)—H	R—C(OH)(H)—H	R—C(OH)(H)—H
Cétones	R—C(=O)—R′	R—C(OH)(H)—R′	R—C(OH)(H)—R′
Esters	R—C(=O)—OR′	—	R—C(H)(H)—OH + HOR′
Acides carboxyliques	R—C(=O)—OH	—	R—C(H)(H)—OH

(Les hydrogènes de couleur bleue s'ajoutent lors du traitement des milieux réactionnels par l'eau ou des solutions acides aqueuses.)

2. Sommaire des réactions d'oxydation (section 12.4)

	Substrat	PCC	H_2CrO_4	$KMnO_4$
Alcools primaires	R—C(OH)(H)—H	R—C(=O)—H	R—C(=O)—OH	R—C(=O)—OH
Alcools secondaires	R—C(OH)(H)—R′	R—C(=O)—R′	R—C(=O)—R′	R—C(=O)—R′
Alcools tertiaires	R—C(OH)(R′)—R″	—	—	—

3. Formation des réactifs organolithiens et des réactifs de Grignard (section 12.6)

$$R—X + 2\ Li \longrightarrow R—Li + LiX$$
$$R—X + Mg \longrightarrow R—MgX$$

4. Réactions des réactifs de Grignard et des réactifs organolithiens (sections 12.7 et 12.8)

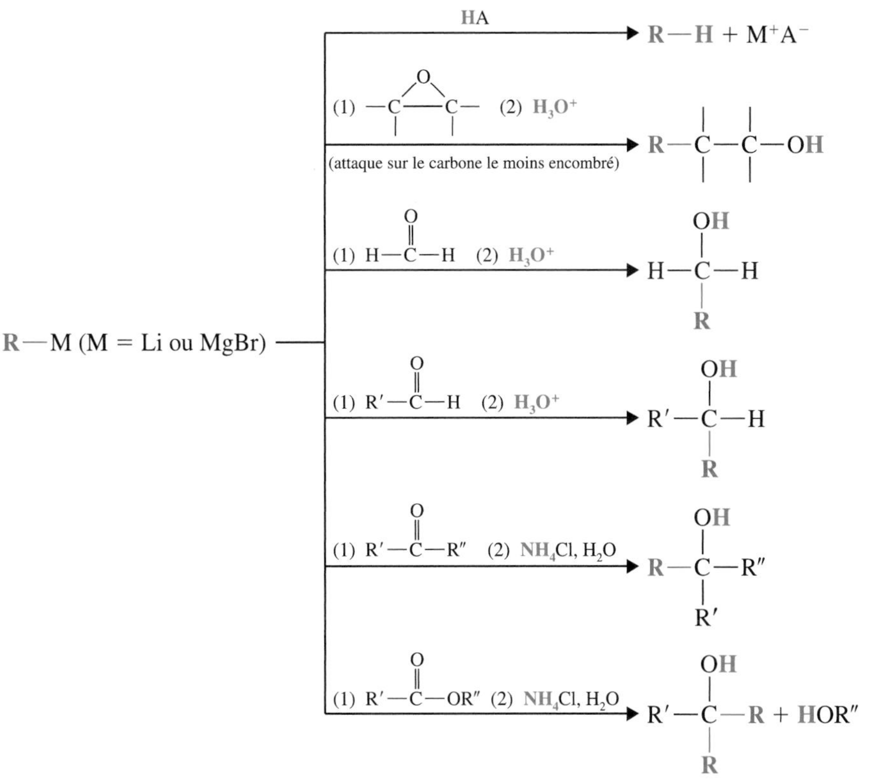

$$R-H + M^+A^-$$

(1) $-\overset{|}{C}\overset{O}{\triangle}\overset{|}{C}-$ (2) H_3O^+

(attaque sur le carbone le moins encombré)

$$R-\overset{|}{\underset{|}{C}}-\overset{|}{\underset{|}{C}}-OH$$

(1) $H-\overset{O}{\overset{||}{C}}-H$ (2) H_3O^+

$$H-\overset{OH}{\underset{R}{\overset{|}{C}}}-H$$

$R-M$ (M = Li ou MgBr)

(1) $R'-\overset{O}{\overset{||}{C}}-H$ (2) H_3O^+

$$R'-\overset{OH}{\underset{R}{\overset{|}{C}}}-H$$

(1) $R'-\overset{O}{\overset{||}{C}}-R''$ (2) NH_4Cl, H_2O

$$R-\overset{OH}{\underset{R'}{\overset{|}{C}}}-R''$$

(1) $R'-\overset{O}{\overset{||}{C}}-OR''$ (2) NH_4Cl, H_2O

$$R'-\overset{OH}{\underset{R}{\overset{|}{C}}}-R + HOR''$$

5. Synthèse de Corey-Posner, Whitesides-House (section 12.9)

$$2\ RLi + CuI \longrightarrow R_2CuLi \xrightarrow[\substack{(R'=alkyle \\ primaire\ ou \\ secondaire \\ cyclique)}]{R'-X} R-R' + RCu + LiX$$

TERMES ET CONCEPTS CLÉS

Oxydation	Sections 12.2 et 12.4	Réaction énantiosélective	Section 12.3
Oxydant	Section 12.2	Réaction diastéréosélective	Section 12.3
Réduction	Sections 12.2 et 12.3	Centre prochiral	Section 12.3
Réducteur	Sections 12.2 et 12.3	Groupe protecteur	Sections 11.15C,
Réaction stéréosélective	Section 12.3		11.15D et 12.10

PROBLÈMES SUPPLÉMENTAIRES

12.11 Nommez le ou les produits qui se formeront lors de la réaction entre le 1-bromo-3-méthylpropane, $(CH_3)_2CHCH_2Br$, et chacun des composés suivants :

a) $^-OH, H_2O$

b) ^-CN, éthanol

c) $(CH_3)_3CO^-, (CH_3)_3COH$

d) CH_3O^-, CH_3OH

e) Li, Et_2O, puis $CH_3\overset{O}{\overset{||}{C}}CH_3$, puis NH_4Cl, H_2O

f) Mg, Et_2O, puis $CH_3\overset{O}{\overset{||}{C}}H$, puis H_3O^+

g) Mg, Et_2O, puis $CH_3\overset{O}{\overset{||}{C}}OCH_3$, puis NH_4Cl, H_2O

h) Mg, Et_2O, puis $H_2C\overset{O}{\overset{\triangle}{-}}CH_2$, puis H_3O^+

i) Mg, Et_2O, puis $H-\overset{O}{\overset{||}{C}}-H$, puis NH_4Cl, H_2O

j) Li, Et_2O, puis CH_3OH

k) Li, Et_2O, puis $CH_3C\equiv CH$

12.12 Énumérez les produits que vous prévoyez obtenir de la réaction entre le bromure d'éthylmagnésium (CH_3CH_2MgBr) et chacun des réactifs suivants :

a) H_2O

b) D_2O

c) $C_6H_5\overset{\displaystyle O}{\overset{\|}{C}}H$, puis H_3O^+

d) $C_6H_5\overset{\displaystyle O}{\overset{\|}{C}}C_6H_5$, puis NH_4Cl, H_2O

e) $C_6H_5\overset{\displaystyle O}{\overset{\|}{C}}OCH_3$, puis NH_4Cl, H_2O

f) $C_6H_5\overset{\displaystyle O}{\overset{\|}{C}}CH_3$, puis NH_4Cl, H_2O

g) $CH_3CH_2C\equiv CH$, puis $CH_3\overset{\displaystyle O}{\overset{\|}{C}}H$, puis H_3O^+

h) Cyclopentadiène

12.13 Énumérez les produits que vous prévoyez obtenir de la réaction entre le propyllithium ($CH_3CH_2CH_2Li$) et chacun des réactifs suivants :

a) $(CH_3)_2CH\overset{\displaystyle O}{\overset{\|}{C}}H$, puis H_3O^+

b) $(CH_3)_2CH\overset{\displaystyle O}{\overset{\|}{C}}CH_3$, puis NH_4Cl, H_2O

c) Pent-1-yne, puis $CH_3\overset{\displaystyle O}{\overset{\|}{C}}CH_3$, puis NH_4Cl, H_2O

d) Éthanol

e) CuI, puis $CH_2=CHCH_2Br$

f) CuI, puis bromocyclopentane

g) CuI, puis (Z)-1-iodopropène

h) CuI, puis CH_3I

i) CH_3CO_2D

12.14 Nommez l'oxydant ou le réducteur que vous devrez utiliser pour réaliser les transformations suivantes :

a) $CH_3COCH_2CH_2CO_2CH_3 \longrightarrow$
$CH_3CHOHCH_2CH_2CH_2OH + CH_3OH$

b) $CH_3COCH_2CH_2CO_2CH_3 \longrightarrow$
$CH_3CHOHCH_2CH_2CO_2CH_3$

c) $HO_2CCH_2CH_2CH_2CO_2H \longrightarrow$
$HOCH_2CH_2CH_2CH_2CH_2OH$

d) $HOCH_2CH_2CH_2CH_2CH_2OH \longrightarrow$
$HO_2CCH_2CH_2CH_2CO_2H$

e) $HOCH_2CH_2CH_2CH_2CH_2OH \longrightarrow$
$OHCCH_2CH_2CH_2CHO$

12.15 Décrivez toutes les étapes d'une synthèse permettant de passer du propan-2-ol $CH_3CH(OH)CH_3$ à chacun des composés suivants :

a) $(CH_3)_2CHCH(OH)CH_3$

b) $(CH_3)_2CHCH_2OH$

c) $(CH_3)_2CHCH_2CH_2Cl$

d) $(CH_3)_2CHCH(OH)CH(CH_3)_2$

e) $(CH_3)_2CHDCH_3$

f)

12.16 Dites quels produits organiques vous prévoyez obtenir de chacune de ces réactions :

a) Méthyllithium + but-1-yne $\longrightarrow$

b) Produit a) + cyclohexanone, puis NH_4Cl, $H_2O \longrightarrow$

c) Produit b) + Ni_2B (P-2) et $H_2 \longrightarrow$

d) Produit b) + NaH, puis $CH_3CH_2OSO_2CH_3 \longrightarrow$

e) $CH_3CH_2COCH_3 + NaBH_4 \longrightarrow$

f) Produit e) + chlorure de mésyle $\xrightarrow{\text{base}}$

g) Produit f) + $CH_3CO_2Na \longrightarrow$

h) Produit g) + $LiAlH_4$, puis $H_2O \longrightarrow$

12.17 Montrez comment le pentan-1-ol peut être transformé en chacun des produits qui suivent. (Vous pouvez utiliser n'importe quel composé inorganique et il n'est pas nécessaire de répéter la synthèse d'un produit que vous avez déjà illustrée.)

a) 1-Bromopentane

b) Pent-1-ène

c) Pentan-2-ol

d) Pentane

e) 2-Bromopentane

f) Hexan-1-ol

g) Heptan-1-ol

h) Pentanal ($CH_3CH_2CH_2CH_2CHO$)

i) Pentan-2-one ($CH_3COCH_2CH_2CH_3$)

j) Acide pentanoïque ($CH_3CH_2CH_2CH_2CO_2H$)

k) Oxyde de dipentyle (deux façons)

l) Pent-1-yne

m) 2-Bromopent-1-ène

n) Pentyllithium

o) Décane

p) 4-Méthylnonan-4-ol

12.18 Illustrez comment chacune des transformations suivantes peut être réalisée.

a) Phényléthyne $\longrightarrow C_6H_5C\equiv CC(OH)(CH_3)_2$

b) $C_6H_5COCH_3 \longrightarrow$ 1-phényléthanol

c) Phényléthyne $\longrightarrow$ phényléthène

d) Phényléthène $\longrightarrow$ 2-phényléthanol

e) 2-Phényléthanol $\longrightarrow$ 4-phénylbutanol

f) 2-Phényléthanol $\longrightarrow$ 1-méthoxy-2-phényléthane

12.19 Vous ne disposez que d'alcools et d'esters ne contenant pas plus de quatre atomes de carbone. Illustrez comment vous pourriez synthétiser chacun des composés suivants. Vous devez utiliser un réactif de Grignard dans une des étapes. S'il le faut, vous pouvez utiliser de l'oxirane ou du bromobenzène, mais vous devez illustrer la synthèse de tous les autres produits organiques requis. Par contre, tous les solvants, les composés inorganiques, les oxydants et les réducteurs sont disponibles.

a) $(CH_3)_2CHCOC_6H_5$

b) 4-Éthylheptan-4-ol

c) 1-Cyclobutyl-2-méthylpropan-1-ol

d) $C_6H_5CH_2CHO$

e) $(CH_3)_2CHCH_2CO_2H$

f) 1-Propylcyclobutanol

g) $CH_3CH_2CH_2COCH_2CH(CH_3)_2$

h) 3-Bromo-3-phénylpentane

12.20 L'alcool illustré ci-dessous est utilisé en parfumerie. Élaborez sa synthèse à partir du bromobenzène et du but-1-ène.

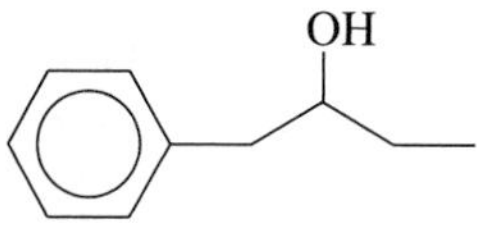

12.21 Montrez comment un réactif de Grignard peut servir dans la synthèse suivante :

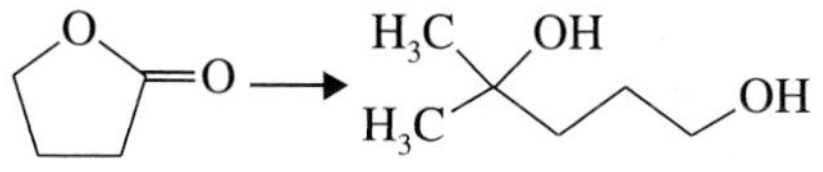

12.22 À partir de composés de quatre atomes de carbone ou moins, élaborez une synthèse du Méparfynol racémique, un hypnotique léger (somnifère).

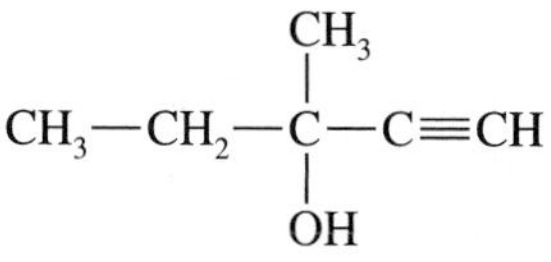

$$CH_3-CH_2-\overset{\overset{\displaystyle CH_3}{|}}{\underset{\underset{\displaystyle OH}{|}}{C}}-C\equiv CH$$

Méparfynol

12.23 Même si l'oxirane (oxacyclopropane) et l'oxétane (oxacyclobutane) réagissent avec les réactifs de Grignard et les réactifs organolithiens pour former des alcools, le tétrahydrofurane (oxacyclopentane) est si peu réactif qu'il est utilisé comme solvant dans lequel sont préparés les composés organométalliques. Expliquez la différence de réactivité de ces hétérocycles comportant un oxygène.

12.24 Dites quels produits résulteront de l'action de réactifs de Grignard sur les substrats suivants :

a) Carbonate de diéthyle, $C_2H_5-O-\overset{\overset{\displaystyle O}{||}}{C}-O-C_2H_5$

b) Formate d'éthyle, $H-\overset{\overset{\displaystyle O}{||}}{C}-O-C_2H_5$

12.25* Utilisez une synthèse de Grignard pour préparer le composé ci-dessous à partir du 1-bromo-4-hydroxyméthylcyclohexane et tout autre réactif nécessaire.

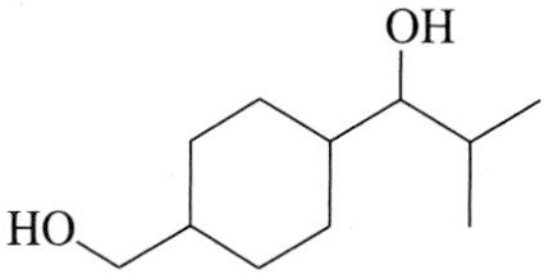

12.26* Expliquez comment les spectres RMN ^{1}H, RMN ^{13}C et IR peuvent servir à différencier le 2-phényléthanol, le 1,2-diphényléthanol, le 1,1-diphényléthanol, l'acide 2,2-diphénylétha-noïque [$(C_6H_5)_2CHCO_2H$] et le 2-phényléthanoate de benzyle ($C_6H_5CH_2CO_2CH_2C_6H_5$).

12.27* Lorsque le sucrose (sucre de table courant) est mis en présence d'un acide aqueux, il est scindé en deux glucides simples de types :

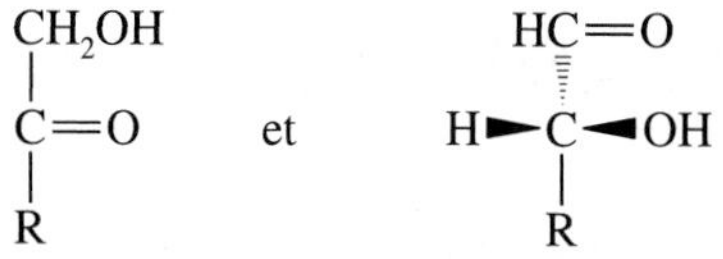

Dans la procédure employée pour identifier les glucides constituant un oligosaccharide tel le sucrose, le mélange de produits est souvent traité, avant analyse, avec le borohydrure de sodium; nous verrons plus tard quelles en sont les raisons. Dites quelles limites cela pose à l'identification des monosaccharides constitutifs de l'oligosaccharide de départ.

12.28* Un inconnu **X** a une large bande d'absorption infrarouge de 3200 à 3550 cm^{-1}, mais aucune dans la région comprise entre 1620 et 1780 cm^{-1}. Il ne contient que du carbone, de l'hydrogène et de l'oxygène.

Un échantillon de 116 mg est traité avec un excès de bromure de méthylmagnésium, ce qui provoque un dégagement gazeux de 48,7 mL de méthane recueilli au-dessus du mercure à 20 °C et à 100 kPa.

Le spectre de masse de **X** montre un pic élevé (difficilement détectable) à 116 m/z et un fragment de pic à 98 m/z.

Dites à quelle conclusion vous conduisent toutes ces informations sur la structure de **X**.

---

* Les problèmes marqués d'un astérisque présentent une difficulté particulière.

On veut faire la synthèse de la portion acyclique centrale et de la portion cyclique droite du Crixivan (un composé inhibiteur de la protéase du VIH développé par la compagnie Merck). Les deux problèmes suivants visent à élaborer des méthodes hypothétiques de synthèse du Crixivan. Il est possible que vos synthèses ne contrôlent pas adéquatement la stéréochimie à chaque étape, mais ce n'est pas le but de cet exercice.

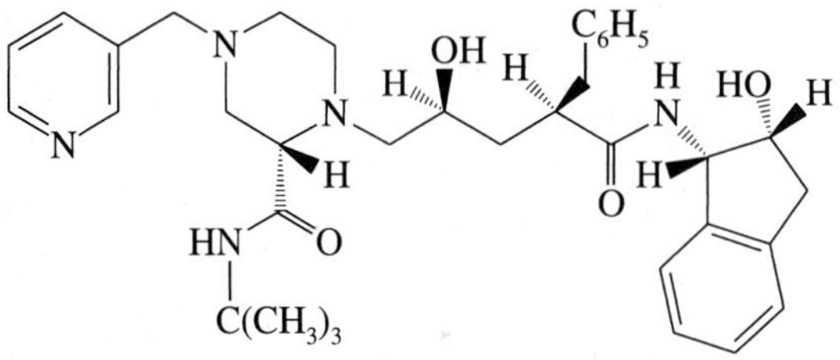

Crixivan

1. Synthétisez la sous-unité de la portion droite du Crixivan (voir ci-dessous) à partir du composé non fonctionnalisé (illustré à gauche). Prenez note qu'un radical ou un carbocation intermédiaire peut être formé de manière sélective sur une position benzylique (un carbone sp^3 adjacent à un cycle benzénique).

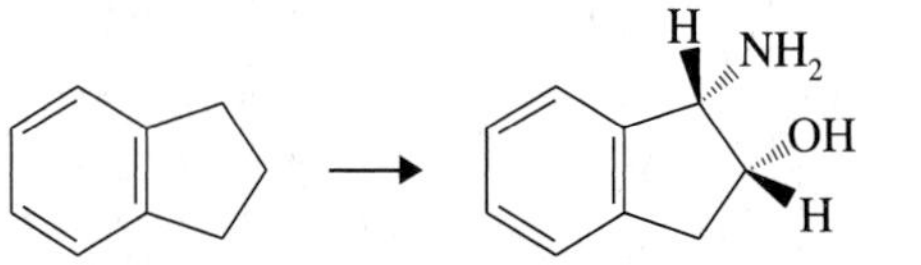

Indane   **Portion de droite du Crixivan**

2. Inscrivez les composés et les réactifs manquants dans le schéma de synthèse hypothétique de la portion centrale acyclique du Crixivan. Notez qu'il peut y avoir des intermédiaires non illustrés dans certaines des transformations ci-dessous.

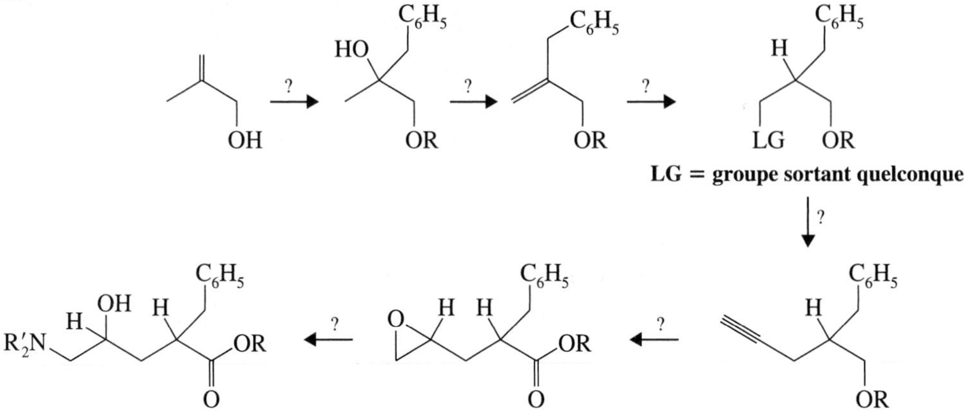

LG = groupe sortant quelconque

(R est initialement H. Puis, à la suite de réactions qu'il n'est pas nécessaire de préciser, il est converti en un groupe alkyle.)

PREMIÈRE SÉRIE DE PROBLÈMES DE RÉVISION

1. Proposez un mécanisme plausible pour les réactions suivantes :

a)

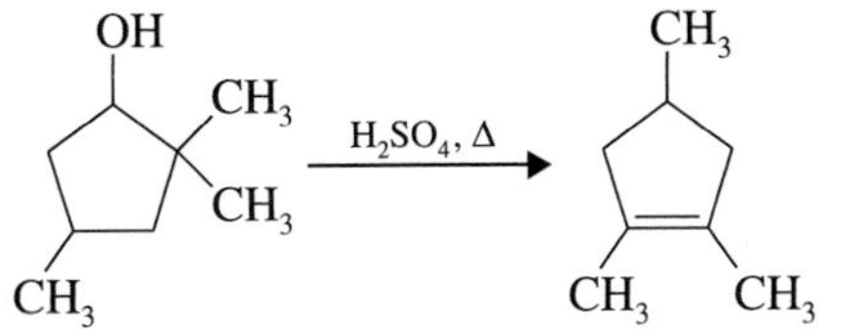

b) 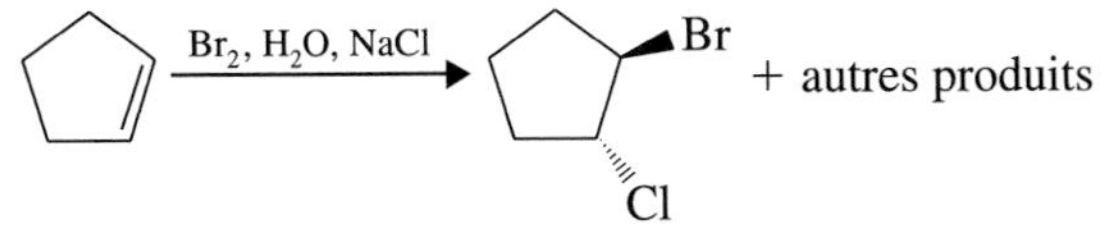 + autres produits

c) Nommez les autres produits que vous prévoyez obtenir de la réaction b).

2. Identifiez la molécule la plus polaire des paires suivantes :

a) $CHCl_3$ ou CCl_4

b)

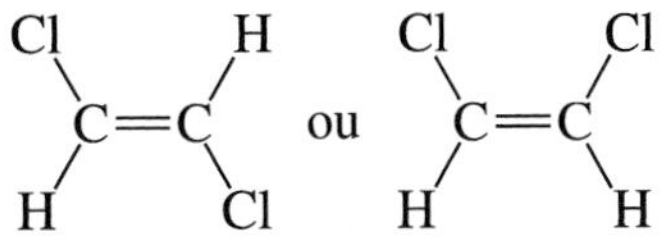

c) CH_3I ou CH_3Cl

3. Même si chacun des composés suivants ne contient qu'un seul type de liaison chimique, le moment dipolaire de BF_3 est zéro, tandis que celui de NF_3 est 0,24 D. Que peut-on conclure quant à leur géométrie moléculaire ?

4. a) Décrivez l'hybridation des atomes de carbone dans H_2C—CH_2.
CH_2

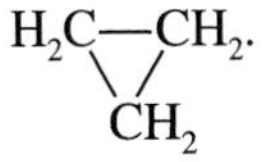

b) En tenant compte des hybridations prévisibles, décrivez ce qu'il y a d'inhabituel dans les angles de liaison de ce composé.

c) Évaluez la facilité de rupture des liaisons carbone–carbone dans ce composé par rapport à celles dans $CH_3CH_2CH_3$.

5. En tenant compte des informations suivantes :

	CH_2=CH_2	CH_3CH_2Cl	CH_2=$CHCl$
Longueur de liaison C—Cl		1,76 Å	1,69 Å
Longueur de liaison C=C	1,34 Å		1,38 Å
Longueur de liaison C—C		1,54 Å	
Moment dipolaire	0	2,05 D	1,44D

et en vous appuyant sur la théorie de la résonance, expliquez les faits suivants :
a) La plus courte liaison C—Cl dans CH_2=$CHCl$ comparativement à celle dans CH_3CH_2Cl. b) La plus longue liaison C=C dans CH_2=$CHCl$ par rapport à celle dans CH_2=CH_2. c) Le plus grand moment dipolaire de CH_3CH_2Cl comparativement à celui de CH_2=$CHCl$.

6. La synthèse de la muscalure, phéromone sexuelle de la mouche domestique, est illustrée ci-dessous. Proposez une structure pour chaque intermédiaire et une pour la muscalure.

$$CH_3(CH_2)_{11}CH_2Br \xrightarrow{HC\equiv CNa} A\ (C_{15}H_{28}) \xrightarrow[\text{liq. NH}_3]{NaNH_2} B\ (C_{15}H_{27}Na) \xrightarrow{\text{1-bromooctane}}$$

$$C\ (C_{23}H_{44}) \xrightarrow{H_2,\ Ni_2B\ (P\text{-}2)} \text{muscalure}\ (C_{23}H_{46})$$

7. Écrivez des structures pour les diastéréo-isomères du 2,3-diphénylbut-2-ène, et attribuez à chacun la désignation (*E*) ou (*Z*). L'hydrogénation par catalyse au

palladium de l'un de ces diastéréo-isomères produit un racémique; un traitement similaire de l'autre génère un composé *méso*. En vous fondant sur les résultats des réactions précédentes, dites lequel des diastéréo-isomères est (*E*) et lequel est (*Z*).

8. Un hydrocarbure (**A**) a la formule C_7H_{10}. Par l'hydrogénation catalytique, **A** est converti en **B** (C_7H_{12}). À la suite d'un traitement avec une solution froide et basique de $KMnO_4$, **A** devient **C** ($C_7H_{12}O_2$). Lorsqu'il est chauffé avec $KMnO_4$ en solution basique et qu'il est ensuite acidifié, **A** ou **C** produit la forme *méso* de l'acide cyclopentane-1,3-dicarboxylique (voir structure suivante). Donnez les formules développées des composés **A** à **C**.

$$HO_2C \diagdown \langle \rangle \diagup CO_2H$$

Acide cyclopentane-1,3-dicarboxylique

9. En partant du propyne et à l'aide de tous les autres réactifs nécessaires, dites comment vous feriez la synthèse de chacun des composés suivants. Il n'est pas nécessaire de répéter les étapes réalisées antérieurement dans l'exercice.

   a) But-2-yne
   b) *cis*-But-2-ène
   c) *trans*-But-2-ène
   d) But-1-ène
   e) Buta-1,3-diène
   f) 1-Bromobutane
   g) 2-Bromobutane (racémique)
   h) (2*R*,3*S*)-2,3-Dibromobutane
   i) (2*R*,3*R*)- et (2*S*,3*S*)-2,3-Dibromobutane (racémique)
   j) *méso*-Butane-2,3-diol
   k) (*Z*)-2-Bromobut-2-ène

10. La bromation du 2-méthylbutane forme majoritairement un produit dont la formule est $C_5H_{11}Br$. Dites quel est ce produit et comment vous l'utiliseriez dans la synthèse de chacun des composés suivants. (Il n'est pas nécessaire de répéter les étapes réalisées antérieurement dans l'exercice.)

   a) 2-Méthylbut-2-ène
   b) 2-Méthylbutan-2-ol
   c) 3-Méthylbutan-2-ol
   d) 3-Méthylbut-1-yne
   e) 1-Bromo-3-méthylbutane
   f) 2-Chloro-3-méthylbutane
   g) 2-Chloro-2-méthylbutane
   h) 1-Iodo-3- méthylbutane

   i) $\overset{O}{\overset{\|}{CH_3CCH_3}}$ et $\overset{O}{\overset{\|}{CH_3CH}}$

   j) $\overset{O}{\overset{\|}{(CH_3)_2CHCH}}$

11. Un alcane (**A**) dont la formule est C_6H_{14} réagit avec le chlore pour donner trois composés, **B**, **C** et **D**, dont la formule est $C_6H_{13}Cl$. De ces composés, seuls **C** et **D** subissent la déshydrohalogénation par l'éthoxyde de sodium dans l'éthanol, pour produire un alcène. De plus, **C** et **D** forment le même alcène, **E** (C_6H_{12}). L'hydrogénation de **E** produit **A**, et l'action de HCl sur **E** produit un composé (**F**) qui est un isomère de **B**, **C** et **D**. La réaction de **F** avec le Zn dans l'acide acétique donne le produit (**G**), isomère de **A**. Proposez des structures pour les composés **A** à **G**.

12. Un composé **A** (C_4H_6) réagit avec l'hydrogène en présence de platine (catalyseur) pour former le butane. **A** réagit aussi avec Br_2 en solution dans CCl_4 et $KMnO_4$ aqueux. Le spectre IR de **A** ne montre aucune absorption dans la région comprise entre 2200 et 2300 cm^{-1}. À la suite du traitement par l'hydrogène et Ni_2B (catalyseur P-2), **A** devient **B** (C_4H_8). Lorsque **B** est mis en présence de OsO_4 suivi de $NaHSO_3$, il se transforme en **C** ($C_4H_{10}O_2$). Le composé **C** ne peut être résolu. Écrivez les structures des composés **A** à **C**.

13. La déshalogénation du *méso*-2,3-dibromobutane survient lorsqu'on le met en présence d'iodure de potassium dans l'éthanol. Le produit est le *trans*-but-2-ène. La déshalogénation de l'un ou l'autre des énantiomères du 2,3-dibromobutane donne le *cis*-but-2-ène. Décrivez un mécanisme expliquant ces résultats.

14. La déshydrohalogénation du *méso*-1,2-dibromo-1,2-diphényléthane par l'éthoxyde de sodium dans l'éthanol produit le (*E*)-1-bromo-1,2-diphényléthène. Une déshydrohalogénation similaire de l'un ou l'autre des énantiomères du 1,2-dibromo-1,2-diphényléthane donne le (*Z*)-1-bromo-1,2-diphényléthène. Expliquez ces résultats.

15. Donnez la structure et la conformation du principal produit de la réaction du 1-*tert*-butylcyclohexène avec chacun des réactifs de la liste. Si le produit est racémique, indiquez-le.

   a) Br_2, CCl_4

   b) OsO_4, puis $NaHSO_3$ aqueux

   c) $C_6H_5CO_3H$, puis H_3O^+, H_2O

   d) THF : BH_3, puis H_2O_2, ^-OH

   e) $Hg(OAc)_2$ dans THF-H_2O, puis $NaBH_4$, ^-OH

   f) Br_2, H_2O

   g) ICl

   h) O_3, puis Zn, HOAc (vous n'avez pas à donner la conformation)

   i) D_2, Pt

   j) THF : BD_3, puis CH_3CO_2T

16. Écrivez les structures des composés **A** à **C**.

$$\underset{\overset{\displaystyle |}{Br}}{\overset{\overset{\displaystyle CH_3}{\displaystyle |}}{CH_3CCH_2CH_2CH_3}} \xrightarrow{EtO^-/EtOH} \textbf{A }(C_6H_{12}) \text{ produit dominant} \xrightarrow{THF:BH_3}$$

$$\textbf{B }(C_6H_{13})_2BH \xrightarrow{H_2O_2,\ OH^-} \textbf{C }(C_6H_{14}O)$$

17. On fait réagir le (*R*)-3-méthylpent-1-ène avec chaque groupe de produits ci-dessous. Dans tous les cas, les produits sont séparés par distillation fractionnée. Écrivez la formule appropriée pour les composants de chacune des fractions de la distillation et indiquez si les fractions possèdent une activité optique.

   a) Br_2, CCl_4

   b) H_2, Pt

   c) OsO_4, puis $NaHSO_3$

   d) THF : BH_3, puis H_2O_2, ^-OH

   e) $Hg(OAc)_2$, THF-H_2O, puis $NaBH_4$, ^-OH

   f) Perphthalate de magnésium, puis H_3O^+, H_2O

18. Le composé **A** ($C_8H_{15}Cl$) existe sous forme racémique. Il ne réagit pas avec Br_2/CCl_4 ni avec $KMnO_4$ aqueux. Lorsque **A** est traité par le Zn dans l'acide acétique et que le mélange est séparé par chromatographie en phase gazeuse, on obtient deux fractions, **B** et **C**. Chaque composant de ces fractions a la formule C_8H_{16}. La fraction **B** contient un produit racémique et peut être résolue, tandis que la fraction **C** ne peut être résolue. Sous l'action de l'éthoxyde de sodium dans l'éthanol, **A** est converti en **D** (C_8H_{14}). L'hydrogénation de **D** en présence de platine (catalyseur) donne **C**. L'ozonolyse de **D** suivie d'une réaction en présence de Zn et d'eau donne

$$\underset{}{CH_3\overset{\overset{\displaystyle O}{\displaystyle \|}}{C}CH_2CH_2CH_2CH_2\overset{\overset{\displaystyle O}{\displaystyle \|}}{C}CH_3}$$

Proposez des structures pour **A, B, C** et **D** en précisant la stéréochimie, s'il y a lieu.

19. Élucidez la structure du composé auquel on attribue les données spectroscopiques suivantes, et attribuez les données à un aspect particulier de la structure proposée.

MS (m/z); 120, 105 (pic de base), 77

RMN ^{1}H (δ) : 7,2-7,6 (m, 5H), 2,95 (septuplet, 1H), 1,29 (d, 6H)

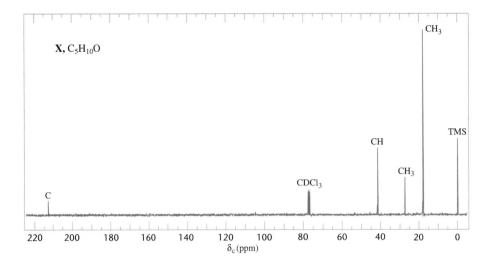

Figure 1 Spectre RMN ^{13}C du composé X (problème 20) par découplage du proton en bande large. Les informations du spectre RMN ^{13}C DEPT sont données près de chaque pic.

20. Le composé **X** ($C_5H_{10}O$) présente une bande intense d'absorption IR près de 1710 cm^{-1}. Le spectre RMN ^{13}C de **X** par découplage du proton en bande large est représenté à la figure 1. Proposez une structure pour **X.**

21. Il existe neuf stéréo-isomères du 1,2,3,4,5,6-hexachlorocyclohexane. Sept de ces isomères sont des composés *méso* et deux forment une paire d'énantiomères. a) Écrivez la structure de chacun de ces stéréo-isomères en identifiant les *méso* et les énantiomères. b) Un de ces stéréo-isomères subit une réaction E2 beaucoup plus lentement que tous les autres. Nommez cet isomère et expliquez le phénomène.

22. La fluoration du 2-méthylbutane ne donne pas que des produits multifluorés; elle donne également un mélange de composés dont la formule est $C_5H_{11}F$. a) En tenant compte de la stéréochimie de la réaction, dites combien d'isomères différents cette formule peut représenter. b) Déterminez le nombre de fractions que l'on pourrait obtenir si l'on soumettait le mélange de $C_5H_{11}F$ à la distillation fractionnée. c) Dites lesquelles de ces fractions ne posséderaient pas d'activité optique. d) Déterminez laquelle ou lesquelles pourraient être résolues en énantiomères.

23. La fluoration du (*R*)-2-fluorobutane donne un mélange d'isomères de formule $C_4H_8F_2$. a) Dites combien d'isomères différents vous prévoyez obtenir et écrivez la structure de chacun. b) Si le mélange est soumis à une distillation fractionnée, écrivez le nombre de fractions que vous espérez obtenir. c) Dites lesquelles seraient optiquement actives.

24. Il existe deux formes du 1,3-di-*sec*-butylcyclohexane sans activité optique (et non séparables). Écrivez la structure de chacune.

25. Lorsque l'isomère suivant marqué au deutérium subit une élimination, la réaction produit le *trans*-but-2-ène et le *cis*-but-2-ène-2-*d* (ainsi qu'un peu de but-1-ène-*3-d*).

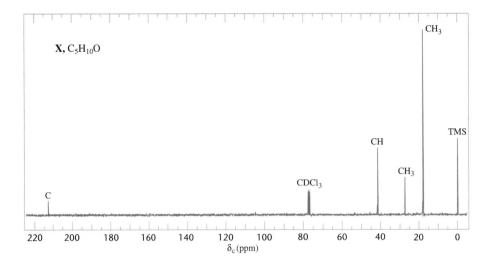

Les composés suivants n'apparaissent pas :

Expliquez ces résultats.

Chapitre 13

SYSTÈMES INSATURÉS CONJUGUÉS

Molécules dont la synthèse a été nobélisée

Parmi les molécules organiques ayant fait l'objet des recherches les plus poussées de la part des chimistes organiciens, nombreuses sont celles dont la synthèse comporte une réaction commune. La simplicité apparente de cette réaction est trompeuse, car elle offre en réalité des possibilités extraordinaires. À partir d'un précurseur acyclique, elle peut produire un cycle de six atomes, avec un maximum de quatre nouveaux centres stéréogéniques créés en une seule étape stéréo-spécifique. Elle engendre aussi une double liaison qui peut servir à introduire de nouveaux groupes fonctionnels. Nous parlons ici de la réaction de Diels-Alder, que nous étudierons au cours de ce chapitre. Otto Diels et Kurt Alder ont obtenu le prix Nobel de chimie en 1950 pour avoir mis au point cette réaction.

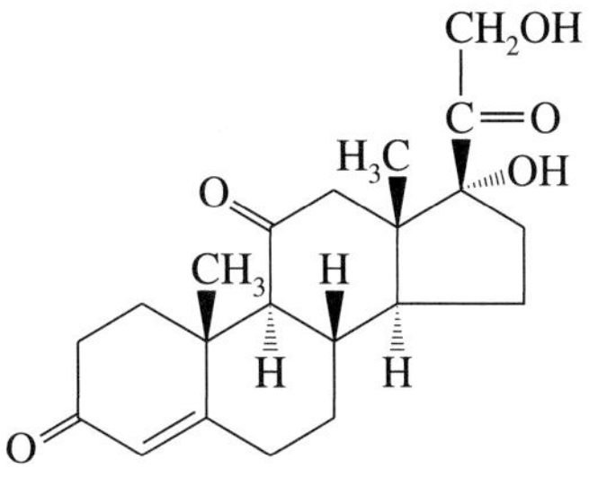

Cortisone

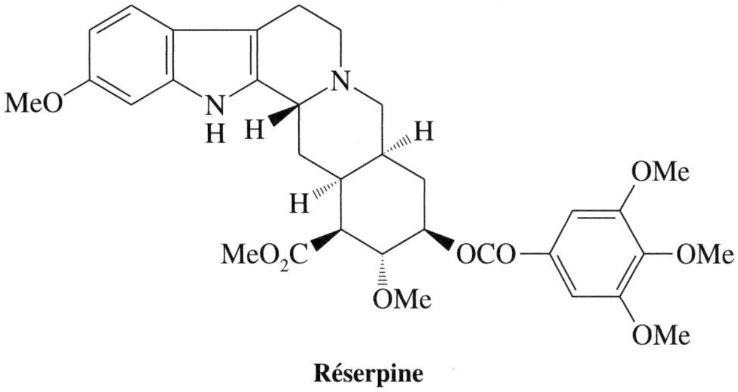

Réserpine

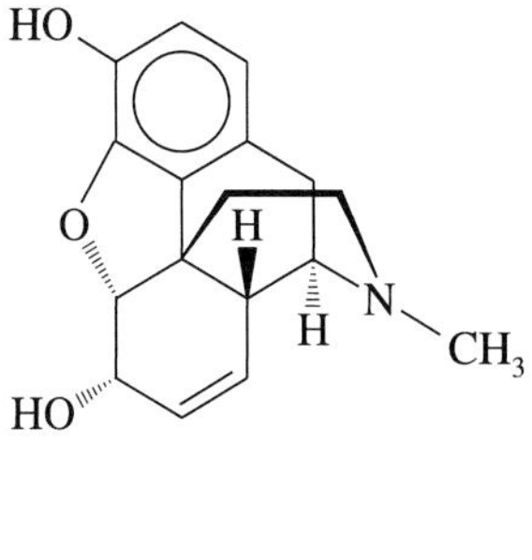

Morphine

SOMMAIRE

13.1 Introduction

13.2 Substitution allylique et radicaux allyle

13.3 Stabilité du radical allyle

13.4 Cation allyle

13.5 Sommaire des règles de résonance

13.6 Alcadiènes et hydrocarbures polyinsaturés

13.7 Buta-1,3-diène : délocalisation des électrons

13.8 Stabilité des diènes conjugués

13.9 Spectroscopie dans l'ultraviolet et le visible

13.10 Attaque électrophile sur des diènes conjugués : addition-1,4

13.11 Réaction de Diels-Alder : réaction de cycloaddition-1,4 sur des diènes

Voici le nom de quelques molécules (et des chimistes ayant dirigé les recherches) qui ont été synthétisées au moyen de la réaction de Diels-Alder : la morphine (voir vignette et bas de la page 507), sédatif hypnotique employé après de nombreux types de chirurgie (M. Gates); la réserpine (page 507), antihypertenseur à usage médical (R.B. Woodward); le cholestérol, précurseur de tous les stéroïdes de l'organisme, et la cortisone (page 507), agent anti-inflammatoire (R.B. Woodward dans les deux cas); les prostaglandines $F_{2\alpha}$ et E_2 (section 13.11D), membres d'une famille d'hormones qui contribuent à la régulation de la tension artérielle, de la contraction musculaire et de l'inflammation (E.J. Corey); la vitamine B_{12} (section 4.20), qui participe à la production des neurones et des cellules sanguines (A. Eschenmoser et R.B. Woodward); et le taxol (illustré en page couverture), puissante molécule utilisée en chimiothérapie pour certains cancers (K.C. Nicolaou). Les quelques molécules qui viennent d'être énumérées résultent de prodigieux efforts de recherche, mais ce ne sont pas les seules : de nombreuses autres molécules ont également été synthétisées à l'aide de la réaction de Diels-Alder. En fait, on pourrait dire que toutes ces molécules sont admissibles au panthéon « nobélien » de la chimie.

13.1 INTRODUCTION

L'étude des réactions des alcènes, au chapitre 8, a révélé toute l'importance que revêt la liaison π pour la compréhension de la chimie des composés insaturés. Le présent chapitre traitera d'un groupe spécifique de composés insaturés et montrera que la liaison π est encore une fois l'élément important de la molécule. Nous examinerons des *composés dotés d'une orbitale* p *sur un atome adjacent à une double liaison*. L'orbitale p peut ne contenir qu'un seul électron, comme dans le radical allyle ($CH_2{=}CHCH_2\cdot$) (section 13.2); elle peut être vide, comme dans le cation allylique ($CH_2{=}CHCH_2^+$) (section 13.4); ou elle peut être l'orbitale p d'une autre double liaison, comme dans le buta-1,3-diène ($CH_2{=}CH{-}CH{=}CH_2$) (section 13.7). Nous constaterons aussi que la présence d'une orbitale p sur un atome adjacent à une double liaison permet la formation d'une liaison π étendue, c'est-à-dire une liaison qui associe plus de deux noyaux.

Un système ayant une orbitale p sur un atome adjacent à une double liaison — soit une molécule avec une liaison π délocalisée — est appelé **système insaturé conjugué**. Ce phénomène porte le nom de conjugaison. Nous verrons plus loin que la conjugaison confère à un tel système des propriétés particulières. Nous remarquerons ainsi que les molécules, les radicaux et les ions conjugués sont beaucoup plus stables que leurs homologues non conjugués. Le radical allyle, le cation allylique et le buta-1,3-diène serviront à illustrer notre propos. De plus, nous apprendrons que les molécules conjuguées absorbent de l'énergie dans les régions ultraviolette et visible du spectre électromagnétique (section 13.9), ce qui offre des applications en spectroscopie UV-visible. Enfin, nous verrons que la conjugaison permet aux molécules de participer à des réactions inhabituelles et étudierons plus particulièrement une importante réaction de formation de cycles, soit la réaction de Diels-Alder (section 13.11).

13.2 SUBSTITUTION ALLYLIQUE ET RADICAUX ALLYLE

Lorsque du propène est mis en présence de brome ou de chlore à basse température, la réaction habituelle consiste en une addition d'halogène à la double liaison.

$$CH_2{=}CH{-}CH_3 + X_2 \xrightarrow[\substack{CCl_4 \\ \text{(réaction d'addition)}}]{\text{basse température}} \underset{\underset{X}{|}}{CH_2}{-}\underset{\underset{X}{|}}{CH}{-}CH_3$$

Cependant, lorsque du propène réagit avec du chlore ou du brome à très haute température ou dans des conditions telles que la concentration d'halogène est très faible, la réaction qui se produit alors est une **substitution.** Les deux exemples montrent clairement que le déroulement d'une réaction organique n'est pas le même si les conditions expérimentales sont modifiées. Ils mettent aussi en relief combien il est important de bien décrire ces conditions réactionnelles en présentant les résultats expérimentaux.

$$CH_2\!\!=\!\!CH\!-\!CH_3 \ + \ X_2 \xrightarrow[\substack{\text{ou faible conc. de } X_2 \\ \text{(réaction de substitution)}}]{\text{température élevée}} CH_2\!\!=\!\!CH\!-\!CH_2X \ + \ HX$$
$$\textbf{Propène}$$

Dans le cas de cette substitution, un halogène remplace un des atomes d'hydrogène du groupe méthyle du propène. Il est question ici d'**atomes d'hydrogène allyliques** et la réaction de substitution est qualifiée de substitution allylique.

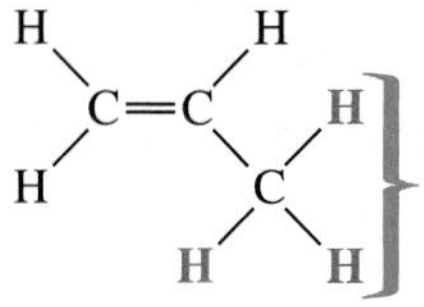

Atomes d'hydrogène allyliques

Les termes employés sont également génériques. Ainsi, les atomes d'hydrogène liés à tout atome de carbone saturé qui est adjacent à une double liaison, comme ici,

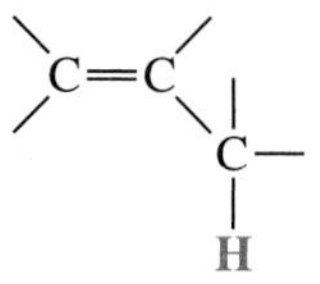

sont des atomes d'hydrogène *allyliques,* et toute réaction entraînant le remplacement d'un atome d'hydrogène allylique est une *substitution allylique.*

13.2A CHLORATION ALLYLIQUE (HAUTE TEMPÉRATURE)

Lorsque le propène et le chlore réagissent en phase gazeuse à 400 °C, le propène subit une chloration allylique. Cette façon de synthétiser du chlorure d'allyle porte le nom de « procédé Shell ».

$$CH_2\!\!=\!\!CH\!-\!CH_3 \ + \ Cl_2 \xrightarrow[\substack{\text{phase} \\ \text{gazeuse}}]{400\,°C} CH_2\!\!=\!\!CH\!-\!CH_2Cl \ + \ HCl$$
$$\textbf{3-Chloropropène}$$
$$\textbf{(chlorure d'allyle)}$$

Le mécanisme de la substitution allylique est le même que le mécanisme en chaîne de l'halogénation des alcanes que nous avons étudié au chapitre 10. Lors de la phase d'amorçage, la molécule de chlore se dissocie en atomes de chlore.

Amorçage

$$:\!\overset{..}{\underset{..}{Cl}}\!:\!\overset{..}{\underset{..}{Cl}}\!: \ \xrightarrow{\ h\nu\ } \ 2 \ :\!\overset{..}{\underset{..}{Cl}}\!\cdot$$

Lors de la première étape de propagation, l'atome de chlore arrache un des atomes d'hydrogène allyliques.

Première étape de propagation

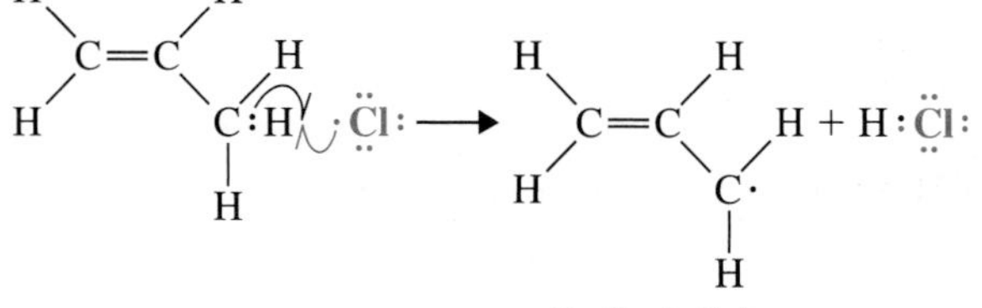

Radical allyle

Le radical produit au cours de cette étape est appelé **radical allyle.** Tout radical du type illustré $\mathrm{C}\!=\!\mathrm{C}$
$$\overset{\mid}{\underset{\mid}{\mathrm{C}\cdot}}$$
porte le nom de radical *allylique.*

Lors de la deuxième étape de propagation, le radical allyle réagit avec une molécule de chlore.

Deuxième étape de propagation

Chlorure d'allyle
(3-chloropropène)

Cette étape mène à la formation d'une molécule de chlorure d'allyle et d'un atome de chlore, lequel provoque la réitération de la première étape de propagation. La réaction en chaîne se poursuit jusqu'aux étapes habituelles de terminaison, lors desquelles les radicaux sont consumés.

Le phénomène de substitution des atomes d'hydrogène allyliques du propène se comprend assez facilement si l'on compare l'énergie de dissociation d'une liaison allylique carbone–hydrogène et celle d'autres liaisons carbone–hydrogène (voir tableau 10.1).

$$\mathrm{CH_2}\!=\!\mathrm{CHCH_2}\!-\!\mathrm{H} \longrightarrow \mathrm{CH_2}\!=\!\mathrm{CHCH_2}\!\cdot\ +\ \mathrm{H}\cdot \qquad DH° = 356\ \mathrm{kJ\cdot mol^{-1}}$$
Propène   **Radical allyle**

$$(\mathrm{CH_3})_3\mathrm{C}\!-\!\mathrm{H} \longrightarrow (\mathrm{CH_3})_3\mathrm{C}\cdot\ +\ \mathrm{H}\cdot \qquad DH° = 381\ \mathrm{kJ\cdot mol^{-1}}$$
Isobutane   **Radical tertiaire**

$$(\mathrm{CH_3})_2\mathrm{CH}\!-\!\mathrm{H} \longrightarrow (\mathrm{CH_3})_2\mathrm{CH}\cdot\ +\ \mathrm{H}\cdot \qquad DH° = 395\ \mathrm{kJ\cdot mol^{-1}}$$
Propane   **Radical secondaire**

$$\mathrm{CH_3CH_2CH_2}\!-\!\mathrm{H} \longrightarrow \mathrm{CH_3CH_2CH_2}\!\cdot\ +\ \mathrm{H}\cdot \qquad DH° = 410\ \mathrm{kJ\cdot mol^{-1}}$$
Propane   **Radical primaire**

$$\mathrm{CH_2}\!=\!\mathrm{CH}\!-\!\mathrm{H} \longrightarrow \mathrm{CH_2}\!=\!\mathrm{CH}\cdot\ +\ \mathrm{H}\cdot \qquad DH° = 452\ \mathrm{kJ\cdot mol^{-1}}$$
Éthène   **Radical vinylique**

On voit que la liaison allylique carbone–hydrogène du propène se rompt plus facilement que la liaison tertiaire carbone–hydrogène de l'isobutane, et encore plus facilement qu'une liaison carbone–hydrogène vinylique.

$$\mathrm{CH_2}\!=\!\mathrm{CH}\!-\!\mathrm{CH_2}\!-\!\mathrm{H}\ +\ \cdot\ddot{\mathrm{X}}\!: \longrightarrow \mathrm{CH_2}\!=\!\mathrm{CH}\!-\!\mathrm{CH_2}\!\cdot\ +\ \mathrm{HX} \qquad \textbf{L'}E_{act}\ \textbf{est faible.}$$
Radical allyle

$$:\!\ddot{\mathrm{X}}\cdot\ +\ \mathrm{H}\!-\!\mathrm{CH}\!=\!\mathrm{CH}\!-\!\mathrm{CH_3} \longrightarrow \cdot\mathrm{CH}\!=\!\mathrm{CH}\!-\!\mathrm{CH_3}\ +\ \mathrm{HX} \qquad \textbf{L'}E_{act}\ \textbf{est élevée.}$$
Radical vinylique

La facilité avec laquelle la liaison allylique carbone–hydrogène se rompt signifie que le radical allyle est *plus stable* que les radicaux libres primaire, secondaire, tertiaire et vinylique (figure 13.1).

Stabilité relative   allylique ou allyle > tertiaire > secondaire > primaire
> vinyle ou vinylique

13.2B BROMATION ALLYLIQUE PAR LE *N*-BROMOSUCCINIMIDE (FAIBLE CONCENTRATION DE Br₂)

Le propène subit une bromation allylique lorsqu'il entre en contact avec le *N*-bromosuccinimide (NBS) dans du CCl₄ en présence de peroxyde ou de lumière.

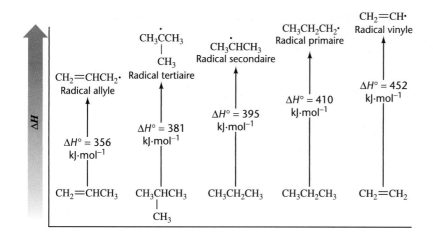

Figure 13.1 Stabilité relative du radical allyle comparée à celle des radicaux vinyle, primaire, secondaire et tertiaire. La stabilité des radicaux dépend de l'hydrocarbure dont ils dérivent. L'ordre général de stabilité est le suivant : allyle > tertiaire > secondaire > primaire > vinyle.

$$CH_2=CH-CH_3 + \underset{\substack{\textbf{N-Bromosuccinimide} \\ \textbf{(NBS)}}}{\text{(succinimide)}} \xrightarrow[CCl_4]{h\nu \text{ ou ROOR}} \underset{\substack{\textbf{3-Bromopropène} \\ \textbf{(bromure d'allyle)}}}{CH_2=CH-CH_2Br} + \underset{\textbf{Succinimide}}{\text{(succinimide)}}$$

La réaction est amorcée par la formation d'une petite quantité de Br· (probablement due à la dissociation de la liaison N—Br du NBS). Les principales étapes de propagation de cette réaction sont les mêmes que dans le cas de la chloration allylique (section 13.2A).

$$CH_2=CH-CH_2-H + \cdot Br \longrightarrow CH_2=CH-CH_2\cdot + HBr$$

$$CH_2=CH-CH_2\cdot + Br-Br \longrightarrow CH_2=CH-CH_2Br + \cdot Br$$

Le N-bromosuccinimide est presque insoluble dans le CCl_4, et il en résulte une concentration très faible, mais constante, de brome dans le milieu réactionnel. Le N-bromosuccinimide réagit très rapidement avec le HBr formé lors de la réaction de substitution, et chaque molécule de HBr est remplacée par une molécule de Br_2.

$$\text{(N—Br)} + HBr \longrightarrow \text{(N—H)} + Br_2$$

Dans de telles conditions, *c'est-à-dire dans un solvant non polaire et avec une très faible concentration de brome,* le brome va surtout réagir par substitution et remplacer un atome d'hydrogène allylique, plutôt que de s'additionner à la double liaison.

ENRICHISSEMENT

Mais alors, pourquoi une faible concentration de brome favorise-t-elle une substitution allylique plutôt qu'une addition ? Dans le cas du mécanisme d'addition, nous savons que, lors de la première étape, un seul atome de la molécule de brome se fixe sur l'alcène *selon un processus réversible*.

$$Br-Br + \overset{\displaystyle |}{\underset{\displaystyle |}{C}}\!\!\!\parallel\!\!\!\overset{\displaystyle |}{\underset{\displaystyle |}{C}} \rightleftharpoons Br\overset{+}{\overset{\displaystyle C-}{\underset{\displaystyle C-}{}}} + Br^- \longrightarrow \overset{\displaystyle -C-Br}{\underset{\displaystyle Br-C-}{}}$$

L'autre atome (l'ion bromure) se fixe à la deuxième étape. Si la concentration de brome est faible, l'équilibre de la première étape sera fortement déplacé vers la gauche.

De plus, après la formation d'un ion bromonium, la probabilité qu'il se trouve près d'un autre ion bromure est faible elle aussi. Ces deux facteurs défavorisent la réaction d'addition, ce qui permet à la substitution allylique de se produire.

La présence d'un solvant non polaire réduit aussi la vitesse de l'addition, car il n'y a ainsi aucune molécule polaire pour solvater (et donc stabiliser) l'ion bromure formé à la première étape. Celui-ci s'associera plutôt à une autre molécule de brome.

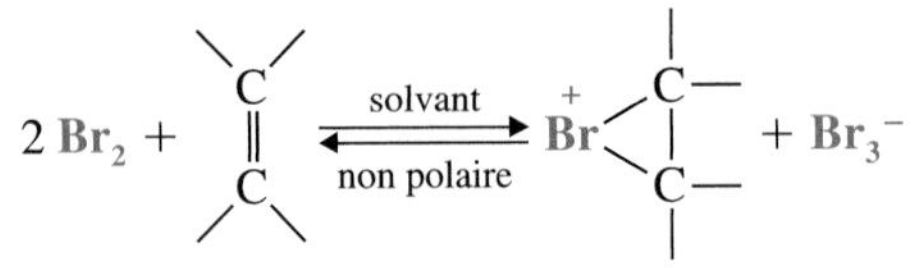

Cela signifie que, dans un solvant non polaire, la vitesse de réaction par rapport au brome est d'ordre deux,

$$\text{vitesse} = k \left[\diagup\diagdown\text{C}=\text{C}\diagup\diagdown \right] [\text{Br}_2]^2$$

et que la faible concentration du brome fait diminuer encore davantage la vitesse d'addition.

Pour comprendre pourquoi, à haute température, la substitution allylique l'emporte sur l'addition, il faut prendre en compte l'incidence du changement d'entropie sur l'équilibre (section 3.9). Combinaison de deux molécules en une seule, la réaction d'addition se caractérise par une importante variation négative de l'entropie. À basse température, la valeur du terme $T\Delta S°$ dans l'équation $\Delta G° = \Delta H° - T\Delta S°$ n'est pas suffisamment élevée pour contrebalancer la valeur favorable du terme $\Delta H°$. Mais plus la température augmente, plus la valeur du terme $T\Delta S°$ s'accroît, plus $\Delta G°$ devient positif et plus l'équilibre est défavorisé.

13.3 STABILITÉ DU RADICAL ALLYLE

La question de la stabilité du radical allyle peut être abordée dans le cadre de la théorie des orbitales moléculaires ou de la théorie de la résonance (section 1.8). Nous verrons bientôt que les deux théories donnent des descriptions équivalentes du radical allyle. Nous traiterons d'abord de la théorie des orbitales moléculaires, plus facile à visualiser. Avant de poursuivre l'étude de la présente section, il serait bon de passer en revue les éléments de cette théorie qui ont été exposés aux sections 1.11 et 1.13.

13.3A DESCRIPTION DU RADICAL ALLYLE EN TERMES D'ORBITALES MOLÉCULAIRES

Lorsqu'un atome d'hydrogène allylique est arraché du propène (voir diagramme ci-dessous), l'état d'hybridation de l'atome de carbone hybridé sp^3 du groupe méthyle devient sp^2 (voir la section 10.7). Il y a alors un recouvrement de l'orbitale p de ce nouvel atome de carbone hybridé sp^2 avec l'orbitale p de l'atome de carbone central. Ainsi, dans un radical allyle, trois orbitales p se recouvrent pour former un ensemble d'orbitales moléculaires π qui englobent les trois atomes de carbone. On dit alors que la nouvelle orbitale p du radical allyle est *conjuguée* à celles de la double liaison et que le radical allyle est un *système insaturé conjugué*.

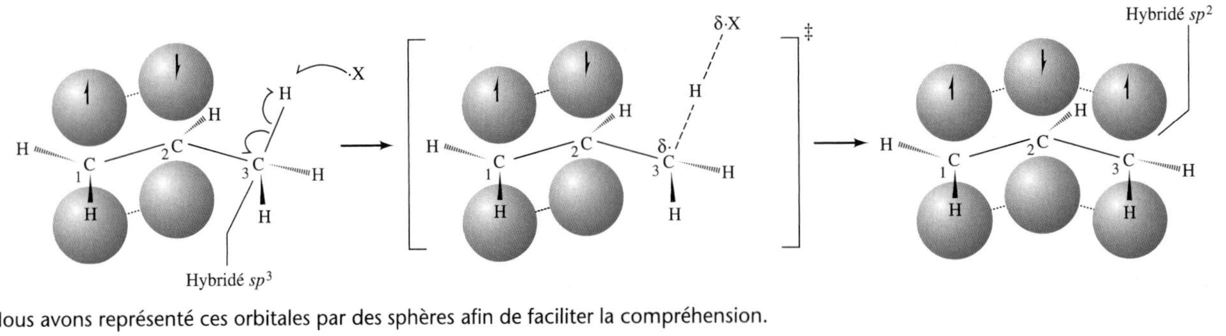

Nous avons représenté ces orbitales par des sphères afin de faciliter la compréhension.

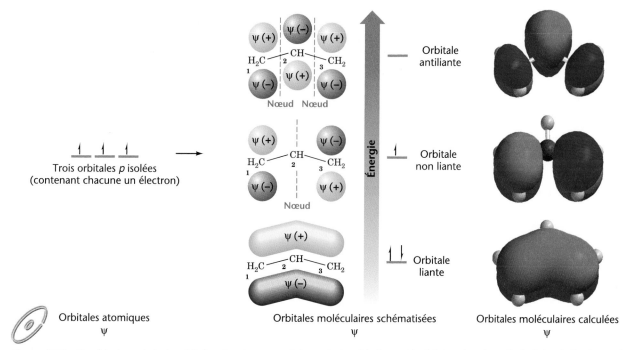

Figure 13.2 Combinaison de trois orbitales atomiques *p* qui donne trois orbitales moléculaires π dans le radical allyle. L'orbitale moléculaire π liante est formée par la combinaison de trois orbitales *p* dont les lobes de même signe se recouvrent au-dessus et au-dessous du plan des atomes. L'orbitale moléculaire π non liante possède un nœud à C2. L'orbitale moléculaire π antiliante possède deux nœuds : entre C1 et C2, et entre C2 et C3. Les modèles des orbitales moléculaires du radical allyle, calculés selon les principes de la mécanique quantique, sont illustrés à côté des orbitales schématiques.

L'électron non apparié du radical allyle et les deux électrons de la liaison π sont **délocalisés** sur les trois atomes de carbone. Cette délocalisation de l'électron non apparié explique la plus grande stabilité du radical allyle par rapport aux radicaux primaire, secondaire et tertiaire. La délocalisation qui se produit dans les radicaux primaire, secondaire et tertiaire est comparativement moins prononcée parce qu'elle passe par des liaisons σ.

Le diagramme de la figure 13.2 illustre la combinaison des trois orbitales *p* du radical allyle et leur transformation en autant d'orbitales moléculaires π. Il faut se rappeler ici que le nombre d'orbitales moléculaires est toujours égal au nombre d'orbitales atomiques qui se combinent (voir section 1.11). L'orbitale moléculaire liante π possède le niveau d'énergie le plus bas; elle englobe les trois atomes de carbone et est occupée par deux électrons de spin apparié. Cette orbitale liante π résulte du recouvrement, entre des atomes de carbone adjacents, d'orbitales *p* dont les lobes sont de même signe. Nous avons déjà vu que ce type de recouvrement fait augmenter la densité des électrons π dans les régions entre les atomes où leur présence est requise pour la formation de liaisons. L'orbitale π non liante est occupée par un électron non apparié et possède un nœud à l'atome de carbone central. L'existence de ce nœud indique que l'électron non apparié se situe près des atomes de carbone 1 et 3 seulement. L'orbitale moléculaire π antiliante résulte du recouvrement, entre des atomes de carbone adjacents, d'orbitales dont les lobes sont de signe opposé.

Un tel recouvrement signifie que, dans l'orbitale moléculaire π antiliante, un nœud est présent entre chaque paire d'atomes de carbone. Cette orbitale du radical allyle a le plus haut niveau d'énergie et est vide à l'état fondamental du radical.

Le schéma ci-dessous permet de clarifier la représentation de la structure du radical allyle qui découle de la théorie des orbitales moléculaires.

Les lignes pointillées indiquent que les deux liaisons carbone–carbone sont des liaisons doubles partielles, ce qui concorde avec la teneur de l'énoncé suivant, tiré de la théorie des orbitales moléculaires : *dans un radical allyle, une liaison π englobe les trois atomes de carbone.* Le symbole ½· apparaissant à côté des atomes C1 et C3 illustre une autre affirmation issue de la théorie des orbitales moléculaires : *l'électron non apparié se situe près des atomes C1 et C3.* Enfin, la représentation du radical allyle en termes d'orbitales moléculaires a pour corollaire que les deux extrémités du radical allyle sont *équivalentes,* ce que sous-tend aussi la formule donnée ici.

13.3B DESCRIPTION DU RADICAL ALLYLE EN TERMES DE RÉSONANCE

Nous avons déjà représenté dans cette section la structure du radical allyle de la façon suivante :

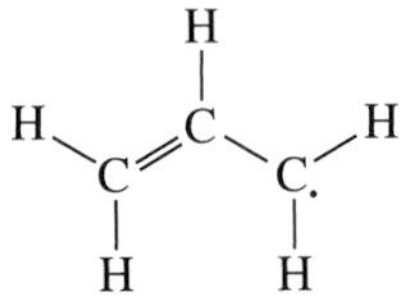

A

Toutefois, nous aurions également pu utiliser la structure équivalente suivante :

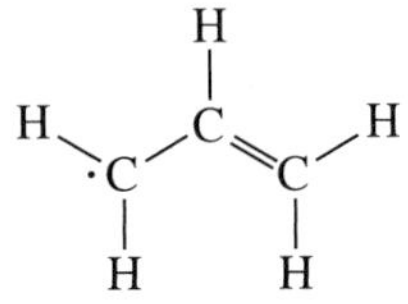

B

Il faut préciser ici que la structure **B** ne résulte pas d'un simple retournement de la structure **A,** mais plutôt d'un déplacement des électrons effectué ainsi :

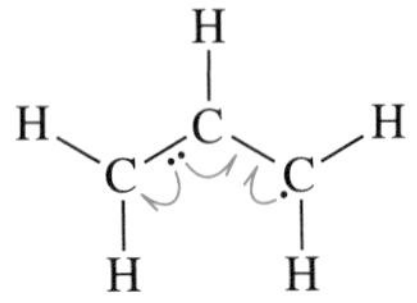

Les noyaux atomiques eux-mêmes n'ont pas été déplacés.

Selon la théorie de la résonance (section 1.8), si deux structures représentant une entité chimique ***ne diffèrent que par la position des électrons,*** cela signifie que cette entité ne correspond pas à une seule de ces structures, mais qu'elle est un *hybride* des deux. Cet hybride peut être illustré de deux façons. Nous pouvons placer les structures **A** et **B** côte à côte et les lier au moyen d'une flèche bidirectionnelle, signe spécifique de la théorie de la résonance qui symbolise la présence de formes limites de résonance.

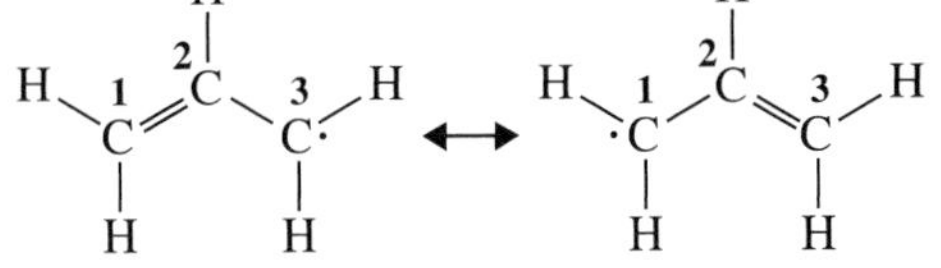

A   **B**

Nous pouvons également utiliser une structure unique, **C,** comportant les caractéristiques des deux structures de résonance, un hybride de résonance.

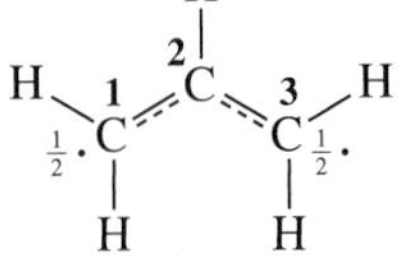

C

En fin de compte, on voit que la théorie de la résonance aboutit à une représentation du radical allyle qui est identique à celle provenant de la théorie des orbitales moléculaires. La structure **C** montre que les liaisons carbone–carbone du radical allyle sont des liaisons doubles partielles. Les structures de résonance **A** et **B** révèlent aussi que l'électron non apparié se situe près des atomes C1 et C3, ce que représente, dans la structure **C**, le symbole ½· placé à côté de C1 et de C3*. Puisque les structures de résonance **A** et **B** sont équivalentes, *C1 et C3 sont aussi équivalents.*

La théorie de la résonance stipule également que, *lorsque des structures de résonance équivalentes peuvent représenter une entité chimique, celle-ci est beaucoup plus stable que ne l'indiquerait chacune des structures de résonance prise isolément.* Si l'on examinait isolément **A** ou **B**, on pourrait penser qu'elle ressemble à un radical primaire. On pourrait ainsi conclure que la stabilité du radical allyle est comparable à celle d'un radical primaire, mais on sous-estimerait alors beaucoup la stabilité du radical allyle. La théorie de résonance nous enseigne que, puisque **A** et **B** sont des structures limites de résonance équivalentes, le radical allyle doit être beaucoup plus stable que chacune d'elles, c'est-à-dire beaucoup plus stable qu'un radical primaire, et c'est d'ailleurs ce que démontrent les résultats expérimentaux obtenus. **Le radical allyle est même plus stable qu'un radical tertiaire.**

Stabilité relative du radical allyle

PROBLÈME 13.1

a) Identifiez le(s) produit(s) obtenu(s) lorsque du propène possédant du ^{14}C en position C1 fait l'objet d'une chloration ou d'une bromation allylique. b) Expliquez votre réponse.

$$^{14}CH_2{=}CHCH_3 + X_2 \xrightarrow[\text{faible conc. de } X_2]{\substack{\text{température élevée} \\ \text{ou}}} ?$$

c) Si plusieurs produits sont obtenus, quelles sont leurs proportions relatives ?

13.4 CATION ALLYLE

Le cation allyle ($CH_2{=}CHCH_2^+$) est un carbocation exceptionnellement stable (nous n'en présenterons pas de preuve expérimentale ici). Il est même plus stable qu'un carbocation secondaire et presque autant qu'un carbocation tertiaire. Dans l'ensemble, l'ordre relatif de stabilité des carbocations est le suivant :

Ordre relatif de stabilité des carbocations

$$-\overset{|}{C}{=}\overset{|}{C}{-}\overset{+}{\overset{|}{C}}{-}\overset{|}{C}{-} > \overset{\overset{\displaystyle C}{|}}{\underset{\underset{\displaystyle C}{|}}{C{-}\overset{+}{C}}} > CH_2{=}CHCH_2^+ > \overset{\overset{\displaystyle C}{|}}{\underset{\underset{\displaystyle H}{|}}{C{-}\overset{+}{C}}} > \overset{\overset{\displaystyle H}{|}}{\underset{\underset{\displaystyle H}{|}}{C{-}\overset{+}{C}}} > CH_2{=}CH^+$$

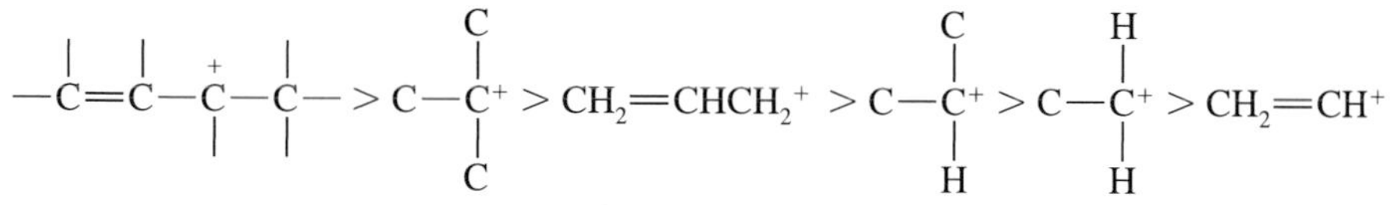

Allylique substitué > **tertiaire** >   **Allyle**   > **secon-** > **pri-** > **Vinyle**
                                                   daire   **maire**

Stabilité relative du cation allyle

De nouveau, la stabilité exceptionnelle du cation allyle et des autres cations allyliques peut s'expliquer par la théorie des orbitales moléculaires ou la théorie de la résonance.

---

* Dans la structure de résonance illustrée ci-dessous, un électron non apparié est associé au C2. Il ne s'agit donc pas d'une véritable structure de résonance puisque, selon la théorie de la résonance, *toutes les structures de résonance doivent avoir le même nombre d'électrons non appariés* (voir section 13.5).

$$\cdot CH_2{-}\overset{\displaystyle \cdot}{C}H{-}CH_2\cdot$$
(une fausse structure de résonance)

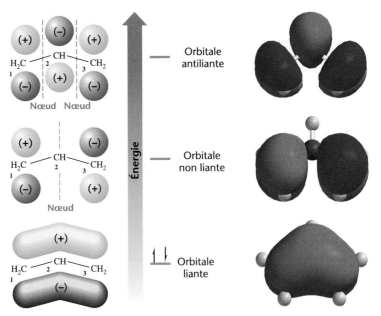

Figure 13.3 Les orbitales moléculaires π du cation allyle. Le cation allyle, comme le radical allyle (figure 13.2), est un système insaturé conjugué. Les modèles des orbitales moléculaires du cation allyle, calculés selon les principes de la mécanique quantique, sont illustrés à côté des orbitales schématiques.

La description du cation allyle en termes d'orbitales moléculaires apparaît à la figure 13.3.

À l'instar du radical allyle (figure 13.2), l'orbitale moléculaire π liante du cation allyle contient deux électrons de spin apparié. Cependant, l'orbitale moléculaire π non liante du cation allyle est vide. Puisqu'un cation allyle correspond à un radical allyle auquel un électron a été enlevé, on peut affirmer que l'électron a été retiré de l'orbitale moléculaire non liante.

$$CH_2{=}CHCH_2\cdot \xrightarrow{-\,e^-} CH_2{=}CHCH_2^+$$

Nous savons qu'il faut moins d'énergie pour arracher un électron d'une orbitale non liante (voir la figure 13.2) que d'une orbitale liante. De plus, la charge positive associée au cation allyle est *efficacement délocalisée* entre le C1 et le C3. Ainsi, selon la théorie des orbitales moléculaires, ces deux facteurs, soit la moins grande énergie nécessaire pour enlever un électron non liant et la délocalisation de la charge, expliquent la stabilité exceptionnelle du cation allyle.

La théorie de la résonance représente le cation allyle comme un hybride des structures de résonance **D** et **E** illustrées ci-dessous.

Puisque **D** et **E** sont des structures de la résonance *équivalentes,* la théorie de la résonance prédit que le cation allyle doit être exceptionnellement stable. En outre, la charge positive étant située en C3 dans **D** et en C1 dans **E,** la théorie de la résonance prévoit que la charge positive sera délocalisée sur les deux atomes de carbone. L'atome de carbone **2** ne porte aucune charge positive. La structure hybride montrée en **F** comprend les caractéristiques relatives aux charges et aux liaisons tant de **D** que de **E.**

PROBLÈME 13.2

a) Indiquez les structures correspondant à **D**, **E** et **F** pour le carbocation illustré ci-dessous.

$$CH_3 \overset{+}{-}CH-CH=CH_2$$

b) Ce carbocation semble être encore plus stable qu'un carbocation tertiaire; comment expliquez-vous un tel phénomène ? c) Identifiez le(s) produit(s) obtenu(s) lorsque ce carbocation réagit avec un ion chlorure.

13.5 SOMMAIRE DES RÈGLES DE RÉSONANCE

Nous avons abondamment traité de la théorie de la résonance dans les sections précédentes du présent chapitre, où ont été décrits des radicaux et des ions ayant des charges et des électrons délocalisés sur des liaisons π. La théorie de la résonance s'avère particulièrement utile dans le cas de tels systèmes, et nous y reviendrons à maintes reprises dans les chapitres ultérieurs. Après avoir d'abord présenté cette théorie à la section 1.8, nous allons maintenant résumer les règles d'écriture des structures de résonance et les règles d'évaluation de la contribution relative qu'une structure donnée apporte à une forme hybride.

La résonance est un outil important, qui est fréquemment utilisé lorsqu'il est question de structure et de réactivité.

13.5A RÈGLES D'ÉCRITURE DES STRUCTURES DE RÉSONANCE

1. Les structures de résonance n'existent que sur papier. Même si elles n'ont pas d'existence matérielle, les **structures de résonance** sont utiles, car elles permettent de décrire des molécules, des radicaux et des ions pour lesquels le recours à une seule structure de Lewis est inadéquat. On écrit ainsi au moins deux structures de Lewis, appelées structures de résonance ou formes limites de résonance, on les relie au moyen de flèches bidirectionnelles ◄——► et on pose que la molécule, le radical ou l'ion réels constituent des hybrides de toutes ces structures.

2. Seuls les électrons peuvent être déplacés dans l'écriture des structures de résonance. La position des noyaux d'atome doit demeurer la même dans toutes les structures. C'est pourquoi la structure **3** n'est pas une structure de résonance du cation allylique, car il faudrait, pour la former, déplacer un atome d'hydrogène, ce qui contrevient à la règle énoncée.

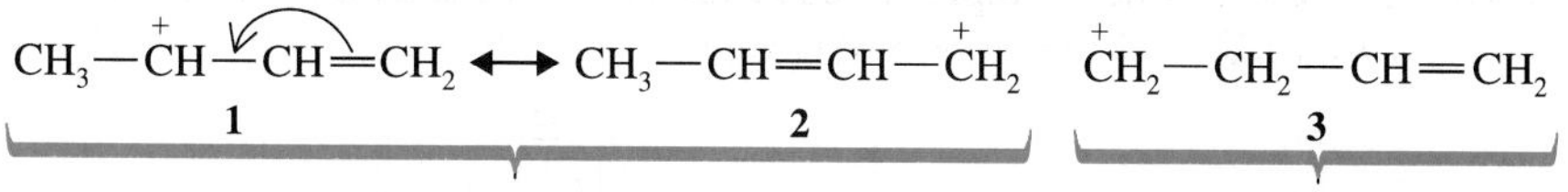

$$CH_3 \overset{+}{-}CH \overset{\frown}{-} CH=CH_2 \longleftrightarrow CH_3-CH=CH-\overset{+}{C}H_2 \qquad \overset{+}{C}H_2-CH_2-CH=CH_2$$
$$\underbrace{\hspace{5cm}}_{1 \qquad\qquad\qquad 2} \qquad \underbrace{\hspace{3cm}}_{3}$$

Structures de résonance
du cation allylique
formé lorsque
le buta-1,3-diène
accepte un proton.

Cette structure de résonance
du cation allylique
est non conforme
parce qu'un atome
d'hydrogène a été déplacé.

En général, seuls les électrons de liaisons π (comme dans l'exemple ci-dessus) et ceux des paires d'électrons libres sont déplacés.

3. Toutes les structures doivent correspondre à de véritables structures de Lewis. À titre d'exemple, il ne faut pas écrire de structures dans lesquelles le carbone possède cinq liaisons.

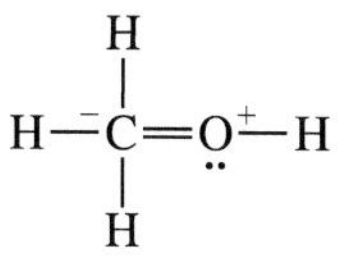

$$H-\overset{\overset{\displaystyle H}{|}}{\underset{\underset{\displaystyle H}{|}}{C}}=\overset{..}{O}{}^{\underline{+}}-H$$

Cette structure de résonance
du méthanol est non conforme
parce que l'atome de carbone
possède cinq liaisons.
Les éléments de la première rangée
principale du tableau périodique
ne peuvent contenir plus de
huit électrons dans leur
couche de valence.

4. Toutes les structures de résonance doivent avoir le même nombre d'électrons non appariés. La structure illustrée ci-dessous n'est pas une structure de résonance du radical allyle : elle comporte trois électrons non appariés, alors que le radical allyle n'en comprend qu'un seul.

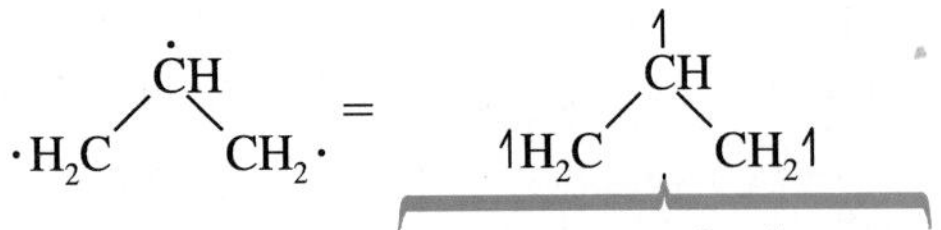

Cette structure de résonance du radical allyle est non conforme parce qu'elle ne contient pas le même nombre d'électrons non appariés que $CH_2=CHCH_2\cdot$.

5. Tous les atomes faisant partie du système délocalisé doivent être plus ou moins sur le même plan. Ainsi, le 2,3-di-*tert*-butylbuta-1,3-diène se comporte comme un diène *non conjugué* parce que les groupes volumineux du *tert*-butyle induisent une torsion de la structure et empêchent les doubles liaisons de se situer sur le même plan. N'étant pas sur le même plan, les orbitales p de C2 et C3 ne se recouvrent pas, ce qui empêche la délocalisation (et la résonance).

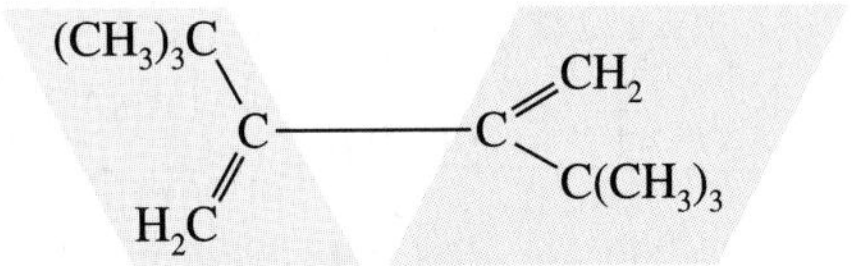

2,3-Di-*tert*-butylbuta-1,3-diène

6. L'énergie de la molécule réelle est moindre que l'énergie évaluée pour n'importe quelle structure de résonance. Le cation allyle, par exemple, est plus stable que ne l'indiquent les structures de résonance **4** ou **5** prises isolément. Bien que ces deux structures ressemblent à des carbocations primaires, le cation allyle est plus stable (il est moins énergétique) qu'un carbocation secondaire. Les chimistes désignent souvent ce phénomène par le nom de *stabilisation de résonance.*

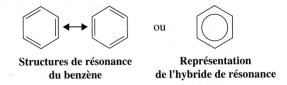

$$CH_2=CH-\overset{+}{CH_2} \longleftrightarrow \overset{+}{CH_2}-CH=CH_2$$
$$\quad\quad\quad\quad 4 \quad\quad\quad\quad\quad\quad\quad 5$$

Au chapitre 14, nous verrons que le benzène se caractérise par une grande stabilité par résonance, car il constitue un hybride des deux formes équivalentes suivantes :

Structures de résonance   Représentation
du benzène   de l'hybride de résonance

7. Des structures de résonance équivalentes apportent à l'hybride une contribution égale, et le système qu'elles décrivent possède une forte stabilisation de résonance. Les structures **4** et **5** contribuent également à la stabilité du cation allylique parce qu'elles sont équivalentes. De ce fait, elles expliquent leur stabilité exceptionnelle. Il en va de même pour les structures équivalentes **A** et **B** (section 13.3B) dans le cas du radical allyle et pour les structures équivalentes dans le cas du benzène.

8. Plus une structure prise isolément est stable, plus sa contribution à l'hybride est importante. Les structures de résonance non équivalentes n'apportent pas une contribution égale à un hybride. Dans l'exemple qui suit, le cation est mieux représenté par un hybride des structures **6** et **7**. La structure **6** apporte une contribution plus prononcée que celle de la structure **7**, car elle correspond à un carbocation tertiaire plus stable que le cation primaire représenté par la structure **7.**

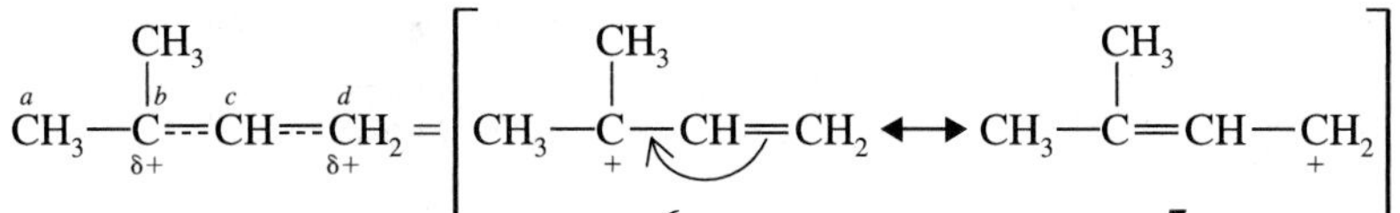

$$\underset{\delta+}{\overset{a}{CH_3}}-\underset{b}{\overset{\overset{CH_3}{|}}{C}}\overset{c}{=\!=\!=}CH\overset{d}{=\!=\!=}\underset{\delta+}{CH_2} = \left[CH_3-\underset{+}{\overset{\overset{CH_3}{|}}{C}}\!\!\frown\!\!CH\!=\!CH_2 \longleftrightarrow CH_3-\overset{\overset{CH_3}{|}}{C}\!=\!CH-\underset{+}{CH_2} \right]$$

$$\mathbf{6}\mathbf{7}$$

Il découle de la contribution plus prononcée de la structure **6** que la charge positive partielle du carbone *b* de l'hybride est plus élevée que celle du carbone *d*, et que la liaison entre les atomes de carbone *c* et *d* s'apparente davantage à une double liaison que celle entre les atomes de carbone *b* et *c*.

13.5B ÉVALUATION DE LA STABILITÉ RELATIVE DES STRUCTURES DE RÉSONANCE

Les règles suivantes vous aideront à évaluer la stabilité relative des structures de résonance.

a. Plus les liaisons covalentes sont nombreuses, plus une structure de résonance est stable. C'est précisément ce que nous pouvions prévoir, puisque nous savons que la formation d'une liaison covalente abaisse le niveau d'énergie des atomes. Il s'ensuit que, parmi les structures du buta-1,3-diène illustrées ci-dessous, la structure **8** est beaucoup plus stable que les autres et apporte une contribution beaucoup plus prononcée à la forme hybride, car elle contient une liaison de plus (la règle **c** énoncée ci-après explique aussi sa plus grande stabilité).

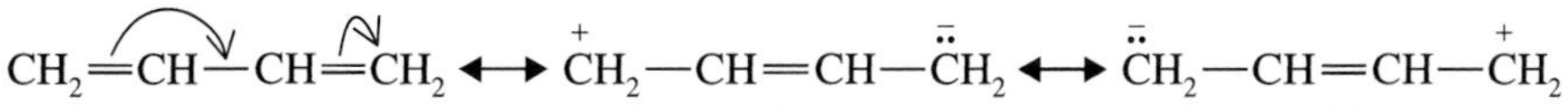

$$CH_2\!=\!CH\!\frown\!CH\!=\!CH_2 \longleftrightarrow \overset{+}{CH_2}-CH\!=\!CH-\overset{..}{\overset{-}{CH_2}} \longleftrightarrow \overset{..}{\overset{-}{CH_2}}-CH\!=\!CH-\overset{+}{CH_2}$$

$$\mathbf{8}\mathbf{9}\mathbf{10}$$

Cette structure est la plus stable parce qu'elle contient plus de liaisons covalentes.

b. Les structures dans lesquelles tous les atomes possèdent une couche de valence complète (c'est-à-dire les structures des gaz nobles) sont particulièrement stables et apportent à l'hybride une contribution prononcée. Nous pouvons également prévoir cela à partir de ce que nous savons au sujet des liaisons. Ainsi, la structure **12** contribue davantage que la structure **11** à la stabilisation du cation illustré ci-dessous parce que tous ses atomes possèdent une couche de valence complète (notons aussi que la structure **12** comporte plus de liaisons covalentes que la structure **11**; voir règle a).

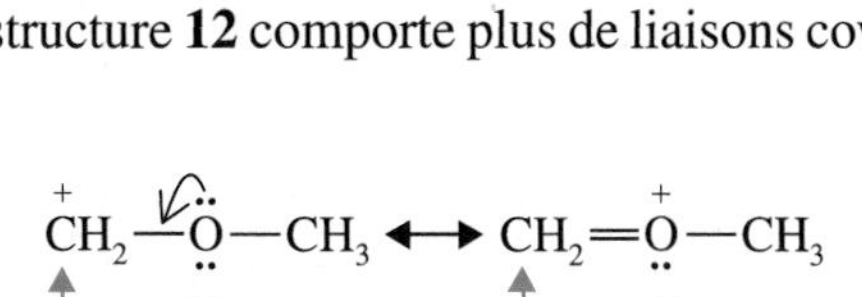

$$\overset{+}{CH_2}\!-\!\overset{..}{\overset{\curlyvee}{O}}\!-\!CH_3 \longleftrightarrow CH_2\!=\!\overset{+}{\underset{..}{O}}\!-\!CH_3$$

$$\mathbf{11}\mathbf{12}$$

Cet atome de carbone n'a que six électrons.

Cet atome de carbone a huit électrons.

c. La séparation des charges diminue la stabilité. La séparation de charges opposées exige de l'énergie. Par conséquent, les structures dans lesquelles les charges opposées sont séparées possèdent une énergie plus élevée (et une stabilité moindre) que celles dont les charges ne sont pas séparées. Cela signifie que, dans le cas des deux structures de 2-chloroéthène illustrées ci-dessous, c'est la structure **13** qui apporte la contribution la plus prononcée à l'hybride, car elle ne possède pas de charges séparées (la structure **14** apporte également à l'hybride une contribution, mais moins importante).

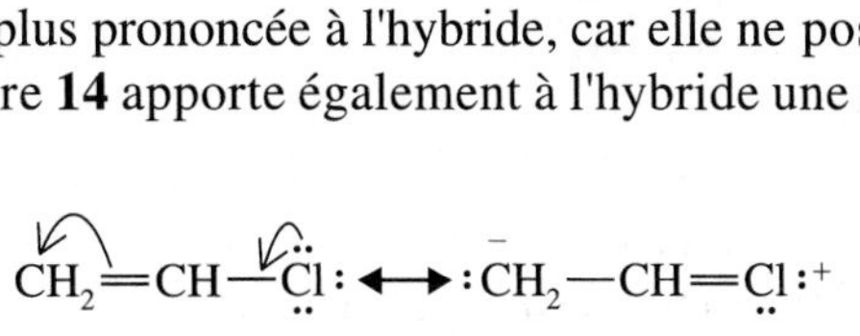

$$CH_2\!=\!CH\!-\!\overset{..}{\overset{\curlyvee}{\underset{..}{Cl}}}: \longleftrightarrow :\overset{-}{CH_2}-CH\!=\!\overset{+}{\underset{..}{Cl}}:$$

$$\mathbf{13}\mathbf{14}$$

PROBLÈME 13.3

Écrivez les structures de résonance importantes de chacun des composés suivants :

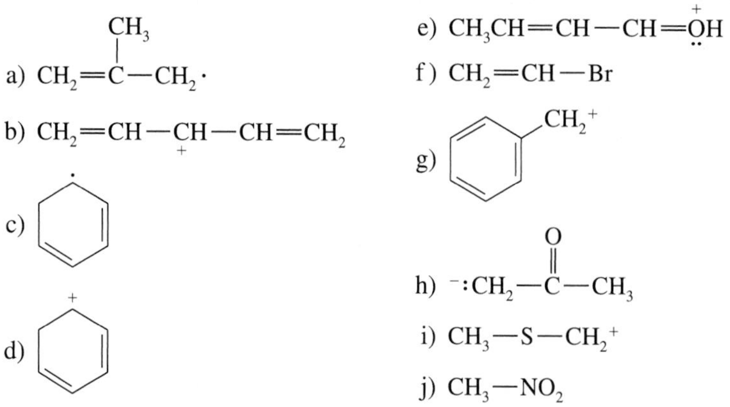

a) $CH_2{=}\underset{\underset{\displaystyle CH_3}{|}}{C}{-}CH_2\cdot$

b) $CH_2{=}CH{-}\underset{+}{CH}{-}CH{=}CH_2$

c) [structure cyclohexadiényle avec radical]

d) [structure cyclohexadiényle avec charge +]

e) $CH_3CH{=}CH{-}CH{=}\overset{+}{\underset{..}{O}}H$

f) $CH_2{=}CH{-}Br$

g) [benzène avec CH_2^+]

h) $^-{:}CH_2{-}\underset{\overset{\displaystyle ||}{\displaystyle O}}{C}{-}CH_3$

i) $CH_3{-}S{-}CH_2{}^+$

j) $CH_3{-}NO_2$

PROBLÈME 13.4

Identifiez, pour chacun de ces ensembles de structures de résonance, la structure qui apporte à l'hybride la contribution la plus prononcée et expliquez votre choix.

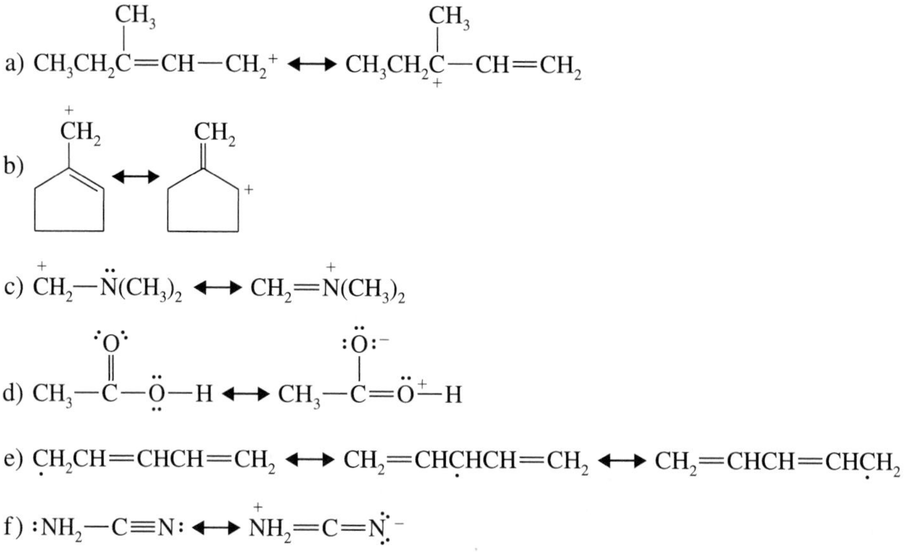

a) $CH_3CH_2\underset{\underset{\displaystyle CH_3}{|}}{C}{=}CH{-}CH_2{}^+ \longleftrightarrow CH_3CH_2\underset{+}{\underset{\underset{\displaystyle CH_3}{|}}{C}}{-}CH{=}CH_2$

b) [structures cyclopentène avec $\overset{+}{CH_2}$ et CH_2]

c) $\overset{+}{CH_2}{-}\ddot{N}(CH_3)_2 \longleftrightarrow CH_2{=}\overset{+}{N}(CH_3)_2$

d) $CH_3{-}\underset{\overset{\displaystyle ||}{\displaystyle \overset{..}{O}}}{C}{-}\ddot{\underset{..}{O}}{-}H \longleftrightarrow CH_3{-}\underset{\overset{\displaystyle |}{\displaystyle {:}\ddot{O}{:}^-}}{C}{=}\overset{+}{\ddot{O}}{-}H$

e) $\dot{C}H_2CH{=}CHCH{=}CH_2 \longleftrightarrow CH_2{=}CH\dot{C}HCH{=}CH_2 \longleftrightarrow CH_2{=}CHCH{=}CH\dot{C}H_2$

f) ${:}NH_2{-}C{\equiv}N{:} \longleftrightarrow \overset{+}{N}H_2{=}C{=}\ddot{\underset{..}{N}}{:}^-$

PROBLÈME 13.5

Les formes céto et énol ci-dessous diffèrent par la position de leurs électrons, mais ne constituent pas des structures de résonance. Expliquez pourquoi.

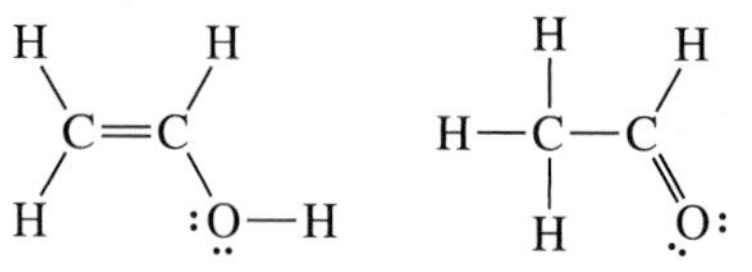

[structures : Forme énol et Forme céto]

Forme énol   **Forme céto**

13.6 ALCADIÈNES ET HYDROCARBURES POLYINSATURÉS

Il existe de nombreux hydrocarbures dont les molécules ont plus d'une double ou triple liaison. Un hydrocarbure est nommé **alcadiène** lorsqu'il comporte deux doubles liaisons, **alcatriène** lorsqu'il en comporte trois, et ainsi de suite. Ces composés sont couramment appelés « diène » et « triène ». Un hydrocarbure possédant deux triples liaisons est un **alcadiyne,** et un hydrocarbure ayant une double liaison et une triple liaison est un **alcényne.**

Les hydrocarbures polyinsaturés représentés ci-dessous illustrent la dénomination de composés spécifiques.

$$\overset{1}{C}H_2=\overset{2}{C}=\overset{3}{C}H_2 \qquad \overset{1}{C}H_2=\overset{2}{C}H-\overset{3}{C}H=\overset{4}{C}H_2$$

Propa-1,2-diène   **Buta-1,3-diène**
(allène)

(3Z)-Penta-1,3-diène   **(2E,4E)-Hexa-2,4-diène**
(cis-penta-1,3-diène)   **(trans,trans-hexa-2,4-diène)**

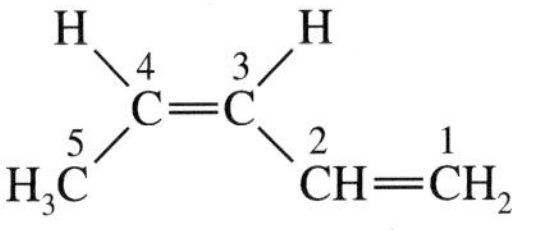

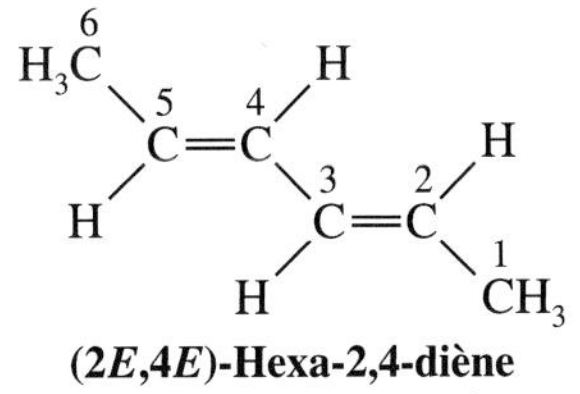

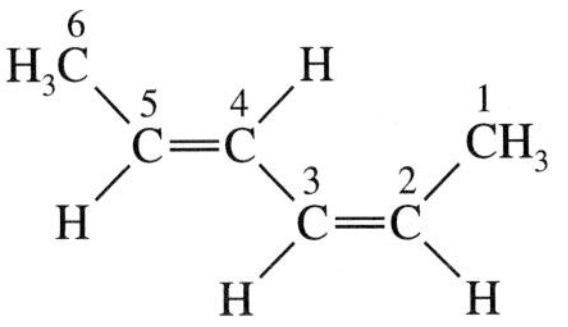

(2Z,4E)-Hexa-2,4-diène $$H\overset{5}{C}\equiv\overset{4}{C}-\overset{3}{C}H_2\overset{2}{C}H=\overset{1}{C}H_2$$
(cis,trans-hexa-2,4-diène)   **Pent-1-én-4-yne**

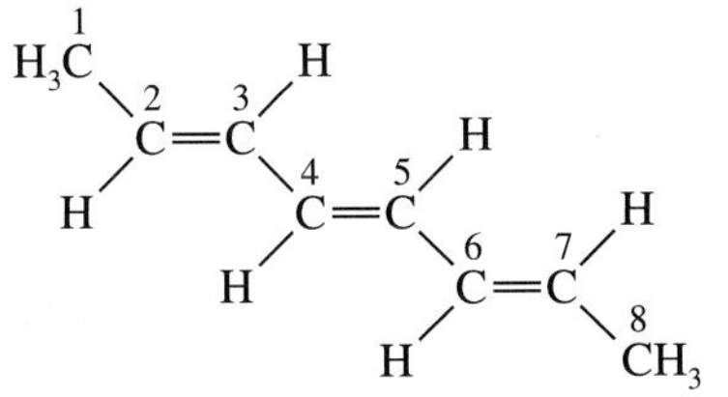

(2E,4E,6E)-Octa-2,4,6-triène
(trans,trans,trans-octa-2,4,6-triène)

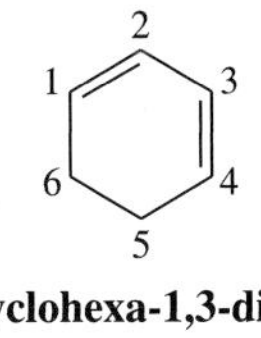

Cyclohexa-1,3-diène 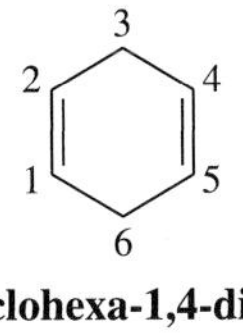   **Cyclohexa-1,4-diène**

Les liaisons multiples de composés polyinsaturés peuvent être **cumulées, conjuguées** ou **isolées.** Les doubles liaisons de l'allène (propa-1,2-diène) sont dites cumulées parce qu'un carbone (le carbone central) participe à deux doubles liaisons. Les hydrocarbures dont les molécules comportent des doubles liaisons cumulées sont des **cumulènes.** Le terme **allène** (section 5.17) sert aussi à désigner une catégorie de molécules ayant deux doubles liaisons cumulées.

$$CH_2=C=CH_2 \qquad \diagdown C=C=C\diagup$$

Allène   **Diène cumulé**

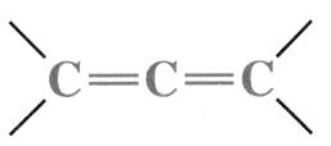

Le buta-1,3-diène est un exemple de diène conjugué. Dans le cas des polyènes conjugués, les doubles liaisons et les simples liaisons *alternent* le long de la chaîne.

$$CH_2=CH-CH=CH_2$$

Buta-1,3-diène   **Diène conjugué**

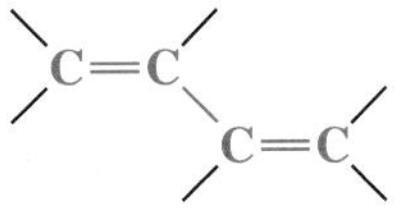

Le (2E,4E,6E)-octa-2,4,6-triène est un alcatriène conjugué.

Si un ou plusieurs atomes de carbones saturés s'intercalent entre les doubles liaisons d'un alcadiène, ces dernières sont dites *isolées*. Le penta-1,4-diène est un exemple de diène isolé.

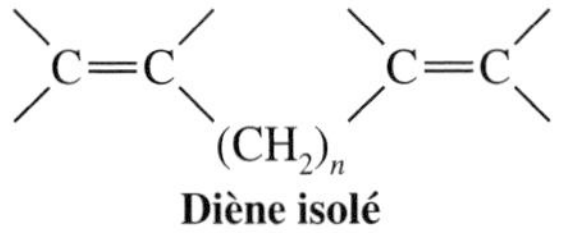

$$>C=C< \quad >C=C<$$
$$(CH_2)_n$$

Diène isolé
($n \neq 0$)

$$CH_2=CH-CH_2-CH=CH_2$$

Penta-1,4-diène

PROBLÈME 13.6

a) Identifiez les autres composés de la section 13.6 qui sont des diènes conjugués.
b) Quel autre composé est un diène isolé ? c) Quel composé est un ényne isolé ?

Au chapitre 5, nous avons vu que les diènes cumulés substitués adéquatement donnent lieu à des molécules chirales. Les diènes cumulés, intéressants sur le plan commercial, se retrouvent parfois dans certaines molécules d'origine naturelle. En général, les diènes cumulés sont moins stables que les diènes isolés.

Comme leur nom l'indique, les diènes isolés se comportent en « ènes » isolés. Ils réagissent exactement comme les alcènes et, mis à part leur capacité de réagir deux fois, leur comportement n'a rien d'exceptionnel. Les diènes conjugués sont beaucoup plus intéressants à étudier, car leurs doubles liaisons interagissent les unes avec les autres et leur confèrent des propriétés et des réactions étonnantes. Examinons donc maintenant en détail les propriétés chimiques des diènes conjugués.

13.7 BUTA-1,3-DIÈNE : DÉLOCALISATION DES ÉLECTRONS

13.7A LONGUEUR DES LIAISONS DANS LE BUTA-1,3-DIÈNE

Les différentes longueurs des liaisons carbone–carbone dans le buta-1,3-diène ont été mesurées et sont indiquées ci-dessous.

$$\overset{1}{CH_2}=\overset{2}{CH}-\overset{3}{CH}=\overset{4}{CH_2}$$
1,34 Å   1,47 Å   1,34 Å

Les liaisons C1—C2 et C3—C4 ont la même longueur (compte tenu de la marge d'erreur expérimentale) que la double liaison carbone–carbone de l'éthène. Par ailleurs, la liaison centrale du buta-1,3-diène (1,47 Å) est beaucoup plus courte que la liaison simple de l'éthane (1,54 Å).

Ce n'est pas surprenant. Tous les atomes de carbone du buta-1,3-diène sont hybridés sp^2, et pour cette raison la liaison centrale du butadiène résulte du recouvrement des orbitales sp^2. Nous savons également qu'une liaison sigma de type sp^3–sp^3 est *plus longue*. En fait, la longueur des liaisons simples carbone–carbone décroît régulièrement à mesure que l'état d'hybridation des atomes liés passe de sp^3 à sp (tableau 13.1).

13.7B CONFORMATIONS DU BUTA-1,3-DIÈNE

Le buta-1,3-diène peut exister sous deux conformations planes : les conformations s-*cis* et s-*trans*.

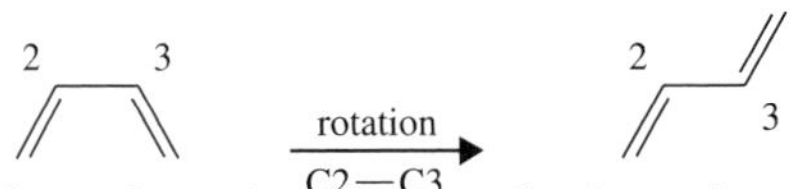

Conformation s-*cis*
du buta-1,3-diène

rotation
C2—C3

Conformation s-*trans*
du buta-1,3-diène

Il ne s'agit pas ici de véritables formes *cis* et *trans*, car les conformations s-*cis* et s-*trans* du buta-1,3-diène peuvent s'interconvertir par rotation autour de la liaison simple (d'où l'utilisation du préfixe *s*). La conformation s-*trans* est celle qui prédomine

Tableau 13.1 États d'hybridation et longueurs des liaisons simples carbone–carbone.

Composé	États d'hybridation	Longueurs de liaison (en Å)
$H_3C—CH_3$	$sp^3–sp^3$	1,54
$CH_2=CH—CH_3$	$sp^2–sp^3$	1,50
$CH_2=CH—CH=CH_2$	$sp^2–sp^2$	1,47
$HC≡C—CH_3$	$sp–sp^3$	1,46
$HC≡C—CH=CH_2$	$sp–sp^2$	1,43
$HC≡C—C≡CH$	$sp–sp$	1,37

à la température ambiante. Nous verrons plus loin que la conformation s-*cis* du buta-1,3-diène et d'autres alca-1,3-diènes conjugués est nécessaire pour que se produise une réaction de Diels-Alder (section 13.11).

13.7C ORBITALES MOLÉCULAIRES DU BUTA-1,3-DIÈNE

Les atomes de carbone centraux du buta-1,3-diène (figure 13.4) sont suffisamment rapprochés pour que puissent se recouvrir les orbitales *p* des C2 et C3. Ce recouvrement n'est toutefois pas aussi prononcé que celui caractérisant les orbitales des C1 et C2 (ou des C3 et C4). Par ailleurs, le recouvrement des orbitales des C2 et C3 confère à la liaison centrale un caractère partiel de double liaison et permet la délocalisation des quatre électrons π du buta-1,3-diène sur les quatre atomes de carbone.

La figure 13.5 montre que les quatre orbitales atomiques *p* du buta-1,3-diène se combinent pour former un ensemble de quatre orbitales moléculaires π.

Deux des orbitales moléculaires π du buta-1,3-diène sont des orbitales liantes. À l'état fondamental, elles contiennent les quatre électrons π, soit une paire d'électrons de spin opposé chacune. Les deux autres orbitales moléculaires π sont des orbitales antiliantes, qui sont inoccupées à l'état fondamental. Un électron peut être excité de l'orbitale moléculaire occupée de plus haute énergie (HOMO) à l'orbitale moléculaire

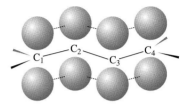

Figure 13.4 Orbitales *p* du buta-1,3-diène représentées sous forme de sphères. La figure 13.5 illustre les modèles calculés des orbitales moléculaires du buta-1,3-diène.

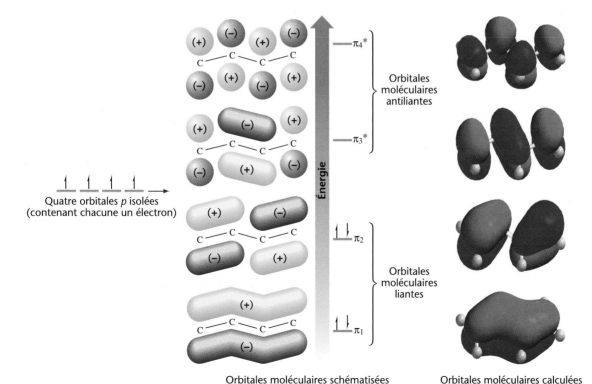

Figure 13.5 Formation des orbitales moléculaires π dans le buta-1,3-diène à partir de quatre orbitales *p* isolées. Les modèles des orbitales moléculaires du buta-1,3-diène, calculés selon les principes de la mécanique quantique, sont illustrés à côté des orbitales schématiques.

vacante de plus basse énergie (LUMO) lorsque le buta-1,3-diène absorbe un rayonnement lumineux d'une longueur d'onde de 217 nm. Nous examinerons à la section 13.9 la question de l'absorption d'un rayonnement lumineux par des molécules insaturées.

La délocalisation de liaisons qui vient d'être décrite dans le cas du buta-1,3-diène est une caractéristique propre à tous les polyènes conjugués.

13.8 STABILITÉ DES DIÈNES CONJUGUÉS

Sur le plan thermodynamique, les alcadiènes conjugués sont plus stables que les alcadiènes isolés isomères. L'analyse des chaleurs d'hydrogénation figurant au tableau 13.2 fait ressortir deux exemples de la stabilité accrue des diènes conjugués.

Le buta-1,3-diène lui-même ne peut être comparé à un diène isolé de même longueur de chaîne. Il est toutefois possible de comparer la chaleur d'hydrogénation du buta-1,3-diène et celle de deux équivalents molaires du but-1-ène.

$$\Delta H° \text{ (kJ·mol}^{-1})$$

$$2\ CH_2{=}CHCH_2CH_3 + 2\ H_2 \longrightarrow 2\ CH_3CH_2CH_2CH_3\ (2 \times -127) = -254$$
But-1-ène

$$CH_2{=}CHCH{=}CH_2 + 2\ H_2 \longrightarrow CH_3CH_2CH_2CH_3 \qquad\qquad = -239$$
Buta-1,3-diène $\qquad\qquad\qquad\qquad\qquad$ Différence $\overline{\quad 15\ \text{kJ·mol}^{-1}}$

Étant donné que le but-1-ène a le même type de double liaison monosusbtituée que chacune des doubles liaisons du buta-1,3-diène, on pourrait penser que l'hydrogénation du buta-1,3-diène libérera la même quantité de chaleur (254 kJ·mol^{-1}) que le feront deux équivalents molaires de but-1-ène. Il s'avère cependant que le buta-1,3-diène libère seulement 239 kJ·mol^{-1}, soit 15 kJ·mol^{-1} *de moins* que prévu. On doit alors conclure que la conjugaison apporte une stabilité accrue au système conjugué (figure 13.6).

On peut aussi évaluer l'ampleur de la stabilisation que la conjugaison procure au *trans*-penta-1,3-diène en comparant sa chaleur d'hydrogénation à la somme des chaleurs d'hydrogénation respectives du pent-1-ène et du *trans*-pent-2-ène. La comparaison portera ainsi sur des doubles liaisons similaires.

$$CH_2{=}CHCH_2CH_2CH_3 \qquad\qquad \Delta H° = -126\ \text{kJ·mol}^{-1}$$
Pent-1-ène

$$\underset{\text{\textit{trans}-Pent-2-ène}}{CH_3CH_2\diagdown \ \ \diagup H}{C{=}C}{\diagup H \ \ \diagdown CH_3} \qquad \dfrac{\Delta H° = -115\ \text{kJ·mol}^{-1}}{\text{Somme} = -241\ \text{kJ·mol}^{-1}}$$

$$\underset{\text{\textit{trans}-Penta-1,3-diène}}{CH_2{=}CH\diagdown \ \ \diagup H}{C{=}C}{\diagup H \ \ \diagdown CH_3} \qquad \dfrac{\Delta H° = -226\ \text{kJ·mol}^{-1}}{\text{Différence} = \ \ 15\ \text{kJ·mol}^{-1}}$$

Ces calculs révèlent que la conjugaison confère au *trans*-penta-1,3-diène une stabilité supplémentaire de l'ordre de 15 kJ·mol^{-1}, c'est-à-dire une valeur équivalente à celle obtenue pour le buta-1,3-diène (15 kJ·mol^{-1}).

Tableau 13.2 Chaleurs d'hydrogénation des alcènes et des alcadiènes.

Composé	H_2 (mol)	$\Delta H°$ (kJ·mol^{-1})	Composé	H_2 (mol)	$\Delta H°$ (kJ·mol^{-1})
But-1-ène	1	−127	*trans*-Penta-1,3-diène	2	−226
Pent-1-ène	1	−126	Penta-1,4-diène	2	−254
trans-Pent-2-ène	1	−115	Hexa-1,5-diène	2	−253
Buta-1,3-diène	2	−239			

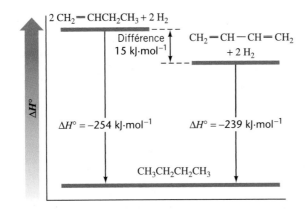

Figure 13.6 Chaleur d'hydrogénation de deux moles de but-1-ène et d'une mole de buta-1,3-diène.

Les mêmes calculs effectués pour d'autres diènes conjugués aboutissent à des résultats similaires : *les diènes conjugués sont plus stables que les diènes isolés*. Mais alors, comment s'explique la stabilité accrue des diènes conjugués ? Deux facteurs contribuent à ce phénomène : d'une part, les diènes conjugués comportent une liaison centrale plus forte; d'autre part, la délocalisation de leurs électrons π y est plus prononcée.

13.9 SPECTROSCOPIE DANS L'ULTRAVIOLET ET LE VISIBLE

La stabilité accrue des diènes conjugués par rapport aux diènes non conjugués correspondants peut s'observer grâce à la **spectroscopie dans l'ultraviolet et le visible (UV-visible).** Lorsque le rayonnement électromagnétique correspondant aux bandes ultraviolette et visible traverse un composé comportant des liaisons multiples, ce dernier en absorbe généralement une partie. La proportion du rayonnement absorbé varie en fonction de sa longueur d'onde et de la structure du composé (vous pouvez consulter la section 9.2 au sujet des propriétés du rayonnement électromagnétique). L'absorption du rayonnement en spectroscopie UV-visible s'explique par la diminution d'énergie du rayonnement lorsque des électrons dans des orbitales d'énergie inférieure sont excités et passent à des orbitales d'énergie supérieure. À la section 13.9B, nous montrerons spécifiquement en quoi les données de la spectroscopie UV-visible confirment la stabilité accrue des diènes conjugués. Voyons d'abord de quelle façon sont obtenues les données d'un spectrophotomètre UV-visible.

13.9A SPECTROPHOTOMÈTRE UV-VISIBLE

Un spectrophotomètre UV-visible mesure la quantité de lumière absorbée à chaque longueur d'onde des bandes ultraviolette et visible du spectre électromagnétique. Les rayonnements ultraviolet et visible se caractérisent par un niveau d'énergie plus élevé (longueur d'onde plus courte) que le rayonnement infrarouge (employé en spectroscopie infrarouge) et que les radiofréquences (employées en résonance magnétique nucléaire), mais moins élevé que les rayonnements X (figure 13.7).

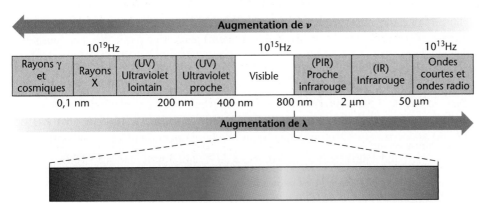

Figure 13.7 Le spectre électromagnétique.

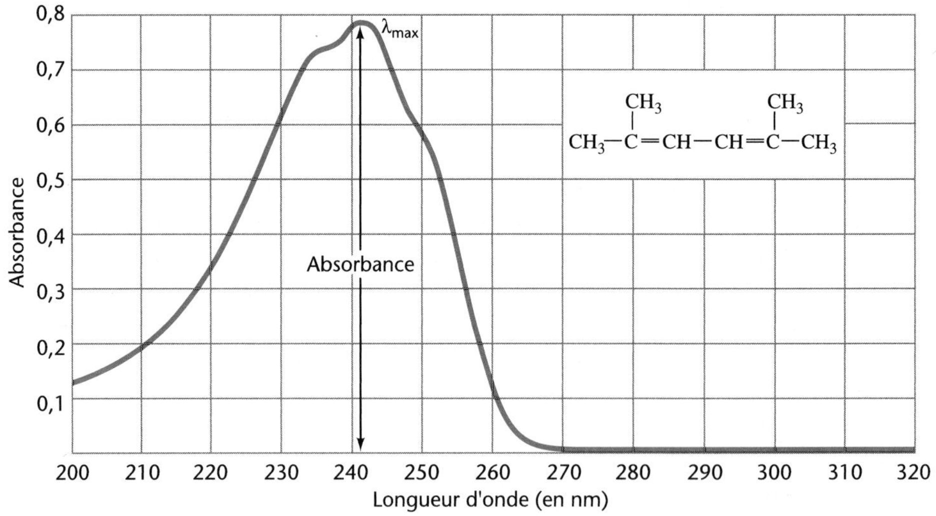

Figure 13.8 Spectre d'absorption UV du 2,5-diméthylhexa-2,4-diène dans le méthanol à une concentration de $5,95 \times 10^{-5}\ M$ dans une cellule de 1,00 cm. (Adaptée avec la permission de Sadtler Research Laboratories Inc., Philadelphie.)

Dans un spectrophotomètre UV-visible standard, le faisceau lumineux initial est dédoublé. Un des faisceaux résultants (le faisceau incident) traverse une cellule transparente qui contient une solution du composé à analyser, tandis que l'autre (le faisceau de référence) traverse une cellule identique qui ne contient que le solvant. Le solvant choisi est transparent dans la bande du spectre utilisée pour l'analyse. L'instrument est conçu de façon à pouvoir comparer l'intensité des deux faisceaux dans les longueurs d'onde préalablement déterminées. Si le composé absorbe la lumière à une longueur d'onde donnée, l'intensité du faisceau incident (I_I) sera inférieure à celle du faisceau de référence (I_R). L'instrument signale ce phénomène au moyen d'un graphique représentant la courbe d'absorbance (**A**) de la lumière à chaque longueur d'onde de toute la bande utilisée. L'absorbance à une longueur d'onde donnée se calcule au moyen de l'équation $A_\lambda = \log (I_R/I_I)$. Un tel graphique est appelé **spectre d'absorption.** Dans un spectrophotomètre UV-visible à réseau de diodes, l'absorption de toutes les longueurs d'onde de la lumière dans la bande analysée est mesurée simultanément par un réseau de photodiodes. L'absorption par le solvant est d'abord mesurée pour toutes les longueurs d'onde visées par l'analyse, puis l'absorption par le composé est mesurée pour les mêmes longueurs d'onde. Les données relatives au solvant sont soustraites électroniquement des données relatives au composé. La différence correspond au spectre d'absorption du composé.

La figure 13.8 représente un spectre d'absorption UV représentatif, soit celui du 2,5-diméthylhexa-2,4-diène. Nous pouvons y constater la présence d'une large bande d'absorption dans la région comprise entre 210 et 260 nm. L'absorption est maximale à 242,5 nm; elle est généralement rapportée dans les ouvrages de chimie par le symbole λ_{max}.

En plus de noter la longueur d'onde d'absorption maximale (λ_{max}), les chimistes indiquent fréquemment l'importance ou l'*intensité* de l'absorption, appelée **absorptivité molaire,** ou **ε***.

L'absorptivité molaire est simplement une constante représentant le rapport de l'absorbance (**A**) observée à une certaine longueur d'onde (λ) sur la concentration molaire (**C**) du composé et la distance (**l**) (en cm) parcourue par le faisceau lumineux dans le composé.

$$A = \varepsilon \times C \times l \quad \text{ou} \quad \varepsilon = \frac{A}{C \times l}$$

Dans le cas du 2,5-diméthylhexa-2,4-diène dissous dans le méthanol, l'absorptivité molaire à la longueur d'onde d'absorbance maximale (242,5 nm) est de $13\ 100\ M^{-1} \cdot \mathrm{cm}^{-1}$. Les ouvrages de chimie l'indiqueraient de la façon suivante :

2,5-Diméthylhexa-2,4-diène, $\lambda_{max}^{\text{méthanol}}$ 242,5 nm $\quad (\varepsilon = 13\ 100)$

---

* Dans les ouvrages plus anciens, ε est souvent appelé « coefficient d'extinction molaire » ou « coefficient d'absorptivité molaire ».

13.9B BANDES D'ABSORPTION MAXIMALE DES DIÈNES CONJUGUÉS ET NON CONJUGUÉS

Comme nous l'avons vu précédemment, l'absorption de lumière dans l'ultraviolet et le visible fait passer des électrons d'un niveau d'énergie plus bas à un niveau plus élevé. C'est pourquoi les spectres UV-visible sont souvent appelés **spectres électroniques.** Le spectre d'absorption du 2,5-diméthylhexa-2,4-diène est un spectre électronique représentatif car la bande d'absorption (le pic) est très large. La plupart des bandes d'absorption dans le visible ou l'ultraviolet sont larges parce que chaque niveau d'énergie électronique est associé à plusieurs niveaux vibrationnels et rotationnels. Ainsi, il peut se produire des transitions d'électrons de n'importe lequel des états vibrationnels ou rotationnels d'un niveau électronique donné à n'importe lequel des états vibrationnels ou rotationnels d'un niveau plus élevé.

Les bandes d'absorption maximale des alcènes et des diènes non conjugués se situent généralement à moins de 200 nm. Ainsi, l'absorption maximale de l'éthène se trouve à 171 nm, et celle du penta-1,4-diène, à 178 nm. Ces absorptions se produisent à des longueurs d'onde hors de la portée de la plupart des spectrophotomètres UV-visible parce que ce sont également celles de l'oxygène de l'air. Il faut donc recourir à des techniques particulières pour effectuer ces mesures en absence d'air.

Les composés dont les molécules contiennent des liaisons multiples *conjuguées* ont des bandes d'absorption maximale situées à des longueurs d'onde supérieures à 200 nm, tel le buta-1,3-diène qui absorbe à 217 nm. Cette absorption à des longueurs d'onde plus élevées de la part des diènes conjugués résulte directement de la conjugaison.

La figure 13.9 permet de comprendre pourquoi la conjugaison de liaisons multiples entraîne l'absorption de la lumière à des longueurs d'onde plus élevées.

Lorsqu'une molécule absorbe la lumière à sa plus grande longueur d'onde, un électron est excité et passe de l'**orbitale moléculaire occupée de plus haute énergie (HOMO) à l'orbitale moléculaire vacante de plus basse énergie (LUMO).** Dans la plupart des alcènes et des alcadiènes, l'HOMO est une orbitale π liante et la LUMO est une orbitale π^* antiliante. La longueur d'onde de la bande d'absorption maximale découle de la différence d'énergie entre ces deux niveaux. L'écart énergétique entre l'HOMO et la LUMO de l'éthène est plus prononcé que celui entre les orbitales correspondantes du buta-1,3-diène. Ainsi, dans l'éthène, l'excitation électronique $\pi \longrightarrow \pi^*$ requiert une absorption de lumière de plus grande énergie (de longueur d'onde plus courte) que l'excitation correspondante $\pi_2 \longrightarrow \pi_3^*$ dans le buta-1,3-diène. La différence d'énergie entre les HOMO et les LUMO de ces deux composés se reflète dans leur spectre d'absorption : λ_{max} se situe à 171 nm dans le cas de l'éthène, et à 217 nm dans le cas du buta-1,3-diène.

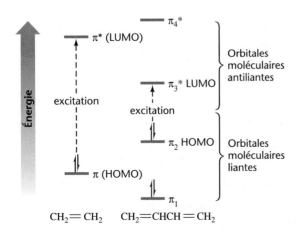

Figure 13.9 L'énergie relative des orbitales moléculaires de l'éthène et du buta-1,3-diène (section 13.7).

L'écart plus faible entre l'HOMO et la LUMO du buta-1,3-diène s'explique par la conjugaison des doubles liaisons. Le calcul des orbitales moléculaires indique que l'écart devrait être beaucoup plus prononcé chez les alcadiènes isolés, ce que confirment les expériences réalisées à cette fin. Les alcadiènes isolés possèdent des spectres d'absorption similaires à ceux des alcènes. Leur λ_{max} se situent à des longueurs d'onde plus courtes, généralement à moins de 200 nm. Rappelons que, dans le cas du penta-1,4-diène, λ_{max} se situe à 178 nm.

Les alcatriènes conjugués absorbent à des longueurs d'onde plus élevées que les alcadiènes conjugués, ce que le calcul des orbitales moléculaires nous permettrait encore une fois de démontrer. L'écart énergétique entre l'HOMO et la LUMO d'un alcatriène est encore plus faible que dans le cas des alcadiènes. En fait, il est possible de formuler la règle générale suivante : ***plus les liaisons multiples conjuguées sont nombreuses dans un composé, plus la longueur d'onde à laquelle ce composé absorbe la lumière est grande.***

Les polyènes ayant au moins huit doubles liaisons conjuguées absorbent la lumière dans la bande visible du spectre. Par exemple, le β-carotène, précurseur de la vitamine A et composé qui donne la couleur orange à la carotte, possède 11 doubles liaisons conjuguées, et sa bande d'absorption maximale se situe à 497 nm, soit bien localisée dans la bande du visible. À 497 nm, la lumière absorbée par le β-carotène est de couleur bleu-vert. Les êtres humains perçoivent la couleur complémentaire du bleu-vert, qui est rouge orangé.

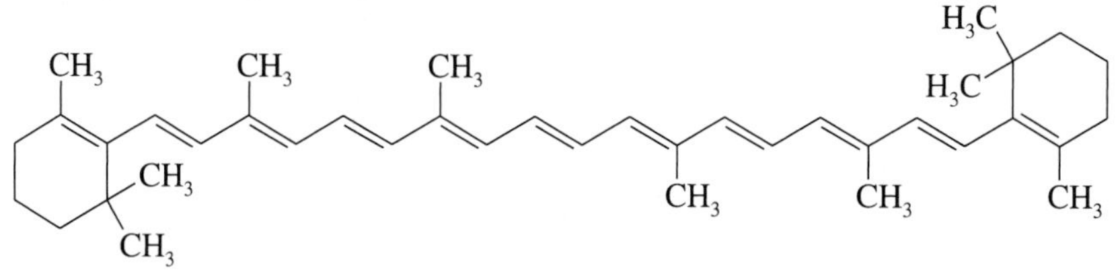

β-Carotène

Le lycopène, un composé partiellement responsable de la couleur rouge des tomates, possède lui aussi 11 doubles liaisons conjuguées. Se situant à 505 nm, son absorption maximale est intense. Il est possible d'obtenir environ 0,02 g de lypocène de 1 kg de tomates mûres et fraîches.

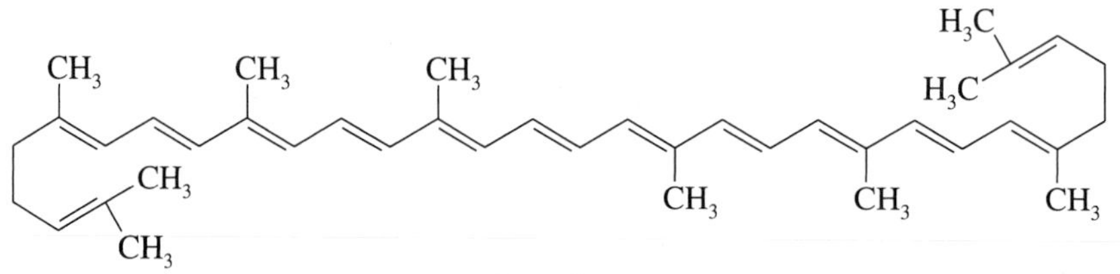

Lycopène

Le tableau 13.3 donne les valeurs de λ_{max} pour divers composés insaturés. Les composés ayant des doubles liaisons carbone–oxygène absorbent également la lumière dans la bande ultraviolette. Ainsi, l'acétone présente un large pic d'absorption situé à 280 nm, ce qui correspond à l'excitation d'un électron (un électron non liant ou « *n* ») d'une paire d'électrons libres à une orbitale π^* de la double liaison carbone–oxygène :

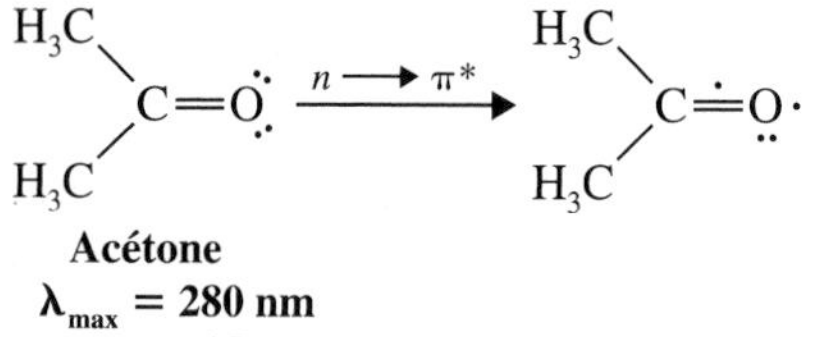

Acétone
$\lambda_{max} = 280$ nm
$\varepsilon_{max} = 15$

Les composés dans lesquels une double liaison carbone–oxygène est conjuguée à une double liaison carbone–carbone possèdent des absorptions maximales correspondant à des excitations $n \longrightarrow \pi^*$ et $\pi \longrightarrow \pi^*$. L'absorption maximale

Tableau 13.3 Longueur d'onde de la bande d'absorption maximale d'hydrocarbures insaturés.

Composé	Structure	λ_{max} (nm)	ε_{max} ($M^{-1} \cdot cm^{-1}$)
Éthène	$CH_2{=}CH_2$	171	15 530
trans-Hex-3-ène	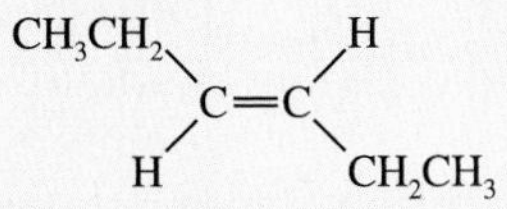 CH_3CH_2 H $C{=}C$ H CH_2CH_3	184	10 000
Cyclohexène	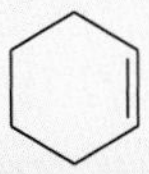	182	7 600
Oct-1-ène	$CH_3(CH_2)_5CH{=}CH_2$	177	12 600
Oct-1-yne	$CH_3(CH_2)_5C{\equiv}CH$	185	
Buta-1,3-diène	$CH_2{=}CHCH{=}CH_2$	217	21 000
cis-Penta-1,3-diène	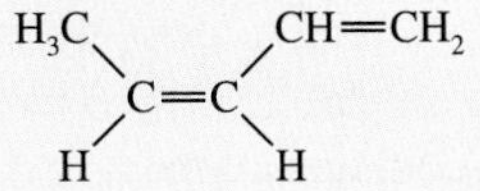 H_3C $CH{=}CH_2$ $C{=}C$ H H	223	22 600
trans-Penta-1,3-diène	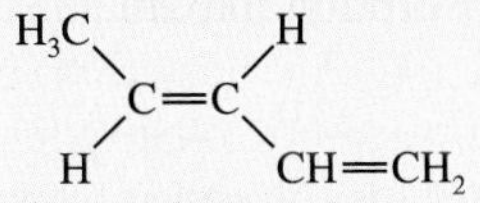 H_3C H $C{=}C$ H $CH{=}CH_2$	223,5	23 000
But-1-èn-3-yne	$CH_2{=}CHC{\equiv}CH$	228	7 800
Penta-1,4-diène	$CH_2{=}CHCH_2CH{=}CH_2$	178	17 000
Cyclopenta-1,3-diène	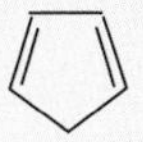	239	3 400
Cyclohexa-1,3-diène	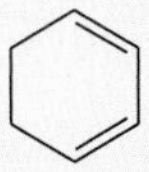	256	8 000
trans-Hexa-1,3,5-triène	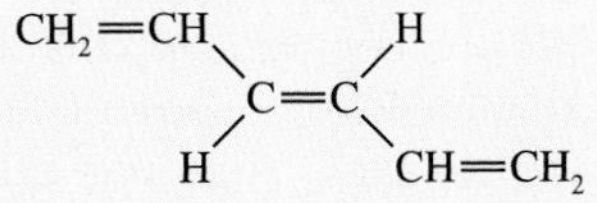 $CH_2{=}CH$ H $C{=}C$ H $CH{=}CH_2$	274	50 000

de $n \longrightarrow \pi^*$ se produit à de plus grandes longueurs d'onde, mais elle est beaucoup plus faible (c'est-à-dire que son absorptivité molaire est plus faible).

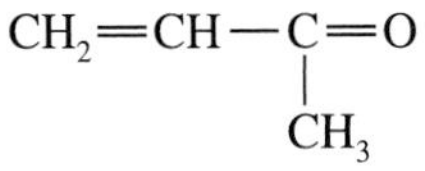

$$CH_2{=}CH{-}\overset{\displaystyle |}{\underset{\displaystyle CH_3}{C}}{=}O$$

$$n \longrightarrow \pi^* \ \lambda_{max} = 324 \text{ nm}, \ \varepsilon_{max} = 24$$
$$\pi \longrightarrow \pi^* \ \lambda_{max} = 219 \text{ nm}, \ \varepsilon_{max} = 3600$$

13.9C APPLICATIONS ANALYTIQUES DE LA SPECTROSCOPIE UV-VISIBLE

La spectroscopie UV-visible sert à élucider la structure des molécules organiques en indiquant la présence ou l'absence de conjugaisons dans un échantillon donné. Si les données obtenues par IR, RMN ou spectrométrie de masse peuvent révéler la présence de conjugaisons dans une molécule, une analyse par spectroscopie UV-visible permet de la corroborer.

Cependant, la spectroscopie UV-visible sert davantage à déterminer la concentration d'un échantillon inconnu. Comme nous l'avons vu à la section 13.9A, l'équation $A = \varepsilon Cl$ indique que l'ampleur de l'absorption par un échantillon à une certaine longueur d'onde varie en fonction de sa concentration. Cette équation correspond à un rapport généralement linéaire pour un éventail de concentrations se prêtant à l'analyse. Pour déterminer la concentration inconnue d'un échantillon, il faut d'abord tracer un graphique de l'absorbance en fonction de la concentration pour un ensemble de composés

CAPSULE CHIMIQUE

PHOTOCHIMIE DE LA VISION

Les modifications chimiques qui se produisent lorsque la lumière atteint la rétine s'apparentent à plusieurs phénomènes que nous venons d'étudier. Sur le plan moléculaire, le processus de la vision relève de deux phénomènes spécifiques : l'absorption de la lumière par des polyènes conjugués et l'interconversion d'isomères *cis-trans*.

La rétine humaine comprend deux types de cellules réceptrices. La forme de ces cellules explique le nom qui leur a été donné : *cônes* et *bâtonnets*. Les bâtonnets se retrouvent surtout à la périphérie de la rétine et assurent la vision sous faible éclairage. Ils ne perçoivent toutefois pas les couleurs, seulement les nuances de gris. Quant aux cônes, ils se situent essentiellement au centre de la rétine et permettent la vision sous éclairage intense. Ils sont dotés de pigments responsables de la perception des couleurs.

Certains animaux ne possèdent que des cônes ou des bâtonnets. La rétine du pigeon ne comporte que des cônes, et c'est pourquoi les pigeons distinguent les couleurs mais ne voient bien que dans la lumière du jour. Par contre, la rétine du hibou ne contient que des bâtonnets, ce qui lui donne une très bonne vision sous un éclairage faible, mais le rend daltonien.

Étant donné que les modifications chimiques se produisant dans les bâtonnets sont beaucoup mieux comprises que celles des cônes, notre propos se limitera aux bâtonnets.

Après avoir frappé les bâtonnets, la lumière est absorbée par un composé appelé rhodopsine. Cette absorption déclenche une série de phénomènes chimiques qui se traduiront par la transmission d'une impulsion nerveuse au cerveau.

Notre compréhension de la nature chimique de la rhodopsine et des changements conformationnels qui surviennent lorsque la rhodopsine absorbe la lumière est essentiellement le fruit des recherches de George Wald et de ses collègues de l'université Harvard. Wald entreprit ses recherches en 1933 après avoir terminé ses études de premier cycle à Berlin. Les premiers travaux sur la rhodopsine avaient toutefois été amorcés longtemps auparavant, dans d'autres laboratoires.

La rhodopsine fut découverte en 1877 par le physiologiste allemand Franz Boll. Il avait remarqué que la coloration rouge-pourpre initiale d'un pigment dans la rétine d'une grenouille avait été « décolorée » par l'action de la lumière. Ce processus de décoloration avait d'abord amené un jaunissement de la rétine, puis la disparition de toute couleur. L'année suivante, un autre scientifique allemand, William Kuhne, parvint à isoler le pigment rouge-pourpre

et le nomma *Sehpurpur*, c'est-à-dire « pourpre visuel ». Cette dernière expression est encore couramment utilisée pour désigner la rhodopsine.

En 1952, Wald et une de ses étudiantes, Ruth Hubbard, montrèrent que le chromophore (groupe absorbant la lumière) de la rhodopsine est un aldéhyde polyinsaturé, le *cis*-11-rétinal. La rhodopsine est issue de la réaction de cet aldéhyde avec une protéine appelée opsine (figure 13.A). Plus précisément, la réaction se produit entre le groupe aldéhyde du *cis*-11-rétinal et un groupe aminé de la chaîne protéique et entraîne l'élimination d'une molécule d'eau. D'autres interactions secondaires liées à des groupes SH de la protéine contribuent probablement aussi à maintenir le *cis*-rétinal en place. Le *cis*-rétinal s'emboîte parfaitement sur le site de la chaîne de la protéine.

La chaîne polyinsaturée conjuguée du *cis*-11-rétinal confère à la rhodopsine sa capacité d'absorber la lumière sur une large région de la bande visible du spectre. La figure 13.B illustre la courbe d'absorption de la rhodopsine dans la bande visible ainsi que la courbe de sensibilité des bâtonnets de la vision humaine. La superposition presque parfaite de ces deux courbes démontre clairement que la rhodopsine est l'élément photosensible des bâtonnets.

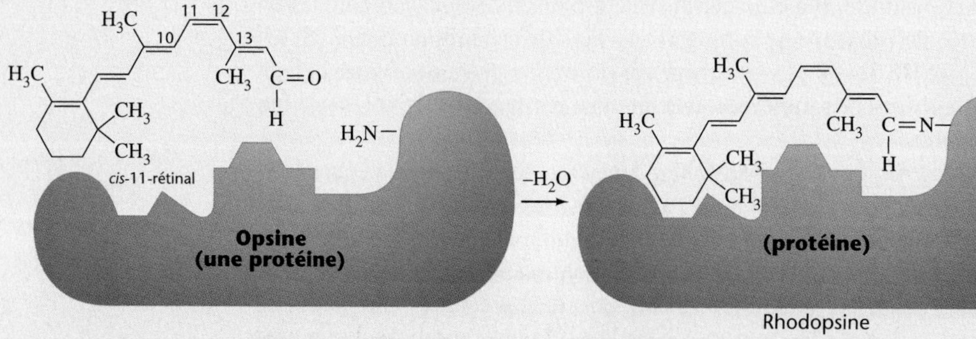

Figure 13.A Formation de la rhodopsine à partir de l'opsine et du *cis*-11-rétinal.

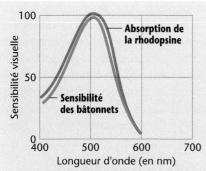

Figure 13.B Comparaison entre le spectre d'absorption dans le visible de la rhodopsine et la courbe de sensibilité des bâtonnets de la vision (adaptée avec la permission de S. Hecht, S. Shlaer et M.H. Pirenne, *J. Gen. Physiol.*, vol. 25, 1942, p. 819-840).

Lorsque la rhodopsine absorbe un photon, le chromophore *cis*-11-rétinal s'isomérise dans la forme *trans*. Le premier photoproduit est un intermédiaire nommé bathorhodopsine, un composé dont l'énergie est supérieure de 150 kJ·mol^{-1} à celle de la rhodopsine. Après une série d'étapes intermédiaires, la bathorhodopsine se transforme en métarhodopsine II (aussi *trans*). Le niveau énergétique élevé de la combinaison protéine-chromophore *trans* finit par en modifier la conformation. Il s'ensuit une cascade de réactions en-zymatiques qui s'achève par la transmission d'une impulsion nerveuse au cerveau. Le chromophore est finalement hydrolysé et expulsé sous forme de *trans*-rétinal. La figure 13.C illustre les étapes de ce processus.

L'absorption maximale de la rhodopsine se situe à 498 nm, ce qui explique sa couleur rouge-pourpre. Ensemble, le *trans*-rétinal et l'opsine ont une absorbance maximale située à 387 nm; c'est pourquoi ils sont de couleur jaune. Déclenchée par l'action de la lumière, la transformation de la rhodopsine en *trans*-rétinal et en opsine correspond à la décoloration initiale que Boll avait observée dans la rétine des grenouilles. Quant à la décoloration totale, elle survient lorsque le *trans*-rétinal est réduit, sous l'action d'enzymes, en *trans*-vitamine A. Cette réduction amène le groupe aldéhyde du rétinal à être converti en fonction alcool primaire de la vitamine A.

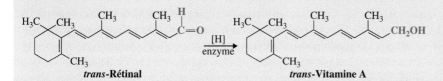

trans-Rétinal   *trans*-Vitamine A

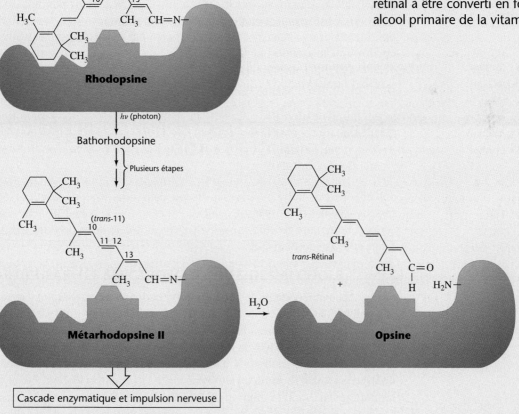

Figure 13.C Les étapes chimiques importantes du processus de la vision. L'absorption d'un photon par le segment *cis*-11-rétinal de la rhodopsine résulte en une isomérisation et, après plusieurs étapes, conduit à la métarhodopsine II. Ce processus génère une impulsion nerveuse au cerveau. L'hydrolyse de la métarhodopsine II produit alors le *trans*-rétinal et l'opsine. Cette illustration simplifie grandement la forme de la rhodopsine; la partie rétinale est en fait encastrée au centre d'une protéine de structure très complexe. On trouvera une représentation beaucoup plus détaillée de la structure de la rhodopsine et une description de la façon dont une série de réactions produit un signal nerveux dans L. Stryer, « The Molecules of Visual Excitation » dans *Sci. Am.*, vol. 257, n° 7, 1987, p. 42-50.

de référence de concentration connue. La longueur d'onde utilisée pour l'analyse est habituellement la valeur de λ_{max} de l'échantillon. Il faut ensuite mesurer l'absorbance de l'échantillon et se reporter au graphique des concentrations connues pour déterminer la valeur correspondante de la concentration dudit échantillon. L'analyse quantitative par spectroscopie UV-visible est un outil très répandu en biochimie pour mesurer la vitesse des réactions enzymatiques. La concentration d'un composé de la réaction étudiée (calculée par son absorbance UV-visible) est tracée en fonction du temps, ce qui permet de déterminer la vitesse de réaction. La spectroscopie UV-visible est également utilisée en chimie de l'environnement pour identifier la concentration de certains ions métalliques (par la formation de complexes organiques dont l'absorptivité molaire est connue) et en chromatographie liquide à haute performance (CLHP) comme moyen de détection.

PROBLÈME 13.7

Deux composés, **A** et **B,** possèdent la même formule moléculaire, soit C_6H_8. Ces deux composés réagissent avec deux équivalents molaires d'hydrogène en présence de platine et donnent du cyclohexane. Le composé **A** indique trois signaux dans le spectre RMN ^{13}C avec découplage du proton en bande large. Le composé **B** n'indique que deux signaux RMN ^{13}C dans ces conditions. L'absorption maximale du composé **A** se situe à 256 nm, tandis que le composé **B** ne présente aucune absorption maximale à des longueurs d'onde supérieures à 200 nm. Quelles sont les structures de **A** et de **B** ?

PROBLÈME 13.8

Trois composés, **D, E** et **F,** ont la même formule moléculaire, soit C_5H_6. En présence d'un catalyseur de platine, tous trois réagissent avec 3 équivalents molaires d'hydrogène et donnent du pentane. Les composés **E** et **F** ont un pic d'absorption IR près de 3300 cm^{-1}, alors que le composé **D** n'absorbe pas dans cette région de l'IR. L'absorption maximale des composés **D** et **E** révélée par leur spectre UV-visible se situe à environ 230 nm, tandis que le composé **F** ne montre aucune absorption maximale au-delà de 200 nm. Proposez des structures pour **D, E** et **F.**

13.10 ATTAQUE ÉLECTROPHILE SUR DES DIÈNES CONJUGUÉS : ADDITION-1,4

Non seulement les diènes conjugués sont-ils un peu plus stables que les diènes non conjugués, mais aussi manifestent-ils des comportements particuliers lorsqu'ils réagissent avec des réactifs électrophiles. Par exemple, le buta-1,3-diène réagit avec un équivalent molaire de chlorure d'hydrogène et donne deux produits : le 3-chlorobut-1-ène et le 1-chlorobut-2-ène.

$$CH_2{=}CH{-}CH{=}CH_2 \xrightarrow[\text{25 °C}]{\text{HCl}} CH_3{-}\underset{\underset{Cl}{|}}{CH}{-}CH{=}CH_2 + CH_3{-}CH{=}CH{-}CH_2Cl$$

Buta-1,3-diène   **3-Chlorobut-1-ène**   **1-Chlorobut-2-ène**
                           (78 %)   **(22 %)**

Il n'y aurait rien d'étonnant à ce que la réaction ne produise que du 3-chlorobut-1-ène. On en déduirait que le chlorure d'hydrogène s'est additionné à une des doubles liaisons du buta-1,3-diène de la façon habituelle.

$$\overset{1}{CH_2}{=}\overset{2}{CH}{-}\overset{3}{CH}{=}\overset{4}{CH_2} \xrightarrow{\text{addition-1,2}} CH_2{-}\underset{\underset{Cl}{|}}{CH}{-}CH{=}CH_2$$

      +   H   Cl

    H—Cl   **3-Chlorobut-1-ène**

C'est la présence de 1-chlorobut-2-ène qui est inhabituelle. Sa double liaison se trouve entre les atomes centraux, et les éléments du chlorure d'hydrogène se sont additionnés aux atomes C1 et C4.

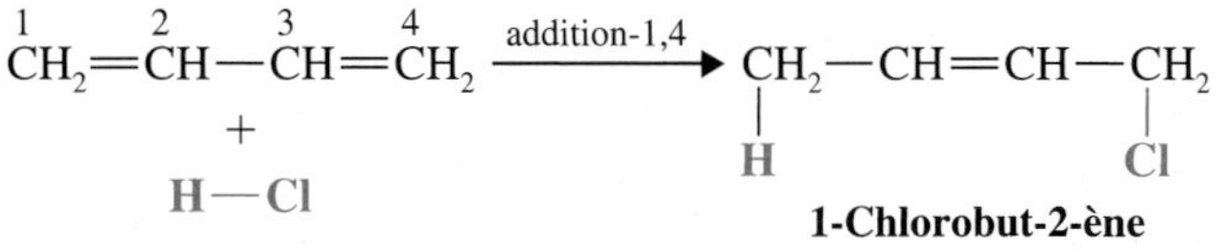

$$\overset{1}{CH_2}=\overset{2}{CH}-\overset{3}{CH}=\overset{4}{CH_2} \xrightarrow{\text{addition-1,4}} CH_2-CH=CH-CH_2$$

avec
$$+$$
$$H-Cl$$

sous les carbones 1 et 4 : H et Cl

1-Chlorobut-2-ène

Le comportement inhabituel du buta-1,3-diène est directement attribuable à la stabilité d'un cation allylique et à la délocalisation de ses électrons (section 13.4). L'examen du mécanisme d'addition du chlorure d'hydrogène permettra de mieux comprendre le phénomène en cause ici.

Étape 1 $:\ddot{Cl}-H + CH_2=CH-CH=CH_2 \longrightarrow CH_3-\overset{+}{CH}-CH=CH_2 \longleftrightarrow CH_3-CH=CH-\overset{+}{CH_2} + :\ddot{Cl}:^-$

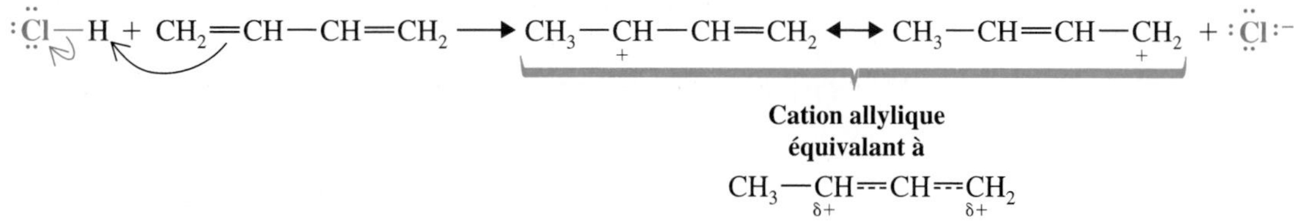

Cation allylique
équivalant à

$$CH_3-\underset{\delta+}{CH}=\!\!=\!\!CH=\!\!=\underset{\delta+}{CH_2}$$

Étape 2 $CH_3\underset{\delta+}{CH}=\!\!=\!\!CH=\!\!=\underset{\delta+}{CH_2} + :\ddot{Cl}:^-$

a) $\longrightarrow CH_3CH-CH=CH_2$ **Addition-1,2**

   Cl

b) $\longrightarrow CH_3CH=CHCH_2Cl$ **Addition-1,4**

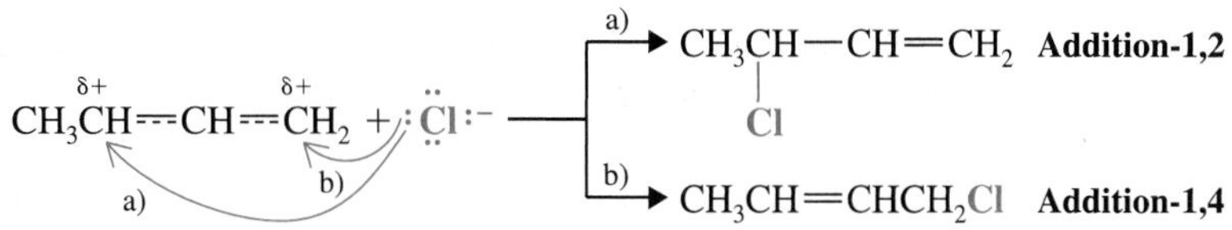

À l'étape 1, un proton s'additionne à un des atomes de carbone terminaux du buta-1,3-diène pour former normalement le carbocation plus stable, c'est-à-dire un cation allylique stabilisé par résonance dans le cas présent. Si l'addition s'était produite sur un des atomes de carbone internes, il en aurait résulté un cation primaire beaucoup moins stable, qui ne pourrait être stabilisé par résonance.

$$CH_2=CH-CH=CH_2 \xrightarrow{\;\;\times\;\;} {}^+CH_2-CH_2-CH=CH_2 + Cl^-$$
avec $H-Cl$ en dessous

Carbocation primaire

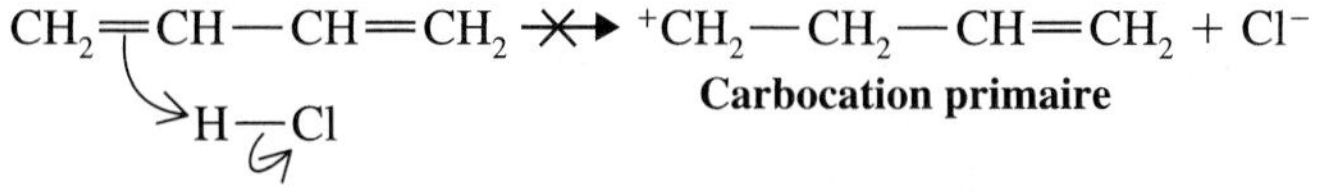

À l'étape 2, un ion chlorure se lie à un des atomes de carbone du cation allylique qui porte une charge positive partielle. La réaction avec l'un des atomes de carbone donne le produit d'addition-1,2, tandis que celle avec l'autre atome donne le produit d'addition-1,4.

PROBLÈME 13.9

À votre avis, quels produits seraient obtenus si du chlorure d'hydrogène réagissait avec l'hexa-2,4-diène, $CH_3CH=CHCH=CHCH_3$? S'il réagissait avec le penta-1,3-diène, $CH_2=CHCH=CHCH_3$? (Ne tenez pas compte des isomères *cis-trans*.)

Le buta-1,3-diène subit des réactions d'addition-1,4 avec des réactifs électrophiles autres que le chlorure d'hydrogène. En voici deux exemples : l'addition de bromure d'hydrogène (en absence de peroxydes) et l'addition de brome.

$$CH_2=CHCH=CH_2 \xrightarrow[40\,°C]{HBr} CH_3CHBrCH=CH_2 + CH_3CH=CHCH_2Br$$
$$\text{(20 %)} \qquad\qquad \text{(80 %)}$$

$$CH_2=CHCH=CH_2 \xrightarrow[-15\,°C]{Br_2} CH_2BrCHBrCH=CH_2 + CH_2BrCH=CHCH_2Br$$
$$\text{(54 %)} \qquad\qquad\quad \text{(46 %)}$$

Les réactions de ce type sont assez fréquentes avec d'autres diènes conjugués. Pour leur part, les triènes conjugués subissent souvent des additions-1,6. L'addition-1,6 de brome à du cycloocta-1,3,5-triène en offre un exemple.

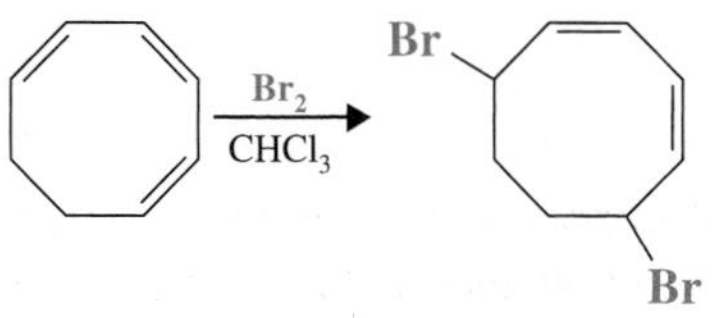

$$\xrightarrow[\text{CHCl}_3]{Br_2}$$

(>68 %)

13.10A CONTRÔLE CINÉTIQUE ET CONTRÔLE THERMODYNAMIQUE D'UNE RÉACTION CHIMIQUE

L'addition de bromure d'hydrogène au buta-1,3-diène est intéressante à d'autres égards. Les quantités relatives des produits d'addition-1,2 et -1,4 obtenus varient en fonction de la température à laquelle est soumise la réaction.

Lorsque du buta-1,3-diène et du bromure d'hydrogène réagissent à basse température (−80 °C) en absence de peroxydes, la réaction principale est l'addition-1,2 : on obtient environ 80 % de produit-1,2 et seulement 20 % de produit-1,4. À température plus élevée (40 °C), le résultat est inversé. La réaction principale est l'addition-1,4 : on obtient alors environ 80 % de produit-1,4 et seulement 20 % de produit-1,2.

Qui plus est, si l'on chauffe à 40 °C le mélange qui s'est formé à basse température, les quantités relatives des deux produits se modifient. Le mélange chauffé finit par atteindre les mêmes proportions de produit que dans la réaction effectuée à température élevée.

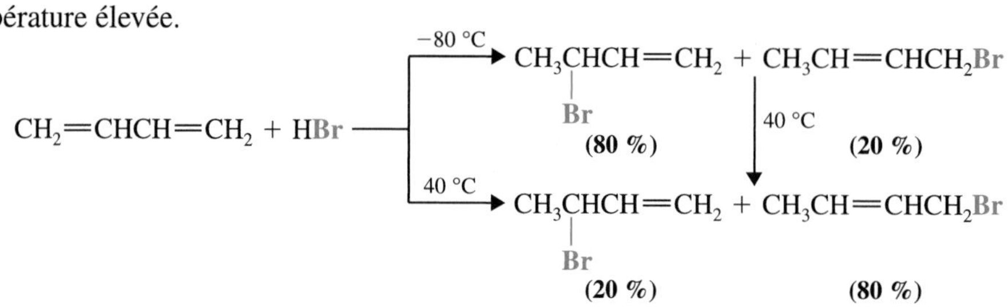

$$CH_2=CHCH=CH_2 + HBr$$

$$\xrightarrow{-80\ °C} CH_3CHCH=CH_2 + CH_3CH=CHCH_2Br$$
$$\underset{Br}{|} \quad \xrightarrow{40\ °C}$$
$$(80\ \%) \qquad (20\ \%)$$

$$\xrightarrow{40\ °C} CH_3CHCH=CH_2 + CH_3CH=CHCH_2Br$$
$$\underset{Br}{|}$$
$$(20\ \%) \qquad (80\ \%)$$

Il est également possible de démontrer que, à 40 °C et en présence de bromure d'hydrogène, le produit d'addition-1,2 se transforme en produit-1,4 et un équilibre s'établit entre les deux.

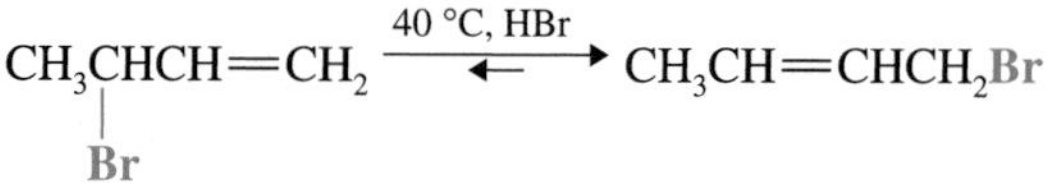

$$CH_3CHCH=CH_2 \underset{Br}{|} \xrightleftharpoons{40\ °C,\ HBr} CH_3CH=CHCH_2Br$$

**Produit
d'addition-1,2**   **Produit
d'addition-1,4**

Comme cet équilibre favorise le produit d'addition-1,4, *ce dernier doit être le plus stable.*

Les réactions entre le bromure d'hydrogène et le buta-1,3-diène constituent une illustration remarquable de la façon dont le résultat d'une réaction chimique peut être déterminé sur la base des vitesses relatives de réactions concurrentes, dans un cas, et des stabilités relatives des produits issus de la réaction, dans l'autre. À basse température, les quantités relatives des produits d'addition sont déterminées par les vitesses relatives des deux additions : l'addition-1,2 survenant plus rapidement, la quantité de produit-1,2 est plus élevée. À haute température, les quantités relatives des produits dépendent de la position d'équilibre : le produit-1,4 étant le plus stable, sa quantité est plus élevée.

Le diagramme apparaissant à la figure 13.10 permet de mieux comprendre le comportement du buta-1,3-diène et du bromure d'hydrogène.

Le résultat global de la réaction est déterminé à l'étape où le cation allylique hybride se combine avec un ion bromure, comme ci-dessous.

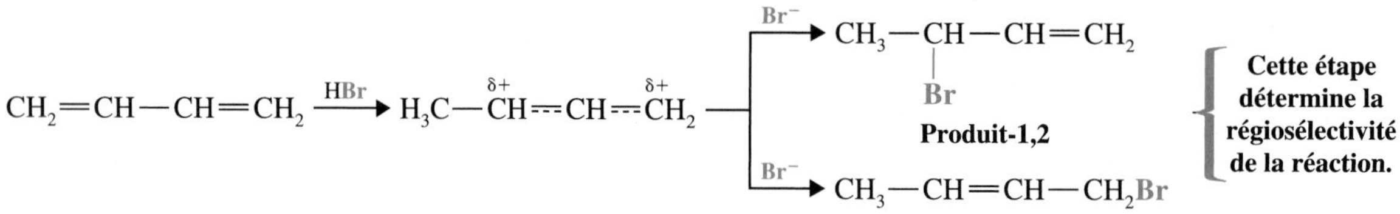

$$CH_2=CH-CH=CH_2 \xrightarrow{HBr} H_3C-\overset{\delta+}{CH}\text{---}CH\text{---}\overset{\delta+}{CH_2}$$

$$\xrightarrow{Br^-} CH_3-CH-CH=CH_2$$
$$\underset{Br}{|}$$
Produit-1,2

$$\xrightarrow{Br^-} CH_3-CH=CH-CH_2Br$$
Produit-1,4

{ **Cette étape détermine la régiosélectivité de la réaction.**

La figure 13.10 montre que, à cette étape, l'énergie libre d'activation favorisant la formation du produit d'addition-1,2 est inférieure à celle favorisant la formation du produit-1,4, même si ce dernier est plus stable. À basse température, une plus grande partie des collisions entre les ions intermédiaires possèdent suffisamment d'énergie pour franchir la plus faible barrière énergétique (favorisant la formation du produit

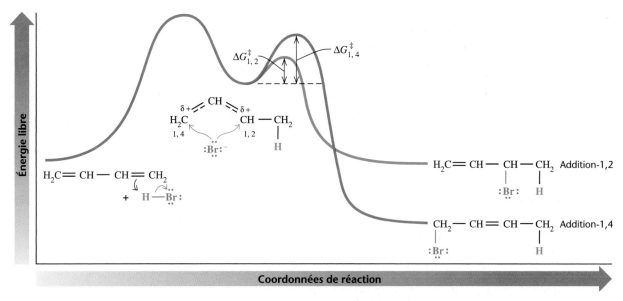

Figure 13.10 Diagramme schématisé de l'énergie libre en fonction des coordonnées de réaction pour l'addition-1,2 et l'addition-1,4 du HBr au buta-1,3-diène. Un carbocation allylique est commun aux deux types de réactions. La barrière d'énergie pour l'attaque du bromure sur le cation allylique qui forme le produit d'addition-1,2 est inférieure à celle qui mène au produit d'addition-1,4. Le produit d'addition-1,2 est favorisé sur le plan cinétique. Le produit d'addition-1,4 est plus stable et est donc favorisé sur le plan thermodynamique.

d'addition-1,2), et seule une très légère partie des collisions possèdent suffisamment d'énergie pour franchir la plus importante barrière énergétique (conduisant à la formation du produit d'addition-1,4). À basse température (c'est d'ailleurs *l'élément capital*), quelle que soit la barrière franchie, la formation du produit est *irréversible* parce qu'il n'y a pas assez d'énergie disponible pour que l'un ou l'autre des produits franchisse l'importante barrière d'énergie potentielle. Puisque l'addition-1,2 se déroule plus rapidement, le produit-1,2 prédomine et la réaction est dite sous **contrôle cinétique.**

À plus haute température, les ions intermédiaires possèdent une énergie suffisante pour traverser assez facilement les deux barrières. Mais il y a plus important encore : *les deux réactions sont réversibles.* En outre, l'énergie du système est suffisante pour permettre aux produits de refranchir la barrière énergétique vers le niveau intermédiaire des cations allylique et des ions bromure. Le produit-1,2 se forme certes plus rapidement mais, comme il est moins stable que le produit-1,4, il se reconvertit plus rapidement en cation allylique. Ainsi, à température plus élevée, les proportions relatives des produits *ne reflètent pas* les hauteurs relatives des barrières énergétiques conduisant à la formation des produits à partir de l'état de cation allylique. *Elles reflètent plutôt la stabilité relative des produits eux-mêmes.* Puisque le produit-1,4 est plus stable, il se forme au détriment du produit-1,2 car la transformation complète du produit-1,2 en produit-1,4 est favorisée en termes d'énergie. Une telle réaction est dite sous **contrôle thermodynamique** ou sous **contrôle d'équilibre.**

Il faut préciser un point avant de clore cette question. L'exemple apporté ici démontre clairement qu'une prévision des vitesses relatives des réactions qui se fonde exclusivement sur la stabilité des produits peut être erronée. Ce n'est tout de même pas toujours le cas. En ce qui concerne de nombreuses réactions dans lesquelles un intermédiaire commun entraîne la formation de deux produits ou plus, c'est le produit le plus stable qui se forme le plus rapidement.

PROBLÈME 13.10

a) Émettez une hypothèse expliquant pourquoi la réaction d'addition-1,2 entre le buta-1,3-diène et le bromure d'hydrogène se produit plus rapidement que la réaction d'addition-1,4 ? Aide : prenez en compte les contributions relatives que les formes limites de résonance $CH_3\overset{+}{C}HCH=CH_2$ et $CH_3CH=CH\overset{+}{C}H_2$ apportent à la forme hybride du cation allylique. b) Expliquez pourquoi le produit d'addition-1,4 est plus stable.

13.11 RÉACTION DE DIELS-ALDER : RÉACTION DE CYCLOADDITION-1,4 SUR DES DIÈNES

En 1928, deux chimistes allemands, Otto Diels et Kurt Alder, ont mis au point une réaction de cycloaddition-1,4 sur des diènes, réaction qui depuis lors porte leur nom. Sa remarquable polyvalence et sa grande utilité en synthèse organique ont été telles qu'elle a valu à Diels et Alder le prix Nobel de chimie en 1950.

La réaction qui a lieu lorsque le buta-1,3-diène et l'anhydride maléique sont chauffés ensemble à 100 °C offre un exemple intéressant de la réaction de Diels-Alder. Le produit est obtenu avec un rendement quantitatif.

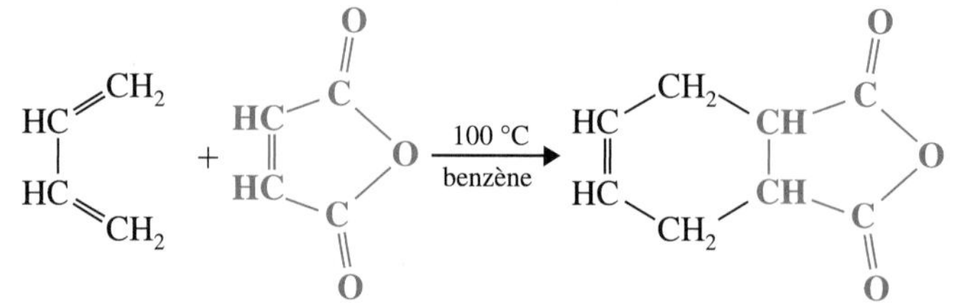

Buta-1,3-diène (diène) **Anhydride maléique** (diénophile) **Adduit** (100 %)

La réaction peut être écrite encore plus simplement :

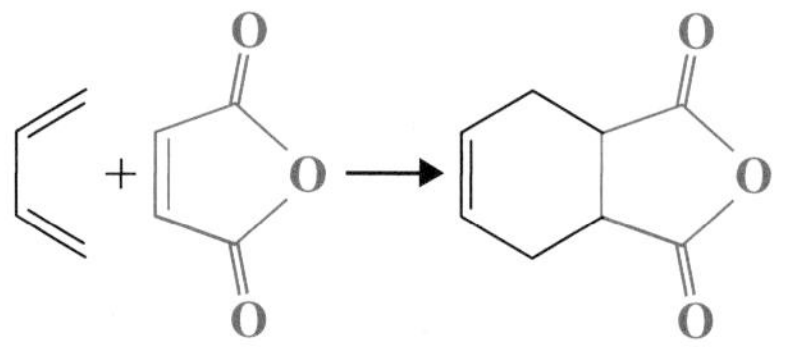

Leçon interactive : réaction de Diels-Alder

La réaction de Diels-Alder est très utile pour synthétiser des cycles de cyclohexène.

Généralement, la réaction se fait entre un **diène** conjugué (un système de 4 électrons π) et un composé qui contient une double liaison (un système de 2 électrons π) appelé **diénophile** (diène + *philein,* mot grec signifiant « aimer »). Le produit de la réaction de Diels-Alder est souvent appelé **adduit.** Dans cette réaction, deux nouvelles liaisons σ sont formées aux dépens de deux liaisons π du diène et du diénophile. L'adduit contient un nouveau cycle de six atomes ayant une double liaison. Puisque les liaisons σ sont généralement plus fortes que les liaisons π, la formation de l'adduit est favorisée sur le plan énergétique, *mais la plupart des réactions de Diels-Alder sont réversibles.*

On peut rendre compte de toutes les modifications subies par les liaisons lors d'une réaction de Diels-Alder au moyen de flèches incurvées :

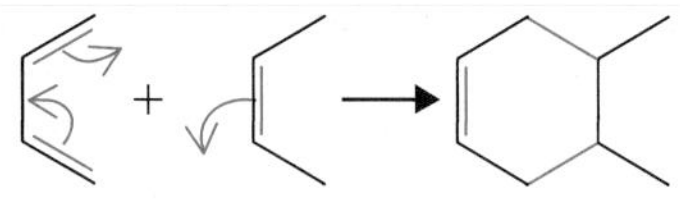

Diène   **Diéno-phile**   **Adduit**

L'utilisation de flèches incurvées ne signale pas le déroulement d'un mécanisme quelconque, mais rend compte uniquement du déplacement des électrons.

L'exemple le plus simple d'une réaction de Diels-Alder est fourni par celle qui se produit entre le buta-1,3-diène et l'éthène. Cette réaction doit se faire sous pression et est beaucoup plus lente que celle entre le buta-1,3-diène et l'anhydride maléique.

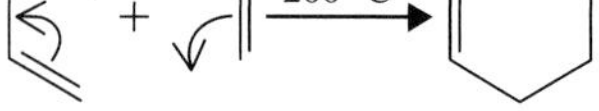

(20 %)

Un autre exemple de la réaction de Diels-Alder réside dans la préparation d'un intermédiaire pour la synthèse du Taxol, un médicament contre le cancer mis au point par K.C. Nicolaou (Scripps Research Institute, université de Californie à San Diego).

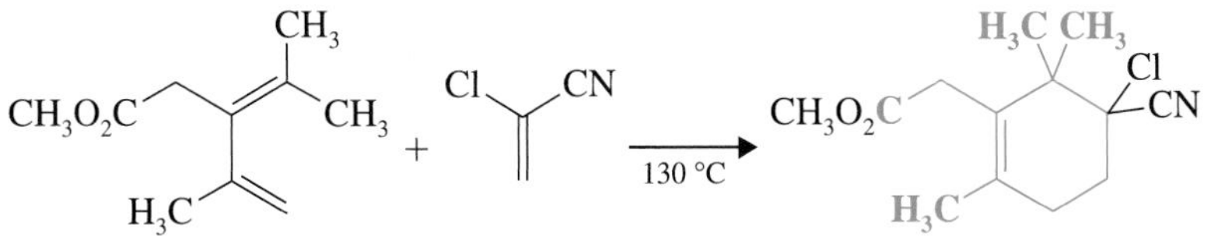

85 %
(Utilisé dans la synthèse du taxol)

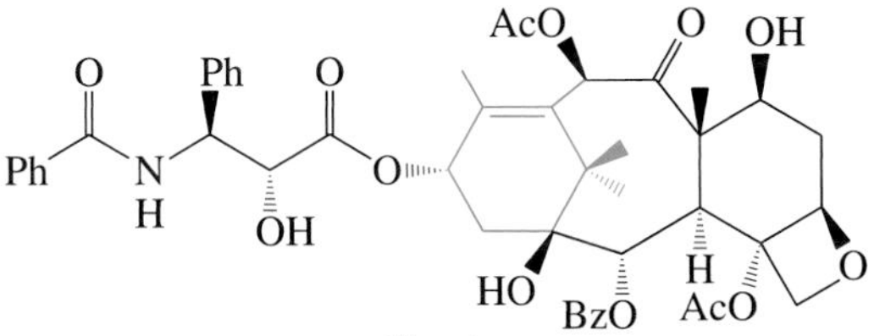

Taxol

Une représentation du taxol par modélisation moléculaire figure sur la page couverture du présent ouvrage. Des renseignements pertinents sur ses origines naturelles, ses propriétés biologiques et sa synthèse sont donnés sur la couverture arrière.

13.11A FACTEURS FAVORISANT LA RÉACTION DE DIELS-ALDER

Alder avait déclaré que la réaction de Diels-Alder est favorisée par la présence de groupes électroattracteurs sur le diénophile et de groupes électrorépulseurs sur le diène. L'anhydride maléique, un diénophile très efficace, possède deux groupes carbonyle électroattracteurs adjacents à la double liaison.

L'effet bénéfique de groupes électrorépulseurs se vérifie également : le 2,3-diméthylbuta-1,3-diène est presque cinq fois plus réactif, dans une réaction de Diels-Alder, que le buta-1,3-diène. Lorsque le 2,3-diméthylbuta-1,3-diène réagit avec du propénal (acroléine) à seulement 30 °C, l'adduit est obtenu avec un rendement quantitatif.

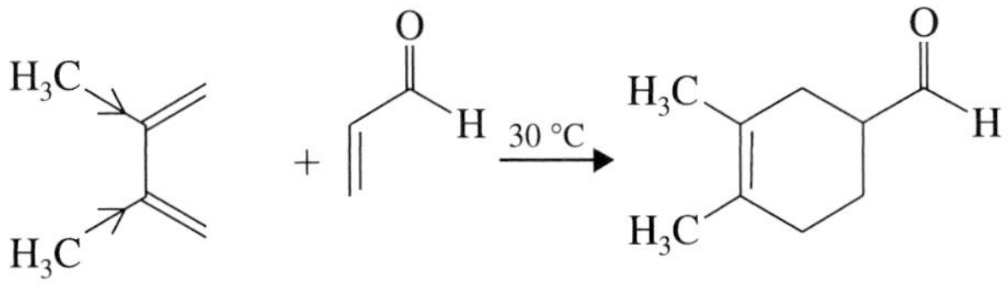

2,3-Diméthylbuta-   **Propénal**   **(100 %)**
1,3-diène

Des recherches effectuées par C.K. Bradsher, de l'Université Duke, ont démontré qu'il est possible de faire permuter les groupes électroattracteurs et électrorépulseurs situés initialement dans le diénophile et le diène sans que diminue le rendement des adduits. Il s'avère que des diènes ayant des groupes électroattracteurs réagissent facilement avec des diénophiles possédant des groupes électrorépulseurs.

En plus de l'utilisation de diènes riches en électrons et de diénophiles pauvres en électrons, le recours aux hautes températures et aux pressions élevées contribue également à accroître la vitesse de la réaction de Diels-Alder. L'emploi d'acides de Lewis comme catalyseurs constitue aussi un moyen très répandu. La réaction suivante n'est qu'un des nombreux cas où un adduit de Diels-Alder se forme facilement à la température ambiante en présence d'un catalyseur acide de Lewis. Nous verrons à la section 13.11D que les acides de Lewis peuvent être utilisés avec des ligands chiraux pour induire une asymétrie dans les produits de réaction.

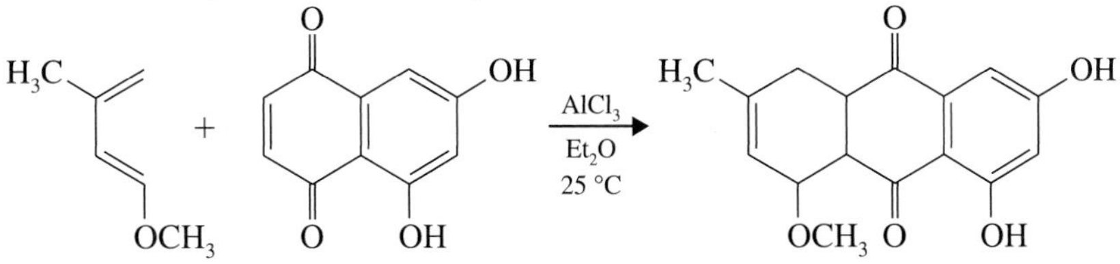

80 %

13.11B STÉRÉOCHIMIE DE LA RÉACTION DE DIELS-ALDER

Passons maintenant à l'étude de certaines caractéristiques stéréochimiques des réactions de Diels-Alder. Voici quelques facteurs expliquant l'extraordinaire utilité des réactions de Diels-Alder dans la réalisation de synthèses chimiques.

1. **La réaction de Diels-Alder est hautement stéréospécifique : elle consiste en une addition *syn,* et la configuration du diénophile est *conservée* dans le produit.** Les deux exemples ci-dessous illustrent cette caractéristique.

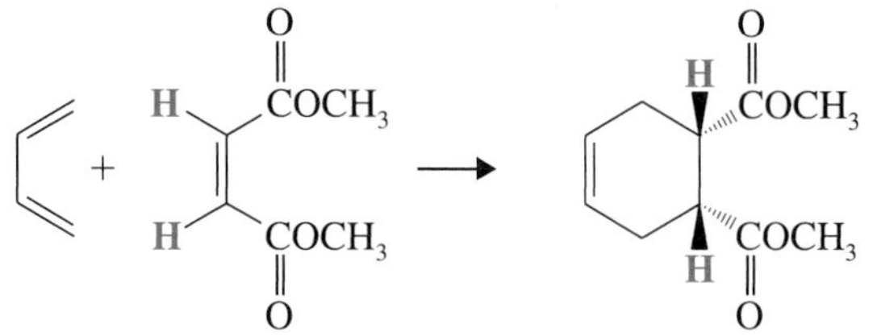

Maléate de diméthyle   ***cis*-1,2-bis(Méthoxy-**
(*cis*-diénophile)   **carbonyl)cyclohex-4-ène**

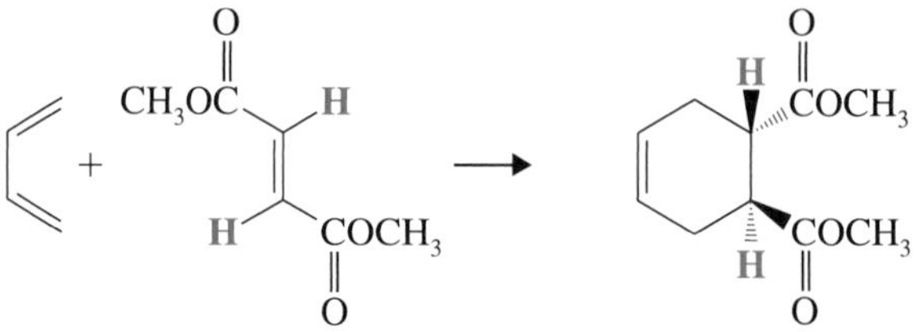

Fumarate de diméthyle   ***trans*-1,2,bis(Méthoxy-**
(*trans*-diénophile)   **carbonyl)cyclohex-4-ène**

Dans le premier exemple, un diénophile ayant des groupes ester *cis* réagit avec du buta-1,3-diène pour donner un adduit ayant des groupes ester *cis*. Dans le deuxième exemple, c'est l'inverse qui se produit : un diénophile *trans* donne un adduit *trans*.

2. **Le diène réagit forcément en conformation s-*cis* plutôt que s-*trans*.**

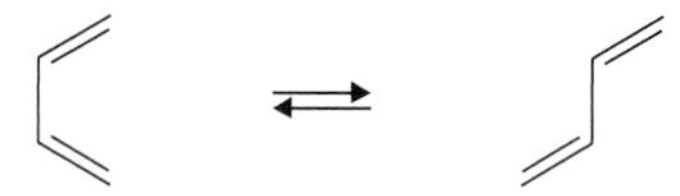

Conformation s-*cis*   **Conformation s-*trans***

Si elle se produisait, la réaction en conformation s-*trans* donnerait un cycle à six atomes ayant une double liaison *trans* très tendue. Une telle réaction de Diels-Alder n'a jamais été observée à ce jour.

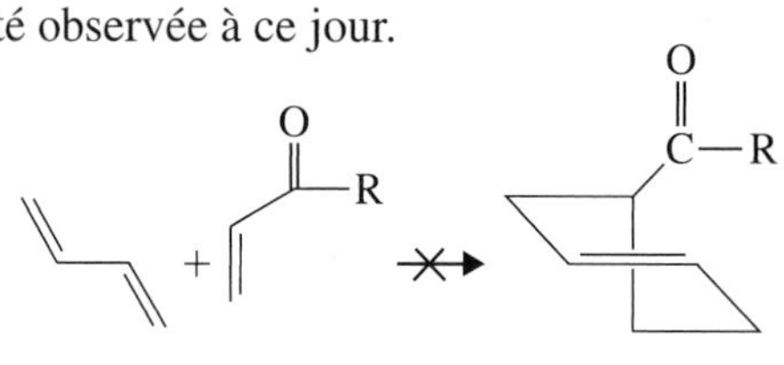

Fortement tendu

Les diènes cycliques dans lesquels les doubles liaisons sont maintenues dans la conformation s-*cis* sont généralement très réactifs dans la réaction de Diels-Alder. Ainsi, le cyclopentadiène réagit avec l'anhydride maléique à la température ambiante et donne l'adduit suivant avec un rendement quantitatif :

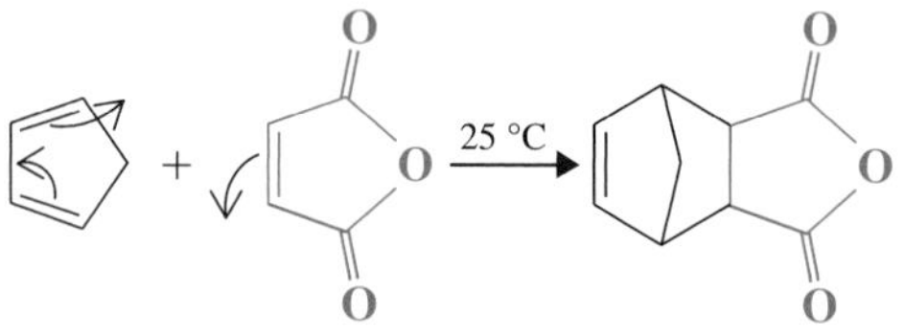

Le cyclopentadiène est tellement réactif que, laissé au repos et à la température ambiante, il se dimérise par une lente réaction de Diels-Alder.

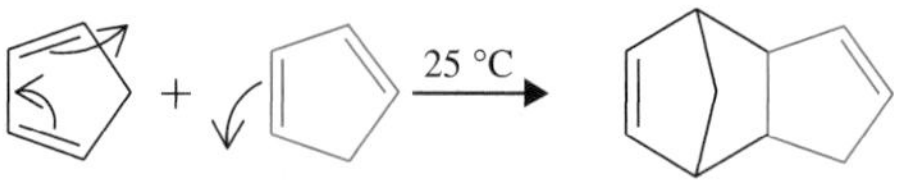

« Dicyclopentadiène »

Cette réaction est toutefois réversible. Lorsque le « dicyclopentadiène » est distillé, il se dissocie en deux équivalents molaires de cyclopentadiène.

Les réactions du cyclopentadiène viennent illustrer une troisième caractéristique stéréochimique des réactions de Diels-Alder.

3. Sous contrôle cinétique, la réaction de Diels-Alder est essentiellement de type *endo* plutôt qu'*exo* (voir problème 13.28). Les termes endo et exo servent à qualifier la stéréochimie de cycles pontés comme le bicyclo[2.2.1]heptane. Le point de référence est le pont (chaînon) le plus long. Un groupe qui est *anti* par rapport au pont le plus long (pont de deux atomes de carbone) est dit exo; un groupe situé du même côté est dit endo.

Leçon interactive : réaction de Diels-Alder exo/endo

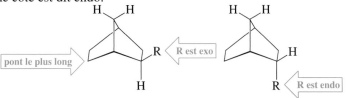

En général, le substituant exo est du côté *anti* du pont *le plus long* de la structure bicyclique (exo = extérieur; endo = intérieur). Exemple :

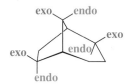

13.11C ASPECTS DES ORBITALES FAVORISANT UN ÉTAT DE TRANSITION ENDO

Dans la réaction de Diels-Alder se produisant entre le cyclopentadiène et l'anhydride maléique, le produit principal est celui où la fonction anhydride, $-\overset{\|}{\underset{O}{C}}-O-\overset{\|}{\underset{O}{C}}-$, se retrouve en configuration endo.

Cette stéréochimie endo semble découler d'interactions favorables entre les électrons π de la double liaison qui se forme dans le diène et les électrons π des groupes insaturés du diénophile. La figure 13.11 montre que, lorsque les deux molécules se rapprochent l'une de l'autre en orientation endo, les orbitales LUMO de l'anhydride maléique et les orbitales HOMO du cyclopentadiène peuvent interagir au niveau des atomes de carbone où les nouvelles liaisons sigma se formeront (l'interaction de ces orbitales est représentée en bleu à la figure 13.11b). On peut aussi constater que cette même orientation (endo) permet un recouvrement des lobes LUMO des groupes carbonyle de l'anhydride maléique et des lobes HOMO du cyclopentadiène au-dessus d'eux (l'interaction entre ces orbitales est indiquée en vert à la figure 13.11b). Cette interaction, dite secondaire, est également favorable et conduit à une préférence pour une approche endo du diénophile, de telle sorte que les groupes insaturés du diénophile sont repliés et enveloppés par le diène, plutôt que d'être à découvert et dépliés comme dans l'orientation exo.

L'état de transition du produit endo se trouve ainsi à un niveau d'énergie plus bas, en raison des interactions favorables des orbitales décrites ci-dessus; la forme endo est donc le produit cinétique principal de cette réaction de Diels-Alder. Par ailleurs,

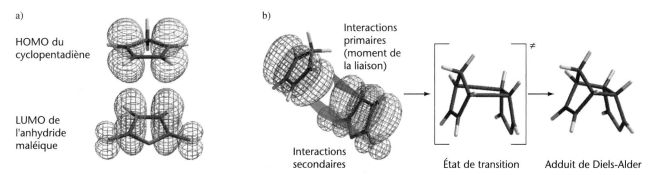

Figure 13.11 Réaction de Diels-Alder entre le cyclopentadiène et l'anhydride maléique. a) Lorsque l'orbitale moléculaire occupée de plus haute énergie (HOMO) du diène (cyclopentadiène) interagit avec l'orbitale moléculaire inoccupée de plus basse énergie (LUMO) du diénophile (anhydride maléique), il survient des interactions secondaires auxquelles prennent part les orbitales du diénophile. b) Les interactions primaires sont illustrées par le plan bleu. Le recouvrement favorable des orbitales secondaires (représenté par le plan vert) conduit à une préférence pour l'état de transition *endo*.

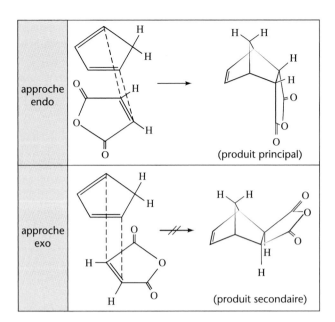

Figure 13.12 Formation des produits endo et exo au cours de la réaction de Diels-Alder entre le cyclopentadiène et l'anhydride maléique.

la forme exo en est le produit thermodynamique, parce qu'il y a moins d'interactions stériques dans l'adduit exo que dans l'adduit endo (figure 13.12). Par conséquent, l'adduit exo est globalement plus stable, mais il ne constitue pas le produit principal parce qu'il se forme plus lentement.

En résumé, nous avons vu que la réaction de Diels-Alder est stéréospécifique parce que : 1) la configuration du diénophile est maintenue dans le produit, 2) l'addition endo est favorisée par le contrôle cinétique de la réaction. Bien qu'il en résulte la formation d'un stéréo-isomère prédominant (endo avec rétention de la configuration initiale du diénophile), il n'en demeure pas moins que le produit sera un mélange racémique. Cela s'explique par le fait que l'une ou l'autre des faces du diène peut interagir avec le diénophile. Lorsque le diénophile se lie avec une des faces du diène, le produit formé est un des énantiomères; lorsqu'il se lie avec l'autre face, le produit formé est l'autre énantiomère. En l'absence d'influences chirales, les deux faces du diène sont également susceptibles d'être attaquées.

PROBLÈME 13.11

La dimérisation du cyclopentadiène survient aussi par approche endo. a) Montrez comment cela peut se produire. b) Identifiez les électrons π qui interagissent. c) Décrivez la structure tridimensionnelle du produit.

PROBLÈME 13.12

À votre avis, quels produits résulteront des réactions suivantes ?

PROBLÈME 13.13

Identifiez le diène et le diénophile qu'il faudrait utiliser pour synthétiser le composé suivant :

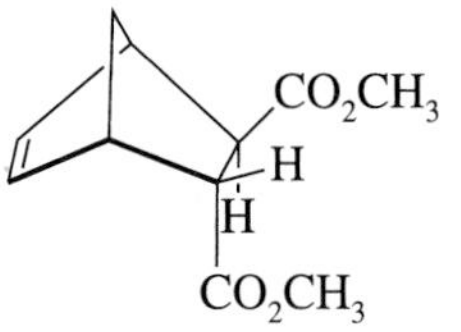

PROBLÈME 13.14

Des réactions de Diels-Alder surviennent également avec des diénophiles porteurs de triples liaisons (acétyléniques). Identifiez le diène et le diénophile qu'il faudrait employer pour obtenir le produit suivant :

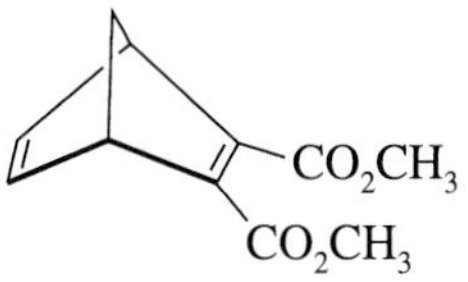

PROBLÈME 13.15

A. Eschenmoser et R.B. Woodward ont eu recours au buta-1,3-diène et au diénophile illustré ci-dessous pour synthétiser la vitamine B_{12}. Dessinez la structure des adduits de Diels-Alder énantiomères qui se formeraient dans cette réaction, ainsi que les deux états de transition y conduisant.

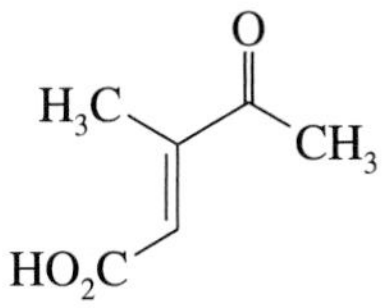

13.11D RÉACTIONS DE DIELS-ALDER ASYMÉTRIQUES

Plusieurs méthodes ont été mises au point pour induire de l'énantiosélectivité dans les réactions de Diels-Alder. L'une de ces méthodes requiert l'emploi d'auxiliaires chiraux. Un **auxiliaire chiral** est un groupe, présent sous une seule forme énantiomère, qui, par l'intermédiaire d'un groupe fonctionnel, est fixé au diène ou au diénophile et exerce une influence chirale sur le déroulement de la réaction. Lorsque la réaction est terminée et que l'auxiliaire chiral n'est plus nécessaire, celui-ci est éliminé au moyen d'une réaction appropriée.

Une méthode plus élégante, qui ne fait pas appel à des réactions distinctes pour fixer ou éliminer l'auxiliaire chiral, consiste à utiliser un acide de Lewis chiral comme catalyseur. E.J. Corey et son équipe en ont donné un exemple remarquable avec la réaction qu'ils ont utilisée pour perfectionner leur synthèse initiale des prostaglandines $F_{2\alpha}$ et E_2.

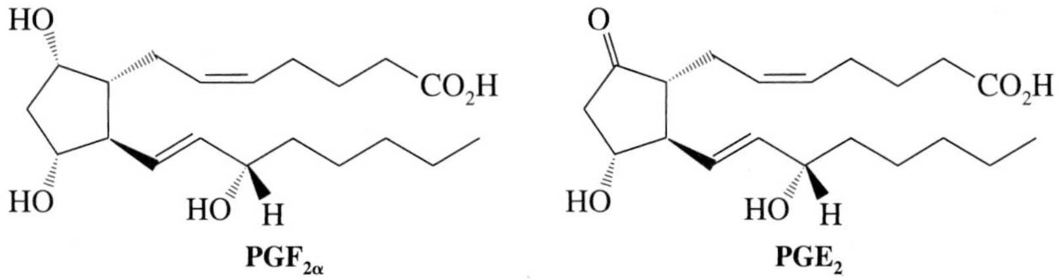

Prostaglandines

Dans ce cas, l'acide de Lewis chiral utilisé comme catalyseur a non seulement entraîné la formation extraordinairement énantiosélective d'un produit, mais il a aussi pu être récupéré et réutilisé dans des réactions ultérieures.

Dans cet exemple, l'état de transition associé au catalyseur chiral favorise beaucoup une approche du diénophile par la face du diène opposée au groupe fonctionnel éther.

L'« **approche chiron** » est une autre méthode permettant d'induire l'énantio-sélectivité. Un centre stéréogénique faisant partie de la molécule visée est inclus dès le départ dans une seule forme énantiomère d'un des réactifs de Diels-Alder. L'influence chirale du centre stéréogénique dans le « chiron » amène une interaction énantiosélective du diène et du diénophile. La littérature scientifique offre de nombreux exemples de cette approche.

13.11E RÉACTIONS DE DIELS-ALDER INTRAMOLÉCULAIRES

Examinons maintenant une version surprenante de la réaction de Diels-Alder : celle où le diène et le diénophile se trouvent au sein de la même molécule. Il s'agit d'une réaction de Diels-Alder intramoléculaire. Des réactifs de ce type sont utilisés dans la synthèse de nombreuses molécules complexes à laquelle la structure de l'adduit visé se prête bien. Un bon exemple en est la réaction employée par K.C. Nicolaou (Scripps Research Institute, université de Californie à San Diego) et son équipe pour synthétiser un intermédiaire menant aux acides endiandriques A-D.

SOMMAIRE DES RÉACTIONS

1. Halogénation allylique dans le cas d'une concentration faible de X_2 (X = Br ou Cl) (section 13.2)

2. Halogénation allylique à l'aide de *N*-bromosuccinimide (section 13.2B)

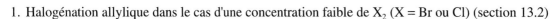

3. Addition conjuguée : addition-1,2 versus addition-1,4 (section 13.10)

	addition-1,2	addition-1,4
	Principale	**Secondaire**
Contrôle cinétique (basse température)		
Contrôle thermodynamique (température élevée)	**Secondaire**	**Principale**

4. Réaction de Diels-Alder (section 13.11)

Diène + **Diénophile** → **Adduit**

TERMES ET CONCEPTS CLÉS

Système conjugué	Section 13.1	Contrôle cinétique (vitesse)	Section 13.10A
Radical allylique	Sections 13.2A et 13.3	Contrôle thermodynamique (équilibre)	Section 13.10A
Cation allylique	Section 13.4	Diène	Section 13.11
Substitution allylique	Section 13.2	Diénophile	Section 13.11
Structures de résonance (formes limites)	Sections 13.3B et 13.5	Adduit	Section 13.11
Spectre d'absorption ultraviolet-visible (UV-visible)	Section 13.9	Groupes endo et exo	Sections 13.11B et 13.11C
HOMO	Section 13.9B	Auxiliaire chiral	Section 13.11D
LUMO	Section 13.9B	Chiron	Section 13.11D

PROBLÈMES SUPPLÉMENTAIRES

13.16 Décrivez la synthèse de buta-1,3-diène à partir de

    a) 1,4-Dibromobutane

    b) $HOCH_2(CH_2)_2CH_2OH$

    c) $CH_2{=}CHCH_2CH_2OH$

    d) $CH_2{=}CHCH_2CH_2Cl$

    e) $CH_2{=}CHCHClCH_3$

    f) $CH_2{=}CHCH(OH)CH_3$

    g) $HC{\equiv}CCH{=}CH_2$

13.17 Quel produit la réaction suivante donnera-t-elle ?

$$(CH_3)_2C-C(CH_3)_2 + 2\ KOH \xrightarrow[\Delta]{\text{éthanol}}$$
$$\quad\quad |\quad\quad |$$
$$\quad\quad Cl\quad Cl$$

13.18 Quels seront les produits de la réaction entre une mole de buta-1,3-diène et chacun des réactifs suivants ? (Si vous croyez qu'il n'y aura pas de réaction, indiquez-le.)

    a) Une mole de Cl_2

    b) Deux moles de Cl_2

    c) Deux moles de Br_2

    d) Deux moles de H_2, Ni

    e) Une mole de Cl_2 dans H_2O

    f) $KMnO_4$ à haute température

    g) H_2SO_4, H_2O

13.19 Décrivez la méthode que vous utiliseriez pour effectuer les transformations suivantes (certaines transformations peuvent nécessiter plusieurs étapes) :

    a) But-1-ène ⟶ buta-1,3-diène

    b) Pent-1-ène ⟶ penta-1,3-diène

    c) $CH_3CH_2CH_2CH_2OH \longrightarrow$
        $CH_2BrCH{=}CHCH_2Br$

    d) $CH_3CH{=}CHCH_3 \longrightarrow CH_3CH{=}CHCH_2Br$

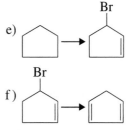

    e)

    f)

13.20 Les diènes conjugués réagissent avec des radicaux libres par addition-1,2 et addition-1,4. Expliquez ce phénomène en l'illustrant au moyen de l'addition, favorisée par les peroxydes, d'un équivalent molaire de HBr sur du buta-1,3-diène.

13.21 L'UV-visible, l'IR, la RMN et la spectrométrie de masse sont autant de méthodes spectroscopiques servant à recueillir des données structurales relatives à des composés. Pour chacune des paires de composés ci-dessous, choisissez deux de ces méthodes (UV-visible, IR, RMN ou spectrométrie de masse) et décrivez au moins un aspect de chacune des méthodes choisies qui permettrait d'identifier chacun des deux composés d'une paire.

a) Buta-1,3-diène et but-1-yne

b) Buta-1,3-diène et butane

c) Butane et $CH_2=CHCH_2CH_2OH$

d) Buta-1,3-diène et $CH_2=CHCH_2CH_2Br$

e) $CH_2BrCH=CHCH_2Br$ et $CH_3CBr=CBrCH_3$

13.22 a) Les atomes d'hydrogène fixés sur le C3 du penta-1,4-diène sont exceptionnellement susceptibles d'être arrachés par des radicaux. Comment expliquez-vous ce phénomène ?

b) Expliquez pourquoi les protons fixés sur le C3 du penta-1,4-diène sont plus acides que les atomes d'hydrogène du méthyle du propène.

13.23 Lorsque du 2-méthylbuta-1,3-diène (isoprène) est soumis à une addition-1,4 de chlorure d'hydrogène, le principal produit formé est le 1-chloro-3-méthylbut-2-ène; la formation de 1-chloro-2-méthylbut-2-ène est minime ou nulle. Expliquez pourquoi.

13.24 Identifiez le diène et le diénophile que vous utiliseriez pour effectuer la synthèse de chacun des produits suivants :

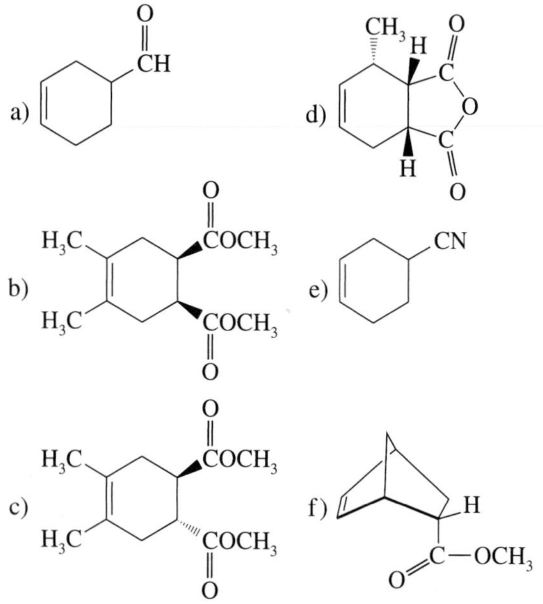

13.25 Expliquez l'absence de réaction de Diels-Alder lorsque chacun des deux composés suivants est mis en présence d'anhydride maléique.

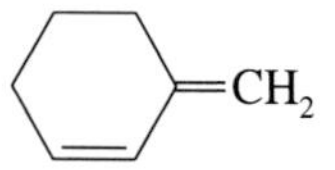

13.26 Les composés acétyléniques peuvent servir de diénophiles dans la réaction de Diels-Alder (voir problème 13.14). Écrivez la structure des adduits qui résulteront de la réaction entre le buta-1,3-diène et :

a) $CH_3OCC≡CCOCH_3$ [1,2-bis(méthoxycarbonyl)acétylène]

b) $CF_3C≡CCF_3$ (hexafluorobut-2-yne)

13.27 En présence d'éthène à une température de 160 à 180 °C, le cyclopentadiène subit une réaction de Diels-Alder. Écrivez la structure du produit de cette réaction.

13.28 Lorsque le furane et le maléimide subissent une réaction de Diels-Alder à 25 °C, le produit principal est l'adduit endo **G.** Lorsque la réaction se réalise à 90 °C, le produit principal est l'isomère exo **H.** L'adduit endo s'isomérise en adduit exo s'il est chauffé à 90 °C. Expliquez l'obtention de tels résultats.

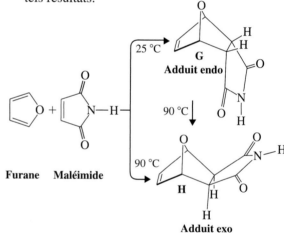

13.29 L'aldrine et la dieldrine (voir ci-dessous) sont de puissants insecticides controversés. Aux États-Unis, l'Environmental Protection Agency (EPA) en a interdit l'usage en raison de leurs effets secondaires potentiellement nocifs et de leur caractère non biodégradable. La synthèse industrielle de l'aldrine repose sur l'emploi initial d'hexachlorocyclopentadiène et de norbornadiène. La dieldrine est synthétisée à partir de l'aldrine. Montrez comment ces synthèses peuvent être effectuées.

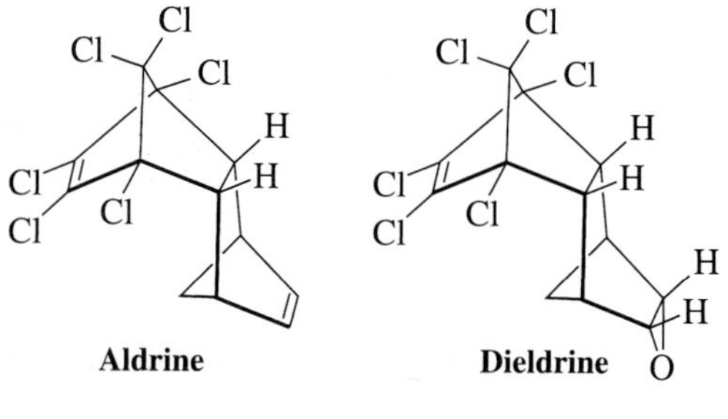

Aldrine   **Dieldrine**

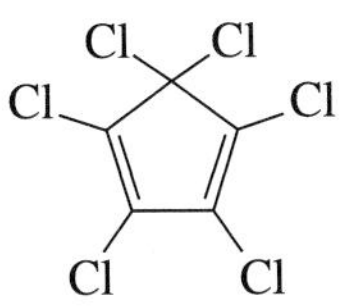

Hexachlorocyclopentadiène 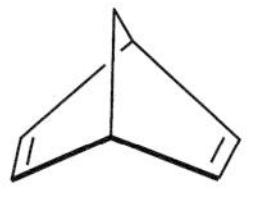   **Norbornadiène**

13.30   a) Le cyclopentadiène et l'acétylène peuvent servir à la préparation du norbornadiène utilisé pour la synthèse de l'aldrine (problème 13.29). Illustrez la réaction en cause ici.

b) Il est également possible de préparer du norbornadiène en faisant réagir du cyclopentadiène avec du chlorure de vinyle et en traitant le produit avec une base. Décrivez cette synthèse.

13.31   Le chlordane et l'heptachlore sont deux autres insecticides puissants (voir problème 13.29). Leur synthèse industrielle repose sur l'emploi initial de cyclopentadiène et d'hexachlorocyclopentadiène. Montrez comment ces synthèses peuvent être effectuées.

Chlordane   **Heptachlore**

13.32   L'isodrine est un isomère de l'aldrine qui provient de la réaction entre du cyclopentadiène et de l'hexachloronorbornadiène, comme dans le schéma ci-dessous. Quelle est la structure de l'isodrine ?

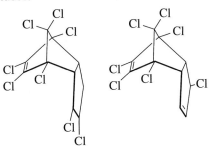

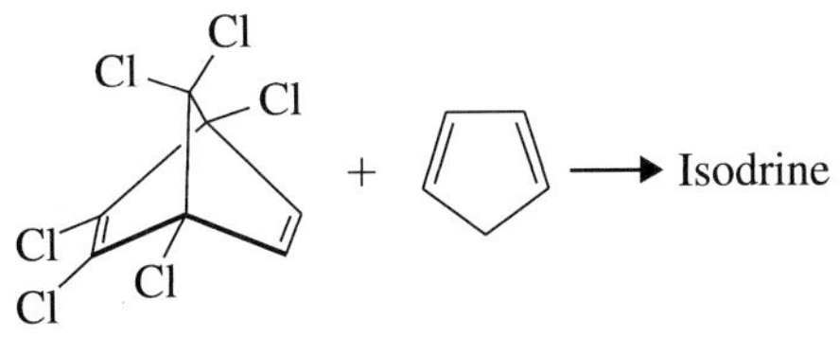

$+$ → Isodrine

13.33   Lorsque du $CH_3CH{=}CHCH_2OH$ est traité avec du HCl concentré, il en résulte deux produits : $CH_3CH{=}CHCH_2Cl$ et $CH_3CHClCH{=}CH_2$. Décrivez le mécanisme de formation de ces produits.

13.34   Lorsqu'une solution de buta-1,3-diène dans du CH_3OH est traitée avec du chlore, les produits formés sont les suivants : $ClCH_2CH{=}CHCH_2OCH_3$ (30 %) et $ClCH_2CHCH{=}CH_2$ (70 %). Décrivez le
$\qquad\qquad\qquad\qquad OCH_3$
mécanisme de formation de ces produits.

13.35   La déshydrohalogénation des *dihalogénoalcanes vicinaux* (par élimination de deux équivalents mo-

laires de HX) amène généralement la formation d'un alcyne plutôt que d'un diène conjugué. Cependant, lorsque le 1,2-dibromocyclohexane est déshydrohalogéné, il en résulte un bon rendement de cyclohexa-1,3-diène. Quel facteur explique un tel résultat ?

13.36   Lorsque du pent-1-ène réagit avec du *N*-bromosuccinimide, il en résulte deux produits de formule C_5H_9Br. Identifiez ces deux produits et décrivez-en le mécanisme de formation.

13.37   Lorsque du 1-chloro-3-méthylbut-2-ène ou du 3-chloro-3-méthylbut-1-ène est traité avec du Ag_2O dans l'eau, il en résulte, en plus du AgCl, le même mélange d'alcools : $(CH_3)_2C{=}CHCH_2OH$ (15 %) et $(CH_3)_2CCH{=}CH_2$ (85 %).
$\qquad\qquad\qquad\quad OH$

a) Décrivez le mécanisme de formation de ces produits.

b) Comment expliquez-vous la proportion relative des deux alcénols formés ?

13.38   La chaleur d'hydrogénation de l'allène est de 298 kJ·mol^{-1}, tandis que celle du propyne est de 290 kJ·mol^{-1}.

a) Lequel de ces composés est le plus stable ?

b) Traité avec une base forte, l'allène s'isomérise en propyne. Expliquez pourquoi.

13.39   Lorsque du furane (problème 13.28) est mélangé avec de l'anhydride maléique dans de l'oxyde de diéthyle, il en résulte un solide cristallin dont le point de fusion est de 125 °C. Cependant, la fusion de ce produit entraîne la production d'un gaz. Si le liquide se solidifie de nouveau, le point de fusion du nouveau solide n'est plus de 125 °C, mais de 56 °C. Consultez un manuel de référence et expliquez ce phénomène.

13.40   Indiquez la structure des produits formés par la réaction entre le buta-1,3-diène et chacun des composés suivants :

a) (*E*)-$CH_3CH{=}CHCO_2CH_3$

b) (*Z*)-$CH_3CH{=}CHCO_2CH_3$

c) (*E*)-$CH_3CH{=}CHCN$

d) (*Z*)-$CH_3CH{=}CHCN$

13.41   Le 1-bromobutane et le 4-bromobut-1-ène sont tous deux des halogénures primaires, mais le dernier subit une réaction d'élimination plus rapidement. Comment expliquez-vous ce phénomène ?

13.42   La molécule ci-dessous est un diène conjugué, mais elle ne peut pas subir une réaction de Diels-Alder. Pourquoi ?

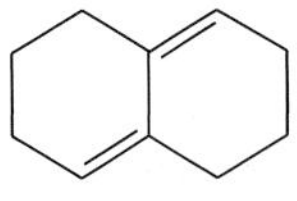

13.43 Dessinez la structure du produit issu de la réaction suivante (produit formé pendant la synthèse de l'un des acides endiandriques effectuée par K.C. Nicolaou, section 13-11E) :

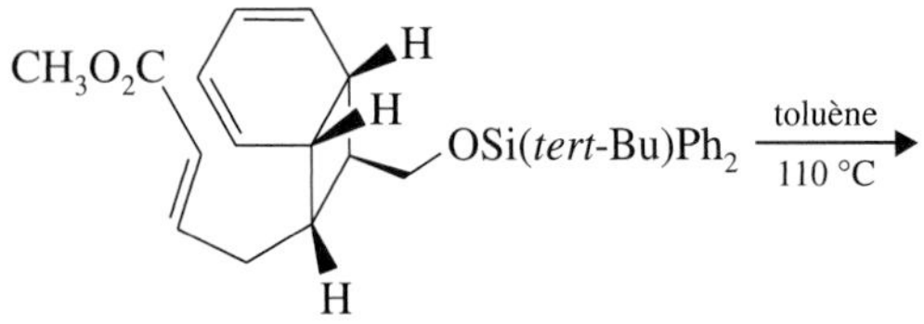

$$CH_3O_2C \quad OSi(tert\text{-}Bu)Ph_2 \xrightarrow[110\ °C]{\text{toluène}}$$

13.44* Lorsque du tétraphénylcyclopentadiénone (**A**) est chauffé avec de l'anhydride maléique (**B**), la coloration violet foncé de **A** disparaît, du monoxyde de carbone se dégage et un produit final **C** est formé. La réaction se fait grâce à un intermédiaire Diels-Alder. Le composé **C** possède des singulets en RMN ¹H à δ = 3,7, 7,1, 7,3 et 7,4 (rapport d'intégration 1:2:4:4).

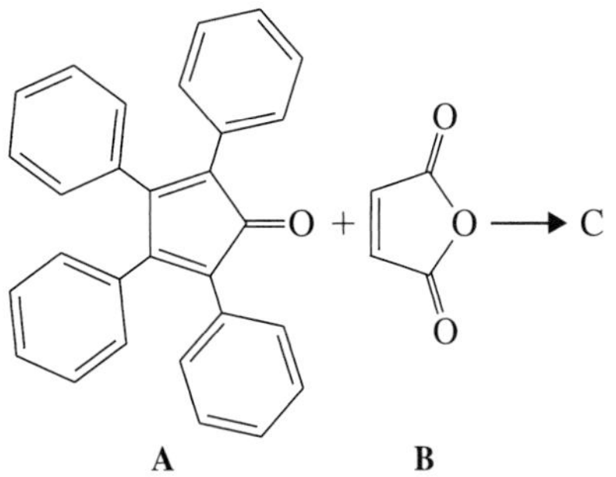

$$A + B \longrightarrow C$$

A **B**

Lorsque **C** réagit avec un équivalent molaire de brome, il en résulte deux équivalents molaires de HBr par élimination oxydative de deux atomes d'hydrogène, ainsi qu'un produit **D** dont le spectre RMN ¹H montre des pics seulement à δ = 7,2, 7,3 et 7,5 (rapport d'intégration 1:2:2). Quelles sont les structures de **C** et de **D** ?

13.45* a) Dans une étude sur le cyclopentadiène, l'addition-1,2 de BrCl survient de façon prédominante lorsque le BrCl est employé sous la forme du produit d'addition à la pyridine, le chlorure de *N*-bromopyridinium. L'addition est conforme à la règle de Markovnikov et analogue à la stéréochimie de l'addition de brome à des alcènes simples. Dessinez la structure du produit.

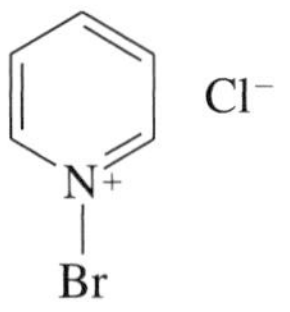

$$\text{Cl}^-$$

Chlorure de N-bromopyridinium

b) Lorsque du BrCl est utilisé tel quel (et non sous la forme du complexe d'addition à la pyridine), l'addition-*cis*-1,4 prédomine. Dessinez la structure de ce produit.

c) Les deux produits d'addition ci-dessus peuvent être distingués au moyen des spectres RMN ¹H de leur groupe méthylène, qui sont :

Pour l'isomère **1**

H_a de CH_2 : δ = 2,57 (triplet dédoublé, valeurs *J* de 2,5 et 16 Hz)

H_b de CH_2 : δ = 3,14 (triplet dédoublé, valeurs *J* de 6,6 et 16 Hz)

Pour l'isomère **2**

H_a de CH_2 : δ = 2,76 (doublet large, valeur *J* de 18 Hz)

H_b de CH_2 : δ = 3,35 (doublet dédoublé, valeurs *J* de 5,5 et 18 Hz)

Associez les isomères aux produits.

TRAVAIL COOPÉRATIF

1. Déterminez quelles sont les structures des composés **A** à **I** pour les différentes étapes du schéma réactionnel suivant. Identifiez tout réactif manquant.

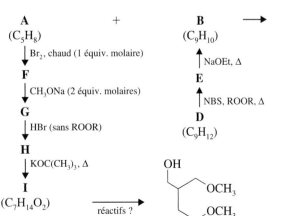

A
(C₅H₈) + **B**
(C₉H₁₀) → **C** $\xrightarrow[\text{(ou RCO}_3\text{H)}]{\text{MMPP}}$

| Br₂, chaud (1 équiv. molaire)

F

| CH₃ONa (2 équiv. molaires)

G

| HBr (sans ROOR)

H

| KOC(CH₃)₃, Δ

I
(C₇H₁₄O₂) $\xrightarrow[\text{réactifs ?}]{}$

B
(C₉H₁₀) ↑ NaOEt, Δ

E ↑ NBS, ROOR, Δ

D
(C₉H₁₂)

---

* Les problèmes marqués d'un astérisque présentent une difficulté particulière.

2. a) Écrivez les réactions illustrant la conversion du 2-méthylbut-2-ène en 2-méthylbuta-1,3-diène.

b) Écrivez les réactions illustrant la conversion de l'éthylbenzène dans le composé suivant :

c) Écrivez la structure de tout adduit Diels-Alder qui résultera de la réaction du 2-méthylbuta-1,3-diène avec le composé illustré en b).

COMPOSÉS AROMATIQUES

Chimie verte

À l'aube du XXIe siècle, il est urgent que les chimistes développent des méthodes « vertes », c'est-à-dire respectueuses de l'environnement. Une chimie peu nuisible à l'environnement est d'autant plus importante dans l'industrie que la synthèse de certains composés à l'échelle mondiale nécessite annuellement des millions de tonnes de produits chimiques. On peut imaginer de nombreuses façons de réduire les répercussions des procédés industriels sur l'environnement. Les réactions en milieu aqueux sont moins risquées que celles qui se font dans des solvants organiques potentiellement dangereux. On pourrait aussi faire en sorte que les réactions aient lieu à température ambiante plutôt qu'à température élevée. En outre, on pourrait recycler les produits et choisir des procédés qui n'exigent pas ou ne forment pas de substances toxiques. Toutes ces améliorations atténueraient les retombées des procédés sur l'environnement en réduisant la pollution et la consommation des ressources. Il existe deux possibilités de remplacer le benzène, une substance notoirement cancérigène, par une substance plus sûre. (La photo ci-dessus représente des produits de recyclage, et la vignette, un modèle moléculaire du benzène.)

Chaque année, l'industrie chimique consomme d'énormes quantités de styrène, monomère du polystyrène et constituant d'autres polymères. Actuellement, la synthèse industrielle du styrène est réalisée à partir du benzène en deux étapes : une alkylation de Friedel-Crafts (section 15.6) suivie d'une déshydrogénation. O.L. Chapman, de l'université de la Californie à Los Angeles, a développé une nouvelle synthèse du styrène plus écologique. La méthode Chapman permet de réaliser la conversion d'un mélange de xylènes en styrène en une seule étape. (Les xylènes ne sont pas cancérigènes.) Cette nouvelle méthode permettrait d'éliminer l'emploi de millions de tonnes de benzène par année.

SOMMAIRE

14.1 Introduction

14.2 Nomenclature des dérivés du benzène

14.3 Réactions du benzène

14.4 Structure de Kekulé du benzène

14.5 Stabilité du benzène

14.6 Théories modernes de la structure du benzène

14.7 Règle de Hückel : règle de $(4n + 2)$ électrons π

14.8 Autres composés aromatiques

14.9 Composés aromatiques hétérocycliques

14.10 Composés aromatiques en biochimie

14.11 Spectroscopie de composés aromatiques

Le développement d'une nouvelle méthode de production de l'acide adipique permettrait aussi de diminuer la dépendance industrielle par rapport au benzène. L'industrie requiert de grandes quantités d'acide adipique — presque un milliard de kilogrammes chaque année — pour la synthèse du nylon. Actuellement, le benzène est le point de départ des synthèses de l'acide adipique. Cependant, J.W. Frost, de l'université d'État du Michigan, poursuit une recherche qui mettrait à contribution des microbes génétiquement modifiés dans la synthèse de l'acide adipique. En plus d'éliminer l'utilisation du benzène, cette méthode supprimerait la production de l'oxyde nitreux en tant que sous-produit indésirable du procédé à base de benzène. L'oxyde nitreux contribue à l'effet de serre ainsi qu'à la destruction de la couche d'ozone.

Ces exemples illustrent les problèmes qui attendent les étudiants qui, devenus des chimistes bien formés, devront relever de semblables défis.

14.1 INTRODUCTION

L'étude de la classe des composés que les organiciens appellent composés aromatiques (section 2.20) remonte à la découverte en 1825 d'un nouvel hydrocarbure par le chimiste anglais Michael Faraday (Royal Institution). Faraday a appelé cet hydrocarbure « bicarburet d'hydrogène »; on l'appelle maintenant benzène. Ce savant a isolé le benzène d'un gaz comprimé d'éclairage, gaz obtenu par pyrolyse de l'huile de baleine.

Une des orbitales moléculaires π du benzène, vue à travers un maillage représentant le potentiel électrostatique au niveau de sa surface de Van der Waals.

En 1834, le chimiste allemand Eilhardt Mitscherlich (université de Berlin) a synthétisé le benzène en chauffant l'acide benzoïque avec de l'oxyde de calcium. Mitscherlich a ensuite déterminé la formule moléculaire du benzène, C_6H_6, en mesurant sa densité de vapeur.

$$C_6H_5CO_2H + CaO \xrightarrow{\Delta} C_6H_6 + CaCO_3$$
Acide benzoïque   **Benzène**

En elle-même, la formule moléculaire était surprenante : le benzène *contenait autant d'atomes de carbone que d'atomes d'hydrogène*. À l'époque, la plupart des composés connus avaient une proportion d'atomes d'hydrogène beaucoup plus grande, habituellement deux fois plus que le carbone. Le benzène, avec sa formule C_6H_6 (ou C_nH_{2n-6}), devait être un composé fortement insaturé, car il a un indice de déficience en hydrogène égal à quatre. Progressivement, les chimistes ont commencé à reconnaître que le benzène faisait partie d'une nouvelle classe de composés organiques aux propriétés inhabituelles et intéressantes. Nous verrons à la section 14.3 que le benzène n'a pas le « comportement » attendu d'un composé fortement insaturé.

Vers la fin du XIXe siècle, la théorie de valence de Kekulé-Couper-Butlerov était appliquée systématiquement à tous les composés organiques connus, ce qui amenait les chimistes à classer les composés organiques en deux grandes catégories : les composés **aliphatiques** et les composés **aromatiques.** La classe aliphatique signifiait que le comportement chimique des composés ressemblait à celui des « graisses ». (Maintenant, cette classe correspond à des composés qui réagissent comme les alcanes, les alcènes, les alcynes ou leurs dérivés.) Pour entrer dans la catégorie des aromatiques, les composés devaient avoir un faible rapport hydrogène/carbone et un « arôme ».

Au début, la majorité des composés aromatiques provenaient des baumes, des résines et des huiles essentielles. Parmi eux, on trouvait le benzaldéhyde (extrait de l'huile d'amande amère), l'acide benzoïque et l'alcool benzylique (extraits de la gomme de benzoïne), et le toluène (extrait du baume d'un arbre de l'Amérique du Sud, le tolu).

Kekulé a été le premier à reconnaître que ces composés aromatiques contiennent un agencement de six atomes de carbone et qu'ils conservent cette structure de base dans la plupart des transformations ou des dégradations chimiques. Par la suite, on a établi que le benzène était le composé parent de la nouvelle série.

Comme le nouveau groupe de composés commençait à se démarquer bien plus que par ses odeurs, le terme *aromatique* a commencé à prendre une connotation purement chimique. Nous verrons au cours du chapitre que le sens de ce terme a évolué au fur et à mesure que les chimistes ont découvert les réactions et les propriétés des composés aromatiques.

14.2 NOMENCLATURE DES DÉRIVÉS DU BENZÈNE

Deux systèmes servent à nommer les benzènes monosubstitués. Dans certains composés, *benzène* est le nom de base, et le substituant est indiqué simplement par un préfixe. Voici quatre exemples :

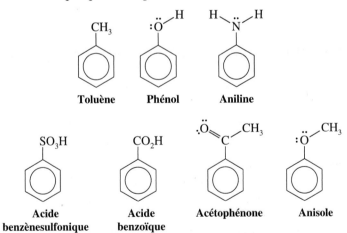

Pour d'autres composés, on fusionne le nom du substituant et celui du cycle benzénique pour former un nouveau nom. Le méthylbenzène est appelé *toluène*; l'hydroxybenzène est presque toujours appelé *phénol*; et l'aminobenzène, presque toujours *aniline*. Suivent quelques exemples :

Lorsque deux substituants sont présents, leurs positions relatives sont indiquées par les préfixes ***ortho, méta*** et ***para*** (l'abréviation est ***o-, m-*** et ***p-***) ou par des nombres. Pour les dibromobenzènes, la nomenclature est la suivante :

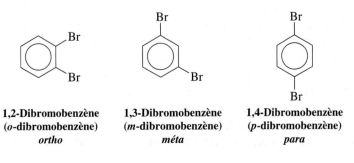

Des chiffres peuvent être utilisés lorsqu'il y a deux substituants ou plus, mais *ortho, méta* et *para* ne doivent jamais être employés s'il y a plus de deux substituants.

Et, pour les acides nitrobenzoïques, voici les noms :

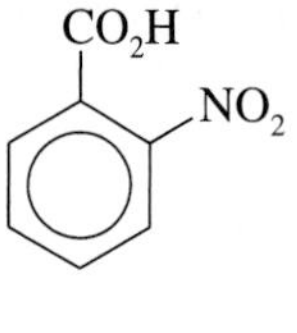
CO2H
NO2

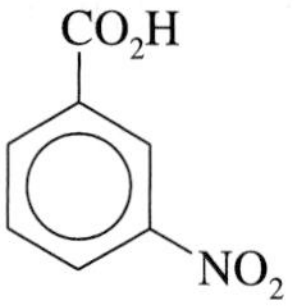
CO2H
NO2

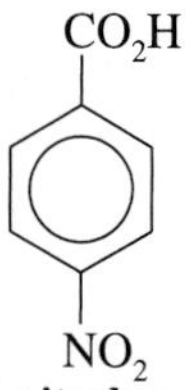
CO2H
NO2

Acide 2-nitrobenzoïque (acide *o*-nitrobenzoïque) | **Acide 3-nitrobenzoïque (acide *m*-nitrobenzoïque)** | **Acide 4-nitrobenzoïque (acide *p*-nitrobenzoïque)**

Les diméthylbenzènes sont souvent appelés *xylènes*.

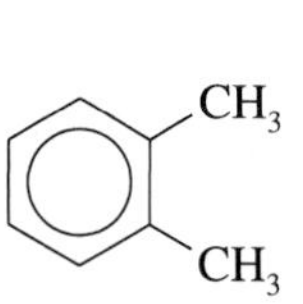
CH3
CH3

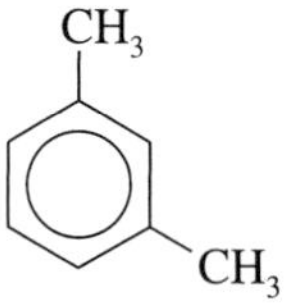
CH3
CH3

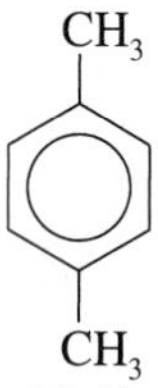
CH3
CH3

1,2-Diméthylbenzène (*o*-xylène) | **1,3-Diméthylbenzène (*m*-xylène)** | **1,4-Diméthylbenzène (*p*-xylène)**

Si plus de deux groupes sont fixés au cycle benzénique, leurs positions relatives doivent être indiquées par des *chiffres*. Les deux composés suivants sont mentionnés à titre d'exemples :

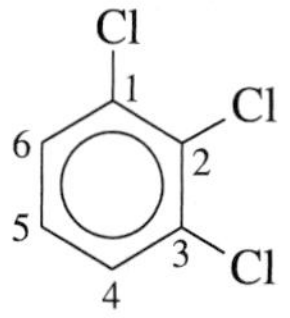
Cl
Cl
Cl
1
2
3
4
5
6

1,2,3-Trichlorobenzène

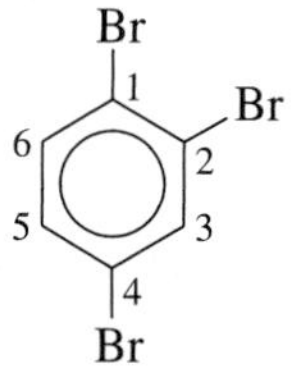
Br
Br
Br
1
2
3
4
5
6

1,2,4-Tribromobenzène
(*non pas* 1,3,4-tribromobenzène)

La numérotation des substituants doit être faite en utilisant les ***plus petits chiffres possibles.***

S'il y a plus de deux substituants différents, on doit les mentionner dans l'ordre alphabétique.

Lorsqu'un substituant fixé au benzène donne lieu à la formation d'un nouveau nom, on attribue à ce substituant la position 1, et on utilise le nouveau nom parental.

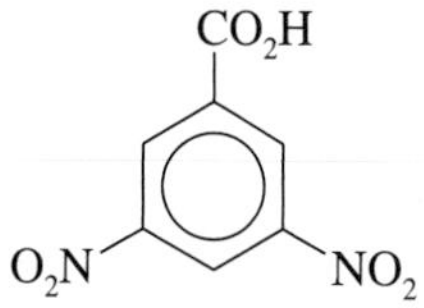
CO2H
O2N
NO2

Acide 3,5-dinitrobenzoïque

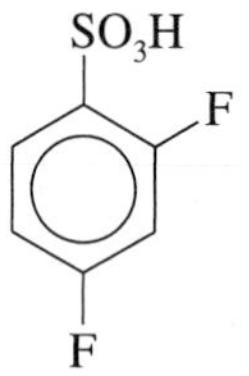
SO3H
F
F

Acide 2,4-difluorobenzènesulfonique

Quand le groupe C_6H_5— est un substituant, on le nomme groupe **phényle.** Un hydrocarbure constitué d'une chaîne saturée et d'un cycle benzénique est habituellement nommé en tant que dérivé de la structure la plus importante. Par contre, si la chaîne est insaturée, le composé peut être nommé comme dérivé de cette chaîne, peu importe la dimension du cycle. Quelques exemples illustrent cette particularité de la nomenclature.

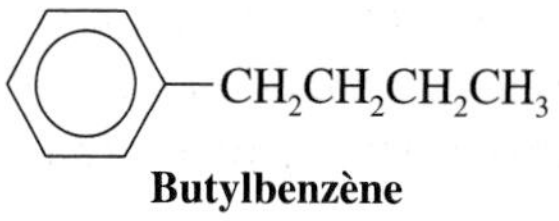
CH2CH2CH2CH3

Butylbenzène

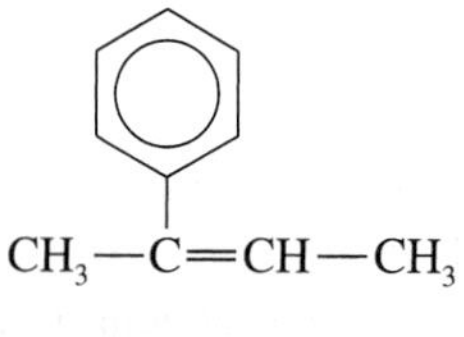
CH3—C=CH—CH3

2-Phénylbut-2-ène

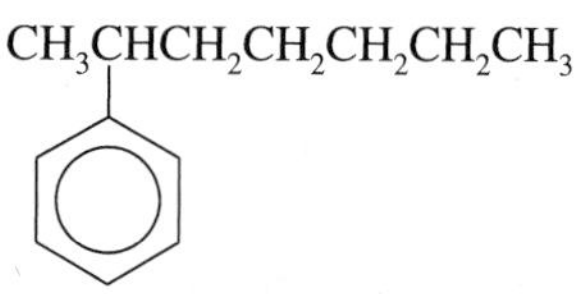
CH3CHCH2CH2CH2CH2CH3

2-Phénylheptane

Les abréviations du groupe phényle sont C$_6$H$_5$—, Ph— ou φ—.

Le terme benzyle est un autre nom du groupe phénylméthyle, dont l'abréviation quelquefois utilisée est Bz.

Groupe benzyle
(groupe phénylméthyle)

Chlorure de benzyle
(chlorure de phénylméthyle)

14.3 RÉACTIONS DU BENZÈNE

Au milieu du XIXe siècle, le benzène présentait un vrai casse-tête pour les chimistes. Ils avaient déduit de sa formule (section 14.1) qu'il était très insaturé et qu'il devait réagir en conséquence. Les chimistes prévoyaient qu'il réagirait comme un alcène et décolorerait le brome en solution dans le tétrachlorure de carbone en *additionnant le brome*. Ils s'attendaient à ce qu'il change la couleur d'une solution aqueuse de permanganate de potassium par *oxydation*. On croyait aussi qu'il additionnerait rapidement l'*hydrogène* en présence d'un catalyseur métallique, et l'*eau,* en présence d'acides forts.

Le benzène ne fait rien de tout cela. Lorsqu'on ajoute du benzène au tétrachlorure de carbone contenant du brome (dans l'obscurité), ou à une solution aqueuse de permanganate de potassium, ou à des acides dilués, aucune des réactions attendues ne se produit.

Le benzène additionne l'hydrogène en présence de fines particules de nickel, mais seulement à haute température et sous forte pression.

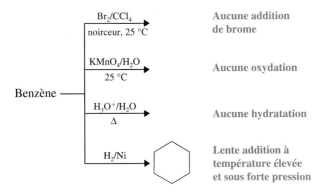

Le benzène *réagit* avec le brome, mais seulement en présence d'un catalyseur acide de Lewis comme le bromure ferrique. Cependant, le plus étonnant, c'est qu'il ne réagit pas par addition mais par une substitution qu'on appelle **substitution aromatique.**

Substitution

$$C_6H_6 + Br_2 \xrightarrow{FeBr_3} C_6H_5Br + HBr \qquad \text{Observée}$$

Addition

$$C_6H_6 + Br_2 \xrightarrow{\quad\times\quad} C_6H_4Br_2 + C_6H_2Br_4 + C_6Br_6 \qquad \text{Non observée}$$

Quand le benzène réagit avec le brome, il y a formation d'*un seul monobromobenzène*. On ne trouve effectivement qu'un seul composé de formule C$_6$H$_5$Br parmi les produits. Il en est de même à la suite d'une chloration : il y a formation d'*un seul monochlorobenzène*.

Deux hypothèses peuvent aider à comprendre ces résultats. En premier lieu, on peut penser qu'un seul des six atomes d'hydrogène est susceptible de réagir avec le chlore ou le brome. En second lieu, on peut croire que les six atomes sont tous équivalents et que remplacer n'importe lequel engendre le même produit. Comme nous le verrons, c'est la seconde hypothèse qui est juste.

Parmi les quatre produits illustrés ci-après, dont la formule moléculaire est C_6H_6, lequel ou lesquels donneraient un seul produit monosubstitué si, par exemple, un hydrogène était remplacé par un brome ?

a) $CH_3C \equiv C - C \equiv CCH_3$ b) 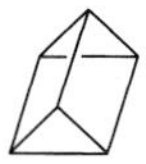   c) 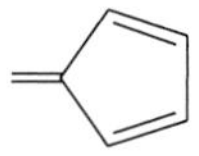   d)

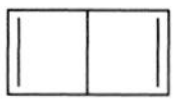

14.4 STRUCTURE DE KEKULÉ DU BENZÈNE

En 1865, August Kekulé, auteur de la théorie structurale (section 1.3), a été le premier à proposer une structure du benzène*, une structure encore utilisée (même si on lui donne une signification différente de celle proposée par Kekulé). Kekulé a suggéré que les atomes de carbone dans le benzène forment un cycle, qu'ils sont reliés en alternance par des liaisons doubles et des liaisons simples, et qu'un atome d'hydrogène est fixé à chaque atome de carbone. Cette structure concordait avec la théorie structurale : les atomes de carbone ont tous quatre liaisons et les atomes d'hydrogène du benzène sont tous équivalents.

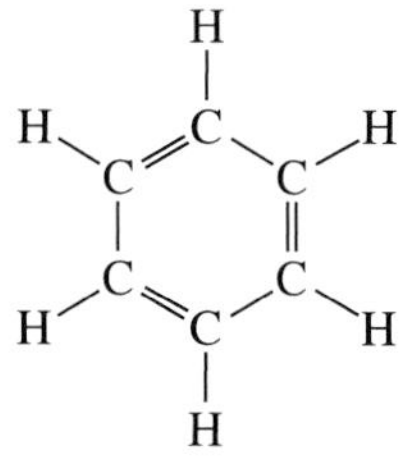

ou

Formule de Kekulé du benzène

Très tôt, la structure de Kekulé a soulevé un problème. En effet, elle prédit deux 1,2-dibromobenzènes différents. Dans l'un des composés hypothétiques (ci-dessous), les atomes de carbone porteurs du brome sont séparés par une liaison simple, tandis que dans l'autre ils le sont par une liaison double. *Cependant, on n'a jamais réussi à identifier plus d'un 1,2-dibromobenzène.*

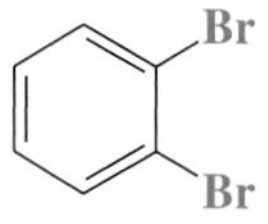

et

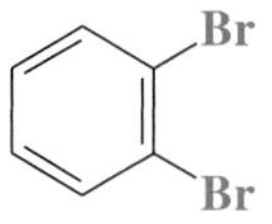

Pour résoudre ce problème, Kekulé a proposé que les deux formes de benzène (et de ses dérivés) sont dans un état d'équilibre, qui s'établit tellement rapidement qu'il devient impossible de séparer les composés. Il en serait de même pour le 1,2-dibromobenzène dont l'équilibre serait atteint si rapidement que cela expliquerait l'incapacité des chimistes de séparer les deux formes.

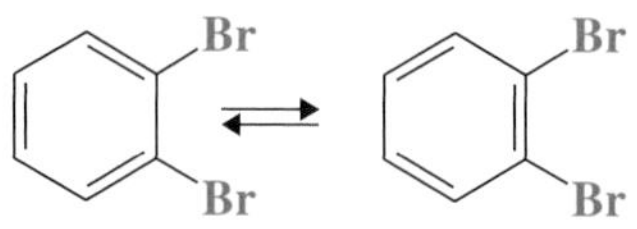

On sait que cette hypothèse est fausse et qu'*aucun équilibre de la sorte n'existe*. Néanmoins, la formule de Kekulé pour la structure du benzène représentait un grand pas en avant et, pour des raisons pratiques, on continue à l'utiliser aujourd'hui. Cependant, on l'interprète différemment.

La tendance du benzène à réagir par substitution plutôt que par addition a donné naissance à une autre signification de l'aromaticité. Appeler aromatique un composé

---

* En 1861, le chimiste autrichien Johann Josef Loschmidt a représenté le cycle du benzène par un cercle, mais il n'a pas tenté d'indiquer comment les atomes de carbone étaient disposés dans ce cycle.

signifiait, expérimentalement, qu'il donnerait des réactions de substitution plutôt que des réactions d'addition, même s'il est très insaturé.

Avant 1900, les chimistes présumaient qu'un cycle où alternent les liaisons simples et les liaisons doubles était la caractéristique structurale qui engendrait les propriétés aromatiques. Le benzène et ses dérivés (c'est-à-dire des composés contenant des cycles de six atomes de carbone) étaient les seuls composés aromatiques connus, mais bien entendu les chimistes en ont cherché d'autres. Le cyclooctatétraène semblait prometteur.

Cyclooctatétraène

En 1911, Richard Willstätter a réussi la synthèse du cyclooctatétraène et a trouvé qu'il ne ressemblait en rien au benzène. Le cyclooctatétraène réagit avec le brome par addition, il additionne l'hydrogène spontanément, et il est oxydé par les solutions de permanganate de potassium. Le cyclooctatétraène n'est donc *pas aromatique*. Même si ces résultats décevaient grandement Willstätter, ils étaient très significatifs par ce qu'ils ne prouvaient pas. En conséquence, les chimistes ont dû pousser plus loin leurs recherches sur les raisons de l'aromaticité du benzène.

14.5 STABILITÉ DU BENZÈNE

Nous avons vu que le benzène se comporte anormalement en subissant des réactions de substitution alors que, sur la base de la structure de Kekulé, on s'attendrait à ce qu'il réagisse par addition. Une autre anormalité du benzène est sa *grande stabilité*, non prévisible d'après la structure de Kekulé. Les données thermodynamiques suivantes aident à comprendre le phénomène.

Le cyclohexène, un cycle de six atomes de carbone contenant une double liaison, peut être hydrogéné facilement en cyclohexane. Le $\Delta H°$ de cette réaction est de -120 kJ·mol^{-1}, une valeur proche de celles d'alcènes substitués de façon analogue.

$$\text{Cyclohexène} + H_2 \xrightarrow{Pt} \text{Cyclohexane} \qquad \Delta H° = -120 \text{ kJ·mol}^{-1}$$

On s'attendrait à ce que l'hydrogénation du cyclohexa-1,3-diène libère à peu près deux fois plus de chaleur, et donc que le $\Delta H°$ de la réaction soit de -240 kJ·mol^{-1}. Le résultat expérimental est de -232 kJ·mol^{-1}. Cette valeur diffère peu de celle obtenue par calcul, et la différence peut s'expliquer par l'augmentation de la stabilité des composés qui possèdent des liaisons doubles conjuguées, par rapport à ceux qui ont des liaisons doubles isolées (section 13.8).

$$\text{Cyclohexa-1,3-diène} + 2 H_2 \xrightarrow{Pt} \text{Cyclohexane}$$

Calculé
$\Delta H° = (2 \times -120) = -240 \text{ kJ·mol}^{-1}$
Observé
$\Delta H° = -232 \text{ kJ·mol}^{-1}$

Si on pousse le raisonnement plus loin et qu'on considère le benzène comme étant le cyclohexa-1,3,5-triène, on s'attendrait à ce que l'hydrogénation du benzène dégage approximativement 360 kJ·mol^{-1} (3×-120). Les résultats expérimentaux sont étonnamment différents. La réaction est exothermique et ne dégage que 208 kJ·mol^{-1}.

$$\text{Benzène} + 3 H_2 \xrightarrow{Pt} \text{Cyclohexane}$$

Calculé
$\Delta H° = (3 \times -120) = -360 \text{ kJ·mol}^{-1}$
Observé $\qquad \Delta H° = -208 \text{ kJ·mol}^{-1}$
Différence $\qquad = 152 \text{ kJ·mol}^{-1}$

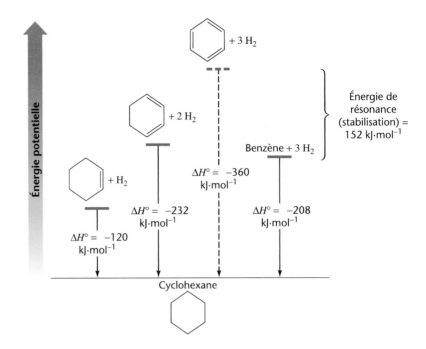

Figure 14.1 Stabilités relatives du cyclohexène, du cyclohexa-1,3-diène, du cyclohexa-1,3,5-triène (hypothétique) et du benzène.

La comparaison de tous ces résultats, à l'aide de la figure 14.1, indique que le benzène est beaucoup plus stable que ce qu'on avait calculé. Il est plus stable que l'hypothétique cyclohexa-1,3,5-triène, par 152 kJ·mol^{-1}. Cette différence entre la chaleur réellement dégagée et celle calculée à partir de la structure de Kekulé s'appelle maintenant **énergie de résonance** du composé.

14.6 THÉORIES MODERNES DE LA STRUCTURE DU BENZÈNE

Il a fallu attendre le développement de la mécanique quantique, dans les années 1920, pour commencer à comprendre le comportement inusité et la stabilité du benzène. La mécanique quantique, comme nous l'avons vu antérieurement, propose deux façons de se représenter les liaisons moléculaires : la théorie de la résonance et la théorie des orbitales moléculaires. Les sections suivantes appliqueront ces deux théories au benzène.

14.6A EXPLICATION DE LA STRUCTURE DU BENZÈNE PAR LA RÉSONANCE

Un postulat de base de la théorie de la résonance (sections 1.8 et 13.5) s'énonce comme suit : lorsqu'on peut représenter une molécule par deux ou plusieurs structures de Lewis qui *ne diffèrent que par la position des électrons,* aucune de ces structures n'explique entièrement les propriétés physiques et chimiques de la molécule. Si on accepte ce postulat, on est en mesure de mieux comprendre la vraie nature des deux structures de Kekulé (**I** et **II**) pour le benzène, qui ne diffèrent que par la position des électrons. Donc, les structures **I** et **II** ne représentent pas deux molécules différentes en équilibre, comme le proposait Kekulé. Étant donné les limites qu'imposent les formules moléculaires, ces deux structures sont les représentations les plus fidèles que l'on puisse faire de la véritable structure du benzène en tenant compte des règles classiques de la valence et du fait que les six hydrogènes sont chimiquement équivalents. Le problème que posent les structures de Kekulé vient du fait que ce sont des structures de Lewis qui indiquent uniquement la distribution localisée des électrons. (Nous verrons que, dans le benzène, les électrons sont délocalisés.) Heureusement, la théorie de la résonance prévoit les difficultés de ce genre et permet de les résoudre. Elle nous apprend que les structures **I** et **II** sont des formes limites de résonance qui

Leçon interactive : résonance du benzène

contribuent à la représentation exacte de la molécule de benzène. Par conséquent, il faut utiliser une flèche à deux pointes pour illustrer la relation qui existe entre **I** et **II,** et non pas le symbole constitué de deux flèches qui est réservé à la représentation des équilibres chimiques. Les structures limites de résonance, nous insistons là-dessus, ne sont pas en équilibre; elles ne représentent pas de véritables molécules. Ce sont des approximations aussi précises que possible compte tenu des règles élémentaires de la valence. Néanmoins, elles sont très utiles parce qu'elles permettent de visualiser la molécule en tant qu'hybride.

Si on regarde attentivement les structures, on constate que les liaisons simples de la structure **I** sont doubles dans la structure **II.** Si on fusionne **I** et **II** de manière à former un hybride de résonance, les liaisons carbone–carbone dans le benzène ne seront ni doubles ni simples. Elles posséderont plutôt un caractère de liaison intermédiaire entre celui de la liaison simple et celui de la liaison double, ce qui se vérifie expérimentalement. Les mesures spectroscopiques montrent que la molécule de benzène est plane et que toutes ses liaisons carbone–carbone sont d'égale longueur. De plus, la longueur des liaisons carbone–carbone dans le benzène (figure 14.2) est de 1,39 Å, une valeur qui se situe entre celle de la liaison simple carbone–carbone d'atomes hybridés sp^2 (1,47 Å) (voir le tableau 13.1) et celle de la double liaison carbone–carbone (1,33 Å).

On représente la structure hybride du benzène en traçant un cercle à l'intérieur de l'hexagone, ce qui donne la formule **III** qu'on emploie le plus fréquemment aujourd'hui. Dans certains cas, cependant, il est important que la représentation fasse ressortir clairement le nombre d'électrons; on utilise alors l'une des deux structures de Kekulé, parce que le nombre d'électrons est indiqué moins clairement par un cercle (ou un arc de cercle). Dans le benzène, le cercle correspond aux six électrons délocalisés des six atomes de carbone du cycle; par contre, dans d'autres systèmes, un cercle à l'intérieur du cycle peut représenter un nombre d'électrons délocalisés différent de six.

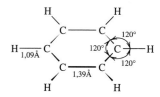

Figure 14.2 Longueurs et angles des liaisons dans le benzène (illustration des liaisons σ uniquement).

III

PROBLÈME 14.2

Si le benzène était le cyclohexa-1,3,5-triène, la liaison carbone–carbone serait alternativement longue et courte comme l'indiquent les structures suivantes. Cependant, on ne peut les considérer comme des structures limites (ou les relier par une flèche à deux pointes) sans violer un principe de base de la théorie de la résonance. Expliquez.

La théorie de la résonance (section 13.5) stipule que, lorsqu'on peut représenter une molécule par des structures de résonance équivalentes, la molécule ou l'hybride est beaucoup plus stable que chacune de ces structures prise isolément, si elles pouvaient exister. C'est ainsi que la théorie de la résonance rend compte de la plus grande stabilité du benzène, comparativement à l'hypothétique cyclohexa-1,3,5-triène. Pour cette raison, la stabilité additionnelle du benzène est appelée son *énergie de résonance.*

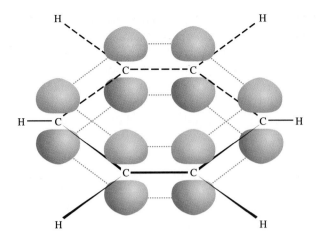

Figure 14.3 Orbitales *p* stylisées dans le benzène. Le recouvrement des orbitales est indiqué par les lignes pointillées rouges entre les lobes.

14.6B EXPLICATION DE LA STRUCTURE DU BENZÈNE PAR LES ORBITALES MOLÉCULAIRES

L'angle de liaison de 120° entre les atomes de carbone du cycle benzénique suggère fortement que ces atomes sont *hybridés sp²*. Conséquemment, si on conçoit un cycle constitué de six atomes hybridés *sp²*, comme dans la figure 14.3, une nouvelle image du benzène surgit. Parce que la longueur de chacune des liaisons est de 1,39 Å, les orbitales *p* sont suffisamment rapprochées pour qu'effectivement elles se recouvrent toutes également autour du cycle, comme l'indiquent les pointillés dans la figure.

Selon la théorie des orbitales moléculaires, les six orbitales *p* se combinent pour former un ensemble d'orbitales moléculaires π. La théorie permet aussi de calculer les énergies relatives des orbitales moléculaires π. Ces calculs dépassent le cadre de notre exposé, mais les niveaux d'énergie sont représentés à la figure 14.4.

Une orbitale moléculaire peut contenir deux électrons si leurs spins sont opposés. Par conséquent, la structure électronique de l'état fondamental du benzène résulte de l'addition de six électrons aux orbitales π, à commencer par celles qui ont le plus bas niveau d'énergie, comme l'illustre la figure 14.4. Il faut noter que, dans le benzène, toutes les orbitales liantes sont remplies, **tous les électrons ont leur spin apparié,** et aucun électron ne se trouve dans les orbitales antiliantes. En résumé, le benzène possède une *couche liante saturée* d'électrons π délocalisés, ce qui explique partiellement sa stabilité.

Après avoir considéré les orbitales moléculaires, il convient maintenant d'examiner une représentation du potentiel électrostatique de la surface de Van der Waals du benzène, calculé à partir des principes de la mécanique quantique (figure 14.5). Cette représentation illustre bien ce que nous savons des électrons π du benzène; ils sont délocalisés et répartis également autour des deux faces du cycle benzénique. (La figure ne montre qu'une seule face.)

Leçon interactive : orbitales moléculaires du benzène

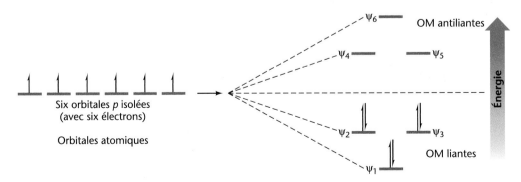

Figure 14.4 Comment six orbitales atomiques *p* (une de chaque atome de carbone du cycle benzénique) se combinent pour former six orbitales moléculaires π. Trois de ces orbitales moléculaires ont une énergie inférieure à celle d'une orbitale *p* isolée; ce sont les orbitales moléculaires liantes. Trois des orbitales moléculaires ont une énergie supérieure à celle d'une orbitale *p* isolée; ce sont les orbitales moléculaires antiliantes. Les orbitales ψ_2 et ψ_3 ont la même énergie et sont dites dégénérées; c'est également le cas des orbitales ψ_4 et ψ_5.

Une découverte récente indique que, dans le benzène cristallisé, il y a des interactions entre les molécules, perpendiculairement au plan des cycles, de sorte que la périphérie relativement positive d'une molécule s'associe avec les faces relativement négatives des cycles alignés au-dessus et au-dessous d'elle.

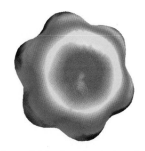

Figure 14.5 Représentation du potentiel électrostatique du benzène.

14.7 RÈGLE DE HÜCKEL : RÈGLE DE (4*n* + 2) ÉLECTRONS π

En 1931, le physicien allemand Erich Hückel a fait une série de calculs mathématiques basés sur le genre de théorie dont nous venons de parler. La **règle de Hückel** s'applique aux composés qui renferment un **cycle plan dans lequel chaque atome a une orbitale *p*,** comme dans le benzène. Ses calculs démontrent que les cycles plans monocycliques contenant (4*n* + 2) électrons π où *n* = 0, 1, 2, 3, et ainsi de suite (c'est-à-dire les cycles contenant 2, 6, 10, 14… électrons π), forment des couches saturées d'électrons délocalisés, comme dans le benzène, et possèdent donc une énergie de résonance considérable. En d'autres mots, les **cycles plans monocycliques ayant 2, 6, 10, 14… électrons π délocalisés sont aromatiques.**

Même si les calculs de Hückel sont trop complexes pour être exposés ici, on peut représenter schématiquement, à l'aide d'une méthode simple, les énergies relatives des orbitales π des systèmes conjugués monocycliques. *On inscrit dans un cercle un polygone régulier correspondant au cycle du composé étudié de façon que l'un des angles du polygone soit en bas.* **Les points où les angles du polygone touchent au cercle correspondent aux niveaux d'énergie des orbitales moléculaires π du système.** Dans le cas du benzène, par exemple, cette méthode (figure 14.6) donne les mêmes niveaux d'énergie que ceux que nous avons obtenus précédemment à partir des calculs de la mécanique quantique (figure 14.4).

On comprend maintenant pourquoi le cyclooctatétraène n'est pas aromatique : il possède huit électrons π. Huit n'est pas un nombre de Hückel; il équivaut à 4*n* et non à 4*n* + 2. Grâce à la méthode du cercle et du polygone (figure 14.7), on déduit que, si le cyclooctatétraène était plan, il *n'aurait pas* une couche saturée d'électrons π comme le benzène; il aurait un électron non apparié dans chacune des deux orbitales non liantes. Les molécules qui possèdent des électrons non appariés (radicaux) *ne sont pas* anormalement stables; elles sont naturellement très réactives et instables. En conclusion, une forme plane du cyclooctatétraène ne ressemble en rien au benzène et n'est pas aromatique.

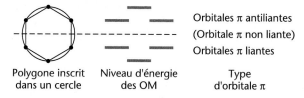

Orbitales π antiliantes
(Orbitale π non liante)
Orbitales π liantes

Polygone inscrit dans un cercle   Niveau d'énergie des OM   Type d'orbitale π

Figure 14.6 La méthode du polygone et du cercle pour déduire les énergies relatives des orbitales moléculaires π du benzène. Une ligne horizontale passant par le centre du cercle sépare les orbitales liantes des orbitales antiliantes. Si une orbitale se trouve sur cette ligne, c'est une orbitale non liante. Cette méthode a été développée par C.A. Coulson (université d'Oxford).

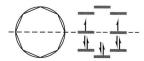

Figure 14.7 Si le cyclooctatétraène était plan, il aurait ces orbitales moléculaires π. Notez que, contrairement au benzène, cette molécule devrait avoir deux orbitales non liantes. Cependant, comme elle possède huit électrons π, elle devrait également avoir un électron non apparié dans chacune de ses deux orbitales non liantes. Un tel système ne devrait pas être aromatique.

Puisque le cyclooctatétraène ne gagne pas de stabilité en devenant plan, il adopte la forme d'une baignoire, illustrée ci-dessous. (Nous verrons à la section 14.7D qu'il perdrait même de la stabilité en étant plan.)

La spectroscopie par rayons X a démontré que les liaisons du cyclooctatétraène sont alternativement longues et courtes : elles sont respectivement de 1,48 Å et 1,34 Å.

14.7A ANNULÈNES

Ces noms sont souvent utilisés pour désigner les cycles conjugués de 10 atomes de carbone ou plus, mais rarement pour le benzène et le cyclooctatétraène.

Le nom **annulène** a été proposé comme nom générique des composés monocycliques qui peuvent être représentés par des structures dont les doubles et simples liaisons alternent. La dimension du cycle d'un annulène est indiquée par un nombre entre crochets. Ainsi, le benzène est le [6]annulène; et le cyclooctatétraène, le [8]annulène. Si l'on se fie à la règle de Hückel, les annulènes sont aromatiques quand leurs molécules ont ($4n + 2$) électrons π et qu'elles sont constituées d'un assemblage plan d'atomes de carbone.

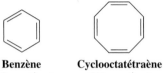

Benzène
([6]annulène)

Cyclooctatétraène
([8]annulène)

Avant 1960, les seuls annulènes permettant de vérifier la règle de Hückel étaient le benzène et le cyclooctatétraène. Durant les années 1960, et surtout grâce aux recherches de F. Sondheimer, bon nombre d'annulènes à grand cycle ont été synthétisés et les résultats prévus par Hückel ont été confirmés.

Parmi les [14], [16], [18], [20], [22] et [24]annulènes, *comme la règle de Hückel le prévoit*, les [14], [18] et [22]annulènes ($4n + 2$ quand $n = 3, 4, 5$) sont aromatiques. Les [16] et [24]annulènes ne sont pas aromatiques, puisqu'ils sont des composés $4n$ et non $4n + 2$.

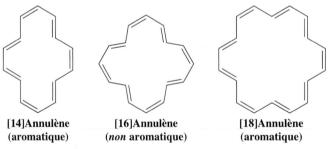

[14]Annulène
(aromatique)

[16]Annulène
(*non* aromatique)

[18]Annulène
(aromatique)

Les [10] et [12]annulènes ont également été synthétisés; ils ne sont pas aromatiques. Il était prévisible que les [12]annulènes ne seraient pas aromatiques puisqu'ils possèdent 12 électrons π et ne répondent pas à la règle de Hückel. Les [10]annulènes présentés ci-dessous devraient être aromatiques d'après leur nombre d'électrons, mais leurs cycles ne sont pas plans.

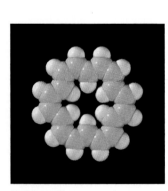

[18]Annulène

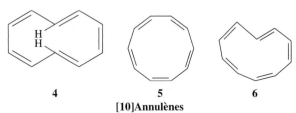

4   **5**   **6**
[10]Annulènes
Aucun n'est aromatique car aucun n'est plan.

Le [10]annulène **4** possède deux doubles liaisons *trans*. Les angles de liaison sont approximativement de 120°; par conséquent, il n'y a pas de tension angulaire appréciable. Les atomes de carbone de son cycle ne peuvent devenir coplanaires parce que les deux atomes d'hydrogène au centre du cycle interfèrent. Comme le cycle n'est pas plan, les orbitales *p* des atomes de carbone ne sont pas parallèles et ne peuvent guère se recouvrir autour du cycle pour former les orbitales moléculaires π d'un système aromatique.

Le [10]annulène **5,** avec toutes ses doubles liaisons *cis,* aurait une tension angulaire importante s'il était plan parce que les angles de liaison internes seraient de 144°. Par conséquent, toute stabilité acquise par cet isomère en devenant plan, donc aromatique, serait plus que neutralisée par l'effet déstabilisateur de la tension angulaire accrue. Un problème similaire de forte tension angulaire associée à la forme plane empêche l'isomère [10]annulène **6,** qui a une double liaison *trans,* d'être aromatique.

Après plusieurs années de recherches, R. Pettit et son équipe de l'université du Texas à Austin ont réussi, en 1965, la synthèse du [4]annulène (ou cyclobutadiène). Il s'agit d'une molécule 4*n*, et non 4*n* + 2, et, comme prévu, le cyclobutadiène est très instable et *non aromatique.*

Cyclobutadiène ou [4]annulène
(***non* aromatique**)

PROBLÈME 14.3

Appliquez la méthode du polygone inscrit dans un cercle pour décrire brièvement les orbitales moléculaires π du cyclobutadiène, et expliquez à partir de là pourquoi ce composé n'est pas aromatique.

14.7B SPECTROSCOPIE RMN : MISE EN ÉVIDENCE DE LA DÉLOCALISATION DES ÉLECTRONS DANS LES COMPOSÉS AROMATIQUES

Le spectre RMN ^{1}H du benzène consiste en un seul signal sans multiplicité à δ = 7,27. L'observation de ce signal unique confirme que tous les hydrogènes du benzène sont équivalents. Comme nous le verrons, le fait que ce signal soit observé à un aussi faible champ magnétique est une preuve de plus que les électrons π du benzène sont délocalisés.

Nous avons vu, à la section 9.5, que la circulation des électrons σ des liaisons C—H provoque le ***blindage*** des protons des alcanes dans le champ magnétique du spectromètre RMN. En conséquence, ces protons exigent des champs magnétiques plus forts pour absorber de l'énergie. Dans le cas des protons du benzène, l'intensité de champ requise pour qu'il y ait absorption est faible. Nous allons maintenant expliquer ce fait par le *déblindage causé par la circulation des électrons* π, ce qui nous amènera encore une fois à conclure que les électrons π sont délocalisés.

Lorsque les molécules de benzène sont placées dans le puissant champ magnétique d'un spectromètre RMN, les électrons circulent dans la direction indiquée à la figure 14.8; ils engendrent ainsi un **courant de cycle.** (Si vous avez étudié la

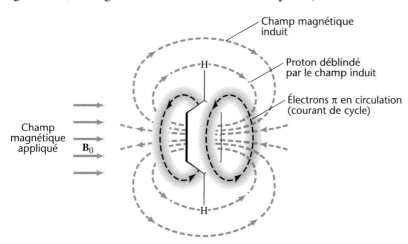

Figure 14.8 Le champ magnétique induit des électrons π du benzène déblinde les protons du benzène. Le déblindage a lieu parce qu'au voisinage des protons le champ induit est du même sens que le champ appliqué.

physique, vous comprendrez pourquoi les électrons circulent de cette façon.) La circulation des électrons π crée un champ magnétique induit qui renforce, *dans le voisinage des protons du benzène, le champ magnétique appliqué*. Ce renforcement provoque un *déblindage* important des protons. Ici, « déblindage » signifie que les protons sont influencés par la somme des deux champs magnétiques et qu'ainsi la force du champ magnétique appliquée n'a pas besoin d'être aussi grande qu'en l'absence du champ magnétique induit. Ce puissant déblindage, qu'on attribue au courant de cycle créé par les électrons π *délocalisés,* explique la très faible intensité des champs magnétiques nécessaires pour que les protons aromatiques puissent absorber de l'énergie.

Le déblindage des protons aromatiques externes résultant du courant de cycle est l'une des meilleures preuves physiques de la délocalisation des électrons π dans les cycles aromatiques. En fait, un bas niveau d'intensité du champ nécessaire à l'absorption par les protons est souvent considéré comme un critère de l'aromaticité des nouveaux composés de synthèse qui sont à la fois cycliques et conjugués.

Cependant, en ce qui concerne l'absorption, ce ne sont pas tous les protons aromatiques qui ne requièrent qu'un faible champ magnétique. Les protons des gros cycles aromatiques dont le centre renferme des hydrogènes (avec les électrons π du cycle) requièrent des champs d'une intensité anormalement élevée, parce qu'ils sont fortement blindés par le champ magnétique inversé qui est induit en leur centre (voir la figure 14.8). Prenons comme exemple le [18]annulène (figure 14.9), dont les protons internes absorbent à champ fort, à $\delta = -3,0$, c'est-à-dire au-dessus du signal du TMS; par ailleurs, les protons externes de ce composé n'absorbent qu'à champ très faible, à $\delta = 9,3$. Étant donné que le [18]annulène possède $(4n + 2)$ électrons π, ces données nous fournissent encore une fois une excellente raison d'établir la délocalisation des électrons π comme critère de l'aromaticité, et la règle de Hückel comme une bonne indication de l'aromaticité.

Figure 14.9 [18]Annulène. Les protons internes (en rouge) sont fortement blindés et absorbent à $\delta = -3,0$. Les protons externes (en bleu) sont très déblindés et absorbent à $\delta = 9,3$.

14.7C IONS AROMATIQUES

En plus des molécules neutres dont il a été question jusqu'à présent, nombre d'autres espèces monocycliques portent des charges positives ou négatives. Certains de ces ions présentent une stabilité inattendue qui laisse croire qu'ils sont, eux aussi, **aromatiques.** La règle de Hückel permet ici encore d'expliquer les propriétés de ces ions. Considérons deux exemples : l'anion cyclopentadiényle et le cation cycloheptatriényle.

Le cyclopentadiène n'est pas aromatique; cependant, son caractère acide est inhabituel pour un hydrocarbure. (Le pK_a du cyclopentadiène est de 16, comparativement à 36 pour le pK_a du cycloheptatriène.) À cause de cette acidité, le cyclopentadiène est facilement converti en son anion sous l'action d'une base modérément forte. De plus, l'anion cyclopentadiényle est anormalement stable, et la spectroscopie RMN indique que ses cinq atomes d'hydrogène sont équivalents et résonnent à un champ de faible intensité.

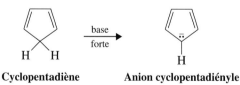

Cyclopentadiène   **Anion cyclopentadiényle**

La structure des orbitales du cyclopentadiène (figure 14.10) justifie sa non-aromaticité. Non seulement il n'a pas le nombre approprié d'électrons π, mais ses électrons ne peuvent être délocalisés autour du cycle complet à cause de la présence du groupe —CH_2— hybridé sp^3, dans lequel aucune orbitale p n'est disponible.

Par ailleurs, si l'atome de carbone du —CH_2— devient hybridé sp^2 après la perte d'un proton (figure 14.10), les deux électrons résiduels peuvent alors occuper l'orbitale p résultante. De plus, cette nouvelle orbitale p peut chevaucher les orbitales p voisines et donner naissance à un cycle ayant six électrons π délocalisés. Puisque ces électrons sont délocalisés, tous les atomes d'hydrogène sont équivalents, ce qu'indique la spectroscopie RMN. La représentation du potentiel électrostatique de l'anion

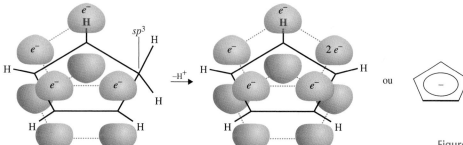

Cyclopentadiène   **Anion cyclopentadiényle**

cyclopentadiényle (figure 14.11) met en évidence la distribution symétrique de la charge négative dans le cycle ainsi que la symétrie globale de la structure du cycle.

Évidemment, six est un nombre de Hückel ($4n + 2$, où $n = 1$), et l'anion cyclopentadiényle est effectivement un **anion aromatique**. L'acidité anormale du cyclopentadiène est le résultat de la stabilité inhabituelle de son anion.

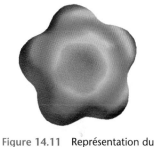

Figure 14.10 Orbitales *p* stylisées du cyclopentadiène et de l'anion cyclopentadiényle.

PROBLÈME 14.4

a) Représentez schématiquement les orbitales moléculaires π du système cyclopentadiényle par la méthode du polygone inscrit dans un cercle. À l'aide de votre schéma, expliquez l'aromaticité de l'anion cyclopentadiényle. b) Quelle distribution électronique prévoyez-vous dans le cation cyclopentadiényle ? c) Croyez-vous qu'il est aromatique ? Justifiez votre réponse. d) Le cation cyclopentadiényle serait-il aromatique selon la règle de Hückel ?

Figure 14.11 Représentation du potentiel électrostatique de l'anion cyclopentadiényle. Bien sûr la charge négative est répartie sur l'ensemble de la molécule, mais les régions qui possèdent un plus grand potentiel négatif sont en rouge, tandis qu'en bleu on représente les régions de plus faible potentiel négatif. La concentration du potentiel négatif dans le centre de chacune des deux faces du dessus et du dessous (non illustrée) indique la participation des deux électrons supplémentaires de l'ion à l'aromaticité du système électronique π.

Le cycloheptatriène (figure 14.12) (dont le nom courant est tropylidène) possède six électrons π. Cependant, ces électrons ne peuvent être délocalisés complètement à cause de la présence d'un groupe —CH_2—, qui n'a pas d'orbitale *p* disponible (figure 14.12).

Lorsque le cycloheptatriène est traité par un réactif capable de lui arracher un ion hydrure, il est converti en cation cycloheptatriényle (ou tropylium). La perte d'un ion hydrure par le cycloheptatriène survient avec une facilité étonnante et le cation cycloheptatriényle acquiert une stabilité exceptionnelle. Le spectre RMN du cation montre que les sept atomes d'hydrogène sont équivalents. Un examen attentif de la figure 14.12 permet d'expliquer ces observations.

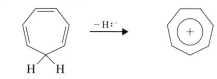

Cycloheptatriène   **Cation cycloheptatriényle
(ion tropylium)**

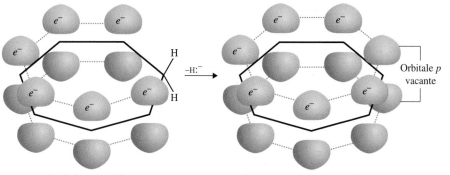

Cycloheptatriène   **Cation cycloheptatriényle**

Figure 14.12 Orbitales *p* stylisées du cycloheptatriène et du cation cycloheptatriényle (tropylium).

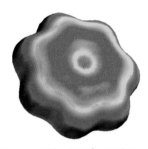

Figure 14 13 Représentation du potentiel électrostatique du cation tropylium. Évidemment, l'ion est positivement chargé, mais une région de plus grand potentiel négatif se voit claire-ment autour du cycle (au-dessus et en dessous) là où les électrons contribuent au système π du cycle aromatique.

Au moment où un ion hydrure est enlevé au groupe —CH_2— du cycloheptatriène, une orbitale *p* vacante est créée, et l'atome de carbone devient hybridé *sp²*. Le cation qui en découle possède sept orbitales *p* qui se recouvrent et contiennent *six* élec-trons π délocalisés. Le cation cycloheptatriényle est donc un cation aromatique dont tous les atomes d'hydrogène sont équivalents, ce qui encore une fois a été confirmé expérimentalement.

La représentation du potentiel électrostatique du cation cycloheptatriényle (tropylium) (figure 14.13) met en évidence la symétrie de cet ion. Le potentiel électros-tatique des électrons π contribuant à l'aromaticité y est indiqué en rouge, et il est dis-tribué uniformément sur les deux faces du réseau carboné (une seule face est visible dans la figure). Bien sûr, l'ion dans son ensemble est positif, et la région qui possède le plus grand potentiel positif est représentée en bleu à la périphérie de l'ion.

PROBLÈME 14.5

a) Employez la méthode du polygone inscrit dans un cercle pour établir les niveaux d'énergie relatifs des orbitales moléculaires du cation cycloheptatriényle et expliquez pourquoi il est aromatique. b) Vous attendez-vous à ce que l'anion cycloheptatriényle soit aromatique, compte tenu de la distribution électronique dans les orbitales molé-culaires π ? Expliquez. c) La règle de Hückel permet-elle de prévoir l'aromaticité de l'anion cycloheptatriényle ?

PROBLÈME 14.6

Le cyclohepta-1,3,5-triène (illustré à la figure 14.12) est encore moins acide que l'hepta-1,3,5-triène. Expliquez comment cette observation peut aider à confirmer vos réponses aux questions b) et c) du problème précédent.

PROBLÈME 14.7

Lorsque le cyclohepta-1,3,5-triène réagit avec un équivalent molaire de brome en solution dans le CCl_4 à 0 °C, il y a addition-1,6. a) Quelle est la structure du produit de cette réaction ? b) Par chauffage, le produit d'addition-1,6 perd spontanément HBr pour donner un composé de formule moléculaire C_7H_7Br appelé *bromure de tropylium*. Ce bromure est insoluble dans les solvants non polaires mais est soluble dans l'eau. Son point de fusion est étonnamment élevé (203 °C). Lorsque traitée par le nitrate d'argent, la solution aqueuse du bromure de tropylium donne un précipité de AgBr. Que suggèrent ces résultats expérimentaux au sujet des liaisons dans le bromure de tropylium ?

14.7D COMPOSÉS AROMATIQUES, ANTIAROMATIQUES ET NON AROMATIQUES

Qu'entend-on par composé aromatique ? L'aromaticité est liée à la *délocalisation* des électrons π sur tout le cycle et au fait que cette délocalisation engendre une *stabilisation*.

Nous avons vu que la spectroscopie RMN est la meilleure façon de déterminer si les électrons π d'un système cyclique sont délocalisés, parce qu'elle fournit des preuves physiques de la délocalisation.

Mais que veut-on dire lorsqu'on affirme qu'un composé est stabilisé par la délocalisation des électrons π ? La comparaison de la chaleur d'hydrogénation du benzène avec celle calculée pour l'hypothétique cyclohexa-1,3,5-triène donne une idée de la signification de cette affirmation. Nous avons vu que le benzène — avec ses électrons π délocalisés — est beaucoup plus stable que le cyclohexa-1,3,5-triène (mo-dèle dans lequel les électrons π ne sont pas délocalisés). La différence d'énergie entre les deux est appelée énergie de résonance (énergie de délocalisation) ou énergie de stabilisation.

Pour faire des comparaisons avec d'autres composés aromatiques, il faut choisir les modèles appropriés. Quels devraient être ces modèles ?

On peut comparer l'énergie des électrons π d'un système cyclique avec celle d'un composé à chaîne ouverte équivalent. Cette approche est particulièrement utile parce qu'elle fournit des modèles non seulement pour les annulènes, mais aussi pour les cations et anions aromatiques. (Il faut cependant faire des corrections si le cycle est soumis à des tensions.)

Dans cette approche, on choisit comme modèle une chaîne linéaire d'atomes hybridés sp^2 qui porte le même nombre d'électrons π que le composé cyclique. On suppose ensuite qu'on enlève un hydrogène à chaque extrémité de la chaîne pour la refermer en cycle. Puis on calcule le niveau d'énergie des électrons π, et dans le cycle obtenu, et dans la chaîne ouverte. Si cette énergie est *moindre* dans le cycle que dans la chaîne, le cycle est *aromatique*. Si elle est *la même* dans les deux cas, le cycle est *non aromatique*. Enfin, si l'énergie correspondant au cycle est *supérieure* à celle associée à la chaîne, alors le cycle est *antiaromatique*.

Nous ne ferons pas ici un compte rendu des expériences et des calculs effectués pour déterminer l'énergie des électrons π; cela dépasserait le cadre du présent ouvrage. Par contre, nous étudierons quatre exemples pour illustrer l'approche employée.

Cyclobutadiène   Dans le cas du cyclobutadiène, considérons le changement d'énergie subi par les électrons π dans la transformation *hypothétique* suivante :

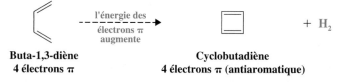

Buta-1,3-diène
4 électrons π

Cyclobutadiène
4 électrons π (antiaromatique)

Les calculs, vraisemblablement confirmés par l'expérimentation, indiquent que l'énergie des électrons π du cyclobutadiène est supérieure à celle de la chaîne ouverte correspondante. Donc, le cyclobutadiène est classé comme antiaromatique.

Benzène   Ici, la comparaison se fait au moyen de la transformation hypothétique suivante :

Hexa-1,3,5-triène
6 électrons π

Benzène
6 électrons π
(aromatique)

Les calculs indiquent, et l'expérimentation confirme, que l'énergie des électrons π du benzène est beaucoup plus basse que celle de l'hexa-1,3,5-triène. Alors, le benzène est classé comme aromatique, compte tenu de cette comparaison.

Anion cyclopentadiényle   Pour cette transformation hypothétique, on doit choisir un anion linéaire.

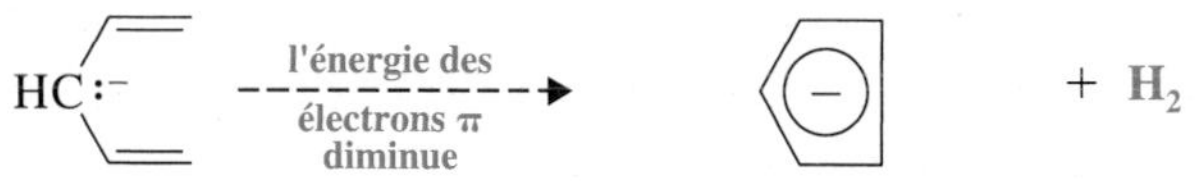

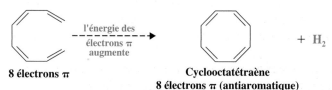

6 électrons π

Anion cyclopentadiényle
6 électrons π (aromatique)

À la fois les calculs et l'expérimentation confirment que l'anion cyclique possède des électrons π de plus bas niveau d'énergie que son équivalent linéaire. Ainsi, l'anion cyclopentadiényle est un aromatique.

Cyclooctatétraène   Dans ce cas, la transformation hypothétique se présente comme suit :

8 électrons π

Cyclooctatétraène
8 électrons π (antiaromatique)

Les calculs et l'expérimentation montrent que le cyclooctatétraène plan contiendrait des électrons π de plus haut niveau d'énergie que ceux de la chaîne ouverte octatétraène. On en déduit que la forme plane du cyclooctatétraène, si elle existait, serait *antiaromatique*. Cependant, comme nous l'avons vu antérieurement, le cyclooctatétraène n'est pas plan et se comporte comme un simple polyène cyclique.

PROBLÈME 14.8

Des calculs indiquent que l'énergie des électrons π décroît au moment de la transformation hypothétique du cation allyle en cation cyclopropényle.

$$CH_2 {=} CH {-} CH_2^+ \longrightarrow \triangle^+ + H_2$$

Qu'est-ce que cela indique quant à la possible aromaticité du cation cyclopropényle ? (Voir le problème 14.10 pour en savoir plus sur ce cation.)

PROBLÈME 14.9

Le cation cyclopentadiényle est apparemment *antiaromatique*. Expliquez ce que cela signifie par rapport aux niveaux d'énergie des électrons π d'un composé cyclique et d'une chaîne ouverte analogue.

PROBLÈME 14.10

En 1967, R. Breslow (université Columbia) et son équipe ont montré que l'addition de $SbCl_5$ à une solution de 3-chlorocyclopropène dans CH_2Cl_2 entraîne la précipitation d'un solide blanc de composition $C_3H_3^+SbCl_6^-$. La spectroscopie RMN d'une solution de ce sel montre que tous ses hydrogènes sont équivalents. Quel est ce nouvel ion aromatique synthétisé par Breslow et son équipe ?

14.8 AUTRES COMPOSÉS AROMATIQUES

14.8A COMPOSÉS AROMATIQUES BENZÉNOÏDES

En plus de tous les composés aromatiques que nous avons vus jusqu'ici, il en existe de nombreux autres. La figure 14.14 présente des composés représentatifs d'une vaste classe de **composés aromatiques benzénoïdes** appelés **hydrocarbures aromatiques polycycliques benzénoïdes.** Toutes ces molécules sont constituées de deux ou plusieurs cycles benzéniques *fusionnés*. Pour illustrer ce que nous entendons par ce mot, nous utiliserons le naphtalène comme exemple.

Selon la théorie de la résonance, une molécule de naphtalène peut être considérée comme un hybride de trois structures de Kekulé. L'une de ces structures est représentée à la figure 14.15. Dans le naphtalène, il y a deux atomes de carbone (C4*a*

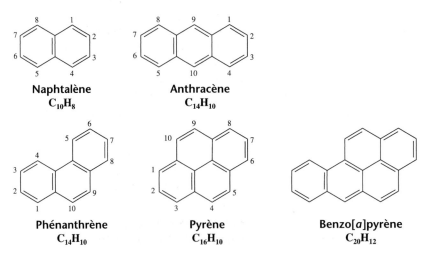

Figure 14.14 Hydrocarbures aromatiques polycycliques benzénoïdes.

Naphtalène
$C_{10}H_8$

Anthracène
$C_{14}H_{10}$

Phénanthrène
$C_{14}H_{10}$

Pyrène
$C_{16}H_{10}$

Benzo[*a*]pyrène
$C_{20}H_{12}$

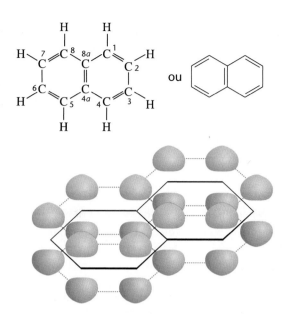

Figure 14.15 Une des structures de Kekulé pour le naphtalène.

Figure 14.16 Orbitales *p* stylisées du naphtalène.

et C8*a*) communs aux deux cycles. On dit que ces deux atomes se trouvent aux points de *jonction des cycles*. Toutes leurs liaisons sont orientées vers les autres atomes de carbone et ils ne portent aucun atome d'hydrogène.

Le modèle de la figure 14.16 est le point de départ des calculs relatifs aux orbitales moléculaires du naphtalène. Les orbitales *p* se recouvrent sur tout le pourtour et entre les points de jonction des cycles.

Lorsque les calculs s'inspirent du modèle de la figure 14.16, les résultats concordent avec ce qu'on connaît expérimentalement du naphtalène et ils indiquent que la délocalisation des dix électrons π sur les deux cycles engendre une structure dont l'énergie est beaucoup plus faible que celle des structures de Kekulé prises une à une. En conséquence, le naphtalène possède une énergie de résonance importante. De plus, ce que l'on sait du benzène aide à comprendre la tendance du naphtalène à réagir par substitution plutôt que par addition et à présenter d'autres propriétés associées aux composés aromatiques.

L'anthracène et le phénanthrène sont des isomères. Dans le premier, les trois cycles sont fusionnés de manière linéaire, tandis que dans le phénanthrène la fusion crée un angle dans la molécule. Dans ces deux molécules, l'énergie de résonance est importante et les propriétés chimiques sont caractéristiques des composés aromatiques.

Le pyrène est aussi un aromatique. Comme tel, le pyrène est connu depuis longtemps; cependant, un dérivé du pyrène a fait l'objet d'une recherche qui a ouvert la voie à une nouvelle application de la règle de Hückel.

Pour bien comprendre les résultats de cette recherche, il faut examiner de plus près la structure de Kekulé du pyrène (figure 14.17). Le nombre total d'électrons π dans le pyrène est de 16 (8 doubles liaisons = 16 électrons π). Seize n'est pas un nombre de Hückel, mais la règle de Hückel ne devrait s'appliquer qu'à des composés monocycliques, et le pyrène est évidemment un tétracycle. Par contre, si on oublie la double liaison interne du pyrène pour ne tenir compte que des liaisons de la périphérie, on obtient un cycle plan avec 14 électrons π. En fait, comme le pourtour du pyrène ressemble au [14]annulène et que 14 *est* un nombre de Hückel (4*n* + 2, où *n* = 3), on peut « prédire » que le pyrène sans sa double liaison interne serait aromatique.

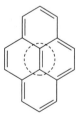

Figure 14.17 Une des structures de Kekulé pour le pyrène. On a encerclé la double liaison interne en pointillé afin de la faire ressortir.

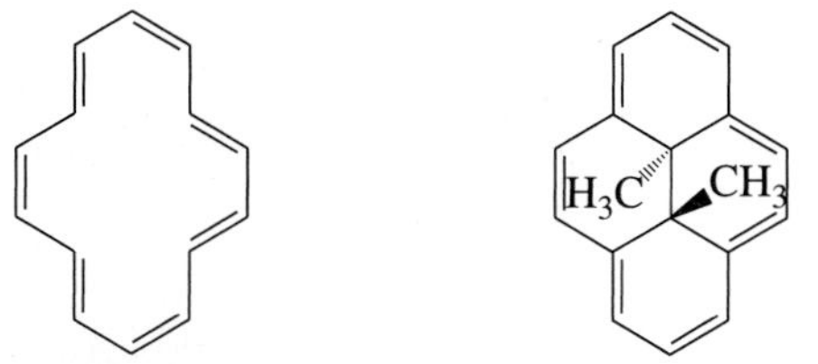

[14]Annulène   ***trans*-15,16-Diméthyldihydropyrène**

V. Boekelheide (université de l'Oregon) a confirmé cette prédiction en réalisant la synthèse du *trans*-15,16-diméthyldihydropyrène et en vérifiant son aromaticité.

PROBLÈME 14.11

En plus d'un signal émis dans un champ faible, le spectre RMN ^{1}H du *trans*-15,16-diméthyldihydropyrène fournit un signal à $\delta = -4,2$. Justifiez la présence de ce signal dans un champ intense.

14.8B COMPOSÉS AROMATIQUES NON BENZÉNOÏDES

Le naphtalène, le phénanthrène et l'anthracène sont des exemples de composés aromatiques *benzénoïdes*. Par ailleurs, l'anion cyclopentadiényle, le cation cycloheptatriényle, le *trans*-15,16-diméthyldihydropyrène et les annulènes aromatiques (excepté le [6]annulène) sont classés parmi les **composés aromatiques non benzénoïdes.**

Un autre exemple d'hydrocarbure aromatique non benzénoïde est l'azulène. L'azulène a une énergie de résonance de 205 kJ·mol^{-1}. Il y a une séparation importante des charges dans les cycles de l'azulène, comme on peut le voir dans la représentation du potentiel électrostatique de la figure 14.18. Des facteurs reliés à l'aromaticité expliquent cette propriété de l'azulène (voir le problème 14.12).

PROBLÈME 14.12

L'azulène a un moment dipolaire important. Dessinez les structures de résonance de l'azulène qui expliquent son moment dipolaire et qui aident à comprendre son aromaticité.

14.8C FULLERÈNES

En 1990, W. Krätschmer (institut Max-Planck, Heidelberg), D. Huffman (université de l'Arizona) et leurs équipes ont décrit la première synthèse réalisable du C$_{60}$, une molécule appelée buckminsterfullerène et ayant la forme d'un ballon de football (soccer). Obtenu par chauffage du graphite en atmosphère inerte, le C$_{60}$ fait partie d'un passionnant nouveau groupe de composés aromatiques appelés **fullerènes.** Les fullerènes sont des molécules dont la structure évoque celle d'une cage. Du point de vue géométrique, les fullerènes ont la forme d'un icosaèdre; ils font également penser à des dômes géodésiques. Leur nom, justement, leur a été donné en l'honneur de l'architecte Buckminster Fuller, renommé notamment pour avoir conçu et réalisé des dômes géodésiques. La structure et l'existence du C$_{60}$ avaient été établies cinq ans auparavant par H.W. Kroto (université du Sussex), R.E. Smalley et R.F. Curl (université Rice) et leurs équipes. Ces chercheurs avaient découvert le C$_{60}$ et le C$_{70}$ (figure 14.19) en tant que composants extrêmement stables des amas de carbone qui résultent de l'évaporation du graphite à l'aide d'un laser. Depuis 1990, les chimistes ont réussi la synthèse de nombreux autres fullerènes, plus gros et plus petits, et ils ont entrepris l'exploration de leur fascinante chimie.

Figure 14.18 Représentation du potentiel électrostatique de l'azulène. (Les régions en rouge sont les plus négatives, et celles en bleu, les moins négatives.)

Azulène

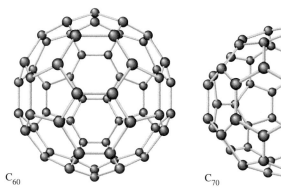

C_{60}

C_{70}

Figure 14.19 Structures du C_{60} et du C_{70}. (Adaptée avec la permission de F. DIEDERICH et R.L. WHETTEN, *Acc. Chem. Res.*, vol. 25, 1992, p. 119-126.)

Comme un dôme géodésique, un fullerène est un assemblage de pentagones et d'hexagones. Pour prendre une forme sphéroïdale, un fullerène doit posséder exactement 12 faces à cinq côtés, mais le nombre de faces à six côtés peut varier beaucoup. La structure du C_{60} possède 20 faces hexagonales; le C_{70} en a 25. Chaque carbone d'un fullerène est hybridé sp^2 et forme des liaisons σ avec trois autres atomes de carbone. Les électrons résiduels de chaque atome de carbone sont délocalisés dans le système des orbitales moléculaires. Cette délocalisation donne à la molécule un caractère aromatique.

La chimie des fullerènes est encore plus fascinante que leur synthèse. Ils ont une très grande affinité électronique et acceptent spontanément les électrons des métaux alcalins pour produire une nouvelle phase métallique — un sel de fullerène. Ainsi, le sel K_3C_{60} est un solide cristallin métallique ayant une structure cubique à face centrée composée de fullerènes séparés par un atome de potassium. Ce cristal est supraconducteur à une température de 18 K. En outre, on a réussi la synthèse de fullerènes qui emprisonnent des atomes métalliques centrés à l'intérieur de leur cage de carbones.

Le prix Nobel de chimie a été décerné en 1996 aux professeurs Curl, Kroto et Smalley pour leur découverte des fullerènes.

▶ CAPSULE CHIMIQUE

NANOTUBES

Les nanotubes constituent une classe relativement nouvelle de matériaux à base de carbone apparentés aux buckminsterfullerènes. Un **nanotube** est une structure qui ressemble à un grillage ou à un réseau plat de cycles de benzène qu'on aurait refermé sur lui-même pour former un tube dont on aurait fermé les extrémités à l'aide de deux demi-fullerènes. Les nanotubes sont très résistants; il sont environ 100 fois plus durs que l'acier. En plus de leur potentiel de renforcement des nouveaux matériaux composites, certains nanotubes ont des propriétés conductrices ou semi-conductrices qui dépendent de leur forme particulière. On les utilise également pour fabriquer des pointes de sonde servant à l'analyse de l'ADN et des protéines par microscopie à force atomique (AFM). De nombreuses autres applications peuvent être envisagées pour ces molécules : éprouvettes moléculaires, microcapsules pour le relargage de médicaments, etc.

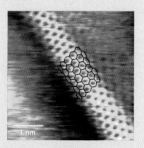

La paroi d'un nanotube est constituée d'un réseau de cycles benzéniques, mis en évidence en noir dans cette image obtenue par microscopie à effet tunnel. Image gracieusement fournie par C.M. Lieber (université Harvard).

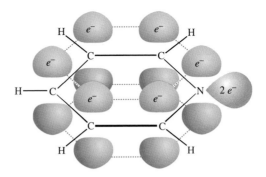

Figure 14.20 Structure des orbitales *p* stylisées de la pyridine.

14.9 COMPOSÉS AROMATIQUES HÉTÉROCYCLIQUES

Presque toutes les molécules cycliques que nous avons étudiées jusqu'à maintenant ne contenaient que des atomes de carbone dans leur cycle, mais de nombreux composés cycliques y intègrent un élément autre que le carbone, d'où leur nom de **composés hétérocycliques.** Les molécules hétérocycliques se rencontrent fréquemment dans la nature. Pour cette raison et parce que la structure de certaines de ces molécules s'apparente à celles de composés dont nous avons parlé précédemment, nous allons maintenant présenter quelques exemples.

Les composés hétérocycliques les plus courants sont sans contredit ceux qui renferment de l'azote, de l'oxygène ou du soufre. Les formules de Kekulé de quatre exemples importants apparaissent ci-dessous. *Ces quatre composés sont tous aromatiques.*

Pyridine **Pyrrole** **Furane** **Thiophène**

Si on observe bien ces structures, on constate que la pyridine est électroniquement apparentée au benzène, tandis que le pyrrole, le furane et le thiophène rappellent l'anion cyclopentadiényle.

L'atome d'azote dans la pyridine et le pyrrole est hybridé sp^2. Dans la pyridine (figure 14.20), l'atome d'azote hybridé sp^2 fournit un électron liant au système π. Cet électron, conjointement avec un électron de chacun des cinq atomes de carbone, donne à la pyridine un sextuplet d'électrons comme dans le benzène. Dans la pyridine, le doublet d'électrons libres de l'azote se trouve dans une orbitale sp^2 qui est dans le même plan que les atomes du cycle. Cette orbitale sp^2 ne recouvre pas les orbitales p du cycle (on dit qu'elle est *orthogonale* aux orbitales p). Les deux électrons libres de l'azote ne font donc pas partie du système π, et ils confèrent à la pyridine les propriétés d'une base faible.

La répartition des électrons est différente dans le pyrrole (figure 14.21). Puisque les atomes de carbone n'apportent que quatre électrons π au cycle du pyrrole, l'atome d'azote hybridé sp^2 doit fournir deux électrons pour former le sextuplet aromatique. Comme ces électrons s'intègrent au sextuplet, ils ne peuvent pas être donnés à un proton. Ainsi, en solution aqueuse, le pyrrole n'est guère basique.

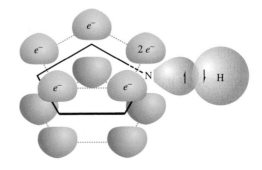

Figure 14.21 Structure des orbitales *p* stylisées du pyrrole. (À comparer avec la structure des orbitales de l'anion cyclopentadiényle de la figure 14.10.)

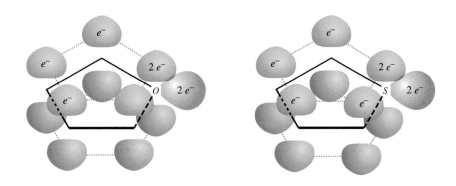

Figure 14.22 Structure des orbitales *p* stylisées du furane et du thiophène.

Le furane et le thiophène ont des structures très similaires à celle du pyrrole. L'atome d'oxygène dans le furane et l'atome de soufre dans le thiophène sont hybridés sp^2. Dans ces deux composés, l'orbitale *p* de l'hétéroatome donne deux électrons au système π. Les atomes d'oxygène et de soufre du furane et du thiophène portent donc un doublet d'électrons libres dans une orbitale sp^2 (figure 14.22), orthogonale au système π.

14.10 COMPOSÉS AROMATIQUES EN BIOCHIMIE

Les composés aromatiques jouent un rôle important dans de nombreuses réactions chimiques des cellules vivantes. Il serait impossible de les énumérer tous dans le présent chapitre. Cependant, nous en présenterons ici quelques exemples, et nous en proposerons d'autres ultérieurement.

Deux acides aminés essentiels à la synthèse des protéines contiennent un cycle benzénique :

Phénylalanine   **Tyrosine**

Un troisième acide aminé, le tryptophane, renferme un cycle benzénique fusionné avec un cycle pyrrole. La combinaison de ces deux cycles aromatiques s'appelle système indolique, ou simplement indole (voir la section 20.1B).

Tryptophane   **Indole**

À cause de l'évolution, l'organisme humain ne possède pas tous les mécanismes biochimiques nécessaires à la synthèse du cycle benzénique. En conséquence, les dérivés de la phénylalanine et du tryptophane sont essentiels dans la diète des humains. Comme la tyrosine peut être synthétisée à partir de la phénylalanine, dans une réaction catalysée par la *phénylalanine hydroxylase*, la tyrosine n'est pas essentielle dans la diète tant et aussi longtemps que la phénylalanine est présente.

Les composés hétérocycliques aromatiques sont aussi présents dans de nombreux systèmes biochimiques. Les dérivés de la purine et de la pyrimidine sont des constituants essentiels de l'ADN et de l'ARN.

Purine   **Pyrimidine**

L'ADN est la molécule responsable du stockage de l'information génétique, et l'ARN joue un rôle très important dans la synthèse des enzymes et des protéines (chapitre 25).

PROBLÈME 14.13

a) Le groupe —SH est souvent appelé *groupe mercapto*. La 6-mercaptopurine est employée dans le traitement de la leucémie aiguë. Quelle est sa structure ?
b) L'allopurinol, un composé utilisé pour traiter la goutte, est la 6-hydroxypurine. Quelle est sa structure ?

Deux dérivés, l'un de la pyridine (la nicotinamide), l'autre de la purine (l'adénine), sont présents dans l'une des coenzymes (section 24.9) les plus importantes dans les oxydations biologiques. Cette molécule, le **nicotinamide adénine dinucléotide** (NAD$^+$, dans sa forme oxydée), est représentée à la figure 14.23. Le NADH en est la forme réduite.

Le NAD$^+$, en tant que composante d'une enzyme du foie appelée alcool déshydrogénase, est capable d'oxyder les alcools en aldéhydes. Même si l'ensemble de la transformation est complexe, un aperçu d'un de ses aspects illustrera le *rôle biologique* de l'accroissement de stabilité (résonance ou énergie de délocalisation) associé à un cycle aromatique.

Une version simplifiée de l'oxydation d'un alcool en aldéhyde est présentée ci-dessous.

Un complément d'information au sujet de cette réaction enzymatique peut être consulté dans le préambule du chapitre 12, « Deux aspects de la coenzyme NADH ».

Le cycle *aromatique* pyridine (en réalité un cycle *pyridinium,* parce qu'il porte une charge positive) dans le NAD$^+$ est converti en un cycle *non aromatique* dans le NADH. La stabilité accrue du cycle pyridine est perdue dans la transformation, et en conséquence l'énergie libre du NADH est plus grande que celle du NAD$^+$. Par contre, la conversion de l'alcool en aldéhyde est accompagnée d'une baisse de l'énergie libre. Comme ces réactions sont couplées dans les systèmes biologiques (figure 14.24), une fraction de l'énergie libre contenue dans l'alcool devient chimiquement intégrée au NADH. Ainsi, cette énergie emmagasinée dans le NADH est utilisée pour provoquer d'autres réactions biochimiques qui sont essentielles à la vie et qui requièrent de l'énergie.

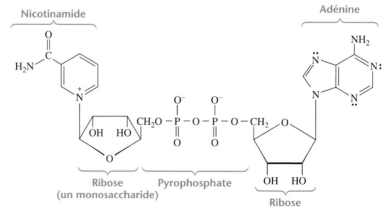

Figure 14.23 Nicotinamide adénine dinucléotide (NAD$^+$).

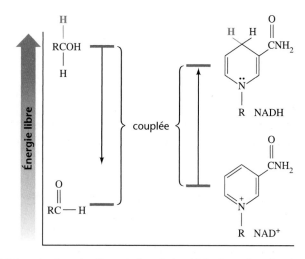

Figure 14.24 Schéma des énergies libres de l'oxydation biologique d'un alcool couplée à la réduction du nicotinamide adénine dinucléotide.

Même si de nombreux composés aromatiques sont indispensables à la vie, d'autres sont potentiellement dangereux, et plusieurs sont toxiques. Certains composés benzénoïdes, incluant le benzène, sont même **cancérigènes,** notamment le benzo-[*a*]pyrène et le 7-méthylbenz[*a*]anthracène.

Benzo[*a*]pyrène   **7-Méthylbenz[*a*]anthracène**

L'hydrocarbure benzo[*a*]pyrène a été identifié dans la fumée de cigarette et les gaz d'échappement des automobiles. Il se forme aussi au moment de la combustion incomplète de n'importe quel combustible fossile. On le trouve dans les steaks cuits sur charbon de bois et dans les émanations des rues asphaltées durant les chaudes journées de l'été.

Le benzo[*a*]pyrène est tellement cancérigène qu'on a la quasi-certitude de causer un cancer de la peau chez une souris en appliquant du benzo[*a*]pyrène sur sa peau rasée.

Le mécanisme des effets cancérigènes des composés similaires au benzo[*a*]pyrène a été étudié dans la Capsule chimique intitulée « Époxydes, carcinogènes et oxydation biologique » (section 11.18).

14.11 SPECTROSCOPIE DE COMPOSÉS AROMATIQUES

14.11A SPECTRES RMN ^{1}H

Au chapitre 9, nous avons appris que les hydrogènes des dérivés du benzène absorbent à champs faibles, dans la région comprise entre $\delta = 6,0$ et $\delta = 9,5$. À la section 14.7B, nous avons vu pourquoi, dans le benzène, l'absorption se produit à des champs aussi faibles : un courant de cycle engendré dans le cycle benzénique crée un champ magnétique appelé « champ induit », qui renforce le champ magnétique appliqué dans le voisinage des protons du cycle. Ce renforcement engendre un déblindage important des protons du benzène.

Nous avons aussi appris à la section 14.7B que, à cause de leur position, les hydrogènes internes des grands cycles aromatiques des composés tels que le [18]annulène sont fortement blindés par ce champ induit. En conséquence, ils absorbent à des champs extrêmement élevés, qui souvent correspondent à des valeurs négatives de δ.

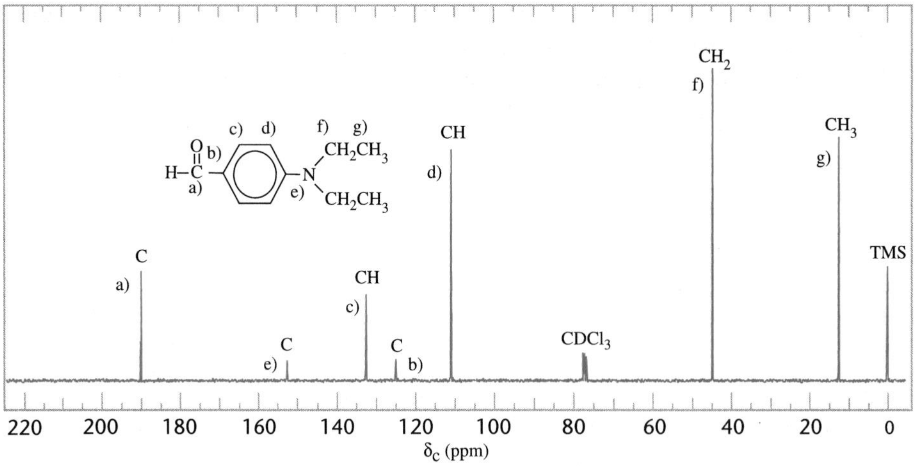

Figure 14.25 Spectre RMN ^{13}C avec découplage du proton en bande large du 4-*N,N*-diéthyl-aminobenzaldéhyde. Les données du DEPT ainsi que leur attribution aux atomes de carbone sont indiquées pour chaque pic.

14.11B SPECTRE RMN ^{13}C

Les atomes de carbone du cycle benzénique absorbent généralement dans la région comprise entre $\delta = 100$ et $\delta = 170$ des spectres RMN ^{13}C. La figure 14.25 représente le spectre RMN ^{13}C avec découplage du proton en bande large du 4-*N,N*-diéthylaminobenzaldéhyde, et elle permet d'établir une correspondance entre les pics du spectre et la position des atomes de carbone dans un composé contenant à la fois des carbones aromatiques et aliphatiques.

Les spectres DEPT (non représentés) indiquent que le signal à $\delta = 45$ provient d'un groupe CH_2, et celui à $\delta = 13$ d'un groupe CH_3. On peut donc attribuer ces signaux aux deux carbones des groupes éthyle équivalents.

Les signaux à $\delta = 126$ et à $\delta = 153$ apparaissent dans les spectres DEPT comme étant des atomes de carbone qui ne sont pas liés à des atomes d'hydrogène. On peut donc les associer aux carbones b) et e) (voir la figure 14.25). Le déplacement du signal à $\delta = 153$ pour le carbone e) est causé par la plus grande électronégativité de l'azote comparativement à celle du carbone. Les spectres DEPT permettent d'attribuer le signal à $\delta = 190$ au carbone de la fonction aldéhyde. Le signal de ce carbone se trouve aux champs les plus faibles, parce que l'oxygène est très électronégatif et que la deuxième structure de résonance représentée ci-dessous contribue de façon importante à l'hybride. Ces deux facteurs engendrent une très faible densité électronique autour de ce carbone et le rendent fortement déblindé.

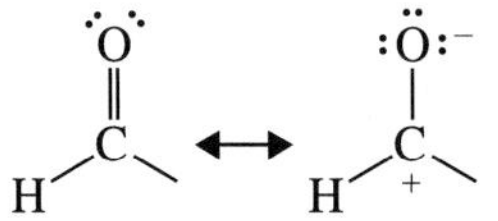

Structures limites d'un groupe aldéhyde

Il ne reste plus qu'à associer deux signaux ($\delta = 112$ et $\delta = 133$) à deux des quatre atomes de carbone du cycle benzénique non encore identifiés. [Comme ces atomes vont par paires équivalentes, seuls deux carbones sont étiquetés à la figure 14.25 : c) et d).] Ces deux signaux proviennent de groupes CH, tel que l'indiquent les spectres DEPT. Mais quel signal appartient à quel atome de carbone ? Cette question offre encore une fois l'occasion d'appliquer la théorie de la résonance.

Les structures de résonance **A** à **D** (ci-dessous), dans lesquelles la paire d'électrons libres du groupe amino intervient, indiquent que les formes limites **B** et **D** augmentent la densité électronique autour des atomes de carbone d).

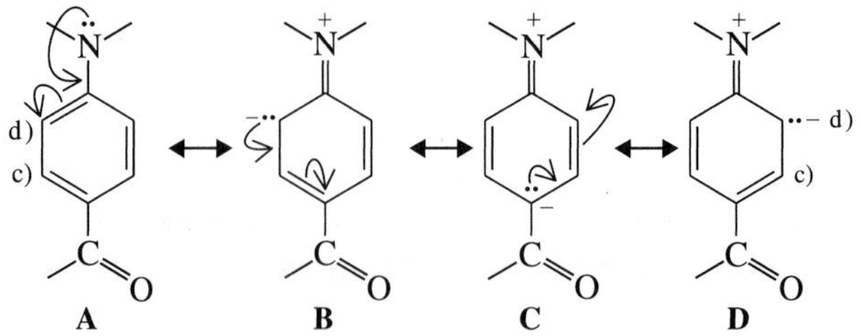

Les structures de résonance **E–H,** qui s'appliquent au groupe aldéhyde, montrent que les formes limites **F** et **H** diminuent la densité électronique des carbones c). (D'autres structures de résonance sont possibles mais non pertinentes ici.)

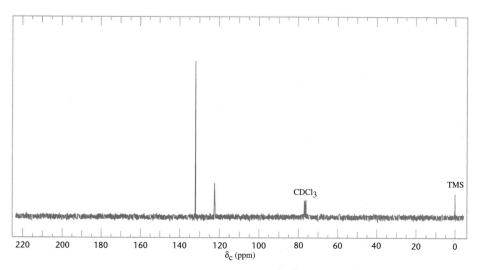

L'augmentation de la densité électronique autour d'un carbone devrait accroître son blindage et déplacer son signal vers un champ plus intense. En conséquence, on doit attribuer le signal $\delta = 112$ aux atomes de carbone d). Par contre, une diminution de la densité électronique autour d'un carbone devrait décaler le signal vers les champs faibles. Donc, on attribue le $\delta = 133$ aux carbones c).

La spectroscopie RMN ^{13}C est particulièrement utile pour reconnaître la structure des composés qui ont un haut degré de symétrie. L'exercice suivant illustrera notre propos.

QUESTION TYPE

La figure 14.26 présente le spectre RMN ^{13}C avec découplage du proton d'un tribromobenzène ($C_6H_3Br_3$). De quel tribromobenzène s'agit-il ?

Figure 14.26 Spectre RMN ^{13}C avec découplage du proton en bande large d'un tribromo-benzène.

Réponse

Il y a trois tribromobenzènes possibles.

1,2,3-Tribromobenzène   **1,2,4-Tribromobenzène**   **1,3,5-Tribromobenzène**

Le spectre de la figure 14.26 ne présente que deux signaux, ce qui indique qu'il y a seulement deux types d'atomes de carbone différents dans le composé. Seul le 1,3,5-tribromobenzène a un degré de symétrie suffisant pour expliquer qu'il n'y a que deux signaux émis. C'est donc le bon composé. Le 1,2,3-tribromobenzène donnerait quatre signaux ^{13}C, tandis que le 1,2,4-tribromobenzène en donnerait six.

PROBLÈME 14.14

Expliquez comment la spectroscopie RMN ^{13}C pourrait servir à distinguer les isomères *ortho-*, *méta-* et *para*-dibromobenzène.

14.11C SPECTRES INFRAROUGES DES BENZÈNES SUBSTITUÉS

Les dérivés du benzène donnent des pics d'élongation C—H caractéristiques autour de 3030 cm^{-1} (tableau 2.7). Une série complexe de vibrations du cycle benzénique peut donner jusqu'à quatre bandes entre 1450 et 1600 cm^{-1}, avec deux pics plus intenses vers 1500 et 1600 cm^{-1}.

Les pics d'absorption dans la région comprise entre 680 et 860 cm^{-1} peuvent souvent (mais pas toujours) servir à caractériser les profils de substitution des dérivés du benzène (tableau 14.1). Les **benzènes monosubstitués** donnent deux pics très intenses entre 690 et 710 cm^{-1} et entre 730 et 770 cm^{-1}.

Les **benzènes ortho-disubstitués** présentent un pic d'absorption intense entre 735 et 770 cm^{-1}, qui est causé par les vibrations de déformation des liaisons C—H. Les **benzènes méta-disubstitués** ont deux pics : l'un intense entre 680 et 725 cm^{-1}, et l'autre très intense entre 750 et 810 cm^{-1}. Quant aux **benzènes para-disubstitués,** leur seul pic d'absorption très intense apparaît entre 800 et 860 cm^{-1}.

PROBLÈME 14.15

Les formules de quatre composés benzénoïdes sont C$_7$H$_7$Br. Ils présentent des pics d'absorption IR dans la région comprise entre 680 et 860 cm^{-1}.

A, 740 cm^{-1} (intense)
B, 800 cm^{-1} (très intense)
C, 680 cm^{-1} (intense) et 760 cm^{-1} (très intense)
D, 693 cm^{-1} (très intense) et 765 cm^{-1} (très intense)

Proposez des structures pour **A, B, C** et **D.**

Tableau 14.1 Absorptions infrarouges^a des composés aromatiques entre 680 et 860 cm^{-1}.

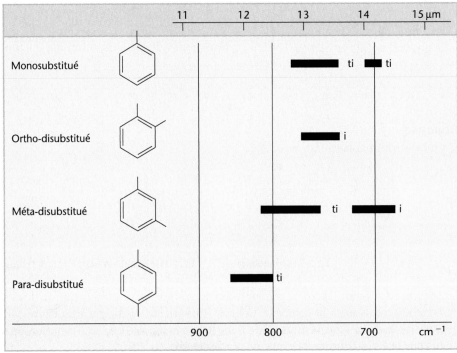

^{a} i, intense; ti, très intense.

CAPSULE CHIMIQUE

ÉCRANS SOLAIRES (ILS CAPTENT LES RAYONS SOLAIRES ET ENSUITE...)

L'emploi des écrans solaires s'est accru au cours des dernières années à la suite d'une prise de conscience des dangers de cancer de la peau et des autres inconvénients causés par l'exposition aux rayons UV. Par exemple, dans l'ADN, les radiations ultraviolettes provoquent dans les bases thymines adjacentes une transformation mutagène de dimérisation. Les écrans solaires offrent une protection contre les rayons ultraviolets parce qu'ils contiennent des molécules aromatiques qui absorbent l'énergie des radiations de la région UV du spectre électromagnétique. L'absorption des rayons UV par ces molécules fait passer les électrons π et libres à un niveau d'énergie supérieur (section 13.9B). Ensuite, l'énergie est dissipée par un phénomène de relaxation lié aux vibrations moléculaires. Essentiellement, les rayons UV sont convertis en chaleur (radiations IR).

Les écrans solaires sont classés selon la portion du spectre UV où leur absorption maximale se produit. On distingue trois régions du spectre UV. La région de 320 à 400 nm est appelée UV-A; la région de 280 à 320 nm, UV-B;

celle de 100 à 280 nm, UV-C. Cette dernière région est potentiellement la plus dangereuse car elle correspond aux longueurs d'onde UV les plus courtes, donc à celles de plus grande énergie. Cependant, l'ozone et d'autres constituants de l'atmosphère terrestre absorbent les longueurs d'onde UV-C et offrent une protection contre les rayons de cette partie du spectre aussi longtemps que l'atmosphère de la Terre n'est pas trop perturbée par les polluants qui détruisent l'ozone. La plupart des rayons UV-A et certains rayons UV-B traversent l'atmosphère pour atteindre la surface de la Terre. Les formules des écrans solaires protègent contre ces rayons. Le bronzage et les coups de soleil sont causés par les radiations UV-B. Les risques de cancer de la peau sont principalement associés aux rayons UV-B, même si certains rayons UV-A peuvent aussi avoir de l'importance.

L'étendue de la protection offerte par un écran solaire dépend de la structure des groupes fonctionnels qui absorbent les UV. La plupart des écrans solaires contiennent des ingrédients actifs dérivés des composés suivants :

Un écran solaire UV-A et UV-B dont les principes actifs sont le méthoxycinnamate d'octyle et l'oxybenzone

l'acide *p*-aminobenzoïque (PABA), l'acide cinnamique (acide 3-phénylpropénoïque), la benzophénone (la diphényl cétone) et l'acide salicylique (l'acide *o*-hydroxybenzoïque). Nous présentons ci-dessous les structures et les λ_{max} de quelques-uns des agents de protection les plus courants dans les écrans solaires. Tous ces composés ont en commun un noyau aromatique combiné à d'autres groupes fonctionnels.

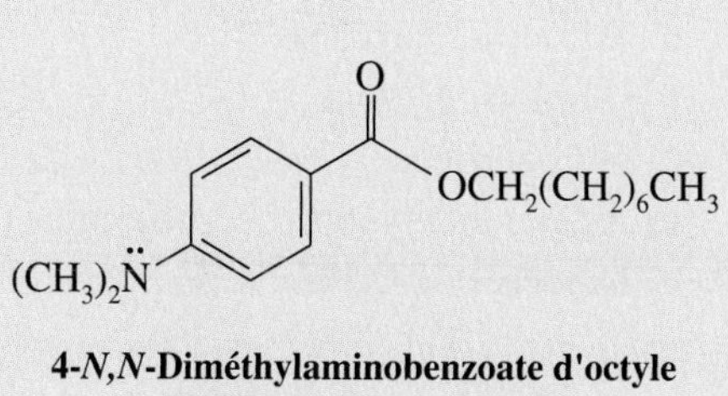

4-*N,N*-Diméthylaminobenzoate d'octyle (Padimate O) λ_{max} 310 nm

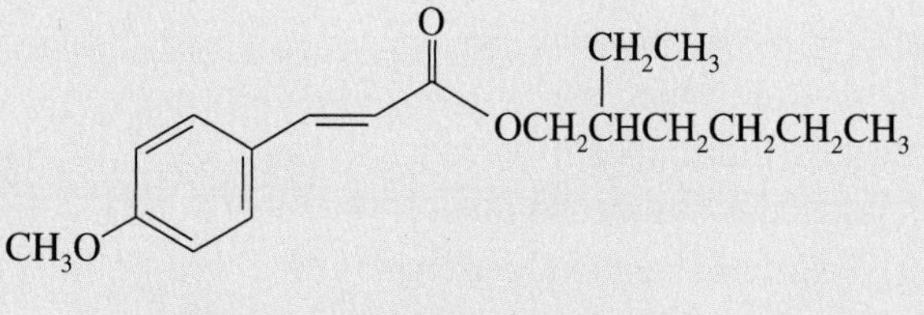

p-Méthoxycinnamate de 2-éthylhexyle λ_{max} 310 nm

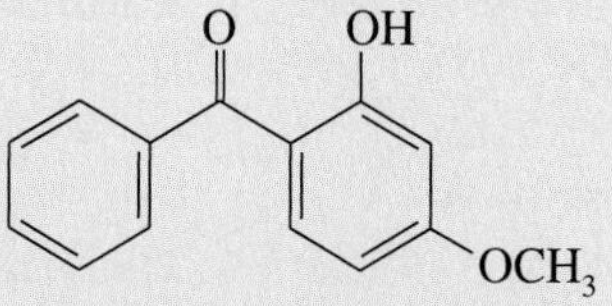

2-Hydroxy-4-méthoxybenzophénone (Oxybenzone) λ_{max} 288 et 325 nm

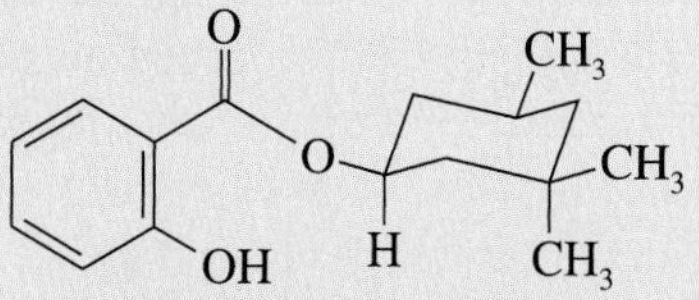

Salicylate d'homomenthyle (Homosalate) λ_{max} 309 nm

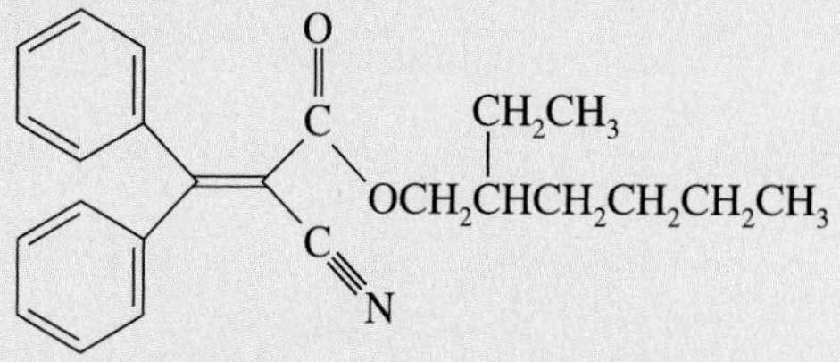

2-Cyano-3,3-diphénylacrylate de 2-éthylhexyle (Octocrylène) λ_{max} 310 nm

14.11D SPECTRE UV-VISIBLE DES COMPOSÉS AROMATIQUES

Les électrons π conjugués du cycle benzénique donnent des absorptions caractéristiques dans l'ultraviolet qui permettent de déceler la présence de noyaux aromatiques dans un composé inconnu. Une bande d'absorption d'intensité modérée se trouve près de 205 nm et une autre, moins intense, dans la région comprise entre 250 et 270 nm. Des liaisons doubles conjuguées à un noyau aromatique conduisent à des absorptions à d'autres longueurs d'onde.

14.11E SPECTRES DE MASSE DES COMPOSÉS AROMATIQUES

Le principal ion dans le spectre de masse d'un composé aromatique portant un substituant alkyle est souvent le pic $m/z = 91$ ($C_6H_5CH_2^+$), qui résulte d'une rupture entre le premier et le second atome de carbone de la chaîne alkyle fixée au cycle. Cet ion provient probablement d'un cation benzylique qui s'est transformé en cation tropylium ($C_7H_7^+$, section 14.7C). Un autre ion fréquemment rencontré en spectroscopie de masse des monoalkylbenzènes est le pic $m/z = 77$, correspondant à $C_6H_5^+$.

TERMES ET CONCEPTS CLÉS

Composés aliphatiques	Section 14.1	Composés aromatiques benzénoïdes	Sections 14.7D et 14.8A
Composés aromatiques	Sections 14.1 et 14.7D	Composés aromatiques non benzénoïdes	Sections 14.7D et 14.8B
Substitution benzénique	Section 14.3	Composés aromatiques hétérocycliques	Section 14.9
Énergie de résonance	Section 14.5		
Règle de Hückel	Section 14.7	Fullerènes et nanotubes	Section 14.8C
Annulènes	Section 14.7A		
Ions aromatiques	Section 14.7C		

PROBLÈMES SUPPLÉMENTAIRES

14.16 Représentez chacun des composés suivants par sa formule développée :
   a) Acide 3-nitrobenzoïque
   b) *p*-Bromotoluène
   c) *o*-Dibromobenzène
   d) *m*-Dinitrobenzène
   e) 3,5-Dinitrophénol
   f) Acide *p*-nitrobenzoïque
   g) 3-Chloro-1-éthoxybenzène
   h) Acide *p*-chlorobenzènesulfonique
   i) *p*-Toluènesulfonate de méthyle
   j) Bromure de benzyle
   k) *p*-Nitroaniline
   l) *o*-Xylène
   m) *tert*-Butylbenzène
   n) *p*-Crésol
   o) *p*-Bromoacétophénone
   p) 3-Phénylcyclohexanol
   q) 2-Méthyl-3-phénylbutan-1-ol
   r) *o*-Chloroanisole

14.17 Donnez les formules développées et donnez les noms systématiques selon l'UICPA pour tous les représentants des composés suivants :
   a) Tribromobenzènes
   b) Dichlorophénols
   c) Nitroanilines
   d) Acides méthylbenzènesulfoniques
   e) Isomères de C_6H_5—C_4H_9

14.18 Même si la règle de Hückel concerne uniquement les composés monocycliques, il appert qu'elle s'applique également à certains composés bicycliques, pourvu que leurs structures de résonance importantes présentent seulement des doubles liaisons périphériques, comme dans le naphtalène ci-dessous.

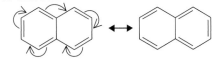

Le naphtalène (section 14.8A) et l'azulène (section 14.8B) ont tous deux 10 électrons π et ils sont aromatiques. Le pentalène (ci-après) est apparemment antiaromatique et il est instable, même à −100 °C. L'heptalène a été synthétisé, mais il fixe le brome par addition; il réagit avec les acides et sa structure n'est pas plane. La règle de Hückel pourrait-elle s'appliquer à ces composés ? Si oui, expliquez leur manque d'aromaticité.

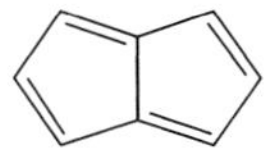

Pentalène 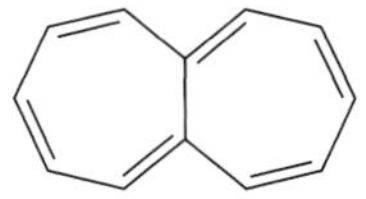 **Heptalène**

14.19 a) En 1960, T. Katz (université Columbia) a montré que le cyclooctatétraène gagne deux électrons quand il est traité par le potassium métallique et qu'il forme un dianion stable et plan, $C_8H_8^{2-}$ (comme le disel de potassium).

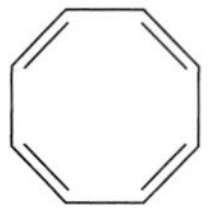

À l'aide du diagramme des orbitales moléculaires de la figure 14.7, expliquez ce résultat.

b) En 1964, Katz a aussi montré que, si on enlève deux protons au composé suivant (en utilisant la base butyllithium), on obtient un dianion stable dont la formule est $C_8H_6^{2-}$ (comme le disel de lithium).

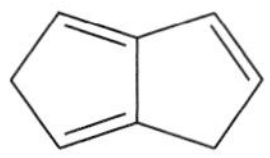

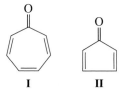

En vous servant de votre réponse au problème 14.18, expliquez cette réaction.

14.20 Même si aucun des [10]annulènes décrits à la section 14.7A n'est aromatique, le système de 10 électrons π suivant est aromatique.

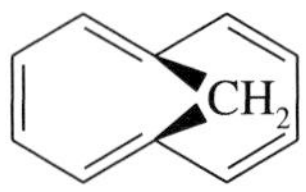

Quel facteur rend cela possible ?

14.21 La cycloheptatriénone (**I**) est très stable. Au contraire, la cyclopentadiénone (**II**) est assez instable et réagit rapidement avec elle-même dans une réaction de Diels-Alder. a) Proposez une explication de la différence de stabilité entre ces deux composés. b) Déterminez la structure de l'adduit de Diels-Alder de la cyclopentadiénone.

14.22 Le 5-chlorocyclopenta-1,3-diène (ci-dessous) subit une solvolyse S_N1 en présence de l'ion argent. Cette réaction est extrêmement lente malgré que le chlore soit doublement allylique et que normalement les halogénures allyliques s'ionisent facilement (section 15.15). Justifiez ce comportement.

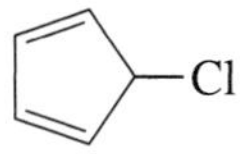

14.23 Commentez les affirmations suivantes :

a) L'anion cycloheptatriényle est antiaromatique, tandis que l'anion cyclononatétraényle est plan (en dépit de la tension angulaire) et montre des signes d'aromaticité.

b) Même si le [16]annulène n'est pas aromatique, il accepte spontanément deux électrons pour former un dianion aromatique.

14.24 Le caractère aromatique du furane est moindre que celui du benzène selon leur énergie de résonance mesurée (96 kJ·mol⁻¹ pour le furane et 151 kJ·mol⁻¹ pour le benzène). Quelles sont les preuves chimiques étudiées antérieurement qui confirment la plus faible aromaticité du furane par rapport à celle du benzène ?

14.25 Déterminez les structures de chacun des composés **A, B** et **C,** dont les spectres RMN ¹H sont présentés à la figure 14.27 (page 580).

14.26 Le spectre RMN ¹H du cyclooctatétraène consiste en un seul pic à δ = 5,78. Que suggère la position du signal quant à la délocalisation des électrons dans le cyclooctatétraène ?

14.27 Déterminez la structure du composé **F** en tenant compte des informations fournies par les spectres IR et RMN ¹H de la figure 14.28 (page 581).

14.28 Un composé (**L**) de formule moléculaire C_9H_{10} réagit avec le brome en solution dans le tétrachlorure de carbone. Son spectre d'absorption IR présente des pics à 3035 cm⁻¹ (m), 3020 cm⁻¹ (m), 2925 cm⁻¹ (m), 2853 cm⁻¹ (f), 1640 cm⁻¹ (m), 990 cm⁻¹ (F), 915 cm⁻¹ (F), 740 cm⁻¹ (F) et 695 cm⁻¹ (F). Le spectre RMN ¹H de **L** fournit les données suivantes :

Doublet à δ = 3,1 (2H)

Multiplet à δ = 4,8

Multiplet à δ = 5,1

Multiplet à δ = 5,8

Multiplet à δ = 7,1 (5H)

Le spectre UV montre un maximum à 255 nm. Proposez une structure pour le composé **L** et établissez une correspondance avec chacun des pics IR.

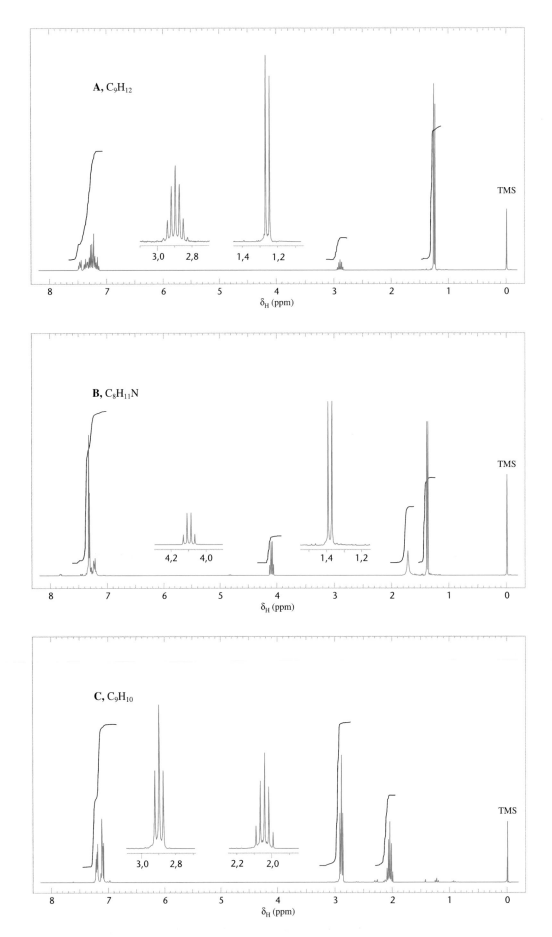

Figure 14.27 Spectres RMN ¹H à 300 MHz, pour le problème 14.25. Un agrandissement du signal apparaît dans les tracés décalés.

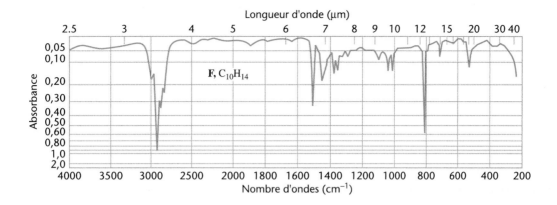

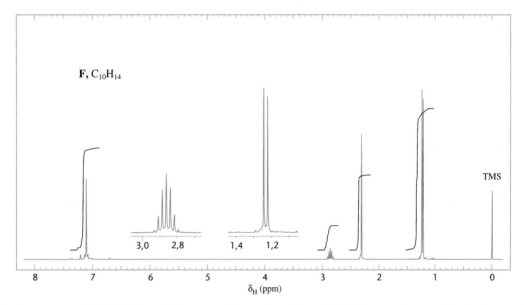

Figure 14.28 Spectres IR et RMN ^{1}H à 300 MHz du composé **F**, pour le problème 14.27. Un agrandissement du signal apparaît dans les tracés décalés.

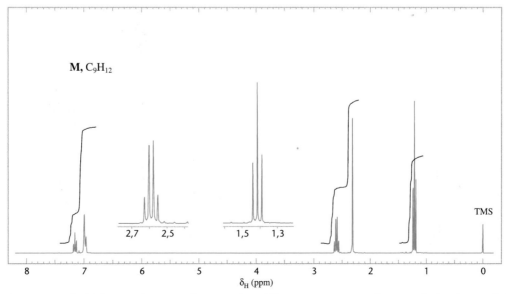

Figure 14.29 Spectre RMN ^{1}H à 300 MHz du composé **M**, pour le problème 14.29. Un agrandissement du signal apparaît dans les tracés décalés.

14.29 La formule moléculaire du composé **M** est C_9H_{12}. Son spectre RMN ^{1}H se trouve à la figure 14.29 (page 581), et son spectre IR à la figure 14.30. Proposez une structure pour **M.**

14.30 La formule moléculaire du composé **N** est $C_9H_{10}O$ et il réagit avec une solution froide et diluée de permanganate de potassium. Le spectre RMN ^{1}H de **N** se trouve à la figure 14.31, et son spectre IR à la figure 14.32. Proposez une structure pour **N.**

14.31 Les spectres IR et RMN ^{1}H du composé **X** (C_8H_{10}) sont représentés à la figure 14.33. Proposez une structure pour **X.**

14.32 Les spectres IR et RMN ^{1}H du composé **Y** ($C_9H_{12}O$) sont représentés à la figure 14.34 (page 584). Proposez une structure pour **Y.**

14.33 a) Combien de pics prévoyez-vous observer dans le spectre RMN ^{1}H de la caféine ?

Caféine

b) Quels pics caractéristiques vous attendez-vous à trouver dans le spectre IR de la caféine ?

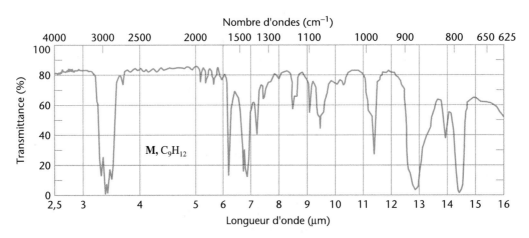

Figure 14.30 Spectre IR du composé **M**, pour le problème 14.29. (Spectre gracieusement fourni par Aldrich Chemical Co., Milwaukee, WI.)

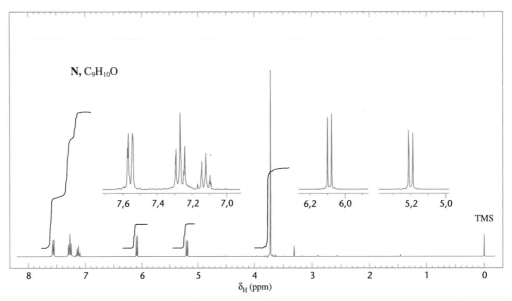

Figure 14.31 Spectre RMN ^{1}H à 300 MHz du composé **N**, pour le problème 14.30. Un agrandissement du signal apparaît dans les tracés décalés.

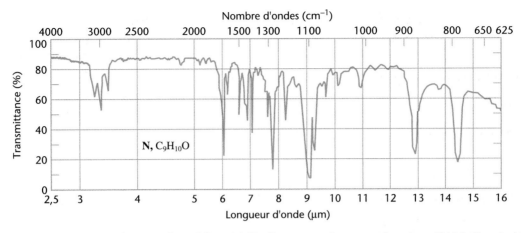

N, $C_9H_{10}O$

Figure 14.32   Spectre IR du composé **N**, pour le problème 14.30. (Spectre gracieusement fourni par Aldrich Chemical Co., Milwaukee, WI.)

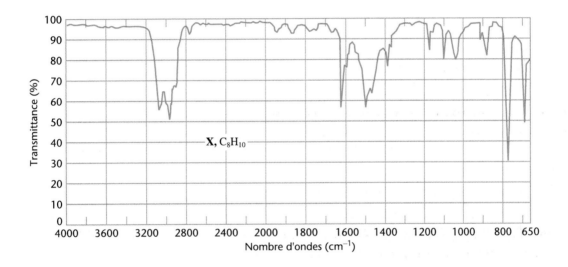

X, C_8H_{10}

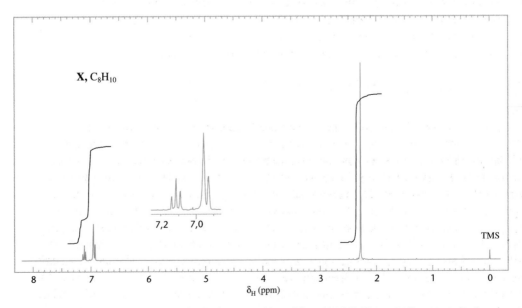

X, C_8H_{10}

TMS

δ_H (ppm)

Figure 14.33   Spectres IR et RMN ^{1}H à 300 MHz du composé **X**, pour le problème 14.31. Un agrandissement du signal apparaît dans les tracés décalés.

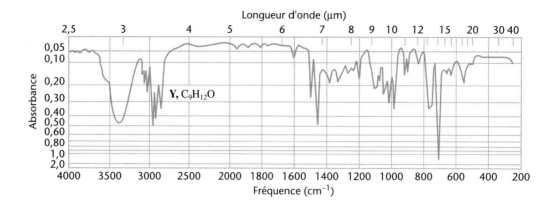

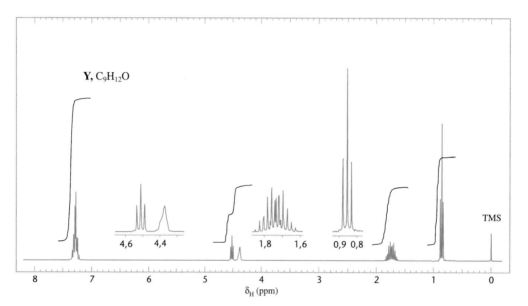

Figure 14.34 Spectre IR et RMN ^{1}H à 300 MHz du composé **Y**, pour le problème 14.32. Un agrandissement du signal apparaît dans les tracés décalés.

14.34* Étant donné les informations suivantes, décrivez le spectre RMN ^{1}H pour les atomes d'hydrogène vinyliques du *p*-chlorostyrène.

Le déblindage par le champ magnétique induit est plus marqué au proton c) ($\delta = 6,7$) et plus faible au proton b) ($\delta = 5,3$). Le déplacement chimique de a) se situe autour de $\delta = 5,7$. Les constantes de couplage ont approximativement les valeurs suivantes : $J_{ac} \cong 18$ Hz, $J_{bc} \cong 11$ Hz et $J_{ab} \cong 2$ Hz. (Ces constantes de couplage sont typiques des systèmes vinyliques : les constantes de couplage pour les atomes d'hydrogène *trans* sont plus grandes que celles des atomes d'hydrogène *cis,* et les constantes de couplage des atomes d'hydrogène vinyliques géminés sont très petites.)

14.35* Considérez les réactions suivantes :

L'intermédiaire **A** est un composé à liaisons covalentes qui a les pics RMN ^{1}H caractéristiques des hydrogènes d'un cycle aromatique et un seul pic supplémentaire à $\delta = 1,21$. Le rapport des aires est 5:3 respectivement. Le produit final **B** est ionique et ne présente que des pics d'hydrogène aromatiques.

Quelles sont les structures de **A** et **B** ?

---

* Les problèmes marqués d'un astérisque présentent une difficulté particulière.

14.36* Le produit final, **D**, de la séquence de réactions suivante est un solide cristallin orangé dont le point de fusion est de 174 °C et dont la masse moléculaire est de 186.

$$\text{Cyclopentadiène} + \text{Na} \longrightarrow \text{C} + \text{H}_2$$
$$2\,\text{C} + \text{FeCl}_2 \longrightarrow \text{D} + 2\,\text{NaCl}$$

Le produit **D** ne montre qu'un seul type d'hydrogène et un seul type de carbone dans ses spectres RMN ^{1}H et ^{13}C.

Dessinez la structure de **C**. Suggérez une structure qui justifierait le haut degré de symétrie de **D**.

14.37* Quelle est la structure du composé **E,** dont les données spectrales sont les suivantes ?

MS (m/z) : pic le plus intense à 202

IR (cm^{-1}) : 3080-3030, 2150 (très faible), 1600, 1490, 760 et 690

RMN ^{1}H (δ) : multiplet étroit centré à 7,34

UV (nm) : 287 (ε = 25 000), 305 (ε = 36 000) et 326 (ε = 33 000)

TRAVAIL COOPÉRATIF

1. Représentez par des flèches le mécanisme correspondant à l'étape suivante de la synthèse chimique du chlorure de callistéphine, le pigment rouge des fleurs de l'aster rouge-violet, effectuée par A. Robertson et R. Robinson (*J. Chem. Soc.*, 1928, p. 1455-1472). Expliquez pourquoi cette transformation est possible.

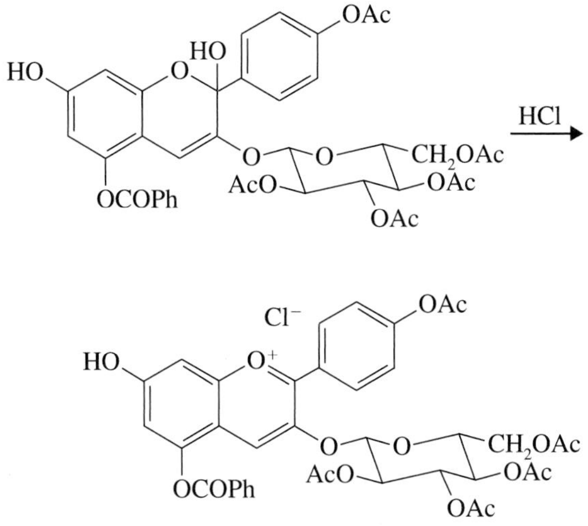

Chlorure de callistéphine

2. La séquence de réactions suivante a été utilisée par E.J. Corey (*J. Am. Chem. Soc.*, vol. 91, 1969, p. 5675-5677) au début d'une synthèse de la prostaglandine F_{2a} et de la prostaglandine E_2. Expliquez ce qu'implique cette réaction et pourquoi c'est une séquence de réactions plausible.

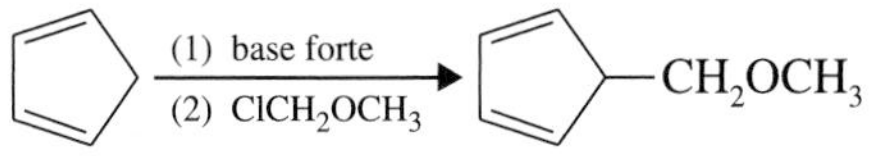

3. Les signaux RMN ^{1}H des hydrogènes aromatiques du *p*-hydroxybenzoate de méthyle apparaissent comme deux doublets approximativement à 7,05 et 8,04 ppm (δ). Établissez une correspondance entre ces deux doublets et les hydrogènes qui produisent chaque signal. Justifiez vos choix en basant votre argumentation sur la densité électronique relative en fonction des structures de résonance limites.

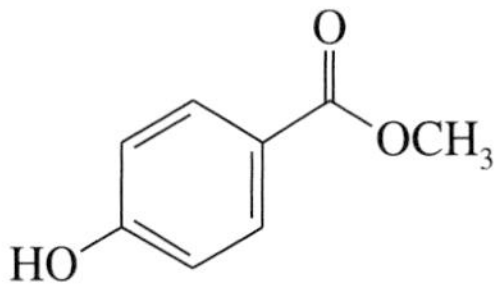

4. Dessinez la structure de l'adénine, un composé aromatique hétérocyclique compris dans la structure de l'ADN. Identifiez les paires d'électrons libres qui ne font *pas* partie du système aromatique dans les cycles de l'adénine. Quels sont selon vous les atomes d'azote qui devraient être les plus basiques et quels sont ceux qui devraient être les moins basiques ?

5. Dessinez les structures du cycle du nicotinamide dans le NADH et le NAD$^+$. Au cours de la transformation du NADH en NAD$^+$, sous quelle forme un hydrogène doit-il être transféré pour produire l'ion pyridinium aromatique du NAD$^+$?

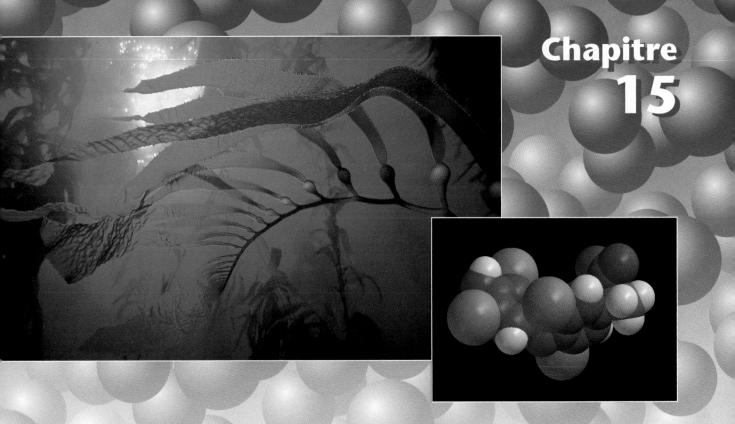

RÉACTIONS DES COMPOSÉS AROMATIQUES

Biosynthèse de la thyroxine : iodation par substitution aromatique

La thyroxine (en vignette ci-dessus) est l'une des hormones essentielles à la régulation du métabolisme. Elle cause une augmentation du métabolisme des glucides, des protéines et des lipides. La thyroxine accroît aussi la consommation d'oxygène dans la plupart des tissus. Un bas niveau de thyroxine (hypothyroïdie) peut entraîner l'obésité et la léthargie, tandis qu'un niveau élevé (hyperthyroïdie) peut provoquer les effets contraires. La glande thyroïde sécrète la thyroxine à partir de l'iode et de la tyrosine, deux composants essentiels de notre alimentation. Bien des gens tirent leur iode du sel iodé, mais les aliments à base de varech (photo ci-dessus) constituent une bonne source d'iode dans l'alimentation de certaines populations. Un niveau anormal d'hormones thyroïdiennes n'est pas rare. Cependant, une carence en thyroxine (si elle n'est pas traitée) peut causer une hypertrophie de la glande thyroïde qu'on appelle le goitre. Heureusement, les carences en thyroxine se corrigent facilement par une médication à base d'hormones.

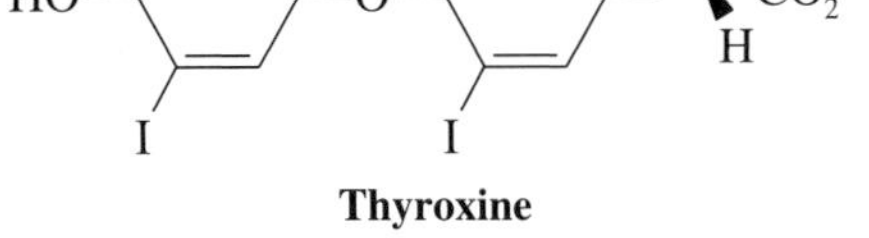

Thyroxine

Comme nous venons de le mentionner, la biosynthèse de la thyroxine exige de la tyrosine et de l'iode. La glande thyroïde emmagasine l'iode et la tyrosine

SOMMAIRE

15.1 Réactions de substitution électrophile aromatique

15.2 Mécanisme général de la substitution électrophile aromatique : ions arénium

15.3 Halogénation du benzène

15.4 Nitration du benzène

15.5 Sulfonation du benzène

15.6 Alkylation de Friedel-Crafts

15.7 Alcanoylation de Friedel-Crafts

15.8 Limitations des réactions de Friedel-Crafts

15.9 Applications des alcanoylations de Friedel-Crafts en synthèse : la réduction de Clemmensen

15.10 Effet des substituants sur la réactivité et l'orientation

15.11 Théorie des effets des substituants sur la substitution électrophile aromatique

15.12 Réactions de la chaîne latérale des alkylbenzènes

15.13 Alcénylbenzènes

15.14 Applications en synthèse

15.15 Halogénures allyliques et benzyliques dans les réactions de substitution nucléophile

15.16 Réduction des composés aromatiques

sous la forme d'une protéine (un polymère d'acides aminés) appelée thyroglobuline. Chaque molécule de thyroglobuline contient 140 résidus de tyrosine (ainsi que de nombreux autres acides aminés). L'iode est associé à près de 20 % de ces résidus. Pour intégrer l'iode à la thyroglobuline, une enzyme appelée iodoperoxydase convertit les anions iodure *nucléophiles* provenant des aliments (par exemple du sel de table) en une espèce d'iode *électrophile*. Cette forme d'iode réagit avec les tyrosines de la thyroglobuline par un mécanisme appelé *substitution électrophile aromatique* — sujet principal de ce chapitre. Après avoir étudié la substitution électrophile aromatique, nous reparlerons de la thyroxine dans la Capsule chimique intitulée « Biosynthèse de thyroxine ».

15.1 RÉACTIONS DE SUBSTITUTION ÉLECTROPHILE AROMATIQUE

Les hydrocarbures aromatiques sont généralement connus sous le nom d'**arènes.** L'enlèvement d'un atome d'hydrogène à un arène donne un **groupe aryle,** symbolisé par Ar —. C'est pourquoi on désigne les arènes par ArH, de la même façon qu'on représente les alcanes par RH.

Les réactions les plus caractéristiques des arènes du type benzénoïde sont des réactions de substitution qui surviennent lorsque les arènes sont mis en présence de réactifs électrophiles. Ces réactions sont généralement du type suivant :

$$Ar-H + E-A \longrightarrow Ar-E + H-A$$

Les électrophiles peuvent être soit des ions positifs (E^+), soit d'autres espèces déficientes en électrons qui ont une importante charge partielle positive. Ainsi, nous verrons à la section 15.3 que le benzène peut être bromé par une réaction avec le brome en présence de $FeBr_3$. Le brome et le $FeBr_3$ réagissent pour former des ions Br^+. Ces ions positifs agissent comme électrophiles, attaquent le cycle benzénique et remplacent un atome d'hydrogène dans une réaction appelée **substitution électrophile aromatique** (S_EA_R).

Les substitutions électrophiles aromatiques permettent d'intégrer directement à un cycle aromatique une grande variété de groupes. Elles permettent donc de synthétiser de nombreux composés importants. Les cinq substitutions électrophiles aromatiques que nous étudierons dans ce chapitre sont résumées à la figure 15.1. Dans les sections 15.3 à 15.7, nous identifierons l'électrophile associé à chacune des réactions.

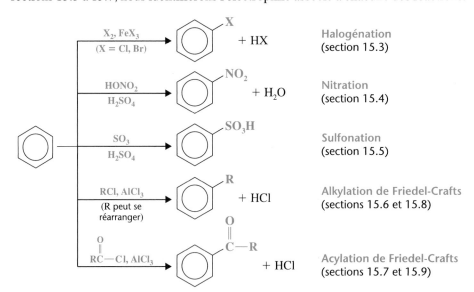

Figure 15.1 Réactions de substitution électrophile aromatique importantes.

15.2 MÉCANISME GÉNÉRAL DE LA SUBSTITUTION ÉLECTROPHILE AROMATIQUE : IONS ARÉNIUM

Le benzène peut subir une attaque électrophile, parce qu'il possède des électrons π. En cela, le benzène ressemble à un alcène car, dans une réaction entre un alcène et un électrophile, le site de l'attaque est la liaison π.

Cependant, nous avons vu au chapitre 14 que le benzène diffère beaucoup d'un alcène. La couche saturée de six électrons π du benzène lui confère une stabilité particulière. Par conséquent, même si le benzène est susceptible de faire l'objet d'une attaque électrophile, il subit des *réactions de substitution* plutôt que des *réactions d'addition*. Dans les réactions de substitution, le sextet aromatique d'électrons π est régénéré après l'attaque électrophile. Pour comprendre comment cela se produit, examinons le mécanisme général d'une substitution électrophile aromatique.

De très nombreuses données expérimentales démontrent que les électrophiles attaquent le système π du benzène pour former un **carbocation non aromatique** appelé **ion arénium** (ou quelquefois *complexe* σ)*. Pour expliquer comment se déroule cette attaque, nous utiliserons les structures de Kekulé, parce qu'elles permettent de suivre facilement l'évolution des électrons π.

Étape 1

**Ion arénium
(complexe σ)**

À l'étape 1, l'électrophile accapare deux des six électrons du système π pour former une liaison σ avec un atome de carbone du cycle benzénique. La formation de cette liaison interrompt le système cyclique des électrons π. En effet, lors de la formation de l'ion arénium, le carbone qui se lie à l'électrophile devient hybridé sp^3 et, de ce fait, ne possède plus d'orbitale p. Donc, seulement cinq atomes de carbone du cycle demeurent hybridés sp^2 et conservent une orbitale p. Les quatre électrons π de l'ion arénium sont délocalisés sur les cinq orbitales p. Une représentation du potentiel électrostatique calculé de l'ion arénium résultant de l'addition électrophile du brome au benzène indique la distribution de la charge positive dans le cycle de l'ion arénium (figure 15.2). Et cette distribution correspond à celle des formes limites de résonance.

À l'étape 2, un proton est enlevé à l'atome de carbone de l'ion arénium qui porte l'électrophile. Les deux électrons qui liaient ce proton à l'atome de carbone

Les structures de résonance (comme celles que nous utilisons ici pour l'ion arénium) seront importantes dans notre étude des substitutions électrophiles aromatiques.

Figure 15.2 Représentation infographique de l'ion arénium, l'intermédiaire formé par addition électrophile du brome au benzène (section 15.3). Le potentiel électrostatique de la région principalement occupée par les électrons de liaison (indiquée par la surface pleine) indique que la charge positive (en bleu) se trouve surtout sur les carbones *ortho* et *para* par rapport au carbone auquel l'électrophile s'est lié. La distribution des charges est conforme au modèle de résonance de l'ion arénium. (La surface de Van der Waals est indiquée par le maillage.)

---

* On pourrait tout aussi bien dire que les électrons π attaquent l'électrophile. Cependant, dans les réactions S_EA_R, étant donné que l'aromatique qui sert de substrat est généralement plus volumineux que l'électrophile, on dit que l'électrophile attaque le substrat.

Généralement, dans les formules chimiques, nous utilisons le bleu pour indiquer des groupes électrophiles ou électroattracteurs. Et le rouge représente des groupes électrorépulseurs ou des groupes qui sont ou deviennent des bases de Lewis.

s'intègrent au système π. Le carbone porteur de l'électrophile s'hybride à nouveau sp^2, et il y a formation d'un dérivé benzénique avec six électrons π entièrement délocalisés. N'importe quelle structure de résonance de l'ion arénium peut être utilisée adéquatement à l'étape 2.

Étape 2

(L'arrachement du proton peut être réalisé par n'importe quelle base présente. Par exemple, il peut être arraché par l'anion dérivé de l'électrophile.)

PROBLÈME 15.1

Montrez comment on peut représenter la perte du proton à la deuxième étape à l'aide des trois structures de résonance de l'ion arénium et comment chaque représentation explique la formation d'un cycle benzénique à trois doubles liaisons alternées (c'est-à-dire six électrons π entièrement délocalisés).

Les structures de Kekulé sont plus appropriées pour représenter un mécanisme comme la substitution électrophile aromatique. Elles permettent d'appliquer la théorie de la résonance qui, comme nous le verrons un peu plus loin, facilite grandement la compréhension de ces réactions. Cependant, si on veut abréger et utiliser la forme hybride du benzène pour décrire le mécanisme, on le fera comme suit :

Étape 1

Ion arénium

Étape 2

On a de solides preuves expérimentales que l'ion arénium est réellement un *intermédiaire* dans les réactions de substitution électrophile. Ce n'est pas un état de transition. Cela signifie que, dans un diagramme d'énergie libre (figure 15.3), l'ion arénium se situe dans un puits d'énergie entre deux états de transition.

On sait que l'énergie libre d'activation $\Delta G^{\ddagger}_{(1)}$, pour la réaction transformant le benzène et l'électrophile E⁺ en ion arénium, est beaucoup plus grande que l'énergie libre d'activation $\Delta G^{\ddagger}_{(2)}$ conduisant au produit final. Et cela correspond à ce qu'on attend. La réaction qui transforme le benzène et l'électrophile en ion arénium est

Figure 15.3 Diagramme d'énergie libre pour une réaction de substitution électrophile aromatique. L'ion arénium est un véritable intermédiaire entre les états de transition 1 et 2. Dans l'état de transition 1, la liaison n'est que partiellement formée entre l'électrophile et un atome de carbone du cycle benzénique. Dans l'état de transition 2, la liaison est partiellement rompue entre le même atome de carbone et son atome d'hydrogène.

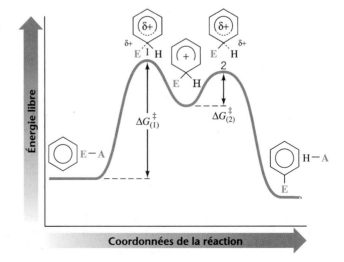

fortement endothermique, parce que le cycle benzénique y perd son énergie de résonance et n'est plus aromatique. Au contraire, la réaction qui va de l'ion arénium au benzène modifié par substitution est très exothermique parce que le cycle benzénique y récupère son énergie de résonance et redevient aromatique.

Des deux étapes suivantes, l'étape 1 — la formation de l'ion arénium — est habituellement l'étape cinétiquement déterminante dans la substitution électrophile aromatique.

Étape 1

$$\bigcirc + E—A \longrightarrow \bigcirc^{+}_{H\ E} + :A^{-}$$ **Lente et cinétiquement déterminante**

Étape 2

$$\bigcirc^{+}_{H\ E} \longrightarrow \bigcirc_{E} + H—A$$ **Rapide**

L'étape 2, qui correspond à l'arrachement du proton, est rapide comparativement à l'étape 1 et n'affecte pas la vitesse globale de la réaction.

15.3 HALOGÉNATION DU BENZÈNE

Le benzène ne réagit pas avec le brome ou le chlore, sauf s'il y a un acide de Lewis dans le mélange. (En conséquence, le benzène ne décolore pas une solution de brome dans le tétrachlorure de carbone.) En présence d'acide de Lewis, le benzène réagit spontanément avec le brome ou le chlore pour former du bromobenzène ou du chlorobenzène, avec un bon rendement.

$$\bigcirc + Cl_2 \xrightarrow[25\ °C]{FeCl_3} \bigcirc^{Cl} + HCl$$
Chlorobenzène (90 %)

$$\bigcirc + Br_2 \xrightarrow[\Delta]{FeBr_3} \bigcirc^{Br} + HBr$$
Bromobenzène (75 %)

Les acides de Lewis les plus fréquemment utilisés pour effectuer la chloration et la bromation sont le $FeCl_3$, le $FeBr_3$ et le $AlCl_3$, tous sous forme anhydre. Le chlorure ferrique et le bromure ferrique sont habituellement obtenus en ajoutant du fer au mélange réactionnel. Le fer réagit alors avec l'halogène pour former l'halogénure ferrique.

$$2\ Fe + 3\ X_2 \longrightarrow 2\ FeX_3$$

La bromation aromatique correspond au mécanisme de la page suivante.

Le rôle de l'acide de Lewis est précisé à l'étape 1. Le bromure ferrique réagit avec le brome pour engendrer un ion brome positif, Br^+ (et $FeBr_4^-$). À l'étape 2, l'ion Br^+ réagit avec les électrons π benzéniques pour former un ion arénium. Finalement, à l'étape 3, un proton est éliminé de l'ion arénium par le $FeBr_4^-$. Le bromure d'hydrogène et le bromobenzène sont donc les produits de la réaction. Simultanément, cette étape régénère le catalyseur $FeBr_3$.

Le mécanisme de la chloration du benzène en présence de chlorure ferrique est similaire à celui de la bromation. Le chlorure ferrique joue le même rôle dans la chloration aromatique que le bromure ferrique dans la bromation aromatique. Il participe à la formation et au transfert d'un ion d'halogène positif.

Le fluor réagit tellement rapidement avec le benzène que la fluoration aromatique requiert des conditions et des appareils spéciaux. Même dans ces conditions, il est difficile de limiter la réaction à une monofluoration. Par contre, il est possible

Dans le préambule du chapitre, nous avons mentionné une réaction d'iodation électrophile faisant partie de la biosynthèse de la thyroxine. Le sujet sera repris dans la capsule chimique à la fin de la section 15.11E.

MÉCANISME DE LA RÉACTION

Bromation aromatique

Étape 1

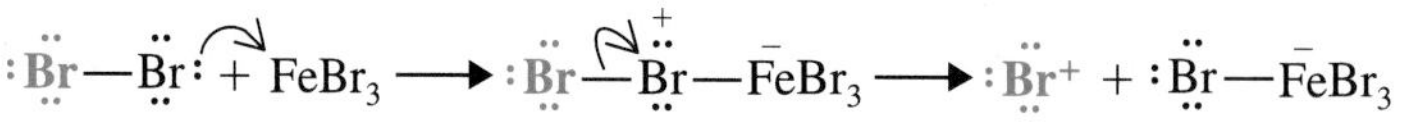

Le brome se combine avec le FeBr$_3$ pour former un complexe
qui se dissocie pour donner un ion brome positif et FeBr$_4^-$.

Étape 2

Le potentiel électrostatique de
cet ion arénium est représenté
à la figure 15.2.

Ion arénium

L'ion brome positif attaque le benzène pour former un ion arénium.

Étape 3

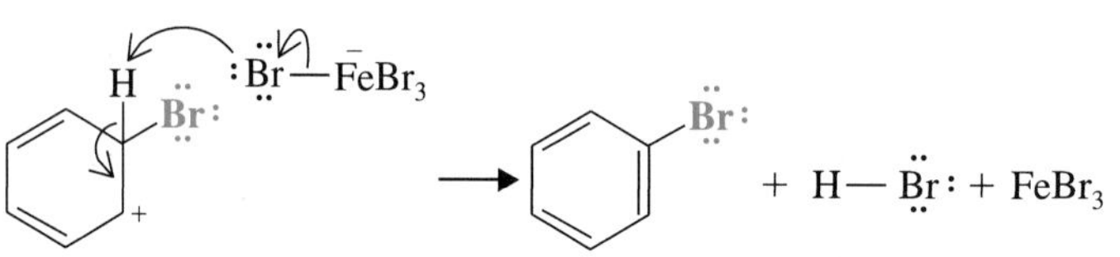

Un proton est enlevé à l'ion arénium, qui devient du bromobenzène.

de synthétiser le fluorobenzène par une méthode indirecte, qui sera étudiée à la section 20.8D.

Par ailleurs, l'iode est si peu réactif qu'une technique spéciale doit être appliquée pour réaliser une iodation directe; la réaction nécessite la présence d'un agent oxydant comme l'acide nitrique.

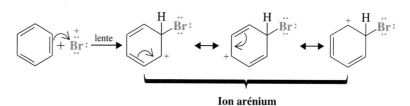

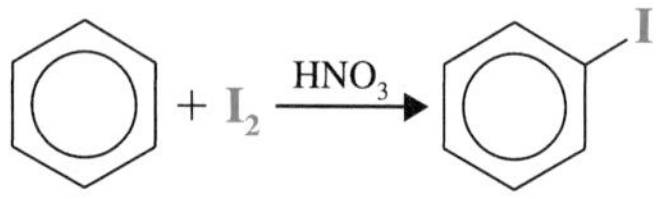

(86 %)

15.4 NITRATION DU BENZÈNE

Le benzène réagit lentement avec l'acide nitrique concentré chaud pour donner du nitrobenzène. On accélère de beaucoup la réaction si on chauffe le benzène dans un mélange d'acide nitrique et d'acide sulfurique concentrés.

$$\bigcirc + HNO_3 + H_2SO_4 \xrightarrow{\text{50 à 55 °C}} \bigcirc\!\!-\!NO_2 + H_3O^+ + HSO_4^-$$

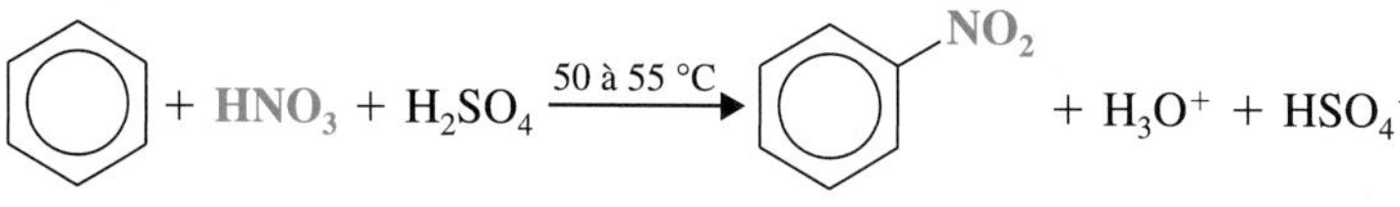

(85 %)

L'acide sulfurique concentré augmente la vitesse de la réaction en accroissant la concentration de l'électrophile, l'ion nitronium (NO$_2^+$). C'est ce qu'indique la description des deux premières étapes du mécanisme de la page suivante.

PROBLÈME 15.2

H$_2$SO$_4$ a un pK_a égal à -9, et HNO$_3$ un pK_a de $-1,4$. Expliquez pourquoi la nitration survient plus rapidement dans un mélange d'acide nitrique et d'acide sulfurique concentrés que dans l'acide nitrique concentré seul.

MÉCANISME DE LA RÉACTION

Nitration du benzène

Étape 1

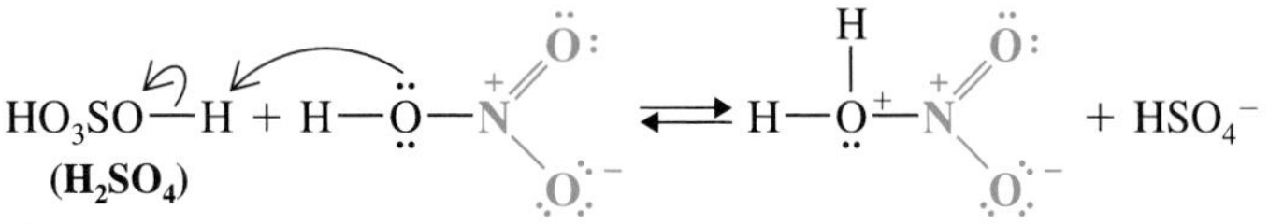

$$HO_3SO-H + H-\ddot{O}-\overset{+}{N}\overset{\ddot{O}:}{\underset{\ddot{O}:^-}{\diagdown}} \rightleftharpoons H-\overset{+}{\underset{H}{O}}-\overset{+}{N}\overset{\ddot{O}:}{\underset{\ddot{O}:^-}{\diagdown}} + HSO_4^-$$

(H_2SO_4)

À cette étape, l'acide nitrique accepte un proton de l'acide le plus fort, l'acide sulfurique.

Étape 2

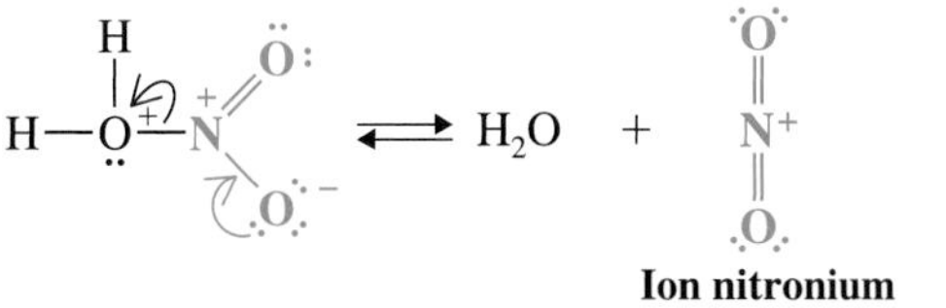

$$H-\overset{H}{\underset{\ddot{O}}{\overset{|}{O}}}-\overset{+}{N}\overset{\ddot{O}:}{\underset{\ddot{O}:^-}{\diagdown}} \rightleftharpoons H_2O + \overset{\cdot\cdot}{\underset{\cdot\cdot}{O}}=\overset{+}{N}=\overset{\cdot\cdot}{\underset{\cdot\cdot}{O}}$$

Ion nitronium

Maintenant protoné, l'acide nitrique peut se dissocier pour former un ion nitronium.

Étape 3

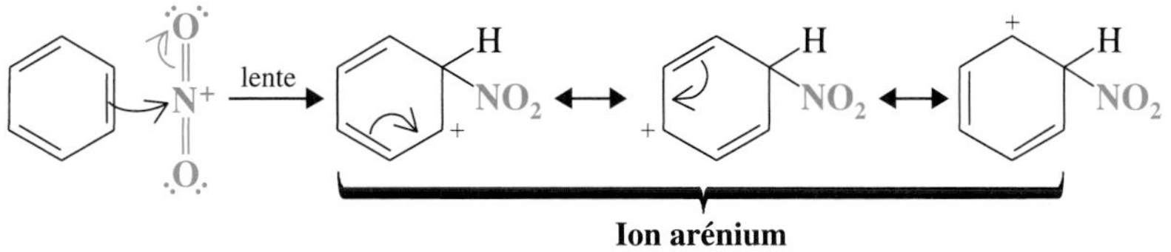

Ion arénium

L'ion nitronium est le véritable électrophile dans la nitration; il réagit avec le benzène pour former un ion arénium stabilisé par résonance.

Étape 4

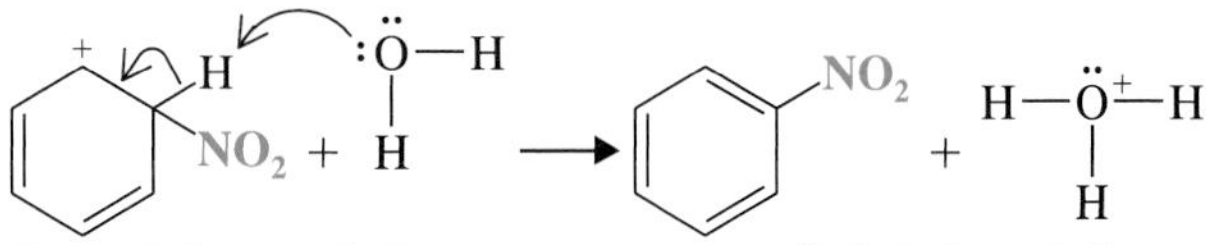

L'ion arénium perd alors un proton au profit de la base de Lewis et devient un nitrobenzène.

15.5 SULFONATION DU BENZÈNE

Le benzène réagit avec l'acide sulfurique fumant à la température de la pièce pour produire l'acide benzènesulfonique. L'acide sulfurique fumant est de l'acide sulfurique auquel on a ajouté du trioxyde de soufre (SO_3). La sulfonation se fait aussi, mais plus lentement, dans l'acide sulfurique concentré seul.

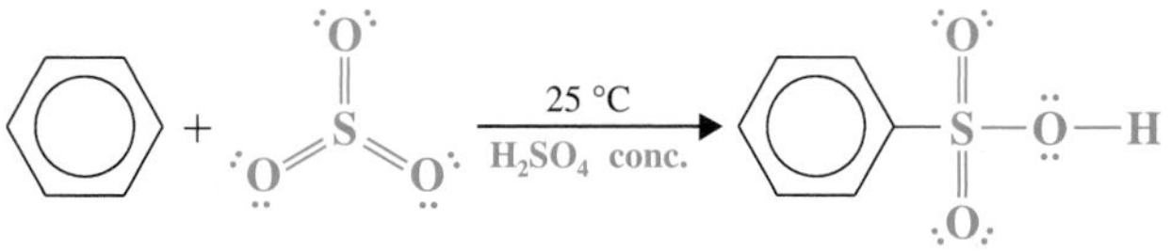

**Trioxyde
de soufre**

**Acide benzènesulfonique
(56 %)**

Dans les deux cas, l'électrophile est le trioxyde de soufre. Dans l'acide sulfurique concentré, le trioxyde de soufre est produit par un équilibre dans lequel le H_2SO_4 agit à la fois comme base et comme acide (voir l'étape 1 du mécanisme de la page suivante).

Toutes ces étapes correspondent à des équilibres, y compris l'étape 1, au cours de laquelle se forme le trioxyde de soufre à partir de l'acide sulfurique. Cela signifie que la réaction globale est également un équilibre. Dans l'acide sulfurique concentré, l'équilibre global est la somme des étapes 1 à 4.

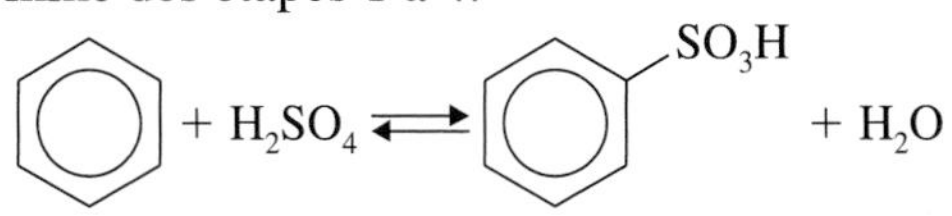

Dans l'acide sulfurique fumant, l'étape 1 n'est pas importante, parce que le trioxyde de soufre dissous réagit directement.

MÉCANISME DE LA RÉACTION

Sulfonation du benzène

Étape 1

$$2\ H_2SO_4 \rightleftharpoons SO_3 + H_3O^+ + HSO_4^-$$

Cet équilibre produit SO₃ dans H₂SO₄ concentré.

Étape 2

lente ↔ autres structures de résonance

Le SO₃ est l'électrophile qui réagit avec le benzène pour produire un ion arénium.

Étape 3

$$HSO_4^- + \quad \xrightarrow{\text{rapide}} \quad + H_2SO_4$$

Un proton est enlevé à l'ion arénium, ce qui donne l'ion benzènesulfonate.

Étape 4

rapide + H₂O

L'ion benzènesulfonate accepte un proton et devient l'acide benzènesulfonique.

La sulfonation-désulfonation est un outil pratique dans les synthèses qui comprennent une substitution électrophile aromatique.

Charles Friedel

James Mason Crafts

Les conditions dans lesquelles se déroule chacune de ces étapes peuvent influer sur la position de l'équilibre. Si on veut effectuer la sulfonation du benzène, on utilise de l'acide sulfurique concentré ou mieux encore de l'acide sulfurique fumant. Dans ces conditions, la position d'équilibre est sensiblement déplacée vers la droite, et on obtient de l'acide benzènesulfonique avec un bon rendement.

Par ailleurs, on peut enlever un groupe acide sulfonique au cycle benzénique. Pour ce faire, on emploie de l'acide sulfurique dilué et, généralement, on fait passer de la vapeur à travers le mélange. Dans ces conditions — avec une grande concentration d'eau —, l'équilibre est notablement déplacé vers la gauche et la désulfonation se produit. L'équilibre est davantage déplacé vers la gauche si les composés aromatiques sont volatils, parce qu'ils sont entraînés avec la vapeur.

Nous verrons plus loin que les réactions de sulfonation et de désulfonation sont souvent appliquées dans les procédés de synthèse. Ainsi, on peut ajouter un groupe acide sulfonique à un cycle benzénique pour influencer le cours d'une réaction ultérieure. Par la suite, on peut l'éliminer par désulfonation.

15.6 ALKYLATION DE FRIEDEL-CRAFTS

En 1877, deux chimistes, le Français Charles Friedel et l'Américain James M. Crafts ont découvert de nouvelles méthodes de préparation des alkylbenzènes (ArR) et des acylbenzènes (ArCOR). Ces réactions sont maintenant appelées alkylations et alcanoylations (acylations) de Friedel-Crafts. Nous étudierons l'alkylation de Friedel-Crafts immédiatement et l'alcanoylation de Friedel-Crafts à la section 15.7.

Une équation générale, ci-après, représente la réaction d'alkylation de Friedel-Crafts.

$$+ \ R-X \xrightarrow{AlCl_3} \quad + HX$$

Le mécanisme de la réaction (dans le cas où R—X est le 2-chloropropane) est décrit dans l'encadré de la page suivante. Il y a d'abord formation d'un carbocation (étape 1). Le carbocation agit alors comme électrophile (étape 2) et attaque les électrons du cycle benzénique pour former un ion arénium. Cet ion (étape 3) perd ensuite un proton, ce qui donne l'isopropylbenzène.

MÉCANISME DE LA RÉACTION
Alkylation de Friedel-Crafts

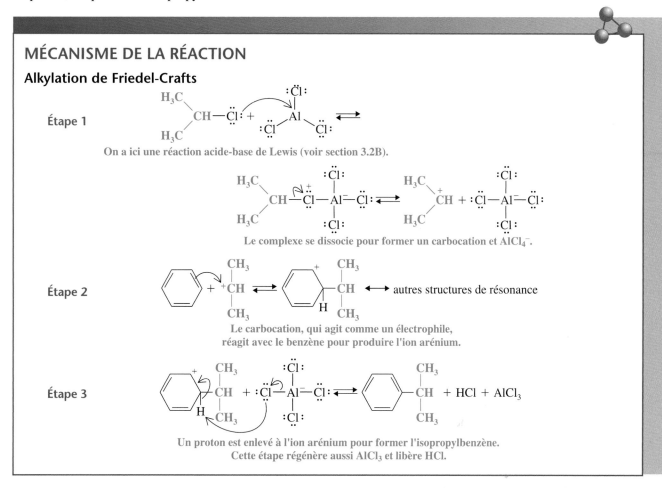

Étape 1

On a ici une réaction acide-base de Lewis (voir section 3.2B).

Le complexe se dissocie pour former un carbocation et $AlCl_4^-$.

Étape 2

autres structures de résonance

Le carbocation, qui agit comme un électrophile,
réagit avec le benzène pour produire l'ion arénium.

Étape 3

+ HCl + $AlCl_3$

Un proton est enlevé à l'ion arénium pour former l'isopropylbenzène.
Cette étape régénère aussi $AlCl_3$ et libère HCl.

Lorsque R—X est un halogénoalcane primaire, il est probable qu'un carbocation simple ne se forme pas. Le chlorure d'aluminium forme plutôt un complexe avec l'halogénoalcane, et ce complexe agit comme électrophile. Dans le complexe, la liaison carbone–halogène est presque rompue et l'atome de carbone porte une charge partielle positive importante.

$$\overset{\delta+}{RCH_2}\cdots\overset{..}{\underset{..}{Cl}}:\overset{\delta-}{AlCl_3}$$

Même si le complexe n'est pas un simple carbocation, il agit comme s'il en était un et il est transféré au cycle aromatique sous forme de groupe alkyle positif. Comme nous le verrons à la section 15.8, les complexes de ce type ressemblent tellement aux carbocations qu'ils subissent également les réarrangements caractéristiques des carbocations.

Les alkylations de Friedel-Crafts ne se limitent pas aux halogénoalcanes et au chlorure d'aluminium. De nombreuses autres paires de réactifs qui forment des carbocations (ou des espèces à caractère carbocationique) peuvent tout aussi bien être utilisées. Par exemple, on peut employer un mélange d'alcène et d'acide.

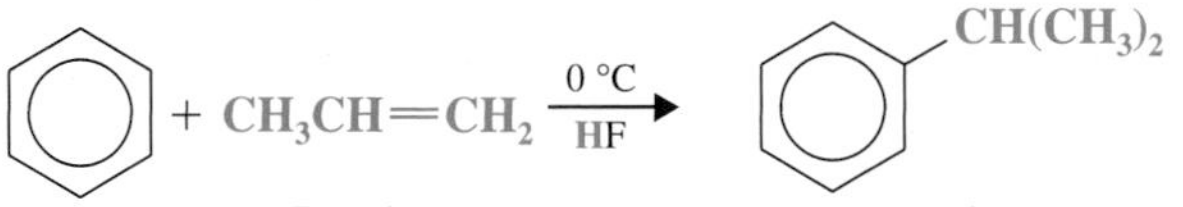

Propène + $CH_3CH{=}CH_2$ $\xrightarrow[\text{HF}]{0\,°C}$ **Isopropylbenzène (cumène)** $CH(CH_3)_2$ **(84 %)**

Cyclohexène $\xrightarrow[\text{HF}]{0\,°C}$ **Cyclohexylbenzène (62 %)**

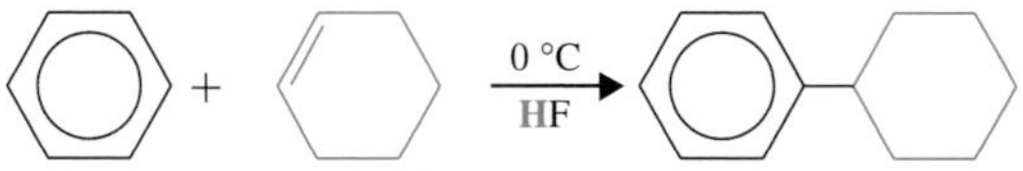

On peut aussi employer un mélange d'alcool et d'acide.

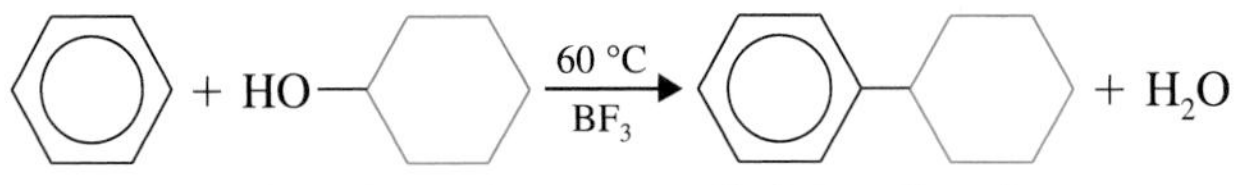

Cyclohexanol   **Cyclohexylbenzène**
(56 %)

Il existe plusieurs limitations importantes à la réaction de Friedel-Crafts. Nous les étudierons à la section 15.8.

PROBLÈME 15.3

Décrivez brièvement toutes les étapes d'un mécanisme vraisemblable menant à la formation de l'isopropylbenzène à partir du propène et du benzène dans le HF liquide (que nous venons de présenter). Le mécanisme que vous proposerez doit tenir compte du fait qu'on obtient seulement de l'isopropylbenzène et non du propylbenzène.

15.7 ALCANOYLATION DE FRIEDEL-CRAFTS

Le groupe $RC\overset{O}{\underset{\|}{}}-$ est appelé **groupe alcanoyle.** Une réaction au cours de laquelle ce groupe se combine à un autre composé est une réaction d'**alcanoylation (acylation)*.** Parmi les groupes alcanoyle courants, on trouve le groupe acétyle et le groupe benzoyle. (Le groupe benzoyle ne doit pas être confondu avec le groupe benzyle, $-CH_2C_6H_5$; voir section 14.2.)

Groupe acétyle   **Groupe benzoyle**
(groupe éthanoyle)

La réaction d'alcanoylation de Friedel-Crafts est un moyen efficace d'ajouter un groupe alcanoyle à un cycle aromatique. La réaction consiste souvent à traiter le composé aromatique par un halogénure d'alcanoyle. À moins que le composé aromatique ne soit très réactif, la réaction requiert l'addition d'au moins un équivalent d'un acide de Lewis (comme $AlCl_3$). Le produit de la réaction est une 1-phénylalcanone (phénylcétone).

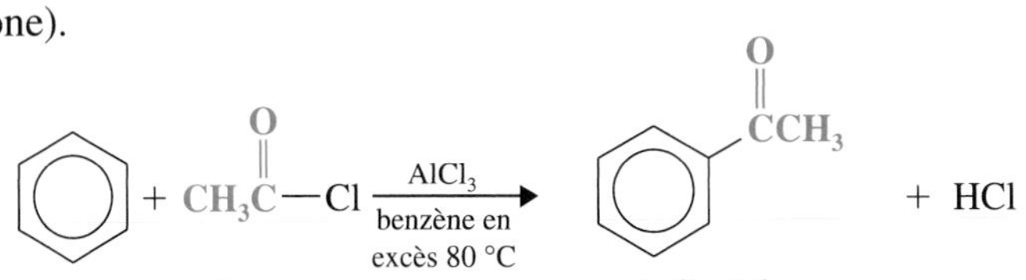

Chlorure   **Acétophénone**
d'acétyle   **(1-phényléthanone ou**
méthylphénylcétone) (97 %)

On peut facilement préparer des chlorures d'alcanoyle, aussi appelés **chlorures acides,** en traitant des acides carboxyliques par le chlorure de thionyle ($SOCl_2$) ou le pentachlorure de phosphore (PCl_5).

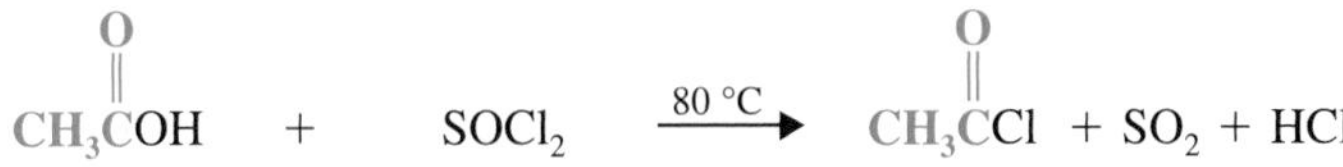

Acide acétique   **Chlorure de thionyle**   **Chlorure d'acétyle**
(80 à 90 %)

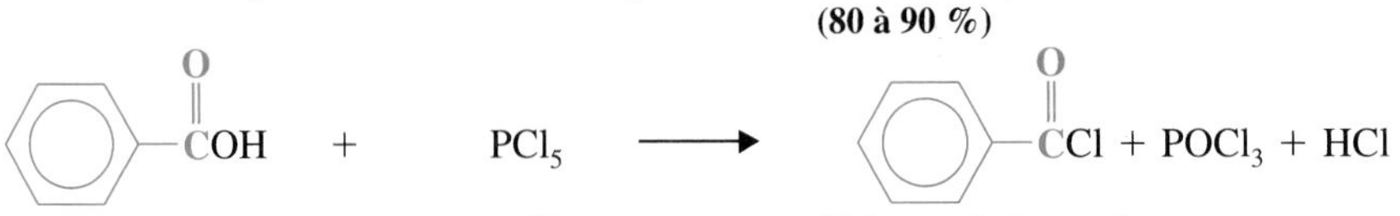

Acide benzoïque   **Pentachlorure**   **Chlorure de benzoyle**
de phosphore   **(90 %)**

---

* L'expression « acylation de Friedel-Crafts », bien qu'inadéquate, est toujours très utilisée.

On peut aussi réaliser les alcanoylations de Friedel-Crafts au moyen d'anhydrides d'acides carboxyliques, comme dans l'exemple suivant :

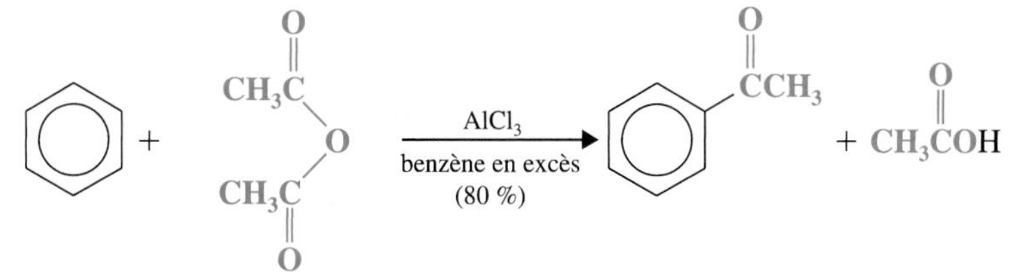

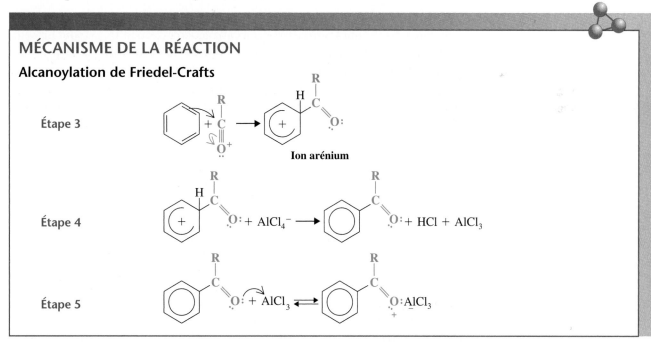

Anhydride acétique
(un anhydride d'acide carboxylique)

Acétophénone
(82 à 85 %)

Dans la majorité des alcanoylations de Friedel-Crafts, l'électrophile est un **ion acylium** qui provient d'un halogénure d'alcanoyle, de la façon suivante :

Étape 1 $\quad$ R—C—Cl: + AlCl$_3$ ⇌ R—C—Cl:ĀlCl$_3$

Étape 2 $\quad$ R—C—Cl:ĀlCl$_3$ ⇌ R—C≡O: ⟷ R—C≡O: + ĀlCl$_4$

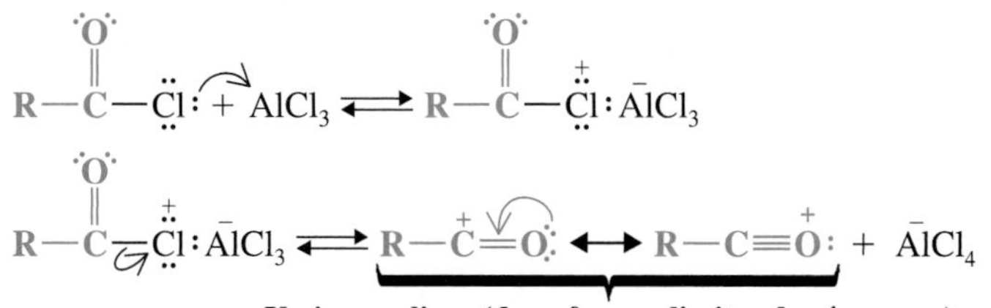

Un ion acylium (deux formes limites de résonance)

PROBLÈME 15.4

Montrez comment un ion acylium pourrait se former à partir d'anhydride acétique et de AlCl$_3$.

Les étapes ultérieures de l'alcanoylation de Friedel-Crafts du benzène sont les suivantes :

MÉCANISME DE LA RÉACTION

Alcanoylation de Friedel-Crafts

Étape 3

Ion arénium

Étape 4 $\quad$ + AlCl$_4^-$ ⟶ + HCl + AlCl$_3$

Étape 5 $\quad$ + AlCl$_3$ ⇌ :AlCl$_3$

À la dernière étape, le chlorure d'aluminium (un acide de Lewis) forme un complexe avec la cétone (une base de Lewis). Une fois la réaction terminée, on traite le complexe avec de l'eau pour libérer la cétone.

Étape 6 $\quad$ $\overset{R}{\underset{C_6H_5}{}}$C=Ö:ĀlCl$_3$ + 3 H$_2$O ⟶ $\overset{R}{\underset{C_6H_5}{}}$C=Ö: + Al(OH)$_3$ + 3 HCl

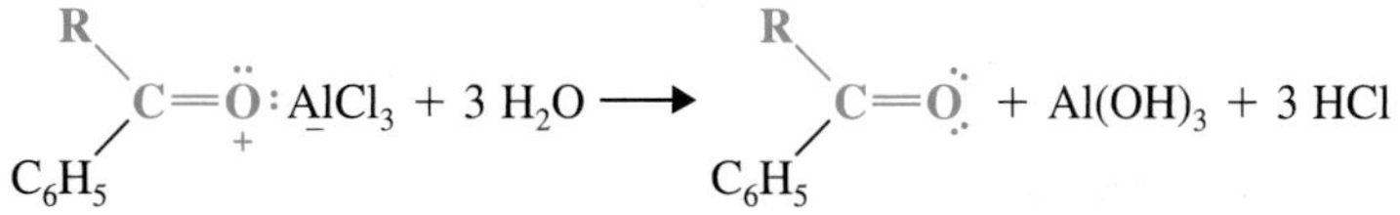

Plusieurs synthèses importantes (section 15.9) sont des applications des réactions de Friedel-Crafts.

15.8 LIMITATIONS DES RÉACTIONS DE FRIEDEL-CRAFTS

Plusieurs restrictions limitent l'utilité des réactions de Friedel-Crafts.

1. **Quand le carbocation formé à partir d'un halogénoalcane, d'un alcène ou d'un alcool peut se réarranger en un carbocation plus stable, généralement il le fait. Et le principal produit de la réaction est habituellement celui qui provient du carbocation le plus stable.**

   Ainsi, lorsque le benzène subit l'alkylation par le 1-bromobutane, quelques-uns des cations butyle en formation se réarrangent par migration d'un hydrure — certains carbocations primaires en formation (voir les réactions suivantes) deviennent des carbocations secondaires plus stables. Alors, le benzène réagit avec les deux sortes de carbocations et produit à la fois du butylbenzène et du *sec*-butylbenzène.

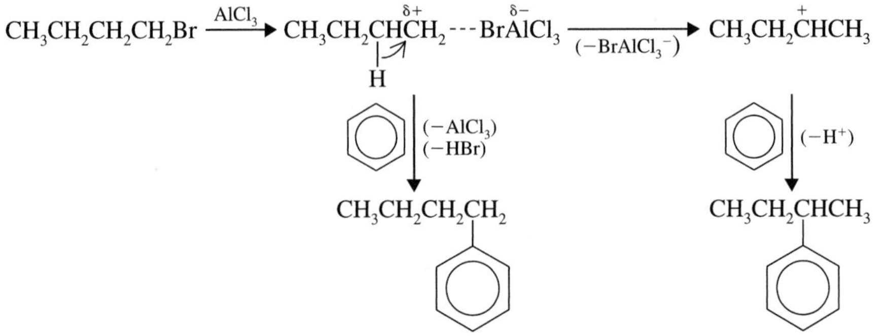

Butylbenzène
(32 à 36 % du mélange)

sec-**Butylbenzène**
(64 à 68 % du mélange)

2. **Les réactions de Friedel-Crafts donnent normalement de faibles rendements lorsque des groupes fortement électroattracteurs** (section 15.11) **sont présents sur le cycle aromatique ou lorsque le cycle porte un groupe** —NH$_2$, —NHR **ou** —NR$_2$. Cela s'applique autant à l'alkylation qu'à l'alcanoylation.

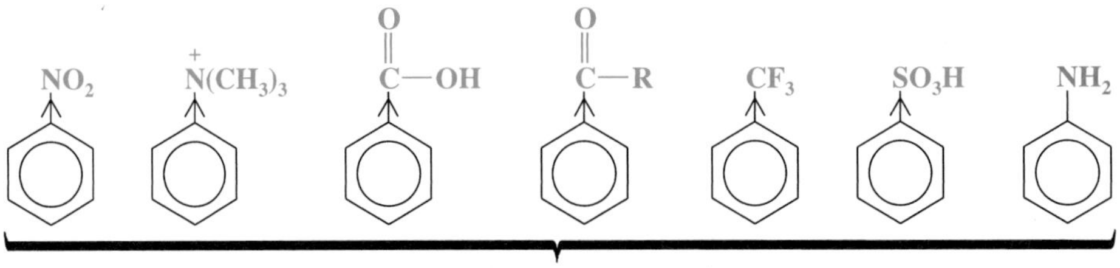

Ces composés donnent habituellement de piètres rendements dans les réactions de Friedel-Crafts.

Nous verrons à la section 15.10 que les groupes présents sur un cycle aromatique peuvent modifier grandement la réactivité du cycle par rapport à la substitution électrophile aromatique. Les groupes électroattracteurs diminuent la réactivité du cycle en le rendant déficient en électrons. Tout substituant plus électroattracteur (ou désactivant) qu'un halogène, c'est-à-dire **tout groupe *méta*-orienteur** (section 15.11C), **rend le cycle trop déficient en électrons pour qu'il puisse subir une réaction de Friedel-Crafts.** Les groupes amine, —NH$_2$, —NHR ou —NR$_2$, sont transformés en groupes fortement électroattracteurs par les acides de Lewis utilisés comme catalyseurs des réactions de Friedel-Crafts. Voici un exemple :

Ne subit pas une réaction de Friedel-Crafts.

3. Les halogénures d'aryle et de vinyle ne peuvent être utilisés comme composés halogénés parce qu'ils ne forment pas facilement des carbocations (voir section 6.15A).

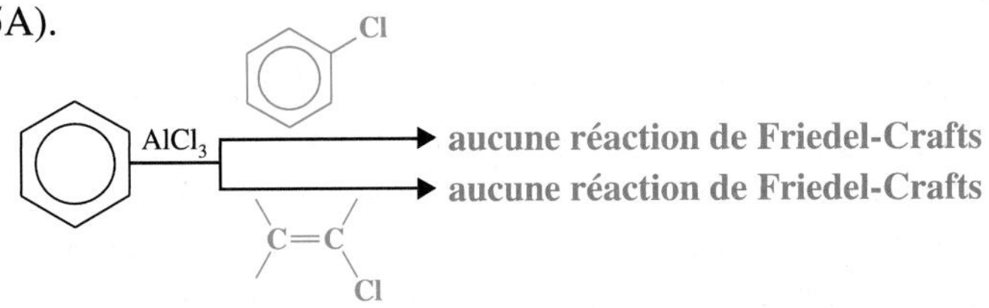

4. Les polyalkylations surviennent fréquemment. Les groupes alkyle sont électro-répulseurs et, une fois intégrés au benzène, ils rendent le cycle encore plus susceptible de subir de nouvelles substitutions (voir section 15.10).

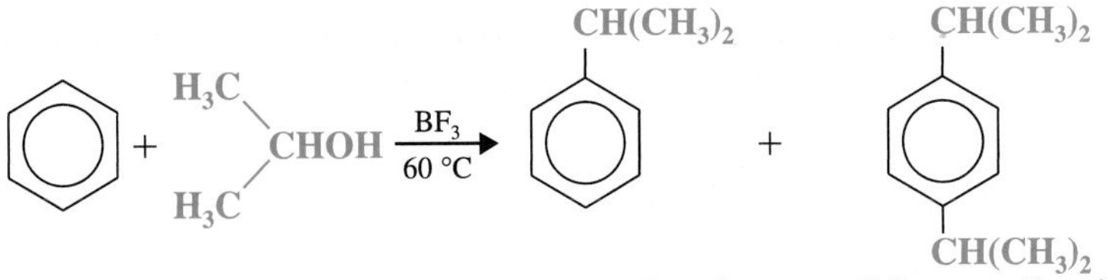

Isopropylbenzène *p*-Diisopropylbenzène
(24 %) (14 %)

Par contre, les polyalcanoylations ne posent pas de problème lors des alcanoylations de Friedel-Crafts. Le groupe alcanoyle (RCO—) est naturellement électroattracteur et, lorsqu'il forme un complexe avec AlCl$_3$ à la dernière étape de la réaction (section 15.7), il devient encore plus électroattracteur. Cela entrave grandement toute autre substitution et favorise la monoalcanoylation.

PROBLÈME 15.5

Lorsque le benzène réagit avec le chlorure de néopentyle, (CH$_3$)$_3$CCH$_2$Cl, en présence du chlorure d'aluminium, le principal produit est le 2-méthyl-2-phénylbutane et non pas le néopentylbenzène. Justifiez ce résultat.

PROBLÈME 15.6

Lorsque le benzène réagit avec l'alcool propylique en présence de trifluorure de bore, on obtient du propylbenzène et de l'isopropylbenzène. Décrivez un mécanisme qui explique ce phénomène.

15.9 APPLICATIONS DES ALCANOYLATIONS DE FRIEDEL-CRAFTS EN SYNTHÈSE : LA RÉDUCTION DE CLEMMENSEN

Aucun réarrangement de la chaîne de carbone n'a lieu au cours d'une alcanoylation de Friedel-Crafts. Comme l'ion acylium est stabilisé par résonance, il est plus stable que la plupart des autres carbocations. Rien ne favorise donc un réarrangement. Par conséquent, les alcanoylations de Friedel-Crafts suivies d'une réduction du groupe carbonyle en un groupe CH$_2$ offrent souvent de meilleurs chemins réactionnels pour produire des alkylbenzènes non ramifiés que les alkylations de Friedel-Crafts.

La synthèse du propylbenzène nous servira ici d'exemple. Si on tente cette synthèse par une alkylation de Friedel-Crafts, un réarrangement a lieu et le principal produit est l'isopropylbenzène (voir aussi problème 15.6).

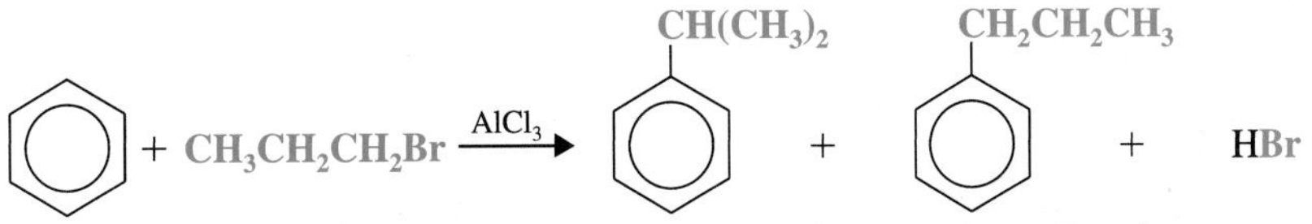

Isopropylbenzène Propylbenzène
(produit principal) (produit secondaire)

Au contraire, l'alcanoylation de Friedel-Crafts du benzène par le chlorure de propanoyle donne un bon rendement et produit une cétone sans réarrangement de la chaîne.

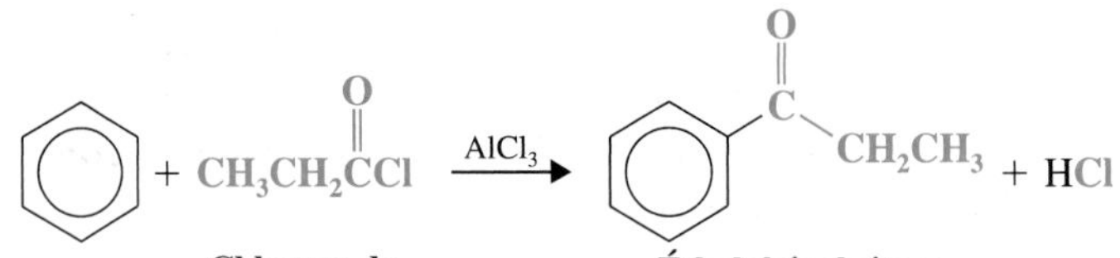

Chlorure de propanoyle   **Éthylphénylcétone (90 %)**

Cette cétone peut être réduite en propylbenzène par plusieurs méthodes. Une méthode générale — appelée **réduction de Clemmensen** — consiste à faire refluer la cétone dans de l'acide chlorhydrique contenant un amalgame de zinc. [*Mise en garde* : comme nous le verrons plus loin (section 20.5B), le zinc et l'acide chlorhydrique peuvent aussi provoquer la réaction des groupes nitro en groupes amine.]

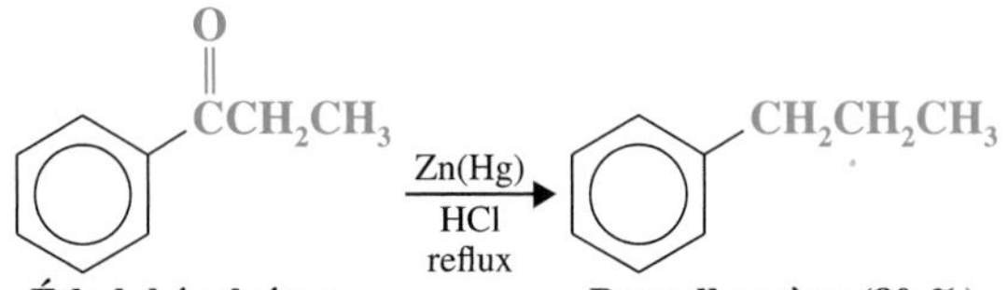

Éthylphénylcétone   **Propylbenzène (80 %)**

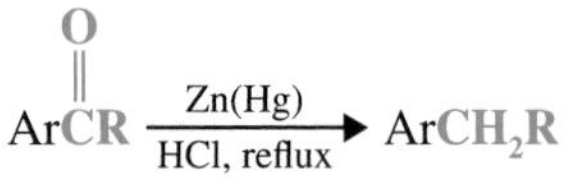

$$ArCR \xrightarrow[\text{HCl, reflux}]{\text{Zn(Hg)}} ArCH_2R$$

Avec un anhydride cyclique, l'alcanoylation de Friedel-Crafts permet d'ajouter un nouveau cycle à un composé aromatique, comme dans l'exemple ci-dessous. Notez que seulement la cétone est réduite dans l'étape de réduction de Clemmensen; l'acide carboxylique demeure intact.

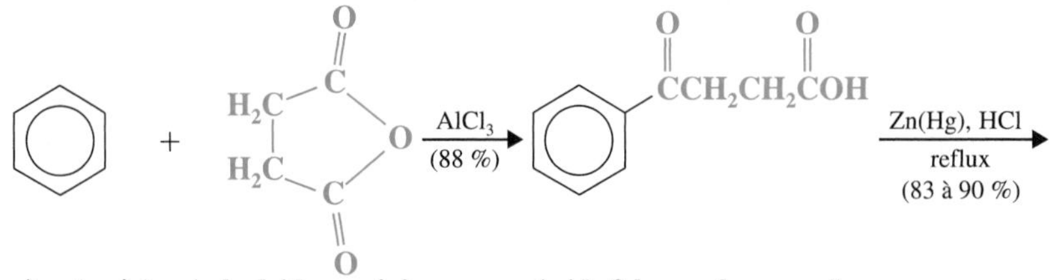

Benzène (excès)   **Anhydride succinique**   **Acide 3-benzoylpropanoïque**

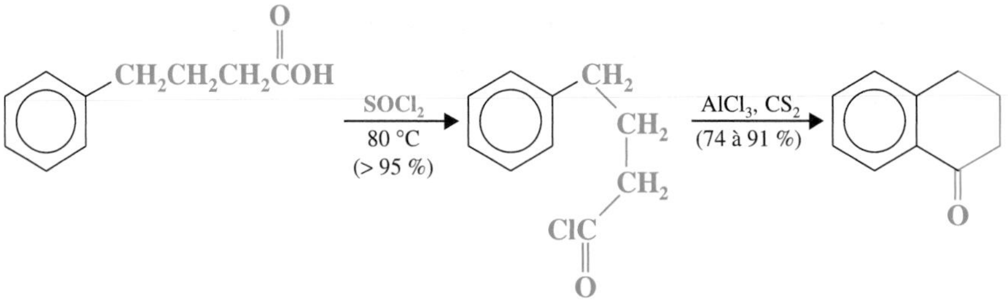

Acide 4-phénylbutanoïque   **Chlorure de 4-phénylbutanoyle**   **α-Tétralone**

PROBLÈME 15.7

À partir du benzène et d'un autre composé approprié, soit un chlorure d'alcanoyle, soit un anhydride d'acide, proposez une synthèse pour chacun des composés suivants :

a) Butylbenzène

b) $(CH_3)_2CHCH_2CH_2C_6H_5$

c) Benzophénone ($C_6H_5COC_6H_5$)

d) 9,10-Dihydroanthracène

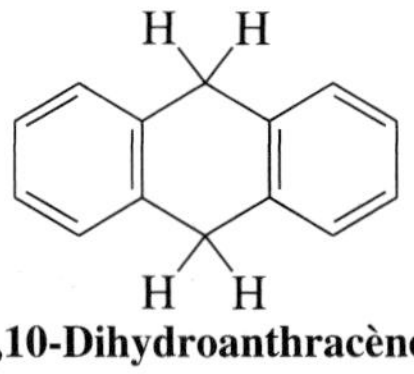

9,10-Dihydroanthracène

15.10 EFFET DES SUBSTITUANTS SUR LA RÉACTIVITÉ ET L'ORIENTATION

Lorsque les benzènes substitués subissent une attaque électrophile, les groupes déjà présents sur le cycle influent à la fois sur la vitesse de la réaction et le site de l'attaque. On dit alors que les groupes substituants exercent un effet sur la **réactivité** et l'**orientation** dans les substitutions électrophiles aromatiques.

Les substituants peuvent être répartis en deux classes, en fonction de leur action sur la réactivité du cycle. Les groupes qui rendent le cycle benzénique plus réactif que le benzène sont appelés groupes activants, tandis que ceux qui diminuent la réactivité sont nommés groupes désactivants.

On divise aussi les groupes substituants en deux classes selon la manière dont ils orientent l'attaque d'un électrophile. Les substituants de la première classe ont tendance à favoriser la substitution électrophile sur les positions *ortho* et *para*. On appelle ces groupes orienteurs *ortho-para*, parce qu'ils dirigent l'attaque vers les positions *ortho* et *para*. Les substituants de la seconde catégorie ont tendance à aiguiller l'attaque de l'électrophile vers la position *méta*; c'est pourquoi on les appelle orienteurs *méta*. Plusieurs exemples illustreront ce qu'on entend par ces termes.

15.10A GROUPES ACTIVANTS : ORIENTEURS *ORTHO-PARA*

Le groupe méthyle est un groupe **activant** et **orienteur** *ortho-para*. Le toluène réagit beaucoup plus vite que le benzène dans toutes les substitutions électrophiles.

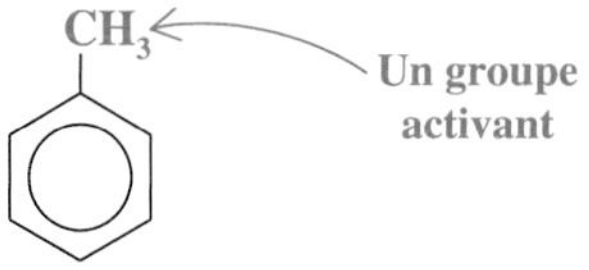

CH_3 — Un groupe activant

Plus réactif que le benzène lors d'une substitution électrophile

Cette plus grande réactivité se manifeste de bien des façons. Ainsi, les substitutions électrophiles se produisent dans des conditions plus modérées — plus basses températures et plus faibles concentrations d'électrophiles — dans le cas du toluène que dans celui du benzène. Et, dans des conditions identiques, le toluène réagit plus rapidement que le benzène. La nitration du toluène, par exemple, est 25 fois plus rapide que celle du benzène.

En outre, quand le toluène subit des substitutions électrophiles, les substituants se retrouvent surtout en *ortho* et en *para*. Lorsqu'on procède à la nitration du toluène avec de l'acide nitrique et de l'acide sulfurique, on obtient des mononitrotoluènes, dans les proportions suivantes :

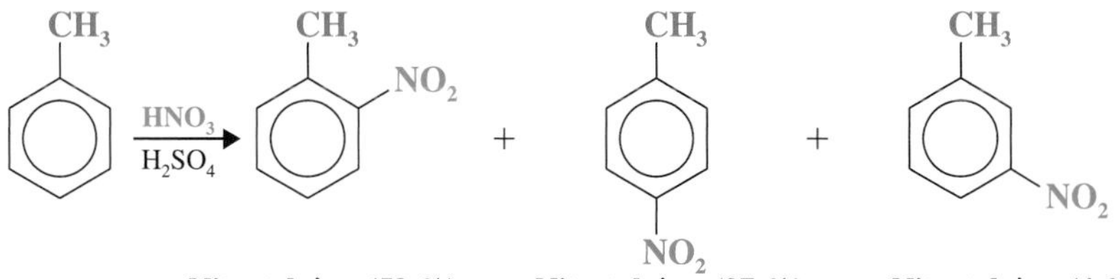

o-Nitrotoluène (59 %)   *p*-Nitrotoluène (37 %)   *m*-Nitrotoluène (4 %)

Parmi les mononitrotoluènes résultant de cette réaction, 96 % (59 % + 37 %) ont un groupe nitro en position *ortho* ou *para*, comparativement à 4 % seulement en position *méta*.

PROBLÈME 15.8

Expliquez comment les pourcentages indiqués ci-dessus démontrent que le groupe méthyle exerce un effet orienteur *ortho-para*. Considérez à cette fin les pourcentages qui seraient obtenus si le groupe méthyle n'avait aucune influence sur l'orientation de l'électrophile entrant.

La prédominance des substitutions aux positions *ortho* et *para* du toluène ne s'applique pas uniquement aux réactions de nitration. Le même résultat s'observe lors de l'halogénation, de la sulfonation, et ainsi de suite.

Tous les groupes alkyle sont à la fois activants et orienteurs *ortho-para*. Le groupe méthoxyle, CH$_3$O—, et le groupe acétamido, CH$_3$CONH—, sont fortement activants et tous deux orienteurs *ortho-para*.

Le groupe hydroxyle et le groupe amine sont fortement activants et orienteurs *ortho-para*. Le phénol et l'aniline réagissent avec le brome dans l'eau (sans catalyseur) pour donner des produits où le brome se retrouve à la fois en positions *ortho* et *para*. Ces réactions donnent des composés tribromés, avec des rendements presque quantitatifs.

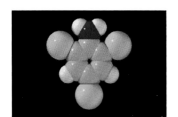

2,4,6-Tribromoaniline

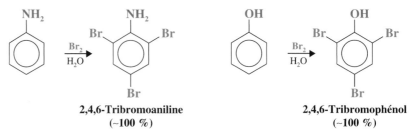

2,4,6-Tribromoaniline
(~100 %)

2,4,6-Tribromophénol
(~100 %)

15.10B GROUPES DÉSACTIVANTS : ORIENTEURS *MÉTA*

Le groupe nitro est un **groupe** très fortement **désactivant**. Ainsi, le nitrobenzène subit une nitration à une vitesse égale à seulement 10^{-4} fois celle du benzène. Le groupe nitro est aussi orienteur *méta*. Lors de la nitration du nitrobenzène par l'acide nitrique et l'acide sulfurique, 93 % des substitutions se produisent en position *méta*.

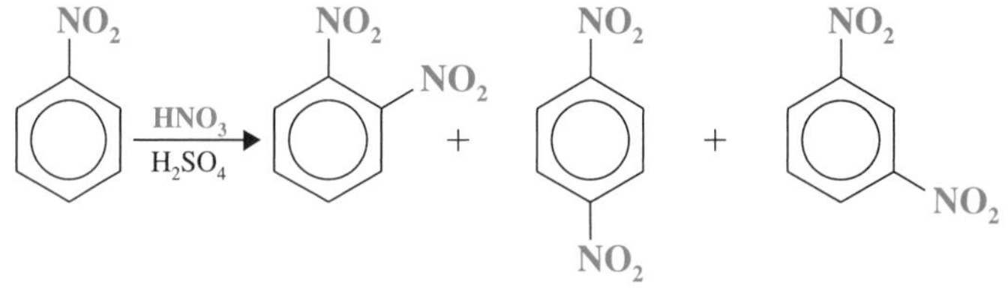

Le groupe carboxyle (—CO$_2$H), le groupe sulfo (—SO$_3$H) et le groupe trifluorométhyle (—CF$_3$) sont aussi des groupes désactivants, et ils sont orienteurs *méta*.

15.10C SUBSTITUANTS HALOGÉNÉS : DÉSACTIVANTS ET ORIENTEURS *ORTHO-PARA*

Les groupes bromo et chloro sont faiblement désactivants. Le chlorobenzène et le bromobenzène subissent une nitration à des vitesses respectivement 33 et 30 fois plus lentes que celle du benzène. Cependant, les groupes chloro et bromo sont orienteurs *ortho-para*. Le tableau 15.1 donne les pourcentages relatifs des produits disubstitués résultant de la chloration, de la bromation, de la nitration et de la sulfonation du chlorobenzène.

Tableau 15.1 Substitutions électrophiles du chlorobenzène.

Réaction	Produit *ortho* (%)	Produit *para* (%)	Total des *ortho* et *para* (%)	Produit *méta* (%)
Chloration	39	55	94	6
Bromation	11	87	98	2
Nitration	30	70	100	
Sulfonation		100	100	

Tableau 15.2 Effet des substituants sur la substitution électrophile aromatique.

Orienteurs *ortho-para*	Orienteurs *méta*
Activants forts $-\ddot{N}H_2,\ -\ddot{N}HR,\ -\ddot{N}R_2$ $-\ddot{O}H,\ -\ddot{O}:^-$	**Désactivants moyens** $-C\equiv N$ $-SO_3H$ $-CO_2H,\ -CO_2R$ $-CHO,\ -COR$
Activants moyens $-\ddot{N}HCOCH_3,\ -\ddot{N}HCOR$ $-\ddot{O}CH_3,\ -\ddot{O}R$	**Désactivants forts** $-NO_2$ $-NR_3^+$ $-CF_3,\ -CCl_3$
Activants faibles $-CH_3,\ -C_2H_5,\ -R$ $-C_6H_5$	
Désactivants faibles $-\ddot{\ddot{F}}:,\ -\ddot{\ddot{C}}l:,\ -\ddot{\ddot{B}}r:,\ -\ddot{\ddot{I}}:$	

L'apprentissage de l'influence de ces substituants vous permettra de mieux prédire le cours des réactions S_EA_R au laboratoire.

Des résultats similaires sont obtenus lors des substitutions électrophiles du bromobenzène.

15.10D CLASSIFICATION DES SUBSTITUANTS

Des études comme celles que nous avons présentées dans cette section ont été réalisées pour nombre d'autres dérivés du benzène. Le tableau 15.2 indique les effets des substituants sur la réactivité et l'orientation.

PROBLÈME 15.9

Utilisez le tableau 15.2 pour déterminer quels sont les principaux produits obtenus lorsque

a) le toluène est transformé par sulfonation;

b) l'acide benzoïque subit une nitration;

c) le nitrobenzène réagit avec le brome et FeBr$_3$;

d) le phénol subit une alcanoylation de Friedel-Crafts.

Si les principaux produits consistent en un mélange d'isomères *ortho* et *para,* indiquez-le.

15.11 THÉORIE DES EFFETS DES SUBSTITUANTS SUR LA SUBSTITUTION ÉLECTROPHILE AROMATIQUE

15.11A RÉACTIVITÉ : L'EFFET DES GROUPES ÉLECTRORÉPULSEURS ET ÉLECTROATTRACTEURS

Nous avons vu que certains groupes *activent* le cycle benzénique au cours d'une substitution électrophile aromatique, tandis que d'autres groupes le *désactivent.* Lorsqu'on dit qu'un groupe active un cycle, on entend par là que le groupe accroît la vitesse relative de la réaction. Cela signifie qu'un composé aromatique doté d'un groupe activant réagit plus rapidement que le benzène dans une substitution électrophile. Dire qu'un groupe désactive un cycle signifie que le composé aromatique ayant un groupe désactivant réagit moins vite que le benzène.

Nous avons vu également que les vitesses relatives des réactions s'expliquent par l'analyse de l'état de transition des étapes cinétiquement déterminantes. Tout facteur qui augmente l'énergie de l'état de transition comparativement à celle des réactifs entraîne une diminution de la vitesse relative de la réaction. Il en est ainsi parce qu'il y a accroissement de l'énergie libre d'activation de la réaction. De la même façon, tout facteur qui réduit l'énergie de l'état de transition relativement à celle des réactifs abaisse l'énergie libre d'activation et augmente la vitesse relative de la réaction.

L'étape cinétiquement déterminante des substitutions électrophiles du benzène et de ses dérivés est celle qui aboutit à la formation de l'ion arénium. Il existe une notation générale pour représenter la formule d'un benzène substitué. Dans cette notation, la lettre **Q** peut représenter n'importe quel substituant, y compris l'hydrogène. (Si **Q** est un hydrogène, alors le composé substitué est le benzène lui-même.) On peut aussi employer cette notation pour illustrer la structure de l'ion arénium, comme dans l'exemple qui suit. La lettre **Q** indique alors que le substituant se trouve à l'une des trois positions possibles — *ortho, méta* ou *para* — par rapport à **E.** Ces conventions permettent donc de représenter l'étape cinétiquement déterminante de la manière suivante :

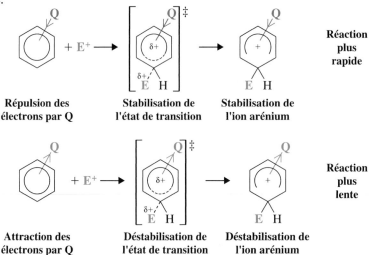

Lorsqu'on examine cette étape pour un grand nombre de réactions, on découvre que les vitesses relatives des réactions dépendent de l'aptitude de **Q** à **attirer** ou à **repousser** les électrons. Si **Q** est un groupe **électrorépulseur** (comparativement à l'hydrogène), la réaction s'effectue plus rapidement que la réaction correspondante du benzène. Si **Q** est un groupe **électroattracteur,** la réaction est plus lente que celle du benzène.

Le substituant (**Q**) a donc un effet sur la stabilité de l'état de transition comparativement à celle des réactifs. Manifestement, les groupes électrorépulseurs rendent l'état de transition plus stable tandis que les groupes électroattracteurs en diminuent la stabilité. C'est tout à fait logique puisque l'état de transition ressemble à l'ion arénium et que cet ion est un *carbocation* délocalisé.

Cet effet nous donne une autre occasion d'appliquer le postulat de Hammond-Leffler (section 6.14A). L'ion arénium est un intermédiaire hautement énergétique, et l'étape qui y conduit est *fortement endothermique.* Par conséquent, selon le postulat de Hammond-Leffler, il doit y avoir une grande ressemblance entre l'ion arénium et l'état de transition qui y conduit.

Puisque l'ion arénium est chargé positivement, on peut prévoir qu'un groupe électrorépulseur le stabilisera *ainsi que l'état de transition qui y conduit,* car le carbocation délocalisé se forme durant l'état de transition. La même argumentation s'applique aux

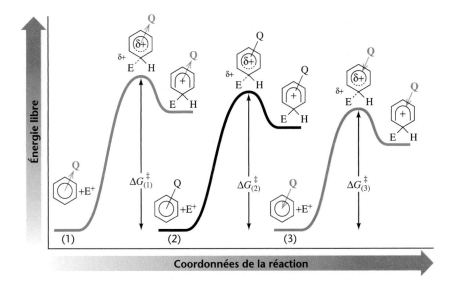

Figure 15.4 Graphique de l'énergie libre correspondant à la formation de l'ion arénium intermédiaire dans trois réactions de substitution électrophile aromatique. Dans (1), Q est un groupe électroattracteur. Dans (2), Q = H. Dans (3), Q est un groupe électrorépulseur. $\Delta G^{\ddagger}_{(1)} > \Delta G^{\ddagger}_{(2)} > \Delta G^{\ddagger}_{(3)}$.

groupes électroattracteurs. Un groupe électroattracteur devrait *déstabiliser* l'ion arénium et *diminuer la stabilit*é de l'état de transition conduisant à l'ion arénium.

La figure 15.4 montre comment, en tant qu'électrorépulseurs ou électroattracteurs, les substituants modifient l'énergie libre d'activation des réactions de substitution électrophile aromatique.

La figure 15.5 fournit une représentation du potentiel électrostatique de deux ions arénium. Elle permet de comparer l'effet stabilisateur sur la charge d'un groupe méthyle électrorépulseur avec l'effet déstabilisateur sur la charge d'un groupe trifluorométhyle électroattracteur. L'ion arénium à gauche (figure 15.5a) est celui qui résulte d'une addition électrophile de brome au méthylbenzène (toluène) en position *para*. L'ion arénium à droite (figure 15.5b) est le résultat d'une addition électrophile de brome au trifluorométhylbenzène en position *méta*. Notez que les atomes du cycle de la figure 15.5a ont bien moins de bleu, ce qui indique qu'ils sont beaucoup moins positifs et que le cycle est stabilisé par l'effet électrorépulseur du méthyle.

15.11B EFFETS INDUCTIF ET DE RÉSONANCE : THÉORIE DE L'ORIENTATION

On peut expliquer les propriétés électroattractives et électrorépulsives des groupes par deux facteurs : l'*effet inductif* et l'*effet de résonance*. Nous verrons aussi que ces deux effets déterminent l'orientation dans les réactions de substitution aromatique.

L'**effet inductif** d'un substituant **Q** découle de l'interaction électrostatique de la liaison polarisée vers **Q** et de la charge positive qui se développe dans le cycle à la

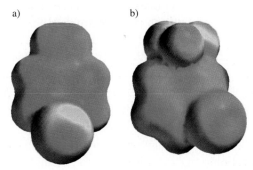

a)   b)

Figure 15.5 Représentation du potentiel électrostatique de deux ions arénium résultant de l'addition électrophile du brome a) au méthylbenzène (toluène) et b) au trifluorométhylbenzène. La charge positive dans le cycle de l'ion arénium du méthylbenzène a) est stabilisée par l'effet de répulsion du groupe méthyle, tandis que la charge positive dans l'ion arénium du trifluorométhylbenzène b) est amplifiée par l'effet électroattracteur du groupe trifluorométhyle. (Nous utilisons les mêmes couleurs dans les deux représentations afin de faciliter la comparaison.)

suite de l'attaque par un électrophile. Par exemple, si **Q** est un atome (ou un groupe) plus électronégatif que le carbone, le cycle se trouvera à l'extrémité positive du dipôle.

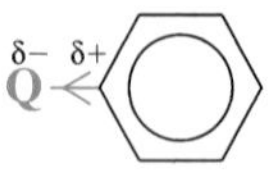

$$\overset{\delta-}{Q}\!\!\leftarrow\!\!\overset{\delta+}{\bigcirc} \qquad \text{(par exemple Q = F, Cl ou Br)}$$

L'attaque d'un électrophile sera ralentie à cause du développement d'une charge formelle positive additionnelle sur le cycle. Tous les halogènes sont plus électronégatifs que le carbone et ils exercent un effet inductif électroattracteur. D'autres groupes ont un effet inductif électroattracteur parce que l'atome qui les lie directement au cycle porte une charge positive partielle ou formelle. Voici quelques exemples :

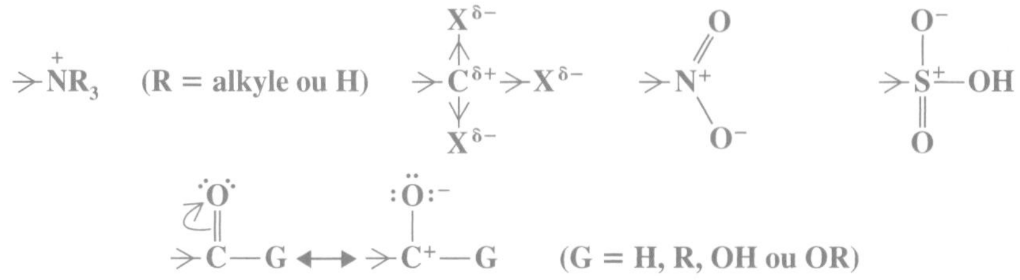

Groupes électroattracteurs ayant une charge
partielle ou formelle sur l'atome fixé au cycle

L'**effet de résonance** d'un substituant **Q** correspond à la possibilité que la présence de **Q** puisse accroître ou réduire la stabilisation de l'ion arénium intermédiaire par résonance. Ainsi, le substituant **Q** peut modifier la contribution de l'une des trois formes limites à l'hybride de résonance de l'ion arénium en lui donnant plus ou moins d'importance que dans le cas où **Q** est un hydrogène. De plus, si **Q** porte une paire d'électrons libres, cela peut accroître la stabilisation de l'ion arénium en produisant une *quatrième* forme limite de résonance dans laquelle la charge positive se situe sur **Q.**

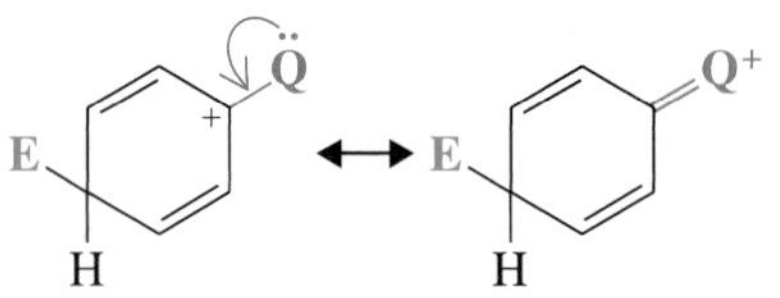

Cet effet mésomère des groupes ou atomes électrodonneurs s'applique en ordre décroissant aux groupes suivants :

Pour ce qui est de leur capacité d'activation, ces groupes se présentent dans le même ordre. Les groupes amino sont très activants, les groupes hydroxyle et alkoxyle le sont un peu moins, et les halogènes sont faiblement désactivants. Quand X = F, l'ordre correspond à l'ordre d'électronégativité des atomes de la première période du tableau périodique. Plus ces atomes sont électronégatifs, moins ils sont capables d'accomoder une charge positive (le fluor est le plus électronégatif, donc le moins activant). Quand X = Cl, Br ou I, l'aptitude relativement faible des halogènes à donner des électrons par résonance s'explique différemment. Ces atomes (Cl, Br et I) sont tous plus volumineux que le carbone et, par conséquent, les orbitales qui renferment les paires d'électrons libres sont plus éloignées du noyau et ne recouvrent pas bien les orbitales $2p$ du carbone. (C'est là un phénomène général : les effets de résonance ne se transmettent pas bien entre atomes situés sur des périodes différentes du tableau périodique.)

15.11C GROUPES ORIENTEURS *MÉTA*

Dans tous les groupes orienteurs *méta*, l'atome fixé directement au cycle porte une charge positive, soit partielle, soit formelle. Considérons le groupe trifluorométhyle à titre d'exemple représentatif.

Propriétés de groupes
orienteurs *méta*

Le groupe trifluorométhyle, à cause de ses trois atomes de fluor très électronégatifs, est fortement électroattracteur. C'est un groupe fortement désactivant et un puissant orienteur *méta* dans les réactions de substitution électrophile aromatique. Ces deux caractéristiques du trifluorométhyle s'expliquent de la manière suivante.

Le groupe trifluorométhyle agit sur la réactivité parce qu'il déstabilise grandement l'état de transition qui conduit à l'ion arénium. Comme il attire les électrons du carbocation en formation, il augmente la charge positive du cycle.

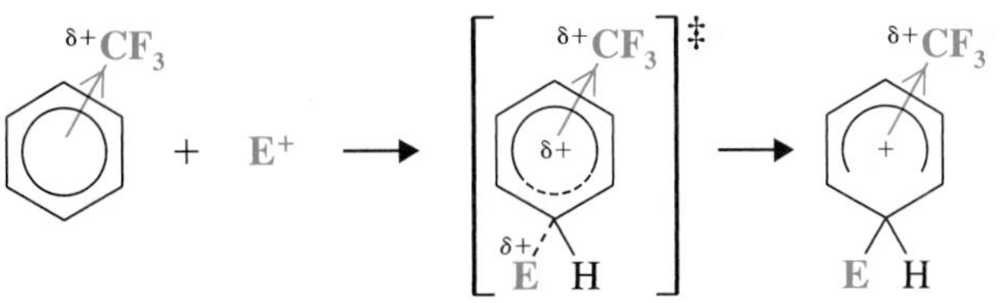

Trifluorométhylbenzène   **État de transition**   **Ion arénium**

On peut comprendre comment le groupe trifluorométhyle influe sur l'*orientation* dans une substitution électrophile aromatique en examinant les formes limites de résonance de l'ion arénium qui se formerait si un électrophile attaquait les positions *ortho*, *méta* ou *para* du trifluorométhylbenzène.

Attaque ortho

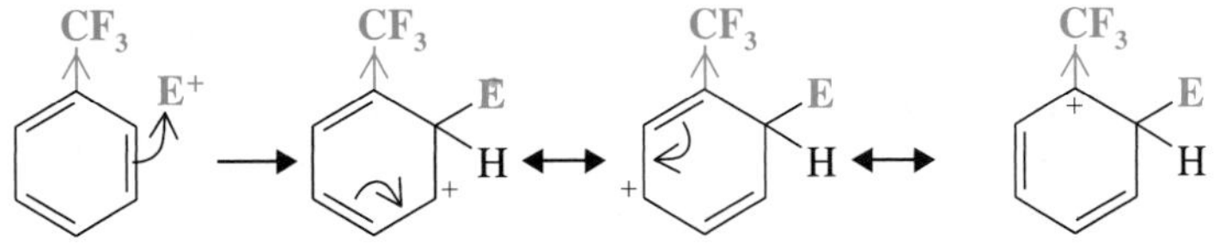

Forme limite très instable

Attaque méta

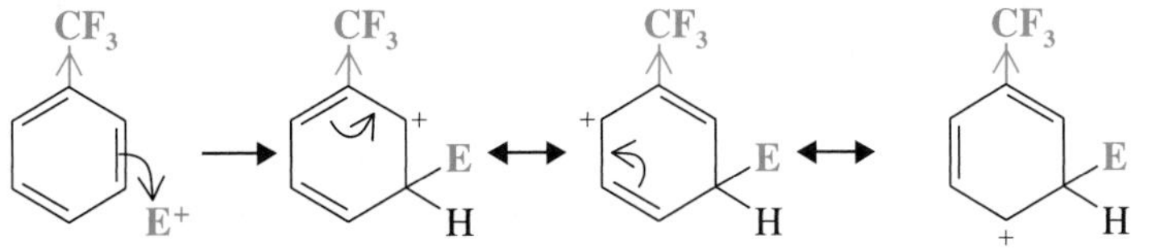

Attaque para

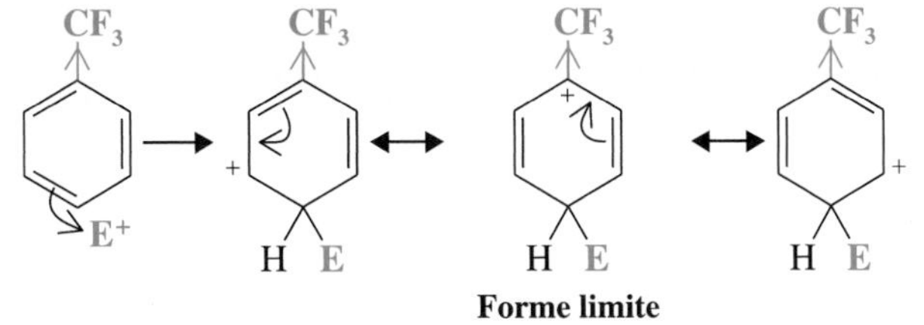

Forme limite très instable

On voit que, parmi les formes limites de résonance de l'ion arénium résultant des attaques *ortho* et *para*, *au moins une structure limite est hautement instable comparativement aux autres parce que la charge positive est située sur le carbone qui, dans le cycle, porte le groupe électroattracteur.* Par contre, on n'observe *rien de semblable* dans les structures de l'ion arénium résultant de l'attaque *méta*. Cela signifie que l'ion arénium formé par l'attaque *méta* est le plus stable des trois. Logiquement, on s'attend donc à ce que l'état de transition menant à l'ion arénium *méta*-substitué soit le plus stable et que, par conséquent, l'attaque *méta* soit favorisée. C'est exactement ce qu'on observe expérimentalement. Le groupe trifluorométhyle est fortement orienteur *méta*.

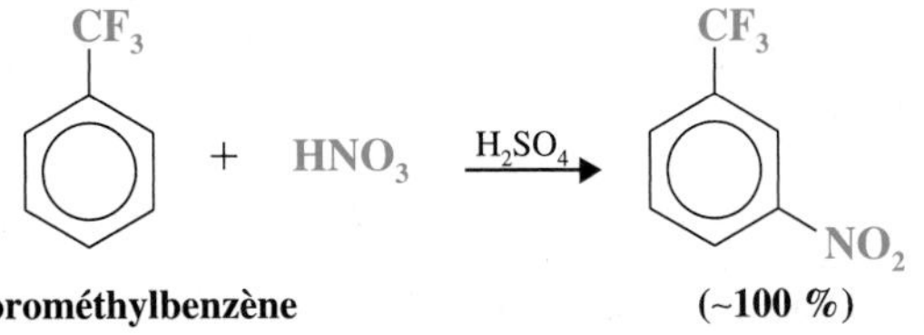

Trifluorométhylbenzène   **(~100 %)**

Cependant, il ne faut pas perdre de vue que la substitution *méta* est favorisée uniquement dans le sens qu'*elle est la moins défavorable des trois substitutions possibles.*

L'énergie libre d'activation de la substitution en position *méta* du trifluorométhylbenzène est moindre que celle d'une attaque en position *ortho* ou *para*, mais elle est beaucoup plus élevée que celle d'une attaque sur le benzène. Pour le trifluorométhylbenzène, la substitution en position *méta* est plus rapide qu'en position *ortho* ou *para*, mais beaucoup plus lente que dans le cas du benzène.

Les groupes nitro et carboxyle, ainsi que tous les autres groupes orienteurs *méta*, sont de puissants électroattracteurs et agissent tous de la même façon.

Autres exemples de groupes orienteurs *méta*

15.11D GROUPES ORIENTEURS *ORTHO-PARA*

Excepté les substituants alkyle et phényle, tous les groupes orienteurs *ortho-para* du tableau 15.2 sont du type général suivant :

Au moins une paire d'électrons libres :Q comme dans **Aniline** **Phénol** **Chlorobenzène**

Tous les groupes orienteurs *ortho-para* ont au moins une paire d'électrons libres sur l'atome adjacent au cycle benzénique.

Cette caractéristique structurale — une paire d'électrons libres sur l'atome adjacent au cycle — détermine l'orientation et influe sur la réactivité des réactions de substitution électrophile.

L'*effet orienteur* de ces groupes dotés d'une paire non partagée d'électrons est principalement dû à un effet de résonance électrodonneur. Et cet effet de résonance se fait surtout sentir dans l'ion arénium, et donc dans l'état de transition qui y conduit.

Mis à part les halogènes, le principal effet de ces groupes sur la réactivité est dû, lui aussi, à un effet de résonance électrodonneur. Et, encore une fois, cet effet se manifeste surtout dans l'état de transition qui mène à l'ion arénium.

Pour bien comprendre ces effets de résonance, commençons par nous rappeler l'influence du groupe amino sur les réactions de substitution électrophile aromatique. Le groupe amino est non seulement fortement activant, il est aussi un orienteur *ortho-para* efficace. Nous avons vu précédemment (section 15.10A) que l'aniline réagit avec le brome en solution aqueuse à la température de la pièce et en l'absence de catalyseur pour former un produit substitué en *ortho* et en *para*.

L'effet inductif du groupe amino le rend légèrement électroattracteur. L'azote, on le sait, est plus électronégatif que le carbone. Cependant, la différence entre l'électronégativité de l'azote et celle du carbone n'est pas grande dans l'aniline, parce que le carbone du cycle benzénique est hybridé sp^2 et qu'ainsi il est un peu plus électronégatif qu'un atome de carbone hybridé sp^3.

L'effet de résonance du groupe amino est beaucoup plus important que son effet inductif dans une réaction de substitution électrophile aromatique. Et cet effet de résonance rend le groupe amino électrodonneur. On peut comprendre cet effet en examinant les structures de résonance de l'ion arénium qui se formerait si un électrophile attaquait les positions *ortho*, *méta* ou *para* de l'aniline.

Attaque ortho

Forme limite relativement stable

Attaque méta

Attaque para

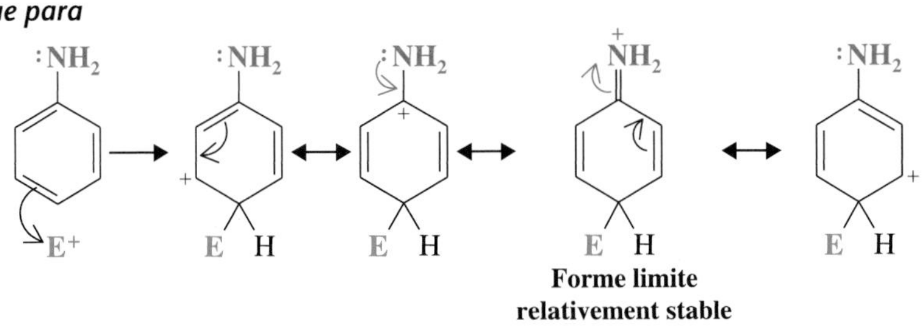

**Forme limite
relativement stable**

Il y a quatre structures de résonance vraisemblables pour les ions arénium résultant des attaques *ortho* et *para*. Par contre, à la suite d'une attaque *méta*, il n'y en a que trois. En soi, cela suggère que les ions arénium *ortho* et *para*-substitués devraient être plus stables. De plus, les deux formes limites supplémentaires contribuent d'une façon importante à la forme hybride des ions arénium *ortho* et *para*-substitués. Dans celles-ci, la paire d'électrons libres de l'azote forme une liaison supplémentaire avec un atome de carbone du cycle. Cette liaison en plus — avec comme résultat que tous les atomes de chacune des formes limites correspondantes ont une couche de valence de huit électrons — rend ces formes limites plus stables que toutes les autres structures limites. Parce qu'elles sont remarquablement stables, ces formes limites contribuent grandement à la *stabilité* de l'hybride. Évidemment, cela implique que les ions arénium *ortho* et *para*-substitués sont beaucoup plus stables que l'ion arénium qui résulte d'une attaque *méta*. Et les états de transition conduisant aux ions arénium *ortho* et *para*-substitués se forment à un niveau d'énergie libre inhabituellement bas. En conséquence, les électrophiles réagissent très rapidement aux positions *ortho* et *para*.

PROBLÈME 15.10

Servez-vous de la théorie de la résonance pour expliquer pourquoi le groupe hydroxyle du phénol est un activant et un orienteur *ortho-para*. Pour illustrer votre explication, représentez les ions arénium qui se forment lorsque le phénol réagit avec l'ion Br$^+$ en positions *ortho*, *méta* et *para*.

PROBLÈME 15.11

Le phénol réagit avec l'anhydride acétique, en présence d'acétate de sodium, pour produire un ester, l'acétate de phényle.

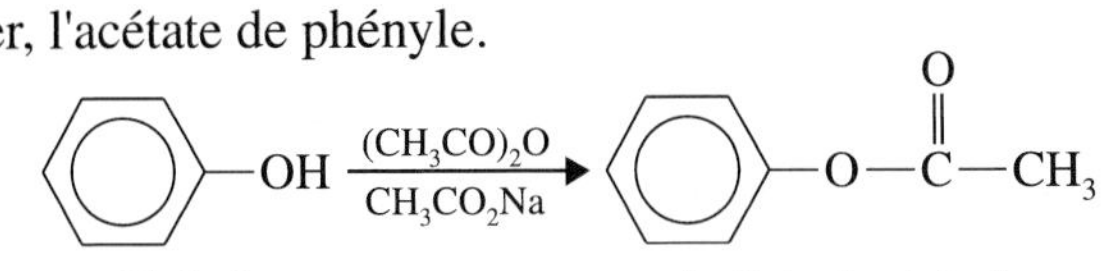

Phénol   **Acétate de phényle**

Le groupe CH_3COO— de l'acétate de phényle, comme le groupe —OH du phénol (problème 15.10), est un orienteur *ortho-para*. a) Quelle caractéristique structurale du groupe CH_3COO— explique cette propriété ? b) L'acétate de phényle, même s'il subit une réaction aux positions *o* et *p*, est moins réactif par rapport à la substitution électrophile aromatique que le phénol. À l'aide de la théorie de la résonance, expliquez pourquoi il en est ainsi. c) L'aniline est tellement réactive dans plusieurs substitutions électrophiles que des réactions non souhaitées surviennent (section 15.14A). Un moyen d'éviter ces réactions indésirables consiste à transformer l'aniline en acétanilide (ci-dessous) en la traitant avec du chlorure d'acétyle ou de l'anhydride acétique.

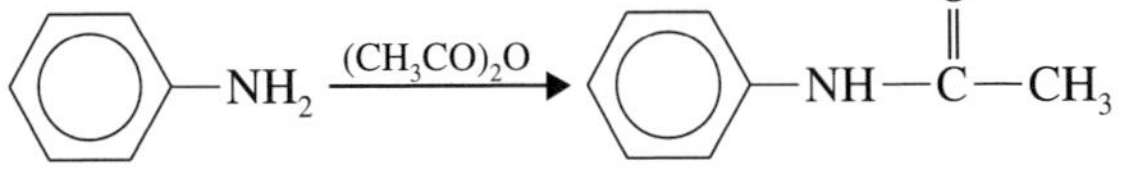

Aniline   **Acétanilide**

Quelle sorte d'effet orienteur le groupe acétamido (CH_3CONH—) exerce-t-il ? d) Expliquez pourquoi ce groupe est moins activant que le groupe amino —NH_2.

Les effets d'orientation et de réactivité des substituants halogénés peuvent, à première vue, paraître contradictoires. *Les halogènes sont les seuls orienteurs* ortho-para *(dans le tableau 15.2) à être désactivants.* [À cause de ce comportement, les substituants halogénés sont représentés en vert plutôt qu'en rouge (électrodonneurs) ou en bleu (électroattracteurs).] Tous les autres groupes désactivants sont orienteurs *méta*. Cependant, on peut aisément expliquer le comportement des substituants halogénés si on suppose que leur effet inductif attracteur influe sur la réactivité et que leur effet de résonance électrodonneur détermine l'orientation.

On peut appliquer ces hypothèses au chlorobenzène. L'atome de chlore est fortement électronégatif. Par conséquent, on peut s'attendre à ce que l'atome de chlore attire les électrons du cycle benzénique et le désactive par le fait même.

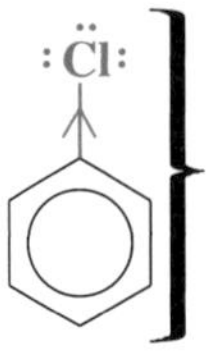

L'effet inductif du chlore désactive le cycle.

Par ailleurs, lors d'une attaque électrophile, l'atome de chlore stabilise l'ion arénium résultant d'une attaque *ortho* ou *para* plutôt que celui issu de l'attaque *méta*. L'atome de chlore agit de la même façon qu'un groupe amino ou hydroxyle — il donne une paire d'électrons libres. Ces électrons engendrent des structures de résonance relativement stables, qui contribuent aux hybrides des ions arénium substitués en *ortho* et en *para* (section 15.11D).

Attaque ortho

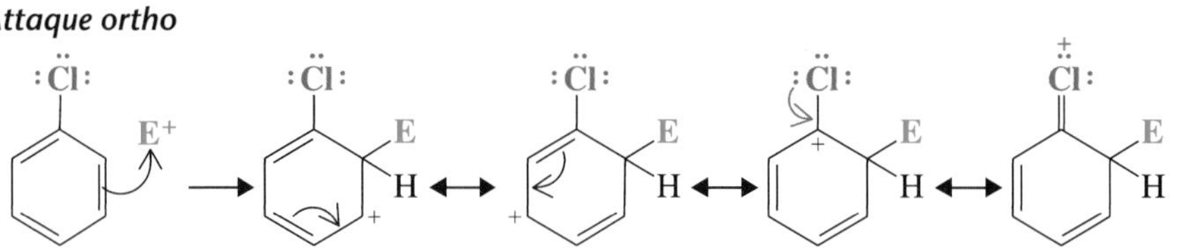

Forme limite relativement stable

Attaque méta

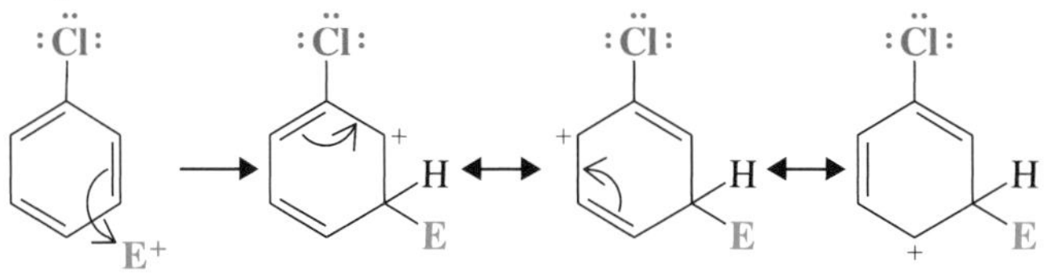

Attaque para

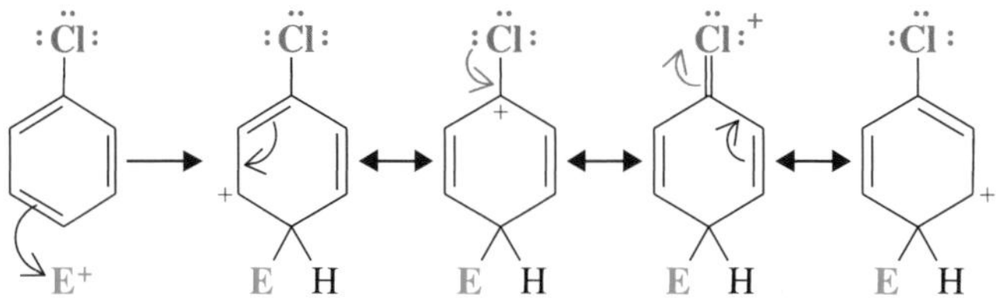

Forme limite relativement stable

Tout ce qui vient d'être dit au sujet du chlorobenzène s'applique aussi au bromobenzène.

On peut résumer les effets inductif et de résonance des halogènes comme suit. Par leur effet inductif électroattracteur, les halogènes rendent le cycle plus positif que le benzène. Cela implique que l'énergie libre d'activation de toute réaction de substitution électrophile aromatique est plus grande que celle du benzène. Par conséquent, les halogènes sont désactivants. Cependant, par leur effet de résonance électrodonneur, les substituants halogénés abaissent l'énergie libre d'activation conduisant aux substitutions *ortho* et *para* sous celle qui mène à la substitution *méta*. C'est pourquoi les halogènes sont orienteurs *ortho-para*.

Vous avez sans doute remarqué une contradiction apparente entre les propos que nous avons tenus sur les effets inhabituels des halogènes et ce que nous avons dit des groupes amino et hydroxyle : même si l'oxygène est *plus* électronégatif que le chlore et le brome (et surtout l'iode), le groupe hydroxyle est activant tandis que les halogènes sont désactivants. Cela s'explique par les contributions stabilisatrices (à l'état de transition menant à l'ion arénium) des structures de résonance contenant un groupe —Q directement fixé au cycle benzénique et donneur d'une paire d'électrons. (Ici, —Q équivaut à —$\ddot{N}H_2$, —$\ddot{O}$—H, —$\ddot{F}$:, —$\ddot{C}$l:, —$\ddot{B}$r: ou —$\ddot{I}$:.) Si —Q = —$\ddot{O}$H ou —$\ddot{N}H_2$, les structures de résonance sont dues au fait que l'orbitale *p* du carbone et celle de l'oxygène ou de l'azote se recouvrent. Un tel recouvrement est efficace parce que les atomes sont presque de même dimension. Cependant, pour que le chlore puisse donner un doublet d'électrons au cycle benzénique, il faut qu'une orbitale 2*p* du carbone et une orbitale 3*p* du chlore se recouvrent. Un tel recouvrement est moins efficace, l'atome de chlore étant beaucoup plus gros et son orbitale 3*p* étant beaucoup plus éloignée du noyau. Avec le brome et l'iode, le recouvrement est encore moins efficace. À l'appui de notre explication, nous faisons remarquer que le fluorobenzène (—Q = —$\ddot{F}$:) est le plus réactif des halogénobenzènes, en dépit de la très grande électronégativité du fluor et du fait que —$\ddot{F}$: est le plus puissant orienteur *ortho-para* parmi les halogènes. Dans le cas du fluor, le partage d'une paire d'électrons est dû au recouvrement d'une orbitale 2*p* du carbone et d'une orbitale 2*p* du fluor (comme dans le cas de —$\ddot{N}H_2$ et de —$\ddot{O}$H. Ce recouvrement est efficace parce que les orbitales de =C et de —$\ddot{F}$: sont de dimensions comparables.

PROBLÈME 15.12

Le chloroéthène additionne le chlorure d'hydrogène plus lentement que l'éthène, et le produit est le 1,1-dichloroéthane. Expliquez ce résultat par les effets de résonance et l'effet inductif.

15.11E ORIENTATION *ORTHO-PARA* ET RÉACTIVITÉ DES ALKYLBENZÈNES

Les groupes alkyle sont de meilleurs électrorépulseurs que l'hydrogène. Pour cette raison, ils peuvent activer un cycle benzénique et faciliter une substitution électrophile aromatique en stabilisant l'état de transition qui conduit à l'ion arénium.

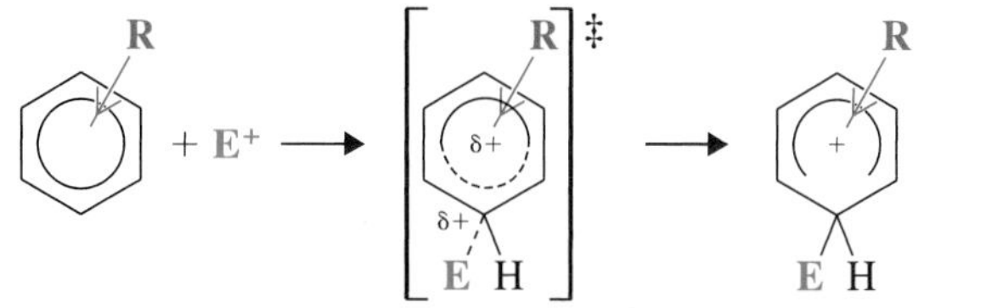

Stabilisation de   Stabilisation
l'état de transition   de l'ion arénium

Pour un alkylbenzène, l'énergie libre d'activation de l'étape qui donne l'ion arénium (représentée ci-dessus) est plus basse que celle du benzène. Les alkylbenzènes réagissent donc plus rapidement.

Les groupes alkyle sont orienteurs *ortho-para*. Cette propriété des groupes alkyle s'explique par leur aptitude à repousser les électrons — un effet particulièrement

CAPSULE CHIMIQUE

BIOSYNTHÈSE DE LA THYROXINE

La biosynthèse de la thyroxine comprend l'intégration d'atomes d'iode aux résidus de tyrosine de la thyroglobuline (voir le préambule du chapitre). Cette incorporation s'effectue par une variante biochimique de la substitution électrophile aromatique. Une enzyme, l'iodoperoxydase, catalyse la réaction entre les anions iodure et le peroxyde d'hydrogène pour engendrer une forme électrophile de l'iode (vraisemblablement une espèce du type I—OH). L'iode électrophile subit l'attaque nucléophile du cycle aromatique de la tyrosine, ce qui introduit un iode, en positions 3 et 5 des cycles des tyrosines, dans la thyroglobuline. Ces positions sont *ortho* par rapport au groupe hydroxyle du phénol, précisément où l'on s'attend à ce que se produise une substitution électrophile aromatique dans la tyrosine. (La substitution en position *para* par rapport au groupe hydroxyle ne peut se produire dans la tyrosine parce que cette position est bloquée. De plus, la substitution en position *ortho* par rapport au groupe alkyle est moins favorisée que celle en *ortho* par rapport à l'hydroxyle.) L'iode électrophile contribue aussi au couplage de deux résidus tyrosine nécessaires pour terminer la biosynthèse de la thyroxine.

En 1927, C. Harington et G. Barger ont réalisé en laboratoire la synthèse de la thyroxine. On a ainsi pu établir la structure de cette importante hormone en comparant les composés de synthèse avec la thyroxine naturelle. Pour effectuer cette synthèse, C. Harington et G. Barger ont eu recours à une réaction de substitution électrophile aromatique pour incorporer les atomes d'iode aux positions *ortho* du cycle phénol de la thyroxine. Ils se sont également servi d'une autre réaction (la substitution nucléophile aromatique, qui sera étudiée au chapitre 21) pour introduire les atomes d'iode dans le deuxième cycle de la thyroxine.

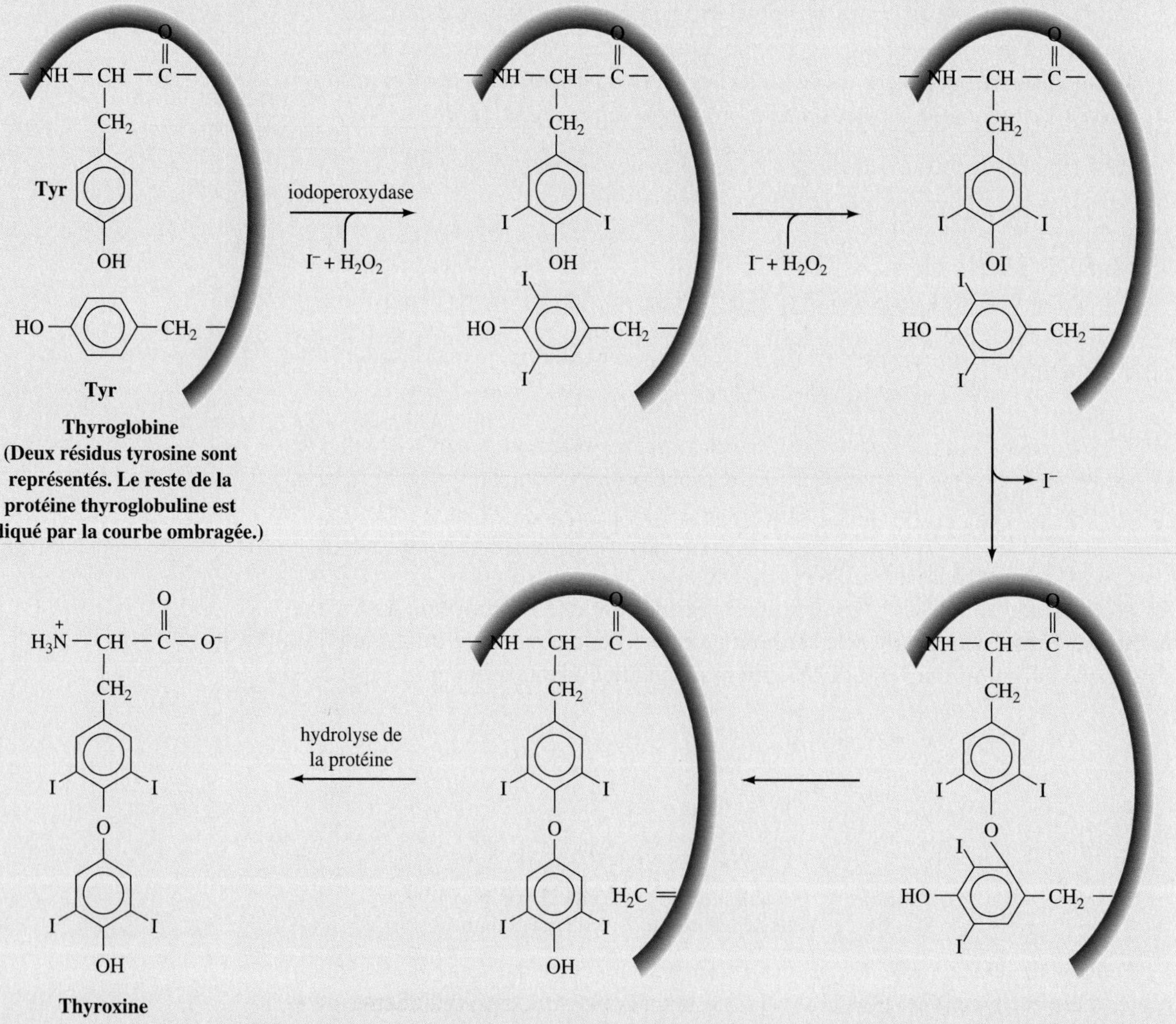

La biosynthèse de la thyroxine dans la glande thyroïde par l'iodation, le réarrangement et l'hydrolyse (protéolyse) des résidus Tyr de la thyroglobine. Par ce mécanisme, l'ion I⁻, relativement rare, est capté efficacement par la glande thyroïde.

important lorsque le groupe alkyle est fixé directement à un carbone qui porte une charge positive. (Il faut se rappeler ici l'aptitude des groupes alkyle à stabiliser les carbocations, ce dont il a été question à la section 6.12 et à la figure 6.9.)

Considérons à titre d'exemples les structures de résonance des ions arénium qui se forment lorsque le toluène subit une substitution électrophile.

Attaque ortho

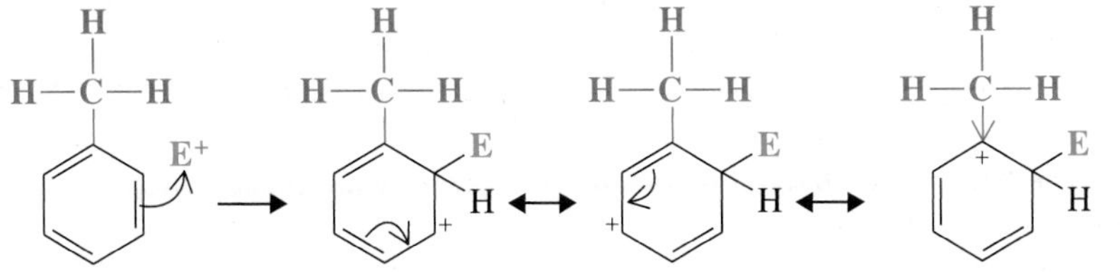

**Forme limite
relativement stable**

Attaque méta

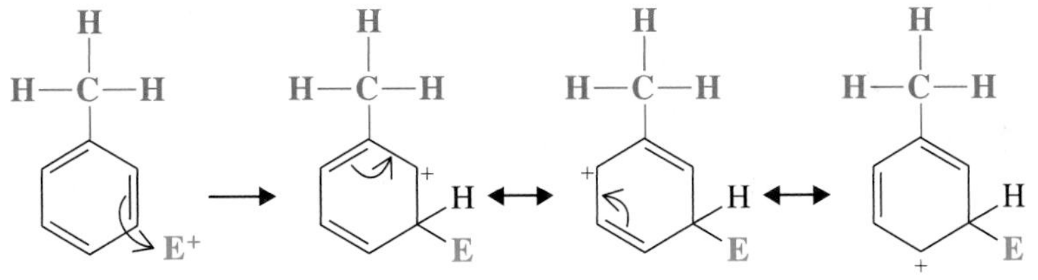

Attaque méta

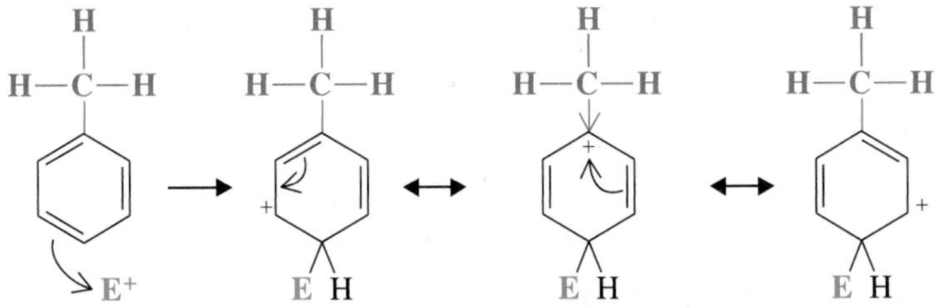

**Forme limite
relativement stable**

Lors des attaques *ortho* et *para,* les structures de résonance dans lesquelles le groupe méthyle est fixé directement à un carbone positivement chargé du cycle sont plus *stables* que les autres parce qu'elles sont soumises à l'effet stabilisateur efficace de l'effet inductif répulseur exercé par le groupe méthyle. Par conséquent, ces structures contribuent grandement à l'hybride de résonance des ions arénium *ortho* et *para*-substitués et le stabilisent. Aucune forme limite aussi stable ne contribue à l'hybride de l'ion arénium *méta*-substitué; c'est pourquoi cet hybride est moins stable que l'ion arénium *ortho* ou *para*-substitué. Comme les ions arénium *ortho* ou *para*-substitués sont plus stables, leurs états de transition exigent moins d'énergie et les substitutions *ortho* et *para* se font plus rapidement.

PROBLÈME 15.13

Quelles sont les structures de résonance des ions arénium (*ortho* et *para*) formés lorsque l'éthylbenzène réagit avec l'ion Br^+ (obtenu à partir de $Br_2/FeBr_3$) ?

PROBLÈME 15.14

Lorsque le biphényle (C_6H_5—C_6H_5) subit une nitration, il réagit plus rapidement que le benzène. Les principaux produits de la réaction sont le 1-nitro-2-phénylbenzène et le 1-nitro-4-phénylbenzène. Expliquez ces résultats.

15.11F RÉSUMÉ DES EFFETS DES SUBSTITUANTS SUR L'ORIENTATION ET LA RÉACTIVITÉ

Le tableau 15.3 résume les effets exercés par différents groupes sur l'orientation et la réactivité.

Tableau 15.3 Résumé des effets des substituants sur l'orientation et la réactivité.

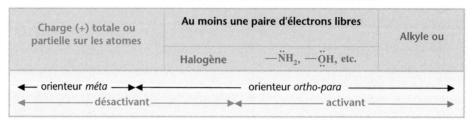

15.12 RÉACTIONS DE LA CHAÎNE LATÉRALE DES ALKYLBENZÈNES

Les hydrocarbures qui contiennent à la fois des groupes aliphatiques et aromatiques sont aussi appelés **arènes.** Le toluène, l'éthylbenzène et l'isopropylbenzène sont des **alkylbenzènes.**

CH$_3$ CH$_2$CH$_3$ CH(CH$_3$)$_2$ CH=CH$_2$

Méthylbenzène   **Éthylbenzène**   **Isopropylbenzène**   **Phényléthène**
(toluène)   **(cumène)**   **(styrène ou vinylbenzène)**

Le phényléthène (couramment appelé styrène) est un **alcénylbenzène.** La partie aliphatique de ces composés est communément appelée **chaîne latérale.**

15.12A RADICAUX ET CATIONS BENZYLIQUES

L'arrachement d'un hydrogène au groupe méthyle du méthylbenzène (toluène) produit un radical appelé **radical benzyle.**

Méthylbenzène   **Le radical**   Un radical
(toluène)   **benzyle**   benzylique

Le nom *radical benzyle* désigne uniquement le radical produit par cette réaction. Le nom générique **radical benzylique** s'applique à tous les radicaux ayant, dans leur chaîne latérale, un électron non apparié sur l'atome de carbone qui est directement fixé au cycle benzénique. Les hydrogènes de cet atome de carbone sont appelés **atomes d'hydrogène benzyliques.**

Le retrait d'un groupe sortant (GS) de la position benzylique engendre un **cation benzylique.**

Un cation benzylique

Les radicaux benzyliques et les cations benzyliques sont des *systèmes insaturés conjugués* et sont *tous deux remarquablement stables.* Leur stabilité est similaire à celle des radicaux et cations allyliques. La théorie de la résonance explique la stabilité exceptionnelle des radicaux et cations benzyliques. Dans les deux cas, la représentation

▶ CAPSULE CHIMIQUE

SYNTHÈSE INDUSTRIELLE DU STYRÈNE

Le styrène est le plus important des produits chimiques — plus de cinq milliards de kilogrammes sont fabriqués annuellement. Le point de départ d'une importante synthèse commerciale du styrène est l'éthylbenzène obtenu par une alkylation de Friedel-Crafts du benzène.

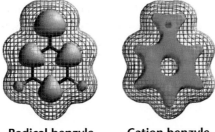

$$\bigcirc + CH_2{=}CH_2 \xrightarrow[\text{AlCl}_3]{\text{HCl}} \bigcirc\!\!-\!CH_2CH_3$$

Éthylbenzène

Par la suite, l'éthylbenzène est déshydrogéné en présence d'un catalyseur (oxyde de zinc ou de chrome) pour produire le styrène. (Une autre méthode de synthèse du styrène a été abordée dans le préambule du chapitre 14.)

$$\bigcirc\!\!-\!CH_2CH_3 \xrightarrow[\text{catalyseur}]{630\ °C} \bigcirc\!\!-\!CH{=}CH_2 \quad + \quad H_2$$

Styrène
(rendement 90 à 92 %)

La majeure partie du styrène est polymérisée (annexe A, fin du chapitre 10) en un plastique bien connu, le polystyrène.

$$C_6H_5CH{=}CH_2 \xrightarrow{\text{catalyseur}} {-}CH_2CH{-}(CH_2CH)_n{-}CH_2CH{-}$$
$$\quad\quad\quad\quad\quad\quad\quad\quad\quad | \quad\quad\quad\quad | \quad\quad\quad\quad |$$
$$\quad\quad\quad\quad\quad\quad\quad\quad\quad C_6H_5 \quad\quad C_6H_5 \quad\quad C_6H_5$$

Polystyrène

des structures de résonance permet de situer l'électron non apparié (dans le cas du radical) ou la charge positive (dans le cas du cation) sur un carbone *ortho* ou *para* du cycle (voir les structures ci-dessous). Ainsi, la résonance délocalise l'électron non apparié ou la charge positive, et cette délocalisation stabilise grandement le radical ou le cation.

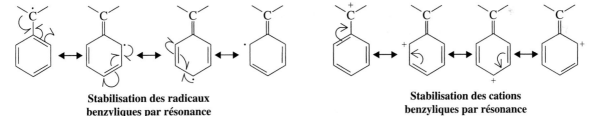

Stabilisation des radicaux benzyliques par résonance

Stabilisation des cations benzyliques par résonance

Les structures calculées du radical benzyle et du cation benzyle sont représentées à la figure 15.6. Ces structures indiquent, aux positions *ortho* et *para*, la densité élec-

Radical benzyle   Cation benzyle

Figure 15.6 Représentation infographique de deux modèles moléculaires correspondant au radical benzyle et au cation benzyle. Dans le modèle du radical benzyle (*à gauche*), les lobes gris indiquent où est concentrée la densité de l'électron non apparié, en l'occurrence autour des carbones benzylique, *ortho* et *para*, ce qui est conforme au modèle de la résonance présenté plus tôt. La représentation du potentiel électrostatique des électrons des liaisons dans le cation benzyle (*à droite*) indique que la charge positive (régions en bleu) se situe surtout sur les carbones benzylique, *ortho* et *para*, ce qui est aussi en accord avec le modèle de la résonance du cation benzyle. La surface de Van der Waals, dans les deux structures, est représentée par un maillage.

tronique due à l'électron non apparié dans le radical et la charge positive dans le cation, en conformité avec les structures de résonance présentées à la page précédente.

15.12B HALOGÉNATION DE LA CHAÎNE LATÉRALE ET RADICAUX BENZYLIQUES

Nous avons vu que le chlore et le brome remplacent les atomes d'hydrogène du cycle du toluène lorsque la réaction a lieu en présence d'un acide de Lewis. Dans les halogénations du cycle, les électrophiles sont des ions positifs de chlore ou de brome ou des complexes d'acides de Lewis qui contiennent des halogènes positifs. Ces électrophiles positifs attaquent les électrons π du cycle benzénique et provoquent la substitution aromatique.

Le chlore et le brome peuvent aussi être amenés à remplacer les atomes d'hydrogène du groupe méthyle du toluène. L'halogénation *benzylique*, ou halogénation de la chaîne latérale, a lieu *sans acide de Lewis* et *dans des conditions qui favorisent la formation de radicaux.* Par exemple, lorsque le toluène réagit avec le *N*-bromosuccinimide (NBS), à la lumière, le produit principal est le bromure de benzyle. Le *N*-bromosuccinimide fournit une faible concentration de Br_2, et la réaction est analogue à celle de la bromation allylique déjà étudiée à la section 13.2B.

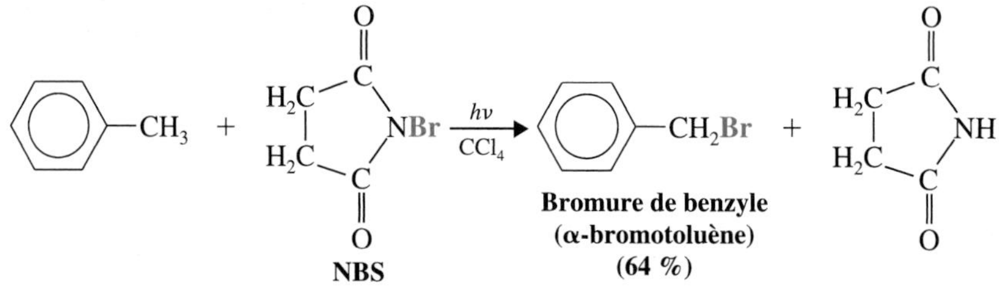

Bromure de benzyle
(α-bromotoluène)
(64 %)

NBS

La chloration de la chaîne latérale du toluène se fait en phase gazeuse, entre 400 °C et 600 °C, ou sous rayonnement UV. Avec un excès de chlore, la chaîne latérale est polychlorée.

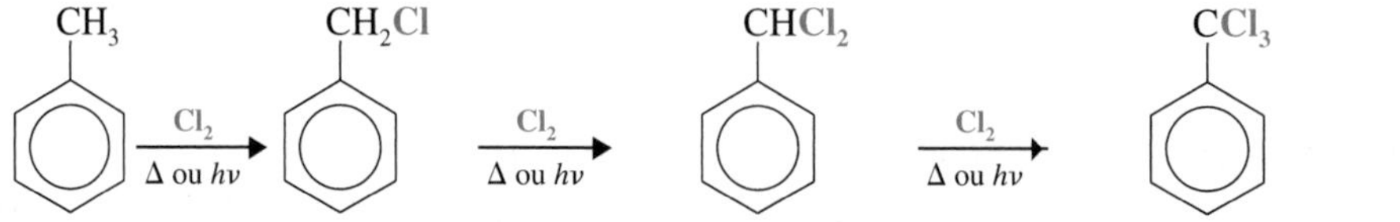

Chlorure de benzyle   **Dichlorométhylbenzène**   **Trichlorométhylbenzène**

Le mécanisme radicalaire étudié pour les alcanes à la section 10.4 s'applique aussi à ces halogénations. Les halogènes se dissocient pour produire des atomes d'halogène qui amorcent les réactions en chaîne en arrachant des hydrogènes au groupe méthyle.

L'arrachement d'un hydrogène au groupe méthyle du toluène engendre un **radical benzyle,** qui réagit avec la molécule d'halogène pour former un halogénure de benzyle et un atome d'halogène radicalaire. Ce dernier permet la répétition des étapes 2 et 3.

MÉCANISME DE LA RÉACTION

Halogénation benzylique

Amorçage

Étape 1

$$X_2 \xrightarrow[\Delta \text{ ou } h\nu]{\text{peroxydes,}} 2 \, X\cdot$$

Propagation

Étape 2

$$C_6H_5CH_3 + X\cdot \longrightarrow C_6H_5CH_2\cdot + HX$$
Radical benzyle

Étape 3

$$C_6H_5CH_2\cdot + X_2 \longrightarrow C_6H_5CH_2X + X\cdot$$
Radical benzyle   **Halogénure de benzyle**

Les halogénations benzyliques sont semblables aux halogénations allyliques (section 13.2) en ce sens qu'elles entraînent la formation de *radicaux anormalement stables* (section 15.12A). Les radicaux benzyliques et allyliques sont même plus stables que les radicaux tertiaires.

Le 1-halogéno-1-phényléthane, principal produit de l'halogénation de l'éthylbenzène, résulte de la grande stabilité des radicaux benzyliques. Le radical benzylique se forme beaucoup plus rapidement que le radical primaire.

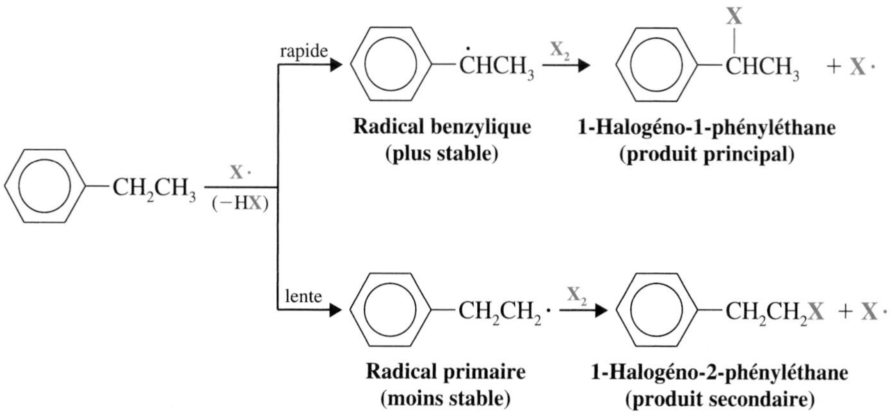

PROBLÈME 15.15

Lorsque le propylbenzène réagit avec le chlore, sous l'effet des rayons UV, le principal produit est le 1-chloro-1-phénylpropane. Le 2-chloro-1-phénylpropane et le 3-chloro-1-phénylpropane sont produits en faible quantité. Représentez la structure du radical qui mène à chacun des produits et expliquez pourquoi le 1-chloro-1-phénylpropane est le produit principal.

QUESTION TYPE

Description d'une synthèse en plusieurs étapes

À partir de l'éthylbenzène, proposez une synthèse du phénylacétylène ($C_6H_5C \equiv CH$).

Réponse

Par une *analyse rétrosynthétique,* c'est-à-dire en partant de la dernière étape de cette synthèse pour remonter jusqu'à la première, on se rend compte qu'on peut obtenir le phénylacétylène par déshydrohalogénation de l'un ou l'autre des composés suivants, en utilisant l'amidure de sodium en solution dans l'huile minérale (section 7.10).

$$C_6H_5CBr_2CH_3 \xrightarrow[\text{(2) } H_3O^+]{\text{(1) } NaNH_2, \text{ huile minérale, } \Delta} C_6H_5C \equiv CH$$

$$C_6H_5CHBrCH_2Br \xrightarrow[\text{(2) } H_3O^+]{\text{(1) } NaNH_2, \text{ huile minérale, } \Delta} C_6H_5C \equiv CH$$

On peut obtenir le premier composé à partir de l'éthylbenzène qui réagit avec 2 équivalents molaires de NBS.

$$C_6H_5CH_2CH_3 \xrightarrow[\text{CCl}_4]{\text{NBS, } h\nu} C_6H_5CBr_2CH_3$$

On peut obtenir le second composé en faisant réagir le styrène avec le brome. Et on peut synthétiser le styrène à partir de l'éthylbenzène grâce à la réaction suivante :

$$C_6H_5CH_2CH_3 \xrightarrow[\text{CCl}_4]{\text{NBS, } h\nu} C_6H_5CHBrCH_3 \xrightarrow{\text{KOH, } \Delta}$$

$$C_6H_5CH{=}CH_2 \xrightarrow{\text{Br}_2, \text{ CCl}_4} C_6H_5CHBrCH_2Br$$

PROBLÈME 15.16

Décrivez brièvement comment, à partir du phénylacétylène ($C_6H_5C{\equiv}CH$), vous pourriez synthétiser chacun des produits suivants : a) 1-phénylpropyne, b) 1-phénylbut-1-yne, c) (Z)-1-phénylpropène et d) (E)-1-phénylpropène.

15.13 ALCÉNYLBENZÈNES

15.13A STABILITÉ DES ALCÉNYLBENZÈNES CONJUGUÉS

Les alcénylbenzènes qui ont dans leur chaîne latérale une double liaison conjuguée avec le cycle benzénique sont plus stables que ceux qui n'en ont pas.

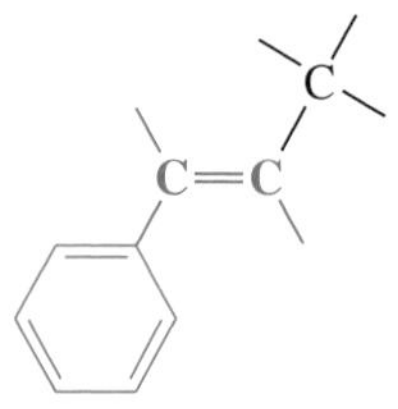

Système conjugué　　**plus stable que**　　**Système non conjugué**

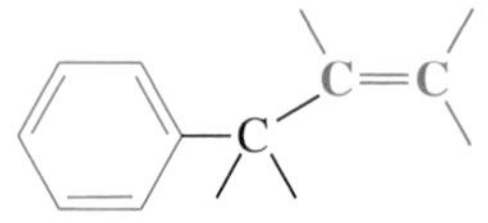

La déshydratation des alcools par catalyse acide en fait la preuve. On reconnaît que cette réaction donne l'alcène le plus stable (section 7.8). Dans l'exemple qui suit, la déshydratation de l'alcool forme exclusivement un système conjugué.

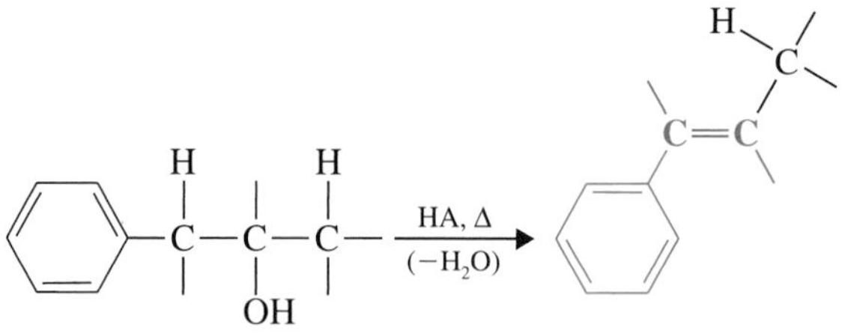

Comme la conjugaison abaisse toujours le niveau d'énergie d'un système insaturé en permettant la délocalisation des électrons π, ce comportement est tout à fait prévisible.

15.13B ADDITIONS À LA DOUBLE LIAISON DES ALCÉNYLBENZÈNES

En présence de peroxydes, le bromure d'hydrogène s'ajoute à la double liaison du 1-phénylpropène pour donner le 2-bromo-1-phénylpropane comme produit principal.

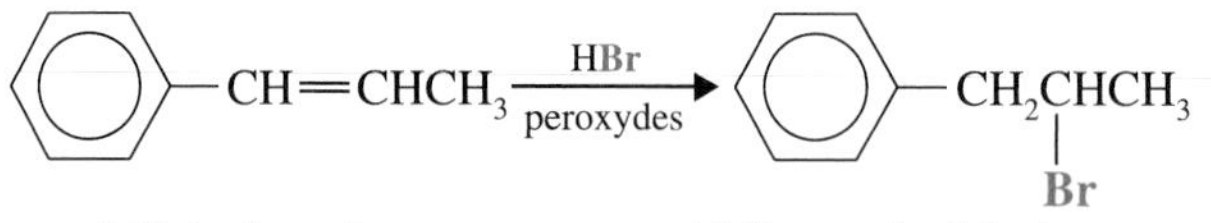

1-Phénylpropène　　**2-Bromo-1-phénylpropane**

Sans peroxydes, HBr s'ajoute au carbone adjacent au cycle.

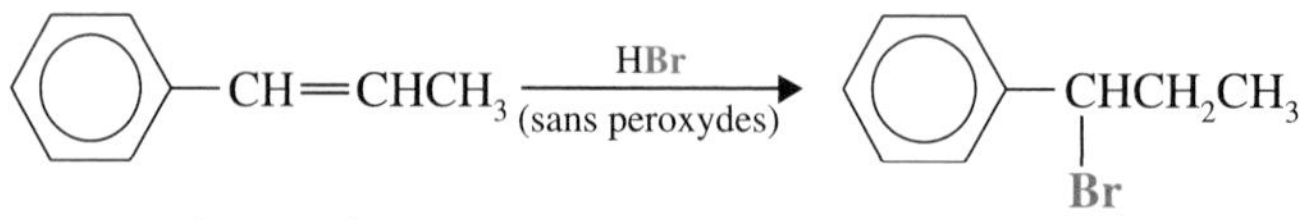

1-Phénylpropène　　**1-Bromo-1-phénylpropane**

L'addition du bromure d'hydrogène au 1-phénylpropène se réalise par l'intermédiaire d'un radical benzylique en présence de peroxydes et par l'intermédiaire d'un carbocation benzylique en leur absence (voir problème 15.17 et section 10.9).

PROBLÈME 15.17

Décrivez les mécanismes des réactions où HBr s'ajoute au 1-phénylpropène a) en présence de peroxydes et b) sans peroxydes. Dans chaque cas, expliquez la régiosélectivité de l'addition (c'est-à-dire pourquoi le produit principal est le 2-bromo-1-phénylpropane lorsque les peroxydes sont présents et pourquoi sans eux on obtient surtout du 1-bromo-1-phénylpropane).

PROBLÈME 15.18

a) Quel produit principal vous attendriez-vous à obtenir lorsque le 1-phénylpropène réagit avec l'acide HCl ? b) lorsqu'il subit une oxymercuration-démercuration ?

15.13C OXYDATION DE LA CHAÎNE LATÉRALE

Les agents fortement oxydants transforment le toluène en acide benzoïque. L'oxydation peut être réalisée par une solution basique chaude de permanganate de potassium. Cette méthode donne de l'acide benzoïque avec un rendement presque quantitatif.

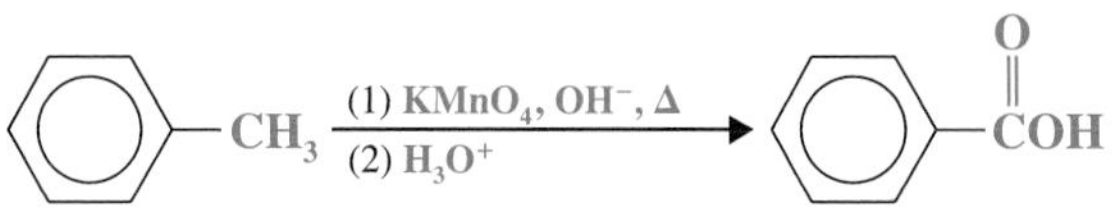

Acide benzoïque
(~100 %)

Une caractéristique importante des oxydations de la chaîne latérale est qu'elles commencent sur le carbone benzylique; **les alkylbenzènes ayant des groupes alkyle plus longs que le méthyle sont finalement dégradés en acides benzoïques.**

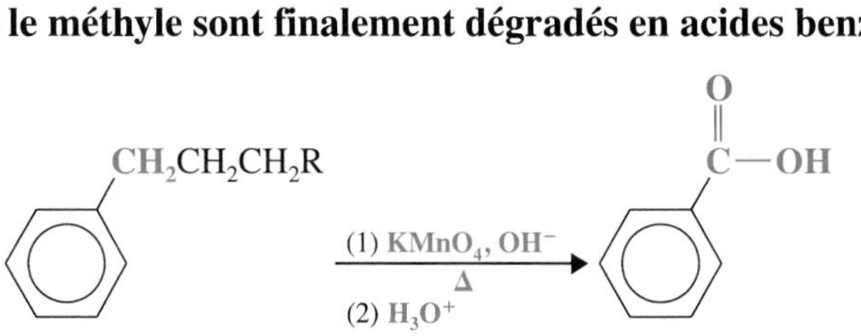

Un alkylbenzène   **Acide benzoïque**

Les oxydations de la chaîne latérale sont similaires aux halogénations benzyliques parce qu'à la première étape l'agent oxydant arrache un hydrogène benzylique. Une fois l'oxydation amorcée sur le carbone benzylique, elle se poursuit à cet endroit. Finalement, l'oxydant convertit le carbone benzylique en un groupe carboxyle, éliminant du même coup les atomes de carbone résiduels de la chaîne latérale. (Le *tert*-butylbenzène résiste à l'oxydation de sa chaîne latérale.)

L'oxydation de la chaîne latérale ne se limite pas aux groupes alkyle. **Les groupes alcényle, alcynyle et alcanoyle sont oxydés de la même façon par une solution basique de permanganate de potassium à chaud.**

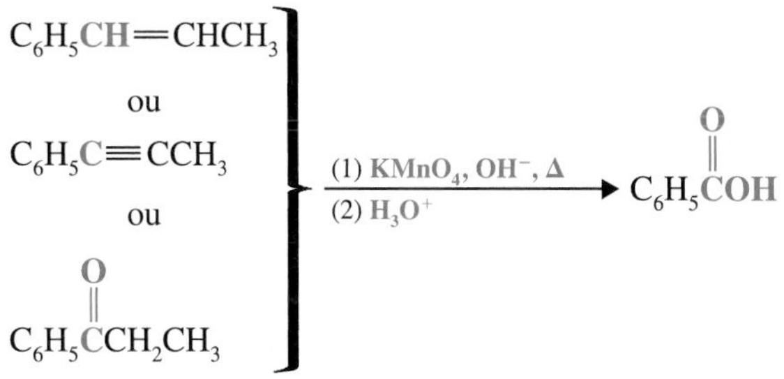

15.13D OXYDATION DU CYCLE BENZÉNIQUE

Le cycle benzénique d'un alkylbenzène peut être converti en un groupe carboxyle par une ozonolyse suivie d'un traitement par le peroxyde d'hydrogène.

15.14 APPLICATIONS EN SYNTHÈSE

Les réactions de substitution aromatiques et les réactions des chaînes latérales des alkyl et alcénylbenzènes constituent un ensemble de réactions très utiles en synthèse organique. Si on s'en sert judicieusement, on pourra synthétiser un grand nombre de dérivés benzéniques.

Dans la planification d'une synthèse, une bonne stratégie consiste à décider l'ordre dans lequel les réactions devront se succéder. Par exemple, si on veut faire la synthèse de l'*o*-bromonitrobenzène, on se rend rapidement compte qu'il faut d'abord intégrer le brome au cycle parce qu'il est orienteur *ortho-para*.

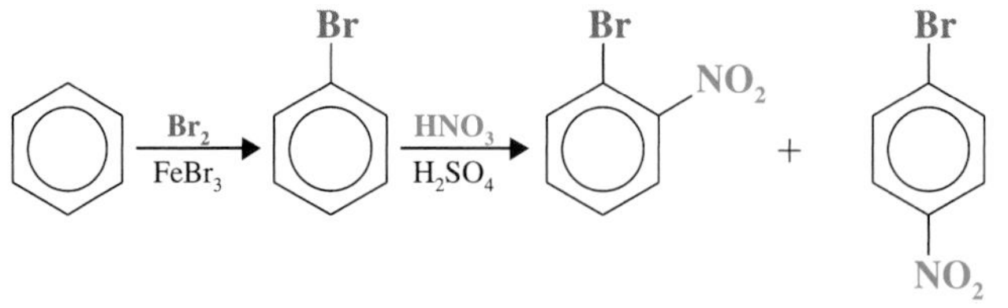

o-Bromonitro-   *p*-Bromonitro-
benzène   benzène

Les produits *ortho* et *para* peuvent facilement être séparés par diverses méthodes. Cependant, si on avait introduit le groupe nitro en premier, on aurait obtenu du *m*-bromonitrobenzène comme produit principal.

D'autres exemples dans lesquels il importe de bien choisir l'ordre des réactions sont les synthèses des acides *ortho, méta* et *para*-nitrobenzoïques. On peut synthétiser les acides *ortho* et *para*-nitrobenzoïques par nitration du toluène. On sépare ensuite les produits *ortho* et *para*, puis on effectue l'oxydation des groupes méthyle en groupes carboxyle.

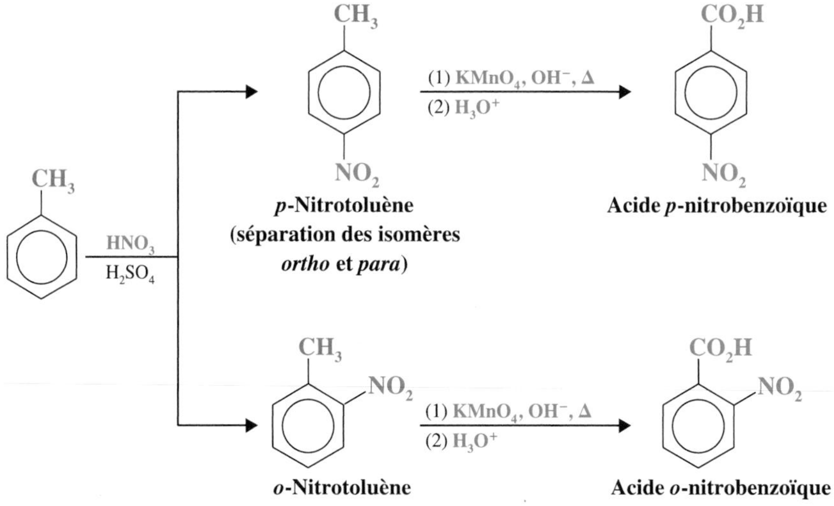

p-Nitrotoluène
(séparation des isomères
ortho et *para*)   Acide *p*-nitrobenzoïque

o-Nitrotoluène   Acide *o*-nitrobenzoïque

Pour synthétiser l'acide *m*-nitrobenzoïque, on inverse l'ordre des réactions.

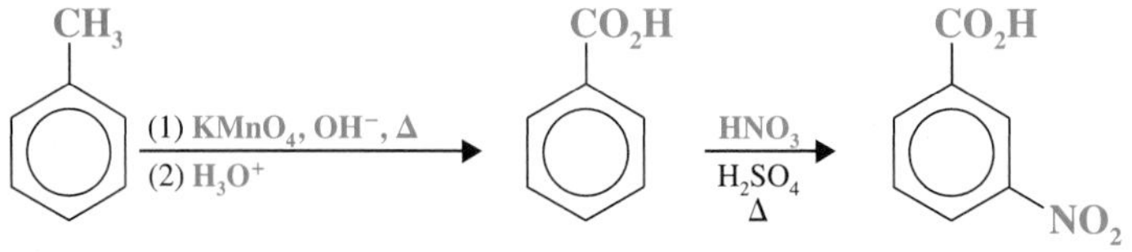

Acide benzoïque   Acide *m*-nitrobenzoïque

QUESTION TYPE

Décrivez brièvement comment, à partir du toluène, vous pourriez synthétiser les composés suivants : a) 1-bromo-2-trichlorométhylbenzène, b) 1-bromo-3-trichlorométhylbenzène, et c) 1-bromo-4-trichlorométhylbenzène.

Réponse

Les composés a) et c) peuvent être obtenus par une bromation du cycle aromatique du toluène suivie d'une chloration de la chaîne latérale à l'aide de trois équivalents molaires de chlore.

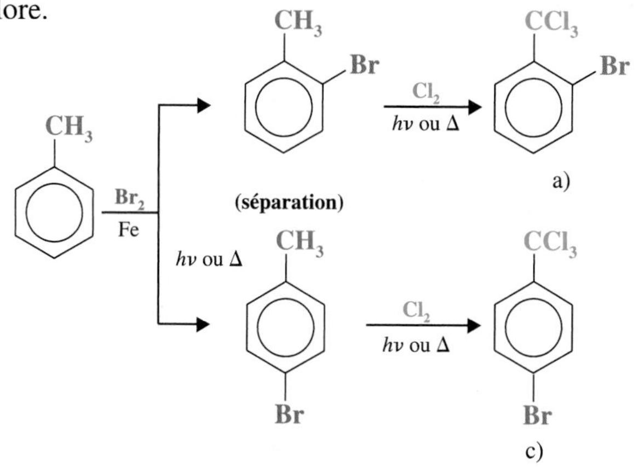

Pour obtenir le composé b), il faut inverser l'ordre des réactions. En transformant d'abord la chaîne latérale en groupe —CCl₃, on obtient un groupe orienteur *méta* qui dirige le brome vers la bonne position (*méta*).

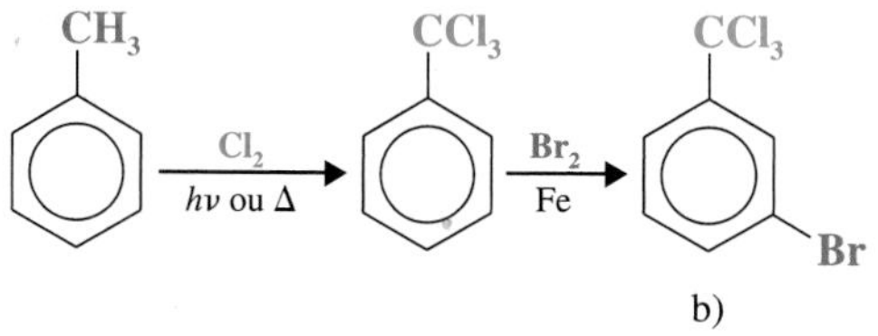

PROBLÈME 15.19

Supposez que vous deviez réaliser la synthèse du *m*-chloroéthylbenzène à partir du benzène.

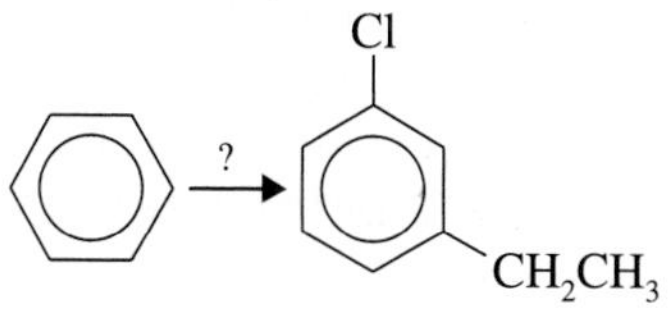

Vous pouvez procéder à une chloration du benzène suivie d'une alkylation de Friedel-Crafts en employant CH_3CH_2Cl et $AlCl_3$ ou vous pouvez effectuer une alkylation de Friedel-Crafts suivie d'une chloration. Cependant, ni l'une ni l'autre de ces méthodes ne donne le produit souhaité. a) Pourquoi en est-il ainsi ? b) Il y a pourtant une méthode en trois étapes qui donne le produit souhaité, à condition que les étapes se succèdent dans l'ordre approprié. Quelle est cette méthode ?

15.14A GROUPES PROTECTEURS ET BLOQUANTS

Des groupes très fortement activants comme les groupes amino et hydroxyle rendent le cycle benzénique tellement réactif que des réactions secondaires non souhaitées peuvent survenir. Certains réactifs utilisés dans les réactions de substitution électrophile, comme l'acide nitrique, sont aussi de forts *oxydants*. (Les électrophiles et les oxydants cherchent à s'approprier des électrons.) Ainsi, les groupes amino et hydroxyle activent le cycle benzénique d'une manière qui favorise non seulement la substitution électrophile mais aussi l'oxydation. La nitration de l'aniline, par exemple, provoque une destruction considérable du cycle, parce qu'il est oxydé par l'acide nitrique. En conséquence, la nitration directe de l'aniline n'est pas une méthode satisfaisante pour la préparation d'*o*- et de *p*-nitroaniline.

Si on traite l'aniline par le chlorure d'acétyle, CH_3COCl, ou l'anhydride acétique, $(CH_3CO)_2O$, on convertit l'aniline en acétanilide. Le groupe amino est converti en groupe acétamido (—NHCOCH₃), un groupe modérément activant et qui favorise peu l'oxydation du cycle (voir problème 15.11). Avec l'acétanilide, la nitration directe devient possible.

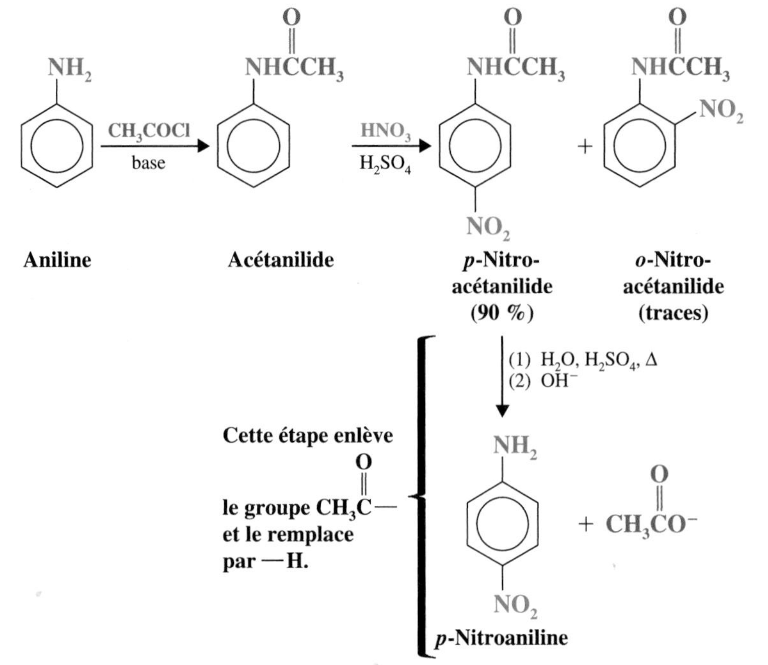

La nitration de l'acétanilide donne un excellent rendement en *p*-nitroacétanilide, avec seulement des traces de l'isomère *ortho*. L'hydrolyse acide du *p*-nitroacétanilide (section 18.8F) enlève le groupe acétyle et produit la *p*-nitroaniline, également avec un bon rendement.

Cependant, si on avait besoin d'*o*-nitroaniline, la synthèse que nous venons de décrire serait évidemment inappropriée, puisqu'on obtiendrait seulement des traces d'*o*-nitroacétanilide lors de la nitration. (Le groupe acétamido est un groupe orienteur *para* exclusivement dans de nombreuses réactions. Ainsi, la bromation de l'acétanilide donne presque uniquement du *p*-bromoacétanilide.) Par contre, on peut synthétiser l'*o*-nitroaniline par la série de réactions suivantes :

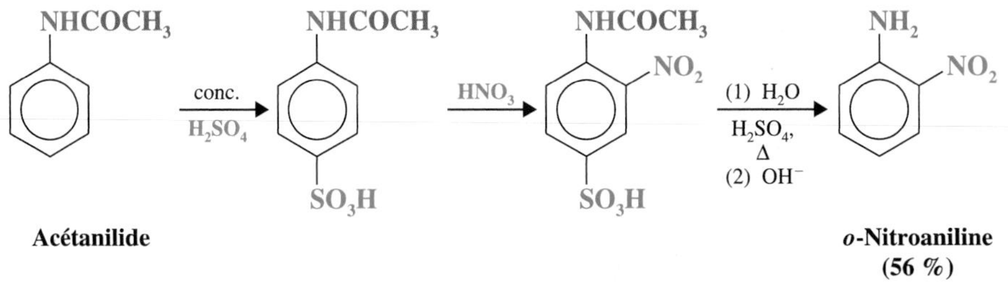

On voit ici qu'un groupe acide sulfonique peut agir comme « groupe bloquant ». Le groupe acide sulfonique peut ensuite être enlevé par désulfonation. Dans cet exemple, le réactif employé pour la désulfonation (H_2SO_4 dilué) enlève aussi, et c'est opportun, le groupe acétyle employé pour « protéger » le cycle benzénique de l'oxydation par l'acide nitrique.

15.14B ORIENTATION DANS LES BENZÈNES DISUBSTITUÉS

*Lorsqu'il y a deux groupes différents sur le cycle benzénique, **le groupe le plus activant** (tableau 15.2) **détermine généralement l'issue de la réaction.** Considérons, à titre d'exemple, l'orientation de la substitution électrophile du *p*-méthylacétanilide. Le groupe acétamido est un activant beaucoup plus fort que le groupe méthyle. L'exemple suivant montre que le groupe acétamido détermine l'issue de la réaction. La substitution intervient surtout à la position *ortho* par rapport au groupe acétamido.

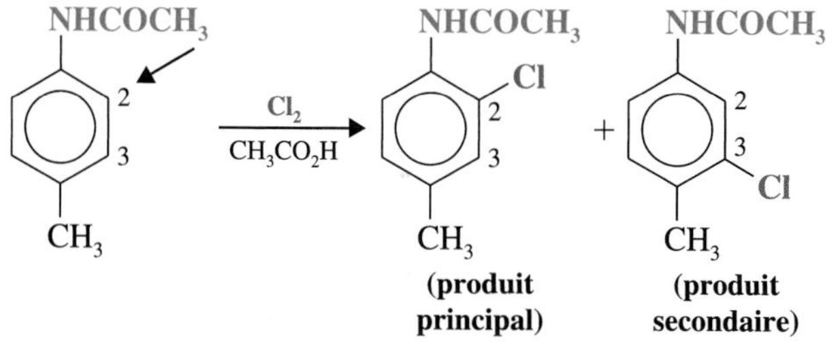

Parce que tous les groupes orienteurs ortho-para *sont plus activants que les orienteurs* méta, **ils déterminent l'orientation du nouveau substituant.**

Les effets stériques sont également importants dans les substitutions aromatiques. **La substitution entre deux substituants** méta *ne se produit pas de façon notable lorsqu'une autre position est disponible.* La nitration du *m*-bromochlorobenzène est un bel exemple de cet effet.

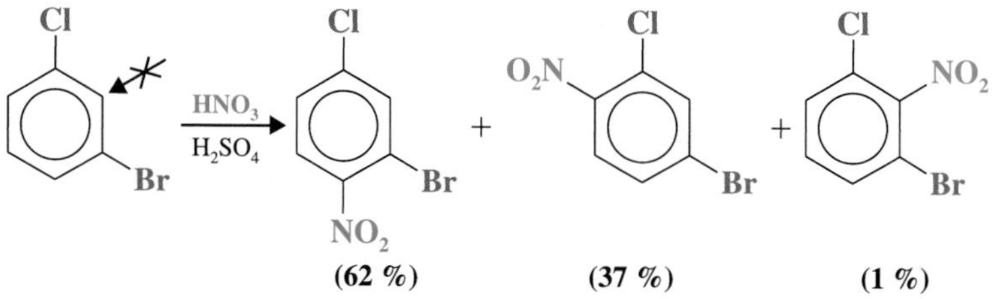

Seulement 1 % des produits mononitro ont un groupe nitro entre le brome et le chlore.

PROBLÈME 15.20

Quel(s) produit(s) obtiendriez-vous principalement si vous faisiez la nitration de chacun des composés suivants ?

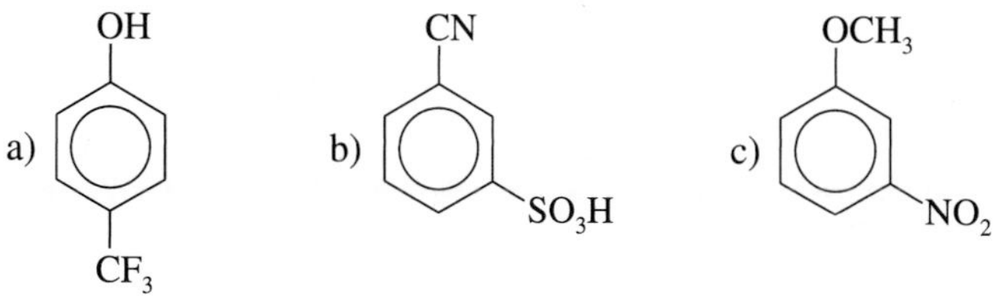

15.15 HALOGÉNURES ALLYLIQUES ET BENZYLIQUES DANS LES RÉACTIONS DE SUBSTITUTION NUCLÉOPHILE

On classe les halogénures allyliques et benzyliques de la même façon que les autres halogénoalcanes.

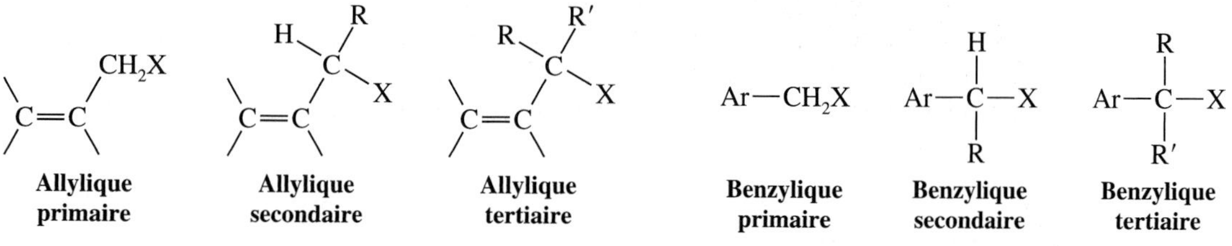

Tous ces composés subissent des réactions de substitution nucléophile. Comme dans le cas des autres halogénures tertiaires (section 6.14), l'encombrement stérique dû aux trois gros groupes fixés au carbone porteur de l'halogène empêche les halogénures allyliques et benzyliques tertiaires de réagir selon un mécanisme S_N2. Par conséquent, ils ne réagissent avec les nucléophiles que par un mécanisme S_N1.

Tableau 15.4 Résumé des réactions S_N des halogénoalcanes et des halogénures allyliques et benzyliques.

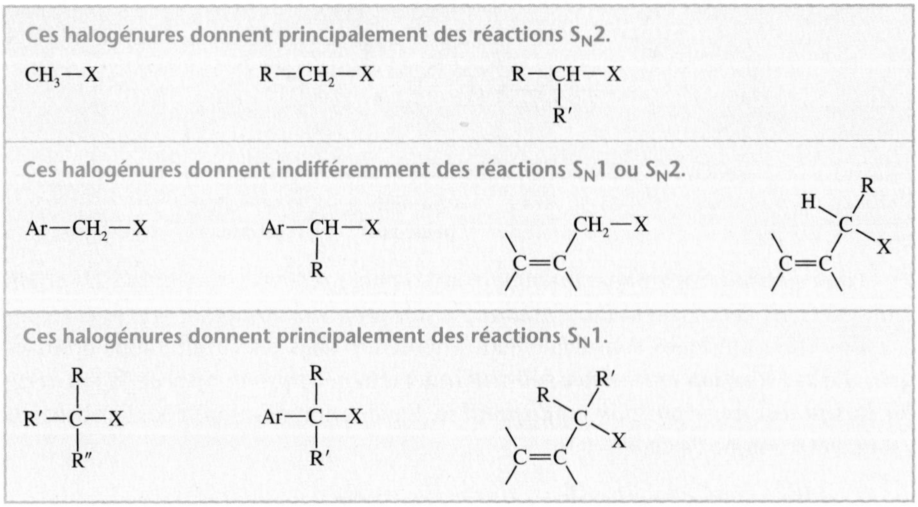

Ces halogénures donnent principalement des réactions S_N2.

$$CH_3—X \qquad R—CH_2—X \qquad R—\underset{\underset{R'}{|}}{CH}—X$$

Ces halogénures donnent indifféremment des réactions S_N1 ou S_N2.

$$Ar—CH_2—X \qquad Ar—\underset{\underset{R}{|}}{CH}—X \qquad \overset{}{\underset{}{C}}=\overset{}{\underset{}{C}}{-}CH_2{-}X \qquad \overset{}{\underset{}{C}}=\overset{}{\underset{}{C}}{-}\overset{R}{\underset{X}{C}}{-}H$$

Ces halogénures donnent principalement des réactions S_N1.

$$R'—\underset{\underset{R''}{|}}{\overset{\overset{R}{|}}{C}}—X \qquad Ar—\underset{\underset{R'}{|}}{\overset{\overset{R}{|}}{C}}—X \qquad \overset{}{\underset{}{C}}=\overset{}{\underset{}{C}}{-}\overset{R'}{\underset{X}{C}}{-}R$$

Les halogénures allyliques ou benzyliques primaires et secondaires peuvent réagir selon l'un ou l'autre des mécanismes S_N2 ou S_N1 dans des solvants ordinaires non acides. On s'attendrait à ce que ces halogénures réagissent suivant un mécanisme S_N2 puisqu'ils sont structuralement similaires aux halogénoalcanes primaires et secondaires. (La présence d'un ou deux groupes fixés au carbone porteur de l'halogène n'empêche pas l'attaque S_N2.) Mais les halogénures allyliques ou benzyliques primaires et secondaires peuvent aussi réagir selon un mécanisme S_N1 parce qu'ils peuvent former des carbocations relativement stables, ce qui les différencie des halogénoalcanes primaires et secondaires*.

Globalement, on peut résumer l'effet de la structure sur la réactivité des halogénoalcanes et des halogénures allyliques et benzyliques comme dans le tableau 15.4.

QUESTION TYPE

Lorsque l'un ou l'autre des énantiomères du 3-chlorobut-1-ène [(R) ou (S)] subit une hydrolyse, les produits de la réaction sont optiquement inactifs. Expliquez ces résultats.

Réponse

La réaction de solvolyse est de type S_N1. Le carbocation allylique intermédiaire est achiral et par conséquent réagit avec l'eau pour former les énantiomères du but-3-én-2-ol, en égales quantités, et un peu de but-2-én-1-ol achiral.

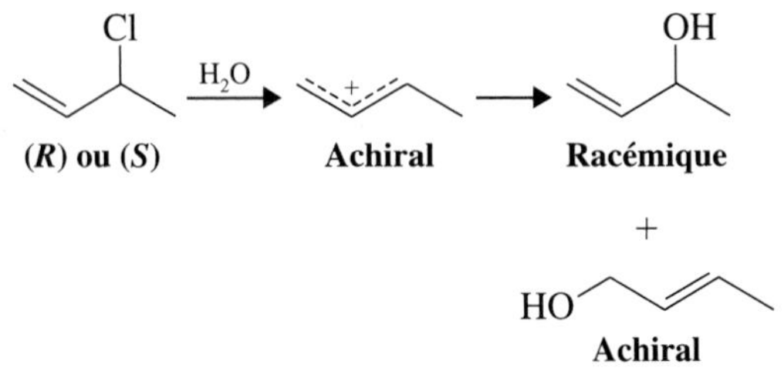

---

* Un désaccord subsiste au sujet du mécanisme de réaction S_N1 des halogénoalcanes secondaires. On met en doute que ce type de réaction, dans les solvants ordinaires non acides comme les mélanges d'eau et d'alcool ou d'acétone, puisse avoir une certaine importance. Cependant, à toutes fins utiles, il est clair que le mécanisme S_N2 est le plus important.

PROBLÈME 15.21

Comment expliquez-vous les résultats suivants ? : a) Lorsqu'on fait réagir le 1-chloro-but-2-ène avec une solution relativement concentrée d'éthoxyde de sodium dans l'éthanol, la vitesse de la réaction dépend de la concentration de l'halogénure allylique et de l'ion éthoxyde. Le produit de la réaction est presque exclusivement $CH_3CH=CHCH_2OCH_2CH_3$. b) Lorsqu'on fait réagir le 1-chlorobut-2-ène avec une solution très diluée d'éthoxyde de sodium dans l'éthanol (ou avec l'éthanol pur), la vitesse de la réaction ne dépend pas de la concentration de l'ion éthoxyde; elle ne dépend que de la concentration de l'halogénure allylique. Dans ces conditions, la réaction donne un mélange de $CH_3CH=CHCH_2OCH_2CH_3$ et de $CH_3CHCH=CH_2$.
$$\underset{\underset{OCH_2CH_3}{|}}{CH_3CHCH=CH_2}$$

c) En présence de traces d'eau, le 1-chlorobut-2-ène est lentement converti en un mélange de 1-chlorobut-2-ène et de 3-chlorobut-1-ène.

PROBLÈME 15.22

Le 1-chloro-3-méthylbut-2-ène subit une hydrolyse dans un mélange d'eau et de dioxane à une vitesse environ mille fois plus grande que celle du 1-chlorobut-2-ène. a) Quel facteur explique cette différence de réactivité ? b) Quels sont, d'après vous, les produits de cette réaction ? [Le dioxane est un éther cyclique (ci-dessous) extrêmement miscible avec l'eau et c'est un cosolvant utile dans les réactions de ce genre. Le dioxane est cependant cancérigène et, comme la plupart des éthers, il tend à former des peroxydes.]

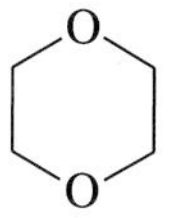

Dioxane

PROBLÈME 15.23

Les halogénoalcanes primaires de type $ROCH_2X$ réagissent apparemment suivant un mécanisme S_N1, alors que la majorité des halogénoalcanes primaires ne le font pas. En vous appuyant sur la théorie de la résonance, expliquez l'aptitude des halogéno-alcanes du type $ROCH_2X$ à réagir selon un mécanisme S_N1.

PROBLÈME 15.24

Les chlorures ci-dessous subissent une solvolyse dans l'éthanol, aux vitesses inscrites entre parenthèses. Comment expliquer ces résultats ?

$$C_6H_5CH_2Cl \qquad \underset{\underset{Cl}{|}}{C_6H_5CHCH_3} \qquad (C_6H_5)_2CHCl \qquad (C_6H_5)_3CCl$$

$$\textbf{(0,08)} \qquad\qquad \textbf{(1)} \qquad\qquad \textbf{(300)} \qquad\qquad \textbf{(3} \times \textbf{10}^6\textbf{)}$$

15.16 RÉDUCTION DES COMPOSÉS AROMATIQUES

L'hydrogénation du benzène, sous pression et en présence d'un catalyseur métallique comme le nickel, entraîne l'addition de trois équivalents molaires d'hydrogène et la formation de cyclohexane (section 14.3). Les intermédiaires cyclohexadiènes et cyclohexène ne peuvent être isolés, car ils réagissent plus rapidement que le benzène à l'hydrogénation catalytique.

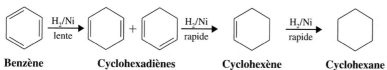

Benzène   **Cyclohexadiènes**   **Cyclohexène**   **Cyclohexane**

15.16A RÉDUCTION DE BIRCH

Le benzène peut être réduit en cyclohexa-1,4-diène si on le traite par un métal alcalin (sodium, lithium ou potassium) dans un mélange d'ammoniac liquide et d'alcool.

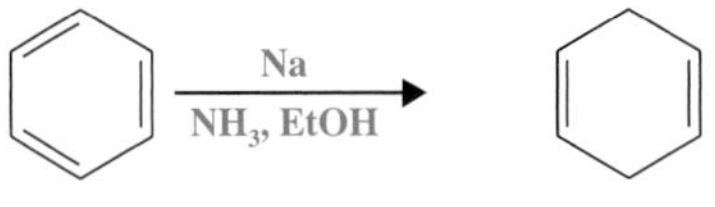

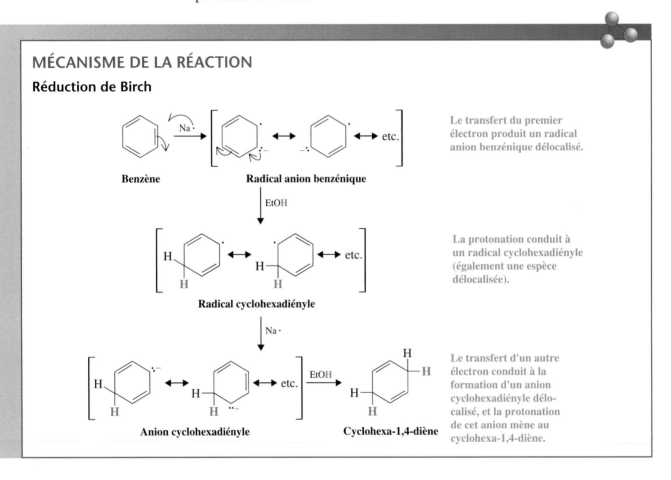

Benzène   **Cyclohexa-1,4-diène**

Nous avons ici une autre réduction par métal dissous. Et le mécanisme ressemble à celui de la réduction des alcynes que nous avons étudié à la section 7.15B. Il correspond à une série de transferts d'électrons provenant du métal alcalin et de protons provenant de l'alcool.

MÉCANISME DE LA RÉACTION

Réduction de Birch

Benzène   **Radical anion benzénique**

Le transfert du premier électron produit un radical anion benzénique délocalisé.

EtOH

Radical cyclohexadiényle

La protonation conduit à un radical cyclohexadiényle (également une espèce délocalisée).

Na ·

Anion cyclohexadiényle   **Cyclohexa-1,4-diène**

Le transfert d'un autre électron conduit à la formation d'un anion cyclohexadiényle délocalisé, et la protonation de cet anion mène au cyclohexa-1,4-diène.

La formation d'un cyclohexa-1,4-diène par une réaction de ce genre est assez générale. Cependant, on n'explique pas encore pourquoi ce produit se forme de préférence à un composé conjugué plus stable, le cyclohexa-1,3-diène.

Ce type de réduction par des métaux dissous a d'abord été étudié par le chimiste australien A.J. Birch et il est maintenant connu sous le nom de **réduction de Birch.**

Les groupes substituants du cycle benzénique influent sur le déroulement de la réaction. La réduction de Birch du méthoxybenzène (anisole) conduit à la formation du 1-méthoxycyclohexa-1,4-diène, un composé qui peut être hydrolysé en cyclohex-2-énone par un acide dilué. Cette méthode fournit une synthèse pratique des cyclohex-2-énones.

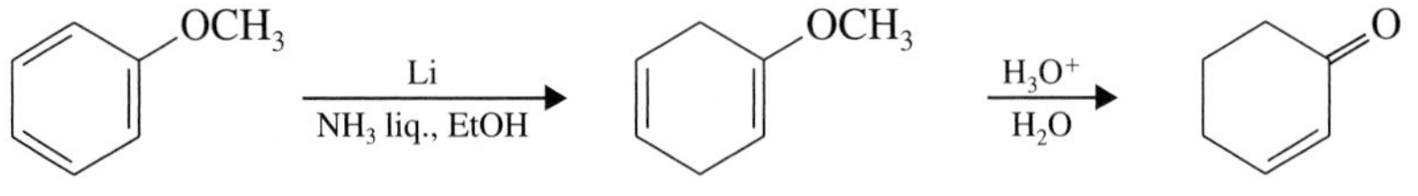

Méthoxybenzène (anisole)   **1-Méthoxycyclohexa-1,4-diène (84 %)**   **Cyclohex-2-énone**

PROBLÈME 15.25

La réduction de Birch du toluène donne un produit dont la formule moléculaire est C_7H_{10}. L'ozonolyse, suivie d'une réduction par le zinc et l'eau, transforme ce produit en CH_3COCH_2CHO et $OHCCH_2CHO$. Quelle est la structure du produit de la réduction de Birch ?

RÉSUMÉ DES MÉCANISMES DES PRINCIPALES RÉACTIONS DES COMPOSÉS AROMATIQUES

La figure 15.1 (page 588) résume les réactions de substitution électrophile aromatique étudiées dans ce chapitre et renvoie aux sections où elles ont été expliquées. Les tableaux 15.2 (page 603) et 15.3 (page 614) classent les substituants et leurs influences sur l'orientation et la réactivité des cycles benzéniques par rapport aux réactions de substitution électrophile aromatique. Le tableau 15.4 (page 624) résume la réactivité des halogénoalcanes et des halogénures allyliques et benzyliques dans les réactions de substitution nucléophile. Nous avons aussi étudié les réactions suivantes :

1. **Préparation des chlorures acides servant notamment aux alcanoylations de Friedel-Crafts (section 15.7)**

$$\underset{R}{\overset{O}{\underset{}{\|}}}\underset{OH}{\overset{C}{}} \xrightarrow{\text{SOCl}_2 \text{ ou PCl}_5} \underset{R}{\overset{O}{\underset{}{\|}}}\underset{Cl}{\overset{C}{}}$$

2. **Réduction de Clemmensen (section 15.9)**

$$\underset{Ar}{\overset{O}{\underset{}{\|}}}\underset{R}{\overset{C}{}} \xrightarrow{\text{Zn(Hg), HCl}} Ar{-}CH_2{-}R$$

3. **Groupes protecteurs et bloquants pour les phénols et les amines aromatiques (section 15.14A)**

$$Ar{-}OH \xrightarrow{\text{CH}_3\text{COCl, base ou (CH}_3\text{CO)}_2\text{O}} Ar{-}O{-}COCH_3$$

$$Ar{-}NH_2 \xrightarrow{\text{CH}_3\text{COCl, base ou (CH}_3\text{CO)}_2\text{O}} Ar{-}NH{-}COCH_3$$

4. **Halogénation benzylique (section 15.12B)**

$$Ar{-}\overset{\overset{\displaystyle H}{|}}{\underset{|}{C}}{-} \xrightarrow[\text{X = Br ou Cl}]{\text{X}_2 \text{ (ou NBS), et peroxydes, } \Delta \text{ ou } h\nu} Ar{-}\overset{\overset{\displaystyle X}{|}}{\underset{|}{C}}{-}$$

5. **Oxydation de la chaîne latérale (section 15.13C)**

$$Ar{-}R \xrightarrow[\text{(2) H}_3\text{O}^+]{\text{(1) KMnO}_4\text{, HO}^-\text{, } \Delta} Ar{-}CO_2H$$

6. **Oxydation du cycle benzénique (section 15.13D)**

$$R{-}C_6H_5 \xrightarrow[\text{(2) H}_2\text{O}_2]{\text{(1) O}_3\text{, CH}_3\text{CO}_2\text{H}} R{-}CO_2H$$

7. **Réduction de Birch (section 15.16A)**

$$\text{C}_6\text{H}_6 \xrightarrow[\text{NH}_3,\text{CH}_3\text{CH}_2\text{OH}]{\text{Na}} \text{1,4-cyclohexadiène}$$

TERMES ET CONCEPTS CLÉS

Substitution électrophile aromatique	Sections 15.1 et 15.2	Orienteur *méta*	Sections 15.10B et 15.11C
Ion arénium	Section 15.2	Carbocation allylique	Sections 13.10 et 15.15
Groupe activant	Sections 15.10A et 15.11A	Carbocation benzylique	Sections 15.12A et 15.15
Groupe désactivant	Sections 15.10B, 15.10C et 15.11A	Radical benzylique	Sections 15.12A et 15.12B
Orienteur *ortho-para*	Sections 15.10A, 15.10C, 15.11D et 15.11E	Groupes protecteurs et bloquants	Section 15.14A

PROBLÈMES SUPPLÉMENTAIRES

15.26 Quels produits se forment principalement lorsque chacun des composés suivants subit une chloration du cycle aromatique par Cl_2 et $FeCl_3$?

a) Éthylbenzène

b) Anisole ($C_6H_5OCH_3$)

c) Fluorobenzène

d) Acide benzoïque

e) Nitrobenzène

f) Chlorobenzène

g) Biphényle (C_6H_5—C_6H_5)

h) Oxyde d'éthyle et de phényle

15.27 Quels produits se forment principalement lorsque chacun des composés suivants subit une nitration du cycle aromatique ?

a) Acétanilide ($C_6H_5NHCOCH_3$)

b) Acétate de phényle ($CH_3CO_2C_6H_5$)

c) Acide 4-chlorobenzoïque

d) Acide 3-chlorobenzoïque

e) $C_6H_5COC_6H_5$

15.28 Quelles sont les structures des principaux produits issus des réactions suivantes ?

a) Styrène + HCl $\longrightarrow$

b) 2-Bromo-1-phénylpropane + C_2H_5ONa $\longrightarrow$

c) $C_6H_5CH_2CHOHCH_2CH_3 \xrightarrow{HA, \Delta}$

d) Produit de c) + HBr $\xrightarrow{\text{peroxydes}}$

e) Produit de c) + $H_2O \xrightarrow[\Delta]{HA}$

f) Produit de c) + H_2 (1 équivalent molaire) $\xrightarrow[25\,°C]{Pt}$

g) Produit de f) $\xrightarrow[(2)\ H_3O^+]{(1)\ KMnO_4,\ HO^-,\ \Delta}$

15.29 Décrivez brièvement une synthèse, effectuée à partir du benzène, pour chacun des produits suivants :

a) Isopropylbenzène

b) *tert*-Butylbenzène

c) Propylbenzène

d) Butylbenzène

e) 1-*tert*-Butyl-4-chlorobenzène

f) 1-Phénylcyclopentène

g) *trans*-2-Phénylcyclopentanol

h) *m*-Dinitrobenzène

i) *m*-Bromonitrobenzène

j) *p*- Bromonitrobenzène

k) Acide *p*-chlorobenzènesulfonique

l) *o*-Chloronitrobenzène

m) Acide *m*-nitrobenzènesulfonique

15.30 Décrivez brièvement une synthèse, effectuée à partir du styrène, pour chacun des composés suivants :

a) $C_6H_5CHClCH_2Cl$

b) $C_6H_5CH_2CH_3$

c) $C_6H_5CHOHCH_2OH$

d) $C_6H_5CO_2H$

e) $C_6H_5CHOHCH_3$

f) $C_6H_5CHBrCH_3$

g) $C_6H_5CH_2CH_2OH$

h) $C_6H_5CH_2CH_2D$

i) $C_6H_5CH_2CH_2Br$

j) $C_6H_5CH_2CH_2I$

k) $C_6H_5CH_2CH_2CN$

l) $C_6H_5CHDCH_2D$

m) Cyclohexylbenzène

n) $C_6H_5CH_2CH_2OCH_3$

15.31 Décrivez brièvement une synthèse, effectuée à partir du toluène, pour chacun des composés suivants :

a) Acide *m*-chlorobenzoïque

b) *p*-Méthylacétophénone

c) 2-Bromo-4-nitrotoluène

d) Acide *p*-bromobenzoïque

e) 1-Chloro-3-trichlorométhylbenzène

f) *p*-Isopropyltoluène (*p*-cymène)

g) 1-Cyclohexyl-4-méthylbenzène

h) 2,4,6-Trinitrotoluène (TNT)

i) Acide 4-chloro-2-nitrobenzoïque

j) 1-Butyl-4-méthylbenzène

15.32 Décrivez brièvement comment vous pourriez, à partir de l'aniline, synthétiser chacun des composés suivants :

a) *p*-Bromoaniline

b) *o*-Bromoaniline

c) 2-Bromo-4-nitroaniline

d) 4-Bromo-2-nitroaniline

e) 2,4,6-Tribromoaniline

15.33 Les deux projets de synthèse suivants ne donneront pas les résultats attendus. Expliquez pourquoi, dans chaque cas.

a)

$$\text{(1) HNO}_3/\text{H}_2\text{SO}_4$$
$$\text{(2) CH}_3\text{COCl/AlCl}_3$$
$$\text{(3) Zn(Hg), HCl}$$

b)

$$\text{(1) NBS, CCl}_4, \textit{hv}$$
$$\text{(2) NaOEt, EtOH, } \Delta$$
$$\text{(3) Br}_2, \text{FeBr}_3$$

15.34 L'un des cycles du benzoate de phényle subit une substitution électrophile aromatique beaucoup plus rapidement que l'autre. a) Lequel des deux ? b) Expliquez votre réponse.

Benzoate de phényle

15.35 Quels produits prévoyez-vous obtenir si les composés suivants subissent une bromation par Br_2 et $FeBr_3$?

a)

b)

c)

15.36 Plusieurs composés aromatiques polycycliques ont été synthétisés par une réaction de cyclisation appelée **réaction de Bradsher** ou **cyclodéshydratation aromatique,** qui peut être illustrée par la synthèse suivante du 9-méthylphénanthrène :

HBr
acide acétique
Δ

9-Méthylphénanthrène

Un ion arénium agit comme intermédiaire dans cette réaction, et la dernière étape comprend la

déshydratation d'un alcool. Proposez un mécanisme plausible pour cet exemple de réaction de Bradsher.

15.37 Proposez des structures pour les composés **G** à **I.**

$$\xrightarrow[\text{60 à 65 °C}]{\text{H}_2\text{SO}_4 \text{ conc.}} \mathbf{G} \xrightarrow[\text{H}_2\text{SO}_4 \text{ conc.}]{\text{HNO}_3 \text{ conc.}}$$

$$(\text{C}_6\text{H}_6\text{S}_2\text{O}_8)$$

$$\mathbf{H} \xrightarrow[\Delta]{\text{H}_3\text{O}^+, \text{H}_2\text{O}} \mathbf{I}$$

$$(\text{C}_6\text{H}_5\text{NS}_2\text{O}_{10}) \qquad (\text{C}_6\text{H}_5\text{NO}_4)$$

15.38 On a réussi à isoler une phéromone produite par les femelles de deux espèces de tiques (*Amblyomma americanum* et *A. maculatum*). Chaque femelle tique sécrète environ 5 ng de cette phéromone, le 2,6-dichlorophénol. En supposant que vous ayez besoin de plus grandes quantités, élaborez une synthèse de ce produit à partir du phénol. (*Aide* : lorsque le phénol est sulfoné à 100 °C, le produit principal est l'acide *p*-hydroxybenzène-sulfonique.)

15.39 L'addition d'un halogénure d'hydrogène (bromure d'hydrogène ou chlorure d'hydrogène) au 1-phénylbuta-1,3-diène donne uniquement le 1-phényl-3-halogénobut-1-ène. a) Proposez un mécanisme qui rende compte de la formation de ce produit. b) Est-ce une addition-1,4 ou 1,2 au système butadiène ? c) Le produit de la réaction est-il la suite logique de la formation du carbocation intermédiaire le plus stable ? d) Cette réaction vous semble-t-elle due à un contrôle cinétique ou à un contrôle thermodynamique ? Expliquez.

15.40 Le 2-méthylnaphtalène peut être synthétisé, à partir du toluène, par la séquence de réactions suivante. Quelle est la structure de chaque intermédiaire ?

$$\text{Toluène} + \begin{array}{c}\text{anhydride} \\ \text{succinique}\end{array} \xrightarrow{\text{AlCl}_3}$$

$$\begin{array}{c}\mathbf{A} \\ (\text{C}_{11}\text{H}_{12}\text{O}_3)\end{array} \xrightarrow[\text{HCl}]{\text{Zn(Hg)}} \begin{array}{c}\mathbf{B} \\ (\text{C}_{11}\text{H}_{14}\text{O}_2)\end{array} \xrightarrow{\text{SOCl}_2}$$

$$\begin{array}{c}\mathbf{C} \\ (\text{C}_{11}\text{H}_{13}\text{ClO})\end{array} \xrightarrow{\text{AlCl}_3} \begin{array}{c}\mathbf{D} \\ (\text{C}_{11}\text{H}_{12}\text{O})\end{array} \xrightarrow{\text{NaBH}_4}$$

$$\begin{array}{c}\mathbf{E} \\ (\text{C}_{11}\text{H}_{14}\text{O})\end{array} \xrightarrow[\Delta]{\text{H}_2\text{SO}_4} \begin{array}{c}\mathbf{F} \\ (\text{C}_{11}\text{H}_{12})\end{array} \xrightarrow[\text{CCl}_4, \textit{hv}]{\text{NBS}}$$

$$\begin{array}{c}\mathbf{G} \\ (\text{C}_{11}\text{H}_{11}\text{Br})\end{array} \xrightarrow[\Delta]{\begin{array}{c}\text{NaOEt} \\ \text{EtOH}\end{array}} \text{2-Méthylnaphtalène}$$

15.41 La nitration du cycle d'un diméthylbenzène (un xylène) engendre un seul nitrodiméthylbenzène. Quelle est la structure de ce diméthylbenzène ?

15.42 Décrivez des mécanismes qui permettent d'expliquer la formation des produits des réactions suivantes :

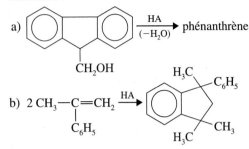

a) $\xrightarrow[(-H_2O)]{HA}$ phénanthrène

b) $2\ CH_3-C=CH_2 \xrightarrow{HA}$

15.43 Expliquez comment, à partir de l'α-tétralone (section 15.9), vous pourriez synthétiser chacun des produits suivants :

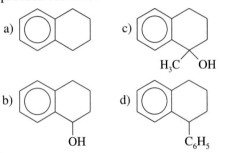

a)

b)

c)

d)

15.44 Le composé phénylbenzène ($C_6H_5-C_6H_5$) est appelé *biphényle*, et les atomes de ses cycles sont numérotés comme suit :

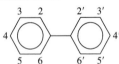

Utilisez ce modèle pour répondre aux questions suivantes sur les biphényles substitués.

a) Lorsque des groupes volumineux occupent trois ou quatre positions *ortho* (soit 2, 6, 2′ et 6′), les biphényles ainsi substitués peuvent exister sous des formes énantiomères. Un exemple de biphényle énantiomère est le composé dans lequel les substituants sont 2-NO_2, 6-CO_2H, 2′-NO_2,6′-CO_2H. Comment expliquez-vous cela ?

b) Vous attendez-vous à ce qu'un biphényle renfermant les substituants 2-Br, 6-CO_2H, 2′-CO_2H, 6′-H existe sous des formes énantiomères ?

c) Le biphényle avec 2-NO_2, 6-NO_2, 2′-CO_2H, 6′-Br ne peut être résolu en énantiomères. Expliquez.

15.45 Donnez les structures (y compris la stéréochimie, s'il y a lieu) des composés **A** à **G**.

a) Benzène + $\overset{\overset{\displaystyle O}{\|}}{CH_3CH_2CCl}$ $\xrightarrow{AlCl_3}$ **A** $\xrightarrow[0\ °C]{PCl_5}$

B ($C_9H_{10}Cl_2$) $\xrightarrow[\text{huile minérale, }\Delta]{2\ NaNH_2}$

C (C_9H_8) $\xrightarrow{H_2,\ Ni_2B\ (P-2)}$ **D** (C_9H_{10})

Aide : le spectre RMN ^1H du composé **C** consiste en un multiplet à δ = 7,20 (5H) et un singulet à δ = 2,0 (3H).

b) **C** $\xrightarrow[\text{(2) }H_2O]{\text{(1) Li, }NH_3\text{ liq.}}$ **E** (C_9H_{10})

c) **D** $\xrightarrow[\text{2 à 5 °C}]{Br_2,\ CCl_4}$ **F** + énantiomère (produits principaux)

d) **E** $\xrightarrow[\text{2 à 5 °C}]{Br_2,\ CCl_4}$ **G** + énantiomère (produits principaux)

15.46 Lorsque le cyclohexène réagit avec le chlorure d'acétyle et le $AlCl_3$, il y a formation d'un produit de formule moléculaire $C_8H_{13}ClO$. Après avoir traité ce produit par une base, on obtient du 1-acétylcyclohexène. Proposez des mécanismes pour les deux étapes de cette séquence de réactions.

15.47 Le groupe *tert*-butyle peut être utilisé comme groupe bloquant au cours de certaines synthèses de composés aromatiques. a) Comment pouvez-vous introduire un groupe *tert*-butyle et b) comment pouvez-vous l'enlever ? c) Quel avantage pourrait offrir le groupe *tert*-butyle par rapport au groupe —SO_3H en tant que groupe bloquant ?

15.48 Lorsque le toluène est sulfoné (H_2SO_4 concentré) à la température de la pièce, les substitutions prédominantes (à peu près 95 %) ont lieu en *ortho* et en *para*. Si on élève la température (150 à 200 °C) et qu'on prolonge la réaction, les substitutions *méta* (principalement) et *para* constituent 95 % des produits. Expliquez ces différences. (*Aide* : l'acide *m*-toluènesulfonique est l'isomère le plus stable.)

15.49 Une liaison C—D est plus difficile à rompre qu'une liaison C—H. Les réactions dans lesquelles des liaisons C—D sont rompues se déroulent donc plus lentement que les réactions où il y a rupture de liaisons C—H. Cependant, on a observé que la vitesse de nitration du benzène perdeutérié C_6D_6 est la même que celle du benzène normal C_6H_6. Quelle conclusion tirez-vous de cette information en ce qui concerne le mécanisme de nitration du benzène ?

15.50 Indiquez comment vous pourriez synthétiser chacun des composés suivants à partir du bromure de benzyle ou du bromure d'allyle.

a) $C_6H_5CH_2CN$

b) $C_6H_5CH_2OCH_3$

c) $C_6H_5CH_2O_2CCH_3$

d) $C_6H_5CH_2I$

e) $CH_2=CHCH_2N_3$

f) $CH_2=CHCH_2OCH_2CH(CH_3)_2$

15.51 Quelles sont les structures des composés **A**, **B** et **C** ?

$$\text{Benzène} \xrightarrow[\text{NH}_3 \text{ liq., EtOH}]{\text{Na}} \mathbf{A} \ (C_6H_8) \xrightarrow[\text{CCl}_4]{\text{NBS}}$$

$$\mathbf{B} \ (C_6H_7Br) \xrightarrow{(CH_3)_2CuLi} \mathbf{C} \ (C_7H_{10})$$

15.52 Si on chauffe le 1,1,1-triphénylméthanol dans de l'éthanol contenant des traces d'un acide fort, on forme le 1-éthoxy-1,1,1-triphénylméthane. Décrivez un mécanisme qui explique de manière vraisemblable la formation de ce produit.

15.53 a) Lequel des halogénures suivants devrait être le plus réactif dans une réaction S_N2 ?

b) Et dans une réaction S_N1 ? Expliquez vos réponses.

$$CH_3CH_2CH=CHCH_2Br$$
$$CH_3CH=CHCHBrCH_3$$
$$CH_2=CHCBr(CH_3)_2$$

15.54 L'acétanilide a subi la séquence de réactions suivante : 1) H_2SO_4 concentré; 2) HNO_3, chauffage; 3) H_2O, H_2SO_4, chauffage, puis ^-OH. Le spectre RMN ^{13}C du produit final comporte six signaux. Indiquez la structure du produit final.

15.55* Les lignines sont des macromolécules. Elles sont les principaux constituants de plusieurs types de bois et, dans ces composites naturels, elles lient entre elles les fibres de cellulose. Les lignines sont des assemblages de diverses petites molécules (la plupart ont un squelette de phénylpropane). Ces molécules précurseurs sont reliées par des liens covalents de différentes manières, et cela donne aux lignines une grande complexité structurale. Pour expliquer la formation du composé **B** ci-dessous, l'un des nombreux produits obtenus par ozonisation des lignines, on a traité un composé modèle de la lignine **A** comme suit. Quelle est la structure de **B** ?

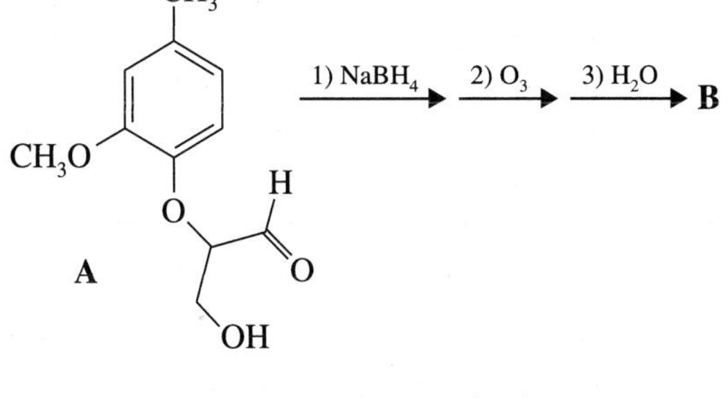

Afin de rendre **B** suffisamment volatil pour la CG/SM (chromatographie en phase gazeuse couplée à la spectroscopie de masse, section 9.17), on le convertit d'abord en son dérivé tris(*O*-triméthylsilyle), puis on obtient le pic à $M^{\ddagger}$ 308 m/z. [« Tris » signifie que trois des groupes indiqués (ici les groupes triméthylsilyle) sont présents. La majuscule italique *O* signifie qu'ils sont fixés aux atomes d'oxygène du composé parent, en remplacement d'atomes d'hydrogène. De la même façon, le préfixe « bis » indique la présence de deux groupes complexes nommés ensuite, et « tétrakis » (employé dans le problème ci-dessous) signifie quatre.] Le spectre IR de **B** contient une large bande d'absorption à 3400 cm^{-1} et son spectre RMN ^1H présente un seul multiplet à $\delta = 3,6$. Quelle est la structure de **B** ?

15.56* Le composé **C** est souvent utilisé comme modèle d'un motif fréquemment rencontré dans les lignines. Si on ozonise ce composé, on obtient le produit **D**. On a établi de diverses manières que la stéréochimie de la chaîne latérale (à trois atomes de carbone) de tels motifs de lignine demeure en grande partie, sinon complètement, inchangée durant les oxydations comme celle-ci.

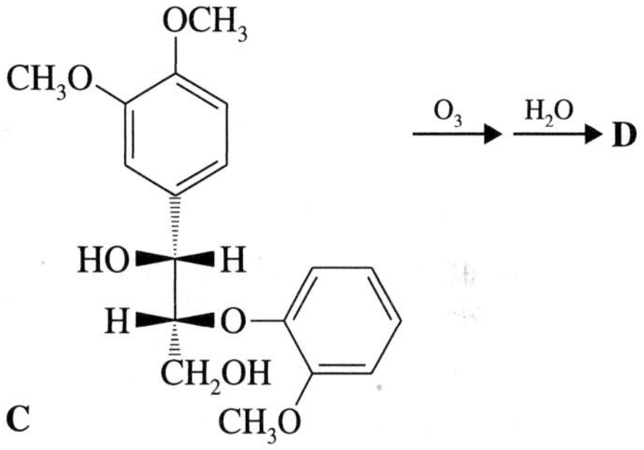

Pour la CG/SM, **D** est converti en son dérivé tétrakis(*O*-triméthylsilyle) qui donne un pic moléculaire à $M^{\ddagger}$ 424 m/z. Le spectre IR possède une bande d'absorption à 3000 cm^{-1} (large et intense) et une autre à 1710 cm^{-1} (intense). Son spectre RMN ^1H a des pics à $\delta = 3,7$ (multiplet, 3H) et à $\delta = 4,2$ (doublet, 1H), après traitement avec D_2O. Son spectre DEPT RMN ^{13}C a des pics à $\delta = 64$ (CH_2), $\delta = 75$ (CH), $\delta = 82$ (CH) et $\delta = 177$ (C). Quelle est la structure de **D**, incluant sa stéréochimie ?

---

* Les problèmes marqués d'un astérisque présentent une difficulté particulière.

TRAVAIL COOPÉRATIF

1. La structure de la thyroxine, une hormone thyroïdienne qui contribue à la régulation du métabolisme, a été déterminée en partie par comparaison avec un composé synthétique. On a démontré que ce composé a la même structure que la thyroxine naturelle. L'étape finale de la synthèse de la thyroxine réalisée en laboratoire par Harington et Barger, et représentée ci-dessous, comprend une substitution électrophile aromatique. Élaborez un mécanisme pour cette étape et expliquez pourquoi les substitutions par l'iode se font en *ortho* par rapport à l'hydroxyle phénolique et non pas en *ortho* par rapport à l'oxygène de la fonction éther. [La biosynthèse de la thyroxine requiert de l'iode. C'est pourquoi l'iode est essentiel dans l'alimentation (par exemple dans le sel iodé).]

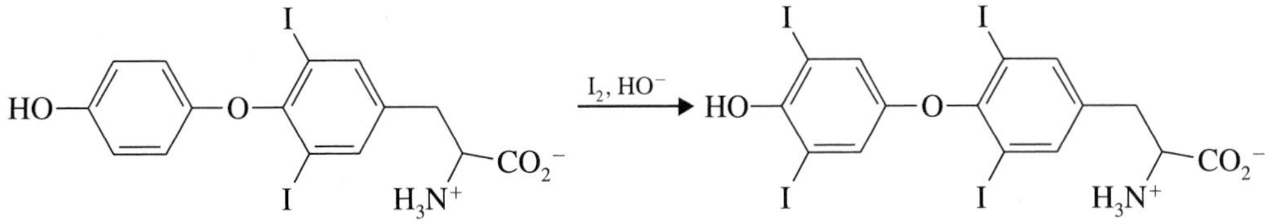

2. Réalisez la synthèse de l'acide 2-chloro-4-nitrobenzoïque à partir du toluène et de tout autre réactif nécessaire.

3. Établissez les structures des composés **E** à **L** de l'ensemble de réactions suivant :

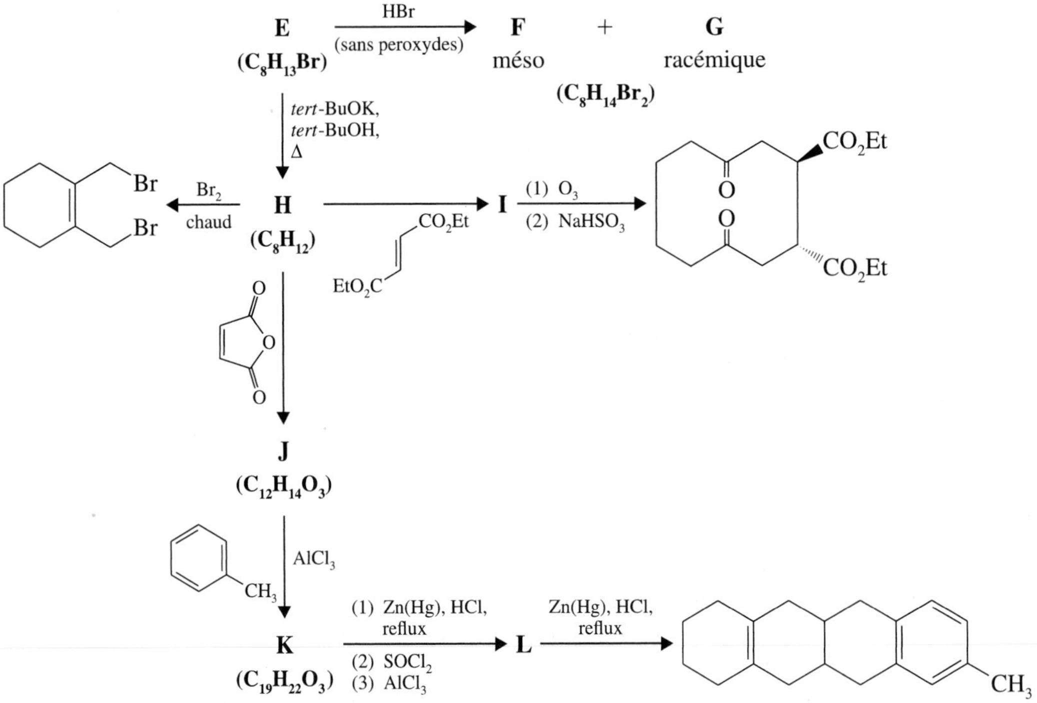

ALDÉHYDES ET CÉTONES I : addition nucléophile au groupe carbonyle

Une vitamine polyvalente, la pyridoxine (vitamine B_6)

Le phosphate de pyridoxal (également appelé pyridoxal-phosphate ou PLP) est au cœur de la chimie de plusieurs réactions enzymatiques. Le précurseur de cette coenzyme est une vitamine bien connue : la pyridoxine, ou vitamine B_6. Le blé est une bonne source de vitamine B_6. Bien que le phosphate de pyridoxal (en vignette ci-dessus) fasse partie de la famille des aldéhydes, dans les systèmes biologiques on le trouve souvent associé à un groupe fonctionnel apparenté qui possède une double liaison carbone–azote et qu'on appelle imine. Dans ce chapitre, nous étudierons les aldéhydes, les imines et les groupes apparentés.

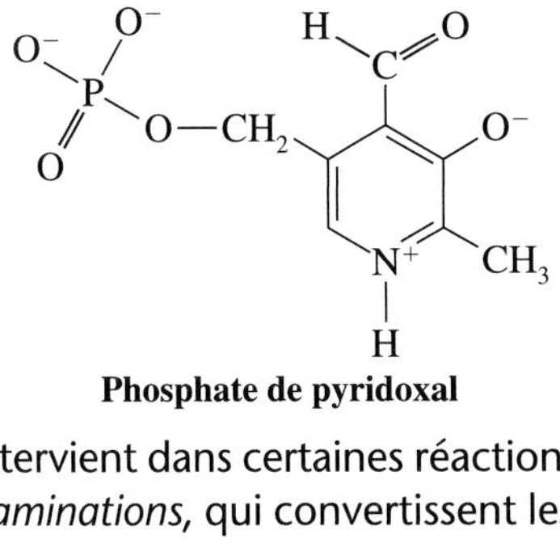

Phosphate de pyridoxal

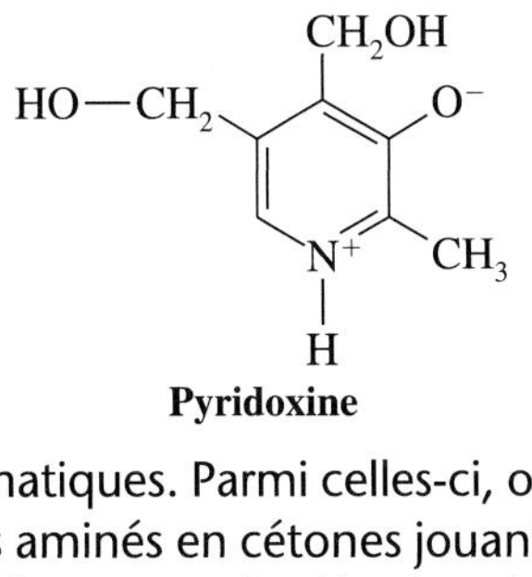

Pyridoxine

Le PLP intervient dans certaines réactions enzymatiques. Parmi celles-ci, on trouve les *transaminations*, qui convertissent les acides aminés en cétones jouant un rôle dans le cycle de l'acide citrique et d'autres mécanismes; la *décarboxylation* des

SOMMAIRE

16.1 Introduction

16.2 Nomenclature des aldéhydes et des cétones

16.3 Propriétés physiques

16.4 Synthèse des aldéhydes

16.5 Synthèse des cétones

16.6 Addition nucléophile à la double liaison carbone–oxygène

16.7 Addition des alcools : hémiacétals et acétals

16.8 Addition de dérivés de l'ammoniac

16.9 Addition du cyanure d'hydrogène

16.10 Addition des ylures : réaction de Wittig

16.11 Addition de réactifs organométalliques : réaction de Reformatsky

16.12 Oxydation des aldé-hydes et des cétones

16.13 Analyse qualitative des aldéhydes et des cétones

16.14 Propriétés spectroscopiques des aldéhydes et des cétones

acides aminés servant à la biosynthèse des neurotransmetteurs comme l'histamine, la dopamine et la sérotonine; et la *racémisation* des stéréocentres des acides aminés, comme celle qui est nécessaire à la biosynthèse de la paroi cellulaire des bactéries.

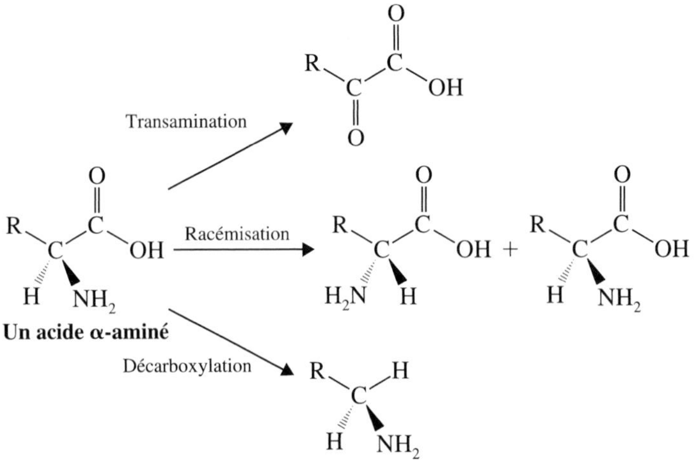

Dans toutes ces réactions, et dans d'autres types de réactions, le rôle essentiel du PLP consiste à stabiliser un carbanion intermédiaire en agissant comme accepteur de densité électronique. Certains aspects de ces transformations seront étudiés dans la Capsule chimique intitulée « Phosphate de pyridoxal » (section 16.8). Toutes les réactions du PLP sont de merveilleux exemples de la chimie organique appliquée aux processus biochimiques.

16.1 INTRODUCTION

À l'exception du formaldéhyde, l'aldéhyde le plus simple, tous les aldéhydes contiennent un groupe carbonyle, lié d'un côté à un carbone et de l'autre à un hydrogène. Dans les cétones, le groupe carbonyle se situe entre deux atomes de carbone.

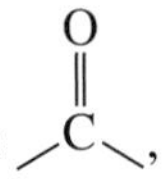

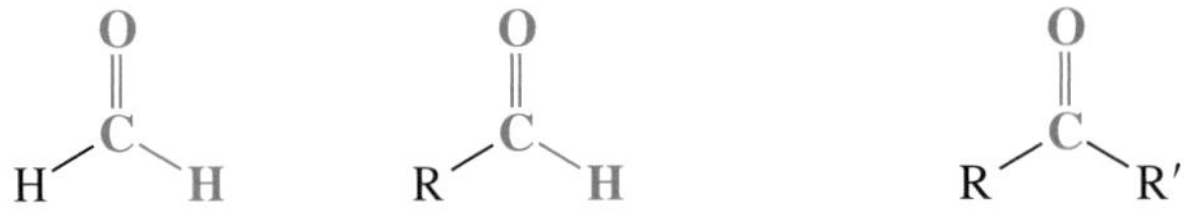

Dans les chapitres antérieurs, nous avons donné un aperçu de la chimie des composés carbonylés. Dans le présent chapitre, nous approfondirons le sujet parce que la chimie du groupe carbonyle occupe une place importante dans la plupart des chapitres suivants.

Dans ce chapitre, nous nous intéresserons à la préparation des aldéhydes et des cétones, à leurs propriétés physiques et, plus particulièrement, aux *réactions d'addition nucléophile s'effectuant sur leur groupe carbonyle*. Au chapitre 17, nous étudierons la chimie des aldéhydes et des cétones *qui relève de l'acidité des hydrogènes liés aux atomes de carbone adjacents au groupe carbonyle*.

16.2 NOMENCLATURE DES ALDÉHYDES ET DES CÉTONES

Dans la nomenclature *par substitution* de l'UICPA, on nomme les aldéhydes aliphatiques en remplaçant par **al** le **e** final du nom de l'alcane correspondant. Comme le groupe aldéhyde doit être au bout de la chaîne d'atomes de carbone, il n'est pas nécessaire d'indiquer sa position. Cependant, lorsque d'autres substituants sont présents, le groupe carbonyle reçoit la position 1. Plusieurs aldéhydes ont un nom courant (indiqué ici entre parenthèses), dérivé de celui des acides carboxyliques (section 18.2A). Certains de ces noms ont été retenus par l'UICPA, qui les juge acceptables.

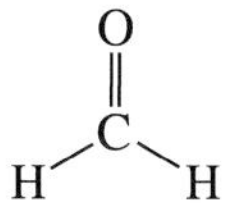

$$
\begin{array}{ccc}
\underset{\substack{\displaystyle \text{H}\quad\text{H}}}{\overset{\displaystyle \text{O}}{\underset{\displaystyle \|}{\text{C}}}} & \underset{\text{CH}_3\text{C}-\text{H}}{\overset{\text{O}}{\|}} & \underset{\text{CH}_3\text{CH}_2\text{C}-\text{H}}{\overset{\text{O}}{\|}} \\
\textbf{Méthanal} & \textbf{Éthanal} & \textbf{Propanal} \\
\textbf{(formaldéhyde)} & \textbf{(acétaldéhyde)} & \textbf{(propionaldéhyde)}
\end{array}
$$

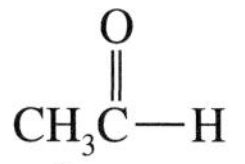

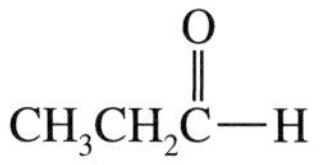

$$
\begin{array}{cc}
\underset{\text{ClCH}_2\text{CH}_2\text{CH}_2\text{CH}_2\text{C}-\text{H}}{\overset{\text{O}}{\|}} & \underset{\text{C}_6\text{H}_5\text{CH}_2\text{C}-\text{H}}{\overset{\text{O}}{\|}} \\
\textbf{5-Chloropentanal} & \textbf{Phényléthanal} \\
 & \textbf{(phénylacétaldéhyde)}
\end{array}
$$

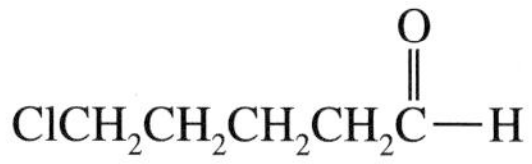

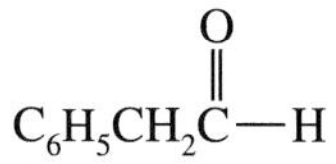

Pour nommer les aldéhydes dans lesquels le groupe —CHO est fixé à un système cyclique, on ajoute le suffixe *carbaldéhyde* au nom du système. Voici quelques exemples.

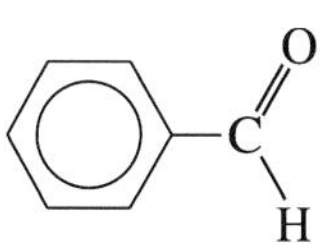

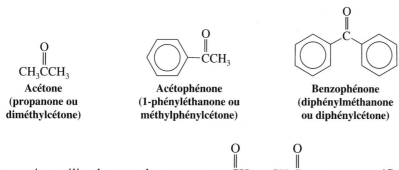

Benzènecarbaldéhyde **Cyclohexanecarbaldéhyde** 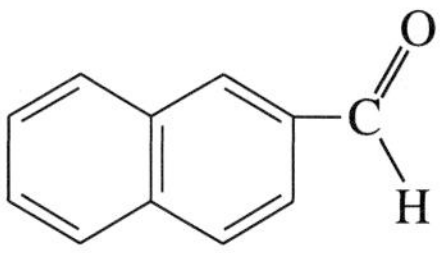 **Naphtalène-2-carbaldéhyde**
(benzaldéhyde)

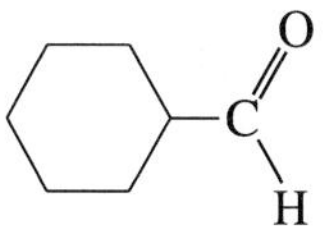

Le nom courant *benzaldéhyde* est utilisé beaucoup plus fréquemment que benzènecarbaldéhyde, et c'est le nom que nous emploierons.

Pour nommer les cétones aliphatiques, on *remplace par **one** le* **e** final du nom de l'alcane correspondant et on numérote les atomes de la chaîne de façon que le carbone du groupe carbonyle ait l'indice de position le plus petit possible.

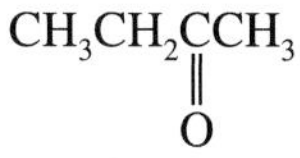

$$
\begin{array}{ccc}
\underset{\underset{\displaystyle \text{O}}{\overset{\displaystyle \|}{}}}{\text{CH}_3\text{CH}_2\text{CCH}_3} & \underset{\text{CH}_3\text{CCH}_2\text{CH}_2\text{CH}_3}{\overset{\text{O}}{\|}} & \underset{\text{CH}_3\text{CCH}_2\text{CH}=\text{CH}_2}{\overset{\text{O}}{\|}} \\
\textbf{Butan-2-one} & \textbf{Pentan-2-one} & \textbf{Pent-4-én-2-one} \\
\textbf{(éthylméthylcétone)} & \textbf{(méthylpropylcétone)} & \textbf{(\textit{et non} pent-1-én-4-one)} \\
 & & \textbf{(allylméthylcétone)}
\end{array}
$$

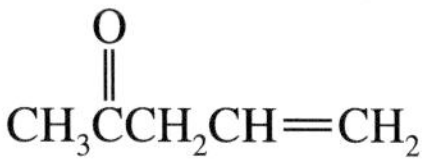

Le nomenclature par classes fonctionnelles des cétones (entre parenthèses ci-dessus) se forme par juxtaposition des noms des deux groupes fixés au groupe carbonyle (par ordre alphabétique) et du mot **cétone.**

Certaines cétones ont un nom courant, que l'UICPA a retenu.

$$
\begin{array}{ccc}
\underset{\text{CH}_3\text{CCH}_3}{\overset{\text{O}}{\|}} & \underset{\text{CCH}_3}{\overset{\text{O}}{\|}} & \underset{}{\overset{\text{O}}{\|}} \\
\textbf{Acétone} & \textbf{Acétophénone} & \textbf{Benzophénone} \\
\textbf{(propanone ou} & \textbf{(1-phényléthanone ou} & \textbf{(diphénylméthanone} \\
\textbf{diméthylcétone)} & \textbf{méthylphénylcétone)} & \textbf{ou diphénylcétone)}
\end{array}
$$

Lorsqu'on utilise le nom des groupes $\overset{\text{O}}{\overset{\|}{\text{—CH}}}$ et $\overset{\text{O}}{\overset{\|}{\text{CH}_3\text{C—}}}$ comme préfixe, on les appelle **groupe méthanoyle** ou **formyle** et **groupe éthanoyle** ou **acétyle** (dont l'abréviation est Ac). Lorsque les groupes $RC\overset{\displaystyle O}{\overset{\|}{-}}$ sont nommés en tant que substituants, on les appelle **groupes alcanoyle** ou **acyle**.

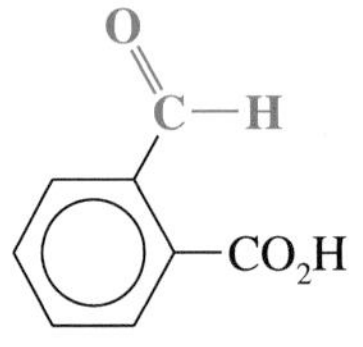

Acide 2-méthanoylbenzoïque
(acide *o*-formylbenzoïque)

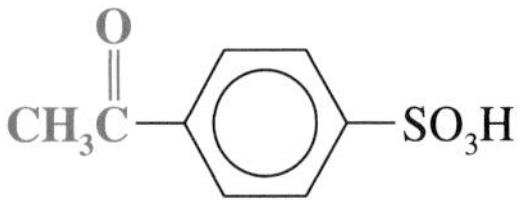

Acide 4-éthanoylbenzènesulfonique
(acide *p*-acétylbenzènesulfonique)

PROBLÈME 16.1

a) Selon la nomenclature par substitution de l'UICPA, donnez le nom des sept isomères aldéhydes et cétones dont la formule est $C_5H_{10}O$. b) Donnez la structure et le nom courant (ou le nom formé par substitution) de tous les aldéhydes et de toutes les cétones de formule C_8H_8O qui contiennent un cycle benzénique.

16.3 PROPRIÉTÉS PHYSIQUES

Le groupe carbonyle est polaire. Par conséquent, les aldéhydes et les cétones ont un point d'ébullition plus élevé que les hydrocarbures de même masse moléculaire. Cependant, comme les aldéhydes et les cétones ne peuvent former des liaisons hydrogène fortes *entre leurs molécules,* ils ont un point d'ébullition plus bas que les alcools correspondants. Les composés suivants, qui ont des masses moléculaires semblables, illustrent ces tendances.

$CH_3CH_2CH_2CH_3$	$CH_3CH_2\overset{\displaystyle O}{\overset{\|}{C}}H$	$CH_3\overset{\displaystyle O}{\overset{\|}{C}}CH_3$	$CH_3CH_2CH_2OH$
Butane	**Propanal**	**Acétone**	**Propan-1-ol**
p.é. : −0,5 °C	**p.é. : 49 °C**	**p.é. : 56,1 °C**	**p.é. : 97,2 °C**
(MM = 58)	**(MM = 58)**	**(MM = 58)**	**(MM = 60)**

PROBLÈME 16.2

Quel composé, dans chacune des paires suivantes, a le point d'ébullition le plus élevé ? (Répondez sans consulter de tableaux.)

a) Pentanal ou pentan-1-ol

b) Pentan-2-one ou pentan-2-ol

c) Pentane ou pentanal

d) Acétophénone ou 2-phényléthanol

e) Benzaldéhyde ou alcool benzylique

L'atome d'oxygène du carbonyle permet aux molécules d'aldéhydes et de cétones de former de fortes liaisons hydrogène avec les molécules d'eau. Les aldéhydes et les cétones de faible masse moléculaire sont donc sensiblement solubles dans l'eau. L'acétone et l'acétaldéhyde sont même extrêmement solubles dans l'eau.

Le tableau 16.1 énumère les propriétés physiques de certains aldéhydes et cétones courants.

Certains aldéhydes aromatiques naturels ont une odeur très agréable. En voici quelques exemples (avec, entre parenthèses, une source courante).

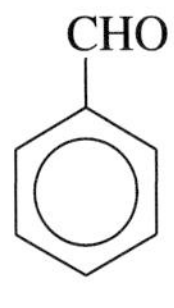

Benzaldéhyde
(essence d'amande amère)

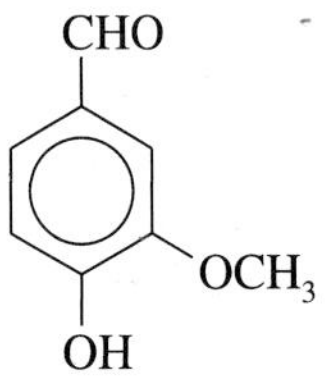

Vanilline
(essence de vanille)

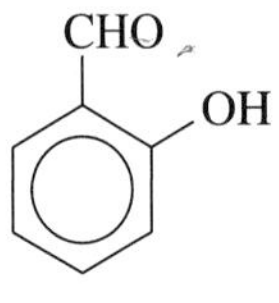

Aldéhyde salicylique
(spirée)

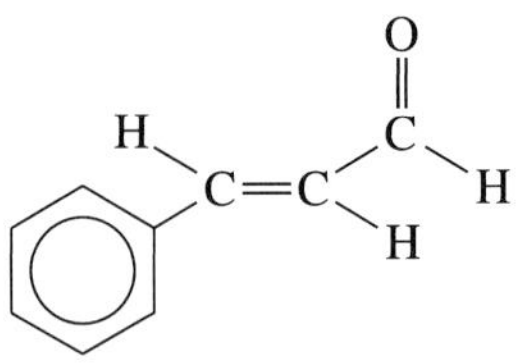

Aldéhyde cinnamique
(cannelle)

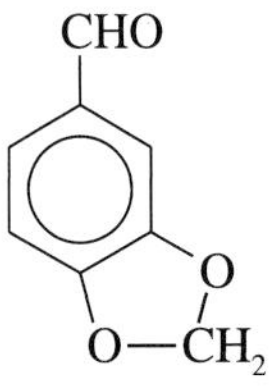

Pipéronal
(essence du safran)

Tableau 16.1 Propriétés physiques des aldéhydes et des cétones.

Formule	Nom	Point de fusion (°C)	Point d'ébullition (°C)	Solubilité dans l'eau
HCHO	Formaldéhyde	−92	−21	Très soluble
CH$_3$CHO	Acétaldéhyde	−125	21	∞
CH$_3$CH$_2$CHO	Propanal	−81	49	Très soluble
CH$_3$(CH$_2$)$_2$CHO	Butanal	−99	76	Soluble
CH$_3$(CH$_2$)$_3$CHO	Pentanal	−91,5	102	Légèrement soluble
CH$_3$(CH$_2$)$_4$CHO	Hexanal	−51	131	Légèrement soluble
C$_6$H$_5$CHO	Benzaldéhyde	−26	178	Légèrement soluble
C$_6$H$_5$CH$_2$CHO	Phénylacétaldéhyde	33	193	Légèrement soluble
CH$_3$COCH$_3$	Acétone	−95	56,1	∞
CH$_3$COCH$_2$CH$_3$	Butanone	−86	79,6	Très soluble
CH$_3$COCH$_2$CH$_2$CH$_3$	Pentan-2-one	−78	102	Soluble
CH$_3$CH$_2$COCH$_2$CH$_3$	Pentan-3-one	−39	102	Soluble
C$_6$H$_5$COCH$_3$	Acétophénone	21	202	Insoluble
C$_6$H$_5$COC$_6$H$_5$	Benzophénone	48	306	Insoluble

16.4 SYNTHÈSE DES ALDÉHYDES

16.4A SYNTHÈSE DES ALDÉHYDES PAR OXYDATION DES ALCOOLS PRIMAIRES

Nous avons vu, à la section 12.4A, que l'état d'oxydation des aldéhydes se situe entre celui des alcools primaires et celui des acides carboxyliques, et que les aldéhydes peuvent être préparés par oxydation des alcools primaires à l'aide de chlorochromate de pyridinium (PCC).

$$R-CH_2OH \underset{[H]}{\overset{[O]}{\rightleftharpoons}} R-\overset{O}{\overset{\|}{C}}-H \underset{[H]}{\overset{[O]}{\rightleftharpoons}} R-\overset{O}{\overset{\|}{C}}-OH$$

Alcool primaire   **Aldéhyde**   **Acide carboxylique**

$$R-CH_2OH \xrightarrow[CH_2Cl_2]{C_5H_5NH^+CrO_3Cl^- \ (PCC)} R-\overset{O}{\overset{\|}{C}}-H$$

Alcool primaire   **Aldéhyde**

Un exemple de cette synthèse d'aldéhydes est l'oxydation du heptan-1-ol en heptanal.

$$CH_3(CH_2)_5CH_2OH \xrightarrow[CH_2Cl_2]{C_5H_5NH^+CrO_3Cl^-(PCC)} CH_3(CH_2)_5CHO$$

Heptan-1-ol   **Heptanal**
(93 %)

16.4B SYNTHÈSE DES ALDÉHYDES PAR RÉDUCTION DES CHLORURES D'ACYLE, DES ESTERS ET DES NITRILES

En théorie, on devrait pouvoir préparer les aldéhydes par réduction des acides carboxyliques. Cependant, en pratique, on n'y parvient pas, étant donné que le réactif normalement employé pour la réduction directe d'un acide carboxylique est l'hydrure de lithium et d'aluminium (LiAlH$_4$ ou LAH) et que la réduction d'un acide carboxylique par le LAH aboutit à un alcool primaire. Il en est ainsi parce que le LAH est un puissant réducteur et que les aldéhydes sont très faciles à réduire. Le LAH réduit donc immédiatement en alcool primaire tout aldéhyde qui pourrait se former dans le mélange réactionnel. (L'emploi d'une quantité stœchiométrique ne limite pas la réaction. Dès que les premières molécules d'aldéhyde se forment, elles sont réduites par le LAH qui n'a pas encore réagi.)

Acide carboxylique **Aldéhyde** **Alcool primaire**

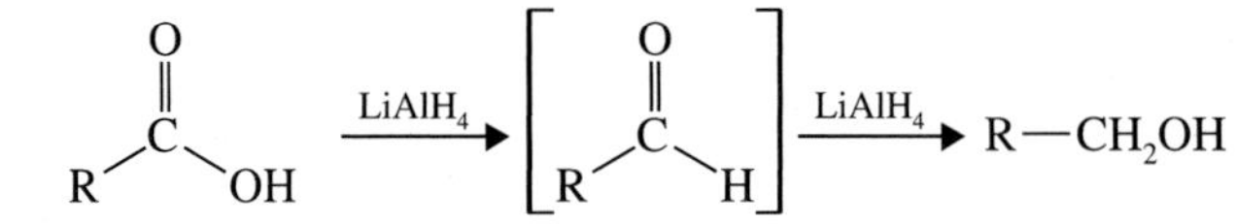

Pour réussir ce genre de réduction, il faut utiliser non pas un acide carboxylique mais un dérivé d'un acide carboxylique qui soit plus facile à réduire. Il faut aussi choisir un dérivé d'hydrure d'aluminium moins réactif que le LAH. Nous étudierons en détail les acides carboxyliques au chapitre 18. Pour l'instant, retenez que les chlorures d'alcanoyle (RCOCl), les esters (RCO_2R') et les nitriles (RCN) sont tous faciles à préparer à partir des acides carboxyliques et qu'ils peuvent être réduits très facilement. (En outre, les chlorures d'alcanoyle, les esters et les nitriles ont le même état d'oxydation que les acides carboxyliques. Vous pouvez vous en convaincre en appliquant la méthode suggérée au problème 12.1.) L'hydrure tri-*tert*-butoxyaluminium et de lithium et l'hydrure de diisobutylaluminium (DIBAL-H) sont deux dérivés d'hydrure d'aluminium moins réactifs que le LAH (en partie parce qu'ils sont beaucoup plus encombrés stériquement et que, par conséquent, ils transfèrent plus difficilement des ions hydrure).

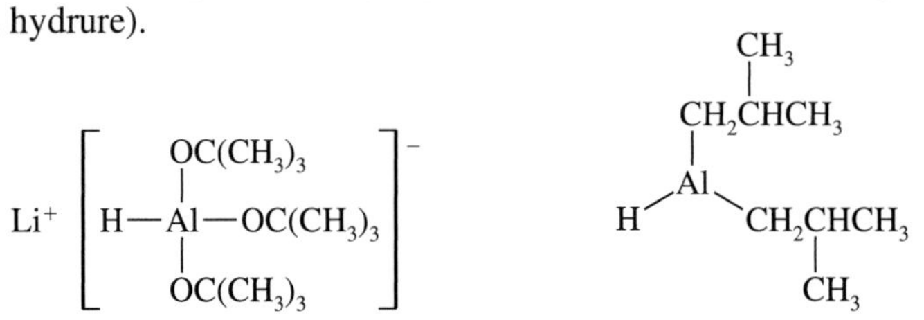

Hydrure de tri-*tert*-butoxyaluminium et de lithium **Hydrure de diisobutylaluminum (abréviation : *i*-Bu_2AlH ou DIBAL-H)**

Les équations suivantes résument l'utilisation de ces réactifs dans la synthèse des aldéhydes à partir de dérivés d'acides.

Chlorure d'alcanoyle **Aldéhyde**

Ester **Aldéhyde**

Nitrile **Aldéhyde**

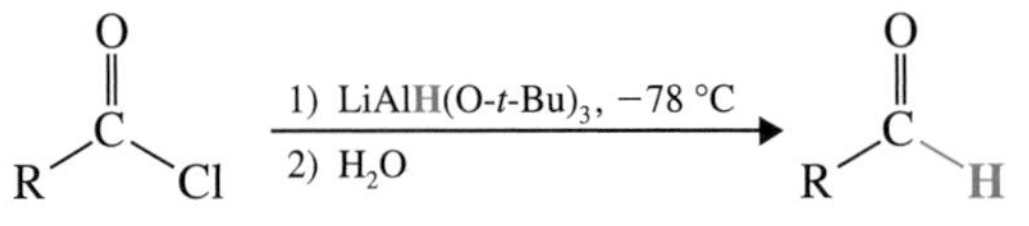

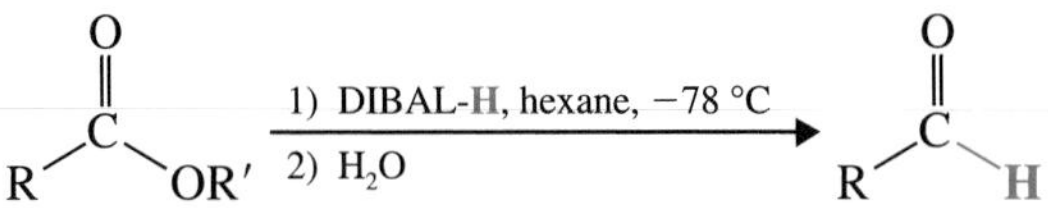

Analysons maintenant chacune de ces synthèses.

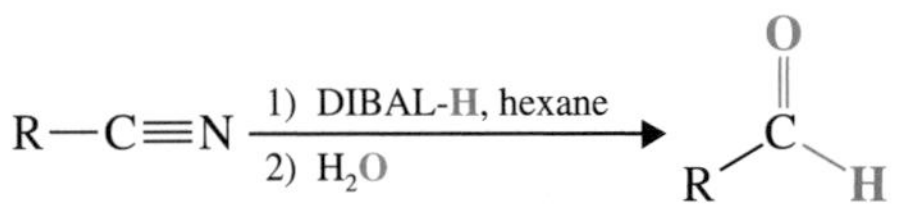

Synthèse des aldéhydes à partir des chlorures d'alcanoyle : RCOCl ⟶ RCHO
Les chlorures d'alcanoyle peuvent être réduits en aldéhydes par l'hydrure de tri-*tert*-butoxyaluminium de lithium, $LiAlH[OC(CH_3)_3]_3$, à –78 °C. (Les acides carboxyliques peuvent être convertis en chlorures d'alcanoyle par le chlorure de thionyle, $SOCl_2$, comme nous l'avons indiqué à la section 15.7.)

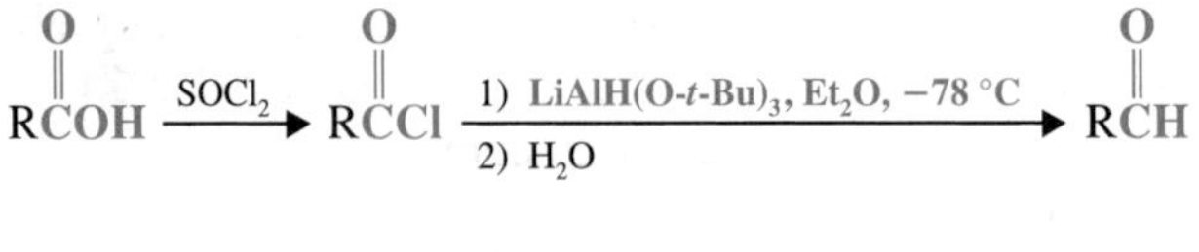

Voici un exemple d'application de la dernière équation.

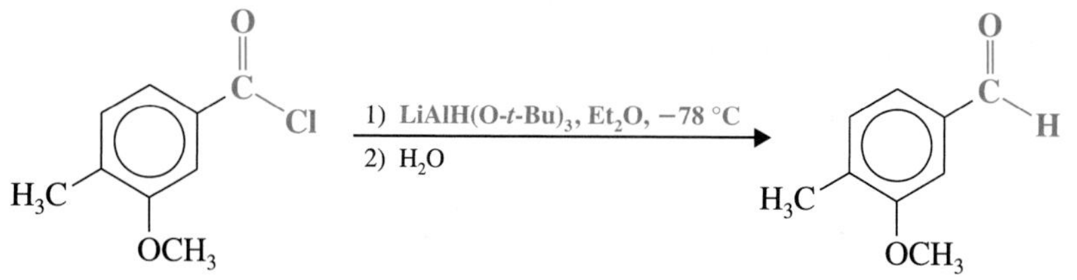

Chlorure de 3-méthoxy-4-méthylbenzoyle   **3-Méthoxy-4-méthylbenzaldéhyde**

Quant au mécanisme, cette réduction procède par le transfert d'un ion hydrure, de l'atome d'aluminium au carbone du carbonyle du chlorure d'alcanoyle (section 12.3). L'hydrolyse subséquente libère l'aldéhyde.

MÉCANISME DE LA RÉACTION

Réduction d'un chlorure d'alcanoyle en aldéhyde

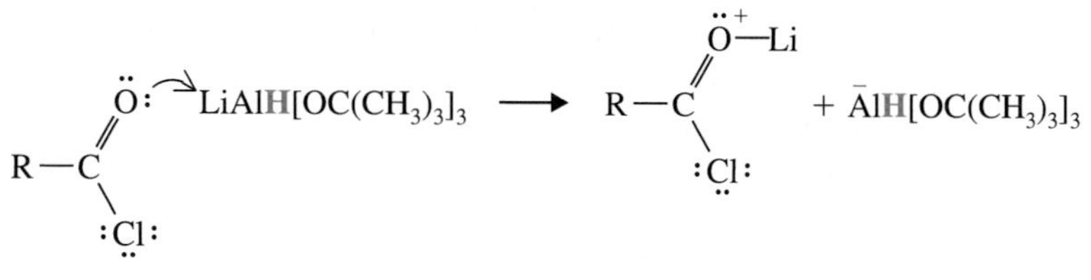

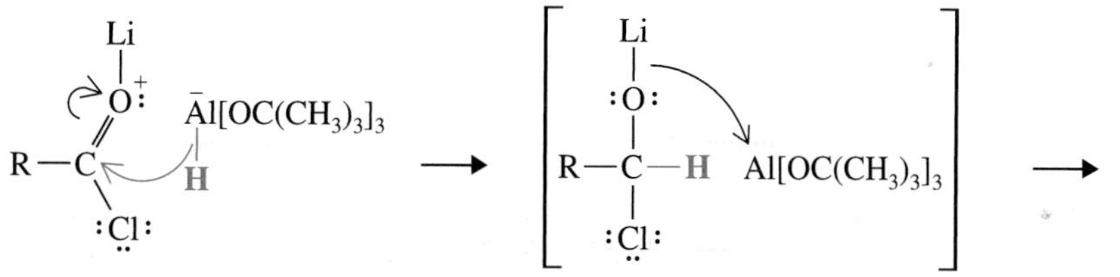

Le transfert d'un ion hydrure au carbone du groupe carbonyle provoque la réduction.

Agissant comme un acide de Lewis, l'atome d'aluminium accepte une paire d'électrons libres de l'oxygène.

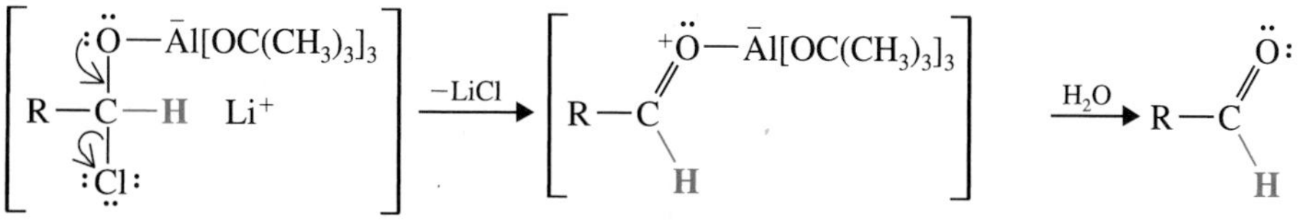

Cet intermédiaire perd un ion chlorure, aidé en cela par une paire d'électrons libres de l'oxygène.

L'addition d'eau provoque l'hydrolyse de ce complexe d'aluminium, ce qui donne l'aldéhyde. (Il s'agit d'un mécanisme comportant plusieurs étapes.)

Synthèse des aldéhydes à partir des esters et des nitriles : RCO$_2$R′ $\longrightarrow$ RCHO et RC$\equiv$N $\longrightarrow$ RCHO   Les esters et les nitriles peuvent être réduits en aldéhydes par le DIBAL-H. La quantité de réactif doit être soigneusement contrôlée afin d'éviter une surréduction, et la réduction de l'ester doit être effectuée à basse température. Les deux réductions engendrent un intermédiaire relativement stable, qui est dû à l'addition d'un ion hydrure au carbone du carbonyle de l'ester ou au carbone du groupe —C$\equiv$N du nitrile. L'hydrolyse de l'intermédiaire libère l'aldéhyde. Schématiquement, ces réactions peuvent être représentées comme suit.

MÉCANISME DE LA RÉACTION

Réduction d'un ester en aldéhyde

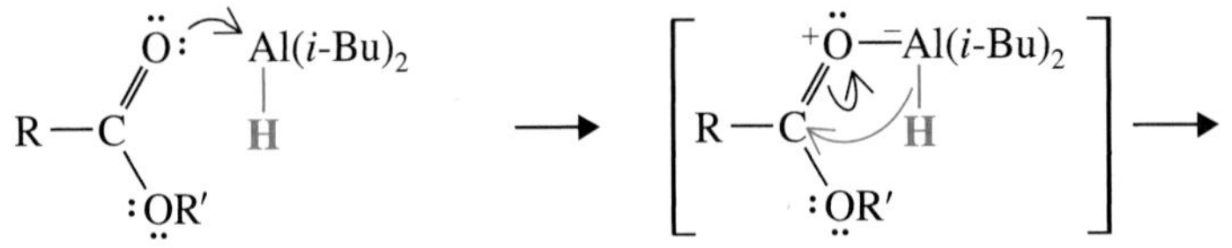

L'atome d'aluminium accepte une paire d'électrons de l'atome d'oxygène du groupe carbonyle dans une réaction acide-base de Lewis.

Le transfert d'un ion hydrure au carbone du groupe carbonyle provoque sa réduction.

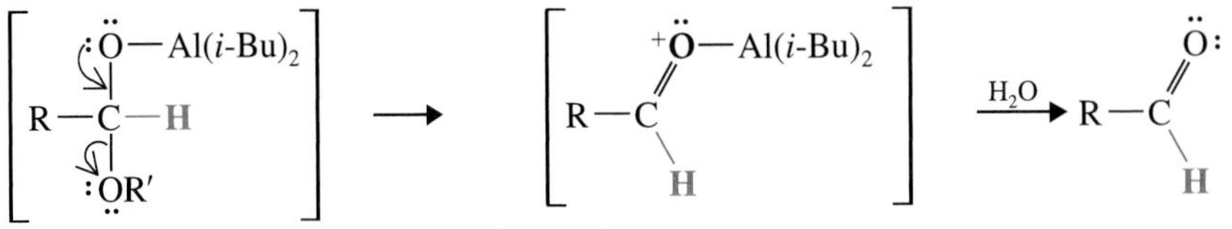

Cet intermédiaire perd un ion alkoxyde, aidé en cela par une paire d'électrons libres de l'oxygène.

L'addition d'eau provoque l'hydrolyse de ce complexe d'aluminium, ce qui donne l'aldéhyde. (Il s'agit d'un mécanisme comportant plusieurs étapes.)

MÉCANISME DE LA RÉACTION

Réduction d'un nitrile en aldéhyde

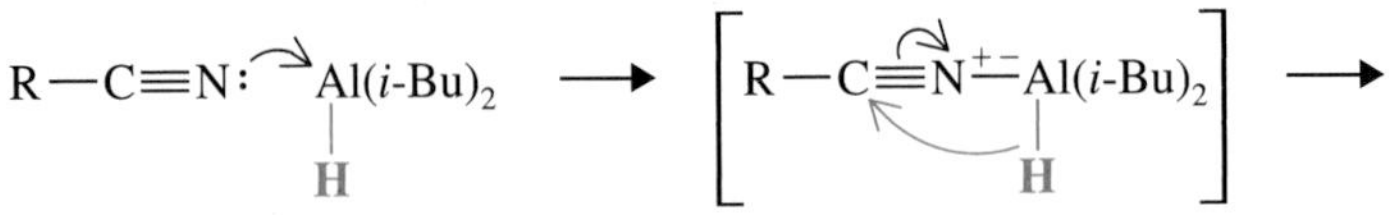

L'atome d'aluminium accepte une paire d'électrons du nitrile dans une réaction acide-base de Lewis.

Le transfert d'un ion hydrure au carbone du nitrile provoque sa réduction.

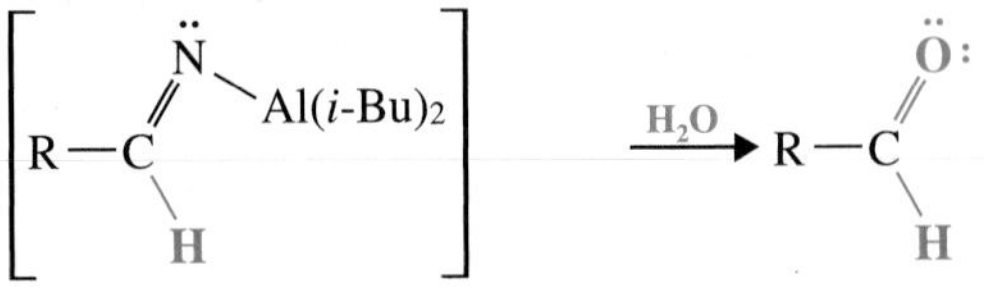

L'addition d'eau induit l'hydrolyse de ce complexe d'aluminium, ce qui donne l'aldéhyde. (Il s'agit d'un mécanisme comportant plusieurs étapes.)

Les exemples suivants sont des cas particuliers de ces synthèses.

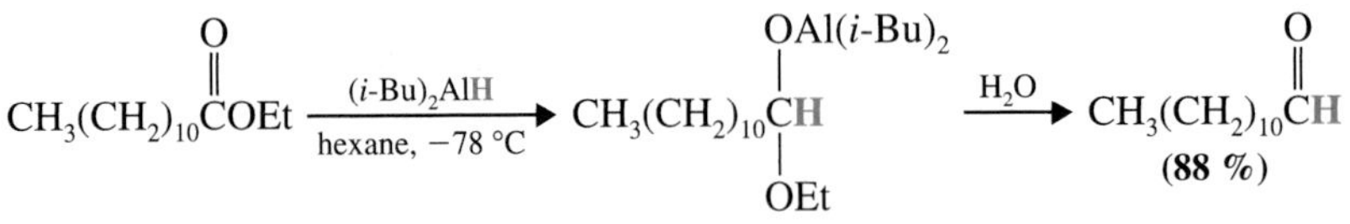

$$CH_3(CH_2)_{10}COEt \xrightarrow[\text{hexane, } -78\,°C]{(i\text{-Bu})_2AlH} CH_3(CH_2)_{10}\underset{\text{OEt}}{\overset{OAl(i\text{-Bu})_2}{CH}} \xrightarrow{H_2O} CH_3(CH_2)_{10}CH \;\; \textbf{(88 \%)}$$

$$CH_3CH=CHCH_2CH_2CH_2C\equiv N \xrightarrow[\text{hexane}]{(i\text{-Bu})_2AlH} CH_3CH=CHCH_2CH_2CH_2\overset{NAl(i\text{-Bu})_2}{CH} \xrightarrow{H_2O} CH_3CH=CHCH_2CH_2CH_2CH$$

PROBLÈME 16.3

Comment feriez-vous la synthèse du propanal à partir de chacun des réactifs suivants : a) propan-1-ol et b) acide propanoïque ($CH_3CH_2CO_2H$) ?

16.5 SYNTHÈSE DES CÉTONES

16.5A SYNTHÈSE DE CÉTONES À PARTIR DES ALCÈNES, DES ARÈNES ET DES ALCOOLS SECONDAIRES

Dans les chapitres antérieurs, nous avons étudié trois méthodes permettant de préparer des cétones en laboratoire.

1. Préparation des cétones (et des aldéhydes) par ozonolyse des alcènes (section 8.11A).

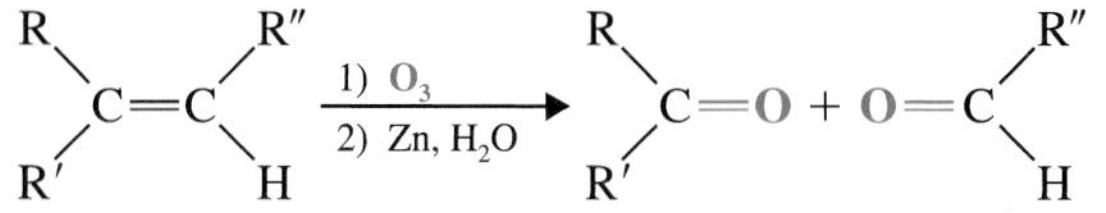

Cétone   **Aldéhyde**

2. Préparation des cétones, à partir des arènes, par acylation de Friedel-Crafts (section 15.7).

Une alkylarylcétone

ou

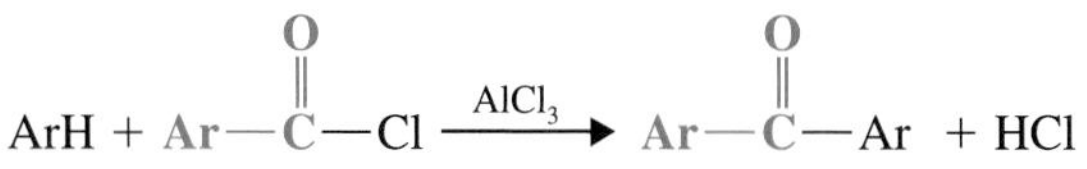

Une diarylcétone

3. Préparation des cétones par oxydation des alcools secondaires (section 12.4).

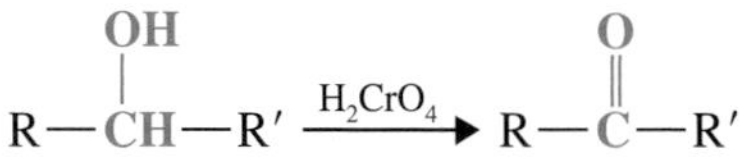

16.5B SYNTHÈSE DE CÉTONES À PARTIR DES ALCYNES

Les alcynes additionnent facilement l'eau lorsque la réaction est catalysée par des acides forts et des ions mercuriques (Hg^{2+}). Les solutions aqueuses d'acide sulfurique et de sulfate mercurique sont souvent utilisées à cette fin. L'alcool vinylique, produit initial de la réaction, est habituellement instable et se réarrange rapidement en cétone (ou, dans le cas de l'éthyne, en éthanal). Ce réarrangement comprend la perte d'un proton du groupe hydroxyle, l'addition d'un proton à l'atome de carbone voisin et la relocalisation de la double liaison.

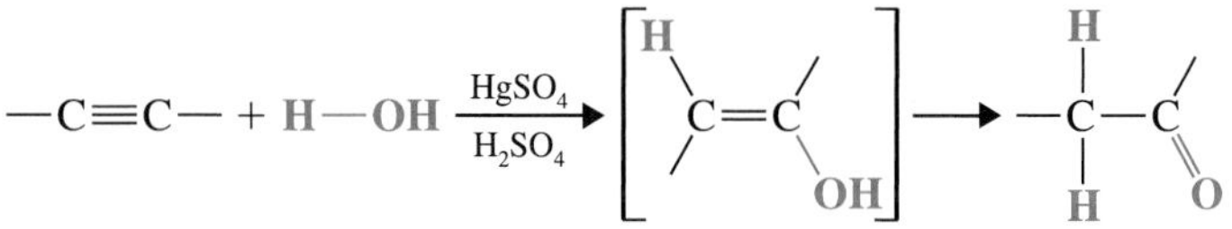

Un alcool vinylique   **Cétone**
(instable)

Ce genre de réarrangement, connu sous le nom de **tautomérisation,** est catalysé par un acide et se déroule comme suit :

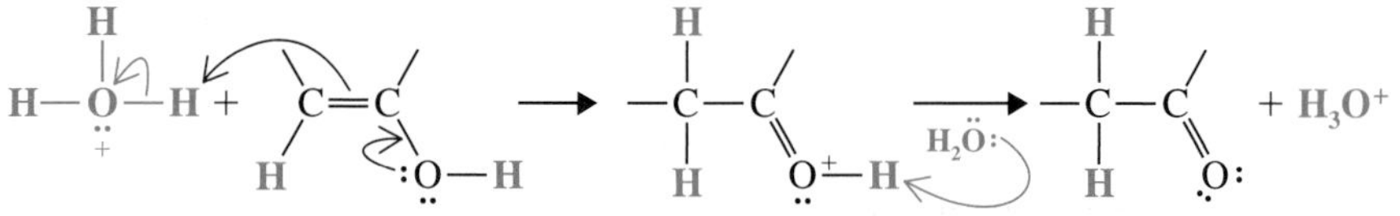

Alcool vinylique   **Cétone**

L'alcool vinylique accepte un proton sur un atome de carbone de la double liaison, ce qui donne un intermédiaire cationique, qui perd ensuite un proton de son atome d'oxygène et conduit à une cétone.

Les alcools vinyliques sont souvent appelés **énols** (*én* pour alcène, *ol* pour alcool). Le produit du réarrangement est ordinairement une cétone. Et ces réarrangements sont connus sous le nom de **tautomérisations céto-énol.**

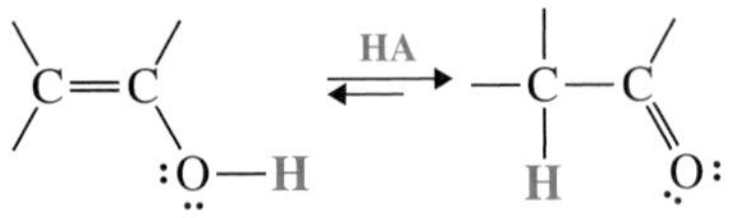

Forme énol **Forme céto**

À la section 17.2, nous poursuivrons l'étude de ce phénomène.

L'addition d'eau aux alcynes suit la règle de Markovnikov — l'atome d'hydrogène se fixe à l'atome de carbone qui possède le plus grand nombre d'atomes d'hydrogène. Donc, l'hydratation des alcynes terminaux, à l'exception de l'éthyne (acétylène), produit des cétones plutôt que des aldéhydes.

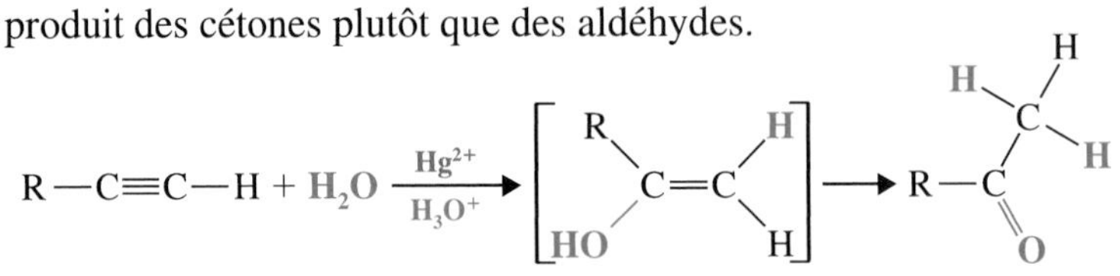

Une cétone

Voici deux exemples de synthèse de cétones :

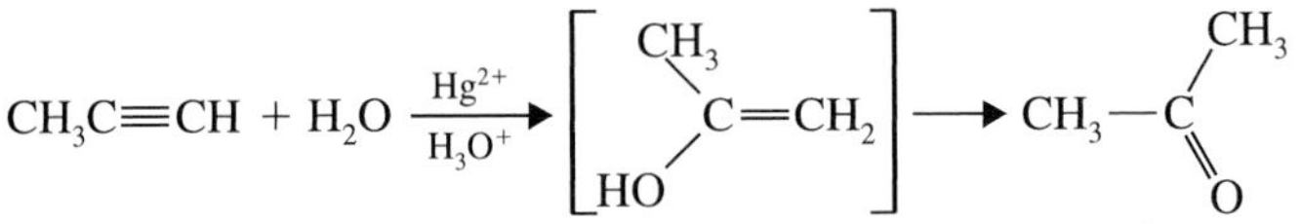

Acétone

$$CH_3CH_2CH_2CH_2C{\equiv}CH + H_2O \xrightarrow[H_2SO_4]{HgSO_4} CH_3CH_2CH_2CH_2\underset{\underset{\displaystyle O}{\|}}{C}CH_3$$

(80 %)

Lorsque l'éthyne subit une addition d'eau, le produit est un aldéhyde, soit l'acétaldéhyde.

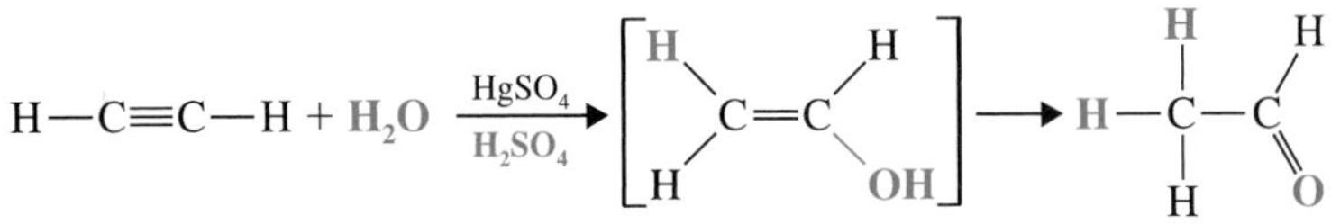

Éthyne **Éthanal (acétaldéhyde)**

Cette méthode a été importante dans la production commerciale de cet aldéhyde.

Deux autres méthodes de préparation des cétones sont basées sur l'utilisation de composés organométalliques, comme nous le verrons dans la prochaine section.

16.5C SYNTHÈSE DE CÉTONES À PARTIR DES DIALKYLCUPRATES DE LITHIUM

Quand du dialkylcuprate de lithium dissous dans un solvant éthéré est traité avec un chlorure d'alcanoyle, à –78 °C, le produit est une cétone. Cette synthèse d'une cétone est une variation de la synthèse de Corey-Posner, Whitesides-House des alcanes (section 12.9).

Réaction générale

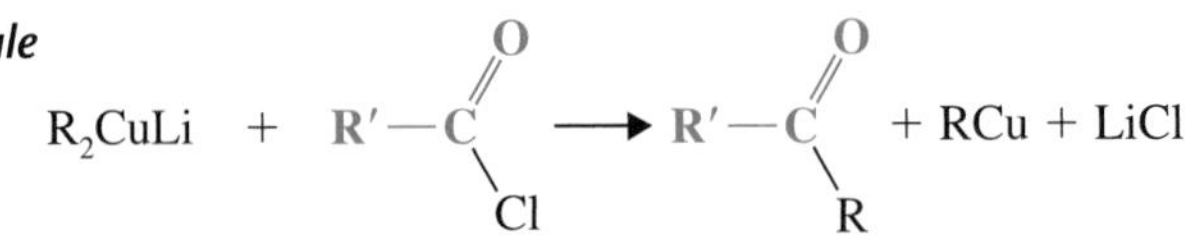

Dialkylcuprate de lithium **Chlorure d'alcanoyle** **Cétone**

Exemple

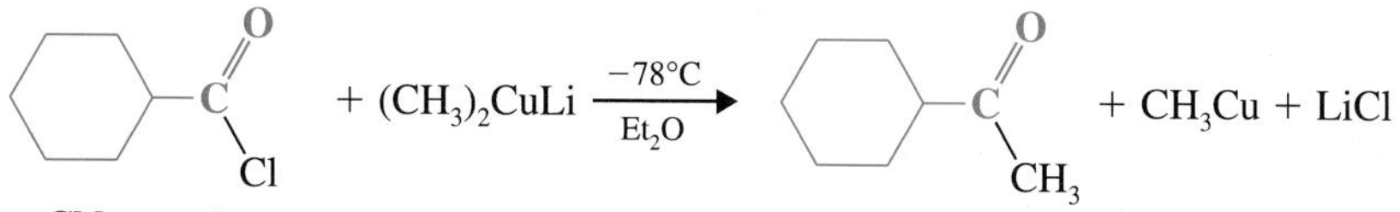

Chlorure de cyclohexanecarbanoyle $+ (CH_3)_2CuLi \xrightarrow[\text{Et}_2\text{O}]{-78°C}$ **1-Cyclohexyléthanone (cyclohexylméthylcétone) (81 %)** $+ CH_3Cu + LiCl$

16.5D SYNTHÈSE DE CÉTONES À PARTIR DES NITRILES

La réaction d'un nitrile $(R\!-\!C\!\equiv\!N)$ avec un réactif de Grignard ou un réactif organolithien, suivie d'une hydrolyse, produit une cétone.

Réactions générales

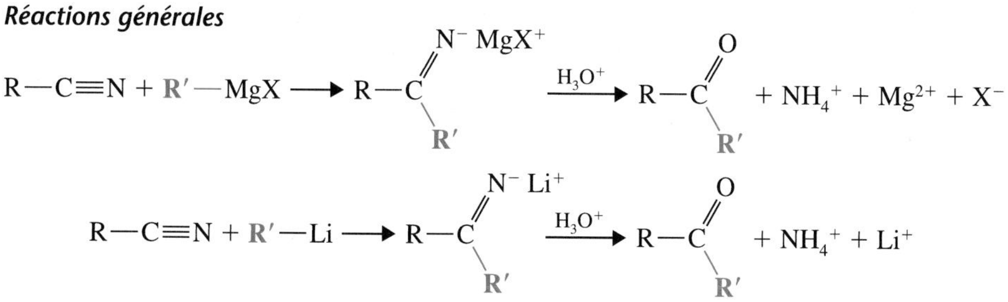

Le mécanisme relatif à l'étape de l'hydrolyse acide est l'inverse de celui de la formation d'une imine (section 16.8).

Exemples

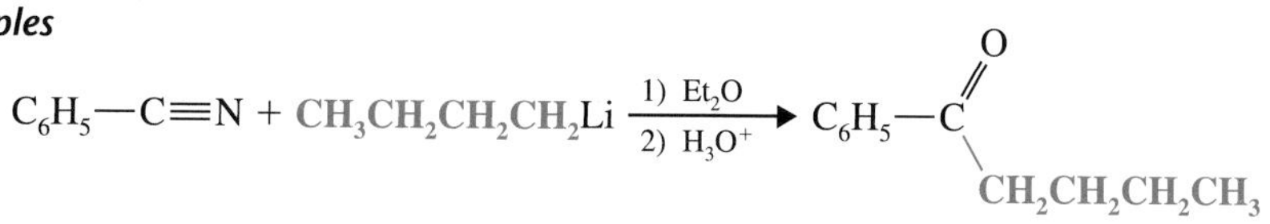

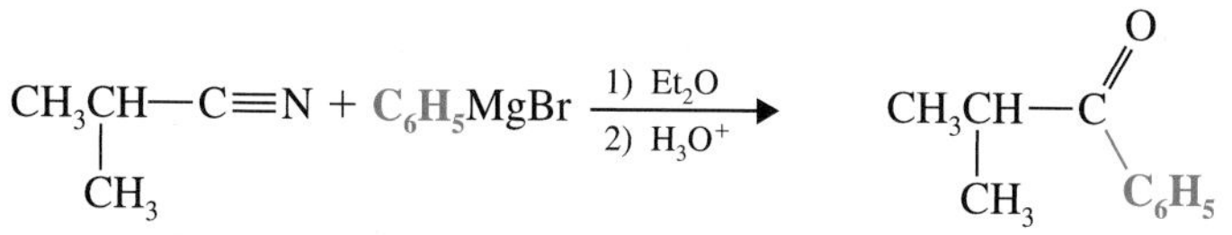

2-Méthylpropanenitrile　　　　　**2-Méthyl-1-phénylpropanone (isopropylphénylcétone)**

Même si un nitrile possède une triple liaison, l'addition d'un réactif de Grignard ou d'un organolithien ne se produit qu'une fois. Il en est ainsi parce qu'une deuxième addition donnerait une deuxième charge négative sur l'atome d'azote, ce qui serait très défavorable.

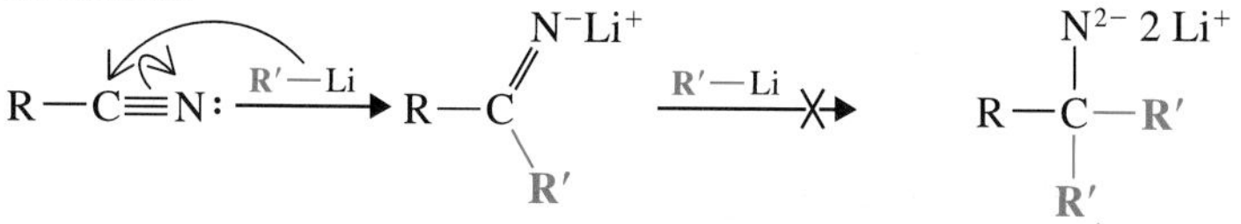

(Le dianion ne se forme pas.)

QUESTION TYPE

Exemple d'une synthèse en plusieurs étapes

Esquissez une synthèse de la nonan-5-one effectuée à partir du butan-1-ol.

Réponse

On peut synthétiser la nona-5-one par addition de bromure de butylmagnésium au nitrile indiqué ci-dessous.

Analyse rétrosynthétique

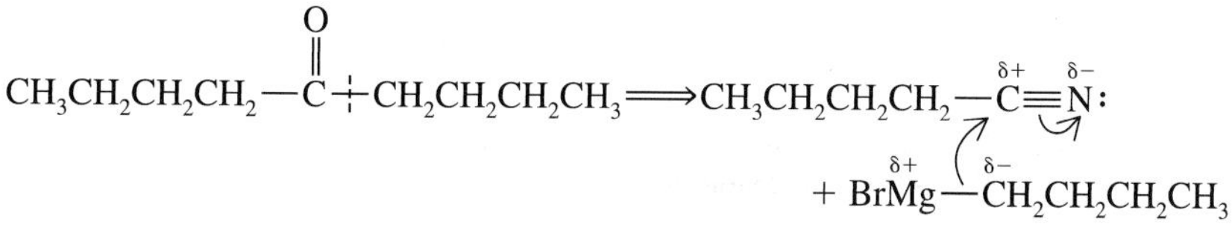

Synthèse

$$CH_3CH_2CH_2CH_2C\equiv N + CH_3CH_2CH_2CH_2MgBr \xrightarrow[2)\ H_3O^+]{1)\ Et_2O} \underset{\textbf{5-Nonanone}}{CH_3(CH_2)_3\overset{\displaystyle O}{\overset{\|}{C}}(CH_2)_3CH_3}$$

On peut synthétiser le nitrile par une réaction S_N2 entre le 1-bromobutane et le cyanure de sodium.

$$CH_3CH_2CH_2CH_2Br + NaCN \longrightarrow CH_3CH_2CH_2CH_2C\equiv N + NaBr$$

Le 1-bromobutane sert aussi à préparer le réactif de Grignard.

$$CH_3CH_2CH_2CH_2Br + Mg \xrightarrow{Et_2O} CH_3CH_2CH_2CH_2MgBr$$

Et, finalement, on peut produire le 1-bromobutane à partir du butan-1-ol.

$$CH_3CH_2CH_2CH_2OH \xrightarrow{PBr_3} CH_3CH_2CH_2CH_2Br$$

PROBLÈME 16.4

Quels réactifs utiliseriez-vous pour effectuer chacune des réactions suivantes ?

a) Benzène $\longrightarrow$ bromobenzène $\longrightarrow$ bromure de phénylmagnésium $\longrightarrow$ alcool benzylique $\longrightarrow$ benzaldéhyde
b) Toluène $\longrightarrow$ acide benzoïque $\longrightarrow$ chlorure de benzoyle $\longrightarrow$ benzaldéhyde
c) Bromoéthane $\longrightarrow$ but-1-yne $\longrightarrow$ butanone
d) But-2-yne $\longrightarrow$ butanone
e) 1-Phényléthanol $\longrightarrow$ acétophénone
f) Benzène $\longrightarrow$ acétophénone
g) Chlorure de benzoyle $\longrightarrow$ acétophénone
h) Acide benzoïque $\longrightarrow$ acétophénone
i) Bromure de benzyle $\longrightarrow$ $C_6H_5CH_2CN$ $\longrightarrow$ 1-phénylbutan-2-one
j) $C_6H_5CH_2CN$ $\longrightarrow$ 2-phényléthanal
k) $CH_3(CH_2)_4CO_2CH_3$ $\longrightarrow$ hexanal

16.6 ADDITION NUCLÉOPHILE À LA DOUBLE LIAISON CARBONE–OXYGÈNE

La réaction la plus caractéristique des aldéhydes et des cétones est l'addition nucléophile sur la double liaison carbone–oxygène.

Réaction générale

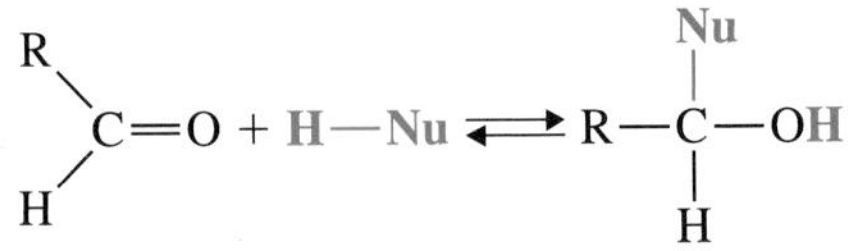

$$\underset{H}{\overset{R}{C}}=O + H-Nu \rightleftharpoons R-\overset{\displaystyle Nu}{\underset{\displaystyle H}{C}}-OH$$

Exemples

$$\underset{H}{\overset{H_3C}{C}}=O + H-OCH_2CH_3 \rightleftharpoons CH_3-\overset{\displaystyle OCH_2CH_3}{\underset{\displaystyle H}{C}}-OH$$

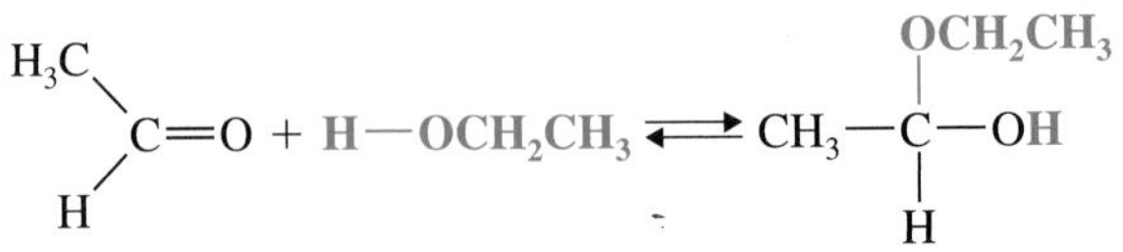

Un hémiacétal (voir section 16.7)

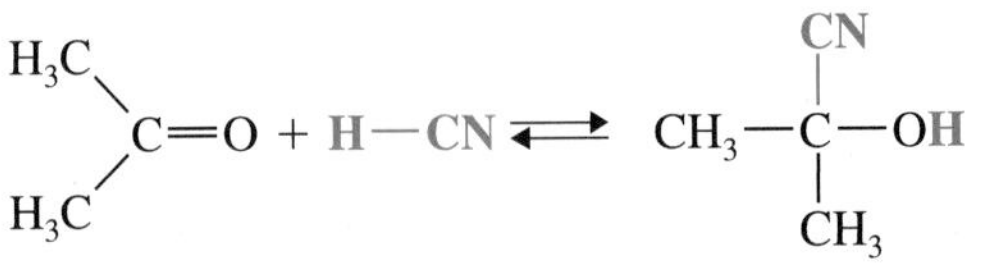

$$\underset{H_3C}{\overset{H_3C}{C}}=O + H-CN \rightleftharpoons CH_3-\overset{\displaystyle CN}{\underset{\displaystyle CH_3}{C}}-OH$$

Une cyanhydrine (voir section 16.9)

Les aldéhydes et les cétones sont particulièrement aptes à subir des additions nucléophiles à cause de leurs caractéristiques structurales, qui ont été étudiées à la section 12.1 et qui sont représentées ci-dessous.

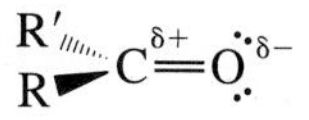

$$\underset{R}{\overset{R'}{\diagdown}}C \overset{\delta+}{=} \overset{\cdot\cdot}{\underset{\cdot\cdot}{O}}{}^{\delta-}$$

Aldéhyde ou cétone
(R ou R′ peuvent être H.)

L'agencement trigonal plan des groupes autour du carbone sp^2 du carbonyle fait en sorte que cet atome est relativement exposé aux attaques survenant par-dessus ou par-dessous. La charge positive de l'atome de carbone du carbonyle le « prédispose » particulièrement à une attaque nucléophile. Par ailleurs, la charge partielle négative de l'atome d'oxygène du carbonyle implique que l'addition nucléophile peut être catalysée par un acide. L'addition nucléophile à la double liaison carbone–oxygène peut donc se produire de deux façons.

1. Quand le réactif est un nucléophile fort (Nu), l'addition se fait habituellement de la manière décrite ci-dessous. Et l'aldéhyde ou la cétone, de forme trigonale plane, sont transformés en un produit tétraédrique.

MÉCANISME DE LA RÉACTION

Addition d'un nucléophile fort à une cétone ou à un aldéhyde

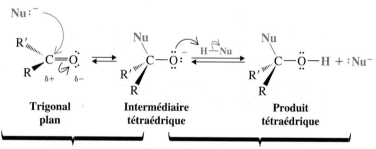

| Trigonal plan | Intermédiaire tétraédrique | Produit tétraédrique |

Durant cette étape, le nucléophile forme une liaison avec le carbone en donnant une paire d'électrons. Une autre paire d'électrons migre vers l'oxygène.

Durant cette étape, étant fortement basique, l'oxygène de l'alkoxyde enlève un proton du H—Nu ou d'un autre acide.

Dans ce type d'addition, la paire d'électrons du nucléophile forme une liaison avec l'atome de carbone du carbonyle. Au même moment, la paire d'électrons de la liaison π carbone–oxygène migre vers l'atome d'oxygène plus électronégatif, et l'état d'hybridation du carbone passe de sp^2 à sp^3. **L'aptitude de l'atome d'oxygène carbonylique à accommoder la paire d'électrons de la double liaison carbone–oxygène est un aspect important de cette étape.**

À la deuxième étape, l'atome d'oxygène arrache un proton, parce qu'il est maintenant beaucoup plus basique. Il est devenu un anion alkoxyde et il porte une charge négative formelle.

2. Le second mécanisme observé dans les additions nucléophiles sur les doubles liaisons carbone–oxygène procède par une catalyse acide.

Ce mécanisme s'applique quand les composés carbonylés sont traités par des *acides forts* en présence de *nucléophiles faibles*. À la première étape, l'acide donne un proton à une paire d'électrons libres de l'atome d'oxygène du carbonyle. Le composé carbonylé protoné qui en résulte est un **cation oxonium.** Celui-ci est extrêmement réactif lorsque son atome de carbone subit une attaque nucléophile

On appelle *cation oxonium* tout composé dans lequel un atome d'oxygène chargé positivement forme trois liaisons covalentes.

car, dans le cation, cet atome porte une charge positive plus grande (voir les structures de résonance) que dans le composé non protoné.

MÉCANISME DE LA RÉACTION

Addition nucléophile à une cétone ou à un aldéhyde par catalyse acide

Étape 1

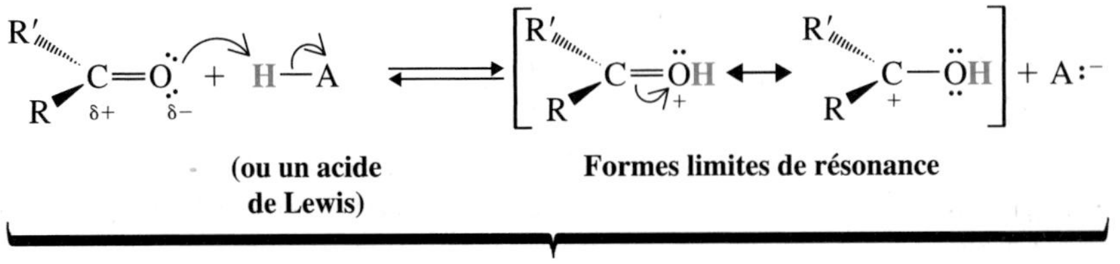

(ou un acide de Lewis)

Formes limites de résonance

Durant cette étape, la formation d'un cation oxonium se produit lorsqu'une paire d'électrons de l'oxygène du carbonyle est partagée avec un proton de l'acide (ou avec un acide de Lewis). Le carbone du cation oxonium est plus apte à subir une attaque nucléophile que le carbonyle de la cétone initiale.

Étape 2

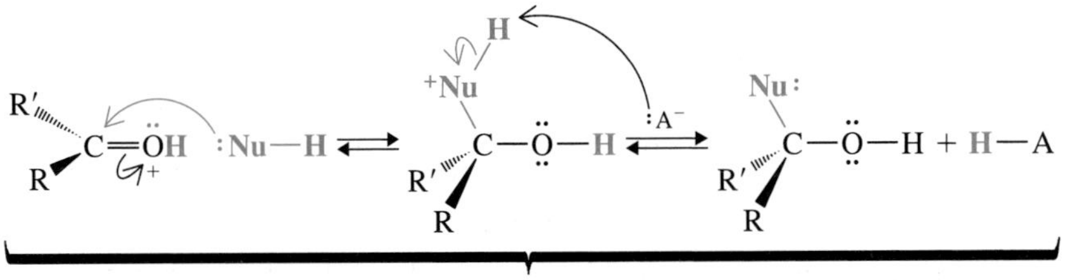

Dans la première partie de cette deuxième étape, le cation oxonium accepte la paire d'électrons du nucléophile. Dans la seconde partie, une base enlève un proton à l'atome chargé positivement, ce qui régénère l'acide.

16.6A RÉVERSIBILITÉ DES ADDITIONS NUCLÉOPHILES SUR LA DOUBLE LIAISON CARBONE–OXYGÈNE

De nombreuses additions nucléophiles sur les doubles liaisons carbone–oxygène sont réversibles; les résultats globaux de ces réactions dépendent donc de la position de l'équilibre chimique. Ce comportement contraste nettement avec la plupart des additions électrophiles s'effectuant sur les doubles liaisons carbone–carbone et avec les substitutions nucléophiles ayant lieu sur les atomes de carbone saturés. Ces dernières réactions sont essentiellement irréversibles, et les résultats de ces processus dépendent des vitesses relatives des réactions.

16.6B RÉACTIVITÉ RELATIVE : DIFFÉRENCES ENTRE LES ALDÉHYDES ET LES CÉTONES

En général, **dans les additions nucléophiles, les aldéhydes sont plus réactifs que les cétones.** Les facteurs stériques et électroniques favorisent les aldéhydes. Dans le produit tétraédrique obtenu à partir d'un aldéhyde, étant donné qu'un groupe consiste en un petit atome d'hydrogène, le carbone central est moins encombré, et le produit est plus stable. La formation de ce produit est donc favorisée à l'équilibre. Dans le cas des cétones, les deux substituants alkyle fixés au carbonyle causent un encombrement stérique plus grand dans le produit tétraédrique, ce qui le rend moins stable. Par conséquent, à l'équilibre, la concentration de ce produit est plus faible.

Comme les groupes alkyle sont électrorépulseurs, **les aldéhydes sont également plus réactifs du point de vue électronique.** Les aldéhydes n'ont qu'un seul groupe électrorépulseur pour neutraliser partiellement, et ainsi stabiliser, la charge positive partielle de leur atome de carbone du carbonyle. Pour leur part, les cétones possèdent deux groupes électrorépulseurs et sont donc plus fortement stabilisées. La plus grande stabilité de la cétone (le réactif de départ), comparativement à son produit, implique que la constante d'équilibre associée à la formation du produit tétraédrique à partir de la cétone est plus faible, ce qui ne favorise pas la réaction.

Aldéhyde	**Cétone**
Le carbone du carbonyle est plus positif.	Le carbone du carbonyle est moins positif.

En outre, les substituants électroattracteurs (les groupes $-CF_3$ ou $-CCl_3$ par exemple) augmentent la charge positive partielle du carbone du $C=O$ et rendent moins stables les composés carbonylés ayant ces substituants, ce qui favorise davantage une réaction d'addition.

16.6C RÉACTIONS SUBSÉQUENTES DES PRODUITS RÉSULTANT D'ADDITION

L'addition nucléophile à une double liaison carbone–oxygène peut donner un produit qui est stable dans les conditions où s'effectue la réaction. Si tel est le cas, on pourra isoler les produits qui ont la structure générale suivante :

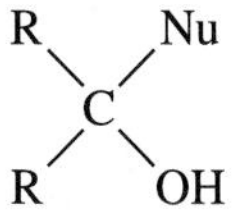

Dans d'autres cas, le produit résultant de l'addition peut être instable et subir spontanément, par la suite, d'autres réactions. Cependant, même si le produit initial de l'addition est stable, il arrive qu'on choisisse de provoquer une réaction subséquente en modifiant les conditions de réaction. Lorsque nous entreprendrons l'étude des cas particuliers des réactions d'addition, nous verrons qu'une réaction subséquente courante est la *réaction d'élimination,* et plus particulièrement la *déshydratation.*

PROBLÈME 16.5

La réaction d'un aldéhyde ou d'une cétone avec un réactif de Grignard (section 12.8) est une addition nucléophile à la double liaison carbone–oxygène. a) Quel est le nucléophile ? b) L'atome de magnésium du réactif de Grignard joue un rôle important dans cette réaction. Quelle est sa fonction ? c) Quel produit se forme initialement ? d) Quel produit se forme après addition d'eau ?

PROBLÈME 16.6

Les réactions des aldéhydes et des cétones avec $LiAlH_4$ et $NaBH_4$ (section 12.3) sont des additions nucléophiles au groupe carbonyle. Quel est le nucléophile dans ces réactions ?

16.7 ADDITION DES ALCOOLS : HÉMIACÉTALS ET ACÉTALS

16.7A HÉMIACÉTALS

Quand on dissout un aldéhyde ou une cétone dans un alcool, un équilibre s'établit lentement entre les deux composés de départ et un nouveau composé appelé **hémiacétal.** L'hémiacétal résulte d'une addition nucléophile de l'oxygène de l'alcool au carbone carbonylique de l'aldéhyde ou de la cétone.

MÉCANISME DE LA RÉACTION

Formation d'un hémiacétal

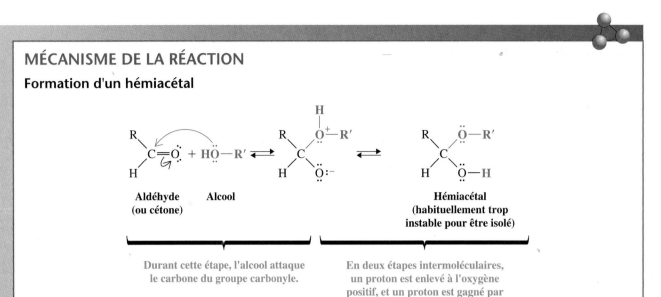

Aldéhyde   **Alcool**   **Hémiacétal**
(ou cétone)   **(habituellement trop
instable pour être isolé)**

Durant cette étape, l'alcool attaque le carbone du groupe carbonyle.

En deux étapes intermoléculaires, un proton est enlevé à l'oxygène positif, et un proton est gagné par l'oxygène négatif.

Les caractéristiques structurales essentielles d'un hémiacétal sont un groupe —OH et un groupe —OR fixés au même atome de carbone.

La plupart des hémiacétals à chaîne ouverte ne sont pas suffisamment stables pour qu'on puisse les isoler. Cependant, les hémiacétals constitués d'un cycle à cinq ou six atomes sont généralement beaucoup plus stables.

La plupart des glucides simples (chapitre 22) existent principalement sous la forme d'un hémiacétal cyclique. Le glucose en est un exemple.

(+)-Glucose
(un hémiacétal cyclique)

Les cétones réagissent d'une manière similaire lorsqu'on les dissout dans un alcool. Les produits (également instables dans les composés acycliques) sont parfois appelés **hémicétals,** mais cette dénomination n'est plus recommandée par l'UICPA. On préfère les appeler, eux aussi, hémiacétals.

Cétone   **Hémiacétal**

La formation des hémiacétals est catalysée par les acides et les bases.

MÉCANISME DE LA RÉACTION

Formation d'un hémiacétal par catalyse acide

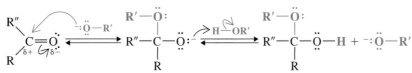

(R″ peut être H.)
La protonation de l'atome d'oxygène de l'aldéhyde ou de la cétone rend le carbone du groupe carbonyle plus susceptible de subir une attaque nucléophile. [L'alcool protoné résulte de la réaction entre l'alcool (en excès) et le catalyseur acide (HCl, par exemple).]

Une molécule d'alcool s'ajoute au carbone du cation oxonium.

Le transfert d'un proton de l'oxygène positif à une autre molécule d'alcool donne l'hémiacétal.

MÉCANISME DE LA RÉACTION

Formation d'un hémiacétal par catalyse basique

(R″ peut être H.)
Un anion alkoxyde agit comme nucléophile et attaque l'atome de carbone du groupe carbonyle. Une paire d'électrons migre vers l'atome d'oxygène. Il en résulte un nouvel anion alkoxyde.

L'anion alkoxyde arrache un proton à une molécule d'alcool, ce qui produit l'hémiacétal et donne à nouveau un anion alkoxyde.

Les hydrates d'aldéhyde : diols *gem* Lorsqu'on dissout un aldéhyde (par exemple l'acétaldéhyde) dans l'eau, un équilibre s'établit entre l'aldéhyde et son **hydrate.** Cet hydrate est en fait un diol-1,1, qu'on appelle diol *géminé* ou diol *gem*.

Acétaldéhyde **Hydrate** **(un diol *gem*)**

Le diol *gem* provient d'une addition nucléophile d'eau au groupe carbonyle de l'aldéhyde (voir le mécanisme à la page suivante).

Dans la plupart des cas, l'addition d'eau aux cétones est un processus défavorisé à l'équilibre. Par contre, certains aldéhydes (tel le formaldéhyde) existent principalement sous forme de diols *gem* en solution aqueuse.

Il est impossible d'isoler la majorité des diols *gem* des solutions aqueuses dans lesquelles ils se forment. L'évaporation de l'eau, par exemple, déplace simplement

MÉCANISME DE LA RÉACTION

Formation d'un hydrate

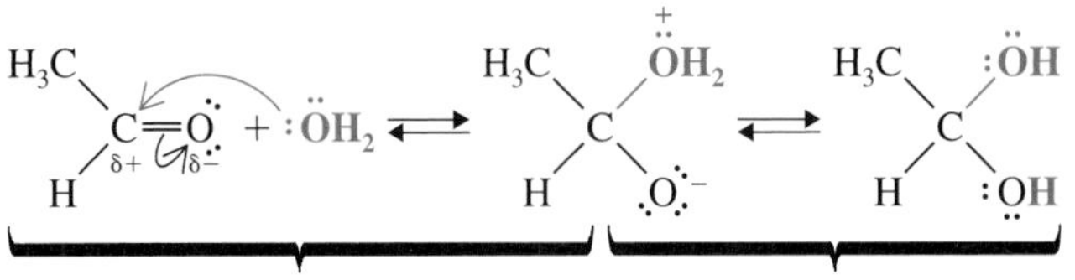

Durant cette étape, l'eau attaque l'atome de carbone du groupe carbonyle.

En deux étapes inter-moléculaires, un proton est perdu par l'oxygène positif, et un proton est gagné par l'oxygène négatif.

l'équilibre global vers la droite, et le diol *gem* (ou l'hydrate) retourne à l'état de composé carbonylé.

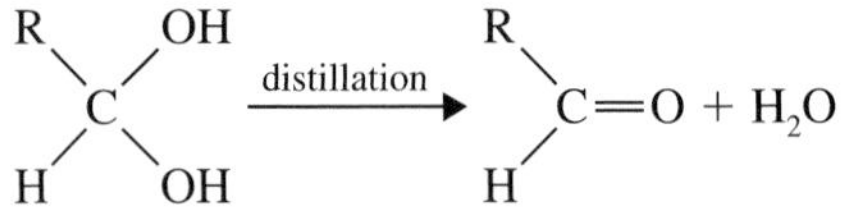

Les composés comprenant des groupes fortement électroattracteurs fixés au groupe carbonyle peuvent former des diols *gem* stables. L'hydrate de chloral en est un exemple.

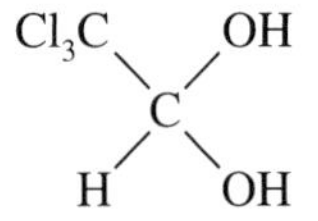

Hydrate de chloral

PROBLÈME 16.7

La dissolution du formaldéhyde dans l'eau produit une solution qui contient principalement le diol *gem* $CH_2(OH)_2$. Décrivez les étapes de sa formation, à partir du formaldéhyde.

PROBLÈME 16.8

Quand on la dissout dans de l'eau contenant ^{18}O plutôt que ^{16}O (c'est-à-dire $H_2^{18}O$ plutôt que $H_2^{16}O$), l'acétone commence aussitôt à fixer ^{18}O et devient $CH_3\overset{\overset{18O}{\|}}{C}CH_3$. La formation de cette acétone qui comprend un oxygène marqué est catalysée par des traces d'acides forts et des bases fortes (par exemple ^-OH). Décrivez les étapes qui expliquent la réaction par catalyse acide et la réaction par catalyse basique.

16.7B ACÉTALS

Si on fait circuler une petite quantité de HCl gazeux dans une solution alcoolisée d'aldéhyde (ou de cétone), un hémiacétal se forme, puis une seconde réaction a lieu. L'hémiacétal réagit avec un deuxième équivalent molaire de l'alcool, ce qui produit un **acétal** (parfois appelé **cétal**). Un acétal possède deux groupes —OR fixés au même atome de carbone.

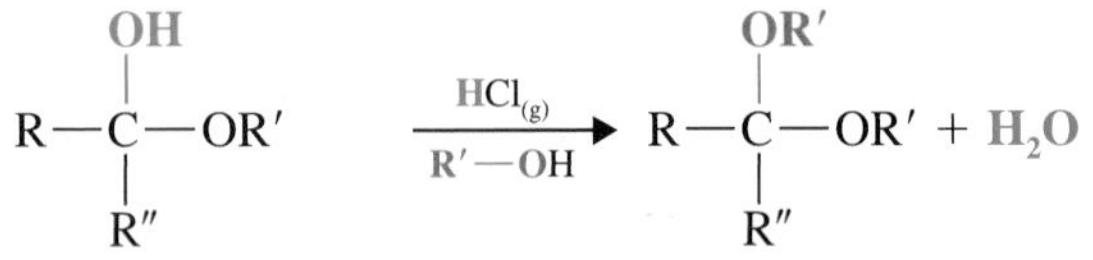

Hémiacétal (R″ peut être H.)   **Acétal (R″ peut être H.)**

PROBLÈME 16.9

Le saccharose (le sucre), dont la formule développée est présentée ci-dessous, contient deux groupes acétal. Identifiez-les.

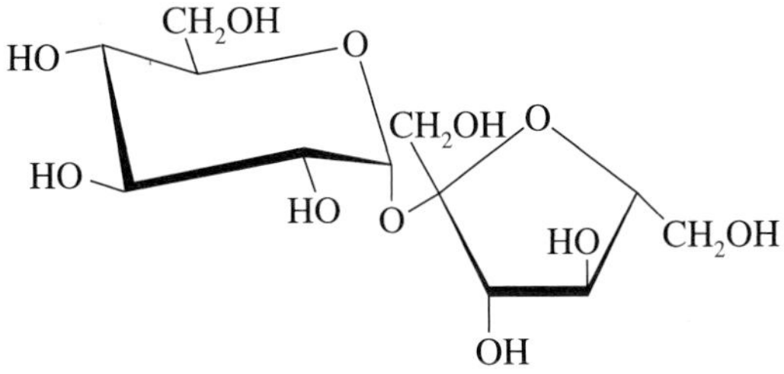

Saccharose

Le mécanisme permettant d'obtenir un acétal comprend d'abord la formation d'un hémiacétal par catalyse acide, puis une élimination d'eau par catalyse acide, et enfin une seconde *addition* d'alcool accompagnée de la perte d'un proton.

MÉCANISME DE LA RÉACTION

Formation d'un acétal par catalyse acide

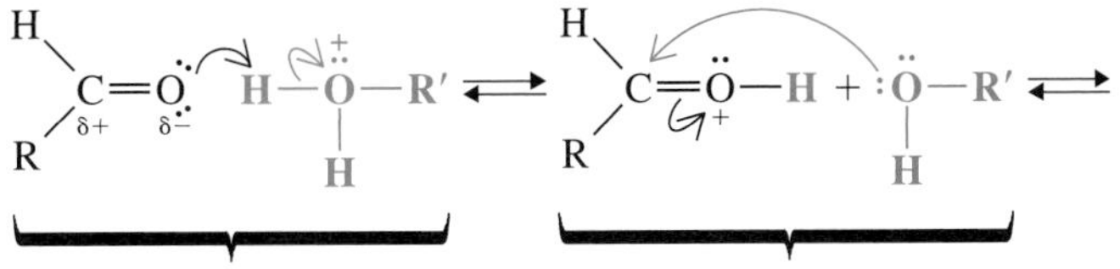

Transfert d'un proton à l'oxygène du groupe carbonyle

Addition nucléophile de la première molécule d'alcool

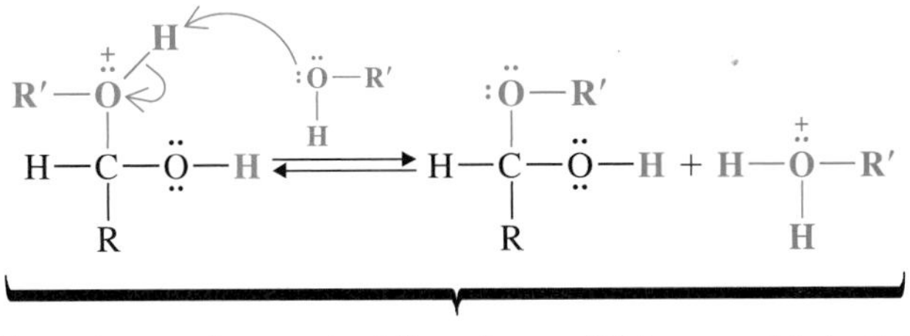

L'arrachement d'un proton à l'oxygène positif donne un hémiacétal.

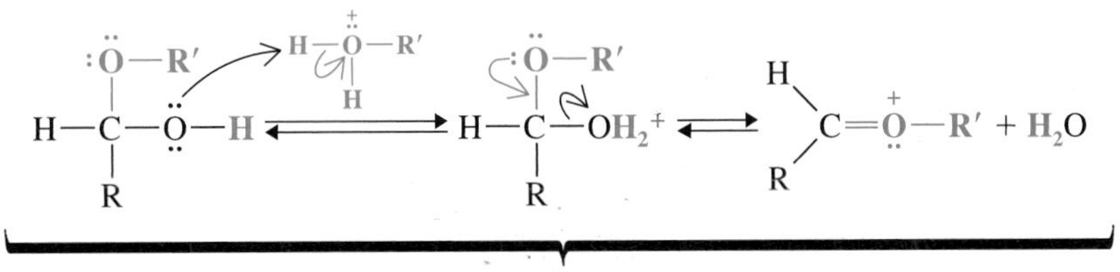

La protonation du groupe hydroxyle provoque une élimination d'eau et engendre un cation oxonium très réactif.

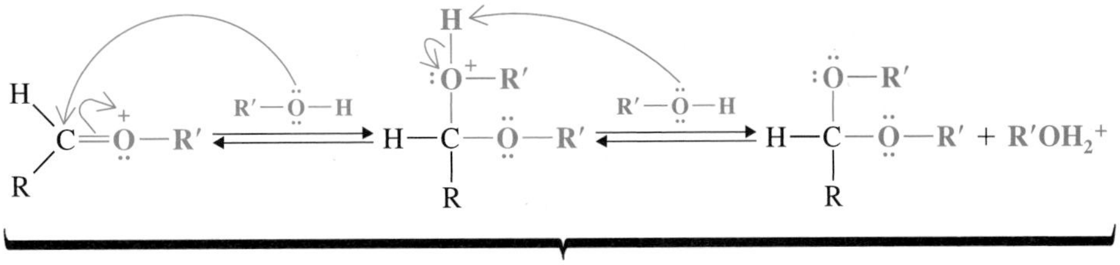

L'acétal résulte d'une attaque du carbone de l'ion oxonium par une deuxième molécule d'alcool suivie du départ d'un proton.

Les conditions d'équilibre régissent la formation et l'hydrolyse des hémiacétals et des acétals.

PROBLÈME 16.10

Décrivez en détail le mécanisme de formation d'un acétal à partir du benzaldéhyde et du méthanol en présence d'un catalyseur acide.

Toutes les étapes de la formation d'un acétal à partir d'un aldéhyde sont réversibles. Si on dissout un aldéhyde dans une grande quantité (excès) d'alcool anhydre et qu'on ajoute une petite quantité d'acide anhydre (exemple : HCl gazeux ou H_2SO_4 concentré), l'équilibre favorisera grandement la formation d'un acétal. Une fois l'équilibre établi, on pourra isoler l'acétal en neutralisant l'acide et en faisant évaporer l'excédent d'alcool.

Si on met ensuite l'acétal dans l'eau et qu'on ajoute une faible quantité d'acide, tout le mécanisme s'inversera. Dans ces conditions (excès d'eau), l'équilibre favorisera la formation de l'aldéhyde, et l'acétal subira une **hydrolyse.**

$$\underset{\textbf{Acétal}}{\overset{\displaystyle R}{\underset{\displaystyle H}{C}}{\overset{\displaystyle OR'}{\underset{\displaystyle OR'}{}}}} + H_2O \underset{\text{(plusieurs étapes)}}{\overset{H_3O^+}{\rightleftarrows}} \underset{\textbf{Aldéhyde}}{R-\overset{\displaystyle O}{\overset{\|}{C}}-H} + 2\,R'OH$$

Le traitement des cétones par les alcools simples et le HCl gazeux ne favorise pas la formation d'acétal. Par contre, quand une cétone est traitée par un excès de diol-1,2 et une trace d'acide, la formation de l'acétal cyclique correspondant à la cétone *est favorisée.*

$$\underset{\underset{\textbf{Cétone}}{}}{\overset{\displaystyle R'}{\underset{\displaystyle R}{C}}=O} + \underset{(\textbf{excès})}{\overset{\displaystyle HOCH_2}{\underset{\displaystyle HOCH_2}{|}}} \overset{H_3O^+}{\rightleftarrows} \underset{\textbf{Acétal cyclique}}{\overset{\displaystyle R'}{\underset{\displaystyle R}{C}}\overset{\displaystyle O-CH_2}{\underset{\displaystyle O-CH_2}{|}}} + H_2O$$

Cette réaction peut aussi être inversée grâce au traitement de l'acétal par un acide en solution aqueuse.

$$\overset{\displaystyle R'}{\underset{\displaystyle R}{C}}\overset{\displaystyle O-CH_2}{\underset{\displaystyle O-CH_2}{|}} + H_2O \overset{H_3O^+}{\rightleftarrows} \overset{\displaystyle R'}{\underset{\displaystyle R}{C}}=O + \overset{\displaystyle CH_2OH}{\underset{\displaystyle CH_2OH}{|}}$$

PROBLÈME 16.11

Décrivez schématiquement toutes les étapes du mécanisme de formation d'un acétal cyclique à partir de l'acétone et de l'éthylène glycol en présence de HCl gazeux.

16.7C ACÉTALS EN TANT QUE GROUPES PROTECTEURS

Même si les acétals sont hydrolysés en aldéhydes et en cétones par les acides en solution aqueuse, **ils sont stables en solution basique.**

$$\overset{\displaystyle R}{\underset{\displaystyle H}{C}}\overset{\displaystyle OR'}{\underset{\displaystyle OR'}{}} + H_2O \overset{OH^-}{\longrightarrow} \text{aucune réaction}$$

$$\overset{\displaystyle R'}{\underset{\displaystyle R}{C}}\overset{\displaystyle O-CH_2}{\underset{\displaystyle O-CH_2}{|}} + H_2O \overset{OH^-}{\longrightarrow} \text{aucune réaction}$$

Les groupes protecteurs sont des outils stratégiques en synthèse.

Grâce à cette propriété, **les acétals en solution basique permettent de protéger les groupes aldéhyde ou cétone des réactions non souhaitées.** (Les acétals sont en réalité des diéthers *gem* et, comme les éthers, ils réagissent relativement peu avec les bases.) On peut convertir un aldéhyde ou une cétone en acétal, mener à bonne fin une réaction sur une autre partie de la molécule, puis hydrolyser l'acétal avec une solution aqueuse acide.

À titre d'exemple, voyons comment on peut convertir le composé **A** (ci-dessous) en composé **B**.

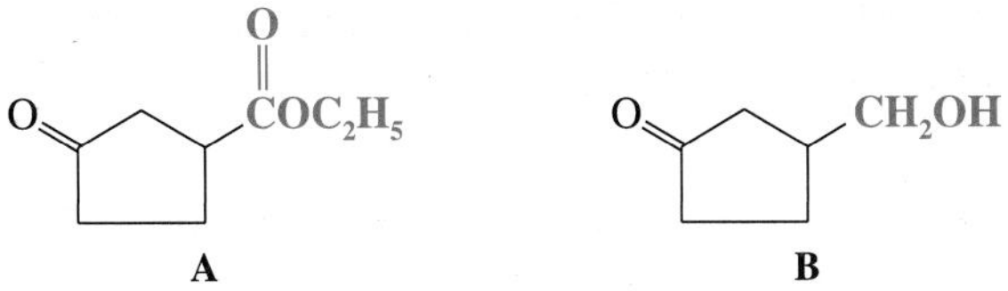

Le groupe carbonyle des cétones est plus facile à réduire que celui des esters. Toute substance capable de réduire le groupe ester de **A** (par exemple LiAlH$_4$ ou H$_2$/Ni) réduira nécessairement la cétone. Cependant, si on « protège » la cétone en la transformant en acétal cyclique, elle ne réagira pas, et on pourra réduire le groupe carbonyle de l'ester (en solution basique) sans modifier l'acétal. Une fois l'ester réduit, on pourra hydrolyser l'acétal cyclique et obtenir le produit **B**.

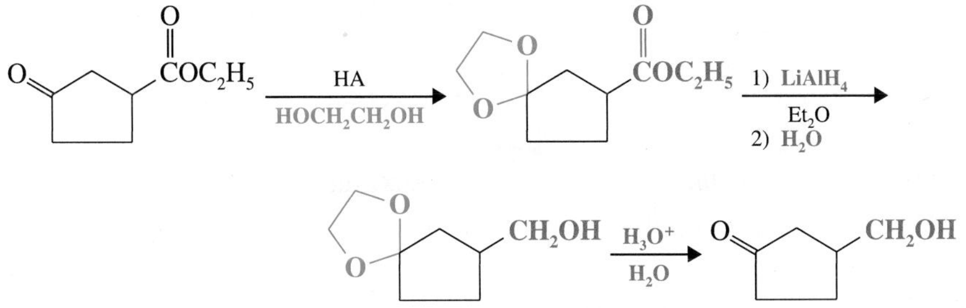

PROBLÈME 16.12

Quel produit obtiendriez-vous si vous traitiez **A** par l'hydrure de lithium et d'aluminium (LAH) sans d'abord le convertir en acétal cyclique ?

PROBLÈME 16.13

a) Montrez comment vous utiliseriez un acétal cyclique pour réussir la transformation suivante :

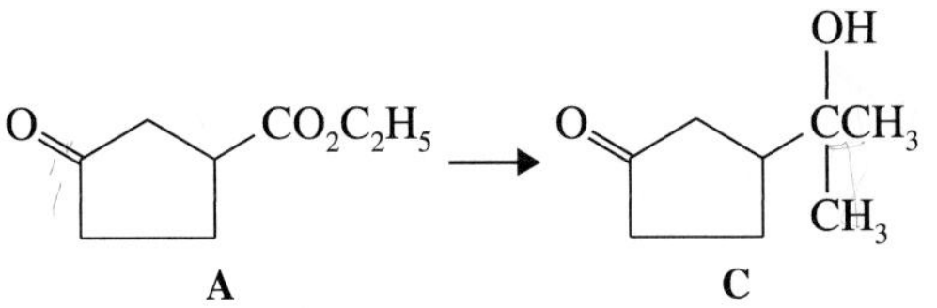

b) Pourquoi l'addition directe de bromure de méthylmagnésium à **A** ne donnerait-elle pas **C** ?

PROBLÈME 16.14

Le dihydropyrane réagit facilement avec un alcool en présence d'une trace de HCl anhydre ou de H$_2$SO$_4$ anhydre pour former un éther du tétrahydropyrane (THP).

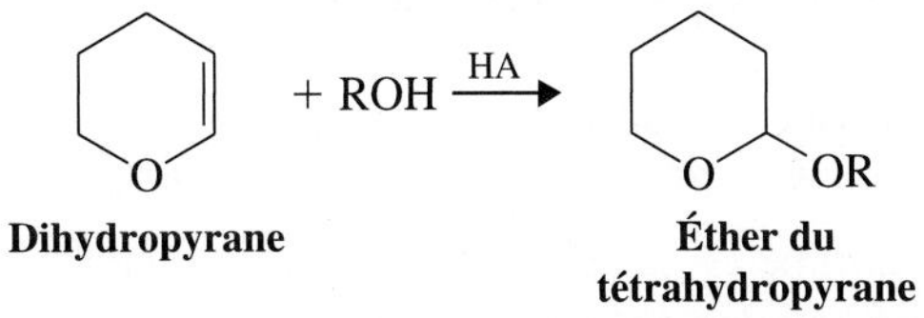

a) Décrivez un mécanisme qui explique de manière vraisemblable cette réaction.
b) Les éthers du tétrahydropyrane sont stables en solution basique aqueuse. Par contre, ils s'hydrolysent rapidement en solution aqueuse acide. Les produits de leur hydrolyse sont l'alcool dont ils sont issus et un autre composé. Quel est cet autre composé ? c) Le groupe tétrahydropyrane peut être utilisé comme groupe protecteur pour les alcools et les phénols. Indiquez comment vous pourriez vous en servir pour réaliser une synthèse du 5-méthylhexane-1,5-diol à partir du 4-chlorobutan-1-ol.

16.7D THIOACÉTALS $-\overset{\overset{\displaystyle O}{\|}}{C}- \longrightarrow -\overset{\overset{\displaystyle RS}{}\ \ SR'}{\underset{}{C}}-$

En réagissant avec les thiols, les aldéhydes et les cétones forment des *thioacétals*.

$$\underset{H}{\overset{R}{\diagdown}}C=O + 2\ CH_3CH_2SH \xrightarrow[\text{HA}]{} \underset{H}{\overset{R}{\diagdown}}\underset{S-CH_2CH_3}{\overset{S-CH_2CH_3}{C}} + H_2O$$

Thioacétal

$$\underset{R'}{\overset{R}{\diagdown}}C=O + HSCH_2CH_2SH \xrightarrow[\text{BF}_3]{} \underset{R'}{\overset{R}{\diagdown}}C\underset{S-CH_2}{\overset{S-CH_2}{\diagup}}\Big| + H_2O$$

Thioacétal cyclique

Les thioacétals sont importants en synthèse organique parce qu'en réagissant avec le nickel de Raney ils se transforment en hydrocarbures. Le nickel de Raney est un catalyseur qui contient de l'hydrogène adsorbé. La transformation des aldéhydes et des cétones en thioacétals à l'aide des thiols, suivie d'une désulfuration, permet de convertir le groupe carbonyle des aldéhydes et des cétones en groupes $-CH_2-$.

$$\underset{R'}{\overset{R}{\diagdown}}C\underset{S-CH_2}{\overset{S-CH_2}{\diagup}}\Big| \xrightarrow[\text{(H}_2)]{\text{Ni de Raney}} \underset{R'}{\overset{R}{\diagdown}}CH_2 + H-CH_2CH_2-H + NiS$$

Rappelons que nous avons déjà étudié une autre façon d'effectuer cette conversion, à savoir la **réduction de Clemmensen** (section 15.9). À la section 16.8B, nous verrons comment on peut obtenir des résultats équivalents grâce à la **réduction de Wolff-Kishner.**

PROBLÈME 16.15

Comment pourriez-vous effectuer les conversions suivantes à l'aide du nickel de Raney : a) cyclohexanone en cyclohexane et b) benzaldéhyde en toluène ?

16.8 ADDITION DE DÉRIVÉS DE L'AMMONIAC

En réagissant avec les amines primaires (RNH_2), les aldéhydes et les cétones forment des composés qui ont une double liaison carbone–azote et qu'on appelle **imines** ($RCH=NR$ ou $R_2C=NR$). La réaction est catalysée par un acide et le produit peut être un mélange d'isomères *E* et *Z*.

$$\diagdown C=\ddot{O}\colon + H_2\ddot{N}-R \underset{}{\overset{H_3O^+}{\rightleftarrows}} \diagdown C=\overset{\displaystyle R}{\ddot{N}}\colon + H_2\ddot{O}\colon$$

Aldéhyde	**Amine**	**Imine**
ou cétone	**primaire**	**[isomères *E* et *Z*]**

La formation de l'imine est lente si le pH est très bas ou très élevé mais, en général, elle se produit plus rapidement lorsque le pH se situe entre 4 et 5. Le mécanisme qui a été proposé pour expliquer la formation de l'imine aide à comprendre la nécessité de la catalyse acide. L'étape importante est lorsque l'aminoalcool protoné perd une molécule d'eau et devient un ion iminium. En protonant la fonction alcool, l'acide transforme un mauvais groupe sortant (un groupe $-OH$) en un bon groupe (un groupe $-OH_2^+$).

Si la concentration de l'ion hydronium est trop grande, la réaction se déroule plus lentement parce que la protonation de l'amine est beaucoup plus importante, ce qui réduit la concentration du nucléophile ($R\text{-}NH_2$) requis à la première étape. Par contre,

MÉCANISME DE LA RÉACTION

Formation d'une imine

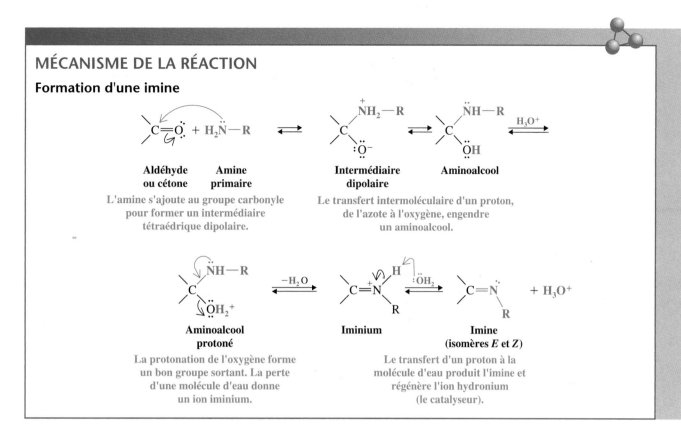

Aldéhyde   Amine
ou cétone   primaire

L'amine s'ajoute au groupe carbonyle
pour former un intermédiaire
tétraédrique dipolaire.

Intermédiaire   Aminoalcool
dipolaire

Le transfert intermoléculaire d'un proton,
de l'azote à l'oxygène, engendre
un aminoalcool.

Aminoalcool   Iminium   Imine
protoné   (isomères *E* et *Z*)

La protonation de l'oxygène forme
un bon groupe sortant. La perte
d'une molécule d'eau donne
un ion iminium.

Le transfert d'un proton à la
molécule d'eau produit l'imine et
régénère l'ion hydronium
(le catalyseur).

si la concentration de l'ion hydronium est trop faible, la réaction devient plus lente
parce que la concentration de l'aminoalcool protoné diminue. Un pH entre 4 et 5 constitue un bon compromis.

La formation d'une imine intervient dans de nombreuses réactions biochimiques
parce que les enzymes utilisent souvent un groupe —NH_2 pour réagir avec un aldéhyde et une cétone. La formation d'un lien imine est importante dans l'une des étapes
des réactions qui jouent un rôle dans la photochimie de la vision (voir Capsule chimique de la section 13.9).

Les imines sont aussi des intermédiaires dans une synthèse des amines qu'on effectue en laboratoire et qui est fort utile. Nous étudierons cette synthèse à la section 20.5.

Les imines obtenues à partir de composés tels que l'hydroxylamine (NH_2OH),
l'hydrazine (NH_2NH_2) ou le semicarbazide ($NH_2NHCONH_2$) sont utilisées en tant
que dérivés des aldéhydes et des cétones (section 16.8A). Le tableau 16.2 présente
des exemples de ces composés. Les mécanismes de formation de ces dérivés sont
similaires au mécanisme de formation d'une imine à partir d'une amine primaire que
nous venons d'étudier. Comme dans le cas des imines, des isomères *E* et *Z* peuvent se
former.

16.8A 2,4-DINITROPHÉNYLHYDRAZONES, SEMICARBAZONES
ET OXIMES

Les produits des réactions des aldéhydes et des cétones avec la 2,4-dinitrophényl-
hydrazine, le semicarbazide ou l'hydroxylamine sont souvent utilisés pour identifier
des cétones et des aldéhydes inconnus. Les dérivés imines formés à partir de ces
composés, à savoir les **2,4-dinitrophénylhydrazones,** les **semicarbazones** et les
oximes, sont généralement des solides relativement insolubles qui ont un point de
fusion caractéristique très précis. La comparaison du point de fusion d'un dérivé d'un
composé inconnu avec celui de dérivés connus peut permettre d'identifier formellement le composé inconnu. La plupart des manuels de laboratoire de chimie organique
comportent des tables détaillées des points de fusion de ces dérivés. Par contre, cette
méthode de comparaison n'est utile que pour les composés dont les dérivés ont un

Dans le préambule de ce chapitre, nous avons brièvement
parlé du phosphate de pyridoxal,
une coenzyme qui joue un rôle
dans plusieurs réactions où intervient le groupe fonctionnel imine.
Voir aussi la Capsule chimique
intitulée « Phosphate de
pyridoxal », à la fin de la
présente section.

Tableau 16.2 Réactions des aldéhydes et des cétones avec des dérivés de l'ammoniac.

1. Réaction avec une amine primaire

Réaction générale

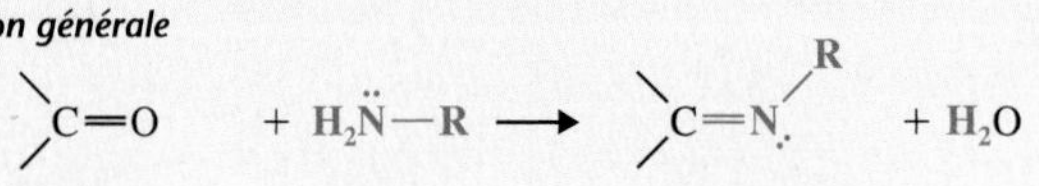

$$\text{C=O} + \text{H}_2\ddot{\text{N}}\text{—R} \longrightarrow \text{C=N}\overset{R}{\underset{..}{}} + \text{H}_2\text{O}$$

| Aldéhyde ou cétone | Amine primaire | Imine [isomères *E* et *Z*] |

Exemple

$$\underset{\text{H}_3\text{C}}{\overset{\text{CH}_3\text{CH}_2}{}}\text{C=O} + \text{H}_2\ddot{\text{N}}\text{—CH}_2\text{CH}_2\text{CH}_3 \longrightarrow \underset{\text{H}_3\text{C}}{\overset{\text{CH}_3\text{CH}_2}{}}\text{C=NCH}_2\text{CH}_2\text{CH}_3 + \text{H}_2\text{O}$$

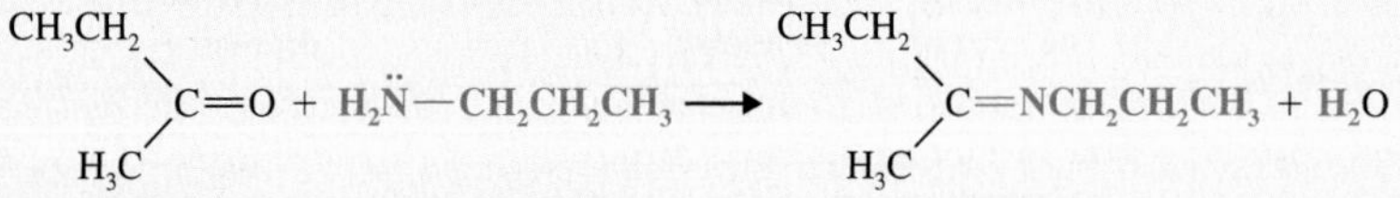

Butanone   Amine primaire   Imine

2. Réaction avec l'hydroxylamine

Réaction générale

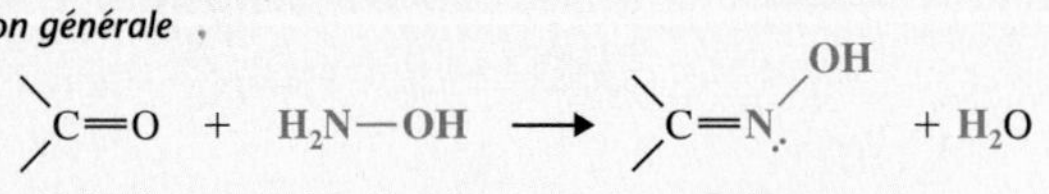

$$\text{C=O} + \text{H}_2\text{N—OH} \longrightarrow \text{C=N}\overset{OH}{\underset{..}{}} + \text{H}_2\text{O}$$

| Aldéhyde ou cétone | Hydroxylamine | Oxime [isomères *E* et *Z*] |

Exemple

$$\underset{\text{H}}{\overset{\text{H}_3\text{C}}{}}\text{C=O} + \text{H}_2\text{NOH} \longrightarrow \underset{\text{H}}{\overset{\text{H}_3\text{C}}{}}\text{C=NOH} + \text{H}_2\text{O}$$

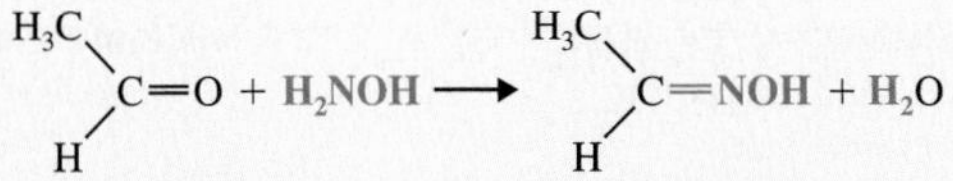

Acétaldéhyde   Acétaldoxime

3. Réactions avec l'hydrazine, la phénylhydrazine et la 2,4-dinitrophénylhydrazine

Réaction générale

Aldéhyde ou cétone

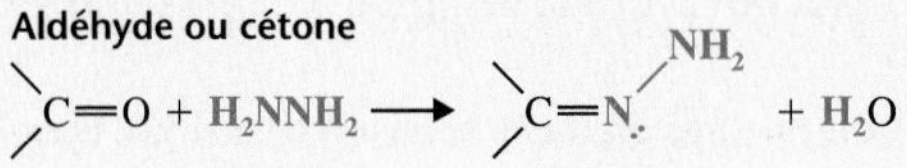

$$\text{C=O} + \text{H}_2\text{NNH}_2 \longrightarrow \text{C=N}\overset{NH_2}{\underset{..}{}} + \text{H}_2\text{O}$$

Hydrazine   Hydrazone [isomères *E* et *Z*]

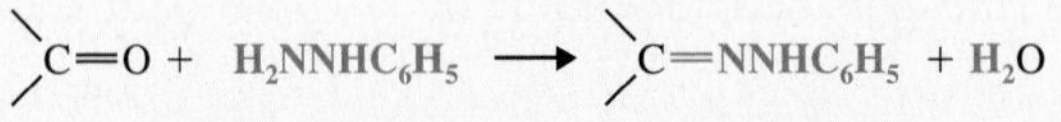

$$\text{C=O} + \text{H}_2\text{NNHC}_6\text{H}_5 \longrightarrow \text{C=NNHC}_6\text{H}_5 + \text{H}_2\text{O}$$

Phénylhydrazine   Phénylhydrazone

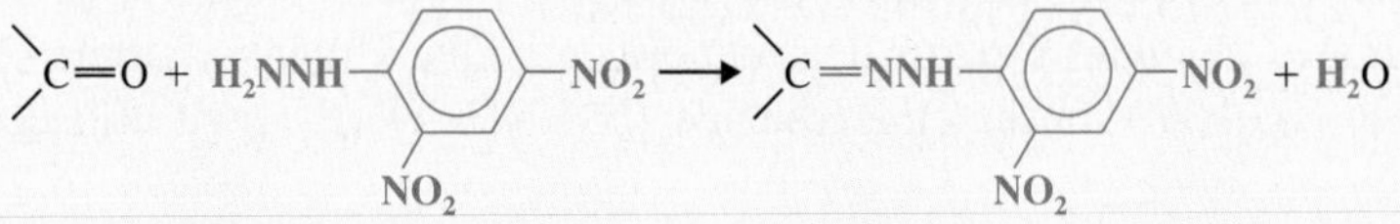

$$\text{C=O} + \text{H}_2\text{NNH—}\!\!\!\bigcirc\!\!\!\text{—NO}_2 \longrightarrow \text{C=NNH—}\!\!\!\bigcirc\!\!\!\text{—NO}_2 + \text{H}_2\text{O}$$

$$\underset{\text{NO}_2}{}\qquad\qquad\qquad\underset{\text{NO}_2}{}$$

2,4-Dinitrophénylhydrazine   2,4-Dinitrophénylhydrazone

Exemple

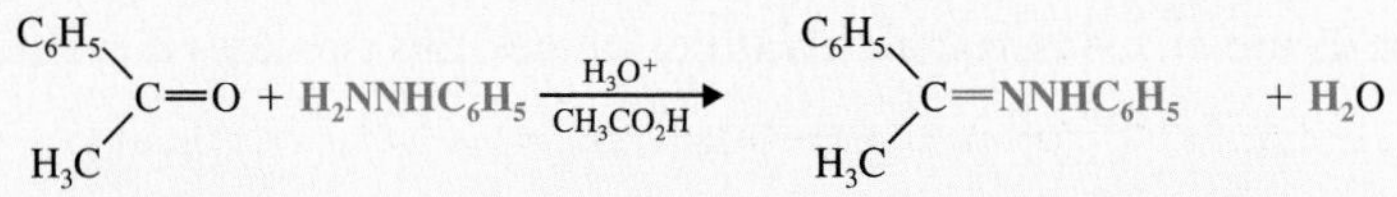

$$\underset{\text{H}_3\text{C}}{\overset{\text{C}_6\text{H}_5}{}}\text{C=O} + \text{H}_2\text{NNHC}_6\text{H}_5 \xrightarrow[\text{CH}_3\text{CO}_2\text{H}]{\text{H}_3\text{O}^+} \underset{\text{H}_3\text{C}}{\overset{\text{C}_6\text{H}_5}{}}\text{C=NNHC}_6\text{H}_5 + \text{H}_2\text{O}$$

Acétophénone   Phénylhydrazone de l'acétophénone

4. Réaction avec le semicarbazide

Réaction générale

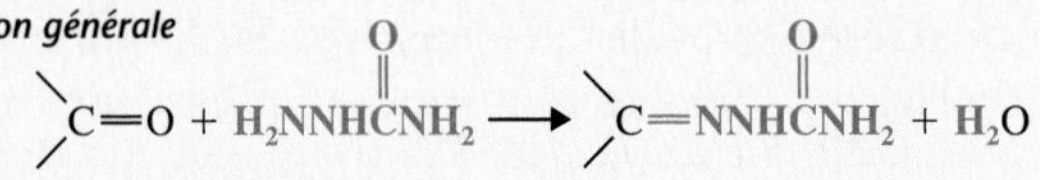

$$\text{C=O} + \text{H}_2\text{NNHC}\overset{\text{O}}{\overset{\|}{}}\text{NH}_2 \longrightarrow \text{C=NNHC}\overset{\text{O}}{\overset{\|}{}}\text{NH}_2 + \text{H}_2\text{O}$$

| Aldéhyde ou cétone | Semicarbazide | Semicarbazone |

Exemple

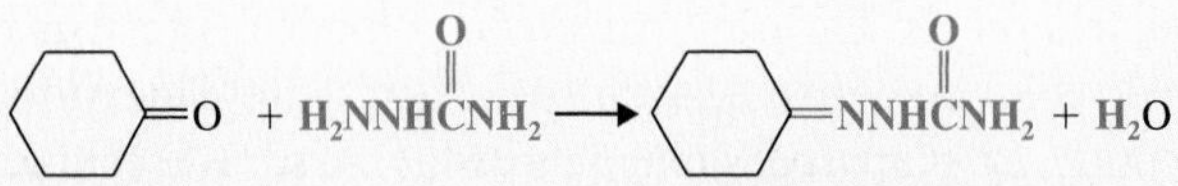

$$\bigcirc\!\!=\!\text{O} + \text{H}_2\text{NNHC}\overset{\text{O}}{\overset{\|}{}}\text{NH}_2 \longrightarrow \bigcirc\!\!=\!\text{NNHC}\overset{\text{O}}{\overset{\|}{}}\text{NH}_2 + \text{H}_2\text{O}$$

Cyclohexanone   Semicarbazone de la cyclohexanone

point de fusion déjà connu et publié. En général, les méthodes spectroscopiques (surtout IR, RMN et SM) sont plus appropriées lorsqu'il s'agit d'identifier la structure de composés inconnus (section 16.14).

16.8B HYDRAZONES : RÉDUCTION DE WOLFF-KISHNER

Les hydrazones sont parfois employées pour identifier les aldéhydes et les cétones. Mais, au contraire des 2,4-dinitrophénylhydrazones, les hydrazones simples ont souvent un point de fusion bas. Cependant, les hydrazones sont à la base d'une méthode pratique, appelée **réduction de Wolff-Kishner,** qui sert à réduire le groupe carbonyle des aldéhydes et des cétones en groupe $-CH_2-$.

Réaction générale

$$\overset{\diagup}{\underset{\diagdown}{C}}=\overset{\cdot\cdot}{\underset{\cdot\cdot}{O}} + H_2N-NH_2 \xrightarrow[\Delta]{\text{base}} \left[\overset{\diagup}{\underset{\diagdown}{C}}=N-NH_2 \right] + H_2O$$

Aldéhyde ou cétone **Hydrazone (non isolée)**

$$\downarrow$$

$$\overset{\diagup}{\underset{\diagdown}{C}}H_2 + N_2$$

Exemple

C₆H₅ et CH₂CH₃ :

$$\text{(cycle)}-\overset{O}{\overset{\|}{C}}CH_2CH_3 + H_2NNH_2 \xrightarrow[\substack{\text{triéthylène glycol} \\ 200\ °C}]{\text{NaOH}} \text{(cycle)}-CH_2CH_2CH_3 + N_2$$

(82 %)

On peut effectuer la réduction de Wolff-Kishner à des températures beaucoup plus basses si on emploie le sulfoxyde de diméthyle comme solvant.

La réduction de Wolff-Kishner constitue le complément de la réduction de Clemmensen (section 15.9) et de la réduction des thioacétals (section 16.7D) parce que ces trois réactions de réduction permettent de convertir les groupes $\overset{\diagup}{\underset{\diagdown}{C}}=O$ en groupes $-CH_2-$. La réduction de Clemmensen s'effectue en milieu fortement acide et s'applique aux composés qui sont sensibles aux bases. La réduction de Wolff-Kishner s'effectue dans des solutions fortement basiques et sert à réduire les composés qui sont sensibles aux acides. Finalement, la réduction par les thioacétals se fait dans une solution neutre et s'applique aussi bien aux composés qui réagissent avec les acides qu'à ceux qui réagissent avec les bases.

Le mécanisme de la réduction de Wolff-Kishner fonctionne comme suit. Dans une première étape, il y a formation d'hydrazone. Ensuite, une base forte provoque la

Voici des outils pour la réduction des groupes carbonyle des aldéhydes et des cétones en groupes $-CH_2-$.

MÉCANISME DE LA RÉACTION

Réduction de Wolff-Kishner des aldéhydes et des cétones

Étape 1 Formation d'une hydrazone

$$\overset{\diagup}{\underset{\diagdown}{C}}=O + H_2\overset{\cdot\cdot}{N}-\overset{\cdot\cdot}{N}H_2 \rightleftharpoons \overset{\diagup}{\underset{\diagdown}{C}}=\overset{\cdot\cdot}{N}-\overset{\cdot\cdot}{N}H_2 + H_2O$$

Étape 2 Tautomérisation et élimination d'une molécule d'azote catalysée par une base

$$\overset{\diagup}{\underset{\diagdown}{C}}=\overset{\cdot\cdot}{N}-\overset{\cdot\cdot}{N}H_2 \underset{H_2O}{\overset{OH^-}{\rightleftharpoons}} \left[\overset{\diagup}{\underset{\diagdown}{C}}=\overset{\cdot\cdot}{N}-\overset{\cdot\cdot}{N}H \longleftrightarrow -\overset{\cdot\cdot}{\underset{|}{C}}-\overset{\cdot\cdot}{N}=NH \right] \underset{OH^-}{\overset{H_2O}{\rightleftharpoons}}$$

$$-\overset{\overset{H}{|}}{\underset{|}{C}}-\overset{\cdot\cdot}{N}=\overset{\cdot\cdot}{N}-H \underset{H_2O}{\overset{OH^-}{\rightleftharpoons}} -\overset{\overset{H}{|}}{\underset{|}{C}}-\overset{\cdot\cdot}{N}=\overset{\cdot\cdot}{N}:^- \xrightarrow{-N_2} -\overset{\overset{H}{|}}{\underset{|}{C}}:^- \xrightarrow{H_2O} -\overset{\overset{H}{|}}{\underset{|}{C}}-H$$

tautomérisation de l'hydrazone, ce qui conduit à un dérivé ayant la structure

$\underset{\diagdown}{\diagup}$CH—N=NH. Enfin, ce dérivé perd une molécule d'azote par catalyse basique. L'élimination de cette molécule particulièrement stable est déterminante dans la réaction.

▶ CAPSULE CHIMIQUE

PHOSPHATE DE PYRIDOXAL

Le phosphate de pyridoxal (PLP) est une biomolécule qui participe à plusieurs réactions importantes des acides α-aminés (voir le préambule du chapitre). Selon le substrat et l'enzyme qui intervient, le PLP peut catalyser des réactions qui produisent une interconversion des groupes amine et cétone, une décarboxylation, une inversion stéréochimique, une élimination ou un remplacement. Dans toutes les réactions qu'il catalyse, le PLP a pour fonction d'accepter, de manière réversible, une paire d'électrons. Pour illustrer cette fonction, prenons comme exemple une réaction de racémisation. Les bactéries ont besoin de (R)-(–)-alanine, également appelée D-alanine (section 24.2), pour produire leur paroi cellulaire. Cependant, la forme la plus abondante de l'alanine est l'énantiomère (S)-(+)-alanine (ou L-alanine). Pour obtenir l'énantiomère (R) essentiel à la synthèse de leur paroi cellulaire, les bactéries utilisent une enzyme appelée alanine racémase pour catalyser la formation d'un mélange racémique d'alanine, qui contient évidemment de la (R)-(–)-alanine.

La première phase des réactions enzymatiques où le PLP intervient consiste en une transformation du lien imine qui relie le PLP à son enzyme par un lien imine entre le PLP et le substrat amine. Ce processus est représenté ci-contre, dans le cas de la (S)-(+)-alanine.

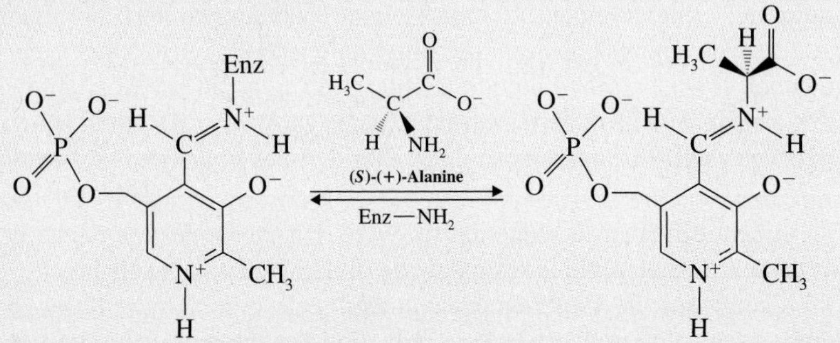

La phase suivante comprend l'arrachement d'un proton du carbone α de l'alanine par un groupe basique contenu dans l'enzyme. Un anion peut ainsi se former parce que le cycle pyridine du PLP, qui est chargé positivement, agit comme accepteur d'une paire d'électrons (voir problème 16.B2). La formation du carbanion conjugué intermédiaire entraîne la perte de chiralité du carbone α de l'alanine. Par la suite, la reprotonation de l'une ou l'autre face de cet intermédiaire trigonal plan produit la forme racémique de l'alanine. L'acide aminé racémique résulte de la transformation du lien imine qui se retrouve sur un groupe amine de l'enzyme; il s'agit ici d'une hydrolyse qui est l'inverse de la première phase décrite ci-dessus.

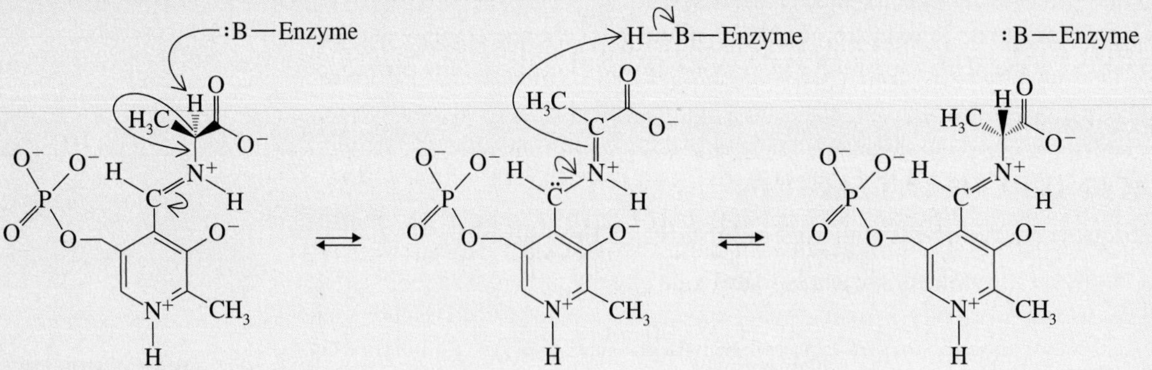

PROBLÈME 16.B1

Décrivez un mécanisme qui explique comment l'imine du PLP couplée à une enzyme peut se transformer en une imine d'un substrat comme l'alanine.

PROBLÈME 16.B2

Quelles sont les structures de résonance qui permettent de comprendre comment le carbanion-α intermédiaire intervient dans la racémisation de l'alanine pour la stabiliser par conjugaison avec le cycle pyridine ?

16.9 ADDITION DU CYANURE D'HYDROGÈNE

Le cyanure d'hydrogène s'additionne aux groupes carbonyle des aldéhydes et de la majorité des cétones pour former des composés appelés **cyanhydrines.** Cette réaction n'a pas lieu avec des cétones dont le groupe carbonyle est très encombré.

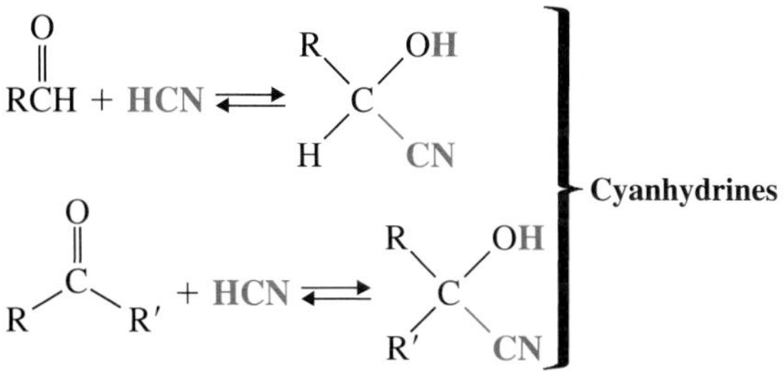

L'addition du cyanure d'hydrogène se fait très lentement, étant donné que HCN n'est pas une bonne source nucléophile CN⁻. L'addition du cyanure de potassium, ou de toute base capable de générer des ions cyanure à partir de HCN, un acide faible, provoque un énorme accroissement de la vitesse de réaction. Cet effet a été découvert en 1903 par le chimiste britannique Arthur Lapworth qui, en raison de ses recherches sur l'addition de HCN, est aujourd'hui considéré comme l'un des créateurs de la théorie des mécanismes en chimie organique. Lapworth a émis l'hypothèse que l'addition était de nature ionique (une intuition remarquable si on considère que la théorie des liaisons de Lewis et de Kössel ne sera énoncée que 13 ans plus tard). Comme l'a proposé Lapworth, il faut « considérer la formation des cyanhydrines comme une union relativement lente de l'ion cyanure négatif avec le carbonyle suivie d'une combinaison presque instantanée du complexe résultant avec un hydrogène* ».

MÉCANISME DE LA RÉACTION

Formation de cyanhydrine

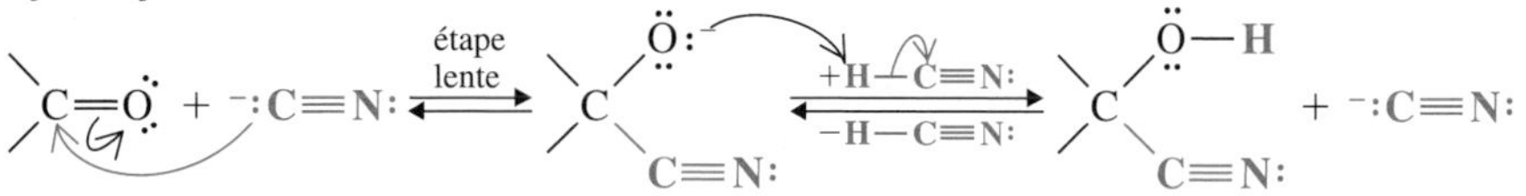

L'ion cyanure est capable d'attaquer l'atome de carbone du groupe carbonyle beaucoup plus rapidement que HCN parce que c'est un nucléophile plus puissant. C'est là la source de son activité catalytique. Une fois l'addition de l'ion cyanure réalisée, l'atome d'oxygène de l'alkoxyde intermédiaire, fortement basique, enlève un proton à n'importe quel acide qui est disponible. Si l'acide est HCN, cette étape régénère l'ion cyanure.

Les bases plus fortes que l'ion cyanure catalysent la réaction en convertissant HCN ($pK_a \cong 9$) en ion cyanure; il s'agit ici d'une réaction acide-base. Les ions cyanure ainsi formés peuvent alors attaquer le groupe carbonyle.

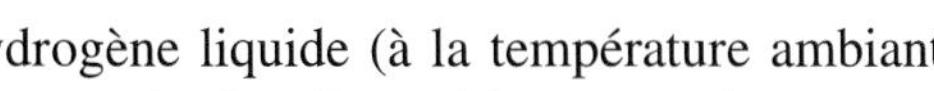

Le cyanure d'hydrogène liquide (à la température ambiante, HCN est un gaz) peut être utilisé dans cette réaction. Toutefois, comme le cyanure d'hydrogène est très toxique et volatil, il est plus sécuritaire de le produire dans le mélange réactionnel. Pour ce faire, on mélange l'aldéhyde ou la cétone avec une solution aqueuse de cyanure de sodium puis on ajoute lentement de l'acide sulfurique au mélange. *Cependant, même si on procède ainsi, il faut prendre de grandes précautions et effectuer la réaction sous une hotte très efficace.*

---

* A. Lapworth, *J. Chem. Soc.*, vol. 83, 1903, p. 995-1005. Pour un bon compte rendu des travaux de Lapworth, voir M. Saltzman dans *J. Chem. Educ.*, vol. 49, 1972, p. 750-752.

Les cyanhydrines sont des intermédiaires utiles en synthèse organique. Selon les conditions dans lesquelles on effectue l'hydrolyse acide, les cyanhydrines sont converties soit en acides α-hydroxylés, soit en acides α,β-insaturés. (Le mécanisme de cette hydrolyse sera décrit à la section 18.8H.) La préparation des acides α-hydroxylés à partir des cyanhydrines fait partie de la synthèse de Kiliani-Fisher des glucides simples (section 22.9A).

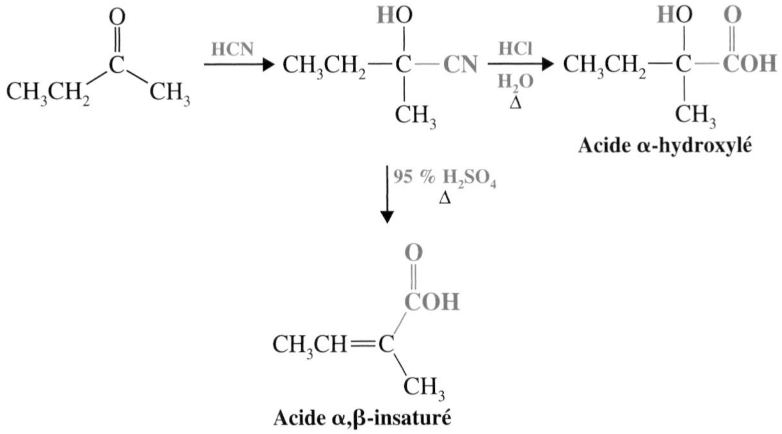

La réduction d'une cyanhydrine par l'hydrure de lithium et d'aluminium donne un α-aminoalcool.

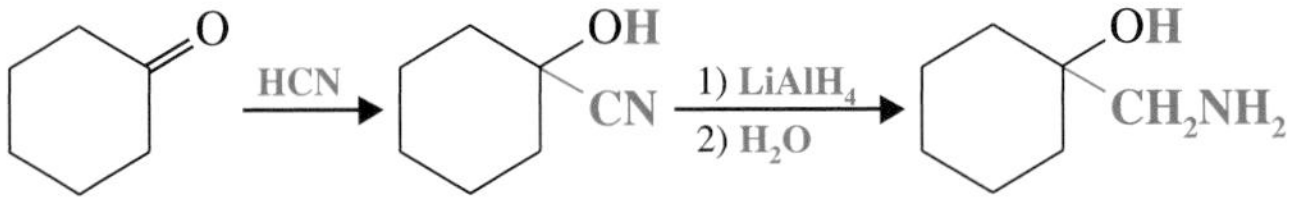

PROBLÈME 16.16

a) Indiquez comment vous pourriez préparer l'acide lactique (CH₃CHOHCO₂H) à partir de l'acétaldéhyde et au moyen d'un intermédiaire cyanhydrine. b) Quel type de stéréo-isomère de l'acide lactique en résulterait-il ?

16.10 ADDITION DES YLURES : RÉACTION DE WITTIG

Les aldéhydes et les cétones réagissent avec les ylures de phosphore pour produire des *alcènes* et l'oxyde de triphénylphosphine. (Un ylure est une molécule neutre ayant un carbone négatif adjacent à un hétéroatome positif.) Les ylures de phosphore sont aussi appelés phosphoranes.

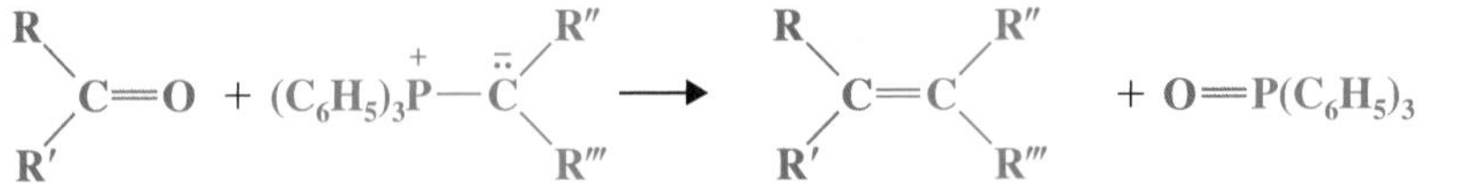

| Aldéhyde ou cétone | Ylure de phosphore (ou phosphorane) | Alcène [isomères *E* et *Z*] | Oxyde de triphénylphosphine |

Georg Wittig (université de Tübingen) découvrit cette réaction en 1954. Il reçut le prix Nobel de chimie en 1979.

Cette réaction, connue sous le nom de **réaction de Wittig,** s'est avérée particulièrement utile dans la synthèse d'alcènes. La réaction de Wittig s'applique à une grande variété de composés. Même si un mélange d'isomères *E* et *Z* peut en résulter, la réaction de Wittig présente un grand avantage sur la plupart des autres méthodes de synthèse des alcènes : *il n'y a aucune ambiguïté quant à la position de la double liaison dans le produit.* (Cela contraste avec les éliminations E1, qui peuvent produire plusieurs alcènes par réarrangement en carbocations intermédiaires plus stables, de même qu'avec les éliminations E1 et E2, qui peuvent donner de multiples produits lorsque plusieurs hydrogènes en position β sont susceptibles d'être arrachés.)

Les ylures de phosphore sont faciles à préparer à partir de la triphénylphosphane*
et des halogénoalcanes. Leur préparation comporte deux réactions.

Réaction générale

Réaction 1

$$(C_6H_5)_3P: \; + \; \overset{R''}{\underset{R'''}{>}}CH-X \longrightarrow (C_6H_5)_3\overset{+}{P}-\overset{R''}{\underset{R'''}{CH}} \; X^-$$

Triphénylphosphane **Un halogénure
d'alkyltriphénylphosphonium**

Réaction 2

$$(C_6H_5)_3\overset{+}{P}-\overset{R''}{\underset{R'''}{C}}H \; : \bar{B} \longrightarrow (C_6H_5)_3\overset{+}{P}-\overset{R''}{\underset{R'''}{C}}:^- \; + \; H:B$$

Un ylure de phosphore

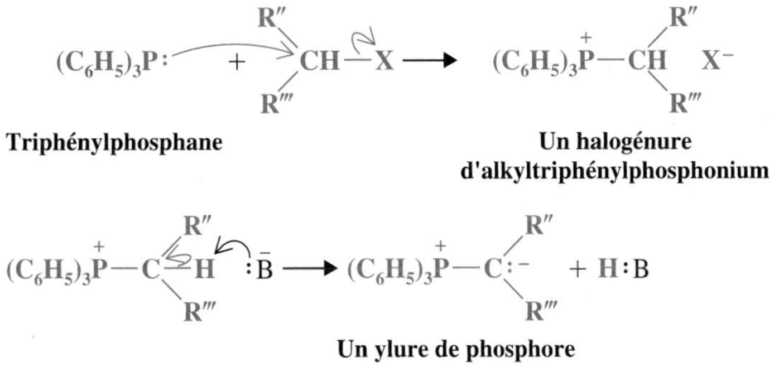

Exemple

Réaction 1

$$(C_6H_5)_3P: \; + \; CH_3Br \xrightarrow{C_6H_6} \; (C_6H_5)_3\overset{+}{P}-CH_3 \; Br^-$$

**Bromure de
méthyltriphénylphosphonium
(89 %)**

Réaction 2

$$(C_6H_5)_3\overset{+}{P}-CH_3 \; + \; C_6H_5Li \longrightarrow (C_6H_5)_3\overset{+}{P}-CH_2:^- \; + \; C_6H_6 \; + \; LiBr$$
$$Br^-$$

La première réaction est une substitution nucléophile. La triphénylphosphane est un
excellent nucléophile mais une base faible. Elle réagit aisément avec les halogénoalcanes primaires et secondaires, par un mécanisme S_N2 qui donne un sel d'alkyltriphénylphosphonium. La seconde réaction est une réaction acide-base. Une base
forte (habituellement un alkyllithium ou un phényllithium) enlève un proton du carbone fixé au phosphore, ce qui produit un ylure.

Les ylures de phosphore peuvent être considérés comme des hybrides de deux
structures de résonance, représentées ci-dessous. Les calculs de la mécanique quantique indiquent que la première structure contribue peu à la molécule.

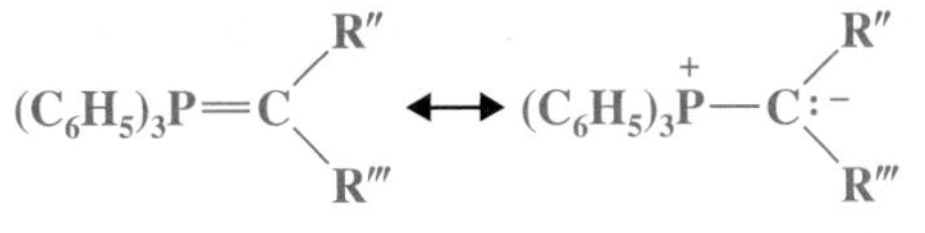

$$(C_6H_5)_3P = \overset{R''}{\underset{R'''}{C}} \; \longleftrightarrow \; (C_6H_5)_3\overset{+}{P}-\overset{R''}{\underset{R'''}{C}}:^-$$

Le mécanisme de la réaction de Wittig (voir page suivante) a fait l'objet d'un
grand nombre d'études. Au début, on a cru que l'ylure agissait comme un carbanion et
attaquait le carbone carbonylique de l'aldéhyde ou de la cétone pour former un intermédiaire instable ayant des charges séparées, qu'on a appelé **bétaïne.** Ensuite, on a
pensé que la bétaïne se transformait en un système cyclique instable à quatre atomes,
appelé **oxaphosphétane,** avant de perdre spontanément l'oxyde de triphénylphosphane
et de se transformer en alcène. Cependant, plusieurs recherches, dont celles de E. Vedejs
(université du Wisconsin), indiquent qu'il ne faudrait pas considérer la bétaïne comme un
intermédiaire et que l'oxaphosphétane se formerait directement par une réaction de
cycloaddition. Quoi qu'il en soit, la force motrice de la réaction de Wittig réside dans la
formation d'une très forte liaison phosphore–oxygène ($\Delta H° = 540$ kJ·mol^{-1}) dans
l'oxyde de triphénylphosphane.

L'élimination qui retire de la bétaïne (si elle se forme) l'oxyde de triphénylphosphane se réaliserait en deux étapes, comme nous venons de l'indiquer. Et il est possible que ces deux étapes soient simultanées.

Bien que les réactions de Wittig paraissent compliquées, elles sont en fait faciles
à effectuer. La plupart des étapes peuvent être réalisées dans le même contenant, et

---

* Les composés du phosphore sont encore appelés « phosphines », même si cette nomenclature n'est pas conforme.

MÉCANISME DE LA RÉACTION

Réaction de Wittig

R—C ... + ... :C—R‴ ⇌ [Bétaïne] → [Oxaphosphétane]

Aldéhyde ou cétone   **Ylure**   **Bétaïne (peut ne pas se former)**   **Oxaphosphétane**

Alcène (+ diastéréo-isomère)   +   **Oxyde de triphénylphosphane**

Exemple

Méthylènecyclohexane (86 %, à partir de la cyclohexanone)

l'ensemble de la synthèse ne prend que quelques heures. Globalement, une synthèse de Wittig peut être représentée comme suit :

$$\underset{R'}{\overset{R}{}}C=O + \underset{H}{\overset{X}{}}\underset{R'''}{\overset{R''}{C}} \xrightarrow[\text{étapes}]{\text{plusieurs}} \underset{R'}{\overset{R}{}}C=C\underset{R'''}{\overset{R''}{}} + \text{diastéréo-isomère}$$

La planification d'une synthèse de Wittig commence par l'identification des composantes de l'alcène qu'on veut produire : 1) aldéhyde ou cétone; 2) halogénure. En général, on obtient un meilleur rendement quand au moins l'un des groupes R est un atome d'hydrogène. Par contre, il faut absolument que la deuxième composante soit un halogénoalcane primaire ou secondaire, ou encore un halogénométhane.

QUESTION TYPE

Esquissez une synthèse de Wittig pour le 2-méthyl-1-phénylprop-1-ène.

Réponse

On examine d'abord la structure du composé, en tenant compte des groupes situés de chaque côté de la double liaison.

$$C_6H_5CH = CCH_3$$
$$\overset{\displaystyle CH_3}{\underset{\displaystyle}{|}}$$

2-Méthyl-1-phénylprop-1-ène

On peut réaliser la synthèse de deux façons.

a) 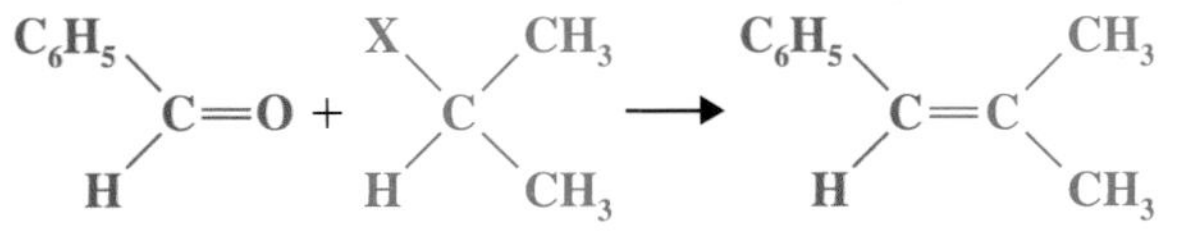
$$C_6H_5\text{-CH}=O + (CH_3)_2CH\text{-X} \longrightarrow C_6H_5\text{-CH}=C(CH_3)_2$$

ou

b) 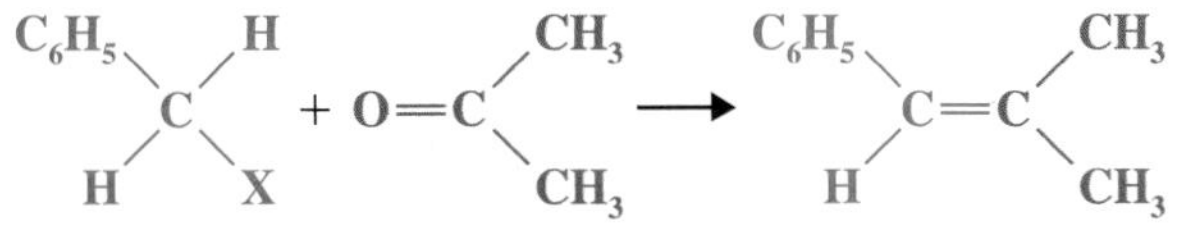
$$C_6H_5\text{-CHX-H} + O=C(CH_3)_2 \longrightarrow C_6H_5\text{-CH}=C(CH_3)_2$$

a) On produit d'abord l'ylure à partir du 2-halogénopropane, puis on le fait réagir avec le benzaldéhyde.

$$(CH_3)_2CHBr + (C_6H_5)_3P \longrightarrow (CH_3)_2CH\text{-}\overset{+}{P}(C_6H_5)_3\,Br^- \xrightarrow{RLi}$$

$$(CH_3)_2\overset{..}{\underset{}{C}}\text{-}\overset{+}{P}(C_6H_5)_3 \xrightarrow{C_6H_5CHO} (CH_3)_2C\text{=}CHC_6H_5 + (C_6H_5)_3P\text{=}O$$

b) On peut produire l'ylure à partir d'un halogénure de benzyle et ensuite le faire réagir avec l'acétone.

$$C_6H_5CH_2Br + (C_6H_5)_3P \longrightarrow C_6H_5CH_2\text{-}\overset{+}{P}(C_6H_5)_3\,Br^- \xrightarrow{RLi}$$

$$C_6H_5\overset{..}{\underset{}{C}}H\text{-}\overset{+}{P}(C_6H_5)_3 \xrightarrow{(CH_3)_2C\text{=}O} C_6H_5CH\text{=}C(CH_3)_2 + (C_6H_5)_3P\text{=}O$$

Une variante, fréquemment utilisée, de la réaction de Wittig est la modification de **Horner-Wadsworth-Emmons,** dans laquelle on emploie un ester de phosphonate plutôt qu'un sel de triphénylphosphonium. Le produit principal est habituellement l'isomère E de l'alcène. Parmi les bases qu'on utilise pour former le carbanion de l'ester de phosphonate, il y a notamment l'hydrure de sodium, le *tert*-butoxyde de potassium et le butyllithium. La séquence de réactions suivante est un exemple de la modification de Horner-Wadsworth-Emmons.

Étape 1

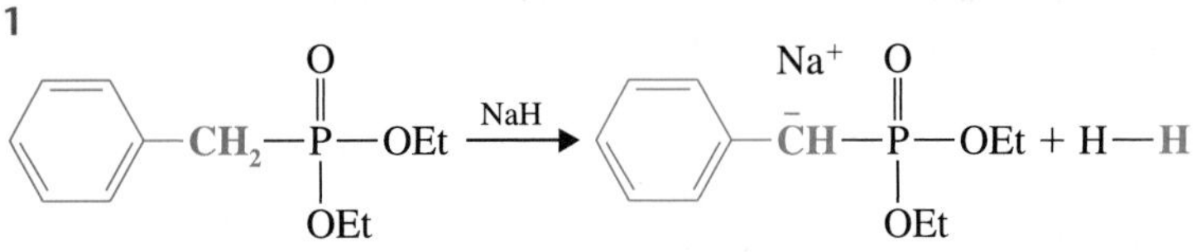

Un ester de phosphonate

Étape 2

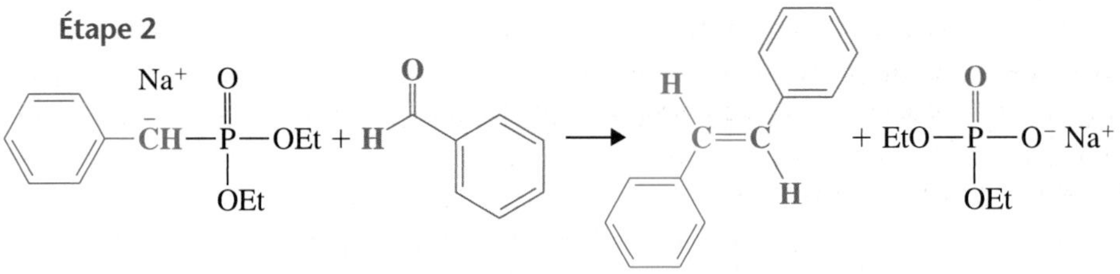

(84 %)

On prépare l'ester de phosphonate en faisant réagir un phosphite de trialkyle $[(RO)_3P]$ avec un halogénoalcane approprié. Cette transformation est appelée **réaction d'Arbuzov.** En voici un exemple :

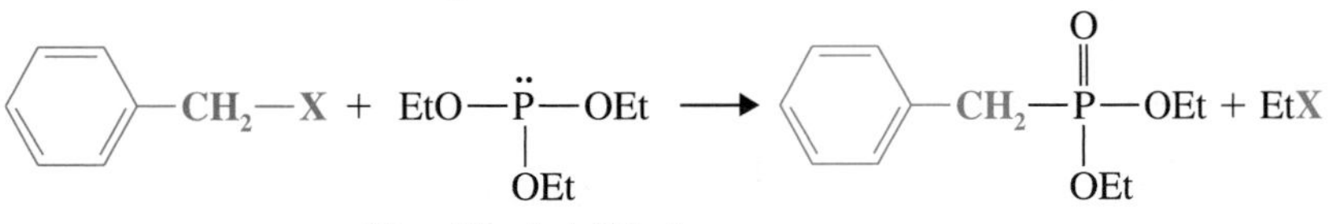

Phosphite de triéthyle

PROBLÈME 16.17

En supposant que vous disposiez de tous les composés nécessaires (aldéhydes, cétones, halogénoalcanes et triphénylphosphane), indiquez comment vous pourriez synthétiser chacun des alcènes suivants par la réaction de Wittig.

a) $C_6H_5C=CH_2$
   $\quad\quad\;\; |$
   $\quad\quad\; CH_3$

b) $C_6H_5C=CHCH_3$
   $\quad\quad\;\; |$
   $\quad\quad\; CH_3$

c) H_3C
   $\quad\quad C=CH_2$
   H_3C

d) $\quad CH_2$ (méthylènecyclopentane)

e) $CH_3CH_2CH=CCH_2CH_3$
   $\quad\quad\quad\quad\quad |$
   $\quad\quad\quad\quad\; CH_3$

f) $C_6H_5CH=CHCH=CH_2$

g) $C_6H_5CH=CHC_6H_5$

PROBLÈME 16.18

La triphénylphosphane sert aussi à convertir les époxydes en alcènes, comme l'indique l'exemple suivant :

$$C_6H_5\cdots C\overset{\ddot{O}}{\diagup\!\!\diagdown} C\cdots H + (C_6H_5)_3P\!: \longrightarrow \underset{H}{\overset{C_6H_5}{\diagdown}}C=C\underset{H}{\overset{CH_3}{\diagup}} + (C_6H_5)_3PO$$
$$\underset{H}{} \quad\quad \underset{CH_3}{}$$

Expliquez cette réaction en proposant un mécanisme vraisemblable.

16.11 ADDITION DE RÉACTIFS ORGANO-MÉTALLIQUES : RÉACTION DE REFORMATSKY

À la section 12.8, nous avons étudié l'addition des réactifs de Grignard, des composés organolithiés et des alcynures de sodium aux aldéhydes et aux cétones. Ces réactions, comme nous l'avons vu alors, servent à produire une grande variété d'alcools.

$$\overset{\delta-\;\;\delta+}{R\!:\!MgX} + {\diagdown}C\!=\!O \longrightarrow R-\overset{|}{\underset{|}{C}}-OMgX \xrightarrow{H_3O^+} R-\overset{|}{\underset{|}{C}}-OH$$

$$\overset{\delta-\;\;\delta+}{R\!:\!Li} + {\diagdown}C\!=\!O \longrightarrow R-\overset{|}{\underset{|}{C}}-OLi \xrightarrow{H_3O^+} R-\overset{|}{\underset{|}{C}}-OH$$

$$RC\!\equiv\!\overset{\delta-\;\;\delta+}{C\!:\!Na} + {\diagdown}C\!=\!O \longrightarrow RC\!\equiv\!C-\overset{|}{\underset{|}{C}}-ONa \xrightarrow{H_3O^+} RC\!\equiv\!C-\overset{|}{\underset{|}{C}}-OH$$

Nous allons maintenant étudier une réaction similaire qui correspond à l'addition d'un réactif organozincique au groupe carbonyle d'un aldéhyde ou d'une cétone. Cette réaction, appelée *réaction de Reformatsky,* allonge le squelette de carbone d'un aldéhyde ou d'une cétone et mène à des β-hydroxy-esters. Elle comprend le traitement d'un aldéhyde ou d'une cétone par un α-bromoester en présence de zinc métallique; le solvant le plus fréquemment utilisé est le benzène. Le produit initial est un alkoxyde de zinc, qu'il faut hydrolyser pour obtenir le β-hydroxy-ester.

$$\underset{\substack{\textbf{Aldéhyde}\\\textbf{ou cétone}}}{{\diagdown}C\!=\!O} + \underset{\textbf{α-Bromoester}}{Br-\overset{|}{\underset{|}{C}}-CO_2R} \xrightarrow[\text{benzène}]{Zn} \overset{BrZnO}{-\overset{|}{\underset{|}{C}}-\overset{|}{\underset{|}{C}}-CO_2R} \xrightarrow{H_3O^+} \underset{\textbf{β-Hydroxy-ester}}{\overset{HO}{-\overset{|}{\underset{|}{C}}\!{}^{\beta}-\overset{|}{\underset{|}{C}}\!{}^{\alpha}-CO_2R}}$$

Dans cette réaction, l'intermédiaire est un réactif organozincique qui s'ajoute au groupe carbonyle d'une manière analogue à celle d'un réactif de Grignard.

MÉCANISME DE LA RÉACTION

Réaction de Reformatsky

$$\text{Br}-\overset{|}{\underset{|}{C}}-\text{CO}_2\text{R} \xrightarrow[\text{benzène}]{\text{Zn}} \text{BrZn}:\overset{\delta+}{\underset{|}{C}}\overset{\delta-}{\underset{|}{—}}\text{CO}_2\text{R} \xrightarrow{} \overset{\text{BrZnO}}{-\overset{|}{\underset{|}{C}}-\overset{|}{\underset{|}{C}}-\text{CO}_2\text{R}} \xrightarrow{\text{H}_3\text{O}^+} \overset{\text{HO}}{-\overset{|}{\underset{|}{C}}-\overset{|}{\underset{|}{C}}-\text{CO}_2\text{R}}$$

Étant donné que le réactif organozincique a une plus faible réactivité qu'un réactif de Grignard, il ne s'additionne pas au groupe ester. Par déshydratation, les β-hydroxy-esters résultant des réactions de Reformatsky sont faciles à transformer en esters α,β-insaturés, car leur déshydratation produit un système dans lequel la double liaison carbone–carbone et la double liaison carbone–oxygène de l'ester sont conjuguées.

$$-\overset{\text{HO}}{\underset{|}{\overset{|}{C}}}-\overset{|}{\underset{\underset{\text{H}}{|}}{C}}-\overset{\overset{O}{\|}}{C}\text{OR} \xrightarrow[\Delta \; (-\text{H}_2\text{O})]{\text{H}_3\text{O}^+} \overset{}{C}=C\overset{}{\underset{\underset{\underset{O}{\|}}{\text{COR}}}{}}$$

β-Hydroxy-ester   **Ester α,β-insaturé**

Voici des exemples de la réaction de Reformatsky, dans lesquels Et = CH$_3$CH$_2$—.

$$\underset{}{\overset{\overset{O}{\|}}{\text{CH}_3\text{CH}_2\text{CH}_2\text{CH}}} + \text{BrCH}_2\text{CO}_2\text{Et} \xrightarrow[\text{2) H}_3\text{O}^+]{\text{1) Zn}} \overset{\text{OH}}{\underset{}{\text{CH}_3\text{CH}_2\text{CH}_2\text{CHCH}_2\text{CO}_2\text{Et}}}$$

$$\underset{}{\overset{\overset{O}{\|}}{\text{CH}_3\text{CH}}} + \text{Br}-\overset{\overset{\text{CH}_3}{|}}{\underset{\underset{\text{CH}_3}{|}}{C}}-\text{CO}_2\text{Et} \xrightarrow[\text{2) H}_3\text{O}^+]{\text{1) Zn}} \overset{\text{OH}}{\text{CH}_3\text{CH}}-\overset{\overset{\text{CH}_3}{|}}{\underset{\underset{\text{CH}_3}{|}}{C}}-\text{CO}_2\text{Et}$$

$$\underset{}{\overset{\overset{O}{\|}}{\text{C}_6\text{H}_5\text{CH}}} + \text{Br}-\overset{\overset{\text{CH}_3}{|}}{\underset{}{\text{CH}}}-\text{CO}_2\text{Et} \xrightarrow[\text{2) H}_3\text{O}^+]{\text{1) Zn}} \text{C}_6\text{H}_5\text{CH}-\overset{\overset{\text{OH}}{}\;\;\overset{\text{CH}_3}{|}}{\underset{}{\text{CH}}}-\text{CO}_2\text{Et}$$

PROBLÈME 16.19

Comment appliqueriez-vous la réaction de Reformatsky à la synthèse de chacun des composés suivants ? (Des étapes supplémentaires peuvent être nécessaires dans certains cas.)

a) $(\text{CH}_3)_2\overset{\overset{\text{OH}}{|}}{\text{C}}\text{CH}_2\text{CO}_2\text{CH}_2\text{CH}_3$ c) $\text{CH}_3\text{CH}_2\text{CH}_2\text{CH}_2\text{CO}_2\text{CH}_2\text{CH}_3$

b) ⬡$\overset{\text{OH}}{\underset{\underset{\text{CH}_3}{|}}{-\text{CHCO}_2\text{CH}_2\text{CH}_3}}$

16.12 OXYDATION DES ALDÉHYDES ET DES CÉTONES

L'oxydation des aldéhydes est beaucoup plus facile à réaliser que celle des cétones. Pour oxyder les aldéhydes, on peut employer des oxydants forts, comme le permanganate de potassium, ou des oxydants faibles, comme l'oxyde d'argent.

$$\overset{\displaystyle O}{\underset{\displaystyle \|}{R}}CH \xrightarrow{\text{KMnO}_4,\ \text{OH}^-} \overset{\displaystyle O}{\underset{\displaystyle \|}{R}}CO^- \xrightarrow{\text{H}_3\text{O}^+} \overset{\displaystyle O}{\underset{\displaystyle \|}{R}}COH$$

$$\overset{\displaystyle O}{\underset{\displaystyle \|}{R}}CH \xrightarrow{\text{Ag}_2\text{O},\ \text{OH}^-} \overset{\displaystyle O}{\underset{\displaystyle \|}{R}}CO^- \xrightarrow{\text{H}_3\text{O}^+} \overset{\displaystyle O}{\underset{\displaystyle \|}{R}}COH$$

Notez que, dans ces oxydations, les aldéhydes perdent l'hydrogène fixé à l'atome de carbone du groupe carbonyle. Comme les cétones n'ont pas cet hydrogène, elles résistent plus à l'oxydation.

16.12A OXYDATION DE BAEYER-VILLIGER DES ALDÉHYDES ET DES CÉTONES

Les acides peroxycarboxyliques oxydent à la fois les aldéhydes et les cétones par une réaction qu'on appelle *oxydation de Baeyer-Villiger*. Cette réaction est particulièrement utile dans le cas des cétones, car elle les convertit en esters. Par exemple, quand on traite l'acétophénone par un peroxyacide, on la convertit en un ester, l'acétate de phényle.

$$C_6H_5 \overset{\displaystyle O}{\underset{\displaystyle \|}{C}}CH_3 \xrightarrow{\text{RCOOH}} C_6H_5 - O - \overset{\displaystyle O}{\underset{\displaystyle \|}{C}}CH_3$$
Acétophénone   **Acétate de phényle**

Le mécanisme qui a été proposé pour rendre compte de cette réaction comporte les étapes présentées ci-dessous.

Les produits de cette réaction nous indiquent qu'un groupe phényle a plus tendance à migrer qu'un groupe méthyle. Si tel n'était pas le cas, le produit final aurait été $C_6H_5COOCH_3$ et non pas $CH_3COOC_6H_5$. La tendance d'un groupe à migrer s'appelle **aptitude migratoire.** Les études portant sur l'oxydation de Baeyer-Villiger et

MÉCANISME DE LA RÉACTION

Oxydation de Baeyer-Villiger

Le réactif carbonylé enlève un proton à un acide.

Le peroxyacide attaque le carbonyle protoné.

Un proton est enlevé à l'ion oxonium.

Le groupe carbonyle du peroxyester de cet intermédiaire devient protoné, ce qui entraîne la transformation du segment RCO₂H en un bon groupe sortant.

Le groupe phényle migre avec une paire d'électrons vers l'oxygène adjacent, en entraînant le départ de RCO₂H.

Un proton est enlevé, ce qui produit l'ester.

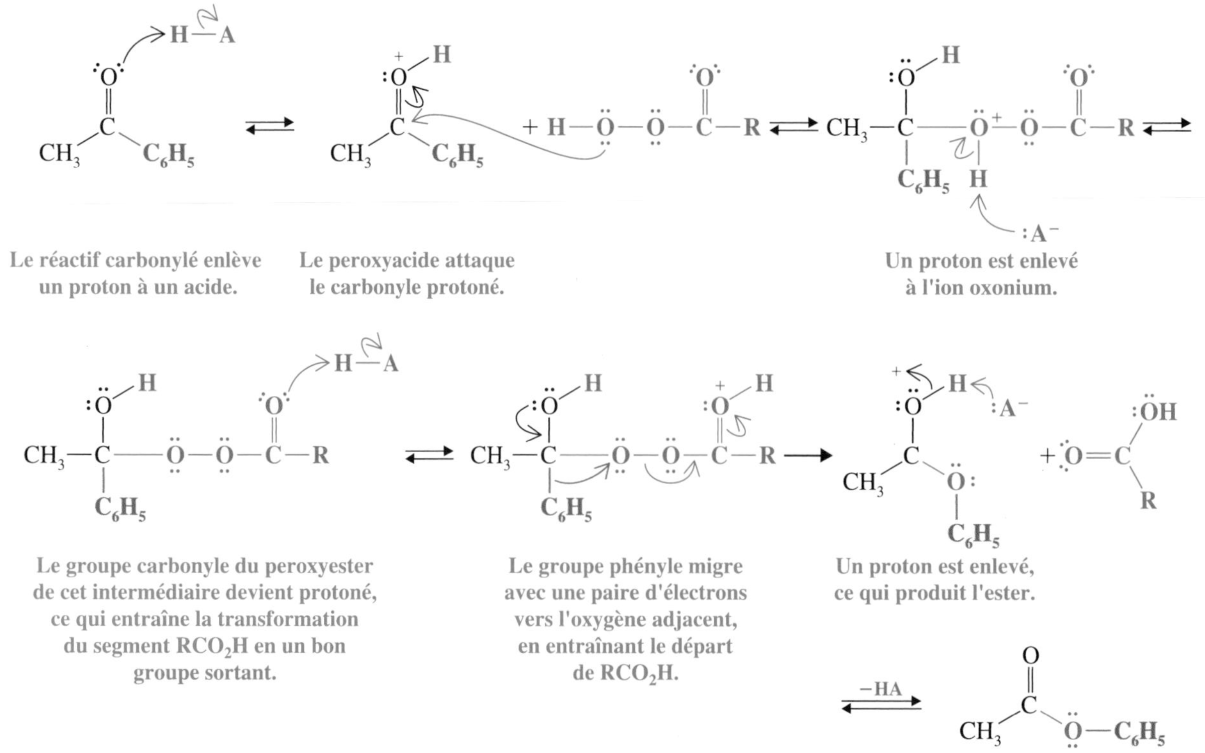

sur d'autres réactions ont permis d'ordonner les groupes qui migrent avec leurs paires d'électrons, c'est-à-dire les anions, selon l'importance de leur aptitude migratoire. Cet ordre est le suivant : H > phényle > alkyle tertiaire > alkyle secondaire > alkyle primaire > méthyle.

PROBLÈME 16.20

Lorsque le benzaldéhyde réagit avec un peroxyacide, le produit est l'acide benzoïque. Le mécanisme de cette réaction est analogue à celui de l'oxydation de l'acétophénone, qui vient d'être décrit, et son résultat permet de constater que l'atome d'hydrogène a une plus grande aptitude migratoire que le phényle. Décrivez schématiquement les étapes de ce mécanisme.

PROBLÈME 16.21

Quelle est la structure du composé qu'on obtient en faisant subir à la cyclopentanone une oxydation de Baeyer-Villiger ?

PROBLÈME 16.22

Quel produit principal obtiendrait-on en faisant subir à la 3-méthylbutan-2-one une oxydation de Baeyer-Villiger ?

16.13 ANALYSE QUALITATIVE DES ALDÉHYDES ET DES CÉTONES

16.13A DÉRIVÉS DES ALDÉHYDES ET DES CÉTONES

Les aldéhydes et les cétones se distinguent des composés non carbonylés par leurs réactions avec les dérivés de l'ammoniac (section 16.8). En réagissant avec les aldéhydes et les cétones, le semicarbazide, le 2,4-dinitrophénylhydrazine et l'hydroxylamine forment des précipités. Les semicarbazones et les oximes sont habituellement incolores, tandis que les 2,4-dinitrophénylhydrazones sont généralement orangées. Les points de fusion de ces dérivés peuvent aussi servir à identifier certains aldéhydes et cétones.

16.13B TEST DE TOLLENS (TEST DU MIROIR D'ARGENT)

Comme les aldéhydes s'oxydent facilement, il existe une expérience qui permet de les différencier de la plupart des cétones. En mélangeant, dans l'eau, du nitrate d'argent et de l'ammoniac, on obtient une solution connue sous le nom de réactif de Tollens. Ce réactif contient des ions Ag^+ sous la forme de $Ag(NH_3)_2^+$, qui constitue un très faible oxydant. Néanmoins, ce composé oxyde les aldéhydes. Il les transforme en anions carboxylate, et l'argent passe de l'état d'oxydation +1 [dans $Ag(NH_3)_2^+$] à l'état métallique. Si l'éprouvette est propre et si la vitesse de réaction est lente, l'argent se dépose sur les parois de l'éprouvette, ce qui donne une sorte de miroir; sinon, l'argent se dépose sous la forme d'un précipité gris-noir. Avec toutes les cétones, excepté les α-hydroxy-cétones, le test de Tollens donne un résultat négatif.

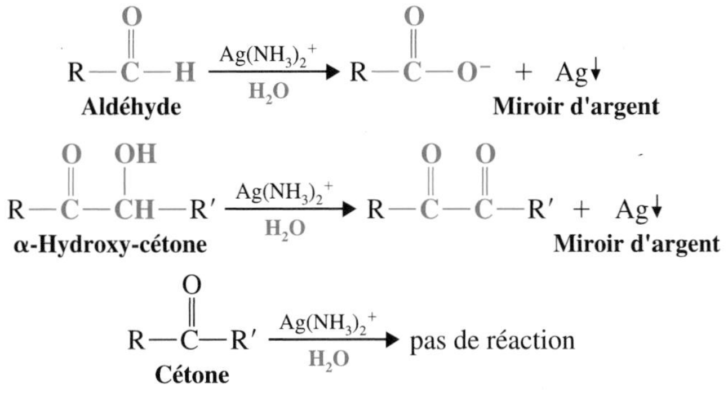

16.14 PROPRIÉTÉS SPECTROSCOPIQUES DES ALDÉHYDES ET DES CÉTONES

16.14A SPECTRE IR DES ALDÉHYDES ET DES CÉTONES

Tableau 16.3 Bandes d'élongation du groupe carbonyle des aldéhydes et des cétones.

Fréquences d'élongation de la liaison C=O	
Composé	**Plage de fréquences (cm⁻¹)**
R—CHO	1720 à 1740
Ar—CHO	1695 à 1715
$\diagdown$C=C$\diagup$ CHO	1680 à 1690
RCOR	1705 à 1720
ArCOR	1680 à 1700
$\diagdown$C=C$\diagup$ COR	1665 à 1680
Cyclohexanone	1715
Cyclopentanone	1751
Cyclobutanone	1785

Le groupe carbonyle des aldéhydes et des cétones produit une très forte bande d'absorption, due à l'élongation de la liaison C=O, dans la région allant de 1665 à 1780 cm⁻¹. Pour un composé donné (aldéhyde ou cétone), la position exacte (tableau 16.3) de cette bande dépend de la structure du composé, et c'est là l'une des bandes d'absorption les plus utiles et les plus caractéristiques des spectres IR. Les aldéhydes acycliques saturés ont une absorption caractéristique près de 1730 cm⁻¹; les cétones du même type absorbent autour de 1715 cm⁻¹.

La conjugaison du groupe carbonyle avec une double liaison ou un cycle benzénique abaisse d'environ 40 cm⁻¹ la fréquence correspondant à l'absorption C=O. Cette diminution de la fréquence est due au fait que la double liaison d'un composé conjugué a un fort caractère de liaison simple (voir les structures de résonance ci-dessous). Les liaisons simples s'étirent plus facilement que les liaisons doubles.

La position de la bande d'absorption du groupe carbonyle des cétones cycliques dépend de la dimension du cycle. (Comparez les composés cycliques du tableau 16.3.) Plus le cycle est petit, plus la fréquence correspondant à l'élongation de la liaison C=O est élevée.

De plus, les vibrations de la liaison C—H du groupe CHO des aldéhydes donnent deux faibles bandes, faciles à identifier, dans les régions allant de 2700 à 2775 cm⁻¹ et de 2820 à 2900 cm⁻¹. La figure 16.1 présente le spectre IR du phényléthanal.

16.14B SPECTRE RMN DES ALDÉHYDES ET DES CÉTONES

Spectre RMN ^{13}C L'atome de carbone du groupe carbonyle d'un aldéhyde ou d'une cétone émet des signaux RMN caractéristiques dans la région comprise entre $\delta = 180$ et $\delta = 220$ du spectre ^{13}C. Comme il n'y a presque aucun autre signal dans cette région, *l'existence d'un pic à cet endroit (autour de $\delta = 200$) suggère fortement la présence d'un groupe carbonyle.*

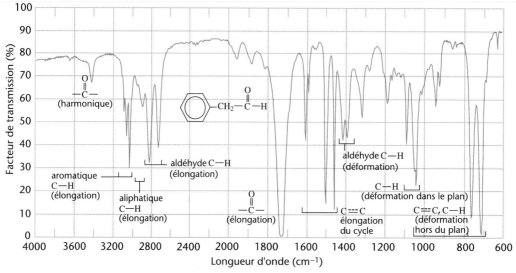

Figure 16.1 Spectre infrarouge du phényléthanal.

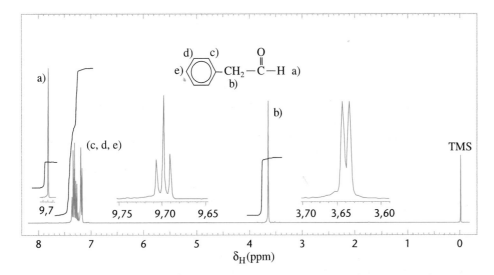

Figure 16.2 Spectre RMN ^{1}H à 300 MHz du phényléthanal. Le faible couplage entre le proton de l'aldéhyde et ceux du méthylène (2,6 Hz) est représenté dans les tracés décalés.

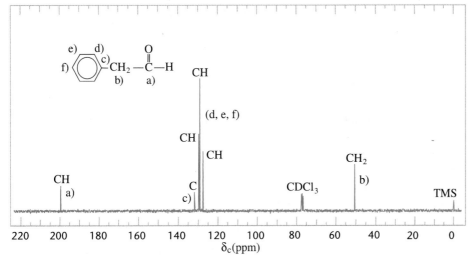

Figure 16.3 Spectre RMN ^{13}C avec découplage en bande large des protons du phényléthanal. La correspondance entre les atomes de carbone et les données RMN DEPT ^{13}C est indiquée à chaque pic.

Spectre RMN ^{1}H   En spectroscopie RMN ^{1}H, un proton aldéhydique émet un signal à champ très faible qui correspond à la région allant de $\delta = 9$ à $\delta = 10$, où presque aucun autre proton n'absorbe. Il est donc facilement identifiable.

Le proton aldéhydique d'un aldéhyde aliphatique présente un couplage spin-spin avec les protons du carbone α adjacent, et la multiplicité du signal indique le degré de substitution du carbone α. Par exemple, dans l'acétaldéhyde (CH_3CHO), le signal du proton aldéhydique apparaît comme un quadruplet dû aux trois protons méthyliques; de même, le signal des protons méthyliques est dédoublé par le proton aldéhydique. La constante de couplage est d'environ 3 Hz.

Les protons du carbone α sont déblindés par le groupe carbonyle, et leurs signaux apparaissent généralement dans la région comprise entre $\delta = 2{,}0$ et $\delta = 2{,}3$. Les méthylcétones présentent un singulet caractéristique (3H) près de $\delta = 2{,}1$.

Les figures 16.2 et 16.3 correspondent aux spectres RMN ^{1}H et ^{13}C annotés du phényléthanal.

16.14C SPECTRE DE MASSE DES ALDÉHYDES ET DES CÉTONES

Le spectre de masse des cétones présente habituellement un pic correspondant à l'ion moléculaire. Les aldéhydes produisent un pic prononcé $M^+ - 1$ caractéristique, dû au bris de la liaison du C—H aldéhydique. Quant aux cétones, elles subissent généralement une fragmentation (d'un côté ou de l'autre du groupe carbonyle), formant des ions acylium, $RC{\equiv}\overset{..}{O}{}^{+}$, dans lesquels R peut être le groupe alkyle (d'un côté ou de l'autre de la cétone). De plus, un clivage résultant d'un réarrangement de McLafferty (section 9.16C) peut se produire dans un grand nombre d'aldéhydes et de cétones.

16.14D SPECTRE UV

Les groupes carbonyle des aldéhydes et des cétones saturés donnent une faible bande d'absorption dans la région UV située entre 270 et 300 nm. Cette bande passe dans la région située entre 300 et 350 nm lorsque le groupe carbonyle est conjugué avec une double liaison.

SOMMAIRE DES RÉACTIONS

Nous présentons ici de façon succincte les réactions d'addition nucléophile aux groupes carbonyle des aldéhydes et des cétones que nous avons étudiées jusqu'ici. Nous en étudierons d'autres au chapitre 17.

Réactions d'addition nucléophile des aldéhydes et des cétones

1. Addition de composés organométalliques

   Réaction générale

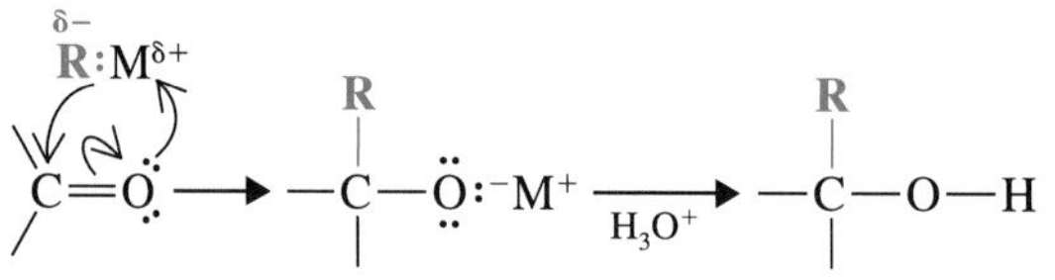

   Exemple de réaction avec un réactif de Grignard (section 12.7)

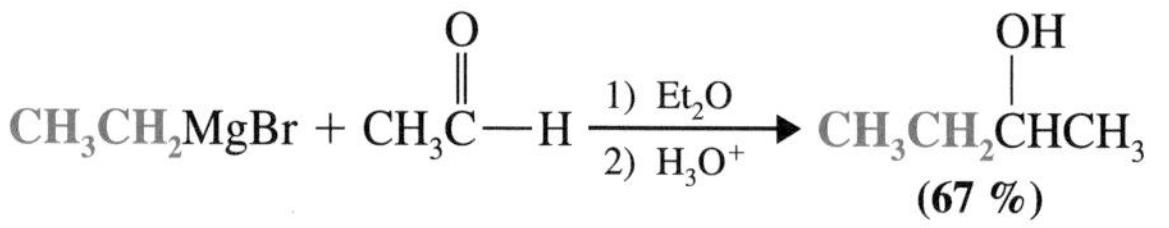

   Exemple de réaction de Reformatsky (section 16.11)

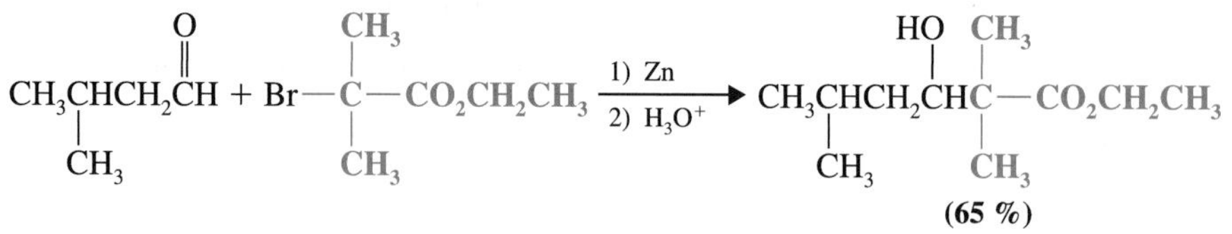

2. **Addition d'un hydrure**

   Réaction générale

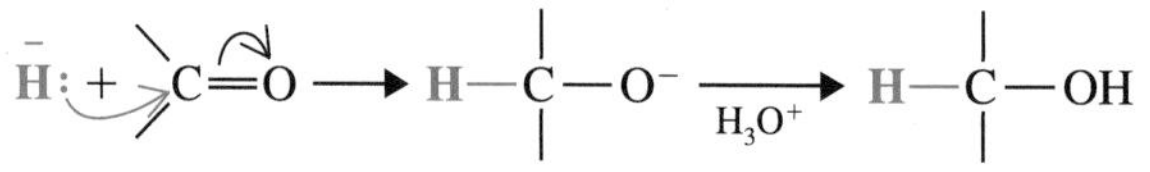

   Exemple de réaction avec les hydrures métalliques (section 12.3)

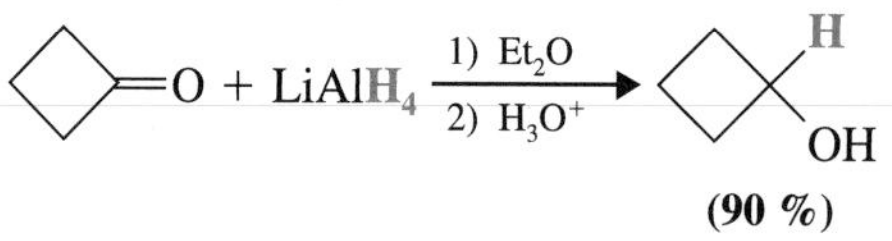

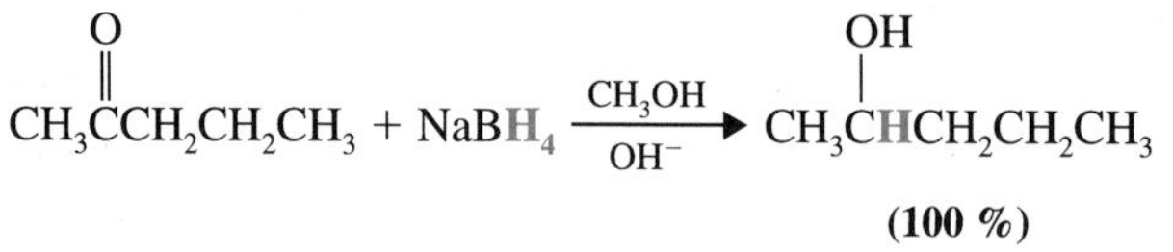

3. **Addition du cyanure d'hydrogène (section 16.9)**

   Réaction générale

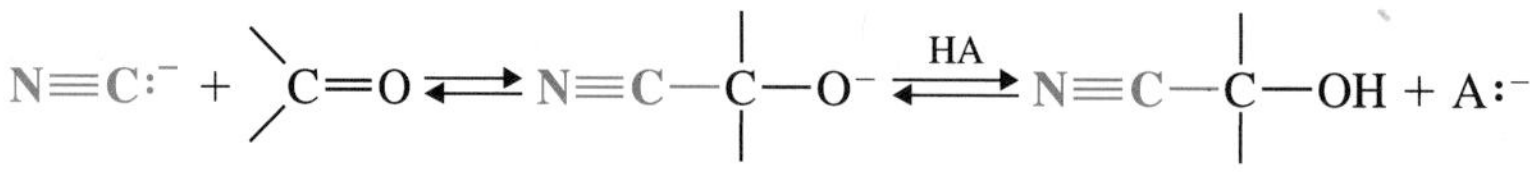

   Exemple

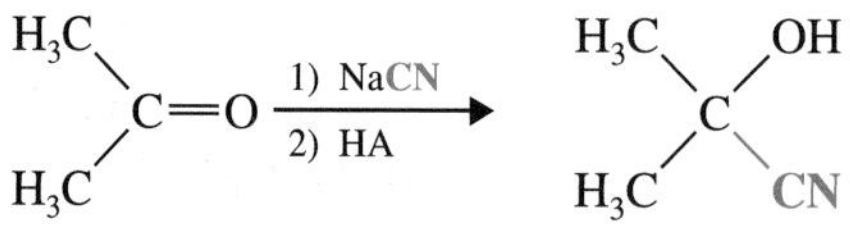

   Cyanhydrine de l'acétone
   (78 %)

4. Addition des ylures (section 16.10)

Réaction de Wittig

$$Ar_3\overset{+}{P}-\overset{..}{\underset{|}{C}}- \; + \; \underset{}{\overset{}{>}}C=O \; \rightleftharpoons \; \left[-\overset{|}{\underset{\overset{|}{Ar_3P-O}}{C}}-\overset{|}{\underset{|}{C}}- \right] \longrightarrow \; \overset{}{>}C=C\overset{}{<} \; + \; Ar_3PO$$

5. Addition des alcools (section 16.7)

Réaction générale

$$R-\overset{..}{\underset{..}{O}}-H \; + \; \overset{}{>}C=O \; \rightleftharpoons \; R-O-\overset{|}{\underset{|}{C}}-OH \; \underset{HA}{\overset{ROH}{\rightleftharpoons}} \; R-O-\overset{|}{\underset{|}{C}}-O-R \; + \; HOH$$

Hémiacétal   **Acétal**

Exemple

$$C_2H_5OH \; + \; CH_3\overset{O}{\overset{||}{C}}H \; \rightleftharpoons \; C_2H_5O-\overset{CH_3}{\underset{H}{\overset{|}{\underset{|}{C}}}}-OH \; \xrightarrow[HA]{C_2H_5OH} \; C_2H_5O-\overset{CH_3}{\underset{H}{\overset{|}{\underset{|}{C}}}}-OC_2H_5 \; + \; HOH$$

6. Addition des dérivés de l'ammoniac (section 16.8)

Réaction générale

$$-\overset{..}{\underset{\underset{H}{|}}{N}}-H \; + \; \overset{}{>}C=O \; \rightleftharpoons \; \left[-\overset{..}{\underset{\underset{H}{|}}{N}}-\overset{|}{\underset{|}{C}}-OH \right] \overset{-H_2O}{\longrightarrow} \; \overset{}{>}\overset{..}{N}=C\overset{}{<}$$

Exemple

$$CH_3\overset{O}{\overset{||}{C}}H \; + \; NH_2OH \; \longrightarrow \; \overset{H}{\underset{CH_3}{\overset{|}{\underset{|}{C}}}}=\overset{..}{N}\overset{OH}{}$$

Acétaldoxime

TERMES ET CONCEPTS CLÉS

Tautomérisation	Section 16.5B	Acétals	Section 16.7B
Énols	Section 16.5B	Imines	Section 16.8
Tautomérisation céto-énol	Section 16.5B	Hydrazones, semicarbazones et oximes	Section 16.8A
Addition nucléophile au carbone du groupe carbonyle	Section 16.6	Cyanhydrines	Section 16.9
Hémiacétals	Section 16.7A	Ylures	Section 16.10

PROBLÈMES SUPPLÉMENTAIRES

16.23   Donnez une formule développée et un autre nom acceptable pour chacun des composés suivants :

a) Formaldéhyde   f) Acétophénone   k) Éthylisopropylcétone
b) Acétaldéhyde   g) Benzophénone   l) Diisopropylcétone
c) Phénylacétaldéhyde   h) Salicylaldéhyde   m) Dibutylcétone
d) Acétone   i) Vanilline   n) Dipropylcétone
e) Éthylméthylcétone   j) Diéthylcétone   o) Cinnamaldéhyde

16.24   Donnez les formules développées des produits qui se forment lorsque le propanal réagit avec chacun des produits suivants.

a) $NaBH_4$ en solution aqueuse de NaOH

b) C_6H_5MgBr, puis H_2O

c) $LiAlH_4$, puis H_2O

d) Ag_2O, ^-OH

e) $(C_6H_5)_3P=CH_2$

f) H_2 et Pt

g) $HOCH_2CH_2OH$ et HA

h) $CH_3\overset{..}{\overset{}{C}}H-\overset{+}{P}(C_6H_5)_3$

i) 1) $BrCH_2CO_2C_2H_5$, Zn; 2) H_3O^+

j) $Ag(NH_3)_2^+$

k) Hydroxylamine

l) Semicarbazide

m) Phénylhydrazine

n) KMnO$_4$ dilué et froid

o) HSCH$_2$CH$_2$SH, HA

p) HSCH$_2$CH$_2$SH, HA, puis nickel de Raney

16.25 Donnez les formules développées des produits qui se forment (s'il y en a) par la réaction de l'acétone avec chaque réactif du problème 16.24.

16.26 Quels produits résultent de chacune des réactions suivantes de l'acétophénone ?

a) Acétophénone + HNO$_3$ $\xrightarrow{\text{H}_2\text{SO}_4}$

b) Acétophénone + C$_6$H$_5$NHNH$_2$ $\longrightarrow$

c) Acétophénone + :CH$_2$—$\overset{+}{\text{P}}$(C$_6$H$_5$)$_3$ $\longrightarrow$

d) Acétophénone + NaBH$_4$ $\xrightarrow[\text{OH}^-]{\text{H}_2\text{O}}$

e) Acétophénone + C$_6$H$_5$MgBr $\xrightarrow[\text{2) H}_2\text{O}]{\text{1) Et}_2\text{O}}$

16.27 a) Proposez trois méthodes de synthèse de la phénylpropylcétone à partir du benzène et de tout autre réactif nécessaire. b) Proposez trois méthodes pour transformer la phénylpropylcétone en *n*-butylbenzène.

16.28 Montrez comment vous convertiriez le benzaldéhyde en chacun des composés suivants. Vous pouvez utiliser n'importe quel autre réactif requis. Plusieurs étapes peuvent être nécessaires.

a) Alcool benzylique

b) Acide benzoïque

c) Chlorure de benzoyle

d) Benzophénone

e) Acétophénone

f) 1-Phényléthanol

g) 3-Méthyl-1-phénylbutan-1-ol

h) Bromure de benzyle

i) Toluène

j) C$_6$H$_5$CH(OCH$_3$)$_2$

k) C$_6$H$_5$CH^{18}O

l) C$_6$H$_5$CHDOH

m) C$_6$H$_5$CH(OH)CN

n) C$_6$H$_5$CH=NOH

o) C$_6$H$_5$CH=NNHC$_6$H$_5$

p) C$_6$H$_5$CH=NNHCONH$_2$

q) C$_6$H$_5$CH=CHCH=CH$_2$

16.29 Montrez comment l'éthylphénylcétone (C$_6$H$_5$COCH$_2$CH$_3$) peut être synthétisée à partir de chacun des composés suivants :

a) Benzène

b) Chlorure de benzoyle

c) Benzonitrile, C$_6$H$_5$CN

d) Benzaldéhyde

16.30 Comment feriez-vous la synthèse du benzaldéhyde à partir de chacun des composés suivants ?

a) Alcool benzylique

b) Acide benzoïque

c) Phényléthyne

d) Phényléthène (styrène)

e) C$_6$H$_5$CO$_2$CH$_3$

f) C$_6$H$_5$C≡N

16.31 Quelles sont les structures des composés **A** à **E** ?

Cyclohexanol $\xrightarrow[\text{acétone}]{\text{H}_2\text{CrO}_4}$ **A** (C$_6$H$_{10}$O) $\xrightarrow[\text{2) H}_3\text{O}^+]{\text{1) CH}_3\text{MgI}}$ **B** (C$_7$H$_{14}$O) $\xrightarrow[\Delta]{\text{HA}}$ **C** (C$_7$H$_{12}$) $\xrightarrow[\text{2) Zn, HOAc}]{\text{1) O}_3}$

D (C$_7$H$_{12}$O$_2$) $\xrightarrow[\text{2) H}_3\text{O}^+]{\text{1) Ag}_2\text{O, OH}^-}$ **E** (C$_7$H$_{12}$O$_3$)

16.32 La séquence de réactions suivante montre comment la chaîne de carbone d'un aldéhyde peut être allongée de deux atomes de carbone. Quels sont les intermédiaires **K** à **M** ?

Éthanal $\xrightarrow[\text{2) H}_3\text{O}^+]{\text{1) BrCH}_2\text{CO}_2\text{Et, Zn}}$ **K** (C$_6$H$_{12}$O$_3$) $\xrightarrow{\text{HA, }\Delta}$ **L** (C$_6$H$_{10}$O$_2$) $\xrightarrow{\text{H}_2\text{, Pt}}$ **M** (C$_6$H$_{12}$O$_2$) $\xrightarrow[\text{2) H}_2\text{O}]{\text{1) DIBAL-H}}$ butanal

Aide : le spectre RMN ^{13}C de **L** consiste en six signaux, à δ = 166,7 ; 144,5 ; 122,8 ; 60,2 ; 17,9 et 14,3.

16.33 En chauffant le pipéronal (section 16.3) dans une solution aqueuse de HCl dilué, on le transforme en un composé dont la formule est C$_7$H$_6$O$_3$. Quel est ce composé, et de quel type de réaction s'agit-il ?

16.34 Indiquez comment vous synthétiseriez chacun des composés suivants à partir du bromure de benzyle.

a) C$_6$H$_5$CH$_2$CHOHCH$_3$

b) C$_6$H$_5$CH$_2$CH$_2$CHO

c) C$_6$H$_5$CH=CH—CH=CHC$_6$H$_5$

d) C$_6$H$_5$CH$_2$COCH$_2$CH$_3$

16.35 Avec les composés **A** et **D**, le test de Tollens donne des résultats négatifs. Par contre, avec le composé **C**, le résultat est positif. Donnez les structures des composés **A** à **D**.

4-Bromobutanal $\xrightarrow{\text{HOCH}_2\text{CH}_2\text{OH, HA}}$ **A** (C$_6$H$_{11}$O$_2$Br) $\xrightarrow{\text{Mg, Et}_2\text{O}}$ [**B** (C$_6$H$_{11}$MgO$_2$Br)] $\xrightarrow[\text{2) H}_3\text{O}^+\text{, H}_2\text{O}]{\text{1) CH}_3\text{CHO}}$

C (C$_6$H$_{12}$O$_2$) $\xrightarrow{\text{CH}_3\text{OH}}{\text{HA}}$ **D** (C$_7$H$_{14}$O$_2$)

16.36 Quels sont les réactifs et les intermédiaires manquants dans la synthèse suivante ?

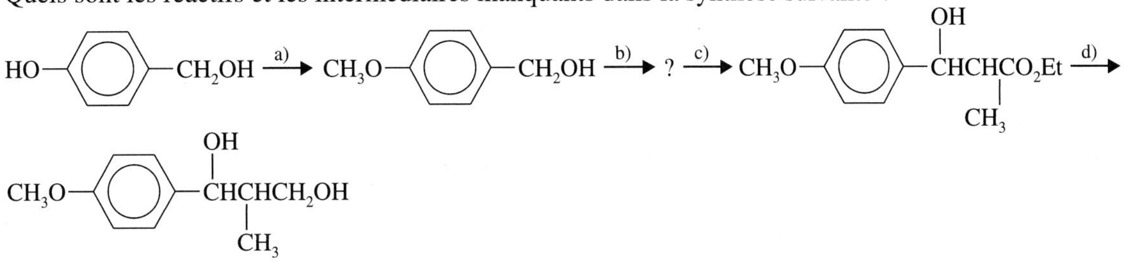

HO—⟨⟩—CH₂OH $\xrightarrow{a)}$ CH₃O—⟨⟩—CH₂OH $\xrightarrow{b)}$? $\xrightarrow{c)}$ CH₃O—⟨⟩—$\underset{CH_3}{\overset{OH}{\underset{|}{\overset{|}{CHCHCO_2Et}}}}$ $\xrightarrow{d)}$

CH₃O—⟨⟩—$\underset{CH_3}{\overset{OH}{\underset{|}{\overset{|}{CHCHCH_2OH}}}}$

16.37 La synthèse du glycéraldéhyde (section 5.14A) est décrite ci-dessous. Quels sont les intermédiaires **A, B** et **C**, et quelle forme stéréo-isomère du glycéraldéhyde prévoyez-vous obtenir ?

$CH_2{=}CHCH_2OH \xrightarrow[CH_2Cl_2]{PCC} \mathbf{A}\ (C_3H_4O) \xrightarrow{CH_3OH,\ HA} \mathbf{B}\ (C_5H_{10}O_2) \xrightarrow[\text{froid, dilué}]{KMnO_4,\ OH^-} \mathbf{C}\ (C_5H_{12}O_4) \xrightarrow[H_2O]{H_3O^+}$ glycéraldéhyde

16.38 Après avoir fait la réduction de la (*R*)-3-phénylpentan-2-one par le borohydrure de sodium, on sépare le mélange en deux fractions par chromatographie. Ces fractions contiennent deux isomères optiquement actifs. Quels sont ces deux isomères, et quelle relation stéréo-isomère y a-t-il entre eux ?

16.39 La structure de la phéromone sexuelle de la mouche tsé-tsé femelle a été élucidée par la synthèse suivante. Le composé **C** est identique à la phéromone naturelle à tous points de vue (y compris à la réponse du mâle de la mouche tsé-tsé). Décrivez les structures de **A, B** et **C**.

$BrCH_2(CH_2)_7CH_2Br \xrightarrow[\text{2) 2 RLi}]{\text{1) 2 (C}_6\text{H}_5)_3\text{P}} \mathbf{A}\ (C_{45}H_{46}P_2) \xrightarrow{2\ CH_3(CH_2)_{11}\overset{\overset{\displaystyle O}{\|}}{C}CH_3} \mathbf{B}\ (C_{37}H_{72}) \xrightarrow{H_2,\ Pt} \mathbf{C}\ (C_{37}H_{76})$

16.40 Décrivez brièvement des tests chimiques simples qui permettent de différencier les membres de chacune des paires suivantes :

a) Benzaldéhyde et alcool benzylique
b) Hexanal et hexan-2-one
c) Hexan-2-one et hexane
d) Hexan-2-ol et hexan-2-one
e) $C_6H_5CH{=}CHCOC_6H_5$ et $C_6H_5COC_6H_5$
f) Pentanal et oxyde de diéthyle

g) $CH_3\overset{\overset{\displaystyle O}{\|}}{C}CH_2\overset{\overset{\displaystyle O}{\|}}{C}CH_3$ et $CH_3\overset{\overset{\displaystyle OH}{|}}{C}{=}CH\overset{\overset{\displaystyle O}{\|}}{C}CH_3$

h) 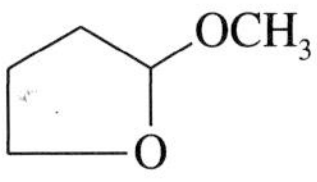 et

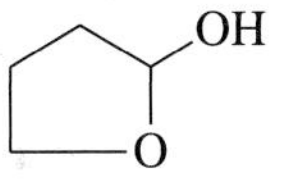

16.41 Les composés **W** et **X** sont des isomères, et leur formule moléculaire est C_9H_8O. Le spectre IR de chacun de ces composés présente une forte bande d'absorption autour de 1715 cm⁻¹. L'oxydation à chaud de l'un ou l'autre composé par le permanganate de potassium basique suivie d'une acidification produit de l'acide phtalique. Le spectre RMN ¹H de **W** présente un multiplet à $\delta = 7,3$ et un singulet à $\delta = 3,4$; celui de **X** a un multiplet à $\delta = 7,5$ et deux triplets, à $\delta = 3,1$ et à $\delta = 2,5$. Proposez des structures pour **W** et **X**.

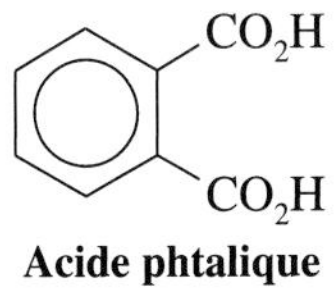

Acide phtalique

16.42 Les composés **Y** et **Z** sont des isomères de formule moléculaire $C_{10}H_{12}O$. Le spectre IR de chacun des composés a une forte bande d'absorption aux environs de 1710 cm⁻¹. Les spectres RMN ¹H de **Y** et **Z** sont présentés aux figures 16.4 et 16.5 (page suivante). Proposez des structures pour **Y** et **Z**.

16.43 Le composé **A** ($C_9H_{18}O$) forme une phénylhydrazone, mais il répond négativement au test de Tollens. Son spectre IR a une forte bande autour de 1710 cm⁻¹. Et le spectre RMN ¹³C avec découplage du proton en bande large est présenté à la figure 16.6 (page suivante). Proposez une structure pour **A**.

16.44 Le composé **B** ($C_8H_{12}O_2$) a une forte bande d'absorption carbonyle dans son spectre IR. Le spectre RMN ¹³C avec découplage du proton en bande large est présenté à la figure 16.7 (page suivante). Proposez une structure pour **B**.

16.45 Lorsque le semicarbazide ($H_2NNHCONH_2$) réagit avec une cétone (ou un aldéhyde) pour former une semicarbazone (section 16.8A), un seul atome d'azote du semicarbazide agit comme nucléophile et attaque le carbone du groupe carbonyle de la cétone. Le produit de la réaction est donc $R_2C{=}NNHCONH_2$, plutôt que $R_2C{=}NCONHNH_2$. Quel facteur explique la nature relativement non nucléophile des deux autres atomes d'azote du semicarbazide ?

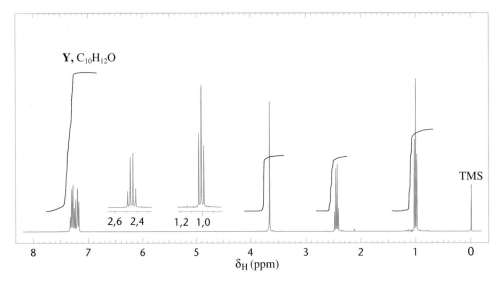

Figure 16.4 Spectre RMN ¹H à 300 MHz du composé **Y** (problème 16.42). Les agrandissements des signaux sont représentés dans les tracés décalés.

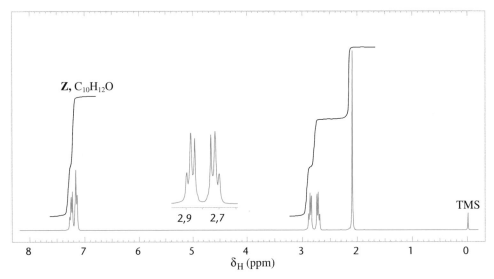

Figure 16.5 Spectre RMN ¹H à 300 MHz du composé **Z** (problème 16.42). Les agrandissements des signaux sont représentés dans les tracés décalés.

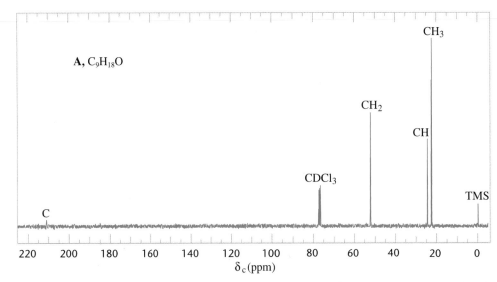

Figure 16.6 Spectre RMN ¹³C avec découplage du proton en bande large du composé **A** (problème 16.43). Les données RMN DEPT ¹³C sont indiquées à chaque pic.

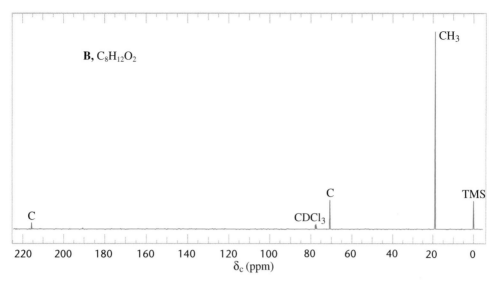

Figure 16.7 Spectre RMN ^{13}C avec découplage du proton en bande large du composé **B** (problème 16.44). Les données RMN DEPT ^{13}C sont indiquées à chaque pic.

16.46 La maladie hollandaise de l'orme est causée par un champignon microscopique transmis à l'arbre par un scolyte. La femelle de cet insecte, lorsqu'elle a trouvé un orme hôte, émet plusieurs phéromones, dont la multistriatine. Ces phéromones attirent le mâle, porteur du champignon mortel.

Multistriatine

Le traitement de la multistriatine par une solution aqueuse d'acide dilué, à la température de la pièce, provoque la formation d'un produit $C_{10}H_{20}O_3$, avec un pic infrarouge fort autour de 1715 cm^{-1}. Proposez une structure pour ce composé.

16.47 Une synthèse industrielle du benzaldéhyde s'effectue à partir du toluène et du chlore moléculaire. Le produit obtenu est un composé de formule $C_6H_5CHCl_2$, qui est ensuite transformé en benzaldéhyde. D'après vous, quelles sont les étapes de ce procédé industriel ?

16.48 Un composé optiquement actif, $C_6H_{12}O$, donne un test positif avec la 2,4-dinitrophénylhydrazine, mais un test négatif avec le réactif de Tollens. Quelle est la structure de ce composé ?

16.49 Dans le cas des cétones dissymétriques et des aldéhydes, il est possible d'avoir deux oximes isomères. Quelle est l'origine de cette isomérie ?

16.50 La structure suivante est un intermédiaire dans la synthèse des prostaglandines $F_{2\alpha}$ et E_2 qu'a mise au point E.J. Corey (université Harvard). Une réaction de Horner-Wadsworth-Emmons lui a permis de produire l'alcène *E*. Quelles sont les structures de l'ester de phosphonate et du réactif carbonylé qui ont permis de réaliser cette synthèse ? (Notez que la composante carbonylée de la réaction contenait le groupe cyclopentyle.)

16.51* Le PLP est une coenzyme qui catalyse les réactions de décarboxylation de certains acides α-aminés (voir le préambule du chapitre et la Capsule chimique intitulée « Phosphate de pyridoxal » à la section 16.8). Comme

---

* Les problèmes marqués d'un astérisque présentent une difficulté particulière.

dans toutes les réactions du PLP, le mécanisme débute par la formation d'un lien imine entre le PLP et le substrat acide aminé. Il en résulte un intermédiaire correspondant à un anion du carbone α de l'acide aminé. Cet intermédiaire est ensuite stabilisé par le groupe PLP, qui accepte temporairement une paire d'électrons. Le groupe acide carboxylique est par la suite remplacé par un proton provenant de l'enzyme (généralement issu d'un groupe *H-B-enzyme*). À l'aide de ces renseignements, proposez un mécanisme détaillé qui rende compte de la décarboxylation d'un acide α-aminé catalysée par le PLP.

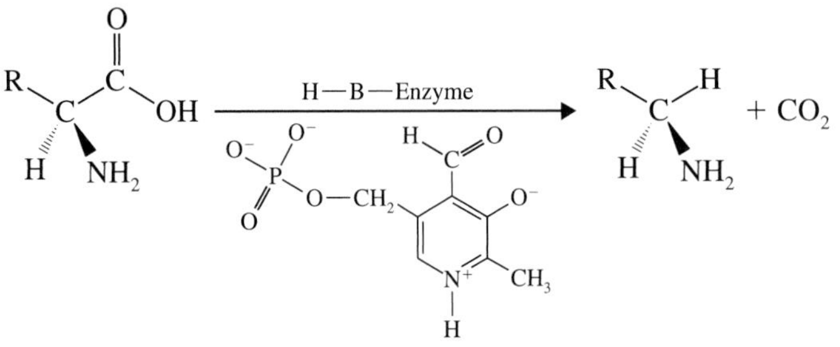

Phosphate de pyridoxal (PLP)

16.52* a) Quelles seraient, d'après vous, les fréquences des deux bandes d'absorption les plus importantes dans le spectre IR de la 4-hydroxycycloheptanone (**A**) ? b) On a constaté que, de ces deux bandes, celle qui correspond à la plus basse fréquence est très faible. Dessinez la structure d'un isomère qui pourrait être en équilibre avec **A** et expliquez cette observation.

16.53* L'une des réactions importantes que peuvent subir les alcools, les éthers et les esters benzyliques consiste en une scission, facile à provoquer par hydrogénation, de la liaison benzyle–oxygène. C'est là un autre exemple d'*hydrogénolyse* (clivage d'une liaison causé par l'hydrogène). Ce clivage est facilité par les acides. L'hydrogénolyse peut aussi se produire dans les composés dont le cycle comporte une tension.

Par hydrogénation du composé **B** (voir ci-dessous) à l'aide du nickel de Raney dans une solution diluée (eau et dioxane) de chlorure d'hydrogène, on obtient la plupart du temps des produits ayant un groupe 3,4-diméthoxyphényle fixé à une chaîne latérale. Parmi ces produits, **C** est particulièrement intéressant parce que sa formation constitue un bon exemple d'hydrogénolyse, en plus de faire ressortir l'aptitude migratoire des groupes phényle. Voici donc les données spectrales essentielles du produit **C**.

SM (m/z) : 196,1084 (M^+, à haute résolution), 178

IR (cm^{-1}) : 3400 (large), 3050, 2850 (élongation CH_3—O)

RMN ^{1}H (δ, dans $CDCl_3$) : 1,21 (d, 3H, J = 7 Hz), 2,25 (s, 1H), 2,83 (m, 1H), 3,58 (d, 2H, J = 7 Hz), 3,82 (s, 6H) et 6,70 (s, 3H)

Quelle est la structure du composé **C** ?

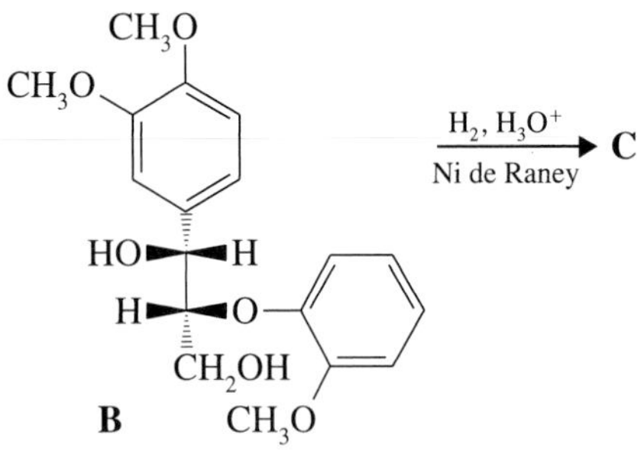

TRAVAIL COOPÉRATIF

Une synthèse de l'acide ascorbique (vitamine C, **1**) qu'on réalise à partir du D-(+)-galactose (**2**) est illustrée ci-contre (W.N. HAWORTH et coll., *J. Chem. Soc.*, 1933, p. 1419-1423). Les questions suivantes portent sur la conception de cette synthèse et sur les réactions qui la composent.

a) Pourquoi Haworth et son équipe ont-ils introduit les groupes fonctionnels acétal en **3** ?

b) Proposez un mécanisme qui explique la formation de l'un des acétals.

c) Proposez un mécanisme qui rende compte de l'hydrolyse de l'un des acétals (**4** à **5**). Notez qu'il y avait de l'eau dans le mélange réactionnel.

d) Dans la réaction qui mène de **5** à **6,** vous pouvez supposer qu'un acide (HCl, par exemple) était associé à l'amalgame de sodium. Quelle réaction en est-il résulté, et à quel groupe fonctionnel était-elle due ?

e) Proposez un mécanisme expliquant la formation d'une phénylhydrazone à partir de l'aldéhyde **7.** [Ne vous préoccupez pas du groupe phénylhydrazone en C2. Au chapitre 22, nous étudierons la formation des bishydrazones de ce type (aussi appelées osazones).]

f) Quelle réaction a permis d'ajouter l'atome de carbone qui est finalement devenu le carbone du groupe carbonyle de la lactone dans l'acide ascorbique (**1**) ?

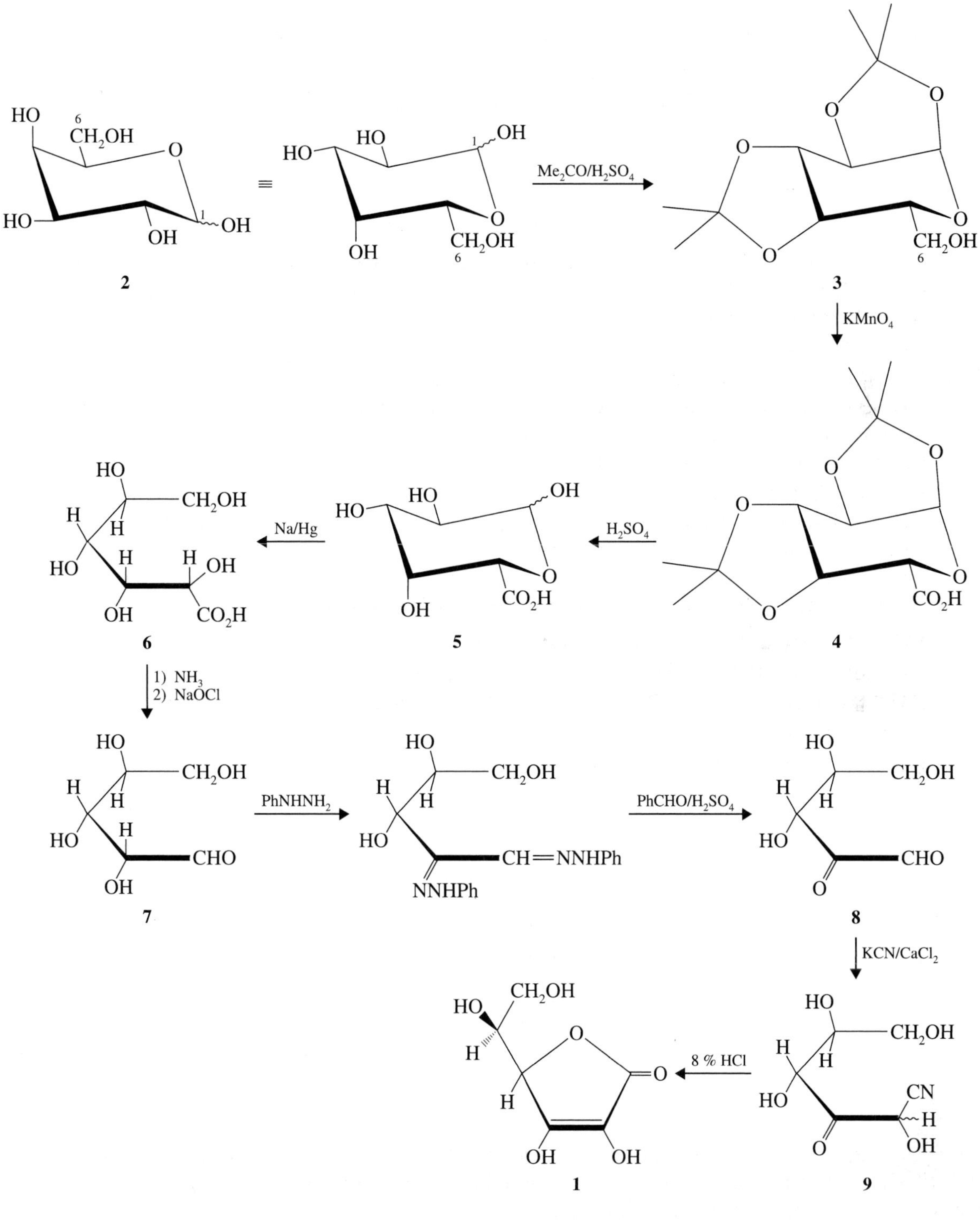

ALDÉHYDES ET CÉTONES II : réactions aldoliques

La triose phosphate isomérase (TPI) recycle le carbone par l'intermédiaire d'un énol

Un énol est un alcool vinylique, c'est-à-dire un alcène–alcool. Les énols sont essentiels à la vie, et ils occupent une place importante dans les réactions que nous étudierons dans ce chapitre. Par exemple, un intermédiaire énol joue un rôle essentiel dans la glycolyse, une voie métabolique de dégradation du glucose qui permet à tous les êtres vivants de produire de l'énergie. Sans l'intermédiaire d'un énol, le rendement net en ATP de la glycolyse serait nul.

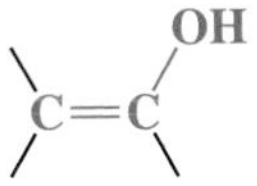

$$\begin{array}{c} \quad\quad OH \\ \backslash \quad\quad / \\ C = C \\ / \quad\quad \backslash \end{array}$$

Un énol

La glycolyse se fait en deux phases. Dans la phase I, une molécule de six carbones (C_6) de glucose se divise en deux molécules de trois carbones C_3 [le glycéraldéhyde triphosphate (GAP), dont un modèle est présenté ci-dessus en vignette, et la dihydroxyacétone phosphate (DHAP)]. Le processus de clivage *consomme* de l'énergie provenant de deux molécules d'ATP. Dans la phase II, le GAP provoque la *formation* de deux molécules d'ATP. Donc, jusqu'ici le rendement énergétique de la glycolyse est nul. Cependant, une enzyme appelée *triose phosphate isomérase* (TPI) recycle la DHAP et produit deux nouvelles molécules d'ATP. Globalement, donc, la glycolyse d'une molécule de glucose produit deux molécules d'ATP. L'ensemble des réactions peut être représenté sommairement par le schéma de la page suivante.

SOMMAIRE

17.1 Acidité des hydrogènes α des composés
carbonylés : anions
énolate

17.2 Tautomères céto et énol

17.3 Réactions où interviennent les énols et
les énolates

17.4 Réactions aldoliques :
addition d'énolates aux
aldéhydes et aux cétones

17.5 Réactions aldoliques
croisées

17.6 Cyclisations par condensation aldolique

17.7 Énolates de lithium

17.8 α-Sélénation : synthèse
de composés carbonylés
α,β-insaturés

17.9 Additions sur les aldéhydes et les cétones
α,β-insaturés

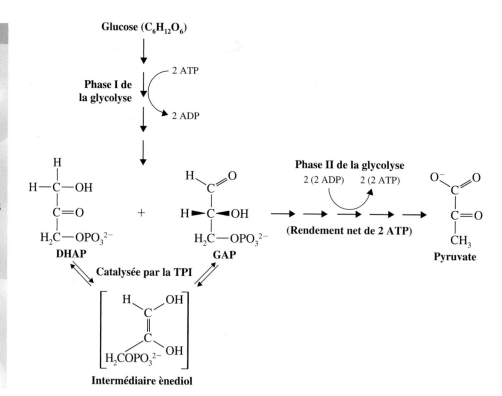

Nous utiliserons les énols et les énolates (bases conjuguées d'un énol) dans des réactions servant à créer des liaisons carbone–carbone. Parmi ces réactions figurent les aldolisations. Il est intéressant de noter que, dans la glycolyse, le pré-curseur immédiat de la DHAP et du GAP est un type de molécule appelé aldol (aldéhyde ou cétone contenant un groupe hydroxyle en β). Ce précurseur est scindé en DHAP et en GAP par une enzyme de type aldolase.

17.1 ACIDITÉ DES HYDROGÈNES α DES COMPOSÉS CARBONYLÉS : ANIONS ÉNOLATE

Au chapitre 16, nous avons souligné une caractéristique des aldéhydes et des cétones, leur aptitude à subir une addition nucléophile portant sur leur groupe carbonyle.

$$\diagdown C{=}O + H{-}Nu \longrightarrow \diagdown C{\diagup}^{OH}_{Nu}$$

Addition nucléophile

Une deuxième caractéristique importante des composés carbonylés est l'acidité inhabituelle des atomes d'hydrogène des carbones adjacents au groupe carbonyle. (Ces atomes d'hydrogène sont généralement appelés **hydrogènes α,** et le carbone auquel ils sont fixés se nomme **carbone α.**)

$$R{-}\overset{\overset{\displaystyle \cdot\cdot}{O}}{\underset{}{C}}{-}\overset{\alpha}{\underset{H}{C}}{-}\overset{\beta}{\underset{H}{C}}{-}$$

Les hydrogènes α sont
anormalement acides
(pK_a = 19 ou 20).

**Les hydrogènes β
ne sont pas acides
(pK_a = 40 à 50).**

Dire que les hydrogènes α sont acides signifie qu'ils ont *une acidité anormale pour des atomes d'hydrogène fixés à un carbone*. Les pK_a des hydrogènes α des aldé-hydes et des cétones les plus simples sont de l'ordre de 19 ou 20 ($K_a = 10^{-19}$–10^{-20}); ils sont donc plus acides que les atomes d'hydrogène de l'éthyne, $pK_a = 25$ ($K_a = 10^{-25}$), et beaucoup plus acides que ceux de l'éthène ($pK_a = 44$) ou de l'éthane ($pK_a = 50$).

Des raisons toutes simples expliquent l'acidité inhabituelle des hydrogènes α des composés carbonylés : le groupe carbonyle est fortement électroattracteur (voir section 3.10) et, quand un composé carbonylé perd un proton α, l'anion résultant est *stabilisé par résonance. La charge négative de l'anion est délocalisée.*

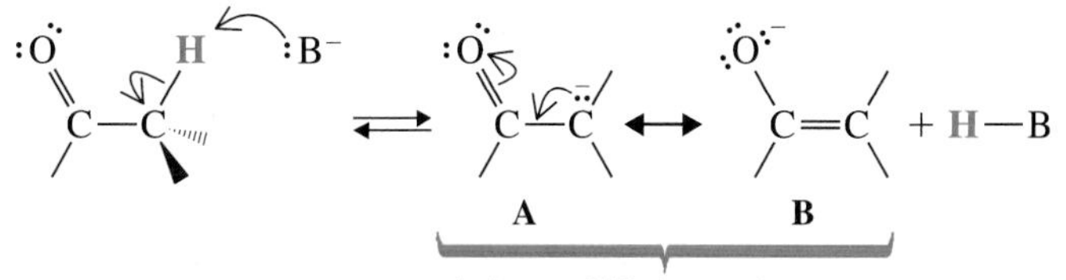

L'équation précédente met en évidence le fait qu'il existe deux structures de résonance, **A** et **B,** pour représenter l'anion. Dans la structure **A,** la charge négative est portée par un carbone. Par contre, dans la structure **B,** elle se trouve sur l'oxygène. Les deux structures contribuent à la forme hybride. Même si la structure **A** est favorisée par la force de sa liaison π carbone–oxygène, comparativement à la liaison π carbone–carbone plus faible dans **B,** la structure **B** contribue davantage à l'hybride. Il en est ainsi parce que l'oxygène fortement électronégatif est plus apte à porter la charge négative. On peut représenter l'hybride de la façon suivante.

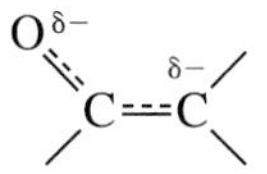

Cet anion stabilisé par résonance peut accepter un proton de deux façons, soit en acceptant un proton sur le carbone pour reformer le composé carbonylé qu'on appelle **forme céto,** soit en acceptant un proton de l'oxygène pour produire un **énol.**

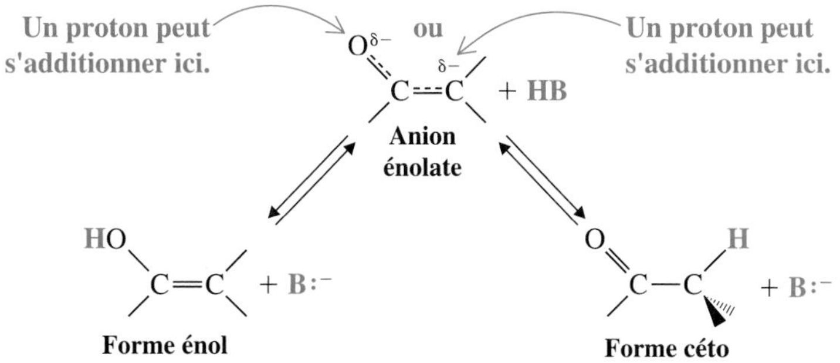

Ces deux réactions sont réversibles. À cause de sa relation structurale avec l'énol, l'anion stabilisé par résonance est appelé **anion énolate** ou simplement **énolate.**

La représentation infographique (ci-dessous) du potentiel électrostatique de l'anion énolate de l'acétone indique la densité électronique (surface de Van der Waals) de cet anion. Le rouge apparaissant au-dessus de l'oxygène démontre la plus grande aptitude de l'oxygène à stabiliser la charge négative excédentaire de l'anion. Le jaune autour du carbone dont l'hydrogène α a été retiré indique qu'une partie de cette charge s'y trouve. Ces indications sont conformes aux conclusions mentionnées précédemment en ce qui concerne la distribution des charges dans l'hybride, en fonction de la résonance et de l'électronégativité.

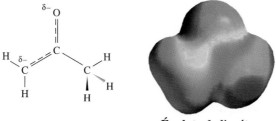

Énolate de l'acétone

17.2 TAUTOMÈRES CÉTO ET ÉNOL

Les formes céto et énol des composés carbonylés sont des isomères de constitution, qui s'interconvertissent facilement l'un en l'autre en présence de traces d'acide ou de base. Bien qu'elle soit d'un type particulier, cette interconversion correspond à ce que les chimistes appellent une **tautomérisation.** Par conséquent, les deux isomères de constitution auxquels nous nous intéressons ici sont des **tautomères.**

Dans la majorité des cas, les tautomères céto–énol sont en équilibre. (Le verre de la plupart des instruments qu'on utilise en laboratoire peut catalyser cette interconversion et permettre que l'équilibre s'établisse.) Pour les composés monocarbonylés simples, comme l'acétone et l'acétaldéhyde, la proportion de la forme énolique est *très faible* à l'équilibre. Pour l'acétone, il s'agit de moins de 1 %; pour l'acétaldéhyde, la concentration d'énol est trop faible pour être détectée. Pour les composés monocarbonylés suivants, la stabilité accrue de la forme céto peut s'expliquer par la plus grande stabilité de la liaison π carbone–oxygène, comparativement à la liaison π carbone–carbone ($\sim$364 kJ·mol^{-1} contre $\sim$250 kJ·mol^{-1}).

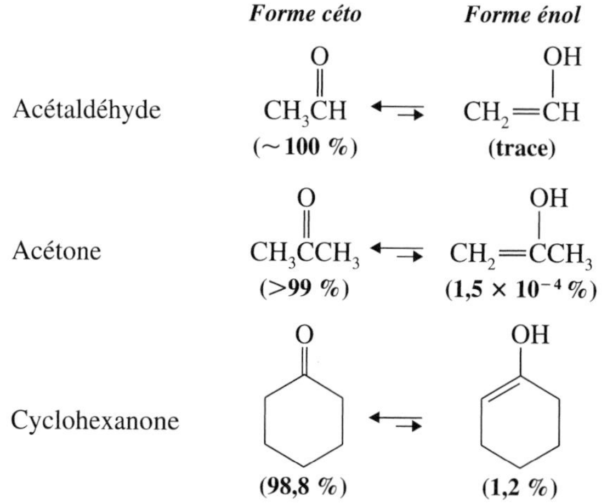

Dans les composés dont les molécules contiennent deux groupes carbonyle séparés par un groupe —CH_2— (qu'on appelle composés β-dicarbonylés), la quantité d'énol à l'équilibre est beaucoup plus grande. Ainsi, pour la pentan-2,4-dione, la proportion de la forme énolique peut atteindre 76 %.

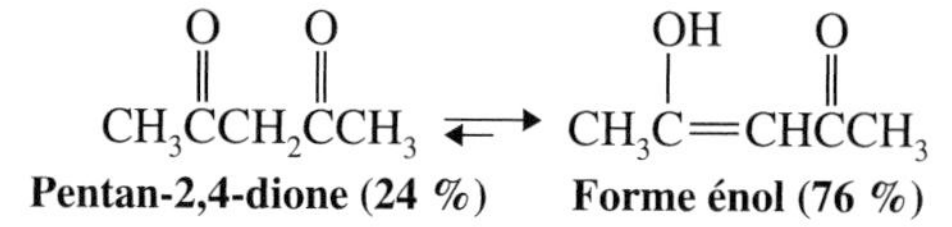

Dans les composés acycliques, la plus grande stabilité de la forme énolique des composés β-dicarbonylés est attribuable à la résonance de la double liaison conjuguée et à la formation d'une liaison hydrogène cyclique.

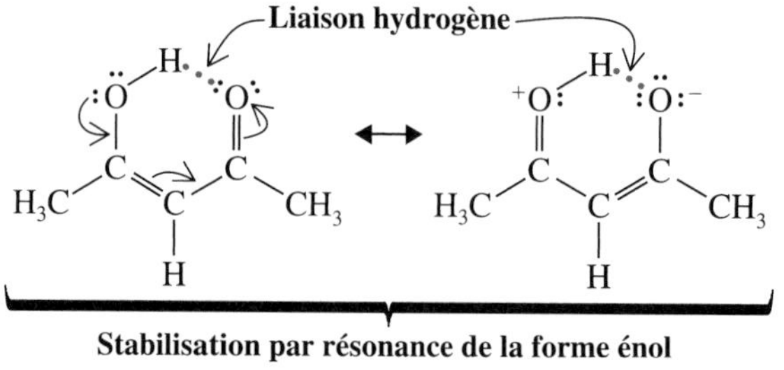

Stabilisation par résonance de la forme énol

PROBLÈME 17.1

À toutes fins utiles, le composé cyclohexan-2,4-dién-1-one n'existe que sous sa forme énol. Quelle est la structure du cyclohexa-2,4-dién-1-one et de sa forme énol ? Quel facteur particulier explique cette très grande stabilité de la forme énol ?

17.3 RÉACTIONS OÙ INTERVIENNENT LES ÉNOLS ET LES ÉNOLATES

17.3A RACÉMISATION

Lorsqu'une solution de (+)-*sec*-butylphénylcétone dans l'éthanol aqueux (voir la réaction qui suit) est traitée soit par une base soit par un acide, la solution perd progressivement son activité optique. Si, après un certain temps, on isole la cétone, on constate qu'elle a été racémisée.

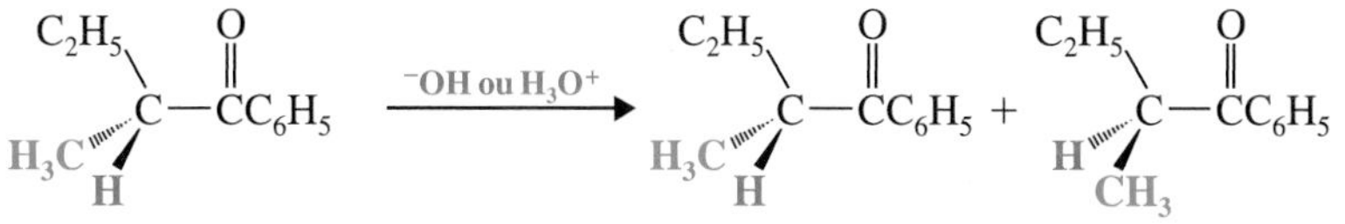

(**R**)-(+)-*sec*-**Butylphénylcétone**

(±)-*sec*-**Butylphénylcétone**
(**racémique**)

La racémisation en présence des acides ou des bases s'explique ainsi : la cétone se transforme lentement (mais de manière réversible) en son énol, et *cet énol est achiral*. Quand l'énol revient à sa forme céto, il engendre deux énantiomères en proportions équivalentes.

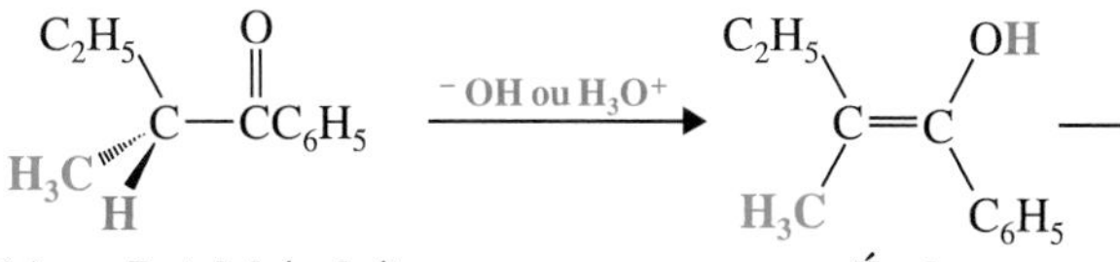

(**R**)-(+)-*sec*-**Butylphénylcétone**
(**chiral**)

Énol
(**achiral**)

(+)- et (−)-*sec*-Butylphénylcétone
(sous forme racémique
représentée ci-dessus)

Les bases catalysent la formation d'un énol en générant un anion énolate intermédiaire.

MÉCANISME DE LA RÉACTION

Catalyse basique d'une énolisation

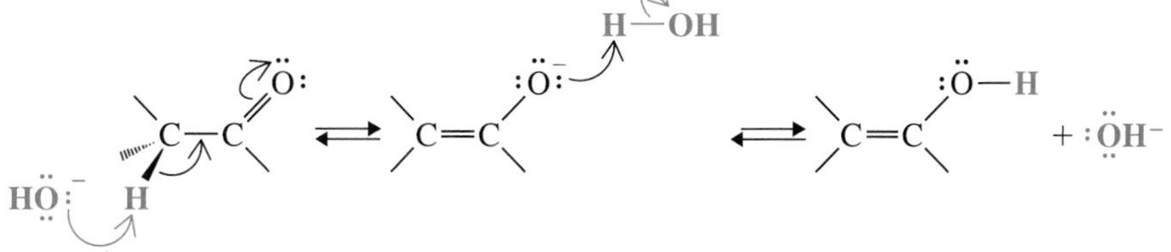

Cétone
(**chirale**)

Anion énolate
(**achiral**)

Énol
(**achiral**)

Les acides peuvent catalyser une énolisation de la manière suivante :

MÉCANISME DE LA RÉACTION

Catalyse acide d'une énolisation

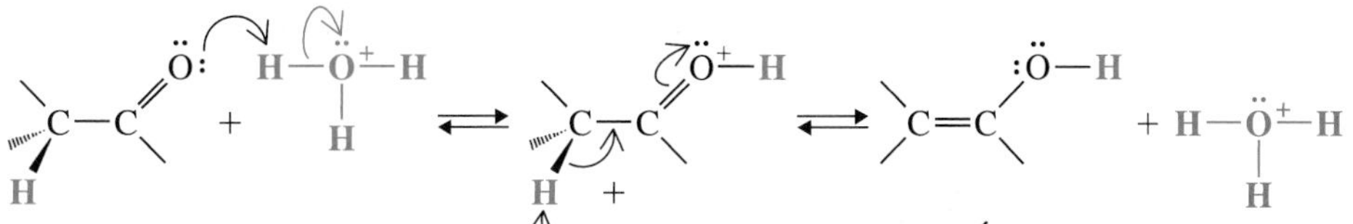

Cétone
(**chirale**)

Énol
(**achiral**)

Pour les cétones acycliques, l'énol ou l'anion énolate peuvent prendre les formes (*E*) ou (*Z*). La protonation de l'une des faces de l'isomère (*E*) et de la même face de l'isomère (*Z*) conduit aux deux énantiomères.

PROBLÈME 17.2

D'après vous, les cétones optiquement actives comme celles qui sont représentées ci-dessous peuvent-elles subir une racémisation par catalyse acide ou basique ? Justifiez votre réponse.

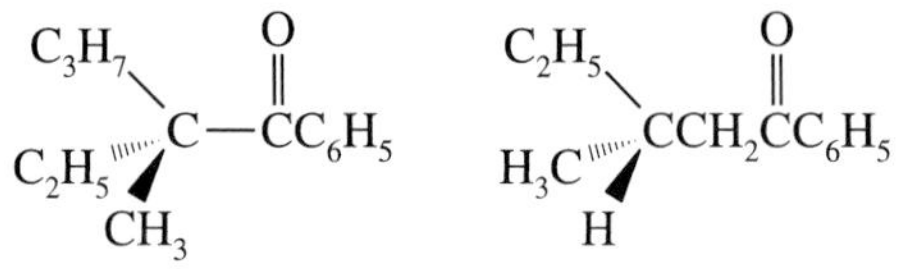

PROBLÈME 17.3

Lorsque la *sec*-butylphénylcétone est traitée par OD^- ou D_3O^+ en présence de D_2O, il se produit un échange hydrogène–deutérium, et la cétone forme le composé suivant :

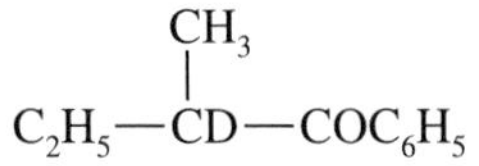

$$C_2H_5-\overset{\overset{\displaystyle CH_3}{|}}{C}D-COC_6H_5$$

Proposez des mécanismes qui expliquent ce comportement.

Les diastéréo-isomères dont la configuration ne diffère que par l'emplacement d'un stéréocentre sont parfois appelés **épimères.** La tautomérisation céto–énol peut quelquefois permettre de transformer un épimère moins stable en un épimère plus stable. Ce genre d'équilibration s'appelle **épimérisation,** et la transformation de la *cis*-décalone en *trans*-décalone en est un exemple.

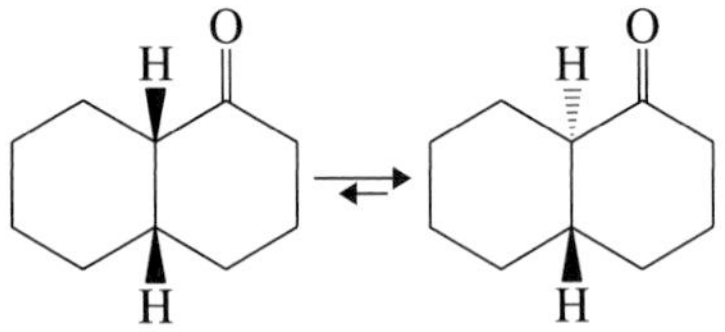

cis-**Décalone**   *trans*-**Décalone**

PROBLÈME 17.4

Proposez un mécanisme permettant d'épimériser la *cis*-décalone en *trans*-décalone au moyen de l'éthoxyde de sodium en solution dans l'éthanol. Dessinez les conformations chaise qui expliquent pourquoi la *trans*-décalone est plus stable que la *cis*-décalone.

17.3B HALOGÉNATION DES CÉTONES

Les cétones qui ont des hydrogènes α réagissent facilement par substitution avec les halogènes. La vitesse de ces halogénations *augmente quand on ajoute un acide ou une base*. De plus, *la substitution se produit presque exclusivement sur le carbone α.*

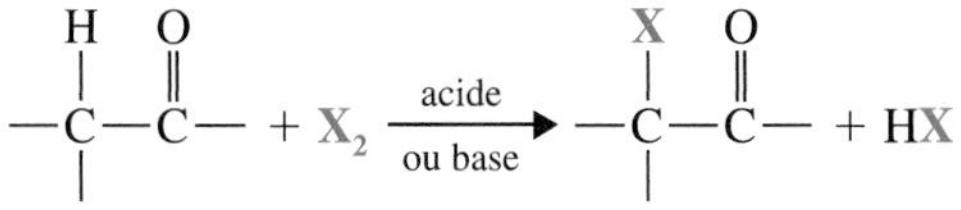

$$-\overset{\overset{\displaystyle H}{|}}{C}-\overset{\overset{\displaystyle O}{\|}}{C}- + X_2 \xrightarrow[\text{ou base}]{\text{acide}} -\overset{\overset{\displaystyle X}{|}}{C}-\overset{\overset{\displaystyle O}{\|}}{C}- + HX$$

On explique ce comportement des cétones par deux de leurs propriétés connexes que nous avons précédemment étudiées : l'acidité de leurs hydrogènes α et leur tendance à s'énoliser.

Halogénation facilitée par une base En présence d'une base, l'halogénation s'accomplit par la formation lente d'un anion énolate ou d'un énol, suivie d'une réaction rapide de l'anion énolate ou de l'énol avec l'halogène.

MÉCANISME DE LA RÉACTION

Halogénation des aldéhydes et des cétones facilitée par une base

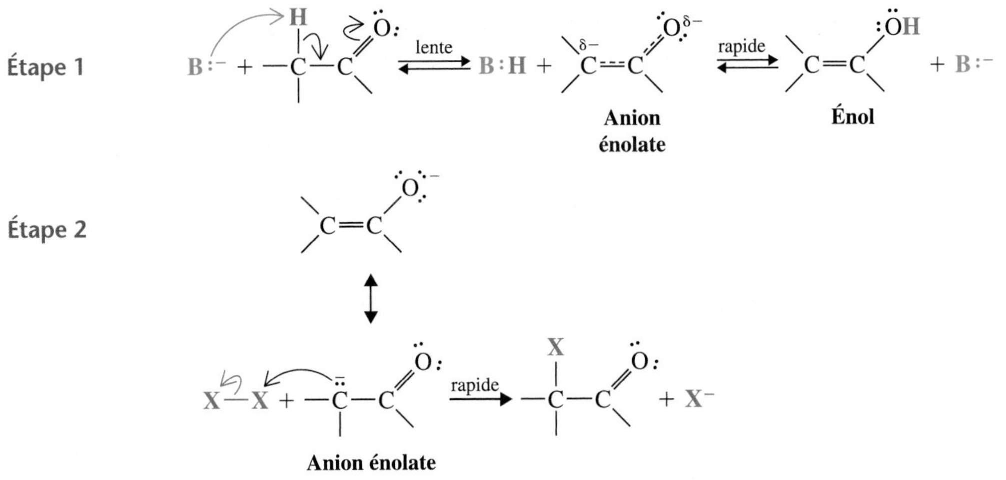

Étape 1

Anion énolate

Énol

Étape 2

Anion énolate

Comme nous le verrons à la section 17.3C, des halogénations multiples peuvent se produire.

Halogénation catalysée par un acide   En présence d'un acide, l'halogénation s'effectue par la lente formation d'un énol suivie d'une réaction rapide de l'énol avec l'halogène.

MÉCANISME DE LA RÉACTION

Halogénation des aldéhydes et des cétones par catalyse acide

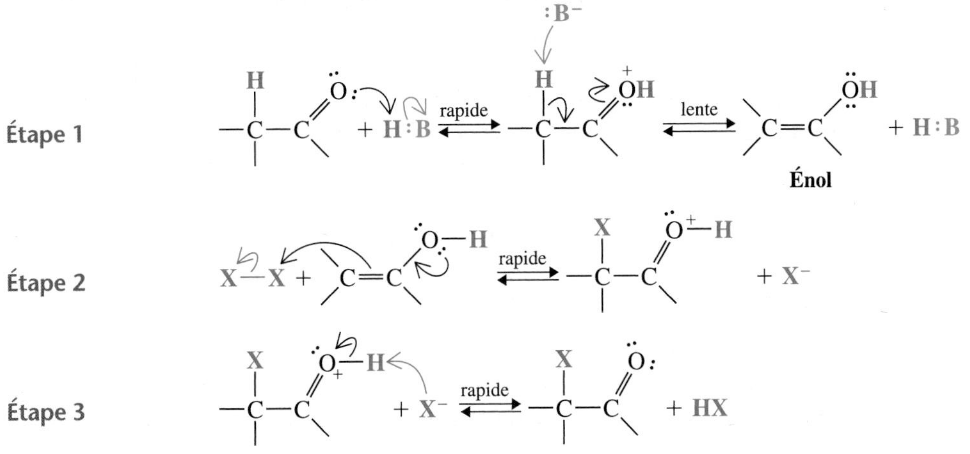

Étape 1

Énol

Étape 2

Étape 3

Des recherches effectuées sur la cinétique des réactions ont contribué à valider ces mécanismes. Dans les halogénations des cétones qui sont facilitées par une base, tout comme dans celles qui sont catalysées par un acide, *la vitesse des réactions initiales est indépendante de la concentration de l'halogène.* Les mécanismes ci-dessus sont conformes aux résultats expérimentaux qui indiquent que, dans les deux cas, l'étape lente du mécanisme a lieu avant que n'intervienne l'halogène. (Les vitesses initiales sont également indépendantes de la nature de l'halogène; voir problème 17.6.)

PROBLÈME 17.5

Pourquoi dit-on que l'halogénation des cétones est « facilitée », plutôt que « catalysée », par une base ?

PROBLÈME 17.6

Parmi les données qui confirment la validité des mécanismes d'halogénation que nous venons de présenter, on trouve les faits suivants : a) la *sec*-butylphénylcétone, qui est optiquement active, subit une racémisation catalysée par un acide à une vitesse exactement équivalente à celle de son halogénation par catalyse acide; b) l'iodation par catalyse acide de la *sec*-butylphénylcétone se déroule à la même vitesse que sa bromation par catalyse acide; c) dans la *sec*-butylphénylcétone, l'échange hydrogène–deutérium catalysé par une base se produit à la même vitesse que l'halogénation facilitée par une base. Expliquez comment chacune de ces observations contribue à confirmer la validité des mécanismes que nous avons décrits.

17.3C RÉACTION D'HALOFORME

Quand les méthylcétones réagissent avec les halogènes en présence d'une base, de multiples halogénations se produisent sur le carbone du groupe méthyle. Ces halogénations ont toutes lieu sur le carbone du groupe méthyle parce que l'introduction du premier halogène (à cause de son électronégativité) rend plus acides les autres hydrogènes α de ce groupe.

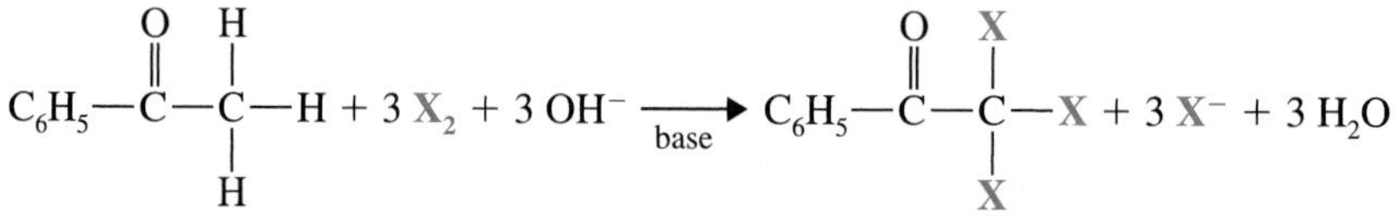

$$C_6H_5-\overset{\overset{\displaystyle O}{\|}}{C}-\overset{\overset{\displaystyle H}{|}}{\underset{\underset{\displaystyle H}{|}}{C}}-H + 3\,X_2 + 3\,OH^- \xrightarrow{\text{base}} C_6H_5-\overset{\overset{\displaystyle O}{\|}}{C}-\overset{\overset{\displaystyle X}{|}}{\underset{\underset{\displaystyle X}{|}}{C}}-X + 3\,X^- + 3\,H_2O$$

MÉCANISME DE LA RÉACTION

Étapes d'halogénation de la réaction d'haloforme

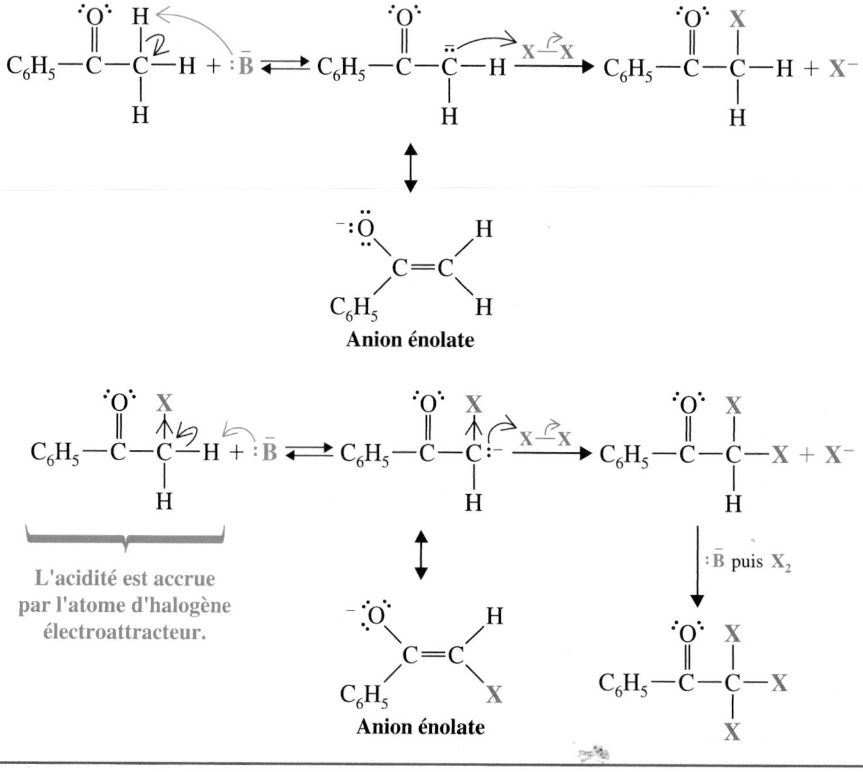

Anion énolate

L'acidité est accrue par l'atome d'halogène électroattracteur.

$$:\bar{B} \text{ puis } X_2$$

Anion énolate

Quand les méthylcétones réagissent avec les halogènes dans une solution aqueuse d'hydroxyde de sodium (c'est-à-dire dans une *solution d'hypohalite**), une réaction supplémentaire se produit. L'ion hydroxyde attaque le carbone du groupe carbonyle de la cétone trihalogénée et provoque une rupture de la liaison carbone–carbone entre le groupe carbonyle et le groupe trihalogénométhyle, un groupe sortant modérément bon. Finalement, cette rupture engendre un anion carboxylate et un *haloforme* (c'est-à-dire $CHCl_3$, $CHBr_3$ ou CHI_3). La première étape consiste en une attaque nucléophile de l'ion hydroxyde sur le carbone du groupe carbonyle. À l'étape suivante, il y a rupture de la liaison carbone–carbone, et l'anion trihalogénométhyle ($:CX_3^-$) s'élimine; il s'agit ici de l'un des rares processus où un carbanion agit comme groupe sortant. Cette étape est rendue possible par le fait que l'anion trihalogénométhyle est anormalement stable, sa charge négative étant dispersée par les trois atomes d'halogène électronégatifs (quand X = Cl, l'acide conjugué $CHCl_3$ a un pK_a de 13,6). À la dernière étape, un transfert de proton s'effectue entre l'acide carboxylique et l'anion trihalogénométhyle.

MÉCANISME DE LA RÉACTION

Étape de rupture dans la réaction d'haloforme

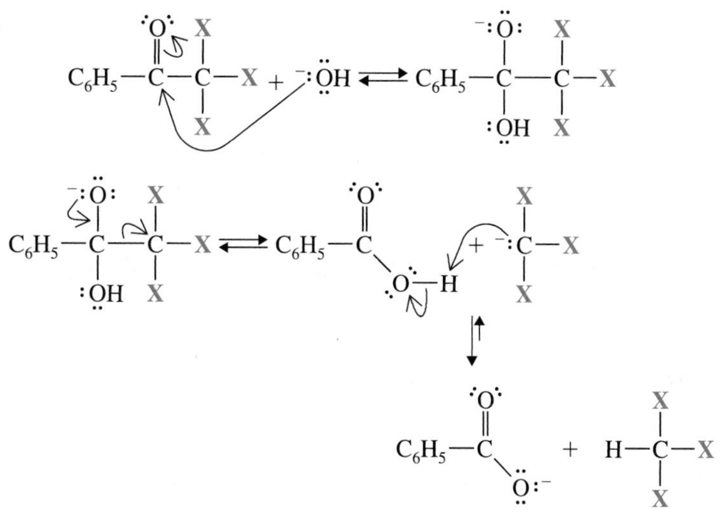

Anion carboxylate   **Haloforme**

En synthèse, la réaction haloforme permet de convertir les méthylcétones en acides carboxyliques, et les halogènes les plus fréquemment utilisés sont le chlore et le brome. Le chloroforme ($CHCl_3$) et le bromoforme ($CHBr_3$) sont deux liquides non miscibles avec l'eau et ils peuvent être facilement séparés de la solution aqueuse contenant l'anion carboxylate. Avec l'iode, la réaction produit l'iodoforme (CHI_3), un solide jaune vif, et elle donne lieu à un test de laboratoire qui permet de déterminer la présence de méthylcétones et d'alcools secondaires méthyliques (qui sont d'abord oxydés en méthylcétones dans cette réaction).

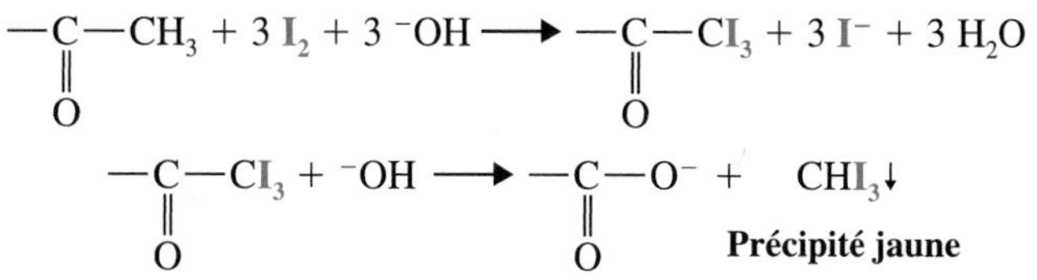

Précipité jaune

---

* La dissolution d'un halogène dans une solution aqueuse d'hydroxyde de sodium donne une solution contenant un hypohalite de sodium (NaOX) à cause de l'équilibre suivant :

$$X_2 + 2\,NaOH \rightleftharpoons NaOX + NaX + H_2O$$

Quand on traite l'eau potable par le chlore pour la désinfecter, la réaction d'haloforme produit du chloroforme à partir des impuretés organiques contenues dans l'eau. (Beaucoup de ces impuretés sont naturellement présentes dans l'eau et dans l'humus.) La présence de chloroforme dans l'eau des réseaux publics préoccupe les responsables des usines de traitement des eaux et les responsables de l'environnement, car le chloroforme est cancérigène. On a là un autre exemple de technologie qui, en résolvant un problème, peut en créer un autre. Cependant, il faut se rappeler qu'avant la chloration de l'eau, des milliers de personnes mouraient de maladies épidémiques comme le choléra et la dysenterie.

17.4 RÉACTIONS ALDOLIQUES : ADDITION D'ÉNOLATES AUX ALDÉHYDES ET AUX CÉTONES

Lorsque l'acétaldéhyde réagit avec une solution diluée d'hydroxyde de sodium à la température de la pièce (ou en dessous), une dimérisation a lieu, qui produit le 3-hydroxybutanal, un composé qui est à la fois un **ald**éhyde et un alco**ol,** d'où son nom courant d'« **aldol** ». Et les réactions de ce type sont appelées **additions aldoliques** ou **réactions aldoliques**.

$$2 \ CH_3CH \xrightarrow[5\ °C]{NaOH\ 10\ \%,\ H_2O} CH_3CHCH_2CH$$

3-Hydroxybutanal
(un « aldol »)
(50 %)

Deux aspects essentiels de la chimie des groupes carbonyle : l'acidité de leurs hydrogènes α et leur tendance à subir une addition nucléophile.

Le mécanisme de la réaction aldolique fait ressortir deux caractéristiques importantes des composés carbonylés : l'acidité de leurs hydrogènes en α et la tendance du groupe carbonyle à subir une addition nucléophile.

MÉCANISME DE LA RÉACTION

Addition aldolique

Étape 1

$$H-\ddot{O}:^- + H-CH_2-\overset{\overset{\displaystyle ..}{O}}{\underset{}{C}}-H \rightleftharpoons \left[:CH_2-\overset{\overset{\displaystyle ..}{O}}{\underset{}{C}}-H \leftrightarrow CH_2=\overset{\overset{\displaystyle ..}{O}:^-}{\underset{}{C}}-H \right] + H-\ddot{O}:$$

Anion énolate

Durant cette étape, la base (un ion hydroxyde) enlève un proton au carbone α d'une molécule d'acétaldéhyde pour produire un anion énolate stabilisé par résonance.

Étape 2

$$CH_3-\overset{\overset{\displaystyle ..}{O}}{\underset{}{C}}-H + {}^-:CH_2-\overset{\overset{\displaystyle ..}{O}}{\underset{}{C}}-H \rightleftharpoons CH_3-\overset{:\ddot{O}:^-}{\underset{}{CH}}-CH_2-\overset{\overset{\displaystyle ..}{O}}{\underset{}{C}}-H$$

Un anion alkoxyde

$$CH_2=\overset{:\ddot{O}:^-}{\underset{}{C}}-H$$

L'énolate agit ensuite comme un nucléophile — comme un carbanion — et attaque le carbone du carbonyle d'une deuxième molécule d'acétaldéhyde, ce qui donne un anion alkoxyde.

Étape 3

$$CH_3-\overset{:\ddot{O}:^-}{\underset{}{CH}}-CH_2-\overset{\overset{\displaystyle ..}{O}}{\underset{}{C}}-H + H-\ddot{O}-H \rightarrow CH_3-\overset{:\ddot{O}-H}{\underset{}{CH}}-CH_2-\overset{\overset{\displaystyle ..}{O}}{\underset{}{C}}-H + {}^-:\ddot{O}-H$$

Base plus forte   **Aldol**   **Base plus faible**

L'anion alkoxyde enlève maintenant un proton à une molécule d'eau pour donner l'aldol.

17.4A DÉSHYDRATATION DES ALDOLS

Si on chauffe le mélange basique contenant un aldol (dans l'exemple précédent), une déshydratation s'ensuit et du but-2-énal (crotonaldéhyde) se forme. Même si le groupe sortant est un ion hydroxyde, l'acidité des hydrogènes α et *la stabilité du produit ayant ses doubles liaisons conjuguées* facilitent la déshydratation.

MÉCANISME DE LA RÉACTION

Déshydratation d'un aldol

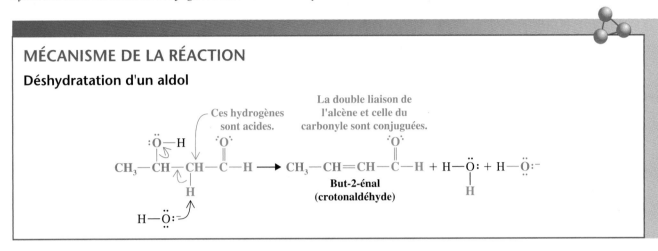

Au cours de certaines réactions aldoliques, la déshydratation survient si rapidement qu'il est impossible d'isoler le produit sous la forme aldol; on obtient plutôt le dérivé *énal* (alc*ène* al*déhyde*). Une **condensation aldolique** a lieu, plutôt qu'une *addition aldolique*. Une réaction de condensation correspond à une union de deux molécules couplée à une élimination d'une plus petite molécule comme une molécule d'eau ou d'alcool.

Produit de l'addition **Produit de la condensation**

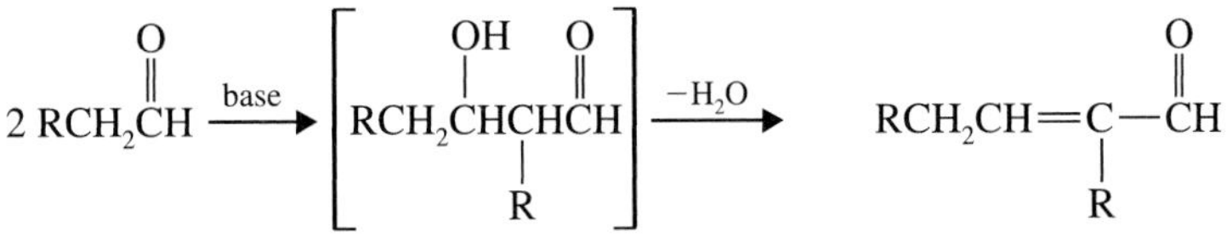

$$2\ RCH_2CH \xrightarrow{\text{base}} \left[RCH_2CHCHCH \right] \xrightarrow{-H_2O} RCH_2CH=C-CH$$

Non isolé **Un énol**
(un aldéhyde α,β-insaturé)

17.4B APPLICATIONS EN SYNTHÈSE

L'addition aldolique est une réaction générale des aldéhydes qui possèdent un hydrogène α. Ainsi, en réagissant avec une solution aqueuse d'hydroxyde de sodium, le propanal donne le 3-hydroxy-2-méthylpentanal.

$$2\ CH_3CH_2CH \xrightarrow[\text{0 à 10 °C}]{^-OH} CH_3CH_2CHCHCH$$

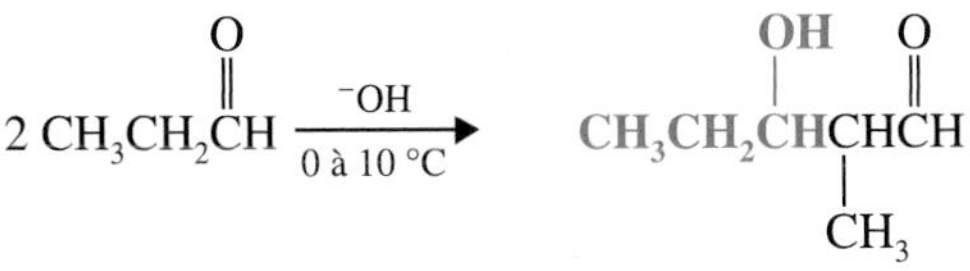

Propanal **3-Hydroxy-2-méthylpentanal**
(55 à 60 %)

PROBLÈME 17.7

a) Décrivez toutes les étapes de la réaction aldolique du propanal $\left(CH_3CH_2CH\!\!\!\!\!\overset{O}{} \right)$ en milieu basique. b) Comment expliquez-vous que le produit de l'aldolisation soit $CH_3CH_2CHCHCH$, et non pas $CH_3CH_2CHCH_2CH_2CH$? c) Quels produits se formeraient si le mélange réactionnel était chauffé ?

La réaction aldolique : un outil de synthèse utile.

La réaction aldolique est importante en synthèse organique parce qu'elle fournit une méthode pour unir deux petites molécules en créant une liaison carbone–carbone entre elles. Comme les produits aldol renferment deux groupes fonctionnels, —OH et —CHO, on peut également s'en servir pour effectuer un certain nombre de réactions subséquentes, comme l'indiquent les exemples qui suivent.

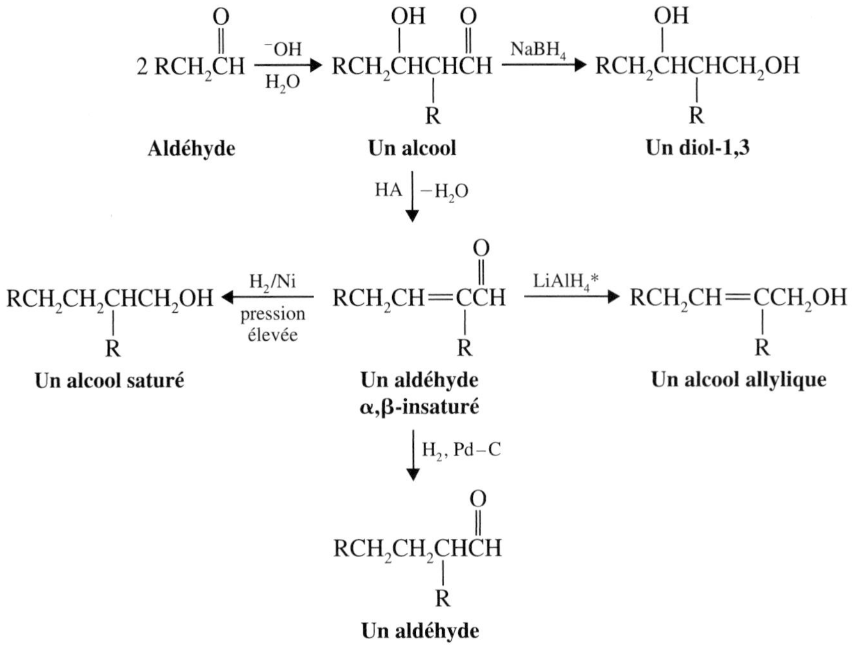

$$2\ \underset{\textbf{Aldéhyde}}{RCH_2CH} \overset{O}{\underset{\underset{H_2O}{}}{\parallel}} \xrightarrow[H_2O]{^-OH} \underset{\textbf{Un alcool}}{RCH_2CHCHCH} \xrightarrow{NaBH_4} \underset{\textbf{Un diol-1,3}}{RCH_2CHCHCH_2OH}$$

$$\Big\downarrow HA\ \ -H_2O$$

$$\underset{\textbf{Un alcool saturé}}{RCH_2CH_2CHCH_2OH} \xleftarrow[\substack{pression\\élevée}]{H_2/Ni} \underset{\substack{\textbf{Un aldéhyde}\\ \boldsymbol{\alpha,\beta}\textbf{-insaturé}}}{RCH_2CH=CCH} \xrightarrow{LiAlH_4*} \underset{\textbf{Un alcool allylique}}{RCH_2CH=CCH_2OH}$$

$$\Big\downarrow H_2,\ Pd-C$$

$$\underset{\textbf{Un aldéhyde}}{RCH_2CH_2CHCH}$$

PROBLÈME 17.8

Une synthèse industrielle du butan-1-ol s'effectue à partir de l'acétaldéhyde. Décrivez cette synthèse.

PROBLÈME 17.9

Indiquez comment on pourrait réaliser la synthèse de chacun des produits suivants à partir du butanal :

a) 2-Éthyl-3-hydroxyhexanal   c) 2-Éthylhexan-1-ol

b) 2-Éthylhex-2-én-1-ol   d) 2-Éthylhexane-1,3-diol (l'insectifuge « 6-12 »)

Les cétones subissent aussi des réactions aldoliques par catalyse basique, mais dans leur cas l'équilibre est défavorisé. Cependant, on peut surmonter cette difficulté en effectuant la réaction dans un appareil spécial qui permet de retirer le produit au fur et à mesure qu'il se forme, pour l'empêcher d'être en contact avec la base. Comme le produit se trouve ainsi éliminé, l'équilibre se déplace vers la droite et l'aldolisation peut être réalisée dans le cas de nombreuses cétones. Par exemple, l'acétone réagit comme suit :

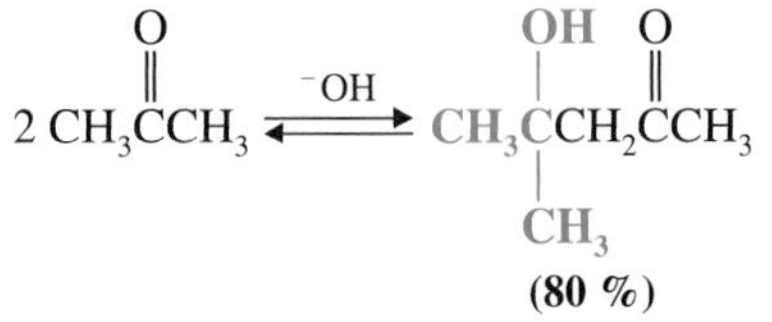

$$2\ \underset{}{CH_3CCH_3} \overset{O}{\parallel} \underset{^-OH}{\rightleftharpoons} \underset{\underset{(80\ \%)}{CH_3}}{CH_3CCH_2CCH_3}$$

Une réaction rétro-aldolique biologique constitue une étape essentielle de la glycolyse (voir le préambule du chapitre 16).

17.4C RÉVERSIBILITÉ DES RÉACTIONS ALDOLIQUES

L'aldolisation est réversible. Par exemple, si on chauffe le produit de l'addition aldolique de l'acétone (voir ci-dessus) avec une base forte, l'équilibre se déplace et le mélange

---

* Le LiAlH$_4$ réduit avec une haute chimiosélectivité le groupe carbonyle des aldéhydes et des cétones α,β-insaturés. Dans bien des cas, le NaBH$_4$ réduit aussi la double liaison carbone–carbone.

résultant contient surtout de l'acétone (~ 95 %). Ce type de réaction est qualifié de *rétro-aldolique*.

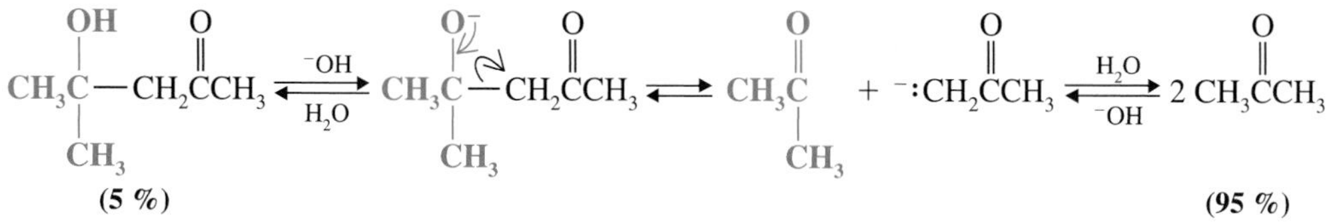

$$CH_3\overset{\overset{\displaystyle OH}{|}}{\underset{\underset{\displaystyle CH_3}{|}}{C}}{-}CH_2\overset{\overset{\displaystyle O}{\|}}{C}CH_3 \underset{H_2O}{\overset{^-OH}{\rightleftarrows}} CH_3\overset{\overset{\displaystyle O^-}{|}}{\underset{\underset{\displaystyle CH_3}{|}}{C}}{-}CH_2\overset{\overset{\displaystyle O}{\|}}{C}CH_3 \rightleftarrows CH_3\overset{\overset{\displaystyle O}{\|}}{\underset{\underset{\displaystyle CH_3}{|}}{C}} + {}^-{:}CH_2\overset{\overset{\displaystyle O}{\|}}{C}CH_3 \underset{^-OH}{\overset{H_2O}{\rightleftarrows}} 2\ CH_3\overset{\overset{\displaystyle O}{\|}}{C}CH_3$$

(5 %)   **(95 %)**

17.4D CONDENSATIONS ALDOLIQUES CATALYSÉES PAR UN ACIDE

Les condensations aldoliques peuvent aussi se réaliser par catalyse acide. Ainsi, l'acétone traitée avec le chlorure d'hydrogène aboutit à la formation du 4-méthylpent-3-én-2-one, produit de la condensation aldolique. En général, en milieu acide, on observe la déshydratation du produit formé initialement au cours de la réaction aldolique.

MÉCANISME DE LA RÉACTION

Condensation aldolique par catalyse acide

Réaction

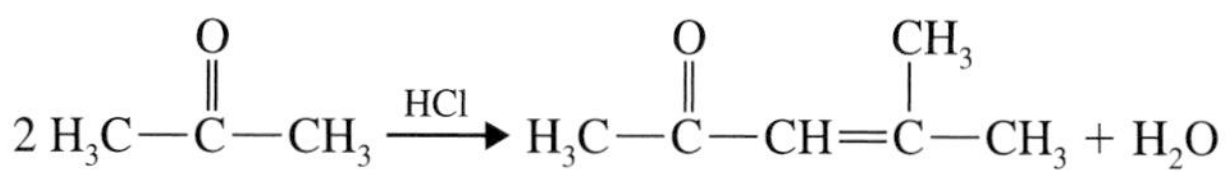

$$2\ H_3C\overset{\overset{\displaystyle O}{\|}}{C}{-}CH_3 \xrightarrow{HCl} H_3C\overset{\overset{\displaystyle O}{\|}}{C}{-}CH{=}\overset{\overset{\displaystyle CH_3}{|}}{C}{-}CH_3 + H_2O$$

4-Méthylpent-3-én-2-one

Mécanisme

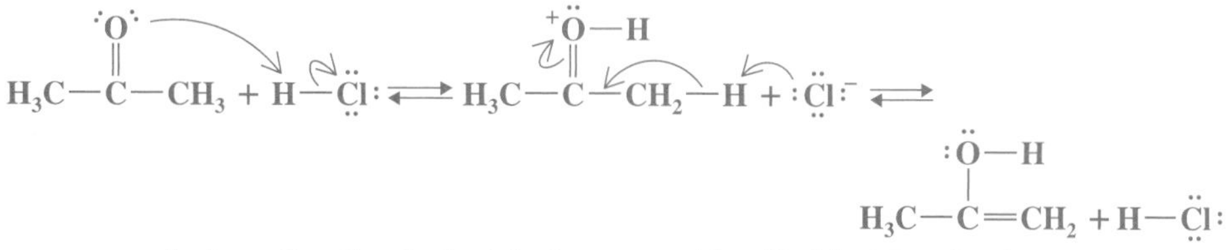

La formation d'un énol catalysée par un acide est le début du mécanisme.

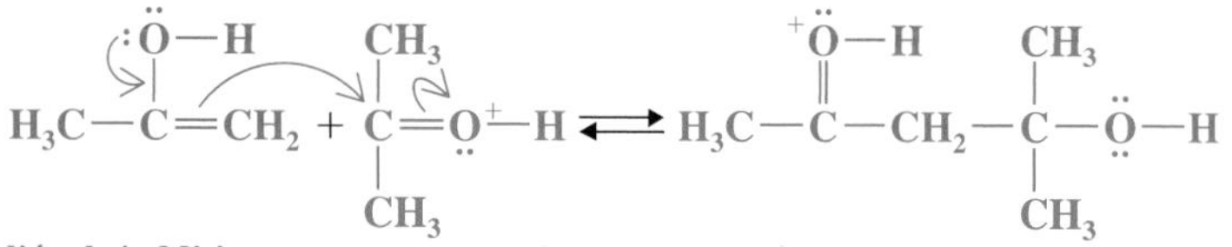

Puis l'énol s'additionne au groupe carbonyle protoné d'une autre molécule d'acétone.

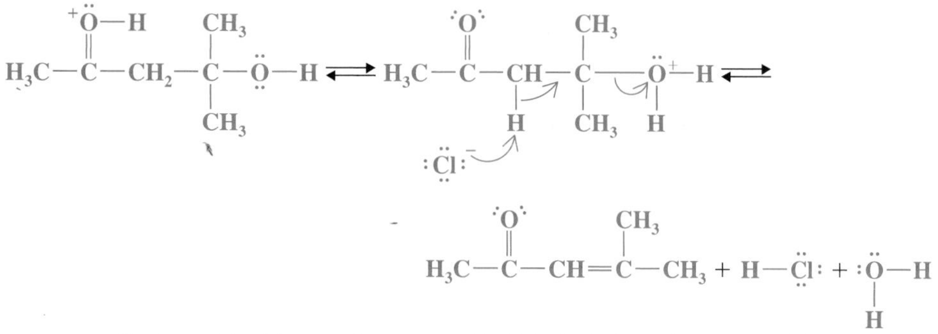

Finalement, les échanges de protons et la déshydratation mènent au produit.

PROBLÈME 17.10

La condensation aldolique de l'acétone catalysée par un acide (que nous venons de présenter) produit aussi un peu de 2,6-diméthylhepta-2,5-dién-4-one. Proposez un mécanisme qui explique la formation de ce produit.

PROBLÈME 17.11

Le chauffage de l'acétone en présence d'acide sulfurique aboutit au 1,3,5-triméthyl-benzène. Proposez un mécanisme pour cette réaction.

17.5 RÉACTIONS ALDOLIQUES CROISÉES

Une réaction aldolique dont les réactifs de départ sont deux composés carbonylés différents s'appelle **réaction aldolique croisée.** Les réactions aldoliques mixtes qui se produisent dans des solutions aqueuses d'hydroxyde de sodium ont peu d'importance en synthèse lorsque les deux réactifs possèdent des hydrogènes α, car on obtient alors un mélange complexe de produits. Ainsi, la réaction aldolique croisée réalisée à partir de l'acétaldéhyde et du propanal engendre au moins quatre produits.

$$CH_3\overset{\displaystyle O}{\overset{\|}{C}}H + CH_3CH_2\overset{\displaystyle O}{\overset{\|}{C}}H \xrightarrow[\text{H}_2\text{O}]{\text{}^-\text{OH}} CH_3\overset{\displaystyle OH}{\overset{\|}{C}}HCH_2\overset{\displaystyle O}{\overset{\|}{C}}H \quad + \quad CH_3CH_2\overset{\displaystyle OH}{\overset{\|}{C}}H\overset{}{C}H\overset{\displaystyle O}{\overset{\|}{C}}H$$
$$\underset{CH_3}{|}$$

3-Hydroxybutanal   **3-Hydroxy-2-méthylpentanal**
(issu de deux molécules d'acétaldéhyde)   **(issu de deux molécules de propanal)**

$$+ \ CH_3\overset{\displaystyle OH}{\overset{\|}{C}}HCH\overset{\displaystyle O}{\overset{\|}{C}}H \quad + \quad CH_3CH_2\overset{\displaystyle OH}{\overset{\|}{C}}HCH_2\overset{\displaystyle O}{\overset{\|}{C}}H$$
$$\underset{CH_3}{|}$$

3-Hydroxy-2-méthylbutanal   **3-Hydroxypentanal**
(issus d'une molécule d'acétaldéhyde et d'une molécule de propanal)

QUESTION TYPE

Expliquez comment se forme chacun des quatre produits de la réaction aldolique croisée de l'acétaldéhyde et du propanal.

Réponse

Au début, il y a quatre entités organiques dans la solution aqueuse basique : des molécules d'acétaldéhyde, des molécules de propanal, des énolates dérivés de l'acétaldéhyde et des énolates dérivés du propanal.

À la section 17.4, nous avons vu comment une molécule d'acétaldéhyde peut réagir avec son anion énolate pour former le 3-hydroxybutanal (un aldol).

Réaction 1 $CH_3\overset{\displaystyle O}{\overset{\|}{C}}H + \ ^-{:}CH_2\overset{\displaystyle O}{\overset{\|}{C}}H \longrightarrow CH_3\overset{\displaystyle O^-}{\overset{\|}{C}}HCH_2\overset{\displaystyle O}{\overset{\|}{C}}H \xrightarrow{H-OH}$

$$CH_3\overset{\displaystyle OH}{\overset{\|}{C}}HCH_2\overset{\displaystyle O}{\overset{\|}{C}}H + \ ^-OH$$
3-Hydroxybutanal

Nous avons également vu (problème 17.7) comment le propanal réagit avec son anion énolate pour former le 3-hydroxy-2-méthylpentanal.

Réaction 2 $CH_3CH_2\overset{\displaystyle O}{\overset{\|}{C}}H + \ ^-{:}CH\overset{\displaystyle O}{\overset{\|}{C}}H \longrightarrow CH_3CH_2\overset{\displaystyle O^-}{\overset{\|}{C}}HCHCH\overset{\displaystyle O}{\overset{\|}{C}}H \xrightarrow{H-OH}$
$$\underset{CH_3}{|} \qquad\qquad\qquad\qquad \underset{CH_3}{|}$$

Propanal   **Énolate du**
         propanal

$$CH_3CH_2\overset{\displaystyle OH}{\overset{\|}{C}}HCH\overset{\displaystyle O}{\overset{\|}{C}}H + \ ^-OH$$
$$\underset{CH_3}{|}$$
3-Hydroxy-2-méthylpentanal

L'acétaldéhyde peut aussi réagir avec l'énolate du propanal. Cette réaction donne le troisième produit, le 3-hydroxy-2-méthylbutanal.

Réaction 3

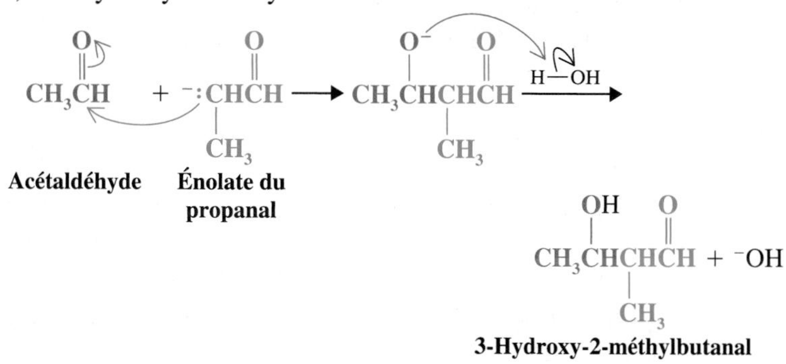

$$
CH_3CH + {}^-{:}CHCH \longrightarrow CH_3CHCHCH \xrightarrow{\text{H}-\text{OH}}
$$

Acétaldéhyde **Énolate du propanal**

$$
CH_3CHCHCH + {}^-OH
$$

3-Hydroxy-2-méthylbutanal

Finalement, le propanal peut réagir avec l'énolate de l'acétaldéhyde, d'où le quatrième produit.

Réaction 4

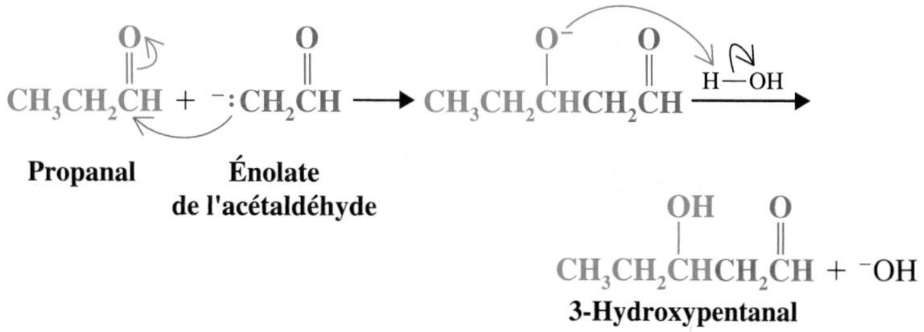

$$
CH_3CH_2CH + {}^-{:}CH_2CH \longrightarrow CH_3CH_2CHCH_2CH \xrightarrow{\text{H}-\text{OH}}
$$

Propanal **Énolate de l'acétaldéhyde**

$$
CH_3CH_2CHCH_2CH + {}^-OH
$$

3-Hydroxypentanal

17.5A APPLICATIONS DES RÉACTIONS ALDOLIQUES CROISÉES

Avec des bases comme NaOH, certaines réactions aldoliques croisées sont utiles quand l'un des réactifs ne possède pas d'hydrogène α et qu'il ne peut donc pas former un anion énolate. Pour éviter les réactions secondaires, on met le premier réactif (celui qui n'a pas d'hydrogène α) dans un milieu basique, puis on ajoute lentement au mélange le deuxième réactif (celui qui possède un hydrogène α). Dans ces conditions, la concentration du deuxième réactif demeure toujours faible, et sa forme énolate prédomine. La principale réaction aldolique est donc celle qui se produit entre cet énolate et le composé sans hydrogène α. Les exemples présentés au tableau 17.1 illustrent cette technique. À la section 17.7, nous étudierons une autre façon d'effectuer des additions aldoliques croisées.

Il faut aussi noter que les réactions aldoliques croisées s'accompagnent fréquemment d'une déshydratation, comme le montrent les exemples du tableau 17.1. Le choix des conditions de réaction peut parfois déterminer s'il y aura ou non déshydratation, mais *la déshydratation est particulièrement facile lorsqu'elle entraîne la formation d'un système fortement conjugué.*

PROBLÈME 17.12

La synthèse d'un composé appelé aldéhyde du lis, qu'on utilise en parfumerie, est illustrée ci-dessous. Indiquez toutes les structures manquantes.

$$
\text{Alcool } p\text{-}tert\text{-butylbenzylique} \xrightarrow[\text{CH}_2\text{Cl}_2]{\text{PCC}} C_{11}H_{14}O \xrightarrow[{}^-\text{OH}]{\text{propanal}}
$$

$$
C_{14}H_{18}O \xrightarrow{\text{H}_2,\ \text{Pd}-\text{C}} \text{aldéhyde du lis } (C_{14}H_{20}O)
$$

PROBLÈME 17.13

Montrez comment vous appliqueriez une réaction aldolique croisée à la synthèse du cinnamaldéhyde ($C_6H_5CH{=}CHCHO$). Proposez un mécanisme détaillé pour la réaction.

Tableau 17.1 Réactions aldoliques croisées utiles.

On place le réactif sans hydrogène α en milieu basique.	On ajoute lentement le réactif ayant un hydrogène α.	Produit
$\underset{\text{Benzaldéhyde}}{C_6H_5\overset{\displaystyle O}{\overset{\|}{C}}H}$ +	$\underset{\text{Propanal}}{CH_3CH_2\overset{\displaystyle O}{\overset{\|}{C}}H}$ $\xrightarrow[10\,°C]{^-OH}$	$\underset{\substack{\text{2-Méthyl-3-phénylprop-2-énal}\\ (\alpha\text{-méthylcinnamaldéhyde})\\ (68\,\%)}}{C_6H_5CH=\overset{\displaystyle CH_3}{\underset{}{C}}\overset{\displaystyle O}{\overset{\|}{C}}H}$
$\underset{\text{Benzaldéhyde}}{C_6H_5\overset{\displaystyle O}{\overset{\|}{C}}H}$ +	$\underset{\text{Phénylacétaldéhyde}}{C_6H_5CH_2\overset{\displaystyle O}{\overset{\|}{C}}H}$ $\xrightarrow[20\,°C]{^-OH}$	$\underset{\substack{\text{2,3-Diphénylprop-2-énal}}}{C_6H_5CH=\underset{\displaystyle C_6H_5}{\overset{}{C}}\overset{\displaystyle O}{\overset{\|}{C}}H}$
$\underset{\text{Formaldéhyde}}{H\overset{\displaystyle O}{\overset{\|}{C}}H}$ +	$\underset{\text{2-Méthylpropanal}}{CH_3\underset{\displaystyle CH_3}{\overset{}{C}}H{-}\overset{\displaystyle O}{\overset{\|}{C}}H}$ $\xrightarrow[40\,°C]{Na_2CO_3\text{ dilué}}$	$\underset{\substack{\text{3-Hydroxy-}\\ \text{2,2-diméthylpropanal}\\ (>64\,\%)}}{CH_3{-}\underset{\displaystyle CH_2OH}{\overset{\displaystyle CH_3}{C}}{-}\overset{\displaystyle O}{\overset{\|}{C}}H}$

PROBLÈME 17.14

Lorsqu'on traite un excès de formaldéhyde en solution basique avec de l'acétaldéhyde, la réaction suivante se produit :

$$3\ H\overset{\displaystyle O}{\overset{\|}{C}}H + CH_3\overset{\displaystyle O}{\overset{\|}{C}}H \xrightarrow[40\,°C]{Na_2CO_3\text{ dilué}} HOCH_2{-}\underset{\displaystyle CH_2OH}{\overset{\displaystyle CH_2OH}{C}}{-}CHO$$
$$(82\,\%)$$

Proposez un mécanisme qui rende compte de la formation de ce produit.

17.5B RÉACTIONS DE CLAISEN-SCHMIDT

Quand on utilise une cétone comme réactif, les réactions aldoliques croisées s'appellent **réactions de Claisen-Schmidt,** d'après le nom de deux chimistes allemands, J.G. Schmidt et Ludwig Claisen. Schmidt a découvert ce type de réaction en 1880, et Claisen l'a mis au point entre 1881 et 1889. Ces réactions sont pratiques quand on emploie des bases comme l'hydroxyde de sodium, parce que dans ces conditions les cétones ne s'autocondensent pas de manière appréciable. (L'équilibre est défavorisé; voir section 17.4C.)

Voici deux exemples de réactions de Claisen-Schmidt.

$$C_6H_5\overset{\displaystyle O}{\overset{\|}{C}}H + CH_3\overset{\displaystyle O}{\overset{\|}{C}}CH_3 \xrightarrow[100\,°C]{^-OH} \underset{\substack{\text{4-Phénylbut-3-én-2-one}\\ (\text{benzylidènacétone})\\ (70\,\%)}}{C_6H_5CH=CH\overset{\displaystyle O}{\overset{\|}{C}}CH_3}$$

$$C_6H_5\overset{\displaystyle O}{\overset{\|}{C}}H + CH_3\overset{\displaystyle O}{\overset{\|}{C}}C_6H_5 \xrightarrow[20\,°C]{^-OH} \underset{\substack{\text{1,3-Diphénylprop-2-én-1-one}\\ (\text{benzylidènacétophénone})\\ (85\,\%)}}{C_6H_5CH=CH\overset{\displaystyle O}{\overset{\|}{C}}C_6H_5}$$

MÉCANISME DE LA RÉACTION DE CLAISEN-SCHMIDT

Étape 1

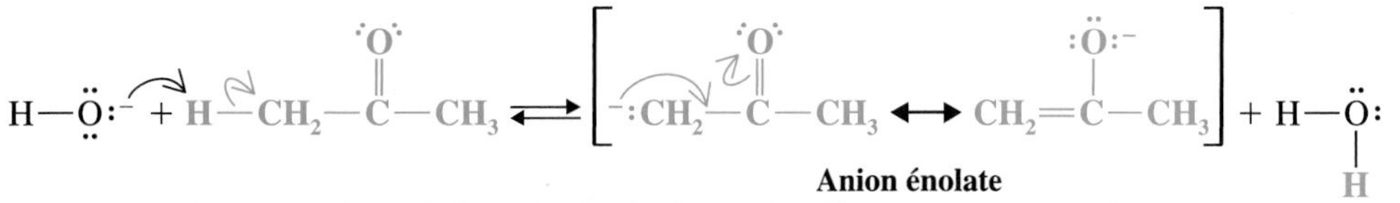

Anion énolate

Dans cette étape, la base (un ion hydroxyde) enlève un proton au carbone α d'une molécule de la cétone, ce qui donne un anion énolate stabilisé par résonance.

Étape 2

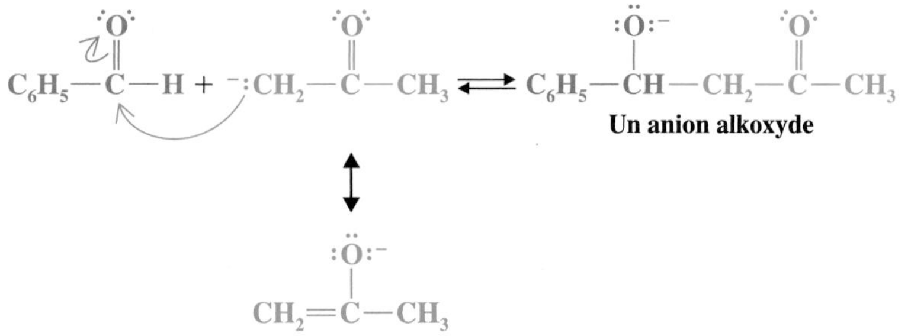

Un anion alkoxyde

L'anion énolate agit alors comme un nucléophile — comme un carbanion — et il attaque le carbone du carbonyle de la molécule d'aldéhyde, ce qui mène à un anion alkoxyde.

Étape 3

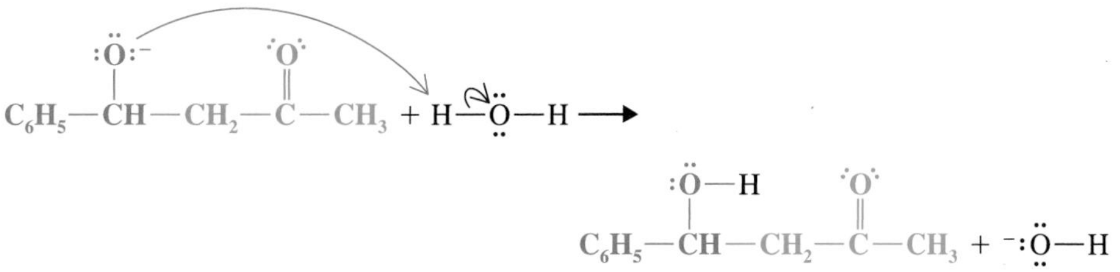

L'anion alkoxyde enlève maintenant un proton à une molécule d'eau.

Étape 4

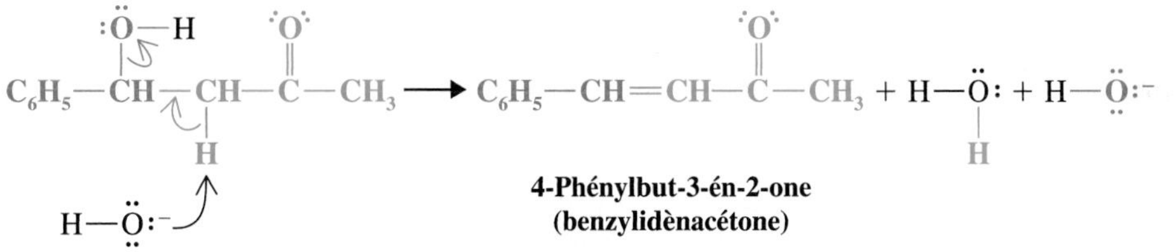

4-Phénylbut-3-én-2-one
(benzylidènacétone)

La déshydratation engendre le produit conjugué.

Dans les précédentes réactions de Claisen-Schmidt, la déshydratation se fait facilement parce que la double liaison qui se forme est conjuguée à la fois avec le groupe carbonyle et le cycle benzénique. Par conséquent, le système conjugué s'étend sur plusieurs liaisons.

Une étape importante de la synthèse industrielle de la vitamine A consiste en une réaction de Claisen-Schmidt entre le géranial et l'acétone.

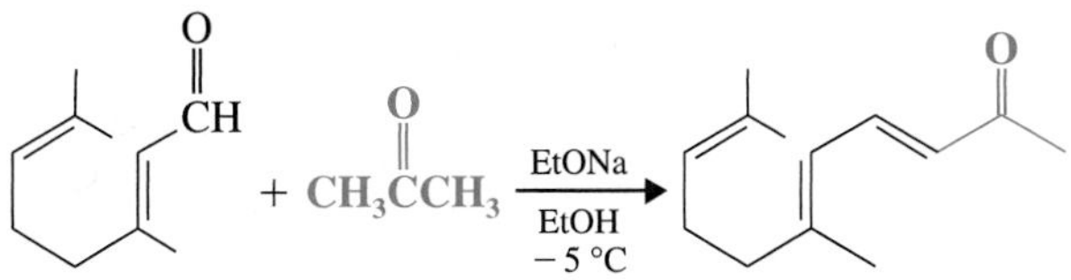

Géranial

Pseudo-ionone
(49 %)

Le géranial est un aldéhyde naturel qui peut être extrait de l'essence de la citronnelle. Son hydrogène α est vinylique et par conséquent peu acide. On note que, dans cette réaction aussi, la déshydratation est facile parce qu'elle étend le système conjugué.

PROBLÈME 17.15

Lorsque la pseudo-ionone est traitée par le BF$_3$ dans l'acide acétique, une réaction de cyclisation a lieu et on obtient l'α- et la β-ionone. C'est l'étape suivante de la synthèse industrielle de la vitamine A.

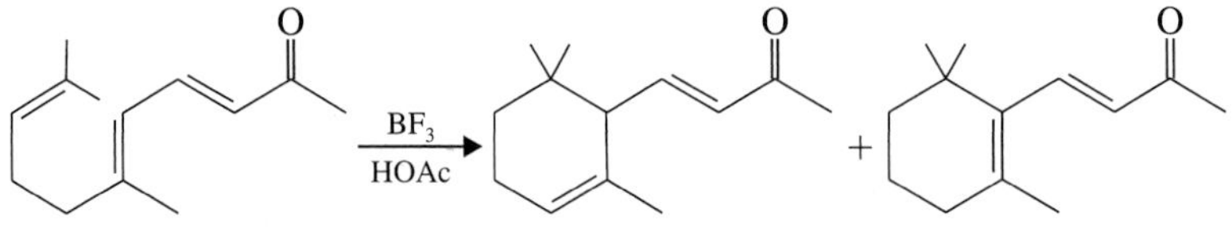

Pseudo-ionone   **α-Ionone**   **β-Ionone**

a) Proposez des mécanismes pour expliquer la formation de l'α- et de la β-ionone.
b) La β-ionone est le principal produit. Comment expliquez-vous cela ? c) Selon vous, quelle ionone absorbe aux plus grandes longueurs d'onde de la région du spectre UV-visible ? Pourquoi ?

17.5C CONDENSATIONS AVEC LES NITROALCANES

Les atomes d'hydrogène α des nitroalcanes sont sensiblement acides (pK_a = 10), en fait beaucoup plus acides que ceux des aldéhydes et des cétones. L'acidité de ces hydrogènes α, aussi bien ceux des nitroalcanes que ceux des aldéhydes et des cétones, s'explique par le puissant effet électroattracteur du groupe nitro et par la stabilisation par résonance de l'anion formé.

Anion stabilisé par résonance

Les nitroalcanes qui ont des hydrogènes α se condensent par catalyse basique avec les aldéhydes et les cétones, et cette condensation ressemble à une condensation aldolique. La condensation du benzaldéhyde avec le nitrométhane est un exemple de ce type de réaction.

$$\underset{\text{O}}{\overset{\text{O}}{\underset{\parallel}{C_6H_5CH}}} + CH_3NO_2 \xrightarrow{^-OH} C_6H_5CH=CHNO_2$$

Cette condensation est particulièrement utile, parce que le groupe nitro du produit peut être facilement réduit en groupe amine. Une technique permettant de réaliser cette transformation comporte l'utilisation combinée de l'hydrogène et d'un catalyseur de nickel. Cette combinaison réduit non seulement le groupe nitro mais aussi la double liaison.

$$C_6H_5CH=CHNO_2 \xrightarrow{H_2,\ Ni} C_6H_5CH_2CH_2NH_2$$

PROBLÈME 17.16

Supposez que vous disposiez de tous les aldéhydes, cétones et nitroalcanes nécessaires. Indiquez comment vous synthétiseriez chacun des composés suivants. Proposez un mécanisme détaillé pour chaque réaction.

a) $\underset{\underset{CH_3}{|}}{C_6H_5CH=CNO_2}$ b) $HOCH_2CH_2NO_2$

17.5D CONDENSATIONS AVEC LES NITRILES

Les hydrogènes α des nitriles sont, eux aussi, sensiblement acides, mais moins que ceux des aldéhydes et des cétones. La constante d'acidité de l'acétonitrile (CH_3CN) est approximativement de 10^{-25} (p$K_a \cong 25$). Les autres nitriles dotés d'hydrogènes α ont une acidité comparable et par conséquent ils subissent des condensations de type aldolique. La condensation du benzaldéhyde avec le phénylacétonitrile nous servira ici d'exemple.

$$C_6H_5\overset{\overset{\displaystyle O}{\|}}{C}H + C_6H_5CH_2CN \xrightarrow[\text{EtOH}]{\text{EtO}^-} C_6H_5CH=C-CN$$
$$\underset{\displaystyle C_6H_5}{|}$$

PROBLÈME 17.17

a) Quelles sont les structures de résonance de l'anion de l'acétonitrile qui justifient qu'il ait une plus grande acidité que l'éthane ? b) Décrivez, étape par étape, un mécanisme expliquant la condensation du benzaldéhyde avec l'acétonitrile.

17.6 CYCLISATIONS PAR CONDENSATION ALDOLIQUE

La condensation aldolique offre aussi un moyen intéressant de synthétiser des molécules cycliques à cinq ou six atomes, et parfois plus. Pour ce faire, on a recours à une condensation aldolique intramoléculaire utilisant un dialdéhyde, un cétoaldéhyde ou une dicétone comme substrat. Par exemple, la cyclisation du cétoaldéhyde suivant donne la 1-cyclopenténylméthylcétone.

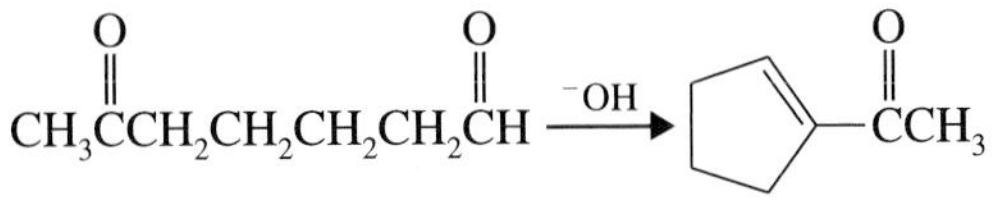

$$\overset{\overset{\displaystyle O}{\|}}{CH_3C}CH_2CH_2CH_2CH_2\overset{\overset{\displaystyle O}{\|}}{C}H \xrightarrow{^-OH}$$

(73 %)

Cette réaction comporte presque certainement la formation d'au moins trois énolates différents. Cependant, c'est l'énolate de la cétone qui s'additionne au groupe aldéhyde pour former le produit.

MÉCANISME DE LA RÉACTION

Cyclisation aldolique

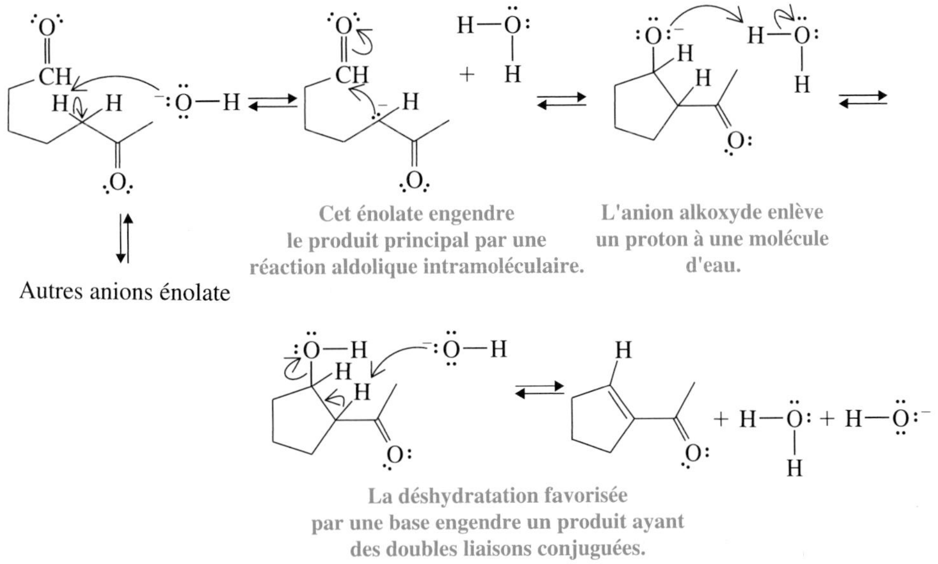

Cet énolate engendre le produit principal par une réaction aldolique intramoléculaire.

L'anion alkoxyde enlève un proton à une molécule d'eau.

Autres anions énolate

La déshydratation favorisée par une base engendre un produit ayant des doubles liaisons conjuguées.

Dans les cyclisations aldoliques, la sélectivité est influencée par le type du groupe carbonyle et par la dimension du cycle.

C'est davantage le groupe aldéhyde qui subit une addition. Et cela peut, en général, s'expliquer par la plus grande réactivité des aldéhydes vis-à-vis des additions nucléophiles. L'atome de carbone du groupe carbonyle d'une cétone est moins positif (et par conséquent réagit moins avec un nucléophile) parce qu'il porte deux groupes alkyle électrorépulseurs et qu'il est plus encombré stériquement.

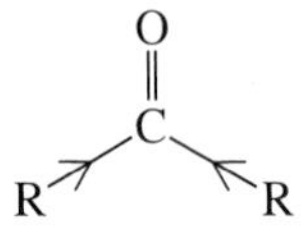

$$
\underset{\substack{\textbf{Les cétones ont} \\ \textbf{moins tendance à réagir} \\ \textbf{avec les nucléophiles.}}}{R \diagup \overset{\displaystyle \overset{O}{\parallel}}{C} \diagdown R}
\qquad\qquad
\underset{\substack{\textbf{Les aldéhydes ont} \\ \textbf{plus tendance à réagir} \\ \textbf{avec les nucléophiles.}}}{R \diagup \overset{\displaystyle \overset{O}{\parallel}}{C} \diagdown H}
$$

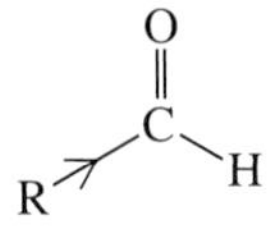

Dans les réactions de ce type, les cycles à cinq membres se forment beaucoup plus facilement que les cycles à sept membres.

PROBLÈME 17.18

En supposant que la déshydratation puisse être effectuée dans tous les cas, représentez les structures des deux autres produits qui pourraient résulter de la cyclisation aldolique présentée ci-dessus. (L'un de ces produits a cinq atomes dans son cycle tandis que l'autre en a sept.)

PROBLÈME 17.19

Pour produire chacune des molécules suivantes par cyclisation aldolique, quel composé de départ utiliseriez-vous ?

a) 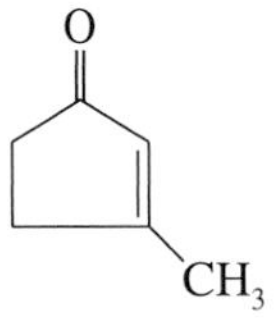 [structure: cyclopenténone avec groupe CH₃]   b) 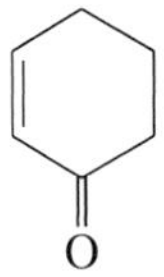 [structure: cyclohexénone]   c) 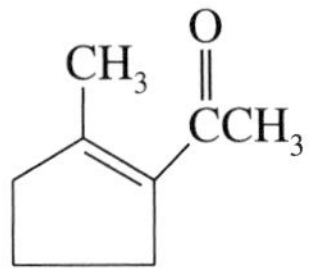 [structure: cyclopentène avec CH₃ et COCH₃]

PROBLÈME 17.20

Quelles conditions expérimentales favoriseraient une cyclisation aldolique intramoléculaire plutôt qu'une condensation intermoléculaire ?

17.7 ÉNOLATES DE LITHIUM

La proportion d'anions énolate qui se forment dépend de la force de la base utilisée. Si la base est plus faible que l'anion énolate, l'équilibre du processus se situe vers la gauche. C'est le cas, par exemple, lorsqu'une cétone est traitée par une solution aqueuse d'hydroxyde de sodium.

$$
\underset{\substack{\textbf{Acide le plus faible} \\ (\mathbf{p}K_a = 20)}}{CH_3 \overset{\displaystyle \overset{O}{\parallel}}{-} C - CH_3} + \underset{\substack{\textbf{Base la} \\ \textbf{plus faible}}}{Na^+OH^-} \;\rightleftharpoons\; \underset{\substack{\textbf{Base la} \\ \textbf{plus forte}}}{CH_3 \overset{\displaystyle \overset{O^{\delta-}Na^+}{\parallel}}{-} C = CH_2^{\delta-}} + \underset{\substack{\textbf{Acide le plus fort} \\ (\mathbf{p}K_a = 16)}}{H_2O}
$$

Par contre, avec une base très forte, l'équilibre se déplace tout à fait à droite. Une base forte très utile pour convertir les cétones en énolates est le **diisopropylamidure de lithium**, $(i\text{-}C_3H_7)_2N^-Li^+$.

$$
\underset{\substack{\textbf{Acide le plus fort} \\ (\mathbf{p}K_a = 20)}}{CH_3 \overset{\displaystyle \overset{O}{\parallel}}{-} C - CH_3} + \underset{\substack{\textbf{Base la} \\ \textbf{plus forte}}}{(i\text{-}C_3H_7)_2N^-Li^+} \;\longrightarrow\; \underset{\substack{\textbf{Base la} \\ \textbf{plus faible}}}{CH_3 \overset{\displaystyle \overset{O^{\delta-}Li^+}{\parallel}}{-} C = CH_2^{\delta-}} + \underset{\substack{\textbf{Acide le plus faible} \\ (\mathbf{p}K_a = 38)}}{(i\text{-}C_3H_7)_2NH}
$$

Le diisopropylamidure de lithium (abréviation : **LDA**) peut être préparé comme suit : on dissout d'abord la diisopropylamine dans un solvant comme l'oxyde de diéthyle ou le THF, puis on la traite par un alkyllithium.

$$(i\text{-}C_3H_7)_2NH \; + \quad C_4H_9Li \quad \xrightarrow{\text{THF}} \quad (i\text{-}C_3H_7)_2N^-Li^+ \; + \quad C_4H_{10}$$

Acide le plus fort	**Base la plus forte**	**Base la plus faible**	**Acide le plus faible**
(pK_a = 38)			(pK_a = 50)

17.7A FORMATION RÉGIOSÉLECTIVE DES ÉNOLATES

Une cétone asymétrique, comme la 2-méthylcyclohexanone, peut former deux énolates. Dans quelle proportion chacun des deux énolates se formera-t-il ? Cela dépend de la base utilisée et des conditions de la réaction. L'énolate *le plus stable thermodynamiquement est celui dont la double liaison est la plus substituée,* de la même façon que l'alcène le plus stable est celui dans lequel la double liaison est la plus « substituée » (section 7.3). Cet énolate, appelé **énolate thermodynamique,** est celui qui se forme en plus grande quantité dans les conditions qui permettent à l'équilibre de s'établir. En général, il en est ainsi lorsque l'énolate est produit par une base relativement faible dans un solvant protique.

Énolate cinétique (moins stable)	**2-Méthylcyclohexanone**	**Énolate thermodynamique** (plus stable)

> Cet énolate est plus stable parce que sa double liaison est nettement plus substituée. À l'équilibre, c'est cet énolate qui prédomine.

Par contre, *l'énolate dont la double liaison est la moins substituée se forme généralement plus rapidement*, parce que l'hydrogène nécessaire à sa production est moins encombré stériquement. Cet énolate, appelé **énolate cinétique,** se forme en plus grande proportion quand la réaction est cinétiquement contrôlée.

La proportion de l'énolate cinétique prédomine nettement lorsqu'on utilise le diisopropylamidure de lithium (LDA). Cette base forte, stériquement encombrée, arrache plus rapidement le proton du carbone α le moins substitué de la cétone. La 2-méthylcyclohexanone nous servira ici d'exemple. Dans ce cas particulier, le solvant utilisé est le 1,2-diméthoxyéthane (**DME**), dont la formule est $CH_3OCH_2CH_2OCH_3$. Le LDA arrache plus rapidement l'hydrogène du carbone α—CH_2—, parce que c'est là qu'il y a le moins d'encombrement (et deux atomes d'hydrogène susceptibles de réagir).

Énolate cinétique

> Cet énolate se forme plus rapidement parce que la base forte encombrée enlève plus rapidement le proton le moins encombré.

17.7B ÉNOLATES DE LITHIUM DANS LES RÉACTIONS ALDOLIQUES DIRIGÉES

Parmi toutes les façons de réaliser une réaction aldolique croisée, l'une des plus efficaces et des plus polyvalentes consiste à utiliser comme premier réactif un énolate de lithium obtenu d'une cétone et, comme deuxième réactif, un aldéhyde ou une cétone. Un exemple de ce qu'on appelle une **réaction aldolique dirigée** est présenté à la figure 17.1.

Les énolates de lithium permettent d'effectuer des réactions aldoliques croisées.

La cétone est ajoutée au LDA, une base forte, qui enlève un hydrogène α à la cétone, pour donner un énolate.

$$CH_3-\overset{\overset{\displaystyle O}{\|}}{C}-CH_2-H$$

Li$^+$ $^-$N(i-C$_3$H$_7$)$_2$, THF, -78 °C
(LDA)

$$CH_3-\overset{\overset{\displaystyle O^-Li^+}{|}}{C}=CH_2$$

L'aldéhyde est ajouté, et l'énolate réagit avec l'aldéhyde sur le carbone du carbonyle.

$$H-\overset{\overset{\displaystyle O}{}}{C}CH_2CH_3$$

$$CH_3\overset{\overset{\displaystyle O}{\|}}{C}CH_2\overset{\overset{\displaystyle O^-Li^+}{|}}{C}HCH_2CH_3$$

À la fin, quand on ajoute l'eau, une réaction acide-base se produit, et l'alkoxyde de lithium se trouve protoné.

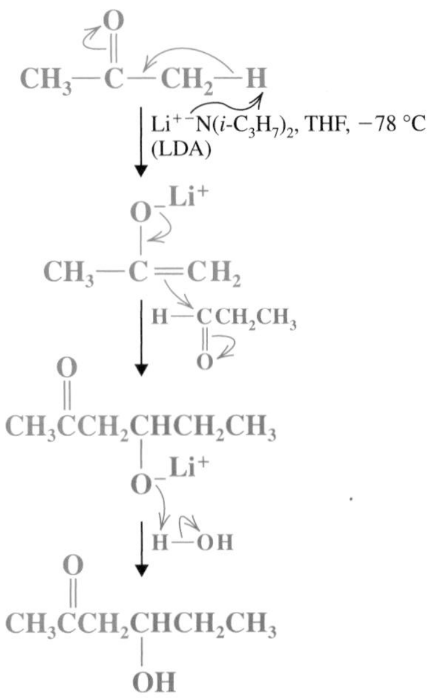

H$-$OH

$$CH_3\overset{\overset{\displaystyle O}{\|}}{C}CH_2\overset{\overset{\displaystyle }{|}}{C}HCH_2CH_3$$
$$OH$$

Figure 17.1 Synthèse dirigée d'un aldol à partir d'un énolate de lithium.

Les réactions aldoliques dirigées peuvent être régiosélectives si on utilise l'énolate cinétique d'une cétone dissymétrique avec LDA. On s'assure ainsi que l'énolate produit est celui dans lequel le proton a été retiré du carbone α le moins substitué. Voici un exemple :

Réaction aldolique à l'aide d'un énolate cinétique (utilisation de LDA)

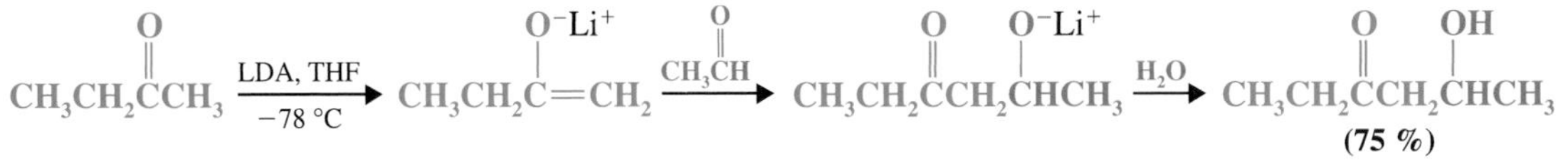

$$CH_3CH_2\overset{\overset{\displaystyle O}{\|}}{C}CH_3 \xrightarrow[-78\,°C]{LDA,\,THF} CH_3CH_2\overset{\overset{\displaystyle O^-Li^+}{|}}{C}=CH_2 \xrightarrow{CH_3\overset{O}{\|}CH} CH_3CH_2\overset{\overset{\displaystyle O}{\|}}{C}CH_2\overset{\overset{\displaystyle O^-Li^+}{|}}{C}HCH_3 \xrightarrow{H_2O} CH_3CH_2\overset{\overset{\displaystyle O}{\|}}{C}CH_2\overset{\overset{\displaystyle OH}{|}}{C}HCH_3$$

(75 %)

Un seul produit se forme par aldolisation croisée.

Si la réaction aldolique (Claisen-Schmidt) avait été réalisée de façon classique (section 17.5B), avec l'ion hydroxyde comme base, au moins deux produits auraient été formés en quantités appréciables. À partir de la cétone, on aurait obtenu à la fois l'énolate cinétique et l'énolate thermodynamique, et chacun se serait additionné au carbone du groupe carbonyle de l'aldéhyde.

Réaction aldolique avec un mélange d'énolate cinétique et d'énolate thermodynamique (utilisation d'une base faible dans des conditions protiques)

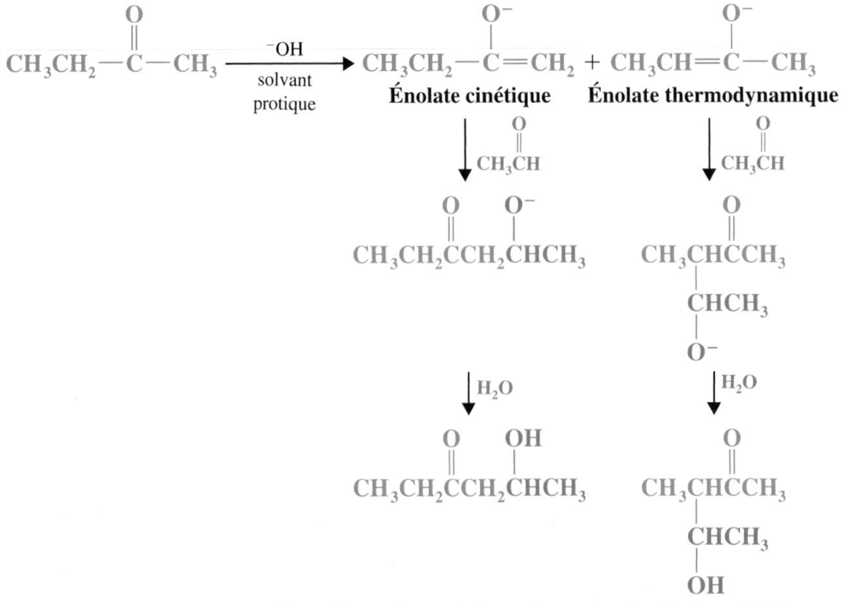

$$CH_3CH_2-\overset{\overset{\displaystyle O}{\|}}{C}-CH_3 \xrightarrow[\substack{solvant \\ protique}]{^-OH} CH_3CH_2-\overset{\overset{\displaystyle O^-}{|}}{C}=CH_2 + CH_3CH=\overset{\overset{\displaystyle O^-}{|}}{C}-CH_3$$

Énolate cinétique   **Énolate thermodynamique**

$\downarrow CH_3\overset{O}{\|}CH$ $\downarrow CH_3\overset{O}{\|}CH$

$$CH_3CH_2\overset{\overset{\displaystyle O}{\|}}{C}CH_2\overset{\overset{\displaystyle O^-}{|}}{C}HCH_3 \qquad\qquad CH_3\overset{\overset{\displaystyle O}{\|}}{C}HCCH_3$$
$$\overset{\displaystyle |}{C}HCH_3$$
$$\overset{\displaystyle |}{O^-}$$

$\downarrow H_2O$ $\downarrow H_2O$

$$CH_3CH_2\overset{\overset{\displaystyle O}{\|}}{C}CH_2\overset{\overset{\displaystyle OH}{|}}{C}HCH_3 \qquad\qquad CH_3\overset{\overset{\displaystyle O}{\|}}{C}HCCH_3$$
$$\overset{\displaystyle |}{C}HCH_3$$
$$\overset{\displaystyle |}{OH}$$

Un mélange de produits se forme par la réaction aldolique croisée.

PROBLÈME 17.21

Indiquez brièvement comment, à partir des aldéhydes et des cétones de votre choix, vous feriez la synthèse de chacun des composés suivants en utilisant des inolates de lithium et en effectuant une réaction aldolique dirigée.

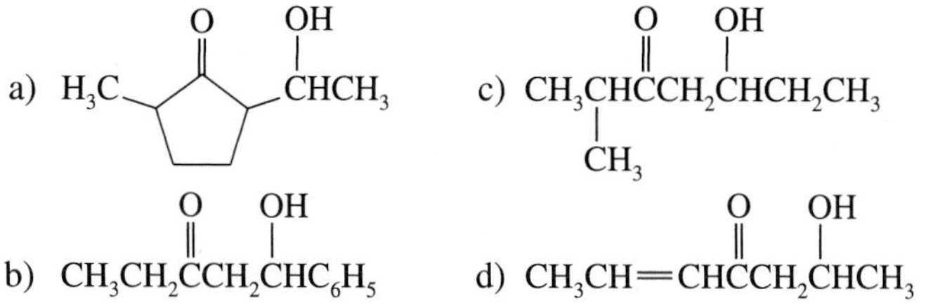

a) H_3C —〈cyclopentanone〉— $CHCH_3$ (O, OH)

c) $CH_3CHCCH_2CHCH_2CH_3$ (O, OH, CH_3)

b) $CH_3CH_2CCH_2CHC_6H_5$ (O, OH)

d) CH_3CH=$CHCCH_2CHCH_3$ (O, OH)

PROBLÈME 17.22

Les composés appelés α-bisabolanone et ociménone ont tous deux été obtenus par des réactions aldoliques dirigées. Dans les deux cas, l'un des produits de départ était $(CH_3)_2C$=$CHCOCH_3$. Choisissez d'autres produits de départ appropriés et esquissez les synthèses a) de l'α-bisabolanone et b) de l'ociménone.

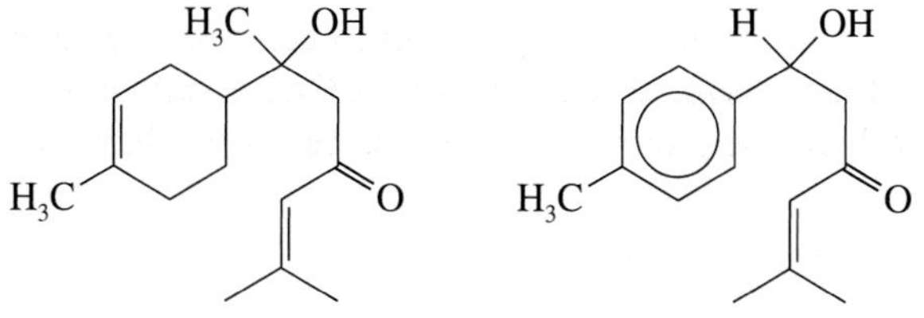

α-Bisabolanone

Ociménone

17.7C ALKYLATION DES CÉTONES AU MOYEN DES ÉNOLATES DE LITHIUM

La formation des énolates de lithium à l'aide de diisopropylamidure de lithium fournit un moyen pratique d'effectuer l'alkylation régiosélective des cétones. Ainsi, l'énolate de lithium dérivé de la 2-méthylcyclohexanone (section 17.7A) peut être soit méthylé, si on le fait réagir avec l'iodométhane, soit benzylé, si on le fait avec le bromure de benzyle.

L'alkylation des énolates de lithium est un outil de synthèse.

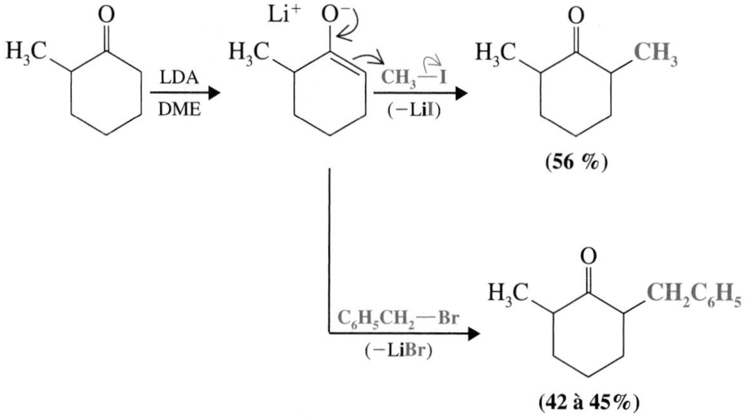

(réaction: 2-méthylcyclohexanone → LDA/DME → énolate de lithium → CH₃—I (−LiI) → 2,6-diméthylcyclohexanone (56 %) ; et C₆H₅CH₂—Br (−LiBr) → 2-méthyl-6-benzylcyclohexanone (42 à 45 %))

Les alkylations de ce genre comportent une limitation importante. Parce qu'il s'agit de réactions S_N2 et parce que les anions énolate sont des bases fortes, *ces alkylations ne peuvent être réussies qu'avec les halogénoalcanes et avec les halogénures d'allyle ou de benzyle primaires.* Avec les halogénoalcanes secondaires et tertiaires, l'élimination prévaut.

Le choix judicieux de l'agent d'alkylation est la clé du succès dans l'alkylation des énolates de lithium.

CAPSULE CHIMIQUE

ÉTHERS D'ÉNOLS SILYLÉS

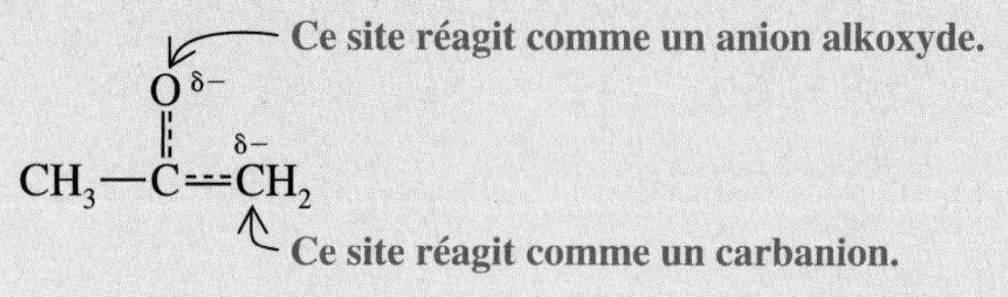

Étant donné que, dans les énolates, un atome d'oxygène porte une charge négative partielle, ces anions peuvent intervenir dans les réactions de substitution nucléophile, comme s'ils étaient des **anions alkoxyde.** D'autre part, parce qu'ils ont une charge négative partielle portée par un atome de carbone, les énolates peuvent également réagir comme des **carbanions.** De tels nucléophiles, ***qui possèdent deux sites réactionnels,*** sont appelés **nucléophiles ambidents.**

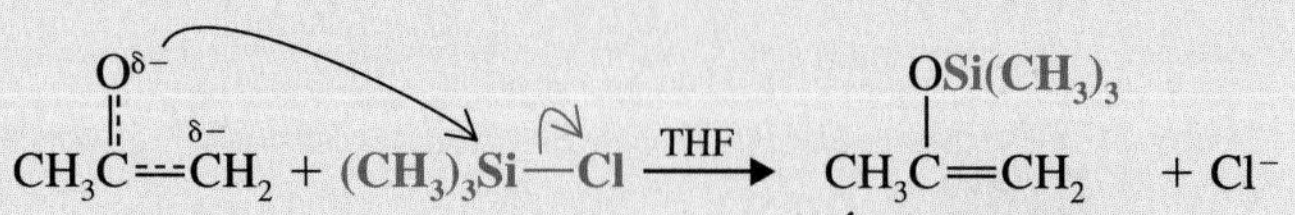

Éther énolique de triméthylsilyle (85 %)

La façon dont réagit un anion énolate dépend, en partie, du substrat avec lequel il réagit. ***Les chlorotrialkylsilanes ont tendance à réagir presque exclusivement avec l'atome d'oxygène d'un énolate.*** Les réactifs qu'on peut employer comprennent le chlorotriméthylsilane, le *tert*-butylchlorodiméthylsilane (TBDMS-Cl) et le *tert*-butylchlorodiphénylsilane (TBDPS-Cl).

Cette réaction, qu'on appelle **silylation** (section 11.15D), consiste en une substitution nucléophile, qui lie l'atome d'oxygène de l'énolate à l'atome de silicium. Il en est ainsi parce que la liaison oxygène–silicium qui se forme dans l'éther d'énol sylylé est très forte, beaucoup plus qu'une liaison carbone–silicium. Pour cette raison, la formation de l'éther d'énol silylé est fortement exothermique. Par conséquent, l'énergie libre d'activation de la réaction qui a lieu sur l'atome d'oxygène est plus faible que celle de la réaction qui porte sur le carbone α.

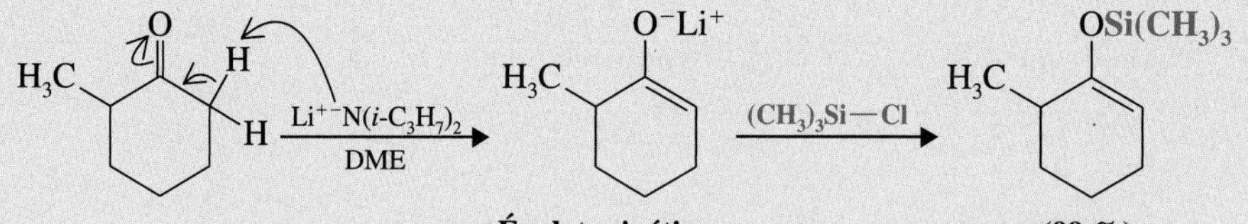

Énolate cinétique **(99 %)**

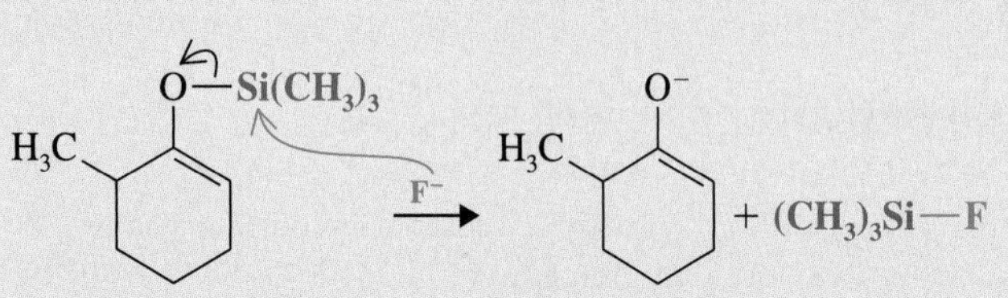

Énolate cinétique

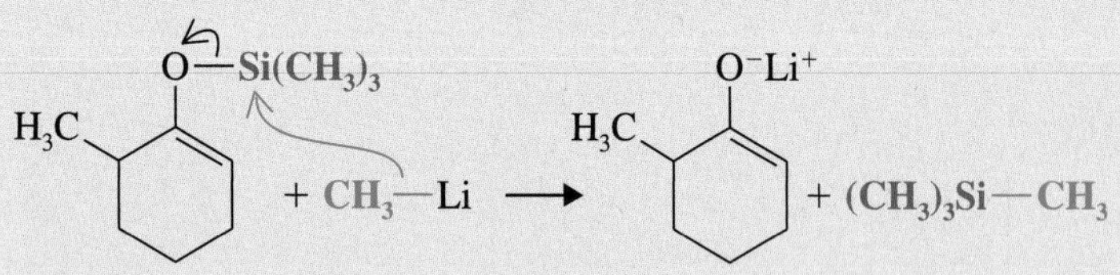

L'exemple précédent montre comment l'anion énolate peut être piégé par sa conversion en éther d'énol silylé. Ce piégeage peut être particulièrement utile, parce qu'il permet d'isoler et de « purifier » un éther d'énol silylé et de le reconvertir en énolate à un moment opportun. L'une des façons de réaliser cette conversion consiste à traiter un éther d'énol silylé par une solution d'ions fluorure dans un solvant aprotique.

Cette réaction est une substitution nucléophile sur l'atome de silicium provoquée par des ions fluorure. Ceux-ci ont une très grande affinité pour les atomes de silicium parce que la liaison Si—F est très forte.

Une autre façon de reconvertir un éther d'énol silylé en énolate consiste à le traiter par le méthyllithium.

PROBLÈME D'APPROFONDISSEMENT

Si on utilise le benzaldéhyde et le fluorure de tétrabutylammonium, $(C_4H_9)_4N^+F^-$, ou TBAF en abrégé, pour cliver l'éther d'énol silylé dérivé de la cyclohexanone, on obtient le produit indiqué ci-dessous. Décrivez brièvement les étapes de cette réaction.

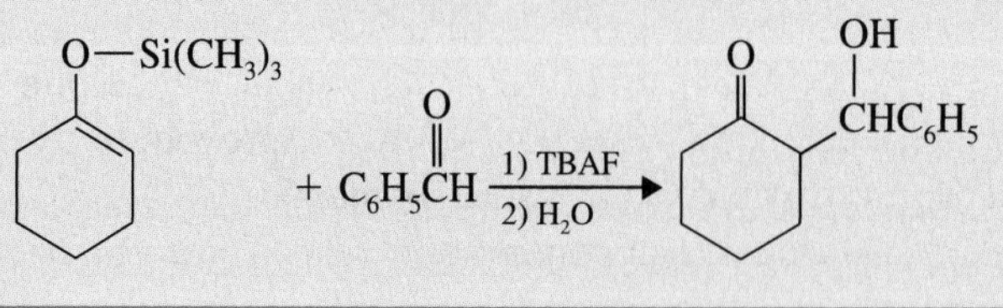

PROBLÈME 17.23

a) Décrivez une réaction permettant d'introduire un groupe méthyle dans le composé suivant, qui sert d'intermédiaire dans la synthèse (mise au point par E.J. Corey) du cafestol, un anti-inflammatoire présent dans les graines du caféier. Utilisez à cette fin un énolate de lithium.

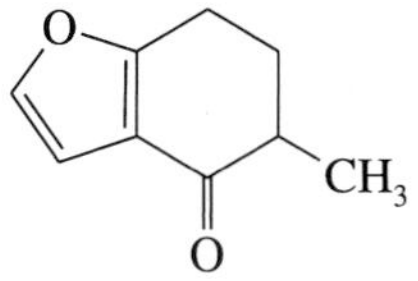

b) On peut produire des diénolates à partir des β-cétoesters, en utilisant deux équivalents de LDA. Le diénolate résultant peut ensuite être alkylé sélectivement. C'est le plus basique des deux carbones énolate qui subit l'alkylation. Décrivez une réaction permettant d'effectuer la synthèse du composé suivant, à partir d'un diénolate et d'un halogénoalcane approprié.

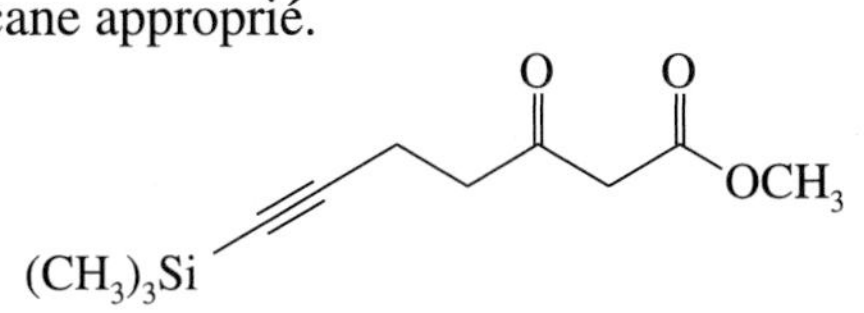

17.8 α-SÉLÉNATION : SYNTHÈSE DE COMPOSÉS CARBONYLÉS α,β-INSATURÉS

Les énolates de lithium réagissent avec le bromure (ou le chlorure) de benzènesélénium, C_6H_5SeBr (C_6H_5SeCl). Et cette réaction produit des composés contenant un groupe C_6H_5Se— en position α.

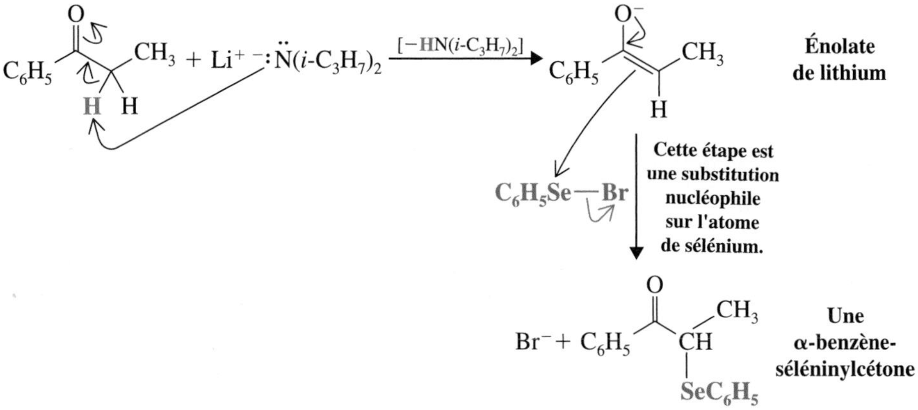

Le traitement de l'α-benzèneséléninylcétone par le peroxyde d'hydrogène produit une cétone α,β-insaturée.

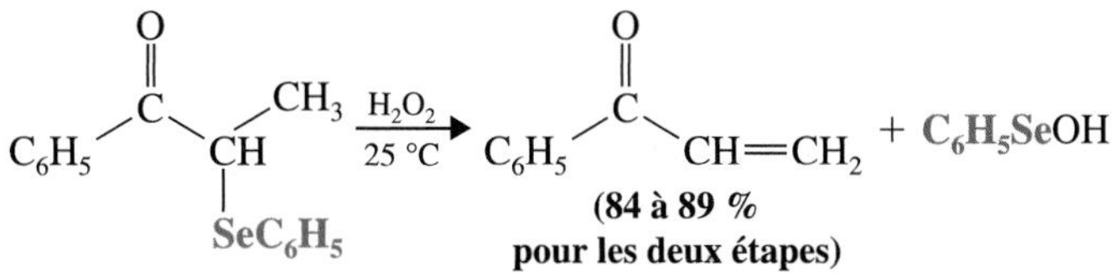

La conversion s'effectue à la température de la pièce et en milieu neutre. Ce sont des conditions très douces pour l'introduction d'une double liaison. Et cela explique en partie pourquoi cette méthode est très utile en synthèse organique.

Le mécanisme de conversion de l'α-benzèneséléninylcétone en cétone α,β-insaturée comporte deux étapes. La première est une oxydation provoquée par H_2O_2. La seconde étape est une élimination intramoléculaire spontanée dans laquelle l'atome d'oxygène fixé à l'atome de sélénium agit comme une base. Notez que cet oxygène est chargé négativement.

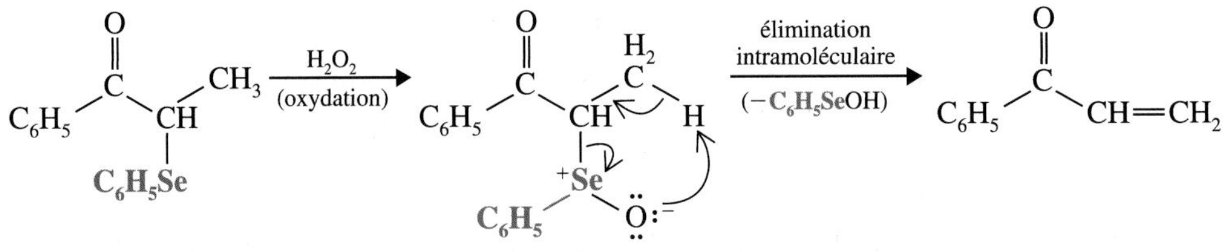

Quand nous étudierons l'élimination de Cope à la section 20.13B, nous verrons un autre exemple de ce genre d'élimination intramoléculaire.

PROBLÈME 17.24

Indiquez comment, à partir de la 2-méthylcyclohexanone, vous pourriez faire la synthèse du composé suivant au moyen d'une α-sélénation.

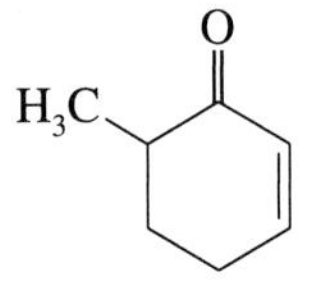

17.9 ADDITIONS SUR LES ALDÉHYDES ET LES CÉTONES α,β-INSATURÉS

Les aldéhydes et les cétones α,β-insaturés peuvent réagir de deux façons avec les réactifs nucléophiles. Ils peuvent le faire par **addition simple,** c'est-à-dire par une addition dans laquelle le nucléophile se lie au carbone du groupe carbonyle. Ils peuvent également subir une **addition conjuguée.** Ces deux processus ressemblent aux réactions d'addition 1,2- et 1,4- des diènes conjugués (section 13.10).

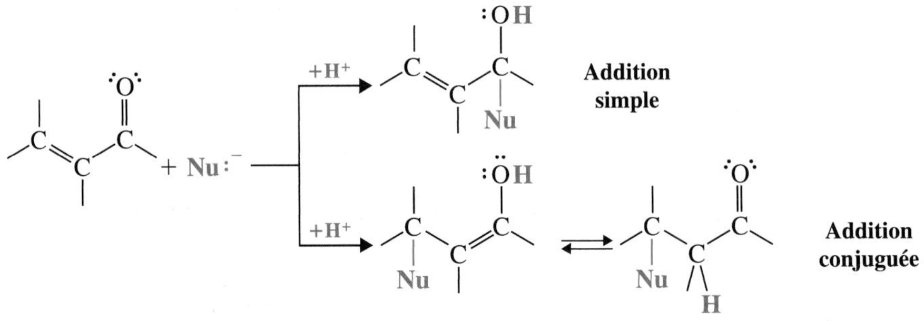

Dans bien des cas, les deux types d'addition se produisent au cours d'un processus, comme dans la réaction de Grignard présentée ici.

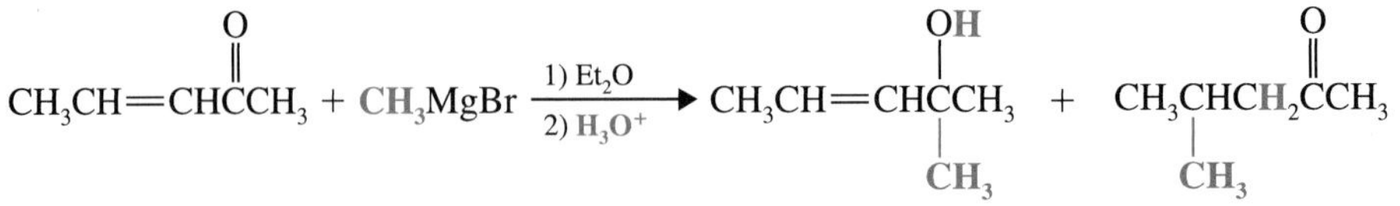

(72 %)
Produit de l'addition simple

(20 %)
Produit de l'addition conjuguée (de forme céto)

Dans cet exemple, on constate que l'addition simple est favorisée. C'est généralement le cas avec les nucléophiles forts. Par contre, avec les nucléophiles faibles, c'est l'addition conjuguée qui prévaut.

Notez que la force d'un nucléophile détermine quel type d'addition (simple ou conjuguée) est favorisé.

En examinant les structures de résonance qui contribuent à l'hybride de résonance d'un aldéhyde ou d'une cétone α,β-insaturés (voir les structures **A** à **C**), on comprendra mieux ces réactions.

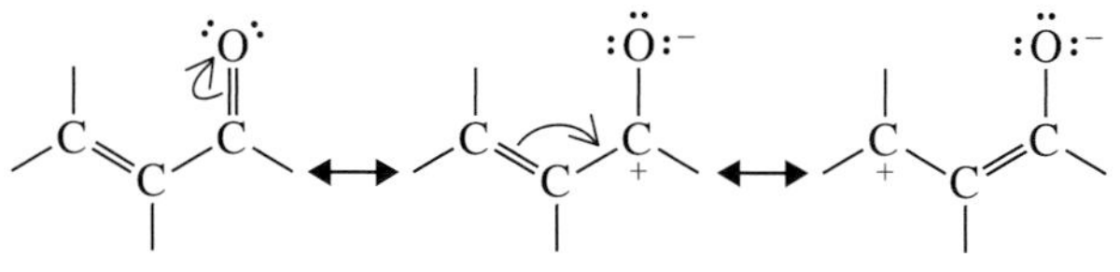

Même si les structures **B** et **C** portent des charges séparées, elles contribuent de manière importante à l'hybride parce que, dans chacune, la charge négative se trouve sur l'oxygène électronégatif. De plus, les structures **B** et **C** nous permettent de constater que *le carbone du carbonyle **et** le carbone β portent une charge positive partielle*. Elles nous indiquent donc qu'il faudrait représenter l'hybride de la manière suivante :

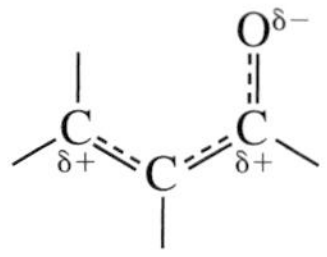

Cette structure nous indique qu'il faut s'attendre à ce que le réactif nucléophile attaque soit le carbone du carbonyle, soit le carbone β.

Presque tous les réactifs nucléophiles qui s'additionnent sur le carbonyle d'un aldéhyde simple ou d'une cétone sont également capables de s'additionner au carbone β d'un composé carbonylé α,β-insaturé. Dans bien des cas, lorsqu'on utilise des nucléophiles faibles, l'addition conjuguée est le principal chemin réactionnel. Prenons comme exemple l'addition de cyanure d'hydrogène.

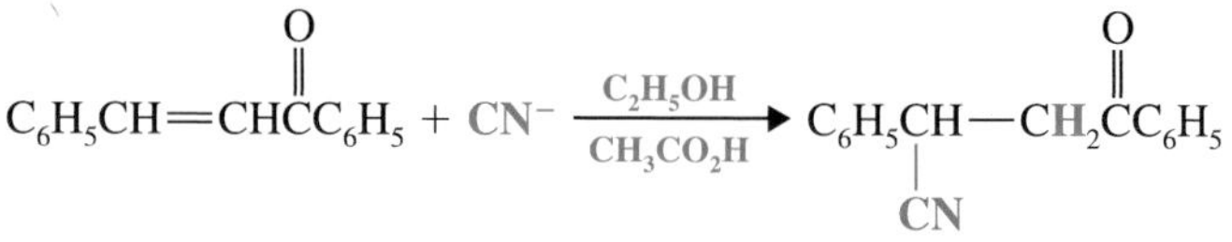

(95 %)

MÉCANISME DE LA RÉACTION

Addition conjuguée de HCN

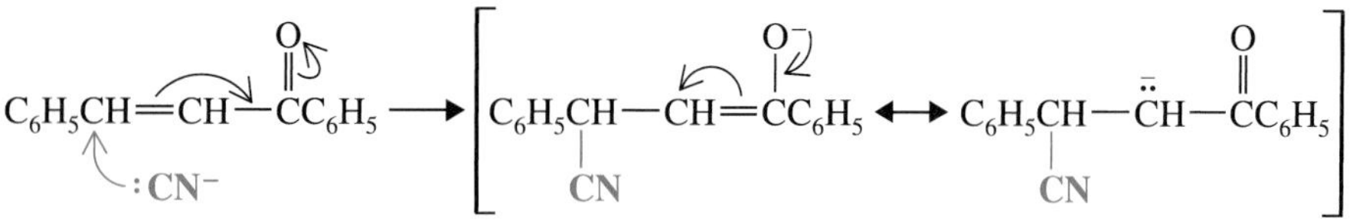

Anion énolate servant d'intermédiaire

Ensuite, l'énolate intermédiaire accepte un proton, de l'une des deux façons suivantes :

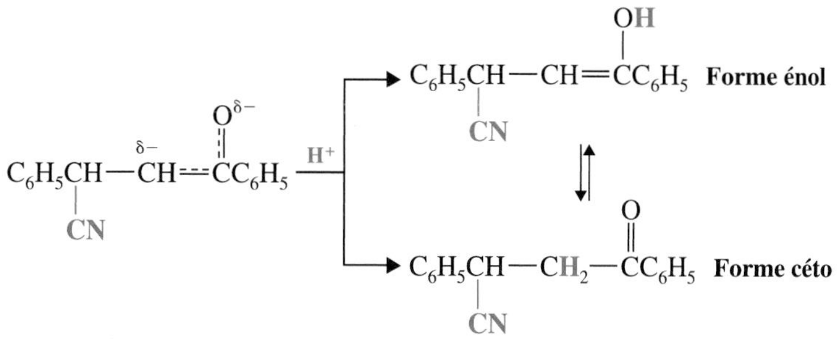

Voici un autre exemple de ce type d'addition :

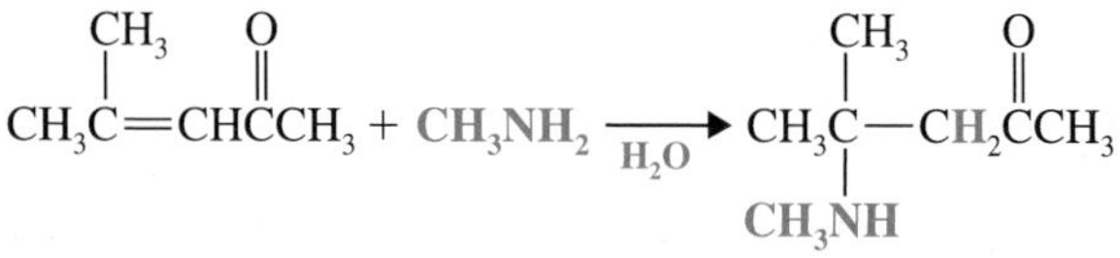

(75 %)

MÉCANISME DE LA RÉACTION

Addition conjuguée d'une amine

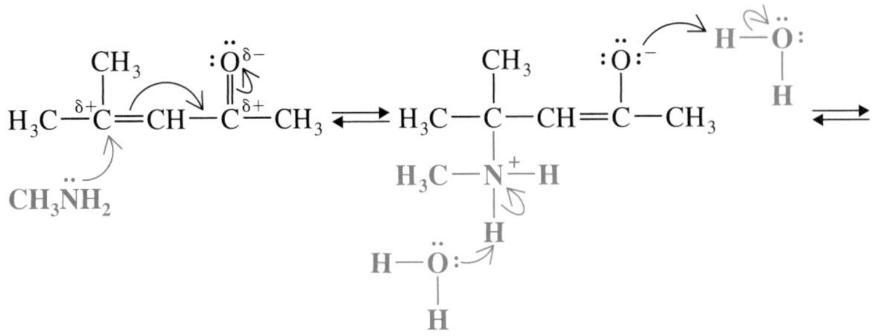

Le nucléophile attaque le carbone β porteur d'une charge positive partielle.

En deux étapes distinctes, un proton est perdu par l'atome d'azote et un proton est gagné par l'oxygène.

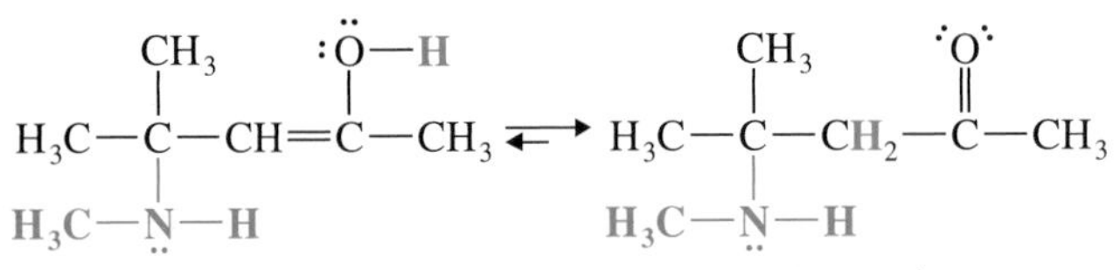

Forme énol   Forme céto

17.9A ADDITION CONJUGUÉE DES RÉACTIFS ORGANOCUPRATES

Les réactifs organocuprates, RCu ou R_2CuLi, s'additionnent aux composés carbonylés α,β-insaturés, et ils le font **presque exclusivement de manière conjuguée.**

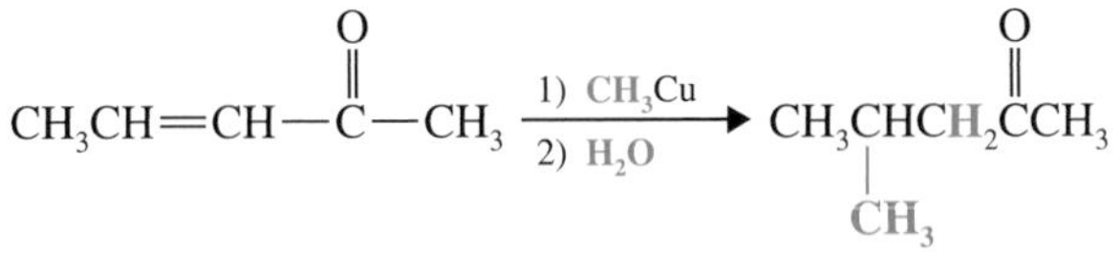

(85 %)

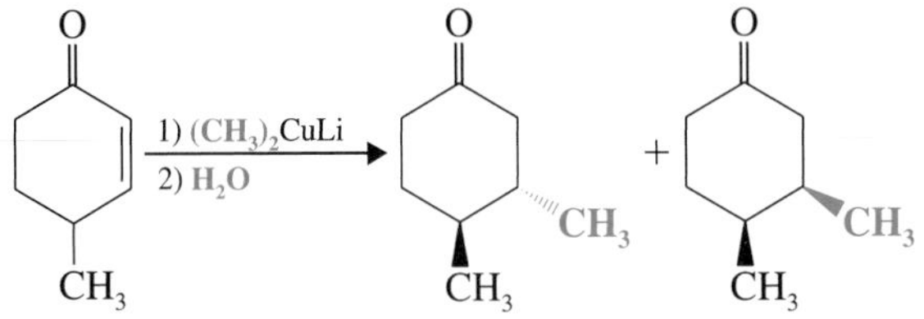

(98 %)   **(2 %)**

Dans le cas des cétones cycliques substituées et α,β-insaturées, comme celle de l'exemple précédent, les dialkylcuprates de lithium s'additionnent du côté où l'encombrement est le plus faible, ce qui donne un produit dans lequel les groupes alkyle sont *trans* l'un par rapport à l'autre.

Nous verrons des exemples d'additions conjuguées appliquées à la biochimie plus loin, dans deux capsules chimiques intitulées « Activation de la calichéamycine γ_1^I pour la scission de l'ADN » (page 708) et « Un inhibiteur "suicide" destructeur d'enzyme » (chapitre 19).

17.9B ADDITIONS DE MICHAEL

Les additions conjuguées d'anions énolate aux composés carbonylés α,β-insaturés sont généralement appelées **additions de Michael** (parce qu'elles ont été découvertes

en 1887 par Arthur Michael, qui fut professeur à l'université Tufts, puis à Harvard).
L'addition de cyclohexanone à $C_6H_5CH{=}CHCOC_6H_5$ en est un exemple.

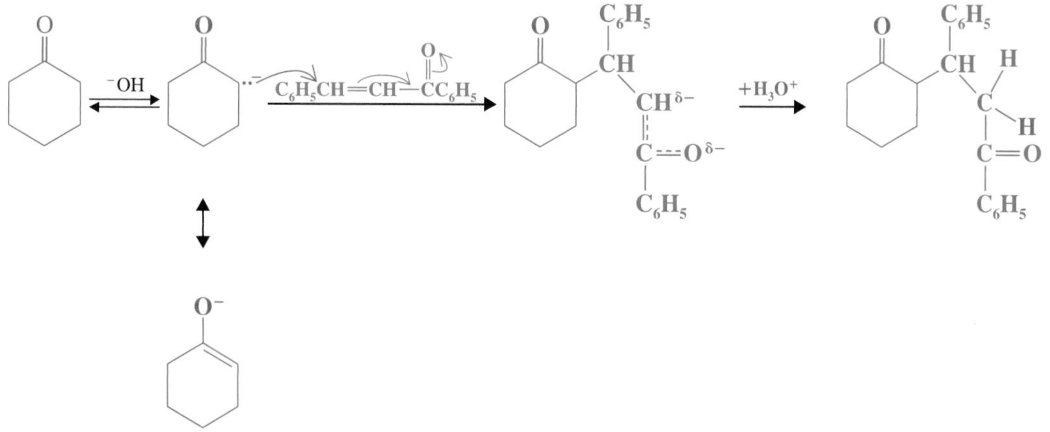

La séquence de réactions qui suit montre comment une addition aldolique conjuguée (addition de Michael) suivie d'une condensation aldolique simple peut servir la
formation de composés bicycliques. Cette méthode est connue sous le nom de réaction d'*annellation de Robinson* (le chimiste anglais Sir Robert Robinson a gagné le
prix Nobel de chimie en 1947 pour ses recherches sur les composés naturels). [Note :
annellation signifie ici *formation d'un anneau, d'un cycle*.]

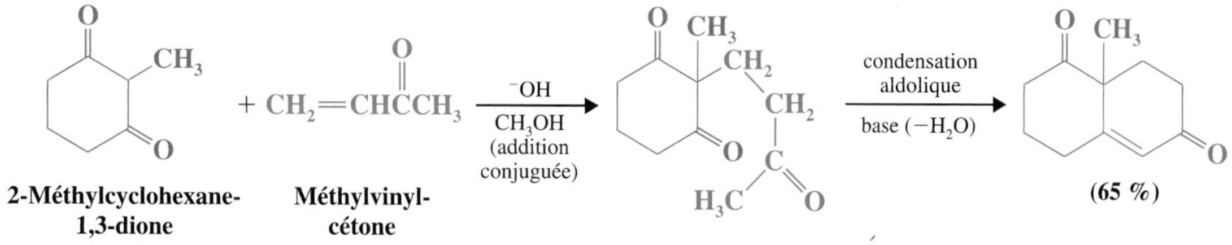

2-Méthylcyclohexane-   **Méthylvinyl-**   **(65 %)**
1,3-dione   **cétone**

PROBLÈME 17.25

a) Proposez des mécanismes pour les deux transformations de l'annellation de
Robinson de l'exemple précédent. b) D'après vous, la 2-méthylcyclohexane-1,3-dione
est-elle plus (ou moins) acide que la cyclohexanone ? Justifiez votre réponse.

PROBLÈME 17.26

Selon vous, quel produit résulte de la réaction de Michael catalysée par une base
quand on l'applique aux paires de composés suivants : a) 1,3-diphénylprop-2-én-
1-one (section 17.5B) et acétophénone; b) 1,3-diphénylprop-2-én-1-one et cyclopentadiène ? Dans chaque cas, décrivez toutes les étapes du mécanisme.

PROBLÈME 17.27

En réagissant avec l'hydrazine, l'acroléine produit un dihydropyrazole.

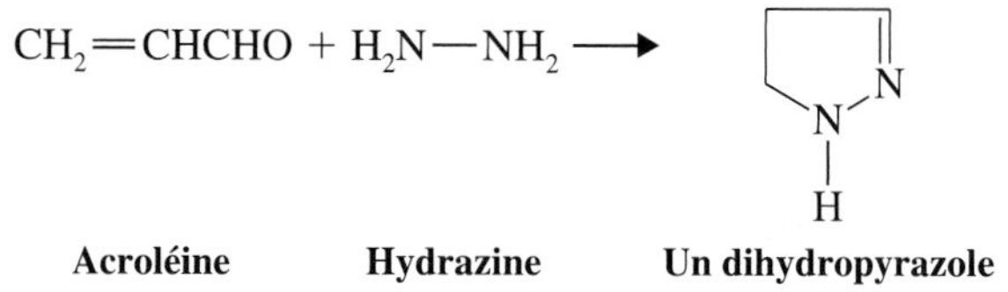

Acroléine   **Hydrazine**   **Un dihydropyrazole**

Suggérez un mécanisme qui explique cette réaction.

Nous étudierons d'autres exemples d'additions de Michael au chapitre 19.

CAPSULE CHIMIQUE

ACTIVATION DE LA CALICHÉAMYCINE $\gamma_1{}^{I}$ POUR LA SCISSION DE L'ADN

Dans le préambule du chapitre 10, nous avons parlé d'un puissant agent antitumoral appelé calichéamycine $\gamma_1{}^{I}$. Après avoir étudié les réactions d'addition conjuguée, il est temps de revenir à cette fascinante molécule. La séquence de mécanismes qui permettent à la calichéamycine $\gamma_1{}^{I}$ de fractionner l'ADN est déclenchée par l'attaque du lien trisulfure par un nucléophile, comme l'indique le schéma suivant. Au début, l'anion sulfuré qui se détache du trisulfure devient immédiatement un nucléophile, et il attaque le carbone sp^2 de la jonction du cycle. Ce carbone est électrophile, parce qu'il est conjugué avec le groupe carbonyle adjacent. L'attaque du carbone alcénique par le sulfure nucléophile équivaut à une *addition conjuguée.* À ce point, étant donné que le carbone de la jonction est devenu tétraédrique, la géométrie de la structure bicyclique favorise la conversion de l'ènediyne en un diradical benzénoïde-1,4 par une réaction appelée cycloaromatisation de Bergman (en l'honneur de R.G. Bergman de l'université de la Californie à Berkeley). Une fois formé, le diradical de la calichéamycine peut arracher deux atomes d'hydrogène au squelette de l'ADN, qui est alors converti en un diradical réactif. Finalement, l'ADN est scindé, ce qui entraîne la mort de la cellule.

Calichéamycine $\gamma_1{}^{I}$

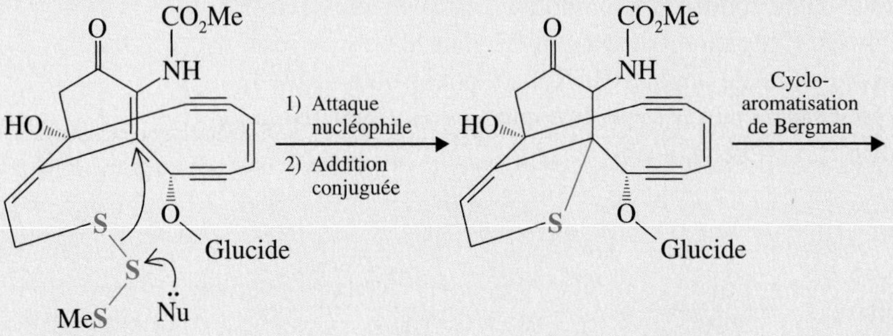

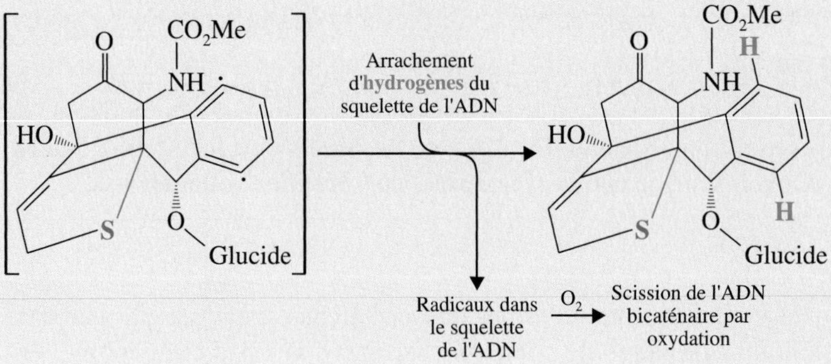

SOMMAIRE DES RÉACTIONS

Réactions des composés ayant un hydrogène actif

Un composé avec un hydrogène acide — **Un carbanion stabilisé** — **Produit**

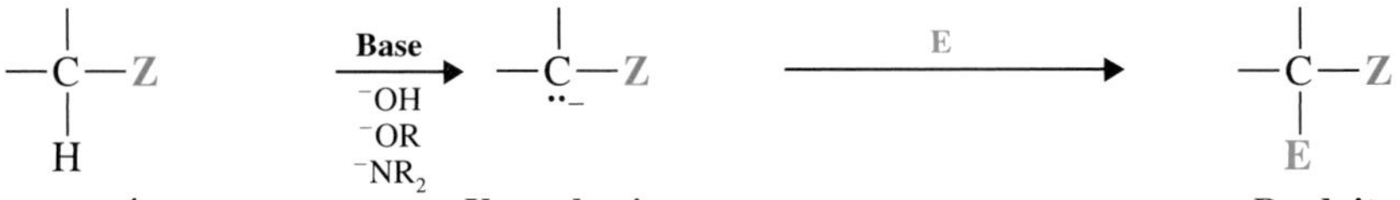

Exemples de Z (un groupe électroattracteur)	E (un réactif électrophile)	Structure du produit
$\begin{array}{c} O \\ \| \\ -C-H, \\ \\ O \\ \| \\ -C-R, \\ \\ -C\equiv N, \\ \\ O^- \\ \| \\ N^+ \\ \| \\ O, \end{array}$ etc.	HA	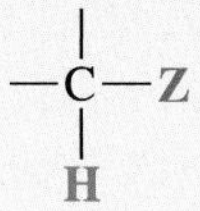 $\begin{array}{c} \| \\ -C-Z \\ \| \\ H \end{array}$ **Racémisation (section 17.3A)** (s'il y a un stéréocentre)
	X_2	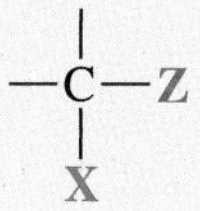 $\begin{array}{c} \| \\ -C-Z \\ \| \\ X \end{array}$ **Halogénation (section 17.3B)**
	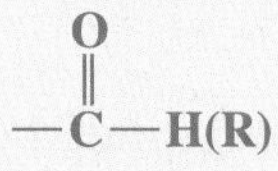 $\begin{array}{c} O \\ \| \\ -C-H(R) \end{array}$	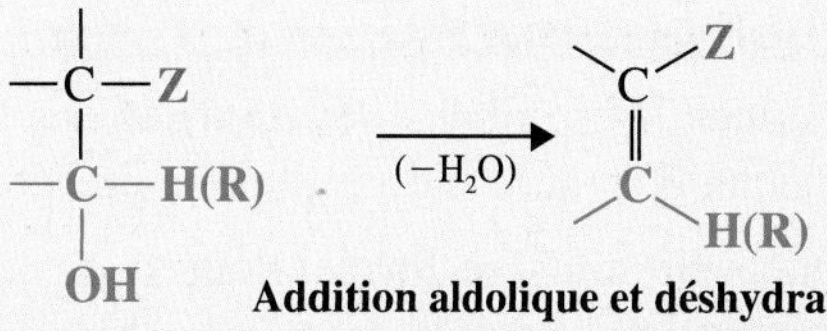 $\begin{array}{c} \| \\ -C-Z \\ \| \\ -C-H(R) \\ \| \\ OH \end{array} \xrightarrow[(-H_2O)]{} \begin{array}{c} C-Z \\ \| \| \\ C \\ H(R) \end{array}$ **Addition aldolique et déshydratation (sections 17.4, 17.5 et 17.6)**
	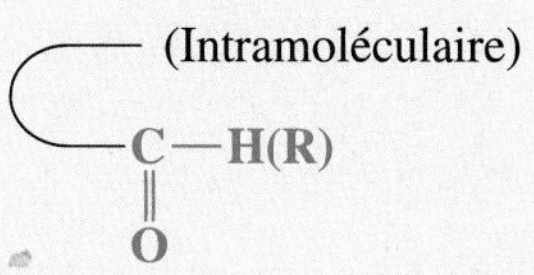 (Intramoléculaire) $\begin{array}{c} \\ C-H(R) \\ \| \\ O \end{array}$	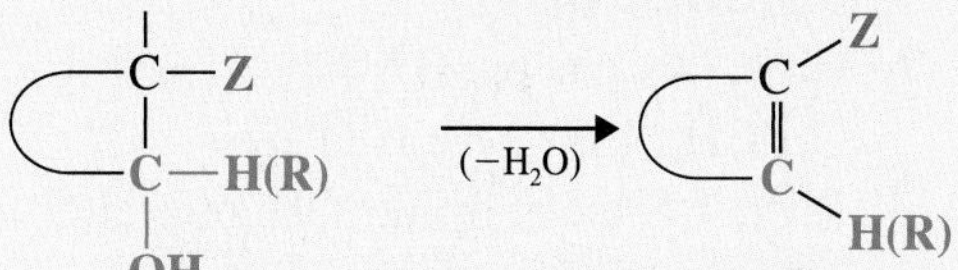 $\begin{array}{c} C-Z \\ \| \\ C-H(R) \\ \| \\ OH \end{array} \xrightarrow[(-H_2O)]{} \begin{array}{c} C-Z \\ \| \| \\ C \\ H(R) \end{array}$ **Cyclisation aldolique (section 17.6)**
	$R-X$	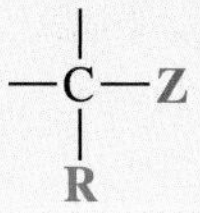 $\begin{array}{c} \| \\ -C-Z \\ \| \\ R \end{array}$ **Alkylation (section 17.7C)**
	C_6H_5Se-X	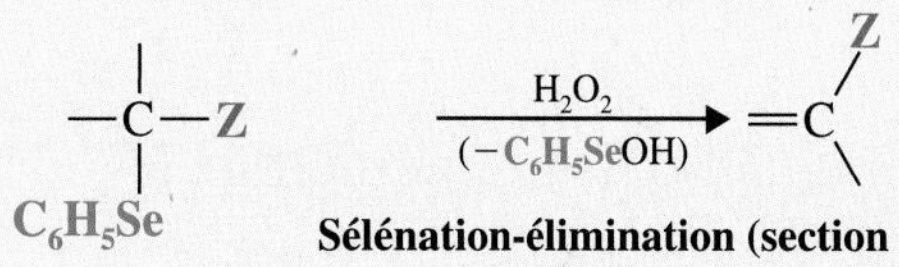 $\begin{array}{c} \| \\ -C-Z \\ \| \\ C_6H_5Se \end{array} \xrightarrow[(-C_6H_5SeOH)]{H_2O_2} \begin{array}{c} Z \\ =C \end{array}$ **Sélénation-élimination (section 17.8)**
	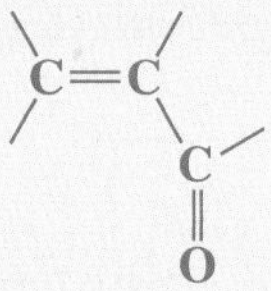 $\begin{array}{c} C=C \\ \| \\ C \\ \| \\ O \end{array}$	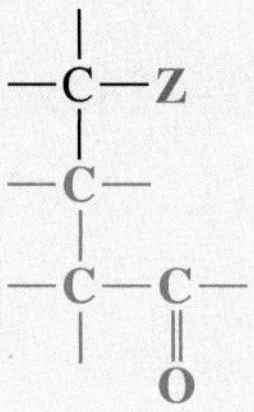 $\begin{array}{c} \| \\ -C-Z \\ \| \\ -C- \\ \| \\ -C-C- \\ \| \\ O \end{array}$ **Addition de Michael (section 17.9)**

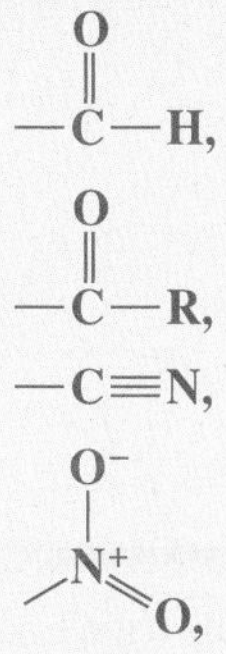

TERMES ET CONCEPTS CLÉS

Carbone α	Section 17.1	Réaction aldolique croisée	Section 17.5
Hydrogènes α	Sections 17.1, 17.5C et 17.5D	Énolates thermodynamiques et cinétiques	Section 17.7A
Formes céto et énol	Sections 17.1, 17.2 et 17.3	Diisopropylamidure de lithium (LDA)	Section 17.7
Anion énolate	Sections 17.1, 17.3, 17.4 et 17.7	Réaction aldolique dirigée	Section 17.7B
		Nucléophile ambident	Section 17.7C
Tautomères, tautomérisation	Section 17.2	Silylation	Sections 11.15 et 17.7C
Épimères, épimérisation	Section 17.3A		
Réaction haloforme	Section 17.3C	Addition conjuguée (addition de Michael)	Section 17.9
Aldol	Section 17.4		
Réactions aldoliques (additions et condensations aldoliques)	Sections 17.4, 17.5 et 17.6	Addition simple	Section 17.9

PROBLÈMES SUPPLÉMENTAIRES

17.28 On traite le propanal par chacun des réactifs suivants. Donnez les formules développées des produits de la réaction (s'il y a réaction).

a) ^-OH, H_2O

b) C_6H_5CHO, ^-OH

c) HCN

d) $NaBH_4$

e) $HOCH_2CH_2OH$, p-TsOH

f) Ag_2O, ^-OH, puis H_3O^+

g) CH_3MgI, puis H_3O^+

h) $Ag(NH_3)_2{}^+$ ^-OH, puis H_3O^+

i) NH_2OH

j) $C_6H_5\overset{+}{CH}-\overset{+}{P}(C_6H_5)_3$

k) C_6H_5Li, puis H_3O^+

l) $HC\equiv CNa$, puis H_3O^+

m) $HSCH_2CH_2SH$, HA, puis Ni de Raney, H_2

n) $CH_3CH_2CHBrCO_2Et$ et Zn, puis H_3O^+

17.29 Donnez les formules développées des produits qu'on obtient (s'il y a réaction) lorsqu'on traite l'acétone par chacun des réactifs du problème précédent.

17.30 Quels produits se formeraient si on faisait réagir le 4-méthylbenzaldéhyde avec chacune des substances suivantes ?

a) CH_3CHO, ^-OH

b) $CH_3C\equiv CNa$, puis H_3O^+

c) CH_3CH_2MgBr, puis H_3O^+

d) $KMnO_4$ dilué et froid, ^-OH, puis H_3O^+

e) $KMnO_4$ à chaud, ^-OH, puis H_3O^+

f) $^-{:}CH_2-\overset{+}{P}(C_6H_5)_3$

g) $CH_3COC_6H_5$, ^-OH

h) $BrCH_2CO_2Et$ et Zn, puis H_3O^+

17.31 Montrez comment on peut effectuer chacune des transformations suivantes. Vous pouvez utiliser tous les réactifs nécessaires.

a) $CH_3COC(CH_3)_3 \longrightarrow C_6H_5CH=CHCOC(CH_3)_3$

b)

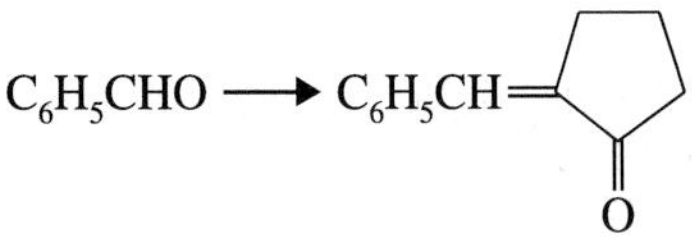

c) $C_6H_5CHO \longrightarrow C_6H_5CH_2\underset{\underset{\textstyle CH_3}{|}}{C}HNH_2$

d)

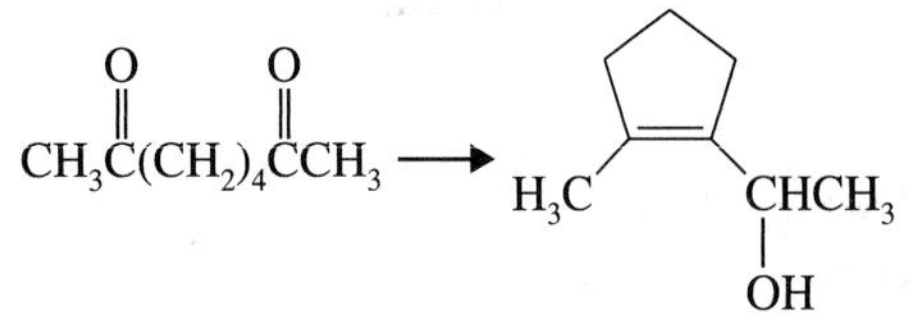

e) 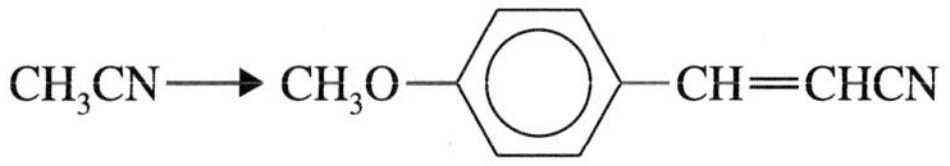 $CH_3CN \longrightarrow$

f)

g)

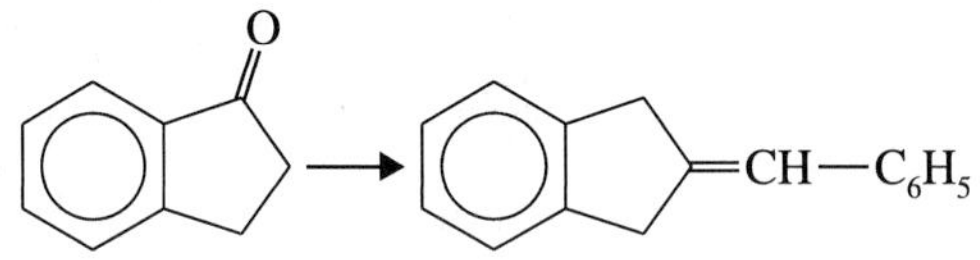

17.32 La réaction suivante est une annélation de Robinson (section 17.9B). Proposez des mécanismes et décrivez-en toutes les étapes.

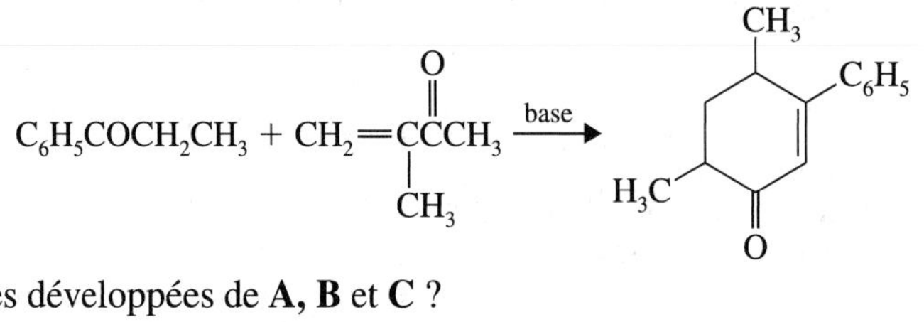

17.33 Quelles sont les formules développées de **A**, **B** et **C** ?

17.34 Les atomes d'hydrogène du carbone γ de l'aldéhyde crotonique sont notablement acides (p$K_a \cong 20$).

$$\overset{\gamma}{C}H_3\overset{\beta}{C}H=\overset{\alpha}{C}HCHO$$

Aldéhyde crotonique

a) Quelles structures de résonance expliquent cette acidité ?

b) Proposez un mécanisme qui rende compte de la réaction suivante :

$$C_6H_5CH=CHCHO + CH_3CH=CHCHO \xrightarrow[\text{EtOH}]{\text{base}} C_6H_5(CH=CH)_3CHO$$

(87 %)

17.35 Quels réactifs devriez-vous utiliser pour réussir chaque étape des synthèses suivantes ?

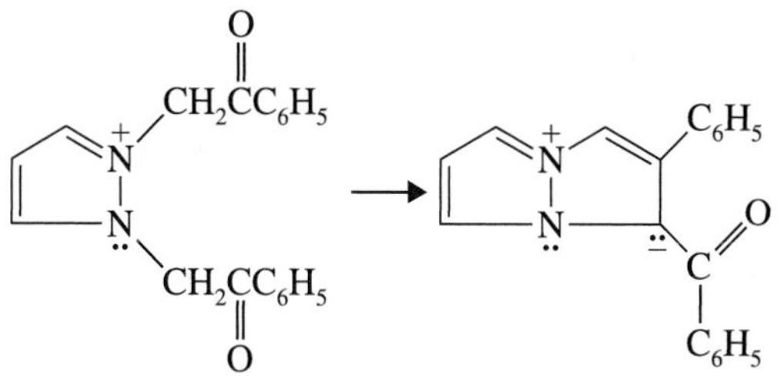

17.36 a) La spectroscopie infrarouge permet de déterminer facilement si le produit obtenu par l'addition d'un réactif de Grignard à une cétone α,β-insaturée résulte d'une addition simple ou d'une addition conjuguée. Expliquez. (Quel pic ou quels pics rechercheriez-vous ?) b) Comment pourriez-vous déterminer la vitesse de la réaction suivante par spectroscopie UV ?

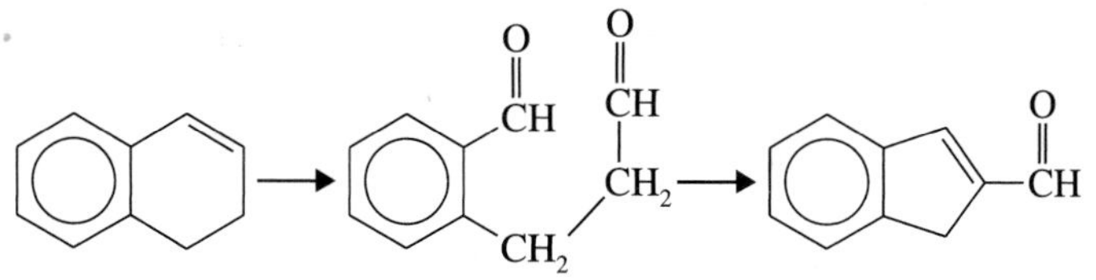

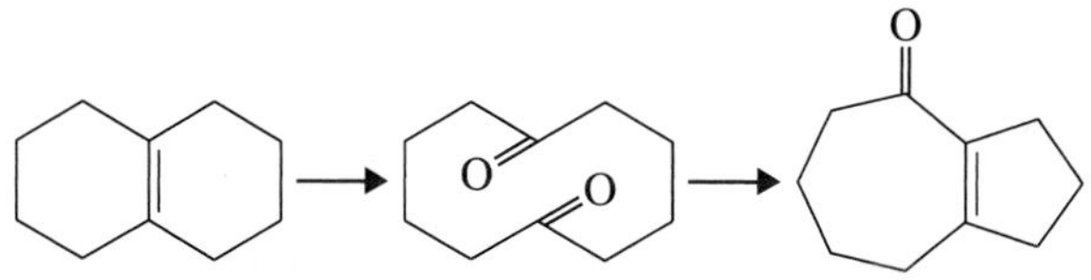

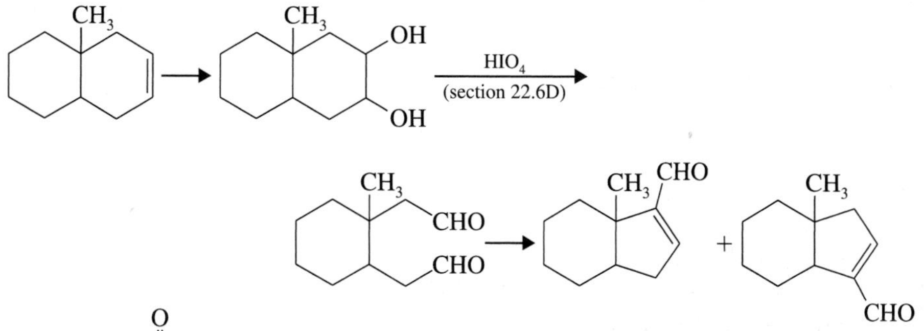

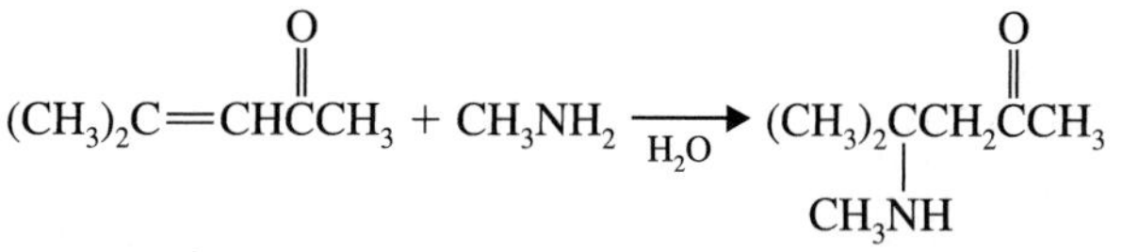

17.37 a) Un composé **U** ($C_9H_{10}O$) donne un résultat négatif quand on le soumet au test de l'iodoforme. Son spectre IR présente une forte bande d'absorption à 1690 cm^{-1}. Son spectre RMN ^1H fournit les données suivantes :

Triplet $\delta = 1,2$ (3H) Quartet $\delta = 3,0$ (2H) Multiplet $\delta = 7,7$ (5H)

Quelle est la structure de **U** ?

b) Le composé **V** est un isomère de **U**, mais dans son cas le test de l'iodoforme donne un résultat positif. Le spectre IR de **V** présente une forte bande d'absorption à 1705 cm^{-1}. Et son spectre RMN ^1H donne les informations suivantes :

Singulet $\delta = 2,0$ (3H) Singulet $\delta = 3,5$ (2H) Multiplet $\delta = 7,1$ (5H)

Quelle est la structure de **V** ?

17.38 Le composé **A**, de formule moléculaire $C_6H_{12}O_3$, a un fort pic d'absorption à 1710 cm^{-1}. Lorsqu'on le traite par l'iode dans une solution aqueuse d'hydroxyde de sodium, un précipité jaune apparaît. Avec le réactif de Tollens, **A** ne réagit pas. Cependant, si on le traite d'abord par une solution aqueuse contenant une goutte d'acide sulfurique, puis par le réactif de Tollens, un miroir d'argent se forme dans l'éprouvette. Le spectre RMN ^1H du composé **A** se lit comme suit :

Singulet $\delta = 2,1$ Singulet $\delta = 3,2$ (6H)

Doublet $\delta = 2,6$ Triplet $\delta = 4,7$

Proposez une structure pour **A**.

17.39 Le traitement d'une solution de *cis*-1-décalone par une base provoque une isomérisation. Au moment où l'équilibre est atteint, la solution contient environ 95 % de *trans*-1-décalone et 5 % de *cis*-1-décalone. Expliquez cette isomérisation.

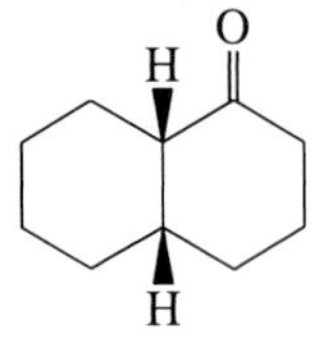

***cis*-1-Décalone**

17.40 La réaction de Wittig (section 16.10) peut servir à la synthèse des aldéhydes, comme dans l'exemple suivant :

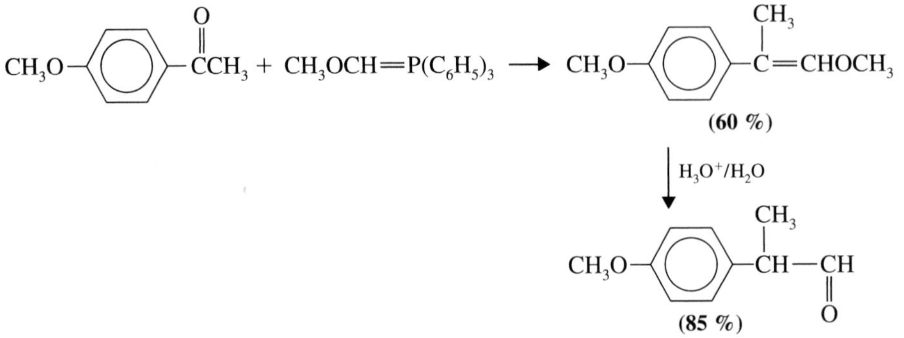

$$CH_3O-\langle\bigcirc\rangle-\overset{\overset{O}{\|}}{C}CH_3 + CH_3OCH{=}P(C_6H_5)_3 \longrightarrow CH_3O-\langle\bigcirc\rangle-\overset{\overset{CH_3}{|}}{C}{=}CHOCH_3$$

(60 %)

$$\downarrow H_3O^+/H_2O$$

$$CH_3O-\langle\bigcirc\rangle-\overset{\overset{CH_3}{|}}{C}H-\overset{}{C}H$$
$$\overset{}{\underset{\|}{O}}$$

(85 %)

a) Comment prépareriez-vous le composé $CH_3OCH{=}P(C_6H_5)_3$? b) Décrivez un mécanisme qui explique comment la deuxième réaction produit un aldéhyde. c) Comment appliqueriez-vous cette méthode pour effectuer la synthèse du composé ⬡—CHO à partir de la cyclohexanone ?

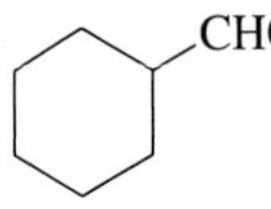

17.41 Les aldéhydes qui n'ont pas d'hydrogène α subissent une oxydoréduction appelée **réaction de Cannizzaro** quand ils sont traités par une base concentrée. La réaction suivante du benzaldéhyde en est un exemple.

$$2\ C_6H_5{-}CHO\ \xrightarrow[H_2O]{\overline{O}H}\ C_6H_5{-}CH_2OH + C_6H_5{-}CO_2^-$$

a) Quand la réaction se déroule dans l'eau lourde (D_2O), l'alcool benzylique qu'on isole ensuite ($C_6H_5CH_2OD$) ne renferme aucun deutérium lié au carbone. Qu'est-ce que cela vous suggère quant au mécanisme de la réaction ? b) Quand les composés $(CH_3)_2CHCHO$ et $Ba(OH)_2/H_2O$ sont chauffés dans un tube scellé, la réaction ne produit que $(CH_3)_2CHCH_2OH$ et $[(CH_3)_2CHCO_2]_2Ba$. Expliquez pourquoi ce sont ces produits qui se forment plutôt que ceux attendus d'une réaction aldolique.

17.42 Quand on effectue l'addition aldolique de l'acétaldéhyde dans D_2O, on ne trouve aucun deutérium dans le groupe méthyle de l'aldéhyde qui n'a pas réagi. Cependant, au cours de la réaction aldolique de l'acétone, le deutérium est incorporé au groupe méthyle de l'acétone qui n'a pas réagi. Expliquez cette différence de comportement.

17.43 Une synthèse de la phéromone du scolyte de l'orme, la multistriatine (voir problème 16.46), est présentée ci-dessous. Donnez les structures des composés **A**, **B**, **C** et **D**.

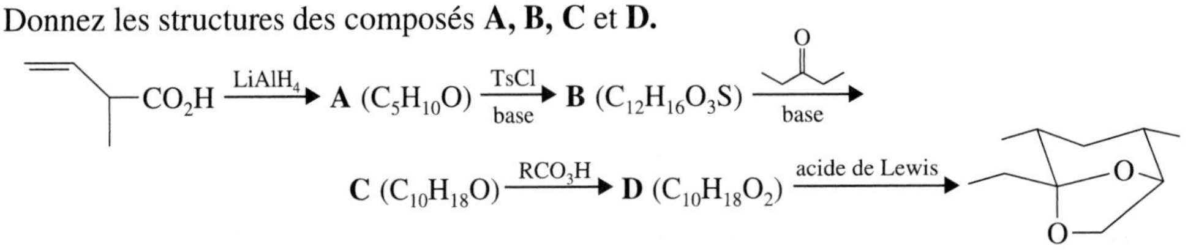

$$\overset{}{\underset{|}{\diagdown}}{-}CO_2H \xrightarrow{LiAlH_4} \mathbf{A}\ (C_5H_{10}O) \xrightarrow[base]{TsCl} \mathbf{B}\ (C_{12}H_{16}O_3S) \xrightarrow[base]{} $$

$$\mathbf{C}\ (C_{10}H_{18}O) \xrightarrow{RCO_3H} \mathbf{D}\ (C_{10}H_{18}O_2) \xrightarrow{acide\ de\ Lewis} $$

Multistriatine

17.44 Dans l'éthanol, et en présence de KOH, on fait réagir l'acétone avec deux équivalents molaires de benzaldéhyde. On obtient le composé **X**. Le spectre RMN ^{13}C de **X** est présenté à la figure 17.2. Proposez une structure pour ce composé.

17.45* Voici un exemple d'une séquence de réactions mise au point par Derin C. D'Amico et Michael E. Jung (UCLA) qui aboutit à la formation énantiosélective d'un produit d'addition aldolique mais sans comporter de réactions

---
* Les problèmes marqués d'un astérisque présentent une difficulté particulière.

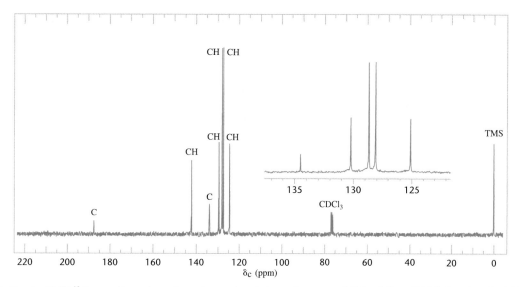

Figure 17.2 Spectre RMN ^{13}C avec découplage du proton en bande large du composé **X** (problème 17.44). Les données RMN DEPT ^{13}C sont indiquées à chacun des pics.

aldoliques. La séquence inclut une réaction de Horner-Wadsworth-Emmons (section 16.10), une époxydation asymétrique de Sharpless (section 11.17) et un réarrangement original qui conduit finalement au produit de type aldol. Proposez un mécanisme expliquant le réarrangement de l'époxyalcool qui, dans les conditions décrites, aboutit à la formation du produit aldolique. [*Aide* : On peut également réaliser ce réarrangement en préparant d'abord (à part) un éther silylé à partir de l'époxyalcool puis en traitant cet éther par un acide de Lewis (par exemple BF_3).]

TRAVAIL COOPÉRATIF

Les stéroïdes forment une classe importante de produits naturels et pharmaceutiques. Des tentatives de synthèse des stéroïdes sont en cours depuis de nombreuses années, et c'est toujours un domaine de recherche important. Les synthèses du cholestérol et de la cortisone mises au point par R.B. Woodward (université Harvard, prix Nobel de chimie en 1965) et son équipe constituent des réussites de haut niveau en synthèse des stéroïdes. Les réactions suivantes font partie de la synthèse du cholestérol réalisée par Woodward. Cette synthèse est riche d'exemples de la chimie du groupe carbonyle et d'autres réactions que nous avons étudiées.

a) Nommez le type de la réaction menant de **2** à **3**. Classez chaque réactif selon son rôle dans la réaction.

b) Proposez un mécanisme de réaction qui explique le passage de **3** à **4**. Cette réaction peut se produire soit en milieu acide soit en milieu basique.

c) La réaction menant de **5** à **6** transforme un éther d'énol en une énone par hydrolyse et déshydratation. Quel est le mécanisme de cette transformation ?

d) Proposez un mécanisme pour la réaction qui, à partir de **7**, donne **8** (à noter : EtO$_2$CH peut également s'écrire HCO$_2$Et, formate d'éthyle). Commentez l'existence de la forme énol **8**.

e) Quel est le nom de la réaction qui, à partir de **8**, produit **9** ? Quel est le mécanisme de cette réaction ? [EVC (éthylvinylcétone) est l'abréviation courante de la pent-4-én-3-one.]

f) Quel est le nom du type de réaction menant de **9** à **10** ? Proposez un mécanisme pour cette réaction.

g) Notez que vous avez étudié les réactions qui permettent de passer de **10** à **11** et de **11** à **12**. Quel groupe fonctionnel est formé en **12** ?

h) Écrivez un mécanisme pour l'étape 1) de la réaction qui mène de **14** à **15/16**. (Le produit initial de cette étape possède un groupe nitrile où se retrouve l'acide carboxylique en **15** et **16**. Au chapitre 18, nous étudierons la conversion d'un nitrile en acide carboxylique.) Expliquez la formation du mélange **15-16**.

i) Donnez le mécanisme de la transformation de **17** en **19** ?

j) Nommez le type de réaction qui conduit de **20** à **21**. Quel est son mécanisme ?

k) Quelle réaction produit **25** à partir de **24** ? Expliquez pourquoi diverses configurations peuvent se retrouver sur le carbone de l'alcool (C20).

l) Décrivez le mécanisme de la réaction qui transforme en **27** la cétone représentée immédiatement avant **27**. (L'abréviation pyr signifie pyridine, une base.)

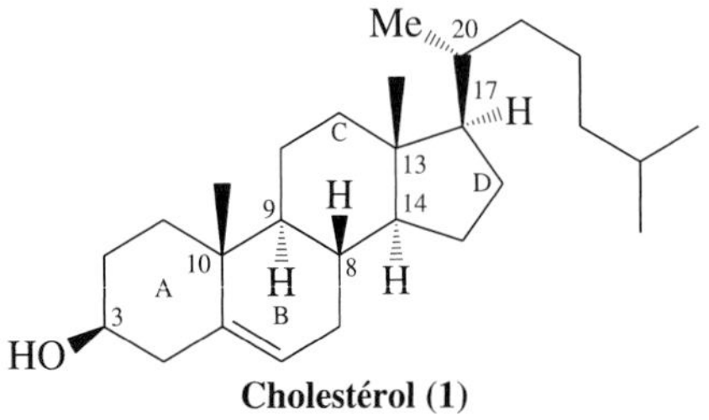

Cholestérol (1)

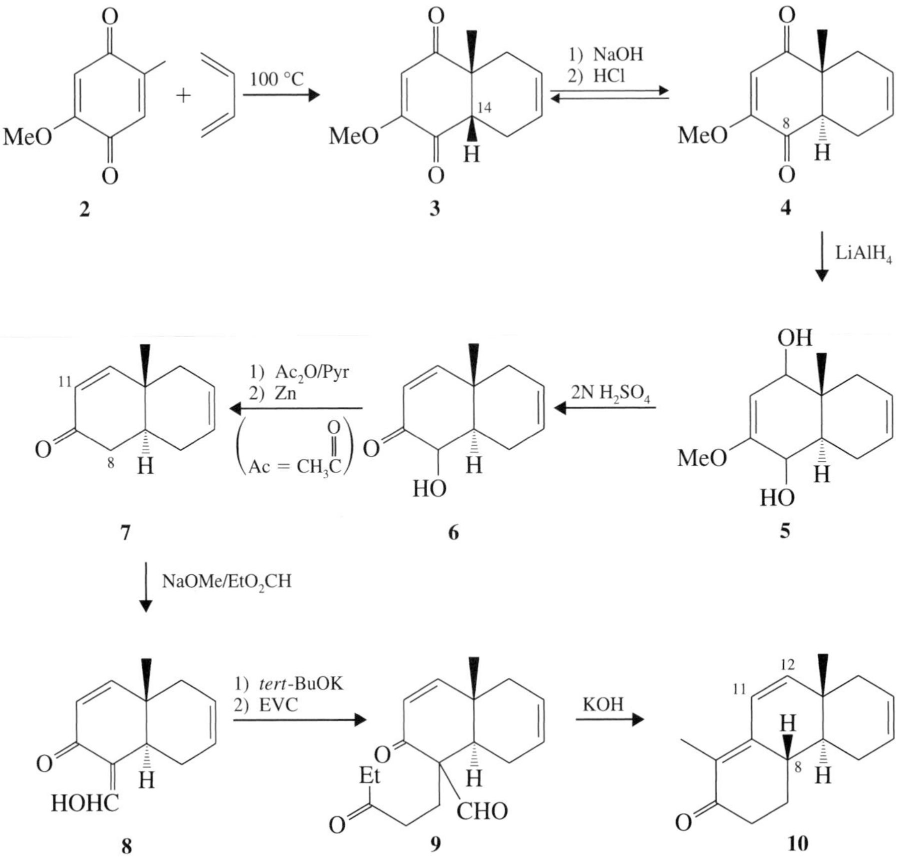

2   **3**   **4**

7   **6**   **5**

8   **9**   **10**

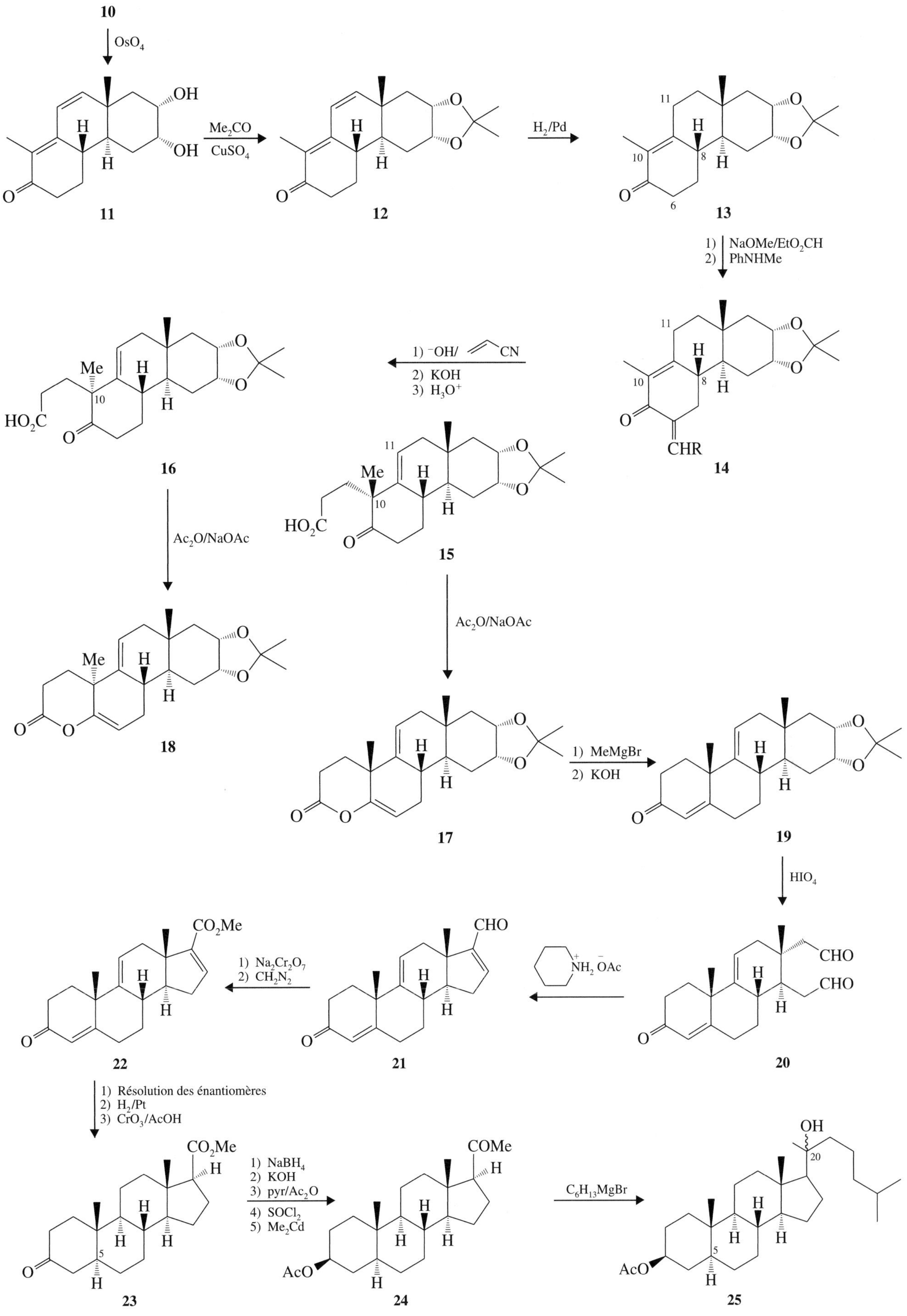

10 → OsO₄

11 — Me₂CO / CuSO₄ → **12** — H₂/Pd → **13**

13 — 1) NaOMe/EtO₂CH 2) PhNHMe → **14** (CHR)

14 ← 1) ⁻OH / CN 2) KOH 3) H₃O⁺ → **15**

16 — Ac₂O/NaOAc → **18**

15 — Ac₂O/NaOAc → **17** — 1) MeMgBr 2) KOH → **19** — HIO₄ → **20**

20 — piperidinium acetate → **21** — 1) Na₂Cr₂O₇ 2) CH₂N₂ → **22**

22 — 1) Résolution des énantiomères 2) H₂/Pt 3) CrO₃/AcOH → **23** — 1) NaBH₄ 2) KOH 3) pyr/Ac₂O 4) SOCl₂ 5) Me₂Cd → **24** — C₆H₁₃MgBr → **25**

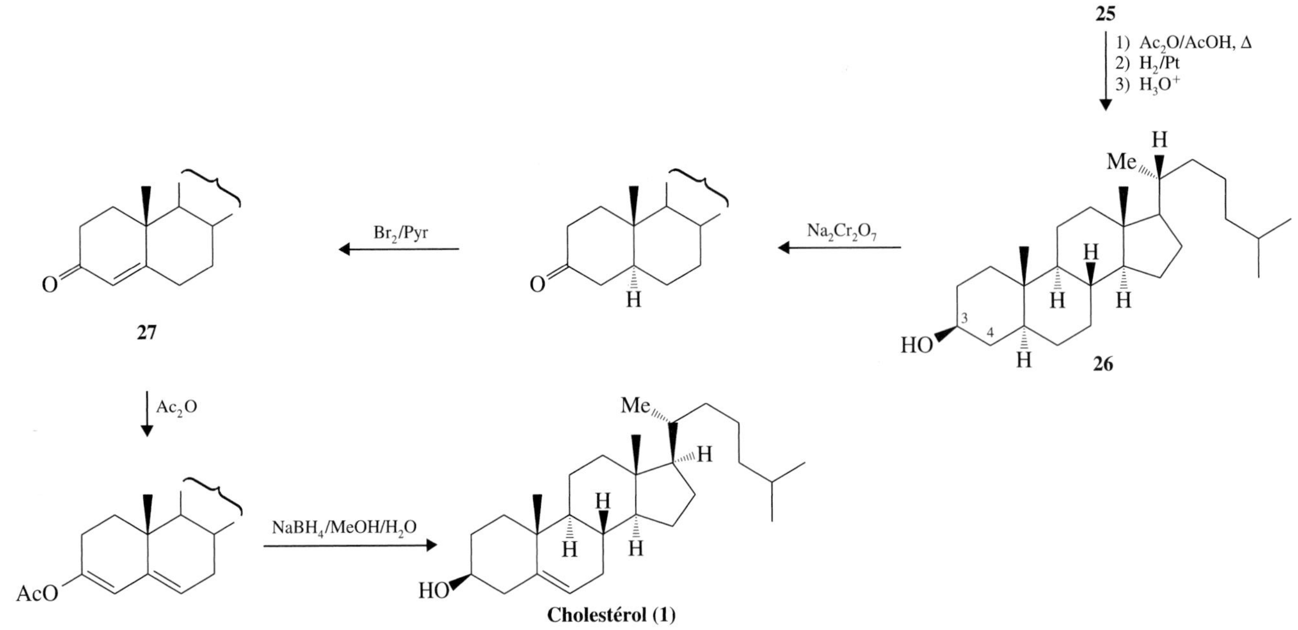
25
1) Ac2O/AcOH, Δ
2) H2/Pt
3) H3O+
Me
H
HO
3
4
26
Na2Cr2O7
O
Br2/Pyr
27
Ac2O
AcO
NaBH4/MeOH/H2O
Cholestérol (1)

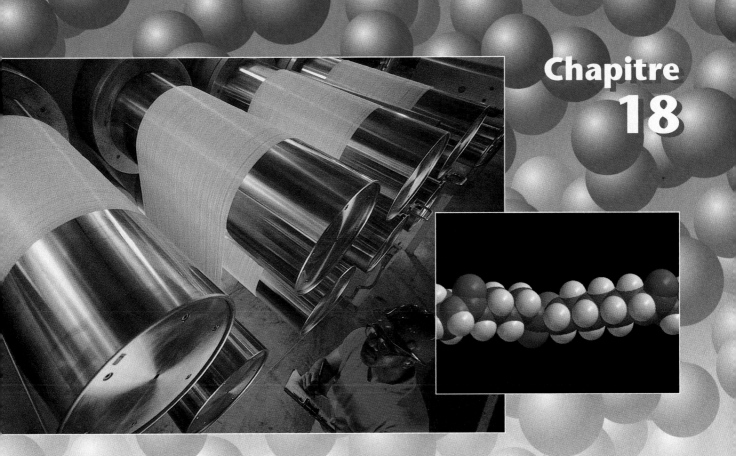

ACIDES CARBOXYLIQUES ET DÉRIVÉS : réactions d'addition-élimination sur le groupe carbonyle

Un lien commun

Les polyesters, le nylon et de nombreuses biomolécules ont un point en commun : la façon dont se forme l'une de leurs liaisons au cours de leur synthèse. Le processus en question, qu'on appelle transfert d'un groupe acyle, comprend la création d'une liaison par une addition nucléophile sur un groupe carbonyle suivie d'une élimination. Des transferts d'acyle se produisent à tout instant dans l'organisme humain. Ces réactions interviennent dans la biosynthèse de nombreux composés organiques : protéines, graisses, précurseurs des stéroïdes, etc.; elles jouent aussi un rôle dans la dégradation des substances nutritives dont les cellules tirent l'énergie et les matières premières nécessaires à la vie. Les transferts de groupes acyle sont également mis en application dans l'industrie, où ils servent chaque année à fabriquer environ un million et demi de tonnes de nylon (photo ci-dessus) et deux millions de tonnes de fibres de polyester. À droite de la photo, on peut voir une partie d'un modèle moléculaire d'un polymère, le nylon-6,6.

Les groupes fonctionnels qui interviennent dans les transferts de groupes acyle sont tous reliés aux acides carboxyliques. Ces groupes, que nous étudierons dans le présent chapitre, comprennent les chlorures d'alcanoyle, les anhydrides, les esters, les amides, les thioesters et bien sûr les acides carboxyliques. À l'annexe B, nous verrons comment les réactions de transfert d'acyle servent à synthétiser des polymères comme le nylon et le mylar. À l'annexe D, nous nous intéresserons au

SOMMAIRE

18.1 Introduction

18.2 Nomenclature et propriétés physiques

18.3 Préparation des acides carboxyliques

18.4 Réactions d'addition-élimination sur le carbone acyle

18.5 Chlorures d'alcanoyle

18.6 Anhydrides d'acides carboxyliques

18.7 Esters

18.8 Amides

18.9 Acides α-Halogénés : réaction de Hell-Volhard-Zelinski

18.10 Dérivés de l'acide carbonique

18.11 Décarboxylation des acides carboxyliques

18.12 Tests qualitatifs de caractérisation des composés acyle

rôle que jouent ces réactions de transfert dans la biosynthèse des acides gras et d'autres biomolécules. Bien que de nombreux groupes fonctionnels participent aux transferts d'un groupe acyle, leurs réactions sont toutes faciles à comprendre parce que leurs mécanismes comportent plusieurs similarités.

18.1 INTRODUCTION

Le groupe carboxyle, $-\overset{O}{\overset{\|}{C}}OH$ ($-CO_2H$ ou $-COOH$ en abrégé), est l'un des groupes fonctionnels qu'on rencontre le plus fréquemment en chimie et en biochimie. Non seulement les acides carboxyliques sont-ils importants, mais le groupe carboxyle est aussi le groupe fonctionnel de base d'une vaste famille de composés qu'on appelle **composés acyle***, **composés alcanoyle** ou **dérivés des acides carboxyliques** (voir le tableau 18.1).

18.2 NOMENCLATURE ET PROPRIÉTÉS PHYSIQUES

18.2A ACIDES CARBOXYLIQUES

Dans la nomenclature systématique ou substitutive de l'UICPA, on forme le nom d'un acide carboxylique en remplaçant par *oïque* le *e* final du nom de l'alcane correspondant à la plus longue chaîne de l'acide et en attribuant l'indice de position 1 au carbone du groupe carboxyle. Voici deux exemples :

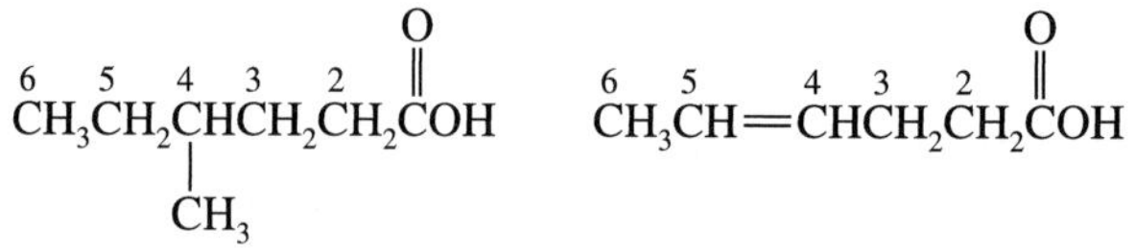

Acide 4-méthylhexanoïque   **Acide hex-4-énoïque**

De nombreux acides carboxyliques ont un nom courant dérivé d'un mot latin ou grec qui indique une source naturelle (tableau 18.2). Ainsi, l'acide méthanoïque se nomme également acide formique (du latin *formica,* fourmi). De même pour l'acide éthanoïque, qu'on appelle couramment acide acétique (du latin *acetum,* vinaigre), et pour l'acide butanoïque, un composé qui donne au beurre rance son odeur désagréable et qu'on nomme parfois acide butyrique (du latin *butyrum,* beurre). L'acide pentanoïque est également connu sous le nom d'acide valérique, parce qu'on le trouve dans la valériane, une plante vivace. L'acide hexanoïque est un composé présent dans le beurre de chèvre, d'où son nom courant d'acide caproïque (du latin *capra,* chèvre).

Tableau 18.1   Dérivés des acides carboxyliques.

Structure	Nom	Structure	Nom
R−C(=O)−Cl	Chlorure d'alcanoyle Chlorure d'acyle (ou d'acide)	R−C(=O)−NH₂	
R−C(=O)−O−C(=O)−R	Anhydride d'acide	R−C(=O)−NHR′	Amide
R−C(=O)−O−R′	Ester	R−C(=O)−NR′R″	
R−C≡N	Nitrile		

* Bien que le terme « acyle » soit très utilisé, le terme « alcanoyle » est plus général et approprié. Les deux termes sont utilisés de façon équivalente dans cet ouvrage.

Tableau 18.2   Acides carboxyliques.

Structure	Nom systématique	Nom courant	p. f. (°C)	p. é.[a] (°C)	Solubilité dans l'eau (g/100 mL H_2O), 25 °C	pK_a
HCO_2H	Acide méthanoïque	Acide formique	8	100,5	∞	3,75
CH_3CO_2H	Acide éthanoïque	Acide acétique	16,6	118	∞	4,76
$CH_3CH_2CO_2H$	Acide propanoïque	Acide propionique	−21	141	∞	4,87
$CH_3(CH_2)_2CO_2H$	Acide butanoïque	Acide butyrique	−6	164	∞	4,81
$CH_3(CH_2)_3CO_2H$	Acide pentanoïque	Acide valérique	−34	187	4,97	4,82
$CH_3(CH_2)_4CO_2H$	Acide hexanoïque	Acide caproïque	−3	205	1,08	4,84
$CH_3(CH_2)_6CO_2H$	Acide octanoïque	Acide caprylique	16	239	0,07	4,89
$CH_3(CH_2)_8CO_2H$	Acide décanoïque	Acide caprique	31	269	0,015	4,84
$CH_3(CH_2)_{10}CO_2H$	Acide dodécanoïque	Acide laurique	44	179[18]	0,006	5,30
$CH_3(CH_2)_{12}CO_2H$	Acide tétradécanoïque	Acide myristique	59	200[20]	0,002	
$CH_3(CH_2)_{14}CO_2H$	Acide hexadécanoïque	Acide palmitique	63	219[17]	0,0007	6,46
$CH_3(CH_2)_{16}CO_2H$	Acide octadécanoïque	Acide stéarique	70	383	0,0003	
CH_2ClCO_2H	Acide chloroéthanoïque	Acide chloroacétique	63	189	Très soluble	2,86
$CHCl_2CO_2H$	Acide dichloroéthanoïque	Acide dichloroacétique	10,8	192	Très soluble	1,48
CCl_3CO_2H	Acide trichloroéthanoïque	Acide trichloroacétique	56,3	198	Très soluble	0,70
$CH_3CHClCO_2H$	Acide 2-chloropropanoïque	Acide α-chloropropionique		186	Soluble	2,83
$CH_2ClCH_2CO_2H$	Acide 3-chloropropanoïque	Acide β-chloropropionique	61	204	Soluble	3,98
$C_6H_5CO_2H$	Acide benzoïque	Acide benzoïque	122	250	0,34	4,19
$p\text{-}CH_3C_6H_4CO_2H$	Acide 4-méthylbenzoïque	Acide p-toluique	180	275	0,03	4,36
$p\text{-}ClC_6H_4CO_2H$	Acide 4-chlorobenzoïque	Acide p-chlorobenzoïque	242		0,009	3,98
$p\text{-}NO_2C_6H_4CO_2H$	Acide 4-nitrobenzoïque	Acide p-nitrobenzoïque	242		0,03	3,41
CO_2H	Acide 1-naphtoïque	Acide α-naphtoïque	160	300	Insoluble	3,70
CO_2H	Acide 2-naphtoïque	Acide β-naphtoïque	185	>300	Insoluble	4,17

[a] Les valeurs en exposant correspondent à la pression à laquelle les points d'ébullition ont été mesurés.

Quant à l'acide octadécanoïque, son nom courant d'acide stéarique a pour origine le mot grec *stear,* qui signifie graisse, lard ou suif.

La plupart de ces noms courants sont employés depuis longtemps et ils resteront usités pendant bien des années encore. Il est donc utile de les connaître. Dans ce livre, nous désignerons toujours l'acide méthanoïque et l'acide éthanoïque par leurs noms courants (acide formique et acide acétique). Dans presque tous les autres cas, cependant, nous utiliserons les noms systématiques ou substitutifs reconnus par l'UICPA.

Les acides carboxyliques sont des substances polaires. Leurs molécules peuvent former de fortes liaisons hydrogène entre elles et avec l'eau. Par conséquent, les acides carboxyliques ont généralement des points d'ébullition élevés, et ceux dont la masse moléculaire est faible sont notablement solubles dans l'eau. Les quatre premiers acides carboxyliques du tableau 18.2 sont miscibles en toutes proportions dans l'eau. Grosso modo, à mesure que la longueur de la chaîne de carbones des acides carboxyliques augmente, leur solubilité diminue.

18.2B SELS D'ACIDES CARBOXYLIQUES : CARBOXYLATES

Pour désigner les sels des acides carboxyliques, on remplace simplement par *ate* le *ique* de leur nom. Par exemple, on appelle éthanoate de sodium ou acétate de sodium le composé CH_3CO_2Na.

Les sels de sodium et de potassium de la plupart des acides carboxyliques sont facilement solubles dans l'eau, même quand leur chaîne carbonée est longue. Et les sels de sodium et de potassium des acides carboxyliques à longue chaîne sont les principaux ingrédients des savons (section 23.2C).

PROBLÈME 18.1

Quel est, selon l'UICPA, le nom systématique de chacun des composés suivants ?

a) CH$_3$CH$_2$CHCO$_2$H
           |
           CH$_3$

b) CH$_3$CH=CHCH$_2$CO$_2$H

c) BrCH$_2$CH$_2$CH$_2$CO$_2$Na

d) C$_6$H$_5$CH$_2$CH$_2$CH$_2$CH$_2$CO$_2$H

e) CH$_3$CH=CCH$_2$CO$_2$H
              |
              CH$_3$

PROBLÈME 18.2

Des résultats expérimentaux indiquent que la masse moléculaire de l'acide acétique à l'état gazeux (juste au-dessus de son point d'ébullition) est d'environ 120. Expliquez la différence entre cette donnée expérimentale et la valeur réelle, qui se situe autour de 60.

18.2C ACIDITÉ DES ACIDES CARBOXYLIQUES

La plupart des acides carboxyliques non substitués ont des constantes d'acidité variant entre 10^{-4} et 10^{-5} (pK_a = 4 à 5), comme on peut le voir au tableau 18.2. Le pK_a de l'eau est de 16 environ, tandis que le pK_a apparent de H$_2$CO$_3$ est approximativement égal à 7. Ces acidités relatives signifient qu'on peut facilement faire réagir les acides carboxyliques avec une solution aqueuse d'hydroxyde de sodium ou avec une solution aqueuse de bicarbonate de sodium; on obtient alors des sels sodiques solubles. Comme les acides carboxyliques insolubles dans l'eau se dissolvent dans l'une ou l'autre de ces solutions, on peut avoir recours à des tests de solubilité pour distinguer les acides carboxyliques insolubles dans l'eau des alcools et des phénols insolubles dans l'eau.

$$\text{Acide benzoïque} \;+\; \text{NaOH} \xrightarrow{\text{H}_2\text{O}} \text{Benzoate de sodium} \;+\; \text{H}_2\text{O}$$

Acide benzoïque
(insoluble dans l'eau)
Acide le plus fort

Base la plus forte

Benzoate de sodium
(soluble dans l'eau)
Base la plus faible

Acide le plus faible

$$\text{(insoluble dans l'eau)} \;+\; \text{NaHCO}_3 \xrightarrow{\text{H}_2\text{O}} \text{(soluble dans l'eau)} \;+\; \underbrace{\text{CO}_2\!\uparrow + \text{H}_2\text{O}}_{\substack{\text{H}_2\text{CO}_3 \\ \textit{Acide le plus faible}}}$$

(insoluble dans l'eau)
Acide le plus fort

Base la plus forte

(soluble dans l'eau)
Base la plus faible

On peut effectuer rapidement de tels tests de solubilité et s'en servir pour déterminer si un composé inconnu possède un groupe carboxyle.

Les phénols insolubles dans l'eau (section 21.5) se dissolvent dans une solution aqueuse d'hydroxyde de sodium mais, à l'exception de certains nitrophénols, ils ne se dissolvent pas dans une solution aqueuse de bicarbonate de sodium. Les alcools insolubles dans l'eau ne se dissolvent ni dans l'une ni dans l'autre de ces solutions.

On remarque aussi au tableau 18.2 que les acides carboxyliques ayant des groupes électroattracteurs sont plus forts que les acides non substitués. Cela est particulièrement évident dans le cas des acides chloroacétiques.

$$
\underset{\underset{\text{Cl}}{|}}{\overset{\overset{\text{Cl}}{|}}{\text{Cl}\!\leftarrow\!\text{C}\!-\!\text{CO}_2\text{H}}} >
\underset{\underset{\text{H}}{|}}{\overset{\overset{\text{Cl}}{|}}{\text{Cl}\!\leftarrow\!\text{C}\!-\!\text{CO}_2\text{H}}} >
\underset{\underset{\text{H}}{|}}{\overset{\overset{\text{H}}{|}}{\text{Cl}\!\leftarrow\!\text{C}\!-\!\text{CO}_2\text{H}}} >
\underset{\underset{\text{H}}{|}}{\overset{\overset{\text{H}}{|}}{\text{H}\!-\!\text{C}\!-\!\text{CO}_2\text{H}}}
$$

pK_a 0,70   1,48   2,86   4,76

Comme nous l'avons vu aux sections 3.5B et 3.7B, l'augmentation de l'acidité causée par la présence des groupes électroattracteurs provient d'une combinaison d'effets inductifs et entropiques. Étant donné que l'effet inductif ne se transmet pas très efficacement par l'intermédiaire de liaisons covalentes, le renforcement de l'acidité décroît à mesure qu'augmente la distance entre le groupe carboxyle et chaque groupe électroattracteur. Parmi les acides chlorobutanoïques suivants, le plus fort est l'acide 2-chlorobutanoïque.

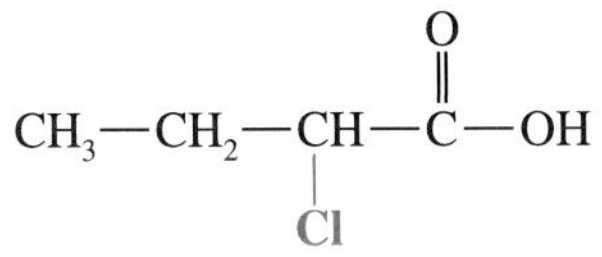

Acide 2-chlorobutanoïque
($pK_a = 2,85$)

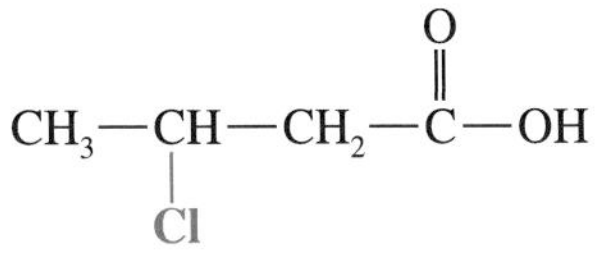

Acide 3-chlorobutanoïque
($pK_a = 4,05$)

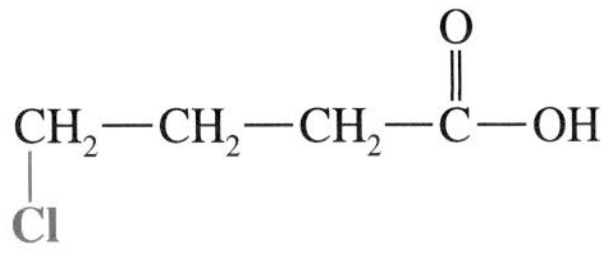

Acide 4-chlorobutanoïque
($pK_a = 4,50$)

PROBLÈME 18.3

Identifiez l'acide le plus fort dans les paires suivantes.

a) CH_3CO_2H et CH_2FCO_2H

b) CH_2FCO_2H et CH_2ClCO_2H

c) CH_2ClCO_2H et CH_2BrCO_2H

d) $CH_2FCH_2CH_2CO_2H$ et $CH_3CHFCH_2CO_2H$

e) $CH_3CH_2CHFCO_2H$ et $CH_3CHFCH_2CO_2H$

f)

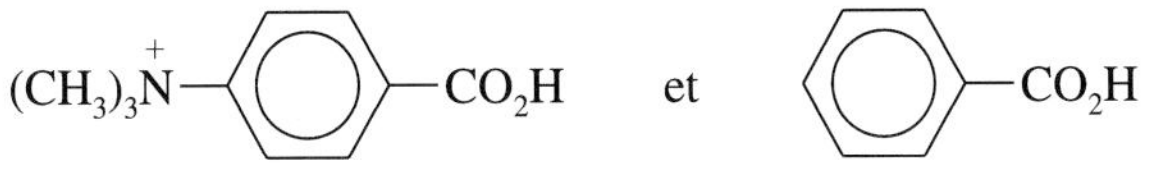

g)

18.2D ACIDES DICARBOXYLIQUES

Dans la nomenclature systématique ou substitutive de l'UICPA, les acides dicarboxyliques sont appelés **acides alcanedioïques.** Les acides dicarboxyliques les plus simples ont des noms courants (tableau 18.3), que nous emploierons.

PROBLÈME 18.4

a) Selon vous, pourquoi le pK_{a1} de tous les acides dicarboxyliques du tableau 18.3 est-il plus faible que le pK_a des acides monocarboxyliques qui ont le même nombre d'atomes de carbone ? b) Et pourquoi la différence entre le pK_{a1} et le pK_{a2} des acides dicarboxyliques de type $HO_2C(CH_2)_nCO_2H$ décroît-elle à mesure que n augmente ?

18.2E ESTERS

Étant donné que les esters résultent de l'action d'un acide sur un alcool, on forme le nom d'un ester en écrivant d'abord le nom de l'acide (dans lequel on remplace **ique** par **ate de**) puis le nom de l'alcool.

Acétate d'éthyle ou éthanoate **d'éthyle**

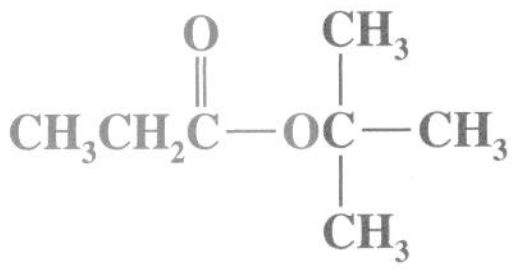

Propanoate de *tert*-**butyle**

Acétate de vinyle ou éthanoate **d'éthényle**

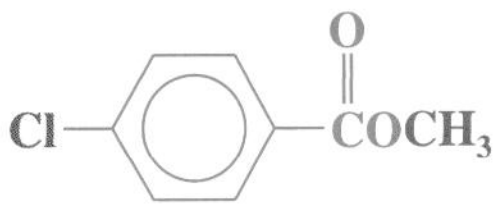

p-**Chlorobenzoate de** méthyle

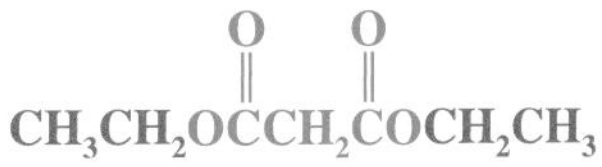

Malonate de diéthyle

Tableau 18.3 Acides dicarboxyliques.

Structure	Nom courant	Point de fusion (°C)	pK_a (à 25 °C)	
			pK_{a1}	pK_{a2}
HO_2C-CO_2H	Acide oxalique	189 déc.	1,2	4,2
$HO_2CCH_2CO_2H$	Acide malonique	136	2,9	5,7
$HO_2C(CH_2)_2CO_2H$	Acide succinique	187	4,2	5,6
$HO_2C(CH_2)_3CO_2H$	Acide glutarique	98	4,3	5,4
$HO_2C(CH_2)_4CO_2H$	Acide adipique	153	4,4	5,6
$cis\text{-}HO_2C-CH{=}CH-CO_2H$	Acide maléique	131	1,9	6,1
$trans\text{-}HO_2C-CH{=}CH-CO_2H$	Acide fumarique	287	3,0	4,4
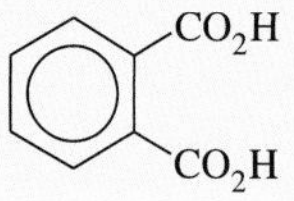	Acide phtalique	206 à 208 déc.	2,9	5,4
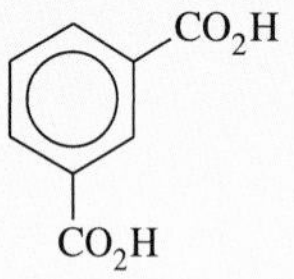	Acide isophtalique	345 à 348	3,5	4,6
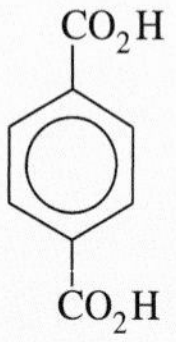	Acide téréphtalique	Sublime	3,5	4,8

Les esters sont des composés polaires, mais ils ne comportent aucun hydrogène fixé à un oxygène. C'est pourquoi leurs molécules ne peuvent former de fortes liaisons hydrogène entre elles. Les esters ont donc des points d'ébullition plus bas que les acides et les alcools de masse moléculaire comparable. Les points d'ébullition (tableau 18.4) des esters sont approximativement les mêmes que ceux des aldéhydes et des cétones similaires.

Contrairement aux acides de faible masse moléculaire, les esters dégagent généralement des odeurs agréables, dont certaines rappellent celles des fruits, et on s'en sert pour produire des arômes synthétiques.

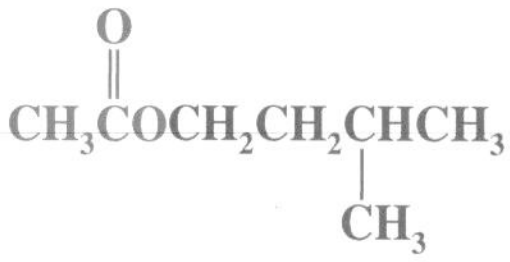

Acétate d'isopentyle
(arôme de banane)

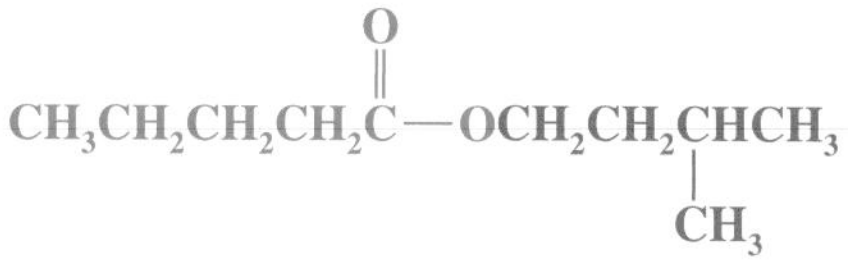

Pentanoate d'isopentyle
(arôme de pomme)

18.2F ANHYDRIDES D'ACIDES CARBOXYLIQUES

En général, pour nommer un anhydride d'un acide carboxylique, on remplace simplement le mot **acide** par le mot **anhydride** dans le nom de l'acide correspondant.

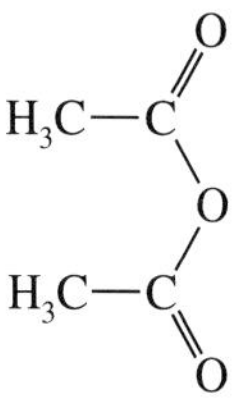

Anhydride acétique
(anhydride éthanoïque)
p.f. −73 °C

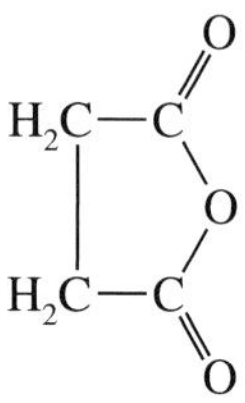

Anhydride succinique
p.f. 121 °C

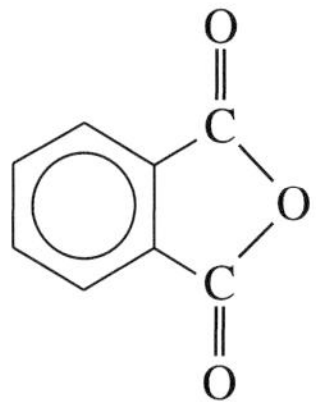

Anhydride phtalique
p.f. 131 °C

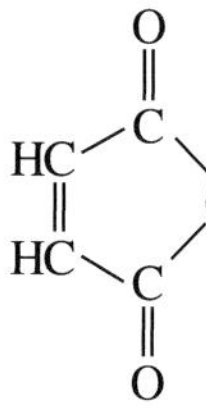

Anhydride maléique
p.f. 53 °C

Tableau 18.4 Esters d'acides carboxyliques.

Nom	Structure	p.f. (°C)	p.é. (°C)	Solubilité dans l'eau (g/100 mL à 20 °C)
Formate de méthyle	HCO_2CH_3	− 99	31,5	Très soluble
Formate d'éthyle	$HCO_2CH_2CH_3$	− 79	54	Soluble
Acétate de méthyle	$CH_3CO_2CH_3$	− 99	57	24,4
Acétate d'éthyle	$CH_3CO_2CH_2CH_3$	− 82	77	7,39 (25 °C)
Acétate de propyle	$CH_3CO_2CH_2CH_2CH_3$	− 93	102	1,89
Acétate de butyle	$CH_3CO_2CH_2(CH_2)_2CH_3$	− 74	125	1,0 (22 °C)
Propanoate d'éthyle	$CH_3CH_2CO_2CH_2CH_3$	− 73	99	1,75
Butanoate d'éthyle	$CH_3(CH_2)_2CO_2CH_2CH_3$	− 93	120	0,51
Pentanoate d'éthyle	$CH_3(CH_2)_3CO_2CH_2CH_3$	− 91	145	0,22
Hexanoate d'éthyle	$CH_3(CH_2)_4CO_2CH_2CH_3$	− 68	168	0,063
Benzoate de méthyle	$C_6H_5CO_2CH_3$	− 12	199	0,15
Benzoate d'éthyle	$C_6H_5CO_2CH_2CH_3$	− 35	213	0,08
Acétate de phényle	$CH_3CO_2C_6H_5$		196	Légèrement soluble
Salicylate de méthyle	$o\text{-}HOC_6H_4CO_2CH_3$	− 9	223	0,74 (30 °C)

18.2G CHLORURES D'ALCANOYLE

Pour nommer un chlorure d'alcanoyle ou chlorure d'acyle, on remplace **acide** par **chlorure de** et **ique** par **oyle** ou **yle** dans le nom de l'acide. Notez que les chlorures d'alcanoyle s'appellent également **chlorures d'acide.**

$$CH_3\overset{\overset{\displaystyle O}{\|}}{C}-Cl \qquad CH_3CH_2\overset{\overset{\displaystyle O}{\|}}{C}-Cl \qquad C_6H_5\overset{\overset{\displaystyle O}{\|}}{C}-Cl$$

Chlorure d'acétyle
(chlorure d'éthanoyle)
p.f. −112 °C; p.é. 51 °C

Chlorure de propanoyle
p.f. −94 °C; p.é. 80 °C

Chlorure de benzoyle
p.f. −1 °C; p.é. 197 °C

Les chlorures d'alcanoyle et les anhydrides ont des points d'ébullition du même ordre que ceux des esters de masse moléculaire comparable.

18.2H AMIDES

Pour nommer les amides dans lesquels aucun substituant n'est fixé à l'atome d'azote, on supprime le mot **acide** et on remplace le suffixe **ique** ou **oïque** par **amide.** Les groupes alkyle rattachés à l'atome d'azote des amides sont nommés en tant que substituants et leur nom est précédé de *N-* ou *N,N-*.

$$CH_3\overset{\overset{\displaystyle O}{\|}}{C}-NH_2 \qquad CH_3\overset{\overset{\displaystyle O}{\|}}{C}-N\overset{\displaystyle CH_3}{\underset{\displaystyle CH_3}{}} \qquad CH_3\overset{\overset{\displaystyle O}{\|}}{C}-NHC_2H_5$$

Acétamide
(éthanamide)
p.f. 82 °C; p.é. 221 °C

***N,N*-Diméthylacétamide**
p.f. −20 °C; p.é. 166 °C

***N*-Éthylacétamide**
p.é. 205 °C

$$CH_3\overset{\overset{\displaystyle O}{\|}}{C}-N\overset{\displaystyle C_6H_5}{\underset{\displaystyle CH_2CH_2CH_3}{}}$$

***N*-Phényl-*N*-propylacétamide**
p.f. 49 °C; p.é. 266 °C à 95 kP$_a$

Benzamide
p.f. 130 °C; p.é. 290 °C

Les molécules des amides qui comportent au plus un substituant fixé à l'azote peuvent former de fortes liaisons hydrogène entre elles. Par conséquent, ces amides ont des points de fusion et d'ébullition élevés. Les molécules des amides

N,N-disubstitués ne peuvent donner lieu à de fortes liaisons hydrogène, et leurs points de fusion et d'ébullition sont plus bas.

Liaison hydrogène entre les molécules d'un amide

18.2I NITRILES

Les acides carboxyliques peuvent être convertis de façon réversible en nitriles. Dans la nomenclature substitutive de l'UICPA, on forme le nom des nitriles acycliques en ajoutant le suffixe *nitrile* au nom de l'hydrocarbure correspondant. On attribue la position 1 à l'atome de carbone du groupe $-C\equiv N$. D'autres exemples de nitriles ont été présentés à la section 2.12. *Acétonitrile* et *acrylonitrile* sont des noms courants acceptés pour désigner les composés CH_3CN et $CH_2\!=\!CHCN$.

**Éthanenitrile
(acétonitrile)**

**Propènenitrile
(acrylonitrile)**

PROBLÈME 18.5

Quelles sont les formules développées des composés suivants ?

a) Propanoate de méthyle

b) *p*-Nitrobenzoate d'éthyle

c) Malonate de diméthyle

d) *N,N*-Diméthylbenzamide

e) Pentanenitrile

f) Phtalate de diméthyle

g) Maléate de dipropyle

h) *N,N*-Diméthylformamide

i) Bromure de 2-bromopropanoyle

j) Succinate de diéthyle

18.2J PROPRIÉTÉS SPECTROSCOPIQUES DES COMPOSÉS ACYLE

Spectroscopie IR La spectroscopie infrarouge est d'une importance considérable dans l'identification des acides carboxyliques et de leurs dérivés. Dans le spectre IR de ces composés, la bande d'élongation associée à la double liaison $C\!=\!O$ est toujours intense. La bande $C\!=\!O$ absorbe à des fréquences qui diffèrent selon le type (acide, ester, amide) de composé à analyser. La position exacte de cette bande aide souvent à déterminer la structure du composé. Le tableau 18.5 indique la position de cette bande pour la plupart des composés acyle. Vous remarquerez que la conjugaison entraîne une diminution de la fréquence associée à la bande $C\!=\!O$.

Le groupe hydroxyle des acides carboxyliques engendre aussi de larges bandes dans la région de 2500 à 3100 cm^{-1}, qui sont dues aux vibrations d'élongation $O-H$. Les vibrations d'élongation $N-H$ des amides, quant à elles, absorbent entre 3140 et 3500 cm^{-1}. La figure 18.1 présente le spectre annoté de l'acide propanoïque.

En spectroscopie IR, les nitriles subissent une absorption faible à moyenne caractéristique autour de 2250 cm^{-1}, qui est due à l'élongation de la triple liaison carbone–azote.

Spectroscopie RMN ^{1}H Le proton acide (OH) des acides carboxyliques est fortement déblindé et absorbe dans un champ faible, entre $\delta = 10$ et 12. Les protons du carbone α des acides carboxyliques absorbent entre $\delta = 2,0$ et 2,5. Dans le spectre RMN ^{1}H annoté du propanoate de méthyle (un ester), présenté à la figure 18.2, on peut voir le patron de fragmentation normal (quadruplet et triplet) des signaux du groupe éthyle et le signal d'un groupe méthyle (sans dédoublement, comme on s'y attend).

La spectroscopie infrarouge est un outil fort utile pour caractériser les composés acyle.

Tableau 18.5 Absorptions d'élongation des groupes carbonyle des composés acyle.

Type de composé	Plage de fréquences (cm⁻¹)
Acides carboxyliques R—CO₂H	1700 à 1725
(C=C avec CO₂H)	1690 à 1715
ArCO₂H	1680 à 1700
Anhydrides d'acide (R—C(O)—O—C(O)—R)	1800 à 1850 et 1740 à 1790
(Ar—C(O)—O—C(O)—Ar)	1780 à 1860 et 1730 à 1780
Chlorures d'acyle (R—C(O)—Cl et Ar—C(O)—Cl)	1780 à 1850
Esters (R—C(O)—OR′)	1735 à 1750
(Ar—C(O)—OR′)	1715 à 1730
Amides RCNH₂, RCNHR et RCNR₂	1630 à 1690
Anions carboxylate RCO₂⁻	1550 à 1630
Nitriles (élongation C≡N) R—C≡N	Autour de 2250

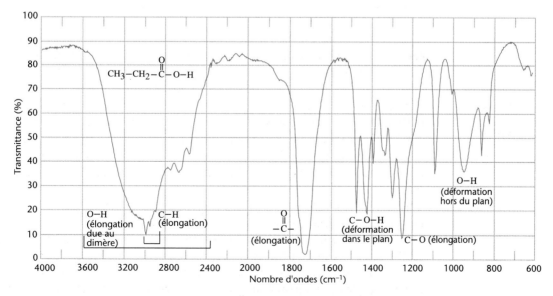

Figure 18.1 Spectre infrarouge de l'acide propanoïque.

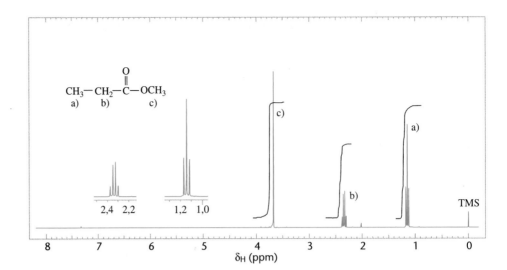

Figure 18.2 Spectre RMN ^{1}H à 300 MHz du propanoate de méthyle. Les agrandissements des signaux sont représentés dans les tracés décalés.

Spectroscopie RMN ^{13}C Le carbone carbonylique des acides carboxyliques et de leurs dérivés absorbe à des champs très faibles, entre $\delta = 160$ et 180 (voir les exemples suivants). Le carbone du nitrile absorbe entre $\delta = 115$ et 120, à des champs plus forts. Cependant, il faut noter que le déblindage du carbone du C═O de ces dérivés est moins important que celui des aldéhydes et des cétones ($\delta = 180$ à 220).

$$
\underset{\delta\,177,2}{\underset{\mathrm{OH}}{\overset{\overset{\displaystyle O}{\|}}{H_3C-C}}}
\qquad
\underset{\delta\,170,7}{\underset{\mathrm{OCH_2CH_3}}{\overset{\overset{\displaystyle O}{\|}}{H_3C-C}}}
\qquad
\underset{\delta\,170,3}{\underset{\mathrm{Cl}}{\overset{\overset{\displaystyle O}{\|}}{H_3C-C}}}
\qquad
\underset{\delta\,172,6}{\underset{\mathrm{NH_2}}{\overset{\overset{\displaystyle O}{\|}}{H_3C-C}}}
\qquad
\underset{\delta\,117,4}{H_3C-C\equiv N}
$$

Déplacements chimiques en RMN ^{13}C de l'atome de carbone carbonylique ou nitrile

Les atomes de carbone des groupes alkyle des acides carboxyliques et de leurs dérivés absorbent à des champs nettement plus forts. Les déplacements chimiques de chaque carbone de l'acide pentanoïque sont les suivants :

$$
\underset{\delta\ \ \ 13,5\qquad 22,0\qquad 27,0\qquad 34,1\qquad 179,7}{H_3C-CH_2-CH_2-CH_2-\overset{\overset{\displaystyle O}{\|}}{\underset{\mathrm{OH}}{C}}}
$$

Déplacements chimiques en RMN ^{13}C

18.3 PRÉPARATION DES ACIDES CARBOXYLIQUES

La majorité des méthodes de préparation des acides carboxyliques ont été décrites précédemment.

1. Par oxydation des alcènes. Les alcènes peuvent être oxydés à chaud par le $KMnO_4$ et donner ainsi des acides carboxyliques (section 8.11).

$$
\mathrm{RCH{=}CHR'} \xrightarrow[\mathrm{2)\ H_3O^+}]{\overset{\mathrm{1)\ KMnO_4,\ ^-OH}}{\underset{\Delta}{}}} \mathrm{RCO_2H + R'CO_2H}
$$

Et l'oxydation des ozonides (section 8.11A) peut aussi produire des acides carboxyliques.

$$
\mathrm{RCH{=}CHR'} \xrightarrow[\mathrm{2)\ H_2O_2}]{\mathrm{1)\ O_3}} \mathrm{RCO_2H + R'CO_2H}
$$

2. Par oxydation des aldéhydes et des alcools primaires. On peut utiliser des oxydants doux, comme le $Ag(NH_3)_2{}^+OH^-$, pour convertir les aldéhydes en acides carboxyliques (section 16.12). Les alcools primaires peuvent également être oxydés en acides par le $KMnO_4$.

$$R-CHO \xrightarrow[\text{2) } H_3O^+]{\text{1) } Ag_2O \text{ ou } Ag(NH_3)_2^+OH^-} RCO_2H$$

$$RCH_2OH \xrightarrow[\substack{\Delta \\ \text{2) } H_3O^+}]{\text{1) } KMnO_4,\ ^-OH} RCO_2H$$

3. **Par oxydation des alkylbenzènes.**   Les groupes alkyle, primaires et secondaires (à l'exclusion des groupes tertiaires), directement fixés à un cycle benzénique sont oxydés par le $KMnO_4$. On peut ainsi les convertir en groupes $-CO_2H$ (section 15.13C).

$$\text{Ph}-CH_3 \xrightarrow[\substack{\Delta \\ \text{2) } H_3O^+}]{\text{1) } KMnO_4,\ ^-OH} \text{Ph}-CO_2H$$

4. **Par oxydation des méthylcétones.**   Une réaction d'haloforme (section 17.3C) convertit les méthylcétones en acides carboxyliques.

$$\underset{Ar}{\overset{O}{\underset{}{\parallel}}}\!\!C\!-\!CH_3 \xrightarrow[\text{2) } H_3O^+]{\text{1) } X_2/NaOH} \underset{Ar}{\overset{O}{\underset{}{\parallel}}}\!\!C\!-\!OH + CHX_3$$

5. **Par hydrolyse des cyanhydrines et d'autres nitriles.**   Les cétones et les aldéhydes peuvent être transformés en **cyanhydrines** (section 16.9), qu'on peut ensuite hydrolyser pour obtenir des α-hydroxyacides. Cette hydrolyse convertit le groupe $-CN$ en groupe $-CO_2H$. Le mécanisme d'hydrolyse des nitriles est décrit à la section 18.8H.

$$\underset{R'}{\overset{R}{\underset{}{}}}C=O + HCN \rightleftharpoons \underset{R'}{\overset{R}{\underset{}{}}}\underset{CN}{\overset{OH}{\underset{}{C}}} \xrightarrow[H_2O]{HA} R-\underset{R'}{\overset{OH}{\underset{}{C}}}-CO_2H$$

Les nitriles peuvent aussi être préparés par une réaction de substitution nucléophile des halogénoalcanes avec le cyanure de sodium. L'hydrolyse d'un nitrile produit un acide carboxylique dans lequel *la chaîne de carbones compte un atome de plus* que l'halogénoalcane initial.

Réaction générale

$$R-CH_2X + CN^- \longrightarrow RCH_2CN \xrightarrow[\substack{H_2O \\ \Delta}]{HA} RCH_2CO_2H + NH_4^+$$
$$\xrightarrow[\substack{H_2O \\ \Delta}]{^-OH} RCH_2CO_2^- + NH_3$$

Exemples

$$HOCH_2CH_2Cl \xrightarrow[(80\ \%)]{NaCN} HOCH_2CH_2CN \xrightarrow[\substack{\text{2) } H_3O^+ \\ (75\ \text{à}\ 80\ \%)}]{\text{1) } ^-OH,\ H_2O} HOCH_2CH_2CO_2H$$

   3-Hydroxy-   **Acide**
   propanenitrile   **3-hydroxypropanoïque**

$$BrCH_2CH_2CH_2Br \xrightarrow[(77\ \text{à}\ 86\ \%)]{NaCN} NCCH_2CH_2CH_2CN \xrightarrow[(83\ \text{à}\ 85\ \%)]{H_3O^+} HO_2CCH_2CH_2CH_2CO_2H$$

   Pentanedinitrile   **Acide glutarique**

Cette méthode de synthèse est généralement limitée aux *halogénoalcanes primaires*. L'ion cyanure est une base relativement forte; lorsqu'on utilise un halogénoalcane secondaire ou tertiaire, on obtient surtout un alcène (par élimination), plutôt qu'un nitrile (par substitution). Les halogénoarènes (à l'exception de ceux qui ont des groupes nitro en *ortho* et *para*) ne réagissent pas avec le cyanure de sodium.

6. **Par carbonation de réactifs de Grignard.** Avec les réactifs de Grignard, le dioxyde de carbone réagit pour donner des carboxylates de magnésium. L'acidification produit des acides carboxyliques.

$$R{-}X + Mg \xrightarrow[Et_2O]{} RMgX \xrightarrow{CO_2} RCO_2MgX \xrightarrow{H_3O^+} RCO_2H$$

ou

$$Ar{-}Br + Mg \xrightarrow[Et_2O]{} ArMgBr \xrightarrow{CO_2} ArCO_2MgBr \xrightarrow{H_3O_+} ArCO_2H$$

Cette synthèse des acides carboxyliques s'applique aux halogénoalcanes primaires, secondaires et tertiaires ainsi qu'aux halogénures d'allyle et de benzyle. Cependant, ces composés ne doivent pas contenir de groupes incompatibles avec une réaction de Grignard (voir la section 12.8B).

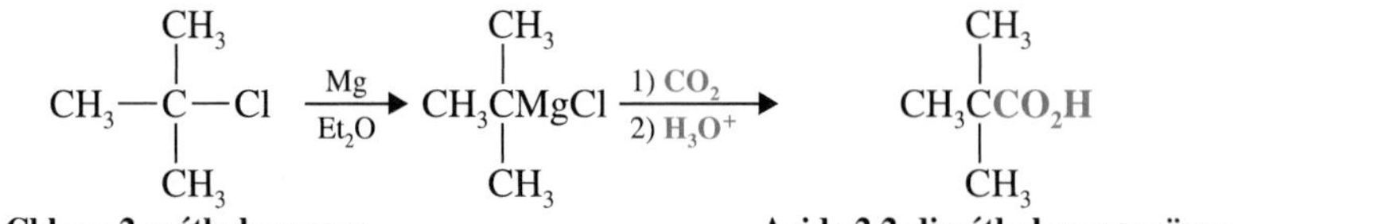

2-Chloro-2-méthylpropane (Chlorure de *tert*-butyle) — **Acide 2,2-diméthylpropanoïque (79 % ou 80 % pour les deux étapes)**

$$CH_3CH_2CH_2CH_2Cl \xrightarrow[Et_2O]{Mg} CH_3CH_2CH_2CH_2MgCl \xrightarrow[2)\ H_3O^+]{1)\ CO_2} CH_3CH_2CH_2CH_2CO_2H$$

1-Chlorobutane — **Acide pentanoïque (80 % pour les deux étapes)**

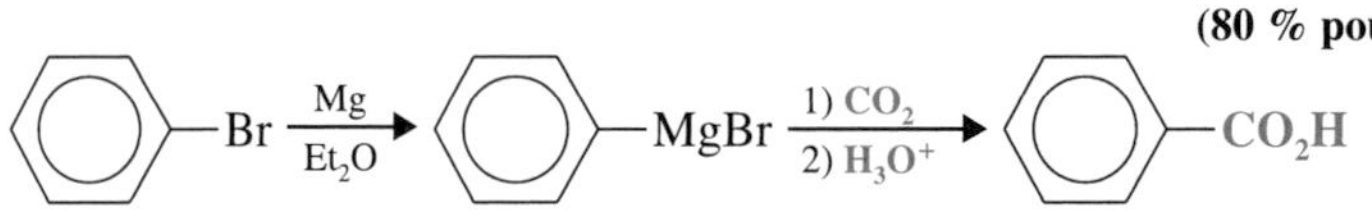

Acide benzoïque (85 %)

PROBLÈME 18.6

Comment convertiriez-vous chacun des composés suivants en acide benzoïque ?

a) Éthylbenzène
b) Bromobenzène
c) Acétophénone
d) Phényléthène (styrène)
e) Alcool benzylique
f) Benzaldéhyde

PROBLÈME 18.7

Comment prépareriez-vous les acides carboxyliques suivants par une synthèse de Grignard ?

a) Acide phénylacétique
b) Acide 2,2-diméthylpentanoïque
c) Acide butan-3-oïque
d) Acide 4-méthylbenzoïque
e) Acide hexanoïque

PROBLÈME 18.8

a) Parmi les acides carboxyliques du problème 18.7, lesquels peuvent aussi être préparés par une synthèse effectuée avec un nitrile ? b) Utiliseriez-vous un nitrile ou un réactif de Grignard pour préparer $HOCH_2CH_2CH_2CH_2CO_2H$ à partir de $HOCH_2CH_2CH_2CH_2Br$? Pourquoi ?

18.4 RÉACTIONS D'ADDITION-ÉLIMINATION SUR LE CARBONE ACYLE

En étudiant les composés carbonylés, au chapitre 17, nous avons vu qu'une réaction caractéristique des aldéhydes et des cétones consiste en une *addition nucléophile* à la double liaison carbone–oxygène.

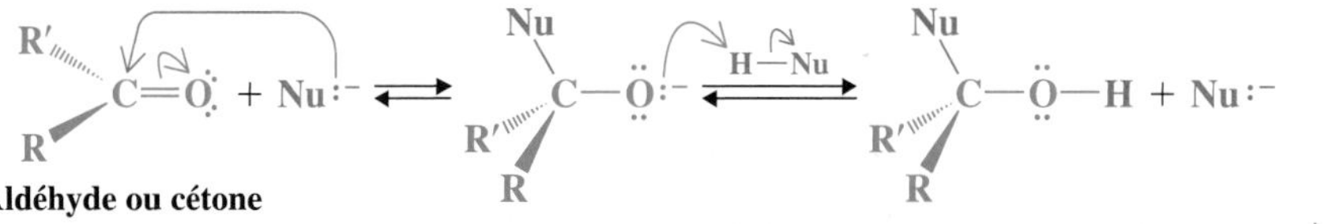

Aldéhyde ou cétone

Addition nucléophile

Dans le présent chapitre, en étudiant les acides carboxyliques et leurs dérivés, nous découvrirons que leurs réactions sont caractérisées par un mécanisme d'**addition-élimination** sur l'atome de carbone acyle (carbonylique). Nous nous intéresserons à de nombreuses réactions du type suivant :

MÉCANISME DE LA RÉACTION

Transfert d'un groupe acyle par réaction d'addition-élimination

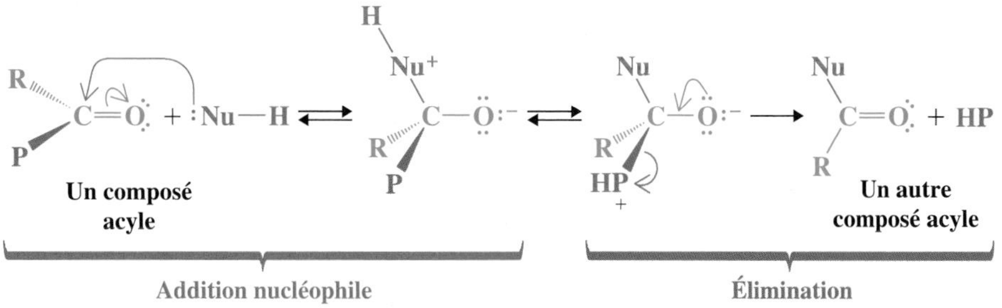

Addition nucléophile   Élimination

De nombreuses réactions de ce type se produisent dans les organismes vivants, et les biochimistes les appellent **réactions de transfert d'un groupe acyle** ou simplement **transferts d'acyle**. L'acétylcoenzyme A, dont nous reparlerons à l'annexe D, sert souvent d'agent biochimique de transfert d'acyle.

Les produits finaux qui résultent des réactions des composés acyle avec des nucléophiles (substitutions) diffèrent de ceux qui sont obtenus avec les aldéhydes et les cétones (additions). Néanmoins, les deux types de réactions ont une caractéristique commune : *l'étape initiale consiste en une addition nucléophile sur le carbone du groupe carbonyle*. Dans les deux cas, l'attaque initiale est facilitée par les mêmes facteurs : 1) stériquement, le carbone carbonylique est relativement exposé; 2) l'oxygène carbonylique est apte à recevoir une paire d'électrons de la double liaison carbone–oxygène.

C'est après l'attaque nucléophile initiale que les deux réactions diffèrent. En général, l'intermédiaire tétraédrique formé à partir d'un aldéhyde ou d'une cétone accepte un proton, ce qui donne un produit d'addition stable. Au contraire, l'intermédiaire formé par un composé acyle *élimine* habituellement un groupe, et cette **élimination** entraîne la régénération de la double liaison carbone–oxygène et donne un *produit de substitution*. Donc, globalement, la **substitution sur un groupe carbonyle** se déroule suivant un mécanisme d'**addition nucléophile** suivi d'une **élimination.**

Les acides carboxyliques et leurs dérivés réagissent ainsi parce qu'ils possèdent tous un assez bon groupe sortant (ou un groupe qui peut être protoné pour produire un bon groupe sortant) fixé à l'atome de carbone carbonylique. Un chlorure d'alcanoyle, par exemple, réagit généralement en perdant un *ion chlorure* — une base très faible et par conséquent un très bon groupe sortant. La réaction d'un chlorure d'alcanoyle avec l'eau nous servira ici d'exemple.

Exemple

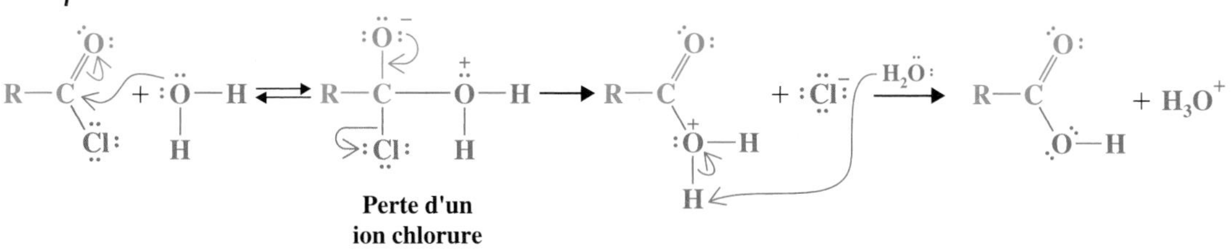

$$R-C\overset{\ddot{O}:}{\underset{\ddot{C}l:}{\Big|}} + :\overset{H}{\underset{H}{\ddot{O}}}-H \rightleftharpoons R-C\overset{:\ddot{O}:^-}{\underset{\underset{H}{:\ddot{C}l:}}{\Big|}}\ddot{O}-H \longrightarrow R-C\overset{\ddot{O}:}{\underset{:\overset{+}{\underset{H}{O}}-H}{\Big|}} + :\ddot{C}l:^- \xrightarrow{H_2\ddot{O}:} R-C\overset{\ddot{O}:}{\underset{.\ddot{O}-H}{\Big|}} + H_3O^+$$

**Perte d'un
ion chlorure**

En général, un anhydride d'acides carboxyliques réagit en perdant un *anion carboxylate* ou une molécule d'*acide carboxylique* — les deux sont des bases faibles

---

Texte dans la marge :

Ce chapitre décrit de nombreuses réactions. Cependant, si vous connaissez bien le mécanisme général du transfert d'acyle, vous serez en mesure de comprendre les points communs de toutes ces réactions.

et de bons groupes sortants. Nous étudierons le mécanisme d'hydrolyse des anhydrides carboxyliques à la section 18.6B.

Généralement, comme nous le verrons plus loin, les esters subissent une réaction d'addition-élimination en perdant une molécule d'*alcool* (section 18.7B), les acides réagissent en éliminant une molécule *d'eau* (section 18.7A) et les amides perdent une molécule d'*ammoniac* ou d'*amine* (section 18.8F). Toutes les molécules ainsi éliminées sont des bases faibles et d'assez bons groupes sortants.

Pour qu'un aldéhyde ou une cétone puisse réagir par addition-élimination, l'intermédiaire tétraédrique devrait éjecter un ion hydrure ($H{:}^-$) ou un ion alcanure ($R{:}^-$), mais ces deux ions sont des *bases très fortes* et par conséquent de *très piètres groupes sortants*.

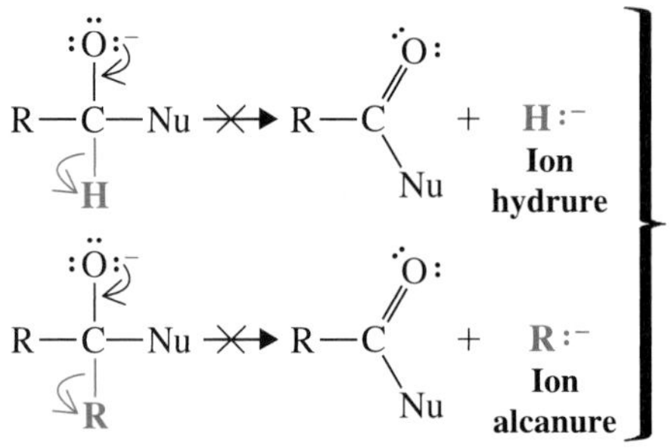

[La réaction d'haloforme (section 17.3C) est l'un des rares cas où un anion alcanure peut agir comme groupe sortant, mais seulement parce que c'est un anion de trihalométhyle faiblement basique.]

18.4A RÉACTIVITÉ RELATIVE DES COMPOSÉS ACYLE

De tous les dérivés d'acides étudiés dans ce chapitre, les chlorures d'alcanoyle sont les plus réactifs quant à l'addition-élimination, et les amides sont les moins réactifs. Globalement, par rapport à leur réactivité, les composés acyle se présentent dans l'ordre suivant.

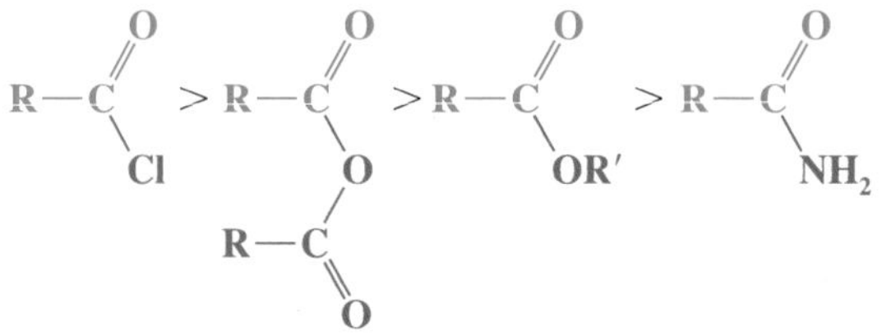

Chlorure d'alcanoyle   **Anhydride d'acide**   **Ester**   **Amide**

Dans les formules précédentes, les groupes verts peuvent être associés au groupe **P** du premier encadré (Mécanisme de la réaction) de la section 18.4.

Le degré de réactivité des dérivés d'acides carboxyliques s'explique en partie par la basicité des groupes sortants. Quand les chlorures d'acide réagissent, le groupe sortant est un *ion chlorure*. Dans le cas des anhydrides d'acide, le groupe sortant est un acide carboxylique ou un ion carboxylate. Dans le cas des esters, il s'agit d'un alcool. Et, pour les amides, c'est une amine ou une molécule d'ammoniac. De toutes ces bases, les ions chlorure sont *les plus faibles,* et les chlorures d'alcanoyle sont les composés acyle *les plus réactifs*. Les amines (ou l'ammoniac) sont les bases *les plus fortes,* et les amides sont les composés acyle *les moins réactifs*.

18.4B SYNTHÈSES DES DÉRIVÉS D'ACIDES

Au cours de notre étude des synthèses des dérivés d'acides carboxyliques, nous verrons comment on peut, dans bien des cas, synthétiser un dérivé d'acide à partir d'un autre dérivé par une réaction d'addition-élimination. La réactivité des dérivés nous

La synthèse des dérivés d'acides par transfert de groupe acyle exige que le réactif soit doté d'un groupe sortant (lié au carbone acyle) meilleur que celui du produit.

renseignera sur la faisabilité des diverses synthèses. En général, *les composés acyle les moins réactifs peuvent être synthétisés à partir des plus réactifs, mais l'inverse est difficilement réalisable, sauf dans certains cas avec des réactifs spéciaux.*

18.5 CHLORURES D'ALCANOYLE

18.5A SYNTHÈSE DES CHLORURES D'ALCANOYLE

Parmi les dérivés d'acides, les chlorures d'alcanoyle sont les plus réactifs. C'est pourquoi il faut utiliser des réactifs spéciaux pour les préparer. À cette fin, on emploie d'autres chlorures d'acide, *des chlorures d'acide inorganiques* : PCl_5 (un chlorure d'acide de l'acide phosphorique), PCl_3 (un chlorure d'acide de l'acide phosphoreux) et $SOCl_2$ (un chlorure d'acide de l'acide sulfureux).

Tous ces réactifs réagissent avec les acides carboxyliques et donnent des chlorures d'alcanoyle, avec de bons rendements.

Réactions générales

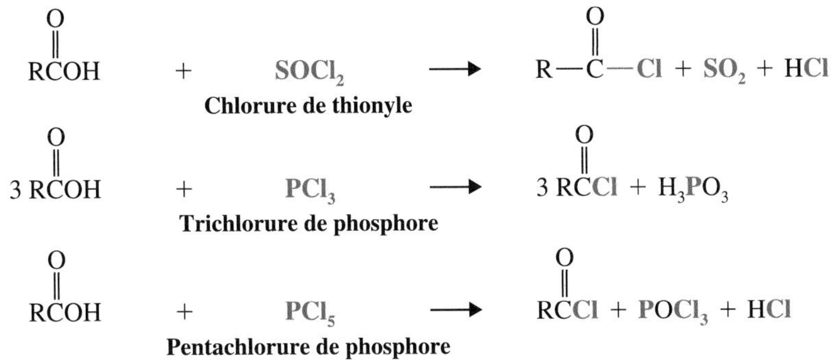

Dans tous ces processus, une réaction d'addition-élimination d'un ion Cl^- a lieu sur un intermédiaire très réactif : un chlorosulfite d'alcanoyle protoné ou un chlorophosphate d'alcanoyle protoné. Ces intermédiaires contiennent même de meilleurs groupes sortants que le chlorure d'alcanoyle produit. Ainsi, le chlorure de thionyle réagit avec un acide carboxylique comme suit :

MÉCANISME DE LA RÉACTION

Synthèse de chlorures d'alcanoyle à l'aide du chlorure de thionyle

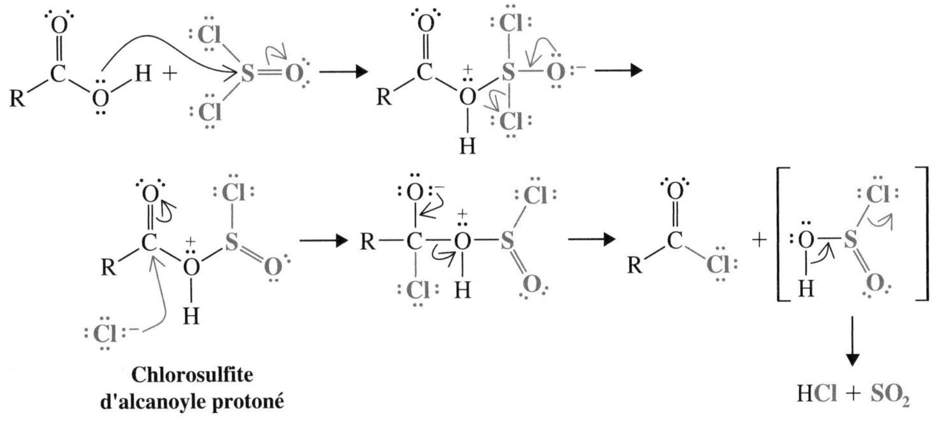

Chlorosulfite
d'alcanoyle protoné

$HCl + SO_2$

18.5B RÉACTIONS DES CHLORURES D'ALCANOYLE

Parce que les chlorures d'alcanoyle sont les plus réactifs des dérivés acyle, ils peuvent être facilement convertis en dérivés moins réactifs. Par conséquent, dans bien des cas, la meilleure façon de synthétiser un anhydride, un ester ou un amide comprend

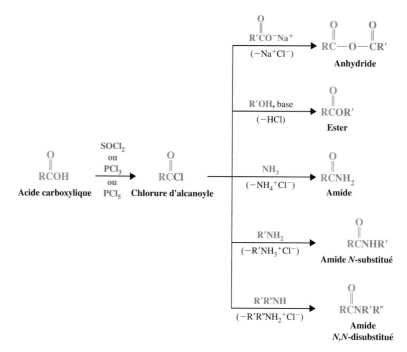

Figure 18.3 Préparation d'un chlorure d'alcanoyle et réactions de ce type de composés.

une étape initiale, au cours de laquelle un chlorure d'alcanoyle est produit à partir d'un acide, suivie d'une étape permettant d'obtenir le dérivé d'acide souhaité par conversion de ce chlorure d'alcanoyle. La figure 18.3 indique comment on peut réaliser cette synthèse, que nous analyserons dans les sections 18.6 à 18.8.

Les chlorures d'alcanoyle réagissent aussi avec l'eau et (encore plus rapidement) avec les solutions basiques aqueuses, mais habituellement on n'a pas recours à ces réactions parce qu'elles détruisent le chlorure d'alcanoyle (un réactif utile) en régénérant l'acide carboxylique ou son sel.

18.6 ANHYDRIDES D'ACIDES CARBOXYLIQUES

18.6A SYNTHÈSE DES ANHYDRIDES D'ACIDES CARBOXYLIQUES

Les acides carboxyliques réagissent avec les chlorures d'alcanoyle en présence de pyridine et donnent ainsi des anhydrides d'acides carboxyliques.

Cette méthode est fréquemment utilisée en laboratoire pour préparer des anhydrides et elle est assez générale pour servir à la préparation des anhydrides mixtes (R ≠ R′) ou simples (R = R′).

Les sels de sodium des acides carboxyliques réagissent aussi avec les chlorures d'alcanoyle pour former des anhydrides.

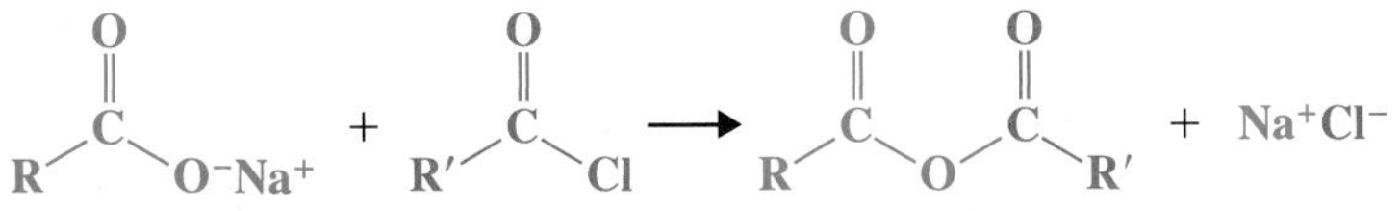

ACIDES CARBOXYLIQUES ET DÉRIVÉS **733**

Dans cette réaction, un anion carboxylate agit comme nucléophile et provoque une réaction de substitution nucléophile portant sur le carbone carbonylique du chlorure d'alcanoyle.

Certains **anhydrides cycliques** peuvent être préparés par simple chauffage d'un acide dicarboxylique approprié. Toutefois, on ne peut procéder ainsi que dans le cas où la formation de l'anhydride produit des cycles à cinq ou six atomes.

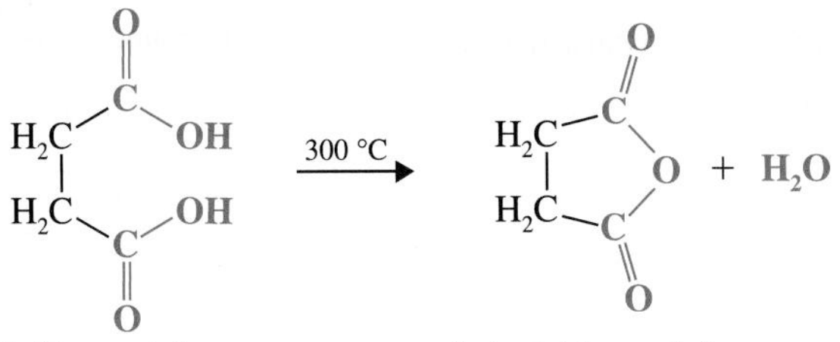

Acide succinique   **Anhydride succinique**

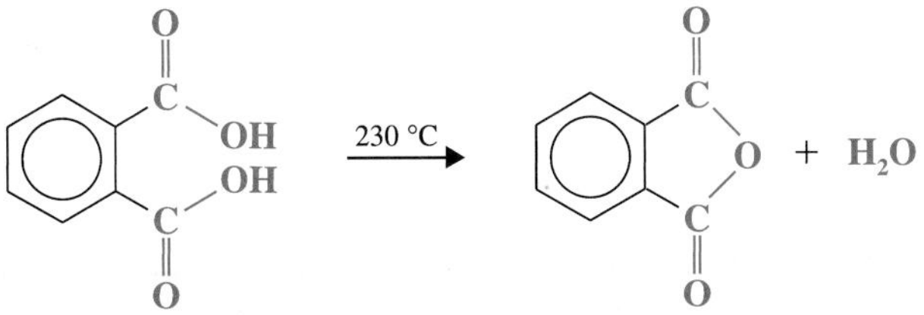

Acide phtalique   **Anhydride phtalique**
(~100 %)

PROBLÈME 18.9

Quand on chauffe l'acide maléique à 200 °C, il perd de l'eau et se transforme en anhydride maléique. L'acide fumarique, un diastéréo-isomère de l'acide maléique, exige une température beaucoup plus élevée pour se déshydrater, et sa déshydratation produit également de l'anhydride maléique. Expliquez pourquoi.

18.6B RÉACTIONS DES ANHYDRIDES D'ACIDES CARBOXYLIQUES

Les anhydrides d'acides carboxyliques sont très réactifs. C'est pourquoi on s'en sert pour préparer des esters et des amides (figure 18.4). Nous étudierons la synthèse des esters et des amides dans les sections 18.7 et 18.8.

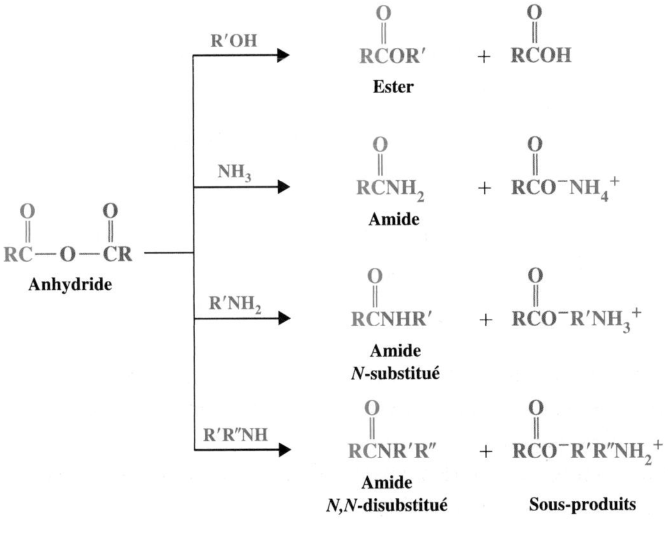

Figure 18.4 Réactions des anhydrides d'acides carboxyliques.

Les anhydrides d'acides carboxyliques peuvent aussi être hydrolysés.

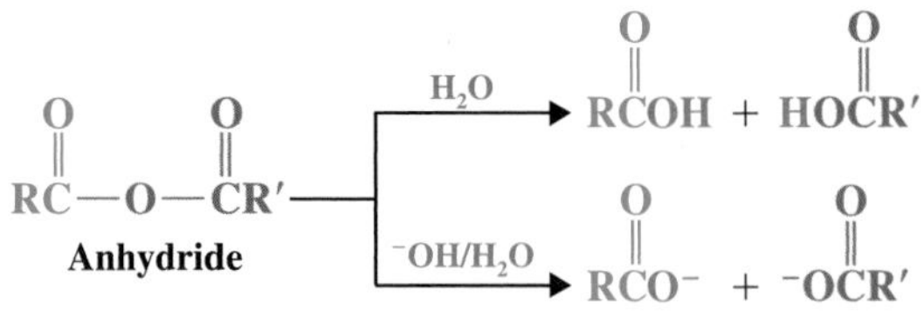

18.7 ESTERS

18.7A SYNTHÈSE DES ESTERS : ESTÉRIFICATION

Les acides carboxyliques réagissent avec les alcools pour former, par condensation, des esters. Cette réaction de condensation est appelée **estérification.**

Réaction générale

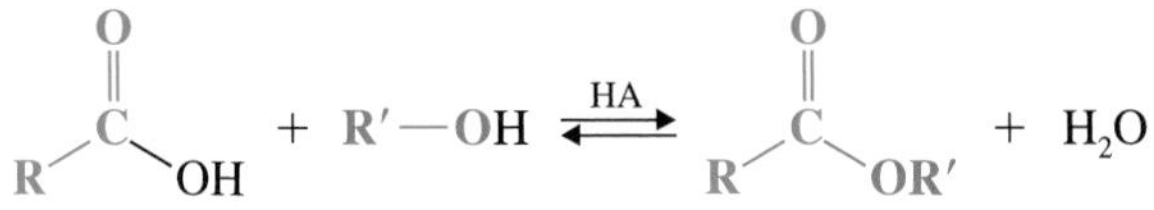

Exemples

$$CH_3COOH + CH_3CH_2OH \xrightleftharpoons{HA} CH_3COOCH_2CH_3 + H_2O$$

Acide acétique **Éthanol** **Acétate d'éthyle**

$$C_6H_5COOH + CH_3OH \xrightleftharpoons{HA} C_6H_5COOCH_3 + H_2O$$

Acide benzoïque **Méthanol** **Benzoate de méthyle**

Les réactions d'estérification sont catalysées par des acides. Elles se déroulent très lentement en l'absence d'acides forts, mais elles atteignent l'équilibre en quelques heures lorsqu'on fait refluer un acide et un alcool avec un peu d'acide sulfurique concentré ou de chlorure d'hydrogène. Comme la position de l'équilibre détermine la quantité d'ester produite, on peut utiliser un excès d'acide carboxylique ou d'alcool pour augmenter le rendement, mais cette augmentation sera limitée par le réactif qui n'est pas en excès. Quant au réactif qu'on utilisera en excès, on le choisit en fonction de sa disponibilité et de son coût. On peut aussi accroître le rendement d'une estérification en éliminant l'eau à mesure qu'elle est dégagée par la réaction.

Quand l'acide benzoïque réagit avec du méthanol marqué au moyen de ^{18}O, l'oxygène marqué se retrouve dans l'ester résultant. On peut alors déterminer quelle liaison a été rompue au cours de l'estérification.

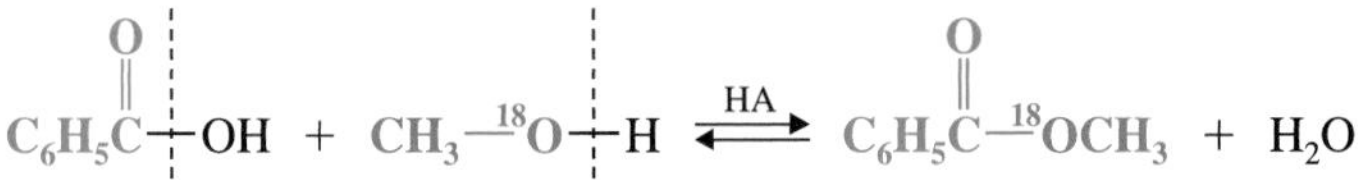

Le mécanisme que nous allons maintenant présenter est conforme aux données expérimentales obtenues par marquage. Il tient également compte du fait que les estérifications sont catalysées par des acides. Ce mécanisme est typique des réactions d'addition-élimination sur les atomes de carbone carboxylique des dérivés acyle réalisées par catalyse acide.

Il est intéressant de noter que ce mécanisme d'*estérification d'un acide par catalyse acide* peut être inversé. Si on analyse ce mécanisme de droite à gauche, c'est-à-dire en remontant de la dernière à la première étape, on constate que la même représentation peut servir à décrire le mécanisme de l'*hydrolyse d'un ester par catalyse acide*.

Prenez bonne note du mécanisme et des conditions de l'*hydrolyse* d'un ester par catalyse acide.

MÉCANISME DE LA RÉACTION

Estérification catalysée par un acide

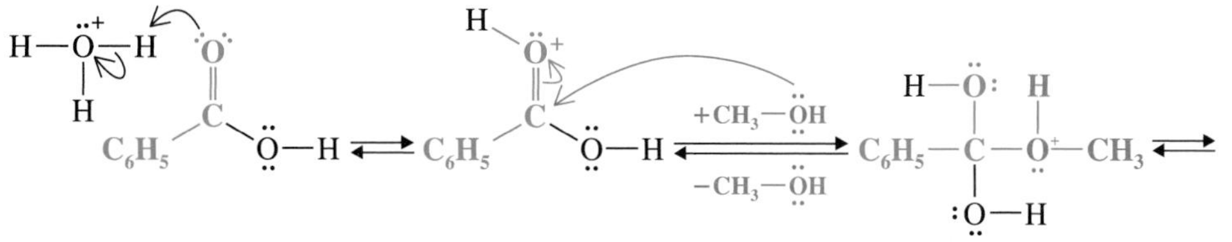

L'acide carboxylique accepte un proton du catalyseur, un acide fort.

L'alcool attaque le groupe carbonyle protoné, ce qui donne un intermédiaire tétraédrique.

Un proton s'élimine et un autre atome d'oxygène devient protoné à son tour.

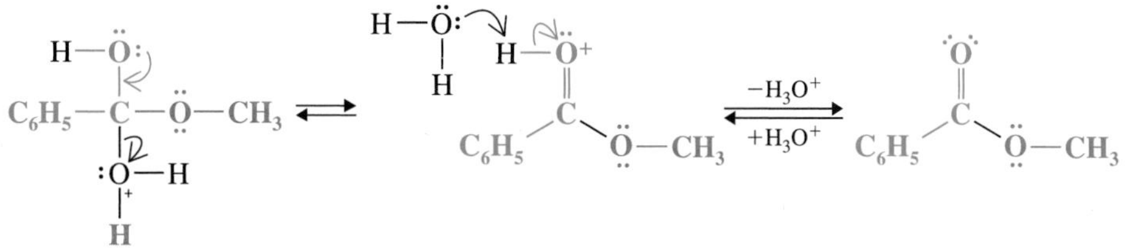

La perte d'une molécule d'eau donne un ester protoné.

Le transfert d'un proton à une base constitue la dernière étape dans la formation de l'ester.

Hydrolyse d'un ester par catalyse acide

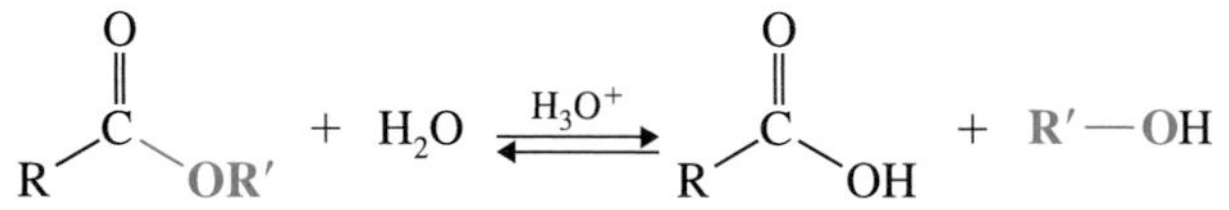

$$\underset{R}{\overset{O}{\parallel}}\text{C}\!-\!\text{OR}' + H_2O \underset{}{\overset{H_3O^+}{\rightleftharpoons}} \underset{R}{\overset{O}{\parallel}}\text{C}\!-\!\text{OH} + R'\!-\!\text{OH}$$

Le résultat (hydrolyse ou estérification) dépend des conditions choisies. Si on veut estérifier un acide, on emploiera un excès d'alcool et, si possible, on enlèvera l'eau à mesure qu'elle est produite. Par contre, si on veut hydrolyser un ester, on utilisera un grand excès d'eau, c'est-à-dire qu'on fera refluer un ester avec une solution aqueuse de HCl ou de H_2SO_4.

PROBLÈME 18.10

D'après vous, où se retrouvera un oxygène marqué si vous utilisez de l'eau marquée par ^{18}O pour effectuer une hydrolyse du benzoate de méthyle catalysée par un acide ? Décrivez en détail un mécanisme qui justifie votre réponse.

Dans l'hydrolyse des esters par catalyse acide, les facteurs stériques influencent grandement les vitesses de réaction. Lorsque des groupes volumineux se trouvent près du site réactionnel, soit dans le composant alcool, soit dans le composant acide, les réactions sont notablement ralenties. Il en va de même pour l'estérification. Par exemple, quand on tente de soumettre des alcools tertiaires à une estérification catalysée par un acide, ils réagissent tellement lentement que, dans la plupart des cas, c'est plutôt une élimination qui se produit. Cependant, ces alcools peuvent être facilement convertis en esters au moyen de chlorures d'alcanoyle et d'anhydrides, et nous indiquons comment ci-après.

Synthèse des esters à partir des chlorures d'alcanoyle Les esters peuvent être synthétisés par la réaction d'un chlorure d'alcanoyle avec un alcool. Étant donné que les chlorures d'alcanoyle sont beaucoup plus réactifs que les acides carboxyliques relativement à l'addition-élimination, la réaction d'un chlorure d'alcanoyle et d'un alcool survient rapidement et ne requiert pas de catalyseur acide. La pyridine est souvent ajoutée au mélange réactionnel pour neutraliser le HCl qui se forme. Elle peut aussi réagir avec le chlorure d'alcanoyle et ainsi produire un ion acylpyridinium, un intermédiaire qui est encore plus réactif que le chlorure d'alcanoyle par rapport au nucléophile.

Réaction générale

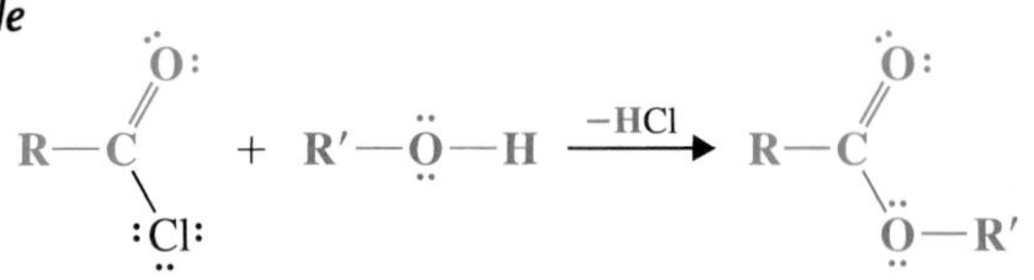

Exemple

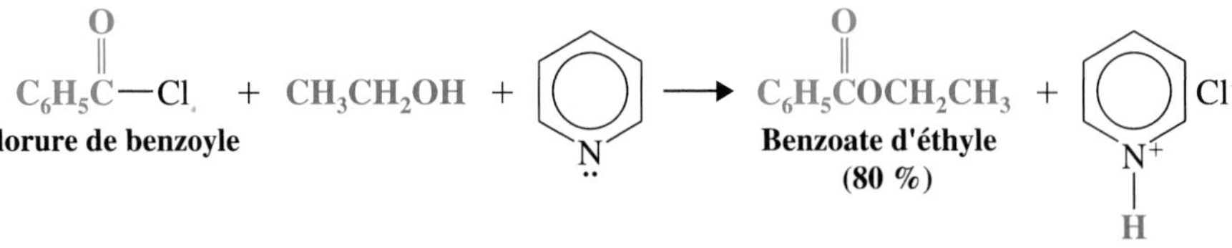

Synthèse des esters à partir des anhydrides d'acides carboxyliques Les anhydrides d'acides carboxyliques réagissent aussi avec les alcools, sans catalyse acide, et donnent ainsi des esters.

Réaction générale

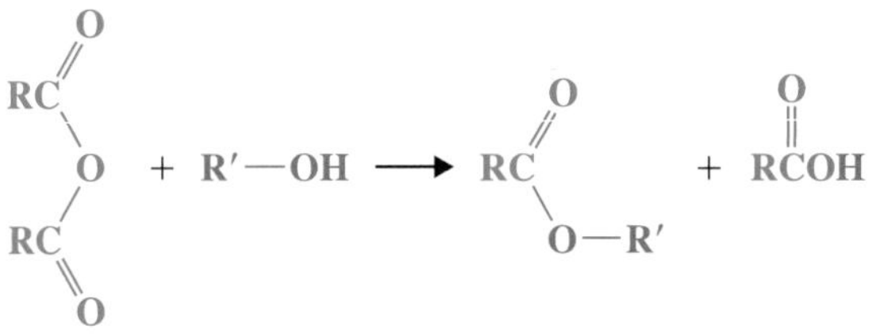

Exemple

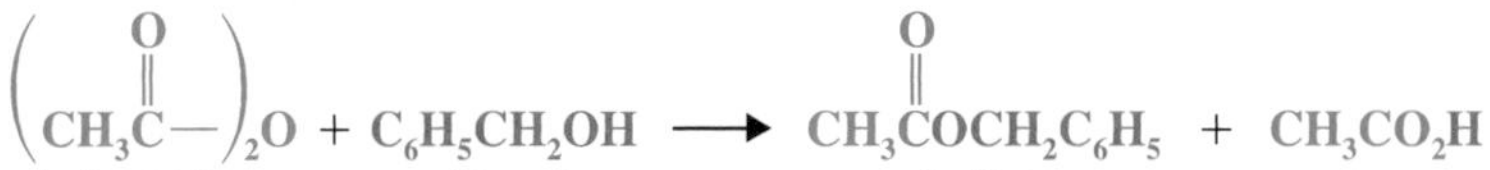

Anhydride acétique — **Alcool benzylique** — **Acétate de benzyle**

La réaction d'un alcool avec un anhydride ou un chlorure d'alcanoyle est souvent la meilleure méthode de préparation d'un ester.

Les anhydrides cycliques réagissent avec un équivalent molaire d'un alcool. On peut ainsi obtenir des composés qui sont *à la fois esters et acides*.

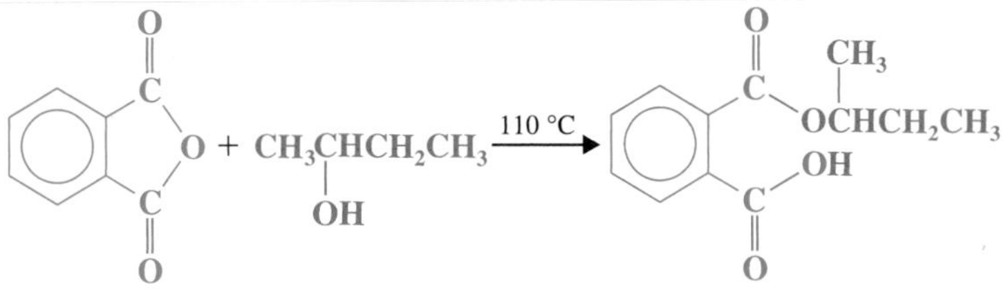

Anhydride phtalique — **Butan-2-ol** — **Hydrogénophtalate de 1-méthylpropyle (97 %)**

PROBLÈME 18.11

Les esters peuvent aussi être synthétisés par *transestérification*.

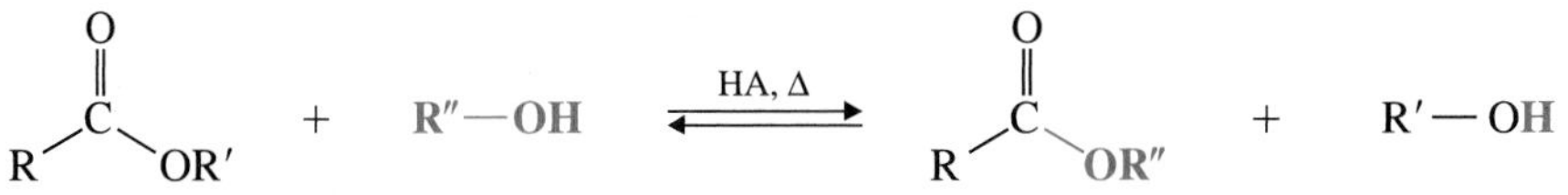

Ester à point d'ébullition élevé — **Alcool à point d'ébullition élevé** — **Ester à point d'ébullition plus élevé** — **Alcool à point d'ébullition plus bas**

On peut ainsi déplacer l'équilibre vers la droite en retirant du mélange, par distillation, l'alcool dont le point d'ébullition est bas. Le mécanisme de la transestérification est similaire à celui de l'estérification par catalyse acide (ou de l'hydrolyse d'un ester par catalyse acide). Décrivez en détail le mécanisme qui correspond à la transestérification suivante :

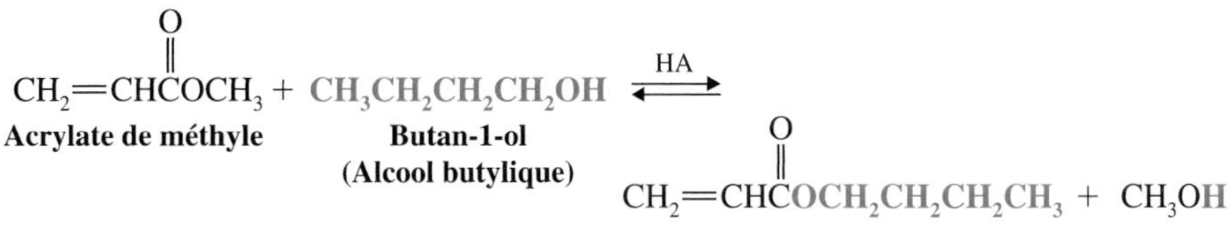

$$CH_2\!\!=\!\!CHCOCH_3 + CH_3CH_2CH_2CH_2OH \underset{}{\overset{HA}{\rightleftharpoons}}$$

Acrylate de méthyle **Butan-1-ol**
(Alcool butylique)

$$CH_2\!\!=\!\!CHCOCH_2CH_2CH_2CH_3 + CH_3OH$$

Acrylate de butyle **Méthanol**
(94 %)

18.7B HYDROLYSE DES ESTERS FACILITÉE PAR UNE BASE : SAPONIFICATION

Les esters ne subissent pas seulement des hydrolyses acides, mais aussi des *hydrolyses facilitées par une base*. On appelle **saponification** (en latin, *sapo* signifie « savon ») une hydrolyse facilitée par une base (voir aussi la section 23.2C). Par exemple, quand on fait refluer un ester dans une solution aqueuse d'hydroxyde de sodium, on obtient un alcool et le sel de sodium de l'acide correspondant.

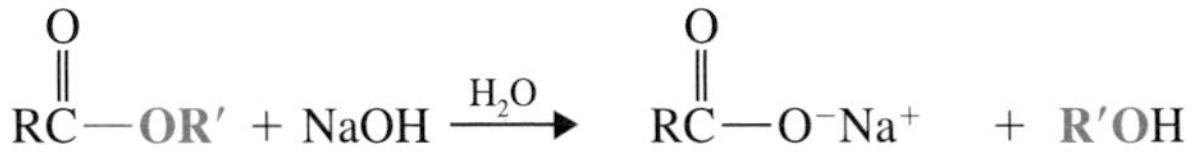

$$RC\!-\!OR' + NaOH \overset{H_2O}{\longrightarrow} RC\!-\!O^-Na^+ + R'OH$$

Ester **Carboxylate de sodium** **Alcool**

L'ion carboxylate est très peu réactif par rapport à une substitution nucléophile, parce qu'il est chargé négativement. Par conséquent, l'hydrolyse d'un ester facilitée par une base est essentiellement une réaction irréversible.

Dans l'état actuel des connaissances, on croit que le mécanisme d'hydrolyse d'un ester facilitée par une base comporte une réaction d'addition-élimination sur le carbone acyle.

Ce mécanisme est fondé sur des études réalisées avec des esters marqués par des isotopes. Prenons comme exemple le propanoate d'éthyle dans lequel ^{18}O remplace l'oxygène de type éther dans la partie ester. Lorsque ce propanoate est soumis à une hydrolyse dans le NaOH aqueux (page suivante), tous les ^{18}O se retrouvent dans l'éthanol produit, et aucun dans l'ion propanoate.

MÉCANISME DE LA RÉACTION

Hydrolyse d'un ester facilitée par une base

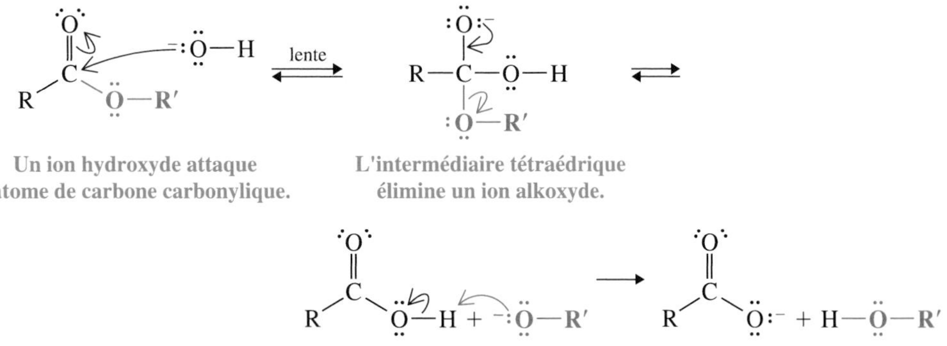

Un ion hydroxyde attaque l'atome de carbone carbonylique.

L'intermédiaire tétraédrique élimine un ion alkoxyde.

L'ion alkoxyde arrache un proton à l'acide formé pour conduire aux produits de la réaction.

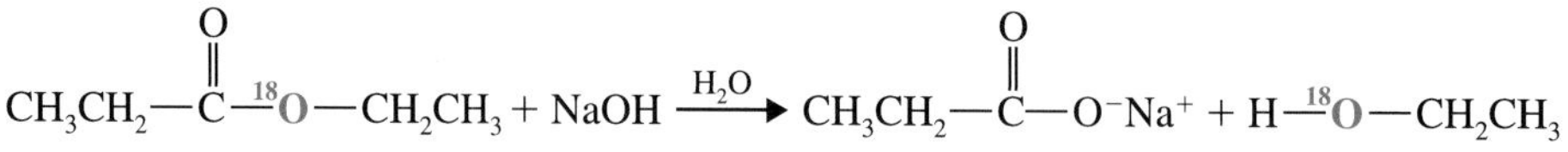

$$CH_3CH_2-\overset{\overset{\displaystyle O}{\|}}{C}\overset{18}{-}O-CH_2CH_3 + NaOH \xrightarrow{H_2O} CH_3CH_2-\overset{\overset{\displaystyle O}{\|}}{C}-O^-Na^+ + H\overset{18}{-}O-CH_2CH_3$$

Le résultat de cette expérience de marquage est parfaitement conforme au mécanisme présenté précédemment. (Vous pouvez vous en convaincre en représentant schématiquement toutes les étapes du mécanisme et en suivant l'oxygène radioactif dans tous les produits). Si l'ion hydroxyde avait attaqué le carbone alkyle plutôt que le carbone du groupe carbonyle, l'alcool produit n'aurait pas été marqué. L'attaque du carbone alkyle n'est pratiquement jamais observée (une exception est mentionnée au problème 18.13).

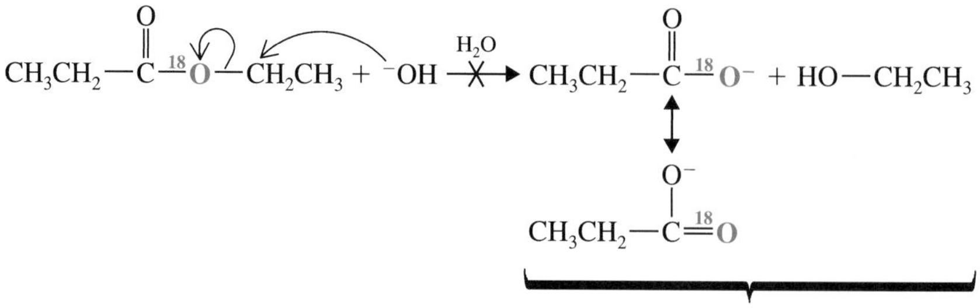

Ces produits ne se forment pas.

D'autres preuves que l'attaque nucléophile porte sur le carbone du groupe acyle proviennent d'études dans lesquelles des esters d'alcools chiraux ont été soumis à une hydrolyse facilitée par une base. La réaction par la voie A (attaque sur le carbonyle) devrait donner lieu à une rétention de configuration dans l'alcool. La réaction par la voie B (attaque sur le carbone alkyle) devrait entraîner une inversion de la configuration de l'alcool. **L'inversion de configuration n'est presque jamais observée.** Dans l'hydrolyse basique d'un ester formé d'un alcool chiral, il y a presque toujours *rétention de configuration dans l'alcool.*

Voie A : addition-élimination sur le carbone acyle

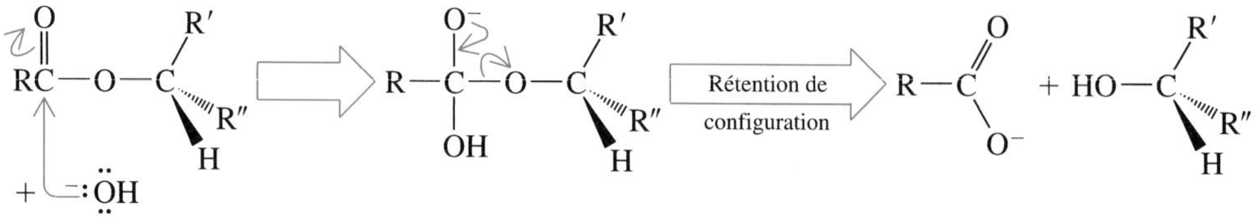

C'est surtout ce mécanisme qui s'applique aux esters.

Voie B : substitution nucléophile sur le carbone alkyle

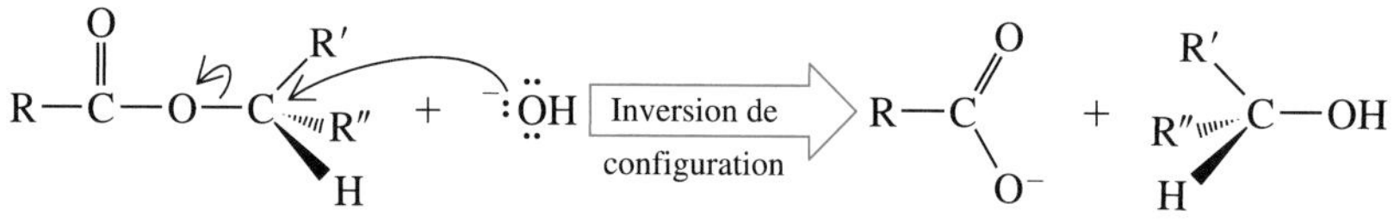

Ce mécanisme est rarement observé.

Dans les esters des acides carboxyliques, l'attaque nucléophile du carbone alkyle se produit très rarement. Toutefois, c'est surtout ce type d'attaque qui s'applique aux esters des acides sulfoniques (section 11.11).

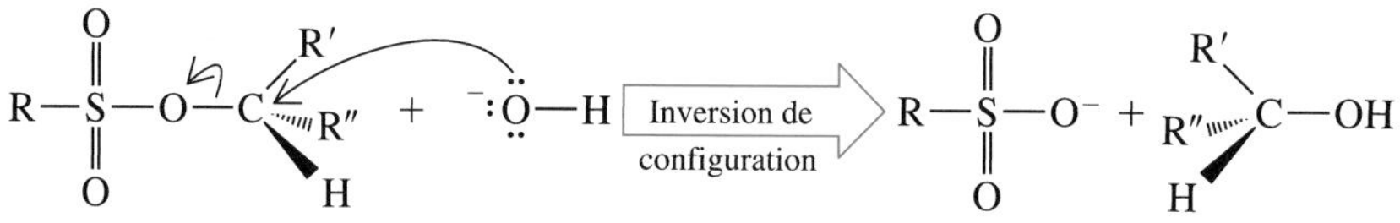

Un sulfonate d'alkyle

C'est surtout ce mécanisme qui s'applique aux sulfonates d'alkyle.

PROBLÈME 18.12

a) Écrivez les formules stéréochimiques des composés **A** à **F.**

1. *cis*-3-Méthylcyclopentanol + $C_6H_5SO_2Cl \longrightarrow$ **A** $\xrightarrow[\Delta]{^-OH}$ **B** + $C_6H_5SO_3^-$

2. *cis*-3-Méthylcyclopentanol + $C_6H_5\overset{\overset{\textstyle O}{\|}}{C}{-}Cl \longrightarrow$ **C** $\xrightarrow[\text{reflux}]{^-OH}$ **D** + $C_6H_5CO_2^-$

3. (*R*)-2-Bromooctane + $CH_3CO_2^- Na^+ \longrightarrow$ **E** + NaBr $\xrightarrow[\text{(reflux)}]{^-OH, H_2O}$ **F**

4. (*R*)-2-Bromooctane + $^-OH \xrightarrow{\text{acétone}}$ **F** + Br^-

b) Laquelle des deux dernières méthodes (3 ou 4) donnera selon vous le meilleur rendement en **F** ? Pourquoi ?

PROBLÈME 18.13

L'hydrolyse du mésitoate de méthyle facilitée par une base est due à une attaque sur le carbone de l'alcool plutôt que sur le carbone du groupe acyle.

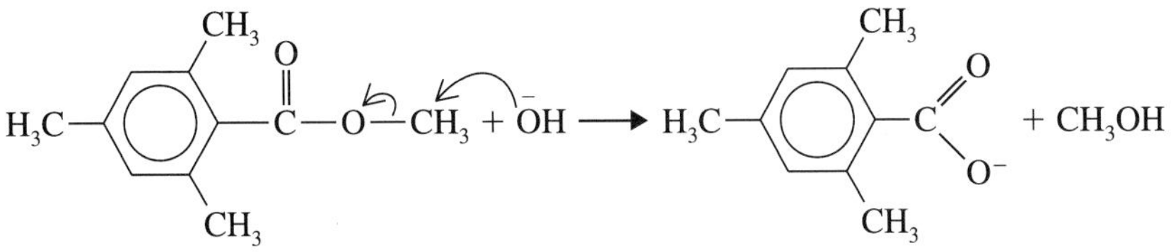

Mésitoate de méthyle

a) Indiquez une raison qui explique ce comportement inhabituel.

b) En utilisant des composés marqués, quelle expérience pourriez-vous faire pour confirmer que c'est bien le carbone de l'alcool qui subit une attaque ?

18.7C LACTONES

Les acides carboxyliques dont les molécules comportent un groupe hydroxyle lié à un carbone γ ou δ subissent une estérification intramoléculaire qui donne des esters cycliques appelés γ- ou δ-*lactones*. Cette réaction est catalysée par un acide.

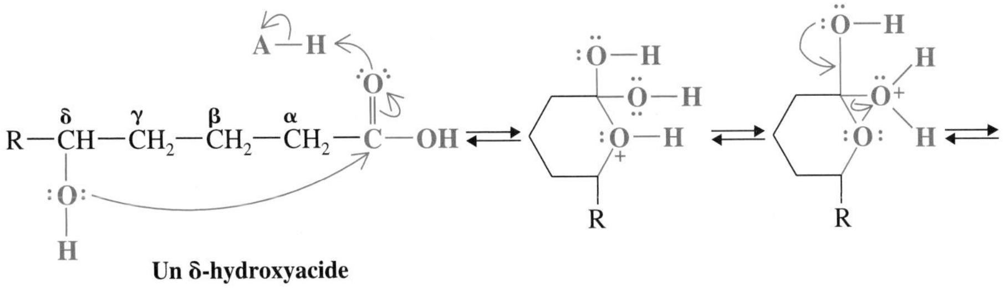

Un δ-hydroxyacide

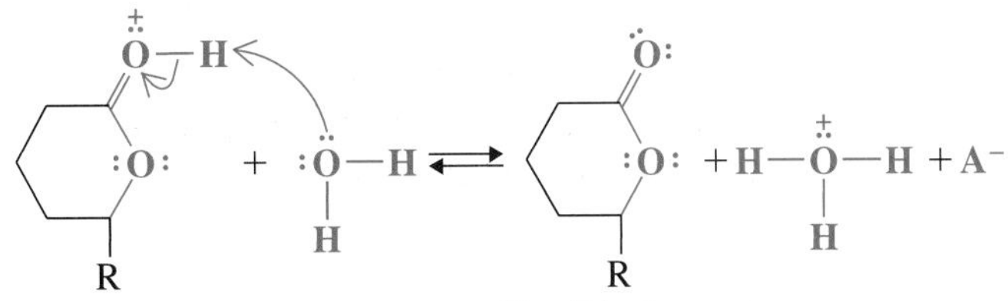

Une δ-lactone

En milieu basique aqueux, les **lactones** s'hydrolysent comme les autres esters. Cependant, l'acidification du sel de sodium peut reformer spontanément la γ- ou la δ-lactone, particulièrement si on utilise un excès d'acide.

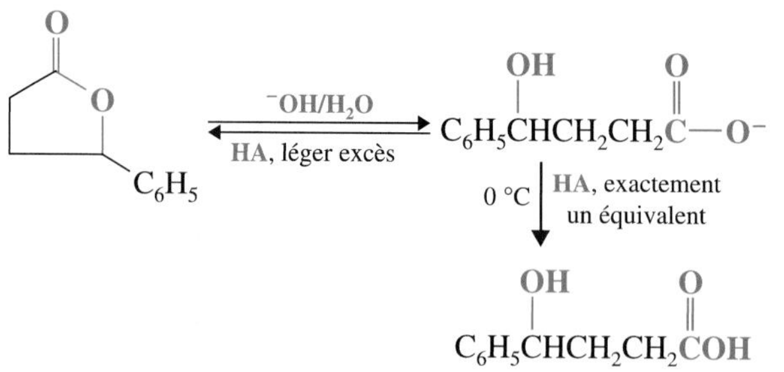

De nombreuses lactones existent à l'état naturel. Ainsi, la vitamine C (ci-dessous) est une γ-lactone. Certains antibiotiques, comme l'érythromycine et la nonactine (section 11.21B), sont des lactones dotées de très grands cycles; c'est pourquoi on les appelle lactones macrocycliques. Cependant, les lactones qu'on trouve le plus fréquemment dans la nature sont des γ- ou des δ-lactones, c'est-à-dire qu'elles contiennent un cycle à cinq ou six atomes.

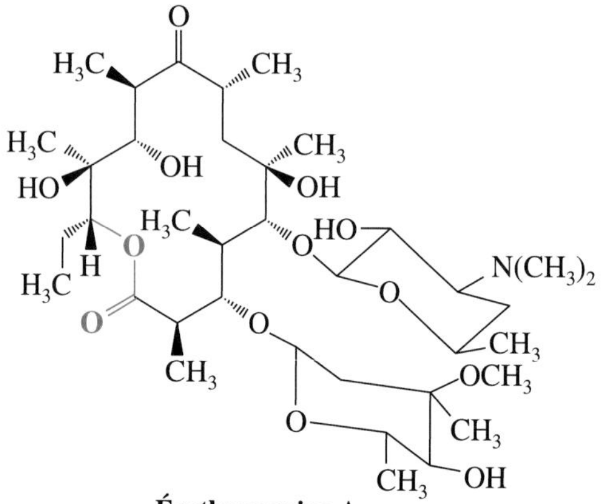

Érythromycine A

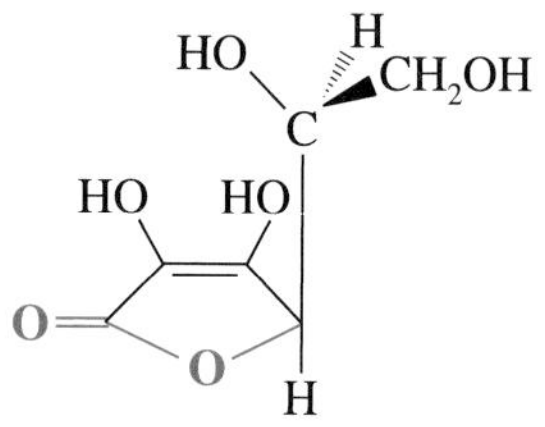

Vitamine C
(acide ascorbique)

On a découvert des β-lactones (ayant un cycle à 4 atomes) qui servent d'intermédiaires dans certaines réactions, et quelques-unes ont été isolées. Cependant, elles sont hautement réactives. Quand on tente de préparer une β-lactone à partir d'un β-hydroxyacide, on provoque plutôt une élimination β, dans la plupart des cas.

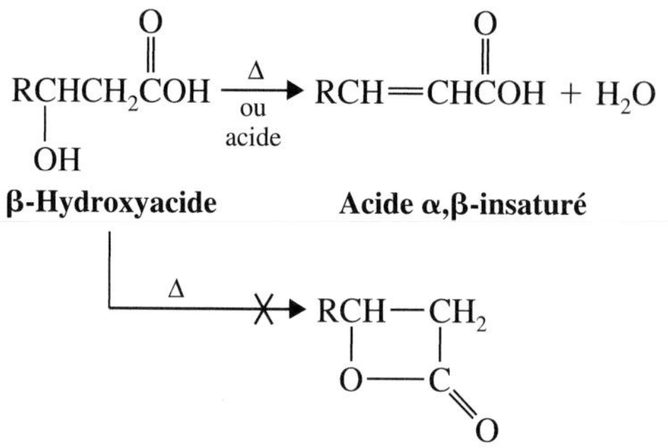

β-Lactone (se forme peu ou pas du tout)

Lorsqu'on chauffe les α-hydroxyacides, ils forment des diesters cycliques appelés *lactides*.

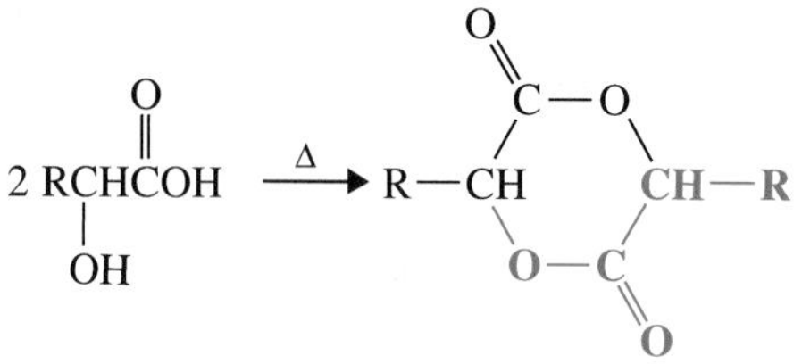

α-Hydroxyacide **Un lactide**

Les α-lactones existent comme intermédiaires dans certaines réactions (voir les problèmes 6.42 et 6.43).

18.8 AMIDES

18.8A SYNTHÈSE DES AMIDES

Les amides se préparent de diverses façons à partir des chlorures d'alcanoyle, des anhydrides, des esters, des acides carboxyliques et des sels de carboxylates. Toutes ces méthodes procèdent par des réactions d'addition- élimination par l'ammoniac ou une amine sur le groupe carbonyle des dérivés acyle. Comme on peut s'y attendre, les chlorures d'alcanoyle sont les plus réactifs, tandis que les anions carboxylate sont les moins réactifs.

18.8B SYNTHÈSE DES AMIDES À PARTIR DES CHLORURES D'ALCANOYLE

Les amines primaires et secondaires ainsi que l'ammoniac réagissent tous rapidement avec les chlorures d'alcanoyle pour former des amides. Un excès d'ammoniac ou d'amine sert à neutraliser le HCl formé au cours du processus.

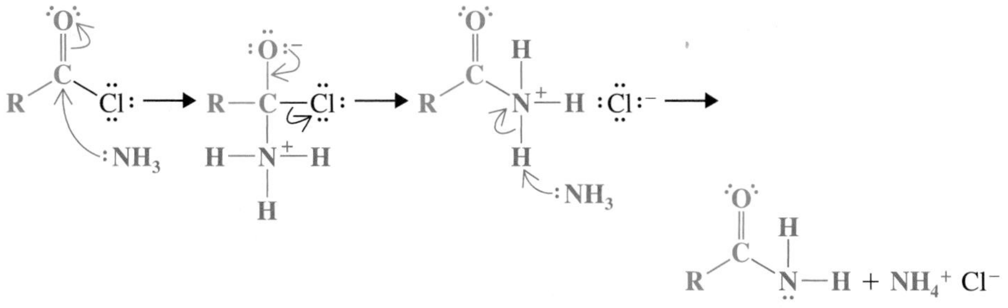

Un amide

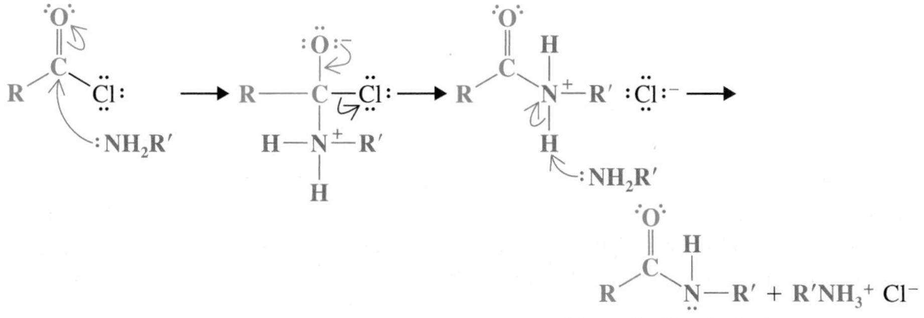

Un amide _N_-substitué

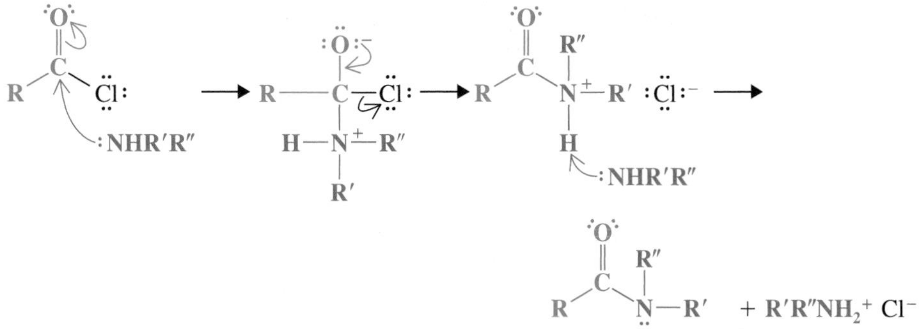

Un amide _N,N_-disubstitué

Étant donné que les chlorures d'alcanoyle sont faciles à préparer à partir des acides carboxyliques, on les utilise très fréquemment en laboratoire pour synthéthiser des amides. Cette réaction entre un chlorure d'alcanoyle et une amine (ou l'ammoniac) se déroule généralement à la température ambiante (ou au-dessous) et produit un amide avec un excellent rendement.

Les chlorures d'alcanoyle réagissent aussi avec les amines tertiaires par addition-élimination. Cependant, l'ion alcanoylammonium qui se forme est instable en présence d'eau ou d'un solvant protique.

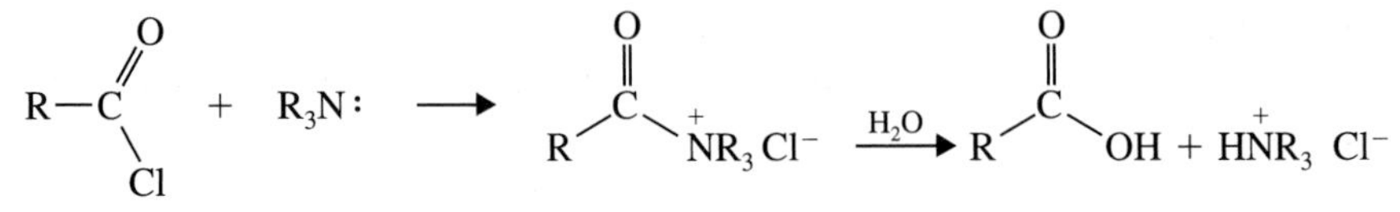

Chlorure   **Amine**   **Chlorure**
d'alcanoyle   **tertiaire**   **d'alcanoylammonium**

Les ions acylpyridinium servent probablement d'intermédiaires dans les réactions des chlorures d'alcanoyle effectuées en présence de pyridine.

18.8C SYNTHÈSE DES AMIDES À PARTIR DES ANHYDRIDES D'ACIDES CARBOXYLIQUES

Les anhydrides d'acides carboxyliques réagissent avec l'ammoniac et avec les amines primaires et secondaires pour former des amides. Ces réactions sont analogues à celles des chlorures d'alcanoyle.

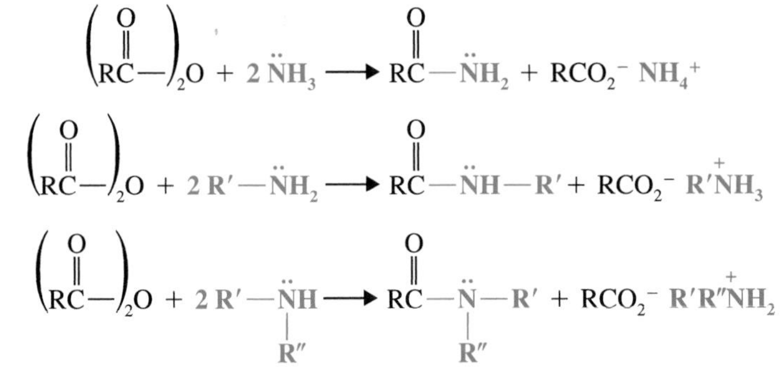

En général, les anhydrides cycliques réagissent avec l'ammoniac ou une amine de la même manière que le font les anhydrides acycliques. Cependant, ces réactions donnent un produit qui est à la fois un amide et un sel d'ammonium. L'acidification du sel d'ammonium produit un composé qui est à la fois amide et acide.

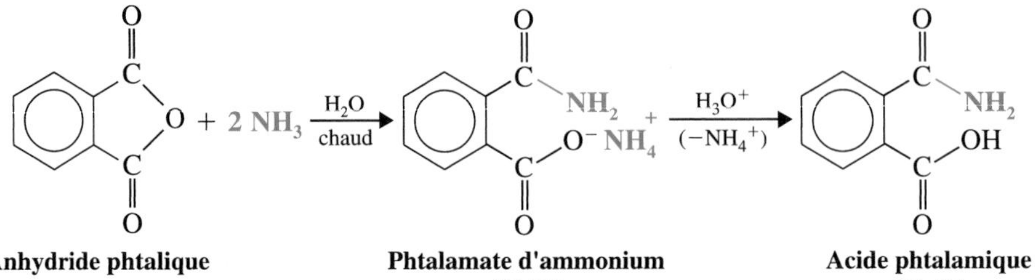

Anhydride phtalique   **Phtalamate d'ammonium**   **Acide phtalamique**
      (94 %)   **(81 %)**

Quand on chauffe l'amide acide, il se déshydrate et forme un *imide*. Les imides comportent le système de liaisons $-\overset{\overset{\displaystyle O}{\|}}{C}-NH-\overset{\overset{\displaystyle O}{\|}}{C}-$.

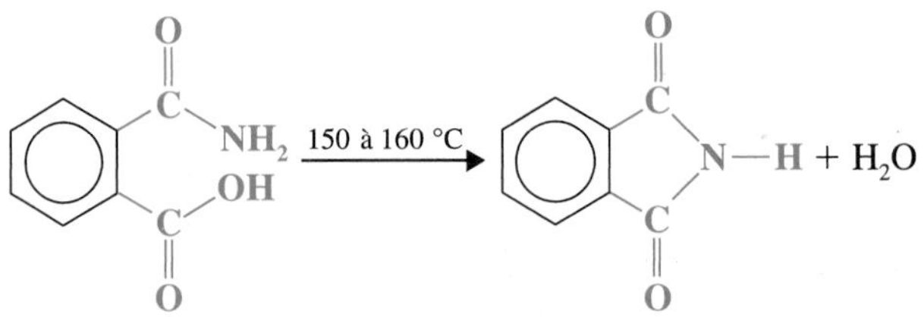

Acide phtalamique   **Phtalimide**
           (~100 %)

18.8D SYNTHÈSE DES AMIDES À PARTIR DES ESTERS

Quand on les traite par l'ammoniac ou par une amine primaire ou secondaire, les esters subissent une réaction d'addition-élimination (appelée *ammoniolyse*) sur leurs atomes de carbone carbonylique. Ces réactions se déroulent plus lentement que celles des chlorures d'alcanoyle et des anhydrides, mais elles sont utiles en synthèse.

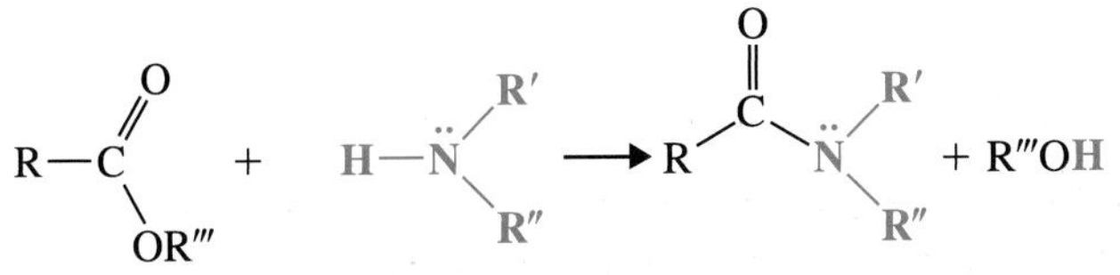

$$R-\underset{\underset{OR'''}{|}}{\overset{\overset{O}{\|}}{C}} + H-\underset{\underset{R''}{|}}{\overset{R'}{N}} \longrightarrow R-\underset{\underset{R''}{|}}{\overset{\overset{O}{\|}}{C}}-\underset{\underset{R''}{|}}{\overset{R'}{N}} + R'''OH$$

R' ou R''
peuvent être H.

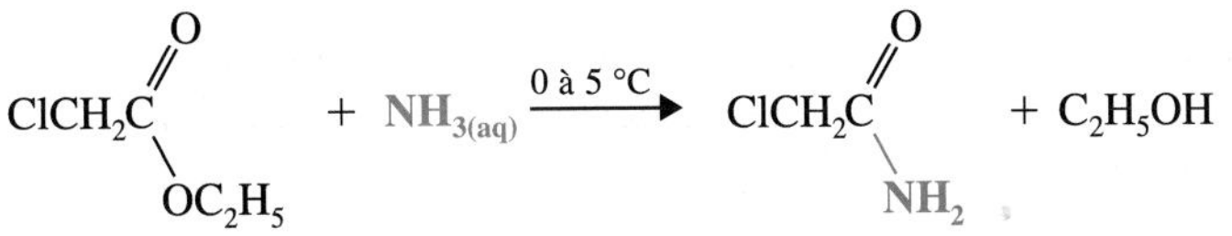

$$ClCH_2\underset{\underset{OC_2H_5}{|}}{\overset{\overset{O}{\|}}{C}} + NH_{3(aq)} \xrightarrow{0 \text{ à } 5\,°C} ClCH_2\underset{\underset{NH_2}{|}}{\overset{\overset{O}{\|}}{C}} + C_2H_5OH$$

Chloroacétate   **Chloroacétamide**
d'éthyle   **(62 à 87 %)**

18.8E SYNTHÈSE DES AMIDES À PARTIR DES ACIDES CARBOXYLIQUES ET DES CARBOXYLATES D'AMMONIUM

Les acides carboxyliques réagissent avec l'ammoniac pour former des sels d'ammonium.

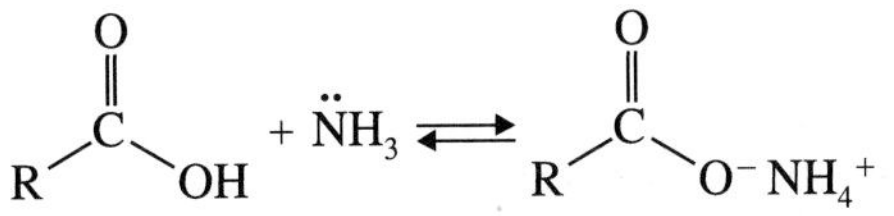

$$R-\underset{\underset{OH}{|}}{\overset{\overset{O}{\|}}{C}} + \overset{..}{N}H_3 \rightleftharpoons R-\underset{\underset{O^-NH_4^+}{|}}{\overset{\overset{O}{\|}}{C}}$$

Un carboxylate
d'ammonium

À cause de la faible réactivité de l'ion carboxylate par rapport à l'addition-élimination, il ne se produit habituellement pas d'autres réactions dans une solution aqueuse. Cependant, si on élimine l'eau par évaporation et si on chauffe ensuite le sel d'ammonium obtenu, une déshydratation produit un amide.

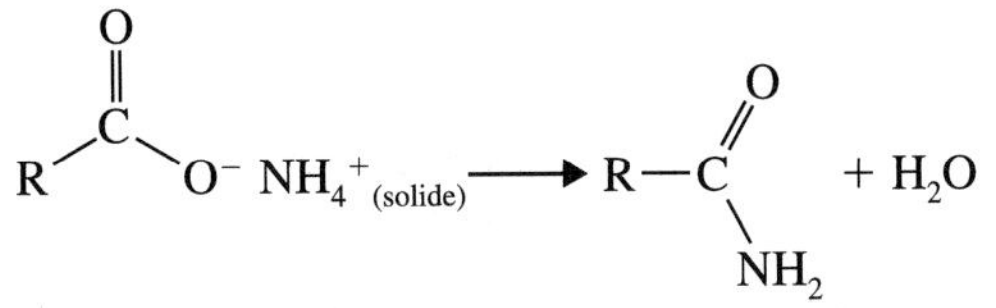

$$R-\underset{\underset{O^-NH_4^+_{(solide)}}{|}}{\overset{\overset{O}{\|}}{C}} \longrightarrow R-\underset{\underset{NH_2}{|}}{\overset{\overset{O}{\|}}{C}} + H_2O$$

Généralement, ce n'est pas une bonne façon de préparer des amides. Une bien meilleure façon consiste à convertir un acide en chlorure d'alcanoyle puis à faire réagir ce chlorure avec l'ammoniac ou une amine (section 18.8B).

Les amides sont très importants en biochimie. Les liaisons entre les acides aminés des protéines sont des liaisons amide. Par conséquent, beaucoup de travaux de recherche ont été axés sur la découverte de nouvelles façons, plus simples, de synthétiser des amides. En ce sens, le DCC (dicyclohexylcarbodiimide) est un réactif particulièrement utile. Ce composé de formule $C_6H_{11}-N=C=N-C_6H_{11}$ favorise la formation d'un amide en réagissant avec le groupe carboxyle d'un acide et en le rendant plus réactif par rapport au processus d'addition-élimination.

Dans cette synthèse, il n'est pas nécessaire d'isoler l'intermédiaire, et les deux étapes, soit l'activation et le couplage, peuvent se dérouler à la température ambiante. De plus, le rendement est très bon. Au chapitre 24, nous verrons comment le dicyclohexylcarbodiimide peut être utilisé dans une synthèse automatisée des peptides.

MÉCANISME DE LA RÉACTION

Synthèse d'un amide à l'aide du DCC

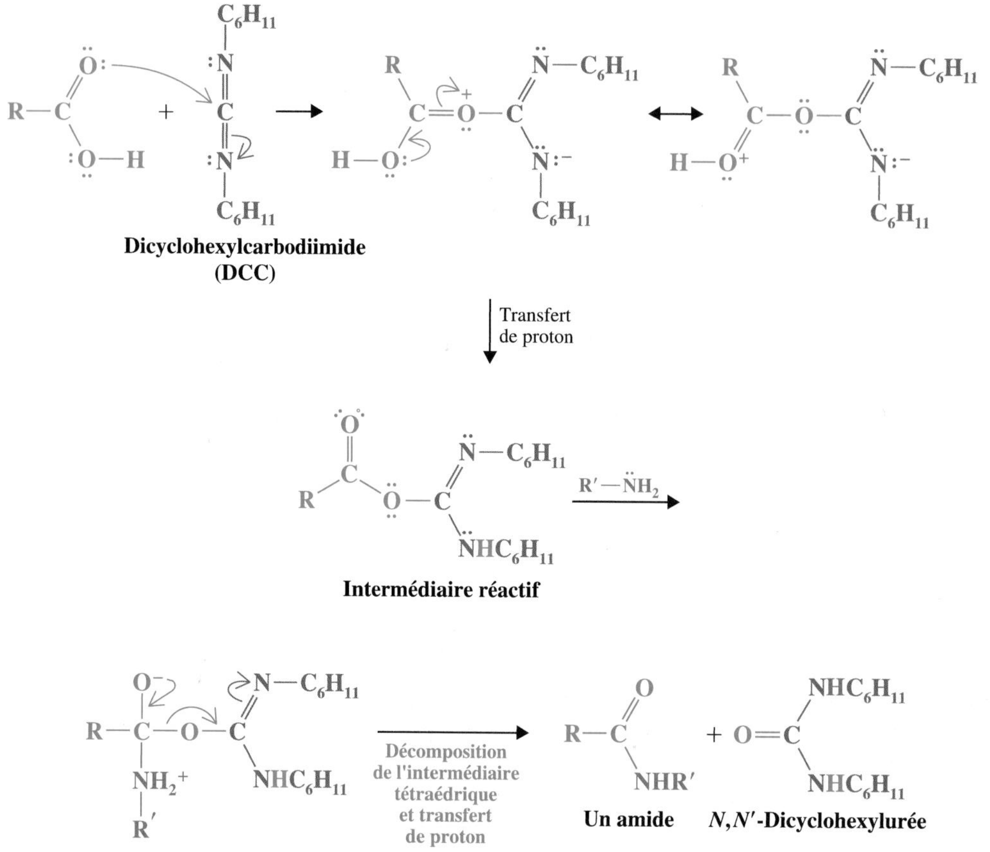

Dicyclohexylcarbodiimide (DCC)

Transfert de proton

Intermédiaire réactif

Décomposition de l'intermédiaire tétraédrique et transfert de proton

Un amide   *N,N′*-Dicyclohexylurée

18.8F HYDROLYSE DES AMIDES

Les amides subissent une hydrolyse lorsqu'on les chauffe en milieu aqueux en présence d'un acide ou d'une base.

Hydrolyse acide

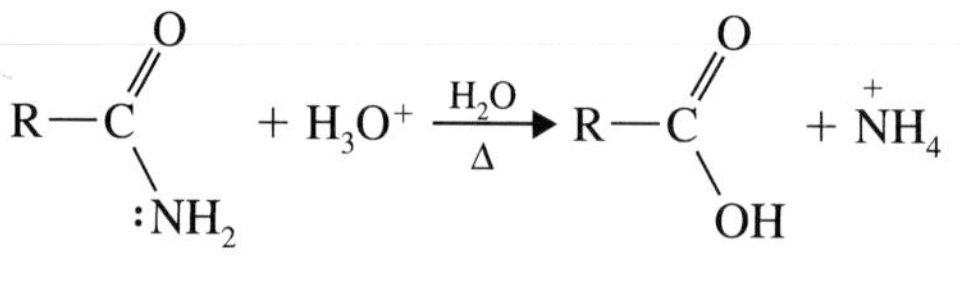

$$R-C \underset{:NH_2}{\overset{O}{\|}} \; + \; H_3O^+ \; \xrightarrow[\Delta]{H_2O} \; R-C\underset{OH}{\overset{O}{\|}} \; + \; \overset{+}{N}H_4$$

Hydrolyse basique

$$R-C\underset{:NH_2}{\overset{O}{\|}} \; + \; Na^+OH^- \; \xrightarrow[\Delta]{H_2O} \; R-C\underset{O^-Na^+}{\overset{O}{\|}} \; + \; \ddot{N}H_3$$

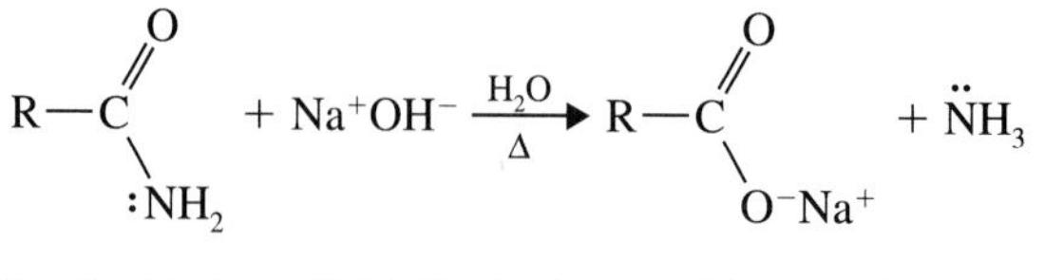

Les amides *N*-substitués et *N,N*-disubstitués subissent également une hydrolyse dans les mêmes conditions. L'hydrolyse des amides par l'une ou l'autre de ces méthodes s'effectue beaucoup plus lentement que celle des esters. C'est pourquoi l'hydrolyse des amides exige des conditions plus vigoureuses.

Le mécanisme de l'hydrolyse acide d'un amide ressemble à celui de l'hydrolyse acide d'un ester (décrit à la section 18.7A). L'eau agit comme nucléophile et attaque l'amide protoné. Dans l'hydrolyse acide d'un amide, le groupe sortant est l'ammoniac (ou une amine).

MÉCANISME DE LA RÉACTION

Hydrolyse acide d'un amide

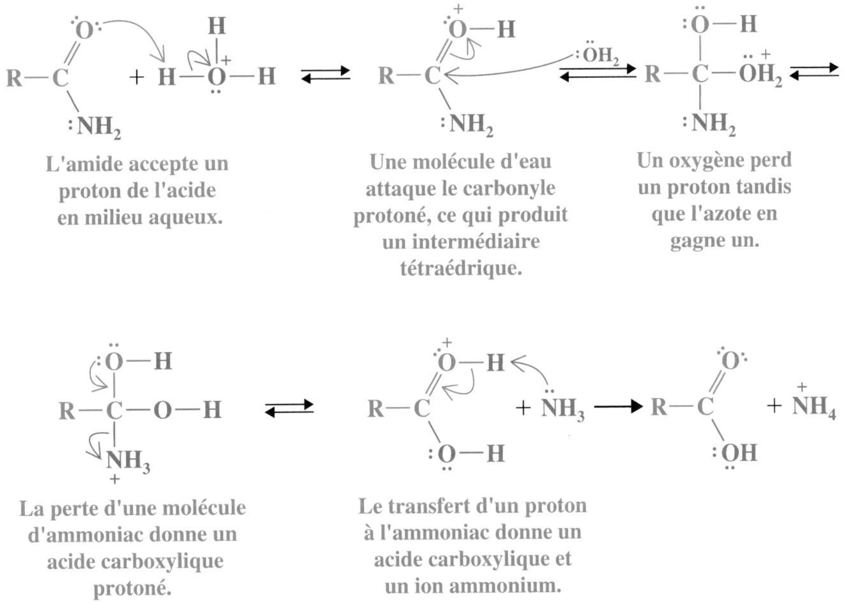

L'amide accepte un proton de l'acide en milieu aqueux.

Une molécule d'eau attaque le carbonyle protoné, ce qui produit un intermédiaire tétraédrique.

Un oxygène perd un proton tandis que l'azote en gagne un.

La perte d'une molécule d'ammoniac donne un acide carboxylique protoné.

Le transfert d'un proton à l'ammoniac donne un acide carboxylique et un ion ammonium.

Des données expérimentales permettent de penser que, au cours d'une hydrolyse basique, les ions hydroxyde agissent à la fois comme nucléophiles et bases.

MÉCANISME DE LA RÉACTION

Hydrolyse basique d'un amide

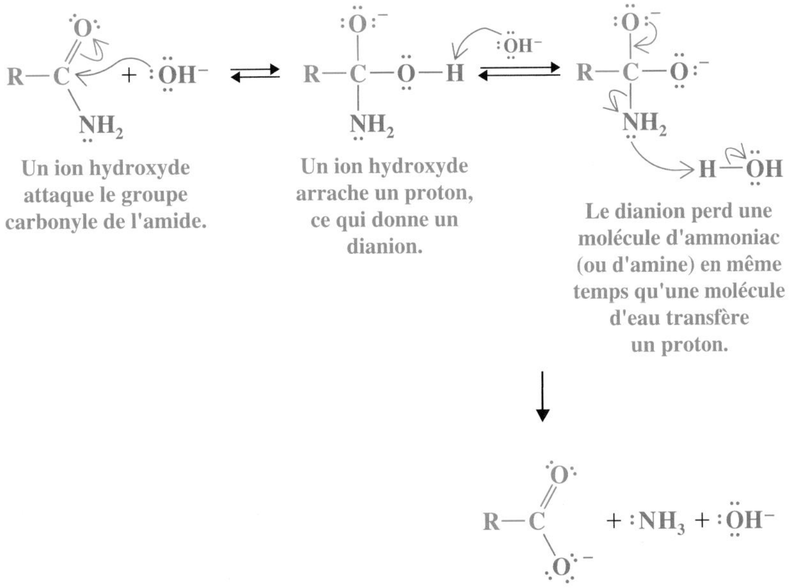

Un ion hydroxyde attaque le groupe carbonyle de l'amide.

Un ion hydroxyde arrache un proton, ce qui donne un dianion.

Le dianion perd une molécule d'ammoniac (ou d'amine) en même temps qu'une molécule d'eau transfère un proton.

L'hydrolyse des amides par les enzymes joue un rôle essentiel dans la digestion des protéines. Le mécanisme d'hydrolyse des protéines (polypeptides) par la chymotrypsine (une enzyme) sera décrit à la section 24.11.

PROBLÈME 18.14

En soumettant chacun des amides suivants à une hydrolyse acide et à une hydrolyse basique, quels produits obtiendriez-vous ?

a) *N*,*N*-Diéthylbenzamide

b)

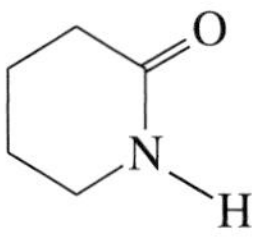

c) 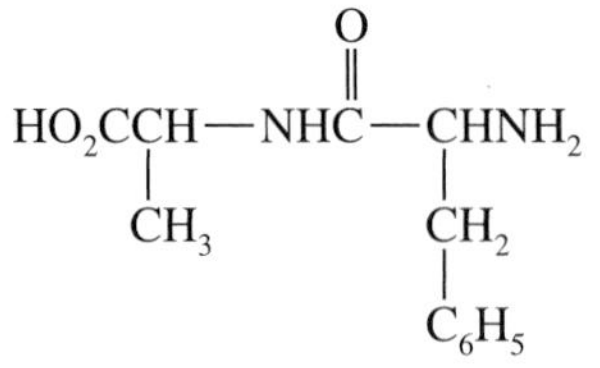
$$\underset{\underset{CH_3}{|}}{HO_2CCH}-\underset{\underset{\underset{\underset{C_6H_5}{|}}{CH_2}}{|}}{NHC}\overset{\overset{O}{\|}}{}-CHNH_2 \quad \text{(un dipeptide)}$$

18.8G SYNTHÈSE DES NITRILES PAR DÉSHYDRATATION DES AMIDES

En réagissant avec le pentoxyde de phosphore ou avec l'anhydride acétique bouillant, les amides produisent des nitriles. [Notez qu'il existe deux notations pour représenter le pentoxyde de phosphore : P_4O_{10} et P_2O_5.]

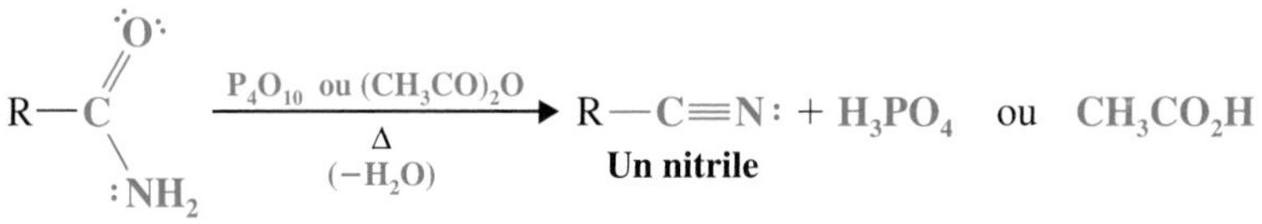

$$\underset{\underset{:NH_2}{}}{R-\overset{\overset{\cdot\ddot{O}\cdot}{\|}}{C}} \xrightarrow[\underset{(-H_2O)}{\Delta}]{P_4O_{10} \text{ ou } (CH_3CO)_2O} \underset{\textbf{Un nitrile}}{R-C\equiv N:} + H_3PO_4 \quad \text{ou} \quad CH_3CO_2H$$

Cette synthèse permet de préparer des nitriles qu'on ne peut pas obtenir par une réaction de substitution nucléophile entre un halogénoalcane et un ion cyanure.

PROBLÈME 18.15

a) Décrivez toutes les étapes de la synthèse de $(CH_3)_3CCN$ à partir de $(CH_3)_3CCO_2H$.

b) Selon vous, quel produit obtiendriez-vous si vous tentiez de faire la synthèse de $(CH_3)_3CCN$ par la méthode suivante ?

$$(CH_3)_3C-Br + CN^- \longrightarrow$$

18.8H HYDROLYSE DES NITRILES

Même si les nitriles ne contiennent aucun groupe carbonyle, ils sont habituellement considérés comme des dérivés des acides carboxyliques parce que l'hydrolyse complète d'un nitrile produit un acide carboxylique ou un anion carboxylate (sections 16.9 et 18.3).

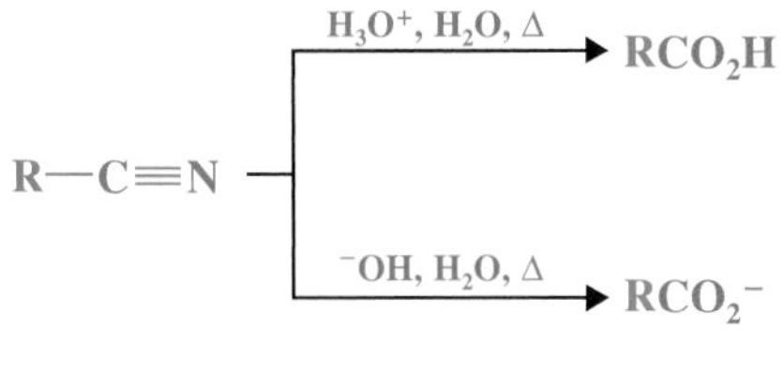

$$R-C\equiv N \quad \begin{cases} \xrightarrow{H_3O^+,\ H_2O,\ \Delta} RCO_2H \\ \\ \xrightarrow{^-OH,\ H_2O,\ \Delta} RCO_2^- \end{cases}$$

Les mécanismes d'hydrolyse des nitriles sont reliés à ceux de l'hydrolyse des amides. Dans l'**hydrolyse acide** d'un nitrile, la première étape consiste en une protonation de l'atome d'azote. Cette protonation (voir la description du mécanisme à la page suivante) polarise le groupe nitrile et rend l'atome de carbone plus susceptible de subir l'attaque du nucléophile faible, l'eau. La perte d'un proton par l'atome d'oxygène produit ensuite un amide tautomère. Le gain d'un proton par l'atome d'azote donne un **amide protoné**. Et, à partir de là, les étapes sont toutes identiques à celles de l'hydrolyse acide d'un amide (section 18.8F). Dans H_2SO_4 concentré, la réaction s'arrête à l'amide protoné, ce qui permet d'obtenir des amides à partir des nitriles.

MÉCANISME DE LA RÉACTION

Hydrolyse acide d'un nitrile

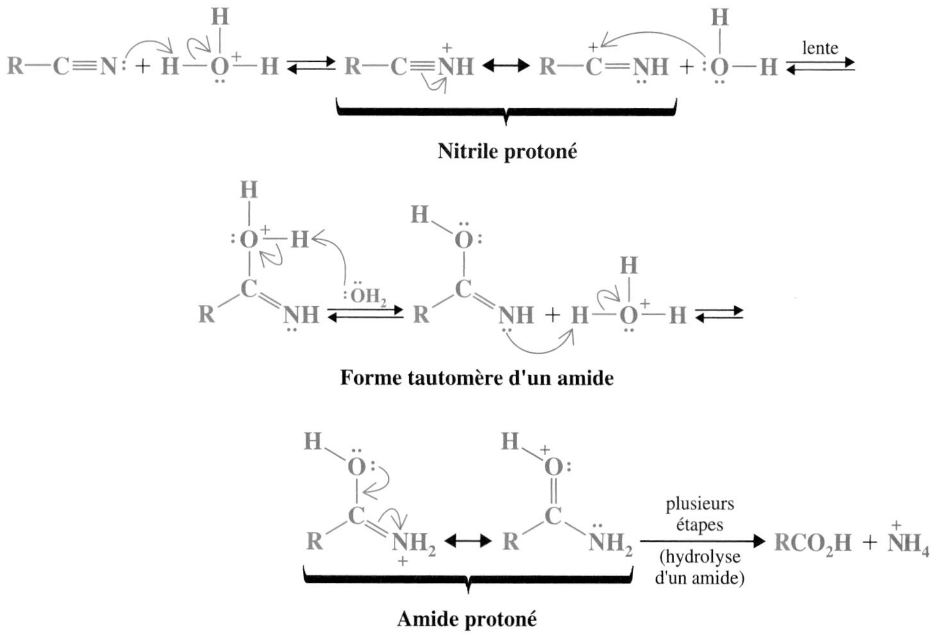

Nitrile protoné

Forme tautomère d'un amide

Amide protoné

Dans l'**hydrolyse basique,** un ion hydroxyde attaque l'atome de carbone du nitrile, puis une protonation mène à la forme tautomère d'un amide. Une nouvelle attaque par l'ion hydroxyde provoque ensuite l'hydrolyse d'une manière analogue à celle de l'hydrolyse basique d'un amide (section 18.8F). Dans des conditions appropriées, les amides peuvent être isolés lors de l'hydrolyse des nitriles.

MÉCANISME DE LA RÉACTION

Hydrolyse basique d'un nitrile

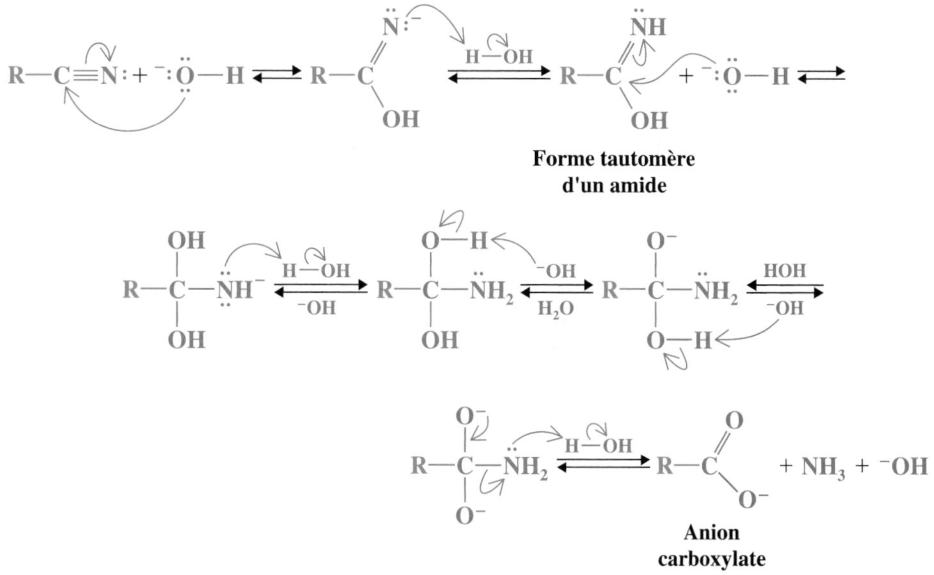

Forme tautomère d'un amide

Anion carboxylate

18.8I LACTAMES

Les amides cycliques sont appelés **lactames.** La dimension du cycle d'une lactame est indiquée par une lettre grecque. La nomenclature des lactames est analogue à celle des lactones (section 18.7C).

Une β-lactame   **Une γ-lactame**   **Une δ-lactame**

Il arrive souvent que les γ-lactames et les δ-lactames se forment spontanément à partir des γ- et des δ-aminoacides. Cependant, les β-lactames sont très réactives; leur cycle à quatre membres est tendu et s'ouvre facilement en présence de réactifs nucléophiles.

CAPSULE CHIMIQUE

PÉNICILLINES

Exemple de réacteur industriel servant à la production d'antibiotiques

Comme l'indiquent les structures suivantes, les pénicillines renferment un cycle β-lactame.

$R = C_6H_5CH_2-$ **Pénicilline G**

$R = C_6H_5CH-$ **Ampicilline**
$\quad\quad\quad\;\; NH_2$

$R = C_6H_5OCH_2-$ **Pénicilline V**

Apparemment, les pénicillines agissent en interférant avec la synthèse de la paroi cellulaire des bactéries. On pense qu'elles le font en réagissant avec un groupe amine d'une enzyme essentielle à la biosynthèse de cette paroi. La réaction comprend l'ouverture du cycle β-lactame par une réaction biologique d'addition-élimination sur le carbonyle de la lactame (un amide) et, par conséquent, inactive l'enzyme par acylation.

Enzyme active   **Une pénicilline**   **Enzyme inactivée**

La résistance bactérienne aux pénicillines constitue un problème important dans le traitement des infections. Les bactéries qui ont développé cette résistance produisent une enzyme appelée pénicillinase. La pénicillinase hydrolyse le cycle β-lactame et produit de l'acide pénicilloïque. Puisque cet acide ne peut agir comme agent d'acylation, il ne peut pas non plus empêcher la synthèse de la paroi cellulaire des bactéries selon le mécanisme décrit précédemment.

Une pénicilline   **Acide pénicilloïque**

18.9 ACIDES α-HALOGÉNÉS : RÉACTION DE HELL-VOLHARD-ZELINSKI

Les acides carboxyliques aliphatiques réagissent avec le brome ou le chlore en présence de phosphore (ou d'un halogénure de phosphore) et engendrent ainsi des acides α-halogénés, ou α-halogénoacides. Cette réaction est connue sous le nom de réaction de Hell-Volhard-Zelinski (ou HVZ).

Réaction générale

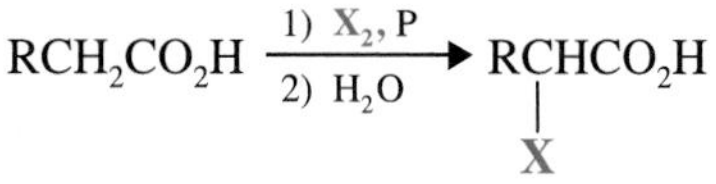

$$RCH_2CO_2H \xrightarrow[\text{2) }H_2O]{\text{1) }X_2,\,P} RCHCO_2H$$

Un α-halogénoacide

Exemple

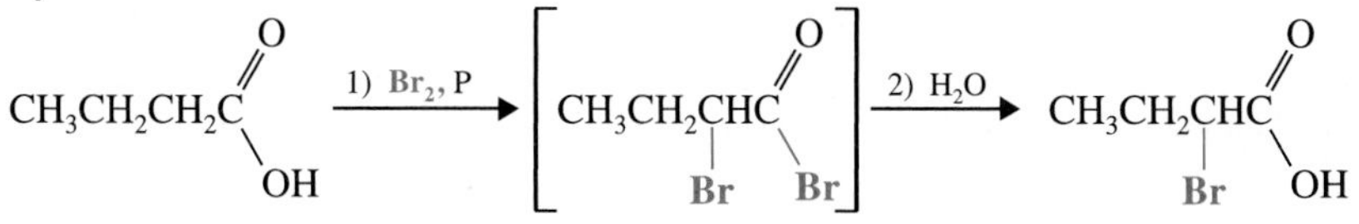

Acide butanoïque   **Acide 2-bromobutanoïque**
(77 %)

L'halogénation a lieu spécifiquement sur le carbone α. Si on utilise plus d'un équivalent molaire de brome ou de chlore dans la réaction, les produits qu'on obtient sont des acides α,α-dihalogénés ou α,α,α-trihalogénés.

Une description un peu plus détaillée de la réaction de Hell-Volhard-Zelinski est présentée ci-dessous. L'étape essentielle correspond à la formation d'un énol à partir d'un halogénure d'alcanoyle. (Les acides carboxyliques ne forment pas facilement des énols.) La formation d'un énol explique pourquoi l'halogénation se réalise spécifiquement sur le carbone α.

Bromure d'alcanoyle   **Forme énol**

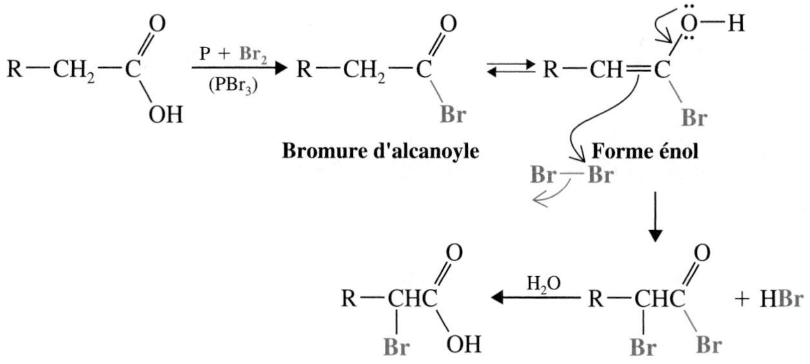

Une méthode d'α-halogénation plus polyvalente a été mise au point par D.N. Harpp (université McGill). Les chlorures d'alcanoyle, formés *in situ* par une réaction entre un acide carboxylique et $SOCl_2$, sont traités par un *N*-halogénosuccinimide et une trace de HX pour conduire ainsi à des chlorures d'alcanoyle α-chlorés ou α-bromés.

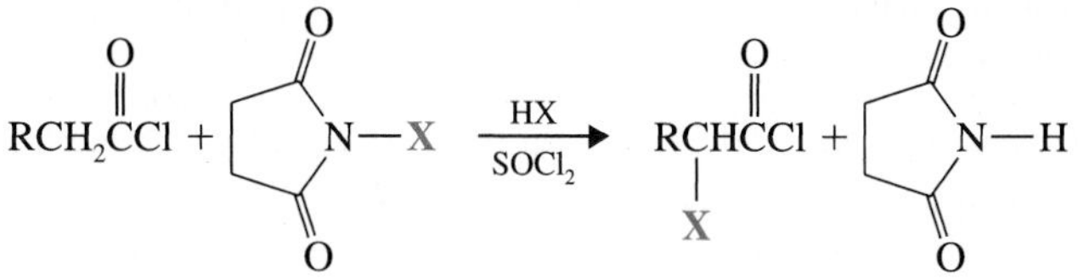

$$(X = Cl \quad ou \quad Br)$$

Des chlorures d'alcanoyle α-iodés peuvent être produits par une réaction similaire, au moyen d'iode moléculaire.

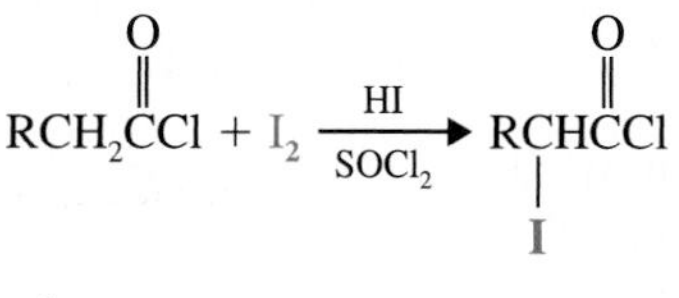

Les α-halogénoacides sont des intermédiaires importants en synthèse parce qu'ils sont susceptibles de réagir avec divers nucléophiles.

Conversion en acides α-hydroxylés

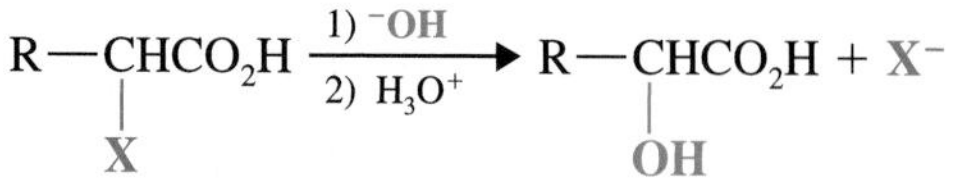

$$R-\underset{\overset{|}{X}}{C}HCO_2H \xrightarrow[\text{2) } H_3O^+]{\text{1) } ^-OH} R-\underset{\overset{|}{OH}}{C}HCO_2H + X^-$$

α-Halogénoacide   **Acide α-hydroxylé**

Exemple

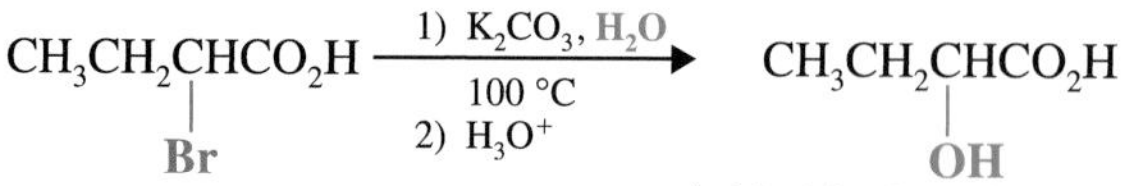

$$CH_3CH_2\underset{\overset{|}{Br}}{C}HCO_2H \xrightarrow[\text{2) } H_3O^+]{\overset{\text{1) } K_2CO_3, H_2O}{100\ °C}} CH_3CH_2\underset{\overset{|}{OH}}{C}HCO_2H$$

Acide 2-hydroxybutanoïque
(69 %)

Conversion en acides α-aminés

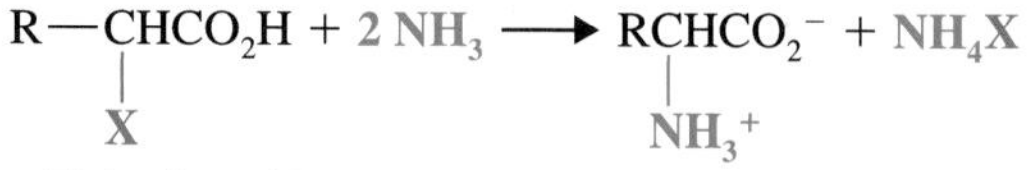

$$R-\underset{\overset{|}{X}}{C}HCO_2H + 2\ NH_3 \longrightarrow R\underset{\overset{|}{NH_3^+}}{C}HCO_2^- + NH_4X$$

α-Halogénoacide   **Acide α-aminé**

Exemple

$$\underset{\overset{|}{Br}}{C}H_2CO_2H + 2\ NH_3 \longrightarrow \underset{\overset{|}{NH_3^+}}{C}H_2CO_2^- + NH_4Br$$

Acide aminoacétique
(glycine)
(60 à 64 %)

18.10 DÉRIVÉS DE L'ACIDE CARBONIQUE

Dans le préambule du chapitre 3, nous avons parlé d'une enzyme appelée anhydrase carbonique, qui interconvertit l'eau et le dioxyde de carbone en acide carbonique.

L'acide carbonique $\left(\underset{}{\overset{O}{\underset{\|}{HOCOH}}}\right)$ est un composé instable qui se décompose spontanément en CO_2 et en H_2O. C'est pourquoi on ne peut l'isoler. Toutefois, de nombreux composés (chlorures d'alcanoyle, esters et amides) qui sont, en théorie mais pas en pratique, dérivés de l'acide carbonique sont stables et offrent d'importantes applications.

Le dichlorure de carbonyle (ClCOCl), un composé hautement toxique qu'on appelle aussi *phosgène,* ressemble à un dichlorure d'acide dérivé de l'acide carbonique. Le dichlorure de carbonyle réagit avec deux équivalents molaires d'un alcool et produit ainsi un **carbonate de dialkyle.**

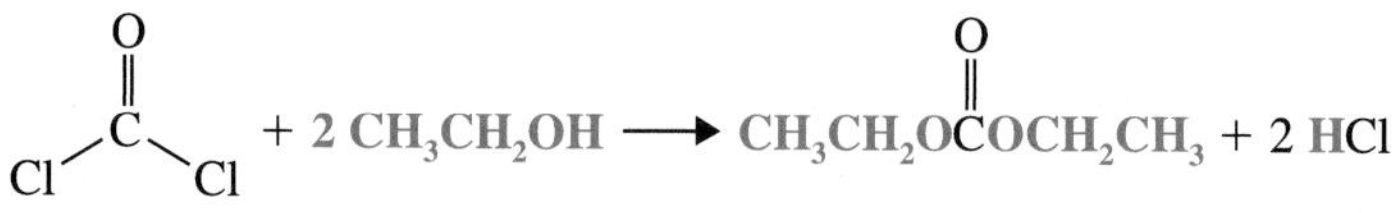

$$\underset{\substack{\text{Dichlorure de carbonyle} \\ \text{(phosgène)}}}{\underset{Cl}{\overset{O}{\overset{\|}{\underset{C}{\diagup\diagdown}}}}Cl} + 2\ CH_3CH_2OH \longrightarrow \underset{\text{Carbonate de diéthyle}}{CH_3CH_2O\overset{O}{\overset{\|}{C}}OCH_2CH_3} + 2\ HCl$$

Dans cette réaction, on ajoute habituellement une amine tertiaire pour neutraliser le chlorure d'hydrogène qui se forme.

Le dichlorure de carbonyle réagit avec l'ammoniac, et le produit de la réaction est l'**urée** (section 1.2A)

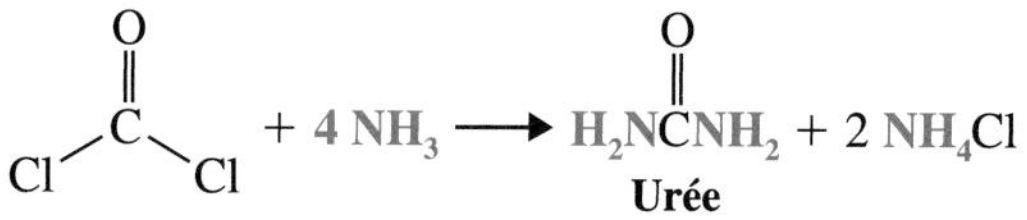

$$\underset{Cl}{\overset{O}{\overset{\|}{\underset{C}{\diagup\diagdown}}}}Cl + 4\ NH_3 \longrightarrow \underset{\text{Urée}}{H_2N\overset{O}{\overset{\|}{C}}NH_2} + 2\ NH_4Cl$$

L'urée, produit final du métabolisme des composés azotés chez la plupart des mammifères, est éliminée dans l'urine.

18.10A CHLOROFORMIATES D'ALKYLE ET CARBAMATES (URÉTHANES)

En traitant le dichlorure de carbonyle par un équivalent molaire d'alcool, on obtient un chloroformiate d'alkyle.

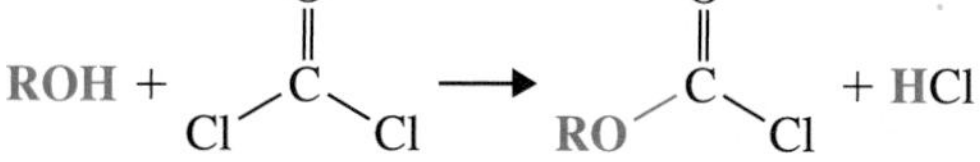

$$ROH + \underset{Cl}{\overset{O}{\underset{}{\parallel}}}\underset{Cl}{C} \longrightarrow \underset{Cl}{\overset{O}{\underset{}{\parallel}}}\underset{Cl}{RO-C} + HCl$$

Chloroformiate d'alkyle

Exemple

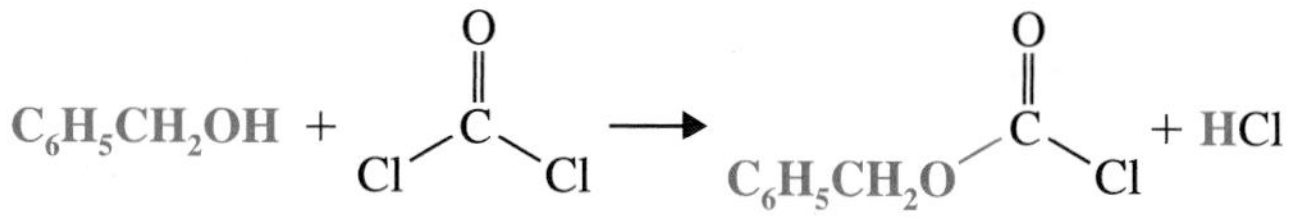

$$C_6H_5CH_2OH + \underset{Cl}{\overset{O}{\parallel}}\underset{Cl}{C} \longrightarrow \underset{Cl}{\overset{O}{\parallel}}C_6H_5CH_2O-C + HCl$$

Chloroformiate de benzyle

Les chloroformiates d'alkyle réagissent avec l'ammoniac ou les amines et produisent ainsi des composés appelés *carbamates* ou *uréthanes*.

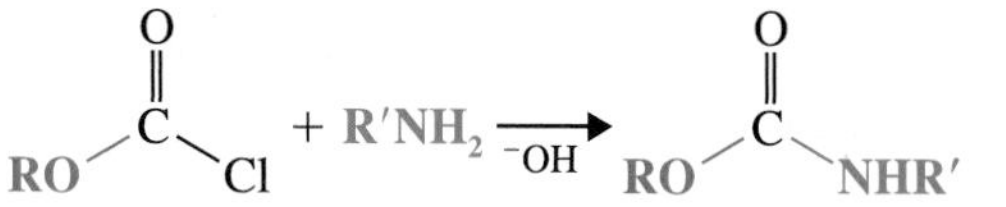

$$\underset{Cl}{\overset{O}{\parallel}}RO-C + R'NH_2 \xrightarrow{-OH} \underset{NHR'}{\overset{O}{\parallel}}RO-C$$

Un carbamate (ou uréthane)

Le chloroformiate de benzyle est utilisé pour attacher à un groupe amine un groupe protecteur qu'on appelle groupe benzyloxycarbonyle (en abrégé, Z ou Cbz). Nous verrons, à la section 24.7, comment on emploie ce groupe protecteur dans la synthèse des peptides et des protéines. L'un des avantages du groupe benzyloxycarbonyle réside dans le fait qu'il peut être éliminé facilement pour regénérer l'amine. Il suffit pour cela de traiter le dérivé benzyloxycarbonyle par l'hydrogène et un catalyseur, ou encore par le HBr en solution dans l'acide acétique à 0 °C.

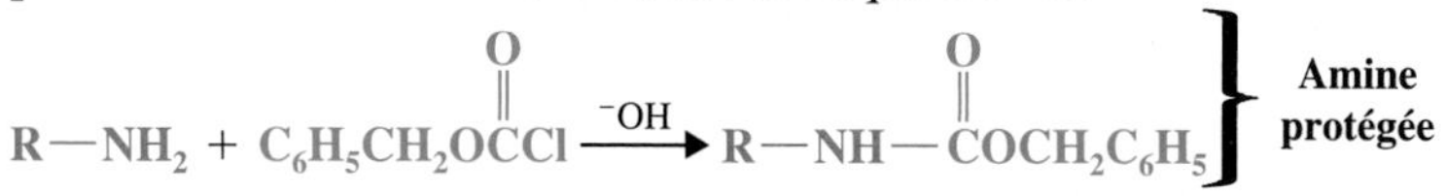

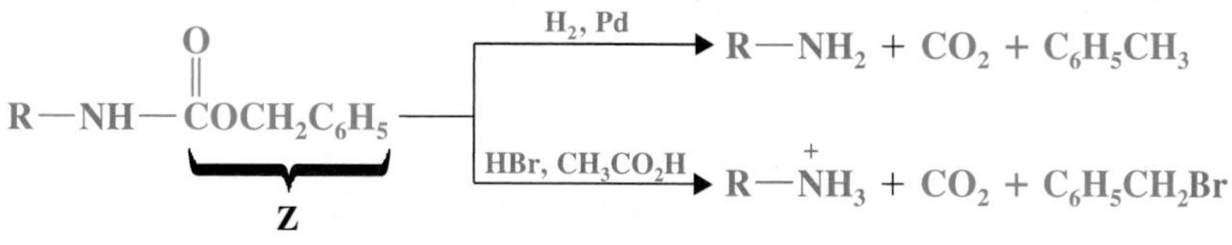

$$R-NH_2 + C_6H_5CH_2OCCl \xrightarrow{-OH} R-NH-\overset{O}{\overset{\parallel}{C}}OCH_2C_6H_5 \left.\right\} \begin{array}{l}\textbf{Amine}\\\textbf{protégée}\end{array}$$

$$R-NH-\overset{O}{\overset{\parallel}{C}}OCH_2C_6H_5 \underbrace{}_{Z} \begin{array}{l}\xrightarrow{H_2,\ Pd} R-NH_2 + CO_2 + C_6H_5CH_3\\[2mm]\xrightarrow{HBr,\ CH_3CO_2H} R-\overset{+}{N}H_3 + CO_2 + C_6H_5CH_2Br\end{array}$$

Les carbamates peuvent aussi être synthétisés par une réaction entre un alcool et un isocyanate, R—N=C=O. (Les carbamates ont tendance à former de jolis cristaux et sont des dérivés utiles pour identifier les alcools.) Cette réaction est un exemple d'addition nucléophile à un groupe carbonyle.

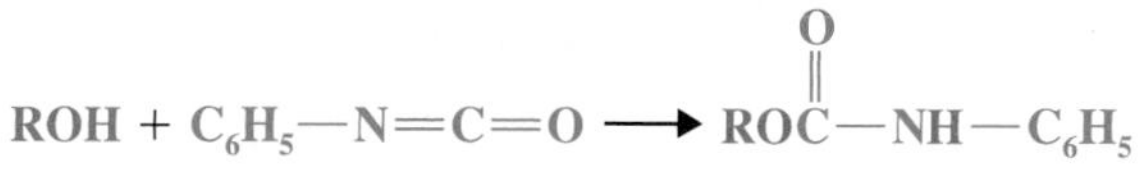

$$ROH + C_6H_5-N=C=O \longrightarrow RO\overset{O}{\overset{\parallel}{C}}-NH-C_6H_5$$

Isocyanate
de phényle

L'insecticide appelé *Sévin* est un carbamate fabriqué au moyen d'une réaction entre le 1-naphtol et l'isocyanate de méthyle.

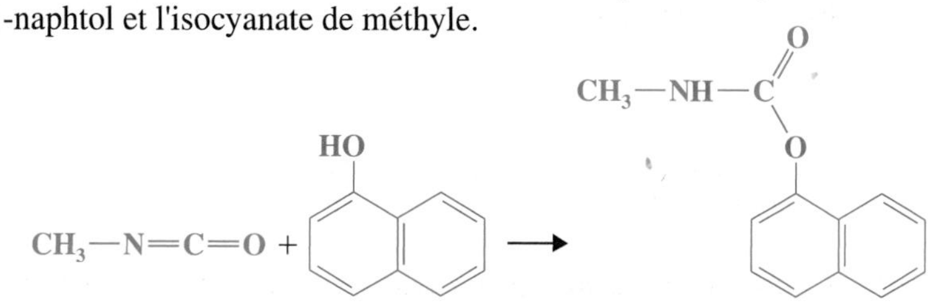

Isocyanate de méthyle   1-Naphtol   Sévin

En 1984, un tragique accident survenu à Bhopal, en Inde, a été causé par une fuite d'isocyanate de méthyle, un gaz très toxique. Plus de 1800 personnes, vivant près de l'usine où a eu lieu la fuite, en sont mortes.

PROBLÈME 18.16

Quelles sont les structures des produits des réactions suivantes ?

a) $C_6H_5CH_2OH + C_6H_5N{=}C{=}O \longrightarrow$

b) $ClCOCl + CH_3NH_2$ en excès $\longrightarrow$

c) Glycine $(H_3\overset{+}{N}CH_2CO_2{}^-) + C_6H_5CH_2OCOCl \xrightarrow{\ ^-OH\ }$

d) Produit de c) $+ H_2$, Pd $\longrightarrow$

e) Produit de c) + HBr froid, $CH_3CO_2H \longrightarrow$

f) Urée $+ {}^-OH$, H_2O, Δ

Les chloroformiates d'alkyle (ROCOCl), les carbonates de dialkyle (ROCOOR) et les carbamates (ROCONH$_2$, ROCONHR, etc.) sont stables. Par contre, l'acide chloroformique (HOCOCl), les hydrogénocarbonates d'alkyle (ROCOOH) et l'acide carbamique (HOCONH$_2$) sont instables et se décomposent spontanément en dégageant du dioxyde de carbone.

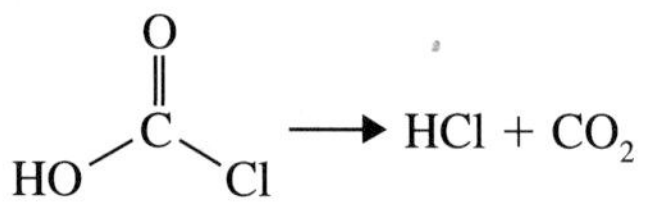

$$\underset{\textbf{Instable}}{HO-\overset{\overset{\textstyle O}{\|}}{C}-Cl} \longrightarrow HCl + CO_2$$

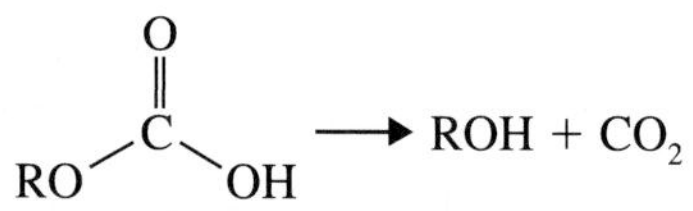

$$\underset{\textbf{Instable}}{RO-\overset{\overset{\textstyle O}{\|}}{C}-OH} \longrightarrow ROH + CO_2$$

$$\underset{\textbf{Instable}}{HO-\overset{\overset{\textstyle O}{\|}}{C}-NH_2} \longrightarrow NH_3 + CO_2$$

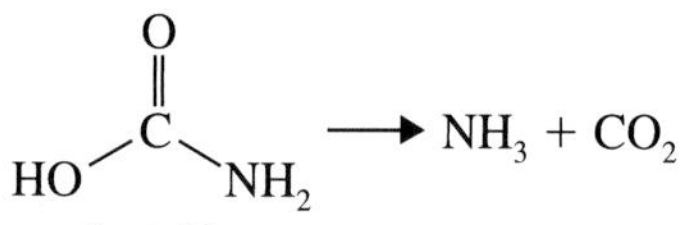

L'instabilité est une caractéristique que ces composés ont en commun avec leur parent composé, l'acide carbonique.

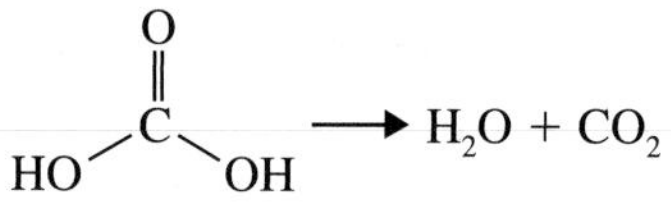

$$\underset{\textbf{Instable}}{HO-\overset{\overset{\textstyle O}{\|}}{C}-OH} \longrightarrow H_2O + CO_2$$

18.11 DÉCARBOXYLATION DES ACIDES CARBOXYLIQUES

La réaction par laquelle un acide carboxylique perd du CO_2 s'appelle *décarboxylation*.

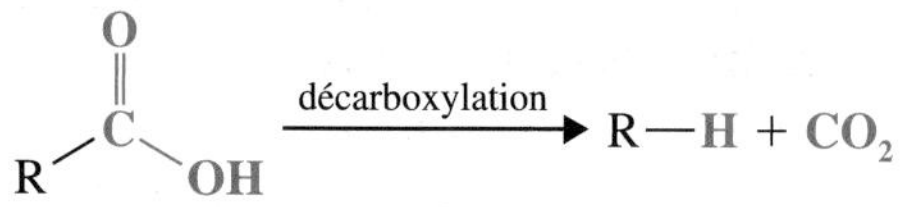

$$R-\overset{\overset{\textstyle O}{\|}}{C}-OH \xrightarrow{\text{décarboxylation}} R{-}H + CO_2$$

La très grande stabilité du dioxyde de carbone signifie que la décarboxylation de la plupart des acides est exothermique. Cependant, en pratique, cette réaction n'est pas toujours facile à réaliser, car elle est très lente. Habituellement, la molécule qu'on veut faire réagir doit contenir des groupes fonctionnels particuliers afin que la décarboxylation soit suffisamment rapide pour être utile en synthèse.

Les acides dans lesquels un groupe carbonyle est séparé du groupe carboxyle par un seul carbone sont appelés **β-cétoacides.** Ces acides subissent facilement une décarboxylation lorsqu'on les chauffe à une température de 100 à 150 °C. (Même à la température ambiante, certains β-cétoacides dégagent lentement du CO_2.)

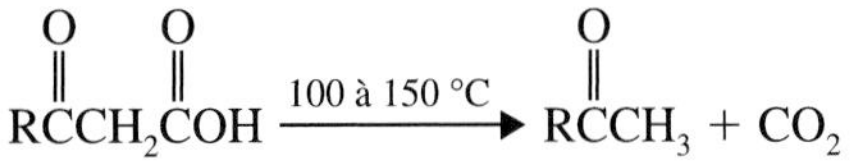

Un β-cétoacide

Deux raisons expliquent pourquoi cette décarboxylation se fait facilement.

1. Quand l'anion carboxylate subit une décarboxylation, il forme un anion énolate stabilisé par résonance.

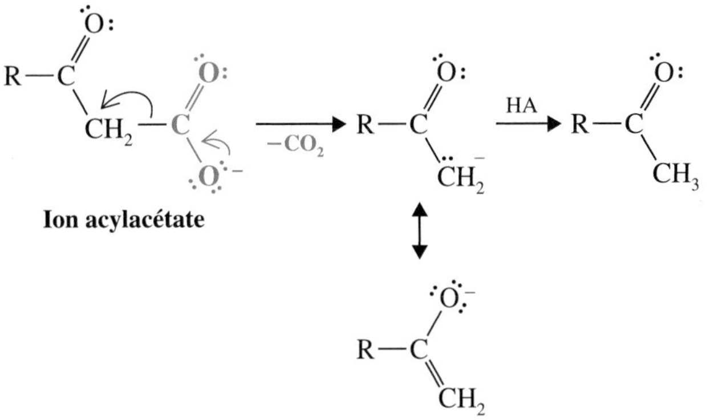

Ion acylacétate

Anion stabilisé par résonance

Cet anion est beaucoup plus stable que l'anion $RCH_2:^-$ qui serait produit par la décarboxylation d'un anion ordinaire d'acide carboxylique.

2. Quand c'est l'acide lui-même qui est décarboxylé, la décarboxylation peut se faire grâce à un état de transition qui comporte un cycle à six membres.

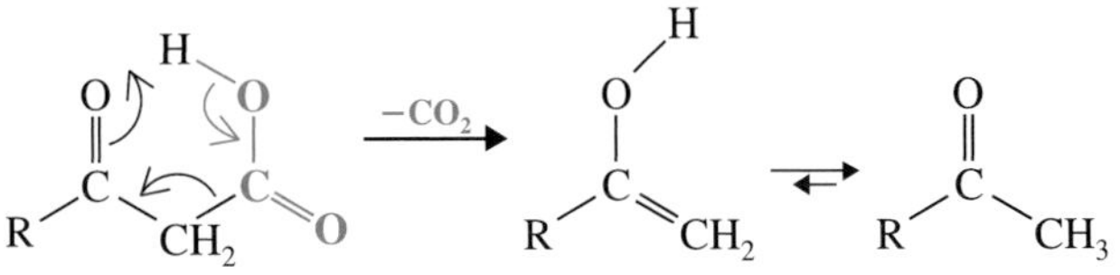

β-Cétoacide   **Énol**   **Cétone**

Cette réaction produit directement un énol, sans anion intermédiaire. Cet énol se transforme ensuite en une méthylcétone par tautomérie.

Les acides maloniques, eux aussi, subissent facilement une décarboxylation, pour les mêmes raisons.

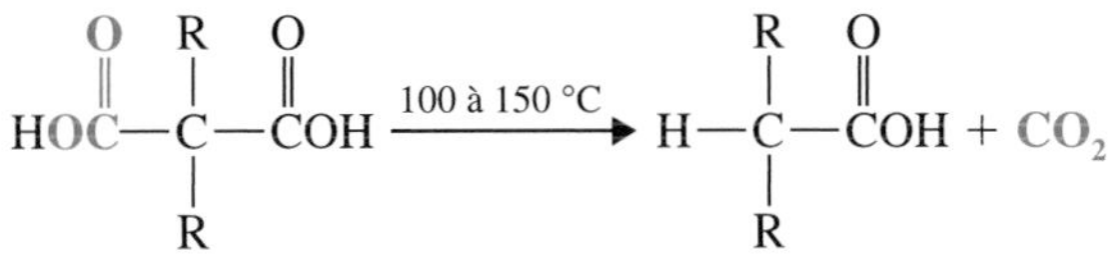

Un acide malonique

Notez que la décarboxylation des acides maloniques s'effectue tellement facilement qu'aucun anhydride cyclique de ce type de diacides ne se forme (section 18.6).
Nous verrons, au chapitre 19, comment la décarboxylation des β-cétoacides et des acides maloniques est utile en synthèse.
Les acides carboxyliques aromatiques peuvent subir une décarboxylation si on les convertit en sels cuivreux qu'on chauffe ensuite avec de la quinoléine et de l'oxyde cuivreux dans une atmosphère inerte.

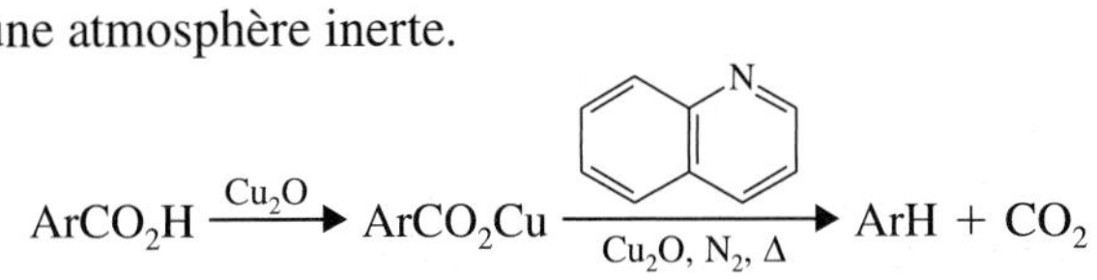

▶ CAPSULE CHIMIQUE

THIAMINE

Les pains de grains entiers sont une bonne source de thiamine.

La thiamine (vitamine B_1) agit comme coenzyme dans la décarboxylation métabolique qui transforme le pyruvate en acétylcoenzyme A. Cette transformation, catalysée par la pyruvate déshydrogénase, constitue un lien essentiel entre la glycolyse et le cycle de l'acide citrique. Dans ce processus, l'attaque nucléophile du pyruvate par le cycle thiazole de la thiamine (sous forme d'ylure, voir la section 16.10) associée à l'enzyme produit un intermédiaire tétraédrique. La perte de CO_2 engendre un carbanion stabilisé par la résonance du cycle thiazole. Ensuite, une autre réaction transforme les deux carbones résiduels du pyruvate en acétylcoenzyme A et libère la thiamine, ce qui permet une répétition du cycle de réactions. Un rôle essentiel de la thiamine dans cette réaction consiste à stabiliser le carbanion intermédiaire.

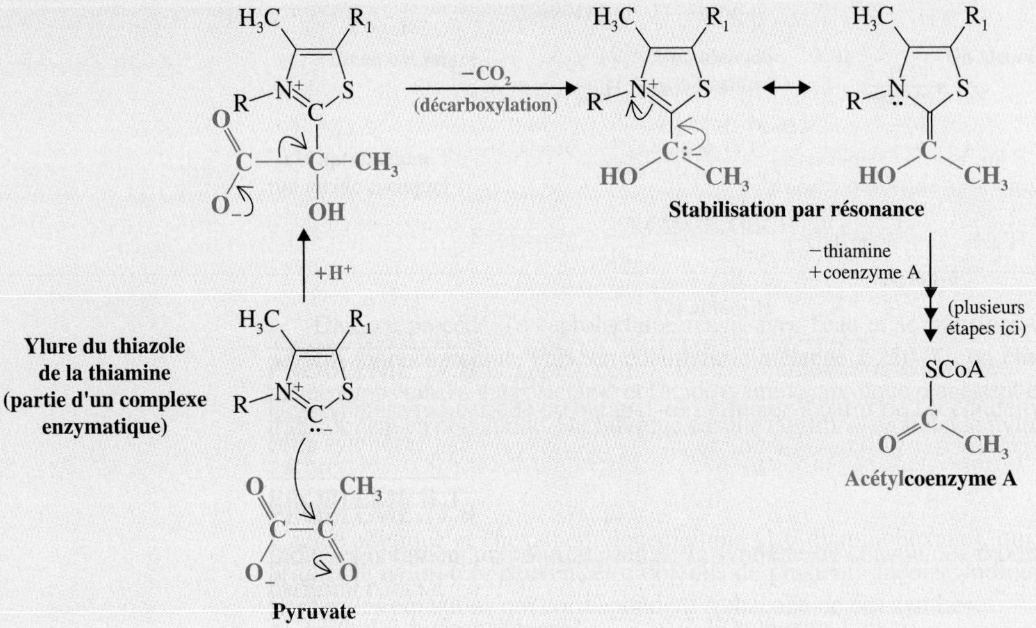

18.11A DÉCARBOXYLATION DES RADICAUX CARBOXYLE

Il n'est pas facile de soumettre les ions carboxylate (RCO_2^-) des acides aliphatiques simples à une décarboxylation. Toutefois, les radicaux carboxyle ($RCO_2\cdot$) subissent aisément la décarboxylation et produisent ainsi des radicaux alkyle.

$$RCO_2\cdot \longrightarrow R\cdot + CO_2$$

PROBLÈME 18.17

Esquissez une synthèse, basée sur la décarboxylation, qui permette de produire chacun des composés suivants à partir des réactifs appropriés :

a) Hexan-2-one   c) Cyclohexanone

b) Acide 2-méthylbutanoïque   d) Acide pentanoïque

PROBLÈME 8.18

Les peroxydes de dialcanoyle (diacyle) $\left(\overset{O}{\underset{\|}{RC}}-O-O-\overset{O}{\underset{\|}{CR}} \right)$ se décomposent facilement sous l'effet de la chaleur.

a) Quel facteur explique cette instabilité ?

b) La décomposition d'un peroxyde de dialcanoyle dégage du CO_2. Comment se forme-t-il ?

c) Les peroxydes de dialcanoyle servent souvent à amorcer des réactions radicalaires comme la polymérisation d'un alcène.

$$n \ CH_2{=}CH_2 \xrightarrow[-CO_2]{\overset{O}{\overset{\|}{RC}}-O-O-\overset{O}{\overset{\|}{CR}}} R{+}CH_2CH_2{\displaystyle +}_n H$$

Décrivez toutes les étapes.

18.12 TESTS QUALITATIFS DE CARACTÉRISATION DES COMPOSÉS ACYLE

Les acides carboxyliques sont des acides faibles, et leur acidité aide à les détecter. Les solutions aqueuses des acides carboxyliques hydrosolubles font tourner au bleu le papier de tournesol. Les acides carboxyliques insolubles dans l'eau se dissolvent dans une solution aqueuse d'hydroxyde de sodium ou de bicarbonate de sodium (section 18.2C). Ce dernier réactif aide à distinguer les acides carboxyliques de la plupart des phénols. Les phénols ne se dissolvent pas dans une solution aqueuse de bicarbonate de sodium, à l'exception des dinitrophénols et des trinitrophénols. Quand les acides carboxyliques se dissolvent dans une solution aqueuse de bicarbonate de sodium, on observe également un dégagement de CO_2.

Les chlorures d'alcanoyle s'hydrolysent dans l'eau, et les ions chlorure résultants donnent un précipité lorsqu'on les traite par une solution aqueuse de nitrate d'argent. Les anhydrides carboxyliques se dissolvent quand on les chauffe un peu dans une solution aqueuse d'hydroxyde de sodium.

Les esters et les amides s'hydrolysent lentement lorsqu'on les fait refluer avec de l'hydroxyde de sodium. Un ester produit un anion carboxylate et un alcool; un amide donne un anion carboxylate ainsi qu'une amine ou de l'ammoniac. Les produits de l'hydrolyse (acide et alcool ou amine) peuvent être isolés et identifiés. Facilitée par une base, l'hydrolyse d'un amide non substitué produit de l'ammoniac, qu'on peut la plupart du temps détecter en tenant un papier de tournesol rouge humecté au-dessus des vapeurs qui se dégagent du mélange réactionnel.

Les amides peuvent être différenciés des amines à l'aide de HCl dilué. La plupart des amines se dissolvent dans l'acide chlorhydrique, alors que la majorité des amides y sont insolubles (problème 18.38).

RÉSUMÉ DES RÉACTIONS DES ACIDES CARBOXYLIQUES ET DE LEURS DÉRIVÉS

Dans ce résumé, de nombreuses réactions (principalement présentées aux sections 18.4 et 18.5) correspondent à des transferts de groupe acyle. Nous vous suggérons de revoir plus particulièrement la section 18.4, qui décrit le mécanisme général de la réaction d'addition-élimination associée à un transfert de groupe acyle. Dans certains cas, il peut aussi y avoir un transfert de proton qui facilite la réaction en améliorant le caractère nucléofuge du groupe sortant. Mais, dans tous les cas, les étapes essentielles de la réaction d'addition-élimination sont clairement identifiables.

Réactions des acides carboxyliques

1. Acidité des acides carboxyliques (sections 3.10 et 18.2C)

$$RCO_2H + NaOH \longrightarrow RCO_2^-Na^+ + H_2O$$

$$RCO_2H + NaHCO_3 \longrightarrow RCO_2^-Na^+ + H_2O + CO_2$$

2. Réduction (section 12.3)

$$RCO_2H + LiAlH_4 \xrightarrow[2) \ H_2O]{1) \ Et_2O} RCH_2OH$$

3. Conversion en chlorures d'alcanoyle (section 18.5)

$$RCO_2H + SOCl_2 \longrightarrow RCOCl + SO_2 + HCl$$
$$3\ RCO_2H + PCl_3 \longrightarrow 3\ RCOCl + H_3PO_3$$
$$RCO_2H + PCl_5 \longrightarrow RCOCl + POCl_3 + HCl$$

4. Conversion en anhydrides d'acides (section 18.6)

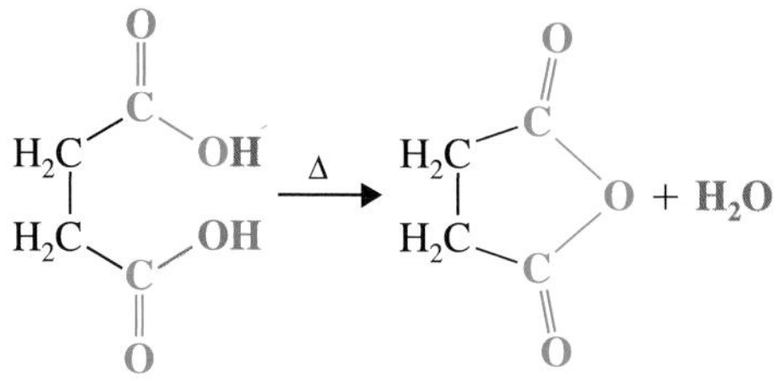

5. Conversion en esters (section 18.7)

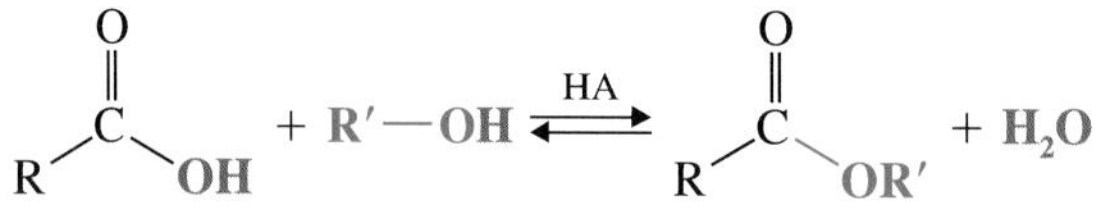

6. Conversion en lactones (section 18.7C)

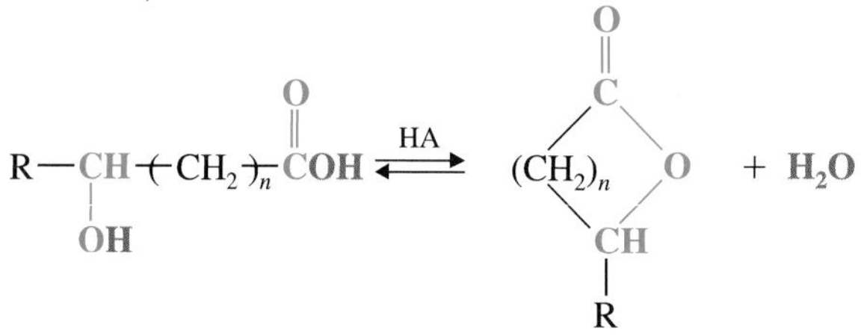

n = 2, une γ-lactone
n = 3, une δ-lactone

7. Conversion en amides et en imides (section 18.8)

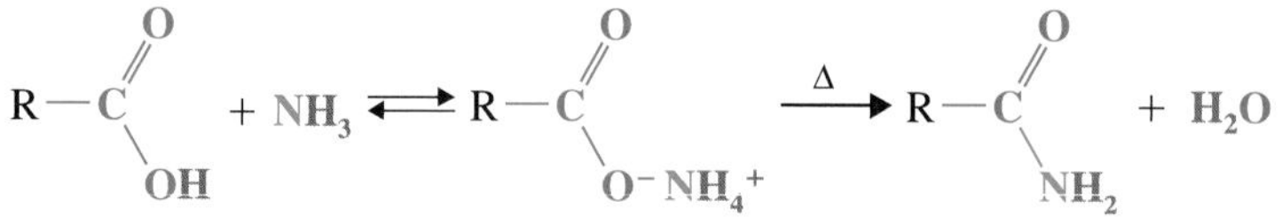

Un amide

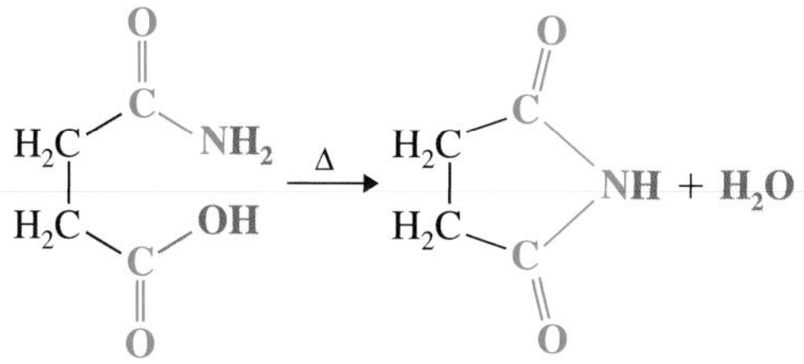

Un imide cyclique

8. Conversion en lactames (section 18.8I)

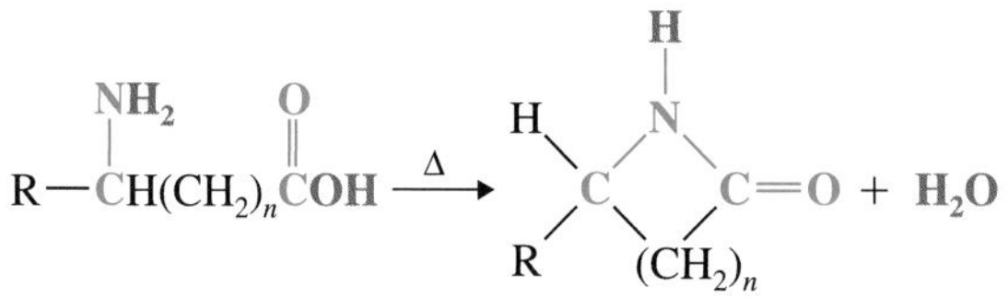

n = 2, une γ-lactame
n = 3, une δ-lactame

9. α-Halogénation (section 18.9)

$$R-CH_2CO_2H + X_2 \xrightarrow{P} R-\underset{\displaystyle X}{\underset{|}{C}}HCO_2H + HX$$

$X_2 = Cl_2$ ou Br_2

10. Décarboxylation (section 18.11)

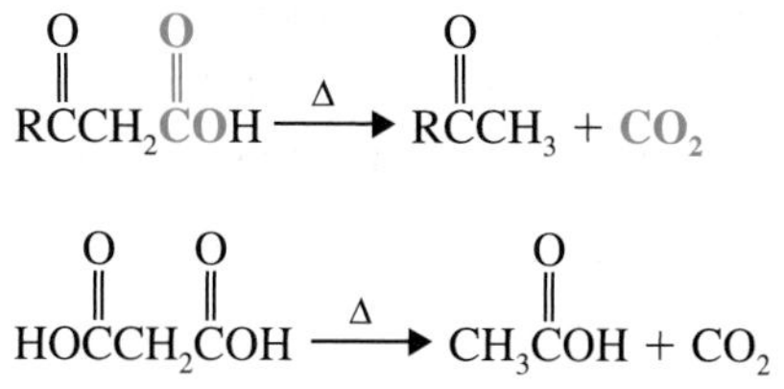

$$\underset{RCCH_2COH}{\overset{O\quad O}{\parallel\quad\parallel}} \xrightarrow{\Delta} \underset{RCCH_3}{\overset{O}{\parallel}} + CO_2$$

$$\underset{HOCCH_2COH}{\overset{O\quad O}{\parallel\quad\parallel}} \xrightarrow{\Delta} \underset{CH_3COH}{\overset{O}{\parallel}} + CO_2$$

Réactions des chlorures d'alcanoyle

1. Conversion en acides (section 18.5B)

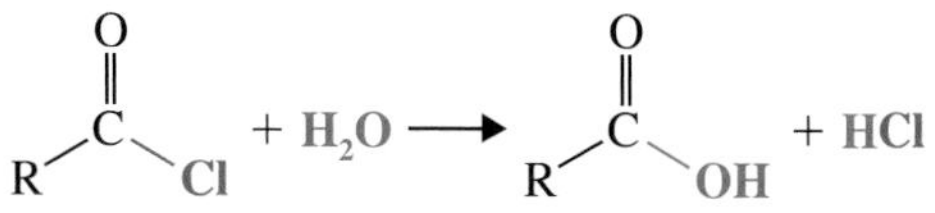

$$\underset{R}{\overset{O}{\underset{\parallel}{C}}}{-}Cl + H_2O \longrightarrow \underset{R}{\overset{O}{\underset{\parallel}{C}}}{-}OH + HCl$$

2. Conversion en anhydrides (section 18.6A)

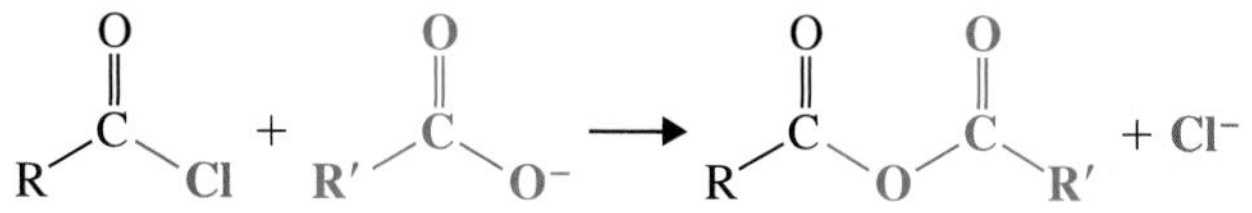

$$\underset{R}{\overset{O}{\underset{\parallel}{C}}}{-}Cl + \underset{R'}{\overset{O}{\underset{\parallel}{C}}}{-}O^- \longrightarrow \underset{R}{\overset{O}{\underset{\parallel}{C}}}{-}O{-}\underset{R'}{\overset{O}{\underset{\parallel}{C}}} + Cl^-$$

3. Conversion en esters (section 18.7A)

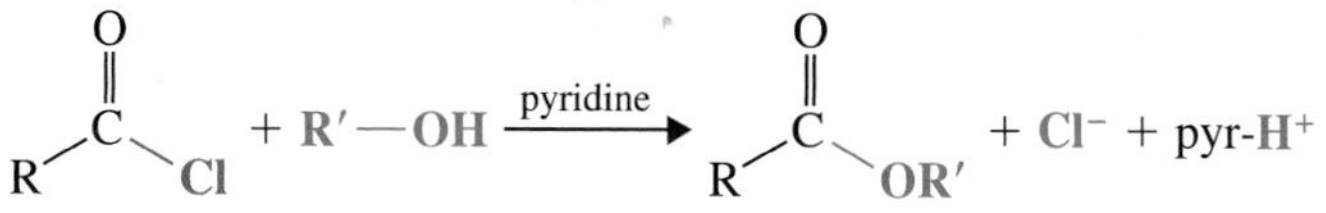

$$\underset{R}{\overset{O}{\underset{\parallel}{C}}}{-}Cl + R'{-}OH \xrightarrow{\text{pyridine}} \underset{R}{\overset{O}{\underset{\parallel}{C}}}{-}OR' + Cl^- + pyr\text{-}H^+$$

4. Conversion en amides (section 18.8B)

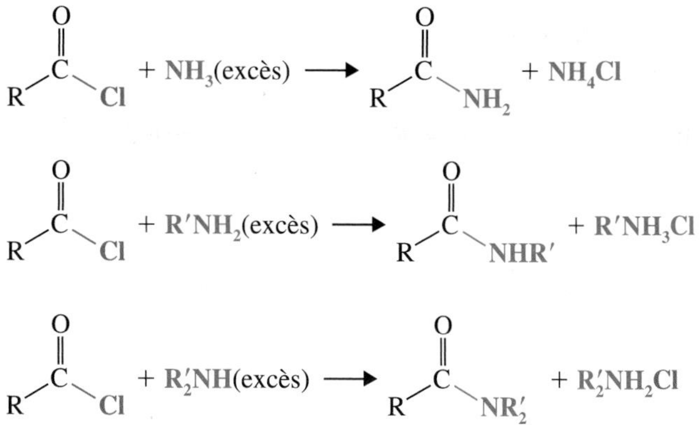

$$\underset{R}{\overset{O}{\underset{\parallel}{C}}}{-}Cl + NH_3(\text{excès}) \longrightarrow \underset{R}{\overset{O}{\underset{\parallel}{C}}}{-}NH_2 + NH_4Cl$$

$$\underset{R}{\overset{O}{\underset{\parallel}{C}}}{-}Cl + R'NH_2(\text{excès}) \longrightarrow \underset{R}{\overset{O}{\underset{\parallel}{C}}}{-}NHR' + R'NH_3Cl$$

$$\underset{R}{\overset{O}{\underset{\parallel}{C}}}{-}Cl + R'_2NH(\text{excès}) \longrightarrow \underset{R}{\overset{O}{\underset{\parallel}{C}}}{-}NR'_2 + R'_2NH_2Cl$$

5. Conversion en cétones

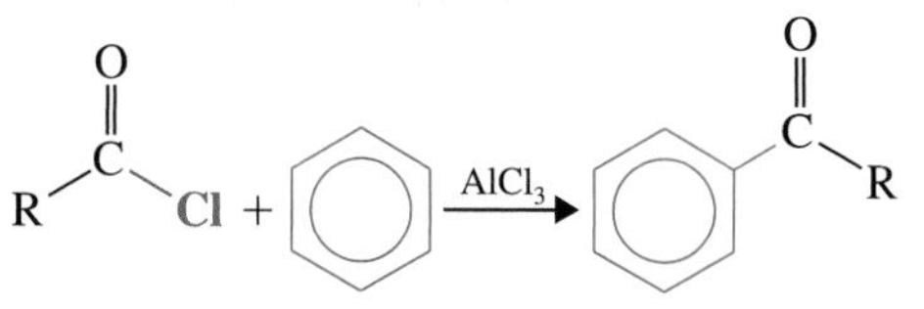

$$\underset{R}{\overset{O}{\underset{\parallel}{C}}}{-}Cl + \bigcirc \xrightarrow{AlCl_3} \bigcirc{-}\underset{R}{\overset{O}{\underset{\parallel}{C}}} \qquad \text{(sections 15.7 à 15.9)}$$

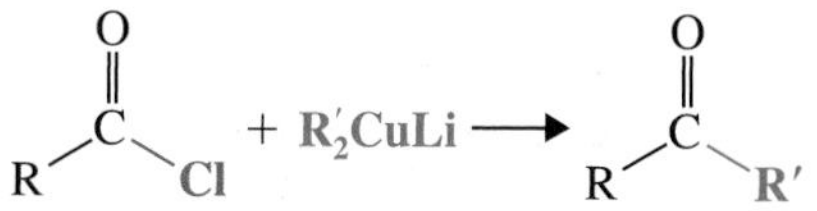

$$\underset{R}{\overset{O}{\underset{\parallel}{C}}}{-}Cl + R'_2CuLi \longrightarrow \underset{R}{\overset{O}{\underset{\parallel}{C}}}{-}R' \qquad \text{(section 16.5)}$$

6. Conversion en aldéhydes (section 16.4)

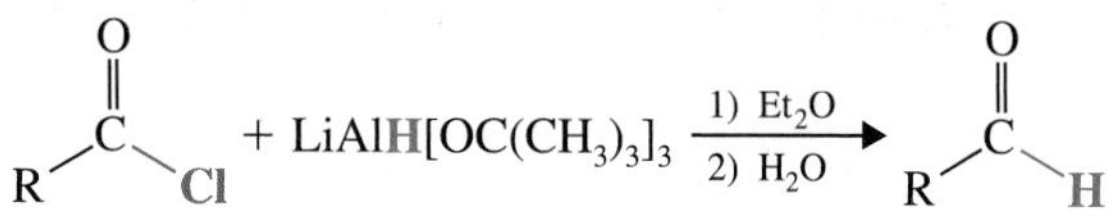

$$\underset{R}{\overset{O}{\underset{\parallel}{C}}}{-}Cl + LiAlH[OC(CH_3)_3]_3 \xrightarrow[\text{2) } H_2O]{\text{1) } Et_2O} \underset{R}{\overset{O}{\underset{\parallel}{C}}}{-}H$$

Réactions des anhydrides d'acides

1. Conversion en acides (section 18.6B)

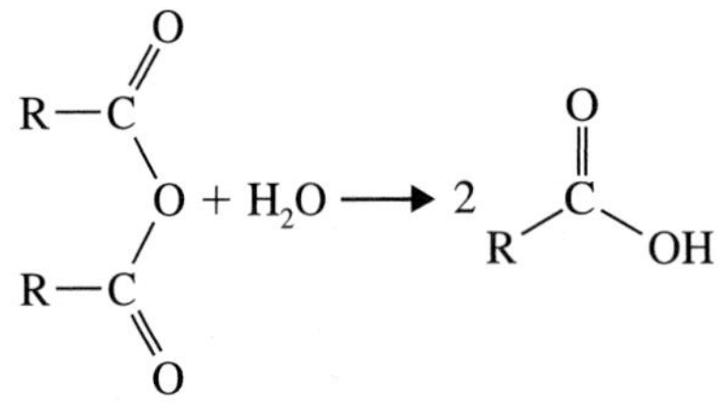

2. Conversion en esters (sections 18.6B et 18.7A)

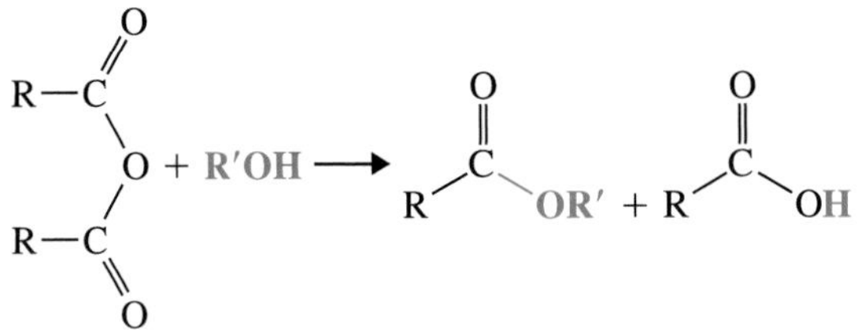

3. Conversion en amides et en imides (section 18.8C)

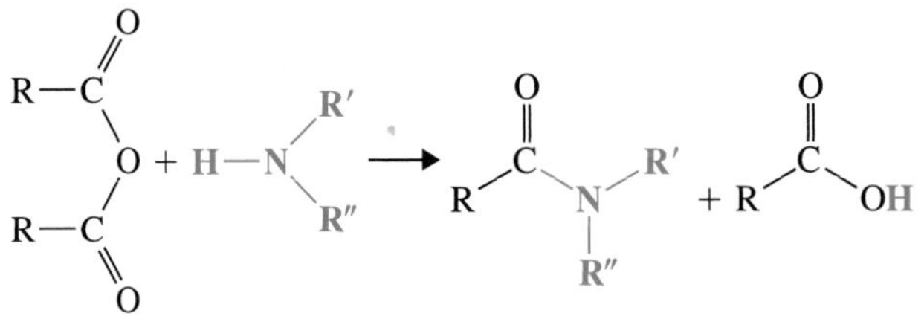

R′ et R″ peuvent être H.

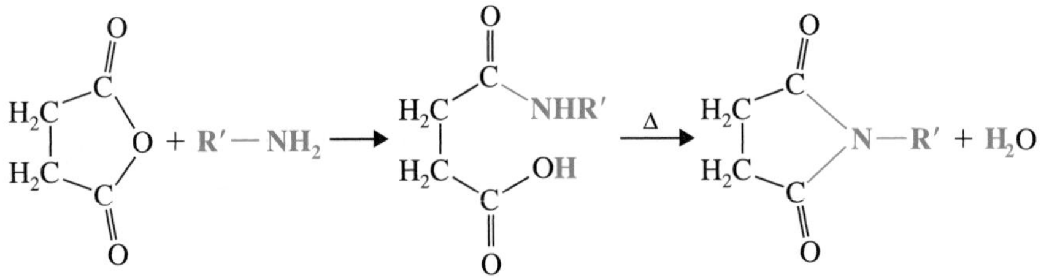

R′ peut être H.

4. Conversion en arylcétones (sections 15.7 à 15.9)

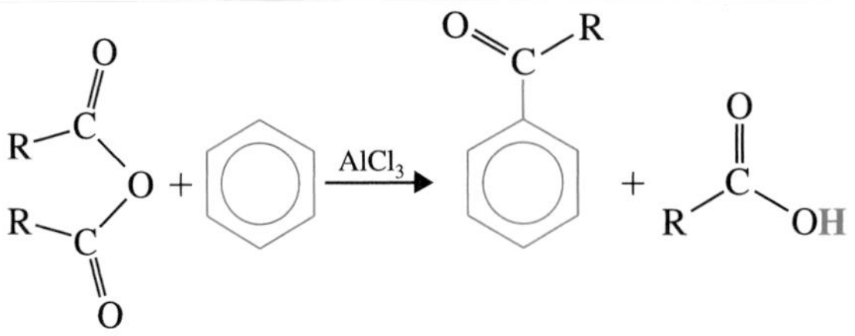

Réactions des esters

1. Hydrolyse (section 18.7)

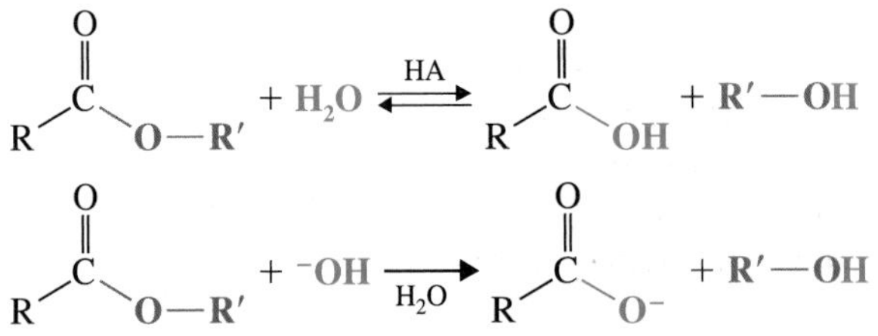

2. Conversion en d'autres esters : transestérification (problème 18.11)

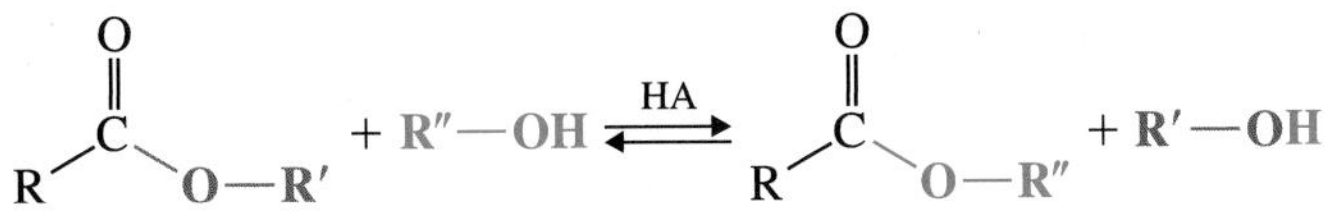

$$R-\overset{\overset{\displaystyle O}{\|}}{C}-O-R' + R''-OH \;\underset{}{\overset{HA}{\rightleftharpoons}}\; R-\overset{\overset{\displaystyle O}{\|}}{C}-O-R'' + R'-OH$$

3. Conversion en amides (section 18.8D)

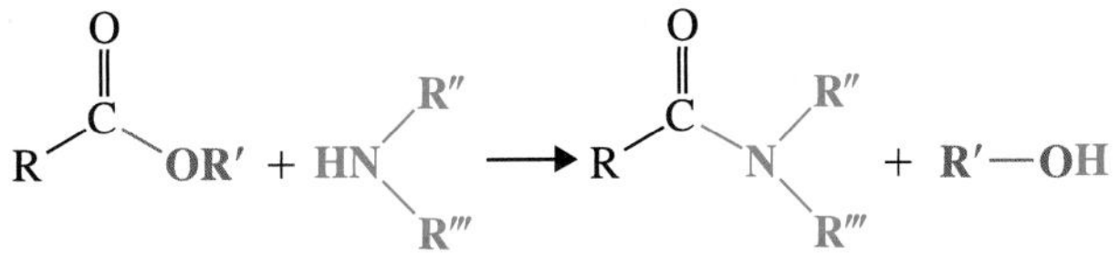

$$R-\overset{\overset{\displaystyle O}{\|}}{C}-OR' + HN\overset{R''}{\underset{R'''}{<}} \;\longrightarrow\; R-\overset{\overset{\displaystyle O}{\|}}{C}-N\overset{R''}{\underset{R'''}{<}} + R'-OH$$

R″ et R‴ peuvent être H.

4. Réaction avec des réactifs de Grignard (section 12.8)

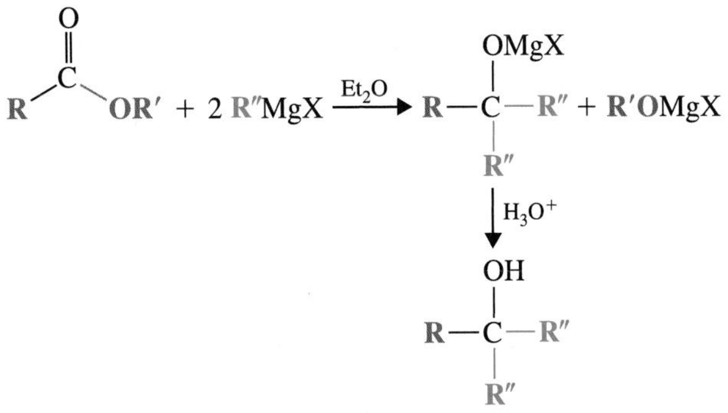

$$R-\overset{\overset{\displaystyle O}{\|}}{C}-OR' + 2\,R''MgX \;\overset{Et_2O}{\longrightarrow}\; R-\overset{\overset{\displaystyle OMgX}{|}}{\underset{\underset{\displaystyle R''}{|}}{C}}-R'' + R'OMgX$$

$$\big\downarrow H_3O^+$$

$$R-\overset{\overset{\displaystyle OH}{|}}{\underset{\underset{\displaystyle R''}{|}}{C}}-R''$$

5. Réduction (section 12.3)

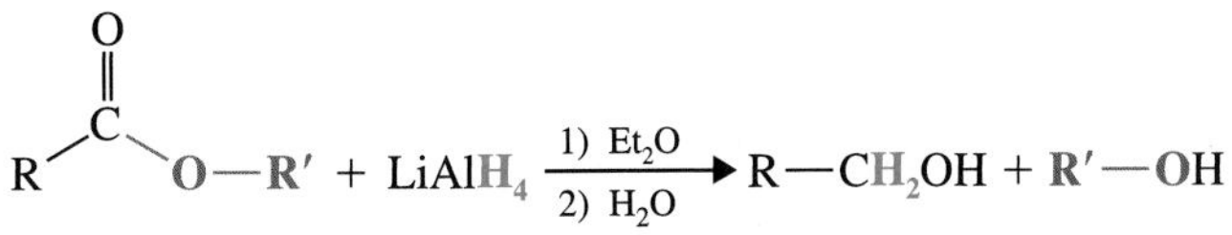

$$R-\overset{\overset{\displaystyle O}{\|}}{C}-O-R' + LiAlH_4 \;\overset{1)\ Et_2O}{\underset{2)\ H_2O}{\longrightarrow}}\; R-CH_2OH + R'-OH$$

Réactions des amides

1. Hydrolyse (section 18.8F)

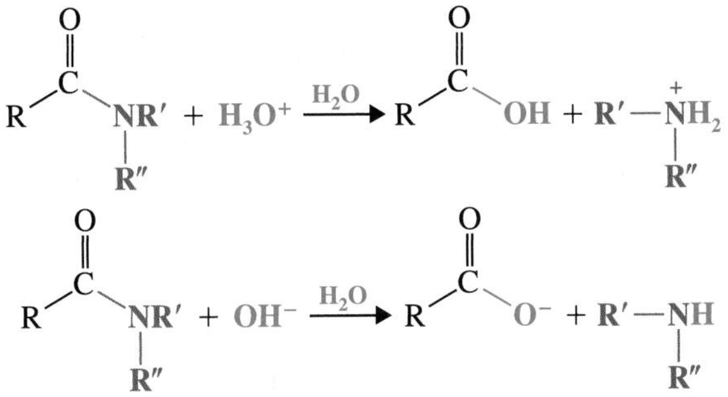

$$R-\overset{\overset{\displaystyle O}{\|}}{C}-\overset{\overset{}{}}{\underset{\underset{\displaystyle R''}{|}}{N}}R' + H_3O^+ \;\overset{H_2O}{\longrightarrow}\; R-\overset{\overset{\displaystyle O}{\|}}{C}-OH + R'-\overset{+}{\underset{\underset{\displaystyle R''}{|}}{N}}H_2$$

$$R-\overset{\overset{\displaystyle O}{\|}}{C}-\underset{\underset{\displaystyle R''}{|}}{N}R' + OH^- \;\overset{H_2O}{\longrightarrow}\; R-\overset{\overset{\displaystyle O}{\|}}{C}-O^- + R'-\underset{\underset{\displaystyle R''}{|}}{N}H$$

R, R′ et R″ peuvent être H.

2. Conversion en nitriles : déshydratation (section 18.8G)

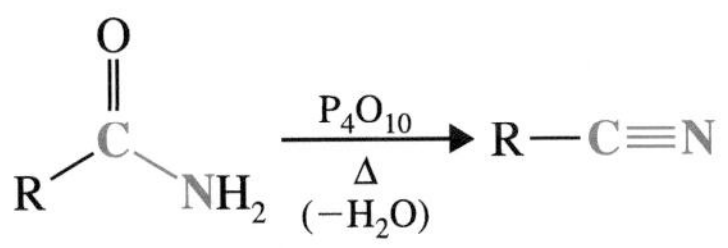

$$R-\overset{\overset{\displaystyle O}{\|}}{C}-NH_2 \;\overset{P_4O_{10}}{\underset{\underset{(-H_2O)}{\Delta}}{\longrightarrow}}\; R-C\equiv N$$

3. Conversion en imides (section 18.8C)

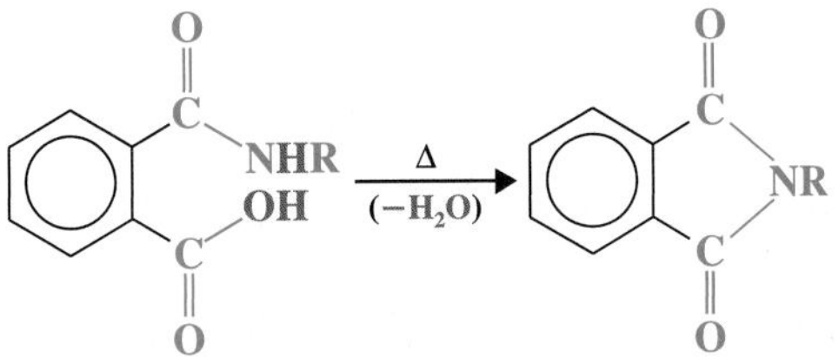

Réactions des nitriles

1. Hydrolyse donnant un acide carboxylique ou un anion carboxylate (section 18.8H)

$$R{-}C{\equiv}N \xrightarrow{\text{H}_3\text{O}^+,\,\Delta} RCO_2H$$

$$R{-}C{\equiv}N \xrightarrow{\text{HO}^-,\,\text{H}_2\text{O},\,\Delta} RCO_2^-$$

2. Réduction en aldéhyde au moyen de (*i*-Bu)$_2$AlH (DIBAL-H, section 16.4)

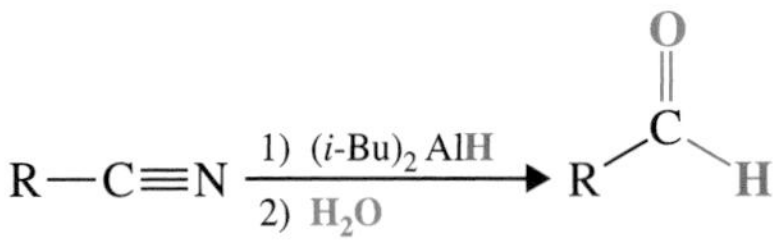

$$R{-}C{\equiv}N \xrightarrow[\text{2) H}_2\text{O}]{\text{1) (}i\text{-Bu)}_2\text{AlH}} R{-}\overset{\displaystyle O}{\underset{\displaystyle }{C}}{-}H$$

3. Conversion en cétone par un réactif de Grignard ou un réactif organolithié (section 16.5D)

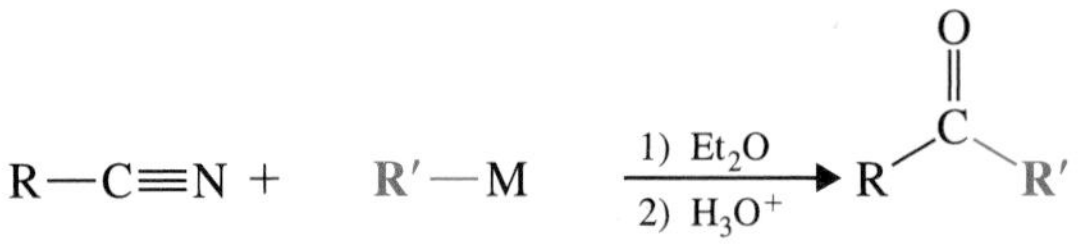

$$R{-}C{\equiv}N \;+\; R'{-}M \xrightarrow[\text{2) H}_3\text{O}^+]{\text{1) Et}_2\text{O}} R{-}\overset{\displaystyle O}{\underset{\displaystyle }{C}}{-}R'$$

M = MgBr ou Li

TERMES ET CONCEPTS CLÉS

Composés acyle	Section 18.1	**Réaction d'addition-élimination**	Section 18.4
Dérivés d'acide carboxylique	Section 18.2	**Saponification**	Section 18.7B
Cyanhydrines	Sections 16.9 et 18.3	**Transestérification**	Section 18.7
Transfert d'un groupe acyle	Section 18.4	**Lactones**	Section 18.7C
Décarboxylation	Section 18.11	**Lactames**	Section 18.8I

PROBLÈMES SUPPLÉMENTAIRES

18.19 Représentez chacun des composés suivants par sa formule développée :

a) Acide hexanoïque

b) Hexanamide

c) *N*-Éthylhexanamide

d) *N,N*-Diéthylhexanamide

e) Acide hex-3-énoïque

f) Acide 2-méthylhex-4-énoïque

g) Acide hexane-1,6-dioïque

h) Acide phtalique

i) Acide isophtalique

j) Acide téréphtalique

k) Oxalate de diéthyle

l) Adipate de diéthyle

m) Propanoate d'isobutyle

n) Acide 2-naphtoïque

o) Acide maléique

p) Acide 2-hydroxybutane-1,4-dioïque (acide malique)

q) Acide fumarique

r) Acide succinique

s) Succinimide

t) Acide malonique

u) Malonate de diéthyle

18.20 Donnez le nom courant ou le nom systématique (UICPA) de chacun des composés suivants :

a) C$_6$H$_5$CO$_2$H

b) C$_6$H$_5$COCl

c) C$_6$H$_5$CONH$_2$

d) (C$_6$H$_5$CO)$_2$O

e) C$_6$H$_5$CO$_2$CH$_2$C$_6$H$_5$

f) C$_6$H$_5$CO$_2$C$_6$H$_5$

g) CH$_3$CO$_2$CH(CH$_3$)$_2$

h) CH$_3$CON(CH$_3$)$_2$

i) CH$_3$CN

18.21 Indiquez comment le *p*-chlorotoluène peut être converti en chacun des produits suivants :

a) Acide *p*-chlorobenzoïque

b) Acide *p*-chlorophénylacétique

c) *p*-ClC$_6$H$_4$CH(OH)CO$_2$H

d) *p*-ClC$_6$H$_4$CH=CHCO$_2$H

18.22 Représentez schématiquement chacune des synthèses suivantes :

a) Acide malonique à partir de l'acide acétique

b) Acide succinique à partir du butane-1,4-diol

c) Acide adipique à partir du cyclohexanol

18.23 Indiquez comment on peut préparer l'acide pentanoïque à partir de chacun des réactifs suivants :

a) Pentan-1-ol

b) 1-Bromobutane (2 façons)

c) Déc-5-ène

d) Pentan-1-al

18.24 En faisant réagir le chlorure d'acétyle avec chacun des composés (ou ensembles de composés) suivants, quel produit organique obtiendriez-vous principalement ?

a) H_2O
b) CH_3CH_2Li (excès)
c) $CH_3(CH_2)_2CH_2OH$ et pyridine
d) NH_3 (excès)
e) $C_6H_5CH_3$ et $AlCl_3$
f) $LiAlH[OC(CH_3)_3]_3$
g) $(CH_3)_2CuLi$
h) $NaOH/H_2O$
i) CH_3NH_2 (excès)
j) $C_6H_5NH_2$ (excès)
k) $(CH_3)_2NH$ (excès)
l) CH_3CH_2OH et pyridine
m) $CH_3CO_2^-Na^+$
n) CH_3CO_2H et pyridine
o) Phénol et pyridine
p) NBS, HBr et $SOCl_2$

18.25 En faisant réagir l'anhydride acétique avec chacun des composés suivants, quel produit organique obtiendriez-vous principalement ?

a) NH_3 (excès)
b) H_2O
c) $CH_3CH_2CH_2OH$
d) $C_6H_6 + AlCl_3$
e) $CH_3CH_2NH_2$ (excès)
f) $(CH_3CH_2)_2NH$ (excès)

18.26 Quel produit principal devriez-vous obtenir si vous faisiez réagir l'anhydride succinique avec chacun des composés du problème 18.25 ?

18.27 Indiquez brièvement comment vous pourriez faire la synthèse du 1-phénylnaphtalène à partir du benzène et de l'anhydride succinique, en utilisant tous les réactifs nécessaires.

18.28 En supposant que vous disposiez de tous les réactifs requis, indiquez schématiquement comment vous feriez la synthèse de chacun des composés suivants à partir de *cis*-$HO_2C—CH{=}CH—CO_2H$ (acide maléique) ou de *trans*-$HO_2C—CH{=}CH—CO_2H$ (acide fumarique).

a) 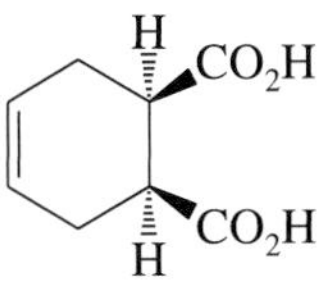

b) 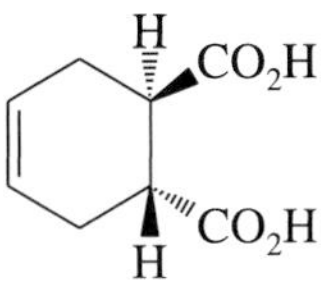

c) 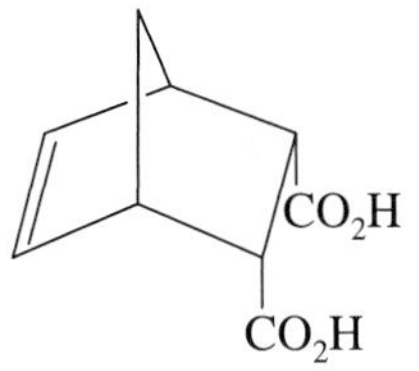

18.29 Quels produits obtiendriez-vous si vous faisiez réagir le propanoate d'éthyle avec chacun des composés (ou ensembles de composés) suivants ?

a) H_3O^+, H_2O
b) ^-OH, H_2O
c) Octan-1-ol, HCl
d) CH_3NH_2
e) $LiAlH_4$, puis H_2O
f) C_6H_5MgBr en excès, puis H_2O

18.30 Quels produits obtiendriez-vous en faisant réagir le propanamide avec chacun des composés (ou groupes de composés) suivants ?

a) H_3O^+, H_2O
b) ^-OH, H_2O
c) P_4O_{10}; Δ

18.31 Décrivez en détail les mécanismes des réactions qui correspondent aux parties a) et b) du problème 18.30.

18.32 Selon vous, quels produits obtiendriez-vous en chauffant chacun des composés suivants ?

a) Acide 4-hydroxybutanoïque
b) Acide 3-hydroxybutanoïque
c) Acide 2-hydroxybutanoïque
d) Acide glutarique
e) 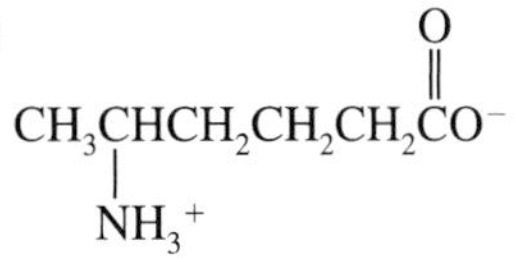
f) 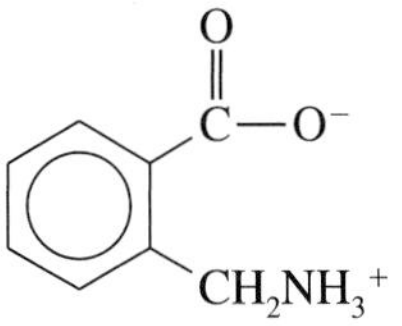

18.33 Donnez les formules stéréochimiques des composés **A** à **Q**.

a) (*R*)-(−)-Butan-2-ol $\xrightarrow[\text{pyridine}]{\text{chlorure de } p\text{-toluènesulfonyle (TsCl)}}$ **A** $\xrightarrow{^-CN}$ **B** (C_5H_9N) $\xrightarrow[H_2O]{H_2SO_4}$ (+)-**C** $(C_5H_{10}O_2)$ $\xrightarrow[2)\ H_2O]{1)\ LiAlH_4}$ (−)-**D** $(C_5H_{12}O)$

b) (*R*)-(−)-Butan-2-ol $\xrightarrow[\text{pyridine}]{PBr_3}$ **E** (C_4H_9Br) $\xrightarrow{^-CN}$ **F** (C_5H_9N) $\xrightarrow[H_2O]{H_2SO_4}$ (−)-**C** $(C_5H_{10}O_2)$ $\xrightarrow[2)\ H_2O]{1)\ LiAlH_4}$ (+)-**D** $(C_5H_{12}O)$

c) **A** $\xrightarrow{CH_3CO_2^-}$ **G** $(C_6H_{12}O_2)$ $\xrightarrow{^-OH}$ (+)-**H** $(C_4H_{10}O)$ + $CH_3CO_2^-$

d) (−)-**D** $\xrightarrow{PBr_3}$ **J** $(C_5H_{11}Br)$ $\xrightarrow[Et_2O]{Mg}$ **K** $(C_5H_{11}MgBr)$ $\xrightarrow[2)\ H_3O^+]{1)\ CO_2}$ **L** $(C_6H_{12}O_2)$

e) (*R*)-(+)-Glycéraldéhyde $\xrightarrow{HCN}$ **M** $(C_4H_7NO_3)$ + **N** $(C_4H_7NO_3)$

Diastéréo-isomères, séparés par cristallisation fractionnée

f) **M** $\xrightarrow[H_2O]{H_2SO_4}$ **P** $(C_4H_8O_5)$ $\xrightarrow[HNO_3]{[O]}$ acide *méso*-tartrique

g) **N** $\xrightarrow[H_2O]{H_2SO_4}$ **Q** $(C_4H_8O_5)$ $\xrightarrow[HNO_3]{[O]}$ acide (−)-tartrique

18.34 a) La (±)-pantéthéine et l'acide (±)-pantothénique sont des intermédiaires importants dans la synthèse de la coenzyme A. On peut les préparer selon la voie réactionnelle décrite ci-dessous. Quelles sont les structures des composés **A** à **D** ?

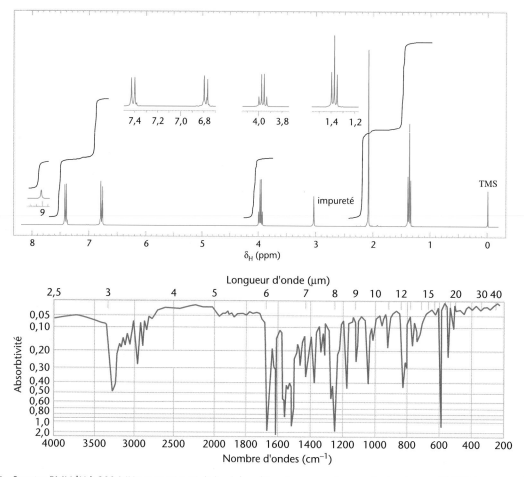

b) La γ-lactone, (±)-**D,** peut être résolue. Si on utilise la (−)-γ-lactone dans la dernière étape, la pantéthéine obtenue est identique à celle qu'on trouve dans la nature. La (−)-γ-lactone a une configuration (*R*). Quelle est la stéréochimie de la pantéthéine naturelle ? c) Quel produit prévoyez-vous obtenir en chauffant la (±)-pantéthéine dans une solution aqueuse d'hydroxyde de sodium ?

18.35 La figure 18.5 présente les spectres IR et RMN ^{1}H d'un composé analgésique et antipyrétique, la phénacétine ($C_{10}H_{13}NO_2$). Autrefois, on la trouvait dans des comprimés appelés APC (**a**spirine-**p**hénacétine-**c**aféine), mais

Figure 18.5 Spectre RMN ^{1}H à 300 MHz et spectre IR de la phénacétine. Les agrandissements des signaux RMN ^{1}H sont représentés dans les tracés décalés. (Le spectre infrarouge est reproduit avec la permission de Sadtler Research Laboratories, Philadelphie.)

on ne l'utilise plus à des fins médicales, à cause de sa toxicité. Chauffée dans une solution aqueuse d'hydroxyde de sodium, la phénacétine forme de la phénétidine ($C_8H_{11}NO$) et de l'acétate de sodium. Proposez des structures pour la phénacétine et la phénétidine.

18.36 Voici des données spectrales qui correspondent à cinq composés acyle (spectres RMN ^{1}H et pics d'absorption IR du groupe carbonyle). En vous basant sur ces données, proposez une structure pour chacun de ces composés.

a) $C_8H_{14}O_4$ Spectre RMN ^{1}H   Spectre IR
   Triplet $\delta = 1,2$ (6H) 1740 cm^{-1}
   Singulet $\delta = 2,5$ (4H)
   Quadruplet $\delta = 4,1$ (4H)

b) $C_{11}H_{14}O_2$ Spectre RMN ^{1}H   Spectre IR
   Doublet $\delta = 1,0$ (6H) 1720 cm^{-1}
   Multiplet $\delta = 2,1$ (1H)
   Doublet $\delta = 4,1$ (2H)
   Multiplet $\delta = 7,8$ (5H)

c) $C_{10}H_{12}O_2$ Spectre RMN ^{1}H   Spectre IR
   Triplet $\delta = 1,2$ (3H) 1740 cm^{-1}
   Singulet $\delta = 3,5$ (2H)
   Quadruplet $\delta = 4,1$ (2H)
   Multiplet $\delta = 7,3$ (5H)

d) $C_2H_2Cl_2O_2$ Spectre RMN ^{1}H   Spectre IR
   Singulet $\delta = 6,0$ 2500 à 2700 cm^{-1} (pic large)
   Singulet $\delta = 11,70$ 1705 cm^{-1}

e) $C_4H_7ClO_2$ Spectre RMN ^{1}H   Spectre IR
   Triplet $\delta = 1,3$ 1745 cm^{-1}
   Singulet $\delta = 4,0$
   Quadruplet $\delta = 4,2$

18.37 L'ingrédient actif de l'insectifuge *Off* est le *N,N*-diéthyl-*m*-toluamide, dont la formule est m-CH$_3$C$_6$H$_4$CON(CH$_2$CH$_3$)$_2$. D'après vous, comment fait-on la synthèse de ce composé à partir de l'acide *m*-toluique ?

18.38 Les amides sont des bases plus faibles que les amines homologues. C'est pourquoi la plupart des amines insolubles dans l'eau (RNH$_2$) peuvent être dissoutes dans une solution aqueuse diluée d'acide (HCl, H$_2$SO$_4$, etc.) en formant ainsi des sels d'alkylaminium (RNH$_3^+$X$^-$) hydrosolubles. Par contre, les amides homologues (RCONH$_2$) *ne se dissolvent pas dans une solution aqueuse d'acide diluée*. D'après vous, pourquoi les amides sont-ils aussi peu basiques comparativement aux amines ?

18.39 Les amides étant beaucoup moins basiques que les amines, ils sont nécessairement plus acides. Ils ont un pK_a de l'ordre de 14 à 16 (comparativement à un pK_a de 33 à 35 pour les amines). a) Comment expliquez-vous la plus grande acidité des amides ? b) Les imides de structure $(\overset{\overset{\displaystyle O}{\|}}{RC})_2NH$ ont une acidité encore plus forte (p$K_a = 9$ à 10) que les amides. Par conséquent, les imides insolubles dans l'eau se dissolvent dans une solution aqueuse de NaOH; ils forment ainsi des sels de sodium solubles. Quelle raison explique la plus grande acidité des imides ?

18.40 Le composé **X** ($C_7H_{12}O_4$) est insoluble dans une solution aqueuse de bicarbonate de sodium. Son spectre IR présente une forte bande d'absorption aux environs de 1740 cm^{-1}. La figure 18.6 représente son spectre RMN ^{13}C avec découplage du proton en bande large. Selon vous, quelle est la structure de **X** ?

18.41 Les esters de l'acide thioacétique $\left(\overset{\overset{\displaystyle O}{\|}}{CH_3C}SCH_2CH_2R\right)$ peuvent être préparés par une réaction entre l'acide thioacétique $\left(\overset{\overset{\displaystyle O}{\|}}{CH_3C}SH\right)$ et un alcène (CH$_2$=CHR), amorcée par un peroxyde. a) Décrivez brièvement un mécanisme qui explique cette réaction. b) Indiquez comment vous pourriez vous servir de cette réaction pour synthétiser le 3-méthylbutane-2-thiol à partir du 2-méthylbut-2-ène.

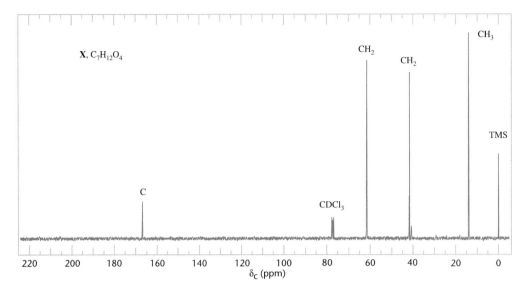

Figure 18.6 Spectre RMN ^{13}C avec découplage du proton en bande large du composé **X** (problème 18.40). Les données RMN ^{13}C DEPT sont indiquées à chacun des pics.

18.42 Par chauffage de l'acide *cis*-4-hydroxycyclohexanecarboxylique, on obtient une lactone. Mais il est impossible de réaliser la même transformation avec l'isomère *trans* du même acide. Expliquez.

18.43 Le (*R*)-(+)-glycéraldéhyde peut être transformé en acide (+)-malique par la synthèse suivante. Quelles sont les structures stéréochimiques (tridimensionnelles) des produits à chaque étape ?

$$(R)\text{-}(+)\text{-Glycéraldéhyde} \xrightarrow[\text{oxydation}]{\text{Br}_2,\,\text{H}_2\text{O}} \text{acide }(-)\text{-glycérique} \xrightarrow{\text{PBr}_3}$$

$$\text{Acide }(-)\text{-3-bromo-2-hydroxypropanoïque} \xrightarrow{\text{NaCN}} \text{C}_4\text{H}_5\text{NO}_3 \xrightarrow[\Delta]{\text{H}_3\text{O}^+} \text{acide }(+)\text{-malique}$$

18.44 Le (*R*)-(+)-glycéraldéhyde peut aussi être transformé en acide (−)-malique, par une synthèse qui débute par la conversion du (*R*)-(+)-glycéraldéhyde en acide (−)-tartrique, comme l'indiquent les parties e) et g) du problème 18.33. Par la suite, on fait réagir l'acide (−)-tartrique avec le tribromure de phosphore, afin de remplacer un groupe alcool —OH par un groupe —Br. Cette étape entraîne une inversion de configuration du carbone qui subit l'attaque; et, si on traite le produit résultant par du zinc et de l'acide acétique, on obtient de l'acide (−)-malique. a) Décrivez brièvement toutes les étapes de cette synthèse en représentant les structures stéréochimiques de chaque intermédiaire. b) L'étape dans laquelle l'acide (−)-tartrique est traité par le tribromure de phosphore donne un seul stéréo-isomère, même s'il y a deux groupes —OH susceptibles d'être remplacés. Comment est-ce possible ? c) En supposant que cette étape ait eu lieu avec inversion et rétention de configuration du carbone attaqué, combien de stéréo-isomères auraient été produits ? d) Si cette dernière hypothèse était exacte, quelle aurait été la différence dans le résultat global de la synthèse ?

18.45 La cantharidine est un alcaloïde toxique, utilisé autrefois comme vésicatoire. On peut l'extraire de la cantharide (insecte coléoptère également appelé *mouche d'Espagne*). La synthèse stéréospécifique de la cantharidine, esquissée ci-dessous, a été publiée en 1953 par Gilbert Stork, de l'université Columbia. Dressez la liste de tous les réactifs qui ne sont pas mentionnés, de a) à n).

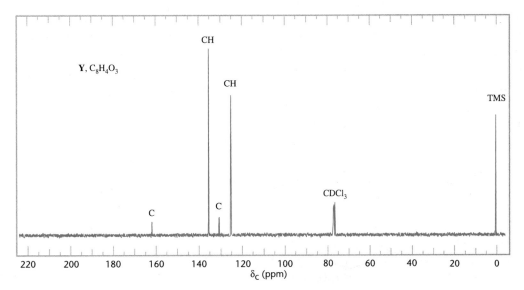

18.46 a) Examinez la structure de la cantharidine (problème 18.45) et proposez une synthèse en deux étapes qui permette vraisemblablement de produire la cantharidine à partir du furane (section 14.9). b) F. von Bruchhausen et H.W. Bersch, de l'université de Münster, ont tenté d'effectuer cette synthèse en deux étapes en 1928, quelques mois seulement après que Diels et Alder aient publié leur premier article décrivant une nouvelle addition de diène, mais ils n'ont pas réussi à provoquer la réaction attendue. Von Bruchhausen et Bersch ont également découvert que, même si la cantharidine est stable à des températures relativement élevées, elle se décompose quand on la chauffe en présence d'un catalyseur de palladium. Et ils ont trouvé du furane et de l'anhydride diméthylmaléique parmi les produits de décomposition. Que se passe-t-il donc au cours de cette décomposition ? Qu'est-ce que cela vous indique quant à la première étape de cette tentative infructueuse de synthèse ?

18.47 Le composé **Y** ($C_8H_4O_3$) se dissout lentement lorsqu'on le chauffe un peu dans une solution aqueuse de bicarbonate de sodium. Son spectre IR a de forts pics d'absorption à 1779 et à 1854 cm^{-1}. Le spectre RMN ^{13}C avec découplage du proton en bande large est représenté à la figure 18.7. L'acidification de la solution de bicarbonate dans laquelle se trouve **Y** produit **Z**. Le spectre RMN ^{13}C avec découplage du proton de **Z** présente quatre signaux. Lorsqu'on chauffe **Y** dans l'éthanol, on obtient un composé **AA**. Le spectre RMN ^{13}C de **AA** comporte 10 signaux. Proposez des structures pour **Y, Z** et **AA**.

Figure 18.7 Spectre RMN ^{13}C avec découplage du proton en bande large du composé **Y** (problème 18.47). Les données RMN ^{13}C DEPT sont indiquées à chacun des pics.

18.48 Le cétène, $H_2C=C=O$, est un important produit chimique industriel. Il peut être préparé par déshydratation de l'acide acétique à température élevée ou par pyrolyse de l'acétone. D'après vous, quels produits se formeront si on fait réagir le cétène avec a) l'éthanol, b) l'acide acétique, c) l'éthylamine ? (Aide : on observe des additions de Markovnikov.)

18.49 Deux anhydrides dissymétriques réagissent avec l'éthylamine comme suit :

$$\underset{\substack{\| \ \ \|}}{\overset{O \ O}{HCOCCH_3}} + CH_3CH_2NH_2 \longrightarrow CH_3CH_2NHCHO + CH_3CO_2^- \ CH_3CH_2NH_3^+$$

$$\underset{\substack{\| \ \ \|}}{\overset{O \ O}{CF_3COCCH_3}} + CH_3CH_2NH_2 \longrightarrow CH_3CH_2NHCCH_3 + CF_3CO_2^- \ CH_3CH_2NH_3^+$$

Quels facteurs pourraient expliquer la formation des produits de chacune des réactions ?

18.50 Proposez une synthèse de l'insecticide Sévin (à partir du 1-naphtol) qui diffère de celle décrite à la section 18.10A.

18.51 Suggérez une synthèse de l'ibuprofène (section 5.10) à partir du benzène, dans laquelle l'une des étapes consiste en une **chlorométhylation,** un cas particulier de la réaction de Friedel-Crafts. Dans la chlorométhylation, un mélange de HCHO et HCl permet, en présence de $ZnCl_2$, d'introduire un groupe $—CH_2Cl$ sur un cycle aromatique.

18.52 Voici une autre synthèse de l'ibuprofène. Quelles sont les formules développées des composés **A** à **D** ?

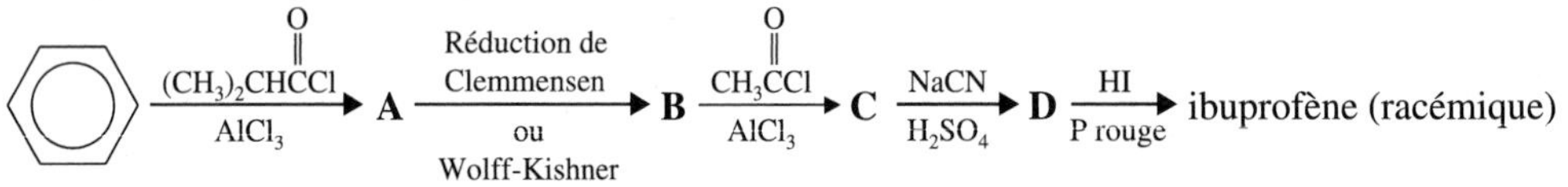

18.53 Pour synthétiser le cinnamaldéhyde (3-phénylprop-2-én-1-al), un chimiste a traité le 3-phénylprop-2-én-1-ol par le $K_2Cr_2O_7$ dans l'acide sulfurique. En spectroscopie RMN ^{13}C, le produit de cette réaction émettait un signal à $\delta = 164,5$. Par ailleurs, le même chimiste a fait réagir le 3-phénylprop-2-én-1-ol avec du PCC dans CH_2Cl_2, et le spectre RMN ^{13}C du produit qu'il a obtenu présentait un signal à $\delta = 193,8$. Tous les autres signaux, dans les deux spectres, absorbaient aux mêmes déplacements chimiques. a) Quelle réaction a vraiment donné du cinnamaldéhyde ? b) Quel était l'autre produit ?

18.54* Deux stéréo-isomères **A** et **C** ont la structure suivante, soit :

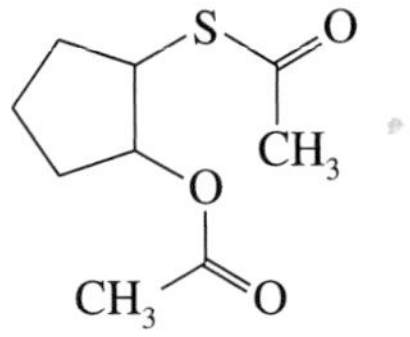

À la suite d'une hydrolyse basique, l'isomère **A** donne le produit **B.** Voici quelques-unes des données spectrales de **B.**

SM (m/z) : 118 (M⁺)
IR (cm⁻¹) : 3415, 2550
RMN ^{1}H (δ) : multiplets à 1,51, 1,66, 1,77, 2,65 et 3,55 (rapport des intégrations : 2:2:2:1:1)
RMN ^{13}C (δ) : 16 (CH$_2$), 28 (CH$_2$), 30 (CH$_2$), 39 (CH) et 77 (CH)

Dans les mêmes conditions, l'isomère **C** donne le produit **D,** dont voici les données spectrales :

SM (m/z) : 100 (M⁺)
IR (cm⁻¹) : 3020
RMN ^{1}H (δ) : multiplets à 1,51, 1,84 et 2,25 (rapport des intégrations : 1:2:1)
RMN ^{13}C (δ) : 22 (CH$_2$), 33 (CH$_2$), 35 (CH$_2$)

a) Quelles sont les structures de **A** et **B** ?
b) Quelles sont les structures de **C** et **D** ?
c) Décrivez les mécanismes de formation de **B** et **D.**

---

* Les problèmes marqués d'un astérisque présentent une difficulté particulière.

18.55* Examinez la séquence de réactions suivante. (Habituellement, l'intermédiaire **E** n'est pas isolé.)

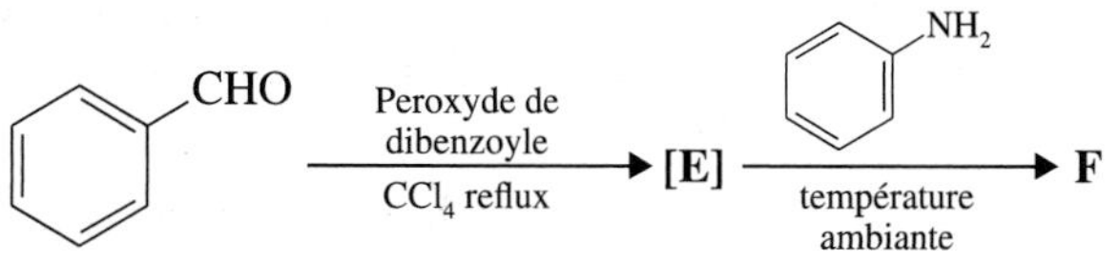

Voici quelques-unes des données spectrales de **E** :

SM (m/z) : 105 (*pas* **M$\overset{+}{\cdot}$**), 77
IR (cm^{-1}) : 3065 (la seule bande entre 2600 et 3600), 1774, 1595, 1485, 775, 685
RMN ^{1}H (δ) : 7,6 (m, 3H) et 8,1 (m, 2H)
RMN ^{13}C (δ) : 129 (CH), 131 (CH), 133 (C), 135 (CH) et 168 (C)

Les données suivantes proviennent de **F** :

SM (m/z) : 197 (**M$\overset{+}{\cdot}$**)
IR (cm^{-1}) [dans le CCl$_4$] : 3200, 3065, 1690, 1530
RMN ^{1}H (δ) : 10,0 (s), 7,9 (m, 4H) et 7,3 (m, 6H)

a) Quelles sont les structures de **E** et **F** ?
b) Décrivez un mécanisme qui explique comment **E** et **F** se forment.

TRAVAIL COOPÉRATIF

Synthèse peptidique Les acides carboxyliques et les dérivés acyle sont très importants en biochimie. Ainsi, les dérivés acyle qui entrent dans la composition des lipides sont appelés « acides gras ». Les lipides appelés glycérides contiennent le groupe fonctionnel ester, un dérivé des acides carboxyliques. De plus, tous les biopolymères de la classe des protéines comportent des systèmes de liaisons répétitives basées sur des molécules du groupe fonctionnel amide. Les amides sont également des dérivés des acides carboxyliques. Les synthèses des protéines, qu'elles soient naturelles ou réalisées en laboratoire, comportent des réactions de substitution sur des carbones acyle activés.

Ce problème, destiné à l'apprentissage en groupe, met l'accent sur la synthèse de petites protéines appelées peptides. L'étape essentielle de la synthèse d'un peptide ou d'une protéine correspond à la formation du groupe fonctionnel amide par une réaction entre le dérivé d'un acide carboxylique activé et une amine. Ici, nous nous intéresserons d'abord aux réactions relatives à la synthèse des peptides en général, puis nous donnerons un aperçu des réactions faisant partie d'une synthèse automatisée des peptides mise au point par R.B. Merrifield, de l'université Rockefeller, ce qui lui a valu le prix Nobel de chimie en 1984.

1. La première étape de la synthèse d'un peptide consiste à protéger le groupe fonctionnel amine d'un acide α-aminé (qui possède à la fois les fonctions amine et acide carboxylique). Un exemple de ce type de réaction (entre l'alanine et le chloroformiate de benzyle) est présenté au chapitre 24. Le groupe fonctionnel qui se forme dans la structure que, dans la section 24.7C, nous appelons Z-Ala (Ala pour alanine, s et z pour benzyloxycarbonyle) est un carbamate (uréthane).

a) Proposez un mécanisme qui rende compte de la formation de Z-Ala par la réaction entre l'alanine et le chloroformiate de benzyle en présence d'ions hydroxyde.

b) Dans cette réaction, pourquoi est-ce le groupe amine qui agit comme nucléophile plutôt que l'anion carboxylate ?

2. La deuxième étape de la séquence de réactions présentée à la section 24.7C entraîne la formation d'un *anhydride mixte*. Décrivez avec précision le mécanisme de la réaction entre la Z-Ala, le chloroformiate d'éthyle (ClCO$_2$C$_2$H$_5$) et la triéthylamine. C'est cette réaction qui produit l'anhydride mixte. À quoi sert cette étape ?

3. La troisième étape de la séquence de réactions de la section 24.7C rattache la leucine (Leu, en abrégé) par une liaison amide. Décrivez en détail le mécanisme de cette étape (qui mène de l'anhydride mixte de Z-Ala à la Z-Ala-Leu). Montrez comment ce mécanisme entraîne la formation de CO$_2$ et d'éthanol.

4. En ce qui concerne la synthèse automatisée d'un peptide mise au point par R. B. Merrifield (section 24.7D), répondez aux questions suivantes :

a) Quels liens faites-vous avec la réaction de l'étape 1 ? Sous quel nom désigne-t-on ce type de réaction ? Quel groupe fonctionnel se forme ?

b) À l'étape 3 de cette synthèse automatisée, un groupe *tert*-butyloxycarbonyle (Boc ou *t*-Boc, en abrégé) se trouve éliminé par l'action de l'acide trifluoroacétique (CF$_3$CO$_2$H). Quel est précisément, selon vous, le mécanisme qui explique cette étape ? (Aide : ici, le dioxyde de carbone et le 2-méthylpropène sont les sous-produits de cette transformation.)

c) Le couplage qui rattache l'acide aminé à la chaîne en croissance se produit à l'étape 5. Le DCC (dicyclohexylcarbodiimide) est un réactif qui forme un intermédiaire acyle réactif avec l'acide aminé destiné à être ajouté à la chaîne. Cet intermédiaire réactif est attaqué par le groupe amine de l'acide aminé (ou du peptide) qui est déjà fixé à la résine. Quel est le mécanisme de cette réaction de couplage entre l'acide aminé et la chaîne peptidique en croissance ?

POLYMÈRES DE POLYCONDENSATION

À l'annexe A, nous nous sommes intéressés aux *polymères à croissance en chaîne* (ou *polymères d'addition*), de grosses molécules constituées de motifs répétitifs qui peuvent être synthétisées par des réactions d'addition aux alcènes.

Dans la présente annexe, nous étudierons une autre grande classe de polymères, qu'on appelle *polymères de polycondensation* et qu'on nomme quelquefois *polymères à croissance par étapes (step-growth polymers)*. Ces polymères, comme l'indique leur nom, sont préparés par des réactions de condensation, c'est-à-dire des réactions dans lesquelles des monomères se trouvent unis par élimination de petites molécules, comme l'eau ou des alcools. Parmi ces polymères de condensation, les plus importants sont les *polyamides,* les *polyesters,* les *polyuréthanes* et les *résines de formaldéhyde.*

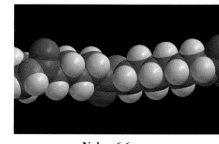

Nylon-6,6

B.1   POLYAMIDES

La soie et la laine, utilisées depuis des siècles pour fabriquer des vêtements, sont deux polymères naturels de la famille des *protéines*. Nous étudierons ce groupe au chapitre 24. Pour l'instant, nous retiendrons seulement que les motifs répétitifs des protéines (ci-dessous) sont dérivés des acides α-aminés. De plus, ces motifs sont unis par des liaisons amide; c'est pourquoi les protéines sont des *polyamides*.

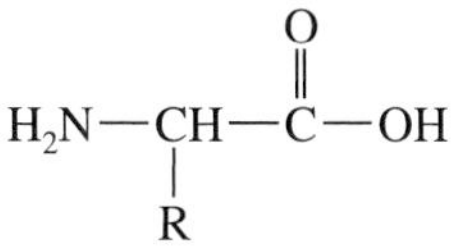

$$H_2N-CH-\overset{\overset{\displaystyle O}{\|}}{C}-OH$$
$$\underset{R}{|}$$

Un acide α-aminé

Liaisons amide

$$-NH-CH-\overset{\overset{\displaystyle O}{\|}}{C}-NH-CH-\overset{\overset{\displaystyle O}{\|}}{C}-NH-CH-\overset{\overset{\displaystyle O}{\|}}{C}-NH-CH-$$

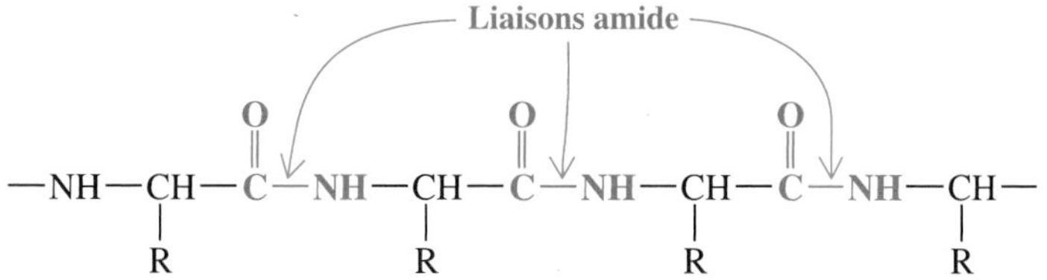

**Portion d'une chaîne polyamide
d'une protéine**

La recherche d'une matière synthétique aux propriétés similaires à celles de la soie a mené à la découverte d'une famille de polyamides synthétiques appelés « nylons ».

L'un des nylons les plus importants, le *nylon-6,6*, peut être préparé à partir d'un acide carboxylique à six atomes de carbone, l'acide adipique, et d'une diamine à six atomes de carbone, l'hexaméthylènediamine. Dans les procédés industriels, on fait réagir ces deux composés en proportions équimoléculaires. On produit ainsi un sel stochiométrique (1:1) (sel de nylon).

$$n\;HOC\!\overset{O}{(}CH_2\overset{}{)_4}COH + n\;H_2N\!\overset{}{(}CH_2\overset{}{)_6}NH_2 \longrightarrow n\left[^-OC\overset{O}{(}CH_2\overset{}{)_4}C-O^-\;\;H_3\overset{+}{N}\overset{}{(}CH_2\overset{}{)_6}\overset{+}{N}H_3 \right] \xrightarrow[\text{(polymérisation)}]{\Delta}$$

Acide adipique   **Hexaméthylènediamine
(1,6-diaminohexane)**   **Sel 1:1 (sel de nylon)**

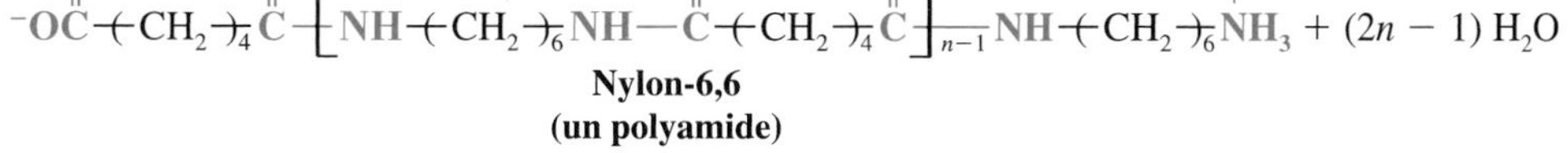

$$^-OC\overset{O}{(}CH_2\overset{}{)_4}C\left[NH\overset{}{(}CH_2\overset{}{)_6}NH-C\overset{O}{(}CH_2\overset{}{)_4}C \right]_{n-1} NH\overset{}{(}CH_2\overset{}{)_6}\overset{+}{N}H_3 + (2n-1)\;H_2O$$

**Nylon-6,6
(un polyamide)**

Au préambule du chapitre 18, la photo représente une partie du procédé de fabrication des fibres de nylon.

On chauffe ensuite le sel 1:1 à une température de 270 °C et sous une pression d'environ 1700 kPa pour provoquer une polymérisation. Des molécules d'eau sont éliminées à mesure que les réactions de condensation se produisent entre les groupes $-\mathrm{C}(=\mathrm{O})-\mathrm{O}^-$ et $-\mathrm{NH_3}^+$ du sel, ce qui donne finalement le polyamide.

Le nylon-6,6 ainsi produit a une masse moléculaire d'environ 10 000 et un point de fusion d'environ 250 °C. Le nylon en fusion peut être filé. Les fibres obtenues sont ensuite étirées à quatre fois leur longueur initiale, approximativement. Cet étirage oriente les molécules linéaires du polyamide parallèlement à l'axe de la fibre et permet la formation de liaisons hydrogène entre les groupes —NH— et C═O des chaînes adjacentes. Appelé « étirage à froid », ce procédé augmente de beaucoup la force des fibres.

Un autre type de nylon, le nylon-6, peut être obtenu à partir de l'ε-caprolactame, au moyen d'une polymérisation par ouverture de cycle (*ring-opening polymerization*).

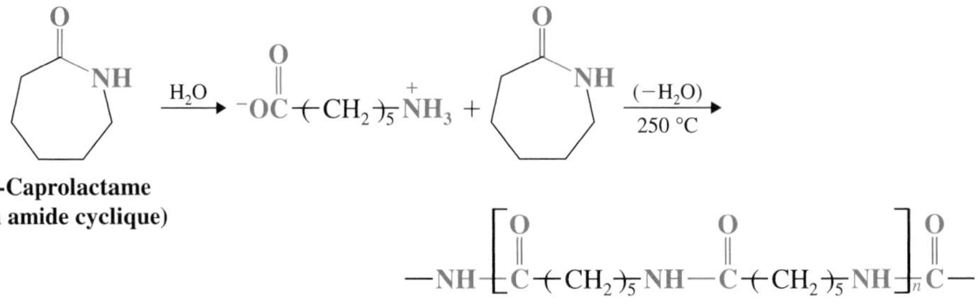

ε-Caprolactame (un amide cyclique)

Nylon-6

Dans ce procédé, l'ε-caprolactame réagit avec l'eau et se transforme en partie en acide ε-aminocaproïque. Puis, en chauffant le mélange à 250 °C, on élimine l'eau, en même temps que l'ε-caprolactame et l'acide ε-aminocaproïque réagissent ensemble et se transforment en polyamide. On fabrique ensuite des fibres en filant le nylon-6 en fusion.

PROBLÈME B.1

L'acide adipique et l'hexaméthylènediamine (1,6-diaminohexane), qui servent à fabriquer le nylon-6,6, peuvent être obtenus de plusieurs façons (indiquées ci-après). Écrivez les équations qui correspondent à chacune de ces synthèses.

a) Cyclohexanone $\xrightarrow{[O]}$ acide adipique

b) Acide adipique $\xrightarrow{2\,\mathrm{NH_3}}$ un sel $\xrightarrow{\Delta}$ $\mathrm{C_6H_{12}N_2O_2}$ $\xrightarrow[\text{catalyseur}]{350\ °\mathrm{C}}$ $\mathrm{C_6H_8N_2}$ $\xrightarrow[\text{catalyseur}]{4\,\mathrm{H_2}}$ hexaméthylènediamine

c) Buta-1,3-diène $\xrightarrow{\mathrm{Cl_2}}$ $\mathrm{C_4H_6Cl_2}$ $\xrightarrow{2\,\mathrm{NaCN}}$ $\mathrm{C_6H_6N_2}$ $\xrightarrow[\mathrm{Ni}]{\mathrm{H_2}}$ $\mathrm{C_6H_8N_2}$ $\xrightarrow[\text{catalyseur}]{4\,\mathrm{H_2}}$ hexaméthylènediamine

d) Tétrahydrofurane $\xrightarrow{2\,\mathrm{HCl}}$ $\mathrm{C_4H_8Cl_2}$ $\xrightarrow{2\,\mathrm{NaCN}}$ $\mathrm{C_6H_8N_2}$ $\xrightarrow[\text{catalyseur}]{4\,\mathrm{H_2}}$ hexaméthylènediamine

B.2 POLYESTERS

L'un des polyesters les plus importants est le poly(téréphtalate d'éthylène), un polymère commercialisé sous les noms (déposés) de *Dacron, Térylène* et *Mylar*.

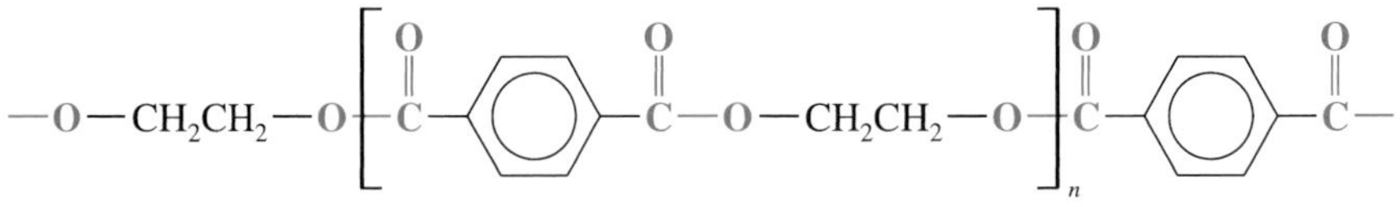

Poly(téréphtalate d'éthylène) (Dacron, Térylène ou Mylar)

On peut produire le poly(téréphtalate d'éthylène) au moyen d'une estérification directe, catalysée par un acide, de l'éthylène glycol et de l'acide téréphtalique.

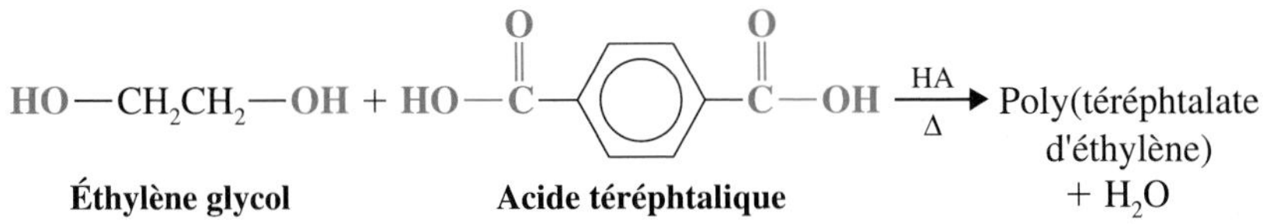

Éthylène glycol   **Acide téréphtalique**

Une autre méthode de synthèse du poly(téréphtalate d'éthylène) est basée sur des réactions de transestérification (transformation d'un ester en un autre). Une synthèse industrielle s'effectue au moyen de deux transestérifications. Dans la première, le téréphtalate de diméthyle et un excès d'éthylène glycol sont chauffés à 200 °C en présence d'un catalyseur basique. La distillation du mélange entraîne l'élimination du méthanol (p.é. = 64,7 °C) et la formation d'un nouvel ester à partir de deux moles d'éthylène glycol et d'une mole d'acide téréphtalique. Lorsque ce nouvel ester est chauffé à température élevée (~280 °C), l'éthylène glycol (p.é. = 198 °C) se trouve séparé par distillation, et la polymérisation se produit (seconde estérification).

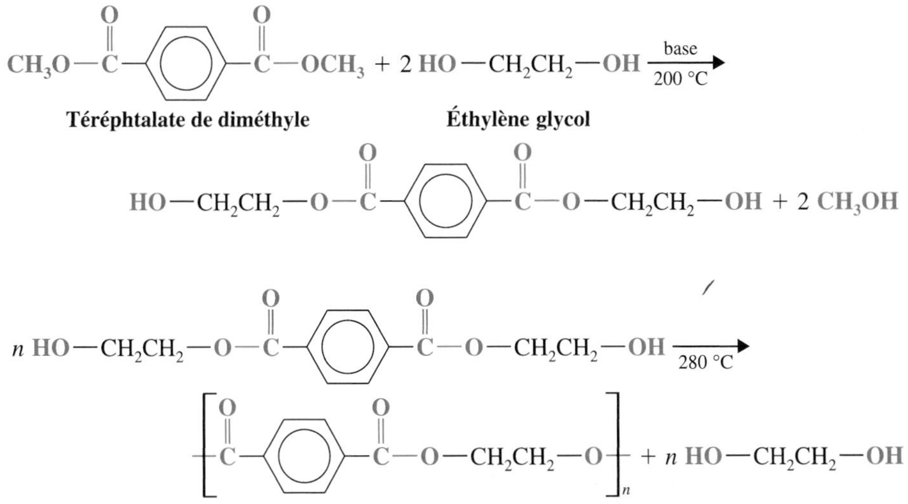

Téréphtalate de diméthyle   **Éthylène glycol**

Poly(téréphtalate d'éthylène)

Le poly(téréphtalate d'éthylène) résultant de cette synthèse fond aux environs de 270 °C. On peut donc le filer à chaud et le transformer ainsi en Dacron ou en Térylène. On peut aussi en faire une pellicule, commercialisée sous le nom de Mylar.

PROBLÈME B.2

Les transestérifications sont catalysées soit par un acide, soit par une base. En vous appuyant sur la réaction de transestérification qui se produit quand on chauffe le téréphtalate de diméthyle avec l'éthylène glycol, décrivez brièvement des mécanismes pouvant expliquer les deux types de réactions : la transestérification par catalyse basique et la transestérification par catalyse acide.

PROBLÈME B.3

Le *Kodel* est un autre polyester fabriqué industriellement.

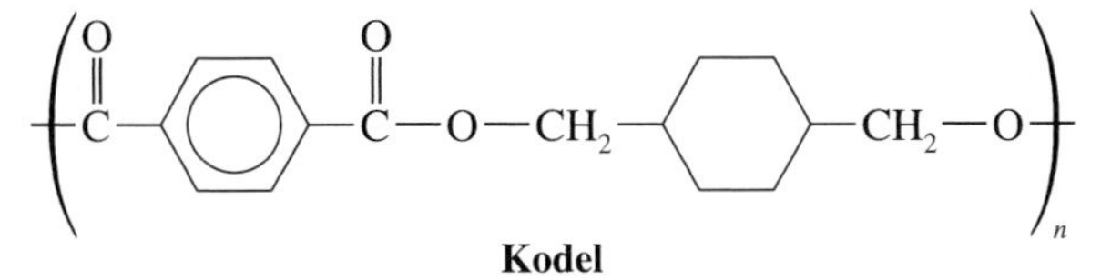

Kodel

On fabrique le Kodel par transestérification. a) À partir de quel ester de méthyle et de quel alcool le produit-on ? b) Cet alcool peut être synthétisé à partir du téréphtalate de diméthyle. Comment réalise-t-on cette synthèse ?

PROBLÈME B.4

En chauffant de l'anhydride phtalique et du glycérol, on obtient un polyester appelé *résine glyptale*. Cette résine est particulièrement rigide parce que ses chaînes polymères sont entrecroisées. Décrivez la partie de sa structure qui correspond à cet entrecroisement.

PROBLÈME B.5

Le *Lexan* est un « polycarbonate » de masse moléculaire importante qu'on produit industriellement en mélangeant le bisphénol A avec du phosgène en présence de pyridine. D'après vous, quelle est la structure du Lexan ?

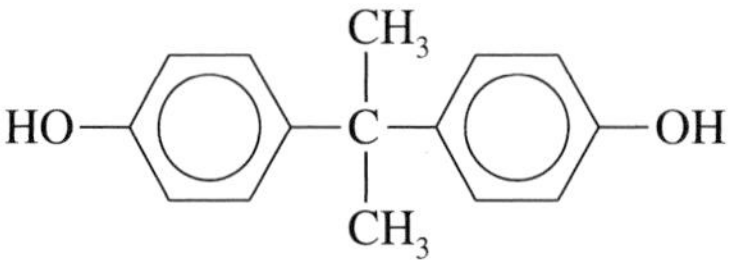

Bisphénol A 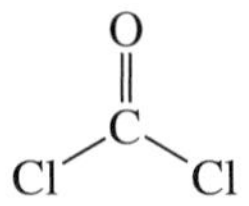   **Phosgène (dichlorure de carbonyle)**

PROBLÈME B.6

Les résines « époxy » consistent généralement en deux composants, qu'on appelle parfois *résine* et *durcisseur*. On fabrique la *résine* en faisant réagir le bisphénol A (problème B.5) avec un excès d'épichlorohydrine, H_2C—$CHCH_2Cl$, en présence d'une base, jusqu'à ce qu'un polymère de faible masse moléculaire se forme.

a) Quelle est, selon vous, la structure de ce polymère ? b) Pourquoi utilise-t-on un excès d'épichlorohydrine ? c) Le *durcisseur* est généralement une amine ($H_2NCH_2CH_2NHCH_2CH_2NH_2$, par exemple). Quelle réaction se produit lorsqu'on mélange la *résine* et le *durcisseur* ?

B.3 POLYURÉTHANES

En faisant réagir un alcool avec un isocyanate, on obtient un *uréthane*.

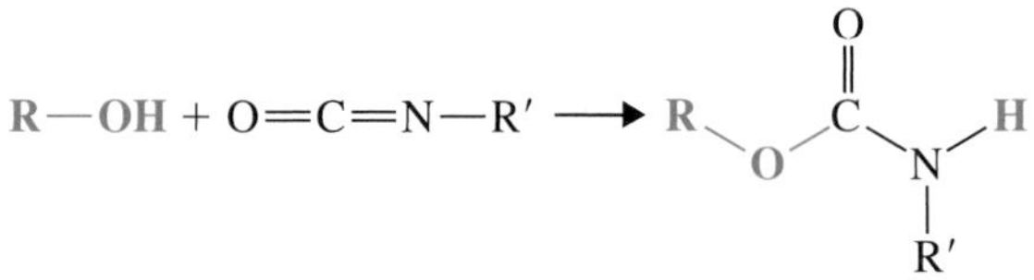

Alcool   **Un isocyanate**   **Un uréthane (carbamate)**

La réaction se déroule comme suit :

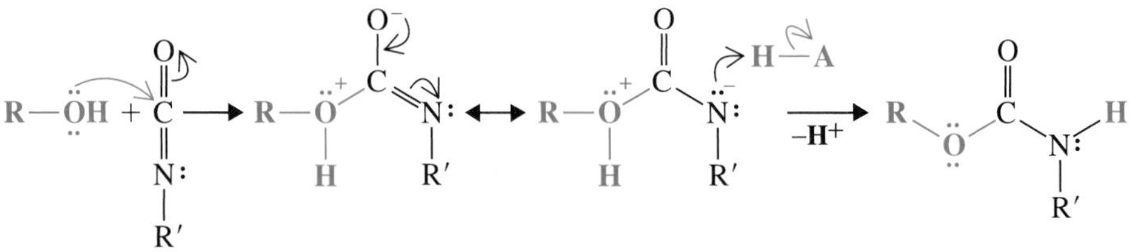

Les uréthanes s'appellent aussi *carbamates,* parce que ce sont des esters formés d'un alcool (ROH) et d'un acide carbamique ($R'NHCO_2H$).

On fabrique habituellement les polyuréthanes par une réaction entre un *diol* et un *diisocyanate*. Le diol est généralement un polyester ayant des groupes —CH_2OH en bouts de chaîne. Le diisocyanate utilisé est ordinairement le 2,4-diisocyanate de toluène*.

---

* Le 2,4-diisocyanate de toluène est un produit chimique dangereux. Il peut causer des troubles respiratoires aigus. Dans l'industrie de la synthèse des polyuréthanes, plusieurs travailleurs ont déjà souffert de ce genre d'affections.

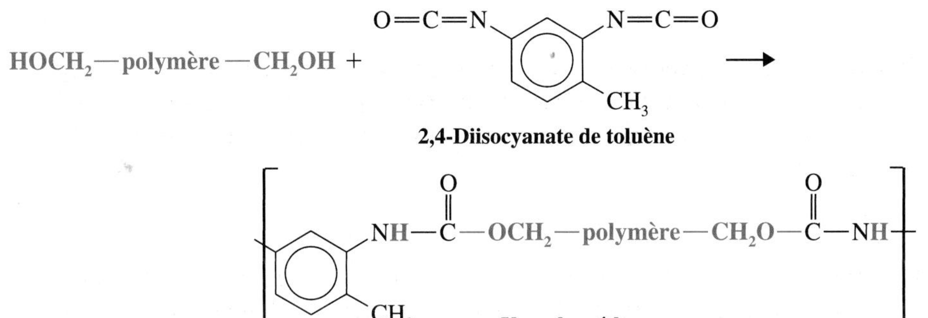

2,4-Diisocyanate de toluène

Un polyuréthane

PROBLÈME B.7

Un polyuréthane typique peut être produit comme suit : l'acide adipique est polymérisé avec un excès d'éthylène glycol, et le polyester résultant est traité par le 2,4-diisocyanate de toluène. a) Quelle est la structure de ce polyuréthane ? b) Pourquoi utilise-t-on un excès d'éthylène glycol pour produire le polyester ?

Les mousses de polyuréthane, qui servent notamment au rembourrage, sont fabriquées par addition de petites quantités d'eau dans le mélange réactionnel durant la polymérisation par le diisocyanate. Certains des groupes isocyanate réagissent alors avec l'eau, ce qui donne un gaz (dioxyde de carbone) qui agit comme agent moussant.

$$R-N=C=O + H_2O \longrightarrow R-NH_2 + CO_2 \uparrow$$

B.4 POLYMÈRES DE PHÉNOL-FORMALDÉHYDE

L'un des premiers polymères produits synthétiquement a été une résine connue sous le nom de *bakelite*. La bakelite est le résultat d'une réaction de condensation entre le phénol et le formaldéhyde. Cette réaction peut être catalysée soit par un acide, soit par une base. La réaction par catalyse basique, qui se produit sur les positions *ortho* et *para* du phénol, se déroule probablement comme suit.

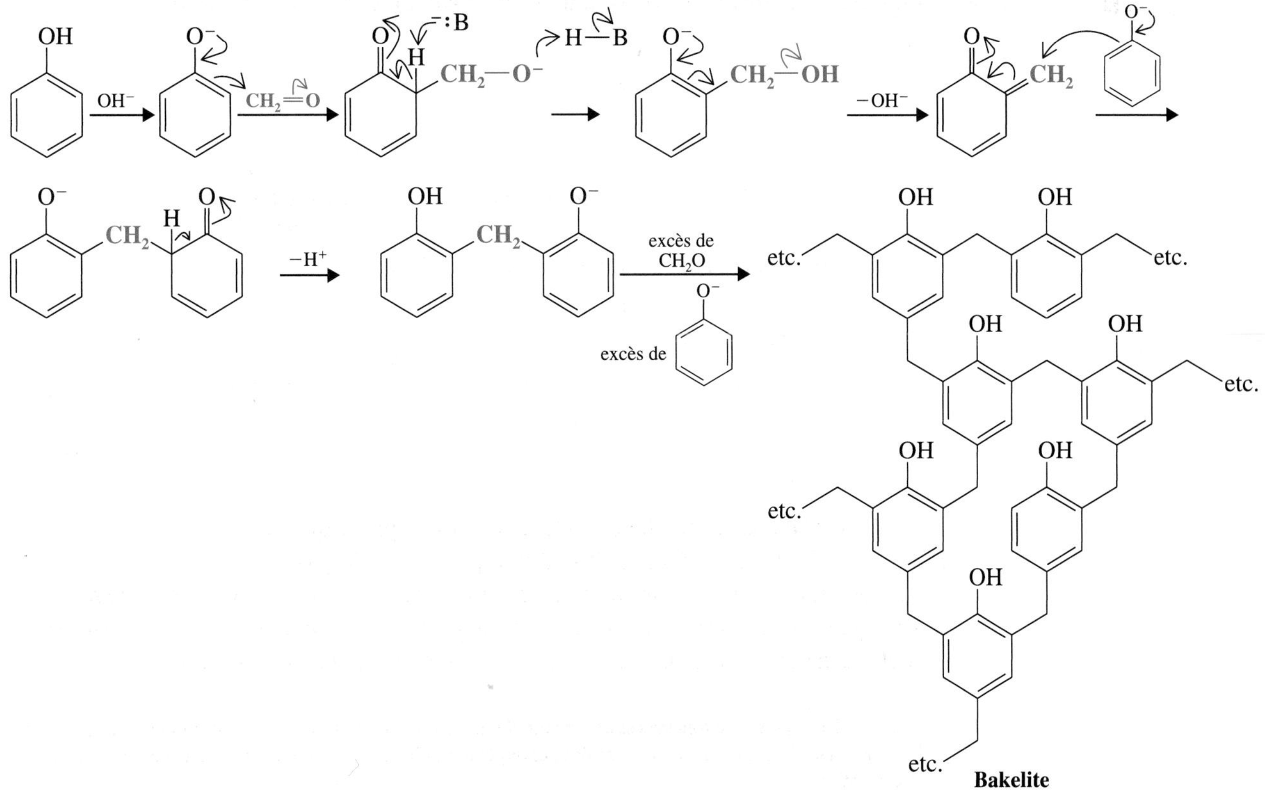

Bakelite

Généralement, la polymérisation se fait en deux phases. La première polymérisation produit un polymère fusible de faible masse moléculaire appelé *résol*, qu'on peut mouler. Par la suite, une deuxième polymérisation produit un polymère de très haute masse moléculaire qui, lui, n'est pas fusible à cause de ses très nombreuses réticulations.

PROBLÈME B.8

À partir d'un phénol para-substitué comme le *p*-crésol, on obtient un polymère de phénol-formaldéhyde qui est *thermoplastique* plutôt que *thermodurcissable*. Expliquez pourquoi.

PROBLÈME B.9

Décrivez brièvement un mécanisme général qui explique la polymérisation du phénol et du formaldéhyde par catalyse acide.

B.5 POLYMÈRES DENDRITIQUES : DENDRIMÈRES

Un très intéressant développement de la chimie des polymères apparu au cours de la dernière décennie a été la synthèse de molécules symétriques, très ramifiées, de masse moléculaire élevée, et comportant plusieurs groupes fonctionnels, qu'on a appelées **dendrimères.** G.R. Newkome (de l'université de la Floride du Sud) et D.A. Tomalia (du Michigan Molecular Institute) sont des pionniers dans ce domaine de recherche.

Tous les polymères que nous avons étudiés jusqu'ici sont inévitablement non homogènes. Même si elles sont constituées de motifs monomères répétitifs, les molécules des substances résultant des réactions de polymérisation varient grandement en taille et en masse moléculaire. Cependant, on peut synthétiser les dendrimères de façon à obtenir des polymères constitués de molécules dont la masse moléculaire et la taille sont uniformes.

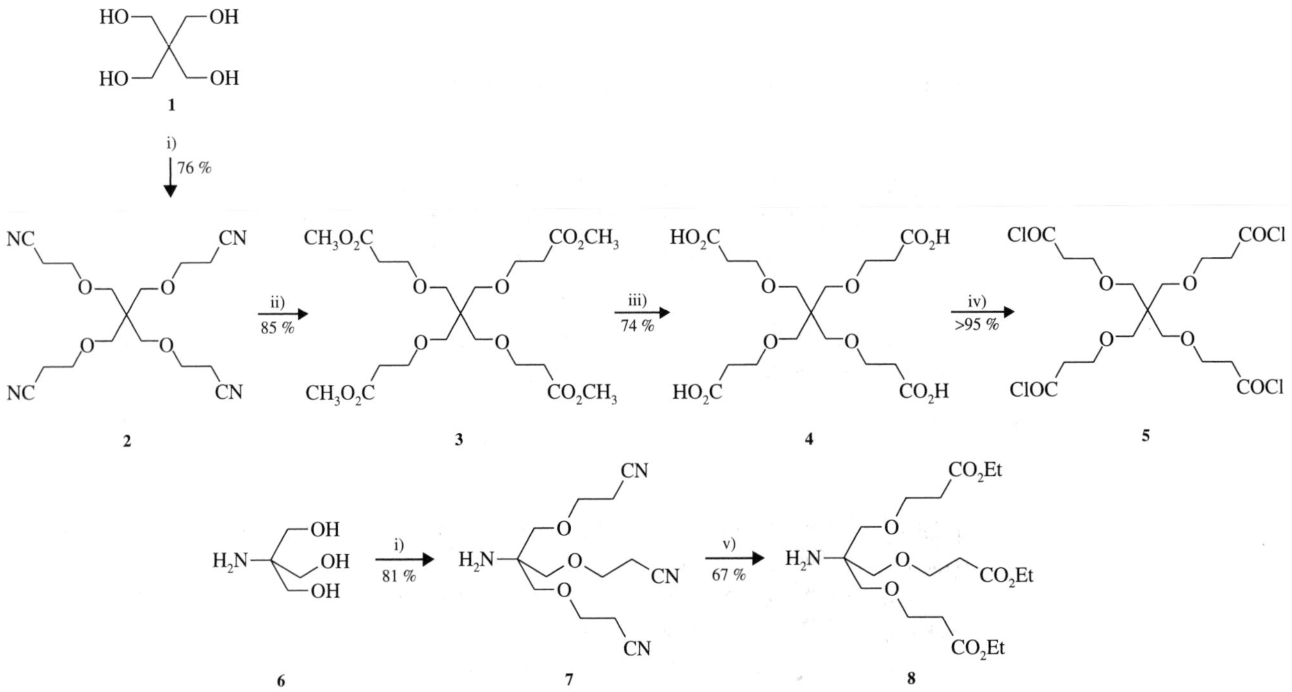

Figure B.1 Synthèse des produits de départ nécessaires à une polymérisation séquentielle d'un dimère. Réactifs et conditions :
i) $CH_2{=}CHCN$, KOH, *p*-dioxane, 25 °C, 24 h; ii) MeOH, HCl anhydre, reflux, 2 h; iii) NaOH 3 *N*, 70 °C, 24 h; iv) $SOCl_2$, CH_2Cl_2, reflux, 1 h; v) EtOH, HCl anhydre, reflux, 3 h. (Adapté de G.R. Newcome et X. Lin, *Macromolecules*, vol. 24, 1991, p. 1443-1444.)

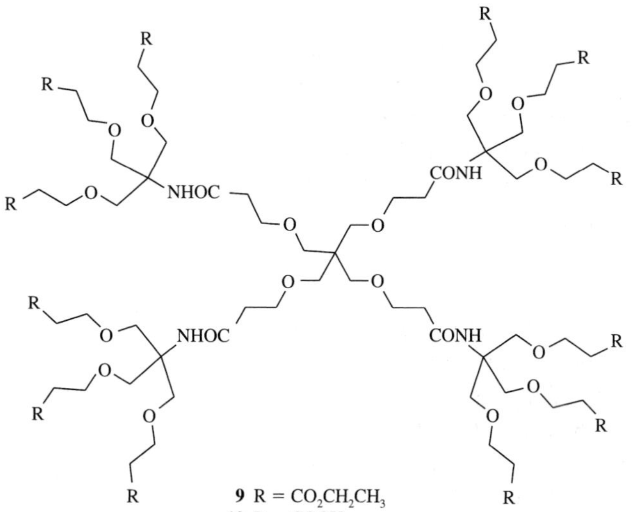

9 R = CO$_2$CH$_2$CH$_3$
10 R = COOH

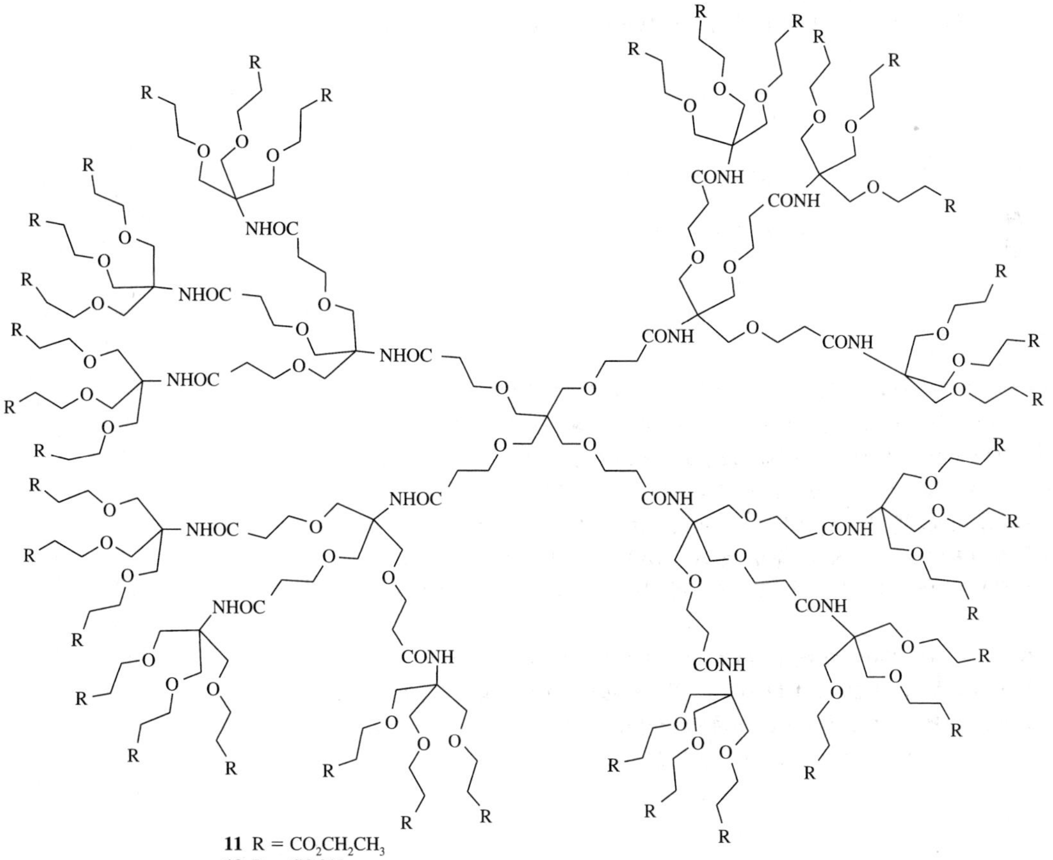

11 R = CO$_2$CH$_2$CH$_3$
12 R = COOH
13 R = CONHC(CH$_2$OCH$_2$CH$_2$CO$_2$CH$_2$CH$_3$)$_3$
14 R = CONHC(CH$_2$OCH$_2$CH$_2$CO$_2$H)$_3$
15 R = CONHC[CH$_2$OCH$_2$CH$_2$CONHC(CH$_2$OCH$_2$CH$_2$CO$_2$CH$_2$CH$_3$)$_3$]$_3$

Figure B.2 Polymères dendritiques (dendrimères). (Adapté de G.R. Newcome et X. Lin, *Macromolecules*, vol. 24, 1991, p. 1443-1444.)

La synthèse d'un polymère dendritique se fait toujours à partir d'un *noyau* qui sera par la suite ramifié dans une, deux, trois ou même quatre directions. À cette molécule centrale, par des réactions répétitives, on ajoute des couches, appelées **générations (couches).** Chaque nouvelle génération augmente (multiplie par trois, en général) le nombre de points de branchement auxquels la génération suivante sera rattachée. À cause de cet effet multiplicateur, de très grosses molécules peuvent très rapidement être préparées.

Les figures B.1 et B.2 illustrent comment un polymère dendritique à plusieurs générations peut être construit. Toutes les réactions utilisées sont étroitement reliées à celles que nous avons déjà étudiées. Le produit initial, servant à obtenir le noyau, est un tétraol ramifié, **1**. À l'étape i), **1** réagit avec le propènenitrile (CH_2=CHCN) par une addition conjuguée appelée *cyanoéthylation,* ce qui donne **2.** En traitant **2** par du méthanol en présence d'acide [étape ii)], on convertit les groupes cyano en groupes carboxylate de méthyle. (Au lieu de transformer par hydrolyse les groupes cyano en acides carboxyliques qu'on peut estérifier ensuite, on arrive ici au même résultat en une étape.) À l'étape iii), les groupes ester sont hydrolysés. Et, à l'étape iv), les groupes carboxyle sont transformés en chlorures d'alcanoyle. Le composé **5** est donc le noyau à partir duquel on effectuera la polymérisation séquentielle.

La synthèse du composé employé pour construire la première génération est représentée dans la séquence **6** ⟶ **7** ⟶ **8** (une cyanoéthylation suivie d'une estérification). Si on traite le noyau **5** par un excès d'amine **8,** on obtient le composé **9,** qui a douze groupes ester en surface (et que nous appellerons ici [12]-ester, pour simplifier). La clé de cette étape réside dans la formation de liaisons amide entre **5** et quatre molécules de **8.** Le [12]-ester **9** est hydrolysé, ce qui donne le [12]-acide **10.** Si on fait réagir **10** avec **8** au moyen du dicyclohexylcarbodiimide (section 18.8E), on favorise la formation d'amide et on obtient le [36]-ester **11.** En hydrolysant **11,** on produit le [36]-acide **12,** qu'on fait ensuite réagir avec **8** pour former la molécule de génération suivante, le [108]-ester **13.**

En reprenant une autre fois ces étapes, on obtient finalement le [324]-ester **15,** un composé dont la masse moléculaire est égale à 60 604 ! À chaque étape, il faut isoler, purifier et identifier les molécules dendritiques. Comme les rendements à chaque étape sont de 40 % à 60 % et que les produits sont peu coûteux, cette méthode constitue une voie de synthèse prometteuse, qui pourrait bientôt permettre de fabriquer de gros polymères sphériques de masse moléculaire et de géométrie homogènes.

SYNTHÈSE ET RÉACTIONS DES COMPOSÉS β-DICARBONYLÉS : autres aspects de la chimie des énolates

Imposteurs

Les « imposteurs » chimiques jouent plusieurs rôles importants. En biochimie, les molécules qui imitent des composés naturels peuvent souvent provoquer des troubles graves en bloquant un site récepteur ou en empêchant une enzyme d'agir comme catalyseur. C'est le cas, par exemple, du 5-fluoro-uracile (représenté en vignette ci-dessus), un médicament anticancéreux qui imite l'uracile, métabolite naturel nécessaire à la synthèse de l'ADN. Une enzyme, la thymidylate-synthétase, confond le 5-fluoro-uracile avec l'uracile et réagit avec le composé anticancéreux comme s'il s'agissait du substrat naturel. Ainsi, en « infiltrant » l'enzyme, l'imposteur détraque son fonctionnement normal et l'endommage irréversiblement, ce qui inhibe la synthèse de l'ADN. Plus loin, dans la Capsule chimique intitulée « Un inhibiteur "suicide" destructeur d'enzyme », nous verrons que l'inhibition du méca-nisme réactionnel de la thymidylate-synthétase comprend une addition conjuguée (semblable à une addition de Michael [sections 17.9B et 19.9]), une réaction entre un énolate et une imine (semblable à une réaction de Mannich [section 19.10]), et une réaction d'élimination de type E2 entravée par la présence de l'atome de fluor.

    Par contre, les imposteurs chimiques peuvent être utiles en tant qu'équiva-lents synthétiques. On appelle *équivalent synthétique* un réactif qui, après avoir

SOMMAIRE

19.1 Introduction

19.2 Condensation de Claisen : synthèse de β-cétoesters

19.3 Synthèse acéto-acétique : synthèse des méthylcétones (acétones substituées)

19.4 Synthèse malonique : synthèse d'acides acétiques substitués

19.5 Autres réactions des composés à méthylène actif

19.6 Alkylation directe des esters et des nitriles

19.7 Alkylation des 1,3-dithianes

19.8 Condensation de Knoevenagel

19.9 Additions de Michael

19.10 Réaction de Mannich

19.11 Synthèse et réactions des énamines

19.12 Barbituriques

été intégré à un produit, crée l'illusion que ce produit provient d'un autre précurseur (ayant une structure différente). Comme exemples d'équivalents synthétiques facilement reconnaissables, on peut mentionner les anions issus de l'acétoacétate d'éthyle et du malonate d'éthyle, deux équivalents des énolates, de l'acétone et de l'acide acétique respectivement. Les énamines constituent une autre type d'équivalents. Ce sont des alcénylamines qui, dans certaines réactions, peuvent agir de la même façon que les énolates. Il existe également des équivalents synthétiques qui produisent une *inversion de polarité*, notamment les carbanions issus des dithioacétals. Un carbanion dithioacétal permet de « travestir » chimiquement en *nucléophile* un atome de carbone carbonylique (normalement électrophile). Dans ce chapitre, nous « démasquerons » tous ces imposteurs en montrant comment ils se comportent et comment, en particulier, le 5-fluoro-uracile parvient à bloquer le mécanisme réactionnel de la thymidylate-synthétase.

19.1 INTRODUCTION

Les composés qui ont deux groupes carbonyle séparés par un seul atome de carbone sont appelés **composés β-dicarbonylés,** et ce sont des réactifs très polyvalents et très utiles en synthèse organique. Dans le présent chapitre, nous explorerons quelques méthodes de préparation des composés β-dicarbonylés ainsi que les principales réactions de ces composés.

Le système β-dicarbonylé   **Un β-cétoester (section 19.2)**   **Un ester de l'acide malonique (section 19.4)**

Dans la chimie des composés β-dicarbonylés, l'acidité des protons du carbone situé entre les deux groupes carbonyle joue un rôle crucial. Le pK_a d'un tel proton se situe entre 9 et 11. Il est donc assez acide pour être facilement arraché par une base du type alkoxyde, ce qui entraîne la formation d'un énolate.

À la section 19.2, nous verrons comment l'acidité de ces protons permet de synthétiser des composés β-dicarbonylés, grâce à des réactions qu'on appelle *condensations de Claisen.*

Aux sections 19.3 et 19.4, nous étudierons la *synthèse acétoacétique* et la *synthèse malonique,* qui comportent toutes deux des réactions d'alkylation ou d'acylation (alcanoylation) d'énolates issus de composés β-dicarbonylés.

Synthèse acétoacétique, $G = CH_3$ **Synthèse malonique,** $G = RO$

De nombreuses autres synthèses reposent sur des réactions similaires et sur d'autres types de réactions (section 19.5), y compris la condensation de Knoevenagel (section 19.8).

Une autre réaction, qui fait souvent partie des synthèses que nous étudierons dans ce chapitre, est la décarboxylation d'un β-cétoacide.

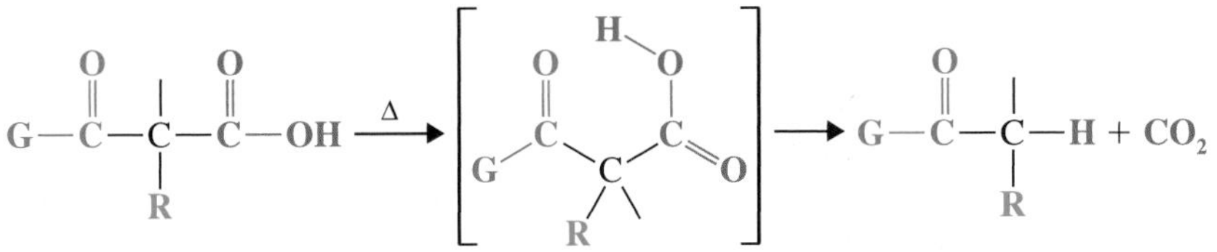

(section 18.11)

À la section 18.11, nous avons vu que ce genre de décarboxylation est facile à réaliser, et c'est justement pour cette raison que plusieurs des synthèses décrites dans ce chapitre sont si utiles. Dans la réaction précédente, si on se sert d'un composé dans lequel **G** est un groupe méthyle, on pourra synthétiser des *méthylacétones substituées*. Et, si **G** est le groupe hydroxyle d'un acide carboxylique (ou le groupe alkoxyde d'un ester avant l'étape d'hydrolyse), on obtiendra des acides *acétiques substitués*.

19.2 CONDENSATION DE CLAISEN : SYNTHÈSE DE β-CÉTOESTERS

Quand l'acétate d'éthyle réagit avec l'éthoxyde de sodium, il subit une **réaction de condensation.** Après acidification, le produit est un β-cétoester, l'acétoacétate d'éthyle (3-oxobutanoate d'éthyle), qu'on appelle couramment *ester acétoacétique.*

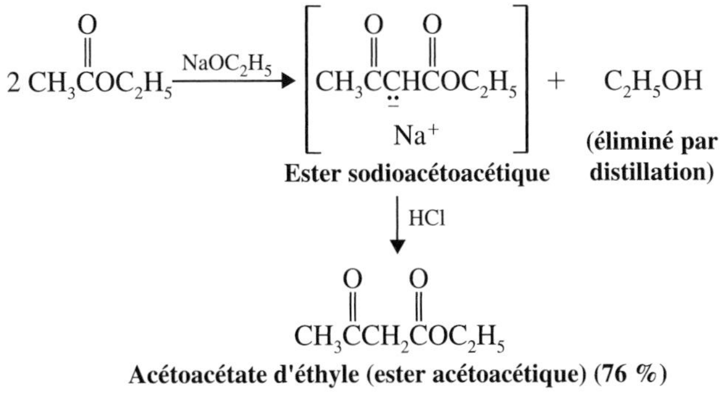

Acétoacétate d'éthyle (ester acétoacétique) (76 %)

Les condensations de ce type, qui peuvent produire de nombreux autres esters, sont généralement nommées **condensations de Claisen.** Comme les condensations aldoliques (section 17.4), les condensations de Claisen portent sur le carbone α d'une molécule et le groupe carbonyle d'une autre molécule. Par exemple, si on fait réagir le pentanoate d'éthyle avec l'éthoxyde de sodium, on obtient le β-cétoester suivant :

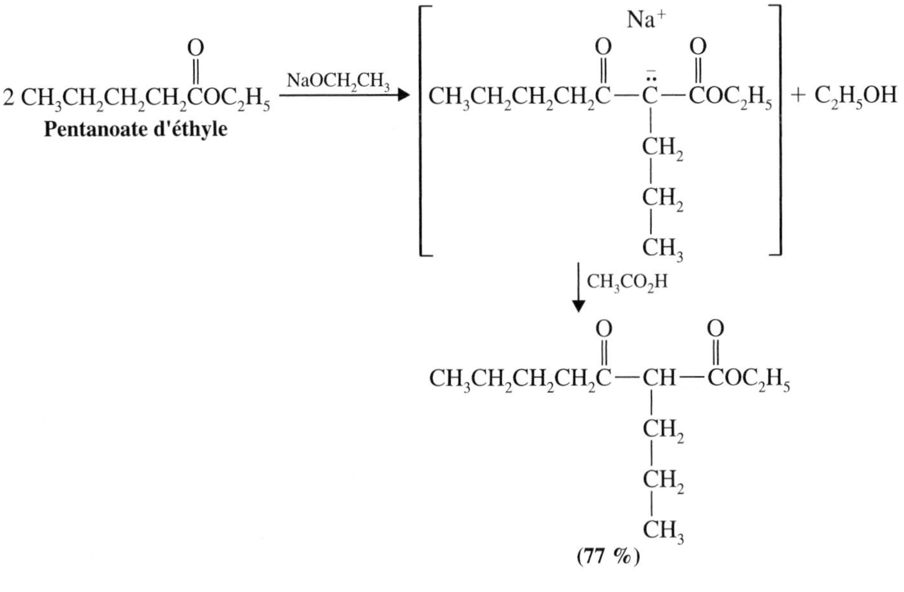

(77 %)

Si on examine les deux derniers exemples, on constate que les deux réactions comprennent une condensation dans laquelle l'un des esters perd un hydrogène α, et l'autre un ion éthoxyde.

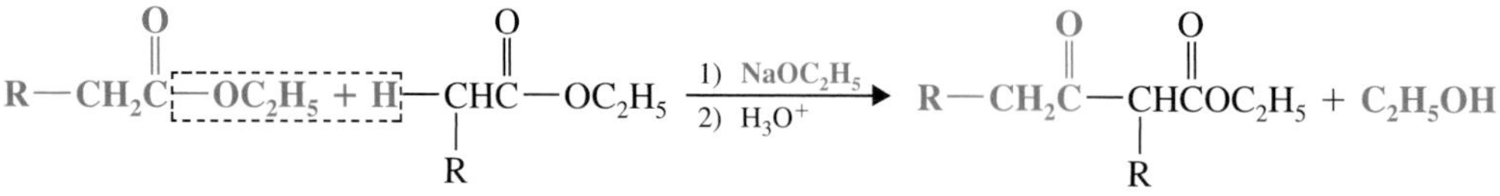

$$R-CH_2C-OC_2H_5 + H-CHC-OC_2H_5 \xrightarrow[\text{2) } H_3O^+]{\text{1) } NaOC_2H_5} R-CH_2C-CHCOC_2H_5 + C_2H_5OH$$

(R peut aussi être H.)   **Un β-cétoester**

On peut comprendre comment cela se produit en analysant le mécanisme réactionnel.

La première étape d'une condensation de Claisen ressemble à une réaction aldolique. L'anion éthoxyde arrache un proton α à l'ester. Et, même si les protons α des esters ne sont pas aussi acides que ceux des aldéhydes ou des cétones, l'anion énolate qui se forme est stabilisé par résonance.

Étape 1

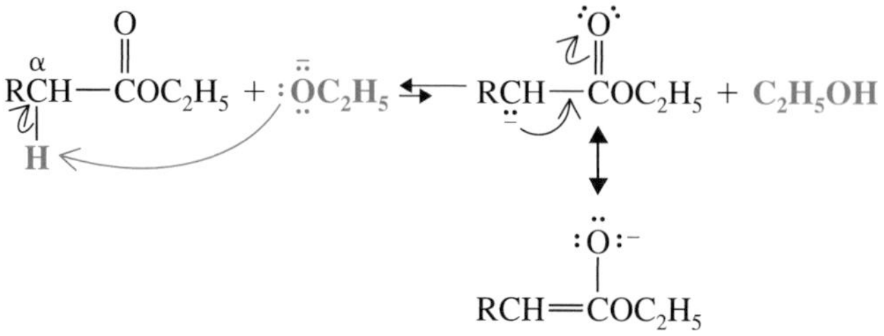

$$RCH-COC_2H_5 + :\ddot{O}C_2H_5 \rightleftharpoons RCH-COC_2H_5 + C_2H_5OH$$

$$RCH=COC_2H_5$$

À la deuxième étape, l'anion énolate attaque l'atome de carbone carbonylique d'une deuxième molécule d'ester. Et c'est à partir de là que la condensation de Claisen *diffère* de la réaction aldolique, d'une manière facile à comprendre. Dans la réaction aldolique, l'attaque nucléophile provoque une *addition*; dans la condensation de Claisen, elle entraîne une réaction d'*addition-élimination*.

Étape 2

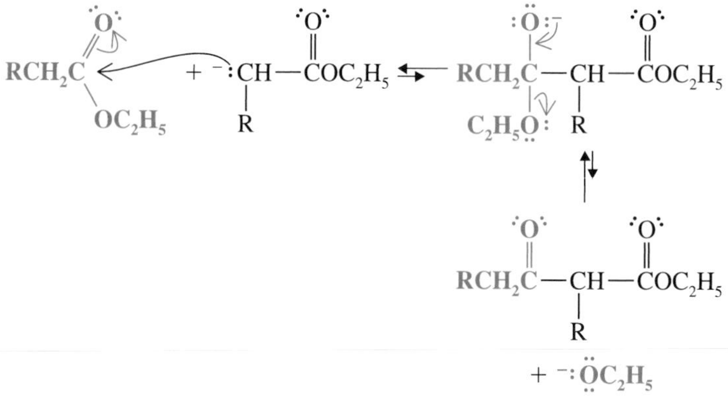

$$RCH_2C \cdots + \ ^-:CH-COC_2H_5 \rightleftharpoons RCH_2C-CH-COC_2H_5$$

$$RCH_2C-CH-COC_2H_5 + \ ^-:\ddot{O}C_2H_5$$

Bien que les produits de la deuxième étape soient un β-cétoester et un ion éthoxyde, l'équilibre chimique jusqu'ici n'est pas favorisé. Et on obtiendrait finalement très peu de produits si la seconde étape était la dernière du mécanisme réactionnel.

L'étape finale de la condensation de Claisen est une réaction acide-base entre l'ion éthoxyde et le β-cétoester. Cette fois, *l'équilibre réactionnel favorise grandement la formation des produits,* et on peut même le déplacer davantage en distillant l'éthanol au fur et à mesure qu'il se forme.

Étape 3

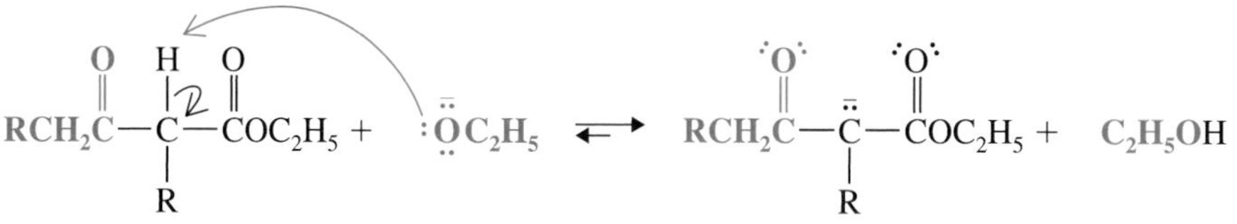

$$RCH_2C-C-COC_2H_5 + :\ddot{O}C_2H_5 \rightleftharpoons RCH_2C-C-COC_2H_5 + C_2H_5OH$$

β-Cétoester	Ion éthoxyde	Anion du β-cétoester	Éthanol
(acide le plus fort)	(base la plus forte)	(base la plus faible)	(acide le plus faible)

Les β-cétoesters sont des acides plus forts que les alcools. En réagissant avec l'ion éthoxyde, de manière quasiment quantitative, ils produisent de l'éthanol et des anions de β-cétoesters. (Et cette réaction déplace l'équilibre vers la droite.) Les β-cétoesters sont beaucoup plus acides que les esters ordinaires, parce que leurs anions énolate sont davantage stabilisés par résonance. Leur charge négative est délocalisée sur deux groupes carbonyle.

$$RCH_2-\overset{\overset{\displaystyle \cdot\ddot{O}\cdot}{\|}}{C}-\overset{\overset{\displaystyle \cdot O\cdot}{\|}}{\underset{\underset{\displaystyle R}{|}}{C}}-COC_2H_5 \longleftrightarrow RCH_2-\overset{\overset{\displaystyle :\ddot{O}:^-}{|}}{C}=\overset{\overset{\displaystyle \cdot O\cdot}{\|}}{\underset{\underset{\displaystyle R}{|}}{C}}-COC_2H_5 \longleftrightarrow RCH_2-\overset{\overset{\displaystyle \cdot O\cdot}{\|}}{C}-\overset{\overset{\displaystyle :\ddot{O}:^-}{|}}{\underset{\underset{\displaystyle R}{|}}{C}}=COC_2H_5$$

$$RCH_2-\overset{\overset{\displaystyle \overset{\delta-}{O}}{\|}}{C}\text{---}\overset{\delta-}{\underset{\underset{\displaystyle R}{|}}{C}}\text{---}\overset{\overset{\displaystyle \overset{\delta-}{O}}{\|}}{C}OC_2H_5$$

Hybride de résonance

À la fin de l'étape 3, on ajoute un acide au mélange réactionnel, ce qui provoque une protonation rapide de l'anion et produit le β-cétoester. Dans le mélange résultant, les formes céto et ester sont en équilibre.

Étape 4

$$RCH_2-\overset{\overset{\displaystyle \overset{\delta-}{O}}{\|}}{C}\text{---}\overset{\delta-}{\underset{\underset{\displaystyle R}{|}}{C}}\text{---}\overset{\overset{\displaystyle \overset{\delta-}{O}}{\|}}{C}OC_2H_5 \xrightarrow[\text{(rapide)}]{H_3O^+} RCH_2-\overset{\overset{\displaystyle O}{\|}}{C}-\overset{H}{\underset{\underset{\displaystyle R}{|}}{C}}-\overset{\overset{\displaystyle O}{\|}}{C}OC_2H_5$$

Forme céto

$$RCH_2-\overset{\overset{\displaystyle OH}{|}}{C}=\overset{}{\underset{\underset{\displaystyle R}{|}}{C}}-\overset{\overset{\displaystyle O}{\|}}{C}OC_2H_5$$

Forme énol

Quand on veut faire réagir un ion alkoxyde avec un ester, il est important de choisir un alkoxyde qui contient le même groupe alkyle que le groupe alkoxyde de l'ester, pour éviter que ne se produise une transestérification (voir le mécanisme de l'hydrolyse des esters facilitée par une base à la section 18.7B). Dans la plupart des cas, les esters d'éthyle ou de méthyle sont les réactifs utilisés dans ce type de synthèse. C'est pourquoi on emploie l'éthoxyde de sodium avec les esters d'éthyle, et le méthoxyde de sodium avec les esters de méthyle. Dans certains cas cependant, on choisit d'autres bases, mais nous reviendrons plus loin sur ce sujet.

Habituellement, les esters qui n'ont qu'un hydrogène α ne peuvent pas subir une condensation de Claisen. Par exemple, le 2-méthylpropanoate d'éthyle ne peut faire l'objet d'une condensation de Claisen, sauf dans certaines conditions particulières.

Un seul hydrogène α

$$CH_3\overset{}{\underset{\underset{\displaystyle CH_3}{|}}{C}}H\overset{\overset{\displaystyle O}{\|}}{C}OCH_2CH_3$$

Cet ester ne subit pas une condensation de Claisen.

2-Méthylpropanoate d'éthyle

En analysant le mécanisme de la condensation de Claisen, on comprend facilement pourquoi il en est ainsi. Un ester qui n'a qu'un hydrogène α n'a plus d'hydrogène acide au début de l'étape 3. Or, c'est justement cette étape qui déplace l'équilibre et détermine l'issue de la réaction. (À la section 19.2A, nous verrons comment un ester doté d'un seul hydrogène α peut être transformé en β-cétoester à l'aide d'une base très forte.)

PROBLÈME 19.1

a) Vous soumettez à une condensation de Claisen le propanoate d'éthyle avec l'ion éthoxyde. Décrivez toutes les étapes du mécanisme réactionnel de cette condensation. b) Quels produits obtiendrez-vous après acidification du mélange réactionnel ?

Quand on chauffe de l'hexanedioate de diéthyle avec de l'éthoxyde de sodium et qu'on acidifie ensuite le mélange réactionnel, on obtient du 2-oxocyclopentane-carboxylate d'éthyle.

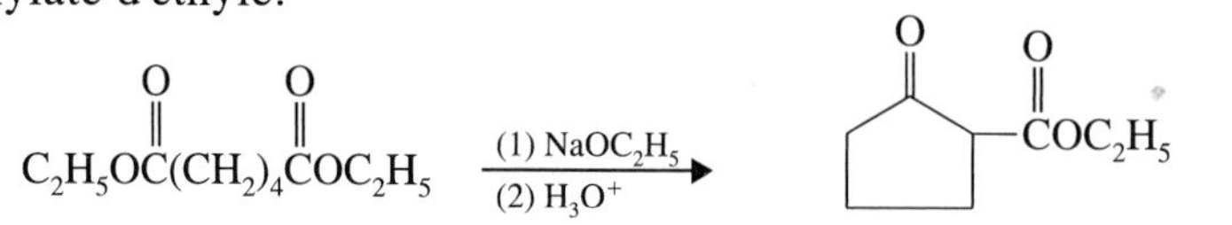

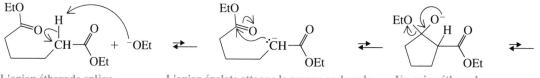

$$C_2H_5OC(CH_2)_4COC_2H_5 \xrightarrow[\text{(2) H}_3\text{O}^+]{\text{(1) NaOC}_2\text{H}_5}$$

Hexanedioate de diéthyle
(adipate de diéthyle)

2-Oxocyclopentanecarboxylate d'éthyle
(74 à 81 %)

Cette réaction, appelée *condensation de Dieckmann,* est en fait une condensation de Claisen intramoléculaire. L'atome de carbone α et le groupe ester participant à la condensation proviennent de la même molécule. En général, la condensation de Dieckmann ne sert qu'à préparer des cycles à cinq ou six atomes.

MÉCANISME DE LA RÉACTION

La condensation de Dieckmann

L'anion éthoxyde enlève un hydrogène α.

L'anion énolate attaque le groupe carbonyle à l'autre bout de la chaîne.

Un anion éthoxyde est expulsé.

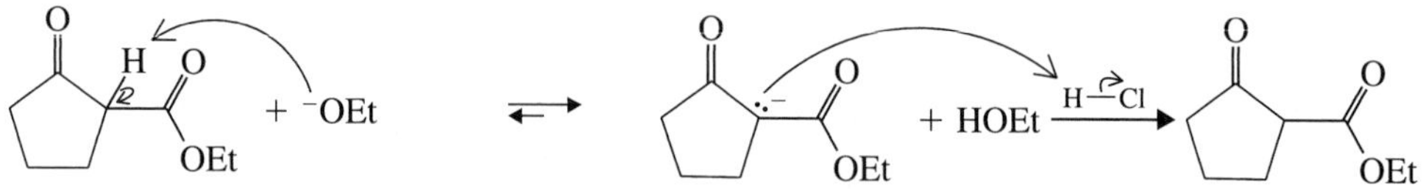

L'anion éthoxyde arrache l'hydrogène acide situé entre les deux groupes carbonyle. Cette étape déplace l'équilibre vers les produits et détermine l'issue de la réaction.

L'addition de HCl provoque une protonation rapide de l'anion pour conduire au produit final.

PROBLÈME 19.2

a) Quel produit obtiendriez-vous si vous soumettiez l'heptanedioate de diéthyle (pimélate de diéthyle) à une condensation de Dieckmann ? b) Comment expliquez-vous que le pentanedioate de diéthyle (glutarate de diéthyle) ne puisse pas subir une condensation de Dieckmann ?

19.2A CONDENSATIONS DE CLAISEN MIXTES

Les condensations de Claisen mixtes ou croisées (comme les réactions aldoliques mixtes) sont possibles **lorsqu'un constituant ester n'a pas d'hydrogène α**. Il ne peut donc pas former un ion énolate et subir une autocondensation. Par exemple, il est possible d'obtenir le benzoylacétate d'éthyle par condensation du benzoate d'éthyle avec l'acétate d'éthyle.

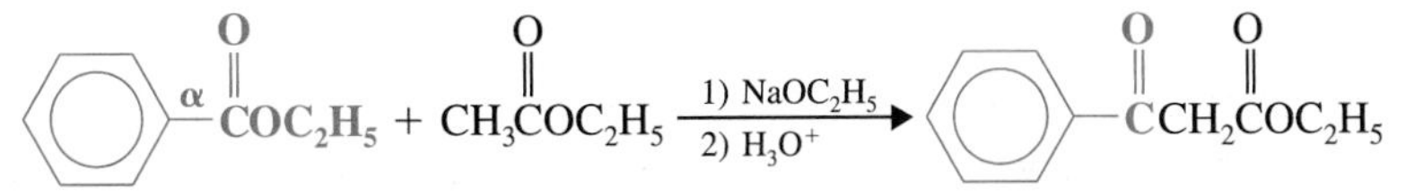

Benzoate d'éthyle
(sans hydrogène α)

Benzoylacétate d'éthyle
(60 %)

De même, on peut produire le phénylmalonate de diéthyle par condensation du phénylacétate d'éthyle avec le carbonate de diéthyle.

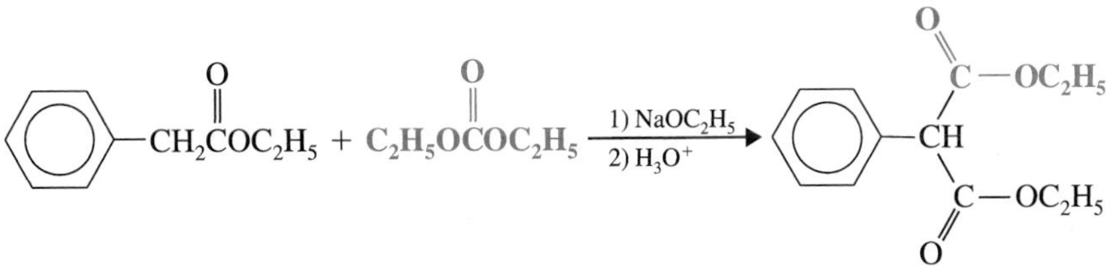

Phénylacétate d'éthyle   **Carbonate de diéthyle**
(sans hydrogène α)

Phénylmalonate de diéthyle
(65 %)

PROBLÈME 19.3

Décrivez des mécanismes qui rendent compte de la formation des produits des deux condensations de Claisen mixtes présentées ci-dessus.

PROBLÈME 19.4

D'après vous, quels produits résultent de chacune de ces deux condensations de Claisen mixtes ?

a) Propanoate d'éthyle + oxalate de diéthyle $\xrightarrow[\text{2) } H_3O^+]{\text{1) } NaOCH_2CH_3}$

b) Acétate d'éthyle + formate d'éthyle $\xrightarrow[\text{2) } H_3O^+]{\text{1) } NaOCH_2CH_3}$

Comme nous l'avons mentionné précédemment, les esters qui n'ont qu'un seul hydrogène α ne peuvent être transformés en β-cétoesters par l'action de l'éthoxyde de sodium. Cependant, ils peuvent être convertis en β-cétoesters au moyen de bases très fortes. En effet, une base très forte permet de transformer, avec un rendement presque quantitatif, l'ester en son anion énolate. On peut alors procéder à l'*acylation* de l'anion énolate avec un chlorure d'alcanoyle ou un ester. Un exemple de cette technique est présenté ci-après. Dans ce cas-ci, la base utilisée est le triphénylméthanure de sodium.

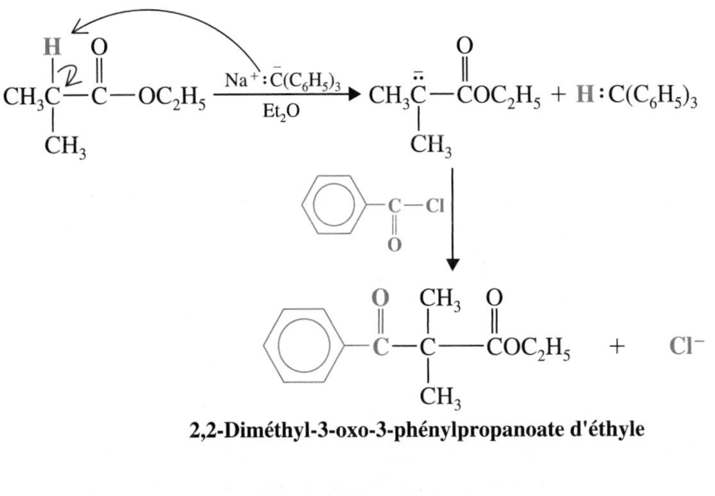

2,2-Diméthyl-3-oxo-3-phénylpropanoate d'éthyle

19.2B ACYLATION D'AUTRES CARBANIONS

Les anions énolate dérivés des cétones réagissent aussi avec les esters dans des substitutions nucléophiles qui ressemblent aux condensations de Claisen. Dans le premier exemple ci-dessous, même si deux anions différents résultent de la réaction de la cétone avec l'amidure de sodium, le produit principal se forme à partir du carbanion primaire. Les hydrogènes α primaires sont plus acides que les hydrogènes α secondaires.

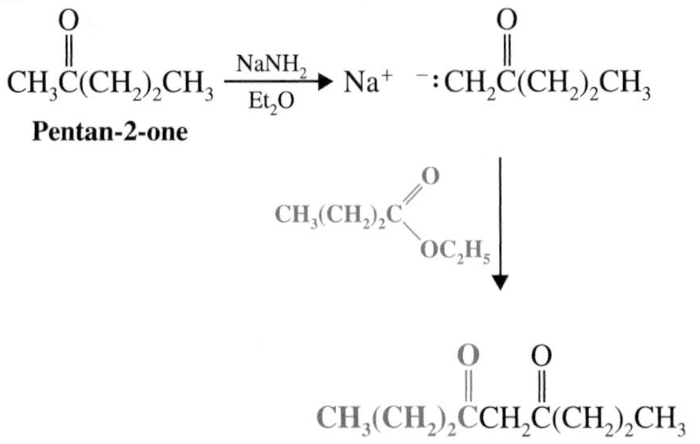

Pentan-2-one

Nonane-4,6-dione
(76 %)

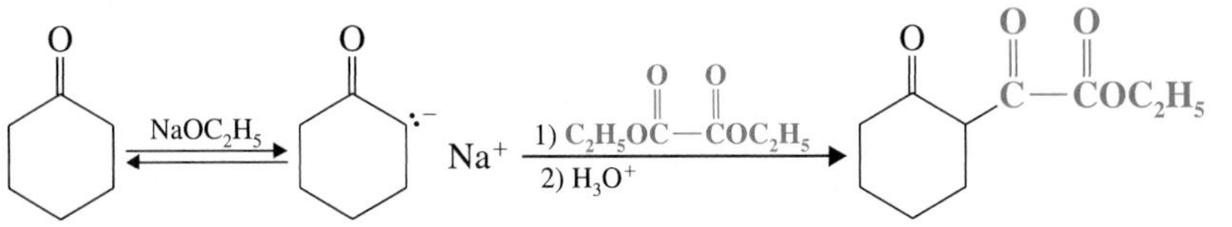

(67 %)

PROBLÈME 19.5

Indiquez comment vous synthétiseriez chacun des produits suivants à partir d'esters, de cétones, de chlorures d'alcanoyle, etc.

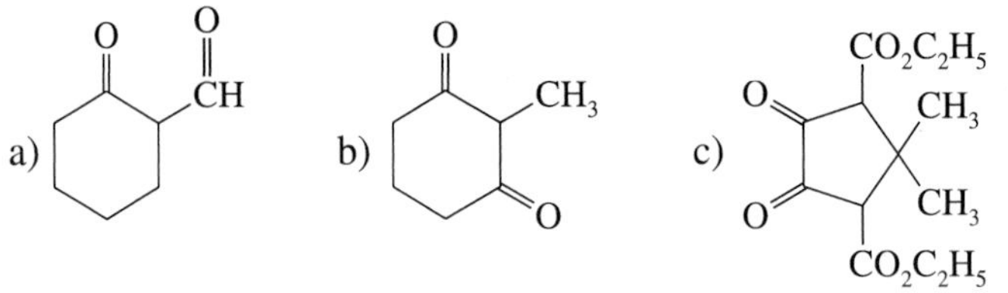

a)   b)   c)

PROBLÈME 19.6

Les cétoesters peuvent subir des réactions de cyclisation semblables à la condensation de Dieckmann. Par quel mécanisme peut-on expliquer la formation du produit de la réaction suivante ?

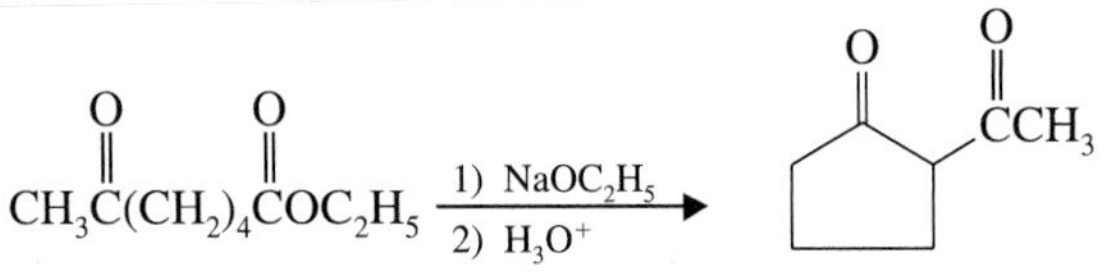

2-Acétylcyclopentanone

19.3 SYNTHÈSE ACÉTOACÉTIQUE : SYNTHÈSE DES MÉTHYLCÉTONES (ACÉTONES SUBSTITUÉES)

Comme nous l'avons indiqué à la section 19.2, les protons méthyléniques de l'acétoacétate d'éthyle (ester acétoacétique) sont plus acides que le proton du groupe —OH de l'éthanol parce qu'ils sont situés entre deux groupes carbonyle. On peut donc transformer l'acétoacétate d'éthyle en un anion énolate très stable en employant l'éthoxyde de sodium comme base. On peut ensuite provoquer une réaction d'alkylation en traitant l'anion énolate nucléophile par un halogénoalcane. Cette séquence de réactions est appelée **synthèse acétoacétique.**

$$CH_3\overset{\overset{\displaystyle \cdot\ddot{O}\cdot}{\|}}{C}-CH_2-\overset{\overset{\displaystyle \cdot\ddot{O}\cdot}{\|}}{C}OC_2H_5 + C_2H_5O^-Na^+ \rightleftharpoons CH_3\overset{\overset{\displaystyle \cdot\ddot{O}\cdot}{\|}}{C}-\overset{..}{\underset{}{C}}H-\overset{\overset{\displaystyle \cdot\ddot{O}\cdot}{\|}}{C}-OC_2H_5 + C_2H_5OH$$

Ester acétoacétique   **Éthoxyde de sodium**   Na⁺   **Ester sodioacétoacétique**

$$\downarrow R{-}X$$

$$CH_3\overset{\overset{\displaystyle \cdot\ddot{O}\cdot}{\|}}{C}-\underset{\underset{\displaystyle R}{|}}{CH}-\overset{\overset{\displaystyle \cdot\ddot{O}\cdot}{\|}}{C}-OC_2H_5 + NaX$$

Ester monoalkylacétoacétique
(2-Alkyl-3-oxobutanoate d'éthyle)

Dans la réaction précédente, étant donné que l'alkylation est une réaction S_N2, on obtient un meilleur rendement lorsqu'on utilise un halogénoalcane primaire (y compris les halogénures benzyliques et allyliques primaires) ou un halogénométhane. Les halogénoalcanes secondaires donnent de faibles rendements et les halogénoalcanes tertiaires ne donnent lieu qu'à des réactions d'élimination.

L'ester monoalkylacétoacétique résultant de cette dernière réaction comporte encore un hydrogène assez acide pour qu'on puisse procéder à une seconde alkylation. Comme un ester monoalkylacétoacétique est un peu moins acide que l'ester acétoacétique, il vaut mieux utiliser une base plus forte que l'ion éthoxyde dans la seconde alkylation. Généralement, on se sert du *tert*-butoxyde de potassium, car c'est une base plus forte que l'éthoxyde de sodium. En outre, le *tert*-butoxyde de potassium risque moins de provoquer une transestérification, parce qu'il est moins stériquement encombré.

$$CH_3\overset{\overset{\displaystyle O}{\|}}{C}-\underset{\underset{\displaystyle R}{|}}{CH}-\overset{\overset{\displaystyle O}{\|}}{C}-OC_2H_5 + (CH_3)_3CO^-K^+ \rightleftharpoons CH_3\overset{\overset{\displaystyle O}{\|}}{C}-\underset{\underset{\displaystyle R}{|}}{\overset{..}{C}}-\overset{\overset{\displaystyle O}{\|}}{C}OC_2H_5 + (CH_3)_3COH$$

Ester monoalkylacétoacétique   ***tert*-Butoxyde de potassium**   K⁺

$$\downarrow R'{-}X$$

$$CH_3\overset{\overset{\displaystyle O}{\|}}{C}-\underset{\underset{\displaystyle R}{|}}{\overset{\overset{\displaystyle R'}{|}}{C}}-\overset{\overset{\displaystyle O}{\|}}{C}-OC_2H_5 + KX$$

Ester dialkylacétoacétique
(2,2-dialkyl-3-oxobutanoate d'éthyle)

Pour synthétiser une méthylcétone monosubstituée (acétone monosubstituée), on procède à une seule alkylation. Puis on hydrolyse l'ester monoalkylacétoacétique à l'aide d'une solution diluée d'hydroxyde de sodium ou de potassium. L'acidification subséquente du mélange engendre un acide alkylacétoacétique. Finalement, en chauffant ce β-cétoacide à 100 °C, on effectue une décarboxylation (section 18.11).

$$CH_3\overset{\overset{\displaystyle O}{\|}}{C}-\underset{\underset{\displaystyle R}{|}}{CH}-\overset{\overset{\displaystyle O}{\|}}{C}OC_2H_5 \xrightarrow[\Delta]{\text{NaOH dilué}} CH_3\overset{\overset{\displaystyle O}{\|}}{C}-\underset{\underset{\displaystyle R}{|}}{CH}-\overset{\overset{\displaystyle O}{\|}}{C}-O^-Na^+$$

Hydrolyse basique du groupe ester (saponification)

$$\xrightarrow{H_3O^+} CH_3\overset{\overset{\displaystyle O}{\|}}{C}-\underset{\underset{\displaystyle R}{|}}{CH}-\overset{\overset{\displaystyle O}{\|}}{C}-OH \xrightarrow[100\,°C]{\Delta} CH_3\overset{\overset{\displaystyle O}{\|}}{C}-CH_2-R + CO_2$$

Méthylcétone

Acidification   Décarboxylation du β-cétoacide

La synthèse de l'heptan-2-one nous servira ici d'exemple.

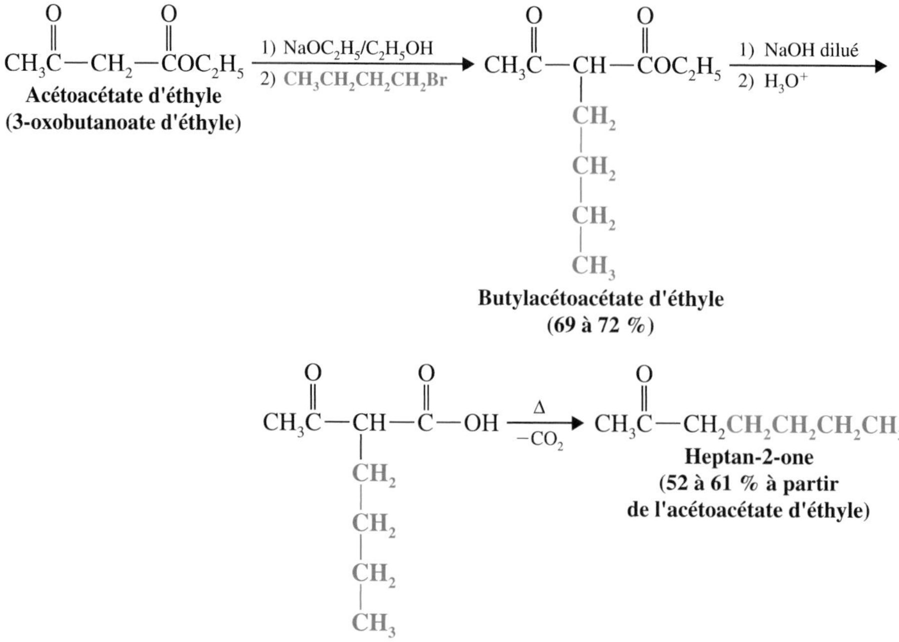

$$CH_3\overset{O}{\overset{\|}{C}}-CH_2-\overset{O}{\overset{\|}{C}}OC_2H_5 \xrightarrow[\text{2) } CH_3CH_2CH_2CH_2Br]{\text{1) } NaOC_2H_5/C_2H_5OH}$$

Acétoacétate d'éthyle
(3-oxobutanoate d'éthyle)

$$CH_3\overset{O}{\overset{\|}{C}}-\overset{\underset{\displaystyle CH_2}{\underset{\displaystyle CH_2}{\underset{\displaystyle CH_2}{\underset{\displaystyle CH_3}{|}}}}{\overset{|}{CH}}-\overset{O}{\overset{\|}{C}}OC_2H_5 \xrightarrow[\text{2) } H_3O^+]{\text{1) } NaOH\ dilué}$$

Butylacétoacétate d'éthyle
(69 à 72 %)

$$CH_3\overset{O}{\overset{\|}{C}}-\overset{\underset{\displaystyle CH_2}{\underset{\displaystyle CH_2}{\underset{\displaystyle CH_2}{\underset{\displaystyle CH_3}{|}}}}{\overset{|}{CH}}-\overset{O}{\overset{\|}{C}}-OH \xrightarrow[-CO_2]{\Delta} CH_3\overset{O}{\overset{\|}{C}}-CH_2CH_2CH_2CH_2CH_3$$

Heptan-2-one
(52 à 61 % à partir
de l'acétoacétate d'éthyle)

Si on cherche à préparer une acétone disubstituée, on procède à deux alkylations : on hydrolyse l'ester dialkylacétoacétique résultant, puis on effectue une décarboxylation de l'acide dialkylacétoacétique. La synthèse de la 3-butylheptan-2-one constitue un bon exemple de ce genre de synthèse.

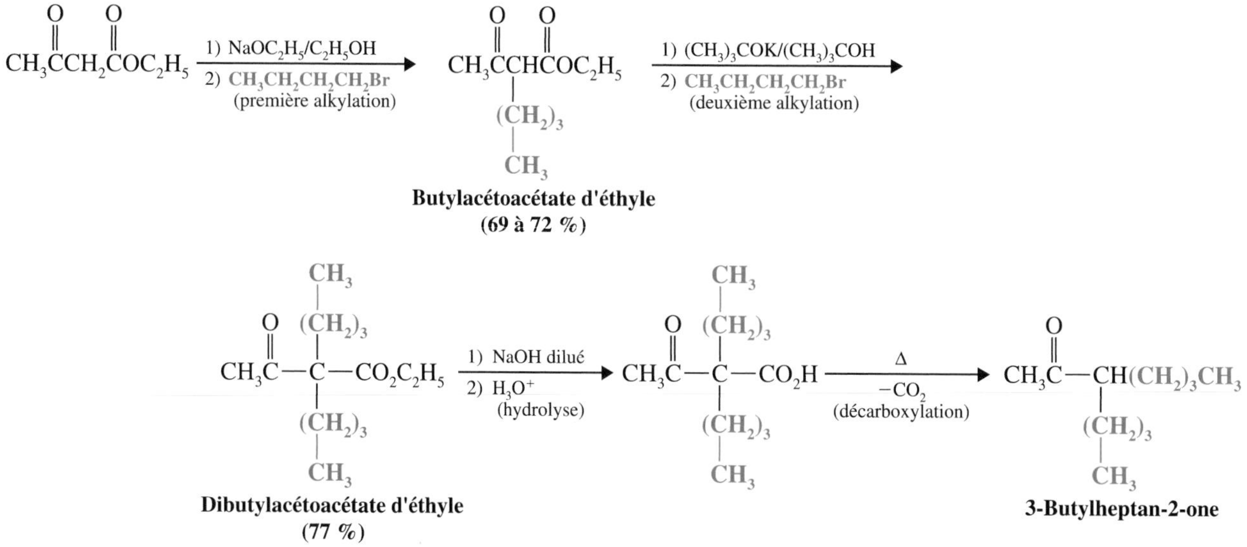

$$CH_3\overset{O}{\overset{\|}{C}}CH_2\overset{O}{\overset{\|}{C}}OC_2H_5 \xrightarrow[\substack{\text{2) } CH_3CH_2CH_2CH_2Br \\ \text{(première alkylation)}}]{\text{1) } NaOC_2H_5/C_2H_5OH} CH_3\overset{O}{\overset{\|}{C}}\overset{\underset{\displaystyle (CH_2)_3}{\underset{\displaystyle CH_3}{|}}}{CH}\overset{O}{\overset{\|}{C}}OC_2H_5 \xrightarrow[\substack{\text{2) } CH_3CH_2CH_2CH_2Br \\ \text{(deuxième alkylation)}}]{\text{1) } (CH_3)_3COK/(CH_3)_3COH}$$

Butylacétoacétate d'éthyle
(69 à 72 %)

$$CH_3\overset{O}{\overset{\|}{C}}-\overset{\overset{\displaystyle CH_3}{\overset{\displaystyle |}{\overset{\displaystyle (CH_2)_3}{|}}}}{\underset{\underset{\displaystyle CH_3}{\underset{\displaystyle (CH_2)_3}{|}}}{C}}-CO_2C_2H_5 \xrightarrow[\substack{\text{2) } H_3O^+ \\ \text{(hydrolyse)}}]{\text{1) } NaOH\ dilué} CH_3\overset{O}{\overset{\|}{C}}-\overset{\overset{\displaystyle CH_3}{\overset{\displaystyle |}{\overset{\displaystyle (CH_2)_3}{|}}}}{\underset{\underset{\displaystyle CH_3}{\underset{\displaystyle (CH_2)_3}{|}}}{C}}-CO_2H \xrightarrow[\substack{-CO_2 \\ \text{(décarboxylation)}}]{\Delta} CH_3\overset{O}{\overset{\|}{C}}-\overset{\underset{\displaystyle (CH_2)_3}{\underset{\displaystyle CH_3}{|}}}{CH}(CH_2)_3CH_3$$

Dibutylacétoacétate d'éthyle
(77 %)

3-Butylheptan-2-one

Dans cet exemple, les deux alkylations sont réalisées avec le même halogénoalcane, mais on aurait pu en utiliser des différents si la synthèse l'avait exigé.

Comme nous l'avons vu, l'acétoacétate d'éthyle est un réactif utile pour préparer deux types d'acétones (méthylcétones) substituées. Ces deux types sont représentés ci-dessous.

$$H_3C-\overset{O}{\overset{\|}{C}}-\overset{\underset{\displaystyle R}{|}}{CH_2} \qquad\qquad H_3C-\overset{O}{\overset{\|}{C}}-\overset{\overset{\displaystyle R'}{|}}{\underset{\underset{\displaystyle R}{|}}{CH}}$$

Une acétone monosubstituée   **Une acétone disubstituée**

C'est pourquoi on se sert de l'acétoacétate d'éthyle comme **équivalent synthétique** (section 8.17) de l'énolate issu de l'acétone. Bien qu'il soit possible de former l'énolate de l'acétone, l'utilisation de l'acétoacétate d'éthyle comme équivalent synthétique est souvent plus commode parce que ses hydrogènes α sont nettement plus acides (pK_a = 9 à 11) que ceux de l'acétone (pK_a = 19 ou 20). Si on voulait produire l'anion directement, il faudrait employer une base beaucoup plus forte, et ce, dans des conditions particulières (section 19.6).

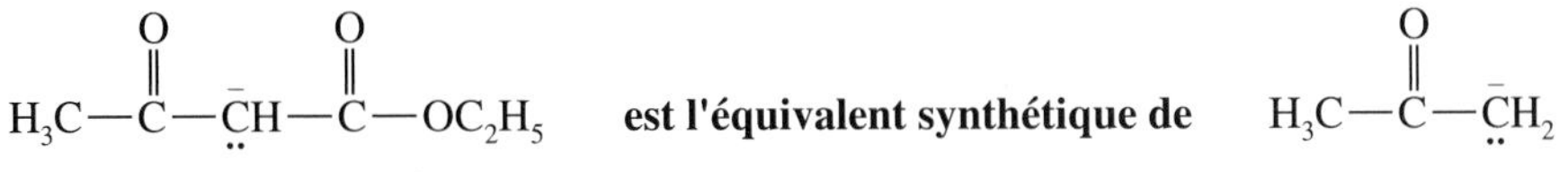

$$H_3C-\underset{\underset{O}{\|}}{C}-\overset{..}{\underset{}{C}H}-\underset{\underset{O}{\|}}{C}-OC_2H_5 \qquad \textbf{est l'équivalent synthétique de} \qquad H_3C-\underset{\underset{O}{\|}}{C}-\overset{..}{\underset{}{C}H_2}$$

Anion acétoacétate d'éthyle

PROBLÈME 19.7

Parfois, certains produits secondaires résultant de l'alkylation des esters sodioacétoacétiques sont des composés ayant la structure générale suivante :

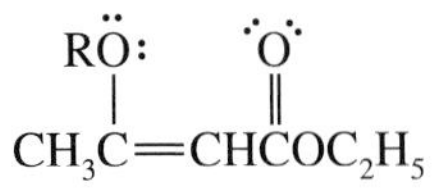

$$\underset{CH_3C=CHCOC_2H_5}{\overset{R\overset{..}{O}: \qquad \overset{\cdot\cdot}{O}}{\underset{\|}{}}}$$

Expliquez comment se forment ces produits.

PROBLÈME 19.8

Indiquez comment vous pourriez, par une synthèse acétoacétique, préparer chacun des produits suivants : a) pentan-2-one; b) 3-propylhexan-2-one; c) 4-phénylbutan-2-one.

PROBLÈME 19.9

Généralement, avec la synthèse acétoacétique, on obtient de meilleurs rendements lorsqu'on utilise des halogénoalcanes primaires à l'étape d'alkylation. Les halogénoalcanes secondaires donnent de faibles rendements et les halogénoalcanes tertiaires ne produisent pratiquement aucun produit d'alkylation. a) Expliquez. b) Quels produits obtiendriez-vous en faisant réagir l'ester sodioacétoacétique avec le bromure de *tert*-butyle ? c) Le bromobenzène ne peut servir d'agent d'arylation dans la synthèse acétoacétique telle que nous venons de la décrire. Pourquoi ?

PROBLÈME 19.10

Étant donné que les produits résultant des condensations de Claisen sont des β-céto-esters, l'hydrolyse et la décarboxylation de ces produits permettent d'obtenir des cétones. Condensation de Claisen, hydrolyse et décarboxylation constituent donc une méthode de synthèse des cétones. Appliquez cette méthode à la synthèse de la heptan-4-one.

Les esters et les cétones halogénés peuvent également être utilisés comme agents d'alkylation dans les synthèses acétoacétiques. Ainsi, avec un ester α-halogéné, on peut aisément synthétiser un γ-cétoacide.

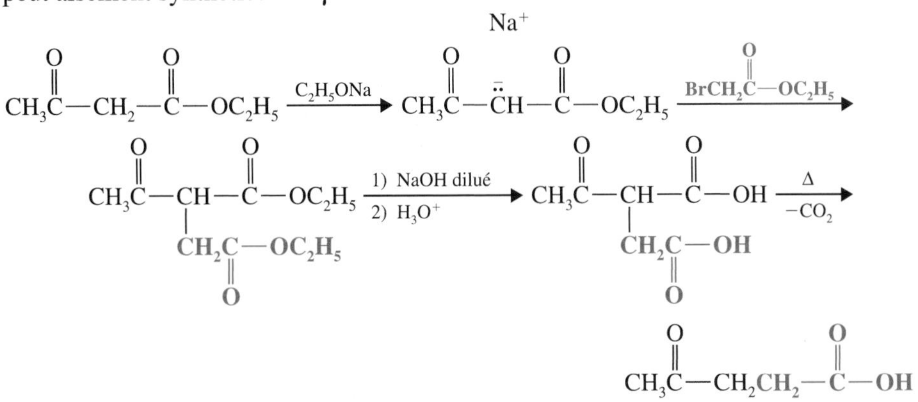

Acide 4-oxopentanoïque

PROBLÈME 19.11

Dans la synthèse précédente, l'acide dicarboxylique subit la décarboxylation d'une manière particulière, ce qui donne le produit indiqué ci-dessous :

$$CH_3\overset{\displaystyle O}{\overset{\|}{C}}CH_2CH_2\overset{\displaystyle O}{\overset{\|}{C}}OH \qquad \text{plutôt que} \qquad CH_3\overset{\displaystyle O}{\overset{\|}{C}}\underset{\underset{\displaystyle CH_3}{|}}{C}H\overset{\displaystyle O}{\overset{\|}{C}}OH$$

Expliquez.

Une méthode de préparation des γ-dicétones consiste à utiliser une cétone α-halogénée dans la synthèse acétoacétique.

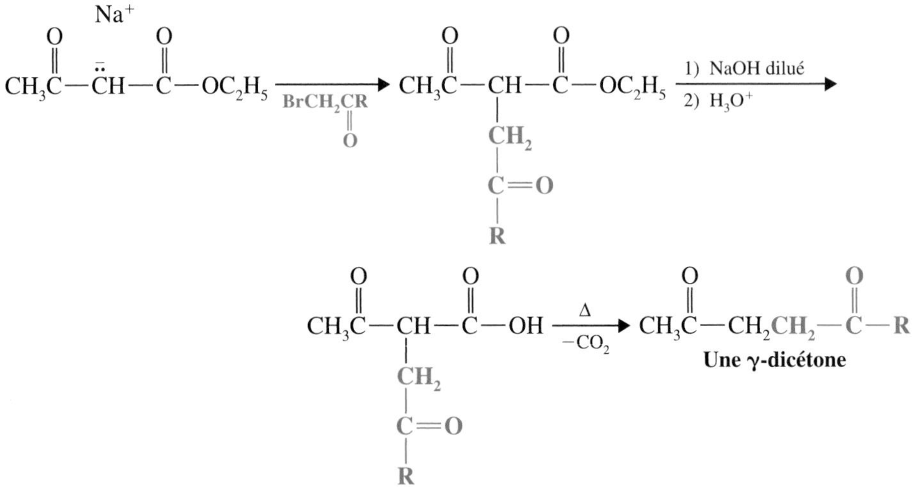

PROBLÈME 19.12

Quelle synthèse acétoacétique vous permettrait de préparer le produit suivant ?

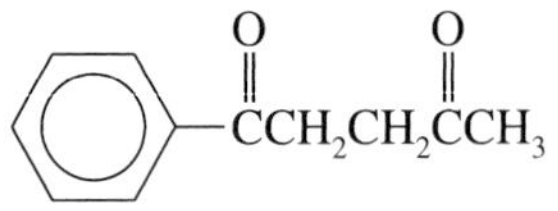

Les anions dérivés des esters acétoacétiques subissent une acylation lorsqu'ils sont traités par des chlorures d'acanoyle ou des anhydrides d'acide. Comme ces deux agents d'acylation réagissent avec les alcools, les réactions d'acylation ne peuvent se faire dans l'éthanol; elles doivent être réalisées dans un solvant aprotique comme le DMF ou le DMSO (section 6.14C). Si la réaction avait lieu dans l'éthanol, avec l'éthoxyde de sodium par exemple, le chlorure d'acanoyle se convertirait rapidement en un ester d'éthyle et l'ion éthoxyde serait neutralisé. En outre, dans un solvant aprotique, l'hydrure de sodium permet de produire l'anion énolate.

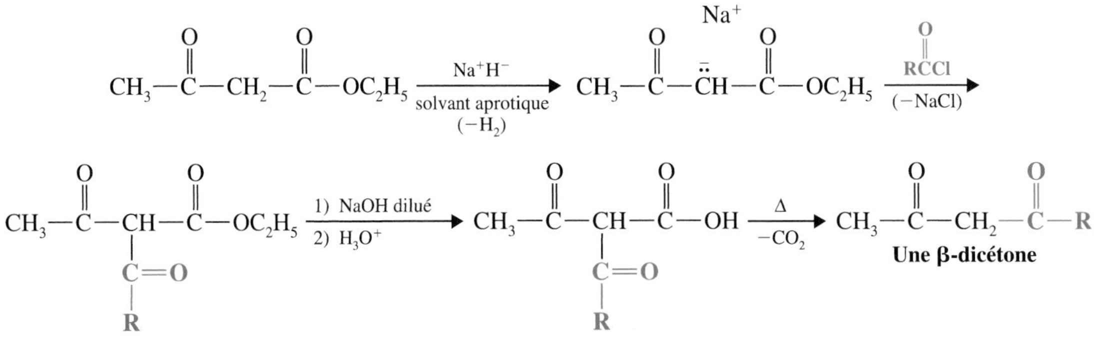

En plus de la condensation de Claisen, l'acylation des esters acétoacétiques suivie d'une hydrolyse et d'une décarboxylation constitue une autre méthode de synthèse des composés β-dicarbonylés.

PROBLÈME 19.13

Proposez une synthèse acétoacétique qui vous permettrait de préparer le produit suivant ?

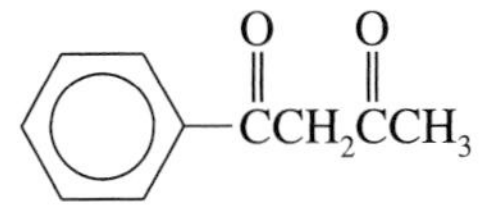

On ne peut pas ajouter un radical phényle à l'ester acétoacétique par des réactions analogues aux alkylations que nous avons décrites dans ce chapitre, parce que le bromobenzène n'est pas apte à subir une réaction S_N2 (section 6.15A et problème 19.9c). Cependant, en traitant l'ester acétoacétique par le bromobenzène et *deux équivalents molaires d'amidure de sodium,* on provoque sa phénylation par *un mécanisme réactionnel comportant un intermédiaire benzyne* (section 21.11), comme suit :

$$CH_3\overset{O}{\underset{\|}{C}}CH_2\overset{O}{\underset{\|}{C}}OC_2H_5 + C_6H_5Br + 2\ NaNH_2 \xrightarrow{NH_3\ liq.} CH_3\overset{O}{\underset{\|}{C}}\overset{O}{\underset{\underset{C_6H_5}{|}}{C}}H\overset{O}{\underset{\|}{C}}OC_2H_5$$

Les esters maloniques $\left(\overset{O}{\underset{\|}{RO}}C CH_2\overset{O}{\underset{\|}{C}}OR\right)$ peuvent subir le même genre de phénylation.

PROBLÈME 19.14

a) Décrivez brièvement toutes les étapes d'un mécanisme qui rende compte de la phénylation de l'ester acétoacétique par le bromobenzène et deux équivalents molaires d'amidure de sodium, et qui explique pourquoi il faut utiliser deux équivalents molaires d'amidure de sodium ? b) Quel produit obtiendriez-vous en procédant à l'hydrolyse et à la décarboxylation de l'ester acétoacétique phénylé ? c) Comment prépareriez-vous l'acide phénylacétique à partir d'un diester malonique ?

Parmi toutes les synthèses acétoacétiques, il y en a une qui consiste à convertir un ester acétoacétique en un *dianion* stabilisé par résonance, au moyen d'une base très forte comme l'amidure de potassium dans l'ammoniac liquide.

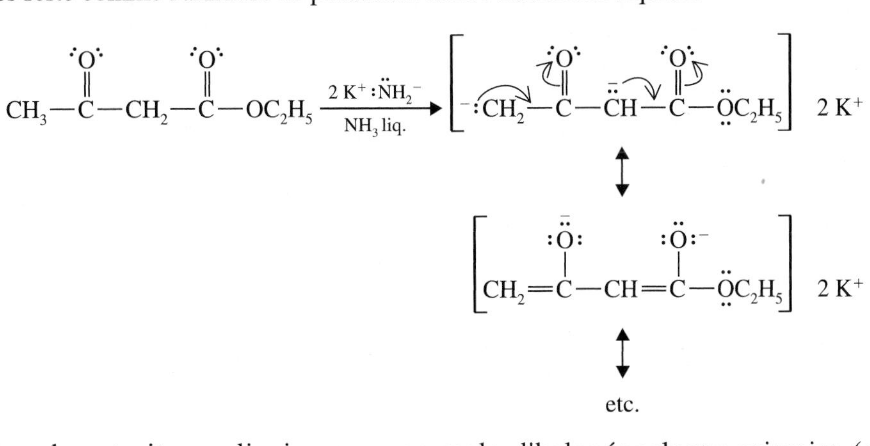

Quand on traite ce dianion par une mole d'halogénoalcane primaire (ou d'halogénométhane), il subit une alkylation, mais c'est son carbone terminal qui se trouve alkylé, plutôt que son carbone interne. Cette régiosélectivité d'alkylation est sans doute due à la plus grande basicité (au caractère nucléophile plus prononcé) du carbanion terminal. Ce carbanion est plus basique parce qu'il est stabilisé par un seul groupe carbonyle adjacent. De plus, la position terminale est moins encombrée que la position interne, ce qui facilite les réactions S_N2 à cet endroit. Après la monoalkylation, l'anion restant peut être protoné par addition de chlorure d'ammonium.

$$2 K^+ \left[\ ^-\!:CH_2-\overset{\overset{\displaystyle O}{\|}}{C}-\overset{\cdot\cdot}{\overset{\displaystyle}{C}}H-\overset{\overset{\displaystyle O}{\|}}{C}-OC_2H_5 \right] \xrightarrow[\substack{NH_3\ liq.\\(-\overset{+}{K}X)}]{R-X}$$

$$R-CH_2-\overset{\overset{\displaystyle O}{\|}}{C}-\overset{\overset{\displaystyle K^+}{}}{\overset{\cdot\cdot}{C}H}-\overset{\overset{\displaystyle O}{\|}}{C}-OC_2H_5 \xrightarrow{NH_4Cl} R-CH_2-\overset{\overset{\displaystyle O}{\|}}{C}-\overset{\overset{\displaystyle}{\underset{\displaystyle H}{|}}}{C}H-\overset{\overset{\displaystyle O}{\|}}{C}-OC_2H_5$$

PROBLÈME 19.15

Comment utiliseriez-vous l'acétoacétate d'éthyle pour synthétiser le composé suivant ?

$$C_6H_5CH_2CH_2\overset{\overset{\displaystyle O}{\|}}{C}CH_2\overset{\overset{\displaystyle O}{\|}}{C}OC_2H_5$$

19.4 SYNTHÈSE MALONIQUE : SYNTHÈSE D'ACIDES ACÉTIQUES SUBSTITUÉS

Une synthèse qui s'apparente à la synthèse acétoacétique permet d'obtenir des *acides acétiques mono* ou *disubstitués :* elle porte le nom de **synthèse malonique.** Dans cette synthèse, le produit initial est un ester malonique, c'est-à-dire le diester d'un acide β-dicarboxylique. L'ester malonique le plus fréquemment utilisé est le malonate de diéthyle.

$$C_2H_5O-\overset{\overset{\displaystyle \cdot\cdot O\cdot\cdot}{\|}}{C}-CH_2-\overset{\overset{\displaystyle \cdot\cdot O\cdot\cdot}{\|}}{C}-OC_2H_5$$

Malonate de diéthyle
(un acide β-dicarboxylique)

La synthèse malonique ressemble, à bien des égards, à la synthèse acétoacétique.

MÉCANISME DE LA RÉACTION

Synthèse malonique d'acides acétiques substitués

Étape 1   Le malonate de diéthyle, réactif de départ, forme un anion énolate relativement stable.

$$C_2H_5O-\overset{\overset{\displaystyle \cdot\cdot O\cdot\cdot}{\|}}{C}-\overset{\overset{\displaystyle}{\underset{\underset{\displaystyle \overset{\textstyle H}{\ \ }\ ^-OC_2H_5}{|}}{}}}{CH}-\overset{\overset{\displaystyle \cdot\cdot O\cdot\cdot}{\|}}{C}-OC_2H_5$$

$$C_2H_5O-\overset{\overset{\displaystyle \cdot\cdot O\cdot\cdot}{\|}}{C}-\overset{\cdot\cdot}{\overset{\displaystyle}{C}}H-\overset{\overset{\displaystyle \cdot\cdot O\cdot\cdot}{\|}}{C}-OC_2H_5 \longleftrightarrow C_2H_5O-\overset{\overset{\displaystyle \cdot\cdot\overset{\cdot\cdot}{O}:^-}{|}}{C}=CH-\overset{\overset{\displaystyle \cdot\cdot O\cdot\cdot}{\|}}{C}-OC_2H_5 \longleftrightarrow C_2H_5O-\overset{\overset{\displaystyle \cdot\cdot O\cdot\cdot}{\|}}{C}-CH=\overset{\overset{\displaystyle \cdot\cdot\overset{\cdot\cdot}{O}:^-}{|}}{C}-OC_2H_5$$

$$+\ HOC_2H_5 \qquad\qquad \textbf{Anion stabilisé par résonance}$$

Étape 2   **L'anion énolate peut être alkylé par une réaction S_N2**

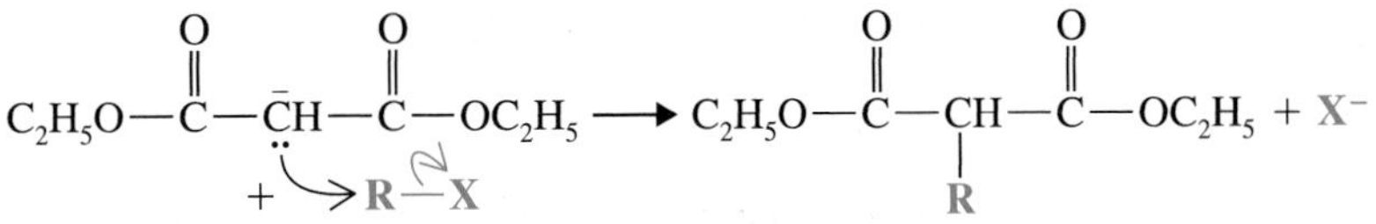

Ion énolate   **Ester monoalkylmalonique**

et le produit peut être alkylé une nouvelle fois si la synthèse l'exige.

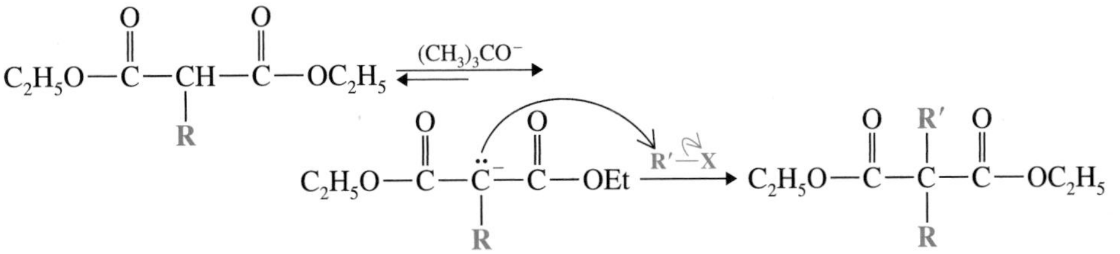

Ester dialkylmalonique

Étape 3   **L'ester mono ou dialkylmalonique peut ensuite être hydrolysé en acide mono ou dialkylmalonique. Et, comme les acides maloniques substitués subissent facilement une décarboxylation, on obtient finalement un acide acétique mono ou disubstitué.**

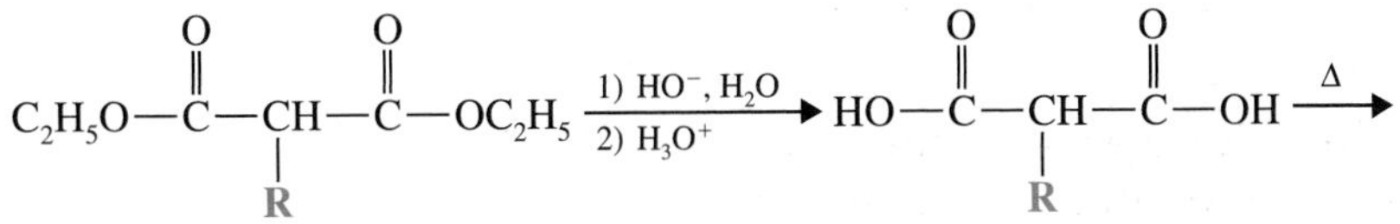

Ester monoalkylmalonique 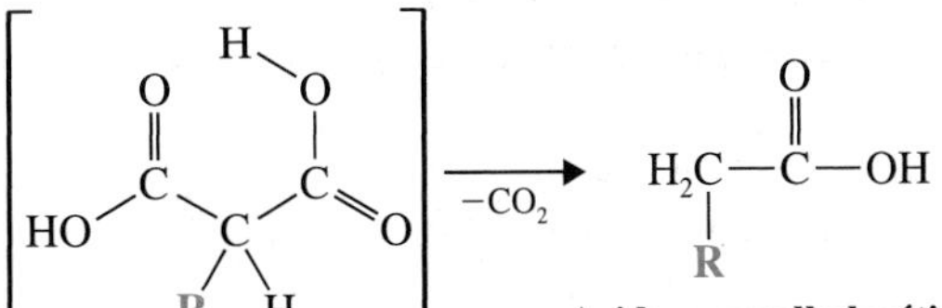   **Acide monoalkylacétique**

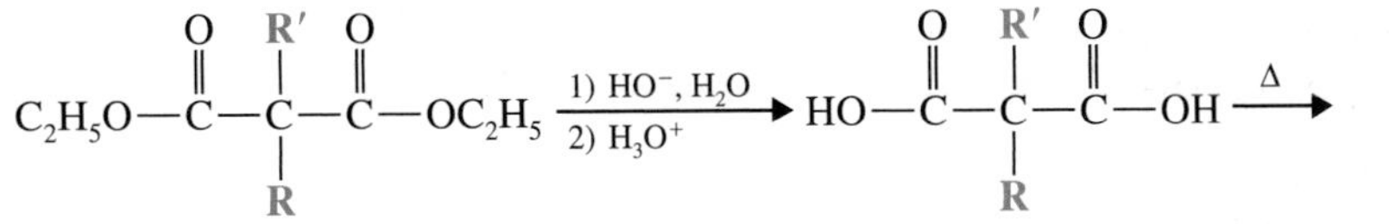

Ester dialkylmalonique 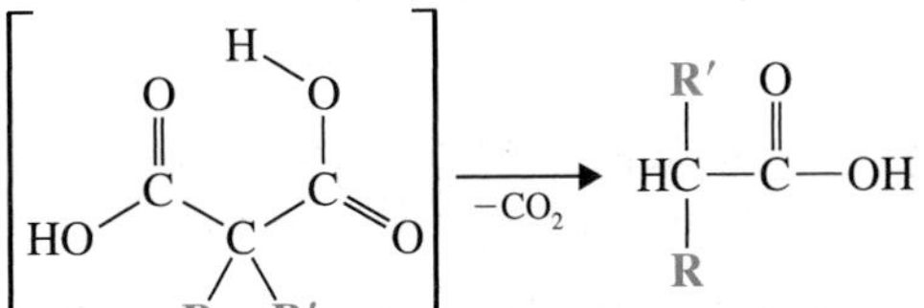   **Acide dialkylacétique**

Voici deux exemples de synthèse malonique :

Une synthèse malonique de l'acide hexanoïque

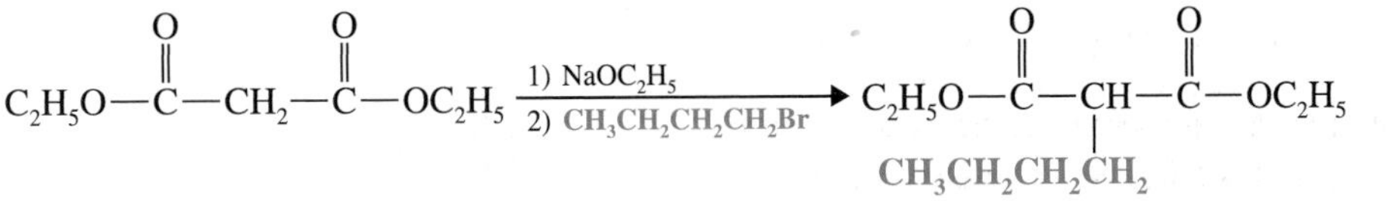

Butylmalonate d'éthyle (80 à 90 %)

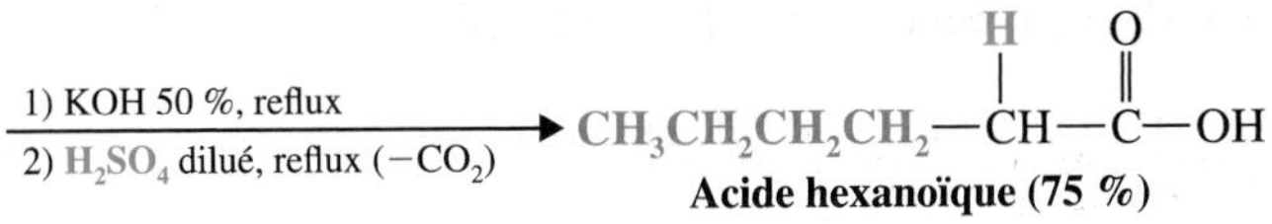

Acide hexanoïque (75 %)

Une synthèse malonique de l'acide 2-éthylpentanoïque

$$C_2H_5O-\overset{\overset{O}{\|}}{C}-CH_2-\overset{\overset{O}{\|}}{C}-OC_2H_5 \quad \xrightarrow[\text{2) CH}_3\text{CH}_2\text{I}]{\text{1) NaOC}_2\text{H}_5}$$

$$C_2H_5O-\overset{\overset{O}{\|}}{C}-\underset{\underset{CH_2CH_3}{|}}{CH}-\overset{\overset{O}{\|}}{C}-OC_2H_5 \quad \xrightarrow[\text{2) CH}_3\text{CH}_2\text{CH}_2\text{I}]{\text{1) KOC(CH}_3)_3} \quad C_2H_5O-\overset{\overset{O}{\|}}{C}-\underset{\underset{CH_3CH_2CH_2 \quad CH_2CH_3}{|\quad\quad|}}{C}-\overset{\overset{O}{\|}}{C}-OC_2H_5 \quad \xrightarrow[\text{2) H}_3\text{O}^+]{\text{1) }^-\text{HO, H}_2\text{O}}$$

Éthylmalonate de diéthyle   **Éthylpropylmalonate de diéthyle**

$$HO-\overset{\overset{O}{\|}}{C}-\underset{\underset{CH_3CH_2CH_2 \quad CH_2CH_3}{|\quad\quad|}}{C}-\overset{\overset{O}{\|}}{C}-OH \quad \longrightarrow \quad \left[\underset{\underset{CH_3CH_2CH_2 \quad CH_2CH_3}{|\quad\quad|}}{HO-\overset{\overset{O}{\|}}{C}-C}\overset{\overset{H}{|}}{\underset{}{-}}\overset{\overset{O}{\diagdown}}{\underset{O}{\diagup}} \right] \quad \xrightarrow[-CO_2]{180\ °C} \quad CH_3CH_2CH_2-\underset{\underset{CH_2CH_3}{|}}{CH}-\overset{\overset{O}{\|}}{C}-OH$$

Acide éthylpropylmalonique   **Acide 2-éthylpentanoïque**
(Acide 2-éthyl-2-propylpropane-1,3-dioque)

PROBLÈME 19.16

Décrivez brièvement toutes les étapes d'une synthèse malonique produisant chacun des composés suivants : a) acide pentanoïque; b) acide 2-méthylpentanoïque; c) acide 4-méthylpentanoïque.

Deux variantes de la synthèse malonique font intervenir des dihalogénoalcanes. Dans la première, on fait réagir deux équivalents molaires de l'ester sodiomalonique avec un dihalogénoalcane. Deux alkylations consécutives se produisent, ce qui donne un tétraester. L'hydrolyse et la décarboxylation du tétraester mènent à un acide dicarboxylique. À titre d'exemple, nous présentons ici une synthèse de l'acide glutarique.

$$CH_2I_2 + 2\ Na^{+-}:\underset{\underset{\overset{\|}{C}OC_2H_5}{O}}{\overset{\overset{O}{\overset{\|}{C}OC_2H_5}}{CH}} \longrightarrow \underset{\underset{\overset{\|}{C_2H_5OC}}{O}}{\overset{\overset{O}{\overset{\|}{C_2H_5OC}}}{}} \underset{}{CHCH_2CH} \underset{\underset{\overset{\|}{COC_2H_5}}{O}}{\overset{\overset{O}{\overset{\|}{COC_2H_5}}}{}} \quad \xrightarrow[\text{2) évaporation, }\Delta]{\text{1) HCl aq.}} \quad HO\overset{\overset{O}{\|}}{C}CH_2CH_2CH_2\overset{\overset{O}{\|}}{C}OH + 2\ CO_2 + 4\ C_2H_5OH$$

Acide glutarique
(80 %)

Dans la seconde variante, on fait réagir un équivalent molaire de l'ester sodiomalonique avec un équivalent molaire d'un dihalogénoalcane. Cette réaction produit un ester halogénoalkylmalonique. On traite ensuite cet ester par l'éthoxyde de sodium, ce qui provoque une alkylation intramoléculaire. Cette méthode a permis de préparer des cycles à trois, quatre, cinq ou six membres. Voici comment on peut l'appliquer à la synthèse de l'acide cyclobutanecarboxylique.

$$\underset{\underset{\overset{\|}{C_2H_5OC}}{O}}{\overset{\overset{O}{\overset{\|}{C_2H_5OC}}}{}}HC\!\!:^-Na^+ + Br-CH_2CH_2CH_2Br \quad \xrightarrow[(-NaBr)]{S_N2} \quad \underset{\underset{\overset{\|}{C_2H_5OC}}{O}}{\overset{\overset{O}{\overset{\|}{C_2H_5OC}}}{}}HCCH_2CH_2CH_2Br \quad \xrightarrow{C_2H_5O^-Na^+}$$

$$\underset{\underset{\overset{\|}{C_2H_5OC}}{O}}{\overset{\overset{O}{\overset{\|}{C_2H_5OC}}}{}}\overset{}{\underset{\underset{CH_2}{|}}{C^{\cdot-}}}\!\!\begin{matrix}CH_2-Br\\ \diagup\end{matrix} \quad \longrightarrow \quad \underset{\underset{\overset{\|}{C_2H_5OC}}{O}}{\overset{\overset{O}{\overset{\|}{C_2H_5OC}}}{}}\overset{}{C}\!\!\begin{matrix}CH_2\\ \diagup\quad\diagdown\\ CH_2\quad\quad CH_2\end{matrix} \quad \xrightarrow[\text{décarboxylation}]{\text{hydrolyse et}} \quad HO\overset{\overset{O}{\|}}{C}-CH\!\!\begin{matrix}CH_2\\ \diagup\quad\diagdown\\ \quad\quad CH_2\\ CH_2\diagup\end{matrix}$$

Acide cyclobutanecarboxylique

Comme nous l'avons vu, la synthèse malonique constitue une bonne méthode de préparation des acides mono ou dialkylacétiques.

$$H_2C-\overset{\overset{\displaystyle O}{\|}}{C}-OH \qquad \qquad HC-\overset{\overset{\displaystyle O}{\|}}{C}-OH$$

Un acide **Un acide**
monoalkylacétique **dialkylacétique**

On peut donc se servir de la synthèse malonique pour produire un équivalent synthétique de l'énolate d'un ester de l'acide acétique ou du dianion de l'acide acétique. La formation directe de tels anions est possible (section 19.6), mais il est souvent plus commode d'employer le malonate d'éthyle comme équivalent synthétique, parce que ses hydrogènes α sont plus faciles à arracher.

$$C_2H_5O-\overset{\overset{\displaystyle O}{\|}}{C}-\overset{-}{C}H-\overset{\overset{\displaystyle O}{\|}}{C}-OC_2H_5 \qquad \textbf{est l'équivalent synthétique de}$$

Anion du manolate de diéthyle

$$^-\!:\!CH_2-\overset{\overset{\displaystyle O}{\|}}{C}-\overset{..}{O}C_2H_5$$

et

$$^-\!:\!CH_2-\overset{\overset{\displaystyle O}{\|}}{C}-\overset{..}{O}\!:^-$$

À l'annexe D, nous nous intéresserons aux équivalents biosynthétiques de ces anions.

19.5 AUTRES RÉACTIONS DES COMPOSÉS À MÉTHYLÈNE ACTIF

À cause de l'acidité de leurs hydrogènes méthyléniques, les esters maloniques et les esters acétoacétiques, ainsi que d'autres composés similaires, sont souvent appelés **composés à méthylène actif,** ou encore **composés à hydrogènes activés.** En général, les composés à méthylène actif possèdent deux groupes électroattracteurs fixés au carbone méthylique.

$$Z-CH_2-Z'$$

Composé à méthylène actif
(Z et Z′ sont des groupes électroattracteurs.)

Ces groupes électroattracteurs peuvent être divers substituants, dont ceux-ci :

$$-\overset{\overset{\displaystyle O}{\|}}{C}R \quad -\overset{\overset{\displaystyle O}{\|}}{C}H \quad -\overset{\overset{\displaystyle O}{\|}}{C}OR \quad -\overset{\overset{\displaystyle O}{\|}}{C}NR_2 \quad -C\!\equiv\!N \quad -NO_2 \quad -\overset{\overset{\displaystyle O}{\|}}{S}-R \quad -\overset{\overset{\displaystyle O}{\|}}{\underset{\underset{\displaystyle O}{\|}}{S}}-R \quad -\overset{\overset{\displaystyle O}{\|}}{\underset{\underset{\displaystyle O}{\|}}{S}}-OR \quad ou \quad -\overset{\overset{\displaystyle O}{\|}}{\underset{\underset{\displaystyle O}{\|}}{S}}-NR_2$$

Le pK_a de divers composés à méthylène actif varie de 3 à 13.

Ainsi, en faisant réagir le cyanoacétate d'éthyle avec une base, on obtient un anion stabilisé par résonance.

$$:N\!\equiv\!C-CH_2-\overset{\overset{\displaystyle \cdot\overset{..}{O}\cdot}{\|}}{C}OEt \xrightarrow[-H^+]{base} :N\!\equiv\!C-\overset{..}{C}H-\overset{\overset{\displaystyle \cdot\overset{..}{O}\cdot}{\|}}{C}OEt$$

Cyanoacétate d'éthyle

$$^-\!:\overset{..}{N}\!=\!C\!=\!CH-\overset{\overset{\displaystyle \cdot\overset{..}{O}\cdot}{\|}}{C}OEt$$

$$:N\!\equiv\!C-CH\!=\!\overset{\overset{\displaystyle :\overset{..}{O}\!:^-}{|}}{C}OEt$$

Les anions du cyanoacétate d'éthyle peuvent être alkylés. Ils peuvent notamment être dialkylés par le 2-iodopropane, comme dans l'exemple suivant :

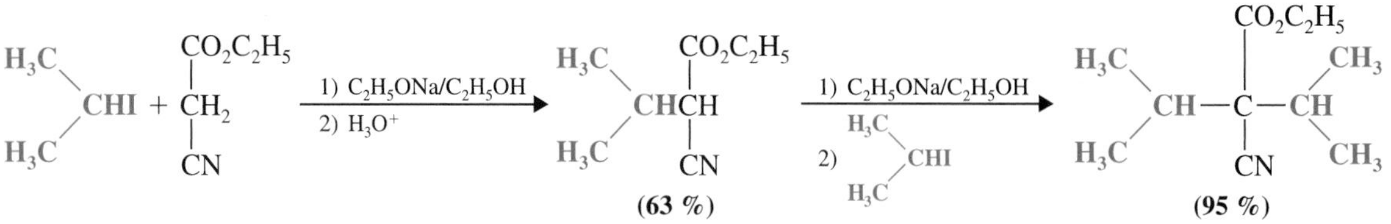

Une autre façon de préparer des cétones consiste à utiliser un β-cétosulfoxyde en tant que composé à méthylène actif.

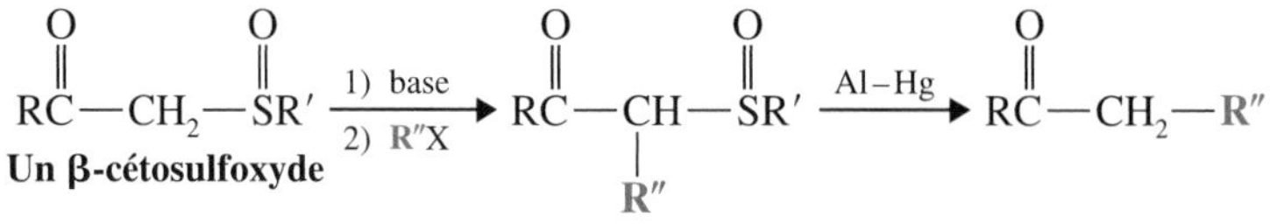

Le β-cétosulfoxyde est d'abord converti en un anion, qui est ensuite alkylé. Le produit résultant est traité par un amalgame d'aluminium (Al–Hg), ce qui provoque le bris de la liaison carbone–soufre. Le rendement en cétone est très bon.

PROBLÈME 19.17

L'acide 2-propylpentanoïque (ou acide valproïque) est un antiépileptique qu'on administre sous forme de sel sodique. Industriellement, on synthétise cet acide à partir du cyanoacétate d'éthyle. Au cours de l'avant-dernière étape de la synthèse, on procède à une décarboxylation et, à la dernière étape, on hydrolyse un nitrile. Représentez schématiquement cette synthèse.

19.6 ALKYLATION DIRECTE DES ESTERS ET DES NITRILES

Nous avons vu aux sections 19.3 à 19.5 qu'il est facile d'alkyler les β-cétoesters, de même que d'autres composés à méthylène actif. Les hydrogènes du groupe méthylène, situé entre deux groupes électroattracteurs, sont exceptionnellement acides et peuvent être aisément arrachés par une base telle que l'ion éthoxyde. Cependant, on peut aussi alkyler les esters et les nitriles simples qui n'ont pas de groupe carbonyle en β. Pour ce faire, il faut employer une base plus forte qui convertira rapidement tout le composé initial (ester ou nitrile) en son ion énolate, avant qu'il ne subisse une condensation de Claisen. La base utilisée doit également être suffisamment encombrée pour ne pas réagir comme nucléophile avec le carbone du groupe carbonyle de l'ester ou avec le carbone du groupe nitrile. Le diisopropylamidure de lithium (LDA) possède de telles caractéristiques.

Le LDA est une base très forte, ce qui s'explique par le fait qu'il s'agit d'une base conjuguée d'un acide très faible, la diisopropylamine (pK_a = 38). Le LDA se prépare en traitant la diisopropylamine par le butyllithium. Les solvants les plus fréquemment utilisés dans les réactions où le LDA agit comme base sont des éthers comme le tétrahydrofurane (THF) et le 1,2-diméthoxyéthane (DME). Rappelons ici que nous avons déjà mentionné comment le LDA intervient dans d'autres synthèses (section 17.7).

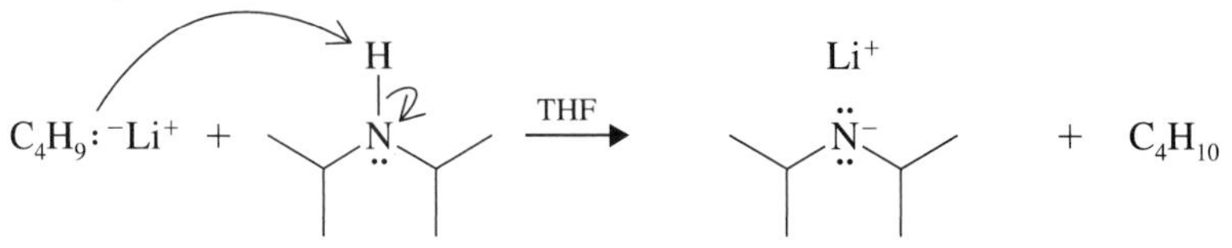

Butyllithium **Diisopropylamine** pK_a **= 38** **Diisopropylamidure de lithium [LDA ou $(i\text{-}C_3H_7)_2NLi$]** **Butane** pK_a **= 50**

Deux exemples d'**alkylation directe** d'un ester sont présentés ci-dessous. Dans le deuxième exemple, l'ester est une lactone (section 18.7C).

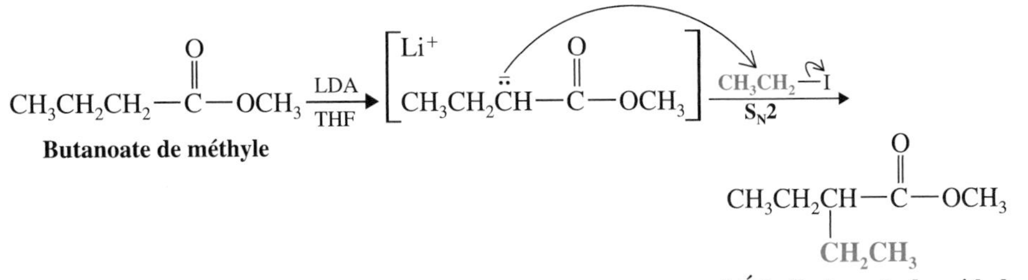

Butanoate de méthyle

2-Éthylbutanoate de méthyle
(96 %)

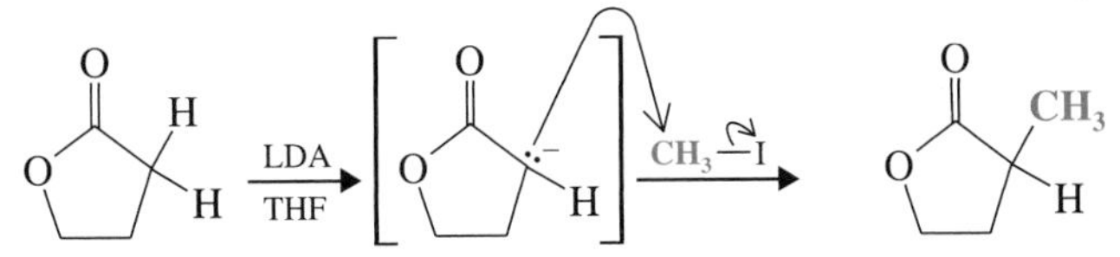

Butyrolactone

2-Méthylbutyrolactone
(88 %)

19.7 ALKYLATION DES 1,3-DITHIANES

Dans les 1,3-dithianes, deux atomes de soufre sont fixés à un carbone. Les atomes de soufre rendent les deux atomes d'hydrogène de ce carbone plus acides (pK_a = 32) que les hydrogènes de la plupart des alcanes.

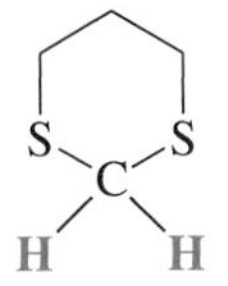

Un 1,3-Dithiane
pK_a = 32

Parce que les atomes de soufre sont facilement polarisés, ils peuvent contribuer à stabiliser la charge négative de l'anion correspondant. Les bases fortes, comme le butyllithium, sont habituellement utilisées pour convertir un dithiane en son anion.

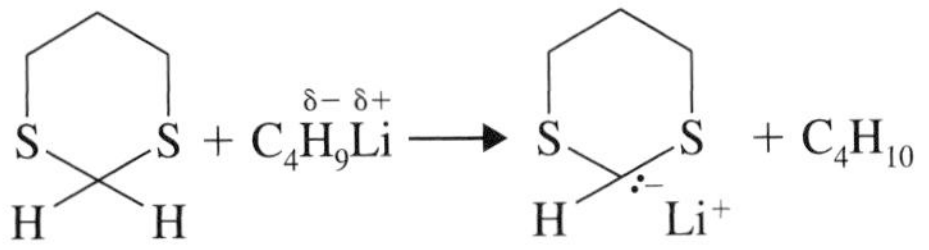

Les 1,3-dithianes sont des thioacétals (section 16.7D). On peut les préparer en traitant un aldéhyde par le propane-1,3-dithiol, avec une trace d'acide.

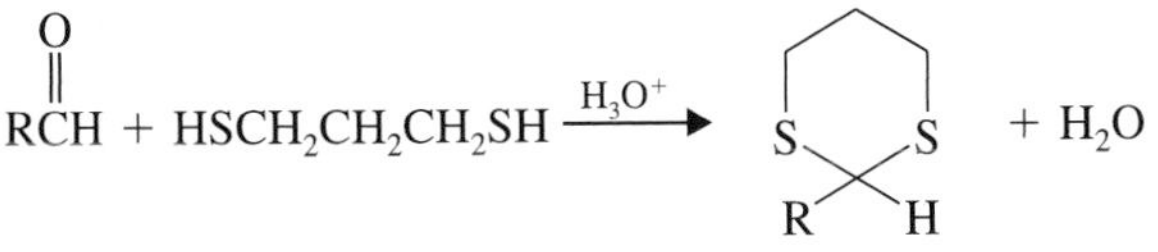

Un 1,3-dithiane

L'alkylation de l'anion d'un 1,3-dithiane au moyen d'un halogénoalcane primaire, par une réaction S_N2, produit un thioacétal qu'on peut ensuite hydrolyser pour obtenir une cétone. L'hydrolyse se fait à l'aide de HgCl$_2$ dans le méthanol ou dans une solution aqueuse d'acétonitrile (CH$_3$CN). L'ensemble de ces réactions (préparation d'un 1,3-dithiane, alkylation et hydrolyse) constitue une méthode de conversion des aldéhydes en cétones.

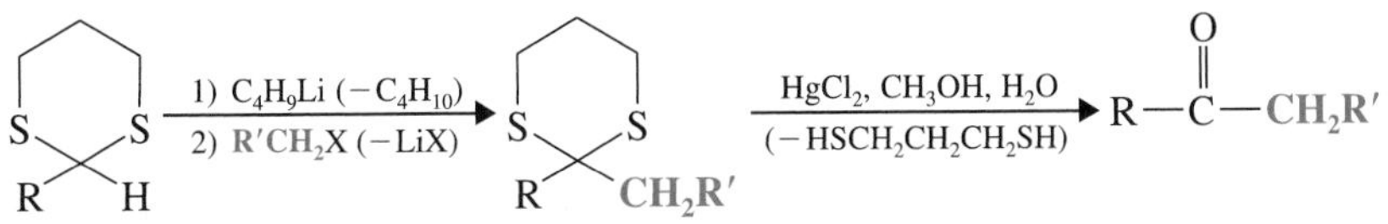

Thioacétal

Cétone

Notez que dans ces synthèses, où intervient un 1,3-dithiane, le mode de réaction normal de l'aldéhyde se trouve inversé. Ordinairement, l'atome de carbone carbonylique d'un aldéhyde est partiellement positif; il est électrophile et, par conséquent, il réagit avec les nucléophiles. Quand on convertit un aldéhyde en 1,3-dithiane et qu'on traite ce dernier par le butyllithium, l'atome de carbone auparavant carbonylique devient chargé négativement et réagit avec les électrophiles. Cette **inversion de polarité** du carbone du groupe carbonyle est appelée **umpolung** (mot allemand qui signifie justement « inversion de polarité »). L'anion 1,3-dithiane devient ainsi un équivalent synthétique d'un carbone carbonylique anionique.

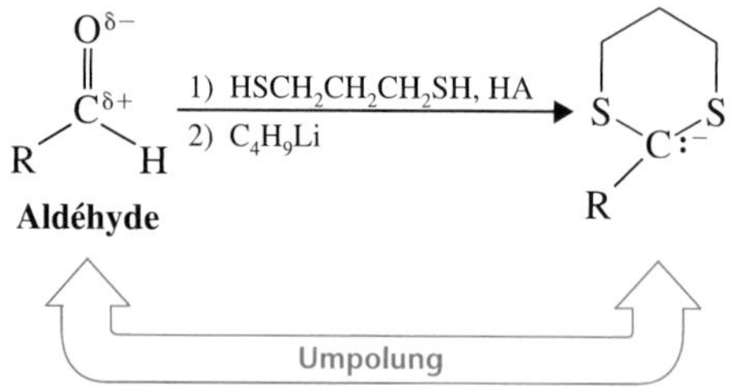

L'utilisation des 1,3-dithianes en synthèse a été mise au point par E.J. Corey et D. Seebach. C'est pourquoi on l'appelle souvent *méthode de Corey-Seebach*.

PROBLÈME 19.18

a) Quel aldéhyde utiliseriez-vous pour préparer le 1,3-dithiane dans lequel ce sont deux hydrogènes qui sont fixés au même carbone que les atomes de soufre ?
b) Comment synthétiseriez-vous le $C_6H_5CH_2CHO$ en vous servant d'un 1,3-dithiane comme intermédiaire ? c) Comment convertiriez-vous le benzaldéhyde en acétophénone ?

PROBLÈME 19.19

La méthode de Corey-Seebach peut aussi servir à synthétiser des molécules de structure RCH_2CH_2R'. Comment réalise-t-on ces synthèses ?

PROBLÈME 19.20

a) La méthode de Corey-Seebach est utilisée pour préparer le métaparacyclophane, une molécule fortement tendue. Quelles sont les structures des intermédiaires **A** à **D** ?

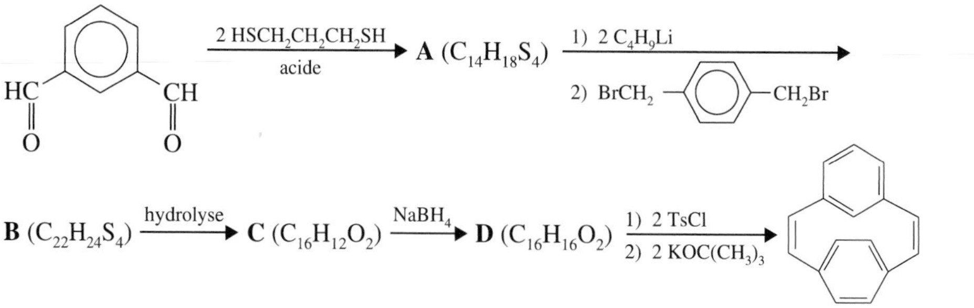

b) Quel composé obtiendrait-on en traitant **B** par un excès de nickel de Raney ?

19.8 CONDENSATION DE KNOEVENAGEL

Les composés à méthylène actif se condensent avec les aldéhydes et les cétones. Connues sous le nom de **condensations de Knoevenagel,** ces réactions, qui ressemblent à des condensations aldoliques, sont catalysées par des bases faibles. Voici un exemple.

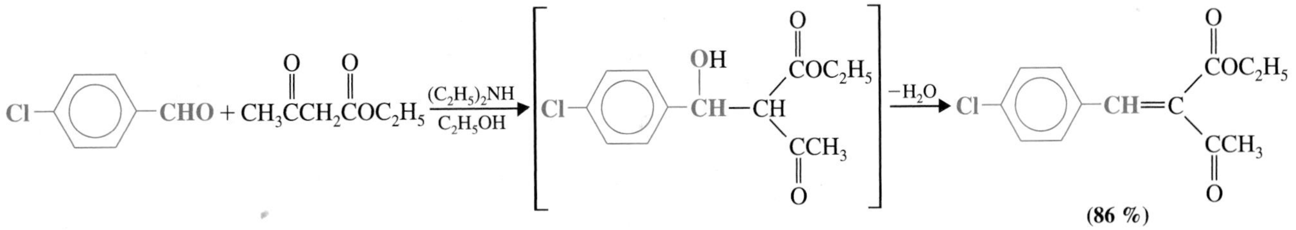

$$Cl{-}\langle\bigcirc\rangle{-}CHO + CH_3CCH_2COC_2H_5 \xrightarrow[C_2H_5OH]{(C_2H_5)_2NH} \left[Cl{-}\langle\bigcirc\rangle{-}\underset{CH}{\overset{OH}{|}}{-}\underset{CCH_3}{\overset{COC_2H_5}{|}}CH \right] \xrightarrow{-H_2O} Cl{-}\langle\bigcirc\rangle{-}CH{=}\underset{CCH_3}{\overset{COC_2H_5}{|}}C$$

(86 %)

19.9 ADDITIONS DE MICHAEL

Les composés à méthylène actif peuvent également s'additionner aux composés carbonylés α,β-insaturés par des réactions d'addition conjuguée appelées **additions de Michael** (section 17.9B). Les nucléophiles, comme les énolates, ont davantage tendance à s'additionner de manière conjuguée plutôt que directement sur le carbonyle (section 17.9).

MÉCANISME DE LA RÉACTION

Addition de Michael d'un composé à méthylène actif

Réaction générale

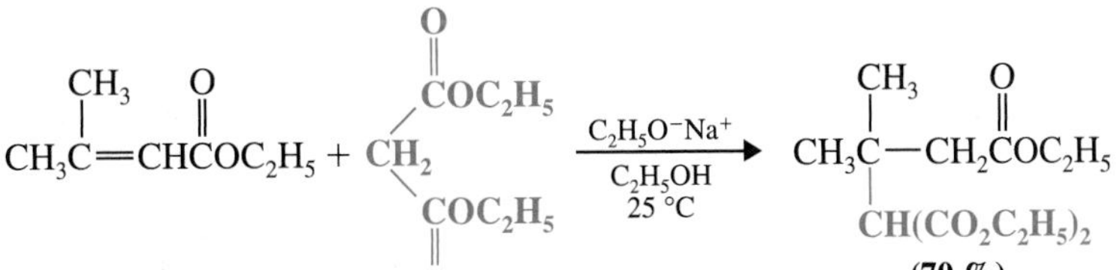

$$CH_3\underset{CH_3}{\overset{CH_3}{C}}{=}CHCOC_2H_5 + \underset{\underset{O}{\overset{COC_2H_5}{|}}}{\overset{\overset{O}{\overset{COC_2H_5}{|}}}{CH_2}} \xrightarrow[\substack{C_2H_5OH\\25\ °C}]{C_2H_5O^-Na^+} CH_3\underset{CH(CO_2C_2H_5)_2}{\overset{CH_3}{\underset{|}{C}}}{-}CH_2COC_2H_5$$

(70 %)

Mécanisme

Étape 1

$$C_2H_5O^- + H{-}\underset{\underset{O}{\overset{COC_2H_5}{|}}}{\overset{\overset{O}{\overset{COC_2H_5}{|}}}{CH}} \rightleftharpoons C_2H_5OH + {}^-{:}\underset{\underset{O}{\overset{COC_2H_5}{|}}}{\overset{\overset{O}{\overset{COC_2H_5}{|}}}{CH}}$$

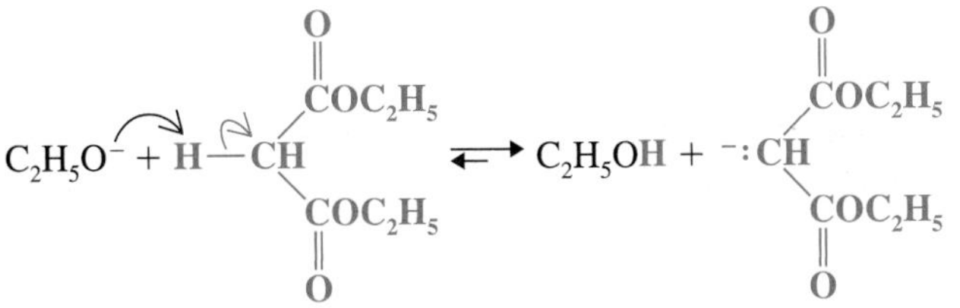

Un anion alkoxyde arrache un proton, ce qui conduit à l'anion du composé à méthylène actif.

Étape 2

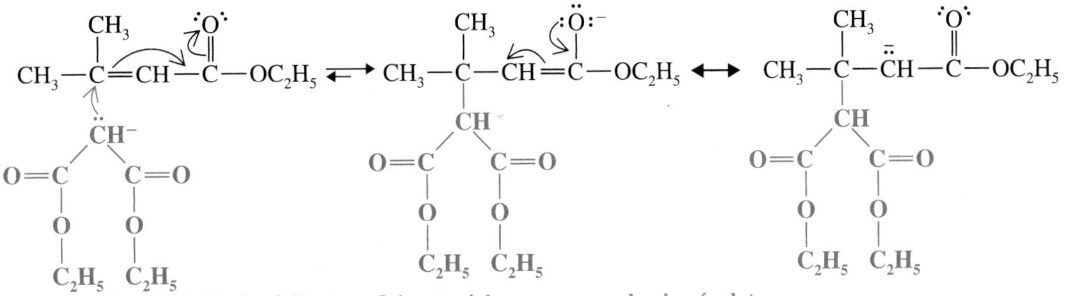

L'addition conjuguée de l'anion à l'ester α,β-insaturé donne un nouvel anion énolate.

Étape 3

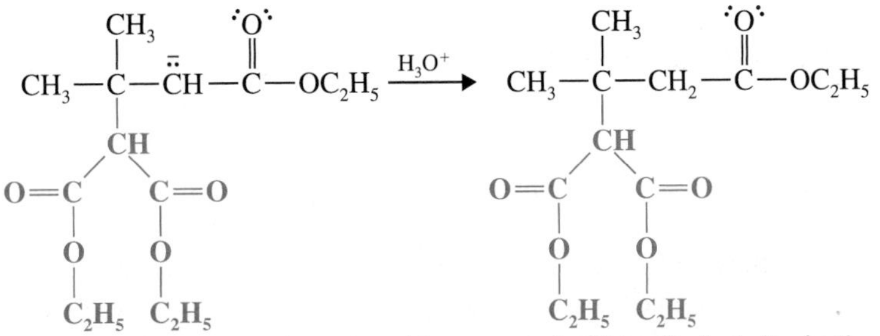

$$CH_3{-}\underset{CH}{\overset{CH_3}{\underset{|}{C}}}{-}\overset{..}{\overset{..}{C}}H{-}\overset{\overset{..}{O}{\cdot}}{C}{-}OC_2H_5 \xrightarrow{H_3O^+} CH_3{-}\underset{CH}{\overset{CH_3}{\underset{|}{C}}}{-}CH_2{-}\overset{\overset{..}{O}{\cdot}}{C}{-}OC_2H_5$$

L'anion énolate est protoné par un acide au cours de l'étape finale de la réaction.

PROBLÈME 19.21

Comment prépareriez-vous $\underset{\displaystyle CH_3}{HOCCH_2CCH_2COH}$ à partir du produit de l'addition de

Michael décrite précédemment ?

Les additions de Michael se produisent avec divers autres réactifs, notamment avec les esters acétyléniques et les nitriles α,β-insaturés.

$$H-C\equiv C-\overset{\displaystyle O}{\overset{\|}{C}}-OC_2H_5 + CH_3\overset{\displaystyle O}{\overset{\|}{C}}-CH_2-\overset{\displaystyle O}{\overset{\|}{C}}-OC_2H_5 \xrightarrow[C_2H_5OH]{C_2H_5O^-}$$

$$HC=CH-\overset{\displaystyle O}{\overset{\|}{C}}-OC_2H_5$$

$$CH_3-\overset{\displaystyle CH}{C}\underset{\displaystyle O}{\quad}\overset{\displaystyle}{C}-OC_2H_5$$

$$CH_2=CH-C\equiv N + \overset{\displaystyle COC_2H_5}{\underset{\displaystyle COC_2H_5}{CH_2}} \xrightarrow[C_2H_5OH]{C_2H_5O^-} CH_2-CH_2-C\equiv N$$

$$O=C\quad C=O$$

$$\underset{\displaystyle C_2H_5}{O}\quad \underset{\displaystyle C_2H_5}{O}$$

19.10 RÉACTION DE MANNICH

Les composés aptes à former un énol réagissent avec le formaldéhyde et une amine primaire ou secondaire pour engendrer des composés appelés bases de Mannich. La réaction suivante entre l'acétone, le formaldéhyde et la diéthylamine en est un exemple.

$$CH_3-\overset{\displaystyle O}{\overset{\|}{C}}-CH_3 + H-\overset{\displaystyle O}{\overset{\|}{C}}-H + (C_2H_5)_2NH \xrightarrow{HCl} CH_3-\overset{\displaystyle O}{\overset{\|}{C}}-CH_2-CH_2-N(C_2H_5)_2 + H_2O$$

Une base de Mannich

La réaction de Mannich se produit apparemment par le biais d'une variété de mécanismes qui dépendent des réactifs et des conditions expérimentales employés. À la page 904, on en présente un qui semble se réaliser en milieu neutre ou acide.

> **CAPSULE CHIMIQUE**

UN INHIBITEUR « SUICIDE » DESTRUCTEUR D'ENZYME

Le 5-fluoro-uracile, un médicament anticancéreux très efficace, est un « imposteur » chimique. En imitant l'uracile, il anéantit l'aptitude de la thymidylate synthétase (une enzyme) à catalyser une transformation essentielle à la synthèse de l'ADN. En se comportant comme s'il était le substrat naturel et en se combinant à l'enzyme, le 5-fluoro-uracile inhibe le mécanisme de cette transformation et rend l'enzyme totalement inopérante. L'imposture est, au départ, rendue possible par le fait que l'atome de fluor de l'inhibiteur occupe approximativement le même espace que l'atome d'hydrogène dans le substrat naturel. Le dérèglement du mécanisme réactionnel de l'enzyme est dû à l'atome de fluor, qui ne peut être arraché par une base, alors que l'atome d'hydrogène du substrat naturel peut l'être facilement.

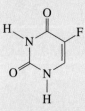

5-Fluoro-uracile

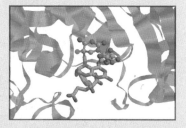

Le 5-fluorodésoxyuracile monophosphate, lié de façon covalente au tétrahydrofolate de la thymidylate synthétase, bloque l'activité catalytique de l'enzyme.

Le mécanisme réactionnel de la thymidylate synthétase comporte, dans ses premières étapes, l'attaque d'un cation iminium par un anion énolate. Peu importe que le substrat soit l'uracile ou le 5-fluoro-uracile, cette attaque se produit. En outre, elle ressemble beaucoup à une réaction de Mannich (section 19.10), et l'anion énolate qui la déclenche résulte de l'addition d'un groupe thiol de l'enzyme au groupe carbonyle α,β-insaturé du substrat. L'ion iminium attaqué est dérivé de la coenzyme N^5,N^{10}-méthylènetétrahydrofolate (N^5,N^{10}-méthylène-THF). L'attaque par l'énolate forme une liaison covalente entre le substrat et l'enzyme, et c'est cette liaison qui ne peut être rompue lorsque l'inhibiteur fluoré joue le rôle de l'uracile. Le mécanisme d'inhibition est décrit ci-après.

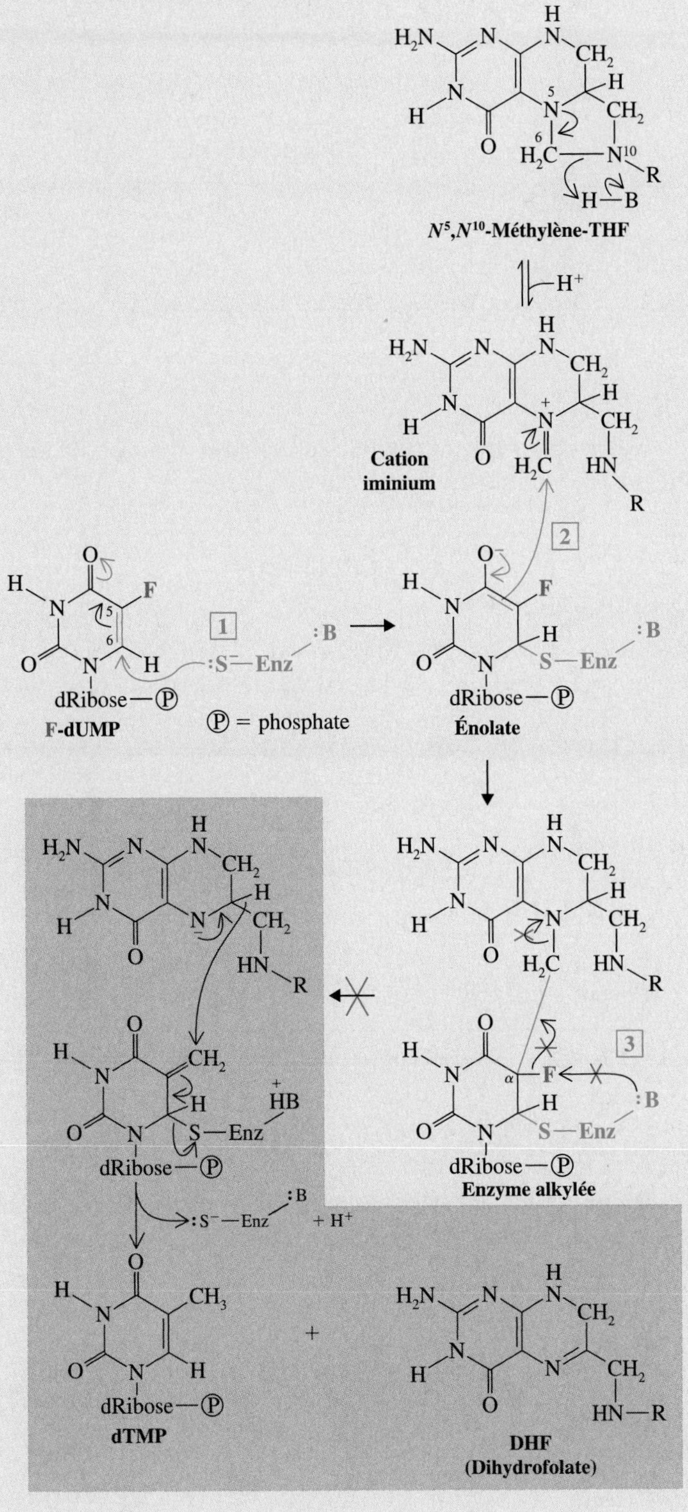

N^5,N^{10}-Méthylène-THF

Cation iminium

F-dUMP

P = phosphate

Énolate

Enzyme alkylée

dTMP

DHF (Dihydrofolate)

1. L'addition conjuguée d'un groupe thiol de la thymidylate synthétase au carbone β du groupe carbonyle α,β-insaturé de l'inhibiteur produit un énolate intermédiaire.

2. L'attaque du cation iminium du N^5,N^{10}-méthylène-THF par l'anion énolate forme une liaison covalente entre l'inhibiteur et la coenzyme.

3. Dans le mécanisme normal, l'étape suivante consiste en une réaction d'élimination au cours de laquelle le carbone α du groupe carbonyle du substrat perd un proton, ce qui fait de la coenzyme tétrahydrofolate un groupe sortant. Dans le cas où le substrat est l'inhibiteur fluoré, cette étape ne peut avoir lieu parce que l'atome de fluor a pris la place de l'atome d'hydrogène nécessaire à la réaction d'élimination. Par conséquent, l'enzyme ne peut plus se libérer de la coenzyme. Le transfert d'hydrure de la coenzyme au substrat ne peut, lui non plus, avoir lieu (en gris). Ce transfert aurait complété la formation du groupe méthyle de la thymine et aurait permis d'éliminer le produit issu du groupe thiol de l'enzyme. [Les étapes enrayées sont indiquées par un X. Elles sont également représentées dans la partie ombrée, ci-contre.] Ainsi liée à l'inhibiteur, l'enzyme se trouve définitivement inactivée.

MÉCANISME DE LA RÉACTION

Réaction de Mannich

Étape 1

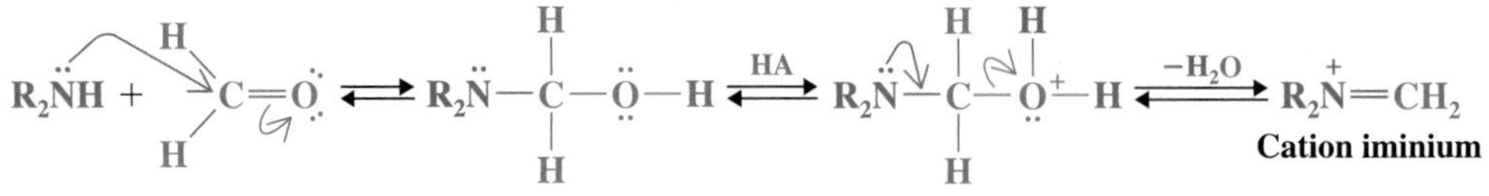

La réaction de l'amine secondaire avec
l'aldéhyde produit un hémiaminal.

L'hémiaminal perd une molécule d'eau,
ce qui donne un cation iminium.

Étape 2

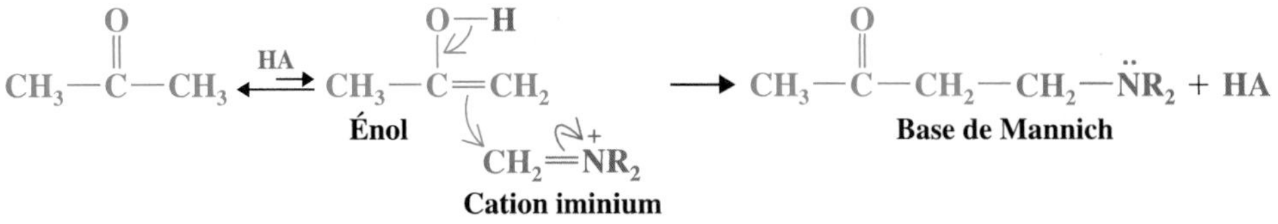

La forme énol du composé à hydrogène labile réagit avec le cation iminium.
Le produit est un composé β-aminocarbonylé (une base de Mannich).

PROBLÈME 19.22

Décrivez brièvement des mécanismes susceptibles d'expliquer comment la réaction de Mannich conduit aux produits suivants :

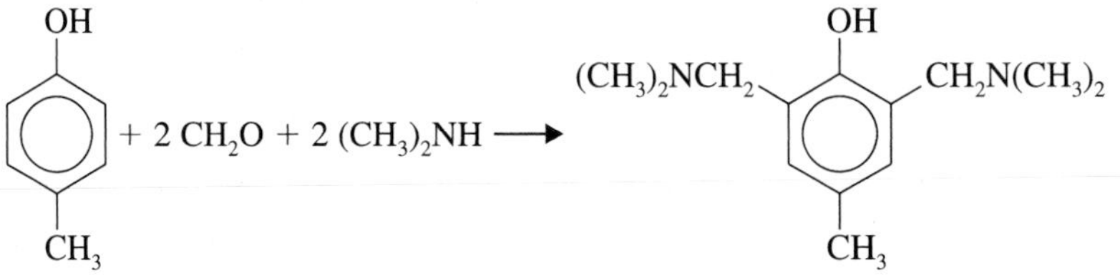

19.11 SYNTHÈSE ET RÉACTIONS DES ÉNAMINES

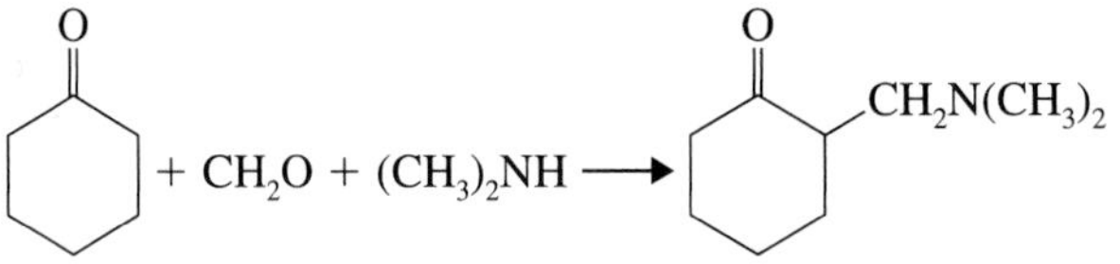

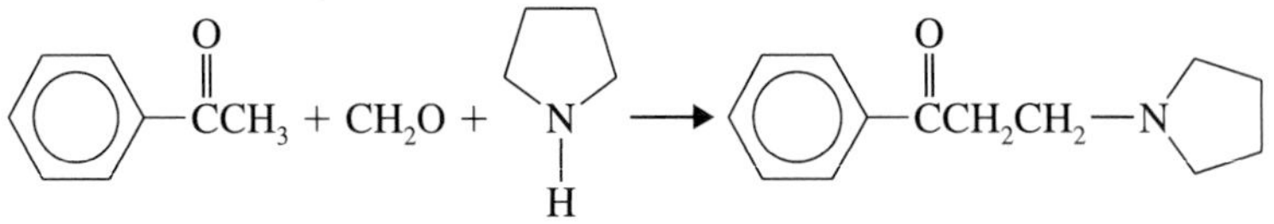

Les aldéhydes et les cétones réagissent avec les amines secondaires pour former des composés appelés **énamines.** La réaction générale qui conduit à la formation d'une énamine peut être représentée comme suit :

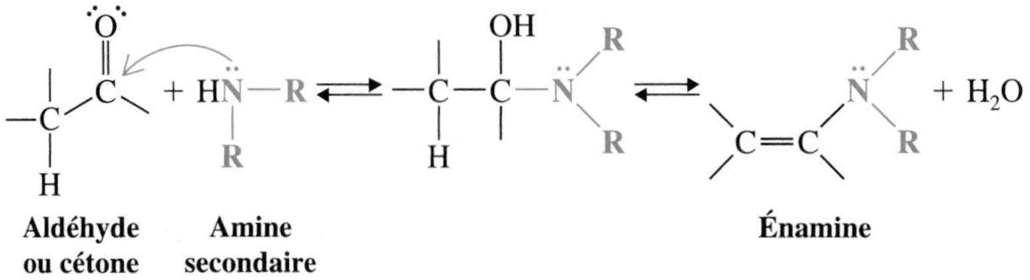

Aldéhyde   Amine
ou cétone   secondaire

Énamine

Étant donné que la formation de l'énamine requiert l'élimination d'une molécule d'eau, on prépare habituellement les énamines de façon à pouvoir enlever l'eau, soit par mélange azéotrope, soit au moyen d'un agent dessicant, ce qui permet d'obtenir de bons rendements dans ce type de réaction réversible. La formation des énamines est également catalysée par une trace d'acide. Les amines secondaires les plus fréquemment utilisées pour préparer les énamines sont les amines cycliques, comme la pyrrolidine, la pipéridine et la morpholine.

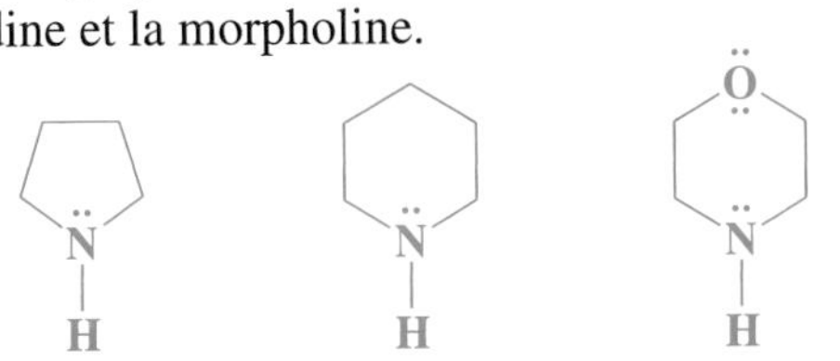

Pyrrolidine   **Pipéridine**   **Morpholine**

La cyclohexanone, par exemple, réagit avec la pyrrolidine de la manière suivante :

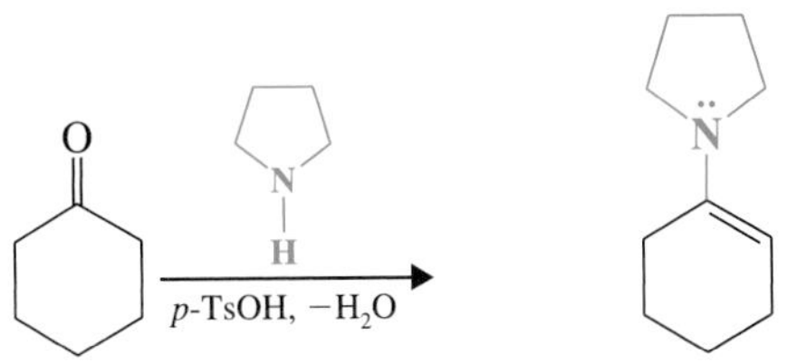

N-(1-Cyclohexényl)pyrrolidine
(une énamine)

Les énamines sont de bons nucléophiles. Et l'examen des structures de résonance suivantes indique qu'il faut s'attendre à ce que les énamines comportent à la fois un azote nucléophile et un *carbone nucléophile*.

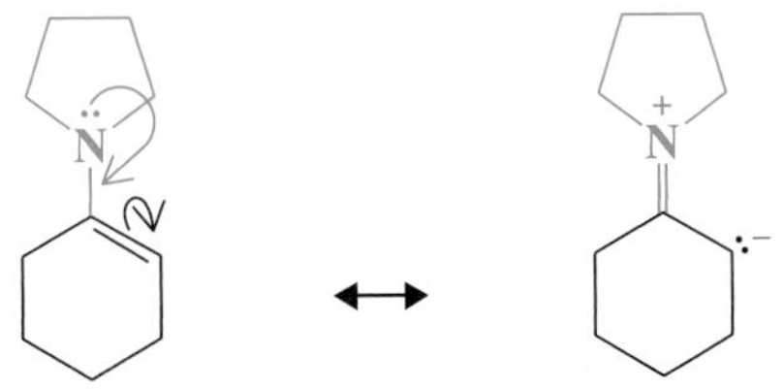

La contribution de cette structure limite à la forme hybride donne à l'atome d'azote son caractère nucléophile.

La contribution de cette structure limite à la forme hybride rend l'atome de carbone plus nucléophile et l'atome d'azote moins nucléophile.

Le caractère nucléophile du carbone des énamines les rend particulièrement intéressantes en tant que réactifs en synthèse organique parce qu'elles peuvent être **acylées** ou **alkylées,** ou même utilisées **dans des additions de Michael.** Ces réactions ont d'abord fait l'objet des travaux de recherche de Gilbert Stork, de l'université Columbia. Et c'est en son honneur qu'on les a nommées **réactions des énamines de Stork.**

Quand on fait réagir une énamine avec un halogénure d'alcanoyle ou un anhydride d'acide, on obtient un composé *C*-acylé. On peut hydrolyser l'ion iminium qui se forme en ajoutant de l'eau. Le produit final de cette synthèse est une β-dicétone (dicétone-1,3).

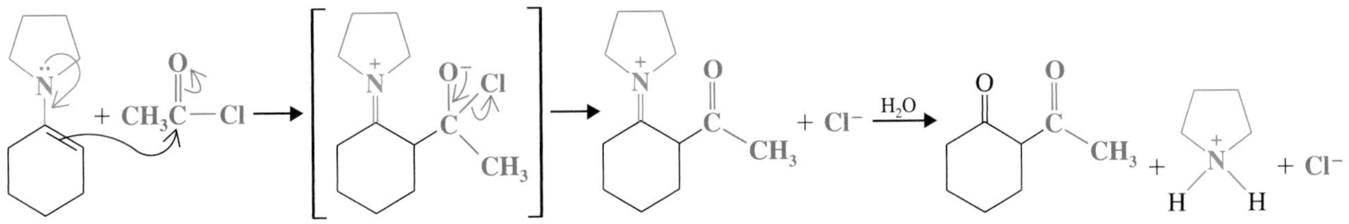

Sel d'iminium   **2-Acétylcyclohexanone**
(une β-dicétone)

Dans cette synthèse, même s'il peut y avoir *N*-acylation, le produit *N*-acylé est instable et peut lui-même agir comme réactif d'acylation.

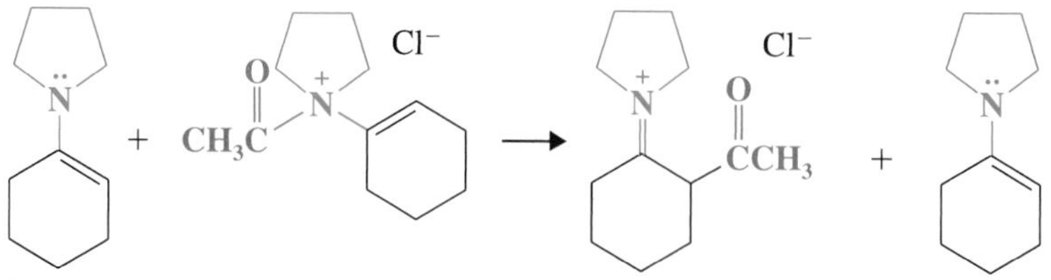

Énamine   **Énamine *N*-acylée**   **Sel d'iminium *C*-acylé**   **Énamine**

Par conséquent, les rendements en produits *C*-acylés sont généralement élevés.

Les énamines peuvent également être alkylées. Bien que l'alkylation puisse provoquer la formation d'une proportion importante de produit *N*-alkylé, on peut en chauffant ce produit le transformer en composé *C*-alkylé. Ce réarrangement est nettement favorisé lorsque l'halogénoalcane utilisé est un halogénure allylique ou benzylique, ou encore un dérivé α-halogéné de l'acide acétique.

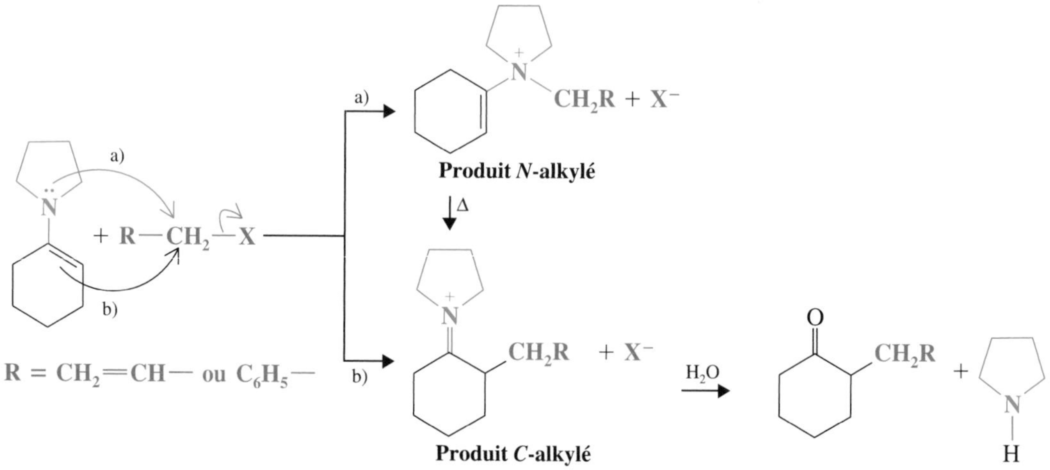

Produit *N*-alkylé

Produit *C*-alkylé

$R = CH_2=CH-$ ou C_6H_5-

L'alkylation des énamines est une réaction S_N2. Par conséquent, lorsqu'on choisit un agent d'alkylation, il faut généralement se limiter aux halogénoalcanes primaires ou aux halogénures méthyliques, allyliques ou benzyliques. On peut également utiliser des esters α-halogénés comme agents d'alkylation et, en procédant ainsi, on peut assez facilement synthétiser des γ-cétoesters.

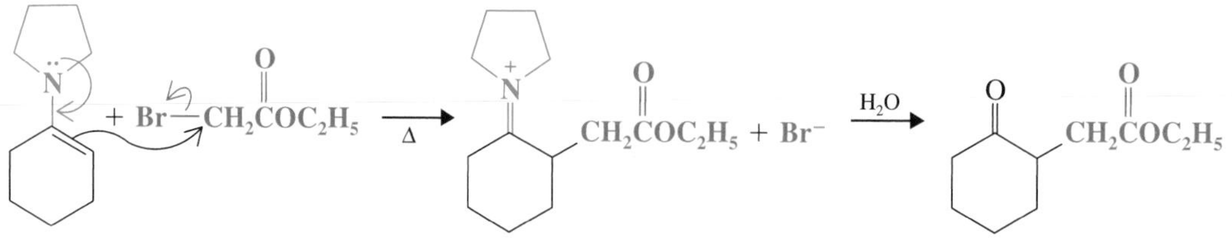

Un γ-cétoester (75 %)

PROBLÈME 19.23

En utilisant des énamines, comment pourriez-vous synthétiser les composés suivants ?

a) 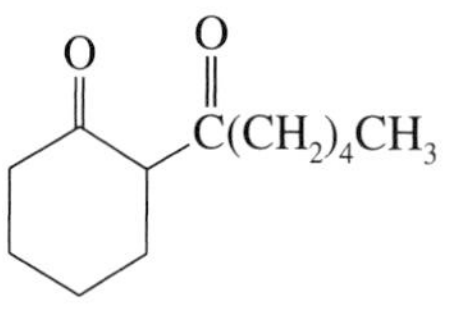   c)

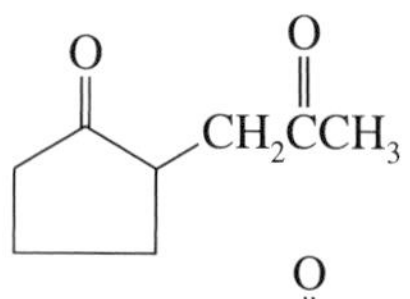

b) 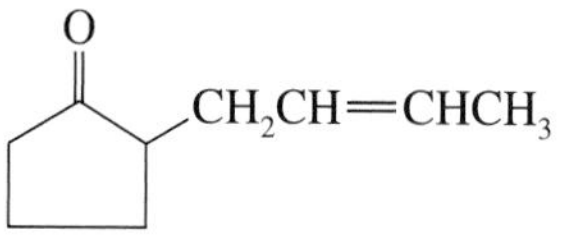   d)

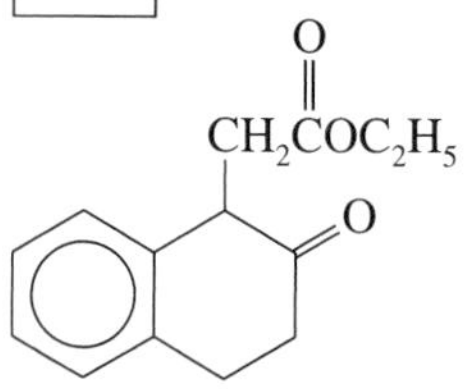

Parmi toutes les réactions d'alkylation des énamines, celles que nous présentons ci-dessous sont particulièrement intéressantes. Elles ont été mises au point par J.K. Whitesell, de l'université du Texas. L'énamine, préparée à partir d'un seul énantiomère d'amine secondaire, est chirale. L'alkylation par le dessous (ou par l'arrière) de l'énamine est grandement ralentie par l'encombrement dû au groupe méthyle. (Cet encombrement est le même s'il y a rotation des groupes autour de la liaison entre les deux cycles.) Par conséquent, l'alkylation par le dessus se produit plus rapidement. Après hydrolyse, ces réactions stéréosélectives donnent des cyclohexanones substituées en position 2 consistant presque exclusivement en un seul énantiomère.

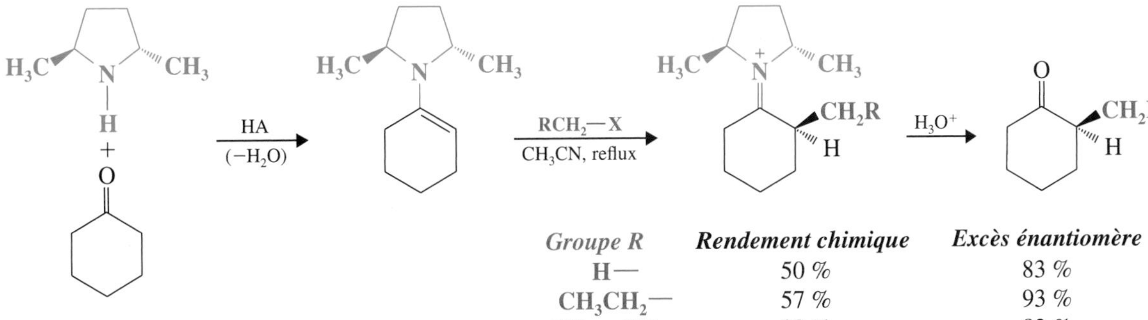

Groupe R	Rendement chimique	Excès énantiomère
H—	50 %	83 %
CH_3CH_2—	57 %	93 %
CH_2=CH—	80 %	82 %

Les énamines peuvent aussi être utilisées dans les additions de Michael, comme dans l'exemple qui suit :

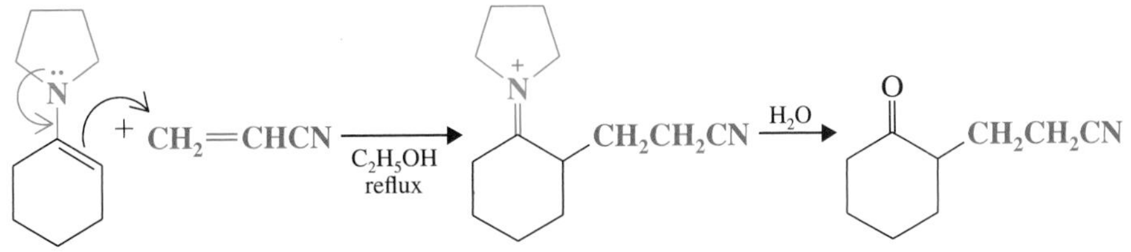

19.12 BARBITURIQUES

En présence d'éthoxyde de sodium, le malonate d'éthyle réagit avec l'urée pour former un composé appelé acide barbiturique.

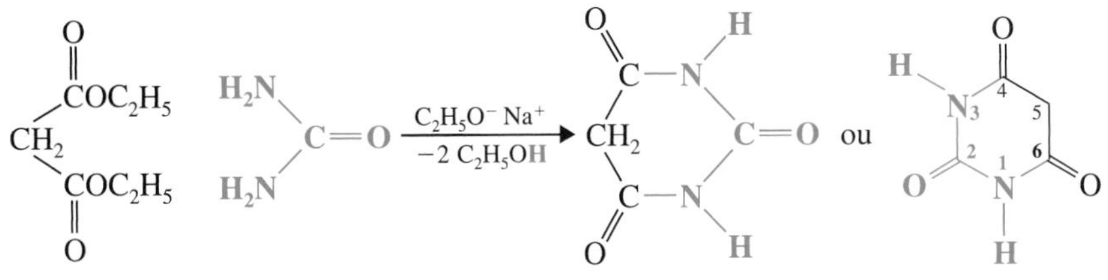

Acide barbiturique

L'acide barbiturique est un dérivé de la pyrimidine (section 20.1). Il existe sous plusieurs formes tautomères, dont l'une comporte un cycle aromatique.

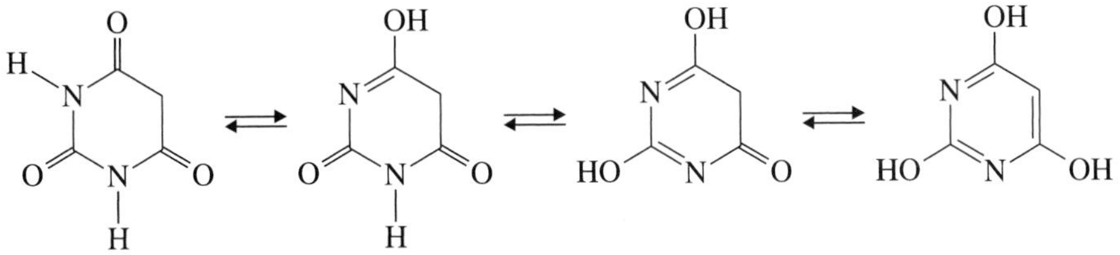

Comme son nom le suggère, l'acide barbiturique est un acide relativement fort, plus fort même que l'acide acétique. Son anion est grandement stabilisé par résonance.

Les dérivés de l'acide barbiturique sont appelés couramment *barbituriques*. On les utilise en médecine depuis 1903 comme sédatifs et somnifères. Le véronal (acide 5,5-diéthylbarbiturique) a été l'un des premiers barbituriques employés à des fins

▶ CAPSULE CHIMIQUE

CONDENSATIONS ALDOLIQUES CATALYSÉES PAR UN ANTICORPS

À la frontière entre la biologie et la chimie, des chimistes ont réussi à combiner certains aspects de l'immunologie et de l'enzymologie pour créer des anticorps capables de catalyser des réactions chimiques (voir le préambule du chapitre 24). Nous nous intéresserons ici à l'anticorps 38C2 (Ac 38C2), qui catalyse des réactions aldoliques entre divers substrats aldéhydiques et cétoniques. Comme exemple d'une telle réaction, mentionnons l'addition aldolique de l'acétone au (*E*)-3-(4-nitrophényl)prop-2-énal. En présence de l'anticorps 38C2, cette réaction donne un rendement de 67 % et un excès énantiomère (ee) de 99 %.

Rendement 67 % (ee 99 %)

Dans le mécanisme des condensations aldoliques catalysées par un anticorps, une imine et une énamine (section 19.11) agissent comme intermédiaires. Ces intermédiaires se forment à partir d'un groupe amino de l'anticorps et du réactif carbonylé qui devient ainsi nucléophile. Après l'attaque de l'énamine de l'anticorps sur l'aldéhyde électrophile, l'imine résultante est hydrolysée. Cette étape libère le produit d'aldol et régénère le groupe amino pour un autre cycle de réactions.

Une autre application remarquable des anticorps catalytiques permet d'effectuer une annellation de Robinson. La fermeture du cycle aldol et la déshydratation représentées ici constituent la seconde phase de cette annellation de Robinson qui, lorsqu'elle est catalysée par l'anticorps 38C2, donne un produit comportant un excès énantiomère de plus de 95 %.

ee > 95 %

L'anticorps 38C2 facilite aussi la réaction entre le 2-méthylcyclohexane-1,3-dione et le but-3-én-2-one (méthylvinylcétone) en permettant de réaliser à la fois l'addition initiale de Michael et les étapes de cyclodéshydratation, qui font partie d'une annellation de Robinson.

À cause de son aptitude à réagir avec un grande diversité de substrats pour des réactions d'aldolisation, l'anticorps 38C2 est un catalyseur maintenant disponible sur le marché. Comme nous le verrons au chapitre 24, d'autres anticorps catalyseurs font l'objet de travaux de développement. Ils permettront de catalyser toutes sortes de réactions, y compris des procédés bien connus comme la réaction de Diels-Alder.

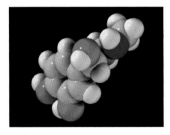

Phénobarbital

médicales. Le véronal est habituellement administré sous forme de sel sodique. Le séconal et le phénobarbital sont deux autres barbituriques.

Véronal
(acide 5,5-diéthylbarbiturique)

Séconal
[acide 5-allyl-5-(1-méthylbutyl)-barbiturique]

Phénobarbital
(acide 5-éthyl-5-phénylbarbiturique)

Même si les barbituriques sont des somnifères efficaces, leur consommation est risquée parce qu'ils provoquent une dépendance et qu'un surdosage peut facilement être fatal.

PROBLÈME 19.24

La synthèse du phénobarbital est représentée schématiquement ci-dessous.

a) Quels sont les composés **A** à **F** ? b) Proposez une autre façon de synthétiser **E,** à partir du malonate de diéthyle.

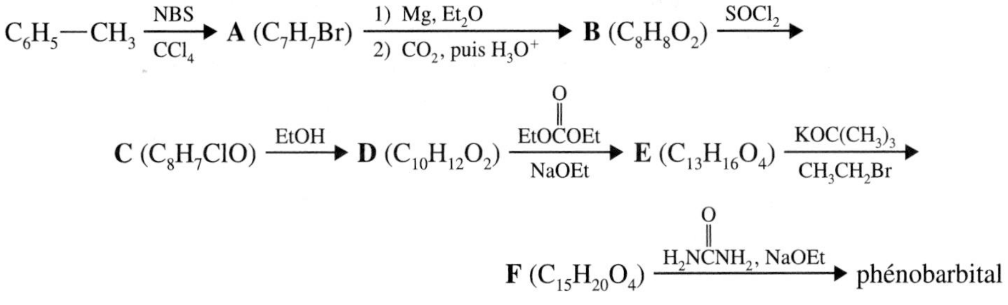

$$C_6H_5{-}CH_3 \xrightarrow[CCl_4]{NBS} \mathbf{A}\ (C_7H_7Br) \xrightarrow[\text{2) CO}_2,\ \text{puis H}_3O^+]{\text{1) Mg, Et}_2O} \mathbf{B}\ (C_8H_8O_2) \xrightarrow{SOCl_2}$$

$$\mathbf{C}\ (C_8H_7ClO) \xrightarrow{EtOH} \mathbf{D}\ (C_{10}H_{12}O_2) \xrightarrow[\text{NaOEt}]{\overset{\overset{O}{\|}}{EtOCOEt}} \mathbf{E}\ (C_{13}H_{16}O_4) \xrightarrow[CH_3CH_2Br]{KOC(CH_3)_3}$$

$$\mathbf{F}\ (C_{15}H_{20}O_4) \xrightarrow[\text{H}_2\text{NCNH}_2,\ \text{NaOEt}]{\overset{\overset{O}{\|}}{}} \text{phénobarbital}$$

PROBLÈME 19.25

À partir de malonate de diéthyle, d'urée et de tout autre réactif utile, expliquez brièvement comment vous feriez la synthèse du véronal et celle du séconal.

SOMMAIRE DES RÉACTIONS

1. Condensation de Claisen (section 19.2)

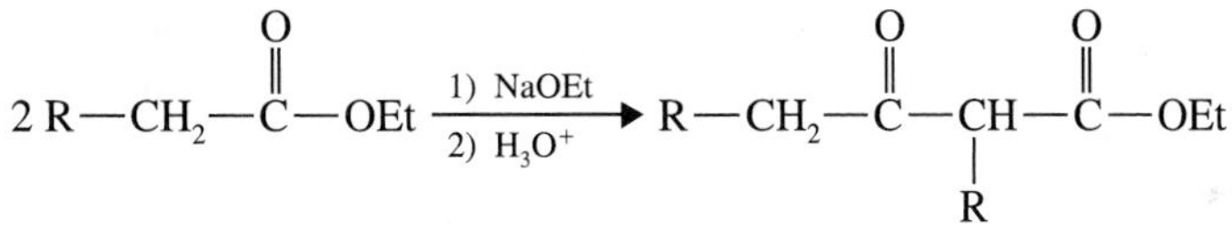

$$2\ R{-}CH_2{-}\overset{\overset{O}{\|}}{C}{-}OEt \xrightarrow[\text{2) H}_3O^+]{\text{1) NaOEt}} R{-}CH_2{-}\overset{\overset{O}{\|}}{C}{-}\underset{\underset{R}{|}}{CH}{-}\overset{\overset{O}{\|}}{C}{-}OEt$$

2. Condensation de Claisen mixte (section 19.2A)

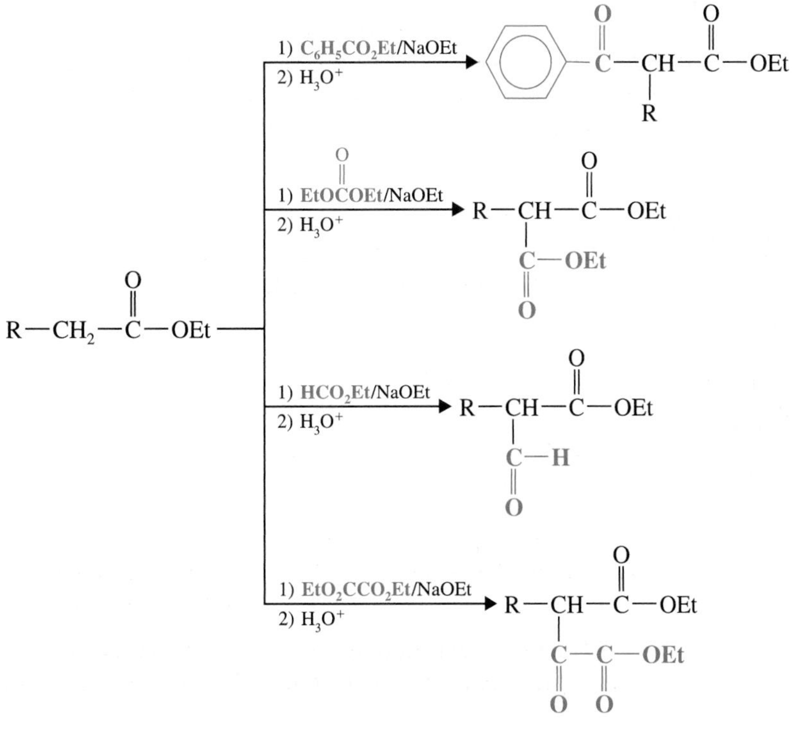

$$R{-}CH_2{-}\overset{\overset{O}{\|}}{C}{-}OEt$$

1) $C_6H_5CO_2Et$/NaOEt
2) H_3O^+

1) EtOCOEt/NaOEt
2) H_3O^+

1) HCO_2Et/NaOEt
2) H_3O^+

1) EtO_2CCO_2Et/NaOEt
2) H_3O^+

3. Synthèse acétoacétique (section 19.3)

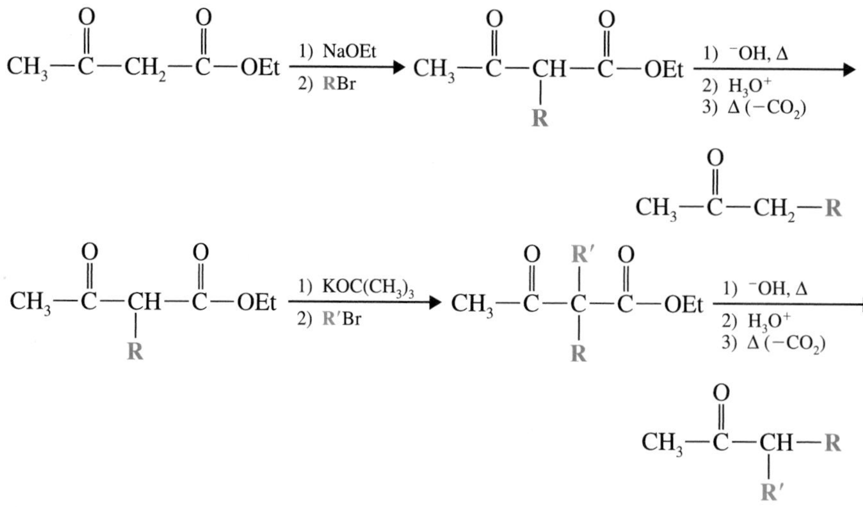

$$CH_3-\underset{O}{\overset{O}{C}}-CH_2-\underset{O}{\overset{O}{C}}-OEt \xrightarrow[\text{2) RBr}]{\text{1) NaOEt}} CH_3-\underset{O}{\overset{O}{C}}-\underset{R}{\overset{|}{CH}}-\underset{O}{\overset{O}{C}}-OEt \xrightarrow[\substack{\text{2) } H_3O^+ \\ \text{3) } \Delta\,(-CO_2)}]{\text{1) }^-OH,\,\Delta}$$

$$CH_3-\overset{O}{\overset{||}{C}}-CH_2-R$$

$$CH_3-\overset{O}{\overset{||}{C}}-\underset{R}{\overset{|}{CH}}-\overset{O}{\overset{||}{C}}-OEt \xrightarrow[\text{2) R'Br}]{\text{1) KOC(CH}_3)_3} CH_3-\overset{O}{\overset{||}{C}}-\underset{R}{\overset{R'}{\underset{|}{C}}}-\overset{O}{\overset{||}{C}}-OEt \xrightarrow[\substack{\text{2) } H_3O^+ \\ \text{3) } \Delta\,(-CO_2)}]{\text{1) }^-OH,\,\Delta}$$

$$CH_3-\overset{O}{\overset{||}{C}}-\underset{R'}{\overset{|}{CH}}-R$$

4. Synthèse malonique (section 19.4)

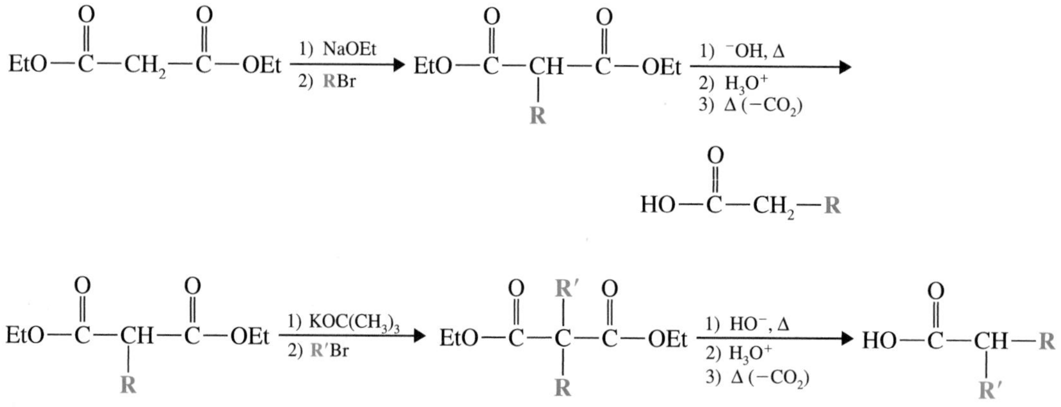

$$EtO-\overset{O}{\overset{||}{C}}-CH_2-\overset{O}{\overset{||}{C}}-OEt \xrightarrow[\text{2) RBr}]{\text{1) NaOEt}} EtO-\overset{O}{\overset{||}{C}}-\underset{R}{\overset{|}{CH}}-\overset{O}{\overset{||}{C}}-OEt \xrightarrow[\substack{\text{2) } H_3O^+ \\ \text{3) } \Delta\,(-CO_2)}]{\text{1) }^-OH,\,\Delta}$$

$$HO-\overset{O}{\overset{||}{C}}-CH_2-R$$

$$EtO-\overset{O}{\overset{||}{C}}-\underset{R}{\overset{|}{CH}}-\overset{O}{\overset{||}{C}}-OEt \xrightarrow[\text{2) R'Br}]{\text{1) KOC(CH}_3)_3} EtO-\overset{O}{\overset{||}{C}}-\underset{R}{\overset{R'}{\underset{|}{C}}}-\overset{O}{\overset{||}{C}}-OEt \xrightarrow[\substack{\text{2) } H_3O^+ \\ \text{3) } \Delta\,(-CO_2)}]{\text{1) } HO^-,\,\Delta} HO-\overset{O}{\overset{||}{C}}-\underset{R'}{\overset{|}{CH}}-R$$

5. Alkylation directe des esters (section 19.6)

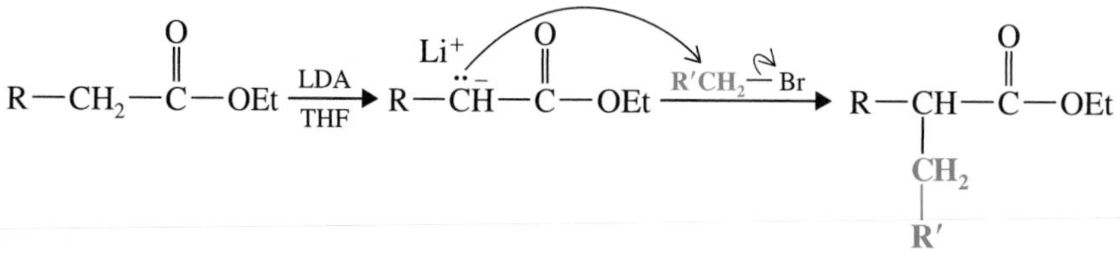

$$R-CH_2-\overset{O}{\overset{||}{C}}-OEt \xrightarrow[\text{THF}]{\text{LDA}} \overset{Li^+}{R-\overset{\cdot\cdot-}{CH}-\overset{O}{\overset{||}{C}}-OEt} \xrightarrow{R'CH_2-Br} R-\underset{\underset{R'}{\overset{|}{CH_2}}}{\overset{|}{CH}}-\overset{O}{\overset{||}{C}}-OEt$$

6. Alkylation des dithianes (section 19.7)

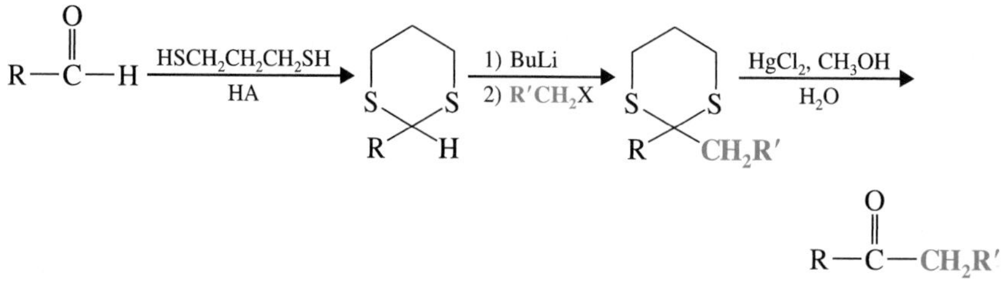

$$R-\overset{O}{\overset{||}{C}}-H \xrightarrow[\text{HA}]{HSCH_2CH_2CH_2SH} \underset{R\quad H}{\overset{S\quad S}{\diagup\diagdown}} \xrightarrow[\text{2) R'CH}_2X]{\text{1) BuLi}} \underset{R\quad CH_2R'}{\overset{S\quad S}{\diagup\diagdown}} \xrightarrow[H_2O]{HgCl_2,\,CH_3OH}$$

$$R-\overset{O}{\overset{||}{C}}-CH_2R'$$

7. Condensation de Knoevenagel (section 19.8)

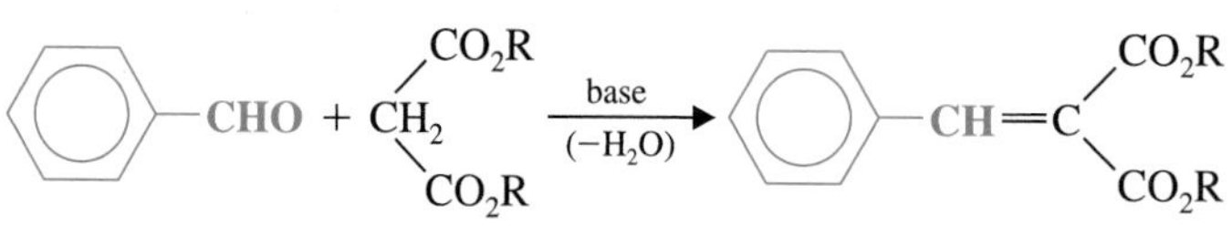

$$\text{Ar}-CHO + \underset{CO_2R}{\overset{CO_2R}{CH_2}} \xrightarrow[(-H_2O)]{\text{base}} \text{Ar}-CH=C\overset{CO_2R}{\underset{CO_2R}{\diagup\diagdown}}$$

8. Addition de Michael (section 19.9)

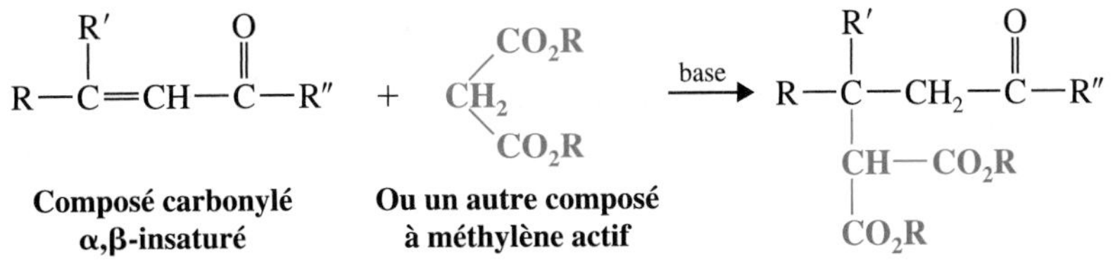

Composé carbonylé α,β-insaturé	**Ou un autre composé à méthylène actif**	

9. Réaction de Mannich (section 19.10)

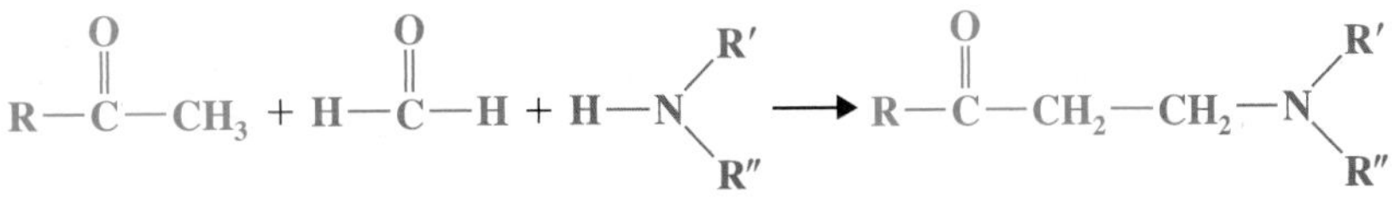

10. Réactions des énamines de Stork (section 19.11)

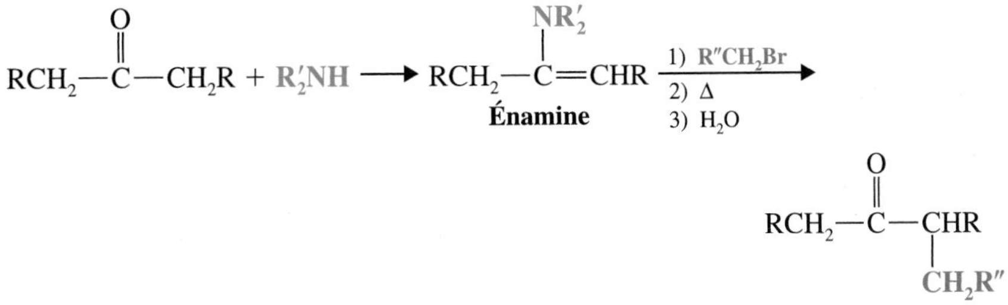

TERMES ET CONCEPTS CLÉS

Composés β-dicarbonylés	Section 19.1	**Composés à méthylène actif** (hydrogènes activés)	Section 19.5
Réaction de condensation	Section 19.2	**Alkylation directe**	Section 19.6
Condensation de Claisen	Section 19.2	**Umpolung (inversion de polarité)**	Section 19.7
Synthèse acétoacétique	Section 19.3	**Condensation de Knoevenagel**	Section 19.8
Synthèse malonique	Section 19.4	**Addition de Michael**	Section 19.9
Équivalent synthétique	Sections 8.6, 19.3 et 19.4	**Réaction de Mannich**	Section 19.10
		Énamines	Section 19.11

PROBLÈMES SUPPLÉMENTAIRES

19.26 Décrivez toutes les étapes des synthèses suivantes. Vous pouvez utiliser tous les réactifs nécessaires, mais le point de départ de chaque synthèse doit être le composé indiqué. Il est inutile de répéter les étapes que vous avez décrites antérieurement dans l'une des parties de l'exercice.

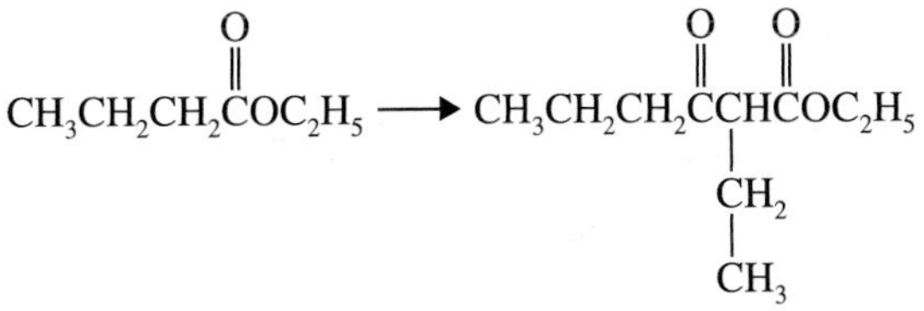

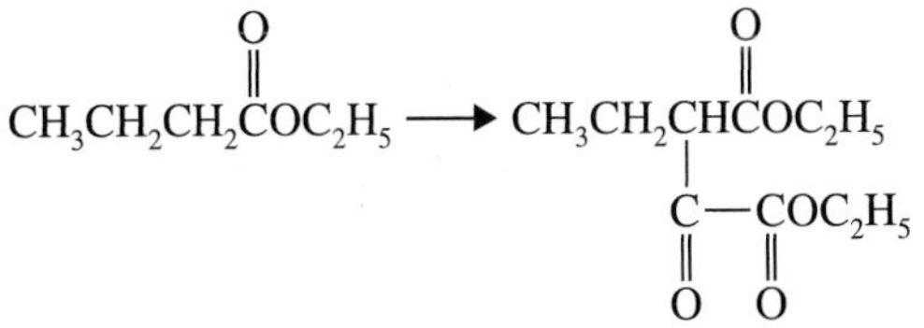

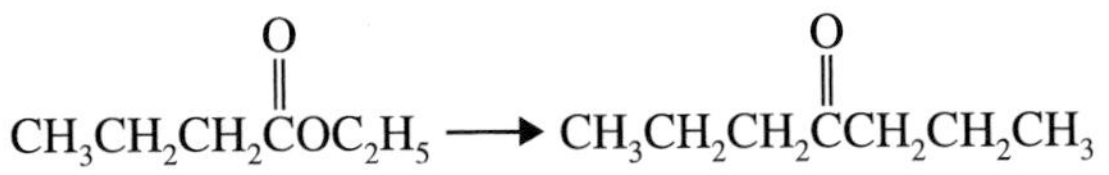

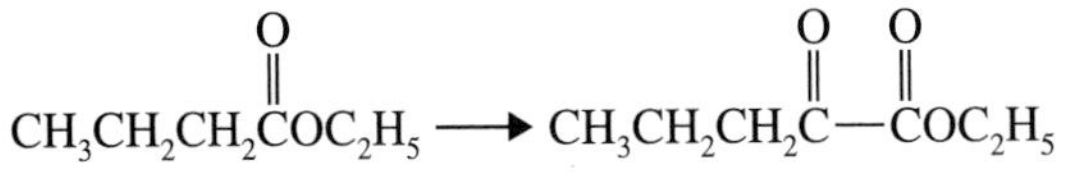

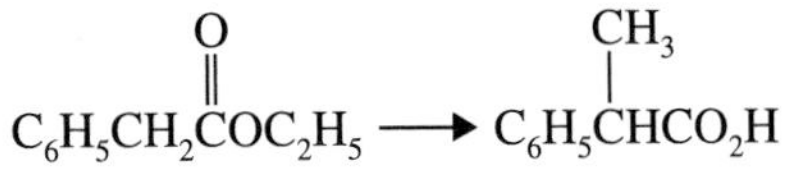

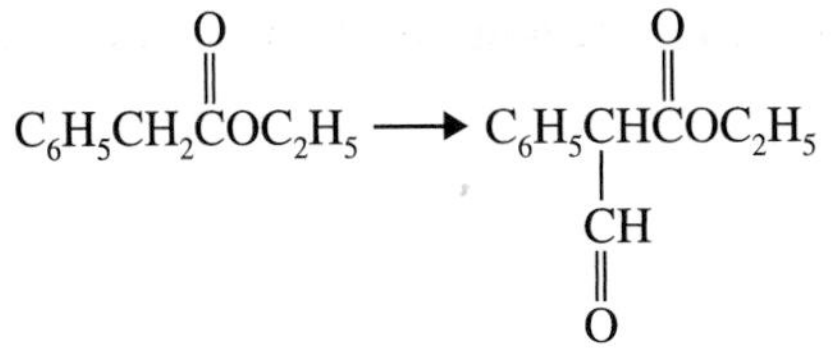

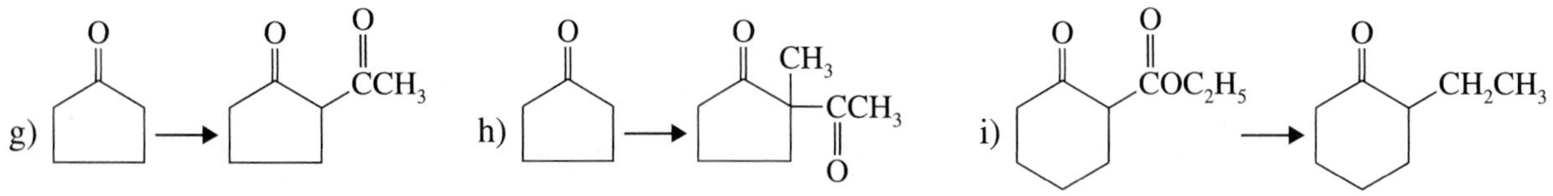

g) h) i)

19.27 À partir d'un ester de l'acide acétoacétique, et en vous servant des réactifs nécessaires, comment synthétiseriez-vous chacun des composés suivants ?

a) *tert*-Butylméthylcétone
b) Hexan-2-one
c) Hexane-2,5-dione
d) Acide 4-hydroxypentanoïque
e) 2-Éthylbutane-1,3-diol
f) 1-Phénylbutane-1,3-diol

19.28 Comment synthétiseriez-vous chacun des composés suivants, à partir du malonate de diéthyle et au moyen des réactifs que vous jugerez utiles ?

a) Acide 2-méthylbutanoïque
b) 4-Méthylpentan-1-ol
c) $CH_3CH_2CHCH_2OH$
             |
            CH_2OH
d) $HOCH_2CH_2CH_2CH_2OH$

19.29 La synthèse de l'acide cyclobutanecarboxylique, présentée à la section 19.4, a été réalisée pour la première fois par William Perkin fils, en 1883. C'était l'une des premières synthèses d'un composé organique comportant un cycle de moins de six atomes de carbone. À l'époque, on croyait que de tels composés étaient trop instables pour exister. Plus tôt, en 1883, Perkin avait rapporté avoir obtenu, par une réaction entre l'ester acétoacétique et le 1,3-dibromopropane, un produit qu'il prenait (à tort) pour un dérivé du cyclobutane. La réaction que Perkin pensait avoir réalisée est celle-ci :

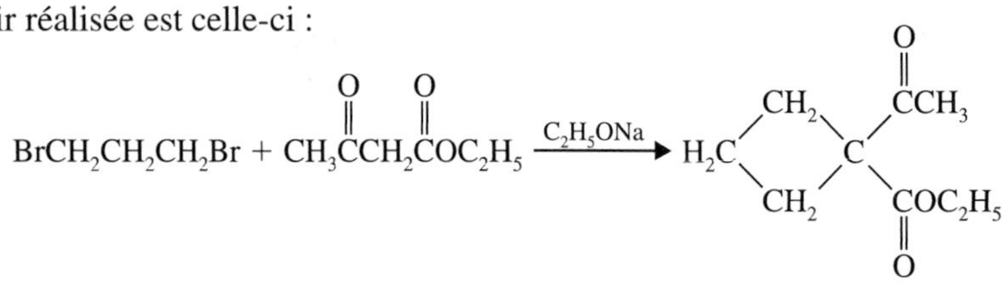

La formule moléculaire du produit (un ester) obtenu par Perkin correspondait à celle indiquée dans la réaction ci-dessus. De plus, l'hydrolyse alcaline et l'acidification de ce produit donnaient de jolis cristaux d'un acide qui possédait lui aussi la formule moléculaire attendue. Cependant, cet acide était relativement stable et il résistait à la chaleur et à la décarboxylation. Perkin s'est rendu compte plus tard que l'ester et l'acide contenaient tous deux des cycles à six membres (cinq atomes de carbone et un atome d'oxygène). En tenant compte de la distribution des charges dans l'ion énolate dérivé de l'ester acétoacétique, proposez des structures pour l'ester et l'acide obtenus par Perkin.

19.30 a) En 1884, Perkin réussit une synthèse de l'acide cyclopropanecarboxylique à partir du sodiomalonate de diéthyle et du 1,2-dibromoéthane. Quelles sont les réactions qui constituent cette synthèse ? Décrivez-les succinctement. b) En 1885, Perkin synthétisa les composés **D** et **E**, de la manière suivante :

$$2\ Na^+:\bar{C}H(CO_2C_2H_5)_2 + BrCH_2CH_2CH_2Br \longrightarrow A\ (C_{17}H_{28}O_8) \xrightarrow{2\ C_2H_5O^-Na^+} \xrightarrow{Br_2}$$

$$B\ (C_{17}H_{26}O_8) \xrightarrow[2)\ H_3O^+]{1)\ ^-OH/H_2O} C\ (C_9H_{10}O_8) \xrightarrow{\Delta} D\ (C_7H_{10}O_4) + E\ (C_7H_{10}O_4)$$

D et **E** sont des composés carbocycliques à cinq membres. En outre, ce sont des diastéréo-isomères. **D** peut être résolu en ses énantiomères, tandis que **E** ne peut l'être. Quelles sont les structures des composés **A** à **E** ? c) Dix ans plus tard, Perkin a pu synthétiser le 1,4-dibromobutane et, par la suite, il a utilisé ce composé et le malonate de diéthyle pour préparer l'acide cyclopentanecarboxylique. D'après vous, quelles sont les réactions qui lui ont permis d'arriver à ce résultat ?

19.31 Décrivez les mécanismes qui rendent compte des réactions suivantes :

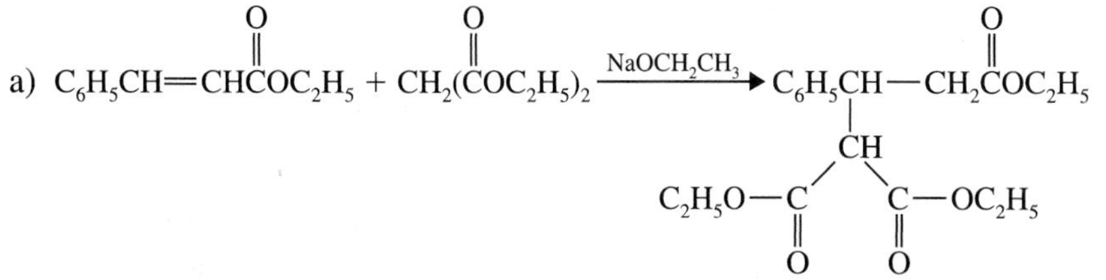

a)

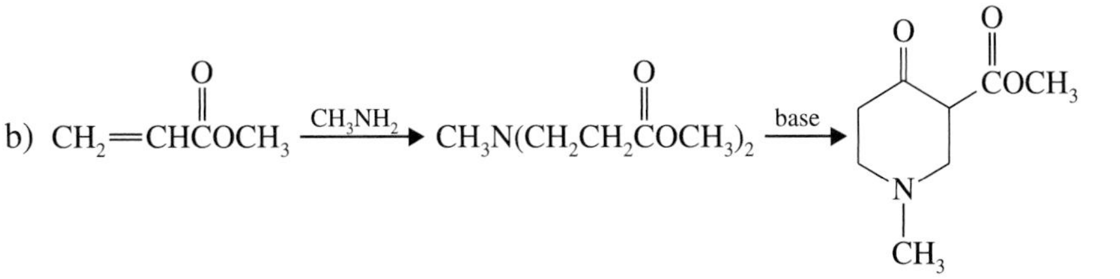

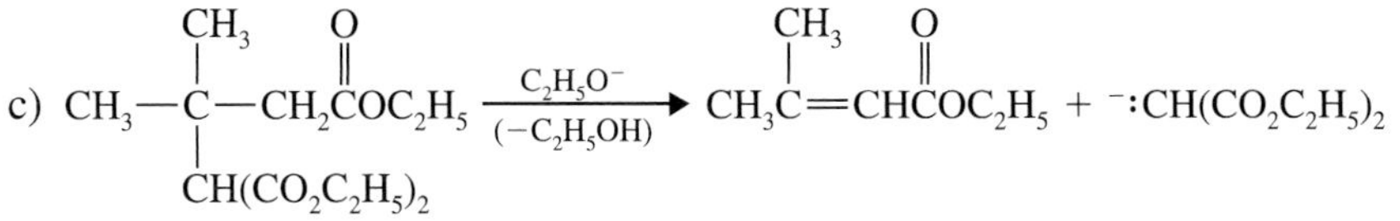

b) CH_2=$CHCOCH_3$ $\xrightarrow{CH_3NH_2}$ $CH_3N(CH_2CH_2COCH_3)_2$ $\xrightarrow{base}$

c) CH_3—$\overset{CH_3}{\underset{CH(CO_2C_2H_5)}{C}}$—$CH_2COC_2H_5$ $\xrightarrow[(-C_2H_5OH)]{C_2H_5O^-}$ $CH_3\overset{CH_3}{C}$=$CHCOC_2H_5$ + $^-$:$CH(CO_2C_2H_5)_2$

19.32 Les condensations de Knoevenagel dans lesquelles le composé à méthylène actif est un β-cétoester ou une β-dicétone donnent souvent des produits qui résultent de la combinaison d'une molécule d'aldéhyde ou de cétone et de deux molécules du composé à méthylène actif. Voici un exemple :

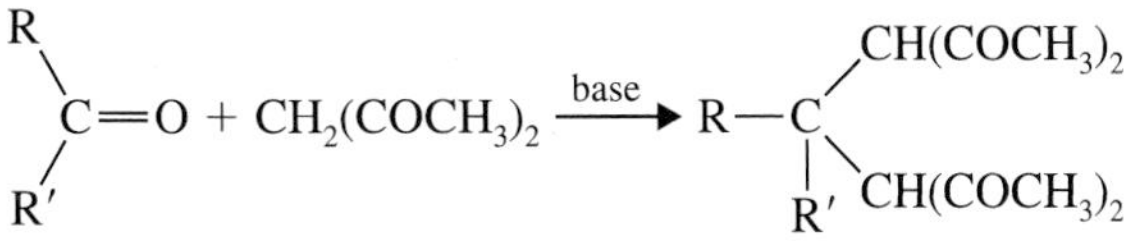

$\overset{R}{\underset{R'}{C}}$=O + $CH_2(COCH_3)_2$ $\xrightarrow{base}$ R—$\overset{CH(COCH_3)_2}{\underset{R'\ CH(COCH_3)_2}{C}}$

Suggérez un mécanisme susceptible d'expliquer la formation de ces produits.

19.33 La thymine est l'une des bases hétérocycliques qui constituent l'ADN (voir le préambule du chapitre). À partir du propanoate d'éthyle et de tous les réactifs nécessaires, comment synthétiseriez-vous la thymine ?

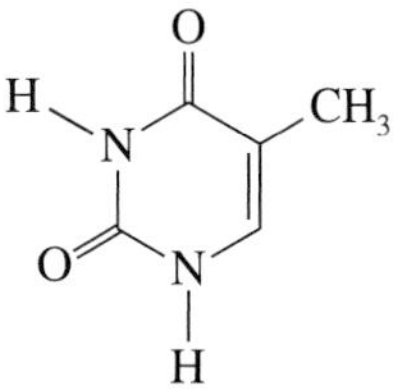

Thymine

19.34 Chez les abeilles, les glandes mandibulaires de la reine sécrètent un liquide qui contient un composé étonnant. Il s'agit d'une phéromone dont une quantité infime suffit, lorsqu'elle est absorbée par les *ouvrières,* pour inhiber le développement de leurs ovaires, ce qui les empêche d'engendrer de nouvelles reines. Cette phéromone, un acide monocarboxylique de formule $C_{10}H_{16}O_3$, a été synthétisée par la séquence réactionnelle suivante :

Cycloheptanone $\xrightarrow[2)\ H_3O^+]{1)\ CH_3MgI}$ **A** $(C_8H_{16}O)$ $\xrightarrow{HA,\ \Delta}$ **B** (C_8H_{14}) $\xrightarrow[2)\ Zn,\ HOAc]{1)\ O_3}$

C $(C_8H_{14}O_2)$ $\xrightarrow[pyridine]{CH_2(CO_2H)_2}$ phéromone $(C_{10}H_{16}O_3)$

Par hydrogénation catalytique, cette phéromone donne le composé **D** qui, après avoir été traité par l'iode dans l'hydroxyde de sodium puis soumis à une acidification, produit l'acide dicarboxylique **E.**

Phéromone $\xrightarrow{H_2\ \atop Pd}$ **D** $(C_{10}H_{18}O_3)$ $\xrightarrow[2)\ H_3O^+]{1)\ I_2\ dans\ NaOH\ aq.}$ **E** $(C_9H_{16}O_4)$

Quelles sont les structures de la phéromone et des composés **A** à **E** ?

19.35 Le linalol (3,7-diméthylocta-1,6-dién-3-ol) est un composé odoriférant qu'on peut extraire d'un grand nombre de plantes. On l'utilise en parfumerie, et on peut le synthétiser comme suit :

CH_2=$\overset{}{\underset{CH_3}{C}}$—$CH$=$CH_2$ + HBr $\longrightarrow$ **F** $(C_5H_9\ Br)$ $\xrightarrow[sodioacétoacétique]{ester}$

G $(C_{11}H_{18}O_3)$ $\xrightarrow[2)\ H_3O^+,\ 3)\ \Delta]{1)\ NaOH\ dilué}$ **H** $(C_8H_{14}O)$ $\xrightarrow[2)\ H_3O^+]{1)\ LiC\equiv CH}$

I $(C_{10}H_{16}O)$ $\xrightarrow[de\ Lindlar]{H_2\ \atop catalyseur}$ linalol

Représentez schématiquement ces réactions. (Aide : le composé **F** est l'isomère le plus stable qui puisse résulter de la première étape.)

19.36 Le composé **J,** comportant deux cycles à quatre atomes, a été synthétisé par la séquence de réactions suivante. Décrivez brièvement toutes les étapes de cette synthèse.

$$NaCH(CO_2C_2H_5)_2 + BrCH_2CH_2CH_2Br \longrightarrow (C_{10}H_{17}BrO_4) \xrightarrow{NaOC_2H_5}$$

$$C_{10}H_{16}O_4 \xrightarrow[2)\ H_2O]{1)\ LiAlH_4} C_6H_{12}O_2 \xrightarrow{HBr} C_6H_{10}Br_2 \xrightarrow[2\ NaOC_2H_5]{CH_2(CO_2C_2H_5)_2}$$

$$C_{13}H_{20}O_4 \xrightarrow[2)\ H_3O^+]{1)\ ^-OH,\ H_2O} C_9H_{12}O_4 \xrightarrow{\Delta} \textbf{J}\ (C_8H_{12}O_2) + CO_2$$

19.37 Lorsqu'on utilise l'α-chloroacétate d'éthyle et l'éthoxyde de sodium pour condenser avec un aldéhyde ou une cétone, le produit est un α,β-époxyester qu'on appelle *ester glycidique*. Cette synthèse porte le nom de condensation de Darzens.

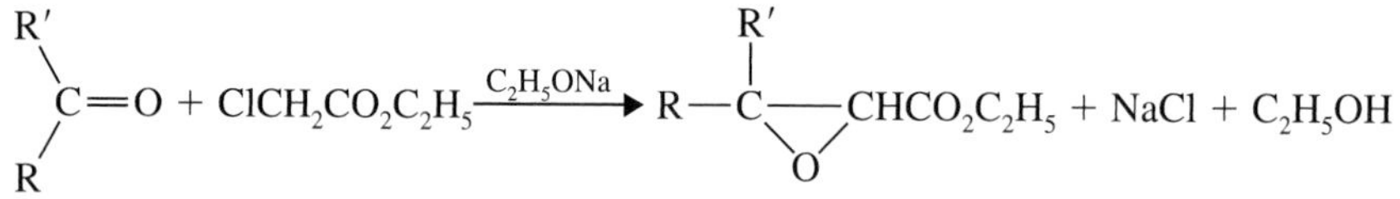

Un ester glycidique

a) Selon vous, quel mécanisme explique la condensation de Darzens ? b) L'hydrolyse de l'époxyester produit un époxyacide qui, chauffé avec la pyridine, forme un aldéhyde. Comment cela se fait-il ?

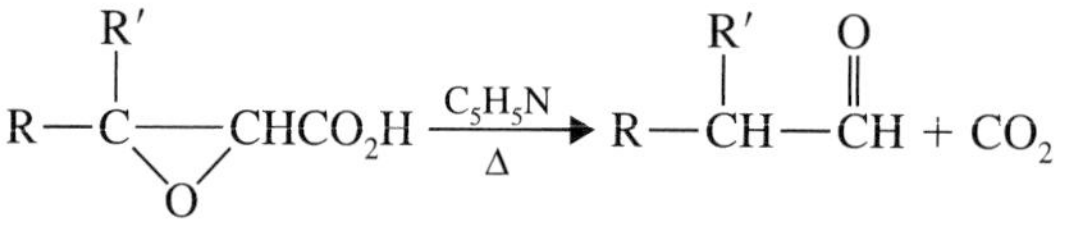

c) À partir de la β-ionone (problème 17.13), expliquez comment vous synthétiseriez l'aldéhyde suivant, qui est un intermédiaire dans une synthèse industrielle de la vitamine A.

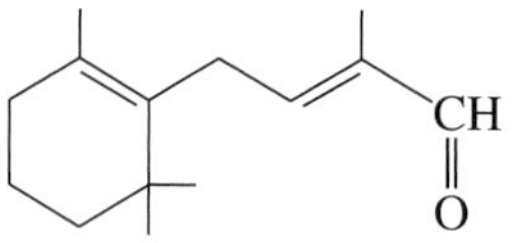

19.38 La *condensation de Perkin* est une condensation de type aldolique dans laquelle un aldéhyde aromatique (ArCHO) réagit avec l'anhydride d'un acide carboxylique, $(RCH_2CO)_2O$. Cette réaction produit un acide α,β-insaturé ($ArCH=CRCO_2H$). Le catalyseur couramment utilisé est le sel de potassium de l'acide carboxylique (RCH_2CO_2K). a) Décrivez la condensation de Perkin qui se produit quand le benzaldéhyde réagit avec l'anhydride propanoïque en présence du propanoate de potassium. b) Comment appliqueriez-vous la condensation de Perkin à la préparation de l'acide *p*-chlorocinnamique (p-$ClC_6H_4CH=CHCO_2H$) ?

19.39 La (+)-fenchone est un terpénoïde qui peut être extrait de l'essence de fenouil. La (±)-fenchone a été synthétisée par la séquence réactionnelle que nous décrivons ci-dessous. Quels sont les réactifs et les intermédiaires qui ne sont pas mentionnés dans cette description ?

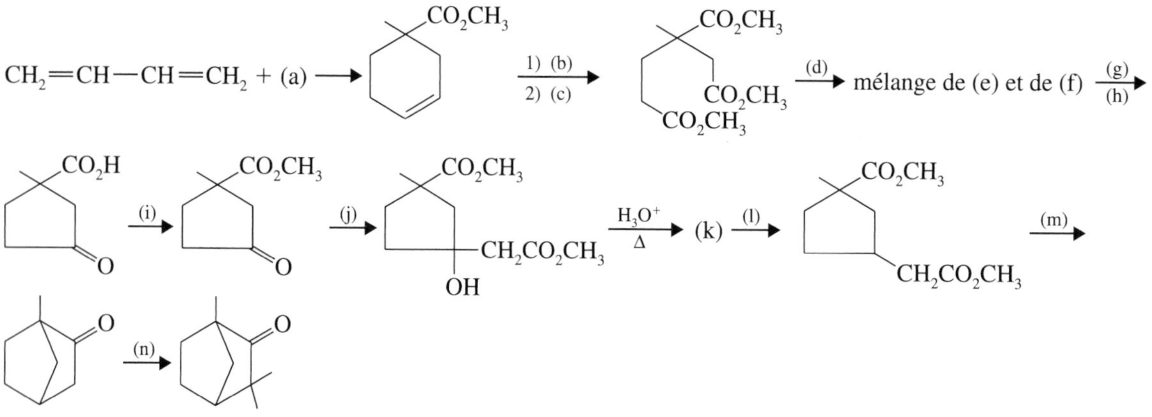

(±)-**Fenchone**

19.40 Comment synthétiseriez-vous le Darvon, un analgésique, à partir de l'éthylphénylcétone ?

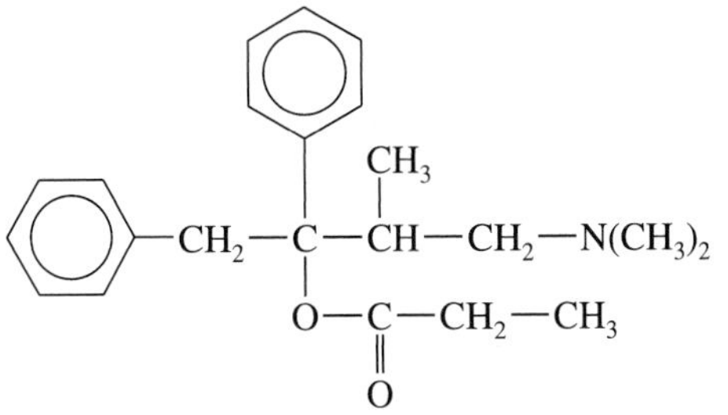

Darvon

19.41 Expliquez la différence de teneur en énol qu'on observe dans les solutions d'acétylcétone (pentane-2,4-dione) listées ci-dessous.

Solvant	% d'énol
H_2O	15
CH_3CN	58
C_6H_{14}	92
phase gazeuse	92

19.42 Lorsqu'on tente d'effectuer une condensation de Dieckmann avec le succinate de diéthyle, on obtient un produit de formule moléculaire $C_{12}H_{16}O_6$. Quelle est la structure de ce composé ?

19.43 En faisant réagir le crotonate d'éthyle ($CH_3CH=CHCOOC_2H_5$) avec l'oxalate de diéthyle ($C_2H_5OOCCOOC_2H_5$), on obtient un produit de condensation de type Claisen.

Décrivez en détail le mécanisme de formation de ce produit.

19.44 Expliquez comment vous prépareriez cette dicétone par une réaction de condensation.

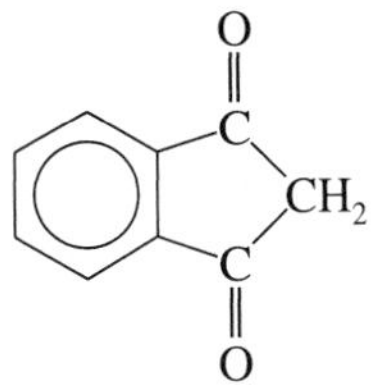

19.45* a) Déduisez la structure du produit **A,** qui est très symétrique.

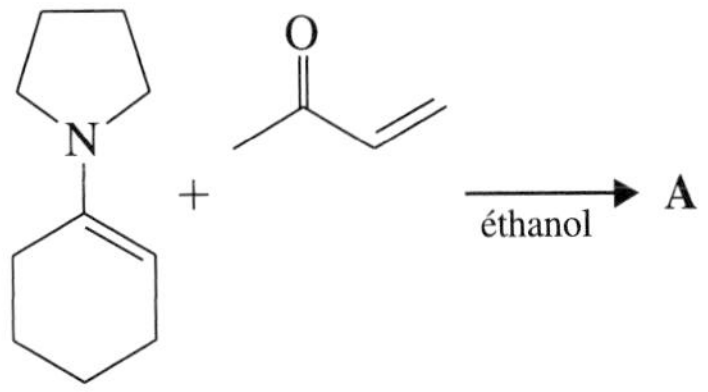

Voici une partie des données spectrales de **A** :

SM (m/z) : 220 (M^{+})
IR (cm^{-1}) : 2930, 2860, 1715
RMN ^1H (δ) : 1,25 (m), 1,29 (m), 1,76 (m), 1,77 (m), 2,14 (s) et 2,22 (t); rapports des intégrations 2:1:2:1:2:2, respectivement
RMN ^{13}C (δ) : 23 (CH_2), 26 (CH_2), 27 (CH_2), 29 (C), 39 (CH), 41 (CH_2), 46 (CH_2), 208 (C)

b) Décrivez un mécanisme qui explique la formation de **A.**

---

* Les problèmes marqués d'un astérisque présentent une difficulté particulière.

19.46* Quelles sont les structures des produits **B**, **C** et **D**, dans la séquence de réactions suivante ?

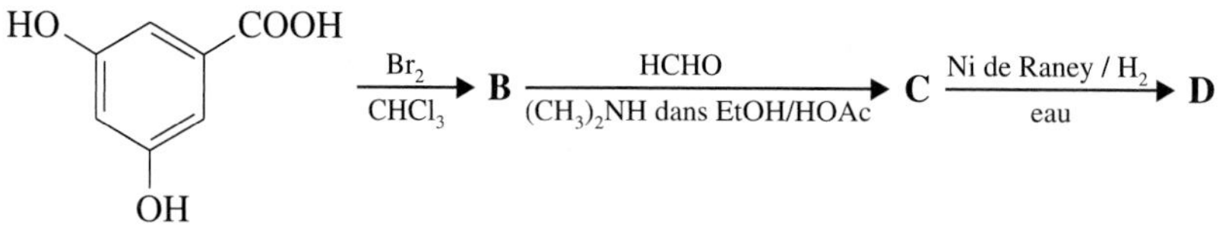

Données spectrales pour **B** :

SM (m/z) : 314, 312, 310; abondance relative : 1:2:1

RMN ^{1}**H** (δ) : seulement 6,80 (s) après traitement par D_2O

Données pour **C** :

SM (m/z) : 371, 369, 367; abondance relative : 1:2:1

RMN ^{1}**H** (δ) : 2,48 (s) et 4,99 (s); rapport des intégrations 3:1; singulets larges à 5,5 et 11, qui disparaissent après traitement par D_2O

Données pour **D** :

SM (m/z) : 369 (M^+—CH_3) [sous la forme dérivée du tris(triméthylsilyle)]

RMN ^{1}**H** (δ) : 2,16 (s) et 7,18 (s); rapport des intégrations 3:2; singulets larges à 5,4 et 11, qui disparaissent après traitement par D_2O

TRAVAIL COOPÉRATIF

β-Carotène, lycopodine et acide déshydroabiétique

1. Le β-carotène est un hydrocarbure fortement conjugué, de couleur rouge orange, que l'on trouve notamment dans les citrouilles. Sa biosynthèse fait intervenir l'isoprène. Une synthèse du β-carotène a été réalisée au tournant du xxe siècle par Ipatiew (*Ber.*, vol. 34, 1901, p. 594). Les premières étapes de cette synthèse consistent en des réactions qui devraient vous être familières. Décrivez le mécanisme réactionnel de chacune des étapes représentées ci-dessous, à l'exception de celle qui mène du composé **6** au composé **7**.

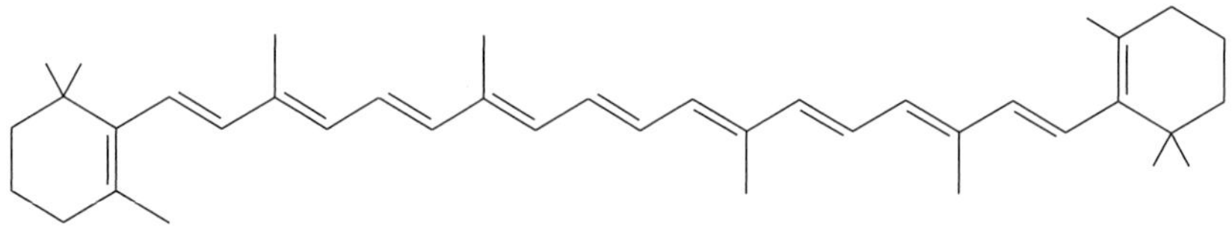

β-Carotène

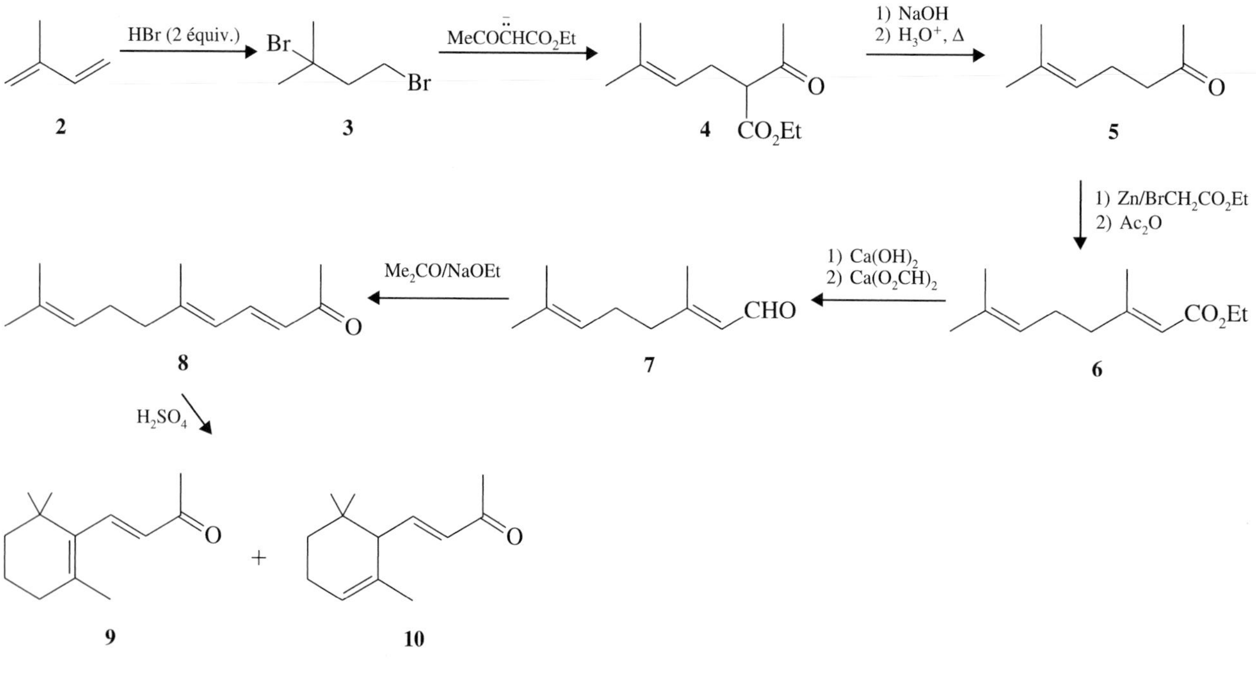

2. La lycopodine est une amine naturelle, de la famille des alcaloïdes. Sa synthèse (*J. Am. Chem. Soc.*, vol. 90, 1968, p. 1647-1648) a été réussie par l'un des plus grands chimistes organiciens de synthèse de notre temps, Gilbert Stork (université Columbia). Décrivez en détail le mécanisme de toutes les étapes qui ont lieu lorsque **2** réagit avec l'acétoacétate d'éthyle en présence d'ions éthoxyde. Notez qu'une partie essentielle du mécanisme consiste en une isomérisation de l'alcène contenu dans **2.** Cette isomérisation est catalysée par une base (un énolate conjugué intervient également) et elle forme l'ester α,β-insaturé correspondant à l'alcène.

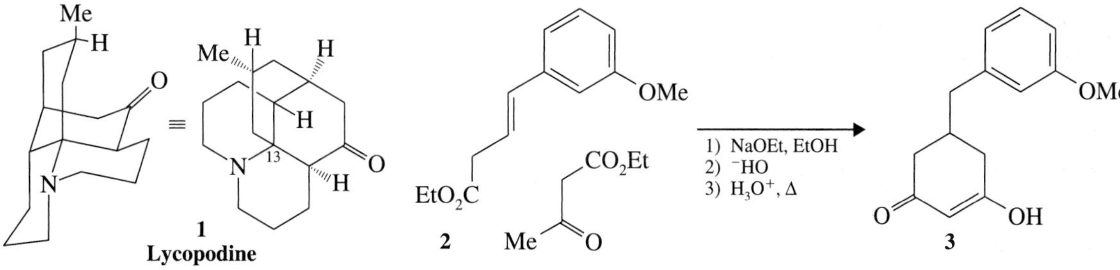

3. L'acide déshydroabiétique est un produit naturel qu'on peut extraire d'une espèce de pin (*Pinus palustris*). Il est structuralement apparenté à l'acide abiétique, qu'on trouve dans la colophane. La synthèse de l'acide déshydroabiétique (*J. Am. Chem. Soc.*, vol. 84, 1962, p. 284-292) a aussi été réalisée par Gilbert Stork. C'est en cherchant à effectuer cette synthèse que Stork a découvert sa fameuse réaction d'alkylation des énamines.

   a) Décrivez en détail le mécanisme des réactions qui mènent du composé **5** au composé **7,** dans la synthèse de l'acide déshydroabiétique, représentée ci-dessous.

   b) Expliquez avec précision le mécanisme de toutes les réactions qui mènent de **7** à **9.** Quel est le nom du processus qui permet la synthèse de **8** à partir de **7** ?

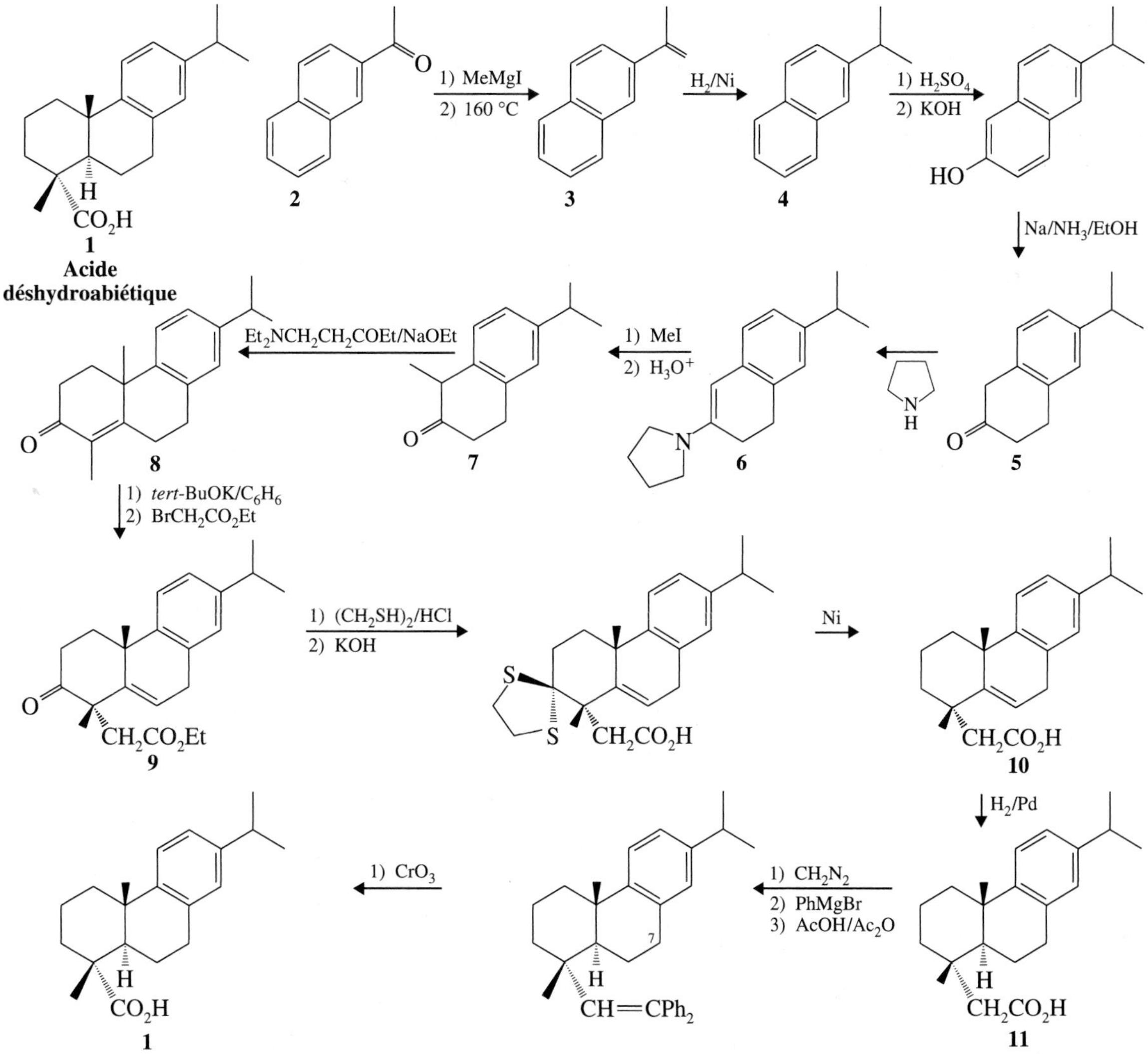

Schémas de synthèse tirés de I. FLEMING, *Selected Organic Syntheses*, Wiley, New York, 1973, p. 76.

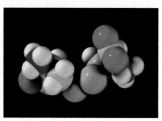

Cystine

ANNEXE C

THIOLS, YLURES DE SOUFRE ET DISULFURES

Le soufre se trouve immédiatement sous l'oxygène dans le groupe **6** (VI) du tableau périodique. Par conséquent, les composés oxygénés que nous avons étudiés dans les chapitres précédents ont des analogues sulfurés.

Voici des exemples de composés organosulfurés importants :

R—SH   R—S—R′   ArSH   R—S—S—R′ $R\overset{\displaystyle R'}{\underset{\displaystyle |}{—S^+—R''}}$

Thiols   **Thioéthers**   **Thiophénols**   **Disulfures**   **Ions trialkylsulfonium**

$R\overset{O}{\underset{}{—S—}}R'$ $R\overset{O}{\underset{O}{—S—}}R'$ $R\overset{S}{—C—}R'$ $R\overset{O}{—S—OH}$ $R\overset{O}{\underset{O}{—S—OH}}$

Sulfoxydes   **Sulfones**   **Thiocétones**   **Acides sulfiniques**   **Acides sulfoniques**

On appelle *thiols* les analogues sulfurés des alcools. Autrefois, on les nommait *mercaptans*. Le terme mercaptan a pour origine l'expression latine *mercurium captans,* qui signifie « captant le mercure ». Cette expression correspond à l'une des propriétés des thiols : ils forment des précipités en réagissant avec les ions de plusieurs métaux lourds, dont le mercure. Le 3-hydroxypropane-1,2-dithiol (appelé « British Anti-Lewisite » ou « BAL ») est un composé de formule CH$_2$CHCH$_2$OH. Il a été fabriqué
SH SH
pour servir d'antidote aux composés toxiques de l'arsenic utilisés dans les gaz de combat. Le BAL est aussi un antidote efficace en cas d'empoisonnement au mercure.

Voici des exemples de thiols simples :

CH$_3$CH$_2$SH   CH$_3$CH$_2$CH$_2$SH   CH$_3\overset{CH_3}{\underset{}{CHCH_2CH_2SH}}$ CH$_2$=CHCH$_2$SH

Éthanethiol   **Propane-1-thiol**   **3-Méthylbutane-1-thiol**   **Prop-2-ène-1-thiol**
(qu'on ajoute   **(présent dans**   **(sécrété par les mouffettes)**   **(présent dans l'ail)**
au gaz naturel)   **les oignons)**

En général, les composés du soufre, et en particulier les thiols de faible masse moléculaire, sont remarquables par leurs odeurs désagréables. Il suffit de passer près d'un laboratoire de chimie au moment où l'on y fait usage d'hydrogène sulfuré (H$_2$S) pour percevoir l'odeur d'œufs pourris qui s'en dégage. Un autre composé sulfuré, le 3-méthylbutane-1-thiol, est l'un des constituants du liquide nauséabond dont la mouffette se sert pour repousser ses ennemis. Le propane-1-thiol se dégage des oignons fraîchement coupés, et le prop-2-ène-1-thiol est l'un des composés qui donnent à l'ail son odeur et sa saveur.

À part leurs odeurs, les composés sulfurés diffèrent de leurs analogues oxygénés de diverses façons. Ces différences sont surtout dues aux caractéristiques suivantes :

1. L'atome de soufre est plus gros et plus polarisable que l'atome d'oxygène. Par conséquent, si on les compare à leurs analogues oxygénés, les composés sulfurés sont plus nucléophiles, et ceux qui contiennent un groupe —SH sont nettement plus acides que les composés oxygénés correspondants. L'ion éthane thiolate (CH$_3$CH$_2$S̈:⁻), par exemple, est un nucléophile beaucoup plus puissant que l'ion éthoxyde (CH$_3$CH$_2$Ö:⁻) lorsqu'il réagit avec des atomes de carbone électrophiles. Par contre, étant donné que l'éthanol est moins acide que l'éthanethiol, l'ion éthoxyde est la plus forte des deux bases conjuguées.

2. L'énergie de dissociation de la liaison S—H des thiols (~ 330 kJ·mol⁻¹) est beaucoup plus faible que celle de la liaison O—H des alcools (~ 420 kJ·mol⁻¹). Cette

fragilité relative de la liaison S—H permet aux thiols de réagir par couplage, en présence d'oxydants doux, et de former ainsi des disulfures.

$$2 \, RS—H + H_2O_2 \longrightarrow RS—SR + 2 \, H_2O$$
Un thiol   **Un disulfure**

Les alcools ne peuvent pas subir une telle réaction parce que, si on tente de l'effectuer, l'oxydation porte sur la liaison C—H ($\sim 360 \, kJ \cdot mol^{-1}$), qui est plus faible que la liaison O—H.

3. Parce que l'atome de soufre est facile à polariser, il peut stabiliser la charge négative d'un atome adjacent. Cela signifie que les atomes d'hydrogène fixés à un atome de carbone adjacent à un groupe alkylthio (RS—) sont plus acides que ceux qui sont voisins d'un groupe alkoxyle (RO—). Par exemple, le thioanisol réagit avec le butyllithium de la manière suivante :

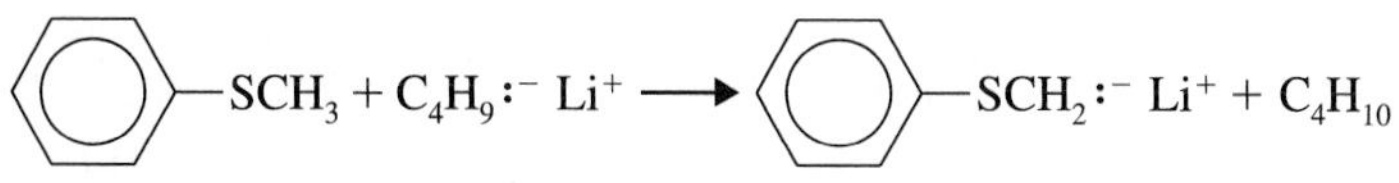

Thioanisol

L'anisol ($CH_3OC_6H_5$) ne peut subir une réaction analogue. Le groupe $\diagdown S{=}O$ des sulfoxydes et l'atome de soufre positif des ions sulfonium sont encore plus efficaces pour délocaliser la charge négative d'un atome adjacent.

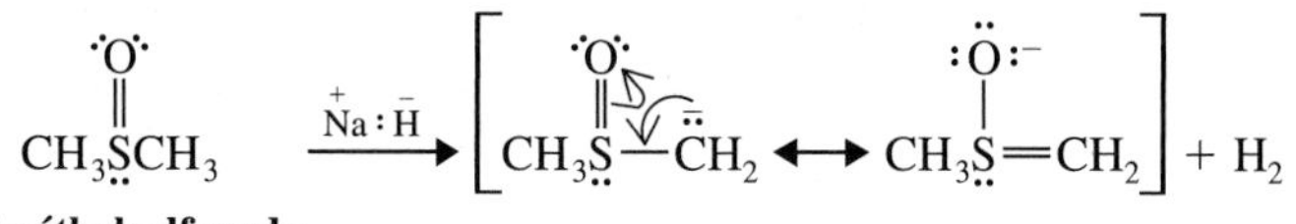

Diméthylsulfoxyde

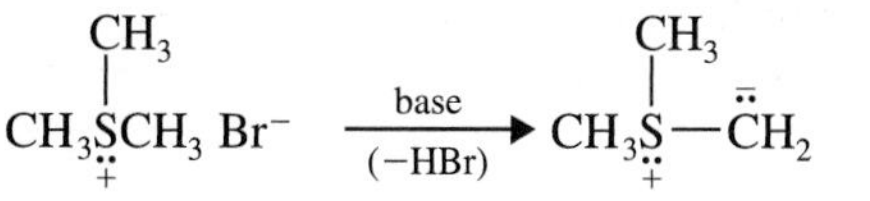

Bromure de   **Un ylure de soufre**
triméthylsulfonium

Les anions formés au cours des deux réactions précédentes sont utiles en synthèse. Ils peuvent notamment servir dans la synthèse des époxydes (section C.3).

C.1 PRÉPARATION DES THIOLS

Les bromoalcanes et iodoalcanes, en réagissant avec l'hydrogénosulfure de potassium, produisent des thiols. (On peut générer l'hydrogénosulfure de potassium en faisant circuler du H_2S gazeux dans une solution alcoolique d'hydroxyde de potassium.)

$$R—Br + KOH + \underset{\textbf{(excès)}}{H_2S} \xrightarrow[\Delta]{C_2H_5OH} R—SH + KBr + H_2O$$

En présence d'hydroxyde de potassium, le thiol qui se forme est suffisamment acide pour donner l'ion thiolate. Par conséquent, sans H_2S en excès, le principal produit sera un thioéther résultant des réactions suivantes :

$$R—SH + KOH \longrightarrow R—\overset{..}{\underset{..}{S}}{:}^- \, K^+ + H_2O$$

Thioéther

En réagissant avec la thio-urée, les halogénoalcanes engendrent des sels stables appelés *S*-alkylisothio-uronium. Ces sels servent à préparer des thiols.

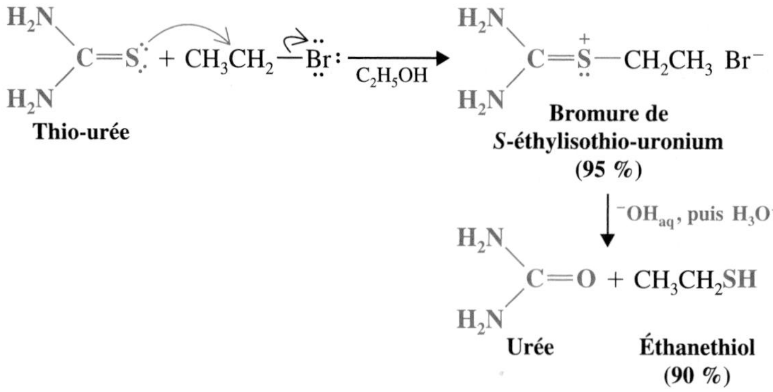

Thio-urée → **Bromure de S-éthylisothio-uronium (95 %)**

$-OH_{aq}$, puis H_3O^+

Urée + **Éthanethiol (90 %)**

C.2 PROPRIÉTÉS PHYSIQUES DES THIOLS

Les thiols forment de très faibles liaisons hydrogène, un peu plus faibles même que celles des alcools. Par conséquent, les thiols de faible masse moléculaire ont des points d'ébullition plus bas que ceux des alcools correspondants. Ainsi, l'éthanethiol bout à une température inférieure de 40 °C à celle de l'éthanol (37 °C comparativement à 78 °C). La faiblesse relative des liaisons hydrogène entre les molécules de thiols est manifeste lorsqu'on compare le point d'ébullition de l'éthanethiol à celui de son isomère, le diméthylsulfure.

$$CH_3CH_2SH \qquad\qquad CH_3SCH_3$$
p.é. 37 °C **p.é. 38 °C**

Les propriétés physiques de quelques thiols sont indiquées au tableau C.1.

Tableau C.1   Propriétés physiques des thiols.

Composé	Structure	p.f. (°C)	p.é. (°C)
Méthanethiol	CH_3SH	−123	6
Éthanethiol	CH_3CH_2SH	−144	37
Propane-1-thiol	$CH_3CH_2CH_2SH$	−113	67
Propane-2-thiol	$(CH_3)_2CHSH$	−131	58
Butane-1-thiol	$CH_3(CH_2)_2CH_2SH$	−116	98

C.3 ADDITION DES YLURES DE SOUFRE AUX ALDÉHYDES ET AUX CÉTONES

Les ylures de soufre réagissent aussi, en tant que nucléophiles, avec le carbone carbonylique des aldéhydes et des cétones. La bétaïne résultante se décompose habituellement en *époxyde* plutôt qu'en alcène.

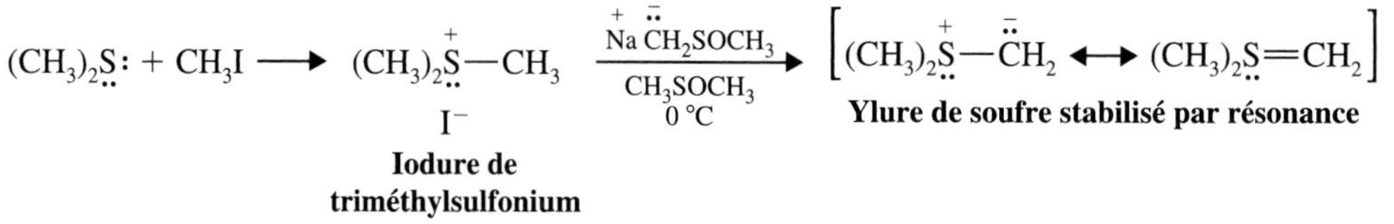

Iodure de triméthylsulfonium **Ylure de soufre stabilisé par résonance**

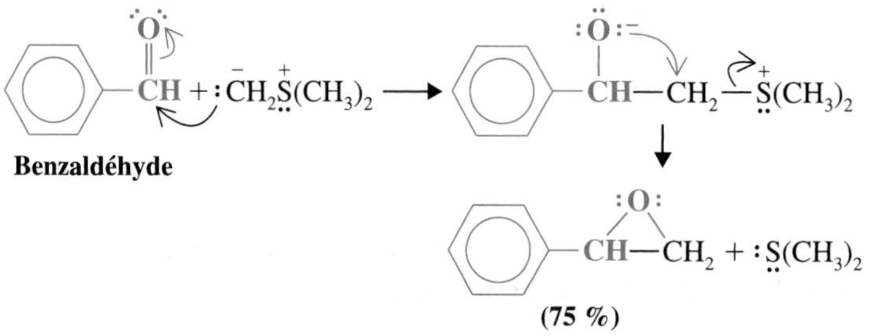

Benzaldéhyde

(75 %)

PROBLÈME C.1

Comment prépareriez-vous chacun des produits suivants à partir d'un ylure de soufre ?

a)

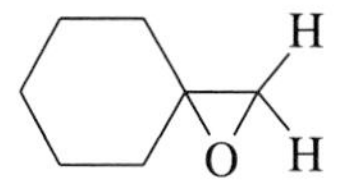

b)

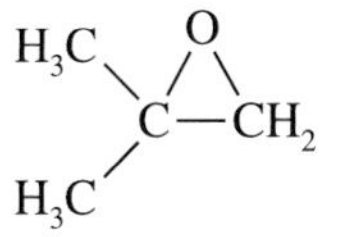

C.4 THIOLS ET DISULFURES EN BIOCHIMIE

Les thiols et les disulfures sont importants dans les cellules vivantes et, au cours de nombreuses réactions biochimiques d'oxydoréduction, ils subissent une interconversion.

$$2\ RSH \underset{[H]}{\overset{[O]}{\rightleftharpoons}} R\!-\!S\!-\!S\!-\!R$$

Par exemple, l'*acide lipoïque,* un important cofacteur des oxydations biologiques, subit la réaction d'oxydoréduction suivante :

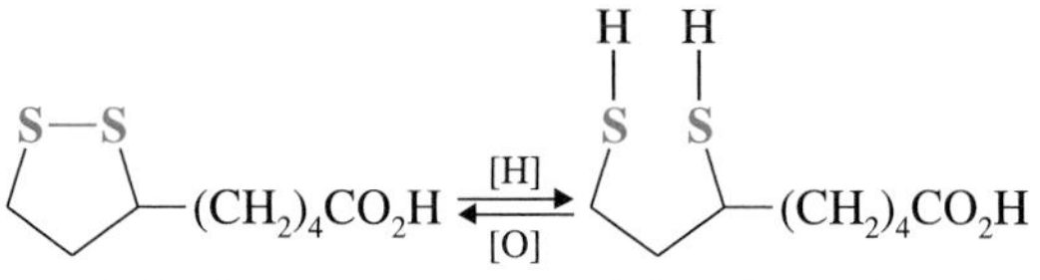

Acide lipoïque   **Acide dihydrolipoïque**

La *cystéine* et la *cystine,* deux acides aminés, sont interconvertis de manière similaire.

$$2\ HO_2CCHCH_2SH \underset{[H]}{\overset{[O]}{\rightleftharpoons}} HO_2CCHCH_2S\!-\!SCH_2CHCO_2H$$

Cystéine   **Cystine**

Comme nous le verrons au chapitre 24, la façon dont s'établissent les liaisons disulfure entre les motifs de cystine détermine en bonne partie la structure tridimensionnelle des protéines.

PROBLÈME C.2

Quelles sont les structures des produits issus des réactions suivantes ?

a) Bromure de benzyle + thio-urée ⟶

b) Produit de a) + ⁻OH/H_2O, puis H_3O^+ ⟶

c) Produit de b) + H_2O_2 ⟶

d) Produit de b) + NaOH ⟶

e) Produit de d) + bromure de benzyle ⟶

PROBLÈME C.3

Le disulfure d'allyle, $CH_2\!=\!CHCH_2S\!-\!SCH_2CH\!=\!CH_2$, est un autre constituant important de l'essence d'ail. Suggérez une synthèse du disulfure d'allyle à partir du bromure d'allyle.

PROBLÈME C.4

Indiquez brièvement comment vous pourriez synthétiser le BAL, c'est-à-dire $HSCH_2CH(SH)CH_2OH$, à partir d'un alcool allylique.

PROBLÈME C.5

Une synthèse de l'acide lipoïque (voir la structure au début de la section C.4) est décrite ci-dessous. Indiquez les réactifs et les intermédiaires qui ne sont pas mentionnés.

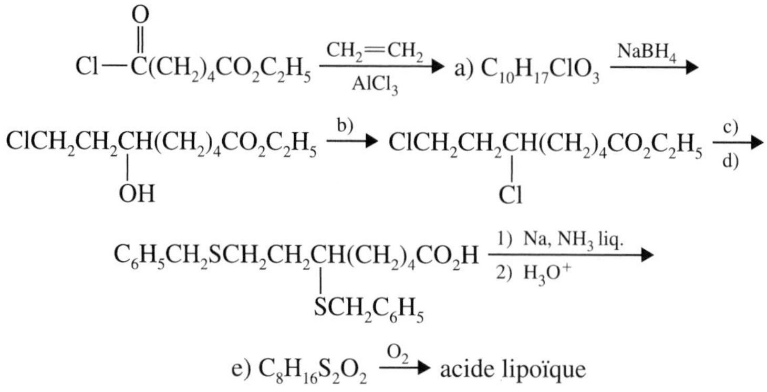

$$Cl-\overset{\overset{\displaystyle O}{\|}}{C}(CH_2)_4CO_2C_2H_5 \xrightarrow[AlCl_3]{CH_2=CH_2} \text{a) } C_{10}H_{17}ClO_3 \xrightarrow{NaBH_4}$$

$$\underset{\underset{\displaystyle OH}{|}}{ClCH_2CH_2CH}(CH_2)_4CO_2C_2H_5 \xrightarrow{b)} \underset{\underset{\displaystyle Cl}{|}}{ClCH_2CH_2CH}(CH_2)_4CO_2C_2H_5 \xrightarrow[d)]{c)}$$

$$\underset{\underset{\displaystyle SCH_2C_6H_5}{|}}{C_6H_5CH_2SCH_2CH_2CH}(CH_2)_4CO_2H \xrightarrow[2)\ H_3O^+]{1)\ Na,\ NH_3\ liq.}$$

$$\text{e) } C_8H_{16}S_2O_2 \xrightarrow{O_2} \text{acide lipoïque}$$

PROBLÈME C.6

Le *gaz moutarde* est un dangereux vésicant qui a été utilisé comme arme chimique durant la Première Guerre mondiale. Il doit son nom à son odeur, qui rappelle celle de la moutarde. Cependant, ce n'est pas un gaz, mais un liquide à point d'ébullition élevé, qu'on peut disperser dans l'atmosphère, comme un aérosol. Ce produit peut être synthétisé à partir de l'oxyrane (oxacyclopropane) de la façon suivante. Décrivez brièvement les réactions qui constituent cette synthèse et donnez la structure du gaz moutarde.

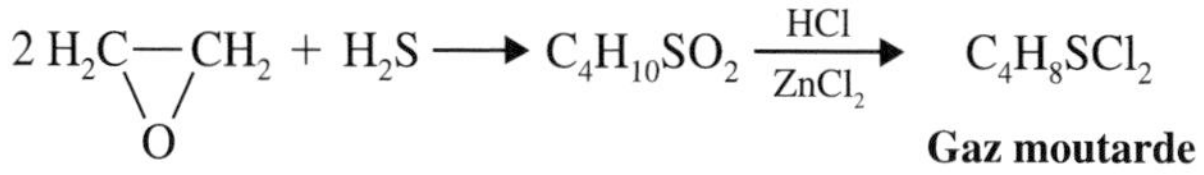

$$2\ \underset{\underset{\displaystyle O}{\diagdown\ \diagup}}{H_2C-CH_2} + H_2S \longrightarrow C_4H_{10}SO_2 \xrightarrow[ZnCl_2]{HCl} C_4H_8SCl_2$$

Gaz moutarde

THIOESTERS ET BIOSYNTHÈSE DES LIPIDES

D.1 THIOESTERS

Les thioesters peuvent être préparés par des réactions entre un thiol et un chlorure d'alcanoyle.

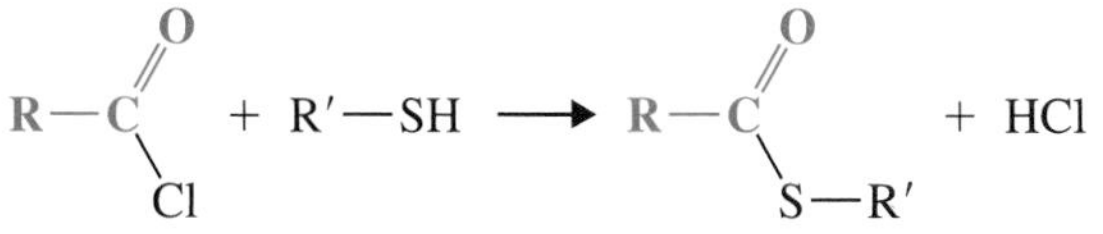

$$R-\underset{Cl}{\overset{\overset{\textstyle O}{\|}}{C}} + R'-SH \longrightarrow R-\underset{S-R'}{\overset{\overset{\textstyle O}{\|}}{C}} + HCl$$

Thioester

$$CH_3\underset{Cl}{\overset{\overset{\textstyle O}{\|}}{C}} + CH_3SH \xrightarrow{\text{pyridine}} CH_3\underset{SCH_3}{\overset{\overset{\textstyle O}{\|}}{C}} + \text{pyridinium} \quad Cl^-$$

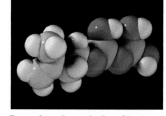

Pyrophosphate de 3-méthyl-but-3-ényle

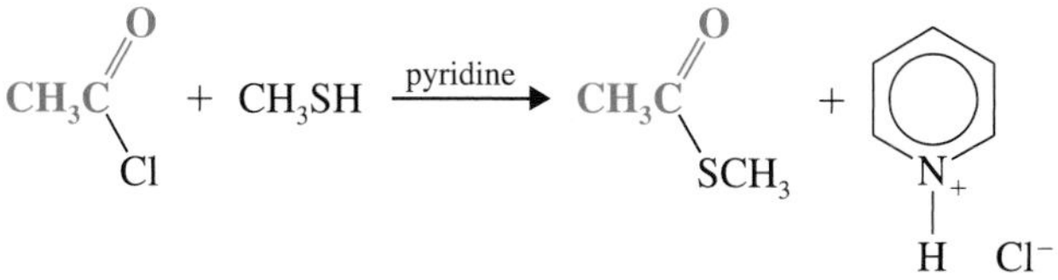

Même si les thioesters sont rarement employés dans les synthèses en laboratoire, ils ont une importance considérable dans les synthèses qui se produisent dans les cellules vivantes. L'un des thioesters essentiels en biosynthèse est l'*acétyl-coenzyme A*.

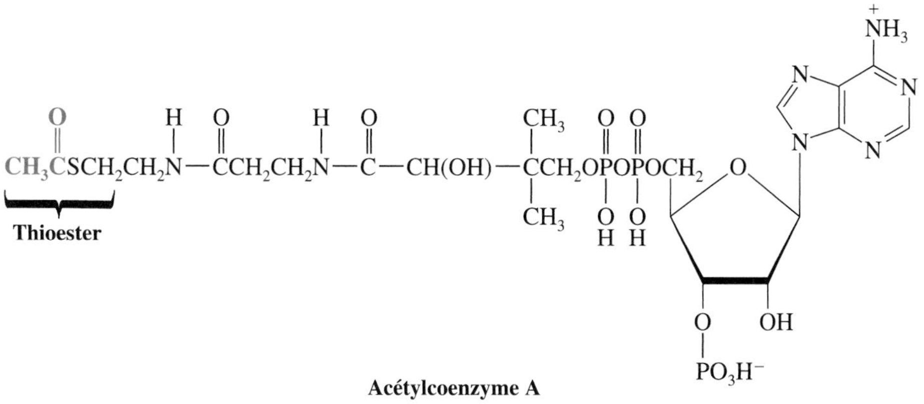

Acétylcoenzyme A

Thioester

La partie importante de cette structure plutôt complexe est le thioester situé en début de chaîne. C'est pourquoi, lorsqu'on veut représenter la structure de l'acétyl-coenzyme A de façon abrégée, on le fait souvent comme suit :

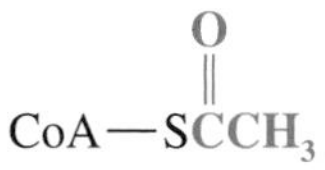

$$CoA-\overset{\overset{\textstyle O}{\|}}{S}CCH_3$$

L'abréviation de *coenzyme A* est CoA. Cependant, on emploie aussi la notation CoA—SH pour représenter cette coenzyme.

Dans certaines réactions biochimiques, une *acyl*-coenzyme A agit comme un *agent d'acylation*; elle transfère un groupe acyle à un autre nucléophile par une réaction qui comprend une attaque nucléophile portant sur le carbone carbonylique du thioester. Voici un exemple :

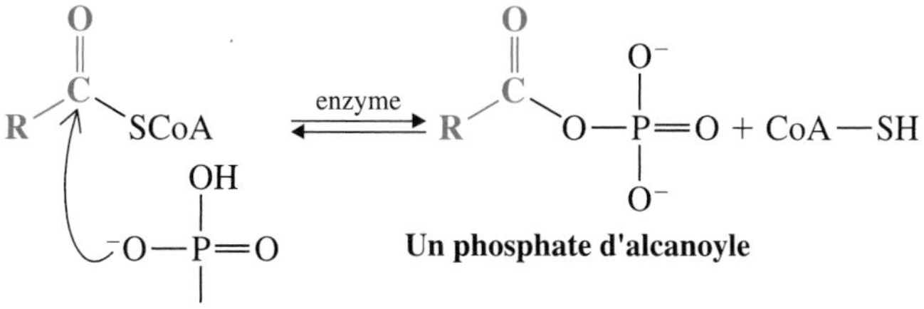

$$R-\underset{\underset{-O-P=O}{\underset{|}{OH}}}{\overset{\overset{\textstyle O}{\|}}{C}}\hspace{-0.5em}\text{SCoA} \xrightleftharpoons{\text{enzyme}} R-\underset{O^-}{\overset{\overset{\textstyle O}{\|}}{C}}O-\underset{O^-}{\overset{|}{\underset{|}{P}}}=O + CoA-SH$$

Un phosphate d'alcanoyle

Cette réaction est catalysée par l'enzyme *phosphoacétylasetrans*.

Les hydrogènes α du groupe acétyle de l'acétyl-coenzyme A sont notablement acides. Par conséquent, cette coenzyme se comporte aussi comme un *agent d'alkylation* nucléophile et elle peut réagir avec des électrophiles comme, par exemple, l'ion oxaloacétate. Le produit de cette réaction, qui ressemble à une réaction d'aldolisation, est l'ion citrate.

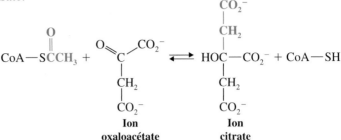

Ion oxaloacétate **Ion citrate**

C'est par cette réaction que les motifs de deux carbones C_2 sont introduits dans le cycle métabolique de l'acide citrique.

Pourquoi la nature fait-elle un usage aussi important des thioesters ? Et, comparativement aux esters ordinaires, quels avantages les thioesters procurent-ils aux cellules ? Pour répondre à ces questions, il faut prendre en considération trois facteurs :

1. Dans la réaction suivante, la forme limite de résonance **b)** contribue à stabiliser un ester ordinaire et rend le groupe carbonyle moins susceptible de subir une attaque par un nucléophile.

a) **b)**
Cette forme limite contribue grandement à la stabilisation.

Par contre, les thioesters ne sont pas stabilisés aussi efficacement parce que, parmi leurs formes limites, la structure **d)** exige le recouvrement de l'orbitale $3p$ du soufre et de l'orbitale $2p$ du carbone. Comme ce recouvrement est faible, la stabilisation par résonance due à **d)** n'est pas aussi efficace. Cependant, la forme limite de résonance **e)** représente une structure limite importante, qui rend le groupe carbonyle plus susceptible de subir une attaque nucléophile.

c) **d)** **e)**
Cette forme limite contribue peu. **Cette forme rend l'atome de carbone carbonylique susceptible de subir une attaque nucléophile.**

2. Une forme limite similaire, la forme limite **g),** rend les hydrogènes α des thioesters plus acides que ceux des esters ordinaires.

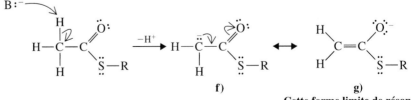

f) **g)**
Cette forme limite de résonance contribue à stabiliser l'anion d'un thioester.

3. La liaison carbone–soufre d'un thioester est plus faible que ne l'est la liaison carbone–oxygène d'un ester ordinaire; ⁻SR est un meilleur groupe sortant que le groupe ⁻OR.

Ces trois facteurs rendent les thioesters efficaces comme *agents d'acylation* (facteurs **1** et **3**) et comme *agents d'alkylation* nucléophiles (facteur **2**). Il ne faut donc pas s'étonner que des réactions semblables à celle qui est représentée ci-dessous puissent se produire.

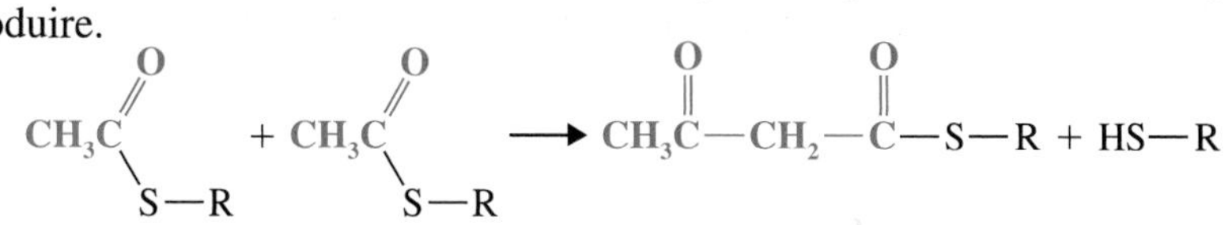

$$CH_3\overset{\overset{O}{\|}}{C} + CH_3\overset{\overset{O}{\|}}{C} \longrightarrow CH_3\overset{\overset{O}{\|}}{C}-CH_2-\overset{\overset{O}{\|}}{C}-S-R + HS-R$$
$$\underset{S-R}{\qquad} \underset{S-R}{\qquad}$$

Dans cette réaction, une mole d'un thioester sert d'agent d'acylation et l'autre agit comme nucléophile (agent d'alkylation) (section D.2).

D.2 BIOSYNTHÈSE DES ACIDES GRAS

Les membranes cellulaires, les graisses et les huiles contiennent des esters d'acides carboxyliques à longue chaîne (principalement C_{14}, C_{16} et C_{18}), appelés acides gras. Les acides gras font partie de la famille des lipides, des biomolécules qui sont dans une large mesure hydrophobes et que nous étudierons au chapitre 23. L'acide hexadécanoïque, ou acide palmitique, est un acide gras.

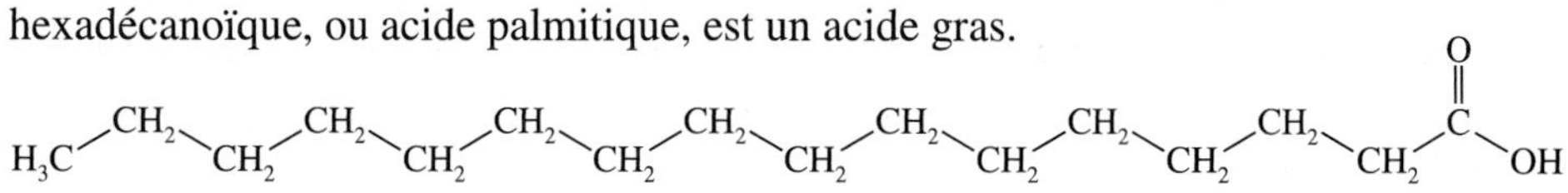

Acide palmitique

La plupart des acides gras naturels sont constitués d'un nombre pair d'atomes de carbone. Cela donne à penser que ces acides pourraient consister en un assemblage de motifs à deux atomes de carbone. L'idée qu'il pourrait s'agir de motifs d'acétate ($CH_3CO_2^-$) remonte à 1893. Bien des années plus tard, lorsqu'on a pu procéder au marquage isotopique des composés, on a testé et validé cette hypothèse.

Quand un organisme vivant absorbe de l'acide acétique dont on a préalablement marqué au carbone 14 le groupe carboxyle, il synthétise des acides gras dans lesquels l'isotope se retrouve à tous les deux atomes de carbone, à partir du carbone carboxylique.

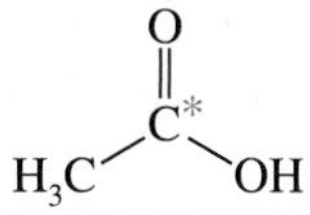

L'absorption d'acide acétique ayant un groupe carboxylique marqué au ^{14}C...

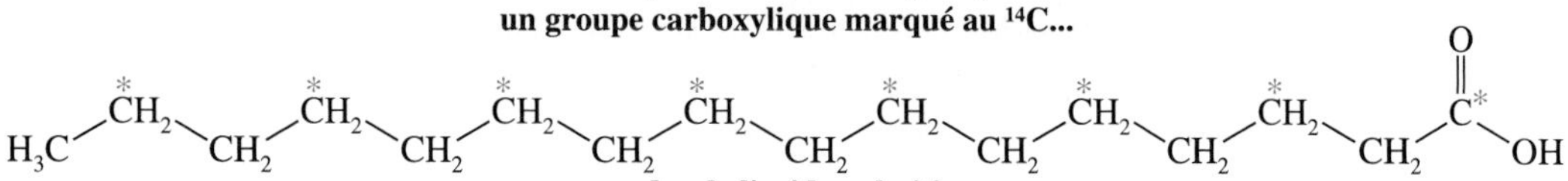

engendre de l'acide palmitique ainsi marqué.

Similairement, l'absorption d'acide acétique dont on a marqué le carbone méthylique mène à des acides gras dans lesquels les carbones 14 correspondent aux atomes qui n'étaient pas marqués par la méthode précédente.

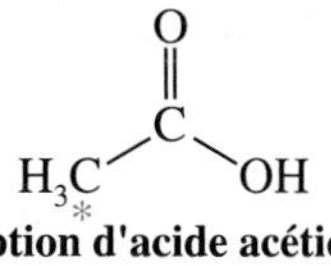

L'absorption d'acide acétique dont on a marqué le carbone méthylique...

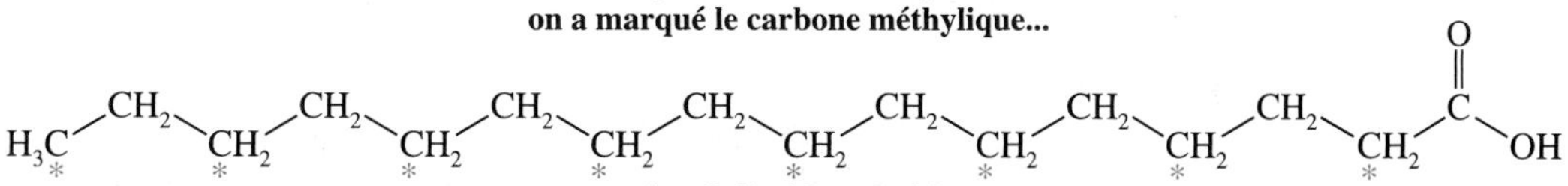

engendre de l'acide palmitique ainsi marqué.

On sait aujourd'hui que l'acétyl-coenzyme A est le point de départ de la biosynthèse des acides gras.

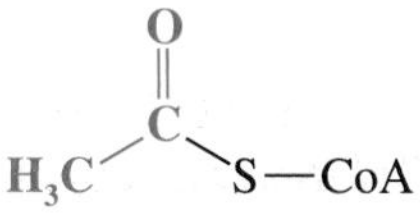

La formule abrégée suivante, dans laquelle les liaisons sont représentées par des traits, indique où sont situés les motifs à deux carbones qui ont été intégrés dans l'acide palmitique par l'acétyl-coenzyme A.

$$CH_3(CH_2)_{14}COOH$$

La portion acétyle de l'acétyl-coenzyme A peut être synthétisée par les cellules à partir de l'acide acétique, ou encore à partir de glucides, de protéines et de graisses.

$$CH_3\overset{O}{\overset{\|}{C}}OH$$
Glucides
Protéines
Graisses
$$\xrightarrow{\text{CoA—SH}} CH_3\overset{O}{\overset{\|}{C}}S—CoA$$
Acétyl-coenzyme A

Parce qu'il fait partie d'un thioester (section D.1), le groupe méthyle de l'acétyl-coenzyme A est déjà activé en ce qui a trait aux réactions de condensation, mais la nature l'active encore davantage en le transformant en *malonyl-coenzyme A*.

$$CH_3\overset{O}{\overset{\|}{C}}S—CoA + CO_2 \underset{}{\overset{\text{acétyl-CoA carboxylase*}}{\rightleftharpoons}} HO\overset{O}{\overset{\|}{C}}CH_2\overset{O}{\overset{\|}{C}}S—CoA$$
Acétyl-CoA   **Malonyl-CoA**

Dans la synthèse des acides gras, les étapes suivantes provoquent le transfert des groupes acyle de la malonyl-CoA et de l'acétyl-CoA au groupe thiol d'une coenzyme appelée *protéine de transport d'acyle*, ou ACP en abrégé. [Note : on utilise aussi la notation ACP—SH pour représenter cette coenzyme.]

$$HO\overset{O}{\overset{\|}{C}}CH_2\overset{O}{\overset{\|}{C}}S—CoA + ACP—SH \rightleftharpoons HO\overset{O}{\overset{\|}{C}}CH_2\overset{O}{\overset{\|}{C}}S—ACP + CoA—SH$$
Malonyl-CoA   **Malonyl-S-ACP**

$$CH_3\overset{O}{\overset{\|}{C}}S—CoA + ACP—SH \rightleftharpoons CH_3\overset{O}{\overset{\|}{C}}S—ACP + CoA—SH$$
Acétyl-CoA   **Acétyl-S-ACP**

Ensuite, l'acétyl-*S*-ACP et la malonyl-*S*-ACP se condensent l'une avec l'autre, ce qui donne l'acétoacétyl-*S*-ACP.

$$CH_3\overset{O}{\overset{\|}{C}}S—ACP + HO\overset{O}{\overset{\|}{C}}CH_2\overset{O}{\overset{\|}{C}}S—ACP \rightleftharpoons CH_3\overset{O}{\overset{\|}{C}}CH_2\overset{O}{\overset{\|}{C}}S—ACP + CO_2 + ACP—SH$$
Acétyl-S-ACP   **Malonyl-S-ACP**   **Acétoacétyl-S-ACP**

La molécule de CO_2 éliminée par cette réaction avait auparavant été incorporée à la malonyl-CoA par une réaction où intervient l'acétyl-CoA carboxylase.

Cette réaction remarquable ressemble beaucoup à une synthèse malonique (section 19.4) et mérite d'être commentée. On pourrait croire que la synthèse de l'acétoacétyl-*S*-ACP serait plus « économique » si elle résultait d'une simple condensation de deux moles d'acétyl-*S*-ACP.

$$CH_3\overset{O}{\overset{\|}{C}}S—ACP + CH_3\overset{O}{\overset{\|}{C}}S—ACP \rightleftharpoons CH_3\overset{O}{\overset{\|}{C}}CH_2\overset{O}{\overset{\|}{C}}S—ACP + ACP—SH$$

Cependant, des recherches sur cette réaction prétendument plus économique ont démontré qu'elle est fortement *endothermique* et que sa position d'équilibre est très déplacée vers la gauche. Par contre, la condensation de l'acétyl-*S*-ACP et de la malonyl-*S*-ACP est très exothermique et sa position d'équilibre se situe très à droite. La thermo-

---

* Cette étape fait également intervenir une mole d'adénosine triphosphate (section 22.1B) et une enzyme qui transfère le dioxyde de carbone.

dynamique de ces réactions est donc favorable à la condensation avec la malonyl-*S*-ACP parce que cette condensation *produit aussi une substance très stable, le dioxyde de carbone*. Par conséquent, par un effet thermodynamique, c'est la décarboxylation du groupe malonyle qui favorise la condensation.

Les trois étapes suivantes de la synthèse des acides gras transforment le groupe acétoacétyle de l'acétoacétyl-*S*-ACP en un groupe butyryle (butanoyle). Au cours de ces trois étapes, il y a à : 1) réduction du groupe carbonyle de la cétone, à l'aide du NADPH*; 2) déshydratation de l'alcool formé; 3) réduction d'une double liaison, encore une fois par le NADPH.

Réduction du groupe carbonyle de la cétone

$$CH_3\overset{O}{\overset{\|}{C}}CH_2\overset{O}{\overset{\|}{C}}S{-}ACP + NADPH + H^+ \rightleftharpoons CH_3\overset{OH}{\overset{|}{C}}HCH_2\overset{O}{\overset{\|}{C}}S{-}ACP + NADP^+$$

Acétoacétyl-*S*-ACP   **β-Hydroxybutyryl-*S*-ACP**

Déshydratation de l'alcool

$$CH_3\overset{OH}{\overset{|}{C}}HCH_2\overset{O}{\overset{\|}{C}}S{-}ACP \rightleftharpoons CH_3CH{=}CH\overset{O}{\overset{\|}{C}}S{-}ACP + H_2O$$

β-Hydroxybutyryl-*S*-ACP   **Crotonyl-*S*-ACP**

Réduction de la double liaison

$$CH_3CH{=}CH\overset{O}{\overset{\|}{C}}S{-}ACP + NADPH + H^+ \rightleftharpoons CH_3CH_2CH_2\overset{O}{\overset{\|}{C}}S{-}ACP + NADP^+$$

Crotonyl-*S*-ACP   **Butyryl-*S*-ACP**

Ces étapes complètent un cycle de la synthèse des acides gras, dont le résultat net est la conversion de deux motifs d'acétate en un motif de butyrate (butanoate) à quatre carbones, de la butyryl-*S*-ACP. Bien sûr, dans cette conversion, une molécule de dioxyde de carbone joue un rôle crucial. S'amorce ensuite un nouveau cycle, et la chaîne s'allonge de deux autres atomes de carbone.

Par un processus itératif, la chaîne s'allonge de deux atomes de carbone à la fois, jusqu'à ce que l'acide gras soit complètement formé. Dans le cas de l'acide palmitique, l'équation globale de cette synthèse peut être représentée comme suit :

$$CH_3\overset{O}{\overset{\|}{C}}S{-}CoA + 7\ HO\overset{O}{\overset{\|}{C}}CH_2\overset{O}{\overset{\|}{C}}S{-}CoA + 14\ NADPH + 14\ H^+ \longrightarrow$$

$$CH_3(CH_2)_{14}CO_2H + 7\ CO_2 + 8\ CoA{-}SH + 14\ NADP^+ + 6\ H_2O$$

L'un des aspects les plus remarquables de la synthèse des acides gras tient au fait que l'ensemble de son cycle de réactions est catalysé par une enzyme dimère multifonctionnelle, une *synthétase d'acide gras,* dont la masse moléculaire a été estimée à 2 300 000**. La synthèse d'un acide gras commence avec une seule molécule d'acétyl-*S*-ACP, qui sert d'amorce. Ensuite, une série de condensations se produisent. Par exemple, dans la synthèse de l'acide palmitique, il y a condensation de sept molécules de malonyl-*S*-ACP. Chacune de ces condensations est suivie d'une réduction, d'une déshydratation et d'une deuxième réduction. Toutes ces étapes, qui produisent une chaîne C_{16} dans le cas de l'acide palmitique, ont lieu avant que l'acide gras se détache de l'enzyme.

La protéine de transport d'acyle de la bactérie *E. coli* a été isolée et purifiée; sa masse moléculaire est approximativement de 10 000. Chez les mammifères, l'ACP fait partie de l'enzyme multifonctionnelle, la synthétase. Il y a deux types d'ACP, mais ils

---

 * Le NADPH, forme réduite du nicotinamide adénine dinucléotide phosphate, est une coenzyme qui ressemble beaucoup au NADH (voir préambule du chapitre 12 et section 14.10), autant par sa structure que du point de vue fonctionnel.

** Cette estimation correspond à la masse d'une synthétase qu'on a isolée des cellules d'une levure. La masse moléculaire des synthétases d'acide gras varie selon leur source. Par exemple, la synthétase extraite du foie de pigeon a une masse moléculaire de 450 000.

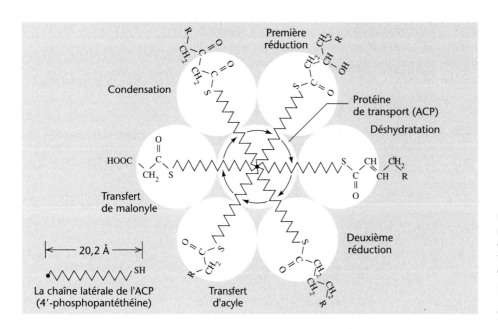

Figure D.1 Le groupe phosphopantéthéine est en quelque sorte le bras manipulateur de la synthétase d'un acide gras. (Adapté de A.L. Lehninger, *Biochemistry*, New York, Worth, 1970, p. 519. Droit d'utilisation accordé.)

comprennent tous deux un groupe prosthétique, la *phosphopantéthéine,* qui est identique à celui de la coenzyme A (section D.1). Dans l'ACP, cependant, ce groupe est fixé à une protéine plutôt qu'à une molécule d'adénosine phosphate (comme dans la coenzyme A). La longueur du groupe phosphopantéthéine est de 20,2 Å, et certains ont émis l'hypothèse qu'il agit comme transporteur de la chaîne acyle en croissance, d'un site actif de l'enzyme au suivant (figure D.1).

Acide pantothénique   **2-Aminoéthanethiol**

$$\boxed{\text{Protéine}}-\text{O}-\overset{\overset{\text{O}}{\|}}{\underset{\underset{\text{OH}}{|}}{\text{P}}}-\text{O}-\text{CH}_2-\overset{\overset{\text{CH}_3}{|}}{\underset{\underset{\text{CH}_3}{|}}{\text{C}}}-\text{CH(OH)}-\overset{\overset{\text{O}}{\|}}{\text{C}}-\text{NH}-\text{CH}_2-\text{CH}_2-\overset{\overset{\text{O}}{\|}}{\text{C}}-\text{NH}-\text{CH}_2-\text{CH}_2-\text{SH}$$

Groupe phosphopantéthéine
← 20,2 Å →

D.3 BIOSYNTHÈSE DES COMPOSÉS ISOPRÉNOÏDES

Les composés isoprénoïdes constituent une autre classe de biomolécules lipidiques. Parmi eux, on retrouve des produits naturels comme l'α-terpinéol, le géraniol, la vitamine A, le β-carotène, les stéroïdes (cholestérol, cortisone, œstrogènes. testostérone, etc.) ainsi que de nombreux autres composés analogues. Nous étudierons les terpènes au chapitre 23. Cependant, nous nous intéresserons ici à certaines réactions qui font partie de leur biosynthèse et qui ressemblent à des réactions que nous avons étudiées antérieurement.

α-Terpinéol   **Géraniol**   **Vitamine A**

β-Carotène

Dans la synthèse des terpènes et des terpénoïdes, le matériau de base est le pyrophosphate de 3-méthylbut-3-ényle. Les cinq atomes de carbone de ce composé sont la source de tous les *motifs isoprène* des composés isoprénoïdes. (Dans les structures précédentes, les motifs isoprène sont représentés en bleu et en rouge.)

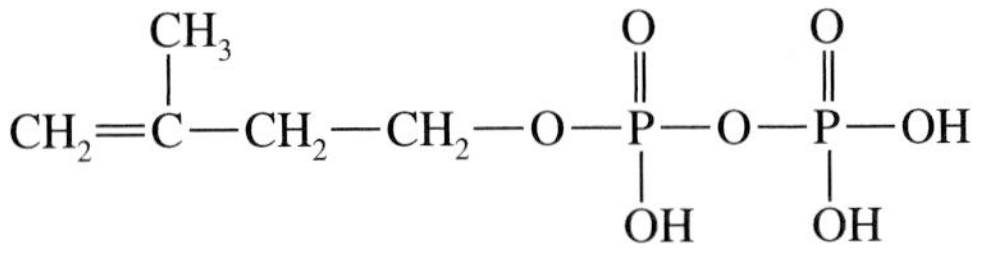

Pyrophosphate de 3-méthylbut-3-ényle

À la section D.4, nous expliquerons comment se fait la biosynthèse du pyrophosphate de 3-méthylbut-3-ényle. Pour le moment, voyons comment les motifs C_5 d'isoprène se lient les uns aux autres. Dans une première étape, il faut qu'une enzyme transforme le pyrophosphate de 3-méthylbut-3-ényle en pyrophosphate de 3-méthylbut-2-ényle. Cette isomérisation crée un équilibre qui permet à la cellule d'utiliser les deux composés.

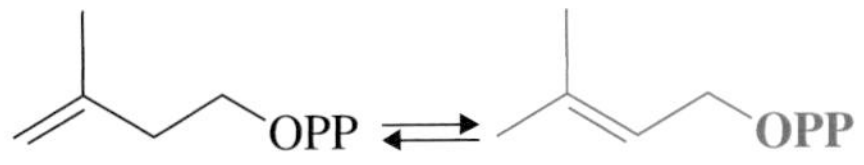

Pyrophosphate de 3-méthylbut-3-ényle   **Pyrophosphate de 3-méthylbut-2-ényle**   **OPP = pyrophosphate**

La jonction du pyrophosphate de 3-méthylbut-2-ényle et du pyrophosphate de 3-méthylbut-3-ényle s'opère notamment grâce à la formation d'un cation allylique par une enzyme. Ici, le groupe pyrophosphate se comporte comme un groupe sortant naturel. C'est l'un des nombreux cas où la nature fait usage du groupe pyrophosphate dans un processus biochimique. La condensation de deux unités C_5 produit un composé en C_{10} appelé pyrophosphate de géranyle.

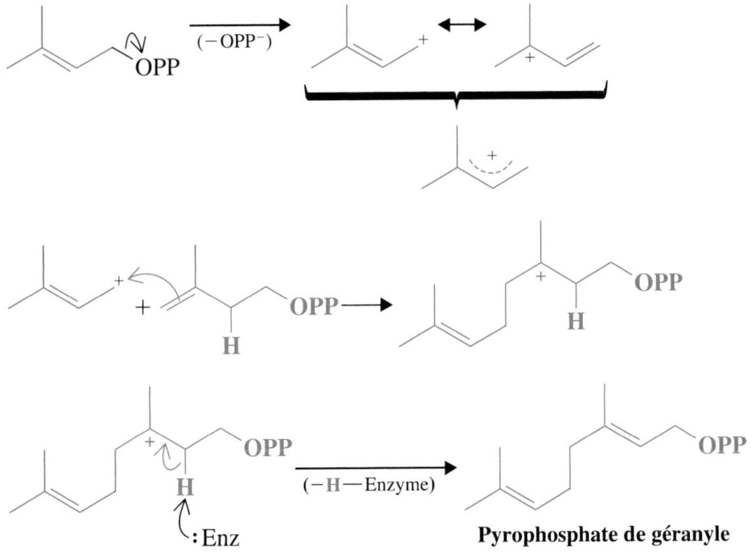

Pyrophosphate de géranyle

Le pyrophosphate de géranyle est le précurseur des monoterpènes. L'hydrolyse de ce pyrophosphate, par exemple, donne le géraniol.

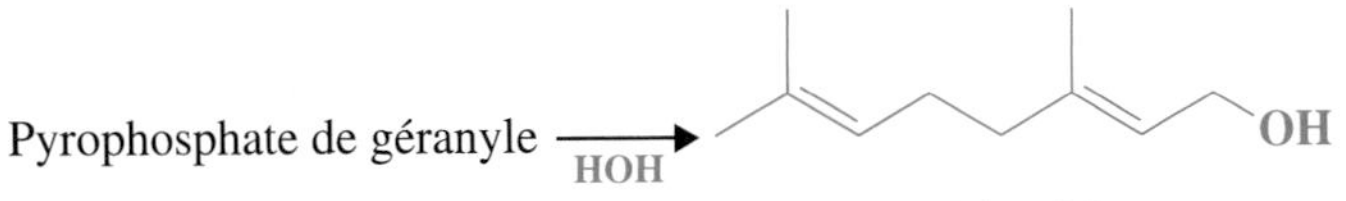

Géraniol

Le pyrophosphate de géranyle peut aussi se condenser avec le pyrophosphate de 3-méthylbut-3-ényle pour former le pyrophosphate de farnésyle, précurseur en C_{15} des sesquiterpènes.

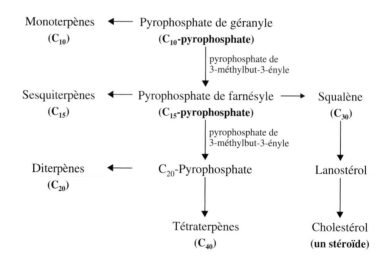

Pyrophosphate de géranyle

$-OPP^-, -H^+$

Pyrophosphate de farnésyle

autres sesquiterpènes

Farnésol

Le farnésol peut être extrait de l'huile d'ambrette. Son odeur ressemble à celle de l'ambre gris. Chez certains insectes, le farnésol agit comme une hormone et amorce la transformation de la chenille en papillon.

Des réactions de condensation similaires engendrent les précurseurs de tous les autres terpènes (figure D.2). En outre, par un couplage réductif entre les extrémités de deux molécules de pyrophosphate de farnésyle, on peut produire du squalène, le précurseur d'un important groupe d'isopropénoïdes connus sous le nom de stéroïdes (sections 23.4 et D.4).

Monoterpènes (C_{10})	← Pyrophosphate de géranyle (C_{10}-pyrophosphate)	
	↓ pyrophosphate de 3-méthylbut-3-ényle	
Sesquiterpènes (C_{15})	← Pyrophosphate de farnésyle (C_{15}-pyrophosphate) →	Squalène (C_{30})
	↓ pyrophosphate de 3-méthylbut-3-ényle	↓
Diterpènes (C_{20})	← C_{20}-Pyrophosphate	Lanostérol
	↓	↓
	Tétraterpènes (C_{40})	Cholestérol (un stéroïde)

Figure D.2 Les voies biosynthétiques des terpènes et des stéroïdes.

PROBLÈME D.1

Lorsqu'on traite le farnésol par l'acide sulfurique, il se convertit en bisabolène. Décrivez un mécanisme susceptible d'expliquer cette réaction.

Farnésol $\xrightarrow{H_2SO_4}$

Bisabolène

D.4 BIOSYNTHÈSE DES STÉROÏDES

Le pyrophosphate de 3-méthylbut-3-ényle est le motif isoprène que la nature utilise pour élaborer les terpénoïdes et les caroténoïdes. C'était le principal sujet de la section précédente. Nous allons maintenant voir comment cette voie biosynthétique se prolonge dans deux directions. Comme les acides gras, le pyrophosphate de 3-méthylbut-3-ényle est, en définitive, dérivé de motifs d'acétate. De la même façon — c'est ce que nous allons démontrer — le cholestérol, précurseur de la majorité des stéroïdes importants, est synthétisé à partir du pyrophosphate de 3-méthylbut-3-ényle.

Dans les années quarante, Konrad Bloch (de l'université Harvard) a réalisé des expériences de marquage pour faire la preuve que tous les atomes de carbone du cholestérol peuvent provenir de l'acide acétique. En utilisant notamment de l'acide acétique dont le *carbone méthylique* avait été marqué, Bloch a réussi à synthétiser un cholestérol dans lequel le carbone isotopique était réparti comme suit :

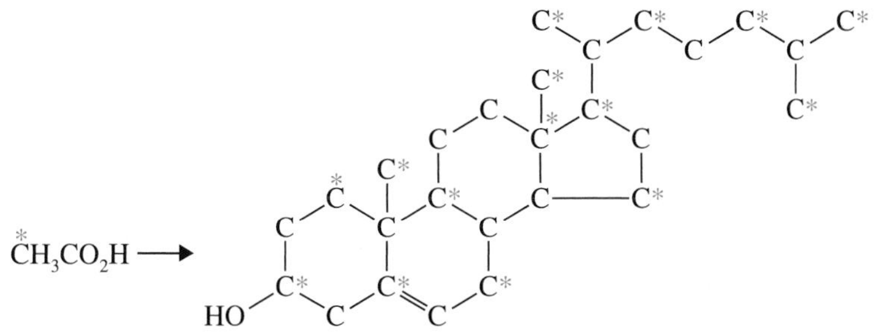

Par contre, avec de l'acide acétique dont le *carbone carboxylique* avait été marqué, Bloch a obtenu un cholestérol dans lequel l'isotope correspondait à tous les carbones qui ne sont pas désignés par un astérisque dans la formule précédente.

Plusieurs chercheurs, par la suite, ont contribué à démontrer que le pyrophosphate de 3-méthylbut-3-ényle est synthétisé, à partir de motifs d'acétate, par la séquence de réactions suivante :

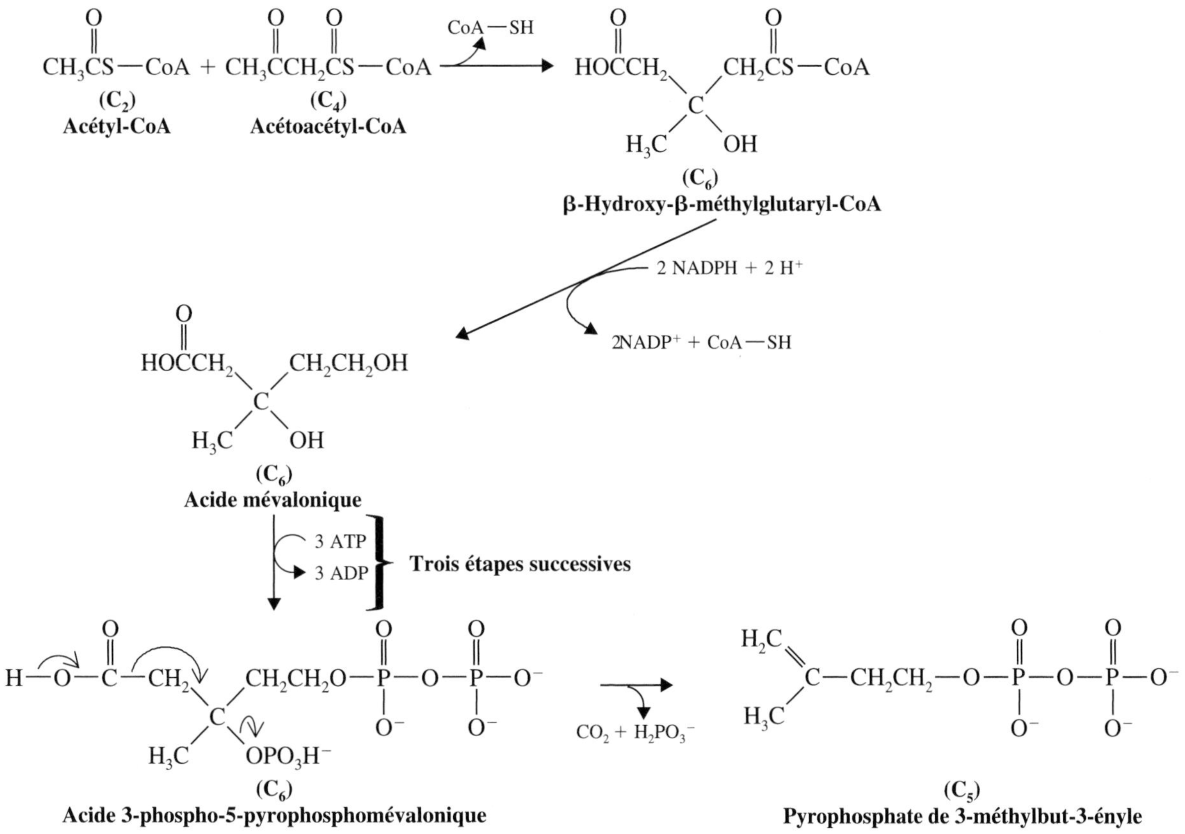

La première étape de cette voie synthétique est simple. L'acétyl-CoA (issue d'une mole d'acétate) et l'acétoacétyl-CoA (issue de 2 moles d'acétate) se condensent pour former un composé C_6, la β-hydroxy-β-méthylglutaryl-CoA. L'étape suivante consiste en une réduction enzymatique du groupe thioester de la β-hydroxy-β-méthylglutaryl-CoA, qui donne un alcool primaire, l'acide mévalonique. L'enzyme qui catalyse cette transformation est appelée *HMG-CoA réductase* (HMG est l'abréviation de β-hydroxy-β-méthylglutaryl). Cette étape est cinétiquement déterminante dans la biosynthèse du cholestérol. C'est en découvrant que l'acide mévalonique agit comme intermédiaire et que le composé en C_6 peut être transformé en pyrophosphate de 3-méthylbut-3-ényle (un composé en C_5 obtenu par phosphorylation et décarboxylation) qu'on a réussi à élucider les mécanismes de cette synthèse.

À la section D.3, nous avons expliqué comment (par isomérisation) le pyrophosphate de 3-méthylbut-3-ényle produit un mélange contenant du pyrophosphate de 3-méthylbut-2-ényle et comment ces deux composés se combinent pour former du pyrophosphate de géranyle, un composé en C_{10} qui se condense ensuite avec une mole de pyrophosphate de 3-méthylbut-3-ényle pour former le pyrophosphate de farnésyle, un composé C_{15}. (Le pyrophosphate de géranyle et le pyrophosphate de farnésyle sont les précurseurs des monoterpènes et des sesquiterpènes.)

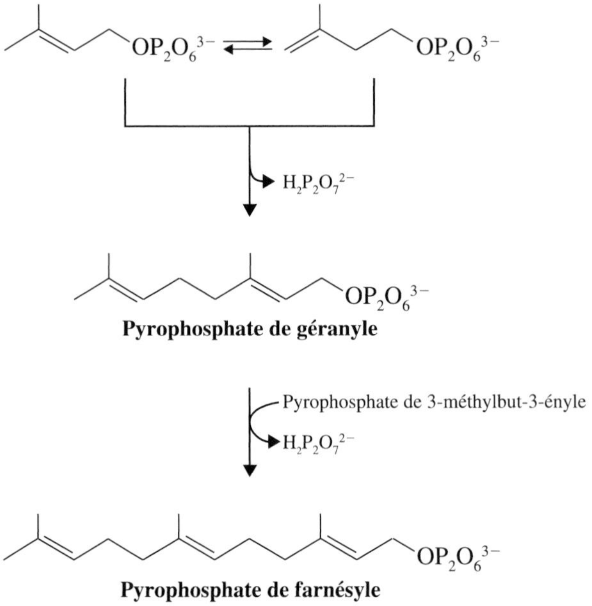

Pyrophosphate de géranyle

Pyrophosphate de farnésyle

Deux molécules de pyrophosphate de farnésyle subissent ensuite une condensation réductrice pour conduire au squalène.

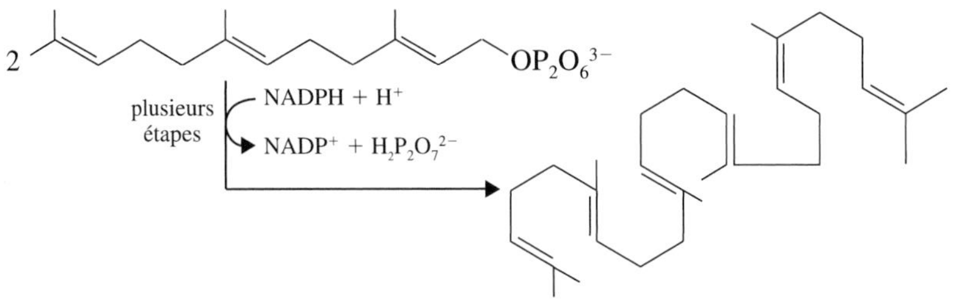

Squalène

Le squalène est le précurseur immédiat du cholestérol. L'oxydation du squalène produit l'époxyde en 2,3 du squalène, qui subit une remarquable série de fermetures de cycle, alliée à la migration concertée d'un hydrure et d'un méthanure. Ce processus mène au lanostérol (voir la Capsule chimique du chapitre 8, intitulée « La biosynthèse du cholestérol : des réactions élégantes et bien connues dans la nature »), qui est ensuite converti en cholestérol par une série de réactions catalysées par des enzymes.

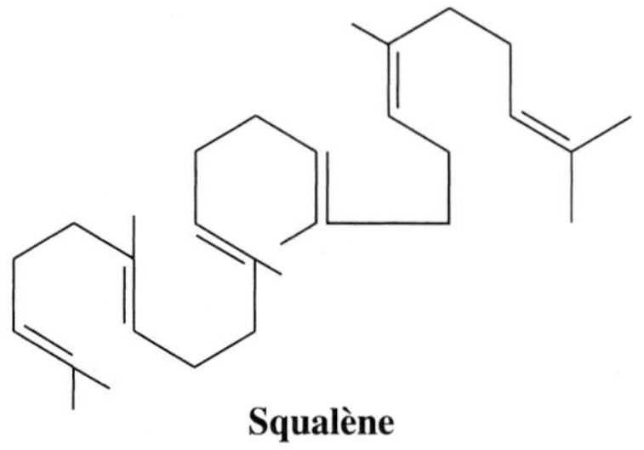

Squalène

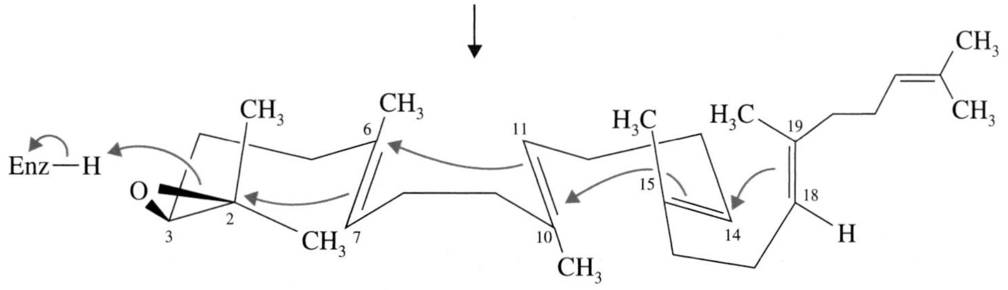

(3S)-2,3-Oxydosqualène

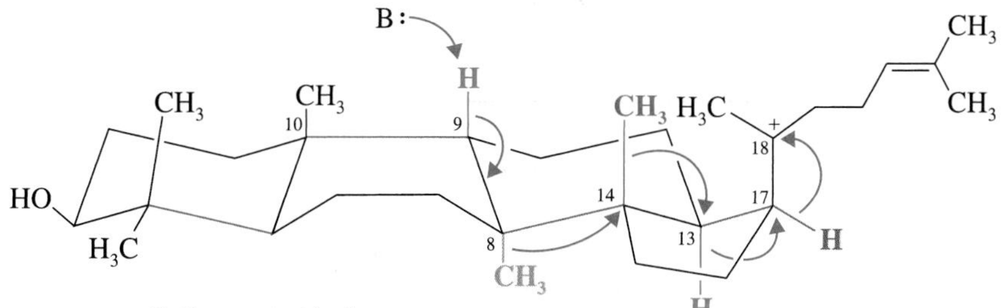

Cation protostéryle

$(-BH)$

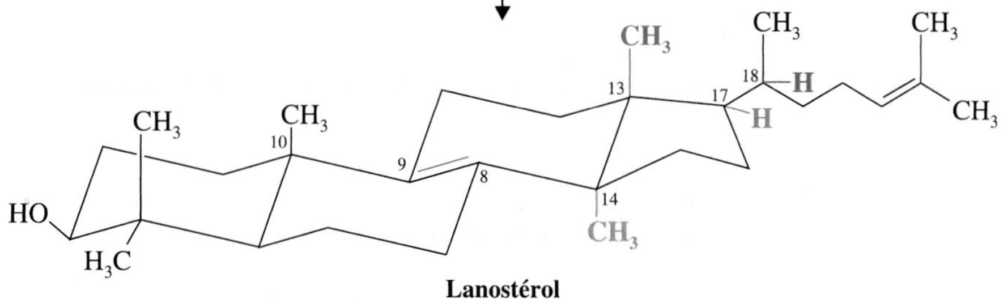

Lanostérol

(plusieurs d'étapes enzymatiques)

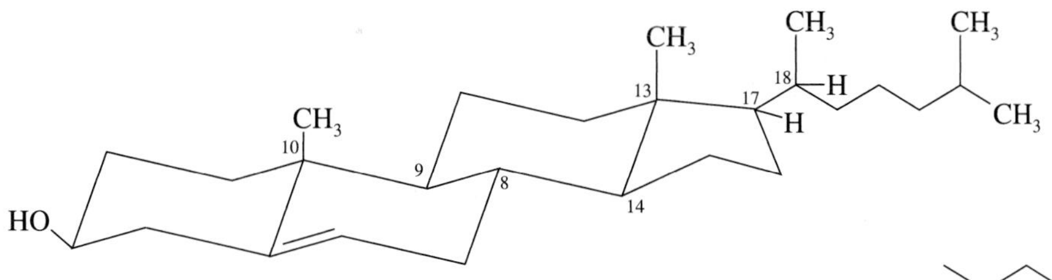

Cholestérol
(représenté par les deux structures)

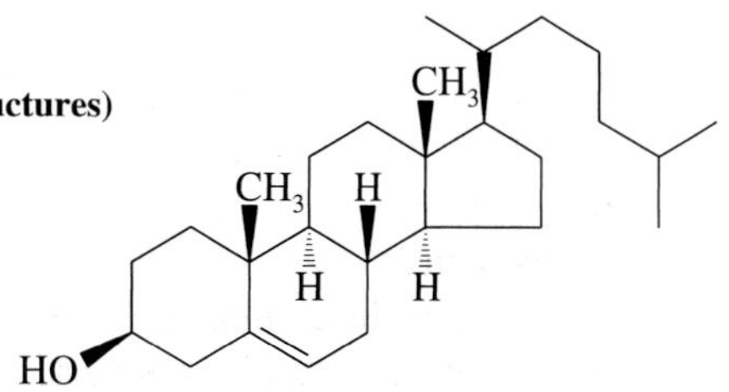

Cholestérol

D.5 CHOLESTÉROL ET MALADIES CARDIOVASCULAIRES

Parce que le cholestérol est un précurseur des hormones stéroïdes et un constituant important des membranes cellulaires, il est essentiel à la vie. Par contre, les dépôts de cholestérol dans les artères peuvent causer des maladies cardiovasculaires, notamment l'athérosclérose.

Pour éviter les risques liés à un taux de cholestérol sanguin élevé, certaines personnes peuvent se contenter de suivre une diète à faible teneur en cholestérol et en gras. Pour ceux qui souffrent d'**hypercholestérolémie familiale** (une maladie d'origine génétique), cela n'est pas suffisant. Il existe cependant des médicaments qui permettent de réduire la cholestérolémie, dont la *lovastatine* (ou *mévinoline*).

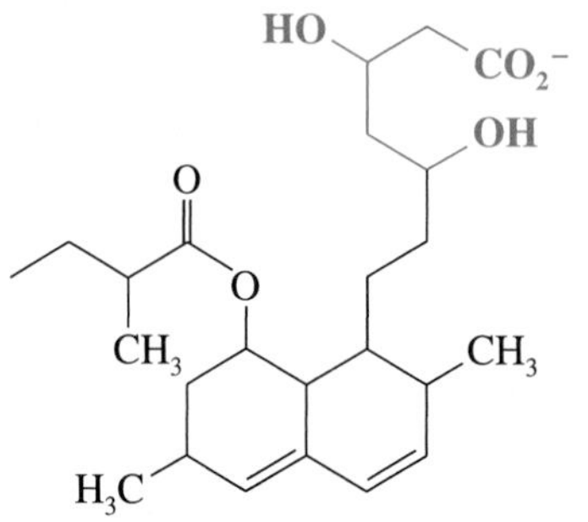

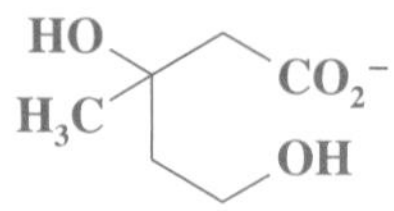

Ion mévalonate

Lovastatine

Parce qu'une partie de sa structure ressemble à l'ion mévalonate, la lovastatine peut apparemment se lier au site actif de la HMG-CoA-réductase (section D.4), l'enzyme qui catalyse l'étape cinétiquement déterminante de la biosynthèse du cholestérol. La lovastatine agit comme inhibiteur compétitif de cette enzyme et abaisse ainsi le taux de cholestérol sanguin d'environ 30 %.

Le cholestérol synthétisé par le foie est converti en acides biliaires (il sert alors à la digestion des aliments) ou estérifié (il passe alors dans le circuit sanguin). Le cholestérol transporté par le sang est absorbé par les cellules, sous la forme de complexes lipoprotéiques qu'on classe selon leur densité. Les **lipoprotéines de faible densité,** ou **LDL** (*low density lipoproteins*), transportent le cholestérol du foie aux tissus. Les **lipoprotéines de haute densité,** ou **HDL** (*high density lipoproteins*), ramènent le cholestérol au foie, où le surplus est transformé en acides biliaires. Les HDL ont été appelées *bon cholestérol*, parce que les résultats de nombreux travaux de recherche indiquent qu'un niveau élevé de HDL peut réduire la tendance du cholestérol à se déposer sur les parois des artères. Par contre, on qualifie les LDL de *mauvais cholestérol* parce qu'on les associe aux maladies cardiovasculaires.

En conclusion, mentionnons que les acides biliaires déversés par le foie dans le duodénum sont efficacement recyclés lorsque la circulation sanguine les ramène au foie. Par conséquent, l'ingestion de résines qui complexent les acides biliaires permet de réduire la cholestérolémie.

Chapitre 20

AMINES

Neurotoxines et neurotransmetteurs

Les grenouilles appartenant au genre des Dendrobates vivent dans les forêts d'Amérique tropicale. Elles sont petites et mignonnes, mais très venimeuses. Elles produisent un poison appelé histrionicotoxine, une amine qui provoque la paralysie. L'histrionicotoxine entraîne la mort par asphyxie en paralysant les muscles respiratoires de la victime. (Le modèle moléculaire de l'histrionicotoxine est présenté ci-dessus.) Le curare, un poison avec lequel les peuplades d'Amazonie enduisent les pointes de leurs flèches et qui consiste en un mélange de produits provenant d'une vigne sauvage, contient une autre neurotoxine paralysante appelée *d*-tubocurarine. L'histrionicotoxine et la *d*-tubocurarine inhibent toutes deux l'activité de l'acétylcholine, un important neurotransmetteur.

L'un des aspects essentiels de la structure de la *d*-tubocurarine et de l'acétylcholine, c'est qu'elle contient un atome d'azote (deux dans le cas de la *d*-tubocurarine) porteur de quatre substituants. Cette caractéristique confère aux deux molécules une charge positive formelle sur chaque atome d'azote et les place dans une classe de composés appelés sels d'ammonium quaternaires (section 20.3C). La présence d'un groupe ammonium quaternaire est importante pour la fixation au récepteur de l'acétylcholine. Au cours de la transmission normale de l'influx nerveux, deux molécules d'acétylcholine se fixent au récepteur. Cette fixation provoque un changement de conformation qui ouvre un canal permettant la diffusion des cations Na^+ et K^+, respectivement vers l'intérieur et l'extérieur de la cellule, ce qui entraîne la dépolarisation de la membrane. Environ 20 000 cations de chaque type traversent la membrane en 2 millisecondes.

SOMMAIRE

20.1 Nomenclature

20.2 Propriétés physiques et structure des amines

20.3 Basicité des amines : les sels d'amines

20.4 Quelques amines d'importance biologique

20.5 Préparation des amines

20.6 Réactions des amines

20.7 Réactions des amines avec l'acide nitreux

20.8 Réactions de substitution des sels d'arènediazonium

20.9 Couplage diazoïque

20.10 Réactions des amines avec les chlorures de sulfonyle

20.11 Médicaments à base de sulfamides : le sulfanilamide

20.12 Analyse des amines

20.13 Éliminations dans lesquelles interviennent des ammoniums quaternaires

Lorsque la *d*-tubocurarine inhibe la fixation de l'acétylcholine en se liant elle-même au récepteur, elle empêche l'ouverture du canal ionique. L'incapacité de dépolariser la membrane (et donc d'amorcer un influx nerveux) entraîne la paralysie.

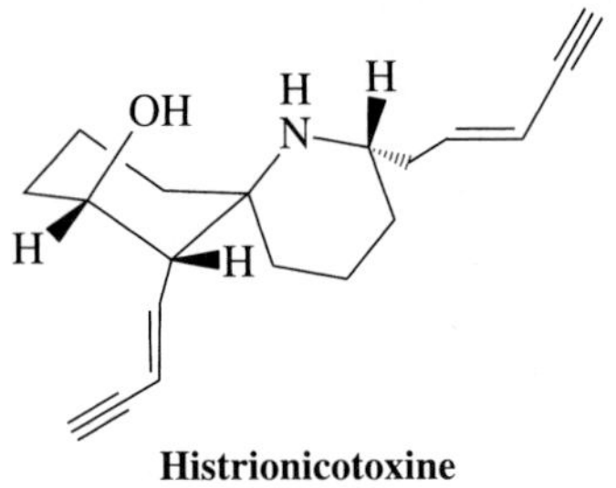

Histrionicotoxine

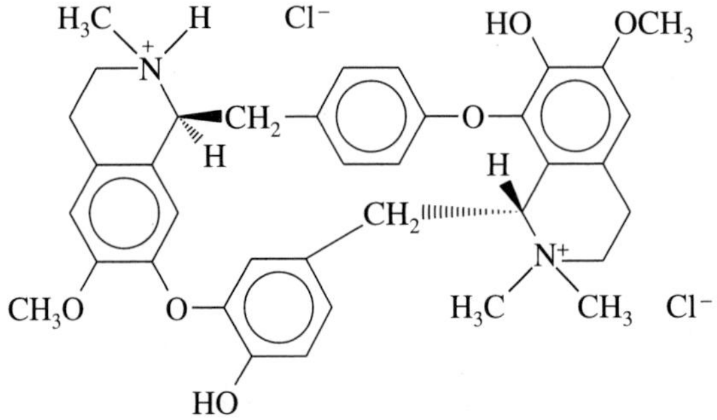

Chlorure de *d*-tubocurarine

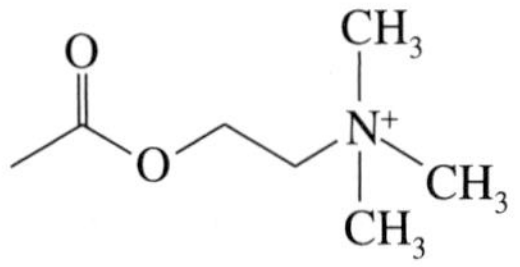

Acétylcholine

Bien que la *d*-tubocurarine et l'histrionicotoxine soient des poisons mortels, elles se sont toutes deux révélées utiles en recherche. Ainsi, on utilise le curare pour bloquer temporairement les mouvements respiratoires lors d'expériences physiologiques. Tant que durent les effets du curare, le sujet est maintenu en vie à l'aide d'un respirateur. De la même manière, la *d*-tubocurarine ainsi que le bromure de succinylcholine sont utilisés comme relaxants musculaires durant certaines interventions chirurgicales.

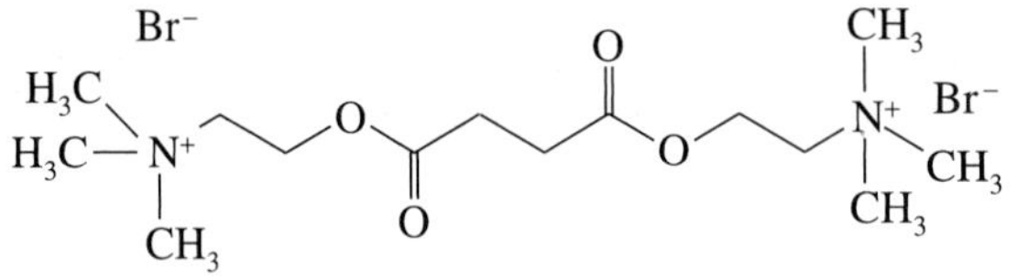

Bromure de succinylcholine

20.1 NOMENCLATURE

Dans la nomenclature courante, la plupart des amines primaires sont appelées *alkylamines*. Dans la nomenclature systématique (noms en bleu ci-dessous), elles sont désignées par l'ajout du suffixe *-amine* au nom (qui a perdu son *e* final) de la chaîne ou du cycle auquel le groupe NH_2 est lié. Les amines sont classées en amines primaires, secondaires ou tertiaires selon le nombre de groupes organiques liés à l'azote (section 2.9).

Amines primaires

CH_3NH_2
Méthylamine
(méthanamine)

$CH_3CH_2NH_2$
Éthylamine
(éthanamine)

$CH_3CHCH_2NH_2$
$\ \ \ \ \ \ CH_3$
Isobutylamine
(2-méthyl-1-propanamine)

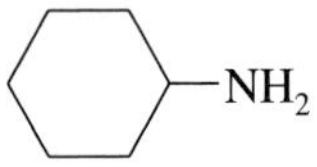

Cyclohexylamine
(cyclohexanamine)

La plupart des amines secondaires et tertiaires sont nommées suivant la même règle générale. Dans la nomenclature courante, on indique tous les groupes organiques et on utilise les préfixes *di-* ou *tri-* s'il y a des groupes identiques. Dans la nomenclature systématique, l'indice de position *N* est utilisé pour désigner les substituants liés à un atome d'azote.

Amines secondaires

$$CH_3NHCH_2CH_3 \qquad (CH_3CH_2)_2NH$$
Éthylméthylamine **Diéthylamine**
(*N*-méthyléthanamine) (*N*-éthyléthanamine)

Amines tertiaires

$$(CH_3CH_2)_3N \qquad CH_3NCH_2CH_2CH_3$$
Triéthylamine **Éthylméthylpropylamine**
(*N*, *N*-diéthyléthanamine) (*N*-éthyl-*N*-méthyl-1-propanamine)

Dans le système de l'UICPA, le groupe fonctionnel —NH₂ est appelé *amino*. Ce système est souvent utilisé pour nommer des amines contenant un groupe OH ou CO_2H.

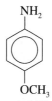

$$H_2NCH_2CH_2OH \qquad H_2NCH_2CH_2COH$$
2-Aminoéthanol **Acide 3-aminopropanoïque**

20.1A ARYLAMINES

Voici le nom de trois **arylamines** courantes.

Aniline ***N*-Méthylaniline** ***p*-Toluidine** ***p*-Anisidine**
(benzénamine) (*N*-méthyl- (4-méthyl- (4-méthoxy-
benzénamine) benzénamine) benzénamine)

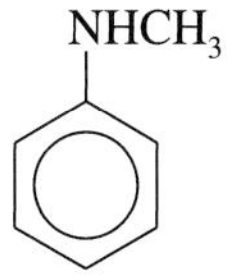

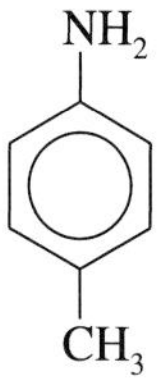

20.1B AMINES HÉTÉROCYCLIQUES

Les **amines hétérocycliques** importantes ont toutes des noms courants. Dans la nomenclature systématique, les préfixes *aza-*, *diaza-* et *triaza-* sont utilisés pour indiquer que des atomes d'azote ont remplacé des atomes de carbone dans l'hydrocarbure correspondant.

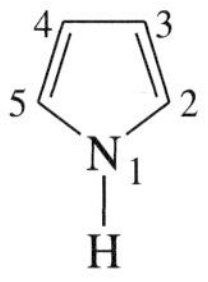

Pyrrole **Pyrazole** **Imidazole** **Indole**
(1-azacyclopenta- (1,2-diazacyclopenta- (1,3-diazacyclopenta- (1-aza-indène)
2,4-diène) 2,4-diène) 2,4-diène)

Pyridine **Pyridazine** **Pyrimidine** **Quinoléine**
(azabenzène) (1,2-diazabenzène) (1,3-diazabenzène) (1-azanaphtalène)

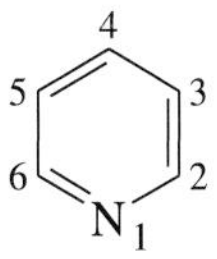

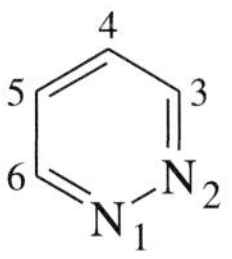

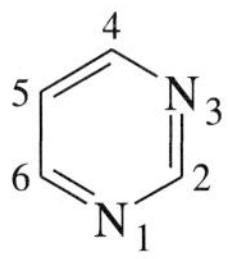

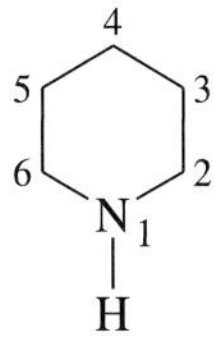

Pipéridine **Pyrrolidine** **Thiazole** **Purine**
(azacyclohexane) (azacyclopentane) (1-thia-3-
azacyclopenta-2,4-diène)

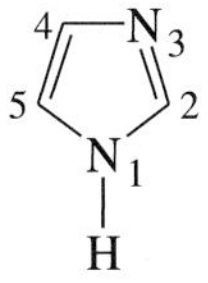

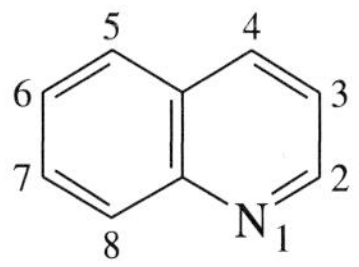

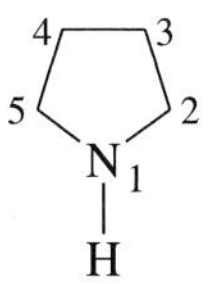

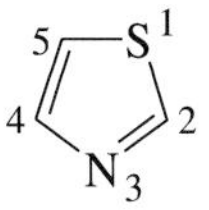

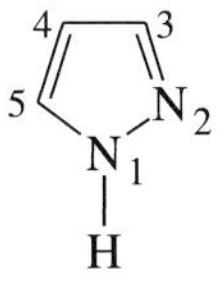

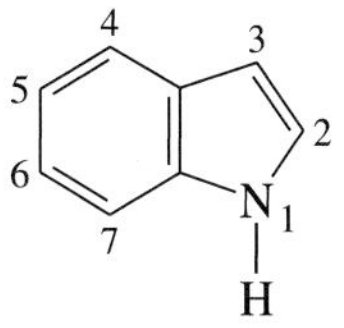

* retenir davantage les noms en bleu.

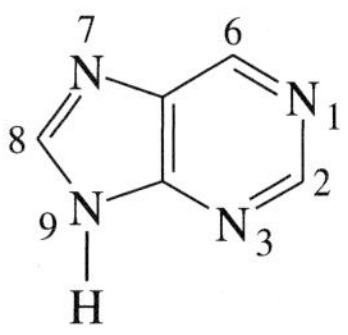

20.2 PROPRIÉTÉS PHYSIQUES ET STRUCTURE DES AMINES

20.2A PROPRIÉTÉS PHYSIQUES

Les amines sont des substances modérément polaires; leur point d'ébullition est plus élevé que celui des alcanes, mais généralement moins élevé que celui des alcools de masse moléculaire comparable. Les molécules d'amines primaires et secondaires peuvent former des liaisons hydrogène fortes entre elles et avec l'eau. Les molécules d'amines tertiaires ne peuvent pas former de liaisons hydrogène entre elles, mais elles peuvent en former avec des molécules d'eau ou d'autres solvants hydroxyliques. Par conséquent, le point d'ébullition des amines tertiaires est habituellement inférieur à celui des amines primaires et secondaires de masse moléculaire comparable, mais toutes les amines de faible masse moléculaire sont très hydrosolubles.

Le tableau 20.1 présente les propriétés physiques de quelques amines courantes.

20.2B STRUCTURE DES AMINES

L'atome d'azote de la plupart des amines est semblable à celui de l'ammoniac; il est approximativement hybridé sp^3. Les trois groupes alkyle (ou les atomes d'hydrogène) occupent trois sommets d'un tétraèdre; l'orbitale sp^3 contenant la paire d'électrons libres

Tableau 20.1   Propriétés physiques de certaines amines.

Nom	Structure	Point de fusion (°C)	Point d'ébullition (°C)	Hydrosolubilité (25 °C) (g/100 mL)	pK_a (ion aminium)
Amines primaires					
Méthylamine	CH_3NH_2	−94	−6	Très soluble	10,64
Éthylamine	$CH_3CH_2NH_2$	−81	17	Très soluble	10,75
Propylamine	$CH_3CH_2CH_2NH_2$	−83	49	Très soluble	10,67
Isopropylamine	$(CH_3)_2CHNH_2$	−101	33	Très soluble	10,73
Butylamine	$CH_3(CH_2)_2CH_2NH_2$	−51	78	Très soluble	10,61
Isobutylamine	$(CH_3)_2CHCH_2NH_2$	−86	68	Très soluble	10,49
sec-Butylamine	$CH_3CH_2CH(CH_3)NH_2$	−104	63	Très soluble	10,56
tert-Butylamine	$(CH_3)_3CNH_2$	−68	45	Très soluble	10,45
Cyclohexylamine	Cyclo-$C_6H_{11}NH_2$	−18	134	Légèrement soluble	10,64
Benzylamine	$C_6H_5CH_2NH_2$	10	185	Légèrement soluble	9,30
Aniline	$C_6H_5NH_2$	−6	184	3,7	4,58
p-Toluidine	*p*-$CH_3C_6H_4NH_2$	44	200	Légèrement soluble	5,08
p-Anisidine	*p*-$CH_3OC_6H_4NH_2$	57	244	Très légèrement soluble	5,30
p-Chloroniline	*p*-$ClC_6H_4NH_2$	73	232	Insoluble	4,00
p-Nitroniline	*p*-$NO_2C_6H_4NH_2$	148	332	Insoluble	1,00
Amines secondaires					
Diméthylamine	$(CH_3)_2NH$	−92	7	Très soluble	10,72
Diéthylamine	$(CH_3CH_2)_2NH$	−48	56	Très soluble	10,98
Dipropylamine	$(CH_3CH_2CH_2)_2NH$	−40	110	Très soluble	10,98
N-Méthylaniline	$C_6H_5NHCH_3$	−57	196	Légèrement soluble	4,70
Diphénylamine	$(C_6H_5)_2NH$	53	302	Insoluble	0,80
Amines tertiaires					
Triméthylamine	$(CH_3)_3N$	−117	2,9	Très soluble	9,70
Triéthylamine	$(CH_3CH_2)_3N$	−115	90	14	10,76
Tripropylamine	$(CH_3CH_2CH_2)_3N$	−93	156	Légèrement soluble	10,64
N,N-Diméthylaniline	$C_6H_5N(CH_3)_2$	3	194	Légèrement soluble	5,06

est orientée vers le quatrième sommet. Par la position des atomes, la forme de l'amine évoque celle d'une pyramide trigonale (section 1.16). Toutefois, si on considérait la paire d'électrons libres comme un substituant, on qualifierait de tétraédrique la structure de l'amine. La représentation du potentiel électrostatique de la surface de Van der Waals de la triméthylamine (ci-dessous) indique la position de la charge négative à l'endroit même où les électrons libres de l'azote se trouvent.

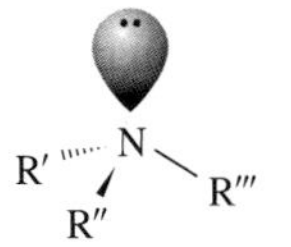

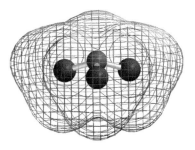

Structure d'une amine

**Surface de densité électronique
calculée pour la triméthylamine
(Les atomes d'hydrogène ne sont pas indiqués.)**

Les angles des liaisons sont ceux auxquels on s'attend d'une structure tétraédrique, soit très près de 109,5°. Les angles des liaisons de la triméthylamine, par exemple, sont de 108°.

Si les groupes alkyle d'une amine tertiaire sont tous différents, l'amine sera chirale. Il y aura deux formes énantiomères de l'amine tertiaire et, théoriquement, il devrait être possible de résoudre (séparer) ces énantiomères. En pratique, toutefois, la résolution est généralement impossible parce que les énantiomères se transforment rapidement l'un en l'autre.

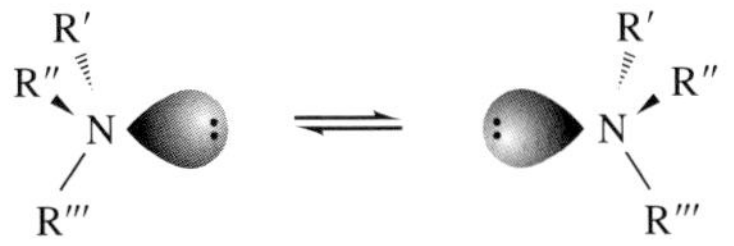

Interconversion des énantiomères d'une amine

Cette interconversion est due à un phénomène qu'on appelle **inversion pyramidale** ou **inversion de l'azote.** La barrière énergétique qui lui est associée est d'environ 25 kJ·mol⁻¹ pour les amines les plus simples, assez faible pour que l'interconversion se produise à la température ambiante. Dans l'état de transition menant à l'inversion, l'atome d'azote est hybride sp^2, alors que la paire d'électrons libres occupe une orbitale p.

Les sels d'ammonium ne se prêtent pas à l'inversion parce qu'ils n'ont pas de paire d'électrons libres. Par conséquent, les sels d'ammonium quaternaires qui ont quatre groupes différents sont chiraux et peuvent être résolus en énantiomères distincts relativement stables.

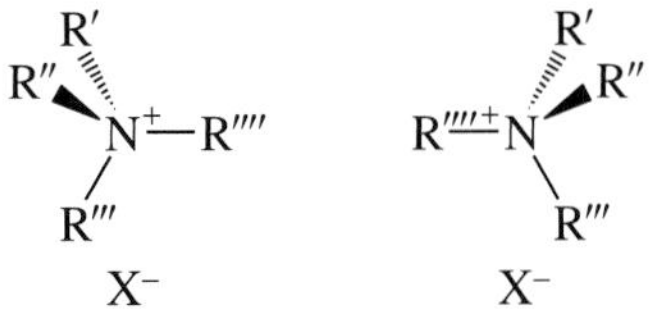

**Des sels d'ammonium quaternaires
énantiomères qui peuvent être résolus.**

20.3 BASICITÉ DES AMINES : LES SELS D'AMINES

Les amines sont des bases relativement faibles. Ce sont des bases plus fortes que l'eau, mais beaucoup plus faibles que les ions hydroxyde, les ions alkoxyde et les carbanions.

Une façon simple de comparer la basicité des amines consiste à examiner la constante d'acidité (ou le pK_a) de leur acide conjugué, les ions alkylaminium (section 3.5C). Les expressions relatives à ces constantes d'acidité sont présentées ci-dessous.

$$R\overset{+}{N}H_3 + H_2O \rightleftharpoons RNH_2 + H_3O^+$$

$$K_a = \frac{[RNH_2][H_3O^+]}{[RNH_3^+]} \qquad pK_a = -\log K_a$$

Si l'amine est *fortement basique,* l'ion aminium retiendra fortement le proton et, par conséquent, ne sera pas très acide (il aura un pK_a élevé). Par contre, si l'amine est *faiblement basique,* l'ion aminium ne retiendra pas fortement le proton et sera beaucoup plus acide (il aura un faible pK_a).

Lorsqu'on examine la basicité des amines au tableau 20.1, on constate que la plupart des amines primaires aliphatiques (par exemple la méthylamine et l'éthylamine) sont des bases un peu plus fortes que l'ammoniac.

	$\ddot{N}H_3$	$CH_3\ddot{N}H_2$	$CH_3CH_2\ddot{N}H_2$	$CH_3CH_2CH_2\ddot{N}H_2$
pK_a de l'acide conjugué	9,26	10,64	10,75	10,67

On peut expliquer cette caractéristique par la capacité du groupe alkyle à donner un électron. Un groupe alkyle électrorépulseur *stabilise* l'ion alkylaminium qui résulte de la réaction acide-base *par une dispersion de sa charge positive.* L'ion alkylaminium est stabilisé dans une plus grande mesure que l'amine.

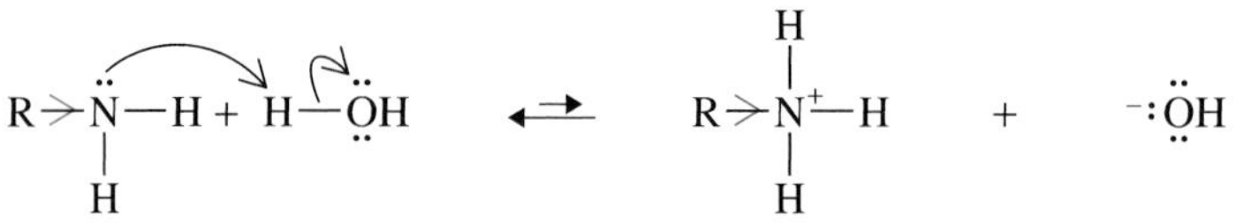

En repoussant des électrons, R→ stabilise l'ion alkylaminium par dispersion de la charge.

Cette explication est confirmée par des mesures montrant qu'en *phase gazeuse* la basicité des amines ci-dessous augmente avec le degré de substitution (par un groupe méthyle).

$$(CH_3)_3N > (CH_3)_2NH > CH_3NH_2 > NH_3$$

Toutefois, en *solution aqueuse,* l'ordre de basicité de ces amines n'est pas le même. En solution aqueuse (tableau 20.1), l'ordre est le suivant.

$$(CH_3)_2NH > CH_3NH_2 > (CH_3)_3N > NH_3$$

La raison de cette apparente anomalie est maintenant connue. En solution aqueuse, les ions aminium formés par les amines secondaires et primaires sont stabilisés par solvatation, à l'aide de liaisons hydrogène, beaucoup plus efficacement que les ions aminium formés par des amines tertiaires. L'ion aminium formé d'une amine tertiaire telle que $(CH_3)_3NH^+$ ne dispose que d'un hydrogène pour former une liaison hydrogène avec les molécules d'eau, alors que les ions aminium des amines secondaires et primaires ont respectivement deux et trois hydrogènes. La plus faible solvatation de l'ion aminium formé à partir d'une amine tertiaire contrebalance amplement l'effet électrorépulseur des trois groupes méthyle et rend l'amine tertiaire moins basique que les amines primaires et secondaires en solution aqueuse. Cependant, l'effet électrorépulseur est suffisamment important pour que l'amine tertiaire soit plus basique que l'ammoniac.

20.3A BASICITÉ DES ARYLAMINES

Lorsqu'on examine les pK_a des ions aminium des amines aromatiques (par exemple l'aniline et la *p*-toluidine), au tableau 20.1, on constate que leur basicité est beaucoup plus faible que celle de l'amine non aromatique correspondante, en l'occurrence la cyclohexylamine.

	Cyclo-$C_6H_{11}NH_2$	$C_6H_5NH_2$	p-$CH_3C_6H_4NH_2$
pK_a de l'acide conjugué	10,64	4,58	5,08

Cet effet s'explique en partie par la présence d'un effet de résonance dans la forme hybride d'une arylamine. Dans le cas de l'aniline, les formes limites de résonance suivantes sont importantes.

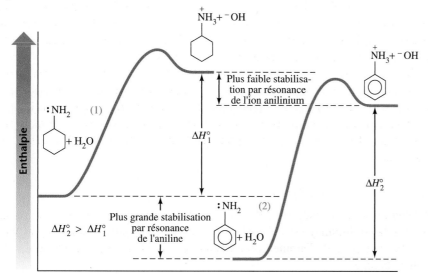

Les structures **1** et **2** sont les structures de Kekulé qui constituent les formes limites de résonance de tout dérivé du benzène. Les structures **3** à **5**, toutefois, montrent une *délocalisation* de la paire d'électrons libres de l'azote sur les positions ortho et para du cycle. Cette *délocalisation* diminue l'aptitude de la *paire d'électrons* à capter un proton et, par conséquent, elle *stabilise l'aniline*.

Lorsque l'aniline accepte un proton, elle se transforme en ion anilinium.

$$C_6H_5\ddot{N}H_2 + H_2O \rightleftharpoons C_6H_5\overset{+}{N}H_3 + \ ^-OH$$

Ion anilinium

Étant donné que la paire d'électrons de l'atome d'azote est liée au proton, on ne peut écrire que *deux* structures de résonance pour l'ion anilinium, soit les deux structures de Kekulé ci-dessous.

Les structures **3** à **5** ne sont pas possibles pour l'ion anilinium et, par conséquent, bien que la résonance lui confère une stabilité considérable, elle ne le stabilise pas autant que l'aniline. Cette stabilisation plus importante du réactif (aniline) comparativement à celle du produit (ion anilinium) signifie que la $\Delta H°$ de la réaction

$$\text{Aniline} + H_2O \longrightarrow \text{ion anilinium} + \ ^-OH \qquad \text{(fig. 20.1)}$$

aura une valeur positive plus élevée que celle de la réaction

$$\text{Cyclohexylamine} + H_2O \longrightarrow \text{ion cyclohexylaminium} + \ ^-OH$$

(voir la figure 20.1). Par conséquent, l'aniline est une base plus faible que la cyclohexylamine.

Figure 20.1 Diagramme d'enthalpie pour 1) la réaction de la cyclohexylamine avec H_2O et 2) la réaction de l'aniline avec H_2O. (Les courbes sont alignées seulement aux fins de comparaison et ne sont pas à l'échelle.)

Une des autres raisons importantes de la plus faible basicité des amines aromatiques est l'**effet électroattracteur du groupe phényle.** Comme les atomes de carbone d'un groupe phényle sont dans l'état d'hybridation sp^2, ils sont plus électronégatifs (et, par conséquent, ils ont un pouvoir électroattracteur plus grand) que les atomes de carbone des groupes alkyle hybridés en sp^3. Nous examinerons cet effet plus en détail à la section 21.5A.

20.3B COMPARAISON DES AMINES ET DES AMIDES

Les amides sont beaucoup moins basiques que les amines.

Bien qu'à première vue, les amides ressemblent aux amines, ils sont beaucoup moins basiques (et même moins basiques que les arylamines). Le pK_a de l'acide conjugué d'un amide typique est d'environ 0.

La plus faible basicité des amides, comparativement à celle des amines, peut également s'expliquer par la résonance et l'effet inductif. Un amide est stabilisé par un effet de résonance auquel participe la paire d'électrons libres de l'atome d'azote. D'une façon défavorable, cette stabilisation par résonance est perdue après protonation de l'atome d'azote de l'amide, comme l'indiquent les structures de résonance suivantes.

Amide

Plus grande stabilisation par résonance

Amide protoné

Plus faible stabilisation par résonance

Cela dit, le puissant effet électroattracteur du groupe carbonyle de l'amide est certainement un facteur plus important dans le fait que la basicité des amides est plus faible que celle des amines. Cet effet est mis en évidence dans les représentations du potentiel électrostatique de l'éthylamine et de l'acétamide présentées à la figure 20.2. Une charge négative importante se trouve à l'endroit de la paire d'électrons libres dans l'éthylamine (indiquée par la couleur rouge). Toutefois, dans l'acétamide, la densité de la charge négative située à proximité de l'azote est moins élevée que dans l'éthylamine.

La comparaison des réactions suivantes permet de constater que l'équilibre se déplace davantage vers la gauche dans la réaction d'un amide par rapport à la réaction correspondante d'une amine, ce qui concorde avec le fait que l'amine est une base plus forte que l'amide.

Un amide accepte un proton sur son atome d'oxygène plutôt que sur son atome d'azote qui est très faiblement basique (voir le mécanisme de l'hydrolyse d'un amide, section 18.8F). La protonation de l'atome d'oxygène se produit même si les atomes

Figure 20.2 Représentations du potentiel électrostatique de l'éthylamine et de l'acétamide. La même échelle de potentiel électrostatique a été utilisée dans les deux cas, de sorte que la comparaison des couleurs permet une appréciation directe de la distribution des charges dans les deux molécules.

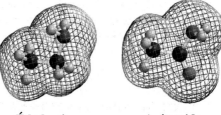

Éthylamine   **Acétamide**

d'oxygène (en raison de leur électronégativité plus importante) sont habituellement moins basiques que les atomes d'azote. Toutefois, il est à noter que, si un amide accepte un proton sur son oxygène, une stabilisation par résonance à laquelle participe la paire d'électrons libres de l'atome d'azote est possible.

$$\overset{+}{:\ddot{O}H} \qquad :\ddot{O}H \qquad :\ddot{O}H$$

$$R-\overset{|}{\underset{\ddot{N}H_2}{C}} \longleftrightarrow R-\overset{|}{\underset{\overset{+}{\ddot{N}H_2}}{C}} \longleftrightarrow R-\overset{|}{\underset{\overset{+}{N}H_2}{C}}$$

20.3C SELS D'AMINIUM ET SELS D'AMMONIUM QUATERNAIRES

Lorsque des amines primaires, secondaires et tertiaires agissent comme bases et réagissent avec des acides, elles forment des composés appelés **sels d'aminium.** Dans un sel d'aminium, l'atome d'azote chargé positivement est fixé à au moins un atome d'hydrogène.

$$CH_3CH_2\ddot{N}H_2 + HCl \xrightarrow{H_2O} CH_3CH_2\overset{+}{N}H_3\ Cl^-$$
Chlorure d'éthylaminium
(un sel d'aminium)

$$(CH_3CH_2)_2\ddot{N}H + HBr \xrightarrow{H_2O} (CH_3CH_2)_2\overset{+}{N}H_2\ Br^-$$
Bromure de diéthylaminium

$$(CH_3CH_2)_3\ddot{N} + HI \xrightarrow{H_2O} (CH_3CH_2)_3\overset{+}{N}H\ I^-$$
Iodure de triéthylaminium

Lorsque l'atome central d'azote d'un composé est chargé positivement *sans être fixé à un atome d'hydrogène,* le composé est appelé **sel d'ammonium quaternaire.** En voici un exemple.

$$CH_3CH_2-\overset{\overset{\displaystyle CH_2CH_3}{|}}{\underset{\underset{\displaystyle CH_2CH_3}{|}}{N^+}}-CH_2CH_3 \quad Br^-$$

Bromure de tétraéthylammonium
(un sel d'ammonium quaternaire)

Comme leur atome d'azote n'a pas de paire d'électrons libres, les halogénures d'ammonium quaternaires ne peuvent pas agir comme bases.

$$(CH_3CH_2)_4\overset{+}{N}\ Br^-$$
Bromure de tétraéthylammonium
(ne réagit pas avec les acides)

En revanche, les *hydroxydes* d'ammonium quaternaires sont des bases fortes. À l'état solide ou en solution, ils sont *entièrement* constitués de cations d'ammonium quaternaires (R_4N^+) et d'ions hydroxyde (^-OH); ce sont par conséquent des bases fortes, aussi fortes que l'hydroxyde de sodium ou de potassium. Les hydroxydes d'ammonium quaternaires réagissent avec les acides pour former des sels d'ammonium quaternaires.

$$(CH_3)_4\overset{+}{N}\ OH^- + HCl \longrightarrow (CH_3)_4\overset{+}{N}\ Cl^- + H_2O$$

Dans la section 11.21, nous avons vu que les sels d'ammonium quaternaires peuvent être utilisés comme catalyseurs de transfert de phase. Dans la section 20.13A, nous verrons comment ils peuvent donner des alcènes dans une réaction appelée *élimination de Hofmann.*

20.3D SOLUBILITÉ DES AMINES EN SOLUTION AQUEUSE ACIDE

Presque tous les chlorures, bromures, iodures et sulfates d'alkylaminium sont hydrosolubles. Par conséquent, les amines primaires, secondaires et tertiaires qui ne sont pas solubles dans l'eau se dissolvent dans des solutions diluées de HCl, de HBr, de HI

Au laboratoire, vous pouvez tirer profit de la basicité des amines pour séparer des composés ou pour caractériser des composés inconnus.

ou de H_2SO_4. La solubilité dans des solutions acides constitue une méthode chimique commode pour distinguer les amines des composés non basiques qui sont insolubles dans l'eau. La solubilité dans les acides dilués est également utile pour séparer les amines des composés non basiques insolubles dans l'eau. L'amine est d'abord extraite dans une solution acide (HCl dilué), puis récupérée par alcalinisation de la solution et extraction de l'amine par un solvant organique, soit l'éther ou le CH_2Cl_2.

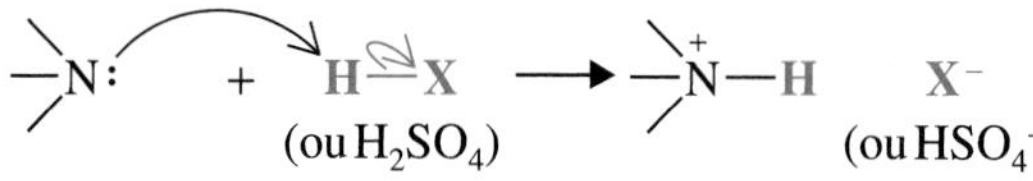

$$-\overset{|}{\underset{|}{N}}: \quad + \quad H-X \quad \longrightarrow \quad -\overset{|}{\underset{|}{N}}\overset{+}{-}H \quad X^-$$
$$(\text{ou } H_2SO_4) \qquad\qquad (\text{ou } HSO_4^-)$$

Amine insoluble   **Sel d'aminium**
dans l'eau   **hydrosoluble**

▶ CAPSULE CHIMIQUE

RÉSOLUTION DES ÉNANTIOMÈRES PAR CLHP

Il existe une technique, basée sur la chromatographie liquide haute performance (CLHP) à l'aide d'une **phase stationnaire chirale** (PSC), pour résoudre les racémates. Mise au point par William H. Pirkle, de l'université de l'Illinois, cette technique a été utilisée pour résoudre de nombreux acides aminés, alcools et amines racémiques, ainsi que d'autres composés apparentés. Nous ne disposons pas ici de l'espace nécessaire pour une description détaillée de cette technique*, mais sachez qu'on fait passer une solution du racémate à travers une colonne (appelée **colonne de Pirkle**) contenant de petites billes de silice microporeuses. Un groupe chiral, tel que celui présenté ci-dessous, est lié chimiquement à la surface des billes.

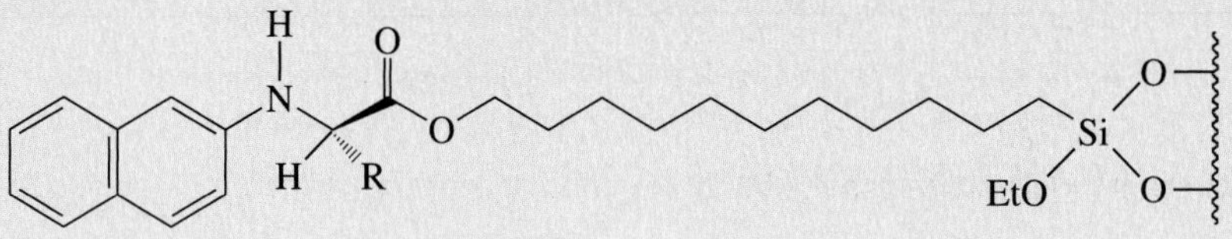

Le composé à résoudre est d'abord transformé en un dérivé contenant un groupe 3,5-dinitrophényle. Une amine, par exemple, sera convertie en 3,5-dinitrobenzamide.

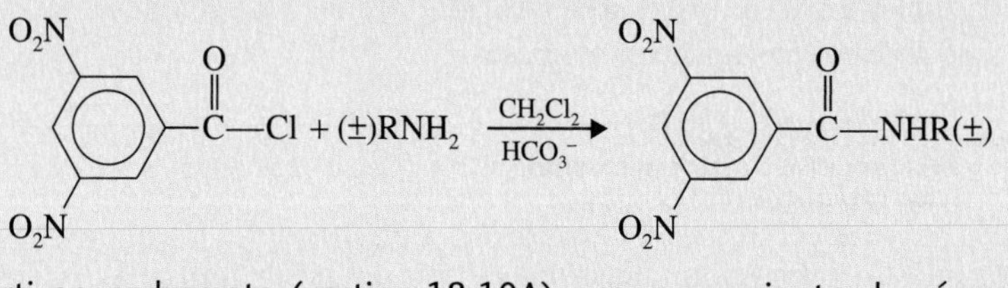

Un alcool sera converti en carbamate (section 18.10A) par une variante du réarrangement de Curtius (section 20.5E).

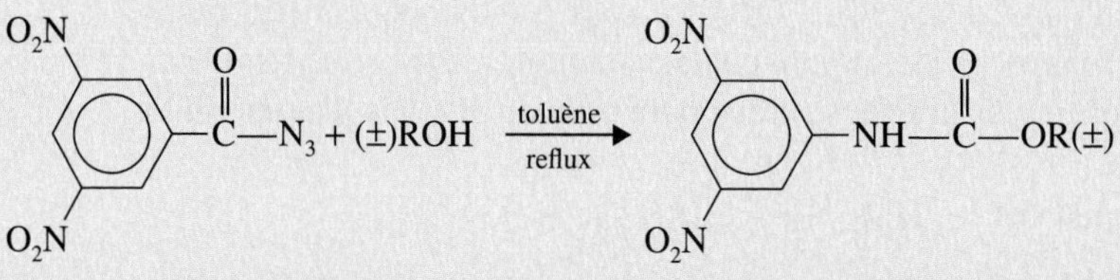

Étant donné qu'elle est chirale, la phase stationnaire lie un des énantiomères du mélange racémique beaucoup plus fortement que l'autre. Cette interaction augmente le temps de rétention de l'énantiomère en question et permet la séparation. Elle repose en partie sur la formation de liaisons hydrogène entre le dérivé et la PSC, mais une interaction π - π entre le cycle 3,5-dinitrophényle déficient en électrons du dérivé et le noyau naphtalène riche en électrons de la PSC joue également un rôle très important.

---

* Vous pouvez consulter un manuel de laboratoire ou l'article suivant : W.H. Pirkle et coll. *J. Org. Chem.*, vol. 51, 1986, p. 4991-5000.

Étant donné que les amides sont beaucoup moins basiques que les amines, les amides insolubles dans l'eau *ne se dissolvent pas* dans des solutions diluées de HCl, de HBr, de HI ou de H_2SO_4.

$$\underset{\substack{\text{Amide insoluble dans l'eau} \\ \text{(insoluble dans les solutions aqueuses acides)}}}{R - \overset{\displaystyle \overset{O}{\|}}{C} - NH_2}$$

PROBLÈME 20.1

Proposez une méthode pour séparer l'hexylamine du cyclohexane à l'aide de HCl dilué, d'une solution aqueuse de NaOH et d'éther de diéthyle.

PROBLÈME 20.2

Proposez une méthode pour séparer un mélange d'acide benzoïque, de *p*-crésol, d'aniline et de benzène à l'aide d'acides, de bases et de solvants organiques.

20.3E LES AMINES COMME AGENTS DE RÉSOLUTION

Des amines énantiomériquement pures sont souvent utilisées pour résoudre des mélanges racémiques de composés acides. Nous pouvons illustrer les principes de cette technique en montrant comment un acide organique racémique peut être résolu (séparé) en ses énantiomères à l'aide d'un seul énantiomère d'une amine (figure 20.3) utilisé comme agent de résolution.

Voici comment procéder. On ajoute l'énantiomère d'une amine, la (*R*)-1-phényléthylamine, à une solution d'un acide racémique. Les sels qui se forment ne sont pas des énantiomères. Ce sont des *diastéréo-isomères.* (Les stéréocentres de la partie acide des sels partagent une relation énantiomère, mais l'amine est énantiomèrement pure.)

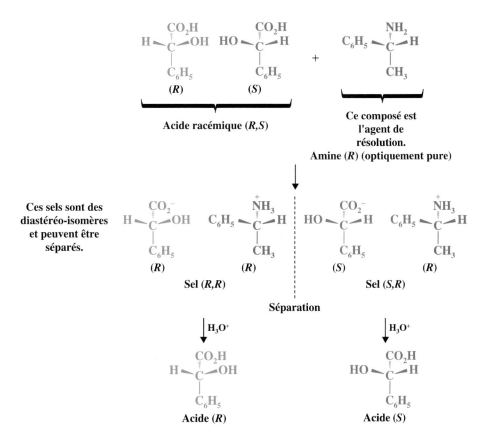

Figure 20.3 Résolution d'un acide organique racémique à l'aide d'une amine optiquement active. L'acidification des sels diastéréo-isomères après leur séparation provoque la précipitation des acides énantiomères (en supposant qu'ils soient insolubles dans l'eau) et laisse l'agent de résolution en solution sous la forme de son acide conjugué.

Les diastéréo-isomères ont des solubilités différentes et peuvent être séparés par une cristallisation fractionnée. Une fois séparés, les sels sont acidifiés à l'aide d'acide chlorhydrique, et les énantiomères acides sont obtenus des deux solutions résultantes. L'amine demeure en solution sous forme de chlorhydrate.

Il est souvent très facile d'obtenir des énantiomères purs, qu'on peut employer comme agents de résolution, à partir d'une source naturelle. Étant donné que la plupart des molécules organiques chirales des organismes vivants sont synthétisées par des réactions catalysées par des enzymes, la plupart de ces molécules sont des énantiomères purs. Des amines naturelles optiquement actives telles que la (−)-quinine (section 20.4), la (−)-strychnine et la (−)-brucine sont souvent utilisées comme agents de résolution d'acides racémiques. Des acides tels que l'acide (+)- ou (−)-tartrique (section 5.15B) sont souvent employés pour la résolution des bases racémiques.

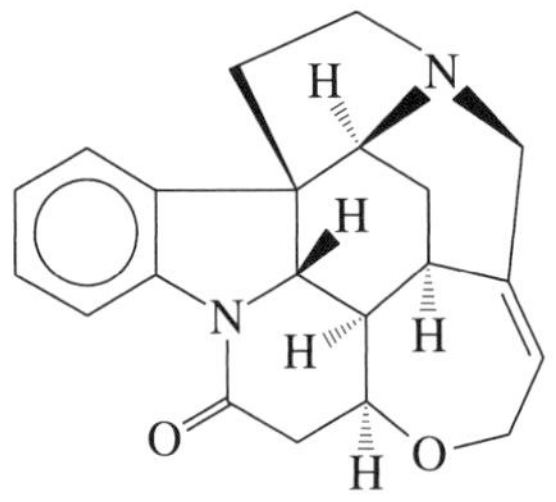

(−)-Strychnine 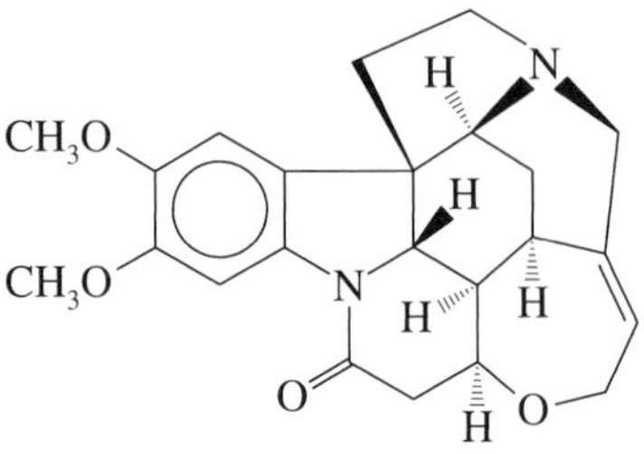   **(−)-Brucine**

20.4 QUELQUES AMINES D'IMPORTANCE BIOLOGIQUE

De nombreux composés importants sur le plan médical et biologique sont des amines. En voici quelques-uns.

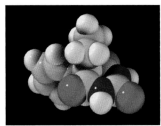

Adrénaline

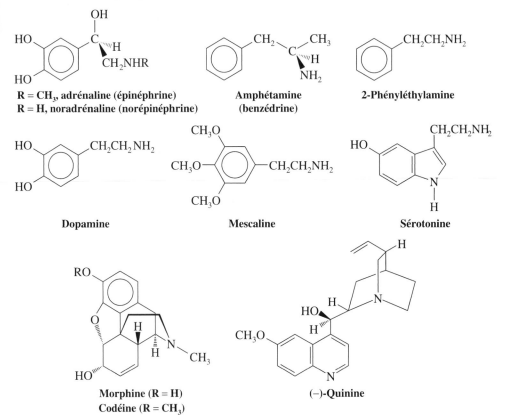

R = CH₃, adrénaline (épinéphrine)
R = H, noradrénaline (norépinéphrine)

Amphétamine (benzédrine)

2-Phényléthylamine

Dopamine   **Mescaline**   **Sérotonine**

Morphine (R = H)
Codéine (R = CH₃)

(−)-Quinine

2-Phényléthylamines De nombreuses phényléthylamines ont de puissants effets physiologiques et psychologiques. L'adrénaline et la noradrénaline sont deux hormones sécrétées par la zone médullaire des glandes surrénales. Libérée dans le sang d'un animal qui se sent en danger, l'adrénaline provoque une élévation de la tension artérielle, une accélération du rythme cardiaque et une dilatation des bronches, ce qui prépare l'animal au combat ou à la fuite. La noradrénaline provoque également une élévation de la tension artérielle et intervient dans la transmission des influx nerveux de l'extrémité d'une fibre nerveuse à la suivante. La dopamine et la sérotonine sont d'importants neurotransmetteurs du cerveau. Les anomalies du taux de dopamine dans le cerveau sont associées à de nombreux troubles psychiatriques et physiologiques, y compris à la maladie de Parkinson. La dopamine joue un rôle déterminant dans la régulation et la maîtrise du mouvement, de la motivation et de la cognition. La sérotonine est un composé particulièrement intéressant parce qu'elle semble importante dans le maintien de la stabilité des processus mentaux. La schizophrénie, un trouble mental, serait reliée à des anomalies du métabolisme de la sérotonine.

L'amphétamine (un stimulant puissant) et la mescaline (un hallucinogène) ont une structure apparentée à celle de la sérotonine, de l'adrénaline et de la noradrénaline. Ce sont toutes des dérivés de la 2-phényléthylamine (voir sa structure ci-contre). (Dans la sérotonine, l'azote est lié au noyau benzénique, créant un cycle à cinq atomes.) Les ressemblances structurales entre ces composés sont certainement en rapport avec leurs effets physiologiques et psychologiques étant donné que de nombreux autres composés dotés de propriétés semblables sont également des dérivés de la 2-phényléthylamine. Mentionnons à titre d'exemples (non illustrés) la *N*-méthylamphétamine et le LSD (diéthylamide de l'acide lysergique). Même la morphine (voir la formule donnée précédemment et le préambule du chapitre 13) et la codéine, deux puissants analgésiques, comprennent un système 2-phényléthylamine dans leur structure. [La morphine et la codéine sont des exemples de composés appelés alcaloïdes (annexe F). Essayez de repérer le système 2-phényléthylamine dans leur structure.]

Vitamines et antihistaminiques Un certain nombre d'amines sont des vitamines. Elles comprennent l'acide nicotinique et la nicotinamide, deux agents antipellagreux (voir le préambule du chapitre 12), la pyridoxine, ou vitamine B_6 (voir le préambule du chapitre 16), et le chlorure de thiamine, ou vitamine B_1 (voir la Capsule chimique traitant de la thiamine, chapitre 18). La nicotine est un alcaloïde toxique responsable de l'accoutumance au tabac. L'histamine, une autre amine toxique, est présente dans la plupart des tissus de notre organisme et est liée à différentes protéines. La libération de l'histamine provoque les symptômes associés aux réactions allergiques et au rhume. La chlorphéniramine, un « antihistaminique », entre dans la composition de nombreux médicaments contre le rhume.

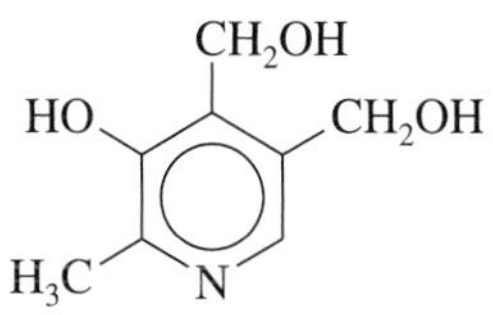

Pyridoxine
(vitamine B_6)

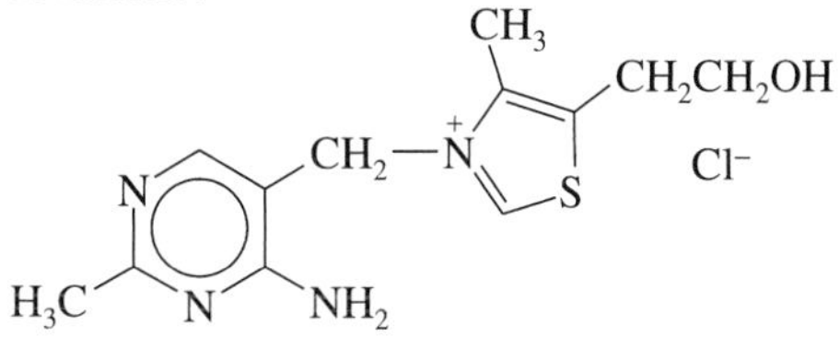

Chlorure de thiamine
(vitamine B_1)

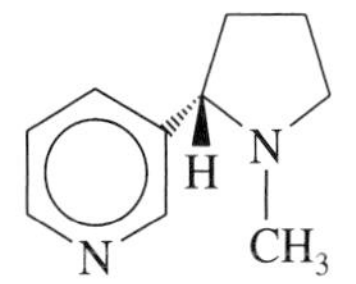

Nicotine

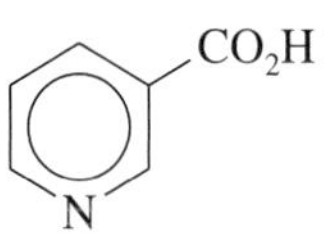

Acide nicotinique
(niacine)

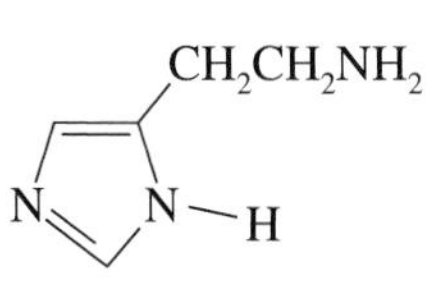

Histamine

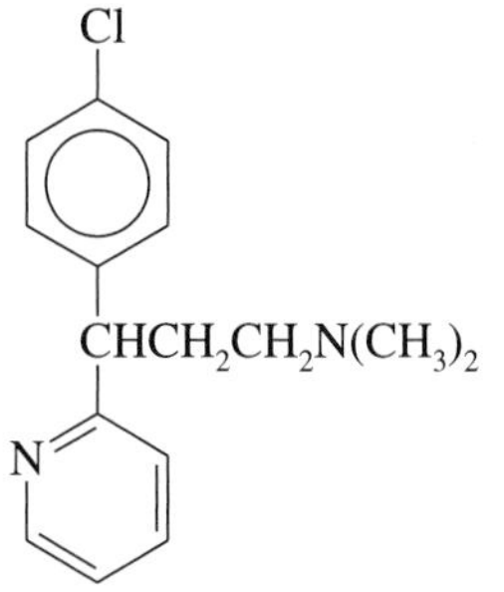

Chlorphéniramine

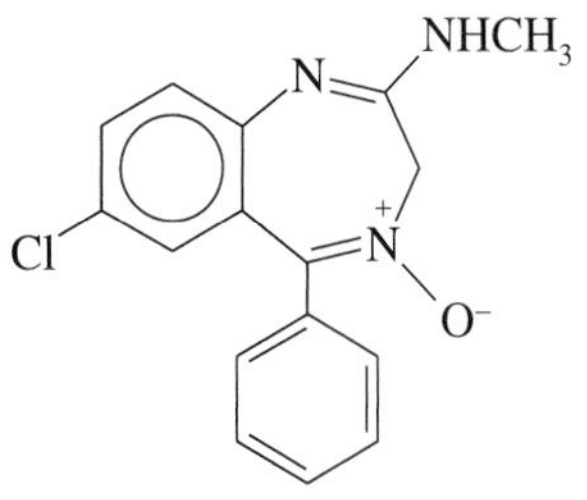

Chlordiazépoxyde
(librium)

Tranquillisants   Le chlordiazépoxyde, un intéressant composé doté d'un cycle à sept membres, est l'un des tranquillisants le plus souvent prescrits. (Le chlordiazépoxyde contient également un azote portant une charge positive et présent sous la forme d'une fonction *N*-oxyde.)

Neurotransmetteurs   Les cellules nerveuses communiquent entre elles ou avec les cellules neuromusculaires en des points (ou régions) de jonction appelés **synapses.** [N.D.T. : Comme le tissu n'est pas continu entre deux cellules nerveuses, on appelle également ces régions *fentes* synaptiques.] Les influx nerveux traversent la fente synaptique grâce à des substances chimiques appelées *neurotransmetteurs*. L'acétyl-choline (voir la réaction suivante) est un important neurotransmetteur, qui agit en traversant les synapses neuromusculaires ou *synapses cholinergiques*. L'acétylcho-line contient un groupe ammonium quaternaire. Petite et ionique, l'acétylcholine est très soluble dans l'eau et diffuse très rapidement, des qualités qui conviennent à son rôle de neurotransmetteur. Les molécules d'acétylcholine sont libérées par la mem-brane présynaptique des neurones en vagues d'environ 10^4 molécules. Les vagues de molécules diffusent ensuite à travers la fente synaptique.

$$\underset{\textbf{Acétylcholine}}{CH_3\overset{\overset{\displaystyle O}{\|}}{C}OCH_2CH_2\overset{+}{N}(CH_3)_3} + H_2O \; \underset{\text{acétylcholinestérase}}{\rightleftharpoons} \; CH_3CO_2H + \underset{\textbf{Choline}}{HOCH_2CH_2\overset{+}{N}(CH_3)_3}$$

Après avoir transmis un influx nerveux à travers la synapse jusqu'au muscle où elles déclenchent une réponse électrique, les molécules d'acétylcholine doivent être hydrolysées (en choline) en quelques millisecondes afin de permettre l'arrivée de l'in-flux suivant. Cette hydrolyse est catalysée par une enzyme d'une efficacité presque parfaite appelée *acétylcholinestérase*.

Le récepteur de l'acétylcholine situé sur la membrane post-synaptique du muscle est la cible de certaines des neurotoxines les plus meurtrières. Certaines d'entre elles ont été mentionnées dans le préambule du chapitre.

20.5 PRÉPARATION DES AMINES

20.5A AMINES DÉRIVÉES DE RÉACTIONS DE SUBSTITUTION NUCLÉOPHILE

Alkylation de l'ammoniac   Les sels des amines primaires peuvent être préparés à partir d'ammoniac et d'halogénoalcanes par des réactions de substitution nucléophile. Le traitement subséquent des sels d'aminium résultants, à l'aide d'une base, donne des amines primaires.

$$\overset{\frown}{NH_3} + R \overset{\frown}{-} X \longrightarrow R - \overset{+}{N}H_3 X^- \overset{^-OH}{\longrightarrow} RNH_2$$

Cette méthode a une application très limitée pour la synthèse parce que de mul-tiples alkylations se produisent. Par exemple, lorsque le bromure d'éthyle réagit avec l'ammoniac, le bromure d'éthylaminium qui est d'abord produit peut lui aussi réagir avec l'ammoniac pour libérer de l'éthylamine. L'éthylamine peut ensuite être en com-pétition avec l'ammoniac et réagir avec le bromure d'éthyle pour donner du bromure de diéthylaminium. La répétition des alkylations et des transferts de protons finit par produire des amines tertiaires et même une certaine quantité de sels d'ammonium quaternaires s'il y a un excès d'halogénoalcanes.

Les multiples alkylations peuvent être minimisées par l'utilisation d'une grande quantité d'ammoniac. (Pourquoi ?) La synthèse de l'alanine à partir du l'acide 2-bromopropanoïque est un exemple de cette technique.

$$\underset{\underset{\textbf{(1 mol)}}{Br}}{CH_3\overset{|}{C}HCO_2H} + \underset{\textbf{(70 mol)}}{NH_3} \longrightarrow \underset{\underset{\textbf{Alanine}}{NH_2}}{CH_3\overset{|}{C}HCO_2^-\,NH_4^+}$$

(65 à 70 %)

MÉCANISME DE LA RÉACTION

Alkylation du NH₃

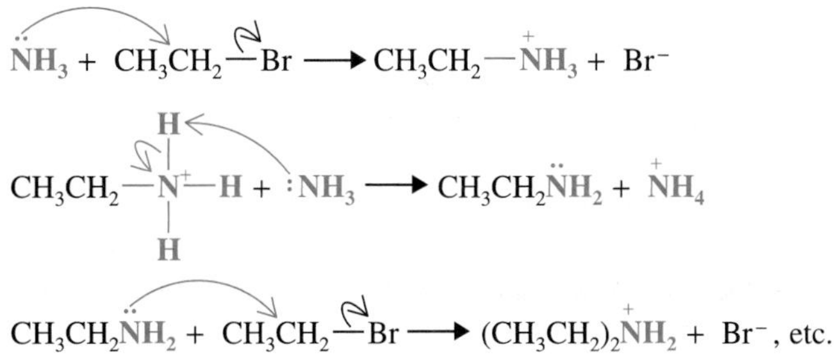

$$\ddot{N}H_3 + CH_3CH_2 \!-\! Br \longrightarrow CH_3CH_2 \!-\! \overset{+}{N}H_3 + Br^-$$

$$CH_3CH_2 \!-\! \overset{+}{\underset{H}{\overset{H}{N}}} \!-\! H + :NH_3 \longrightarrow CH_3CH_2\ddot{N}H_2 + \overset{+}{N}H_4$$

$$CH_3CH_2\ddot{N}H_2 + CH_3CH_2 \!-\! Br \longrightarrow (CH_3CH_2)_2\overset{+}{N}H_2 + Br^-, \text{ etc.}$$

Alkylation de l'ion azoture et réduction Une bien meilleure méthode pour préparer une amine primaire à partir d'un halogénoalcane consiste à d'abord transformer ce dernier en azoture d'alkyle (R—N₃) par une réaction de substitution nucléophile.

$$R\!-\!X + \overset{-}{:}\!\ddot{N}\!=\!\overset{+}{N}\!=\!\ddot{N}\overset{-}{:} \xrightarrow[(-X^-)]{S_N2} R\!-\!\ddot{N}\!=\!\overset{+}{N}\!=\!\ddot{N}\overset{-}{:} \xrightarrow[\substack{ou \\ LiAlH_4}]{Na/alcool} R\ddot{N}H_2$$

Ion azoture **Azoture d'alkyle**

L'azoture d'alkyle peut ensuite être réduit en amine primaire à l'aide de sodium et d'alcool ou d'hydrure de lithium aluminium. *Attention :* les azotures d'alkyle étant explosifs, ceux de faible masse moléculaire ne devraient pas être isolés mais conservés en solution.

La synthèse de Gabriel On peut également utiliser le phtalimide de potassium (voir la réaction suivante) pour la préparation des amines primaires par une méthode connue sous le nom de *synthèse de Gabriel*. Cette méthode évite les complications reliées aux multiples alkylations qui se produisent lorsque des halogénoalcanes sont traités par de l'ammoniac.

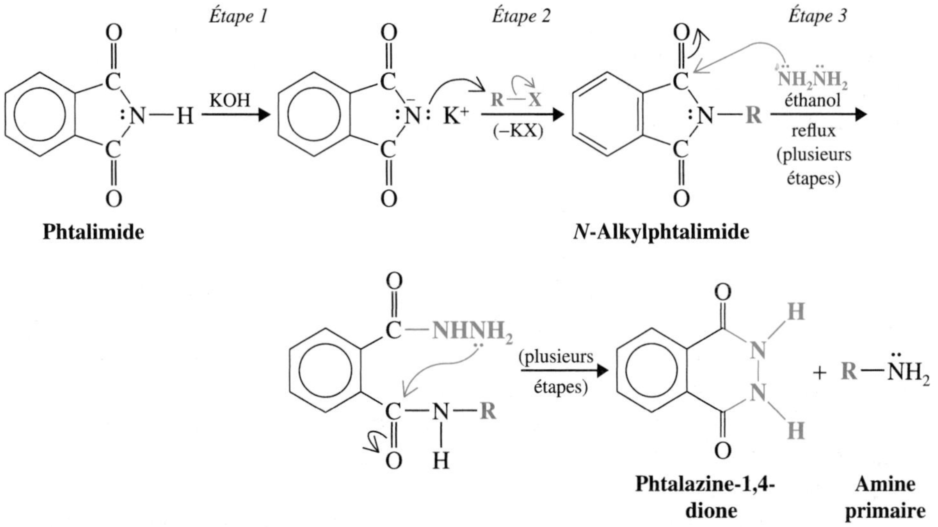

Phtalimide — *Étape 1* KOH — *Étape 2* R—X (−KX) — N-Alkylphtalimide — *Étape 3* $\ddot{N}H_2\ddot{N}H_2$ éthanol reflux (plusieurs étapes)

(plusieurs étapes) — Phtalazine-1,4-dione + R—$\ddot{N}H_2$ Amine primaire

Le phtalimide est plutôt acide ($pK_a = 9$); il peut être transformé en phtalimide de potassium à l'aide d'hydroxyde de potassium (étape 1). L'anion phtalimide est un nucléophile fort et (étape 2) réagit avec un halogénoalcane par un mécanisme S_N2 pour donner un *N*-alkylphtalimide. À ce point, le *N*-alkylphtalimide peut être hydrolysé dans une solution aqueuse acide ou basique, mais l'hydrolyse est souvent difficile. Il est plus pratique de faire refluer le *N*-alkylphtalimide avec de l'hydrazine

(NH$_2$NH$_2$) dans l'éthanol (étape 3) pour obtenir l'amine primaire correspondante et la phtalazine-1,4-dione.

La synthèse des amines par la méthode de Gabriel est, comme on peut s'y attendre, restreinte à l'utilisation des halogénométhanes et des halogénoalcanes primaires et secondaires. L'utilisation d'halogénures tertiaires donne lieu presque exclusivement à des éliminations.

PROBLÈME 20.3

a) Écrivez les structures de résonance de l'anion phtalimide qui expliquent son acidité. b) Le phtalimide est-il plus ou moins acide que le benzamide ? Pourquoi ? c) Après l'étape 2 de la réaction, plusieurs étapes ont été omises. Proposez des mécanismes pour ces étapes.

PROBLÈME 20.4

Proposez une méthode de préparation de la benzylamine par la synthèse de Gabriel.

Alkylation des amines tertiaires Les multiples alkylations ne causent pas de problème lorsque les amines tertiaires sont alkylées grâce à des halogénures de méthyle ou à des halogénures primaires. Les réactions telles que la suivante donnent de bons rendements.

$$R_3N: + RCH_2\!-\!Br \xrightarrow{S_N2} R_3\overset{+}{N}\!-\!CH_2R + Br^-$$

20.5B PRÉPARATION D'AMINES AROMATIQUES PAR RÉDUCTION DE COMPOSÉS NITRÉS

La méthode le plus couramment utilisée pour préparer des amines aromatiques est la nitration d'un noyau benzénique suivie de la réduction du groupe nitro en amine.

$$Ar\!-\!H \xrightarrow[H_2SO_4]{HNO_3} Ar\!-\!NO_2 \xrightarrow{[H]} Ar\!-\!NH_2$$

Nous avons étudié la nitration des aromatiques au chapitre 15; nous avons vu qu'elle était applicable à une grande variété de composés aromatiques. La réduction d'un groupe nitro peut également être effectuée de nombreuses manières. Les méthodes le plus fréquemment employées font appel à l'hydrogénation catalytique ou au traitement du composé nitré par un acide et du fer. Le zinc, l'étain ou un sel métallique tel que le SnCl$_2$ peuvent également être utilisés. Globalement, il s'agit d'une réduction à 6 e^-.

Réaction générale

$$Ar\!-\!NO_2 \xrightarrow[\text{ou} \quad 1)\ Fe,\ HCl \quad 2)\ OH^-]{H_2,\ \text{catalyseur}} Ar\!-\!NH_2$$

Exemple

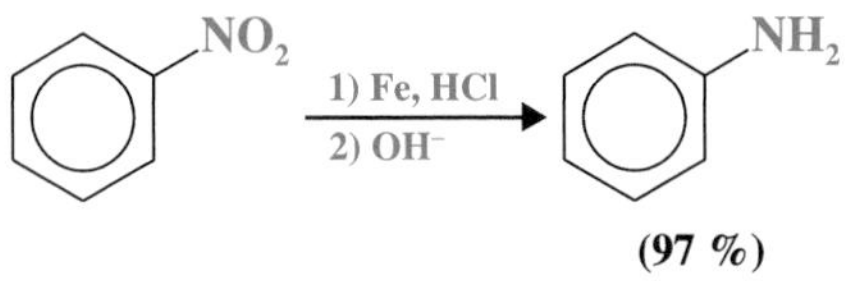

(97 %)

La réduction sélective d'un groupe nitro d'un composé dinitro peut souvent être réalisée au moyen de sulfure d'hydrogène dans une solution aqueuse (ou alcoolique) d'ammoniac.

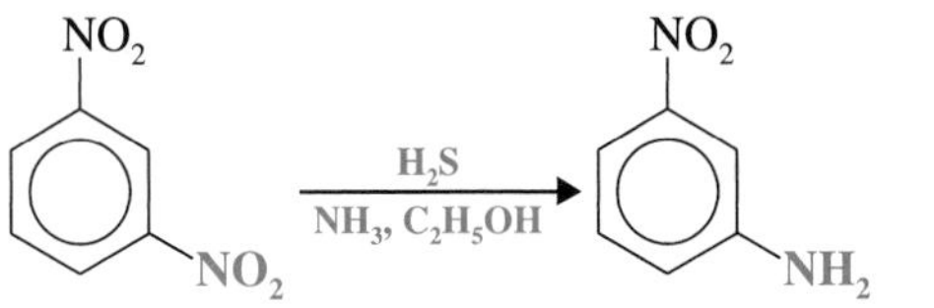

***m*-Dinitrobenzène**   ***m*-Nitraniline (70 à 80 %)**

Lorsque cette méthode est utilisée, la quantité de sulfure d'hydrogène doit être soigneusement dosée parce qu'un excédent peut entraîner la réduction de plus d'un groupe nitro.

Toutefois, il n'est pas toujours possible de prévoir quel groupe nitro sera réduit. Le traitement du 2,4-dinitrotoluène par du sulfure d'hydrogène et de l'ammoniac conduit à la réduction sélective du groupe en position 4.

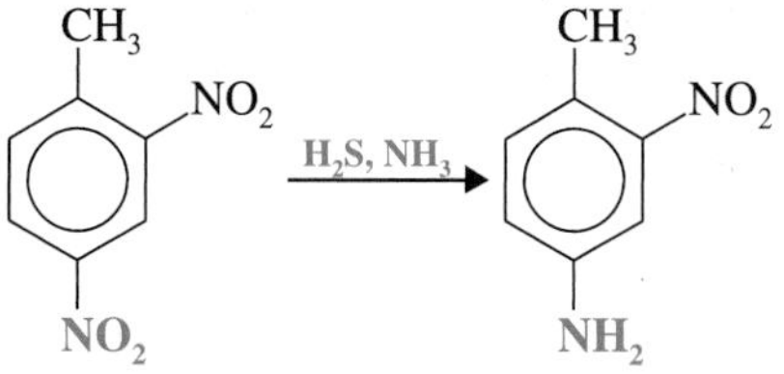

Par contre, la monoréduction de la 2,4-dinitroaniline entraîne la réduction du groupe nitro en position 2.

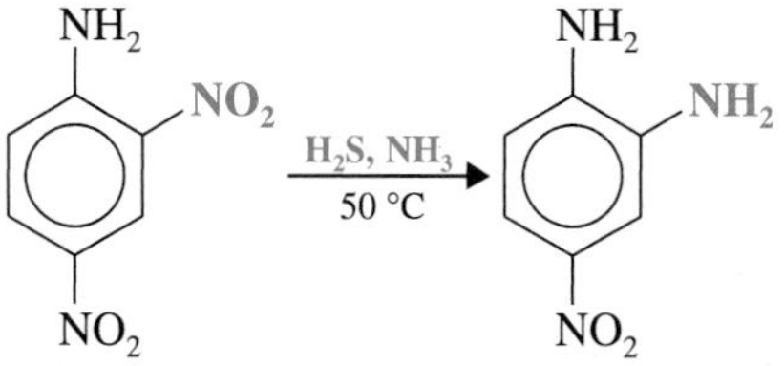

(52 à 58 %)

20.5C PRÉPARATION D'AMINES PRIMAIRES, SECONDAIRES OU TERTIAIRES PAR AMINATION RÉDUCTIVE

Les aldéhydes et les cétones peuvent être transformés en amines par réduction catalytique ou chimique en présence d'ammoniac ou d'une amine. Les amines primaires, secondaires et tertiaires peuvent être préparées de la façon suivante.

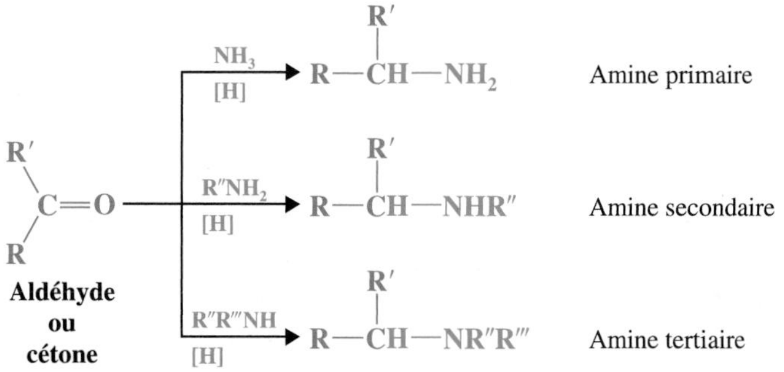

Cette réaction appelée **amination réductive** de l'aldéhyde ou de la cétone (ou *alkylation réductive* de l'amine) découle du mécanisme général suivant (présenté pour une amine primaire).

MÉCANISME DE LA RÉACTION

Amination réductive

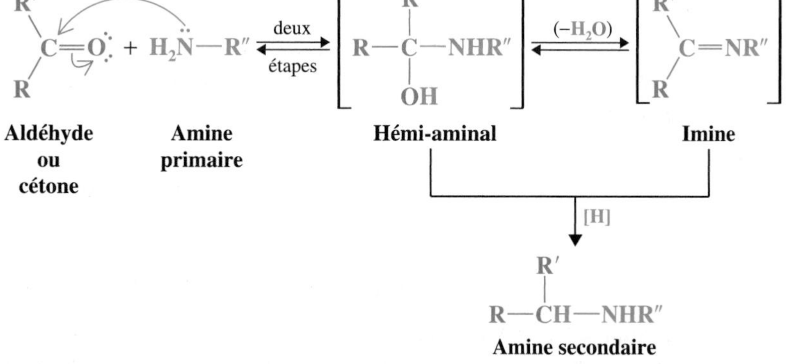

Nous avons vu l'importance des imines dans la capsule chimique traitant du phosphate de pyridoxal (vitamine B$_6$) à la section 16.8.

Lorsque l'ammoniac ou une amine primaire sont utilisés, il existe deux voies par lesquelles le produit peut se former : par un amino-alcool semblable à un hémi-acétal, appelé *hémi-aminal,* ou par une imine. Lorsque des amines secondaires sont utilisées, une imine ne peut pas se former et, par conséquent, la réaction procède par la formation d'un hémi-aminal ou d'un ion iminium.

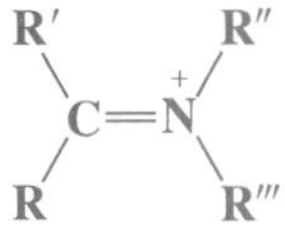

$$\underset{R}{\overset{R'}{\diagdown}}C=\overset{+}{\underset{R'''}{\overset{R''}{\diagup}}}N$$

Ion iminium

Les réducteurs employés comprennent l'hydrogène et un catalyseur (tel que le nickel) ou le NaBH$_3$CN ou encore le LiBH$_3$CN (cyanoborohydrures de sodium ou de lithium). Ces deux derniers agents réducteurs ressemblent au NaBH$_4$ et sont particulièrement efficaces dans les aminations réductives. Voici trois exemples d'amination réductive.

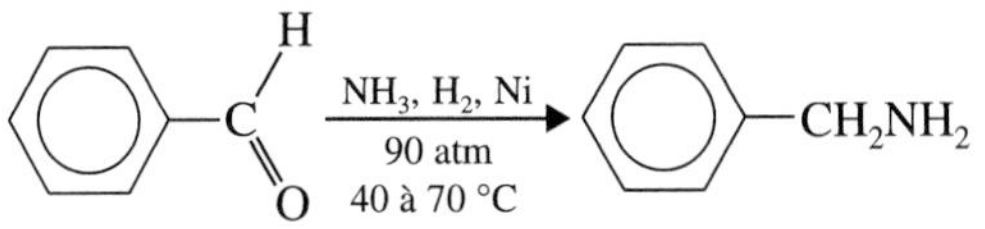

Benzaldéhyde $\xrightarrow[\text{40 à 70 °C}]{\underset{\text{90 atm}}{\text{NH}_3\text{, H}_2\text{, Ni}}}$ Benzylamine (89 %) —CH$_2$NH$_2$

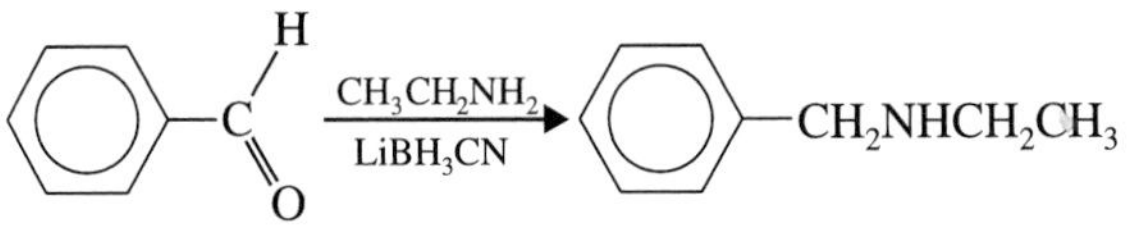

Benzaldéhyde $\xrightarrow[\text{LiBH}_3\text{CN}]{\text{CH}_3\text{CH}_2\text{NH}_2}$ —CH$_2$NHCH$_2$CH$_3$ *N*-Benzyléthanamine (89 %)

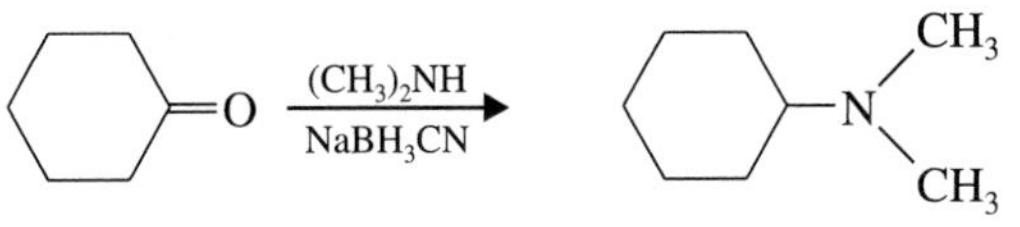

Cyclohexanone $\xrightarrow[\text{NaBH}_3\text{CN}]{\text{(CH}_3\text{)}_2\text{NH}}$ *N,N*-Diméthylcyclohexanamine (52 à 54 %)

PROBLÈME 20.5

Montrez comment on pourrait préparer chacune des amines suivantes par amination réductive.

a) CH$_3$(CH$_2$)$_3$CH$_2$NH$_2$

b) C$_6$H$_5$CH$_2$CHCH$_3$
  |
  NH$_2$
(Amphétamine)

c) CH$_3$(CH$_2$)$_4$CH$_2$NHC$_6$H$_5$

d) C$_6$H$_5$CH$_2$N(CH$_3$)$_2$

PROBLÈME 20.6

L'amination réductive d'une cétone est presque toujours une meilleure méthode pour la préparation d'amines du type $\underset{\text{RCHNH}_2}{\overset{R'}{|}}$ que le traitement d'un halogénoalcane par l'ammoniac. Pourquoi ?

20.5D PRÉPARATION D'AMINES PRIMAIRES, SECONDAIRES OU TERTIAIRES PAR RÉDUCTION DE NITRILES, D'OXIMES ET D'AMIDES

Les amines peuvent aussi être préparées par la réduction de nitriles, d'oximes et d'amides. La réduction d'un nitrile ou d'une oxime donne une amine primaire; la réduction d'un amide peut donner une amine primaire, secondaire ou tertiaire.

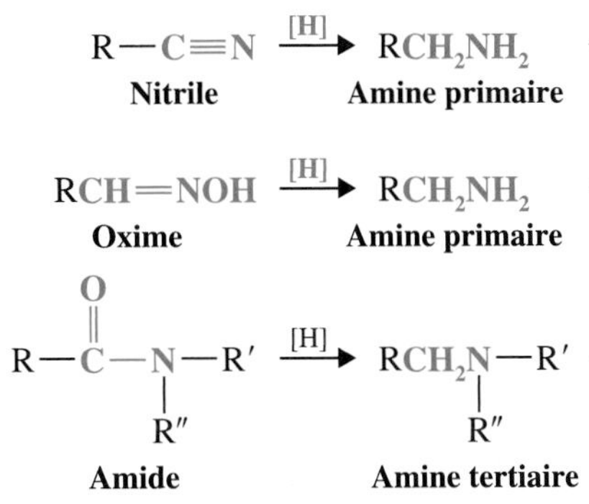

R—C≡N $\xrightarrow{[H]}$ RCH₂NH₂

Nitrile   **Amine primaire**

> **Les nitriles peuvent être préparés à partir d'halogénures d'alkyle et de CN⁻ (section 18.3) ou à partir d'aldéhydes et de cétones sous la forme de cyanhydrines (section 16.9).**

RCH=NOH $\xrightarrow{[H]}$ RCH₂NH₂

Oxime   **Amine primaire**

> **Les oximes peuvent être préparées à partir d'aldéhydes et de cétones (section 16.8A).**

$$R-\overset{\overset{\displaystyle O}{\|}}{C}-\underset{\underset{\displaystyle R''}{|}}{N}-R' \xrightarrow{[H]} RCH_2\underset{\underset{\displaystyle R''}{|}}{N}-R'$$

Amide   **Amine tertiaire**

> **Les amides peuvent être préparés à partir de chlorures d'acide, d'anhydrides d'acide et d'esters (section 18.8).**

(Dans le dernier exemple, si R′ et R″ = H, le produit est une amine primaire; si seul R′ = H, le produit est une amine secondaire.)

Toutes ces réductions peuvent être effectuées avec de l'hydrogène et un catalyseur ou avec du LiAlH₄. La réduction par le sodium dans l'alcool est également une façon pratique de procéder avec les oximes.

Voici des exemples précis.

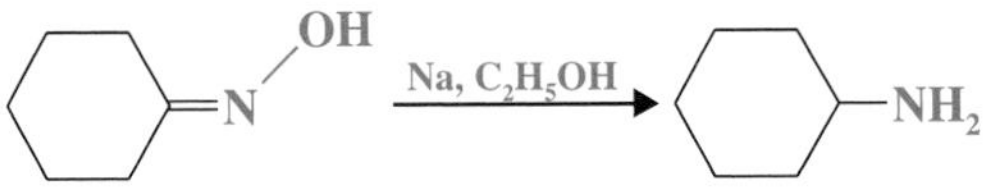

(50 à 60 %)

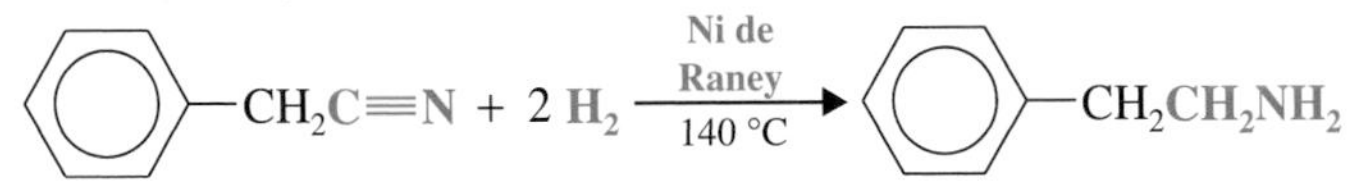

2-Phényléthanenitrile   **2-Phényléthanamine**
(phénylacétonitrile)   **(71 %)**

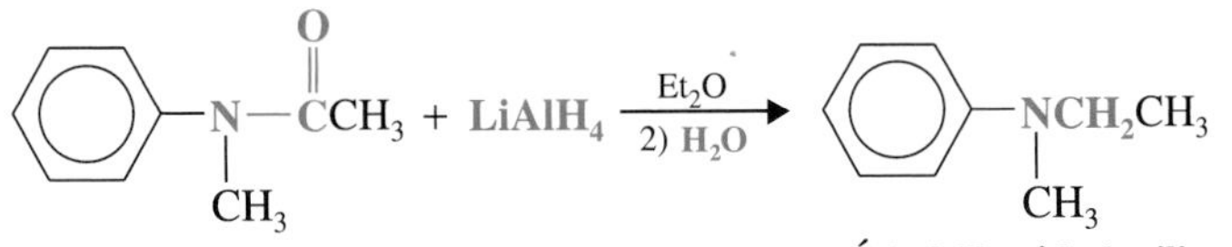

N-Méthylacétanilide   *N*-Éthyl-*N*-méthylaniline

La réduction d'un amide est la dernière étape d'une méthode utile pour la **monoalkylation d'une amine.** La méthode commence par l'*acylation* de l'amine à l'aide d'un chlorure d'acyle ou d'un anhydride d'acide; ensuite, l'amide obtenu est réduit par l'hydrure de lithium aluminium, comme dans l'exemple qui suit.

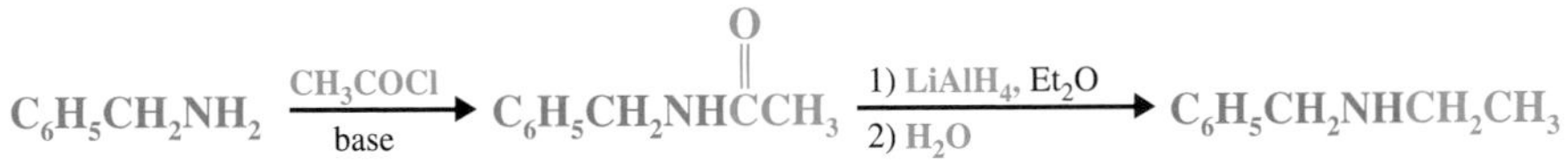

$$C_6H_5CH_2NH_2 \xrightarrow[\text{base}]{CH_3COCl} C_6H_5CH_2NH\overset{\overset{\displaystyle O}{\|}}{C}CH_3 \xrightarrow[\text{2) H}_2\text{O}]{\text{1) LiAlH}_4,\ Et_2O} C_6H_5CH_2NHCH_2CH_3$$

Benzylamine   **Benzyléthylamine**

PROBLÈME 20.7

Indiquez comment utiliser la réduction d'un amide, d'une oxime ou d'un nitrile pour effectuer chacune des transformations suivantes.

a) Acide benzoïque ⟶ benzyléthylamine

b) 1-Bromopentane ⟶ hexylamine

c) Acide propanoïque ⟶ tripropylamine

d) Butanone ⟶ *sec*-butylamine

20.5E PRÉPARATION D'AMINES PRIMAIRES PAR LES RÉARRANGEMENTS DE HOFMANN ET DE CURTIUS

Les amides sans substituant sur l'azote réagissent avec des solutions de brome ou de chlore dans de l'hydroxyde de sodium pour donner des amines : cette réaction est connue sous le nom de *réarrangement de Hofmann* ou de *dégradation de Hofmann*.

$$R-\overset{\overset{\displaystyle O}{\|}}{C}-NH_2 + Br_2 + 4\ NaOH \xrightarrow{H_2O} RNH_2 + 2\ NaBr + Na_2CO_3 + 2\ H_2O$$

Comme le montre cette équation, le carbone du carbonyle de l'amide est perdu (sous la forme de CO_3^{2-}) et le groupe R de l'amide est transféré à l'azote de l'amine. Les amines primaires préparées de cette façon ne sont pas contaminées par des amines secondaires ou tertiaires.

Le mécanisme de cette intéressante réaction est présenté ci-dessous. Dans les deux premières étapes, l'amide subit une bromation catalysée par une base, d'une manière analogue à l'halogénation par catalyse basique d'une cétone que nous avons étudiée à la section 17.3B. (Le groupe carbonyle électroattracteur de l'amide rend les hydrogènes de l'amide beaucoup plus acides que ceux d'une amine.) Le *N*-bromomide réagit ensuite avec l'ion hydroxyde pour produire un anion qui se réarrange spontanément par la perte d'un ion bromure pour donner un isocyanate (section 18.10A). Pendant le réarrangement, le groupe R— migre avec ses électrons du carbone du groupe acyle vers l'azote au moment où l'ion bromure est libéré. L'isocyanate formé dans le mélange est rapidement hydrolysé par la base aqueuse en ion carbamate qui subit une décarboxylation spontanée aboutissant à l'amine.

MÉCANISME DE LA RÉACTION

Le réarrangement de Hofmann

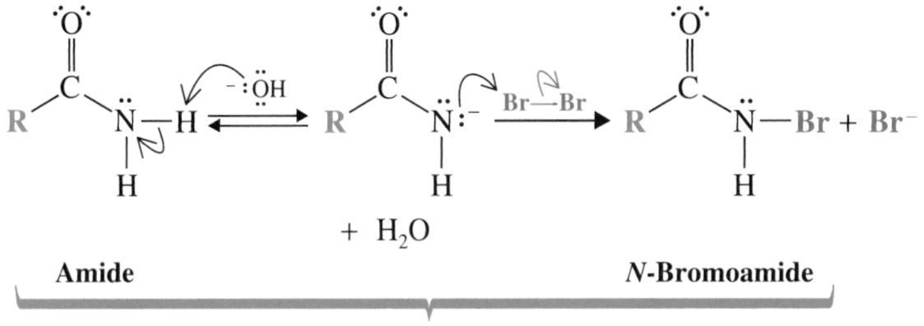

N-Bromation de l'amide facilitée par une base.

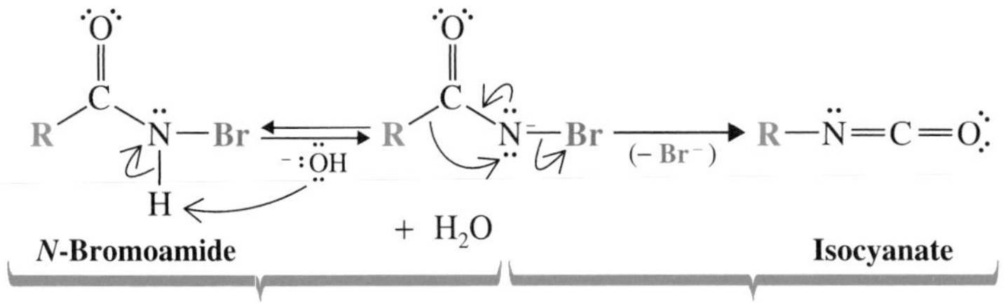

La base enlève le proton de l'azote pour donner un anion bromoamide.

Le groupe R— migre vers l'azote alors que l'ion bromure s'élimine, ce qui produit un isocyanate.

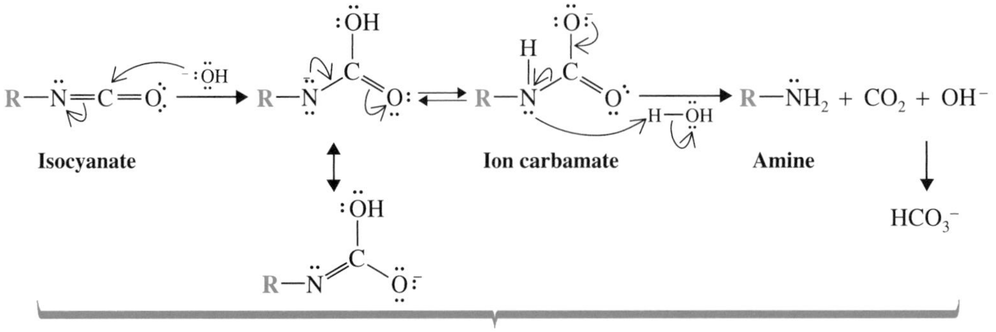

L'isocyanate est hydrolysé puis décarboxylé pour produire l'amine.

L'examen des deux premières étapes de ce mécanisme révèle qu'au début deux atomes d'hydrogène doivent se trouver sur l'azote de l'amide pour que la réaction ait lieu. Par conséquent, le réarrangement de Hofmann est limité aux amides primaires de type $RCONH_2$.

> Des études portant sur les amides optiquement actifs dans lesquels le centre stéréogénique est directement fixé au groupe carbonyle ont démontré que, durant le réarrangement de Hofmann, ces réactions se produisent avec une *rétention de configuration*. Par conséquent, le groupe R migre vers l'azote avec ses électrons, *mais sans inversion*.

Le *réarrangement de Curtius* est un réarrangement des azotures d'acyle. Tout comme pour le réarrangement de Hofmann, un groupe R — lié au carbone du groupe acyle migre vers l'azote au moment où le groupe sortant s'échappe. Dans ce cas-ci, le groupe sortant est N_2 (le meilleur groupe sortant possible, étant donné qu'il est très stable, qu'il est quasiment non basique et que, s'agissant d'un gaz, il s'élimine du milieu réactionnel). Les azotures d'alcanoyle sont faciles à préparer par réaction des chlorures d'alcanoyle avec de l'azoture de sodium. Le chauffage de l'azoture d'alcanoyle provoque le réarrangement en isocyanate; ensuite, l'addition d'eau provoque l'hydrolyse et la décarboxylation de celui-ci.

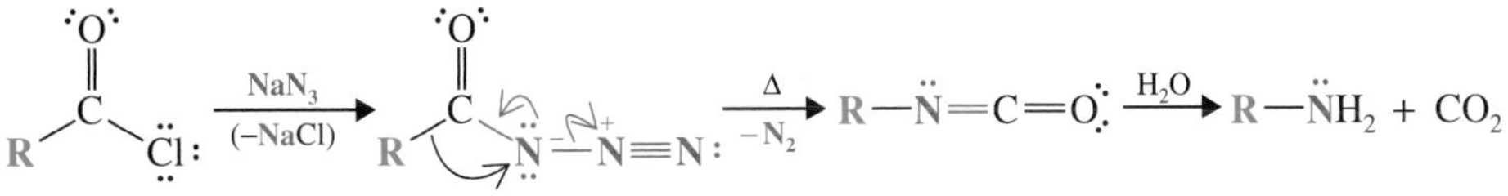

| Chlorure d'acyle (chlorure d'alcanoyle) | Azoture d'alcanoyle | Isocyanate | Amine |

PROBLÈME 20.8

Montrez comment vous pourriez réaliser les transformations suivantes, en utilisant une méthode différente dans chaque cas et en prenant soin de choisir chaque fois une *bonne* méthode.

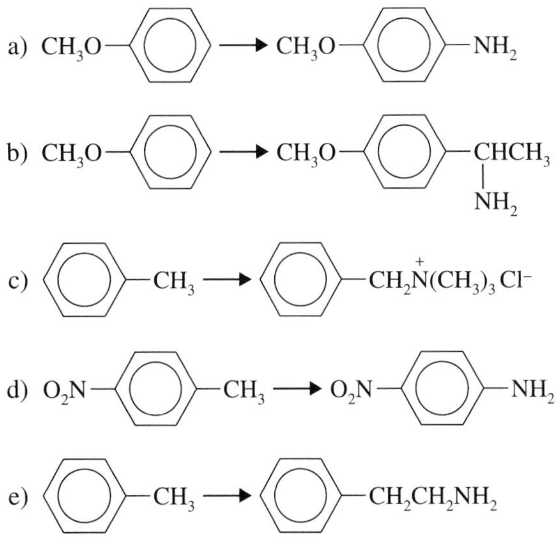

20.6 RÉACTIONS DES AMINES

Nous avons vu un certain nombre de réactions importantes des amines dans les sections précédentes. À la section 20.3, nous avons étudié des réactions où des amines primaires, secondaires et tertiaires servaient de *bases*. Nous avons étudié comment les amines peuvent agir comme *nucléophiles* dans des *réactions d'alkylation* à la section 20.5 et comme *nucléophiles* dans des *réactions d'acylation* au chapitre 18. Enfin, au chapitre 15, nous avons vu que la présence d'un groupe amino sur un cycle aromatique accélère fortement les substitutions électrophiles et les oriente en ortho et en para.

La caractéristique des amines qui rend toutes ces réactions possibles et qui constitue le fondement de notre compréhension de la majeure partie de la chimie de ces composés est la capacité de l'azote à partager sa paire d'électrons libres.

Réactions acide–base

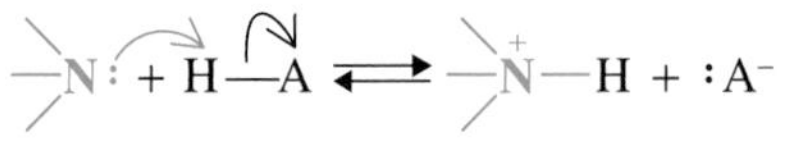

$$\text{—N: + H—A} \rightleftharpoons \text{—N}^+\text{—H + :A}^-$$

Amine agissant en tant que base

Alkylation

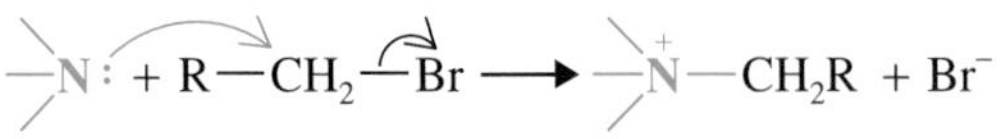

$$\text{—N: + R—CH}_2\text{—Br} \longrightarrow \text{—N}^+\text{—CH}_2\text{R + Br}^-$$

Amine agissant en tant que nucléophile dans une réaction d'alkylation

Acylation

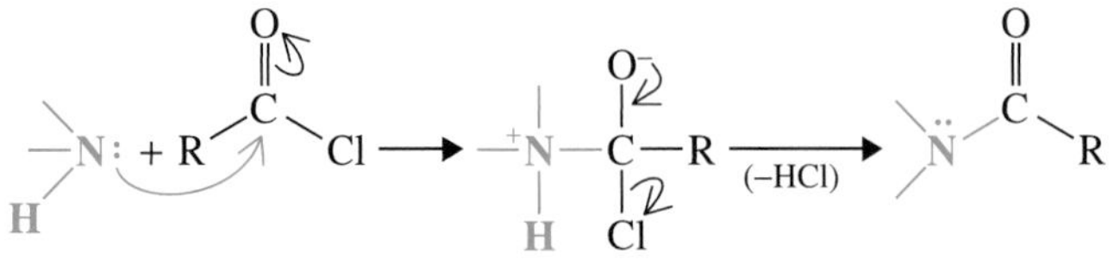

Amine agissant en tant que nucléophile dans une réaction d'acylation

Dans les exemples précédents, l'amine sert de nucléophile en donnant sa paire d'électrons à un réactif électrophile. Dans l'exemple suivant, la contribution de la paire d'électrons de l'azote aux structures de résonance rend certains atomes de *carbone* nucléophiles.

Substitution électrophile sur un cycle aromatique

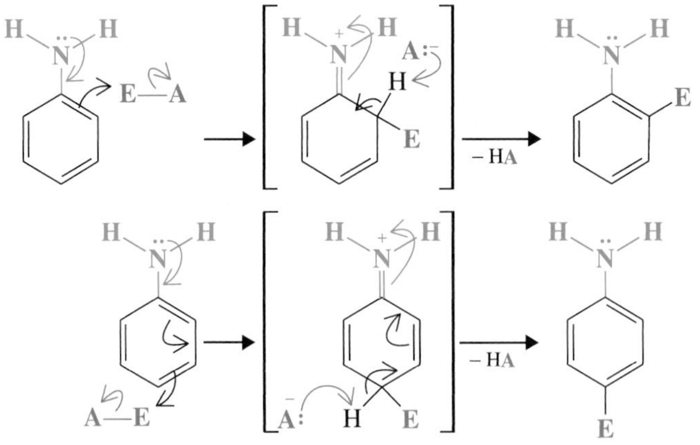

Le groupe amino accélère et oriente en ortho et en para les substitutions électrophiles sur les cycles aromatiques.

PROBLÈME 20.9

Passez en revue la chimie des amines exposée dans les sections précédentes et donnez un exemple précis pour chacune des réactions présentées.

20.6A OXYDATION DES AMINES

Les amines aliphatiques primaires et secondaires sont sujettes à des réactions d'oxydation, bien que dans la plupart des cas aucun produit utile n'en résulte. Souvent, des réactions secondaires compliquées se produisent et entraînent la formation de mélanges complexes.

Cependant, les amines tertiaires peuvent être oxydées avec de bons rendements en oxydes d'amine tertiaire. Cette réaction peut se faire à l'aide du peroxyde d'hydrogène ou d'un acide peroxycarboxylique.

$$\text{R}_3\text{N:} \xrightarrow{\text{H}_2\text{O}_2 \text{ ou } \overset{\displaystyle O}{\overset{\|}{\text{RCOOH}}}} \text{R}_3\overset{+}{\text{N}}\text{—}\overset{..}{\underset{..}{\text{O}}}{}^-$$

Oxyde d'amine tertiaire

Ces oxydes d'amine tertiaire subissent une réaction d'élimination utile, décrite à la section 20.13B.

Les arylamines sont très facilement oxydées par une variété de réactifs, y compris l'oxygène de l'air. L'oxydation n'est pas limitée au groupe amino; elle se produit également dans le cycle. (Étant électrodonneur, le groupe amino rend le cycle riche en électrons et, par conséquent, particulièrement susceptible d'être oxydé.) L'oxydation d'autres groupes fonctionnels sur un cycle aromatique ne peut généralement pas être réalisée lorsqu'un groupe amino est présent sur le cycle parce que l'oxydation du cycle se produit en premier.

20.7 RÉACTIONS DES AMINES AVEC L'ACIDE NITREUX

L'acide nitreux (HONO) est un acide faible et instable. Il est toujours préparé *in situ,* habituellement par le traitement du nitrite de sodium ($NaNO_2$) par une solution aqueuse d'un acide fort.

$$HCl_{(aq)} + NaNO_{2(aq)} \longrightarrow HONO_{(aq)} + NaCl_{(aq)}$$

$$H_2SO_4 + 2\,NaNO_{2(aq)} \longrightarrow 2\,HONO_{(aq)} + Na_2SO_{4(aq)}$$

L'acide nitreux réagit avec tous les genres d'amines. Le produit de ces réactions varie selon que l'amine est primaire, secondaire ou tertiaire, aliphatique ou aromatique.

20.7A RÉACTIONS DES AMINES ALIPHATIQUES PRIMAIRES AVEC L'ACIDE NITREUX

La réaction des amines aliphatiques primaires avec l'acide nitreux, appelée *diazotation,* donne des **sels de diazonium** aliphatiques très instables. Même à basse température, les sels de diazonium *aliphatiques* se décomposent spontanément en perdant de l'azote pour former des carbocations. Ces derniers donnent un mélange d'alcènes, d'alcools et d'halogénures d'alkyle par élimination d'un proton, ou par réaction avec l'eau ou avec X^-.

Réaction générale

$$R-NH_2 + NaNO_2 + 2\,HX \xrightarrow[H_2O]{(HONO)} \left[R-\overset{+}{N}\equiv N\colon\; X^- \right] + NaX + 2\,H_2C$$

Amine aliphatique   **Sel de diazonium aliphatique**
primaire   **(très instable)**

$$\downarrow -N_2 \text{ (c.-à-d. } \colon N\equiv N\colon)$$

$$R^+ + X^-$$

$$\downarrow$$

Alcènes, alcools, halogénures d'alkyle

Les diazotations des amines aliphatiques primaires sont peu utilisées en synthèse parce qu'elles produisent des mélanges complexes. Toutefois, elles sont utilisées dans certaines méthodes analytiques parce que le dégagement d'azote est quantitatif. Elles peuvent également être utilisées pour produire des carbocations afin d'étudier leur comportement dans l'eau, dans l'acide acétique et dans d'autres solvants.

20.7B RÉACTIONS DES ARYLAMINES PRIMAIRES AVEC L'ACIDE NITREUX

La plus importante réaction des amines avec l'acide nitreux est, de loin, celle des arylamines primaires. Nous verrons pourquoi à la section 20.8. Les arylamines primaires réagissent avec l'acide nitreux pour donner des sels d'arènediazonium. Ceux-ci sont instables, mais tout de même beaucoup plus stables que les sels de diazonium aliphatiques; ils ne se décomposent pas à une vitesse appréciable en solution lorsqu'on maintient la température du mélange réactionnel en dessous de 5 °C.

$$Ar\!-\!NH_2 \;+\; NaNO_2 + 2\,HX \;\longrightarrow\; Ar\!-\!\overset{+}{N}\!\equiv\!N\!:\bar{X} + NaX + 2\,H_2O$$

Arylamine primaire   **Sel d'arènediazonium**
                                          (stable si conservé
                                          en dessous de 5 °C)

Les arylamines primaires peuvent être converties en halogénures d'aryle, en nitriles et en phénols au moyen de l'ion arènédiazonium (section 20.8).

La diazotation d'une amine primaire se produit en plusieurs étapes. En présence d'un acide fort, l'acide nitreux se dissocie pour produire des ions ^{+}NO. Ces ions réagissent ensuite avec l'azote de l'amine pour former un ion *N*-nitroso-aminium, un intermédiaire instable. Celui-ci perd ensuite un proton pour former une *N*-nitrosamine qui, à son tour, se tautomérise en diazohydroxyde dans une réaction qui ressemble à la tautomérisation céto-énolique. Ensuite, en présence d'acide, le diazohydroxyde perd une molécule d'eau pour former l'ion diazonium.

Les réactions de diazotation d'arylamines primaires ont une importance considérable en synthèse parce qu'une variété d'autres groupes fonctionnels peuvent être substitués au groupe diazonium, $-\overset{+}{N}\!\equiv\!N\!:$. Nous examinerons ces réactions à la section 20.8.

20.7C RÉACTIONS DES AMINES SECONDAIRES AVEC L'ACIDE NITREUX

Les amines secondaires, les arylamines autant que les alkylamines, réagissent avec l'acide nitreux pour donner des *N*-nitrosamines. Celles-ci se séparent généralement du mélange réactionnel sous la forme d'un liquide jaune huileux.

Exemples

$$(CH_3)_2\ddot{N}H \;+\; HCl \;+\; NaNO_2 \;\xrightarrow[H_2O]{(HONO)}\; (CH_3)_2\ddot{N}\!-\!\ddot{N}\!=\!O$$

Diméthylamine   ***N*-Nitrosodiméthylamine**
                                            (huile jaune)

N-Méthylaniline + HCl + NaNO₂ →(HONO)/H₂O → *N*-Nitroso-*N*-méthylaniline (87 à 93 %) (huile jaune)

MÉCANISME DE LA RÉACTION

Diazotation

$$HO\ddot{N}O \;+\; H_3O^+ \;+\; A\!:^- \;\rightleftharpoons\; H_2\overset{+}{O}\!-\!\ddot{N}O \;+\; H_2O \;\rightleftharpoons\; 2\,H_2O \;+\; \overset{+}{\ddot{N}}\!=\!O$$

Arylamine primaire   **Ion *N*-nitroso-**   ***N*-Nitrosamine**
(ou alkylamine)   **aminium**

Ar—Ṅ=N̈—Ö: + H ⇌(−HA / +HA) Ar—Ṅ=N̈—OH ⇌(+HA / −HA) Ar—Ṅ=N̈—OH₂⁺ ⇌

Diazohydroxyde

$$Ar\!-\!\overset{+}{N}\!\equiv\!N\!: \;\longleftrightarrow\; Ar\!-\!\ddot{N}\!=\!\overset{\cdot\cdot}{N} \;+\; H_2O$$

Ion diazonium

▶ **CAPSULE CHIMIQUE**

N-NITROSAMINES

Les *N*-nitrosamines sont de très puissants agents cancérigènes qui, selon les scientifiques, seraient présents dans un grand nombre d'aliments, particulièrement les viandes cuites qui ont été traitées par du nitrite de sodium. Le nitrite de sodium est ajouté à beaucoup de viandes (par exemple au bacon, au jambon, aux saucisses de Francfort, aux saucisses et à d'autres charcuteries) pour inhiber la croissance de *Clostridium botulinum* (la bactérie qui produit la toxine botulinique) et pour empêcher la viande rouge de brunir. (L'intoxication alimen-

taire par la toxine botulinique est souvent fatale.) En présence d'acide ou par chauffage, le nitrite de sodium réagit avec les amines toujours présentes dans la viande pour produire des *N*-nitrosamines. On a découvert que le bacon cuit, par exemple, contient de la *N*-nitrosodiméthylamine et de la *N*-nitrosopyrrolidine. On craint également que le nitrite des aliments ne produise des nitrosamines lorsqu'il réagit avec les amines en présence de l'acide gastrique. En 1976, aux États-Unis, la *Food and Drug Administration* (FDA) a réduit la quan-

tité de nitrite qu'il est permis d'ajouter aux aliments préparés, de 200 parties par million (ppm) à des quantités variant de 50 à 125 ppm. Les nitrites (et les nitrates qui peuvent être transformés en nitrites par les bactéries) sont également présents naturellement dans de nombreux aliments. La fumée de cigarette contient de la *N*-nitrosodiméthylamine. Une personne qui fume un paquet de cigarettes par jour inhale environ 0,8 µg de *N*-nitrosodiméthylamine. La fumée secondaire en contiendrait une quantité encore plus importante.

20.7D RÉACTIONS DES AMINES TERTIAIRES AVEC L'ACIDE NITREUX

Lorsqu'une amine aliphatique tertiaire est mélangée à de l'acide nitreux, il s'établit un équilibre entre l'amine tertiaire, son sel d'aminium et un composé *N*-nitrosoammonium.

$$2\ R_3N\text{:}\quad + HX + NaNO_2 \rightleftharpoons R_3\overset{+}{N}H\ \overset{-}{X}\ +\ R_3\overset{+}{N}\!-\!\overset{\cdot\cdot}{N}\!=\!O\ X^-$$

Amine aliphatique   **Sel d'aminium**   **Composé**
tertiaire   ***N*-nitrosoammonium**

Bien que, à basse température, les *N*-nitrosoammoniums soient stables, à température plus élevée et en solution acide, ils se décomposent pour produire des aldéhydes ou des cétones. Ces réactions sont toutefois peu utilisées en synthèse.

Les arylamines tertiaires réagissent avec l'acide nitreux pour former des composés aromatiques *C*-nitrosés. La nitrosation se produit presque exclusivement en position para si elle est libre et, dans le cas contraire, en position ortho. La réaction (voir le problème 20.10) est un autre exemple de substitution électrophile aromatique.

Exemple

p-**Nitroso-*N*,*N*-diméthylaniline (80 à 90 %)**

PROBLÈME 20.10

La nitrosation en position para de la *N*,*N*-diméthylaniline (*C*-nitrosation) serait due à une attaque électrophile des ions $^+$NO. a) Indiquez comment les ions $^+$NO pourraient se former dans une solution aqueuse de $NaNO_2$ et de HCl. b) Proposez un mécanisme pour la *p*-nitrosation de la *N*,*N*-diméthylaniline. c) Les amines tertiaires aromatiques et les phénols peuvent subir une *C*-nitrosation alors que la plupart des autres dérivés du benzène ne le peuvent pas. Comment expliquer cette différence ?

20.8 RÉACTIONS DE SUBSTITUTION DES SELS D'ARÈNEDIAZONIUM

Les sels de diazonium sont des intermédiaires très utiles dans la synthèse des composés aromatiques parce que le groupe diazonium peut être remplacé par beaucoup d'autres atomes ou groupes, y compris —F, —Cl, —Br, —I, —CN, —OH et —H.

Les sels de diazonium sont presque toujours préparés par diazotation des amines primaires aromatiques. Les arylamines primaires peuvent être synthétisées par réduction de composés nitrés facilement obtenus par des réactions de nitration directe.

20.8A SYNTHÈSES UTILISANT LES SELS DE DIAZONIUM

La plupart des sels d'arènediazonium sont instables à des températures plus élevées que 5 à 10 °C, et un grand nombre explosent lorsqu'ils sont secs. Heureusement, toutefois, la plupart des réactions de substitution des sels de diazonium ne nécessitent pas leur isolement. Il suffit simplement d'ajouter un autre réactif (CuCl, CuBr, KI, etc.) au mélange et de chauffer légèrement la solution pour que la substitution (avec dégagement d'azote) se produise.

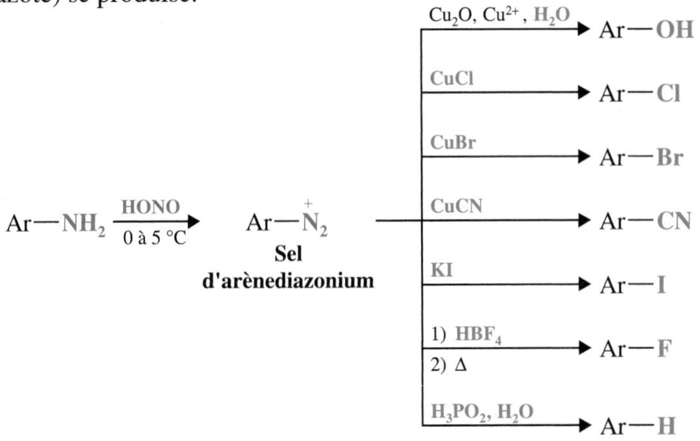

Seule la substitution de —F au groupe diazonium requiert l'isolement d'un sel de diazonium. On le fait en ajoutant du HBF_4 au mélange, ce qui entraîne la précipitation du tétrafluoroborate d'arènediazonium, $ArN_2^+ BF_4^-$, un composé peu soluble et raisonnablement stable.

20.8B LA RÉACTION DE SANDMEYER : SUBSTITUTION DE —Cl, DE —Br OU DE —CN AU GROUPE DIAZONIUM

Les sels d'arènediazonium réagissent avec le chlorure cuivreux, le bromure cuivreux et le cyanure cuivreux pour donner des produits dans lesquels le groupe diazonium a été remplacé respectivement par —Cl, —Br ou —CN. Ces réactions sont généralement connues sous le nom de *réactions de Sandmeyer*. Plusieurs exemples suivent. Les mécanismes de ces réactions de substitution ne sont pas entièrement compris; les réactions semblent être radicalaires et non ioniques.

***o*-Toluidine** — ***o*-Chlorotoluène (74 à 79 % pour les deux étapes)**

***m*-Chloraniline** — ***m*-Bromochlorobenzène (70 % pour les deux étapes)**

***o*-Nitraniline** — ***o*-Nitrobenzonitrile (65 % pour les deux étapes)**

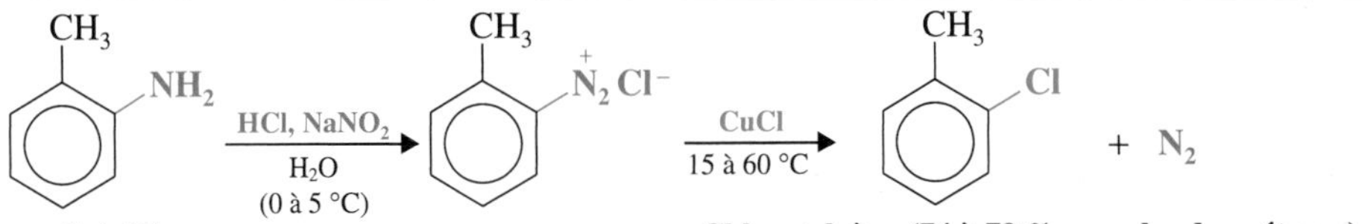

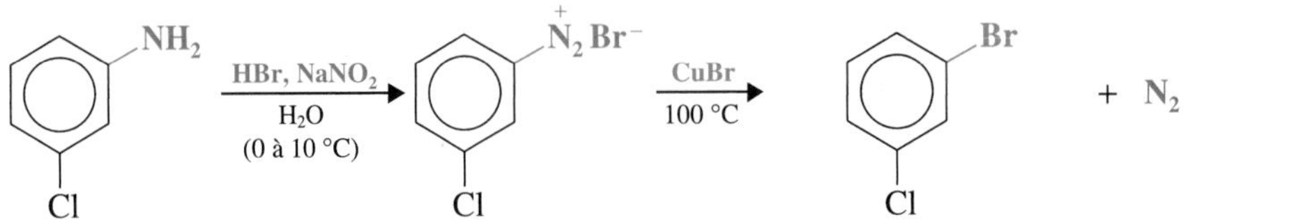

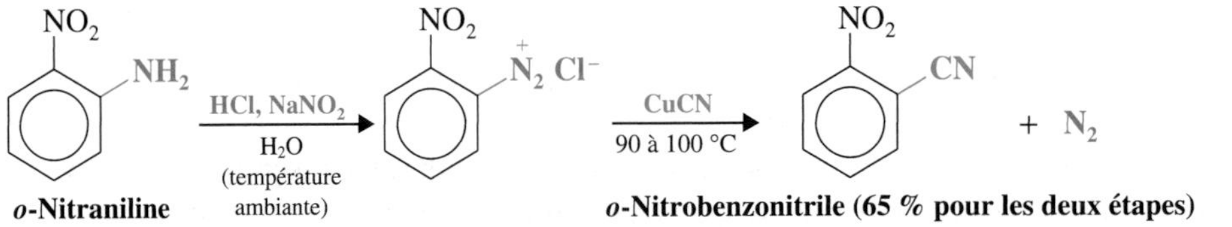

20.8C SUBSTITUTION DE —I

Les sels d'arènediazonium réagissent avec l'iodure de potassium pour donner des produits dans lesquels le groupe diazonium a été remplacé par —I. La synthèse du *p*-iodonitrobenzène en est un exemple.

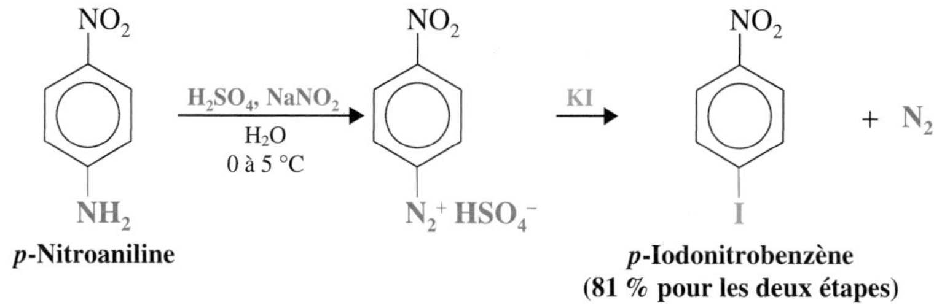

p-Nitroaniline

p-Iodonitrobenzène
(81 % pour les deux étapes)

20.8D SUBSTITUTION DE —F

Le groupe diazonium peut être remplacé par un fluor par traitement du sel diazoïque avec de l'acide tétrafluoroborique (HBF$_4$). Le tétrafluoroborate de diazonium qui précipite est isolé, séché et chauffé jusqu'à ce qu'il se décompose en produisant un fluorure d'aryle.

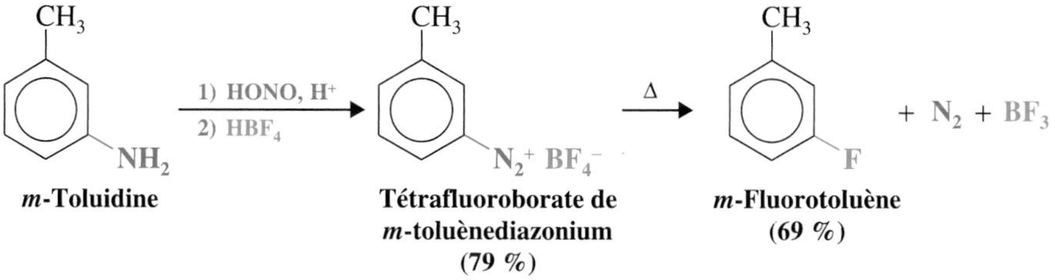

m-Toluidine

Tétrafluoroborate de
m-toluènediazonium
(79 %)

m-Fluorotoluène
(69 %)

20.8E SUBSTITUTION DE —OH

La substitution d'un groupe hydroxyle à un groupe diazonium peut s'effectuer par addition d'oxyde cuivreux à une solution diluée du sel diazoïque contenant un large excès de nitrate cuivrique.

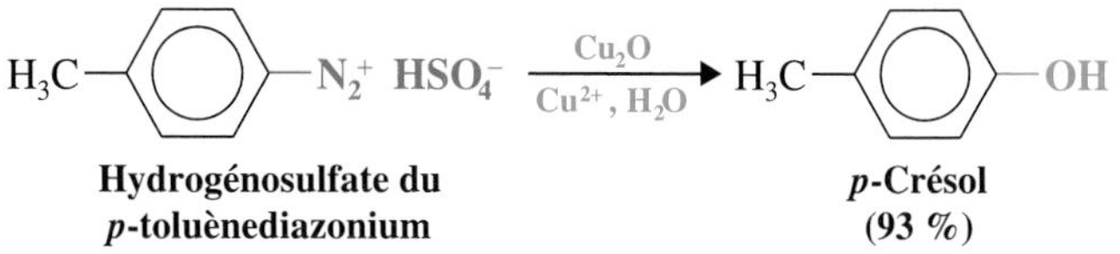

Hydrogénosulfate du
p-toluènediazonium

p-Crésol
(93 %)

Cette variante de la réaction de Sandmeyer (mise au point par T. Cohen, de l'université de Pittsburgh) est beaucoup plus simple et sécuritaire qu'une méthode plus ancienne de préparation de phénols qui nécessitait le chauffage du sel de diazonium dans une solution concentrée d'acide.

PROBLÈME 20.11

Dans les précédents exemples de réactions de sels de diazonium, nous avons présenté des synthèses commençant avec les composés a) à e) ci-dessous. Montrez comment préparer chacun des composés suivants à partir du benzène.

a) *m*-Nitroaniline   c) *m*-Bromoaniline   e) *p*-Nitroaniline

b) *m*-Chloroaniline   d) *o*-Nitroaniline

20.8F SUBSTITUTION D'UN HYDROGÈNE : DÉSAMINATION
PAR DIAZOTATION

Les sels d'arènediazonium réagissent avec l'acide phosphoreux, aussi appelé acide hypophosphorique, (H$_3$PO$_2$) pour donner des produits dans lesquels le groupe diazonium a été remplacé par —H.

Comme on commence habituellement une synthèse utilisant des sels de diazonium par la nitration d'un composé aromatique, c'est-à-dire en remplaçant —H par —NO$_2$, puis en effectuant sa réduction en —NH₂, il peut paraître étrange de vouloir remplacer un groupe diazonium par —H. Toutefois, le remplacement du groupe diazonium par —H peut être une réaction utile. On peut introduire un groupe amino dans un cycle aromatique pour influer sur l'orientation d'une réaction subséquente. Par la suite, on peut enlever le groupe amino (c'est-à-dire effectuer une *désamination*) en le transformant en diazonium puis en le traitant avec H₃PO₂.

La synthèse du *m*-bromotoluène, ci-dessous, est un exemple de l'utilité d'une réaction de désamination.

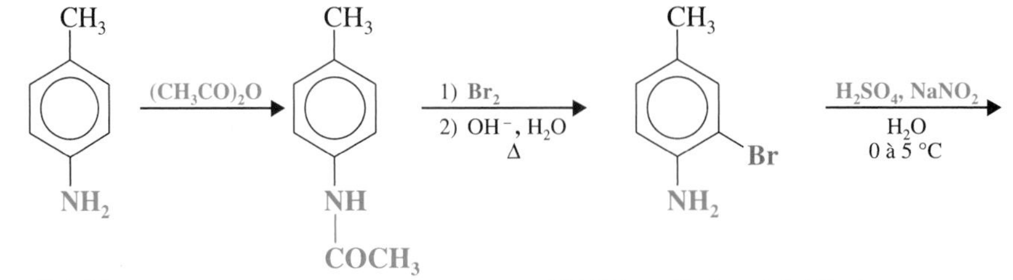

p-Toluidine   **(65 % à partir de *p*-toluidine)**

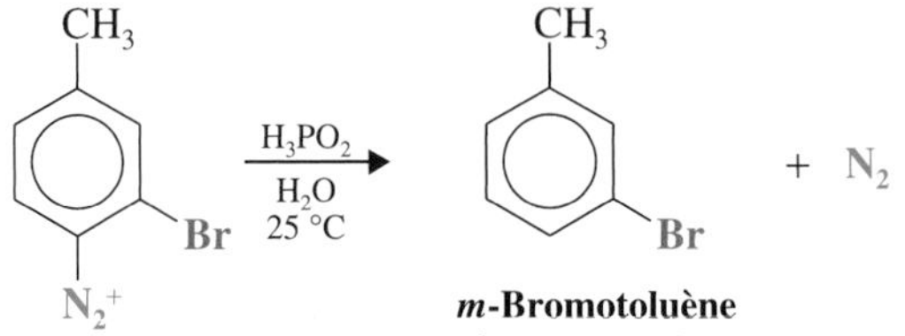

m-Bromotoluène
(85 % à partir du 2-bromo-4-méthylaniline)

On ne peut pas préparer le *m*-bromotoluène par bromation directe du toluène ou par une alkylation de Friedel-Crafts du bromobenzène parce que ces deux réactions donnent de l'*o*-bromotoluène et du *p*-bromotoluène. (CH₃— et Br— orientent tous deux en ortho et en para.) Toutefois, si on commence avec de la *p*-toluidine (préparée par nitration du toluène, séparation de l'isomère para et réduction du groupe nitro), on peut effectuer la séquence de réactions présentée et obtenir un bon rendement de *m*-bromotoluène. La première étape, soit la synthèse du dérivé *N*-acétyle de la *p*-toluidine, est réalisée pour réduire l'effet activateur du groupe amino. (Autrement, les deux positions ortho seraient bromées.) Ensuite, le groupe acétyle est enlevé par hydrolyse.

PROBLÈME 20.12

Proposez une modification de la synthèse précédente qui permettrait de préparer du 3,5-dibromotoluène.

PROBLÈME 20.13

a) À la section 20.8D, nous avons décrit une synthèse du *m*-fluorotoluène commençant avec de la *m*-toluidine. Comment prépareriez-vous de la *m*-toluidine à partir de toluène ? b) Comment prépareriez-vous du *m*-chlorotoluène ? c) du *m*-bromotoluène ? d) du *m*-iodotoluène ? e) du *m*-tolunitrile (*m*-CH₃C₆H₄CN) ? f) de l'acide *m*-toluique ?

PROBLÈME 20.14

En commençant avec de la *p*-nitroaniline [problème 20.11 e)], indiquez comment synthétiser du 1,2,3-tribromobenzène.

20.9 COUPLAGE DIAZOÏQUE

Les ions arènediazonium sont des électrophiles faibles; ils réagissent avec des composés aromatiques hautement réactifs — des phénols et des amines tertiaires — pour donner des composés *azoïques*. Cette substitution aromatique électrophile est souvent appelée *couplage diazoïque*.

Réaction générale

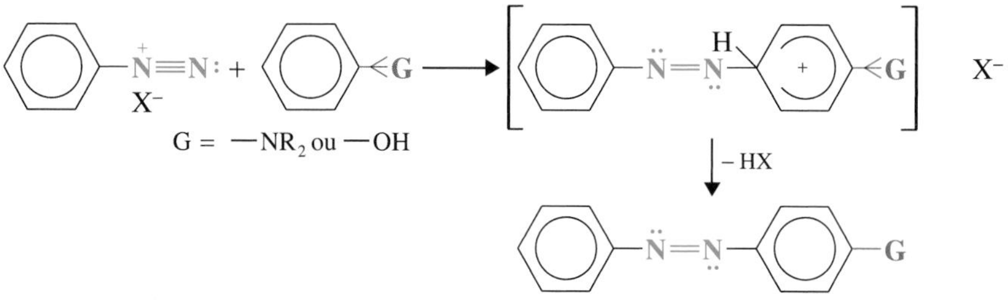

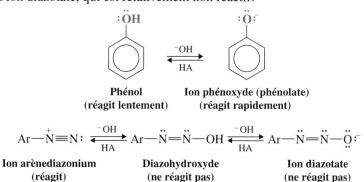

G = —NR₂ ou —OH

Un composé azoïque

Exemples

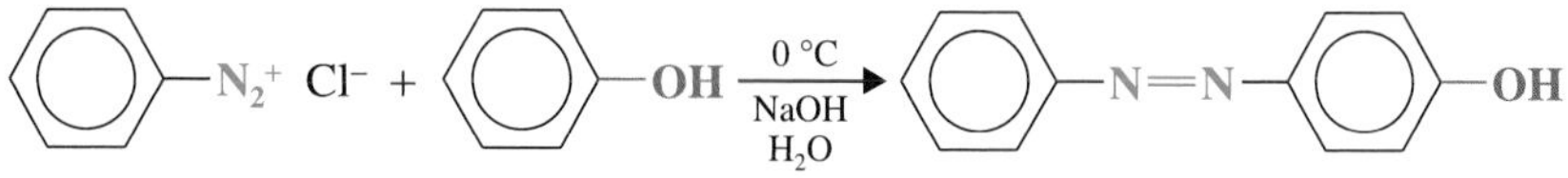

Chlorure de
benzènediazonium   +   Phénol   →   *p*-(Phénylazo)phénol
(solide orangé)

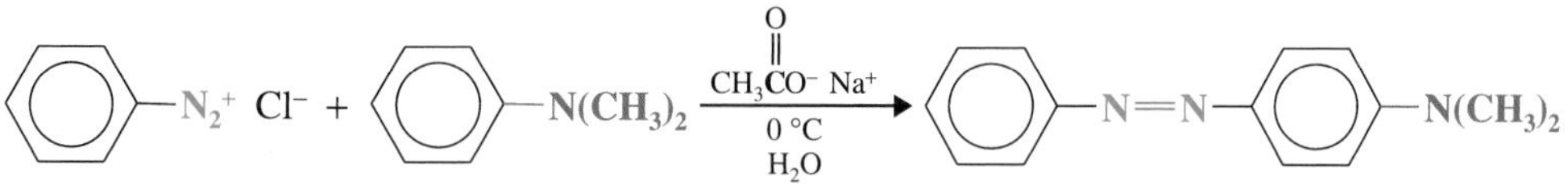

Conditions: 0 °C, NaOH, H₂O

Chlorure de
benzènediazonium   +   *N,N*-Diméthylaniline   →   *N,N*-Diméthyl-*p*-(phénylazo)aniline
(solide jaune)

Conditions: CH₃CO⁻ Na⁺, 0 °C, H₂O

Les réactions entre cations arènediazonium et phénols se produisent le plus rapidement en solution *légèrement* alcaline. Dans ces conditions, une quantité appréciable de phénol est présente sous forme d'ions phénoxyde (aussi nommés ions phénolate), ArO⁻, lesquels sont encore plus réactifs lors d'une substitution électrophile que les phénols. (Pourquoi ?) Toutefois, si la solution est trop alcaline (pH > 10), le sel d'arènediazonium réagit avec l'ion hydroxyde pour former un diazohydroxyde et même un ion diazotate, qui est relativement non réactif.

Phénol
(réagit lentement)   →   **Ion phénoxyde (phénolate)**
(réagit rapidement)

$$\text{Ar}-\overset{+}{\text{N}}\equiv\text{N:} \underset{\text{HA}}{\overset{^-\text{OH}}{\rightleftarrows}} \text{Ar}-\ddot{\text{N}}=\ddot{\text{N}}-\text{OH} \underset{\text{HA}}{\overset{^-\text{OH}}{\rightleftarrows}} \text{Ar}-\ddot{\text{N}}=\ddot{\text{N}}-\ddot{\text{O}}:^-$$

Ion arènediazonium
(réagit)   **Diazohydroxyde**
(ne réagit pas)   **Ion diazotate**
(ne réagit pas)

Les réactions entre cations arènediazonium et arylamines se produisent le plus rapidement dans des solutions légèrement acides (pH 5 à 7). Dans ces conditions, la concentration du cation arènediazonium est à son maximum et une très grande proportion de l'amine n'est pas transformée en sel d'aminium non réactif.

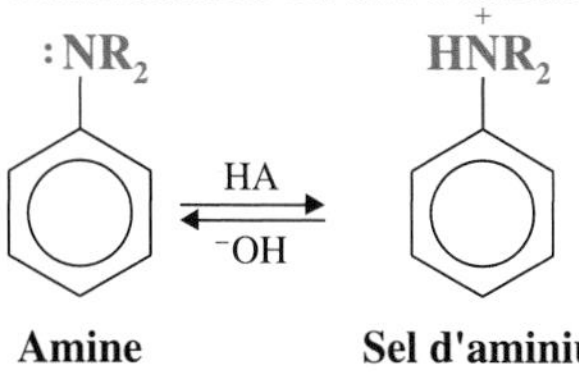

Amine
(réagit)   →   **Sel d'aminium**
(ne réagit pas)

Si le pH de la solution est inférieur à 5, la réaction entre l'acide et l'amine est peu importante.

Avec les phénols et les dérivés de l'aniline, les réactions de couplage diazoïque se produisent presque exclusivement en position para, si celle-ci est libre. Sinon, elles se produisent en position ortho.

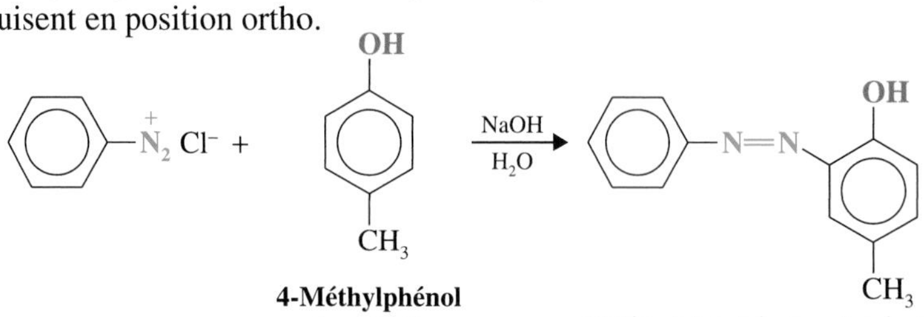

4-Méthylphénol
(*p*-crésol)

4-Méthyl-2-(phénylazo)phénol

Les composés azoïques sont généralement très colorés parce que la liaison azoïque (diazènediyle) —N=N— entraîne la conjugaison des deux cycles aromatiques, ce qui forme un important système d'électrons π délocalisés qui permet l'absorption de lumière dans la partie visible du spectre. Les composés azoïques, à cause de leur couleur intense et parce qu'ils peuvent être synthétisés à partir de composés relativement peu coûteux, sont souvent utilisés comme *colorants*.

Les *colorants azoïques* contiennent presque toujours un ou plusieurs groupes —SO_3^- Na^+ qui confèrent l'hydrosolubilité au colorant et aident à sa fixation à la surface des fibres polaires (laine, coton ou Nylon). De nombreux colorants sont fabriqués par des réactions entre des naphtylamines et des naphtols.

L'orange II, un colorant introduit en 1876, est fabriqué à partir de 2-naphtol.

Orange II

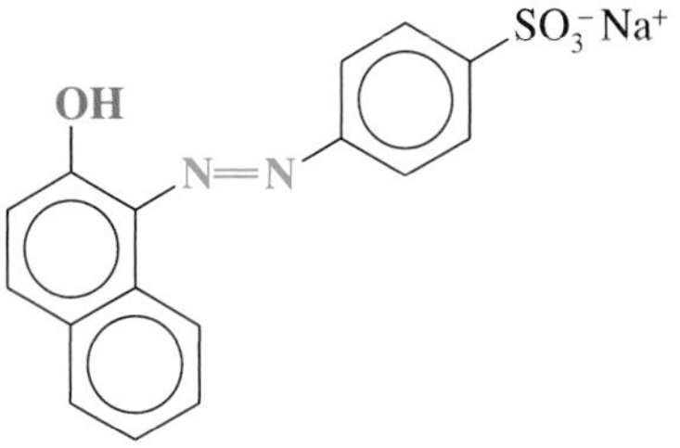

PROBLÈME 20.15

Décrivez brièvement la synthèse de l'orange II à partir du 2-naphtol et de l'acide *p*-aminobenzènesulfonique.

PROBLÈME 20.16

Le jaune de beurre était utilisé autrefois pour colorer la margarine. Depuis, on a démontré qu'il était cancérigène et interdit son utilisation dans les aliments. Formulez les grandes lignes d'une synthèse du jaune de beurre à partir de benzène et de *N,N*-diméthylaniline.

Jaune de beurre

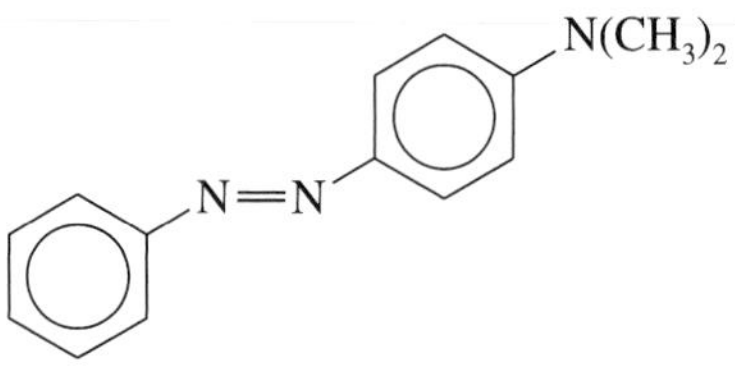

PROBLÈME 20.17

Les composés azoïques peuvent être réduits en amines par une variété de réactifs, y compris le chlorure d'étain ($SnCl_2$).

$$Ar—N=N—Ar' \xrightarrow{SnCl_2} ArNH_2 + Ar'NH_2$$

Cette réduction peut être utile en synthèse comme le démontre l'exemple suivant.

4-Éthoxyaniline $\xrightarrow[\text{2) phénol, OH}^-]{\text{1) HONO, H}_3O^+}$ **A** ($C_{14}H_{14}N_2O_2$) $\xrightarrow{\text{NaOH, CH}_3\text{CH}_2\text{Br}}$ **B** ($C_{16}H_{18}N_2O_2$) $\xrightarrow{SnCl_2}$

deux équivalents molaires de **C** ($C_8H_{11}NO$) $\xrightarrow{\text{anhydride acétique}}$ phénacétine ($C_{10}H_{13}NO_2$)

Décrivez la structure de la phénacétine et des intermédiaires **A**, **B** et **C**. (Le problème 18.35 porte également sur la phénacétine, autrefois utilisée comme analgésique.)

20.10 RÉACTIONS DES AMINES AVEC LES CHLORURES DE SULFONYLE

Les amines primaires et secondaires réagissent avec les chlorures de sulfonyle pour former des **sulfonamides.**

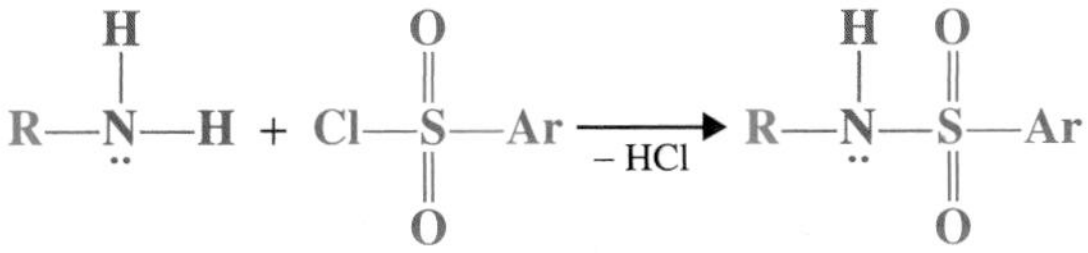

Amine primaire	Chlorure de sulfonyle		Sulfonamide *N*-substitué

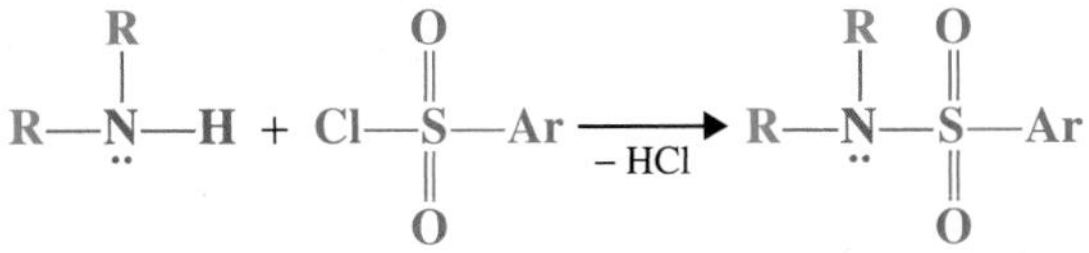

Amine secondaire			Sulfonamide *N,N*-disubstitué

Lorsqu'ils sont chauffés en solution aqueuse acide, les sulfonamides sont hydrolysés en amines.

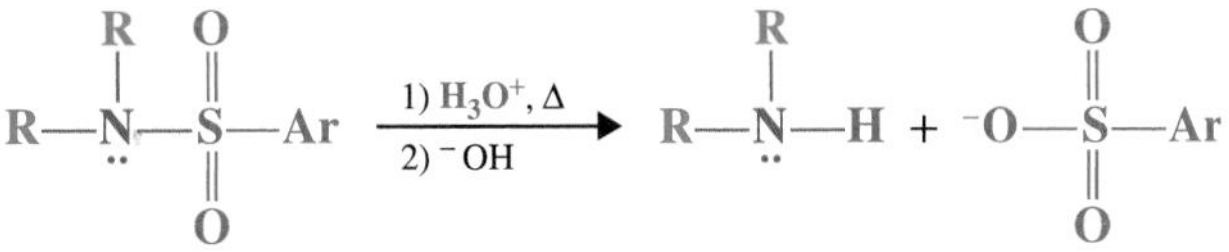

Toutefois, cette hydrolyse est beaucoup plus lente que l'hydrolyse des carboxamides.

20.10A LE TEST DE HINSBERG

La formation d'un sulfonamide est la base d'un test chimique, appelé test de Hinsberg, qui peut être utilisé pour déterminer si une amine est primaire, secondaire ou tertiaire. Le test de Hinsberg comprend deux étapes. D'abord, un mélange contenant une faible quantité d'amine et de chlorure de benzènesulfonyle est agité en présence d'un *excès* d'hydroxyde de potassium. Ensuite, après avoir donné le temps à la réaction de se produire, le mélange est acidifié. Chaque type d'amine, primaire, secondaire ou tertiaire, donne un ensemble de résultats *visibles* différents après chacune des deux étapes du test.

Les amines primaires réagissent avec le chlorure de benzènesulfonyle pour former des benzènesulfonamides *N*-substitués. Ceux-ci, à leur tour, subissent une réaction acide-base avec l'excès d'hydroxyde de potassium pour former des sels de potassium hydrosolubles. (Ces réactions se produisent parce que l'hydrogène fixé à l'azote devient acide à cause du groupe —SO₂— fortement électroattracteur.) À ce stade, l'éprouvette contient une solution claire. L'acidification de cette solution, à l'étape suivante, provoque la précipitation du sulfonamide *N*-substitué insoluble dans l'eau.

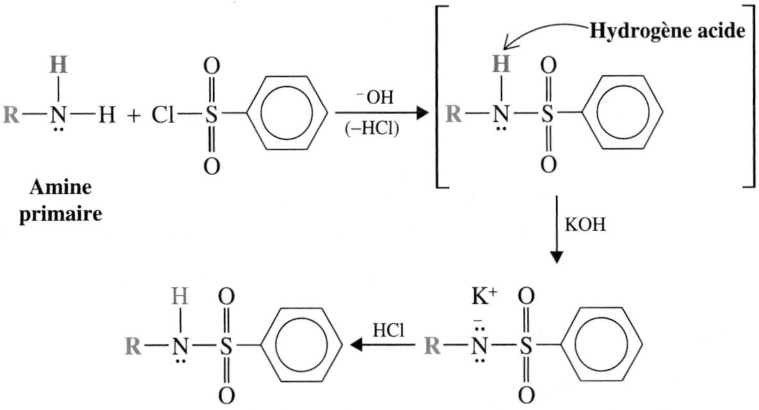

Insoluble dans l'eau (précipité)   **Sel hydrosoluble (solution claire)**

Les amines secondaires réagissent avec le chlorure de benzènesulfonyle dans une solution d'hydroxyde de potassium pour former des sulfonamides *N,N*-disubstitués qui précipitent à la première étape. Ces sulfonamides ne se dissolvent pas dans la solution aqueuse d'hydroxyde de potassium parce qu'ils n'ont pas d'hydrogène acide. L'acidification du mélange obtenu d'une amine secondaire ne donne pas de changements notables : le sulfonamide *N,N*-disubstitué, qui n'est pas basique, demeure sous forme de précipité, et aucun nouveau précipité ne se forme.

**Insoluble dans l'eau
(précipité)**

Si l'amine est tertiaire et qu'elle est insoluble dans l'eau, aucun changement apparent ne se produira dans le mélange pendant qu'on l'agite dans le chlorure de benzènesulfonyle et le KOH aqueux. Lorsqu'on acidifie le mélange, l'amine tertiaire se dissout parce qu'elle forme un sel soluble dans l'eau.

PROBLÈME 20.18

La formule moléculaire d'une amine **A** est C_7H_9N. Le composé **A** réagit avec du chlorure de benzènesulfonyle dans une solution aqueuse d'hydroxyde de potassium pour donner une solution claire; l'acidification de la solution donne un précipité. Lorsque **A** est traité par du $NaNO_2$ et du HCl à 0–5 °C, et ensuite par du 2-naphtol, il se forme un composé intensément coloré. Le composé **A** ne donne qu'un seul pic d'absorption IR intense, à 815 cm^{-1}. Quelle est la structure de **A** ?

PROBLÈME 20.19

Les sulfonamides des amines primaires sont souvent utilisés pour synthétiser des amines secondaires *pures*. Proposez une façon d'effectuer cette synthèse.

20.11 MÉDICAMENTS À BASE DE SULFAMIDES : LE SULFANILAMIDE

20.11A CHIMIOTHÉRAPIE

La chimiothérapie est une méthode de traitement qui utilise des agents chimiques pour détruire sélectivement les cellules infectieuses sans détruire simultanément l'hôte. Bien qu'il soit difficile de le croire (en cette époque de pilules miracles), la chimiothérapie est relativement récente. Avant 1900, seulement trois médicaments chimiques spécifiques étaient connus : le mercure (pour traiter la syphilis, mais souvent avec des résultats désastreux), l'écorce de quinquina (pour la malaria) et l'ipéca (pour la dysenterie).

La chimiothérapie moderne commence avec les travaux de Paul Ehrlich au début du XXᵉ siècle et, plus particulièrement, avec sa découverte, en 1907, des propriétés curatives d'un colorant appelé rouge trypan I lorsqu'il est utilisé contre une trypanosomiase expérimentale et, en 1909, du salvarsan comme remède contre la syphilis (annexe G). Récipiendaire du prix Nobel de médecine en 1908, Ehrlich est l'inventeur du terme « chimiothérapie ». Ses travaux ont été consacrés à la recherche de ce qu'il appelait des « projectiles magiques », c'est-à-dire des produits chimiques toxiques pour les micro-organismes infectieux, mais inoffensifs pour les humains.

Pendant ses études de médecine, Ehrlich avait été impressionné par la capacité qu'ont certains composés de colorer sélectivement les tissus. Partant de l'idée que la « coloration » est le résultat d'une réaction chimique entre le tissu et le composé, Ehrlich se mit à chercher des colorants ayant des affinités sélectives avec les microorganismes. Il espérait ainsi trouver un colorant qu'il serait possible de modifier pour le rendre létal.

20.11B SULFAMIDES

De 1909 à 1935, des dizaines de milliers de produits chimiques, y compris de nombreux colorants, sont mis à l'essai par Ehrlich et d'autres dans le but de trouver ces « projectiles magiques ». Toutefois, très peu de composés se révèlent prometteurs. Puis en 1935, un événement étonnant se produit. La fille de Gerhard Domagk, un médecin employé par un fabricant de colorants allemand, ayant contracté une infection à streptocoques en se piquant avec une aiguille et se trouvant à deux doigts de la mort, son père décide de lui administrer par voie orale une dose d'un colorant appelé prontosil. Le prontosil avait été mis au point par l'employeur de Domagk (I.G. Farbenindustrie) et les essais chez les souris avaient montré qu'il inhibait la croissance des streptocoques. En un court laps de temps, la fillette se rétablit. Par son pari, non seulement Domagk sauve-t-il sa fille, mais il amorce également une ère nouvelle et spectaculairement fructueuse de la chimiothérapie moderne. G. Domagk recevra le prix Nobel de médecine en 1939 mais ne pourra l'accepter avant 1947.

Un an plus tard, en 1936, Ernest Fourneau, de l'Institut Pasteur de Paris, démontre que le prontosil se dégrade dans l'organisme humain pour produire le sulfanilamide et que celui-ci est le véritable agent actif contre les streptocoques.

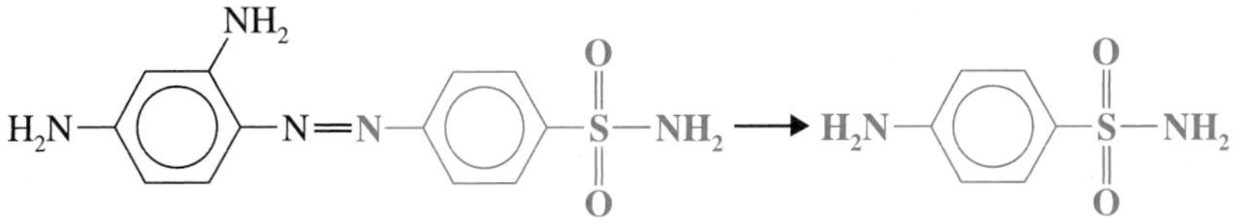

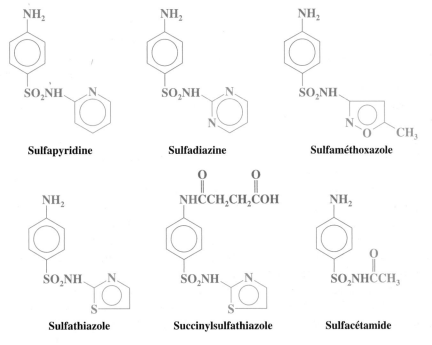

Prontosil → **Sulfanilamide**

L'annonce des résultats de Fourneau déclenche alors la recherche d'autres composés (apparentés au sulfanilamide) potentiellement dotés de meilleurs effets chimiothérapeutiques. C'est littéralement par milliers que des variantes chimiques du sulfanilamide seront produites; la structure du sulfanilamide sera modifiée de presque toutes les façons imaginables. Les meilleurs résultats thérapeutiques seront obtenus avec des substances dans lesquelles un hydrogène du groupe — SO_2NH_2 est remplacé par un autre groupe, habituellement un noyau hétérocyclique (en bleu dans les formules ci-dessous). Les composés suivants représentent certaines des variantes qui auront le plus de succès. Le sulfanilamide lui-même est trop toxique pour être utilisé de façon générale.

Sulfapyridine   **Sulfadiazine**   **Sulfaméthoxazole**

Sulfathiazole   **Succinylsulfathiazole**   **Sulfacétamide**

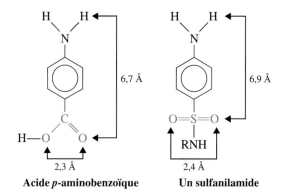

Figure 20.4 Similarité entre la structure de l'acide *p*-aminobenzoïque et celle d'un sulfanilamide. [Tiré de Korolkovas, A. *Essentials of Molecular Pharmacology.* New York, Wiley, 1970, p. 105. Reproduction autorisée.]

En 1938, on démontre que la sulfapyridine est efficace contre la pneumonie. (Avant, les épidémies de pneumonie avaient entraîné la mort de dizaines de milliers de personnes.) En 1941, le sulfacétamide est employé pour la première fois avec succès dans le traitement d'infections urinaires. À partir de 1942, le succinylsulfathiazole et un composé apparenté, le phtalylsulfathiazole, sont utilisés en chimiothérapie pour les infections du tube digestif. (Ces deux composés sont lentement hydrolysés en sulfathiazole dans le système digestif.) Grâce au sulfathiazole, un nombre incalculable de soldats blessés auront la vie sauve durant la Deuxième Guerre mondiale.

Par ailleurs, en 1940, D.D. Woods fait une découverte fondamentale pour la compréhension du mode d'action des sulfamides. Ayant observé que l'inhibition de la croissance de certains micro-organismes par le sulfanilamide était neutralisée par l'acide *p*-aminobenzoïque et ayant remarqué la similarité de structure entre les deux substances (figure 20.4), Woods en déduit que les deux composés sont en compétition dans un processus métabolique essentiel.

20.11C NUTRIMENTS ESSENTIELS ET INHIBITEURS DU MÉTABOLISME

Tous les animaux supérieurs et de nombreux micro-organismes n'ont pas la capacité biochimique de synthétiser certains composés organiques essentiels. Ces nutriments essentiels comprennent les vitamines, certains acides aminés, des acides carboxyliques non saturés, des purines et des pyrimidines. L'acide *p*-aminobenzoïque, une amine aromatique, est un nutriment essentiel pour les bactéries qui sont sensibles au traitement par les sulfanilamides. Les enzymes de ces bactéries utilisent l'acide *p*-aminobenzoïque pour synthétiser un autre composé essentiel appelé *acide folique.*

Acide folique

Les produits chimiques qui inhibent la croissance des microbes sont des inhibiteurs du métabolisme. Les sulfanilamides sont des inhibiteurs du métabolisme pour les bactéries qui ont besoin d'acide *p*-aminobenzoïque. Apparemment, dans la bactérie, les sulfanilamides inhibent les étapes enzymatiques de la synthèse de l'acide folique. Les enzymes bactériennes semblent incapables de distinguer une molécule de sulfanilamide d'une molécule d'acide *p*-aminobenzoïque; par conséquent, le sulfanilamide inhibe l'enzyme bactérienne. Comme le micro-organisme est incapable de synthétiser suffisamment d'acide folique en présence de sulfanilamide, il meurt. Les humains ne sont pas affectés par le traitement au sulfanilamide parce qu'ils obtiennent leur acide folique de leurs aliments (l'acide folique est une vitamine) et ne le synthétisent pas à partir de l'acide *p*-aminobenzoïque.

La découverte du mode d'action des sulfanilamides a conduit à la mise au point d'un grand nombre de nouveaux inhibiteurs du métabolisme efficaces. Le méthotrexate, un dérivé de l'acide folique utilisé avec succès dans le traitement de certains carcinomes, en est un exemple.

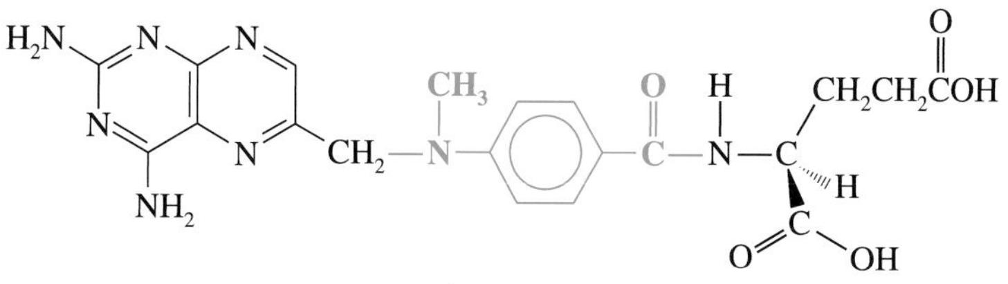

Méthotrexate

Le méthotrexate, à cause de sa ressemblance avec l'acide folique, peut se substituer à celui-ci dans certaines réactions, mais il ne peut remplir la même fonction, particulièrement dans des réactions qui sont importantes dans la division cellulaire. Bien que le méthotrexate soit toxique pour toutes les cellules en division, les cellules qui se divisent plus rapidement — *les cellules cancéreuses* — sont plus sensibles à ses effets.

20.11D SYNTHÈSE DES SULFAMIDES

Les sulfanilamides peuvent être synthétisés à partir de l'aniline par les réactions suivantes.

Aniline (1) **Acétanilide** (2) **Chlorure de *p*-acétamidobenzènesulfonyle** (3)

(4) **Un sulfanilamide** (5)

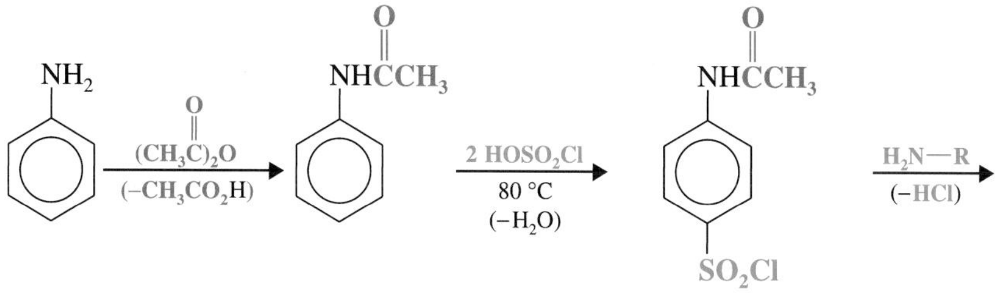

L'acétylation de l'aniline produit l'acétanilide (**2**) et protège le groupe amino du réactif utilisé à l'étape suivante. Le traitement de **2** par l'acide chlorosulfonique provoque une substitution aromatique électrophile et donne le chlorure de *p*-acétamidobenzènesulfonyle (**3**). L'ajout d'ammoniac ou d'une amine primaire mène au diamide **4** (un amide d'un acide carboxylique et d'un acide sulfonique). Enfin, on fait refluer **4** en présence d'acide hydrochlorique dilué, ce qui entraîne l'hydrolyse sélective de la liaison carboxamide et produit un sulfanilamide. (L'hydrolyse des carboxamides est beaucoup plus rapide que celle des sulfonamides.)

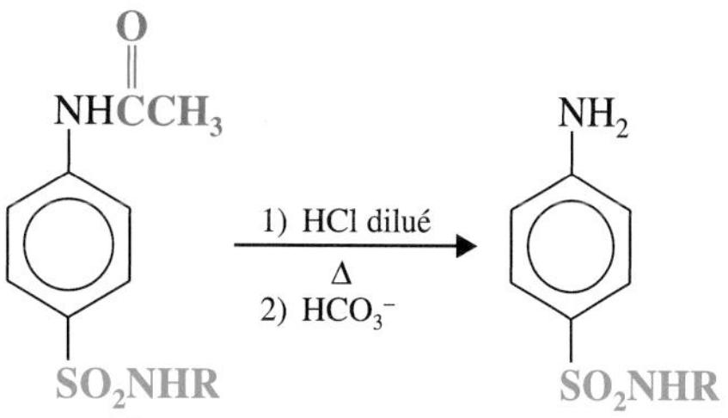

PROBLÈME 20.20

a) En partant de l'aniline et en supposant qu'il soit possible d'utiliser du 2-aminothiazole, indiquez comment synthétiser du sulfathiazole. b) Indiquez comment convertir le sulfathiazole en succinylsulfathiazole.

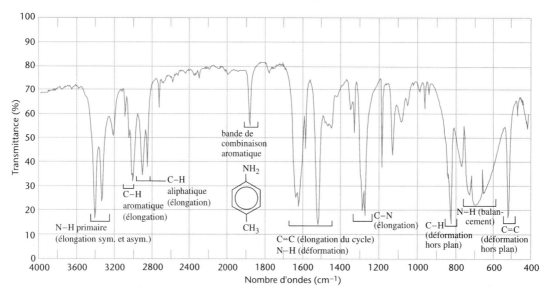

2-Aminothiazole

20.12 ANALYSE DES AMINES

Prenez en note ces techniques de caractérisation des amines.

20.12A ANALYSE CHIMIQUE

Les amines sont caractérisées par leur basicité et, par conséquent, par leur aptitude à se dissoudre en milieu acide aqueux dilué (section 20.3A). Du papier pH humide peut être utilisé pour déceler la présence d'un groupe amino fonctionnel dans un composé inconnu. Si le composé est une amine, le papier pH indique la présence d'une base. L'amine inconnue peut ensuite être facilement classée en primaire, secondaire ou tertiaire par spectroscopie IR (voir ci-dessous). Les amines primaires, secondaires et tertiaires peuvent également être distinguées les unes des autres par le test de Hinsberg (section 20.10A). Les amines aromatiques primaires sont souvent décelées par la formation d'un sel de diazonium suivie d'une réaction avec le 2-naphtol qui produit un colorant azoïque de couleur vive (section 20.9).

20.12B ANALYSE SPECTROSCOPIQUE

Spectre infrarouge Les amines primaires et secondaires sont caractérisées par des bandes d'absorption IR dans la région allant de 3300 à 3555 cm^{-1} dues aux vibrations d'élongation N—H. Les amines primaires donnent deux bandes dans cette région (voir la figure 20.5); les amines secondaires n'en donnent généralement qu'une. Les amines tertiaires, vu qu'elles n'ont aucun groupe N—H, n'absorbent pas dans cette région. Les bandes d'absorption dues aux vibrations d'élongation C—N des amines aliphatiques se produisent dans la région s'étendant de 1020 à 1220 cm^{-1} mais sont habituellement faibles et difficiles à reconnaître. Les amines aromatiques donnent

Figure 20.5 Spectre IR annoté de la 4-méthylaniline.

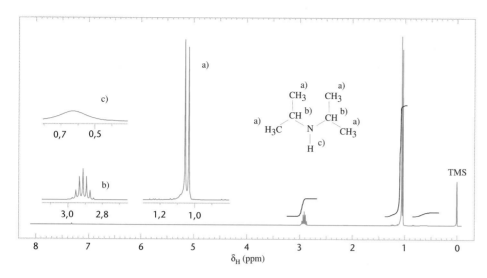

Figure 20.6 Spectre RMN ¹H à 300 MHz de la diisopropylamine. Notez l'intégration de la surface du large pic NH à environ $\delta = 0,7$. Les agrandissements verticaux ne sont pas à l'échelle.

généralement un forte bande d'élongation C—N dans la région allant de 1250 à 1360 cm⁻¹. La figure 20.5 montre un spectre IR annoté de la 4-méthylaniline.

Spectre RMN ¹H Les protons N—H des amines primaires et secondaires donnent des signaux entre $\delta = 0,5$ et $\delta = 5$ ppm. Ces signaux apparaissent généralement sous la forme d'une large bande, et leur position exacte dépend de la nature du solvant, de la pureté de l'échantillon, de la concentration et de la température. À cause des échanges de protons, il n'y a habituellement pas de couplage entre les protons N—H et les protons présents sur les carbones adjacents. Ils sont donc difficiles à détecter et la meilleure méthode consiste à compter les protons (vérification des intégrations) ou à ajouter une petite quantité de D_2O à l'échantillon. Les deutérons (D) remplacent les protons du groupe N—H, et le signal N—H disparaît du spectre.

Les protons des carbones α d'une amine aliphatique sont déblindés par l'effet électroattracteur de l'azote et absorbent généralement entre $\delta = 2,2$ et $\delta = 2,9$; les protons des carbones β ne sont pas aussi déblindés et résonnent entre $\delta = 1,0$ et $\delta = 1,7$.

La figure 20.6 présente un spectre RMN ¹H annoté de la diisopropylamine.

Spectre RMN ¹³C Le carbone α d'une amine aliphatique se trouve déblindé par l'azote électronégatif, et son absorption est déplacée vers un champ plus faible. Toutefois, le déplacement n'est pas aussi important que pour le carbone α d'un alcool parce que l'azote est moins électronégatif que l'oxygène. Le déplacement vers le champ plus faible est encore moins prononcé pour le carbone β et ainsi de suite le long de la chaîne, comme le montrent les déplacements chimiques des carbones de la pentylamine.

$$H_3C—CH_2—CH_2—CH_2—CH_2—NH_2$$
$$\delta \quad 14,3 \quad 23,0 \quad 29,7 \quad 34,0 \quad 42,5$$
Déplacements chimiques en RMN ¹³C

Spectre de masse des amines L'ion moléculaire dans le spectre de masse d'une amine est un nombre impair (à moins qu'il n'y ait un nombre pair d'atomes d'azote dans la molécule). Le pic de l'ion moléculaire est habituellement fort pour les amines aromatiques et les aliphatiques cycliques, mais faible pour les amines aliphatiques acycliques. La scission entre les carbones α et β des amines aliphatiques est un mode de fragmentation courant.

20.13 ÉLIMINATIONS DANS LESQUELLES INTERVIENNENT DES AMMONIUMS QUATERNAIRES

20.13A ÉLIMINATION DE HOFMANN

Les substrats de toutes les éliminations que nous avons décrites jusqu'ici étaient électriquement neutres. Toutefois, il existe des éliminations dans lesquelles le substrat porte une charge positive. Parmi ces réactions, l'une des plus importantes est l'élimination de type E2 qui se produit lorsqu'un hydroxyde d'ammonium quaternaire est chauffé. Les produits de la réaction sont un alcène, de l'eau et une amine tertiaire.

$$HO^- \overset{\frown}{\cdots} H \quad -C-C-NR_3^+ \xrightarrow{\Delta} \quad \underset{}{C}=C + HOH + :NR_3$$

Un hydroxyde   ⟶   **un alcène** + **eau** + **une amine**
d'ammonium quaternaire   **tertiaire**

Cette réaction a été découverte en 1851 par August W. von Hofmann, de qui elle tire son nom, soit **élimination de Hofmann.**

Les hydroxydes d'ammonium quaternaires peuvent être préparés à partir d'halogénures d'ammonium quaternaires en solution aqueuse à l'aide d'oxyde d'argent ou d'une résine échangeuse d'ions.

$$2\ RCH_2CH_2\overset{+}{N}(CH_3)_3\ X^- + Ag_2O + H_2O \longrightarrow 2\ RCH_2CH_2\overset{+}{N}(CH_3)_3\ OH^- + 2\ AgX \downarrow$$

Un halogénure d'ammonium   **Un hydroxyde d'ammonium**
quaternaire   **quaternaire**

Les précipités d'halogénures d'argent qui se forment en solution sont enlevés par filtration. L'hydroxyde d'ammonium quaternaire peut ensuite être obtenu par évaporation de l'eau.

La plupart des réactions d'élimination dont les substrats sont neutres ont tendance à suivre la *règle de Zaitsev* (section 7.6A), mais celles dont les substrats sont chargés ont tendance à suivre ce que l'on appelle la *règle de Hofmann* et à *donner principalement l'alcène le moins substitué*. Nous pouvons voir un exemple de ce comportement en comparant les réactions suivantes.

$$C_2H_5O^-Na^+ + CH_3CH_2\underset{\underset{Br}{|}}{C}HCH_3 \xrightarrow[25\ °C]{C_2H_5OH}$$

$$CH_3CH=CHCH_3 + CH_3CH_2CH=CH_2 + NaBr + C_2H_5OH$$
$$\textbf{(75 \%)} \qquad\qquad \textbf{(25 \%)}$$

$$CH_3CH_2\underset{\underset{+}{\underset{N(CH_3)_3}{|}}}{C}HCH_3\ OH^- \xrightarrow{150\ °C} CH_3CH=CHCH_3 + CH_3CH_2CH=CH_2 + (CH_3)_3N: + H_2O$$
$$\qquad\qquad\qquad\qquad \textbf{(5 \%)} \qquad\qquad \textbf{(95 \%)}$$

$$CH_3CH_2\underset{\underset{+}{\underset{S(CH_3)_2}{|}}}{C}HCH_3\ \overline{O}C_2H_5 \longrightarrow CH_3CH=CHCH_3 + CH_3CH_2CH=CH_2 + (CH_3)_2S + C_2H_5OH$$
$$\qquad\qquad\qquad\qquad \textbf{(26 \%)} \qquad\qquad \textbf{(74 \%)}$$

Les mécanismes précis responsables de ces différences sont complexes et ne sont pas encore complètement compris. Une des explications avancées est que les états de transition des réactions d'élimination dont les substrats sont chargés ont un important caractère carbanionique. Par conséquent, ces états de transition ressemblent peu aux alcènes, les produits finaux de la réaction, et ils ne sont pas appréciablement stabilisés par la double liaison en formation.

$$HO^{\delta-}\cdots H \qquad\qquad\qquad \overset{\delta-}{HO}\cdots H$$
$$-\underset{}{C}-\overset{\delta-}{C}- \qquad\qquad\qquad -C\overset{===}{=}C-$$
$$\underset{+}{\underset{N(CH_3)_3}{|}} \qquad\qquad\qquad\qquad \underset{Br^{\delta-}}{|}$$

État de transition qui   **État de transition qui**
ressemble à un carbanion   **ressemble à un alcène**
(donne l'orientation de Hofmann)   **(donne l'orientation de Zaitsev)**

Lorsque le substrat est chargé, la base attaque plutôt l'hydrogène le plus acide. Un atome d'hydrogène sur un carbone primaire est plus acide parce que le carbone auquel il est lié ne porte qu'un groupe alkyle électrorépulseur.

20.13B ÉLIMINATION DE COPE

Les oxydes d'amines tertiaires subissent l'élimination d'une dialkylhydroxylamine lorsqu'ils sont chauffés. Cette réaction porte le nom d'*élimination de Cope*.

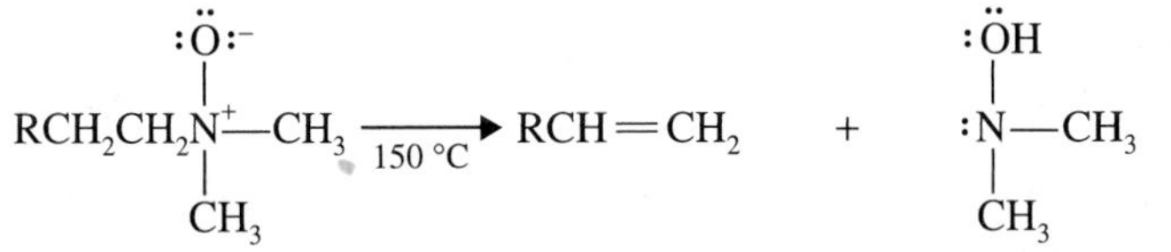

$$RCH_2CH_2\overset{+}{N}(CH_3)(CH_3)\overset{:\ddot{O}:^-}{} \xrightarrow{150\ °C} RCH=CH_2 \quad + \quad :\underset{CH_3}{\overset{:\ddot{O}H}{N}}-CH_3$$

Un oxyde d'amine   **Un alcène**   ***N*, *N*-Diméthylhydroxylamine**
tertiaire

L'élimination de Cope est une élimination *syn* et passe par un état de transition cyclique.

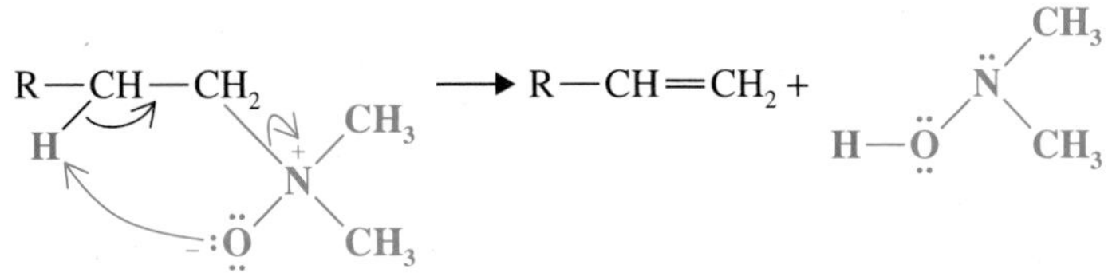

$$R-\underset{H}{CH}-CH_2 \longrightarrow R-CH=CH_2 + H-\ddot{O}-\underset{CH_3}{\overset{CH_3}{N}}$$

Les oxydes d'amines tertiaires sont facilement préparés par traitement des amines tertiaires avec du peroxyde d'hydrogène (section 20.6A).

L'élimination de Cope est utile en synthèse. Considérez par exemple la synthèse du méthylènecyclohexane présentée ci-dessous.

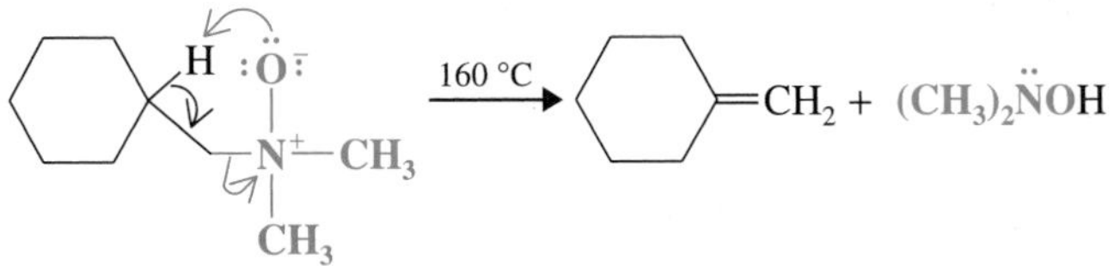

$$\xrightarrow{160\ °C} \quad \bigcirc=CH_2 + (CH_3)_2\ddot{N}OH$$

(98 %)

RÉSUMÉ DES MÉTHODES DE PRÉPARATION ET DES RÉACTIONS DES AMINES

Préparation des amines

1. Synthèse de Gabriel (traitée à la section 20.5A).

$$\text{Phtalimide} \xrightarrow[\text{2) R—X}]{\text{1) KOH}} \text{N—R} \xrightarrow[\substack{\text{éthanol}\\\text{reflux}}]{\text{NH}_2\text{NH}_2} R-NH_2 +$$

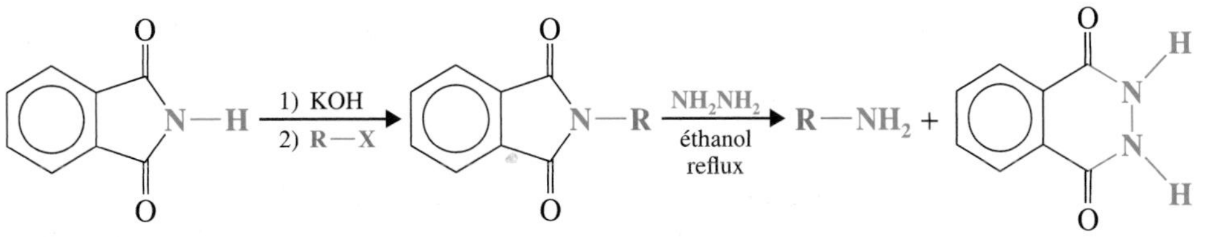

2. Par réduction des azotures d'alkyle (traitée à la section 20.5A).

$$R-Br \xrightarrow{\underset{\text{éthanol}}{NaN_3}} R-N=\overset{+}{N}=\overset{-}{N} \xrightarrow[\substack{\text{ou}\\\text{LiAlH}_4}]{\text{Na/alcool}} R-NH_2$$

3. Par amination des halogénoalcanes (traitée à la section 20.5A).

$$R-Br + NH_3 \longrightarrow RNH_3^+Br^- + R_2NH_2^+Br^- + R_3N^+Br^- + R_4N^+Br^-$$

$$\downarrow {}^-OH$$

$$RNH_2 + R_2NH + R_3N + R_4N^{+-}OH$$

(Le résultat est un mélange de produits.)

(**R** = un groupe alkyle primaire)

4. Par réduction des composés aromatiques nitrés (traitée à la section 20.5B).

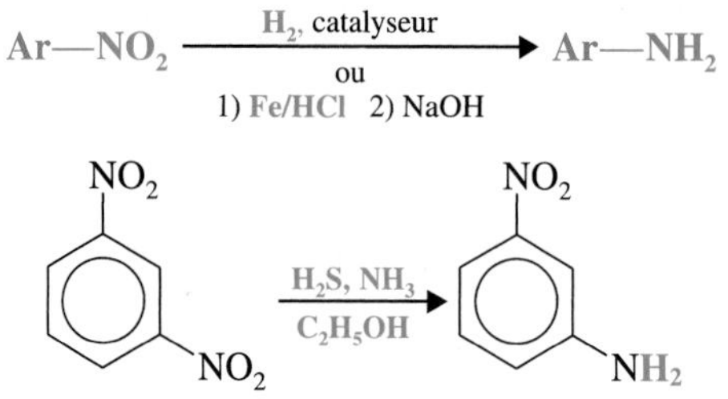

$$Ar-NO_2 \xrightarrow[\text{1) Fe/HCl 2) NaOH}]{H_2, \text{ catalyseur}} Ar-NH_2$$

5. Par amination réductive (traitée à la section 20.5C).

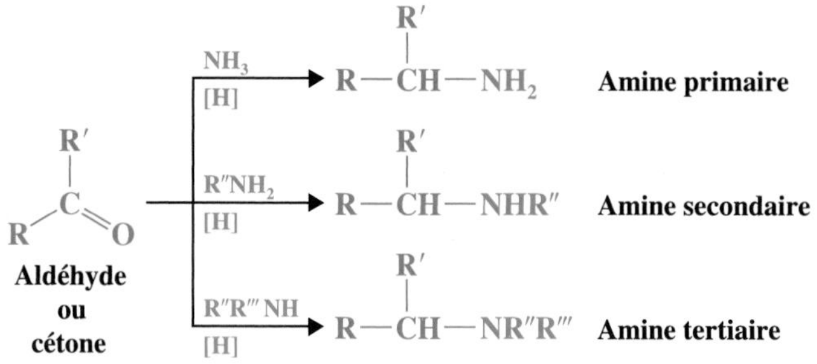

6. Par réduction de nitriles, d'oximes et d'amides (traitée à la section 20.5D).

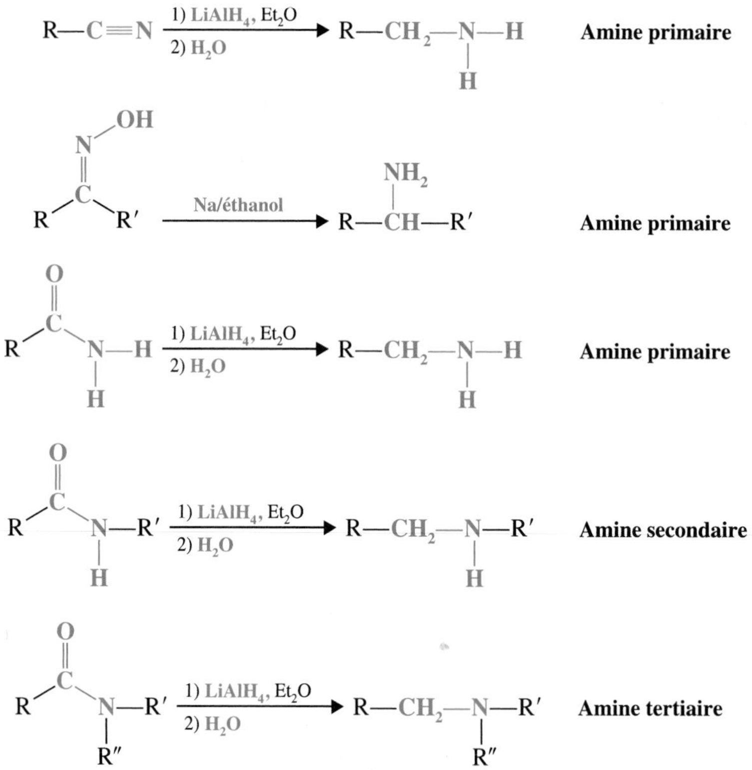

$$R-C\equiv N \xrightarrow[\text{2) H}_2\text{O}]{\text{1) LiAlH}_4, \text{ Et}_2\text{O}} R-CH_2-N-H \qquad \textbf{Amine primaire}$$

7. Par les réarrangements de Hofmann et de Curtius (traités à la section 20.5E).

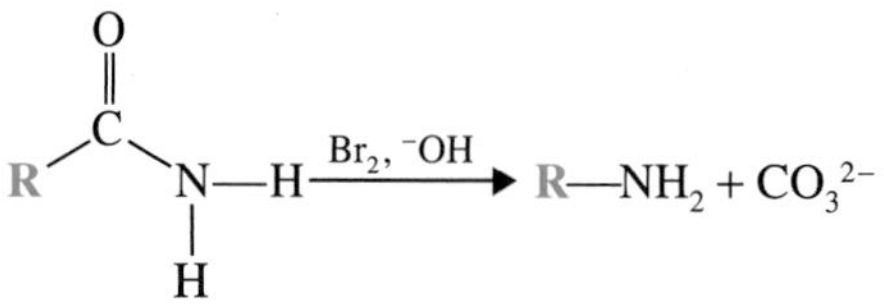

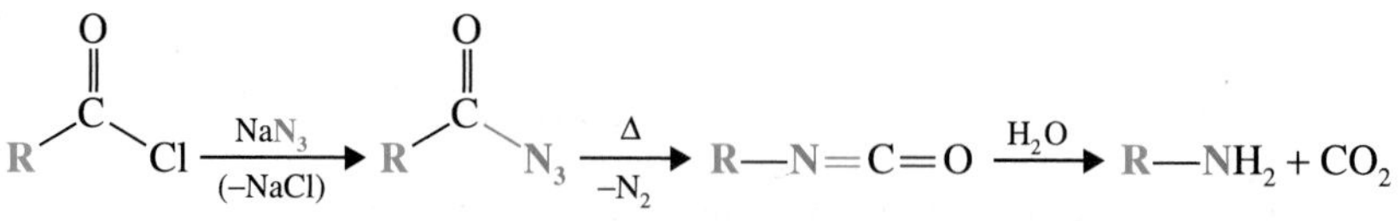

Réactions des amines

1. Comme bases (sujet traité à la section 20.3).

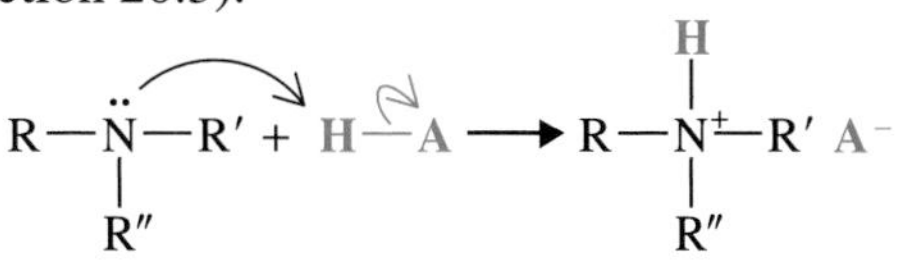

$$R - \overset{..}{\underset{R''}{N}} - R' + H - A \longrightarrow R - \overset{H}{\underset{R''}{\overset{|}{N^+}}} - R' \ A^-$$

(R, R′ et/ou R″ peuvent être un alkyle, H ou Ar.)

2. Diazotation des arylamines primaires, remplacement du groupe diazonium et couplage diazoïque (traités aux sections 20.8 et 20.9).

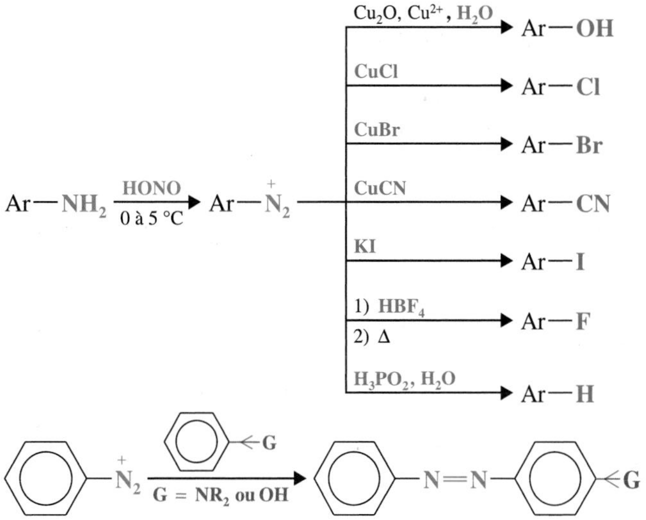

$$Ar - NH_2 \xrightarrow[0 \text{ à } 5\,°C]{HONO} Ar - \overset{+}{N_2}$$

Cu$_2$O, Cu^{2+}, H$_2$O	Ar—OH
CuCl	Ar—Cl
CuBr	Ar—Br
CuCN	Ar—CN
KI	Ar—I
1) HBF$_4$ 2) Δ	Ar—F
H$_3$PO$_2$, H$_2$O	Ar—H

$$\overset{+}{N_2} \xrightarrow[G = NR_2 \text{ ou } OH]{\text{(}G\text{)}} \text{—N=N—} \text{—G}$$

3. Conversion en sulfonamides (traitée à la section 20.10).

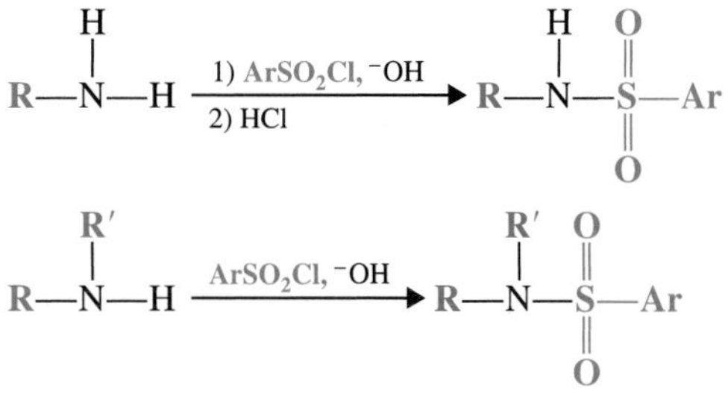

$$R - \overset{H}{\underset{}{N}} - H \xrightarrow[2) HCl]{1) ArSO_2Cl, \ ^-OH} R - \overset{H}{\underset{}{N}} - \overset{O}{\underset{O}{\overset{||}{S}}} - Ar$$

$$R - \overset{R'}{\underset{}{N}} - H \xrightarrow{ArSO_2Cl, \ ^-OH} R - \overset{R'}{\underset{}{N}} - \overset{O}{\underset{O}{\overset{||}{S}}} - Ar$$

4. Conversion en amides (traitée à la section 18.8).

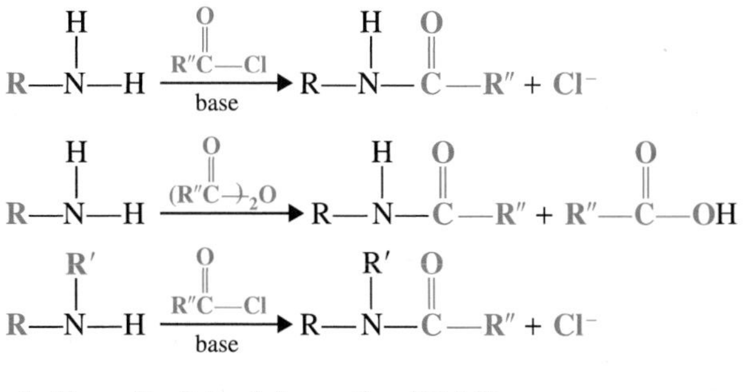

$$R - \overset{H}{\underset{}{N}} - H \xrightarrow[\text{base}]{R''\overset{O}{\overset{||}{C}} - Cl} R - \overset{H}{\underset{}{N}} - \overset{O}{\overset{||}{C}} - R'' + Cl^-$$

$$R - \overset{H}{\underset{}{N}} - H \xrightarrow{(R''\overset{O}{\overset{||}{C}})_2O} R - \overset{H}{\underset{}{N}} - \overset{O}{\overset{||}{C}} - R'' + R'' - \overset{O}{\overset{||}{C}} - OH$$

$$R - \overset{R'}{\underset{}{N}} - H \xrightarrow[\text{base}]{R''\overset{O}{\overset{||}{C}} - Cl} R - \overset{R'}{\underset{}{N}} - \overset{O}{\overset{||}{C}} - R'' + Cl^-$$

5. Éliminations de Hofmann et de Cope (traitées à la section 20.13).

Élimination de Hofmann

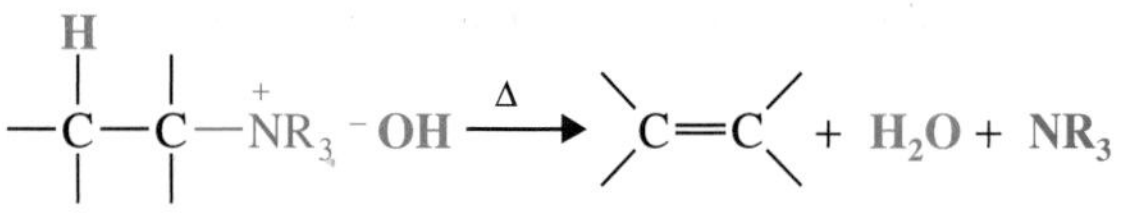

$$-\overset{H}{\underset{}{\overset{|}{C}}} - \overset{}{\underset{}{\overset{|}{C}}} - \overset{+}{NR_3} \ ^-OH \xrightarrow{\Delta} \ \ \rangle C = C \langle \ + \ H_2O + NR_3$$

Élimination de Cope

$$-\overset{H}{\underset{}{\overset{|}{C}}} - \overset{\overset{O^{-2}}{|}{\underset{}{\overset{+N(CH_3)_2}{|}}}}{\underset{}{\overset{|}{C}}} - \xrightarrow[\text{(élimination } syn)]{\Delta} \ \ \rangle C = C \langle \ + \ (CH_3)_2NOH$$

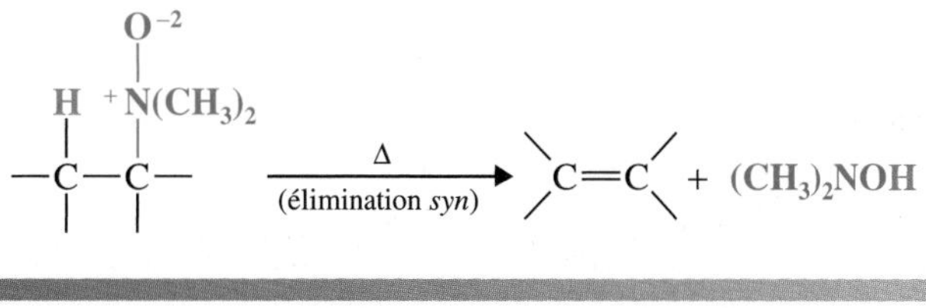

TERMES ET CONCEPTS CLÉS

Amines primaires	Section 20.1
Amines secondaires	Section 20.1
Amines tertiaires	Section 20.1
Arylamines	Section 20.1A
Amines hétérocycliques	Section 20.1B
Basicité des amines	Section 20.3
Sels d'aminium	Section 20.3C
Amines comme agents de résolution	Section 20.3F
Sels d'ammonium quaternaires	Sections 20.2B et 20.3C
Amination réductive	Section 20.5C
Sels de diazonium	Sections 20.7A, 20.7B, 20.8 et 20.9
N-Nitrosamines	Section 20.7C
Sulfonamides	Section 20.10
Sulfamides	Section 20.11

PROBLÈMES SUPPLÉMENTAIRES

20.21 Écrivez la formule développée de chacun des composés suivants.

a) Benzylméthylamine
b) Triisopropylamine
c) *N*-Éthyl-*N*-méthylaniline
d) *m*-Toluidine
e) 2-Méthylpyrrole
f) *N*-Éthylpipéridine
g) Bromure de *N*-éthylpyridinium
h) Acide 3-pyridinecarboxylique
i) Indole
j) Acétanilide
k) Chlorure de diméthylaminium
l) 2-Méthylimidazole
m) 3-Aminopropan-1-ol
n) Chlorure de tétrapropylammonium
o) Pyrrolidine
p) *N,N*-Diméthyl-*p*-toluidine
q) 4-Méthoxyaniline
r) Hydroxyde de tétraméthylammonium
s) Acide *p*-aminobenzoïque
t) *N*-Méthylaniline

20.22 Donnez le nom courant ou systématique de chacun des composés suivants.

a) $CH_3CH_2CH_2NH_2$
b) $C_6H_5NHCH_3$
c) $(CH_3)_2CH\overset{+}{N}(CH_3)_3$ I^-
d) $o\text{-}CH_3C_6H_4NH_2$
e) $o\text{-}CH_3OC_6H_4NH_2$

f)

g)

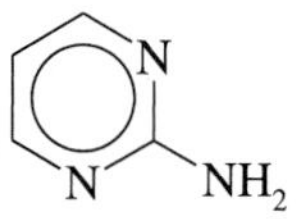

h) $C_6H_5CH_2NH_3^+$ Cl^-

i) $C_6H_5N(CH_2CH_2CH_3)_2$
j) $C_6H_5SO_2NH_2$
k) $CH_3NH_3^+CH_3CO_2^-$
l) $HOCH_2CH_2CH_2NH_2$

m)

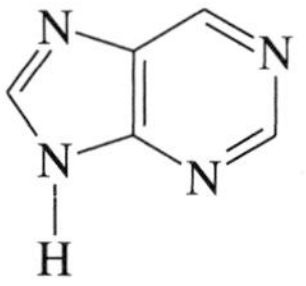

n)

20.23 Montrez comment préparer la benzylamine à partir de chacun des composés suivants.

a) Benzonitrile
b) Benzamide
c) Bromure de benzyle (de deux façons)
d) Tosylate de benzyle
e) Benzaldéhyde
f) Phénylnitrométhane
g) Phénylacétamide

20.24 Montrez comment préparer l'aniline à partir de chacun des composés suivants.

a) Benzène
b) Bromobenzène
c) Benzamide

20.25 Montrez comment synthétiser chacun des composés suivants à partir d'alcool butylique (1-butanol).

a) Butylamine (sans amines secondaires et tertiaires)
b) Pentylamine
c) Propylamine
d) Butylméthylamine

20.26 Montrez comment convertir l'aniline en chacun des composés suivants. (Il n'est pas nécessaire de répéter les étapes effectuées dans les parties antérieures du problème.)

a) Acétanilide

b) *N*-Phénylphtalimide

c) *p*-Nitroaniline

d) Sulfanilamide

e) *N,N*-Diméthylaniline

f) Fluorobenzène

g) Chlorobenzène

h) Bromobenzène

i) Iodobenzène

j) Benzonitrile

k) Acide benzoïque

l) Phénol

m) Benzène

n) *p*-(Phénylazo)phénol

o) *N,N*-Diméthyl-*p*-(phénylazo)aniline

20.27 À quels produits peut-on s'attendre de la réaction de chacune des amines suivantes avec une solution aqueuse de nitrite de sodium et d'acide chlorhydrique ?

a) Propylamine

b) Dipropylamine

c) *N*-Propylaniline

d) *N,N*-Dipropylaniline

e) *p*-Propylaniline

20.28 a) À quels produits vous attendriez-vous si chacune des amines du problème précédent réagissait avec du chlorure de benzènesulfonyle et un excès d'hydroxyde de potassium en solution aqueuse ?

b) Qu'observeriez-vous dans chaque réaction ?

c) Qu'observeriez-vous lors de l'acidification de la solution ou du mélange final ?

20.29 a) À quel produit peut-on s'attendre de la réaction de la pipéridine avec une solution aqueuse de nitrite de sodium et d'acide chlorhydrique ?

b) De la réaction de la pipéridine avec du chlorure de benzènesulfonyle en présence d'un excès d'hydroxyde de potassium en solution aqueuse ?

20.30 Décrivez la structure des produits des réactions suivantes.

a) Éthylamine + chlorure de benzoyle $\longrightarrow$

b) Méthylamine + anhydride acétique $\longrightarrow$

c) Méthylamine + anhydride succinique $\longrightarrow$

d) Le produit de c) $\xrightarrow{\Delta}$

e) Pyrrolidine + anhydride phtalique $\longrightarrow$

f) Pyrrole + anhydride acétique $\longrightarrow$

g) Aniline + chlorure de propionyle $\longrightarrow$

h) Hydroxyde de tétraéthylammonium $\xrightarrow{\Delta}$

i) *m*-Dinitrobenzène + H_2S $\xrightarrow[C_2H_5OH]{NH_3}$

j) *p*-Toluidine + Br_2 (en excès) $\xrightarrow[H_2O]{}$

20.31 Décrivez brièvement comment on peut, à partir de benzène ou de toluène, faire la synthèse de chacun des composés suivants en utilisant comme intermédiaires des sels de diazonium. (Il n'est pas nécessaire de répéter les étapes effectuées dans les parties antérieures du problème.)

a) *p*-Fluorotoluène

b) *o*-Iodotoluène

c) *p*-Crésol

d) *m*-Dichlorobenzène

e) *m*-$C_6H_4(CN)_2$

f) *m*-Iodophénol

g) *m*-Bromobenzonitrile

h) 1,3-Dibromo-5-nitrobenzène

i) 3,5-Dibromoaniline

j) 3,4,5-Tribromophénol

k) 3,4,5-Tribromobenzonitrile

l) Acide 2,6-dibromobenzoïque

m) 1,3-Dibromo-2-iodobenzène

n) 4-Bromo-2-nitrotoluène

o) 4-Méthyl-3-nitrophénol

p)

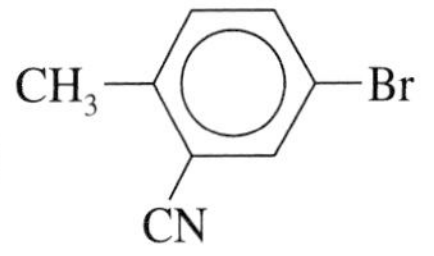

q)

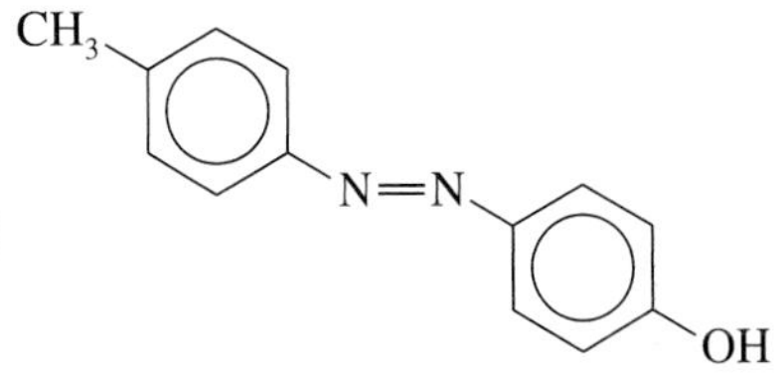

r)

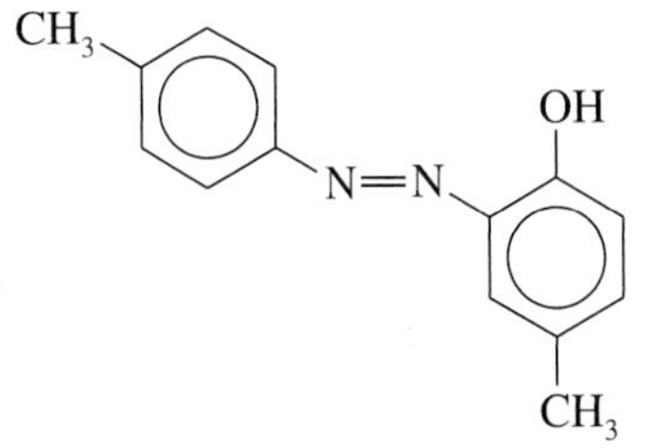

20.32 Écrivez les équations décrivant des réactions chimiques simples permettant de distinguer les paires de produits ci-dessous.

a) Benzylamine et benzamide

b) Allylamine et propylamine

c) *p*-Toluidine et *N*-méthylaniline

d) Cyclohexylamine et pipéridine

e) Pyridine et benzène

f) Cyclohexylamine et aniline

g) Triéthylamine et diéthylamine

h) Chlorure de tripropylaminium et chlorure de tétrapropylammonium

i) Chlorure de tétrapropylammonium et hydroxyde de tétrapropylammonium

20.33 Expliquez à l'aide d'équations comment séparer un mélange d'aniline, de p-crésol, d'acide benzoïque et de toluène en utilisant des réactifs de laboratoire courants.

20.34 Indiquez comment synthétiser de l'acide β-aminopropionique ($H_3\overset{+}{N}CH_2CH_2CO_2^-$) à partir d'anhydride succinique. (L'acide β-aminopropionique est utilisé dans la synthèse de l'acide pantothénique; voir le problème 18.34.)

20.35 Indiquez comment synthétiser chacun des composés suivants à partir des composés proposés et de tout autre réactif nécessaire.

a) $(CH_3)_3\overset{+}{N}(CH_2)_{10}\overset{+}{N}(CH_3)_3$ $2Br^-$ à partir de 1,10-décanediol

b) Bromure de succinylcholine (voir le préambule du chapitre) à partir d'acide succinique, de 2-bromoéthanol et de triméthylamine

20.36 Un procédé commercial de synthèse de l'acide folique consiste à chauffer les trois composés suivants dans une solution aqueuse de bicarbonate de sodium. Proposez des mécanismes plausibles pour les réactions qui mènent à l'acide folique.

20.37 Quand le composé W ($C_{15}H_{17}N$) est traité par du chlorure de benzènesulfonyle et de l'hydroxyde de potassium en solution aqueuse, il ne se produit aucun changement visible. L'acidification du mélange donne une solution claire. Le spectre RMN ^{1}H de W est présenté à la figure 20.7. Proposez une structure pour W.

20.38 Proposez une structure pour les composés **X**, **Y** et **Z**.

$$\text{X } (C_7H_7Br) \xrightarrow{\text{NaCN}} \text{Y } (C_8H_7N) \xrightarrow{\text{LiAlH}_4} \text{Z } (C_8H_{11}N)$$

Le spectre RMN ^{1}H de **X** donne deux signaux, un multiplet à δ = 7,3 (5H) et un singulet à δ = 4,25 (2H); la région allant de 680 à 840 cm^{-1} du spectre IR de **X** présente des pics à 690 et à 770 cm^{-1}. Le spectre RMN ^{1}H de **Y** est semblable à celui de **X**, avec un multiplet à δ = 7,3 (5H) et un singulet à δ = 3,7 (2H). Le spectre RMN ^{1}H de **Z** se trouve à la figure 20.8.

20.39 En vous servant des réactions que nous avons étudiées dans ce chapitre, proposez un mécanisme qui rende compte de la réaction suivante.

20.40 Décrivez la structure des composés **R** à **W**.

N-Méthylpipéridine + CH_3I ⟶ **R** ($C_7H_{16}NI$)

$\xrightarrow[H_2O]{Ag_2O}$ **S** ($C_7H_{17}NO$) $\xrightarrow[(-H_2O)]{\Delta}$ **T** ($C_7H_{15}N$)

$\xrightarrow{CH_3I}$ **U** ($C_8H_{18}NI$) $\xrightarrow[H_2O]{Ag_2O}$ **V** ($C_8H_{19}NO$)

$\xrightarrow{\Delta}$ **W** (C_5H_8) + H_2O + $(CH_3)_3N$

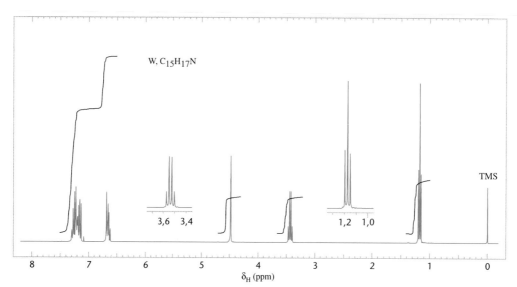

Figure 20.7 Spectre RMN ^{1}H à 300 MHz du composé W (problème 20.37). Les agrandissements de signaux sont présentés en retrait.

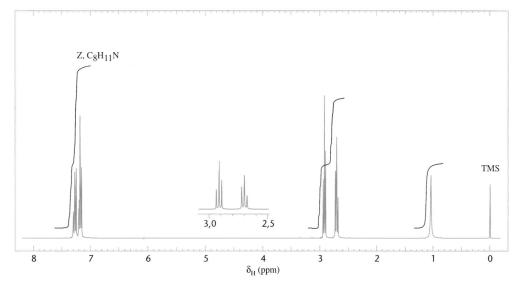

Figure 20.8 Spectre RMN ^{1}H à 300 MHz du composé Z (problème 20.38). L'agrandissement de signaux est présenté en retrait.

20.41 Le composé **A** ($C_{10}H_{15}N$) est soluble dans le HCl dilué. Le spectre d'absorption IR présente deux bandes dans la région allant de 3300 à 3500 cm^{-1}. Le spectre RMN ^{13}C avec découplage du proton en bande large de **A** est représenté à la figure 20.9. Proposez une structure pour **A**.

20.42 Le composé **B**, un isomère de **A** (problème 20.41), est également soluble dans le HCl dilué. Le spectre IR de **B** ne présente aucune bande dans la région allant de 3300 à 3500 cm^{-1}. Le spectre RMN ^{13}C avec découplage du proton en bande large de **B** est présenté à la figure 20.9. Proposez une structure pour **B**.

20.43 Le composé **C** ($C_9H_{11}NO$) donne un résultat positif au test de Tollens et est soluble dans le HCl dilué. Le spectre IR de **C** présente un pic intense près de 1695 cm^{-1}, mais aucune bande dans la région allant de 3300 à 3500 cm^{-1}. Le spectre RMN ^{13}C avec découplage du proton en bande large de **C** se trouve à la figure 20.9. Proposez une structure pour **C**.

20.44 Décrivez brièvement la synthèse de l'iodure d'acétylcholine en partant des composés organiques suivants : diméthylamine, oxirane et chlorure d'acétyle.

$$H_3C-\overset{\overset{\displaystyle CH_3}{|}}{\underset{\underset{\displaystyle CH_3}{|}}{N^+}}-CH_2-CH_2-O-\overset{\overset{\displaystyle O}{\|}}{C}-CH_3 \quad I^-$$

Iodure d'acétylcholine

20.45 L'éthanolamine, $HOCH_2CH_2NH_2$, et la diéthanolamine, $(HOCH_2CH_2)_2NH$, sont utilisées dans la synthèse commerciale d'agents émulsifiants ainsi que pour absorber des gaz acides. Proposez une façon de synthétiser ces deux composés.

20.46 Le diéthylpropion (voir la structure ci-dessous) est un composé utilisé dans le traitement de l'anorexie. Proposez une façon de synthétiser le diéthylpropion en partant du benzène et de tous les autres réactifs nécessaires.

$$\overset{\overset{\displaystyle O}{\|}}{C}-\overset{\overset{\displaystyle }{}}{\underset{\underset{\displaystyle CH_3}{|}}{CH}}-N(C_2H_5)_2$$

Diéthylpropion

20.47 Proposez une expérience permettant de vérifier que la réaction de Hofmann est un réarrangement intramoléculaire, c'est-à-dire un réarrangement dans lequel le groupe R qui migre ne se détache jamais complètement de la molécule d'amide.

20.48 En partant d'acide propanoïque, d'aniline et de 2-naphtol, proposez une façon de synthétiser le napro-anilide, un herbicide utilisé dans les rizières en Asie.

$$O-\underset{\underset{\displaystyle CH_3}{|}}{CH}-\overset{\overset{\displaystyle O}{\|}}{C}-NH-$$

Napro-anilide

20.49* Quand l'isothiocyanate de phényle, $C_6H_5N{=}C{=}S$, est réduit à l'aide d'hydrure de lithium aluminium, le produit résultant présente les données spectroscopiques suivantes.

SM (*m/z*) : 107, 106

IR (cm^{-1}) : 3330 (étroit), 3050, 2815, 760, 700

RMN ^{1}H (δ) : 2,7 (s), 3,5 (large), 6,6 (m), 7,2 (t)

RMN ^{13}C (δ) : 30 (CH_3), 112 (CH), 117 (CH), 129 (CH), 150 (C)

---

* Les problèmes marqués d'un astérisque présentent une difficulté particulière.

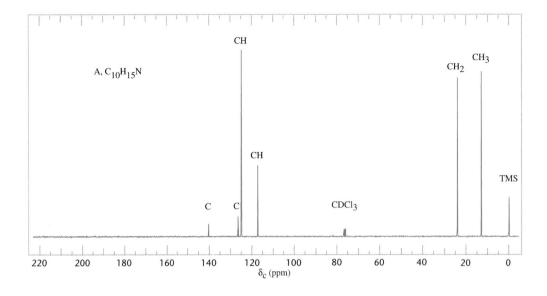

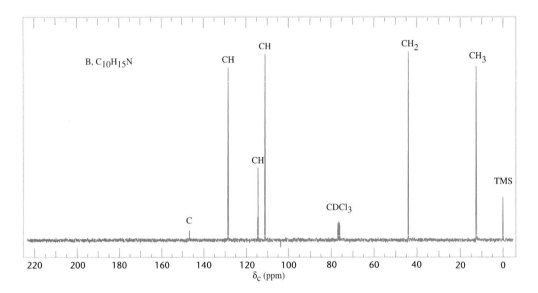

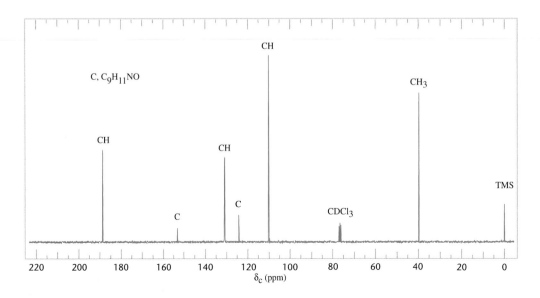

Figure 20.9 Spectre RMN ^{13}C avec découplage du proton en bande large des composés A, B et C (problèmes 20.41 à 20.43). L'information obtenue des spectres RMN-DEPT du ^{13}C est indiquée au-dessus de chaque pic.

a) Quelle est la structure du produit ?

b) Quelle est la structure qui explique le pic à 106 *m/z* et comment se forme-t-il ? (C'est un ion iminium.)

20.50* Lorsque la *N,N'*-diphénylurée (**A**) réagit avec du chlorure de tosyle dans de la pyridine, elle donne le produit **B**.

A

Les données spectroscopiques de **B** sont notamment les suivantes :

SM (*m/z*) : 194 (M⁺)

IR (cm⁻¹) : 3060, 2130, 1590, 1490, 760, 700

RMN ¹H (δ) : seulement 6,9–7,4 (m)

RMN ¹³C (δ) : 122 (CH), 127 (CH), 130 (CH), 149 (C) et 163 (C)

a) Quelle est la structure de **B** ?

b) Décrivez son processus menant à la formation de **B**.

20.51* Proposez un mécanisme qui explique pourquoi la réaction suivante se produit.

20.52* Lorsque l'acétone est traitée par de l'ammoniac anhydre en présence de chlorure de calcium anhydre (un dessiccant courant), un produit cristallin **C** est obtenu après concentration de la phase liquide organique du mélange réactionnel.

Les données spectroscopiques de **C** sont les suivantes.

SM (*m/z*) : 155 (M⁺), 140

IR (cm⁻¹) : 3350 (fin), 2850 à 2960, 1705

RMN ¹H (δ) : 2,3 (s, 4H), 1,7 (1H; disparaît dans D₂O) et 1,2 (s, 12H)

a) Quelle est la structure de **C** ?

b) Proposez un mécanisme de formation de **C**.

TRAVAIL COOPÉRATIF

1. La réserpine est un produit naturel de la famille des alcaloïdes (voir Annexe F). Elle a été isolée de *Rauwolfia serpentina,* une plante originaire d'Inde. Les applications cliniques de la réserpine comprennent le traitement de l'hypertension et de divers troubles nerveux et mentaux. En 1955, R.B. Woodward a accompli un grand exploit, soit la synthèse de la réserpine, qui contient six stéréocentres. La synthèse comportait plusieurs réactions faisant intervenir des amines et des groupes fonctionnels apparentés contenant de l'azote.

Réserpine

a) L'objectif des deux premières étapes précédant la formation de l'amide, présentées dans le schéma de la page 878, est la préparation d'une amine secondaire. Dessinez la structure de **A** et **B**, les produits de la première et de la deuxième réactions respectivement. Décrivez un mécanisme pour la formation de **A**.

b) Dans la série de réactions suivantes, une amine tertiaire et un nouveau cycle sont formés. Indiquez par des flèches comment le groupe fonctionnel amide réagit avec l'oxychlorure de phosphore (POCl₃) pour former le groupe sortant sur l'intermédiaire, qui est entre crochets.

c) La fermeture du cycle de l'intermédiaire entre crochets fait intervenir un type de réaction de substitution électrophile aromatique caractéristique des cycles indole. Identifiez la partie de la structure qui contient le cycle indole. Indiquez par des flèches le mécanisme par lequel l'azote du noyau indole, par conjugaison, peut amener les électrons du carbone adjacent à attaquer un électrophile. Dans ce cas-ci, l'attaque de l'intermédiaire par le noyau indole est une réaction d'addition-élimination, qui ressemble aux réactions se produisant sur les carbonyles contenant un ou des groupes sortants.

2. a) Un étudiant reçoit un mélange de deux composés inconnus et doit les séparer et les identifier. L'un des composés est une amine, l'autre un composé neutre (ni très acide ni très basique). Indiquez

comment séparer l'amine inconnue du composé neutre en ayant recours à des techniques d'extraction basées sur l'utilisation de l'éther diéthylique et de solutions aqueuses de HCl 5 % et de NaHCO₃ 5 %. Le mélange complet est soluble dans l'éther diéthylique, mais aucun des composés n'est soluble dans l'eau à pH 7. À l'aide de groupes R d'une amine générique, indiquez les réactions pour toutes les étapes d'acidification et d'alcalinisation que vous proposez et expliquez pourquoi le composé qui vous intéresse passera dans la phase éthérée ou aqueuse au cours du processus.

b) Une fois l'isolement et la purification de l'amine terminés, on fait réagir celle-ci avec du chlorure de benzènesulfonyle en présence d'hydroxyde de sodium aqueux. La réaction aboutit à une solution qui, après acidification, donne un précipité. Les résultats décrits constituent un test

(de Hinsberg) servant à déterminer le genre d'amine à identifier. S'agit-il d'une amine primaire, secondaire ou tertiaire ? Quelles sont les réactions qui vous permettent d'identifier le genre d'amine dont il est question ici ?

c) L'amine inconnue a ensuite été analysée par spectroscopies IR, RMN et SM. Les données suivantes ont été obtenues. À l'aide de ces renseignements, déduisez la structure de l'amine inconnue. Attribuez les données spectroscopiques à des aspects particuliers de la structure proposée pour l'amine.

IR (cm⁻¹) : 3360, 3280, 3020, 2962, 1604, 1450, 1368, 1021, 855, 763, 700, 538

RMN ¹H (δ) : 1,35 (d, 3H), 1,8 (s, large, 2H), 4,1 (q, 1H), 7,3 (m, 5H)

SM (*m/z*) : 121, 120, 118, 106 (pic de base), 79, 77, 51, 44, 42, 28, 18, 15

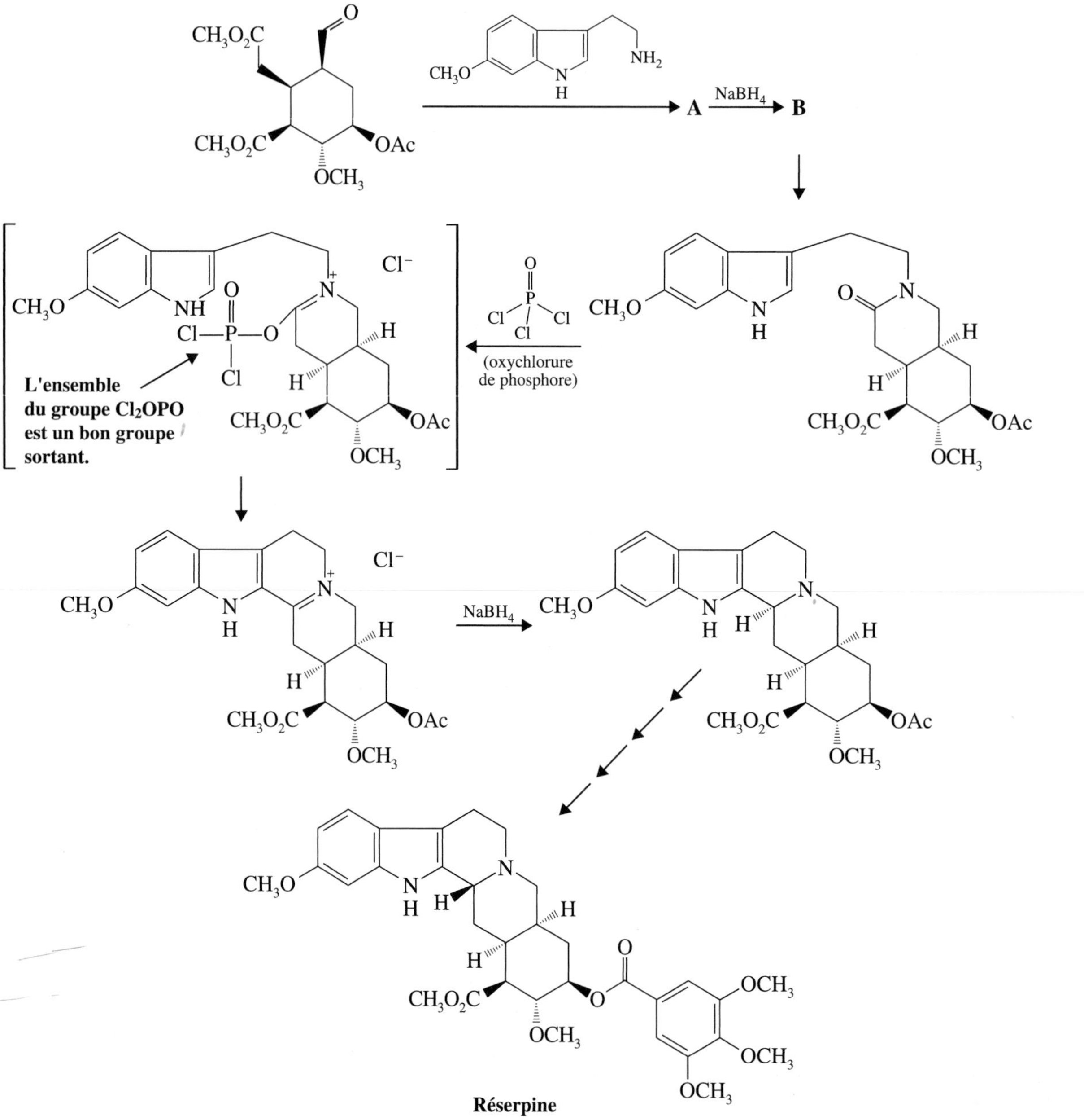

Réserpine

RÉACTIONS ET SYNTHÈSE DES AMINES HÉTÉROCYCLIQUES

Parmi les réactions des amines hétérocycliques, bon nombre ressemblent à celles des amines que nous avons étudiées précédemment.

E.1 AMINES HÉTÉROCYCLIQUES EN TANT QUE BASES

Les amines hétérocycliques non aromatiques ont une basicité similaire à celle des amines acycliques*.

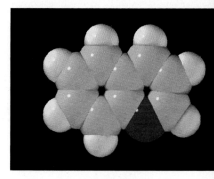

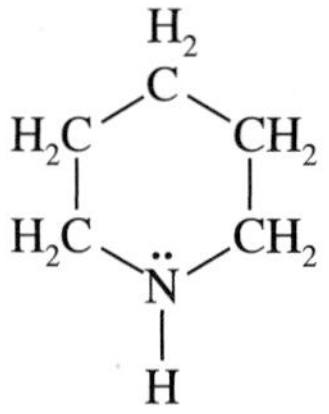

Quinoléine

Pipéridine
pK_b = 2,80

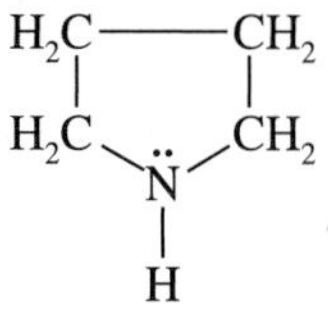

Pyrrolidine
pK_b = 2,89

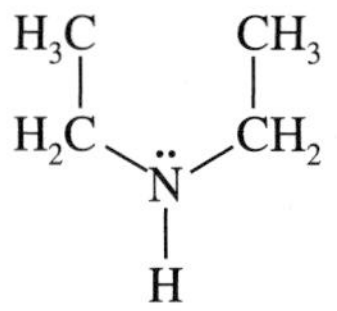

Diéthylamine
pK_b = 3,02

En solution aqueuse, les amines hétérocycliques aromatiques telles que la pyridine, la pyrimidine et le pyrrole sont des bases bien plus faibles que les amines non aromatiques ou l'ammoniac. (En phase gazeuse, toutefois, la pyridine et le pyrrole sont plus basiques que l'ammoniac, ce qui indique que la solvatation a un effet très important sur leur basicité relative. Voir la section 20.3.)

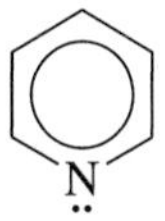

Pyridine
pK_b = 8,77

Pyrimidine
pK_b = 11,30

Pyrrole
pK_b = 13,60

Quinoléine
pK_b = 9,5

E.2 AMINES HÉTÉROCYCLIQUES EN TANT QUE NUCLÉOPHILES DANS LES RÉACTIONS D'ALKYLATION ET D'ACYLATION

La plupart des amines hétérocycliques subissent des réactions d'alkylation et d'acylation à peu près de la même façon que les amines acycliques.

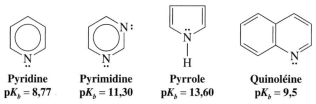

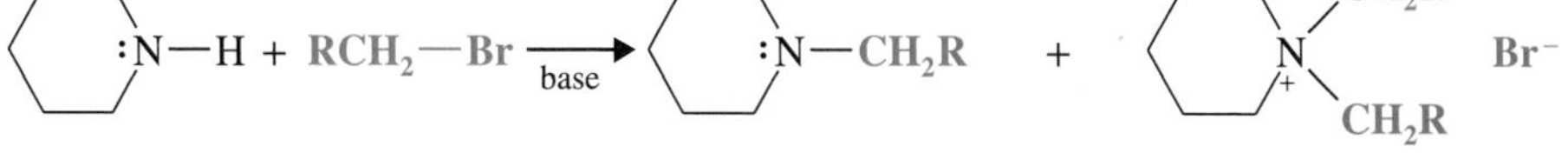

Pipéridine

N-Alkylpipéridine

Bromure de N,N-dialkylpipéridinium
Le résultat est un mélange de produits mono et dialkylés.

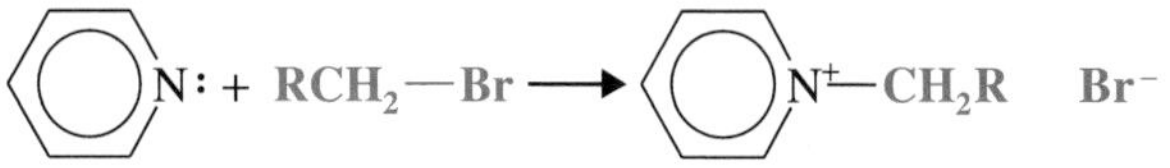

Pyridine

Bromure de N-alkylpyridinium

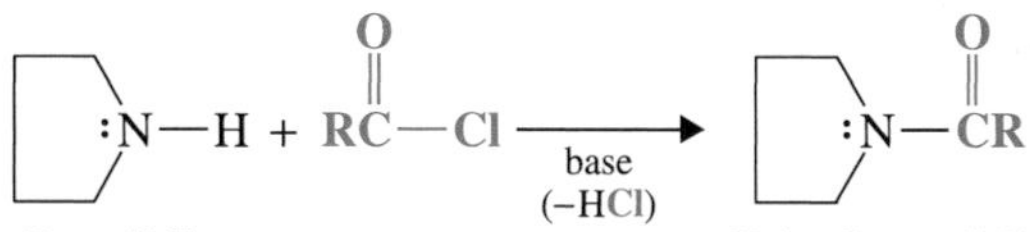

Pyrrolidine

N-Acylpyrrolidine (amide)

---

* À la section 20.3, nous avons comparé la basicité relative des amines au moyen du pK_a de leurs acides conjugués. Ici, nous utilisons un autre moyen de comparaison, basé sur le pK_b. pK_a + pK_b = 14, donc pK_b = 14 − pK_a.

PROBLÈME E.1

Quels produits peut-on s'attendre à obtenir des réactions suivantes ?

a) Pipéridine + anhydride acétique ⟶

b) Pyridine + iodure de méthyle ⟶

c) Pyrrolidine + anhydride phtalique ⟶

d) Pyrrolidine + iodure de méthyle (en excès) $\xrightarrow[\text{(base)}]{}$

e) Produit de d) + Ag_2O, H_2O, puis chauffage ⟶

E.3 RÉACTIONS DE SUBSTITUTION ÉLECTROPHILE DES AMINES HÉTÉROCYCLIQUES AROMATIQUES

Le pyrrole est très réactif dans une substitution électrophile, et la substitution se produit surtout en position 2.

Réaction générale

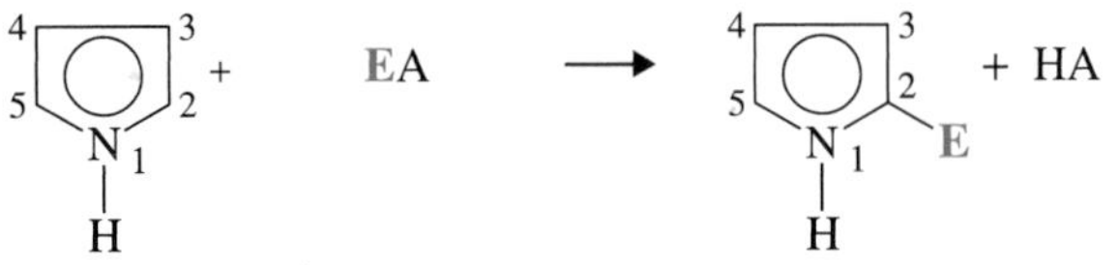
4
3
5
2
N
1
H
+
EA
E
+ HA

Pyrrole **Électrophile** **Pyrrole substitué en position 2**

Exemple

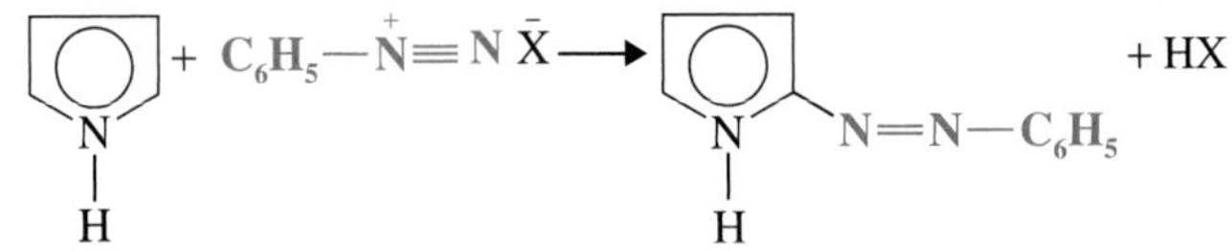
+ C6H5—N≡N X
N
H
N=N—C6H5
+ HX

On peut comprendre pourquoi la substitution électrophile en position 2 est favorisée en examinant les structures de résonance suivantes.

Substitution à la position 2 du pyrrole

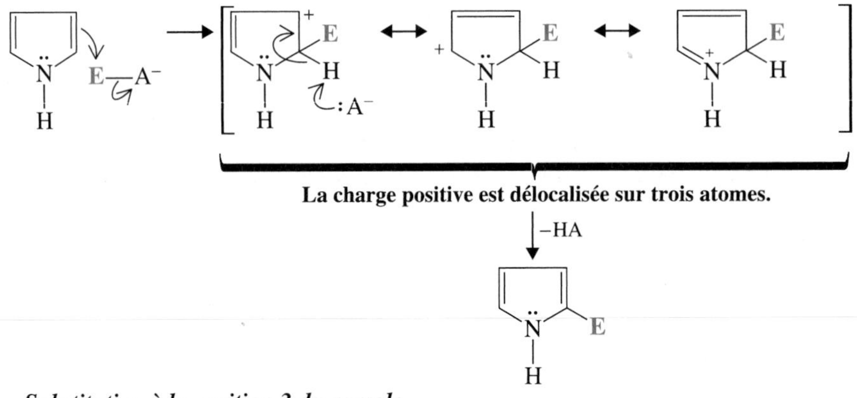
E—A⁻
E
H
:A⁻
La charge positive est délocalisée sur trois atomes.
–HA

Substitution à la position 3 du pyrrole

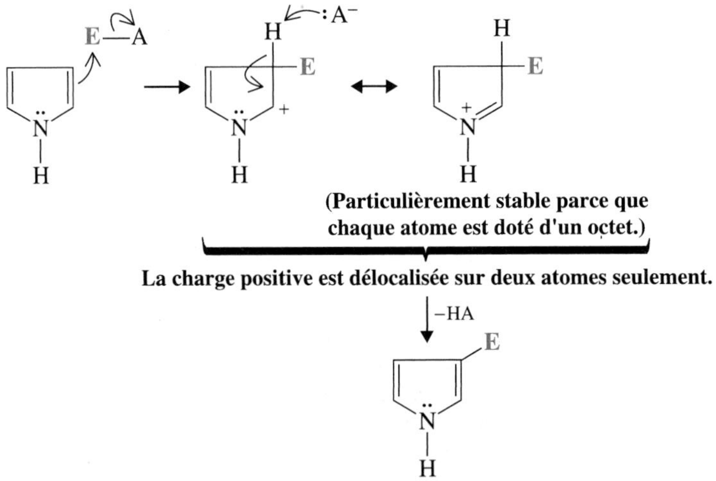
E—A
:A⁻
E
H
(Particulièrement stable parce que chaque atome est doté d'un octet.)
La charge positive est délocalisée sur deux atomes seulement.
–HA

Alors qu'une structure de résonance relativement stable contribue à la forme hybride des deux intermédiaires, l'intermédiaire résultant de l'attaque de la position 2 est stabilisé par une structure de résonance supplémentaire et la charge positive est délocalisée sur trois atomes plutôt que sur deux. Cela signifie que cet intermédiaire est plus stable et que l'attaque à la position 2 a une énergie d'activation moins élevée.

La pyridine est beaucoup moins réactive que le benzène dans les substitutions électrophiles. L'acylation ou l'alkylation de Friedel-Crafts ne se produisent pas avec la pyridine, qui ne se prête pas non plus au couplage diazoïque. La bromation de la pyridine est possible, mais uniquement en phase gazeuse à 200 °C, où un mécanisme radicalaire pourrait intervenir. La nitration et la sulfonation exigent également des conditions extrêmes. La substitution électrophile, lorsqu'elle se produit, a presque toujours lieu en position 3.

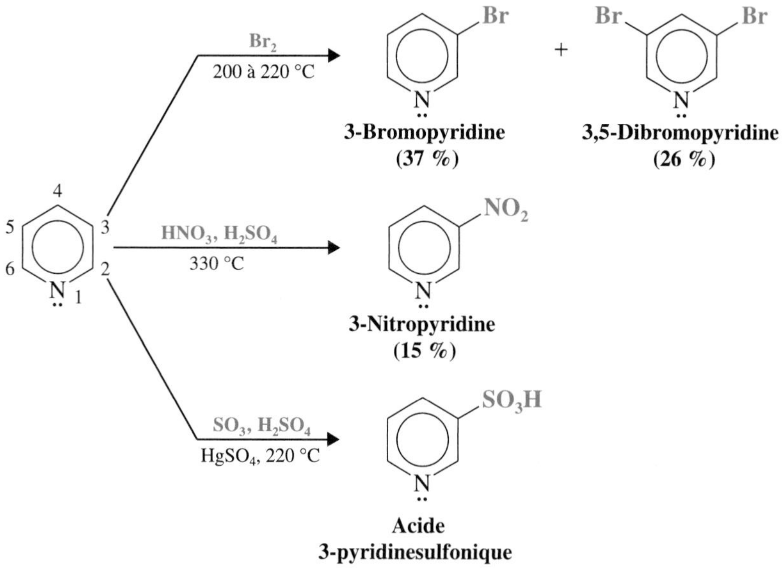

3-Bromopyridine
(37 %)

3,5-Dibromopyridine
(26 %)

3-Nitropyridine
(15 %)

Acide
3-pyridinesulfonique

On peut, en partie, attribuer la plus faible réactivité de la pyridine (comparativement au benzène) à la plus forte électronégativité de l'azote (comparativement au carbone). En effet, étant plus électronégatif, l'azote est moins capable de s'adapter à la déficience en électrons qui caractérise l'état de transition menant à l'ion positivement chargé (semblable à un ion arénium) pendant une substitution électrophile.

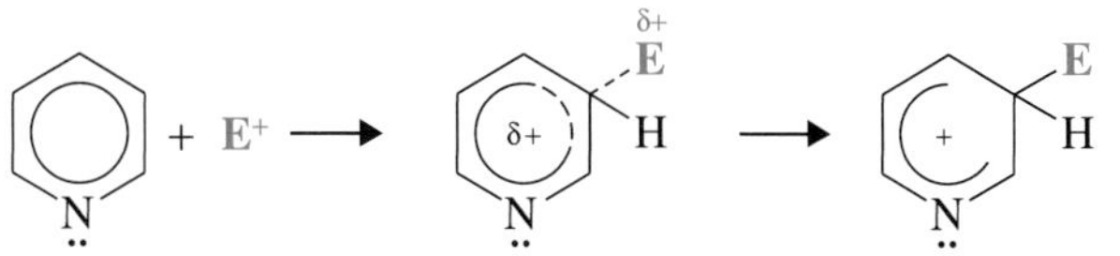

Pyridine

L'énergie de l'état de transition est plus élevée en raison de la plus forte électronégativité de l'azote.

Semblable à un ion arénium (mais moins stable).

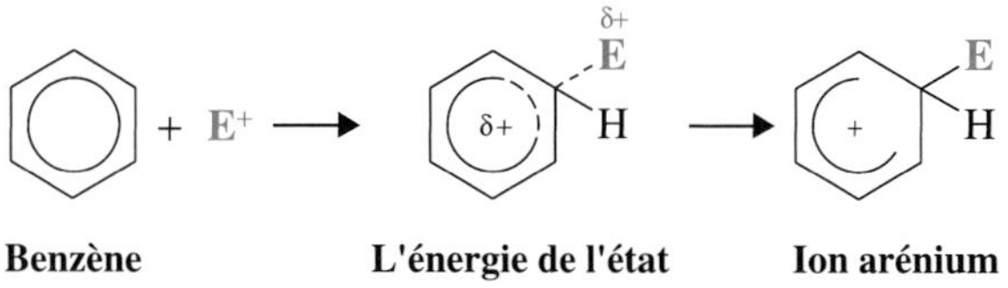

Benzène

L'énergie de l'état de transition est plus faible en raison de la moins forte électronégativité du carbone.

Ion arénium

La faible réactivité de la pyridine dans les substitutions électrophiles pourrait surtout provenir du fait que la pyridine est transformée d'abord en ion pyridinium par réaction avec un proton ou un autre électrophile.

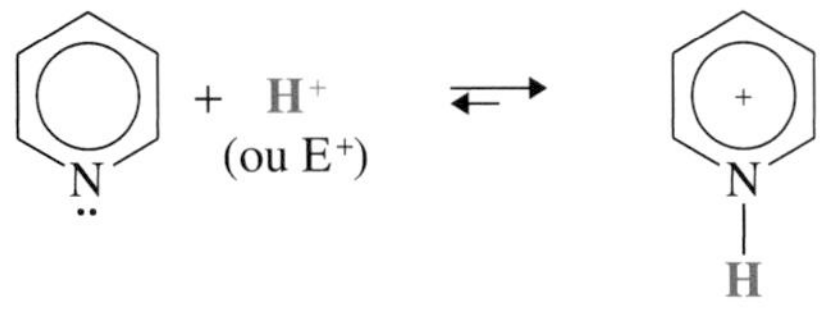

Ion pyridinium
(très peu réactif à cause
de la charge positive)

L'attaque électrophile à la position 4 (ou à la position 2) n'est pas favorable parce qu'une structure de résonance particulièrement instable contribue à l'hybride de résonance de l'intermédiaire.

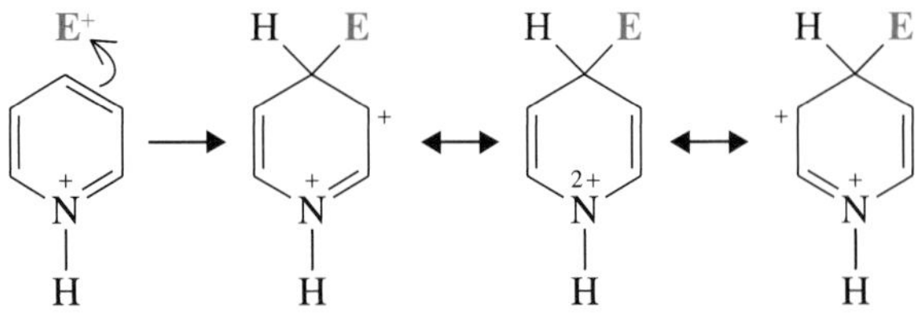

Particulièrement instable
parce que l'azote est doté d'un
sextet et de deux charges positives

Des structures de résonance semblables peuvent être écrites pour l'attaque en position 2.

Aucune structure particulièrement instable *ou stable* ne contribue à l'hybride résultant de l'attaque en position 3; par conséquent, l'attaque en position 3 est privilégiée, mais se produit lentement.

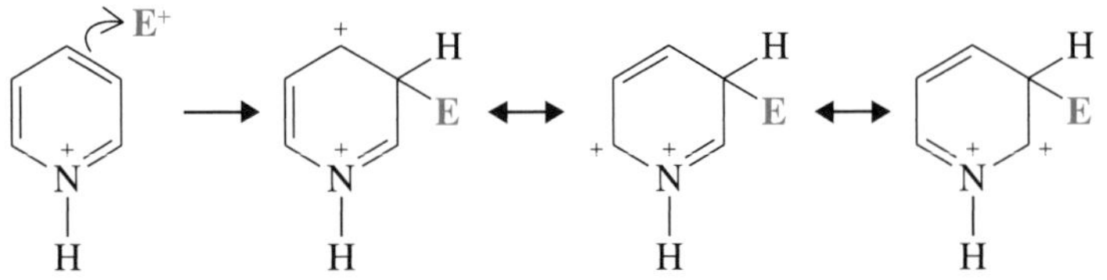

Aucune structure particulièrement
stable ou instable ne contribue à l'hybride.

La pyrimidine est encore moins réactive que la pyridine dans une substitution électrophile. (Pourquoi ?) Lorsqu'une substitution électrophile se produit, elle a lieu en position 5.

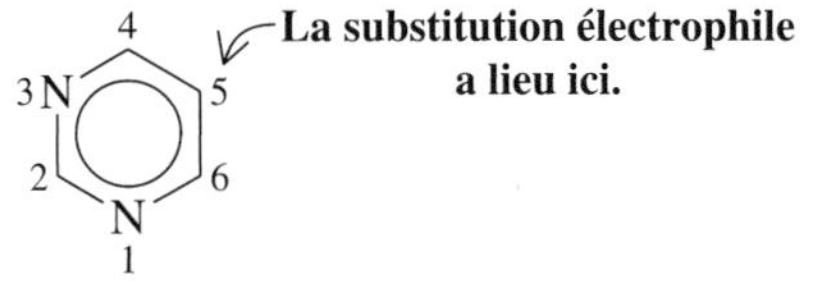

La substitution électrophile
a lieu ici.

Pyrimidine

L'imidazole est beaucoup plus susceptible de subir une substitution électrophile que la pyridine ou la pyrimidine, mais il est moins réactif que le pyrrole. Les imidazoles ayant des substituants en position 1 subissent des substitutions électrophiles sélectivement en position 4.

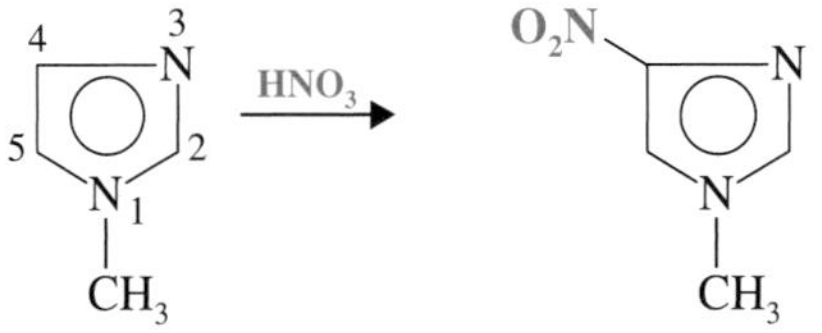

1-Méthyl-4-nitro-imidazole

L'imidazole lui-même subit les substitutions électrophiles de manière analogue. Toutefois, la tautomérie rend les positions 4 et 5 équivalentes.

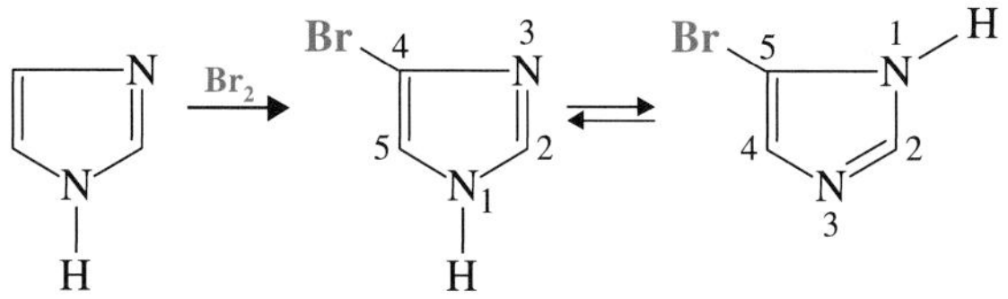

4-(5)-Bromo-imidazole

PROBLÈME E.2

Le pyrrole et l'imidazole sont deux acides faibles; ils réagissent avec des bases fortes pour donner des anions.

Anion du pyrrole **Anion de l'imidazole**

a) Ces anions ressemblent à l'un des anions carbocycliques que nous avons étudiés précédemment. Quel est-il ? b) Écrivez les structures de résonance qui rendent compte de la stabilité des anions du pyrrole et de l'imidazole.

E.4 SUBSTITUTIONS NUCLÉOPHILES DE LA PYRIDINE

Dans ses réactions, le cycle pyridine ressemble à un cycle benzénique ayant un groupe fortement électro-attracteur; la pyridine est relativement peu réactive dans les substitutions électrophiles, mais assez réactive dans les substitutions nucléophiles.

Dans la section précédente, nous avons comparé la réactivité de la pyridine et du benzène dans les substitutions électrophiles et nous avons attribué la plus faible réactivité de la pyridine à la plus forte électronégativité de l'azote de son cycle. Étant donné que l'azote est plus électronégatif que le carbone, il est moins en mesure de s'adapter à la déficience en électrons de l'état de transition de l'étape cinétiquement déterminante dans la substitution aromatique électrophile. En revanche, la plus grande électronégativité de l'azote le rend *plus* apte à s'ajuster à l'excédent de charge *négative* qu'un cycle aromatique doit accepter dans une *substitution nucléophile*.

La pyridine réagit avec l'amide de sodium, par exemple, pour former la 2-aminopyridine. Dans cette remarquable réaction (nommée réaction de Chichibabin), l'ion amidure (NH_2^-) déplace un ion hydrure (H^-).

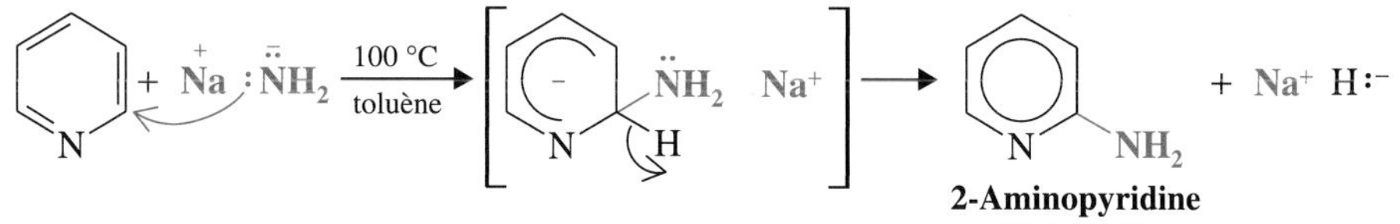

2-Aminopyridine
(70 à 80 %)

Si on examine les structures de résonance qui contribuent à l'intermédiaire dans cette réaction, on voit comment l'atome d'azote du cycle reçoit la charge négative.

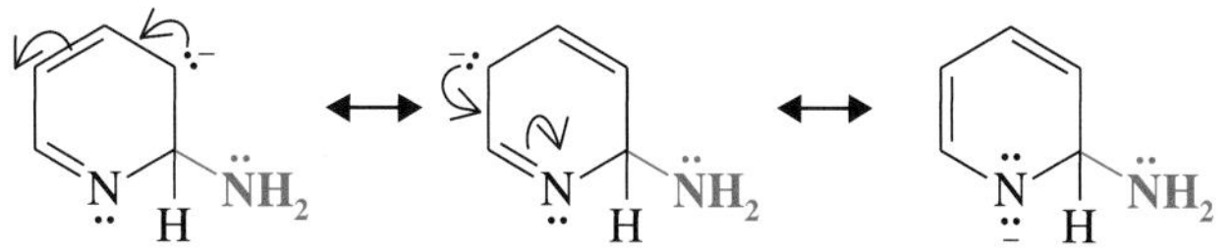

Relativement stable
parce que la charge
négative est située sur
l'azote électronégatif

Au cours de l'étape suivante, l'intermédiaire perd un ion hydrure et se transforme en 2-aminopyridine*.

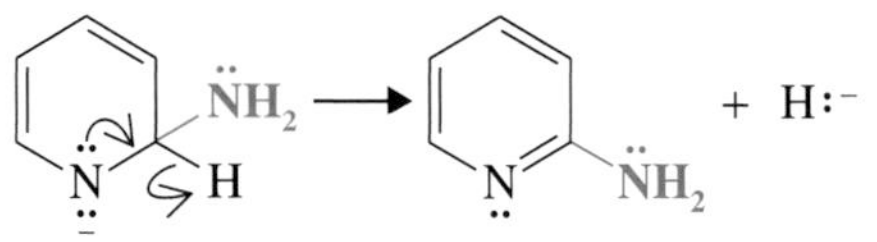

La pyridine subit des réactions de substitution nucléophile semblables avec le phényllithium, le butyllithium et l'hydroxyde de potassium.

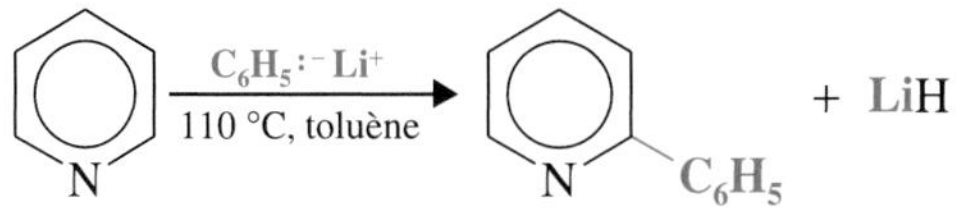

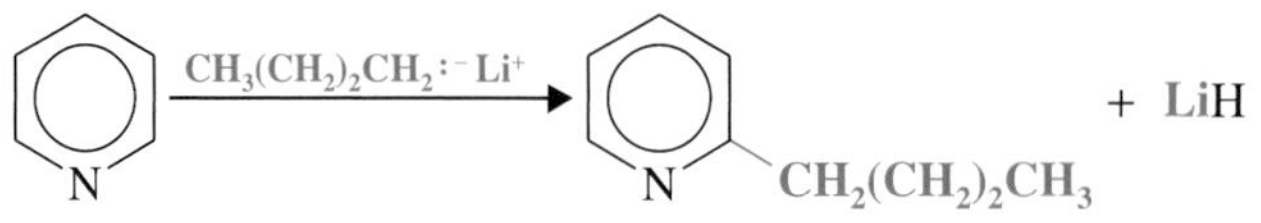

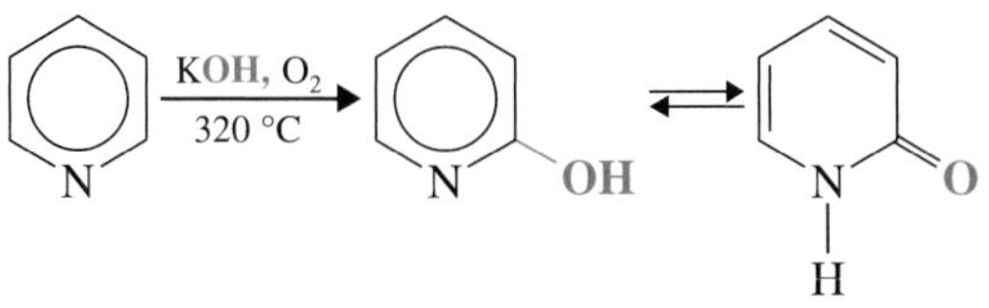

2-Phénylpyridine

2-Butylpyridine

2-Pyridinol　　　**2-Pyridone**
(50 %)

La 2-chloropyridine réagit avec le méthylate de sodium pour donner la 2-méthoxypyridine.

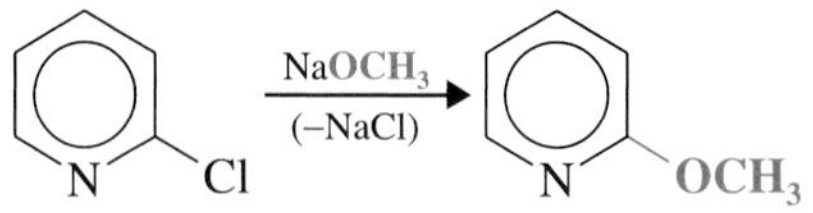

PROBLÈME E.3

Pour réaliser l'amination de la pyridine, un autre mécanisme a été proposé. Différent de celui qui a été exposé à la section E.4, il fait intervenir un intermédiaire « pyridine », comme suit.

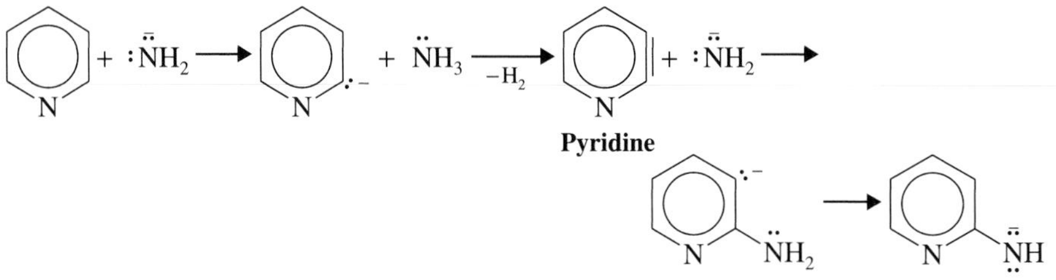

Pyridine

Ce mécanisme a été écarté après une expérience au cours de laquelle on a fait réagir de la 3-deutériopyridine avec de l'amidure de sodium. Après avoir examiné ce qu'il advient du deutérium dans les deux mécanismes, expliquez pourquoi on a éliminé ce dernier.

---

* En pratique, une réaction subséquente a lieu; la 2-aminopyridine réagit avec l'hydrure de sodium et produit un dérivé sodique, ce qui aide à déplacer l'équilibre vers la droite.

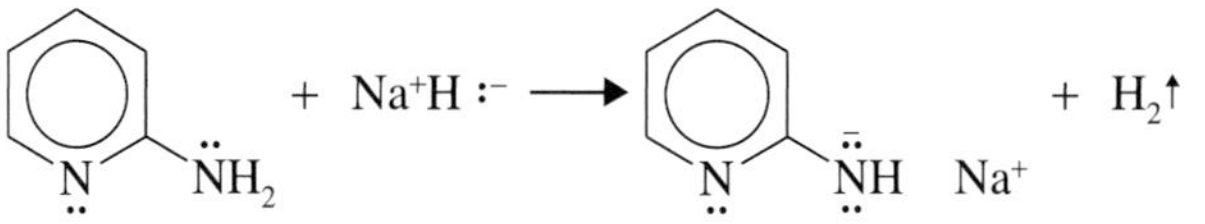

Lorsque la réaction est terminée, l'addition d'eau froide au mélange réactionnel convertit le dérivé sodique en 2-aminopyridine.

PROBLÈME E.4

Les 2-halopyridines subissent des substitutions nucléophiles beaucoup plus facilement que la pyridine elle-même. Quel facteur explique ce phénomène ?

E.5 ADDITIONS NUCLÉOPHILES AUX IONS PYRIDINIUM

Les ions pyridinium sont particulièrement sensibles aux attaques nucléophiles en position 2 ou 4 en raison de la contribution des structures de résonance présentées ici.

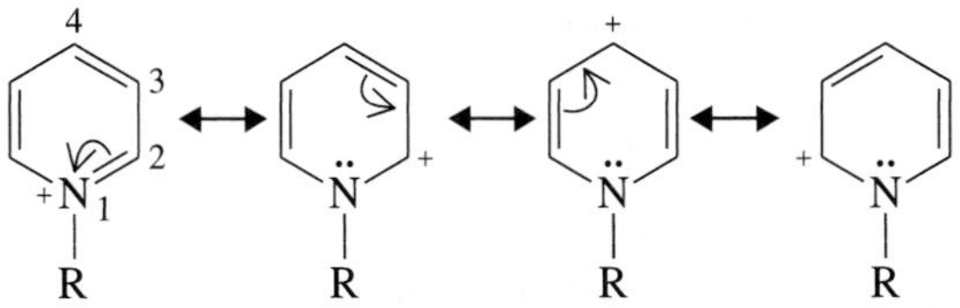

Les halogénures de *N*-alkylpyridinium, par exemple, réagissent avec les ions hydroxyde principalement à la position 2, ce qui provoque la formation d'un produit d'addition appelé *pseudo-base*.

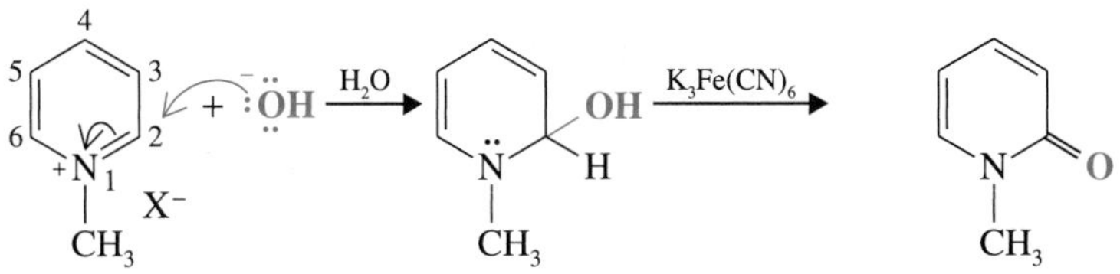

Pseudo-base

N-Méthyl-2-pyridone
(65 à 70 %)

L'oxydation de la pseudo-base par du ferricyanure de potassium produit une *N*-alkylpyridone.

Les additions nucléophiles aux ions pyridinium, particulièrement l'addition d'*ions hydrure*, présentent un intérêt considérable pour les chimistes parce qu'elles ressemblent aux réductions biologiques d'une coenzyme importante appelée nicotinamide-adénine-dinucléotide (NAD$^+$, section 14.10).

Un certain nombre de réactions modèles ont été étudiées. Le traitement d'un ion *N*-alkylpyridinium par du borohydrure de sodium, par exemple, entraîne l'addition d'un hydrure, mais l'addition se produit en position 2 et s'accompagne habituellement d'une surréduction.

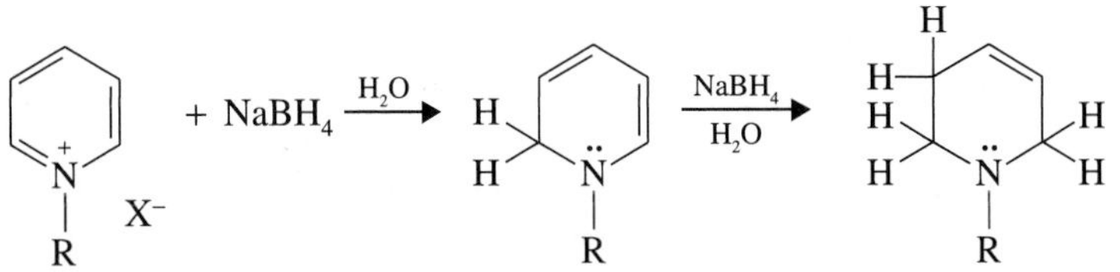

Halogénure de
N-alkylpyridinium

Une 1,2-dihydro-
pyridine

Une 1,2,3,6-tétrahydro-
pyridine

Cependant, le traitement d'un ion pyridinium par du dithionite de sodium basique (Na$_2$S$_2$O$_4$) provoque une addition spécifique en position 4.

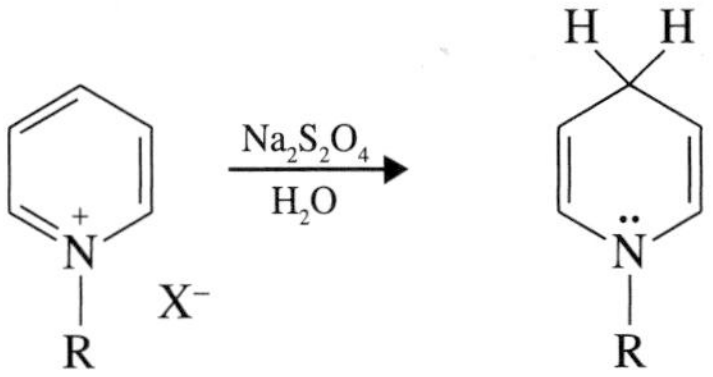

Une 1,4-dihydropyridine

Le dithionite de sodium en solution aqueuse basique réduit également le NAD$^+$ en NADH. Le NADH formé par la réduction du dithionite s'est révélé actif sur le plan biologique et peut être oxydé en NAD$^+$ par du ferricyanure de potassium.

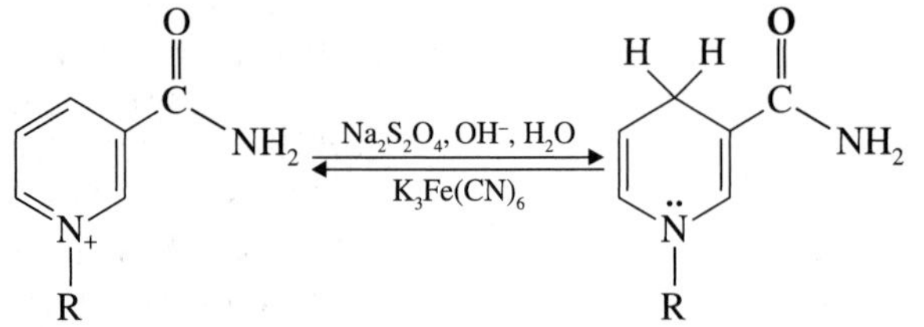

NAD$^+$ **NADH**
(Voir structure de R à la section 14.10.)

E.6   SYNTHÈSE D'AMINES HÉTÉROCYCLIQUES

La méthode la plus générale et la plus répandue pour réaliser la synthèse des pyrroles est la condensation d'une α-aminocétone ou d'un cétoester α-amino-β avec une cétone ou un cétoester. Cette réaction, nommée synthèse de Knorr, est catalysée par un acide ou une base. Deux exemples sont présentés ci-dessous.

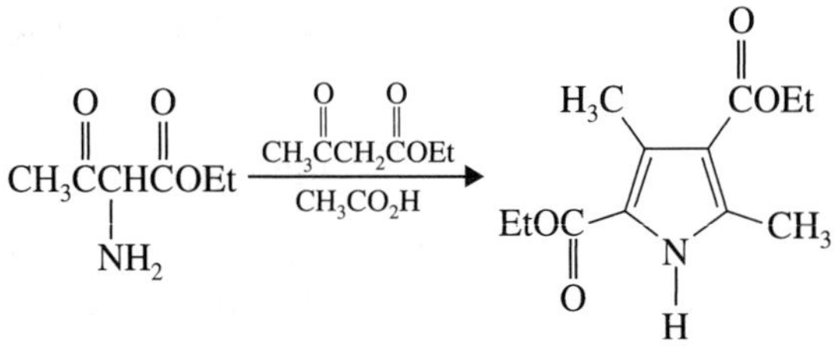

(57 à 64 %)

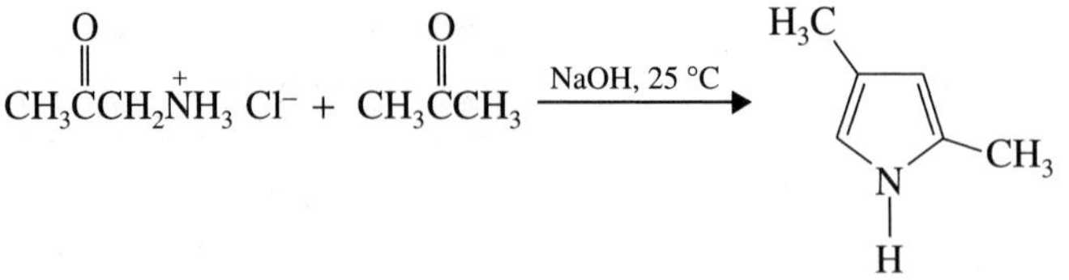

PROBLÈME E.5

Proposez des mécanismes plausibles pour les deux synthèses de pyrroles substitués présentées ci-dessus.

La pyridine et un grand nombre de ses dérivés peuvent être isolés à partir de dérivés pétrolifères (goudron de houille). Bien des dérivés de la pyridine sont préparés à partir de ces dérivés de goudron de houille par des réactions de substitution. Pour les pyridines, la synthèse totale la plus générale est appelée synthèse de Hantzsch. Dans cette méthode, on laisse réagir un cétoester β, un aldéhyde et de l'ammoniac pour obtenir une dihydropyridine; l'oxydation de la dihydropyridine produit la pyridine substituée. La réaction suivante en donne un exemple.

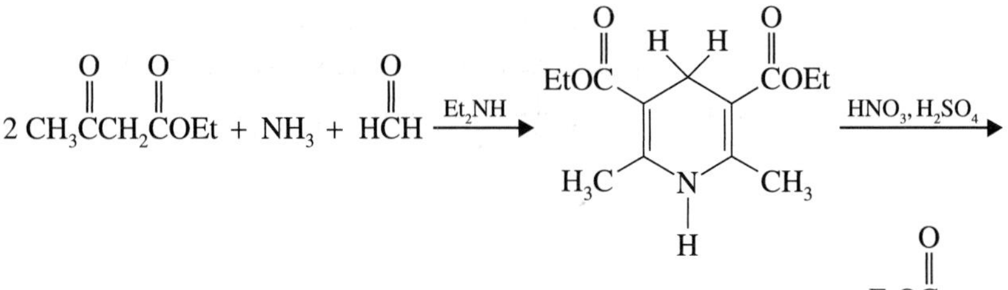

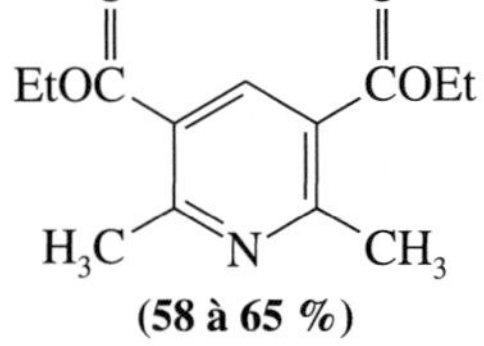

(58 à 65 %)

La synthèse de quinoléine la plus générale est la synthèse de Skraup. Dans cette méthode, l'aniline est chauffée avec du glycérol en présence d'acide sulfurique et d'un agent oxydant. Divers agents oxydants ont été employés, y compris le nitrobenzène et l'air.

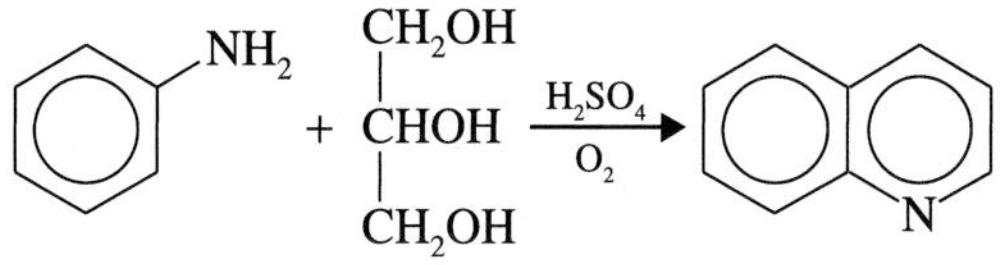

La réaction comporte les étapes suivantes.

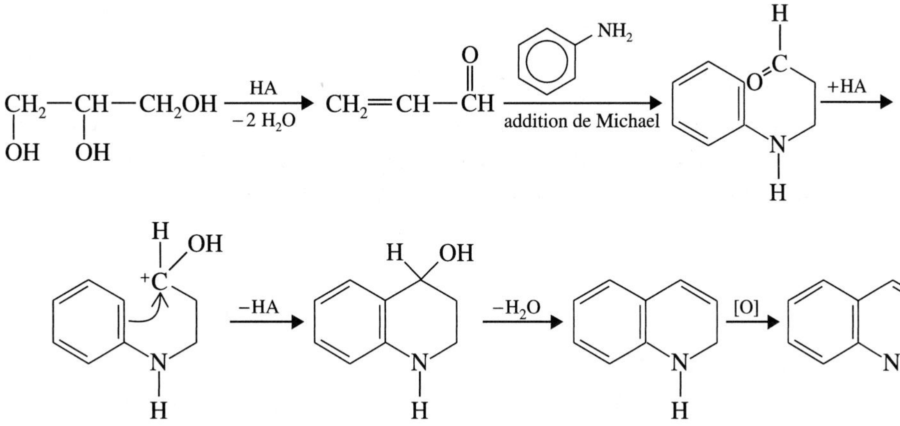

Dans la première étape, le glycérol est déshydraté en présence de l'acide pour produire du propénal (acroléine). Ensuite, une addition de Michael de l'aniline sur le propénal est suivie de la cyclisation catalysée par un acide pour donner de la dihydroquinoléine. Enfin, l'oxydation de la dihydroquinoléine produit la quinoléine.

PROBLÈME E.6

Écrivez la structure des composés **A** à **H**.

a) 2,5-Hexanedione + $(NH_4)_2CO_3$ $\xrightarrow{100\ °C}$ **A** (C_6H_9N)
   Un pyrrole

b) $CH_3\overset{\overset{\displaystyle O}{\|}}{C}CH_2NH_2$ + acétone $\xrightarrow{\text{base}}$ **B** (C_6H_9N)
   Un isomère de A

c) CH_3NHNH_2 + $(CH_3O)_2CHCH_2CH(OCH_3)_2$ $\xrightarrow[H_2O]{HA}$ **C** $(C_4H_6N_2)$
   Un pyrazole

d) 2,5-Hexanedione + hydrazine $\xrightarrow{\Delta}$ **D** $(C_6H_{10}N_2)$ $\xrightarrow{O_2}$ **E** $(C_6H_8N_2)$
   Une dihydropyridazine   **Une pyridazine**

e) Aniline + $CH_2=CH\overset{\overset{\displaystyle O}{\|}}{C}CH_3$ $\xrightarrow[\text{FeCl}_3]{ZnCl_2}$ **F** $(C_{10}H_9N)$
   Une quinoléine

f) 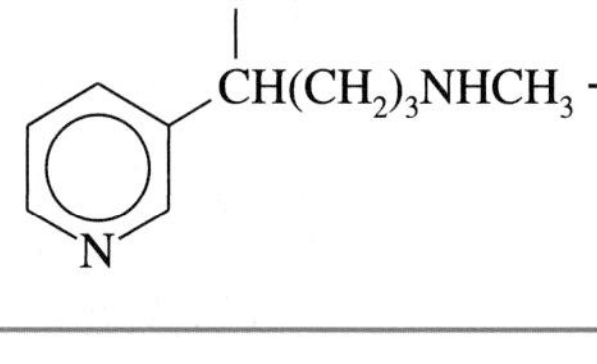 $\xrightarrow[\ ]{\Delta}$ $^-$OH **G** $(C_{10}H_{14}N_2)$ $\xrightarrow[\text{2) } H_3O^+]{\text{1) KMnO}_4,\ ^-\text{OH}}$ **H** $(C_6H_5NO_2)$
   Nicotine   **Acide nicotinique**

ALCALOÏDES

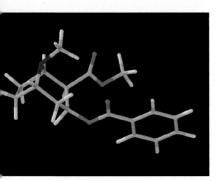

Cocaïne

Erythroxylum coca, un arbuste dont les feuilles contiennent environ 1 % de cocaïne.

Les substances extraites de l'écorce, des racines, des feuilles, des baies ou des fruits des plantes contiennent souvent des bases azotées appelées *alcaloïdes.* Les alcaloïdes ressemblent aux alcalis (d'où leur nom), dans la mesure où ils réagissent souvent avec les acides pour donner des sels solubles. Les atomes d'azote de la plupart des alcaloïdes sont présents dans des noyaux hétérocycliques. Dans un petit nombre de cas, toutefois, l'azote peut être présent sous la forme d'une amine primaire ou d'un groupe ammonium quaternaire.

Lorsqu'on les administre à des animaux, la plupart des alcaloïdes produisent des effets physiologiques remarquables qui *varient énormément* d'un alcaloïde à l'autre. Certains alcaloïdes stimulent le système nerveux central, d'autres provoquent la paralysie; certains alcaloïdes élèvent la tension artérielle, d'autres la diminuent. Certains alcaloïdes ont une action analgésique; d'autres ont un effet tranquillisant, et d'autres encore ont des propriétés anti-infectieuses. La plupart des alcaloïdes sont toxiques, certains d'entre eux, à faible dose. En dépit de cela, un grand nombre d'alcaloïdes sont utilisés en médecine.

Il est rare que les alcaloïdes soient désignés par leur nom systématique. Leur nom courant a des origines diverses. Dans bien des cas, le nom courant reflète la source botanique de l'alcaloïde. La strychnine, par exemple, provient des graines d'une plante appelée *Strychnos.* Dans d'autres cas, les noms sont plus fantaisistes : le nom de l'alcaloïde de l'opium, la morphine, vient de *Morpheus,* dieu grec des songes; le nom de l'alcaloïde du tabac, la nicotine, vient de Nicot, un diplomate français qui, au XVIᵉ siècle, a introduit les graines de tabac en France. La caractéristique commune des alcaloïdes est la terminaison *-ine,* qui reflète le fait que ce sont tous des amines.

Les alcaloïdes suscitent l'intérêt des chimistes depuis plusieurs siècles; des milliers d'alcaloïdes ont été isolés à ce jour. La structure de la plupart d'entre eux a été déterminée par des méthodes chimiques et physiques et, dans bien des cas, confirmée par synthèse totale. Un compte rendu complet de la chimie des alcaloïdes occuperait plusieurs volumes; nous nous limiterons ici à quelques exemples représentatifs.

F.1 ALCALOÏDES CONTENANT UN NOYAU PYRIDINE OU UN NOYAU PYRIDINE RÉDUIT

Le principal alcaloïde du tabac est la nicotine.

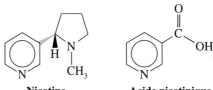

Nicotine   **Acide nicotinique**

À très faible dose, la nicotine est un stimulant mais, à des doses plus fortes, elle provoque la dépression, la nausée et des vomissements. À dose plus forte encore, c'est un poison violent. Quant aux sels de nicotine, ils sont utilisés comme insecticide.

L'oxydation de la nicotine par de l'acide nitrique concentré produit de l'acide pyridine-3-carboxylique, un produit appelé *acide nicotinique.* Alors que la consommation de nicotine est néfaste pour les humains, l'acide nicotinique est une vitamine; il fait partie d'une coenzyme importante, la nicotinamide-adénine-dinucléotide, communément appelée NAD⁺ (forme oxydée).

PROBLÈME F.1

La nicotine a été synthétisée de la manière suivante. Toutes les étapes correspondent à des réactions que nous avons déjà vues. Indiquez les réactifs qui pourraient être employés à chacune des étapes.

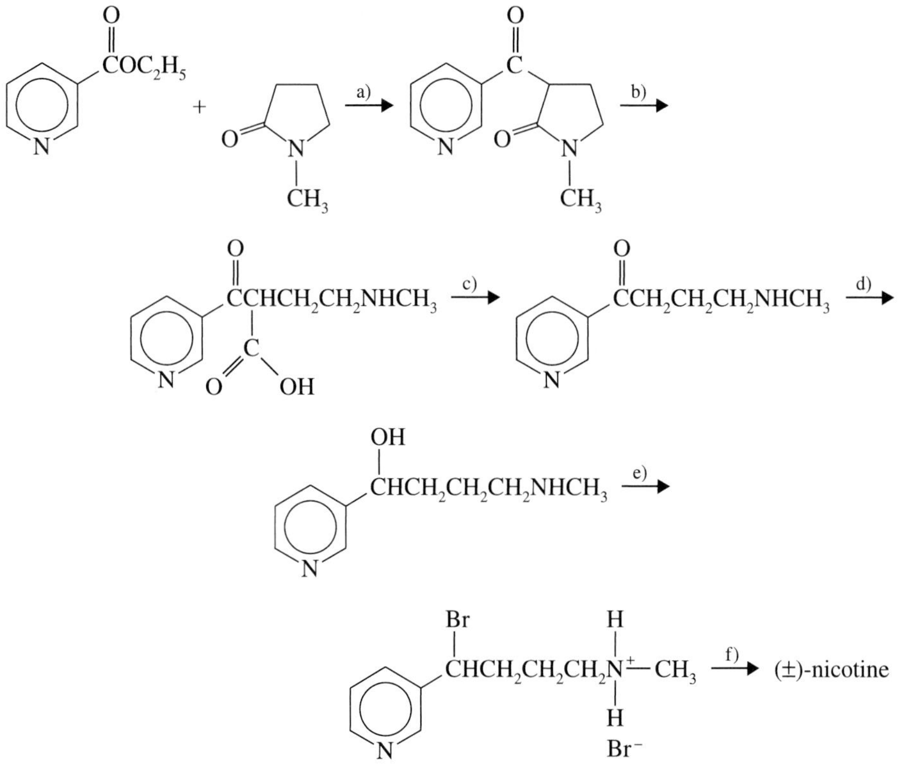

Un certain nombre d'alcaloïdes contiennent un noyau pipéridine, notamment la cicutine (qui provient de la ciguë, ou *Conium maculatum,* une plante toxique de la famille des ombellifères à laquelle appartient la carotte), l'atropine (de la belladone, ou *Atropa belladonna,* et d'autres membres de la famille des solanacées) et la cocaïne (d'*Erythroxylum coca*).

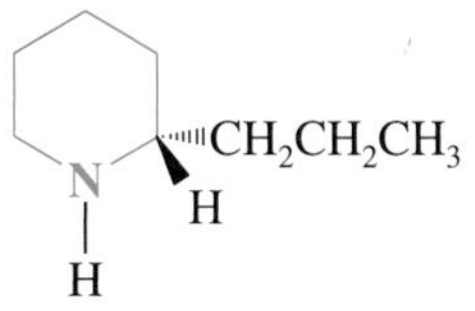

Cicutine
[(+)-2-propylpipéridine]

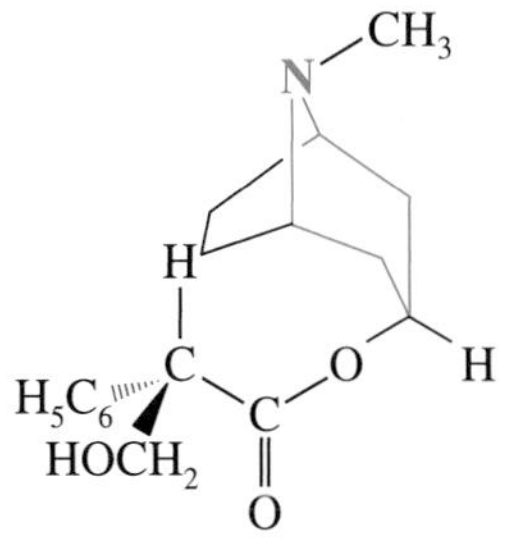

Atropine

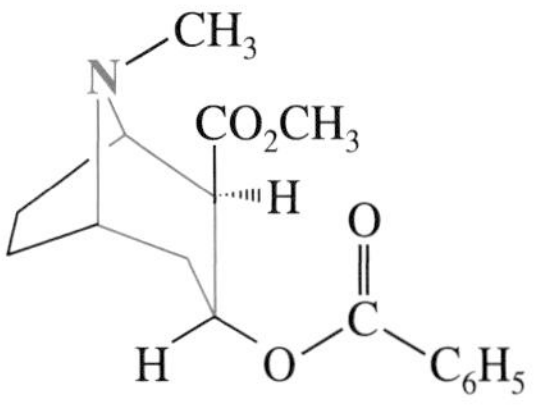

Cocaïne

La cicutine est toxique; son ingestion peut entraîner de la faiblesse, de la somnolence, des nausées, des difficultés à respirer, la paralysie et même la mort. La cicutine est l'une des substances de la « ciguë » ayant servi à empoisonner Socrate (elle contenait peut-être également d'autres poisons).

À faible dose, la cocaïne diminue la fatigue, accroît l'activité mentale et procure un sentiment général de bien-être. Toutefois, son utilisation prolongée entraîne une accoutumance physique et des périodes de profonde dépression. La cocaïne est également un anesthésique local; à une certaine époque, elle fut utilisée à des fins médicales en raison de cette propriété. Lorsque sa tendance à entraîner l'accoutumance a été reconnue, des efforts ont été faits pour mettre au point d'autres anesthésiques locaux. C'est ainsi qu'en 1905 on synthétisa la Novocaïne, également appelée procaïne, un composé qui conserve certaines des caractéristiques structurales de la cocaïne (par exemple un ester benzoïque et une amine tertiaire).

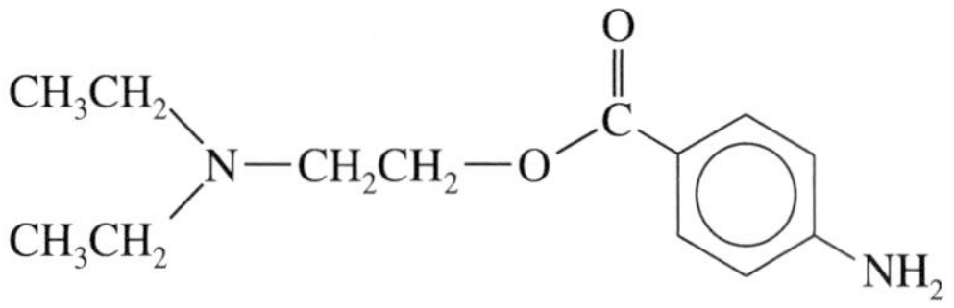

**Novocaïne
(procaïne)**

L'atropine est un poison violent. En solution diluée (de 0,5 à 1,0 %), elle est utilisée pour dilater la pupille pendant les examens ophtalmologiques. Les capsules à libération continue de 12 heures utilisées pour soulager les symptômes du rhume contiennent des composés apparentés à l'atropine.

PROBLÈME F.2

Le principal alcaloïde d'*Atropa belladonna* est l'alcaloïde optiquement actif *hyosciamine*. Au cours de son isolement, l'hyosciamine est souvent racémisée par des bases qui la transforment en atropine optiquement inactive. a) Quel stéréocentre est susceptible d'être touché pendant la racémisation ? b) Dans l'hyosciamine, ce stéréocentre se trouve dans la configuration (S). Écrivez la structure tridimensionnelle de l'hyosciamine.

PROBLÈME F.3

L'hydrolyse de l'atropine donne la tropine et l'acide (±)-tropique. a) Quelles sont leurs structures ? b) Bien que la tropine ait un stéréocentre, elle est optiquement inactive. Expliquez. c) Une forme isomère de la tropine appelée φ-tropine a également été préparée par chauffage de la tropine avec une base. La φ-tropine est également optiquement inactive. Quelle est sa structure ?

PROBLÈME F.4

En 1891, G. Merling a transformé la tropine (voir le problème F.3) en 1,3,5-cycloheptatriène (tropylidène) par la série de réactions ci-dessous.

$$\text{Tropine } (C_8H_{15}NO) \xrightarrow{-H_2O} C_8H_{13}N \xrightarrow{CH_3I} C_9H_{16}NI \xrightarrow[\ 2)\ \Delta]{1)\ Ag_2O/H_2O}$$

$$C_9H_{15}N \xrightarrow{CH_3I} C_{10}H_{18}NI \xrightarrow[\ 2)\ \Delta]{1)\ Ag_2O/H_2O} 1,3,5\text{-cycloheptatriène} + (CH_3)_3N + H_2O$$

Écrivez les réactions qui se produisent.

PROBLÈME F.5

De nombreux alcaloïdes semblent être synthétisés dans les plantes par des réactions qui ressemblent à la réaction de Mannich (section 19.10). La reconnaissance de ce fait (par R. Robinson en 1917) a entraîné la synthèse de la tropinone dans des « conditions physiologiques », c'est-à-dire à température ambiante et à des valeurs de pH près de la neutralité. Cette synthèse est présentée ici. Proposez des mécanismes plausibles pour rendre compte du déroulement global de la réaction.

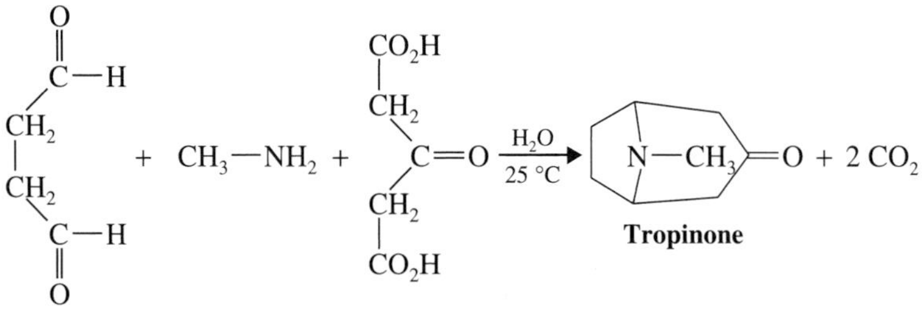

Tropinone

F.2 ALCALOÏDES CONTENANT UN CYCLE ISOQUINOLÉINE OU UN CYCLE ISOQUINOLÉINE RÉDUIT

La papavérine, la morphine et la codéine sont des alcaloïdes qui proviennent tous du pavot oriental, *Papaver somniferum*.

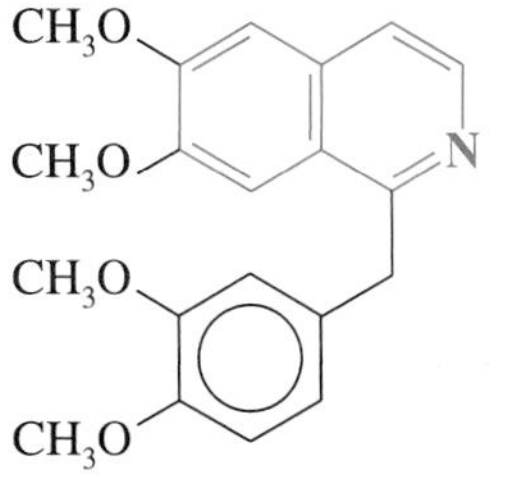

Papavérine

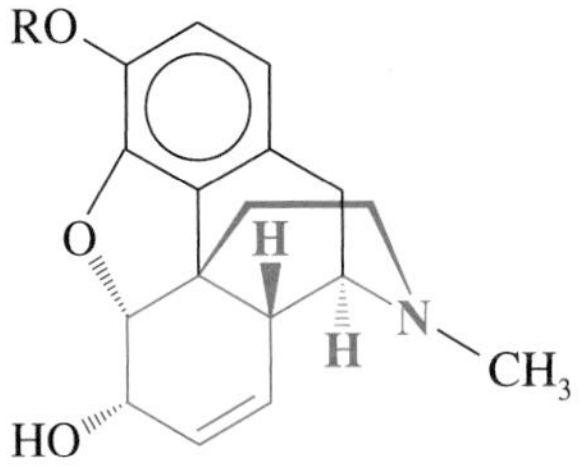

Morphine (R = H)
Codéine (R = CH₃)

La papavérine possède un cycle isoquinoléine; dans la morphine et la codéine, le cycle isoquinoléine est partiellement hydrogéné (réduit).

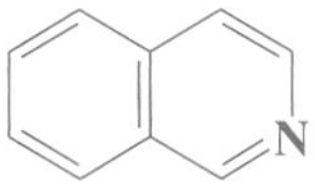

Isoquinoléine

L'opium est utilisé depuis des milliers d'années. La morphine a d'abord été isolée de l'opium en 1803, et son isolement représentait l'un des premiers cas de purification du principe actif d'une drogue. Toutefois, il devait s'écouler 120 ans avant que la structure complexe de la morphine soit élucidée, et ce n'est qu'en 1952 que sa structure a été confirmée par synthèse totale (par Marshall Gates, de l'université de Rochester).

La morphine est l'un des analgésiques les plus puissants qu'on connaisse et est encore abondamment utilisée en médecine pour soulager la douleur, en particulier la douleur « intense ». Toutefois, son plus grand inconvénient est sa tendance à entraîner l'accoutumance et à diminuer la respiration, ce qui a suscité la recherche de composés semblables mais dépourvus de ces effets indésirables. L'une des plus récentes découvertes est un composé appelé pentazocine, un analgésique très efficace qui ne crée pas d'accoutumance; malheureusement toutefois, comme la morphine, la pentazocine déprime la respiration.

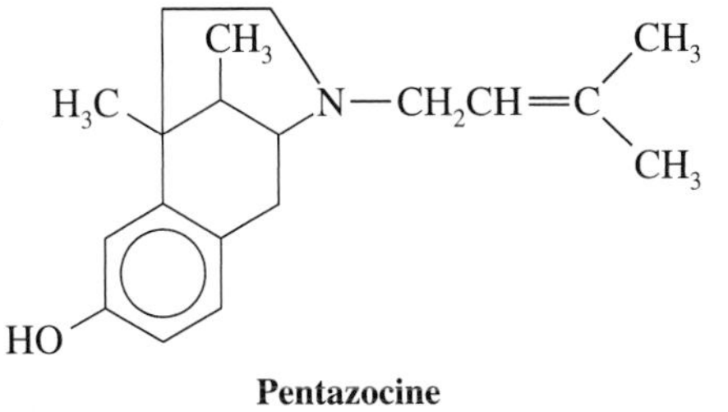

Pentazocine

PROBLÈME F.6

La papavérine a été synthétisée de la manière suivante.

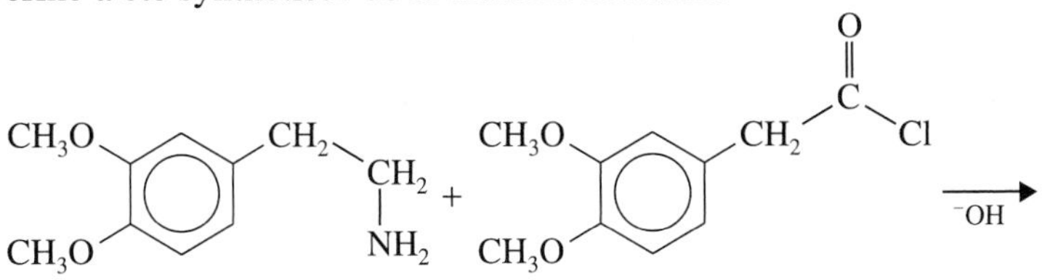

$$C_{20}H_{25}NO_5 \xrightarrow[\substack{\Delta \\ (-H_2O)}]{P_4O_{10}} \text{dihydropapavérine} \xrightarrow[\substack{\Delta \\ (-H_2)}]{Pd} \text{papavérine}$$

Décrivez brièvement les réactions qui se produisent.

PROBLÈME F.7

La transformation suivante est l'une des étapes importantes de la synthèse de la morphine.

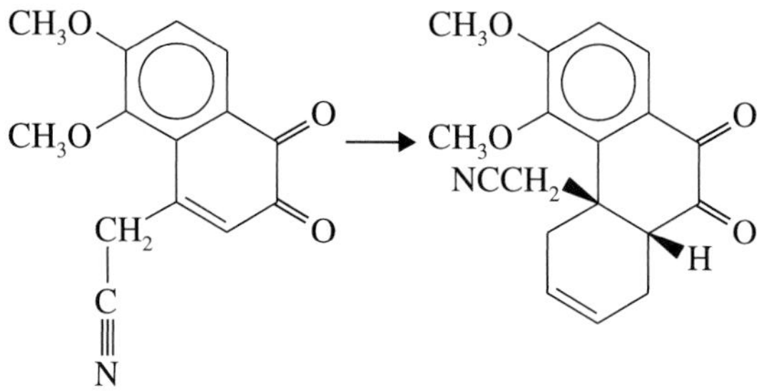

Indiquez comment cette étape a été réalisée.

PROBLÈME F.8

Lorsque la morphine réagit avec 2 moles d'anhydride acétique, elle est transformée en héroïne, un narcotique qui crée une forte dépendance. Quelle est la structure de l'héroïne ?

F.3   ALCALOÏDES CONTENANT UN CYCLE INDOLE OU UN CYCLE INDOLE RÉDUIT

Un grand nombre d'alcaloïdes sont des dérivés de l'indole, un composé hétérocyclique. Ces composés vont de la *gramine,* une substance relativement simple, à la *strychnine* et à la *réserpine*, dont les structures sont très complexes.

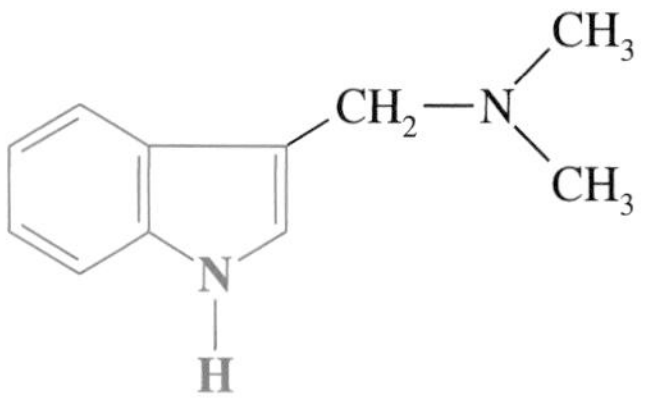

Gramine

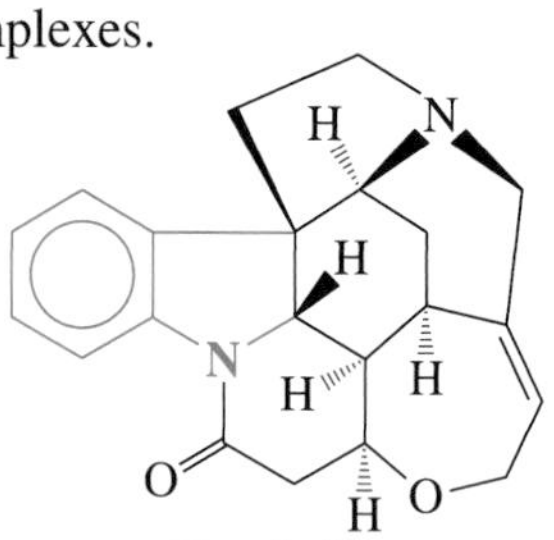

Strychnine

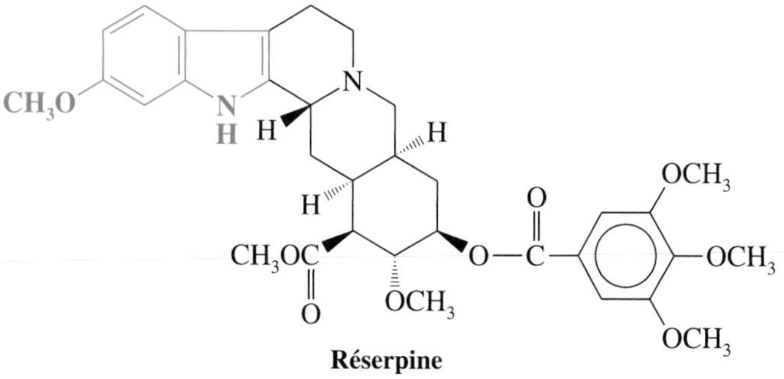

Réserpine

La gramine peut être obtenue à partir de mutants de l'orge déficients en chlorophylle. La strychnine, un composé très amer et très toxique, provient des graines de *Strychnos vomica.* La strychnine est un stimulant du système nerveux central qui a été utilisée en médecine (à faible dose) pour neutraliser l'empoisonnement par des dépresseurs du système nerveux central. La réserpine peut être obtenue de *Rauwolfia serpentina,* une plante utilisée par les aborigènes depuis des siècles. La réserpine est utilisée en médecine moderne comme tranquillisant et pour abaisser la tension artérielle. Voir les problèmes de la section Travail coopératif du chapitre 20 pour un exercice relié à la synthèse de la réserpine.

PROBLÈME F.9

La gramine a été synthétisée en chauffant un mélange d'indole, de formaldéhyde et de diméthylamine. a) Quelle réaction générale entre ici en jeu ? b) Présentez un mécanisme plausible pour la synthèse de la gramine.

PHÉNOLS ET HALOGÉNOARÈNES : substitution aromatique nucléophile

Une coupe en argent

Les calixarènes constituent une fascinante famille de molécules en forme de coupe qui pourraient avoir des applications médicales, industrielles et analytiques. Leur nom vient du latin *calix,* qui signifie coupe, et il décrit particulièrement bien leur structure et leurs propriétés. Le 4-*tert*-butylcalix[4]arène, que l'on peut voir à la page suivante et dans la photo ci-dessus, en est un exemple. Cette molécule est le résultat de la condensation de quatre molécules de 4-*tert*-butylphénol et de quatre molécules de formaldéhyde.

Les calixarènes font d'excellents récepteurs moléculaires, particulièrement pour les acides de Lewis. Les groupes hydroxyle phénoliques qui coiffent les calixarènes sont idéalement situés pour établir des liens de coordination avec des ions métalliques. Étant donné que les calixarènes participent spontanément à des interactions de reconnaissance moléculaire, leur capacité d'agir à titre d'enzymes artificielles, d'ionophores sélectifs et même de biocides a fait l'objet de nombreuses recherches. Les calixarènes complexés à des ions d'argent, par exemple, sont efficaces contre *E. coli*, le virus de l'herpès simplex et le VIH-1. Les propriétés antimicrobiennes des complexes calixarène–argent ont été testées dans des préparations pharmaceutiques orales et topiques, ainsi que dans des revêtements

SOMMAIRE

21.1 Structure et nomenclature des phénols

21.2 Phénols naturels

21.3 Propriétés physiques des phénols

21.4 Synthèse des phénols

21.5 Réactions des phénols en tant qu'acides

21.6 Autres réactions du groupe O — H des phénols

21.7 Clivage des éthers aromatiques

21.8 Réactions du noyau benzénique des phénols

21.9 Réarrangement de Claisen

21.10 Quinones

21.11 Halogénoarènes et substitution aromatique nucléophile

21.12 Analyse spectroscopique des phénols et des halogénoarènes

d'ustensiles, d'appareils ménagers et d'instruments en usage dans les hôpitaux. Ces complexes ont même une activité antimicrobienne lorsqu'ils sont mélangés à de la peinture.

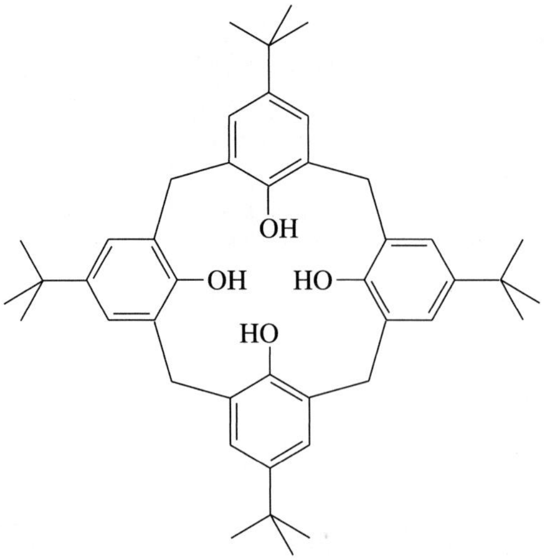

4-*tert*-Butylcalix[4]arène

La structure et la synthèse des calixarènes englobent de nombreux aspects de la chimie des phénols. Les phénols subissent facilement des substitutions aromatiques électrophiles, qui constituent les étapes clés de la synthèse des calixarènes. Le groupe hydroxyle des phénols et des calixarènes est également un site d'interactions moléculaires; c'est la propriété la plus importante des calixarènes. En outre, le groupe hydroxyle du phénol peut servir à former d'autres groupes fonctionnels tels que des éthers, des esters et des acétals. Ce type de transformations a été utilisé pour optimiser la complexation de certains ions métalliques ou d'autres molécules par les calixarènes. Selon les substituants et la dimension du cycle, les calixarènes peuvent former des complexes avec le mercure, le césium, le potassium, le calcium, le sodium, le lithium et, bien sûr, l'argent.

21.1 STRUCTURE ET NOMENCLATURE DES PHÉNOLS

Les composés ayant un groupe hydroxyle fixé directement à un noyau benzénique sont appelés **phénols.** Ainsi, le terme **phénol** a deux sens : il désigne l'hydroxybenzène, tout en étant le nom générique des composés dérivés de l'hydroxybenzène.

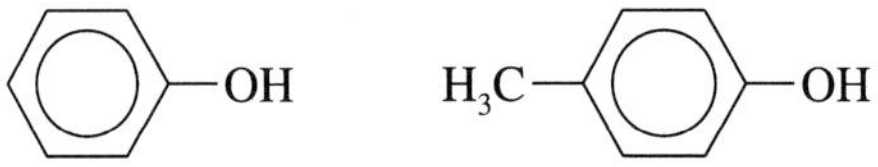

Phénol   **4-Méthylphénol**
                    (un phénol)

Les composés polycycliques qui ont un groupe hydroxyle fixé à un noyau benzénique sont chimiquement semblables aux phénols, mais on les appelle **naphtols** et **phénanthrols,** par exemple.

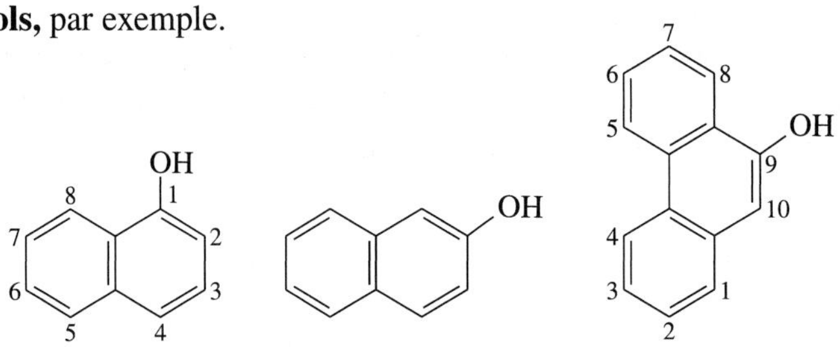

1-Naphtol   **2-Naphtol**   **9-Phénanthrol**
(α-naphtol)   **(β-naphtol)**

21.1A NOMENCLATURE DES PHÉNOLS

Nous avons étudié la nomenclature de certains phénols au chapitre 14. Dans un grand nombre de cas, le nom est formé à partir du terme *phénol*.

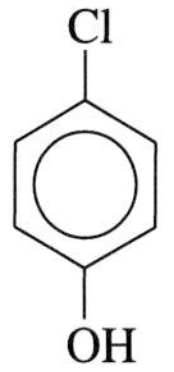

4-Chlorophénol
(*p*-chlorophénol)

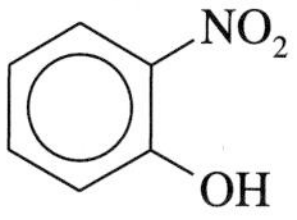

2-Nitrophénol
(*o*-nitrophénol)

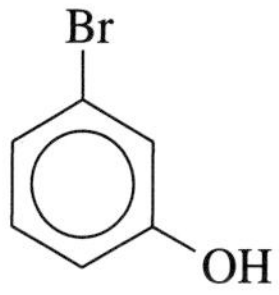

3-Bromophénol
(*m*-bromophénol)

Le nom courant des méthylphénols est *crésol*.

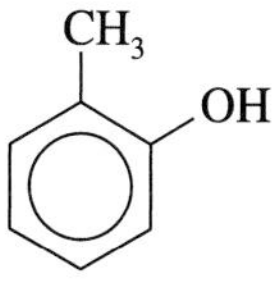

2-Méthylphénol
(*o*-crésol)

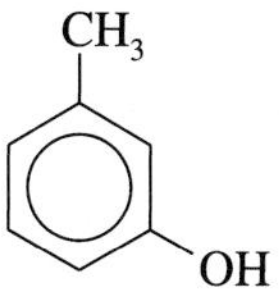

3-Méthylphénol
(*m*-crésol)

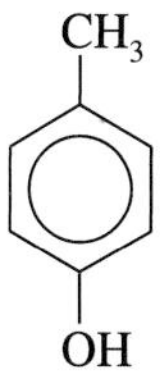

4-Méthylphénol
(*p*-crésol)

Les benzènediols ont également des appellations courantes.

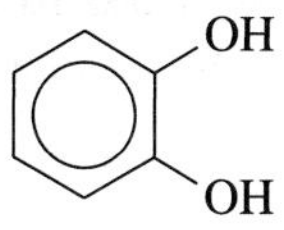

Benzène-1,2-diol
(catéchol)

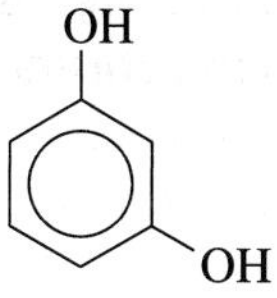

Benzène-1,3-diol
(résorcinol)

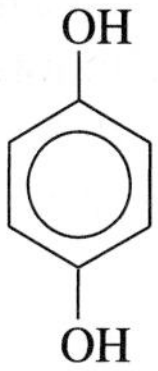

Benzène-1,4-diol
(hydroquinone)

21.2 PHÉNOLS NATURELS

Il existe une grande variété de phénols et de composés qui leur sont apparentés dans la nature. Ainsi, la tyrosine est un acide aminé qui entre dans la composition des protéines; le salicylate de méthyle est présent dans l'essence du thé des bois; l'eugénol, dans l'essence de girofle; et le thymol, dans le thym.

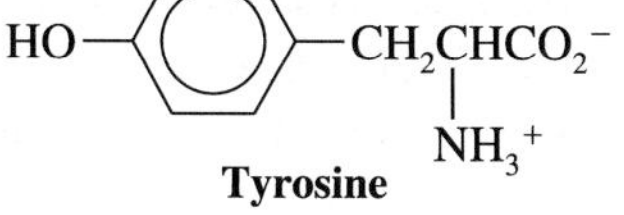

Tyrosine

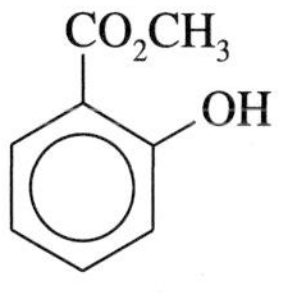

Salicylate de méthyle
(essence du thé des bois)

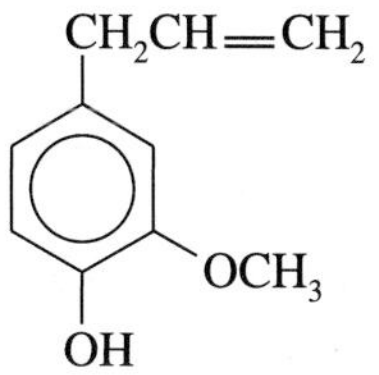

Eugénol
(essence de girofle)

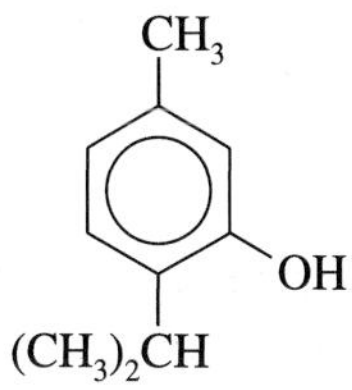

Thymol
(essence du thym)

Les urushiols sont des agents vésicants. Il y a différents urushiols dans le sumac grimpant, une plante vénéneuse également connue sous le nom d'herbe à la puce.

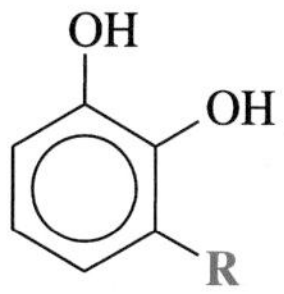

Urushiols

$R = -(CH_2)_{14}CH_3,$

$-(CH_2)_7CH=CH(CH_2)_5CH_3,$ ou

$-(CH_2)_7CH=CHCH_2CH=CH(CH_2)_2CH_3,$ ou

$-(CH_2)_7CH=CHCH_2CH=CHCH=CHCH_3,$ ou

$-(CH_2)_7CH=CHCH_2CH=CHCH_2CH=CH_2$

Enfin, l'œstradiol est une hormone sexuelle féminine, et les tétracyclines sont d'importants antibiotiques.

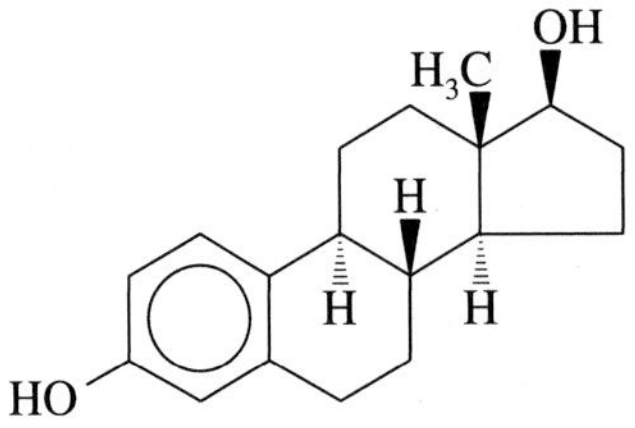

Œstradiol

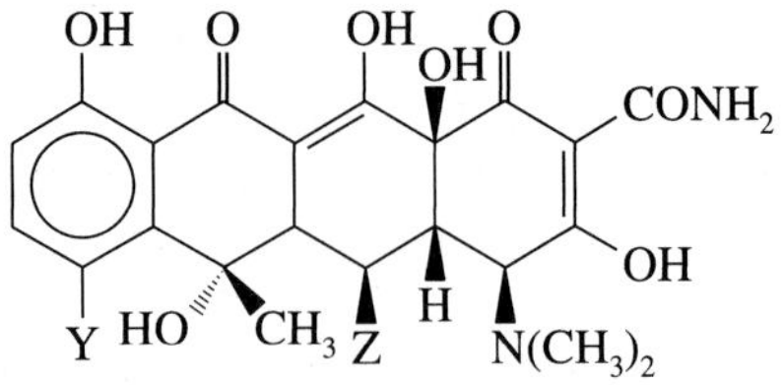

Tétracyclines
(Y = Cl, Z = H; auréomycine)
(Y = H, Z = OH; terramycine)

21.3 PROPRIÉTÉS PHYSIQUES DES PHÉNOLS

La présence de groupes hydroxyle dans les molécules des phénols les rend capables, à l'instar des alcools (section 11.2), de former de solides liaisons hydrogène intermoléculaires. En conséquence, leur point d'ébullition est plus élevé que celui des hydrocarbures de masse moléculaire identique. Ainsi, le point d'ébullition du phénol (182 °C) est plus élevé de 70 °C que celui du toluène (110,6 °C), même si les deux composés ont presque la même masse moléculaire.

Leur aptitude à former des liaisons hydrogène avec des molécules d'eau confère aux phénols une modeste hydrosolubilité. Le tableau 21.1 présente les propriétés physiques d'un certain nombre de phénols courants.

Tableau 21.1 Propriétés physiques des phénols.

Nom	Structure	Point de fusion (°C)	Point d'ébullition (°C)	Hydrosolubilité (g/100 mL d'H_2O)
Phénol	C_6H_5OH	43	182	9,3
2-Méthylphénol	$o\text{-}CH_3C_6H_4OH$	30	191	2,5
3-Méthylphénol	$m\text{-}CH_3C_6H_4OH$	11	201	2,6
4-Méthylphénol	$p\text{-}CH_3C_6H_4OH$	35,5	201	2,3
2-Chlorophénol	$o\text{-}ClC_6H_4OH$	8	176	2,8
3-Chlorophénol	$m\text{-}ClC_6H_4OH$	33	214	2,6
4-Chlorophénol	$p\text{-}ClC_6H_4OH$	43	220	2,7
2-Nitrophénol	$o\text{-}O_2NC_6H_4OH$	45	217	0,2
3-Nitrophénol	$m\text{-}O_2NC_6H_4OH$	96		1,4
4-Nitrophénol	$p\text{-}O_2NC_6H_4OH$	114		1,7
2,4-Dinitrophénol	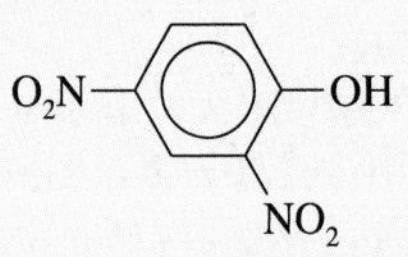	113		0,6
2,4,6,-Trinitrophénol (acide picrique)	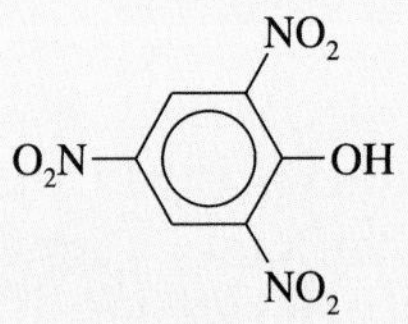	122		1,4

CAPSULE CHIMIQUE

BIOSYNTHÈSE DE POLYCÉTIDES ANTIBIOTIQUES OU ANTICANCÉREUX

La doxorubicine (également connue sous le nom d'adriamycine) est un médicament anticancéreux très puissant qui contient des groupes phénol. Elle est efficace dans le traitement d'un grand nombre de cancers, y compris les tumeurs des ovaires, du sein, de la vessie et du poumon, de même que dans le traitement de la maladie de Hodgkin et d'autres leucémies aiguës. La doxorubicine est un antibiotique de la famille des anthracyclines, tout comme la daunomycine. Ces deux antibiotiques sont produits par des souches bactériennes de *Streptomyces,* qui font la biosynthèse des polycétides.

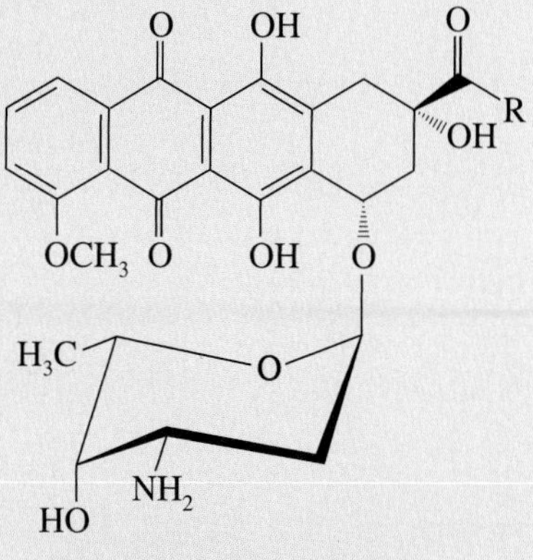

Doxorubicine (R = CH$_2$OH)
Daunomycine (R = CH$_3$)

Par marquage isotopique, on a démontré que *Streptomyces galilæus* synthétise la daunomycine à partir d'un précurseur tétracyclique appelé aklavinone, elle-même synthétisée à partir d'acétate. Lorsque *S. galilæus* est cultivé dans un milieu contenant de l'acétate marqué au carbone 13 et à l'oxygène 18, l'aklavinone produite est marquée par ces isotopes aux positions indiquées ci-dessous. Notez que les atomes d'oxygène sont situés à tous les deux carbones en plusieurs endroits de la molécule, ce qui correspond à des liens tête-bêche entre les acétates. Ce type d'arrangement est une caractéristique de la biosynthèse des polycétides aromatiques.

Acétate marqué par des isotopes
■, ● = Marquage par ^{13}C
▼ = Marquage par ^{18}O

Aklavinone

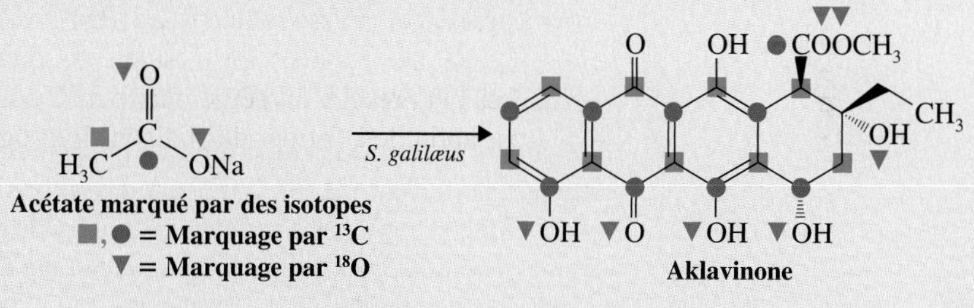

En outre, des recherches ont démontré que l'intermédiaire polycétide linéaire que l'on peut voir ci-dessous est le résultat de la condensation de neuf unités C$_2$ de malonyl-coenzyme A et d'une unité C$_3$ de propionyl-coenzyme A. Ces unités sont mises en place par des réactions d'acylation qui sont l'équivalent biosynthétique de la *synthèse des esters maloniques* que nous avons étudiée à la section 19.4. Ces réactions ressemblent également aux étapes d'acylation de la biosynthèse des acides gras (annexe D). Une fois synthétisé, le polycétide linéaire est cyclisé par des réactions enzymatiques semblables aux *additions d'aldols intramoléculaires suivies de déshydratations* (section 17.6).

Ces étapes conduisent au noyau tétracyclique de l'aklavinone. Les groupes hydroxyle phénoliques de l'aklavinone sont issus de l'énolisation du groupe carbonyle de cétones présentes après les étapes de condensation aldolique. Plusieurs autres étapes mènent au produit final, la daunomycine.

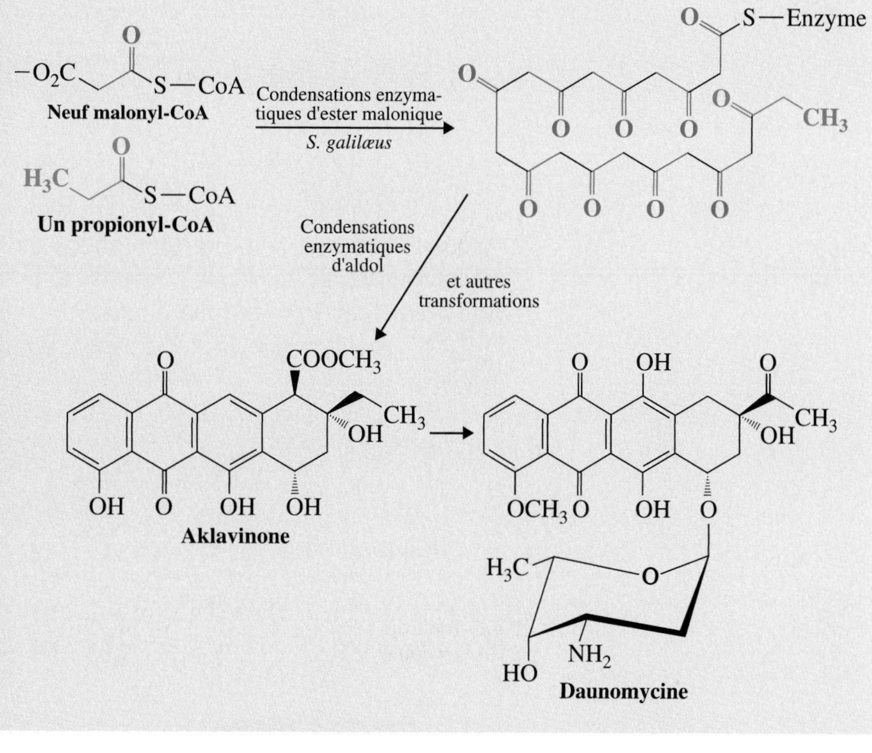

Neuf malonyl-CoA

Un propionyl-CoA

Condensations enzymatiques d'ester malonique
S. galilæus

Condensations enzymatiques d'aldol

et autres transformations

Aklavinone

Daunomycine

De nombreuses molécules dotées d'une importante activité biologique résultent de la biosynthèse des polycétides. L'auréomycine et la terramycine (section 21.2) sont d'autres exemples de polycétides aromatiques. L'érythromycine (section 18.7C) et l'aflatoxine, un agent cancérigène (section 11.18), sont des polycétides produits par d'autres voies de biosynthèse.

21.4 SYNTHÈSE DES PHÉNOLS

21.4A SYNTHÈSE EN LABORATOIRE

L'hydrolyse des sels d'arènediazonium (section 20.8E) est la plus importante méthode de synthèse de phénols en laboratoire. Il s'agit d'une méthode très polyvalente, et les conditions nécessaires à la diazotation puis à l'hydrolyse sont douces. Il est donc peu probable que cette méthode nuise aux autres groupes présents sur le cycle.

Réaction générale

$$Ar\!-\!NH_2 \xrightarrow{\text{HONO}} Ar\!-\!\overset{+}{N}_2 \xrightarrow[\text{Cu}^{2+},\,H_2O]{\text{Cu}_2O} Ar\!-\!OH$$

Exemple

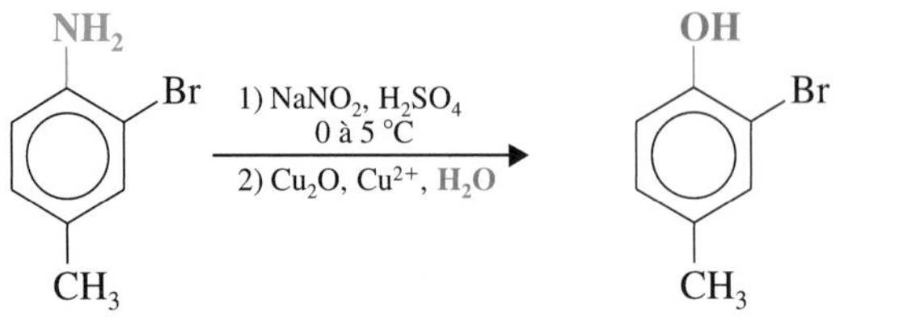

2-Bromo-4-méthylphénol
(80 à 92 %)

21.4B SYNTHÈSES INDUSTRIELLES

Le phénol est un composé chimique important dans l'industrie; il sert de matière première dans la fabrication d'un grand nombre de produits allant de l'aspirine à une variété de plastiques. La production mondiale de phénol dépasse les trois millions de tonnes par année. Plusieurs méthodes ont été employées pour faire la synthèse commerciale du phénol.

1. **Hydrolyse du chlorobenzène (procédé Dow).** Le chlorobenzène est chauffé à 350 °C (sous haute pression) avec de l'hydroxyde de sodium aqueux. La réaction produit du phénoxyde* de sodium qui, après acidification, donne du phénol. Le mécanisme de cette réaction entraîne probablement la formation de benzyne (section 21.11B).

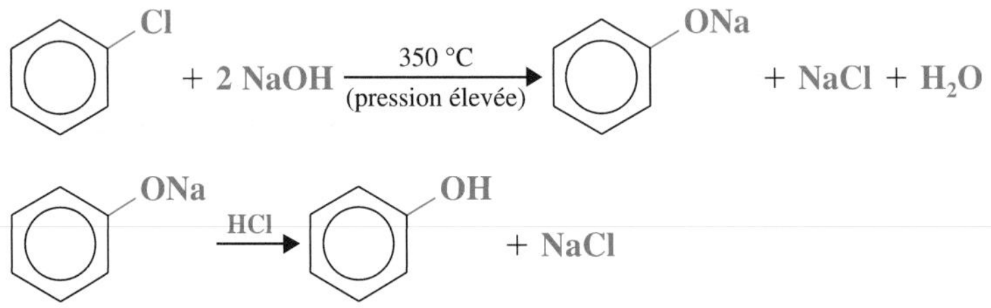

2. **Fusion alcaline du benzènesulfonate de sodium.** La première méthode de synthèse commerciale du phénol a été mise au point en Allemagne en 1890. Elle consiste à faire fondre du benzènesulfonate de sodium avec de l'hydroxyde de sodium (à 350 °C) pour produire du phénoxyde de sodium. L'acidification du produit donne du phénol.

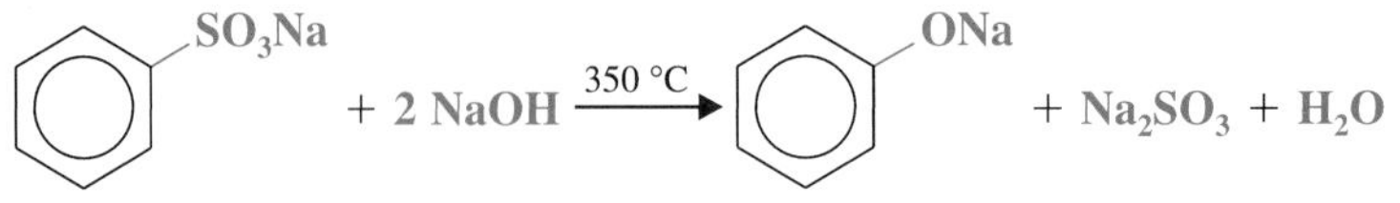

Benzènesulfonate
de sodium

Cette méthode peut également être utilisée en laboratoire, où elle fonctionne assez bien dans la préparation du 4-méthylphénol, comme le montre l'exemple suivant.

---

* N.D.T. : le terme *phénolate* est aussi utilisé.

Toutefois, les conditions nécessaires à la réaction sont tellement contraignantes que cette méthode ne peut servir à la préparation de nombreux phénols.

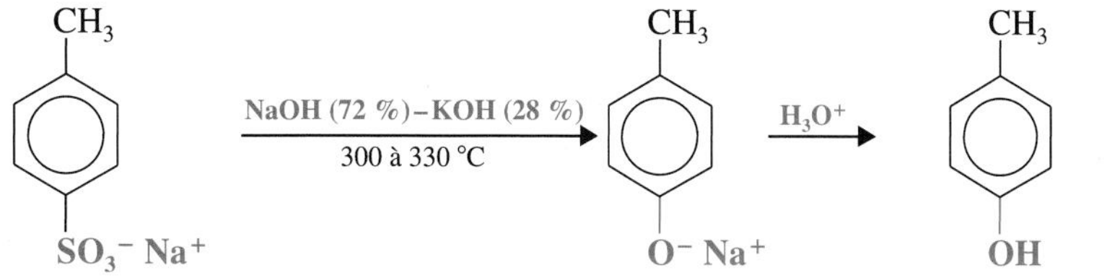

p-Toluènesulfonate de sodium   4-Méthylphénol (63 à 70 % pour les deux étapes)

3. **À partir de l'hydroperoxyde du cumène.** Ce procédé est un exemple de la chimie industrielle à son meilleur. Globalement, il consiste à transformer deux composés organiques relativement peu coûteux, le benzène et le propène, en deux produits de plus grande valeur, le phénol et l'acétone. La seule autre substance consommée au cours du procédé est l'oxygène de l'air. La majeure partie de la production mondiale de phénol est maintenant basée sur cette méthode. La synthèse commence par une alkylation de Friedel-Crafts du benzène par le propène qui produit du cumène (isopropylbenzène).

Réaction 1

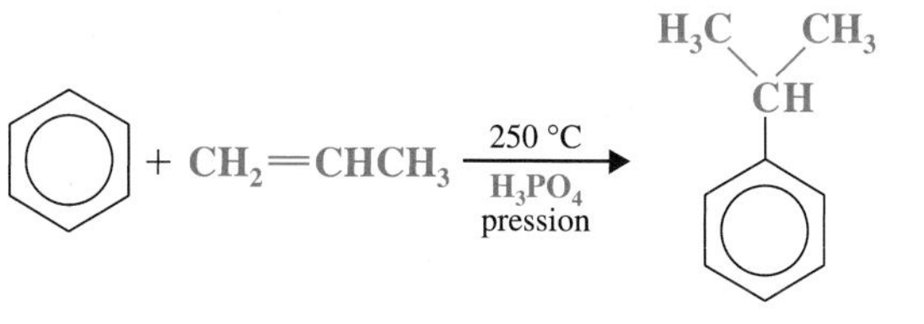

Cumène (isopropylbenzène)

Le cumène est ensuite oxydé en hydroperoxyde de cumène.

Réaction 2

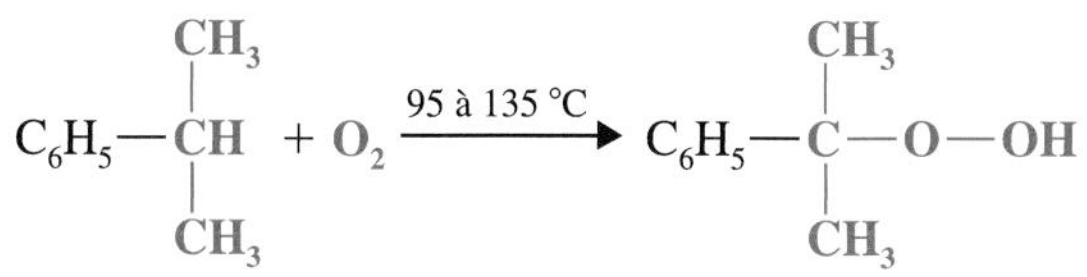

Hydroperoxyde de cumène

Enfin, l'hydroperoxyde de cumène est traité par de l'acide sulfurique à 10 %, ce qui provoque un réarrangement hydrolytique donnant du phénol et de l'acétone.

Réaction 3

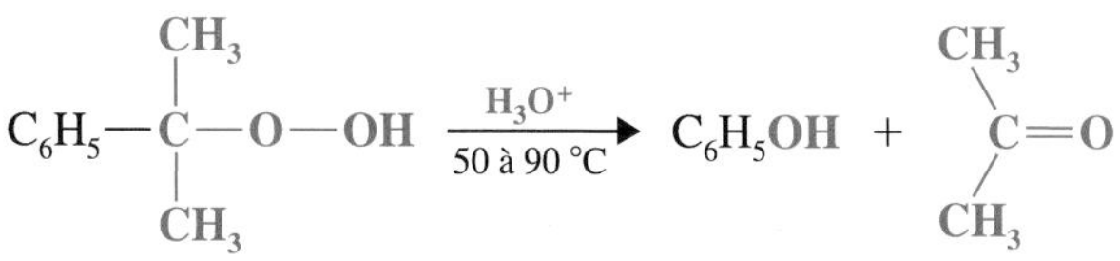

Phénol   **Acétone**

Le mécanisme de chacune des réactions de la synthèse du phénol à partir du benzène et du propène en passant par l'hydroperoxyde de cumène mérite d'être examiné. La première réaction est bien connue. Le cation isopropyle engendré par la réaction du propène avec l'acide (H_3PO_4) alkyle le benzène par une substitution aromatique électrophile typique.

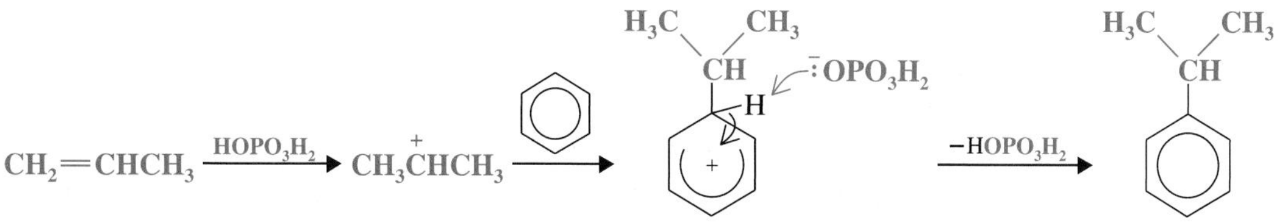

La deuxième réaction est une réaction radicalaire en chaîne. Un radical amorceur enlève l'hydrogène benzylique du cumène, ce qui produit un radical benzylique tertiaire. Puis une réaction en chaîne avec l'oxygène produit l'hydroperoxyde de cumène.

Amorçage de la réaction en chaîne

Étape 1

$$C_6H_5 - \overset{\underset{\textstyle CH_3}{|}}{\underset{\underset{\textstyle CH_3}{|}}{C}} H + R\cdot \longrightarrow C_6H_5 - \overset{\underset{\textstyle CH_3}{|}}{\underset{\underset{\textstyle CH_3}{|}}{C}}\cdot \quad + R - H$$

Propagation de la réaction en chaîne

Étape 2

$$C_6H_5 - \overset{\underset{\textstyle CH_3}{|}}{\underset{\underset{\textstyle CH_3}{|}}{C}}\cdot \quad + \cdot O - O\cdot \longrightarrow C_6H_5 - \overset{\underset{\textstyle CH_3}{|}}{\underset{\underset{\textstyle CH_3}{|}}{C}} - O - O\cdot$$

Étape 3

$$C_6H_5 - \overset{\underset{\textstyle CH_3}{|}}{\underset{\underset{\textstyle CH_3}{|}}{C}} - O - O\cdot + H - \overset{\underset{\textstyle CH_3}{|}}{\underset{\underset{\textstyle CH_3}{|}}{C}} - C_6H_5 \longrightarrow$$

$$C_6H_5 - \overset{\underset{\textstyle CH_3}{|}}{\underset{\underset{\textstyle CH_3}{|}}{C}} - O - O - H + C_6H_5 - \overset{\underset{\textstyle CH_3}{|}}{\underset{\underset{\textstyle CH_3}{|}}{C}}\cdot$$

Et les étapes 2 et 3 de cette réaction se répètent en alternance.

La troisième réaction, le réarrangement hydrolytique, ressemble aux réarrangements de carbocations que nous avons étudiés précédemment. Dans le cas présent, toutefois, le réarrangement consiste en la migration d'un groupe phényle vers un *atome d'oxygène cationique*. Les groupes phényle ont bien plus tendance à migrer vers un centre cationique que les groupes méthyle (voir la section 16.12A). Les équations suivantes montrent toutes les étapes de ce mécanisme.

$$C_6H_5 - \overset{\underset{\textstyle CH_3}{|}}{\underset{\underset{\textstyle CH_3}{|}}{C}} - \ddot{O} - \ddot{O}H + H - \overset{+}{O}H_2 \longrightarrow C_6H_5 - \overset{\underset{\textstyle CH_3}{|}}{\underset{\underset{\textstyle CH_3}{|}}{C}} - \ddot{O} - \overset{+}{O}H_2 \xrightarrow{-H_2O}$$

$$C_6H_5 - \overset{\underset{\textstyle CH_3}{|}}{\underset{\underset{\textstyle CH_3}{|}}{C}} - \overset{+}{\ddot{O}} \xrightarrow[\substack{\text{avec une paire d'élec-}\\ \text{trons vers l'oxygène}}]{\text{migration du phényle}} \overset{\underset{\textstyle CH_3}{|}}{\underset{\underset{\textstyle CH_3}{|}}{\overset{+}{C}}} - \ddot{O} - C_6H_5 \longrightarrow$$

$$H - \overset{\underset{\textstyle CH_3}{|}}{\underset{\underset{\textstyle CH_3}{|}}{\overset{+}{O}}} \overset{CH_3}{\underset{CH_3}{C}} - \ddot{O} - C_6H_5 \rightleftarrows H - \ddot{O} - \overset{\underset{\textstyle CH_3}{|}}{\underset{\underset{\textstyle CH_3}{|}}{C}} - \overset{+}{\underset{\textstyle H}{O}} - C_6H_5 \xrightarrow{-H_3O^+}$$

$$\ddot{O} = \overset{CH_3}{\underset{CH_3}{C}} + H\ddot{O}C_6H_5$$

Acétone   **Phénol**

En réalité, les deuxième et troisième étapes du mécanisme se produisent peut-être en même temps; en d'autres mots, la perte d'H₂O et la migration du C₆H₅ — pourraient être concertées.

21.5 RÉACTIONS DES PHÉNOLS EN TANT QU'ACIDES

21.5A ACIDITÉ DES PHÉNOLS

Bien que les phénols ressemblent aux alcools par leur structure, ce sont des acides beaucoup plus forts. Les pK_a de la plupart des alcools sont de l'ordre de 18. Toutefois, comme on peut le voir au tableau 21.2, les pK_a des phénols sont généralement inférieurs à 11.

Voici deux composés qui, *à première vue,* se ressemblent : le cyclohexanol et le phénol.

Cyclohexanol
$pK_a = 18$

Phénol
$pK_a = 9,89$

Bien que le phénol soit un acide faible comparativement à un acide carboxylique tel que l'acide acétique ($pK_a = 4,75$), c'est un acide beaucoup plus fort que le cyclohexanol (par un facteur de 8 unités de pK_a).

Les données expérimentales et théoriques révèlent que la plus grande acidité des phénols est due avant tout à la distribution de la charge électrique sur le phénol, qui a pour conséquence que l'oxygène du groupe — OH est plus positif; il s'ensuit que le proton est retenu moins fortement. Comparativement au cycle du cyclohexanol, le noyau benzénique du phénol agit à la façon d'un groupe électroattracteur.

Pour comprendre l'origine de cet effet, il faut noter que l'atome de carbone qui porte le groupe hydroxyle du phénol est hybridé sp^2, alors que celui du cyclohexane est hybridé sp^3. Étant donné la plus grande contribution de la composante *s,* les carbones hybridés sp^2 sont plus électronégatifs que les atomes de carbone hybridés sp^3 (section 3.7A).

Les contributions des structures **2** à **4** (ci-dessous) à l'hybride de résonance global du phénol pourraient constituer un autre facteur intervenant dans la distribution des électrons. Notez que ces structures ont pour effet de soustraire des électrons du groupe hydroxyle et de rendre l'oxygène positif.

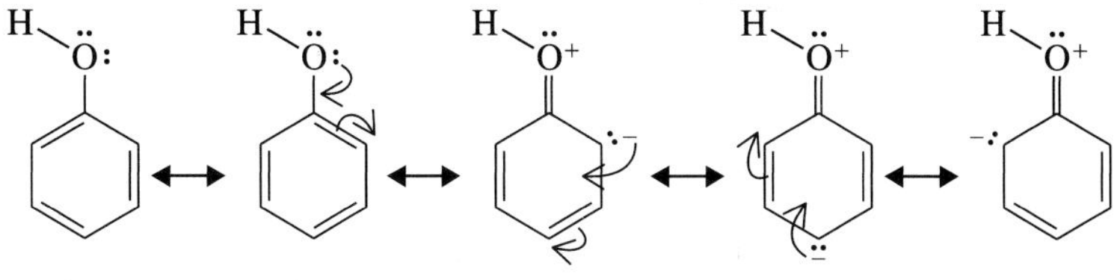

Formes limites de résonance du phénol

1a **1b** **2** **3** **4**

Tableau 21.2 Constantes d'acidité des phénols.

Nom	pK_a (dans H_2O à 25 °C)	Nom	pK_a (dans H_2O à 25 °C)
Phénol	9,89	3-Nitrophénol	8,28
2-Méthylphénol	10,20	4-Nitrophénol	7,15
3-Méthylphénol	10,01	2,4-Dinitrophénol	3,96
4-Méthylphénol	10,17	2,4,6-Trinitrophénol (acide picrique)	0,38
2-Chlorophénol	8,11		
3-Chlorophénol	8,80	1-Naphtol	9,31
4-Chlorophénol	9,20	2-Naphtol	9,55
2-Nitrophénol	7,17		

On peut également expliquer la plus forte acidité du phénol par rapport au cyclohexanol par des structures de résonance semblables pour l'ion phénoxyde. Contrairement aux structures **2** à **4** du phénol, les formes limites de résonance de l'ion phénoxyde ne font pas intervenir une création et une séparation de charges. D'après la théorie de la résonance, de telles structures devraient stabiliser l'ion phénoxyde dans une plus large mesure que les structures **2** à **4** ne stabilisent le phénol. (Évidemment, aucune structure de résonance ne peut être dessinée dans le cas du cyclohexanol ou de son anion). La plus grande stabilisation de l'ion phénoxyde (la base conjuguée) par rapport au phénol (l'acide) augmente ainsi l'acidité*.

PROBLÈME 21.1

En examinant le tableau 21.2, on constate que les méthylphénols (crésols) sont moins acides que le phénol, comme l'illustre l'exemple suivant :

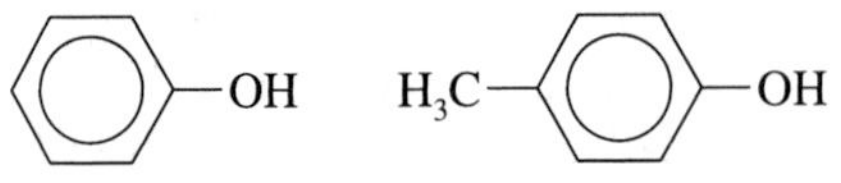

Phénol
$pK_a = 9{,}89$

4-Méthylphénol
$pK_a = 10{,}17$

Cette propriété est caractéristique des phénols portant des groupes électrorépulseurs. Expliquez.

PROBLÈME 21.2

En examinant le tableau 21.2, on voit que les phénols portant des groupes électroattracteurs (Cl — ou O_2N —) fixés au noyau benzénique sont plus acides que le phénol lui-même. Expliquez cette tendance en faisant appel à la résonance et aux effets inductifs. Votre réponse devrait également expliquer l'important effet d'augmentation de l'acidité des groupes nitro, qui fait du 2,4,6-trinitrophénol (également appelé *acide picrique*) un acide exceptionnel ($pK_a = 0{,}38$), plus fort que l'acide acétique ($pK_a = 4{,}75$).

21.5B MÉTHODES PERMETTANT DE DIFFÉRENCIER ET DE SÉPARER LES PHÉNOLS DES ALCOOLS ET DES ACIDES CARBOXYLIQUES

Étant donné que les phénols sont plus acides que l'eau, la réaction suivante se termine essentiellement par la production de phénoxyde de sodium hydrosoluble.

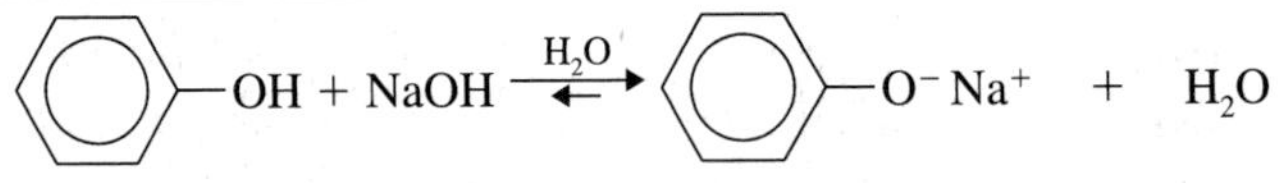

| Acide le plus fort $pK_a \cong 10$ (légèrement soluble) | Base la plus forte | Base la plus faible (soluble) | Acide le plus faible $pK_a \cong 16$ |

Par contre, la réaction correspondante du 1-hexanol avec l'hydroxyde de sodium aqueux ne fonctionne pas très efficacement parce que le 1-hexanol est un acide plus faible que l'eau.

$$CH_3(CH_2)_4CH_2OH + NaOH \underset{H_2O}{\overset{}{\rightleftharpoons}} CH_3(CH_2)_4CH_2O^- Na^+ + H_2O$$

| Acide le plus faible $pK_a \cong 18$ (très peu soluble) | Base la plus faible | Base la plus forte | Acide le plus fort $pK_a \cong 16$ |

---

* Pour en savoir plus à ce sujet, consultez les articles suivants : M.R.F. SIGGEL et T.D. THOMAS, *J. Am. Chem. Soc.*, vol. 108, 1986, p. 4360-4362; M.R.F. SIGGEL, A.R. STREITWIESER et T.D. THOMAS, *J. Am. Chem. Soc.*, vol. 110, 1988, p. 8022-8028.

Le fait que les phénols se dissolvent dans l'hydroxyde de sodium aqueux, alors que la plupart des alcools à six carbones ou plus ne le font pas, fournit un moyen commode de distinguer et de séparer les phénols de la plupart des alcools. Les alcools à cinq carbones ou moins sont solubles dans l'eau, et certains le sont extrêmement. Ils se dissolvent donc dans l'hydroxyde de sodium aqueux, bien qu'ils ne soient pas convertis en alkoxydes de sodium en quantité appréciable.

Toutefois, la plupart des phénols ne sont pas solubles dans le bicarbonate de sodium (NaHCO$_3$) aqueux, alors que les acides carboxyliques le sont. Par conséquent, le NaHCO$_3$ aqueux permet de distinguer et de séparer la plupart des phénols des acides carboxyliques.

Il est fort probable que vous utiliserez l'acidité modérée des phénols dans vos travaux de laboratoire de chimie organique pour séparer ou caractériser certains composés.

PROBLÈME 21.3

Au laboratoire, on vous remet un mélange de 4-méthylphénol, d'acide benzoïque et de toluène. En supposant que vous disposiez de tous les acides, bases et solvants courants, expliquez comment séparer les composés du mélange en utilisant leurs différences de solubilité.

21.6 AUTRES RÉACTIONS DU GROUPE O—H DES PHÉNOLS

Les phénols réagissent avec les anhydrides d'acide carboxylique et les chlorures d'acide pour former des esters. Ces réactions sont similaires à celles des alcools (section 18.7).

$$\text{Ph—OH} \xrightarrow[\text{base}]{\left(\text{RC—}\right)_2\text{O}} \text{Ph—O—CR} + \text{RCO}^-$$

$$\text{Ph—OH} \xrightarrow[\text{base}]{\text{RCCl}} \text{Ph—O—CR} + \text{Cl}^-$$

21.6A LES PHÉNOLS ET LA SYNTHÈSE DE WILLIAMSON

Les phénols peuvent être convertis en éthers par la synthèse de Williamson (section 11.15B). Étant donné que les phénols sont plus acides que les alcools, ils peuvent être convertis en phénoxydes de sodium à l'aide d'hydroxyde de sodium (plutôt qu'au moyen de sodium métallique, le réactif utilisé pour convertir les alcools en ions alkoxyde).

Réaction générale

$$\text{ArOH} \xrightarrow{\text{NaOH}} \text{ArO}^-\text{Na}^+ \xrightarrow[\substack{(X = Cl, Br, I, \\ OSO_2OR' \text{ ou} \\ OSO_2R')}]{R—X} \text{ArOR} + \text{NaX}$$

Exemples

Première réaction : 4-méthylphénol $\xrightarrow{\text{NaOH}}$ phénoxyde $\xrightarrow{CH_3CH_2—I}$ OCH$_2$CH$_3$ + NaI

$$\text{+ NaOH} \xrightarrow{H_2O} \text{O}^-\text{Na}^+ \xrightarrow{CH_3OSO_2OCH_3} \text{OCH}_3 + \text{NaOSO}_2\text{OCH}_3$$

**Anisole
(méthoxybenzène)**

21.7 CLIVAGE DES ÉTHERS AROMATIQUES

Dans la section 11.16, nous avons vu que, lorsque les oxydes d'alkyle sont chauffés avec un excès de HBr ou de HI concentré, ils se divisent pour donner deux halogénoalcanes.

$$R-O-R' \xrightarrow[\Delta]{HX\ conc.} R-X + R'-X + H_2O$$

Lorsque des oxydes d'alkyle et d'aryle réagissent avec des acides forts tels que HBr et HI, il en résulte un halogénoalcane et un phénol. Le phénol ne réagit pas avec l'acide pour donner un halogénoarène parce que sa liaison carbone–oxygène est très forte (voir le problème 21.1) et que les cations phényle ne se forment pas facilement.

Réaction générale

$$Ar-O-R \xrightarrow[\Delta]{HX\ conc.} Ar-OH + R-X$$

Exemple spécifique

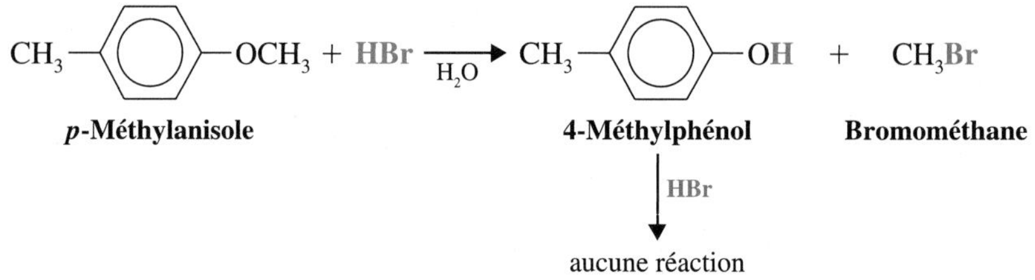

$$CH_3-\bigcirc-OCH_3 + HBr \xrightarrow{H_2O} CH_3-\bigcirc-OH + CH_3Br$$

p-Méthylanisole **4-Méthylphénol** **Bromométhane**

$$\downarrow HBr$$

aucune réaction

21.8 RÉACTIONS DU NOYAU BENZÉNIQUE DES PHÉNOLS

Bromation Le groupe hydroxyle est un puissant groupe activateur, ainsi qu'un groupe orienteur en ortho et en para, dans les **substitutions électrophiles.** Le phénol proprement dit réagit avec le brome en solution aqueuse pour donner du 2,4,6-tribromophénol avec un rendement quasi quantitatif. Notez qu'aucun acide de Lewis n'est nécessaire à la bromation de ce noyau fortement activé.

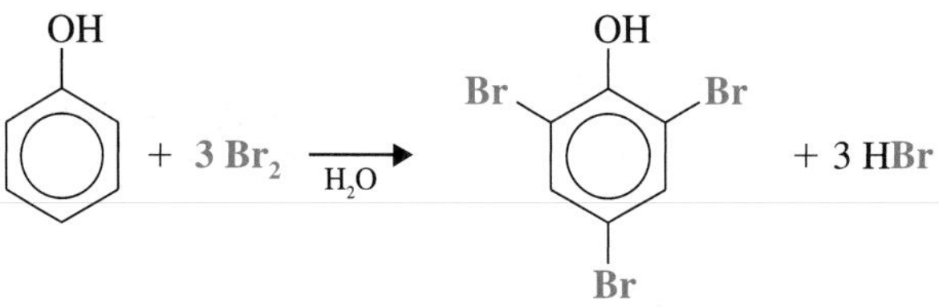

2,4,6-Tribromophénol
(~100 %)

La monobromation du phénol peut être réalisée dans le disulfure de carbone à basse température; ces conditions diminuent la réactivité électrophile du brome. Le principal produit est l'isomère para.

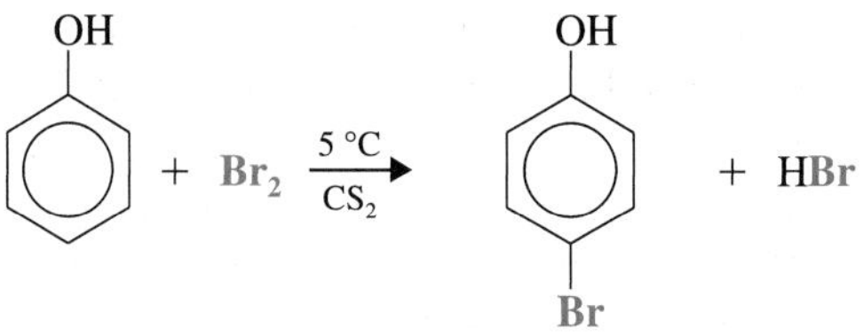

p-Bromophénol
(80 à 84 %)

Nitration Le phénol réagit avec l'acide nitrique dilué pour donner un mélange de o-nitrophénol et de p-nitrophénol.

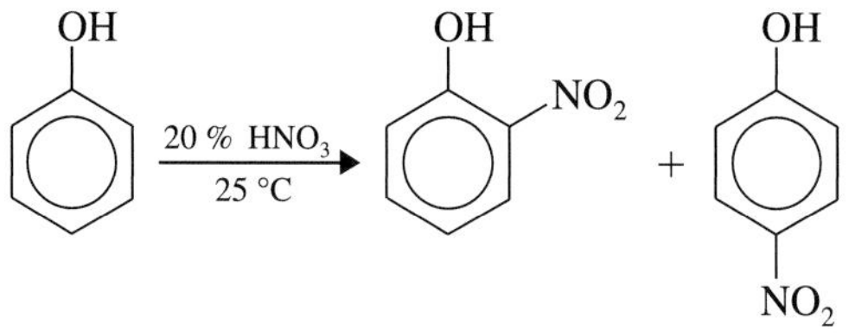

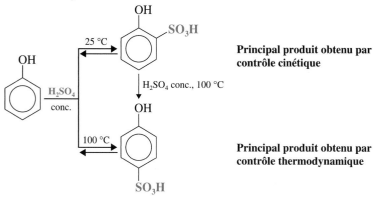

(30 à 40 %)   (15 %)

Bien que le rendement soit relativement faible (à cause de l'oxydation du cycle), les isomères ortho et para peuvent être séparés par distillation à la vapeur. L'*o*-nitrophénol est l'isomère le plus volatil parce que sa liaison hydrogène (voir les structures ci-dessous) est *intramoléculaire*. Le *p*-nitrophénol est moins volatil parce que ses molécules s'associent par des liaisons hydrogène. Par conséquent, l'*o*-nitrophénol s'évapore et le *p*-nitrophénol demeure dans le ballon de distillation.

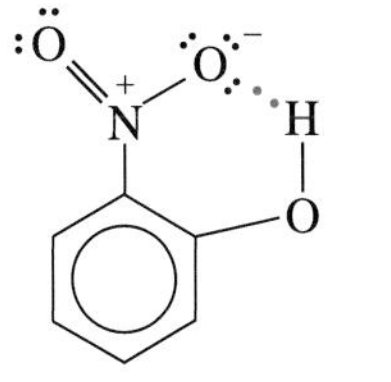

_o_-Nitrophénol
(plus volatil en raison de sa liaison
hydrogène intramoléculaire)

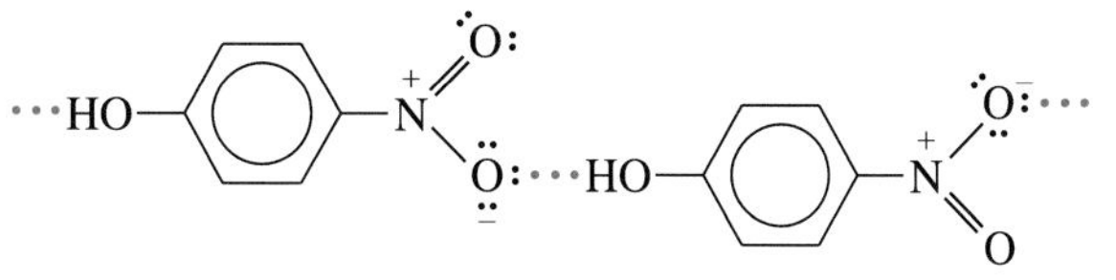

_p_-Nitrophénol
(moins volatil en raison de liaisons
hydrogène intermoléculaires)

Sulfonation   Le phénol réagit avec l'acide sulfurique concentré pour donner principalement un produit sulfoné en position ortho si la réaction est effectuée à 25 °C, alors qu'à 100 °C on obtient surtout un produit para-sulfoné. C'est là un autre exemple de l'opposition entre contrôle thermodynamique et contrôle cinétique d'une réaction (section 13.10A).

Principal produit obtenu par contrôle cinétique

H$_2$SO$_4$ conc., 100 °C

Principal produit obtenu par contrôle thermodynamique

PROBLÈME 21.4

a) Quel acide sulfonique (voir les réactions précédentes) est le plus stable ?

b) Quelle réaction de sulfonation (ortho ou para) a l'énergie d'activation la moins élevée ?

Réaction de Kolbe   L'ion phénoxyde est encore plus sujet aux substitutions aromatiques électrophiles que le phénol lui-même (pourquoi ?). La forte réactivité du cycle phénoxyde est mise à contribution dans une réaction appelée *réaction de Kolbe,* dans laquelle le dioxyde de carbone agit en tant qu'électrophile.

    La réaction de Kolbe est habituellement effectuée en faisant absorber du dioxyde de carbone par du phénoxyde de sodium puis en chauffant le produit à 125 °C sous une pression de plusieurs atmosphères de dioxyde de carbone. Dans l'intermédiaire instable, un proton change de position (tautomérisation céto-énolique; voir la section 17.2), ce qui donne du salicylate de sodium. Ensuite, l'acidification du mélange produit de l'*acide salicylique.*

La réaction de Kolbe

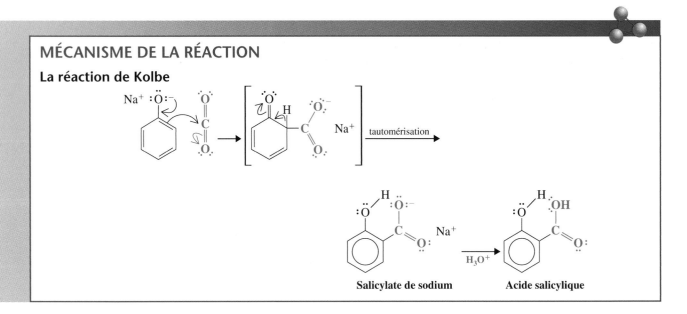

Salicylate de sodium **Acide salicylique**

La réaction de l'acide salicylique avec l'anhydride acétique produit l'*aspirine,* l'analgésique couramment utilisé.

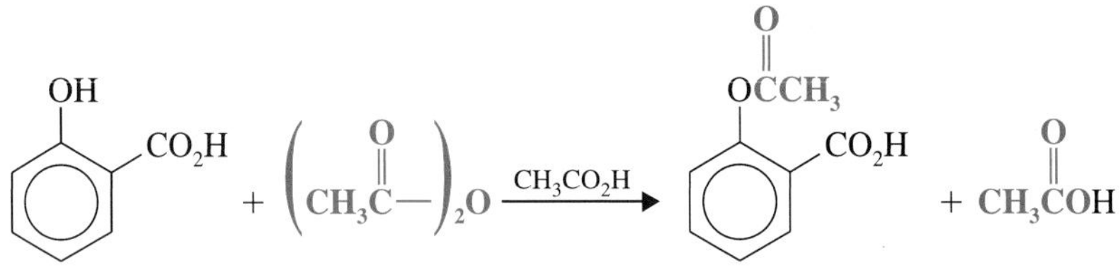

Acide
salicylique

Anhydride
acétique

Acide acétylsalicylique
(aspirine)

21.9 RÉARRANGEMENT DE CLAISEN

Le fait de chauffer un oxyde d'allyle et de phényle à 200 °C provoque une réaction intramoléculaire appelée **réarrangement de Claisen.** Le produit du réarrangement est l'*o*-allylphénol.

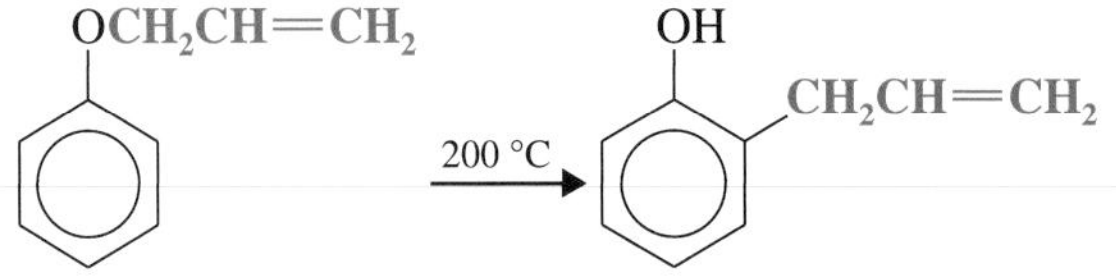

Oxyde d'allyle et de phényle *o*-**Allylphénol**

La réaction est due à un **réarrangement concerté,** au cours duquel la liaison entre le C3 du groupe allyle et la position ortho du noyau benzénique se forme en même temps que se brise la liaison carbone–oxygène de l'oxyde d'allyle et de phényle. Le produit de ce réarrangement est un intermédiaire instable dans lequel, tout comme dans l'intermédiaire instable de la réaction de Kolbe (section 21.8), un proton se déplace (tautomérisation céto-énolique; voir la section 17.2), ce qui donne l'*o*-allylphénol.

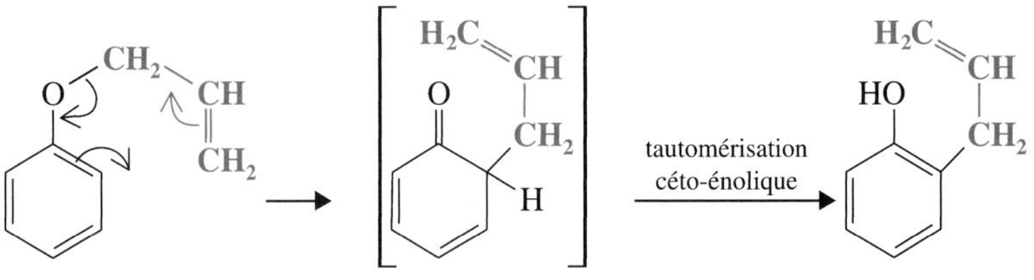

Intermédiaire instable

Il a été démontré que seul le C3 du groupe allyle forme une liaison avec le noyau benzénique par réarrangement avec un oxyde d'allyle et de phényle marqué au ^{14}C en C3. Dans tous les produits de cette réaction, le ^{14}C est fixé au cycle.

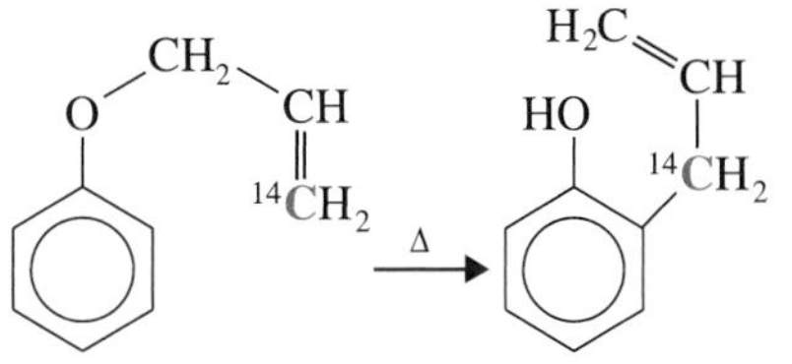

Seul produit

PROBLÈME 21.5

L'expérience de marquage décrite ci-dessus élimine la possibilité qu'intervienne un mécanisme par lequel l'oxyde d'allyle et de phényle se dissocierait pour donner un cation allyle (section 13.4) et un ion phénoxyde, qui subiraient ensuite une alkylation de Friedel-Crafts (section 15.6) pour produire l'*o*-allylphénol. Expliquez comment ce mécanisme peut être rejeté en identifiant le ou les produits qui pourraient en résulter.

PROBLÈME 21.6

Montrez comment il serait possible de synthétiser l'oxyde d'allyle et de phényle par une synthèse de Williamson (section 21.6A) à partir du phénol et du 3-bromoprop-1-ène.

Un réarrangement de Claisen se produit également lorsque les oxydes d'allyle et de vinyle sont chauffés. En voici un exemple :

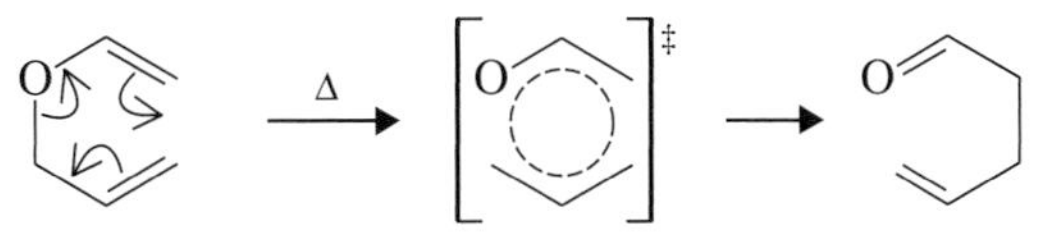

Oxyde d'allyle   **État de transition**   **Pent-4-ènal**
et de vinyle   **aromatique**

L'état de transition du réarrangement de Claisen est constitué d'un cycle ayant six orbitales et six électrons, ce qui suggère un état de transition à caractère aromatique (section 14.7). D'autres réactions de ce type sont connues et sont appelées **réactions péricycliques.**

Le **réarrangement de Cope,** illustré ci-dessous, est un autre exemple de réaction péricyclique.

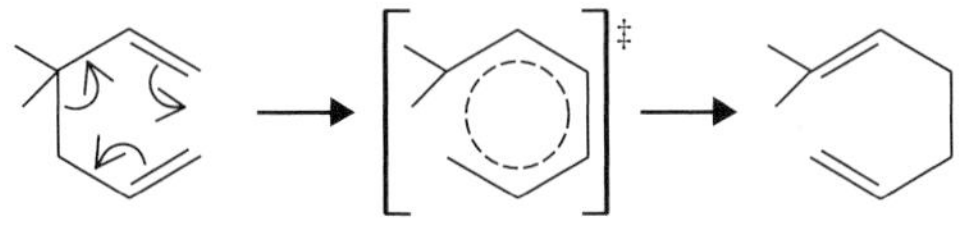

3,3-Diméthyl-   **État de**   **2-Méthyl-2,6-**
1,5-hexadiène   **transition**   **heptadiène**
                      aromatique

La réaction de Diels-Alder (section 13.11) est aussi une réaction péricyclique. L'état de transition de la réaction de Diels-Alder est également muni de six orbitales et six électrons.

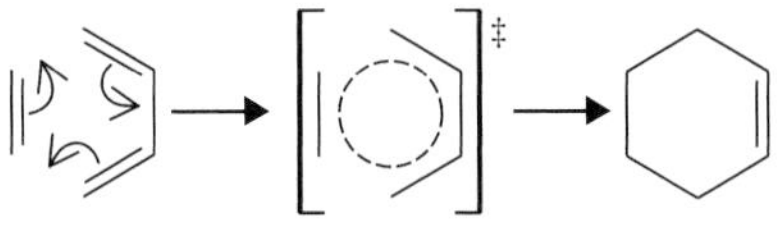

État de
transition
aromatique

Nous reviendrons plus en détail sur la réaction de Diels-Alder à l'annexe G.

21.10 QUINONES

L'oxydation de l'hydroquinone (benzène-1,4-diol) produit un composé appelé *p*-benzoquinone. Cette oxydation, qui peut être effectuée à l'aide d'oxydants doux, équivaut à enlever une paire d'électrons (2 e^-) et deux protons à l'hydroquinone. On peut également se représenter cette oxydation comme la perte d'une molécule d'hydrogène, H:H, ce qui en fait une déshydrogénation.

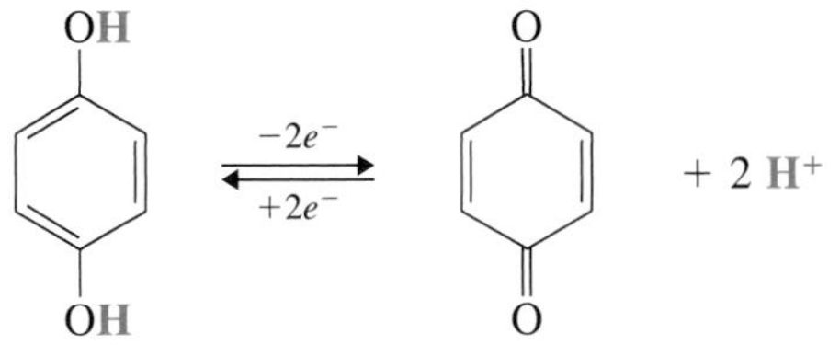

Hydroquinone **p-Benzoquinone**

Cette réaction est réversible; la *p*-benzoquinone est facilement réduite en hydroquinone par des réducteurs doux.

Ce type d'oxydoréduction réversible sert souvent, dans la nature, à transporter une paire d'électrons d'une substance à une autre au cours de réactions catalysées par des enzymes. Les **ubiquinones** (de *ubiquitaire* et quinone) sont des composés importants à cet égard; on les trouve dans la membrane interne des mitochondries de toutes les cellules vivantes. Les ubiquinones sont également appelées cœnzymes Q (CoQ).

Les ubiquinones ont une longue chaîne latérale dérivée de l'isoprène (voir l'annexe D et la section 23.4). Dix unités d'isopropène constituent la chaîne latérale des ubiquinones humaines. Cette partie de leur structure est extrêmement apolaire et sert à solubiliser les ubiquinones dans la bicouche hydrophobe de la membrane interne des mitochondries. Cette solubilité des ubiquinones dans la membrane facilite leur diffusion latérale d'une composante à une autre de la chaîne de transport des électrons. Dans cette chaîne, l'ubiquinone fonctionne en acceptant deux électrons et deux atomes d'hydrogène, ce qui la transforme en hydroquinone. La forme hydroquinone transfère ensuite les deux électrons à l'accepteur suivant dans la chaîne.

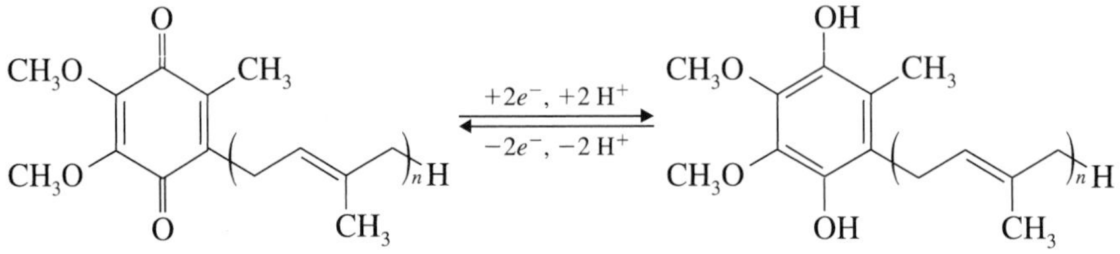

Ubiquinones (*n* = 6 à 10) **Ubiquinol (forme hydroquinone)**
(coenzymes Q)

La vitamine K_1, un important facteur de la coagulation sanguine, comporte une structure 1,4-naphtoquinone.

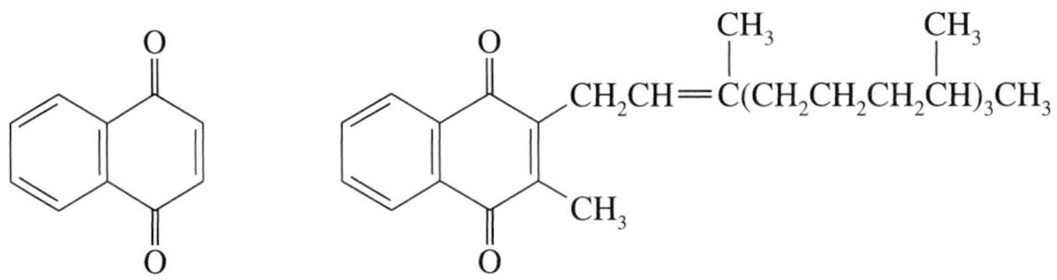

1,4-Naphthoquinone **Vitamine K_1**

PROBLÈME 21.7

La *p*-benzoquinone et la 1,4-naphtoquinone servent de diénophiles dans les réactions de Diels-Alder. Écrivez les structures des produits des réactions suivantes :

a) *p*-Benzoquinone + butadiène

b) 1,4-Naphtoquinone + butadiène

c) *p*-Benzoquinone + 1,3-cyclopentadiène

PROBLÈME 21.8

Proposez un schéma de synthèse pour le composé suivant :

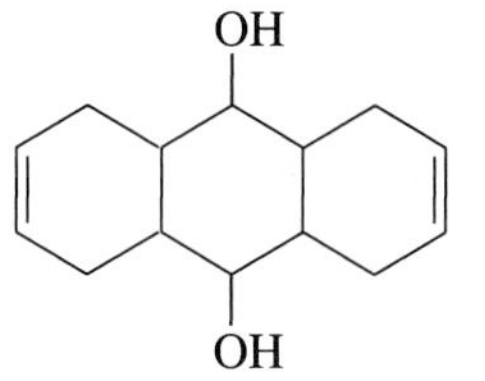

21.11 HALOGÉNOARÈNES ET SUBSTITUTION AROMATIQUE NUCLÉOPHILE

Les halogénoarènes simples ressemblent aux halogénures vinyliques (section 6.15A) en ce qu'ils sont relativement peu susceptibles de subir une substitution nucléophile dans des conditions où les halogénoalcanes s'y prêtent facilement. Ainsi, on peut faire bouillir du chlorobenzène avec de l'hydroxyde de sodium pendant des jours sans obtenir de quantités décelables de phénol (ou de phénoxyde de sodium)[*]. De même, lorsque le chlorure de vinyle (2-chloroéthène) est chauffé avec de l'hydroxyde de sodium, aucune substitution ne se produit.

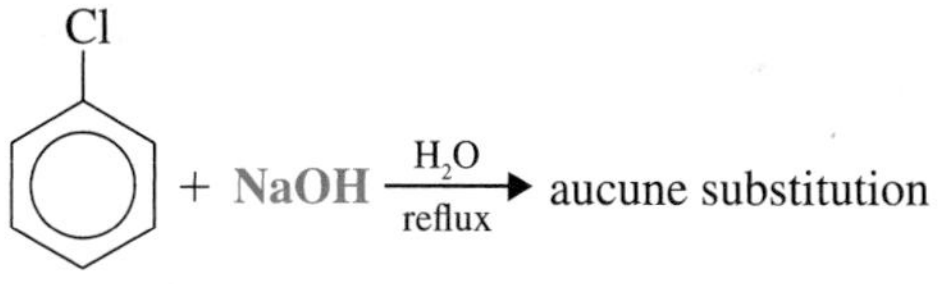

Cette absence de réactivité peut s'expliquer par plusieurs facteurs. Le cycle benzénique d'un halogénoarène empêche une attaque par l'arrière comme dans une réaction S_N2.

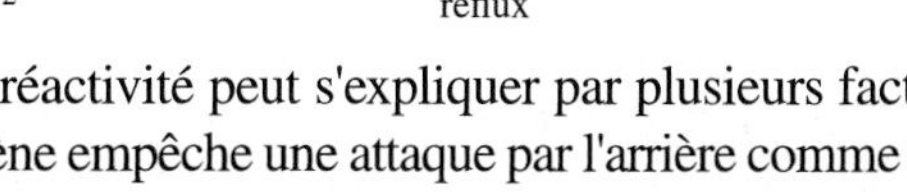

Les cations phényle sont très instables; par conséquent, il ne se produit pas de réactions S_N1. Les liaisons carbone–halogène des halogénoarènes (et des halogénures vinyliques) sont plus courtes et plus fortes que celles des halogénoalcanes et des halogénures alkyliques et benzyliques. La présence de liaisons carbone–halogène plus fortes signifie que la rupture de la liaison par un mécanisme S_N1 ou S_N2 exige plus d'énergie.

Deux effets rendent plus courtes et plus fortes les liaisons carbone–halogène des halogénoarènes et des halogénures vinyliques : 1) le carbone de ces deux types d'halogénure est hybridé en sp^2 et, par conséquent, les électrons de l'orbitale du carbone sont situés plus près du noyau que ceux du carbone hybridé en sp^3; 2) la résonance du type présenté ci-dessous renforce la liaison carbone–halogène en lui conférant un *caractère de double liaison*.

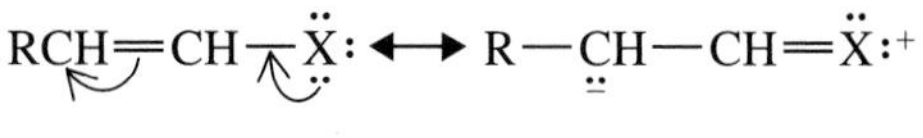

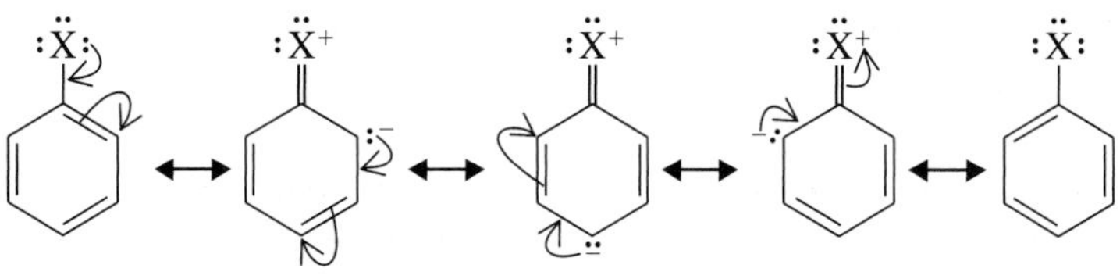

---

[*] Le procédé Dow de fabrication du phénol par substitution (section 21.4B) exige une température et une pression extrêmement élevées pour que la réaction s'effectue. Ces conditions ne sont pas aisément reproduites en laboratoire.

Cela dit, nous verrons dans les deux sous-sections suivantes que les *halogénoarènes peuvent être remarquablement aptes à réagir avec les nucléophiles* lorsqu'ils portent certains substituants ou que les conditions de la réaction sont adéquates.

21.11A SUBSTITUTION AROMATIQUE NUCLÉOPHILE PAR ADDITION-ÉLIMINATION : LE MÉCANISME S_NAr

Les réactions de substitution nucléophile des halogénoarènes *se produisent* facilement lorsqu'un facteur d'ordre électronique rend sujet à une attaque nucléophile le carbone qui est lié à l'halogène. ***Une substitution nucléophile peut se produire lorsque des groupes fortement électroattracteurs sont situés en ortho ou en para par rapport à l'atome d'halogène.***

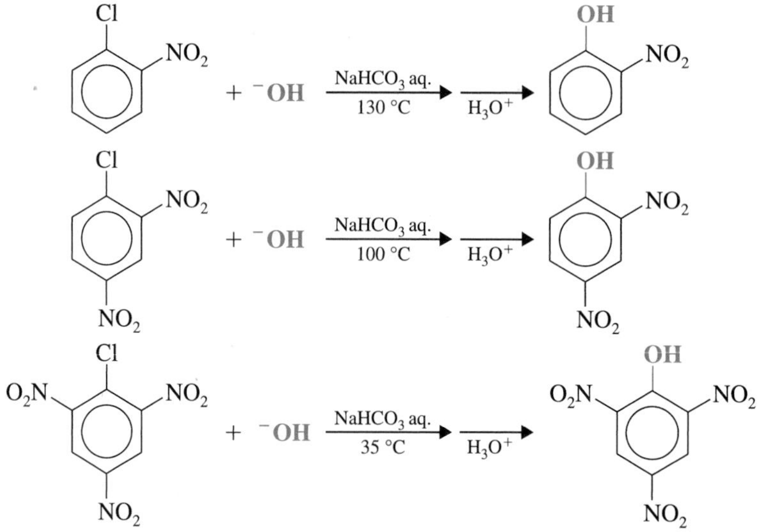

Ces exemples montrent également que la température nécessaire à la réaction dépend du nombre de groupes nitro en ortho ou en para. Des trois composés servant ici d'exemples, l'*o*-nitrochlorobenzène exige, pour réagir, la température la plus élevée (tout comme le *p*-nitrochlorobenzène), alors que le 2,4,6-trinitrochlorobenzène réagit à la température la plus basse.

Un groupe nitro en méta n'a pas le même effet activateur. Ainsi, il n'y a pas de réaction correspondante avec le *m*-nitrochlorobenzène.

Le mécanisme de ces réactions est une *addition-élimination* au cours de laquelle se forme un *carbanion,* avec électrons délocalisés, appelé **complexe de Meisenheimer,** d'après le nom du chimiste allemand Jacob Meisenheimer qui en a fait connaître la structure exacte. Dans la première étape du mécanisme, l'addition d'un ion hydroxyde au *p*-nitrochlorobenzène, par exemple, produit un carbanion; ensuite, l'élimination

MÉCANISME DE LA RÉACTION

Le mécanisme S_NAr

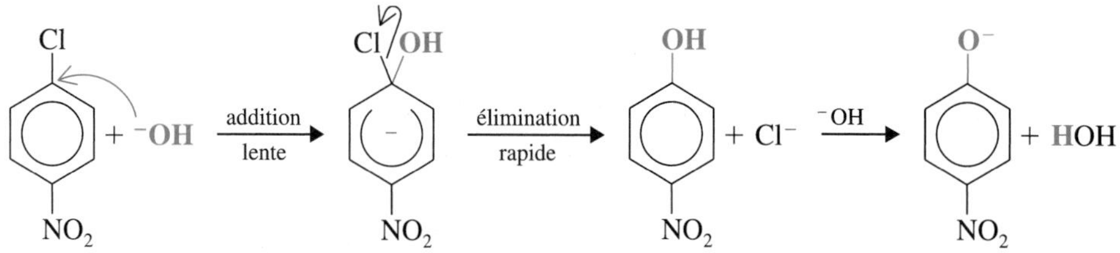

Carbanion
(complexe de Meisenheimer)
Les formes limites de résonance
pertinentes sont présentées plus loin.

d'un ion chlorure donne le produit de substitution en même temps que l'aromaticité du cycle est rétablie. Ce mécanisme décrit une substitution aromatique nucléophile et est désigné S_NAr.

Le carbanion est stabilisé par des *groupes électroattracteurs* en position ortho et para par rapport à l'atome d'halogène. L'examen des formes limites de résonance d'un complexe de Meisenheimer présentées ci-dessous permet de comprendre pourquoi.

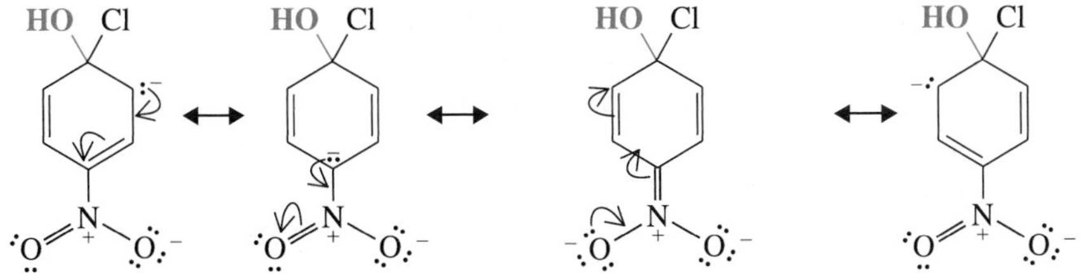

Particulièrement stable
(Les charges négatives sont toutes
deux sur des atomes d'oxygène.)

PROBLÈME 21.9

Le 1-fluoro-2,4-dinitrobenzène se prête très facilement aux substitutions nucléophiles faisant intervenir un mécanisme S_NAr (à la section 24.5A, nous verrons comment ce réactif est utilisé dans la méthode de Sanger pour déterminer la structure des protéines). Quel produit serait formé par la réaction du 1-fluoro-2,4-dinitrobenzène avec les composés suivants ?

a) CH_3CH_2ONa b) NH_3 c) $C_6H_5NH_2$ d) CH_3CH_2SNa

21.11B SUBSTITUTION AROMATIQUE NUCLÉOPHILE PAR UN MÉCANISME D'ÉLIMINATION-ADDITION : L'INTERMÉDIAIRE BENZYNE

Bien que les halogénoarènes tels que le chlorobenzène et le bromobenzène ne réagissent pas avec la plupart des nucléophiles dans des conditions ordinaires, ils le font dans des conditions extrêmes. Ainsi, on peut transformer le chlorobenzène en phénol en le chauffant à 350 °C avec de l'hydroxyde de sodium aqueux dans un réacteur pressurisé (section 21.4).

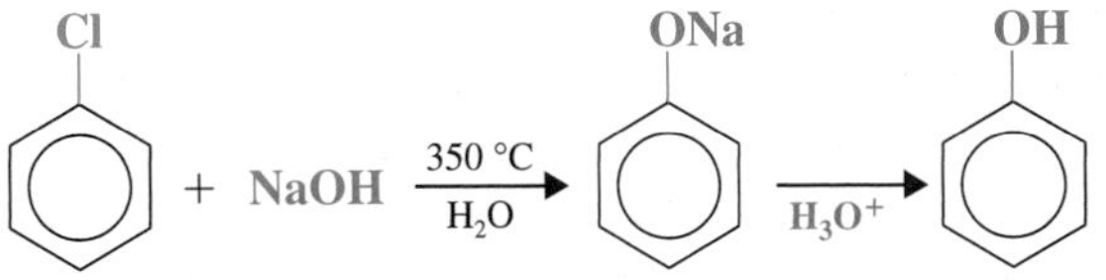

Phénol

Le bromobenzène réagit avec la base très forte $\overline{N}H_2$ dans l'ammoniac liquide.

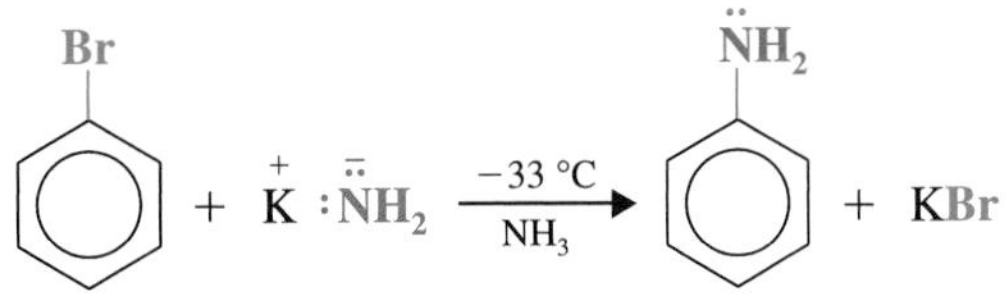

Aniline

Ces réactions se produisent selon un **mécanisme d'élimination-addition** au cours duquel se forme un intéressant intermédiaire appelé *benzyne* (ou *déhydrobenzène*). La réaction du bromobenzène et de l'ion amidure fournit un exemple de ce mécanisme.

Dans la première étape (voir la description du mécanisme ci-après), l'ion amidure amorce une élimination en enlevant l'un des protons en ortho parce que ce sont les plus acides. La charge négative qui apparaît sur le carbone ortho est stabilisée par l'effet inductif attracteur du brome. L'anion perd alors un ion bromure. Cette élimination produit le **benzyne,** un composé très instable et, par conséquent, très réactif.

Ce dernier réagit ensuite avec n'importe quel nucléophile disponible (ici, un ion amidure) dans une réaction d'addition en deux étapes qui produit l'aniline.

MÉCANISME DE LA RÉACTION

Mécanisme d'élimination-addition où intervient un benzyne

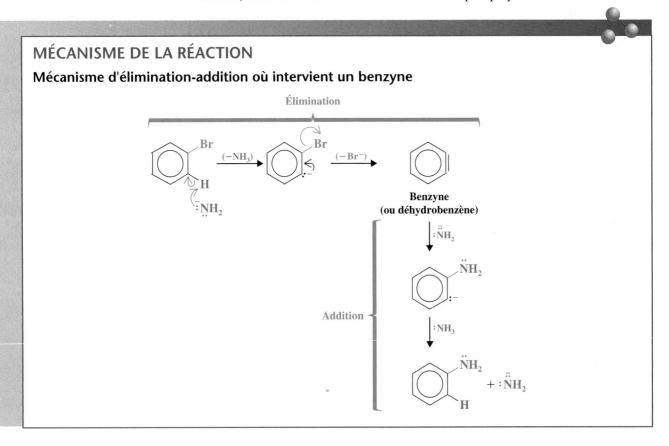

La nature du benzyne deviendra plus claire à l'examen du diagramme orbitalaire suivant :

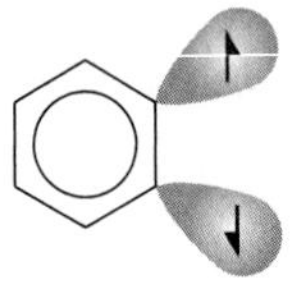

Benzyne

Dans le benzyne, la liaison additionnelle résulte du recouvrement des orbitales sp^2 de deux carbones adjacents du cycle. Les axes de ces orbitales sp^2 sont dans le même plan que le cycle et, par conséquent, sont perpendiculaires aux orbitales π du système aromatique et ne se recouvrent pas. Ils ne perturbent pas le système aromatique ni ne contribuent à sa résonance de manière appréciable. La liaison additionnelle est faible. Même s'il est probable que le cycle hexagonal soit quelque peu déformé afin de permettre le rapprochement des orbitales sp^2, le recouvrement de ces orbitales n'est pas très important. Le benzyne, de ce fait, est extrêmement instable et très réactif. Il a été décelé et piégé de diverses façons (voir plus loin), mais jamais isolé sous la forme d'une substance pure.

Quelles sont donc les preuves de l'existence d'un mécanisme d'élimination-addition où intervient le benzyne dans certaines substitutions aromatiques nucléophiles ?

La première preuve explicite provient d'une expérience effectuée par J.D. Roberts (section 9.9) en 1953, qui marque les débuts de la chimie du benzyne. Roberts montra par cette expérience que, lorsque du bromobenzène marqué au ^{14}C (C*) est traité par l'ion amidure dans l'ammoniac liquide, l'aniline produite est marquée en proportions égales aux positions 1 et 2. Ce résultat est compatible avec le mécanisme d'élimination-addition illustré ci-après, mais il ne concorde évidemment pas du tout avec un déplacement direct ou avec un mécanisme d'addition-élimination (pourquoi ?).

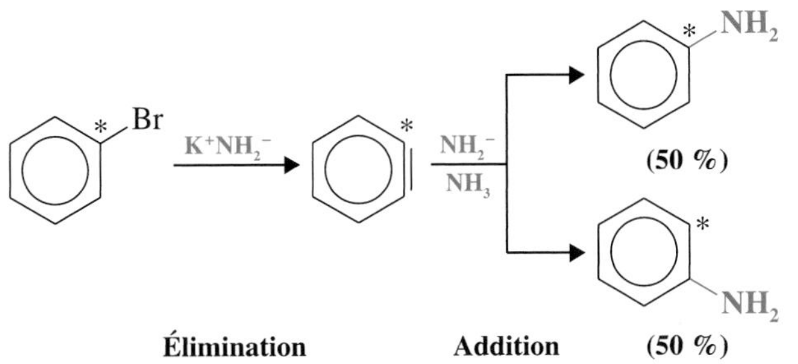

La réaction suivante est encore plus probante. Lorsque le dérivé ortho **1** est traité par de l'amidure de sodium, le seul produit organique obtenu est la *m*-(trifluorométhyl)aniline.

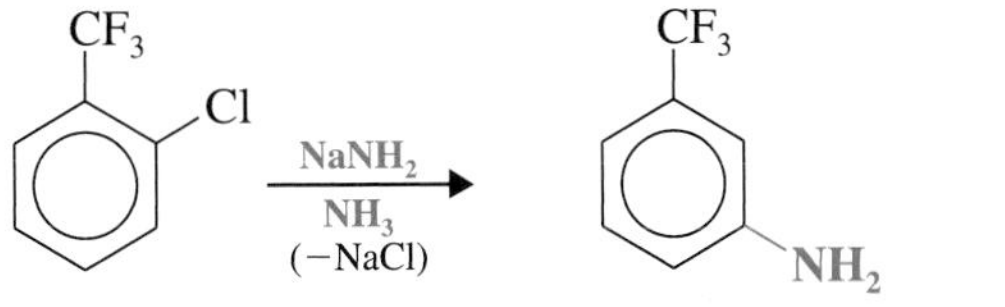

CAPSULE CHIMIQUE

DÉSHALOGÉNATION BACTÉRIENNE D'UN DÉRIVÉ DES BPC

Les biphényles polychlorés (BPC) sont des composés qui étaient utilisés autrefois dans divers appareils électriques, ainsi que dans des procédés industriels et dans la fabrication de polymères. Toutefois, leur utilisation et leur production ont été interdites vers la fin des années 70 aux États-Unis à cause de leur toxicité et de leur tendance à s'accumuler dans la chaîne alimentaire. L'acide 4-chlorobenzoïque est un produit de la dégradation de certains BPC. On sait maintenant que certaines bactéries sont capables de déshalogéner l'acide 4-chlorobenzoïque par une réaction enzymatique de substitution aromatique nucléophile. Le produit de la réaction est l'acide 4-hydroxybenzoïque. Le mécanisme de cette substitution catalysée par une enzyme est présenté ci-dessous. Il commence avec le thioester de l'acide 4-chlorobenzoïque dérivé du cœnzyme A (CoA).

Voici certaines des caractéristiques importantes de ce mécanisme S$_N$Ar enzymatique. Le nucléophile qui attaque le cycle benzénique chloré est un anion carboxylate de l'enzyme. Lorsque le carboxylate attaque, des groupes positivement chargés à l'intérieur de l'enzyme stabilisent la densité électronique additionnelle qui se développe sur le groupe carbonyle du thioester du complexe de Meisenheimer. La dissociation du complexe de Meisenheimer, accompagnée de la réaromatisation du cycle et de la perte de l'anion chlorure, donne un intermédiaire dans lequel le substrat forme une liaison covalente de type ester avec l'enzyme. L'hydrolyse de cette liaison résulte de l'action d'une molécule d'eau dont le caractère nucléophile a été intensifié par un site basique à l'intérieur de l'enzyme. L'hydrolyse de l'ester libère l'acide 4-hydroxybenzoïque, et l'enzyme est de nouveau prête à catalyser un autre cycle réactionnel.

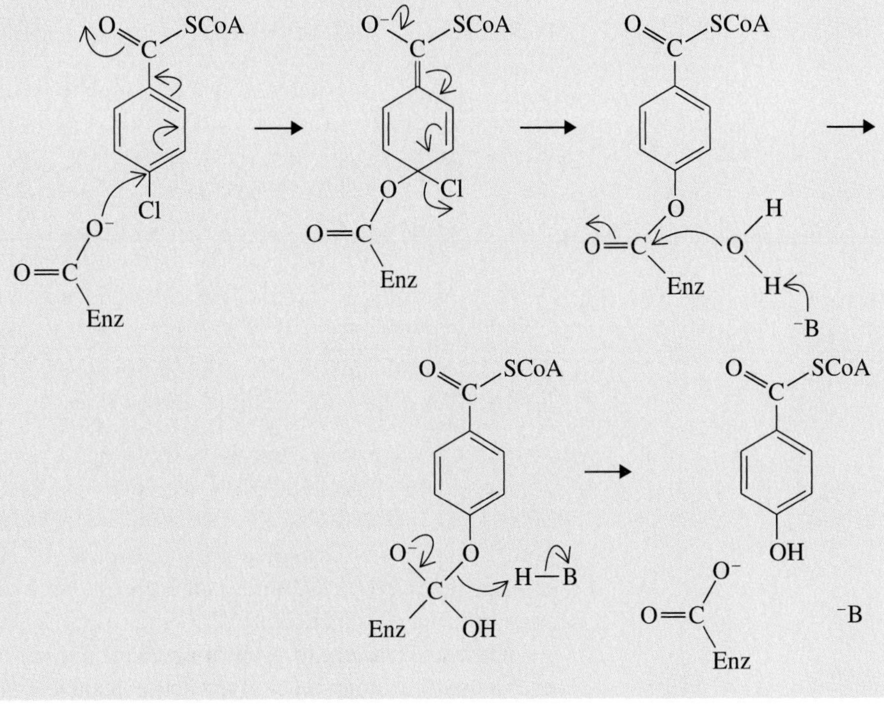

Ce résultat peut également s'expliquer par un mécanisme d'élimination-addition. La première étape produit le benzyne **2**.

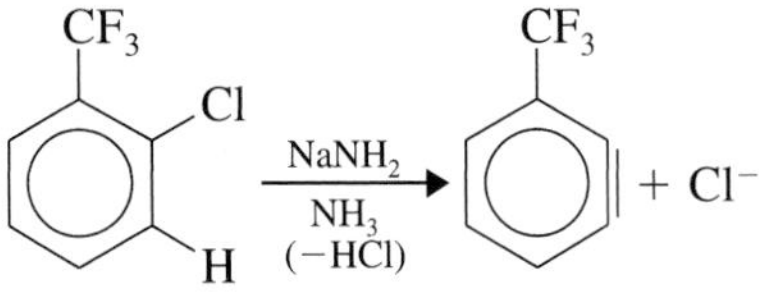

À ce benzyne s'ajoute ensuite un ion amidure, de façon à produire le carbanion **3** plutôt que le carbanion **4**, le premier étant plus stable que le second.

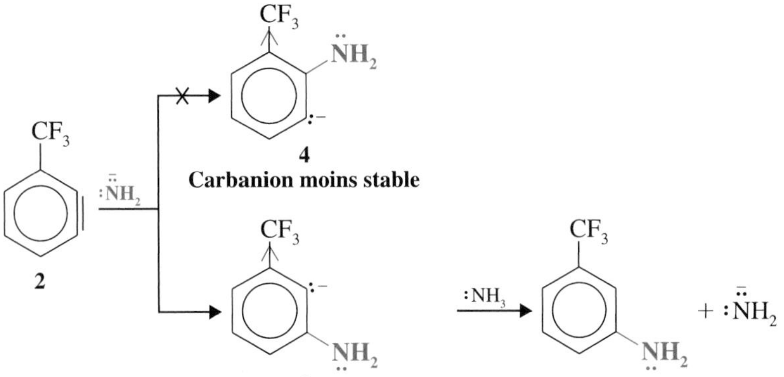

4
Carbanion moins stable

3
Carbanion plus stable
(La charge négative est plus près du groupe
trifluorométhyle électroattracteur.)

Le carbanion **3** accepte alors un proton de l'ammoniac pour former la *m*-(trifluorométhyl)aniline.

Le carbanion **3** est plus stable que le **4** parce que le carbone qui porte la charge négative est plus près du groupe trifluorométhyle fortement électroattracteur. Ce dernier stabilise la charge négative par un effet inductif. Les effets de résonance ne sont pas importants ici parce que l'orbitale sp^2 qui contient la paire d'électrons ne recouvre pas les orbitales π du système aromatique.

Des intermédiaires du benzyne ont été « piégés » à l'aide de réactions de Diels-Alder. La diazotation de l'acide anthranilique (acide 2-aminobenzoïque) suivie de l'élimination de CO_2 et de N_2 constitue une méthode commode pour produire du benzyne.

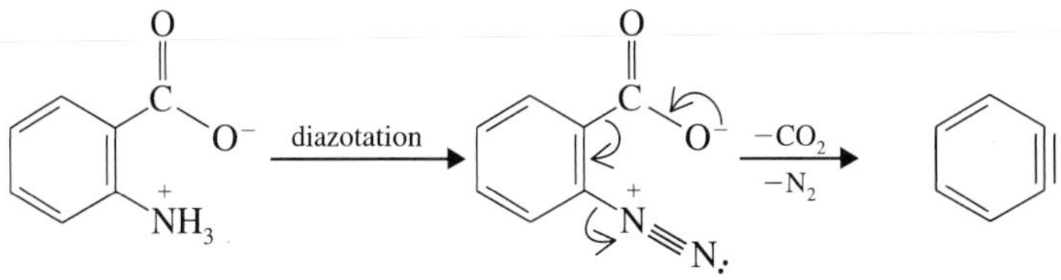

Acide
anthranilique

Benzyne
(peut être piégé *in situ*)

Le benzyne ainsi formé peut être piégé en réagissant avec un diène, tel que le *furane,* pour donner un adduit de Diels-Alder.

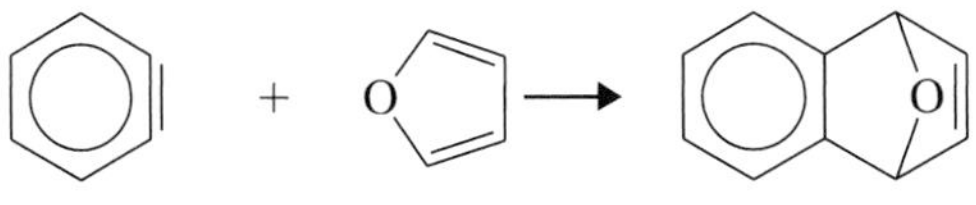

Benzyne   **Furane**   **Adduit de Diels-Alder**
(produit par la réaction
d'élimination ci-dessus)

Dans une fascinante application de la chimie « hôte-invité » (un domaine d'abord exploré par D. Cram, de l'université de la Californie à Los Angeles, ce qui lui a valu

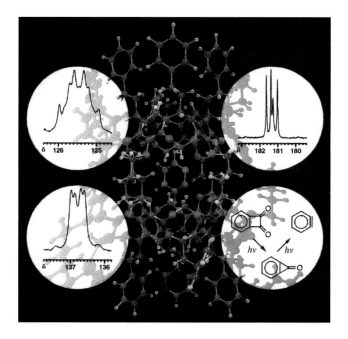

Représentation en modélisation moléculaire de la molécule de benzyne (en vert) piégée dans un hémicarcérant. Les images des spectres RMN ¹³C du benzyne ainsi que la réaction utilisée pour sa synthèse sont présentées dans les cercles blancs. (Illustration aimablement fournie par Jan Haller; reproduction autorisée par Ralf Warmuth.)

le prix Nobel de chimie en 1987), le benzyne a été piégé à très basse température dans un « contenant » moléculaire appelé hémicarcérant. Dans ces conditions, R. Warmuth et D. Cram ont observé que le benzyne piégé était suffisamment stabilisé pour qu'il soit possible d'enregistrer les spectres RMN ¹H et ¹³C avant qu'il finisse par réagir avec le contenant moléculaire dans une réaction de Diels-Alder.

PROBLÈME 21.10

Lorsque l'*o*-chlorotoluène est placé dans les conditions du procédé Dow (c'est-à-dire dans du NaOH aqueux à 350 °C sous pression élevée), les produits de la réaction sont l'*o*-crésol et le *m*-crésol. Qu'est-ce que ce résultat révèle quant au mécanisme du procédé Dow ?

PROBLÈME 21.11

Lorsque le 2-bromo-1,3-diméthylbenzène est traité par de l'amidure de sodium dans l'ammoniac liquide, aucune substitution ne se produit. Ce résultat peut être interprété comme une preuve du mécanisme d'élimination-addition. Expliquez.

21.12 ANALYSE SPECTROSCOPIQUE DES PHÉNOLS ET DES HALOGÉNOARÈNES

Spectre infrarouge Les phénols présentent une bande d'absorption caractéristique (habituellement large) due à l'élongation du O—H dans la région allant de 3400 à 3600 cm^{-1}. Les phénols et les halogénoarènes présentent également des absorptions caractéristiques dues au cycle benzénique (voir la section 14.11C).

Spectre RMN ¹H Le proton hydroxylique du phénol est plus déblindé que celui d'un alcool. La position exacte du signal du O—H dépend de l'importance de son engagement dans une liaison hydrogène et de la nature *intermoléculaire* ou *intramoléculaire* de cette dernière. L'importance de la liaison hydrogène intermoléculaire dépend de la concentration du phénol et influe grandement sur la position du signal du O—H. Dans le phénol lui-même, la position de ce signal varie de $\delta = 2{,}55$ pour le phénol pur à $\delta = 5{,}63$ pour le phénol à 1 % dans le CCl$_4$. Les phénols où il y a une forte liaison hydrogène intramoléculaire, tels que le salicylaldéhyde, présentent un signal du O—H entre $\delta = 0,5$ et $\delta = 1,0$, et la position du signal ne varie que légèrement en fonction de la concentration. À l'instar d'autres protons qui peuvent être échangés (section 9.9), l'identité du proton du O—H d'un phénol peut être déterminée par addition de D_2O à l'échantillon. Le proton du O—H est rapidement remplacé par le deutérium et le signal du proton disparaît. Les protons aromatiques des phénols et des halogénoarènes donnent des signaux dans la région $\delta = 7$ à 9.

Spectre RMN ^{13}C Les atomes de carbone du cycle aromatique des phénols et des halogénoarènes apparaissent dans la région $\delta = 135$ à 170.

Spectrométrie de masse Souvent, dans les spectres de masse des phénols, le pic de l'ion moléculaire $M^{\overset{+}{\cdot}}$ prédomine. Les phénols ayant un hydrogène benzylique produisent un pic $M^{\overset{+}{\cdot}} - 1$ qui peut être plus important que le pic moléculaire $M^{\overset{+}{\cdot}}$.

SOMMAIRE DES RÉACTIONS IMPORTANTES

Synthèse des phénols (section 21.4)
Synthèse en laboratoire
À partir de sels d'arènediazonium

$$Ar-NH_2 \xrightarrow[0\text{ à }5\,°C]{HONO} Ar-\overset{+}{N}_2 \xrightarrow[Cu^{2+},\ H_2O]{Cu_2O} Ar-OH$$

Synthèses industrielles
1. Procédé Dow

2. À partir des benzènesulfonates de sodium

3. À partir de l'hydroperoxyde de cumène

Réactions des phénols
1. En tant qu'acides (section 21.5A)

2. Synthèse de Williamson (section 21.6A)

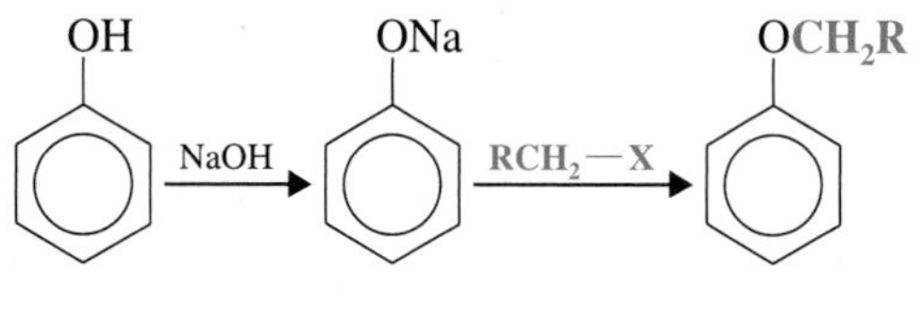

3. Acylation (section 18.7)

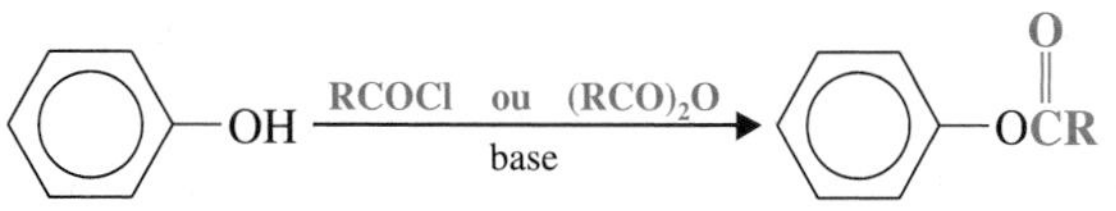

4. Substitution aromatique électrophile (section 21.8)

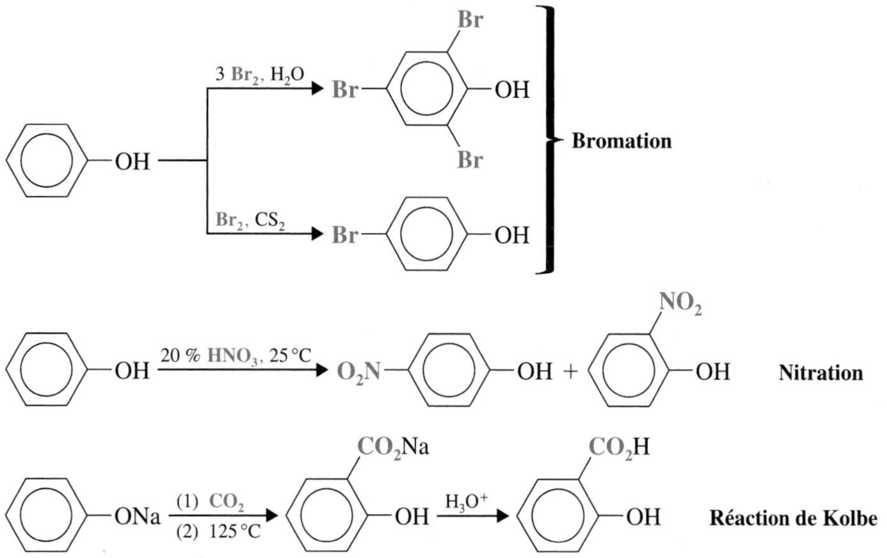

Bromation

Nitration

Réaction de Kolbe

Réarrangement de Claisen (section 21.9)

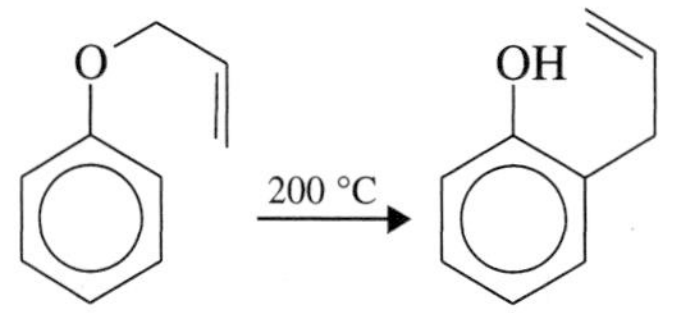

Synthèse des halogénoarènes

1. Par substitution aromatique électrophile (section 15.3)

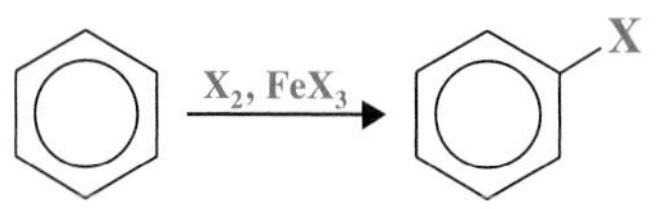

2. Via des sels d'arènediazonium (section 20.8)

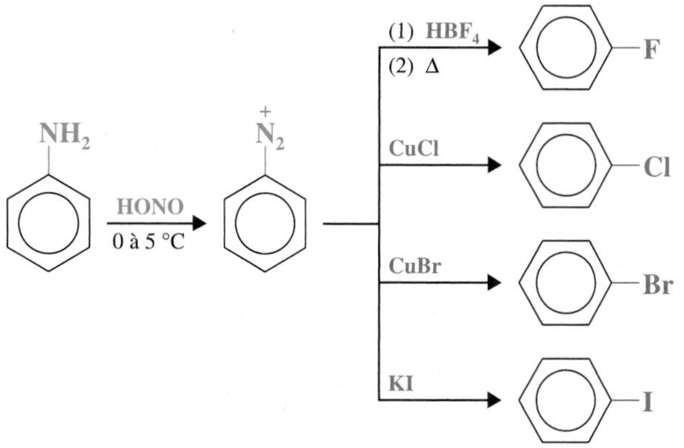

Réactions des halogénoarènes

1. Substitution aromatique électrophile (sections 15.3 à 15.7)

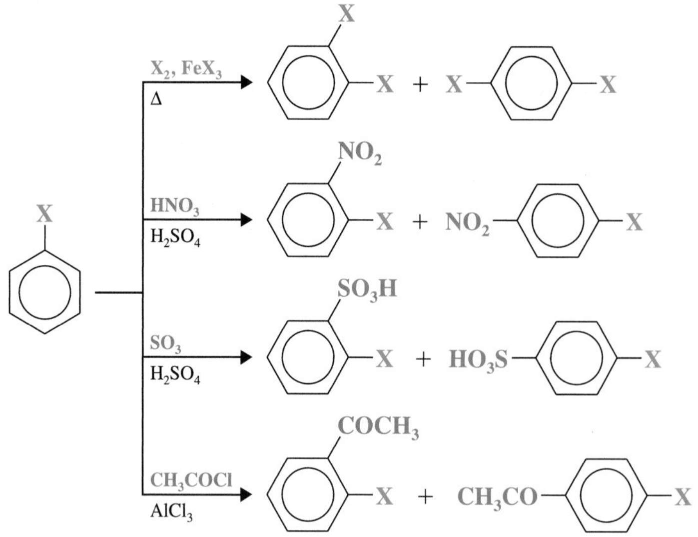

2. Substitution aromatique par addition-élimination (via S_NAr) (section 21.11A)

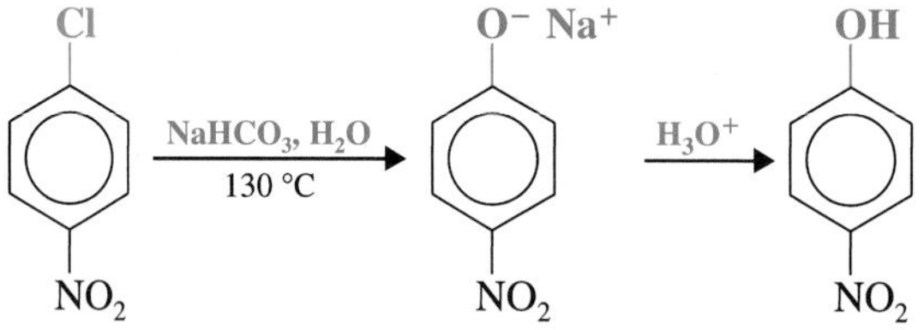

3. Substitution aromatique par élimination-addition (via le benzyne) (section 21.11B)

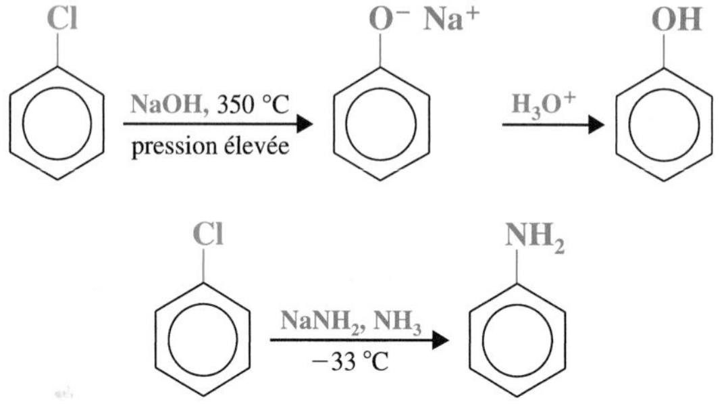

TERMES ET CONCEPTS CLÉS

Phénols en tant qu'acides faibles	Section 21.5	**Réarrangement de Claisen**	Section 21.9
Synthèse et hydrolyse des esters et des éthers aromatiques	Sections 21.6 et 21.7	**Substitution aromatique nucléophile (S_NAr)**	Section 21.11A
Substitution aromatique électrophile	Section 21.8	**Élimination-addition (via le benzyne)**	Section 21.11B

PROBLÈMES SUPPLÉMENTAIRES

21.12 Quels seraient les produits de chacune des réactions acide-base suivantes ?

    a) Éthoxyde de sodium dans éthanol + phénol

    b) Phénol + hydroxyde de sodium aqueux

    c) Phénoxyde de sodium + acide hydrochlorique aqueux

    d) Phénoxyde de sodium + H_2O + CO_2

21.13 Complétez les équations suivantes :

a) Phénol + Br$_2$ $\xrightarrow{5\,°C,\ CS_2}$

b) Phénol + H$_2$SO$_4$ conc. $\xrightarrow{25\,°C}$

c) Phénol + H$_2$SO$_4$ conc. $\xrightarrow{100\,°C}$

d) CH$_3$—⟨◯⟩—OH + chlorure de p-toluènesulfonyle $\xrightarrow{\ ^-OH\ }$

e) Phénol + Br$_2$ $\xrightarrow{H_2O}$

f) Phénol + $\longrightarrow$

g) p-Crésol + Br$_2$ $\xrightarrow{H_2O}$

h) Phénol + C$_6$H$_5$CCl (O) $\xrightarrow{\text{base}}$

i) Phénol + $\left(\text{C}_6\text{H}_5\text{C}^{\!\!\overset{O}{\|}}\!-\right)_2$O $\xrightarrow{\text{base}}$

j) Phénol + NaOH $\longrightarrow$

k) Produit de j) + CH$_3$OSO$_2$OCH$_3$ $\longrightarrow$

l) Produit de j) + CH$_3$I $\longrightarrow$

m) Produit de j) + C$_6$H$_5$CH$_2$Cl $\longrightarrow$

21.14 Décrivez un test chimique simple permettant de distinguer les composés de chacune des paires suivantes :

a) 4-Chlorophénol et 4-chloro-1-méthylbenzène

b) 4-Méthylphénol et acide 4-méthylbenzoïque

c) Oxyde de phényle et de vinyle et oxyde d'éthyle et de phényle

d) 4-Méthylphénol et 2,4,6-trinitrophénol

e) Oxyde d'éthyle et de phényle et 4-éthylphénol

21.15 Lorsque le m-chlorotoluène est traité par de l'amidure de sodium dans l'ammoniac liquide, les produits de la réaction sont l'o-toluidine, la m-toluidine et la p-toluidine (c'est-à-dire o-CH$_3$C$_6$H$_4$NH$_2$, m-CH$_3$C$_6$H$_4$NH$_2$ et p-CH$_3$C$_6$H$_4$NH$_2$). Proposez des mécanismes plausibles expliquant la formation de chacun des produits.

21.16 Sans consulter les tableaux, déterminez quel est l'acide le plus fort dans chacune des paires de composés suivantes :

a) 4-Méthylphénol et 4-fluorophénol

b) 4-Méthylphénol et 4-nitrophénol

c) 4-Nitrophénol et 3-nitrophénol

d) 4-Méthylphénol et alcool benzylique

e) 4-Fluorophénol et 4-bromophénol

21.17 Les phénols sont souvent des antioxydants efficaces (voir le problème 21.20 et la section 10.11) parce qu'ils sont capables de « piéger » les radi-

caux. Le piégeage survient lorsque les phénols réagissent avec des radicaux extrêmement réactifs et produisent des radicaux phénoliques moins réactifs (plus stables). a) Montrez comment le phénol lui-même pourrait, avec un radical alkoxyle (RO·), participer à une réaction d'arrachement d'hydrogène où intervient le —OH phénolique. b) Décrivez les structures de résonance du radical résultant qui expliquent que celui-ci soit relativement stable et peu réactif.

21.18 La première synthèse d'un éther-couronne (section 11.21A) a été réalisée par C.J. Pedersen (de la société DuPont). Elle consistait à traiter du benzène-1,2-diol par l'oxyde de di(2-chloroéthyle), (ClCH$_2$CH$_2$)$_2$O, en présence de NaOH. La réaction a produit un composé appelé dibenzo-18-couronne-6. Donnez la structure de ce composé et proposez un mécanisme plausible expliquant sa formation.

21.19 Un composé **X** (C$_{10}$H$_{14}$O) se dissout dans l'hydroxyde de sodium aqueux mais est insoluble dans le bicarbonate de sodium aqueux. Le composé **X** réagit avec le brome dans l'eau pour donner un dérivé dibromo, C$_{10}$H$_{12}$Br$_2$O. La région du spectre IR de **X** située entre 3000 et 4000 cm^{-1} présente une large bande centrée sur 3250 cm^{-1}; la région allant de 680 à 840 cm^{-1} présente une bande intense à 830 cm^{-1}. Le spectre RMN ^{1}H de **X** donne les résultats suivants :

Singulet $\delta = 1,3$ (9H)

Singulet $\delta = 4,9$ (1H)

Multiplet $\delta = 7,0$ (4H)

Quelle est la structure de **X** ?

21.20 Le **BHA** (*butylated hydroxyanisole*), un antioxydant et un agent de conservation des aliments très répandu, est en fait un mélange de 2-*tert*-butyl-4-méthoxyphénol et de 3-*tert*-butyl-4 méthoxyphénol. Le **BHA** est synthétisé à partir de 4-méthoxyphénol et de 2-méthylpropène. a) D'après vous, comment réalise-t-on cette synthèse ? b) Le **BHT** (*butylated hydroxytoluene*), un autre antioxydant répandu, est en fait du 2,6-di-*tert*-butyl-4-méthylphénol, et les composés utilisés pour le produire sont le p-crésol et le 2-méthylpropène. Quelle est la réaction permettant cette synthèse ?

21.21 L'herbicide **2,4-D** peut être synthétisé à partir de phénol et d'acide chloroacétique. Décrivez brièvement les étapes de cette synthèse.

2,4-D	**Acide**
(acide 2,4-dichlorophénoxyacétique)	**chloroacétique**

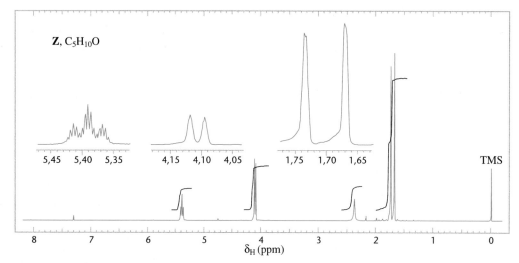

Figure 21.1 Le spectre RMN ^{1}H à 300 MHz du composé **Z** (problème 21.22). L'agrandissement des signaux est présenté en retrait.

21.22 Le composé **Z** (C$_5$H$_{10}$O) décolore le brome dans le tétrachlorure de carbone. Le spectre IR de **Z** présente une large bande dans la région allant de 3200 à 3600 cm^{-1}. Le spectre RMN ^{1}H de **Z** à 300 MHz est présenté à la figure 21.1. Proposez une structure pour **Z**.

21.23 Une synthèse du toliprolol, un bloqueur des récepteurs ß, commence par une réaction entre le 3-méthylphénol et l'épichlorhydrine. La synthèse est décrite ci-dessous. Quelles sont les structures des intermédiaires et du toliprolol ?

3-Méthylphénol + H$_2$C—CH—CH$_2$Cl
$\qquad\qquad\qquad\qquad$ \\/
$\qquad\qquad\qquad\qquad$ O

Épichlorhydrine

$\longrightarrow$ C$_{10}$H$_{13}$O$_2$Cl $\xrightarrow{\ ^-\text{OH}\ }$

C$_{10}$H$_{12}$O$_2$ $\xrightarrow{(\text{CH}_3)_2\text{CHNH}_2}$ *Toliprolol*, C$_{13}$H$_{21}$NO$_2$

21.24 Expliquez comment le 2,2'-dihydroxy-1,1'-binaphtyle (ci-dessous) existe sous forme d'énantiomères.

21.25 On a fait réagir du *p*-chloronitrobenzène avec du 2,6-di-*tert*-butylphénoxyde de sodium dans le but de produire de l'oxyde de diphényle **1**. Cependant, le produit de la réaction n'a pas été **1**, mais plutôt un isomère de **1** qui comportait toujours un groupe hydroxyle phénolique.

Quel est ce produit et comment peut-on expliquer sa formation ?

21.26 Expliquez comment il se fait que le procédé Dow de synthèse du phénol donne comme sous-produits l'oxyde de diphényle (**1**) et le 4-hydroxybiphényle (**2**).

1

2

21.27 Habituellement, le groupe sortant des réactions S$_N$Ar est un anion halogénure. Expliquez pourquoi fonctionne la réaction suivante, où le groupe sortant est un hydrure.

$\xrightarrow[\text{puis H}_3\text{O}^+]{\substack{\text{NaOH}\\ \text{K}_3\text{Fe(CN)}_6,}}$

21.28* Le composé **W** a été isolé d'un annélide marin couramment utilisé au Japon comme appât pour la pêche et s'est avéré responsable de la toxicité de cet organisme pour certains insectes qui le touchent.

MS (*m/z*) : 151 (abondance relative : 1,09), 149 (M^{+} abondance relative : 1,00), 148

IR (cm^{-1}) : 2960, 2850, 2775

RMN ^{1}H (δ) : 2,3 (s, 6H), 2,6 (d, 4H) et 3,2 (m, 1H)

RMN ^{13}C (δ) : 38 (CH$_3$), 43 (CH$_2$) et 75 (CH)

Les réactions suivantes ont été effectuées pour obtenir d'autres renseignements sur la structure de **W**.

W $\xrightarrow{\text{NaBH}_4}$ **X** $\xrightarrow{\text{C}_6\text{H}_5\text{COCl}}$ **Y** $\xrightarrow{\text{Ni de Raney}}$ **Z**

Le composé **X** présentait une nouvelle bande dans son spectre IR à 2570 cm^{-1}, et ses données RMN se présentaient comme suit :

---

* Les problèmes marqués d'un astérisque présentent une difficulté particulière.

RMN ¹H (δ) : 1,6 (t, 2H), 2,3 (s, 6H), 2,6 (m, 4H) et 3,2 (m, 1H)

RMN ¹³C (δ) : 28 (CH_2), 38 (CH_3) et 70 (CH)

Les données pour le composé **Y** sont les suivantes :

IR (cm^{-1}) : 3050, 2960, 2850, 1700, 1610, 1500, 760, 690

RMN ¹H (δ) : 2,3 (s, 6H), 2,9 (d, 4H), 3,0 (m, 1H), 7,4 (m, 4H), 7,6 (m, 2H), 8.0 (m, 4H)

RMN ¹³C (δ) : 34 (CH_2), 39 (CH_3), 61 (CH), 128 (CH), 129 (CH), 134 (CH), 135 (C), 187 (C)

Les données pour le composé **Z** sont les suivantes :

MS (m/z) : 87 (M^{+}), 86, 72

IR (cm^{-1}) : 2960, 2850, 1385, 1370, 1170

RMN ¹H (δ) : 1,0 (d, 6H), 2,3 (s, 6H), 3,0 (septuplet, 1H)

RMN ¹³C (δ) : 21 (CH_3), 39 (CH_3) et 55 (CH)

Quelles sont les structures de **W** et de ses produits de réaction **X**, **Y** et **Z** ?

21.29* Un traitement par le borohydrure de sodium suivi d'une acidification pour éliminer l'excès d'hydrure qui n'a pas réagi est généralement sans effet sur les phénols. Par exemple, les benzène-1,2-, -1,3- et -1,4-diols ainsi que le benzène-1,2,3-triol ne réagissent pas dans ces conditions. Toutefois, le benzène-1,3,5-triol (phloroglucine) donne, avec un rendement élevé, un produit **A** ayant les propriétés suivantes :

MS (m/z) : 110

IR (cm^{-1}) : 3250 (large), 1613, 1485

RMN ¹H (δ dans le DMSO) : 6,15 (m, 3H), 6,89 (t, 1H), 9,12 (s, 2H)

a) Quelle est la structure de **A** ?

b) Proposez un mécanisme pour cette réaction. [Le benzène-1,3,5-triol tend davantage à exister sous la forme d'un tautomère céto que les phénols plus simples.]

TRAVAIL COOPÉRATIF

1. La thyroxine est une hormone produite par la glande thyroïde et elle joue un rôle dans la régulation du métabolisme. La synthèse chimique de la thyroxine a déjà fait l'objet d'un projet de travail coopératif (chapitre 15). La synthèse d'une forme optiquement pure de la thyroxine à partir de l'acide aminé tyrosine (voir également le deuxième projet de la présente section) est présentée ci-dessous. Cette synthèse est utilisée dans l'industrie. [Référence : I. FLEMMING, *Selected Organic Synthesis*, New York, Wiley, 1973, p. 31-33.]

a) **1** à **2** Quel type de réaction mène à la conversion de **1** en **2** ? Proposez un mécanisme détaillé pour cette transformation. Expliquez la position des groupes nitro dans **2**.

b) **2** à **3** i) Proposez un mécanisme détaillé pour l'étape 1 de la conversion de **2** en **3**.

ii) Proposez un mécanisme détaillé pour l'étape 2 de la conversion de **2** en **3**.

iii) Proposez un mécanisme détaillé pour l'étape 3 de la conversion de **2** en **3**.

c) **3** à **4** i) Quel type de mécanisme réactionnel intervient dans la conversion de **3** en **4** ?

ii) Proposez un mécanisme détaillé pour la conversion de **3** en **4** et précisez quel en est l'intermédiaire essentiel.

d) **5** à **6** Proposez un mécanisme détaillé pour la conversion du groupe méthoxy de **5** en hydroxyle phénolique dans **6**.

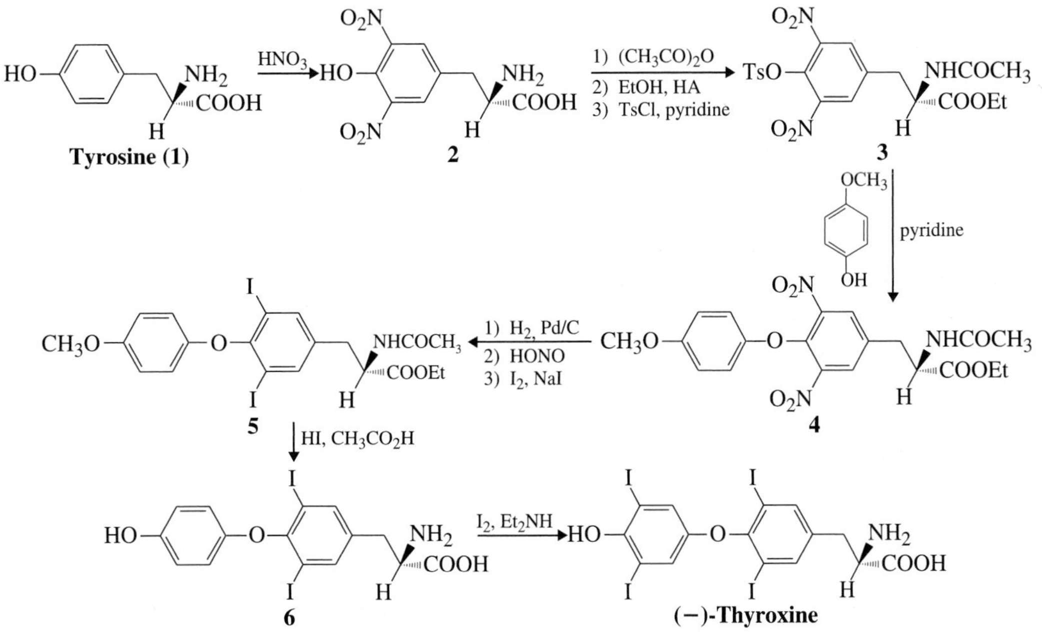

2. La tyrosine est un acide aminé contenant une chaîne latérale phénolique. Dans les plantes et les microbes, sa biosynthèse comporte une conversion enzymatique du chorismate en préphénate. Ce dernier fait ensuite l'objet d'autres transformations qui donnent la tyrosine. Les étapes de ce mécanisme réactionnel sont présentées ici.

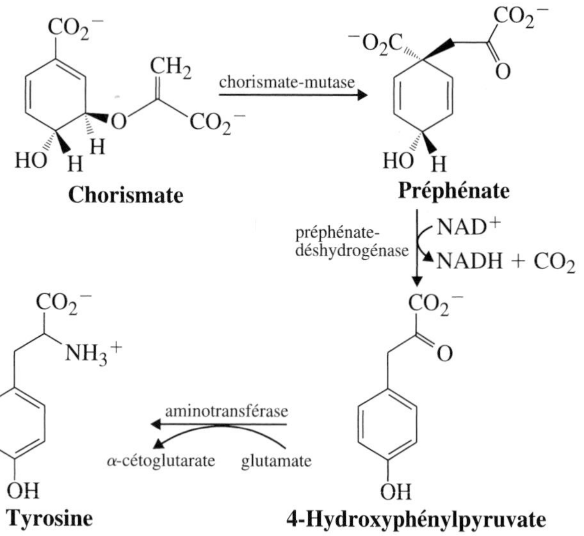

Chorismate → chorismate-mutase → **Préphénate**

préphénate-déshydrogénase ⟶ NAD⁺ / NADH + CO₂

Tyrosine ← aminotransférase (α-cétoglutarate / glutamate) ← **4-Hydroxyphénylpyruvate**

a) La conversion enzymatique du chorismate en préphénate par la chorismate-mutase a fait l'objet de nombreux travaux de recherche. Bien que le mécanisme enzymatique ne soit peut-être pas tout à fait semblable, quelle réaction étudiée dans le présent chapitre ressemble à la conversion biochimique du chorismate en préphénate ? Indiquez à l'aide de flèches le déplacement des électrons au cours de la réaction qui transforme le chorismate en préphénate.

b) Lorsque le type de réaction que vous avez proposé ci-dessus est mis en application dans les synthèses réalisées en laboratoire, la réaction donne généralement lieu à un état de transition concerté dans une conformation chaise. Cette forme chaise est constituée de cinq atomes de carbone et d'un atome d'oxygène. Dans le réactif et le produit, il manque une liaison pour créer une forme chaise mais, au moment du réarrangement des liaisons (à l'état de transition), il y a redistribution de la densité électronique sur l'ensemble des atomes de la forme chaise. Pour le réactif représenté ci-dessous, indiquez la structure du produit prévu et de l'état de transition de conformation chaise associé à ce type de réaction.

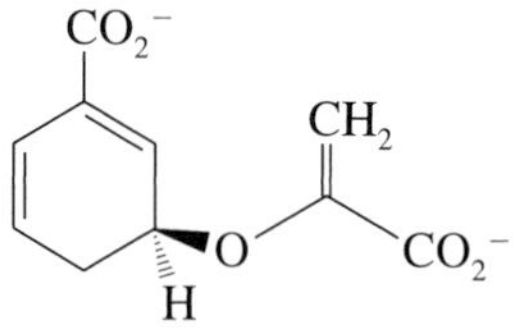

c) Représentez la structure du cycle nicotinamide du NAD⁺ et indiquez à l'aide de flèches le mécanisme de la décarboxylation du préphénate en 4-hydroxyphénylpyruvate et du transfert de l'hydrure au NAD⁺ (c'est ce type de processus qui intervient dans le mécanisme de la préphénate-déshydrogénase).

d) Déterminez les structures du glutamate (acide glutamique) et de l'α-cétoglutarate. Examinez le processus de transamination qui contribue à la conversion du 4-hydroxyphénylpyruvate en tyrosine. Déterminez l'origine du groupe amine dans cette transamination. Autrement dit, quel est le « donneur » du groupe amine ? Quel groupe fonctionnel reste-t-il une fois que le groupe amine a été transféré par le donneur ? Proposez un mécanisme pour cette transamination. Notez que le mécanisme proposé entraînera fort probablement la formation et l'hydrolyse de plusieurs intermédiaires imines, soit des réactions semblables à celles que nous avons étudiées à la section 16.8.

DEUXIÈME SÉRIE DE PROBLÈMES DE RÉVISION

1. Classez les composés de chacune des séries suivantes en ordre croissant d'acidité.

   a) CH_3CH_2OH $CH_3\overset{O}{\overset{\|}{C}}OH$ $CH_3OCCH_2COCH_3$ $CH_3\overset{O}{\overset{\|}{C}}CH_3$

   b) 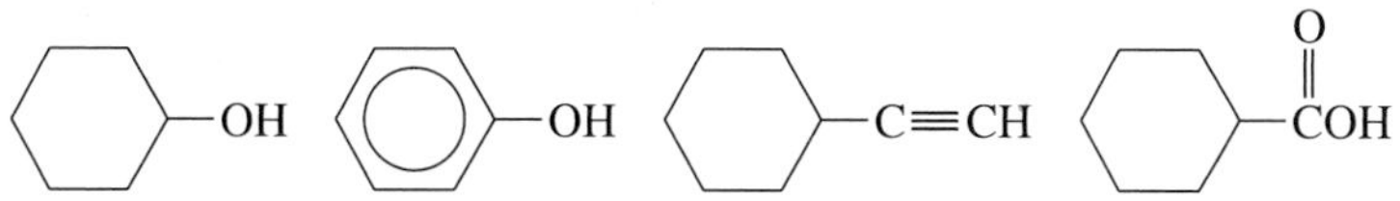 ⬡—OH   ⌬—OH   ⬡—C≡CH   ⬡—$\overset{O}{\overset{\|}{C}}OH$

   c) $(CH_3)_3\overset{+}{N}$—⬡—$\overset{O}{\overset{\|}{C}}OH$ $(CH_3)_3C$—⬡—$\overset{O}{\overset{\|}{C}}OH$ ⬡—$\overset{O}{\overset{\|}{C}}OH$

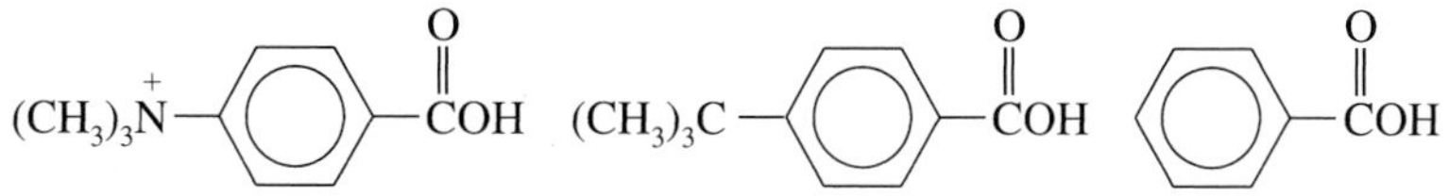

   d) $CH_3CCl_2\overset{O}{\overset{\|}{C}}OH$ $CH_3CH_2\overset{O}{\overset{\|}{C}}OH$ $CH_3CHCl\overset{O}{\overset{\|}{C}}OH$

   e) 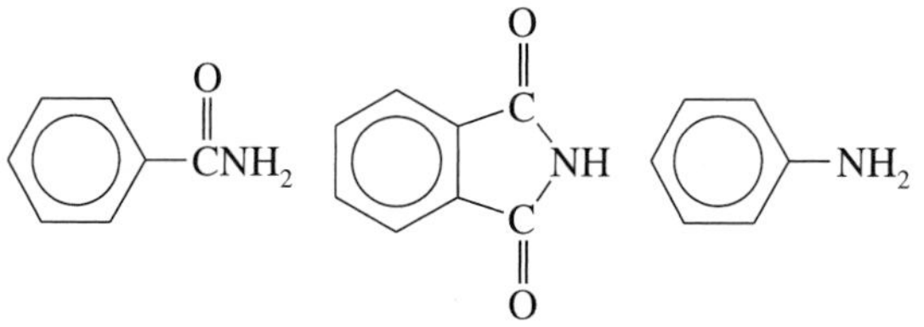 ⬡—$\overset{O}{\overset{\|}{C}}NH_2$ (phtalimide)   ⬡—NH_2

2. Classez les composés de chacune des séries suivantes en ordre croissant de basicité.

   a) $CH_3\overset{O}{\overset{\|}{C}}NH_2$ $CH_3CH_2NH_2$ NH_3

   b) 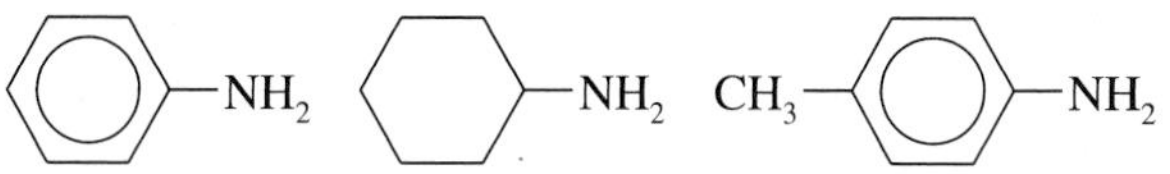 ⬡—NH_2 ⬡—NH_2 CH_3—⬡—NH_2

   c) 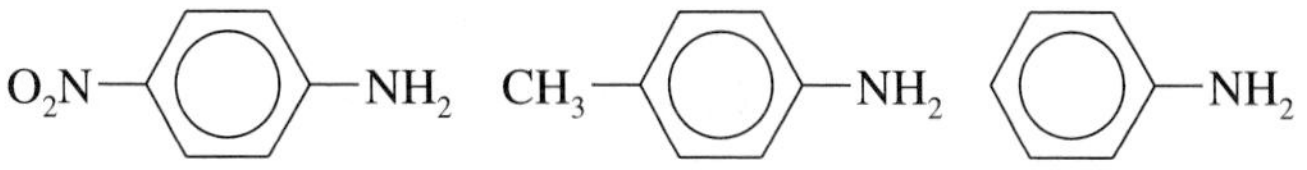 O_2N—⬡—NH_2 CH_3—⬡—NH_2 ⬡—NH_2

   d) $CH_3CH_2CH_3$ CH_3NHCH_3 CH_3OCH_3

3. Indiquez schématiquement comment vous réaliseriez la synthèse de chacun des composés suivants à l'aide de butan-1-ol et de tous les réactifs nécessaires. Vous n'avez pas à répéter les étapes effectuées dans les parties antérieures du problème.

   a) Bromobutane
   b) Butylamine
   c) Pentylamine
   d) Acide butanoïque
   e) Acide pentanoïque
   f) Chlorure de butanoyle

   g) Butanamide
   h) Butanoate de butyle
   i) Propylamine
   j) Butylbenzène
   k) Anhydride butanoïque
   l) Acide hexanoïque

4. Sans entrer dans les détails, décrivez comment vous feriez la synthèse de chacun des composés suivants à partir de benzène, de toluène ou d'aniline et de tous les réactifs nécessaires.

   a) 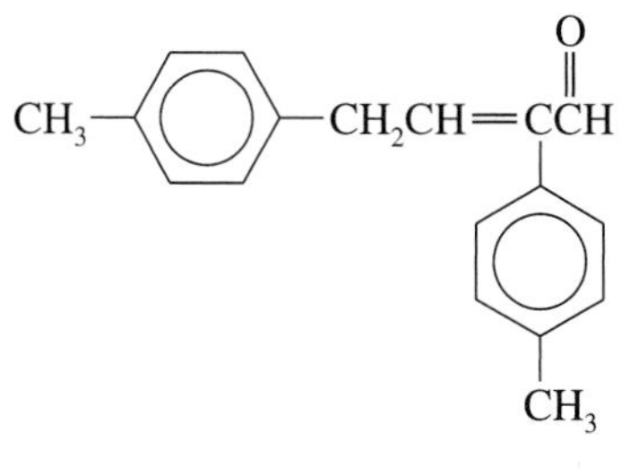 CH_3—⬡—$CH_2CH=\overset{O}{\overset{\|}{C}}CH$
   (avec ⬡—CH_3)

b)

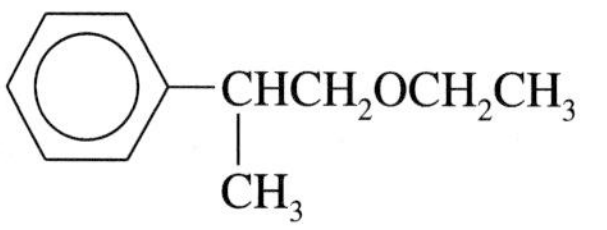

d)

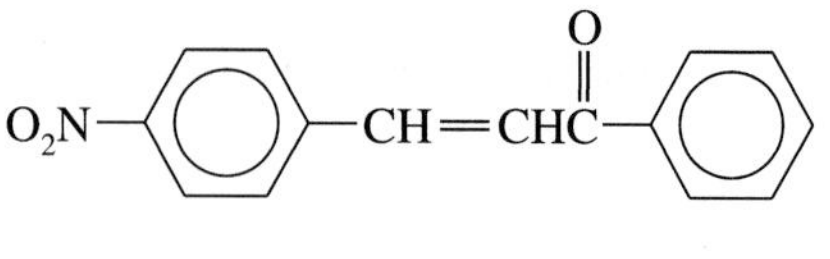

c)

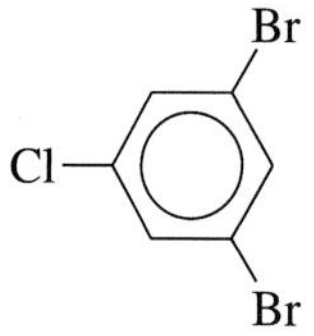

e) 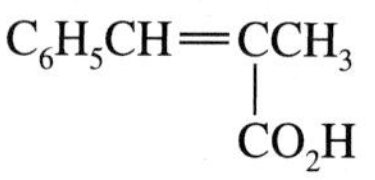 $C_6H_5CH=CCH_3$ avec CO_2H

5. Représentez la structure tridimensionnelle des composés **A** à **D** en indiquant la stéréochimie.

2-Méthylbuta-1,3-diène + fumarate de diéthyle $\longrightarrow$ **A** ($C_{13}H_{20}O_4$) $\xrightarrow{\text{1) LiAlH}_4, \ \text{2) H}_2O}$

B ($C_9H_{16}O_2$) $\xrightarrow{\text{PBr}_3}$ **C** ($C_9H_{14}Br_2$) $\xrightarrow{\text{Zn, H}_3O^+}$ **D** (C_9H_{16})

6. Un réactif de Grignard jouant un rôle clé dans un procédé industriel de synthèse de la vitamine A (section 17.5B) peut être préparé de la façon suivante :

$HC\equiv CLi + CH_2=CHCCH_3$ (avec O) $\xrightarrow[\text{2) NH}_4^+]{\text{1) NH}_3 \text{ liq.}}$ **A** (C_6H_8O) $\xrightarrow{\text{H}_3O^+}$

B $HOCH_2CH=C-C\equiv CH$ (avec CH_3) $\xrightarrow{\text{2 C}_2\text{H}_5\text{MgBr}}$ **C** ($C_6H_6Mg_2Br_2O$)

a) Quelles sont les structures des composés **A** et **C** ?

b) Le réarrangement de **A** en **B** par catalyse acide se produit très facilement. Quels sont les deux facteurs qui expliquent ce phénomène ?

7. Les autres étapes du procédé industriel de synthèse de la vitamine A (sous forme d'acétate) sont les suivantes. On fait réagir le réactif de Grignard **C** du problème 6 avec l'aldéhyde représenté ici.

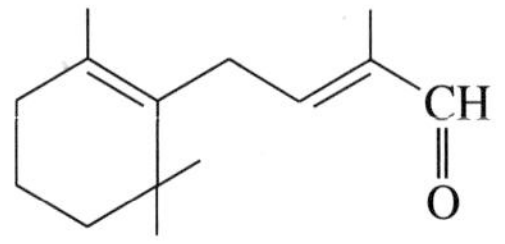

Après acidification, le produit de la réaction est un diol **D**. L'hydrogénation sé-lective de la triple liaison de **D** à l'aide du catalyseur Ni$_2$B (P-2) donne **E** ($C_{20}H_{32}O_2$). Le traitement de **E** par un équivalent molaire d'anhydride acétique donne un monoacétate (**F**) et la déshydratation de **F** donne l'acétate de vitamine A. Quelles sont les structures des composés **D** à **F** ?

8. Le chauffage de l'acétone avec un excès de phénol en présence de chlorure d'hy-drogène est à la base d'un procédé industriel utilisé dans la fabrication d'un com-posé appelé « bisphénol A ». Le bisphénol A est employé dans la fabrication des résines époxydes et d'un polymère appelé Lexan. La formule moléculaire du bisphénol A est $C_{15}H_{16}O_2$ et les réactions qui interviennent dans sa synthèse sont semblables à celles de la synthèse du DDT (voir l'annexe H). Écrivez ces réac-tions et donnez la structure du bisphénol A.

9. Les grandes lignes de la synthèse de la *procaïne,* un anesthésique local, sont présentées ci-dessous. Donnez la structure de la procaïne et celles des intermé-diaires **A** à **C.**

p-Nitrotoluène $\xrightarrow[\text{2) H}_3O^+]{\text{1) KMnO}_4, \ ^-\text{OH}, \Delta}$ **A** ($C_7H_5NO_4$) $\xrightarrow{\text{SOCl}_2}$

B ($C_7H_4ClNO_3$) $\xrightarrow{\text{HOCH}_2\text{CH}_2\text{N(C}_2\text{H}_5)_2}$ **C** ($C_{13}H_{18}N_2O_4$) $\xrightarrow{\text{H}_2, \text{ cat.}}$ procaïne ($C_{13}H_{20}N_2O_2$)

10. L'*éthinamate,* un sédatif hypnotique, peut être synthétisé de la manière suivante. Quelles sont les structures de l'éthinamate et des intermédiaires **A** et **B** ?

Cyclohexanone $\xrightarrow{\text{(1) HC}\equiv\text{CNa, (2) H}_3\text{O}^+}$ **A** ($C_8H_{12}O$) $\xrightarrow{\text{ClCOCl}}$

B ($C_9H_{11}ClO_2$) $\xrightarrow{\text{NH}_3}$ éthinamate ($C_9H_{13}NO_2$)

11. Le prototype des antihistaminiques, la *diphénhydramine* (également appelée Benadryl), peut être synthétisé par la série de réactions suivantes. a) Quelles sont les structures de la diphénylhydramine et des intermédiaires **A** et **B** ? b) Tentez d'expliquer le mécanisme de la dernière réaction.

Benzaldéhyde $\xrightarrow{\text{(1) C}_6\text{H}_5\text{MgBr, (2) H}_3\text{O}^+}$ **A** ($C_{13}H_{12}O$) $\xrightarrow{\text{PBr}_3}$

B ($C_{13}H_{11}Br$) $\xrightarrow{\text{(CH}_3)_2\text{NCH}_2\text{CH}_2\text{OH}}$ diphénhydramine ($C_{17}H_{21}NO$)

12. Proposez des modifications à la synthèse présentée dans le problème précédent pour produire les médicaments suivants :

a) Br—⟨◯⟩—CHOCH₂CH₂N(CH₃)₂   **Bromodiphénhydramine**
                | **(antihistaminique)**
                C_6H_5

b) ⟨◯⟩(CH₃)—CHOCH₂CH₂N(CH₃)₂   **Orphénadrine (antispasmodique**
                | **utilisé pour atténuer les tremblements**
                C_6H_5 **dus à la maladie de Parkinson)**

13. Voici les étapes de la synthèse de l'acide 2-méthyl-3-oxocyclopentanecarboxylique. Quelle est la structure de chaque intermédiaire ?

$\underset{\overset{|}{\text{Br}}}{\text{CH}_3\text{CHCO}_2\text{C}_2\text{H}_5}$ $\xrightarrow{\text{CH}_2(\text{CO}_2\text{C}_2\text{H}_5)_2,\ \text{EtO}^-}$ **A** ($C_{12}H_{20}O_6$) $\xrightarrow{\text{CH}_2=\text{CHCN, EtO}^-}$

B ($C_{15}H_{23}NO_6$) $\xrightarrow{\text{EtOH, HA}}$ **C** ($C_{17}H_{28}O_8$) $\xrightarrow{\text{EtO}^-}$ **D** ($C_{15}H_{22}O_7$) $\xrightarrow[\text{2) H}_3\text{O}^+,\ \text{3) }\Delta]{\text{1) }^-\text{OH, H}_2\text{O, }\Delta}$

cyclopentanone avec CH₃ et CO₂H

14. Quelles sont les structures des composés **A** à **D** ? Le composé **D** présente une forte absorption IR près de 1720 cm^{-1} et il réagit avec le brome dans le tétrachlorure de carbone par un mécanisme qui ne fait pas intervenir de radicaux.

$\underset{}{\overset{\text{O}}{\overset{\|}{\text{CH}_3\text{CCH}_3}}}$ $\xrightarrow{\text{HCl}}$ **A** ($C_6H_{10}O$) $\xrightarrow[\text{base}]{\text{CH}_3\text{CCH}_2\text{COC}_2\text{H}_5}$ [**B** ($C_{12}H_{20}O_4$)] $\xrightarrow{\text{base}}$

C ($C_{12}H_{18}O_3$) $\xrightarrow{\text{HA, H}_2\text{O, }\Delta}$ **D** ($C_9H_{14}O$)

15. La synthèse du *chloramphénicol,* un antibiotique à large spectre, est présentée ici. La dernière étape consiste en une hydrolyse alcaline sélective des liaisons ester en présence d'un groupe amide. Quels sont les intermédiaires **A** à **E** ?

Benzaldéhyde + $HOCH_2CH_2NO_2$ $\xrightarrow{\text{EtO}^-}$ **A** ($C_9H_{11}NO_4$) $\xrightarrow{\text{H}_2,\ \text{cat.}}$

B ($C_9H_{13}NO_2$) $\xrightarrow{\text{Cl}_2\text{CHCOCl}}$ **C** ($C_{11}H_{13}Cl_2NO_3$) $\xrightarrow{\text{(CH}_3\text{CO})_2\text{O en excès}}$

D ($C_{15}H_{17}Cl_2NO_5$) $\xrightarrow{\text{HNO}_3,\ \text{H}_2\text{SO}_4}$ **E** ($C_{15}H_{16}Cl_2N_2O_7$) $\xrightarrow{^-\text{OH, H}_2\text{O}}$

O_2N—⟨◯⟩—$\underset{\overset{|}{\text{NHCOCHCl}_2}}{\text{CHCHCH}_2\text{OH}}$ avec OH

Chloramphénicol

16. Le *méprobamate* (Equanil ou Miltown), un tranquillisant, peut être synthétisé à partir du 2-méthylpentanal de la façon suivante. Quelles sont les structures du méprobamate et des intermédiaires **A** à **C** ?

$$CH_3CH_2CH_2\overset{\displaystyle CH_3}{\underset{\displaystyle |}{C}}H\overset{\displaystyle O}{\overset{\displaystyle \|}{C}}H \xrightarrow{HCHO, \ ^-OH} [A \ (C_7H_{14}O_2)] \xrightarrow[-OH]{HCHO} B \ (C_7H_{16}O_2) \xrightarrow{ClCOCl}$$

$$C \ (C_9H_{14}Cl_2O_4) \xrightarrow{NH_3} méprobamate \ (C_9H_{18}N_2O_4)$$

17. Quels sont les composés **A** à **C** ? Le composé **C** est utile comme insectifuge.

$$Anhydride \ succinique \xrightarrow{CH_3CH_2CH_2OH} A \ (C_7H_{12}O_4) \xrightarrow{SOCl_2}$$

$$B \ (C_7H_{11}ClO_3) \xrightarrow{(CH_3CH_2)_2NH} C \ (C_{11}H_{21}NO_3)$$

18. Voici les grandes étapes de la synthèse d'un stimulant du système nerveux central appelé *fencamfamine*. Écrivez la formule développée de chaque intermédiaire et celle de la fencamfamine.

$$Cyclopenta-1,3-diène + (E)-C_6H_5CH\!=\!CHNO_2 \longrightarrow A \ (C_{13}H_{13}NO_2) \xrightarrow{H_2, \ Pt}$$

$$B \ (C_{13}H_{17}N) \xrightarrow{CH_3CHO} [C \ (C_{15}H_{19}N)] \xrightarrow{H_2, \ Ni} fencamfamine \ (C_{15}H_{21}N)$$

19. Quels sont les composés **A** et **B** ? Le composé **B** présente une forte bande d'absorption IR dans la région allant de 1650 à 1730 cm^{-1} et une bande forte et large dans la région allant de 3200 à 3550 cm^{-1}.

$$1\text{-Méthylcyclohexène} \xrightarrow[(2) \ NaHSO_3]{(1) \ OsO_4} A \ (C_7H_{14}O_2) \xrightarrow[CH_3CO_2H]{CrO_3} B \ (C_7H_{12}O_2)$$

20. Indiquez brièvement comment vous pourriez faire la synthèse stéréosélective du *trans*-4-isopropylcyclohexanecarboxylate de méthyle, représenté ci-dessous, à partir du phénol.

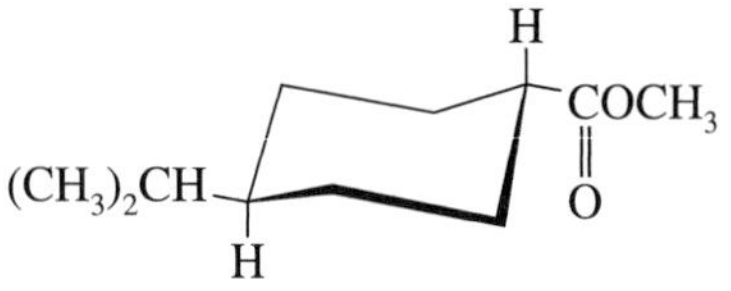

21. Le spectre IR du composé **Y** ($C_6H_{14}O$) présente d'importantes bandes d'absorption à 3334 (large), 2963, 1463, 1381 et 1053 cm^{-1}. Le spectre RMN ^{13}C de **Y** avec découplage du proton en bande large est présenté à la figure 1. Proposez une structure pour **Y**.

22. Le composé **Z** (C_8H_{16}) est le membre le plus stable d'une paire de stéréo-isomères et il réagit avec le brome dans le tétrachlorure de carbone par un mécanisme ionique. L'ozonolyse de **Z** donne un seul produit. Le spectre RMN ^{13}C de **Z** avec découplage du proton en bande large est présenté à la figure 1. Proposez une structure pour **Z**.

23. Examinez la réaction suivante faisant intervenir de l'acide peracétique.

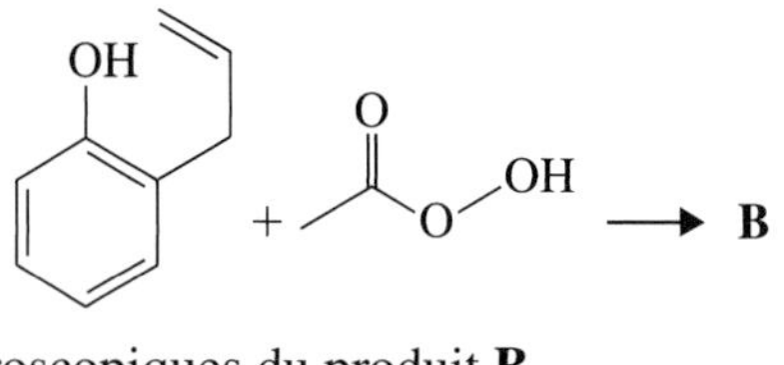

Voici les données spectroscopiques du produit **B**.

MS (*m/z*) : 150 (M‡), 132

IR (cm^{-1}) : 3400 (large), 750 (pas d'absorption entre 690 et 710)

RMN ^{1}H (δ) : 6,7 à 7,0 (m, 4H), 4,2 (m, 1H), 3,9 (d, 2H), 2,9 (d, 2H), 1,8 (1H; disparaît après traitement par D$_2$O)

RMN ^{13}C (δ) : 159 (C), 129 (CH), 126 (CH), 124 (C), 120 (CH), 114 (CH), 78 (CH), 70 (CH$_2$) et 35 (CH$_2$)

a) Quelle est la structure de **B** ?

b) Proposez un mécanisme expliquant la formation de **B**.

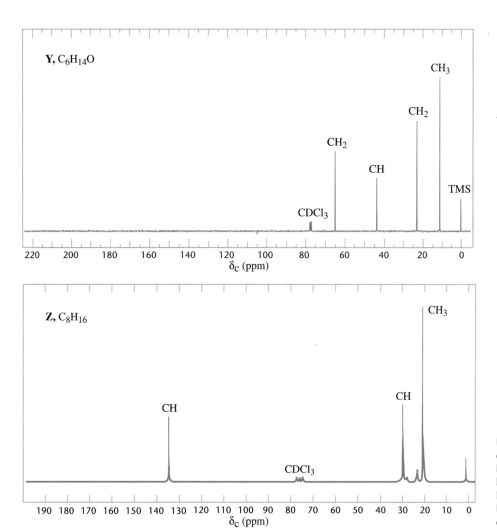

Figure 1 Spectre RMN ^{13}C avec découplage du proton en bande large des composés **Y** (problème 21) et **Z** (problème 22). L'information obtenue du spectre RMN-DEPT ^{13}C est indiquée au-dessus des pics.

ANNEXE G

RÉACTIONS ÉLECTROCYCLIQUES ET CYCLOADDITIONS

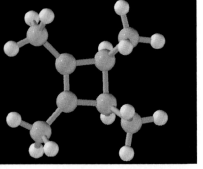

cis-Tétraméthylcyclobutène

G.1 INTRODUCTION

Les chimistes ont découvert qu'il existe de nombreuses réactions dont le déroulement global est régi par certaines propriétés de symétrie des orbitales moléculaires. Ces réactions sont souvent appelées *réactions péricycliques* parce qu'elles font intervenir des états de transition cycliques. Puisque nous connaissons maintenant les bases de la théorie des orbitales moléculaires — en particulier en ce qu'elle s'applique aux polyènes conjugués (diènes, triènes, etc.) — nous sommes en mesure d'examiner certains aspects étonnants de ces réactions. Nous examinerons en détail deux types fondamentaux de réactions : les *réactions électrocycliques* et les *réactions de cycloaddition*.

G.2 RÉACTIONS ÉLECTROCYCLIQUES

Un certain nombre de réactions, comme la suivante, transforment un polyène conjugué en composé cyclique.

Buta-1,3-diène → **Cyclobutène**

Dans de nombreuses autres réactions, un polyène conjugué se forme à la suite de l'ouverture du cycle d'un composé.

Cyclobutène → **Buta-1,3-diène**

Ces deux types de réactions s'appellent *réactions électrocycliques*.

Dans les réactions électrocycliques, il y a interconversion de liaisons σ et π. Dans notre premier exemple, une liaison π du buta-1,3-diène devient une liaison σ dans le cyclobutène. Dans notre deuxième exemple, l'inverse se produit : une liaison σ du cyclobutène devient une liaison π dans le buta-1,3-diène.

Les réactions électrocycliques ont plusieurs caractéristiques.

1. Elles n'ont besoin que de chaleur ou de lumière pour débuter.
2. Leurs mécanismes ne font pas intervenir d'intermédiaires radicalaires ou ioniques.
3. Les liaisons sont formées ou rompues en *une seule étape concertée comportant un état de transition cyclique*.
4. Les réactions sont *hautement stéréospécifiques*.

Les exemples qui suivent illustrent cette dernière caractéristique des réactions électrocycliques.

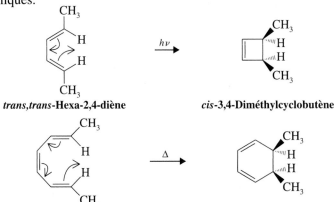

trans,trans-**Hexa-2,4-diène**   *cis*-**3,4-Diméthylcyclobutène**

trans,cis,trans-**Octa-2,4,6-triène**   *cis*-**5,6-Diméthylcyclohexa-1,3-diène**

Dans chacun de ces exemples, un seul stéréo-isomère du réactif donne un seul stéréo-isomère du produit. Par exemple, la cyclisation photochimique concertée du *trans,trans*-hexa-2,4-diène ne donne que du *cis*-3,4-diméthylcyclobutène; elle ne donne pas de *trans*-3,4-diméthylcyclobutène.

trans,trans-Hexa-2,4-diène   **trans-3,4-Diméthylcyclobutène**

Les deux autres réactions concertées sont caractérisées par la même stéréospécificité.

Les réactions électrocycliques que nous étudierons dans la présente section et les cycloadditions concertées que nous verrons dans la section suivante étaient mal comprises par les chimistes avant 1960. Dans les années qui ont suivi, plusieurs scientifiques, plus particulièrement K. Fukui au Japon, H.C. Longuet-Higgins en Angleterre, de même que R.B. Woodward et R. Hoffmann aux États-Unis, ont jeté les bases permettant de comprendre le mécanisme de ces réactions et les raisons qui expliquent leur remarquable stéréospécificité[*].

Tous ces scientifiques se sont inspirés de la théorie des orbitales moléculaires. En 1965, Woodward et Hoffmann ont formulé leur compréhension de ces phénomènes sous la forme d'un ensemble de règles qui ont permis aux chimistes non seulement de comprendre des réactions qui étaient déjà connues, mais également de prédire avec exactitude les résultats de nombreuses réactions qui n'avaient jamais été effectuées.

Les règles de Woodward-Hoffmann concernent uniquement les réactions concertées, c'est-à-dire les réactions au cours desquelles des liaisons sont rompues et formées simultanément, et donc sans intermédiaires. Ces règles sont fondées sur l'hypothèse suivante : *dans les réactions concertées, les orbitales moléculaires du substrat sont continuellement converties en orbitales moléculaires du produit.* Toutefois, cette conversion des orbitales moléculaires ne se produit pas au hasard. Les orbitales moléculaires ont des propriétés de symétrie. Par conséquent, il existe des restrictions quant aux orbitales moléculaires du substrat qui peuvent être transformées en orbitales moléculaires particulières du produit.

Selon Woodward et Hoffmann, certaines voies réactionnelles sont dites *permises par la symétrie,* alors que d'autres sont dites *interdites par la symétrie.* Toutefois, dire qu'une voie précise est interdite par la symétrie ne signifie pas nécessairement que la réaction ne se produira pas. Cela signifie simplement que, si la réaction se produisait par une voie interdite par la symétrie, la réaction concertée aurait une énergie d'activation beaucoup plus élevée. La réaction pourrait se produire, mais d'une autre manière, par une autre voie permise par la symétrie ou par un mécanisme non concerté.

Une analyse complète des réactions électrocycliques à l'aide des règles de Woodward-Hoffmann nécessite une comparaison des propriétés de symétrie de *toutes* les orbitales moléculaires des réactifs et du produit. Une telle analyse dépasse le cadre de cet ouvrage. Nous verrons toutefois qu'il est possible de recourir à une méthode simplifiée, facile à comprendre, qui donne des résultats exacts dans la plupart des cas. Cette approche met l'accent sur *l'orbitale moléculaire occupée de plus haute énergie (HOMO) du polyène conjugué* et elle est fondée sur la *théorie des orbitales frontières* de Fukui.

G.2A RÉACTIONS ÉLECTROCYCLIQUES DES SYSTÈMES À 4n ÉLECTRONS π

Commençons par une analyse de l'interconversion thermique du *cis*-3,4-diméthylcyclobutène et du *cis,trans*-hexa-2,4-diène.

---

[*] Hoffmann et Fukui ont reçu le prix Nobel en 1981 pour leurs travaux à ce sujet.

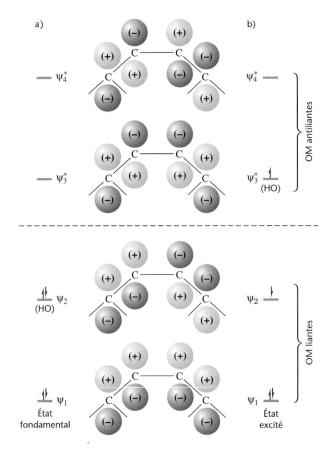

Figure G.1   Les orbitales moléculaires π d'un hexa-2,4-diène. a) Distribution des électrons de l'état fondamental. b) Distribution des électrons du premier état excité (le premier état excité se forme lorsque la molécule absorbe un photon d'une longueur d'onde appropriée). Remarquez que les orbitales d'un hexa-2,4-diène sont comme celles du buta-1,3-diène représentées à la figure 13.5.

cis-**3,4-Diméthylcyclobutène**   *cis,trans*-**Hexa-2,4-diène**

Les réactions électrocycliques sont réversibles. Par conséquent, les voies réactionnelles sont les mêmes dans les deux directions. Dans cet exemple, il est facile de voir ce qui se produit au niveau des orbitales si on examine la réaction de *cyclisation* qui mène du *cis,trans*-hexa-2,4-diène au *cis*-3,4-diméthylcyclobutène.

Dans cette cyclisation, l'une des liaisons π de l'hexadiène est transformée en une liaison σ du cyclobutène. Mais de quelle liaison π s'agit-il ? Et comment la conversion se produit-elle ?

Commençons par examiner les orbitales moléculaires π de l'hexa-2,4-diène et plus particulièrement la *HO de l'état fondamental* (figure G.1a).

La cyclisation qui nous intéresse ici, soit *cis,trans*-hexa-2,4-diène ⇌ *cis*-3,4-diméthylcyclobutène, ne requiert que de la chaleur. Par conséquent, on peut conclure que les états excités de l'hexadiène n'interviennent pas, car ils nécessiteraient l'absorption de lumière. Si on prête attention à ψ_2, la HOMO de l'état fondamental, on peut voir comment les orbitales p en C2 et C5 peuvent être transformées en une liaison σ dans le cyclobutène.

Une orbitale moléculaire σ, liante, se forme entre C2 et C5 lorsque les orbitales p *pivotent dans la même direction* (toutes les deux dans le sens des aiguilles d'une montre, comme ci-après, ou toutes les deux dans le sens contraire, ce qui donne un

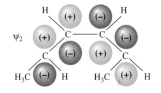

Orbitale moléculaire occupée de plus haute énergie (HOMO) de l'état fondamental

résultat équivalent). Le terme *conrotatoire* est employé pour décrire ce type de mouvement des deux orbitales *p* l'une par rapport à l'autre.

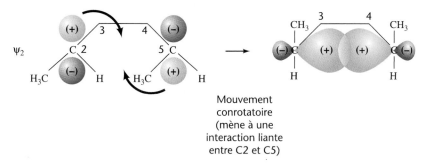

Mouvement conrotatoire (mène à une interaction liante entre C2 et C5)

Le mouvement conrotatoire permet aux lobes des orbitales *p de même signe* de se recouvrir. Il place également les deux groupes méthyle du même côté de la molécule dans le produit, c'est-à-dire dans la configuration *cis*[*].

Le mouvement conrotatoire des groupes méthyle concorde avec les observations empiriques : la *réaction thermique* aboutit à l'interconversion du *cis*-3,4-diméthylcyclobutène et du *cis,trans*-hexa-2,4-diène.

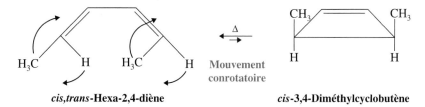

cis,trans-**Hexa-2,4-diène**   Mouvement conrotatoire   *cis*-**3,4-Diméthylcyclobutène**

Nous pouvons maintenant examiner une autre interconversion hexa-2,4-diène ⇌ 3,4-diméthylcyclobutène, provoquée celle-là par la lumière. Cette réaction est présentée ici.

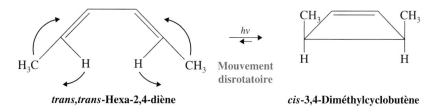

trans,trans-**Hexa-2,4-diène**   Mouvement disrotatoire   *cis*-**3,4-Diméthylcyclobutène**

Dans la réaction photochimique, le *cis*-3,4-diméthylcyclobutène et le *trans,trans*-hexa-2,4-diène sont interconvertis. Au cours de cette interconversion, les groupes méthyle se déplacent dans des *directions opposées,* c'est-à-dire qu'ils effectuent un *mouvement disrotatoire*.

On peut également comprendre la réaction photochimique en tenant compte des orbitales de l'hexa-2,4-diène. Toutefois, étant donné qu'il y a absorption de lumière dans cette réaction, il faut d'abord considérer le premier *état excité* de l'hexadiène. Autrement dit, il faut s'intéresser à ψ_3^* parce que c'est dans cet état que se trouve *l'orbitale moléculaire occupée de plus haute énergie.*

---

[*] Notez que, si le mouvement conrotatoire se produit dans la direction opposée (sens contraire des aiguilles d'une montre), des lobes de même signe se recouvrent encore et les groupes méthyle sont aussi en *cis*.

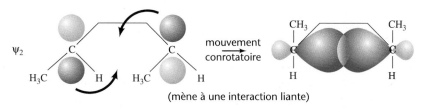

mouvement conrotatoire

(mène à une interaction liante)

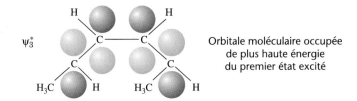

ψ_3^*

Orbitale moléculaire occupée
de plus haute énergie
du premier état excité

On constate que, en C2 et C5, le mouvement des orbitales de ψ_3^* permet le recouvrement des lobes de même signe et la formation d'une orbitale moléculaire liante σ. Bien sûr, le mouvement disrotatoire des orbitales nécessite également le mouvement disrotatoire des groupes méthyle, ce qui, encore une fois, concorde avec les données expérimentales. La *réaction photochimique* a pour résultat l'interconversion du *cis*-3,4-diméthylcyclobutène et du *trans,trans*-hexa-2,4-diène.

ψ_3^*

Mouvement disrotatoire
(mène à une interaction
liante entre C2 et C5)

***trans*, *trans*-Hexa-2,4-diène**　　　***cis*-3,4-Diméthylcyclobutène**

Étant donné que les deux interconversions décrites jusqu'ici concernent le *cis*-3,4-diméthylcyclobutène, nous pouvons les résumer de la façon suivante :

Δ conrotatoire

***cis*, *trans*-Hexa-2,4-diène**

***cis*-3,4-Diméthyl-
cyclobutène**

disrotatoire

hv

***trans*, *trans*-Hexa-2,4-diène**

On voit que, du point de vue stéréochimique, ces deux interconversions sont l'inverse l'une de l'autre. On constate également qu'elles dépendent de la forme d'énergie — chaleur ou lumière — utilisée.

La première règle de Woodward-Hoffmann peut être énoncée comme suit :

1. **Une réaction électrocyclique thermique faisant intervenir 4*n* électrons π (où n = 1, 2, 3…) procède avec un mouvement conrotatoire; la réaction photochimique procède avec un mouvement disrotatoire.**

Les deux interconversions que nous avons étudiées résultent des systèmes de 4 électrons π et suivent toutes deux cette règle. Beaucoup d'autres systèmes de 4*n* électrons π ont été étudiés depuis que Woodward et Hoffmann ont énoncé leur règle. Dans pratiquement tous les cas, la règle est respectée.

PROBLÈME G.1

Quel produit devriez-vous obtenir de la cyclisation photochimique concertée du *cis,trans*-hexa-2,4-diène ?

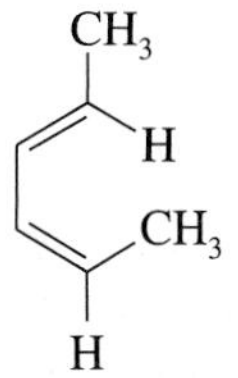

***cis, trans*-Hexa-2,4-diène**

PROBLÈME G.2

a) Indiquez les orbitales participant à la réaction électrocyclique thermique suivante :

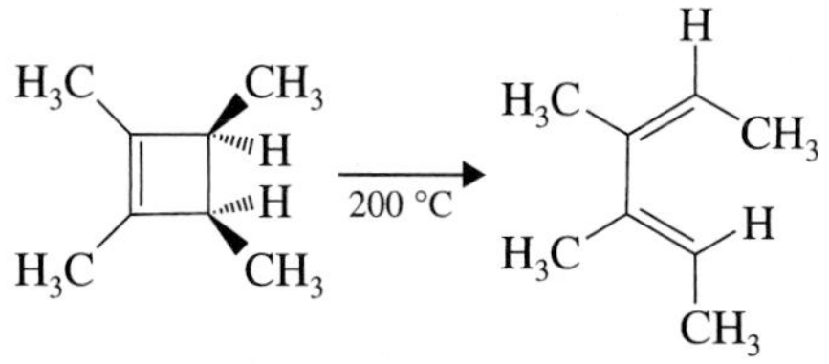

b) Les groupes pivotent-ils de façon conrotatoire ou disrotatoire ?

PROBLÈME G.3

Proposez une méthode pour effectuer la conversion stéréospécifique du *trans,trans*-hexa-2,4-diène en *cis,trans*-hexa-2,4-diène.

PROBLÈME G.4

Les déca-2,4,6,8-tétraènes suivants se cyclisent en diméthylcyclooctatriènes sous l'effet de la chaleur ou de la lumière. Quel est le produit de chacune des deux réactions ?

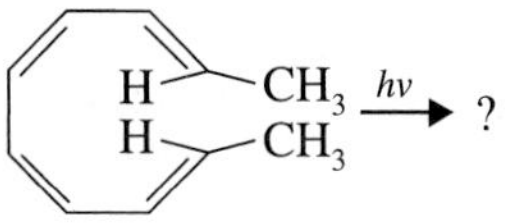

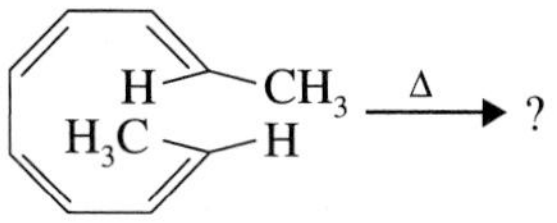

PROBLÈME G.5

Pour chacune des réactions ci-dessous, indiquez 1) si le mouvement des groupes est conrotatoire ou disrotatoire et 2) si la réaction devrait se produire sous l'effet de la chaleur ou de la lumière.

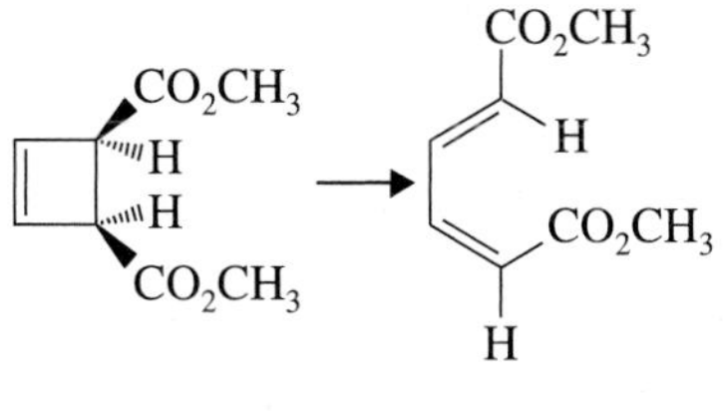

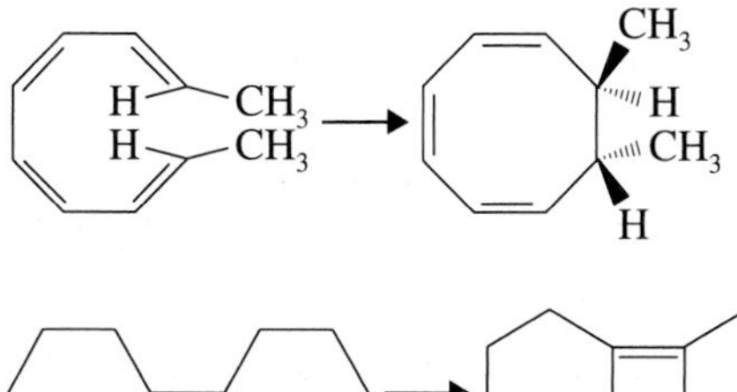

G.2B RÉACTIONS ÉLECTROCYCLIQUES DES SYSTÈMES À (4n + 2) ÉLECTRONS π

La deuxième règle de Woodward-Hoffmann pour les réactions électrocycliques s'énonce comme suit :

2. **Une réaction électrocyclique thermique faisant intervenir (4n + 2) électrons π (où n = 0, 1, 2...) procède avec un mouvement disrotatoire; la réaction photochimique procède avec un mouvement conrotatoire.**

Selon cette règle, les réactions thermiques et photochimiques des systèmes à (4n + 2) électrons π résultent d'une rotation dans un sens qui est l'inverse de celui des systèmes à 4n électrons π correspondants. Nous pouvons donc résumer l'application des deux règles aux deux systèmes de la façon présentée au tableau G.1.

Les interconversions du *trans*-5,6-diméthylcyclohexa-1,3-diène et de deux octa-2,4,6-triènes différents illustrent ci-dessous les interconversions thermiques et photochimiques des systèmes à 6 électrons π (4n + 2, où n = 1).

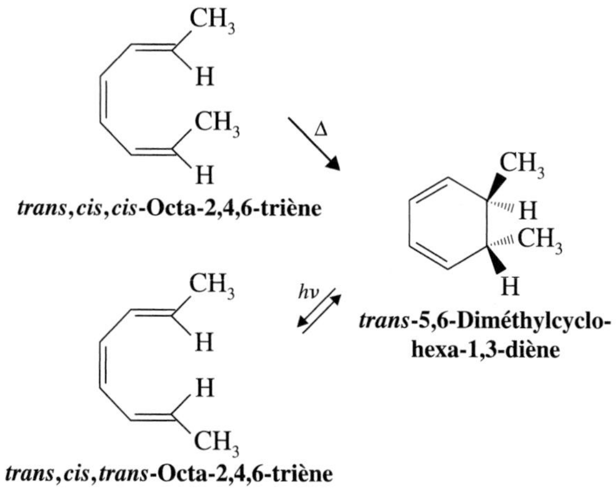

Dans la réaction thermique suivante, les groupes méthyle pivotent de façon disrotatoire.

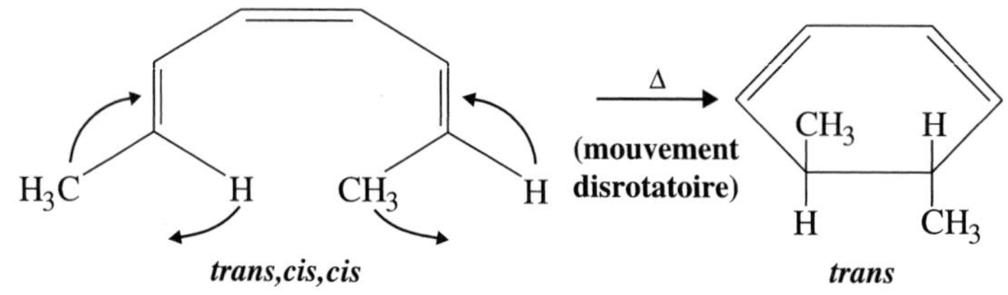

Dans la réaction photochimique, les groupes pivotent de façon conrotatoire.

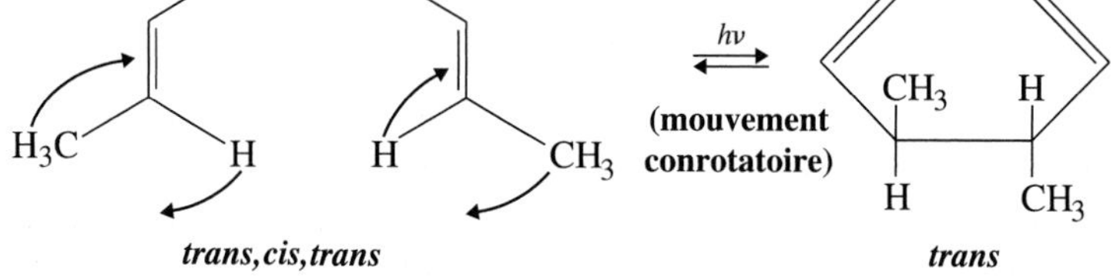

Tableau G.1 Règles de Woodward-Hoffmann pour les réactions électrocycliques.

Nombre d'électrons	Mouvement	Règle
4n	Conrotatoire	Permis thermiquement, interdit photochimiquement
4n	Disrotatoire	Permis photochimiquement, interdit thermiquement
4n + 2	Disrotatoire	Permis thermiquement, interdit photochimiquement
4n + 2	Conrotatoire	Permis photochimiquement, interdit thermiquement

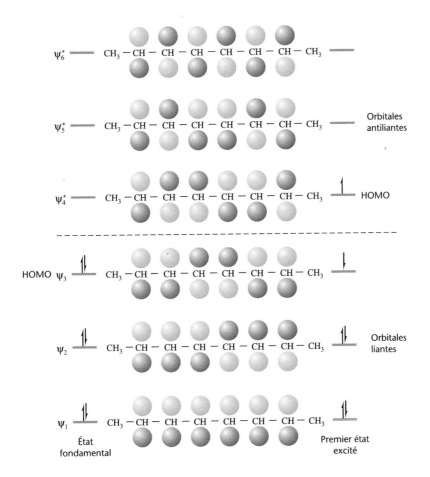

L'examen des orbitales moléculaires π présentées à la figure G.2 permet de comprendre comment ces réactions se produisent. Ici encore, il faut s'intéresser aux plus hautes orbitales moléculaires occupées. Dans le cas de la réaction thermique d'un octa-2,4,6-triène, la HOMO est ψ_3 parce que la molécule réagit lorsqu'elle se trouve dans son état fondamental.

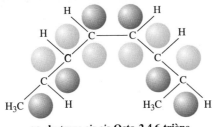

ψ_3 du *trans,cis,cis*-**Octa-2,4,6-triène**

Dans la figure suivante, on constate que, en C2 et C7, seul un mouvement disrotatoire des orbitales ψ_3 permet la formation d'une orbitale moléculaire σ liante. Bien sûr, le mouvement disrotatoire des orbitales nécessite également le mouvement disrotatoire des groupes fixés à C2 et C7. Et c'est bien un mouvement disrotatoire des groupes qu'on observe dans la réaction thermique suivante : *trans,cis,cis*-octa-2,4,6-triène ⟶ *trans*-5,6-diméthylcyclohexa-1,3-diène.

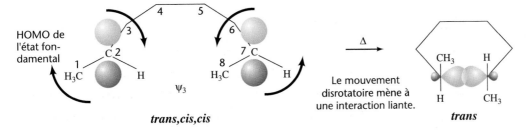

Dans le cas de la réaction photochimique *trans,cis,trans*-octa-2,4,6-triène ⇌ *trans*-5,6-diméthylcyclohexa-1,3-diène, il faut s'intéresser à ψ_4^*. Dans cette réaction, la lumière provoque la promotion d'un électron de ψ_3 à ψ_4^* qui, par conséquent, devient la HOMO. Il faut également examiner la symétrie des orbitales en C2 et en C7 de ψ_4^*, étant donné que ce sont les orbitales qui forment la nouvelle liaison σ. Dans l'interconversion présentée ici, le mouvement conrotatoire des orbitales permet aux lobes de même signe de se chevaucher. Et c'est ce qui explique le mouvement conrotatoire des groupes dans la réaction photochimique.

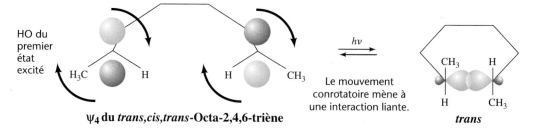

HO du premier état excité

ψ_4 du *trans,cis,trans*-Octa-2,4,6-triène

Le mouvement conrotatoire mène à une interaction liante.

trans

PROBLÈME G.6

Donnez les propriétés stéréochimiques du produit qu'on devrait obtenir de chacune des réactions électrocycliques suivantes :

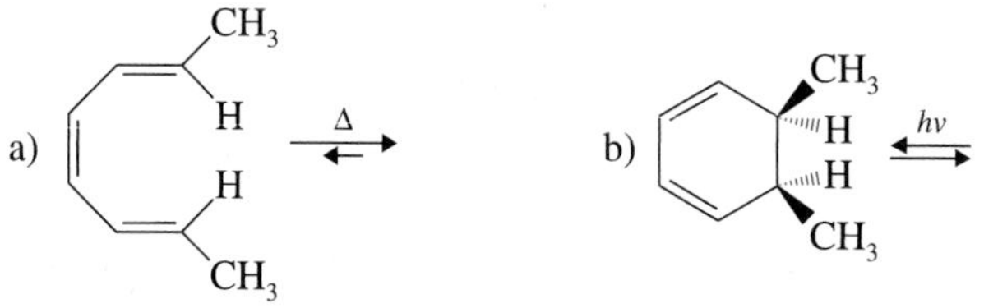

a)

b)

PROBLÈME G.7

Suggérez une méthode stéréospécifique pour la conversion du *trans*-5,6-diméthyl-cyclohexa-1,3-diène en *cis*-5,6-diméthylcyclohexa-1,3-diène.

PROBLÈME G.8

Lorsque le composé **A** est chauffé, le composé **B** peut être isolé du mélange réactionnel. Deux réactions électrocycliques se produisent l'une après l'autre; la première porte sur un système à 4 électrons π, et la deuxième sur un système à 6 électrons π. Représentez schématiquement les deux réactions électrocycliques et donnez la structure de l'intermédiaire.

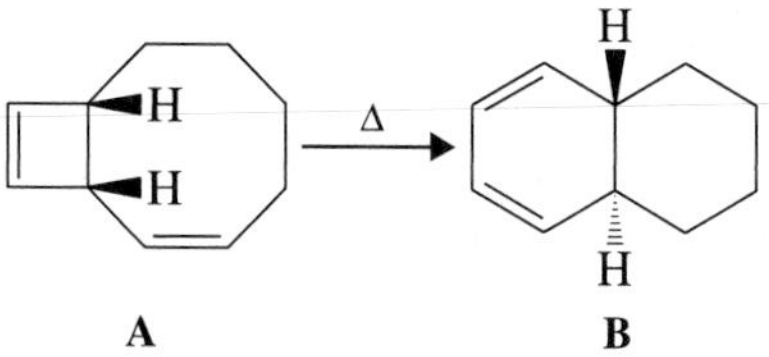

A **B**

G.3 RÉACTIONS DE CYCLOADDITION

Dans plusieurs réactions des alcènes et des polyènes, deux molécules réagissent pour former un produit cyclique. Ces réactions, appelées réactions de *cycloaddition,* sont présentées ci-dessous.

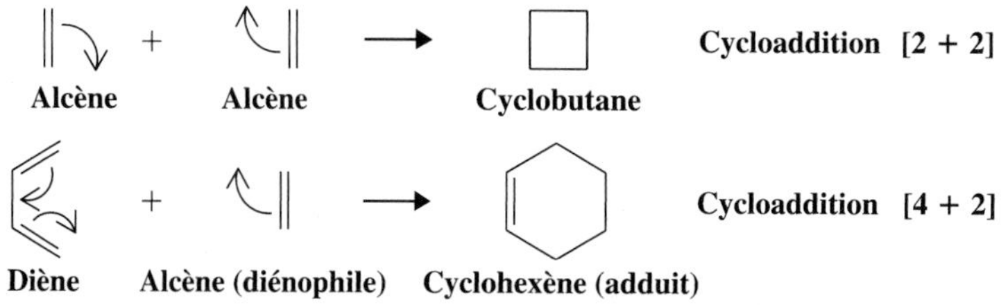

Alcène + **Alcène** → **Cyclobutane**   **Cycloaddition [2 + 2]**

Diène + **Alcène (diénophile)** → **Cyclohexène (adduit)**   **Cycloaddition [4 + 2]**

Les chimistes classent les cycloadditions en fonction du nombre d'électrons π présents dans chacune des entités moléculaires. La réaction de deux alcènes qui produit un cyclobutane s'appelle une cycloaddition [2 + 2]; la réaction d'un diène et d'un alcène qui donne un cyclohexène s'appelle une cycloaddition [4 + 2]. Nous connaissons déjà la cycloaddition [4 + 2] parce qu'il s'agit de la réaction de Diels-Alder que nous avons étudiée à la section 13.11.

Les cycloadditions ressemblent aux réactions électrocycliques de plusieurs façons, les plus importantes étant les suivantes :

1. Il y a interconversion de liaisons σ et π.
2. Les cycloadditions n'ont besoin que de chaleur ou de lumière pour s'amorcer.
3. Leurs mécanismes ne font pas intervenir de radicaux ou d'intermédiaires ioniques.
4. Les liaisons sont formées ou rompues en une seule étape concertée comportant un état de transition cyclique.
5. Les réactions de cycloaddition sont hautement stéréospécifiques.

Comme on peut s'y attendre, les cycloadditions concertées présentent une autre ressemblance importante avec les réactions électrocycliques : les éléments de symétrie des orbitales moléculaires en interaction permettent d'expliquer leur stéréochimie. Ces éléments permettent également d'expliquer deux autres observations concernant les cycloadditions.

1. **Les cycloadditions photochimiques [2 + 2] se produisent facilement, alors que les cycloadditions thermiques [2 + 2] ne se produisent que dans des conditions extrêmes.** Les cycloadditions thermiques [2 + 2], lorsqu'elles ont lieu, procèdent par un mécanisme radicalaire (ou ionique) et non par un mécanisme concerté.
2. **Les cycloadditions thermiques [4 + 2] se produisent facilement et les cycloadditions photochimiques [4 + 2] sont difficiles à réaliser.**

G.3A CYCLOADDITIONS [2 + 2]

Commençons par l'analyse de la cycloaddition [2 + 2] de deux molécules d'éthène qui donne une molécule de cyclobutane.

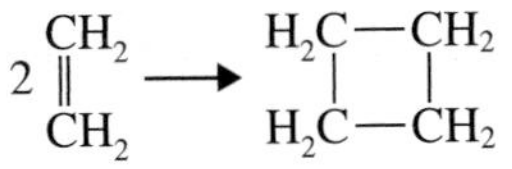

$$2 \, \begin{array}{c} CH_2 \\ \| \\ CH_2 \end{array} \longrightarrow \begin{array}{c} H_2C-CH_2 \\ | \quad\quad | \\ H_2C-CH_2 \end{array}$$

Dans cette réaction, on constate que deux liaisons π sont converties en deux liaisons σ. Comment cette conversion se produit-elle ? Une façon de répondre à cette question consiste à examiner les orbitales moléculaires frontières des réactifs. Les orbitales frontières sont la HOMO de l'un des réactifs et la LUMO de l'autre.

On peut voir comment les interactions des orbitales frontières sont favorables lors d'une conversion *thermique concertée* de deux molécules d'éthène en cyclobutane.

Dans les réactions thermiques, les molécules qui réagissent sont dans leur état fondamental. On peut voir ci-dessous un diagramme des orbitales de l'éthène dans son état fondamental.

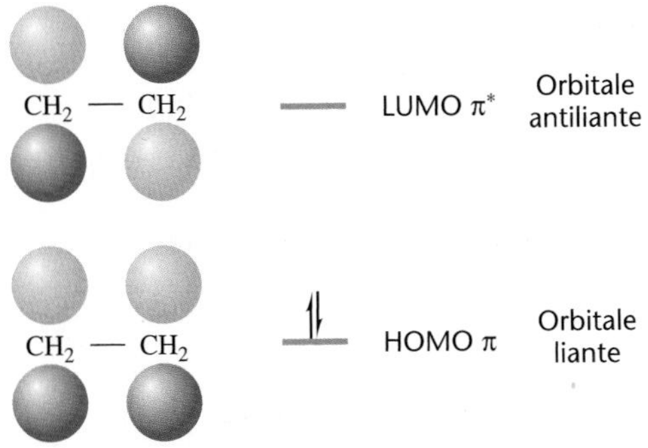

État fondamental de l'éthène

La HOMO de l'éthène dans son état fondamental est l'orbitale π. Comme cette orbitale contient deux électrons, elle interagit avec une orbitale moléculaire *vacante* d'une autre molécule d'éthène. La LUMO de l'état fondamental de l'éthène est évidemment l'orbitale π*.

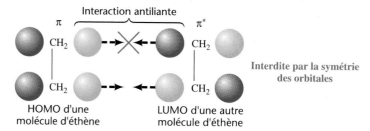

Toutefois, le diagramme ci-dessus indique que le recouvrement de l'orbitale π de l'une des molécules d'éthène et de l'orbitale π* d'une autre ne permet pas la formation d'une liaison entre les deux ensembles d'atomes de carbone parce que les orbitales de signes opposés des deux carbones du haut se recouvrent. Cette réaction est dite *interdite par la symétrie des orbitales.* Qu'est-ce que cela veut dire ? Cela signifie qu'il est peu probable qu'une cycloaddition thermique (ou dans l'état fondamental) de l'éthène résulte d'un mécanisme concerté. C'est exactement ce que l'on observe expérimentalement; les cycloadditions de l'éthène, lorsqu'elles ont lieu, résultent de mécanismes radicalaires non concertés.

Alors, que peut-on dire de l'autre possibilité, c'est-à-dire une cycloaddition photochimique [2 + 2] ? Si une molécule d'éthène absorbe un photon de longueur d'onde appropriée, un électron sera « promu » de π à π*. Dans cet état excité, la HOMO d'une molécule d'éthène est l'orbitale π*. Le diagramme suivant montre comment la HOMO d'un état excité d'une molécule d'éthène interagit avec la LUMO de l'état fondamental d'une autre molécule d'éthène.

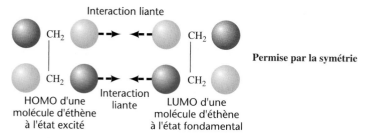

On observe ici que des interactions liantes se produisent entre les deux groupes CH₂, c'est-à-dire que des lobes de même signe se recouvrent entre les deux paires d'atomes de carbone. Des diagrammes de corrélation complets montrent également que la réaction photochimique est *permise par la symétrie des orbitales* et qu'elle devrait se produire facilement par l'entremise d'un mécanisme concerté. De plus, c'est ce qu'on observe expérimentalement : l'éthène se prête facilement aux réactions de cycloaddition *photochimique.*

L'analyse de la cycloaddition [2 + 2] d'éthènes que nous avons faite peut être effectuée pour toute cycloaddition [2 + 2] d'alcènes, car les éléments de symétrie des orbitales π et π* de tous les alcènes sont les mêmes.

PROBLÈME G.9

Quels produits devrait-on obtenir des cycloadditions concertées suivantes ? (Donnez les formules développées en indiquant la stéréochimie.)

a) 2 *cis*-2-Butène $\xrightarrow{h\nu}$ \qquad\qquad b) 2 *trans*-2-Butène $\xrightarrow{h\nu}$

PROBLÈME G.10

Expliquez ce qui se produit dans la réaction suivante :

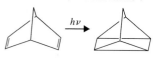

G.3B CYCLOADDITIONS [4 + 2]

Les cycloadditions [4 + 2] concertées, c'est-à-dire les réactions de Diels-Alder, sont des *réactions thermiques*. L'analyse des interactions des orbitales permet encore une fois d'expliquer cette réalité. Pour ce faire, examinons le diagramme de la figure G.3.

Les deux modes de recouvrement des orbitales représentés à la figure G.3 permettent des interactions liantes et tous deux s'appliquent à l'*état fondamental* des réactifs. L'état fondamental d'un diène a deux électrons en ψ_2 (sa HOMO). Le recouvrement illustré à la figure G.3a) permet le passage de ces deux électrons à la LUMO, π^*, du diénophile. Le recouvrement présenté à la figure G.3b) permet le passage de deux électrons de la HOMO du diénophile, π, à la LUMO du diène, Ψ_3^*. Cette réaction thermique est dite permise par la symétrie des orbitales.

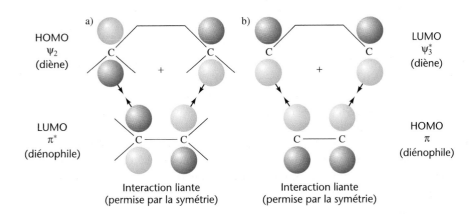

Figure G.3 Deux interactions permises par la symétrie des orbitales pour une cycloaddition thermique [4 + 2]. a) Interaction liante entre la HOMO d'un diène et la LUMO d'un diénophile. b) Interaction liante entre la HOMO d'un diène et la LUMO d'un diénophile.

À la section 13.11, nous avons vu que la réaction de Diels-Alder se produit avec rétention de configuration du diénophile. Comme la réaction de Diels-Alder est généralement concertée, elle se produit également avec rétention de configuration du diène.

Rétention de configuration du diénophile

Rétention de configuration du diène

PROBLÈME G.11

Quels produits devrait-on obtenir des réactions suivantes ?

COMPOSÉS ORGANOHALOGÉNÉS ET ORGANOMÉTALLIQUES DANS L'ENVIRONNEMENT

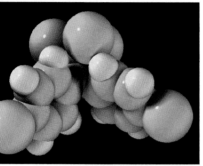

DDT

H.1 COMPOSÉS ORGANOHALOGÉNÉS UTILISÉS COMME INSECTICIDES

Depuis la découverte des propriétés insecticides du DDT en 1942, de grandes quantités d'organochlorés ont été pulvérisées sur la surface de la Terre pour détruire des insectes. Initialement, ces applications ont connu un immense succès et ont réussi à débarrasser de vastes régions d'insectes porteurs de maladies, en particulier ceux qui transmettent le typhus et la malaria. Avec le temps, toutefois, on s'est rendu compte que l'utilisation d'aussi grandes quantités d'organochlorés n'allait pas sans effets secondaires nuisibles, voire tragiques. Généralement très stables, les organochlorés sont dégradés lentement par des processus naturels dans l'environnement. Par conséquent, de nombreux insecticides organochlorés demeurent dans l'environnement pendant des années. Ces pesticides sont dits « persistants ».

Les organochlorés sont également liposolubles et tendent à s'accumuler dans les tissus adipeux de la plupart des animaux. La concentration des organochlorés tend à augmenter à chaque maillon de la chaîne alimentaire qui va du plancton à l'homme en passant par les poissons, les oiseaux et les mammifères.

Le DDT, un organochloré, est fabriqué à partir de matières premières bon marché, le chlorobenzène et le trichloroacétaldéhyde. La réaction est catalysée par un acide.

$$2\ Cl\!-\!\bigcirc\!-\!H + HCCCl_3 \xrightarrow{H_2SO_4} Cl\!-\!\bigcirc\!-\!CH\!-\!\bigcirc\!-\!Cl$$

$$\underset{CCl_3}{|}$$

DDT
[1,1,1-Trichloro-2,2-bis(*p*-chlorophényl)éthane]

Dans l'environnement, le principal produit de dégradation du DDT est le DDE.

DDE
[1,1-Dichloro-2,2-bis(*p*-chlorophényl)éthène]

Selon certaines estimations, près d'un demi-milliard de kilos de DDT auraient été pulvérisés dans l'écosystème planétaire. La présence du DDE dans l'environnement, qui résulte de la conversion du DDT, a un effet très perceptible sur la formation de la coquille des œufs de nombreuses espèces d'oiseaux. Le DDE inhibe l'*anhydrase carbonique,* l'enzyme qui régule l'apport de calcium nécessaire à la formation de la coquille (voir le préambule du chapitre 3 pour en savoir plus sur une autre fonction importante de l'anhydrase carbonique). Il s'ensuit que les coquilles sont souvent très fragiles et ne durent pas jusqu'à l'éclosion. Vers la fin des années 40, les populations d'aigles et de faucons ont énormément diminué. Il ne fait aucun doute que le DDT a été le grand responsable de cette baisse.

Le DDE s'accumule également dans les tissus adipeux des humains. Bien que ces derniers semblent dotés d'une tolérance à court terme à des doses modérées de DDE, les effets à long terme sont loin d'avoir été établis avec certitude.

L'aldrine, la dieldrine et le chlordane sont d'autres insecticides persistants. L'aldrine peut être fabriquée par une réaction de Diels-Alder entre l'hexachlorocyclopentadiène et le norbornadiène.

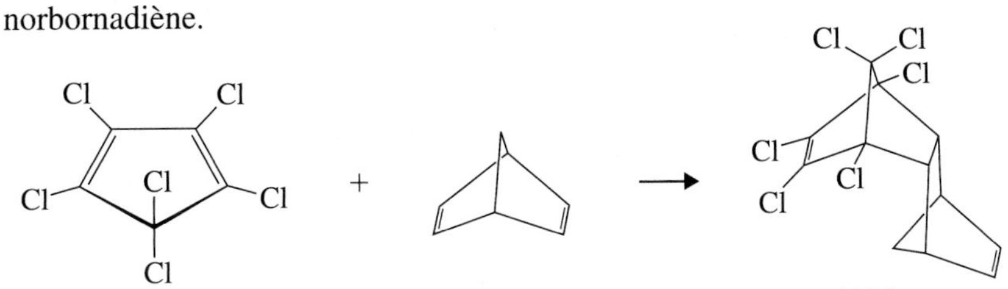

Hexachlorocyclopentadiène　　　**Norbornadiène**　　　**Aldrine**

Le chlordane peut être synthétisé par addition de chlore à la double liaison non sub-stituée de l'adduit de Diels-Alder obtenu de l'hexachlorocyclopentadiène et du cyclopentadiène. La dieldrine peut être fabriquée par conversion d'une double liaison de l'aldrine en époxyde. Cette réaction se produit également dans la nature.

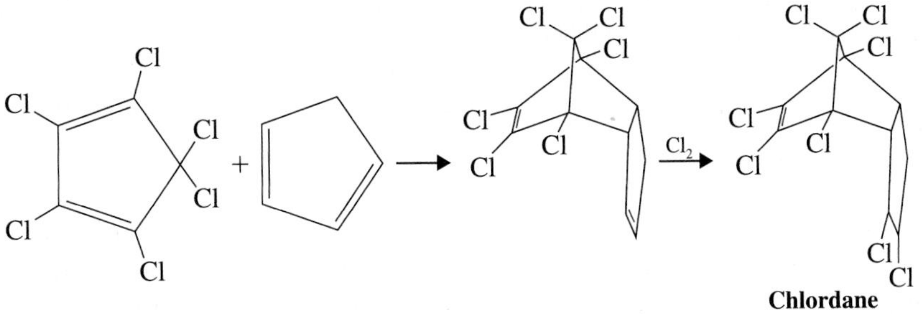

Chlordane

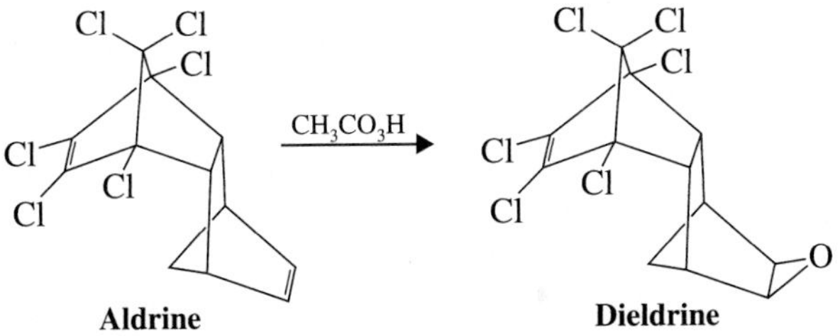

Aldrine　　　　　　**Dieldrine**

Au cours des années 70, l'Environmental Protection Agency (EPA), aux États-Unis, a interdit l'usage du DDT, de l'aldrine, de la dieldrine et du chlordane en raison des dangers connus ou présumés qu'ils présentent pour la vie humaine. Tous ces com-posés sont des agents cancérigènes présumés.

PROBLÈME H.1

Deux réactions de substitution aromatique électrophile interviennent dans la formation du DDT à partir du chlorobenzène et du trichloroacétaldéhyde dans l'acide sulfurique. Dans la première substitution, l'électrophile est le trichloroacétaldéhyde protoné. Dans la seconde, l'électrophile est un carbocation. Proposez un mécanisme pour la formation du DDT.

PROBLÈME H.2

Quel type de réaction est responsable de la conversion du DDT en DDE ?

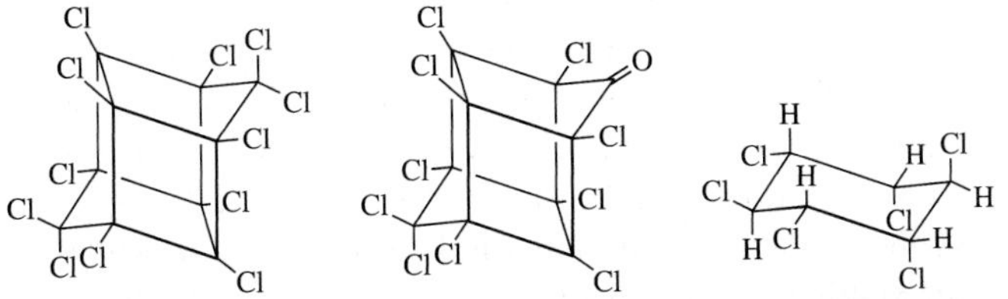

Mirex　　　　**Képone**　　　**Lindane**

Le mirex, le képone et le lindane sont également des insecticides persistants dont l'usage a été interdit.

H.2 COMPOSÉS ORGANOHALOGÉNÉS UTILISÉS COMME HERBICIDES

D'autres organochlorés ont été abondamment utilisés comme herbicides. Les deux exemples suivants sont le 2,4-D et le 2,4,5-T.

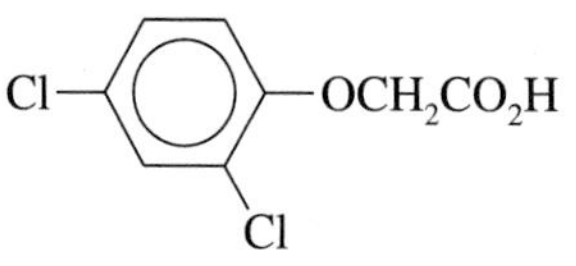

2,4-D
(acide 2,4-dichloro-
phénoxyacétique)

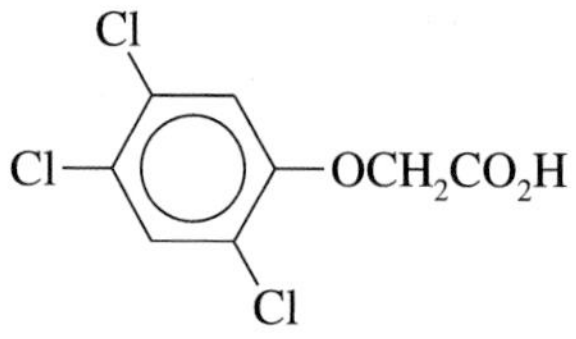

2,4,5-T
(acide 2,4,5-trichloro-
phénoxyacétique)

D'énormes quantités de ces deux composés ont été utilisées comme défoliants dans les jungles d'Indochine pendant la guerre du Viêtnam. Certains échantillons de 2,4,5-T se sont révélés tératogènes (capables de provoquer des malformations chez le fœtus). Cet effet tératogène était dû à une impureté présente dans le 2,4,5-T d'origine commerciale. Cette impureté, la 2,3,7,8-tétrachlorodibenzodioxine, est également extrêmement toxique, davantage même que le cyanure, la strychnine et les gaz neurotoxiques.

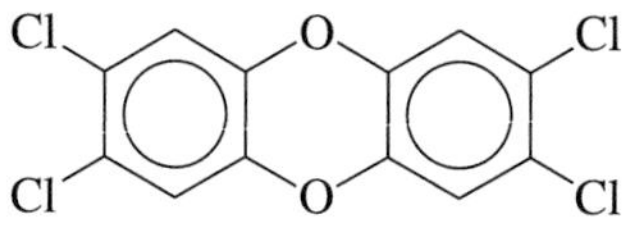

2,3,7,8-Tétrachlorodibenzodioxine
(également appelée TCDD)

Cette dioxine est également très stable; elle persiste dans l'environnement et, en raison de sa liposolubilité, elle peut être transmise dans la chaîne alimentaire. En doses non létales, elle peut provoquer une maladie cutanée inesthétique.

En juillet 1976, une explosion survenue dans une usine chimique à Seveso en Italie a provoqué la libération de 10 à 60 kilos de cette dioxine dans l'atmosphère. Dans cette usine, on produisait du 2,4,5-trichlorophénol (utilisé dans la fabrication du 2,4,5-T) par la méthode suivante :

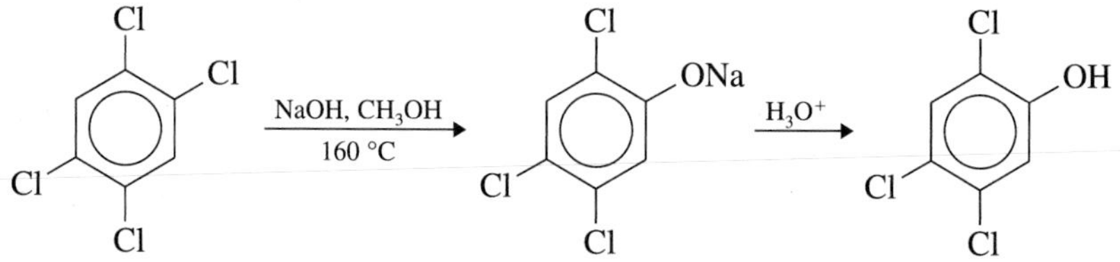

1,2,4,5-
Tétrachlorobenzène

2,4,5-Trichlorophénoxyde
de sodium

2,4,5-
Trichlorophénol

La température de la première réaction doit être très étroitement contrôlée, sinon la dioxine se forme dans le mélange réactionnel.

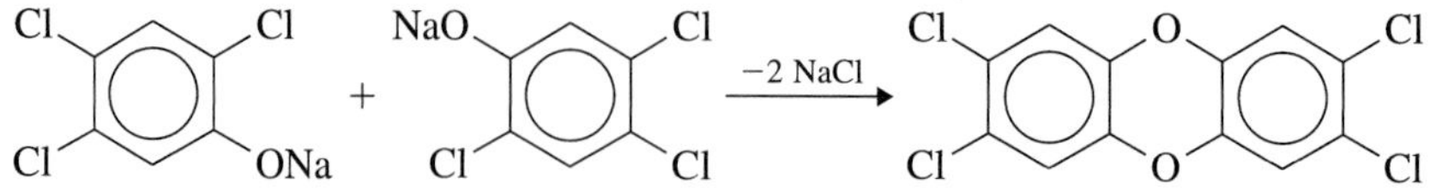

Apparemment, dans l'usine italienne, la température n'a pas été maintenue, ce qui a entraîné une augmentation de la pression. Finalement, une soupape s'est ouverte, et un nuage de trichlorophénol et de dioxine a été libéré dans l'atmosphère. De nombreux animaux sauvages et domestiques ont été tués et un grand nombre de personnes, surtout des enfants, ont été affligées de graves éruptions cutanées.

PROBLÈME H.3

a) En supposant que les atomes de chlore en ortho et en para soient suffisamment électroattracteurs pour produire l'activation nécessaire à une substitution aromatique nucléophile par addition-élimination, suggérez un mécanisme pour la conversion du 1,2,4,5-tétrachlorobenzène en 2,4,5-trichlorophénoxyde de sodium. b) Faites de même pour la conversion du 2,4,5-trichlorophénoxyde en 2,3,7,8-tétrachlorodibenzodioxine (section H.2).

PROBLÈME H.4

Le 2,4,5-T est produit par la réaction du 2,4,5-trichlorophénoxyde de sodium et du chloracétate de sodium (ClCH$_2$COONa). Cette réaction produit le sel sodique du 2,4,5-T qui, par acidification, donne le 2,4,5-T proprement dit. Quel type de mécanisme explique la réaction du 2,4,5-trichlorophénoxyde de sodium avec le ClCH$_2$COONa ? Écrivez l'équation.

H.3   GERMICIDES

Le 2,4,5-trichlorophénol est également utilisé dans la fabrication de l'hexachlorophène, un germicide autrefois très utilisé dans différents produits en vente libre tels que savons, shampooings, désodorisants, rince-bouche et lotions après-rasage.

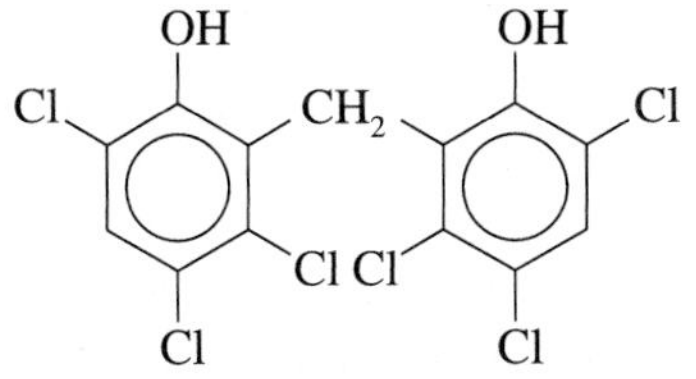

Hexachlorophène

L'hexachlorophène est absorbé sans modification par la peau, et des tests sur les animaux ont montré qu'il provoquait des lésions cérébrales. Depuis 1972, l'utilisation de l'hexachlorophène dans les cosmétiques et les démaquillants en vente libre est interdite par la Food and Drug Administration aux États-Unis.

H.4   BIPHÉNYLES POLYCHLORÉS (BPC)

Des mélanges de biphényles polychlorés ont été produits et utilisés commercialement à partir de 1929. Ces mélanges contiennent des biphényles dans lesquels des atomes de chlore peuvent se trouver à n'importe quelle position numérotée (dans la structure ci-dessous). Au total, 210 composés différents sont possibles. Un mélange commercial typique peut contenir jusqu'à 50 BPC différents. Les mélanges sont habituellement classés d'après leur teneur en chlore et la plupart des mélanges industriels contiennent de 40 % à 60 % de chlore.

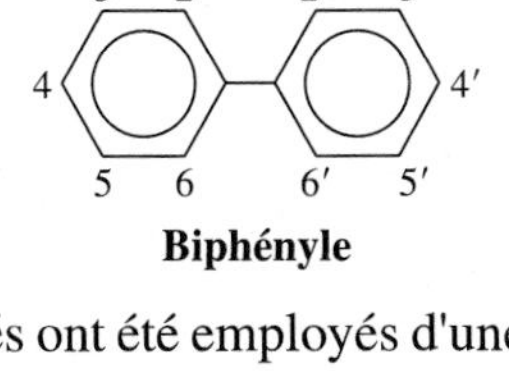

Biphényle

Les biphényles polychlorés ont été employés d'une multitude de façons : dans les transformateurs, où ils servent à dissiper la chaleur; dans les condensateurs, les thermostats et les systèmes hydrauliques; comme plastifiants pour les tasses de café en polystyrène, les sacs pour aliments congelés, les emballages de boulangerie et les sacs en plastique pour les biberons. Ils ont été utilisés dans les encres d'imprimerie et dans les cires servant à confectionner des moules de fonderie. De 1929 à 1972, environ 500 000 tonnes métriques de BPC ont été fabriquées.

Bien qu'ils n'aient jamais été destinés à être dispersés dans l'environnement, les BPC, plus que tout autre produit chimique, sont probablement devenus les polluants les plus répandus. On a décelé leur présence dans l'eau de pluie, dans de nombreuses espèces de poissons, d'oiseaux et d'autres animaux (y compris les ours polaires) partout dans le monde, et dans les tissus humains.

Les biphényles polychlorés sont extrêmement persistants et, comme ils sont liposolubles, ils ont tendance à s'accumuler dans la chaîne alimentaire. Ainsi, des poissons qui s'alimentent dans des eaux contaminées par des BPC ont des taux de BPC de 1 000 à 100 000 fois plus élevés que l'eau dans laquelle ils vivent, et cette concentration s'accroît encore dans les oiseaux qui se nourrissent de ces poissons. La toxicité des BPC dépend de la composition du mélange. Le plus grave empoisonnement est survenu au Japon en 1968 lorsqu'un millier de personnes ont absorbé de l'huile à friture accidentellement contaminée par des BPC. Relisez la Capsule chimique intitulée « Déshalogénation bactérienne d'un dérivé des BPC » (section 21.11), qui suggère un moyen de remédier à la pollution par les BPC.

En 1975, des entreprises industrielles déversaient encore des BPC dans le fleuve Hudson (New York) en toute légalité. En 1977, l'EPA a interdit le déversement direct des BPC dans les voies de navigation et, depuis 1979, leur fabrication, leur transformation et leur distribution sont prohibées.

H.5 POLYBROMOBIPHÉNYLES (PBB)

Les polybromobiphényles sont des analogues bromés des BPC utilisés comme ignifugeants. En 1973, au Michigan, des PBB ont été mélangés par erreur à de la nourriture pour animaux qui a ensuite été vendue à des fermiers. Avant que l'erreur ne soit reconnue, des milliers de vaches laitières, de porcs, de poulets et de moutons ont été contaminés et ont dû être abattus.

H.6 COMPOSÉS ORGANOMÉTALLIQUES

À quelques exceptions près, les composés organométalliques (voir l'annexe I) sont toxiques. Cette toxicité varie grandement selon la nature du composé et du métal. Les composés organiques contenant de l'arsenic, de l'antimoine, du plomb, du thallium ou du mercure sont toxiques parce que les ions métalliques eux-mêmes sont toxiques. Certains dérivés du silicium sont toxiques même si le silicium et la plupart de ses dérivés inorganiques ne le sont pas.

Au début du XXe siècle, on s'aperçut que les composés organoarséniens étaient des biocides, ce qui amena Paul Ehrlich à faire des recherches innovatrices en chimiothérapie. Ehrlich cherchait des composés (qu'il appelait des « projectiles magiques ») qui seraient plus toxiques pour les microorganismes pathogènes que pour leurs hôtes. Ses travaux ont mené à la mise au point du Salvarsan et du Neosalvarsan, deux composés organoarséniens qui ont été utilisés avec succès dans le traitement des maladies causées par les spirochètes (par exemple la syphilis) et les trypanosomes (par exemple la maladie du sommeil). Le Salvarsan et le Neosalvarsan ne sont plus utilisés dans le traitement de ces maladies; ils ont été remplacés par des antibiotiques moins dangereux et plus efficaces. Toutefois, les recherches d'Ehrlich ont ouvert la voie à la chimiothérapie (section 20.11).

En fait, de nombreux microorganismes synthétisent des composés organométalliques, et cette découverte est inquiétante sur le plan écologique. Le mercure métallique est toxique, mais il est également inerte. Par le passé, des tonnes et des tonnes de mercure métallique présent dans les déchets industriels ont été jetées en même temps que ces déchets dans les lacs et les cours d'eau. Étant donné que le mercure est toxique, de nombreuses bactéries se protègent en transformant le mercure métallique en ions de méthylmercure (CH_3Hg^+) et en diméthylmercure gazeux, $(CH_3)_2Hg$. Ces composés organomercuriens passent dans la chaîne alimentaire (avec des modifications) des poissons aux humains, chez qui les ions méthylmercure agissent comme une neurotoxine mortelle. Entre 1953 et 1964, à Minamata, au Japon, 116 personnes ont été empoisonnées en mangeant du poisson contenant des composés dérivés de méthylmercure. Dans certains organismes, l'arsenic est également transformé par méthylation pour donner la diméthylarsine, $(CH_3)_2AsH$, qui est toxique.

Paradoxalement, les organochlorés semblent inhiber les réactions biologiques qui conduisent à la méthylation du mercure. Dans les lacs pollués par des pesticides organochlorés, la méthylation du mercure est beaucoup moins importante. Bien que cette interaction particulière entre deux polluants puisse, dans un certain sens, être avantageuse, elle illustre également la complexité des problèmes environnementaux auxquels nous faisons face.

Depuis 1923, le tétraéthyle de plomb et divers autres alkyles de plomb ont été utilisés comme agents anti-cognements dans l'essence. Bien que ces additifs aient été éliminés progressivement aux États-Unis, plus de 500 milliards de kilos de plomb ont été libérés dans l'atmosphère. Dans l'hémisphère Nord, la consommation d'essence à elle seule a répandu environ 10 mg de plomb par mètre carré sur la surface terrestre. Dans les régions les plus industrialisées, la quantité de plomb par mètre carré est probablement plusieurs centaines de fois plus élevée. Étant donné la toxicité bien connue du plomb, ces faits sont très inquiétants.

ANNEXE I

COMPOSÉS ORGANO-MÉTALLIQUES DES MÉTAUX DE TRANSITION

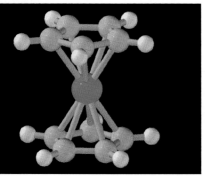

Ferrocène

I.1 INTRODUCTION

L'un des domaines de prédilection de la recherche en chimie depuis quelques années est celui des composés contenant une liaison entre un atome de carbone d'un groupe organique et un métal de transition. Ce domaine de recherche, qui combine des aspects de la chimie organique et de la chimie inorganique et que l'on appelle *chimie organométallique,* a débouché sur de nombreuses applications importantes en synthèse organique. Un grand nombre de ces composés organiques contenant des métaux de transition sont des catalyseurs d'une extraordinaire sélectivité.

Les métaux de transition sont les éléments dont les couches *d* (ou *f*) sont incomplètes, soit dans leur état élémentaire, soit dans leurs composés importants. Les métaux de transition qui intéressent le plus les organiciens sont ceux que l'on peut voir dans la partie verte et la partie jaune du tableau périodique de la figure I.1. Les métaux de transition réagissent avec plusieurs molécules ou groupes, appelés *ligands,* pour former des *complexes de métaux de transition.* En formant un complexe, les ligands donnent des électrons aux orbitales vacantes du métal. La force des liaisons entre un ligand et le métal varie d'un extrême à l'autre. Les liaisons sont covalentes, mais elles sont souvent fortement polarisées.

Les complexes de métaux de transition peuvent adopter diverses formes géométriques selon le métal et le nombre de ligands qui l'entourent. Ainsi, le rhodium peut former des *complexes plans carrés* avec quatre ligands. Par ailleurs, il peut former des complexes comportant cinq ou six ligands et ayant une forme bipyramidale trigonale ou octaédrique. Ces formes caractéristiques des complexes de rhodium sont illustrées plus loin, la lettre L indiquant un ligand.

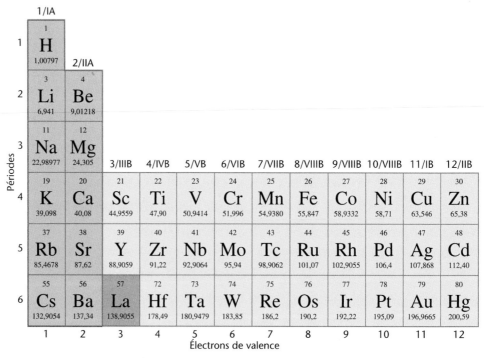

Figure I.1 Les éléments de transition importants se trouvent dans les parties verte et jaune du tableau périodique. À la base de chaque colonne se trouve le nombre total d'électrons de valence (*s* et *d*) de chaque élément.

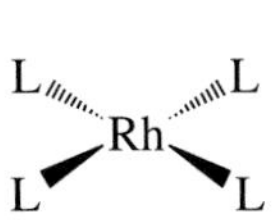

Complexe de rhodium plan carré

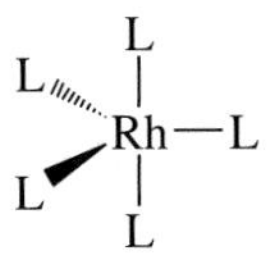

Complexe de rhodium bipyramidal trigonal

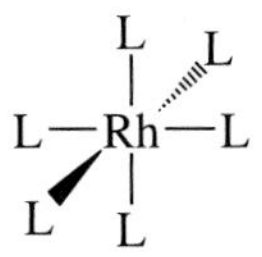

Complexe de rhodium octaédrique

I.2   DÉCOMPTE DES ÉLECTRONS

LA RÈGLE DES 18 ÉLECTRONS

Les métaux de transition ressemblent aux éléments que nous avons étudiés antérieurement en ce qu'ils sont plus stables lorsque leur configuration électronique est celle d'un gaz noble. En plus des orbitales *s* et *p,* les métaux de transition ont cinq orbitales *d* (qui peuvent contenir jusqu'à 10 électrons). Par conséquent, la configuration « gaz noble » d'un métal de transition comporte *18 électrons,* et non 8 comme pour le carbone, l'azote, l'oxygène, etc. Lorsqu'un métal de transition possédant 18 électrons de valence fait partie d'un complexe, on dit de ce métal qu'il est *saturé par coordination*[*].

Pour déterminer le nombre d'électrons de valence d'un métal de transition faisant partie d'un complexe, on part du nombre total d'électrons de valence du métal en tant qu'élément (voir la figure I.1) et on soustrait de ce nombre l'état d'oxydation du métal dans le complexe. Cela donne d^n, le nombre d'électrons *d*. L'état d'oxydation du métal est la charge qui resterait associée au métal si tous les ligands (tableau I.1) étaient enlevés.

$$d^n = \frac{\text{nombre total d'électrons de}}{\text{valence du métal élémentaire}} - \frac{\text{l'état d'oxydation du métal}}{\text{dans le complexe}}$$

Tableau I.1   Ligands courants dans les complexes de métaux de transition[a].

Ligand	Équivalence électronique	Nombre d'électrons
Ligands à charge négative		
H	H:⁻	2
R	R:⁻	2
X	X:⁻	2
Allyle	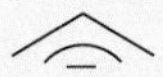	4
Cyclopentadiényle, Cp	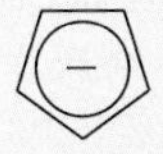	6
Ligands électriquement neutres		
Carbonyle (monoxyde de carbone)	CO	2
Phosphane[b]	R_3P ou Ph_3P	2
Alcène	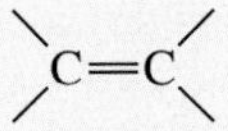	2
Diène	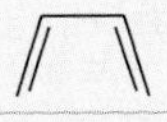	4
Benzène	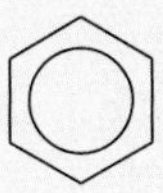	6

[a] D'après SCHWARTZ, J. et J.A. LABINGER, *J. Chem. Educ.,* 1980, 57, p. 170-175.
[b] N.D.T. : le terme plus ancien « phosphine » est également utilisé.

---

[*] Dans la plupart des cas, les paires d'électrons libres ne figurent pas dans les structures qui nous servent d'exemples, parce que cela compliquerait inutilement la représentation graphique.

Ensuite, pour déterminer le nombre total d'électrons de valence du métal *dans le complexe*, on ajoute à d^n le nombre d'électrons donnés (ou transférés) par tous les ligands. Le tableau I.1 indique le nombre d'électrons donnés par les ligands les plus courants.

$$\begin{array}{l}\text{Nombre total d'électrons de valence}\\ \text{du métal dans le complexe}\end{array} = d^n + \begin{array}{l}\text{nombre d'électrons donnés}\\ \text{par les ligands.}\end{array}$$

Maintenant, déterminons le nombre d'électrons de valence dans deux complexes qui nous serviront d'exemples.

Exemple A   Le pentacarbonyle de fer, $Fe(CO)_5$, est un liquide toxique qui se forme lorsque de fines particules de fer réagissent avec le monoxyde de carbone.

$$Fe + 5\,CO \longrightarrow Fe(CO)_5 \qquad \text{ou}$$

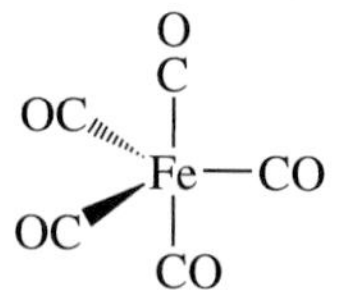

Pentacarbonyle de fer

Comme l'indique la figure I.1, un atome de fer possède 8 électrons de valence. En outre, étant donné que le complexe pentacarbonyle n'est pas un ion, sa charge globale est nulle, tout comme celle de chacun des ligands CO. Par conséquent, le fer, dans ce complexe, est dans l'état d'oxydation zéro.

À l'aide de ces nombres, on peut maintenant calculer d^n puis le nombre total d'électrons de valence du fer dans le complexe.

$$d^n = 8 - 0 = 8$$
$$\begin{array}{l}\text{Nombre total d'électrons}\\ \text{de valence}\end{array} = d^n + 5(CO) = 8 + 5(2) = 18$$

On en conclut que l'atome de fer du $Fe(CO)_5$ a 18 électrons de valence et qu'il est donc saturé par coordination.

Exemple B   Le complexe de rhodium $Rh[(C_6H_5)_3P]_3H_2Cl$ est, comme nous le verrons plus loin, un intermédiaire dans certaines hydrogénations des alcènes.

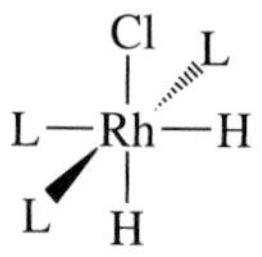

$$L = Ph_3P \text{ [c.-à-d. } (C_6H_5)_3P]$$

L'état d'oxydation du rhodium dans le complexe est +3. Les deux atomes d'hydrogène et le chlore valent chacun -1, et la charge de chacun des ligands triphénylphosphane est de zéro. Le retrait de tous les ligands laisserait un ion Rh^{3+}. D'après la figure I.1, l'élément rhodium a 9 électrons de valence. On peut maintenant calculer d^n pour l'atome de rhodium du complexe.

$$d^n = 9 - 3 = 6$$

Chacun des six ligands du complexe donne deux électrons au rhodium et, par conséquent, le nombre total d'électrons de valence du rhodium du complexe est égal à 18. Le rhodium du $Rh[(C_6H_5)_3P]_3H_2Cl$ est saturé par coordination.

$$\begin{array}{l}\text{Nombre total d'électrons}\\ \text{de valence du rhodium}\end{array} = d^n + 6(2) = 6 + 12 = 18$$

I.3   MÉTALLOCÈNES : COMPOSÉS ORGANOMÉTALLIQUES SANDWICHS

Le cyclopentadiène réagit avec le bromure de phénylmagnésium pour donner un réactif de Grignard du cyclopentadiène. Cette réaction n'est pas inhabituelle puisqu'il s'agit simplement d'une autre réaction acide-base semblable à celles que nous avons vues auparavant. Les atomes d'hydrogène du groupe méthylène du cyclopentadiène sont beaucoup plus acides que les atomes d'hydrogène du benzène et, par conséquent, la réaction est quantitative. Les atomes d'hydrogène du groupe méthylène du cyclopentadiène sont acides par rapport aux atomes d'hydrogène ordinaires du groupe méthylène parce que l'anion cyclopentadiénure est aromatique; voir la section 14.7C.

$$\text{Cyclopentadiène} \quad + \quad C_6H_5MgBr \quad \xrightarrow{Et_2O} \quad \text{Bromure de cyclopentadiényl-magnésium} \quad + \quad C_6H_6$$

Cyclopentadiène   **Bromure de phénylmagnésium**   **Bromure de cyclopentadiényl-magnésium**   **Benzène**

Lorsque le réactif de Grignard de cyclopentadiène est traité avec du chlorure ferreux, la réaction qui s'ensuit donne un produit appelé *ferrocène*.

$$2 \; \text{MgBr} + FeCl_2 \longrightarrow (C_5H_5)_2Fe \quad + \quad 2\,MgBrCl$$

**Ferrocène
(rendement total
de 71 % à partir du
cyclopentadiène)**

Le ferrocène est un solide orangé ayant un point de fusion de 174 °C. Il est extrêmement stable; il peut être sublimé à 100 °C et résiste à un chauffage à 400 °C.

De nombreuses études, y compris des analyses par rayons X, ont montré que le ferrocène est un composé dans lequel le fer (II) est situé entre deux cycles cyclopentadiényle.

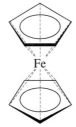

Les longueurs des liaisons carbone–carbone sont toutes de 1,40 Å (0,14 nm), et celles des liaisons carbone–fer sont toutes de 2,04 Å (0,204 nm). À cause de leur structure, les composés tels que le ferrocène ont reçu le nom de composés « sandwichs ».

La liaison carbone–fer dans le ferrocène est le résultat du recouvrement des lobes internes des orbitales p des anions cyclopentadiénure et des orbitales $3d$ de l'atome de fer. En outre, des études ont prouvé que ces liaisons sont telles que les cycles du ferrocène sont essentiellement capables de pivoter librement autour d'un axe qui leur est perpendiculaire et qui passe par l'atome de fer.

Le fer du ferrocène a 18 électrons de valence et il est par conséquent saturé par coordination. Ce nombre se calcule comme suit.

L'élément fer a 8 électrons de valence et son état d'oxydation dans le ferrocène est de +2. Par conséquent, $d^n = 6$.

$$d^n = 8 - 2 = 6$$

Chaque ligand cyclopentadiényle (Cp) du ferrocène donne 6 électrons au fer. Par conséquent, pour le fer du complexe, le nombre d'électrons de valence est de 18.

$$\text{Nombre total d'électrons de valence} = d^n + 2(Cp) = 6 + 2(6) = 18$$

Le ferrocène est un *composé aromatique*. Il subit un certain nombre de substitutions aromatiques électrophiles, y compris la sulfonation et l'acylation de Friedel-Crafts.

La découverte du ferrocène (en 1951) a mené à la synthèse de plusieurs composés aromatiques semblables. Ces composés forment la classe des *métallocènes*[*]. Des

---

[*] Ernst O. Fisher (de l'institut de technologie de Munich) et Geoffrey Wilkinson (de l'Imperial College de Londres) ont reçu le prix Nobel en 1973 pour leurs travaux novateurs (effectués indépendamment) sur la chimie des composés organométalliques sandwichs (métallocènes).

métallocènes ayant cinq, six, sept ou même huit cycles ont été synthétisés à partir de métaux aussi différents que le zirconium, le manganèse, le cobalt, le nickel, le chrome et l'uranium.

Des composés qu'on peut qualifier de « demi-sandwichs » ont également été élaborés à partir de composés métalliques carbonylés. En voici quelques exemples :

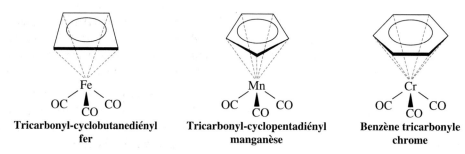

Tricarbonyl-cyclobutanediényl fer **Tricarbonyl-cyclopentadiényl manganèse** **Benzène tricarbonyle chrome**

Bien que le cyclobutadiène *ne soit pas* stable, le complexe tricarbonyl-cyclobutanediényl fer l'est.

PROBLÈME I.1

Le métal de chacun des composés demi-sandwichs représentés ci-dessus est saturé par coordination. Démontrez-le en calculant le nombre d'électrons de valence du métal de chaque complexe.

I.4 RÉACTIONS DES COMPLEXES DE MÉTAUX DE TRANSITION

Une grande partie de la chimie des composés organiques des métaux de transition est plus facile à comprendre si l'on examine les mécanismes des réactions auxquelles ils participent. Dans la plupart des cas, il ne s'agit que d'un enchaînement dans lequel chaque réaction représente *un type fondamental de réaction caractéristique d'un complexe de métal de transition*. Nous étudierons ici trois de ces types de réactions. Dans chaque cas, nous nous intéresserons aux étapes de l'hydrogénation d'un alcène au moyen d'un catalyseur appelé catalyseur de Wilkinson. Plus loin (section I.5), nous étudierons le mécanisme complet de cette hydrogénation.

1. **Dissociation et association du ligand (échange de ligands).** Un métal de transition peut perdre un ligand (par dissociation) et se combiner à un autre (par association). C'est ce qu'on appelle un *échange de ligands*. Par exemple, le complexe de rhodium que nous avons vu dans l'exemple B peut réagir avec un alcène (en l'occurrence avec l'éthène) comme suit :

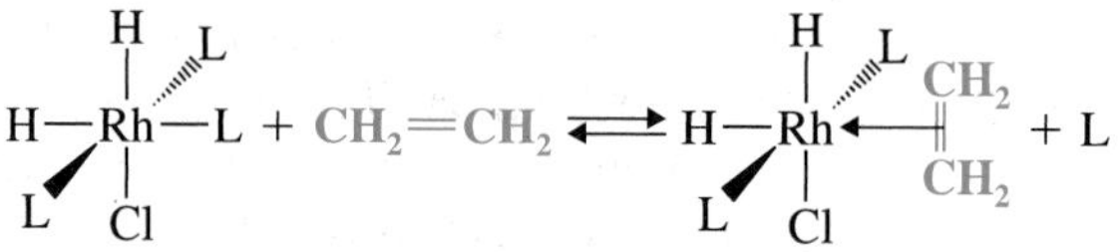

$$\underset{\text{L} \quad \text{Cl}}{\overset{\text{H} \quad \text{L}}{\text{H---Rh---L}}} + CH_2=CH_2 \rightleftharpoons \underset{\text{L} \quad \text{Cl}}{\overset{\text{H} \quad \text{L}}{\text{H---Rh}}}\underset{\text{CH}_2}{\overset{\text{CH}_2}{\longleftarrow \parallel}} + L$$

L = Ph$_3$P [c'est-à-dire (C$_6$H$_5$)$_3$P]

En fait, la réaction se produit en deux étapes. Dans la première, l'un des ligands triphénylphosphane se dissocie, ce qui donne un complexe dans lequel le rhodium n'a plus que 16 électrons et se trouve donc *non saturé* par coordination.

$$\underset{\text{L} \quad \text{Cl}}{\overset{\text{H} \quad \text{L}}{\text{H---Rh---L}}} \rightleftharpoons \underset{\text{Cl}}{\overset{\text{H} \quad \text{L}}{\text{H---Rh}}}\overset{\text{L}}{} + L$$

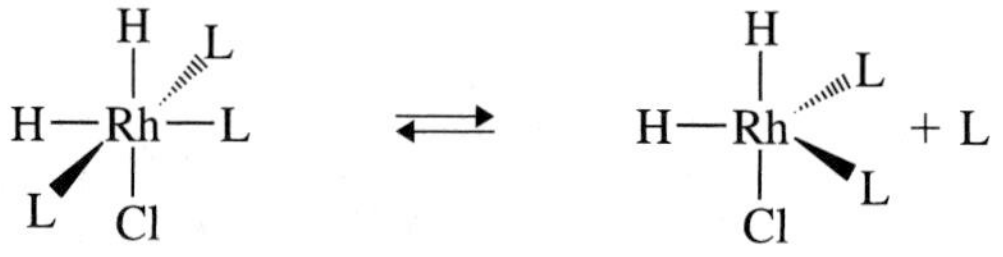

(18 électrons) **(16 électrons)**

L = Ph$_3$P

Dans la deuxième étape, le rhodium s'associe avec l'alcène et se trouve de nouveau saturé par coordination.

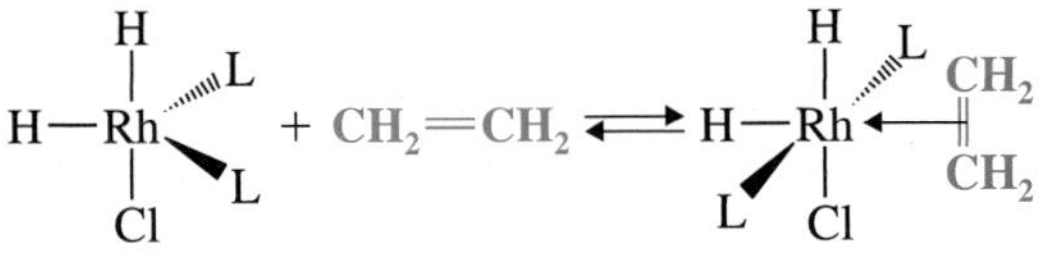

(16 électrons)   **(18 électrons)**

Le complexe formé du rhodium et de l'alcène est appelé *complexe π*. Dans ce genre de complexe, l'alcène donne deux électrons au rhodium. Les alcènes sont souvent qualifiés de donneurs π pour les distinguer des donneurs σ tels que Ph_3P:, Cl^-, etc.

Dans un tel complexe π, il y a aussi des électrons d'une orbitale occupée *d* du métal qui sont redonnés à l'orbitale vacante π* de l'alcène. Ce genre d'échange est appelé « rétro-donation ».

2. **Insertion–désinsertion.** Un ligand non saturé tel un alcène peut *s'insérer* dans une liaison entre le métal d'un complexe et un hydrogène ou un carbone. Ces réactions sont réversibles, et la réaction inverse s'appelle *désinsertion*.

La réaction suivante est un exemple d'insertion–désinsertion.

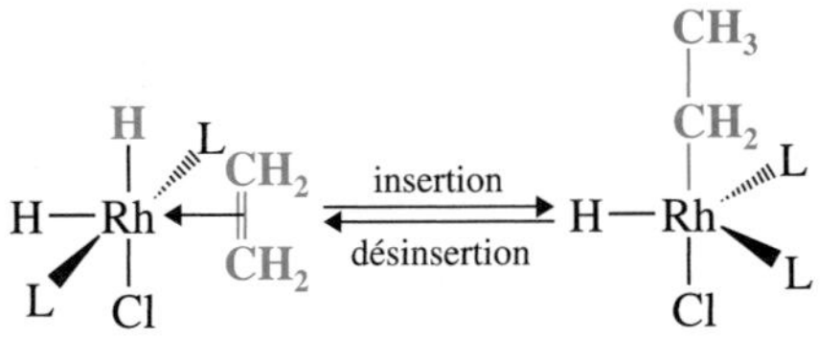

(18 électrons)   **(16 électrons)**

Ici, une liaison π (entre le rhodium et l'alcène) et une liaison σ (entre le rhodium et l'hydrogène) sont échangées contre deux nouvelles liaisons σ (entre le rhodium et un carbone ainsi qu'entre un carbone et un hydrogène). Le nombre d'électrons de valence du rhodium passe de 18 à 16.

Cette insertion–désinsertion se produit de façon stéréospécifique, comme une *addition syn* de l'unité M — H à l'alcène.

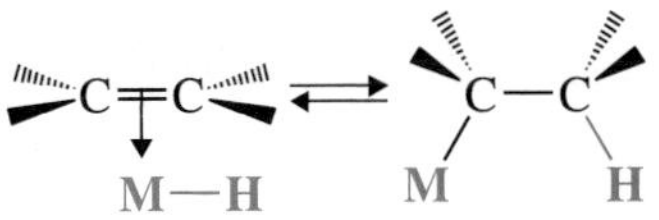

3. **Addition oxydative–élimination réductive.** Les complexes métalliques non saturés par coordination peuvent s'engager dans des réactions d'addition oxydatives avec divers substrats, de la façon suivante* :

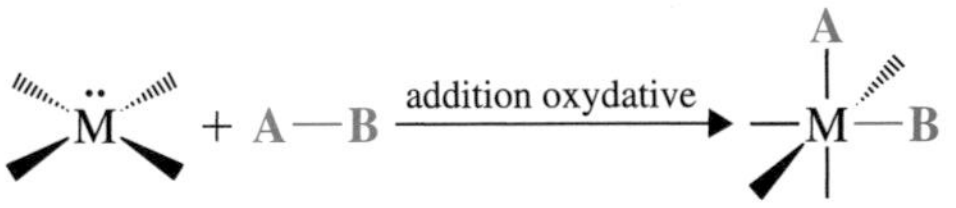

Les substrats A — B peuvent être H—H, H—X, R—X, RCO—H, RCO—X ou de nombreux autres composés.

Dans ce type d'addition oxydative, le nombre d'électrons de valence et l'*état d'oxydation* du métal du complexe augmentent. Prenons comme exemple l'addition oxydative d'un hydrogène au complexe de rhodium qui suit (L = Ph_3P).

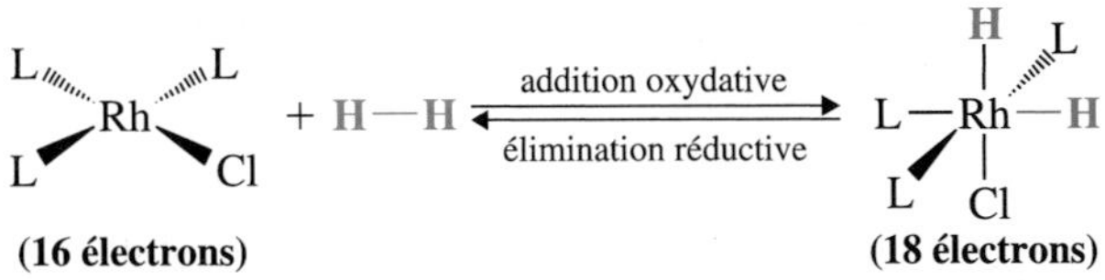

(16 électrons)   **(18 électrons)**
Le Rh est dans un état d'oxydation +1.   **Le Rh est dans un état d'oxydation +3.**

---

* Les complexes saturés par coordination se prêtent également à des additions oxydatives.

Une *élimination réductive* est l'inverse d'une addition oxydative. Avec ces renseignements, nous sommes maintenant prêts à examiner quelques applications intéressantes des complexes de métaux de transition en synthèse organique.

I.5 HYDROGÉNATIONS CATALYTIQUES HOMOGÈNES

Jusqu'à maintenant, toutes les hydrogénations que nous avons étudiées étaient hétérogènes. La réaction comportait deux phases : la phase solide du catalyseur (Pt, Pd, Ni, etc.), contenant l'hydrogène absorbé, et la phase liquide de la solution, contenant le composé non saturé. Dans une hydrogénation homogène au moyen d'un complexe de métal de transition tel que $Rh[(C_6H_5)_3P]_3Cl$ (le catalyseur de Wilkinson), l'hydrogénation se produit *en une seule phase*, en solution.

Lorsque le catalyseur de Wilkinson est utilisé pour réaliser l'hydrogénation d'un alcène, la réaction passe par les étapes suivantes ($L = Ph_3P$) :

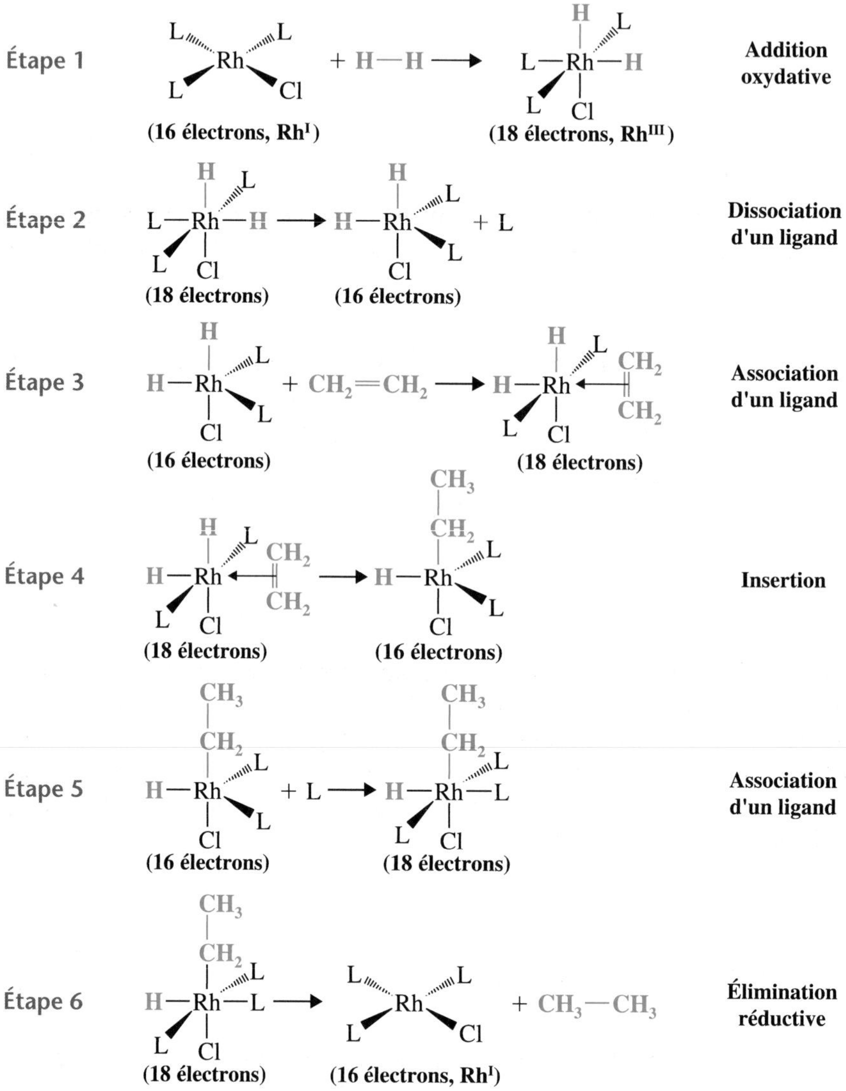

Et les étapes 1, 2, 3, 4, 5, 6 se répètent. Le processus est itératif.

À l'étape 6, le catalyseur est régénéré et peut servir à hydrogéner une autre molécule d'alcène.

Étant donné que l'insertion, à l'étape 4, et l'élimination réductive, à l'étape 6, sont stéréospécifiques, le résultat final de l'hydrogénation par le catalyseur de Wilkinson est une *addition syn* d'hydrogène à l'alcène. L'exemple suivant (dans lequel D_2 remplace H_2) illustre cet aspect du processus.

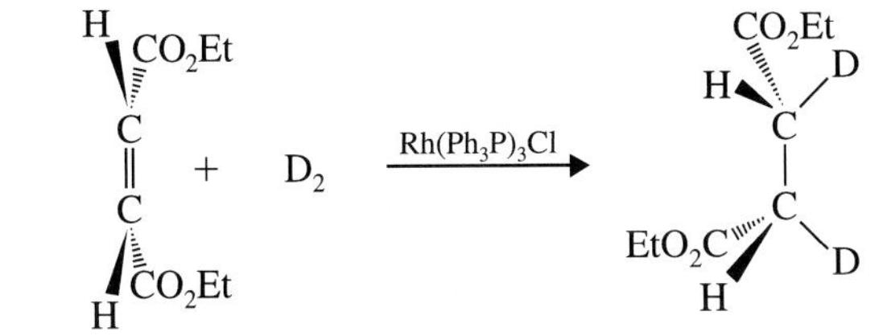

Un alcène *cis*
(maléate de diéthyle)

Un composé *méso*

PROBLÈME I.2

Identifiez le ou les produits obtenus si l'alcène *trans* correspondant à l'alcène *cis* (de la réaction précédente) avait été hydrogéné à l'aide de D_2 et du catalyseur de Wilkinson.

I.6   FORMATION DE LIAISONS CARBONE–CARBONE À L'AIDE DE COMPLEXES DE RHODIUM

Les complexes de rhodium ont également été utilisés en synthèse pour la formation de liaisons carbone–carbone dans un composé. La synthèse qui suit en est un exemple.

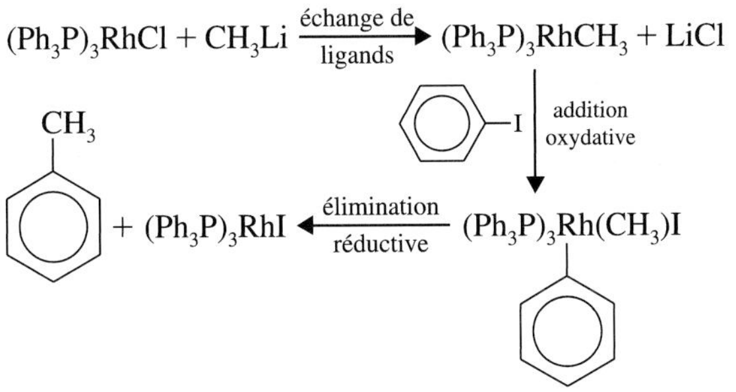

La première étape, un *échange de ligands,* consiste en une succession de réactions d'association–dissociation d'un ligand et permet l'introduction d'un groupe méthyle dans la sphère de coordination du rhodium. À l'étape suivante, une *addition oxydative* incorpore le groupe phényle dans la sphère de coordination du rhodium. Ensuite, à la dernière étape, une *élimination réductive* lie le groupe méthyle au cycle benzénique, ce qui donne le toluène.

PROBLÈME I.3

Calculez le nombre total d'électrons de valence du rhodium dans chacun des complexes de la synthèse présentée ci-dessus.

La synthèse d'une cétone présentée ci-dessous constitue un autre exemple.

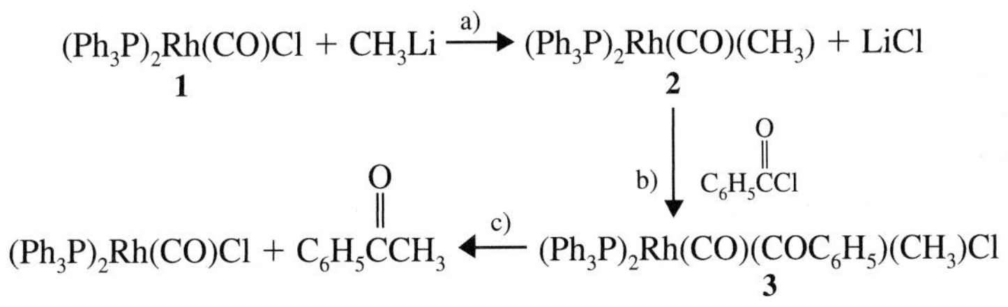

PROBLÈME I.4

Calculez le nombre d'électrons de valence et l'état d'oxydation du rhodium dans les complexes **1, 2** et **3**; indiquez ensuite quel est le type de réaction (addition oxydative, échange de ligands, etc.) à chaque étape (a, b et c).

Une autre réaction qui crée une liaison carbone–carbone (ci-dessous) illustre la stéréospécificité de ces réactions.

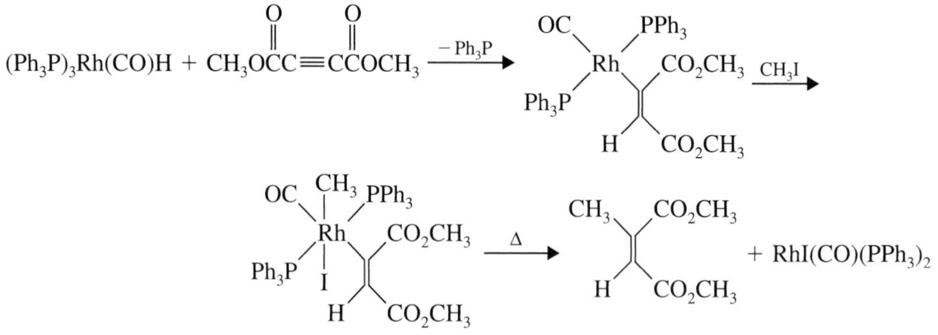

PROBLÈME I.5

Décrivez en détail un mécanisme qui expliquerait comment se fait la synthèse esquissée ci-dessus, en indiquant le type de réaction à chaque étape.

PROBLÈME I.6

Le mécanisme exact de la réaction de Corey-Posner–Whitesides-House (section 12.9) n'est pas connu avec certitude. Un mécanisme possible fait intervenir une addition oxydative de $R' - X$ ou de $Ar - X$ à R_2CuLi, suivie d'une élimination réductive qui produit $R - R'$ ou $R - Ar$. Indiquez brièvement les étapes de ce mécanisme en utilisant $(CH_3)_2CuLi$ et C_6H_5I.

I.7   VITAMINE B$_{12}$: UNE BIOMOLÉCULE CONTENANT UN MÉTAL DE TRANSITION

On a découvert en 1926 que l'anémie pernicieuse peut être guérie par l'absorption de grandes quantités de foie. Cela a conduit à l'isolement (en 1948) de l'agent thérapeutique en cause, la vitamine B$_{12}$. En 1956, Dorothy Hodgkin (prix Nobel, 1964) déterminait la structure tridimensionnelle complète de la vitamine B$_{12}$ (figure I.2a) à l'aide des rayons X et, en 1972, R.B. Woodward (université Harvard) et A. Eschenmoser (Institut fédéral suisse de technologie) annonçaient qu'ils avaient réussi à faire la synthèse de cette molécule complexe. Cette synthèse avait nécessité 11 ans de travaux de recherche et elle comportait plus de 90 réactions. Au total, 100 chercheurs avaient participé au projet.

La vitamine B$_{12}$ est la seule biomolécule connue qui contient une liaison carbone–métal. Dans la forme commerciale stable de la vitamine, un groupe cyano est lié au cobalt, ce dernier se trouvant dans l'état d'oxydation +3. La partie principale de la vitamine B$_{12}$ est un *cycle de type corrine* auquel sont fixés divers groupes latéraux. Le cycle corrine est constitué de quatre sous-unités de pyrrole dont les atomes d'azote sont liés par coordination avec l'atome de cobalt central. Le sixième ligand (sous le cycle corrine dans la figure I.2a) est un atome d'azote d'une molécule hétérocyclique appelée 5,6-diméthylbenzimidazole.

Le cobalt de la vitamine B$_{12}$ peut être réduit à un état d'oxydation +2 ou +1. Lorsque le cobalt est dans l'état d'oxydation +1, la vitamine B$_{12}$ (appelée B$_{12S}$) devient l'un des nucléophiles les plus puissants qu'on connaisse. Elle est plus nucléophile que le méthanol par un facteur de 10^{14}.

En tant que nucléophile, la vitamine B_{12} réagit avec l'adénosine triphosphate (figure 22.2) pour donner la forme biologiquement active de la vitamine (figure I.2c).

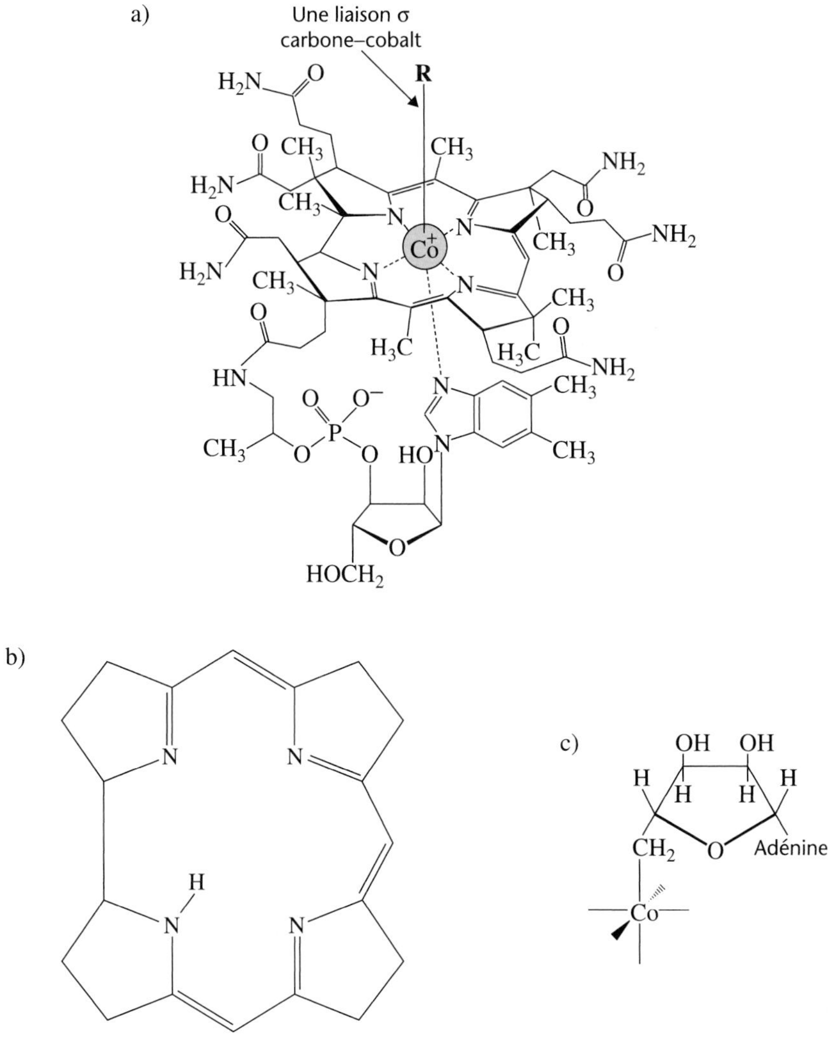

Figure I.2 a) Structure de la vitamine B_{12}. Dans la forme commerciale de la vitamine (cyanocobalamine), $R = CN$. b) Structure polycyclique de la corrine. c) Dans la forme biologiquement active de la vitamine (5'-désoxyadénosylcobalamine), l'atome de carbone 5' de la 5'-désoxyadénosine a établi une liaison de coordination avec l'atome de cobalt. Pour la structure de l'adénine, voir la section 25.2.

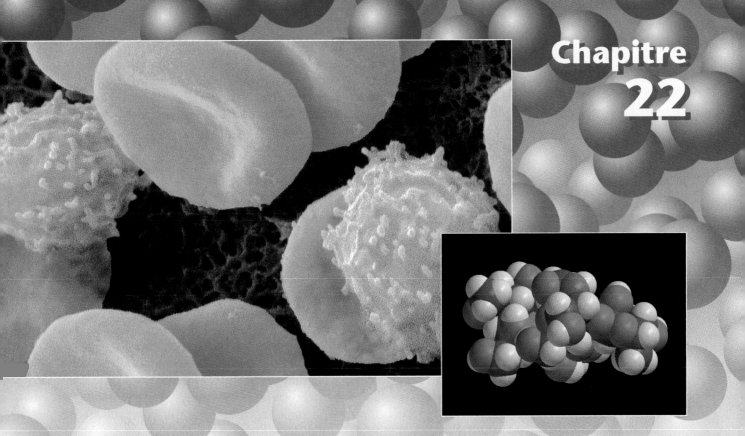

Chapitre 22

GLUCIDES

Les glucides et la reconnaissance intercellulaire dans les maladies et le processus de guérison

Les globules blancs patrouillent sans relâche dans le système sanguin et l'espace interstitiel, prêts à intervenir au siège d'une lésion. Ce sont des glucides, dénommés antigènes de Lewis[x] sialylés, présents à la surface des leucocytes qui effectuent un tel travail de sentinelle. Lorsque survient une lésion, des cellules de la région atteinte la signalent en présentant à leur surface des protéines dites sélectines, qui fixent des antigènes de Lewis[x] sialylés. La liaison entre les sélectines cellulaires et les antigènes de Lewis[x] sialylés des leucocytes déclenche l'adhésion de leucocytes au siège de la lésion. La mobilisation des globules blancs est une étape importante de la cascade de la réponse inflammatoire. Elle constitue un élément essentiel du processus de guérison, en tant que pilier des défenses naturelles de notre organisme contre les infections. L'illustration ci-dessus offre un modèle moléculaire de l'antigène de Lewis[x] sialylé, dont la formule est présentée dans la section 22.16.

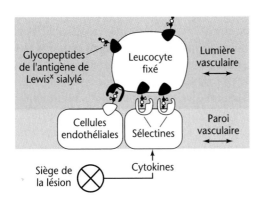

Des leucocytes en mouvement se fixent au siège d'une lésion grâce à des actions entre des glycoprotéines de l'antigène de Lewis[x] sialylé situées à leur surface et des protéines appelées sélectines situées à la surface des cellules atteintes. *Chem. Rev.,* vol. 98, 1998, p. 833-862 (figure 1, p. 835).

SOMMAIRE

22.1 Introduction

22.2 Monosaccharides

22.3 Mutarotation

22.4 Formation des glycosides

22.5 Autres réactions des monosaccharides

22.6 Réactions d'oxydation des monosaccharides

22.7 Réduction des monosaccharides : les alditols

22.8 Réactions des monosaccharides avec la phénylhydrazine : les osazones

22.9 Synthèse et dégradation des monosaccharides

22.10 Famille des D-aldoses

22.11 Démonstration apportée par Fischer de la conformation du D-(+)-glucose

22.12 Disaccharides

22.13 Polysaccharides

22.14 Autres glucides importants en biologie

22.15 Glucides contenant de l'azote

22.16 Glycolipides et glycoprotéines de la surface cellulaire

22.17 Antibiotiques glucidiques

Il pourrait être utile ici de passer en revue la chimie des hémiacétals et des acétals (section 16.7).

Une mobilisation et une activité excessives des leucocytes peuvent toutefois provoquer certains maux : arthrite rhumatoïde, accidents cérébrovasculaires et lésions résultant de perfusions effectuées au cours d'interventions chirurgicales et de transplantations d'organes, entre autres. Dans de tels cas, notre organisme perçoit que certaines cellules subissent un stress et réagit en déclenchant une réponse inflammatoire en cascade. Malheureusement, dans ces cas, la réponse inflammatoire produit plus de mal que de bien.

La prévention d'un déclenchement non souhaitable de la réponse inflammatoire passe par une perturbation de la capacité d'adhésion des leucocytes. Autrement dit, par le blocage des sites de fixation des sélectines destinés aux antigènes de Lewis[x] sialylés. Dans le cadre de cette approche, des chimistes ont synthétisé des antigènes de Lewis[x] sialylés naturels et d'autres analogues pour en étudier le processus de liaison. L'étude de ces composés a permis l'identification de groupes fonctionnels clés dans des antigènes de Lewis[x] sialylés qui assurent la reconnaissance et la liaison avec les sélectines. Elle a aussi débouché sur la mise au point de nouveaux composés dotés d'une plus forte affinité de liaison que les antigènes de Lewis[x] sialylés naturels. Parmi ces nouveaux composés se trouvent des polymères où sont répétés les motifs structuraux essentiels à la reconnaissance et à la liaison. Il semble que ces polymères occupent simultanément plusieurs sites de liaison des antigènes de Lewis[x] sialylés, se fixant ainsi plus fortement que leurs analogues monomériques.

L'élaboration de tels agents moléculaires hautement spécialisés reflète bien la nature des recherches actuelles axées sur la découverte et la conception de médicaments. Dans le cas des analogues des antigènes de Lewis[x] sialylés, les chimistes s'efforcent d'améliorer le traitement des maladies inflammatoires chroniques en produisant des agents de plus en plus efficaces pour bloquer l'adhésion indésirable des leucocytes.

22.1 INTRODUCTION

22.1A CLASSIFICATION DES GLUCIDES

Les composés rassemblés sous le nom de glucides ont d'abord été appelés hydrates de carbone en raison de leur appartenance à la famille des $C_x(H_2O)_y$. Les glucides les plus simples sont également appelés sucres ou saccharides (du latin *saccharum* et du grec *sakcharon*, qui signifient tous deux « sucre ») et le nom de la plupart des glucides se termine en *-ose*. Ainsi, le *sucrose* est le sucre commun, le *glucose* est le principal glucide du sang, le *fructose* se retrouve dans les fruits et le miel, et le *maltose* est le glucide présent dans le malt.

Les glucides sont habituellement définis comme des *aldéhydes ou des cétones polyhydroxylés*, c'est-à-dire des *composés qui donnent des aldéhydes ou des cétones polyhydroxylés par hydrolyse*. Si cette définition met l'accent sur les groupes fonctionnels importants des glucides, elle n'est toutefois pas entièrement satisfaisante.

Nous verrons plus loin que, puisque les glucides contiennent des groupes $\overset{\diagdown}{\underset{\diagup}{C}}{=}O$

et —OH, ils constituent essentiellement des *hémiacétals* ou des *acétals* (section 16.7).

Les glucides les plus simples, soit ceux qui ne peuvent être hydrolysés pour donner des sucres encore plus simples, sont dénommés **monosaccharides.** Sur le plan moléculaire, les glucides dont l'hydrolyse ne produit que deux molécules de monosaccharide sont appelés **disaccharides;** les **trisaccharides** en comportent trois, et ainsi de suite. Les glucides dont l'hydrolyse donne de 2 à 10 molécules de monosaccharide sont parfois appelés **oligosaccharides.** Enfin, les glucides qui donnent plus de 10 molécules de monosaccharide portent le nom de **polysaccharides.**

Le maltose et le sucrose font partie des disaccharides. Après hydrolyse, 1 mole de maltose donne 2 moles du monosaccharide appelé glucose; pour sa part, l'hydrolyse du sucrose donne 1 mole de glucose et 1 mole de fructose, un autre monosaccharide. Tous deux polymères de glucose, l'amidon et la cellulose sont autant de polysaccharides, et leur hydrolyse donne un grand nombre d'unités de glucose. Ces hydrolyses sont illustrées schématiquement ci-dessous.

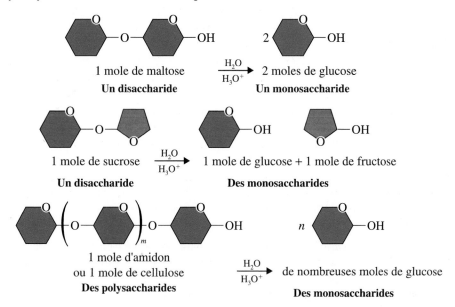

Les glucides représentent le composé organique le plus abondant des plantes. Non seulement représentent-ils une source primordiale d'énergie chimique pour les organismes vivants (notamment les sucres et les amidons), mais ils remplissent aussi d'importantes fonctions de soutien chez les plantes (il s'agit même de la principale fonction de la cellulose dans le bois, le coton et le lin, par exemple) et chez certains animaux.

Les glucides sont omniprésents dans notre vie quotidienne. Le papier ayant servi à l'impression de ce livre est essentiellement fait de cellulose, de même que le coton de nos vêtements et le bois de nos maisons. La farine utilisée en boulangerie est surtout composée d'amidon, à l'instar de nombreux autres aliments tels que les pommes de terre, le riz, les fèves, le maïs et les pois. Les glucides jouent un rôle central dans le métabolisme et contribuent fortement aux processus de reconnaissance intercellulaire (se reporter au préambule du chapitre et à la section 22.16).

22.1B PHOTOSYNTHÈSE ET MÉTABOLISME DES GLUCIDES

Les glucides sont synthétisés dans les plantes vertes grâce à la *photosynthèse*, qui fait appel à l'énergie solaire pour réduire, ou « fixer », le dioxyde de carbone. Chez les algues et les plantes supérieures, la photosynthèse s'accomplit dans un organelle cellulaire appelé chloroplaste. L'équation générale de la photosynthèse peut s'écrire comme suit :

$$x\, CO_2 + y\, H_2O + \text{énergie solaire} \longrightarrow \underset{\text{Glucide}}{C_x(H_2O)_y} + x\, O_2$$

La photosynthèse se caractérise par la succession d'un grand nombre de réactions catalysées par des enzymes, qui ne sont pas toutes bien comprises encore aujourd'hui. On sait toutefois que la photosynthèse s'amorce à la suite de l'absorption de lumière par l'important pigment vert des plantes qu'est la chlorophylle (figure 22.1). La couleur verte de la chlorophylle et, par conséquent, sa capacité d'absorption de la lumière solaire dans la région visible du spectre sont principalement attribuables à la présence d'un système conjugué comportant plusieurs liaisons. Après avoir capté des photons de lumière solaire, la chlorophylle met à la disposition de la plante une certaine quantité d'énergie de nature chimique qui servira dans les réactions permettant de réduire le dioxyde de carbone en glucides et d'oxyder l'eau en oxygène.

Représentation schématique d'un chloroplaste de maïs [tirée de D. Voet et J.G. Voet, *Biochemistry*, 2ᵉ éd., New York, Wiley, 1995].

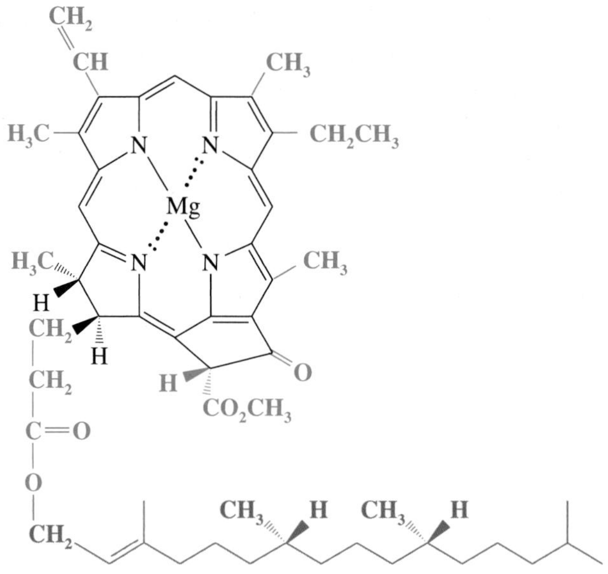

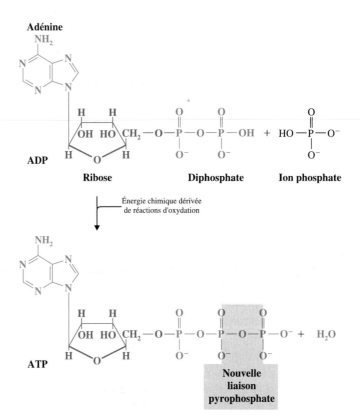

Figure 22.1 Chlorophylle *a*. [La structure de la chlorophylle *a* a été établie en grande partie grâce aux travaux de H. Fischer (Munich), R. Willstätter (Munich) et J. B. Conant (Harvard). La synthèse de la chlorophylle *a* à partir de composés organiques simples a été effectuée en 1960 par R.B. Woodward (Harvard), qui a obtenu le prix Nobel en 1965 pour ses contributions exceptionnelles dans le domaine de la synthèse organique.]

Les glucides constituent un important réservoir chimique d'énergie solaire. Leur énergie est libérée lorsqu'ils sont métabolisés sous forme de dioxyde de carbone et d'eau par les animaux et les plantes.

$$C_x(H_2O)_y + x\,O_2 \longrightarrow x\,CO_2 + y\,H_2O + \text{énergie}$$

Le métabolisme des glucides met également en jeu une série de réactions catalysées par des enzymes, où chaque étape libérant de l'énergie est une oxydation (ou la conséquence d'une oxydation).

S'il est vrai qu'une partie de l'énergie libérée au cours de l'oxydation des glucides est toujours convertie en chaleur, il demeure que la plus grande partie en sera conservée sous une nouvelle forme chimique par suite de réactions couplées à la synthèse d'adénosine triphosphate (ATP), issue d'adénosine diphosphate (ADP) et de phosphate inorganique (P_i) (figure 22.2). La liaison pyrophosphate qui se forme entre le

Figure 22.2 Voici la synthèse de l'adénosine triphosphate (ATP) à partir de l'adénosine diphosphate (ADP) et d'un ion hydrogénophosphate. Cette réaction se produit chez tous les organismes vivants. L'adénosine triphosphate est le principal réservoir de l'énergie chimique libérée lors des oxydations biologiques.

groupe phosphate terminal de l'ADP et l'ion phosphate permet aussi la constitution de réserves d'énergie chimique. Les plantes et les animaux peuvent utiliser l'énergie emmagasinée dans l'ATP (ou d'autres composés très semblables) pour favoriser tous les processus nécessitant un apport d'énergie, comme la contraction musculaire, la synthèse de macromolécules, etc. Lorsque l'énergie de l'ATP est utilisée, il se produit une réaction couplée au cours de laquelle l'ATP est hydrolysée :

$$ATP + H_2O \longrightarrow ADP + P_i + \text{énergie}$$

ou une nouvelle liaison anhydride est créée :

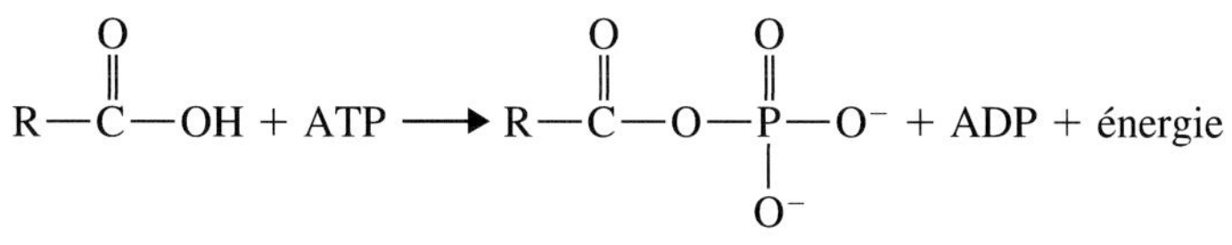

$$\underset{\text{Acyl-phosphate}}{R-\overset{\overset{\displaystyle O}{\|}}{C}-OH + ATP \longrightarrow R-\overset{\overset{\displaystyle O}{\|}}{C}-O-\overset{\overset{\displaystyle O}{\|}}{\underset{\underset{\displaystyle O^-}{|}}{P}}-O^- + ADP + \text{énergie}}$$

22.2 MONOSACCHARIDES

22.2A CLASSIFICATION DES MONOSACCHARIDES

Les monosaccharides sont classés en fonction du nombre d'atomes de carbone dans la molécule et de la présence d'un groupe aldéhyde ou cétone. Ainsi, un monosaccharide contenant trois atomes de carbone est un *triose;* quatre atomes de carbone donnent un *tétrose*, cinq atomes de carbone un *pentose*, et six atomes de carbone un *hexose*. Un monosaccharide contenant un groupe aldéhyde est un *aldose*, et il porte le nom de *cétose* lorsqu'il comprend un groupe cétone. Ces deux types de classification sont souvent combinés. Un aldose à quatre C est ainsi dénommé *aldotétrose*, et un cétose à cinq C correspond à un *cétopentose*.

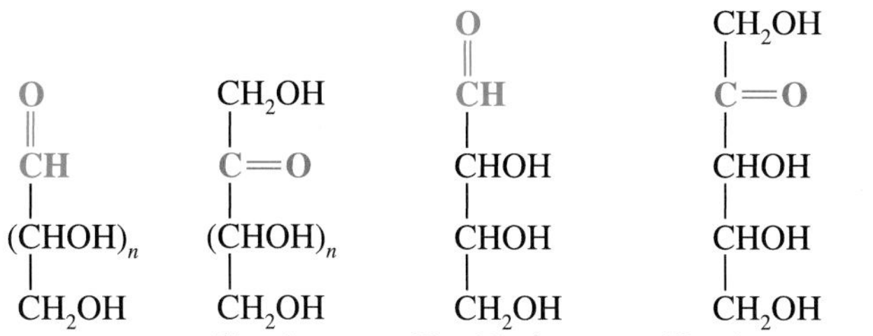

$$\begin{array}{c} \overset{\displaystyle O}{\|} \\ CH \\ | \\ (CHOH)_n \\ | \\ CH_2OH \\ \textbf{Un aldose} \end{array} \qquad \begin{array}{c} CH_2OH \\ | \\ C=O \\ | \\ (CHOH)_n \\ | \\ CH_2OH \\ \textbf{Un cétose} \end{array} \qquad \begin{array}{c} \overset{\displaystyle O}{\|} \\ CH \\ | \\ CHOH \\ | \\ CHOH \\ | \\ CH_2OH \\ \textbf{Un aldotétrose} \\ \mathbf{C_4} \end{array} \qquad \begin{array}{c} CH_2OH \\ | \\ C=O \\ | \\ CHOH \\ | \\ CHOH \\ | \\ CH_2OH \\ \textbf{Un cétopentose} \\ \mathbf{C_5} \end{array}$$

PROBLÈME 22.1

Combien de centres stéréogéniques sont présents dans a) l'aldotétrose et b) le cétopentose mentionnés ci-dessus ? c) Combien de stéréo-isomères devrait-on retrouver dans chacune des structures générales ci-dessus ?

22.2B DÉSIGNATIONS D ET L DES MONOSACCHARIDES

Le glycéraldéhyde et la dihydroxyacétone sont les monosaccharides les plus simples (leur structure est représentée ci-dessous), et seul le glycéraldéhyde contient un centre stéréogénique.

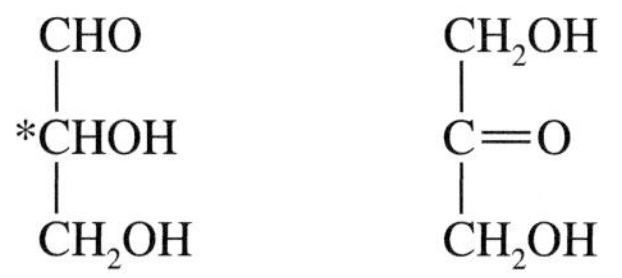

$$\begin{array}{c} CHO \\ | \\ *CHOH \\ | \\ CH_2OH \\ \textbf{Glycéraldéhyde} \\ \textbf{(un aldotriose)} \end{array} \qquad \begin{array}{c} CH_2OH \\ | \\ C=O \\ | \\ CH_2OH \\ \textbf{Dihydroxyacétone} \\ \textbf{(un cétotriose)} \end{array}$$

Le glycéraldéhyde existe donc sous deux formes énantiomères, dont les configurations absolues sont illustrées ci-dessous.

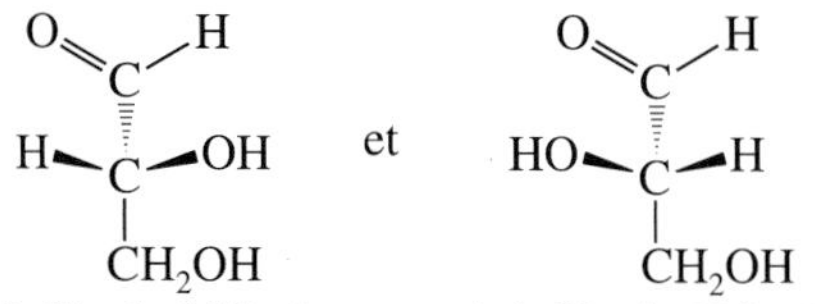

(+)-Glycéraldéhyde   et   **(−)-Glycéraldéhyde**

Nous avons vu à la section 5.6 que, selon la convention de Cahn-Ingold-Prelog, le (+)-glycéraldéhyde devrait porter le nom de (*R*)-(+)-glycéraldéhyde, et le (−)-glycéraldéhyde le nom de (*S*)-(−)-glycéraldéhyde.

En 1906, soit avant que la configuration absolue des composés organiques ne soit connue, un autre système de désignation stéréochimique avait été proposé par M. A. Rosanoff, de l'université de New York, en vertu duquel le (+)-glycéraldéhyde était dénommé D-(+)-glycéraldéhyde; et le (−)-glycéraldéhyde, L-(−)-glycéraldéhyde. En outre, ces deux composés servent de points de référence pour tous les monosaccharides en ce qui concerne la configuration. Un monosaccharide *dont le centre stéréogénique présente la numérotation la plus élevée* (l'avant-dernier carbone) et possède la même configuration que le D-(+)-glycéraldéhyde est un glucide D, tandis qu'un monosaccharide dont le centre stéréogénique présente la numérotation la plus élevée et la même configuration que le L-(−)-glycéraldéhyde est un glucide L. Par convention, les formes acycliques des monosaccharides sont représentées à la verticale et le groupe aldéhyde ou cétone est placé au sommet ou le plus près possible du sommet. Dans cette représentation, le groupe —OH de l'avant-dernier carbone des glucides D est situé à droite.

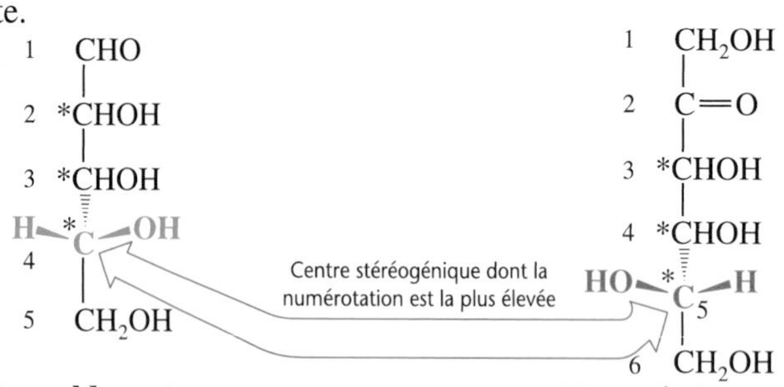

Centre stéréogénique dont la numérotation est la plus élevée

Un D-aldopentose   **Un L-cétohexose**

Les désignations D et L sont semblables aux désignations (*R*) et (*S*) dans la mesure où elles ne sont pas nécessairement liées au pouvoir rotatoire des glucides auxquels elles s'appliquent. Ainsi, on peut avoir des glucides D-(+)- ou D-(−)- et des glucides L-(+)- ou L-(−)-.

La nomenclature D–L est si bien ancrée dans les ouvrages traitant de la chimie des glucides que, s'il est regrettable qu'elle ne précise la configuration que d'un seul centre stéréogénique, soit celui qui a le numéro le plus élevé, nous l'utiliserons tout de même pour désigner les glucides.

PROBLÈME 22.2

Écrivez la formule tridimensionnelle de chacun des isomères des aldotétroses et des cétopentoses mentionnés au problème 22.1 et identifiez chacun en tant que monosaccharide D ou L.

22.2C FORMULES DÉVELOPPÉES DES MONOSACCHARIDES

Plus loin dans ce chapitre, nous verrons comment Emil Fischer*, le célèbre chimiste des glucides, est parvenu à déterminer la configuration stéréochimique de l'aldohexose

Emil Fischer

---

*   Emil Fischer (1852-1919) était professeur de chimie organique à l'université de Berlin. En plus de son travail de grande envergure en chimie des glucides, où, avec ses collaborateurs, il a déterminé la configuration de la plupart des monosaccharides, Fischer a apporté des contributions clés à l'étude des acides aminés, des protéines, des purines, des indoles, et à la stéréochimie en général. C'est au cours de ses études universitaires de premier cycle que Fischer a découvert la phénylhydrazine, un réactif qui a joué un rôle important dans ses travaux ultérieurs sur les glucides. Fischer a été, en 1902, le deuxième récipiendaire du prix Nobel de chimie.

D-(+)-glucose, le monosaccharide le plus abondant. En attendant, nous nous servirons du D-(+)-glucose pour illustrer les différentes façons de représenter la structure des monosaccharides.

Fischer représentait la structure du D-(+)-glucose par la formule en croix (**1**) de la figure 22.3. Ce genre de formule est maintenant appelé **projection de Fischer** (section 5.12) et demeure utile pour les glucides. *Par convention, les lignes horizontales apparaissant dans cette représentation sont dirigées vers le lecteur, alors que les lignes verticales pointent en dessous du plan de la page. Toutefois, nous ne devons pas faire sortir du plan de la page* (en imagination) *les projections de Fischer en vue de déterminer si elles se superposent, ni leur faire subir une rotation de 90°.* La projection de Fischer est représentée plus couramment au moyen des formules **2** et **3**. Dans le cadre de la nomenclature de l'UICPA et du système Cahn-Ingold-Prelog de désignation des stéréo-isomères, la forme linéaire du D-(+)-glucose est (2*R*,3*S*,4*R*,5*R*)-2,3,4,5,6-pentahydroxyhexanal.

La signification des formules **1**, **2** et **3** ressort optimalement au moyen de modèles moléculaires : on construit d'abord une chaîne de six carbones ayant le groupe —CHO au sommet et un groupe —CH$_2$OH à la base. On amène ensuite le groupe —CH$_2$OH derrière la chaîne jusqu'à ce qu'il touche presque le groupe —CHO. En tenant ce modèle de façon telle que les groupes —CHO et —CH$_2$OH s'orientent vers l'extérieur, on dispose ensuite les groupes —H et —OH sur chacun des quatre atomes de carbone restants. Le groupe —OH du C2 est placé à droite, celui du C3 à gauche, et ceux du C4 et du C5 à droite.

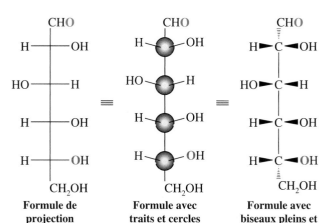

Formule de projection de Fischer **1**

Formule avec traits et cercles **2**

Formule avec biseaux pleins et hachurés **3**

Les formules **2** et **3** permettent de visualiser comment les liaisons représentées à l'horizontale dans une projection de Fischer (**1**) sont dirigées vers nous à la manière d'un nœud papillon.

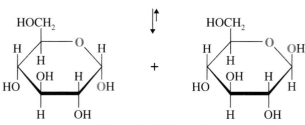

Formules de Haworth

4 + **5**

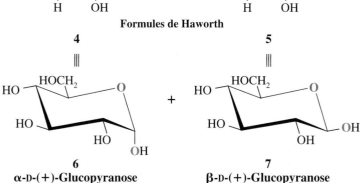

6
α-D-(+)-Glucopyranose

7
β-D-(+)-Glucopyranose

Leçon interactive : formules de Haworth

Figure 22.3 Les formules 1 à 3 représentent la structure linéaire du D-(+)-glucose. Les formules 4 à 7 représentent les deux formes hémiacétal cyclique du D-(+)-glucose.

Bien que de nombreuses propriétés du D-(+)-glucose s'expliquent par la présence d'une structure linéaire (**1**, **2** et **3**), il a par ailleurs été clairement démontré que cette structure se trouve d'abord en équilibre avec deux formes cycliques, qui peuvent être représentées par les structures **4** et **5** ou **6** et **7**. Les formes cycliques du D-(+)-glucose sont des **hémiacétals** issus d'une réaction intramoléculaire entre le groupe —OH en C5 et le groupe aldéhyde (figure 22.4). La cyclisation crée un nouveau centre stéréogénique en C1, qui rend possible l'existence de deux formes cycliques. Ces deux formes cycliques sont des *diastéréo-isomères* dont la seule différence réside dans la configuration de C1. En chimie des glucides, les diastéréo-isomères de ce type sont des **anomères,** et l'atome de carbone hémiacétal est dénommé **atome de carbone anomérique.**

Les structures **4** et **5** des anomères du glucose sont qualifiées de **projections de Haworth*** et, bien qu'elles ne reflètent pas exactement la géométrie du cycle à six

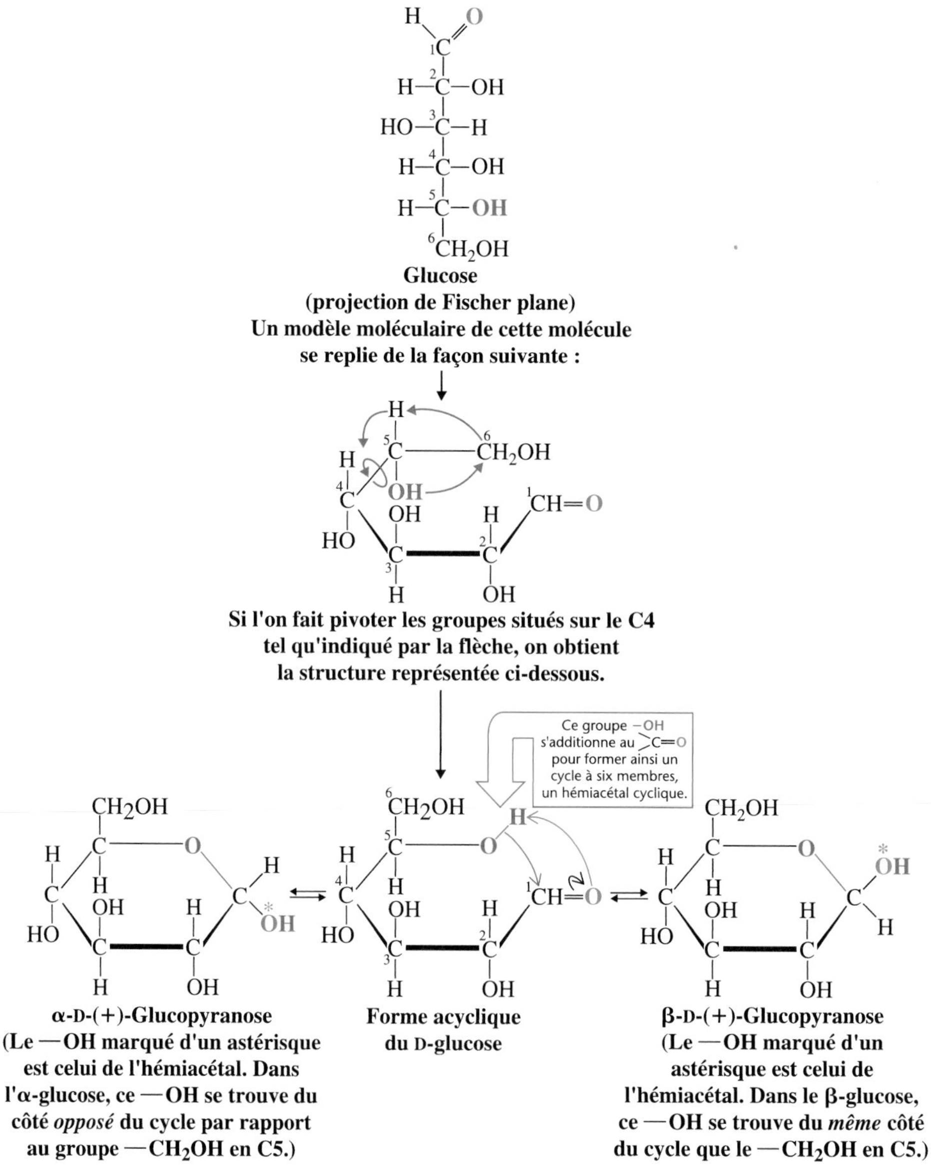

Figure 22.4 Les formules de Haworth des formes d'hémiacétal cyclique du D-(+)-glucose et leur rapport avec la structure linéaire. Tiré de J.R. HOLUM, *Organic Chemistry : A Brief Course*, New York, Wiley, 1975, p. 332. Reproduction autorisée.

---

* Les projections de Haworth tirent leur appellation du chimiste anglais W.N. Haworth (université de Birmingham) qui, avec E. L. Hirst, a démontré en 1926 que la forme cyclique des acétals du glucose consiste en un cycle à six membres. Haworth a reçu le prix Nobel en 1937 pour ses travaux en chimie des glucides. Pour approfondir la question des projections de Haworth et de leur rapport avec les formes linéaires, il serait très utile de lire l'article intitulé « The Conversion of Open Chain Structures of Monosaccharides into the Corresponding Haworth Formulas », de D.M.S. WHEELER, M.M. WHEELER et T.S. WHEELER, dans *J. Chem. Educ.*, n° 59, 1982, p. 969-970.

membres, elles offrent de nombreuses applications pratiques. La figure 22.4 illustre bien que la représentation de chaque centre stéréogénique de la forme acyclique peut être corrélée avec sa représentation en projection de Haworth.

Chaque anomère de glucose est identifié en tant qu'**anomère α** ou **anomère β**, selon la position du groupe —OH en C1. Lorsque les formes cycliques d'un glucide D sont représentées telles que le sont les molécules des figures 22.3 ou 22.4, le groupe —OH est *trans* par rapport au groupe —CH₂OH dans l'anomère α, et *cis* par rapport au groupe —CH₂OH dans l'anomère β.

Les études aux rayons X des structures du D-(+)-glucose sous forme d'hémiacétals cycliques ont révélé qu'elles prenaient la conformation chaise illustrée par les formules **6** et **7** apparaissant dans la figure 22.3. Cette forme correspond exactement à celle que permet de prévoir l'examen des conformations du cyclohexane (chapitre 4), et il est particulièrement intéressant de noter que, dans l'anomère β du D-glucose, tous les substituants volumineux, soit —OH et —CH₂OH, sont équatoriaux. Dans l'anomère α, le seul substituant axial volumineux est le —OH en C1.

Il est parfois commode de représenter les structures cycliques des monosaccharides sans préciser si la configuration du carbone anomérique est de type α ou β. Dans de tels cas, on utilisera des formules comme celles-ci :

⌇⌇ indique α ou β (représentation tridimensionnelle non précisée).

Ce ne sont pas tous les glucides qui se trouvent en équilibre avec des hémiacétals cycliques à six membres; dans plusieurs cas, le cycle ne comprend que cinq atomes. Même le glucose, dans une faible mesure, se présente en équilibre avec des hémiacétals cycliques à cinq membres. En raison de cette variation, une nomenclature identifiant la taille du cycle a été établie. Ainsi, un monosaccharide dont le cycle comporte six membres est un **pyranose,** alors que, avec un cycle à cinq membres, le composé est un **furanose***. Par conséquent, le nom complet du composé **4** (ou **6**) est α-D-(+)-glucopyranose, tandis que celui de **5** (ou **7**) est β-D-(+)-glucopyranose.

22.3 MUTAROTATION

L'existence du D-(+)-glucose sous la forme d'un hémiacétal cyclique a été démontrée en partie à la suite d'expériences au cours desquelles les formes α et β ont été isolées. Le point de fusion du D-(+)-glucose ordinaire est de 146 °C. Cependant, lorsque le D-(+)-glucose cristallise par évaporation d'une solution aqueuse maintenue à plus de 98 °C, on obtient alors une deuxième forme de D-(+)-glucose ayant un point de fusion de 150° C. La mesure des pouvoirs rotatoires de ces deux formes montre que leurs rotations sont sensiblement différentes, mais, lorsqu'une solution aqueuse de l'une ou l'autre forme est préparée et laissée au repos, l'indice de rotation change. Le pouvoir rotatoire spécifique de l'une diminue et celui de l'autre augmente *jusqu'à ce qu'il devienne le même pour les deux solutions.* Le pouvoir rotatoire spécifique d'une

---

* Ces noms ont été formés à partir des noms des hétérocycles contenant un atome d'oxygène, *pyrane* et *furane*, et du suffixe *ose*.

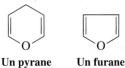

Un pyrane   Un furane

solution de D-(+)-glucose ordinaire (p.f. de 146 °C) est initialement de +112°, mais il diminue ensuite pour atteindre +52,7°. En revanche, le pouvoir rotatoire spécifique d'une solution de la deuxième forme de D-(+)-glucose (p.f. de 150 °C) est initialement de +18,7°, mais il augmente ensuite lentement pour atteindre +52,7°. Cette tendance de la rotation optique à atteindre une valeur d'équilibre est appelée **mutarotation.**

La mutarotation s'explique par l'existence d'un équilibre entre la forme linéaire du D-(+)-glucose et les formes α et β de l'hémiacétal cyclique.

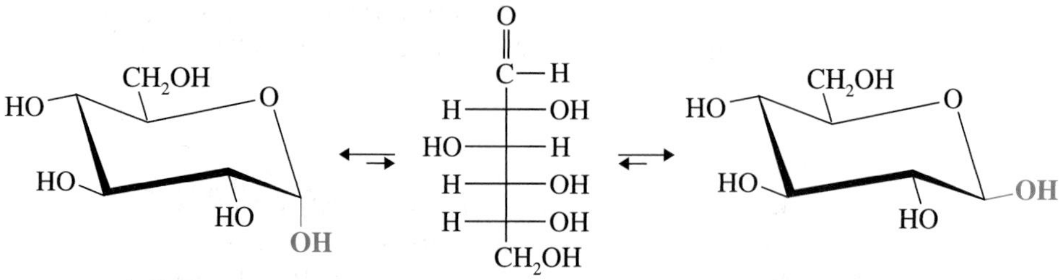

α-D -(+)-Glucopyranose
(p.f. de 146 °C; $[\alpha]_D^{25} = +112°$)

Formule linéaire du D-(+)-glucose

β-D -(+)-Glucopyranose
(p.f. de 150 °C; $[\alpha]_D^{25} = +18,7°$)

L'analyse aux rayons X confirme que le D-(+)-glucose ordinaire présente la configuration α au carbone anomérique et que la forme ayant le point de fusion plus élevé possède la configuration β.

La concentration de D-(+)-glucose linéaire à l'équilibre en solution est très faible. Les solutions de D-(+)-glucose ne présentent aucune bande détectable en UV ou en IR correspondant à un groupe carbonyle et donnent des résultats négatifs en présence du réactif de Schiff — réactif particulier qui ne donnera un résultat positif qu'avec une assez forte concentration d'un groupe aldéhyde libre (plutôt que d'un hémiacétal).

Si on suppose que la concentration de la forme linéaire est négligeable, on peut, à l'aide des valeurs de pouvoir rotatoire données dans l'illustration précédente, calculer les pourcentages d'anomères α et β présents à l'équilibre. Ces pourcentages, soit 36 % d'anomères α et 64 % d'anomères β, cadrent bien avec la plus grande stabilité du β-D-(+)-glucopyranose. Cette prédomination de la forme β n'est pas étonnante si on se rappelle qu'elle comporte uniquement des groupes équatoriaux.

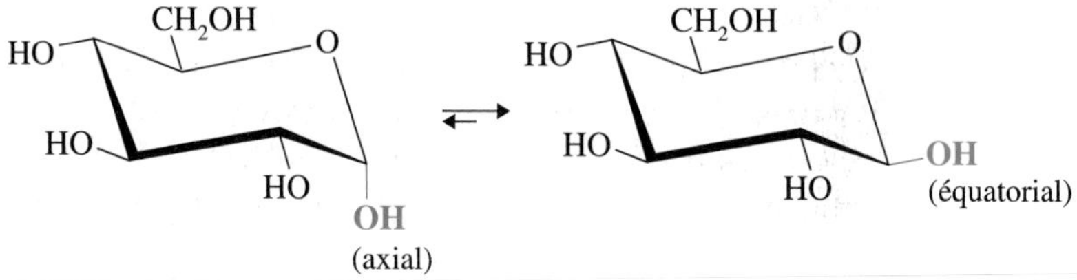

α-D-(+)-Glucopyranose
(36 % à l'équilibre)

β-D-(+)-Glucopyranose
(64 % à l'équilibre)

Cependant, l'anomère β d'un pyranose n'est pas toujours la forme la plus stable. Dans le cas du D-mannose, l'équilibre favorise l'anomère α et ce phénomène est dû à l'*effet anomérique*.

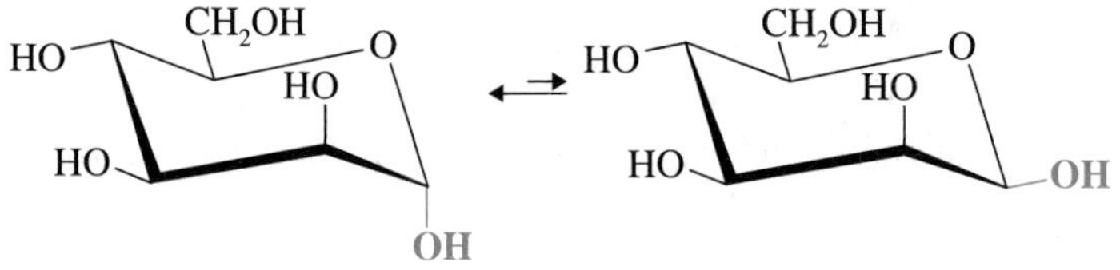

α-D-Mannopyranose
(69 % à l'équilibre)

β-D-Mannopyranose
(31 % à l'équilibre)

Nous ne traiterons pas davantage des effets anomériques, sauf pour signaler qu'ils découlent de facteurs conformationnels issus d'interactions entre deux atomes d'oxygène électronégatifs et d'interactions orbitalaires. Un effet anomérique amène souvent un substituant électronégatif, tel qu'un groupe hydroxyle ou alkoxyle, à adopter une orientation axiale.

22.4 FORMATION DES GLYCOSIDES

Lorsque du D-(+)-glucose en solution dans du méthanol est traité avec une petite quantité de chlorure d'hydrogène gazeux, la réaction qui s'y produit donne des *acétals* méthyliques anomériques.

D-(+)-Glucose
CH_3OH
HCl
(−HOH)

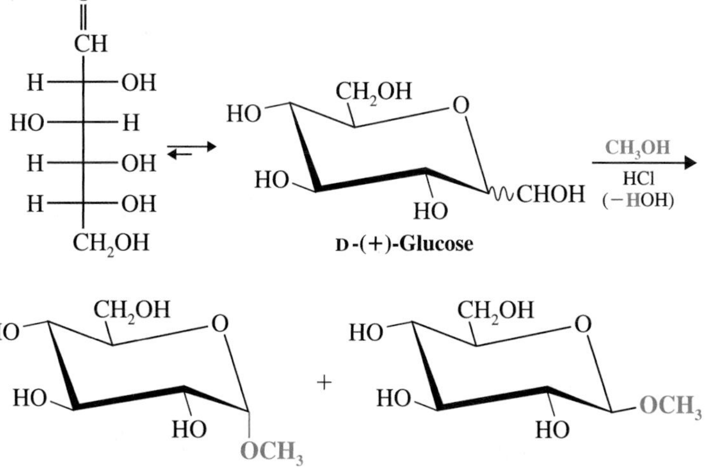

Méthyl α-D-glucopyranoside
(p.f. de 165 °C; $[\alpha]_D^{25}$ = +158°)

Méthyl β-D-glucopyranoside
(p.f. de 107 °C; $[\alpha]_D^{25}$ = −33°)

Les acétals des glucides portent généralement le nom de **glycosides** (voir le mécanisme illustré ci-dessous), alors qu'un acétal de glucose est dénommé *glucoside*. Les acétals de mannose sont des *mannosides*, les acétals de fructose sont des *fructosides*, etc. Puisqu'il s'avère que les méthyl D-glucosides possèdent des cycles à six membres (section 22.2C), il est plus juste de les identifier comme des méthyl α-D-glucopyranosides et des méthyl β-D-glucopyranosides.

Le mécanisme de formation des méthyl glucosides (en utilisant arbitrairement le β-D-glucopyranose) est le suivant :

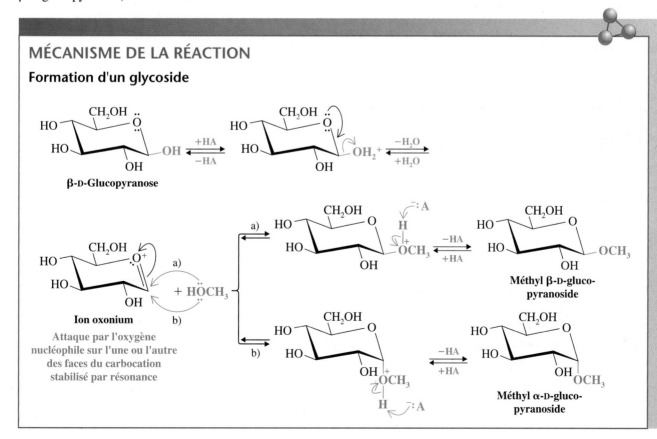

MÉCANISME DE LA RÉACTION

Formation d'un glycoside

β-D-Glucopyranose
+HA
−HA
$-H_2O$
$+H_2O$
Ion oxonium
Attaque par l'oxygène nucléophile sur l'une ou l'autre des faces du carbocation stabilisé par résonance
a)
b)
$+ HOCH_3$
−HA
+HA
Méthyl β-D-glucopyranoside
Méthyl α-D-glucopyranoside

Il serait utile de passer en revue le mécanisme de formation des acétals décrit à la section 16.7C et de le comparer aux étapes que l'on vient de présenter. Vous noterez de nouveau le rôle important que joue la paire d'électrons libres de l'atome d'oxygène adjacent pour la stabilisation du carbocation formé lors de la deuxième étape (ion oxonium).

Les glycosides sont stables en milieu alcalin parce que ce sont des acétals. En solution acide, toutefois, ils sont hydrolysés en un glucide et un alcool (également parce que ce sont des acétals; voir la section 16.7). L'alcool obtenu par hydrolyse d'un glycoside est un **aglycone.**

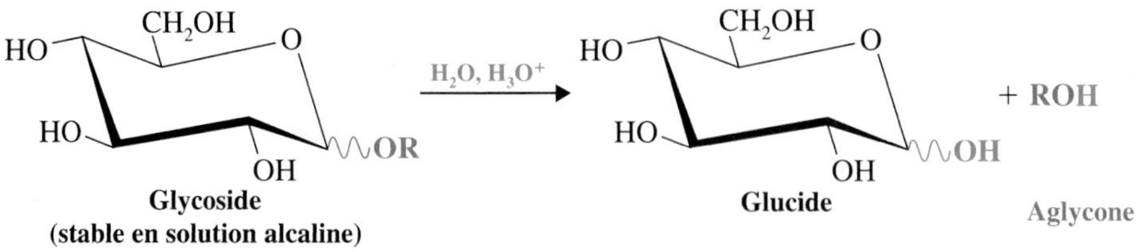

Glycoside
(stable en solution alcaline)

Glucide

Aglycone

Ainsi, lorsqu'une solution aqueuse de méthyl β-D-glucopyranoside est acidifiée, le glycoside est hydrolysé en un mélange des deux formes pyranose du D-glucose (en équilibre avec une faible quantité de la forme linéaire) et en méthanol.

MÉCANISME DE LA RÉACTION

Hydrolyse d'un glycoside

Méthyl β-D-glucopyranoside

β-D-Gluco-
pyranose

α-D-Gluco-
pyranose

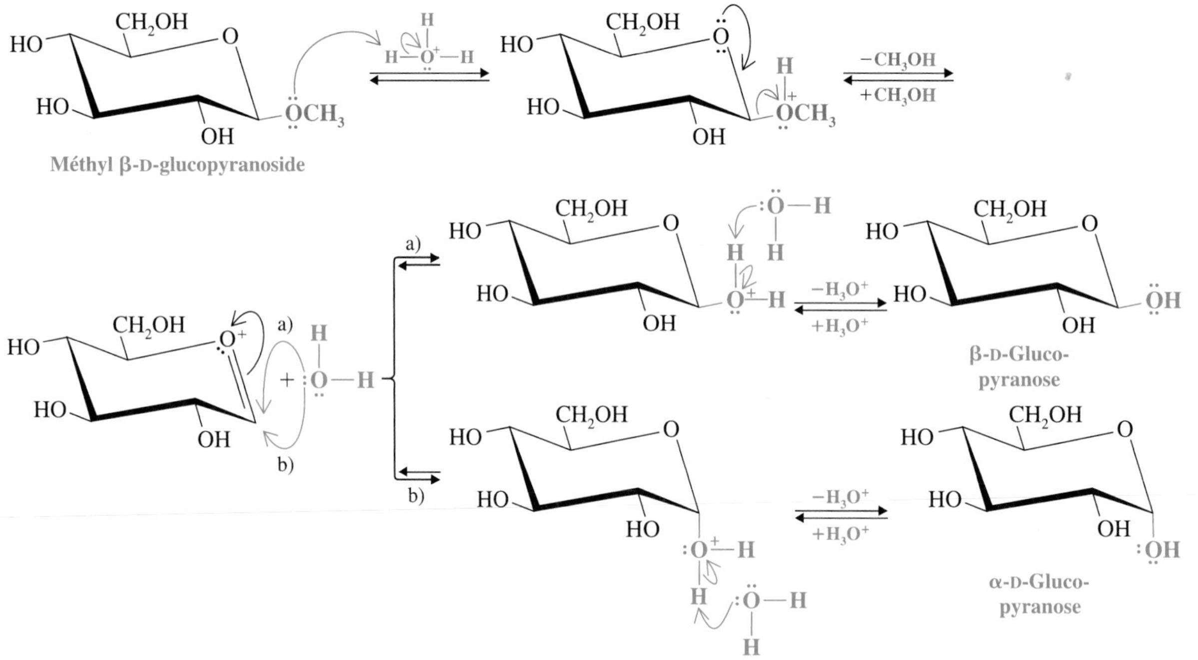

Les glycosides peuvent être aussi simples que les méthyl glucosides que nous venons d'étudier, mais ils peuvent aussi être beaucoup plus complexes. De nombreux composés présents dans la nature sont des glycosides. La *salicine,* un composé provenant de l'écorce du saule, en est un exemple.

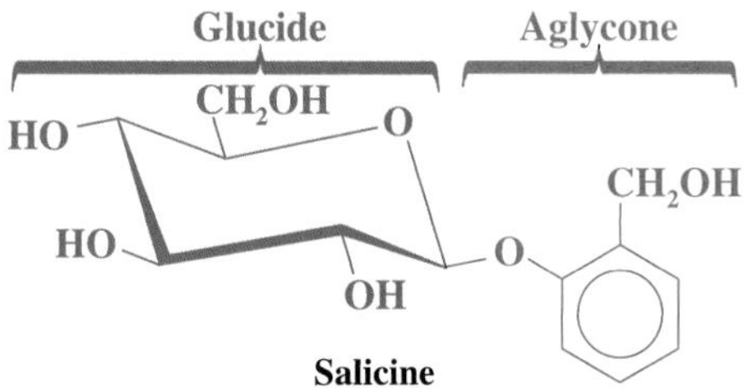

Glucide   Aglycone

Salicine

Les préparations à base d'écorce de saule pour soulager la douleur étaient déjà connues dans l'Antiquité grecque. Des chimistes ont ultérieurement isolé la salicine à partir d'autres sources végétales et ont démontré qu'elle était responsable de l'effet analgésique des préparations d'écorce de saule. La salicine peut être convertie en acide salicylique qui, à son tour, peut être converti en *aspirine* (section 21.8), un analgésique moderne largement répandu.

PROBLÈME 22.3

a) Quels produits seraient formés si la salicine était traitée avec du HCl aqueux dilué ? b) Décrivez le mécanisme des réactions menant à leur formation.

PROBLÈME 22.4

Comment peut-on convertir du D-glucose en un mélange d'éthyl α-D-glucopyranoside et d'éthyl β-D-glucopyranoside ? Montrez toutes les étapes du mécanisme présidant à leur formation.

PROBLÈME 22.5

En solution aqueuse neutre ou basique, les glycosides ne subissent pas de mutarotation. Par contre, si la solution est acidifiée, il se produit une mutarotation. Expliquez pourquoi.

22.5 AUTRES RÉACTIONS DES MONOSACCHARIDES

22.5A ÉNOLISATION, TAUTOMÉRISATION ET ISOMÉRISATION

La dissolution de monosaccharides dans une solution alcaline aqueuse entraîne leur énolisation et une série de tautomérisations céto-énoliques qui aboutissent à des isomérisations. Par exemple, lorsqu'une solution de D-glucose contenant de l'hydroxyde de calcium est laissée au repos plusieurs jours, il devient possible d'isoler plusieurs produits, y compris du D-fructose et du D-mannose (figure 22.5). Ce type de réaction

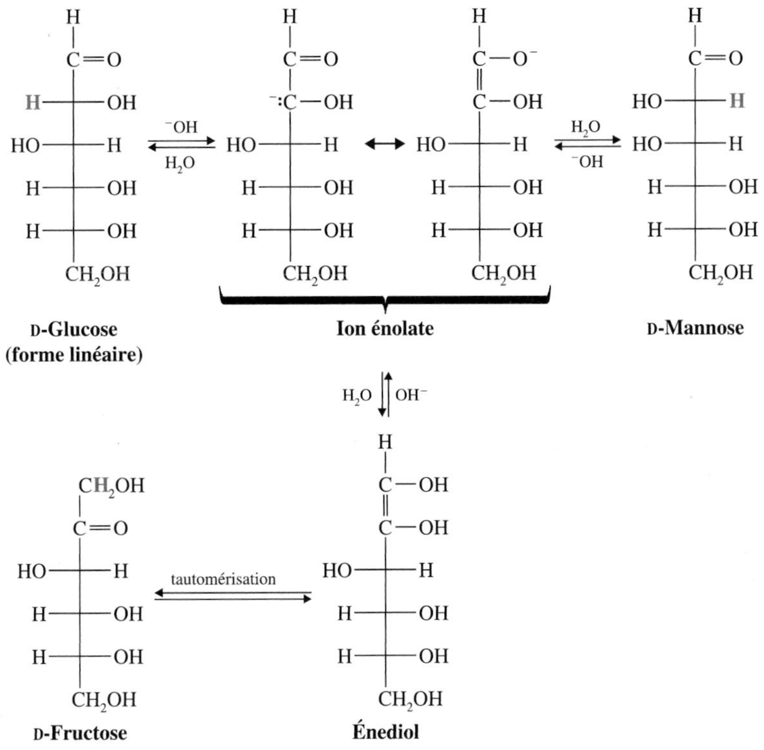

Figure 22.5 En solution aqueuse alcaline, les monosaccharides subissent des isomérisations faisant intervenir des ions énolate et des énediols. Ce phénomène est illustré ici par l'isomérisation du D-glucose en D-mannose et en D-fructose.

est appelé **transformation de Lobry de Bruyn-Alberda Van Ekenstein** depuis que ces deux chimistes néerlandais en ont fait la découverte, en 1895.

Dans les réactions mettant en jeu des monosaccharides, il est généralement important de prévenir de telles isomérisations et de préserver ainsi la stéréochimie de tous les centres stéréogéniques. Il suffit de convertir d'abord le monosaccharide en méthyl glycoside, puis de procéder sans risque à des réactions en milieu alcalin, car le groupe aldéhyde a été converti en un acétal, qui est stable en conditions basiques.

22.5B FORMATION D'ÉTHERS

Un méthyl glucoside, par exemple, peut être converti en son dérivé pentaméthylique par traitement avec un excès de sulfate de diméthyle dans une solution aqueuse d'hydroxyde de sodium. Cette réaction se résume simplement à une synthèse de Williamson multiple (section 11.15B). Les groupes hydroxyle des monosaccharides sont plus acides que ceux des alcools ordinaires parce que les monosaccharides contiennent un très grand nombre d'atomes d'oxygène électronégatifs, qui exercent tous des effets inductifs électroattracteurs sur les groupes hydroxyle avoisinants. Dans le NaOH aqueux, les groupes hydroxyle sont convertis en ions alkoxyde, qui réagissent tous à leur tour avec le sulfate de diméthyle dans une réaction S_N2 pour donner des oxydes de méthyle. Le processus en question s'appelle *méthylation exhaustive*.

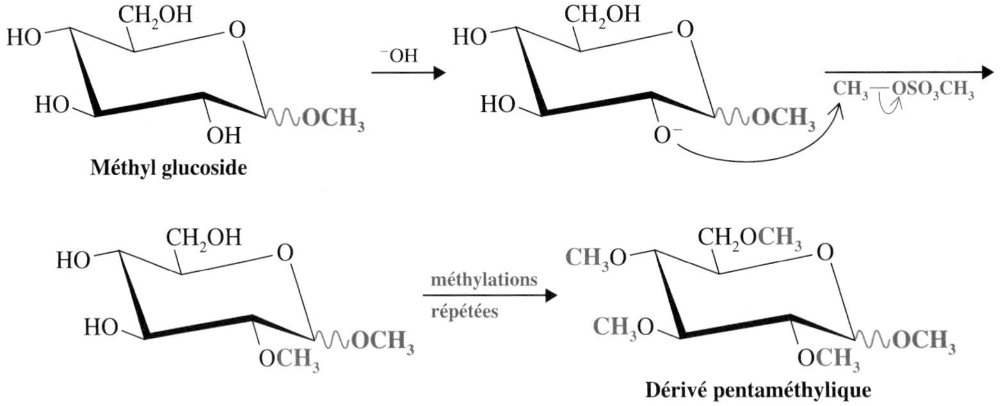

Méthyl glucoside

Dérivé pentaméthylique

Les groupes méthoxyle en C2, C3, C4 et C6 du dérivé pentaméthylique sont des oxydes ordinaires. Par conséquent, ils sont stables en milieu acide aqueux dilué. L'hydrolyse d'un lien éther exige un chauffage dans du HBr ou du HI concentrés (section 11.16). Toutefois, le groupe méthoxyle en C1 diffère des autres groupes parce qu'il participe à une liaison acétal (il est glycosidique). Il s'ensuit que le traitement du dérivé pentaméthylique en milieu acide aqueux dilué provoque l'hydrolyse de ce groupe méthoxyle glycosidique et produit du 2,3,4,6-tétra-*O*-méthyl-D-glucose (le *O* ici signifie que les groupes méthyle sont liés à des atomes d'oxygène).

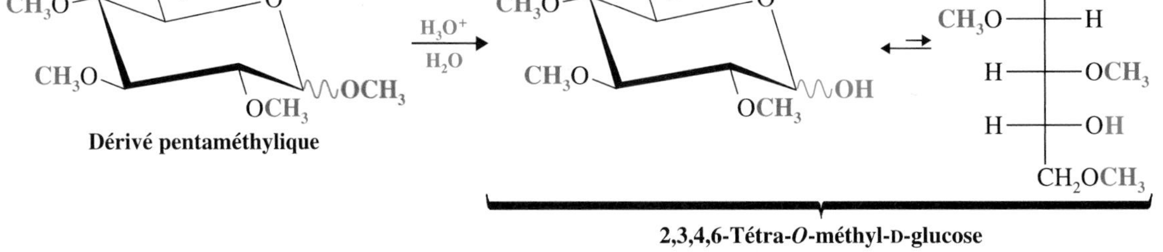

Dérivé pentaméthylique

2,3,4,6-Tétra-*O*-méthyl-D-glucose

Il faut noter que, dans la forme linéaire, l'oxygène en C5 ne porte pas de groupe méthyle parce qu'il faisait initialement partie de l'hémiacétal cyclique du D-glucose.

22.5C CONVERSION EN ESTERS

Le traitement d'un monosaccharide par l'anhydride acétique en excès et une base faible (comme la pyridine ou l'acétate de sodium) amène tous les groupes hydroxyle, y compris l'hydroxyle anomérique, à se convertir en esters. Si elle se produit à basse température (à 0 °C, par exemple), la réaction est stéréospécifique; l'anomère α donne l'α-acétate, et l'anomère β le β-acétate.

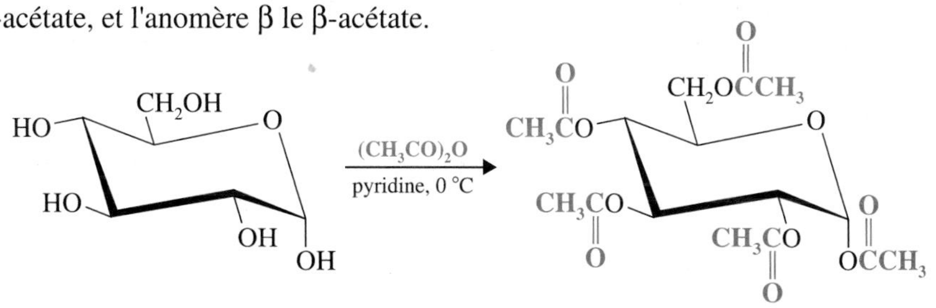

22.5D CONVERSION EN ACÉTALS CYCLIQUES

À la section 16.7C, nous avons vu que les aldéhydes et les cétones réagissent avec des 1,2-diols linéaires pour produire des **acétals cycliques.**

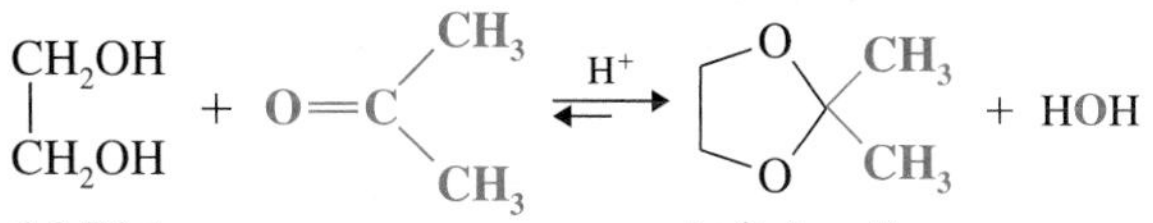

Lorsque le 1,2-diol est lié à un cycle, comme dans un monosaccharide, **les acétals cycliques ne se forment que si les groupes hydroxyle voisins sont *cis* l'un par rapport à l'autre.** Ainsi, l'α-D-galactopyranose réagit avec l'acétone comme suit :

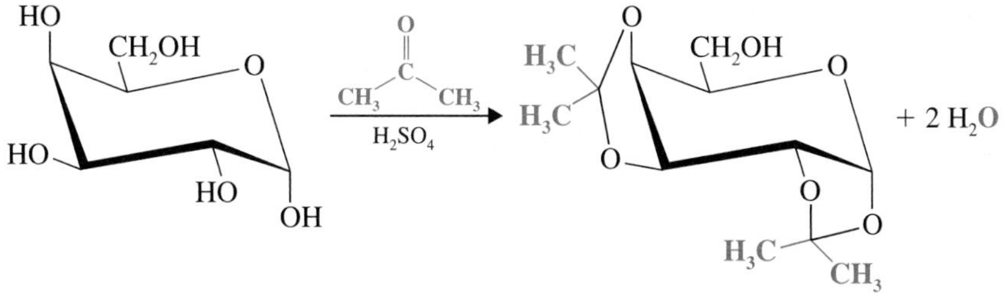

La formation d'acétals cycliques peut servir à protéger certains groupes hydroxyle d'un glucide pendant que se déroulent des réactions sur d'autres parties de la molécule. Nous en examinerons quelques exemples dans les problèmes 22.19, 22.41 et 22.42 ainsi que dans le chapitre 25. Les acétals formés à partir de l'acétone sont des **acétonides.**

22.6 RÉACTIONS D'OXYDATION DES MONOSACCHARIDES

Un certain nombre d'agents oxydants peuvent servir à des fins d'identification des groupes fonctionnels des glucides, de détermination de leur structure et de synthèse. Les plus importants comprennent le réactif de Benedict ou de Tollens, le brome en solution aqueuse, l'acide nitrique et l'acide periodique. Chacun de ces réactifs produit des effets différents et habituellement spécifiques lors d'une réaction avec un monosaccharide. Nous allons maintenant examiner ces effets.

22.6A RÉACTIFS DE BENEDICT OU DE TOLLENS : GLUCIDES RÉDUCTEURS

Le réactif de Benedict (une solution alcaline contenant un complexe de citrate cuivrique ionique) et la solution de Tollens [$Ag(NH_3)_2OH$] oxydent et, par conséquent, donnent des résultats positifs avec des *aldoses* et des *cétoses,* même si ceux-ci sont surtout présents sous forme d'hémiacétals.

Nous avons étudié, à la section 16.13, l'utilisation du test du miroir d'argent de Tollens. La solution de Benedict et la solution (liqueur) de Fehling qui lui ressemble (elle contient un complexe de tartrate cuivrique) donnent des précipités de Cu_2O de couleur rouge brique lorsqu'elles oxydent un aldose. En solution alcaline, les cétoses se convertissent en aldoses (section 22.5A), qui sont ensuite oxydés par les complexes cuivriques. Puisque les solutions de tartrate et de citrate cuivriques sont bleues, l'apparition d'un précipité rouge brique indique clairement et sans erreur possible que le test est positif.

$$
\begin{array}{cc}
& O \\
& \parallel \\
& CH \\
& | \\
\text{Complexe } Cu^{2+} + & (CHOH)_n \\
& | \\
& CH_2OH
\end{array}
\quad \textbf{ou} \quad
\begin{array}{c}
CH_2OH \\
| \\
C=O \\
| \\
(CHOH)_n \\
| \\
CH_2OH
\end{array}
\longrightarrow Cu_2O \downarrow + \text{ produits d'oxydation}
$$

Solution de Benedict   **Aldose**   **Cétose**   **(produit réduit**
(bleue)   **rouge brique)**

Les glucides donnant des résultats positifs lors de tests effectués avec des solutions de Tollens ou de Benedict sont appelés **glucides réducteurs,** et tous les glucides contenant un *groupe hémiacétal* produisent des résultats positifs. En solution aqueuse, ces hémiacétals sont présents en équilibre avec des aldéhydes non cycliques ou des α-hydroxycétones en concentrations relativement faibles mais non négligeables. Ce sont ces deux composés qui subissent l'oxydation. Il s'ensuit une perturbation de l'équilibre entraînant une plus grande production d'aldéhyde ou d'α-hydroxycétone, qui est alors oxydé jusqu'à l'épuisement d'un des réactifs.

Les glucides qui ne contiennent que des groupes acétal ne donnent pas de résultats positifs lors de tests dans des solutions de Tollens ou de Benedict : on les désigne sous le nom de *glucides non réducteurs*. Les acétals ne sont pas en équilibre avec des aldéhydes ou des α-hydroxycétones dans le milieu alcalin où ont lieu ces réactions.

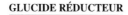

GLUCIDE RÉDUCTEUR   **GLUCIDE NON RÉDUCTEUR**

Groupe alkyle ou un autre glucide

Hémiacétal (R′ = H ou = CH₂OH)   **Acétal (R′ = H ou = CH₂OH)**
(donne un résultat positif aux tests   **(donne un résultat négatif**
de Tollens ou de Benedict)   **aux tests de Tollens ou de Benedict)**

PROBLÈME 22.6

Comment peut-on distinguer l'α-D-glucopyranose (c'est-à-dire le D-glucose) du méthyl α-D-glucopyranoside ?

Si les réactifs de Benedict et de Tollens peuvent servir à des fins de diagnostic [la solution de Benedict peut contribuer à la quantification des glucides réducteurs (rapportés sous forme de glucose) présents dans le sang ou l'urine], ni l'un ni l'autre ne sont utiles comme réactifs pour l'oxydation des glucides. En effet, dans les deux cas, *l'oxydation se produit en milieu alcalin, où les glucides subissent une suite complexe de réactions menant à des isomérisations* (section 22.5A).

22.6B SOLUTION AQUEUSE DE BROME : SYNTHÈSE DES ACIDES ALDONIQUES

Les monosaccharides ne subissent pas de réactions d'isomérisation et de fragmentation en solution faiblement acide. Par conséquent, le brome en solution aqueuse tamponnée (pH = 6,0), appelée aussi eau de brome, constitue un oxydant utile à des fins préparatoires. Il peut servir de réactif d'application générale et oxyde sélectivement le groupe —CHO en groupe —CO_2H. Il convertit un aldose en un *acide aldonique*.

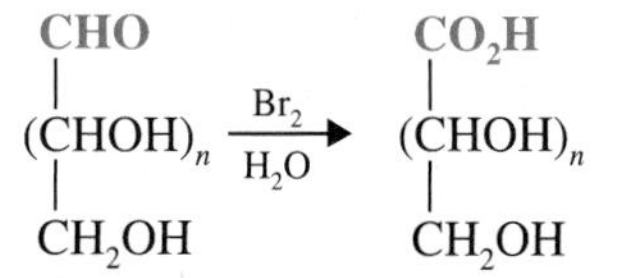

CHO		CO_2H
(CHOH)$_n$	$\xrightarrow[H_2O]{Br_2}$	(CHOH)$_n$
CH_2OH		CH_2OH
Aldose		**Acide aldonique**

Les expériences réalisées avec des aldopyranoses ont révélé que le déroulement de la réaction est en réalité un peu plus complexe que ce que nous avons indiqué ci-dessus. Le brome en solution aqueuse oxyde spécifiquement l'anomère β, et le produit initialement formé est une *aldono-δ-lactone*. Ce composé peut ensuite s'hydrolyser en un acide aldonique, qui peut lui-même se cycliser pour former une *aldono-γ-lactone*.

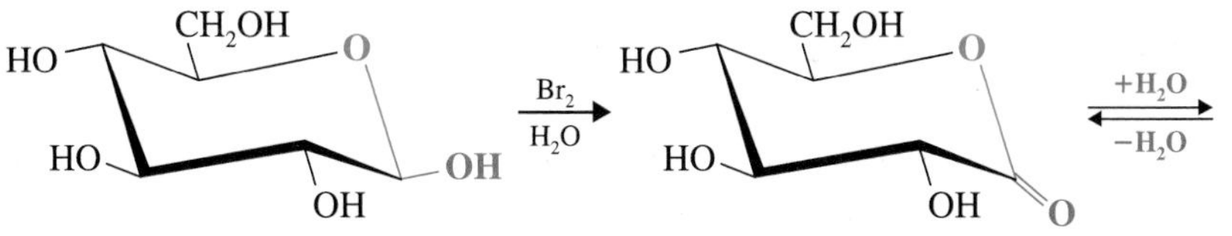

β-D-Glucopyranose $\xrightarrow[H_2O]{Br_2}$ **D-Glucono-δ-lactone** $\underset{-H_2O}{\overset{+H_2O}{\rightleftharpoons}}$

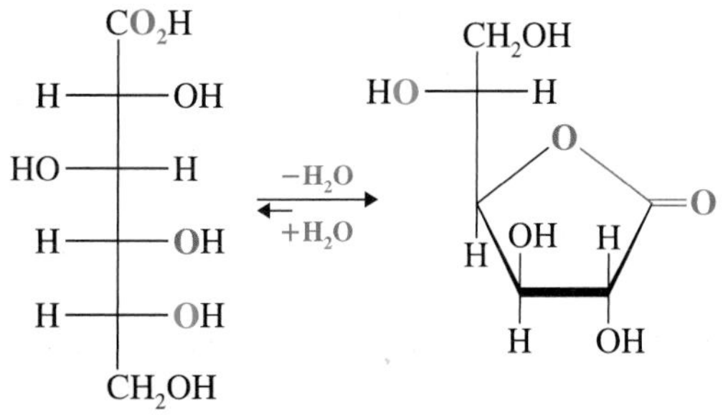

Acide D-gluconique $\underset{+H_2O}{\overset{-H_2O}{\rightleftharpoons}}$ **D-Glucono-γ-lactone**

22.6C OXYDATION À L'ACIDE NITRIQUE : ACIDES ALDARIQUES

Agent oxydant plus fort que le brome en solution aqueuse, l'acide nitrique dilué oxyde le groupe —CHO et le groupe —CH_2OH terminal d'un aldose en groupes —CO_2H. Ces acides dicarboxyliques sont appelés *acides aldariques*.

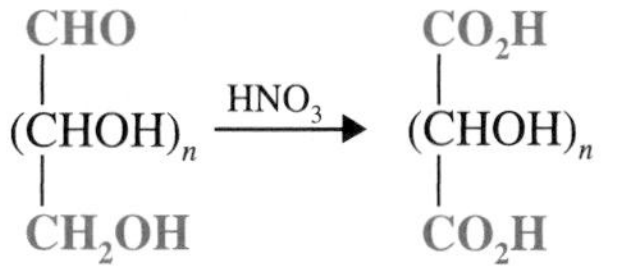

CHO		CO_2H
(CHOH)$_n$	$\xrightarrow{HNO_3}$	(CHOH)$_n$
CH_2OH		CO_2H
Aldose		**Acide aldarique**

On ignore si une lactone constitue un intermédiaire dans l'oxydation d'un aldose en acide aldarique; on sait toutefois que les acides aldariques forment très facilement des γ- et δ- lactones.

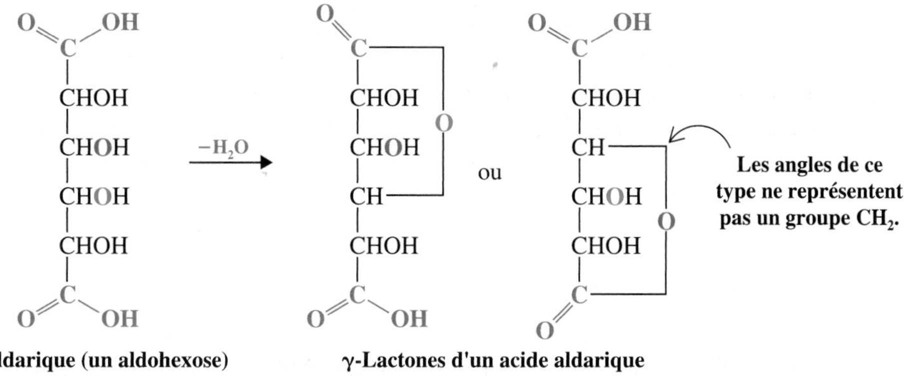

Acide aldarique (un aldohexose) $\xrightarrow{-H_2O}$ **γ-Lactones d'un acide aldarique** ou

Les angles de ce type ne représentent pas un groupe CH_2.

L'acide aldarique obtenu du D-glucose porte le nom d'acide D-glucarique*.

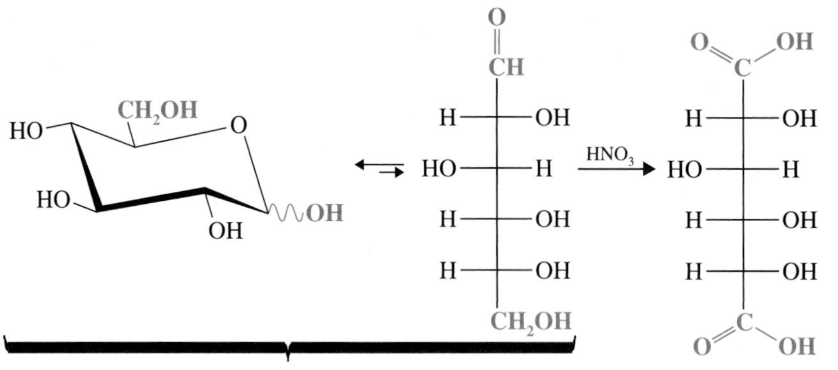

D-Glucose   **Acide D-glucarique**

PROBLÈME 22.7

a) Croyez-vous que l'acide D-glucarique est optiquement actif ?

b) Écrivez la structure linéaire de l'acide aldarique (acide mannarique) obtenu par oxydation du D-mannose à l'aide d'acide nitrique.

c) Croyez-vous que l'acide mannarique est optiquement actif ?

d) Quel acide aldarique croyez-vous obtenir à partir du D-érythrose ?

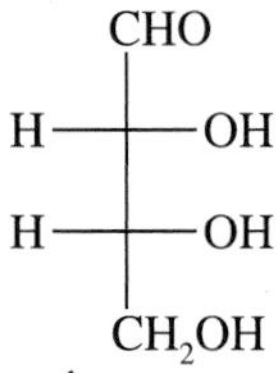

D-Érythrose

e) L'acide aldarique mentionné en d) serait-il optiquement actif ?

f) Le D-thréose, un diastéréo-isomère du D-érythrose, donne un acide aldarique optiquement actif lorsqu'il subit une oxydation par l'acide nitrique. Écrivez les projections de Fischer du D-thréose et de son produit d'oxydation par l'acide nitrique.

g) Quels sont les acides aldariques obtenus du D-érythrose et du D-thréose ? (Voir la section 5.14A.)

PROBLÈME 22.8

La lactonisation de l'acide D-glucarique donne deux γ-lactones différentes. Quelles sont leurs structures ?

22.6D OXYDATION À L'ACIDE PERIODIQUE : CLIVAGE OXYDATIF DES COMPOSÉS POLYHYDROXYLÉS

Les composés ayant des groupes hydroxyle sur des atomes adjacents (vicinaux) subissent un clivage oxydatif lorsqu'ils sont traités par l'acide periodique (HIO_4) aqueux. La réaction scinde la liaison carbone–carbone et produit des composés carbonylés (aldéhydes, cétones ou acides). La stœchiométrie de la réaction est la suivante :

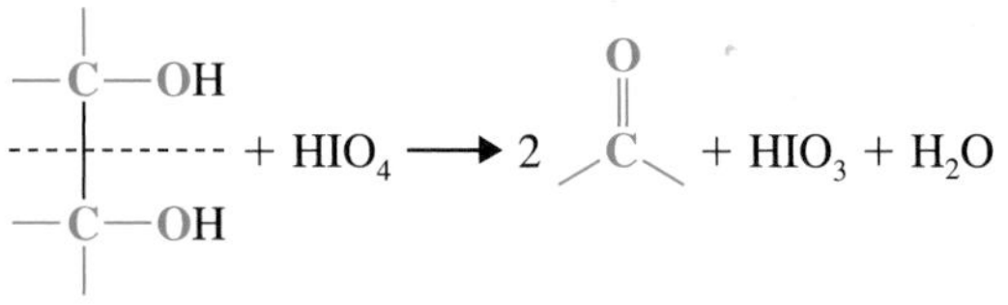

---

* Acide *glycarique* et acide *saccharique* sont d'anciens termes désignant un acide aldarique.

Puisque la réaction donne habituellement un rendement quantitatif, on peut souvent obtenir des renseignements précieux en déterminant le nombre d'équivalents molaires d'acide periodique consommés dans une réaction et en identifiant les produits carbonylés*.

On croit que les oxydations au periodate font intervenir un intermédiaire cyclique :

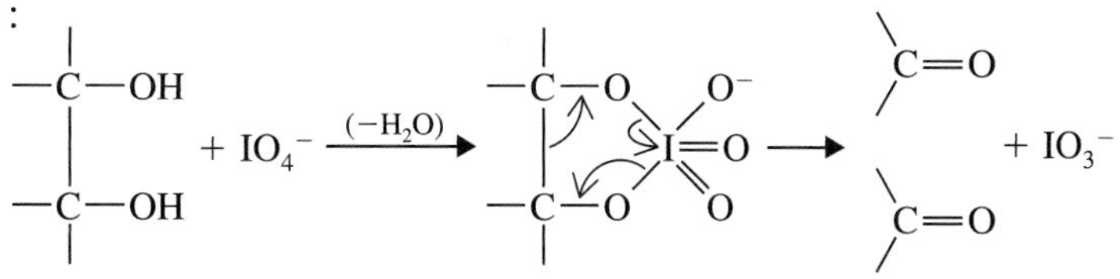

Avant de traiter de l'utilisation de l'acide periodique en chimie des glucides, nous allons illustrer le déroulement de la réaction grâce à plusieurs exemples simples. Notons que, dans les oxydations par le periodate, *une liaison C—O est formée à chaque atome de carbone pour chaque liaison C—C rompue.*

1. Lorsque trois groupes —CHOH ou plus sont contigus, les groupes internes sont convertis en *acide formique*. Par exemple, l'oxydation du glycérol par le periodate donne deux équivalents molaires de formaldéhyde et un équivalent molaire d'acide formique.

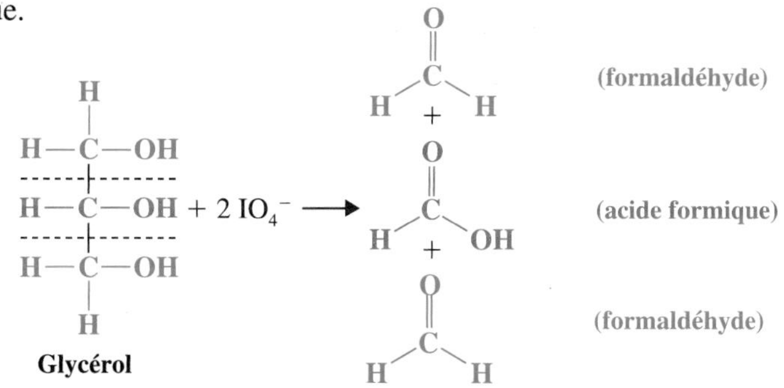

2. Un clivage oxydatif se produit également lorsque le groupe —OH est adjacent au groupe carbonyle d'un aldéhyde ou d'une cétone (mais pas s'il s'agit d'un acide ou d'un ester). Le glycéraldéhyde donne deux équivalents molaires d'acide formique et un équivalent molaire de formaldéhyde, tandis que la dihydroxyacétone donne deux équivalents molaires de formaldéhyde et un équivalent molaire de dioxyde de carbone.

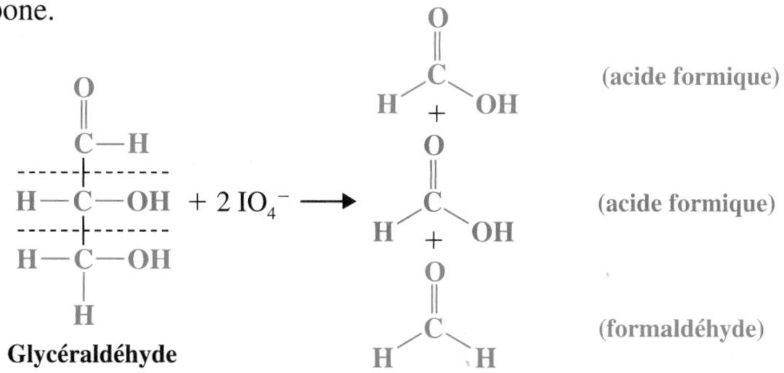

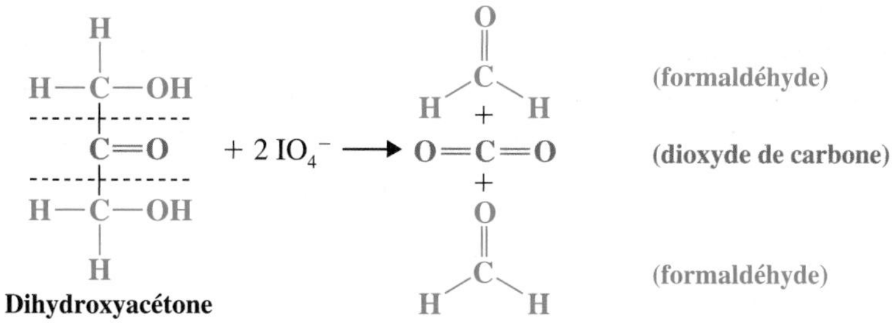

---

* Le tétra-acétate de plomb, $Pb(O_2CCH_3)_4$, engendre des réactions de clivage semblables à celles issues de l'acide periodique. Les deux réactifs sont complémentaires : l'acide periodique agit efficacement en solution aqueuse et le tétra-acétate de plomb donne de bons résultats dans les solvants organiques.

3. L'acide periodique ne scinde pas les composés dont les groupes hydroxyle sont séparés par un groupe —CH$_2$— ni ceux dans lesquels un groupe hydroxyle est adjacent à une fonction éther ou acétal.

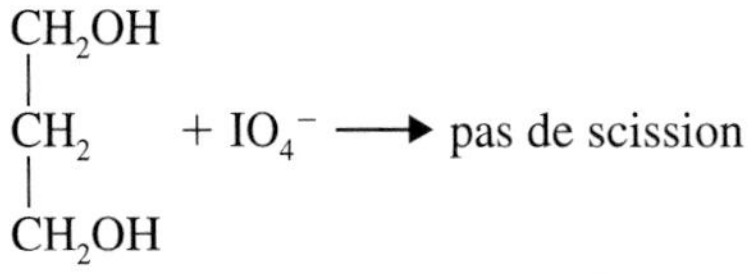

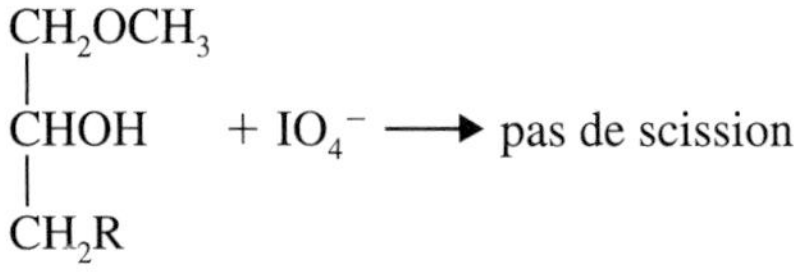

$$\begin{array}{c} CH_2OH \\ | \\ CH_2 \\ | \\ CH_2OH \end{array} + IO_4^- \longrightarrow \text{pas de scission} \qquad \begin{array}{c} CH_2OCH_3 \\ | \\ CHOH \\ | \\ CH_2R \end{array} + IO_4^- \longrightarrow \text{pas de scission}$$

PROBLÈME 22.9

Quels sont les produits formés lorsque chacun des composés suivants est traité avec une quantité appropriée d'acide periodique ? Combien d'équivalents molaires de HIO$_4$ sont consommés dans chaque cas ?

a) Butane-2,3-diol

b) Butane-1,2,3-triol

c) CH$_2$OHCHOHCH(OCH$_3$)$_2$

d) CH$_2$OHCHOHCOCH$_3$

e) CH$_3$COCHOHCOCH$_3$

f) *cis* Cyclopentane-1,2-diol

g)
$$\begin{array}{c} CH_3 \\ | \\ CH_3C-CH_2 \\ | \quad\ | \\ HO \quad OH \end{array}$$

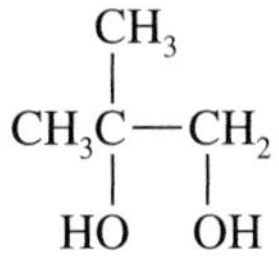

h) D-Érythrose

PROBLÈME 22.10

Montrez comment l'acide periodique permet de distinguer un aldohexose d'un cétohexose. Quels produits seraient obtenus de chacun de ces deux composés ? Combien d'équivalents molaires de HIO$_4$ seraient consommés dans la réaction ?

22.7 RÉDUCTION DES MONOSACCHARIDES : LES ALDITOLS

À l'aide du borohydrure de sodium, les aldoses (et les cétoses) peuvent être réduits en composés nommés *alditols*.

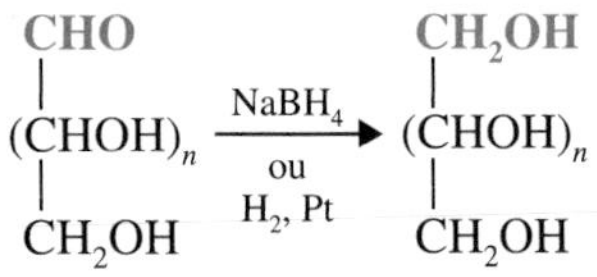

$$\begin{array}{c} CHO \\ | \\ (CHOH)_n \\ | \\ CH_2OH \\ \textbf{Aldose} \end{array} \xrightarrow[\substack{\text{ou} \\ H_2,\, Pt}]{NaBH_4} \begin{array}{c} CH_2OH \\ | \\ (CHOH)_n \\ | \\ CH_2OH \\ \textbf{Alditol} \end{array}$$

La réduction du D-glucose, par exemple, donne le D-glucitol.

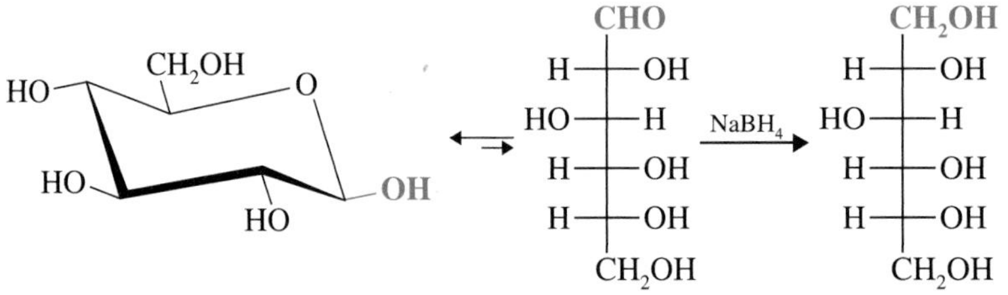

D-Glucitol
(ou D-sorbitol)

PROBLÈME 22.11

a) Le D-glucitol est-il optiquement actif ? b) Écrivez les projections de Fischer de tous les D-aldohexoses qui donneraient des *alditols optiquement inactifs*.

22.8 RÉACTIONS DES MONOSACCHARIDES AVEC LA PHÉNYLHYDRAZINE : LES OSAZONES

Le groupe aldéhyde d'un aldose peut réagir avec des réactifs contenant des groupes amine nucléophiles tels que l'hydroxylamine et la phénylhydrazine (section 16.8). Dans le cas de l'hydroxylamine, le produit obtenu est une oxime, tel que prévu. Toutefois, dans le cas de la phénylhydrazine, si elle est présente en quantité suffisante, trois équivalents molaires seront consommés dans la réaction et un deuxième groupe phénylhydrazone sera introduit en C2. Le produit obtenu est une *phénylosazone*. Les phénylosazones cristallisent facilement (contrairement aux glucides et aux monosaccharides) et sont des dérivés utiles pour l'identification des glucides.

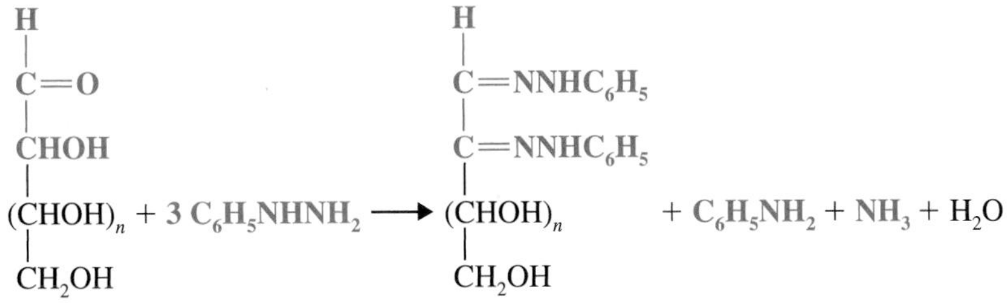

$$
\begin{array}{c}
\text{H} \\
| \\
\text{C}{=}\text{O} \\
| \\
\text{CHOH} \\
| \\
(\text{CHOH})_n \\
| \\
\text{CH}_2\text{OH} \\
\textbf{Aldose}
\end{array}
+\ 3\ \text{C}_6\text{H}_5\text{NHNH}_2 \longrightarrow
\begin{array}{c}
\text{H} \\
| \\
\text{C}{=}\text{NNHC}_6\text{H}_5 \\
| \\
\text{C}{=}\text{NNHC}_6\text{H}_5 \\
| \\
(\text{CHOH})_n \\
| \\
\text{CH}_2\text{OH} \\
\textbf{Phénylosazone}
\end{array}
+\ \text{C}_6\text{H}_5\text{NH}_2 + \text{NH}_3 + \text{H}_2\text{O}
$$

Le mécanisme de formation des osazones repose probablement sur une suite de réactions au cours desquelles $\diagdown\!\text{C}{=}\text{N}\!-$ se comporte largement comme $\diagdown\!\text{C}{=}\text{O}$ et donne une version azotée d'un énol.

MÉCANISME DE LA RÉACTION

Formation d'une phénylosazone

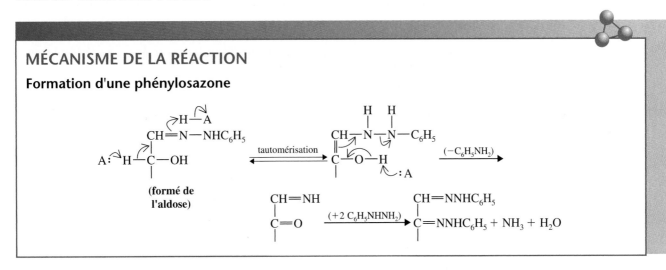

La formation d'une **osazone** entraîne la perte du centre stéréogénique en C2, mais n'a pas d'incidence sur les autres centres stéréogéniques; ainsi, le D-glucose et le D-mannose donnent la même phénylosazone :

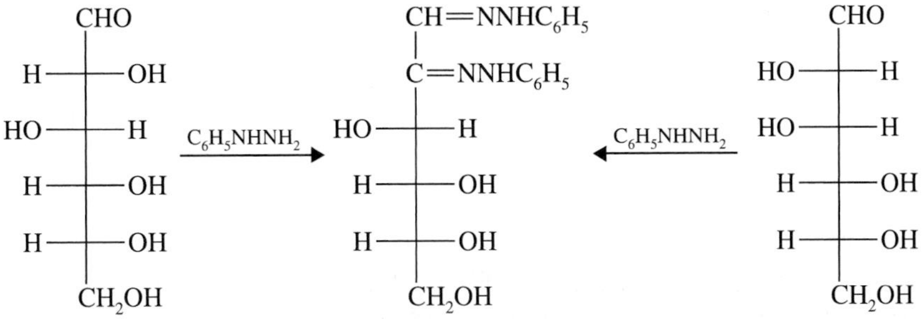

D-Glucose $\xrightarrow{\text{C}_6\text{H}_5\text{NHNH}_2}$ La même phénylosazone $\xleftarrow{\text{C}_6\text{H}_5\text{NHNH}_2}$ D-Mannose

Réalisée la première fois par Emil Fischer, cette expérience a établi que le D-glucose et le D-mannose avaient la même configuration en C3, C4 et C5. Les aldoses diastéréo-isomères (tels que le D-glucose et le D-mannose) qui ne diffèrent que par la configuration d'un seul carbone sont des **épimères.** En général, les diastéréo-isomères dont la configuration ne diffère qu'à un seul centre stéréogénique peuvent être qualifiés d'**épimères.**

PROBLÈME 22.12

Bien que le D-fructose ne soit pas un épimère du D-glucose ou du D-mannose (le D-fructose est un cétohexose), tous trois donnent la même phénylosazone. a) À l'aide des projections de Fischer, écrivez l'équation de la réaction du fructose avec la phénylhydrazine. b) Quelle information sur la stéréochimie du D-fructose cette expérience apporte-t-elle ?

22.9 SYNTHÈSE ET DÉGRADATION DES MONOSACCHARIDES

22.9A SYNTHÈSE DE KILIANI-FISCHER

En 1885, Heinrich Kiliani (Freiburg, Allemagne) découvrait qu'un aldose pouvait être converti en épimères d'acide aldonique ayant un atome de carbone de plus, par ajout de cyanure d'hydrogène suivi de l'hydrolyse des cyanhydrines épimères. Fischer étendra plus tard la portée de ce procédé en montrant que les aldonolactones obtenues des acides aldoniques peuvent être réduites en aldoses. De nos jours, ce procédé d'allongement de la chaîne carbonée d'un aldose porte le nom de synthèse de **Kiliani-Fischer.**

La synthèse de Kiliani-Fischer est illustrée à la figure 22.6 sous forme de synthèse de D-thréose et de D-érythrose (aldotétroses) à partir de D-glycéraldéhyde (un aldotriose).

L'ajout de cyanure d'hydrogène au glycéraldéhyde produit deux cyanhydrines épimères parce que la réaction crée un nouveau centre stéréogénique. Les cyanhydrines peuvent être facilement séparées (puisqu'il s'agit de diastéréo-isomères) et chacune d'elles peut être convertie en aldose par hydrolyse, acidification, lactonisation et réduction à l'aide de Na–Hg à un pH compris entre 3 et 5. Une cyanhydrine finit par donner le D-(−)-érythrose, tandis que l'autre donne le D-(−)-thréose.

Il est certain que les aldotétroses obtenus de la synthèse de Kiliani-Fischer sont tous deux des sucres D, étant donné que le composé de départ était le D-glycéral-déhyde et que son centre stéréogénique n'est pas affecté par la synthèse. On ne peut prévoir, à partir de la seule synthèse de Kiliani-Fischer, quel est l'aldotétrose dont les deux groupes —OH seront à droite et quel est celui dont le —OH du haut sera à gauche dans la projection de Fischer. Toutefois, si les deux aldotétroses sont oxydés en acides aldariques, l'un [D-(−)-érythrose] donnera un produit *optiquement inactif* (*méso*), alors que l'autre [D-(−)-thréose] donnera un produit *optiquement actif* (voir le problème 22.7).

PROBLÈME 22.13

a) Quelle est la structure respective du L-(+)-thréose et du L-(+)-érythrose ? b) Quel aldotriose faudrait-il utiliser pour les préparer par une synthèse de Kiliani-Fischer ?

PROBLÈME 22.14

a) Esquissez une synthèse d'aldopentoses épimères par la méthode de Kiliani-Fischer en partant de D-(−)-érythrose (utilisez les projections de Fischer). b) Les deux aldopentoses épimères obtenus sont le D-(−)-arabinose et le D-(−)-ribose. L'oxydation du D-(−)-ribose par l'acide nitrique donne un acide aldarique optiquement inac-

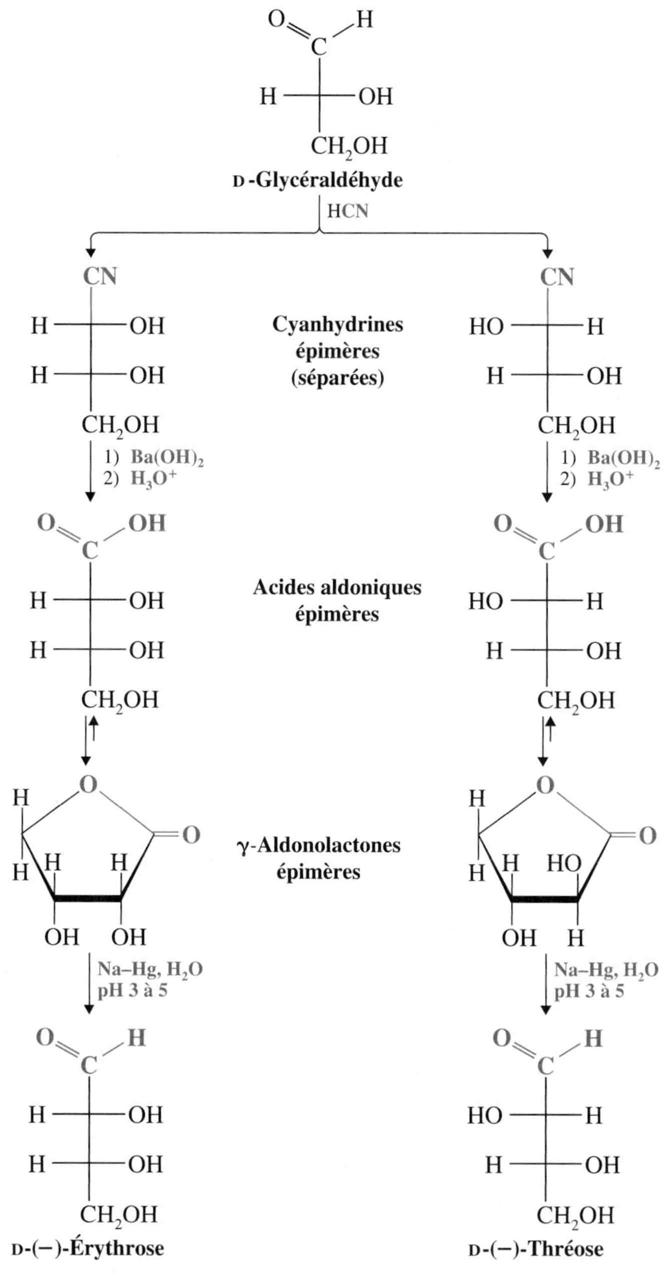

Figure 22.6 Synthèse de Kiliani-Fischer du D-(−)-érythrose et du D-(−)-thréose à partir du D-glycéraldéhyde.

tif, alors que la même oxydation du D-(−)-arabinose donne un produit optiquement actif. À partir de ces seuls renseignements, identifiez la projection de Fischer qui représente le D-(−)-arabinose et celle qui représente le D-(−)-ribose.

PROBLÈME 22.15

L'utilisation du D-(−)-thréose dans une synthèse de Kiliani-Fischer donne deux autres aldopentoses épimères, soit le D-(+)-xylose et le D-(−)-lyxose. Le D-(+)-xylose peut être oxydé (à l'aide d'acide nitrique) en un acide aldarique optiquement inactif, alors que l'oxydation similaire du D-(−)-lyxose donne un produit optiquement actif. Quelle est la structure respective du D-(+)-xylose et du D-(−)-lyxose ?

PROBLÈME 22.16

Il existe huit aldopentoses. Dans les problèmes 22.14 et 22.15, vous avez déterminé la structure de quatre d'entre eux. Quels sont les noms et les structures des quatre autres ?

22.9B DÉGRADATION DE RUFF

Tout comme la synthèse de Kiliani-Fischer permet d'allonger d'un atome de carbone la chaîne d'un aldose, la dégradation de Ruff* peut servir à la raccourcir d'un atome de carbone. La dégradation de Ruff consiste en une oxydation de l'aldose en acide aldonique à l'aide de brome en solution aqueuse, suivie d'une décarboxylation oxydative de l'acide aldonique au moyen de peroxyde d'hydrogène et de sulfate ferrique, qui donne l'aldose inférieur. Par exemple, le D-(−)-ribose peut être dégradé en D-(−)-érythrose :

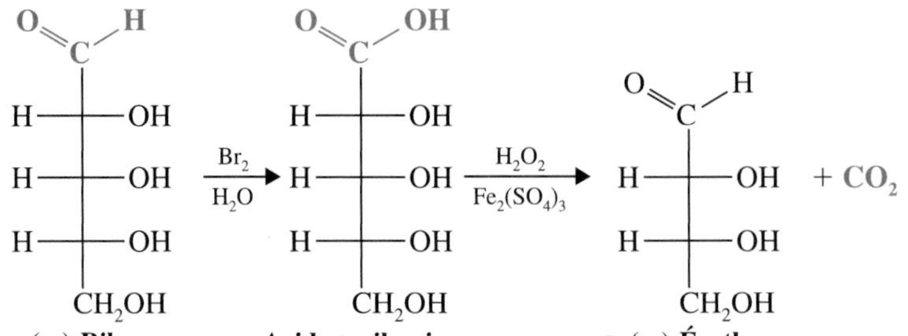

PROBLÈME 22.17

L'aldohexose D-(+)-galactose peut être obtenu par hydrolyse du *lactose,* un disaccharide présent dans le lait. Le traitement du D-(+)-galactose dans l'acide nitrique donne un acide aldarique optiquement inactif. Par dégradation de Ruff, le D-(+)-galactose donne du D-(−)-lyxose (voir le problème 22.15). À partir de ces seuls renseignements, écrivez la projection de Fischer du D-(+)-galactose.

22.10 FAMILLE DES D-ALDOSES

La dégradation de Ruff et la synthèse de Kiliani-Fischer permettent de répartir tous les aldoses en familles ou en « arbres généalogiques » d'après leurs rapports avec le D-glycéraldéhyde ou le L-glycéraldéhyde. Un arbre de ce type apparaît à la figure 22.7 dans le cas des D-aldohexoses **1 à 8.**

La plupart des aldoses naturels, mais pas tous, appartiennent à la famille D, le D-(+)-glucose étant beaucoup plus répandu que tous les autres. Le D-(+)-galactose peut être obtenu du sucre du lait (lactose), alors que le L-(−)-galactose se trouve dans un polysaccharide de l'escargot de Bourgogne, *Helix pomatia.* Le L-(+)-arabinose est très répandu, mais le D-(−)-arabinose est plutôt rare car il n'est présent que chez certaines bactéries et certaines éponges. Le thréose, le lyxose, le gulose et l'allose n'existent pas dans la nature, mais au moins l'une des deux formes (D ou L) de chacun d'entre eux a été synthétisée.

22.11 DÉMONSTRATION APPORTÉE PAR FISCHER DE LA CONFORMATION DU D-(+)-GLUCOSE

Emil Fischer a amorcé ses travaux sur la stéréochimie du (+)-glucose en 1888, soit à peine 12 ans après que Van't Hoff et Le Bel eurent émis leur hypothèse relative à la structure tétraédrique du carbone. Fischer ne disposait initialement que d'une faible quantité de données : seuls quelques monosaccharides étaient connus, dont le (+)-glucose, le (+)-arabinose et le (+)-mannose, synthétisé tout récemment par Fischer. On savait alors que le (+)-glucose et le (+)-mannose étaient des aldohexoses et que le (+)-arabinose était un aldopentose.

---

* Mise au point par Otto Ruff (1871-1939), un chimiste allemand.

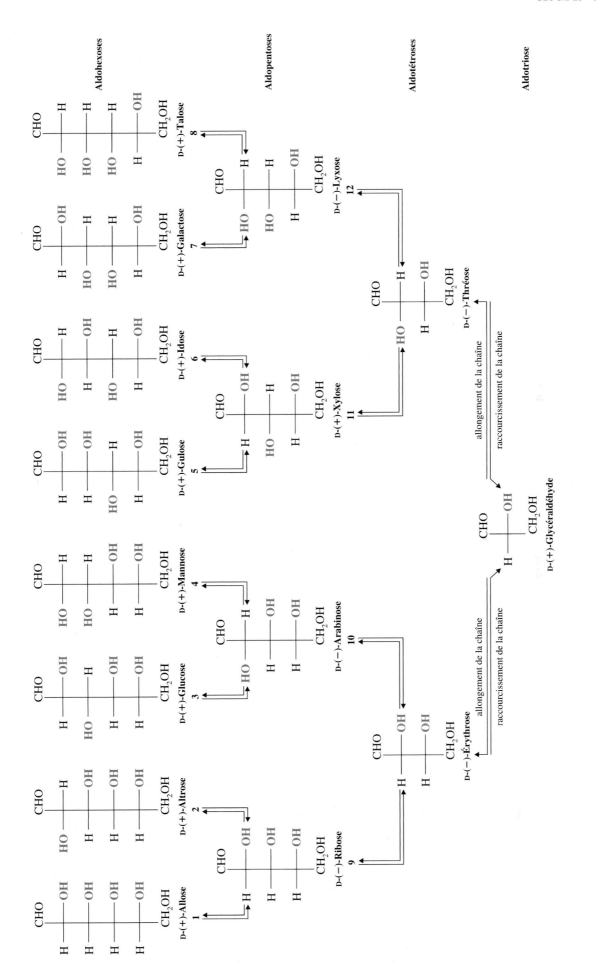

Figure 22.7   La famille des aldohexoses D.

Puisqu'un aldohexose possède quatre centres stéréogéniques, cela signifie que 2^4 (c'est-à-dire 16) stéréo-isomères peuvent être obtenus, *et l'un d'entre eux est le (+)-glucose*. Fischer a arbitrairement restreint son étude aux huit structures ayant la configuration D présentées à la figure 22.7 (structures **1** à **8**). Fischer a compris qu'il ne serait pas en mesure de distinguer les énantiomères parce qu'aucun procédé existant à l'époque ne permettait de déterminer les configurations absolues des composés organiques. Ce n'est qu'en 1951 que Bijvoet (voir la section 5.14A) est parvenu à identifier la configuration absolue de l'acide L-(+)-tartrique (et donc du D-(+)-glycéraldéhyde) et à démontrer ainsi que Fischer avait vu juste en associant arbitrairement le (+)-glucose à ce que nous dénommons la famille D.

Fischer a attribué la structure **3** au (+)-glucose pour les motifs suivants :

1. L'oxydation du (+)-glucose par l'acide nitrique donne un acide aldarique optiquement actif. Il ne peut donc s'agir des structures **1** et **7,** car ces deux composés donneraient des acides *méso*-aldariques.

2. *La dégradation du (+)-glucose donne du (−)-arabinose, dont l'oxydation par l'acide nitrique donne un acide aldarique optiquement actif,* ce qui signifie que le (−)-arabinose ne peut avoir les configurations **9** ou **11** et qu'il doit posséder la structure **10** ou **12.** Il s'ensuit également que les composés **2, 5** et **6** doivent être éliminés, faute de présenter la bonne configuration. Le (+)-glucose ne peut ainsi posséder que la structure **3, 4** ou **8.**

3. Une synthèse de Kiliani-Fischer effectuée à partir du (−)-arabinose donne du (+)-glucose et du (+)-mannose, dont l'oxydation par l'acide nitrique donne un acide aldarique optiquement actif. Comme le (+)-glucose donne un acide aldarique différent tout en étant optiquement actif lui aussi, il s'ensuit que la structure **10** est celle du (−)-arabinose et que la structure **8** ne peut être celle du (+)-glucose. Si le (−)-arabinose possédait la structure **12,** une synthèse de Kiliani-Fischer donnerait les aldohexoses **7** et **8,** dont l'un (**7**) produirait un acide aldarique optiquement inactif après oxydation par l'acide nitrique.

4. Il reste maintenant deux structures possibles, soit **3** et **4;** l'une représente le (+)-glucose, et l'autre le (+)-mannose. Fischer savait que le (+)-glucose et le (+)-mannose sont des épimères (en C2), mais il était très difficile de déterminer laquelle des deux structures correspondait à chaque composé.

5. Fischer avait déjà mis au point une méthode pour *échanger simplement les deux groupes terminaux* (—CHO et —CH₂OH) *d'un aldose linéaire.* Par une brillante déduction, il a compris que, si le (+)-glucose avait la structure **4,** *un échange des groupes terminaux donnerait le même aldohexose* :

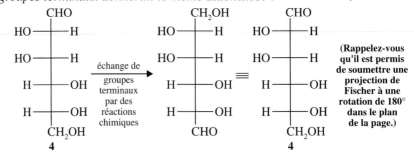

(Rappelez-vous qu'il est permis de soumettre une projection de Fischer à une rotation de 180° dans le plan de la page.)

Par contre, si le (+)-glucose avait la structure **3,** *l'échange des groupes terminaux donnerait un aldohexose différent,* soit **13** :

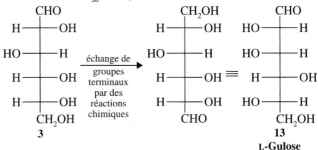

Ce nouvel aldohexose, s'il se formait, serait un glucide L et se présenterait comme l'image spéculaire du D-gulose. Il se dénommerait donc L-gulose.

Fischer a réalisé l'échange des groupes terminaux en commençant par le (+)-glucose et *le produit s'est révélé être le nouvel aldohexose* **13.** Un tel résultat signifiait que le (+)-glucose possède la structure **3.** Il confirmait également que la structure **4** correspond au (+)-mannose et que la structure **13** est celle du L-(+)-gulose.

Le procédé utilisé par Fischer pour échanger les groupes terminaux du (+)-glucose s'amorçait avec une des γ-lactones de l'acide D-glucarique (voir le problème 22.8) et se déroulait comme suit :

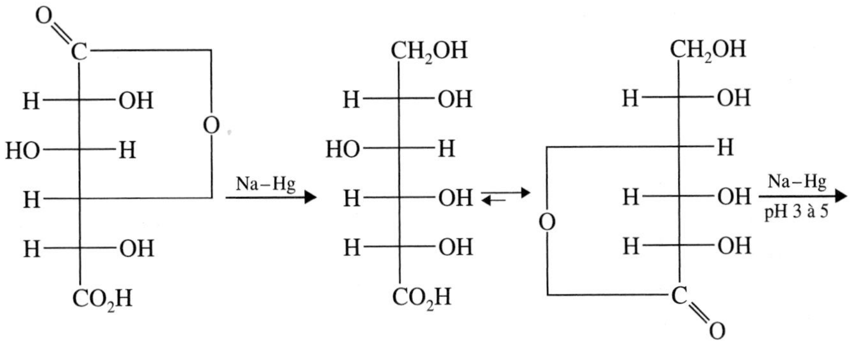

Une γ-lactone de l'acide   Acide   Une γ-aldonolactone
D-glucarique   L-gulonique

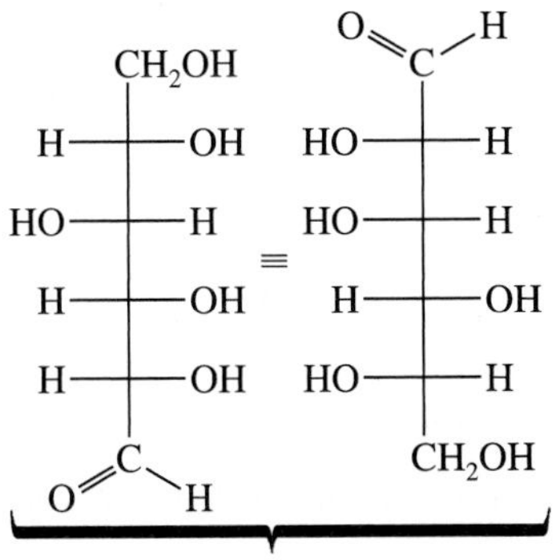

L-(+)-Gulose
13

Il est à noter que, dans cette synthèse, la deuxième réduction par le Na–Hg est effectuée à un pH compris entre 3 et 5. Dans de telles conditions, la réduction de la lactone donne un aldéhyde et non un alcool primaire.

PROBLÈME 22.18

En fait, Fischer a dû soumettre les deux γ-lactones de l'acide D-glucarique (problème 22.8) au procédé décrit ci-dessus. Quel produit l'autre γ-lactone donne-t-elle ?

22.12 DISACCHARIDES

22.12A SUCROSE

Le sucre blanc est un disaccharide dénommé *sucrose*. Plus répandu que tous les autres disaccharides, le sucrose est présent dans toutes les plantes à photosynthèse et est produit sur une base commerciale à partir de la canne à sucre et de la betterave à sucre. La structure du sucrose est illustrée à la figure 22.8.

La structure du sucrose est confirmée par les preuves suivantes :

1. La formule moléculaire du sucrose est $C_{12}H_{22}O_{11}$.

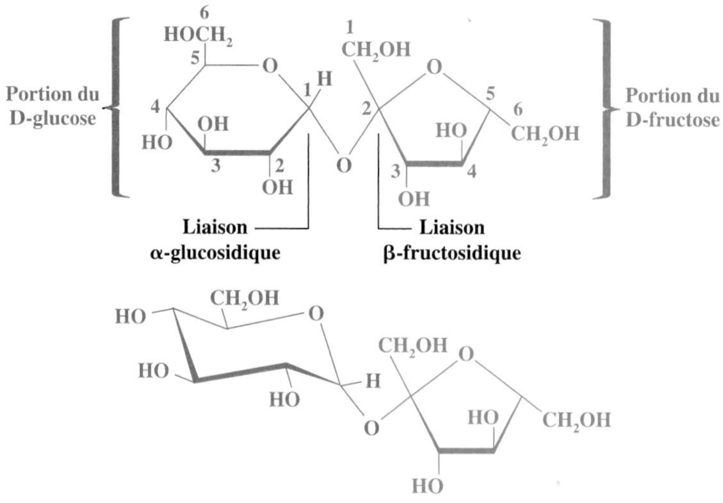

Figure 22.8 Deux représentations de la formule du (+)-sucrose (α-D-glucopyranosyl β-D-fructofuranoside).

2. Catalysée par un acide, l'hydrolyse de 1 mole de sucrose donne 1 mole de D-glucose et 1 mole de D-fructose.

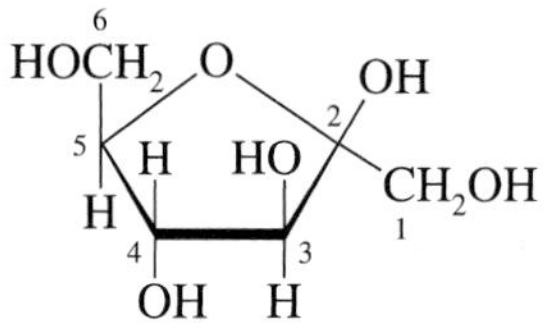

Fructose (en β-furanose)

3. Le sucrose est un glucide non réducteur et donne des résultats négatifs aux tests de Benedict et de Tollens. Il ne forme pas d'osazone et ne subit pas de mutarotation, ce qui signifie que ni la portion glucose ni la portion fructose du sucrose ne possèdent de groupe hémiacétal. Par conséquent, les deux hexoses doivent avoir une liaison glycosidique mettant en jeu le C1 du glucose et le C2 du fructose, car c'est seulement ainsi que les deux groupes carbonyle peuvent exister sous forme de véritables acétals (c'est-à-dire en tant que glycosides).

4. La stéréochimie des liaisons glycosidiques peut être déduite à partir d'expériences effectuées à l'aide d'enzymes. Le sucrose est hydrolysé par une α-*glucosidase* tirée d'une levure, mais non par des β-glucosidases. Cette hydrolyse indique que *la portion glucoside est dans une configuration* α. Le sucrose peut également être hydrolysé par la *sucrase*, une enzyme capable d'hydrolyser les β-fructofuranosides mais non les α-fructofuranosides, ce qui indique que *la portion fructoside est dans une configuration* β.

5. La méthylation du sucrose donne un dérivé octaméthylé qui, après hydrolyse, donne le 2,3,4,6-tétra-*O*-méthyl-D-glucose et le 1,3,4,6-tétra-*O*-méthyl-D-fructose. La nature de ces deux produits révèle que la portion glucose est un *pyranoside* et que la portion fructose est un *furanoside*.

La structure du sucrose a été confirmée sans équivoque par analyse aux rayons X et par une synthèse chimique.

22.12B MALTOSE

L'hydrolyse de l'amidon (section 22.13A) par l'enzyme dénommée *diastase* produit un disaccharide connu sous le nom de *maltose* (figure 22.9).

1. Lorsque 1 mole de maltose est soumise à une hydrolyse catalysée par un acide, elle donne 2 moles de D-(+)-glucose.

2. Contrairement au sucrose, *le maltose est un glucide réducteur* qui donne des résultats positifs aux tests de Fehling, de Benedict et de Tollens. Il réagit également avec la phénylhydrazine pour former une monophénylosazone (autrement dit, il incorpore deux molécules de phénylhydrazine).

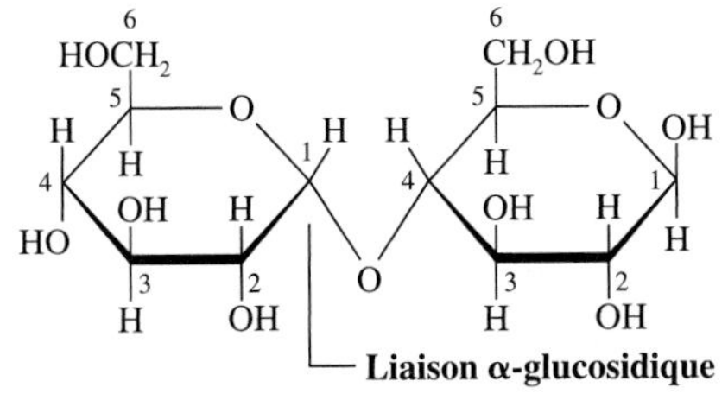

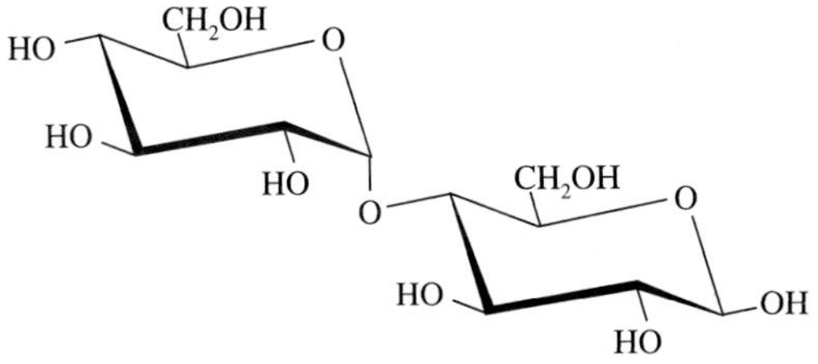

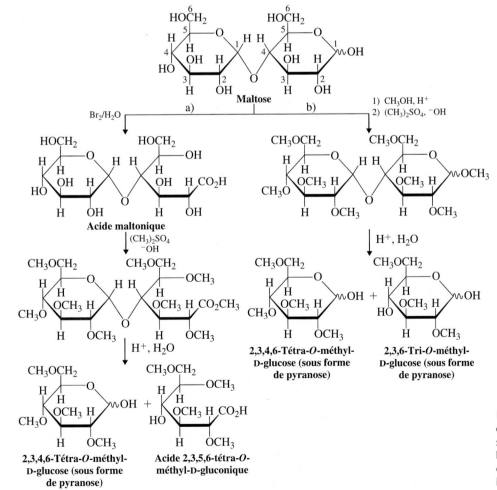

Figure 22.9 Deux représentations de la structure de l'anomère β du (+)-maltose, le 4-*O*-(α-ᴅ-glucopyranosyl)-β-ᴅ-glucopyranose.

3. Le maltose se présente sous deux formes anomères : α-(+)-maltose, $[\alpha]_D^{25} = + 168°$, et β-(+)-maltose, $[\alpha]_D^{25} = + 112°$. Les anomères du maltose subissent une mutarotation pour donner un mélange à l'équilibre, le $[\alpha]_D^{25} = + 136°$.

Les observations **2** et **3** nous permettent d'affirmer que l'un des résidus glucosiques du maltose est présent sous la forme d'un hémiacétal et que l'autre doit par conséquent être un glucoside. Puisque le maltose est hydrolysé par des α-glucosidases mais pas par des β-glucosidases, nous pouvons conclure que la liaison glucosidique est dans une configuration α.

4. Le maltose réagit avec le brome en solution aqueuse pour former un acide monocarboxylique nommé acide maltonique (figure 22.10a), ce qui démontre également la présence d'un seul groupe hémiacétal.

Figure 22.10 a) Oxydation du maltose en acide maltonique, suivie d'une méthylation et d'une hydrolyse. b) Méthylation suivie de l'hydrolyse du maltose lui-même.

CAPSULE CHIMIQUE

ÉDULCORANTS DE SYNTHÈSE (OU COMMENT SUCRER SANS SUCRE...)

Exemples de produits contenant l'édulcorant de synthèse nommé aspartame

Le sucrose (sucre blanc) et le fructose sont les édulcorants naturels les plus répandus. Par ailleurs, nous savons tous qu'ils augmentent notre apport calorique et qu'ils favorisent la carie dentaire. C'est pourquoi bien des gens estiment que les édulcorants synthétiques offrent une intéressante solution de rechange aux sucres naturels riches en calories.

L'aspartame, ester méthylique d'un dipeptide constitué de phénylalanine et d'acide aspartique (section 24.4), est sans doute l'édulcorant artificiel le plus utilisé et le plus populaire. L'aspartame est environ 100 fois plus sucré que le sucrose. Cependant, il s'hydrolyse lentement en solution, ce qui en limite le temps de conservation dans des produits tels que les boissons gazeuses. Par contre, il ne peut être employé en cuisson parce qu'il se décompose à température élevée. En outre, les personnes affectées par une prédisposition génétique nommée « phénylcétonurie » ne peuvent en consommer, car leur métabolisme provoque une accumulation, particulièrement nocive pour les nourrissons, d'acide phénylpyruvique provenant de l'aspartame. Par ailleurs, il existe un composé apparenté à l'aspartame qui possède des propriétés encore plus intéressantes : il s'agit de l'alitame. Il est plus stable que l'aspartame et possède un goût sucré environ 2000 fois plus prononcé que le sucrose.

Le sucralose, dérivé trichloré du sucrose, est un autre édulcorant de synthèse. Tout comme l'aspartame, il a été approuvé par la Food and Drug Administration (FDA) des États-Unis. Le sucralose est 600 fois plus sucré que le sucrose et possède un grand nombre des propriétés recherchées dans un édulcorant artificiel. En effet, il offre le même aspect et le même goût que le sucre, il est stable aux températures de cuisson des aliments, il ne favorise pas la carie dentaire et ne fournit aucun apport en calories.

Le cyclamate et la saccharine, utilisés sous forme de sels de sodium ou de calcium, ont été populaires à une certaine époque. Une préparation courante renfermait un mélange contenant dix parties de cyclamate et une partie de saccharine, qui s'est avéré plus sucré que l'un ou l'autre de ces composés. Cependant, des études ont ensuite révélé que ce mélange provoquait l'apparition de tumeurs chez des animaux, et la FDA en a alors interdit l'utilisation. Certaines exceptions à l'interdiction générale autorisent néanmoins l'utilisation de saccharine dans certains produits.

Beaucoup d'autres composés pourraient servir d'édulcorants de synthèse. Ainsi, les glucides L sont sucrants et leur apport en calories serait probablement négligeable, car un processus évolutif a amené nos enzymes à ne métaboliser que leurs énantiomères, soit les glucides D. S'il est vrai

Aspartame **Alitame** **Sucralose** **Cyclamate** **Saccharine**

que les sources naturelles de glucides L sont rares, il faut tout de même préciser que S. Masamune et K.B. Sharpless sont parvenus, grâce à l'époxydation asymétrique de Sharpless (section 11.17) et à d'autres méthodes de synthèse énantiosélectives, à synthétiser les huit L-hexoses.

La plus grande partie des recherches effectuées sur les édulcorants porte sur l'identification de la structure des sites récepteurs du goût sucré. Selon un modèle proposé pour ce récepteur, la fixation repose sur huit interactions faisant intervenir des liaisons hydrogène et des forces de Van der Waals. Ce modèle a inspiré la mise au point d'un composé artificiel, l'acide sucronique, qui s'est révélé 200 000 fois plus sucré que le sucrose.

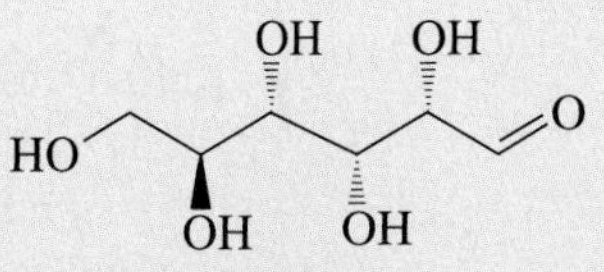

L-Glucose

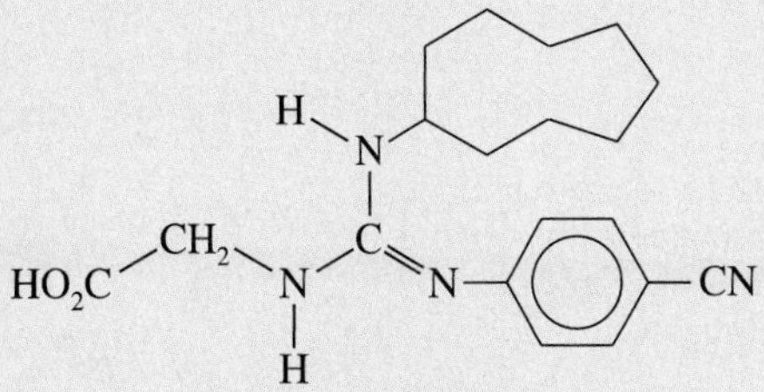

Acide sucronique

5. La méthylation de l'acide maltonique suivie d'une hydrolyse donne le 2,3,4,6-tétra-*O*-méthyl-D-glucose et l'acide 2,3,5,6-tétra-*O*-méthyl-D-gluconique. La présence d'un groupe —OH libre en C5 dans le premier de ces produits indique que la portion glucose non réductrice prend la forme d'un pyranoside, tandis que la présence d'un —OH libre en C4 dans le deuxième produit révèle que cette position joue un rôle dans la liaison glycosidique avec le glucose non réducteur.

Seule la taille du cycle du glucose réducteur doit être déterminée.

6. La méthylation du maltose lui-même, suivie d'une hydrolyse (figure 22.10b), donne du 2,3,4,6-tétra-*O*-méthyl-D-glucose et du 2,3,6-tri-*O*-méthyl-D-glucose. La présence du —OH libre en C5 dans ce dernier produit montre que cet oxygène fait partie du cycle et que le glucose réducteur est un *pyranose*.

22.12C CELLOBIOSE

L'hydrolyse partielle de la cellulose (section 22.13C) donne le disaccharide nommé cellobiose ($C_{12}H_{22}O_{11}$) (figure 22.11). Le cellobiose ressemble au maltose en tous points sauf un : la configuration de sa liaison glycosidique.

Le cellobiose, comme le maltose, est un glucide réducteur qui, après hydrolyse catalysée par un acide, donne deux équivalents molaires de D-glucose. Il subit également une mutarotation et forme une monophénylosazone. Les essais par méthylation montrent que le C1 de l'un des résidus de glucose est rattaché au C4 de l'autre résidu par une liaison glycosidique et que tous deux sont des cycles de six membres. Contrairement au maltose, toutefois, le cellobiose est hydrolysé par les enzymes β-*glucosidases* et non par les α-glucosidases : nous pouvons en conclure que la liaison glycosidique du cellobiose est de type β (figure 22.11).

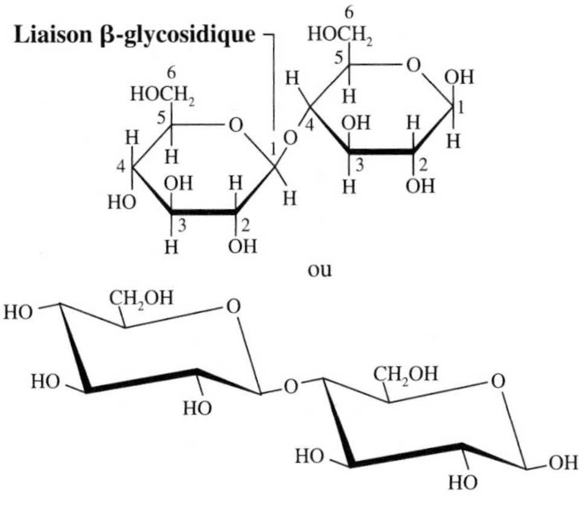

Figure 22.11 Deux représentations de l'anomère β du cellobiose, le 4-*O*-(β-D-glucopyranosyl)-β-D-glucopyranose.

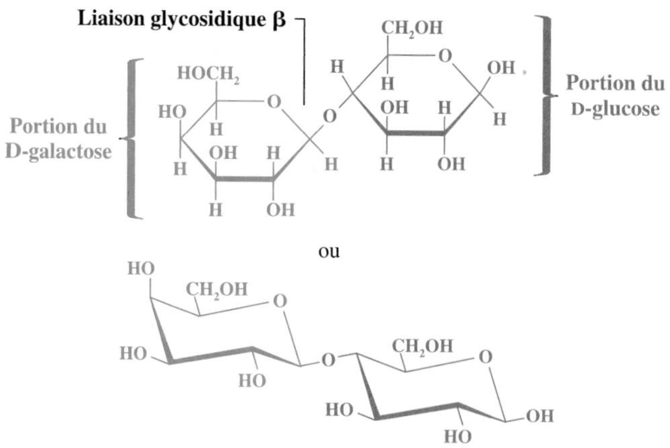

Figure 22.12 Deux représentations de l'anomère β du lactose, le 4-*O*-(β-D-galactopyranosyl)-β-D-glucopyranose.

22.12D LACTOSE

Le lactose (figure 22.12) est un disaccharide présent dans le lait maternel ainsi que dans le lait des vaches et de presque tous les autres mammifères. Le lactose est un glucide réducteur qui s'hydrolyse pour donner du D-glucose et du D-galactose; la liaison glycosidique est de type β.

22.13 POLYSACCHARIDES

Les polysaccharides, également connus sous le nom de **glycanes,** sont constitués de monosaccharides associés les uns aux autres par des liaisons glycosidiques. Les **homopolysaccharides** sont constitués d'un seul type de monosaccharide, alors que les **hétéropolysaccharides** en contiennent plusieurs types. Les homopolysaccharides sont également classés d'après le monosaccharide dont ils sont constitués. Un homopolysaccharide composé uniquement de glucose est un **glucane;** un homopolysaccharide composé de galactose est un **galactane,** etc.

L'amidon, le glycogène et la cellulose, tous des glucanes, sont trois importants polysaccharides. L'amidon constitue la principale réserve alimentaire des plantes, le glycogène joue le rôle de réserve de glucides chez les animaux et, enfin, la cellulose sert de matériau structural chez les plantes. L'examen de la structure de ces trois polysaccharides nous révèlera à quel point chacun s'est particulièrement bien adapté à sa fonction.

22.13A AMIDON

L'amidon se présente sous forme de granules microscopiques dans les racines, les tubercules et les graines des plantes. Le maïs, les pommes de terre, le blé et le riz représentent les plus importantes sources d'amidon disponibles dans nos sociétés. Le chauffage d'amidon dans l'eau provoque le gonflement des granules et fait apparaître une suspension colloïdale dont on peut isoler les deux composants essentiels : l'*amylose* et l'*amylopectine*. La plupart des amidons donnent de 10 % à 20 % d'amylose et de 80 % à 90 % d'amylopectine.

Les analyses effectuées révèlent que l'amylose est généralement composé de plus de 1000 unités de D-glucopyranoside *réunies par des liaisons* α entre le C1 d'une

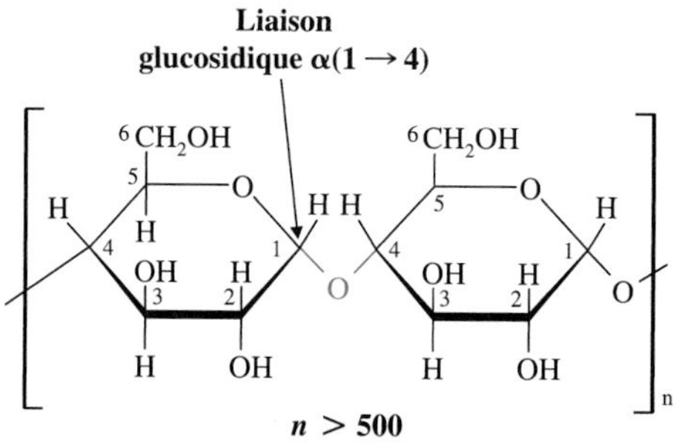

Figure 22.13 Structure partielle de l'amylose, un polymère non ramifié constitué d'unités de D-glucose (D-glucopyranose) reliées par des liaisons glycosidiques α(1 → 4).

Figure 22.14 Amylose. La forme hélicoïdale avec pas à gauche est attribuable aux liaisons α(1 → 4). [Figure protégée par un droit d'auteur © détenu par Irving Geis. Tiré de D. Voet et J.G. Voet, *Biochemistry*, 2ᵉ éd., New York, Wiley, 1995, p. 262. Reproduction autorisée.]

unité et le C4 de la suivante (figure 22.13). Ainsi, tant par la taille du cycle de ses unités de glucose que par la configuration des liaisons glycosidiques entre ces unités, l'amylose ressemble au maltose.

Les chaînes formées d'unités de D-glucose reliées par des liaisons glycosidiques α comme celles de l'amylose adoptent très souvent une structure hélicoïdale (figure 22.14). Cette structure permet à la molécule d'amylose d'occuper un volume plutôt compact, même si sa masse moléculaire est assez élevée (de 150 000 à 600 000).

La structure de l'amylopectine est semblable à celle de l'amylose [c'est-à-dire ayant des liaisons α(1 → 4)], sauf que les chaînes sont ramifiées. Les ramifications de l'amylopectine, situées entre le C6 d'une unité de glucose et le C1 d'une autre, surviennent à des intervalles de 20 à 25 unités de glucose (figure 22.15). Les mesures effectuées indiquent que l'amylopectine a une masse moléculaire de 1 à 6 millions et qu'elle est donc constituée de centaines de chaînes de 20 à 25 unités de glucose interreliées.

22.13B GLYCOGÈNE

La structure du glycogène ressemble énormément à celle de l'amylopectine, sauf que les chaînes y sont beaucoup plus ramifiées. La méthylation et l'hydrolyse du glycogène mettent en relief l'existence d'un groupe terminal pour 10 à 12 unités de glucose; les chaînes se ramifient donc parfois toutes les six unités de glucose. La masse moléculaire du glycogène est très élevée. Des études effectuées sur du glycogène isolé dans des conditions où l'hydrolyse se réalise peu indiquent que sa masse moléculaire peut atteindre 100 millions.

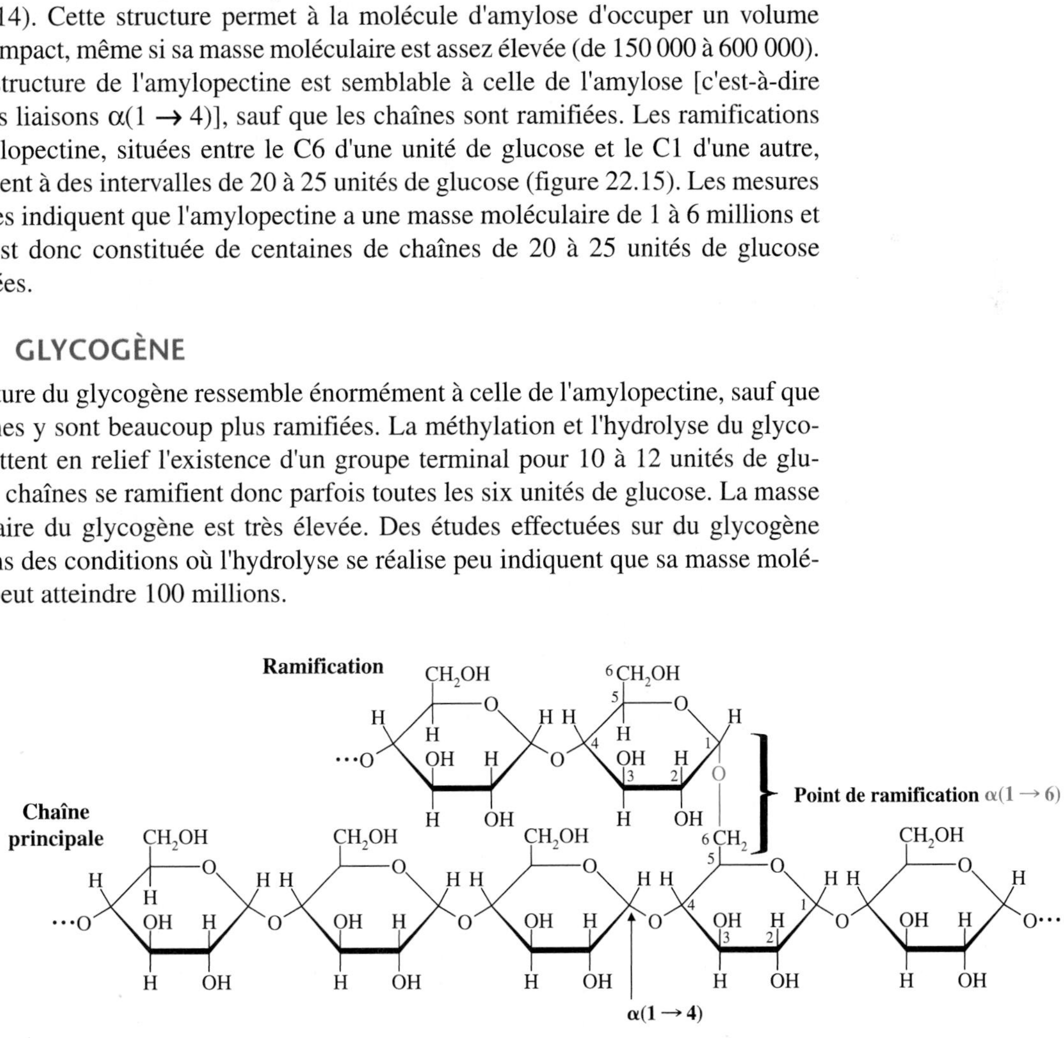

Figure 22.15 Portion de la structure de l'amylopectine.

La taille et la structure du glycogène sont admirablement adaptées à sa fonction de réservoir de glucides chez les animaux. Premièrement, sa taille l'empêche de diffuser à travers les membranes cellulaires; il demeure donc à l'intérieur des cellules, où il est nécessaire en tant que source d'énergie. Deuxièmement, puisqu'il réunit des dizaines de milliers d'unités de glucose en une seule molécule, il résout un important problème osmotique pour les cellules. Si toutes ces unités de glucose étaient présentes dans la cellule sous forme de molécules individuelles, la pression osmotique intracellulaire deviendrait tellement élevée que la membrane cellulaire se briserait fort probablement*. Enfin, le regroupement des unités de glucose au sein d'une large structure ramifiée résout un problème logistique de la cellule : disposer d'une source de glucose facilement mobilisable lorsque sa concentration dans la cellule est faible, tout en l'emmagasinant rapidement lorsque sa concentration est élevée. La cellule dispose d'enzymes qui catalysent les réactions permettant aux unités de glucose de se libérer du glycogène ou de s'y attacher. Ces enzymes agissent sur les unités terminales en hydrolysant des liaisons glycosidiques $\alpha(1 \rightarrow 4)$ ou en les formant. Étant donné la ramification marquée du glycogène, il existe un très grand nombre d'unités terminales sur lesquelles ces enzymes peuvent agir. En même temps, la concentration globale du glycogène (en moles par litre) demeure très faible en raison de son énorme masse moléculaire.

L'amylopectine semble remplir une fonction analogue chez les plantes. Elle est certes moins ramifiée que le glycogène, mais il n'en résulte pas d'inconvénients notables. Les plantes ont un métabolisme beaucoup moins actif que celui des animaux et n'ont évidemment jamais besoin de mobiliser soudainement une grande quantité d'énergie.

Les animaux emmagasinent l'énergie sous forme de lipides (triacylglycérols) et de glycogène. Ayant un niveau d'oxydation moins élevé, les lipides peuvent fournir beaucoup plus d'énergie. Le métabolisme d'un acide gras moyen, par exemple, libère deux fois plus d'énergie par atome de carbone que le glucose ou le glycogène. Mais pourquoi s'est-il développé deux réservoirs d'énergie ? Le glucose (issu du glycogène) est immédiatement mobilisable et particulièrement hydrosoluble**. Par conséquent, le glucose diffuse rapidement dans le milieu aqueux de la cellule et devient une source idéale d'« énergie mobilisable ». Par contre, les acides gras à longue chaîne sont presque insolubles dans l'eau et ne peuvent jamais atteindre une concentration très élevée à l'intérieur de la cellule. Ils constitueraient une piètre source d'énergie pour la cellule si elle avait un besoin soudain d'énergie. En revanche, puisqu'ils sont riches en calories, les acides gras (sous forme de triacylglycérols) offrent un excellent moyen de stockage d'énergie à long terme.

22.13C CELLULOSE

La structure de la cellulose nous donne un autre exemple de polysaccharide dont la nature a organisé les sous-unités de glucose de façon à lui permettre de remplir optimalement ses fonctions. La cellulose contient des unités de D-glucopyranoside réunies par des liaisons $(1 \rightarrow 4)$ dans de longues chaînes non ramifiées. Contrairement à l'amidon et au glycogène, toutefois, *les liaisons sont de type β-glycosidiques* dans la cellulose (figure 22.16). Une telle configuration des atomes de carbone anomères fait en sorte que les chaînes de cellulose sont essentiellement linéaires; en général, elles ne s'enroulent pas sur elles-mêmes pour former des structures hélicoïdales, comme le font les polymères de glucose reliés par des liaisons $\alpha(1 \rightarrow 4)$.

L'arrangement linéaire des unités de glucose reliées par des liaisons β dans la cellulose se traduit par une distribution uniforme des groupes —OH sur le contour de chaque chaîne. Lorsque deux chaînes de cellulose ou plus entrent en contact, les

---

* La pression osmotique est un phénomène qui se produit lorsque deux solutions de concentrations différentes sont séparées par une membrane permettant le passage (par osmose) du solvant mais non du soluté. La pression osmotique (π) d'un côté de la membrane dépend du nombre de moles de particules de soluté (n), du volume de la solution (V) et du produit de la constante des gaz par la température absolue (RT) : $\pi V = nRT$.

** En fait, le glucose est libéré sous forme de glucose-6-phosphate, qui est également hydrosoluble.

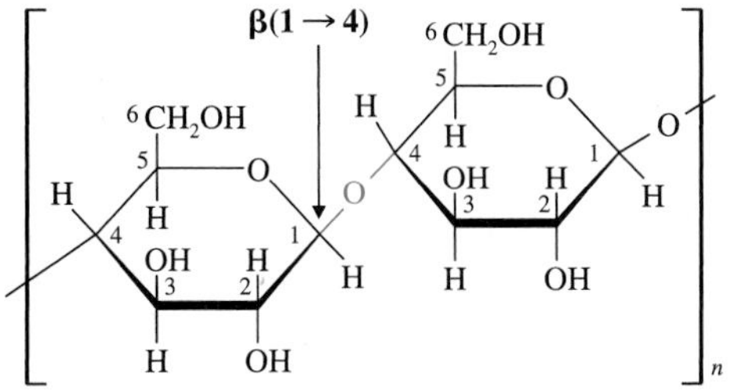

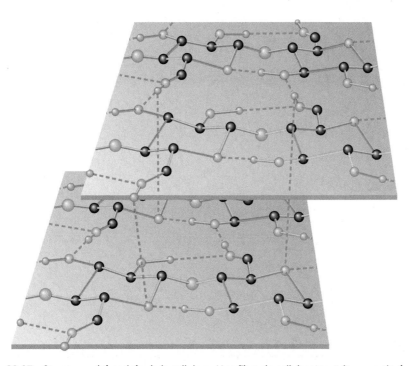

Figure 22.16 Portion d'une chaîne de cellulose. Les liaisons glycosidiques sont de type β(1 → 4).

groupes hydroxyle sont idéalement situés pour « coller » les chaînes les unes aux autres en formant des liaisons hydrogène (figure 22.17). Un tel assemblage de nombreuses chaînes de cellulose donne un polymère fortement insoluble, rigide et fibreux qui est parfaitement adapté à la formation des parois cellulaires des plantes.

Il faut insister sur le fait que cette propriété particulière des chaînes de cellulose ne résulte pas seulement des liaisons glycosidiques β(1 → 4), mais qu'elle est également une conséquence de la stéréochimie précise du D-glucose à chaque centre stéréogénique. Si des unités de D-galactose ou de D-allose étaient liées de façon analogue, elles ne donneraient presque certainement pas lieu à un polymère ayant les mêmes propriétés que la cellulose. Nous avons là une autre raison pour laquelle le D-glucose joue un rôle aussi important dans la chimie des plantes et des animaux. Non seulement est-il l'aldohexose le plus stable (parce qu'il peut se présenter dans une conformation chaise qui permet à ses groupes volumineux d'occuper des positions équatoriales), mais sa stéréochimie particulière lui permet aussi de former des structures hélicoïdales lorsqu'il comporte des liaisons α, comme dans les amidons, et des structures linéaires rigides lorsqu'il comporte des liaisons β, comme dans la cellulose.

La cellulose se caractérise par une autre propriété intéressante : les enzymes digestives humaines ne peuvent hydrolyser ses liaisons β(1 → 4). Par conséquent,

Figure 22.17 Structure schématisée de la cellulose. Une fibre de cellulose peut être constituée d'environ 40 brins parallèles de molécules de glucose associées par des liaisons β(1 → 4). Chaque unité de glucose est inversée par rapport à l'unité précédente et maintenue dans cette position par des liaisons hydrogène (lignes pointillées) entre les chaînes. Les chaînes de glycane sont alignées latéralement pour former des feuillets, qui sont eux-mêmes empilés verticalement et décalés de la moitié d'une unité de glucose. Les atomes d'hydrogène qui ne participent pas à des liaisons hydrogène ont été omis pour plus de clarté. [Tiré de D. Voet et J.G. Voet, *Biochemistry*, 2e éd., New York, Wiley, 1995, p. 261. Reproduction autorisée.]

la cellulose ne peut servir d'aliment pour les humains, contrairement à l'amidon. Cependant, les bovins et les termites peuvent utiliser la cellulose (de l'herbe et du bois) comme aliment parce que leur appareil digestif contient des bactéries symbiotiques qui fournissent les β-glucosidases nécessaires.

Il importe ici de se poser une autre question : pourquoi la nature a-t-elle « choisi » le D-(+)-glucose plutôt que le L-(−)-glucose, son image spéculaire, pour remplir ces fonctions particulières ? Il n'est pas possible de répondre à cette question avec certitude. La sélection du D-(+)-glucose pourrait simplement avoir eu un caractère aléatoire au début de l'évolution de la catalyse enzymatique. Mais une fois cette sélection effectuée, la stéréospécificité des sites actifs des enzymes en cause aurait conservé une propension pour le D-(+)-glucose et contre le L-(−)-glucose (à cause de son incapacité à se fixer au site actif). Après être apparue, cette propension se serait conservée et étendue aux autres catalyseurs biologiques.

Enfin, nous devons préciser que, lorsque nous disons que la nature « sélectionne » ou « choisit » une molécule spécifique en vue d'une fonction donnée, nous ne suggérons pas que l'évolution agit au niveau moléculaire. L'évolution opère évidemment au niveau des populations et nous disons que les molécules sont sélectionnées pour signifier simplement que leur utilisation donne à un organisme hôte une probabilité plus élevée de survivre et de se multiplier.

22.13D DÉRIVÉS DE LA CELLULOSE

Un certain nombre de dérivés de la cellulose ont des applications commerciales. La plupart sont des composés dans lesquels deux ou trois groupes hydroxyle libres de chaque unité de glucose ont été convertis en ester ou en éther. Une telle conversion modifie sensiblement les propriétés physiques de la cellulose, qui devient plus soluble dans les solvants organiques et peut servir à la mise au point de fibres et de films. La cellulose traitée par l'anhydride acétique donne un triacétate communément appelé « Arnel » ou « acétate » et utilisé couramment dans l'industrie textile. Le trinitrate de cellulose, également nommé « fulmicoton » ou « nitrocellulose », est utilisé dans la fabrication d'explosifs.

La *rayonne* est issue du traitement de la cellulose (provenant du coton ou de la pulpe de bois) par du disulfure de carbone dans une solution alcaline. La réaction convertit la cellulose en un xanthate soluble :

$$\text{Cellulose—OH} + \text{CS}_2 \xrightarrow{\text{NaOH}} \text{cellulose—O—}\overset{\overset{\displaystyle S}{\|}}{\text{C}}\text{—S}^- \text{Na}^+$$

Xanthate de cellulose

La solution de xanthate de cellulose passe ensuite à travers un petit orifice ou une petite fente pour aboutir dans une solution acide, ce qui régénère les groupes —OH de la cellulose et provoque sa précipitation sous forme de fibre ou de feuille.

$$\text{Cellulose—O—}\overset{\overset{\displaystyle S}{\|}}{\text{C}}\text{—S}^- \text{Na}^+ \xrightarrow{\text{H}_3\text{O}^+} \text{cellulose—OH}$$

Rayonne ou cellophane

Les fibres donnent la *rayonne,* alors que les feuilles, après avoir été plastifiées à l'aide de glycérol, forment la *cellophane.*

22.14 AUTRES GLUCIDES IMPORTANTS EN BIOLOGIE

Les dérivés de monosaccharides dont le groupe —CH$_2$OH en C6 a été spécifiquement oxydé en groupe carboxyle constituent des **acides uroniques.** Leur nom découle du monosaccharide dont ils sont issus. Ainsi, l'oxydation spécifique du OH en C6 du glucose en groupe carboxyle convertit le *glucose* en **acide glucuronique.** De façon analogue, l'oxydation spécifique du C6 du *galactose* donnerait de l'**acide galacturonique.**

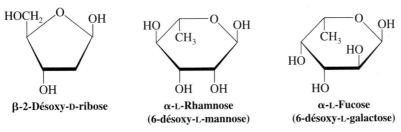

Acide D-glucuronique   **Acide D-galacturonique**

PROBLÈME 22.19

L'oxydation directe d'un aldose s'effectue d'abord sur le groupe aldéhyde et le convertit en acide carboxylique (section 22.6B). La plupart des agents oxydants qui attaquent un alcool primaire attaqueront également un alcool secondaire. Il est donc évident que ces groupes doivent être protégés de l'oxydation lorsque la synthèse d'un acide uronique à partir d'un aldose est réalisée en laboratoire. Compte tenu de cela, proposez une méthode rendant possible une oxydation spécifique qui convertirait le D-galactose en acide D-galacturonique (suggestion : reportez-vous à la section 22.5D).

Les monosaccharides dont un groupe —OH a été remplacé par un —H portent le nom de **monosaccharides désoxy.** Le plus important de ces glucides, qui se retrouve dans l'ADN, est le **désoxyribose.** Les polysaccharides également renferment souvent certains autres monosaccharides désoxy, tels le L-rhamnose et le L-fucose.

β-2-Désoxy-D-ribose   **α-L-Rhamnose**
(6-désoxy-L-mannose)

α-L-Fucose
(6-désoxy-L-galactose)

22.15 GLUCIDES CONTENANT DE L'AZOTE

22.15A GLYCOSYLAMINES

Un glycosylamine est un glucide dont le —OH anomère a été remplacé par un groupe amine. La β-D-glucopyranosylamine et l'adénosine en constituent des exemples.

β-D-Glucopyranosylamine   **Adénosine**

L'adénosine est un type de glycosylamine également dénommé **nucléoside.** Les nucléosides sont des glycosylamines dont la composante amine est une pyrimidine ou une purine (section 20.1B) et dont le glucide est soit un D-ribose, soit un 2-désoxy-D-ribose (c'est-à-dire un ribose dépourvu de l'hydroxyle en position 2). Les nucléosides sont les éléments constitutifs essentiels de l'ARN (acide ribonucléique) et de l'ADN (acide désoxyribonucléique). Nous décrirons plus précisément leurs propriétés à la section 25.2.

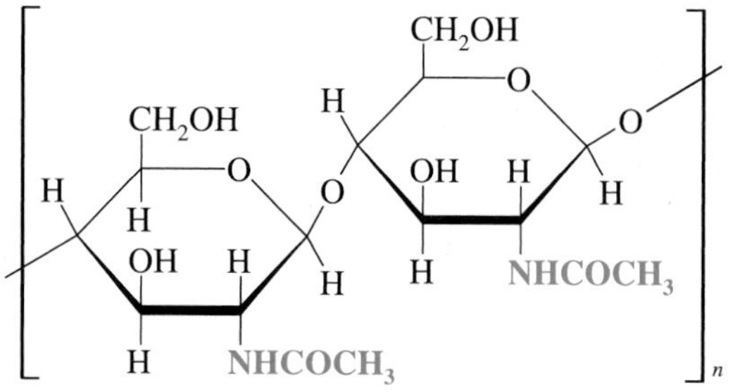

Figure 22.18 Portion de la structure de la chitine. Les unités récurrentes sont constituées de *N*-acétylglucosamines associées par des liaisons β(1 → 4).

22.15B GLUCIDES AMINÉS

Un **monosaccharide aminé** se caractérise par la présence d'un groupe amine en remplacement d'un groupe —OH autre que celui qui est anomère, comme dans la **D-glucosamine.** Dans bien des cas, tel celui de la ***N*-acétyl-D-glucosamine,** le groupe amine est acétylé. L'**acide *N*-acétylmuramique** est un important élément constitutif de la paroi cellulaire des bactéries (section 24.10).

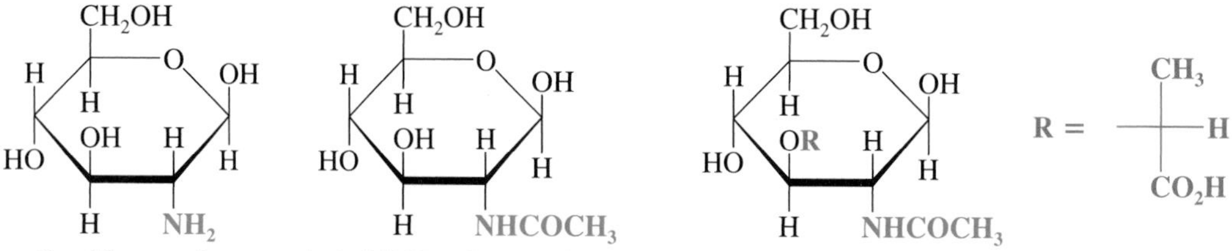

β-D-Glucosamine **Acétyl-β-*N*-D-glucosamine (NAG)** **Acide β-*N*-acétylmuramique (NAM)**

La D-glucosamine s'obtient par hydrolyse de la **chitine,** qui est un polysaccharide présent dans la carapace des homards et des crabes ainsi que dans l'exosquelette des insectes et des araignées. Toutefois, puisque le groupe amine de la D-glucosamine dans la chitine est acétylé, l'unité répétée est en fait la *N*-acétylglucosamine (figure 22.18). Les liaisons glycosidiques de la chitine sont de type β(1 → 4). L'analyse aux rayons X révèle que la structure de la chitine est semblable à celle de la cellulose.

La D-glucosamine peut également être extraite de l'**héparine,** qui est un polysaccharide sulfaté regroupant surtout des unités de D-glucuronate-2-sulfate et de *N*-sulfo-D-glucosamine-6-sulfate en alternance (figure 22.19). L'héparine se trouve dans les granules intracellulaires des mastocytes qui tapissent les parois des artères, où, lorsqu'elle est libérée à la suite d'une lésion, elle inhibe la coagulation du sang. Sa fonction consiste sans doute à prévenir la formation non contrôlée de caillots. L'héparine est fréquemment utilisée en médecine pour empêcher la coagulation du sang chez les patients ayant subi une intervention chirurgicale.

22.16 GLYCOLIPIDES ET GLYCOPROTÉINES DE LA SURFACE CELLULAIRE

Avant 1960, on croyait que la biologie des glucides était sans grand intérêt et que, hormis leur fonction de matériau de remplissage inerte de la cellule, les glucides servaient simplement de source d'énergie et, chez les plantes, de matériau structural. Toutefois, des travaux de recherche ont révélé que, associés à des lipides (chapitre 23)

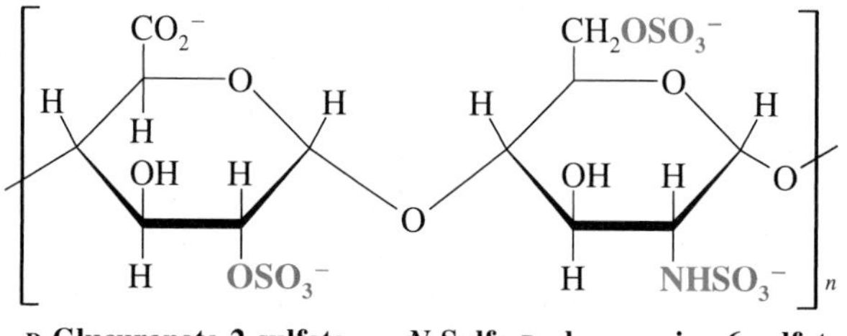

Figure 22.19 Portion de la structure de l'héparine, un polysaccharide qui empêche la coagulation du sang.

D-Glucuronate-2-sulfate **N-Sulfo-D-glucosamine-6-sulfate**

et à des protéines (chapitre 24) par des liaisons glycosidiques dans des composés appelés respectivement **glycolipides** et **glycoprotéines,** les glucides remplissent des fonctions utiles pour toutes les activités de la cellule. De fait, la plupart des protéines sont des glycoprotéines dont le contenu glucidique peut varier de moins de 1 % à plus de 90 %.

Il a été démontré que les glycolipides et les glycoprotéines de la surface cellulaire (section 23.6A) sont les agents permettant aux cellules d'interagir entre elles et avec les bactéries et les virus. La cicatrisation et certaines maladies telles que l'arthrite rhumatoïde se caractérisent par la reconnaissance de glucides à la surface des cellules. L'antigène de Lewis[x] sialylé est un glucide jouant un rôle important à cet égard (voir le préambule du présent chapitre).

Antigène de Lewis[x] sialylé

Les groupes sanguins humains illustrent également la façon dont les glucides, sous forme de glycolipides et de glycoprotéines, font office de marqueurs biochimiques. Les groupes sanguins A, B et O sont associés respectivement aux déterminants A, B et H de la surface des globules sanguins (le déterminant du groupe O a acquis sa dénomination pour des raisons assez complexes). Les cellules sanguines de type AB portent les déterminants A et B. Tous ces déterminants sont les portions glucidiques des **antigènes** A, B et H.

Les antigènes sont des composés chimiques spécifiques qui déclenchent la production d'**anticorps** lorsqu'ils sont injectés dans un organisme animal. Chaque anticorps peut complexer au moins deux molécules de l'antigène correspondant et ainsi entraîner leur fixation. La liaison des globules rouges provoque leur agglutination, qui peut amener une obstruction fatale des vaisseaux sanguins lors d'une transfusion.

Les personnes ayant des antigènes de type A à la surface de leurs globules sanguins portent des anticorps anti-B dans leur sérum; inversement, celles qui ont des antigènes de type B possèdent des anticorps anti-A. Les personnes du groupe sanguin AB ont des antigènes A et B, mais ne portent pas d'anticorps anti-A ni anti-B. Enfin, les personnes du groupe sanguin O n'ont pas d'antigènes A ni d'antigènes B, mais sont porteuses d'anticorps anti-A et anti-B.

Les antigènes A, B et H ne diffèrent que par les unités de monosaccharide situées à leurs extrémités non réductrices. L'antigène de type H (figure 22.20) est l'oligosaccharide précurseur des antigènes de types A et B. Les personnes du groupe sanguin A ont une enzyme qui ajoute spécifiquement une unité *N*-acétylgalactosamine aux trois groupes —OH de l'unité de galactose terminale de l'antigène H, alors que les personnes du groupe sanguin B ont une enzyme qui ajoute spécifiquement du galactose. Chez les personnes du groupe sanguin O, cette enzyme est inactive.

Le fonctionnement du système immunitaire repose essentiellement sur des interactions entre antigènes et anticorps qui sont analogues à celles qui déterminent les groupes sanguins. Ces interactions comportent souvent la reconnaissance chimique d'un glycolipide ou d'une glycoprotéine de l'antigène par un glycolipide ou une glycoprotéine de l'anticorps. Par ailleurs, nous avons vu, dans l'encadré « Capsule chimique » traitant des condensations aldoliques catalysées par des anticorps (page 804), une dimension nouvelle de la chimie des anticorps. Nous approfondirons

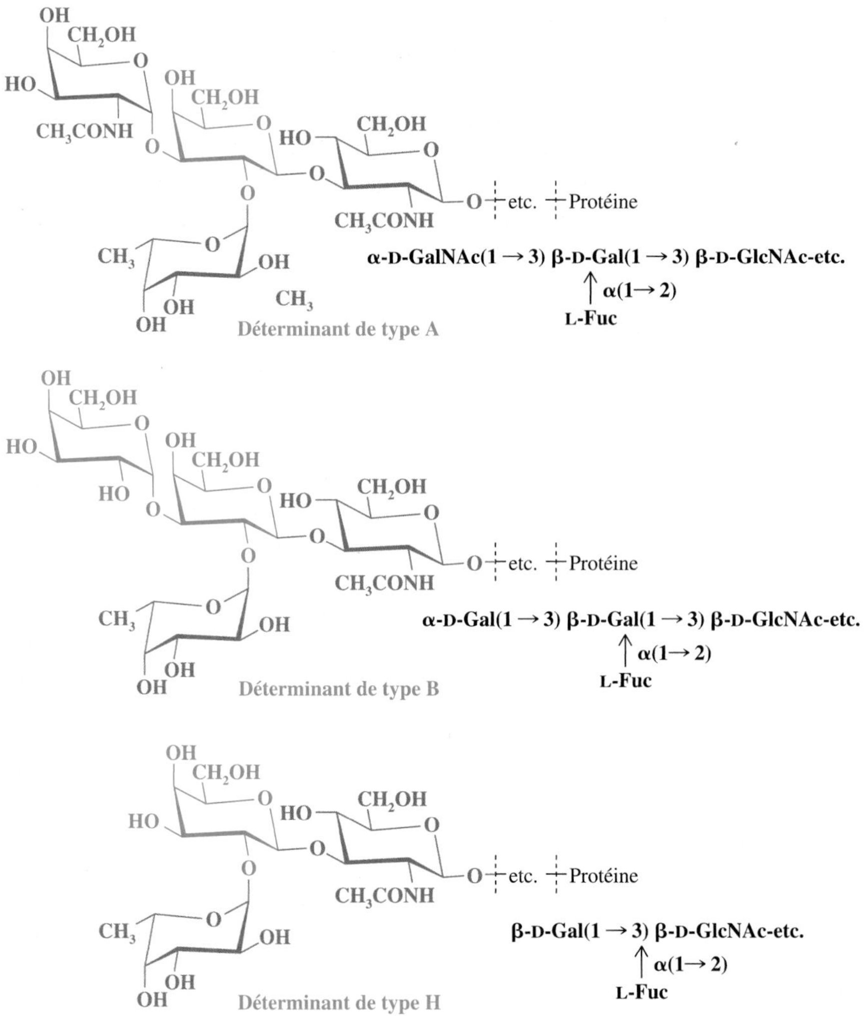

Figure 22.20 Voici les monosaccharides terminaux des déterminants antigéniques des groupes sanguins A, B et O. Le déterminant de type H est présent chez les personnes de groupe sanguin O et il est le précurseur des déterminants de types A et B. Ces antigènes oligosaccharidiques sont fixés à des molécules porteuses lipidiques ou protéiques qui sont ancrées dans la membrane des globules rouges (la figure 23.8 offre une illustration d'une membrane cellulaire). Ac = acétyl, Gal = D-galactose, GalNAc = N-acétylgalactosamine, GlcNAc = N-acétylglucosamine, Fuc = fucose.

davantage cette question dans le préambule du chapitre 24, intitulé « Anticorps catalytiques : catalyseurs sur mesure », et dans l'encadré « Capsule chimique » traitant de certains anticorps catalytiques.

22.17 ANTIBIOTIQUES GLUCIDIQUES

Une des plus grandes découvertes en chimie des glucides a été l'isolement (en 1944) d'un antibiotique glucidique nommé *streptomycine*. Celle-ci comprend les trois sous-unités suivantes :

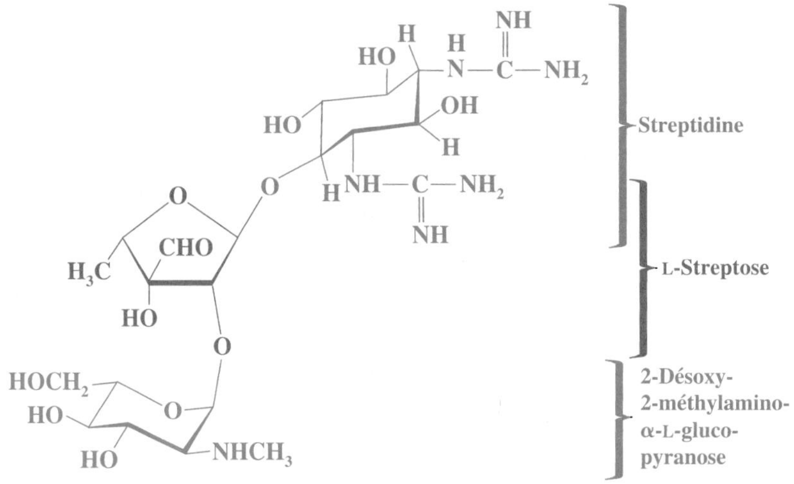

Les trois composants sont inhabituels : le glucide aminé est fait de L-glucose, le streptose est un monosaccharide à chaîne ramifiée et la streptidine n'est même pas un glucide, mais plutôt un dérivé du cyclohexane connu sous le nom d'aminocyclitol.

D'autres antibiotiques font partie de cette famille : les kanamycines, les néomycines et les gentamycines (non illustrées ici). Ils sont tous constitués d'un aminocyclitol lié à un ou plusieurs glucides aminés. Les liaisons glycosidiques sont presque toujours de type α. Ces antibiotiques font preuve d'une grande efficacité contre les bactéries résistantes aux pénicillines.

SOMMAIRE DES RÉACTIONS DES GLUCIDES

Les réactions des glucides, à quelques exceptions près, sont celles des groupes fonctionnels que nous avons étudiées dans les chapitres précédents, notamment celles des aldéhydes, des cétones et des alcools. Dans le cas des glucides, les réactions fondamentales résident dans la formation et l'hydrolyse des hémiacétals et des acétals. Les groupes hémiacétal forment les cycles des pyranoses et des furanoses dans les monosaccharides, tandis que les groupes acétal forment des dérivés glycosidiques et relient les monosaccharides entre eux pour constituer des disaccharides, des trisaccharides, des oligosaccharides et des polysaccharides.

Les autres réactions des glucides comprennent celles des alcools, des acides carboxyliques et de leurs dérivés. L'alkylation des groupes hydroxyle des glucides produit des éthers, alors que leur acylation donne des esters. Les réactions d'alkylation et d'acylation servent parfois à protéger les groupes hydroxyle des glucides et à les empêcher de réagir pendant qu'une transformation se produit ailleurs. Les réactions d'hydrolyse contribuent à la conversion des dérivés ester ou lactone des glucides en leur forme polyhydroxylée initiale (étape de protec-tion). L'énolisation des aldéhydes et des cétones mène à l'épimérisation et à l'interconversion des aldoses et des cétoses. Les réactions d'addition des aldéhydes et des cétones, comme l'addition de dérivés de l'ammoniac dans la formation d'osazones et de cyanure dans la synthèse de Kiliani-Fischer, s'avèrent également utiles. L'hydrolyse des nitriles au cours de la synthèse de Kiliani-Fischer produit des acides carboxyliques.

Les réactions d'oxydation et de réduction sont également importantes en chimie des glucides. Les réactions de réduction des aldéhydes et des cétones, telles que la réduction par un borohydrure et l'hydrogénation catalytique, servent à la conversion d'aldoses et de cétoses en alditols. L'oxydation par les réactifs de Tollens et de Benedict permet d'identifier une liaison hémiacétal dans un glucide. Le brome en solution aqueuse oxyde le groupe aldéhyde d'un aldose pour former un acide aldonique. L'acide nitrique oxyde le groupe aldéhyde et le groupe hydroxyméthyle terminal d'un aldose, conduisant ainsi à un acide aldarique (un acide dicarboxylique). Enfin, la scission des glucides par l'acide periodique donne des fragments oxydés qui peuvent faciliter l'identification des structures.

TERMES ET CONCEPTS CLÉS

Monosaccharides	Sections 22.1A et 22.2	**Projection de Haworth**	Section 22.2C
Disaccharides	Sections 22.1A et 22.12	**Mutarotation**	Section 22.3
Oligosaccharides	Section 22.1A	**Glycoside**	Section 22.4
Polysaccharides (glycanes)	Sections 22.1A et 22.13	**Aglycone**	Section 22.4
Nomenclature D-L	Section 22.2B	**Acétal cyclique**	Section 22.5D
Projections de Fischer	Section 22.2C	**Glucide réducteur**	Section 22.6A
Hémiacétal cyclique	Section 22.2C	**Épimères**	Sections 17.3A et 22.8
Forme furanose	Section 22.2C	**Osazones**	Section 22.8
Forme pyranose	Section 22.2C	**Glycolipides**	Section 22.16
Carbone anomère	Section 22.2C	**Glycoprotéines**	Section 22.16
Anomère α, anomère β	Section 22.2C		

22.20 Écrivez la formule développée d'un produit appartenant à chacune des catégories suivantes :

a) Un aldopentose k) Un pyranoside
b) Un cétohexose l) Un furanoside
c) Un L-monosaccharide m) Des épimères
d) Un glycoside n) Des anomères
e) Un acide aldonique o) Une phénylosazone
f) Un acide aldarique p) Un disaccharide
g) Une aldonolactone q) Un polysaccharide
h) Un pyranose r) Un glucide non
i) Un furanose réducteur
j) Un glucide réducteur

22.21 Dessinez la formule illustrant la conformation de chacun des composés suivants : a) α-D-allopyranose, b) méthyl β-D-allopyranoside, c) méthyl-2,3,4,6-tétra-O-méthyl-β-D-allopyranoside.

22.22 Écrivez la structure du D-ribose sous la forme d'un furanose et d'un pyranose. Montrez comment l'oxydation par le periodate permet de distinguer un méthyl ribofuranoside d'un méthyl ribopyranoside.

22.23 On peut lire dans un ouvrage de référence que le D-mannose est dextrogyre et, dans un autre, qu'il est lévogyre. Les deux affirmations sont exactes. Expliquez.

22.24 Il existe un procédé commercial de synthèse de la vitamine C fondé sur l'utilisation de L-sorbose (voir la réaction indiquée ci-dessous); celui-ci est synthétisé à partir du D-glucose selon les réactions suivantes :

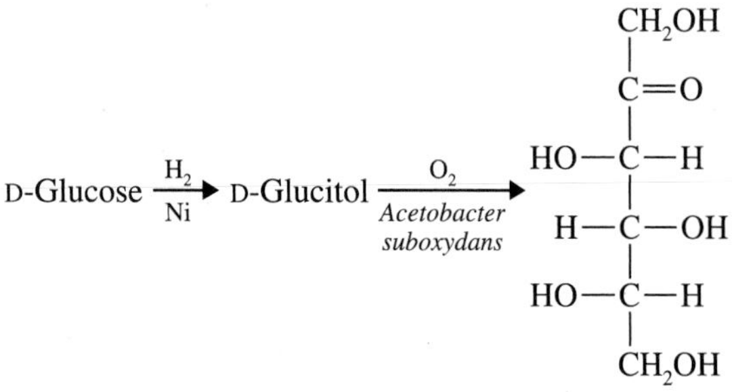

$$D\text{-Glucose} \xrightarrow[\text{Ni}]{H_2} D\text{-Glucitol} \xrightarrow[\substack{Acetobacter \\ suboxydans}]{O_2}$$

$$
\begin{array}{c}
CH_2OH \\
| \\
C=O \\
| \\
HO-C-H \\
| \\
H-C-OH \\
| \\
HO-C-H \\
| \\
CH_2OH
\end{array}
$$

L-Sorbose

La deuxième étape de cette séquence de réactions illustre l'utilisation d'une oxydation bactérienne, assurée par le microorganisme *Acetobacter suboxydans* avec un rendement de 90 %. La synthèse débouche sur la transformation d'un D-aldohexose (D-glucose) en un L-cétohexose (L-sorbose). Que pouvez-vous conclure au sujet de la spécificité de l'oxydation bactérienne ?

22.25 Quels sont les deux aldoses qui donneraient la même phénylosazone que le L-sorbose (problème 22.24) ?

22.26 En plus du fructose (problème 22.12) et du sorbose (problème 22.24), il existe deux autres cétohexoses, soit le *psicose* et le *tagatose*. Le D-psicose donne la même phénylosazone que le D-allose (ou le D-altrose); le D-tagatose donne la même osazone que le D-galactose (ou le D-talose). Quelle est la structure respective du D-psicose et du D-tagatose ?

22.27 **A**, **B** et **C** sont trois aldohexoses. Les composés **A** et **B** donnent le même alditol optiquement actif lorsqu'ils sont réduits à l'aide d'hydrogène en présence d'un catalyseur; **A** et **B** donnent des phénylosazones différentes lorsqu'ils sont traités par la phénylhydrazine; **B** et **C** donnent la même phénylosazone, mais des alditols différents. Sachant que tous trois sont des glucides D, donnez le nom et la structure de **A, B** et **C**.

22.28 Le xylitol est un édulcorant présent dans la gomme à mâcher sans sucre. À partir d'un monosaccharide approprié, esquissez une synthèse possible du xylitol.

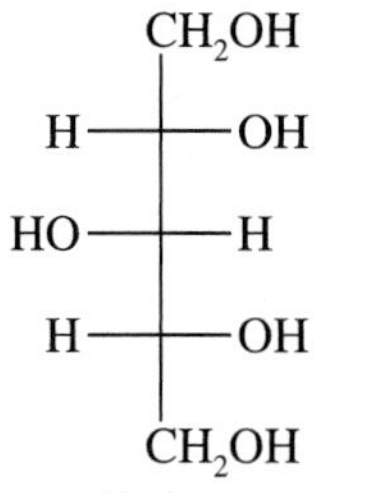

$$
\begin{array}{c}
CH_2OH \\
| \\
H-C-OH \\
| \\
HO-C-H \\
| \\
H-C-OH \\
| \\
CH_2OH
\end{array}
$$

Xylitol

22.29 Bien que les monosaccharides subissent des isomérisations complexes en milieu alcalin (reportez-vous à la section 22.5), les acides aldoniques subissent une épimérisation spécifique en C2 lors d'un chauffage en présence de pyridine. Montrez en quoi vous pourriez utiliser cette réaction pour synthétiser du D-mannose à partir du D-glucose.

22.30 Dans la conformation la plus stable de la plupart des aldopyranoses, le groupe le plus volumineux, soit le groupe —CH₂OH, est équatorial. Toutefois, le D-idopyranose possède généralement une conformation caractérisée par un groupe —CH₂OH axial. Écrivez les formules des deux conformations chaise du α-D-idopyranose (l'une avec le groupe —CH₂OH axial, l'autre avec le groupe —CH₂OH équatorial) et explicitez-les.

22.31 a) Le chauffage du D-altrose en présence d'un acide dilué produit un *anhydromonosaccharide* non réducteur ($C_6H_{10}O_5$). La méthylation de l'anhydromonosaccharide suivie d'une hydrolyse acide donne du 2,3,4-tri-O-méthyl-D-altrose. La formation de l'anhydromonosaccharide met en jeu la conformation chaise du β-D-altropyranose, dans laquelle le groupe —CH₂OH est axial.

Quelle est la structure de l'anhydromonosaccharide et comment se forme-t-il ?

b) Le D-glucose peut également être transformé en un anhydromonosaccharide, mais cela ne peut se faire que dans des conditions extrêmes, contrairement à la réaction correspondante du D-altrose. Expliquez pourquoi.

22.32 Montrez en quoi les données expérimentales suivantes vous permettent de déduire la structure du lactose (section 22.12D).

1. L'hydrolyse acide du lactose ($C_{12}H_{22}O_{11}$) donne des quantités équimolaires de D-glucose et de D-galactose. Le même résultat peut être obtenu en traitant le lactose par une β-*galactosidase*.

2. Le lactose est un glucide réducteur et forme une phénylosazone; il est également sujet à la mutarotation.

3. L'oxydation du lactose à l'aide du brome en solution aqueuse tamponnée, suivie d'une hydrolyse en présence d'un acide dilué, donne du D-galactose et de l'acide D-gluconique.

4. L'oxydation du lactose par le brome en solution aqueuse tamponnée, suivie d'une méthylation et d'une hydrolyse, donne de la 2,3,6,-tri-*O*-méthylgluconolactone et du 2,3,4,6-tétra-*O*-méthyl-D-galactose.

5. La méthylation et l'hydrolyse du lactose donne du 2,3,6-tri-*O*-méthyl-D-glucose et du 2,3,4,6-tétra-*O*-méthyl-D-galactose.

22.33 Déduisez la structure du disaccharide appelé *mélibiose* à partir des données suivantes :

1. Le mélibiose est un glucide réducteur sujet à la mutarotation et il peut former une phénylosazone.

2. L'hydrolyse du mélibiose par un acide ou une α-*galactosidase* donne du D-galactose et du D-glucose.

3. L'oxydation du mélibiose par du brome en solution aqueuse tamponnée donne de l'*acide mélibionique*. L'hydrolyse de cet acide donne du D-galactose et de l'acide D-gluconique. La méthylation de l'acide mélibionique, suivie d'une hydrolyse, donne du 2,3,4,6-tétra-*O*-méthyl-D-galactose et de l'acide 2,3,4,5-tétra-*O*-méthyl-D-gluconique.

4. La méthylation et l'hydrolyse du mélibiose donnent du 2,3,4,6-tétra-*O*-méthyl-D-galactose et du 2,3,4-tri-*O*-méthyl-D-glucose.

22.34 Le tréhalose est un disaccharide qui peut provenir de levures, de champignons, d'oursins, d'algues et d'insectes. Déduisez la structure du tréhalose à partir des données suivantes :

1. L'hydrolyse acide du tréhalose ne donne que du D-glucose.

2. Le tréhalose est hydrolysé par une α-glucosidase, mais non par une β-glucosidase.

3. Le tréhalose est un glucide non réducteur qui ne subit pas de mutarotation, ne forme pas de phénylosazone et ne réagit pas avec le brome en solution aqueuse tamponnée.

4. La méthylation du tréhalose suivie d'une hydrolyse donne deux équivalents molaires de 2,3,4,6-tétra-*O*-méthyl-D-glucose.

22.35 Proposez des tests chimiques permettant de distinguer les membres des paires de composés ci-dessous :

a) D-Glucose et D-glucitol

b) D-Glucitol et acide D-glucarique

c) D-Glucose et D-fructose

d) D-Glucose et D-galactose

e) Sucrose et maltose

f) Maltose et acide maltonique

g) Méthyl β-D-glucopyranoside et 2,3,4,6-tétra-*O*-méthyl-β-D-glucopyranose

h) Méthyl α-D-ribofuranoside (**I**) et méthyl 2-désoxy-α-D-ribofuranoside (**II**)

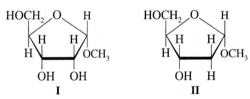

22.36 Un groupe d'oligosaccharides nommés *cyclodextrines* peuvent être isolés de *Bacillus macerans* lorsque celui-ci croît dans un milieu riche en amylose. Ces oligosaccharides sont tous *non réducteurs*. En général, une cyclodextrine s'hydrolyse lorsqu'elle est traitée par un acide ou une α-glucosidase et elle donne six, sept ou huit molécules de D-glucose. La méthylation complète d'une cyclodextrine, suivie d'une hydrolyse acide, ne produit que du 2,3,6-tri-*O*-méthyl-D-glucose. Proposez une structure générale pour les cyclodextrines.

22.37 L'*isomaltose* est un disaccharide qui peut être obtenu par hydrolyse enzymatique de l'amylopectine. Déduisez sa structure à partir des données suivantes :

1. L'hydrolyse d'une mole d'isomaltose par un acide ou une α-glucosidase donne 2 moles de D-glucose.

2. L'isomaltose est un glucide réducteur.

3. L'isomaltose est oxydé par le brome en solution aqueuse tamponnée pour donner de l'acide isomaltonique. La méthylation de l'acide isomaltonique suivie d'une hydrolyse donne du 2,3,4,6-tétra-*O*-méthyl-D-glucose et de l'acide 2,3,4,5-tétra-*O*-méthyl-D-gluconique.

4. La méthylation de l'isomaltose lui-même suivie d'une hydrolyse donne du 2,3,4,6-tétra-*O*-méthyl-D-glucose et du 2,3,4-tri-*O*-méthyl-D-glucose.

22.38 Le *stachyose* est un glucide présent dans les racines de plusieurs espèces végétales. Déduisez sa structure à partir des données suivantes :

1. L'hydrolyse acide de 1 mole de stachyose donne 2 moles de D-galactose, 1 mole de D-glucose et 1 mole de D-fructose.

2. Le stachyose est un glucide non réducteur.

3. Le traitement du stachyose par une α-galactosidase produit un mélange de D-galactose, de sucrose et d'un trisaccharide non réducteur dénommé *raffinose*.

4. L'hydrolyse acide du raffinose donne du D-glucose, du D-fructose et du D-galactose. Le traitement du raffinose par une α-galactosidase donne du D-galactose et du sucrose. Le traitement du raffinose par une invertase (enzyme qui hydrolyse le sucrose) donne du fructose et du *mélibiose* (reportez-vous au problème 22.33).

5. La méthylation du stachyose suivie d'une hydrolyse donne du 2,3,4,6-tétra-*O*-méthyl-D-galactose, du 2,3,4-tri-*O*-méthyl-D-galactose, du 2,3,4-tri-*O*-méthyl-D-glucose et du 1,3,4,6-tétra-*O*-méthyl-D-fructose.

22.39 L'*arbutine* ($C_{12}H_{16}O_7$) est un composé qui peut être extrait des feuilles de l'épine-vinette, de la viorne trilobée et du poirier. Lorsque l'arbutine est traitée par un acide aqueux ou une β-glucosidase, la réaction produit du D-glucose et un composé **X** dont la formule moléculaire est $C_6H_6O_2$. Le spectre RMN ^{1}H du composé **X** est constitué de deux singulets, l'un à δ = 6,8 (4H) et l'autre à δ = 7,9 (2H). La méthylation de l'arbutine suivie d'une hydrolyse acide donne du 2,3,4,6-tétra-*O*-méthyl-D-glucose et le composé **Y** ($C_7H_8O_2$). Le composé **Y** est soluble dans le NaOH dilué, mais insoluble dans le NaHCO$_3$ aqueux. Le spectre RMN ^{1}H de **Y** présente un singulet à δ = 3,9 (3H), un singulet à δ = 4,8 (1H) et un multiplet (qui ressemble à un singulet) à δ = 6,8 (4H). Le traitement du composé **Y** par du NaOH aqueux et du $(CH_3)_2SO_4$ produit le composé **Z** ($C_8H_{10}O_2$). Le spectre RMN ^{1}H de **Z** est constitué de deux singulets, l'un à δ = 3,75 (6H) et l'autre à δ = 6,8 (4H). Proposez une structure pour l'arbutine et pour les composés **X**, **Y** et **Z**.

22.40 Lorsqu'on soumet un D-aldopentose **A** à une dégradation de Ruff, il est converti en un aldotétrose **B**. Lorsque l'aldotétrose **B** est réduit par le borohydrure de sodium, il donne un alditol optiquement actif. Le spectre RMN ^{13}C de cet alditol ne comporte que deux signaux. L'alditol obtenu après réduction directe de **A** par le borohydrure de sodium n'est pas optiquement actif. Lorsque **A** sert de point de départ à une synthèse de Kiliani-Fischer, il en résulte deux aldohexoses diastéréoisomères, **C** et **D**. Le traitement de **C** par le borohydrure de sodium donne l'alditol **E**, et celui de **D** donne **F**. Le spectre RMN ^{13}C de **E** est constitué de trois signaux, et celui de **F** de six signaux. Proposez des structures pour les composés **A** à **F**.

22.41 La figure 22.21 présente le spectre RMN ^{13}C du produit de la réaction du D-(+)-mannose avec de l'acétone contenant une trace d'acide. Ce composé est un mannofuranose ayant certains groupes hydroxyle protégés sous la forme d'acétals d'acétone (acétonides). À l'aide du spectre RMN ^{13}C, déterminez le nombre de groupes acétonide présents dans le composé.

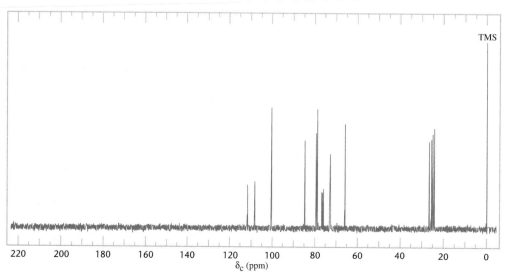

Figure 22.21 Spectre RMN ^{13}C avec découplage du proton en bande large pour le produit de la réaction indiquée au problème 22.41.

22.42 Le D-(+)-mannose peut être réduit par le borohydrure de sodium pour donner du D-mannitol. Lorsque le D-mannitol est dissous dans de l'acétone contenant une trace d'acide et que le produit de la réaction est ensuite oxydé par le NaIO$_4$, il en résulte un composé dont le spectre RMN ^{13}C est constitué de six signaux. L'un de ces signaux est près de $\delta = 200$. Quelle est la structure de ce composé ?

22.43* Par rapport à l'autre anomère du méthyl-2,3-anhydro-D-ribofuranoside, **I,** la forme β possède un point d'ébullition nettement moins élevé. Émettez une hypothèse explicative à partir des formules développées des produits.

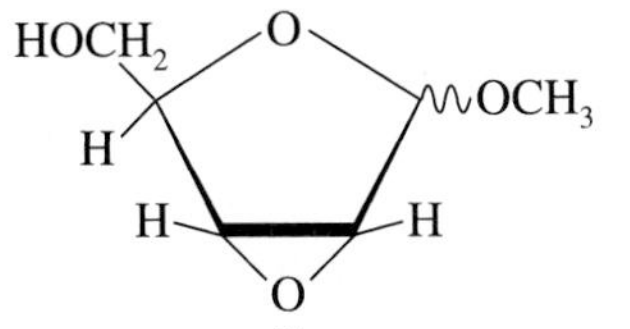

HOCH$_2$ ... OCH$_3$

I

22.44* La séquence de réactions ci-dessous constitue un élégant procédé de synthèse du 2-désoxy-D-ribose, **IV,** publiée par D. C. C. Smith en 1955.

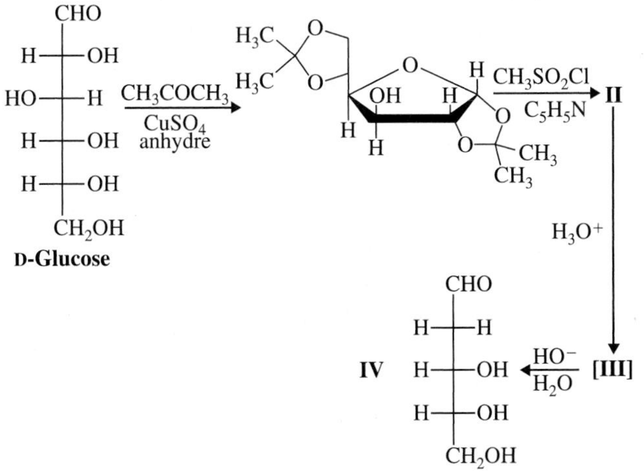

CHO
H—OH
HO—H
H—OH
H—OH
CH$_2$OH
D-Glucose

CH$_3$COCH$_3$ / CuSO$_4$ anhydre

CH$_3$SO$_2$Cl / C$_5$H$_5$N → **II**

H$_3$O$^+$

IV ← HO$^-$ / H$_2$O ← **[III]**

CHO
H—H
H—OH
H—OH
CH$_2$OH

a) Quelle est la structure respective de **II** et de **III** ?

b) Proposez un mécanisme pour la conversion de **III** en **IV**.

22.45* Les données de RMN ^{1}H des deux anomères ci-dessous comprennent des pics très semblables dans la région allant de $\delta = 2,0$ à $\delta = 5,6$, mais diffèrent en ce que les pics les plus déblindés sont respectivement un doublet à $\delta = 5,8$ (1H, J = 12 Hz) pour **V** et un doublet à $\delta = 6,3$ (1H, J = 4 Hz) pour **VI**.

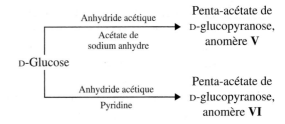

a) Quel proton de ces anomères devrait avoir ces valeurs élevées de δ ?

b) Pourquoi les signaux donnés par ces protons se présentent-ils sous la forme de doublets ?

c) Le rapport entre la valeur de la constante de couplage observée et l'angle dièdre (lorsqu'il est mesuré à l'aide d'une projection de Newman) entre les liaisons C—H de carbones adjacents d'une liaison C—C est fourni par l'équation de Karplus. Celle-ci indique qu'un rapport axial-axial entraîne une constante de couplage d'environ 9 Hz (la valeur observée varie de 8 à 14 Hz) et qu'un rapport équatorial-axial se traduit par une constante de couplage d'environ 2 Hz (la valeur observée varie de 1 à 7 Hz). Parmi **V** et **VI**, lequel est l'anomère α et lequel est l'anomère β ?

d) Dessinez le conformère le plus stable pour **V** et le plus stable pour **VI.**

TRAVAIL COOPÉRATIF

1. a) Les polyols constituent une classe d'édulcorants pauvres en calories. La synthèse chimique de l'un de ces polyols comprend la réduction d'un certain disaccharide en un glycoside existant sous forme d'un mélange de diastéréo-isomères. La portion alcool (en fait, un polyol) de ces diastéréo-isomères provient de l'un des glucides du disaccharide. La méthylation exhaustive de l'édulcorant (par du sulfate de diméthyle en présence d'hydroxyde) suivie d'une hydrolyse devrait donner du 2,3,4,6-tétra-O-méthyl-α-D-glucopyranose, du 1,2,3,4,5-penta-O-méthyl-D-sorbitol et du 1,2,3,4,5-penta-O-méthyl-

D-mannitol, dans une proportion de 2:1:1. À l'aide de ces renseignements, déduisez la structure des deux glycosides obtenus du disaccharide qui constituent le mélange de diastéréo-isomères de ce polyol édulcorant.

b) Étant donné que le mélange des deux glycosides dans cet édulcorant résulte de la réduction d'un seul disaccharide de départ (réduction par le borohydrure de sodium), quelle serait la structure du disaccharide *initial* utilisé dans l'étape de réduction ? Expliquez comment la réduction de ce composé produit les deux glycosides.

---

* Les problèmes marqués d'un astérisque présentent une difficulté particulière.

c) Écrivez la structure de la forme chaise la plus stable du 2,3,4,6-tétra-O-méthyl-α-D-gluco-pyranose.

2. L'acide shikimique est un intermédiaire biosynthétique clé chez les plantes et les microorganismes. Dans le travail coopératif du chapitre 21, nous avons vu que, dans la nature, l'acide shikimique est converti en chorismate, puis en préphénate, et finalement en acides aminés aromatiques et en d'autres métabolites essentiels pour les plantes et les microorganismes. Dans le cadre de ses travaux de recherche sur les voies de biosynthèse faisant intervenir l'acide shikimique, H. Floss (université de Washington) a eu besoin d'acide shikimique marqué au ^{13}C pour étudier le sort des atomes de carbone marqués au cours des transformations biochimiques ultérieures. Pour synthétiser l'acide shikimique marqué, Floss s'est inspiré de la synthèse d'acide shikimique optiquement actif à partir de D-mannose qu'a rapportée G.W.J. Fleet (université d'Oxford). Cette synthèse démontre particulièrement bien que les glucides naturels constituent d'excellents produits de départ chiraux pour la synthèse de molécules optiquement actives. Elle représente également

un excellent exemple des réactions classiques de la chimie des glucides. La synthèse de Fleet-Floss de l'acide D-(−)-[1,7-^{13}C]-shikimique (1) à partir de D-mannose est présentée ci-dessous.

a) Commentez les différentes transformations subies par le D-mannose au cours de la production de 2. Quels nouveaux groupes fonctionnels ont été formés ?

b) Qu'est-ce qui est accompli dans les étapes allant de 2 à 3, de 3 à 4 et de 4 à 5 ?

c) Déduisez la structure du composé 9 (un réactif utilisé pour convertir 5 en 6) dans l'hypothèse où c'est un carbanion qui a déplacé le groupe trifluorométhanesulfonate (triflate) de 5. Notez que les atomes de ^{13}C nécessaires à la synthèse du produit final ont été apportés par le composé 9.

d) Expliquez la transformation de 7 en 8. Écrivez la structure du composé en équilibre avec 7 qui est nécessaire pour que cette transformation se produise. Quel est le nom de la réaction par laquelle cet intermédiaire se transforme en 8 ?

e) Identifiez les atomes de carbone du D-mannose et de 1 à l'aide de chiffres ou de lettres et montrez de quels atomes du D-mannose proviennent les atomes de 1.

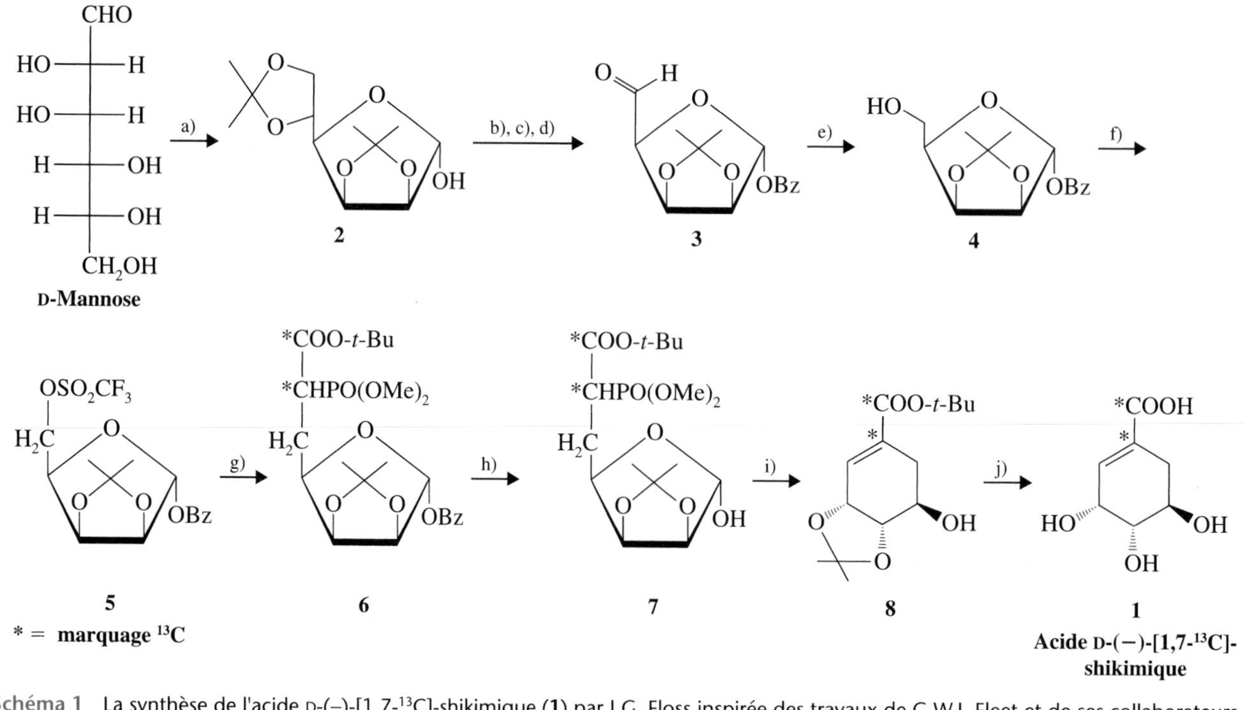

Schéma 1 La synthèse de l'acide D-(−)-[1,7-^{13}C]-shikimique (1) par J.G. Floss inspirée des travaux de G.W.J. Fleet et de ses collaborateurs. Conditions expérimentales : a) acétone, H$^+$; b) Bz—Cl—NaH; c) HCl aqueux, MeOH; d) NaIO$_4$; e) NaBH$_4$; f) (CF$_3$SO$_2$)$_2$O, pyridine; g) 9, NaH; h) HCOO$^-$NH4$^+$, Pd/C; i) NaH; j) CF$_3$COOH à 60 % dans H$_2$O.

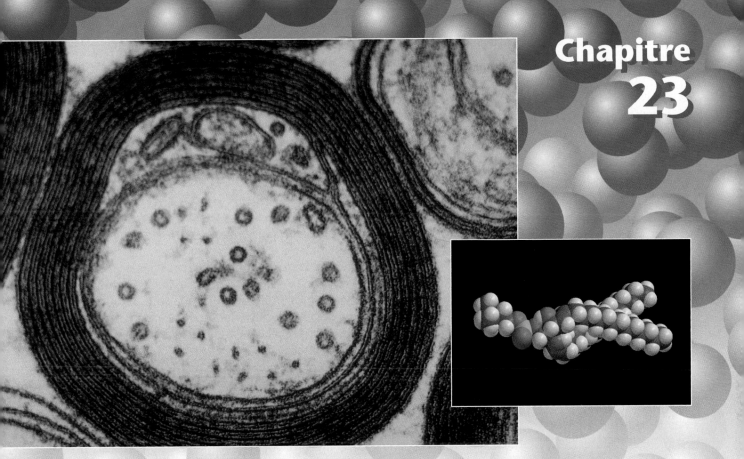

Chapitre 23

LIPIDES

Un isolant pour les nerfs

Lorsqu'un fil électrique dénudé entre en contact avec un autre conducteur, il en résulte un court-circuit. La prévention d'une telle éventualité explique bien sûr que les fils électriques soient isolés. Les axones des grands neurones, qui constituent les conduits électriques du système nerveux, sont également isolés. À l'instar des fils électriques recouverts d'une gaine isolante faite de matière plastique, les axones d'un grand nombre de neurones sont isolés du milieu extracellulaire par une gaine de myéline. Celle-ci est formée par la membrane de cellules spécialisées, les cellules de Schwann, qui croissent autour de l'axone et s'y enroulent plusieurs fois. Cette membrane renferme des molécules appelées lipides, et l'un des principaux composants des lipides dans la myéline porte le nom de sphingomyéline. Un modèle moléculaire de la sphingomyéline est illustré ci-dessus et sa structure est présentée à la section 23.6B. En enveloppant l'axone, la membrane des cellules de Schwann superpose plusieurs couches d'isolant constituées de sphingomyéline et de lipides apparentés. C'est le secret des propriétés isolantes de la gaine de myéline.

    Contrairement aux fils électriques, qui doivent être isolés d'un bout à l'autre, les couches de lipides formant la gaine de myéline ne recouvrent pas l'axone dans sa totalité. La présence de discontinuités régulièrement espacées dans cette gaine crée des nœuds (appelés nœuds de Ranvier) entre lesquels les signaux électriques de l'influx nerveux se déplacent par bonds successifs le long de l'axone (conduction saltatoire). La propagation de l'influx nerveux dans un tel milieu peut atteindre une vitesse de 100 m·sec^{-1}, ce qui est beaucoup plus rapide que dans les fibres nerveuses non myéliniques, où le déplacement par bonds n'est pas

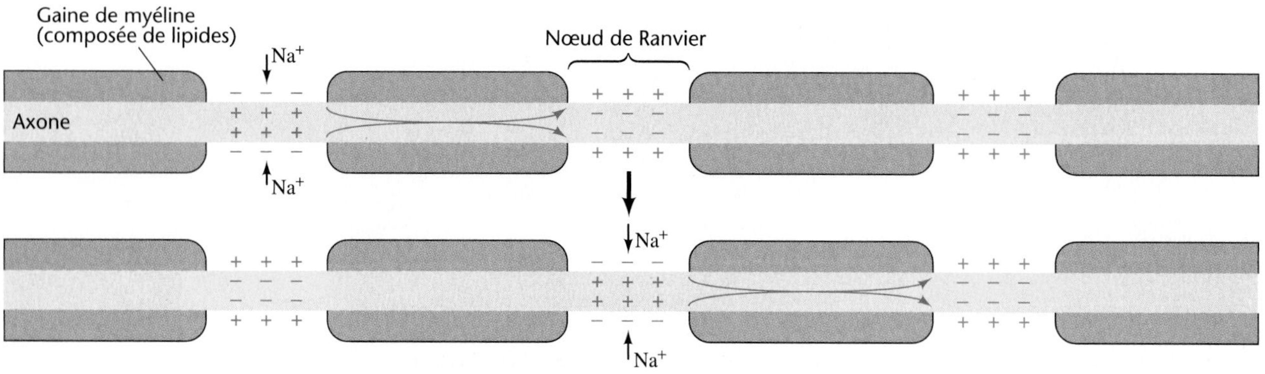

Gaine de myéline (composée de lipides)

Nœud de Ranvier

Axone

possible. Le passage de l'influx nerveux d'un nœud de Ranvier à un autre est schématisé dans le diagramme ci-dessus.

Il est facile de comprendre que la myélination des fibres nerveuses joue un rôle crucial dans le fonctionnement normal du système nerveux. C'est pourquoi une démyélination des neurones provoquée par une maladie auto-immune comme la sclérose en plaques a généralement de très graves incidences neurologiques. D'autres désordres se caractérisent par une accumulation de sphingolipides et entraînent diverses conséquences telles que la maladie de Tay-Sachs et la maladie de Krabbe, toutes deux fatales chez les enfants de moins de trois ans qui en sont atteints.

Le présent chapitre est consacré à l'étude des diverses catégories de lipides, dont les sphingolipides évoqués ci-dessus ne constituent qu'un exemple parmi d'autres. Nous verrons que les fonctions biologiques des lipides sont encore plus variées et tout aussi fascinantes que leurs structures.

SOMMAIRE

23.1 Introduction

23.2 Acides gras et triacylglycérols

23.3 Terpènes et composés terpéniques

23.4 Stéroïdes

23.5 Prostaglandines

23.6 Phospholipides et membranes cellulaires

23.7 Cires

23.1 INTRODUCTION

Les lipides peuvent être décrits comme des composés organiques qui sont solubles dans des solvants non polaires tels que le chloroforme et l'oxyde de diéthyle. Leur nom vient du mot grec *lipos,* qui signifie graisse. Contrairement aux glucides et aux protéines, qui sont définis selon leur structure, les lipides sont identifiés à partir des procédés physiques que l'on utilise pour les isoler. Il n'est donc pas étonnant qu'ils se répartissent en un grand nombre de types de structures. Voici quelques exemples :

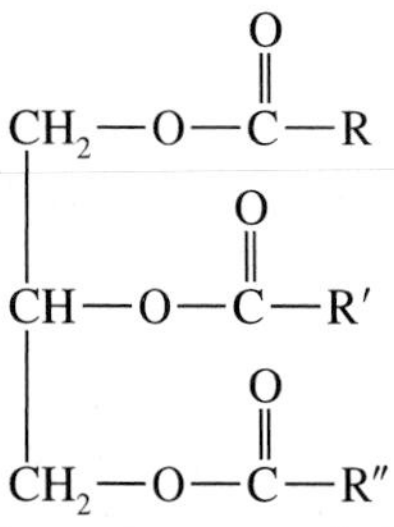

Une graisse ou une huile (un triacylglycérol)

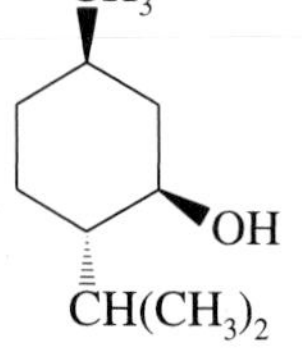

Menthol (un composé terpénique)

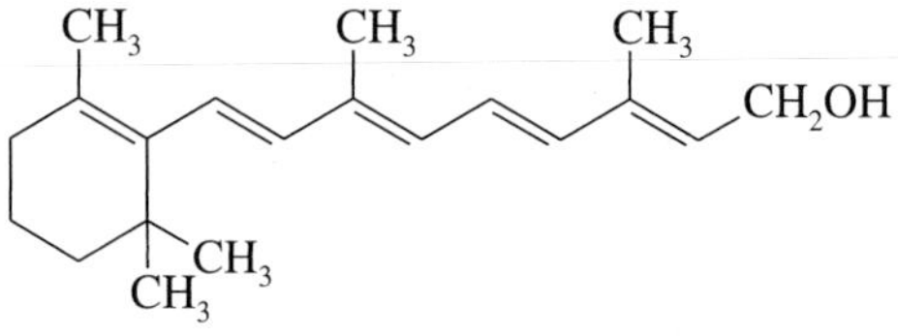

Vitamine A (un composé terpénique)

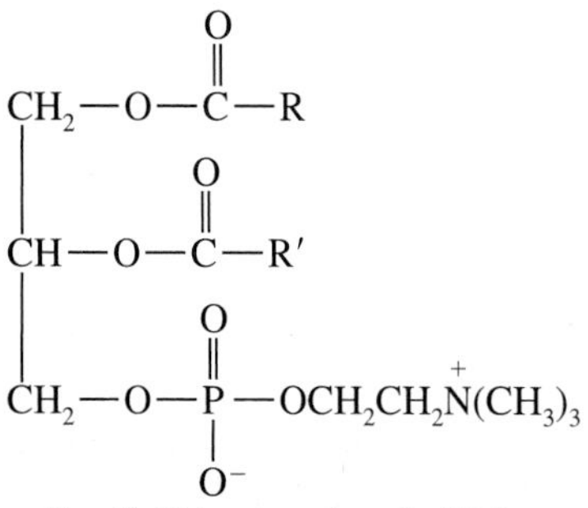

Une lécithine (un phosphatide)

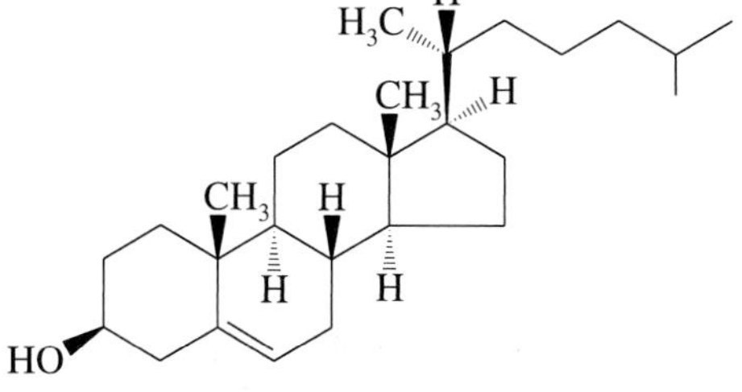

Cholestérol (un stéroïde)

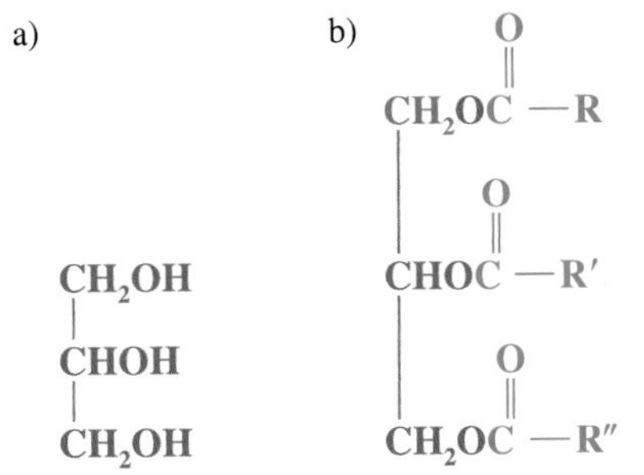

a)

CH$_2$OH

CHOH

CH$_2$OH

b)

$$\begin{array}{c} \text{O} \\ \| \\ \text{CH}_2\text{OC} - \text{R} \end{array}$$

$$\begin{array}{c} \text{O} \\ \| \\ \text{CHOC} - \text{R}' \end{array}$$

$$\begin{array}{c} \text{O} \\ \| \\ \text{CH}_2\text{OC} - \text{R}'' \end{array}$$

Figure 23.1 a) Un glycérol. b) Un triacylglycérol. Les groupes R, R′ et R″ sont généralement des groupes alkyle à longue chaîne. Ils peuvent également contenir une ou plusieurs doubles liaisons carbone–carbone. Dans un triacylglycérol, R, R′ et R″ peuvent être tous différents.

23.2 ACIDES GRAS ET TRIACYLGLYCÉROLS

Les acides carboxyliques à longue chaîne ne constituent qu'une faible proportion de la fraction lipidique totale obtenue par extraction au moyen d'un solvant non polaire. La plupart des acides carboxyliques d'origine biologique se retrouvent sous la forme d'*esters de glycérol,* c'est-à-dire de **triacylglycérols*** (figure 23.1).

Les triacylglycérols se retrouvent dans les huiles végétales et les graisses animales et constituent les produits bien connus que sont l'huile d'arachide, l'huile de soya, l'huile de maïs, l'huile de tournesol, le beurre, le saindoux et le suif. Les triacylglycérols liquides à température ambiante appartiennent à la catégorie des **huiles,** tandis que les triacylglycérols solides sont des **graisses.** Nous étudierons les **triacylglycérols simples,** dans lesquels les trois groupes acyle sont identiques, et les **triacylglycérols mixtes,** plus répandus et formés de groupes acyle différents.

L'hydrolyse d'une graisse ou d'une huile donne un mélange d'acides gras :

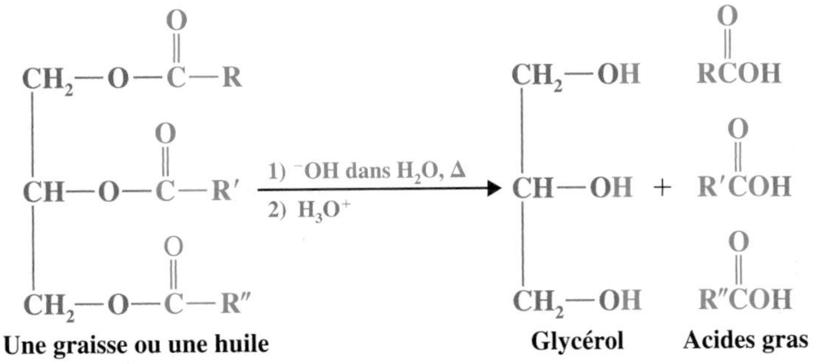

$$\begin{array}{c} \text{O} \\ \| \\ \text{CH}_2 - \text{O} - \text{C} - \text{R} \\ \\ \text{O} \\ \| \\ \text{CH} - \text{O} - \text{C} - \text{R}' \\ \\ \text{O} \\ \| \\ \text{CH}_2 - \text{O} - \text{C} - \text{R}'' \end{array} \quad \xrightarrow[\text{2) H}_3\text{O}^+]{\text{1) }^-\text{OH dans H}_2\text{O, }\Delta} \quad \begin{array}{c} \text{CH}_2 - \text{OH} \quad \text{RCOH} \\ \\ \text{O} \\ \| \\ \text{CH} - \text{OH} \ + \ \text{R}'\text{COH} \\ \\ \text{O} \\ \| \\ \text{CH}_2 - \text{OH} \quad \text{R}''\text{COH} \end{array}$$

Une graisse ou une huile   **Glycérol**   **Acides gras**

La plupart des acides gras naturels possèdent des **chaînes non ramifiées** et, parce qu'ils sont synthétisés biologiquement à partir d'unités à deux carbones, **se caractérisent par la présence d'un nombre pair d'atomes de carbone.** Certains des acides gras les plus répandus sont énumérés au tableau 23.1, tandis que la composition en acides gras de certaines graisses et huiles courantes est indiquée au tableau 23.2. Il est à noter que, dans les **acides gras insaturés** figurant au tableau 23.1, **les doubles liaisons sont toutes *cis*.** Un grand nombre d'acides gras naturels contiennent deux ou trois doubles liaisons. Les graisses et les huiles dont proviennent ces acides gras sont appelées **graisses ou huiles polyinsaturées.** La première liaison double d'un acide gras insaturé se trouve fréquemment entre C9 et C10, et les autres commencent généralement à C12 et à C15 (comme dans les acides linoléique et linolénique). Les doubles liaisons ne sont donc *pas conjuguées.* En outre, il est rare que les acides gras contiennent des liaisons triples.

Les chaînes carbonées des **acides gras saturés** peuvent adopter un grand nombre de conformations, mais elles sont le plus souvent entièrement déployées, car cela

La biosynthèse des acides gras à partir d'unités à deux carbones a été présentée à l'annexe D.

---

* Autrefois, les triacylglycérols étaient appelés triglycérides ou simplement glycérides. Selon la nomenclature de l'UICPA, ils devraient porter le nom de trialcanoates de glycéryle, trialcénoates de glycéryle, etc., puisque ce sont des esters de glycérol.

Tableau 23.1   Acides gras courants.

	PF (°C)
Acides carboxyliques saturés	
$CH_3(CH_2)_{12}CO_2H$ Acide myristique (acide tétradécanoïque)	54
$CH_3(CH_2)_{14}CO_2H$ Acide palmitique (acide hexadécanoïque)	63
$CH_3(CH_2)_{16}CO_2H$ Acide stéarique (acide octadécanoïque)	70
Acides carboxyliques insaturés	
Acide palmitoléique (acide *cis*-hexadéc-9-énoïque)	32
Acide oléique (acide *cis*-octadéc-9-énoïque)	4
Acide linoléique (acide *cis-cis*-octadéca-9,12-diénoïque)	–5
Acide linolénique (acide *cis-cis-cis*-octadéca-9,12,15-triénoïque)	–11

Un triacylglycérol saturé avec les chaînes entièrement déployées

réduit les répulsions stériques entre groupes méthylène adjacents. Les acides gras saturés s'empilent facilement pour former des cristaux et, parce que les forces de Van der Waals sont assez prononcées, ils possèdent un point de fusion relativement élevé. Le point de fusion augmente en fonction de la masse moléculaire. La configuration *cis* des doubles liaisons dans un acide gras insaturé introduit dans la chaîne carbonée une courbure rigide qui entrave l'empilement cristallin et amoindrit les forces de Van der Waals intermoléculaires. Par conséquent, le point de fusion des acides gras insaturés est plus bas.

Les données précédentes à propos des acides gras valent également pour les triacylglycérols. Ces derniers, constitués en grande partie d'acides gras saturés, ont un point de fusion élevé et se trouvent à l'état solide à température ambiante : ils constituent les *graisses*. Les triacylglycérols contenant une proportion élevée d'acides gras insaturés ou polyinsaturés ont un point de fusion moins élevé : ce sont des *huiles*. La figure 23.2 illustre le fait que l'introduction d'une seule double liaison *cis* modifie la forme d'un triacylglycérol et que l'hydrogénation catalytique peut servir à la conversion d'un triacylglycérol insaturé en triacylglycérol saturé.

23.2A   HYDROGÉNATION DES TRIACYLGLYCÉROLS

Les graisses solides servant à la cuisson qu'on trouve sur le marché sont obtenues par hydrogénation partielle d'huiles végétales. C'est pourquoi la mention « graisse partiellement hydrogénée » est inscrite sur un si grand nombre de plats préparés. On évite l'hydrogénation totale de l'huile parce qu'un triacylglycérol complètement

Tableau 23.2 Composition en acides gras de graisses et d'huiles courantes déterminée par hydrolyse[a].

| Graisse ou huile | Composition moyenne des acides gras (% molaire) | | | | | | | | | | | |
| | Saturés | | | | | | | | Insaturés | | | |
	C$_4$ Acide butyrique	C$_6$ Acide caproïque	C$_8$ Acide caprylique	C$_{10}$ Acide caprique	C$_{12}$ Acide laurique	C$_{14}$ Acide myristique	C$_{16}$ Acide palmitique	C$_{18}$ Acide stéarique	C$_{16}$ Acide palmitoléique	C$_{18}$ Acide oléique	C$_{18}$ Acide linoléique	C$_{18}$ Acide linolénique
Graisses animales												
Beurre	3–4	1–2	0–1	2–3	2–5	8–15	25–29	9–12	4–6	18–33	2–4	
Saindoux						1–2	25–30	12–18	4–6	48–60	6–12	0–1
Suif de bœuf						2–5	24–34	15–30		35–45	1–3	0–1
Huiles végétales												
Olive						0–1	5–15	1–4		67–84	8–12	
Arachide							7–12	2–6		30–60	20–38	
Maïs						1–2	7–11	3–4	1–2	25–35	50–60	
Coton						1–2	18–25	1–2	1–3	17–38	45–55	
Soya						1–2	6–10	2–4		20–30	50–58	5–10
Lin							4–7	2–4		14–30	14–25	45–60
Noix de coco		0–1	5–7	7–9	40–50	15–20	9–12	2–4	0–1	6–9	0–1	
Huiles de poisson												
Foie de morue						5–7	8–10	0–1	18–22	27–33	27–32	

[a] Données adaptées de J.R. HOLUM, *Organic and Biological Chemistry*, New York, Wiley, 1978, p. 220, et de *Biology Data Book*, sous la direction de P.L. ALTMAN, et D.S. DITMER, Federation of American Societies for Experimental Biology, Washington (DC), 1964.

saturé est très dur et cassant. En général, l'huile végétale est hydrogénée jusqu'à ce qu'elle prenne une consistance semi-solide appétissante. L'hydrogénation partielle est utile à des fins de commercialisation car elle allonge la durée de conservation. Les huiles polyinsaturées ont tendance à s'auto-oxyder (section 10.11C) et deviennent alors rances. L'hydrogénation partielle n'est toutefois pas sans inconvénient : le catalyseur isomérise certaines des doubles liaisons qui ne réagissent pas et les fait passer de la conformation *cis*, qui est naturelle, à la conformation *trans*, qui ne l'est pas. Or,

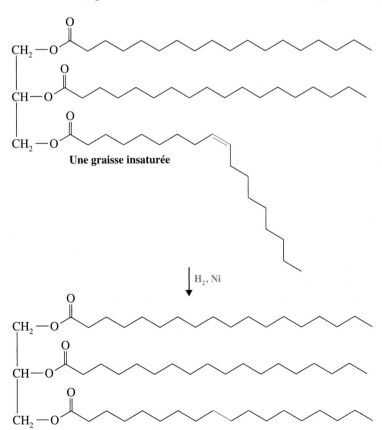

Figure 23.2 Deux triacylglycérols caractéristiques : l'un est insaturé, l'autre est saturé. La double liaison *cis* du triacylglycérol insaturé perturbe l'empilement cristallin, ce qui lui donne un point de fusion plus bas. Par hydrogénation de la double liaison, le triacylglycérol insaturé devient saturé.

CAPSULE CHIMIQUE

L'OLESTRA ET D'AUTRES SUBSTITUTS DE MATIÈRE GRASSE

Produit alimentaire renfermant de l'Olestra

Olestra

Récemment commercialisé, l'Olestra est un substitut de matière grasse sans calories qui a l'apparence et la texture des graisses naturelles. C'est un composé synthétique issu d'une association inédite de molécules naturelles. Le constituant principal de l'Olestra est dérivé du sucrose, c'est-à-dire du sucre blanc ordinaire. De six à huit des groupes hydroxyle du sucrose portent des acides carboxyliques à longue chaîne (des acides gras) liés par des liaisons esters. Ces acides gras ont des chaînes de 8 à 22 atomes de carbone. Utilisés pour la fabrication industrielle de l'Olestra, ces acides gras sont dérivés de l'huile de coton ou de soya.

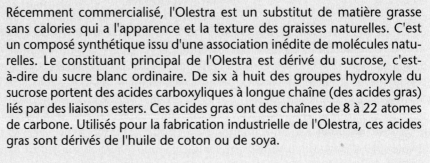

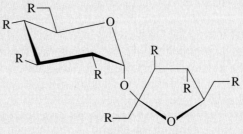

Olestra
**Six à huit des groupes R sont des esters d'acides gras
et les autres sont des groupes hydroxyle.**

La présence d'esters d'acides gras dans l'Olestra lui confère le goût et les vertus culinaires d'une graisse ordinaire. Par ailleurs, contrairement aux graisses ordinaires, l'Olestra n'est pas digestible parce que la grosseur de la molécule la soustrait à l'action des enzymes qui catalysent l'hydrolyse des graisses ordinaires. L'Olestra passe donc dans l'appareil digestif sans être modifié et n'ajoute ainsi aucun apport en calories. Pendant son passage, toutefois, l'Olestra s'associe à certaines des vitamines liposolubles, plus précisément aux vitamines A, D, E et K, et est éliminé avec elles. Les aliments apprêtés à l'Olestra sont donc enrichis de ces vitamines en guise de compensation pour toute perte vitaminique découlant de leur élimination avec le substitut. Les études effectuées depuis que la mise en marché de l'Olestra a été autorisée révèlent que les consommateurs ne rapportent pas plus de troubles digestifs après avoir mangé des croustilles Olean (la marque de commerce de l'Olestra) plutôt que des croustilles préparées avec des graisses ordinaires.

De nombreux autres substituts de graisses ont été mis au point, dont les esters de polyglycérol, qui seraient également non digestibles en raison de leur volume stérique, à l'instar de l'Olestra polyester. Il existe un autre moyen, déjà utilisé sur une base commerciale, de produire des graisses pauvres en calories : le remplacement de certains des acides carboxyliques à longue chaîne liés au glycérol par des acides carboxyliques à chaîne moyenne ou courte (C_2 à C_4). Par rapport aux acides gras à longue chaîne, ces composés apportent moins de calories parce que la diminution du nombre de groupes CH_2 dans l'ester de glycérol se traduit par une diminution de la quantité d'énergie (en calories) libérée lorsque le composé est métabolisé. Le contenu en calories d'un ester de glycérol donné peut être précisément quantifié par une simple modification du rapport entre les acides carboxyliques à longue chaîne et les acides carboxyliques à chaîne moyenne ou courte. Enfin, certains composés à base de glucides ou de protéines constituent également des substituts de graisses pauvres en calories. Ces composés suscitent une réaction gustative semblable à celle des graisses, mais, pour diverses raisons, offrent un apport inférieur en calories.

de plus en plus de travaux de recherche indiquent que les graisses avec des doubles liaisons *trans* sont associées à un risque accru de maladie cardiovasculaire.

23.2B FONCTIONS BIOLOGIQUES DES TRIACYLGLYCÉROLS

Dans le monde animal, les triacylglycérols remplissent essentiellement une fonction de réserve d'énergie. Lorsque les triacylglycérols sont convertis en dioxyde de carbone et en eau à l'issue de diverses réactions biochimiques (en d'autres termes, lorsque les triacylglycérols sont *métabolisés*), ils libèrent plus du double de kilojoules par gramme que ne le font les glucides ou les protéines, surtout en raison de la forte proportion de liaisons carbone–hydrogène par molécule.

Chez les animaux, des cellules spécialisées, dites **adipocytes** (ou cellules adipeuses), synthétisent et stockent des triacylglycérols. Ces cellules sont regroupées dans le tissu adipeux, qui est plus abondant dans la cavité abdominale et dans la couche sous-cutanée qu'ailleurs dans le corps humain. La proportion de graisse corporelle est approximativement de 21 % chez les hommes et de 26 % chez les femmes. Cette quantité de graisse permettrait à un individu de survivre sans manger pendant deux à trois mois. Par contraste, le glycogène, qui constitue notre réserve de glucides, ne satisferait nos besoins énergétiques que pour une seule journée.

Tous les triacylglycérols saturés de l'organisme et une partie des insaturés peuvent être synthétisés à partir de glucides et de protéines. Par contre, la présence de certains acides gras polyinsaturés dans l'alimentation des animaux supérieurs est primordiale.

Il est reconnu depuis de nombreuses années que la quantité de graisses faisant partie du régime alimentaire, et notamment la proportion de graisses saturées, a une incidence directe sur la santé. Des chercheurs ont clairement démontré que l'ingestion de graisses saturées en quantité excessive favorise l'apparition de maladies cardiaques ou de cancers.

23.2C SAPONIFICATION DES TRIACYLGLYCÉROLS

L'hydrolyse alcaline (c'est-à-dire la **saponification**) des triacylglycérols produit du glycérol et un mélange de sels d'acides carboxyliques à longue chaîne :

$$\underset{\substack{\text{CH}_2\text{OCR} \\ | \\ \text{CHOCR}' \\ | \\ \text{CH}_2\text{OCR}''}}{} \; + \; 3 \text{ NaOH} \; \xrightarrow{\text{H}_2\text{O}} \; \underset{\text{Glycérol}}{\substack{\text{CH}_2\text{OH} \\ | \\ \text{CHOH} \\ | \\ \text{CH}_2\text{OH}}} \; + \; \underset{\substack{\text{Carboxylates de sodium} \\ \text{« savons »}}}{\substack{\text{RCO}^- \text{ Na}^+ \\ \text{R}'\text{CO}^- \text{ Na}^+ \\ \text{R}''\text{CO}^- \text{ Na}^+}}$$

Ces sels d'acides carboxyliques à longue chaîne sont des **savons,** et la réaction de saponification est à la base du procédé de fabrication de la plupart des savons. Les graisses et les huiles sont amenées à ébullition dans une solution d'hydroxyde de sodium jusqu'à hydrolyse complète. L'ajout de chlorure de sodium au mélange provoque ensuite la précipitation du savon. Une fois que le savon a été séparé, le glycérol peut être isolé de la phase aqueuse par distillation. Les savons bruts sont habituellement purifiés au moyen de plusieurs précipitations successives. Des parfums sont ensuite ajoutés lorsque le produit désiré est un savon de toilette. Les fabricants peuvent ajouter du sable, du carbonate de sodium et d'autres ingrédients pour produire un savon à récurer ou insuffler de l'air au savon à l'état liquide s'ils veulent commercialiser une barre de savon qui flotte.

Les sels de sodium des acides carboxyliques à longue chaîne (des savons) sont presque entièrement miscibles dans l'eau. Ils ne se dissolvent toutefois pas de la manière que l'on pourrait prévoir, c'est-à-dire sous forme d'ions individuels solvatés. Sauf en solution très diluée, les savons existent sous forme de **micelles** (figure 23.3). Les micelles de savon sont habituellement des agrégats sphériques d'anions carboxylate dispersés dans l'ensemble de la phase aqueuse. Les anions carboxylate forment des amas regroupant des groupes carboxylate chargés négativement (et, par conséquent, *polaires*) à leur surface et des chaînes hydrocarbonées apolaires en leur centre. Les ions sodium sont répartis dans l'ensemble de la solution aqueuse sous forme d'ions solvatés individuels.

Leçon interactive : formation de micelles

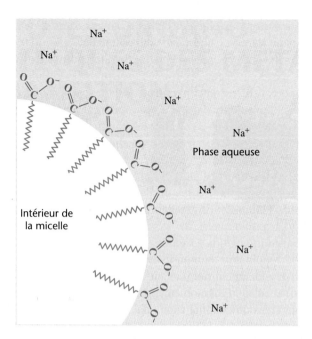

Figure 23.3 Partie d'une micelle de savon et son interface avec le milieu de dispersion polaire.

La formation de micelles explique que les savons se dissolvent dans l'eau. Les chaînes alkyle apolaires (et donc **hydrophobes**) du savon demeurent dans un environnement apolaire, soit à l'intérieur de la micelle. Les groupes carboxylate polaires (et donc **hydrophiles**) sont exposés à un environnement polaire dans la phase aqueuse. Puisque leur surface se caractérise par une charge négative, les micelles se repoussent et demeurent dispersées dans la phase aqueuse.

Les savons remplissent leur fonction de nettoyant un peu de la même façon. La plupart des particules de saleté (comme celles présentes sur la peau) sont recouvertes d'une couche d'huile ou de graisse. Les molécules d'eau ne parviennent pas à disperser ces particules graisseuses parce qu'elles sont incapables de traverser la couche d'huile et de séparer les particules les unes des autres ou de les détacher de la surface à laquelle elles adhèrent. Par contre, les solutions de savon *sont* capables de séparer les particules les unes des autres parce que leurs chaînes hydrocarbonées peuvent « se dissoudre » dans la couche huileuse (figure 23.4). Dans un tel cas, chaque particule acquiert une couche externe d'anions carboxylate et présente à la phase aqueuse une surface polaire, beaucoup plus compatible. Les particules se repoussent alors

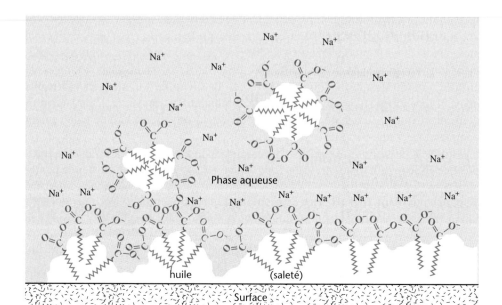

Figure 23.4 Dispersion des particules de saleté recouvertes d'huile par un savon.

$$CH_3(CH_2)_{10}CH_2SO_2O^- \ Na^+$$
Alkylsulfonates de sodium

$$CH_3(CH_2)_{10}CH_2OSO_2O^- \ Na^+$$
Alkylsulfates de sodium

$$CH_3CH_2(CH_2)_{10}\overset{\overset{\displaystyle CH_3}{|}}{CH} {-}\langle \bigcirc \rangle{-} SO_2O^- \ Na^+$$
Alkylbenzènesulfonates de sodium

Figure 23.5 Détergents synthétiques courants.

mutuellement et se dispersent dans la phase aqueuse. Peu de temps après, elles sont évacuées avec les eaux usées.

Analogues aux savons, les détergents synthétiques (figure 23.5) sont dotés de longues chaînes alkyle apolaires portant des groupes polaires à une extrémité. Les groupes polaires de la plupart des détergents synthétiques sont constitués de sulfonates de sodium ou de sulfates de sodium. À une certaine époque, l'usage de détergents synthétiques ayant des groupes alkyle fortement ramifiés était très répandu. Ces détergents se sont révélés non biodégradables et ne sont maintenant plus utilisés.

Les détergents synthétiques présentent un avantage par rapport aux savons : ils sont efficaces en eau « dure », c'est-à-dire une eau comportant des ions Ca^{2+}, Fe^{2+}, Fe^{3+} et Mg^{2+}. Les sels de calcium, de fer et de magnésium des alkylsulfonates et des alkylsulfates sont en grande partie hydrosolubles et c'est pourquoi les détergents synthétiques demeurent en solution. Au contraire, les savons forment des précipités avec ces ions — ce qui explique l'apparition d'un cerne dans la baignoire — lorsqu'ils sont utilisés en eau dure.

23.2D RÉACTIONS DU GROUPE CARBOXYLE DES ACIDES GRAS

Tel que prévu, les acides gras subissent le type de réaction propre aux acides carboxyliques (voir le chapitre 18). Ils réagissent avec le $LiAlH_4$ pour former des alcools, avec les alcools et les acides minéraux pour former des esters et avec le chlorure de thionyle pour former des chlorures d'alcanoyle :

Les réactions des acides gras dont il est question dans les sections 23.2D, 23.2E et 23.2F sont les mêmes que celles étudiées aux chapitres précédents portant sur les acides carboxyliques et les alcènes.

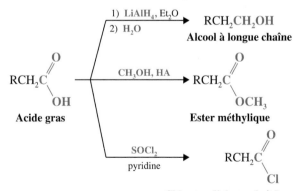

23.2E RÉACTIONS DE LA CHAÎNE ALKYLE DES ACIDES GRAS SATURÉS

Comme d'autres acides carboxyliques, les acides gras subissent une α-halogénation lorsqu'ils sont traités avec du brome ou du chlore en présence de phosphore. Il s'agit de la réaction de Hell-Volhard-Zelinski bien connue (section 18.9).

$$\underset{\textbf{Acide gras}}{RCH_2\overset{\overset{\displaystyle O}{\|}}{C}OH} \xrightarrow[\text{2) } H_2O]{\text{1) } X_2, \text{ P}} \underset{\underset{\displaystyle X}{|}}{RCH}\overset{\overset{\displaystyle O}{\|}}{C}OH + HX$$

23.2F RÉACTIONS DE LA CHAÎNE ALCÉNYLE DES ACIDES GRAS INSATURÉS

Les liaisons doubles des chaînes carbonées des acides gras subissent les réactions d'addition caractéristiques des alcènes (voir les chapitres 7 et 8) :

$$CH_3(CH_2)_nCH = CH(CH_2)_mCO_2H$$

$\xrightarrow[\text{Ni}]{H_2,} CH_3(CH_2)_n\overset{H}{\underset{}{C}}H - \overset{H}{\underset{}{C}}H(CH_2)_mCO_2H$

$\xrightarrow[\text{CCl}_4]{Br_2,} CH_3(CH_2)_nCHBrCHBr(CH_2)_mCO_2H$

$\xrightarrow[\text{2) NaHSO}_3]{\text{1) OsO}_4} CH_3(CH_2)_nCH - CH(CH_2)_mCO_2H$ avec OH OH

$\xrightarrow{HBr} CH_3(CH_2)_nCHCHBr(CH_2)_mCO_2H$ (H)

$+$

$CH_3(CH_2)_nCHBrCH(CH_2)_mCO_2H$ (H)

PROBLÈME 23.1

a) Combien de stéréo-isomères sont possibles dans le cas de l'acide 9,10-dibromo-hexadécanoïque ? b) L'addition de brome à de l'acide palmitoléique donne principalement une paire d'énantiomères, l'acide (±)-*thréo*-9,10-dibromohexadécanoïque. L'addition du brome est une addition *anti* à la double liaison (en d'autres termes, un ion bromonium semble agir comme intermédiaire dans cette réaction). En tenant compte de la configuration *cis* de la double liaison de l'acide palmitoléique et de la stéréochimie de l'addition du brome, écrivez les structures tridimensionnelles des acides (±)-*thréo*-9,10-dibromohexadécanoïques.

23.3 TERPÈNES ET COMPOSÉS TERPÉNIQUES

L'extraction de composés organiques provenant de plantes remonte à l'Antiquité. En chauffant légèrement ou en distillant à la vapeur certaines substances végétales, on peut obtenir des mélanges de composés odoriférants appelés *huiles essentielles*. Ces composés ont été employés à toutes sortes de fins, notamment dans les débuts de la médecine et pour la fabrication de parfums.

Au fur et à mesure que la chimie organique se développait, les chimistes ont appris à décomposer ces mélanges pour en isoler les constituants, ainsi qu'à déterminer leurs formules moléculaires et ensuite leurs structures. De nos jours encore, ces produits naturels offrent, aux chimistes qui s'intéressent aux questions de détermination des structures et de synthèse, des défis intéressants à relever. Les recherches effectuées dans ce domaine ont également jeté un éclairage révélateur sur la façon dont les plantes elles-mêmes synthétisent ces composés.

Les huiles essentielles regroupent principalement des hydrocarbures portant le nom de **terpènes** et des composés contenant de l'oxygène appelés **composés terpéniques.** La structure de la plupart des terpènes comporte 10, 15, 20 ou 30 atomes de carbone et détermine leur classification comme suit :

La biosynthèse des terpènes a été décrite à l'annexe D.

Nombre d'atomes de carbone	Classe
10	Monoterpènes
15	Sesquiterpènes
20	Diterpènes
30	Triterpènes

Les terpènes peuvent être définis comme un assemblage d'au moins deux unités C_5 appelées *unités isopréniques*. L'isoprène correspond au 2-méthylbuta-1,3-diène. L'isoprène et l'unité isoprénique peuvent être représentés de diverses façons.

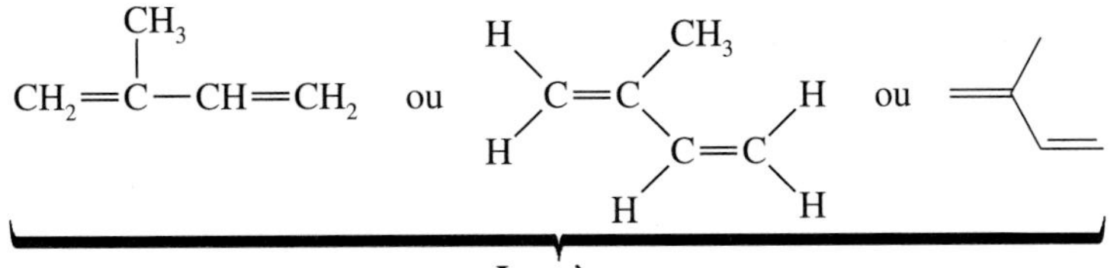

Isoprène

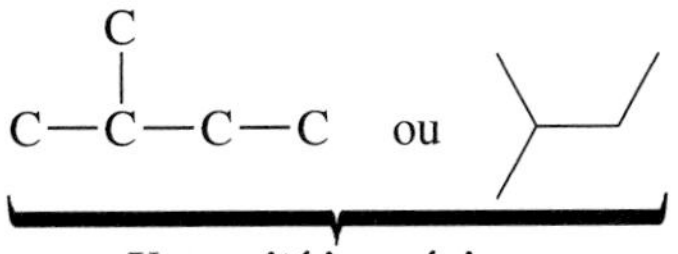

Une unité isoprénique

Nous savons maintenant que les plantes ne synthétisent pas de terpènes à partir de l'isoprène (voir l'annexe D). Par ailleurs, l'identification des unités isopréniques en tant que composantes de la structure des terpènes a grandement favorisé l'élucidation de leurs structures. On comprend pourquoi en examinant les structures suivantes :

**Myrcène
(isolé d'huile
de laurier)**

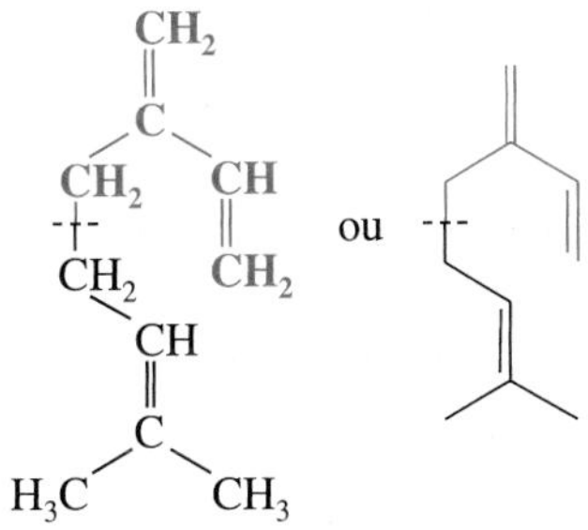

**α-Farnésène
(du revêtement
naturel des pommes)**

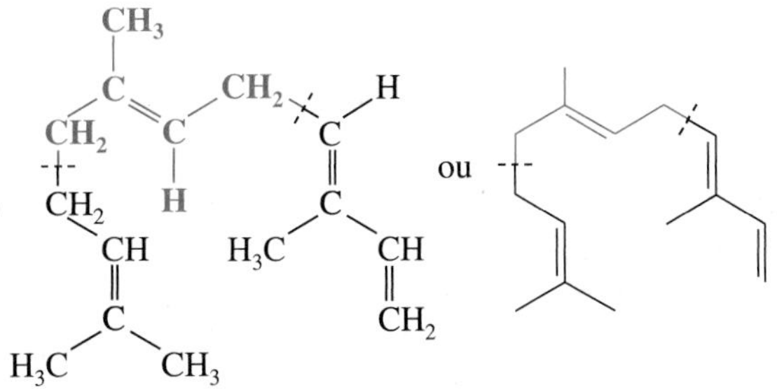

À l'aide de lignes pointillées séparant les unités isopréniques, on peut voir que le monoterpène (myrcène) est constitué de deux unités isopréniques et que le sesquiterpène (α-farnésène) en a trois. Dans les deux cas, les unités isopréniques sont liées par leurs extrémités opposées (tête-queue).

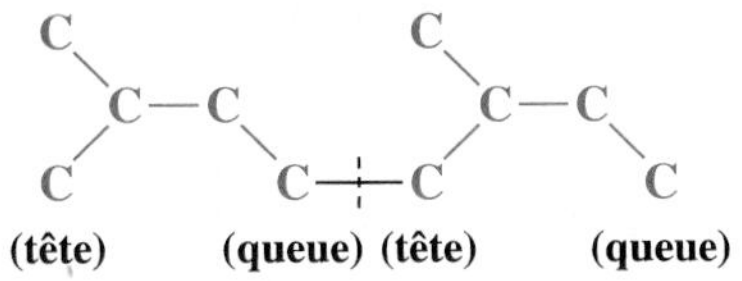

(tête)   (queue) (tête)   (queue)

De nombreux terpènes possèdent également des unités isopréniques liées en cycles, tandis que d'autres (les composés terpéniques) contiennent de l'oxygène.

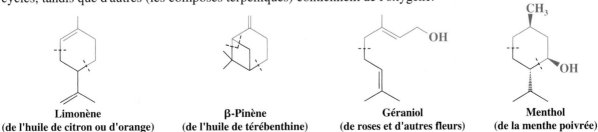

**Limonène
(de l'huile de citron ou d'orange)**   **β-Pinène
(de l'huile de térébenthine)**   **Géraniol
(de roses et d'autres fleurs)**   **Menthol
(de la menthe poivrée)**

PROBLÈME 23.2

a) Identifiez les unités isopréniques dans chacun des terpènes suivants. b) Dans chaque cas, déterminez s'il s'agit d'un monoterpène, d'un sesquiterpène, d'un diterpène, etc.

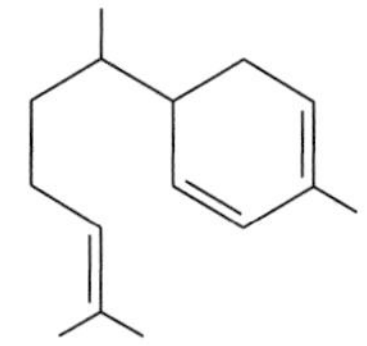

Zingibérène
(de l'huile de gingembre)

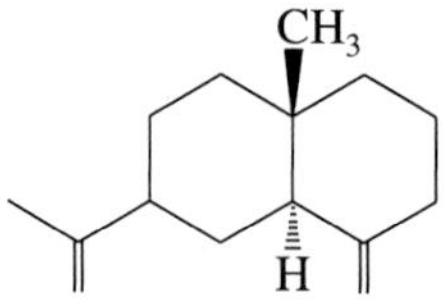

β-Sélinène
(de l'huile de céleri)

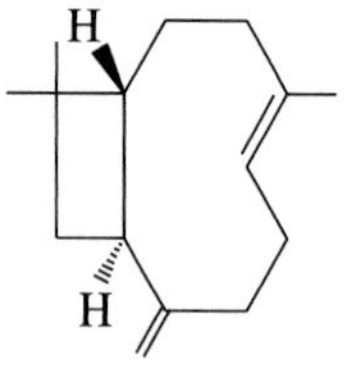

Caryophyllène
(de l'huile de clou de girofle)

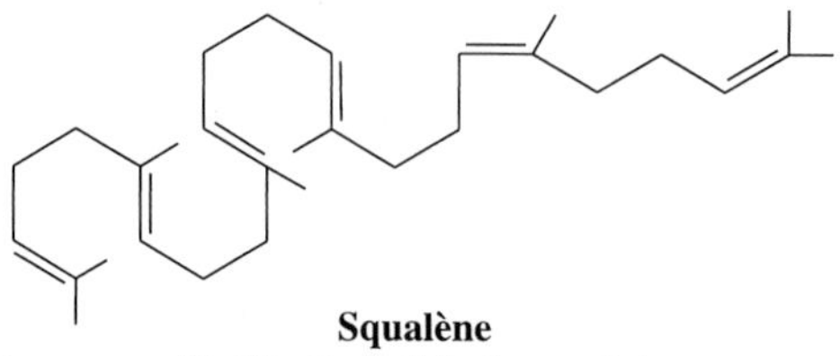

Squalène
(de l'huile de foie de requin)

PROBLÈME 23.3

Quels seraient les produits obtenus si chacun des terpènes suivants était soumis à une ozonolyse et à un traitement subséquent par du zinc et de l'acide acétique ?

a) Myrcène   c) α-Farnésène   e) Squalène

b) Limonène   d) Géraniol

PROBLÈME 23.4

Écrivez la formule développée des produits issus des réactions suivantes :

a) β-Pinène + KMnO$_4$ $\xrightarrow{\Delta}$ c) Caryophyllène + HCl $\longrightarrow$

b) Zingibérène + H$_2$ $\xrightarrow{Pt}$ d) β-Sélinène $\xrightarrow[\text{2) H}_2\text{O}_2\text{, OH}^-]{\text{1) THF:BH}_3\text{ 2 éq.}}$

PROBLÈME 23.5

Quel test chimique simple permettrait de distinguer le géraniol du menthol ?

Les carotènes sont des tétraterpènes pouvant être considérés comme deux diterpènes liés par leurs extrémités homologues (queue-queue).

α-Carotène

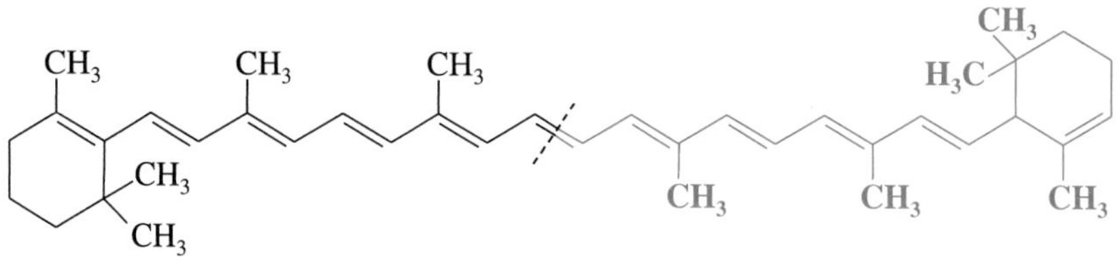

β-Carotène

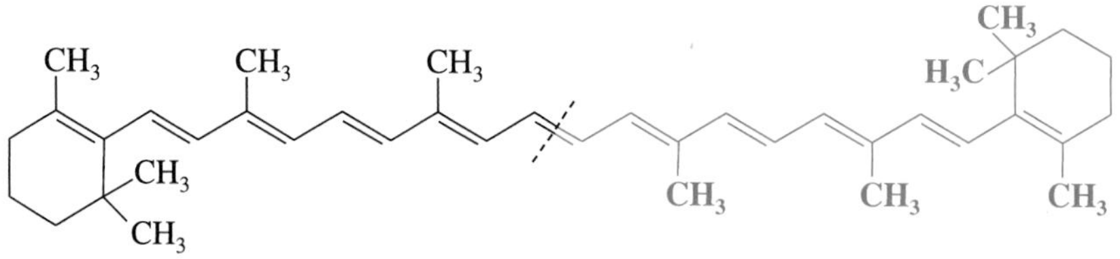

γ-Carotène

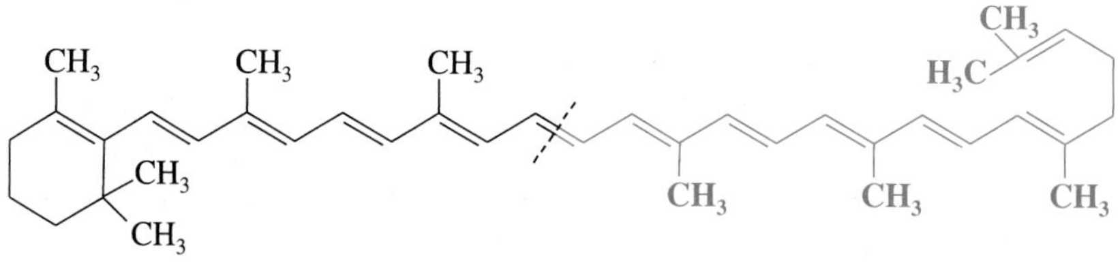

Les carotènes sont présents dans presque toutes les plantes vertes. Chez les animaux, les trois carotènes servent de précurseurs à la vitamine A parce qu'ils peuvent tous être convertis en cette vitamine par des enzymes dans le foie.

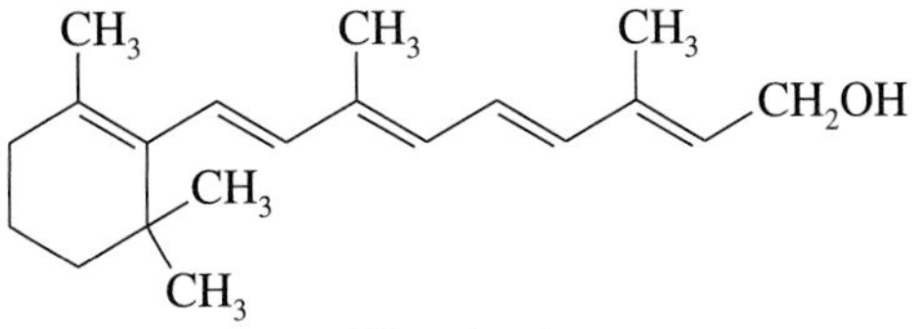

Vitamine A

Au cours de cette conversion, une molécule de β-carotène donne deux molécules de vitamine A, alors que l'α-carotène et la γ-carotène n'en donnent qu'une. La vitamine A joue un rôle important non seulement dans la vision, mais aussi dans de nombreuses fonctions. Par exemple, toute carence en vitamine A dans le régime alimentaire des jeunes animaux entraîne une interruption de leur croissance.

23.3A CAOUTCHOUC NATUREL

Le caoutchouc naturel peut être considéré comme un polymère d'isoprène résultant d'additions-1,4 successives. En fait, la pyrolyse dégrade le caoutchouc naturel en isoprène. La pyrolyse (du grec *pyros*, feu, + *lysis*) est un procédé de chauffage en absence d'air jusqu'à décomposition. Les unités isopréniques du caoutchouc naturel sont toutes réunies par des liens tête-queue et toutes les doubles liaisons sont *cis*.

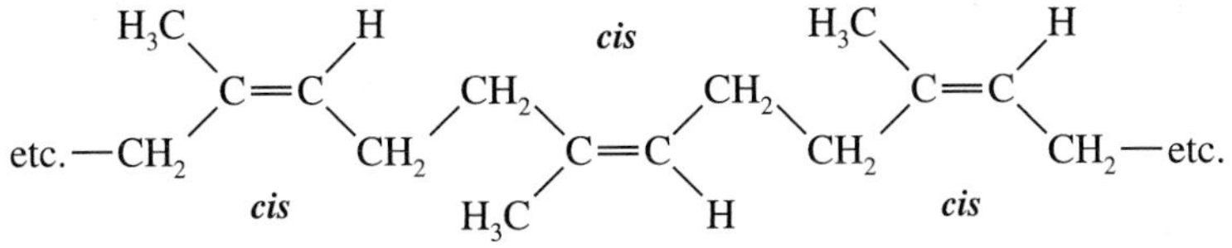

Caoutchouc naturel
(*cis*-polyisoprène-1,4)

Les catalyseurs Ziegler-Natta (voir l'annexe A) permettent la polymérisation de l'isoprène et l'obtention d'un produit synthétique identique au caoutchouc d'origine naturelle.

Le caoutchouc naturel pur est mou et collant. Pour être utile, il doit être *vulcanisé*. La vulcanisation consiste à chauffer le caoutchouc naturel en présence de soufre. La réaction engendrée fait apparaître des ponts entre les chaînes *cis*-polyisoprène et rend le caoutchouc beaucoup plus dur. Le soufre réagit avec les liaisons doubles ainsi qu'avec les atomes d'hydrogène allyliques.

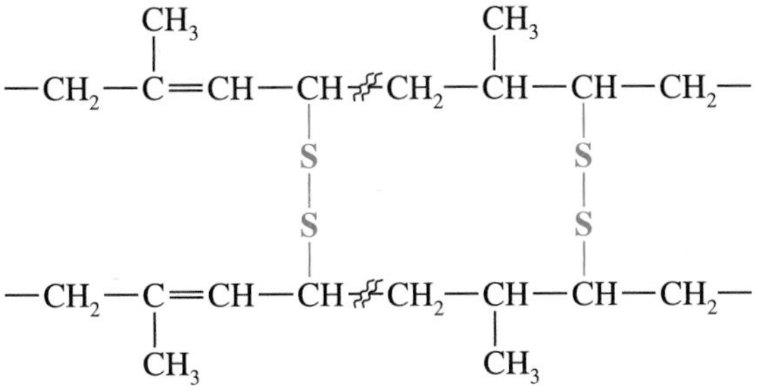

Caoutchouc vulcanisé

23.4 STÉROÏDES

Les fractions lipidiques provenant des animaux et des plantes contiennent un autre groupe de composés importants : les **stéroïdes.** Ce sont d'importants « régulateurs biologiques » qui provoquent presque toujours des effets physiologiques prononcés lorsqu'ils sont administrés à des organismes vivants. Parmi ces composés, il y a les hormones sexuelles mâles et femelles, les hormones corticosurrénales, les vitamines D, les acides biliaires et certains poisons cardiaques.

23.4A NOMENCLATURE SYSTÉMATIQUE ET STRUCTURE DES STÉROÏDES

Les stéroïdes sont des dérivés du noyau cyclopentanoperhydrophénantrène.

Les atomes de carbone de ce noyau sont numérotés, tandis que les quatre cycles sont désignés par des lettres.

Dans la plupart des stéroïdes, les jonctions des cycles **B et C** et des cycles **C et D** sont *trans*. Toutefois, la jonction entre les cycles **A et B** est parfois *cis*, parfois *trans*, et cette possibilité donne lieu à deux grands groupes de stéroïdes ayant les structures tridimensionnelles illustrées à la figure 23.6.

Les groupes méthyle attachés aux points de jonction des cycles (c'est-à-dire ceux qui portent les numéros 18 et 19) sont appelés **groupes méthyle angulaires** et constituent d'importants points de référence dans les désignations stéréochimiques. Les groupes méthyle angulaires se trouvent au-dessus du plan général du système polycyclique lorsque celui-ci est tel que représenté à la figure 23.6. Par convention, les autres groupes qui se trouvent du même côté de la molécule que les groupes méthyle angulaires (c'est-à-dire sur le dessus) sont appelés **substituants β** (leur liaison est représentée par un biseau plein). Ceux qui se trouvent en dessous (soit ceux qui sont *trans* ou *anti* par rapport aux groupes méthyle angulaires) portent le nom de **substituants α** (leur liaison est représentée par un biseau hachuré) (voir le tableau 23.3). Si cette nomenclature est appliquée à l'atome d'hydrogène en position 5, le noyau dans lequel la jonction des cycles **A et B** est *trans* devient la série 5α, alors que le noyau dans lequel cette même jonction est *cis* devient la série 5β (figure 23.6).

PROBLÈME 23.6

Dessinez les deux noyaux de base de la figure 23.6 pour les séries 5α et 5β en montrant tous les atomes d'hydrogène des cycles cyclohexane. Indiquez si chacun des atomes d'hydrogène est axial ou équatorial.

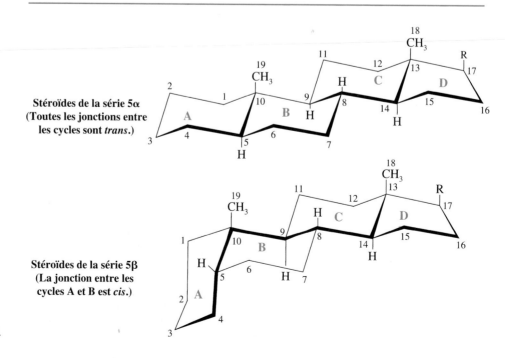

Stéroïdes de la série 5α (Toutes les jonctions entre les cycles sont *trans*.)

Stéroïdes de la série 5β (La jonction entre les cycles A et B est *cis*.)

Figure 23.6 Le noyau de base des stéroïdes des séries 5α et 5β.

Tableau 23.3 Noms des hydrocarbures de base des stéroïdes.

	R	Nom
	—H	Androstane
	—H (où —H remplace également —$\overset{19}{CH_3}$)	Œstrane
	$\overset{20}{—CH_2}\overset{21}{CH_3}$	Pregnane
	$\overset{20}{—CH}\overset{22}{CH_2}\overset{23}{CH_2}\overset{24}{CH_3}$ $\underset{21}{\vert}$ $\underset{21}{CH_3}$	Cholane
	$\overset{20}{—CH}\overset{22}{CH_2}\overset{23}{CH_2}\overset{24}{CH_2}\overset{25}{CH}\overset{26}{CH_3}$ $\underset{21}{\vert}\qquad\qquad\underset{27}{\vert}$ $\underset{21}{CH_3}\qquad\qquad\underset{27}{CH_3}$	Cholestane

Dans la nomenclature systématique, la nature du groupe R en position 17 détermine (principalement) le nom de base d'un stéroïde donné. Ces noms de base dérivent de la dénomination des stéroïdes figurant au tableau 23.3.

Les deux exemples suivants illustrent l'utilisation de ces noms de base.

5α-Pregnan-3-one

5α-Cholest-1-én-3-one

Nous verrons que de nombreux stéroïdes ont des noms communs et que les noms des stéroïdes de base apparaissant au tableau 23.3 en sont dérivés.

PROBLÈME 23.7

a) L'androstérone, une hormone sexuelle mâle secondaire, a pour nom systématique 3α-hydroxy-5α-androstan-17-one. Écrivez la formule tridimensionnelle de ce composé. b) Le noréthynodrel, un stéroïde synthétique à usage très courant comme contraceptif oral, a pour nom systématique 17α-éthynyl-17β-hydroxyœstr-5(10)-én-3-one. Écrivez-en la structure tridimensionnelle.

23.4B CHOLESTÉROL

Le cholestérol est l'un des stéroïdes les plus répandus et peut être isolé par extraction à partir de presque tous les tissus animaux. Les calculs biliaires humains en sont une source particulièrement riche.

Le cholestérol fut isolé pour la première fois en 1770. Dans les années 1920, deux chimistes allemands, Adolf Windaus (université de Göttingen) et Heinrich Wieland (université de Munich) en déterminèrent la structure générale; ils reçurent le prix Nobel en 1927 et en 1928 pour leurs travaux*.

La difficulté caractérisant l'identification de la structure absolue du cholestérol provient en partie du fait que la molécule contient *huit* centres stéréogéniques

La biosynthèse du cholestérol a été présentée dans la Capsule chimique intitulée « Biosynthèse du cholestérol », au chapitre 8.

---

* La structure initialement proposée par Windaus et Wieland pour le cholestérol était incorrecte, comme le démontrèrent en 1932 les études par diffraction aux rayons X effectuées par le physicien britannique J.D. Bernal. Toutefois, à la fin de 1932, des scientifiques anglais et Wieland lui-même parvinrent, grâce aux résultats de Bernal, à déterminer la structure exacte du cholestérol.

tétraédriques. Ce nombre signifie que 2^8 ou 256 stéréo-isomères de la structure de base sont possibles, *dont une seule correspond au cholestérol.*

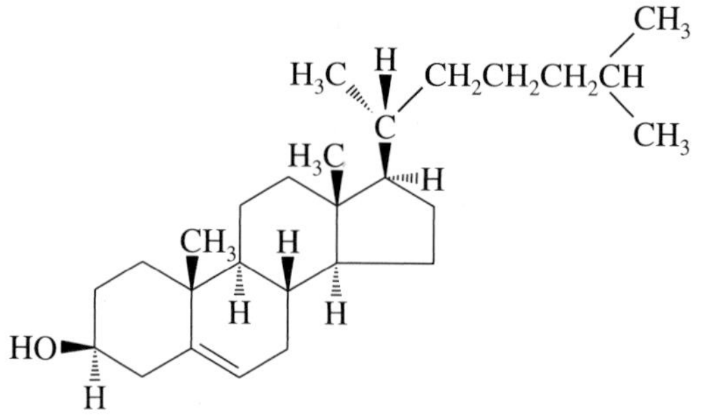

Cholest-5-én-3β-ol
(configuration absolue du cholestérol)

PROBLÈME 23.8

Identifiez à l'aide d'astérisques les huit centres stéréogéniques du cholestérol.

Si le cholestérol est abondant dans l'organisme humain, toutes ses fonctions biologiques ne sont pas encore bien connues. On sait que le cholestérol sert d'intermédiaire dans la biosynthèse de tous les stéroïdes de l'organisme, ce qui le rend essentiel à la vie. Toutefois, nous n'avons pas besoin d'adopter un régime alimentaire comportant du cholestérol, car notre organisme peut en synthétiser en quantité suffisante. Lorsque nous ingérons du cholestérol, notre organisme en synthétise moins. Cependant, la quantité totale de cholestérol est tout de même supérieure à la normale. Notre corps contient alors beaucoup plus de cholestérol que ce que nécessite la biosynthèse des stéroïdes. Un taux élevé de cholestérol sanguin contribue à l'apparition de l'artériosclérose (le durcissement des artères) et de crises cardiaques lorsque des plaques contenant du cholestérol bloquent les artères du cœur. Maints travaux de recherche actuels portent sur le métabolisme du cholestérol; on espère ainsi trouver un moyen d'en diminuer les concentrations par des modifications au régime alimentaire ou à l'aide de médicaments spécifiques.

23.4C HORMONES SEXUELLES

Les hormones sexuelles peuvent être classées en trois grands groupes : 1) les hormones sexuelles femelles, ou **œstrogènes,** 2) les hormones sexuelles mâles, ou **androgènes,** et 3) les hormones de la grossesse, ou **progestatifs.**

La première hormone sexuelle isolée fut un œstrogène, soit l'*œstrone.* Adolf Butenandt (de l'université de Göttingen, en Allemagne) et Edward Doisy (de l'université de St. Louis, aux États-Unis) isolèrent indépendamment l'œstrone à partir de l'urine de femmes enceintes et publièrent en 1929 les résultats des travaux ayant mené à leur découverte. Plus tard, Doisy réussit à isoler l'*œstradiol,* un œstrogène beaucoup plus puissant. Pour parvenir à ses fins, Doisy dut extraire *quatre tonnes* d'ovaires de truies pour obtenir seulement 12 mg d'œstradiol. On sait maintenant que l'œstradiol est la véritable hormone sexuelle femelle et que l'œstrone est une forme métabolisée de l'œstradiol qui est excrétée.

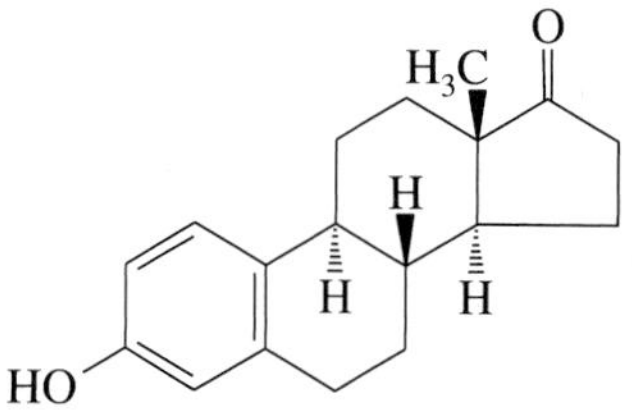

Œstrone
[3-hydroxyœstra-1,3,5(10-)
trién-17-one]

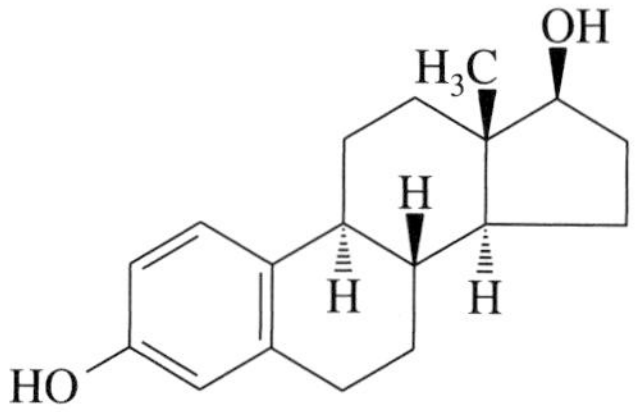

Œstradiol
[œstra-1,3,5(10)-triène-
3,17β-diol]

L'œstradiol est sécrété par les ovaires et favorise l'apparition des caractères sexuels féminins secondaires au début de la puberté. Les œstrogènes stimulent également le développement des glandes mammaires durant la grossesse et provoquent l'œstrus (le rut) chez les animaux.

En 1931, Butenandt et Kurt Tscherning isolèrent le premier androgène, soit l'*androstérone*. Ils purent obtenir 15 mg de cette hormone après avoir extrait quelque 15 000 L d'urine de sujets mâles. Peu de temps après (en 1935), Ernest Laqueur (aux Pays-Bas) isola une autre hormone sexuelle mâle, la *testostérone,* provenant de testicules de bœufs. Il devint bientôt évident que la testostérone est la véritable hormone sexuelle mâle et que l'androstérone est une forme métabolisée de la testostérone qui est excrétée dans l'urine.

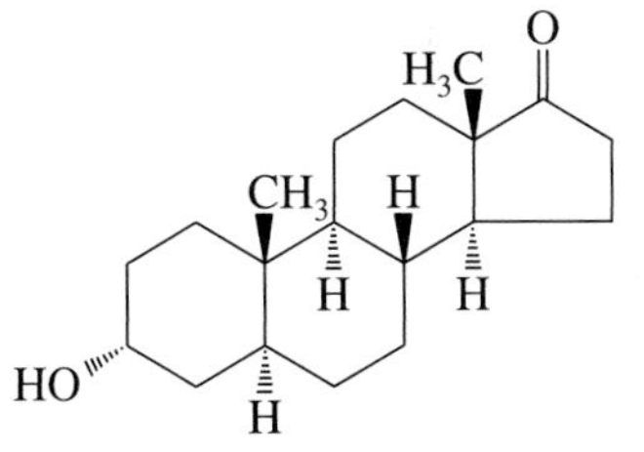

Androstérone
(3α-hydroxy-5α-androstan-17-one)

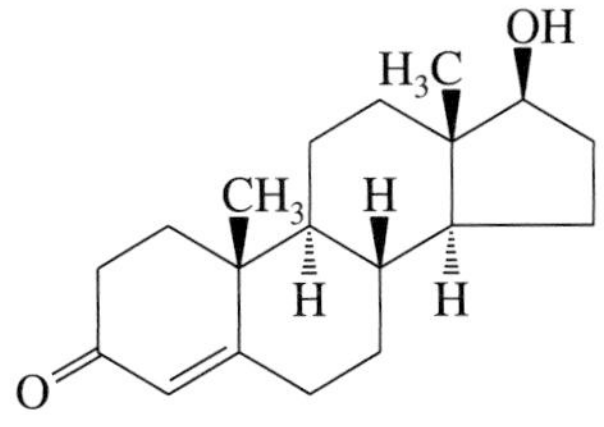

Testostérone
(17β-hydroxyandrost-4-én-3-one)

Sécrétée par les testicules, la testostérone est l'hormone qui favorise l'apparition des caractères sexuels secondaires chez les mâles : la croissance des poils faciaux et corporels, la mue de la voix, le développement musculaire et la maturation des organes sexuels mâles.

La testostérone et l'œstradiol sont donc les composés chimiques responsables de la « masculinité » et de la « féminité ». Il est particulièrement intéressant d'en examiner les formules développées et de constater à quel point les différences entre ces deux composés sont minimes. La testostérone a un groupe méthyle angulaire à la jonction des cycles **A et B,** qui est absent dans l'œstradiol. Puisque le cycle **A** de l'œstradiol est benzénique, l'œstradiol est un phénol. Le cycle **A** de la testostérone contient un groupe cétone α,β-insaturé.

PROBLÈME 23.9

Il est facile de séparer les œstrogènes (œstrone et œstradiol) des androgènes (androstérone et testostérone) en raison d'une de leurs propriétés chimiques. Quelle est cette propriété, et comment la séparation peut-elle être effectuée ?

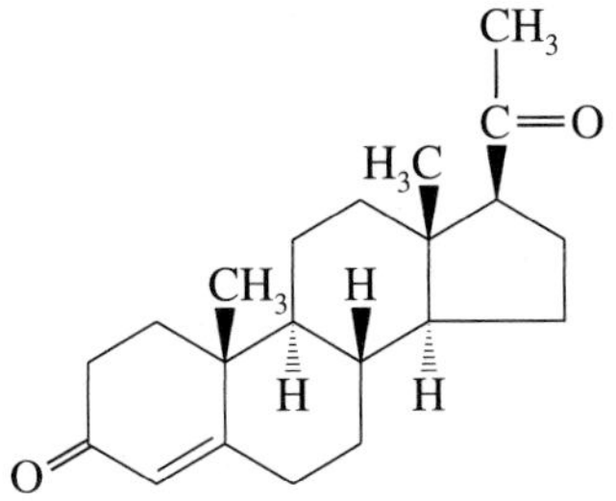

Progestérone
(pregn-4-ène-3, 20-dione)

La progestérone est le plus important *progestatif* (hormone de la grossesse). Après l'ovulation, ce qui reste du follicule ovarien (appelé *corps jaune*) commence à sécréter de la progestérone. Cette hormone prépare la muqueuse utérine pour l'implantation de l'ovule fertilisé, et la progestérone doit être sécrétée de façon ininterrompue pour que la grossesse soit menée à terme. La sécrétion de progestérone est graduellement assurée par le placenta à mesure que décline la quantité sécrétée par le corps jaune.

La progestérone *inhibe également l'ovulation* et semble être l'agent chimique responsable du fait que les femmes enceintes ne sont plus fertiles pendant leur grossesse. L'observation de cette propriété a suscité divers travaux de recherche visant à mettre au point des progestatifs synthétiques pouvant être utilisés comme contraceptifs oraux. Pour inhiber l'ovulation, la progestérone elle-même doit être administrée oralement en très grandes doses, car elle est dégradée dans l'intestin. Divers composés de ce type ont été élaborés et leur utilisation est maintenant largement répandue. En plus du noréthynodrel lui-même (voir le problème 23.7), son isomère (position différente de la double liaison), la *noréthindrone,* est un autre progestatif synthétique souvent utilisé.

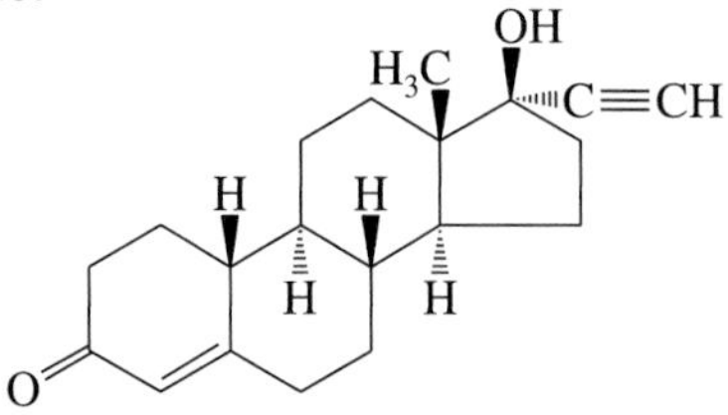

Noréthindrone
(17α-éthynyl-17β-hydroxyœstr-4-én-3-one)

Des œstrogènes synthétiques ont également été mis au point et servent fréquemment à des fins de contraception orale, en association avec les progestatifs synthétiques. L'*éthynylœstradiol* est l'un des œstrogènes synthétiques actuels les plus puissants.

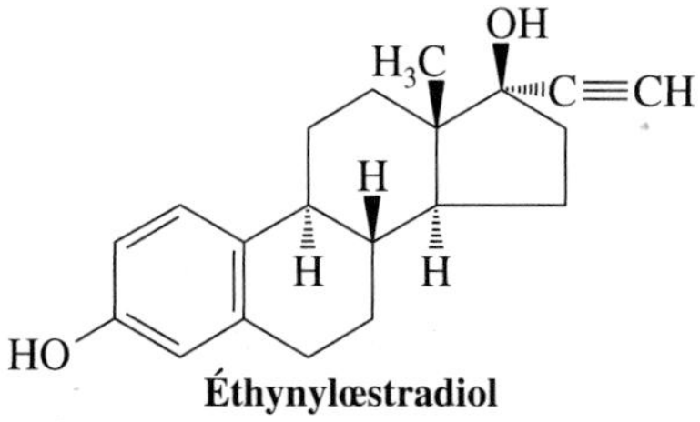

Éthynylœstradiol
[17α-éthynylœstra-1,3,5(10)-triène-3,17β-diol]

23.4D HORMONES CORTICOSURRÉNALES

Au moins 28 hormones différentes ont été isolées du cortex surrénalien, qui fait partie des glandes surrénales situées au sommet des reins. Parmi ces hormones figurent les deux stéroïdes suivants :

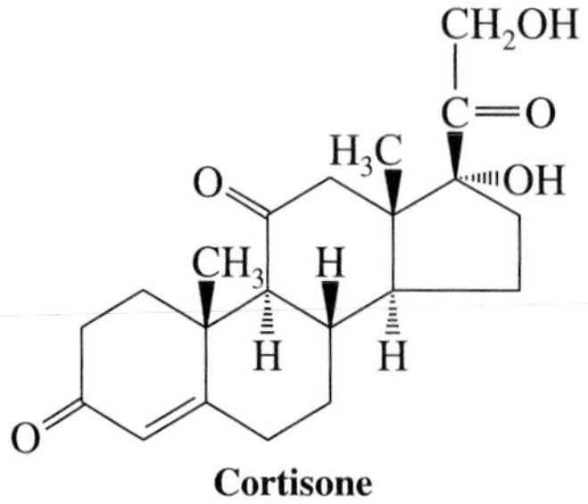

Cortisone
(17α,21-dihydroxypregn-4-ène-3,11,20-trione)

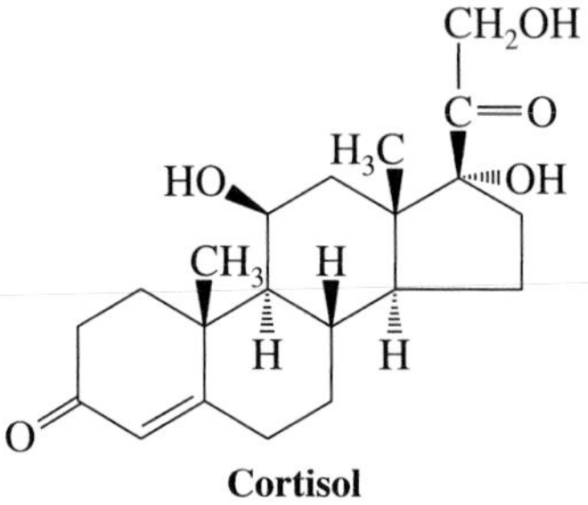

Cortisol
(11β,17α,21-trihydroxypregn-4-ène-3,20-dione)

La plupart des stéroïdes du cortex surrénalien (ou corticostéroïdes) portent une fonction oxygénée en position 11 (une cétone dans la cortisone, par exemple, et un β-hydroxyle dans le cortisol). Le cortisol est la principale hormone sécrétée par le cortex surrénalien chez l'homme.

Les corticostéroïdes interviennent apparemment dans la régulation d'un grand nombre d'activités biologiques, dont le métabolisme des glucides, des protéines et des lipides, l'équilibre aqueux et celui des électrolytes et les réactions de défense contre les substances inflammatoires ou allergènes. La découverte, en 1949, de l'action anti-inflammatoire de la cortisone et de ses bienfaits dans le traitement de l'arthrite rhumatoïde a suscité des travaux de recherche approfondis dans ce domaine. De nombreux stéroïdes dotés d'une fonction oxygénée en position 11 sont maintenant employés dans le traitement de diverses pathologies, de la maladie d'Addison à l'asthme en passant par les inflammations cutanées.

Tableau 23.4 Autres stéroïdes importants.

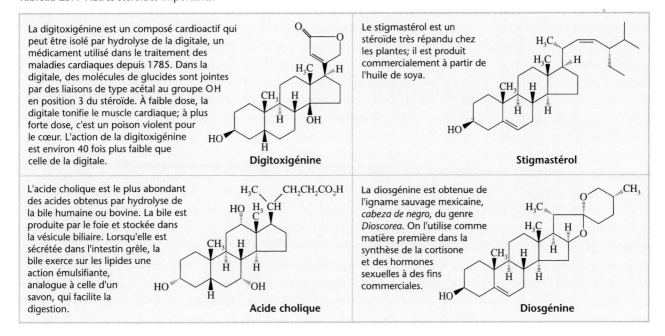

La digitoxigénine est un composé cardioactif qui peut être isolé par hydrolyse de la digitale, un médicament utilisé dans le traitement des maladies cardiaques depuis 1785. Dans la digitale, des molécules de glucides sont jointes par des liaisons de type acétal au groupe OH en position 3 du stéroïde. À faible dose, la digitale tonifie le muscle cardiaque; à plus forte dose, c'est un poison violent pour le cœur. L'action de la digitoxigénine est environ 40 fois plus faible que celle de la digitale. **Digitoxigénine**	Le stigmastérol est un stéroïde très répandu chez les plantes; il est produit commercialement à partir de l'huile de soya. **Stigmastérol**
L'acide cholique est le plus abondant des acides obtenus par hydrolyse de la bile humaine ou bovine. La bile est produite par le foie et stockée dans la vésicule biliaire. Lorsqu'elle est sécrétée dans l'intestin grêle, la bile exerce sur les lipides une action émulsifiante, analogue à celle d'un savon, qui facilite la digestion. **Acide cholique**	La diosgénine est obtenue de l'igname sauvage mexicaine, *cabeza de negro*, du genre *Dioscorea*. On l'utilise comme matière première dans la synthèse de la cortisone et des hormones sexuelles à des fins commerciales. **Diosgénine**

23.4E VITAMINES D

C'est en 1919 qu'on a démontré que la lumière solaire aidait à guérir le rachitisme, une maladie infantile caractérisée par une faible croissance osseuse, et qu'on s'est mis à la recherche d'une explication chimique de ce phénomène. On découvrit bientôt que l'irradiation de certains aliments accentuait leurs propriétés antirachitiques et on s'aperçut, en 1930, qu'un stéroïde appelé *ergostérol* pouvait être isolé d'une levure. Il s'avéra que l'irradiation de l'ergostérol produisait un composé très actif. En 1932, Windaus (section 23.4B) et des collègues en Allemagne prouvèrent que ce composé très actif était la vitamine D_2. Pendant la réaction photochimique, le cycle diénique **B** de l'ergostérol s'ouvre et donne un triène conjugué :

Rayons UV, température ambiante

Ergostérol → **Vitamine D_2**

23.4F AUTRES STÉROÏDES

Les structures, les sources et les propriétés physiologiques de divers autres stéroïdes importants sont présentées au tableau 23.4.

23.4G RÉACTIONS DES STÉROÏDES

Les stéroïdes participent à toutes les réactions auxquelles peuvent être associées des molécules contenant des liaisons doubles, des groupes hydroxyle, des groupes carbonyle, etc. De caractère assez complexe, la stéréochimie des réactions des stéroïdes est souvent déterminée par l'encombrement stérique engendré sur la face β de la molécule par les groupes méthyle angulaires. Maints réactifs tendent à réagir du côté α, relativement moins encombré, surtout lorsque la réaction se produit avec un groupe fonctionnel situé très près d'un groupe méthyle angulaire et que le réactif attaquant est volumineux. Les réactions suivantes illustrent une telle tendance.

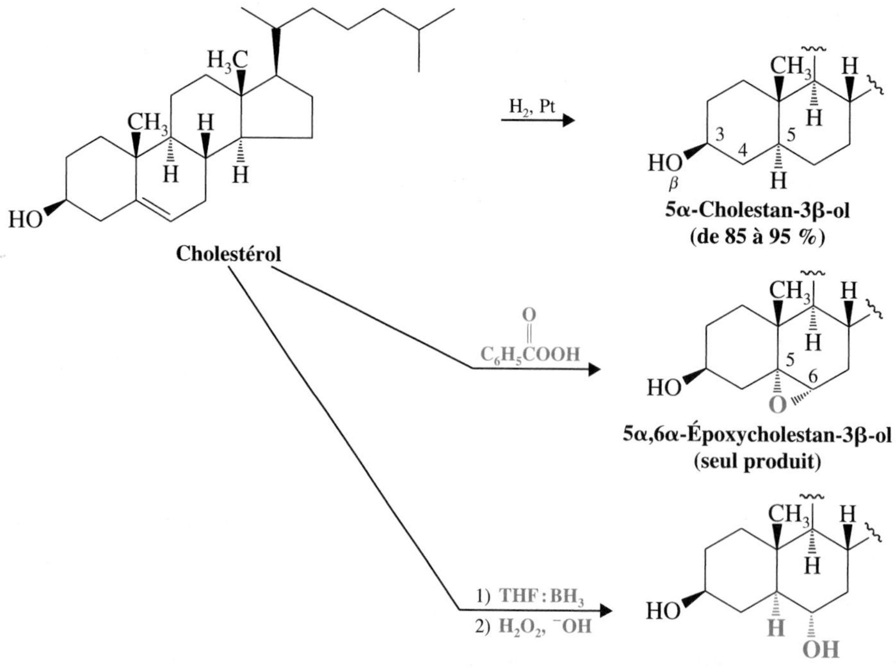

Cholestérol

$$H_2, Pt \longrightarrow$$

5α-Cholestan-3β-ol
(de 85 à 95 %)

$$C_6H_5COOH \longrightarrow$$

5α,6α-Époxycholestan-3β-ol
(seul produit)

1) $THF : BH_3$
2) H_2O_2, ^-OH $\longrightarrow$

5α-Cholestane-3β,6α-diol
(78 %)

Lorsque le cycle époxyde du 5α,6α-époxycholestan-3β-ol (voir la réaction suivante) est ouvert, l'attaque par l'ion chlorure doit se produire à partir de la face β, mais elle a lieu à la position 6, plus accessible. Notez que les substituants 5- et 6- dans le produit sont *diaxiaux* (section 8.7).

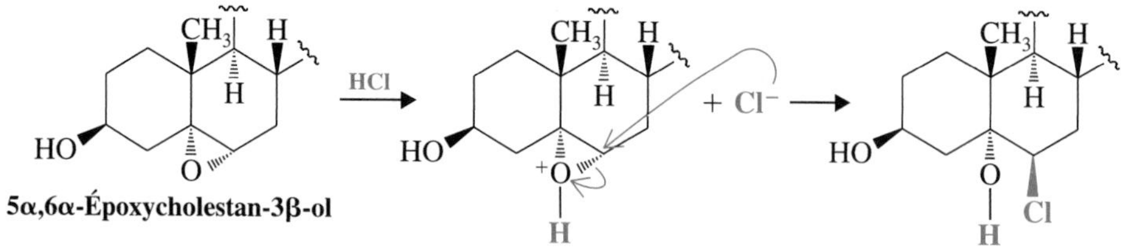

5α,6α-Époxycholestan-3β-ol

$$HCl \longrightarrow \qquad + Cl^- \longrightarrow$$

PROBLÈME 23.10

Montrez comment le cholestérol peut être converti en chacun des composés suivants :

a) 5α,6β-Dibromocholestan-3β-ol   d) 6α-Deutério-5α-cholestan-3β-ol

b) Cholestane-3β,5α,6β-triol   e) 6β-Bromocholestane-3β,5α-diol

c) 5α-Cholestan-3-one

L'accessibilité relative des groupes équatoriaux (par rapport aux groupes axiaux) influe également sur le déroulement stéréochimique des réactions des stéroïdes. Lorsque du 5α-cholestane-3β,7α-diol (voir la réaction ci-dessous) est traité par un excès de chloroformiate d'éthyle (C_2H_5OCOCl), seul le groupe 3β-hydroxyle est estérifié. Pour sa part, le groupe 7α-hydroxyle axial n'est pas touché lors de la réaction.

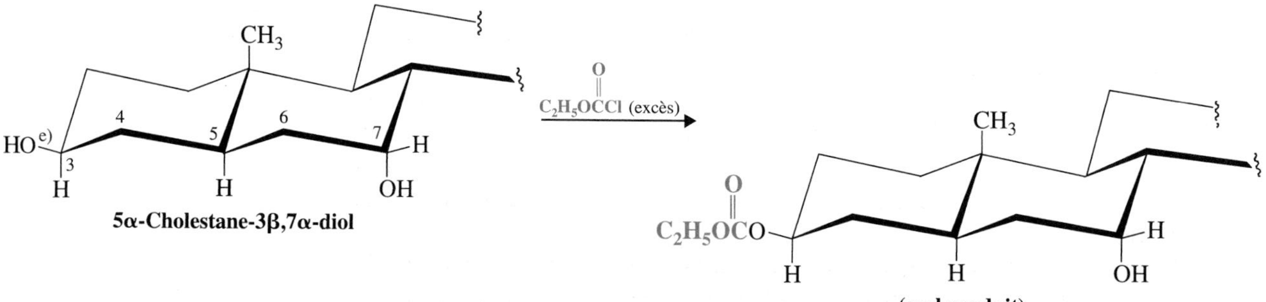

5α-Cholestane-3β,7α-diol

$$C_2H_5OCCl \text{ (excès)} \longrightarrow$$

(seul produit)

Par contraste, le traitement du 5α-cholestane-3β,7β-diol par un excès de chloroformiate d'éthyle déclenche l'estérification des deux groupes hydroxyle. Dans ce dernier cas, les deux groupes sont équatoriaux.

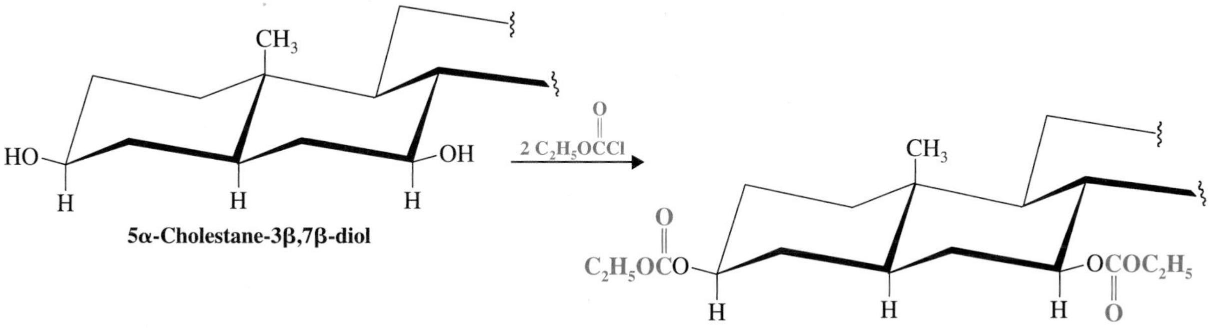

5α-Cholestane-3β,7β-diol

$2\ C_2H_5OCCl$

23.5 PROSTAGLANDINES

Le groupe des lipides appelés **prostaglandines** fait l'objet de recherches très actives à l'heure actuelle. Les prostaglandines sont des acides carboxyliques de 20 atomes de carbone comprenant un cycle à cinq chaînons, au moins une double liaison, de même que plusieurs groupes fonctionnels oxygénés. Les prostaglandines E_2 et $F_{1\alpha}$ font partie des prostaglandines ayant l'activité biologique la plus marquée.

Ces noms sont ceux qu'utilisent les chercheurs dans ce domaine pour désigner les prostaglandines. Les noms systématiques des prostaglandines sont très rarement utilisés.

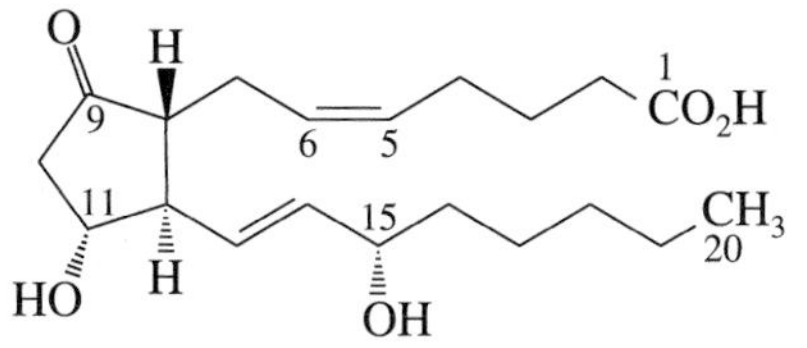

Prostaglandine E_2
(PGE$_2$)

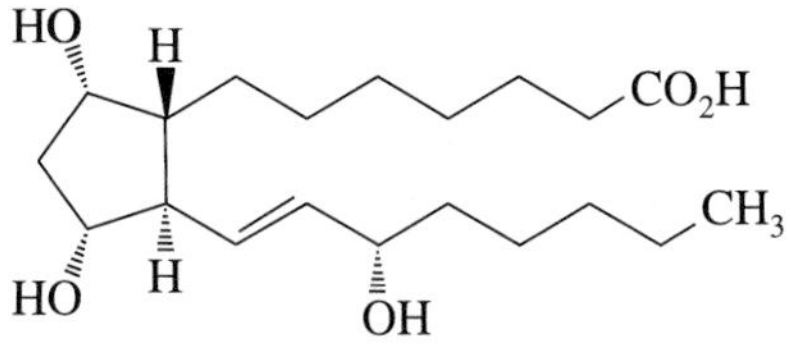

Prostaglandine $F_{1\alpha}$
(PGF$_{1\alpha}$)

Les prostaglandines de type E ont un groupe carbonyle en C9 et un groupe hydroxyle en C11, tandis que celles de type F possèdent un groupe hydroxyle à ces deux positions. Les prostaglandines de la série 2 ont une double liaison entre C5 et C6, alors que dans la série 1 cette liaison est simple.

D'abord isolées du liquide séminal, les prostaglandines ont depuis été détectées dans la plupart des tissus d'origine animale. Les quantités varient d'un tissu à l'autre, mais elles sont presque toujours très faibles. Cependant, la plupart des prostaglandines ont une activité biologique puissante, qui est assortie d'un vaste éventail d'effets. On sait maintenant que les prostaglandines ont une incidence sur le rythme cardiaque, la tension artérielle, la coagulation sanguine, la conception, la fertilité et les réactions allergiques.

La découverte de l'action inhibitrice des prostaglandines sur la formation de caillots sanguins a eu une grande importance d'ordre clinique, car les crises cardiaques et les accidents cérébrovasculaires résultent souvent de la présence de caillots anormaux dans les vaisseaux sanguins. Une meilleure compréhension du mécanisme par lequel les prostaglandines influent sur la formation des caillots pourrait se traduire par la mise au point de médicaments aidant à prévenir les crises cardiaques et les accidents cérébrovasculaires.

La biosynthèse des prostaglandines de la série 2 commence avec un acide polyénoïque de 20 atomes de carbone, l'acide arachidonique. Dans le cas de la

En 1982, le prix Nobel de physiologie et de médecine a été décerné à S.K. Bergström et B.I. Samuelsson (de l'Institut Karolinska situé à Stockholm, en Suède) ainsi qu'à J.R. Vane (de la Fondation Wellcome située à Beckenham, en Angleterre) pour leurs travaux sur les prostaglandines.

série 1, elle commence avec un acide gras ayant une double liaison de moins. La première étape nécessite deux molécules d'oxygène et est catalysée par une enzyme appelée *cyclooxygénase*.

$$\text{Acide arachidonique} \xrightarrow[\substack{\text{cyclooxygénases} \\ \text{(inhibées par l'aspirine)}}]{2\ O_2}$$

Acide arachidonique

$$\text{PGG}_2 \xrightarrow[\text{étapes}]{\text{plusieurs}} \text{PGE}_2 \text{ et autres prostaglandines}$$

PGG₂ (un endoperoxyde cyclique)

Le rôle des prostaglandines dans les réactions allergiques et inflammatoires s'est également révélé d'un grand intérêt. Certaines prostaglandines provoquent l'inflammation, alors que d'autres la soulagent. Le médicament anti-inflammatoire le plus répandu est certainement l'aspirine ordinaire (voir la section 21.8). L'aspirine inhibe la synthèse des prostaglandines à partir de l'acide arachidonique, apparemment par acétylation des enzymes cyclooxygénases, qui les rend inactives (voir la réaction précédente). Cette réaction pourrait être à l'origine des propriétés anti-inflammatoires de l'aspirine. Une autre prostaglandine (PGE₁) est un puissant agent pyrogène (qui donne de la fièvre), et la capacité de l'aspirine à faire baisser la fièvre pourrait également découler de son action inhibitrice sur la synthèse des prostaglandines.

23.6 PHOSPHOLIPIDES ET MEMBRANES CELLULAIRES

Les **phospholipides** forment une autre grande classe de lipides. Du point de vue de leur structure, la plupart des phospholipides sont apparentés à un dérivé du glycérol appelé *acide phosphatidique*. Dans un acide phosphatidique, deux groupes hydroxyle du glycérol sont associés par des liaisons esters à des acides gras et l'un des groupes hydroxyle terminaux est rattaché par une liaison ester à de l'*acide phosphorique*.

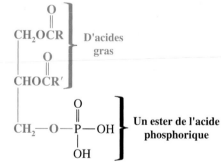

**Un acide phosphatidique
(un phosphate de diacylglycérol)**

23.6A PHOSPHATIDES

Dans les *phosphatides,* le groupe phosphate d'un acide phosphatidique est lié par une autre liaison ester à l'un des composés azotés suivants :

$$\underset{\textbf{Choline}}{HOCH_2CH_2\overset{+}{N}(CH_3)_3\ ^-HO} \qquad \underset{\textbf{2-Aminoéthanol (éthanolamine)}}{HOCH_2CH_2NH_2} \qquad \underset{\textbf{L-Sérine}}{HOCH_2-\overset{\overset{+}{NH_3}}{\underset{H}{C}}\text{----}CO_2^-}$$

Tableau 23.5 Phosphatides les plus importants.

Lécithines	Céphalines	Phosphatidylsérines	Plasmalogènes
O $\|$ CH_2OCR O $\|$ CHOCR' O $\|$ $\text{CH}_2\text{OPOCH}_2\text{CH}_2\overset{+}{\text{N}}(\text{CH}_3)_3$ $\|$ O^- (de la choline) R est saturé et R' est insaturé.	O $\|$ CH_2OCR O $\|$ CHOCR' O $\|$ $\text{CH}_2\text{OPOCH}_2\text{CH}_2\overset{+}{\text{N}}\text{H}_3$ $\|$ O^- (du 2-aminoéthanol)	O $\|$ CH_2OCR O $\|$ CHOCR' O $\|$ $\text{CH}_2\text{OPOCH}_2\text{CH}\overset{+}{\text{N}}\text{H}_3$ $\|$ $\|$ O^- CO_2^- (de la L-sérine) R est saturé et R' est insaturé.	CH_2OR R est $-\text{CH}=\text{CH}(\text{CH}_2)_n\text{CH}_3$ $\|$ (Cette liaison est celle d'un O éther α,β-insaturé.) $\|$ CHOCR' O $\|$ $\text{CH}_2\text{OPOCH}_2\text{CH}_2\overset{+}{\text{N}}\text{H}_3$ $\|$ O^- (du 2-aminoéthanol) ou $\text{OCH}_2\text{CH}_2\overset{+}{\text{N}}(\text{CH}_3)_3$ (de la choline) R' est celui d'un acide gras insaturé.

Les **lécithines,** les **céphalines,** les **phosphatidylsérines** et les **plasmalogènes** (des dérivés phosphatidyles) constituent les phosphatides les plus importants. Leurs structures générales figurent au tableau 23.5.

Les phosphatides ressemblent aux savons et aux détergents puisqu'ils sont constitués de groupes polaires et apolaires (figure 23.7a). Comme les savons et les détergents, les phosphatides se « dissolvent » en milieu aqueux en formant des micelles. L'étude des systèmes biologiques a révélé leur propension à former des réseaux tridimensionnels de micelles bimoléculaires « empilées » (figure 23.7b), qui sont plus précisément des **bicouches lipidiques.**

Les portions hydrophile et hydrophobe des phosphatides en font des molécules parfaitement adaptées à l'une de leurs plus importantes fonctions biologiques : ils font partie d'un assemblage constituant une interface entre un milieu organique et un milieu aqueux. On observe cet assemblage (figure 23.8) dans les parois et les membranes cellulaires où les phosphatides sont souvent associés à des protéines et à des glycolipides (section 23.6B).

PROBLÈME 23.11

Dans des conditions appropriées, toutes les liaisons ester (et éther) d'un phosphatide peuvent être hydrolysées. Quels composés organiques devraient être obtenus à la suite de l'hydrolyse totale a) d'une lécithine, b) d'une céphaline, c) d'un plasmalogène à base de choline ? [Portez une attention particulière à ce qu'il advient, en c), de l'éther α,β-insaturé.]

a)

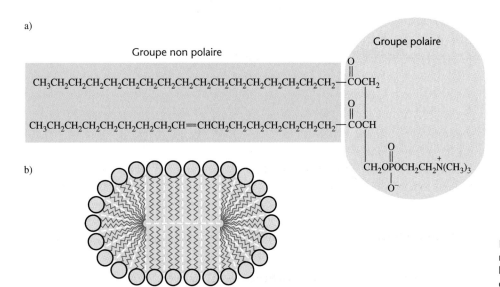

b)

Figure 23.7 a) Parties polaire et non polaire d'un phosphatide. b) Une micelle de phosphatide ou bicouche lipidique.

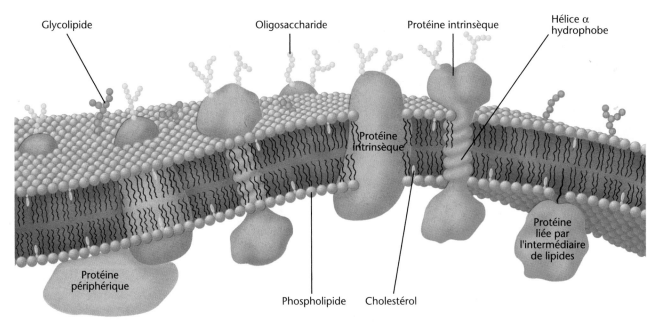

Figure 23.8 Représentation schématique d'une membrane cellulaire. Les protéines intrinsèques (*en rouge-orange*), dont l'abondance réelle est nettement inférieure à ce qui apparaît sur le schéma, et le cholestérol (*en jaune*) s'insèrent dans une bicouche de phospholipides (*sphères bleues dotées de deux queues ondulées*). La partie glucidique des glycoprotéines (*colliers de perles jaunes*) et les glycolipides (*colliers de perles vertes*) ne se trouvent qu'à la surface externe de la membrane. [Tiré de D. Voet, J.G. Voet et C.W. Pratt, *Fundamentals of Biochemistry*, New York, Wiley, 1999, p. 248.]

23.6B DÉRIVÉS DE LA SPHINGOSINE

Un autre groupe important de lipides est dérivé de la **sphingosine** et porte le nom de **sphingolipides.** Deux sphingolipides caractéristiques, une *sphingomyéline* et un *cérébroside*, sont illustrés à la figure 23.9.

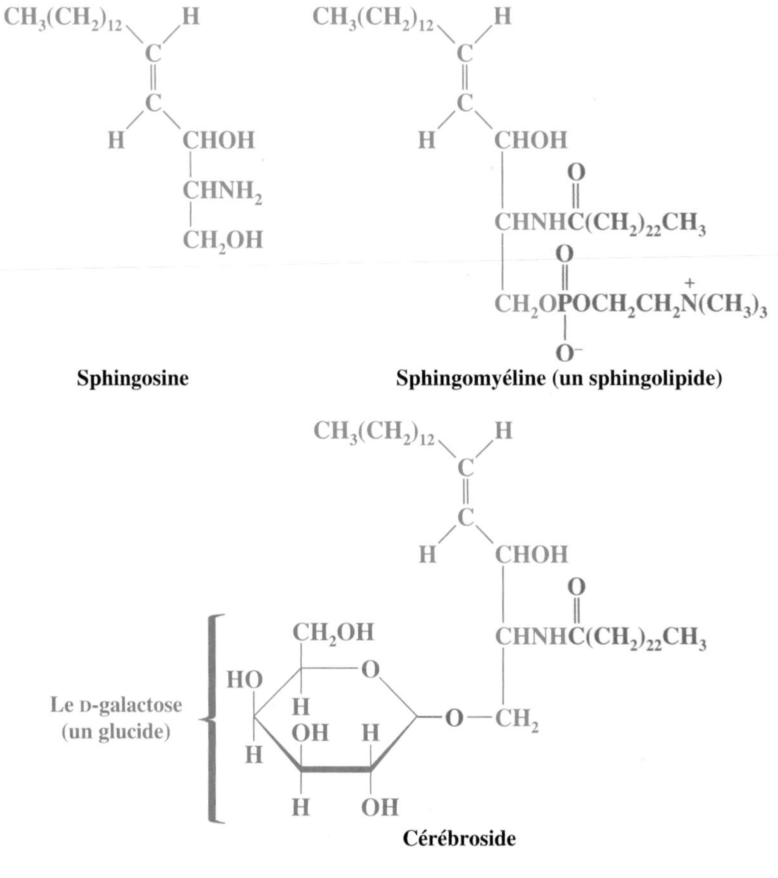

Sphingosine

Sphingomyéline (un sphingolipide)

Cérébroside

Le D-galactose (un glucide)

Figure 23.9 La sphingosine et deux sphingolipides.

Lorsqu'elles sont hydrolysées, les sphingomyélines donnent de la sphingosine, de la choline, de l'acide phosphorique et un acide gras de 24 atomes de carbone appelé acide lignocérique. Dans une sphingomyéline, cet acide gras est lié au groupe —NH$_2$ de la sphingosine. Les sphingolipides ne donnent pas de glycérol lorsqu'ils sont hydrolysés.

Le cérébroside représenté à la figure 23.9 correspond à un **glycolipide.** Les glycolipides possèdent un groupe polaire constitué d'un *glucide* et ne donnent pas d'acide phosphorique ni de choline lorsqu'ils sont hydrolysés.

En association avec des protéines et des polysaccharides, les sphingolipides constituent la **myéline,** c'est-à-dire le revêtement protecteur des fibres nerveuses ou **axones.** Les axones des neurones assurent la conduction d'influx nerveux de nature électrique. La myéline de l'axone remplit une fonction semblable à celle de l'isolant d'un fil électrique ordinaire (voir le préambule du chapitre, « Un isolant pour les nerfs »).

23.7 CIRES

La plupart des cires sont des esters d'acides gras et d'alcools à longue chaîne. Les cires servent de revêtement protecteur pour la peau, la fourrure et le plumage des animaux ainsi que pour les feuilles et les fruits des plantes. Voici des esters isolés de cires :

$$\underset{\substack{\text{Palmitate de cétyle}\\\text{(du spermaceti ou blanc de baleine)}}}{CH_3(CH_2)_{14}\overset{\displaystyle O}{\overset{\|}{C}}OCH_2(CH_2)_{14}CH_3} \qquad \underset{\substack{n = 24\ ou\ 26;\ m = 28\ ou\ 30\\\text{(de la cire d'abeille)}}}{CH_3(CH_2)_n\overset{\displaystyle O}{\overset{\|}{C}}OCH_2(CH_2)_mCH_3} \qquad \underset{\substack{n = 16\ à\ 28;\ m = 30\ ou\ 32\\\text{(de la cire de carnauba)}}}{HOCH_2(CH_2)_n\overset{\displaystyle O}{\overset{\|}{C}}-OCH_2(CH_2)_mCH_3}$$

RÉSUMÉ DES RÉACTIONS DES LIPIDES

Les réactions des lipides comprennent de nombreuses réactions étudiées dans les chapitres précédents, en particulier celles des acides carboxyliques, des alcènes et des alcools. L'hydrolyse des esters (comme la saponification) libère des acides gras et le glycérol des triacylglycérols. Le groupe carboxylique d'un acide gras peut être réduit, converti en un dérivé acyle activé, tel qu'un chlorure d'alcanoyle, ou transformé en ester ou en amide. Les groupes fonctionnels alcène des acides gras insaturés peuvent être hydrogénés, hydratés, halogénés, hydrohalogénés, convertis en diols vicinaux ou en époxydes, ou scindés par oxydation. La réaction de Hell-Volhard-Zelinski peut être employée pour introduire un halogène au carbone α d'un acide carboxylique, lequel peut ensuite subir d'autres réactions typiques des halogénoalcanes. Les groupes fonctionnels alcool des lipides tels que les terpènes, les stéroïdes et les prostaglandines peuvent être alkylés, alcanoylés, oxydés ou utilisés dans des réactions d'élimination. Toutes ces réactions ont été étudiées dans les chapitres précédents pour des substrats de structure moléculaire plus simple.

TERMES ET CONCEPTS CLÉS

Groupe ou molécule hydrophobe	Section 23.2	**Saponification**	Section 23.2C
Groupe ou molécule hydrophile	Section 23.2	**Terpènes, composés terpéniques**	Section 23.3
Triacylglycérols	Section 23.2	**Stéroïdes**	Section 23.4
Graisses	Section 23.2	**Prostaglandines**	Section 23.5
Huiles	Section 23.2	**Phospholipides**	Section 23.6
Acides gras saturés ou leurs esters	Section 23.2	**Bicouche de phospholipides**	Section 23.6
Acides gras insaturés ou leurs esters	Section 23.2	**Micelles**	Section 23.2C
Acides gras polyinsaturés ou leurs esters	Section 23.2		

PROBLÈMES SUPPLÉMENTAIRES

23.12 Comment peut-on convertir de l'acide stéarique, $CH_3(CH_2)_{16}CO_2H$, en chacun des composés suivants ?

a) Stéarate d'éthyle, $CH_3(CH_2)_{16}CO_2C_2H_5$, (deux façons)

b) Stéarate de *tert*-butyle, $CH_3(CH_2)_{16}CO_2C(CH_3)_3$

c) Stéaramide, $CH_3(CH_2)_{16}CONH_2$

d) *N,N*-Diméthylstéaramide, $CH_3(CH_2)_{16}CON(CH_3)_2$

e) Octadécylamine, $CH_3(CH_2)_{16}CH_2NH_2$

f) Heptadécylamine, $CH_3(CH_2)_{15}CH_2NH_2$

g) Octadécanal, $CH_3(CH_2)_{16}CHO$

h) Stéarate d'octadécyle,
$$CH_3(CH_2)_{16}\overset{\overset{\displaystyle O}{\|}}{C}OCH_2(CH_2)_{16}CH_3$$

i) Octadécan-1-ol, $CH_3(CH_2)_{16}CH_2OH$, (deux façons)

j) Nonadécan-2-one, $CH_3(CH_2)_{16}\overset{\overset{\displaystyle O}{\|}}{C}CH_3$

k) 1-Bromooctadécane, $CH_3(CH_2)_{16}CH_2Br$

l) Acide nonadécanoïque, $CH_3(CH_2)_{16}CH_2CO_2H$

23.13 Comment peut-on transformer l'acide myristique en chacun des composés suivants ?

a) $CH_3(CH_2)_{11}\underset{\underset{\displaystyle Br}{|}}{C}HCO_2H$

b) $CH_3(CH_2)_{11}\underset{\underset{\displaystyle OH}{|}}{C}HCO_2H$

c) $CH_3(CH_2)_{11}\underset{\underset{\displaystyle CN}{|}}{C}HCO_2H$

d) $CH_3(CH_2)_{11}\underset{\underset{\displaystyle NH_3^+}{|}}{C}HCO_2^-$

23.14 En utilisant l'acide palmitoléique comme exemple et en ne tenant pas compte de la stéréochimie, illustrez chacune des réactions de la double liaison ci-dessous.

a) Addition de brome   b) Addition d'hydrogène   c) Hydroxylation   d) Addition de HCl

23.15 Lorsque l'acide oléique est chauffé à 180-200 °C (en présence d'une petite quantité de sélénium), il s'établit un équilibre entre l'acide oléique (33 %) et un isomère portant le nom d'acide élaïdique (67 %). Suggérez une structure possible pour l'acide élaïdique.

23.16 L'acide gadoléique ($C_{20}H_{38}O_2$), un acide gras pouvant être isolé de l'huile de foie de morue, peut être scindé par une dihydroxylation suivie d'un traitement à l'acide periodique pour former $CH_3(CH_2)_9CHO$ et $OHC(CH_2)_7CO_2H$. a) Quels sont les deux stéréo-isomères possibles de l'acide gadoléique ? b) Quelle technique spectroscopique permettrait d'établir la structure exacte de l'acide gadoléique ? c) À quels pics faudrait-il s'attendre ?

23.17 Lorsque le limonène (section 23.3) est soumis à une chaleur intense, il donne 2 moles d'isoprène. Quel type de réaction se produit dans un tel cas ?

23.18 L'α-phellandrène et le β-phellandrène sont des isomères formant des constituants mineurs de l'essence de menthe verte, dont la formule moléculaire est $C_{10}H_{16}$. Chaque isomère présente un pic d'absorption UV dans la région allant de 230 à 270 nm. Par hydrogénation catalytique, chacun produit du 1-isopropyl-4-méthyl-cyclohexane. L'oxydation vigoureuse de l'α-phellandrène à l'aide du permanganate de potassium produit du $CH_3\overset{\overset{\displaystyle O}{\|}}{C}CO_2H$ et du $CH_3\underset{\underset{\displaystyle CH_3}{|}}{C}HCH(CO_2H)CH_2CO_2H$. Une oxydation semblable du β-phellandrène donne un seul produit isolable, le $CH_3\underset{\underset{\displaystyle CH_3}{|}}{C}HCH(CO_2H)CH_2CH_2\overset{\overset{\displaystyle O}{\|}}{C}CO_2H$. Proposez des structures pour l'α-phellandrène et le β-phellandrène.

23.19 L'acide vaccénique, un isomère de constitution de l'acide oléique, a été synthétisé au moyen des réactions suivantes :

1-Octyne + $NaNH_2$ $\xrightarrow{\underset{\text{liq.}}{NH_3}}$ **A** ($C_8H_{13}Na$) $\xrightarrow{ICH_2(CH_2)_7CH_2Cl}$ **B**($C_{17}H_{31}Cl$) $\xrightarrow{NaCN}$ **C** ($C_{18}H_{31}N$) $\xrightarrow{KOH, H_2O}$

D ($C_{18}H_{31}O_2K$) $\xrightarrow{H_3O^+}$ **E** ($C_{18}H_{32}O_2$) $\xrightarrow[\text{BaSO}_4]{H_2, Pd}$ acide vaccénique ($C_{18}H_{34}O_2$)

Proposez une structure pour l'acide vaccénique et pour les intermédiaires **A** à **E**.

23.20 L'acide ω-fluorooléique peut être isolé d'un arbuste, *Dechapetalum toxicarium*, qui pousse en Afrique. Le composé est hautement toxique pour les animaux à sang chaud; il a servi lors de guerres tribales à la fabrication de flèches empoisonnées et à l'empoisonnement des sources d'eau potable de l'ennemi, et les sorciers guérisseurs l'ont utilisé « pour terroriser les populations ». Le fruit réduit en poudre a été employé comme raticide, ce qui explique le nom commun de l'acide ω-fluorooléique, « mort-aux-rats ». Une synthèse de l'acide ω-fluorooléique est décrite ici. Donnez les structures des composés **F** à **I**.

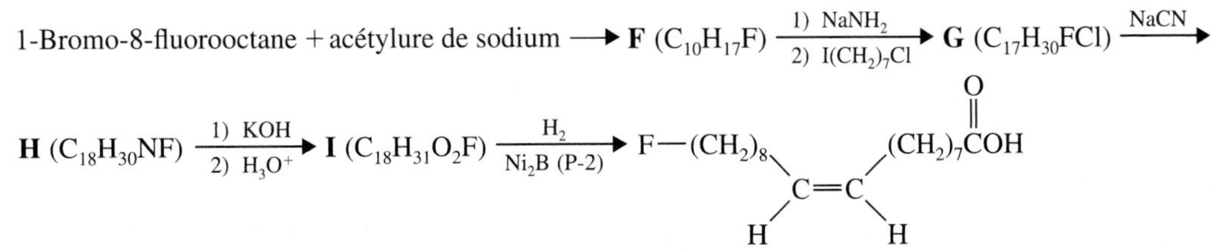

1-Bromo-8-fluorooctane + acétylure de sodium $\longrightarrow$ **F** ($C_{10}H_{17}F$) $\xrightarrow[\text{2) } I(CH_2)_7Cl]{\text{1) } NaNH_2}$ **G** ($C_{17}H_{30}FCl$) $\xrightarrow{NaCN}$

H ($C_{18}H_{30}NF$) $\xrightarrow[\text{2) } H_3O^+]{\text{1) } KOH}$ **I** ($C_{18}H_{31}O_2F$) $\xrightarrow[Ni_2B \text{ (P-2)}]{H_2}$ F—$(CH_2)_8$—C=C—$(CH_2)_7$COH

Acide ω-fluorooléique (rendement global de 46 %)

23.21 Donnez les formules et les noms des composés **A** et **B**.

5α-Cholest-2-ène $\xrightarrow{C_6H_5COOH}$ **A** (un époxyde) $\xrightarrow{HBr}$ **B**

(Aide : **B** n'est pas le stéréo-isomère le plus stable.)

23.22 L'une des premières synthèses du cholestérol effectuées en laboratoire a été menée à bien par R.B. Woodward et ses collaborateurs, à l'université Harvard, en 1951. Bon nombre des étapes de cette synthèse sont présentées ci-dessous. Identifiez les réactifs a) à w) manquants.

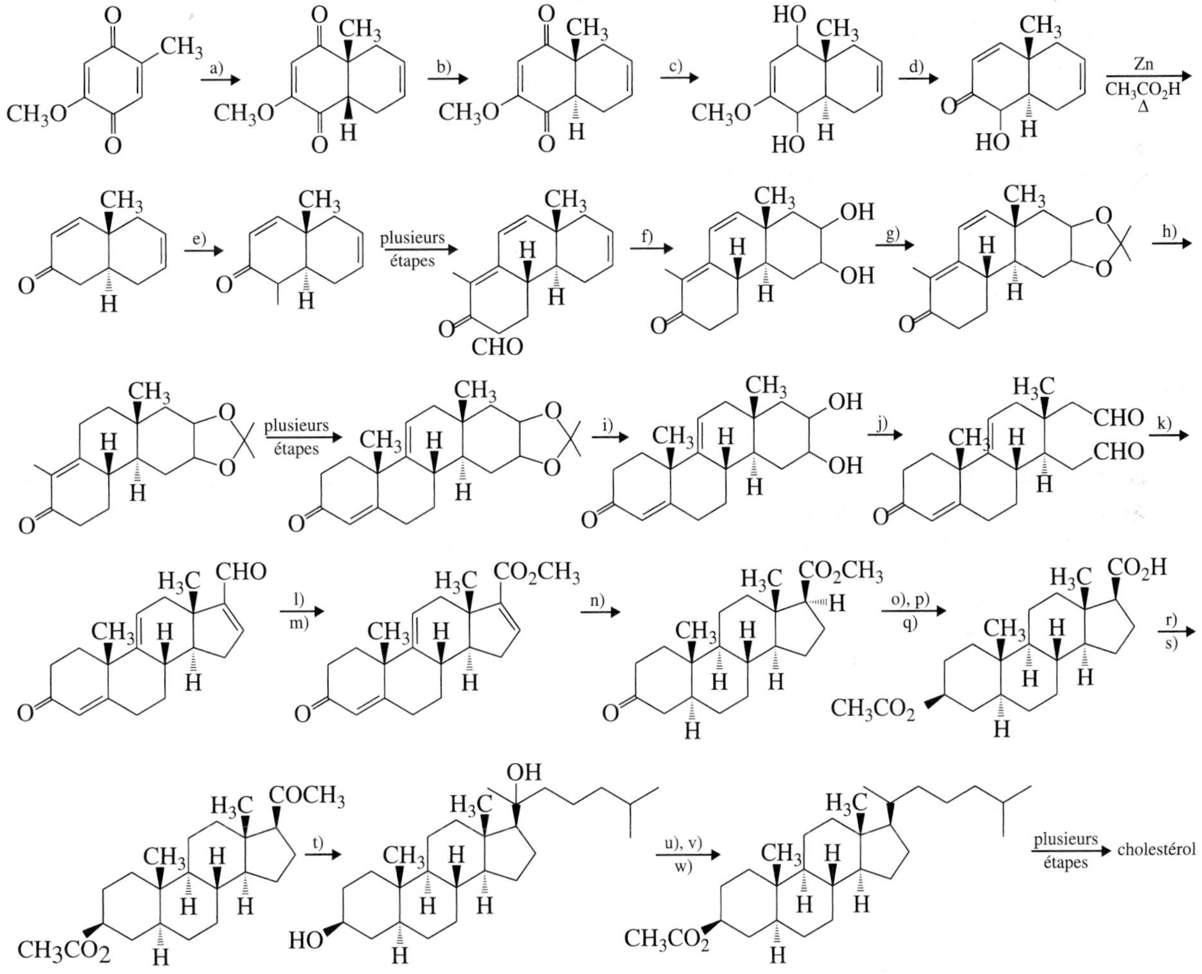

23.23 Les premières étapes d'une synthèse en laboratoire de plusieurs prostaglandines, rapportée par E.J. Corey (section 4.18C) et des collaborateurs en 1968, sont présentées ici. Identifiez les réactifs qui manquent.

a) + $HSCH_2CH_2CH_2SH$ $\xrightarrow{HA}$

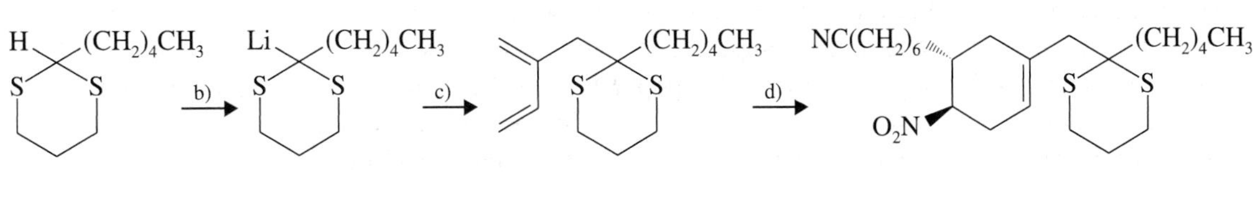

e) La réaction suivante correspond à l'étape initiale d'une autre synthèse des prostaglandines. De quel type de réaction s'agit-il et quel type de catalyseur est requis ici ?

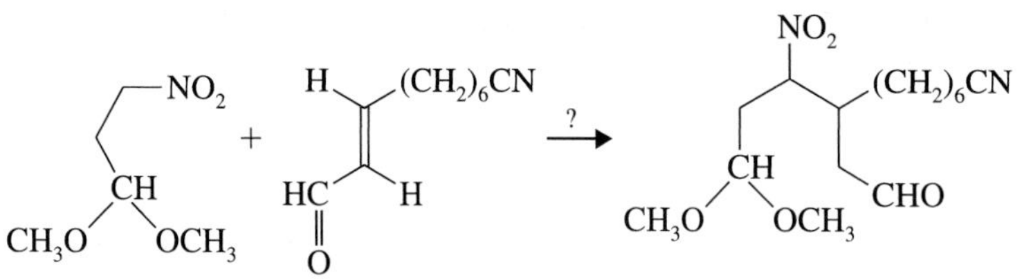

23.24 Une synthèse de cétones sesquiterpéniques, appelées *cypérones,* a été accomplie ci-dessous par une modification de l'annellation de Robinson (section 17.9B).

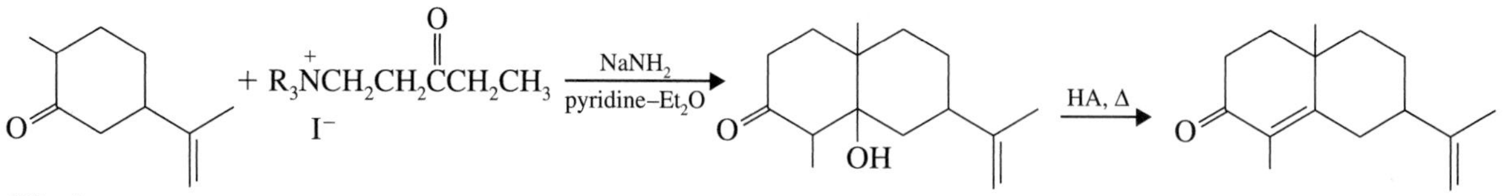

Dihydrocarvone

Une cypérone

Écrivez un mécanisme illustrant chacune des étapes de cette synthèse.

23.25* Un poisson hawaïen appelé pahu (*Ostracian lentiginosus*) sécrète une toxine qui tue les autres poissons se trouvant à proximité. Le principe actif de la sécrétion a été nommé pahutoxine par P.J. Scheuer; D.B. Boylan et Scheuer ont ensuite découvert qu'il était constitué d'une combinaison inhabituelle de lipides. Pour démontrer sa structure, ils l'ont synthétisé au moyen des réactions suivantes :

$$CH_3(CH_2)_{12}CH_2OH \xrightarrow[\text{de pyridinium}]{\text{Chlorochromate}} A \xrightarrow{BrCH_2CO_2Et, Zn} B \xrightarrow[\text{2) } H_3O^+]{\text{1) } HO^-} C \xrightarrow[\text{Pyridine}]{Ac_2O} D \xrightarrow{SOCl_2} E \xrightarrow[\text{Pyridine}]{\text{Chlorure de choline}} \text{Pahutoxine}$$

Composé	Quelques pics d'absorption infrarouge (cm⁻¹)
A	1725
B	3300 (large), 1735
C	3300 à 2500 (large), 1710
D	3000 à 2500 (large), 1735, 1710
E	1800, 1735
Pahutoxine	1735

Quelles sont les structures des composés **A** à **E** et de la pahutoxine ?

23.26* La réaction illustrée par l'équation ci-dessous est très générale; elle peut être catalysée par un acide, par une base et par certaines enzymes. Elle doit donc être prise en compte lorsque sont prévues des synthèses mettant en jeu des esters de substances polyhydroxylées comme le glycérol et les autres glucides.

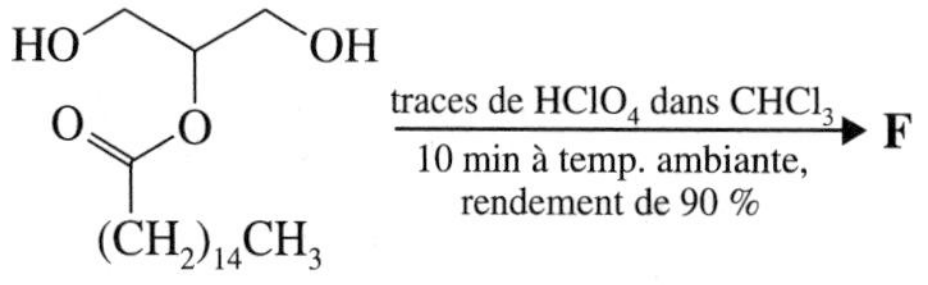

Données spectroscopiques du composé **F** :

MS (*m/z*) (après triméthylsilylation) : 546, 531

IR (cm⁻¹, en solution dans le CCl₄) : 3200 (large), 1710

RMN ¹H (δ) (après échange avec D₂O) : 4,2 (d), 3,9 (m) 3,7 (d), 2,2 (t) et d'autres entre 1,7 et 1

RMN ¹³C (δ) : 172 (C), 74 (CH), 70 (CH₂), 67 (CH₂), 39 (CH₂) et d'autres entre 32 et 14

a) Quelle est la structure du produit **F** ?

b) La réaction est intramoléculaire. Écrivez un mécanisme probable de cette réaction.

---

* Les problèmes marqués d'un astérisque présentent une difficulté particulière.

TRAVAIL COOPÉRATIF

1. L'Olestra est un succédané de matière grasse breveté par Proctor and Gamble qui possède un goût et une texture semblables à ceux des triacylglycérols (voir la Capsule chimique traitant de l'Olestra et des autres substituts de matière grasse, page 1008). Son apport en calories est nul, car il n'est ni hydrolysé par les enzymes digestives ni absorbé au cours de son passage dans l'intestin, mais est plutôt excrété tel quel. Aux États-Unis, la Food and Drug Administration (FDA) a autorisé l'utilisation de l'Olestra dans la préparation d'un grand nombre d'aliments, y compris les croustilles et autres grignotines analogues à teneur généralement élevée en matières grasses. Il peut être utilisé dans la préparation de pâte et pour la friture.

   a) L'Olestra est constitué d'un mélange de sucrose estérifié par des acides gras (contrairement aux triacylglycérols, qui sont constitués de glycérol estérifié par des acides gras). Chaque molécule de sucrose de l'Olestra est estérifiée par six à huit molécules d'acide gras. (Un effet indésirable de l'Olestra réside dans sa capacité à retenir les vitamines liposolubles essentielles à l'organisme, qui découle de son caractère fortement lipophile.) Dessinez la structure d'une molécule d'Olestra spécifique constituée de six acides gras naturels différents, estérifiés à l'une des positions libres sur la molécule de sucrose. Choisissez trois acides gras saturés et trois insaturés.

   b) Écrivez les conditions de la réaction qui permettraient de saponifier les esters de la molécule d'Olestra dessinée en a) et donnez les noms communs, ainsi que ceux relevant de la nomenclature de l'UICPA, de chacun des acides gras qui seraient libérés.

   c) L'Olestra est fabriqué par transestérification séquentielle. Dans la première transestérification, du méthanol en conditions alcalines réagit avec des triacylglycérols provenant d'huile de coton ou de soya (chaînes de 8 à 22 carbones). Dans la deuxième transestérification, les esters méthyliques d'acides gras et de méthyle produits à l'étape précédente réagissent avec du sucrose pour former l'Olestra. Écrivez un exemple de réaction, ainsi que son mécanisme, pour chacune des transestérifications entrant dans la synthèse de l'Olestra. Commencez avec un triacylglycérol contenant des acides gras semblables à ceux qui sont incorporés dans l'Olestra.

2. Dans la biosynthèse des acides gras, les atomes de carbone sont ajoutés deux à la fois par un complexe enzymatique appelé « acide gras synthétase ». Les réactions biochimiques en cause sont décrites en détail à l'annexe D. Chacune de ces réactions est analogue à une réaction déjà étudiée. Examinez les réactions au cours desquelles les éléments —CH$_2$CH$_2$— sont ajoutés durant la biosynthèse des acides gras (celles qui commencent par l'acétyl-*S*-ACP et le malonyl-*S*-ACP et qui se terminent par le butanoyl-*S*-ACP à l'annexe D). Écrivez des réactions de laboratoire utilisant des réactifs et des conditions déjà étudiés (et non des réactions biosynthétiques) qui produiraient la même séquence de transformations (c'est-à-dire les étapes de condensation-décarboxylation, de réduction d'une cétone, de déshydratation d'un alcool et de réduction d'un alcène).

3. Un terpène naturel donne en spectrométrie de masse des pics à *m/z* = 204, 111 et 93 (entre autres). À l'aide de ce renseignement et des données qui suivent, déduisez la structure de ce terpène. Justifiez chacune de vos conclusions.

   a) La réaction du terpène inconnu avec de l'hydrogène en présence de platine sous pression donne un produit ayant la formule moléculaire C$_{15}$H$_{30}$.

   b) La réaction du terpène avec de l'ozone puis avec du zinc et de l'acide acétique produit le mélange suivant de composés (une mole par mole de terpène inconnu).

   c) Après avoir écrit la structure du terpène inconnu, encerclez chacune des unités isopréniques du composé. À quelle classe de terpènes appartient-il (d'après le nombre d'atomes de carbone qu'il contient) ?

4. Dessinez la structure d'un phospholipide (de n'importe quelle classe) contenant un acide gras saturé et un insaturé.

   a) Dessinez la structure de tous les produits qui seraient formés à partir de ce phospholipide s'il était complètement hydrolysé (choisissez des conditions acides ou basiques).

   b) Écrivez la structure du ou des produits qui seraient formés par la réaction de la portion d'acide gras insaturé du phospholipide dessiné en a) (en supposant qu'il a été libéré par hydrolyse) dans chacune des conditions suivantes :

   i) Br$_2$ dans du CCl$_4$

   ii) OsO$_4$, suivi de NaHSO$_3$

   iii) HBr

   iv) KMnO$_4$ alcalin chaud, suivi de H$_3$O$^+$

   v) SOCl$_2$, suivi de CH$_3$NH$_2$ en excès

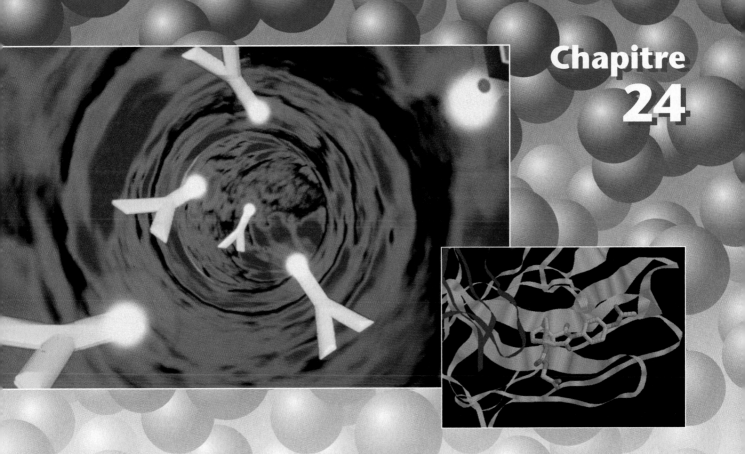

ACIDES AMINÉS ET PROTÉINES

Anticorps catalytiques : catalyseurs sur mesure

Des chimistes ont su tirer parti de la capacité naturelle d'adaptation du système immunitaire pour créer de véritables *catalyseurs sur mesure*. Ces derniers sont des *anticorps*, c'est-à-dire une catégorie de protéines habituellement produites par le système immunitaire afin de capturer et d'éliminer les corps étrangers, mais qui, dans le cas présent, sont rendues aptes à catalyser des réactions chimiques. L'illustration ci-dessus offre une représentation stylisée d'anticorps (en jaune) se déplaçant dans un vaisseau sanguin.

Mis au point pour la première fois par Richard A. Lerner (Institut de recherche Scripps) et Peter G. Schultz (université de la Californie à Berkeley et Institut de recherche Scripps), les anticorps catalytiques résultent d'une ingénieuse application combinée des principes de la chimie des enzymes et des capacités naturelles du système immunitaire. À certains égards, les anticorps catalytiques ressemblent à des enzymes, les catalyseurs protéiques dont nous avons déjà parlé à maintes reprises et que nous allons étudier de façon plus détaillée dans le présent chapitre. Toutefois, contrairement aux enzymes, les anticorps catalytiques peuvent en quelque sorte être « faits sur mesure » en vue de participer à des réactions spécifiques, grâce à un apport conjoint de l'immunologie et de la chimie. Ainsi, il existe des anticorps catalytiques permettant des réarrangements de Claisen, des réactions de Diels-Alder (un anticorps est illustré en médaillon ci-dessus par infographie moléculaire), des hydrolyses d'esters et des réactions aldoliques. Dans la Capsule chimique traitant des anticorps catalytiques (page 1068), nous examinerons comment ceux-ci sont produits. Les catalyseurs sur mesure sont véritablement à notre portée.

SOMMAIRE

24.1 Introduction

24.2 Acides aminés

24.3 Synthèse des acides α-aminés en laboratoire

24.4 Analyse des polypeptides et des protéines

24.5 Séquence des polypeptides et des protéines

24.6 Structure primaire des polypeptides et des protéines

24.7 Synthèse des polypeptides et des protéines

24.8 Structures secondaire, tertiaire et quaternaire des protéines

24.9 Introduction aux enzymes

24.10 Lysozyme : mécanisme d'action d'une enzyme

24.11 Protéases à sérine

24.12 Hémoglobine : une protéine conjuguée

24.1 INTRODUCTION

Il existe trois groupes de polymères biologiques : les polysaccharides, les protéines et les acides nucléiques. L'étude des polysaccharides au chapitre 22 nous a permis de constater qu'ils remplissent surtout des fonctions de réserve d'énergie, d'étiquette biochimique à la surface des cellules et, chez les plantes, de matériaux structurels. L'étude des acides nucléiques au chapitre 25 nous en fera découvrir les deux rôles principaux : le stockage et la transmission de l'information. Par rapport aux deux autres groupes de biopolymères, le groupe des protéines est celui qui a les fonctions les plus variées. Sous forme d'enzymes et d'hormones, les protéines catalysent et régulent les réactions qui ont lieu dans l'organisme; sous forme de muscles et de tendons, elles procurent au corps les moyens de se déplacer; sous forme de peau et de cheveux, elles lui fournissent un revêtement protecteur; sous forme de molécules d'hémoglobine, elles apportent l'oxygène nécessaire à toutes les parties de l'organisme; sous forme d'anticorps, elles assurent sa protection contre les maladies; associées à d'autres substances dans les os, elles maintiennent la charpente de l'organisme.

Étant donné la grande diversité de leurs fonctions, il n'est pas étonnant de constater la variété caractérisant la taille et la forme qu'adoptent les protéines. Par rapport à la plupart des molécules que nous avons étudiées jusqu'à maintenant, les protéines, y compris les plus petites, ont une masse moléculaire très élevée. Ainsi, le lysozyme, une enzyme, est une protéine relativement petite dont la masse moléculaire est tout de même de 14 600. La plupart des protéines ont une masse moléculaire beaucoup plus élevée et prennent des formes variées : globules (lysozyme et hémoglobine), feuillets plissés β, spirales hélicoïdales de l'α-kératine (cheveux, ongles et laine).

Malgré la diversité propre à la forme, à la taille et à la fonction des protéines, elles ont toutes des caractéristiques communes qui nous permettent d'en identifier la structure et d'en comprendre les propriétés. Nous y reviendrons plus loin dans ce chapitre.

Les protéines sont des **polyamides** dont les monomères regroupent une vingtaine d'acides α-aminés (ou α-aminoacides) :

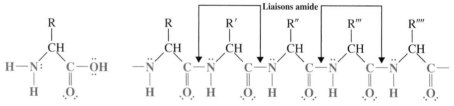

Un acide α-aminé   Segment d'une molécule de protéine

Les cellules font appel aux différents acides α-aminés pour synthétiser des protéines. La séquence exacte des acides α-aminés d'une protéine en constitue la **structure primaire,** qui, comme son nom le suggère, revêt une importance fondamentale. Une protéine ne peut remplir sa fonction spécifique que si sa structure primaire est adéquate. Nous verrons plus loin que, lorsque la structure primaire est adéquate, la chaîne de polyamide se replie de façon à adopter la forme nécessaire à l'exécution de sa tâche. Le repliement de la chaîne mène à des niveaux de complexité plus élevés correspondant aux **structures secondaire** et **tertiaire** des protéines. Les protéines possèdent une **structure quaternaire** lorsqu'elles sont constituées de plus d'une chaîne de polyamide.

L'hydrolyse des protéines par un acide ou une base libère un ensemble varié d'acides aminés. Bien que le nombre d'acides α-aminés différents que donne l'hydrolyse des protéines d'origine naturelle soit assez élevé (jusqu'à 22), ils partagent tous une importante caractéristique structurale : à l'exception de la glycine (qui est achirale), presque tous les acides aminés d'origine naturelle ont la configuration L (S) au carbone α*. En d'autres termes, ils possèdent la même configuration relative que le L-glycéraldéhyde.

---

* Un certain nombre d'acides aminés de configuration D (R) au carbone α peuvent être isolés à partir de la paroi cellulaire des bactéries, de même que par hydrolyse de certains antibiotiques.

$$\underset{\substack{\text{Un acide-}\alpha\text{-aminé L}\\ \text{[habituellement }(S)\text{]}}}{\overset{\displaystyle CO_2H}{\underset{\displaystyle R}{H_2N\blacktriangleright C\blacktriangleleft H}}} \qquad \underset{\substack{\text{L-Glycéraldéhyde}\\ \text{[}(S)\text{-glycéraldéhyde]}}}{\overset{\displaystyle CHO}{\underset{\displaystyle CH_2OH}{HO\blacktriangleright C\blacktriangleleft H}}} \qquad \underset{\text{Glycine}}{\overset{\displaystyle CH_2CO_2H}{\underset{\displaystyle NH_2}{|}}}$$

$$\overset{\displaystyle CO_2H}{\underset{\displaystyle R}{H_2N\!-\!\!\!\!\!-\!\!\!\!\!-\!\!H}} \qquad \overset{\displaystyle CHO}{\underset{\displaystyle CH_2OH}{HO\!-\!\!\!\!\!-\!\!\!\!\!-\!\!H}}$$

**Projections de Fischer d'un acide-α-aminé L
et du L-glycéraldéhyde**

24.2 ACIDES AMINÉS

24.2A STRUCTURES ET NOMS

Les 22 acides α-aminés isolés des protéines peuvent être répartis en trois groupes, en fonction de la structure de leur chaîne latérale R. Ces dernières sont présentées au tableau 24.1.

Seuls 20 des 22 acides α-aminés figurant au tableau 24.1 sont effectivement utilisés par les cellules dans la synthèse des protéines. Les deux autres acides aminés sont synthétisés après l'assemblage de la chaîne de polyamide. L'hydroxyproline (que l'on trouve surtout dans le collagène) est synthétisée à partir de la proline, et la cystine (présente dans la plupart des protéines), à partir de la cystéine.

La conversion de la cystéine en cystine mérite quelques précisions. Le groupe S—H de la cystéine en fait un *thiol*. Les thiols, entre autres propriétés, sont susceptibles d'être convertis en disulfures par des agents légèrement oxydants. De plus, cette conversion peut être inversée par des agents faiblement réducteurs.

$$\underset{\textbf{Thiol}}{2\,R\!-\!S\!-\!H} \underset{[H]}{\overset{[O]}{\rightleftharpoons}} \underset{\textbf{Disulfure}}{R\!-\!S\!-\!S\!-\!R}$$

$$\underset{\textbf{Cystéine}}{2\,\underset{\displaystyle NH_2}{HO_2CCHCH_2SH}} \underset{[H]}{\overset{[O]}{\rightleftharpoons}} \underset{\textbf{Cystine}}{\underset{\displaystyle NH_2\qquad\qquad NH_2}{HO_2CCHCH_2S\!-\!SCH_2CHCO_2H}}$$

Pont disulfure

Nous verrons plus loin que les **ponts disulfure** liant les cystéines d'une protéine contribuent à la structure et à la forme générales des protéines.

24.2B ACIDES AMINÉS ESSENTIELS

Tous les organismes vivants, tant dans le règne végétal qu'animal, synthétisent des acides aminés. De nombreux animaux supérieurs sont toutefois incapables de synthétiser tous les acides aminés nécessaires à la synthèse de leurs protéines. Par conséquent, ces animaux doivent compter sur leur régime alimentaire pour obtenir certains des acides aminés qui leur sont indispensables. Les huit acides aminés essentiels aux êtres humains d'âge adulte sont identifiés par un *e* en exposant dans le tableau 24.1.

24.2C LES ACIDES AMINÉS EN TANT QU'IONS DIPOLAIRES

Les acides aminés contiennent un groupe basique ($-NH_2$) et un groupe acide ($-CO_2H$). À l'état solide et sec, les acides aminés existent sous la forme d'**ions dipolaires,** où le groupe carboxyle prend la forme d'un ion carboxylate, $-CO_2^-$, et le groupe amino celle d'un ion aminium, $-NH_3^+$. Les ions dipolaires portent également

Tableau 24.1 Acides aminés L présents dans les protéines.

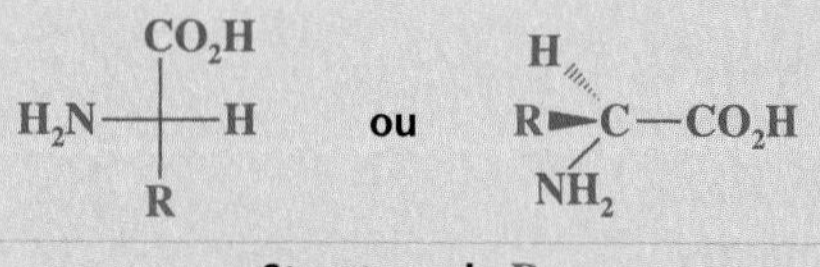 Structure de R	Nom[a]	Abré-viations	pK$_{a_1}$ du CO$_2$H en α	pK$_{a_2}$ du NH$_3^+$ en α	pK$_{a_3}$ du groupe acide sur R	pI
Acides aminés neutres						
—H	Glycine	G ou Gly	2,3	9,6		6,0
—CH$_3$	Alanine	A ou Ala	2,3	9,7		6,0
—CH(CH$_3$)$_2$	Valine[e]	V ou Val	2,3	9,6		6,0
—CH$_2$CH(CH$_3$)$_2$	Leucine[e]	L ou Leu	2,4	9,6		6,0
—CHCH$_2$CH$_3$ (CH$_3$)	Isoleucine[e]	I ou Ile	2,4	9,7		6,1
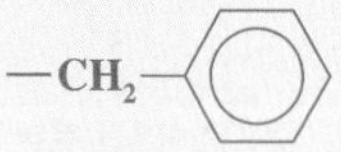 —CH$_2$—C$_6$H$_5$	Phénylalanine[e]	F ou Phe	1,8	9,1		5,5
—CH$_2$CONH$_2$	Asparagine	N ou Asn	2,0	8,8		5,4
—CH$_2$CH$_2$CONH$_2$	Glutamine	Q ou Gln	2,2	9,1		5,7
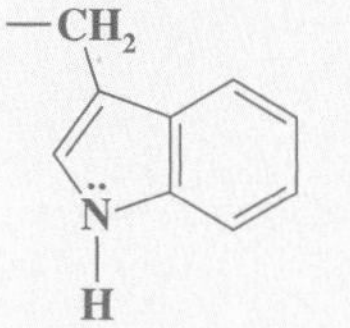 —CH$_2$—(indole)	Tryptophane[e]	W ou Trp	2,4	9,4		5,9
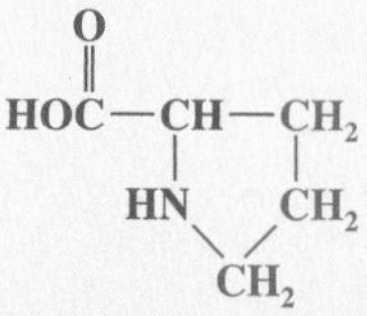 (structure complète, proline)	Proline	P ou Pro	2,0	10,6		6,3
—CH$_2$OH	Sérine	S ou Ser	2,2	9,2		5,7
—CHOH (CH$_3$)	Thréonine[e]	T ou Thr	2,6	10,4		6,5
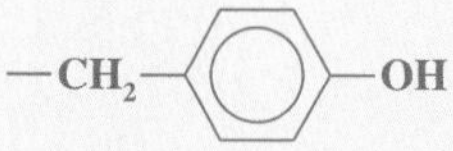 —CH$_2$—C$_6$H$_4$—OH	Tyrosine	Y ou Tyr	2,2	9,1	10,1	5,7
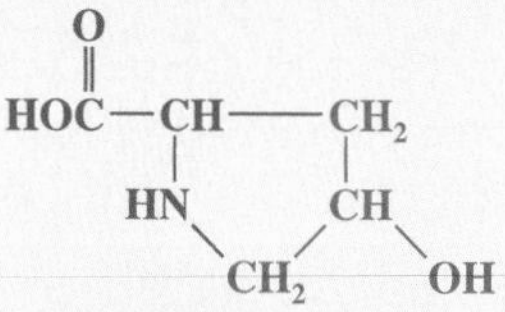 (structure complète, hydroxyproline)	Hydroxyproline	Hyp	1,9	9,7		6,3
—CH$_2$SH	Cystéine	C ou Cys	1,7	10,8	8,3	5,0
—CH$_2$—S—S—CH$_2$—	Cystine	Cys-Cys	1,6 / 2,3	7,9 / 9,9		5,1
—CH$_2$CH$_2$SCH$_3$	Méthionine[e]	M ou Met	2,3	9,2		5,8
R contenant un groupe acide (carboxylique)						
—CH$_2$CO$_2$H	Acide aspartique	D ou Asp	2,1	9,8	3,9	3,0
—CH$_2$CH$_2$CO$_2$H	Acide glutamique	E ou Glu	2,2	9,7	4,3	3,2
R contenant un groupe basique						
—CH$_2$CH$_2$CH$_2$CH$_2$NH$_2$	Lysine[e]	K ou Lys	2,2	9,0	10,5[b]	9,8
—CH$_2$CH$_2$CH$_2$NH—C(=NH)—NH$_2$	Arginine	R ou Arg	2,2	9,0	12,5[b]	10,8
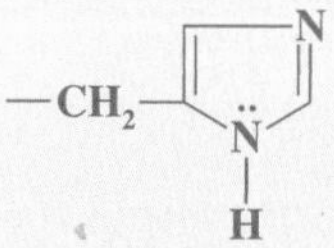 —CH$_2$—(imidazole)	Histidine	H ou His	1,8	9,2	6,0[b]	7,6

[a] e = acide aminé essentiel.

[b] Le pK$_a$ indiqué est celui de l'amine protonée du groupe R.

le nom de **zwittérions.** En solution aqueuse, un équilibre s'établit entre l'ion dipolaire et les formes anioniques et cationiques d'un acide aminé.

$$\overset{+}{H_3}NCHCO_2H \underset{+H_3O^+}{\overset{-H_3O^+}{\rightleftharpoons}} \overset{+}{H_3}NCHCO_2^- \underset{+H_3O^+}{\overset{-H_3O^+}{\rightleftharpoons}} H_2NCHCO_2^-$$

R	R	R

Forme cationique (prédominante en solution fortement acide, par exemple à pH = 0)   **Ion dipolaire**   **Forme anionique** (prédominante en solution fortement basique, par exemple à pH = 14)

En solution, la forme prédominante de l'acide aminé dépend du pH de la solution et de la nature de l'acide aminé. Tous les acides aminés apparaissent principalement sous forme cationique dans les solutions fortement acides et sous forme anionique dans les solutions fortement alcalines. À un certain pH intermédiaire, appelé **point isoélectrique (p*I*),** la concentration de l'ion dipolaire atteint sa valeur maximale et les concentrations respectives des anions et des cations sont égales. Chaque acide aminé possède un point isoélectrique distinct; l'ensemble de ces points sont indiqués dans le tableau 24.1.

Examinons d'abord un acide aminé dont la chaîne latérale ne contient ni groupe acide ni groupe basique : l'alanine.

Dans une solution fortement acide (pH = 0), l'alanine présente prend surtout la forme cationique illustrée ci-dessous. Le pK_a du groupe carboxyle de la forme cationique est de 2,3, ce qui représente une valeur beaucoup plus faible que celle d'un acide carboxylique analogue (comme l'acide propanoïque) et signifie que la forme cationique de l'alanine est un acide plus fort. Mais cela n'a rien d'étonnant, car il s'agit d'une substance qui porte une charge positive et qui est donc plus susceptible de perdre un proton.

$$CH_3CHCO_2H \qquad\qquad CH_3CH_2CO_2H$$
$$|$$
$$\overset{+}{N}H_3$$

Forme cationique de l'alanine   **Acide propanoïque**
pK_{a_1} = 2,3   pK_a = 4,89

Sous forme d'un ion dipolaire, un acide aminé est également un acide en puissance parce que le groupe —NH$_3^+$ peut donner un proton. Dans le cas de l'alanine, le pK_a de l'ion dipolaire est de 9,7.

$$CH_3CHCO_2^-$$
$$|$$
$$\overset{+}{N}H_3$$
$$pK_{a_2} = 9,7$$

Le point isoélectrique (p*I*) d'un acide aminé tel que l'alanine est égal à la moyenne arithmétique du pK_{a1} et du pK_{a2}.

$$pI = \frac{2,3 + 9,7}{2} = 6,0 \quad \text{(point isoélectrique de l'alanine)}$$

Quelles sont les conséquences de l'augmentation progressive du pH par ajout d'une base (⁻OH) à de l'alanine dans une solution fortement acide ? Initialement, soit pH = 0 (figure 24.1), c'est la forme cationique qui prédomine. Cependant, lorsque le pH de la solution atteint 2,3 (soit le pK_a de la forme cationique, pK_{a1}), la moitié de la quantité ayant la forme cationique est convertie en ion dipolaire*. Lorsque la valeur du pH passe de 2,3 à 9,7, c'est l'ion dipolaire qui devient la forme prédominante. Le

---

* L'équation de Henderson-Hasselbalch indique que pour un acide (HA) et sa base conjuguée (A⁻) :

$$pK_a = pH + \log \frac{[HA]}{[A^-]}$$

Lorsqu'un acide est à demi neutralisé, [HA] = [A⁻] et $\log \frac{[HA]}{[A^-]} = 0$; donc pH = p$K_a$.

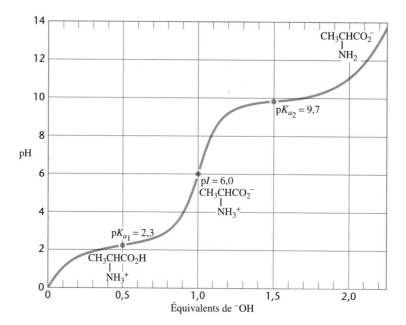

Figure 24.1 Courbe de titration
du CH₃CHCO₂H.
|
NH₃
+

pH devient égal au pI lorsqu'il atteint 6,0 et la concentration de l'ion dipolaire prend sa valeur maximale.

$$\underset{\substack{\text{Forme cationique}\\(\text{p}K_{a_1}=2,3)}}{\text{CH}_3\text{CHCO}_2\text{H}} \underset{\text{H}_3\text{O}^+}{\overset{^-\text{OH}}{\rightleftharpoons}} \underset{\substack{\text{Ion dipolaire}\\(\text{p}K_{a_2}=9,7)}}{\text{CH}_3\text{CHCO}_2^-} \underset{\text{H}_3\text{O}^+}{\overset{^-\text{OH}}{\rightleftharpoons}} \underset{\substack{\text{Forme anionique}}}{\text{CH}_3\text{CHCO}_2^-}$$

Lorsque le pH s'élève à 9,7 (soit le pK_a de l'ion dipolaire), la moitié de la quantité d'ion dipolaire est convertie en forme anionique. Enfin, lorsque la valeur du pH s'approche de 14, c'est la forme anionique qui devient prédominante dans la solution.

Si la chaîne latérale de l'acide aminé contient un groupe acide ou basique supplémentaire, l'équilibre est alors plus complexe. Prenons le cas de la lysine, qui est un acide aminé doté d'un groupe —NH₂ supplémentaire au carbone ε. En solution fortement acide, elle prend la forme d'un dication parce que les deux groupes amine sont protonés. Le premier proton perdu par suite de l'augmentation du pH provient du groupe carboxyle (pK_a = 2,2), le deuxième vient du groupe α-aminium (pK_a = 9,0) et le dernier est issu du groupe ε-aminium.

$$\underset{\substack{\text{Forme dicationique}\\\text{de la lysine}\\(\text{p}K_{a_1}=2,2)}}{\overset{+}{\text{H}_3\text{N}}(\text{CH}_2)_4\text{CHCO}_2\text{H}} \underset{\text{H}_3\text{O}^+}{\overset{^-\text{OH}}{\rightleftharpoons}} \underset{\substack{\text{Forme}\\\text{monocationique}\\(\text{p}K_{a_2}=9,0)}}{\overset{+}{\text{H}_3\text{N}}(\text{CH}_2)_4\text{CHCO}_2^-} \underset{\text{H}_3\text{O}^+}{\overset{^-\text{OH}}{\rightleftharpoons}} \underset{\substack{\text{Ion dipolaire}\\(\text{p}K_{a_3}=10,5)}}{\overset{+}{\text{H}_3\text{N}}(\text{CH}_2)_4\text{CHCO}_2^-} \underset{\text{H}_3\text{O}^+}{\overset{^-\text{OH}}{\rightleftharpoons}} \underset{\substack{\text{Forme anionique}}}{\text{H}_2\text{N}(\text{CH}_2)_4\text{CHCO}_2^-}$$

Le point isoélectrique de la lysine équivaut à la moyenne arithmétique du pK_{a_2} (le monocation) et du pK_{a_3} (l'ion dipolaire).

$$\text{p}I = \frac{9,0 + 10,5}{2} = 9,8 \text{ (point isoélectrique de la lysine)}$$

PROBLÈME 24.1

Quelle forme de l'acide glutamique est censée prédominer a) dans une solution fortement acide ? b) dans une solution fortement alcaline ? c) à son point isoélectrique (pI = 3,2) ? d) Le point isoélectrique de la glutamine (pI = 5,7) est sensiblement plus élevé que celui de l'acide glutamique. Expliquez pourquoi.

PROBLÈME 24.2

Le groupe guanidino $-NH-\overset{\overset{\displaystyle NH}{\|}}{C}-NH_2$ de l'arginine est l'un des groupes organiques les plus fortement basiques qui soient. Expliquez pourquoi.

24.3 SYNTHÈSE DES ACIDES α-AMINÉS EN LABORATOIRE

Diverses méthodes de synthèse des acides α-aminés en laboratoire ont été mises au point. Nous décrirons ici trois méthodes générales qui sont toutes fondées sur des réactions étudiées dans les chapitres précédents.

24.3A AMINOLYSE DIRECTE D'UN ACIDE α-HALOGÉNÉ

$$R-CH_2CO_2H \xrightarrow[2)\ H_2O]{1)\ X_2,\ P} R\underset{\underset{X}{|}}{C}HCO_2H \xrightarrow{NH_3\ (excès)} R-\underset{\underset{\overset{+}{N}H_3}{|}}{C}HCO_2^-$$

Cette méthode est sans doute employée moins fréquemment que d'autres parce que les rendements sont généralement faibles. Un exemple de cette méthode a été présenté à la section 18.9.

24.3B À PARTIR DU PHTALIMIDE DE POTASSIUM

Cette méthode est une modification de la synthèse de Gabriel pour les amines (section 20.5A). Les rendements sont habituellement élevés, et les produits, facilement purifiés.

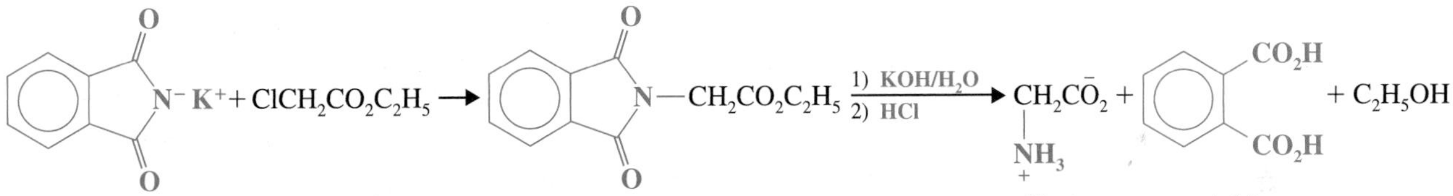

| Phtalimide de potassium | Chloroacétate d'éthyle | (97 %) | | Glycine (85 %) | Acide phtalique | |

Une variante de cette méthode fait appel à du phtalimide de potassium et à de l'α-bromomalonate de diéthyle en vue de la production d'un dérivé *imido* de l'ester malonique. Cette méthode est illustrée pour la synthèse de la méthionine.

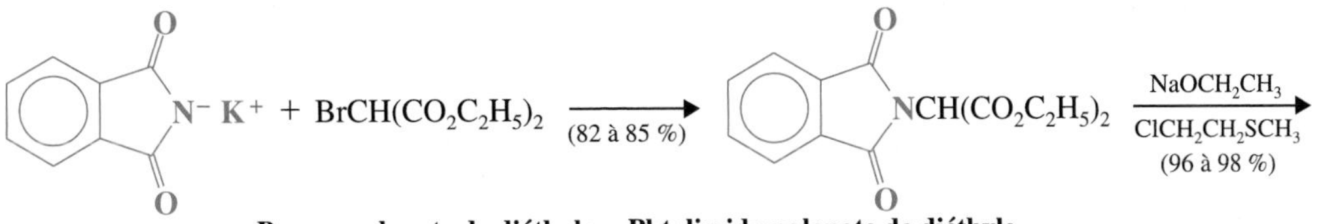

α-Bromomalonate de diéthyle   Phtalimidomalonate de diéthyle

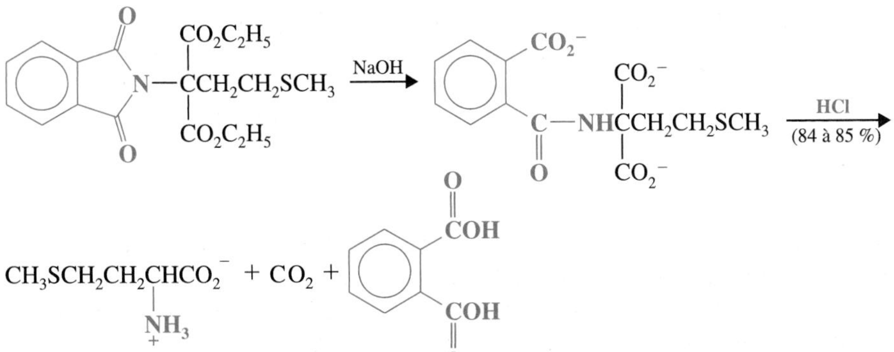

$$CH_3SCH_2CH_2\underset{\underset{\overset{+}{N}H_3}{|}}{C}HCO_2^- + CO_2 +$$

DL-Méthionine

PROBLÈME 24.3

En utilisant de l'α-bromomalonate de diéthyle, du phtalimide de potassium et tout autre réactif nécessaire, montrez comment pourraient être synthétisées a) la DL-leucine, b) la DL-alanine et c) la DL-phénylalanine.

24.3C SYNTHÈSE DE STRECKER

Le traitement d'un aldéhyde par de l'ammoniac et du cyanure d'hydrogène produit un α-aminonitrile. L'hydrolyse du groupe nitrile (section 18.3) de l'α-aminonitrile convertit ce dernier en acide α-aminé. Cette méthode porte le nom de synthèse de Strecker.

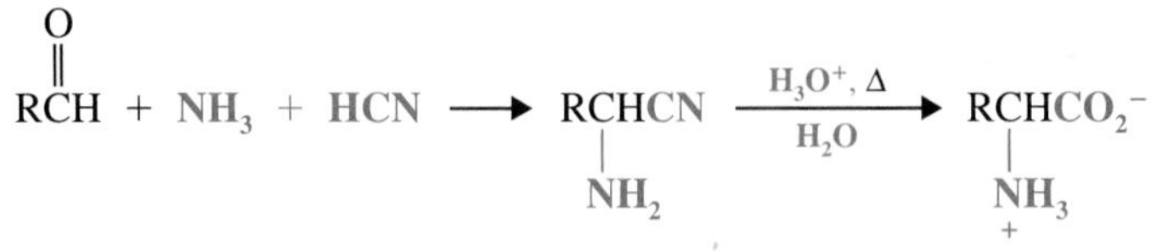

$$\underset{\overset{\displaystyle \|}{\underset{\displaystyle }{O}}}{RCH} + NH_3 + HCN \longrightarrow \underset{\underset{\displaystyle NH_2}{|}}{RCHCN} \xrightarrow[\substack{H_2O}]{H_3O^+,\, \Delta} \underset{\underset{\displaystyle \overset{+}{NH_3}}{|}}{RCHCO_2^-}$$

$$\textbf{α-Aminonitrile} \qquad\qquad \textbf{Acide α-aminé}$$

La première étape de cette synthèse passe probablement par la formation d'une imine entre l'aldéhyde et l'ammoniac, suivie de l'addition de cyanure d'hydrogène.

MÉCANISME DE LA RÉACTION

Formation d'un α-aminonitrile durant la synthèse de Strecker

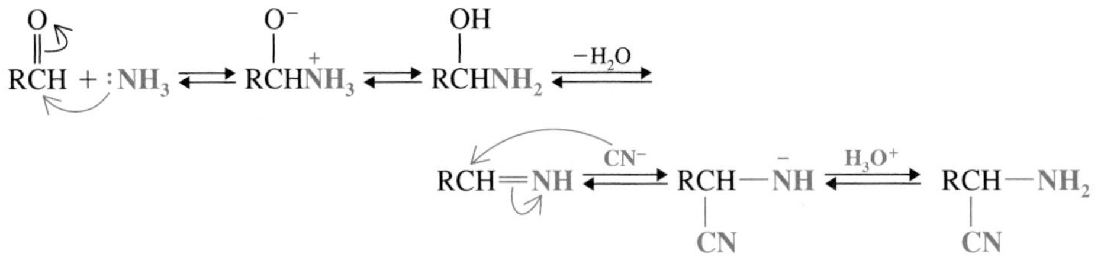

QUESTION TYPE

Donnez les grandes lignes de la préparation de la DL-tyrosine par la synthèse de Strecker.

Réponse

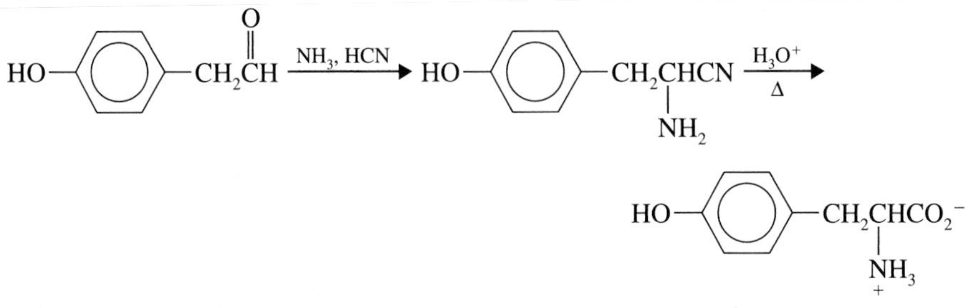

DL-Tyrosine

PROBLÈME 24.4

a) Donnez les grandes lignes de la préparation de la DL-phénylalanine par la synthèse de Strecker. b) La DL-méthionine peut également être produite par la synthèse de Strecker. L'aldéhyde initial nécessaire peut être préparé à partir d'acroléine ($CH_2{=}CHCHO$) et de méthanethiol (CH_3SH). Donnez toutes les étapes de cette synthèse de la DL-méthionine.

24.3D RÉSOLUTION DES ACIDES AMINÉS RACÉMIQUES

À l'exception de la glycine, qui n'a pas de centre stéréogénique, les acides aminés produits selon les méthodes décrites ci-dessus sont tous des mélanges racémiques. Pour obtenir les acides α-aminés L naturels, il faut évidemment résoudre les formes racémiques. Cette opération peut être accomplie par diverses méthodes, y compris celles décrites à la section 20.3.

Une méthode particulièrement intéressante pour la résolution des acides aminés repose sur l'utilisation d'enzymes appelées *déacylases,* dont la fonction consiste à catalyser l'hydrolyse des acides aminés *N*-acylés chez les êtres vivants. Puisque le site actif de ces enzymes est chiral, celles-ci n'hydrolysent que les acides aminés *N*-acylés de configuration L. Lorsque l'enzyme est ajoutée à un mélange racémique de ces produits, seuls les dérivés L sont hydrolysés, et les produits sont par conséquent faciles à séparer.

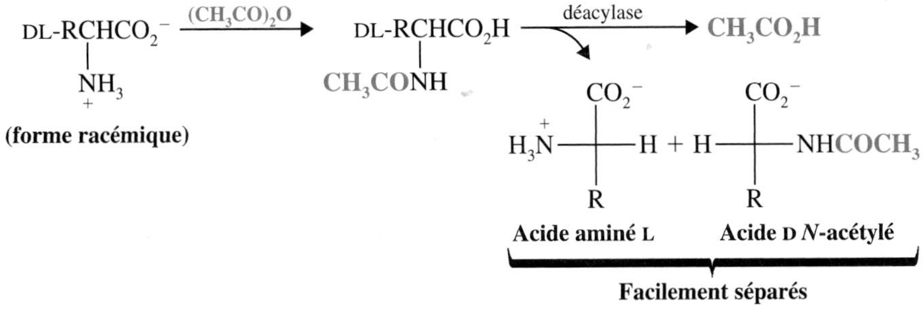

24.3E SYNTHÈSES STÉRÉOSÉLECTIVES DES ACIDES AMINÉS

La méthode idéale de synthèse d'un acide aminé ne donnerait que l'énantiomère L (*S*) naturel. Cet idéal est devenu une réalité grâce à l'utilisation de catalyseurs d'hydrogénation chiraux dérivés des métaux de transition. Différents catalyseurs ont été utilisés, dont celui qu'a mis au point B. Bosnich (de l'université de Toronto) et qui fait appel à un complexe de rhodium et de (*R*)-1,2-bis(diphénylphosphino)propane, un composé appelé « (*R*)-prophos ». Lorsqu'un complexe de rhodium et de norbornadiène (NBD) est traité par du (*R*)-prophos, ce dernier remplace l'une des molécules de norbornadiène entourant l'atome de rhodium, ce qui produit un complexe de rhodium *chiral.*

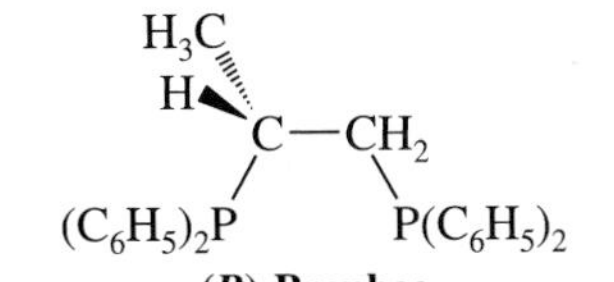

(*R*)-Prophos

$$[Rh(NBD)_2]ClO_4 + (R)\text{-prophos} \longrightarrow [Rh((R)\text{-prophos})(NBD)]ClO_4 + NBD$$

Complexe de rhodium chiral

Le traitement de ce complexe chiral par de l'hydrogène dans un solvant tel que l'éthanol produit une solution contenant un catalyseur d'hydrogénation chiral actif ayant probablement la forme $[Rh((R)\text{-prophos})(H)_2(EtOH)_2]^+$.

Lorsque de l'acide 2-acétamidoprop-2-énoïque est ajouté à cette solution et que l'hydrogénation est effectuée, le produit obtenu est le dérivé *N*-acétyle de la L-alanine avec un excès énantiomère de plus de 90 %. L'hydrolyse du groupe *N*-acétyle donne la L-alanine. Puisque le catalyseur d'hydrogénation est chiral, il transfère ses atomes d'hydrogène de façon stéréosélective. Ce type de réaction est souvent qualifié de **synthèse asymétrique** ou de **synthèse énantiosélective** (section 5.8B).

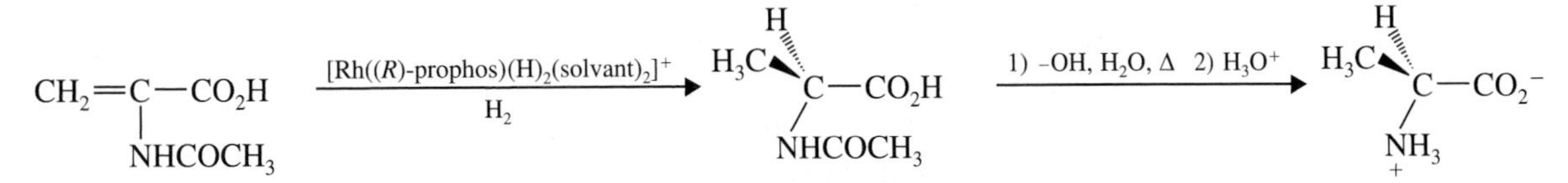

Acide 2-acétamidoprop-2-énoïque **N-Acétyl-L-alanine** **L-Alanine**

La même méthode a été employée pour synthétiser plusieurs autres acides α-aminés L à partir de l'acide 2-acétamidoprop-2-énoïque ayant différents substituants en position 3. L'utilisation du catalyseur (R)-prophos dans l'hydrogénation des isomères (Z) donne l'énantiomère L des acides aminés avec des excès énantiomères de 87 à 93 %.

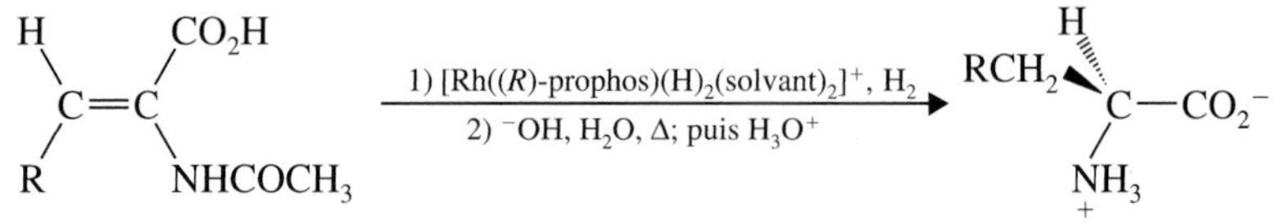

$$\text{1) [Rh((R)-prophos)(H)}_2\text{(solvant)}_2]^+\text{, H}_2$$
$$\text{2) } ^-\text{OH, H}_2\text{O, } \Delta \text{; puis H}_3\text{O}^+$$

Acide
Acide (Z)-2-acétamidoprop-2-énoïque
substitué en position 3

Acide α-aminé L

24.4 ANALYSE DES POLYPEPTIDES ET DES PROTÉINES

Des enzymes peuvent provoquer la polymérisation des acides-α-aminés par élimination d'eau.

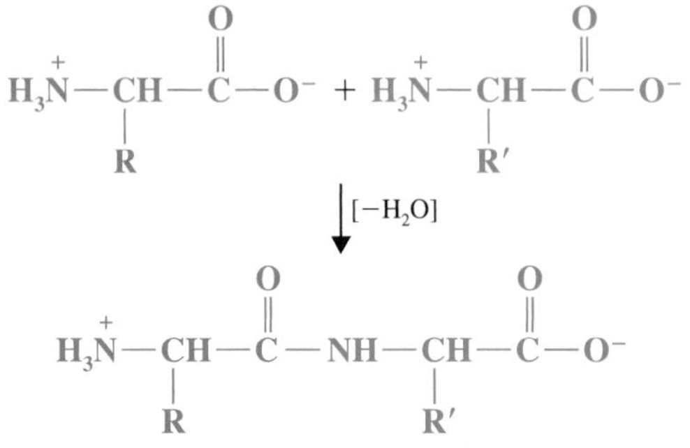

$$[-\text{H}_2\text{O}]$$

Un dipeptide

La liaison —CO—NH— (amide) qui se forme entre les acides aminés est appelée **liaison peptidique**. Les acides aminés associés par cette liaison portent le nom de **résidus d'acides aminés**. Les polymères qui contiennent deux, trois, un certain nombre (4 à 10) ou un grand nombre de résidus d'acides aminés sont qualifiés respectivement de **dipeptides, tripeptides, oligopeptides** et **polypeptides**. Les **protéines** sont des molécules constituées d'une ou de plusieurs chaînes polypeptidiques.

Les polypeptides sont des **polymères linéaires.** L'une des extrémités de la chaîne polypeptidique comporte un résidu d'acide aminé ayant un groupe —NH$_3^+$ libre; l'autre extrémité est formée d'un résidu d'acide aminé ayant un groupe —CO$_2^-$ libre. Ces deux groupes sont respectivement appelés **résidu N-terminal** et **résidu C-terminal.**

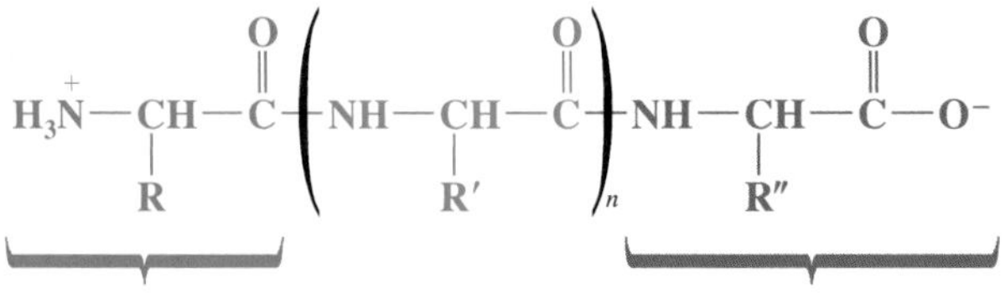

Résidu N-terminal   Résidu C-terminal

Par convention, on place le résidu N-terminal à gauche et le résidu C-terminal à droite lorsqu'on écrit les structures des peptides et des protéines.

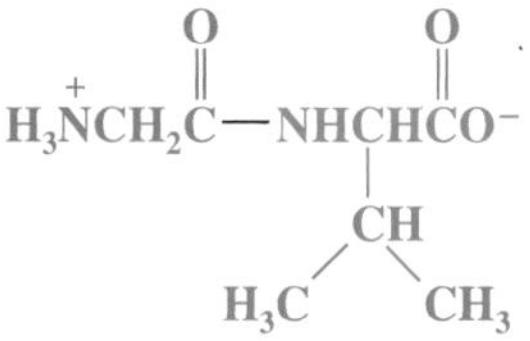

Glycylvaline
(Gly · Val)

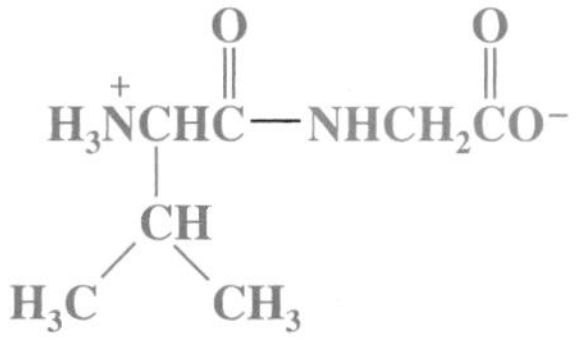

Valylglycine
(Val · Gly)

Le tripeptide glycylvalylphénylalanine peut être représenté de la façon suivante :

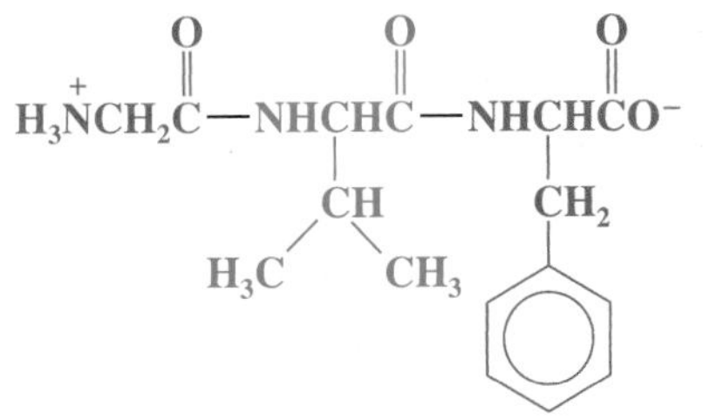

Glycylvalylphénylalanine
(Gly · Val · Phé)

Lorsqu'on hydrolyse une protéine ou un polypeptide dans de l'acide chlorhydrique $6M$ pendant 24 heures à reflux, on observe généralement la rupture des liaisons amide et la formation d'un mélange d'acides aminés. Pour déterminer la structure d'un polypeptide ou d'une protéine, il faut d'abord séparer et identifier les acides aminés présents dans un tel mélange. Sachant qu'il peut y avoir jusqu'à 22 acides aminés différents, on mesure mieux l'ampleur de la tâche si on n'utilise que des méthodes classiques.

Heureusement, la mise au point et l'automatisation de techniques chromatographiques de pointe par élution ont énormément simplifié ce problème. Des analyseurs d'acides aminés automatisés ont été élaborés à l'Institut Rockefeller en 1950 et ont été commercialisés depuis. Le fonctionnement de ces appareils repose sur l'emploi de polymères insolubles contenant des groupes sulfonate, appelés *résines échangeuses de cations* (figure 24.2).

Si une solution acide contenant un mélange d'acides aminés est déposée sur une colonne remplie d'une résine échangeuse de cations, les acides aminés sont adsorbés sur la résine à cause des forces d'attraction entre les groupes sulfonate de charge négative et les acides aminés de charge positive. L'ampleur de l'adsorption varie en fonction de la basicité des acides aminés, les plus basiques étant retenus le plus fortement. Si on fait passer dans la colonne une solution tamponnée à un pH donné, les acides aminés sont élués à des vitesses différentes et finissent par être séparés. À la sortie de la colonne, l'éluat est mélangé à de la **ninhydrine,** un composé qui réagit avec la plupart des acides aminés et qui donne un dérivé de couleur mauve vif (λ_{max} de 570 nm). L'analyseur d'acides aminés mesure l'absorbance de l'éluat (à 570 nm) en continu et enregistre cette absorbance en fonction du volume de l'effluent.

La figure 24.3 illustre un graphique représentatif de ce que permet d'obtenir un analyseur d'acides aminés automatisé. Lorsque la procédure est standardisée, la position des pics identifie chacun des acides aminés, et l'aire des pics correspond à leur quantité relative.

La ninhydrine est l'hydrate de l'indan-1,2,3-trione. À l'exception de la proline et de l'hydroxyproline, tous les acides α-aminés des protéines réagissent avec la

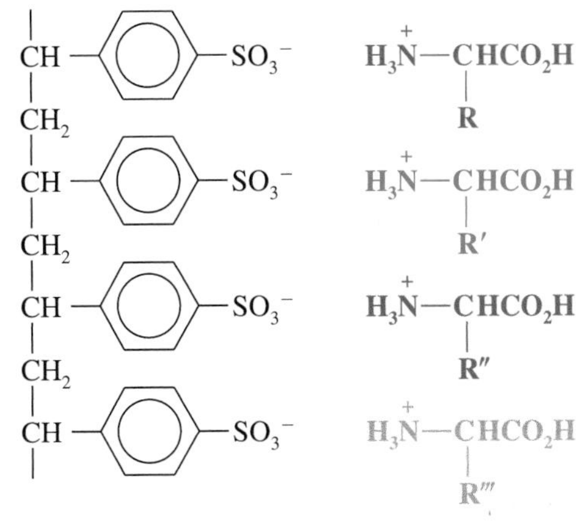

Figure 24.2 Section d'une résine échangeuse de cations sur laquelle sont adsorbés des acides aminés.

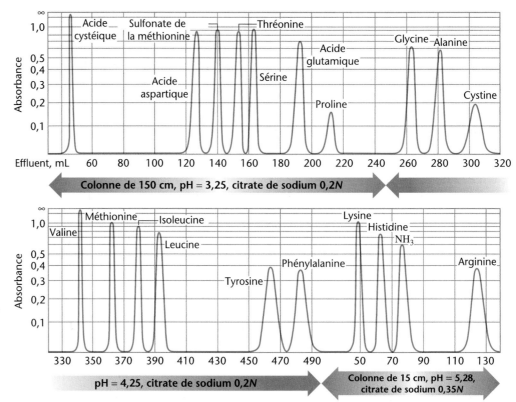

Figure 24.3 Exemple de résultats obtenus d'un analyseur d'acides aminés automatisé. [Adapté avec la permission de D.H. SPACKMAN, W.H. STEIN et S. MOORE, *Anal. Chem.*, vol. 30, 1958, p. 1190-1206. © American Chemical Society.]

ninhydrine et donnent l'anion de couleur mauve vif (λ_{max} de 570 nm). Sans entrer dans les détails du mécanisme, prenez note que la seule portion de l'anion qui dérive de l'acide α-aminé est l'azote.

Indane-1,2,3-trione   **Ninhydrine**

Anion mauve

La proline et l'hydroxyproline réagissent avec la ninhydrine de façon différente parce que leurs groupes α-amino sont des amines secondaires et font partie d'un cycle à cinq membres.

24.5 SÉQUENCE DES POLYPEPTIDES ET DES PROTÉINES

Une fois que la composition en acides aminés d'une protéine ou d'un polypeptide a été déterminée, il faut établir sa masse moléculaire. Diverses méthodes peuvent être utilisées à cette fin : méthodes chimiques, spectrométrie de masse, ultracentrifugation, diffusion de la lumière, pression osmotique et diffraction des rayons X. Lorsque sont connues la masse moléculaire et la composition en acides aminés de la protéine, il est possible de calculer sa *formule moléculaire,* c'est-à-dire le nombre de résidus d'acides aminés de chaque type dont est constituée chaque molécule de protéine. Il ne s'agit toutefois que de la première étape dans l'identification de la structure d'une protéine. L'étape suivante est beaucoup plus complexe : elle consiste à déterminer l'ordre dans lequel les acides aminés sont liés, soit, en d'autres termes, à établir *la structure covalente ou primaire d'une protéine.*

Un simple tripeptide composé de trois acides aminés différents peut se présenter sous six séquences d'acides aminés différentes; un tétrapeptide composé de quatre acides aminés différents peut en avoir 24. Dans le cas d'une protéine composée de 20 acides aminés différents ayant une chaîne de 100 résidus, il existe 20^{100} ou $1,27 \times 10^{130}$ séquences possibles, soit une quantité très supérieure au nombre estimé d'atomes dans l'univers (9×10^{78}).

Malgré tout, diverses méthodes permettant la détermination des séquences en acides aminés ont été mises au point et, comme nous le verrons, appliquées avec un succès remarquable. Pour le moment, nous examinerons deux méthodes illustrant une façon d'établir une séquence : **l'analyse du résidu *N*-terminal** et **l'hydrolyse partielle.** Nous aborderons une méthode plus facile à la section 25.6A.

24.5A ANALYSE DU RÉSIDU *N*-TERMINAL

Une méthode très utile pour déterminer le résidu d'acide aminé *N*-terminal, appelée **méthode de Sanger,** repose sur l'utilisation de 2,4-dinitrofluorobenzène (DNFB). Lorsqu'un polypeptide est traité par le DNFB dans une solution légèrement basique, l'amine libre du résidu *N*-terminal prend part à une réaction de substitution aromatique nucléophile (S_NAr; voir la section 21.11). L'hydrolyse subséquente du polypeptide produit un mélange d'acides aminés dans lequel l'acide aminé *N*-terminal est marqué par *le groupe 2,4-dinitrophényle*. Il est donc possible de l'identifier après l'avoir séparé du mélange.

Cette méthode a été mise au point par Frederick Sanger, de l'université de Cambridge, en 1945. Sanger s'en est abondamment servi pour déterminer la séquence en acides aminés de l'insuline et a reçu le prix Nobel de chimie pour ses travaux en 1958.

2,4-Dinitrofluorobenzène (DNFB) + **Polypeptide** $\xrightarrow[(-HF)]{HCO_3^-}$ → **Polypeptide marqué** $\xrightarrow{H_3O^+}$ → **Acide aminé *N*-terminal marqué** + **Mélange d'acides aminés**

Séparation et identification

PROBLÈME 24.5

Le caractère électroattracteur du groupe 2,4-dinitrophényle rend très facile la séparation de l'acide aminé marqué. Expliquez ce qui est à l'origine de ce phénomène.

Évidemment, le 2,4-dinitrofluorobenzène réagit avec tous les groupes amine libres qui sont présents dans un polypeptide, y compris le groupe amine ε de la lysine. Toutefois, seul l'acide aminé *N*-terminal portera le marqueur au groupe amine en position α.

La *dégradation d'Edman* (mise au point par Pehr Edman, de l'université de Lund, en Suède) représente une deuxième méthode d'analyse de l'extrémité *N*-terminale.

Par rapport à la méthode de Sanger, elle offre l'avantage d'enlever le résidu *N*-terminal et de laisser intact le reste de la chaîne polypeptidique. La dégradation d'Edman est fondée sur une réaction de marquage entre le groupe amine *N*-terminal et l'isothiocyanate de phényle, $C_6H_5N=C=S$.

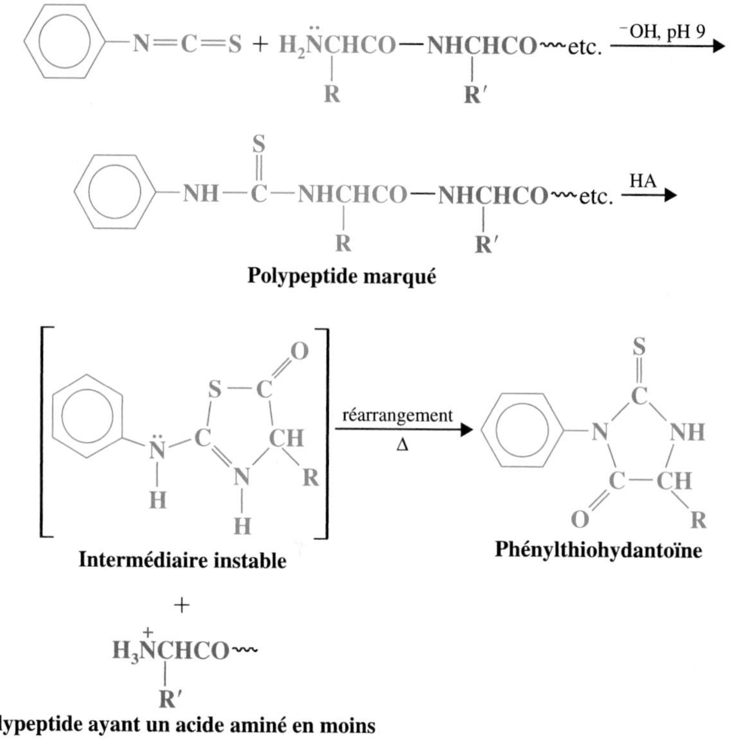

Polypeptide marqué

Intermédiaire instable

Phénylthiohydantoïne

$+$

$H_3\overset{+}{N}CHCO\sim\sim$

$|$

R'

Polypeptide ayant un acide aminé en moins

Lorsque le polypeptide marqué est placé en milieu acide, le résidu *N*-terminal se détache sous forme d'un intermédiaire instable qui subit un réarrangement pour donner une phénylthiohydantoïne. Ce dernier composé peut être identifié par comparaison avec des phénylthiohydantoïnes préparées à partir d'acides aminés de référence.

Le polypeptide qui reste après la première dégradation d'Edman peut être soumis à une autre dégradation afin que soit identifié l'acide aminé suivant dans la séquence; un tel procédé a été automatisé. Malheureusement, on ne peut répéter indéfiniment les dégradations d'Edman. À mesure que des résidus sont enlevés, les acides aminés libérés par hydrolyse au cours du traitement à l'acide s'accumulent dans le mélange réactionnel et perturbent le processus. La dégradation d'Edman a toutefois été automatisée dans ce qu'on appelle un **séquenceur.** Chaque acide aminé est automatiquement détecté lors de son retrait. Cette technique a été appliquée avec succès à des polypeptides comprenant jusqu'à 60 acides aminés.

Les résidus *C*-terminaux peuvent être identifiés à l'aide d'enzymes digestives appelées *carboxypeptidases*. Ces enzymes catalysent spécifiquement l'hydrolyse de la liaison amide de l'acide aminé contenant un groupe —CO_2H libre, le relâchant sous la forme d'un acide aminé libre. Par ailleurs, les carboxypeptidases continuent de gruger la chaîne polypeptidique qui reste et de retirer successivement des résidus *C*-terminaux. Par conséquent, il est nécessaire de suivre les acides aminés libérés en fonction du temps. Le procédé ne peut être appliqué qu'à une séquence d'acides aminés limitée car, après un certain temps, la situation devient trop confuse.

PROBLÈME 24.6

a) Écrivez une réaction montrant comment le 2,4-dinitrofluorobenzène peut être utilisé pour l'identification de l'acide aminé *N*-terminal de Val·Ala·Gly. b) Quels produits sont obtenus (après hydrolyse) lorsque Val·Lys·Gly est traité par le 2,4-dinitrofluorobenzène ?

PROBLÈME 24.7

Écrivez les réactions qui se produisent au cours de la dégradation d'Edman séquentielle de Met·Ile·Arg.

24.5B HYDROLYSE PARTIELLE

L'analyse séquentielle à l'aide de la dégradation d'Edman ou d'une carboxypeptidase devient difficile dans le cas de protéines ou de polypeptides de grande taille. Heureusement, il est possible de recourir à une autre technique : l'**hydrolyse partielle.** Par l'intermédiaire d'acides dilués ou d'enzymes, une chaîne polypeptidique est brisée en petits fragments, dont la séquence peut être déterminée par la méthode de Sanger ou la dégradation d'Edman. On examine ensuite la structure de ces fragments plus petits afin de mettre en évidence des chevauchements et de reconstituer la séquence en acides aminés du polypeptide initial.

Prenons un exemple simple : on dispose d'un pentapeptide contenant de la valine (deux résidus), de la leucine (un résidu), de l'histidine (un résidu) et de la phénylalanine (un résidu). À partir de ces données, on peut, en utilisant des virgules pour indiquer que la séquence est inconnue, écrire la « formule moléculaire » de la protéine de la façon suivante.

$$Val_2, Leu, His, Phe$$

Supposons que, en utilisant le DNFB et la carboxypeptidase, on découvre que les résidus *N*-terminal et *C*-terminal sont respectivement une valine et une leucine. On a alors la séquence suivante :

$$Val (Val, His, Phe) Leu$$

Cependant, la séquence des trois acides aminés non terminaux demeure inconnue.

On soumet ensuite le pentapeptide à une hydrolyse acide partielle et on obtient alors les dipeptides suivants (on obtient également des acides aminés individuels et des fragments plus volumineux, c'est-à-dire des tripeptides et des tétrapeptides).

$$Val·His + His·Val + Val·Phe + Phe·Leu$$

Les points de chevauchement entre les dipeptides (soit His, Val et Phe) permettent de déduire que le pentapeptide initial devait avoir la séquence suivante :

$$Val·His·Val·Phe·Leu$$

Deux enzymes sont en outre souvent utilisées pour scinder certaines liaisons peptidiques dans une protéine de grande taille. La *trypsine* catalyse surtout l'hydrolyse des liaisons peptidiques dont le groupe carboxyle appartient à un résidu lysine ou arginine. La *chymotrypsine* catalyse principalement les liaisons peptidiques comprenant le groupe carboxyle d'un résidu phénylalanine, tyrosine ou tryptophane. Elle attaque également les liaisons peptidiques dont le groupe carboxyle appartient à une leucine, à une méthionine, à une asparagine ou à une glutamine. Le traitement d'une protéine de grande taille par la trypsine ou la chymotrypsine la réduit en plus petits fragments. Ensuite, chacun de ces fragments peut être soumis à une dégradation d'Edman ou à un marquage suivi d'une hydrolyse partielle.

PROBLÈME 24.8

Le glutathion est un tripeptide présent dans la plupart des cellules vivantes. L'hydrolyse partielle du glutathion par catalyse acide donne deux dipeptides : Cys·Gly et un composé de Glu et de Cys. Lorsque ce dernier est traité avec du DNFB, l'hydrolyse acide donne un résidu de Glu marqué sur l'amine. a) En vous fondant sur ces seules données, dites quelles sont les structures possibles du glutathion. b) Des travaux de synthèse ont montré que le deuxième dipeptide possède la structure suivante :

$$\overset{+}{H_3}NCHCH_2CH_2CONHCHCO_2^-$$
$$\underset{CO_2^-}{|} \qquad \underset{CH_2SH}{|}$$

Quelle est la structure du glutathion ?

PROBLÈME 24.9

Donnez la séquence en acides aminés des polypeptides suivants en n'utilisant que les données obtenues par hydrolyse acide partielle.

a) Ser, Hyp, Pro, Thr $\xrightarrow[H_2O]{H_3O^+}$ Ser·Thr + Thr·Hyp + Pro·Ser

b) Ala, Arg, Cys, Val, Leu $\xrightarrow[H_2O]{H_3O^+}$ Ala·Cys + Cys·Arg + Arg·Val + Leu·Ala

---

24.6 STRUCTURE PRIMAIRE DES POLYPEPTIDES ET DES PROTÉINES

La structure covalente d'une protéine ou d'un polypeptide porte le nom de **structure primaire** (figure 24.4). Grâce aux techniques décrites dans les sections précédentes, les chimistes ont accompli des progrès remarquables pour déterminer la structure primaire des polypeptides et des protéines. Les composés décrits dans les pages qui suivent en constituent des exemples importants.

24.6A OCYTOCINE ET VASOPRESSINE

L'ocytocine et la vasopressine (figure 24.5) sont deux polypeptides assez petits ayant des structures clairement analogues (là où l'ocytocine possède une leucine, la vasopressine a une arginine, et là où l'ocytocine possède une isoleucine, la vasopressine a une phénylalanine). Malgré la ressemblance de leurs séquences en acides aminés, ces deux polypeptides produisent des effets physiologiques très différents. Présente exclusivement chez les femelles d'une espèce, l'ocytocine stimule les contractions utérines durant l'accouchement. Quant à la vasopressine, présente tant chez les mâles que les femelles, elle provoque une contraction des vaisseaux sanguins périphériques et une augmentation de la tension artérielle. Néanmoins, sa principale fonction est *antidiurétique*; les physiologistes qualifient souvent la vasopressine d'*hormone antidiurétique*.

Les structures de l'ocytocine et de la vasopressine illustrent également l'importance des ponts disulfure entre résidus de cystéine (section 24.2A) dans la structure primaire globale d'un polypeptide. Dans le cas de ces deux molécules, les ponts disulfure produisent une structure cyclique.

Vincent du Vigneaud, du Cornell Medical College, a synthétisé l'ocytocine et la vasopressine en 1953; il a reçu le prix Nobel de chimie en 1955.

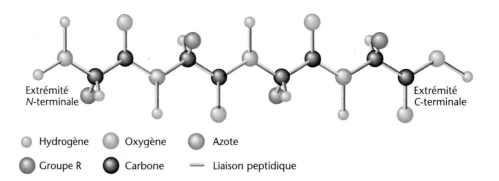

Figure 24.4 Représentation de la structure primaire d'un tétrapeptide.

Extrémité *N*-terminale   Extrémité *C*-terminale

○ Hydrogène   ○ Oxygène   ○ Azote
● Groupe R   ● Carbone   — Liaison peptidique

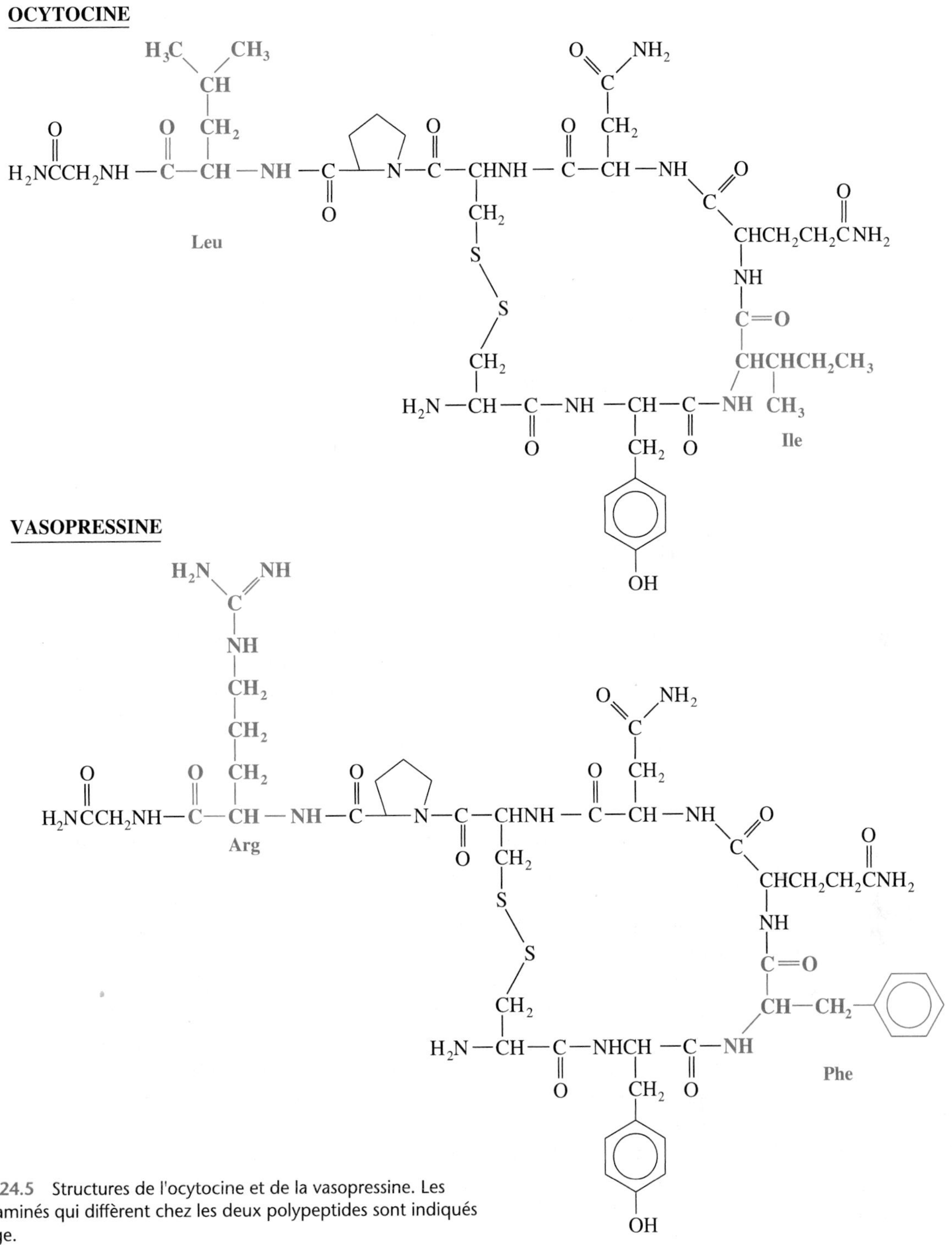

OCYTOCINE

Leu

Ile

VASOPRESSINE

Arg

Phe

Figure 24.5 Structures de l'ocytocine et de la vasopressine. Les acides aminés qui diffèrent chez les deux polypeptides sont indiqués en rouge.

PROBLÈME 24.10

Le traitement de l'ocytocine par certains agents réducteurs (du sodium dans de l'ammoniac liquide, par exemple) engendre une seule modification chimique, qui peut être inversée grâce à l'oxydation par l'air. Quelles sont les modifications chimiques en cause ?

24.6B INSULINE

L'insuline est une hormone sécrétée par le pancréas qui régit le métabolisme du glucose. Le diabète sucré chez l'être humain se caractérise essentiellement par une insuffisance en insuline.

Chaîne A

```
                                                        Ser
                                              S — Cys
                                          S              Val
Gly — Ile — Val — Glu — Gln — Cys                        Ser      Leu
                                          Cys — Ala                |
                                          S                        Tyr
                                          S                        |
                                          S                        Gln
*Chaîne B*                                |                        |
Phe — Val — Asn — Gln — His — Leu — Cys                            Leu
                                          Gly                      |
                                          |                        Glu
                   Glu — Val — Leu — His — Ser                     |
             Ala                                                   Asn
                \                                                  |
                 Leu — Tyr — Leu — Val — Cys ——— S — S ——— Cys     Tyr
                                          Gly                      |
                                                                  Cys
Ala — Lys — Pro — Thr — Tyr — Phe — Phe — Gly — Arg — Glu          |
                                                                  Asn
```

Figure 24.6 Séquence des acides aminés de l'insuline bovine.

La séquence d'acides aminés de l'insuline bovine (figure 24.6) a été établie en 1953 par Sanger, qui lui a consacré dix ans de travail. L'insuline bovine comprend un total de 51 acides aminés, répartis en deux chaînes polypeptidiques appelées A et B et liées par deux ponts disulfure. La chaîne A contient un pont disulfure additionnel entre deux résidus de cystéine en positions 6 et 11.

> ## CAPSULE CHIMIQUE
>
> ### L'ANÉMIE À HÉMATIES FALCIFORMES
>
>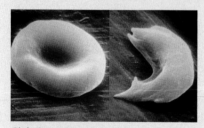
>
> Globules rouges normal (à gauche) et falciforme (à droite) visualisés par microscopie à balayage, avec un grossissement de 18 000.
>
> L'anémie à hématies falciformes (ou drépanocytose) est une maladie héréditaire résultant d'une seule modification dans la séquence d'acides aminés de la chaîne β de l'hémoglobine. Dans l'hémoglobine normale, un acide glutamique se trouve en position 6, alors que, dans l'anémie à hématies falciformes, c'est une valine qui occupe cette position.
>
> Les globules rouges (érythrocytes) contenant de l'hémoglobine affectée par une telle modification dans sa séquence en acides aminés prennent généralement la forme d'un croissant lorsque la pression partielle d'oxygène est basse, comme dans le cas du sang veineux. La présence de tels globules déformés oblige le cœur à fournir davantage d'efforts pour assurer leur circulation dans les capillaires. Ces globules peuvent même boucher les capillaires en s'agrégeant les uns aux autres, ou parfois éclater. Les enfants qui héritent cette prédisposition génétique de leurs deux parents souffrent d'une forme sévère de la maladie et meurent habituellement vers l'âge de deux ans. Les enfants chez qui l'anémie est transmise par un seul des parents souffrent généralement d'une forme beaucoup plus légère de la maladie. L'anémie falciforme est apparue dans des populations d'Afrique centrale et occidentale où, ironie du sort, elle a pu avoir des effets bénéfiques. En effet, les personnes affectées d'une forme légère de la maladie sont beaucoup moins susceptibles d'être atteintes de paludisme que celles qui possèdent une hémoglobine normale. Maladie causée par un microorganisme infectieux, le paludisme est particulièrement répandu en Afrique centrale et occidentale. Des mutations comme celles qui causent l'anémie falciforme surviennent très fréquemment. Quelque 150 types de mutations de l'hémoglobine ont été décelés chez l'être humain; heureusement, la plupart de ces mutations sont inoffensives.

L'insuline humaine ne diffère de l'insuline bovine que dans trois résidus : une thréonine remplace une alanine dans la chaîne A (résidu 8) ainsi que dans la chaîne B (résidu 30), et une isoleucine remplace une valine dans la chaîne A (résidu 10). La structure de l'insuline est similaire chez la plupart des mammifères.

24.6C AUTRES POLYPEPTIDES ET PROTÉINES

Les structures primaires de centaines d'autres polypeptides et protéines ont été élucidées, y compris les suivantes :

1. **Ribonucléase bovine**   Cette enzyme, qui catalyse l'hydrolyse de l'acide ribonucléique (chapitre 25), est constituée d'une seule chaîne de 124 acides aminés et de quatre ponts disulfure intramoléculaires.

2. **Hémoglobine humaine**   Cette importante protéine de transport de l'oxygène est constituée de quatre chaînes peptidiques : deux chaînes α identiques de 141 résidus chacune et deux chaînes β identiques de 146 résidus chacune.

3. **Trypsinogène et chymotrypsinogène bovins**   Ces deux précurseurs d'enzymes sont constitués d'une chaîne unique de 229 et de 245 résidus respectivement.

4. **Gammaglobuline**   Cette immunoprotéine comporte 1 320 acides aminés répartis sur quatre chaînes. Deux de ces chaînes sont constituées de 214 acides aminés et les deux autres en possèdent 446 chacune.

5. **Protéine anticancer p53**   La protéine appelée p53 (p = protéine) est constituée de 393 acides aminés. Elle remplit des fonctions variées, mais les plus importantes régissent les étapes conduisant à la croissance cellulaire. Elle agit comme un **suppresseur de tumeur** en inhibant toute croissance anarchique des cellules normales, prévenant ainsi l'apparition d'un cancer. Lors de sa découverte en 1979, on croyait que p53 était le produit d'un oncogène (gène qui cause un cancer). Toutefois, les recherches ont révélé que la protéine p53 ayant cette propriété cancérigène était en fait un mutant de la p53 naturelle. La forme non mutante (le *type sauvage*) de p53 semble coordonner un ensemble complexe de réponses aux modifications survenant dans l'ADN qui, autrement, provoqueraient un cancer. Lorsque p53 subit une mutation, elle n'est plus en mesure de jouer son rôle de protection contre le cancer et exerce apparemment un effet contraire en favorisant une croissance anormale.

Pour plus de la moitié des personnes chez qui on découvre un cancer, on retrouve la présence d'une forme mutante de p53. On a démontré que différentes mutations dans la protéine entraînaient différentes formes de cancer et que les types de cancer associés à une mutation de p53 affectent la plupart des organes : cerveau, seins, vessie, col de l'utérus, côlon, foie, poumons, ovaires, pancréas, prostate, peau, estomac, etc.

6. **Protéines *ras***   Les protéines *ras* sont des protéines modifiées associées à la croissance cellulaire et à la réponse cellulaire à l'insuline. Elles appartiennent à une catégorie regroupant les protéines prénylées, dans lesquelles des groupes lipidiques issus de la biosynthèse des isoprénoïdes (annexe D) sont liés sous forme de thioesters à une cystéine en position *C*-terminale. Certaines formes mutées des protéines *ras* engendrent des effets oncogènes dans divers types de cellules eucaryotes. Une des conséquences de la prénylation et des autres modifications mettant en jeu des lipides réside dans le rattachement des protéines ainsi modifiées aux membranes cellulaires. La prénylation peut également contribuer à la reconnaissance moléculaire des protéines ainsi modifiées par d'autres protéines*.

---

* Voir M.H. GELB, « Modification of Proteins by Prenyl Groups », dans *Principles of Medical Biology* (sous la direction de E.E. Bittar et N. Bittar), Greenwich (Connecticut), JAI Press, vol. 4, chapitre 14, 1995, p. 323-333.

24.7 SYNTHÈSE DES POLYPEPTIDES ET DES PROTÉINES

Nous avons vu au chapitre 18 que la synthèse d'une liaison amide est relativement simple. Il faut d'abord « activer » le groupe carboxyle d'un acide en le convertissant en anhydride ou en chlorure d'acide, puis le faire réagir avec une amine :

$$\underset{\textbf{Anhydride}}{R-\overset{\overset{\displaystyle O}{\|}}{C}-O-\overset{\overset{\displaystyle O}{\|}}{C}-R} + \underset{\textbf{Amine}}{R'-NH_2} \longrightarrow \underset{\textbf{Amide}}{R-\overset{\overset{\displaystyle O}{\|}}{C}-NHR'} + R-CO_2H$$

Toutefois, le problème se complique légèrement lorsque le groupe acide et le groupe amine sont situés sur la même molécule, comme cela se produit dans un acide aminé, et plus particulièrement lorsqu'il s'agit de synthétiser un polyamide naturel dans lequel la séquence des différents acides aminés est très importante. À titre d'exemple, examinons la synthèse du simple dipeptide alanylglycine, Ala·Gly. Nous pourrions d'abord activer le groupe carboxyle de l'alanine en le convertissant en chlorure d'acide, puis le faire réagir avec la glycine. Malheureusement, il est impossible d'empêcher le chlorure d'acide de l'alanine de réagir avec lui-même, ce qui signifie que la réaction ne donnerait pas seulement Ala·Gly, mais également Ala·Ala. Elle pourrait également produire Ala·Ala·Ala et Ala·Ala·Gly, et ainsi de suite. Le rendement du produit visé serait faible, et il serait également difficile de le séparer des dipeptides, des tripeptides et des peptides plus grands.

24.7A GROUPES PROTECTEURS

La solution à ce problème consiste à « protéger » le groupe amine du premier acide aminé avant de l'activer et de le faire réagir avec le deuxième. La protection du groupe amine signifie qu'il est converti en un autre groupe faiblement nucléophile, c'est-à-dire en *un groupe qui ne réagira pas avec un dérivé acyle réactif*. Le groupe protecteur doit être soigneusement choisi parce que, après la synthèse de la liaison amide entre le premier et le deuxième acide aminé, il devra être possible d'enlever le groupe protecteur sans que ne soit perturbé le nouveau lien amide.

On a mis au point un certain nombre de réactifs qui satisfont à ces exigences : le *chloroformiate de benzyle* et le dicarbonate de di-*tert*-butyle sont souvent utilisés à cette fin.

$$\underset{\textbf{Chloroformiate de benzyle}}{C_6H_5CH_2O-\overset{\overset{\displaystyle O}{\|}}{C}-Cl} \qquad \underset{\textbf{Dicarbonate de di-\textit{tert}-butyle}}{(CH_3)_3-C-O-\overset{\overset{\displaystyle O}{\|}}{C}-O-\overset{\overset{\displaystyle O}{\|}}{C}-O-C-(CH_3)_3}$$

Ces deux composés réagissent avec les groupes amine pour former des dérivés ne pouvant plus être acylés. Toutefois, dans les deux cas, les produits obtenus sont tels qu'il est possible d'enlever le groupe protecteur dans des conditions qui n'auront aucune incidence sur les liaisons peptidiques. Le groupe benzyloxycarbonyle (abrégé par « Z ») peut être enlevé par hydrogénation catalytique ou par traitement avec HBr dans l'acide acétique. Le groupe *tert*-butyloxycarbonyle (abrégé par « Boc ») peut être enlevé à l'aide de HCl dans le dioxane ou de CF_3CO_2H dans le dichlorométhane.

Groupe benzyloxycarbonyle

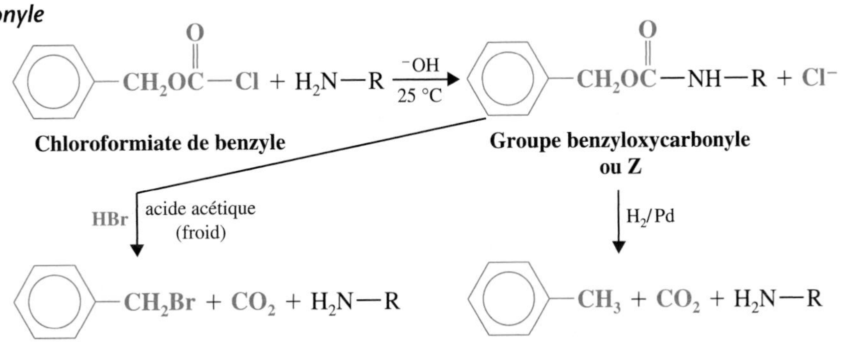

Chloroformiate de benzyle

Groupe benzyloxycarbonyle ou Z

Groupe tert-butyloxycarbonyle

Dicarbonate de di-*tert*-butyle

Groupe *tert*-butyloxycarbonyle ou Boc

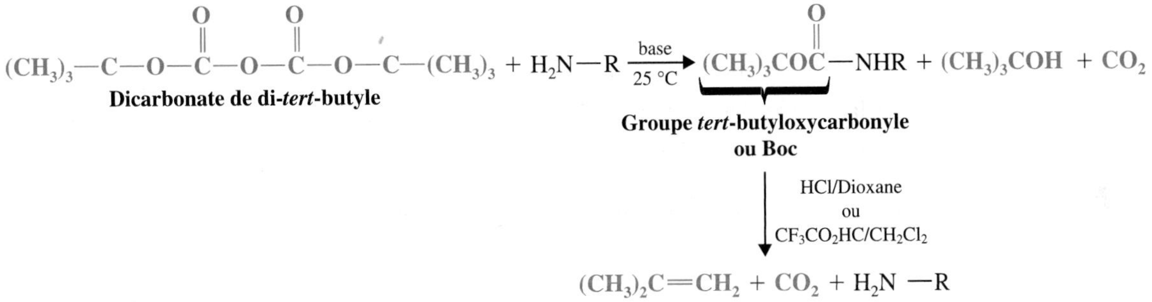

La facilité avec laquelle les deux groupes (Z et Boc) peuvent être enlevés en milieu acide découle de l'exceptionnelle stabilité des carbocations initialement formés. Le groupe benzyloxycarbonyle donne un *cation benzyle*; le groupe *tert*-butyloxycarbonyle donne, au départ, un cation *tert*-butyle.

Le groupe benzyloxycarbonyle peut être enlevé par de l'hydrogène et un catalyseur parce que les liaisons carbone benzylique–oxygène sont faibles et sujettes à hydrogénolyse à basse température.

Un ester benzylique

24.7B ACTIVATION DU GROUPE CARBOXYLE

La façon la plus directe d'activer un groupe carboxyle consiste sans doute à le convertir en un chlorure d'acide. Cette méthode a été utilisée lors des premières synthèses peptidiques, mais les chlorures d'acide sont en fait trop réactifs et donnent lieu à des réactions secondaires qui sont à l'origine de diverses complications. Il est nettement préférable de convertir le groupe carboxyle de l'acide aminé « protégé » en un anhydride mixte à l'aide du chloroformiate d'éthyle, $Cl-\overset{\overset{O}{\|}}{C}-OC_2H_5$.

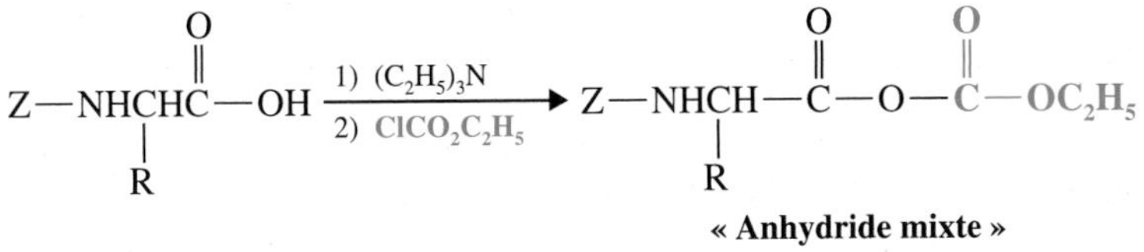

« Anhydride mixte »

L'anhydride mixte peut ensuite être utilisé pour acyler un autre acide aminé et former une liaison peptidique.

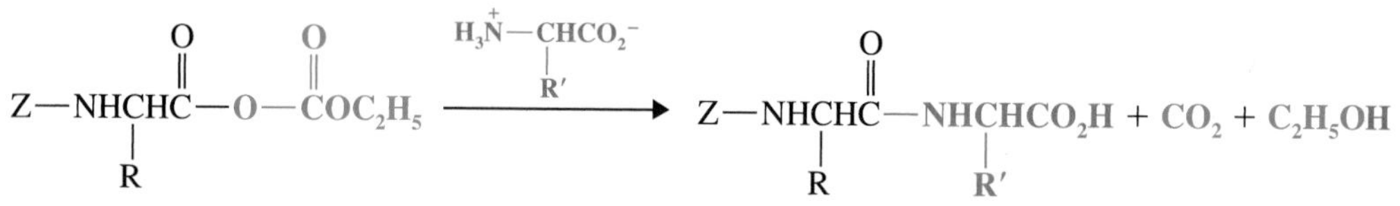

$$Z-NHCHC\overset{\displaystyle O}{\|}-O-CO\overset{\displaystyle O}{\|}C_2H_5 \xrightarrow{\underset{\underset{R'}{|}}{H_3\overset{+}{N}-CHCO_2^-}} Z-NHCHC\overset{\displaystyle O}{\|}-NHCHCO_2H + CO_2 + C_2H_5OH$$

avec R sous le premier carbone et R' sous le deuxième

Le dicyclohexylcarbodiimide (section 18.8E) peut également servir à activer le groupe carboxyle d'un acide aminé. À la section 24.7D, nous verrons comment il est utilisé dans la synthèse automatisée de peptides.

24.7C SYNTHÈSE DE PEPTIDES

Examinons maintenant de quelle façon ces réactifs peuvent être utilisés dans la préparation d'un simple dipeptide, Ala·Leu. Les principes appliqués ici valent évidemment pour la synthèse de chaînes peptidiques beaucoup plus longues.

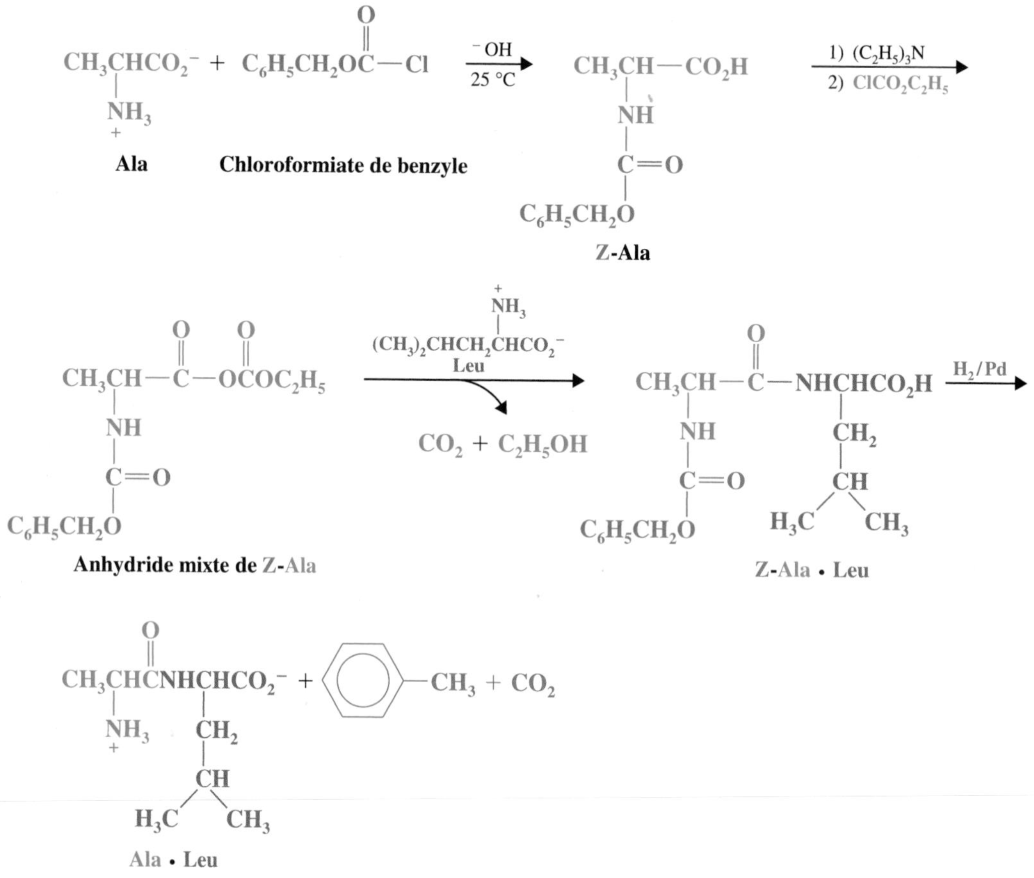

Ala   **Chloroformiate de benzyle**   **Z-Ala**

Anhydride mixte de Z-Ala   **Z-Ala · Leu**

Ala · Leu

PROBLÈME 24.11

Énumérez toutes les étapes de la synthèse de Gly·Val·Ala à l'aide du groupe protecteur *tert*-butyloxycarbonyle (Boc).

PROBLÈME 24.12

La synthèse d'un polypeptide contenant de la lysine nécessite la protection des deux groupes amine. a) Montrez comment il est possible d'assurer cette protection dans la synthèse de Lys·Ile en utilisant comme groupe protecteur le benzyloxycarbonyle. b) Le groupe benzyloxycarbonyle peut également protéger le groupe guanidine,

$$-NH\overset{\displaystyle NH}{\overset{\|}{C}}-NH_2,$$ de l'arginine. Proposez une synthèse de Arg·Ala.

PROBLÈME 24.13

Les groupes carboxyle terminaux de l'acide glutamique et de l'acide aspartique sont souvent protégés par leur conversion en esters benzyliques. Quelle méthode douce pourrait être utilisée pour enlever ce groupe protecteur ?

24.7D SYNTHÈSE AUTOMATISÉE DE PEPTIDES

Si les méthodes décrites jusqu'ici ont été employées pour la synthèse de divers polypeptides, dont certains ont la taille de l'insuline, il faut préciser qu'elles exigent beaucoup de temps. Il est nécessaire d'isoler et de purifier le produit à chaque étape, ou presque. Par conséquent, la mise au point d'un procédé de synthèse automatisée de peptides par R.B. Merrifield (université Rockefeller) a représenté une véritable percée. Merrifield a d'ailleurs reçu le prix Nobel de chimie en 1984 pour ses travaux.

La méthode de Merrifield est fondée sur l'utilisation d'une résine de polystyrène semblable à celle décrite à la figure 24.2, *mais qui contient des groupes* —CH_2Cl plutôt que des groupes sulfonate. La résine employée a la forme de petites billes et est insoluble dans la plupart des solvants.

La première étape de la synthèse peptidique automatisée sur support solide (figure 24.7) consiste en une réaction permettant d'attacher le premier acide aminé protégé aux billes de résine. Ensuite, le groupe protecteur est enlevé et l'acide aminé

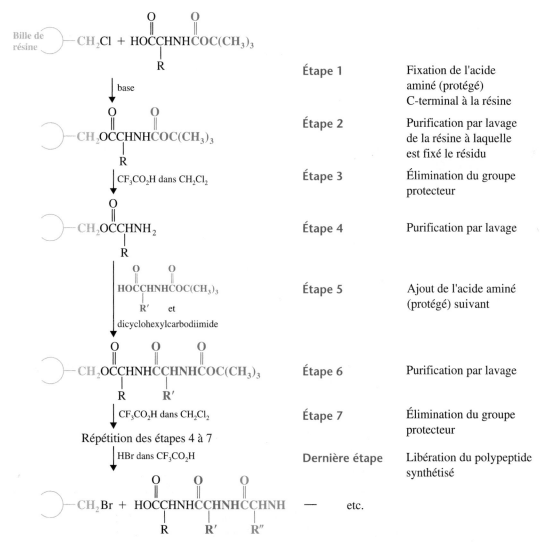

Figure 24.7 Méthode de Merrifield de synthèse automatisée sur support solide de polypeptides.

suivant (également protégé) est ajouté au premier à l'aide du dicyclohexylcarbodiimide (section 18.8E) pour activer son groupe carboxyle. Puis, après le retrait du groupe protecteur du deuxième résidu, la résine-dipeptide est prête pour l'étape suivante.

Cette méthode est particulièrement avantageuse parce que la purification de la résine et du peptide qui y est fixé peut être effectuée à chaque étape par simple lavage avec un solvant approprié. Les impuretés sont emportées avec le solvant car elles ne sont pas fixées à la résine (support) insoluble. Dans la méthode automatisée, chaque cycle de la « machine à fabriquer des protéines » ne dure qu'un maximum de quatre heures et ajoute un nouvel acide aminé. Dans l'organisme, la synthèse de protéines catalysée par des enzymes et dirigée par l'ADN et l'ARN entraîne l'ajout de 150 acides aminés d'une séquence donnée en une minute seulement (voir la section 25.5).

La méthode de Merrifield a été appliquée avec succès pour la synthèse de la ribonucléase, une protéine de 124 acides aminés. La synthèse a comporté 369 réactions chimiques et 11 931 étapes automatisées — toutes effectuées sans l'isolement d'un seul intermédiaire. La ribonucléase synthétique se caractérisait non seulement par les mêmes propriétés physiques que l'enzyme naturelle, mais également par la même activité biologique. Le rendement total a été de 17 %, ce qui signifie que le rendement moyen de chaque étape était supérieur à 99 %.

PROBLÈME 24.14

La résine utilisée dans la méthode de Merrifield est préparée par traitement du polystyrène, $-\left(CH_2CH\right)_n$ avec C_6H_5, avec du CH_3OCH_2Cl et un acide de Lewis comme catalyseur. a) Quelle réaction se produit ? b) Après purification, la protéine ou le polypeptide complet peut être détaché de la résine par traitement avec HBr dans l'acide trifluoroacétique, des conditions suffisamment douces pour ne pas briser les liaisons amide. Quelle caractéristique structurale de la résine rend cette réaction possible ?

PROBLÈME 24.15

Donnez les grandes lignes de la synthèse de Lys·Phe·Ala par la méthode de Merrifield.

24.8 STRUCTURES SECONDAIRE, TERTIAIRE ET QUATERNAIRE DES PROTÉINES

Nous avons vu que les liaisons amide et disulfure constituent la structure covalente ou *structure primaire* des protéines. Il est tout aussi important de connaître la structure tridimensionnelle des chaînes peptidiques pour bien comprendre la fonction des protéines. C'est ici qu'interviennent les structures secondaire et tertiaire des protéines.

24.8A STRUCTURE SECONDAIRE

La **structure secondaire** d'une protéine est définie par la conformation locale de sa chaîne polypeptidique. La conformation locale est maintenant spécifiée en fonction de motifs de repliement appelés *hélices, feuillets plissés* et *coudes*. L'analyse aux rayons X et la spectroscopie RMN constituent les principales techniques expérimentales employées pour élucider la structure secondaire des protéines (y compris la RMN 2D).

Lorsque des rayons X traversent une substance cristalline, ils produisent des spectres de diffraction. L'analyse de ces spectres révèle une répétition régulière d'unités structurales particulières, séparées par des distances précises appelées **périodes d'identité.** Les analyses aux rayons X ont démontré que la chaîne polypeptidique d'une protéine naturelle pouvait interagir avec elle-même de deux façons principales : par la formation d'un **feuillet plissé** β et par la formation d'une **hélice** α.

Linus Pauling

Deux scientifiques américains, Linus Pauling et Robert B. Corey, ont été les pionniers de l'analyse des protéines par rayons X. Pauling et Corey ont entrepris en 1939 une longue série d'études sur la conformation des chaînes peptidiques. Ils ont d'abord utilisé des cristaux d'un seul acide aminé, puis de dipeptides et de tripeptides, et ainsi de suite. En étudiant des molécules de plus en plus volumineuses et en se servant de modèles moléculaires précis, ils ont été les premiers à comprendre la nature de la structure secondaire des protéines.

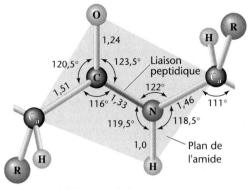

Lien peptidique *trans*

Figure 24.8 Géométrie de la liaison peptidique et longueur des liaisons (exprimée en angströms, Å). Les six atomes concernés se situent générale-ment dans le même plan et adoptent une orientation *trans*. [Reproduit avec la permission de D. VOET et J.G. VOET, *Biochemistry*, 2ᵉ éd., New York, Wiley, 1995, p. 142.]

Pour mieux comprendre les mécanismes régissant ces interactions, examinons d'abord ce que l'analyse aux rayons X a révélé concernant la géométrie de la liaison peptidique elle-même. Les liaisons peptidiques adoptent généralement une dispo-sition dans laquelle six atomes de la liaison amide se situent dans un même plan (figure 24.8). La liaison carbone–azote de la liaison amide est exceptionnellement courte, ce qui indique que les formes limites de résonance illustrées ci-dessous sont importantes.

La liaison carbone–azote possède par conséquent un caractère accentué de double liaison (~ 40 %), et la rotation des groupes autour de cette liaison est forte-ment entravée.

La rotation des groupes attachés à l'azote de l'amide et au carbone du carbonyle est toutefois relativement libre et permet aux chaînes polypeptidiques d'adopter diffé-rentes conformations.

L'orientation *trans* des groupes autour de la liaison amide relativement rigide entraînerait l'alternance des groupes R d'un côté et de l'autre d'une chaîne poly-peptidique complètement dépliée :

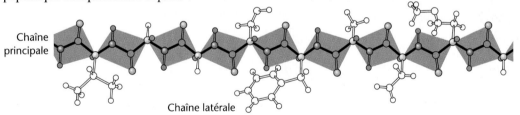

Chaîne principale

Chaîne latérale

Les calculs révèlent qu'une telle chaîne polypeptidique aurait une distance de répétition (c'est-à-dire la distance entre les unités alternantes) de 7,2 Å.

Des chaînes polypeptidiques complètement dépliées pourraient, en théorie, for-mer des feuillets plats où chaque acide aminé d'une chaîne formerait deux liaisons hydrogène avec un acide aminé d'une chaîne adjacente :

Structure en feuillet plat hypothétique (ne se forme pas à cause de l'encombrement stérique)

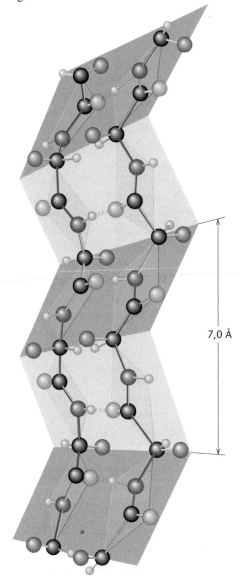

Cette structure ne se retrouve pas dans les protéines naturelles à cause de l'encombrement qui apparaîtrait entre les groupes R des chaînes latérales des résidus. Si cette structure existait, elle aurait la même distance de répétition que la chaîne complètement dépliée, soit 7,2 Å.

Une rotation partielle des liaisons peut toutefois transformer un feuillet plat en ce qu'on appelle un **feuillet plissé β** ou une **configuration β** (figure 24.9). Le feuillet plissé β donne aux groupes R de petit ou moyen volume suffisamment d'espace pour échapper aux répulsions de Van der Waals; c'est la structure prédominante de la fibroïne de la soie (composée à 48 % de glycine et à 38 % de sérine et d'alanine). Le feuillet plissé β possède une distance de répétition légèrement plus courte, soit 7,0 Å, que celle du feuillet plat.

La structure secondaire appelée **hélice α** est beaucoup plus importante dans les protéines naturelles (figure 24.10). Cette structure prend la forme d'une hélice dont le pas est à droite et qui a 3,6 résidus d'acide aminé par tour. Chaque groupe amide de la chaîne forme une liaison hydrogène avec un groupe amide situé à trois acides aminés dans une direction ou l'autre de la chaîne, et les groupes R s'orientent tous vers l'extérieur de l'axe de l'hélice. La distance de répétition (le pas) de l'hélice α est de 5,4 Å.

La structure en hélice α est présente dans un grand nombre de protéines : c'est la structure prédominante des chaînes polypeptidiques des protéines fibreuses telles que la *myosine,* composante des muscles, et de la *kératine* α, la protéine des cheveux, de la laine brute et des ongles.

7,0 Å

Figure 24.9 Structure β ou en feuillet plissé β d'une protéine. [Figure tirée de D. Voet et J.G. Voet, *Biochemistry,* 2ᵉ éd., New York, Wiley, 1995, p. 150. © Irving Geis.]

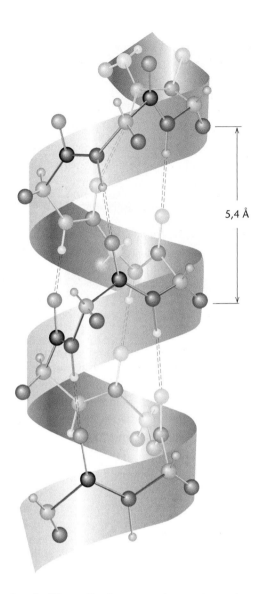

Figure 24.10 Représentation de la structure α-hélicoïdale d'un polypeptide. Les liaisons hydrogène sont indiquées par des lignes pointillées. [Figure tirée de D. VOET et J.G. VOET, *Biochemistry*, 2e éd., New York, Wiley, 1995, p. 146. © Irving Geis.]

5,4 Å

Les hélices et les feuillets plissés ne représentent que la moitié environ de la structure d'une protéine globulaire moyenne. Les autres segments polypeptidiques ont ce qu'on appelle **une conformation en boucle.** Ces structures non régulières ne sont pas totalement aléatoires, mais simplement plus difficiles à décrire. Les protéines globulaires comportent aussi des segments appelés **tournants** ou **coudes β,** où la chaîne polypeptidique change abruptement de direction. Ces coudes relient souvent des segments successifs de feuillets β ou d'hélices α et se trouvent presque toujours à la surface des protéines.

La figure 24.11 illustre la structure d'une enzyme humaine, l'anhydrase carbonique, d'après les données obtenues en cristallographie par rayons X. Les segments en hélice α (magentas) et en feuillets β (jaunes) sont situés entre les coudes et les structures non régulières (de couleurs bleue et blanche, respectivement).

Les positions des chaînes latérales des acides aminés de protéines globulaires correspondent habituellement à ce que leur polarité permet de prévoir.

1. Les résidus ayant des **chaînes latérales apolaires et hydrophobes,** tels que la *valine,* la *leucine,* l'*isoleucine,* la *méthionine* et la *phénylalanine,* sont presque toujours situés à l'intérieur des protéines, à l'abri des contacts avec le milieu aqueux. Les interactions hydrophobes qui en découlent sont en grande partie responsables de la formation de la structure tertiaire des protéines qui sera décrite à la section 24.8B.

2. Les chaînes latérales des **résidus polaires ayant des charges + ou −,** comme celles de l'*arginine,* de la *lysine,* de l'*acide aspartique* et de l'*acide glutamique,* se trouvent généralement à la surface des protéines, en contact avec le solvant aqueux.

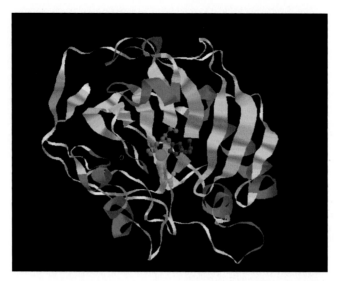

Figure 24.11 Structure de l'anhydrase carbonique humaine, d'après les données obtenues par cristallographie aux rayons X. Les hélices α sont en magenta et les rubans de feuillets plissés β en jaune. Les coudes sont en bleu et les régions en forme aléatoire en blanc. Les chaînes latérales de trois résidus histidine (en rouge, en vert et en bleu-vert) forment des liaisons de coordination avec un atome de zinc (en vert pâle). Cette image ne montre pas clairement que l'extrémité C-terminale de la protéine passe par une boucle de la chaîne polypeptidique, ce qui fait de l'anhydrase carbonique l'un des rares exemples de protéine dans laquelle la chaîne polypeptidique forme un nœud. [Image construite à partir des données obtenues par cristallographie aux rayons X par A.E. ERIKSSON, T.A. JONES et A. LILJAS, fichier 1CA2.pdb de la Protein Data Bank.]

3. Les chaînes latérales polaires non chargées, comme celles de la *sérine,* de la *thréonine,* de l'*asparagine,* de la *glutamine,* de la *tyrosine* et du *tryptophane,* sont presque toujours à la surface, mais certaines se retrouvent aussi à l'intérieur. Dans ce dernier cas, leurs groupes fonctionnels sont presque toujours liés par des liaisons hydrogène avec des résidus du même type. Les liaisons hydrogène contribuent apparemment à neutraliser la polarité de ces groupes.

Certaines chaînes peptidiques adoptent ce qu'on appelle **une conformation aléatoire,** soit une structure flexible, changeante et statistiquement désordonnée. La polylysine synthétique, par exemple, existe sous une conformation aléatoire et n'adopte pas une structure d'hélice α. À pH 7, les groupes amine ε des résidus lysine ont une charge positive, et il s'ensuit que les forces de répulsion entre eux sont tellement prononcées qu'elles annulent toute stabilisation pouvant découler des liaisons hydrogène formées dans une hélice α. À pH 12, toutefois, les groupes amine ε n'ont pas de charge et la polylysine adopte spontanément une conformation en hélice α.

La présence de résidus proline ou hydroxyproline dans une chaîne polypeptidique engendre un autre effet marqué. Dès qu'une proline ou une hydroxyproline se trouve dans une chaîne peptidique, on observe un changement de direction de la chaîne et l'interruption de toute structure en hélice α. Cela résulte du fait que les atomes d'azote de ces acides aminés font partie d'un cycle à cinq membres et que les groupes rattachés à la liaison azote–carbone α ne peuvent tourner suffisamment pour permettre la formation d'une structure α-hélicoïdale.

24.8B STRUCTURE TERTIAIRE

La **structure tertiaire** d'une protéine correspond à la forme tridimensionnelle résultant des repliements de ses chaînes polypeptidiques qui juxtaposent les différents éléments de structure secondaire, hélices α, feuillets β et coudes. Ces repliements ne sont pas aléatoires : dans les conditions appropriées, ils se produisent d'une façon précise qui caractérise chaque protéine et qui est souvent étroitement liée à leur fonction.

Diverses forces, dont les ponts disulfure de la structure primaire, interviennent dans la stabilisation des structures tertiaires. Chez la plupart des protéines, le repliement est tel qu'un nombre maximum de groupes polaires (hydrophiles) sont exposés

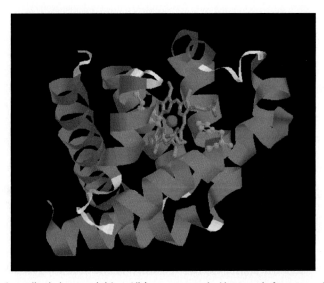

Figure 24.12 Structure tridimensionnelle de la myoglobine. L'hème est en gris. L'atome de fer est représenté par une sphère rouge et les chaînes latérales des histidines qui forment des liaisons de coordination avec le fer sont en bleu-vert. (Image construite à partir des données obtenues par cristallographie aux rayons X par S. E. V. Phillips, fichier 1MDB.pdb de la Protein Data Bank.)

au milieu aqueux et qu'un nombre maximum de groupes apolaires (hydrophobes) sont enfouis à l'intérieur.

Les protéines globulaires solubles sont généralement beaucoup plus repliées que les protéines fibreuses. Toutefois, ces dernières présentent également une structure tertiaire : les filaments α-hélicoïdaux de l'α-kératine, par exemple, sont enroulés les uns autour des autres pour former une « superhélice ». Celle-ci fait un tour complet pour 35 tours d'hélice α. La structure tertiaire ne se limite cependant pas à cela. Même les superhélices peuvent s'enrouler les unes autour des autres pour donner une structure ressemblant à une corde à sept brins.

La myoglobine (figure 24.12) et l'hémoglobine (section 24.12) ont été les premières protéines (en 1957 et 1959) à faire l'objet d'une analyse complète aux rayons X, grâce aux travaux effectués par J.C. Kendrew et Max Perutz à l'université de Cambridge, en Angleterre, pour lesquels ils ont reçu le prix Nobel de chimie en 1962. Depuis, de nombreuses autres protéines, dont le lysozyme, la ribonucléase et l'α-chymotrypsine, ont été soumises à une analyse structurale complète. En fait, il est maintenant possible d'accéder, dans des banques de données informatisées publiques, aux données cristallographiques relatives à la structure de milliers de protéines.

Leçon interactive : myoglobine

24.8C STRUCTURE QUATERNAIRE

Maintes protéines sont constituées d'un agrégat non covalent, stable et ordonné de plusieurs chaînes polypeptidiques. La structure globale d'une protéine composée de multiples sous-unités porte le nom de **structure quaternaire.** La structure quaternaire de l'hémoglobine, par exemple, comporte quatre sous-unités (voir la section 24.12).

24.9 INTRODUCTION AUX ENZYMES

Toutes les réactions qui se produisent dans les cellules vivantes font intervenir de remarquables catalyseurs biologiques appelés **enzymes.** Les enzymes sont en mesure d'accroître considérablement la vitesse des réactions : dans la plupart des cas, la vitesse des réactions catalysées par une enzyme est de 10^6 à 10^{12} fois supérieure à celle des réactions qui ne sont pas catalysées. Chez les êtres vivants, cet accroissement de la vitesse est vital, car les réactions peuvent se produire à une vitesse raisonnable même dans les conditions douces qui prévalent au sein des cellules (c'est-à-dire à un pH presque neutre et à une température d'environ 35 °C.)

Anhydrase carbonique

L'anhydrase carbonique est une enzyme qui catalyse la réaction suivante : $H_2O + CO_2 \rightleftharpoons H_2CO_3$. Son rôle physiologique dans la régulation du pH sanguin a été décrit dans le préambule du chapitre 3.

Certaines molécules d'ARN appelées ribozymes peuvent également exercer une action analogue à celle des enzymes. Sidney Altman (université Yale) et Thomas R. Cech (université du Colorado à Boulder) ont reçu le prix Nobel de chimie en 1989 pour la découverte des ribozymes.

Les enzymes font montre également d'une remarquable **spécificité** pour leurs substrats (leurs produits de départ) et, dans une moindre mesure, pour les produits de leurs réactions. Cette spécificité est beaucoup plus importante que chez la plupart des catalyseurs chimiques. Ainsi, dans la synthèse enzymatique des protéines (par l'intermédiaire de réactions se produisant avec les ribosomes; voir la section 25.5D), des polypeptides comportant bien plus de 1 000 acides aminés sont synthétisés pratiquement sans erreur. C'est après avoir découvert, en 1894, la capacité des enzymes à distinguer les liaisons glycosidiques α et β (section 22.12) qu'Emil Fischer fut en mesure de proposer son modèle clé-serrure relatif à la spécificité des enzymes. Selon ce modèle, la spécificité d'une enzyme (la serrure) et de son substrat (la clé) découle de leurs formes géométriquement complémentaires.

L'enzyme et le substrat se combinent pour former un **complexe enzyme-substrat.** La formation du complexe se traduit souvent par un changement de conformation dans l'enzyme qui lui permet de fixer le substrat plus fermement. C'est ce qu'on appelle l'**ajustement induit** (« Induced fit »). De plus, la liaison du substrat fait souvent apparaître des tensions dans certaines de ses liaisons, qui deviennent ainsi plus faciles à rompre. Le produit de la réaction prend habituellement une forme différente de celle du substrat, et cette forme différente, ou parfois l'intervention d'une autre molécule, provoque la dissociation du complexe. L'enzyme peut ensuite accepter une autre molécule du substrat et le processus se répète.

Enzyme + substrat $\rightleftharpoons$ complexe enzyme–substrat $\rightleftharpoons$ enzyme + produit

Presque toutes les enzymes sont des protéines. Le substrat se fixe à la protéine et la réaction se produit dans ce qu'on appelle le **site actif.** Les forces non covalentes qui lient le substrat au site actif sont les mêmes que celles dont résulte la conformation des protéines elles-mêmes : les forces de Van der Waals, les forces électrostatiques, les liaisons hydrogène et les interactions hydrophobes. Les acides aminés situés au site actif sont disposés de façon à pouvoir interagir spécifiquement avec le substrat.

Les réactions catalysées par les enzymes sont entièrement **stéréospécifiques** et cette spécificité découle de la façon dont les enzymes fixent leurs substrats. Une α-glycosidase ne lie qu'au glycoside α, et non au β. Les enzymes du métabolisme des glucides ne fixent que les glucides D; les enzymes qui synthétisent la plupart des protéines ne fixent que des acides aminés L, etc.

Si les enzymes sont absolument stéréospécifiques, elles varient souvent beaucoup en ce qui concerne la **spécificité géométrique.** Cette expression renvoie à la spécificité associée à l'identité des substituants des substrats. Certaines enzymes n'acceptent qu'un seul composé comme substrat, alors que d'autres acceptent une variété de composés de structure similaire. Par exemple, la carboxypeptidase A hydrolyse le résidu *C*-terminal de tous les polypeptides à condition que l'avant-dernier résidu ne soit pas une arginine, une lysine ou une proline et que le résidu précédant celui-ci ne soit pas une proline. La chymotrypsine, une enzyme digestive qui catalyse l'hydrolyse des liens peptidiques, catalyse également l'hydrolyse des esters. Son mécanisme d'action sera examiné à la section 24.11.

R—C(=O)—NH—R′ (**Peptide**) + H_2O $\xrightarrow{\text{chymotrypsine}}$ R—C(=O)—O⁻ + $H_3\overset{+}{N}$—R′

R—C(=O)—O—R′ (**Ester**) + H_2O $\xrightarrow{\text{chymotrypsine}}$ R—C(=O)—OH + HO—R′

Un composé qui peut altérer l'activité d'une enzyme est qualifié d'**inhibiteur.** Un composé qui concurrence directement un substrat pour le site actif porte le nom d'**inhibiteur compétitif.** Ainsi, nous avons vu à la section 20.11 que le sulfanilamide était un inhibiteur compétitif d'une enzyme bactérienne qui incorpore l'acide *p*-amino-benzoïque dans l'acide folique.

Certaines enzymes doivent compter sur la présence d'un **cofacteur.** Ce dernier peut être un ion métallique, comme l'atome de zinc de l'anhydrase carbonique humaine (voir le préambule du chapitre 3 et la figure 24.11). D'autres peuvent avoir besoin d'une molécule organique, comme le NAD⁺ (section 14.10), appelée **coenzyme.** Les coenzymes subissent une modification chimique au cours de la réaction enzymatique : ainsi, le NAD⁺ est converti en **NADH.** Dans certaines enzymes, le cofacteur est lié de façon permanente à l'enzyme, et l'ensemble porte le nom de groupe **prosthétique.**

De nombreuses vitamines hydrosolubles sont des précurseurs de coenzymes, telle la niacine (acide nicotinique), qui est un précurseur du NAD⁺. Pour sa part, l'acide pantothénique est un précurseur de la coenzyme A.

Nous avons croisé plusieurs coenzymes dans les chapitres précédents, étant donné qu'elles constituent la « machinerie organique » de certaines enzymes. Se reporter à « Deux aspects de la coenzyme NADH » (préambule du chapitre 12) et aux Capsules chimiques traitant du phosphate de pyridoxal (page 658) et de la thiamine (page 754).

Niacine

Acide pantothénique

24.10 LYSOZYME : MÉCANISME D'ACTION D'UNE ENZYME

Le lysozyme est constitué de 129 acides aminés (figure 24.13). Trois courts segments situés entre les résidus 5 à 15, 24 à 34 et 88 à 96 respectivement ont une structure α-hélicoïdale; les résidus 41 à 45 et 50 à 54 forment des feuillets plissés, tandis que les résidus 46 à 49 forment un coude en épingle à cheveux. Les autres segments poly-peptidiques du lysozyme possèdent une conformation non régulière ou en boucle.

Représentation en ruban du lysozyme

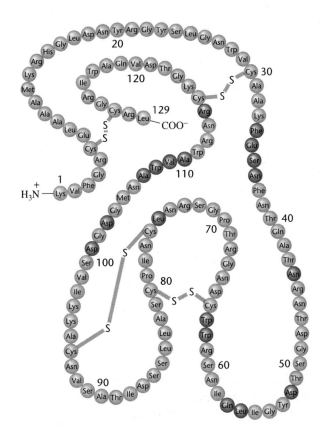

Figure 24.13   Structure primaire du lysozyme du blanc d'œuf de poule. Les acides aminés qui forment le site de fixation du substrat sont en bleu. [Tiré de D. VOET et J.G. VOET, *Biochemistry,* 2ᵉ éd., New York, Wiley, 1995, p. 382.]

L'histoire de la découverte du lysozyme est particulièrement intéressante :

> Un certain jour de 1922, Alexander Fleming soignait un rhume. Attraper un rhume n'avait rien d'exceptionnel à Londres, mais Fleming lui-même était un personnage exceptionnel et il tira parti de son rhume à sa manière bien personnelle. Il laissa tomber quelques gouttes de son mucus nasal sur une culture bactérienne en cours, qu'il mit de côté pour pouvoir en observer l'évolution. On peut imaginer sa surprise lorsqu'il découvrit par la suite que les bactéries à proximité du mucus s'étaient dissoutes. Il a alors cru que son ambition de trouver un antibiotique universel venait de se réaliser. Travaillant avec frénésie, il établit rapidement que l'action antibactérienne du mucus s'expliquait par la présence d'une enzyme, qu'il appela lysozyme en raison de sa capacité à lyser, ou dissoudre, les cellules bactériennes. Le lysozyme a ensuite été découvert dans un grand nombre de tissus et de sécrétions du corps humain, chez les plantes et en très grande quantité dans le blanc d'œuf. À son grand regret, Fleming découvrit que le lysozyme n'était pas efficace contre les bactéries les plus nuisibles. Il dut attendre sept autres années avant qu'une expérience étrangement semblable lui révèle l'existence d'un antibiotique réellement efficace : la pénicilline[*].

Les travaux sur le lysozyme par diffraction aux rayons X qu'a effectués le professeur David C. Phillips, de l'université d'Oxford, sont particulièrement intéressants parce qu'ils ont fourni des données importantes sur le mode d'interaction entre cette enzyme et son substrat. Le substrat du lysozyme est un polysaccharide de glucides aminés faisant partie de la paroi cellulaire des bactéries. La figure 24.14 illustre un oligosaccharide ayant la même structure générale que le polysaccharide en question.

En choisissant des oligosaccharides (constitués exclusivement d'unités de *N*-acétylglucosamine) sur lesquels le lysozyme agit très lentement, Phillips et ses collaborateurs ont pu découvrir comment le substrat se fixe dans le site actif de l'enzyme. Ce site est constitué par une fente profonde dans la structure du lysozyme (figure 24.15a). L'oligosaccharide est maintenu dans cette fente par des liaisons hydrogène, et deux modifications importantes se produisent lorsque l'enzyme fixe le substrat : la fente se referme légèrement et le cycle **D** de l'oligosaccharide passe d'une conformation chaise stable à une conformation « aplatie ». Un tel aplatissement rend coplanaires les atomes 1, 2, 5 et 6 du cycle **D** et amène la liaison glycosidique entre le cycle **D** et le cycle **E** à être plus sensible à l'hydrolyse[**].

L'hydrolyse de la liaison glycosidique suit probablement les étapes illustrées à la figure 24.15b. Le groupe carboxyle de l'acide glutamique (résidu 35) donne un

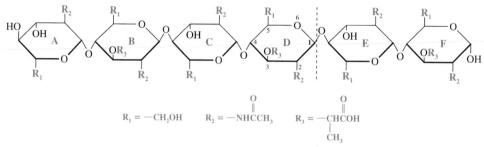

Figure 24.14 Hexasaccharide ayant la même structure générale que le polysaccharide de la paroi cellulaire sur lequel agit le lysozyme. Il contient deux glucides aminés différents : les cycles A, C et E sont dérivés d'un monosaccharide appelé *N*-acétylglucosamine, tandis que les cycles B, D et F proviennent d'un monosaccharide appelé acide *N*-acétylmuramique. Lorsque le lysozyme agit sur cet oligosaccharide, il se produit une hydrolyse qui conduit au bris de la liaison glycosidique entre les cycles D et E.

---

[*] Cette anecdote fut rapportée par le professeur David C. Phillips qui, de nombreuses années plus tard, découvrit par analyse aux rayons X la structure tridimensionnelle du lysozyme. David C. PHILLIPS. *The Three-Dimensional Structure of an Enzyme Molecule.* 1966 Scientific American Inc. Tous droits réservés.

[**] R.U. Lemieux et G. Huber, lorsqu'ils œuvraient au sein du Conseil national de la recherche du Canada, ont montré que, chaque fois qu'un aldohexose est converti en un carbocation, le cycle du carbocation adopte exactement cette conformation aplatie.

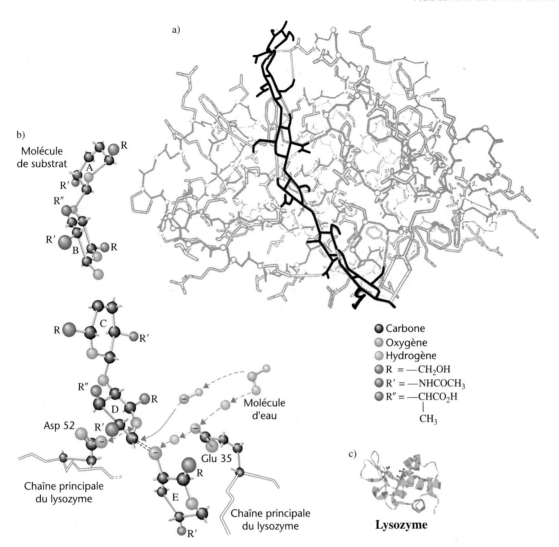

Figure 24.15 a) Représentation du complexe entre le lysozyme et son substrat. Le substrat (ici, un hexasaccharide, illustré par un trait plein) s'insère dans une fente de la structure du lysozyme et est maintenu en place par des liaisons hydrogène. Au moment où le lysozyme fixe l'oligosaccharide, la fente se referme légèrement. Adaptation de *Atlas of Protein Sequence and Structure,* (sous la direction de M.O. Dayhoff), National Biomedical Research Foundation, Washington (DC), 1969. Reproduction autorisée. Le dessin est d'Irving Geis, qui s'est inspiré de la représentation en perspective de la molécule publiée dans la revue *Scientific American* en novembre 1966. L'illustration originale avait été réalisée d'après un modèle construit à la Royal Institution de Londres par D. C. Phillips et ses collègues, à partir de leurs données obtenues par cristallographie aux rayons X. b) Mécanisme d'action possible du lysozyme. Cette illustration, où une portion de a) est représentée en gros plan, montre comment l'hydrolyse de la liaison acétal entre les cycles D et E du substrat pourrait se produire. L'acide glutamique (résidu 35) donne un proton à l'atome d'oxygène participant à la liaison, ce qui entraîne la formation d'un carbocation stabilisé par l'ion carboxylate de l'acide aspartique (résidu 52). Une molécule d'eau fournit un ⁻OH au carbocation et un H⁺ à l'acide gluta-mique. Adaptation de *The Three-Dimensional Structures of an Enzyme Molecule,* de David C. Phillips, © 1966 Scientific American Inc. Tous droits réservés. Reproduction autorisée. c) Représentation en ruban du lysozyme mettant en évidence l'acide aspartique 52 (à gauche) et l'acide glutamique 35 (à droite) en modèle de boules et tiges. Cette image et celle qui apparaît en marge au début de la section 24.10 ont été créées à partir de données obtenues par cristallographie aux rayons X par K. Lim, A. Nadarajah, E.L. Forsythe et M.L. Pusey, fichier 1AZF.pdb de la Protein Data Bank.

proton à l'oxygène situé entre les cycles **D** et **E.** La protonation mène au bris de la liaison glycosidique et à la formation d'un carbocation au C1 du cycle **D.** Ce carbocation est stabilisé par le groupe carboxylate chargé négativement de l'acide aspartique (résidu 52) situé à proximité. Une molécule d'eau diffuse dans la fente et fournit un ion ⁻OH au carbocation ainsi qu'un proton pour remplacer celui qu'a perdu l'acide gluta-mique. Une structure cristalline du lysozyme obtenue par analyse aux rayons X est présentée à la figure 24.15c. L'acide glutamique 35 et l'acide aspartique 52 y sont illustrés en modèle de boules et tiges.

Lorsque le polysaccharide fait partie d'une paroi cellulaire bactérienne, le lyso-zyme commence probablement par s'attacher à la paroi par des liaisons hydrogène. Après l'hydrolyse, il se détache et laisse une perforation dans la paroi de la bactérie.

Une protéase à sérine

24.11 PROTÉASES À SÉRINE

La chymotrypsine, la trypsine et l'élastine sont des enzymes digestives sécrétées par le pancréas à destination de l'intestin grêle pour catalyser l'hydrolyse des liens peptidiques. Ces enzymes sont appelées **protéases à sérine** parce que le mécanisme régissant leur action protéolytique (action qu'elles ont en commun) met en jeu un résidu sérine particulier qui est essentiel à leur activité enzymatique. Pour mieux comprendre la façon dont ces enzymes agissent, nous allons examiner le mécanisme d'action de la chymotrypsine.

La chymotrypsine est formée à partir d'un précurseur appelé chymotrypsinogène, constitué de 245 acides aminés. La scission de deux portions peptidiques du chymotrypsinogène produit la chymotrypsine. Celle-ci se replie de façon à rapprocher dans l'espace une histidine (position 57), un acide aspartique (position 102) et une sérine (position 195). Ensemble, ces résidus constituent ce qu'on appelle la **triade catalytique** du site actif (figure 24.16). Près du site actif se trouve un site de liaison hydrophobe, une poche en forme de fente qui convient surtout aux chaînes latérales non polaires et aromatiques de la Phe, de la Tyr et du Trp.

Après que la chymotrypsine s'est liée à son substrat protéique, le résidu sérine à la position 195 se trouve idéalement placé pour attaquer le carbone du groupe carbonyle du lien peptidique (figure 24.17). La sérine devient plus nucléophile après le transfert de son proton à l'azote de l'imidazole de l'histidine à la position 57. L'ion imidazolium ainsi formé est stabilisé par la présence de l'ion carboxylate de l'acide aspartique à la position 102. Des travaux de diffraction des neutrons, qui révèlent la position des atomes d'hydrogène, confirment que l'ion carboxylate demeure tel quel pendant toute la réaction et qu'il n'accepte pas de proton de l'imidazole. L'attaque nucléophile par la sérine conduit à l'acylation de celle-ci par un intermédiaire tétraédrique. La nouvelle extrémité *N*-terminale de la chaîne peptidique scindée diffuse hors du site actif et est remplacée par une molécule d'eau.

La régénération du site actif de la chymotrypsine est illustrée à la figure 24.18. Dans le cas de cette réaction, l'eau agit comme un nucléophile et, par une suite d'étapes analogues à celles indiquées à la figure 24.17, hydrolyse la liaison acyle–sérine. L'enzyme est maintenant en mesure de recommencer tout le processus.

De nombreuses données, que nous ne pouvons présenter faute d'espace, viennent confirmer la validité de ce mécanisme. Il importe cependant de signaler une de ces données. Il existe des composés, tels que le **diisopropylphosphofluoridate (DIPF)**,

Figure 24.16 Triade catalytique d'une protéase à sérine (trypsine). L'acide aspartique 52 (jaune-vert), l'histidine 102 (mauve) et la sérine 195 (rouge) sont représentés en boules et tiges. Un phosphonate inhibiteur fixé au site actif est représenté en bâtonnets. [Cette image et celle du début de la section 24.10 ont été créées à partir de données obtenues par cristallographie aux rayons X par J.A. Bertrand, J. Oleksyszn, C.-M. Kam et B. Boduszek, fichier 1MAX.pdb de la Protein Data Bank.]

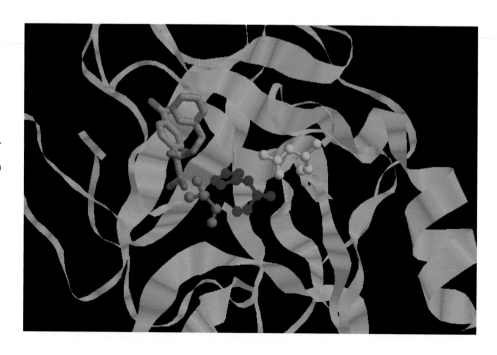

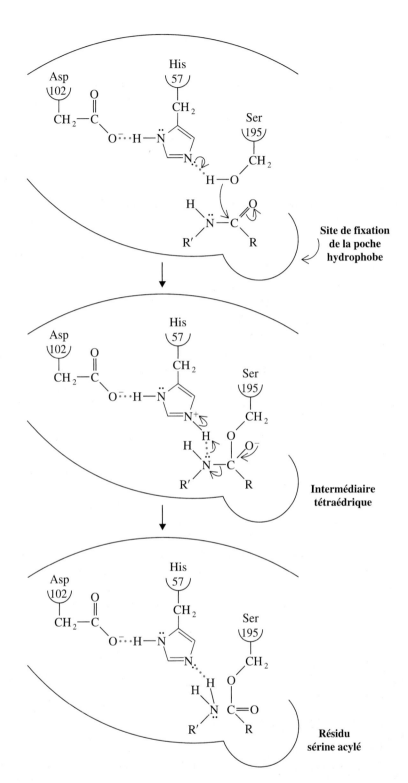

Figure 24.17 La triade catalytique de la chymotrypsine provoque l'hydrolyse d'une liaison peptidique par l'acylation de la sérine 195 de l'enzyme. Près du site actif se trouve un site de fixation hydrophobe pouvant accueillir les chaînes latérales apolaires du substrat polypeptidique.

qui inhibent de façon irréversible les protéases à sérine. On a démontré que ces composés ne réagissent alors qu'avec le résidu Ser 195.

Diisopropylphosphofluoridate (DIPF)   **Enzyme-DIP**

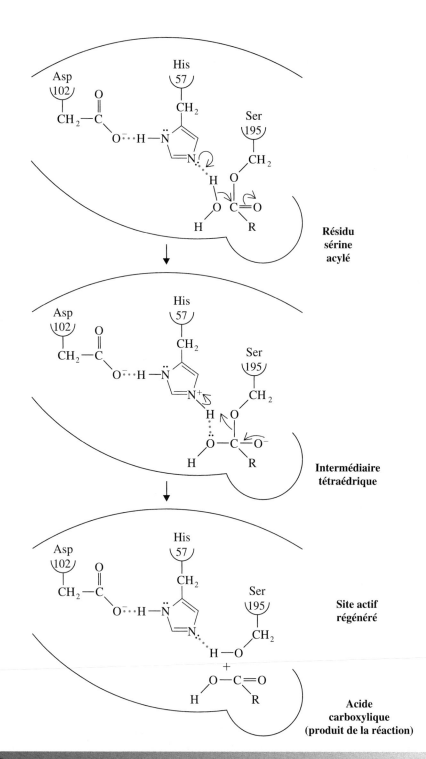

Figure 24.18 Régénération du site actif de la chymotrypsine. L'eau provoque l'hydrolyse de la liaison acyle–sérine.

Résidu sérine acylé

Intermédiaire tétraédrique

Site actif régénéré

Acide carboxylique (produit de la réaction)

▶ CAPSULE CHIMIQUE

QUELQUES ANTICORPS CATALYTIQUES

Les anticorps sont les soldats chimiques du système immunitaire. Chaque anticorps est une protéine produite spécifiquement pour s'attaquer à un agent chimique étranger (exemple : les molécules à la surface d'un virus ou d'un grain de pollen).

La tâche des anticorps consiste à se fixer aux corps étrangers afin de les éliminer de l'organisme. La fixation de chaque anticorps à sa cible (l'antigène) est en général extrêmement spécifique.

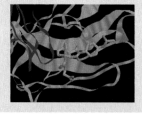

Haptène apparenté à l'adduit de Diels-Alder du cyclohexadiène et du maléimide, fixé à un anticorps catalysant une réaction de Diels-Alder. [Cette image et celle qui se trouve à côté de la photo du préambule du chapitre 24 ont été créées à partir de données obtenues par cristallographie aux rayons X par F.E. ROMESBURG, B. SPILLER, P.G. SCHULTZ et R.C. STEVENS, fichier 1A4K.pdb de la Protein Data Bank.]

Il est possible de produire des anticorps *catalytiques* en provoquant une réponse immunitaire à la présence d'un agent chimique qui mime l'état de transition d'une réaction. D'après cette hypothèse, si on crée un anticorps qui tend à se fixer à une molécule stable ayant une structure analogue à un état de transition, d'autres molécules capables de réagir *en passant par* cet état de transition devraient, en principe, réagir plus rapidement après s'être fixées à l'anticorps. En facilitant l'association des réactifs et en favorisant la formation de la structure de l'état de transition, l'anticorps agit à la façon d'une enzyme. De manière tout à fait remarquable, cette stratégie a effectivement donné lieu à des anticorps catalytiques pour certaines réactions de Diels-Alder, des réarrangements de Claisen et des hydrolyses d'esters. Des chimistes ont synthétisé des molécules stables ressemblant aux états de transition de ces réactions, suscité la production d'anticorps contre ces molécules (appelées haptènes) et isolé ensuite les anticorps produits. Ceux-ci agissent comme des catalyseurs en présence de molécules de substrat.

Voici quelques exemples d'haptènes utilisés en tant qu'analogues d'état de transition en vue de la production d'anticorps catalytiques pour un réarrangement de Claisen, l'hydrolyse d'un carbonate et une réaction de Diels-Alder. Dans chaque cas, la réaction catalysée par l'anticorps produit en réponse à la présence de l'haptène est également indiquée.

Une telle association entre l'enzymologie et l'immunologie, ainsi que les nouvelles avenues en chimie qu'elle engendre, constitue un domaine de recherche passionnant parmi d'autres qui se développent à l'interface entre la chimie et la biologie.

Réarrangement de Claisen

Haptène

$R =$

État de transition

Hydrolyse d'un carbonate

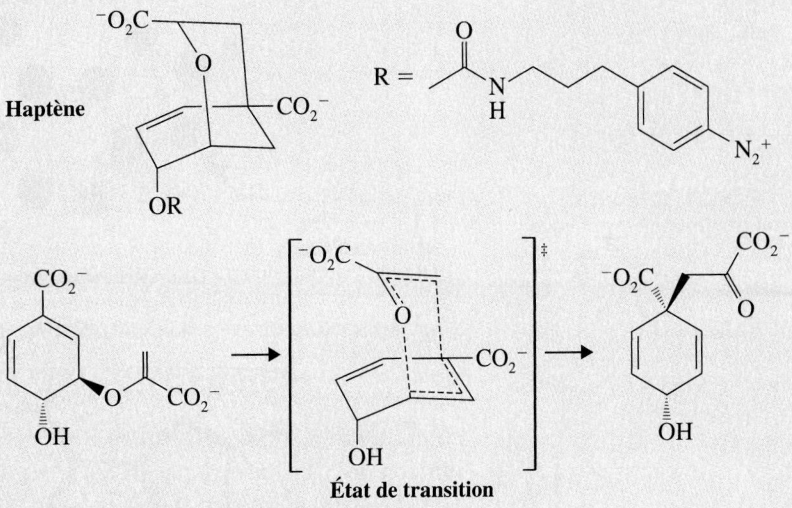

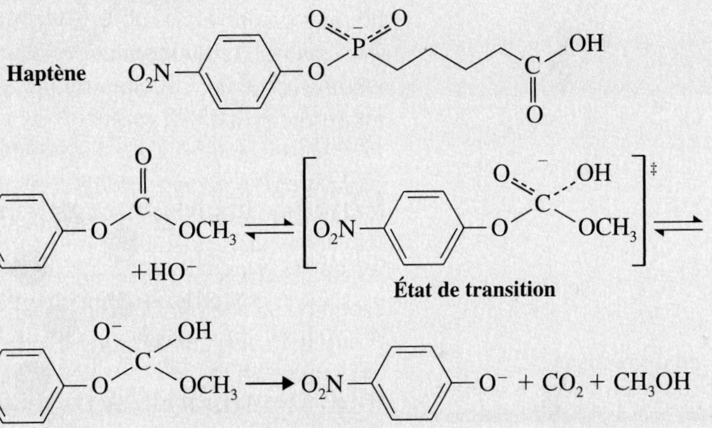

Haptène

État de transition

Réaction de Diels-Alder

Haptène

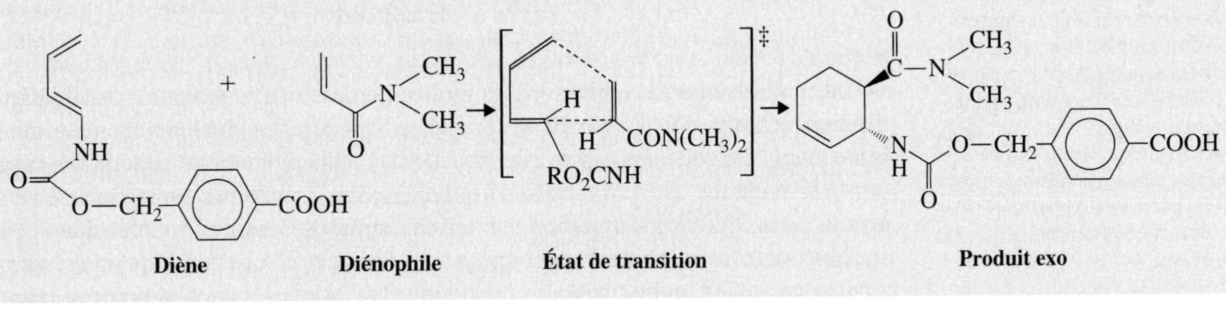

Diène **Diénophile** **État de transition** **Produit exo**

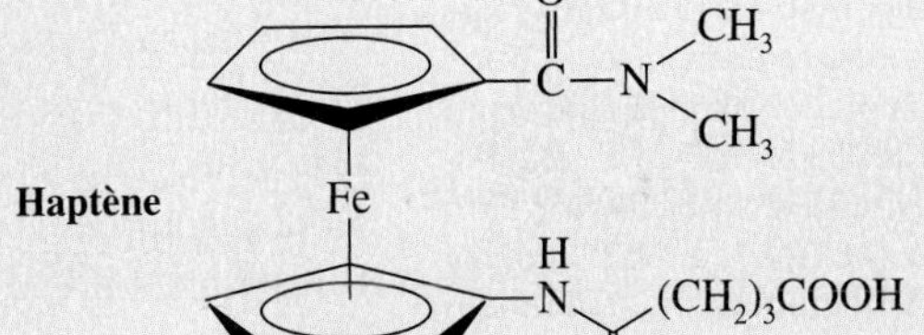

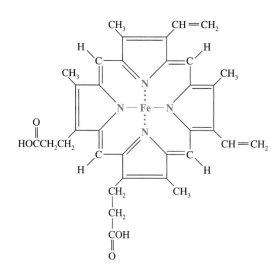

Figure 24.19 Structure de l'hème, le groupe prosthétique de l'hémoglobine. L'hème a une structure semblable à celle de la chlorophylle (figure 22.1). Ils sont tous les deux dérivés d'un hétérocycle, la porphyrine. Le fer de l'hème est dans l'état d'oxydation ferreux (2^+).

L'identification de l'effet inactivant du DIPF s'est produite lorsqu'on a découvert que le DIPF et d'autres composés apparentés sont de puissantes **neurotoxines.** Il s'agit des « gaz » neurotoxiques utilisés à des fins militaires, bien que ce soient en fait des liquides dispersés en fines gouttelettes, et non des gaz. Le diisopropylfluoridate inactive l'**acétylcholinestérase** (section 20.4) en réagissant avec cette enzyme de la même façon qu'avec la chymotrypsine. L'acétylcholinestérase est une **estérase à sérine** plutôt qu'une protéase à sérine.

24.12 HÉMOGLOBINE : UNE PROTÉINE CONJUGUÉE

Certaines protéines, appelées protéines conjuguées, contiennent dans leur structure un groupe non protéique appelé **groupe prosthétique.** L'hémoglobine, une protéine transportant de l'oxygène, nous en fournit un exemple. Chacun des quatre polypeptides de l'hémoglobine est fixé à un groupe prosthétique appelé *hème* (figure 24.19). Les quatre polypeptides de l'hémoglobine sont repliés de façon à donner au complexe une forme plus ou moins sphérique (figure 24.20). En outre, le groupe hème est placé dans une crevasse de façon telle que les groupes vinyle hydrophobes de la porphyrine sont entourés des chaînes latérales hydrophobes des acides aminés. Les deux chaînes latérales de propanoate de l'hème sont situées à proximité des groupes amine à charge positive d'une lysine et d'une arginine.

Le fer du groupe hème est dans l'état d'oxydation 2^+ (ferreux) et forme une liaison de coordination avec un azote du groupe imidazole de l'histidine de la chaîne polypeptidique. Cet arrangement laisse un électron de valence de l'ion ferreux libre de se combiner à l'oxygène de la façon suivante :

N (imidazole)
Portion de l'hémoglobine
oxygénée

La combinaison de l'ion ferreux du groupe hème et de l'oxygène n'a rien de particulièrement remarquable, car de nombreux composés semblables réagissent de la même façon. Ce qui est remarquable dans le cas de l'hémoglobine, c'est que, lorsque l'hème se combine avec l'oxygène, l'ion ferreux ne s'oxyde pas rapidement à l'état ferrique. Ainsi, les travaux effectués sur des composés hème modèles dans l'eau montrent qu'ils se combinent rapidement avec l'oxygène, mais aussi qu'ils s'oxydent rapidement de Fe^{2+} en Fe^{3+}. Cependant, lorsque ces composés sont incorporés dans le

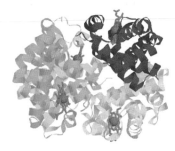

Figure 24.20 Hémoglobine. Les deux sous-unités α de l'hémoglobine sont en bleu et en vert. Les deux sous-unités β sont en jaune et en bleu-vert. Les quatre hèmes sont en mauve, et leurs atomes de fer en rouge. [Image créée à partir de données obtenues par cristallographie aux rayons X par J.R. Tame, J.C. Wilson et R.E. Weber, fichier 1OUU.pdb de la Protein Data Bank.]

milieu hydrophobe d'une résine de polystyrène, le fer est facilement oxygéné et désoxygéné, et cela se produit *sans modification de l'état d'oxydation du fer*. À ce sujet, il est particulièrement intéressant d'observer que les études par rayons X de l'hémoglobine ont révélé que les chaînes polypeptidiques offrent à chacun des groupes hème un milieu hydrophobe similaire.

TERMES ET CONCEPTS CLÉS

Structure primaire	Sections 24.1, 24.5 et 24.6	Synthèse asymétrique (énantiosélective)	Sections 5.9B et 24.3E
Structure secondaire, hélice α, feuillet plissé β, forme aléatoire	Sections 24.1 et 24.8A	Polypeptide	Section 24.4
		Protéine	Section 24.4
Structure tertiaire	Sections 24.1 et 24.8B	Analyse des résidus terminaux	Section 24.5A
		Hydrolyse partielle	Section 24.5B
Structure quaternaire	Sections 24.1 et 24.8C	Groupes protecteurs	Section 24.7A
		Substrat	Section 24.9
Pont disulfure	Section 24.2A	Modèle clé-serrure et ajustement induit	Section 24.9
Ions dipolaires, zwittérions	Section 24.2C	Inhibiteur	Section 24.9
Point isoélectrique (p*I*)	Section 24.2C	Groupe prosthétique	Section 24.9
Équation de Henderson-Hasselbalch	Section 24.2C	Coenzyme	Section 24.9
Liaison peptidique	Section 24.4	Site actif	Section 24.9
Résidu d'acide aminé	Section 24.4	Protéines conjuguées	Section 24.12
Enzyme	Sections 24.3D et 24.9		

PROBLÈMES SUPPLÉMENTAIRES

24.16 a) Quels acides aminés apparaissant au tableau 24.1 ont plus d'un centre stéréogénique ? b) Écrivez les projections de Fischer pour les isomères de chacun de ces acides aminés en utilisant la configuration L au carbone α. c) Quel type d'isomères avez-vous dessiné dans chaque cas ?

24.17 a) Quel acide aminé apparaissant au tableau 24.1 peut réagir avec l'acide nitreux (c'est-à-dire une solution de $NaNO_2$ et de HCl) pour donner de l'acide lactique ? b) Tous les acides aminés apparaissant au tableau 24.1 libèrent de l'azote lorsqu'ils sont traités par l'acide nitreux, sauf deux; lesquels ? c) Quels produits obtiendrait-on du traitement de la tyrosine par du brome en excès dans l'eau ? d) Quel produit obtiendrait-on de la réaction entre la phénylalanine et l'éthanol en présence de chlorure d'hydrogène ? e) Quel produit obtiendrait-on de la réaction entre l'alanine et le chlorure de benzoyle dans une solution aqueuse basique ?

24.18 a) À partir de la suite de réactions ci-dessous, Emil Fischer a pu démontrer que la (−)-sérine et la L-(+)-alanine possèdent la même configuration. Écrivez les projections de Fischer des intermédiaires **A à C.**

$$(-)\text{-Sérine} \xrightarrow[CH_3OH]{HCl} \textbf{A} (C_4H_{10}ClNO_3) \xrightarrow{PCl_5} \textbf{B} (C_4H_9Cl_2NO_2) \xrightarrow[2)\ ^-OH]{1)\ H_3O^+,\ H_2O,\ \Delta} \textbf{C} (C_3H_6ClNO_2) \xrightarrow[H_3O^+\ dilué]{Na-Hg} \text{L-(+)-alanine}$$

b) La configuration de la L-(−)-cystéine peut être corrélée à celle de la L-(−)-sérine par la séquence de réactions suivantes. Écrivez les projections de Fischer de **D** et de **E.**

$$\textbf{B} \text{ [de la partie a)]} \xrightarrow{^-OH} \textbf{D} (C_4H_8ClNO_2) \xrightarrow{NaSH} \textbf{E} (C_4H_9NO_2S) \xrightarrow[2)\ ^-OH]{1)\ H_3O^+,\ H_2O,\ \Delta} \text{L-(+)-cystéine}$$

c) La configuration de la L-(−)-asparagine peut être corrélée à celle de la L-(−)-sérine par la séquence de réactions suivantes. Quelle est la structure de **F** ?

$$\text{L-(−)-Asparagine} \xrightarrow[\substack{\text{réarrangement} \\ \text{de Hofmann}}]{NaOBr/^-OH} \textbf{F} (C_3H_7N_2O_2)$$

$$\textbf{C} \text{ [de la partie a)]} \xrightarrow{NH_3}$$

24.19 a) L'acide DL-glutamique est synthétisé à partir de l'acétamidomalonate de diéthyle de la façon suivante. Écrivez les réactions de cette synthèse.

$$
\begin{array}{c}
\overset{\displaystyle O}{\overset{\|}{CH_3C}}NHCH(CO_2C_2H_5)_2 + CH_2{=}CH{-}C{\equiv}N \xrightarrow[\substack{C_2H_5OH \\ \text{(rendement} \\ \text{de 95 \%)}}]{NaOC_2H_5} \mathbf{G}\ (C_{12}H_{18}N_2O_5) \xrightarrow[\substack{\text{reflux 6 h} \\ \text{(rendement} \\ \text{de 66 \%)}}]{HCl\ conc.} \text{acide DL-glutamique}
\end{array}
$$
Acétamidomalonate de diéthyle

b) Le composé **G** est également utilisé pour la préparation de l'acide aminé DL-ornithine de la façon suivante. Écrivez les réactions de cette synthèse.

$$
\mathbf{G}\ (C_{12}H_{18}N_2O_5) \xrightarrow[\substack{68°\ C,\ 70\ atm \\ \text{(rendement} \\ \text{de 90 \%)}}]{H_2,\ Ni} \mathbf{H}\ (C_{10}H_{16}N_2O_4,\ \text{une } \delta\text{-lactame}) \xrightarrow[\substack{\text{reflux 4 h} \\ \text{(rendement} \\ \text{de 97 \%)}}]{HCl\ conc.}
$$

Chlorhydrate de la DL-ornithine $(C_5H_{13}ClN_2O_2)$

(La L-ornithine est un acide aminé naturel, mais elle ne se trouve pas dans les protéines. Dans une voie métabolique, la L-ornithine agit comme précurseur dans la synthèse de la L-arginine.)

24.20 La bradykinine est un nonapeptide libéré par les globulines du plasma sanguin en réponse à une piqûre de guêpe. Elle constitue un très puissant agent de névralgie dont la formule moléculaire est Arg_2, Gly, Phe_2, Pro_3, Ser. L'utilisation du 2,4-dinitrofluorobenzène et de la carboxypeptidase indique que les deux résidus terminaux sont des arginines. L'hydrolyse acide partielle de la bradykinine donne les dipeptides et les tripeptides suivants :

Phe·Ser + Pro·Gly·Phe + Pro·Pro + Ser·Pro·Phe + Phe·Arg + Arg·Pro

Quelle est la séquence en acides aminés de la bradykinine ?

24.21 L'hydrolyse complète d'un heptapeptide révèle que sa formule moléculaire est la suivante :

Ala_2, Glu, Leu, Lys, Phe, Val

Déduisez la séquence en acides aminés de l'heptapeptide à l'aide des données suivantes :

1. Le traitement de l'heptapeptide par le 2,4-dinitrofluorobenzène suivi de l'hydrolyse complète donne, entre autres produits, de la valine marquée au groupe amine α, de la lysine marquée au groupe amine ε et un dipeptide, DNP — Val·Leu (DNP = 2,4-dinitrophényl-).

2. L'hydrolyse de l'heptapeptide par la carboxypeptidase donne d'abord une concentration élevée d'alanine, suivie d'une concentration croissante d'acide glutamique.

3. L'hydrolyse enzymatique partielle de l'heptapeptide donne un dipeptide (**A**) et un tripeptide (**B**).

   a) Le traitement de **A** par le 2,4-dinitrofluorobenzène suivi d'une hydrolyse donne de la leucine marquée par le DNP et de la lysine marquée seulement au groupe amine ε.

   b) L'hydrolyse totale de **B** donne de la phénylalanine, de l'acide glutamique et de l'alanine. Lorsque **B** réagit avec la carboxypeptidase, la solution révèle initialement une concentration élevée d'acide glutamique. Le traitement de **B** par le 2,4-dinitrofluorobenzène suivi d'une hydrolyse donne de la phénylalanine marquée.

24.22 L'acide polyglutamique synthétique existe sous la conformation en hélice α en solution à pH 2 à 3. Lorsque le pH de la solution augmente progressivement par l'ajout d'une base, une remarquable modification du pouvoir rotatoire se produit à pH 5. Cette modification est attribuée au déploiement de l'hélice α et à la constitution d'une forme aléatoire. Quelle caractéristique structurale de l'acide polyglutamique et quelle modification chimique pourraient expliquer ce changement conformationnel ?

24.23 Quelques-uns des éléments démontrant que la rotation autour de la liaison carbone–azote d'une liaison peptidique est restreinte (voir la section 24.8A) proviennent d'études de RMN ^{1}H effectuées sur des amides simples. Par exemple, à température ambiante et avec un appareil fonctionnant à 60 MHz, le spectre RMN ^{1}H du *N,N*-diéthylformamide, $(CH_3)_2NCHO$, présente un doublet à $\delta = 2,80$ (3H), un doublet à $\delta = 2,95$ (3H) et un multiplet à $\delta = 8,05$ (1H). Lorsque le spectre est enregistré à un champ magnétique plus faible (soit à 30 MHz), les doublets se déplacent de telle sorte que la distance (en hertz) qui les sépare est plus faible. Lorsqu'il y a augmentation de la température à laquelle le spectre est déterminé, les doublets sont observés jusqu'à 111 °C; ensuite, ils fusionnent (coalescence) en un seul signal. Expliquez en détail en quoi ces observations sont compatibles avec l'existence d'une barrière relativement importante à la rotation autour de la liaison carbone–azote amide du DMF.

24.24* Après avoir examiné la suite de réactions ci-dessous, étudiées à SRI International au cours de la synthèse de composés pouvant avoir une activité anticancéreuse, répondez aux questions suivantes.

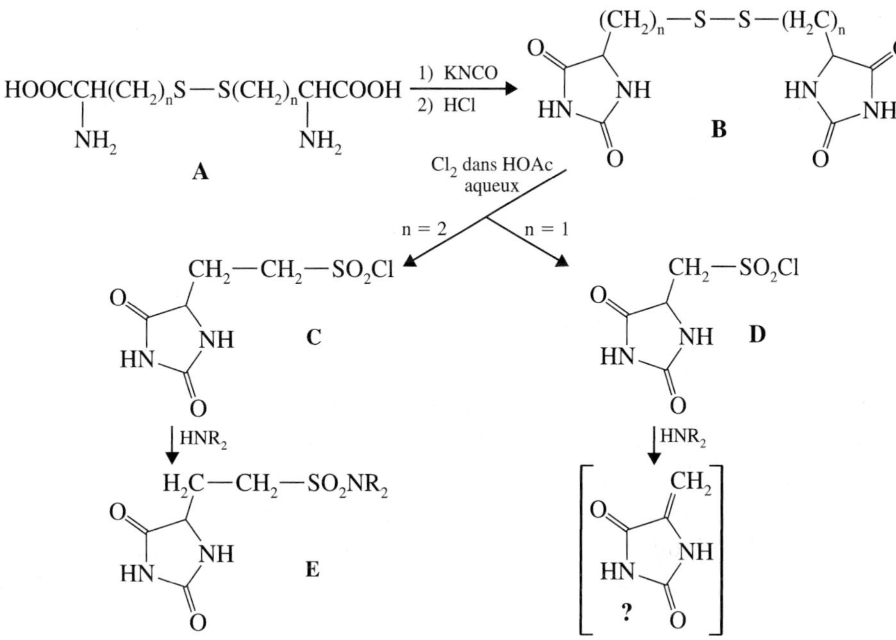

a) Écrivez un mécanisme par lequel se fait la conversion de l'un des disulfures **A** (homocystéine si $n = 2$, cystine si $n = 1$) en **B**, son dérivé bis-hydantoïne.

b) Écrivez un mécanisme par lequel **B**, $n = 2$, peut être converti en chlorure de sulfonyle **C**.

c) Compte tenu du fait que le chlorure de sulfonyle **C** peut être facilement converti en sulfonamides de type **E**, suggérez un mécanisme qui expliquerait pourquoi le résultat est très différent lorsque le chlorure de sulfonyle **D** est utilisé. [Vous devez supposer que le produit est celui qui est illustré, bien que cela n'ait pas été démontré.]

24.25* Lorsqu'on le fait réagir avec de l'éthanol dans la pyridine, le chlorure de sulfonyle **C** ci-dessus donne un produit dont la formule moléculaire est $C_{12}H_{17}N_3O_5S$. Quelle est sa structure ?

24.26* La société japonaise Kaneka a publié cette méthode de résolution dynamique pour obtenir un énantiomère pur d'un acide aminé :

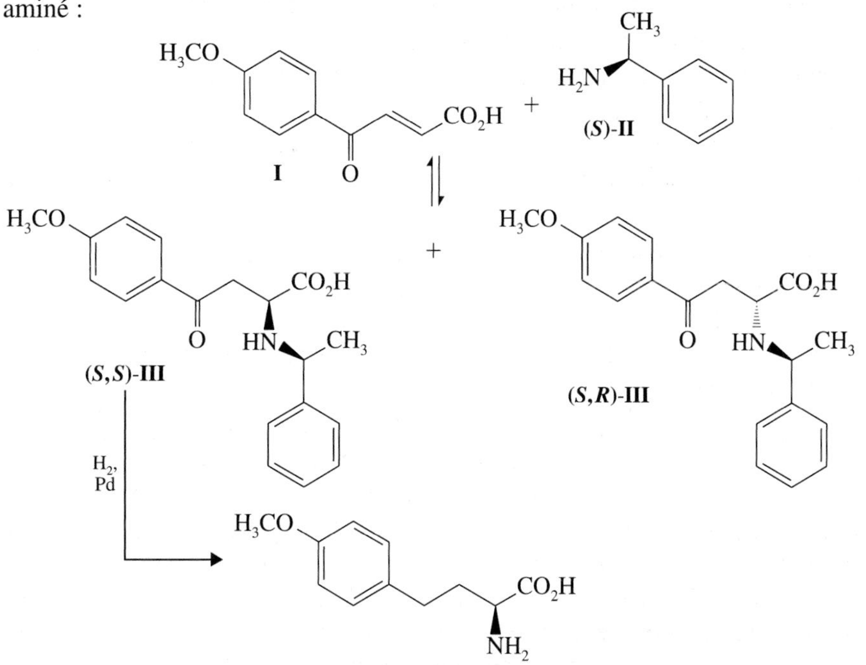

(S)-p-**Méthoxyhomophénylalanine, IV**

---

* Les problèmes marqués d'un astérisque présentent une difficulté particulière.

Dans cet exemple, la forme (*S,S*) de l'adduit **III** est obtenue par cristallisation avec un rendement de 90 % et avec un excès énantiomère de 97 %.

a) Qu'est-ce qui explique la formation de ce produit avec un tel excès énentiomère ?

b) Quel principe appris dans vos premiers cours de chimie explique l'obtention d'un rendement si élevé de l'un des deux produits possibles ?

c) Quel type de réaction est doublement illustré par la conversion de (*S,S*)-**III** en (*S*)-**IV** ?

TRAVAIL COOPÉRATIF

1. Le lysozyme (une enzyme) et son mécanisme d'action sont décrits à la section 24.10. À l'aide de l'information fournie dans cette section (et peut-être de données complémentaires extraites d'un manuel de biochimie), préparez des notes en vue d'un exposé oral en classe qui portera sur le mécanisme d'action du lysozyme. Insistez tout particulièrement sur le rôle de l'enzyme dans la formation du carbocation intermédiaire, dans la stabilisation du carbocation et dans l'apport ou le retrait de protons, au besoin.

2. La chymotrypsine est une enzyme appartenant à la famille des protéases à sérine. Son mécanisme d'action est décrit à la section 24.11. À l'aide de l'information fournie dans cette section (et peut-être de données complémentaires extraites d'un manuel de biochimie), préparez des notes en vue d'un exposé oral en classe qui portera sur le mécanisme d'action de la chymotrypsine. Insistez tout particulièrement sur le rôle de la « triade catalytique » en ce qui a trait à la catalyse acido–basique et sur la propension relative de certains groupes à agir comme nucléophiles ou groupes sortants.

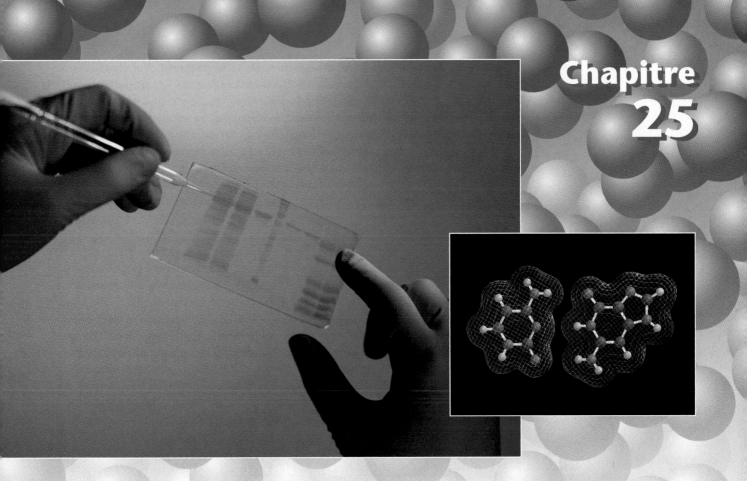

ACIDES NUCLÉIQUES ET SYNTHÈSE DE PROTÉINES

Des outils pour l'identification des familles

La chimie a longtemps été qualifiée de science primordiale, car elle est présente dans tous les aspects de la vie. La plupart des connaissances acquises en chimie proviennent de l'étude des phénomènes naturels de notre environnement, des travaux reliés à la compréhension et au traitement des maladies au niveau moléculaire, ainsi que de nos efforts pour comprendre et améliorer les matériaux que nous utilisons quotidiennement. Parmi les nombreuses applications importantes de la chimie se trouve sa mise à contribution en faveur du respect des droits de la personne et de la justice dans le monde. Nous savons tous très bien que, dans maintes régions du monde, les atrocités de la guerre et du terrorisme provoquent la séparation des membres d'une même famille. Certains scientifiques parviennent à retracer les membres des familles touchées par ces cruels événements grâce aux outils offerts par la chimie moderne. Des laboratoires comme celui de M.-C. King (université de Washington) tentent d'aider les familles à mettre fin à la douloureuse incertitude suscitée par la découverte de ce qu'elles soupçonnent être le cadavre d'un des leurs et de réunir les gens dans les cas où les victimes ont survécu et où leur famille ou elles-mêmes cherchent à retrouver leurs proches.

La clé de ce travail se situe dans l'ADN, qui est l'empreinte chimique présente dans chacun des tissus de tous les individus. Bien que la structure globale de l'ADN soit la même pour tous (voir l'image de synthèse ci-dessus), les preuves des liens familiaux résident dans la séquence détaillée de l'ADN de chacun. Que ce soit à l'aide de colorants fluorescents ou d'isotopes radioactifs, d'enzymes provenant de bactéries thermophiles et d'autres sources, de l'électrophorèse sur gel

SOMMAIRE

25.1 Introduction

25.2 Nucléotides et nucléosides

25.3 Synthèse de nucléosides et de nucléotides en laboratoire

25.4 Acide désoxyribonucléique : ADN

25.5 ARN et synthèse de protéines

25.6 Détermination de la séquence de bases de l'ADN

25.7 Synthèse d'oligonucléotides en laboratoire

25.8 Réaction en chaîne de la polymérase

(voir la photographie à la page précédente) ou d'un processus appelé réaction en chaîne de la polymérase (*polymerase chain reaction* ou PCR), qui a valu à son inventeur le prix Nobel de chimie en 1993 (section 25.8), des réactions chimiques relativement simples permettent aujourd'hui de synthétiser facilement des millions de copies d'un échantillon d'ADN et de le séquencer rapidement et aisément. Puisque ces outils rendent possible la comparaison entre des échantillons d'ADN des victimes et de leurs proches, il est permis d'espérer que, dans quelques cas au moins, les familles concernées pourront être réunies.

25.1 INTRODUCTION

Les **acides nucléiques,** soit l'acide désoxyribonucléique (ADN) et l'acide ribonucléique (ARN), constituent les molécules respectives qui conservent l'information génétique et qui la transcrivent et la traduisent afin que soient synthétisées les nombreuses et diverses protéines d'une cellule. Ces polymères biologiques s'associent parfois à des protéines, auquel cas celles-ci portent le nom de **nucléoprotéines.**

Nos connaissances sur la conservation de l'information génétique, sur sa transmission aux générations successives d'un organisme et sur son rôle dans la formation des éléments constitutifs de la cellule découlent en grande partie de l'étude des acides nucléiques. C'est précisément pourquoi nous examinerons plus particulièrement la structure et les propriétés des acides nucléiques et de leurs composants, les **nucléotides** et les **nucléosides.**

25.2 NUCLÉOTIDES ET NUCLÉOSIDES

Une dégradation des acides nucléiques dans des conditions douces permet d'obtenir leurs unités monomères, c'est-à-dire des composés appelés **nucléotides.** La formule générale des nucléotides et la structure particulière de l'un d'eux, l'acide adénylique, sont présentées à la figure 25.1.

L'hydrolyse complète d'un nucléotide donne :

1. Une base hétérocyclique, soit une purine ou une pyrimidine.
2. Un monosaccharide à cinq carbones, le D-ribose ou le 2-désoxy-D-ribose.
3. Un ion phosphate.

Le monosaccharide constitue la partie centrale du nucléotide et revêt toujours la forme d'un cycle à cinq membres, soit la même forme qu'un furanoside. La base hétérocyclique d'un nucléotide est associée par une liaison *N*-glycosidique, tou-

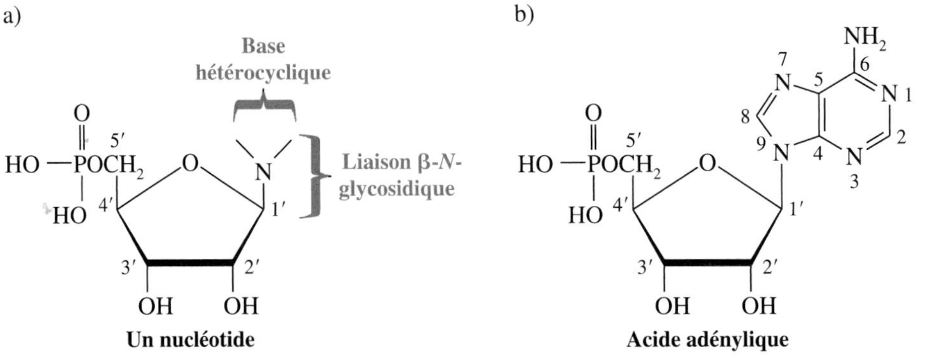

Figure 25.1 a) Structure générale d'un nucléotide constituant de l'ARN. La base hétérocyclique est une purine ou une pyrimidine. Dans les nucléotides extraits de l'ADN, le monosaccharide est le 2'-désoxyribose, c'est-à-dire que le —OH en position 2' est remplacé par —H. Le groupe phosphate du nucléotide est attaché au C5' dans l'illustration; il peut également être attaché en C3'. Dans l'ADN et l'ARN, une liaison phosphodiester lie le C5' d'un nucléotide au C3' d'un autre. La base hétérocyclique est toujours fixée au C1' par une liaison β-*N*-glycosidique. b) L'acide adénylique, un nucléotide typique.

jours β, au C1′ du ribose ou du désoxyribose. Le groupe phosphate d'un nucléotide prend la forme d'un ester de l'acide phosphorique et peut être lié au C5′ ou au C3′. Dans les nucléotides, les atomes de carbone du monosaccharide sont désignés par le suffixe « prime » : 1′, 2′, 3′, etc.

Lorsqu'on enlève le groupe phosphate d'un nucléotide, on obtient un composé appelé **nucléoside** (section 22.15A). Les nucléosides pouvant être obtenus de l'ADN comprennent toujours le 2-désoxy-D-ribose comme composant glucidique, et une des quatre bases hétérocycliques illustrées ci-dessous, soit l'adénine, la guanine, la cytosine et la thymine.

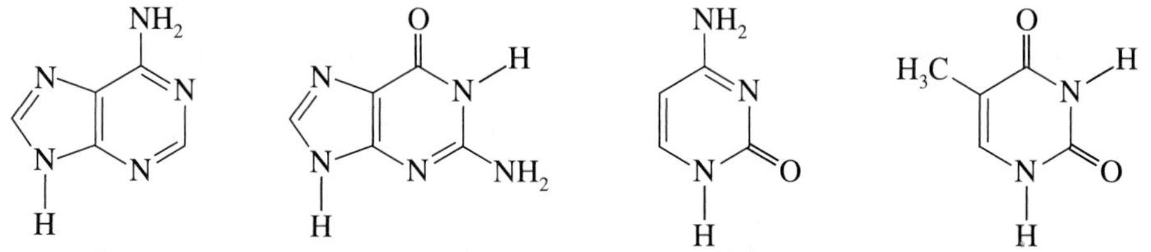

| Adénine (A) | Guanine (G) | Cytosine (C) | Thymine (T) |

Purines   Pyrimidines

Les nucléosides obtenus de l'ARN contiennent toujours le D-ribose comme monosaccharide, alors que leur base hétérocyclique est constituée d'adénine, de guanine, de cytosine ou d'uracile.

L'uracile remplace la thymine dans un nucléoside (ou un nucléotide) d'ARN. Certains nucléosides obtenus de formes spéciales d'ARN peuvent également contenir d'autres purines ou pyrimidines analogues.

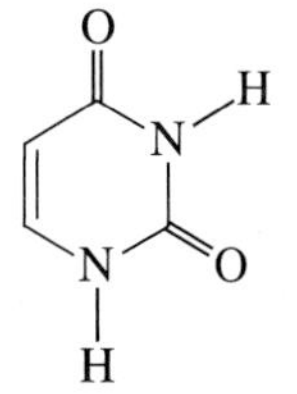

Uracile (U)
(une pyrimidine)

Les bases hétérocycliques obtenues des nucléosides peuvent prendre plus d'une forme tautomère. Les formes illustrées ci-dessus prédominent parmi celles qu'adoptent les bases dans les acides nucléiques.

PROBLÈME 25.1

Écrivez la structure d'autres formes tautomères de l'adénine, de la guanine, de la cytosine, de la thymine et de l'uracile.

Le nom et la structure des nucléosides de l'ADN sont indiqués à la figure 25.2, et ceux de l'ARN, à la figure 25.3.

PROBLÈME 25.2

Les nucléosides présentés aux figures 25.2 et 25.3 sont stables en milieu basique dilué. En milieu dilué, toutefois, ils sont rapidement hydrolysés pour donner un glucide (désoxyribose ou ribose) et une base hétérocyclique. a) Quelle caractéristique structurale des nucléosides rend compte d'une telle réaction ? b) Proposez un mécanisme plausible pour l'hydrolyse.

Les nucléotides reçoivent plusieurs dénominations. Par exemple, l'acide adénylique (figure 25.1) est parfois appelé acide 5′-adénylique afin que soit identifiée la position du groupe phosphate; il est également appelé adénosine 5′-phosphate ou, tout simplement, adénosine monophosphate (AMP). L'acide uridylique est appelé acide 5′-uridylique, uridine 5′-phosphate ou uridine monophosphate (UMP), et ainsi de suite.

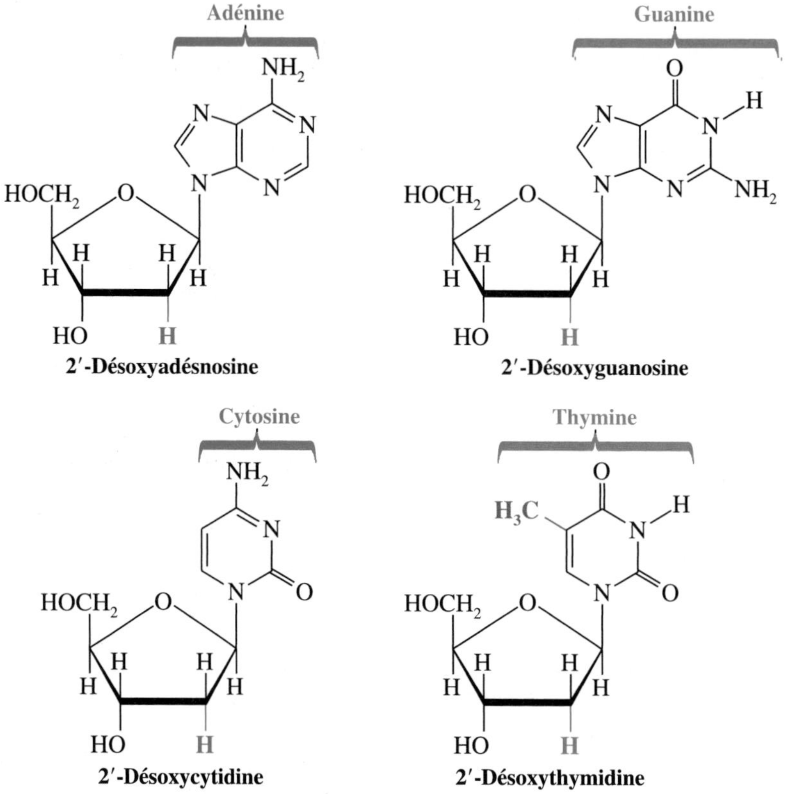

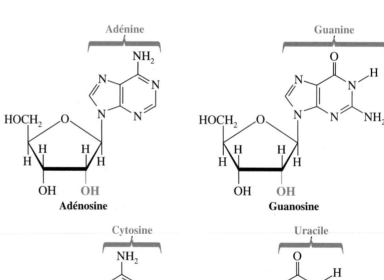

Figure 25.2 Nucléosides constituants de l'ADN. Dans l'ADN, la position 2′ du ribose (2′-désoxy) est occupée par un H (en bleu), alors que, dans l'ARN, c'est un groupe hydroxyle qui se trouve à cette position. Dans l'ARN, il y a un hydrogène là où se trouve un groupe méthyl (en vert) dans la thymine, ce qui fait de la base un uracile (et du nucléoside une uridine).

Adénine

2′-Désoxyadénosine

Guanine

2′-Désoxyguanosine

Cytosine

2′-Désoxycytidine

Thymine

2′-Désoxythymidine

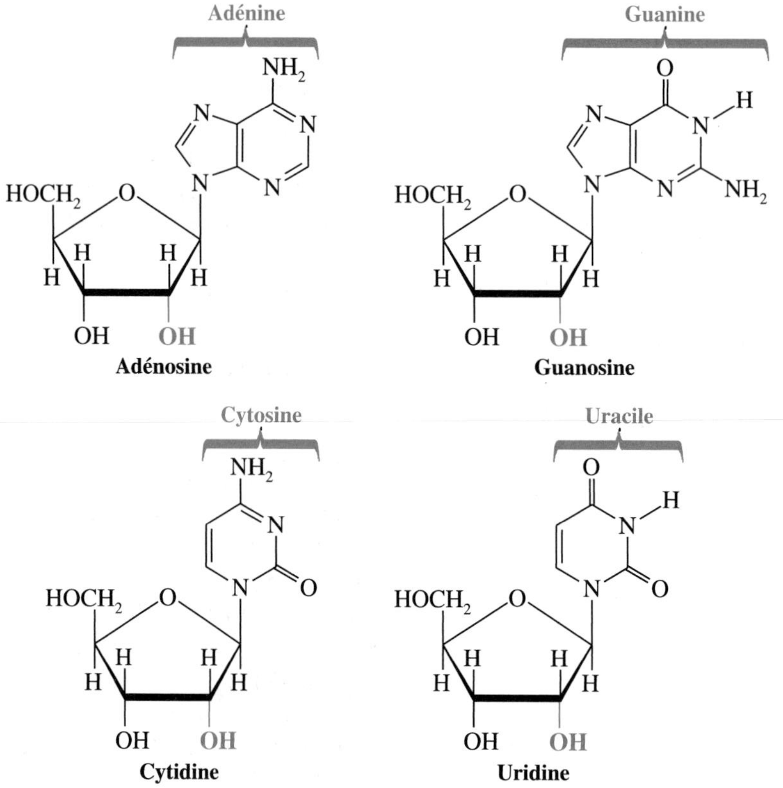

Figure 25.3 Nucléosides constituant l'ARN. L'ADN possède des atomes d'hydrogène là où est indiqué le groupe hydroxyle rouge du ribose (le ribose de l'ADN est donc un 2′-désoxyribose).

Adénine

Adénosine

Guanine

Guanosine

Cytosine

Cytidine

Uracile

Uridine

Les nucléosides et les nucléotides ne se trouvent pas uniquement dans l'ADN et l'ARN. Ainsi, nous avons vu que l'adénosine était un constituant de deux importantes coenzymes, le NADH et la coenzyme A. L'adénosine 5′-triphosphate correspond évidemment à la source d'énergie vitale qu'est l'ATP (section 22.1B). Le composé appelé acide adénylique-3′,5′ cyclique (ou AMP cyclique) (figure 25.4) est un

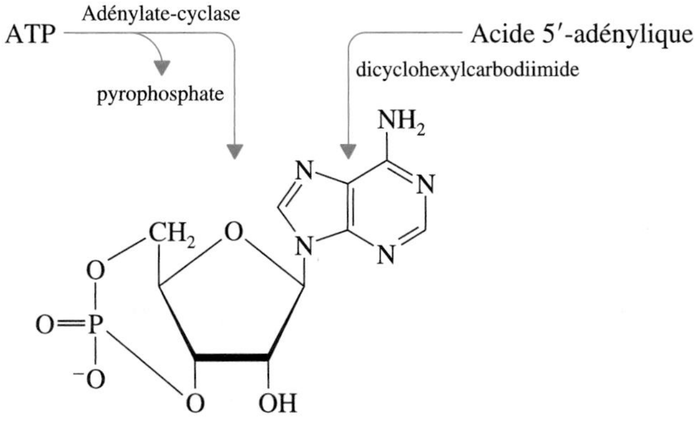

Figure 25.4 L'acide adénylique-3′,5′ cyclique (AMP cyclique), sa biosynthèse et sa synthèse en laboratoire.

important régulateur de l'activité hormonale. Les cellules synthétisent ce composé à partir de l'ATP à l'aide d'une enzyme appelée *adénylate-cyclase.* En laboratoire, l'AMP cyclique peut être obtenu par déshydratation de l'acide 5′-adénylique au moyen du dicyclohexylcarbodiimide.

PROBLÈME 25.3

Lorsque l'acide adénylique-3′,5′ cyclique est traité par de l'hydroxyde de sodium aqueux, le principal produit obtenu est l'acide 3′-adénylique (adénosine 3′-phosphate) et non l'acide 5′-adénylique. Avancez une explication qui rende compte du déroulement de cette réaction.

25.3 SYNTHÈSE DE NUCLÉOSIDES ET DE NUCLÉOTIDES EN LABORATOIRE

Divers procédés de synthèse de nucléosides ont été mis au point. L'un d'eux fait appel à des réactions qui assemblent le nucléoside à partir de dérivés du ribose et de bases hétérocycliques activés et adéquatement protégés. La synthèse de l'adénosine à partir d'un chlorure de ribofuranosyle protégé et d'une chloromercuripurine en est un exemple (illustré ci-dessous).

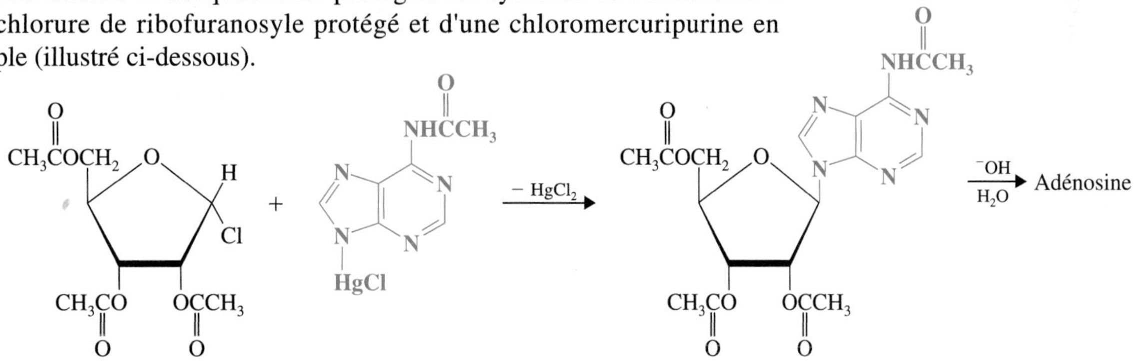

Un autre procédé consiste à former la base hétérocyclique sur un dérivé protégé de la ribosylamine :

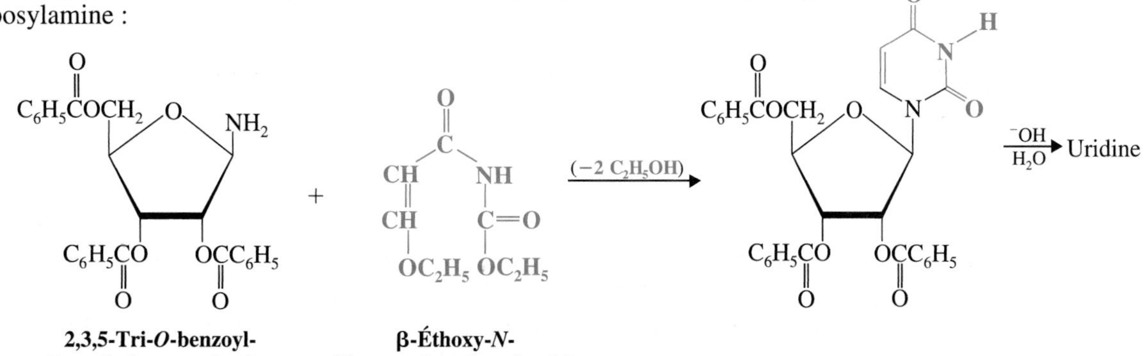

2,3,5-Tri-*O*-benzoyl-β-D-ribofuranosylamine

β-Éthoxy-*N*-éthoxycarbonylacrylamide

PROBLÈME 25.4

À partir des réactions étudiées précédemment, proposez un mécanisme plausible sous-tendant la réaction de condensation dans la première étape de la synthèse de l'uridine (que l'on vient d'illustrer).

Un troisième procédé repose sur la synthèse d'un nucléoside ayant comme base hétérocyclique un substituant qui peut être remplacé par d'autres groupes. Ce procédé a été abondamment utilisé pour la synthèse de nucléosides peu courants qui n'existent pas nécessairement dans la nature. Dans l'exemple suivant, on utilise un dérivé de la 6-chloropurine provenant du chlorure de ribofuranosyle et d'une chloromercuripurine appropriée.

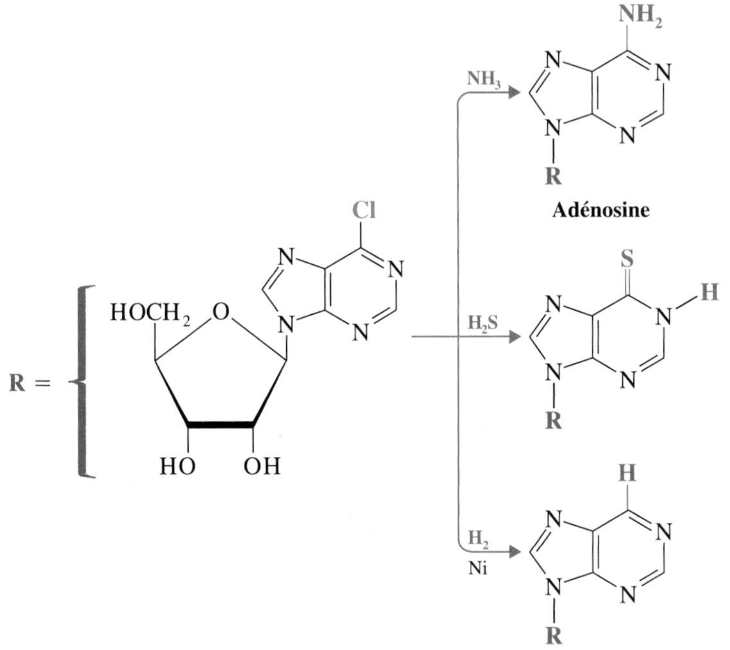

De nombreux agents phosphorylants ont été utilisés pour convertir des nucléosides en nucléotides. Le phosphochloridate de dibenzyle est l'un des plus utiles d'entre eux.

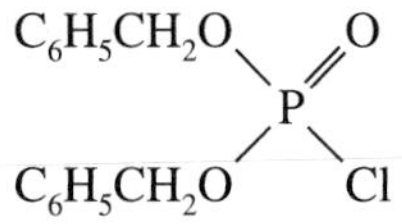

Chlorophosphonate de dibenzyle

La phosphorylation spécifique du $5'$-OH peut être menée à bien si les groupes $2'$-OH et $3'$-OH du nucléoside sont protégés par un groupe isopropylidène (voir la figure ci-dessous).

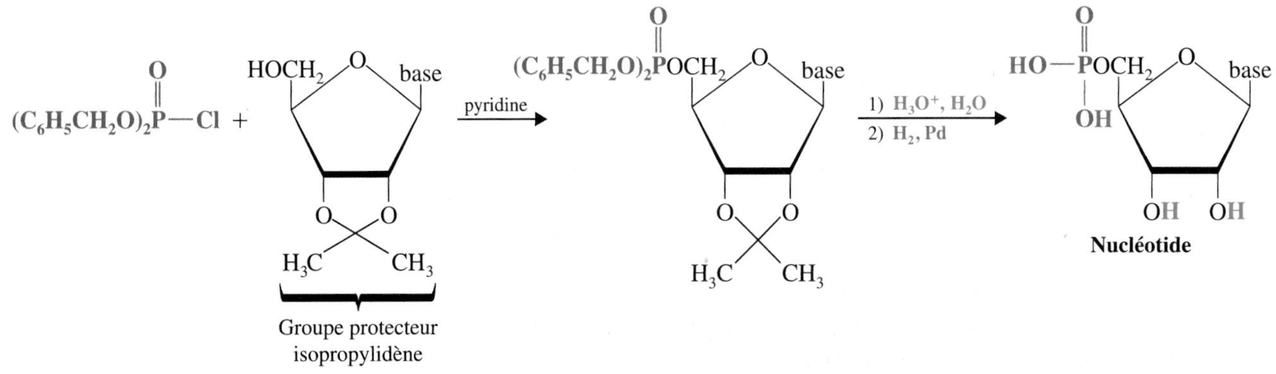

Une hydrolyse douce catalysée par un acide enlève le groupe isopropylidène, et l'hydrogénolyse (hydrogénation catalytique) rompt les liaisons entre le groupe benzyle et le phosphate.

PROBLÈME 25.5

a) Quel type de groupe fonctionnel relie l'isopropylidène et le nucléoside, et pourquoi celui-ci est-il sensible à une hydrolyse douce catalysée par un acide ? b) Comment un tel groupe protecteur peut-il être ajouté ?

PROBLÈME 25.6

Les réactions suivantes relèvent de la synthèse de la cordycépine (un antibiotique nucléosidique) et de la première synthèse de la 2′-désoxyadénosine (présentée en 1958 par C.D. Anderson, L. Goodman et B.R. Baker, de l'Institut de recherche Stanford).

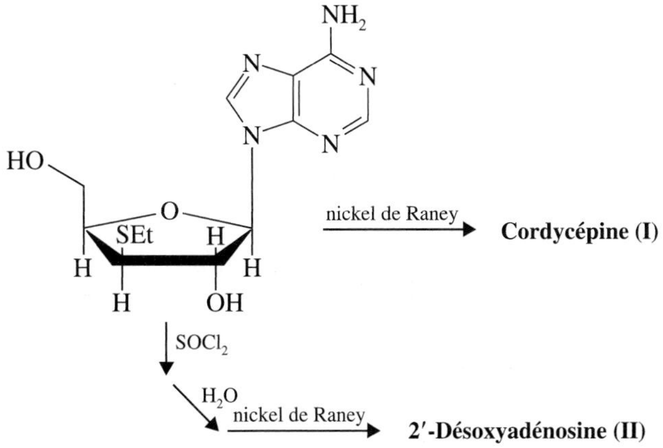

a) Quelle est la structure de la cordycépine ? (**I** et **II** sont des isomères.)
b) Proposez un mécanisme à l'origine de la formation de **II.**

25.3A APPLICATIONS MÉDICALES

Au début des années cinquante, Gertrude Elion et George Hitchings (des laboratoires de recherche Wellcome) ont découvert que la 6-mercaptopurine avait des propriétés antitumorales et antileucémiques. Leur découverte a débouché sur la mise au point d'autres dérivés des purines et de composés apparentés, y compris de nucléosides, qui sont d'une grande importance en médecine. En voici trois exemples :

Elion et Hitchings se sont partagé le prix Nobel de physiologie ou de médecine en 1988 pour leurs travaux sur la mise au point d'agents chimiothérapeutiques dérivés de purines.

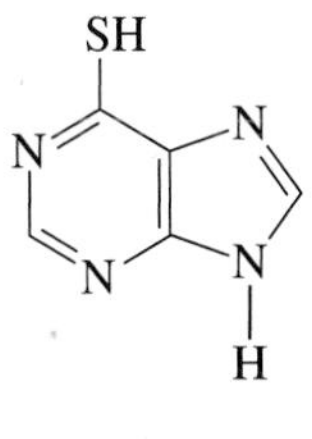

6-Mercaptopurine 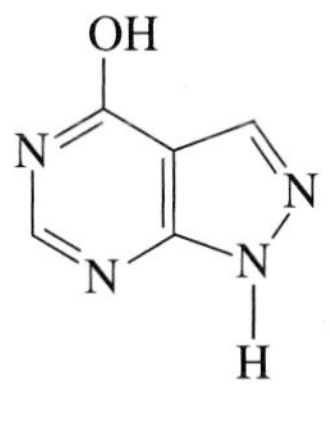   **Allopurinol** 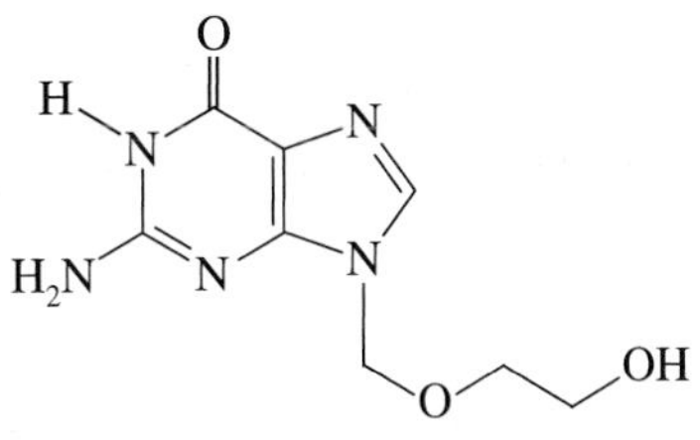   **Acyclovir**

La 6-mercaptopurine, utilisée en association avec d'autres agents chimiothérapeutiques dans le traitement de la leucémie aiguë chez les enfants, a contribué à l'élimination de la maladie dans près de 80 % des cas. L'allopurinol, un autre dérivé de la purine, est le traitement couramment employé contre la goutte. L'acyclovir, un nucléoside auquel manquent deux carbones du cycle ribose, est très efficace dans le traitement de maladies causées par certains virus de l'herpès, y compris le virus *herpès simplex* de type 1 (boutons de fièvre) et de type 2 (herpès génital), ainsi que le virus responsable de la varicelle et du zona.

25.4 ACIDE DÉSOXYRIBONUCLÉIQUE : ADN

25.4A STRUCTURE PRIMAIRE

Les nucléotides sont aux acides nucléiques ce que les acides aminés sont aux protéines : ils en constituent les unités monomères. Les liaisons entre les monomères sont assurées par des groupes amide dans le cas des protéines et par des esters phosphoriques (appelés liens phosphodiester) dans le cas des acides nucléiques. Ces liens ester relient le 3′−OH d'un ribose (ou d'un désoxyribose) au 5′−OH d'un autre. L'acide nucléique se présente donc comme une longue chaîne non ramifiée et dotée d'un « squelette » de molécules de glucide et de phosphate, à laquelle sont rattachées des bases hétérocycliques à intervalles réguliers (figure 25.5). Nous indiquons comme suit la direction des bases illustrées à la figure 25.5 :

$$5'\longleftarrow A—T—G—C\longrightarrow 3'$$

Comme nous le verrons, c'est la **séquence des bases** de la chaîne d'ADN qui renferme l'information génétique encodée. La séquence des bases peut être établie grâce à des techniques fondées sur des hydrolyses enzymatiques sélectives. On est déjà parvenu à déterminer la séquence de nombreux acides nucléiques (voir la section 25.6).

25.4B STRUCTURE SECONDAIRE

C'est la proposition, maintenant bien établie, formulée par Watson et Crick (faite en 1953 et vérifiée par Wilkins peu de temps après par analyse aux rayons X) qui a offert

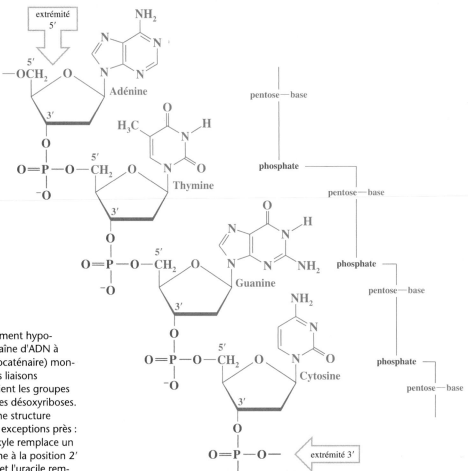

Figure 25.5 Segment hypothétique d'une chaîne d'ADN à simple brin (monocaténaire) montrant comment les liaisons phosphodiesters lient les groupes 3′-OH et 5′-OH des désoxyriboses. L'ARN présente une structure semblable à deux exceptions près : un groupe hydroxyle remplace un atome d'hydrogène à la position 2′ de chaque ribose et l'uracile remplace la thymine.

un modèle de la structure secondaire de l'ADN, dont la grande importance réside dans le fait qu'elle nous permet de comprendre de quelle façon l'information génétique est conservée, est transmise au cours de la division cellulaire et peut être transcrite pour servir de matrice dans la synthèse des protéines.

E. Chargaff avait déjà observé (à la fin des années quarante) que les pourcentages de bases hétérocycliques obtenus pour l'ADN de diverses espèces présentaient une certaine régularité, et cette observation a joué un rôle primordial dans la proposition qu'ont formulée Watson et Crick. Le tableau 25.1 présente des résultats représentatifs de ces analyses.

Dans le cas de toutes les espèces étudiées, Chargaff avait noté que :

1. Le pourcentage total de moles de purine est approximativement égal à celui des moles de pyrimidine; en d'autres termes, (% G + % A)/(% C + % T) $\cong$ 1.

2. Le pourcentage de moles d'adénine est presque égal à celui de la thymine (c'est-à-dire que % A / % T $\cong$ 1) et le pourcentage de moles de guanine est presque égal à celui de la cytosine (c'est-à-dire que % G/ % C $\cong$ 1).

Chargaff avait également noté que c'est le rapport donné par (% A + % T)/ (% G + % C) qui varie d'une espèce à l'autre. En outre, il avait remarqué que, si ce rapport caractérise l'ADN d'une espèce donnée, il demeure constant dans les différents tissus d'un même animal et qu'il ne varie pas de façon appréciable selon l'âge ou l'état de croissance des individus d'une même espèce.

Watson et Crick disposaient également de données d'analyse par rayons X qui rapportaient la longueur et l'angle des liaisons des cycles puriques et pyrimidiques de composés modèles. De plus, ils possédaient des données obtenues par Wilkins selon lesquelles l'ADN avait une structure répétitive et la distance de répétition était exceptionnellement longue (34 Å) dans l'ADN naturel.

À partir de ces données, Watson et Crick ont proposé un modèle en double hélice pour représenter la structure secondaire de l'ADN. Dans ce modèle, deux chaînes d'acide nucléique sont liées l'une à l'autre par des liaisons hydrogène entre les paires de bases situées sur les brins opposés. Cette double chaîne est enroulée en hélice autour d'un axe unique. Les paires de bases sont à l'intérieur de l'hélice, tandis que le squelette de glucides et de phosphates se situe à l'extérieur (figure 25.6). Le pas de l'hélice est tel que dix paires de nucléotides forment un tour complet en 34 Å (la distance de répétition). Le diamètre extérieur de l'hélice est d'environ 20 Å et la

> Je ne peux m'empêcher de penser que, un jour, un scientifique enthousiaste célébrera peut-être la naissance de ses jumelles en les nommant Adénine et Thymine.
>
> F.H.C. Crick[*]

Tableau 25.1 Composition de l'ADN chez diverses espèces.

Espèces	Proportion des bases (en % de moles)							
	G	A	C	T	$\dfrac{G + A}{C + T}$	$\dfrac{A + T}{G + C}$	$\dfrac{A}{T}$	$\dfrac{G}{C}$
Sarcina lutea	37,1	13,4	37,1	12,4	1,02	0,35	1,08	1,00
Escherichia coli K12	24,9	26,0	25,2	23,9	1,08	1,00	1,09	0,99
Germe de blé	22,7	27,3	22,8[a]	27,1	1,00	1,19	1,01	1,00
Thymus bovin	21,5	28,2	22,5[a]	27,8	0,96	1,27	1,01	0,96
Staphylococcus aureus	21,0	30,8	19,0	29,2	1,11	1,50	1,05	1,11
Thymus humain	19,9	30,9	19,8	29,4	1,01	1,52	1,05	1,01
Foie humain	19,5	30,3	19,9	30,3	0,98	1,54	1,00	0,98

[a] Cytosine + méthylcytosine

Source : E.L. SMITH, et coll. *Principles of Biochemistry : General Aspects*, 7ᵉ éd., New York, McGraw-Hill, 1983, p. 132.

---

[*] F.H.C. Crick, J.D. Watson et Maurice Wilkins se sont partagé le prix Nobel de physiologie ou de médecine en 1962 pour avoir proposé et prouvé que l'ADN possède une structure en double hélice. Tiré de F.H.C. CRICK, « The Structure of the Hereditary Material », *Sci. Am.*, vol. 191, nº 10, 1954, p. 20 et 54-61.

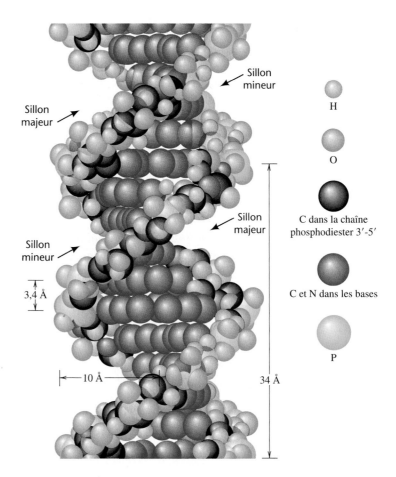

Figure 25.6 Modèle moléculaire d'une portion de double hélice d'ADN (ADN bicaténaire). Adapté avec la permission de A.L. NEAL, *Chemistry and Biochemistry : A Comprehensive Introduction*, New York, McGraw-Hill, 1971.

distance intérieure entre les positions 1′ des molécules de ribose des chaînes opposées est de quelque 11 Å.

À l'aide de modèles à l'échelle moléculaire, Watson et Crick ont observé que la distance intérieure de la double hélice était telle qu'elle ne permettait la formation de liaisons hydrogène qu'entre paires de bases de type purine-pyrimidine. Les bases de type purine ne s'apparient pas entre elles parce qu'elles seraient trop volumineuses par rapport à l'hélice, alors que les bases de type pyrimidine ne s'apparient pas parce qu'elles seraient trop éloignées pour former des liaisons hydrogène efficaces.

Watson et Crick ont ensuite franchi une étape cruciale dans la formulation de leur hypothèse. À partir de l'hypothèse selon laquelle les bases hétérocycliques contenant de l'oxygène existent sous une forme cétonique, ils ont affirmé que l'appariement des bases par les liaisons hydrogène ne pouvait se produire que d'une façon précise : adénine (A) avec thymine (T), cytosine (C) avec guanine (G). Les dimensions des paires et le potentiel électrostatique de chacune des bases sont présentés à la figure 25.7.

L'adénine s'apparie avec la thymine et **la guanine s'apparie avec la cytosine.**

Thymine   Adénine   Cytosine   Guanine

Un appariement spécifique de ce type concorde avec les résultats obtenus par Chargaff : $\% A / \% T \cong 1$ et $\% G / \% C \cong 1$.

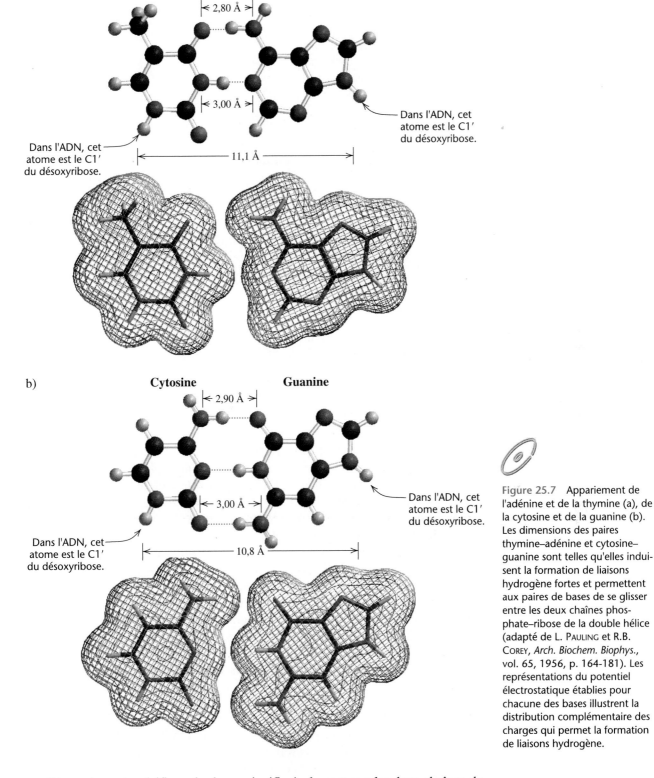

a) **Thymine**   **Adénine**

2,80 Å

3,00 Å

Dans l'ADN, cet atome est le C1′ du désoxyribose.

Dans l'ADN, cet atome est le C1′ du désoxyribose.

11,1 Å

b) **Cytosine**   **Guanine**

2,90 Å

3,00 Å

Dans l'ADN, cet atome est le C1′ du désoxyribose.

Dans l'ADN, cet atome est le C1′ du désoxyribose.

10,8 Å

Figure 25.7 Appariement de l'adénine et de la thymine (a), de la cytosine et de la guanine (b). Les dimensions des paires thymine–adénine et cytosine–guanine sont telles qu'elles induisent la formation de liaisons hydrogène fortes et permettent aux paires de bases de se glisser entre les deux chaînes phosphate–ribose de la double hélice (adapté de L. PAULING et R.B. COREY, *Arch. Biochem. Biophys.*, vol. 65, 1956, p. 164-181). Les représentations du potentiel électrostatique établies pour chacune des bases illustrent la distribution complémentaire des charges qui permet la formation de liaisons hydrogène.

L'appariement spécifique des bases signifie également que les deux chaînes de l'ADN sont complémentaires. Chaque fois qu'il y a une adénine dans l'une des chaînes, une thymine doit se trouver vis-à-vis d'elle dans la chaîne opposée; de façon analogue, chaque fois qu'il y a une cytosine dans l'une des chaînes, une guanine doit se trouver vis-à-vis d'elle dans la chaîne opposée (figure 25.8).

Notons que, si le squelette de glucides et de phosphates de l'ADN se caractérise par une régularité parfaite, la séquence des paires de bases hétérocycliques peut présenter de nombreuses permutations. Cette propriété est importante parce que c'est la

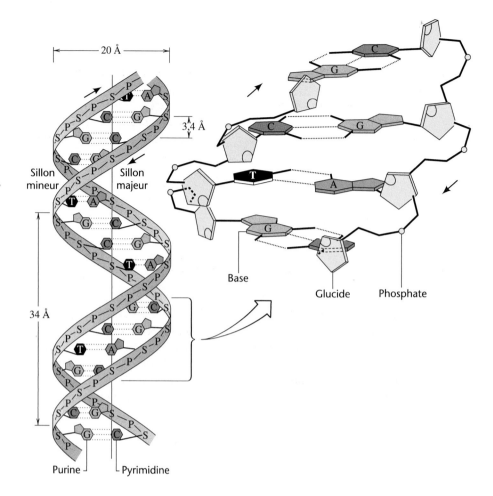

Leçon interactive : structure de l'ADN

Figure 25.8 Diagramme de la double hélice de l'ADN montrant l'appariement des bases complémentaires. Les flèches indiquent la direction 3′ ⟶ 5′.

séquence spécifique des paires de bases qui contient l'information génétique. Observons également que chaque brin de la double hélice est complémentaire de l'autre. Si l'on connaît la séquence des bases d'un brin, on peut écrire la séquence de l'autre puisque A s'apparie toujours avec T et que G s'apparie toujours avec C. C'est cette complémentarité des deux brins qui explique comment une molécule d'ADN se réplique au cours de la division cellulaire et transmet ainsi l'information génétique à chacune des deux cellules filles.

25.4C RÉPLICATION DE L'ADN

Juste avant la division cellulaire, les deux brins de l'ADN bicaténaire commencent à se dérouler. Des brins complémentaires se forment le long de chaque chaîne (voir la figure 25.9). Chaque brin sert en fait de matrice pour la formation d'un brin complémentaire. Le déroulement et la duplication s'achèvent par la constitution de deux molécules d'ADN identiques là où une seule existait auparavant. Ces deux molécules peuvent alors être transmises à chacune des cellules filles.

PROBLÈME 25.7

a) Il y a environ 6 milliards de paires de bases dans l'ADN d'une cellule humaine. En supposant que cet ADN prend la forme d'une double hélice, calculez la longueur totale de l'ADN contenu dans une cellule humaine. b) Le poids de l'ADN d'une cellule humaine est de 6×10^{-12} g. Si on estime que la population mondiale est d'environ 3,5 milliards d'individus, on peut conclure que toute l'information génétique ayant donné naissance aux êtres humains actuellement vivants s'est déjà trouvée dans l'ADN d'un nombre correspondant d'ovules fertilisés. Quel est le poids total de cet ADN ? (Le volume qu'occuperait cet ADN équivaut à celui d'une goutte d'eau mais, si toutes ces molécules étaient mises bout à bout, elles s'étireraient sur une distance huit fois supérieure à celle séparant la Terre et la Lune.)

PROBLÈME 25.8

a) La forme tautomère la plus stable de la guanine est la forme lactame, sous laquelle la guanine est généralement présente dans l'ADN. Comme nous l'avons vu, elle s'apparie spécifiquement avec la cytosine. Si la guanine se tautomérise pour prendre la forme moins stable d'une lactime, elle s'apparie alors avec la thymine. Écrivez la formule développée montrant les liaisons hydrogène de cette paire de bases anormale.

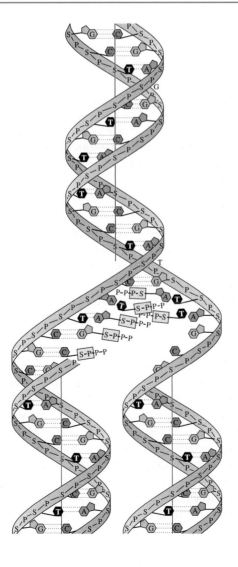

Forme lactame de la guanine　　**Forme lactime de la guanine**

b) Les appariements de bases incorrects qui résultent de tautomérisations se produisant pendant la réplication de l'ADN pourraient être une source de mutations spontanées. Nous avons vu à la question a) que, si la tautomérisation de la guanine se produisait à un certain moment, elle pourrait susciter l'introduction d'une thymine (à la place d'une cytosine) dans le brin d'ADN complémentaire. Quelle erreur ce nouveau brin d'ADN introduirait-il dans *son* brin d'ADN complémentaire au cours de la réplication suivante, même si aucune tautomérisation supplémentaire ne se produisait ?

Figure 25.9　Réplication de l'ADN. Le double brin se déroule à partir d'une extrémité, et des brins complémentaires se forment le long de chaque chaîne.

PROBLÈME 25.9

Des mutations peuvent également être provoquées par des agents chimiques, et l'acide nitreux est l'un des plus puissants **mutagènes** chimiques connus. On a tenté d'expliquer l'effet mutagène de l'acide nitreux en évoquant la désamination qu'il provoque dans les purines et les pyrimidines contenant des groupes amino. Par exemple, lorsqu'un nucléotide contenant de l'adénine est traité par l'acide nitreux, il est converti en un dérivé de l'hypoxanthine :

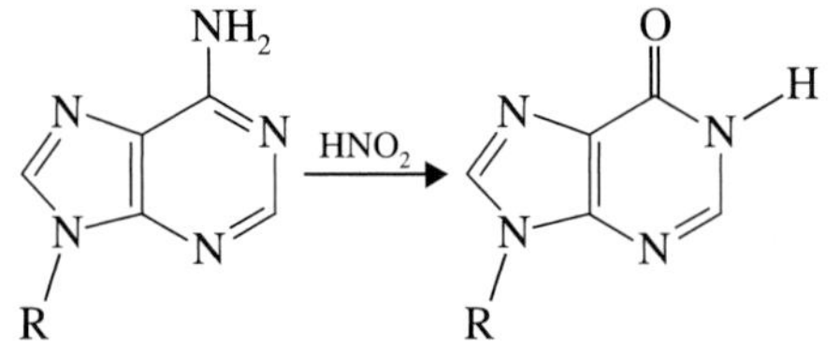

Forme nucléotidique de l'adénine → **Forme nucléotidique de l'hypoxanthine**

a) À partir des réactions étudiées précédemment, indiquez les intermédiaires probables de l'interconversion adénine ⟶ hypoxanthine. b) L'adénine s'apparie normalement avec la thymine dans l'ADN, mais l'hypoxanthine s'apparie avec la cytosine. Montrez les liaisons hydrogène d'une paire de bases constituée d'hypoxanthine et de cytosine. c) Montrez les erreurs que l'interconversion adénine ⟶ hypoxanthine engendrerait dans l'ADN après deux réplications.

25.5 ARN ET SYNTHÈSE DE PROTÉINES

Peu de temps après la publication de l'hypothèse formulée par Watson et Crick, certains scientifiques ont entrepris de l'élargir pour établir ce que Crick a appelé « le principe fondamental de la génétique moléculaire », selon lequel l'information génétique circule comme suit :

$$ADN \longrightarrow ARN \longrightarrow protéine$$

La synthèse de protéines a bien sûr une importance primordiale dans les fonctions d'une cellule parce que les protéines (sous forme d'enzymes) catalysent ses réactions. Même les cellules très primitives d'une bactérie requièrent la présence de quelque 3000 enzymes différentes. Cela signifie que les molécules d'ADN de ces cellules doivent contenir un nombre correspondant de gènes pour diriger la synthèse de ces protéines. Un gène est un segment d'une molécule d'ADN qui contient l'information nécessaire pour diriger la synthèse d'une protéine (ou d'un polypeptide).

L'ADN se trouve principalement dans le noyau des cellules eucaryotes, alors que la synthèse de protéines s'effectue surtout dans la partie de la cellule appelée *cytoplasme*. Cette synthèse repose sur deux processus importants, dont le premier se produit dans le noyau, et le second dans le cytoplasme. Le premier processus est la **transcription**, au cours de laquelle le message génétique est transcrit en un type d'ARN appelé ARN messager (ARNm). Le second processus fait intervenir deux autres types d'ARN, appelés ARN ribosomique (ARNr) et ARN de transfert (ARNt).

25.5A SYNTHÈSE DE L'ARN MESSAGER — TRANSCRIPTION

La synthèse de protéines commence dans le noyau cellulaire par la synthèse de l'ARNm. Une partie de la double hélice d'ADN se déroule suffisamment pour exposer, sur un seul brin, une portion correspondant à au moins un gène. Les ribonucléotides présents dans le noyau cellulaire s'assemblent le long du brin d'ADN exposé en s'appariant avec les bases d'ADN. Le processus d'appariement est le même que celui de l'ADN sauf que, dans l'ARN, l'uracile remplace la thymine. Les ribonucléotides des ARNm sont assemblés en une chaîne par une enzyme appelée *ARN-polymérase*, ce qu'illustre la figure 25.10.

Chez certains virus, appelés rétrovirus, l'information circule de l'ARN vers l'ADN. Le virus responsable du sida est un rétrovirus.

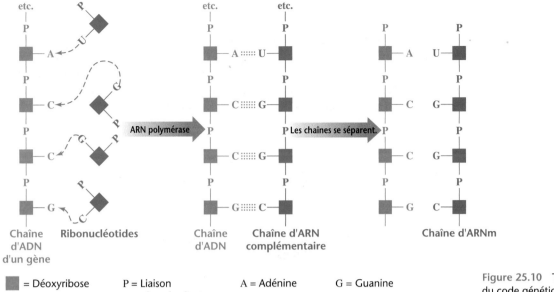

Chaîne d'ADN d'un gène

Ribonucléotides

Chaîne d'ADN

Chaîne d'ARN complémentaire

Chaîne d'ARNm

= Déoxyribose   P = Liaison phosphodiester   A = Adénine   G = Guanine

= Ribose   C = Cytosine   U = Uracile

Figure 25.10 Transcription du code génétique de l'ADN à l'ARNm.

PROBLÈME 25.10

Écrivez les formules développées montrant comment la forme cétonique de l'uracile (section 25.2) dans l'ARNm peut s'apparier avec l'adénine de l'ADN au moyen de liaisons hydrogène.

Après avoir été synthétisé dans le noyau de la cellule, l'ARNm migre vers le cytoplasme où, comme nous le verrons, il sert de matrice pour la synthèse de protéines.

25.5B RIBOSOMES — ARNr

Les ribosomes sont de petits organites disséminés dans le cytoplasme de la plupart des cellules. Les ribosomes de *Escherichia coli* (*E. coli*), par exemple, ont un diamètre d'environ 180 Å et sont composés d'environ 60 % d'ARN (ARN ribosomial) et de 40 % de protéines. Ils existent apparemment sous la forme de deux éléments associés appelés éléments 50S et 30S (figure 25.11); ensemble, ils forment un ribosome 70S*. Bien que les ribosomes soient présents là où a lieu la synthèse de protéines, l'ARNr lui-même ne dirige pas cette synthèse. En fait, un certain nombre de ribosomes s'attachent à une molécule d'ARNm et forment ce qu'on appelle un **polysome.** C'est le long du polysome — l'ARNm servant de matrice — que la synthèse de protéines se produit. L'une des fonctions de l'ARNr consiste à lier le ribosome à l'ARNm.

25.5C ARN DE TRANSFERT — ARNt

L'ARN de transfert (ARNt) a une masse moléculaire beaucoup plus faible que celle de l'ARNm et de l'ARNr. Par conséquent, l'ARNt est beaucoup plus soluble que l'ARNm et l'ARNr, et c'est pourquoi on l'appelle parfois ARN soluble. Les molécules

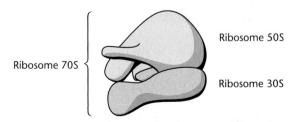

Ribosome 70S

Ribosome 50S

Ribosome 30S

Figure 25.11 Un ribosome 70S et ses deux éléments.

---

* « S » est le symbole de l'unité Svedberg, qui est utilisée pour décrire le comportement des protéines dans une ultracentrifugeuse.

Tableau 25.2 Code génétique de l'ARN messager.

Acide aminé	Séquence des bases 5′ → 3′	Acide aminé	Séquence des bases 5′ → 3′	Acide aminé	Séquence des bases 5′ → 3′
Ala	GCA GCC GCG GCU	His	CAC CAU	Ser	AGC AGU UCA UCG UCC UCU
Arg	AGA AGG CGA CGC CGG CGU	Ile	AUA AUC AUU		
		Leu	CUA CUC CUG CUU UUA UUG	Thr	ACA ACC ACG ACU
Asn	AAC AAU				
		Lys	AAA AAG	Trp	UGG
Asp	GAC GAU			Tyr	UGG UAC UAU
		Met	AUG		
Cys	UGC UGU	Phe	UUU UUC	Val	GUA GUG GUC GUU
Gln	CAA CAG	Pro	CCA CCC CCG CCU		
Glu	GAA GAG			**Amorçage**	
				fMet (N-formyl-méthionine)	AUG
Gly	GGA GGC GGG GGU			**Terminaison**	UAA UAG UGA

d'ARNt assurent le transport des acides aminés à des endroits spécifiques de l'ARNm sur le polysome. Il existe donc de nombreuses formes d'ARNt, soit plus d'une pour chacun des 20 acides aminés qui sont incorporés dans les protéines, y compris les redondances du **code génétique** (voir le tableau 25.2)*.

La structure de la plupart des ARNt a été établie. Ils se composent d'une chaîne ayant un nombre relativement faible de nucléotides (70 à 90) qui, par appariement des bases, se replient en plusieurs lobes (ou boucles) et tiges (figures 25.12). Une des tiges, appelée tige acceptrice, se termine toujours par la séquence cytosine–cytosine–adénine, et c'est à cet endroit qu'un acide aminé spécifique se fixe par *une liaison ester* à l'extrémité terminale 3′-OH de l'adénosine. Cette réaction de fixation est catalysée par une enzyme correspondant spécifiquement à l'ARNt et à son acide aminé. Une telle spécificité découle de la capacité de l'enzyme à reconnaître la séquence des bases situées sur d'autres portions de l'ARNt.

On retrouve également une séquence de bases appelée **anticodon** sur une des boucles. L'anticodon est extrêmement important parce qu'il permet à l'ARNt de se fixer à une séquence particulière de l'ARNm appelée **codon.** L'ordre dans lequel les ARNt apportent les acides aminés à l'ARNm est déterminé par la séquence des codons, qui constitue ainsi un message génétique. Les unités constitutives de ce message, dans lequel chaque « mot » correspond à un acide aminé, sont des triades de nucléotides.

25.5D LE CODE GÉNÉTIQUE

Le codage entre chaque triade de l'ARNm et chaque acide aminé correspondant représente ce qu'on appelle le code génétique (voir le tableau 25.2). Le code doit être

---

* Bien que les protéines soient composées de 22 acides aminés différents, la synthèse de protéines n'en requiert que 20. La proline est convertie en hydroxyproline et la cystéine en cystine après la synthèse de la chaîne polypeptidique.

constitué de trois bases, et non d'une seule ou de deux, parce qu'il n'y a que quatre bases différentes présentes dans l'ARNm lors de la synthèse de protéines, pour coder 20 acides aminés différents. Si seules deux bases étaient utilisées, il n'y aurait que 4^2 ou 16 combinaisons possibles, ce qui serait insuffisant pour encoder tous les acides

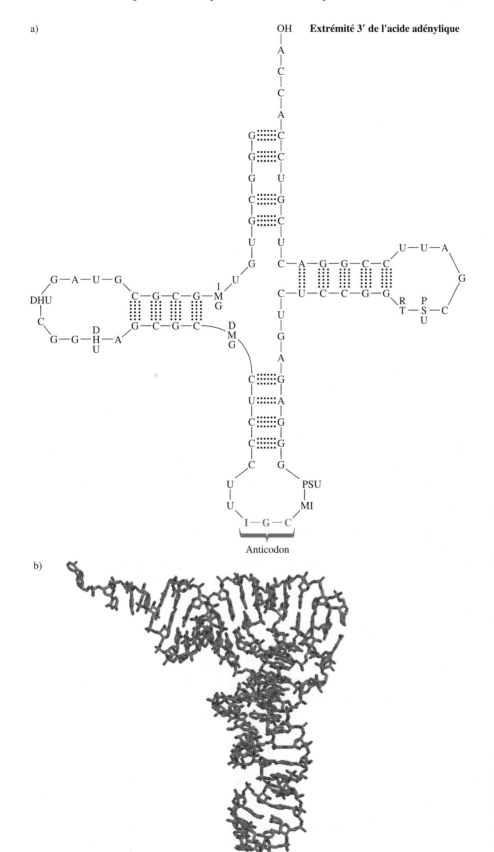

a) OH **Extrémité 3′ de l'acide adénylique**

Anticodon

b)

Leçon interactive : ARNt

Figure 25.12 a) Structure d'un ARNt isolé d'une levure, dont la fonction spécifique consiste à transférer des résidus alanine. Les ARN de transfert contiennent souvent des nucléosides inhabituels. PSU = pseudo-uridine, RT = ribothymidine, MI = 1-méthylinosine, I = inosine, DMG = N^2-méthylguanosine, DHU = 4,5-dihydro-uridine, 1MG = 1-méthylguanosine. b) Structure établie par cristallographie aux rayons X d'un phénylalanyl-ARNt (ARN$_t^{phé}$) provenant d'une levure (B.E. Hingerty, R.S. Brown et A. Jack, *J. Mol. Biol.*, vol. 124, 1978, p. 523. Nom de fichier de la *Protein Data Bank* : 4TNA.pdb).

aminés. Par contre, un code à trois bases rend possibles 4^3 ou 64 séquences différentes. Ce nombre est beaucoup plus élevé que le minimum nécessaire, et il est ainsi possible de coder un acide aminé de plus d'une façon et de constituer des séquences qui vont ponctuer la synthèse de protéines en indiquant où elle doit commencer et se terminer.

La méthionine (Met) et la *N*-formyl-méthionine (fMet) sont encodées par la même séquence (AUG), mais ne sont pas transportées par le même ARNt. La *N*-formyl-méthionine semble être le premier acide aminé incorporé dans la chaîne polypeptidique des protéines des bactéries, et l'ARNt qui transporte la fMet semble représenter le signe de ponctuation indiquant où commencer les chaînes. Avant la fin de la synthèse protéique, la *N*-formyl-méthionine est enlevée de la protéine par une hydrolyse enzymatique.

$$CH_3SCH_2CH_2CHCO_2H$$
$$|$$
$$NH$$
$$|$$
$$C=O$$
$$|$$
$$H$$

N-**Formylméthionine**

Nous sommes maintenant en mesure d'examiner l'ensemble du processus de synthèse d'un polypeptide hypothétique. Ce processus porte le nom de **traduction.** Imaginons qu'une longue molécule d'ARNm se trouve dans le cytoplasme d'une cellule et qu'elle est en contact avec des ribosomes. Sont également présents dans le cytoplasme les 20 acides aminés différents, chacun d'eux étant acylé, « couplé », à son ARNt respectif.

Comme le montre la figure 25.13, un ARNt portant la fMet s'associe, grâce à son anticodon, au codon approprié (AUG) de la portion d'un ARNm en contact avec un ribosome. La triade de bases suivant cette molécule d'ARNm est le codon AAA, qui code pour la lysine. Un lysyl-ARNt doté de l'anticodon correspondant, UUU, se fixe à ce site. Les deux acides aminés, fMet et Lys, sont maintenant en bonne position

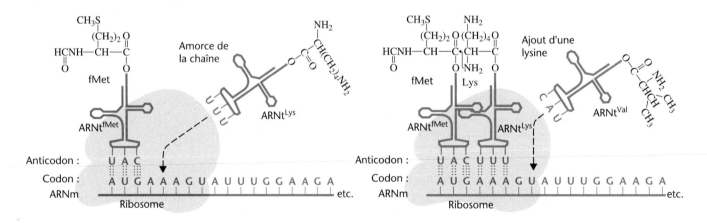

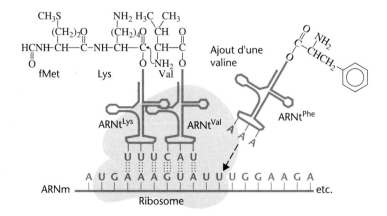

Figure 25.13 Croissance par étapes d'une chaîne polypeptidique pour laquelle un ARN sert de matrice. Les ARN de transfert apportent les résidus d'acides aminés au site de contact entre l'ARNm et un ribosome. L'appariement du codon et de l'anticodon se produit entre l'ARNm et l'ARN à la surface du ribosome. Une réaction enzymatique attache les résidus d'acides aminés par une liaison amide. Après la formation de la première liaison amide, le ribosome se déplace jusqu'au codon suivant de l'ARNm. Un nouvel ARNt arrive, s'apparie et transfère son résidu d'acide aminé à la chaîne peptidique en croissance, et ainsi de suite.

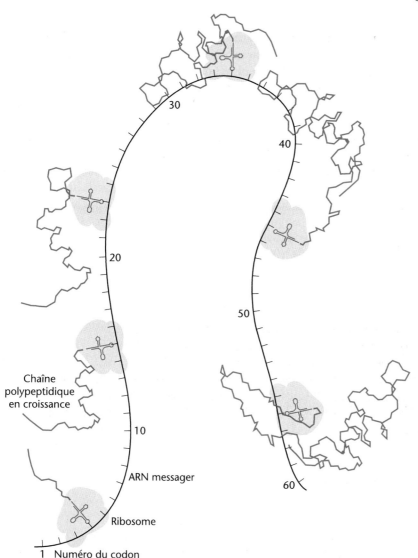

30

40

20

50

Chaîne
polypeptidique
en croissance

10

ARN messager

60

Ribosome

1 Numéro du codon

Figure 25.14 Le repliement d'une molécule de protéine pendant sa synthèse. Adapté avec la permission de PHILLIPS, D.C., « The Three-Dimensional Structure of an Enzyme Molecule », *Bio-organic Chemistry* (sous la direction de M. Calvin, et M.J. Jorgenson), San Francisco, Freeman and Co., 1968, p. 62. © 1966 Scientific American Inc. Tous droits réservés. © Irving Geis.

pour qu'une enzyme les rattache par une liaison peptidique. Ensuite, le ribosome se déplace le long de la chaîne de façon à entrer en contact avec le codon suivant. Ce dernier, GUA, code pour la valine. Un ARNt transportant une molécule de valine (et doté de l'anticodon approprié) se fixe à ce site. Une autre réaction enzymatique se produit pour lier la valine à la chaîne polypeptidique en croissance. Le processus se répète ainsi à maintes reprises. Le ribosome se déplace le long de la chaîne d'ARNm, d'autres ARNt apportent leur acide aminé, de nouvelles liaisons peptidiques sont formées et la chaîne protéique s'allonge. À un moment donné, une réaction enzymatique clive la fMet du début de la chaîne. Finalement, lorsque la chaîne a atteint la bonne taille, le ribosome parvient à un signe de ponctuation, UAA, qui indique le point de terminaison. Le ribosome, à l'instar de la protéine, se sépare alors de l'ARNm.

Avant même qu'elle soit terminée, la chaîne polypeptidique commence à acquérir ses propres structures secondaire et tertiaire (figure 25.14), étant donné que sa structure primaire est correcte — c'est-à-dire que ses acides aminés sont dans le bon ordre. Des liaisons hydrogène se forment et donnent naissance à des segments spécifiques d'hélice α, de feuillets plissés, de coudes ou de boucles. Ensuite, la chaîne entière se replie, et des enzymes mettent en place des ponts disulfure; ainsi, lorsque la chaîne atteint sa taille définitive, la protéine a exactement la forme tridimensionnelle nécessaire à l'exécution de ses fonctions. La prédiction des structures secondaire et tertiaire des séquences d'acides aminés demeure toutefois un problème d'importance vitale en biochimie structurale.

Dans le cas du lysozyme, il s'agit d'une protéine qui possède une fente profonde dans laquelle un polysaccharide particulier peut s'insérer. Si une bactérie s'aventure à proximité du lysozyme, elle entre en action, utilise un site actif (fente) et coupe en deux un premier polysaccharide de la bactérie.

Pendant ce temps, d'autres ribosomes plus près du début de l'ARNm sont en mouvement, chacun d'entre eux synthétisant une autre molécule d'un polypeptide. Le temps nécessaire pour synthétiser une protéine dépend évidemment du nombre de résidus d'acides aminés de la protéine, mais il semble que chaque ribosome peut entraîner la formation de 150 liaisons peptidiques à la minute. Ainsi, une protéine comme le lysozyme, qui comporte 129 acides aminés, est synthétisée en moins d'une minute. Par ailleurs, si quatre ribosomes sont à l'œuvre le long d'une seule molécule d'ARNm, le polysome peut produire une molécule de lysozyme toutes les 13 secondes.

On peut ici se demander pourquoi un si grand nombre de protéines sont synthétisées, surtout dans le cas d'un organisme ayant terminé sa croissance. La raison en est que les protéines ne sont pas éternelles et qu'elles ne sont pas synthétisées puis conservées intactes dans la cellule pendant toute la vie de l'organisme. Elles sont synthétisées au moment et à l'endroit où elles sont nécessaires, puis sont dégradées en acides aminés; les enzymes décomposent les enzymes. Certains acides aminés sont métabolisés pour donner de l'énergie, tandis que d'autres — des nouveaux — proviennent de la nourriture ingérée, et le processus recommence.

PROBLÈME 25.11

Un segment d'ADN possède la séquence de bases suivante :

$$\ldots A\ C\ C\ C\ C\ C\ A\ A\ A\ A\ T\ G\ T\ C\ G\ldots$$

a) Quelle serait la séquence de bases de l'ARNm transcrite à partir de ce segment ?
b) En supposant que la première base de cet ARNm représente le début d'un codon, dites dans quel ordre les acides aminés seraient traduits en un polypeptide synthétisé le long de ce segment. c) Énumérez les anticodons de chacun des ARNt associés à la traduction de la partie b).

PROBLÈME 25.12

a) À partir du premier codon donné pour chacun des acides aminés du tableau 25.2, écrivez la séquence des bases d'un ARNm qui traduirait la synthèse du pentapeptide suivant :

$$\text{Arg·Ile·Cys·Tyr·Val}$$

b) Quelle séquence de bases d'ADN serait transcrite en cet ARNm ? c) Quels anticodons se trouveraient sur les ARNt nécessaires à la synthèse du pentapeptide ?

PROBLÈME 25.13

Expliquez comment une erreur survenant dans une seule paire de bases de chacun des brins de l'ADN pourrait déboucher sur la modification du résidu d'acide aminé responsable de l'anémie falciforme (section 24.6C).

25.6 DÉTERMINATION DE LA SÉQUENCE DE BASES DE L'ADN

Le processus classique permettant le séquençage de l'ADN ressemble à celui qui rend possible le séquençage des protéines (section 24.5). Comme les molécules d'ADN sont très longues, elles doivent d'abord être scindées en fragments plus petits et plus faciles à manipuler. Ces fragments sont séquencés un par un avant d'être ordonnés, par repérage des régions de chevauchement, de façon à donner la séquence nucléotidique de l'acide nucléique initial.

La première partie du processus s'accomplit grâce aux enzymes appelées **endonucléases de restriction.** Ces enzymes scindent le double brin d'ADN à des séquences de bases spécifiques. Plusieurs centaines d'endonucléases de restriction ont été identifiées. Ainsi, l'une d'elles, appelée *Alu*I, scinde la séquence AGCT entre G et C, alors qu'une autre, nommée *Eco*R1, scinde GAATTC entre G et A. La plupart des sites reconnus par les enzymes de restriction comportent des séquences de bases dans le même ordre sur les deux brins lorsqu'elles sont lues de 5′ à 3′. Par exemple :

$$5' \longleftarrow G - A - A - T - T - C \longrightarrow 3'$$
$$3' \longleftarrow C - T - T - A - A - G \longrightarrow 5'$$

Ces séquences sont appelées **palindromes** (un palindrome est un mot ou une phrase qui demeurent identiques lorsqu'on les lit de gauche à droite ou de droite à gauche, comme « radar » et « ressasser »).

Le séquençage des fragments (appelés « fragments de restriction ») peut être effectué par des moyens chimiques (une méthode est décrite ci-dessous) ou à l'aide d'enzymes. La première méthode chimique à été mise au point en 1977 par Allan M. Maxam et Walter Gilbert, de l'université Harvard; quant à la première méthode enzymatique, elle a été présentée la même année par Frederick Sanger.

25.6A SÉQUENÇAGE CHIMIQUE

Le fragment de restriction à double brin devant être séquencé est d'abord marqué par une réaction enzymatique à son extrémité 5′ par un groupe phosphate contenant du phosphore radioactif (^{32}p). Puis les brins sont séparés et isolés. Le fragment simple brin marqué est ensuite traité par des réactifs qui attaquent des bases précises et les modifient de façon à permettre la scission de la chaîne tout près de ces mêmes bases. Par exemple, dans le cas de la chaîne suivante (lue de 5′ à 3′, de gauche à droite),

$$^{32}P - GCAATCACGTC$$

le traitement du fragment par de l'hydrazine (NH_2NH_2) dans du NaCl à 1,5 *M* attaquerait (selon un mécanisme que nous n'aborderons pas ici) les résidus de cytosine d'une façon telle qu'un traitement subséquent par pipéridine (section 20.1B) provoquerait la scission de la chaîne du côté 5′ des résidus C. Ces réactions produiraient l'ensemble de fragments marqués en 5′ qui suit :

$$^{32}P - GCAATCACGT$$
$$^{32}P - GCAATCA$$
$$^{32}P - GCAAT$$
$$^{32}P - G$$

Ces fragments peuvent ensuite être séparés grâce à un procédé appelé **électrophorèse sur gel** (figure 25.15). Un échantillon contenant un mélange des fragments est déposé à une extrémité d'une mince plaque d'un gel constitué de polyacrylamide [$\leftarrow CH_2CHCONH \rightarrow_{\overline{n}}$]. Le gel suscite la séparation des fragments radioactifs lorsqu'une différence de tension lui est appliquée aux deux extrémités. Les fragments

Gilbert et Sanger ont partagé avec Paul Berg le prix Nobel de chimie en 1980 pour leurs travaux sur les acides nucléiques. Sanger (section 24.5), un des pionniers du séquençage de protéines, avait déjà reçu un prix Nobel en 1958 pour avoir déterminé la structure de l'insuline.

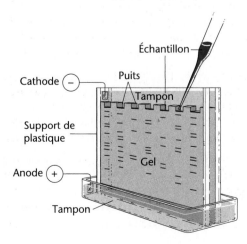

Figure 25.15 Appareil d'électrophorèse sur gel. Les échantillons sont déposés dans les puits au sommet du gel. L'application d'une différence de tension provoque le déplacement des échantillons. Les différents échantillons se déplacent dans des pistes parallèles. Adapté avec la permission de D. Voet et J.G. Voet, *Biochemistry*, 2ᵉ éd., New York, Wiley, 1995, p. 92.

se déplacent dans le gel à des vitesses variant selon leur taille et le nombre de groupes phosphate à charge négative qu'ils contiennent; les fragments plus petits se déplacent plus rapidement. Après la séparation, le gel est placé en contact avec une plaque photographique. La radiation provenant d'un fragment contenant un groupe phosphate radioactif en 5′ provoque l'apparition sur la plaque d'une tache noire en un endroit correspondant à la position du fragment dans le gel. Les plaques exposées portent le nom d'**autoradiogrammes,** et la technique est appelée **autoradiographie.** Les fragments non marqués provenant du milieu de la chaîne sont présents, mais comme ils n'apparaissent pas sur la plaque, ils ne sont pas pris en considération.

L'ADN devant être séquencé peut être scindé tout près de paires de bases spécifiques lorsque différents échantillons font l'objet de quatre traitements différents. En plus de la scission aux **C** dont il a été question précédemment, il existe des réactifs effectuant une scission du côté 5′ des **G**, du côté 5′ de **A et G** et du côté 5′ de **C et T.** Après ces différentes scissions, les échantillons sont soumis à une électrophorèse simultanée en quatre pistes parallèles du gel. Après l'autoradiographie, l'obtention de résultats semblables à ceux qu'illustre la figure 25.16 permet, directement à partir du gel, une lecture de la séquence d'ADN.

Le gel se lit de bas en haut : il y a une bande sombre dans la piste A + G, mais pas dans la piste G. Cela indique que le plus petit fragment marqué est un A. La même chose se produit avec le deuxième fragment : il s'agit également d'un A. Le troisième fragment se trouve dans la piste C et, sous une forme plus pâle, dans la piste C + T, ce qui indique que la troisième base de la séquence est un C. La quatrième est un A, et ainsi de suite. Le procédé se caractérise par une régularité telle que des instruments informatisés sont utilisés pour la lecture des résultats.

Des progrès ont été accomplis si rapidement dans ce domaine que le séquençage de l'ADN du gène correspondant à une protéine représente maintenant la méthode la plus simple pour déterminer la séquence des acides aminés de la protéine. Puisque le code génétique est connu, il est possible de déduire la séquence des acides aminés de la protéine à partir de la séquence de bases de l'ADN qui code pour cette protéine (ADN$_c$). Une étape importante en matière de séquençage d'ADN a été franchie lors de l'identification de la séquence complète des 172 282 paires de bases constituant le génome du virus Epstein-Barr (un virus de l'herpès humain). Sans aucun doute, la cartographie (le séquençage) complet du génome humain est une des plus grandes réalisations scientifiques de tous les temps. De plus, le séquençage des 2,9 milliards de paires de bases présentes dans les 100 000 gènes constituant le génome humain s'est achevé à l'été 2000 et a couronné les efforts de nombreux scientifiques de par le monde.

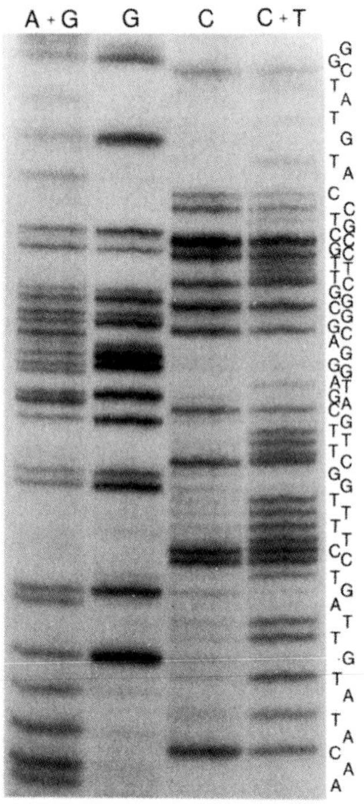

25.7 SYNTHÈSE D'OLIGONUCLÉOTIDES EN LABORATOIRE

Un gène renferme la matrice de formation d'une protéine qui est encodée dans une séquence particulière de paires de bases de l'ADN. Que fait chacun des gènes et comment le fait-il ? Voilà le genre de questions auxquelles tentent de répondre les biologistes et les biochimistes à l'heure actuelle. Pour y parvenir, ils ont adopté une démarche tout à fait inédite dans ce domaine, appelée **génétique inverse.** En génétique, la démarche traditionnelle passe par l'introduction au sein d'un organisme de mutations découlant de la modification ou de la suppression aléatoires de certains gènes et par l'étude des effets de ces mutations sur sa progéniture. Chez les organismes supérieurs tels les vertébrés, cette démarche comporte de sérieux inconvénients. Les intervalles entre générations sont longs, la progéniture est peu nombreuse et les mutations les plus intéressantes sont habituellement létales, ce qui les rend difficiles à propager et à étudier.

En génétique inverse, il s'agit plutôt de prendre un gène cloné et de le manipuler pour en découvrir le mode de fonctionnement. Ainsi, il est possible de synthétiser des fragments d'ADN (des oligonucléotides d'environ 15 bases) complémen-

Figure 25.16 Autoradiogramme d'un gel de séquence contenant des fragments d'ADN soumis à des réactions de séquençage chimique. L'ADN a été marqué par du ^{32}P à son extrémité 5′. La séquence déduite par lecture de l'autoradiogramme est inscrite à droite. Puisque les fragments les plus courts sont au bas du gel, on suit la séquence dans le sens 5′ ⟶ 3′ en lisant l'autoradiogramme du bas vers le haut (fourni par David Dressler, de D. VOET et J.G. VOET, *Biochemistry*, 2ᵉ éd., New York, Wiley, 1995, p. 892; reproduction autorisée).

taires de régions particulières du gène en question. Ces oligonucléotides synthétiques, appelés **oligonucléotides antisens,** sont capables de se lier à ce qu'on appelle la séquence **sens** de l'ADN. Ils viennent alors modifier l'activité du gène ou même en bloquer complètement l'expression. Par exemple, si la séquence sens d'un segment d'ADN se lit comme suit :

$$A—G—A—C—C—G—T—G—G$$

l'oligonucléotide antisens sera

$$T—C—T—G—G—C—A—C—C$$

La capacité d'inactiver ainsi des gènes spécifiques est très prometteuse à des fins médicales. Au cours de leur cycle de vie, de nombreux virus et bactéries font appel à un procédé analogue pour régir certains de leurs propres gènes. On espère donc synthétiser des oligonucléotides antisens qui sauraient détecter et détruire des virus présents dans les cellules infectées d'une personne en se liant à des séquences clés de l'ADN ou de l'ARN viral. La synthèse de tels oligonucléotides fait aujourd'hui l'objet de recherches approfondies pour traiter de nombreuses maladies virales, dont le sida.

Les méthodes actuelles de synthèse d'oligonucléotides sont similaires à celles employées pour la synthèse de protéines, y compris dans l'utilisation de techniques automatisées sur support solide (section 24.7D). Un nucléotide dûment protégé est fixé à un support solide appelé « verre à porosité contrôlée » (abrégé en CPG, pour *controlled pore glass*) par une liaison qui peut être scindée à la fin de la synthèse (figure 25.17). Le nucléotide protégé suivant est ajouté sous la forme activée d'un

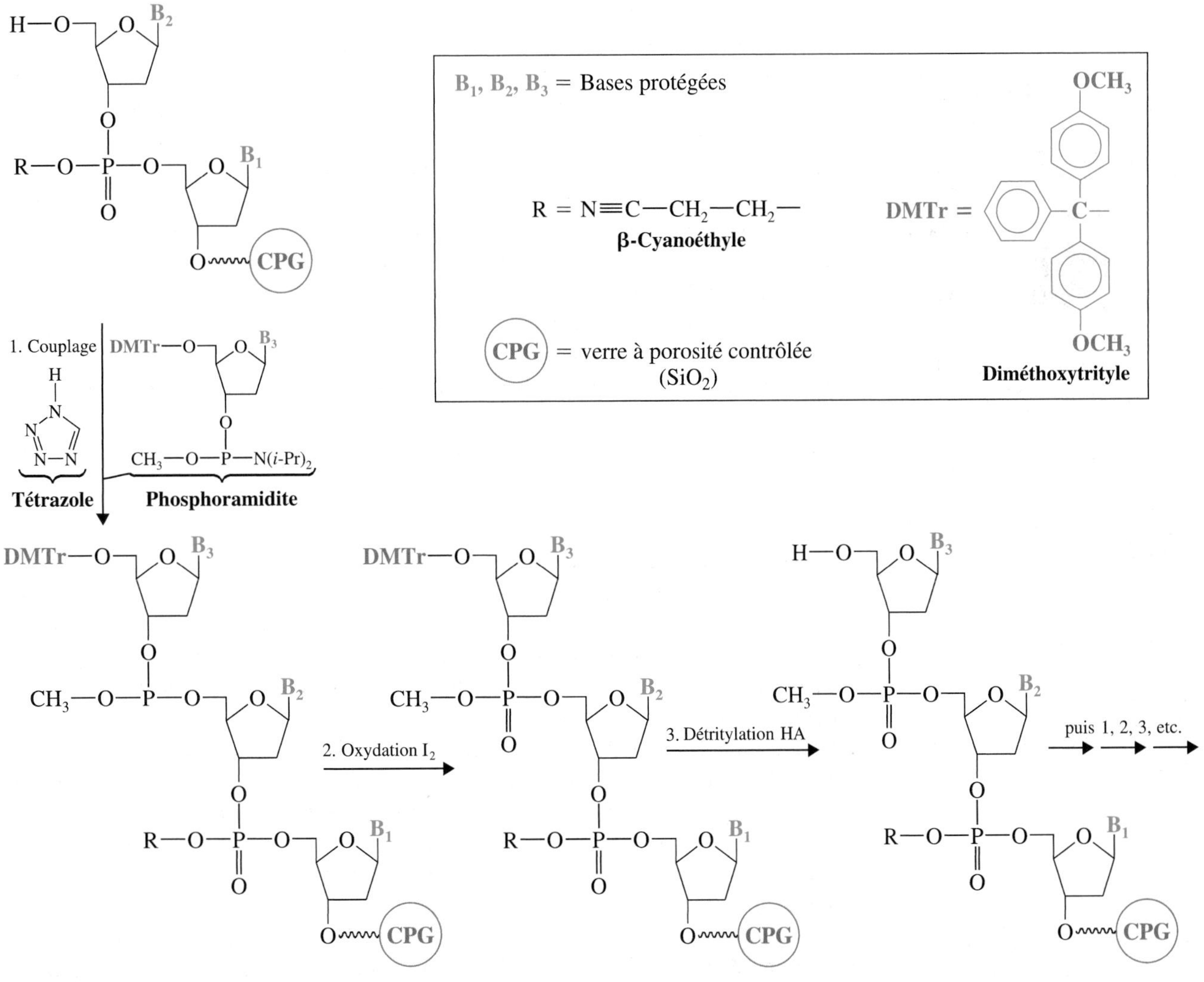

Figure 25.17 Étapes de la synthèse automatisée des oligonucléotides par la méthode de couplage des phosphoramidites.

phosphoramidite, et le couplage est facilité par un agent de couplage (une base), habituellement le 1,2,3,4-tétrazole. Le dérivé de phosphite issu du couplage est oxydé en triester de phosphate à l'aide d'iode, ce qui produit une chaîne ayant un nucléotide de plus. Le groupe **diméthoxytrityle (DMTr)** utilisé pour protéger l'extrémité 5′ du nucléotide ajouté est enlevé par traitement à l'aide d'un acide, et les étapes de **couplage,** d'**oxydation** et de **détritylation** sont répétées. Toutes les étapes se déroulent dans des solvants non aqueux. Grâce aux synthétiseurs automatiques, l'opération peut être répétée au moins 50 fois, et la durée d'un cycle complet ne dépasse pas 40 minutes. Après avoir été synthétisé, l'oligonucléotide visé est libéré du support solide, et les divers groupes protecteurs, y compris ceux qui sont sur les bases, sont enlevés.

25.8 RÉACTION EN CHAÎNE DE LA POLYMÉRASE

La **réaction en chaîne de la polymérase** (ou **PCR** pour *polymerase chain reaction*) est une méthode d'amplification de séquences d'ADN qui se caractérise par une simplicité et une efficacité remarquables. À partir d'une seule molécule d'ADN, la réaction en chaîne de la polymérase peut en engendrer 100 milliards de copies en une demi-journée. La réaction est facile à effectuer, car elle ne nécessite que quelques réactifs, une éprouvette et une source de chaleur.

La PCR joue déjà un rôle primordial en biologie moléculaire. En médecine, elle sert à diagnostiquer des maladies infectieuses ou génétiques. La PCR visait initialement, entre autres, à augmenter la vitesse et l'efficacité du diagnostic prénatal de l'anémie falciforme (section 24.6C). Elle est maintenant employée dans le dépistage prénatal de nombreuses autres maladies génétiques, dont la dystrophie musculaire et la fibrose kystique. En ce qui a trait aux maladies infectieuses, la PCR a été utilisée pour détecter le cytomégalovirus et les virus responsables du sida, certains cancers du col de l'utérus, l'hépatite, la rougeole et la maladie d'Epstein-Barr.

La PCR a été utilisée en médecine légale, en génétique humaine et en biologie de l'évolution. L'échantillon d'ADN amplifié peut être extrait d'une goutte de sang ou de sperme, ou encore d'un cheveu retrouvés sur les lieux d'un crime. Il peut même provenir du cerveau d'une momie ou d'un mammouth vieux de 40 000 ans.

Mullis a reçu le prix Nobel de chimie en 1993 pour ses travaux.

La PCR a été inventée par Kary B. Mullis, qui l'a ensuite raffinée avec l'aide de ses collègues de la Cetus Corporation. Elle fait appel à l'enzyme ADN polymérase, qu'Arthur Kornberg et ses associés ont découverte à l'université Stanford en 1955. Dans la cellule, les ADN polymérases participent à la réparation et à la réplication de l'ADN. La PCR repose sur une propriété particulière des ADN polymérases : leur capacité d'ajouter des nucléotides à une « amorce » constituée d'un court oligonucléotide lorsque celle-ci est fixée à un brin complémentaire d'ADN appelé matrice. Il faut signaler ici que les nucléotides sont ajoutés à l'extrémité 3′ de l'amorce et que la polymérase ajoute le nucléotide complémentaire de la base occupant la position adjacente dans le brin matrice. Si le nucléotide situé dans la matrice est un G, la polymérase ajoute un C à l'amorce; si le nucléotide situé dans la matrice est un A, la polymérase ajoute un T, et ainsi de suite. La polymérase répète cette opération tant que des nucléotides (sous forme de triphosphates) sont présents dans la solution, et ce, jusqu'à ce qu'elle atteigne l'extrémité 5′ de la matrice.

La figure 25.18 illustre un cycle de PCR tel qu'il se déroule habituellement. Il n'est pas nécessaire de connaître la séquence nucléotidique de la cible de la PCR. Toutefois, il faut connaître la séquence d'un court fragment de chaque côté de la cible afin que puissent être synthétisés deux oligonucléotides à simple brin (d'environ 20 nucléotides) qui serviront d'amorces. Les amorces doivent comporter des séquences nucléotidiques qui complètent les séquences immédiatement adjacentes sur chaque brin de l'ADN.

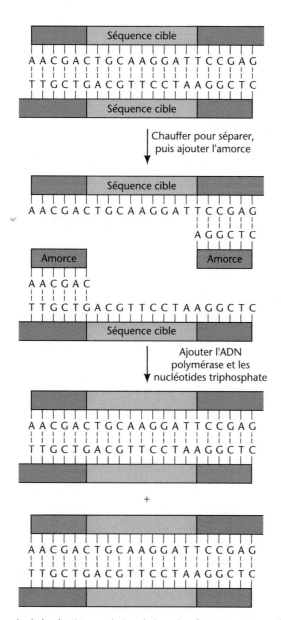

Figure 25.18 Un cycle de la réaction en chaîne de la polymérase. La chaleur sépare les brins de l'ADN cible pour donner deux matrices simple brin. Les amorces, dont les séquences sont complémentaires de la séquence cible s'apparient à chaque brin. En présence de nucléotides triphosphate, l'ADN polymérase catalyse la synthèse de deux molécules d'ADN identiques à l'ADN cible initial.

Au début de l'amplification par PCR, l'ADN à double brin (bicaténaire) est chauffé pour que les brins se séparent. Les amorces (une pour chaque brin) sont ajoutées, et chacune s'hybride à sa séquence contiguë respective. L'ADN polymérase et les nucléotides triphosphate sont ensuite ajoutés et la polymérase allonge chaque amorce le long des deux brins de la séquence cible. Lorsqu'une amorce donnée s'allonge suffisamment, elle comprend la séquence complémentaire de l'autre amorce. Par conséquent, chaque nouveau produit synthétisé peut, après la séparation des brins, servir de matrice pour un nouveau cycle de synthèse.

Chaque cycle double la quantité d'ADN cible (figure 25.19). Cela signifie que la quantité d'ADN augmente selon un facteur exponentiel. Après n cycles, la quantité d'ADN a augmenté de 2^n fois. Après 10 cycles, il y a environ 1 000 fois plus d'ADN, tandis qu'après 20 cycles il y en a à peu près 1 million de fois plus. Le recours à la PCR exige très peu de temps et a été automatisé; ainsi, 25 cycles peuvent être effectués en une heure.

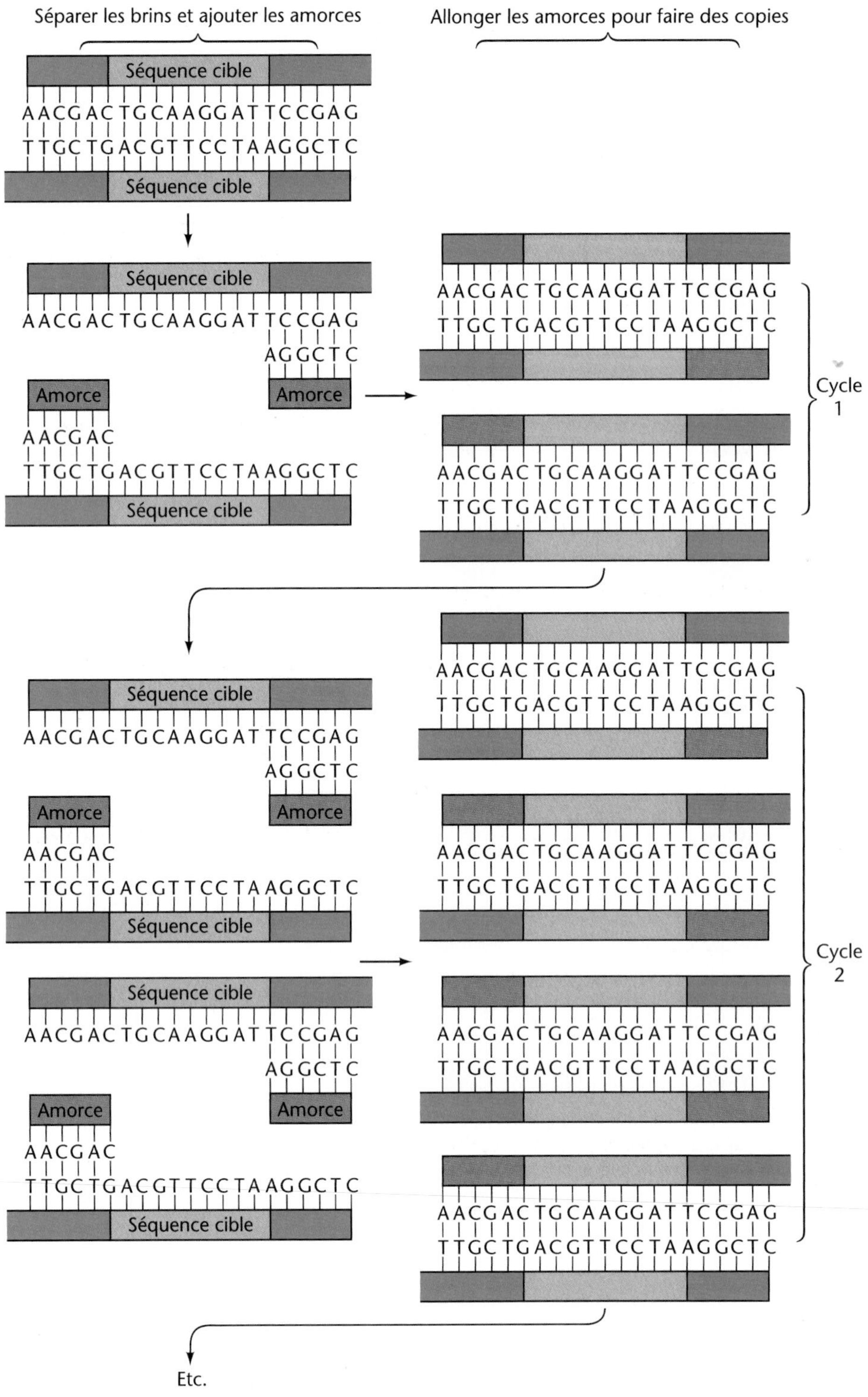

Séparer les brins et ajouter les amorces   Allonger les amorces pour faire des copies

Séquence cible

```
A A C G A C T G C A A G G A T T C C G A G
T T G C T G A C G T T C C T A A G G C T C
```

Séquence cible

Séquence cible

```
A A C G A C T G C A A G G A T T C C G A G
```

```
A G G C T C
```

Amorce   Amorce

```
A A C G A C T G C A A G G A T T C C G A G
T T G C T G A C G T T C C T A A G G C T C
```

```
A A C G A C
```

```
T T G C T G A C G T T C C T A A G G C T C
```

Séquence cible

```
A A C G A C T G C A A G G A T T C C G A G
T T G C T G A C G T T C C T A A G G C T C
```

Cycle 1

Séquence cible

```
A A C G A C T G C A A G G A T T C C G A G
```

```
A G G C T C
```

Amorce   Amorce

```
A A C G A C
```

```
T T G C T G A C G T T C C T A A G G C T C
```

Séquence cible

```
A A C G A C T G C A A G G A T T C C G A G
T T G C T G A C G T T C C T A A G G C T C
```

Séquence cible

```
A A C G A C T G C A A G G A T T C C G A G
T T G C T G A C G T T C C T A A G G C T C
```

Séquence cible

```
A A C G A C T G C A A G G A T T C C G A G
```

```
A G G C T C
```

Amorce   Amorce

```
A A C G A C
```

```
T T G C T G A C G T T C C T A A G G C T C
```

Séquence cible

```
A A C G A C T G C A A G G A T T C C G A G
T T G C T G A C G T T C C T A A G G C T C
```

Cycle 2

```
A A C G A C T G C A A G G A T T C C G A G
T T G C T G A C G T T C C T A A G G C T C
```

Etc.

Figure 25.19 Chaque cycle de la réaction en chaîne de la polymérase double le nombre de copies de la séquence cible.

TERMES ET CONCEPTS CLÉS

Acides nucléiques	Sections 25.1, 25.4 et 25.5	**Code génétique**	Sections 25.5C et 25.5D
		Codon, anticodon	Section 25.5C
Nucléotides	Sections 25.2 et 25.3	**Traduction**	Section 25.5D
Nucléosides	Sections 25.2 et 25.3	**Endonucléases de restriction**	Section 25.6
Réplication	Section 25.4C	**Réaction en chaîne de la polymérase (PCR)**	Section 25.8
Transcription	Section 25.5A		

Corrigé

CHAPITRE 1

1.8 a), c), f) et g) sont tétraédriques; e) est trigonal plan; b) est linéaire; d) est angulaire; h) a une structure pyramidale à base trigonale.

1.12 a) et d); b) et e); c) et f).

1.20 a), g), i) et l) représentent des composés différents qui ne sont pas isomères; c), d), e), h), j), m), n) et o) représentent le même composé; b), f), k) et p) sont des isomères de constitution.

1.25 a) La connectivité de ces deux molécules n'est pas la même.

1.27 a) et b) Une charge négative (−1); c) une structure pyramidale à base trigonale.

CHAPITRE 2

2.10 c) 1-Bromopropane; d) 2-fluoropropane; e) iodobenzène.

2.13 a) $CH_3CH_2OCH_2CH_3$;
b) $CH_3CH_2OCH_2CH_2CH_3$; e) oxyde de diisopropyle.

2.17 a) $CH_3CH_2CH_2CH_2OH$ a un point d'ébullition plus élevé, car ses molécules peuvent former des liaisons hydrogène entre elles.

c) $HOCH_2CH_2CH_2OH$ a un point d'ébullition plus élevé, car ses molécules forment plus de liaisons hydrogène.

2.19 a) Cétone; c) alcool; e) alcool.

2.20 a) Un alcène tertiaire et un alcool secondaire; c) un groupe phényle et un amine primaire; e) un groupe phényle, un ester et un amine tertiaire; g) un alcène et deux groupes ester.

2.26 f) $CH_3CH_2CH_2CH_2CH_2Br$;
$(CH_3)_2CHCH_2CH_2Br$; $CH_3CH_2CH(CH_3)CH_2Br$;
$(CH_3)_3CCH_2Br$.

2.30 Un groupe ester.

CHAPITRE 3

3.2 a), c), d) et f) sont des bases de Lewis; b) et e) sont des acides de Lewis.

3.4 a) $[H_3O^+] = [HCO_2^-] = 0{,}013\ M$
b) ionisation = 1,3 %

3.5 a) $pK_a = 7$; b) $pK_a = -0{,}7$; c) étant donné que l'acide dont le $pK_a = 5$ possède le K_a le plus important, ce sera l'acide le plus fort.

3.7 Le pK_a de l'ion méthylaminium est de 10,6 (section 3.5C). Étant donné que le pK_a de l'ion anilinium est de 4,6, ce dernier est un acide plus fort que l'ion méthylaminium, et l'aniline ($C_6H_5NH_2$) est une base plus faible que le méthylamine (CH_3NH_2).

3.11 a) $CHCl_2CO_2H$ est l'acide le plus fort, car l'effet électroattracteur des deux atomes de chlore rend le proton du groupe hydroxyle plus positif. c) CH_2FCO_2H est l'acide le plus fort, car l'atome de fluor, qui est plus électronégatif que l'atome de brome, est plus fortement électroattracteur.

3.23 a) $pK_a = 3{,}752$; b) $K_a = 10^{-13}$.

CHAPITRE 4

4.5 a) 1-(1-Méthyléthyl)-2-(1,1-diméthyléthyl)-cyclopentane ou 1-*tert*-butyl-2-isopropylcyclopentane; c) butylcyclohexane; e) 2-chlorocyclopentanol.

4.6 a) 2-Chlorobicyclo[1.1.0]butane; c) bicyclo[2.1.1]hexane; e) 2-méthylbicyclo[2.2.2]octane.

4.7 a) *trans*-Hept-3-ène; c) 4-éthyl-2-méthylhex-1-ène.

4.8

4.9

(*R*)-3-Méthylpent-1-yne   (*S*)-3-Méthylpent-1-yne

4.20 a) 3,3,4-Triméthylhexane; c) 3,5,7-triméthylnonane; e) 2-bromobicyclo[3.3.1]nonane; g) cyclobutylcyclopentane.

4.24 L'alcane est le 2-méthylpentane,
$(CH_3)_2CHCH_2CH_2CH_3$

4.25 L'alcane est le 2,3-diméthylbutane.

4.27 $(CH_3)_3CCH_3$ est l'isomère le plus stable.

4.35 a) Le pentane a le point d'ébullition le plus élevé, car sa chaîne carbonée n'est pas ramifiée; c) le

2-chloropropane, car il est plus polaire et possède un poids moléculaire plus élevé; e) CH_3COCH_3, car ses molécules sont plus polaires.

4.38 a) L'isomère *trans* est plus stable parce que les deux groupes méthyle peuvent adopter une position équatoriale; c) l'isomère *trans* est plus stable, car les deux groupes méthyle peuvent se retrouver en position équatoriale.

4.43 a) Le tableau 4.8 indique qu'il s'agit du *trans*-1,2-dichlorocyclohexane; b) les atomes de chlore s'additionnent sur les côtés opposés de la double liaison.

CHAPITRE 5

5.1 a) Achiral; c) chiral; e) chiral; i) chiral.

5.2 a) Oui; c) non.

5.3 a) Il s'agit de la même molécule; b) elles sont des énantiomères.

5.7 Les objets suivants possèdent un plan de symétrie et sont, par conséquent, achiraux : le tournevis, le bâton de baseball et le marteau.

5.11 a) —Cl > —SH > —OH > —H
c) —OH > —CHO > —CH_3 > —H
e) —OCH_3 > —$N(CH_3)_2$ > —CH_3 > —H

5.13 a) Des énantiomères; c) des énantiomères.

5.17 a) Des diastéréo-isomères; c) non; e) non.

5.19 La molécule représente : a) le composé **A**; b) le composé **C**; c) le composé **B.**

5.21 **B** : (2*S*,3*S*)-2,3-dibromobutane
C : (2*R*,3*S*)-2,3-dibromobutane

5.35 a) Même molécule; c) diastéréo-isomères; e) même molécule; g) diastéréo-isomères; i) même molécule; k) diastéréo-isomères; m) diastéréo-isomères; o) diastéréo-isomères; q) même molécule.

CHAPITRE 6

6.3 a) Cette réaction est une réaction S_N2 et, par conséquent, elle se caractérise par une inversion de configuration. Donc, la configuration du (+)-2-chlorobutane est l'opposé [soit (*S*)] de celle du (−)-butan-2-ol [soit (*R*)]; b) la configuration du (−)-2-iodobutane est (*R*).

6.7 Les solvants protiques sont l'acide formique, la formamide, l'ammoniaque et l'éthylène glycol. Les autres sont aprotiques.

6.9 a) CH_3O^-; c) $(CH_3)_3P$.

6.14 a) Le 1-bromopropane réagit plus rapidement, car c'est un halogénoalcane primaire et, par conséquent, il est moins encombré; c) le 1-chlorobutane,

parce que le carbone portant le groupe sortant est moins encombré que celui du 1-chloro-2-méthyl-propane; e) le 1-chlorohexane, car c'est un halogéno-alcane primaire. Les halogénures de phényle (halogénoarènes) sont inertes lors de réactions S_N2.

6.15 a) La réaction 1), car l'ion éthoxyde est un meilleur nucléophile que l'éthanol; c) la réaction 2), car la triphénylphosphane, $(C_6H_5)_3P$, est un meilleur nucléophile que le triphénylamine (les atomes de phosphore sont plus volumineux que les atomes d'azote).

6.16 a) La réaction 2), car l'ion bromure est un meilleur groupe sortant que l'ion chlorure; c) la réaction 2), car la concentration du substrat est deux fois plus importante que dans la réaction 1).

6.19 La réaction qui se produit avec l'halogénure secondaire, soit le 1-bromo-1-phényléthane, donnera un meilleur rendement, car on désire favoriser une réaction E2. Le recours à un halogénure primaire aurait également engendré une réaction S_N2, qui aurait formé un alcool au lieu de l'alcène visé.

6.29 a) Il faut utiliser une base forte, comme RO^-, à une température plus élevée pour favoriser une réaction E2; b) une réaction S_N1 est adéquate dans ce cas. Il faut utiliser de l'éthanol comme solvant *et comme nucléophile,* et la réaction doit se dérouler à basse température afin que l'élimination soit minimisée.

CHAPITRE 7

7.3 a) Le 2,3-diméthylbut-2-ène est le plus stable, car sa double liaison est tétrasubstituée; c) le *cis*-hex-3-ène est le plus stable en raison de sa double liaison disubstituée.

7.5 a)

7.18 a) Le numéro indiquant la position de la double liaison doit porter *le plus petit* des deux indices attribués aux deux carbones qui la constituent. La chaîne carbonée est numérotée à partir de l'extrémité la plus près de la double liaison. Par conséquent, il s'agit du *trans*-pent-2-ène; c) la position de la double liaison est indiquée par le plus petit indice attribué aux deux carbones qui la constituent. Il s'agit donc du 1-méthylcyclohexène.

7.19 a) 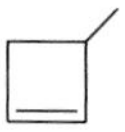   c)

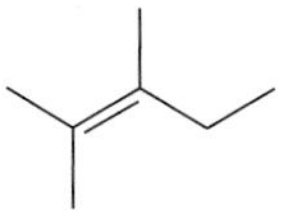

e) 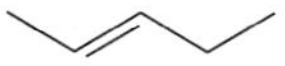   g)

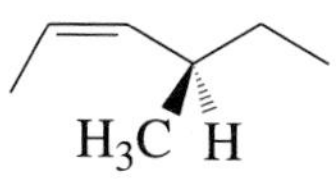

7.21 a) (*E*)-3,5-Diméthylhex-2-ène; c) 6-méthylhex-3-ène; e) (*Z*,5*R*)-5-chlorohept-3-én-6-yne.

7.37 Seul l'atome de deutérium peut adopter l'orientation anti-périplanaire nécessaire à la réalisation de la réaction E2.

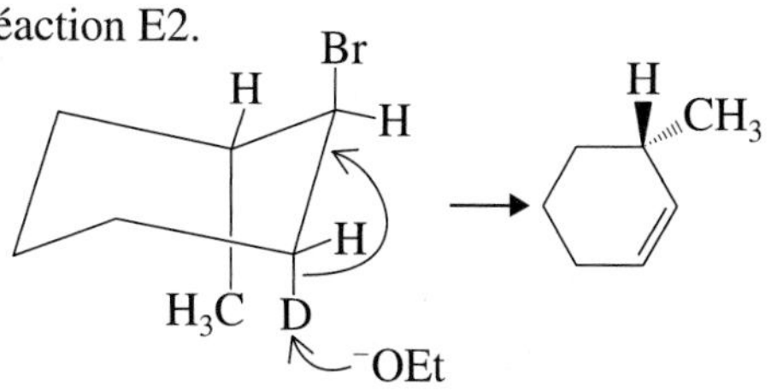

CHAPITRE 8

8.1 Le 2-bromo-1-iodopropane.

8.7 Cette séquence illustre que ces alcènes acceptent assez facilement un proton pour former un carbocation. Le 2-méthylpropène réagit le plus rapidement, car il donne lieu à un carbocation tertiaire; l'éthène réagit le plus lentement, car il donne lieu à un cation primaire.

8.16 a) Une dihydroxylation *syn* sur l'une ou l'autre des faces de l'isomère (*Z*) aboutit au composé méso (2*R*,3*S*)-butane-2,3-diol; b) la dihydroxylation *syn* sur une face de l'isomère (*E*) conduit à la formation du (2*R*,3*R*)-butane-2,3-diol; une réaction sur l'autre face, dont la probabilité est la même, conduit à la formation de l'énantiomère (2*S*,3*S*).

8.21 a) $CH_3CH_2CHICH_3$

b) $CH_3CH_2CH_2CH_3$

e) $CH_3CH_2CH(OH)CH_3$

h) $CH_3CH_2CH=CH_2$

j) $CH_3CH_2CHClCH_3$

l) $CH_3CH_2CHO + HCHO$

8.23 a) $CH_3CH_2CBr=CHBr$

c) $CH_3CH_2CBr_2CH_3$

e) $CH_3CH_2CH=CH_2$

8.26 a)

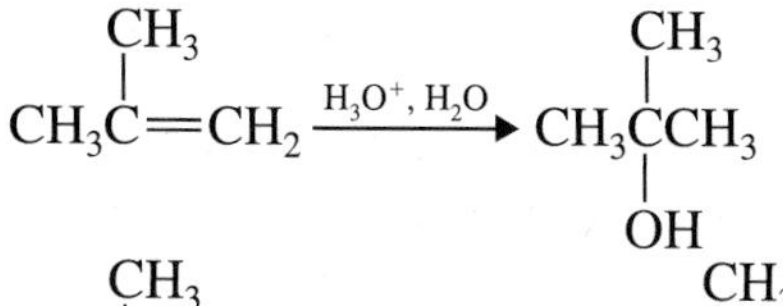

c)

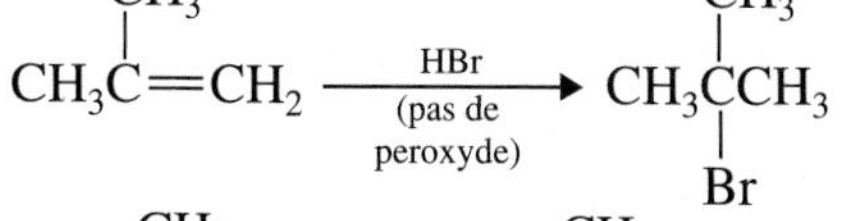

d)

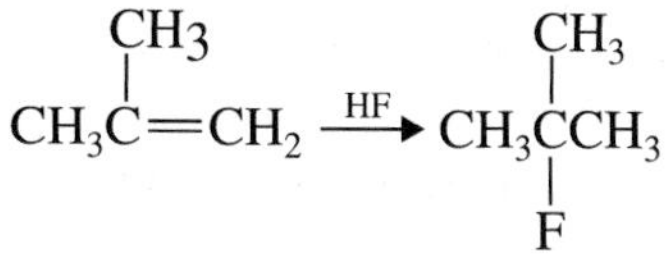

8.50

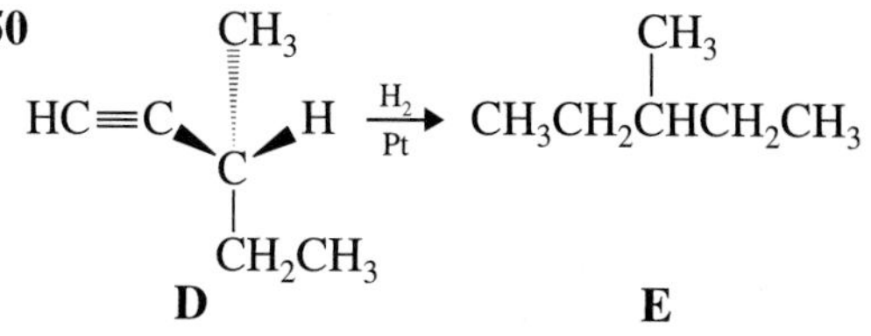

CHAPITRE 9

9.2 a) Un; b) deux; c) deux; d) un; e) deux; f) deux.

9.7 Un doublet (3H) vers les champs faibles et un quadruplet (1H) vers les champs forts.

9.8 **A** : CH_3CHICH_3

B : CH_3CHCl_2

C : $CH_2ClCH_2CH_2Cl$

9.30 Le phénylacétylène

9.31 **G** : $CH_3CH_2CHBrCH_3$; **H** : $CH_2=CBrCH_2Br$.

9.36 **Q** est le bicyclo[2.2.1]hepta-2,5-diène; **R** est le bicyclo[2.2.1]heptane.

CHAPITRE 10

10.1 a) $\Delta H° = -554$ kJ·mol^{-1}; c) $\Delta H° = -102$ kJ·mol^{-1}
e) $\Delta H° = +55$ kJ·mol^{-1}; g) $\Delta H° = -132$ kJ·mol^{-1}

10.4 Une petite quantité d'éthane est formée par la combinaison de deux radicaux méthyle; l'éthane réagit alors avec le chlore pour former le chloroéthane.

10.14 a) Le cyclopentane; c) le 2-2-diméthylpropane.

10.16 a)

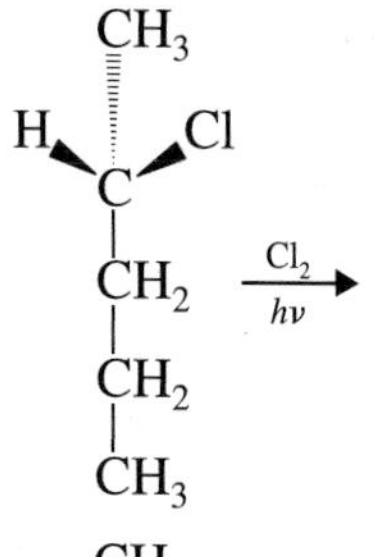

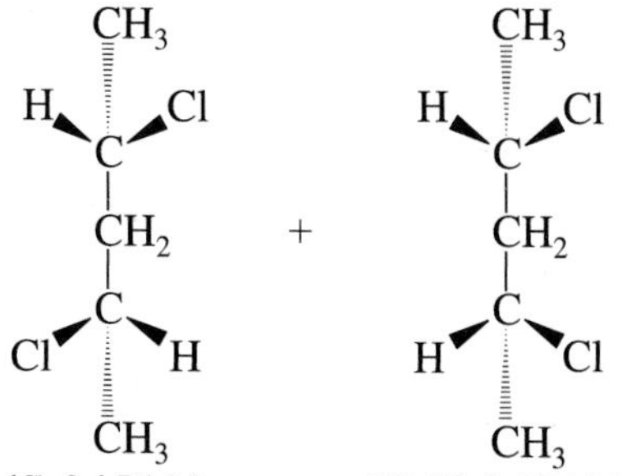

c) Non, le (2*R*,4*S*)-2,4-dichloropentane est achiral, car c'est un composé méso et son plan de symétrie traverse C3; e) oui, par distillation ou par chromatographie en phase liquide ou en phase gazeuse. Les diastéréo-isomères possèdent des propriétés physiques différentes. Par conséquent, les deux isomères auront différentes pressions de vapeur.

10.17 a) Sept fractions; c) aucune des fractions ne montrera d'activité optique.

10.18 a) Non, les seules fractions qui renfermeront des molécules chirales (énantiomères) seront celle contenant du 1-chloro-2-méthylbutane et celle contenant du 2-chloro-3-méthylbutane. Ces fractions ne présenteront pas d'activité optique, car elles sont racémiques; b) oui, la fraction qui contient du 1-chloro-2-méthylbutane et celle contenant du 2-chloro-3-méthylbutane.

10.23

CH$_3$CCH$_2$CH$_3$ > CH$_3$CHCHCH$_3$
(tertiaire)   **(secondaire)**

> CH$_3$CHCH$_2$CH$_2$ · ~ CH$_3$CHCH$_2$CH$_3$
(primaire)   **(primaire)**

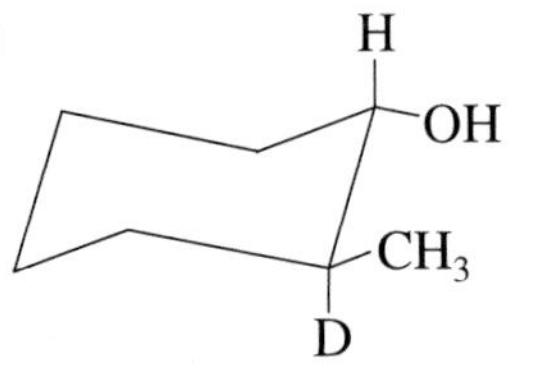

CHAPITRE 11

11.3 La présence des deux groupes —OH des glycols permet la formation de liaisons hydrogène plus nombreuses.

11.4 a) CH$_3$CH$_2$OH; c) (CH$_3$)$_3$COH.

11.13 En utilisant un alcool dont l'oxygène est marqué, on peut déduire que, si tous les oxygènes marqués apparaissent dans l'ester sulfoné, la liaison C—O de l'alcool n'a pas été rompue pendant la réaction.

11.31 a) 3,3-Diméthylbutan-1-ol; c) 2-méthylbutane-1,4-diol; e) 1-méthyl-2-cyclopentén-1-ol.

11.32 a)

c)

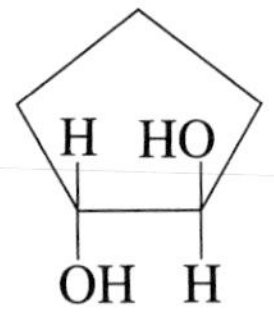

e) CH$_3$CH$_2$C≡CCHCH2OH
              Cl

g) CH$_3$CHCH$_2$CH$_2$CH$_3$
      OCH$_2$CH$_3$

i) CH$_3$CH—O—CHCH$_3$
    CH$_3$ CH$_3$

11.38 a) CH$_3$Br + CH$_3$CH$_2$Br
c) Br—CH$_2$CH$_2$CH$_2$CH$_2$—Br

11.41 a)

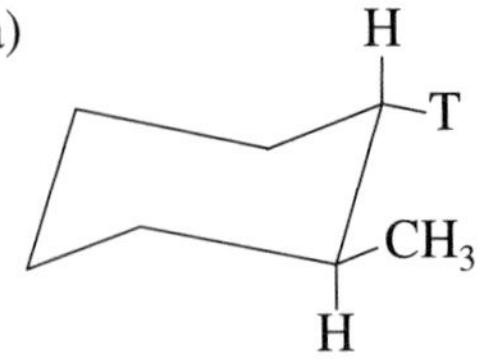

c)

CHAPITRE 12

12.4 a) LiAlH$_4$; b) NaBH$_4$.

12.5 a)

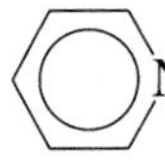

c) H$_2$CrO$_4$/acétone

12.10 a) CH$_3$CH$_2$CH$_2$OH $\xrightarrow{\text{PCC} / \text{CH}_2\text{Cl}_2}$

c)

12.12 a) CH$_3$CH$_3$; b) CH$_3$CH$_2$D

c)

g) CH$_3$CH$_3$ + CH$_3$CH2C≡C—CHCH$_3$ (OH)

h) CH$_3$CH$_3$ +

12.13 a) (CH$_3$)$_2$CHCHCH$_2$CH$_2$CH$_3$ (OH)

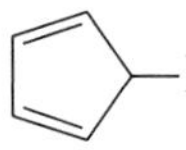

b) (CH$_3$)$_2$CHCCH$_2$CH$_2$CH$_3$ (OH, CH$_3$)

e) CH$_3$CH$_2$CH$_2$CH$_2$CH=CH$_2$

f) CH$_3$CH$_2$CH$_2$—

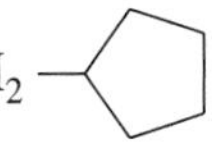

12.21

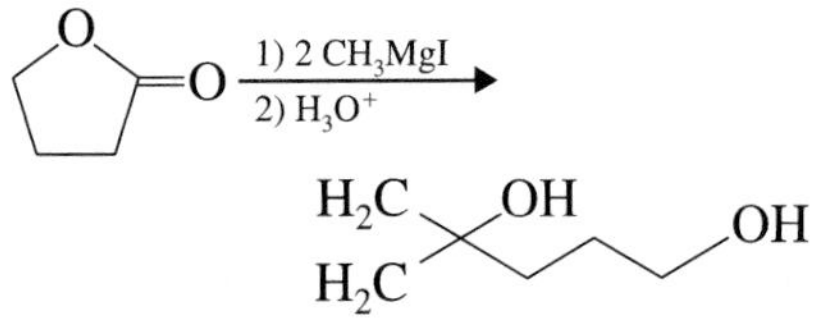

CHAPITRE 13

13.1 a) $^{14}CH_2 = CH - CH_2 - X +$
$X - {}^{14}CH_2 - CH = CH_2$
c) Une quantité égale de chaque produit.

13.6 b) Le cyclohexa-1,4-diène est un diène isolé.

13.16 a) 1,4-Dibromobutane + $(CH_3)_3COK$ et chauffage;
g) $HC \equiv CCH = CH_2 + H_2$, Ni_2B (P-2)

13.19 a) 1-Butène + *N*-bromosuccinimide, puis $(CH_3)_3COK$ et chauffage; e) cyclopentane + Br_2; *hv*, puis $(CH_3)_3COK$ et chauffage, puis N-bromosuccinimide.

13.28 Il s'agit d'un autre exemple d'une réaction pouvant être sous contrôle cinétique et sous contrôle thermodynamique. L'adduit **G** endo se forme plus rapidement et est le produit principal à basse température. Cependant, l'adduit **H** exo est plus stable et constitue le produit principal à haute température.

CHAPITRE 14

14.1 Les composés a) et b).

14.8 Cette diminution d'énergie indique que le cation cyclopropényle devrait être aromatique.

14.10 Le cation cyclopropényle.

14.15 **A** : *o*-Bromotoluène; **B** : *p*-bromotoluène;
C : *m*-bromotoluène; **D** : bromure de benzyle.

14.18 La règle de Hückel devrait être appliquée au pentalène et à l'heptalène. Le caractère anti-aromatique du pentalène est attribuable à la présence de ses 8 électrons π, et la non-aromaticité de l'heptalène s'explique par la présence de ses 12 électrons π. Ni 8 ni 12 ne sont des nombres de Hückel.

14.20 Le pont formé par le groupe $-CH_2-$ permet aux 10 électrons π du cycle d'être plans. Le cycle peut alors être aromatique.

14.23 a) L'anion cycloheptatriényle possède 8 électrons π et n'obéit pas à la règle de Hückel. Par contre, l'anion cyclononatétraényle, qui possède 10 électrons π, suit cette règle.

14.25 **A** : $C_6H_5CH(CH_3)_2$; **B** : $C_6H_5CH(NH_2)CH_3$

C :

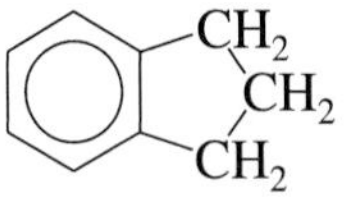

14.27 $CH(CH_3)_2$ ... CH_3 **F**

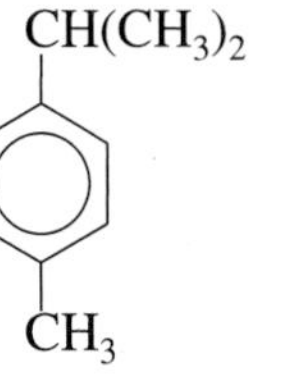

CHAPITRE 15

15.8 Si le groupe méthyle n'exerçait pas d'effet orienteur sur l'électrophile entrant, il faudrait alors s'attendre à obtenir les produits dans les proportions prévues. Puisque la molécule contient deux hydrogènes en position *ortho*, deux en position *méta* et un en position *para*, il serait probable d'obtenir 40 % d'ortho (2/5), 40 % de méta (2/5) et 20 % de para (1/5). Par conséquent, seulement 60 % des molécules du mélange de mononitrotoluènes porteraient le groupe nitro en position *ortho* ou *para*, et 40 % des molécules porteraient le groupe nitro en position *méta*. Expérimentalement, nous obtenons 96 % de nitrotoluène *ortho* ou *para* et seulement 4 % de *méta*. Ce résultat illustre l'effet orienteur *ortho-para* du groupe méthyle.

15.11 b) Ce groupe rivalise avec le cycle benzénique pour s'approprier les électrons de l'oxygène, ce qui les rend moins disponibles pour le cycle.

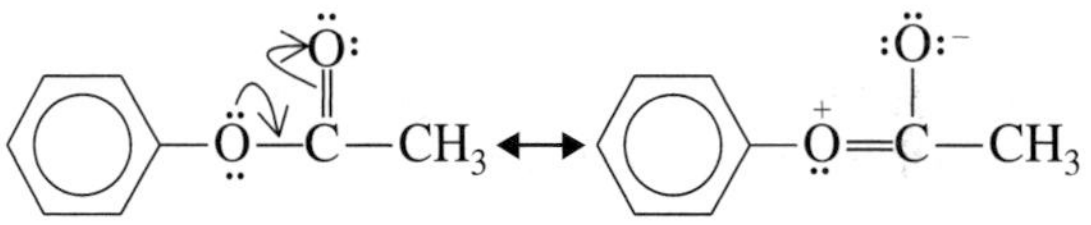

d) Ce groupe rivalise avec le cycle benzénique pour s'approprier les électrons de l'azote. Ces électrons sont donc moins disponibles pour le cycle benzénique.

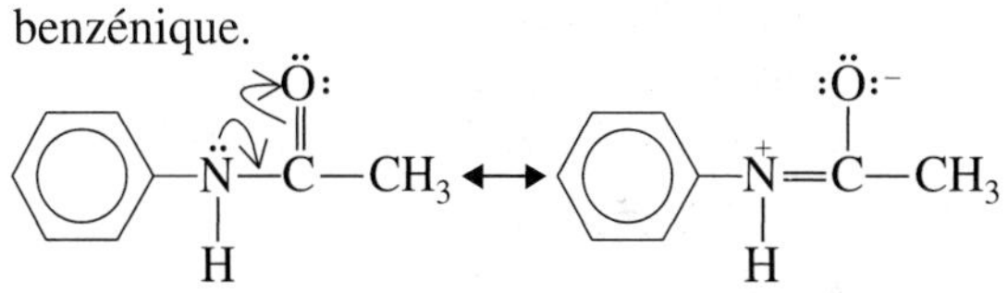

15.28 a)

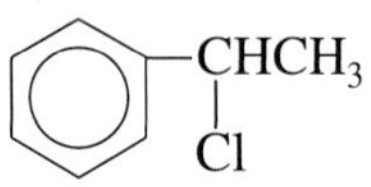

c)

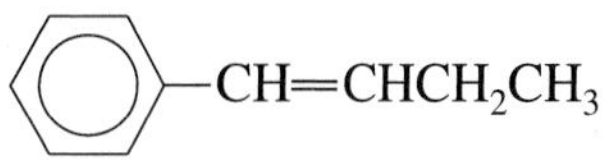

e)

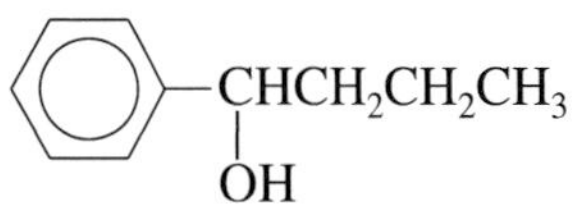

g)

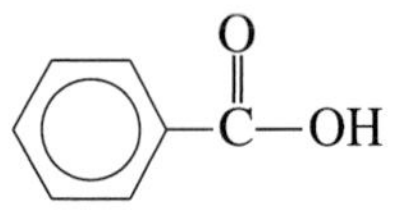

15.35 a)

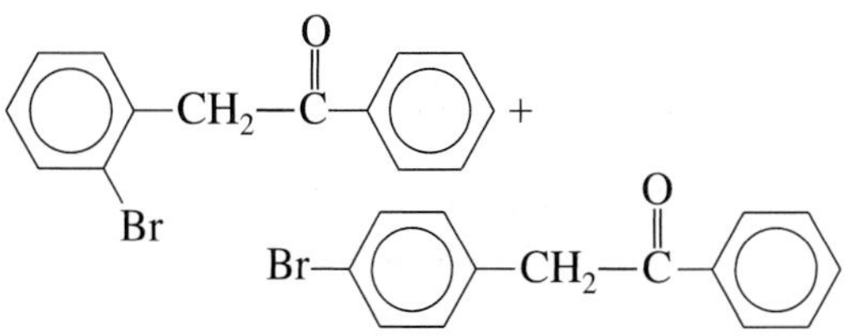

c)

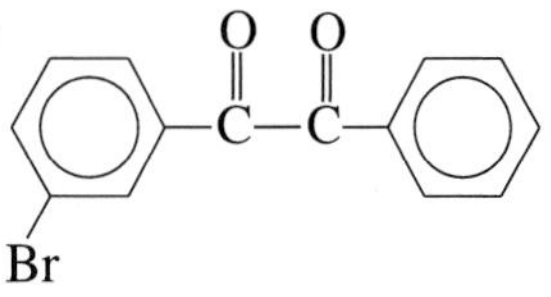

CHAPITRE 16

16.2 a) Le pentan-1-ol; c) le pentan-1-al; e) l'alcool benzylique.

16.6 Un ion hydrure.

16.17 b) $CH_3CH_2Br + (C_6H_5)_3P$, puis une base forte, puis $C_6H_5COCH_3$

d) $CH_3I + (C_6H_5)_3P$, puis une base forte, suivie de cyclopentanone

f) $CH_2{=}CHCH_2Br + (C_6H_5)_3P$, puis une base forte, suivie de C_6H_5CHO

16.24 a) $CH_3CH_2CH_2OH$

c) $CH_3CH_2CH_2OH$

h) $CH_3CH_2CH{=}CHCH_3$

j) $CH_3CH_2CO_2^-NH_4 + Ag \downarrow$

l) $CH_3CH_2CH{=}NNHCONH_2$

n) $CH_3CH_2CO_2H$

16.40 a) Le réactif de Tollens; e) du Br_2 dans du CCl_4; f) le réactif de Tollens; h) le réactif de Tollens.

16.41

$$\mathbf{X} \ =$$

16.42 **Y** est le 1-phénylbutan-2-one et **Z** est le 4-phényl-butan-2-one.

CHAPITRE 17

17.1 Le phénol représente la forme énol. Il est particulièrement stable à cause de son caractère aromatique.

17.5 Dans ce type de réaction, la base est convertie à mesure que la réaction se déroule. Cette réaction n'est pas véritablement catalysée, car un catalyseur ne se transforme jamais.

17.13 $C_6H_5CHO + {}^-OH \xrightarrow[\Delta]{CH_3CHO} C_6H_5CH{=}CHCHO$

17.16 b) $CH_3NO_2 + \overset{\displaystyle O}{\overset{\|}{HCH}} \xrightarrow{{}^-OH} HOCH_2CH_2NO_2$

17.28 a) $CH_3CH_2CH(OH)\underset{\displaystyle CH_3}{CHCHO}$

b) $C_6H_5CH{=}\underset{\displaystyle CH_3}{CCHO}$

k) $CH_3CH_2CH(OH)C_6H_5$

l) $CH_3CH_2CH(OH)C{\equiv}CH$

17.33 **B** : $CH_3\overset{\displaystyle O}{\overset{\|}{C}}{-}\underset{\displaystyle OH}{\overset{\displaystyle CH_3}{C}}{-}CH_3$

CHAPITRE 18

18.3 a) CH_2FCO_2H

c) CH_2ClCO_2H

e) $CH_3CH_2CHFCO_2H$

g) $CF_3{-}\bigcirc{-}CO_2H$

18.7 a) $C_6H_5CH_2Br + Mg$ + oxyde de diéthyle, puis barbotage de CO_2, puis H_3O^+; c) $CH_2{=}CHCH_2Br + Mg$ + oxyde de diéthyle, puis CO_2 et H_3O^+.

18.8 a), c) et e).

18.10 Il se retrouvera dans le groupe carboxyle de l'acide benzoïque.

18.15 a) $(CH_3)_3CCO_2H + SOCl_2$, puis NH_3, puis P_4O_{10} et chauffage;

b) $CH_2{=}\underset{\displaystyle CH_3}{C}{-}CH_3$

18.24 a) CH_3CO_2H

c) $CH_3CO_2CH_2(CH_2)_2CH_3$

e) $p{-}CH_3COC_6H_4CH_3 + o{-}CH_3COC_6H_4CH_3$

g) CH_3COCH_3

i) $CH_3CONHCH_3$

k) $CH_3CON(CH_3)_2$

m) $(CH_3CO)_2O$

o) $CH_3CO_2C_6H_5$

18.36 a) Succinate de diéthyle; c) phénylacétate d'éthyle; e) chloroacétate d'éthyle.

18.40 **X** est le malonate de diéthyle.

CHAPITRE 19

19.4 a) $CH_3\underset{\displaystyle CO_2C_2H_5}{CHCOCO_2C_2H_5}$

b) $\overset{\displaystyle O}{\overset{\|}{HC}}CH_2CO_2C_2H_5$

19.7 L'alkylation en position *ortho* est le fruit de l'action de l'oxygène de l'ion énolate qui agit comme nucléophile.

19.9 a) Lors de réactions S_N2, toutes ces molécules se comportent de la manière prévue. Dans le cas des halogénoalcanes primaires, la substitution est très favorisée; dans le cas des halogénoalcanes secondaires, l'élimination rivalise avec la substitution; dans le cas des halogénoalcanes tertiaires, l'élimination est la seule voie empruntée; b) l'ester acétoacétique et le 2-méthylpropène; c) le bromobenzène est inerte dans les réactions de substitution nucléophile.

19.30 b) **D** est l'acide *trans*-cyclopentane-1,2-dicarboxylique racémique; **E** est l'acide *cis*-cyclopentane-1,2-dicarboxylique, un composé méso.

19.39 a) $CH_2\!=\!C(CH_3)CO_2CH_3$

b) $KMnO_4$, ^-OH; H_3O^+

c) CH_3OH, H^+

d) CH_3ONa, puis H_3O^+;

e) et f)

et

g) ^-OH, H_2O, puis H_3O^+

h) chauffage ($-CO_2$)

i) CH_3OH, HA

j) Zn, $BrCH_2CO_2CH_3$, oxyde de diéthyle, puis H_3O^+

k)

l) H_2, Pt

m) CH_3ONa, puis H_3O^+

n) $2\ NaNH_2 + 2\ CH_3I$

CHAPITRE 20

20.5 a) $CH_3(CH_2)_3CHO + NH_3 \xrightarrow{H_2,\ Ni} CH_3(CH_2)_3CH_2NH_2$

c) $CH_3(CH_2)_4CHO + C_6H_5NH_2 \xrightarrow{H_2,\ Ni} CH_3(CH_2)_4CH_2NHC_6H_5$

20.6 La réaction entre un halogénoalcane secondaire et de l'ammoniac donne toujours un peu de produit d'élimination.

20.8 a) Méthoxybenzène + HNO_3 + H_2SO_4, puis Fe + HCl; b) méthoxybenzène + CH_3COCl + $AlCl_3$, puis NH_3 + H_2 + Ni; c) toluène + Cl_2 en présence de lumière, puis $(CH_3)_3N$; d) *p*-nitrotoluène + $KMnO_4$ + ^-OH, puis H_3O^+, et $SOCl_2$ suivi de NH_3, puis NaOBr (Br_2 dans du NaOH); e) toluène + *N*-bromosuccinimide dissous dans du CCl_4, puis KCN et $LiAlH_4$.

20.14 *p*-Nitroaniline + Br_2 + Fe, suivi de $H_2SO_4/NaNO_2$, puis CuBr, puis Fe/HCl, puis $H_2SO_4/NaNO_2$ suivi de H_3PO_2.

20.37 **W** est le *N*-benzyle-*N*-éthylaniline.

CHAPITRE 21

21.4 a) Le phénol *para*-sulfoné; b) la sulfonation en *ortho*.

21.9 a)

b)

21.10 Le *o*-chlorotoluène donne deux produits (le *o*-crésol et le *m*-crésol) lorsqu'il est soumis aux conditions du procédé Dow. Ce résultat indique donc la présence d'un mécanisme d'addition-élimination.

21.11 Le 2-bromo-1,3-diméthylbenzène, qui ne possède pas d'atome d'hydrogène en position *ortho*, ne peut pas subir d'élimination. Son inertie vis-à-vis de l'amidure de sodium dans l'ammoniac liquide indique donc que les composés qui réagissent (par exemple, le bromobenzène) le font selon un mécanisme qui débute par une élimination.

21.14 a) Contrairement au 4-chloro-1-méthylbenzène, le 4-chlorophénol se dissout dans le NaOH aqueux; c) contrairement à l'oxyde d'éthyle et de phényle, l'oxyde de phényle et de vinyle additionne le brome dans une solution de tétrachlorure de carbone (et décolore ainsi la solution); e) contrairement à l'oxyde d'éthyle et de phényle, le 4-éthylphénol se dissout dans le NaOH aqueux.

21.16 a) Le 4-fluorophénol, car le fluor est plus électroattracteur que le groupe méthyle; e) le 4-fluorophénol, car le fluor est plus électronégatif que le brome.

CHAPITRE 22

22.1 a) Deux; b) deux; c) quatre.

22.5 L'acide catalyse l'hydrolyse du groupe glycoside (acétal).

22.9 a) $2\ CH_3CHO$, un équivalent molaire de HIO_4

b) $HCHO + HCO_2H + CH_3CHO$, deux équivalents molaires de HIO_4

c) $HCHO + OHCCH(OCH_3)_2$, un équivalent molaire de HIO_4

d) $HCHO + HCO_2H + CH_3CO_2H$, deux équivalents molaires de HIO_4

e) $2\ CH_3CO_2H + HCO_2H$, deux équivalents molaires de HIO_4

22.18 Le D-(+)-glucose.

22.23 Une forme anomère du D-mannose est dextrogyre ($[\alpha]_D = +29{,}3°$), l'autre forme est lévogyre ($[\alpha]_D = -17{,}0°$).

22.24 Le microorganisme oxyde spécifiquement le groupe $-CHOH$ du D-glucitol qui correspond au C5 du D-glucose.

22.27 **A** est le D-altrose, **B** est le D-talose, et **C** est le D-galactose.

CHAPITRE 23

23.5 Contrairement au menthol, le géraniol réagit avec le Br$_2$ dans le CCl$_4$ en décolorant la solution.

23.12 a) C$_2$H$_5$OH, HA, chauffage; ou SOCl$_2$, puis C$_2$H$_5$OH
d) SOCl$_2$, puis (CH$_3$)$_2$NH
g) SOCl$_2$, puis LiAlH[OC(CH$_3$)$_3$]$_3$
j) SOCl$_2$, puis (CH$_3$)$_2$CuLi

23.15 L'acide élaïdique est un acide *trans*-octadéc-9-énoïque.

23.19 **A** est CH$_3$(CH$_2$)$_5$C≡CNa;
B est CH$_3$(CH$_2$)$_5$C≡CCH$_2$(CH$_2$)$_7$CH$_2$Cl;
C est CH$_3$(CH$_2$)$_5$C≡CCH$_2$(CH$_2$)$_7$CH$_2$CN;
E est CH$_3$(CH$_2$)$_5$C≡CCH$_2$(CH$_2$)$_7$CH$_2$CO$_2$H;
l'acide vaccénique est

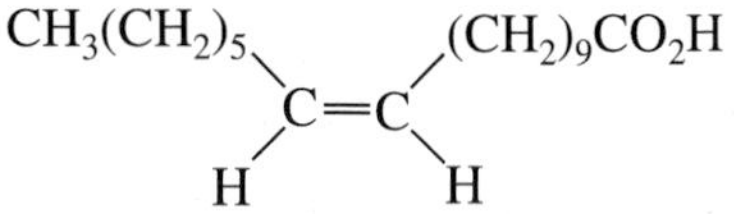

CH$_3$(CH$_2$)$_5$ (CH$_2$)$_9$CO$_2$H
        C=C
    H   H

23.20 **F** est FCH$_2$(CH$_2$)$_6$CH$_2$C≡CH;
G est FCH$_2$(CH$_2$)$_6$CH$_2$C≡C(CH$_2$)$_7$Cl;
H est FCH$_2$(CH$_2$)$_6$CH$_2$C≡C(CH$_2$)$_7$CN;
I est FCH$_2$(CH$_2$)$_7$C≡C(CH$_2$)$_7$CO$_2$H.

CHAPITRE 24

24.5 L'acide aminé marqué ne porte plus de groupe basique —NH$_2$. Il n'est donc plus soluble en solution acide aqueuse.

24.8 Le glutathione est représenté par cette structure :

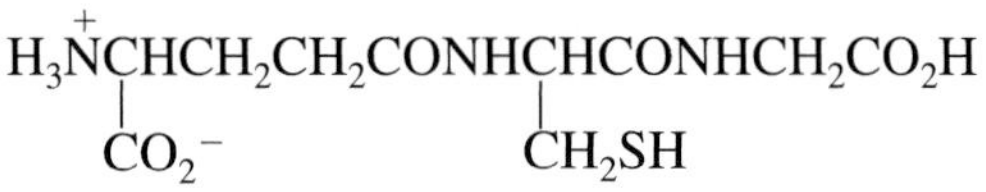

H$_3$ṄCHCH$_2$CH$_2$CONHCHCONHCH$_2$CO$_2$H
        | |
      CO$_2^-$ CH$_2$SH

24.20 Arg·Pro·Pro·Gly·Phe·Ser·Pro·Phe·Arg.

24.21 Val·Leu·Lys·Phe·Ala·Glu·Ala.

CHAPITRE 25

25.2 a) Les nucléosides possèdent une liaison *N*-glycosidique qui (tout comme la liaison *O*-glycosidique) est rapidement hydrolysée en solution aqueuse acide, mais qui reste stable en solution aqueuse basique.

25.3 La réaction semble se produire par le biais d'un mécanisme S$_N$2. L'atome primaire de carbone 5′, plutôt que l'atome de carbone secondaire 3′, subit généralement l'attaque nucléophile.

25.5 a) Le groupe isopropylidène est un acétal cyclique; b) par le traitement du nucléoside avec l'acétone, en présence d'une trace d'acide.

25.8 b) La thymine formera une paire de bases avec l'adénine et, par conséquent, l'adénine se retrouvera dans le brin d'ADN complémentaire, à l'endroit où la guanine aurait dû apparaître.

25.13 Une modification de C-T-T à C-A-T ou de C-T-C à C-A-C suscite un changement d'acide aminé.

Glossaire

Absorptivité molaire (abréviation : ε) (section 13.9A) : constante de proportionnalité qui établit une relation entre l'absorbance observée (A) à une longueur d'onde spécifique (λ), la concentration molaire (C) et la distance (l), exprimée en centimètres, parcourue par la lumière dans l'échantillon : $\varepsilon = A/C \times l$

Acétal (section 16.7C) : groupe fonctionnel constitué d'un carbone lié à des groupes alkoxy [c'est-à-dire $RCH(OR')_2$ ou $R_2C(OR')_2$] qui résulte de l'addition de deux équivalents molaires d'un alcool à un aldéhyde ou à une cétone.

Acétylène (sections 1.14, 7.11 et 7.12) : nom courant de l'éthyne, qui désigne aussi parfois la famille des alcynes, en particulier les alcynes terminaux.

Acide aldarique (section 22.6C) : acide α,ω–dicarboxylique résultant de l'oxydation du groupe aldéhyde et du groupe alcool primaire terminal d'un aldose.

Acide aldonique (section 22.6B) : acide monocarboxylique résultant de l'oxydation du groupe aldéhyde d'un aldose.

Acide conjugué (section 3.2A) : molécule ou ion formé lorsqu'un proton s'additionne à une base.

Acide gras (section 23.2) : acide carboxylique à longue chaîne (comportant généralement un nombre pair d'atomes de carbone) isolé par hydrolyse d'une graisse.

Acides nucléiques (sections 25.1 et 25.2) : biopolymères constitués de nucléotides. L'ADN et l'ARN sont des acides nucléiques qui assurent respectivement la conservation et la transcription de l'information génétique à l'intérieur des cellules.

Acylation ou **alcanoylation** (section 15.8) : introduction d'un groupe acyle (alcanoyle) dans une molécule.

Addition *anti* (section 8.7) : addition à l'issue de laquelle les composants du réactif se retrouvent sur les côtés opposés de la double liaison initiale du substrat.

Addition conjuguée (section 17.9) : forme d'addition nucléophile sur un composé carbonylé α, β-insaturé lors de laquelle le nucléophile s'ajoute sur le carbone β.

Addition *syn* (section 7.14A) : addition à l'issue de laquelle les composants du réactif se retrouvent sur le même côté de la double liaison initiale du substrat.

Aglycone (section 22.4) : alcool obtenu par hydrolyse d'un glycoside.

Alcaloïde (annexe F) : composé naturel basique contenant un groupe amino. La plupart des alcaloïdes provoquent d'importants effets physiologiques.

Alditol (section 22.7) : alcool résultant de la réduction du groupe aldéhyde ou cétone d'un aldose ou d'un cétose.

Alkylation (sections 4.18C et 15.7) : réaction par laquelle un groupe alkyle s'additionne à une molécule.

Analyse conformationelle (section 4.9) : analyse des variations d'énergie qui se produisent au sein d'une molécule lorsque ses groupes subissent une rotation (parfois partielle) autour des liaisons simples (O).

Analyse rétrosynthétique (section 4.20A) : méthode de planification d'une synthèse organique fondée sur le raisonnement à rebours. À partir de la molécule finale visée, on remonte les étapes successives de sa formation jusqu'aux réactifs de départ.

Angle de liaison (sections 1.12 et 1.16) : angle formé par deux liaisons qui partent d'un même atome.

Anion énolate (section 17.1) : anion délocalisé formé lorsqu'un énol perd son proton hydroxyle ou qu'un composé carbonylé en équilibre tautomère avec son énol perd un proton α.

Annulène (section 14.7A) : hydrocarbure monocyclique qui peut être représenté par une structure comportant des liaisons simples et doubles alternées. La taille du cycle de l'annulène est indiquée par un nombre entre crochets : le benzène est le [6]annulène et le cyclooctatétraène est le [8]annulène.

Anomères (section 22.2C) : terme utilisé en chimie des glucides. Les anomères sont des diastéréo-isomères dont la configuration ne diffère qu'au carbone acétal ou hémiacétal d'un glucide dans sa forme cyclique.

Anticodon (section 25.5C) : séquence de trois bases d'un ARN de transfert (ARNt) qui s'apparie à un codon d'un ARN messager (ARNm).

Arène (section 15.1) : nom générique d'un hydrocarbure aromatique.

Autoxydation (section 10.11C) : réaction entre un composé organique et l'oxygène, qui donne un hydroperoxyde.

Base conjuguée (section 3.2A) : molécule ou ion formé lorsqu'un acide perd un proton.

Benzyne (section 21.11B) : intermédiaire instable et extrêmement réactif qui comprend un cycle benzénique ayant une liaison additionnelle, issue du recouvrement latéral d'orbitales sp^2 d'atomes adjacents du cycle.

Bétaïne (section 16.10) : molécule électriquement neutre ayant un site cationique et un site anionique adjacents et ne possédant pas d'atome d'hydrogène lié au site cationique.

Blindage et déblindage (section 9.5) : en spectroscopie RMN, effets causés par le mouvement des électrons π et σ au sein d'une molécule. Le blindage provoque l'apparition du signal à des champs plus forts, alors que le déblindage suscite l'apparition du signal à des champs plus faibles.

Bromation (section 8.6) : réaction par laquelle un ou des atomes de brome (Br_2) sont introduits dans une molécule.

Bromhydrine (section 8.8) : un bromoalcool vicinal.

Carbanion (section 3.3) : espèce chimique dans laquelle l'atome de carbone porte une charge négative formelle.

Carbène (section 8.9) : espèce chimique non chargée dans laquelle l'atome de carbone est divalent. Le méthylène, $:CH_2$, est un carbène.

Carbénoïde (section 8.9C) : espèce apparentée au carbène, tel le produit formé par la réaction du diiodométhane avec de la poudre de zinc activée par le cuivre. Ce produit, appelé réactif de Simmons-Smith, intervient dans l'addition stéréospécifique d'un méthylène à la double liaison d'un alcène pour donner un cyclopropane.

Carbocation (section 3.3) : espèce chimique dans laquelle un atome de carbone trivalent porte une charge positive formelle.

Carbone primaire (section 2.6) : atome de carbone lié à un seul autre atome de carbone.

Carbone secondaire (section 2.6) : atome de carbone lié à deux autres atomes de carbone.

Carbone tertiaire (section 2.6) : atome de carbone lié à trois autres atomes de carbone.

Catalyseur de transfert de phase (section 11.20) : réactif qui transporte un ion d'une phase aqueuse à une phase non polaire, où une réaction se déroule plus rapidement. Les ions tétra-alkylammonium et les éthers-couronne sont des catalyseurs de transfert de phase.

Cétal (section 16.7B) : plus justement appelé acétal. Groupe fonctionnel constitué d'un carbone lié à des groupes alkoxyle, [soit $R_2C(OR')_2$], qui résulte de l'addition de deux équivalents molaires d'un alcool à une cétone.

CFC (voir **fréon**) : un chlorofluorocarbone.

Chaleur de combustion (section 4.10A) : variation d'enthalpie standard observée pour la combustion complète d'une mole d'un composé donné.

Chaleur d'hydrogénation (section 7.3A) : variation d'enthalpie standard qui accompagne l'hydrogénation d'une mole d'un composé pour la formation d'un produit donné.

Charge formelle (section 1.7) : charge correspondant à la différence entre le nombre d'électrons attribués à l'atome d'une molécule et le nombre d'électrons de sa couche externe à l'état d'élément. Elle est calculée selon la relation suivante : $F = Z - S/2 - U$, où F est la charge formelle, Z est le numéro de groupe de l'atome (c'est-à-dire le nombre d'électrons dans la couche de valence de l'atome

à l'état d'élément), S est le nombre d'électrons partagés et U est le nombre d'électrons non partagés.

Chiralité (section 5.2) : propriété des composés se caractérisant par une relation spéculaire, comme dans le cas de la main droite et de la main gauche. Les molécules qui présentent une relation chirale ne se confondent pas lorsqu'elles sont superposées.

Chloration (sections 8.6 et 10.5) : réaction dans laquelle un ou des atomes de chlore sont introduits dans une molécule.

Chlorhydrine (section 8.8) : un chloroalcool vicinal.

Cinétique (section 6.6) : étude de la vitesse des réactions.

Codon (section 25.5C) : séquence de trois bases de l'ARN messager (ARNm) qui contient l'information génétique correspondant à un acide aminé. Le codon s'apparie, par des liaisons hydrogène, à un anticodon d'un ARN de transfert (ARNt) qui porte l'acide aminé en question, en vue de son utilisation dans la synthèse d'une protéine sur un ribosome.

Composé aliphatique (section 14.1) : composé non aromatique, tel un alcane, un cycloalcane, un alcène ou un alcyne.

Composé antiaromatique (section 14.7D) : système conjugué cyclique dont l'énergie des électrons π est supérieure à celle du composé non cyclique correspondant.

Composé aromatique (sections 14.1 à 14.7 et 14.11) : molécule ou ion cyclique insaturé et conjugué qui est stabilisé par la délocalisation d'électrons π. Les composés aromatiques possèdent de grandes énergies de résonance et subissent des réactions de substitution plutôt que d'addition. De plus, leur spectre RMN ^1H montre que les protons extérieurs au cycle sont déblindés en raison de la présence d'un courant de cycle induit.

Composé aromatique benzénoïde (14.8A) : composé aromatique dont les molécules comprennent un ou plusieurs cycles benzéniques.

Composé aromatique non benzoïde (section 14.8B) : composé aromatique, tel l'azulène, qui ne contient pas de cycle benzénique.

Composé hétérocyclique (section 14.9) : composé dont les molécules renferment un cycle contenant un élément autre que le carbone.

Composé optiquement actif (section 5.7) : composé qui engendre une rotation d'un plan de lumière polarisée.

Composé organométallique (section 12.5) : composé qui contient une liaison carbone–métal.

Configuration (section 5.6) : orientation spatiale des atomes (ou des groupes d'atomes) qui caractérise un stéréo-isomère donné.

Configuration absolue (section 5.14A) : orientation réelle des groupes dans une molécule. La configuration absolue d'une molécule se détermine par analyse aux rayons X ou par corrélation entre la configuration de cette molécule, établie au moyen de réactions dont la stéréochimie est connue, et la configuration absolue déjà déterminée d'une autre molécule.

Configuration relative (section 5.14A) : relation entre les configurations de deux molécules chirales. Deux molécules possèdent la même configuration relative lorsqu'elles ont des groupes identiques ou similaires qui présentent le même arrangement spatial. La configuration d'une molécule peut être mise en relation avec celle d'une autre en faisant intervenir des réactions dont la stéréochimie est connue, comme des réactions dans lesquelles les liaisons au centre stéréogénique ne sont pas rompues.

Conformation (section 4.8) : orientation particulière temporaire d'une molécule qui résulte de rotations autour des liaisons simples.

Conformation *anti* (section 4.9A) : conformation dans laquelle les groupes substituants étudiés sont portés par deux carbones adjacents joints par une liaison simple et forment un angle de 180°. Dans le butane, par exemple, les groupes méthyle forment un angle de 180°.

**Conformation *anti*
du butane**

Conformation bateau (section 4.12) : conformation du cyclohexane qui s'apparente à la forme d'un bateau et dont les hydrogènes sont arrangés de manière éclipsée à la « base » du bateau. L'énergie associée à cette conformation est supérieure à celle de la conformation chaise.

Conformation chaise (section 4.12) : conformation du cyclohexane dans laquelle tous les hydrogènes sont décalés. Elle comporte la plus faible énergie, car elle ne subit pas de tension attribuable aux angles ou à des torsions.

Conformation décalée (section 4.8) : orientation temporaire des groupes portés par deux atomes joints par une liaison simple. Dans une projection de Newman de cette conformation, les liaisons de l'atome situé à l'arrière bissectent les angles formés par les liaisons de l'atome frontal.

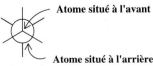

Atome situé à l'avant

Atome situé à l'arrière
**Conformation
décalée**

Conformation éclipsée (section 4.8) : orientation temporaire des groupes substituants des deux atomes de carbone d'une liaison simple, dans laquelle les groupes portés par un atome sont situés vis-à-vis des groupes portés par l'autre atome.

**Conformation
éclipsée**

Conformation gauche (section 4.9A) : conformation dans laquelle le groupe substituant porté par un atome de carbone d'une liaison simple est décalé d'un angle de 60° par rapport au groupe substituant porté par l'autre atome de carbone de la liaison. Dans la conformation gauche du butane, par exemple, les groupes méthyle forment un angle de 60°.

**Conformation gauche
du butane**

Conformère (section 4.8) : conformation particulière d'une molécule.

Connectivité (section 1.3) : suite ou ordre caractérisant l'enchaînement des atomes d'une molécule.

Constante d'acidité (section 3.5A) : constante d'équilibre associée à la force d'un acide. Pour la réaction $HA + H_2O \rightleftharpoons H_3O^+ + A^-$, la constante d'acidité est

$$K_a = \frac{[H_3O^+][A^-]}{[HA]}$$

Constante de couplage, J_{ab}, (section 9.8) : distance, exprimée en unités de fréquence (hertz), séparant les pics d'un multiplet qui résulte du couplage spin-spin entre les atomes a et b.

Constante d'équilibre (section 3.5A) : constante qui exprime la position d'un équilibre. Elle résulte de la division du produit des concentrations molaires des produits par le produit des concentrations molaires des réactifs.

Constante diélectrique (section 6.14D) : mesure de la capacité d'un solvant à isoler l'une de l'autre des charges opposées. Elle correspond approximativement à la polarité du solvant. Les solvants qui présentent une constante diélectrique élevée sont plus efficaces pour les ions que ceux dont la constante est faible.

Contrôle cinétique (section 13.10A) : principe selon lequel le produit le plus abondant d'une réaction est celui qui se forme le plus rapidement. Le rapport entre les produits d'une réaction est alors déterminé par les vitesses relatives des réactions.

Contrôle thermodynamique (section 13.10A) : principe selon lequel le rapport entre les produits d'une réaction qui atteint l'équilibre est déterminé par la stabilité relative des produits (mesurée selon leur énergie libre standard, $\Delta G°$). Le produit le plus abondant est le plus stable.

Coordonnées d'une réaction (section 6.8) : abscisse d'un diagramme d'énergie potentielle indiquant la progression d'une réaction. Elle représente les modifications qui affectent l'ordre et la longueur des liaisons à mesure que les réactifs sont convertis en produits.

Copolymère (annexe A) : polymère synthétisé par polymérisation de deux monomères.

Craquage (section 4.1C) : processus utilisé dans le secteur pétrolier en vertu duquel les molécules d'alcanes de masse moléculaire élevée sont brisées en molécules plus petites. Ce processus repose sur l'emploi de chaleur (craquage thermique) ou d'un catalyseur (craquage catalytique).

Cyanhydrine (sections 16.9A et 18.3) : groupe fonctionnel constitué d'un atome de carbone lié à un groupe cyano et à un groupe hydroxyle, soit $RHC(OH)(CN)$ ou $R_2C(OH)(CN)$, qui résulte de l'addition de HCN à un aldéhyde ou à une cétone.

Cycloaddition (section 13.11) : réaction, à l'instar d'une réaction de Diels-Alder, lors de laquelle deux groupes liés s'ajoutent aux extrémités d'un système π pour former un nouveau cycle.

Débromation (section 7.9) : élimination de deux atomes de brome d'un bromure vicinal ou, plus généralement, perte d'un brome (Br_2) subie par une molécule.

Debye (section 2.3) : unité d'un moment dipolaire. Un debye (D) équivaut à 1×10^{-18} ués cm.

Décarboxylation (section 18.11) : réaction lors de laquelle un acide carboxylique perd le CO_2.

Découplage du proton en bande large (section 9.10B) : technique électronique utilisée en spectroscopie RMN ^{13}C qui permet le découplage des interactions spin-spin entre les noyaux ^{13}C et ^{1}H. Dans les spectres obtenus grâce à cette technique, tous les carbones apparaissent sous la forme de singulets.

Découplage du spin (section 9.9) : phénomène qui empêche l'observation de la fragmentation spin-spin lors de l'enregistrement des spectres RMN.

Degré d'insaturation (section 7.16) : le degré d'insaturation équivaut au nombre de paires d'atomes d'hydrogène qui doit être soustrait de la formule moléculaire de l'alcane correspondant pour obtenir la formule moléculaire du composé étudié.

Délocalisation (section 6.12B) : dispersion des électrons (ou d'une charge électrique). La délocalisation contribue toujours à la stabilisation d'un système.

Dendrimère (voir **Polymère dendritique**).

Déplacement chimique (sections 9.3C et 9.6) : dans un spectre RMN, position relative d'un signal d'absorption

d'un noyau par rapport à la position connue d'un composé de référence. Le tétraméthylsilane (TMS) est le composé de référence le plus courant et son pic d'absorption a été arbitrairement fixé à zéro. Le déplacement chimique d'un noyau donné est proportionnel à l'intensité du champ magnétique d'un spectromètre. Exprimé en unités delta, δ, il résulte de la division du déplacement (exprimé en hertz et multiplié par 10^6) du pic relativement à celui du TMS par la fréquence (exprimée en hertz) du spectromètre.

Déshydratation (section 7.7) : réaction d'élimination lors de laquelle le substrat perd une molécule d'eau.

Déshydrohalogénation (section 6.16) : réaction d'élimination entraînant la perte d'une molécule HX situé sur deux carbones adjacents d'un substrat ainsi que la formation d'une liaison π.

Dextrogyre (section 5.7B) : composé qui induit une rotation en sens horaire d'un plan de lumière polarisée.

Diagramme d'énergie libre (section 6.8) : graphique exprimant la variation d'énergie libre survenant lors d'une réaction en fonction des coordonnées de la réaction. Il illustre les variations d'énergie libre par rapport aux modifications affectant l'ordre et la longueur des liaisons à mesure que les réactifs passent par l'état de transition et sont convertis en produits.

Diastéréo-isomères (section 5.1) : stéréo-isomères exempts de toute relation spéculaire.

Diastéréotopiques (section 9.7B) : deux hydrogènes (ou ligands) sont diastéréotopiques lorsque le remplacement de chacun des deux hydrogènes (ou ligands) par un même groupe amène la formation de composés diastéréo-isomères.

Diénophile (section 13.11) : composant en quête d'un diène lors d'une réaction de Diels-Alder.

Dihydroxylation (sections 8.10 et 11.19) : addition d'un groupe hydroxyle à chacun des carbones ou des atomes engagés dans une liaison double.

Disaccharide (section 22.1A) : glucide qui, sur une base moléculaire, donne deux molécules de monosaccharide après hydrolyse.

Effet de nivellement d'un solvant (section 3.14) : effet qui limite l'utilisation de certains solvants avec des bases fortes ou des acides forts. En principe, il ne peut exister, dans le solvant, d'acide plus fort que l'acide conjugué du solvant, ni de base plus forte que la base conjuguée du solvant.

Effet de résonance (sections 3.10A, 13.5 et 15.11B) : effet électroaccepteur ou électrodonneur qu'un substituant exerce sur l'ensemble des liaisons π d'une molécule.

Effet du solvant (section 6.14D) : effet que le solvant exerce sur la vitesse relative d'une réaction. Par exemple, l'emploi d'un solvant polaire fait augmenter la vitesse de réaction S_N1 d'un halogénoalcane.

Effet d'un substituant (sections 3.7B et 15.10) : effet modifiant la vitesse de réaction (ou la constante d'équilibre) et découlant du remplacement d'un atome d'hydrogène par un autre atome ou un groupe. Un tel effet peut être imputable à la grosseur de l'atome ou du groupe (effet stérique) ou à la capacité du groupe à attirer ou à repousser les électrons (effet électroattracteur ou électrorépulseur). Les effets électroniques se subdivisent en deux types : l'effet inductif et l'effet de résonance.

Effet inductif (sections 3.7B et 15.11B) : effet électrorépulseur ou électroattracteur intrinsèque qui résulte de la proximité d'un dipôle dans une molécule. Cet effet se propage dans l'espace, mais surtout par les liaisons d'une molécule.

Effet stérique (section 6.14A) : effet s'exerçant sur la vitesse de réaction et découlant du mode d'occupation de l'espace qui caractérise les parties d'une molécule attachées au site réactif ou situées à proximité.

Électronégativité (section 1.4A) : mesure de la capacité d'un atome à attirer les électrons qu'il partage et, ainsi, à polariser une liaison.

Électrophile (sections 3.3 et 8.1) : se dit d'un acide de Lewis, d'un accepteur de paires d'électrons et d'un réactif attracteur d'électrons.

Électrophorèse (section 25.6A) : technique permettant de séparer des molécules chargées en raison de leur mobilité différente dans un champ électrique.

Élimination (section 6.16) : réaction lors de laquelle le substrat perd deux groupes et donne lieu à une liaison π. Également appelée élimination β, l'élimination 1,2, dans laquelle deux carbones adjacents perdent un groupe chacun, est la plus courante.

Énantiomères (section 5.1) : stéréo-isomères qui sont l'image spéculaire l'un de l'autre.

Énantiotopiques (section 9.7B) : deux hydrogènes (ou ligands) sont énantiotopiques lorsque le remplacement de chacun des deux hydrogènes (ou ligands) par le même groupe engendre des composés énantiomères.

Encombrement stérique (section 6.14A) : effet qui ralentit la vitesse relative de réaction et qui résulte de l'orientation spatiale des atomes ou des groupes d'atomes rattachés au site réactif d'une molécule ou situés à proximité.

Énergie (section 3.8) : capacité d'effectuer un travail.

Énergie cinétique (section 3.8) : énergie qui résulte du mouvement d'un objet. L'énergie cinétique, E, se calcule au moyen de la formule $E = \frac{1}{2}mv^2$, où m représente la masse de l'objet et v est sa vitesse.

Énergie d'activation, E_{act} (section 6.8) : mesure de la différence d'énergie potentielle entre les réactifs et l'état

de transition d'une réaction. Elle est apparentée mais non identique à l'énergie libre d'activation $\Delta G^{\ddagger}$.

Énergie de dissociation de liaison homolytique, DH^o, (section 10.2) : variation d'enthalpie qui accompagne la rupture homolytique d'une liaison covalente.

Énergie de résonance (section 14.5) : énergie de stabilisation qui représente la différence entre l'énergie du composé réel et l'énergie calculée pour une seule structure de résonance. L'énergie de résonance résulte de la délocalisation d'électrons sur un système conjugué.

Énergie de torsion (section 4.8) : barrière énergétique affectant la rotation de groupes joints par une liaison simple et résultant de la force de répulsion qui s'exerce entre les paires d'électrons situées l'une vis-à-vis de l'autre dans une conformation éclipsée.

Énergie libre d'activation, $\Delta G^{\ddagger}$ (section 6.8) : différence d'énergie libre entre l'état de transition et les réactifs.

Énergie potentielle (section 3.8) : énergie emmagasinée qui existe lorsqu'une force d'attraction ou de répulsion s'exerce entre deux objets.

Époxyde (section 11.17) : un oxirane ou oxacyclopropane. Cycle de trois atomes comprenant un oxygène et deux carbones.

Étape déterminante de la vitesse (section 6.10A) : étape intrinsèquement la plus lente d'une réaction à étapes multiples, qui détermine la vitesse de la réaction dans son ensemble.

État de transition (sections 6.8 et 6.9) : dans un diagramme d'énergie potentielle, état qui correspond à un maximum d'énergie et qui se caractérise par une énergie potentielle supérieure à celle des états adjacents. Par ailleurs, l'expression désigne également l'espèce chimique qui se trouve dans cet état d'énergie potentielle maximale (espèce aussi appelée *complexe activé*).

État fondamental (section 1.12) : état de moindre énergie des électrons d'un atome ou d'une molécule.

Éther-couronne (section 11.20A) : polyéther cyclique ayant la capacité de former des complexes avec des ions métalliques, notamment des métaux alcalins. La dénomination des éthers-couronne revêt la forme *x*-couronne-*y*, où *x* est le nombre total d'atomes dans le cycle et *y* est le nombre d'atomes d'oxygène.

Excès énantiomère ou pureté énantiomère (section 5.8B) : dans le cas d'un mélange d'énantiomères, pourcentage obtenu en établissant la différence entre le nombre de moles d'un énantiomère et le nombre de moles de l'autre énantiomère, en divisant cette différence par le nombre total de moles des énantiomères, puis en multipliant le tout par 100. L'excès énantiomère équivaut au pourcentage de la pureté optique.

Fluoration (section 10.5C) : réaction lors de laquelle des atomes de fluor sont introduits dans une molécule.

Fonction psi (fonction ψ ou fonction d'onde) (section 1.9) : expression mathématique utilisée en *mécanique quantique* pour désigner l'état d'énergie d'un électron. Le carré de la fonction ψ, soit $ψ^2$, représente la probabilité qu'un électron se trouve à un endroit donné dans l'espace.

Force de Van der Waals (ou force de London) (sections 2.14D et 4.7) : force faible s'exerçant entre des molécules non polaires ou entre des parties d'une même molécule. Le rapprochement de deux groupes (ou de deux molécules) engendre d'abord une force d'attraction entre eux, car la répartition dissymétrique temporaire des électrons d'un groupe induit une polarité opposée dans l'autre groupe. Lorsque la distance entre les groupes est inférieure à leurs *rayons de Van der Waals*, la force devient répulsive, car leurs nuages électroniques se rejoignent.

Force d'un acide (section 3.5) : la force d'un acide est liée à sa constante d'acidité, K_a, ou à son pK_a. Plus la valeur de K_a est élevée, ou plus la valeur de pK_a est faible, plus l'acide est fort.

Force d'une base (section 3.5) : la force d'une base est inversement proportionnelle à la force de son acide conjugué. Plus l'acide conjugué est faible, plus la base est forte. En d'autres termes, si le pK_a de l'acide conjugué est élevé, la base est forte.

Formule développée (sections 1.2B et 1.17) : formule qui montre comment les atomes d'une molécule sont rattachés entre eux.

Formule empirique (section 1.2B) : formule exprimant les proportions relatives des atomes au sein d'une molécule à l'aide des nombres entiers les plus petits.

Formule moléculaire (section 1.2B) : formule donnant le nombre exact de chaque type d'atomes au sein d'une molécule. Ces nombres sont les multiples entiers des atomes de la formule empirique. Par exemple, la formule moléculaire du benzène est C_6H_6 et sa formule empirique est CH.

Formule structurale abrégée (section 1.17D) : formule dans laquelle des lignes représentent le squelette carboné d'une molécule. La présence des atomes d'hydrogène n'est pas symbolisée, mais simplement sous-entendue. En revanche, les autres atomes (O, Cl, N, etc.) sont illustrés.

Fragmentation spin-spin (section 9.8) : effet observé en spectroscopie RMN qui résulte du couplage magnétique du noyau étudié avec les noyaux des atomes voisins. Il se traduit par un signal apparaissant sous la forme d'un multiplet (c'est-à-dire un doublet, un triplet, un quadruplet, etc.).

Fréon (section 10.11E) : chlorofluorocarbone ou CFC.

Fréquence (*v*) (sections 2.16 et 9.2) : nombre de cycles entiers d'une onde passant à un point donné par seconde.

Furanose (section 22.2C) : glucide dont le cycle acétal ou hémiacétal est composé de cinq atomes.

Géminé ou *gem* (section 7.9) : se dit des substituants que porte un même atome.

Glucide (section 22.1A) : groupe de composés naturels habituellement dénommés aldéhydes ou cétones polyhydroxylés, ou définis comme des substances qui donnent des aldéhydes ou des cétones polyhydroxylés après hydrolyse. En fait, les groupes aldéhyde et cétone des glucides prennent souvent la forme d'hémiacétals ou d'acétals. Ces composés portaient auparavant le nom d'« hydrates de carbone » parce que la formule brute de nombreux glucides peut s'écrire $C_x(H_2O)_y$. Les glucides sont souvent appelés « sucres » à cause de leur relation avec le sucrose.

Glucide réducteur (section 22.6A) : glucide qui réduit les réactifs de Tollens ou de Benedict. Tous les glucides contenant des groupes hémiacétal ou hémicétal (et qui sont donc en équilibre avec un aldéhyde ou une hydroxycétone α) sont réducteurs. Les glucides ne contenant que des groupes acétal ou cétal sont non réducteurs.

Glycol (sections 4.3F et 8.10) : un diol-1,2.

Glycoside (section 22.4) : acétal cyclique mixte d'un glucide et d'un alcool.

Graisse (section 23.2) : triacylglycérol. Triester de glycérol avec des acides carboxyliques.

Groupe activant (section 15.10) : groupe dont la présence sur le cycle benzénique rend ce dernier plus réactif, lors d'une substitution électrophile, que le benzène lui-même.

Groupe acyle ou **alcanoyle** (section 15.7) : nom générique des groupes dont la structure est RCO— ou ArCO—.

Groupe allyle (section 4.5) : groupe dont la formule est CH_2=$CHCH_2$—.

Groupe aryle (section 15.1) : nom générique du groupe obtenu (sur papier) par arrachement d'un hydrogène sur un cycle d'un hydrocarbure aromatique. Abréviation : Ar—.

Groupe benzyle (sections 2.5B et 15.15) : groupe dont la formule est $C_6H_5CH_2$—.

Groupe carbonyle (section 16.1) : groupe fonctionnel constitué d'un atome de carbone rattaché à un atome d'oxygène par une liaison double. Le groupe carbonyle est présent dans les aldéhydes, les cétones, les esters, les anhydrides, les amides, les halogénures d'alcanoyle, etc. Ensemble, ces substances forment le groupe des composés carbonylés.

Groupe désactivant (section 15.10) : groupe dont la présence sur un cycle benzénique rend celui-ci moins réactif, lors d'une substitution électrophile, que le benzène lui-même.

Groupe fonctionnel (section 2.5) : groupe spécifique d'atomes au sein d'une molécule qui en détermine la réactivité.

Groupe hydrophile (section 2.14E) : groupe polaire qui recherche un milieu aqueux.

Groupe méthylène (section 6.2) : groupe dont la formule est —CH_2—.

Groupe protecteur (sections 12.10 et 16.7D) : groupe introduit dans une molécule pour empêcher une fonction sensible de réagir pendant qu'une réaction se déroule sur d'autres sites de la molécule. Le groupe protecteur est enlevé ultérieurement.

Groupe sortant (section 6.5) : substituant qui quitte le substrat avec une paire d'électrons libres lors d'une réaction de substitution nucléophile.

Groupe vinyle (section 4.5) : groupe dont la formule est CH_2=CH—.

Halogénation (section 10.3) : réaction lors de laquelle des atomes d'halogène s'additionnent à une molécule.

Halogénoarène ou **halogénure d'aryle** (section 6.1) : halogénure organique dont l'atome d'halogène est rattaché à un cycle aromatique, tel qu'un cycle benzénique.

Halogénohydrine ou **halohydrine** (section 8.8) : un halogénoalcool vicinal.

Halogénure d'alcanoyle ou **d'acyle** (section 15.7) : aussi appelé *halogénure d'acide*. Nom générique des composés dont la structure est RCOX ou ArCOX.

Halogénure de vinyle (section 6.1) : halogénure organique dont l'atome d'halogène est rattaché à un atome de carbone engagé dans une liaison double.

Hémiacétal (section 16.7A) : groupe fonctionnel constitué d'un atome de carbone lié à un groupe alkoxy et à un groupe hydroxyle [soit RCH(OH)(OR′) ou R_2C(OH)(OR′)]. Les hémiacétals sont synthétisés par addition d'un équivalent molaire d'un alcool à un aldéhyde ou à une cétone.

Hémicétal (section 16.7A) : aussi appelé hémiacétal. Groupe fonctionnel constitué d'un atome de carbone lié à un groupe alkoxy et à un groupe hydroxyle [soit R_2C(OH)(OR′)]. Les hémicétals sont synthétisés par addition d'un équivalent molaire d'un alcool à une cétone.

Hertz (Hz) (section 9.2) : unité de fréquence d'une onde qui a remplacé l'ancienne unité exprimée en cycles par seconde.

Hétérolyse (section 3.1A) : rupture d'une liaison covalente caractérisée par le transfert des deux électrons de la liaison à un des deux fragments. L'hétérolyse d'une liaison produit généralement un ion positif et un ion négatif.

HOMO (sections 3.2C et 13.9B) : orbitale moléculaire occupée de plus haute énergie.

Homolyse (section 3.1A) : rupture d'une liaison covalente caractérisée par le transfert d'un des deux électrons de la liaison à chacun des deux fragments.

Huile essentielle (section 23.3) : composé volatil odoriférant obtenu par distillation à la vapeur d'une substance végétale.

Hybridation des orbitales atomiques (section 1.12) : combinaison mathématique (et théorique) des fonctions d'onde d'au moins deux orbitales atomiques qui donne le même nombre de nouvelles fonctions d'ondes correspondant elles-mêmes à de nouvelles orbitales, appelées *orbitales hybrides*, dont chacune possède certaines caractéristiques des orbitales d'origine.

Hydratation (sections 8.5 et 11.4) : addition d'eau à une molécule. Par exemple, l'addition d'eau à un alcène donne un alcool.

Hydroboration (section 11.6) : addition d'un hydrure de bore (soit BH_3, soit un alkylborane) à une liaison multiple.

Hydrogénation (sections 4.15A) : addition d'hydrogène à une molécule, et plus généralement à une liaison multiple de cette molécule.

Hydrogénation catalytique (sections 4.18A et 7.13 à 7.15) : réaction lors de laquelle une molécule d'hydrogène s'ajoute à une liaison double ou triple. Cette réaction requiert souvent la présence d'un catalyseur métallique tel que le platine, le palladium, le rhodium ou le ruthénium.

Hydrogène éthynylique ou **acétylénique** (sections 4.18C et 7.12) : atome d'hydrogène rattaché à un atome de carbone lui-même associé à un autre atome de carbone par une liaison triple.

Hydrophobe (ou **lipophile**) (sections 2.14E et 11.20) : se dit d'un groupe non polaire qui évite tout milieu aqueux et recherche un milieu non polaire.

Imagerie par résonance magnétique (section 9.11B) : technique utilisée en médecine qui repose sur la spectroscopie de résonance magnétique.

Insaturé (section 2.2) : se dit d'un composé qui renferme une ou plusieurs liaisons multiples.

Interaction dipôle-dipôle (section 2.14B) : interaction entre molécules présentant un moment dipolaire permanent.

Interaction dipôle-ion (section 2.14E) : interaction entre un ion et un dipôle permanent. Ce type d'interaction a généralement lieu entre les ions et les molécules d'un solvant polaire, ce qui crée une solvatation.

Interconversion de groupes fonctionnels (section 6.15) : processus selon lequel un groupe fonctionnel est transformé en un autre.

Intermédiaire de réaction (sections 3.1, 6.10 et 6.11) : espèce transitoire qui se forme pendant la transformation des réactifs en produits et dont l'état correspond à un minimum énergétique local dans un diagramme d'énergie potentielle.

Inversion de cycle (sections 4.12 et 4.13) : conversion d'une conformation chaise d'un cyclohexane en une autre, résultant de rotations partielles des liaisons simples. Après l'inversion d'une conformation chaise, les substituants équatoriaux se retrouvent en position axiale, et vice versa.

Iodation (section 10.5C) : réaction lors de laquelle des atomes d'iode sont introduits dans une molécule.

Ion (sections 1.4A et 6.3) : espèce chimique qui porte une charge électrique.

Ion acylium (section 15.7) : cation stabilisé par résonance. Voir la représentation ci-dessous.

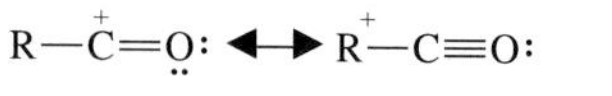

$$R\!-\!\overset{+}{\underset{..}{C}}\!\!=\!\!\overset{..}{\underset{..}{O}}: \longleftrightarrow R\!-\!C\!\equiv\!\overset{+}{\underset{..}{O}}:$$

Ion bromonium (section 8.6A) : ion contenant un atome de brome positif lié à deux atomes de carbone.

Ion dipolaire (section 24.2C) : forme d'un acide aminé dans laquelle les charges sont séparées par suite du transfert d'un proton d'un groupe carboxyle vers le groupe basique.

Ion halogénium (section 8.6A) : ion contenant un halogène positif lié à deux atomes de carbone.

Ion moléculaire (section 9.13) : cation produit dans un spectromètre de masse lorsqu'un électron est éjecté de la molécule parente.

Ion oxonium (section 3.12) : espèce chimique dont un atome d'oxygène porte une charge positive formelle.

Isomères (sections 1.3A et 5.1) : molécules différentes ayant la même formule moléculaire.

Isomères *cis-trans* (sections 4.5 et 7.2) : diastéréoisomères dont la différence réside dans la stéréochimie des atomes adjacents d'une liaison double ou des divers substituants d'un cycle.

Isomères de constitution (section 1.3A) : composés qui ont la même formule moléculaire mais dont la connectivité diffère, ce qui signifie que leurs atomes ne s'enchaînent pas entre eux suivant la même séquence.

Lactame (section 18.8I) : amide cyclique.

Lactone (section 18.7C) : ester cyclique.

Lévogyre (section 5.7B) : composé qui engendre une rotation en sens antihoraire d'un plan de lumière polarisée.

Liaison axiale (section 4.13) : se dit de chacune des six liaisons du cyclohexane (voir ci-dessous) perpendiculaires au plan du cycle, qui s'orientent successivement vers le haut et vers le bas.

Liaison covalente (section 1.4B) : liaison qui se forme lorsque des atomes partagent des électrons.

Liaison covalente polaire (section 2.3) : liaison covalente résultant du partage inégal des électrons entre les atomes qui forment la liaison et dont l'électronégativité n'est pas la même.

Liaison équatoriale (section 4.13) : se dit des six liaisons du cyclohexane (voir ci-dessous), qui se situent généralement autour de l'« équateur » de la molécule.

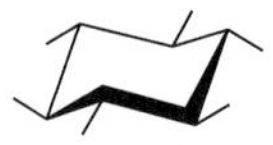

Liaison hydrogène (section 2.14C) : interaction dipôle-dipôle forte (4-38 kJ·mol⁻¹) qui s'établit entre les atomes d'hydrogène liés à de petits atomes fortement électronégatifs (O, N ou F) et les paires d'électrons libres d'autres atomes électronégatifs.

Liaison ionique (section 1.4A) : liaison formée lorsqu'un transfert d'électrons d'un atome à un autre engendre des ions de charge opposée.

Liaison pi (π) (section 1.13) : liaison formée lorsque les électrons occupent une orbitale moléculaire π liante, c'est-à-dire l'orbitale moléculaire de faible énergie qui résulte du recouvrement d'orbitales *p* parallèles d'atomes adjacents.

Liaison sigma (σ) (section 1.12) : liaison simple formée lorsque les électrons occupent une orbitale σ liante résultant du recouvrement bout à bout d'orbitales atomiques (ou hybrides) d'atomes adjacents. La densité électronique est symétrique par rapport à l'axe d'une liaison sigma.

Lipide (section 23.1) : substance d'origine biologique qui est soluble dans les solvants non polaires. Les lipides comprennent les acides gras, les triacylglycérols (graisses et huiles), les stéroïdes, les prostaglandines, les terpènes, les composés terpéniques et les cires.

Lipophile : voir **Hydrophobe**.

Longueur de liaison (sections 1.11 et 1.14A) : distance à l'équilibre séparant deux atomes ou deux groupes liés.

Longueur d'onde (λ) (sections 2.16 et 9.2) : distance entre deux crêtes (ou deux creux) consécutives d'une onde.

LUMO (sections 3.2C et 13.9B) : orbitale molécule vacante de plus faible énergie.

Macromolécule (section 10.10) : très grosse molécule, généralement appelée polymère.

Mécanisme d'une réaction (section 3.1) : description des étapes censées se succéder à l'échelle moléculaire à mesure que les réactifs se transforment en produits. Le mécanisme d'une réaction comprend généralement l'ensemble des intermédiaires et des états de transition. Tout mécanisme proposé doit être conforme aux résultats expérimentaux obtenus pour une réaction donnée.

Mélange racémique (section 5.8A) : mélange équimolaire d'énantiomères, qui est optiquement inactif.

Méso (section 5.11A) : se dit d'un composé optiquement inactif dont les molécules sont achirales même si elles renferment des atomes tétraédriques auxquels sont rattachés quatre groupes différents.

Mésylate (section 11.10) : ester de l'acide méthanesulfonique.

Méthylène (section 8.9A) : carbène dont la formule est CH_2 ou groupe de structure $-CH_2-$.

Micelle (section 23.2C) : agrégat sphérique d'ions en solution aqueuse (comme ceux d'un savon) dans lequel les groupes non polaires sont à l'intérieur et les groupes ioniques (ou polaires) sont à la surface.

Molécule achirale (section 5.2) : molécule qui se confond avec son image spéculaire lorsqu'elles sont superposées. Les molécules achirales n'existent pas sous la forme d'énantiomères.

Molécule chirale (section 5.2) : molécule qui ne se confond pas avec son image spéculaire lorsqu'elles sont superposées. Les molécules chirales existent sous la forme de paires d'énantiomères, chaque énantiomère étant optiquement actif.

Molécule polaire (section 2.4) : molécule possédant un moment dipolaire.

Moment dipolaire, μ (section 2.3) : propriété physique mesurable expérimentalement qui est associée à une molécule polaire. Elle correspond au produit de la charge, exprimée en unités électrostatiques (ués), et de la distance, exprimée en centimètres, qui sépare les groupes ou atomes polaires d'une molécule : $\mu = e \times d$.

Monomère (section 10.10) : composé simple dont est formé un polymère. Ainsi, le polyéthylène, un polymère, est constitué d'éthylène, un monomère.

Monosaccharide (section 22.1A) : glucide le plus simple, qui ne peut être hydrolysé pour donner un glucide encore plus simple.

Mutarotation (section 22.3) : modification spontanée affectant la rotation optique des anomères α et β d'un glucide qui se produit lorsqu'ils se dissolvent dans l'eau. Les rotations optiques des anomères d'un glucide varient jusqu'à ce qu'elles prennent la même valeur.

Nœud (section 1.9) : endroit où la valeur de la fonction d'onde (ψ) est nulle. L'énergie d'une orbitale est proportionnelle au nombre de noeuds qu'elle contient.

Nombre d'ondes (section 2.16) : moyen d'exprimer la fréquence d'une onde. Il correspond au nombre d'ondes par centimètre, exprimé en cm^{-1}.

Nomenclature de substitution ou **substitutive** (section 4.3F) : système de dénomination des composés en vertu duquel chaque atome ou chaque groupe, appelés substituants, est identifié au moyen d'un préfixe ou d'un suffixe accolé à un composé parent. Dans le cadre du système de l'UICPA, un seul groupe peut être identifié par un suffixe. Les indices (généralement des nombres) signalent la position des groupes. Exemple : 4-méthylhexan-1-ol.

Nomenclature par classes fonctionnelles (section 4.3E) : système de dénomination des composés faisant appel à deux termes ou plus pour les décrire. Le premier terme identifie le groupe fonctionnel et les autres termes représentent le ou les substituants de la molécule. Exemples : alcool méthylique, oxyde d'éthyle et de méthyle, méthyléthylcétone.

Nucléophile (section 3.3) : base de Lewis. Aussi, donneur d'une paire d'électrons qui recherche un centre positif dans une molécule.

Nucléophile ambident (section 17.7C) : nucléophile qui peut réagir sur deux sites nucléophiles différents d'une même molécule.

Nucléophilie (section 6.14B) : réactivité relative d'un nucléophile dans une réaction S_N2, qui est mesurée en fonction des vitesses relatives de réaction.

Nucléoside (section 25.2) : monosaccharide cyclique de cinq carbones lié à la position 1' à une purine ou à une pyrimidine.

Nucléotide (section 25.2) : monosaccharide cyclique de cinq carbones lié à la position 1' à une purine ou à une pyrimidine et, à la position 3' ou 5', à un groupe phosphate.

Oléfines (section 7.1) : terme qui désigne auparavant les alcènes.

Orbitale (section 1.10) : volume de l'espace où la probabilité que s'y trouve un électron est élevée. Chaque orbitale est décrite mathématiquement au moyen du carré d'une fonction d'onde et possède une énergie caractéristique. Elle peut contenir deux électrons lorsque leurs spins sont appariés.

Orbitale atomique (OA) (section 1.10) : volume de l'espace situé près du noyau d'un atome où la probabilité que s'y trouve un électron est élevée. Une orbitale atomique est décrite mathématiquement au moyen de sa **fonction d'onde** et est associée à des nombres quantiques caractéristiques : le *nombre quantique principal*, n, correspond à l'énergie de l'électron situé dans l'orbitale et peut prendre les valeurs 1, 2, 3, etc. Le *nombre quantique azimutal*, l, représente le moment angulaire de l'électron résultant de son mouvement autour du noyau et peut prendre les valeurs 0, 1, 2, ... $(n-1)$. Le *nombre quantique magnétique*, m, est associé à l'orientation dans l'espace du moment angulaire et peut prendre les valeurs comprises entre $+l$ et $-l$. Le *nombre quantique de spin*, s, identifie le moment angulaire intrinsèque de l'électron et ne peut prendre que les valeurs $+\frac{1}{2}$ ou $-\frac{1}{2}$.

Orbitale moléculaire (OM) (section 1.11) : orbitale qui peut accommoder plus d'un atome d'une molécule.

Lorsque des orbitales atomiques se combinent pour former des orbitales moléculaires, le nombre d'orbitales moléculaires est égal au nombre total d'orbitales atomiques qui se sont combinées.

Orbitale moléculaire antiliante (OM antiliante) (sections 1.11 et 1.13) : orbitale moléculaire dont l'énergie est plus élevée que celle de chacune des orbitales atomiques dont elle est formée. Les électrons occupant une orbitale antiliante déstabilisent la liaison entre les atomes de cette orbitale.

Orbitale moléculaire liante (OM liante) (section 1.11) : l'énergie d'une orbitale moléculaire liante est plus faible que celle de chacune des orbitales atomiques dont elle est formée. Les électrons occupant une orbitale moléculaire liante rattachent les atomes que contient l'orbitale moléculaire.

Orbitale moléculaire pi (π) (section 1.13) : orbitale moléculaire formée lorsque des orbitales p parallèles d'atomes voisins se recouvrent. Elle peut être *liante* (recouvrement de lobes p de même signe de phase) ou *antiliante* (recouvrement d'orbitales p de signes de phase opposés).

Orbitale s (section 1.10) : orbitale atomique de forme sphérique. Dans le cas de cette orbitale, le nombre quantique azimutal, l, est 0 (se reporter à **orbitale atomique**).

Orbitale sigma (σ) (section 1.12) : orbitale moléculaire formée par le recouvrement bout à bout d'orbitales (ou de lobes d'orbitales) d'atomes adjacents. Une orbitale sigma peut être *liante* (recouvrement d'orbitales ou de lobes de même signe de phase) ou *antiliante* (recouvrement d'orbitales ou de lobes de signes de phase opposés).

Orbitale sp (section 1.14) : orbitale hybride qui résulte de la combinaison mathématique d'une orbitale atomique s et d'une orbitale atomique p. Une telle combinaison donne deux orbitales hybrides sp, qui s'orientent selon des directions opposées et forment un angle de 180° entre elles.

Orbitale sp^2 (section 1.14) : orbitale hybride qui résulte de la combinaison mathématique d'une orbitale atomique s et de deux orbitales atomiques p. Une telle combinaison donne trois orbitales hybrides sp^2, qui s'orientent vers les sommets d'un triangle équilatéral et forment un angle de 120° entre elles.

Orbitale sp^3 (section 1.14) : orbitale hybride qui résulte de la combinaison mathématique d'une orbitale atomique s et de trois orbitales atomiques p. Une telle combinaison donne quatre orbitales hybrides sp^3, qui s'orientent vers les sommets d'un tétraèdre régulier et forment un angle de 109,5° entre elles.

Orbitales dégénérées (section 1.10) : orbitales présentant la même énergie. Par exemple, les trois orbitales $2p$ sont dégénérées.

Orbitales p (section 1.10) : ensemble de trois orbitales atomiques dégénérées (d'énergie équivalente) dont la forme s'apparente à celle de deux sphères tangentes et dont le plan nodal se situe au noyau. Dans le cas d'une orbitale p, le nombre quantique principal, n (se reporter à **orbitale atomique**), est 2, le nombre quantique azimutal, l, est 1 et le nombre magnétique quantique, m, est $+1$, 0 ou -1.

Oxydation (section 12.2) : réaction qui augmente l'état d'oxydation des atomes dans une molécule ou un ion. Dans le cas d'un substrat organique, l'oxydation entraîne généralement une augmentation de la teneur en oxygène ou une diminution de la teneur en hydrogène. L'oxydation accompagne aussi toute réaction lors de laquelle un substituant moins électronégatif est remplacé par un substituant plus électronégatif.

Oxymercuration (section 11.5) : addition de $—OH$ et de $—HgO_2CR$ à une liaison multiple.

Ozonolyse (section 8.11A) : clivage d'une liaison multiple effectué à l'aide d'ozone (O_3). La réaction conduit à la formation d'un composé cyclique appelé *ozonide*, qui est ensuite réduit en composés carbonylés par réduction, par exemple par un traitement au zinc dans l'acide acétique.

Paraffine (section 4.17) : terme auparavant utilisé pour désigner des alcanes.

Participation d'un groupe voisin (aussi appelé effet anchimérique) (problème 6.42) : effet induit par un groupe situé près du groupe fonctionnel participant à une réaction qui influe sur le cours ou la vitesse de cette réaction.

Périplanaire (section 7.6C) : se dit d'une conformation dans laquelle les groupes vicinaux se situent dans un même plan.

Peroxyacide (section 11.17) : acide qui contient une liaison simple oxygène–oxygène et dont la formule générale est RCO_3H. On l'appelle aussi peracide.

Peroxyde (section 10.1A) : composé contenant une liaison simple oxygène–oxygène.

Phospholipide (section 23.6) : composé structuralement issu d'un *acide phosphatidique*. Les acides phosphatidiques sont des dérivés du glycérol dans lesquels deux groupes hydroxyle sont liés à des acides gras et un groupe hydroxyle terminal est rattaché par une liaison ester à un acide phosphorique. Dans un phospholipide, le groupe phosphate de l'acide phosphatidique est rattaché par une liaison ester à un composé azoté tel que la choline, le 2–aminoéthanol ou la L–sérine.

Pic de base (section 9.14) : pic le plus intense d'un spectre de masse.

pK_a (section 3.5) : logarithme négatif de la constante d'acidité K_a. p$K_a = -\log K_a$

Plan de symétrie (section 5.5) : plan imaginaire qui bissecte une molécule de façon telle que les deux parties de la molécule sont en relation spéculaire (image spéculaire l'une de l'autre). Toute molécule qui présente un plan de symétrie est achirale.

Point isoélectrique (section 24.2C) : correspond à la valeur du pH lorsque les charges positives et les charges négatives d'un acide aminé ou d'une protéine sont en nombre égal.

Polarimètre (section 5.7B) : appareil servant à mesurer l'activité optique et le pouvoir rotatoire.

Polarisabilité (section 6.14C) : capacité du nuage électronique d'un atome ou d'une molécule non chargée de subir la distorsion engendrée par la présence d'une charge électrique.

Polymère (section 10.10) : grosse molécule constituée de nombreuses unités identiques. Ainsi, le polyéthylène est un polymère formé de nombreuses unités —$(CH_2CH_2)_n$—.

Polymère atactique (annexe A) : polymère dont la configuration aux centres stéréogéniques est aléatoire le long de la chaîne.

Polymère d'addition (section 10.10) : polymère qui résulte de l'addition successive de monomères à une chaîne (généralement par l'entremise d'une réaction en chaîne), sans perte d'atomes ou de molécules durant le processus.

Polymère de condensation (polycondensation) : (annexe B) : polymère issu d'une réaction entre des monomères bifonctionnels (ou potentiellement bifonctionnels) qui comporte l'élimination intermoléculaire d'eau ou d'alcool. Les polyesters, les polyamides et les polyuréthanes sont tous des polymères de condensation.

Polymère dendritique ou **dendrimère** (annexe B.5) : polymère obtenu à partir d'un noyau multifonctionnel par addition successive de couches d'unités récurrentes.

Polymère isotactique (annexe A) : polymère dans lequel la configuration le long de la chaîne est la même à chaque centre stéréogénique.

Polymère syndiotactique (annexe A) : polymère dans lequel la configuration aux centres stéréogéniques alterne régulièrement tout au long de la chaîne : (R), (S), (R), (S), etc.

Polysaccharide (section 22.1A) : glucide qui, sur le plan moléculaire, peut être hydrolysé pour donner de nombreuses molécules de monosaccharide.

Postulat de Hammond-Leffler (section 6.14A) : postulat selon lequel la structure et la géométrie de l'état de transition à une étape donnée s'apparentent davantage à celles des réactifs, lorsque l'énergie de ces derniers est plus près de l'énergie de l'état de transition, ou à celles des produits, dans le cas contraire. Ainsi, l'état de transition d'une étape endothermique s'apparentera davantage aux produits qu'aux réactifs, et inversement dans le cas d'une étape exothermique.

Pouvoir rotatoire spécifique (section 5.7C) : constante physique établie à partir de l'observation de la rotation d'un composé et calculée au moyen de l'équation suivante :

$$[\alpha]_D = \frac{\alpha}{c \times l}$$

où α représente la rotation optique observée et mesurée à l'aide de la raie D émise par une lampe au sodium, c correspond à la concentration de la solution exprimée en grammes par millilitres ou à la densité du liquide pur exprimée en $g \cdot mL^{-1}$, et l représente la longueur de la cellule en décimètres.

Principe aufbau (section 1.10) : principe qui permet d'attribuer les électrons aux orbitales d'un atome ou d'une molécule dans son état énergétique le plus faible, dit **état fondamental**. Selon ce principe, les électrons doivent d'abord être attribués aux orbitales de plus faible énergie.

Principe d'exclusion de Pauli (section 1.10) : principe selon lequel deux électrons d'un atome ou d'une molécule ne peuvent avoir les quatre mêmes nombres quantiques. En d'autres termes, pas plus de deux électrons peuvent occuper la même orbitale et ce, seulement si leurs nombres quantiques de spin sont de signe opposé. Dans un tel cas, on dit que les spins des électrons sont appariés.

Principe d'incertitude de Heisenberg (section 1.11) : principe fondamental selon lequel la position et la vitesse d'un électron (ou de tout objet) ne peuvent être mesurées simultanément de façon précise.

Prochiral (section 12.3) : se dit d'un groupe lorsque le remplacement de l'un de ses deux substituants identiques sur un atome tétraédrique engendre un nouveau centre stéréogénique. Se dit également d'un groupe trigonal plan (alcène, carbonyle) lorsque l'addition d'un réactif conduit à la formation d'un nouveau centre stéréogénique. Les deux groupes identiques ou les deux faces du groupe trigonal plan sont nommés *pro-R* et *pro-S*, selon la configuration qui résulterait dans l'hypothèse où chacun de ces groupes serait remplacé par un groupe de priorité supérieure suivante (mais pas supérieure à celle d'un autre groupe existant).

Projection de Fischer (sections 5.12 et 22.2C) : formule bidimensionnelle représentant la configuration et la structure tridimensionnelle d'une molécule chirale. Par convention, la chaîne carbonée principale est dessinée à la verticale avec tous les groupes en configuration éclipsée. Les lignes verticales représentent les liaisons qui se projettent derrière le plan de la page (ou qui sont situées dans le plan), tandis que les lignes horizontales illustrent les liaisons qui se projettent à l'avant du plan de la page.

Projection de Fischer   **Formule tridimensionnelle**

Projection de Newman (section 4.8) : représentation de l'arrangement spatial des groupes rattachés à deux atomes adjacents d'une molécule. Pour dessiner une projection de Newman, il faut se représenter la molécule à partir d'une de ses extrémités le long de l'axe de la liaison joignant les deux atomes. Les liaisons de l'atome frontal partent du centre d'un cercle, alors que celles de l'atome situé à l'arrière rayonnent à partir du pourtour du cercle.

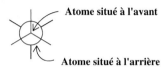

Atome situé à l'avant

Atome situé à l'arrière

Protéine (section 24.1) : polymère biologique de masse moléculaire élevée constitué d'acides α-aminés rattachés par des liaisons amide.

Pureté optique (section 5.8B) : pour un mélange d'énantiomères, pourcentage calculé en divisant le pouvoir rotatoire observé du mélange par le pouvoir rotatoire de l'énantiomère pur et en multipliant ce résultat par 100. La pureté optique équivaut à la pureté énantiomère ou à l'excès énantiomère.

Pyranose (section 22.2C) : glucide dont le cycle acétal ou hémiacétal est formé de six atomes.

R (section 2.5A) : symbole utilisé pour désigner un groupe alkyle. Il est également employé souvent pour représenter tout groupe organique.

Racémisation (section 6.13A) : se dit d'une réaction qui transforme un composé optiquement actif en un mélange racémique. Ce phénomène a lieu lorsque la réaction suscite la transformation d'une molécule chirale en un intermédiaire achiral.

Radical (ou **radical libre**) (section 3.1A) : espèce chimique non chargée qui possède un électron non apparié.

Réactif de Grignard (section 12.6B) : halogénure organomagnésien, qui s'écrit généralement RMgX.

Réaction bimoléculaire (section 6.6) : réaction dans laquelle deux espèces distinctes interagissent à l'étape qui détermine la vitesse.

Réaction d'addition (section 8.1) : réaction qui entraîne une augmentation du nombre de groupes liés à une paire d'atomes rattachés par une liaison double ou triple. La réaction d'addition est l'inverse de la réaction d'élimination.

Réaction de condensation (section 17.4) : réaction lors de laquelle des molécules s'unissent par élimination intermoléculaire d'eau ou d'alcool.

Réaction de substitution (sections 6.3 et 10.3) : réaction lors de laquelle un groupe en remplace un autre au sein d'une molécule.

Réaction de substitution nucléophile (section 6.3) : réaction déclenchée par un nucléophile (c'est-à-dire une espèce ayant une paire d'électrons libres) qui attaque un substrat pour prendre la place d'un substituant (appelé groupe sortant). Ce dernier se libère en emportant avec lui une paire d'électrons libres.

Réaction diastéréosélective (voir **Réaction stéréosélective** et section 12.3).

Réaction E1 (section 6.18) : réaction d'élimination unimoléculaire lors de laquelle, à l'étape qui détermine la vitesse (étape lente), un groupe sortant quitte le substrat pour former un carbocation. À l'étape subséquente (étape rapide), le carbocation perd un proton et forme une liaison π.

Réaction E2 (section 6.17) : réaction d'élimination bimoléculaire-1,2 lors de laquelle, en une seule étape, une base arrache un proton et un groupe sortant quitte le substrat. Il s'ensuit la formation d'une liaison π.

Réaction en chaîne (section 10.4) : réaction qui se déroule en étapes successives. Chaque étape engendre le réactif intermédiaire qui déclenche l'étape suivante. Ces étapes se regroupent en trois phases : l'*amorçage*, la *propagation* et la *terminaison*.

Réaction endergonique (section 6.8) : réaction lors de laquelle la variation d'énergie libre est positive.

Réaction endothermique (section 3.8A) : réaction qui donne lieu à une absorption de chaleur, auquel cas $\Delta H°$ est positif.

Réaction exergonique (section 6.8) : réaction lors de laquelle la variation d'énergie libre est négative.

Réaction exothermique (section 3.8A) : réaction qui donne lieu à un dégagement de chaleur, auquel cas $\Delta H°$ est négatif.

Réaction ionique (sections 3.1 et 6.3) : réaction dont les réactifs, les intermédiaires de réaction ou les produits sont des ions. Les réactions ioniques donnent lieu à la rupture hétérolytique des liaisons covalentes.

Réaction radicalaire (section 10.1) : réaction avec des radicaux libres. L'homolyse de liaisons covalentes conduit à des réactions radicalaires.

Réaction régioselective (section 8.2C) : réaction qui se traduit par la présence ou la prédominance d'un seul isomère de constitution, lorsque plus d'un sont susceptibles d'être produits.

Réaction S_N1 (sections 6.10 et 6.14) : réaction de substitution nucléophile unimoléculaire à étapes multiples lors de laquelle l'éjection, en une étape unimoléculaire, du groupe sortant précède l'attaque nucléophile. La vitesse de ces réactions est d'ordre un par rapport au substrat et d'ordre zéro par rapport au nucléophile.

Réaction S_N2 (sections 6.6, 6.7 et 6.14) : réaction de substitution nucléophile bimoléculaire réalisée en une seule étape. Un nucléophile attaque un carbone portant un groupe sortant à l'opposé de celui-ci, provoque une inversion de configuration de ce carbone et déplace le groupe sortant.

Réaction stéréosélective (sections 5.9B, 8.15 et 12.3) : dans le cas des réactions comportant une création ou une modification de centres stéréogéniques, une réaction stéréosélective produit un stéréo-isomère prépondérant. Une telle réaction peut être énantiosélective (un énantiomère est prépondérant) ou diastéréosélective (un diastéréoisomère est prépondérant).

Réaction stéréospécifique (section 8.7A) : réaction lors de laquelle un stéréo-isomère spécifique du réactif ou du substrat réagit de manière à donner un stéréo-isomère spécifique du produit.

Réaction unimoléculaire (section 6.10) : réaction dont l'étape déterminant la vitesse ne met en présence qu'une seule espèce.

Réarrangement (sections 3.1 et 7.8 A) : réaction dont le produit présente un squelette carboné différent de celui du produit de départ. Lors d'un réarrangement appelé migration-1,2, un groupe organique (et ses électrons) se déplace d'un atome à un atome voisin.

Réduction (section 12.2) : réaction qui abaisse l'état d'oxydation des atomes dans une molécule ou un ion. La réduction d'un composé organique donne généralement lieu à une augmentation de la teneur en hydrogène ou à une diminution de la teneur en oxygène. La réduction accompagne aussi toute réaction qui entraîne le remplacement d'un substituant plus électronégatif par un substituant moins électronégatif.

Règle de Hofmann (sections 7.6B et 20.13A) : une réaction d'élimination suit la règle de Hofmann lorsqu'elle donne lieu à l'alcène dont la liaison double est la moins substituée.

Règle de Hückel (section 14.7) : règle selon laquelle les monocycles plans ayant $(4n + 2)$ électrons π délocalisés (c'est-à-dire 2, 6, 10, 14 électrons π délocalisés, ou davantage) sont aromatiques.

Règle de Hund (section 1.10) : règle utilisée dans l'application du **principe aufbau**. Dans le cas des orbitales de même énergie (**orbitales dégénérées**), des électrons de spin identique s'ajoutent à chacune d'elles jusqu'à ce qu'elles soient toutes occupées. D'autres électrons s'ajoutent ensuite aux orbitales de façon à ce que leurs spins soient appariés.

Règle de l'azote (section 9.15A) : règle selon laquelle le composé parent contient un nombre pair d'atomes d'azote lorsque la masse de l'ion moléculaire dans un spectre de masse est un nombre pair, et inversement.

Règle de Markovnikov (section 8.2) : règle permettant de prédire la régiochimie des additions électrophiles aux alcènes et aux alcynes. Dans la formulation initiale retenue par Markovnikov en 1870, la règle stipule que « lors-

qu'un alcène dissymétrique réagit avec un halogénure d'hydrogène, l'ion halogénure se fixe à l'atome de carbone qui porte le plus petit nombre d'atomes d'hydrogène ». Aujourd'hui, la règle est plutôt énoncée en sens inverse : lors de l'addition d'un HX à un alcène ou à un alcyne, l'atome d'hydrogène se fixe sur l'atome de carbone qui porte le plus grand nombre d'atomes d'hydrogène. En termes plus modernes, la règle prévoit que *lors de l'addition ionique d'un réactif dissymétrique à une liaison multiple, la partie positive du réactif (l'électrophile) se fixe sur l'atome de carbone du réactif de manière à former le carbocation intermédiaire le plus stable.*

Règle de Zaitsev (section 7.6A) : règle selon laquelle le produit majoritaire d'une élimination est l'alcène le plus stable, c'est-à-dire l'alcène dont la liaison double est la plus fortement substituée.

Résolution (sections 5.15 et 20.3E) : processus de séparation des énantiomères d'un mélange racémique.

RMN ^{13}C sans découplage du proton (section 9.10D) : technique électronique utilisée en spectroscopie RMN ^{13}C qui permet le couplage entre les noyaux ^{13}C et ^{1}H à une distance d'une liaison. Dans les spectres obtenus grâce à cette technique, les groupes CH_3 apparaissent sous la forme de quadruplets, les groupes CH_2, de triplets, les groupes CH, de doublets. Les atomes de carbone qui ne portent pas d'hydrogène apparaissent sous la forme de singulets.

Saponification (section 18.7B) : hydrolyse d'un ester facilitée par une base.

Saturé (section 2.2) : se dit d'un composé qui ne contient aucune liaison multiple.

Série homologue (section 4.7) : ensemble de composés dont la différence entre tout composé et le suivant ou le précédent est toujours égale à une même unité.

Signe de phase (section 1.9) : signe, + ou −, qui caractérise toute équation décrivant l'amplitude d'une onde.

Solvant aprotique (section 6.14C) : solvant dont les molécules ne renferment aucun atome d'hydrogène lié à un élément fortement électronégatif (tel que l'oxygène). Dans la plupart des cas, cela signifie que les molécules d'un solvant aprotique ne contiennent pas de groupe —OH.

Solvant protique (sections 3.11 et 6.14C) : solvant dont les molécules renferment un atome d'hydrogène lié à un élément fortement électronégatif, comme l'oxygène ou l'azote. Les molécules d'un solvant protique peuvent ainsi former des liaisons hydrogène avec les paires d'électrons libres des atomes d'oxygène ou d'azote du soluté, ce qui les stabilise. L'eau, le méthanol, l'éthanol, l'acide formique et l'acide acétique constituent les solvants protiques les plus courants.

Solvolyse (section 6.13B) : il s'agit littéralement d'une lyse par le solvant. Réaction de substitution nucléophile dans laquelle une molécule de solvant tient lieu de nucléophile.

Spectre d'absorption (section 13.9A) : graphique des longueurs d'onde (λ) d'une région du spectre en fonction de l'absorbance (*A*) à chaque longueur d'onde. L'absorbance à une longueur d'onde particulière (A_λ) est représentée par l'équation $A_\lambda = \log (I_R/I_S)$, où I_R est l'intensité du faisceau de référence et I_S est l'intensité du faisceau de l'échantillon.

Spectre DEPT (d'augmentation sans déformation par transfert de polarisation) (section 9.10E) : ensemble de spectres RMN ^{13}C dans lesquels le signal de chaque type de carbone, C, CH, CH_2 et CH_3, est présenté isolément. Les données provenant de ces spectres servent à l'identification des différents types de carbone apparaissant sur un spectre RMN ^{13}C.

Spectre électromagnétique (section 9.2) : éventail complet des énergies de rayonnement propagées par les fluctuations d'onde dans le champ électromagnétique.

Spectrométrie de masse (section 9.12) : technique qui permet l'identification des structures moléculaires grâce à la production d'ions dans un champ magnétique et à la mesure du rapport masse/charge et de la quantité relative de chacun de ces ions.

Spectroscopie de résonance magnétique nucléaire (section 9.3) : méthode spectroscopique permettant de déterminer dans quelle mesure certains noyaux placés dans un champ magnétique intense absorbent une radiofréquence. Le spectre RMN ^{1}H et le spectre RMN ^{13}C sont ceux qui revêtent la plus grande importance pour les chimistes organiciens. Ces deux types de spectres fournissent des données structurales sur le squelette carboné d'une molécule, sur le nombre d'atomes d'hydrogène rattachés à chacun des atomes de carbone et sur l'environnement de ces atomes d'hydrogène.

Spectroscopie infrarouge (IR) (section 2.16) : type de spectroscopie optique qui permet de mesurer l'absorption d'un rayonnement infrarouge. La spectroscopie infrarouge apporte des données sur les groupes fonctionnels présents dans un composé étudié.

Spectroscopie ultraviolet-visible (UV-visible) (section 13.9) : type de spectroscopie optique qui mesure l'absorption de la lumière dans les régions du spectre correspondant aux rayonnements visible et ultraviolet. Les spectres UV-visible apportent surtout des données structurales sur le type et l'étendue de la conjugaison dans les liaisons multiples du composé étudié.

Stéréocentre ou **centre stéréogénique** (section 5.2) : atome portant des groupes dont la permutation de deux d'entre eux produit un stéréo-isomère.

Stéréochimie (section 5.4) : étude du mode d'occupation de l'espace qui caractérise les molécules et leurs composants.

Stéréo-isomères (sections 1.13B, 5.1 et 5.2) : composés qui ont la même formule moléculaire et qui ne diffèrent que par l'arrangement spatial de leurs atomes. Ces composés ont la même connectivité et, par conséquent, ne sont pas des isomères de constitution. Ils se répartissent en deux groupes : les énantiomères et les diastéréo-isomères.

Stéroïde (section 23.4) : lipide ayant comme structure de base le cycle du perhydrocyclopentanophénanthrène suivant :

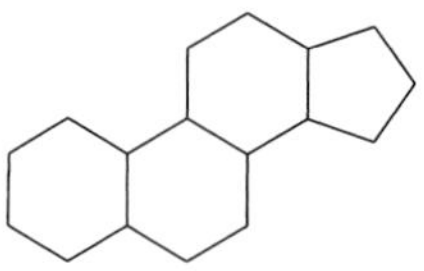

Stœchiométrie (section 6.6) : nombre d'espèces chimiques présentes lors d'une étape donnée d'une réaction, plus particulièrement lors de l'étape qui en détermine la vitesse. Correspond généralement à l'ordre d'une réaction.

Structure de Kekulé (sections 2.2D et 14.4) : structure sur papier dans laquelle des lignes représentent les liaisons. La structure de Kekulé du benzène montre six atomes de carbone en hexagone où les liaisons simples et doubles alternent. Un atome d'hydrogène est rattaché à chacun des carbones.

Structure de Lewis (section 1.4B) : représentation d'une molécule dans laquelle les paires d'électrons sont symbolisées par deux points ou par un trait.

Structure de résonance (ou **formes limites de résonance**) (sections 1.8 et 13.5) : structures de Lewis qui ne diffèrent que par la position de leurs électrons. La représentation adéquate d'une molécule fait appel à un *hybride* de toutes les structures de résonance, plutôt qu'à une seule d'entre elles.

Structure primaire (section 24.5) : structure covalente d'un polypeptide ou d'une protéine. Cette structure est déterminée en grande partie grâce à l'identification de la séquence d'acides aminés d'une protéine.

Structure secondaire (section 24.8) : conformation locale du squelette d'un polypeptide. Une telle conformation locale est identifiée d'après son mode de repliement régulier. Les structures secondaires les plus fréquentes sont le feuillet plissé, l'hélice-α et les coudes.

Structure tertiaire (section 24.8B) : structure tridimensionnelle d'une protéine qui résulte du repliement de ses chaînes polypeptidiques superposant les hélices-α et les feuillets plissés qui constituent ses éléments de structures secondaires.

Substituant allylique (section 13.2) : substituant sur un carbone adjacent à une double liaison carbone–carbone.

Substituant benzylique (section 15.15) : substituant sur un atome de carbone adjacent à un cycle benzénique.

Substituant vinylique (section 6.1) : substituant rattaché à un atome de carbone qui est engagé dans une double liaison carbone-carbone.

Substrat (section 6.3) : molécule ou ion qui subit une réaction.

Sucre (section 21.1A) : glucide.

Surface de densité électronique (section 1.12B) : une surface de densité électronique indique les points dans l'espace où la densité électronique est la même. Une telle surface peut être calculée pour toute valeur de densité électronique. Une surface de densité électronique « élevée » (aussi appelée aire de densité électronique « de liaison ») représente *l'essentiel* de la densité électronique des régions dans lesquelles les atomes voisins partagent les électrons et les liaisons covalentes se forment. Une surface de densité électronique « faible » représente généralement le périmètre du nuage électronique d'une molécule. Cette surface nous renseigne sur la géométrie et le volume moléculaires et correspond habituellement à la surface de Van der Waals d'une molécule.

Synthon (section 8.15) : fragments qui résultent de la déconnexion (sur papier) d'une liaison. Lors d'une étape de synthèse, le réactif qui conduit à la formation d'un synthon porte le nom d'*équivalent synthétique*.

Système conjugué (section 13.1) : molécules ou ions qui possèdent un système π étendu. Un système conjugué a une orbitale *p* sur un atome adjacent à une liaison multiple; l'orbitale *p* peut être celle d'une autre liaison multiple ou celle d'un radical, d'un carbocation ou d'un carbanion.

Système d'identification D et L (section 22.2B) : méthode permettant d'indiquer la configuration des monosaccharides et d'autres composés semblables, dont le composé de référence est le (+) ou le (−)-glycéraldéhyde. En vertu de cette méthode, le (+)-glycéraldéhyde est dénommé D-(+)-glycéraldéhyde, alors que le (−)-glycéraldéhyde est le L-(−)-glycéraldéhyde. Par conséquent, un monosaccharide dont le centre stéréogénique ayant le numéro d'ordre le plus élevé présente la même configuration générale que le D-(+)-glycéraldéhyde est un glucide D ; un monosaccharide dont le centre stéréogénique ayant le numéro d'ordre le plus élevé présente la même configuration générale que le L-(−)-glycéraldéhyde porte le nom de glucide L.

Système E-Z (section 7.2) : système de nomenclature employé pour décrire la stéréochimie des alcènes diastéréo-isomères et basé sur la priorité des groupes telle qu'établie dans la convention de Cahn-Ingold-Prelog.

Système R-S (section 5.6) : type de désignation de la configuration des centres stéréogéniques tétraédriques selon les règles Cahn-Ingold-Prelog.

Tautomères (section 17.2) : isomères constitutionnels qui s'interconvertissent facilement. Ainsi, les tautomères cétone–énol s'interconvertissent rapidement en présence d'acides et de bases.

Tension angulaire (section 4.11) : augmentation d'énergie potentielle d'une molécule (généralement cyclique) causée par une déformation des angles de liaison, qui l'éloigne de son état énergétique le plus bas.

Tension de torsion (section 4.11) : tension associée à la conformation éclipsée d'une molécule. Elle résulte des répulsions entre les paires d'électrons alignées dans les liaisons éclipsées.

Tension du cycle (section 4.11) : différence entre l'énergie potentielle, plus élevée, d'une molécule à l'état cyclique et son énergie potentielle à l'état acyclique. Elle est habituellement déterminée grâce à la mesure des chaleurs de combustion.

Terpène (section 23.3) : lipide ayant une structure qui peut être représentée sur papier par un ensemble d'unités isopréniques reliées entre elles.

Théorie acide-base de Brønsted-Lowry (section 3.2A) : théorie selon laquelle un acide est une substance qui peut céder (ou perdre) un proton, tandis qu'une base est une substance qui peut accepter (ou arracher) un proton. Lorsqu'une base accepte un proton, la molécule ou l'ion qui se forme est un **acide conjugué**. Lorsqu'un acide perd un proton, la molécule ou l'ion qui se forme est une **base conjuguée**.

Théorie acide-base de Lewis (section 3.2B) : théorie selon laquelle un acide est une substance qui accepte une paire d'électrons, alors qu'une base est une substance qui donne une paire d'électrons.

Tosylate (section 11.10) : ester de l'acide *p*-toluène-sulfonique.

Unité isoprénique (section 23.3) : nom de l'unité structurale de base de tous les terpènes.

Variation d'énergie libre (section 3.9) : la *variation standard d'énergie libre*, $\Delta G°$, est la mesure de la différence d'énergie libre entre deux systèmes à l'état standard. À température constante, $\Delta G° = \Delta H° - T\Delta S° = -RT \ln K_{eq}$, où $\Delta H°$ est la variation d'enthalpie standard, $\Delta S°$ est la variation d'entropie standard et K_{eq} est la constante d'équilibre. Lorsque la valeur de $\Delta G°$ est négative, cela indique qu'à l'équilibre une réaction favorise la formation des produits.

Variation d'enthalpie (sections 3.8 et 3.9) : aussi appelée chaleur de réaction. La *variation d'enthalpie standard*, $\Delta H°$, est la mesure de la différence d'enthalpie qui survient lorsqu'un système à l'état standard se transforme en un autre système à l'état standard. Dans une réaction, $\Delta H°$ est la mesure de la différence entre l'énergie totale des liaisons dans les réactifs et celle dans les produits. Cette mesure représente la variation d'énergie potentielle des molécules lorsqu'elles participent à une réaction. La relation entre la variation d'enthalpie, la **variation d'énergie libre**, $\Delta G°$, et la **variation d'entropie**, $\Delta S°$, s'exprime ainsi :

$$\Delta H° = \Delta G° + T\Delta S°$$

Variation d'entropie (section 3.9) : la variation d'entropie standard, $\Delta S°$, est la mesure de la différence d'entropie entre deux systèmes à l'état standard. Elle est liée aux modifications affectant l'ordre relatif d'un système. Plus un système est désordonné, plus son entropie est élevée. Lorsque le désordre d'un système s'accentue, sa variation d'entropie est positive.

Vicinal (*vic*) (section 7.9) : se dit des substituants situés sur des atomes adjacents.

Ylure (section 16.10) : molécule électriquement neutre qui possède un carbone négatif ayant une paire d'électrons libres adjacente à un hétéroatome positif.

Zwittérion (voir **ion dipolaire**) : autre nom d'un ion dipolaire.

SOURCES DES PHOTOGRAPHIES ET DES ILLUSTRATIONS

Protein Data Bank: de nombreuses images représentant des structures moléculaires ont été produites à partir de données tirées de la Protein Data Bank (PDB). Les fichiers de données de la PDB ayant servi à représenter ces structures moléculaires sont identifiés dans les sources présentées ci-dessous et sont indiqués selon les numéros du chapitre et de la page où apparaissent les structures. Les sources présentées ci-après sont plus générales.

ABOLA, E.E. et coll. dans *Crystallographic Databases-Information Content, Software Systems, Scientific Applications* (sous la direction de F.H. Allen, G. Bergerhoff et R. Sievers), Bonn/Cambridge/Chester, Data Commission of the International Union of Crystallography, 1987, p. 107-132.

BERNSTEIN, F.C. et coll. « The Protein Data Bank: A Computer-based Archival File for Macromolecular Structures » dans *J. Molec. Biol.*, vol. 122, 1977, p. 535-542.

The Research Collaboratory for Structural Bioinformatics : http://www.rcsb.org/pdb.

CHAPITRE 1

Préambule : la Terre, vue de l'espace. Gracieuseté de la NASA. **Page 2** : un ribozyme. PDB ID : IATO. M.H. Kolk, H.A. Heus et C.W. Hilbers, « The Structure of the Isolated, Central Hairpin of the HDV Antigenomic Ribozyme: Novel Structural Features and Similarity of the Loop in the Ribozyme and Free in Solution » dans *Embo. J.*, vol. 16, 1997, p. 3685. **Page 7** : John Hagemeyer. Reproduction tirée de The Collections of the Library of Congress.

CHAPITRE 2

Préambule : courtepointe américaine du sida. Mikki Ansin/Gamma Liaison. **Page 60** : appareil servant à la mesure du point de fusion et **Page 64** : appareil de distillation à l'échelle microscopique : ces deux dernières figures proviennent de *Introduction to Organic Laboratory Techniques: A Microscale Approach*, 2ᵉ éd., Donald L. Pavia et coll., © 1995, Saunders College Publishing, reproduction autorisée par l'éditeur. **Page 66** : représentation de la structure hélicoïdale α d'un polypeptide. Tirée de *Biochemistry*, 2ᵉ éd., D. Voet et J.G. Voet, © 1995, John Wiley & Sons, Inc. Illustration, © Irving Geis. **Page 67**, *figure 2.10* : schéma provenant de *Principles of Instrumental Analysis*, 5ᵉ éd., Douglas A. Skoog, James F. Holler et Timothy Nieman, © 1998, Harcourt Brace & Company, reproduction autorisée par

l'éditeur. **Page 71**, *figures 2.13* et *2.14* : publication de Sadtler Standard Spectra® autorisée et tous droits réservés par BIO-RAD Laboratories, Sadtler Division. **Page 73**, *figures 2.15B* et *2.16* : adaptation de R. Silverstein et F. X. Webster, *Spectrometric Identification of Organic Compounds*, 6ᵉ éd., © 1999, John Wiley & Sons, Inc.

CHAPITRE 3

Préambule : alpinisme en Alaska. Chris Noble/Tony Stone Images/New York, Inc. **Page 88** : © The Nobel Foundation. **Page 97**, *figure 3.5* : adaptation de *General Chemistry: Principles and Structure*, J.E. Brady et G.E. Humiston, © 1975, John Wiley & Sons, Inc. **Page 104**, *tableau 3.2* : adaptation de *Advanced Organic Chemistry*, 3ᵉ éd., J. March, © 1985, John Wiley & Sons, Inc.

CHAPITRE 4

Préambule : photographie par microscopie électronique colorée d'un muscle cardiaque sain. Gopal Murti/Science Photo Library/Photo Researchers. **Page 116** : gracieuseté du Page Museum at the La Brea Tar Pits. **Page 117** *(photo)* : Richard During/Tony Stone Images/New York, Inc. **Page 117**, *tableau 4.1* : tiré de *Elements of General, Organic, and Biological Chemistry*, 9ᵉ éd., J.R. Holum, © 1995, John Wiley & Sons, Inc. **Page 134** : gracieuseté des Archives de l'université d'État de l'Ohio. **Pages 135, 143** *(en haut et en bas)* et **158** : The Nobel Foundation.

CHAPITRE 5

Préambule : galaxie de type spirale. © 1986, Anglo-Australian Observatory, photographie de David Malin. **Page 172** : © Nuridsany et Pérennou/Photo Researchers. **Page 175** : gracieuseté de K.U. Ingold. **Page 181**, *figure 5.12* : tirée de *Organic Chemistry: A Brief Course*, J.R. Holum, © 1975, John Wiley & Sons, Inc.

CHAPITRE 6

Préambule : boulet de démolition à l'œuvre contre un mur. Andy Whale/Tony Stone Images/New York, Inc. **Page 211** *(en haut et en bas)* : gracieuseté de University College London Library, Manuscripts & Rare Books, © University College London. **Page 214**, *figure 6.3* : adaptation de *Rate and Equilibria of Organic Relations*, J.E. Leffler et E. Grunwald, © 1963, John Wiley & Sons, Inc. **Page 220** : © The Nobel Foundation. **Page 227**, *figure 6.12* : adaptation de *Introduction to Free Radical Chemistry*, W.A. Pryor, © 1966, Prentice-Hall, Inc.

CHAPITRE 7

Préambule : caribous en Alaska. Daniel J. Cox/Tony Stone Images/New York, Inc. **Page 274** : Hélène Décoste.

CHAPITRE 8

Préambule : éponge de mer *Xestospongia muta,* Îles Caïman. Andrew J. Martinez/Photo Researchers.

CHAPITRE 9

Préambule : spectromètre de RMN muni d'un aimant supraconducteur. Gracieuseté de Varian, Inc. **Page 357** : Harry Sieplinga/The Image Bank. **Page 359** *(adaptation de)* et **Page 363**, *tableau 9.3* : tirés de *Spectrometric Identification of Organic Compounds,* 6e éd., R. Silverstein et F.X. Webster, ©1998, John Wiley & Sons, Inc. **Page 360**, *figure 9.32* : tirée de *Organic Chemistry: A Brief Course,* J.R. Holum, © 1975, John Wiley & Sons, Inc. **Page 368**, *tableau 9.4* : tiré de *Mass Spectrometry and Its Applications to Organic Chemistry,* J.H. Beynon, © 1960, Academic Press, Inc. **Page 378**, *figure 9.46* : © BIO-RAD Laboratories, Sadtler Division. Publication de Sadtler Standard Spectra® autorisée et tous droits réservés par BIO-RAD Laboratories, Sadtler Division.

CHAPITRE 10

Préambule : propulsée par les réactions radicalaires engendrées par la combustion, une balle de revolver sectionne les brins entrecroisés d'une ficelle ressemblant à ceux de l'ADN. Charles Miller/Northpoint Photo. **Pages 383** et **384** : calichéamicyne γ_1^1 fixée à l'ADN. PDB ID : 2PIK. R.A. Kumar, N. Ikemoto et D.J. Patel, « Solution Structure of the Calicheamicin γ_1^1 -DNA Complex » dans *J. Mol. Biol.,* vol. 265, 1997, p. 187. **Page 384** : Structure de la calichéamicyne γ_1^1. Tirée de *Chemistry and Biology,* vol. 1, n° 1, 1994, p. 26. Réimpression autorisée par Current Biology, Ltd., London.

CHAPITRE 11

Préambule : gerbeuse robotisée transportant des boîtes de carton d'un côté à un autre. Gerard Fritz/FPG International. **Page 429** : Rod Westwood/The Image Bank.

CHAPITRE 12

Préambule : une gousse de soya mature, source de niacine. Tony Stone Images/New York, Inc. **Page 476** : gracieuseté de Aldrich Chemical Co. **Page 485** : © The Nobel Foundation.

CHAPITRE 13

Préambule : cérémonie de remise des prix Nobel à Stockholm, en Suède. Les lauréats de 1995 sont assis à gauche du podium. AP/Wide World Photos. **Page 526**, *figure 13.8* : BIO-RAD Laboratories, Sadtler Division. Publication de Sadtler Standard Spectra® autorisée et tous droits réservés par BIO-RAD Laboratories, Sadtler Division. **Page 531**, *figure 13.B* : tirée de *The Journal of General Physiology,* vol. 25, 1942, p. 819-840, avec l'autorisation de The Rockefeller University Press.

CHAPITRE 14

Préambule : résidus de plastique à recycler (*à gauche*) et hydrocarbure dérivé du recyclage de ces résidus (*à droite*). James King-Holmes/Science Photo Library/Photo Researchers. **Page 562**, *figure 14.9* : republication autorisée par *Accounts of Chemical Research,* vol. 25, p. 119-126. © 2000, American Chemical Society. **Page 569** *(en haut)* : gracieuseté du professeur Charles M. Lieber, université Harvard. **Page 569** *(en bas, à gauche, au centre et à droite)* : AP/Wide World Photos. **Page 577** : Hélène Décoste. **Pages 582** et **583**, *figures 14.30 et 14.32* : le spectre est une gracieuseté de Aldrich Chemical Co., Milwaukee, WI. **Page 585** : schéma de la synthèse de prostaglandine $F_{2\alpha}$ et E_2. Republication autorisée par *Journal of American Chemical Society,* vol. 91, p. 5675-5677. © 1969, American Chemical Society. **Page 585** : schéma de la synthèse du chlorure de callistéphine. Republication autorisée par *Journal of Chemical Society,* p. 1455-1472. © 1928, American Chemical Society.

CHAPITRE 15

Préambule : le varech, une source naturelle d'iode. Darryl Torckler/Tony Stone Images/New York, Inc. **Page 594** *(en haut et en bas)* : gracieuseté de Edgar Fahs Smith Collection, Van Pelt Library, université de la Pennsylvanie. **Page 612** : la biosynthèse de la thyroxine. Adaptation de *Biochemistry,* 2e éd., D. Voet et J.G. Voet, © 1995, John Wiley & Sons, Inc.

CHAPITRE 16

Préambule : le blé, source de vitamine B_6. Champ photographié dans la région de Palouse, dans l'État de Washington. Grant Heilman/Grant Heilman Photography, Inc. **Page 677** : schéma de la synthèse de l'acide ascorbique. Republication autorisée par *Journal of Chemical Society,* p. 1419. © 1933, American Chemical Society.

CHAPITRE 17

Préambule : véliplanchiste déployant beaucoup d'efforts. **Page 708** : schéma de la structure de la calichéamicyne γ_1^1. Republication tirée de *Chemistry and Biology,* vol. 1, n° 1, p. 26, et autorisée par Current Biology Ltd., London. **Page 714** : schéma du cholestérol. Republication autorisée par *Journal of American Chemical Society,* vol. 74, p. 4223. © 1952, American Chemical Society.

CHAPITRE 18

Préambule : fabrication de fibres de nylon servant à tisser des tapis. Ted Horowitz/The Stock Market. **Page 748** :

Michael Rosenfeld/Tony Stone Images/New York, Inc. **Page 762**, *figure 18.5* : publication de Sadtler Standard Spectra ® autorisée et tous droits réservés par BIO-RAD Laboratories, Sadtler Division. **Page 773**, *figure B.1* et **page 774**, *figure B.2* : republication autorisée par *Macro-molecules,* vol. 24, p. 1443-1444. © 1991, American Chemical Society.

CHAPITRE 19

Préambule : individu masqué participant au carnaval de Venise, en Italie. Grant V. Faint/The Image Bank. **Page 798** : la thymidylate synthase. PDB ID : ITSN. D.C. Hyatt, F. Maley et W.R. Montfort, « Use of Strain in a Stereospecific Catalytic Mechanism: Crystal Structures of *E. Coli* Thymidylate Synthase Bound to F-DUMP and 4-Methylenetetrahydrofolate » dans *Biochemistry,* vol. 36, 1997, p. 4585. **Page 799** : adaptation de *Biochemistry,* 2e éd., D. Voet et J.G. Voet, © 1995, John Wiley & Sons, Inc. **Page 814** : structure de l'acide déhydroabiétique. Tirée de *Selected Organic Synthesis*, I. Fleming, © 1973, John Wiley & Sons, Ltd. Republication autorisée par John Wiley & Sons, Ltd. **Page 825**, *figure D.1* : tirée de *Biochemistry*, L.H. Lehninger, © 1970, W.H. Freeman. Republication autorisée.

CHAPITRE 20

Préambule : grenouille dont on tire le curare, un poison avec lequel des peuplades d'Amazonie enduisent les pointes de leurs flèches. Stephen J. Kraseman/Photo Researchers. **Page 764**, *figure 20.4* : tirée de *Essentials of Molecular Pharmacology*, A. Korolkovas, © 1970, John Wiley & Sons, Inc. **Page 888** : Morley Read/Science Photo Library/Photo Researchers.

CHAPITRE 21

Préambule : calice en argent datant du 1er siècle. Scala/Art Resource, New York. **Page 915** : modélisation moléculaire du benzyne. Créée par Jan Haller; republication autorisée par Ralf Warmuth. **Page 921** : schéma de la synthèse de la thyroxine optiquement pure. Tiré de *Selected Organic Synthesis*, I. Fleming, © 1973, John Wiley & Sons, Ltd. Republication autorisée par John Wiley & Sons, Ltd.

CHAPITRE 22

Préambule : photographie en microscopie électronique colorée de globules rouges et de leucocytes. Andrew Syred/Tony Stone Images/New York, Inc. **Page 957** : schéma d'une réaction inflammatoire. Republication autorisée par *Chemical Reviews*, vol. 98, p. 833-862. © 1998, American Chemical Society. **Page 959** : schéma d'un chloroplaste du maïs. Adaptation de *Biochemistry,* 2e éd., D. Voet et J.G. Voet, © 1995, John Wiley & Sons, Inc. **Page 962** : gracieuseté de Edgar Fahs Smith Collection,

Van Pelt Library, université de la Pennsylvanie. **Page 986** : The Photo Works/Photo Researchers. **Page 964** : formules de Haworth. Tirée de *Organic Chemistry: A Brief Course*, J.R. Holum, © 1975, John Wiley & Sons, Inc. **Page 981** : la famille des D-aldohexoses. Tirée de *Organic Chemistry*, L.F. Fieser et M. Fieser, © 1956, International Thompson. Republication autorisée. **Page 986** : Hélène Décoste. **Page 989** : amylose. Adaptation de *Biochemistry*, 2e éd., D. Voet et J.G. Voet, © 1995, John Wiley & Sons, Inc. Illustration © Irving Geis. **Page 991** : structure moléculaire proposée pour la cellulose. Adaptation de *Biochemistry*, 2e éd., D. Voet et J.G. Voet, © 1995, John Wiley & Sons, Inc.

CHAPITRE 23

Préambule : axone d'un neurone entouré de sa gaine de myéline. C. Raines/Visuals Unlimited. **Page 1004** : représentation schématisée d'un axone recouvert de sa gaine de myéline. Adaptation de *Biochemistry*, 2e éd., D. Voet et J.G. Voet, © 1995, John Wiley & Sons, Inc. **Page 1007**, *tableau 23.2* : tableau de la teneur en acides gras de graisses et d'huiles courantes, déterminée par hydrolyse. Republication tirée de *Biology Data Book* et autorisée par la Federation of American Societies for Experimental Biology, Bethesda, MD dans *Organic and Biological Chemistry*, J.R. Holum, © 1978, John Wiley & Sons, Inc. **Page 1008** *(photo)* : gracieuseté de Proctor & Gamble. **Page 1008** *(structure de l'Olestra)* : adaptation autorisée par *Journal of Chemical Education,* vol. 74, no 4, 1997, p. 370-372, © 1997, Division of Chemical Education, Inc. **Page 1026**, *figure 23.8* : adaptation de *Fundamentals of Biochemistry*, 2e éd., D. Voet, J.G. Voet et C.W. Pratt, © 1999, John Wiley & Sons, Inc.

CHAPITRE 24

Préambule : représentation infographique d'anticorps se déplaçant dans une artère. Alfred Pasieka/Science Photo Library/Photo Researchers. **Pages 1033** et **1066** : un anticorps catalytique permettant une réaction de Diels-Alder. PDB ID : 1A4K. F.E. Romesburg et coll., « Immunological Origins of Binding and Catalysis in a Diels–Alderase Antibody » dans *Science*, vol. 279, 1998, p. 1929. **Page 1044** : graphique illustrant les résultats donnés par un analyseur automatisé d'acides aminés. Republication autorisée par *Analytical Chemistry*, vol. 30, p. 1190. © 1958, American Chemical Society. **Page 1050** : Stan Flegler/Visuals Unlimited. **Page 1056** *(photo)* : gracieuseté de Kenneth Dunmire, Pacific Lutheran University. **Page 1057** *(figure 24.8)* : géométrie et longueur de liaison d'un lien peptidique. Adaptation de *Biochemistry*, 2e éd., D. Voet et J.G. Voet, © 1995, John Wiley & Sons, Inc. Republication autorisée par John Wiley & Sons, Inc. **Page 1058**, *figure 24.9* : adaptation de *Biochemistry*, 2e éd., D. Voet et J.G. Voet, © 1995, John Wiley & Sons, Inc. Illustration © Irving Geis. **Page 1059**, *figure 24.10* : adaptation de *Biochemistry*, 2e éd., D. Voet et J.G. Voet,

© 1995, John Wiley & Sons, Inc. Illustration © Irving Geis. **Page 1060**, *figure 24.11* : anhydrase carbonique. PDB ID: 1CA2. A.E. Eriksson, T.A. Jones et A. Liljas, « Refined Structure of Human Carbonic Anhydrase at 2.0 Angstroms Resolution » dans *Proteins Struct., Funct.,* vol. 4, 1988, p. 274. **Page 1061**, *figure 24.12* : myoglobine. PDB ID : 1MBD. S.E.V. Phillips, « Structure and Refinement of Oxymyoglobin at 1.6 Angstroms Resolution » dans *J. Mol. Biol.,* vol. 142, 1980, p. 531. **Pages 1063** *(en marge)* et **1065**, *figure 24.15C* : lysozyme. PDB ID : 1AZF. K. Lim et coll., « Location of Halide Ions » dans *Tetragonal Lysozyme Crystals.* En voie de publication. **Page 1064** : citation tirée de David C. Phillips, « The Three-Dimensional Structure of an Enzyme Molecule », © 1966, Scientific American, Inc. Tous droits réservés. Page **1063**, *figure 24.13* : adaptation de *Biochemistry,* 2ᵉ éd., D. Voet et J.G. Voet, © 1995, John Wiley & Sons, Inc. **Page 1066** *(en marge)* et *figure 24.16* : la trypsine. PDB ID : 1MAX. J.A. Bertrand et coll., *Inhibition of Trypsin and Thrombin by Amino(4-amidinophenyl)-methanephosphonate Diphenyl Ester Derivatives: X-Ray Structures and Molecular Models.* En voie de publication. **Page 1065**, *figure 24.15A* : adaptation autorisée par Atlas of Protein in Sequence and Structure, sous la direction de Margaret O. Dayhoff, 1969. Reproduction de la figure autorisée par la National Biomedical Research Foundation. **Page 1065**, *figure 24.15B* : tirée de David C. Phillips, « The Three-Dimensional Structure of an Enzyme Molecule », © 1966, Scientific American, Inc.

Tous droits réservés. **Page 1070**, *figure 24.20* : l'hémoglobine. PDB ID : 1OUU. Jr. Tame, J.C. Wilson et R.E. Weber, « The Crystal Structures of Trout HB I in the Deoxy and Carbonmonoxy Forms » dans *J. Mol, Biol.,* vol. 259, 1996, p. 749.

CHAPITRE 25

Préambule : gel d'électrophorèse utilisé pour séquencer l'ADN. **Page 1083**, *tableau 25.1*: tiré de E.L. Smith, R.L. Hill et coll., *Principles of Biochemistry: General Aspects,* p. 132. © 1983, McGraw-Hill Inc. Reproduction autorisée par McGraw-Hill Companies. **Page 1084**, *figure 25.6* : tirée de A.L. Neal, *Chemistry and Biochemistry: A Comprehensive Introduction,* © 1971, McGraw-Hill Inc. Reproduction autorisée par McGraw-Hill Companies. **Page 1085**, *figure 25.7*: republication tirée de L. Pauling et R. Corey, *Archives of Biochemistry and Biophysics,* vol. 65, p. 164, et autorisée par Academic Press, Orlando, FL. **Page 1091**, *figure 25.12* : un ARN de transfert. PDB ID : 4TNA. E. Hingerty, R.S. Brown et A. Jack, « Further Refinement of the Structure of Yeast tRNA$_{Phe}$ » dans *J. Mol. Biol.,* vol. 124, 1978, p. 523. **Page 1093**, *figure 25.14* : tirée de David C. Phillips, « The Three-Dimensional Structure of an Enzyme Molecule », © 1966, Scientific American, Inc. Tous droits réservés. **Page 1095**, *figure 25.15* : adaptation de *Biochemistry,* 2ᵉ éd., D. Voet et J.G. Voet, © 1995, John Wiley & Sons, Inc. **Page 1096**, *figure 25.16* : gracieuseté de David Dressler, département de biochimie, université Oxford, Angleterre.

Index

A

Absorption, spectre d' 526
Acétaldéhyde, interactions
  dipôle–dipôle 61
Acétals
  aldéhydes et cétones 650–654
  glucides 958
  monosaccharides 971
Acétamide, structure de l' 57
Acétate
  de sodium, forces électrostatiques 61
  et éthoxyde, ions 101
Acétone
  interactions dipôle-dipôle 61
  propène 45
N-Acétyl D-glucosamine, glucides
  aminés 994
Acétylcholinestérase
  amines 844
Acide(s)
  acétiques. Voir Acides acétiques
  adipique, industrie chimique 550
  alcanedioïques, nomenclature et
    propriétés physiques des 722
  aldariques (oxydation à l'acide nitrique),
    monosaccharides 973
  aldoniques, synthèse des 972–973
  aminés L, pharmacologie 188
  aminés. Voir Acides aminés
  benzoïques 57
  carbonique dérivé de l' 751
  carboxyliques. Voir Acides
    carboxyliques; Acides
    carboxyliques et dérivés
  chloroacétique 104
    et acide acétique, effet inductif 103
    paramètres thermodynamiques 103
  chlorobenzoïque, déshalogénation
    bactérienne d'un dérivé des
    BPC 913
  désoxyribonucléique. Voir Acide
    désoxyribonucléique (ADN)
  dicarboxyliques, nomenclature et
    propriétés physiques
    des 721–722
  et bases. Voir Acides et bases
  formiques
    acides carboxyliques 57
    nomenclature des 120
  galacturonique, importance biologique
    de l' 992
  glucuronique, importance biologique
    de l' 992
  gras 1005–1012. Voir aussi Lipides;
    Triacylglycérols
    biosynthèse des 821–824
    courants 1006
    description des 1005–1006
    réactions des 1011–1012
  gras insaturés

fluidité de la membrane
  cellulaire 249–250
  réactions des 1012
gras saturés
  description des 1005
  fluidité de la membrane cellulaire
    249–250
  réactions des 1011
α-halogénés (réaction de Hell-Volhard-
  Zelinski), acides carboxyliques
  et dérivés 749–750
nitreux, réactions des amines avec l' 853
nucléiques. Voir Acides nucléiques
réactions
  acide-base 81
  avec les phénols 903
ribonucléique. Voir Acide ribonucléique
  (ARN)
salicylique, applications médicales
  de l' 969
sulfurique, addition aux alcènes 294
uroniques, importance biologique
  des 992
Acide désoxyribonucléique (ADN)
  1082–1088. Voir aussi Acides
  nucléiques; Acide ribonucléique
  (ARN)
  calichéamycine gamma (γ) et 383–384
  carcinogènes et 458
  chiralité 172
  composés aromatiques 571–572
  composés carbonés 2
  détermination de la séquence de
    bases 1094–1096
  5-fluoro-uracile 777–778
  liens familiaux 1075
  radiations ultraviolettes 577
  réaction(s)
    en chaîne de la polymérase
      (PCR) 1098–1099
    radicalaires 386
    réplication de l' 1086–1088
  structure
    primaire 1082
    secondaire 1082–1086
Acide ribonucléique (ARN) 1088–1094.
  Voir aussi Acide désoxyribonucléique (ADN); Acides nucléiques
  code génétique 1090–1094
  composés
    aromatiques 571–572
    carbonés 2
  de transfert 1089–1090
  messager, synthèse de 1088–1089
  ribosomes 1089
Acides acétiques
  acides carboxyliques 57
  esters 58
  et acide chloroacétique, effet
    inductif 102–103
  nomenclature des 120

paramètres thermodynamiques des 104
substitués, synthèse des 790–793
synthèse malonique 790–793
Acides aminés 1033–1071. Voir aussi
  Polypeptides et protéines; Protéines
  en tant qu'ions dipolaires 1035–1039
  essentiels 1035
  nomenclature des 1035
  phénols 895
  résidus d' 1042
  structures des 1035
  synthèse des acides α-aminés
    à partir du phtalimide 1039
    acides aminés racémiques 1041
    aminolyse directe 1039
    stéréosélective 1041–1045
    synthèse de Strecker 1040
Acides carboxyliques 99–105
  alcools (comparaison) 99–100
  décarboxylation 752–754
  distinguer et séparer les phénols
    des 903
  effet
    de résonance 100–101
    inductif 102
  oxydation des alcools primaires en 480
  phénols, réaction avec les 903
  réaction de transfert de proton 105
  spectroscopie infrarouge 66
  structure des 57
Acides carboxyliques et dérivés 717–760
  acides α-halogénés (réaction de
    Hell-Volhard-Zelinski) 749–750
  addition–élimination sur le carbone
    acyle 728–730
  amides 741–748
  anhydrides d'acides carboxyliques
    732–733
  chlorures d'alcanoyle 731–732
  décarboxylation 752–754
  dérivés de l'acide carbonique 750–752
  esters 733–740
  nomenclature des 718–726
  pénicillines 748
  polymères de polycondensation 771–776
  préparation des acides carboxyliques
    726–728
  propriétés physiques des 718–726
  tests qualitatifs de caractérisation des
    composés acyle 755
  thiamine 754
  transferts d'acyle 717–718
Acides et bases 79–110
  amines, basicité 835
  anhydrase carbonique 101–108
  attraction des charges de signe
    opposé 85
  caractère basique des composés
    organiques 104–105
  carbocations et carbanions 86–87
  comportement acide des alcools 440

composés marqués au deutérium et au
tritium 109–113
constante
d'acidité (K_a), forces relatives 88–92
d'équilibre 88
définition
selon Brønsted-Lowry 82–84
selon Lewis 84–87
effet du solvant 103
en solution non aqueuse 107–109
forces relatives 88–90
illustration des réactions, flèches
incurvées 87–88
mécanismes des réactions 80–82,
105–107
phénols 901–902
prédire
la force des bases 91
le cours d'une réaction 92–93
réactions des éthers 452–453
relation entre la constante d'équilibre et
la variation standard de l'énergie
libre 98–99
structure et acidité des 93–94
variations d'énergie des 97
Acides nucléiques 1075–1099. *Voir aussi*
Acide désoxyribonucléique (ADN);
Acide ribonucléique (ARN)
nucléosides et nucléotides
applications médicales 1081–1082
structure des 1076–1079
synthèse en laboratoire 1079–1081
synthèse d'oligonucléotides en
laboratoire 1096–1098
Acidité
acides carboxyliques et dérivés 720–721
constante d', (K_a et pK_a) 88–90
hydrogènes α, anions énolate 680–681
Activité optique, énantiomères 179–183.
Voir aussi Énantiomères
Acylation (alcanoylation)
de carbanions, composés β-dicarbonylés
783–784
de Friedel-Crafts 596–597
Addition(s)
anti
hydrogénation catalytique 276
réactions d'élimination des alcènes et
des alcynes 276
anti-Markovnikov
bromure d'hydrogène, réactions
radicalaires 406–408
hydroboration-oxydation 437, 467
nucléophile, réactions d'
acides carboxyliques et
dérivés 717–760
au groupe carbonyle 473, 633–671.
Voir aussi Aldéhydes et
cétones (réactions d'addition
nucléophile)
aux ions pyridinium, amines
hétérocycliques 885
Addition, réaction(s) d'
à la double liaison carbone–carbone 286
anti, addition aux alcènes 298
aux alcènes et aux alcynes 285–318

aux carbènes 305
clivage oxydatif
des alcènes 308
des alcynes 312
de l'acide sulfurique aux alcènes 294
d'eau, hydratation par catalyse
acide 294–297
d'halogénures d'hydrogène aux
alcynes 311
dihydroxylation *syn* des alcènes 307
du brome et du chlore
aux alcènes 297
aux alcynes 311
formation d'halogénoalcools 301–305
hydrogénation des alcènes 273
mécanisme ionique 297
règle de Markovnikov 288–293
sommaire des 319–320
stéréochimie
addition des halogènes aux
alcènes 298–301
de l'addition ionique 293
stratégies de synthèse 312–318
Addition-élimination, halogénoarènes 910
de Michael 797–798
aldéhydes et cétones (réactions
aldoliques) 706–707
composés β-dicarbonylés 801
Adénosine
diphosphate (ADP), glucides 960–961
triphosphate (ATP)
glucides 960–961
imagerie par résonance
magnétique 357
méthylations biologiques 234
Adipocytes, triacylglycérols 1009
Adrénaline, amines 842
Adriamycine, biosynthèse de polycétides
antibiotiques ou anticancéreux 897
Aflatoxine B$_1$, carcinogènes 458
Aklavinone, biosynthèse de polycétides
antibiotiques ou anticancéreux 897
Alcadiènes et hydrocarbures polyinsaturés,
systèmes insaturés conjugués
520–522
Alcadiyne, systèmes insaturés
conjugués 521
Alcaloïdes 888–892
cycle
indole ou indole réduit 892
isoquinoléine ou isoquinoléine
réduit 890
noyau pyridine ou noyau pyridine
réduit 888
Alcanes 115–160. *Voir aussi* Cycloalcanes
analyse conformationnelle du
butane 135–137
bicycliques 150–151
géométrie des 118–119
liaisons sigma (σ) et rotation 133–135
nomenclature de l'UICPA 120–127
alcanes ramifiés 121
alcools 126
classification des atomes
d'hydrogène 125
groupes alkyle non ramifiés 118

groupes alkyle ramifiés 123
halogénoalcanes 125
orbitales atomiques hybrides 23–25
phéromones 152
polycycliques 150–151
principes régissant la structure et la
réactivité des 155–156
propriétés physiques des 132–133
raffinage du pétrole 116
ramifiés, nomenclature de
l'UICPA 122–123
réactions chimiques 152
sources de pétrole 116
structure des 44–45
structure moléculaire 115
supérieurs, halogénation des
alcanes 401–403
synthèse des cycloalcanes 152–155
alkylation des alcynes terminaux 154
hydrogénation 154
réduction des halogénoalcanes 154
synthèse organique 156–160
Alcanoylation (acylation)
de carbanions, composés β-décarbonylés
783–784
de Friedel-Crafts 596–597
Alcanure, ion
alcools secondaires 267
stabilité du carbocation, réarrangement
moléculaire 267
Alcatriène, systèmes insaturés conjugués
520
Alcènes. *Voir aussi* Addition, réactions d';
Élimination, réactions d';
dihydroxylation *anti* des, à l'aide des
époxydes 459–460
hydrogénation des 273
moments dipolaires des 50
nomenclature des 129–131
orbitales atomiques hybrides 25–29
oxydation des 726
polymérisation radicalaire des, polymères
à croissance en chaîne 408–410
réactions d'élimination des 255, 262
structure des 45
synthèse des 255
synthèse des alcools à partir des 430–431,
465–467. *Voir aussi* Alcools et
éthers
synthèse des cétones 641
Alcènes et alcynes, réactions d'addition
285–318. *Voir aussi* Addition,
réaction(s) d'
Alcènes *trans*, hydrogénation des
alcynes 276
Alcénylbenzènes, réactions des composés
aromatiques 618–619
Alcényne, systèmes insaturés
conjugués 521
Alcool(s). *Voir aussi* Alcools primaires;
Alcools secondaires; Alcools
tertiaires
absolu, éthanol 429
addition aux alcènes 294
de grain, nomenclature des 120
déshydratation des 261–265

déshydrogénase, chimie de l' 477
distinguer et séparer les phénols
    des 903
éthylique
    esters 58
    isomérie 5–6
    structure de l' 53
hydrogénosulfates d'alkyle 294
méthylique, structure de l' 53–54
nomenclature de l'UICPA 120, 126
protoné, caractère basique des
    composés organiques 104
réactifs de Grignard 488–495
réaction(s)
    de transfert de proton 105
    d'élimination des alcènes et des
      alcynes 261–265
    d'oxydation et de réduction 473–475,
      479–483
    spectroscopie 483
    structures des 53–54
synthèse à partir des alcènes 430–431
vinyliques, synthèse des cétones,
    alcynes 641–642
Alcools et éthers 423–467
antibiotiques, monensine 423–424
comportement acide des alcools
    440–441
conversion des alcools
    en halogénoalcanes 444
    en mésylates et en tosylates 441–444
éthers-couronne 462–465
hydroboration 434–436
  –oxydation 436–439
importants 428–430
nomenclature des 424–426
    alcools 425
    atomes de carbone 424
    éthers 426
propriétés physiques des 427–428
réactions des alcools 439–440
    avec les halogénures d'hydrogène 444
    sommaire 465
réactions des éthers 452–453, 465
    époxydes 453
    sommaire 465
structure des 424–426
synthèse
    de Williamson des éthers 449
    d'éthers par déshydratation
      intermoléculaire 447
    d'éthers silylés, groupes
      protecteurs 451
    d'éthers *tert*-butyliques par
      alkylation 450
Alcools primaires 53
oxydation des 637
    en aldéhydes 479
    préparation d'acides carboxyliques
      480
réactifs de Grignard 489
réactions d'élimination des alcènes et
    des alcynes 265, 268
test chimique pour caractériser les 483
Alcools secondaires 54
déshydratation des 265

oxydation des 480–481, 641
réactifs de Grignard 489
réactions d'élimination des alcènes et
    des alcynes 266–267
test chimique pour caractériser les 483
Alcools tertiaires 54
déshydratation des 263
réactifs de Grignard 489
Alcootests 483
Alcynes. *Voir aussi* Addition, réactions d';
    Élimination, réactions d'
alkylation des 154
divers usages des 45–46
hydrogénation des 274–275
nomenclature de l'UICPA 131
orbitales atomiques hybrides 29–31
structure des 44
synthèse des 270–271
synthèse des cétones 642
Alcynures de sodium, préparation des
    alcools à partir des 495
Aldéhydes. *Voir aussi* Aldéhydes et
    cétones (réactions aldoliques;
    Aldéhydes et cétone (réactions
    d'addition nucléophile)
biochimie 572–573
oxydation des alcools primaires
    en 479–480
oxydation des, préparation des acides
    carboxyliques 726–727
réactifs de Grignard, formation d'alcools
    secondaires 489
réaction de transfert de proton 105
structure des 56–57
Aldéhydes et cétones (réactions
    aldoliques) 679–708
addition(s)
    d'anions énolate 689–691
    sur les aldéhydes et les cétones
      α,β-insaturés 704–707
anions énolate 680–681
cyclisations par condensation
    aldolique 697–698
énol, glycolyse 679–680
énolates de lithium 698–703
réactions
    aldoliques croisées 692–697
    des énols et des anions
      énolate 686–688
α-sélénation 703–704
tautomères céto et énol 682
Aldéhydes et cétones (réactions d'addition
    nucléophile) 633–671
addition
    de dérivés de l'ammoniac 654–658
    de réactifs organométalliques
      664–665
    des alcools 647–654
    des ylures 661–664
    du cyanure d'hydrogène 659–660
    nucléophile sur la double liaison
      carbone–oxygène 644–647
analyse chimique des 667
importance des 634
nomenclature des 634–635
oxydation des 665–667

phosphate de pyridoxal (PLP) 633–634,
    658
propriétés
    physiques des 636
    spectroscopiques des 668–670
synthèse
    des aldéhydes 638–640
    des cétones 641–644
Alder, Kurt 507, 536
D-Aldoses, famille des, monosaccharides
    980
Alkoxyde, ions 440
Alkylation
de Friedel-Crafts, réactions des
    composés aromatiques 594–596
de l'ammoniac, substitutions
    nucléophiles 844
de l'ion azoture, substitutions
    nucléophiles 845
des alcynes terminaux, synthèse des
    alcanes et des cycloalcanes 155
directe des esters et des nitriles 794
principes régissant la structure et la
    réactivité 155
Alkylbenzènes
orientation *ortho-para* des 611–613
oxydation des 727
réactions de la chaîne latérale 615–617
réactivité des 611–613
Alkyloxonium, ion, caractère basique des
    composés organiques 104
Allènes, molécules chirales sans
    stéréocentre tétraédrique 201
Allyle
cation, systèmes insaturés conjugués
    515–517
radical
    stabilité du 512–515
    substitution allylique et 508–512
Allylique, substitution 508–512
Amide(s)
acides carboxyliques et dérivés 741–747
et amines, basicité 838
nomenclature des 722
propriétés physiques des 722
protoné, hydrolyse des nitriles,
    amides 746
réduction des 848
structure des 57
Amidon, polysaccharides 988
Amination réductive, amines 847–848
Amines 831–871
aliphatiques primaires, réactions avec
    l'acide nitreux 853
alcaloïdes 888
amides 838
analyse
    chimique des 866
    spectroscopique des 866
basicité des 835–842
biologie 842
comme agents de résolution 841–844
couplage des sels d'arènediazonium
    858
éliminations mettant en jeu des
    ammoniums 867

hétérocycliques. *Voir* Amines hétérocycliques
neurotoxines et neurotransmetteurs 831
nomenclature des 832–833
préparation des 844–851
  amination réductive 847
  réarrangements de Hofmann et de Curtius 849–851
  réduction de nitriles, d'oximes et d'amides 848
  réduction des composés nitrés 846
  substitutions nucléophiles 844
primaires, préparation des 847
propriétés physiques des 834
réactions des 851, 871
réactions avec l'acide nitreux 853
  amines aliphatiques primaires 853
  amines secondaires 854
  amines tertiaires 855
  arylamines primaires 853
réactions avec les chlorures de sulfonyle 861–862
réduction de composés nitrés 846
secondaires
  préparation des 847
  réactions avec l'acide nitreux 855
sels d'aminium et sels d'ammonium quaternaires 839
solubilité en solution aqueuse 839–892
spectroscopie infrarouge 72–73
structure des 55, 834
substitution des sels d'arènediazonium 855
  par l'iodure de potassium 857
  par oxyde cuivreux 857
  par un fluor 857
  par un hydrogène 857
  réaction de Sandmeyer 856
  synthèses 856
synthèse des 886
tertiaires
  préparation des 847
  réactions avec l'acide nitreux 855
Amines hétérocycliques
nomenclature des 833–834
réactions et synthèse des 879–887
  additions nucléophiles aux ions pyridinium 885
  en tant que bases 879
  en tant que nucléophiles 879
  substitution électrophile 880
  substitutions nucléophiles de la pyridine 883
synthèse des 866–867
Aminolyse directe d'un acide α-halogéné 1039
Ammoniac
alkylation de l', amines, substitutions nucléophiles 844
amines 55–56
dérivés de l', additions nucléophiles 654–658
théorie RPECV 33
Ammoniums quaternaires, éliminations mettant en jeu des 868
Amphétamine, amines 842

Analgésiques
acides salicylique 969
alcaloïdes 890
Analyse
conformationnelle
  des alcanes, liaisons sigma (σ) et rotation 133
  du butane 136
  du cyclohexane 141–143
  isomérie *cis-trans* 148
du résidu *N*-terminal 1045–1047
rétrosynthétique, planification de la synthèse organique 157–158
Androgènes, stéroïdes 1018–1020
Androstérone, stéroïdes 1019
Anémie à hématies falciformes 1050
Angles de liaison, causes de tension du cycle, cyclopropane et cyclobutane 139–140
Anhydrase carbonique 79, 99–108
acides carboxyliques 99
action de l' 79, 108
effet
  de résonance 101
  inductif 96
Anhydrides
carboxyliques
  nomenclature des 722
  propriétés physiques des 722
  synthèse des amides 742
cycliques, acides carboxyliques et dérivés 733
d'acides carboxyliques
  acides carboxyliques et dérivés 732–733
  réaction d'estérification 736
Anion(s)
aromatique, règle de Hückel 563
cyclopentadiényle, transformation hypothétique 565
énolate, aldéhydes et cétones 680–681, 690
  addition d' 688–689, 691
  réaction haloforme 686–688
Annulènes, règle de Hückel 560–561
Anomère
α, monosaccharides 965
β, monosaccharides 965
Anthracène, composés aromatiques benzénoïdes 566–569
Antibiotiques. *Voir aussi* Applications médicales; Pharmacologie
biosynthèse de polycétides antibiotiques ou anticancéreux 897
calichéamycine γ 708
glucides 996–997
ionophores, éthers-couronne 465
monensine 423–424
pénicillines 748
transport des, éthers-couronne 465
Anticorps
catalytiques
  chimie des 1068–1069
  création d' 1033
glycolipides et glycoprotéines 995
Antigènes de Lewis sialylés 957
Antihistaminiques, amines 843

Apoptose, calichéamycine γ et 383–384
Applications médicales
acide salicylique 969
amines 842
antibiotiques
  éthers-couronne 465
  monensine 423–424
  pénicillines 748
barbituriques 804–805
calichéamycine γ, ADN et 383–384
calixarènes 893–894
cholestérol et maladies cardio-vasculaires 830
condensations aldoliques catalysées par un anticorps 804
des nucléotides et des nucléosides 1081
éthers-couronne 465
5-fluoro-uracile 777–778, 798–799
glucides 957–958
héparine 994
imagerie par résonance magnétique 357
isolant pour les nerfs, lipides 1003–1004
oligonucléotides 1097
oxyde de diéthyle 430
polycétides antibiotiques ou anticancéreux 897
prostaglandines 1023–1024
protéine anticancer p53 1051
réaction(s)
  de Diels-Alder 508
  en chaîne de la polymérase 1098
  radicalaires 386
sulfanilamide 862
Arènes
substitutions électrophiles aromatiques 588
synthèse des cétones 641
ARN de transfert 1089
Arrachement d'un hydrogène, réactions radicalaires 385
Arylamines
basicité des 836–838
nomenclature des 833
primaires, réactions des amines avec l'acide nitreux 853
Aspirine
acide salicylique 969
prostaglandines 1024
Atmosphère, méthane 2, 45
Atropine, alcaloïdes 889–890
Attaque électrophile sur des diènes conjugués 532–535
Aufbau, principe d' 18
Augmentation réactions S_N2 212–215
Autoradiogrammes, détermination de la séquence de bases de l'ADN 1096
Autoxydation
oxyde de diéthyle 429–430
réactions radicalaires 411–412
Auxiliaire chiral, réaction de Diels-Alder asymétrique 541–542
Avogadro, Amedeo 4
Axones, gaine de myéline 1027
Azéotrope, éthanol 429
Azote
atome d', amines 55

glucides contenant de l' 993–994
Azoture, alkylation de l'ion, amines, substitutions nucléophiles 845
Azulène, composés aromatiques non benzénoïdes 568

B

Bactéries
déshalogénation de biphényles polychlorés 913
énantiosélectivité, groupe carbonyle, réductions stéréosélectives 478–479
membranes bactériennes, substitutions nucléophiles 205–206
pénicillines 748
phosphate de pyridoxal (PLP) 634
thermophiles, énantiosélectivité, groupe carbonyle 478–479
Baker, J.T. 455
Barbituriques, composés β-dicarbonylés 803–805
Barger, G. 612
Barrière énergétique réactions S_N2 213
Barton, Derek H.R. 143
Base conjuguée d'un acide 102
Benedict, réactifs de 971–972
Benzène(s)
dérivés du
nomenclature des 551–553
spectroscopie infrarouge 576
disubstitués, réactions des composés aromatiques 622–623
industrie chimique 549–550
méta-disubstitués, spectres infrarouges 576
monosubstitués, spectres infrarouges 576
ortho-disubstitués, spectres infrarouges 576
para-disubstitués, spectres infrarouges 576
perspective historique 550–551
réactions du 553, 591–594
stabilité du 555–556
structure du 554–559
structure de Kekulé 554–555
théories modernes 556–557
transformation hypothétique du 565
Benzènecarbonitrile, structure du 58
Benzènesulfonate de sodium, fusion alcaline du 898–899
Benzénique, noyau, réaction des phénols 904–906
Benzyliques, radicaux et cations, réactions des composés aromatiques 614–618
Benzyne, substitution nucléophile aromatique, halogénoarènes 911–915
Bétaïne, ylures, additions nucléophiles 661
Bimoléculaires, réactions S_N2 211
Biologie. *Voir aussi* Applications médicales; Immunologie; Pharmacologie

amines 842–844
carcinogènes et 458
chiralité 173
composés aromatiques 571–573
glycolipides et glycoprotéines 995
isolant pour les nerfs, lipides 1004
membranes cellulaires, phospholipides 1024–1027
prostaglandines 1023–1024
réactions radicalaires 386
Biosynthèse de polycétides antibiotiques ou anticancéreux 897
Biphényles polychlorés, problèmes environnementaux 943
Birch, A.J. 626
Birch, réduction de 626–627
Blindage
protons, spectroscopie RMN 334
spectroscopie RMN du carbone 13 351
Born, Max 17
Bradsher, C.K. 537
Breslow, R. 566
Bromation
allylique par le *N*-bromosuccinimide 510–512
réactions
du noyau benzénique, phénols 904
radicalaires 400
Brome
addition aux alcènes 297
stéréochimie 301
addition aux alcynes 311
halogénoalcanes 52
sélectivité du, réactions radicalaires 403
solution aqueuse de (synthèse des acides aldoniques), oxydation des monosaccharides 972–973
Bromonium, régiospécificité des ions 303
N-Bromosuccinimide, bromation allylique, systèmes insaturés conjugués 510
Bromure
de néopentyle, nomenclature de l'UICPA 125
de *tert*-butyle, nomenclature de l'UICPA 125
d'hydrogène, réactions radicalaires, addition anti-Markovnikov 406–408
d'isopropyle, nomenclature de l'UICPA 125
Brønsted-Lowry, définition selon
acides et bases 82–84
principes régissant la structure et la réactivité 155
Buckminsterfullerènes 115, 569
Buta-1,3-diène, délocalisation des électrons, systèmes insaturés conjugués 522–524
Butan-2-ol
activité optique du 184
chiralité 168–169
propriétés physiques du 179
système *R-S* 176–177
Butane
analyse conformationnelle du 135–137
chaleur de combustion du 138

géométrie du 118
structure du 45
Butanenitrile, structure du 58
tert-Butanol, acide chlorhydrique et 106
But-2-ène, addition de brome au 301
tert-Butyliques, synthèse d'éthers 450–451
tert-Butylcyclohexane, atomes d'hydrogène équatoriaux et axiaux 146
sec-Butyle, groupes alkyle ramifiés, nomenclature de l'UICPA 124
tert-Butyle, groupes alkyle ramifiés, nomenclature de l'UICPA 124

C

Cahn, R.S. 175
Calichéamicine γ, ADN et 383–384, 708
Calixarènes, structure et synthèse de 893–894
Cancer
de la peau, radiations ultraviolettes 577
méthotrexate 865
protéine anticancer p53 1051
Cannizzaro, Stanislao 4
Caoutchouc naturel, terpènes et composés terpéniques 1015
Carbamates (uréthanes), dérivés de l'acide carbonique 750–752
Carbanions
acylation, composés β-dicarbonylés 783–784
carbocations et, acides et bases 86–87
groupe carbonyle, réactions avec les nucléophiles 473
Carbènes, additions aux alcènes et aux alcynes 305
Carbénoïdes, additions aux alcènes et aux alcynes 306
Carbocations
carbanions et, acides et bases 86–87
cation allyle, systèmes insaturés conjugués 515–517
déshydratation des alcools 266–268
lysozyme 205–206
non aromatiques, substitutions électrophiles 589
réactions d'élimination des alcènes et des alcynes 265–268
substitutions nucléophiles 219
Carbonation de réactifs de Grignard, préparation d'acides carboxyliques 728
Carbone
α, déshydrohalogénation 237
acyle, réaction d'addition-élimination sur le 728–731
atome(s) de
alcools et éthers, structure et nomenclature des 424–425
anomériques, monosaccharides 964
état fondamental 21
valences 4
primaire, halogénoalcanes 52
radioactif, méthylations biologiques 234–235

secondaire, halogénoalcanes 52
tertiaire, halogénoalcanes 52
Carbone 13, spectroscopie RMN du
350-354. *Voir aussi* Spectroscopie
de résonance magnétique nucléaire
atome de carbone 350
avec découplage 351
composés aromatiques 573–575
spectre DEPT ^{13}C 353
sans découplage 353
déplacements chimiques 351
interprétation des spectres 350
spectres DEPT ^{13}C 353
spectres RMN ^{13}C sans découplage 353
Carbone–carbone, réactions de formation
de liaisons, composés organométalliques des métaux de transition
953–954
Carboxylate(s)
ion, stabilisation par résonance 100–101
d'ammonium, synthèse des amides
743–744
Carboxyle, radicaux 754
Carcinogènes
époxydes et 458
N-nitrosamines 855
Catalyse basique, ouverture d'un époxyde
par 456–457
Catalytique(s)
anticorps 1068–1069
triade 1066
Caténanes, conformations des cycloalcanes 143
Cations allyle, systèmes insaturés
conjugués 515–517
Cech, Thomas R. 1062
Cellobiose, description 987
Cellules de Schwann, lipides 1003
Cellulose
dérivés de la 992
description 990–991
Centres stéréogéniques 404–406
chiralité 169–171
composés de silicium, de germanium et
d'azote, et sulfoxydes 200
énantiomères 176
multiples, stéréochimie 188–192
pharmacologie 172
Céphalines, phosphatides 1025
Céto, aldéhydes et cétones 682
β-Cétoacides, décarboxylation d'acide
carboxylique 753
Cétones. *Voir aussi* Aldéhydes et cétones
(réactions aldoliques); Aldéhydes et
cétones (réaction d'addition
nucléophile)
addition des ylures de soufre aux
816–817
halogénation des 685
nomenclature de l'UICPA 635
oxydation des alcools secondaires
en 480–481
propriétés physiques des 636
réactifs de Grignard, formation d'alcools
tertiaires 489
structure des 56

synthèse des 641–644
Chaîne(s)
alkyle
hydrophobes et hydrophiles,
triacylglycérols 1010–1011
réactions des acides gras 1011
latérale, réactions de la
halogénation, réactions des composés
aromatiques 614–618
oxydation, réactions des composés
aromatiques 619
latérales, structure secondaire des
protéines
apolaires 1059
hydrophobes 1059
polaires non chargées 1060
non ramifiées, acides gras 1005
parentale d'un composé, nomenclature
de l'UICPA 126
Chaleur(s)
contenu en, acides et bases 98
de combustion des cycloalcanes 138
de réaction, énergies de dissociation
homolytique 387–388
Champs
faibles, spectroscopie RMN du
carbone 13 351
forts, spectroscopie RMN du
carbone 13 351
Chapman, O.L. 549
Chargaff, E. 1083–1084
Charges formelles, structures de
Lewis 11–12
Chimiothérapie. *Voir aussi* Applications
médicales; Pharmacologie
5-fluoro-uracile 777–778, 798–799
nucléotides et nucléosides 1081
polycétides antibiotiques ou anticancéreux 897
réaction de Diels-Alder 508
survol historique 862
Chiralité
acides aminés 165
importance biologique de la 172–173
test de 174–175
Chitine, glucides aminés 994
Chloramphénicol, stéréocentres
multiples 192
Chloration
allylique (haute température), systèmes
insaturés conjugués 509–510
des alcanes supérieurs 401–403
du benzène 591–592
du méthane 391–401
mécanisme de réactions radicalaires
391–394
variations d'énergie 394–401
Chlordane, insecticides 941
Chlore
addition
aux alcènes 297
aux alcynes 311
halogénoalcanes 52
réactions des acides gras 1011
2-Chloro-2-méthylpropane et ion hydroxyde, réactions S$_N$1 217–218

Chloroalcanes, propriétés des 207
Chlorobenzène, hydrolyse du, synthèse
des phénols 898
Chlorochromate de pyridinium, oxydation
des alcools 480
Chlorofluorocarbures (CFC), épuisement
de l'ozone, réactions radicalaires
413–414
Chloroformates d'alkyle, dérivés de l'acide
carbonique 751–752
Chloroforme (trichlorométhane),
molécules de 50
Chlorométhane, molécules de 50
(*R*)-(–)-1-Chloro-2-méthylbutane 182
Chlorophylle, photosynthèse 959–961
Chlorure(s)
d'alcanoyle
acides carboxyliques et dérivés
731–732
estérification de 735
nomenclature des 723
propriétés physiques des 723
réduction des, synthèse des
aldéhydes 639–641
synthèse des amides 741–742
de sulfonyle, réactions des amines avec
les sulfonamides 861–862
de thionyle, réaction des alcools avec du
447–448
d'hydrogène, liaisons covalentes
polaires 47
d'isobutyle, nomenclature de
l'UICPA 125
réactions avec les phénols 903
Cholestérol 1017-1018
biosynthèse du 316
maladies cardiovasculaires et 830
réaction de Diels-Alder 508
squalène et 828
stéréocentres multiples 188
Choline, méthylations biologiques
234–235
Chromatographie
en phase gazeuse, analyse
CPG/SM 374–375
liquide haute performance (CLHP)
énantiomères 840
séparation des énantiomères 199–200
systèmes insaturés conjugués 532
Chromophore, systèmes insaturés
conjugués, spectroscopie 530–531
Chymotrypsine, séquence des polypeptides
et des protéines 1047
Chymotrypsinogène bovin, polypeptides
et protéines 1051
Cires, description 1027
Claisen, Ludwig 694
Claisen, réarrangement de, phénols 906–907
Clemmensen, réduction de
alcanoylation de Friedel-Crafts 599–600
thioacétals, additions nucléophiles 654
Clivage oxydatif
des alcènes, réactions d'addition 308–310
des alcynes, réactions d'addition 312
Clostridium botulinum, nitrite de sodium,
N-nitrosamines 855

Cocaïne, alcaloïdes 889
Code génétique, acide ribonucléique
    (ARN) 1090–1094
Codéine, alcaloïdes 890
Coenzyme NADH, vitamines 471–472
Cohen, T. 857
Colonne de Pirkle, énantiomère, résolution
    de la CLHP 840
Combinaison linéaire des orbitales
    atomiques (CLOA) 20
Complexe(s)
  enzyme–substrat 1062
  de rhodium, composés
      organométalliques des métaux de
      transition 953–954
Composés
  à méthylène actif, composés
    β-dicarbonylés 793–794
  acyle, tests qualitatifs de caractérisation
    des 755
  aliphatiques, classification des 550–551
  antiaromatiques, règle de Hückel
    564–566
  aromatiques. *Voir* Composés
    aromatiques
  β-dicarbonylés. *Voir* Composés
    β-dicarbonylés
  bicycliques, cycloalcanes, nomenclature
    de l'UICPA 128
  carbonés. *Voir* Composés carbonés
  carbonylés, réactions des réactifs de
    Grignard 488
  d'azote, stéréochimie 200
  hydrophobes et hydrophiles, solubilité
    des 65
  insaturés, structure des 45
  méso, stéréocentres multiples 190–191
  monocycliques, cycloalcanes, nomen-
    clature de l'UICPA 127
  non aromatiques, règle de Hückel
    564–566
  organiques
    caractère basique des 104–105
    et composés inorganiques 3
    théorie de valence de Kekulé-
      Couper-Butlerov 550
  organohalogénés 940–945
  organométalliques. *Voir* Composés
    organométalliques; Composés
    organométalliques des métaux de
    transition
  polyhydroxylés, clivage oxydatif
    (oxydation à l'acide periodique),
    monosaccharides 974–976
  saturés, structure des 44
Composés aromatiques 549–585
  benzénoïdes 566–568
  biochimie 571–573
  exemples de 566–569
  fullerènes 568–569
  hétérocycliques 570–571
  historique 550–551
  nomenclature des dérivés du
    benzène 551–553
  non benzénoïdes 568
  problèmes environnementaux 549–550

réactions du benzène 553–554
règle de Hückel 559–566
  ions aromatiques 562–564
  spectroscopie RMN 561–562
spectroscopie 573–578
stabilité du benzène 555–556
structure du benzène 554–559
  structure de Kekulé 554
  théories modernes 556
Composés aromatiques, réactions des
  587–627
  alcénylbenzènes 618–619
  alkylbenzènes 614–617
  applications en synthèse 621–623
  benzène 591–594
  biosynthèse de la thyroxine 587–588
  effet des substituants 601–603
  halogénures allyliques et benzyliques
    623–625
  réactions
    de Friedel-Crafts 596–600
    de substitution électrophile
      aromatique 588–591
  réduction 625–627
  théorie des effets des substituants
    603–614
Composés β-dicarbonylés 777–807
  additions de Michael 797–798
  alkylation
    des 1,3-dithianes 795–796
    directe des esters et des nitriles
      794–795
  barbituriques 803–805
  composés à méthylène actif 793–794
  condensation
    de Claisen 779–784
    de Knoevenagel 796–797
  définition 778
  disulfures 814–818
  imposteurs chimiques 777–778
  réaction de Mannich 798–800
  structure des 778
  synthèse
    acétoacétique 784–790
    des énamines 800–803
    malonique 790–793
  synthèse de β-cétoesters 779–784
    acylation de carbanions 783–784
    condensations de Claisen
      mixtes 782–783
  thiols 814–818
  ylures de soufre 814–818
Composés carbonés 43–74
  acides carboxyliques 57
  alcools 53–54
  aldéhydes et cétones 56
  amides 57
  amines 55–56
  esters 58
  éthers 54
  forces d'attraction coulombiennes 66–67
  groupes fonctionnels 44, 51
  halogénoalcanes (halogénures d'alkyle)
    52
  hydrocarbures 44–47
    alcanes 45

    alcènes 45
    alcynes 45–46
    benzène 46–47
  liaisons covalentes
    carbone–carbone 44
    polaires 47
  molécules polaires et non polaires 49
  nitriles 58
  principales classes, résumé 58
  propriétés physiques et structure
    moléculaire 59–66
    forces de Van der Waals 63
    forces électrostatiques 60
    forces intermoléculaires 66
    interactions dipôle–dipôle 61
    liaisons hydrogène 62
    potentiel électrostatique 61
    règles d'hydrosolubilité 66
    solubilité 64
    tableau récapitulatif 60
  spectroscopie infrarouge 66
Composés organométalliques 483–499
  aldéhydes et cétones, additions
    nucléophiles 665
  des métaux de transition. *Voir*
    Composés organométalliques des
    métaux de transition
  dialkylcuprates de lithium 495–497
  groupes protecteurs 497–498
  liaisons 483–484
  organolithiens et organomagnésiens 484
  préparation d'alcools à l'aide de réactifs
    de Grignard 488–495
  réactifs de Grignard 485–486
  réactions 486–488
    atomes d'hydrogène acides 486–487
    réactifs de Grignard avec les
      composés carbonylés 488
    réactifs de Grignard avec les oxiranes
      (les époxydes) 487
  réactivité des 484
  sommaire des réactions 498–499
Composés organométalliques des métaux
  de transition 946–955
  décompte des électrons 947–948
  hydrogénations catalytiques
    homogènes 952
  métallocènes 948–950
  réactions 950–952
    de formation de liaisons
      carbone–carbone 953–954
  toxicité des 944–945
  vitamine B$_{12}$ 954–955
Condensation(s)
  aldoliques catalysées par un
    anticorps 804
  de Claisen, synthèse de β-cétoesters
    779-784
  de Claisen mixtes, composés
    β-dicarbonylés 782–783
  de Dieckmann, composés
    β-dicarbonylés 782
  de Knoevenagel, composés
    β-dicarbonylés 796–797
Configuration(s)
  absolue et relative 197–199

des énantiomères 175–176
β, structure secondaire des protéines 1058
Conformation
anti, analyse conformationnelle 136
des cycloalcanes 141–143
du cyclohexane 143
en boucle, structure secondaire des protéines 1059
gauche, analyse conformationnelle 136
Conjugaison, définition 508
Connectivité, structure développée 36
Constante de couplage, fragmentation du signal RMN 346–347
doublet 342
quadruplet 343
réciprocité des 344
triplet 342
Constante diélectrique, influence du solvant, substitutions nucléophiles 230–231
Contraceptifs oraux
alcynes 46
norethindrone 54
Contrôle
cinétique, attaque électrophile sur des diènes conjugués 534–537
thermodynamique, attaque électrophile sur des diènes conjugués 534–537
Cope, réarrangement de, phénols 907
Corey, E.J. 158, 455, 495, 508
Corey, Robert B. 1056
Cortisol, hormones corticosur-rénales 1020
Cortisone, réaction de Diels-Alder 508
COSY, pics de corrélation 356–357
Coudes β, structure secondaire des protéines 1059
Couper, Archibald Scott 4–6
Couplage
oligonucléotides 1098
spin–spin, fragmentation des signaux RMN 340
Courant de cycle, composés aromatiques, règle de Hückel 561–562
Courbe d'intégration, spectroscopie RMN 332
Crafts, James Mason 594
Cram, Donald J. 424, 464, 914
Craquage
catalytique, raffinage du pétrole 117
thermique, raffinage du pétrole 117
Crick, F.H.C. 1082–1083, 1088
Cristallisation diastéréo-isomère 199
Cristallographie par rayons X
acide désoxyribonucléique (ADN) 1083
conformation des cycloalcanes 143
structure secondaire d'une protéine 1056
Crixivan, traitement du sida 43–44
Cumène, propène 45
Cumulènes, hydrocarbures polyinsaturés 521
Curl, F.R. 568
Curtius, réarrangement de, amines 851

Cyanhydrines
cyanure d'hydrogène, additions nucléophiles 659–660
hydrolyse de 727
Cyanure d'hydrogène, additions nucléophiles 659–660
Cycle benzénique, oxydation, réactions des composés aromatiques 619
Cycloaddition, réactions de 936–939
Cycloalcanes 116–160. *Voir aussi* Alcanes
causes de la tension de cycle, cyclopropane et cyclobutane 139
chaleur de combustion des 137–139
comparaison entre les alcanes 116
conformations du cyclohexane 141
cyclohexanes substitués, atomes d'hydrogène équatoriaux et axiaux 143–146
disubstitués 146–150
isomérie *cis-trans* 167
nomenclature de l'UICPA 127
propriétés physiques des 132–133
stabilité relative des 137–139
synthèse des alcanes 152–155
Cycloalcènes, nomenclature de l'UICPA 129–131
Cyclobutadiène, transformation hypothétique du 565
Cyclobutane
causes de la tension de cycle 140
chaleur de combustion 139
(3*R*)- et (3*S*)-Cyclocymopol, atomes d'halogène marins 285
Cycloheptane, conformations du 143
Cyclohexane(s)
chaleur de combustion du 138
conformations du 141–143
dérivés du, stéréo-isomérie 194–197
substitués, atomes d'hydrogène équatoriaux et axiaux 143–146
Cyclohexanecarbonitrile, structure du 58
Cyclohexanol, et phénol 901
Cyclohexène, stabilité du benzène 555–556
Cyclononane, conformations du 143
Cyclooctane, conformations du 143
Cyclooctatétraène
synthèse du 555
transformation hypothétique du 565
Cyclopentadiène
ions aromatiques 562–564
métallocènes 948–949
réaction de Diels-Alder 539–541
Cyclopentadiényle, anion 565
Cyclopentane, causes de la tension de cycle 140
Cyclopropane
causes de la tension de cycle 139
chaleur de combustion du 138

D

Dactylyne, atomes d'halogène marins 285
Daunomycine, biosynthèse de polycétides antibiotiques ou anticancéreux 897
DDE, insecticides 940
DDT, insecticides 940

Déacylases, synthèse des acides aminés 1041
Déblindage
protons, spectroscopie RMN 334
spectroscopie RMN du carbone 13 351
Debye, Peter J.W. 48
Décaline, alcanes bicycliques et polycycliques 151
trans-Décaline, alcanes bicycliques et polycycliques 152
Décarboxylation
acides carboxyliques et dérivés 752–754
phosphate de pyridoxal 633
Découplage des spins, spectre RMN et processus dynamique 350
Dégradation
de Ruff, monosaccharides 980
d'Edman, polypeptides et protéines 1045–1047
Degré d'insaturation, réactions d'élimination des alcènes et alcynes 277–279
Délocalisation
carbocations, réactions S_N1 221
des électrons buta-1,3-diène 522–524
des électrons, composés aromatiques, règle de Hückel 561–562
Demi-flèche, réactions radicalaires 385
Démonstration de Fischer, D-(+)-glucose, monosaccharides 980–983
Déplacement chimique (RMN) 331–332
définition 336
spectroscopie RMN du carbone 13 350
Désamination par diazotation, substitution des sels d'arènediazonium 857
Déshalogénation bactérienne de biphényles polychlorés 913
Déshydratation
des alcools 260–265
des amides, synthèse des nitriles par 746
des anions énolate, aldéhydes et cétones 689
synthèse des éthers 448–449
Déshydrohalogénation(s)
bases employées dans les 237
des halogénoalcanes 256–260
réaction d'élimination 80, 237
des alcènes et alcynes 256–263
Désoxyribose, importance biologique du 993
Détritylation, oligonucléotides 1098
Deutérium, marquage au
et au tritium, acides et bases 109–110
spectres RMN et processus dynamiques 348
Dewar, chambre de, hélium liquide 326
Dewar, James
Dialkylcuprates de lithium
synthèse
de Corey-Posner, Whitesides-House 495–497
des cétones 642
Diamant, structure moléculaire du 115–116
Diastase, maltose 984–985
Diastéréo-isomère(s)
alcènes, système *E-Z* 250–251
amines, basicité 841
définition 166

stéréocentres multiples 189
stéréo-isomérie 194–196
Dibenzo[*a,l*]pyrène, carcinogènes 458
Dibromoalcanes vicinaux
débromation des 269
réactions d'élimination des alcènes et
alcynes 269
2,3-Dibromopentane, stéréocentres
multiples 189
1,3-Dichloroallène 201
1,2-Dichloroéthène, isomérie *cis-trans*
166–167
Dichlorométhane (chlorure de méthylène),
propriétés du 206
Diels, Otto 507, 536
Diels-Alder, réaction(s) de 508, 536–547
aspects des orbitales moléculaires
539–541
asymétrique 541–542
cycloadditions 939
facteur favorisant la 537
importance de la 507
insecticides 941
intramoléculaire 542–547
stéréochimie de la 537–539
Diènes
conjugués
attaque électrophile sur des 532–535
spectroscopie dans l'ultraviolet et le
visible 529–547
stabilité des 524–525
non conjugués, spectroscopie dans
l'ultraviolet et le visible 527–529
Dihalogénocarbènes, addition(s) aux
alcènes et aux alcynes 305
Dihydroxylation
anti des alcènes 459–467
syn des alcènes, réactions d'addition 307
Diisopropylphosphofluoridate (DIPF),
protéases à sérine 1066, 1070
Diméthoxytrityle, oligonucléotides 1098
1,4-Diméthylcyclohexane
isomérie *cis-trans* 148
stéréo-isomérie 194–196
1,2-Diméthylcyclopentane, isomérie
cis-trans 146
N,N-Diméthylacétamide, structure du 57
2,4-Dinitrophénylhydrazones, additions
nucléophiles 655
Diols
gem, additions nucléophiles 649–650
nomenclature de l'UICPA 125
Dioxyde
de carbone 35
de soufre, molécules 50
Dipeptides, polypeptides et protéines 1042
Dirac, Paul 16
Disaccharides 983–988. *Voir aussi* Glucides
cellobiose 987
classification des 958
lactose 988
maltose 985
sucrose 983–984
Disulfures 814–818
1,3-Dithianes, alkylation, composés
β-dicarbonylés 795–796

Domagk, G. 863
Dopamine, amines 843
Doublet, constante de couplage,
RMN 342
Doublets d'électrons
liants 33
non liants 33
Dow, procédé, synthèse des phénols 898
Doxorubicine, biosynthèse de polycétides
antibiotiques ou anticancéreux 897

E

E2, réactions
déshydrohalogénation des
halogénoalcanes 258–260
réactions
d'élimination 238–241
S$_N$2 et 242
résumé 242–243
Eau
acides et bases, effet du solvant 104
hydrolyse 187
règles d'hydrosolubilité, composés
carbonés 66
théorie RPECV 34
Échange chimique, spectre RMN ^{1}H,
processus dynamique 349–350
Edman, dégradation d', polypeptides et
protéines 1045–1047
Edman, Pehr 1045
Édulcorants de synthèse 986–987
Effet(s)
de résonance
acide carboxylique 100–101
réactions des composés aromatiques,
théorie de l'orientation 605–606
stabilisation de l'ion carboxylate
par 100–101
des substituants, réactions des composés
aromatiques 601–614
électroattracteur, groupe phényle,
arylamines 838
inductif(s)
acides acétiques et acide
chloroacétique 101
acides carboxyliques 102
acides et bases 96
réactions des composés aromatiques,
théorie de l'orientation 605–606
stérique, substitutions nucléophiles 225
Ehrlich, Paul 862, 944
Électronégativité
acides et bases 104
atome d'halogène 206
définition 47
groupe carbonyle 472–473
liaisons
chimiques 6–8
covalentes polaires 47
hydrogène 62
principes régissant la structure et la
réactivité 155–156
Électrons
acidité et structure 96
charges formelles 11

définition selon Lewis 84
délocalisés, liaisons carbone–carbone 47
énergie des 32
exceptions à la règle de l'octet 9
liaisons chimiques 6–8
orbitales
atomiques 17–18
moléculaires 20
structures de Lewis 8
Électrophiles, réactions d'addition aux
alcènes et aux alcynes 288
Électrophorèse sur gel, détermination
de la séquence de bases de l'ADN
1095
Électrorépulseurs, carbocations,
réactions S$_N$1 221
Élimination, réactions d' 249–280
acides carboxyliques et dérivés 717–760
acides et bases 80
acidité des alcynes terminaux 271–272
cycloalcènes 254–255
débromation des dibromoalcanes
vicinaux 269
degré d'insaturation 277–279
déshydratation des alcools 261–265
déshydrohalogénation des
halogénoalcanes 256–260
hydrogénation
catalytique 274–276
des alcènes 273–275
propriétés physiques 250
réactions E2 257–260
stabilité
du carbocation 265–267
relative 251–254
substitution de l'atome d'hydrogène
acétylénique, alcynes terminaux
272–273
synthèse
des alcènes 255
des alcynes 270–271
système *E-Z* 250
Élimination–addition, mécanisme d',
halogénoarènes 911–915
Éliminations de Hofmann, amines,
éliminations mettant en jeu des
ammoniums 868
Elion, Gertrude 1081
Énantiomère(s)
activité optique 179–183
amines, basicité 841
définition 166
excès 184
molécules chirales et 167–171
nomenclature (système *R-S*) 175–179
numéro atomique 176
résolution par CLHP 840
séparation des 199–200
Énantiosélectivité, réductions stéréosélectives du groupe carbonyle
478–479
Encombrement stérique, substitutions
nucléophiles 225
Énergie
acides et bases 97–98
cinétique, acides et bases 97–98

d'activation, réactions radicalaires, chloration du méthane 396–398
de dissociation homolytique
chaleurs de réaction et 387–388
stabilité des radicaux 387–390
des électrons, mécanique quantique 32
libre, diagrammes d'
réactions S$_N$1 220
réactions S$_N$2 212–215
règle de Markovnikov 290
libre d'activation, substitutions nucléophiles, réactions S$_N$2 213
potentielle
acides et bases 97–98
orbitales moléculaires 18
rotationnelle ou de torsion, analyse conformationnelle 135
solaire, glucides 959–960
Énolates de lithium, aldéhydes et cétones (réactions aldoliques) 698–703. *Voir aussi* Aldéhydes et cétones (réactions aldoliques)
Énolisation, monosaccharides 969–970
Énols
aldéhydes et cétones, tautomères 682
synthèse des cétones, alcynes 642
Enthalpie
acides et bases 98
amines, basicité 837
Entropie, acides et bases, relation entre la constante d'équilibre et la variation standard de l'énergie libre 99
Environnement
biphényles polychlorés (BPC) et 943–944
composés aromatiques et 549–550
insecticides et 940–941
Enzyme(s) 1061–1063. *Voir aussi* Acides aminés; Polypeptides et protéines; Protéines
alcool déshydrogénase 477
anhydrase carbonique, action de l' 79, 108
condensations aldoliques catalysées par un anticorps 804
déacylases, synthèse des acides α-aminés 1041
déshalogénation bactérienne d'un dérivé des BPC 913
diastase, maltose 984–985
énantiosélectivité, groupe carbonyle, réductions stéréosélectives 478–479
groupe prosthétique 1063
inhibiteur 1062
compétitif 1062
lysozyme 1063–1065
mécanisme d'action d'une 1063–1065
médicaments à base de sulfamide 864
modèle clé-serrure 1062
protéases à sérine 1066
réactions radicalaires 386
séparation des énantiomères 200
substitutions nucléophiles 205
synthèse des molécules chirales 186–187
vitamines, coenzyme NADH 471–472

Époxydes. *Voir aussi* Alcools et éthers; Oxiranes
agents cancérigènes 458
définition 453
dihydroxylation *anti* des alcènes à l'aide des 459–460
époxydation asymétrique de Sharpless 454–455
formation de polyéthers 459
réactions des 456–459
réactions des réactifs de Grignard avec les 487
Équation d'onde, mécanique quantique 16
Équilibre
constante d' 88–90
processus à l' 92
théorie de la résonance 14
Équivalents synthétiques, stratégies de synthèse 314
Érythrocytes, anémie à hématies falciformes 1050
Eschenmoser, A. 508, 954
Essence, raffinage du pétrole 117
Estérase à sérine 1070
Estérification, réaction d', acides carboxyliques et dérivés 733
Esters
acides carboxyliques et dérivés 733–740
alkylation directe des 794–795
carboxyliques, nomenclature et propriétés physiques 721–722
composés à méthylène actif 793–794
condensation de Claisen 779–784
monosaccharides 971
réactifs de Grignard, formation d'alcools tertiaires 489
réaction
avec les anhydrides et les chlorures d'acides carboxyliques 903
de transfert de proton 105
réduction des, synthèse d'aldéhydes 637–641
structure des 58
synthèse
acétoacétique 784–790
de β-cétoesters 779–784
malonique 790–793
thioesters 819–822
Étape déterminante de la vitesse, réactions d'addition aux alcènes et aux alcynes 290
État
de transition
substitutions nucléophiles 226
théorie de l' 212–215
de transition périplanaire
réactions d'élimination des alcènes et des alcynes 264
réactions E2 258
excité
atome de carbone 22
orbitales moléculaires 21
fondamental
atome de carbone 21
orbitales moléculaires 20

Éthane
analyse conformationnelle, liaisons sigma (σ) et rotation autour des liaisons simples 133
halogénation radicalaire de l' 401
longueurs des liaisons de l' 31
orbitales atomiques hybrides 23–24
réactions radicalaires 390
Éthanenitrile, structure de l' 58
Éthanol, description de l' 429
Éthène (éthylène)
divers usages de l' 45
longueurs des liaisons 31
orbitales atomiques hybrides 25
régiospécificité des ions bromonium 303
Éther(s). *Voir aussi* Alcools et éthers
aromatiques, clivage des éthers 904
-couronne, substitutions nucléophiles 462–464
d'énols silylés, réaction de silylation 702
diéthylique. *Voir* Oxyde de diéthyle
époxydes 453–460
monosaccharides 970–971
nomenclature des 427
réaction de transfert de proton 105
structure des 54
synthèse 448–452
de Williamson 449
déshydratation intermoléculaire d'alcools 448
d'éthers *tert*-butyliques par alkylation des alcools 450
Éthoxyde, potentiel électrostatique de l'ion 102
Éthylène glycol, description 429
Éthyne (acétylène), orbitales atomiques hybrides 29
Évolution, méthanogènes 45
Excès énantiomères, mélanges racémiques 184–186
Exo/endo, réaction de Diels-Alder 539–541
Extrêmozymes, réductions stéréosélectives du groupe carbonyle 478–479

F

Facteur stérique, synthèse des alcools, hydroboration 435
Faraday, Michael 550
Ferrocène, métallocènes 949
Feu 3
Feuillet plissé β, structure secondaire des protéines 1058
Fèves de soya, vitamines 471–472
Fischer, E. 961, 978
Fischer
démonstration de 980–983
projection de 963
Flèches incurvées
illustration des réactions 87–88
réactions radicalaires 385
Fluor
halogénoalcanes 52
liaisons chimiques 7

substitution des sels d'arènediazonium, amines 857
Fluoration, réactions radicalaires 399
5-Fluoro-uracile, imposteurs chimiques 777–778, 798–799
Fluorocarbones, point d'ébullition 64
Fonctions d'onde 16
Forces
  d'attraction dipôle–ions, solubilité 65
  de Van der Waals, composés carbonés 63
  électrostatiques, composés carbonés 60
  intermoléculaires, composés carbonés 66
Formaldéhyde 489
Forme céto, anions énolate, aldéhydes et cétones 681
Formule(s)
  chevalet, analyse conformationnelle 134
  empiriques 4
  moléculaire
    détermination de la masse moléculaire 364–368
  structurales 36–42
    abrégées 38
    condensées 37
    développées 36
    molécules cycliques 38
    notation par points 36
    tridimensionnelles 39
Fourneau, E. 863
Fragmentation (spectroscopie de masse) 361, 369–374
  clivage
    de deux liaisons 374
    de liaison simple 369
  équations 369
Fragmentation des signaux, spectroscopie RMN 332, 340–342
Friedel, Charles 594
Friedel-Crafts, réactions de
  alcanoylation 596–597
  alkylation
    du benzène 549
    réactions des composés aromatiques 594–596
  limitations des 598–599
  synthèse des cétones 641
Frost, J.W. 550
Fukui, K. 929
Fuller, Buckminster 568
Fullerènes, description 568–569
Fumée de cigarette, agents cancérigènes, *N*-nitrosamines 855
Furane, composés aromatiques hétérocycliques 570–571
Furanose, monosaccharides 965
Furchgott, R.F. 386
Fusion alcaline du benzènesulfonate de sodium, synthèse des phénols 898–899

G

Gaine de myéline, lipides 1003–1004
Galactane, définition 988
Gammaglobuline, polypeptides et protéines 1051
Gates, M. 508

Gaz
  naturel, alcanes 45
  nobles
    liaisons covalentes 7
    structures de Lewis 8–9
Génétique. *Voir aussi* Acide désoxyribonucléique (ADN); Acides nucléiques; Acide ribonucléique (ARN)
  anémie à hématies falciformes 1050
  inverse, oligonucléotides 1096
  oligonucléotides 1096
Géométrie moléculaire, théorie RPECV 33–35
Germanium, stéréochimie 200
Germicides, hexachlorophène 943
Gilbert, Walter 1095
Glande thyroïde, biosynthèse de la thyroxine 587–588, 612
Glucane, définition 988
Glucides 957–997. *Voir aussi* Disaccharides; Monosaccharides; Polysaccharides
  aminés 994
  antibiotiques 996–997
  applications médicales 957–958
  classification et définition 959
  disaccharides 983–987
  glycosylamines 993
  importance biologique des 992–993
  monosaccharides 961–965
  photosynthèse 960–961
  polysaccharides 988–991
  surface cellulaire, glycolipides et glycoprotéines 994–995
D-Glucosamine, glucides aminés 994
Glycéraldéhyde, réactions n'entraînant pas de rupture de liaison 197–199
Glycogène, description 989–990
Glycolipides, surface cellulaire, glucides 994–995
Glycolyse, énols, aldéhydes et cétones 679–680
Glycoprotéines, surface cellulaire, glucides 994–995
Glycosides, formation des 967–969
Glycosylamines, glucides 993
Graisse, définition 1005
Gramine, alcaloïdes 892
Gras polyinsaturés, autoxydation, réactions radicalaires 411–412
Grignard, réactifs de. *Voir* Réactifs de Grignard
Grignard, Victor 485, 948
Groupe(s)
  acétyle, nomenclature des aldéhydes et des cétones 635–636
  activants, réactions des composés aromatiques 601–602
  alcanoyle, nomenclature des aldéhydes et des cétones 636
  alkyle
    non ramifiés, nomenclature de l'UICPA 121
    ramifiés, nomenclature de l'UICPA 123
  réactifs de Grignard, formation d'alcools tertiaires 489

symbole R et, groupes fonctionnels 51
  aryle, substitutions électrophiles aromatiques 588
  benzyle, groupes fonctionnels 52
  bloquants, réactions des composés aromatiques 621–622
  carbonyle. *Voir* Groupe(s) carbonyle
  carboxyle
    méta-orienteur, théorie de la réaction des composés aromatiques 606–608
    réactions des acides gras 1011
  carboxyliques, acides carboxyliques 57
  désactivants, réactions des composés aromatiques 602
  éthanoyle, nomenclature des aldéhydes et des cétones 635
  éthyle, groupes fonctionnels 52
  fonctionnels, composés carbonés 44, 51
    principales classes de composés organiques 58
  formyle, nomenclature des aldéhydes et des cétones 635
  hydroxyle
    alcools 53–54
    spectroscopie infrarouge 73
  isopropyle
    groupes alkyle ramifiés, nomenclature de l'UICPA 123–125
    groupes fonctionnels 52
  méthanoyle, nomenclature des aldéhydes et des cétones 635
  méthyle
    angulaires, stéroïdes 1016
    groupes fonctionnels 52
    nomenclature de l'UICPA 126
  néopentyle, groupes alkyle ramifiés, nomenclature de l'UICPA 124
  nitro, orienteur *méta*, théorie de la réaction des composés aromatiques 606–608
  phényle
    effet électroattracteur des arylamines 838
    groupes fonctionnels 52
  propyle, groupes alkyle ramifiés
    groupes fonctionnels 52
    nomenclature de l'UICPA 123–125
  prosthétique
    enzyme 1063
    hémoglobine 1070
  protecteurs
    acétals, aldéhydes et cétones, additions nucléophiles 652–653
    composés organométalliques 497–498
  sanguin, glycolipides et glycoprotéines 995
  sortant
    mécanisme des réactions S_N2 211
    substitutions nucléophiles 231–232
  vinyle, atome d'halogène 206
Groupe(s) carbonyle
  alcool déshydrogénase 477
  aldéhydes et cétones 56
    additions nucléophiles 634–671

effet inductif 101
réactifs de Grignard, formation d'alcools
  tertiaires 489
réactions avec les nucléophiles 473
réductions stéréosélectives du 478–479
spectroscopie infrarouge 66
structure du 472–473
synthèse d'alcools par réduction
  de 475–479
transformation en alcools 472

H

Halogénation
  de la chaîne latérale, réactions des
    composés aromatiques 614–618
  des alcanes supérieurs, réactions
    radicalaires 401–403
  des cétones (réactions aldoliques)
    684–686
  du benzène 591–592
  réactions radicalaires, chloration du
    méthane 391–400
Halogène
  atome(s) d'
    marins 285
    substitutions nucléophiles 206
  réactions radicalaires 398–401
Halogénoalcanes (halogénures d'alkyle)
  alkylation, principes régissant la
    structure et la réactivité 155
  conversion des alcools en 444–446
  nomenclature de l'UICPA 120
  organiques
    germicides 943
    herbicides 942
    insecticides 940–941
  réaction des alcools
    avec le tribromure de phosphore ou
      le trichlorure de thionyle 447
    avec les halogénures d'hydrogène 444
  réactions d'élimination des alcènes et
    alcynes 249–280. *Voir aussi*
    Élimination, réactions d'
  réduction, synthèse des alcanes et des
    cycloalcanes 154
  structure des 53–54
  substitutions nucléophiles et élimination
    205–243. *Voir aussi* Élimination,
    réactions d'; Substitutions
    nucléophiles, réactions de
  tertiaires, réactions S_N1 241–242
Halogénoalcools, formation d' 301–305
Halogénoarène(s) 909–915
  addition–élimination (mécanisme S_NAr)
    910–911
  analyse spectroscopique des 915–916
  mécanisme d'élimination–addition 915
  substitution aromatique
    nucléophile 909–915
Halogénures
  allyliques, réactions des composés
    aromatiques 623–625
  d'alkyle. *Voir* Halogénoalcanes
  benzyliques, réactions des composés
    aromatiques 623–625

de phényle, atome d'halogène 206
d'hydrogène
  addition aux alcènes et aux
    alcynes 288–293, 311
  réaction des alcools avec les 444–446
d'organomagnésiens, réactifs de
  Grignard 485–486
vinyliques
  absence de réactivité 236
  atome d'halogène 206
Halomon, atomes d'halogène marins 285
Hammond-Leffler
  déshydratation des alcools 264
  postulat de, substitutions nucléophiles
    227
  réactions d'élimination des alcènes et
    alcynes 264
Harington, C. 612
Harpp, D.N. 749
Hassel, Odd 143
Heisenberg, principes d'incertitude d' 19
Heisenberg, Werner 16
Hélium liquide, spectrométrie RMN
  325–326
Hell-Volhard-Zelinski, réaction de
  (acides α-halogénés)
  acides carboxyliques et dérivés 749–750
  réactions des acides gras 1011
Hémiacétals
  aldéhydes et cétones, additions
    nucléophiles 647–650
  glucides 958
Hémoglobine
  polypeptides et protéines 1051
  protéine conjuguée 1070–1071
  structure tertiaire des protéines
    1060–1061
Héparine, glucides aminés 994
Herbicides, halogénoalcanes
  organiques 942
HETCOR, pics de corrélation, technique
  RMN bidimensionnelle 358
Hétérolyse
  mécanisme de l' 81
  réactions ioniques 384
Hexachlorophène, germicide 943
Hexane
  groupes alkyle non ramifiés 122
  nomenclature de l'UICPA 122
Hitchings, George 1081
Hodgkin, Dorothy 954
Hodgkin, maladie de 897
Hoffmann, R. 929
Hofmann, réarrangement de, amines 850
HOMO. *Voir* Orbitale moléculaire occupée
  de plus haute énergie (HOMO)
Homolyse
  mécanisme de l' 81
  réactions radicalaires 384
Hormones
  biosynthèse de la thyroxine 587–588
  corticosurrénales 1020
  réaction de Diels-Alder 508
  sexuelles, stéroïdes 1018–1020
Horner-Wadsworth-Emmons, réactions de,
  ylures, additions nucléophiles 663

Hôte, éthers-couronne 464
House, H.O. 495
Hubbard, Ruth 530
Hückel, Erich 559
Hückel, règle de 559–566
  annulènes 560–561, 568–569
  composés aromatiques benzénoïdes
    566–568
  ions aromatiques 562–564
Huffman, D. 568
Hughes, Edward D. 211
Huheey, J.E. 179
Hund, règle de 18
Hybridation des orbitales, définition 21–25
Hydratation
  des alcènes, synthèse des alcools
    430–433
  des ions, solubilité 65
  par catalyse acide
    synthèse des alcools 430–431
    addition d'eau aux alcènes 294–297
Hydrates d'aldéhyde, additions nucléophiles
  649–650
Hydrazones, additions nucléophiles
  657–658
Hydroboration, synthèse des alcools
  434–436
Hydroboration-oxydation
  règle de Markovnikov 297
  synthèse des alcools 436–439
Hydrocarbures
  acidité relative des 96
  alcanes 44–45
  alcènes 44–45, 250
  alcynes 44–45, 250
  benzène 46–47
  chaleur de combustion 137
  insaturés, spectroscopie dans
    l'ultraviolet et le visible 529
  orbitales atomiques hybrides 25–28
  polyinsaturés et alcadiènes, systèmes
    insaturés conjugués 520–522
  spectroscopie infrarouge 71
Hydrocarbures aromatiques
  benzène 46
  structure des 44
  polycycliques benzénoïdes,
    description 566
Hydrogénation(s)
  catalytique, réactions d'élimination des
    alcènes et alcynes 273–275
  homogènes, composés organométal-
    liques des métaux de transition
    952–953
Hydrogène
  acétylénique, alkylation des alcynes
    terminaux, synthèse des alcanes
    et des cycloalcanes 154
  atome d'
    acides, réactions des composés
      organométalliques 486–487
    acidité des, anions énolate 680–681
    allylique, atomes d' 509
    classification, nomenclature de
      l'UICPA, alcanes 125
    déplacement chimique équivalent 338

diastéréotopiques 338
énantiotopiques 338
équatoriaux et axiaux, cyclohexanes substitués 143
fragmentation du signal 340
groupe alkyle non ramifié, nomenclature de l'UICPA 121
homotopiques 338
protons équivalents et non-équivalents 338
scission du signal 340
terminal, groupe alkyle, nomenclature de l'UICPA 121
Hydrogénosulfates d'alkyle, alcools 294
Hydrolyse
acide, nitriles 746
acides gras 1005–1007
basique, nitriles, amides 747
d'esters, facilitée par une base (saponification), acides carboxyliques et dérivés 737–739
des amides, acides carboxyliques et dérivés 744–746
des disaccharides 958–959
des nitriles, amides 746–747
du chlorobenzène, synthèse des phénols 898
partielle, polypeptides et protéines 1045–1047
protéines 1034
réactions S_N1 224
synthèse des molécules chirales 187
Hydroperoxyde(s)
du cumène, synthèse des phénols 899–900
oxyde de diéthyle 430
Hydroquinone, oxydation de l' 908
Hydrosolubilité, règles d', composés carbonés 66
Hydroxybenzène, phénols 894–895
Hydroxyde, réaction du 2-chloro-2-méthylpropane avec l'ion 217–218
Hydrure
de béryllium 35
de bore, synthèse des alcools 434
de lithium et d'aluminium
synthèse d'alcools par réduction de, composés carbonylés 476–477
synthèse des aldéhydes 637–638
ion
alcools secondaires 267
groupe carbonyle, réactions avec les nucléophiles 473
stabilité du carbocation, réarrangement moléculaire 267
synthèse d'alcools par réduction de, composés carbonylés 476–477
Hypercholestérolémie familiale, maladies cardiovasculaires et 830

I

Ibuprofène, médicaments chiraux 187–188
Identification des précurseurs, synthèse organique 159
Ignarro, L.J. 386

Imagerie par résonance magnétique, temps de relaxation 357
Imines
aldéhydes et cétones, réactions d'addition nucléophile 654
phosphate de pyridoxal (PLP) 633–634
Immunologie. *Voir aussi* Biologie
anticorps catalytiques 1068–1069
condensations aldoliques catalysées par un anticorps 804
glycolipides et glycoprotéines 995
Imposteurs chimiques 777–778
Indice, nomenclature de l'UICPA 126
Indole
alcaloïdes 892
biochimie 571
Industrie
benzène 549–550
réactions radicalaires 386
synthèse
des phénols 898–900
du styrène 615
Infection à streptocoques, médicaments à base de sulfamides (sulfamilamide) 863
Ingold, C.K. 175, 211
Inhibiteurs
compétitif 1063
de métabolisme, médicaments à base de sulfamide 864–866
Insectes, phéromones 152
Insecticides, composés organohalogénés 940–941
Insuline 1049
bovine, structure primaire des polypeptides et des protéines 1050
Interaction 1,3-diaxiale, cyclohexanes substitués, atomes d'hydrogène équatoriaux et axiaux 145
Interactions dipôle–dipôle
composés carbonés 61
liaisons hydrogène 62
Interconversion
conformation du cyclohexane 142
des groupes fonctionnels, réactions S_N2 233–234
Intermédiaires, mécanisme des réactions S_N1 219–220
Inversion
de l'azote, amines 835
de polarité, umpolung, alkylation des 1,3-diathianes, composés β-dicarbonylés 796
pyramidale, amines 835
Invité, éthers-couronne 464
Iodation, réactions radicalaires 400
Iode
biosynthèse de la thyroxine 587–588, 612
halogénoalcanes 52
Iodométhane, propriétés de l' 207
Iodure de potassium, amines, substitution des sels d'arènediazonium 857
Ionisation du solvant, capacité d' 230–231
Ionophore, transporteur, antibiotiques, monensine 423–424

Ion(s)
aromatiques, règle de Hückel 562–564
dipolaires, acides aminés 1035–1039
moléculaire, spectrométrie de masse 360, 364
pyridiniums, additions nucléophiles, amines hétérocycliques 885
Isobutane
chaleur de combustion 138
géométrie 119
Isobutyle, groupes alkyle ramifiés, nomenclature de l'UICPA 124
Isomères
de constitution
alcanes 119
définition 5–6, 166
de l'hexane, constantes physiques 120
définition 166
d'hydrocarbures, chaleur de combustion 138
subdivision des 167
théorie structurale 5–6
Isomérie *cis-trans*
alcènes 50–51
conformation 148
cycloalcanes disubstitués 146–150
cycloalcènes 254–255
orbitales atomiques hybrides 28–30
stéréo-isomères 166–167
Isomérisation, monosaccharides, 969–970
Isopentane, géométrie 119
Isoprénoïdes, biosynthèse des 824–826
Isopropyle, groupes alkyle ramifiés, nomenclature de l'UICPA 123

K

Kekulé, August 4–6, 46, 551, 554
Kekulé, structure de
benzène 554–555
composés aromatiques benzénoïdes 566–568
composés aromatiques hétérocycliques 570–571
réactions de substitution électrophile aromatique 590
Kekulé-Couper-Butlerov, théorie de, composés organiques 550
Kendrew, J.C. 1061
Kharasch, M.S. 407
Kiliani, Heinrich 978
Kiliani-Fischer, synthèse de 978–979
King, M.-C. 1075
Kolbe, Hermann 173
Kolbe, réaction de, réactions du noyau benzénique, phénols 905–906
Kornberg, Arthur 1098
Kössel, W. 6–8, 659
Kroto, H.W. 46
Kuhne, William 530

L

Lactames, amides 748
Lactides, esters 740
Lactones, esters 739–740

Lactose, description 988

Lanostérol, biosynthèse du cholestérol 316

Lapworth, Arthur 659

Laqueur, Ernest 1019

(3*E*)-Lauréatine, atomes d'halogène marins 285

Lavoisier, Antoine de 4

Le Bel, J.A. 6, 33, 173–174, 200

Lécithines, phosphatides 1025

Leffler, J.E. 214, 226

Lehn, Jean-Marie 424, 464

Lerner, Richard A. 1033

Leucocytes, antigènes de Lewis sialylés 957–958

Lewis

définition selon

acides et bases 84–85

addition aux alcènes et aux alcynes 288

principes régissant la structure et la réactivité 155

structures de

charges formelles 11

écriture des 8–10

résonance 13–15

Lewis, G.N. 6–8, 659

Liaison(s)

chimiques 13–31

covalentes 6–7. *Voir aussi* Liaisons covalentes

ioniques 6–8

théorie de la résonance 13–15

conjuguées, hydrocarbures polyinsaturés 520–522

cumulées, hydrocarbures polyinsaturés 521

double(s)

carbone–carbone, alcènes 250, 286

rotation restreinte et orbitales atomiques hybrides 28

hydrogène

alcools et éthers 428

composés carbonés 62

ioniques 6–8

isolées, hydrocarbures polyinsaturés 521

peptidiques, polypeptides et protéines 1042, 1057

pi (π). *Voir* Liaisons pi (π)

sigma (σ). *Voir* Liaisons sigma (σ)

triple carbone–carbone, alcynes 250

Liaisons covalentes

acides et bases, énergie potentielle et 97–98

carbone–carbone 46

description 7–8

énergies d'attraction 63

homolyse et hétérolyse 81

multiples 25

polaires, électronégativité 47

substitutions nucléophiles, réactions S_N2 212

Liaisons pi (π)

mécanique quantique 33

orbitales atomiques hybrides 28

réaction de Diels-Alder 537

règle de Hückel 559–566

systèmes insaturés conjugués 508, 512–514

Liaisons sigma (σ)

mécanique quantique 32

orbitales atomiques hybrides 23–29

réseau de 27–28

rotation et, alcanes 133–135

Liebig, Justus 4

Liens familiaux, acide désoxyribonucléique (ADN) 1075

Lipases, synthèse des molécules chirales 187

Lipides 1003–1027. *Voir aussi* Acides gras; Triacylglycérols

acides gras, biosynthèse des 821–824

biosynthèse des 821–824

cires 1027

définition 1004

isolant pour les nerfs 1003–1004

isoprénoïdes, biosynthèse des 824–826

phospholipides et membranes cellulaires 1024–1027

prostaglandines 1023–1024

stéroïdes 1015, 1018–1023

vie et 1

Lipophile, réaction 463

Lithium, liaisons chimiques 7

Lobry de Bruyn-Alberda van Ekenstein, transformation de 970

Long, C.W. 430

Longuet-Higgins, H.C. 929

Longueur d'onde, unités de fréquence, spectroscopie 68

Lovastatine, cholestérol et maladies cardiovasculaires 830

LUMO. *Voir* Orbitale moléculaire vacante de plus basse énergie (LUMO)

Lysozyme, mécanisme d'action d'une enzyme 1063

M

Maladie(s)

cardiovasculaires, cholestérol et 830

de Hodgkin 897

de Parkinson, dopamine 843

de Tay-Sachs, isolant pour les nerfs 1004

Maltose

description 984–985

disaccharides 958

Markovnikov, règle de

addition(s)

aux alcynes, halogénures d'hydrogène 311

anti-Markovnikov, hydroboration–oxydation 437

bromure d'hydrogène, réactions radicalaires 406–408

exception à la 293

explication théorique de la 290

formulation moderne de la 292

hydratation par catalyse acide 295

réactions régiosélectives 292

stratégies de synthèse 313

synthèse des alcools

à partir des alcènes 430, 434

par hydroboration 435

Marquage au deutérium

et au tritium, acides et bases 109–110

spectres RMN et processus dynamiques 348

Masse moléculaire

aldéhydes et cétones 636

protéines 1034

Matière grasse, substitut de, description 1008

Maxam, Allan M. 1095

Mayo, F.R. 407

Mécanique quantique

concepts 31

développement 15

forces de Van der Waals 63

orbitales

atomiques 17–18

atomiques hybrides 27–28

moléculaires 19

Mécanisme(s)

des réactions, acides et bases 80–82, 105–107

d'oxydation par le chromate, oxydation des alcools 481–483

ionique, halogène, réactions d'addition aux alcènes 297

S_NAr, halogénoarènes 910

Médicaments

à base de sulfamide

nutriments essentiels et inhibiteurs de métabolisme 864

survol historique 862

synthèse des 865

anti-inflammatoires, prosta-glandines 1024

chiraux, stéréochimie 187–188

Meisenheimer, complexe de, réaction de substitution aromatique nucléophile 910

Meisenheimer, Jacob 910

Mélanges racémiques

énantiomères, activité optique 184–186

excès énantiomère 185

synthèse des molécules chirales 185–186

Membrane(s) cellulaire(s)

fluidité de la 249–250

phospholipides 1024–1027

Mescaline, amines 842

Mésylates, conversion des alcools en 441–442

Métabolisme, glycolyse, énols, aldéhydes et cétones 679

Métallocènes, composés organométal-liques des métaux de transition 948

Météorites

acides aminés 165

matière organique 2

Méthane

atmosphère 2

chaleur de combustion du 139

chloration du 391–401

mécanisme de réaction radicalaire 391

variation d'énergie 394–401

fluoration du 399

groupes fonctionnels 51
orbitales atomiques hybrides 22
réactions radicalaires 390
structure du 45
structure tétraédrique du 33
théorie RPECV 33
Méthanesulfonate d'éthyle, conversion des alcools 441–442
Méthanogènes, évolution 45
Méthanol 428
Méthanolyse, substitutions nucléophiles, réactions S$_N$1 224
Méthode de Sanger 1045–1046
Méthotrexate 865
N-Méthylacétamide, structure du 57
N-Méthylamphétamine, amines 843
Méthylations biologiques, substitutions nucléophiles 234–235
(*R*)-(+)-2-Méthylbutan-1-ol 182
(*S*)-(−)-2-Méthylbutan-1-ol 196–197
Méthylcétones
    oxydation des 727
    synthèse des 784–790
Méthylcyclohexane, conformations chaise 144
Méthyldopa, médicaments chiraux 188
Méthylène, réactions d'addition aux alcènes et aux alcynes 305
1-Méthyléthyle, groupes alkyle ramifiés, nomenclature de l'UICPA 123
2-Méthylpropène, régiospécificité des ions bromonium 303
Micelles, triacylglycérols 1009–1010
Miroir d'argent, test du (test de Tollens), aldéhydes et cétones 667
Mislow, K. 170
Mitscherlich, Eilhardt 550
Modèle(s)
    clé-serrure 1062
    moléculaires
        méthane 23
        surface de densité électronique 24
Molécule(s)
    achirales
        définition 170–171
        stéréocentres multiples 190
    activité optique 183–184
    chirales
        définition 167
        énantiomères et 167–170
        sans stéréocentre tétraédrique 201
        synthèse des 185–187
    cycliques, formules structurales 38
    liaisons covalentes 7
    optiquement inactives 184
    polaires et non polaires 49
    propriétés physiques des 59
    spectrométrie de masses des biomolécules 375
Moment(s) dipolaire(s)
    des alcènes 50
    des liaisons covalentes polaires 47
    des molécules 49
    permanent, composés carbonés 61
Monensine, antibiotiques 423–424
Mono-alkylation d'une amine 849

Monohalométhanes, propriétés des 207
Monosaccharides 961–965. *Voir aussi* Glucides
    classification des 961
    conversion en acétals cycliques 971
    démonstration de Fischer 980–983
    désignations D et L 961
    désoxy, importance biologique des 993
    énolisation, tautomérisation et isomérisation 969–970
    famille des D-aldoses 980
    formation
        des glucosides 967–969
        d'éthers 970
    formules structurales 964–965
    mutarotation 965–966
    réactions
        avec la phénylhydrazine (osazones) 977–978
        d'oxydation 971–976
    réduction des (alditols) 976
    synthèse et dégradation 978–980
Morphine
    alcaloïdes 890
    réaction de Diels-Alder 508
Mort des cellules, calichéamycine γ et 383–384
Mullis, Kary B. 1098
Murad, F. 386
Mutarotations, glucides 965–966
Myoglobine 1061
Myosine, structure moléculaire 115–116

N

NADH, enzymes 1063
Nanotubes, structure moléculaire des 115, 569
Naphtalène, structure de Kekulé 566–567
Naphtols, phénols 894–895
Néopentane, géométrie du 119
Néopentyle, groupes alkyle ramifiés, nomenclature de l'UICPA 124
Nerfs, isolant pour les 1003–1004
Neurotoxines
    amines 831
    protéases à sérine 1070
Neurotransmetteurs, amines 831, 844
Newman, Melvin S. 134
Newman, projection de, éthane, analyse conformationnelle 134
Niacine, fèves de soya 471–472
Nickel de Raney, thioacétals, additions nucléophiles 654
Nicolaou, K.C. 455, 508
Nicotinamide adénine dinucléotide (NAD)
    biochimie 573
    vitamines 471–472
Nicotine
    agents cancérigènes, *N*-nitrosamines 855
    alcaloïdes 888
Ninhydrine, polypeptides et protéines 1043
Nitration
    benzène 592–593
    réactions du noyau benzénique, phénols 904–905

Nitriles
    alkylation directe des 794–795
    condensations avec les, réactions aldoliques croisées 696–697
    cycliques, structure des 58
    hydrolyse de 727, 746–747
    nomenclature des 724
    propriétés physiques des 724
    réduction des, synthèse des aldéhydes 637–640
    structure des 58
    synthèse des cétones 643–644
Nitrite de sodium, agents cancérigènes, *N*-nitrosamines 855
Nitroalcanes, condensation avec les, réactions aldoliques croisées 696
N-Nitrosamines 854
Nœuds
    de Ranvier, lipides 1004
    mécanique quantique 18
Nombre d'ondes, spectroscopie infrarouge, unités de fréquence 68
Nomenclature 832–833. *Voir aussi* Nomenclature de l'UICPA; Système *R-S*
    acides aminés 1035
    alcools et éthers 424–426
    amines 832–833
    atome de carbone 424–425
    de remplacement, éthers 426
    des dérivés du benzène 551–553
    des monosaccharides 963
    des phénols 895
    des stéroïdes 1015–1017
Nomenclature de l'UICPA. *Voir aussi* Nomenclature; Système *R-S*
    acides carboxyliques et dérivés 721
    aldéhydes et cétones 634–636
    classification des atomes d'hydrogène 124
    des alcanes 120–127
    des alcanes ramifiés 122
    des alcènes et des cycloalcènes 129–131
    des alcools 126
    des alcynes 131
    des cycloalcanes 127–129
    des groupes alkyle non ramifiés 121
    des groupes alkyle ramifiés 122–123
    énantiomères et 175
    par classes fonctionnelles 125
    perspective historique 120
    substitutive 126
Noradrénaline, amines 842
Noréthindrone, structure de la 54
Noyau pipéridine, alcaloïdes 889
Nucléophile(s)
    ambidents, éthers d'énols silylés 702
    réactions
        de substitution 208, 228, 239
        des groupes carbonyles avec les 473
Nutriments essentiels, médicaments à base de sulfamide 864
Nutrition
    biochimie 571
    substituts de matières grasses 1008

O

Octet, règle de l'
exceptions à la 9
liaisons chimiques 6–8
Œil, systèmes insaturés conjugués,
spectroscopie 530–531
Œstradiol 1018–1019
Œstrogènes, stéroïdes 1018–1020
Olah, George A. 220
Olestra, substituts de matière grasse 1008
Oligonucléotides
antisens 1097
synthèse en laboratoire 1096
Oligopeptides, polypeptides et protéines
1042
Oligosaccharides, classification des 958
Olympiadane, conformations des
cycloalcanes 143
Opium, alcaloïdes 890
Orbitale moléculaire occupée de plus
haute énergie (HOMO)
réaction(s) 86
de Diels-Alder 539–541
électrocycliques 929, 937–938
systèmes insaturés conjugués 523,
527–529
Orbitale moléculaire vacante de plus basse
énergie (LUMO)
réaction(s) 86
de cycloaddition 939
de Diels-Alder 539–541
systèmes insaturés conjugués 523,
527–529
Orbitales atomiques
dégénérées 18
mécanique quantique 17
orbitales moléculaires et 18
Orbitales atomiques hybrides 26–29
antiliantes 27
benzène 47
éthane 24
éthène (éthylène) 25–29
éthyne (acétylène) 29
mécanique quantique 32
méthane 21
Orbitales moléculaires
antiliantes 20, 28–32
liantes 32
mécanique quantique 19
nombre d' 32
structure du benzène 558–559
Orbitales sp, mécanique quantique 32
Orbitales sp^2, mécanique quantique 32
Organoboranes
hydroboration des, synthèse des
alcools 434–436
protonolyse des 438–439
Organométalliques, composés. *Voir*
Composés organométalliques
Orientation, théorie de l', réactions des
composés aromatiques 605–606
Orienteurs *méta*, réactions des composés
aromatiques
effet des substituants 602
théorie 607–608

Orienteurs *ortho-para*, réactions des
composés aromatiques
groupes
activants 601–602
désactivants 602
théorie 608–614
Osazones (réactions avec la phénylhydrazine), glucides 977–978
Oscillations, plan de lumière polarisée,
énantiomères 180
Oxaphosphétane, ylures, additions
nucléophiles 661
Oxétane, éthers, nomenclature 426
Oximes
aldéhydes et cétones, additions
nucléophiles 655
réduction d', amines 848
Oxiranes. *Voir aussi* Époxydes
époxydes 453
éthers, nomenclature 426
Oxonium, cation, additions nucléophiles 645
Oxydation
à l'acide
nitrique (acides aldariques),
monosaccharides 973–974
periodique (clivage oxydatif des
composés polyhydroxylés),
974–976
aldéhydes et cétones, additions
nucléophiles 665–667
cycle benzénique, réactions des
composés aromatiques 619
de Baeyer-Villiger, aldéhydes et
cétones 666–667
de l'hydroquinone, quinones 908
des alcools. Voir Oxydation des alcools
des alcools primaires, synthèse des
aldéhydes 637
des oligonucléotides 1098
préparation des acides carboxyliques
726–727
réactions de la chaîne latérale, réactions
des composés aromatiques 619
Oxydation des alcools 479–483
par l'acide chromique 481–483
particularités spectroscopiques des
alcools 483
primaires
en acides carboxyliques 480
en aldéhydes 479–480
secondaires en cétones 480–481
test pour caractériser les alcools
primaires 483
Oxydation et de réduction, réactions d'
description 473–475
groupe carbonyle 473
oxydation des alcools 479–483
sommaire des 498
synthèse d'alcools par réduction des
composés carbonylés 475–477
Oxyde
cuivreux, amines, substitution des sels
d'arènediazonium 857
de dialkyle, réactions 452–453
de diéthyle (éther diéthylique),
description 429

de diméthyle 5, 24
Oxygène moléculaire et superoxyde,
réactions radicalaires 411
Oxymercuration-démercuration
règle de Markovnikov 297
synthèse d'alcools à partir d'alcènes
431–434
Ozone, chlorofluorocarbures (CFC) et
épuisement de l', réactions radicalaires 413–414
Ozonolyse des alcènes, réactions d'addition aux alcènes 309

P

Palindromes, détermination de la séquence
de bases de l'ADN 1095
Paludisme 1050
Papavérine, alcaloïdes 890
Paquette, Léo A. 151–152
Pasteur, Louis 199
Pasteur, méthode de, séparation des
énantiomères 199
Pauli, principe d'exclusion de
orbitales atomiques 18
spin nucléaire 333
Pauling, Linus 1056
PCR, applications 1076
Pedersen, Charles J. 424, 464
Pénicillamine, médicaments chiraux 188
Pénicillines 748
Pentane, géométrie du 118
4-Penténenitrile, structure du 58
Peptides
synthèse automatisée de 1055–1056
synthèse des 1054
Peroxydes
exception à la règle de Markovnikov
293
oxyde de diéthyle 430
réactions radicalaires 385
Perutz, Max 1061
Pétrole, alcanes 116
Pharmacologie. *Voir aussi* Applications
médicales; Chimiothérapie
alcaloïdes 888–892
amines 862
antibiotiques, glucides 996–997
atomes d'halogène marins 285
calixarènes 893–894
chiralité 187–188
contraceptifs oraux
alcynes 46
norethindrone 54
héparine 994
nucléotides et nucléosides 1081
polycétides antibiotiques ou
anticancéreux 897
prostaglandines 936, 1023–1024
sulfanilamide 862
thalidomide 173
Phase
gazeuse, acides et bases, effet du
solvant 103
stationnaire chirale, énantiomères 840

Phénanthrène, composés aromatiques benzénoïdes 566

Phénanthrols, phénols 894–895

Phénol(s) 893–918

  acidité des 901–902

  analyse spectroscopique des 915–916

  calixarènes 893–894

  clivage des éthers aromatiques 904

  naturels 895–896

  nomenclature des 895

  propriétés physiques des 896–898

  quinones 908

  réaction(s)

    avec les anhydrides d'acide carboxylique et les chlorures d'acide 902

    du noyau benzénique des 904–906

    en tant qu'acides 901–903

    réarrangement de Claisen 906–907

    structure des 894–895

  synthèse

    de Williamson 903

    en laboratoire des 898–900

    industrielle des 898–900

Phénylalanine, biochimie 571

2-Phényléthylamines, amines 842

Phénylhydrazine (osazones), réactions des monosaccharides avec la 977–978

Phéromones, moyen de communication 152

Phillips, David C. 1064

Phosphate de pyridoxal (PLP), enzymes 633–634, 658

Phosphatides, description 1024–1025

Phosphatidylsérines, phosphatides 1025

Phospholipides et membranes cellulaires 1024–1027

Phosphoramidite, oligonucléotides 1098

Phosphore, réactions des acides gras 1011

Photons, orbitales moléculaires 21

Photosynthèse

  métabolisme des glucides 959–961

  sucrose 983

Phtalimide de potassium

  substitutions nucléophiles 845

  synthèse des acides α-aminés 1039

Phtalylsulfathiazole 864

Pics

  de corrélation COSY 356

  de corrélation HETCOR 358

  isotopiques, spectrométrie de masse 364

Plan(s) de symétrie, test de chiralité 174–175

Plantes

  alcaloïdes 888–892

  amidon 988

  glucides 959–961

  phénols 895

Plasmalogènes, phosphatides 1025

Plastiques, environnement 3

Pneumonie, sulfapyridine 864

Point(s) de fusion

  des acides carboxyliques et dérivés 718–719

  des alcanes 132

  des aldéhydes et des cétones 636

  des énantiomères 179

liaisons hydrogène 62

propriétés physiques 59–60

séparation des énantiomères 200

Point d'ébullition

  des acides carboxyliques et dérivés 719–720

  des alcanes 132

  des alcools et des éthers 427

  amines 834

  des phénols 896–898

  des thiols 816

  forces de Van der Waals 64

  propriétés physiques 59–60

Point isoélectrique, acides aminés 1037

Polarimètre, énantiomères 180

Polarisabilité, forces de Van der Waals 63

Polyamides, polymères de polycondensation 775–776

Polybromobiphényles (PBB) et environnement 944

Polycétides antibiotiques ou anticancéreux, biosynthèse 897

Polycyclisation, lanostérol, biosynthèse du cholestérol 316

Polyesters, polymères de polycondensation 771–772

Polyéthers, formation de, époxydes 459

Polyfluoroalcanes, propriétés des 207

Polymère(s)

  à croissance en chaîne

    exemples de 417–422

    réactions radicalaires 408–410

    stéréochimie des 421–422

  de phénol-formaldéhyde 773–774

  de polycondensation. *Voir* Polymères de polycondensation

  linéaires, polypeptides et protéines 1042

Polymères de polycondensation 769–776

  polyamides 775–776

  polyesters 771–772

  polymère de phénol-formaldéhyde 773–774

  polymères en cascade 775–776

  polyuréthanes 772–773

Polymérisations

  anionique, époxydes, formation de polyéthers 459

  radicalaire des alcènes, polymères à croissance en chaîne 408–410

Polypeptides et protéines 1042–1071. *Voir aussi* Acides aminés; Protéines

  séquence des 1044–1048

    analyse du résidu *N*-terminal 1045–1047

    hydrolyse partielle 1047–1048

    structure primaire des 1048–1051

    insuline 1049–1051

    ocytocine 1048–1049

    vasopressine 1048–1049

  synthèse des 1052–1056

    activation du groupe carboxyle 1053–1054

    groupes protecteurs 1052–1053

Polysaccharides 988–992. *Voir aussi* Glucides

amidon 988

cellulose 990–992

classification des 958

dérivés de la cellulose 992

glycogène 989–990

Polysome, ribosome 1089

Polyuréthanes, polymères de polycondensation 772–773

Posner, G.H. 495

Potentiel électrostatique, représentation du

  acidité et structure 94–95

  composés carbonés 61

  ion acétate et ion éthoxyde 101–102

  théorie de la résonance 15

Pouvoir rotatoire spécifique, énantiomères 181–183

Préfixe, nomenclature de l'UICPA 126

Prelog, V. 175

Principe

  aufbau, orbitales atomiques 18

  d'exclusion de Pauli

    orbitales atomiques 18

    spin nucléaire 333

  d'incertitude d'Heisenberg 19

Priorité, énantiomères 176

Probabilité, orbitales atomiques 17

Procédé Dow, synthèse des phénols 898

Processus du vieillissement, réactions radicalaires 386

Prochiralité, réduction stéréosélective du groupe carbonyle 479

Progestatifs, stéroïdes 1018–1020

Projection(s)

  de Fischer

    monosaccharides 963

    stéréochimie 193

  de Haworth, monosaccharides 964–965

Prontosil 863

Propan-2-ol, achiralité 171

Propane

  géométrie 118–119

  groupes fonctionnels 52

Propène

  divers usages du 45

  orbitales atomiques hybrides 25

  réaction de substitution allylique 508–512

  régiospécificité des ions bromonium 303

Propènenitrile, structure du 58

Propyle, groupes alkyle ramifié, nomenclature de l'UICPA 123

Propyne, orbitales atomiques hybrides 29

Prostaglandines

  description 1023–1024

  réaction de Diels-Alder 508

Protéases à sérine 1066

  non naturelles, pharmacologie 188

Protéine(s) 1033–1071. *Voir aussi* Acides aminés; Acides nucléiques; Polypeptides et protéines

  anticancer p 53 1051

  conjuguée, hémoglobine 1070–1071

  D, énantiomères 188

  énantiomères ou naturelles, pharmacologie 188

hémoglobine 1070
hydrolyse des 1034
masse moléculaire 1034
musculaire, structure moléculaire 115
ras, polypeptides et protéines 1051
structure quaternaire des 1061
structure secondaire des 1056–1060
    configuration β 1058
    conformation en boucle 1059
    coudes β 1059
    feuillet plissé β 1058
    hélice α 1058
structure tertiaire des 1060–1061
vie et 1
Protonolyse des organoboranes, synthèse
    des alcools 438–439
Protons
    acidité et structure 93
    blindage et déblindage 334, 335
    définition selon Brønsted-Lowry 82–83
Purine, biochimie 571
Pyramide trigonale, amines 835
Pyranose, monosaccharides 965
Pyrène, composés aromatiques
    benzénoïdes 566–567
Pyridine
    alcaloïdes 888–892
    biochimie 572
    composés aromatiques hétérocycliques
        570–571
Pyrrole, composés aromatiques
    hétérocycliques 570–571

Q

Quadruplet, constante de couplage, RMN
    343
Quinones, réactions 908

R

Racémisation, réactions S_N1 222–223
Radiations utraviolettes, écrans solaires
    577
Radical allyle
    stabilité du 512–515
    substitution allylique et 508–512
Radicaux
    alkyle, géométrie des 404
    carboxyle, décarboxylation d'acide
        carboxylique 754
Ranvier, nœuds de 1004
Rayons ultraviolets, spectroscopie
    RMN 327
Réactifs
    de Benedict, oxydation des
        monosaccharides 971–972
    de Grignard. *Voir* Réactifs de Grignard
    de Tollens, oxydation des
        monosaccharides 971–972
    organocuprates, aldéhydes et cétones
        (réactions aldoliques), addition
        α,β-insaturés 706
Réactifs de Grignard
    aldéhydes et cétones, additions
        nucléophiles 664–665

carbonation de, préparation des acides
    carboxyliques 728
métallocènes 948
préparation des alcools à l'aide de
    488–495
    planification d'une synthèse 490–493
    utilisation des alcynures de sodium
        495
    utilisation des réactifs de lithium 494
réactions 485–486
    avec les composés carbonylés 488
    avec les oxiranes (époxydes) 487
sommaire des réactions 498–499
Réaction(s)
aldoliques. *Voir* Réactions aldoliques
d'addition nucléophile. *Voir* Addition
    nucléophile, réactions d'
de Claisen-Schmidt, réactions
    aldoliques croisées 694–696
de composés aromatiques. *Voir*
    Composés aromatiques, réactions
    des
de condensation
    composés β-dicarbonylés 779–784,
        796–797
    condensation de Knoevenagel
        796–797
    condensations de Claisen 779–784
    synthèse de β-cétoesters 779–784
de Diels-Alder. *Voir* Diels-Alder,
    réaction de
d'élimination. *Voir* Élimination,
    réactions d'
de Friedel-Crafts. *Voir* Friedel-Crafts,
    réactions de
de Mannich, composés β-dicarbonylés
    798–800
de Reformatsky, composés
    organométalliques 664–665
de Sandmeyer, amines, substitution des
    sels d'arènediazonium 856
des alcanes avec les halogènes,
    réactions radicalaires 390–391
des énamines de Stork, composés
    β-dicarbonylés 801–803
de silylation, éthers d'énols silylés 702
d'estérification, acides carboxyliques et
    dérivés 735–737
de substitution
    électrophile, réactions du noyau
        benzénique, phénols 904
    multiples, sélectivité, réactions
        radicalaires 390–391
de transfert d'acyle, acides carboxyliques
    et dérivés 717–776
E1
    réactions d'élimination 241–243
    réactions S_N1 et 242
    résumé 242–243
E2
    déshydrohalogénation des halogéno-
        alcanes 258–260
    réactions d'élimination 238–241
    réactions S_N2 et 240
    résumé 242–243
électrocycliques 928–939

des systèmes $4n$ électrons π 929–933
des systèmes à $(4n + 2)$ électrons π
    934–936
en chaîne de la polymérase
    applications 1076
    description 1098–1099
endergoniques, réactions S_N2 213
endothermiques, acides et bases 98
exothermiques, acides et bases 98
lipophile, éthers-couronne 463
péricycliques, réarrangement de
    Claisen, phénols 907
radicalaires. *Voir* Réactions radicalaires
régiosélective
    addition aux alcynes, halogénures
        d'hydrogène 311
    énolates de lithium, aldéhydes et
        cétones (réactions aldoliques)
        699
    règle de Markovnikov 292
stéréosélective
    groupe carbonyle 478–479
    stratégies de synthèse 315
    synthèse des acides aminés 1041
stéréospécifiques, addition aux alcènes,
    addition d'halogène 300
Réactions aldoliques 679–708. *Voir aussi*
    Aldéhydes et cétones (réactions
    aldoliques)
croisées 692–697
    applications des 692–694
    réaction de Claisen-Schmidt 695
dirigées, énolates de lithium, aldéhydes
    et cétones 699–701
Réactions radicalaires 383–415
antioxydants 412–413
applications des 386
autoxydation 411–412
bromure d'hydrogène, addition anti-
    Markovnikov 406–408
calichéamycine γ 383–384
centres stéréogéniques 404–406
chloration du méthane 391–401
    mécanisme de la réaction 391–394
    variations d'énergie 394–401
combustion des alcanes 411
énergie de dissociation homolytique
    386–390
    chaleurs de réaction 387–388
    stabilité des radicaux 387–389
épuisement de l'ozone, chlorofluo-
    rocarbures (CFC) et 413–414
formation des radicaux 385
géométrie des radicaux alkyle 404
halogénation des alcanes supérieurs
    401–403
mécanismes 384
oxygène moléculaire et superoxyde 411
polymères à croissance en
    chaîne 408–410
réaction
    des alcanes avec des halogènes
        390–391
    des radicaux 385
    ioniques, comparaison 384
sommaire des réactions 414–415

Réactions S$_N$1 217–243. *Voir aussi* Substitution nucléophile, réactions de
carbocations 220–221
2-chloro-2-méthylpropane et ion hydroxyde 217–218
étape déterminante de la vitesse 218
facteurs influant sur les 224–233
mécanisme des 220
stéréochimie 222–224
Réactions S$_N$2 210–243, 272. *Voir aussi* Substitution nucléophile, réactions de
cinétique des 210–211
éliminations des alcènes et des alcynes 272
facteurs influant sur les 224–233
interconversion des groupes fonctionnels 233–236
mécanisme des 211–212
mésylates et tosylates dans les 442–443
réactions E2 et 240–241
réactions S$_N$1 et 233
stéréochimie 215–217
théorie de l'état de transition 212–215
Réactions S$_N$Ar
déshalogénation bactérienne d'un dérivé des BPC 913
halogénoarènes, substitution nucléophile aromatique 910–911
Réarrangement(s)
concerté 906–907
de Claisen 1069
anticorps catalytiques 1069
phénols 906–907
de Curtius, amines 851
de Hofmann, amines 850
réaction de, acides et bases 80
Réciprocité des constantes de couplage 344
Réduction(s). *Voir aussi* Oxydation et de réduction, réactions d'
de Birch, réactions des composés aromatiques 626–627
de Clemmensen, alcanoylation de Friedel-Crafts 599–600
de composés nitrés, amines aromatiques 846
de l'ozone, radiations ultraviolettes 577
halogénoalcanes, synthèse des alcanes et des cycloalcanes 154
synthèse des aldéhydes, chlorure d'alcanoyle, esters et nitriles 637–640
Reformatsky, réaction de 664–665
Règle
de Hückel 559–566
de Hund, orbitales atomiques 18
de Markovnikov, addition anti-Markovnikov, bromure d'hydrogène, réactions radicalaires 406–408
des 18 électrons, composés organométalliques des métaux de transition 947–948
Représentation du potentiel électrostatique, amines 835

Répulsion des paires d'électrons de la couche de valence (RPECV), théorie de la
ammoniac 33
configuration de molécules et d'ions 35
dioxyde de carbone 35
eau 34
hydrure de béryllium 35
méthane 33
trifluorure de bore 34
Réseau de liaisons σ, orbitales atomiques hybrides 26–29
Réserpine
alcaloïdes 892
réaction de Diels-Alder 508
Résidu(s)
C-terminal, polypeptides et protéines 1042
d'acides aminés, polypeptides et protéines 1042
N-terminal, polypeptides et protéines 1042
polaires ayant des charges + ou −, structure secondaire des protéines 1059
Résolution
de la chromatographie liquide haute performance (CLHP) 840
séparation des énantiomères 199–200
Résonance
effet de
acide carboxylique 100–101
réactions des composés aromatiques, théorie de l'orientation 605–606
stabilisation de l'ion carboxylate par 100–101
structures de
évaluation de la stabilité relative 519–520
règles d'écriture 517–519
systèmes conjugués insaturés 517
théorie de la
benzène 47
composés aromatiques benzénoïdes 566–567
stabilité du radical allyle 514–515
structure du benzène 556–557
structures atomiques 13–15
Résonance magnétique nucléaire, spectroscopie de. *Voir* Spectroscopie de résonance magnétique nucléaire
Rétention de la configuration, mésylates et tosylates, réactions S$_N$2 443
Rétine, systèmes insaturés conjugués, spectroscopie 530–531
Rhodium, complexes de, composés organométalliques des métaux de transition 953–954
Rhodopsine, systèmes insaturés conjugués, spectroscopie 530–531
Ribonucléase bovine, polypeptides et protéines 1051
Ribosomes (ARN) 1089
Roberts, J.D. 348

Robinson, Robert 88
Rosanoff, M.A. 961
Rotation
autour des liaisons simples 133–135
dextrogyre, plan de lumière polarisée 181
énantiomères 180–183
lévogyre, plan de lumière polarisée 181
liaisons σ et, alcanes 133–135
restreinte, orbitales atomiques hybrides 28
structure moléculaire 115
Ruff, dégradation de 980
Rupture hétérolytique
déshydratation des alcools 262–263
réactions d'élimination des alcènes et alcynes 262–263

S

Saccharine, édulcorants de synthèse 986
Salicylate de méthyle, phénols 895
Sandmeyer, réaction de 856
Sanger, Frederick 1045, 1050, 1095
Sanger, méthode de 1045
Saponification
des triacylglycérols 1009–1011
d'esters, acides carboxyliques et dérivés 737–739
Savons, triacylglycérols 1009–1011
Schmidt, J.G. 694
Schrödinger, Erwin 16–17
Schultz, Peter G. 1033
Sclérose en plaques, isolant pour les nerfs 1004
Sélectivité, réactions de substitution multiples, réactions radicalaires 390–391
α-Sélénation, aldéhydes et cétones 703–704
Sels
d'acides carboxyliques, nomenclature et propriétés physiques 719–720
d'aminium, sels d'ammonium quaternaire et amines, basicité 839
d'ammonium quaternaire, sels d'aminium et amines, basicité 839
d'arènediazonium
réactions de couplage des, amines 858
réactions de substitution des, amines 855
de diazonium, amines, réactions avec l'acide nitreux 853
Semicarbazones, additions nucléophiles 655
Séquence
de bases
acide désoxyribonucléique (ADN) 1082
détermination de la (ADN) 1094–1096
des polypeptides et des protéines 1044–1048. *Voir aussi* Polypeptides et protéines
Séquenceur, polypeptides et protéines 1046
Séries homologues
alcanes, propriétés physiques 132
cycloalcanes, chaleur de combustion 139

Sérotonine, amines 842

Sharpless, époxydation asymétrique de 454–455

Sharpless, K.B. 454

Sida, traitement du
calixarènes 893–894
crixivan 43–44
oligonuclotides 1097

Silicium, stéréochimie 200

Skoog, D.A. 67

Smalley, R.E. 568

S_N1, réactions. *Voir* Réactions S_N1

S_N2, réactions. *Voir* Réactions S_N2

S_NAr, réactions
déshalogénation bactérienne d'un dérivé des BPC 913
halogénoarènes, substitution nucléophile aromatique 910–911

Solubilité
acides carboxyliques et dérivés 718–719
alcènes et alcynes 250
alcools et éthers 427–428
aldéhydes et cétones 636
amines 834, 839–892
composés carbonés 64
du phénol 898
énantiomères 179
séparation des énantiomères 199–200

Solvant(s)
acides et bases 103–104
aprotiques
non polaires, éthers-couronne 462–465
substitutions nucléophiles 228–230
effet(s) des 228–230
acides et bases 103–104
protiques
acides et bases 103–104
substitutions nucléophiles 228–230

Solvatation des ions, solubilité 65

Solvolyse, réactions S_N1 224

Soustraction, orbitales moléculaires 20

Spectre(s)
d'absorption, spectroscopie dans l'ultraviolet et le visible 526
de résonance magnétique, amines 867
DEPT ^{13}C, spectroscopie de résonance magnétique nucléaire 353-354
électromagnétique, spectroscopie de résonance magnétique nucléaire 327–328
électroniques, spectroscopie dans l'ultraviolet et le visible 527
infrarouge, composés aromatiques 576

Spectrométrie de masse 325–326. *Voir aussi* Spectroscopie de résonance magnétique nucléaire
à haute résolution 367–368
chromatographie en phase gazeuse 374-375
clivage
de deux liaisons 374
de liaison simple 369
déplacements chimiques 351-352
des aldéhydes et des cétones 670
des amines 867
des biomolécules 375

des composés aromatiques 578
des halogénoarènes 916
des phénols 916
détermination
de la formule moléculaire 364–368
de la masse moléculaire 364–368
fragmentation 360, 369–374
des signaux 332
équations 369
intégration de l'aire sous les pics 332
introduction à la 359
pics isotopiques 364–365
spectre 362–363
spectromètre de masse 360-362
structure moléculaire 360
tri des ions 361

Spectroscopie. *Voir aussi* Chromatographie liquide haute performance; Spectrométrie de masse
alcools 483
de résonance magnétique du proton 331
définition 326

Spectroscopie dans l'ultraviolet et le visible
absorption maximale 527–529
applications analytiques 529–547
spectrophotomètre 525–526
systèmes insaturés conjugués 525–547
vision 530

Spectroscopie de résonance magnétique nucléaire. *Voir aussi* Chromatographie liquide haute performance; Spectrométrie de masse; Spectroscopie infrarouge; Spectroscopie dans l'ultraviolet et le visible
aldéhydes et cétones 668–669
amines 867
applications médicales 357
blindage et déblindage des protons 334–335
composés
acyle, acide carboxylique et dérivés 725–726
aromatiques 573–576, 578
définition 325-326
déplacement chimique 331, 338–339
définition 336
équivalent 338–339
du carbone 13 350-354. *Voir aussi* Carbone 13, spectroscopie RMN du
fragmentation du signal : couplage spin–spin 340–341
halogénoarènes 915–916
intégration de l'aire sous les pics 332
multidimensionnelle 354
phénols 915–916
pics de corrélation
COSY 356–357
HETCOR 358
protéines, structure secondaire 1056
spectre
électromagnétique 327
RMN ^{1}H et processus dynamiques 348–349
spectromètre RMN
à balayage 329-330

à transformée de Fourier 330-331
spectrométrie de masse. *Voir* Spectrométrie de masse
spin nucléaire 333
techniques de RMN bidimensionnelle 354

Spectroscopie infrarouge
absorption caractéristique des groupes fonctionnels, tableau récapitulatif 69
amides 74
amines 73–74
composés acyle, acides carboxyliques et dérivés 724–725
fonction de la 66
groupe(s)
des acides carboxyliques 74
carbonyle 72
hydroxyle 73
halogénoarènes 915
hydrocarbures 71
phénols 915
unités de fréquence, nombre d'ondes 68
utilisation de la 44

Sphingolipides, désordres de stockage de 1004

Sphingosine, dérivés de la 1026–1027

Spin nucléaire, RMN 333

Squalène, cholestérol et 828

Stéréocentres
chiralité 169–171
composés de silicium, de germanium et d'azote, et sulfoxydes 200
énantiomères 176
multiples, stéréochimie 188–192
pharmacologie 172

Stéréochimie 165–201
analyse conformationnelle 136
composés
cycliques 194–196
de silicium, de germanium et d'azote, et sulfoxydes 196–200
de l'addition
aux alcènes 298
ionique aux alcènes, addition d'halogène 293
historique de la 173
hydroboration 436
hydroboration-oxydation, synthèse des alcools 436–439
isomérie 166–167
médicaments chiraux 187–188
molécules chirales sans stéréocentre tétraédrique 201
polymères à croissance en chaîne 421–422
projections de Fischer 193
réaction(s)
de Diels-Alder 537–539
n'entraînant pas de rupture de liaison 197–199
radicalaires, centres stéréogéniques 405
S_N1 223–224
S_N2 215–217
séparation des énantiomères 199–200

stéréo-isomérie 199
stéréocentres multiples 188–192
synthèse des molécules chirales 185–187
Stéréo-isomères
  composés cycliques 194–196
  définition 166
  isomérie *cis-trans* 29
Stéroïdes
  biosynthèse des 827–828
  cholestérol 1017–1018
  hormones
    corticosurrénales 1020
    sexuelles 1018–1019
  nomenclature des 1016–1017, 1021
  réactions des 1021–1023
  structure des 1016–1017, 1021
Stratégies de synthèse 313
Strecker, synthèse de 1040
Streptomycine, glucides 996
Structure(s)
  angulaires, eau 34
  atomiques
    charges formelles 11
    liaisons chimiques 6
    mécanique quantique 15–17
    orbitales moléculaires 19
    structure de Lewis 11
    théorie de la résonance 13–15
  de Kekulé. *Voir* Kekulé, structure de
  de résonance
    des phénols 901–902
    équivalentes, acide carboxylique 100
    hypothétiques 14
  hybride
    acidité et 95–96
    théorie de la résonance 15
  moléculaire 115
  primaire
    acide désoxyribonucléique (ADN) 1082
    des polypeptides et des protéines 1048–1051
  quaternaire, protéines 1061
  secondaire
    acide désoxyribonucléique (ADN) 1082–1086
    protéines 1056–1060. *Voir aussi* Protéines
  tertiaire, protéines 1060
  tétraédrique
    chiralité 169–174
    mécanique quantique 32
    méthane 33
    molécules chirales sans 201
    pyramide à base trigonale 33
    structure angulaire 34
    théorie structurale 6
  trigonales planes
    carbocations, réactions S_N1 220
    mécanique quantique 33
    trifluorure de bore 34
Stryer, L. 531
Styrène, synthèse industrielle du 615
Substituants
  α, stéroïdes 1016
  β, stéroïdes 1016

effets des, réactions des composés aromatiques 601–614
halogénés, réactions des composés aromatiques 602–603
Substitution
  allylique et radicaux allyle 508–512
  aromatique nucléophile. *Voir* Halogénoarènes
  électrophile aromatique. *Voir aussi* Composés aromatiques, réactions des
    biosynthèse de la thyroxine 587–588
    généralités 588–589
    mécanisme de la 589–590
    théorie 603
  électrophile, réactions de
    amines hétérocycliques 880–883
    de la pyridine, amines hétéro-cycliques 883–885
  nucléophiles, réactions de 205–243. *Voir aussi* Substitution nucléophile, réactions de; S_NAr, réactions; S_N1, réactions; S_N2, réactions
    acides et bases 80
    amines 844–846
    atome d'halogène 207
    composés organohalogénés 206
    éthers-couronne 462–465
    groupes sortants 209
    membranes bactériennes 205–243
    méthylations biologiques 234–235
    nucléophiles 208
    réactions d'élimination et 240
    réactions S_N1 217–243
    réactions S_N2 210–243
    résumé 242-243
  réactions de. *Voir aussi* Substitution nucléophile, réactions de; S_NAr, réactions; S_N1, réactions; S_N2, réactions
    électrophile, amines, hétérocycliques 880–883
    systèmes insaturés conjugués 508
Substrat, structure du, substitutions nucléophiles 225
Succinimide, bromation allylique par le *N*-bromosuccinimide 510–512
Succinylsulfathiazole 864
Sucrose
  description 983–984
  disaccharides 958
Suffixe, nomenclature de l'UICPA 126
Sulfapyridine 863
Sulfonates
  conversion des alcools en 441–442
  d'alkyle, réactions S_N2 442–444
Sulfonation
  benzène 593–594
  réactions du noyau benzénique, phénols 905
Sulfoxydes, stéréochimie 201
Superoxyde
  dismutase, pharmacologie 188
  oxygène moléculaire et, réactions radicalaires 411

Surface de densité électronique, modèles moléculaires 24
Symbole R, groupes alkyle et groupes fonctionnels 51
Synapses
  cholinergiques 844
  neurotransmetteurs 844
Synthèse(s)
  asymétrique des acides α-aminés 1041
  automatisée de peptides 1055–1056
  de Corey-Posner, Whitesides-House cétones 642
  dialkylcuprates de lithium 495–497
  de Gabriel, amines, substitutions nucléophiles 845
  de Kiliani-Fischer, monosaccharides 978–979
  de l'ARN messager, transcription 1088–1089
  de peptides 1054
  de Williamson
    des éthers 449–450
    des phénols 903
  des acides
    aldoniques (solution aqueuse de brome), oxydation des monosaccharides 972–973
    α-aminés en laboratoire 1039
  des alcanes et des cycloalcanes
    alkylation des alcynes terminaux 154–157
    analyse rétrosynthétique 158
    hydrogénation 152
    identification des précurseurs 159
    réduction des halogénoalcanes 155
  des énamines, composés β-carbonylés 800–803
  des esters acétoacétiques, composés β-dicarbonylés 784–790
  des polypeptides et des protéines 1052–1056
  énantiosélective 1041
    des molécules chirales 186
  groupes protecteurs 1052–1053
  malonique, composés β-dicarbonylés 790–793
  organique
    analyse rétrosynthétique 157
    de l'inorganique à l'organique 159
    identification des précurseurs 158–160
    introduction 156
    planification 157
Synthons, stratégies de synthèse 314
Système *E-Z*, réactions d'élimination des alcènes et alcynes 250–251
Système *R-S*
  activité optique 182
  énantiomères 175–179
  monosaccharides 961–963
  réactions n'entraînant pas de rupture de liaison 197
Systèmes insaturés conjugués 507–543
  alcadiènes et hydrocarbures polyin-saturés 520
  attaque électrophile sur des diènes conjugués 532–535

buta-1,3-diène, délocalisation des
électrons 522–524
cation allyle 515–517
définition 508
réaction de Diels-Alder 507–508,
536–547
aspects des orbitales moléculaires
539–541
asymétrique 541–542
facteurs favorisant la 537
intramoléculaire 542–547
stéréochimie de la 537–539
résonance, structures de 517–520
évaluation de la stabilité relative
519–520
règles d'écriture 517–519
spectroscopie 525–547
absorption maximale 527–529
applications analytiques 529–547
spectrophotomètre 525
vision 530
stabilité des diènes conjugués 524–525
stabilité du radical allyle 512–515
orbitales moléculaires 512–514
résonance 514–515
substitution allylique et radicaux
allyle 508
bromation allylique par le
N-bromosuccinimide 510–512
chloration allylique 509

T

Tableau périodique, structures de Lewis 8
Tautomérisation
céto-énol, synthèse de cétones 642
monosaccharides 970
Taxol, réaction de Diels-Alder 508, 537
Techniques de RMN bidimensionnelle
354
pics de corrélation
COSY 356
HETCOR 358
Temps de relaxation, imagerie par
résonance magnétique 357
Tension
de cycle
causes de la 139–163
cycloalcanes 137–139
cyclopropane et cyclobutane 139
de torsion, causes de la tension de
cycle 139–163
transannulaire, conformation des
cycloalcanes 143
Test de Hinsberg, amines
avec les chlorures de sulfonyle 866
réactions avec les chlorures de
sulfonyle 861
Tétrachloroéthène, molécules 50
Tétrachloromertensène, atomes d'halogène
marins 285
Tétrachlorométhane (tétrachlorure de
carbone), propriétés du 207
Tétrachlorure de carbone
molécules 49–50
propriétés du 207

Tétraméthylsilane, déplacement chimique,
RMN 336
Thalidomide 173
Théorie structurale
composé tétraédrique 6
isomérie 5
prémisses 4
structures de Lewis 8–10
Thiamine 754
Thioacétals, additions nucléophiles 654
Thioesters, préparation des 819–821
Thiols 814–818
en biochimie 817–818
préparation des 815–816
propriétés physiques des 816–817
Thiophène, composés aromatiques
hétérocycliques 570–571
Thyroxine, biosynthèse de la 587–588, 612
Tollens, test de (test du miroir d'argent),
aldéhydes et cétones 667
p-Toluènesulfonate d'éthyle, conversion
des alcools 441
Tomalia, D.A. 774
Tosylates, conversion des alcools en
441–443
Toxine(s)
botulinique, nitrite de sodium 855
composés organométalliques 944–945
neurotoxines 1070
amines 831
Tranquillisants, amines 844
Transaminations, phosphate de pyridoxal
(PLP) 633
Transcription, synthèse de l'ARN messager
1088–1089
Transestérification, acides carboxyliques
et dérivés 736–737
Transfert
d'acyle, réactions de 717–718
de proton, réaction de 105
Transformation de Lobry de Bruyn-
Alberda van Ekenstein, monosaccharides 970
Transporteur ionophore, antibiotiques,
monensine 424
Triacylglycérols 1005–1012. *Voir aussi*
Acides gras; Lipides
description 1005–1006
fonctions biologiques des 1008–1009
hydrogénation des 1006–1007
mixtes, définition 1005
saponification des 1009–1011
Tribromure de phosphore, réactions des
alcools avec du 447–448
Trichlorométhane (chloroforme)
molécules 50
propriétés du 207
Trifluorure de bore 34
définition selon Lewis 85
Triose phosphate isomérase, aldéhydes et
cétones (réactions aldoliques) 679
Tripeptides, polypeptides et protéines 1042
Triplet, constante de couplage, RMN 342
Trisaccharides, classification des 958
Tritium, marquage au deutérium et au,
acides et bases 110

Trypsine, polypeptides et protéines 1047
Trypsinogène bovin, polypeptides et
protéines 1051
Tryptophane, biochimie 571
Tscherning, Kurt 1019
Tyrosine
biochimie 571
phénols 895

U

UICPA, nomenclature de l'. *Voir* Nomenclature de l'UICPA
Umpolung, inversion de polarité, alkylation des 1,3-diathianes, composés
β-dicarbonylés 796
Uréthanes (carbamates), dérivés de l'acide
carbonique 750–752

V

Valence
charges formelles 11
orbitales atomiques hybrides 21
structure de Lewis 11
théorie structurale 4
Van der Waals, forces de
acides gras 1006
analyse conformationnelle 137–138
composés carbonés 63
cyclohexanes substitués, atomes
d'hydrogène équatoriaux et
axiaux 145
Van't Hoff, J.H. 6, 135, 170–174, 200
Variation d'énergie, réactions radicalaires,
chloration du méthane 394–401
Vasopressine, polypeptides et protéines
1048
Végétaux, hormones, éthène 45
Vie
acides aminés 165
chimie organique 1–2
origine de la 1
Vigneaud, Vincent du 1048
Vinyle, groupe, atome d'halogène 206
Virus de l'herpès, nucléotides et nucléosides 1081
Vision, système insaturé conjugué,
spectroscopie 530–531
Vitalisme, perspective historique 3–4
Vitamine(s)
A
réactions de Claisen-Schmidt 695
systèmes insaturés conjugués,
spectroscopie 531
amines 843
antioxydants, réactions radicalaires 412
B_1 (thiamine), chimie de 754
B_6, phosphate de pyridoxal (PLP)
633–634
B_{12}
composés organométalliques des
métaux de transition 954–955
réaction de Diels-Alder 508
C, lactones 740
coenzyme NADH 471–472
K_1, quinones 908

organiques 4
substituts de matières grasses 1008
thiamine 754

W

Wald, George 530
Warren, J.C. 430
Watson, J.D. 1082–1083, 1088
Wheland, G.W. 102
Whitesides, G.M. 495
Wieland, Heinrich 1017
Wilkins, Maurice 1083

Williamson, synthèse de, phénols 903
Willstätter, Richard 555
Windaus, Adolf 1017
Wittig, réactions de, ylures, additions
    nucléophiles 660–664
Wöhler, Friedrich 3, 45, 159
Wolff-Kishner, réduction de
    hydrazones, additions nucléophiles 657
    thioacétals, additions nucléophiles 654
Woods, D.D. 864
Woodward, R.B. 508, 929, 954
Woodward-Hoffmann, règles de, réactions
    électrocycliques 929, 932

Y

Ylures, additions nucléophiles 660–664

Z

Zaitsev, règle de
    amines, éliminations mettant en jeu des
        ammoniums 868
    déshydrohalogénation des halogéno-
        alcanes 256–257
    exception à la 258
Zwittérions 1037

DÉPLACEMENTS CHIMIQUES APPROXIMATIFS EN RMN ¹H

Type de proton	Déplacement chimique (δ, ppm)
Alkyle primaire, RCH_3	0,8 – 1,0
Alkyle secondaire, RCH_2R	1,2 – 1,4
Alkyle tertiaire, R_3CH	1,4 – 1,7
Allylique, $R_2C{=}C\overset{\underset{\displaystyle R}{\|}}{{-}}CH_3$	1,6 – 1,9
Benzylique, $ArCH_3$	2,2 – 2,5
Chloroalcane, RCH_2Cl	3,6 – 3,8
Bromoalcane, RCH_2Br	3,4 – 3,6
Iodoalcane, RCH_2I	3,1 – 3,3
Éther, $ROCH_2R$	3,3 – 3,9
Alcool, $HOCH_2R$	3,3 – 4,0
Cétone, $RCCH_3$, $\|{=}O$	2,1 – 2,6
Aldéhyde, RCH, $\|{=}O$	9,5 – 10,5
Vinylique, $R_2C{=}CH_2$	4,6 – 5,0
Vinylique, $R_2C{=}CH$, R	5,2 – 5,7
Aromatique, ArH	6,0 – 9,5
Acétylénique, $RC{\equiv}CH$	2,5 – 3,1
Hydroxylique, ROH	0,5 – 6,0[a]
Carboxylique, $RCOH$, $\|{=}O$	10 – 13[a]
Phénolique, $ArOH$	4,5 – 7,7[a]
Amino, $R{-}NH_2$	1,0 – 5,0[a]

DÉPLACEMENTS CHIMIQUES APPROXIMATIFS EN RMN ¹³C

Type d'atome de carbone	Déplacement chimique (δ, ppm)
Alkyle primaire, RCH_3	0 – 40
Alkyle secondaire, RCH_2R	10 – 50
Alkyle tertiaire, $RCHR_2$	15 – 50
Halogénoalcane ou amine, $-\overset{\|}{\underset{\|}{C}}-X\ (X = Cl,\ Br,\ or\ N{-})$	10 – 65
Alcool ou éther, $-\overset{\|}{\underset{\|}{C}}-O$	50 – 90
Alcène, $\rangle C{=}$	100 – 170
Alcyne, $-C{\equiv}$	60 – 90
Aryle 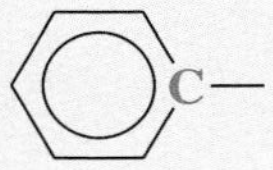	100 – 170
Nitriles, $-C{\equiv}N$	120 – 130
Amides, $-\overset{\displaystyle O}{\overset{\|}{C}}-N-$	150 – 180
Acides carboxyliques, esters, $-\overset{\displaystyle O}{\overset{\|}{C}}-O$	160 – 185
Aldéhydes, cétones, $-\overset{\displaystyle O}{\overset{\|}{C}}-$	182 – 215

[a] Le déplacement chimique varie selon le solvant, la température et la concentration.

PRINCIPALES CLASSES DE COMPOSÉS ORGANIQUES

	Classes						
	Alcane	**Alcène**	**Alcyne**	**Composé aromatique**	**Halogéno-alcane**	**Alcool**	**Éther**
Groupe fonctionnel	Liaisons C—H et C—C	$\diagup C = C \diagdown$	$-C \equiv C-$	Cycle aromatique	$-\overset{\mid}{\underset{\mid}{C}} - \ddot{\underset{\cdot\cdot}{X}} :$	$-\overset{\mid}{\underset{\mid}{C}} - \ddot{O}H$	$-\overset{\mid}{\underset{\mid}{C}} - \ddot{O} - \overset{\mid}{\underset{\mid}{C}} -$
Structure générale	RH	$RCH = CH_2$ $RCH = CHR$ $R_2C = CHR$ $R_2C = CR_2$	$RC \equiv CH$ $RC \equiv CR'$	ArH	RX	ROH	ROR′
Exemple	CH_3CH_3	$H_2C = CH_2$	$HC \equiv CH$	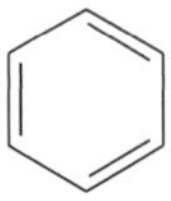	CH_3CH_2Cl	CH_3CH_2OH	CH_3OCH_3
Nomenclature de l'UICPA	Éthane	Éthène	Éthyne	Benzène	Chloro-éthane	Éthanol	Méthoxy-méthane
Nomenclature courante	Éthane	Éthylène	Acétylène	Benzène	Chlorure d'éthyle	Alcool éthylique	Oxyde de diméthyle

Classes						
Amine	**Aldéhyde**	**Cétone**	**Acide carboxylique**	**Ester**	**Amide**	**Nitrile**
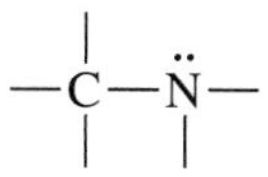 $-\overset{\mid}{\underset{\mid}{C}}-\overset{\mid}{\underset{\mid}{\ddot{N}}}-$	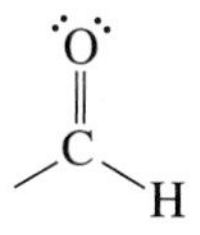 $\overset{\ddot{O}}{\underset{H}{\parallel}}\overset{}{\underset{}{C}}$	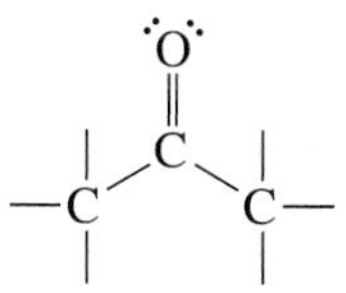 $-\overset{\mid}{\underset{\mid}{C}}-\overset{\ddot{O}}{\underset{}{\overset{\parallel}{C}}}-\overset{\mid}{\underset{\mid}{C}}-$	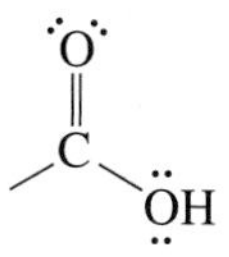 $\overset{\ddot{O}}{\underset{\ddot{O}H}{\overset{\parallel}{C}}}$	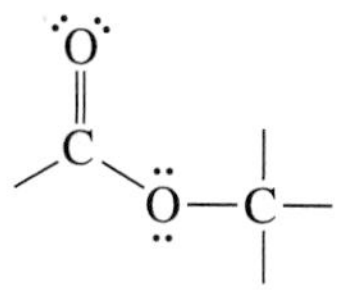 $\overset{\ddot{O}}{\underset{\ddot{O}-\overset{\mid}{\underset{\mid}{C}}-}{\overset{\parallel}{C}}}$	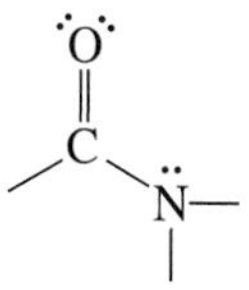 $\overset{\ddot{O}}{\underset{\overset{\mid}{\underset{\mid}{\ddot{N}}}}{\overset{\parallel}{C}}}$	$-C\equiv N:$
RNH_2 R_2NH R_3N	$\overset{O}{\overset{\parallel}{RCH}}$ ou RCHO	$\overset{O}{\overset{\parallel}{RCR'}}$ ou RCOR'	$\overset{O}{\overset{\parallel}{RCOH}}$ ou RCOOH ou RCO_2H	$\overset{O}{\overset{\parallel}{RCOR'}}$ ou RCOOR' ou RCO_2R'	$\overset{O}{\overset{\parallel}{RCNH_2}}$ $\overset{O}{\overset{\parallel}{RCNHR'}}$ $\overset{O}{\overset{\parallel}{RCNR'R''}}$	RCN
CH_3NH_2	$\overset{O}{\overset{\parallel}{CH_3CH}}$ (CH_3CHO)	$\overset{O}{\overset{\parallel}{CH_3CCH_3}}$ (CH_3COCH_3)	$\overset{O}{\overset{\parallel}{CH_3COH}}$ (CH_3CO_2H)	$\overset{O}{\overset{\parallel}{CH_3COCH_3}}$ $(CH_3CO_2CH_3)$	$\overset{O}{\overset{\parallel}{CH_3CNH_2}}$ (CH_3CONH_2)	$CH_3C\equiv N$
Méthan-amine	Éthanal	Propanone	Acide éthanoïque	Éthanoate de méthyle	Éthanamide	Éthanenitrile
Méthyl-amine	Acétal-déhyde	Acétone	Acide acétique	Acétate de méthyle	Acétamide	Acétonitrile

TABLEAU PÉRIODIQUE DES ÉLÉMENTS

Période

Groupe
1A/1

Légende :

Masse atomique	12,011
Électronégativité	2,5
	[He]$2s^2 2p^2$ — Configuration électronique
Symbole	**C** — Numéro atomique 6
Nom	Carbone

Période 1

1A/1
1,0079
2,2
1s
H 1
Hydrogène

Période 2

	2A/2
6,941	9,01218
1,0	1,5
[He]2s	[He]2s^2
Li 3	**Be** 4
Lithium	Béryllium

Période 3

22,98977	24,305
1,0	1,2
[Ne]3s	[Ne]3s^2
Na 11	**Mg** 12
Sodium	Magnésium

Période 4

3B/3	4B/4	5B/5	6B/6	7B/7	8	9
39,0983	40,08	44,9559	47,88	50,9415	51,996	54,9380	55,487	58,9332

(7)

39,0983	40,08	44,9559	47,88	50,9415	51,996	54,9380	55,487	58,9332
0,9	1,0	1,2	1,3	1,5	1,6	1,6	1,6	1,7
[Ar]4s	[Ar]4s^2	[Ar]3d4s^2	[Ar]3d^{2}4s^2	[Ar]3d^{3}4s^2	[Ar]3d^{5}4s	[Ar]3d^{5}4s^2	[Ar]3d^{6}4s^2	[Ar]3d^{7}4s^2
K 19	**Ca** 20	**Sc** 21	**Ti** 22	**V** 23	**Cr** 24	**Mn** 25	**Fe** 26	**Co** 27
Potassium	Calcium	Scandium	Titane	Vanadium	Chrome	Manganèse	Fer	Cobalt

Période 5

85,4678	87,62	88,9059	91,22	92,9064	95,94	98,906	101,07	102,9055
0,9	1,0	1,1	1,2	1,2	1,3	1,4	1,4	1,5
[Kr]5s	[Kr]5s^2	[Kr]4d5s^2	[Kr]4d^{2}5s^2	[Kr]4d^{4}5s	[Kr]4d^{5}5s	[Kr]4d^{6}5s	[Kr]4d^{7}5s	[Kr]4d^{8}5s
Rb 37	**Sr** 38	**Y** 39	**Zr** 40	**Nb** 41	**Mo** 42	**Tc** 43	**Ru** 44	**Rh** 45
Rubidium	Strontium	Yttrium	Zirconium	Niobium	Molybdène	Technétium	Ruthénium	Rhodium

Période 6

132,9054	137,33	138,9055	178,49	180,9479	183,85	186,207	190,2	192,22
0,9	1,0	1,1	1,2	1,3	1,4	1,5	1,5	1,6
[Xe]6s	[Xe]6s^2	[Xe]5d6s^2	[Xe]4f^{14}5d^{2}6s^2	[Xe]4f^{14}5d^{3}6s^2	[Xe]4f^{14}5d^{4}6s^2	[Xe]4f^{14}5d^{5}6s^2	[Xe]4f^{14}5d^{6}6s^2	[Xe]4f^{14}5d^{7}6s^2
Cs 55	**Ba** 56	*La 57	**Hf** 72	**Ta** 73	**W** 74	**Re** 75	**Os** 76	**Ir** 77
Césium	Baryum	Lanthane	Hafnium	Tantale	Tungstène	Rhénium	Osmium	Iridium

Période 7

(223)	226,0254	227,0278	(261)	(262)	(263)
0,9	1,0	1,0			
[Rn]7s	[Rn]7s^2	[Rn]6d7s^2	[Rn]5f^{14}6d^{2}7s^2	[Rn]5f^{14}6d^{3}7s^2	[Rn]5f^{14}6d^{4}7s^2
Fr 87	**Ra** 88	†Ac 89	**Unq** 104	**Unp** 105	**Unh** 106
Francium	Radium	Actinium	Unnilquadium	Unnilpentium	Unnilhexium

* Lanthanides (Période 6)

140,12	140,9077	144,24	145	150,4	151,96	157,25
1,1	1,1	1,1	1,1	1,1	1,0	1,1
[Xe]4f^{2}6s^2	[Xe]4f^{3}6s^2	[Xe]4f^{4}6s^2	[Xe]4f^{5}6s^2	[Xe]4f^{6}6s^2	[Xe]4f^{7}6s^2	[Xe]4f^{7}5d6s^2
Ce 58	**Pr** 59	**Nd** 60	**Pm** 61	**Sm** 62	**Eu** 63	**Gd** 64
Cérium	Praséodyme	Néodyme	Prométhium	Samarium	Europium	Gadolinium

† Actinides (Période 7)

232,0381	231,0359	238,029	237,0482	(244)	(243)	(247)
1,1	1,1	1,2	1,2	1,2	1,2	≈1,2
[Rn]6d^{2}7s^2	[Rn]5f^{2}6d7s^2	[Rn]5f^{3}6d7s^2	[Rn]5f^{4}6d7s^2	[Rn]5f^{6}7s^2	[Rn]5f^{7}7s^2	[Rn]5f^{7}6d7s^2
Th 90	**Pa** 91	**U** 92	**Np** 93	**Pu** 94	**Am** 95	**Cm** 96
Thorium	Protactinium	Uranium	Neptunium	Plutonium	Américium	Curium

					Gaz nobles 8A/18

								4,0026 $1s^2$ **He** 2 Hélium

			3A/13	4A/14	5A/15	6A/16	7A/17	

			10,81 2,0 [He]$2s^2 2p$ **B** 5 Bore	12,011 2,5 [He]$2s^2 2p^2$ **C** 6 Carbone	14,0067 3,1 [He]$2s^2 2p^3$ **N** 7 Azote	15,9994 3,5 [He]$2s^2 2p^4$ **O** 8 Oxygène	18,9984 4,1 [He]$2s^2 2p^5$ **F** 9 Fluor	20,179 [He]$2s^2 2p^6$ **Ne** 10 Néon
			26,9815 1,5 [Ne]$3s^2 3p$ **Al** 13 Aluminium	28,0855 1,7 [Ne]$3s^2 3p^2$ **Si** 14 Silicium	30,97376 2,1 [Ne]$3s^2 3p^3$ **P** 15 Phosphore	32,06 2,4 [Ne]$3s^2 3p^4$ **S** 16 Soufre	35,453 2,8 [Ne]$3s^2 3p^5$ **Cl** 17 Chlore	39,948 [Ne]$3s^2 3p^6$ **Ar** 18 Argon

10	1B/11	2B/12						
58,70 1,8 [Ar]$3d^8 4s^2$ **Ni** 28 Nickel	63,546 1,8 [Ar]$3d^{10} 4s$ **Cu** 29 Cuivre	65,41 1,7 [Ar]$3d^{10} 4s^2$ **Zn** 30 Zinc	69,72 2,0 [Ar]$3d^{10} 4s^2 4p$ **Ga** 31 Gallium	72,59 2,0 [Ar]$3d^{10} 4s^2 4p^2$ **Ge** 32 Germanium	74,9216 2,2 [Ar]$3d^{10} 4s^2 4p^3$ **As** 33 Arsenic	78,96 2,5 [Ar]$3d^{10} 4s^2 4p^4$ **Se** 34 Sélénium	79,904 2,7 [Ar]$3d^{10} 4s^2 4p^5$ **Br** 35 Brome	83,80 [Ar]$3d^{10} 4s^2 4p^6$ **Kr** 36 Krypton
106,4 1,4 [Kr]$4d^{10}$ **Pd** 46 Palladium	107,868 1,4 [Kr]$4d^{10} 5s$ **Ag** 47 Argent	112,41 1,5 [Kr]$4d^{10} 5s^2$ **Cd** 48 Cadmium	114,82 1,5 [Kr]$4d^{10} 5s^2 5p$ **In** 49 Indium	118,69 1,7 [Kr]$4d^{10} 5s^2 5p^2$ **Sn** 50 Étain	121,75 1,8 [Kr]$4d^{10} 5s^2 5p^3$ **Sb** 51 Antimoine	127,60 2,0 [Kr]$4d^{10} 5s^2 5p^4$ **Te** 52 Tellure	126,9045 2,2 [Kr]$4d^{10} 5s^2 5p^5$ **I** 53 Iode	131,30 [Kr]$4d^{10} 5s^2 5p^6$ **Xe** 54 Xénon
195,09 1,4 [Xe]$4f^{14} 5d^9 6s$ **Pt** 78 Platine	196,9665 1,4 [Xe]$4f^{14} 5d^{10} 6s$ **Au** 79 Or	200,59 1,5 [Xe]$4f^{14} 5d^{10} 6s^2$ **Hg** 80 Mercure	204,37 1,4 [Xe]$4f^{14} 5d^{10} 6s^2 6p$ **Tl** 81 Thallium	207,2 1,6 [Xe]$4f^{14} 5d^{10} 6s^2 6p^2$ **Pb** 82 Plomb	208,9804 1,7 [Xe]$4f^{14} 5d^{10} 6s^2 6p^3$ **Bi** 83 Bismuth	(209) 1,8 [Xe]$4f^{14} 5d^{10} 6s^2 6p^4$ **Po** 84 Polonium	(210) 2,0 [Xe]$4f^{14} 5d^{10} 6s^2 6p^5$ **At** 85 Astate	(222) [Xe]$4f^{14} 5d^{10} 6s^2 6p^6$ **Rn** 86 Radon

158,9254 1,1 [Xe]$4f^9 6s^2$ **Tb** 65 Terbium	162,50 1,1 [Xe]$4f^{10} 6s^2$ **Dy** 66 Dysprosium	164,9304 1,1 [Xe]$4f^{11} 6s^2$ **Ho** 67 Holmium	167,26 1,1 [Xe]$4f^{12} 6s^2$ **Er** 68 Erbium	168,9342 1,1 [Xe]$4f^{13} 6s^2$ **Tm** 69 Thulium	173,04 1,1 [Xe]$4f^{14} 6s^2$ **Yb** 70 Ytterbium	174,967 1,1 [Xe]$4f^{14} 5d 6s^2$ **Lu** 71 Lutécium
(247) ≈1,2 [Rn]$5f^9 7s^2$ **Bk** 97 Berkélium	(251) ≈1,2 [Rn]$5f^{10} 7s^2$ **Cf** 98 Californium	(254) ≈1,2 [Rn]$5f^{11} 7s^2$ **Es** 99 Einsteinium	(257) ≈1,2 [Rn]$5f^{12} 7s^2$ **Fm** 100 Fermium	(258) ≈1,2 [Rn]$5f^{13} 7s^2$ **Md** 101 Mendélévium	259 [Rn]$5f^{14} 7s^2$ **No** 102 Nobélium	260 [Rn]$5f^{14} 6d 7s^2$ **Lr** 103 Lawrencium

CÉDÉROM

Le cédérom qui accompagne ce manuel est un complément pédagogique offert aux utilisateurs de Chimie organique *et n'est pas vendu séparément. Ce cédérom est hybride, c'est-à-dire qu'il fonctionne sur les plates-formes PC et Macintosh. Il contient* Organic View, *un logiciel interactif mettant en vedette les représentations infographiques pédagogiques de Woodman Graphics, et* Solutions Manual, *la version originale anglaise des solutions des exercices du manuel.*

ORGANIC VIEW

Le logiciel interactif *Organic View* a pour but d'aider les étudiants à se donner une représentation visuelle des concepts fondamentaux de la chimie organique afin de mieux les comprendre. Il contient les éléments suivants :

1. LEÇONS INTERACTIVES (*CONCEPT UNITS*)

Le cédérom contient quelque 60 leçons interactives sonores assorties d'images tridimensionnelles animées. Ces leçons traitent des concepts clés en chimie organique et les rendent plus faciles à saisir grâce à l'infographie et à l'animation, qui permettent de mieux visualiser :

- la matière, d'un point de vue moléculaire et atomique;
- la géométrie des structures complexes (en trois dimensions) et les relations qui les caractérisent;
- les processus dynamiques.

Le cédérom met un accent particulier sur :

- les orbitales atomiques et moléculaires, de même que sur les liaisons chimiques;
- la stéréochimie (structures tridimensionnelles) et la conformation des molécules (géométrie);
- les forces intermoléculaires et les propriétés physiques;
- les réactions organiques et leurs mécanismes;
- les structures biochimiques complexes.

2. REPRÉSENTATIONS MOLÉCULAIRES ANIMÉES (*ANIMATED GRAPHICS*)

Plus de 60 représentations moléculaires animées et interactives provenant du manuel sont incluses dans le cédérom, y compris des films en trois dimensions et des rotations de molécules présentant un intérêt particulier (exemples : une molécule de lipide saturée et la formation de complexes par un éther-couronne).

Parmi les représentations les plus percutantes, on retrouve la version tridimensionnelle des représentations moléculaires issues de calculs fondés sur la mécanique quantique. Ces représentations ont été dessinées par Craig Fryhle à l'aide du logiciel Spartan®. Elles permettent d'illustrer les orbitales moléculaires, les surfaces de densité électronique et les niveaux de potentiel électrostatique et confèrent ainsi au manuel une précision scientifique extraordinaire et inédite. Les étudiants qui disposent d'une version de Spartan® pourront mettre à profit le dossier du cédérom dans lequel se retrouvent tous les fichiers des modèles moléculaires et grâce auquel ils pourront approfondir l'étude de ces structures.

3. MODÈLES TRIDIMENSIONNELS (*3D-MODELS*)

Une banque de plus de 400 modèles moléculaires tridimensionnels, représentant les molécules examinées au fil du manuel, a été intégrée dans le cédérom. L'étudiant accède automatiquement à ces modèles moléculaires au moyen du logiciel de visualisation bien connu Rasmol® (ajouté au cédérom avec l'autorisation de son auteur, Roger Sayle).

Le logiciel et les fichiers des modèles moléculaires permettent à l'étudiant de recourir à différents types de représentation (squelette carboné, bâtons, boules et tiges, modèle en dimension réelle) ou de choisir des options de représentation pour les biomolécules (squelette, représentation en rubans ou en filaments) associées à des schémas spécifiques en couleurs.

4. EXERCICES INTERACTIFS (*INTERACTIVE EXERCISES*)

L'étudiant peut également accéder aux modèles tridimensionnels par le biais de la vingtaine d'exercices interactifs inclus. Ces derniers offrent une approche structurée des notions fondamentales portant sur la structure moléculaire, la stéréochimie et la conformation.

5. RÉVISION/EXERCICES (*DRILL/REVIEW*)

Quelques stratégies interactives d'étude et certaines leçons ont été incluses dans le cédérom afin de donner un aperçu des ressources disponibles sur Internet (accès par www.modulo.ca). Grâce à cette section, les étudiants pourront mettre en pratique les connaissances théoriques acquises qui sont nécessaires à la réussite du cours : mémoriser et écrire les structures chimiques des réactifs utilisés pour des transformations chimiques, déduire la nature du produit majoritaire ou des réactifs de départ d'une réaction et décrire les mécanismes propres aux réactions organiques.

6. IR TUTOR

L'étudiant retrouvera également le logiciel *IR Tutor* dans le cédérom. Le didacticiel animé aborde la théorie et la pratique de la spectroscopie infrarouge et les illustre au moyen de spectres de composés représentatifs. L'étudiant verra, s'il clique sur un pic en particulier, que la liaison correspondant à ce pic vibre selon le mode caractérisant ce dernier. La superposition des spectres et les conseils donnés dans cette section aideront l'étudiant à interpréter les spectres infrarouges.

SOLUTIONS MANUAL

La version originale anglaise du *Solutions Manual*, extraite du *Study Guide* de la 7ᵉ édition du manuel, est incluse dans le cédérom. Les fichiers sont en format PDF. Pour les utiliser, vous devez munir votre ordinateur du logiciel *Acrobat Reader* d'Adobe, en version 3.0 ou mieux. Si ce n'est déjà fait, installez ce logiciel; vous pouvez télécharger gratuitement l'installateur sur le site d'Adobe.

Vous trouverez donc dans le dossier *Solutions Manual* du cédérom les solutions de tous les exercices du manuel. En cliquant sur l'icône de ce fichier Acrobat, vous accédez à une table des matières; un clic sur le chapitre voulu vous amène aux solutions des problèmes qui y figurent. Nous vous suggérons de consulter les solutions directement à l'écran, soit sur moniteur, soit par projection à l'aide d'une acétate électronique. Vous bénéficierez alors des outils de navigation offerts par le logiciel *Acrobat Reader* d'Adobe. Vous pouvez imprimer les solutions pour votre usage personnel; la mention du copyright doit obligatoirement être visible.